Für mehr Gestaltungsfreiheit.
Der Schöck Isokorb® XT.
W0400930

Bautabellen für Architekten

mit Entwurfshinweisen und Beispielen

Herausgegeben von
Andrej Albert und Joachim P. Heisel

bis zur 16. Auflage: Klaus-Jürgen Schneider †
17. und 18. Auflage: Alfons Goris
19. und 20. Auflage: Alfons Goris und Joachim P. Heisel

Mit Beiträgen von
Andrej Albert · Harald Bergner · Klaus Berner
Rudolf Bertig · Dirk Bohne · Andreas Bracher
Heinrich Bruckner · Siegfried H. Bucher · Francois Colling
Ulrich Drechsel · Jens Engel · Nabil A. Fouad
Alfons Goris · Carl-Alexander Graubner
Shervin Haghsheno · Christof Hausser · Joachim P. Heisel
Bernhard Hort · Stefan Krause · M.-Maximilian Lederer
Rudolf Lückmann · Jochen Menkenhagen · Martin Mertens
Ralph Pollandt · Michael Raupach · Knud Sauermann
Hendrik Schilder · Peter Schmidt
Klaus-Jürgen Schneider † · Hildegard Schröteler-von Brandt
Christoph Seeßelberg · Thomas M. Sippel
Karsten Tichelmann · Karlheinz Tripler · Heinz Volz
Robert Weber · Silvia Weber · Timm Wetzel
Wolfgang M. Willems · Rüdiger Wormuth

22. Auflage 2016

Bundesanzeiger Verlag

Bibliografische Information der Deutschen Nationalbibliothek
Die Deutsche Nationalbibliothek verzeichnet diese Publikation in der Deutschen Nationalbibliografie; detaillierte bibliografische Daten sind im Internet über http://dnb.d-nb.de abrufbar.

Ihre Meinung ist uns wichtig!

http://www.bundesanzeiger-verlag.de/Meinung

Bundesanzeiger Verlag GmbH
Amsterdamer Straße 192
50735 Köln

Internet: www.bundesanzeiger-verlag.de
Weitere Informationen finden Sie auch in unserem Themenportal unter www.betrifft-bau.de

Beratung und Bestellung:
Tel.: +49 (0) 221 97668-306
Fax: +49 (0) 221 97668-236
E-Mail: bau-immobilien@bundesanzeiger.de

ISBN (Print): 978-3-8462-0661-4

Herstellung: Günter Fabritius
Druck und buchbinderische Verarbeitung: Appel & Klinger Druck und Medien GmbH, Schneckenlohe

Printed in Germany

Vorwort zur 22. Auflage

Das Standardwerk „Schneider-Bautabellen" liegt nun in der 22. Auflage vor. Studierenden und Praktikern steht damit wie gewohnt ein umfassendes Kompendium auf aktuellem Stand zur Verfügung.

In nahezu allen Abschnitten wurden Aktualisierungen und Ergänzungen vorgenommen. Mehrere Abschnitte wurden aber auch grundlegend überarbeitet oder ganz neu erstellt von Autoren, die erstmalig bei den Bautabellen für Architekten mitwirken. Der Beitrag *Baustatik* wurde von Prof. Dr.-Ing. K. Tichelmann und Dipl.-Ing. T. Wetzel überarbeitet. Vollständig neu gefasst wurde der Abschnitt *Baubetrieb – Bauprozessmanagement*; als Autor konnte hierfür Prof. Dr.-Ing. Dipl.-Kfm. Shervin Haghsheno gewonnen werden. Der Beitrag *Mauerwerksbau* wurde von Prof. Dr.-Ing. C.-A. Graubner überarbeitet und erweitert. Prof. Dr.-Ing. Ulrich Drechsel und Prof. Dr.-Ing. Stefan Krause haben die Autorenschaft für den Beitrag *Wasserversorgung/Abwasserableitung* übernommen und diesen eingehend überarbeitet. Zudem wurden im Kapitel *Baukonstruktion* der Abschnitt *Passivhaus* von Prof. Dr.-Ing. Rudolf Lückmann und im Kapitel *Technische Gebäudeausrüstung* der Abschnitt *Lichtplanung* von Prof. Dr.-Ing. Dirk Bohne neu aufgenommen.

Auf unserer Internetseite **www.schneider-bautabellen.de** stehen sehr hilfreiche und bewährte EDV-Tools für den Konstruktiven Ingenieurbau zur Verfügung. Abschnitte, zu denen EDV-Anwendungen bereitstehen, sind im Buch mit dem Symbol @ am Seitenrand gekennzeichnet. Aktuelle Entwicklungen sowie Druckfehlerkorrekturen werden wir ebenfalls weiterhin auf der Internetseite veröffentlichen.

Am 21. Februar 2015 ist Herr Prof. Dipl.-Ing. Klaus-Jürgen Schneider verstorben. Herr Prof. Schneider war der Gründer und bis zur 16. Auflage der Herausgeber der nach ihm benannten Bautabellen. Die Autorinnen und Autoren, die Herausgeber und der Verlag werden Herrn Prof. Schneider ein ehrendes Andenken bewahren.

Wir möchten uns bei allen Autorinnen und Autoren für ihr großes Engagement bei der Erstellung und Bearbeitung der Beiträge sowie bei allen Leserinnen und Lesern für ihre zahlreichen Zuschriften, die stets einen wesentlichen Beitrag zur kontinuierlichen Verbesserung dieses Buches leisten, herzlich bedanken.

Die Zusammenarbeit mit dem Bundesanzeiger Verlag war sehr angenehm. Hierfür bedanken wir uns auch im Namen aller Autoren.

Bochum, im Januar 2016 *Andrej Albert* Lübeck, im Januar 2016 *Joachim Heisel*

1 Objektentwurf

Prof. Dr. Joachim P. Heisel

Vorbemerkungen

In diesem Kapitel sind Informationen für den Entwurf zusammengestellt: Gebäudetypen, Maßempfehlungen, Mindestmaße sowie baurechtliche Vorschriften u.a.m. Die kritische Auseinandersetzung mit gebauten und/oder veröffentlichten Planungen und den eigenen Entwurf kann es nicht ersetzen.
Für die Genehmigungs- und Ausführungsplanung ist ein Blick in die aktuellen Regelwerke und die landesspezifischen Bestimmungen unerlässlich.

1 Allgemeine Planungsgrundlagen

1.1 Mensch und Maße

Der Entwurf von Gebäuden muss sich maßlich, funktional und gestalterisch an den Benutzern, den Menschen, orientieren. Grundmaße, die sich aus den Körperabmessungen des Menschen ergeben, sind bei der Planung und Dimensionierung der Räume, Bauteile und Einrichtungen zu beachten.

Maßverhältnisse
Bestimmte Maßverhältnisse, Proportionen, wirken auf den Menschen besonders angenehm. Es sind in der Regel Maßverhältnisse, die sich durch Eindeutigkeit und Unterscheidbarkeit der Teile auszeichnen und deren Teile in einem klaren, intuitiv spürbaren inneren Verhältnis zueinander stehen, z. B. 1:2; 2:3; 3:5.

Der sog. Goldene Schnitt gilt als ästhetisch besonders befriedigend. Er definiert das Verhältnis zweier Streckenteile (*a, b*) und des größeren Streckenteils (*b*) zur Gesamtstrecke nach der Formel:

$$a : b = b : (a+b)$$

Seit der Antike werden die Maße und Maßverhältnisse des menschlichen Körpers als ästhetisch besonders befriedigend und harmonisch empfunden. Le Corbusiers entwickelte aus dem menschlichen Körper, insbesondere aus der Höhe des Solarplexus und seiner Verdopplung, Maßsysteme (Modulor), die sich jeweils im Goldenen Schnitt verkürzen bzw. verlängern.

Module
Modulsysteme gehen von einer Grundeinheit (Modul) aus. Alle weiteren Teile werden als ganzzahlige Vielfache dieses Moduls fortentwickelt.

Menschen und Maße (cm)

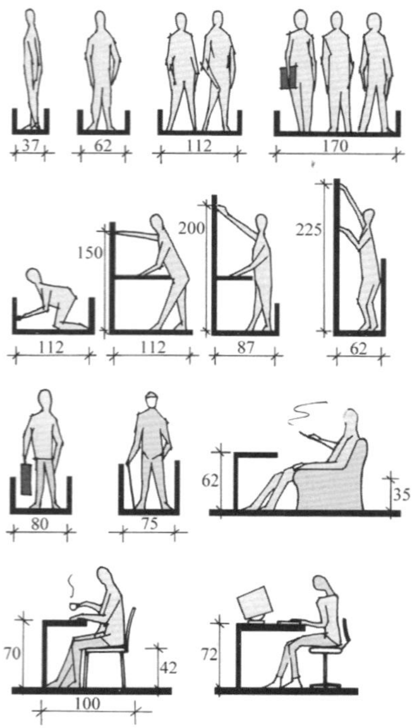

Modulor-Maße (cm). Le Corbusier

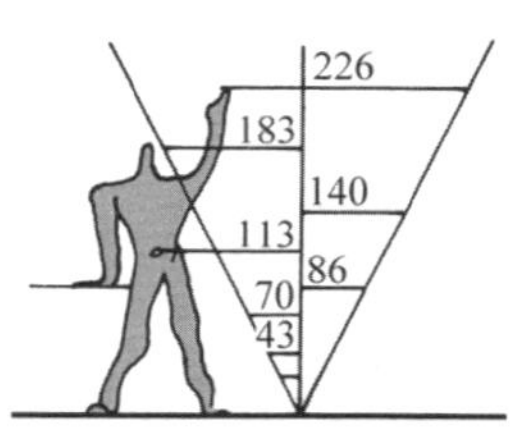

Rote Reihe	Blaue Reihe
3281	6563
2028	4056
1253	2507
774	1549
479	957
296	592
183	366
113	226
70	140
43	86
26	53
16	33
10	20
6	12
4	8
2	4
1	3

Besonnungstabelle
(Horizontal- und Vertikalwinkel (HW, VW))

Uhr-zeit	21.6.		21.3./ 23.9.		21.12.	
	HW	VW	HW	VW	HW	VW
4.00	127°	2°				
5.00	116°	9°				
6.00	105°	18°	90°	0°		
7.00	94°	27°	78°	9°		
8.00	82°	37°	66°	18°		
9.00	68°	46°	52°	26°	41°	5°
10.00	51°	54°	37°	33°	28°	11°
11.00	28°	59°	19°	37°	14°	14°
12.00	0°	62°	0°	39°	0°	15°
13.00	28°	59°	19°	37°	14°	14°
14.00	51°	54°	37°	33°	28°	11°
15.00	68°	46°	52°	26°	41°	5°
16.00	82°	37°	66°	18°		
17.00	94°	27°	78°	9°		
18.00	105°	18°	90°	0°		
19.00	116°	9°				
20.00	127°	2°				

Beispiel für die Anwendung der Besonnungstabelle: Schattenwurf am 21.3., 11.00 Uhr

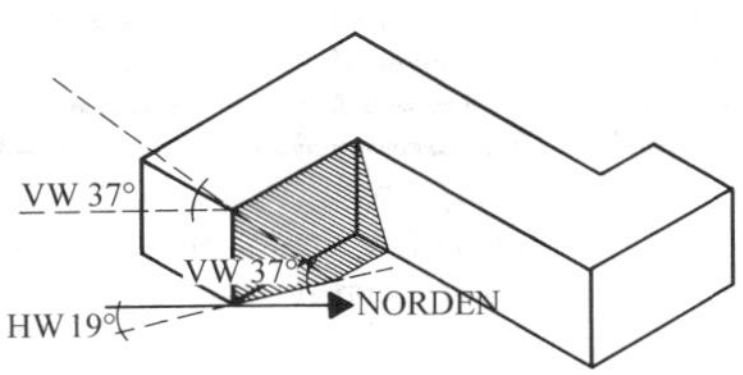

Tageslichtverteilung bei unterschiedlicher Anordnung gleich großer Fensterflächen

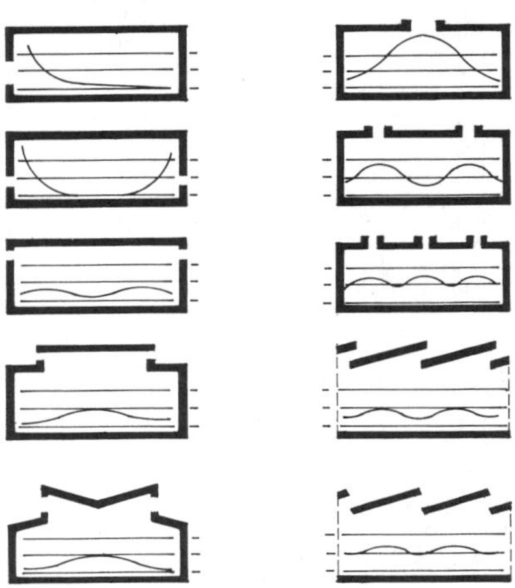

1.2 Besonnung

DIN 5034

Sonnenstände im Jahreslauf
Die Dauer und die Intensität der Besonnung eines Bauwerkes hängen, neben dem Grad der Bewölkung und der Verschattung durch Nachbarobjekte, von der Jahres- und der Tageszeit ab. Für Deutschland gilt etwa: Am 21. 12. (Wintersonnenwende; 7,5 h/Tag) beginnt die Sonne von ihrem tiefsten Mittagsstand (15°) immer höher zu steigen, bis sie am 21. 6. (Sommersonnenwende; 16 h/Tag) ihre größte Höhe (62°) erreicht. Gleichzeitig wandern die Auf- und Untergangspunkte immer weiter nach Osten bzw. nach Westen. Zu den Tag- und Nachtgleichen (21. 3. und 23. 9.; 12 h/Tag) steht die Sonne 39° über dem Horizont.
Statistische Werte über die monatliche Sonnenscheindauer liefern die regionalen Wetterämter.

Ermittlung des Sonnenstandes
In der Regel ermittelt man 3 Besonnungsfälle: Winter- und Sommersonnenwende sowie Tag- und Nachtgleiche. Die Horizontal- und Vertikalwinkel der Sonne zu einer bestimmten Uhrzeit werden Tabellen entnommen und in Grundriss, Aufriss oder Isometrie eingetragen.

1.3 Belichtung

DIN 5034

Tageslichtquotient
Der Tageslichtquotient (D) beschreibt das Verhältnis der *Beleuchtungsstärke* in einem Raum (E_p) zu der im Freien (E_a):

$$D = E_p / E_a \times 100\ \%$$

Für Wohnräume gilt: In 85 cm über Fußboden in halber Raumtiefe und in 1 m Distanz zu den Wänden: D = mind. 0,9 % im Mittel; am ungünstigsten Punkt dieser Linie: D = mind. 0,75 %. Bei Fenstern in 2 aneinander grenzenden Wänden D = mind. 1 % am ungünstigsten Punkt.
Fenster bedingen mit zunehmender Raumtiefe eine deutliche Abnahme des Tageslichts. Hohe Fenster belichten weiter in die Tiefe.
Als Orientierungswert für eine ausreichend belichtete Raumtiefe (Rt) gilt:

$$Rt = 1{,}5 \times \text{Fenstersturzhöhe}$$

Blendung von Personen und ein Aufheizen von Räumen sind ggf. durch Sonnen- und Blendschutzvorrichtungen zu verhindern. Eine blendfreie, gleichmäßige Lichtverteilung kann u. a. durch Nordorientierung der Öffnungen, und/oder Lichtstreuung erreicht werden.

1.4 Bauordnungsrechtl. Begriffe

MBO, HHR, VStättVO

Aufenthaltsräume
Sie dienen dem nicht nur vorübergehenden Aufenthalt von Menschen. *Lichte Raumhöhe* gem. MBO mind. 2,40 m; Verschiedene LBO bestimmen zudem: in Dachräumen mind. 50 % der Fläche 2,30 m hoch, Bauteile unter 1,50 m Höhe bleiben dabei nicht berücksichtigt.

Vollgeschosse
Gemäß MBO sind Vollgeschosse Geschosse, deren *Deckenoberkante* im Mittel mehr als 1,40 m über die Geländeoberfläche hinausragt und die über mind. 2/3 (einige Bundesländer 3/4) ihrer Grundfläche eine lichte Höhe von mind. 2,30 m haben. Die LBO weichen z. T. ab.

Gebäudeklassen (GK)
Die MBO unterscheidet nach der Höhe des Fußbodens eines Aufenthaltsraums über Gelände (HF), Größe oberirdischer Geschossfläche (GF) sowie Zahl und Größe der Nutzungseinheiten (NE):

GK 1: Frei stehend, HF max. 7 m, Summe GF max. 400 m²; max. 2 NE
GK 2: wie vor jedoch, nicht frei stehend,
GK 3: sonstige Gebäude mit HF max. 7 m,
GK 4: HF max. 13 m, je NE max. 400 m² GF,
GK 5: sonstige Gebäude.

Ab HF über 22 m handelt es sich um ein Hochhaus (GK 5). Es gelten dann die HHR der Länder. Die GK bestimmt u. a. die Brandschutzanforderungen an Bauteile.

Brandwände
Gebäudeabschlusswände sind als Brandwände herzustellen, wenn das Bauwerk 2,50 m oder näher zur Grundstücksgrenze steht. Innere Brandwände sind nach max. 40 m anzuordnen. Winkelförmige Gebäude, die in ein Quadrat von 40 × 40 m passen, benötigen keine inneren Brandwände.

Nutzungseinheit (NE)
Nutzungseinheiten sind Bereiche einheitlicher Nutzung, z. B. Wohnung, Büro, Gaststätte.

Trennwände (TW)
Trennwände trennen Nutzungseinheiten. Sie besitzen die gleiche Brandschutzklassifikation wie Decken und bilden mit diesen eine Zelle.

Weiterführende Informationen enthält der Planungsatlas.

Gebäudeklassen
Bauweise (BW) und Rettungswege

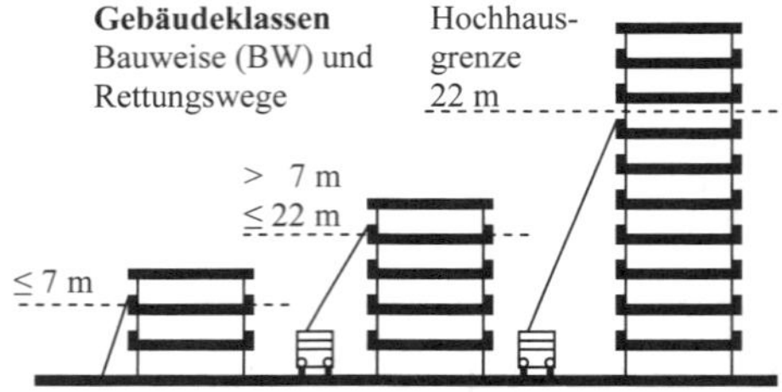

GK 1–3
Niedrige BW
1 notw. Treppenraum + Leiter

GK 4–5 ≤ 22 m
Mittlere BW
1 notw. Treppenraum + Drehleiter

Hochhaus GK 5
2 notw. Treppenräume

Gebäudeklassen und Mindest-Brandschutzeigenschaften von Bauteilen (MBO, vereinfacht)

	GK 1	GK 2	GK 3	GK 4	GK 5
Tragende Teile und Decken in Kellern	fh	fh	fb	fb	fb
Sonstige tragende Teile und Decken	-	fh	fh	hf	fb
Tragende Teile und Decken in Geschossen– ohne mögliche Aufenthaltsräume darüber	-	-	-	-	-
Trennwände zwischen Nutzungseinheiten	fh	fh	fh	hf	fb
Trennwände von Nutzungseinheit im Dach ohne mögliche Aufenthaltsräume darüber	fh	fh	fh	fh	fh
Trennwände und Decken von Räume mit Explosions- oder erhöhter Brandgefahr	fb	fb	fb	fb	fb
Trennwände zwischen Aufenthaltsräumen und anders genutzen Räumen im Keller	fh	fh	fb	fb	fb
Innere Brandwände	hf			hf + M	fb A+M
Brandwand als Gebäudeabschlusswand	Innen F 30 / Außen F 90				
Nicht tragende Außenwände bzw. nicht tragende Teile tragender Außenwände	-	-	-	A / fh	A / fh
Oberflächen von Außenwänden, Verkleidungen incl. Dämmstoffe u. Unterkonstruktion	-	-	-	B1 UK: B2	B1 UK: B2
fh: feuerhemmend; hf: hochfeuerhemmend; fb: feuerbeständig; A: n. brennbar; B1: schwer entflammbar; B2: normal entflammbar; M: mechanische Beanspruchung ; /: oder; UK: Unterkonstruktion					

Maße von Fensterflächen

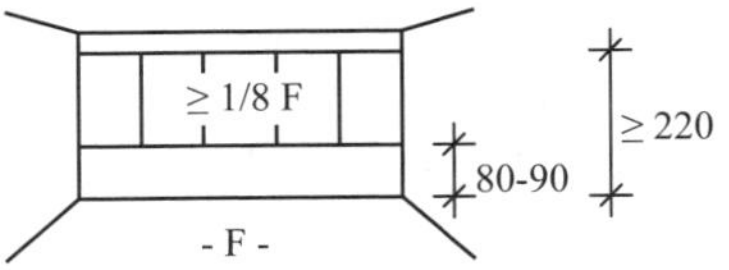

Fensterbrüstungshöhen (BRH) (cm)

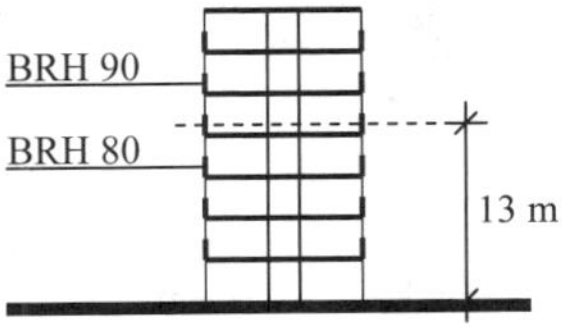

Maße für Fenster als Rettungswege (cm)

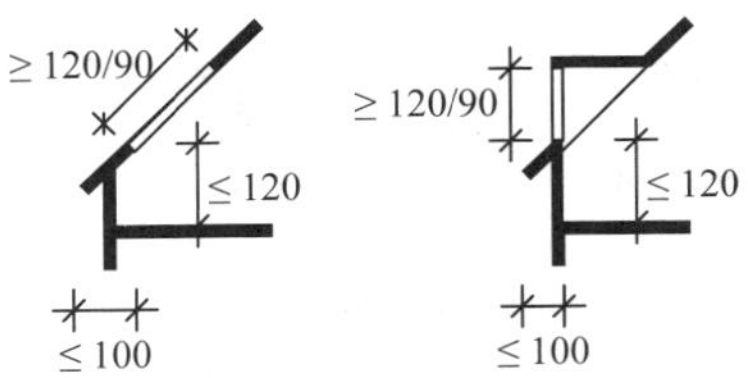

Orientierungsmaße. Liegende Dachfenster (cm)

Breite\Höhe	85	112	121	123	145
54		x			
65	x		x		
74		x			x
85		x			
94				x	x
105				x	x

Anforderungen an Türen (MBO)

Türen von Wohnungen und Nutzungseinheiten ≤ 200 m² zu NwFl	T-D
Türen von Nichtwohn-Nutzungseinheiten > 200 m² zu NwFl	T 30-DS
Türen nach max. 30 m in NwFl	T-RS
Von Lagern im KG zu NwFl	T 30-DS
Türen von NwFl zu NwTR	T-RS
Türen von Wohnungen bzw. Nutzungseinheiten ≤ 200 m² zu NwTR	T-DS
Türen von Nichtwohn-Nutzungseinheiten > 200 m² zu NwTR	T 30-RS
Von DG und KG zu NwTR	T 30-RS
Türen in Trennwänden	T 30-DS
Türen in Brandwänden	T 90-DS
Türen in Brandwänden in NwFl	T 90-RS
NwFl: notwendiger Flur; NwTR: notwendiger Treppenraum	

2 Bauelemente

2.1 Öffnungen

2.1.1 Fenster

ASR A3.4, ASR A3.6, DIN 5034, DIN 18 040

Aufenthaltsräume müssen über Fenster (notwendige Fenster) belichtet und belüftet sein. Rohbaumaße der notwendigen Fenster mind. 1/8 der Netto-Grundfläche der Räume, in Kindertagesstätten und Schulen mind. 1/5. Ausnahmen sind möglich, wenn Raumfunktionen dies verlangen und Belichtung sowie Belüftung gesichert sind.

Bei Wohnräumen und Arbeitsstätten bis etwa 50 m² Fläche gilt: Unterkante Fenster möglichst max. 90 cm, Oberkante mind. 2,20 m über Fußboden. Barrierefreie Wohnungen: Unterkante Glas mind. eines Fensters max. 60 cm über Fußboden, Höhe Fenstergriff: 85–105 cm.

Bei Absturzhöhen ≤ 12 m Fensterbrüstungshöhen mind. 80 cm, bei größeren Höhen mind. 90 cm über Fußboden (vgl. Umwehrungen, Abschn. 2.2.5). Besondere Bestimmungen gelten bei Arbeitsstätten (s. Abschn. 7.5).

Fenster, die als Rettungswege fungieren, müssen mind. 90 cm × 120 cm im Lichten messen. Die Unterkante darf max. 120 cm über Fußboden liegen. In Dachschrägen oder in Dachaufbauten (z. B. Gauben) dürfen Rettungsfenster max. 1 m horizontal gemessen von der Traufe entfernt sein.

2.1.2 Türen

LBO, ASR A2.3, DIN 4109, DIN 18 040

Die schall- und brandschutztechnischen Anforderungen und der Transport von Möbeln u. Ä. ist bei der Festlegung von Bauart und Maßen zu beachten.

Türen in Wohnungen
Eingangstüren: Breite mind. 90 cm im Lichten. Rohbau-Türbreiten innerhalb von Wohnungen: 88,5 cm; zu untergeordneten Räumen: 76 cm. Türen im barrierefreien Bauen: Abschnitt 4.

Türen im Brandschutz
Zu unterscheiden sind Türarten:
T-D: Dichtschließend, vollwandig mit Dichtungen oben und seitlich, ohne Prüfung
T-DS: Dicht- und selbstschließend
T-RS: Mit vierseitigen Dichtungen auf Rauchdichtigkeit geprüft und selbstschließend.
Hinzukommen ggf. noch Anforderungen an den Feuerwiderstand: T 30, T 60, T 90.
In Rettungswegen sind die lichten Türbreiten gemäß LBO, Sonderbauvorschriften und ASR A2.3 zu beachten.

2.2 Erschließungselemente

2.2.1 Rettungswege

LBO, SonderbauVO, ASR A2.3

Nutzungseinheiten mit Aufenthaltsräumen müssen mind. 2 unabhängige Rettungswege ins Freie oder in notwendige Treppenräume besitzen. Als Rettungswege erforderliche Flure und Treppen werden als „notwendig" bezeichnet.
Ins Freie oder zu notwendigen Treppenräumen darf der 1. Rettungsweg max. 35 m betragen. Der 2. Rettungsweg ist in der Länge nicht begrenzt und kann über eine Leiter der Feuerwehr führen. Ab 8 m Brüstungshöhe jedoch nur, wenn diese ein Drehleiterfahrzeug besitzt und entsprechende Zufahrten vorhanden sind. Ein 2. Rettungsweg ist nicht erforderlich, wenn ein Sicherheitstreppenraum mit Schleusen und Druckbelüftung vorhanden ist.
In Versammlungsstätten (> 200 Besucher) darf der 1. Rettungsweg aus dem Zuschauerraum max. 30 m und von außerhalb des Zuschauerraums bis zum notwendigen Treppenraum bzw. ins Freie wieder max. 30 m messen.
In Sonderbauten (Schulen, Versammlungsstätten, Verkaufsstätten, Gaststätten etc.) sind in der Regel 2 bauliche Rettungswege (notwendige Treppen) erforderlich. Breite der Rettungswege in Sonderbauten: 1,20 m je 200 Nutzer; Verbreiterung in 60-cm-Schritten je weitere 100 Nutzer.

2.2.2 Treppen

LBO, SonderbauVO, DIN 18 065, DIN 18 040

DIN 18 065 ist neben den bauordnungsrechtlichen Vorschriften, die zentrale Planungsgrundlage für Treppen. Sie unterscheidet Treppen in Wohnungen und Wohngebäuden mit max. 2 Wohnungen (Kleinwohngebäuden) von sonstigen Treppen (Gebäude im Allgemeinen).

Notwendige Treppen
Jedes Geschoss, das nicht zu ebener Erde liegt, muss mind. über 1 Treppe (= notwendige Treppe) erschlossen sein. Leitern, Fahrtreppen und Einschubtreppen sind als notwendige Treppen unzulässig. Über notwendige Treppen allgemeiner Gebäude muss der Krankentransport mit Tragen möglich sein.

Treppen in Versammlungsstätten
Treppen in Versammlungsstätten max. 2,40 m breit, sonst Mittengeländer erforderlich. An beiden Seiten Handläufe ohne offene Enden anordnen und über Treppenabsätze fortführen. Geschosse mit ≥ 800 Besuchern benötigen jeweils eigene Treppenanlagen.

Stufen, Begriffe

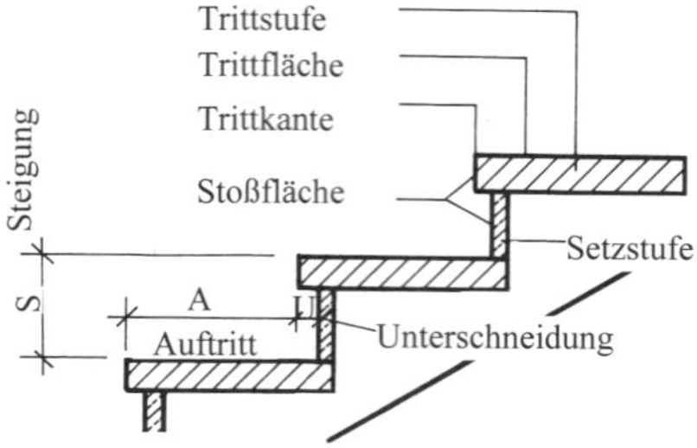

Stufenformen

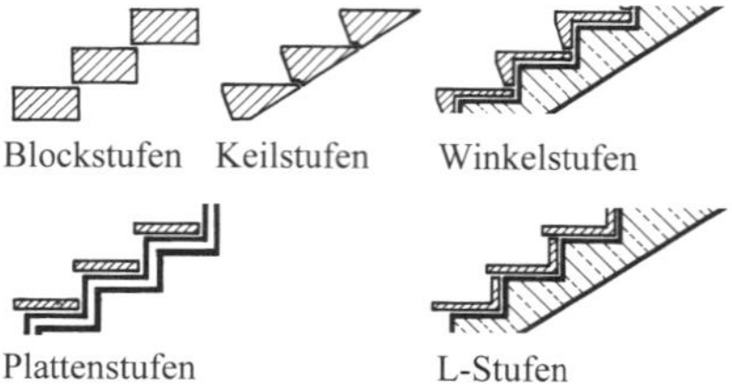

Günstige Treppensteigungen

Freitreppen	14–16 cm
Versammlungsstätten	15–17 cm
Schulen	14–16 cm
öffentliche Gebäude	16–17 cm
Gewerbebauten	17–19 cm
Verwaltungsbauten	16–17 cm
Wohnhäuser	16–19 cm
Bodentreppen	18–20 cm
Kellertreppen	18–19 cm
nicht notwendige Treppen	bis 21 cm

Treppen, Begriffe

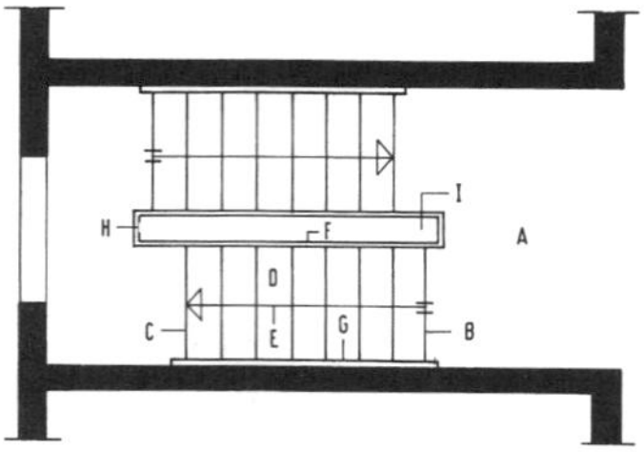

A Podest
B Antrittstufe
C Austrittstufe
D Treppenlauf
E Lauflinie
F Innere Treppenwange
G Äußere Treppenwange
H Krümmling
I Treppenauge

Treppen, wichtige Maße (cm)

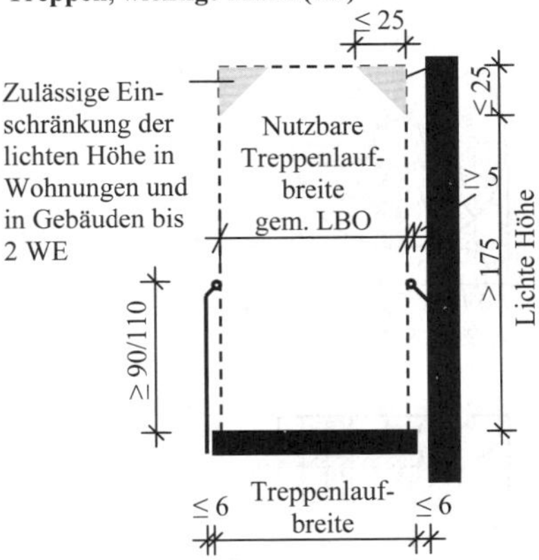

Treppenformen

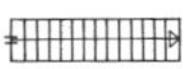
Einläufige gerade Treppe

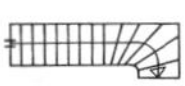
Einläufige im Austritt viertelgewendelte Treppe

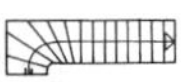
Einläufige im Antritt viertelgewendelte Treppe

Einläufige zweimal viertelgewendelte Treppe

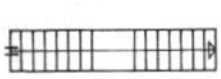
Zweiläufige gerade Treppe mit Zwischenpodest

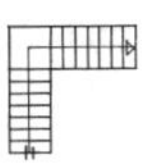
Zweiläufige gewinkelte Treppe mit Zwischenpodest

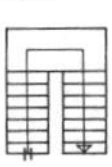
Zweiläufige gegenläufige Treppe mit Zwischenpodest

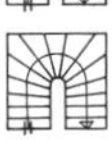
Einläufig halbgewendelte Treppe

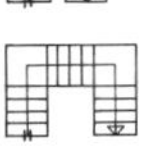
Dreiläufige zweimal abgewinkelte Treppe mit 2 Zwischenpodesten

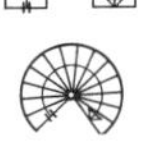
Spindeltreppe

Wendeltreppe

Mindestbreiten von Rettungswegen in Sonderbauten

Darauf angewiesene Personen	Breite notwendiger Flure und Treppen
≤ 200	120 cm
≤ 300	180 cm
≤ 400	240 cm

Maße von Treppen DIN 18 065 (cm)

Treppe	Laufbreite	Steigung	Auftritt
Gebäude im Allgemeinen			
Notwendig	≥ 100	14-19	26-37
Nicht notwendig	≥ 50	14-21	21-37
Wohnhäuser bis 2 WE und in Wohnungen			
Notwendig	≥ 80	14-20	23-37
Nicht notwendig	≥ 50	14-21	21-37

Steigungsverhältnis
Unter dem Steigungsverhältnis einer Treppe wird die Relation zwischen der Auftrittsbreite (*a*) und der Steigungshöhe (*s*) der Stufen verstanden. Das Steigungsverhältnis soll sich in der Lauflinie einer Treppe nicht ändern.
Günstige Steigungsverhältnisse, ergeben sich aus der Schrittlänge des Menschen. Formel:

$$2 \times s + a = 59 \text{ bis } 65 \text{ cm}$$

Freitreppen und repräsentative Treppen in Gebäuden mit größeren Auftrittsbreiten und geringeren Steigungshöhen planen.

Stufen
Bei Treppen, die von Kindern benutzt werden könnten, darf das lichte Maß der Öffnung zwischen den Trittstufen 12 cm nicht übersteigen.
Bei notwendigen Treppen in Wohnungen und Wohngebäuden mit max. 2 Wohnungen mit Auftritten unter 26 cm muss die Unterschneidung so groß sein, dass mit ihr mind. 26 cm Stufentiefe erreicht werden. Bei nicht notwendigen Treppen mit Auftritten unter 24 cm muss die Unterschneidung so groß sein, dass mind. 24 cm Stufentiefe erreicht werden.

Podeste
Außer in Wohnungen und Wohngebäuden bis max. 2 Wohnungen ist nach 18 Stufen ein Podest vorzusehen. Die nutzbare Podestbreite muss mind. der nutzbaren Treppenlaufbreite entsprechen. Der Auftritt des Podestes beträgt im Allgemeinen mind. 3 Stufenauftritte, in Wohnungen und Wohngebäuden mit max. 2 Wohnungen mind. 2,5 Stufenauftritte.
Schlägt eine Tür in Richtung der Treppe auf, so muss vor der Treppe ein Absatz sein, dessen Tiefe mind. der Türbreite entspricht.

Nutzbare Treppenlaufbreiten
Als nutzbare Laufbreite einer Treppe bezeichnet man den freien Raum zwischen begrenzenden Bauteilen, wie Wänden, Handläufen u. Ä.

Wendel- und Spindeltreppen
Wendel- und Spindeltreppen müssen an der schmalsten Stellen der nutzbaren Laufbreite mind. 10 cm Auftritt besitzen, in Wohnungen

und Wohngebäuden bis 2 Wohnungen mind. 5 cm. Spindeltreppen benötigen nach DIN 18 065 in Wohnungen und Kleinwohngebäuden keinen Mindestauftritt.

Handläufe und Treppengeländer
Geländer sind erforderlich, wenn die Absturzhöhe 1 m überschreitet. Geländer müssen über der Vorderkante der Stufen bzw. der Oberkante des Fußbodens eine Höhe von mind. 90 cm aufweisen. Bei mehr als 12 m Absturzhöhe muss die Geländerhöhe mind. 110 cm betragen. Treppen müssen mind. einen Handlauf (*b* = 2,5–6 cm) besitzen. Höhe 90–115 cm. Handläufe müssen fest sein, z. B. keine Seile. Ab 1,50 m Breite sind beidseitige Handläufe sinnvoll, bei barrierefreien Bauten sind sie stets erforderlich. Ab 2,40 m Breite kann ein mittiger Handlauf erforderlich sein (VStättVO).
In Gebäuden, in denen mit unbeaufsichtigten Kleinkindern zu rechnen ist, dürfen Öffnungen in Geländern 12 cm nicht übersteigen. Ein Aufklettern muss unmöglich sein, z.B. durch senkrechte Stäbe oder Scheiben mind. in den unteren 70 cm oder durch einen um mind. 15 cm nach innen vorkragenden Handlauf. Zwischen Geländerunterkante und Treppe darf kein Würfel von 15 cm Seitenlänge durchpassen.

Treppenformen
Treppen sollten möglichst homogen verlaufen. Kombinationen von geradläufigen und gewendelten Teilen sollten sich auf Treppen innerhalb von Wohnungen beschränken.

2.2.3 Treppenräume

LBO, SonderbauVO

Für Gebäude der GK 3–5 gilt: Notwendige Treppen müssen in einem eigenen, an der Außenwand liegenden Treppenraum angeordnet sein. Innen liegende Treppenräume können gestattet werden, wenn wegen der Rauchgefährdung und des Brandschutzes keine Bedenken bestehen. Jeder Treppenraum muss einen sicheren, kurzen Ausgang ins Freie besitzen.
Bei GK 4 und 5 muss die notwendige Treppe in einem Zug zu allen Geschossen und zum Dachraum führen. Zu den Anforderungen an Türen in notw. Treppenräumen s. Abschn. 2.1.2.
In jedem Geschoss ist ein Außenfenster von mind. 0,5 m² freiem Lüftungsquerschnitt, bei innen liegenden Treppenhäusern und solchen von Höhen über 13 m eine Öffnung an der höchsten Stelle von mind. 1 m² freiem Querschnitt erforderlich. Sie muss mind. im EG und im obersten Geschoss zu bedienen sein.
Installationen mit Brandschutz nach Leitungsanlagenrichtlinie (LAR).

Treppen, Gehbereiche

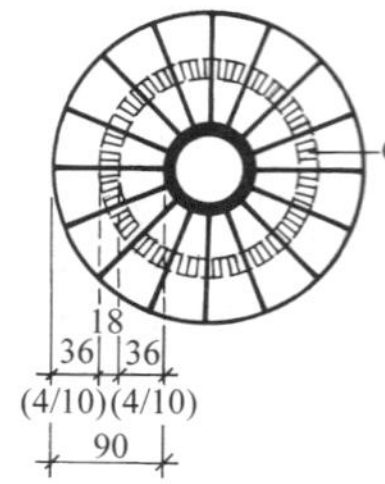

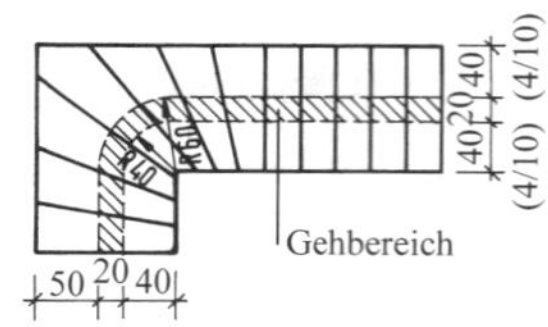

Treppen, Flächenbedarf

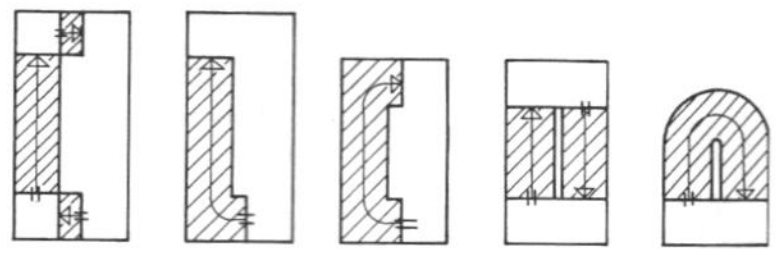

Bauarten von notwendiger Treppen und Treppenräume (MBO)

Gebäudeklasse	Treppe	Treppenraum
GK 1–2	Frei gestellt	Nicht erforderlich
GK 3	A o. F30-B	F30-B
GK 4	A	F 60-AB+M
GK 5	F 30-A	F 90-A+M

Treppenräume in Hochhäusern
Von jeder Stelle eines Aufenthaltsraumes dürfen 2 notwendige Treppen oder 1 Sicherheitstreppenraum mit Vorraum und Druckbelüftung max. 35 m entfernt sein, bei Stichfluren max. 15 m. Innen liegende Treppenräume, Treppenräumen zu KG mit Aufenthaltsräumen müssen Sicherheitstreppenräume sein. Vorraum mind. 3 m tief. Vorräume für Aufzüge und Sicherheitstreppenräume trennen. Tür vom notw. Flur zum Vorraum: T 30-RS; vom Vorraum zum notw. Treppenraum: T-RS.
Hochhäuser über 60 m über Gelände erfordern mind. 2 Sicherheitstreppenräume.

Bodentreppe, Begriffe

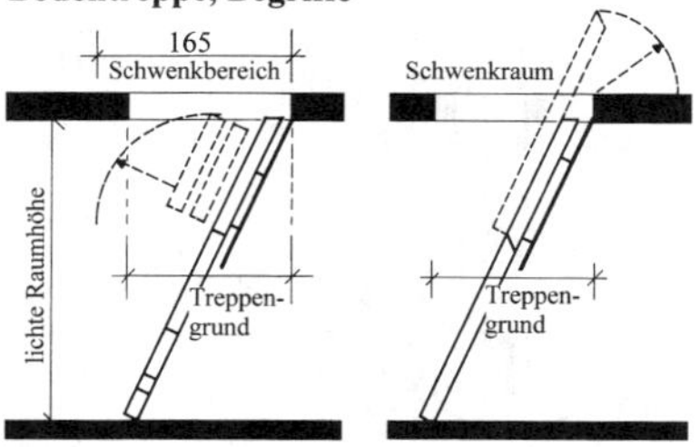

Einbaumaße für 3-teilige Bodentreppen (cm)

Lichte Raumhöhe	Lukenbreite	Lukenlänge
230–270	60	120
230–270	70	120,130,140

Alten- und behindertengerechte Rampe

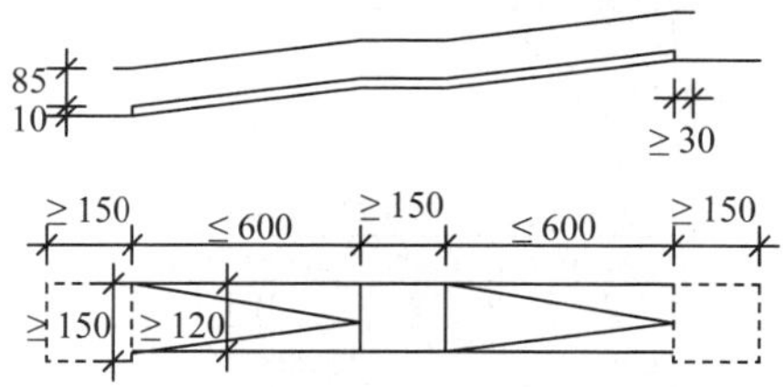

Treppenrampe (≤ 25°)

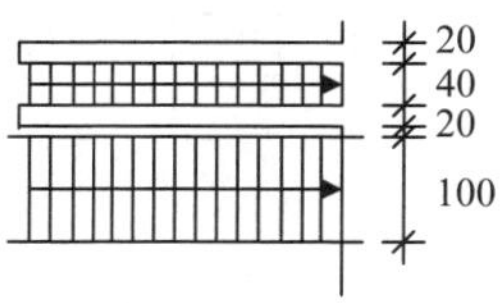

Wände und Türen notwendiger Flure (MBO)

Geb.-Klasse und Lage		Bauart der Wände
GK 1–2	KG	F 30-B + Bk nb
GK 3–5	KG	F 90-AB
GK 1–5	EG–DG	F 30-B + Bk nb
Türen zu		Bauart der Türen
Wohnungen und Nutzungseinheiten ≤ 200 m²		T-D
Sonstigen Räumen und Nutzungseinh. > 200 m²		Wie vor, besser: T 30-RS
Lager im Kellergeschoss		T 30-DS
Bk nb: Bekleidungen nicht brennbar		

Nutzbare Mindest- bzw. Maximaltreppenbreiten

nicht notw. Treppe	≥ 50 cm
Treppe in Wohnungen	≥ 80 cm
Wohnhaus bis 2 Wohneinheiten	≥ 90 cm
Garagen	≥ 100 cm
übrige Gebäude	≥ 100 cm
Sonderbauten (VStättVO u. a.)	≥ 120 cm

2.2.4 Rampen

Rampen für Rollstuhlfahrer und Fußgänger sollen gemäß DIN 18 040 max. 6 % Steigung und nach 6 m ein Podest von 150 cm Länge besitzen. Lichte Breite mind. 120 cm. Seitliche Radabweiser mind. 10 cm hoch. Geländer auf 85 cm Höhe. Davor jeweils eine waagerechte Fläche von mind. 150 cm × 150 cm vorhalten. Für Kinderwagen und Fahrradfahrer sind Rampen mit mittiger Treppenanlage bis max. 25° Steigung nutzbar.

2.2.5 Umwehrungen

Bereiche mit Absturzhöhen über 1 m sind mit Umwehrungen (z. B. Balkonbrüstungen, Geländer) zu sichern, sofern dies nicht der Zweckbestimmung widerspricht (z. B. Laderampen).
Die Umwehrungen müssen bis zu einer Abstürzhöhe von 12 m eine Höhe von mind. 90 cm besitzen, bei größeren Höhen mind. 1,1 m. Abweichende Regeln gelten für Arbeitsstätten und Schulen (s. Abschn. 7 und 9).

2.2.6 Flure

LBO, SonderbauVO

Flure, Notwendige Flure

Flurfächen im Grundriss möglichst gering halten. Längere Flure gliedern und Aufenthalts- und Kommunikationszonen schaffen. Möglichst natürlich belichten.
Notwendige Flure verbinden Nutzungseinheiten (NE) und Aufenthaltsräume außerhalb von NE mit den notwendigen Treppenräumen. Sie sind zudem innerhalb von Büronutzungseinheiten über 400 m² und allen anderen Nutzungseinheiten über 200 m² erforderlich. Notwendige Flure sind nach max. 30 m Länge durch Rauchschutztüren (T-RS) zu unterteilen. Bauart der Wände und Türen notwendiger Flure: siehe Tabelle. Installationen in notw. Fluren nur mit Brandschutz nach Leitungsanlagenrichtlinie (LAR).

Dimensionierung

In Wohnungen mind. 1,20 m. Notwendige Flure mind. 1,20 cm für max. 200 Personen und je weitere 100 Personen 60 cm breiter. Barrierefreie Flure mind. 1,50 m (s. Abschnitt 4).

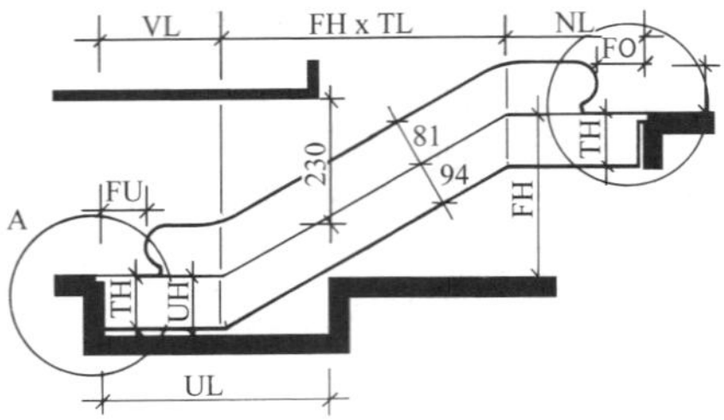

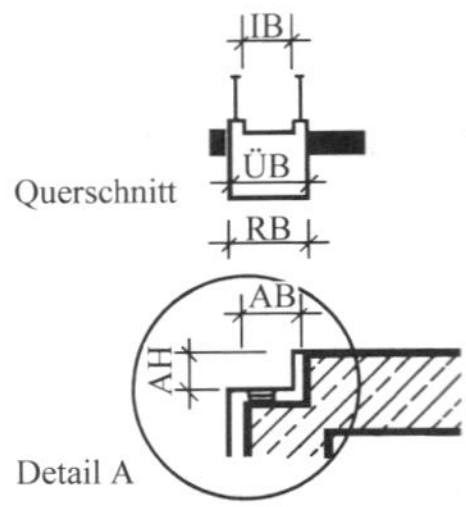

Legende:
AB: Auflagerbreite
AH: Auflagerhöhe
FH: Förderhöhe
FO: Freiraum oben
FU: Freiraum unten
IB: Innere Breite
NL: Nachlauf
RB: Rohbaubreite
TH: Treppenhöhe
TL: Treppenlängen-Faktor
ÜB: Breite über alles
UH: Unterfahrthöhe
UL: Unterfahrtlänge
VL: Vorlauf

2.2.7 Fahrtreppen und Fahrsteige

DIN EN 115, LBO, DIN 18 040

Zur kontinuierlichen Beförderung größerer Menschenmengen ist der Einsatz von Fahrtreppen und Fahrsteigen sinnvoll. Fahrtreppen gelten nicht als notwendige Treppen.

Fahrtreppen
Steigungen in Kaufhäusern und Verwaltungsbauten max. 30°. Steigungen in Verkehrsanlagen (z. B.: U-Bahnhof): auch 27,3°, ähnlich den gängigen Treppensteigungen. Lichte Breite 80 bzw. 100 cm. 60 cm Breite lässt die DIN EN 115 nicht mehr zu. Vor Fahrtreppen ist ein Stauraum von mind. 2,50 m Tiefe vom Ende der Fahrtreppenbalustrade vorzusehen. Die lichte Kopfhöhe muss mind. 2,30 m betragen. Neben der Länge der eigentlichen Treppen muss die Planung die oberen und unteren Umlenk- und Motorräume berücksichtigen. Auf die Auflager kommen hohe Lasten.
Die Förderleistung einer Fahrtreppe hängt von deren Breite und Fahrgeschwindigkeit ab. In öffentlich zugängigen Gebäuden beträgt die Geschwindigkeit max. 0,5 m/s.
Bei Kaufhäusern wird etwa je 1000 m² Verkaufsfläche eine Fahrtreppe eingebaut.

Fahrsteige
Fahrsteige sind horizontale oder leicht geneigte Fördermittel (max. 12°) für größere Menschenmengen. Sie sind sinnvoll, wenn die Menschen Gepäck über weite Strecken transportieren müssen (z. B. Flughafen). Baulängen bis 250 m sind möglich. Eine Aufteilung in kürzere Teilstücke bietet mehr Zusteigemöglichkeiten, zwingt aber auch zu häufigem Umsteigen auf weiterführende Fahrsteige. In öffentlich zugängigen Bereichen dürfen die Neigung max. 7° und die Fördergeschwindigkeit max. 0,5 m/s betragen (DIN 18 040-1).

Breite von Fahrtreppen

80 cm	1 Person + Tasche
100 cm	2 Personen oder 1 Person + Gepäck

Maße von Fahrtreppen (cm)

VL	TL	NL	FU	FO	TH	UH	UL
Fahrtreppe 27,3° (Gr. 1)							
226	1,9375	244	71	58	112	120	450
Fahrtreppe 27,3° (Gr. 2)							
266	1,9375	284	71	58	112	120	490
Fahrtreppe 30° (Gr. 1)							
226	1,7321	244	71	58	112	120	430
Fahrtreppe 30° (Gr. 2)							
266	1,7321	284	71	58	112	120	470
Fahrtreppe 35° mit Glasbalustrade (Gr. 1)							
221	1,4281	249	79	79	105	115	400
Fahrtreppe 30° mit Glasbalustrade (Gr. 1)							
221	1,7321	249	79	79	105	115	430
Fahrtreppe 35° mit Glasbalustrade (Gr. 1)							
221	1,4281	249	79	79	105	115	400
Fahrtreppe 30° mit Ganzglasbalustrade (Gr. 1)							
221	1,7321	249	24	24	105	115	430
Fahrtreppe 35° mit Ganzglasbalustrade (Gr. 1)							
221	1,4281	249	24	24	105	115	400

Breiten- und Auflagermaße von Fahrtreppen (cm)

IB	ÜB	RB	AH	AB
Verkehrsfahrtreppe mit geschlossener Balustrade				
80	142	148	14	20
100	162	168	14	20
Fahrtreppen mit Glasbalustrade				
80	137	143	14	18
100	157	163	14	18
Fahrtreppe mit Ganzglasbalustrade				
80	130	136	14	18
100	150	156	14	18

Fahrtreppen. Fördermenge (Pers./h)

Stufenbreite	80 cm	100 cm
bei $v = 0{,}5$ m/s	6750	9000
bei $v = 0{,}65$ m/s	8775	11700

Systemmaße von Aufzugsanlagen, Grundriss (oben) und Schnitte (unten)

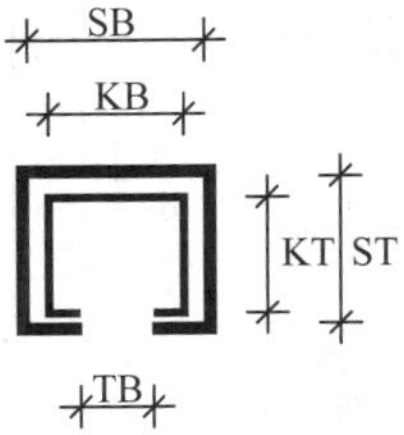

Legende:
TK: Tragfähigkeit
KB: Korbbreite
KT: Korbtiefe
TH: Türhöhe
TB: Türbreite
SB: Schachtbreite
ST: Schachttiefe
SK: Schachtkopfhöhe
SG: Schachtgrubentiefe
TW: Triebwerksraum

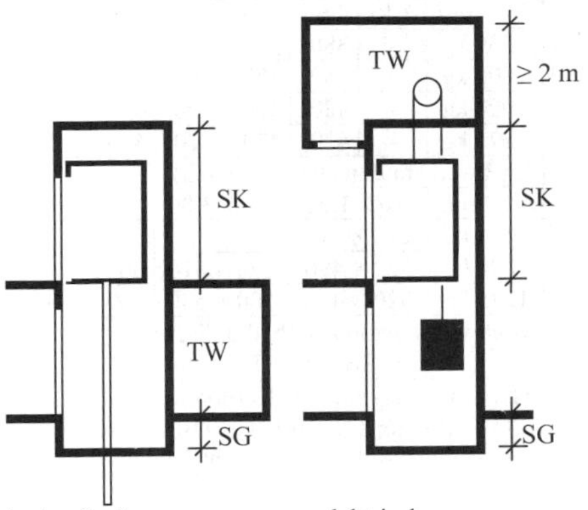

hydraulisch elektrisch

Maße von Personenaufzügen in Wohngebäuden (cm)

Fahrkorb-, Tür- und Schachtmaße						
TK	KB	KT	TH	TB	SB	ST
320 kg	90	100	200	70	150	150
450 kg	100	120	210	80	160	170
630 kg	110	140	210	90	170	190
1000 kg	110	210	210	90	170	260
Schachtgrubentiefe nach Nenngeschwindigkeit						
m/s	0,40	0,63	1,00	1,60	2,00	2,50
320 kg	140	140	140	-	-	-
450 kg	140	140	140	160	-	-
630 kg	140	140	140	160	175	220
1000 kg	140	140	140	160	175	220
Schachtkopfhöhe nach Nenngeschwindigkeit						
m/s	0,40	0,63	1,00	1,60	2,00	2,50
320 kg	360	360	370	-	-	-
450 kg	360	360	370	380	-	-
630 kg	360	360	370	380	430	500
1000 kg	360	360	370	380	430	500

Triebwerksraummaße			
	elektrisch		hydraulisch
m/s	0,63–1,60	2,00–2,50	0,40–1,00
630 kg	250 × 370	270 × 510	SB bzw.
1000 kg	320 × 490	270 × 510	ST × 200

2.2.8 Aufzüge

LBO, DIN EN 81, DIN 15 306, DIN 15 309, DIN 15 310, DIN 18 040, DIN 18 090 ff.

Notwendige Aufzüge

Gebäude mit Aufenthaltsräumen von mehr als 13 m über Gelände (GK 5) erfordern Aufzüge: Mind. 1 Aufzugkorb muss für Krankentragen und Rollstühle geeignet (2,10 m × 1,10 m) und barrierefrei erreichbar sein. Er muss alle Geschosse mit Ausnahme des obersten Geschosses und der Kellergeschosse anfahren.
In Gebäuden mit Publikumsverkehr ist mind. 1 rollstuhlgerechter Aufzug (KB: 1,10 m, KT: 1,40 m, TB: 0,90 m) vorzusehen.
Notwendige Aufzüge müssen eine lichte Türbreite von mind. 90 cm besitzen. Stauflächen vor den Aufzügen beachten!

Stauflächen

Vor jedem Aufzug ist eine Staufläche zu planen. Ihre Tiefe soll mind. der des Fahrkorbes entsprechen, bei Aufzugsgruppen der des tiefsten Korbes. Stauflächen vor rollstuhlgerechten Aufzügen messen mind. 150 cm × 150 cm.

Lage im Grundriss

Aufzüge in der Nähe von Treppenanlagen, zentral und leicht auffindbar anordnen. Mehrere Aufzüge zu Gruppen zusammenfassen. Bei großflächigen Gebäuden mehrere Aufzugsgruppen im Grundriss verteilen. Die Zugänge zu Aufzügen sollten ggf. zu kontrollieren sein.

Aufzugsschächte

Aufzüge im Gebäudeinneren benötigen eigene Schächte. Max. 3 Aufzüge je Schacht.
Aufzüge ohne Schacht sind erlaubt:

- in einem notwendigen Treppenraum mit Ausnahme von Hochhäusern,
- zwischen offenen Geschossen und in Räumen, die Geschosse verbinden, und
- in Gebäuden der GK 1 und 2.

In Gebäuden der GK 3 muss die Schachtwand mind. feuerhemmend (F 30-B), bei GK 4 mind. hochfeuerhemmend (F 60-AB) und bei GK 5 feuerbeständig und nichtbrennbar (F 90-A) ausgeführt werden.
Aufzugsschächte müssen zu lüften sein und einen Rauchabzug von mind. 2,5 % der Grundfläche, jedoch mind. 0,1 m² besitzen.
Türen von Aufzugsschächten müssen dem Feuerwiderstand der Schächte entsprechen (DIN 18 090 ff.).

Schachtgruben und Schachtköpfe

Zur Aufnahme des Korbaufbaus und anderer Einbauten benötigen Aufzugsschächte Gruben und Köpfe, deren Maße von der Nenngeschwindigkeit der Anlage abhängen.

Triebwerks- und Rollenräume

Die Maschinen für seilgezogene Aufzüge befinden sich am günstigsten über dem Schacht. Bei größeren Aufzügen ist dazu ein Triebwerksraum erforderlich, dessen Höhen sich nach der Größe des Triebwerks richtet. Bei kleineren Aufzügen kann der Antrieb noch im Schacht angeordnet werden. Eine Anordnung im Keller neben dem Schacht ist wegen der Seilumlenkung aufwendiger.

Maschinenräume für Hydraulikaufzüge liegen am unteren Ende des Schachtes, möglichst max. 5 m von Hubzylindern entfernt, andernfalls treten Energieverluste auf. Boden durch Türschwelle und ölfesten Anstrich als Leckauffangwanne ausbilden (Volumen = Ölinhalt der Maschinerie). Sie besitzen die Breite der angrenzenden Schachtseite und 2 m Tiefe.

Antriebsarten

Seilgezogene Aufzüge sind in ihrer Hubhöhe und ihrer Geschwindigkeit hydraulischen Aufzügen überlegen. Hydraulische Aufzüge können max. 15–20 m hoch heben. Sie eignen sich besonders zum Transport großer Lasten. Aus ästhetischen Gründen werden sie häufiger bei verglasten Aufzugsanlagen eingesetzt. Hubzylinder können u. a. in Erdbohrungen mit Schutzrohr untergebracht werden.

Aufzüge in Hochhäusern (HHR)

Von jeder Stelle müssen mind. 2 Aufzüge zu erreichen sein, die jedes Geschoss anfahren. Die Haltestellen dürfen nur in eigenen Vorräumen liegen. Vorräume von Aufzügen und notwendigen Treppenräumen trennen.

Jedes Hochhaus muss mind. 1 Feuerwehraufzug mit sicherer Notstromversorgung besitzen, der in der Nähe eines notw. Treppenraums liegt. Jeder Punkt eines Geschosses darf max. 50 m vom Feuerwehraufzug entfernt liegen. Feuerwehraufzüge besitzen einen eigenen Schacht und einen Vorraum – auch gemeinsam mit anderen Aufzügen – in F 90-A-Ausführung. Der Abstand zwischen Fahrschachttür und Tür zu notwendigem Flur muss mind. 3 m betragen. Der Vorraum (mind. 6 m²) und Fahrkorb müssen das Einbringen einer Trage (0,60 m × 2,40 m) ermöglichen. Türen vom Vorraum zum notwendigen Flur in T 30-RS. Fahrschacht und Vorraum müssen eine Druckbelüftung mit Notstromversorgung aufweisen.

Bei Gebäuden mit mehr als 20 Geschossen ist die Anordnung von kleineren Nah- und großen Fernverkehrsaufzügen mit Umsteigegeschossen (Sky-Lobbys) sinnvoll.

Zu weiteren Einzelheiten siehe Heisel: Planungsatlas.

Maße von Personenaufzügen in Nicht-Wohngebäuden (cm)

Fahrkorb-, Tür- und Schachtmaße						
TK	KB	KT	TH	TB	SB	ST
630 kg	110	140	210	90	200	210
800 kg	135	140	210	90	200	220
1000 kg	160	140	210	90	220	220
1000 kg	160	140	210	80	160	260
1000 kg	160	140	210	110	240	220
1275 kg	200	140	210	110	250	220
Schachtgrubentiefe und Nenngeschwindigkeit						
- entspricht Personenaufzügen -						
Schachtkopfhöhe und Nenngeschwindigkeit						
m/s	0,40	0,63	1,00	1,60	2,00	2,50
630 kg	-	380	380	400	-	-
800 kg	-	380	380	400	440	500
1000 kg	-	420	420	420	440	520
1275 kg	-	420	420	420	440	520

Triebwerksraummaße (elektrisch)			
m/s	0,63–1,60	2,00–3,00	3,50–6,00
630 kg	250 × 370	-	-
1000 kg	320 × 490	270 × 510	300 × 570
1275 kg	320 × 490	300 × 530	300 × 570
Triebwerksraummaße (hydraulisch): SB bzw. ST × 200			
TK: Tragfähigkeit; KB: Korbbreite; KT: Korbtiefe; TH: Türhöhe; TB: Türbreite; SB: Schachtbreite; ST: Schachttiefe			

Maße von Bettenaufzügen (cm)

Fahrkorb-, Tür- und Schachtmaße						
TK	KB	KT	TH	TB	SB	ST
1275 kg	120	230	210	110	210	290
1600 kg	140	240	210	130	260	300
2000 kg	150	270	210	130	260	330
2500 kg	180	270	210	140	270	330

Schachtgrubentiefe und Nenngeschwindigkeit					
m/s	0,63	1,00	1,60	2,00	2,50
1275–2000 kg	160	170	190	210	250
2500 kg	180	190	210	230	250
Schachtkopfhöhe und Nenngeschwindigkeit					
m/s	0,63	1,00	1,60	2,00	2,50
1275–2000 kg	440	440	440	460	540
2500 kg	460	460	460	480	560

Triebwerksraummaße			
1275 kg	320 × 550	2000 kg	320 × 580
1600 kg	320 × 550	2500 kg	350 × 580
TK: Tragfähigkeit; KB: Korbbreite; KT: Korbtiefe; TH: Türhöhe; TB: Türbreite; SB: Schachtbreite; ST: Schachttiefe			

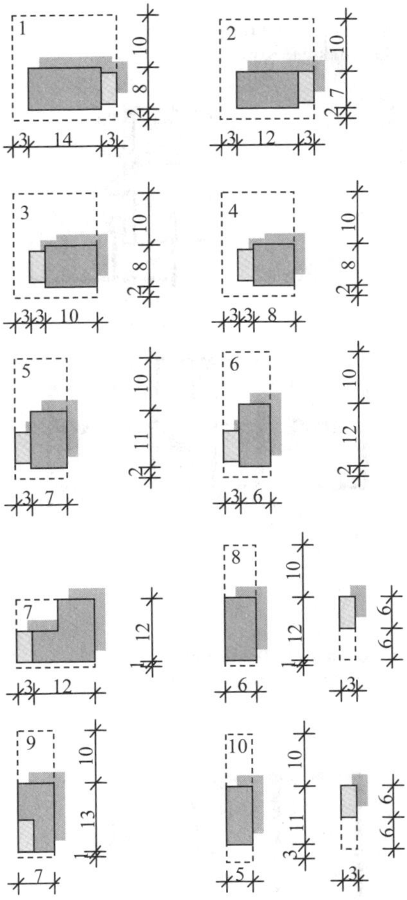

3 Wohnungsbau

3.1 Wohnhaustypen

Von der Wahl des Haustyps hängt wesentlich die mögliche Dichte einer Wohnbebauung ab. Art und Maß der baulichen Nutzung sind in der Regel in Bebauungsplänen der Gemeinden festgesetzt. Das Maß der baulichen Nutzung wird u.a. durch die Grundflächenzahl (GRZ) und die Geschossflächenzahl (GFZ) beschrieben.

Die Dichte nimmt von vielgeschossigen Mehrfamilienhäusern über Ketten- und Reihenhäuser bis zu frei stehenden Einfamilienhäusern hin ab. Neben der Grundstücksgröße ist auch der Erschließungsaufwand je Wohneinheit ein wichtiger Kostenfaktor. Er lässt sich u.a. an der Straßenbreite der Grundstücke ablesen.

Von innerörtlichen Lagen abgesehen, ist es meist sinnvoll, den Bauten eine Vorzone zu geben, die 2 m Breite nicht unterschreiten sollte. Bei der Tiefe von Privatgärten sind 10 m als das Minimum anzusehen, um einen Schutz der Privatsphäre zu gewährleisten. Die in der Tabelle aufgeführten Grundstückstiefen sind daher als absolute Mindestmaße zu verstehen. Die Grundrissflächen bewegen sich im Rahmen des Üblichen.

Neben der Wahl des Bautyps beeinflussen dessen Anordnung, die Art der Erschließung, die Größe von öffentlichen Freiräumen und die Anordnung des ruhenden Verkehrs ganz wesentlich die Dichte und Qualität einer Wohnsiedlung.

Links:
Mindestmaße für Grundstücke bei verschiedenen Einfamilienhäusern (m)

Städtebauliche Kennwerte von Einfamilienhaustypen (vgl. Abb. oben)

Haustyp		Zahl der Geschosse	Grundstücksmaße in m u. m² (mind.)	GRZ	GFZ	durchschnittliche Wohndichte in Einwohner/ha
1	Frei stehendes EFH	1	20 × 20 = 400	0,33	0,33	< 80
2	Frei stehendes EFH	2	18 × 19 = 342	0,30	0,54	< 90
3	Frei steh. Doppelhaus	1,5	16 × 20 = 320	0,31	0,48	< 110
4	Frei steh. Doppelhaus	2	14 × 20 = 280	0,29	0,52	< 130
5	Kettenhaus	1,5	10 × 23 = 230	0,41	0,65	< 150
6	Kettenhaus	2	9 × 24 = 216	0,42	0,75	< 180
7	Gartenhofhaus	1	15 × 13 = 195	0,65	0,65	< 185
8	Reihenhaus + Stellplatz	2	6 × 23 = 138	0,52	0,93	< 210
9	Garage im Reihenhaus	2	7 × 24 = 168	0,54	1,08	< 250
10	Reihenhaus + Stellplatz	3	5 × 24 = 120	0,47	1,17	< 220

3.1.1 Raumkonzepte

Offene und geschlossene Grundrisse

Geschlossene Räume bieten hohe Privatheit durch Sicht- und Schallschutz. Wohnungen mit ausschließlich geschlossenen Räumen sind jedoch meist unflexibel zu nutzen und schlechter zu belichten. Sie erfordern zudem in der Regel abgetrennte, räumlich nicht wirksame Erschließungsflächen (Flure).

Offene, mit transparenten, transluzenten oder halbhohen Teilern gegliederte Räumlichkeiten wirken großzügiger und heller. Offene kleinere Wohnungen wirken größer. Wohnungen mit offenen Grundrissen oder Grundrissteilen sind zudem flexibler in der Nutzung. Es gilt, für jede Wohnung und ihre Teilbereiche das richtige Maß an Offenheit bzw. Geschlossenheit zu finden.

Räumliche Entwicklung

Sowohl im Einfamilienhausbau wie im Geschosswohnungsbau lassen sich durch Verteilung der Wohnungen auf verschiedene Ebenen interessante Raum- und Sichtbeziehungen erreichen. Absenken des Wohnraums, zweigeschossige Ausführung (Maisonette), halbversetzte Geschosse (Split-Level) und die Ausbildung von Galerien sind gängige Ansätze zur innenräumlichen Gestaltung.

Sichtbezüge

Von ähnlich großer Bedeutung sind die Sicht- und Blickbeziehungen innerhalb einer Wohnung und aus dem Gebäude heraus. Offene Grundrisse erlauben z. B. Außensichtbezüge nach mehreren Richtungen.

Veränderbarkeit der Grundrisse

Wohnhäuser sollten möglichst so entworfen und konstruiert sein, dass sie den sich verändernden Vorstellungen und Bedürfnissen der Bewohner angepasst werden können. Möglichkeiten bieten u. a.:

- leichte Trennwände (Schallschutz!)
- versetzbare Trennwände
- verschiebbare Trennwände
- neutrale, vielseitig verwendbare Räume
- offene Grundrisse.

Reihenhaus in Stuttgart
Architekten: Szyszkowitz/Kowalski

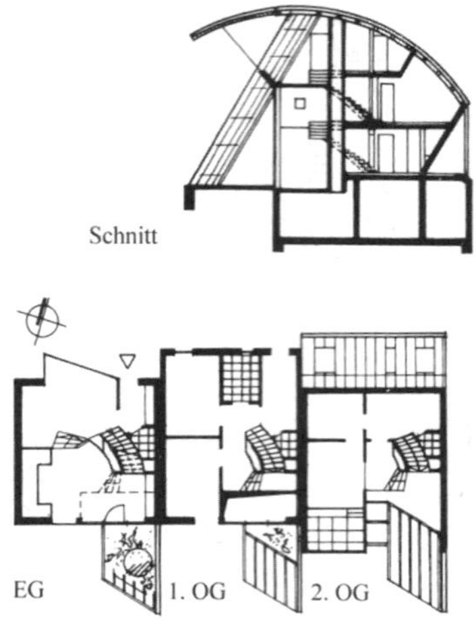

Reihenhaus in Darmstadt
Architekten: Eisele + Fritz

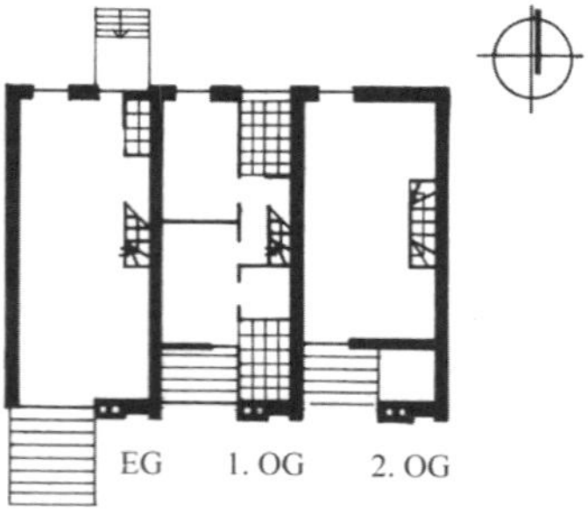

Wohnanlage in Schwabach
Architekt: H. Rieß

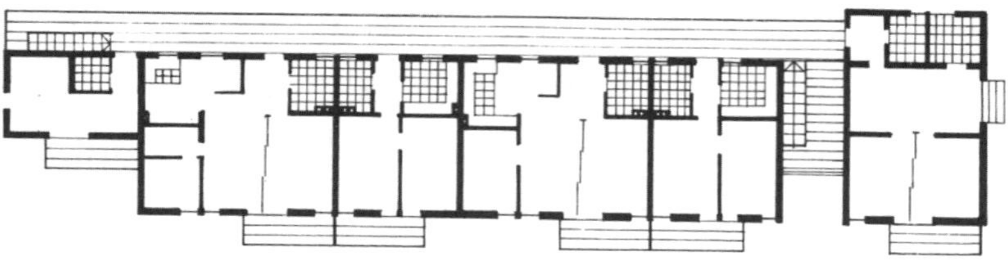

Frei stehendes Einfamilienhaus
(1-geschossig)

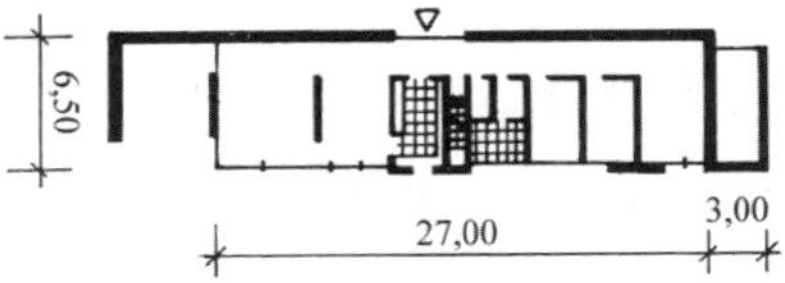

Frei stehendes Einfamilienhaus
(1 1/2-geschossig) (EG: links, OG: rechts)

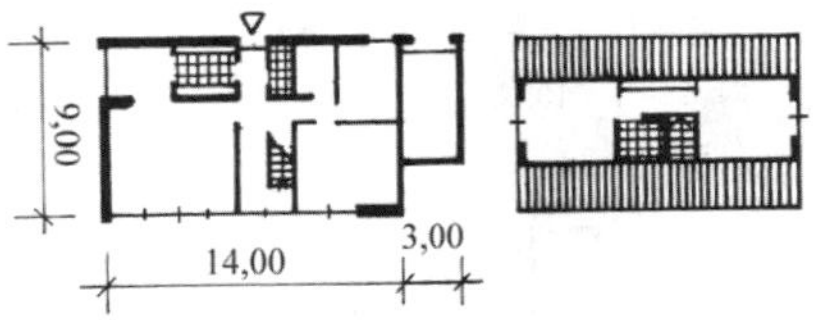

Frei stehendes Einfamilienhaus
(2-geschossig) (EG: links, OG: rechts)

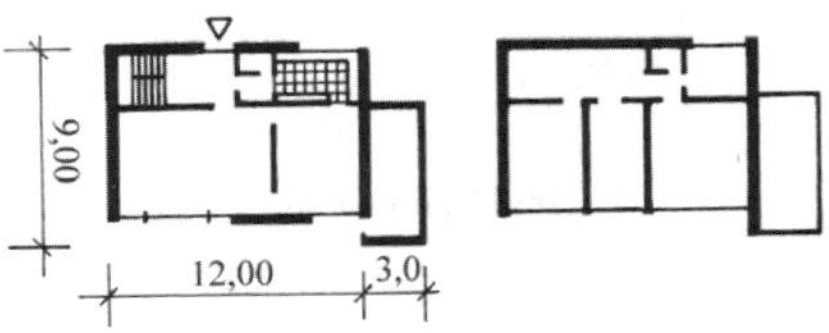

Doppelhaus
(1 1/2-geschossig)

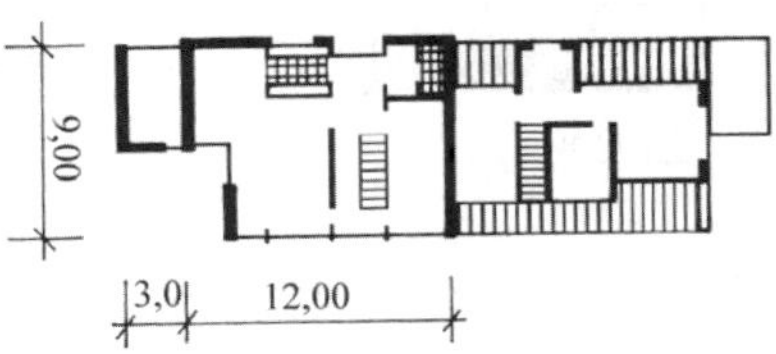

Doppelhaus
(2-geschossig)

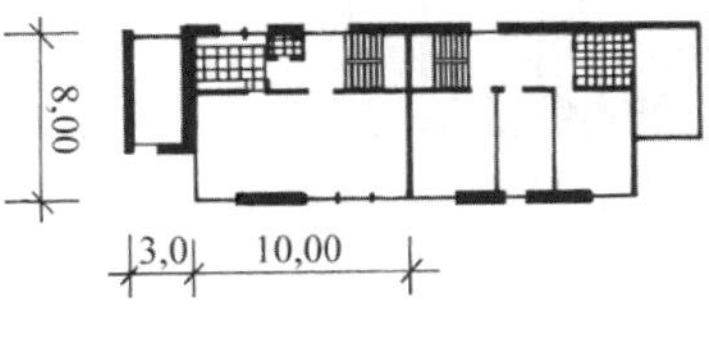

3.1.2 Einfamilienhäuser

Unter Einfamilienhäusern sind frei stehende oder gereihte Häuser mit 1 Wohneinheit und mit max. 1 kleinen Einliegerwohnung zu verstehen. Wegen des Zwangs zur Reduzierung des Flächenverbrauchs, der Kosten und des Energieverbrauchs erlangen flächensparende Bautypen wie Reihenhäuser und Gartenhofhäuser eine immer größere Bedeutung.

Ausbau und Erweiterung
Da Bauvorhaben häufig die momentanen Finanzmittel der Bauherren erschöpfen, sind nach Möglichkeit spätere Ausbauten und Erweiterungen mit zu bedenken.

Schallschutz
Zwischen Einfamilienhäusern, die aneinander stoßen, wie Gartenhof-, Ketten-, Doppel-, Reihen- und Stadthäusern, sind Schalltrennfugen anzuordnen. Diese sind durch die Kellerwände, bei Fehlen eines Kellers durch die Fundamente zu führen.

Frei stehende Einfamilienhäuser
In der Regel die individuellste Form des Wohnhauses. Großer Flächenverbrauch. Ungünstiges Verhältnis zwischen Außenflächen und umschlossenen Volumen (*A*/*V*-Verhältnis) bedeutet höhere Herstellungs- und Energiekosten. Häufigste Höhentypen: 1 Vollgeschoss, 1 Vollgeschoss mit ausgebautem Dachgeschoss als Nicht-Vollgeschoss (1 ½ Geschosse), 2–3 Vollgeschosse.
Garage im oder am Haus.

Doppelhäuser
Doppelhäuser ermöglichen geringere Grundstücksbreiten als freistehende Einfamilienhäuser. Häufig werden sie grundrisslich ähnlich Reihenendhäusern ausgeführt. Der PKW-Stellplatz wird im oder am Haus angeordnet. Gegenüber Ketten- und Reihenhäusern sind sie seitlich umgehbar. Beide Hälften sind gleich oder mindestens aufeinander abgestimmt zu gestalten. Sie werden meist von Bauträgern errichtet.
Die Haushälften sind schalltechnisch durch doppelte Wände mit Fuge zu trennen. Bei den Freisitzen ist auf Privatheit zu achten. Probleme liegen in der Akzeptanz dieser Häuser bei Bauherren, da ein gewisser Zwang zur gestalterischen Anpassung an den Nachbarn besteht. Das Doppelhaus ist ein Kompromiss zwischen freistehendem Einfamilienhaus und Reihenhaus.

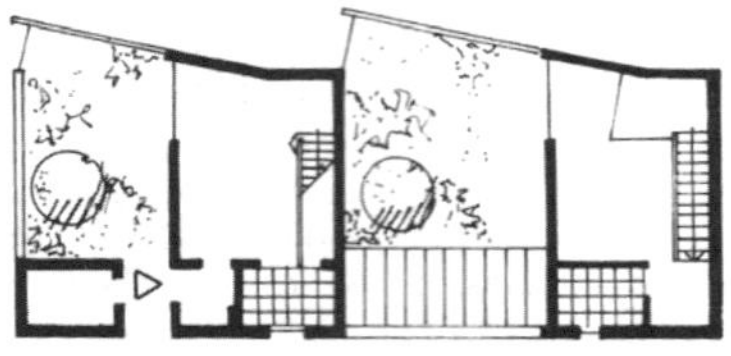

Gartenhofhaus in Puchheim (links)
Architekt: M. Kovatsch

Kettenhäuser

Kettenhäuser sind Reihungen deutlich ablesbarer 1 1/2- bis 2-geschossiger Wohnhäuser mit kleineren Zwischenteilen (Nebenräumen, Garagen) oder deutlichen Versätzen. Sie werden von Bauträgern oder mit Gestaltungsauflagen privat errichtet. Gewisse Individualität ist durch die Zwischenelemente möglich. Räumlich interessante Ausformungen der Eingangs- und der Rückseite bieten Wetter- und Sichtschutz. Die Garagen können am Haus als Kettenverbindungsglied oder als Sammelgaragen ausgeführt werden. Garagen als Verbindungsglieder erlauben den Durchgang von der Straße zum Garten. Vorteile der Kettenhäuser: Individualität, geringer Flächenverbrauch, geringere Hüllflächen.

Gartenhofhäuser

Gartenhofhäuser werden in der Regel als Reihungen L- oder U-förmiger eingeschossiger Grundrisse um Wohnhöfe in flächiger, dichter Bauweise von Bauträgern oder mit Gestaltungsauflagen privat errichtet. Gewisse Individualität ist möglich.

Die Flügel der Häuser nehmen jeweils bestimmte Wohnbereiche auf, z. B. Wohn- und Essbereich oder die Individualräume. Die Bereiche können so optimal orientiert werden. Um die Besonnung der Höfe zu gewährleisten, sind in der Regel eingeschossige Bauweisen mit flach geneigten Dächern erforderlich.

Dieser Bautypus bietet einen guten Wetter-, Sicht- und Schallschutz der Freibereiche. Trotz hoher Verdichtung verbleibt ein gesicherter Privatbereich. Schalltrennfugen zum Nachbarn sind erforderlich. Garagen werden im Haus oder als Sammelgarage ausgeführt; evtl. Durchgang von der Straße oder vom Wohnweg zum Garten. Vorteile: Individualität, geringer Flächenverbrauch. Nachteil: Schlechtes *A*/*V*-Verhältnis.

Bei Atriumhäusern ist der Innenhof vierseitig von Wohnräumen umbaut. Diese Bauform ist nur bei großflächigen Wohnhäusern sinnvoll und weniger wirtschaftlich als die kompakteren L- bzw. U-förmigen Gartenhofhäuser. Nachteil: Schlechtes *A*/*V*-Verhältnis.

Kettenhäuser

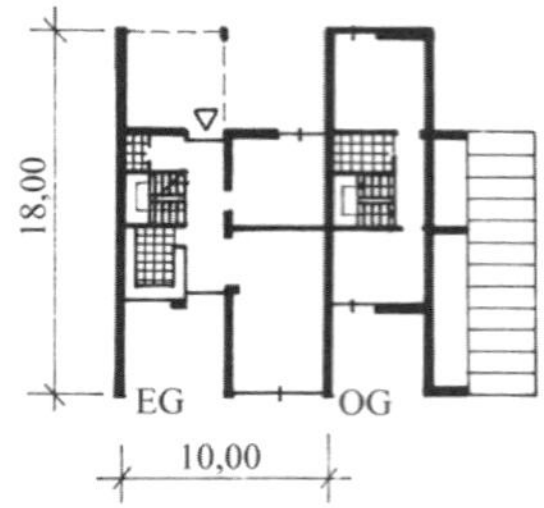

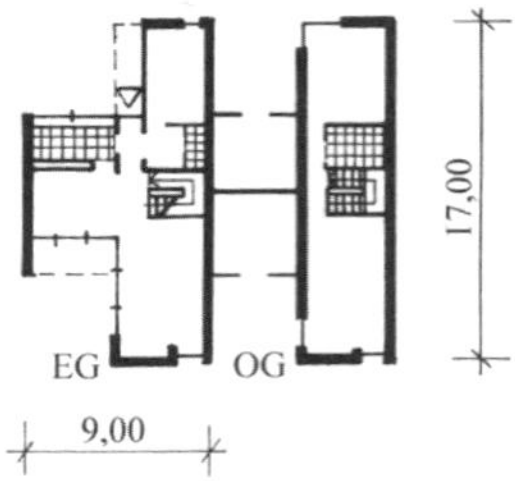

Gartenhofaus (1-geschossig)

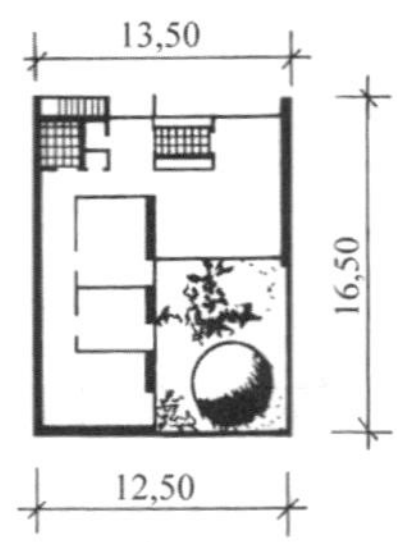

Gartenhofhaus (z. T. 2-geschossig)

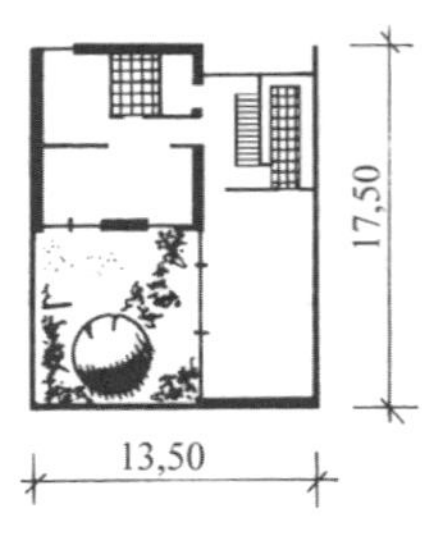

1 Zimmer breites Reihenhaus, EG, 1. OG, 2. OG

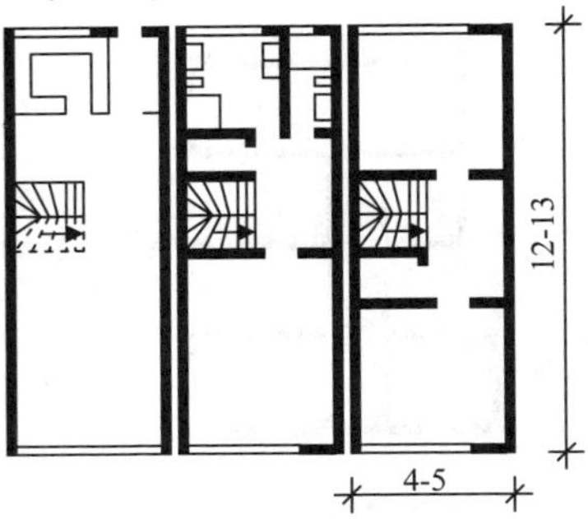

2 Zimmer breites Reihenhaus, EG + OG

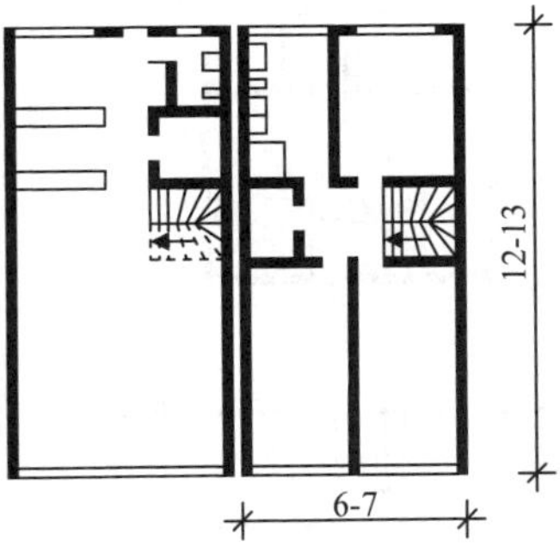

2 Zimmer breites Reihenhaus, EG + OG

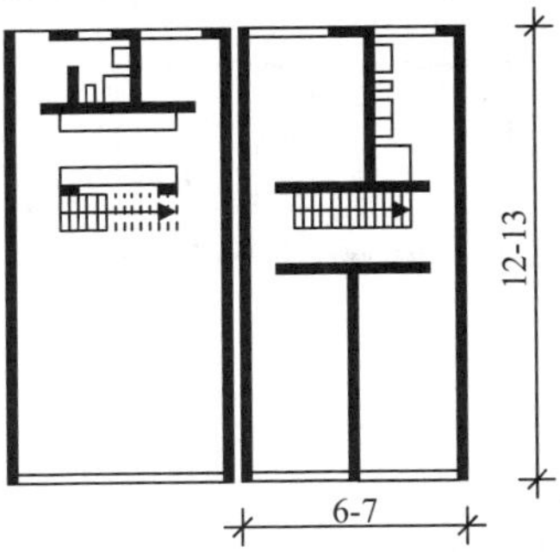

3 Zimmer breites Reihenhaus, EG + OG

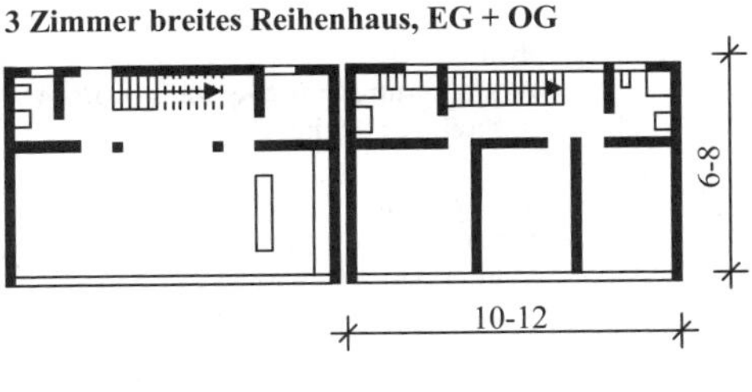

Reihenhäuser

Reihung 2- bis 3-geschossiger meist schmaler, tiefer Bauten, durch Schalltrennfugen getrennt. Sie werden von Bauträgern errichtet. In der Regel befinden sich im Erdgeschoss die Wohnräume mit Küche, in den Obergeschossen die Individualräume. Abstellräume werden entweder im Keller oder in Kellerersatzräumen angeordnet. Letzterer kann auch außerhalb des geheizten Bereiches als einfacher Anbau ausgeführt sein. Im Haus selbst sollte ein Hauswirtschaftsraum als Wäsche und Lagerraum vorhanden sein. Die Garagen sind in der Regel in Sammelgaragen, bisweilen auch im Haus, z. B. im Keller, angeordnet.

Durch plastische Gestaltung der einzelnen Häuser und Versprünge in der Reihung werden interessante Gestaltungen möglich. Die Privatheit der Freisitze kann u.a. durch bauliche Maßnahmen erhöht werden. Die Vorzonen zu den Erschließungswegen bieten sich als halbprivate Kommunikations- und Pufferzonen an. Kellerersatzräume und Garagen/Carports lassen sich als Gliederungselemente verwenden.

Vorteile: geringer Flächenverbrauch, günstiges A/V-Verhältnis, Nachteile: Belichtung nur von 2 Seiten, Privatheit der Freisitze und Gärten.

Reihenhaus mit Split-Level

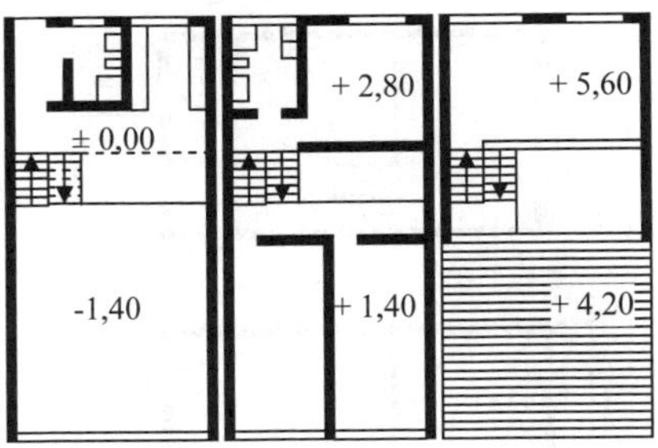

2 Zimmer breites Reihenhaus; EG + OG

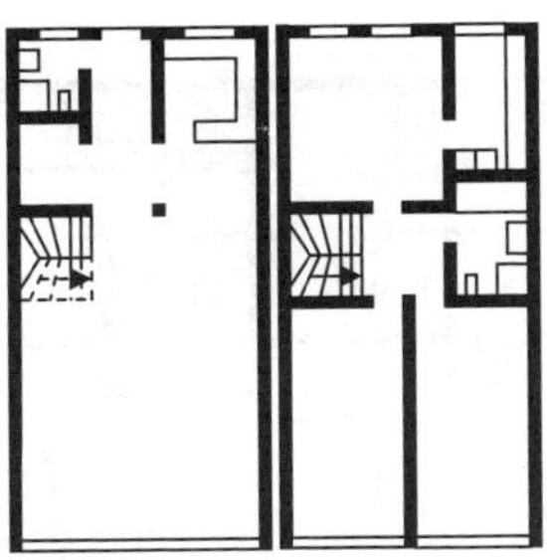

Stadthäuser

Es handelt sich um Reihungen individuell nach gewissen Gestaltungsvorgaben entworfener, meist von mind. dreigeschossigen Häusern, ggf. mit einer zweiten, kleineren Wohnung im Erd- oder im Dachgeschoss. Stadthäuser erreichen eine stadttypische hohe Grundstücksnutzung bei gleichzeitiger Ausformung eines markanten, baulich geprägten städtischen Straßenraums.

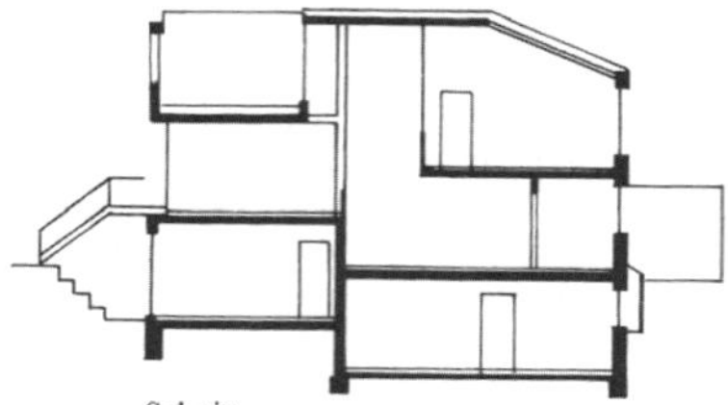
Schnitt

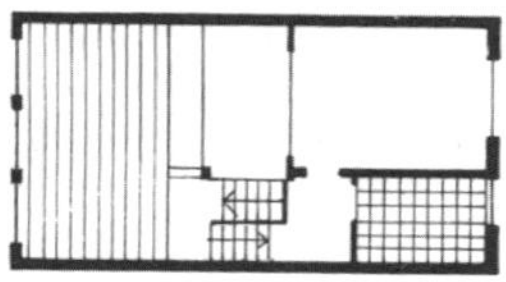
OG

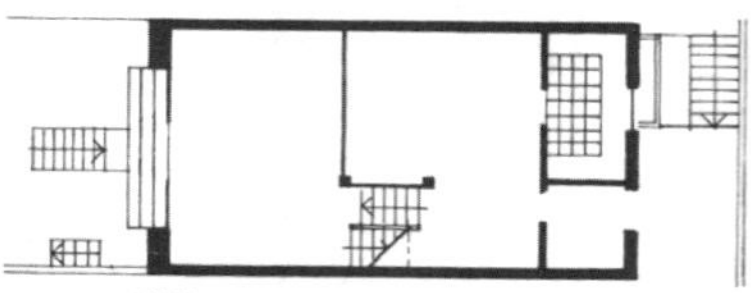
EG

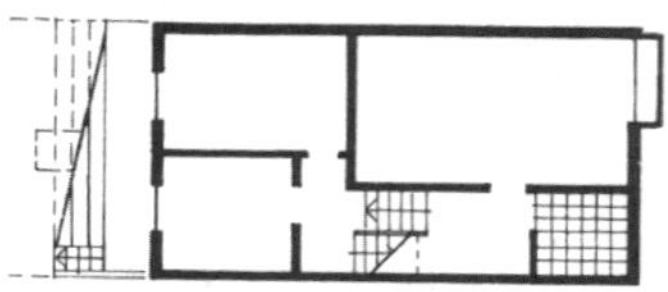
UG

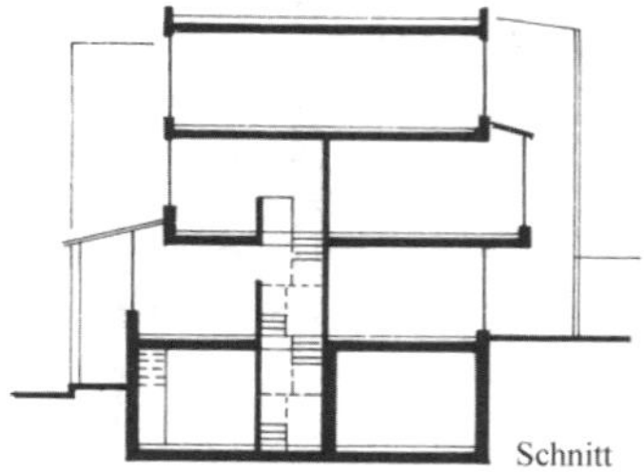
Schnitt

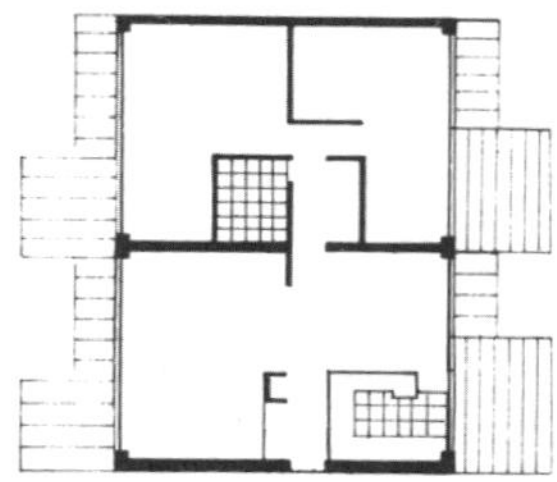
2. OG

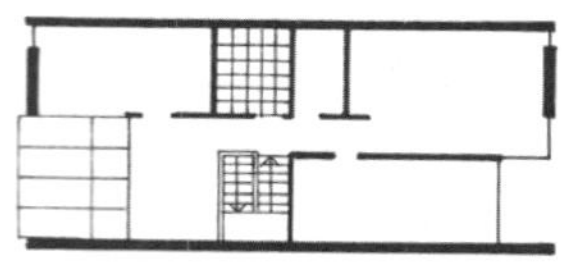
1. OG

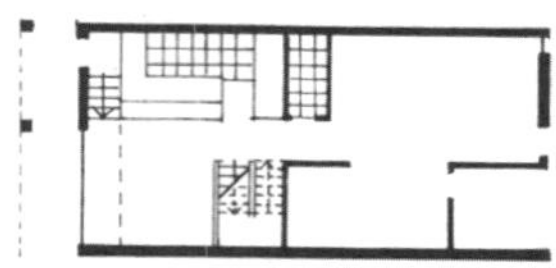
EG

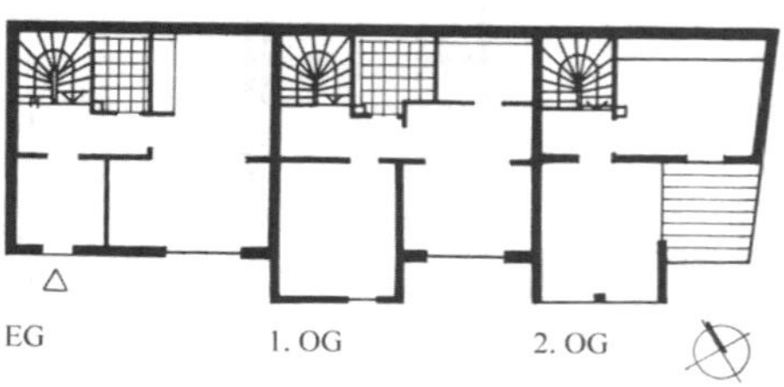
EG 1. OG 2. OG

Oben links:
Hauszeilen in Schophheim-Wiechs
Architekten: G. Pfeifer, R. Mayer

Oben rechts:
Hofumbauung in Niederwangen/Bern
Architekten: Atelier 5

Unten links:
Stadthaus in Nürnberg
Architekten: Baufrösche

Räume und Raummaße in Geschosswohnungen

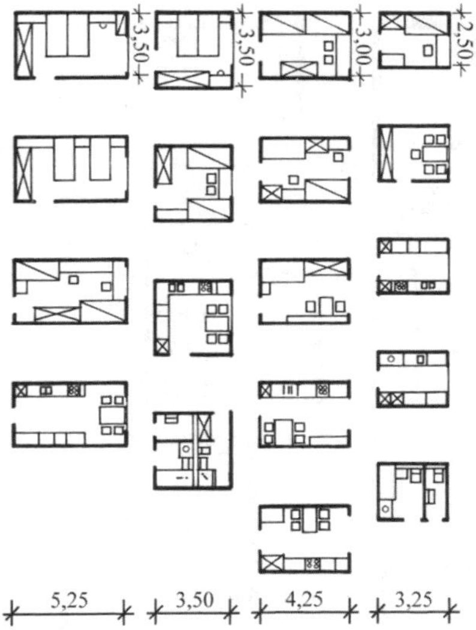

Grundrissbeispiele

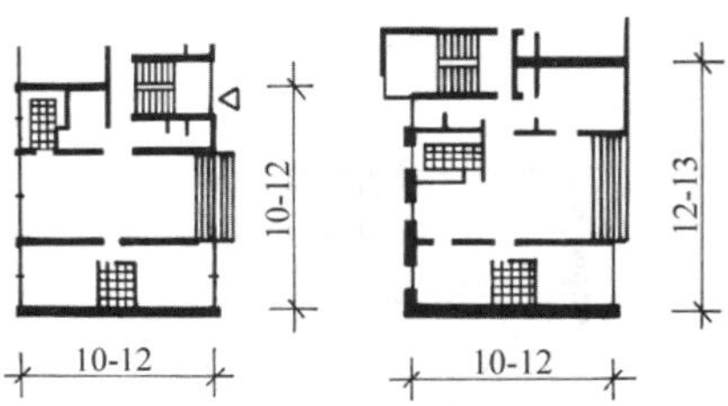

3.1.3 Geschosswohnungsbauten

Grundsätze

Miet- oder Eigentumswohnungen in mehrgeschossigen Bauten sind insbesondere im städtischen Umfeld zu finden. Je nach Lage und städtebaulichem Umfeld können Block-, Zeilen-, Scheibenhaus- oder Punkthauslösungen sinnvoll sein.

Die Wohnungen werden vertikal über Treppenhäuser und spätestens bei Aufenthaltungsräumen über 13 m über Gelände (GK 5) auch mit Fahrstühlen erschlossen. Horizontal sind sie entweder unmittelbar von einem Treppenhaus (Spännertypen) oder über einen Gang (Gangtypen) erschlossen. Je geringer der Anteil der Erschließungselemente am Bauvolumen, desto günstiger die Baukosten. Je mehr Wohnungen über ein Treppenhaus oder einen Flur erschlossen werden, desto größer wird jedoch die Anonymität.

Eine Wohnung kann sich über 1 Geschoss oder über mehrere Geschosse erstrecken, als Split-Level-Typ oder als Maisonette. Mehrgeschossige Wohnungen besitzen einen schmaleren Zuschnitt, ähnlich einem Reihenhaus.

Der ruhende Verkehr wird in Sammelanlagen untergebracht: je nach Güte des Objektes, Baulandpreis und Verfügbarkeit des Bodens in offenen oder überdachten Stellplätzen, Garagen oder Tiefgaragen. Üblich ist auch die Nutzung des Erdgeschosses durch eine offene oder geschlossene Garagenanlage.

Die Abstellflächen für Müllbehälter, Fahrräder und Kinderwagen sowie Hausanschluss-, Wasch- und Trocken- sowie Abstellräume sind frühzeitig in die Planung zu integrieren (vgl. Abschn. 3.2.6 und 3.3.1).

Bei Gebäuden mit mehr als 3 Wohnungen ist auf dem Grundstück ein Spielplatz für Kleinkinder anzulegen, sofern kein geeigneter Spielplatz in der Nähe vorhanden oder geplant ist oder die Wohnungen kinderlosen Personengruppen vorbehalten sind.

Städtebauliche Kennwerte von Geschosswohnungsbauten

Haustyp		Zahl der Geschosse	Grundstücksmaße in m²/WE	Zweckmäßige Grundstücksbreite (m)	empfohlene GFZ	durchschnittliche Nettowohndichte in Einwohner/ha
1	Einspänner	2	120–220	> 20	0,6–0,8	< 300
2	Zweispänner	3	-	> 30	0,8–1,0	< 350
3	Zwei- und Mehrspänner	4	= Wohnfläche	> 40	0,8–1,1	< 400
4	Drei- u. Mehrspänner	5	= Wohnfläche	> 50	0,8–1,1	< 400
5	Vier- u. Mehrspänner	> 5	= Wohnfläche	> 60	0,8–1,2	< 450

Konstruktion und Technik
DIN 4109, VDI 4100
Auf den Schallschutz der Decken, Wohnungstrennwände und Installationen ist besonders zu achten. Die wegen des Schallschutzes schweren Wohnungstrennwände (Mauerwerk, Beton) werden meist gleichzeitig zur vertikalen Lastabtragung herangezogen (Massivbauweise).

Schottenbauweise
Die Decken spannen zwischen in regelmäßigen Abständen angeordneten Innenwänden (Schotten). Abstand der Schotten 3 m bis 6 m (Zimmerbreiten). Zwischen den Schotten erlauben leichte Trennwände freie Grundrissgestaltung.

Skelettbauweise
In der Regel teurere Lösung, erlaubt aber freiere Grundrissgestaltungen. Wohnungstrennwände müssen oft aus Schallschutzgründen massiv ausgeführt werden und sind dann nur an konstruktiv verstärkten Deckenbereichen (Unterzüge) zu realisieren.

Tiefgaragen
Bei Bauten mit Tiefgaragen sind Schotten- oder Stützenabstände, Wohnungs- und Parkplatzbreiten frühzeitig auf einander abzustimmen.

Technischer Ausbau
Räume mit Installationsanteilen (Bäder, Küchen) werden möglichst an durchgehende vertikale Trassen gelegt. Bei Installationen und Deckendurchführungen auf den Schall- und den Brandschutz achten. Innen liegende Bäder benötigen mechanische Abluftanlagen.

Rechts: Wohnhaus mit Flurerschließung in Sulzbach Rosenberg, 1. OG, Architekten: D. Fink und Th. Jocher

Unten: Wohnhaus (Zweispänner) in Stuttgart, Architekt: M. Adler

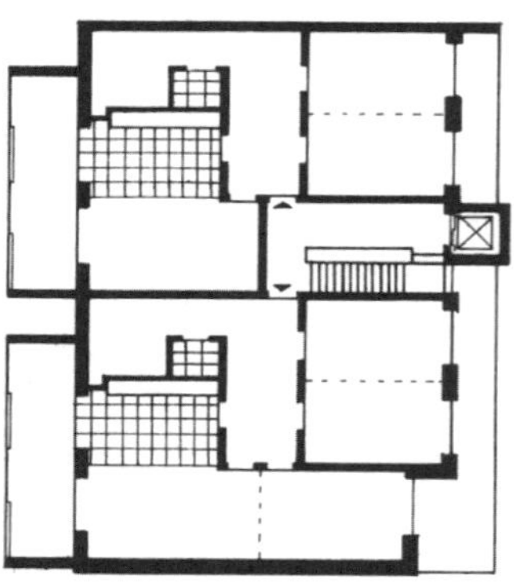

Wohnhaus (Zweispänner) mit Ateliervorbauten in Nürnberg (1. OG), Architekten: Baufrösche

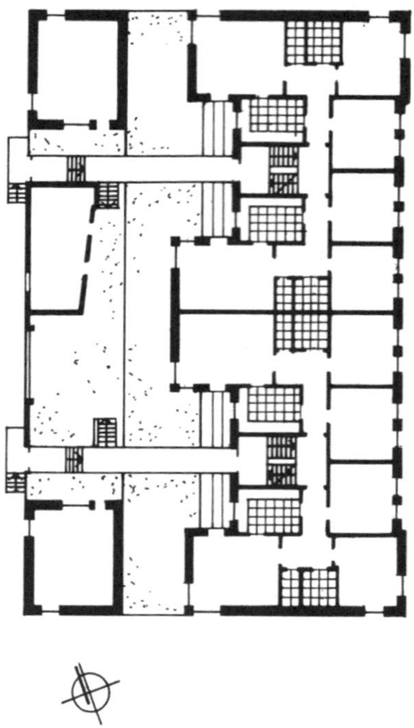

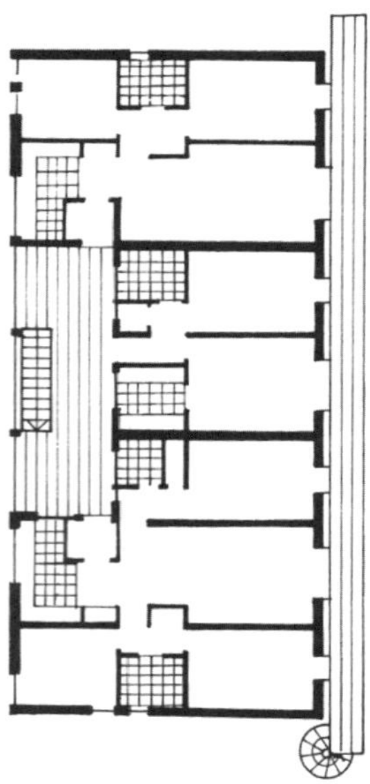

Geschosswohnungsbau ohne Flurerschließung (Spännertypen)

Die Wohnungen werden unmittelbar von Treppenhauskernen erschlossen. Je nach Anzahl der je Treppenhaus auf einem Geschoss erschlossenen Wohnungen unterscheidet man ein-, zwei-, drei- oder vierspännige Wohnbauten. Wirtschaftlich günstig sind mehrspännige Lösungen. Liegen die Treppenhäuser an der Nord- oder Ostseite des Gebäudes, so wird die Orientierung nach den übrigen Seiten nicht behindert. Nebenräume und Bäder liegen meist dem Kern zugewandt, Wohn- und Schlafräume nach SW bzw. SO.

Bei 3- bzw. 4-Spännern sind die äußeren Wohnungen meist größer und besitzen mind. 2 Belichtungsseiten. Die inneren Wohnungen vor den Treppenhäusern sind kleiner und können nur von 1 Seite belichtet werden.

Spännertypen gelten als individueller, da die Anzahl der erschlossenen Wohnungen je Geschoss in der Regel auf vier begrenzt ist.

Brandschutz: Das Treppenhaus ist ein notwendiger Treppenraum (s. Abschn. 2.2.3). Türen zu den Wohnungen: T-DS.

Unten:
Wohnanlage in Ingolstadt
Architekten: H. Schröder, S. Widmann

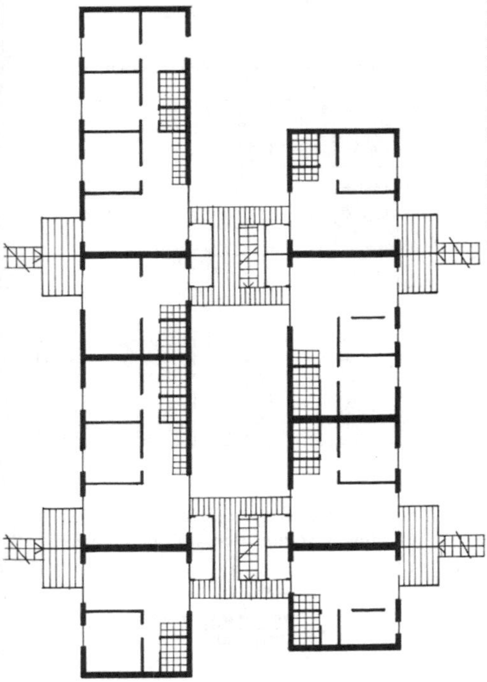

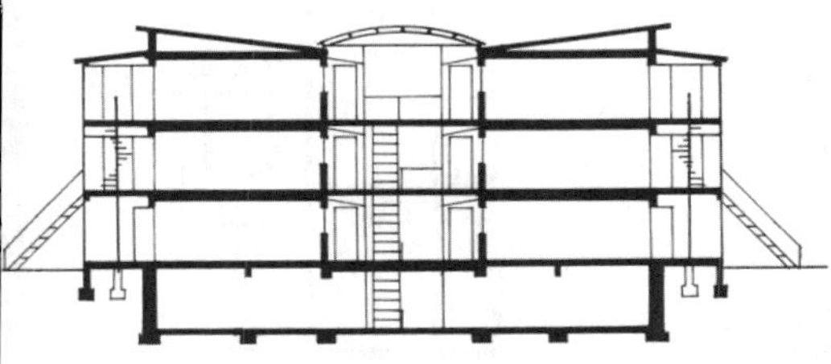

Unten:
Grundtypen,
Zwei-, Drei- und Vierspänner

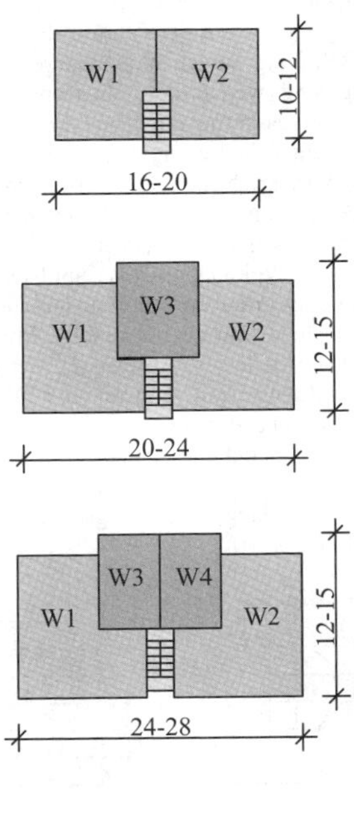

Geschosswohnungsbau mit Flurerschließung (Flurtypen)

Deutlich mehr Wohnungen lassen sich über einen Flur an ein Treppenhaus anbinden. Dies ist insbesondere bei einer Vielzahl kleinerer Wohnungen sinnvoll, etwa bei Heimen. Flurerschließungen werden häufig als anonym empfunden. Durch differenzierte Gestaltung können Flure Aufenthaltsqualität erhalten.

Innenflure

Die Erschließung beidseitig liegender Wohnungen erfolgt hier über einen Innenflur. Möglichst natürliche Belichtung und Außenbezüge des Flurs ermöglichen. Die Wohnungen können nur von einer Seite belichtet werden. Daher meist kleinere Wohnung mit Nebenräumen (Küche, Bad) in Innenlage. Eine Nord-Süd-Erstreckung des Flures ermöglicht Wohnungen mit Ost- bzw. Westorientierung. Bei Maisonett-Wohnungen ist die Belichtung zu beiden Gebäudeseiten möglich. Die Länge der Rettungswege von max. 35 m ist zu beachten. Die Flure sind als notwendige Flure gemäß LBO auszubilden und nach 30 m durch Rauchschutztüren (T-RS) zu unterteilen (s. Abschn. 2). Vorteile: Wirtschaftlichkeit, Witterungsschutz des Flurs, *A*/*V*-Verhältnis. Nachteile: Einsichtige Belichtung und Belüftung der Wohnungen, wenig individuell.

Außengänge (Laubengänge)

Außengänge bieten den Vorteil der Belichtung und Belüftung beider Wohnungsseiten. Offene Gänge sind wegen der Witterung problematisch. Verbesserung durch ganz oder teilweise transparenten Witterungsschutz. Am Gang liegen bevorzugt Nebenräume, Bad und Küche. Die Anlagerung von Schlafräumen ist wegen des Schallschutzes problematisch. Zweigeschossige Wohnungen als Split-Level oder Maisonetten erlauben gangfreie Geschosse.
Laubengänge sind als notwendige Flure gemäß LBO herzustellen (s. Abschn. 2). Bei nur einer Fluchtrichtung sind Fenster nur ab 90 cm Brüstungshöhe zulässig.
Vorteile: Belichtung und Belüftung der Wohnungen von 2 Seiten. Nachteile: Störungen durch den Gang, Witterungsexposition, *A*/*V*-Verhältnis.

Außenganghäuser, Grundriss und Schnitte

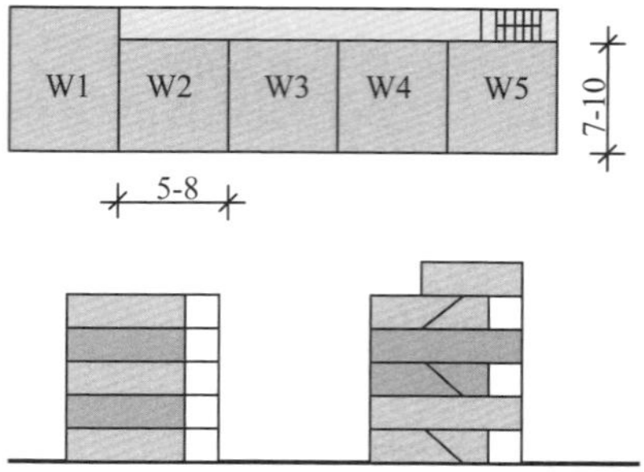

Innenflurhäuser, Grundriss und Schnitte

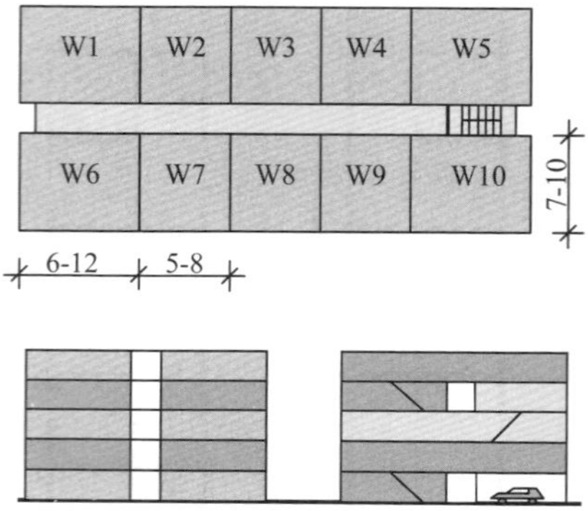

Innenflurhaus in Stuttgart,
Architekten: Gullichsen, Kairamo, Vormala

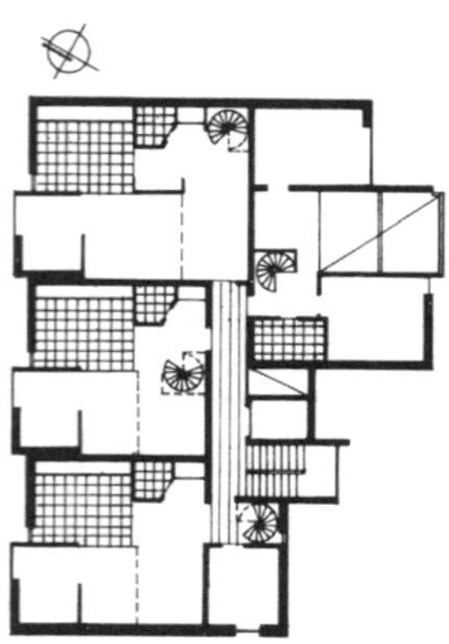

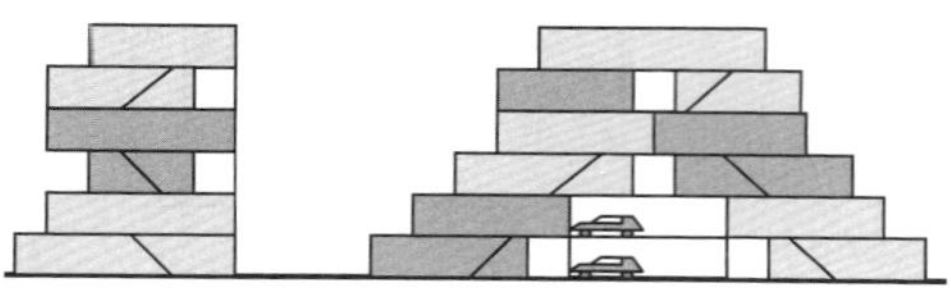

Ganghäuser, Schnitte
Stapel- und Hügelhaus (links)

Laubenganghaus in Nürnberg,
Architekten: Baufrösche
Teilgrundriss 2. Obergeschoss und Schnitt

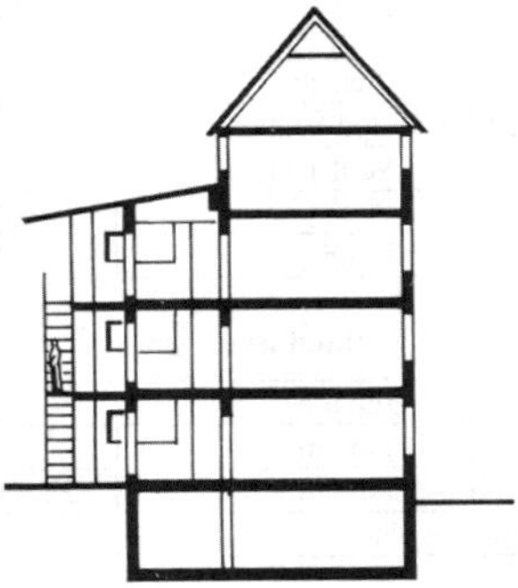

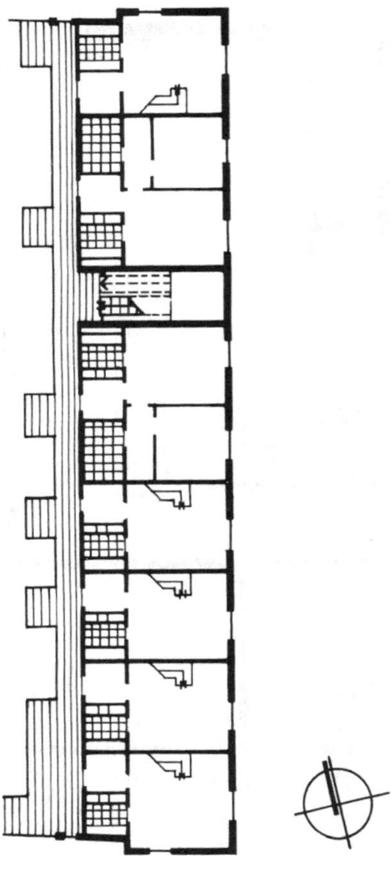

Laubenganghaus in Nürnberg,
Architekten: Steidle + Partner
Teilgrundriss 2. Obergeschoss und Schnitt

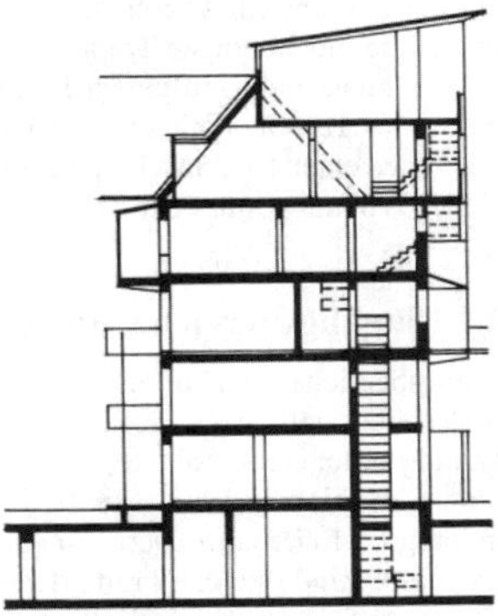

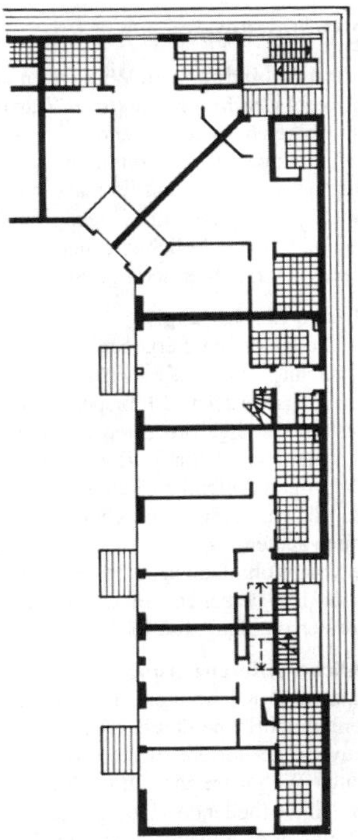

3.2 Wohnungen

LBO, WoFG

Wohnungen in Wohngebäuden mit mehr als 2 Wohnungen müssen abgeschlossen sein und einen eigenen abschließbaren Zugang ins Freie oder zu einer notwendigen Treppe besitzen.
Jede Wohnung muss mit einem Bad mit Badewanne oder Dusche, mit einer Toilette, einer Küche oder einer Kochnische ausgestattet sein. Zu jeder Wohnung muss ein Abstellraum gehören.

3.2.1 Eingangsbereiche, Flure

Eingangsbereiche dienen als Windfang, dem Schallschutz und der Erschließung anderer Wohnungsteile: Gästetoilette, Küche, Wohnzimmer, Schlafbereich. Mindestbreite des Windfangs: 137,5 cm. Der Eingangsbereich sollte eine mind. 80 cm breite Kleiderablage besitzen. Auf ausreichende Belichtung und ansprechende räumliche Gestaltung achten. Dielen lassen sich auch als Essplätze nutzen. Flure sollten mind. 1,20 m breit sein.

3.2.2 Wohnräume

Lage und Anbindung von Wohnräumen
In der Regel gilt: Möglichst kurzer Zugang vom Eingangsbereich und Trennung von den Individualräumen (Schlafzimmern) wegen des Schallschutzes. Küche und Essplatz in der Nähe anordnen. Von Wohnraum Zugang zu Garten, Balkon o. Ä. Gute Belichtung und Sichtbezug ins Freie wichtig. Orientierung: SO bis SW.

Größe und Einrichtung
Größe und Einrichtung ergeben sich aus der Art der Nutzung und der Zahl der Nutzer. Orientierungswert: ca. 30 % der Wohnfläche. Mindesteinrichtung: Sitzgruppe, Schrank oder Regal, halbhoher Schrank. Bewegungsbereiche (Zugänge) und Aufenthaltsbereiche (Sitzgruppe u. Ä.) planen. Auf ausreichende Stellmöglichkeiten achten.
Breite von Wohnräumen mind. 3,50 m. Wohnraum für 1–2 Personen: mind. 14 m², für jede weitere Person: 2 m² zusätzlich.

Räumliche Differenzierungen
Essplatz und Küche können integriert sein. Größere Wohnräume durch Trennelemente und Niveauversätze differenzieren. Weitere Möglichkeiten Wohnbereiche räumlich zu differenzieren sind fließende Übergänge zwischen Raumteilen und die Ausbildung von Galerien.

Abstände und Bewegungsflächen in Wohnungen (cm)

zwischen Möbel und Wand	5
zwischen Hinterkante Stuhl u. Wand	30
zwischen Möbel u. Tür (Schalterseite)	20
zwischen Möbel und Tür	10
zwischen Möbel und Fenster	15
zwischen Stellfläche und Wand	70
zwischen verschied. Stellflächen	70
in Eingangsfluren	130
in Neben- und Stichfluren	90

Mindestgrößen für Wohnzimmer (m²)

Mit Essplatz für 4 Personen	20
Mit Essplatz für 5 Personen	22
Mit Essplatz für 6 Personen	24
Wohnung ohne Essplatz	18

Wohnraum mit Essplatz

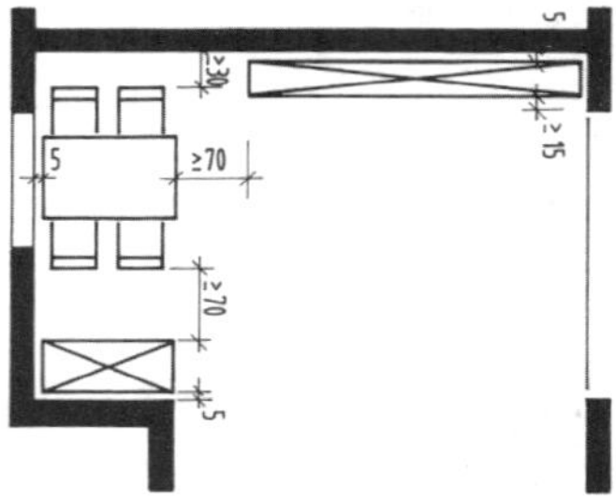

Imbiss-Essplätze

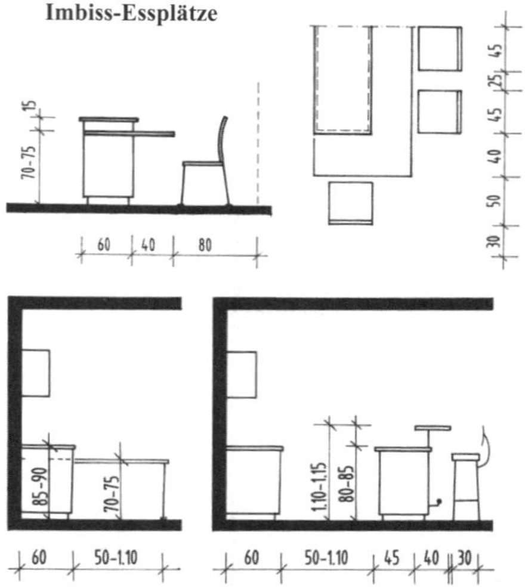

Essplätze und deren Möblierung

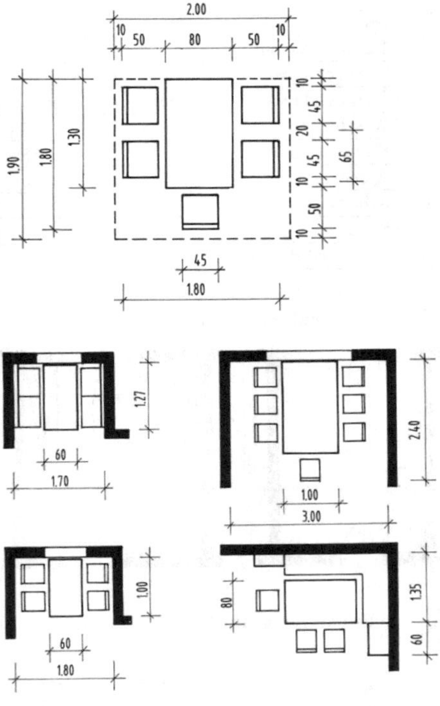

Esstischmaße (cm)

Nutzung	Tischhöhe	Tischbreite
Imbiss, 1-seitig	70–75	min. 40
Imbiss, 2-seitig	70–75	min. 60
Ansetztisch	70–75	min. 40
Essbar	110–115	min. 40
Esstisch	70–75	min. 80

Flächenbedarf von Speiseplätzen (cm) (Tischbreite 80 cm)

Personen	Breite	Länge
Mit Kopfplätzen		
3 Personen	240	160
4 Personen	240	240
5 Personen	240	210
6 Personen	240	290
7 Personen	240	275
8 Personen	240	355
Ohne Kopfplätze		
2 Personen	240	70
4 Personen	240	120
6 Personen	240	180
8 Personen	240	240

3.2.3 Loggien, Balkone und Glaserker

Freisitze steigern den Wohnwert erheblich, insbesondere für alte und behinderte Menschen. Sie sind möglichst über den Wohnraum zu erschließen. Auf Sicht- und Windschutz achten und diesen aus der baulichen Gestaltung heraus entwickeln. Ein möglichst hohes Maß an Privatbereichen ausbilden. Eventuell feste Vorrichtungen für Begrünung. Glaserker können als Klimapuffer und Lärmschutz wirken, an sonnigen Tagen den Wohnraum erweitern und ähnlich Balkonen genutzt werden.

Größe der Balkone auf die Größe der Wohnung abstimmen. Bei Nutzung als Sitzplatz: Fläche von mind. 3 m² bei nutzbarer Tiefe von mind. 140 cm planen.

Orientierung nach Besonnung und Aussicht. Bevorzugt: S bis SW.

3.2.4 Speiseplätze und -räume

Jede Wohnung sollte über einen eigenen Essplatz für die Bewohner verfügen.

Lage von Speiseplätzen

Kleinere Essgelegenheiten in Küchen anbieten, größere in der Nähe der Küche, im oder beim Wohnraum. Insbesondere bei kleineren Wohnungen Essplatz in den Wohnraum integrieren. Erweiterung des Tisches zur Bewirtung von Gästen räumlich ermöglichen. Frühstücksplatz im Osten, Speiseplatz im Westen. Auf Aussicht und Belichtung achten.

Imbissplätze

Zur Einnahme kurzer Mahlzeiten, z. B. Frühstück. Oft im Bereich von Küchen als Auszieh-, Klapp- oder kleiner Einzeltisch angeordnet. Bei offenen Küchen auch als Bartresen mit Hockern oder als Ansetztische an übliche Küchenmöbel.

Speiseplätze

Zur Einnahme auch größerer Malzeiten und zur Bewirtung von Gästen (erweiterungsfähig).

Wichtige Maße

Ansitzbreite an Tischen: 60 cm. Tischtiefe bei einseitiger Nutzung (z. B. Ansetztisch): mind. 40 cm. Tiefe bei beidseitiger Nutzung für Imbiss: mind. 60 cm, für Essplatz: mind. 80 cm. Je Person für Imbiss: mind. 60 cm × 30 cm; für Essplatz: mind. 60 cm × 40 cm. Tischhöhe: 70–75 cm.

Freier Raum für einen Stuhlplatz zwischen Vorderkante Tisch und Wand: mind. 80 cm, für einen Banksitz: mind. 60 cm.

Durchmesser runder Imbisstische: mind. 90 cm

Formel: $D = 70\text{ cm} \times \text{Pers.} / 3{,}14$

Für 4 Speiseplätze: mind. 110 cm

Formel: $D = 85\text{ cm} \times \text{Pers.} / 3{,}14$

3.2.5 Individualräume

Individualräume, umgangssprachlich auch Schlafräume bzw. Kinderzimmer genannt, sind so zu orientieren, dass sie von außen, von der eigenen und von benachbarten Wohnungen möglichst wenige Schallimmissionen erhalten. Der Weg zum Bad ist möglichst kurz und vom Wohnraum nicht einsehbar zu gestalten. Die Erschließung eines Schlafraumes über den Wohnraum ist lediglich in Wohnungen für max. zwei Personen sinnvoll. In Wohnungen gehobenen Standards evtl. Kombination von Schlafräumen mit Ankleidezimmern und die unmittelbare Zuordnung eines Bades planen.

Größen
Für 1 Person mind. 8 m² besser 10 m² Fläche und mind. 2,50 m breit. Für 2 Personen mind. 13 m² und mind. 2,75 m breit.

Individualräume für Paare
Oft in traditioneller Form des Schlafzimmers für Paare (Elternzimmer) mit der Möblierung: 2 Betten, 2 Nachtschränke, Wäscheschrank, Kommode und Sitz. In Miet- und Eigentumswohnungen muss die klassische Stellung mit Doppelbett und seitlichen Nachttischen möglich sein. Besser freie Anordnung, auch getrennte Bettstellung ermöglichen und Bewegungsraum zum Aus- und Ankleiden lassen; evtl. Platz für weitere Funktionen (Schreiben, Hobbys etc.). Optimale Orientierung reiner Schlafzimmer: O bis SO.

Individualräume für Kinder
Aufenthalts-, Arbeits- und Spiel- und Schlafräume für Kinder und Jugendliche. Gibt es keine Kinder (mehr) in der Wohnung, so werden sie von den Erwachsenen genutzt. Die Räume müssen daher in Größe und Zuschnitt so gestaltet sein, dass sie vielseitig nutzbar und wandlungsfähig sind.
Kinderzimmer so legen, dass sie von gemeinschaftlichen Wohnräumen nicht zu sehr abgetrennt, aber abends auch keiner Lärmbelästigung von den Wohnräumen ausgesetzt sind. Nähe zum Bad. Orientierung: S bis W.
Je Kind mind. Bett, Kleiderschrank, Arbeitstisch, Stuhl, Kommode oder Regal. Spielfläche mind. 120 cm × 180 cm. Hoch- und Etagenbetten können den Bewegungs- und Spielraum deutlich vergrößern.

Für weitere Details siehe: Heisel, Planungsatlas.

Stell- und Spielflächen in Individualräumen Orientierungswert für Mindestmaße (cm)

Objekt	Maße
1 Bett je Person	100 × 205
Nachtschränke	55 × 40
Wäscheschrank für 1 Person	110 × 65
Wäscheschrank für 2 Personen	180 × 65
Kommode u. Ä.	110 × 55
Arbeitstisch für 1 Kind	100 × 60
Arbeitstisch für 2 Kinder	140 × 55
Stuhl	45 × 50
Spiel- und Bewegungsfläche	120 × 180

Mindestmaßempfehlungen

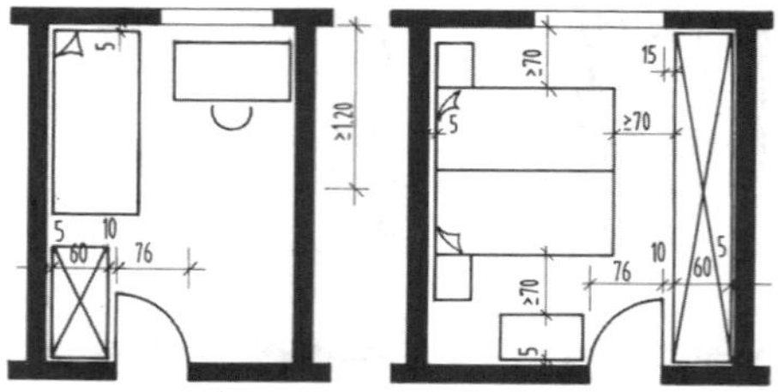

Individualräume für Paare, Varianten

Kinderzimmer, Mindestmaße und Beispiele

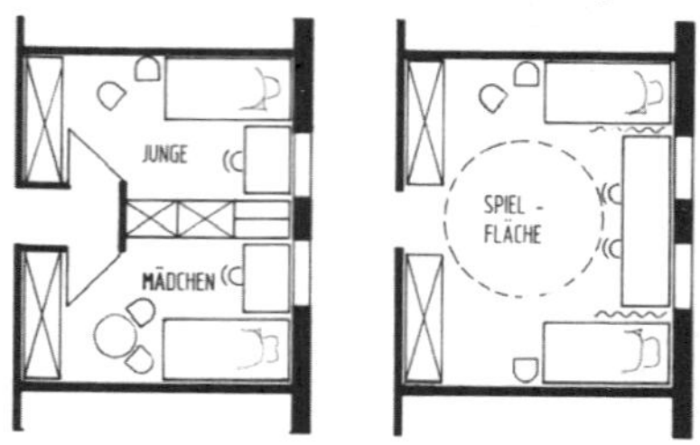

Orientierungsmaße für Abstellräume (cm)

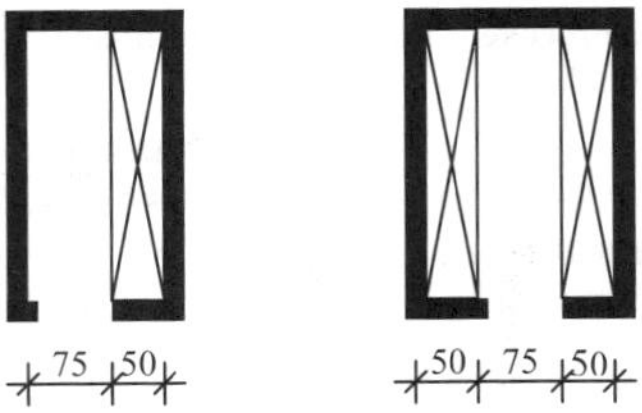

Orientierungsmaße für Grundriss und Höhen von Hauswirtschaftsräumen (cm)

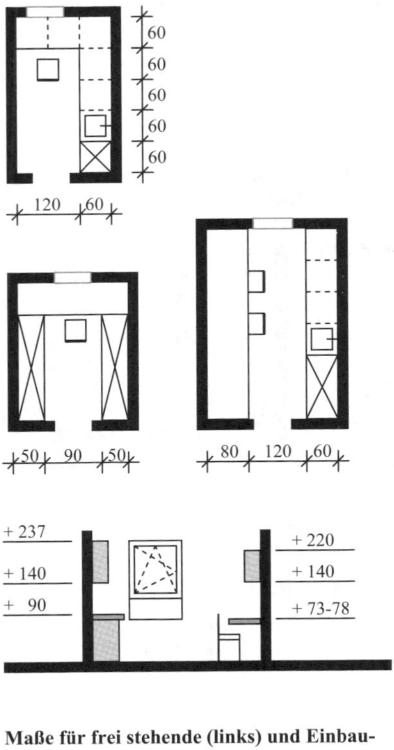

Maße für frei stehende (links) und Einbauwaschmaschinen (rechts) und -trockner (cm)

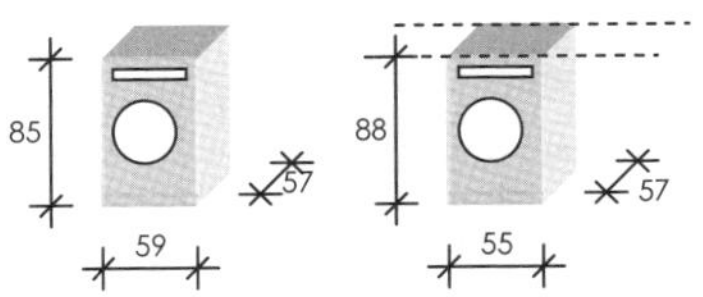

3.2.6 Lager- und Wirtschaftsräume

LBO

Abstellflächen und -räume

Zu jeder Wohnung muss nach LBO ein Abstellraum von mind. 6 m² gehören. Mind. 1 m² davon muss in der Wohnung liegen und sollte möglichst eine lichte Breite von 75 cm besitzen. Er dient dem Abstellen sperriger Gegenstände, wie Besen, Staubsauger, Bügelbrett. In einfachen Wohnungen wird dieser Raum ähnlich einem Schrank ausgeformt und in Fluren oder anderen allgemein zugänglichen Räumen angeordnet. Günstig ist, wenn mind. 2 % einer Wohnung als Abstellfläche dienen. Diese Fläche kann in verschiedene Einzelflächen aufgeteilt sein oder mit dem Hauswirtschaftsraum kombiniert werden.

Hauswirtschaftsräume

Hauswirtschaftsräume dienen in der Regel zum Waschen, Bügeln und Lagern von Wäsche, zum Nähen und anderen Haushaltsarbeiten (6 m² bis 10 m²). Sie sind entweder der Küche oder den Schlafräumen zugeordnet. Ggf. Waschmaschine, Wäschetrockner und Waschbecken vorsehen. Bei Einfamilienhäusern ohne Keller – etwa Reihenhäusern – sind Hauswirtschaftsräume dringend zu empfehlen.

Wasch- und Trockenräume

Wenn in Geschosswohnungsbauten keine Aufstellmöglichkeiten in den Wohnungen gegeben sind, sind Anschlüsse für Waschmaschinen und Wäschetrockner in ausreichender Zahl in einem Gemeinschaftsraum vorzusehen.

Vorratsräume, Speisekammern

Vorratsräume werden heute wegen des Flächenverbrauchs und der guten Versorgungssituation nur noch in gehobenen Wohnungsbauten ausgeführt. Diese Räume sind in der Regel den Küchen unmittelbar zugeordnet. Die Größe der Räume schwankt von begehbaren Schränken bis zu größeren Räumen mit Kühlschränken und Gefriertruhen.

Abstellräume für Kinderwagen und Fahrräder

Wohngebäude der Gebäudeklassen 3 bis 5 (s. Abschn. 1.4) müssen gut erreichbare Abstellräume für Kinderwagen und Fahrräder besitzen, aber auch bei den übrigen Wohnbauten ist an entsprechende Abstellmöglichkeiten zu denken. Räume im Gebäude oder überdachte Plätze im Außenbereich. Treppen sind hier hinderlich. Gegebenenfalls Treppenrampen einplanen.

3.2.7 Bäder und Toilettenräume

LBO, VDI 6000-1

Lage und Aufteilung

Bäder möglichst in der Nähe der Individualräume anordnen. Orientierung gut: Osten, möglich: Norden. Bad und WC vom Flur zugänglich.

In Wohnungen für mehr als 3 Personen: 1 zusätzliches WC über Flur erschließen (Gäste-WC). In Wohnungen für mehr als 3 Personen möglichst 2 Bäder, z.B. Gästetoilette als Duschbad. Optimal: Bad und WC in räumlicher Nähe aber getrennt nutzbar.

Installationsräume möglichst mit anderen Bereichen, etwa Küchen, derselben Wohnung gemeinsam nutzen. Bei mehrgeschossigen Bauten Bäder und Küchen an durchgehenden vertikalen Installationssträngen anordnen.

Belichtung/Belüftung

Möglichst natürlich belichten und belüften. Innen liegende Bäder und Toiletten mechanisch entlüften (DIN 18 017).

Schallschutz

Bei Bädern und Toiletten auf den Schallschutz achten. Installationswände möglichst nicht an Wohn- und Schlafräume legen, sondern z. B. an Küche oder Außenwände. Vorwandinstallationen und Armaturen hoher Schallschutzklassen verwenden. Bäder und Toiletten benachbarter Wohnungen nicht an einen Installationsstrang anschließen. Die Lage der Stränge in einem Schacht ist möglich.

Empfohlene Freiräume und Abstände

Als Abstand zwischen Sanitärobjekten oder zwischen Objekt und gegenüber liegender Wand empfehlen sich mind. 75 cm, bei Waschmaschinen und Trocknern mind. 90 cm, zwischen Sanitärobjekt und angrenzender Querwand oder Nachbarobjekt mind. 20 cm, bei Bidets und bei WC, die seitlich von zwei Wänden eingefasst sind, mind. jeweils 25 cm, zwischen Badewanne und Nachbarobjekt 15–20 cm.

Sanitärobjekte/Maschinen

Die Mindestmaße für Bäder und Toiletten ergeben sich aus den Größen der Sanitärobjekte und der zugehörigen Bewegungs- und Standflächen. Diese können sich überlappen.

Klosetts

Hänge-WC erlauben eine bessere Reinigung des Bodens. Nachteil: aufwendigere Wandbefestigung. Sitzhöhe: 42 cm über Fußboden.

Mindestmaße für Toilettenräume mit Handwaschbecken (links) und Waschtisch (rechts) (cm)

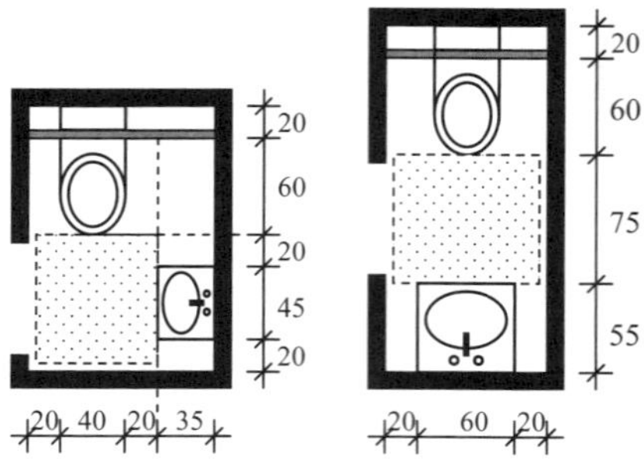

Mindestmaße für Duschbäder ohne Toiletten mit Handwaschbecken (rechts) und Waschtisch (links) (cm)

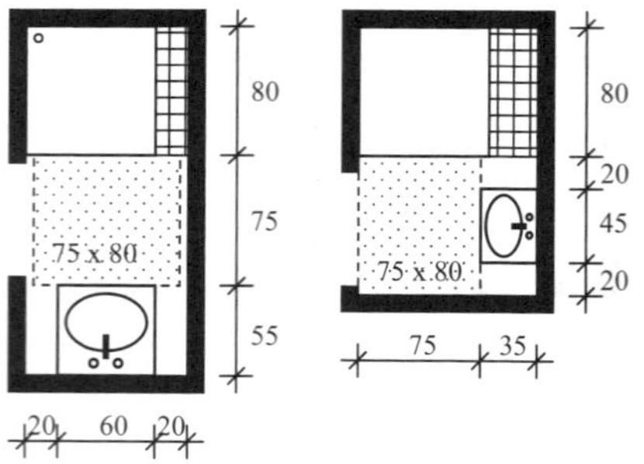

Sanitärobjekte. Empfohlene Freiräume (cm)

Objekt / Freiraum	Zur Wand	Zum Nachbar-objekt	Vor dem Objekt
Waschbecken	20	20	75
Einbauwaschb.	0	20[2]	75
WC	20[1]	20	75
Urinal	20[1]	20	75
Bidet	25	25	75
Duschtasse	0	20[2]	75 / 90
Badewanne	0	20[2]	75 / 90

1) Unmittelbar zwischen zwei Wänden: 25 cm.
2) Abstand Einbauwaschbecken zur Dusche bzw. Badewanne: 15 cm.

Duschbäder mit Toilette, Mindestmaße

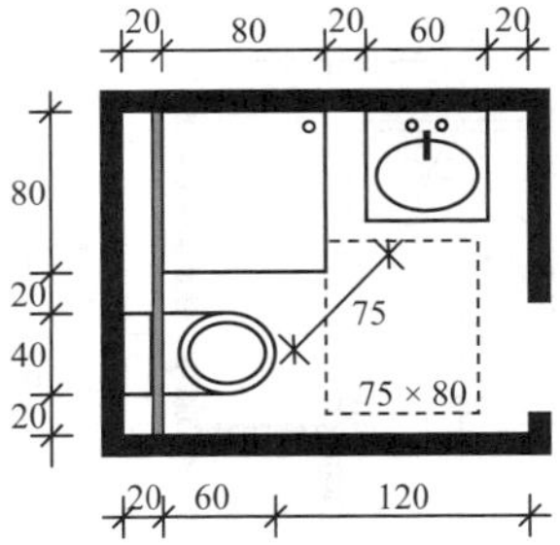

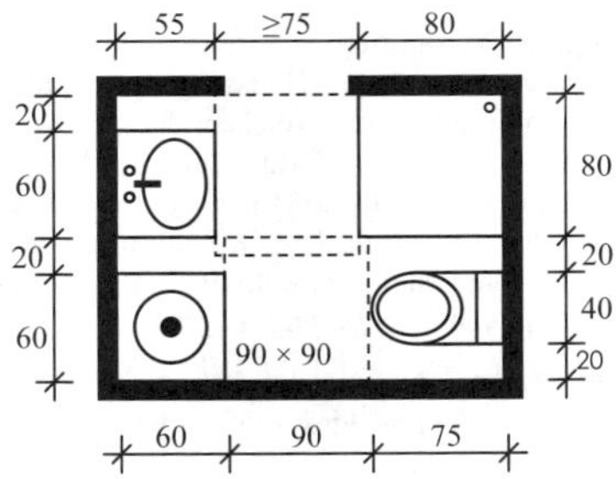

Vollbad, Mindestmaße (cm)

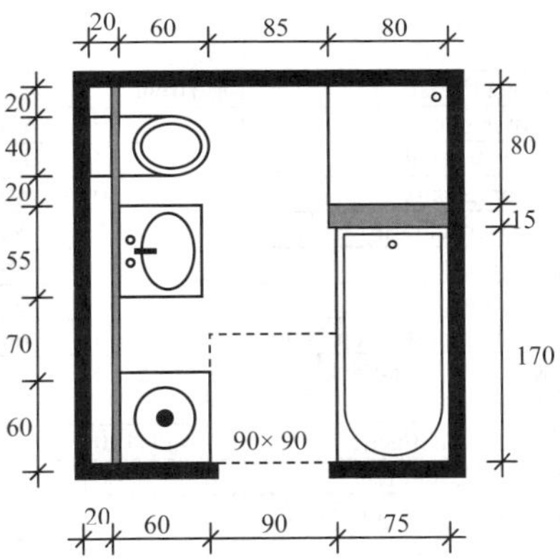

Mindestflächen für Sanitärobjekte (cm)

Objekt	Tiefe	Breite
Handwaschbecken	35	45
Einzelwaschbecken	55	60
Doppelwaschbecken	55	120
Einbauwaschtisch	60	70
Doppeleinbauwascht.	60	140
WC mit Spülkasten	75	40
WC ohne Spülkasten	60	40
Urinal	40	40
Bidet	60	40
Duschtasse	80	80
Badewanne	75	170
Ausgussbecken	40	50
Waschmaschine	60	60

Waschbecken
Kleine Handwaschbecken in Toiletten. Größere Waschtische in Bädern. In Haushalten mit mehreren Personen: 2 Waschbecken oder Doppelwaschbecken einplanen. Höhe: 82 cm.

Duschwannen
Ideal für kleine Bäder und für Senioren. Bewegungsraum ggf. seitlich erweitern. In größeren Bädern als Ergänzung der Badewanne. Freier Durchstieg von mind. 75 cm breit.

Badewannen
Zur Körperpflege und zur Entspannung in größeren Bädern, evtl. mit Duscheinrichtung in der Wanne. Besser: zusätzliche Duschwanne.

Urinal
In Wohnungen unüblich. Höhe Beckenöffnung: 70 cm über Fußboden

Bidet
Zur Reinigung des Intimbereichs.

Waschmaschinen/Wäschetrockner
Wasser-, Abwasser-, Elektro- und ggf. Abluftanschlüsse vorsehen. Lichte Türbreite mind. 65 cm. Eventuell Platz für Regalschrank und Wäschekorb.

Bädertypen

Duschbad
Raum mit Waschbecken und Dusche.

Wannenbad
Raum mit WC, Waschbecken und Badewanne.

Vollbad mit Toilette
Raum mit WC, Waschbecken, Dusche und Badewanne.

Bäder mit getrennter Toilette
Die Toilette wird mit einem Waschbecken außerhalb des Bades angeordnet, um die gleichzeitige Nutzung durch unterschiedliche Personen zu erlauben.

3.2.8 Küchen

DIN EN 1116

Lage in der Wohnung

Von Wohnungs- bzw. Hauseingängen möglichst unmittelbar zu erreichen. Kurzer Weg zum Essplatz und zu Vorratsräumen. Vorteilhaft: Zugang zum Garten, Sicht auf Spielplatz der Kinder und Haustür. Orientierung nach Lebensgewohnheiten; vorteilhaft Osten (Morgensonne); Nordorientierung möglich.

Küchentypen

Die Wahl des Typus wird – neben wirtschaftlichen Gründen – von den Lebensgewohnheiten der Benutzer abhängen.

Arbeitsküchen (mind. 6–10 m²)

Diese sind ausschließlich für das Bereiten von Speisen und Getränken konzipiert. Auf vergleichsweise kleiner Fläche werden die notwendigen Möbel und Maschinen angeordnet. Vorteil: geringer Raumbedarf; Nachteil: wenig kommunikativ, keine Aufenthaltsqualität.

Wohnküchen (mind. 12–14 m²)

Wohnküchen enthalten neben den eigentlichen Küchenmöbeln auch Wohnelemente, etwa Esstische, Bänke, Stühle usw., die das Speisen und Arbeiten über das eigentliche Kochen hinaus in der Küche ermöglichen. Vorteile: kommunikativ, hohe Aufenthaltsqualität; Nachteil: hoher Raumbedarf.

Offene Küchen (mind. 6–10 m²)

Offene Küchen sind in der Regel Arbeitsküchen, die eine mehr oder weniger gute Sichtverbindung zu Wohnräumen besitzen. Vorteile: geringer Raumbedarf, kommunikativ; Nachteile: Geruchs- und optische Belästigung der Wohnräume. Abhilfen: starke Abluftanlage; geschickte Anordnung von Raumteilern.

Schrankküchen (0,5–1 m²)

Breiten von 60, 90 oder 120 cm; mit Türen verschließbar für kleine Wohnungen und Büros.

Küchenelemente

Unterschränke (Breiten: 40, 60, 120, 150 cm)

Für schweres und/oder sperriges Geschirr (Pfannen, Töpfe), Geräte, auch Einbaugeräte.

Herde (60 cm × 60 cm)

In der Regel 4-flammiger Herd und Backofen. Kleinküchen: 2-flammig (30 cm × 60 cm). Abzugshaube. Neben dem Herd Arbeits- und Abstellflächen (mind. 30 cm × 60 cm).

Küchen, Richt- und Mindestmaße

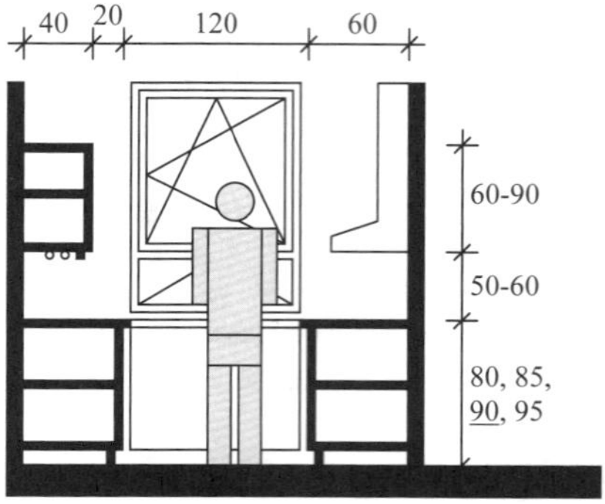

Kücheneinrichtung (cm)
Koordinierungsmaße

Objekt	Breite	Tiefe
Unterschrank	30–120	60
Hochschrank	60	60
Oberschrank	30–120	40
Speisenschrank	60	60
Kühlschrank	60	60
Gefrierschrank	60	60
Küchenmaschinenfläche	mind. 60	60
Kleine Arbeitsfläche zwischen Herd u. Spüle	mind. 60	60
Gr. Arbeitsfläche	mind. 120	60
Herd / Backofen	60	60
Abstellplatte zum Herd	20	60
Spülmaschine	45 o. 60	60
Spüle mit Abtropffläche	mind. 90	60
Doppelspüle mit Abtropffläche	mind. 120	60
Abstell- und Abtropffläche neben der Spüle	60	60

Koordinierungsmaße für Küchenmöbel

Vorzugsmaße für Frontbreiten der Möbel	30, 40, 45, 60, 90, 120
Tiefe der Arbeitsplatte	≥ 60
Höhe der OK Arbeitsplatte	80; 85; 90; 95
Überstand der Arbeitsplatte	≤ 3
Höhe der Unterschränke	77; 82; 87; 92
Tiefe der Unterschränke	60
Unterkante der Oberschränke	135–140
Tiefe der Oberschränke	≤ 40
Höhe der Oberschränke	60–90
Gangbreite zwischen Möbeln	120

Kleinküche (cm)

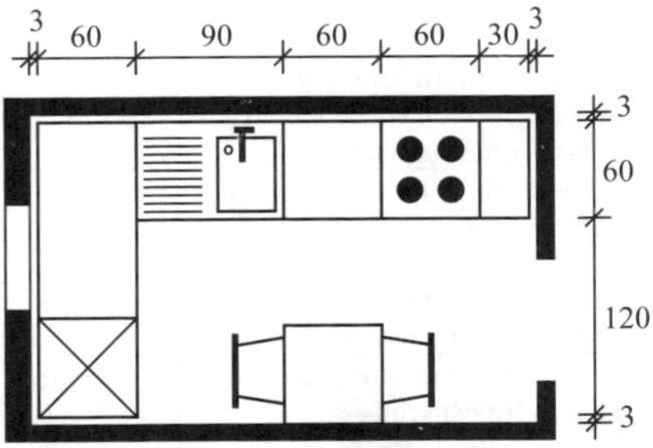

3,06 × 1,86 = 5,69 m²

Zweizeilige Arbeitsküche (cm)

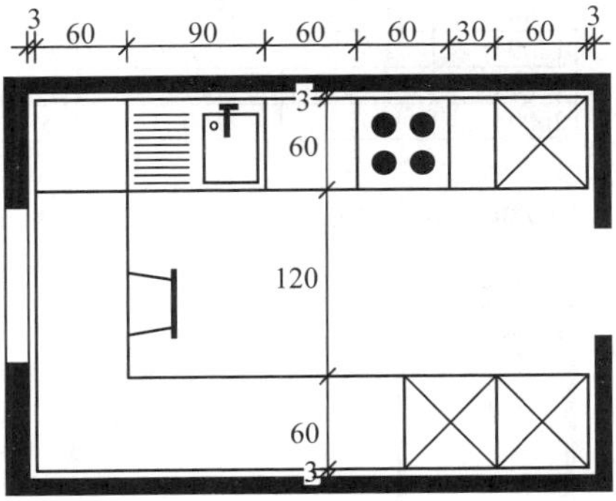

2,46 × 3,66 = 9,00 m²

Offene Küche mit Kochblock (cm)

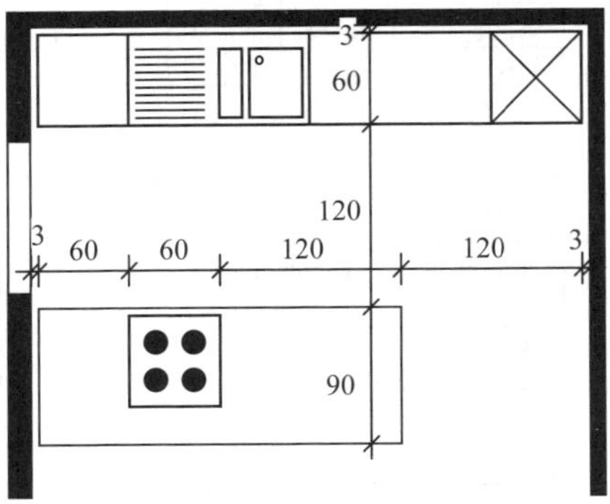

2,73 × 3,66 = 9,99 m²

Spüle (Breiten: 60, 90, 120, 150 cm)

Möglichst mit 2 Becken mit Abtropfplatz links (150 cm × 60 cm). Darunter Abfalleimer. Rechts der Spüle Abstellfläche für schmutziges Geschirr.

Geschirrspülmaschine (Breiten: 45, 60 cm)
In der Nähe der Spüle anordnen.

Kühl- und Gefrierschränke (Breite: 60 cm)
In der Nähe der Arbeitsfläche und des Herdes einplanen.

Waschmaschine, Trockner (Breite 60 cm)
Wegen Hygiene besser im Bad oder anderswo.

Arbeitsfläche (Breiten: 60, 90, 120 cm)
Arbeitshöhen nach Bedarf: 80, 85, 90 oder 95 cm. Meist 85 cm.

Vorbereitungsfläche (mind. 120 cm × 60 cm)
Fläche mit Sitzgelegenheit in 70–75 cm Höhe.

Hochschränke (40–60 cm × 60 cm, h = 2 m)
Als Vorrats- und Besenschränke sowie für Einbaugeräte, z. B. Kühlschränke, Backofen, Mikrowellenherd.

Oberschränke (max. 40 cm tief)
Zur Aufnahme von Geschirr und Vorräten sowie von Geräten: Mikrowellenherd.

Dunsthauben (50 cm × 60 cm)
Abluftgeräte bringen die belastete Luft über Kanäle nach außen: Hohe Wärmeverluste. Austritt möglichst über Dach, nicht in der Nähe von Fenstern. Umlufthauben filtern die Luft.

Anordnung der Küchenelemente
Ideal ist folgende Reihung von rechts nach links: Abstellfläche (*b* mind. 30 cm), Herd, Arbeitsfläche (*b* mind. 60 cm), Spüle, Breite der Abtropffläche mind. 30 cm.

Belichtung und Beleuchtung
Möglichst natürliche Belichtung über Fenster, insbesondere der Vorbereitungsflächen. Arbeitsflächenbeleuchtung mittels Lampen unter den Oberschränken.

Fenster, Belüftung
Bei Arbeitsplatten vor den Fenstern muss wegen der dort abgestellten Gegenstände die Fensterbrüstung höher sein und/oder das Fenster ein unteres Festteil besitzen.
Ablufthauben: Aus Kaminöfen u. Ä. können Abgase angesaugt werden. Zuluft von außen sichern. Gut: Umlufthauben mit Filtern oder Herdebereiche mit seperater Außenzuluft zur Reduzierung der Wärmeverluste.

Für weitere Details siehe Heisel: Planungsatlas.

3.3 Technikräume

3.3.1 Hausanschlussbereiche

DIN 18 012

Sie dienen der Einführung von Leitungen in das Gebäude und zur Aufnahme der Anschlusseinrichtungen: Zähler, Sicherungen, Verteiler, Übergabestationen.

Hausanschlussnischen und -wände
In nicht unterkellerte Einfamilienhäusern sind Nischen von 2 m Höhe, 0,875 m Breite (mit Fernwärme 1,01 m) und 0,25 m Tiefe ausreichend. Entfernung zur Außenwand max. 3 m. Türen vor den Nischen mit Lüftungsöffnungen. In Gebäuden mit max. 5 Nutzungseinheiten genügt eine nicht brennbare Hausanschlusswand in Verbindung mit der Außenwand. Wandhöhe mind. 2 m. Freie Gehhöhe mind. 1,80 m.

Hausanschlussräume
Von außen, Flur oder Treppenraum zugänglich machen. Lage an der Außenwand. Raummaße mind.: 2 m Höhe, 2 m Länge; Installation einseitig: 1,50 m Breite, Installationen gegenüberliegend: 2 m Breite. Gehhöhe mind. 1,80 m. Tür mind. 0,875 m × 2 m.

3.3.2 Heiz- und Brennstofflagerräume

FeuVO, EltBauVO, VDI 2050, TRGS

Heizräume
Bei Feuerstätten fester Brennstoffe mit Gesamtnennwärmeleistungen über 50 kW wird ein eigener Heizraum erforderlich: Rauminhalt mind. 8 m³; lichte Raumhöhe mind. 2 m. Wände, Decken, Stützen: F 90. Türen: T 30 und selbstschließend, wenn sie nicht unmittelbar ins Freie führen. Türen müssen unmittelbar auf einen Rettungsweg führen, zum Rettungsweg aufschlagen und stets vom Raum zu öffnen sein. Sie dürfen nicht mit Aufenthaltsräumen und Räumen notwendiger Treppen in unmittelbarer Verbindung stehen.

Brennstofflagerräume
Öltanks müssen doppelwandig sein, oder der Raum muss eine Auffangwanne besitzen. Lagerung von max. 5000 l Öl in Tanks in Räumen mit Feuerstätten ist möglich, wenn diese außerhalb der Auffangwanne und mind. 1 m entfernt steht. Besondere Brennstofflagerräume sind bei mehr als 150 kW Gesamtnennwärmeleistung und/oder mehr als 5000 l Öl erforderlich. Wände, Decken und Stützen: F 90; Türen: T 30 und selbstschließend, soweit nicht ins Freie führend. Alle Baustoffe: nichtbrennbar.

Orientierungsgrößen für Hausanschlussräume (*b* × *l*) (cm)

bis ca. 30 Wohneinheiten ohne Fernwärmeanschluss	180 × 200
bis ca. 10 Wohneinheiten mit Fernwärmeanschluss	180 × 200
Wasserzähler bis q_n = 10 m³/h Starkstrom bis 165 kVA Fernwärme bis 80 kW	180 × 200
bis ca. 60 Wohneinheiten ohne Fernwärmeanschluss	180 × 350
bis ca. 30 Wohneinheiten mit Fernwärmeanschluss	180 × 350
Wasserzähler über q_n = 10 m³/h Starkstrom bis 270 kVA Fernwärme bis 200 kW	180 × 350

Abmessungen von Öltanks (cm)

Inhalt	Breite	Höhe	Länge
1000 l	72	150	110
1500 l	72	150	165
2000 l	72	150	215

Heizöltankbatterien, Grundriss (l.) und Schnitt

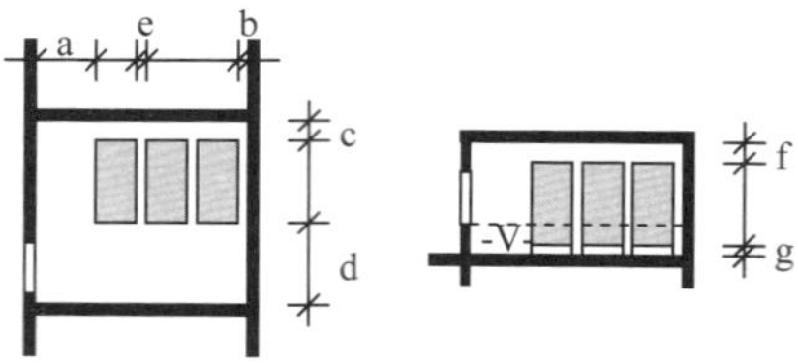

Abstandsmaße für Heizöltankbatterien (cm)

Art / Maße	*a*	*b*	*c*	*d*	*e*	*f*	*g*
Stahl	40	25	25	40	4	25	5
PA, PE	40	5	-	40	-	-	-
GFK	40	5	5	40	5	-	-

Orientierungswerte. Jahresbedarf an Heizöl

Lagermenge (l)	Objekt
$Q_N \times 210$	Wohnhäuser
$Q_N \times 190$	Bürobauten
$Q_N \times 150$	Schulen
Q_N = Heizlast (W); l = Liter	

Orientierungswerte. Lagermenge an Heizöl

Q_N	Lagermenge
bis 100 kW	100 % des Jahresbedarfs
100–1000 kW	50–70 % des Jahresbedarfs
über 1000 kW	30–50 % des Jahresbedarfs

Erweiterung eines Seniorenheims in Beilngries (1. Obergeschoss) (Architekten: Nickl & Partner)

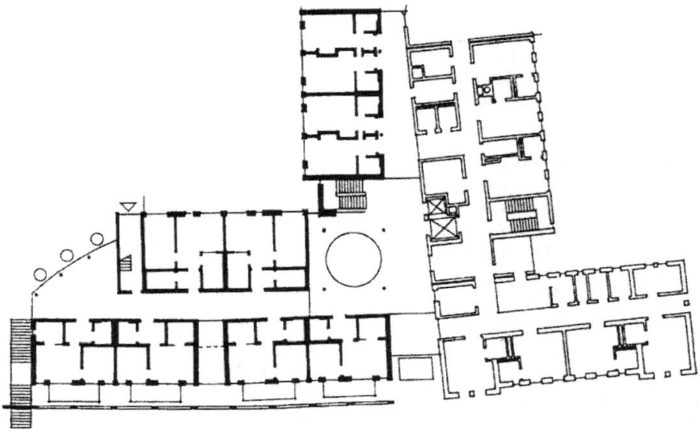

Mindestgrößen von Wohn- und Pflegeplätzen (HeimMindBauV)

Art des Platzes	Größe	Ausstattung
Altenwohnheime		
1-Pers.-Wohnplatz	12 m²	Ko, WC, 1 Wb
2-Pers.-Wohnplatz	18 m²	Ko, WC, 1 Wb
3-Pers.-Wohnplatz	24 m²	Ko, WC, 2 Wb
4-Pers.-Wohnplatz	30 m²	Ko, WC, 2 Wb
Altenheime		
1-Pers.-Wohnplatz	12 m²	1 Wb
2-Pers.-Wohnplatz	18 m²	1 Wb
3-Pers.-Wohnplatz	24 m²	2 Wb
4-Pers.-Wohnplatz	30 m²	2 Wb
Altenpflegeheime		
1-Pers.-Wohnplatz	12 m²	
2-Pers.-Wohnplatz	18 m²	
3-Pers.-Wohnplatz	24 m²	
4-Pers.-Wohnplatz	30 m²	
Ko = Kochgelegenheit; Wb = Waschbecken		

Mindestausstattung von Schlafräumen in Altenwohnungen und Altenwohnheimen (Altenwohnstätten)

Möbel	Länge × Breite (cm)
1 Bett je Nutzer	205 × 100
1 Schrank je Nutzer	110 × 65
1 tischhohes Möbel	110 × 55

3.4 Sonderformen des Wohnens

3.4.1 Altenwohnstätten

DIN 18 040; VDI 6000-5, HeimMindBauV

Beim Bauen für ältere Menschen ist DIN 18 040-2 zu beachten (s. Abschn. 4). Für behinderte Senioren wird das Umfeld der Anlage bedeutsam. Geschützte Ausblicke, Freisitze im Gebäude und Fußwege mit Sitzgelegenheiten im Freien machen das Umfeld erlebbar.

Altengerechte Wohnungen

1- und 2-Personen-Wohnungen, die den Bedürfnissen älterer Menschen Rechnung tragen. Möglichst Ausführung nach DIN 18 040-2, jedoch nicht zwangsläufig rollstuhlgerecht. Wohneinheiten in ein normales Wohnumfeld integrieren, z. B. im EG von Geschosswohnungsbauten.

Mindest-Raumprogramm:

1-Personen-Wohnung (35–45 m²): Vorraum (freie Fläche mind. 150 cm × 150 cm, 60 cm Garderobe); mind. 1 m² Abstellfläche; Wohnschlafzimmer (12–18 m²); evtl. Schlafzimmer; Duschbad, Kochnische (1,5–4 m²). Balkon oder Terrasse.

2-Personen-Wohnung: wie vor, jedoch Wohnraum (mind. 18 m², besser 20 m²). Schlafzimmer (ca. 12 m²), Kleinküche (ca. 5 m²).

Heime – Grundsätzliches

Heime besitzen häufig keine Wohnungen gemäß den Anforderungen der LBO, sondern nur Wohnplätze. Die HeimMindBauV von 1978 legt absolute Mindeststandards fest, die nicht mehr zeitgemäß sind. Das Kuratorium Deutsche Altershilfe biete aktuelle Planungshilfen an. Die typische Flurerschließung sollte zur Schaffung von Bewegungs- und Kommunikationsräumen genutzt werden.

Altenwohnheime/Altenwohnanlagen

Eigenständiges Wohnen in altengerechten Kleinwohnungen steht im Vordergrund. Betreuung durch Sozialstationen in der Anlage oder ambulant. Rollstuhlgerechte Erschließung und Gemeinschaftseinrichtungen für Essen, Freizeit, usw. (mind. 0,75 m² je Bewohner). Raumprogramm s. Altengerechte Wohnungen.

Altenheime

Größere Einheiten (120 WE und mehr). Der Heim- und Versorgungscharakter steht mehr im Vordergrund. Mind. 1 Aufzug für Liegendkranke. Aufzüge mit Klappsitz. Umfangreichere Nebeneinrichtungen zur Versorgung und Freizeitgestaltung: Speiseräume, Wandelgänge, Teeküchen, Freizeiträume, Sport- und Gymnastikräume, Wasch- und Trockenräume, Aufbahrungsraum. Therapie- und Betreuungsräume. Wirtschafts-, Personal- und Verwaltungsräume. Gemeinschaftsflächen: mind. 20 m² oder 1 m² je Bewohner.

Organisation in Wohngruppen zu ca. 30 Personen mit Untergruppen zu 3 × 10 oder 2 × 15 Personen mit Gemeinschaftsräumen.

Wohnplätze: 1-Personen-Wohnschlafzimmer ca. 12 m² mit Duschbad und Kochnische, Balkon; 2-Personen-Wohnplätze wie vor, jedoch ca. 18 m² Wohnraum, 12 m² Schlafraum.

Altenpflegeheime

Für pflegebedürftige und chronisch kranke Senioren. Eigenversorgung gering. 1- oder 2-Bett-Pflegeplätze von 12 bzw. 18 m² mit Duschbad. 10 Bewohner werden zu einer Wohngruppe mit Gemeinschaftsraum und Teeküche zusammengefasst. Für 3 Wohngruppen: Betreuer- und Pflegeräume, Geräteräume in der Nähe. Wohn- und medizinische Bereiche sind getrennt.

Medizinischer Bereich mit Arzträumen und Therapieeinrichtungen. Zentrale Versorgungs- und Freizeiträume. Verwaltung. Bettenaufzug erforderlich. Flur- und Türbreiten für fahrbare Betten.

Mindestausstattung von Kleinküchen in Altenwohnungen und in Altenwohnheimen für Selbstversorger (Altenwohnstätten)

Objekte	Breite
Unterschrank mit Arbeitsplatte	60 cm
Spüle	40 cm
Unterschrank mit Arbeitsplatte und herausziehbarer Platte für Arbeiten im Sitzen	60 cm
Herd mit Backofen	50 cm
Unterschrank mit Arbeitsplatte	60 cm
Kühlschrank	60 cm
Arbeitshöhe 85 cm	
Bewegungsfläche mind. 120 cm tief	

Altengerechtes Treppenhaus (cm) DIN 18 040

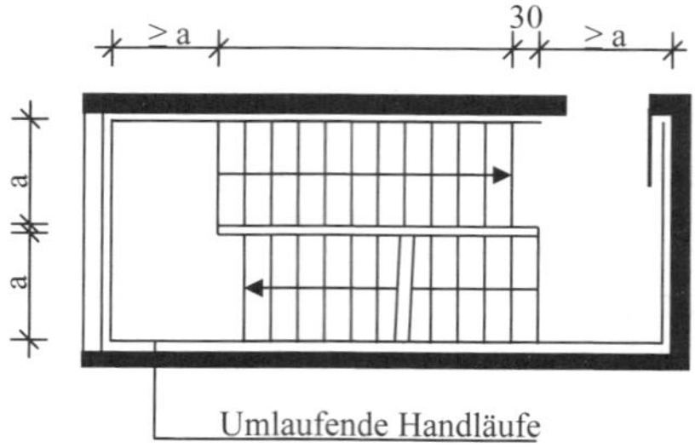

Rollstuhlgerechte Küche nach DIN 18 040-2 in Winkelanordnung mit Tür und deren Bewegungsflächen

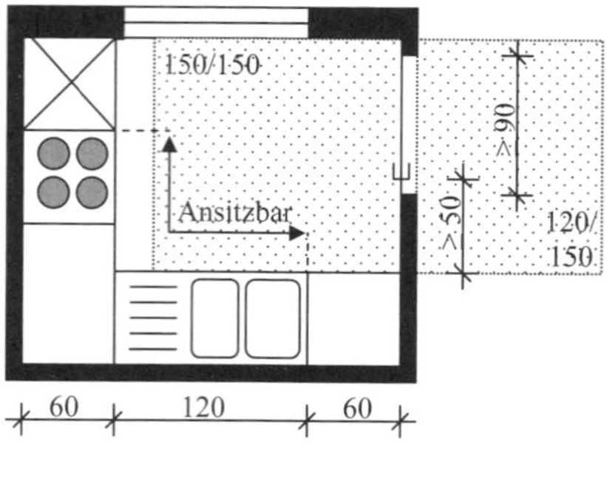

Altengerechte Wohnung mit Bewegungsflächen nach DIN 18 040-2

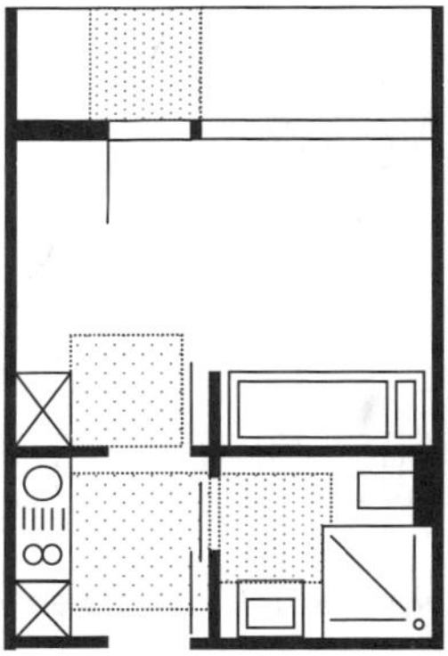

Rollstuhlgerechte Küche nach DIN 18 040-2 mit Tür und deren Bewegungsflächen

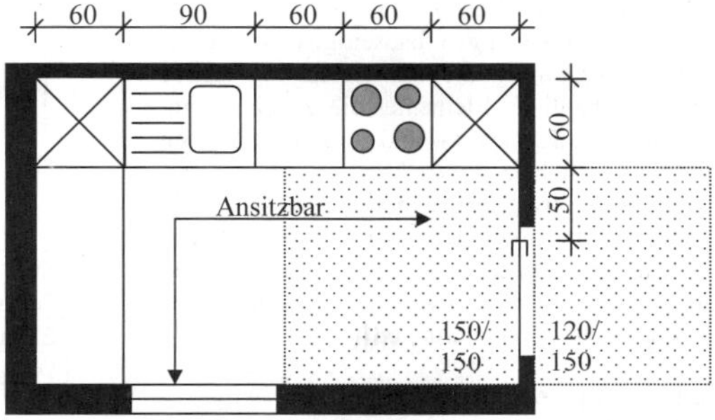

Barrierefreies Bad für Nicht-Rollstuhlnutzer. Mindestmaße (cm) (DIN 18 040-2)

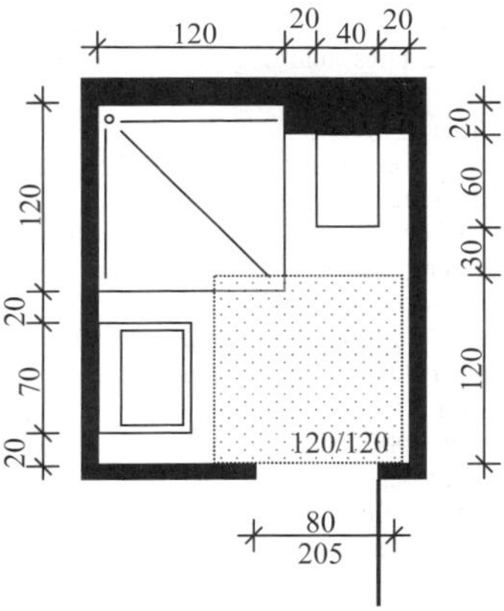

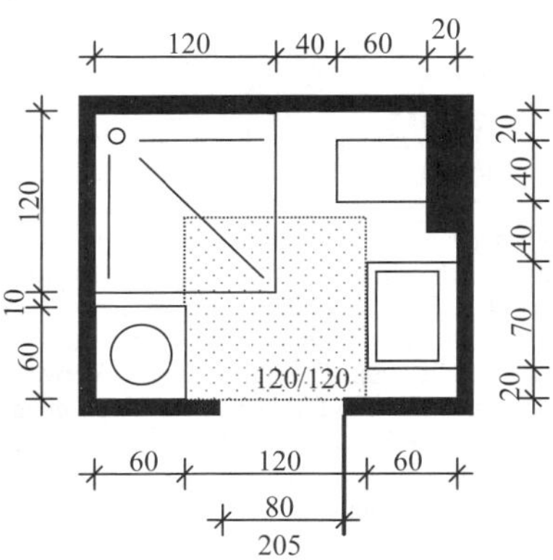

Hospize
Sterbebegleitung unheilbar Kranker. Anforderungen ähnlich einem Altenpflegeheim.

Elemente altengerechten Bauens
Altengerechte Wohnungen und Wohnplätze nach DIN 18 040-2 planen (s. Abschn. 4). Eingang direkt anfahrbar. Zuwege rollstuhlgerecht, mind. 150 cm breit. Rollstuhlabstellplätze im Eingangsbereich (mind. 180 cm × 150 cm). Bei Altenwohnstätten, die höher als im 1. Obergeschoss liegen: mind. 1 Fahrstuhl barrierefrei (s. Abschn. 2.2.8). Wohnstätten in Gebäudeklassen 5 sind gem. einiger LBO mit einem Aufzug für liegenden Personentransport zu erschließen. Treppen möglichst gradläufig ausführen. Treppenstufen 16/30 cm mit markierten Kanten. Treppen und Flure beidseitig mit Handläufen versehen. Handläufe im Treppenauge nicht unterbrechen. Trittstufen nicht überstehend. In Küchen keine Möbel vor Fenstern anordnen und Arbeitsbereiche ansitzbar machen. Bäder nach DIN 18 040-2. Rutschfester Boden, Türen nach außen aufschlagend, schwellenfreie Duschen mit Haltegriffen. Alle Türen mit mind. 90 cm lichter Breite und mind. 205 cm lichter Höhe (s. Abschnitt 4). Rollbettengerecht: mind. 120 cm. Innerhalb von Wohnungen: mind. 80 cm.
Jede Wohnung mit Freisitz nach DIN 18 040-2 schwellenfrei erreichbar (s. Abschnitt 4).
Für weitere Details siehe Planungsatlas.

Brandschutz
Je Geschoss mind. 2 Brandabschnitte, die das schnelle Evakuieren auf gleicher Ebene ermöglichen. Stets 2 bauliche Rettungswege. Brandmeldeanlagen mit stiller Alarmierung.
Für weitere Details siehe: Heisel, Planungsatlas

4 Barrierefreies Bauen

LBO, DIN 18 040, DIN 32 975,DIN 32 984

Das barrierefreie Bauen muss die für behinderte Personen notwendigen bauseitigen Hilfsmittel und Bewegungsräume zur Verfügung stellen und auf bauliche Elemente, die zu einer Einschränkung der Lebens- und Bewegungsfreiheit führen, verzichten.
Das barrierefreie Bauen beschäftigt sich nicht nur mit Erleichterungen für Menschen mit Bewegungsproblemen, wie z. B. Rollstuhlfahrer, sondern auch für Menschen mit Seh- und Hör- und geistigen Behinderungen.

2-Sinne-Prinzip
Drei Sinne dienen hauptsächlich der Orientierung und der sicheren Benutzung eines Gebäudes und der Freiräume:

- Sehen (Optisch)
- Hören (Akustisch)
- Fühlen (Taktil).

Da mit unterschiedlichen Defiziten der Benutzer gerechnet werden muss, gilt es möglichst immer mind. 2 Sinne anzusprechen.
Bodenindikatoren nach DIN 32 984 an Bahnsteigen z. B. sind reliefartig ausgebildet, um sie taktil mit einem Stock erfassen zu können (Blinde) und setzen sich durch ihre Helligkeit vom dunkleren Bahnsteigboden ab.
Hell-Dunkel-Kontraste sind wichtiger als Farbigkeit, da auch mit Farbenblindheit gerechnet werden muss. DIN 32 975 beschreibt visuelle Orientierungshilfen.

Gesetzliche Forderungen
Die LBO fordern, dass **öffentlich zugängliche Bereiche** von Gebäuden (z.B. Kundenbereiche) barrierefrei sein müssen. Bauten, die von Behinderten, älteren Menschen und Müttern mit Kleinkindern häufiger aufgesucht werden, müssen von diesen ohne fremde Hilfe genutzt werden können. Bei Geschäftshäusern, Versammlungsstätten, Bürogebäuden, bei Bauten, die der Öffentlichkeit zugänglich sind (z. B. Banken, Sportstätten, Museen), sowie bei deren Stellplätzen und Garagen gilt dies für die Bereiche mit Publikumsverkehr.
Einige LBO fordern für besondere Bautypen eine **grundsätzliche Barrierefreiheit**. Bei Wohnheimen, Tagesstätten, Werkstätten und Heimen für Menschen mit Behinderungen, Altenwohnheimen, Altenheimen, Altenpflegeheimen und Altenbegegnungsstätten, Kindertagesstätten und Kinderheimen muss die gesamte bauliche Anlage von den genannten Gruppen genutzt werden können.

Üblicher Selbstfahrer-Rollstuhl

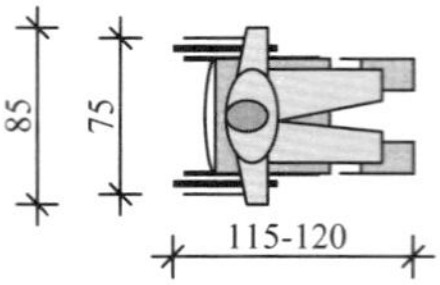

Stuhlart	Länge	Breite
Zimmerrollstuhl	115 cm	75 cm
Selbstfahrer	174 cm	75 cm
Elektro-Rollstuhl	90–117 cm	75 cm
Dreirad-Rollstuhl	210 cm	75 cm

4.1 Verkehrs- und Freiflächen

DIN 18 040-3, DIN 32 984

Straßen, Plätze, öffentliche Verkehrs- und Grünanlagen sowie Spielplätze sind auf Grundlage der DIN 18 040-3 barrierefrei zu planen. Dazu gehört u. a. die Schaffung rollstuhlgerechter Bewegungs- und Begegnungsflächen.

Grundsätze
Öffentliche Verkehrsflächen und Freiräume sollten barrierefrei von Rollstuhlfahrern und mit Rollatoren benutzt werden können. Wichtigste Voraussetzung ist die Stufenfreiheit. Wege benötigen sichere, taktil und visuell gut erkennbare Begrenzungen. Die Oberflächen sollten erschütterungsfrei überrollt werden können und auch bei feuchter Witterung eine rutschsichere Oberfläche aufweisen. Dies bieten z.B. bituminöse, oder wassergebundene Oberflächen. Auch Beläge mit einem *R*-Wert von mind. R11 oder R10/V4 gelten nach DIN 18 040-3 als geeignet.
Hindernisse und Gefahrenstellen müssen nach dem 2-Sinne-Prinzip kenntlich gemacht sein.

Anforderungen an Wege
Wege müssen für die Begegnung von Rollstuhlfahrern mind. 1,80 m breit sein. Für das Drehen von Rollstühlen muss mind. eine Fläche von 1,50 m × 1,50 m zur Verfügung stehen. Durchfahrten und Türen müssen mind. 90 cm lichte Breite besitzen. Die lichte Höhe über den Bewegungsflächen sollte mind. 2,25 m betragen, über Türen mind. 2,10 m.
Längsgefälle von Gehwegen ohne Verweilplätze max. 3 %; mit Verweilplätzen von mind. 1,50 m Länge in max. 10 m Abstand max. 6 %.
Quergefälle von Gehwegen max. 2 %, in Grundstückszufahrten max. 6 %.

Straßenübergänge

Gemeinsame Übergänge für Blinde / Sehbehinderte und Rollstuhlfahrer erhalten Borde von 3 cm Höhe. Die Bordkante ist mit einem Radius von 2 cm abgerundet. Für Blinde / Sehbehinderte sind Bodenindikatoren als Auffindstreifen- und Richtungsfelder einzusetzen und ist das Bord kontrastreich abzusetzen.

Bei getrennten Übergängen für Blinde / Sehbehinderte und Rollstuhlfahrer werden die Borde für die Rollstuhlfahrer auf das Straßenniveau abgesenkt. Für Blinde / Sehbehinderte sind Bodenindikatoren als Auffindstreifen- und Richtungsfelder zum Auffinden des zweiten Übergangs einzusetzen. Das Bord ist hier 6 cm hoch und kontrastreich abzusetzen. Die Bordkante ist mit einem Radius von 2 cm abgerundet.

Keine Muldenrinnen mit Tiefe-Breite-Verhältnis größer 1:30.

Zugang zu anderen Ebenen

Ebenen sind mit barrierefreien Treppen und zusätzlich mit Rampen und/oder Aufzügen zu verbinden (s. Abschnitt 2).

Pkw-Stellplätze

Mind. 3 % der Stellplätze, mind. jedoch 1 Stellplatz muss eine 150 cm tiefe Bewegungsfläche an der Längsseite eines geparkten Pkw aufweisen. Empfohlene Breite des Stellplatzes bei offener Stellfläche: 350 cm; bei seitlicher Begrenzung durch eine Wand o. Ä.: 380 cm. Auf mind. 1 Stellplatz soll ein Heckausstieg möglich sein, z. B. durch 1,50 m zusätzliche Tiefe oder einen angrenzenden Weg.

Haltestellen

Haltestellen für Busse und Bahnen sind so zu gestalten, dass der Höhenunterschied und der Abstand zwischen Fahrgastraum des Fahrzeugs und der Vorderkante der Zusteigfläche max. 5 cm beträgt. Die Bahn- bzw. Busteigtiefe soll mind. 2,50 m betragen. Die Einstiegsstelle muss taktil und optisch kontrastreich sein. Es sind Sitzgelegenheiten und ein Witterungsschutz für Rollstuhlfahrer vorzusehen.

Baustellensicherung

Baustellen sind mit einer Absperrung mit zwei mind. 10 cm hohen Schranken zu sichern. Die Oberkante der ersten Schranke liegt auf 1 m Höhe. Die Unterkante der zweiten Schranke darf max. 15 cm über den Weg liegen. Das Lichtraumprofil muss mind. 120 cm Breite und 230 cm Höhe besitzen. Spätestens nach 18 m ist eine Begegnungsfläche von 1,80 m × 1,80 m anzuordnen.

Barrierefreier Straßenübergang für sehbehinderte und Blinde (cm)

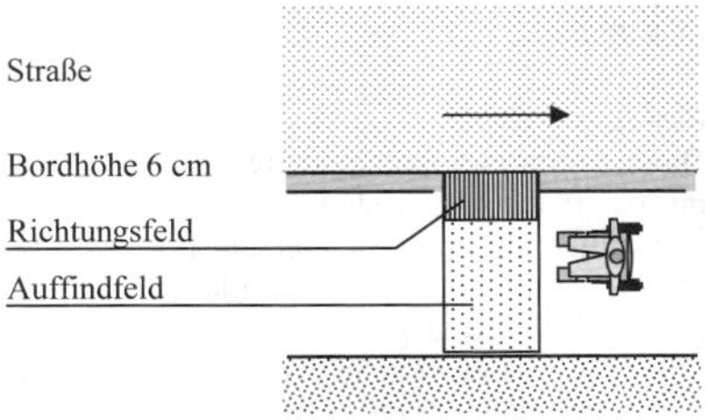

Barrierefreier Straßenübergang für Rollstuhlfahrer und Blinde (cm)

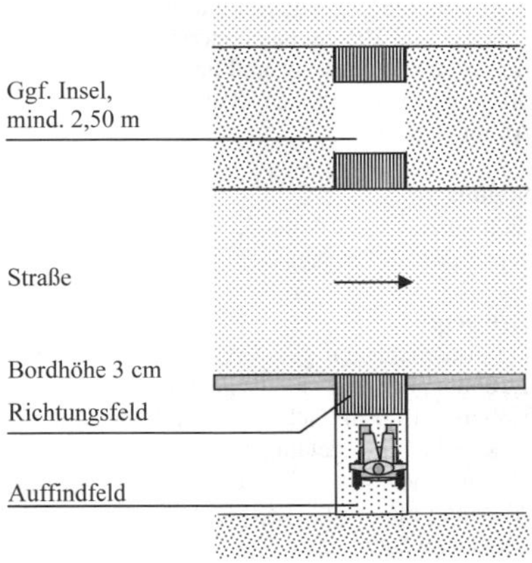

Barrierefreie Stellplätze und Garagen (DIN 18 040) (m)

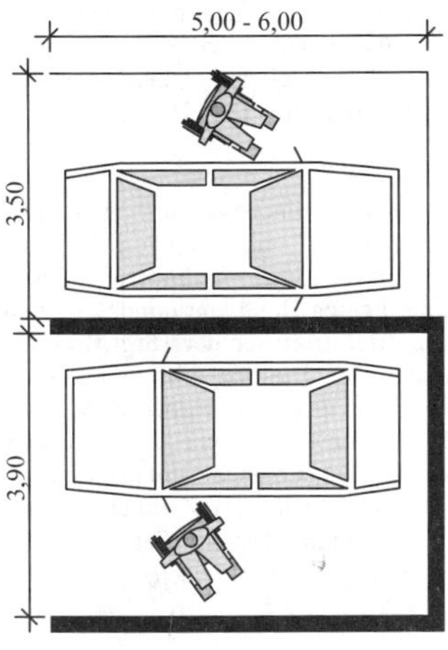

4.2 Öffentlich zugängliche Gebäude

DIN 18 040-1

Bewegungsflächen

Diese dienen der unbehinderten Bewegung. Ist mit dauernder Begegnung von Rollstuhlfahrern zu rechnen, so sind Erschließungsflächen, etwa Flure, mind. 1,80 m breit auszulegen. Sind nur gelegentliche Begegnungen zu erwarten, so genügen Ausweichflächen von 1,80 m × 1,80 m nach max. 15 m Weg- bzw. Flurlänge. Wege und Flure mit geringem Rollstuhlverkehr müssen mind. 1,50 breit sein. Flure in denen die Begegnung Fußgänger/Rollstuhl ausgeschlossen ist (z.B. Rampen) können 1,20 m breit sein. Durchgänge und Türen sind mind. 90 cm breit und 205 cm hoch herzustellen.

Bewegungsflächen vor und hinter Türen sind in öffentlich zugänglichen Bauten zu planen (s. Abbildungen).

Stellplätze

Stellplätze von 3,50 m × 5,00 m in der Nähe des barrierefreien Eingangs.

Gehwege

Für Außenanlagen gilt: Breite der Wege mind. 1,50 m, nach 15 m Begegnungsfläche von 1,80 m × 1,80 m. Gehweg ohne Verweilplätze: max. 3 % Längsgefälle. Gehweg mit Verweilplätzen von max. 3 % Gefälle in max. 10 m Abstand: max. 6 % Längsgefälle. Quergefälle von Gehwegen: max. 2,5 %. Begrenzung der Wege taktil erfassbar machen, z. B. 3 cm hohe Kantensteine.

Eingänge

Haupteingänge öffentlich zugänglicher Gebäude müssen barrierefrei sein. Fläche davor mit max. 3 % Neigung. Überdachung, Rost und Abdichtung nach DIN 18 195-9.

Türen

Türen sind mindestens mit einer lichten Breite von 90 cm und wegen Verletzungsgefahr hochgewachsener behinderter Personen mit einer lichten Höhe von mind. 2,05 m auszuführen. Zum Erreichen der Türgriffe Leibung max. 25 cm tief. Untere Türanschläge und -schwellen, wenn nicht vermeidbar max. 2 cm hoch.

Türen von Toilettenzellen, Dusch- und Umkleidekabinen dürfen nicht nach innen schlagen. Gebäudeeingangstüren sollten, schwer zu öffnende Türen (Türschließer!) müssen automatisch öffnen und schließen.

Bewegungsflächen. Mindestmaße (DIN 18 040-1 und -2)

Fall des Erfordernis	Breite in cm	Tiefe in cm
Begegnung Rollstuhlfahrer/ Rollstuhlfahrer	180	180
Begegnung Rollstuhlfahrer/Fußgänger	150	150
Drehen des Rollstuhlfahrers	150	150
Kurze Flure und Rampen für Rollstuhlfahrer	120	
Türen und kurze Durchgänge	90	

Bewegungsflächen vor und hinter Drehtüren. Flur in öffentlich zugänglichen Gebäuden Mindestmaße (cm) (DIN 18 040-1 und -2)

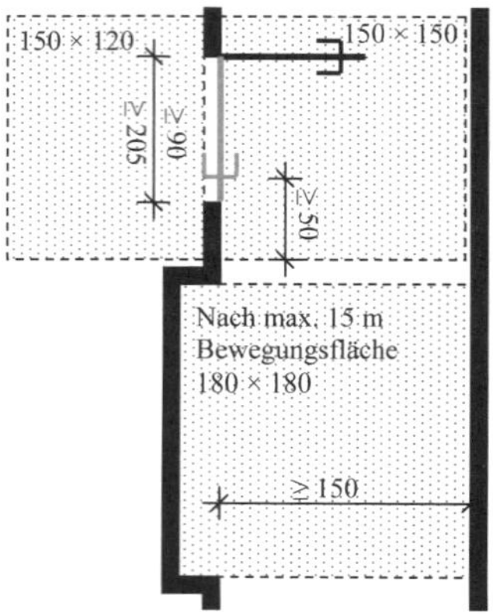

Bewegungsflächen vor und hinter Schiebetüren. Mindestmaße (DIN 18 040-1 und -2)

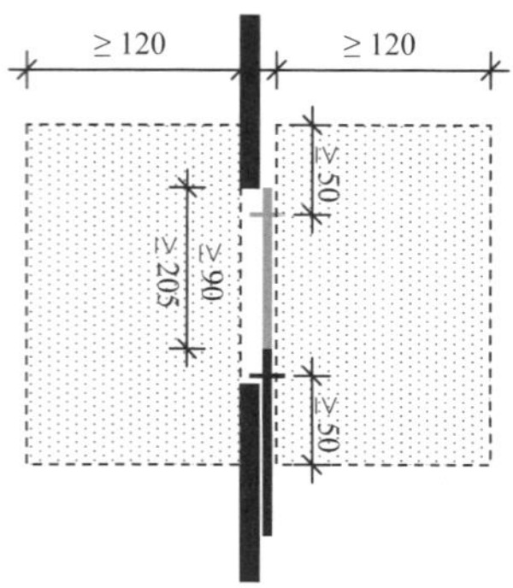

Abstellplatz für Rollstühle (DIN 18 040-1) (cm)

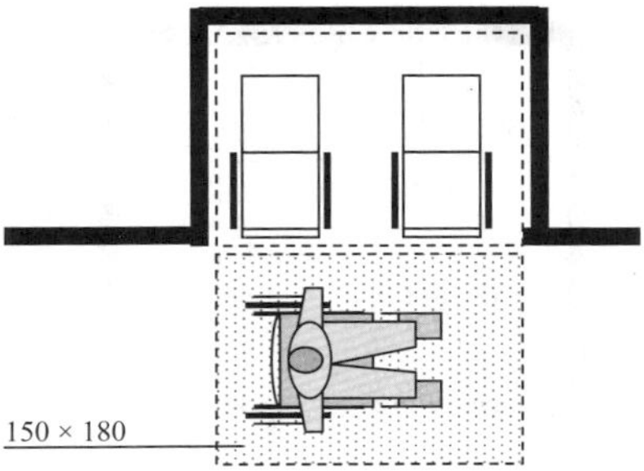

Barrierefreie Fahrstuhlanlage (LBO) (cm)

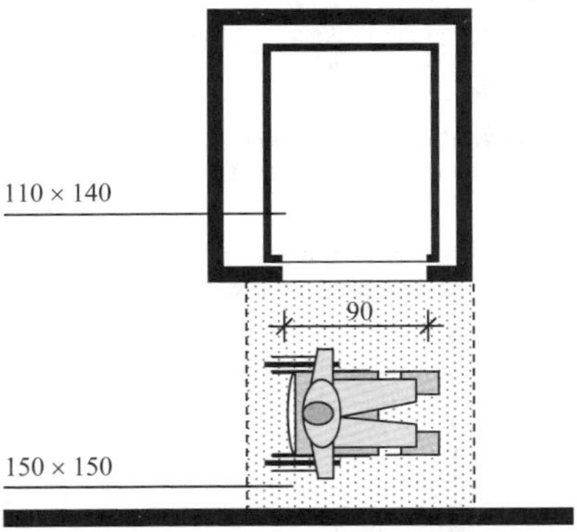

Barrierefreie Treppe (DIN 18 040-1 und -2)

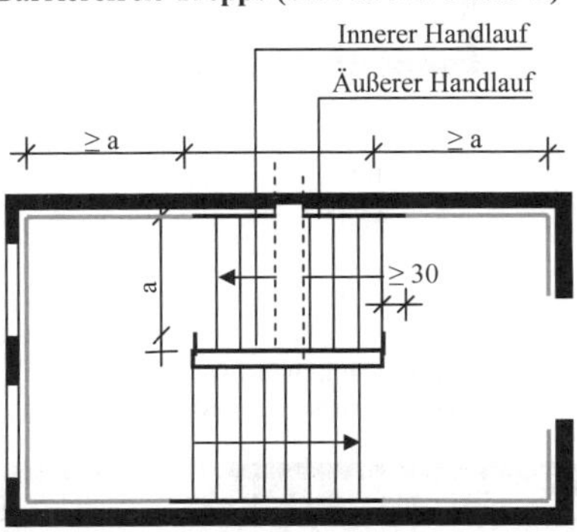

Stufenformen für barrierefreie Treppen (DIN 18 040-1 und -2)

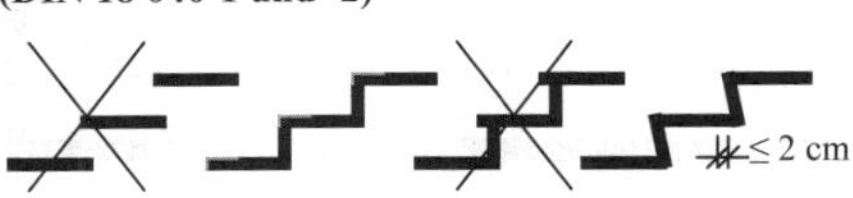

Bewegungsflächen vor und hinter Automatiktüren. Mindestmaße (DIN 18 040-1) (cm)

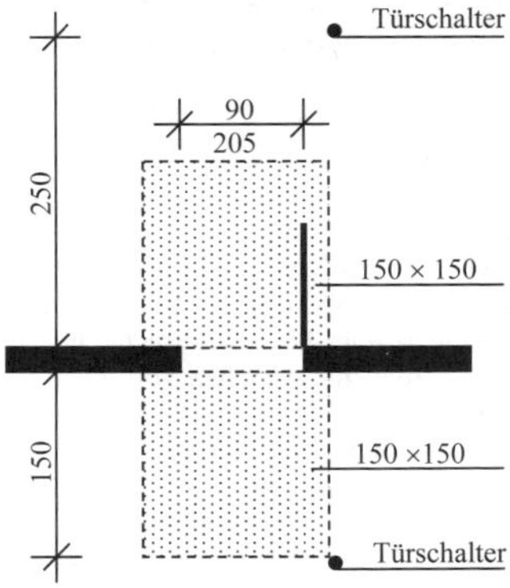

Vor und hinter Türen sind Bewegungsflächen anzuordnen (s. Tabelle u. Abb. S. 1.38). Zum Drehen der Rollstuhlfahrer muss stets ein Freiraum von 1,50 m × 1,50 m vorhanden sein. Türgriffe von Drehtüren müssen in geschlossenem Zustand und von Schiebetüren auch in geöffnetem Zustand mind. 50 cm in diesen Flächen liegen. Schalter vor kraftbetätigten Türen sind mind. 250 cm vor der aufschlagenden Tür und auf der Gegenseite mind. 150 cm davor anzubringen.
Türen müssen durch Kontraste und taktile Erkennungszeichnen für sehbehinderte und Blinde identifizierbar sein. Glastüren!

Aufzüge
Aufzüge sind mit lichten Fahrkorbmaßen von 1,10 m × 1,40 m und mit einem Bewegungsraum davor von 1,50 m × 1,50 m zu planen (s. Abschn. 2.2.8). Gegenüber der Aufzugstür darf keine absteigende Treppe angeordnet werden; sofern nicht vermeidbar mind. 3 m Abstand.

Treppen und Rampen
Treppen müssen geradläufig sein. Wendelungen mit innerem Treppenaugenradius von mind. 2 m zulässig. Setzstufen erforderlich. Unterschneidungen von max. 2 cm sind nur bei schrägen Setzstufen zulässig. Treppen mit beidseitigem Handlauf in 85–90 cm Höhe versehen. Durchmesser des Handlaufs 3 bis 4,5 cm. Der Handlauf darf nicht unterbrochen sein und muss 30 cm über Anfang und Ende der Treppe hinausragen. In Heimen u. ä. Anlagen möglichst ganz umlaufend.

Kontrastmarkierungen der Stufenkanten: Von Vorderkante Trittstufe 4–5 cm und von der Oberkante der Setzstufe 1 cm breit; bei allen Stufen offener Treppen und mind. bei der Antritts- und der Austrittsstufe in Treppenräumen.

Rampen gem. Abschn. 2.2.4 ausführen.

Sanitärräume
In jedem Sanitärraum bzw. in jeder Sanitäranlage muss mind. 1 rollstuhlgerechte Toilettenkabine vorhanden sein. Links und rechts neben dem WC sind Bewegungsflächen von 90 cm × 70 cm zu planen; vor dem Klosett, vor dem Waschtisch und dem Handtrockner eine Bewegungsfläche von 150 cm × 150 cm. Die Höhe der Oberkante des Toilettensitzes soll 46–48 cm betragen. 55 cm hinter der Vorderkante des Sitzes muss der Sitzende sich anlehnen können. Links und rechts der Toilettenschüssel sind klappbare Griffe für mind. 1 kN Belastung zu installieren. Lichter Raum zwischen den Griffen: 65–70 cm. Die Griffe müssen den Toilettensitz nach vorne um 15 cm und in der Höhe um 28 cm überragen.
Oberkante Waschtisch max. 80 cm hoch, darunter Kniefreiheit mind. 30 cm tief und mind. bis 67 cm hoch. Fußraum mind. 35 cm hoch komplett frei. Einhandarmatur max. 40 cm von Vorderkante. Handtrockner, Seifenspender etc. in ca. 85 cm Höhe. Zur Ausstattung gehören zudem Spiegel für Sitz- und Stehposition, Notruf, Wasserventil mit Schlauch, Fußbodenablauf, Kleiderhaken in 85 cm und 150 cm Höhe und eine 15 cm tiefe und 30 cm breite Ablage in 85 cm Höhe. Der Notruf muss auch am Boden liegend erreichbar sein (ggf. Schnur). Die Tür muss nach außen öffnen. Sie muss von innen abschließbar sein und über eine Notfall-Öffnungsvorrichtung von außen verfügen.

Barrierefreie, rollstuhlgerechte WC- und Waschbecken (cm) (DIN 18 040-1 und -2) (Schnitt)

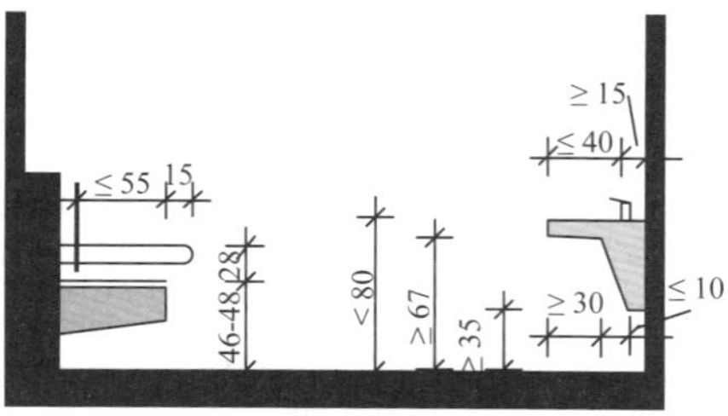

Barrierefreie Toilette mit Duschbereich (cm) (DIN 18 040-1)

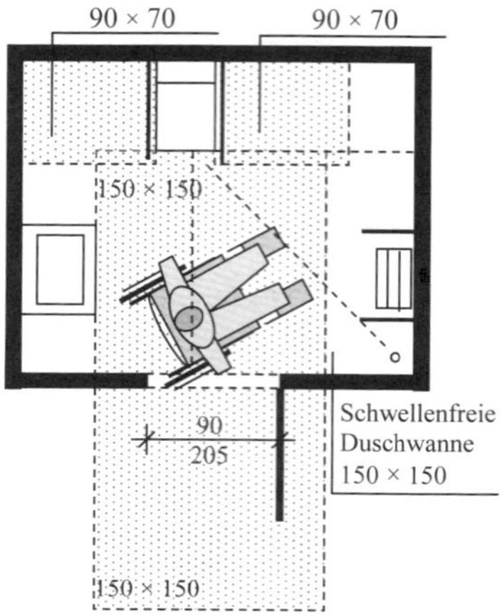

Rollstuhlgerechter Toilettenraum. Mindestmaße (cm) (DIN 18 040-1)

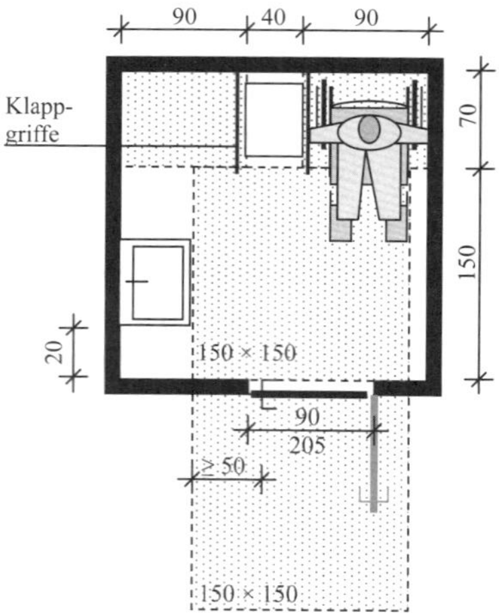

Bewegungsflächen neben (links) bzw. vor Bedienungselementen (rechts). (Grundriss)

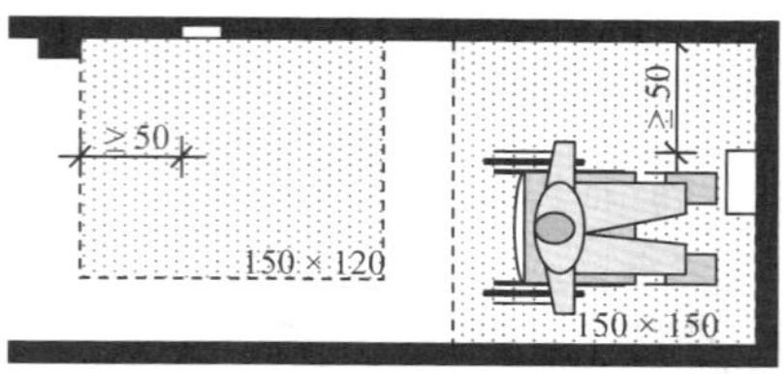

Flur geringer Länge ohne Begegnungsgefahr mit Bewegungsfläche für Richtungswechsel (cm)

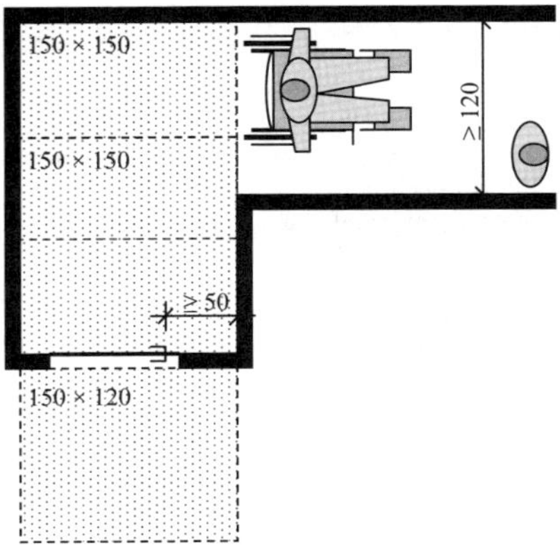

Flur für Begegnung von Fußgängern und Rollstuhlfahrern mit Ausweichstelle für gelegentliche Begegnung von Rollstuhlfahrern

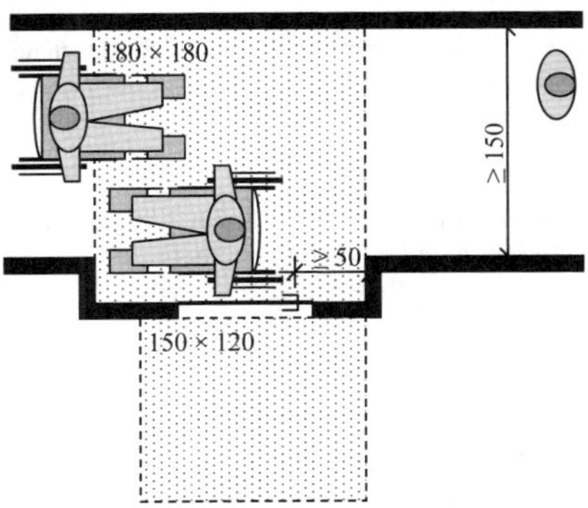

Altenwohnheim Lindenhof in Basel, 1. und 2. Obergeschoss (Architekten: Brogli & Müller)

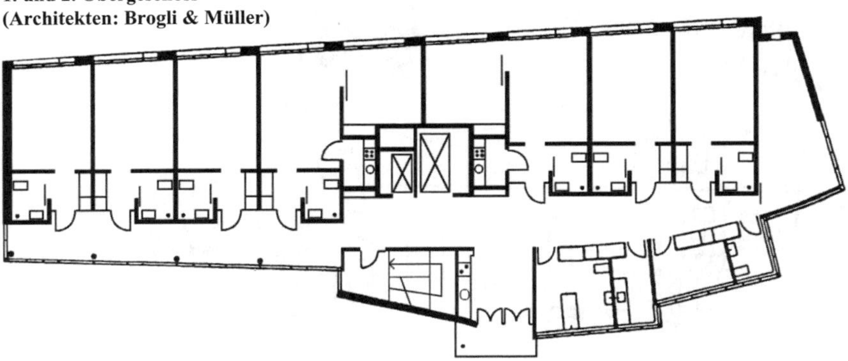

4.3 Barrierefreie Wohnungen – Grundsätze

DIN 18 040-2

Es ist zwischen rollstuhlgerechten Wohnungen und barrierefreien, jedoch nicht rollstuhlgerechten Wohnungen zu unterscheiden. Folgende Ausführungen gelten für beide Typen:

Erschließung von Wohnanlagen
Pkw-Stellplätze für Behinderte sind mind. 3,50 m breit auszuführen (s. Abb. S. 1.37). Der Hauseingang und eine Wohnebene müssen stufenlos erreichbar sein. Alle zu einer Ebene gehörenden Räume und die Gemeinschaftseinrichtungen mehrerer Wohnungen müssen stufenlos, ggf. auch über nachrüstbare Rampen oder Aufzüge, zugänglich sein. Wege zwischen Wänden außerhalb von Wohnungen (z. B. Flure) sollten mind. 150 cm breit sein (s. Abschnitt 4.2).

Treppen
Möglichst wenige Treppen bauen. Vor Treppen möglichst waagerechte Flächen von mind. 150 cm Tiefe anordnen. Treppen in Bauten mit gehbehinderten Personen sollten Steigungen von etwa 16 cm / 30 cm besitzen. Sie sollten möglichst gradläufig sein. Der Handlauf (Durchmesser 3–4,5 cm) sollte am Treppenauge nicht unterbrochen sein. Treppen müssen beidseitig Handläufe in 85–90 cm Höhe besitzen, die über Anfang und Ende 30 cm hinausführen. Geländerhöhen gemäß LBO (s. Abschnitt 2.2.2). Stufenunterschneidungen sind nur bei schrägen Setzstufen und mit max. 2 cm zulässig (s. Abschnitt 4.2).

Rampen und Aufzüge

Rampen oder Aufzüge zur Überwindung von Höhenunterschieden. Rampen gem. Abschn. 2.2.4 planen.
Mindestmaße für Fahrkörbe von Aufzügen: Breite: 110 cm; Tiefe: 140 cm; Fahrstuhltüren 90 cm breit. Davor Bewegungsfläche von 150 cm × 150 cm (s. auch S. 1.39).

Türen und deren Bewegungsflächen

Die Zahl der Türen ist auf das Notwendigste zu beschränken. Sie müssen eine Breite von mind. 90 cm besitzen. Lichte Höhe mind. 205 cm. In nicht rollstuhlgerechten Wohnungen genügen 80 cm Breite. Schwellen sofern nicht vermeidbar sind bis 2 cm Höhe zulässig.
Bewegungsflächen sind in den Erschließungsanlagen von Wohnanlagen, bei allen Wohnungseingangstüren und bei allen Türen in rollstuhlgerechten Wohnungen zu planen.

Fenster

Fenstergriffe auf 85–105 cm Höhe. Zugänglichkeit nicht durch Möbel behindern. In jeder Wohnung ist mind. 1 Fenster als tiefes Fenster auszuführen: Undurchsichtige Fensterbrüstungen max. 60 cm hoch.

Zu weiteren Informationen siehe: Heisel, Planungsatlas.

4.4 Barrierefreie, nicht rollstuhlgerechte Wohnungen

DIN 18 040-2

In Wohnungen muss der Abstand zwischen Wänden (z. B. Flure) mind. 120 cm betragen. Wohnungseingangstüren mind. 90 cm breit und 205 cm hoch mit Bewegungsflächen. Türen in Wohnungen mind. 80 cm breit und 205 cm hoch. Bewegungsflächen nicht erforderlich.

Bewegungsflächen

Im Bereich der Wohnungseingänge sind Bewegungsflächen für Türen vorzusehen (s. Abb. S. 1.38). In jedem Raum ist eine Bewegungsfläche von 90 cm × 90 cm zu planen. Vor Möbeln und Sanitärobjekten sollte ein Freiraum von mind. 90 cm und vor Kücheneinrichtungen von 120 cm Tiefe vorhanden sein.

Schlafbereich

Auf einer Längsseite eines Bettes ist ein Bewegungsraum von mind. 120 cm Breite vorzusehen, auf einer zweiten Seite sollen mind. 90 cm Gangbreite zur Pflege vorhanden sein. Jedes Bett sollte bei Bedarf von 3 Seiten her zugänglich gemacht werden können.

Altenheim in Bad Wörishofen, Erdgeschoss (Architekten: Huber & Partner)

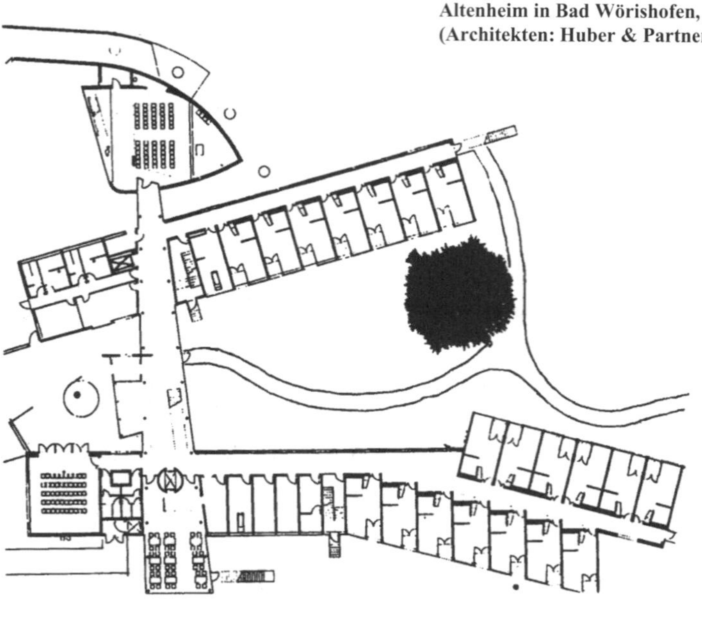

Barrierefreie, nicht rollstuhlgerechte Küche. Grundriss (cm)

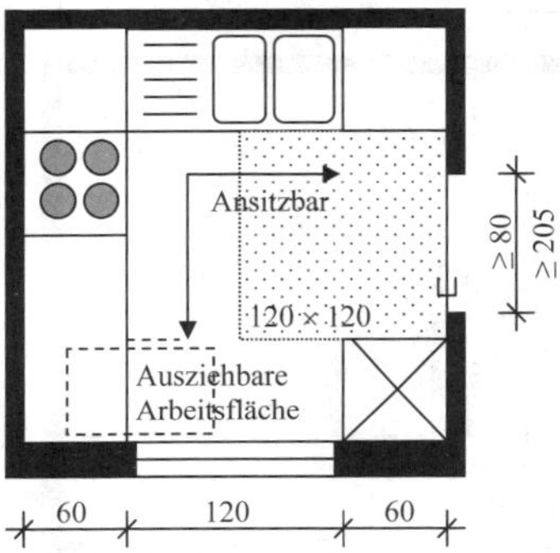

Barrierefreie, nicht rollstuhlgerechte Küche. Schnitt (cm)

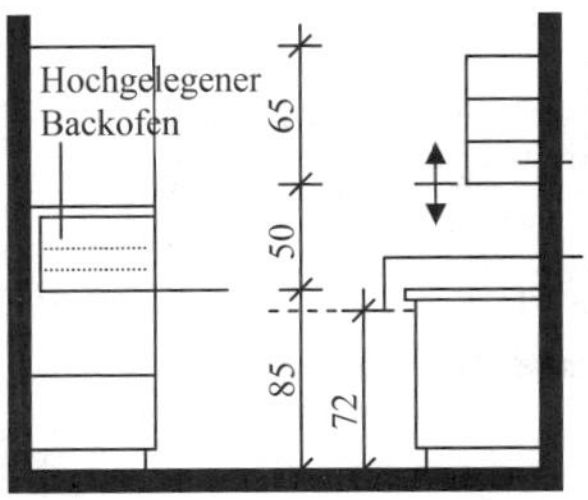

Barrierefreies, nicht rollstuhlgerechtes Bad (cm) DIN 18 040-2

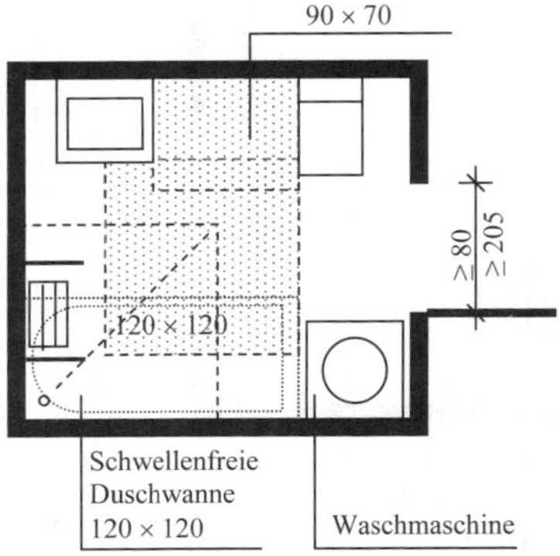

Küchen
Die Mindestbreite vor Kücheneinrichtungen beträgt 120 cm, vor Möbeln 90 cm. Alle Schalter, Armaturen, Steckdosen und Beschläge (Fenster!) im Griffbereich: h = etwa 85 cm; in Sonderfällen: h = max. 140, mind. 40 cm über Fußboden. Möglichst keine Möbel vor Fenster planen. Ggf. Teile der Küche mit einem Stuhl ansetzbar gestalten und Teile der Arbeitsflächen niedriger anordnen. Anordnung wichtiger Einrichtungen über Eck führt zu kurzen Wegen.

Bäder
Vor Sanitärobjekten mind. 90 cm tiefer Freiraum. Bewegungsflächen mind. 120 cm × 120 cm. Schwellenlose Duschwanne 120 cm × 120 cm. Haltegriffe, evtl. klappbarer Duschsitz. Eine Badewanne sollte nachrüstbar sein. Die Tür darf nicht in den Sanitärraum schlagen und sollte von außen zu entriegeln sein. Rutschfester Boden. Haltegriffe vorsehen.

Freisitze
Jede Wohnung sollte einen Freisitz mit mind. einer Bewegungsfläche von 120 cm × 120 cm aufweisen.

4.5 Rollstuhlgerechte Wohnungen

DIN 18 040-2

Zusätzlich bzw. abweichend von den bisherigen Ausführungen ist beim rollstuhlgerechten Bauen nach DIN 18040-2 Folgendes zu beachten:

Erschließung
Hauseingänge: Keine Karusseltüren. Gut: automatische Türen. Eventuell Abstellplatz für den Straßenrollstuhl im Eingangsbereich mit Umstiegsmöglichkeit auf den Hausrollstuhl (s. S. 1.39).
Zu Flurbreiten außerhalb von Wohnungen s. Abschnitt 4.2. Innerhalb der Wohnungen mind. 1,20 m breit mit mind. einer Bewegungsfläche von mind. 1,50 m × 1,50 m. Lichte Türbreiten, auch in den Wohnungen: mind. 90 cm. Höhe mind. 205 cm.

Räumlichkeiten
In jedem Raum, vor und hinter handbetätigten Drehflügeltüren, vor WC und Waschbecken ist eine Wendefläche von mind. 150 cm × 150 cm zu planen.

Bäder
Auf einer Seite des WC muss ein Freiraum von mind. 90 cm × 70 cm liegen. Auf der anderen Seite muss ein Abstand zur Wand oder zum nächsten Objekt von mind. 30 cm garantiert sein. Duschplätze sind stufenfrei mit 150 cm ×

150 cm Größe auszuführen. Waschtisch mind. 60 cm breit und 50 cm tief, unterfahrbar. WC-Sitzhöhe 46–48 cm. Haltegriffe und Rückenlehne gem. Abschnitt 4.2. Sanitärräume stets mit mechanischer Lüftung.
Türen nicht zum Sanitärraum aufschlagen lassen. Notöffnung von außen ermöglichen. Wohnungen mit mehr als 3 Wohn- bzw. Individualräumen brauchen einen zweiten, nicht barrierefreien Sanitärraum mit mind. 1 Waschbecken und 1 WC. Das nachträgliche Aufstellen einer Badwanne mit Lifter muss nach DIN 18 040-2 möglich sein.

Bewegungsflächen
Vor einer Längsseite des Bettes, vor Schränken, Kücheneinrichtungen, Badewannen, Rollstuhlabstellplätzen sowie neben Pkw-Längsseiten muss die Bewegungsfläche mind. 150 cm breit sein. Vor Möbeln, die seitlich angefahren werden, entlang der Einstiegseite des Bettes, zwischen Wänden in der Wohnung und neben Bedienungseinrichtungen muss die Bewegungsfläche mind. 120 cm breit sein.

Arbeitsflächen, Tische
Arbeitsflächen (Tische, Waschbecken, Küchenmöbel usw.) müssen unterfahrbar sein: Unterkante mind. 67 cm über Fußboden; Oberkante max: 80 cm über Fußboden. Ansitzbreite für Rollstühle an Tischen: 80 cm zwischen Tischbeinen.

Küchen
Handelsübliche Küchenmöbel werden mit entsprechenden unterfahrbaren Arbeitsflächen versehen, die Höhen der Oberschränke reduziert. Herd, Arbeitsplatte und Spüle unterfahrbar, möglichst über Eck anordnen.
Oberschränke hydraulisch absenkbar.
Kühlschränke, Herde u. Ä. in gut erreichbaren Höhen (ca. 85 cm).

Fenster, Schalter etc.
Bedienelemente, Steckdosen, Schalter anfahrbar und möglichst in 85 cm Höhe anordnen. Nicht durch Einbaumöbel (Küche, Bad) behindern. Tiefe Fenster gem. Abschnitt 4.3

Freisitze
Wie Abschn. 4.4, jedoch mit Bewegungsfläche von mind. 150 cm × 150 cm.

Weiterführende Informationen finden sich im Planungsatlas.

Rollstuhlgerechte Küche (cm)
Grundriss (oben), Schnitt (unten)

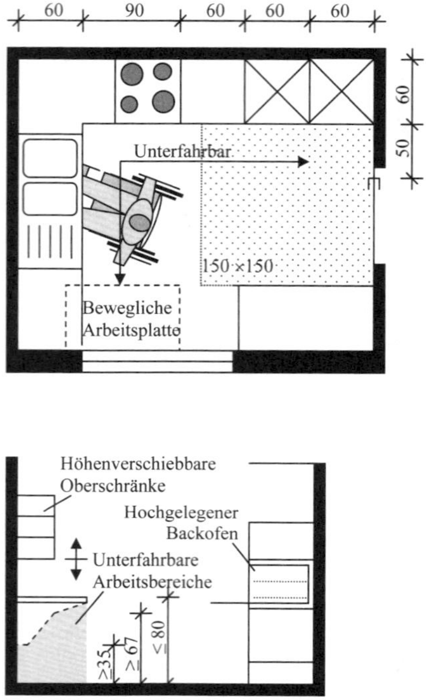

Rollstuhlgerechtes Duschbad (cm)

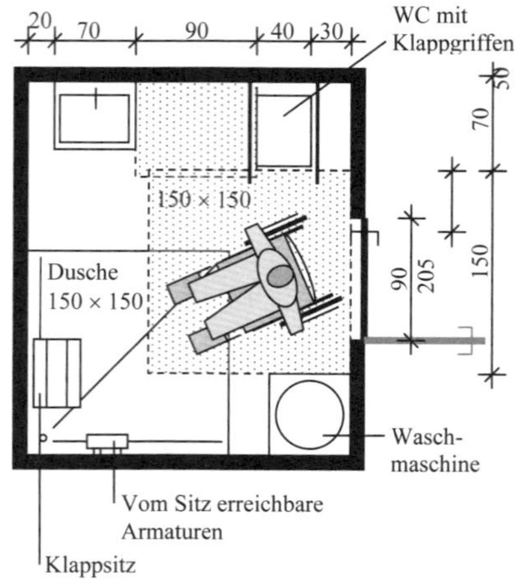

5 Gaststätten und Hotels

VStättVO; BeVO; ASR A; DIN 10 506; DIN 18 040-1; VDI 6000-3-4;

5.1 Schank- und Speisegaststätten

Ab mehr als 200 Besuchern je Rettungsweg (1 m² / je Tischsitzplatz) gilt die VStättVO. Schank- und Speisegaststätten müssen barrierefrei nach DIN 18 040-1 sein. 1 % der Stellplätze, mind. jedoch 2 sind barrierefrei auszubilden.

5.1.1 Gästebereich

Schankräume

Schankräume und Wohnungen müssen getrennt zugänglich sein. Empfehlungen: Lichte Höhe bis 50 m² mind. 2,50 m, bis 100 m² mind. 2,75 m, darüber mind. 3 m. Rettungswege gem. LBO bzw. VStättVO. Garderoben mit Hutablage und Schirmständer (1 m / 25 Plätze).

Übliche Bestuhlung: 4er-Tische, zu anderen Aufstellungen kombinierbar. Evtl. Barplätze zum Essen und Trinken. Größere Räume gliedern. Eventuell unterschiedliche Platzangebote anbieten. Flexible Raumteiler ermöglichen unterschiedliche Nutzungen und Raumgrößen. 1 % der Sitzplätze, mind. jedoch 2 müssen für Rollstühle geeignet sein (mind. 95 cm × 150 cm).

Tischfläche je Gast: mind. 60 cm breit, 40 cm tief. Breite eines Esstisches: mind. 80 cm.

WC-Anlagen

Toilettenanlagen gem.VDI 6000-3 planen.

Bei mehr als 5 Beschäftigten getrennte Anlagen für Personal und Gäste. Personal-WC mit Vorraum nach ArbStättV, nicht über den Schankraum oder das Freie erschließen.

5.1.2 Servicebereiche

Küchen

Bei der Planung von Küchen sind die Hygienebestimmungen der DIN 10 506 zu beachten. Mindestausrüstung: 1 Wasserzapfstelle, 1 eigene Handwaschgelegenheit, 1 Schmutzwasserausguss.

Küchen besitzen folgende Hauptteile:

Anlieferung und Abfuhrbereich (11 % Flächenanteil) mit Annahme, Registratur und Vorsortieren der Waren. Vorsortieren des Mülls und des Leergutes. Büro des Lagerleiters und/oder des Küchenleiters. Anlieferung gut mit Lkw erreichbar, nicht einsehbar.

Warenlager (40 % Flächenanteil) mit Kühllager für Molkereiprodukte, Fleischwaren, Obst und Gemüse sowie Getränke jeweils getrennt. Dazu: Vorkühlung und Tiefkühlung. In kleineren Gaststätten in Kühlschränken, in größeren Gaststätten in Kühlräumen. Lager vor Sonne schützen.

Küche (25 % Flächenanteil) mit Vorbereitung von Gemüse und Salaten (Waschen, Putzen, Schneiden) sowie von Fleisch (Entbeinen, Portionieren). Vorbereitung entfällt bei weitgehend vorbereiteter Anlieferung der Waren.

Möblierung von Bistros (cm)

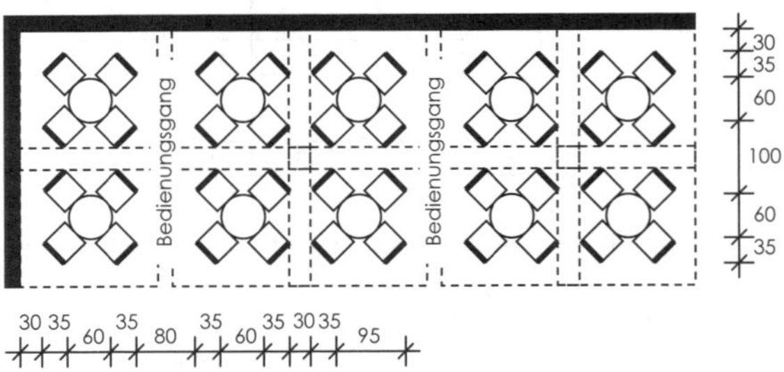

Maßempfehlung für hochwertige Essplätze (cm)

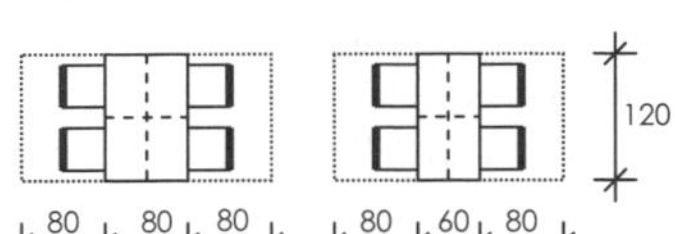

Mindestmaße für Ess- und Imbisstische (cm)

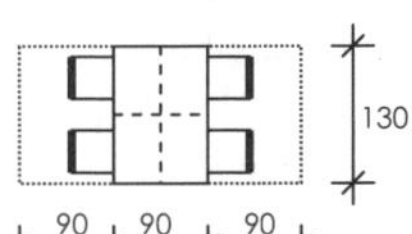

Warme Küche zum Kochen, Backen und Braten. Kalte Küche für Salate, Brote u. Ä. Grundmodul für Kücheneinrichtungen 53 cm × 32,5 cm (DIN 66 075). Be- und Entlüftung von größter Wichtigkeit (VDI 2052). Boden rutschfest.

Spülküche (12 % Flächenanteil) für Geschirr und Töpfe mit Automaten und Doppelspülbecken mit Abtropffläche; bei Kantinen o. Ä. mit Zuführung des Geschirrs über Bandanlagen.

Sozialbereich (12 % Flächenanteil) mit Umkleide-, Wasch-, Toiletten-, Pausen- und Ruheraum nach ArbStättV.

Speiseausgabe
Bei Ausgabe über Kellner: Warm- und Kühlhaltevorrichtungen zur Pufferung der Auslieferung. Kelleroffice mit Kasse in der Nähe der Speiseausgabe. Besteck- und Geschirrlager sowie Warmhalteplattenspender für den Kellner.

Bei Selbstbedienung: Tablettausgabe in der Nähe des Eingangs – Speiseausgabe über Tresen mit rückseitiger Beschickung, Bedienung am Tresen oder Automaten – Kasse – Besteckausgabe – Sitzplätze – Geschirrrückgabe in der Nähe der Spülküche und des Ausgangs. Evtl. automatische Rückführung des Geschirrs zur Spülmaschine.

Organisation von Küchen

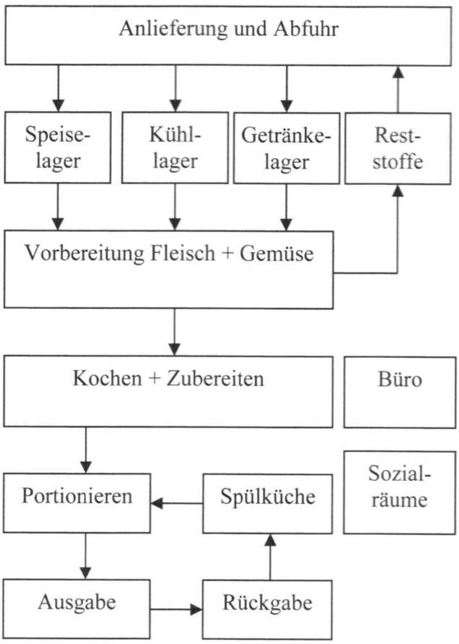

Orientierungswerte für Küchen und Küchennebenräume (m²/Platz)

Bereich	≤ 100 Gäste	≤ 250 Gäste	> 250 Gäste
Anlieferung und Abfuhr	**0,2**	**0,2**	**0,2**
- Warenanlieferung	0,07	0,06	0,05
- Lagerverwaltung	0,03	0,02	0,04
- Büro-Küchenchef	0,05	0,04	0,03
- Abfall	0,10	0,12	0,11
Warenlager	**0,35**	**0,45**	**0,38**
- Vorkühlraum		0,03	0,03
- Fleischkühlraum		0,05	0,04
- Milchprod.kühlraum		0,04	0,03
- Gemüsekühlraum		0,04	0,05
- Tiefkühlraum		0,04	0,04
- Kalte Küche	0,02	0,02	
- Speiseabfall-kühlraum	0,02	0,02	
- Lebensmittellager	0,02	0,02	0,02
- Gemüselager	0,09	0,07	0,04
- Getränkelager		0,03	0,02
- Weinkeller		0,04	0,03
- Geschirrlager	0,04	0,03	0,03
Küche			
- Fleischvorbereitung	0,1	0,08	0,05
- Gemüsevorbereitung	0,1	0,08	0,06
- Warme Küche	0,3	0,2	0,2
- Kalte Küche	0,2	0,15	0,1
- Speisenausgabe	0,08	0,08	0,07
- Spülküche	0,1	0,12	0,1

Flächenbedarf von Gasträumen

Art der Gaststätte	Platz-belegung	Küche/ Gedeck	Fläche/ Sitzplatz
Gutes Restaurant	1	0,8 m²	1,9 m²
Pension	1–1,5	0,4 m²	1,5 m²
Einfache Gastst.	1,5–2	0,5 m²	1,7 m²
Pizzeria	2–3	0,5 m²	1,5 m²

Bemessung von Besucherzahlen (VStättVO)

Einrichtung	Nutzbare Laufbreite
Sitzplätze an Tischen	1 Besucher je m² Grundfläche des Raums
Sitzplätze in Reihen und Stehplätze	2 Besucher je m Stufenreihe
Stehplätze auf Stufenreihen	2 Besucher je m² Grundfläche des Raums
Ausstellungsräume	1 Besucher je m² Grundfläche des Raums

Autobahn-Tank- und Rastanlage bei Ellwangen (Architekten: Arge Arat / Haisch / Volz)

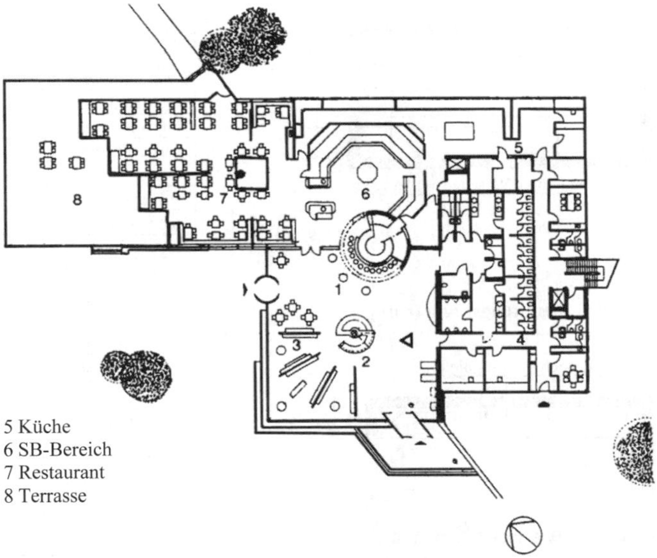

1 Eingangspavillon
2 Kasse
3 Verkaufsbereich
4 Verwaltung
5 Küche
6 SB-Bereich
7 Restaurant
8 Terrasse

Spülküche, Organisationsprinzip

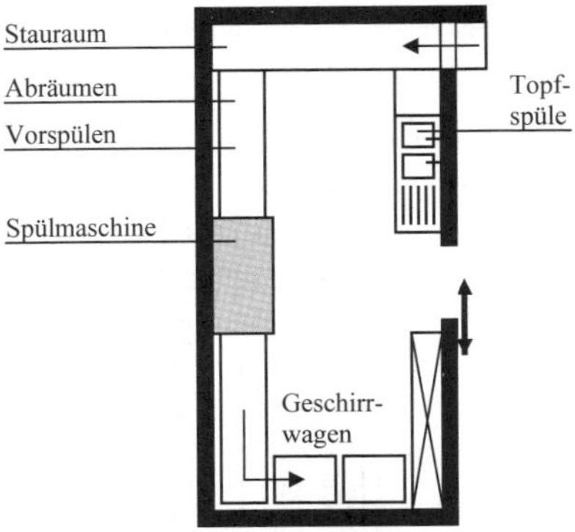

Theke mit Hockersitzplätzen, Schnitt (cm)

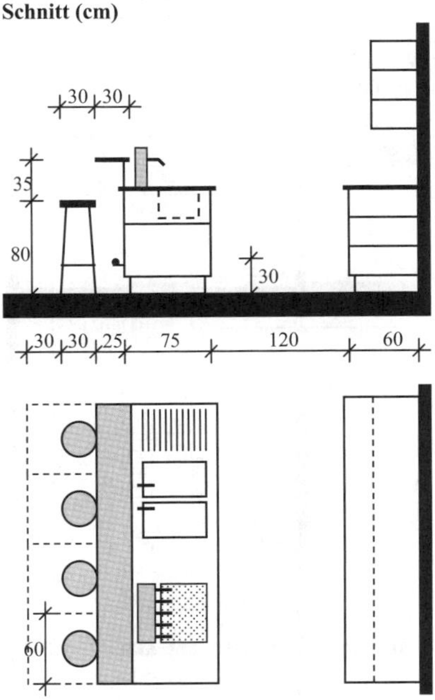

Gemüsevorbereitungsraum (cm)

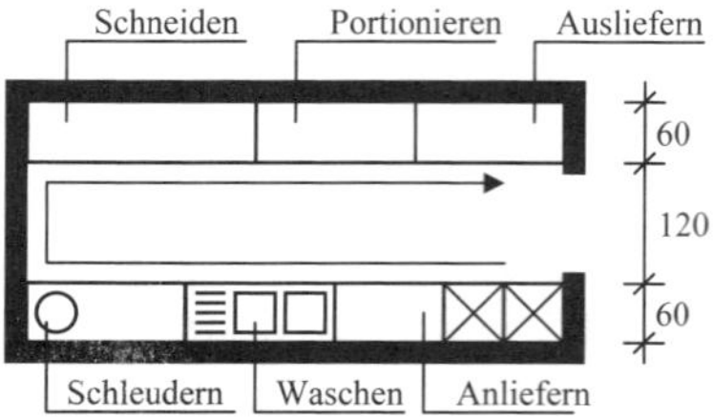

Fleischvorbereitungsraum (cm)

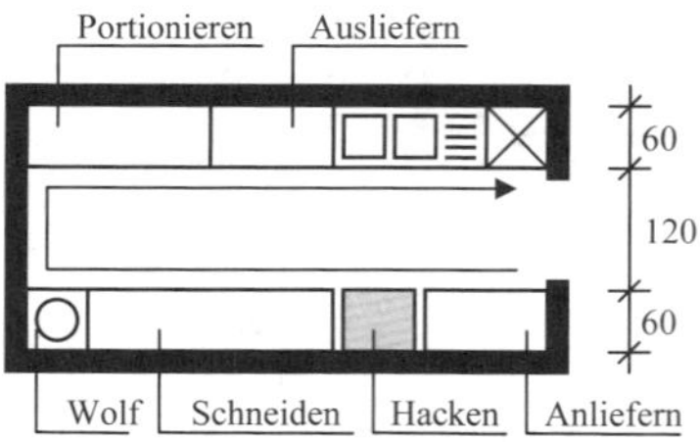

Warmküche für Restaurant (ca. 60 Plätze)

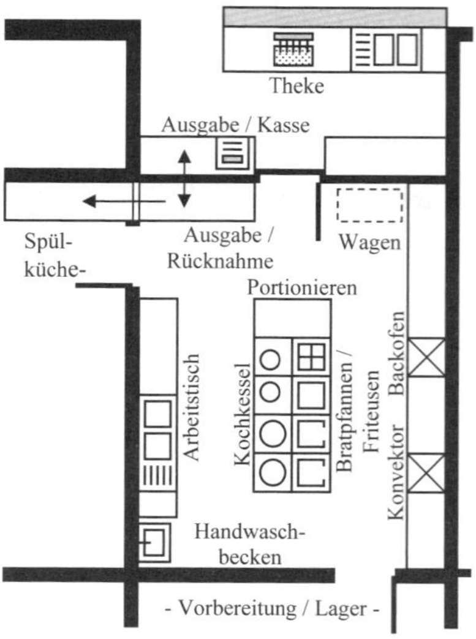

Platzbedarf bei Gasträumen

Bei Selbstbedienung		
Art des Tisches	Pers. / Tisch	Fläche / Platz
Quadratischer Tisch	4	1,25 m²
Rechteckiger Tisch	4	1,25 m²
Rechteckiger Tisch	6	1,05 m²
Rechteckiger Tisch	8	1,10 m²
Bei Bedienung		
Art des Tisches	Pers. / Tisch	Fläche/Platz
Quadratischer Tisch	4	1,25 m²
Rechteckiger Tisch	4	1,10 m²
Rechteckiger Tisch	6	1,00 m²
Rechteckiger Tisch	8	1,10 m²

Toilettenanlagen in Versammlungstätten (VDI 6000-3) (Auszug)

Personen	Damen		Herren		
	WC	WB	UR	WC	WB
50	2/2/3	2/2/3	2/2/3	1/1/2	1/1/2
100	2/3/5	2/3/5	2/3/5	1/1/2	2/2/3
300	4/5/8	2/3/5	4/5/8	2/2/3	2/3/5
500	4/6/9	3/4/6	4/6/9	2/3/5	3/4/6
700	5/7/11	4/5/8	5/7/11	3/4/6	4/5/8
1000	6/9/14	4/6/9	6/9/14	4/5/8	5/7/11
Niedrige/mittlere/hohe Gleichzeitigkeit					

Fleischvorbereitungsraum (cm)

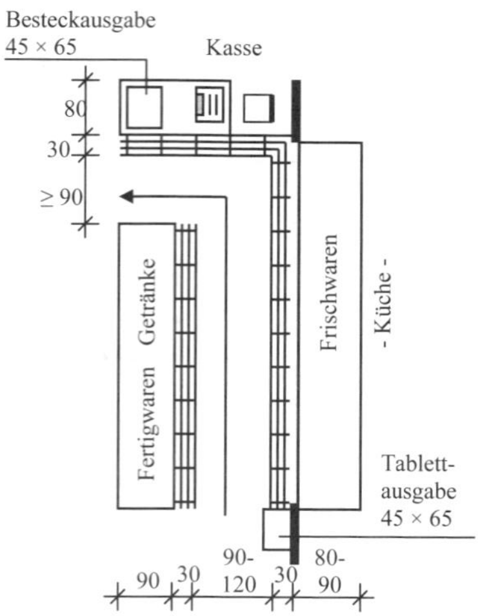

Hotel Q! in Berlin
(Architekt: Graft Architekten)

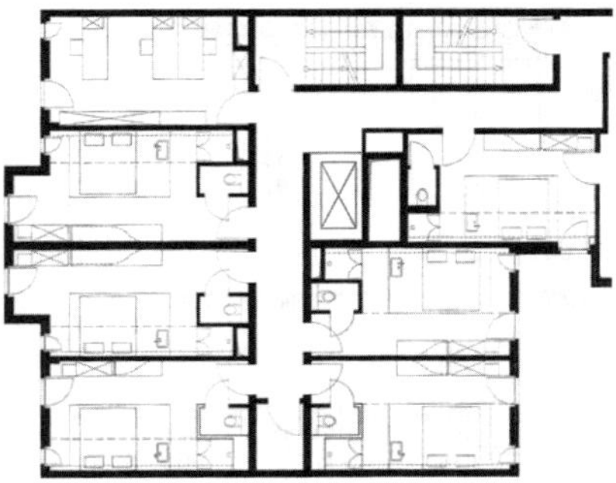

Hotel Castell in Zuoch
(Interior-Design: UN-Studio)

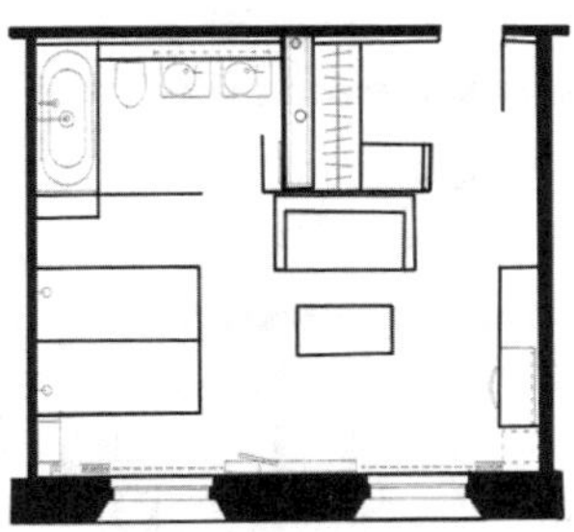

Hotel Bielerhöhe an der Silvrettastraße (A), 1. Obergeschoss
(Architekten: Untertrifaller / Hörburger)

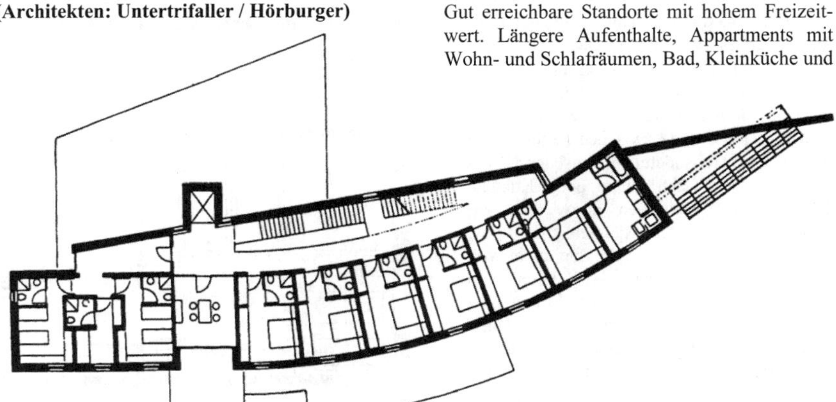

5.2 Hotels

BeVO, Eurostars, VDI 6000-4, DIN 18 040

5.2.1 Organisation

Vorfahrt der Gäste möglichst getrennt von der Materiallieferung und -abfuhr planen. Leichte Erreichbarkeit des Kfz-Stellplatzes für den Gast. Rezeption, Wartezone, Kofferraum und Verwaltungsräume beim Eingang.
Speise- und Aufenthaltsräume in guter Lage im EG bzw. DG. Restaurant, Bar, Wellness etc. möglichst auch für externe Gäste nutzbar. Frühstücksraum kann auch als Fest- oder Tagungsraum dienen. In einfachen Hotels wird das Frühstück in der Lobby serviert. Tagungs- und Festräume möglichst in der Größe variabel und nahe der Küche. Mögliche weitere Einrichtungen: Boutiquen, Fitness- und Wellnessräume, Schwimmbad, Sauna, Friseur etc.
In höherwertigen Häusern Erschließung für Gäste und Personal/Material trennen. Flure wegen Servicewagen möglichst 150 cm breit. 1 Etagenservice (mind. 20 m²) in der Nähe des Serviceaufzuges.
Barrierefreiheit in öffentlich zugänglichen Bereichen; Mind. 2 Zimmer bzw. 2 % der Zimmer rollstuhlgerecht.

5.2.2 Hoteltypen

Businesshotels
Innerstädtische Lage, an Flughäfen oder Bahnhöfen: Kurze Aufenthalte, Seminar- und Sitzungräume, 1-Zimmer-Räume mit Bad ohne Freisitz, Gastronomie, Angebote zur Entspannung und Sport. Am Wochenende Städtetouristen.

Freizeithotels
Gut erreichbare Standorte mit hohem Freizeitwert. Längere Aufenthalte, Appartments mit Wohn- und Schlafräumen, Bad, Kleinküche und

Freisitz. Gastronomie, Angebote für Indoor- und Outdoor-Aktivitäten. Seminareinrichtungen für die Nebensaison.

5.2.3 Kategorien

Die Hotelkategorien (1–5 Sterne) richten sich u. a. in Deutschland, der Schweiz und Österreich nach dem Eurostars-System. In diese Punkte-Wertung gehen u. a. der Service, Dienstzeiten der Rezeption, die Ausstattung und Größe der Zimmer, die Gastronomie und die sonstigen Angebote des Hotels ein.

5.2.4 Hotelzimmer

Vorwiegend Doppelzimmer (etwa 25 m²), auch als Einzelzimmer vermietbar. Ausstattung in Abhängigkeit der Eurostars-Kategorien: *: Zimmer mit Duschbad, 1 Stuhl und Tisch, Frühstücksangebot; **: zusätzlich: Leselicht, Badetücher, Frühstücksbuffet; ***: zusätzlich: 1 Sitz je Bett, Nachttisch, Getränkeangebot und Internetzugang; ****: zusätzlich: Couch und Beistelltisch; *****: zusätzlich: bessere Ausstattung der Zimmer.
Neben eher neutral gestalteten großen Kettenhotels mit ihren Standardzimmertypen erfreuen sich zunehmend individuell gestaltete Design-Hotels wachsender Beliebtheit.

5.2.5 Beherbergungsstättenverordnung (BeVO)

Bei mehr als 12 Gastbetten gilt: 2 bauliche Rettungswege (notwendige Treppenräume) erforderlich. Ausnahmen: Hotels bis 60 Betten mit max. 30 Betten je Geschoss. Stichflure max. 15 m lang. Tragende Bauteile: oberstes Geschoss im Dach mit Gästezimmern und Hotels bis 2 Geschosse: F 30-B, sonst F 90-AB; Trennwände zwischen Gästezimmern und Gästezimmern und Flur: F 30-B. Trennwände zwischen Hotelbereich und anderen Gebäudeteilen, zwischen Gästezimmern und Gasträumen oder Küchen. T 30-RS-Türen zwischen notw. Treppenräumen und anderen Räumen und notw. Fluren zu Räumen im KG, die nicht von Gästen benutzt werden. T-RS-Türen von notw. Treppenräumen zu notw. Fluren, von notw. Fluren zu Gästezimmern und zu Gasträumen, wenn am Flur Gästezimmer liegen. Für weitere Details siehe Heisel: Planungsatlas.

Standard-Hotel-Doppelzimmer (cm)
2–3-Sterne-Kategorie (Schmal bzw. Breit)

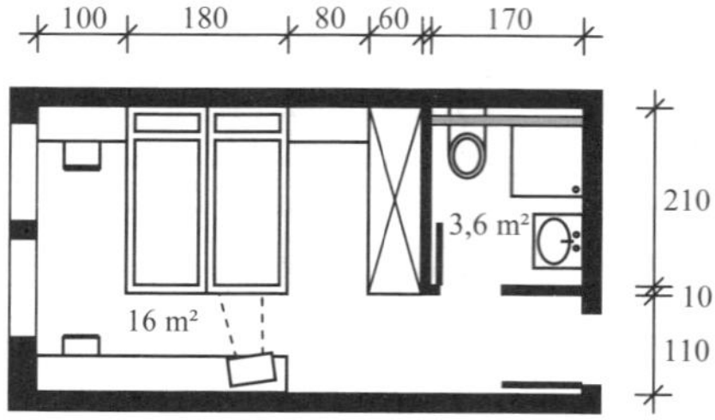

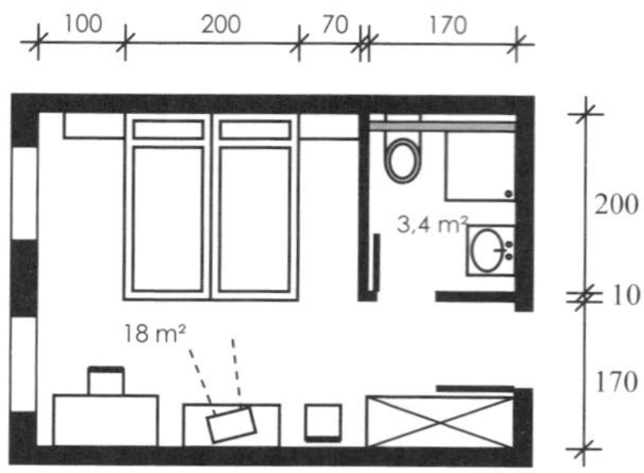

3–4-Sterne-Kategorie

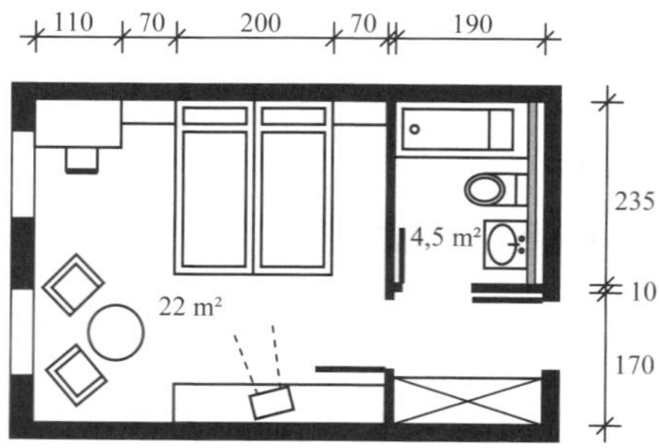

4–5-Sterne-Kategorie

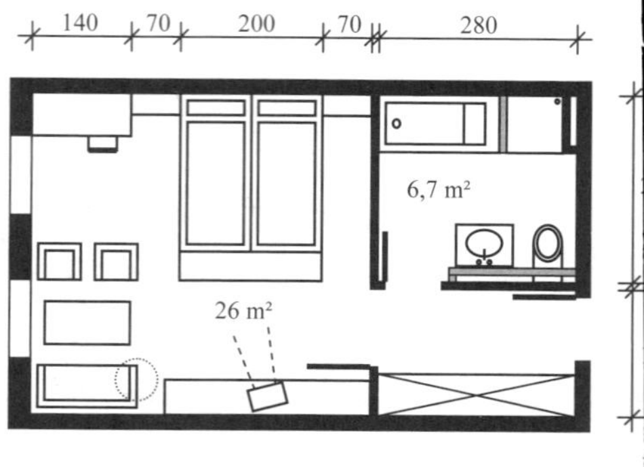

Maße für Schreibtische als Bildschirmarbeitsplatz geeignet (cm)

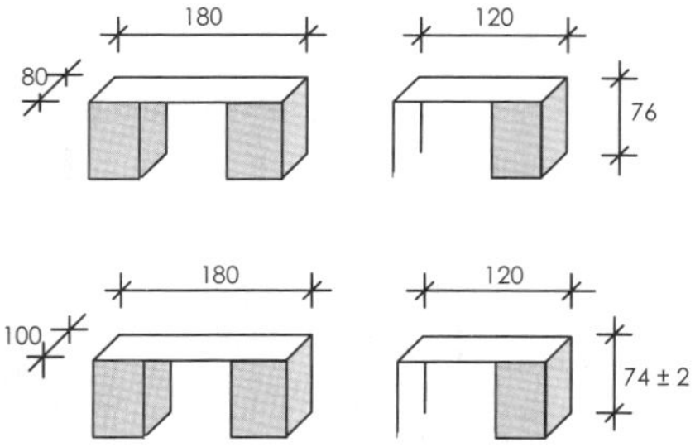

Flächenbedarf von Arbeitsplätzen

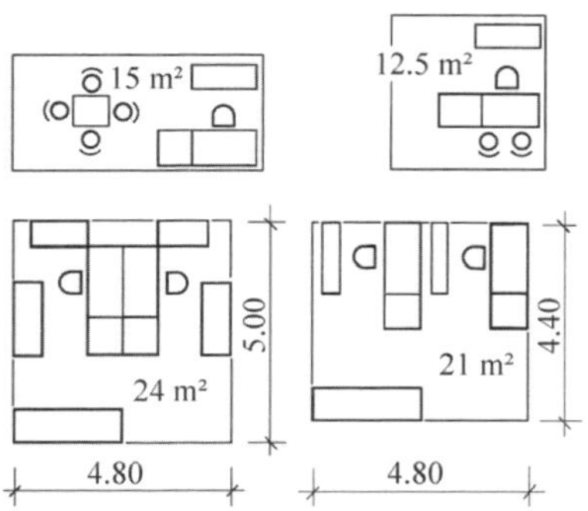

Orientierungswerte für Arbeitsflächenbedarf in Büros

Schreibmaschinenplatz	1,70 m²
Einfacher Sachbearbeiter in Bürozelle	8 m²
Sachbearbeiter mit 2 Besucherstühlen in Bürozelle	12 m²
Sachbearbeiter mit besonderem Besuchertisch in Bürozelle	16 m²
Einfacher Sachbearbeiter im Großraum	12 m²
Besprechungsräume je Sitz	2,50 m²
Zeichenarbeitsplatz	16 m²

6 Verwaltungsbau

LBO; ASR A; DIN 4549; DGUV-I 215-410

Raumprogramme im Verwaltungsbau

Neben den eigentlichen Büroarbeitsplätzen sind häufig folgende Elemente erforderlich: Empfang/Pförtner, Besprechungsräume oder -zonen, Kopierräume, Archive, Lager, Ruheräume, Teeküchen, Kantinen. Pausenräume sind bei Büroarbeitsplätzen nicht erforderlich, jedoch insbesondere bei Büros mit Publikumsverkehr sinnvoll. Die Dimensionierung der WC-Anlage erfolgt nach ASR A. Unerlässlich: Technik-, Müll- und Putzräume.

6.1 Büroraumtypen

Grundsätze

Die Wahl des Büroraumtyps hängt sehr stark von den Tätigkeiten, der Organisationsstruktur und der Philosophie eines Unternehmens ab. Ähnliches gilt für Größe und Ausstattung der einzelnen Arbeitsplätze.

Büroarbeitsplätze

Die LBO fordert für Arbeitsräume als Aufenthaltsräume mind. 8 m² Grundfläche. ASR A1.2 fordert mind. 1,5 m² Bewegungsfläche mit mind. 1 m Breite je Arbeitnehmer; je Arbeitnehmer mit sitzender Tätigkeit mind. 12 m³ Raum.

Mindestmaße für lichte Raumhöhen gem. ASR A1.2 in Abhängigkeit von der Raumgröße beachten. Eine Raumtiefe bis zum 1,5fachen der Fenstersturzhöhe ist in der Regel ausreichend natürlich belichtet.

Bildschirmarbeitsplätze

Bildschirmarbeitsplätze benötigen Möblierungen nach DGUV-I 215-410 und müssen reflexionsarm sein. Sie sind möglichst quer zu Fenstern und Leuchtenbändern anzuordnen. Nur reflexionsarme Leuchten einbauen und vor Fenstern Blendschutz vorsehen.

Zellenbüro

Bis max. 4 Arbeitsplätze in einem abgeschlossenen Raum. Zellenbreite nach Anzahl und Art der Arbeitsplätze: 3,60–4,80 m; Tiefe: etwa 4,80–6,00 m. Vorteile: Weniger Störung durch andere Mitarbeiter, vertrauliches Arbeiten möglich, natürliche Belichtung und

Maße für Bildschirmarbeitsplätze (cm) (DGUV I 215-410)

	Arbeitsfläche		Arbeitsflächenhöhe			
	Breite	Tiefe	höhenverstellbar		fest	
			Sitzend	Stehend	Sitzend	Stehend
Mindestanforderung	120, 160	80	65–85	95–125	74 ± 20	105 ± 20
Empfehlung	180	90, 100	< 62–85	95–125	-	-

Verwaltungsgebäude in Sarnen (CH)
Erdgeschoss und 1.–3. Obergeschoss
(Architektin: A. Roost)

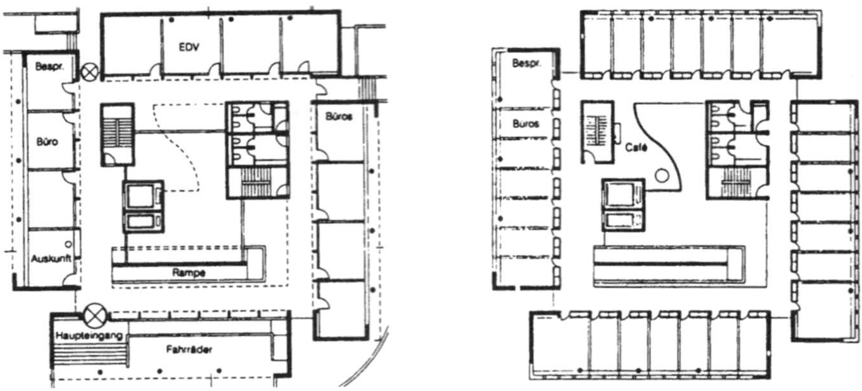

Zürich-Haus in Hamburg, Erdgeschoss
(Architekten: von Gerkan, Marg & Partner)

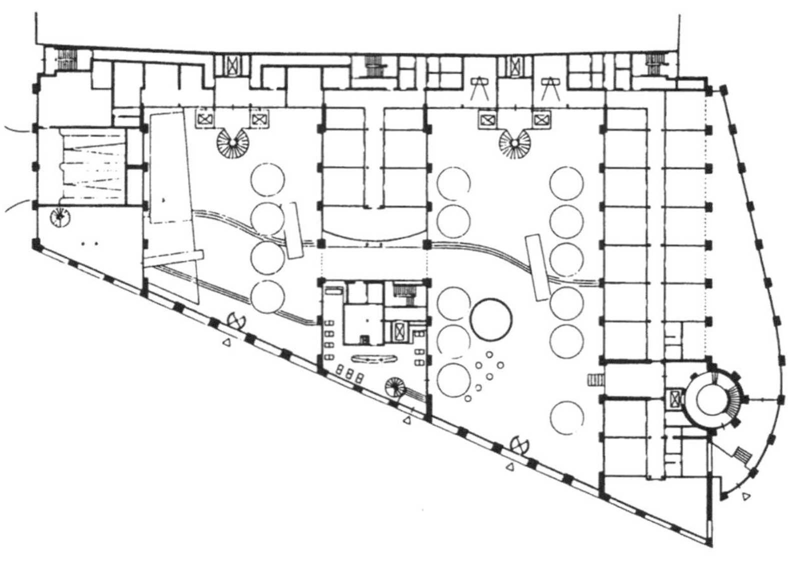

Verwaltungsgebäude der Neuen Messe in Leipzig, Ebene +2 (Ausschnitt) (Architekten: von Gerkan, Marg & Partner)

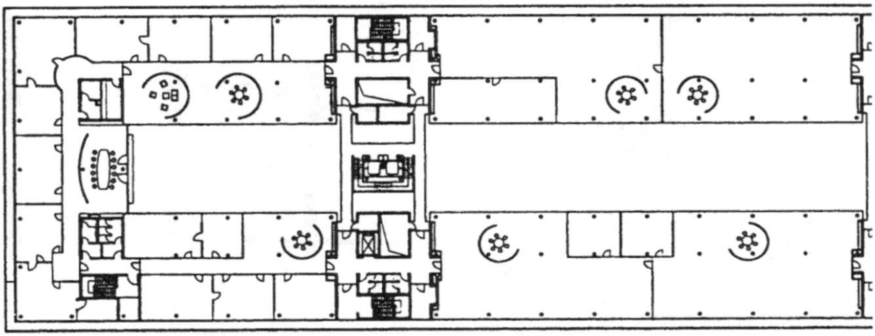

Übliche Breitenmaße von Bürobauten

Typ	1-Bund	2-Bund	3-Bund
Zellenbüro	8–11 m	12–15 m	19–24 m
Gruppenbüro	10–13 m	17–19 m	24–27 m

Typ	Flurlose Erschließung	Flur-erschließung
Großraum	25–30 m	25–30 m

Mindestraumhöhen für Büros (ASR A1.2)

Grundfläche	Lichte Raumhöhe (mind.)
bis 50 m²	2,50 m
51–100 m²	2,75 m
101–250 m²	3,00 m
251–2000 m²	3,25 m

Orientierungswerte für Bürogrößen

Einfacher Sachbearbeiter	8 m²
Einfacher Sachbearbeiter mit 2 Besucherplätzen	10 m²
Sachbearbeiter mit 4-Personen-Besprechungstisch	16 m²
Abteilungsleiter mit 6-Personen-Besprechungstisch	26 m²
Sekretariat für Abteilungsleiter mit 2 Besucherplätzen	12 m²
Vorstand/Geschäftsführer mit 6-Personen Besprechungstisch und 6-Personen-Sitzgruppe	64 m²
Vorzimmer Vorstand/Geschäftsführer mit Besucherplätzen	16 m²

Belüftung möglich. Nachteile: Wenig kommunikativ, unübersichtlich. Einsatzgebiete: Bereiche für konzentriertes Arbeiten (Denkzellen), sensible Bereiche (Personalwesen; leitende Angestellte), störende Tätigkeiten (Telefonate).

Gruppenbüro
Bis etwa 20 Arbeitsplätze in einem Raum. Arbeitsgruppen über 12 Personen sind selten. Arbeitsplätze max. 7,50 m von Fensterflächen entfernt; evtl. Gliederung durch halbhohe Elemente (Möbel/Stellwände) und Pflanzen. Sichtbezug nach außen wahren. Vorteile: Kommunikatives Arbeiten, Übersichtlichkeit, Flexibilität, natürliche Belichtung und Belüftung möglich. Nachteile: gegenseitige Störung möglich, häufig tagsüber künstliche Beleuchtung der innen liegenden Bereiche notwendig. Orientierungswert: 12 m² je Angestellten.

Großraumbüro
Anordnung von mehr als 20 Arbeitsplätzen auf einer Fläche. Entfernung zu Fenstern bis zu 20 m. Lichte Raumhöhe mind. 3 m. Gliederung durch halbhohe Stellwände, Möbel und Pflanzen. Rettungswege freihalten und erkennbar machen, ggf. ausschildern. Vorteile: Kommunikatives Arbeiten, Flexibilität. Nachteile: evtl. gegenseitige Störung, dauernde künstliche Beleuchtung und Belüftung erforderlich. Bauten mit Büroräumen einzeln über 400 m² sind Sonderbauten.

Kombinationen der Bürotypen
Häufig werden die vorgenannten Büroarten in einem Gebäude entsprechend den unterschiedlichen Anforderungen kombiniert. Planungen sollten spätere Wechsel zwischen Bürotypen, z. B. Gruppenbüros zu Zellen, ermöglichen.

6.2 Gebäudetypen

6.2.1 Grundrisstypen

Bei mehrgeschossigen Verwaltungsbauten werden die vertikalen Erschließungs- und Versorgungselemente mit den Feuchträumen zu Gruppen (Kerne) zusammengefasst.

Einbündige Anlage
Ein Flur erschließt einseitig angeordnete Büroräume. Erschließungs- und Nebenräume in Kernen oder parallel zum Flur. Wirtschaftlich bei größeren Büroraumtiefen. Sinnvoll in besonders schallbelasteten Lagen u. Ä.

Zweibündige Anlage
Ein Flur erschließt beidseitig angeordnete Büroräume. Erschließungs- und Nebenräume in Kernen als Teil eines Bundes. Orientierung der Büroseiten möglichst nach Osten bzw. Westen.

Dreibündige Anlage
Zwei Flure erschließen an den Außenseiten liegende Büroräume. Erschließungs- und Nebenräume (z. B. Besprechungsräume) sind in Kernen bzw. offen (Kombibüro) zwischen den Fluren angeordnet. Orientierung der Büroseiten nach Osten bzw. Westen.

Flurlose Anlage
Nicht unterteilte, freie Bürofläche mit integriertem oder angelagertem Kern. Gemäß LBO machen Büroräume über 400 m² Grundfläche ein Gebäude zum Sonderbau.

Weitereführende Informationen finden sich in Heisel: Planungsatlas.

Boden und Deckenaufbau in Büros (cm)
(LRH: Lichte Raumhöhe gem. ArbStättV)

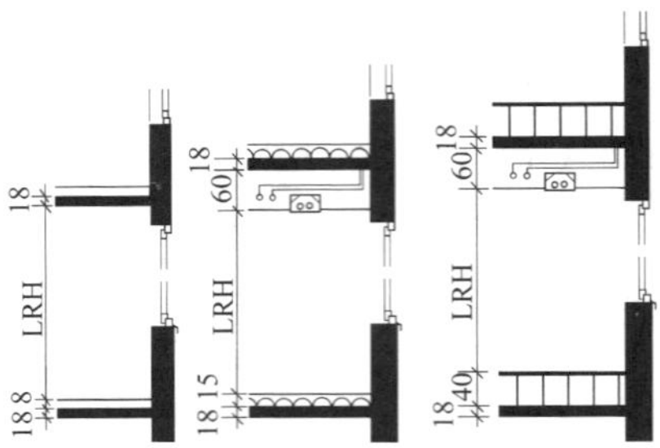

Orientierungswerte für Geschosshöhen in Bürobauten

Bautyp	Geschosshöhe
Zellenbüro ohne Unterdecke	2,75–3,10 m
Zellenbüro Elektro, Heizung, Sanitär in der Unterdecke	3,00–3,20 m
Zellenbüro mit Klimakanälen in der Unterdecke	3,20–3,40 m
Gruppen- und Großraumbüro mit Klimakanälen in der Unterdecke	3,45–4,20 m
Gruppen- und Großraumbüro mit Klimakanälen in der Unterdecke und im Fußboden	3,85–4,60 m

Verwaltungsgebäude in Lünen
Obergeschoss und Schnitt
(Architekten: A. Hillebrandt & G. Schulz)

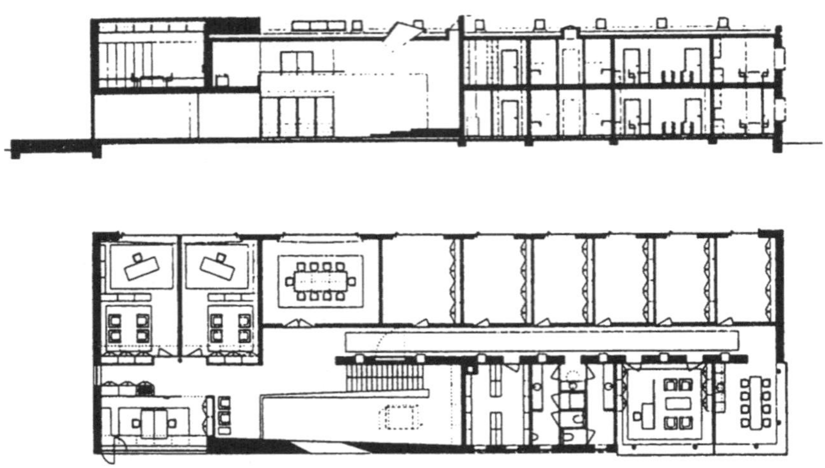

Anordnung der Kerne in Abhängigkeit von Rettungswegen und Brandabschnitten

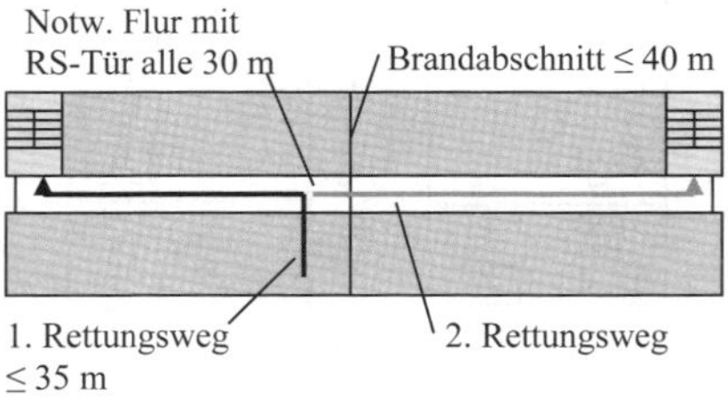

Lage von Kernen bei Großraumbüros (oben) und bei Zellenbüros (unten)

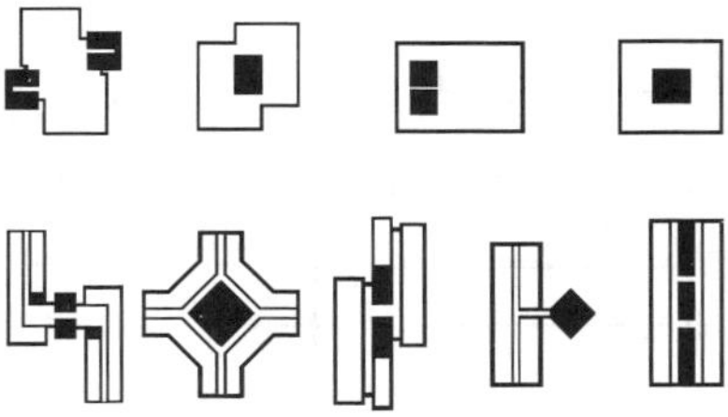

Tragwerke für Bürobauten
Systemgrundrisse mit eingezeichneten Schnitten
li.: mit Unterzügen, re.: unterzugfreie Decken

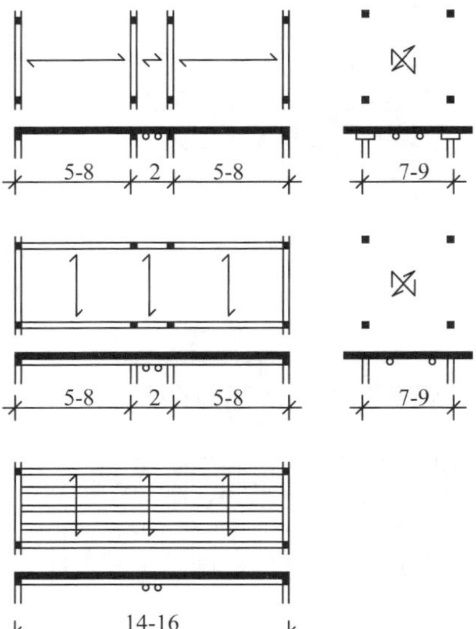

6.2.2 Baukörpertypen

Bürobauten mit Zellen- und Gruppenbüros sind in ihrer Tiefe durch die Forderung nach natürlicher Belichtung beschränkt. Als Folge entstehen lange, schmale Bauten, an die Querarme z. T. angesetzt werden. Großraumbüros erlauben wegen der großen nutzbaren Tiefe besonders kompakte Baukörper.

Kerne und Treppenräume
Kerne dienen der Stabilisierung des Bauwerks und nehmen in der Regel die vertikale Erschließung (Treppen, Aufzüge, Installationsschächte) und die Sanitärräume auf.
Nach LBO muss von jedem Punkt eines Aufenthaltsraumes nach 35 m ein notwendiger Treppenraum erreichbar sein, bei Hochhäusern 2 notwendige Treppenräume oder 1 Sicherheitstreppenraum (s. Abschn. 2). Sind mehr als 10 bis 15 Personen darauf angewiesen, ist eine Feuerwehrleiter als 2. Rettungsweg unzulässig. Folge: 2 notwendige Treppenräume, davon einer in 35 m Entfernung. Kerne können in die Bünde integriert oder an den Hauptbaukörper angesetzt werden. Bei abgewinkelten Baukörpern liegen Kerne vorzugsweise in den nicht belichtbaren Innenecken. Brandabschnitte nach max. 40 m planen.

Flure
Flure lassen sich durch plastische Ausbildung der Wände, etwa Rücksprünge bei Eingängen, gliedern. Belichtung und Belüftung durch kopfseitige Fenster oder verglaste Bürowände ermöglichen. In Fluren und Treppenräumen kommunikative Zonen ausgestalten. Flurbreiten: 1,50 bis 2,50 m. In Nutzungseinheiten über 400 m² ist ein notwendiger Flur mit Rauchschutztür nach 30 m erforderlich.

6.3 Konstruktion und Technik

Konstruktionsraster
Skelettkonstruktionen erlauben freie Grundriss- und Fassadendispositionen. Stützen im Fassadenbereich, in den Fluren oder in den Flurwänden anordnen. Übliche Spannweiten bei Zellenbüros bis etwa 6,5 m, bei Gruppen- und Großraumbüros bis etwa 9 m. Besser: etwa 5 m bzw. 7,5 m. Unterzüge quer zur Hauptachse des Gebäudes erlauben günstigere Durchlaufdeckenplatten. Unterzüge parallel zur Hauptachse des Baus erlauben Hauptinstallationstrassen ohne Kollision mit den Unterzügen.
Bei Tiefgaragen ist die Parkplatzanordnung für das Tragwerkraster des Gebäudes maßgebend. Das Tragwerkraster sollte ein ganzzahliges Vielfaches des Ausbaurasters sein.

Ausbauraster

Das Ausbauraster gibt die Grundmaße für die Ausbauelemente Fassade, leichte Innenwände, Unterdecken und demontierbare Fußböden vor. Insbesondere bei der Verwendung umsetzbarer Trennwände sind die genannten Ausbauelemente mit Hilfe des Ausbaurasters maßlich zu koordinieren. Übliche Raster: 12 M (120 cm), 18 M (180 cm). 12 M wird bei Bauten mit vielen kleinen Räumen bevorzugt. 18 M gilt als wirtschaftlicher, u. a., weil die Zahl der Elemente (Fassadenteilung) geringer sein kann.

Technischer Ausbau

Möglichst natürlich belichten und belüften. Das bedeutet: Raumtiefen von max. 7,50 m, Raumgrößen max. 150 m².

Sonnen- und Blendschutz sind im Sommer bei intensiver Einstrahlung und im Winter bei tiefstehender Sonne unerlässlich.

Variabilität und Flexibilität der Büronutzung erfordert planerische Vorbereitung beim technischen Ausbau.

(unten)
Haus der Wirtschaftsförderung in Duisburg
Regelgeschoss
(Architekten: Sir N. Foster & Partners)

(ganz unten)
Verwaltungsgebäude in Langenthal (CH)
Erdgeschoss
(Architekt: F. Geiser)

Ausbauraster und Büroteilungen

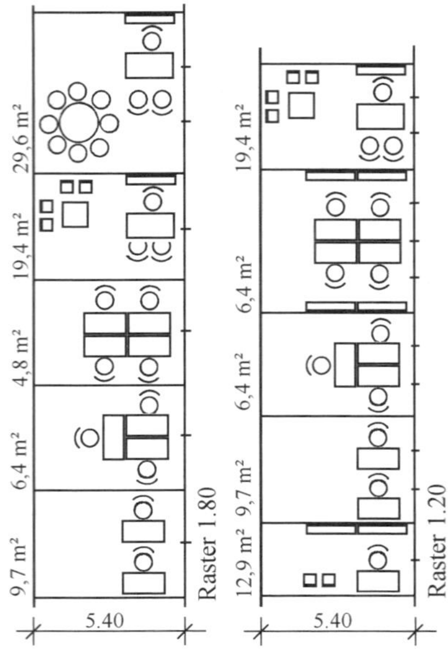

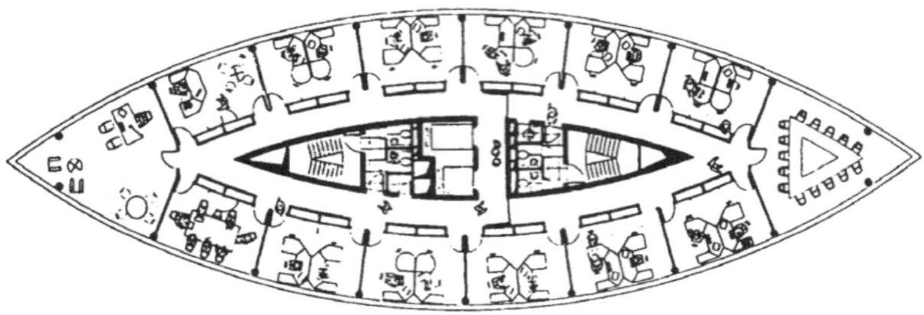

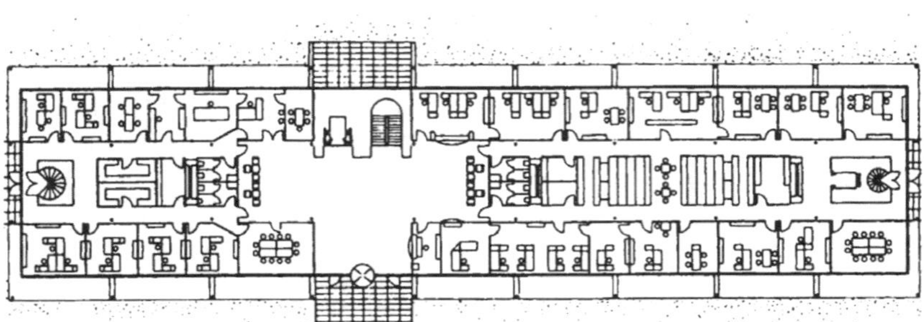

Tragwerke von Geschossbauten

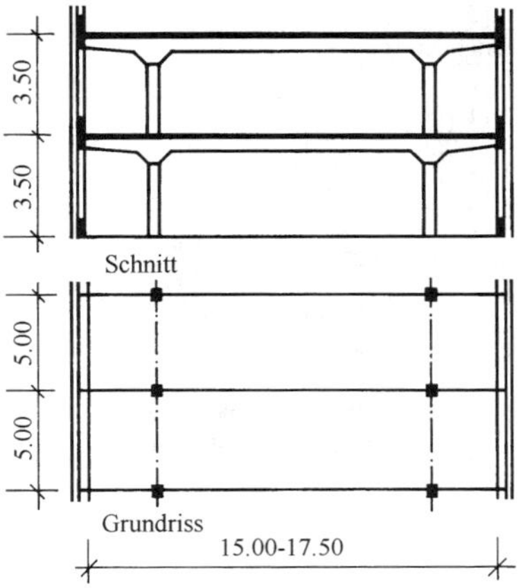

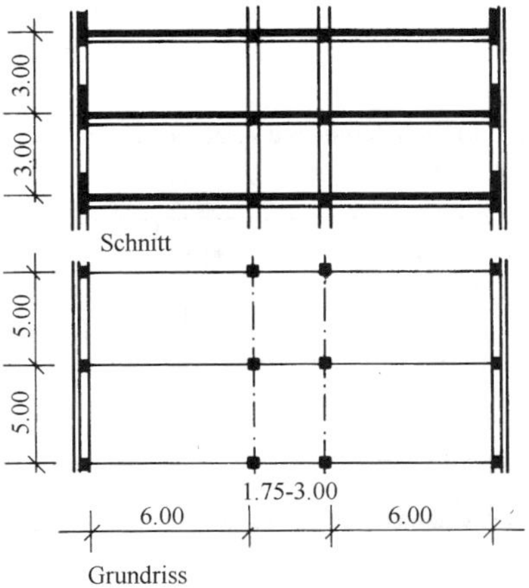

Typologie von Hallen
Grundtyp – Staffelung – Addition

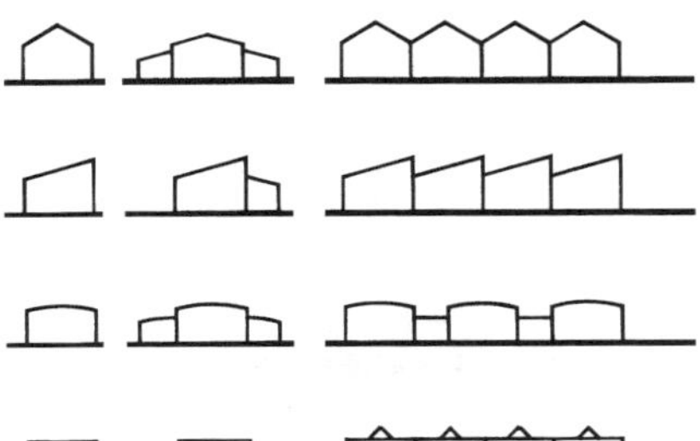

7 Gewerbebauten

ArbStättV, ASR A, IndBauR, VDI 6000-2, DIN 18 225, DIN 18 230, DIN 18 232

7.1 Produktions- und Werkstätten

7.1.1 Geschossbauten

Die Produktionsstätten sind in mehreren Geschossen übereinander angeordnet. Flächensparende Bauweise. Sinnvoll und wirtschaftlich in Bereichen hoher Grundstückskosten und bei max. 15 kN/m² Deckenlast: Werkstätten und Produktion leichter Produkte mit leichten Maschinen (Elektro-, Lebensmittel-, Textilindustrie). Wenige Innenstützen erlauben freie Raumnutzung. Wegen der seitlichen Belichtung max. 20 m Gebäudetiefe. Bei großflächigen Bauten Höfe anordnen. Kompakte Installationsführung, natürliche Be- und Entlüftung möglich. Raumhöhe mind. 3 m. Arbeitsplätze bis max. 2-fache lichte Fensterhöhe von der Außenwand entfernt anordnen. Verhältnis Fenster/Bodenfläche bei groben Arbeiten: mind. 1/10; bei feinen Arbeiten mind. 1/5. Sonnen- und Blendschutz berücksichtigen.
Vertikaler Verkehr erfolgt über Aufzüge, Bänder oder Rutschen. Vertikale Erschließung und Toiletten zu Kernen zusammenfassen. Haustechnik im Keller oder auf dem Dach. Wegen des Brandschutzes werden meist Stahlbetonkonstruktionen ausgeführt. Unterzugs- bzw. Binderabstände: etwa 5 m. Bei hohen Flächenlasten und/oder großen Spannweiten Plattenbalkendecken einsetzen.

7.1.2 Hallen

Eingeschossige Bauten mit weitgespannten Konstruktionen und größeren Raumhöhen. Spannweiten und Höhen richten sich nach der Funktion des Bauwerkes. Wirtschaftlich: Spannweiten von 15–20 m, Höhen von 4–6 m. Großflächige Hallen in Schiffe untergliedern. Evtl. Ausrüstung mit Brückenkrananlagen. Belichtung in der Tiefe über Lichtbänder, Sheds, Lichtkuppeln oder Fensterbänder in der Fassade oder in Höhenversätzen zwischen den Schiffen. Öffnungen im Dach für Lüftung sowie Rauch- und Wärmeabzug (RWA) nach DIN 18 232 vorsehen. Bei Arbeitsstätten Sichtbeziehung nach außen sicherstellen. Einsatzbereiche: Großproduktion, Werkstätten, Lager. Vorteile: alle Funktionen auf einer Ebene. Einfacher Materialfluss. Nachteile: hoher Flächenverbrauch, hohe Wärmeverluste, sommerlicher Wärmeschutz bei Leichtbauten.

Zulässige Größe der Brandabschnittsflächen in m² (Abs. 6 IndBauR)

Sicherheitskategorie	Anzahl der Geschosse des Gebäudes								
	1 (EG)		2			3		4	5
	Feuerwiderstandsdauer der tragenden und aussteifenden Bauteile								
	ohne	F 30	F 30	F 60	F 90	F 60	F 90	F 90	F 90
K 1	1.800[1]	3.000	800[2,3]	1.600[2]	2.400	1.200[2,3]	1.800	1.500	1.200
K 2	2.700[1]	4.500	1.200[2,3]	2.400[2]	3.600	1.800[2]	2.700	2.300	1.800
K 3.1	3.200[1]	5.400	1.400[2,3]	2.900[2]	4.300	2.100[2]	3.200	2.700	2.200
K 3.2	3.600[1]	6.000	1.600[2]	3.200[2]	4.800	2.400[2]	3.600	3.000	2.400
K 3.3	4.200[1]	7.000	1.800[2]	3.600[2]	5.500	2.800[2]	4.100	3.500	2.800
K 3.4	4.500[1]	7.500	2.000[2]	4.000[2]	6.000	3.000[2]	4.500	3.800	3.000
K 4	10.000	10.000	8.500	8.500	8.500	6.500	6.500	5.000	4.000

1 Breite des Industriebaus ≤ 40 m, Wärmeabzugsfläche nach DIN 18 230-1 ≥ 5 %.
2 Wärmeabzugsfläche nach DIN 18 230 ≥ 5 %.
3 Für Gebäude geringer Höhe nach LBO (s. Abschn. 1.4) beträgt die zulässige Größe 1.600 m².
K1: ohne Zusätze; K2: Brandmelde- und Alarmanlage; K3: Werksfeuerwehr; K4: autom. Löschanlage

7.1.3 Flachbauten

Eingeschossige Bauten mit mittlerer Spannweite (6–10 m) und Höhe (3–5 m) für großflächige gewerbliche Nutzungen, z. B. Einzelhandel, Werkstätten. Vor- und Nachteile ähnlich den Hallen. Geringere Aufwendungen für das Tragwerk wegen kürzerer Spannweiten.

7.1.4 Kombinationen

Geschoss-, Hallen- und Flachbauten werden häufig mit Sozial- und Verwaltungseinrichtungen ergänzt. Die unterschiedlichen Höhen können zum Stapeln bestimmter Funktionen oder zur Belichtung genutzt werden.

Produktionsgebäude mit zweigeschossigem Büro- und Sozialtrakt

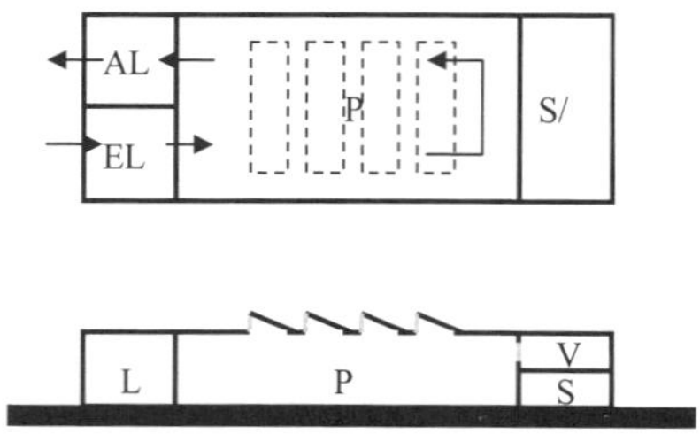

Produktionsgebäude mit eingeschossigem Büro- und Sozialtrakt

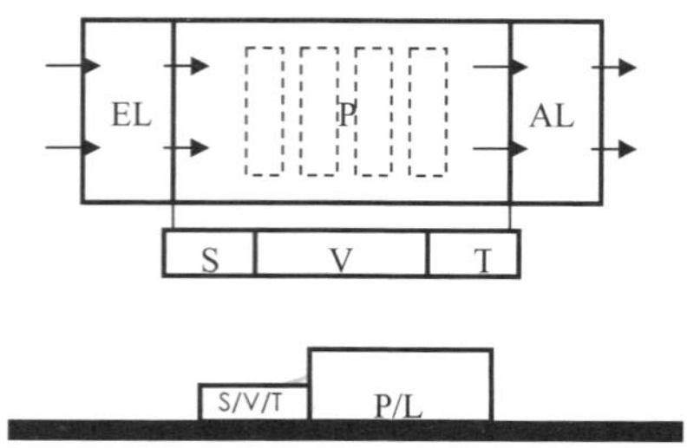

7.2 Lager

IndBauR, TRGS, WHG

Bei Lagerung von wasser- sowie umweltgefährdenden Materialien sind Lager gemäß WHG je nach Menge und Art des Stoffes (z. B. Wassergefährdungsklasse) mit besonderen Einrichtungen zu versehen: überdachte Lagerung und Umfüllung, Leckwarnanlagen, Auffangvorrichtungen bei Leckagen, Löschwasserrückhaltebecken, Sperren der Kanalisation.

Für brennbare Flüssigkeiten sind nach TRGS je nach Art und Menge des Stoffes besondere Brandschutzmaßnahmen erforderlich.

7.2.1 Schüttgutlager

Lagerung je nach Witterungsempfindlichkeit und verfügbarer Fläche in offenen oder überdachten Schüttkegeln, in Schüttgutboxen oder Silos. Auf gute Be- und Entlademöglichkeiten und Rangierflächen achten.

Handregallager, Systemmaße (cm)

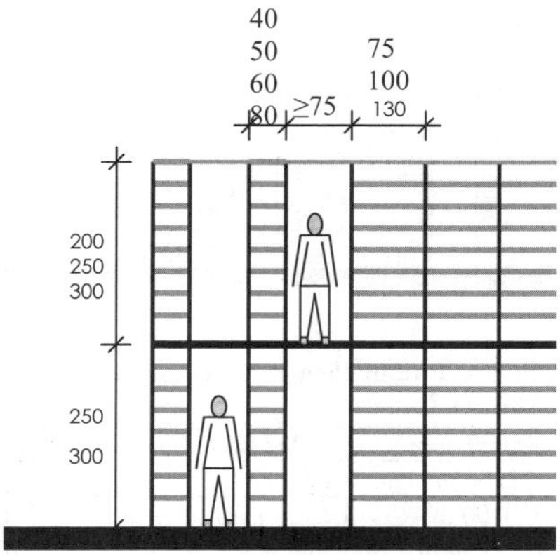

Palettenregallager, Systemmaße (cm)

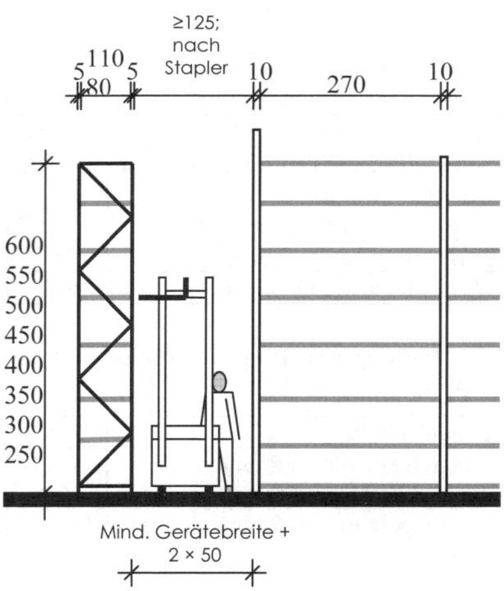

Varianten für Tragwerke von Flachbauten (m)

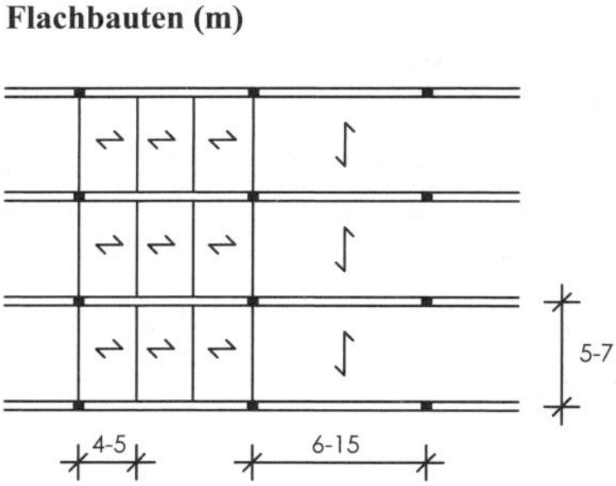

7.2.2 Lagerung von Flüssigkeit

Nur bei kleineren Mengen sind Fass- und Kanisterlager sinnvoll und erlaubt. Für größere Mengen sind ober- oder unterirdische Tanklager erforderlich. Gewässerschutz beachten.

7.2.3 Stückgutlager

Als Flächenlager (z. B. für Betonfertigteile), als Regallager (z. B. für Kleinteile, Paletten) oder Ständerlager (z. B. für Rohre).

Kleinere Lager mit handlichen Teilen werden von Hand bedient. Schwerere Güter werden mit Gabelstaplern sowie mit Kranen (Brücken- oder Portalkranen) bewegt. Für den Transport werden die Güter auf Paletten (Europalette 80 cm × 80 cm ×120 cm) oder in Körbe gelegt. Gabelstapler mit starrer Gabel benötigen je nach Größe und Lenkung zum Drehen breite Gänge (bis 3,50 m). Schwenkbare Gabeln ermöglichen schmale Gänge. Höhere Lager werden mit speziellen Stapelkranen bedient. Hochregallager erreichen bis zu 25 m Höhe. Sie werden in der Regel vollautomatisch bedient.

Bei Lagern auf die hohen Lasten achten: bei Regalen auf die Fußlasten, bei Staplerbetrieb auch auf die Radlasten.

7.3 Umweltschutz

Je nach Art und Menge der gelagerten Stoffe sind die verschiedenen Regelungen des Gefahrstoffrechts (TRGS) einschlägig. Dies betrifft u. a. die Lagerart, die Lagermenge, die Baurt, das Auffangen von Leckagen, den Brandschutz und die Löschwasserrückhaltung.

7.4 Brandschutz

Lager mit OK Lagergut über 7,50 m sind Sonderbauten. Bei Produktions- und Lagerbauten bis 9 m Lagerhöhe ermöglicht die IndBauR je nach Sicherheitskategorie (mit/ohne Brandmeldeanlage, Sprinklerung, Werkswehr) größere Brandabschnitte (s. Tabelle S. 1.58).

Räume über 200 m² benötigen 2 Ausgänge. Bauten über 1600 m² zwei notw. Treppenräume. In max. 15 m Lauflänge muss ein mind. 2 m breiter Gang erreichbar sein. Rettungswege dürfen bei 5 m Hallenhöhe 35 m Luftlinie, bei 10 m Höhe 50 m betragen; bei Hallen mit Löschanlagen: bei 5 m Höhe 50 m bzw. bei 10 m Höhe 70 m Rettungsweg. Die reale Lauflänge darf max. das 1,5-Fache betragen. Zwischenwerte interpolieren.

Lager über 1200 m² durch Gänge unterteilen: Lagerguthöhe bis 4,50 m Gangbreite 3,50 m; Höhe bis 7,50 m Gangbreite 5,00 m; dazwischen interpolieren.

7.5 Arbeitsstätten, Grundsätze

ArbStättV; ASR A, VDI 6000-2

Arbeitsstätten sind Orte regelmäßiger Tätigkeit in Industrie, Handel, Handwerk, Baugewerbe, Verwaltungen, Schulen und Hochschulen. Die ASR A konkretisieren die Bestimmungen der ArbStättV. Abweichungen sind auf Grundlage einer Gefährdungsbeurteilung möglich.

Arbeitsraumflächen- und höhen (ASR A1.2)
Räume müssen eine der Funktion, der Größe und der Zahl der darin sich aufhaltenden Personen entsprechen. ASR A1.2 macht hier konkrete Vorgaben (s. Tabelle).

Belichtung und Beleuchtung (ASR A3.4)
Soweit betriebliche Belange nicht entgegenstehen, sollten Arbeits-, Pausen-, Bereitschafts-, Liege- und Sanitätsräume Sichtverbindungen nach außen haben. Tageslichtquotient (s. Abschn. 1.3) mind. 2 % bei Fenstern und 4 % bei Oberlichtern. Belichtungsfläche mind. 1/10 der Raumgrundfläche. Brüstungshöhe bei sitzenden Tätigkeiten max. 85 cm, bei Tätigkeiten im Stehen max. 125 cm. Mindestbeleuchtungsstärke gem. Anhang 1 der ASR A3.4.

Wege, Türen, Tore, Rettungswege

ASR A2.3, ASR A1.7

Wege mit Fahrverkehr müssen zu Türen, Toren, Austritten u. Ä. mind. 100 cm Abstand aufweisen. Bei Geschwindigkeiten bis 20 km/h beträgt die Fahrbahnbreite mind. Fahrzeugbreite + 2fachen Randzuschlag (50 cm). Bei Gegenverkehr mind. 2fache Fahrzeugbreite + 2fachen Randzuschlag + Begegnungszuschlag (40 cm). Bei Gehverkehr auf dem Weg erhöht sich der Randzuschlag auf 75 cm. Die Breite reiner Gehwege ergibt sich aus der Zahl der Personen im Einzugsbereich. Bei Toren, die vorwiegend dem Fahrverkehr dienen, ist in unmittelbarer Nähe eine Tür für Fußgänger anzuordnen.
Bei der Bestimmung der Breite und Länge von Rettungswegen in Gebäuden sind die ASR A2.3 und ggf. die IndBauR zu beachten.

Umwehrungen (ASR A2.1)
Höhe mind. 100 cm. Bei Absturzhöhen über 12 m mind. 110 cm. Bei Brüstungen von mind. 20 cm Tiefe darf die Höhe auf 80 cm reduziert werden. Geländer mit flächigen Füllungen, senkrechten Stäben in max. 18 cm Abstand oder mind. Hand-, Knie- und Fußstäbe ausführen. Max. Öffnung zwischen OK Fußboden und UK Geländer: 18 cm, sonst 5 cm hohe Fußleiste. Seitlicher Spalt zw. Geländer und Boden max. 6 cm.

Aufbewahrungsschränke (cm)

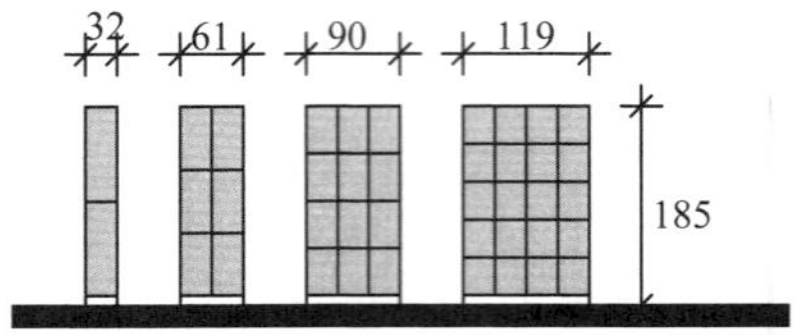

Mindest-Raumhöhen in Arbeitsstätten (ASR A1.2)

Grundfläche	Lichte Raumhöhe (mind.)
bis 50 m²	2,50 m
51–100 m²	2,75 m
101–250 m²	3,00 m
251–2000 m²	3,25 m

Mindest-Raumtemperaturen (ASR A3.5)

Leichte Tätigkeit sitzend	+ 20 °C
Mittelschwere Tätigkeit sitzend	+ 19 °C
Leichte Tätigkeit, gehend, stehend	+ 19 °C
Mittelschwere Tätigkeit, gehend, stehend	+ 17 °C
Schwere Tätigkeit, gehend, stehend	+ 12 °C
Pausen- und Sanitärräume	+ 21 °C
Waschräume mit Duschen	+ 24 °C

Max. Rettungswegelänge in Arbeitsstätten (ASR A2.3)

in regulären Räumen	35 m
in brandgefährdeten Räumen mit autom. Löscheinrichtung	35 m
in brandgefährdeten Räumen ohne autom. Löscheinrichtung	25 m
in giftstoffgefährdeten Räumen	20 m
in explosionsgefährdeten Räumen	20 m
in explosivstoffgefährdeten Räumen	10 m

Mindestbreite von Rettungswegen in Arbeitstätten (ASR A2.3)

Personen im Einzugsbereich	Lichte Breite
bis 5	87,5 cm
bis 20	100 cm
bis 200	120 cm
bis 300	180 cm
bis 400	240 cm

7.6 Sozialräume

ArbStättV, ASR A, DGUV I 207-006

Pausenräume (ASR A4.2)
Bei mehr als 10 Arbeitnehmern ist ein Pausenraum anzubieten, nicht jedoch bei Büroarbeit und vergleichbaren Tätigkeiten. Bei Arbeitsplätzen mit schwerer körperlicher Arbeit, Staub, Hitze, Lärm, gefährlichen Stoffen oder ohne Sichtverbindung nach außen sind Pausenräume vorzuhalten. Gasträume von Kantinen gelten als Pausenräume. Fällt Arbeitsbereitschaft an, so sind, soweit keine geeigneten Pausenräume vorhanden sind, Bereitschaftsräume anzubieten. Orientierungswert für Pausen- und Bereitschaftsräume: 1 m² je Arbeitnehmer, mind. jedoch 6 m². Ausstattung mit Stühlen, Tischen, Kleiderhaken, Trinkwasser oder kalten Getränken, evtl. Küche mit Spüle, Kühlschrank und Herd. Sichtverbindung nach außen sichern.

Geschlechtertrennung (ASR A4.1)
Grundsätzlich gilt für Toiletten-, Wasch- und Umkleideräume Geschlechtertrennung. Nur in Betrieben mit max. 5 Beschäftigten ist eine zeitlich nach Geschlecht getrennte Nutzung der Räume möglich, sofern eine wirksame Lüftung gewährleistet ist.

Toilettenräume (ASR A4.1)
Toilettenräume dürfen von ständigen Arbeitsplätzen nicht mehr als 100 m und ein Geschoss entfernt sein. Sie dürfen nicht nur durch das Freie erreichbar sein. Sie bestehen aus einem Raum mit Toilettenzellen und ggf. Urinale sowie einem Vorraum mit Waschgelegenheiten. In der Nähe von Pausen-, Bereitschafts-, Umkleide- und Waschräumen müssen Toilettenräume angeordnet sein. Toilettenanlagen sollten nicht mehr als 10 WC bzw. 10 Urinale aufweisen.

Mindestbedarf an Toilettenanlagen (ASR A4.1) (Auszug)

	Niedrige Gleichzeitigkeit		Hohe Gleichzeitigkeit	
Damen o. Herren	WC/Ur	HWB	WC/Ur	HWB
bis 5	1*	1	2	1
6–10	1*	1	3	1
11–25	2	1	4	2
26–50	3	1	6	2
51–75	5	2	7	3
76–100	6	2	9	3
101–130	7	3	11	4
131–160	8	3	13	4
161–190	9	3	15	5

* Für Herrentoiletten zuzüglich 1 Urinal

Liegeräume (ASR A4.2)
Werdenden, stillenden Müttern und Frauen, die während der Arbeit keine Möglichkeit zum zeitweisen Sitzen haben, sind Liegen (mind. 70 cm × 190 cm) in Liegeräumen anzubieten. Diese dürfen nicht von außen einsehbar sein.

Umkleideräume (ASR A4.1)
Wenn Arbeitnehmer Arbeitskleidung tragen und es gesundheitlich oder sittlich nicht zumutbar ist, dass sie sich anderswo umkleiden, müssen Umkleideräume zur Verfügung stehen. Aufbewahrung der Kleidung in Schränken oder an Haken oder Bügeln. Vor jeder Kleiderablage eine freie Bodenfläche (inkl. Verkehrsfläche) von mind. 0,5 m² sichern. Wenn Arbeitnehmer mit gesundheitsgefährdenden oder übelriechenden Stoffen arbeiten oder starker Verschmutzung ausgesetzt sind, müssen Arbeitskleidung (schwarz) und Straßenkleidung (weiß) getrennt aufbewahrt werden. Sind Umkleideräume nicht erforderlich, so erhält jeder Arbeitnehmer eine Kleiderablage und ein abschließbares Fach.

Sanitätsräume (ASR A4.3)
Sind erforderlich bei mehr als 1000 Arbeitnehmern oder mehr als 100 Arbeitnehmern in Betrieben mit besonderen Unfallgefahren. Raumgröße: mind. 20 m². Lichte Raumhöhe: mind. 250 cm. Türen: mind. 120 cm breit. Vor Schnee

Lichte Raummaße für einbündige Toilettenanlagen (ASR A4.1) (cm)

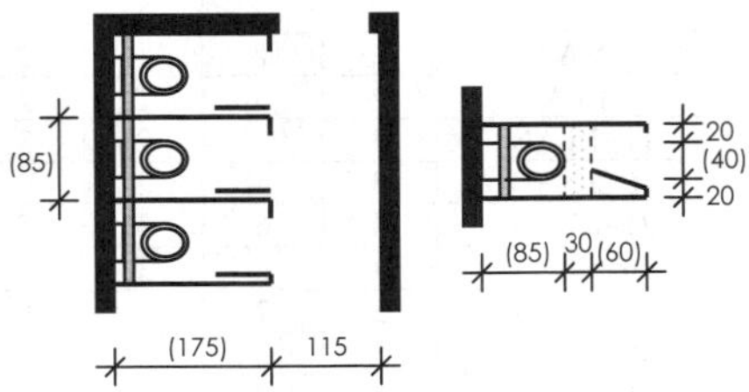

Lichte Raummaße für einbündige Toilettenanlagen (ASR A4.1) (cm)

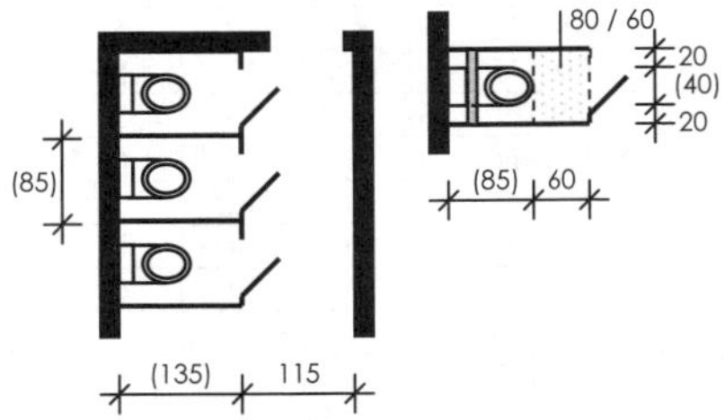

Orientierungsmaße für Waschbecken und -rinnen (cm) (ASR A4.1)

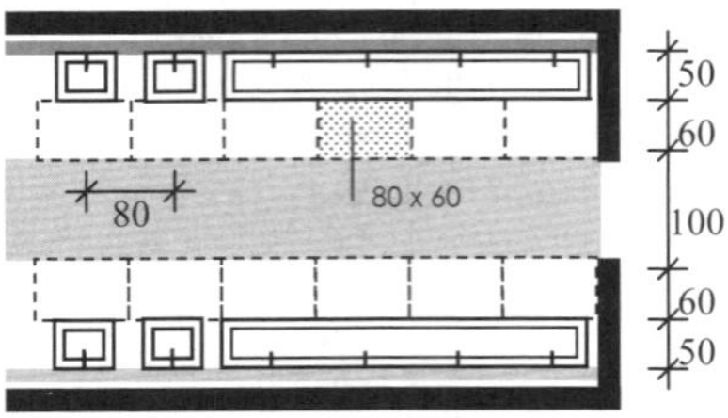

Mindestmaße für halboffene Brauseanlagen (Trennwände) (cm) (ASR A4.1)

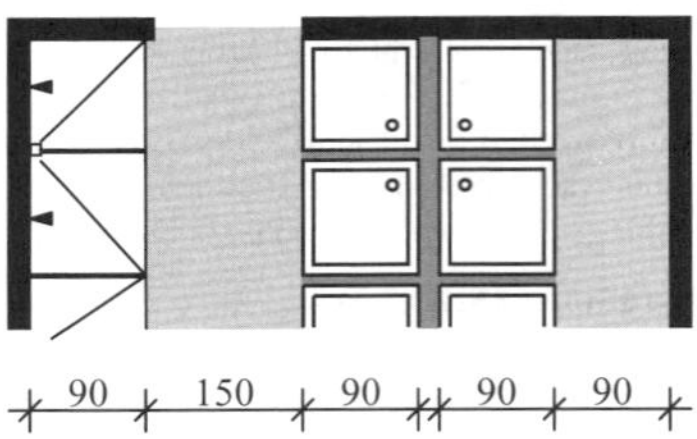

und Regen geschützter Transport zum Krankenwagen muss möglich sein.
Ausstattung: Waschbecken, Schreibtisch, Stuhl, Liege.

Waschräume (ASR A4.1)
Waschräume sind bei schmutzenden Arbeiten anzubieten. ASR A4.1 unterscheidet 3 Kategorien von Tätigkeiten:

- Kategorie A: mäßig schmutzend
- Kategorie B: stark schmutzend
- Kategorie C: sehr stark schmutzend oder mit gesundheitsgefährdenden, geruchslästigenden Stoffen, mit Belastung durch Hitze, Kälte oder Nässe, mit Ganzkörperschutz.

Aus der Kategorie ergibt sich die Anzahl und Art der Waschplätze gemäß Tabelle. Abstände von Waschbecken, mind. 80 cm; davor Bewegungsflächen von 80 cm × 60 cm. Duschplätze mind. 1 m², Mindestbreite 90 cm.
Waschräume sollten unmittelbar mit Umkleide- und Toilettenräumen verbunden sein.
Die Lüftung erfolgt nach ASR A4.1 und muss möglichst ohne Zugerscheinungen funktionieren. Auf die Rutschsicherheit des Bodens gemäß DGUV R 108-003 ist zu achten.

Weitere Deatils siehe Heisel, Planungsatlas.

Mindestbedarf an Waschplätzen (ASR A4.1)

	Kategorie A		Kategorie B				Kategorie C			
Höchste Anzahl der AN, die Plätze benötigen	Waschplätze		Waschplätze		Duschplätze		Waschplätze		Duschplätze	
	Niedrig	Hoch	Niedrig	Hoch	Niedrig	Hoch	Niedrig	Hoch	Niedrig	Hoch
≤ 5 AN	1	2	1	2	1	1	1	2	1	2
6–10 AN	2	3	1	2	1	2	2	3	1	3
11–15 AN	3	4	2	3	1	2	3	4	2	4
16–20 AN	3	5	2	4	2	3	3	5	2	5
21–25 AN	4	6	3	5	2	3	4	6	3	6
26–30 AN	4	6	3	5	2	3	4	7	3	7
31–35 AN	5	7	3	6	2	3	5	9	4	9
36–40 AN	5	8	4	7	2	4	5	10	4	10
41–45 AN	6	9	4	8	2	4	5	12	4	12
46–50 AN	6	10	4	9	2	4	6	13	5	13
51–55 AN	7	11	4	9	3	5	6	14	5	14
56–60 AN	8	12	5	11	3	5	6	15	5	15
61–65 AN	8	12	5	11	3	5	7	16	6	16
66–70 AN	8	12	5	11	3	5	7	16	6	16
71–75 AN	9	13	5	12	3	5	8	17	7	17
76–80 AN	10	14	6	12	4	6	8	18	7	18
81–85 AN	10	14	6	12	4	6	9	18	8	18
86–90 AN	10	14	6	13	4	6	10	19	9	19
91–95 AN	10	14	6	13	4	7	11	20	10	20
96–100 AN	11	15	6	14	4	7	11	20	10	20
Je weitere 30	+2	+3	+1	+3	+1	+2	+2	+3	+2	+3

AN: Arbeitnehmer bzw. Arbeitnehmerinnen

Leichtathletik-Wettkampfbahnen Typen A–C

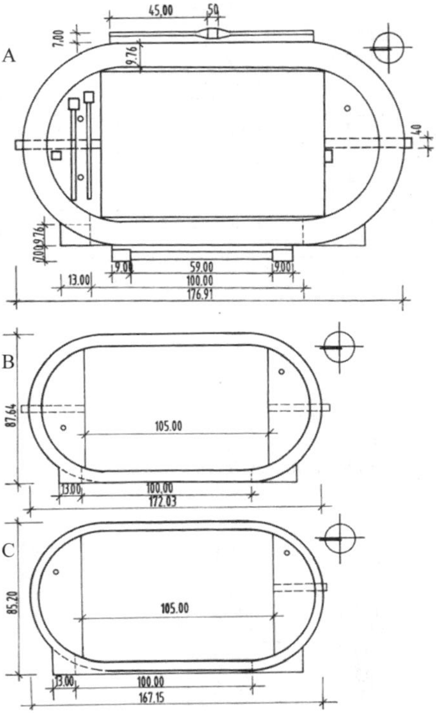

8 Sportbauten

8.1 Sportfelder

DIN 18 035, DIN 18 036, 18. BImSchV

Der Flächenbedarf ergibt sich aus dem Spielfeld und den jeweils notwendigen Bewegungs- und Sicherheitsstreifen um das Feld. Für die meisten Sportarten gibt es Max.- und Mind.-Größen für Sportfelder sowie Richtwerte für Wettkampffelder (s. Tabelle). Für die Leichtathletik gibt es drei Wettkampfanlagentypen (A–C).

8.2 Sporthallen

DIN 18 032, DIN 18 036, DIN 18 038

Konzeption

Größere Sporthallen können durch Trennwände, die von der Decke abgesenkt werden, unterteilt werden (Einzel-, Doppel- und Dreifachhallen). Die Hallenteile müssen getrennt zugänglich sein und eine Öffnung von mind. 1,5 m Breite und 2,2 m Höhe für den Gerätetransport besitzen. Wände müssen bis 2 m Höhe ebenflächig, geschlossen, splitterfrei und glatt sein: Keine Pfeiler, Türklinken usw. Türen nur an den Längsseiten. Wände, Decken, Verglasungen, Lampen etc. ballwurfsicher ausführen.

Die Nebenräume liegen in der Regel in flacheren Anbauten. Jede Hallenanlage erhält einen Eingangsraum (Foyer) von mind. 15 m² je Teilungsoption mit mind. je 1 Damen-, Herren- und Behindertentoilette.

Sportfeldmaße (m)

Sportart	mögliche Feldlänge	mögliche Feldbreite	Regelmaße für Wettkämpfe	Sicherheitsstreifen seitlich	Sicherheitsstreifen vorn und hinten	Lichte Hallenhöhe
Badminton			13,40 / 6,10	0,30	1,30	7–9
Basketball	28–24	15–13	28 / 15	1	1	7
Eishockey			60 / 30			7
Fechtbahn	24–13	2,00–1,80	13–24 / 2	3	3	4
Feldfußball	120–90	90–45	105 / 70			
Feldhockey			91,4 / 55,0	4	5	
Geräteturnen	29	16	36 / 16			7
Gewichtheben			4 / 4	3	3	4
Hallenfußball	50–30	25–15	40 / 20	0,5	2	5,5
Hallenhandball	44–38	22–18	40 / 20	1	2	7
Hallenhockey	18–22	36–44	40 / 20	0,5	2	5,5
Prellball	60	25	8 / 16	2	4	
Squash	9,754	6,40	9,754 / 6,400			6
Tanzsport	≥ 14	≥ 14	≥ 140 m²			4
Tennis			10,97 / 23,77	3,66	6,4	7
Tischtennis			2,740 / 1,525	2,24	4,63	4
Volleyball			18 / 9	5	8	7,0–12,5

Umkleiden und Sanitäranlagen in Sporthallen (DIN 18032-1)

Hallentyp	Foyer (NF)	Umkleiden + Waschräume	Trainer- und Schiedsrichter umkleiden	Geräteraum (L x B x H)	Putzmittel-raum
Einzelhalle (18 x 27)	15 m²	2 KE	2	4,50 x 15 x 2,50	1
Zweifachhalle (22 x 45)	30 m²	2 GE oder 4 KE	2	4,50 x 21 x 2,50	1
Dreifachhalle (27 x 45)	30 m²	3 GE oder 6 KE	2	4,50 x 27 x 2,50	1
Eineinhalbfachalle (19 x 36)	15 m²	2 GE oder 1 GE + 2 KE	1	4,50 x 21 x 2,50	1

GE: Großeinheit; KE: Kleineinheit

Sportgeräteraum

Mindesttiefe: 4,5 m. Länge bei Einzelhalle mind. 15 m, bei Doppelhalle mind. 21 m, bei Dreifachhalle mind. 27 m. Länge je Hallenteil mind. 6 m. Lichte Höhe mind. 2,50 m. Lichte Torhöhe mind. 2,20 m. Bei Sporthallen nur für Spiele: Tiefe mind. 3 m, Länge mind. 6 m.

Umkleiden, Sanitärräume

Zur Schonung des hochwertigen Hallenbodens sollte in der Umkleide der Straßenschuhbereich („Stiefelbereich“) enden und der Turnschuhbereich beginnen.

Die Anzahl der Umkleideräume richtet sich an der obenstehenden Tabelle. Je Sporthalle sind mind. 2 getrennte Spielerumkleiden mit getrennten WC-Anlagen vorzusehen. Sie werden entweder von 2 Mannschaften oder von Männern bzw. Frauen belegt.

Großeinheiten besitzen 12 m Banklänge, 2 Waschbecken, 6 Duschen und 1 WC. Kleineinheiten sind mit 6 m Banklänge, 2 Waschbecken, 3 Duschen und 1 WC ausgestattet.

Die Geschlechtertrennung ist bei Kleineinheiten einfacher zu gewährleisten.

Je Hallenbereich ist zudem 1 barrierefreies WC bereitzustellen.

Umkleiden für Mannschaftssportarten und Schulsport werden mit Hakenumkleiden und Wertfächern oder mit Spinden ausgestattet. Individualsportler und Sportclubs bevorzugen Spindumkleiden.

Für jeden Umkleideplatz sind 2 Haken und 1 Sitzbankfläche von mind. 40 cm Breite und 30 cm Tiefe vorzusehen. Für Spindplätze statt der Haken ist eine Breite von 25–30 cm und eine Tiefe von 50 cm anzusetzen. Die Flächen zwischen den Bänken müssen mind. 150 cm breit sein, als einziger Durchgang zwischen den Bänken sogar mind. 180 cm.

Für weitere Orientierungswerte für die Größen von Umkleideanlagen siehe ASR-A (vgl. auch Abschn. 7).

Maße von Haken- und Spindumkleideanlagen (cm)
Grundriss (oben), Schnitt (unten)

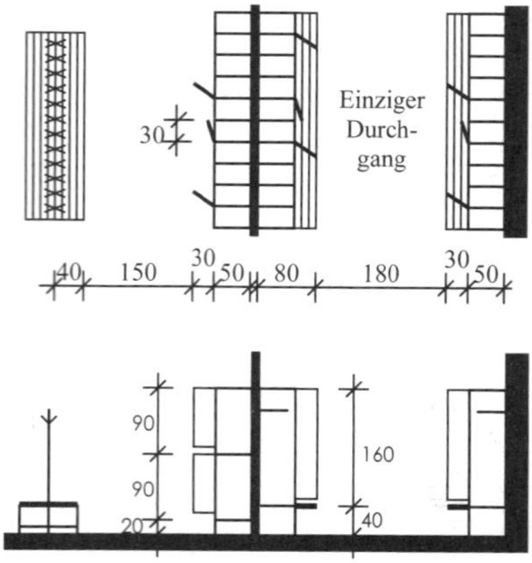

Sanitäranlage für Umkleide mit 6 m Banklänge (cm)

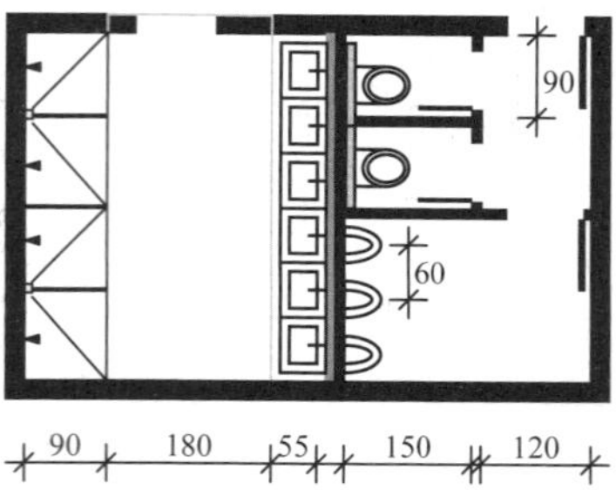

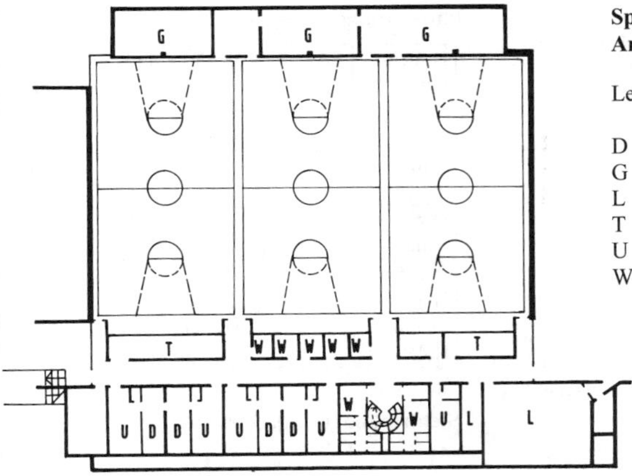

Sporthalle in Wernau, Hallenebene
Arch.: Prof. Gerber + Gabeler

Legende

D	Duschraum
G	Geräteraum
L	Lagerraum
T	Technikraum
U	Umkleideraum
W	WC

Richtmaße für Fußballplätze (m)
Max.: 120 × 90, Min.: 90 × 45

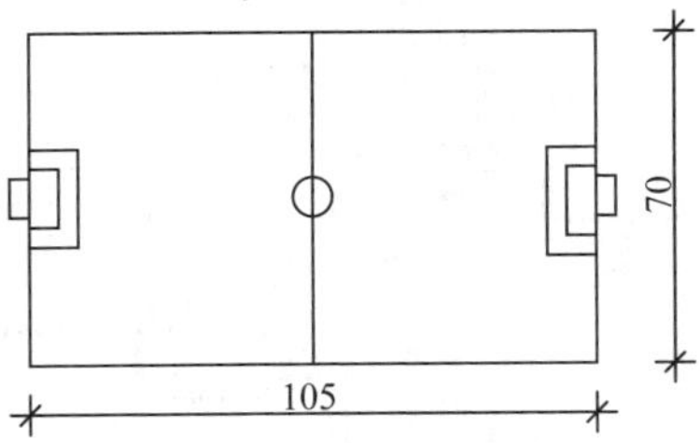

Maße für Basketballfelder (m)
International mit Sicherheitsstreifen

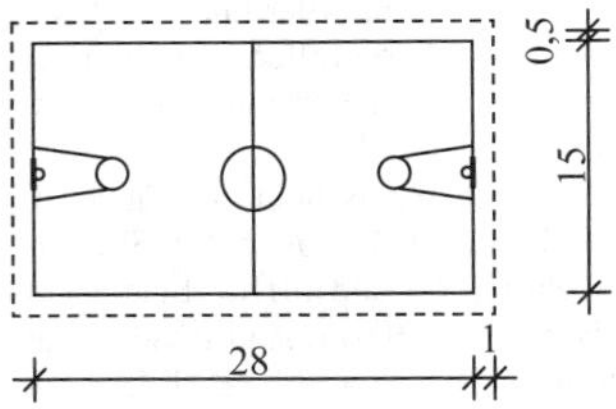

Sporthallen-Grundtypen (siehe auch DIN 18 032) (m)

Hallentyp	Größe	Mögl. Teilungen	Anmerkungen / Mögliche Spiele
Einzelhalle für Spiele	22 × 44 × 7	keine	Badminton, Basket-, Fuß- u. Handball, Hockey, Volleyball
Zweifachhalle für Spiele	22 × 44 × 7	22 × 22 + 22 × 22 ; 22 × 26 + 22 × 18; 22 × 14 + 22 × 34	Badminton, Basket-, Fuß- u. Handball, Hockey, Volleyball
Dreifachhalle für Spiele	66 × 44 × 7	3 × 22 × 44	Wie vor
Vierfachhalle für Spiele	88 × 44 × 9	4 × 22 × 44	Wie vor
Einzelhalle	15 × 27 × 5,5	keine	Badminton, Basketball, Volleyball, kleine Schulsporthalle
Multifunkt. Zweifachhalle	30 × 27 × 7	2 × 15 × 27	Badminton, Basketball, Fußball, Volleyball
Multifunkt. Dreifachhalle	45 × 27 × 7	3 × 15 × 27	Badminton, Basketball, Fußball, Handball, Hockey, Volleyball
Geräteturnhalle	15 × 27 × 7 18 × 36 × 7	keine	Geräteturnen
Turnmehrzweckhalle	10 × 10 × 4–5,5 15 × 15 × 4–5,5	keine	Gymnastik, Ballett
Kampfsportraum	16 × 16 × 4	keine	Boxen, Ringen, Judo

Sportlehrerraum, Hallenwart
Für jedes Hallenteil bzw. jedes Sportfeld muss ein Lehrer- und Schiedsrichterraum geplant werden. Die Ausstattung beinhaltet: Arbeitstisch, Stuhl, Umkleide, 3 Garderobenschränke, Waschgelegenheit, Dusche und Sanitätsbereich. Die Größe beträgt mind. 10 m².
Bei entsprechender Lage und Sicht auf das Sportfeld kann der Lehrerraum auch als Regieraum dienen.

8.3 Sporträume

Konditions- und Krafttrainingsräume: 3,5 m Höhe; 35–80 m². Fitnessräume: 20–50 m², 2,5 m Höhe. Gymnastikräume mit Ballettstangen, Spiegel- und Sprossenwand:
10 m × 10 m bis 14 m × 14 m, 4 m Höhe.

8.4 Ausstattung von Sportstätten

VStättVO

Erschließung, Rettungswege
Getrennte Zugänge für Sportler und Zuschauer. Kassen und Eingangskontrollen mit Stauraum davor und ausreichenden Verteiler- und Warteflächen dahinter.
Die VStättVO gilt für Bauten mit über 200 Besucher je Rettungsweg sowie für Freilichtbühnen mit über 1000 und offene Stadien mit über 5000 Besuchern. Dann sind mind. 2 bauliche Rettungswege erforderlich. Breite der Rettungswege bei offenen Anlagen: 1,20 m/600 Besucher, in Hallen 1,20 m/200 Besucher. Treppenbreite: max. 2,40 m (s. S. 1.7).

Zuschaueranlagen *(DIN EN 13 200)*
Steigungsverhältnisse von Tribünen zwischen 1:2 und 1:3. In Gruppen von max. bis 4 m Höhe getrennt zu erschließen.
Stehstufen: Stufentiefe mind. 40 cm, besser 60 cm, Stufenhöhe 20 cm, Stehplatzbreite mind. 50 cm. Vor der ersten Stehstufe und in versetzter Anordnung alle weiteren 10 Stehstufen mind. 1,10 m hohe und mind. 3 m lange Panikgeländer nach VStättVO anordnen.
Sitzstufen mit Bänken oder Einzelsitzen: Stufentiefe mind. 70 cm, besser: 80 cm; Stufenhöhe 40 cm, max. 45 cm; Sitzplatzbreite mind. 50 cm, besser 60 cm; Sitztiefe mind. 35 cm, freie Durchgangsbreite mind. 40 cm, besser 45 cm. Sitze versetzt anordnen. Zahl der Plätze an einer Gangseite nach VStättVO in Hallen: max. 10, in Freilichtstadien: max. 20.
1 % der Plätze, jedoch mind. 2 für Rollstühle (95 cm × 150 cm).

Ausstattung von Sporthallen

Hallentyp	Eingangsraum	WC je Eingangsraum	Geräteraum, Spielhalle	Geräteraum, Multif.-halle
Einzelhalle	15 m²	1 H,1 D	60 m²	20 m²
Doppelhalle	30 m²	1 H,1 D	90 m²	40 m²
3fach-Halle	45 m²	1 H,1 D	120 m²	60 m²
4fach-Halle	60 m²	1 H,1 D	150 m²	80 m²

Stehtribüne (oben), Sitztribüne (unten)

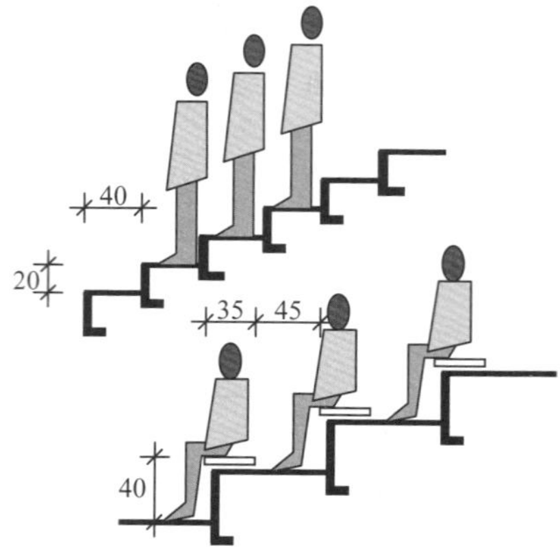

Schulsporthallen gem. SchBauRL (Breite × Länge × lichte Höhe)

Art der Halle	Übungseinheiten	Maße (m)
Regelhalle	1	15 × 27 × 5,5
Regelhalle	2	22 × 44 × 5,5
Regelhalle	3	22 × 44 × 5,5
Ausnahmehalle	2	22 × 26 × 7
Ausnahmehalle	3	22 × 18 × 7

Toilettenanlagen in Versammlungstätten (VDI 6000-3) (Auszug)

Personen	Damen		Herren		
	WC	WB	UR	WC	WB
50	2/2/3	2/2/3	2/2/3	1/1/2	1/1/2
100	2/3/5	2/3/5	2/3/5	1/1/2	2/2/3
300	4/5/8	2/3/5	4/5/8	2/2/3	2/3/5
500	4/6/9	3/4/6	4/6/9	2/3/5	3/4/6
700	5/7/11	4/5/8	5/7/11	3/4/6	4/5/8
1000	6/9/14	4/6/9	6/9/14	4/5/8	5/7/11
Niedrige/mittlere/hohe Gleichzeitigkeit					

Wippe

Schaukel bis 2,6 m Höhe

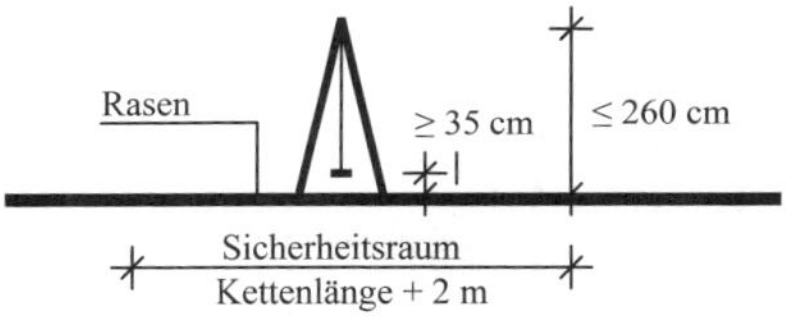

Beispiel einer Spielkombination

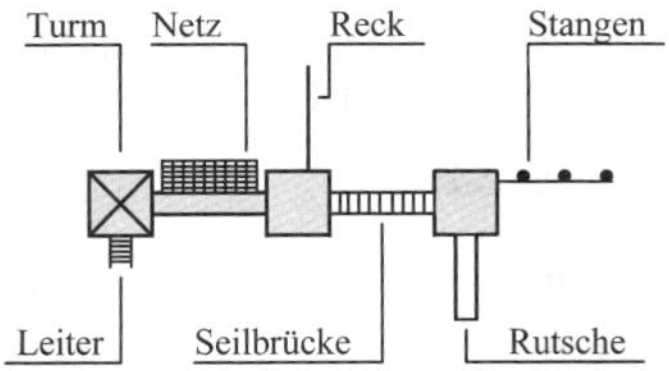

Anforderungen an Sicherheitsraum von Spielgeräten (cm) (DGUV I 202-022)

Situation bzw. Gerät	Forderung
Freie Fallhöhe ≤ 60	keine
Freie Fallhöhe > 60 ≤ 150	150
Freie Fallhöhe > 150	2/3 FH + 50
Schaukeln	KL + 200

Böden im Sicherheitsraum von Spielgeräten in Abhängigkeit von der Fallhöhe (cm) (DGUV I 202-022)

Boden	
Beton/Stein	≤ 60
Bitumengebunden	≤ 60
Oberboden	≤ 100
Rasen (dauerhaft vorh.)	≤ 150
Fallschutzplatten (DIN EN 1177)	≥ 150
Sand, Feinkies, Mulch (Korn u. Dicke gem. DGUV)	≥ 150

9 Bauten für Erziehung und Bildung

9.1 Spielplätze

DIN EN 1176, DIN 18 034, DIN 33 942, DGUV V 81, DGUV R 102-002, DGUV I 202-019, DGUV I 202-022

Erfordernis und Größe

Verschiedene LBO fordern bei Errichtung von Gebäuden mit mehr als 3 Wohnungen Kleinkinderspielplätze, sofern in der Nähe keine öffentliche Anlage vorhanden ist. Je Wohnung mind. 3 m² nutzbare Spielfläche, mind. jedoch 30 m². Mind. 1/3 als Sandspielfläche.

Lage, Gliederung und Ausstattung

Spielplätze für Kleinkinder möglichst in Sicht- und Rufweite der elterlichen Wohnungen bauen. Von verkehrsreichen Zonen weglegen bzw. abschirmen, in Grünanlagen und Wegesysteme integrieren. Übersichtlich und abwechslungsreich gestalten. Zonierung nach Altersgruppen: Krabbelzonen für ganz Junge, Spielgeräte und Sandkasten für Kleinkinder, Abenteuerzone für ältere Kinder. Spielplätze und ihre Zugänge barrierefrei gestalten (s. Abschn. 4).

Unterschiedliche Bedürfnisse der Altersstufen beachten. Materialien und Konstruktionen mit positiven Tast- und Erfahrungseigenschaften wählen. Beliebt bei älteren Kindern: Abenteuerspielplätze mit Klettergeräten, Häusern, Türmen und Anlagen für kreatives Handeln (z. B. Bauen). Bei größeren Anlagen verschiedene Szenen mit Spielgeräten schaffen. Rückzugsmöglichkeiten (Spielhäuser), Erlebnisspiele und Freiflächen für eigene Spiele anbieten.

Sicherheitsrichtlinien

Absätze von mehr als 20 cm Höhe im Gelände sichern, z. B. mit Pflanzstreifen. Vertiefungen sichern. Oberflächen und Einfassungen nicht scharfkantig. Nur schwer splitternde Rundhölzer verwenden. Keine giftigen Pflanzen. Gewässer nur bis max. 40 cm Tiefe, sie benötigen eine 1 m breite, flachgeneigte, trittsichere Uferzone. Gegenüber Verkehrsflächen mind. 1 m hohe Einfriedungen (z. B. Hecke) vorsehen.

Nur Spielgeräte gemäß DIN EN 1176, DGUV I 202-022 und mit TÜV- oder GS-Prüfung verwenden, ohne scharfe Kanten, Scher- und Quetschstellen. Unter und um die Geräte einen Sicherheitsraum mit weichen Böden nach DGUV I 202-022 und DIN EN 1176 schaffen. Fundamente mind. 40 cm tief vergraben oder mind. 20 cm tief und unter 45° abschrägen. Vorstehende Konstruktionsteile abpolstern.

9.2 Kindertagesstätten

LBO, DGUV R 102-002, VDI 6000-6

9.2.1 Definitionen

Kindertagesstätte
Oberbegriff für Einrichtungen zur Betreuung und pädagogischen Förderung von Kindern während des Tages. Dazu zählen u.a.:

Kinderkrippe
Einrichtung zur ganztägigen Betreuung und pädagogischen Förderung von 8-Monatigen bis 3-Jährigen.

Kindergarten
Einrichtung zur Betreuung und pädagogischen Förderung von 3- bis 6-Jährigen.

Kinderhort
Einrichtung zur Betreuung und pädagogischen Förderung von Kindern bis 15 Jahren.

9.2.2 Planungsanforderungen

Grundsätzliches
Kindertagesstätten müssen in ihrer baulichen Ausgestaltung auf die jeweiligen Altersstufen und die Gruppenzusammensetzung abgestimmt sein. Die Atmosphäre soll licht, offen, anregend sein, aber auch Geborgenheit vermitteln. Kommunikative Bereiche wie auch Rückzugsmöglichkeiten anbieten. Eine barrierefreie Ausführung gemäß DIN 18 040-1 ermöglicht die Bildung integrativer Gruppen (s. Abschn. 4).
Auf brandlastfreie notwendige Flure kann verzichtet werden, wenn das Brandschutzkonzept entsprechende Kompensationen schafft.

Bauprogramme
Für Einrichtungen mit mind. 3 Kindergruppen ist folgendes Raumprogramm üblich, bei kleineren Einrichtungen können die Anforderungen reduziert sein.

Gruppenräume
Die Größe der Gruppenräume ist abhängig von der Zahl und dem Alter der Kinder. Gruppenräume dürfen keine Durchgangsräume sein, sie sollen günstig zur Sonne liegen, licht und möglichst natürlich belüftbar sein. Lichte Raumhöhe möglichst 2,70 m. Die Fensterfläche muss 20 % der Grundfläche betragen. Sonnenschutz ist erforderlich. Möglichst unmittelbaren Zugang zum Freien anbieten. Evtl. räumlich gefasste Freiräume für die Gruppen. Gruppenräume für Kinder unter 3 Jahren und behinderte Kinder ebenerdig anordnen. Für jeweils 2 Gruppen ein Raum für Kleingruppenarbeit. Zu jedem Gruppenraum Schränke, Spielzeugregale, Tische, Stühle u.a.m. Vor den Gruppenräumen Garderoben anordnen.

Kindertagesstätte in Manching, Erdgeschoss
Architekt: Th. Hugues

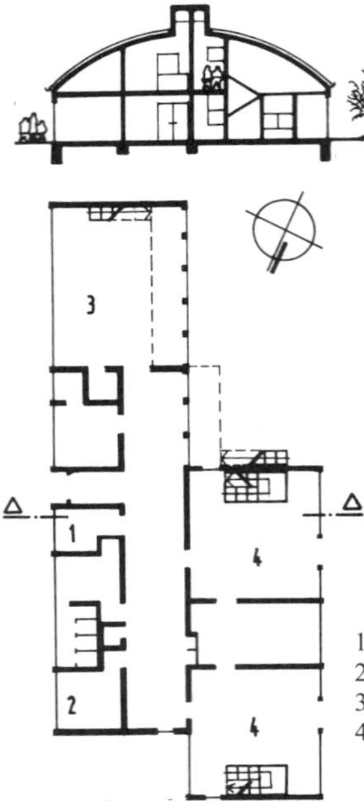

1 Leiterin
2 Personalraum
3 Mehrzweckraum
4 Gruppenräume

Gruppengrößen in Kinderbetreuungsstätten

Einrichtung	Kinder/Gruppe
Kinderkrippe	max. 10
Kindergarten	max. 18–20
Kinderhort	max. 15–18
altersgemischte Gruppen mit Kindern bis max. 3 Jahren	max. 15
integrative Gruppe	max. 15

Größe von Gruppenräumen

Einrichtung	Fläche/Kind
Kindertagesstätten	2,5 m²
Kinder unter 3 Jahren	3,5 m²
Behinderte Kinder	3,5 m²

Ausstattung von Sanitärräumen für Gruppen in Kindertagesstätten (VDI 6000-6)

Art	Bezugsgröße
1 Waschbecken	je 2–6 Kinder
1 Toilette	je 6–10 Kinder
1 Fußwaschbecken mit Handbrause oder Dusche	je Gruppe
1 Dusche	je 10 Kinder
1 Personal-Waschbecken	je Gruppe
1 Ausgussbecken	je Gruppe

Kindertagesstätte in Frankfurt-Sossenheim, Architekt: Chr. Mäckler

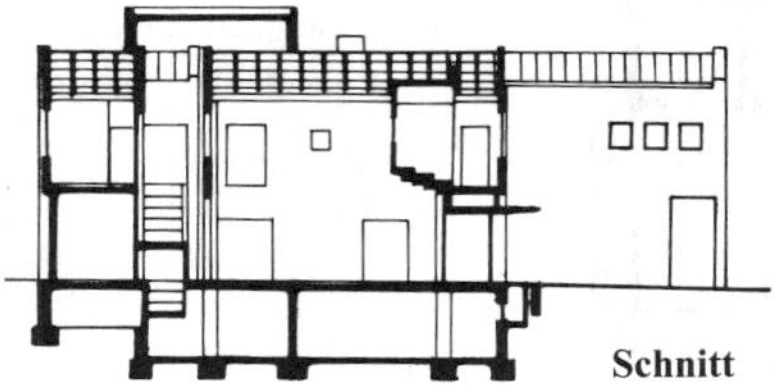

Schnitt

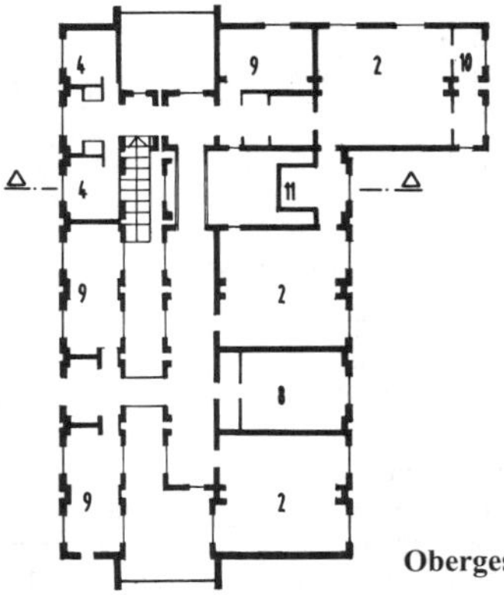

Obergeschoss

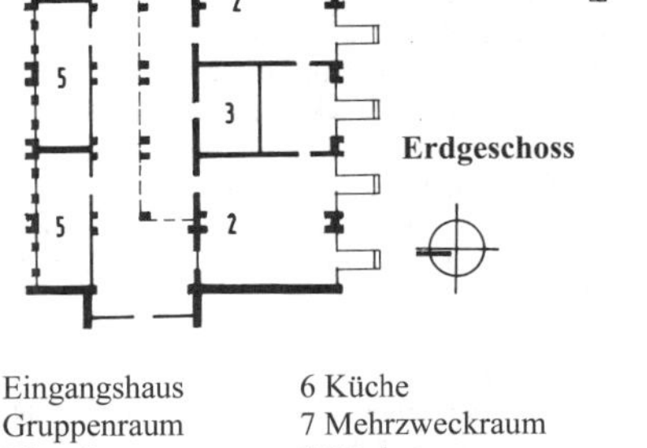

Erdgeschoss

1 Eingangshaus
2 Gruppenraum
3 Abstellraum
4 Waschraum
5 Verwaltung
6 Küche
7 Mehrzweckraum
8 Werkraum
9 Hausaufgaben

Den Gruppenräumen räumlich zugeordnet: eine sanitäre Anlage. 2 benachbarte Gruppen können eine gemeinsame Anlage nutzen. Sanitär- und Wirtschaftsräume mit rutschfesten Böden. WC-Trennwände 1,20–1,50 m hoch. Waschbecken 55 cm hoch einbauen, für Kinder unter 2 Jahren 45 cm hoch. Stiefelwaschbecken. Sanitäre Anlagen für Kinder und Personal trennen.
Bei mehr als 2 Gruppen ist ein Mehrzweck- und Bewegungsraum sinnvoll (mind. 60 m²). Dazu Nebenraum als Geräte- und Stuhllager. Bei Ganztagsbetreuung und für Kinder unter 3 Jahren sind Schlaf- und Ruheräume vorzusehen (mind. 2,5 m²/Kind). Bei Kleinkindern (bis 6 Jahre) ist ein Pflegeraum oder -bereich erforderlich. In Ganztagseinrichtungen müssen Räume für Schularbeiten und andere Beschäftigungen vorhanden sein. Je Kind mind. 10 m² Außenspielfläche, mind. jedoch 300 m². Natur-, Spiel- und Bewegungsbereiche anbieten.

Funktionsräume
Zimmer für Leitung, Personalraum, Personal-WC, Mehrzweck-, Therapie- und Bewegungsraum, Küche, Vorratsraum und wenn nicht in den Gruppenräumen gegessen wird: ein Speiseraum. Abstellraum für Außenspielgeräte. Pkw- und Fahrradstellplätze. Kurzzeitparkplätze für Eltern. Bei Krippen Abstellplätze für Kinderwagen. Technik-, Lager- und Müllräume.

9.2.3 Sicherheit und Ausstattung

Gebäudeeingänge und Bodenbeläge
Vermeiden, dass Kinder vom Gebäude unmittelbar in den Straßenverkehr laufen, ggf. Geländer o. Ä. anordnen. Podeste vor Gebäudeeingängen müssen in der Tiefe die nach außen aufgeschlagene Tür um 40 cm überragen. Jeder Eingang ist mit einer oberflächenbündigen Abstreifmatte über die volle Breite zu versehen. Beim Haupteingang muss deren Tiefe mind. 1,30 m betragen. Bodenbeläge rutschhemmend gemäß DGUV I 207-006, nicht scharfkantig und möglichst sturzweich. Böden, Wandbelag bis 1,5 m Höhe abwaschbar.

Treppen und Flure
Einzelne Stufen und Stolperstellen (z. B. Türpuffer) nicht zulässig. Stufenvorderkanten leicht abrunden. Treppen mit beidseitigen Handläufen. Spalt zwischen Geländer bzw. Wand und Treppe max. 4 cm. Stufenhöhe max. 17 cm, Auftrittsbreite mind. 28 cm. Freie Treppenbreite mind. 1,30 m. Flurbreiten möglichst mind. 1,70 m. Bei Leitern zu Spielebenen ist die Einstiegsöffnung mit einem Querriegel in Höhe der Umwehrung zu sichern. Ab 1 m Fallhöhe ist ein falldämpfender Boden anzuordnen.

Kindertagesstätte in Frankfurt-Griesheim
Architekt: Funk & Schröder

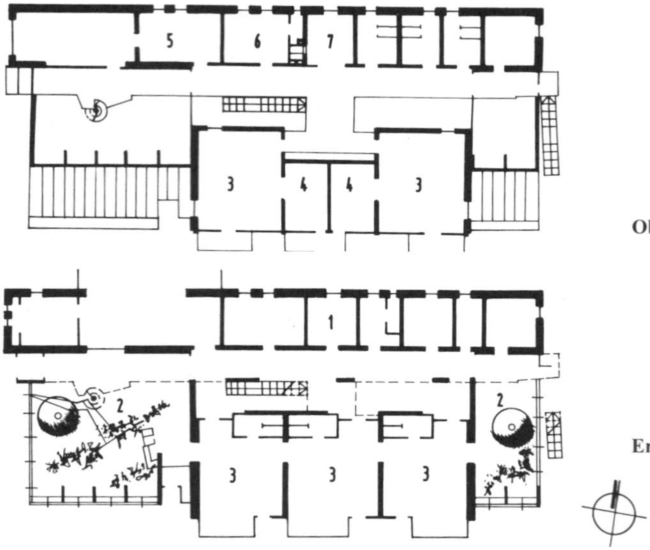

1 Leiterin
2 Glashäuser
3 Gruppenräume
4 Hausaufgaben
5 Werkräume
6 Personalraum
7 Kinderküche

Obergeschoss

Erdgeschoss

Gefahrenstellen

Alle Ecken und Kanten von Bauteilen und Einrichtungsgegenständen sind mit einem Radius von mind. 2 mm, besser 10 mm, abzurunden und dürfen keine Spitzen haben. Wände dürfen bis 1,50 m Höhe nicht spitzig-rau sein. Verglasungen müssen bis in 1,50 m Höhe aus Einscheiben- oder Verbund-Sicherheitsglas sein, kein Drahtglas. Glasflächen in der Nähe des Fußbodens kennzeichnen.

Fenster und Türen

Türen nicht in Verkehrsflächen schlagen lassen. Leichtgängige Türen, keine Pendeltüren. Keine scharfkantigen Beschläge. Kanten im Berührungsbereich runden. Griffe, Hebel und Schlösser mind. 25 mm von der Schließkante. Quetschschutz im Türinnenanschlag. Kinder sollen im Sitzen raussehen können, daher geschlossene Brüstungen max. 60 cm hoch ausführen. Offene Fenster und Hebel von Oberlichtöffnern dürfen nicht in den Aufenthaltsbereich ragen. Dreh-Kipp-Fenster nur mit Sicherung gegen Fehlbedienung (Herausfallen).

Umwehrungen

Bei Spielebenen bis 1,50 m Höhe über Fußböden genügen 70 cm hohe Umwehrungen. Aufklettern und Rutschen darf nicht möglich sein.

Bewegungsräume

Fußböden mit elastischen Belägen oder elastischem Untergrund (Schwingboden) ausführen. Wände bis in 1,50 m Höhe besonders ebenflächig. Ausgenommen: Türnischen und Fensterwände. Vorstehende Teile außer Sprossenwände unzulässig. Türen dürfen nicht nach innen schlagen. Eigener Raum für Geräte erforderlich.

Toiletten- und Waschräume

Boden rutschhemmend gemäß DGUV R 108-003. Bodenabläufe. Ausstattung nach VDI 6000-6. Wassertemperatur max. 45 °C.

Kindersicherungen

Müllsammelstellen, Reinigungs- und Desinfektionsmittel, Medikamente gegen Zugriff von Kindern sichern. Steckdosen kindersicher.

Einfriedungen

Aufenthalts- und Spielbereiche im Freien sind einzufrieden. Die Einfriedung muss ein Aufklettern erschweren.

Brandschutz

Verzicht auf notw. Flure durch kleinere Nutzungseinheiten. 2 bauliche Rettungswege. Optimal: max. 2 Geschosse, 1 Rettungsweg auf allen Geschossen ins Freie über Terrassen, außen liegende Treppen etc.

Oberstufenzentrum in Berlin
Architekten: Quick, Bäckmann, Quick

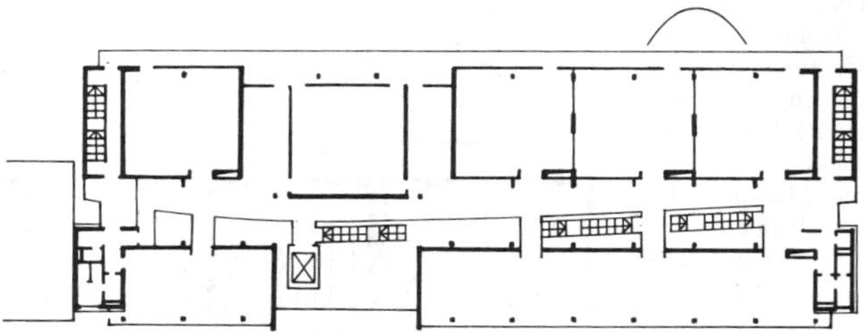

Obergeschoss

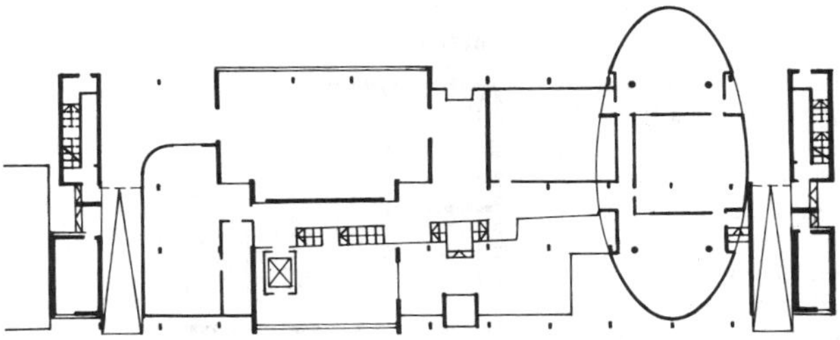

Erdgeschoss

9.3 Schulen

SchulBauRl, DIN 58 125, DGUV V 81, VDI 6000-6

Grundsätzliches
In Abhängigkeit von Größe, Alter der Schüler und Bildungsauftrag liegen Schulen unterschiedliche Bauprogramme zugrunde. Die Planungen sollten max. 4 Geschosse vorsehen und Erweiterungen ermöglichen.
Ziel aller Planungen sollte eine freundliche, anregende, aber auch Geborgenheit vermittelnde Atmosphäre sein. Bei großen Schulanlagen ist der Anonymität durch Ausbildung identifizierbarer Teilbereiche entgegenzuwirken und gleichzeitig eine Übersichtlichkeit und Orientierbarkeit zu gewährleisten. Auf eine barrierefreie Ausgestaltung gemäß DIN 18 040-1 ist zu achten (s. Abschn. 4).

Unterrichtsräume. Allgemeines
Für alle Unterrichtsräume mit Sitzbestuhlung empfohlen: lichte Raumhöhe ca. 3 m, unter Unterzügen u. Ä. mind. 2,50 m. Mindesthöhen, gem. ASR A1.2, Beleuchtung gem. ASR A3.4, Belüftung gem. ASR A3.6 (s. Abschn. 7). Bei einseitiger Belichtung max. Raumtiefe 7,20 m. Faustformel: Glasflächen mind. 1/5 der Grundfläche. Max. Tafelabstand möglichst unter 9 m. Ausstattung mit Verdunklungs- und Sonnenschutz. Tageslichteinfall auf die Schultische von links.

Räume für Allgemeinunterricht
Die Größe der Klassenzimmer richtet sich nach der Gruppengröße. Individuelle Ausformung und Gestaltung der einzelnen Räume erleichtern die Identifikation der Schüler mit ihrem Klassenraum. Möglichst interessante, vielfältig möblierbare Raumformen. Ausstattung mit Tafel, Leinwand, Handwaschbecken, Schrank für Lehrmittel. Garderobe in der Nähe auf dem Flur, mit Ablagen für Helme. Insbesondere für jüngere Schüler möglichst direkter Zugang ins Freie. Freiraumklassen anbieten.

Sprachlabore
Etwa 25–30 Plätze/1000 Schüler in der Nähe der Bibliothek/Mediathek. Man unterscheidet: Labore für Hören und Sprechen (HS) und Labore mit zusätzlichem Aufnehmen (HSA); evtl.: Aufnahmeraum, Materialraum.

EDV-Unterrichtsräume
EDV-Räume aus Sicherheitsgründen nicht im EG anordnen. Für die Ausgestaltung der Unterrichtsplätze sind die Regelwerke für Bildschirm-Arbeitsplätze anzuwenden.

Naturwissenschaftliche Unterrichtsbereiche
Bereiche für Biologie-, Physik- und Chemieunterricht mit Lehr-, Übungs- und Vorbereitungs- und Sammlungsräumen. Lehrräume mit ansteigendem Gestühl. Übungs-, Vorbereitungs- und Sammlungsräume unmittelbar zugeordnet. Zwischen Arbeitstischen mind. 85 cm; wenn Schüler Rücken an Rücken arbeiten: mind. 1,50 m Abstand. Zentrale Notsperrung für Elektrik, Gase und andere Medien. In Chemieräumen: Abstand Experimentiertisch zu Schülertischen mind. 1,20 m, Abzüge für Gas und Dämpfe notwendig. Räume mit erhöhter Brandgefahr wie Chemieunterrichtsräume: mind. 2 Ausgänge, Türen in Fluchtrichtung öffnend. Bei Unterrichtsräumen mit ansteigender Bestuhlung sind Rampen zulässig und über 6 % Steigung Stufen planen. Stufengänge mind. 90 cm breit. Bei Höhenunterschieden über 3 m ist ein 2. Ausgang in Höhe der obersten Reihe sinnvoll.
Ein Schulgarten von ca. 300–400 m² dient dem Biologie- bzw. dem Umweltunterricht.

Einrichtungen zur Sporterziehung
Für die Sporterziehung sind je nach Größe der Schule Sport- und Gymnastikhallen (15 m × 27 m) und Sportplätze im Freien mit entsprechenden Umkleiden vorzusehen. Ausführung gem. DIN 18 032 und DIN 18 035 (s. Abschn. 8). Die inneren Stirnseiten der Sporthallen sind zur Minderung der Ballreflexion mit nachgiebigem Material abzudecken, ggf. auch mit mobilen Matten. Sportstätten sollten so konzipiert sein, dass sie auch für den Breitensport genutzt werden können: Zugang von außen, Nähe zu Kfz-Stellplätzen. Sind über 200 Zuschauerplätze geplant, so gilt die VStättVO.

Einrichtungen für musischen Unterricht
Bei Unterrichtsräumen für Kunst ist insbesondere auf eine möglichst gleichmäßige, natürliche Belichtung zu achten (Nordlicht). Nebenräume: Materiallager, Lehrmittelräume, Werkräume. Räume für Musikunterricht stellen besondere Anforderungen an Akustik, Schalldämpfung und Schalldämmung. Raum für größere Instrumente, unterschiedliche Bestuhlungen ermöglichen. Mögliche Nebenräume: Lehrmittelraum, Übungsräume.

Einrichtungen für praktischen Unterricht
Insbesondere an Berufsschulen sind fachpraktische Übungsräume zu planen. Je nach Art der durchgeführten Übungen ist auf eine ausreichende Belichtung und auf die Schallemissionen zu achten. Zwischen Werktischen mind. 85 cm, wenn Schüler Rücken an Rücken arbeiten:

Maße und Platzbedarf für Schülerplätze

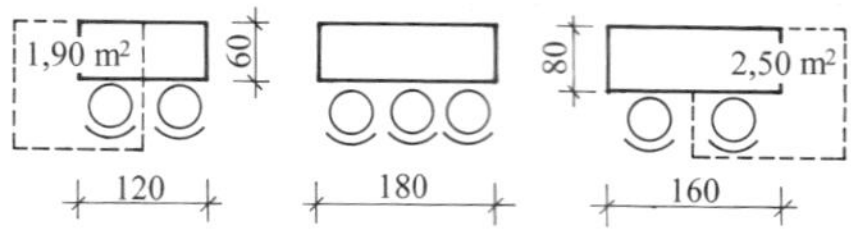

Naturwissenschaftlicher Bereich

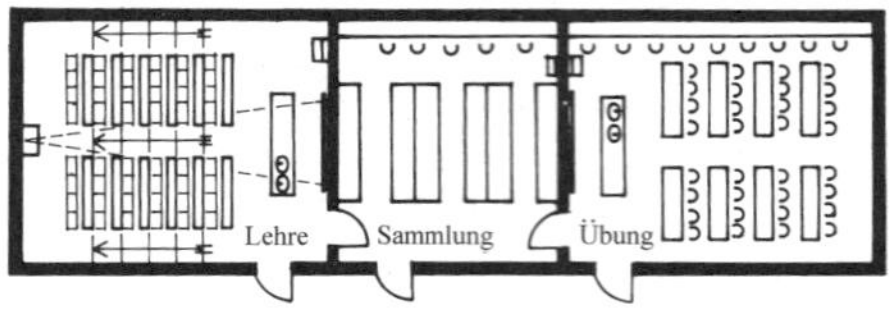

Sprachlabor mit Geräteraum und Studio

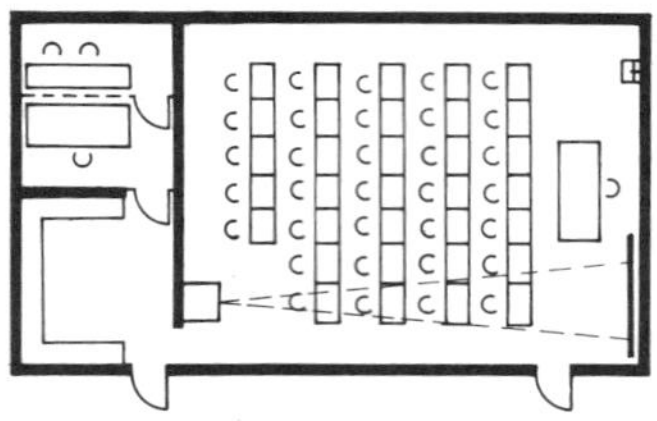

Ansteigende Bestuhlungen

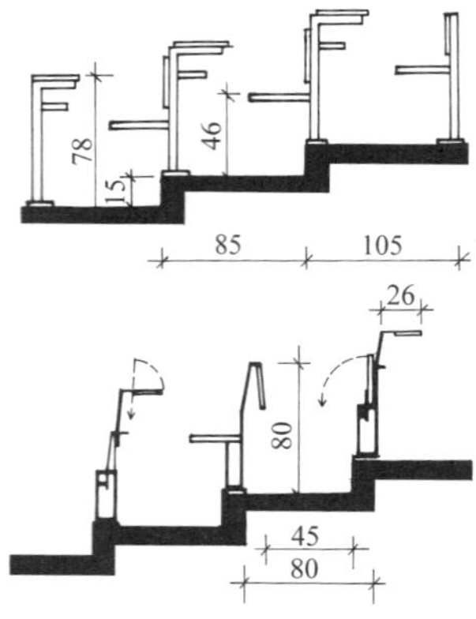

Orientierungswerte. Gruppengrößen

Schulform	Alter	Klasse	Anzahl
Grundschule	6	1	18–22
Grundschule	7–10	2–4	20–30
Gesamtschule	10–16	5–10	20–30
Hauptschule	10–16	5–10	20–30
Sonderschule	6–15	5–10	10–18
Sekundarstufe I	10–16	5–10	20–30
Sekundarstufe II	16–19	11–13	15–25

Hauptschule in Wien, Erdgeschoss
Architekt: R. Lainer

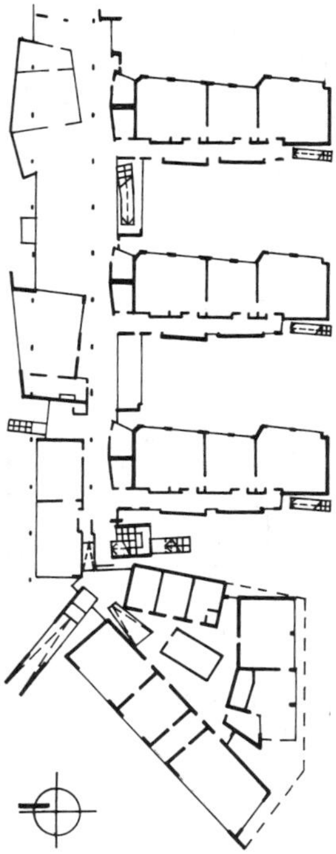

1,50 m Abstand. Zentrale Notsperrung für Elektrik, Gase und andere Medien; evtl. Absauganlagen erforderlich. Bei brennbaren Flüssigkeiten sind die TRGS zu beachten. Brandgefährdete Räume benötigen 2 Ausgänge.

Bibliotheken und Mediatheken
Ausgabebereich mit Handlager und EDV-Arbeitsplätzen (6 m²). Katalogschrank (6 m²). EDV-Arbeitsplätze für Katalog und Online-Dienste (s. Abschn. 6). Bücherregale (h = 2 m) mit ca. 125 Bänden/m. Regaltiefe: 30 cm. Gangbreite: mind. 60 cm. Leseplätze im Fensterbereich anbieten. Sitzgruppe mit Zeitschriftenständer. Biblio- und Mediatheken sollten möglichst zentral liegen und auch nach Schulschluss zugänglich sein.

Küchen und Speiseräume
Soweit erforderlich, sind Küchen und Speiseräume in der Nähe der Pausenhöfe und -räume vorzusehen. Küchenplanung und Möblierung der Speiseräume gem. Abschn. 5. Faustformel für Platzzahl (P): Zahl der teilnehmenden Schüler (S) und Mehrfachbelegung eines Essplatzes (B). Formel: $P = S / B$

Raumgrößen im Schulbau

Unterrichtsräume	
Standard-Klassenraum	2 m²/Sch.
Großraum-Klassenraum	3–5 m² Sch.
Naturwissenschaftl. Lehrraum	2,5 m²/Sch.
Sammlungsraum	40–60 m²
Vorbereitungsraum	30–35 m²
Übungsraum	2,5 m²/Sch.
HS-Sprachlabor	2,0 m²/Sch.
HSA-Sprachlabor	2,5 m²/Sch.
Sprachlaborkabine	1 m × 2 m
Sprachaufnahmeraum	14 m²
Geräteraum für Sprachlabor	16 m²
Nebenraum	70–75 m²
Praktischer Unterricht	
Hauswirtschaftsunterricht	2 m²/Sch.
Küche	30–40 m²
Lehrraum	20–25 m²
Werkstatt (16 Plätze)	112 m²
Wasch- und Umkleideraum	0,55 m²/Platz
Musik- und Zeichenräume	je 80–85 m²
je 1 Nebenraum	15–20 m²
Werkraum	80–85 m²
Nebenraum	20 m²
Sportunterricht	
Wasch- und Umkleideräume	10–20 m²
Leibesübungsraum	20–25 m²
Turnhalle. 1 Übungseinheit	15 m × 27 m
2 Waschräume u. Umkleiden	50–60 m²
Lehrerumkleide	8–10 m²
Geräteraum	20–30 m²
Zentrale Einrichtungen	
Pausenhof	4–6 m²/Sch.
Pausenhalle	0,4 m²/Sch.
Speiseraum	1,4 m²/Platz
Lehrmittelraum	15–20 m²
Bücherei, Mediathek	0,5 m²/Sch.
Schülermitverwaltung	20–25 m²
Aula	0,4 m²/Sch.
Verwaltung	20–25 m²
Schulleiterbüro	12–16 m²
Büro des Vertreters	12–16 m²
Sekretariat	12–26 m²
Elternsprechzimmer	12 m²
Hausmeisterzimmer	12 m²
Lehrer- und Konferenzraum	1,5 m²/Lehrer

WC-Anlagen im Schulbau – Objekte je Zahl der Schüler bzw. Lehrer (VDI 6000-6)

Objekt/Pers.	Schüler		Lehrer	
Benutzer	J	M	H	D
WC	40-50	20-30	20	20
Urinale	20-30	-	20	-
Waschbecken	60	60	20	20
J: Jungen; M: Mädchen; H: Herren, D: Damen				

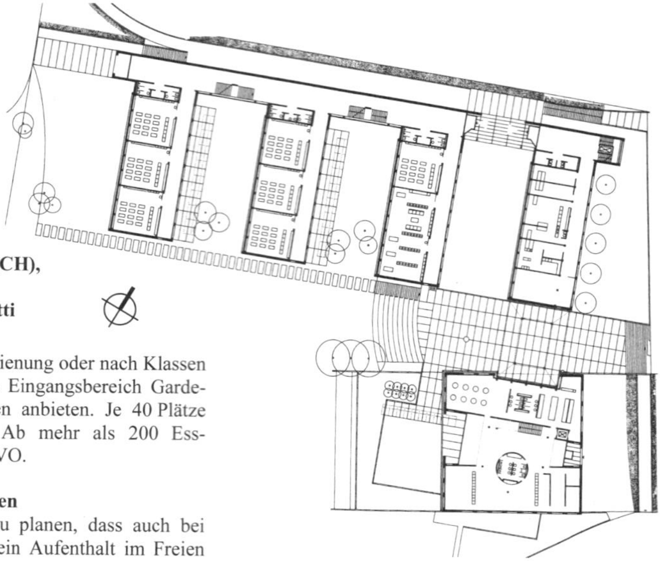

Schule in Lausanne (CH), Erdgeschoss
Architekt: F. Boschetti

Ausgabe als Selbstbedienung oder nach Klassen auf Servierwagen. Im Eingangsbereich Garderobe und WC-Anlagen anbieten. Je 40 Plätze 1 Handwaschbecken. Ab mehr als 200 Essplätzen gilt die VStättVO.

Pausenhöfe und -hallen
Pausenhöfe sind so zu planen, dass auch bei schlechter Witterung ein Aufenthalt im Freien möglich ist (Teilüberdachung). Sonnig und windgeschützt ausbilden. Störung von Unterrichtsräumen möglichst vermeiden. Die Freilauffläche ist mit 4–6 m²/Schüler anzusetzen. Als gedeckte Pausenbereiche können auch Eingangshalle, Speise- oder Mehrzweckräume dienen. Die Schüler sollen Anregung zur Bewegung erhalten. Unterschiedliche Zonierungen der Pausenhöfe (Spiel-, Sitz-, Naturbereiche) mit unterschiedlichen Angeboten für die verschiedenen Altersgruppen sind oft sinnvoll, dürfen aber die Aufsicht nicht erschweren. Pausenhöfe sollten Spielgeräte enthalten, die von vielen Kindern in kurzer Zeit benutzt werden können, z. B. Rutschen (vgl. Abschn. 9.1). Gefährdung durch Kfz ausschließen.

Gemeinschaftsbereich, Aula
Raum für Veranstaltungen und Feierstunden. In kleineren Anlagen auch als Pausenraum oder durch Unterteilung als Unterrichtsraum nutzbar. Eine Aula mit Bühne ist bei größeren Gymnasien, insbesondere bei zusätzlicher außerschulischer Nutzung, sinnvoll. Fasst der Raum mehr als 200 Besucher, so gilt die VStättVO.

WC-Anlagen (VDI 6000-6)
Stets getrennte Anlagen für Jungen und Mädchen. Stunden-WC: zur Benutzung während des Unterrichts je 1 WC-D und 1 WC-H mit Waschbecken je Geschoss. Pausen-WC: größere Anlagen, ebenerdig und von Pausenhof oder -halle zugänglich. Eigene WC für Lehrpersonal. Auf jedem Geschoss und im Bereich der Sportstätten eine barrierefreie Toilette (s. Abschn. 4).

Lehrer- und Verwaltungsräume
Diese Räume sollten für Besucher leicht auffindbar sein. Zum Verwaltungsbereich gehören meist: Lehrerzimmer mit Konferenztisch, Postfächern und kleiner Handbibliothek, Zimmer für Schulleitung, Sekretariat, Elternsprech- und Arztzimmer, Raum für Schülervertretung, Hausmeisterraum im Eingangsbereich.

Fahrrad- und Kfz-Stellplätze
Fahrrad- und Mopedständer außerhalb des Pausenhofes. Fahrradrampen über 10 % Neigung nur mit Gehstufen, max. 25 % (s. Abschn. 2.2.4). Stellplatzzufahrt und Fußwege trennen.

Allgemeine Sicherheitsanforderungen
Sicherheitsanforderungen an Schulen sind vor allem in DIN 58 125 und in den DGUV-Richtlinien, insbesondere in DGUV V 81 geregelt.
Pausenhöfe, Spielanlagen, Verkehrswege und Werkräume mit rutschhemmenden Böden gem. DGUV I 207-006. In Wasch- und Duschräumen Beläge der Gruppe B und in daran angrenzenden Gruppenumkleideräumen Beläge der Gruppe A gem. DGUV R 108-003 Keine Stolperstellen in Verkehrsflächen. Im Eingangsbereich mind. 1,50 m tiefe Matte in ganzer Durchgangsbreite.
Erste-Hilfe-Einrichtungen gem. GUV-SI 8065.

Grundschule in Leonberg, Erdgeschoss
Architekt: R. Scholl

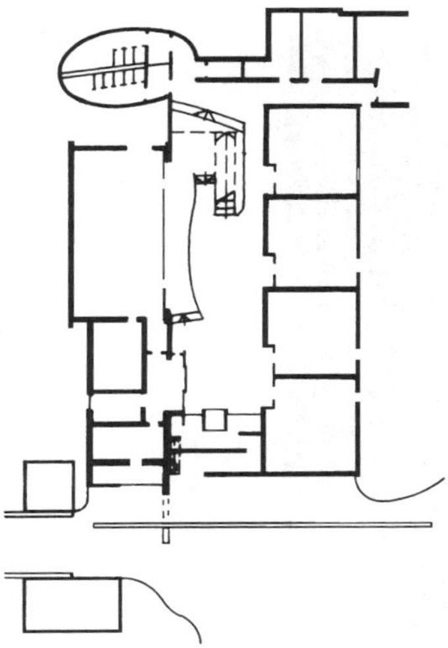

Bauaufsichtliche Bestimmungen

Ergänzend zu den Bestimmungen der LBO haben die Länder eigene Richtlinien mit Kostenrichtwerten und Planungshinweisen (TR Schulbau bzw. SchBauTR) und bauaufsichtliche Richtlinien (SchulbauR) erlassen. Hier die für den Entwurf wichtigsten Bestimmungen der MSchulBauR:

Innere Brandwände sind in Abständen von höchstens 60 m anzuordnen. Türen in diesen Brandwänden im Zuge notwendiger Flure sind statt in T 90-RS in T 30-RS zulässig, wenn die Flurwände in einem Bereich von 2,5 m beiderseits der Tür keine Öffnungen haben.

Über mehrere Geschosse reichende Hallen sind mit Rauchabzug zulässig. Türen zwischen Hallen und notwendigen Treppenräumen, notwendigen Fluren und Aufenthaltsräumen müssen T 30-RS sein, die Hallenwände in Bauart der Decken.

Für jeden Unterrichtsraum müssen in demselben Geschoss mind. 2 voneinander unabhängige Rettungswege zu Ausgängen ins Freie oder zu notwendigen Treppenräumen vorhanden sein. Anstelle eines dieser Rettungswege darf ein Rettungsweg über Außentreppen ohne Treppenräume, Rettungsbalkone, Terrassen und begehbare Dächer auf das Grundstück führen, wenn dieser Rettungsweg im Brandfall nicht gefährdet ist.

Einer der beiden Rettungswege darf durch eine Halle führen, wenn die Halle eine Rauchabzugsanlage hat. Diese Halle darf nicht als Raum zwischen einem notwendigen Treppenraum und dem Ausgang ins Freie dienen.

Notwendige Flure mit nur einer Fluchtrichtung (Stichflure) dürfen nicht länger als 10 m sein.

Die nutzbare Breite der Rettungswege muss mind. 1,20 m je 200 darauf angewiesener Benutzer betragen. Verbreiterungen in 60 cm-Schritte für jeweils weitere 100 Personen. Es müssen jedoch mind. folgende nutzbare Breiten vorhanden sein:

- Ausgänge von Unterrichtsräumen und sonstigen Aufenthaltsräumen 0,90 m,
- notwendige Flure 1,50 m und
- notwendige Treppen 1,20 m.

Die erforderliche nutzbare Breite der notwendigen Flure und notwendigen Treppen darf durch offenstehende Türen, Einbauten oder Einrichtungen nicht eingeengt werden. Türen von Unterichtsräumen müssen daher in den Raum schlagen oder in Nischen nach außen öffnen.

Ausgänge zu notwendigen Fluren dürfen nicht breiter sein als der notwendige Flur. Ausgänge zu notwendigen Treppenräumen dürfen nicht breiter sein als die notwendige Treppe. Ausgänge aus notwendigen Treppenräumen müssen mind. so breit sein als die notwendige Treppe.

Die nutzbare Breite notwendiger Treppen darf 2,40 m nicht überschreiten. Bei breiteren Treppen sind mittige Geländer anzuordnen. Treppen müssen Tritt- und Setzstufen haben. Offene und gewendelte Treppen sind als notwendige Treppen unzulässig.

Geländer und Umwehrungen mind. 1,1 m hoch.

Türen, die selbstschließend sein müssen, dürfen nur offengehalten werden, wenn sie Feststellanlagen haben, die bei Raucheinwirkung ein selbsttätiges Schließen der Türen bewirken; sie müssen auch von Hand geschlossen werden können. Türen im Zuge von Rettungswegen müssen in Fluchtrichtung des ersten Rettungsweges aufschlagen. Sie müssen von innen leicht in voller Breite zu öffnen sein.

Größere Gemeinschaftsräume (Aulen, Mensen etc.) mit mehr als 200 Plätzen fallen unter die VStättVO.

DIN 18 040-1 für das barrierefreie Bauen beachten (s. Abschn. 4).

Weiterführende Informationen finden sich in Heisel: Planungsatlas.

2A Stadtplanung
2B Landschaftsbau/Gehölzanwendung
2C Straßen- und Verkehrswesen

2 A Stadtplanung

Prof. Dr.-Ing. Hildegard Schröteler-von Brandt

1 Allgemeine Grundsätze der städtebaulichen Planung

1.1 Aufgabenbereiche der städtebaulichen Planung

Aufgaben und Vorgehensweise der städtebaulichen Planung waren in den letzten Jahrzehnten starken Veränderungen unterworfen. Mit der Kritik am funktionalen Städtebau der „Moderne" und der Trennung der städtischen Funktionen nach Wohnen, Arbeiten, Freizeit und Verkehr vollzog sich in den 1980er-Jahren eine Trendwende hinsichtlich der städtebaulichen Leitbilder: Rückkehr zur Struktur der historisch-europäischen Stadt, Renaissance des öffentlichen Raumes und damit verbunden die Wiederbelebung der Innenstädte, dichtere Baublockbebauung statt aufgelockerter Zeilenbau, behutsame Stadterneuerung und Stadtreparatur statt Abriss. Trotz der erneuten Hinwendung zu urbanen Stadtstrukturen hielt die Suburbanisierung mit dem Bau von Einfamilienhäusern am Stadtrand an.

Im Zuge der Re-Industrialisierung ergaben sich gravierende Veränderungen der Raumnutzung: die brachfallenden Industrie- und Gewerbeflächen sowie die Konversion der Militär-, Bahn- und Hafenflächen schufen neue Potenziale für die Stadtentwicklung.

Mit dem Leitbild der nachhaltigen Stadtentwicklung der 1990er-Jahre verbanden sich weitere übergeordnete Zielsetzungen wie:

- Schaffung einer dichten und kompakten Stadt
- Reduzierung neuer Bauflächen („Innenentwicklung vor Außenentwicklung")
- Nutzungsmischung („Stadt der kurzen Wege") und soziale Mischung
- Stärkung der Stadtteilzentren (Polyzentralität)
- Ausbau der Bürgerbeteiligung am Planungsprozess („Von der Beteiligung zur Kooperation")
- Berücksichtigung der differenzierten Lebensstile und unterschiedlichen Nachfragergruppen im Wohnungsbau und bei der Quartiersentwicklung
- Wertschätzung der Identität räumlicher Strukturen und der individuellen Ortsgeschichte
- Inwert-Setzung und Gestaltung der öffentlichen Räume etc.

Neue Anforderungen an die Planung werden sich in Zukunft durch die demografische Entwicklung mit dem Rückgang der Bevölkerung aufgrund der rückläufigen Geburtenrate (1,4 Geburten je Frau in Deutschland), der veränderten Altersstrukturzusammensetzung mit einem wachsenden Anteil an älteren Menschen und der Zunahme von Menschen mit Migrationshintergrund – insbesondere in den Mittel- und Großstädten – ergeben. Diese Entwicklung wird in Deutschland unterschiedliche räumliche Ausprägungen haben: wachsende, schrumpfende und stagnierende Regionen werden nebeneinander treten und Auswirkungen auf die Infrastrukturversorgung (von der sozialen bis zur stadttechnischen Infrastruktur sowie von der Bildungsinfrastruktur bis hin zu Mobilitätsangeboten) haben. Veränderungen bei der Wohnungsnachfrage und der Angebotsstruktur beim Bau- und Immobilienmarkt deuten sich an.

1.2 Planungssystem in Deutschland

Das System der räumlichen Planung in Deutschland folgt dem föderalistischen Staatsaufbau und ist hierarchisch gegliedert. Die Bundesregierung ist für die Bundesraumordnung zuständig, die Landesregierungen für die Landesentwicklungsplanungen, die Planungsregionen und Regierungsbezirke für die Regionalplanung und die Kommunen für die Flächennutzungs- und Bebauungsplanung in ihrem Gebiet.

Gegenstromprinzip: Jede Planungsebene muss die Vorgaben der jeweils übergeordneten Planungsebene berücksichtigen und ist damit an bestimmte Zielsetzungen oder konkrete Flächenaussagen gebunden. Allerdings ist auch die jeweils übergeordnete Planungsinstitution verpflichtet, die nachgelagerte Planungsebene bei der räumlichen Planung einzubeziehen: die Regionalplanung muss z. B. ihre Flächenfestlegungen mit den Gemeinden und Städten abstimmen sowie die übergeordneten Ziele der Landesplanung berücksichtigen. Mit diesem sog. „Gegenstromprinzip" ergibt sich eine Abstimmung der Planungsinhalte von oben nach unten und von unten nach oben.

Bundesraumordnung: Die Bundesraumordnung legt die generellen Leitziele und Grundsätze der räumlichen Planung in Deutschland fest. Im Bundesraumordnungsgesetz (Neufassung 2008) werden die Grundsätze und Ziele der Raumordnung festgelegt. Die Leitbilder und Handlungsstrategien der räumlichen Entwicklung werden von der Ministerkonferenz für Raumordnung (MKRO) festgelegt; sie folgen den jeweiligen aktuellen gesellschaftlichen Anforderungen. Im Jahr 2006 wurde drei neuen Leitbilder verabschiedet: „Wachstum und Innovation", „Daseinsvorsorge sichern" und „Ressourcen bewahren, Kulturlandschaften gestalten". Neue Themenfelder sind z. B. Anpassungsstrategien an den demographischen Wandel, Klimaschutz und Regionale Kooperationen.

Landesplanung: Die Landesplanungen bewegen sich wie die Bundesraumordnung noch in einem großen räumlichen Maßstab und legen nur die zentralen programmatischen Ziele fest. Im Wesentlichen werden die zentralörtliche Gliederung nach Unter-, Mittel- und Oberzentren sowie die Entwicklungsachsen festgelegt. Weitere Aussagen befassen sich mit der Festlegung der bedeutsamen Freiräume, Naturschutzgebiete oder Biosphärenreservate sowie speziellen Fragen der Landesplanung (z. B. die Braunkohlenplanung in NRW).

Zentralörtliche Gliederung: Die zentralörtliche Gliederung stellt eines der wichtigsten Instrumente der Raumordnung dar. Das Raumordnungsmodell nach Walter Christaller (1933) legt eine idealtypische Struktur von Räumen nach hierarchischen Stufen mit Ober-, Mittel- und Unter- bzw. Grundzentren fest. Die zentralörtliche Gliederung wurde zentraler Baustein der Raumordnungskonzepte; insbesondere stand die Anpassung der ländlichen Räume mit Infrastrukturausstattung und Verkehrsstraßenausbau im Mittelpunkt. Alle Landesentwicklungsplanungen legen diese zentralörtliche Gliederung fest. Die Förderung der Infrastruktur und der investiven Maßnahmen des Landes orientieren sich am System der zentralen Orte und sollen einen „gleichwertigen" Ausstattungs- und Versorgungsstandard in allen Teilräumen gewährleisten. Im Zuge des demografischen Wandels und der rückläufigen Bevölkerungsentwicklung werden z. B. derzeit die Standards der Daseinsvorsorge thematisiert. Ein zentraler Ort oberer oder mittlerer Zentralität verfügt über einen Bedeutungsüberschuss gegenüber den anderen Kategorien, im Besonderen hinsichtlich der Ausstattung von Infrastruktureinrichtungen und Dienstleistungen.

Struktur der Raumplanung

Europäisches Raumentwicklungskonzept (EUREK)

Raumordnung Bundesrepublik Deutschland
Grundlage: Raumordnungsgesetz (GeROG, 2008) und „Leitlinien und Handlungsstrategien für die Raumentwicklung in Deutschland" (2006) sowie Fachpläne (z. B. Bundesverkehrswegeplan)
Bearbeiter: Bundesministerium und Ministerkonferenz der Länder
Verabschiedet: Bundestag

Landesplanung in 16 Bundesländern
Grundlage: jeweilige Landesplanungsgesetze
Planart: Landesentwicklungspläne – Landesentwicklungsprogramme
Bearbeiter: Landesplanungsbehörden
Verabschiedet: Landesregierungen – Landesparlamente

Regionalplanung in jeweiligen Bundesländern
z. B. auf der Ebene der Regierungsbezirke oder separate Gebietseinheiten, auch bundeslandübergreifend
Grundlage: Landesplanungsgesetze
Planart: Regionalpläne
Bearbeiter: Landes- und Bezirksplanungsbehörden
Verabschiedet: Regionale Parlamente (z. B. Regionalrat in NRW)

Vorbereitende Bauleitplanung (Flächennutzungsplan) und **Verbindliche Bauleitplanung** (Bebauungsplan und vorhabenbezogener Bebauungsplan)
Grundlage: Baugesetzbuch (BauGB 2004)
Bearbeiter: Kreisbehörden, Planungsämter, Stadträte
Verabschiedet: Kreistag, Gemeinderäte, Stadträte

überörtliche Planung

örtliche Planung

⇧ **Gegenstromprinzip** ⇩

Oberzentrum (über 100 000 Einwohner [2.1]): zentraler Ort der höchsten Stufe. Deckt neben dem Grund- und periodischen Bedarf auch den spezialisierten Bedarf ab (z. B. Theater, Museen, Hochschulen, Spezialkliniken, Spezialgeschäfte, regional bedeutsame Behörden wie Landeszentralbanken sowie Sitz von berufsständischen Organisationen wie Handwerkskammern. Oberzentren sollen mit den öffentlichen Verkehrsmitteln in maximal 90 Minuten erreichbar sein.

Mittelzentrum (mindestens 30 000 bis 35 000 Einwohner): zentraler Ort mittlerer Stufe. Es verfügt gegenüber dem Umland über eine größere Ausstattung an Dienstleistungen, Infrastruktur und Warenangeboten, die nicht von den Unterzentren bereitgestellt werden und deckt in der Regel den periodisch auftretenden Bedarf ab (z. B. Fachärzte, Krankenhäuser, Kino, Rechtsanwälte, Berufsschulen, weiterführende Schulen, Sportstätten, Schwimmbäder). Mittelzentren sollen mit dem öffentlichen Verkehr in maximal 45 Minuten erreichbar sein.

Unter- oder Grundzentren (7000 bis 10 000 Einwohner): zentraler Ort auf der unteren Stufe. Die Unter- bzw. Grundzentren sichern die Grundversorgung. Hierzu gehören die Einrichtungen des täglichen Bedarfs wie Arzt, Apotheke, Handwerks- und Dienstleistungsbetriebe, Gemeindeverwaltung, Grund- und Hauptschule, Kindergärten, Geschäfte zur Grundversorgung (z. B. Bäcker, Metzger, Supermarkt, Tankstelle).

System der zentralörtlichen Gliederung

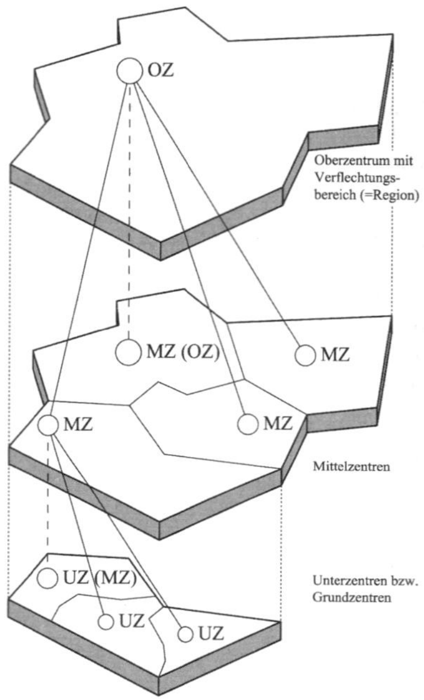

Entwicklungsachsen: Sie verbinden die zentralen Orte miteinander (Verkehrsinfrastruktur). Entlang der leistungsfähigen Verkehrsbänder sollen sich vermehrt die Wirtschafts-, Verkehrs- und Siedlungsflächen konzentrieren.

Regionalplanung: Auf der Ebene der Regionalplanung verfeinern sich die Aussagen über die räumliche Entwicklung. Bei Festlegung von allgemeinen Siedlungsbereichen/Wohnbauflächen sowie Gewerbe- und Industrieflächen sollen Gesamtbelange der regionalen Entwicklung beachtet und das Angebot an Wohn- und Gewerbeflächen gesteuert werden. Die Sicherung von Ausgleichsflächen für Natur- und Landschaftsschutz sowie regional bedeutsamer Grünzüge oder die Flächenausweisungen für regenerative Energien stellen weitere zentrale Aufgaben dar. Die Regionalpläne sind räumlich konkreter als die Landesplanung und decken flächenmäßig das Gebiet der Region ab (Überarbeitungszeitraum etwa alle 10 bis 15 Jahre).

1.3 System der örtlichen Planung

Eine zentrale Ebene der räumlichen Planung stellen die Städte und Gemeinden dar. Nach Art. 28 Abs. 2 Satz 1 GG haben sie das Recht zur Selbstverwaltung und üben damit auch die „Planungshoheit" über ihr Gemeindegebiet aus. Die örtliche Planung umfasst die formelle und informelle Planung sowie die Stadterneuerungsplanung.

Abwägungsgebot: Neben der im Grundgesetz verankerten Selbstverwaltungsgarantie der Gemeinden legt der Art. 14 GG die Eigentumsgarantie fest, nach der das private Eigentum besonders geschützt wird. Jegliche öffentliche Planung muss im Rahmen einer Abwägung die öffentlichen und privaten Belange untereinander und gegeneinander gerecht abwägen.

Im konkreten Planungsfall kann das private Interesse den Interessen des „Allgemeinwohls" nachgeordnet sein. In den Bauleitplanverfahren müssen die jeweiligen Planungsfolgen, die negativen Auswirkungen der Planung auf einzelne Grundstücke usw. sehr detailliert und nachvollziehbar dargestellt werden. Der Abwägungsvorgang und das Abwägungsgebot sind zentrale Bestandteile des Planungsprozesses.

Bürgerbeteiligung: Die Beteiligung der Bürger sowie der übergeordneten Fachplanungen und gesellschaftlichen Institutionen nehmen eine zentrale Stelle im deutschen Planungsrecht ein. Nach §§ 3 und 4 BauGB wird die Öffentlichkeit möglichst frühzeitig über die allgemeinen Ziele und Zwecke der Planung informiert und im weiteren Verfahren der Erstellung der Bauleitpläne im Rahmen der so genannten „Offenlage" erneut beteiligt. Hier können jeweils Anregungen und Bedenken geäußert werden, die im Rahmen der Abwägung behandelt werden müssen.

Die Beteiligung der Behörden und sonstigen Träger der öffentlichen Belange ist entsprechend der Öffentlichkeitsbeteiligung geregelt. Träger öffentlicher Belange sind z. B. Straßenbau- und Versorgungsträger, Feuerwehr, Industrie- und Handelskammern, staatliche Umweltämter, Bund für Umwelt- und Naturschutz.

1.3.1 Formelle Planung

Die örtliche Planung umfasst ein im Baugesetzbuch (BauGB) festgelegtes zweistufiges Planungsverfahren mit dem vorbereitenden Bauleitplan (Flächennutzungsplan) und dem verbindlichen Bauleitplan (Bebauungsplan) auf der Grundlage des Stadtrats- oder Gemeinderatsbeschlusses [2.2]. Die Bauleitplanung muss die förmlich festgelegten detaillierten Verfahrensabläufe und -vorschriften des BauGB beachten (formelle Planung) (zum Bauplanungsrecht s. Kap. 7 A).

Flächennutzungsplan: Der vorbereitende Bauleitplan (Flächennutzungsplan) legt auf der Ebene der Gesamtgemeinde die städtebauliche Entwicklung und gewünschte Flächennutzung fest. Er besitzt keine Rechtsverbindlichkeit für den Einzelnen (keine Bindungswirkung), sondern nur für die Gemeinde, da der Bebauungsplan aus dem Flächennutzungsplan zu entwickeln ist (Maßstabsebene: M 1 : 10 000, M 1 : 5000).

Der Flächennutzungsplan soll alle 10 bis 15 Jahre neu aufgestellt werden. In der Praxis wird dieser Zeitraum nicht eingehalten (hohe finanzielle Anforderungen an die Neuaufstellung, stark statischer Charakter der Festlegungen etc.). Viele Flächennutzungspläne stammen aus den 1980er-Jahren, sind veraltet und enthalten zahlreiche Änderungen und Ergänzungen. Als Steuerungsinstrument hat der Flächennutzungsplan oft seine Wirkung eingebüßt, wenngleich ihm eine neue Aktualität zukommt durch die notwendigen Festlegungen von Konzentrationsflächen für Windenergieanlagen oder die Festlegung von Gebieten für Ausgleichsmaßnahmen.

Bebauungsplan: Der verbindliche Bauleitplan (Bebauungsplan) ist aus dem Flächennutzungsplan zu entwickeln. Der Bebauungsplan wird von der Gemeinde als Satzung beschlossen und damit Ortsgesetz (Norm). Er hat keine zeitliche Begrenzung; kann aber durch Beschluss aufgehoben oder geändert werden (Maßstabsebene: M 1 : 1000, M 1 : 500).

<table>
<tr><th colspan="3">System der städtebaulichen Planung auf örtlicher Ebene</th></tr>
<tr><th colspan="2">Formelle Pläne</th><th>Informelle Pläne</th></tr>
<tr><td>Bauleitpläne BauGB

• Vorbereitender Bauleitplan:
Flächennutzungsplan
§§ 1–7 BauGB

• Verbindliche Bauleitpläne:
§§ 1–4a; §§8–10 BauGB
Bebauungspläne *

sowie

• Vorhabenbezogene Bebauungspläne
§ 12 BauGB *</td><td>Sonstige Pläne

• Städtebauliche Satzungen:
§§ 34 und 35 BauGB
Klarstellungssatzung
Entwicklungssatzung
Ergänzungssatzung
Außenbereichssatzung
• Sanierungssatzung
• Entwicklungssatzung im Rahmen von städtebaulichen Maßnahmen
• Gestaltungssatzung
• Erhaltungssatzung
• Denkmalbereichssatzung</td><td>• Städtebauliche Leitbilder
• Stadtentwicklungspläne
• Stadtteilentwicklungspläne
• Masterpläne

• Rahmenpläne
• Dorfentwicklungspläne
• Gestaltungsfibel
• Stadtmarketingkonzepte</td></tr>
<tr><td colspan="3">*Gesetz zur Umweltverträglichkeitsprüfung: Regelung der UVP-pflichtigen Bebauungspläne</td></tr>
</table>

Der Bebauungsplan wird meistens nur für kleinere Teilgebiete der Gemeinde, oft nur für wenige Grundstücke aufgestellt. Er enthält eine Vielzahl detaillierter Festlegungen (z. B. Art und Maß der Nutzung, Bauweise, überbaubare und freizuhaltende Flächen, Verkehrsflächen, Grün- oder Sportflächen, weitere Flächen für Einrichtungen des „Gemeinbedarfs").

Er besteht aus zeichnerischen und ergänzenden textlichen Festsetzungen. Das BauGB unterscheidet nach § 30 drei Arten von Bebauungsplänen: den qualifizierten, den einfachen und den vorhabenbezogenen Bebauungsplan.

Qualifizierter Bebauungsplan: Ein qualifizierter Bebauungsplan muss vier Mindestfestsetzungen treffen: Art der Nutzung (unterschiedliche Nutzungstypen), Maß der Nutzung (Grund- und Geschossflächenzahl bzw. Baumassenzahl, Gebäudehöhen bzw. Zahl der Vollgeschosse), die überbaubare Grundstücksfläche und die örtlichen Verkehrsflächen. Darüber hinaus kann der Bebauungsplan Aussagen zur Bauweise, Dachform, Pflanzgeboten, Geh-, Fahr- und Leitungsrechten, Lage der Stellplatzanlagen etc. treffen.

Einfacher Bebauungsplan: Der einfache Bebauungsplan enthält nur eine oder drei dieser Festsetzungen (z. B. nur die Festsetzung zur Art der Nutzung, um in einem Gebiet eine bestimmte Nutzung – wie Spielhallen – auszuschließen oder um in einer städtebaulich prägenden Situation eine durchgängige Bauflucht vorzusehen). Neben den Festsetzungen sind im Weiteren die Vorschriften nach § 34 BauGB zu beachten.

Vorhabenbezogener Bebauungsplan: Ein vorhabenbezogener Bebauungsplan nach § 30 BauGB wird in Verbindung mit einem Vorhaben- und Erschließungsplan nach § 12 BauGB aufgestellt. Die hier geregelte Zusammenarbeit mit Privaten und die Schaffung von Planungsrecht für konkrete Vorhaben hat seinen Ursprung in der „Bauplanungs- und Zulassungsverordnung der DDR" von 1990 und wurde 1998 ins BauGB integriert [2.3]. Die Erfahrungen der Schaffung von Planungsrecht für konkrete Projekte in Zusammenarbeit mit privaten Investoren wurde als positiv angesehen, da Projekte zügig entwickelt werden konnten und statt der Angebotsplanung durch Bebauungspläne ein vorhabenbezogener Bebauungsplan auf eine zügige Realisierung angelegt ist (maßgeschneiderte städtebauliche Planung). Voraussetzung für einen vorhabenbezogenen Bebauungsplan sind ein konkretes Projekt und der Nachweis der finanziellen Bonität des Vorhabenträgers.

Die Gemeinde bleibt Trägerin der Planungshoheit. Die im Rahmen des Verfahrens eingebrachten Anregungen und Bedenken können auch zur Abänderung der ursprünglichen Planung führen. Der vorhabenbezogene Bebauungsplan enthält drei Elemente: Vorhaben- und Erschließungsplan des Investors, der mit der Gemeinde abgestimmt werden muss, den vorhabenbezogenen Bebauungsplan und den Durchführungsvertrag zwischen der Gemeinde und dem Vorhabenträger. Im Durchführungsvertrag werden insbesondere die Verteilung der Kosten (z. B. Planungskosten, Kosten von Fachgutachten, anteilige Kosten für Infrastrukturleistungen), die Kostenübernahme durch den Vorhabenträger und die zeitlichen Fristen zur Realisierung des Vorhabens festgelegt.

1.3.2 Informelle Planung

Informelle Pläne unterliegen keinem förmlichen Verfahren nach Umfang, Inhalt, Darstellung, Maßstäblichkeit und Verfahrensablauf. Von diesen geht keine unmittelbare Bindungswirkung aus, sondern ihre Zielsetzungen werden oft als so genannte „Selbstbindungspläne" vom Gemeinderat beschlossen. Oft bereiten sie weitere formelle Planungen (z. B. Bebauungsplan) oder Satzungen vor.

In der Praxis haben sich zwei Typen von informellen Plänen entwickelt, die nicht durch eine „Rechtsform" abgedeckt sind: Stadtentwicklungsplan (bzw. Stadtteilentwicklungspläne) und städtebaulicher Rahmenplan.

Stadtentwicklungsplanung: Der städtebauliche Entwicklungsplan ist Teil einer umfassenden Entwicklungsplanung einer Gemeinde, die als übergeordnete Planung für alle Bereiche Zielvorstellungen entwickelt und aufeinander abstimmt, wie z. B. den sozialen, wirtschaftlichen und kulturellen Erfordernissen, und geht über die rein raumbezogenen Aussagen hinaus. Zudem enthält der Stadtentwicklungsplan Zeit- und Rangfolgen für die notwendigen Investitionen der Stadt. Umfassende Stadtentwicklungspläne wurden insbesondere in den 1960er- und 1970er-Jahren und im Schwerpunkt in Großstädten aufgestellt. Er steht in seinen Aussagen zwischen dem Regionalplan und dem Flächennutzungsplan.

Mit der Kritik an den umfassenden Stadtentwicklungsplänen (z. B. zu aufwendiges und wenig flexibles Verfahren, zu großer Abstimmungsbedarf, kaum Reaktion auf kurzfristige Änderungen, Konflikte zwischen der Kurzfristigkeit der Kommunalpolitik und den langfristigen Zielen und Investitionsplanungen) wurde u. a. das Instrument des Stadtteilentwicklungsplanes auf der Ebene der Stadtteile und -quartiere eingeführt.

Im Zuge der nachlassenden Wachstums- und Steuerungseuphorie ab den 1980er-Jahren stand die gesamtstädtische Planung eher unter dem Motto „Deregulierung statt Steuerung". Planung fand vor allem durch die Bearbeitung von kleinteiligen, überschaubaren Aufgaben statt und war auf die Realisierung von Einzelprojekten und stark umsetzungsorientiert ausgerichtet (sogenannte „Planung durch kleine Schritte: Inkrementalismus"). Ab Ende der 1980er-Jahre wurde diese Herangehensweise weiterentwickelt. Mit dem „Perspektivischen Inkrementalismus" (aufbauend auf den Erfahrungen bei der Planung der Internationalen Bauausstellung Emscherpark) sollte die Umsetzung von einzelnen Projekten unter einer übergeordneten perspektivischen Zielsetzung und nach Qualitätsstandards erfolgen. Die übergeordneten Ziele und Leitideen (z. B. Brachflächenaktivierung, ökologische Neuorientierung einer Region) wurden als Beurteilungsmaßstab für konkrete Projekte zugrunde gelegt [2.4].

In den 1990er-Jahren wurde die Strategie „Planung durch Projekte" (Zielsetzung: Bindung von Investitionen vor allem in Großprojekten) fortgeführt und zudem marktorientierte strategische Planungen – insbesondere für die Innenstädte – entwickelt (z. B. Stadtmarketingkonzepte, Urban Management). Heute wirken viele Akteure aus Märkten, Staat und ziviler Gesellschaft an der räumlichen Entwicklung mit und die Aufgaben der staatlichen oder örtlichen Planung werden in diesem Zusammenspiel ständig neu justiert.

Rahmenplan: Ein städtebaulicher Rahmenplan stellt die Entwicklungspotenziale und zukünftigen Nutzungsperspektiven für einen Stadtteil / ein Stadtquartier dar. In ihm sind raumbezogene, gestalterische sowie handlungsbezogene und rechtliche Aussagen enthalten.

Er ist nicht rechtsverbindlich und es gibt kein standardisiertes Verfahren; Planungsinhalte und Darstellung sind nicht vorgegeben. Die inhaltlichen Freiräume können genutzt werden, um die unterschiedlichen Ziele und Problemdarstellungen prägnant zu formulieren. Der Rahmenplan ist in seinen Aussagen zwischen dem Flächennutzungs- und Bebauungsplan einzuordnen; er wird auch zur Vorbereitung von städtebaulichen Wettbewerben oder als Grundlage für die Unterschutzstellung von Gebieten genutzt (Maßstabsebene: M 1 : 5000, M 1 : 2000; M 1 : 1000).

Der Rahmenplan umfasst in der Regel eine Bestandsanalyse, eine Bewertung nach Mängeln und Chancen, die Formulierung von Leitzielen und die Erstellung von Konzepten. Hier werden verschiedene Teilaspekte in unterschiedlichen Planaussagen dargestellt: Nutzungs-, Verkehrs-, Gestaltungs-, Grün- und Freiraumkonzept, ein Maßnahmen- und Handlungskonzept sowie Aussagen zur Durchführbarkeit, dem zeitlichen Ablauf und zur Finanzierung.

Rahmenpläne dienen vor allem der Diskussion der Entwicklungsziele und der Meinungsbildung in der Öffentlichkeit. Die Anschaulichkeit eines Rahmenplanes ist somit von besonderer Bedeutung.

Neben der Vorbereitung der Bebauungspläne werden Rahmenpläne auch für die Vorbereitung der Sanierung nach dem besonderen Städtebaurecht (§ 136 ff. BauGB) eingesetzt.

Ein Rahmenplan wird für stadtpolitisch bedeutsame Gebiete oft unter dem Begriff des „Masterplanes" erstellt. So legt der Masterplan von Albert Speer für die Innenstadt von Köln 2008 auf der Grundlage der stadtentwicklungspolitischen Leitlinien die Chancen und Möglichkeiten für die Innenstadtentwicklung fest und formuliert bedeutsame Projekte. Er definiert 7 „Interventionsbereiche" in denen sich schrittweise eine Erneuerung und Infrastrukturmaßnahmen vollziehen sollen. Die Erstellung des Masterplanes wurde von einer breit angelegten öffentlichen Diskussion begleitet und die Innenstadtentwicklung somit in das öffentliche Bewusstsein gerückt (weitere neuere Masterpläne: Masterplan für die Entwicklung des Innenhafens in Duisburg, für die Hafen-City in Hamburg oder das Tempelhofer Feld in Berlin).

1.3.3 Stadterneuerung

Neben den städtebaulichen Planungen im Bereich der Stadterweiterung finden Planungen auf der Ebene der Stadterneuerung und des Stadtumbaus statt.

Stadterneuerung ist ein Prozess, der sich als kontinuierliche, alltägliche Aufgabe in der Stadt vollzieht: Städte werden z. B. nach Bränden und Kriegen wiederaufgebaut, umgebaut und weiterentwickelt. Zumeist finden diese Prozesse auf den privaten Baugrundstücken und auf der Grundlage der Initiativen der Eigentümer statt. Stadterneuerung steht im Kontext zur Stadtentwicklung und reagiert auf gesellschaftliche Entwicklungen und ökonomisch initiierte Prozesse.

Die geplante und gesteuerte Stadterneuerung im Rahmen der öffentlichen städtebaulichen Planung stellt somit nur einen Ausschnitt aus den tatsächlichen Stadterneuerungs- und Stadtumbauprozessen dar. Soziale und ordnungspolitische Interventionen bilden dabei die Hauptstrategien und sind gezielte räumliche und zeitlich begrenzte Interventionen des Staates. Den staatlichen Erneuerungsmotiven liegen wirtschaftliche Motive zugrunde (z. B. Nutzungsdruck/Handlungsdruck aufgrund von ökonomischen Interessen, Strukturwandel, soziale Probleme, soziale Ungleichheit). Als Folgen der Stadterneuerung sind in der Stadt die Prozesse von Aufwertung und Verdrängung als immanente Folgen feststellbar. Auch wenn Stadterneuerung als zeitlich begrenzte Maßnahme gedacht ist, stellt sie sich in bestimmten Quartieren zunehmend als Daueraufgabe heraus.

Geplante und gesteuerte Eingriffe fanden im modernen Städtebau ab dem 19. Jh. auf vielfältige Art und Weise statt (bekanntestes Beispiel: Sanierung von Paris unter Haussmann um 1860).

Stadterneuerung umfasst zwei große Handlungsebenen: Stadtsanierung (Hygiene/Verbesserung der Wohn- und Arbeitsverhältnisse) und Stadtumbau (funktionale Anpassung des Stadtgefüges und der Verkehrsverhältnisse).

Phasen der Stadterneuerung

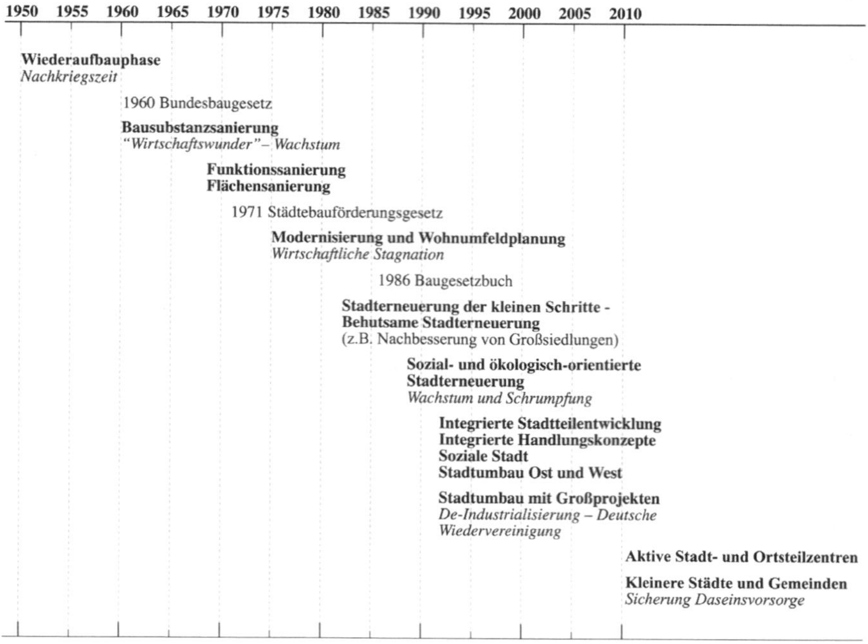

Handlungsfelder der Stadterneuerung

- Quartiersentwicklung: Soziale Stadt und Stadtumbau West und Ost (mit westdeutschen Großsiedlungen und ostdeutschen Plattenbausiedlungen sowie Arbeiterquartiere, Gründerzeit/klassische Mischgebiete); umfasst integrierte Handlungskonzepte mit Handlungsfelder von sozialer Infrastruktur, Arbeitsplätze/Beschäftigungsmaßnahmen, Kultur etc.
- Innenentwicklung: Entwicklung von Brachen und Konversionsflächen (Bahngelände, militärische Konversionsflächen, Häfen, Industrie- und Gewerbeflächen)
- Stadtumbau und öffentlicher Raum: Verkehr (Rückbau, Förderung vielfältiger Mobilitätsangebote etc.) und Stadtgestaltung (Plätze, Fußgängerzonen, Altstadtverschönerung, Denkmalschutz etc.)
- Stadtstrukturelle Konzepte: Betrachtung der Stadterneuerung im Rahmen übergreifender Konzepte wie regionaler Konzepte und Stadtentwicklungskonzepte
- Dorferneuerung
- Stadtmarketing und Innenstadtentwicklung.

Städtebauliche Sanierungsmaßnahmen werden nach §§ 136–164 BauGB durchgeführt, wenn deren einheitliche Vorbereitung und zügige Durchführung im öffentlichen Interesse liegen und wenn die städtebaulichen Missstände in einem Gebiet hierdurch behoben werden können. Die gesetzlichen Regelungen zu den städtebaulichen Sanierungsmaßnahmen betreffen Sanierungsgründe wie Wohl der Allgemeinheit, Abwägung, Sanierungstatbestände wie Funktions- und Hygienesanierung, Beteiligung der Betroffenen, Verfahrensschritte, Sanierungssatzung, Ordnungs- und Baumaßnahmen, Kosten, Finanzierung incl. Härteausgleich und Ausgleichszahlungen, umfassendes und vereinfachtes Verfahren sowie dessen Auswirkungen und Folgen, Sanierungsträger und beteiligte Akteure.

Städtebauliche Missstände liegen vor, wenn die Gebiete nach ihrer vorhandenen Bebauung den allgemeinen Anforderungen an gesunde Wohn- und Arbeitsverhältnisse oder an die Sicherheit der hier wohnenden und arbeitenden Menschen nicht entsprechen (Substanzschwächesanierung) oder wenn das Gebiet in der Erfüllung der Aufgaben erheblich beeinträchtigt ist, die ihm nach seiner Lage und Funktion obliegen (Funktionssanierung).

Stadtumbau: Maßnahmen in Gebieten, durch die in von erheblichen städtebaulichen Funktionsverlusten betroffenen Gebieten Anpassungen zur Herstellung nachhaltiger städtebaulicher Strukturen vorgenommen werden; insbesondere wenn ein dauerhaftes Überangebot an baulichen Anlagen für Wohnzwecke besteht (§ 171a BauGB).

Soziale Stadt: Städtebauliche Maßnahmen zur Stabilisierung und Aufwertung von benachteiligten Ortsteilen, die von sozialen Missständen betroffen sind und in denen ein besonderer Entwicklungsbedarf besteht; insbesondere in benachteiligten Gebieten, die innerstädtisch oder innenstadtnah gelegen sind oder in verdichteten Wohn- und Mischgebieten (§ 171e BauGB). Mit dem Programm „Aktive Stadt- und Ortsteilzentren" fließen seit 2008 Städtebaufördermittel in die Entwicklung und Erhaltung der Zentren. Seit 2010 werden mit dem Programm „Kleinere Städte und Gemeinden – überörtliche Zusammenarbeit" in ländlichen und dünn besiedelten Räumen Konzepte zu Anpassungsstrategien der Infrastruktur und zur Sicherung der Daseinsvorsorge vor dem Hintergrund der demographischen Entwicklung gefördert.

Städtebauförderung: Die Städtebauförderung stellt die wesentliche finanzielle Basis für die Umsetzung von Stadterneuerungsprojekten dar; klassische Städtebauförderung mit Drittelfinanzierung von Bund, Ländern und Kommunen; jährliche Festlegung der Förderung in der Bund-Länder-Vereinbarung.

Planungsverfahren der Stadterneuerung: Planungsverfahren unterliegen dem Wandel der Aufgaben und dem Wandel des Staatsverständnisses bei der Planung. Hier bildeten sich in der Vergangenheit harte und weiche Verfahren heraus: von der Intervention mit den harten Eingriffen einer umfassenden Kahlschlagsanierung bis hin zur Kooperation verschiedener Akteure (New Government, integrierte Handlungskonzepte). Ein verändertes Rollenverständnis bei der Stadterneuerung ist seit Mitte der 1970er Jahre (Bürgerbeteiligung, Aktivierung bürgerschaftlichen Engagements, Public-Private-Partnership Projekte etc.) feststellbar.

2 Methoden des städtebaulichen Entwerfens

Entwerfen ist kein linearer Prozess. Sowohl durch den Prozess des Entwerfens als auch durch die Rückkoppelung mit anderen Planungsbeteiligten kommt es immer wieder zu Anpassungen und Veränderungen des Entwurfes und zu Vor- und Zurücksprüngen im Planungsprozess.

Der Entwurfsprozess springt zudem zwischen rationellen, systematisch erfassbaren und bewertbaren Vorgaben und Bestandsaufnahmen und der Integration dieser Erkenntnisse in den Entwurfsprozess sowie dem intuitiven, kreativen Prozess.

Der städtebauliche Entwurfsprozess gliedert sich in der Regel in folgende Stufen:

1. Klären der Aufgabenstellung (Abklären der Planungsgrundlagen und Rahmenfaktoren der Planung, Ziele und Handlungsbedarfe)
2. Bestandsaufnahmen, Analyse und Bewertung mit Positiv- und Negativplan
3. Zielfindung – Bindungen – Leitziele
4. Entwurfsphase mit der Herausarbeitung von Varianten und Alternativen bzw. verschiedenen Entwicklungsszenarien
5. Durchführungsplanung – Handlungskonzepte
6. Darstellung, Vermittlung – Kommunikation
7. Erfolgskontrolle

2.1 Abklären der Aufgabenstellung und Planungsgrundlagen

Feststellung aller formellen Planungen der Landes- und Regionalplanung, Flächennutzungsplan, Bebauungspläne, Landschaftsplan, Verkehrsplanung, relevante Satzungen (z. B. Gestaltungssatzung oder Denkmalsatzungen), informelle Pläne (z. B. Rahmenpläne, Stadtmarketingkonzepte, Einzelhandelsgutachten, ökologische Fachbeiträge), Angaben zur technischen Infrastruktur wie Ver- und Entsorgungsleitungen, statistische Daten (z. B. Angaben zur Bevölkerungs- und Altersstrukturentwicklung, Sozialstruktur, Erwerbs- und Einkommensstruktur, Nationalität, Wanderungsbewegung) sowie Prognosen (z. B. zur Einwohner- und Alterstrukturentwicklung, zur wirtschaftlichen Entwicklung, zum Flächenbedarf).

2.2 Bestandsaufnahmen, Analyse und Bewertung

Problemorientierte Bestandsaufnahme: Grundvoraussetzung zu Beginn der städtebaulichen Bestandsaufnahme ist zum einen die Klarheit über die Aufgabenstellung und die Formulierung von konkreten Fragestellungen und zum anderen das Festhalten von Untersuchungspunkten, die zur Lösung der Aufgabe sinnvoll erscheinen.

Weitere Grundvoraussetzungen sind ein Problembewusstsein über die Komplexität der zu lösenden Aufgabe, Erfahrung im Umgang mit den Aufgabenstellungen sowie eine fachliche Position bzw. ein städtebauliches Leitbild.

Neben den fachlichen Kenntnissen spielen auch die persönliche Motivation und die planungspolitischen Faktoren eine Rolle und beeinflussen die Analyseergebnisse. Auch die Ebene der stadträumlichen Wahrnehmung spielt eine bedeutende Rolle. Wahrnehmungsbezogene Kategorien nach Kevin Lynch (1960) [2.5]: Weg, Knotenpunkt, Merkzeichen, Grenzen, Bezirk.

Der Satz „Man sieht nur, was man weiß" (Johann Wolfgang von Goethe) trifft auch auf die städtebauliche Analyse zu. Analyse, Bewertung und Planungsergebnisse stehen in einem engen Zusammenhang bzw. Wechselspiel zueinander.

Systematischer und emotionaler Einstieg: Beim systematischen Einstieg in den Entwurf werden die entsprechenden Planungsgrundlagen durchgearbeitet und die Analysen durchgeführt. Hier besteht ein eher rationaler Zugang zu der zu lösenden Aufgabe.

Beim Entwurfsprozess stellt auch der emotionale Zugang eine wichtige Voraussetzung zur Lösung der Aufgabe dar. Hier werden die Besonderheiten und Gegebenheiten des Planungsgebietes rein subjektiv wahrgenommen und dienen der Klärung der eigenen Position und Haltung zum Entwurfsgebiet. Diese können auch in einer sogenannten Mind Map (Gedächtniskarte) festgehalten und dokumentiert werden und sollten immer wieder im Entwurfsprozess beachtet werden.

Oft bietet diese intensive Auseinandersetzung mit dem Ort die Voraussetzung für die Entwicklung von Entwurfsideen. Zudem kann der Genius Loci (lateinisch: Geist des Ortes) und der Umgang mit der

Besonderheit des Ortes erfasst werden, welcher die Planungsidee eng mit dem räumlichen Kontext verknüpft. Dieser emotionale, subjektive Einstieg stellt eine enge Verbindung zur Entwurfslösung dar. Die Atmosphäre, das Image, die prägenden Elemente des Planungsgebietes, die Brüche in der Siedlungsstruktur oder seine Homogenität bilden sich erst mit einer intensiven Ortserkundung heraus.

Ein weiteres häufiges Mittel um die atmosphärischen Eigenschaften von Stadt und Quartier zu erfassen ist die semantische Differenzierung mit der Bildung von Gegensatzpaaren, z. B. belebt/öde, Ordnung/Chaos, übersichtlich/verwirrend, traditionell/fortschrittlich.

Arten von Bestandsaufnahmen:

Phänomenologische Bestandsaufnahme: orientiert sich an der Aufnahme der äußeren Erscheinung der Dinge, Gegenstände und Entwicklungen, die für eine unmittelbare Anschauung zugänglich sind. Diese Art der Bestandsaufnahme ist stark an Daten sowie mess- und zählbaren Elementen orientiert und stellt die gebräuchlichste Form der Bestandsaufnahme dar.

Zu den klassischen Untersuchungskriterien gehören:

- Natürliche Gegebenheiten
- Nutzungsstruktur: Realnutzung im Gebiet wie Wohnen, Gewerbe, Dienstleistungen, öffentliche Einrichtungen in allgemeiner und in differenzierter Form (z. B. Wohnen im Mietwohnungsbau, Einfamilienhäuser, Betreutes Wohnen), Leerstände sowie Beziehungen der Nutzungen zueinander
- Verkehrsstruktur: Erschließungsstruktur für den fließenden und ruhenden KFZ-Verkehr, Straßentypen, Verkehrsbauten, Straßenraumaufteilung, öffentlicher Personennahverkehr, Fuß- und Radwege etc.
- Freiraumstruktur: Grün- und Freiraumstruktur als Realnutzungskarte sowie differenzierte Betrachtung nach öffentlichen Freiflächen (z. B. Parkanlagen, Plätze, Sportanlagen) bis hin zu privaten Freiflächen der Gärten, übergeordnete Freiraumstrukturen (z. B. Grünzüge, Wasserflächen, Schutzzonen), Beziehung der Freiräume untereinander und der Vernetzung mit der Siedlungsstruktur
- Bau- und Siedlungsstruktur: Gebäudetypologie (z. B. Baublock, Zeile, Bauweise, Dachformen, Geschossigkeit/Gebäudehöhen, Baualter/Bauepoche)
- Stadtgestaltungsaspekte: Raumkanten, Blick- und Wegebeziehungen
- Bevölkerungs- und Sozialstruktur (z. B. Einwohnerentwicklung, Altersstrukturentwicklung, Haushaltsgrößen, Wechselwirkung zwischen der Bevölkerungs- und der Raumstruktur)

Historisch-morphologische Bestandsaufnahme: orientiert sich an der Entwicklungsgeschichte der Stadt und beschreibt zudem die räumliche Besonderheit einer Stadt und deren Entstehungsmuster. Form und Gestaltung werden im Kontext der Geschichte analysiert. Die heute vorfindbare Form und Gestalt von Gebäuden und Stadträumen sind historische Ergebnisse und Ausdruck der jeweiligen sozialen, ökonomischen und politischen Kräfte. Bei der Planung im städtebaulichen Kontext müssen Kenntnisse über das Gefüge einer Stadt, die inneren Zusammenhänge der Netze und der verbindenden Einzelelemente und Ordnungsmuster vorhanden sein. Auch die besonderen topografischen Strukturen mit Höhenentwicklung sowie der Lage im Tal, auf dem Berg oder am Fluss gehören zur morphologischen Analyse.

Als bekanntestes Beispiel ist der Schwarzplan zu nennen (Herausarbeitung der Gebäudestruktur oder Herausarbeitung der Straßen- und Platznetze/positiver und negativer Raum). Die Gebäudestruktur, Aussagen zum Straßen- und Platzsystem, zur Gebäudedichte, der Freiraumstruktur sowie der Größenverhältnisse und Proportionen der Gebäude sind hier deutlich ablesbar. Bei der historischen Analyse werden z. B. die Entwicklungsstufen der Stadt in Schichten übereinander gelegt sowie alte Stadtkarten, Luftbilder, Fotos, Stadtchroniken oder Dokumentationen ausgewertet.

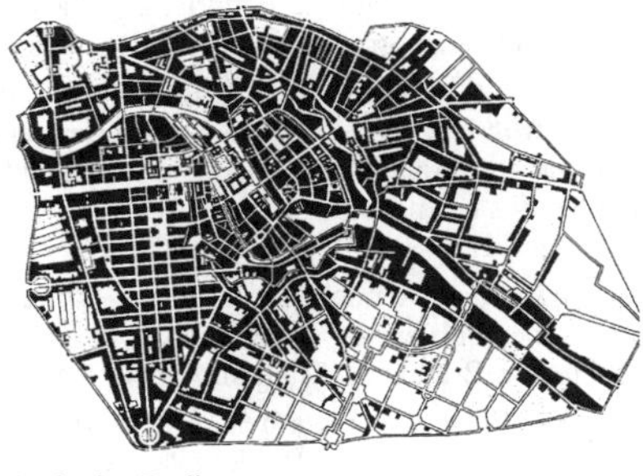

Stadtmitte Berlin:
Deutlich erkennbare morphologische Struktur des mittelalterlichen Stadtgrundrisses (Mitte), der orthogonalen Friedrichstadt des 18. Jh.s (links) sowie der ungeplanten Stadterweiterung des 19. Jh.s (oben rechts) [2.6]

Politisch-konfliktuelle Bestandsaufnahme: orientiert sich an den beim Planungsprojekt auftretenden Konfliktpunkten zwischen den verschiedenen Beteiligten, klärt die Bindungen für die Durchsetzung der Planung und setzt sich mit diesen auseinander. Insbesondere für die Entwicklung von Durchsetzungsstrategien sind die Kenntnisse über die Umsetzungsbedingungen und die Akteure von Bedeutung. Strategisch orientierte Planungsansätze und Planungen in Konfliktgebieten benötigen eine frühzeitige Auseinandersetzung mit den Umsetzungsbedingungen und den agierenden Gruppen. Von zentraler Bedeutung sind diese Kenntnisse bei prozessorientierten Planungen, bei denen die weiteren Planungsschritte und -aussagen im Verlauf des Bearbeitungsprozesses entstehen sowie bei kooperativen Planungsverfahren.

Rothenburg o.T.
Schwarzplan Bebauungsstruktur (oben) [2.7]
Schwarzplan Straßen/Netze (unten) [2.8]

Analyse und Bewertung öffentlicher Räume:
Plätze sind die „öffentlichen Wohnräume" der Stadt. Sie sind Treff- und Verkehrspunkte, Erholungs- und Kommunikationsräume und vieles mehr. Sie stellen die Bereiche einer Stadt dar, in denen städtische Gemeinschaft am intensivsten wahrgenommen wird. Vor allem die zentral gelegenen innerstädtischen Plätze rücken seit Jahren verstärkt ins öffentliche Bewusstsein und wurden neu gestaltet. Zunahme von Außengastronomie und Stadtfesten sowie kulturelle Events zeugen von einer neuen In-Wertsetzung der Stadtplätze; Plätze werden auch Teil von Stadtmarketing- und Imagekampagnen.

Beim Entwurf von Plätzen müssen die funktionalen und architektonisch-formalen Ausdrucksformen mit den Anforderungen aus Sicht der Nutzer übereinander gebracht werden. Bei der Analyse und Bewertung als Grundlage der Planung kann zwischen primären, raumbildenden und sekundären, raumgestaltenden Strukturen unterschieden werden.

Primäre, strukturbestimmende Elemente der städtebaulichen Raumbildung sind in erster Linie die Gebäude: ihre Anordnung und Gruppierung entlang der Straße oder des Platzes, die Proportion der Gebäude, ihre Höhe und ihr Abstand voneinander, die Dachform, die Fassadengliederung (horizontale oder vertikale Gliederung), die Offenheit oder Geschlossenheit der Bebauung (Baulücken, einmündende Straßen) sowie Bäume, wenn sie von ihrer Größe und Struktur her raumbestimmend sind.

Sekundäre, gestaltende Elemente sind Bäume, Bepflanzung, Grünflächen, Hecken, jegliche Form der Straßenmöblierung (z. B. Bänke, Lampen, Schilder, Einbauten wie Kiosk oder Telefonzellen, Denkmäler, Brunnen), Mauern, Art der Pflasterung, Flächenstrukturierung und Bodengestaltung.

Auch Phänomene wie Klarheit, Ablesbarkeit, Einprägsamkeit, Übersichtlichkeit, Identität, Zugänglichkeit, Anonymität, Auffälligkeiten, Chaos, Trostlosigkeit, Harmonie, Hektik, Ruhe, Aggression, Kontrolle, Licht, Schatten, Klima und Zugigkeit stellen Beurteilungskriterien dar.

Beobachtung und systematische Analyse und Bewertung bilden die Grundlage des Entwurfes: dazu gehört auch die Untersuchung des Nutzerverhaltens zu bestimmten Tageszeiten sowie die Beschäftigung mit den Nutzergruppen (Wer hält sich wann und wo auf den Plätzen auf?).

Positiv- und Negativplan: In der zusammenfassenden Darstellung in einem Positiv- und Negativplan oder einem Chancen- und Mängelplan können die wesentlichen Ergebnisse der Bestandsanalyse festgehalten werden [2.9]. Die Bewertung kann auch in einer SWOT-Analyse erfolgen, die ihren Ursprung im strategischen Management von Unternehmen hat und auch bei komplexeren Planungsaufgaben und zur Beurteilung von städtebaulichen Situationen angewendet werden kann. Hier werden die Stärken, Schwächen, Risiken und Chancen von bestimmten Entwicklungen aufgezeigt und miteinander in Verbindung gebracht.

SWOT-Analyse	Stärken	Schwächen
Chancen	Verwendung der Stärken zur Nutzung der Chancen	Nutzung der Chancen zur Überwindung der Schwächen
Risiken	Verwendung der Stärken zur Abwehr der Risiken	Überwindung der Schwächen und Gefahren

2.3 Zielfindung – Bindungen – Leitziele

Die Zielfindung und die Formulierung der Leitziele bzw. Leitidee ist Voraussetzung für den weiteren Arbeitsschritt und dient der Orientierung für den Entwurf. Die Leitidee kann auch unterschiedliche Umsetzungsschritte und zeitliche Phasen beschreiben.

2.4 Entwurfsphase mit der Herausarbeitung von Varianten und Alternativen bzw. verschiedenen Entwicklungsszenarien

Die Ausarbeitung von Varianten und Alternativen sind wichtige Schritte im Entwurfsprozess. Sie dienen dazu, sich mit der Breite an Entwicklungsszenarien und Entwurfsmöglichkeiten auseinanderzusetzen, erleichtern die eigene Entscheidung für ein Entwurfskonzept und erhöhen die Transparenz im Planungsverfahren.

In diesem Arbeitsschritt werden vielfältige Lösungsmöglichkeiten entwickelt, diese durchlaufen einen „Bewertungsfilter" bis sich die „beste" Lösung für die gestellte Aufgabe herauskristallisiert.

2.5 Durchführungsplanung – Handlungskonzept

Zur Durchführungsplanung gehören die Benennung der Maßnahmen (Handlungskonzept) und weiteren Schritte für die Durchführung, die Festlegung der notwendigen planungsrechtlichen Voraussetzungen, die Abfrage von Fördermöglichkeiten, die Festlegung von Prioritäten und notwendigen „Starterprojekten" etc.

2.6 Darstellung – Vermittlung – Kommunikation

Die Darstellung des städtebaulichen Entwurfs und die Vermittlung der Ergebnisse in Plan und Text stehen in enger Beziehung zu dem Adressatenkreis der Planung. Bei der Orientierung an ein reines Fachgremium können sowohl in Darstellungsart als auch in der Wahl der Fachbegriffe andere Mittel gewählt werden als bei einer Planungsvermittlung in der Öffentlichkeit. Viele Planungen werden zudem heute auf der Homepage der Auftraggeber veröffentlicht und müssen entsprechende Anforderungen bereits bei der Fertigstellung des Projektes berücksichtigen. Das Segment der Architektur- und Planungsvermittlung gewinnt zunehmend an Bedeutung.

2.7 Erfolgskontrolle

Nach Projektabschluss werden Evaluierungen nach den Beurteilungskriterien Kosten, Nachhaltigkeit, Akzeptanz durch die Nutzer etc. durchgeführt.

3 Sozialräumliche Zonierung des Raumes

Bei der städtebaulichen Planung sollte auch die „soziale" Organisation des Raumes als Strukturelement Beachtung finden. Der gebaute Raum begrenzt und erweitert, fördert oder behindert Aktivitäten der Menschen. Raum ist immer auch sozialer Raum, der durch spezifische Formen des Eigentums, der Aneignungs- und Gebrauchsmöglichkeiten, durch Konventions- und Verhaltensmuster geprägt ist. Auch der soziale Status und die jeweiligen Lebensphasen beeinflussen die Raumnutzung durch den Menschen.

Die Ausbildung und Begrenzung des Raumes sowie seine klar geregelte Zugänglichkeit ermöglicht erst die Aneignung und erhöht die Gebrauchsfähigkeit. Menschen bilden in unterschiedlichen Räumen auch unterschiedliche Verhaltensweisen aus.

Während in der Wohnung die Menschen räumlich eine intime oder engere Nähe zueinander aufbauen, ist außerhalb der Wohnung eher eine „soziale" Distanz von 1,5 m bis 3,0 m ausgebildet, bei der die anderen Menschen „auf Armlänge" entfernt gehalten werden sowie eine „öffentliche" Distanz von mehr als 3,0 m. Auch die optische Wahrnehmung bzw. der Gesichtswinkel oder der Geruchssinn spielen eine große Rolle bei der Ausbildung von Nähe und Distanz im menschlichen Raumverhalten [2.10].

Die Wohnung, die unmittelbar an die Wohnung angrenzenden Freiräume des Wohnumfeldes und das Stadtquartier werden von unterschiedlicher Distanzwahrnehmung der Menschen bestimmt. Bedürfnisgerechte Planung erkennt die Erfahrungsbasis des sozialräumlichen Verhaltens an und bildet einen differenzierten „Raumcharakter" aus.

Grenzziehungen des Raumes stellen die privaten, gemeinschaftlichen bzw. halböffentlichen und öffentlichen Freiräume dar.

Der öffentliche Raum ist für jedermann zugänglich. Der gemeinschaftliche/halböffentliche Raum ist nur für einen überschaubaren Kreis von Anwohnern und der private Freiraum ist nur für Haushaltsmitglieder und Gäste zugänglich.

Wenn diese Räume in einem gestuften System von Öffentlichkeit und Privatheit zueinander stehen spricht man von einer sozialräumlichen Zonierung. Die sozialräumliche Zonierung regelt Zugang, Zuordnungen, Grenzen und Vermitt-

„Schutzzonen" von 1,5 m bis 3 m werden durch die unterschiedlichen Nutzergruppen eingehalten

Baublock:
Klare Zonierung zwischen öffentlichem Straßenraum und privat nutzbaren Freiflächen im Blockinnenbereich

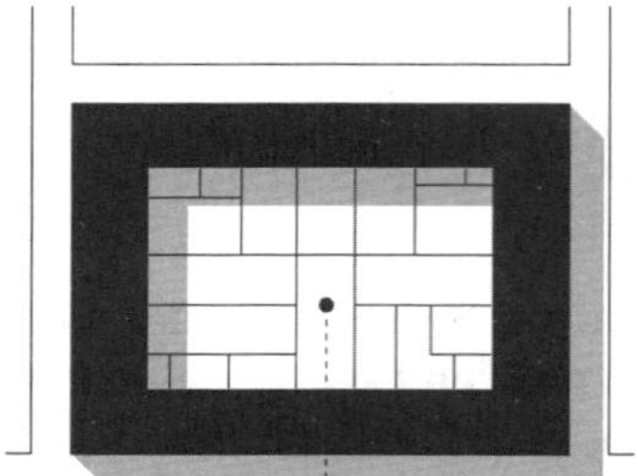

private, abgetrennte Freiflächen

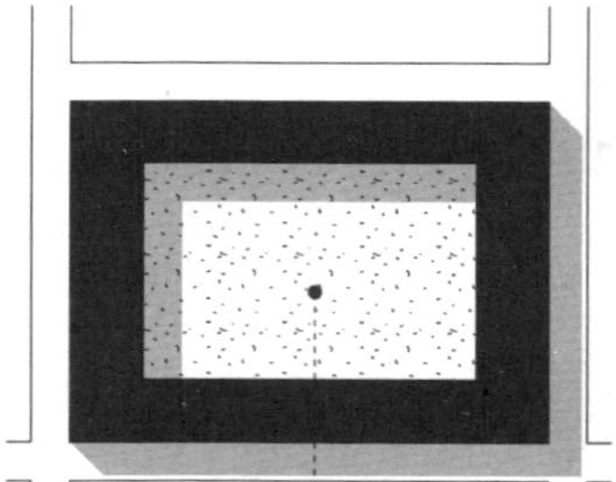

gemeinschaftliche Freiflächen

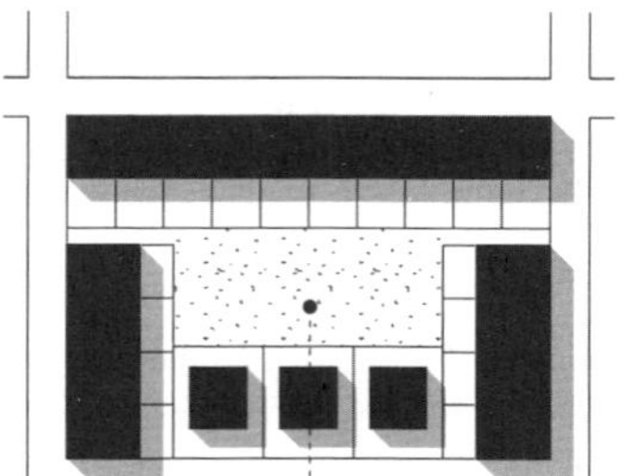

den Erdgeschossnutzungen zugeordnete, private Freiflächen sowie gemeinschaftliche Freiflächen

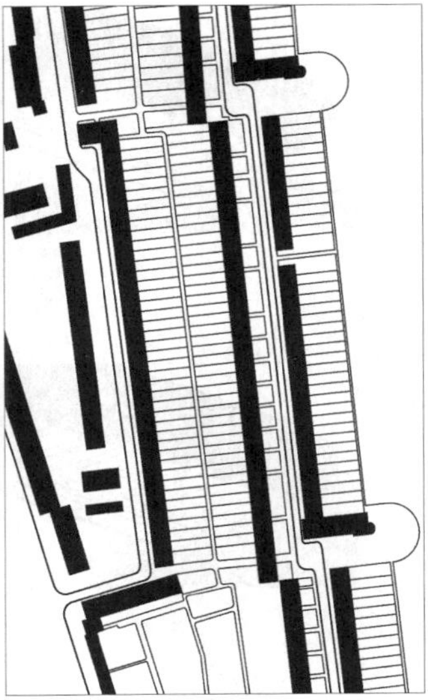

Klare Zonierung der öffentlichen und privaten Bereiche: Ausschnitt Frankfurt-Römerstadt/ Ernst May 1927 [2.11]

Zeilenbauweise:
„vordere" und „hintere" Bereiche der Grundstücke grenzen aneinander

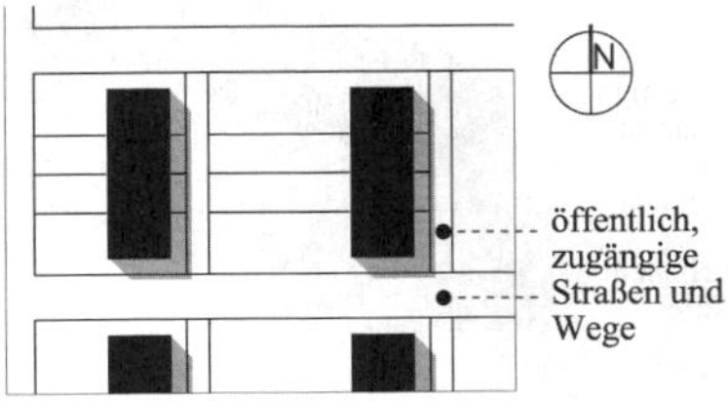

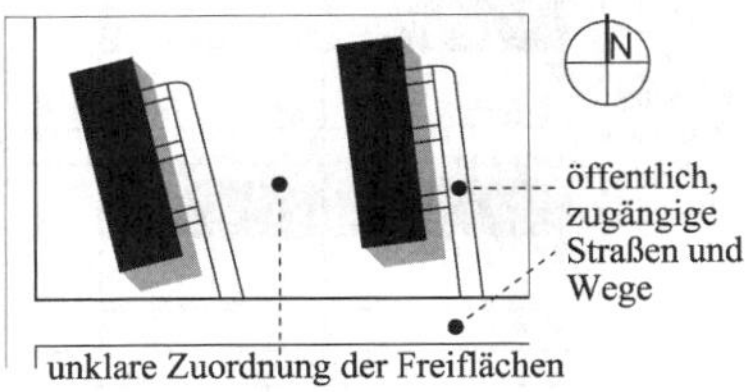

lungsglieder sowie die faktische Verfügung und Kontrolle über die Raumnutzung.

Wenn die räumliche Zonierung unklar und die Zuordnungen diffus bleiben oder wenn Menschen aus anderen Kulturräumen den sozialen Raumcharakter und den Verhaltenskodex im Raum nicht kennen, bildet sich zumeist eine Verhaltensunsicherheit heraus.

Für eine klare Zuordnung ist vor allem der Übergang zwischen den privaten bzw. gemeinschaftlichen und öffentlichen Nutzungszonen von Bedeutung.

Die Grenze zu den zwei Grundtypen des städtischen Raumes, dem „vorderen" und dem „hinteren" Bereich, bilden in der Regel die Gebäude.

Bei der Anordnung des Baublocks bilden die Gebäude eine eindeutige Grenze zwischen dem „vorderen" öffentlichen Bereich der Straße und dem rückwärtig angrenzenden „hinteren" Bereich. Der Blockinnenbereich ist kleinteilig mit privaten Grundstücksgrenzen und privat nutzbaren Freiflächen abgetrennt und die privaten Gärten und Freiräume stoßen aneinander. Er kann auch als gemeinschaftlicher Raum ohne weitere Grenzziehung eingeteilt und nur von den Anwohnern genutzt werden. Bei dieser Anordnung sind öffentliche und private Freiräume klar begrenzt; die Erschließung erfolgt von der Straße aus. Die eindeutige Zuordnung kann nicht nur bei geschlossenen Baublöcken, sondern auch bei einer Reihenhausbebauung erfolgen (siehe Abb. Römerstadt).

Eine weniger klare Zuordnung erfolgt z. B. bei einer Zeilenbebauung. Die vordere Erschließung der einen Zeile stößt gleichzeitig an den rückwärtigen Bereich der anderen Zeile.

Die privaten Gärten, Höfe oder Terrassen können von hier aus von jedermann eingesehen werden. Die Nutzung und „Intimität" der privaten Freiräume ist nicht gewährleistet. Der rückwärtige private Bereich wird so zum Vorgarten.

Möglichkeiten einer sozialräumlichen Zonierung beim Entwurf bestehen durch die Abschirmung des rückwärtigen Bereiches und der privaten Freiräume vom öffentlichen Erschließungsweg durch Schuppen, Garagen, Kellerersatzräume, Ausbauräume und vieles mehr. Auch die Absenkung des Erschließungsweges oder die Bildung von Sichtschutz mit vorgegebenen Elementen, wie Hecken oder Stützmauern als Entwurfselemente, verhindern oft nachträglich von den Nutzern individuell eingefügte und wenig ansprechende Abschirmungen.

Bei einer Hanglage kann eine eindeutige Differenzierung z. B. durch den tiefer gelegenen Erschließungsweg erfolgen.

Der „vordere" Bereich zum öffentlichen Raum kann ebenfalls „zoniert" werden. Bei einer direkten Anordnung der Bebauung an der Straße bzw. zum Bürgersteig kann das Erdgeschoss als gewerbliche Fläche oder Geschäftsfläche genutzt und das Wohnen in die vor Einblicken geschützte Lage des 1. Obergeschosses gelegt werden. Bei einer Wohnnutzung im Erdgeschoss kann durch die Einfügung eines Sockelgeschosses oder durch vorgelagerte kleine Zwischenräume (Vorgärten oder Höfe) die direkte Einsicht in die Wohnungen verhindert werden.

ungünstig: ungestörte Einsichtnahme vom Wohnweg aus möglich

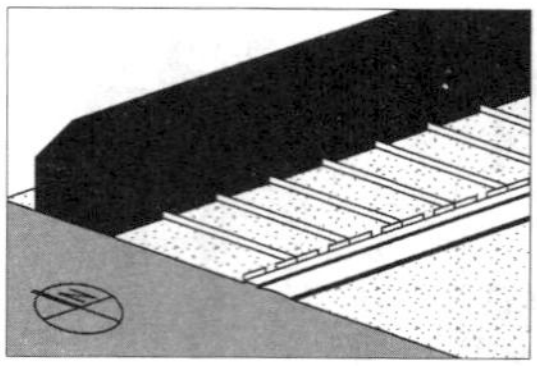

Abschirmung des Gartens durch Absenkung des Wohnwegs und Stützmauern/Hecken

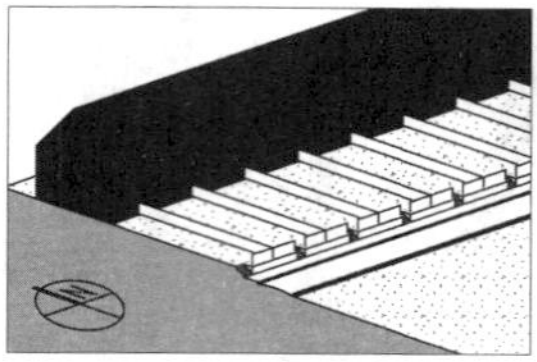

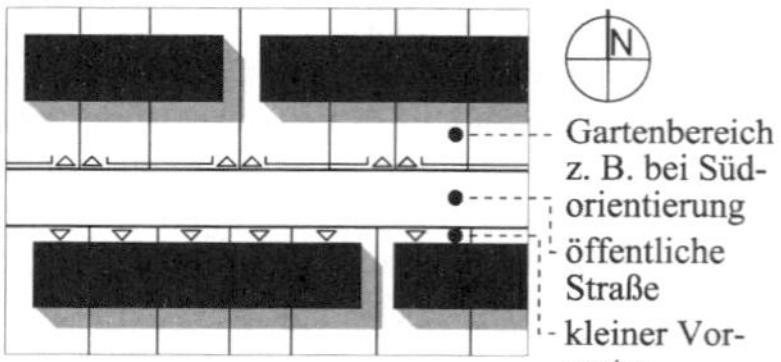

Abschirmung des Gartens durch Schuppen/Kellerersatzräume o.Ä.

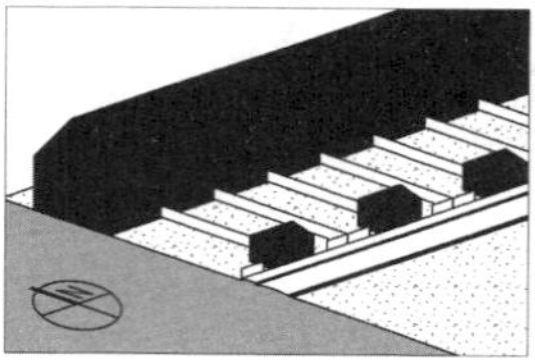

Abschirmung des Gartens durch Ausnutzung von natürlichem Gefälle

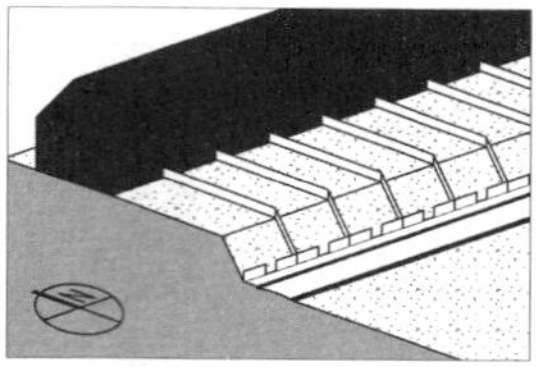

Von außen einsehbare Fenster (oben)
Abhilfe: Sockelzone (unten)

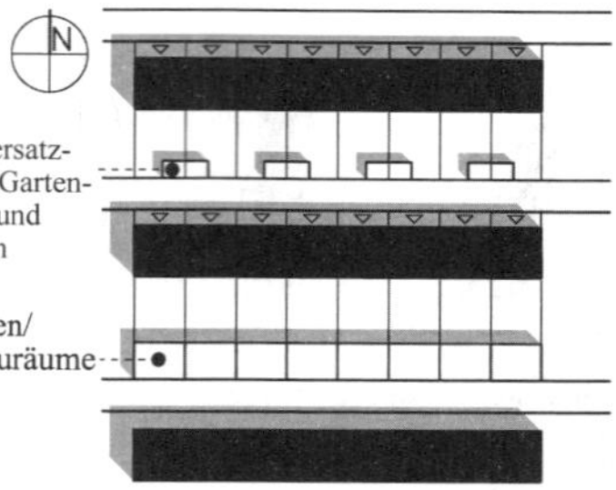

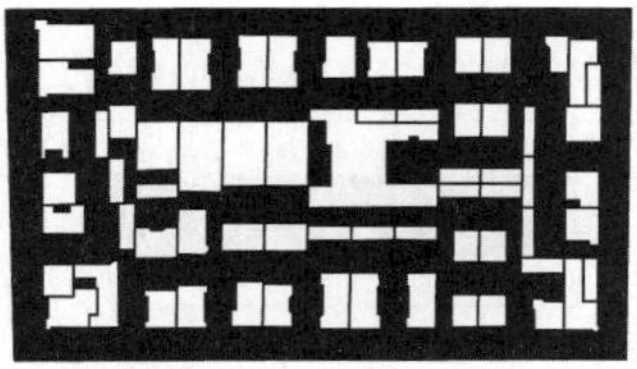

Baublock
Berliner Mietshäuser, 19. Jh.

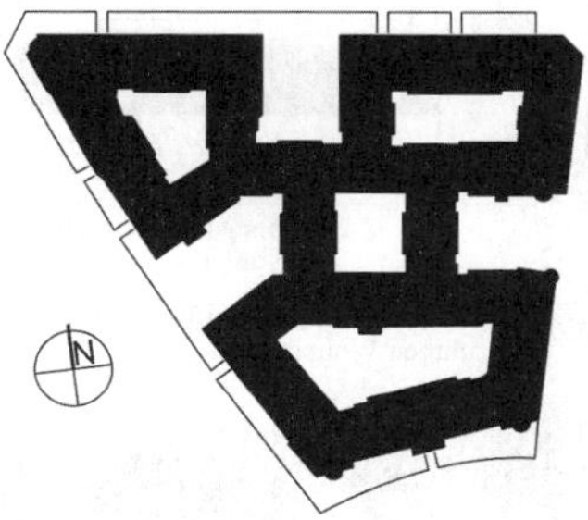

Baublock
Prinzip des reformierten Baublocks, Anfang 20. Jh.

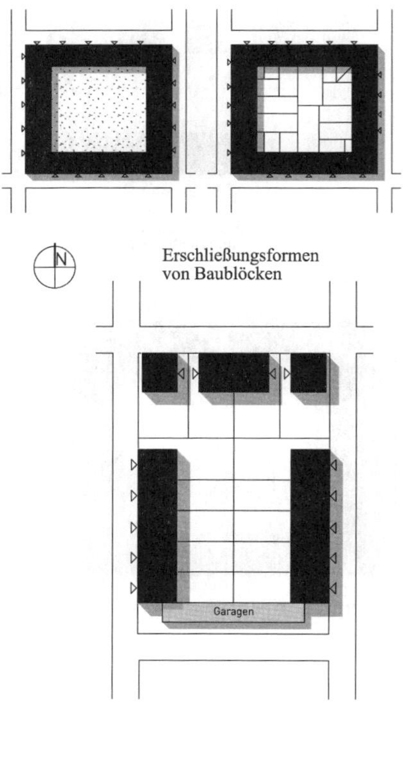

Erschließungsformen von Baublöcken

4 Bausteine des städtebaulichen Entwerfens

4.1 Baublock

Der Baublock stellt das klassische Erschließungsmuster städtischer Räume (z. B. Antike, Mittelalter, Stadterweiterung des 19. Jh.s) dar. Die Kritik an der dichten Baublockstruktur zu Ende des 19. Jh.s führte zur Ablehnung dieser Baustruktur und zur Propagierung der Reihen- und Zeilenbauweise bzw. zur Entwicklung des reformierten Baublocks ohne hintere Anbauten und mit Begrünung. Erst ab den 1980er-Jahren wird dieser städtebauliche Grundtypus wieder stärker angewandt [2.12].

Der Baublock oder auch Block bezeichnet eine allseitig von Straßen umschlossene Gebäudegruppe; in der Regel bestehend aus mehreren Parzellen. Der Baublock ist zumeist vierseitig bebaut; er kann auch durch eine nur drei- oder zweiseitige Bebauung gebildet werden. Die Form des Baublockes kann quadratisch, rechteckig, dreieckig, rund, oval, geschwungen oder auch unregelmäßig sein.

Die Erschließung der Gebäude erfolgt von der Straßenseite aus; bei einer offenen Bauweise auch seitlich.

Als Sonderfall kann die Erschließung auch von innen erfolgen; allerdings unter Aufgabe der klaren sozialräumlichen Zonierung (s. Abschn. 3).

Der vordere Bereich der Baublöcke grenzt vor allem in Altstadtgebieten und innenstadtnahen Wohngebieten des 19. Jh.s direkt an die Straße bzw. an den Bürgersteig an. In den Erdgeschossen befinden sich zumeist keine Wohnungen; die Erdgeschosszone mit Geschäften, Gastronomie oder Dienstleistungen bildet eine belebte Zone. Auch öffentliche Nutzungen wie Kindergärten lassen sich gut in die Baublöcke integrieren.

In neueren Wohngebieten mit Baublockform wird bei der Lage von Wohnungen im Erdgeschoss zumeist eine Vorgartennutzung oder ein privater Wohnhof als Zwischenzone zwischen Wohnung und öffentlichem Bereich angeordnet. Ein gutes Mittel zur Verhinderung der direkten Einsicht bei der Lage einer Erdgeschosswohnung zur Straße hin ist auch die Einführung einer Sockelzone (Kellerräume oder Unterbringung von Stellplätzen in Halbtiefgaragen).

Der Baublock führt durch seine Grundstruktur der eindeutigen Grenze zwischen dem öffentlichen und dem privaten Raum zu klar definierten Räumen. Der hintere private Bereich kann sehr vielfältig genutzt werden und erfüllt verschiedene Anforderungen.

Eine allseitige Umbauung führt zu dem Problem der Grundrisslösungen in den Baublockecken (Belichtungsprobleme, Zuschnitt der Grundrisse, Einsicht „über Eck" in die Nachbarwohnungen, keine oder nur gering nutzbare Freiflächen im Erdgeschoss etc.). Durch verschiedene Anordnungen von Ecklösungen können Konflikte verhindert oder minimiert werden.

Eine allseitige Umbauung führt zudem zu unterschiedlichen Ausrichtungen der Gebäude zu den Himmelsrichtungen: Neben der unproblematischen Ost-West-Orientierung ist eine reine Nord-Süd-Orientierung schwieriger zu organisieren. Während die Orientierung des Freiraums im Süden zum Baublockinnern günstig ist, kann bei einer Südlage zur Straße hin unter Berücksichtigung der Verkehrsbelastung ein privater Freiraum in Form von kleinen Vorzonen angeordnet werden.

Eine weitere Möglichkeit zur Verminderung der Belichtungsprobleme bei einer Nord-Südausrichtung der Wohnbebauung ist die Ausbildung von „Durchwohngrundrissen", die z. B. bei einem durchgehenden Wohn-Essbereich eine zweiseitige Belichtung ermöglichen. Ebenso können die Baublocktiefen reduziert und im Norden lediglich die Nebenräume (Küchen/Bäder) angeordnet werden. In den schlechter belichteten Baublockseiten können auch Dienstleistungen oder öffentliche Nutzungen eingefügt werden.

Die durchschnittliche Gebäudetiefe im Wohnungsbau bei einer Ost-West-Orientierung beträgt 11 bis 13 m und bei einer Nord-Süd-Orientierung z. B. 9 bis 11 m bei größeren Wohnungsbreiten.

Sehr große Baublocktiefen führen zu einer unrationellen Bodeneinteilung und zur Gefahr der Verdichtung der Grundstücke im Innern der Baublöcke, wie z. B. bei der Berliner Mietskaserne im 19. Jh. Eine zu geringe Baublocktiefe kann zur Beeinträchtigung der Freiraumnutzung im Blockinnern sowie zur Verschattung führen und erhöht den Straßenlandanteil im gesamten Baugebiet.

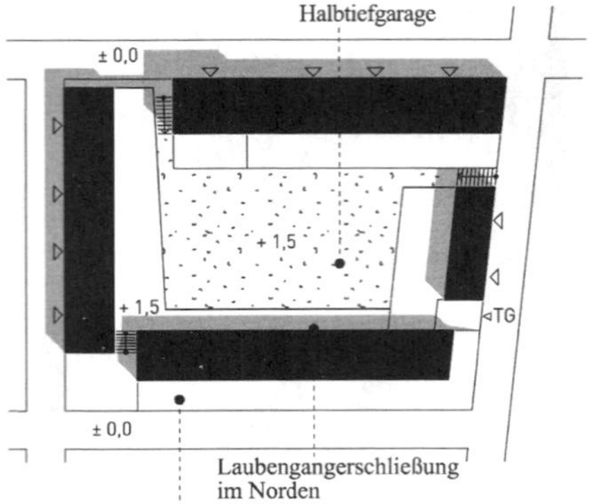

private Garten-/Terrassenflächen im Süden zur ruhigen Wohnstraße

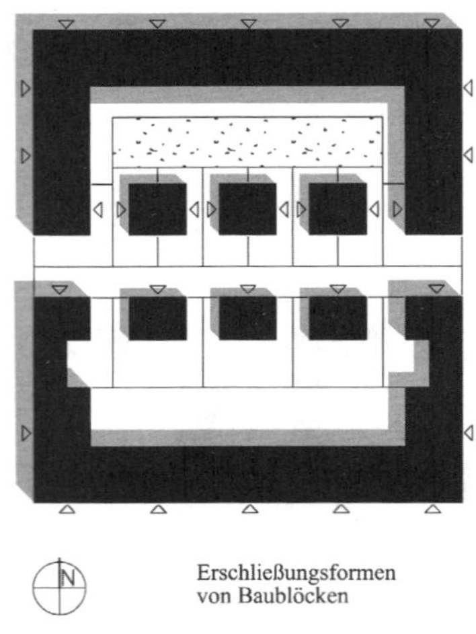

Erschließungsformen von Baublöcken

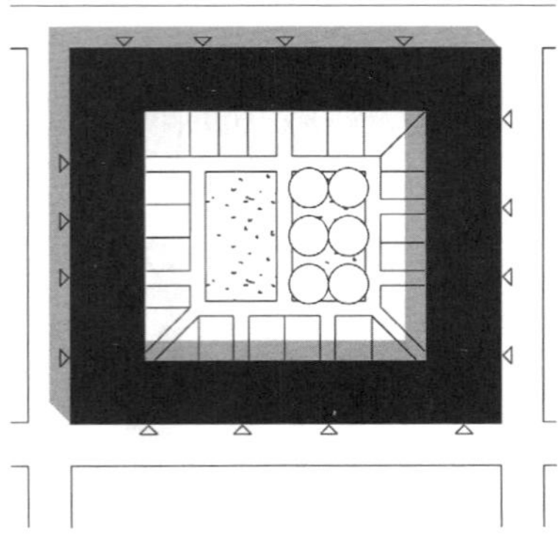

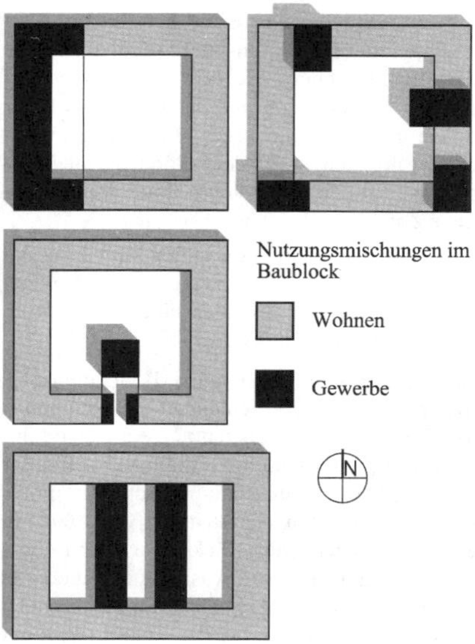

Nutzungsmischungen im Baublock

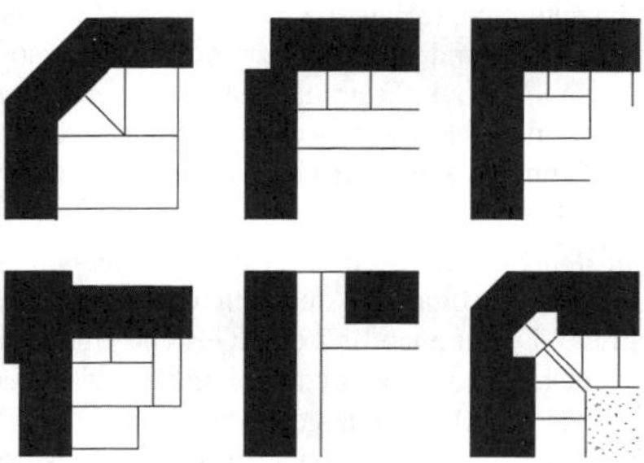
Ecklösungen bei Baublöcken

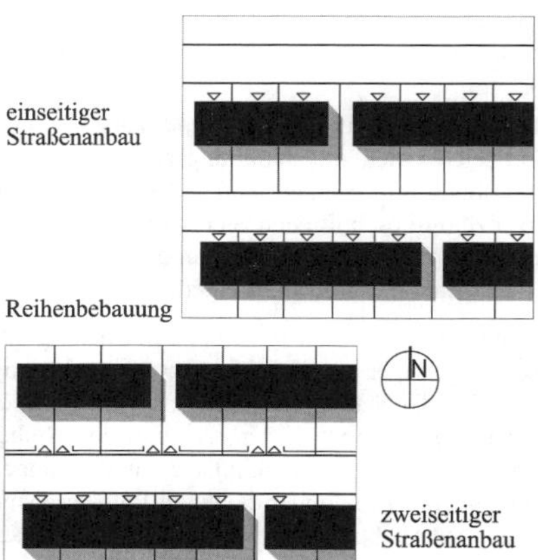

Reihenbebauung

Die Baublocktiefe steht zudem in einer Abhängigkeit zu den Gebäudehöhen (z. B. Baublocktiefe bei einer 2- bis 3-geschossigen Bauweise: 30 bis 40 m; Baublocktiefe bei 4- bis 5-geschossiger Bauweise: 50 bis 60 m).

Mit dem Prinzip des Baublocks verbunden ist die Nutzungsmischung von Wohnen, Gewerbe, Läden oder öffentlichen Einrichtungen (historische Herausbildung im Mittelalter oder in den Stadterweiterungen des 19. Jh.s). Als städtebauliches Leitbild wird heutzutage die Nutzungsmischung wieder akzeptiert und das Prinzip der Funktionstrennung (städtebauliches Leitbild 1920 bis 1970) eher kritisch angesehen. Die Nutzungsmischung gilt als Garant für die Schaffung urbaner städtischer Qualität. Das Prinzip des Baublocks und der Nutzungsmischung erlebte eine Renaissance bei den Stadterweiterungsplanungen der 1990er-Jahre (z. B. Freiburg: Rieselfeld und Vauban-Gelände; Tübingen: Französisches Viertel; Berlin: Kirchsteigsfeld).

Die Wohnnutzungen befinden sich in der Regel ab dem 1. oder 2. Obergeschoss. Es gibt die Möglichkeit, die Nutzungen innerhalb eines Gebäudes zu mischen oder eine Nutzungsmischung innerhalb des Baublocks oder eines Quartiers anzuordnen.

Baublockformen modernen Typs erlauben insbesondere bei einer dichteren städtischen Bauweise die Unterbringung des erhöhten Stellplatzbedarfes unterhalb der Gebäude und der Freiflächen in Form von Tiefgaragen oder Halbtiefgaragen. Die Stellplätze können einen direkten Zugang von den einzelnen Treppenhäusern oder von einigen zentral gelegenen Aufgängen aus erhalten.

4.2 Reihe

Die Reihenbebauung ist wie der Baublock ein altes städtebauliches Entwurfselement. Reihenhausbebauungen sind im antiken Griechenland ebenso zu finden wie im Mittelalter.

Bei der Reihenbebauung werden die Gebäude und Parzellen in offener oder geschlossener Bauweise entlang einer Straße addiert. Dieser Anbau an die Straße kann zweiseitig (bessere Ausnutzung der Erschließung) als auch einseitig erfolgen. Die Reihenbebauung kann über lange oder kurze Abschnitte verfügen und entlang der Straße einen geradlinigen oder gekrümmten Verlauf haben, bevor sie wieder von einem öffentlichen Straßenraum durchbrochen wird [2.13].

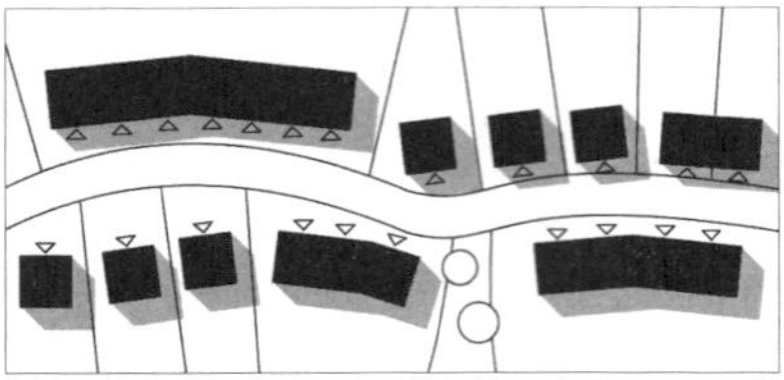

Reihe entlang einer geschwungenen Straße

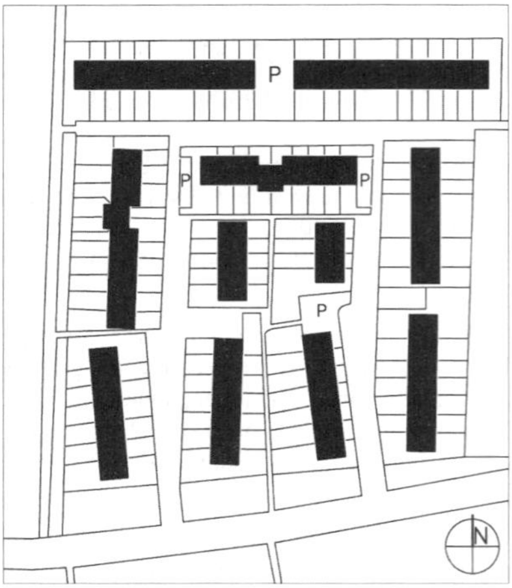

Reihenbebauung im Siedlungszusammenhang

Durch die Länge der addierten Parzellen und deren Stellung zum Straßenraum sowie der Drehung der Baukörper kann die städtebauliche Wirkung und die Stadtgestaltung beeinflusst werden. Durch Vor- und Zurücksprünge kann der Straßenraum in sich verengende oder sich erweiternde Räume geteilt und in einzelne Sequenzen unterteilt werden. Die Reihe passt sich beliebig der topografischen Situation an, z. B. durch einen gekrümmten Straßenverlauf und Drehung der Gebäude.

Im Prinzip ist auch bei einer Reihe eine Nutzungsmischung möglich.

Die Reihenbebauung kann direkt zur Straße orientiert sein oder Vorbereiche in Form von Vorzonen, Vorgärten oder Vorhöfen erhalten. Oft werden auch Stellplätze, Garagen oder Carports hier angeordnet.

Die Reihenbebauung kann als zweiseitige Bebauung entlang der Straße angeordnet werden. Damit erhält sie eine klare Zuordnung der vorderen Erschließungsbereiche zueinander, während die hinteren Garten- und Freiraumbereiche der Parzellen aneinanderstoßen. Bei einer einseitigen Erschließung und der Lage des öffentlichen Erschließungsweges direkt angrenzend an die privaten Freiflächen können Nutzungsprobleme durch die weniger klare sozialräumliche Zonierung entstehen.

Die zur Straße hin gewandten Gebäude der Reihe sind mit ihren Nutzungen in das Stadtgefüge integriert und erlauben eine soziale Kontrolle des Straßenraums.

Bei einer Reihe treten keine Belichtungsprobleme aufgrund der fehlenden Ecksituationen auf. Eine Ost-West-Ausrichtung der Reihe führt zu günstigen Belichtungsverhältnissen. Bei der Nord-Süd-Ausrichtung kann durch die Anordnung von privaten Gärten oder Vorhöfen mit einem entsprechenden Rückversatz der Bebauung die günstige Süd-Ausrichtung auch bei einem zweiseitigen Anbau der Straßen genutzt werden. Insbesondere bei der Anordnung einer reinen Nord-Südlage aus energetischen Gesichtspunkten („Bauen mit der Sonne“) muss eine Auseinandersetzung mit der Grundrissorganisation und Freiraumgestaltung erfolgen. Oft führt die reine Ausrichtung einer Siedlung zur Sonne zu schematischen und starren städtebaulichen Lösungen.

An den Straßenecken stößt eine Reihenbebauung oft mit einer fensterlosen Giebelseite zur Straße. Damit auch hier ein „Gesicht“ zur Straße entsteht, können Nutzungen in den seitlichen Grundstücksflächen angeordnet werden (z. B. Wintergärten, Erker oder Balkone). Ebenso können hier Nebenräume, Schuppen, Garagen oder Sammelstellplätze festgelegt werden.

Reihenhausparzelle bei Ein- und Zweifamilienhäusern: 5,5 bis 6,5 m; in Einzelfällen auch bis 4,5 m.

Reihenhausbebauung mit Stadthäusern: hier handelt es sich um Wohnungstypen mit einer Mischung aus Wohnen und Arbeiten bzw. aus großzügig geschnittenen Stadtwohnhäusern mit hohem Wohnflächenanteil und Ausdehnung über mehrere, zumeist 3 Etagen.

Der ruhende Verkehr wird bei einer niedrig geschossigen, gering verdichteten Reihenbebauung vor den Gebäuden, in den seitlichen Grundstücksgrenzen (bei Unterbrechung der Reihe) oder auch in Sammelstellplätzen und -garagen untergebracht. Bei einer dichteren Bauweise sind Tief- und Halbtiefgaragen unter den Reihenhäusern und Freiräumen unterzubringen.

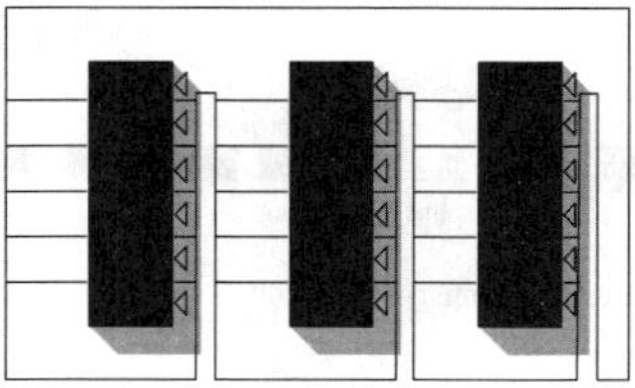
Zeilenbebauung

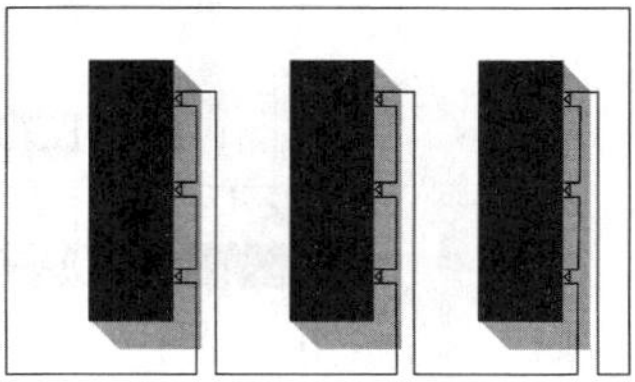

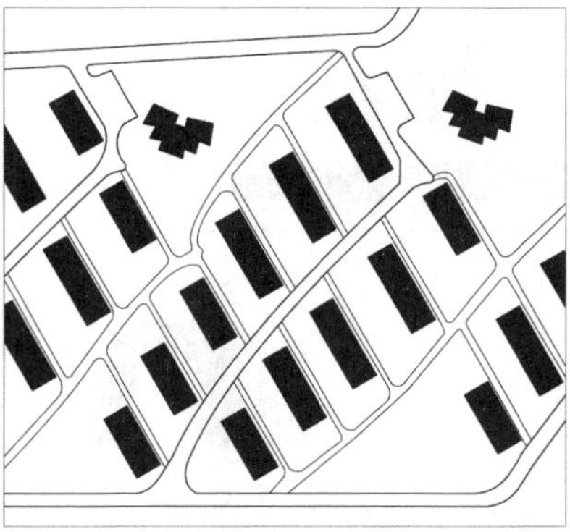
Ausschnitt Siedlung Hohnerkamp/Hamburg
Arch. Hans Bernhard Reichow, 1954 [2.14]

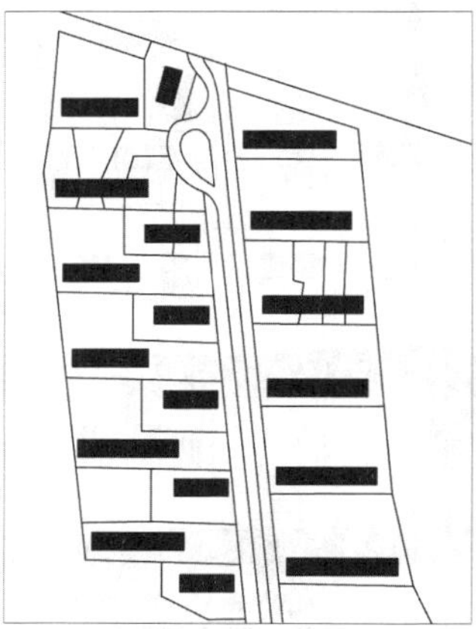
Ausschnitt Siedlung Waldstadt/Karlsruhe
Arch. Karl Selg, 1956 [2.15]

4.3 Zeile

Die Zeilenbebauung entsteht ebenfalls durch eine Addition von Gebäuden und Parzellen. Sie orientiert sich jedoch mit ihren Kopfbauten zur Erschließungsstraße. Von der Straße aus werden die Zeilenbauten über einen Erschließungsweg bzw. eine Stichstraße erschlossen. Die Zeilenbauung entwickelte sich seit den 1920er-Jahren im Zuge der Wohnungsbaureformen (Ausrichtung zur Sonne, Rationalisierung und Typisierung von Bauform und Grundrissen, Kostensenkung etc.). Neben den Zeilenbauten im Geschosswohnungsbau wurden auch Ein- und Zweifamilienhäuser in dieser Grundstruktur errichtet. Insbesondere bei den Stadterweiterungsplanungen der 1950/1960er-Jahre bildete der Zeilenbau den zentralen Grundtypus.

Die sozialräumliche Zonierung bei einer Zeile ist durch die einseitige Erschließung oft mit der Schwierigkeit verbunden eine klare Zuordnung und Abgrenzung zwischen den öffentlichen, gemeinschaftlichen und privaten Räumen zu schaffen. Hierdurch entstehen oftmals diffuse Räume, die nicht genutzt werden und als reine „Pflegeanlagen“ und Abstandsgrün fungieren.

Verstärkt wird diese geringe Nutzungsmöglichkeit der Freiräume durch die fehlende Zuordnung von Freiflächen zur Erdgeschosszone (z. B. durch die weit verbreitete Ausbildung von Sockelgeschossen mit „schwebenden“ Balkons oder Loggien).

Ein weiteres Problem ergibt sich aus dem fehlenden Kontakt der Gebäude zur Straße. Die Haupterschließungsstraße erfüllt eine reine Erschließungsfunktion und es entstehen anonyme Straßenräume ohne soziale Kontrolle.

Bei einer größeren Anzahl von additiven Zeilenelementen entsteht eine monotone Struktur.

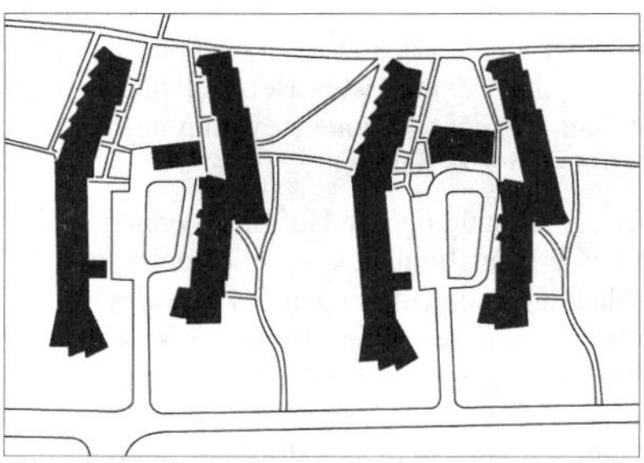
Ausschnitt Siedlung Charlottenburg-Nord/Berlin
Arch. Hans Scharoun, 1956–1960 [2.16]
Klare Erschließungsstruktur von zentraler Mitte

4.4 Hof

Beim Bautyp Hof und Hofanlage (Herkunft: Bauernhof; Klosterhof) erfolgt die Erschließung vom Hof aus. Der öffentliche Zugang zur Hoffläche erfolgt von der Straße aus. Der Hof bietet sich als additives Strukturelement bei der städtebaulichen Planung an. Beim Ein- und Zweifamilienhausbau werden z. B. über einen Hof kleinere Gebäudegruppen erschlossen. Der Hof wird von der Straße aus über einen kleinen Zugangsweg in Form einer Sackgasse mit oder ohne Wendemöglichkeit erschlossen. Über diese Straße ist der Hof zwar an das öffentliche Straßennetz angebunden, erhält aber die Funktion einer halböffentlichen bzw. gemeinschaftlichen Fläche. Zum Teil werden diese Zugangswege und Hofflächen auch als Privatflächen ausgebaut.

Die Hoffläche kann neben der Erschließung der Gebäude auch als gemeinschaftliche Fläche, als Spielfläche oder für gemeinsame Aktivitäten genutzt werden. Die Nutzung als Stellplatzfläche ist möglich, mindert aber die Qualität des Hofes. Die Einführung von Sammelstellplätzen an der Zugangsseite entlastet die Hoffläche von störendem Verkehr. Höfe können vielfältige Ausprägungen, z. B. als rechtekkiger, runder oder geschwungener Hof, haben.

Die aufkommende Gartenstadtbebauung zu Ende des 19. bzw. frühen 20 Jh.s. hat insbesondere den Hoftyp als neue Form der Erschließung von Kleinhäusern mit Garten genutzt. Das gemeinschaftliche und genossenschaftliche Prinzip, welches mit den frühen Gartenstädten verbunden war, fand ihre Entsprechung in der Baustruktur des Hofes (Protagonist z. B. Raimond Unwin um 1908).

Auch in verdichteten städtischen Strukturen kann die Hofform eingesetzt werden; er ist hier eher als umgekehrter Baublock zu sehen mit einer im Inneren des Hofes liegenden Erschließung. Als bedeutendstes Beispiel dieses Typs ist der Wiener Gemeindewohnungsbau der 1920er-Jahre zu nennen.

Bei der Gestaltung der Hofform können – ähnlich wie beim Baublock – Belichtungs- und Erschließungsprobleme in den Ecken auftreten und müssen durch Grundrisslösungen oder Versätze/ Öffnungen gelöst werden. In verdichteten Bauformen ist auch die Einfügung von Tief- oder Halbtiefgaragen unter der Hoffläche möglich.

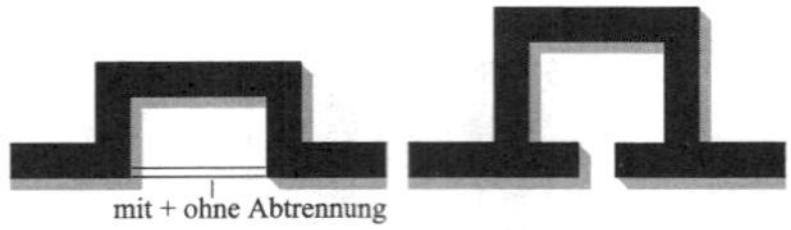

Erschließungstypen „Hof“

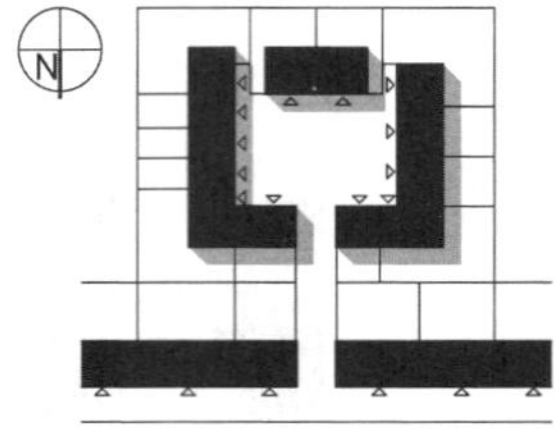

Erschließungstypen „Hof“

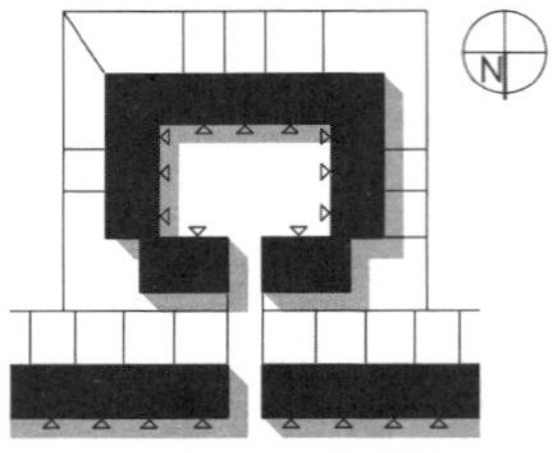

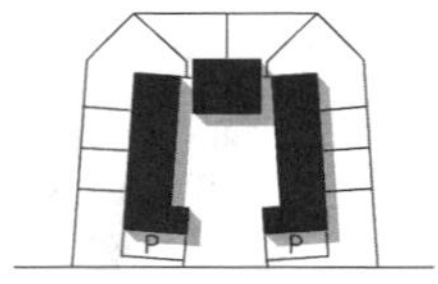

Wohnhöfe in Einfamilienhausgebieten [2.17]

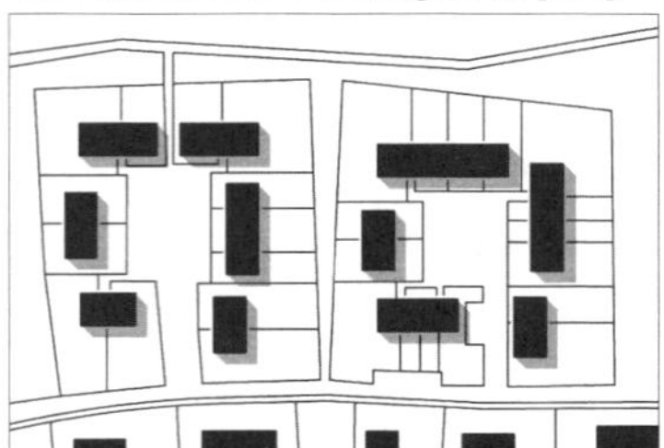

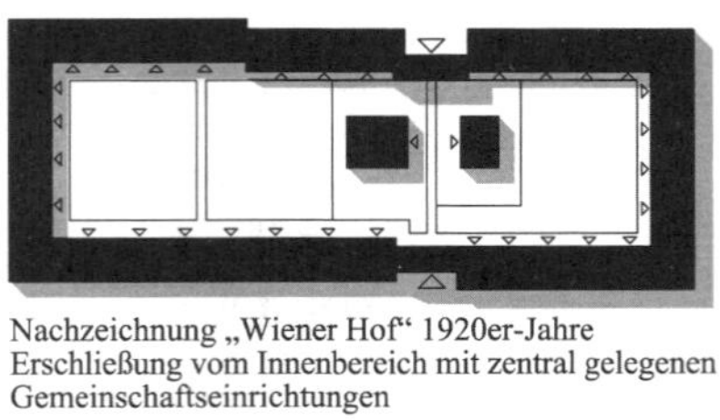

Nachzeichnung „Wiener Hof“ 1920er-Jahre
Erschließung vom Innenbereich mit zentral gelegenen Gemeinschaftseinrichtungen

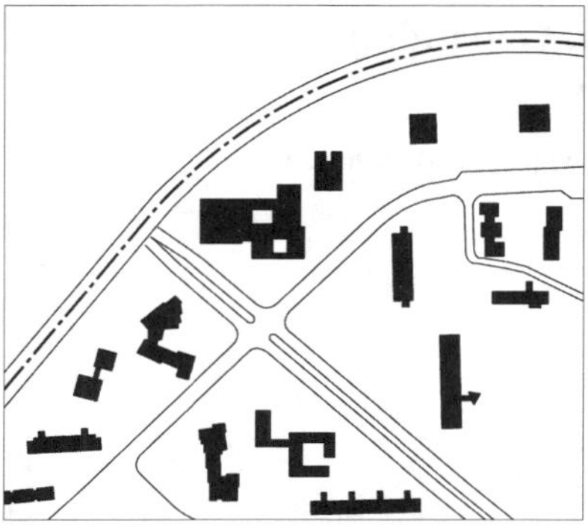

Hansaviertel/Berlin 1953–1958 [2.18]

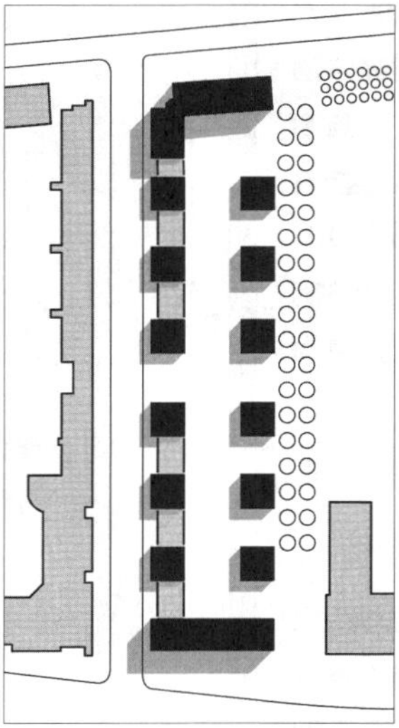

„Stadtvillen" im Blockinnenbereich/Berlin [2.19]
Architekten: Hans Kollhoff und Arthur Ovaska, 1984

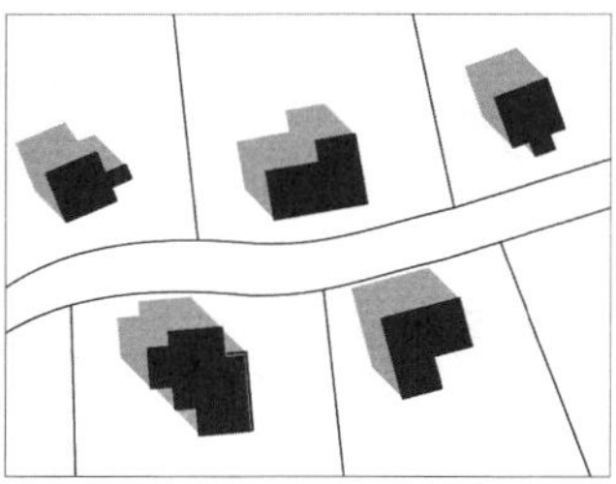

Villen als Solitärbauten

Durch die Anordnung des Hofes erfolgt eine klare Trennung zwischen dem öffentlichen vorderen und dem hinteren privaten Bereich. Die Verknüpfungspunkte zwischen dem Hof und der vorderen Bebauung an der Straße sind besonders zu beachten.

4.5 Solitär

Der Solitär ist ein allein stehendes, aus einer Gebäudegruppe und einem städtebaulichen oder landschaftlichen Umfeld herausragendes Gebäude.

In der Geschichte sind Solitärbauten vor allem Bauten mit besonders hervorgehobenen Nutzungen wie Kirchen, Tempel, Rathäuser, Schlösser, Theater, Villen etc.

Sie unterscheiden sich in Größe, Materialität und zumeist architektonischer Gestaltung von der Umgebung und stehen in Distanz zur benachbarten Bebauung.

Die „Moderne" des 20. Jh.s brachte Solitärbauten auch im Wohnungsbau in der Form der Wohnhochhäuser hervor. Solitärbauten erlangen auch eine Bedeutung als Bürohauskomplexe oder als Bauten mit besonderer Ausstrahlung (z. B. das Guggenheimmuseum in Bilbao von Frank Gehry).

Solitäre können durch die Zuordnung der Grundstücke zur Straße einen eindeutig definierten „vorderen" Bereich erhalten. Bei sehr hohen Solitärbauten sind die Freiräume (bis auf die Erdgeschosszonen) durch eine starke Einsicht aus den oberen Geschossen oft weniger nutzbar. Aufgrund des hohen Bewohneranteils besteht die Gefahr einer Übernutzung der Freiflächen (insbesondere der Spielflächen).

5 Beispielhafte Anordnungen von Gebäudetypologien im städtebaulichen Zusammenhang

Ausschnitt nord-westliches Baugebiet „Ackermannbogen" in München, ab 1998 [2.20]
Arch. Christian Vogel und L. Arch. Rita Lex-Kerfers

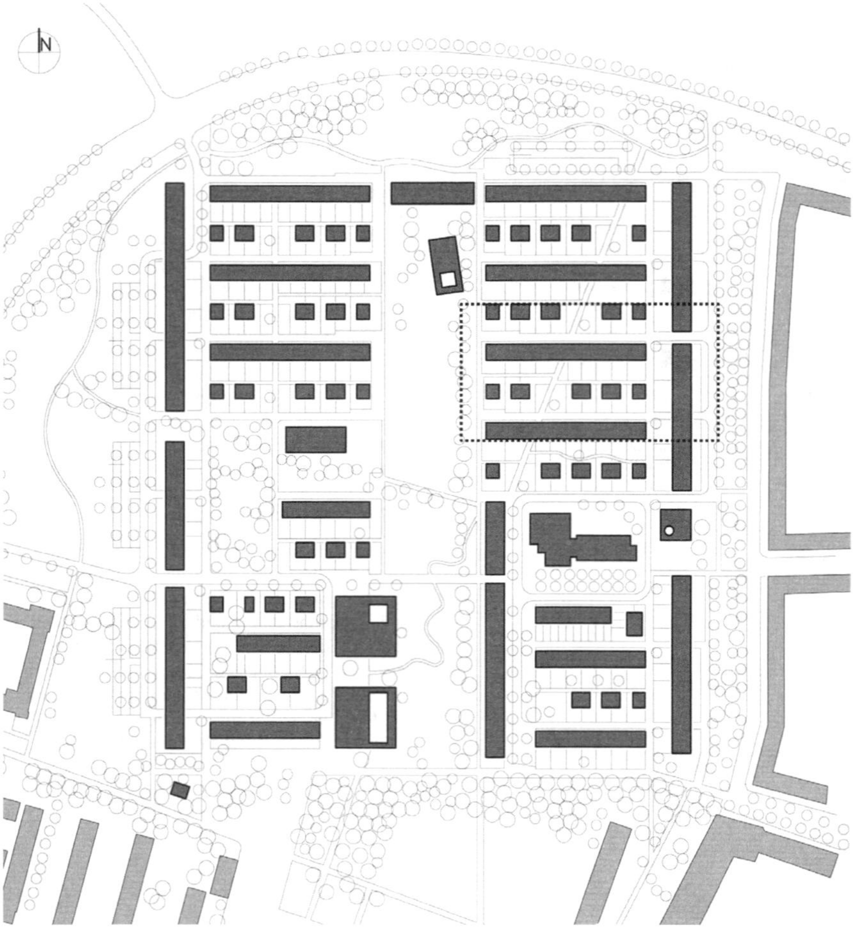

Das ca. 40 ha große Quartier „Ackermannbogen" in München südlich des Olympiaberges stellt ein Beispiel für eine Flächenkonversion dar. Die Stadt München konnte das Gebiet einer ehemaligen Kaserne vom Bundesvermögensamt erwerben und damit ihre Vorstellungen zur Nutzungs- und Baustruktur weitgehend realisieren. Die Baustruktur wird durch eine Randbebauung aus Geschosswohnungsbau mit der Abmessung von 360 m x 390 m sowie Doppel- und Reihenhäuser in der Mitte des Gebietes gekennzeichnet. Zentraler Bestandteil des Entwurfs ist die Schaffung unterschiedlicher Wohnformen für Familien bis hin zu Altenwohnungen. Die Nahversorgungsbereiche befinden sich südlich in dem nicht dargestellten Teilbereich des Stadtquartiers. In einem Bepflanzungskonzept wurden wenige Leitarten an Bäumen vorgeben; so sollten die Nachbarschaftsplätze jeweils mit einem Baumpaar versehen werden (Obstbaum und Säulenform).

Weitere Merkmale: kompakte energie- und ressourcenschonende Bauweise, Regenwassermanagement, wohnungsnahe Spiel- und Erholungsflächen

Die im Detail im dargestellte vier –bis fünfgeschossige Randbebauung wird von Osten aus erschlossen und die Wohnungen erhalten eine vorgelagerte Freifläche nach Westen entlang einer Grünfläche, die von einem durch das gesamte Quartier verlaufenden Fußweg begrenzt wird.
Die gereihten Häuser werden von der Erschließungsstraße aus sowohl von Norden als auch von Süden aus erschlossen und sind mit ihren Freiflächen zur Südseite ausgerichtet. Im Entwurf sind schräg durch die Nord-Süd-Bebauung verlaufende Fußwege mit kleinen Nachbarschaftsplätzen und Kleinkinderspielplätzen vorgesehen, die nicht realisiert wurden. In der kompakten Bauweise sind Tiefgaragen die Regel.

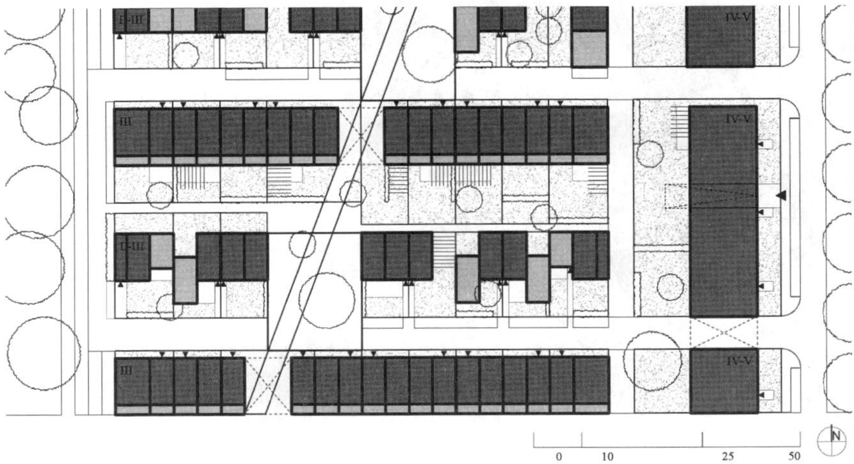

Detail, Entwurf: Arch. Christian Vogel und L. Arch. Rita Lex-Kerfers [2.21]

Stadtteil Kronsberg in Hannover (2000 - 2006) [2.22]

Entwurf: Aktueller Planungsstand der Stadt Hannover auf der Basis des städtebaulichen Ideenwettbewerbes der Preisträger Welp / Welp und Sawadda von 1993

Die Neubausiedlung Hannover-Kronsberg wurde im Rahmen der EXPO 2000 in Hannover als exemplarische Siedlung für ökologisch vorbildliche Neubebauung erstellt. Bis 2006 wurden ca. 3300 Wohneinheiten fertiggestellt; ebenso mehrere Kindertagesstätten und Schulen sowie ein Stadtteil- und Kirchenzentrum. Mit dem Angebot an Versorgungseinrichtungen im Quartier und neuen Arbeitsplätzen in unmittelbarer Nähe sollte ein Stadtteil der „kurzen Wege" geschaffen werden.
Das Baugebiet ist mit seiner rasterförmigen Grundstruktur und der beiden kilometerlagen, das Gebiet begrenzenden Haupterschließungsstraßen streng geordnet. Am westlichen Rand wird das neue Quartier mit einer Stadtbahntrasse erschlossen und ist dadurch direkt an die Innenstadt angebunden. Die Dichte der Bebauung nimmt vom Westen mit vier bis fünf Geschossen und einer höheren Geschossflächenzahl nach Osten hin ab. 90 % der Gebietes sind im Geschosswohnungsbau errichtet und 10 % als Reiheneinfamilienhäuser. Innerhalb der strengen Rasterform ist das Gebiet in Baublockstrukturen eingeteilt mit jeweils einem Angebot an unterschiedlichen Bebauungstypen und Architekturformen.
Maßnahmen im Rahmen der ökologischen Optimierung des Gebietes: flächendeckende Niedrigenergiebauweise, Anschluss an das Fernwärmenetz oder an eine dezentrale Kraft-Wärme-Koppelung mit einem Blockheizkraftwerk, naturnahes Regenwasserversickerungssystem, Festlegung auf umweltverträgliche Baumaterialien, ökologisches Bodenmanagement mit der direkten Verarbeitung des Bodenaushubs bei der Landschaftsgestaltung etc.
Das Baublockkonzept des Details besteht aus einer vier- bis fünfgeschossigen Randbebauung, die vom öffentlichen Straßenraum und von den Stellplatzanlagen im Innenbereich erschlossen werden. Alle Erdgeschosswohnung verfügen über eine kleine vorgelagerte Gartenfläche. Die grüne Mitte ist als Gemeinschaftsfläche ausgebildet.

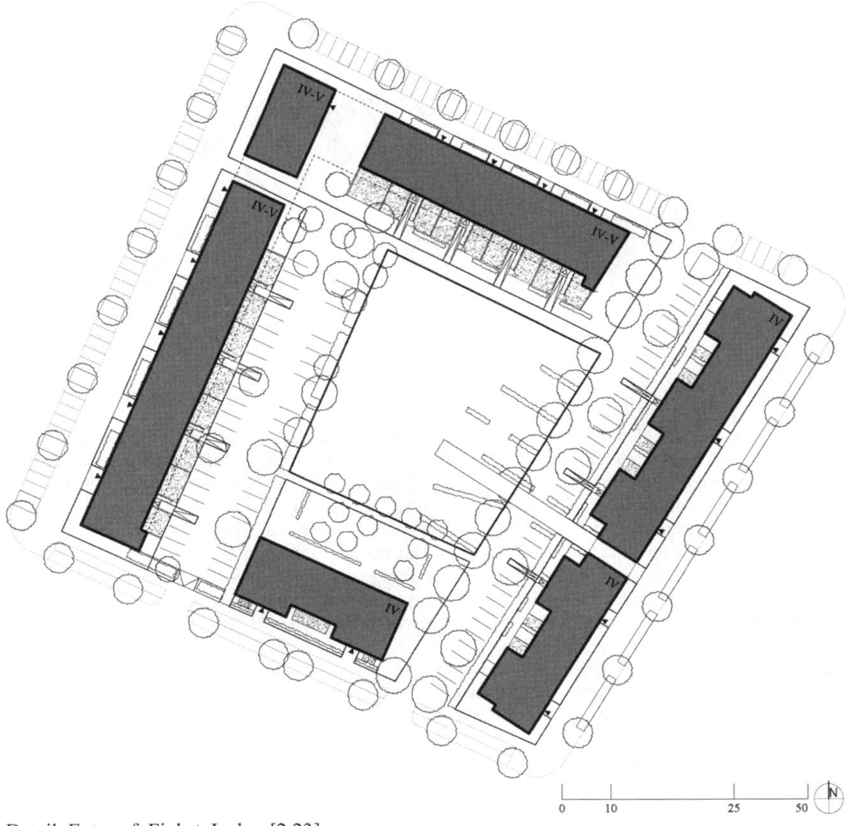

Detail, Entwurf: Fink + Jocher [2.23]

Funkkaserne in München (Planung Stand 2012) [2.24]
Entwurf: Ortner und Ortner Baukunst mit TOPOTEK 1 Gesellschaft von Landschaftsarchitekten mbH

Bereits 1992 wurde die Planung für das ehemalige Kasernengelände in München eingeleitet: 2001 wurde ein Wettbewerb ausgelobt und seit 2010 ist der Bebauungsplan rechtsverbindlich. Nach einer langen Planungsphase mit einer kulturellen Zwischennutzung soll ab 2013 ein neues Quartier entstehen. Kernstück des neuen Stadtteils ist eine zentrale grüne Mitte: alle Teilbereiche des Quartiers mit der Grundschule, den Kindergärten und den Läden sollen direkt über den Park miteinander vernetzt und von allen Seiten der Wohnbebauung aus gut erreichbar sein. Das neue Stadtquartier wird im Wesentlichen durch zwei Bautypen geprägt: eine U-förmige (vier- bis fünfgeschossige) nach Süden hin geöffnete Baublockstruktur mit Geschosswohnungsbauten und eine in Reihenform angeordnete Solitärstruktur (vier- bis fünfgeschossig). Teile der Baufelder liegen auf einem Sockel von 0,90 m.

Für die Umsetzung der zahlreichen Gestaltungsideen, von der Grünstruktur, der Gebäudekubatur bis hin zur Fassadengestaltung und Farbkonzeption, wurde ein Gestaltungsleitfaden erstellt, welcher Grundlage bei den Grundstücksausschreibungen bilden soll. Es wurden vielfältige Bebauungskonzepte vorgeschlagen, die eine Vermarktung sowohl für Bauträger, Baugruppen oder Baugenossenschaften vorsieht. Eine kleinteilige Parzellierung mit der Möglichkeit der Zusammenlegung von Grundstücken erlaubt individuelle Zuschnitte. Für das Bepflanzungskonzept wurden differenzierte Vorgaben für die Baumarten im Park, in den einzelnen Baufeldern und Straßenräumen sowie zu den Abgrenzungen durch Hecken aufgestellt.

In der in dem Detail dargestellten U-förmigen Randbebauung erfolgt die Erschließung der Wohnungen von außen, die privaten, den Wohnungen zugeordnete Freibereiche und die Gemeinschaftsflächen orientieren sich nach innen.
Durch die offene Baustruktur mit ihren Vor- und Rücksprüngen entsteht zum Park hin eine Durchlässigkeit und im Weiteren ermöglicht diese die Sichtbeziehung von allen Wohnbereichen aus zur zentralen grünen Mitte. Die Freiflächen der Solitäre sind entweder als private Freiflächen denkbar oder auch als gemeinschaftlich genutzte Fläche einer Baugruppe.
Die Parzellierung und Zusammenlegung der Baufelder soll unterschiedliche Nachfragergruppen ansprechen und ist entsprechend variabel einteilbar. Diese Variabilität der Parzellierung bei Wahrung der vorgegebenen Baustruktur setzt sich bis hin zu unterschiedlichen Tiefgarageneinteilungen fort.

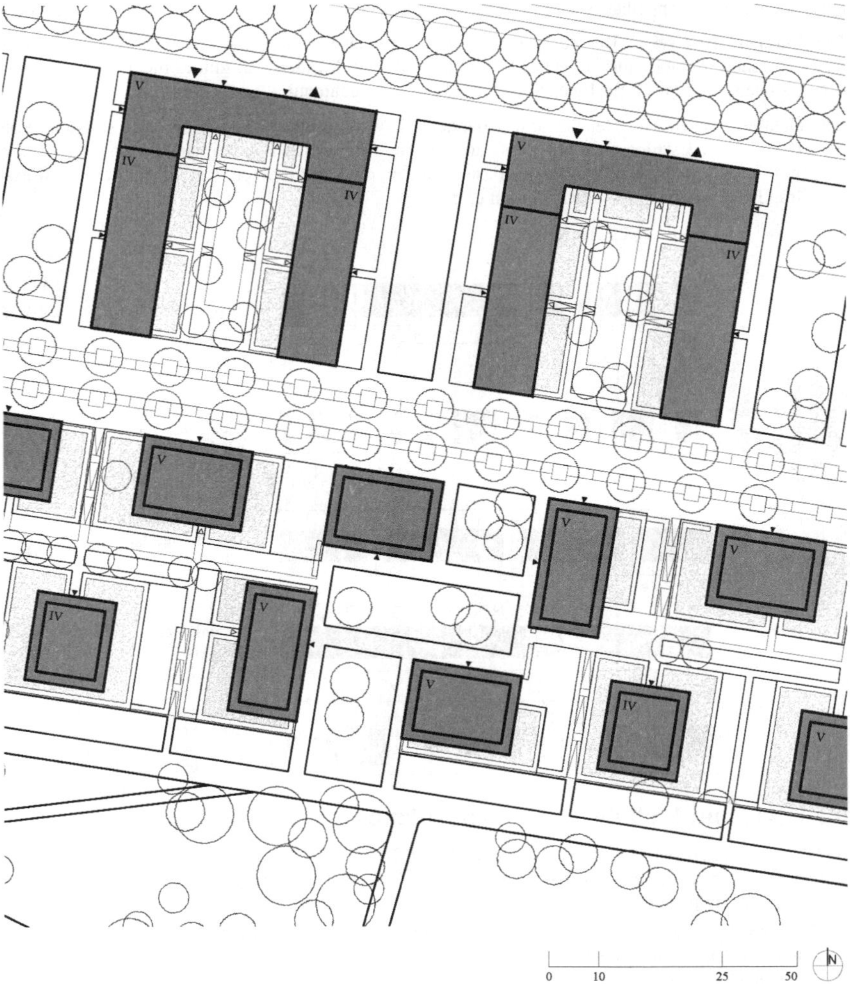

Detail, Entwurf: Ortner und Ortner Baukunst mit TOPOTEK 1 Gesellschaft von Landschaftsarchitekten mbH [2.25]

6 Kennwerte und Begriffe

6.1 Bauweise

Die Baunutzungsverordnung (BauNVO) unterscheidet in offene, geschlossene und abweichende Bauweise (§ 22) [2.26].

Offene Bauweise: Bei der offenen Bauweise werden die Gebäude mit einem seitlichen Grenzabstand als Einzel- und Doppelhäuser oder Hausgruppen errichtet. Die Größe des Grenzabstandes ist in der jeweiligen Landesbauordnung geregelt. Die Länge dieser Hausform darf bis zu 50 m betragen, d. h. auch Einzelgebäude mit einer Länge bis zu 50 m sind bei der Festlegung einer offenen Bauweise zulässig. Um die mit der Zielsetzung einer offenen Bauweise verbundene Kleinteiligkeit der Bebauung zu erreichen, ist es möglich im Bebauungsplan auch Flächen festzusetzen, auf denen nur Einzelhäuser, Doppelhäuser oder Hausgruppen bzw. nur zwei dieser Hausformen zulässig sind.

Geschlossene Bauweise: Bei der geschlossenen Bauweise werden die Gebäude ohne seitlichen Grenzabstand errichtet; eine Längenbeschränkung oder ein Mindestmaß gibt es nicht. Die geschlossene Bauweise ist typisch für Innenstädte oder Baublockbebauung.

Abweichende Bauweise: Bei der abweichenden Bauweise handelt es sich um eine sonstige, von der offenen oder geschlossenen Bauweise abweichende Bauweise. Hierbei handelt es sich z. B. um Gartenhof- oder Atriumhäuser oder um Festsetzungen, dass an vorderen, seitlichen oder rückwärtigen Grundstücksgrenzen angebaut werden darf.

Bauweise (§ 22 BauNVO)

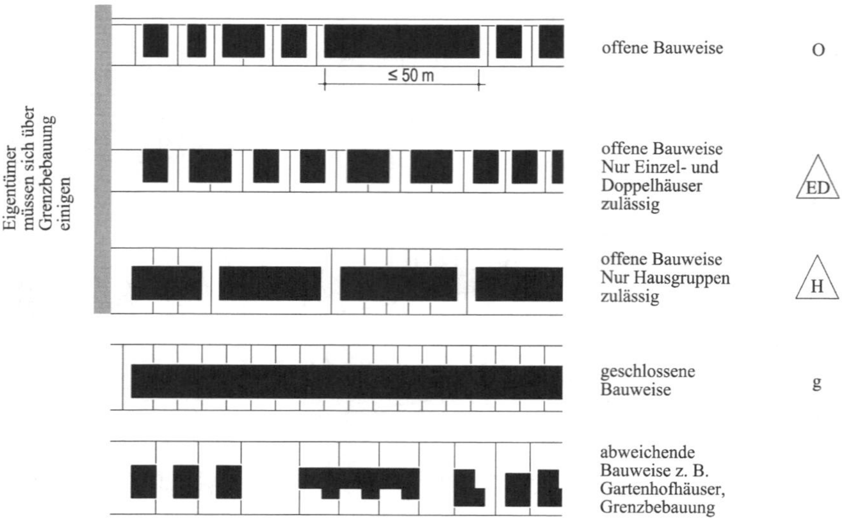

6.2 Art und Maß der baulichen Nutzung

Art der baulichen Nutzung: Als Art der baulichen Nutzung (§§ 1–15 BauNVO) werden die Nutzungstypen verstanden, die sich nach Bauflächen (beim Flächennutzungsplan) und nach Baugebieten (beim Bebauungsplan) unterscheiden.

Im Flächennutzungsplan können die für die Bebauung vorgesehenen Flächen nach der allgemeinen Art ihrer baulichen Nutzung (Bauflächen) dargestellt werden als Wohnbauflächen (W), gemischte Bauflächen (M), gewerbliche Bauflächen (G) und Sonderbauflächen (S).

Im Bebauungsplan können die für die Bebauung vorgesehenen Flächen nach der besonderen Art ihrer baulichen Nutzung (Baugebiete) dargestellt werden als Kleinsiedlungsgebiete (WS), reine Wohngebie-

Grundflächenzahl (GRZ)

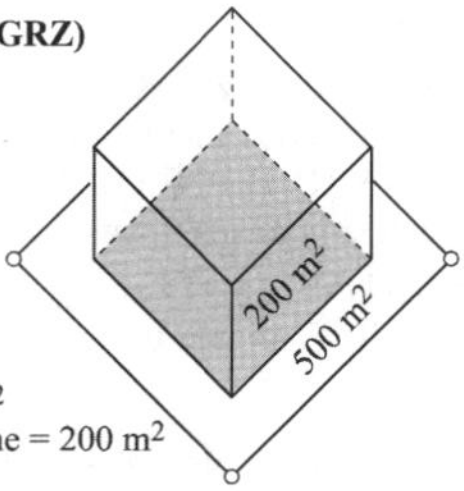

Beispiel:
GRZ = 0,4
Grundstück = 500 m²
Zulässige Grundfläche = 200 m²

$$\text{Grundflächenzahl (GRZ)} = \frac{\text{zulässige Grundfläche der Gebäude in m}^2}{\text{Fläche des Baulandes in m}^2}$$

Geschossflächenzahl (GFZ)

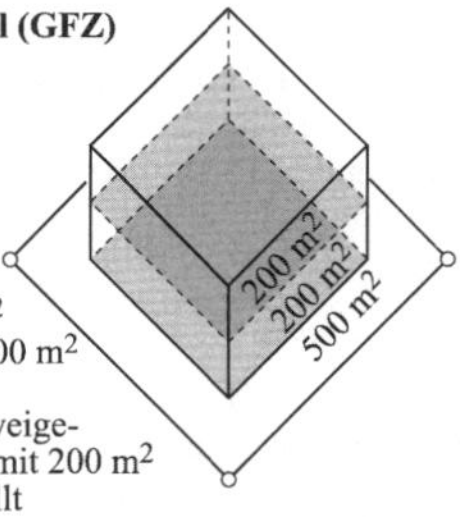

Beispiel:
GFZ = 0,8
Grundstück = 500 m²
Geschossflächen = 400 m²

Im Beispiel ist ein zweigeschossiges Gebäude mit 200 m² je Geschoss dargestellt

$$\text{Geschossflächenzahl (GFZ)} = \frac{\text{Geschossflächen in m}^2}{\text{Fläche des Baulandes in m}^2}$$

Baumassenzahl (BMZ)

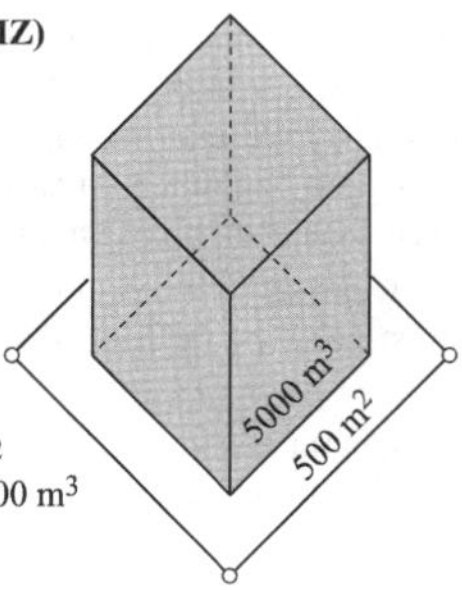

Beispiel:
BMZ = 10,0
Grundstück = 500 m²
max. Baumasse = 5000 m³

$$\text{Baumassenzahl (BMZ)} = \frac{\text{Baumasse in m}^3}{\text{Fläche des Baulandes in m}^2}$$

te (WR), allgemeine Wohngebiete (WA), besondere Wohngebiete (WB), Dorfgebiete (MD), Mischgebiete (MI), Kerngebiete (MK), Gewerbegebiete (GE), Industriegebiete (GI) und Sondergebiete (SO).

Maß der baulichen Nutzung: Das Maß der baulichen Nutzung kann bestimmt werden durch die Festsetzung von Grundflächenzahl, Geschossflächenzahl, Baumassenzahl, Anzahl der Vollgeschosse und Gebäudehöhe der baulichen Anlagen. Die Angaben zum Maß der baulichen Nutzung gehören zu den wichtigsten städtebaulichen Kennzahlen. Sie werden in §§ 16–21a BauNVO für die unterschiedlichen Baugebiete festgesetzt [2.27].

Die Angaben zur Grund- und Geschossflächenzahl in der BauNVO (§§ 19 und 20) sind Höchstwerte. Eine Unterschreitung als auch eine Überschreitung ist im Rahmen des Bebauungsplanverfahrens auf der Grundlage einer städtebaulichen Begründung zulässig.

Grundflächenzahl (GRZ): Die Grundflächenzahl gibt die zulässige Grundfläche eines durch bauliche Anlagen überdeckten Teils des Baugrundstückes im Verhältnis zu der gesamten Fläche des Baugrundstücks an. Sie gibt an, wie viel Quadratmeter Grundfläche je Quadratmeter Grundstücksfläche zulässig sind.

Bei der Ermittlung der Grundfläche sind die Grundflächen von Garagen und Stellplätzen mit ihren Zufahrten, Nebenanlagen sowie baulichen Anlagen unterhalb der Geländeoberfläche, durch die das Baugrundstück lediglich unterbaut wird, mit zu rechnen. Die zulässige Grundfläche darf durch die Mitberechnung dieser Grundflächen bis zu 50 % überschritten werden (höchstens jedoch bis zu einer Grundflächenzahl von 0,8).

Obergrenzen für die Grundflächenzahl sind in der BauNVO (§ 17) angegeben und liegen z. B. bei WR- und WA-Gebieten bei 0,4; bei MI-Gebieten bei 0,6; GE- und GI-Gebieten bei 0,8 und MK-Gebieten bei 1,0.

Geschossflächenzahl (GFZ): Die Geschossflächenzahl ergibt sich aus der Summe der Geschossflächen (Außenmaße) in Quadratmeter aller Vollgeschosse im Verhältnis zu der gesamten Fläche des Baugrundstücks.

Sie gibt an, wie viel Quadratmeter Geschossfläche je Quadratmeter Grundstücksfläche zulässig sind. Die Geschossfläche ist nach den Außenmaßen der Gebäude in allen Vollgeschossen zu ermitteln. Bei der Ermittlung der Geschossfläche bleiben Nebenanlagen, Balkone, Loggien, Terrassen sowie bauliche Anlagen, soweit sie nach

Landesrecht in den Abstandsflächen (seitlicher Grenzabstand und sonstige Abstandsflächen) zulässig sind oder zugelassen werden können, unberücksichtigt.

Garagengeschosse oder ihre Baumasse sind in sonst anders genutzten Gebäuden auf die Zahl der zulässigen Vollgeschosse oder auf die zulässige Baumasse nicht anzurechnen, wenn der Bebauungsplan dies festsetzt oder als Ausnahme vorsieht (§ 21a BauNVO). Auch Überschreitungen der Grundfläche durch überdachte Stellplätze und Garagen sind ausnahmsweise möglich.

Obergrenzen für die Geschossflächenzahl sind in der BauNVO (§ 17) angegeben und liegen z. B. bei WR-, WA-, MI- und MD-Gebieten bei 1,2 und bei WB-Gebieten bei 1,6, bei GE- und GI-Gebieten bei 2,4 und MK-Gebieten bei 3,0.

Baumassenzahl (BMZ): Die Baumassenzahl gibt das Verhältnis der Baumasse (Außenmaße des Gebäudes von Fußbodenoberkante des unteren Vollgeschosses bis zur Decke des obersten Vollgeschosses) eines Gebäudes in Kubikmeter zur Gesamtfläche in Quadratmeter des Baugrundstücks an. Die Baumassenzahl wird insbesondere bei Gebäuden mit nicht durchschnittlichen Geschosshöhen, wie z. B. gewerbliche Bauten, angegeben.

Vollgeschosse: Die Definition der Vollgeschosse wird im Bauordnungsrecht der einzelnen Bundesländer geregelt. Die Definition „Vollgeschoss" nach der BauO NRW in der Fassung vom 1.3.2000 lautet: „Vollgeschosse sind Geschosse, deren Deckenoberkante im Mittel mehr als 1,60 m über die Geländeoberfläche hinausragt und die eine Höhe von mindestens 2,30 m haben. Ein gegenüber den Außenwänden des Gebäudes zurückgesetztes oberstes Geschoss (Staffelgeschoss) ist nur dann ein Vollgeschoss, wenn es diese Höhe über mehr als zwei Drittel der Grundfläche des darunter liegenden Geschosses hat. Ein Geschoss mit geneigten Dachflächen ist ein Vollgeschoss, wenn es diese Höhe über mehr als drei Viertel seiner Grundfläche hat. Die Höhe der Geschosse wird von Oberkante Fußboden bis Oberkante Fußboden der darüber liegenden Decke, bei Geschossen mit Dachflächen bis Oberkante Dachhaut gemessen."

6.3 Abstandsflächen

Abstandsflächen regeln die notwendigen Abstände zwischen den Gebäuden und sind ein strukturierendes Element bei der städtebaulichen Planung. Durch die Abstandsflächen sollen die Belichtungsverhältnisse, die gesunden Wohn- und Arbeitsverhältnisse sowie der Brand- und Nachbarschaftsschutz gewährleistet werden.

Die Abstandsflächen sind in den jeweiligen Landesbauordnungen der Bundesländer festgelegt und werden im Rahmen des Baugenehmigungsverfahrens geprüft.

Bei der städtebaulichen Planung sind diese Kriterien zu berücksichtigen. Ein rechtskräftiger Bebauungsplan kann allerdings aus städtebaulichen Gründen von den geltenden Abstandsflächenregelungen abweichen.

Beispiel: Abstandsflächen nach der Landesbauordnung von NRW (Neufassung der Regelungen über die Abstandsflächen nach § 6; in Kraft getreten am 28. Dezember 2006) [2.28].

Grundregeln: Die Abstandsflächen müssen auf dem eigenen Grundstück liegen. Auf öffentlichen Verkehrs-, Grün- und Wasserflächen dürfen Abstandsflächen bis zu deren Mitte liegen. Abstandsflächen dürfen sich ganz oder teilweise auf andere Grundstücke erstrecken, wenn durch Baulast gesichert ist, dass sie nur mit in der Abstandsfläche zulässigen baulichen Anlagen überbaut werden und auf die auf diesen Grundstücken erforderlichen Abstandsflächen nicht angerechnet werden.

Zum seitlichen Nachbarn entsteht keine Abstandsfläche, wenn es sich um ein beidseitig angebautes Reihenhaus handelt bzw. nur eine einseitige Abstandsfläche bei einem Doppelhaus mit einer Grenzbebauung.

Die Abstandsfläche ist für jeden einzelnen Gebäudeteil separat zu ermitteln. Abstandsflächen dürfen sich nicht überdecken. Dies gilt nicht für Außenwände, die in einem Winkel von mehr als 75 Grad zueinander stehen.

Innerhalb der Abstandsflächen sind zulässig: überdachte Stellplätze und Garagen bis zu einer Länge von 9 m, Gebäude mit Abstellräumen (Fläche bis 7,50 Quadratmeter und einer Wandhöhe bis 3 m) sowie Stützmauern mit einer Höhe bis zu 2 m. Die Grenzbebauung darf entlang einer Nachbargrenze 9 m und insgesamt 15 m nicht überschreiten.

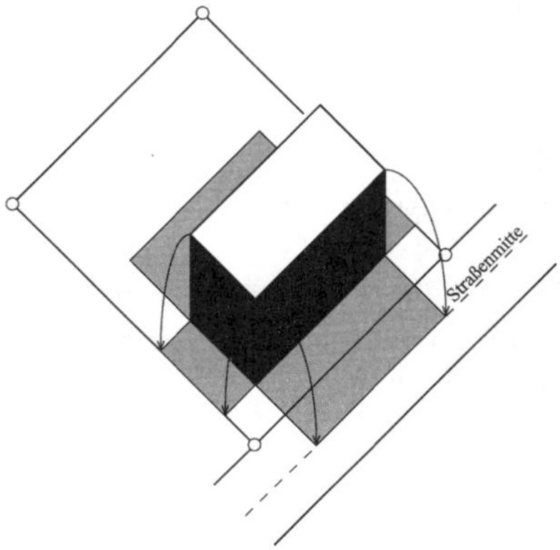

Berechnung der Abstandsfläche: Die Abstandsfläche errechnet sich aus der Wandhöhe *H*, die senkrecht zur Wand gemessen wird. Zur Wandhöhe hinzugerechnet wird:

- voll die Höhe von Dächern und Dachteilen mit einer Dachneigung von mehr als 70 Grad und Giebelflächen im Bereich dieser Dächer und Dachteile, wenn beide Seiten eine Dachneigung von mehr als 70 Grad haben,
- zu einem Drittel die Höhe von Dächern und Dachteilen mit einer Dachneigung von mehr als 45 Grad und Dächern mit Dachgauben oder Dachaufbauten, deren Gesamtbreite je Dachfläche mehr als die Hälfte der darunter liegenden Gebäudewand beträgt sowie Giebelflächen im Bereich von Dächern und Dachteilen, wenn nicht beide Seiten eine Dachneigung von mehr als 70 Grad haben.

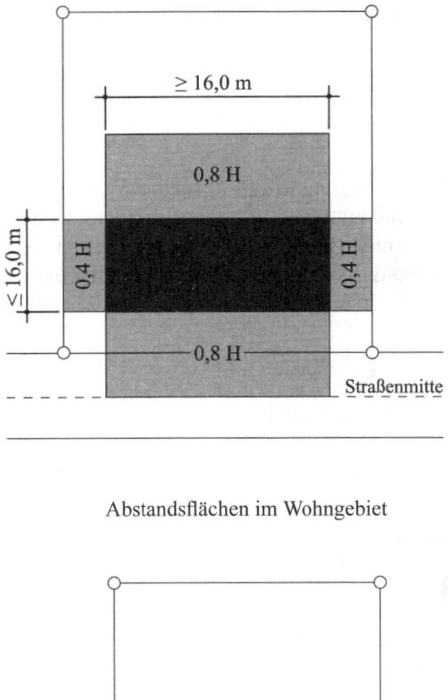

Abstandsflächen im Wohngebiet

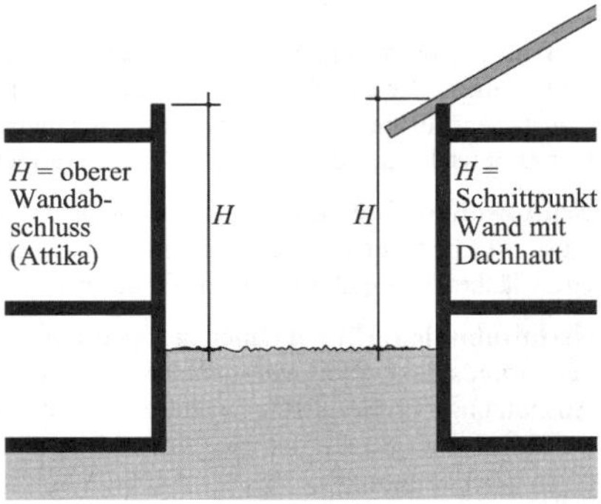

Die Tiefe der einzuhaltenden Abstandsflächen beträgt im Allgemeinen das 0,8-Fache der Wandhöhe *H*. Ausnahmen: 0,50 *H* in Kerngebieten, 0,25 *H* in Gewerbe- und Industriegebieten, 0,40 *H* zu öffentlichen Verkehrs-, Grün- und Wasserflächen, 0,25 *H* zu öffentlichen Verkehrs-, Grün- und Wasserflächen in Kern-, Gewerbe- und Industriegebieten.

In Sondergebieten können geringere Tiefen der Abstandsflächen gestattet werden, wenn die Nutzung des Sondergebiets dies rechtfertigt. In allen Fällen muss die Tiefe der Abstandsflächen mindestens 3 m betragen.

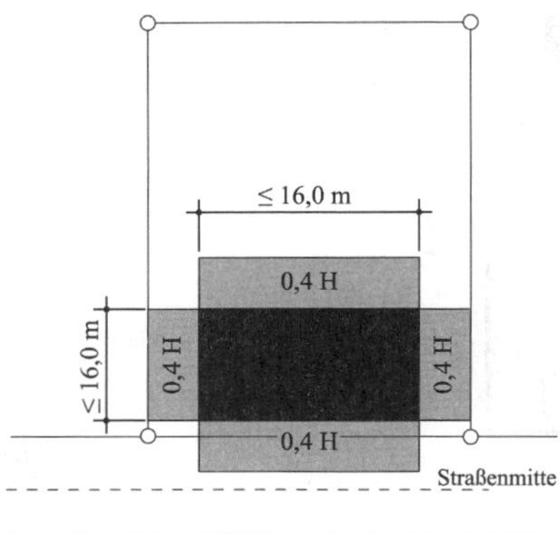

Auf einer Länge der Außenwände und von Teilen der Außenwände von nicht mehr als 16 m genügt gegenüber jeder Grundstücksgrenze und gegenüber jedem Gebäude auf demselben Grundstück als Tiefe der Abstandsflächen 0,4 *H*, in Kerngebieten 0,25 *H*, mindestens jedoch 3 m. Bei hintereinander liegenden Außenwänden wird nur die Außenwand mit der größten Länge auf die Länge angerechnet. Bei der Bemessung der Abstandsfläche bleiben außer Betracht: Hauseingänge, Erker, Balkons oder Ähnliches, wenn sie nicht mehr als 1,50 m ab jeweiliger Außenwand herausragen.

In überwiegend bebauten Gebieten können geringere Tiefen der Abstandsflächen gestattet oder verlangt werden, wenn die Gestaltung des Straßenbildes dies erfordert.

6.4 Begriffe der städtebaulichen Planung

Bauland: bebaubare, erschlossene Flächen, die innerhalb des Zusammenhangs bestehender Ortsteile liegen und/oder durch Bebauungspläne abgedeckt sind [2.29].

Bevölkerungsdichte: wird in der Regel bemessen in Einwohner/Quadratkilometer.

Bruttobauland: Bauland einschließlich der Flächen für die innere Erschließung (Verkehrsflächen, Stellplätze etc.), Gemeinbedarfsflächen, gebietsbezogenen öffentlichen Grünflächen oder Ähnliches. Der Durchschnittswert für die innere Erschließung liegt bei 15 bis 20 % des Nettobaulandes.

Nettobauland: überbaute und nicht überbaute Grundstücksflächen einschließlich der Flächen für Nebenanlagen, Stellplätze, Zufahrten, Spielplätze, Terrassen etc.; Durchschnittswert 135 Quadratmeter/EW.

Nettowohnbauland: Teil des Nettobaulandes, der für Wohnungen bestimmt ist bzw. mit Wohngebäuden bebaut ist.

Bruttobaudichte: ergibt sich aus dem Verhältnis des Bruttobaulandes zu den Einwohnern. Erschließungsaufwand, die Quantität der öffentlichen und privaten Einrichtungen und die durch die Haustypen hervorgerufenen Wohndichten wirken sich entscheidend auf die Bruttobaudichte aus. Der Durchschnittswert liegt bei 175 Quadratmeter/EW.

Bruttowohndichte: Einwohner bezogen auf das Bruttobaugebiet in EW/ha. Als Vergleichswert muss hier bedacht werden, dass die zum Wohngebiet gerechneten Flächen für Gemeinbedarf oder Grünflächen keine überörtlichen Funktionen erfüllen.

Nettowohndichte: Einwohner bezogen auf die zur Wohnbebauung vorgesehenen bzw. vorhandenen Grundstücke (Nettowohnbauland) in EW/ha. Die Nettowohndichte gibt gute Richtwerte für die Ausnutzung der Grundstücke und der Dichtewerte an: bei einer Einzelhausbebauung beträgt sie in der Regel etwa 80 EW/ha, bei Einfamilienreihenhäuser um die 180 EW/ha, bei einem viergeschossigen Mietwohnungsbau bis etwa 400 EW/ha und in intensiv bebauten Altstadtquartieren bis zu 600 bis 700 EW/ha.

Siedlungsdichte: wird gemessen in Einwohner je ha besiedelter Fläche.

Gemeinbedarfseinrichtungen: sind Einrichtungen für kulturelle, soziale, schulische und kirchliche Zwecke, öffentliche Verwaltungen sowie Versorgungseinrichtungen (z. B. Schulen, Kindergärten, Kraftwerke, Wasserwerke, Kläranlagen, Schwimmbäder, Jugendheime, Feuerwehrhäuser, Rathäuser, Bauhöfe).

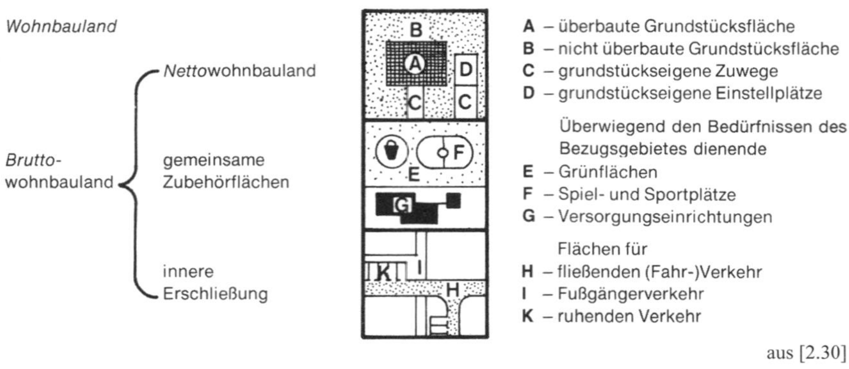

aus [2.30]

7 Ruhender Verkehr im Stadtquartier

7.1 Stellplatzbedarf

Beim Bauantrag muss nachgewiesen werden, dass die erforderlichen Stellplätze auf dem eigenen Grundstück oder an anderer Stelle (z. B. durch die Eintragung einer Baulast) sichergestellt werden. Ist dies nicht der Fall, kann die Stadt eine Ablösesumme verlangen, um die Stellplätze an anderer Stelle zu realisieren. Der Stellplatzbedarf wird in der Regel in den einzelnen Bundesländern durch Stellplatzverordnungen oder -richtlinien vorgeben. Die Städte und Gemeinden können diese Verordnungen durch eigene Stellplatzsatzungen für ihr Gemeindegebiet präzisieren oder verändern.

Der Stellplatzbedarf wird bei Wohngebäuden z. B. mit 1 bis 2 Stellplätzen je Wohnung/ Einfamilienhaus festgelegt. Je dichter das Stadtgebiet mit öffentlichen Verkehrsanlagen versorgt wird und die Gebäude über einen günstigen Verkehrsanschluss verfügen, kann die Zahl der geforderten Stellplätze verringert werden. Auch die Mobilität bestimmter Personengruppen wirkt sich auf die Festsetzung des Stellplatzschlüssels aus: für Altenwohnungen 0,5 je Wohnung oder bei Studentenwohnheimen 1 Stellplatz je 2 Betten.

Bei Büro-, Verwaltungs- und Praxisräumen werden die Stellplätze entsprechend der Nutzfläche festgelegt: z. B. ein Stellplatz je 30 bis 40 Quadratmeter Nutzfläche oder bei stark frequentierten Bereichen entsprechend höher.

Bei Sportstätten besteht eine Abhängigkeit der geforderten Stellplatzzahl zu den Sport- und Hallenflächen bzw. bei Versammlungsstätten oder Kirchen zur Anzahl der Sitzplätze (z. B. bei Theater und Mehrzweckhallen 1 Stellplatz je 5 Sitzplätze). Bei Gaststätten von örtlicher Bedeutung wird z. B. 1 Stellplatz je 8 bis 12 Sitzplätze gefordert; bei Schulen gelten die Schülerzahlen als Bemessungsgrenze und bei Krankenhäusern die Anzahl der Betten.

Bei der Planung spielt die Anzahl von Stellplätzen bei Verkaufsstätten und Verbrauchermärkten eine große Rolle: hier wird oft eine größere Anzahl an Stellplätzen gefordert als nach der Berechnung gebaut werden müssten.

Die in den Länderverordnungen oder städtischen Stellplatzsatzungen festgelegten Werte können im Baugenehmigungsverfahren zwischen den unteren und oberen Werten angesetzt werden.

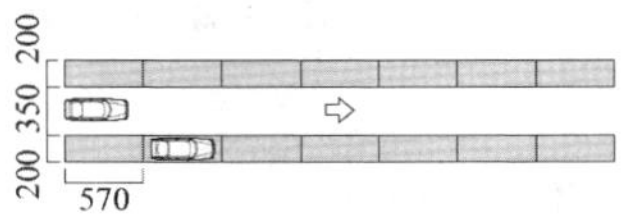

Längsaufstellung

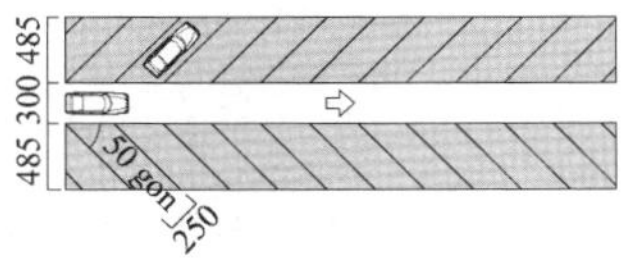

Schrägaufstellung 50 gon (45°)

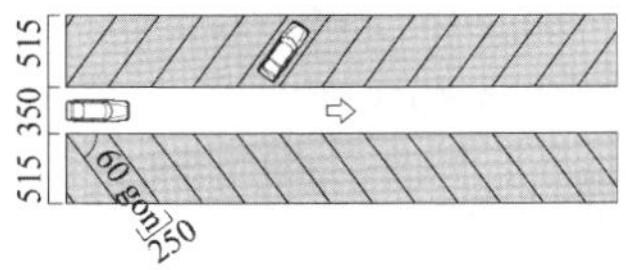

Schrägaufstellung 60 -gon (54°)

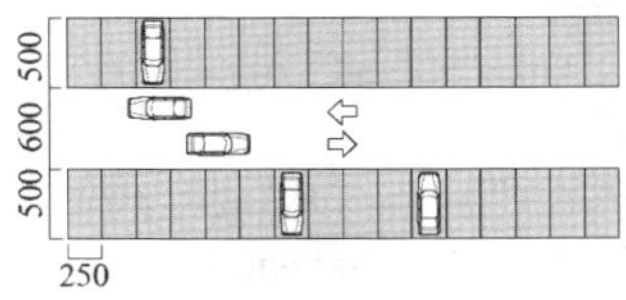

Senkrechtaufstellung

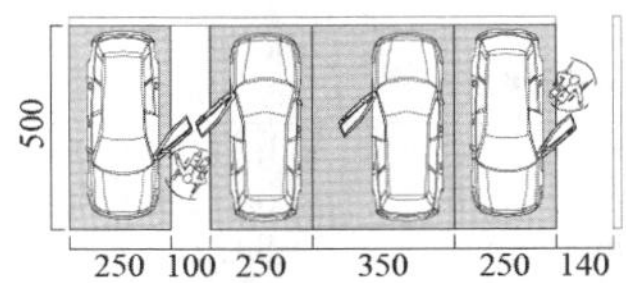

Parkstände für Rollstuhlbenutzer

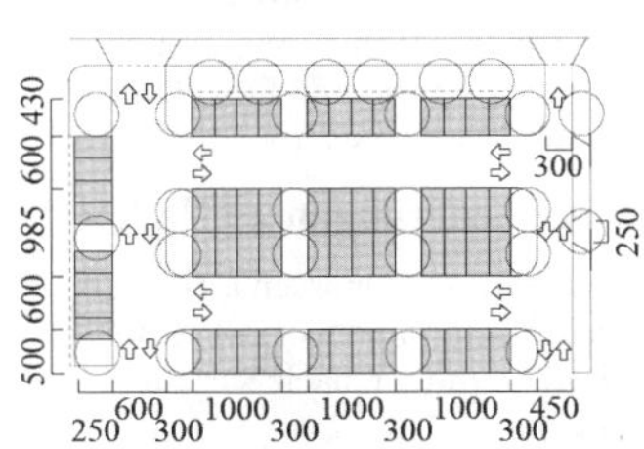

Beispiel Parkstandeinteilung

Abmessungen von Parkständen und Fahrgassen für PKW [2.31] (s. a. Kap. 2C Abschnitt 3.3)

2 B Landschaftsbau/Gehölzanwendung

Prof. Dipl.-Ing. Rüdiger Wormuth

1 Allgemeines

Es werden zunächst als Grundlagen für Leistungsverzeichnisse nach DIN 18 320 – Landschaftsbauarbeiten (ATV VOB, Teil C) – Gütebestimmungen für Baumschulpflanzen dargestellt, wie sie von der Forschungsgesellschaft Landschaftsentwicklung-Landschaftsbau e. V., Bonn (FLL) entwickelt wurden. Grundlage der Ausführung von Pflanzungen ist DIN 18 916.

Die Gestalt, die Eigenschaften und die Eignung von Gehölzen werden sodann tabellarisch, nach Bäumen, Heckengehölzen und Klettergehölzen differenziert, zusammengestellt, um eine gute Vergleichbarkeit zu bieten und Planungsentscheidungen zu erleichtern.

2 Gütebestimmungen für Baumschulpflanzen [2.40]

2.1 Begriffe, Abkürzungen

2.1.1 Anzuchtformen

	Abkürzung		Abkürzung		Abkürzung
(Jungpflanze	Jpf)	Busch (Obst)	Bu	Alleebaum	Al
leichter Strauch	lStr	Stammbusch	Stbu	Solitärgehölz	Sol
verpflanzter Strauch	vStr	Stamm von Sträuchern	Sta	Heckenpflanze	He
leichter Heister	lHei	Halbstamm	ha	(Forstgehölz	F)
verpflanzter Heister	vHei	Hochstamm	H		

2.1.2 Anzuchtstand

jährig	j.	… mal verpflanzt	xv.	aus extraweitem Stand	ew.
verpflanzt	v.	aus weitem Stand	w.		

2.1.3 Wurzelbeschaffenheit

bewurzelt	bew.	wurzelverpackt	wvp.	mit Topf	P(≤2,0l)
ohne Ballen	oB.	mit Ballen	mB.	mit Container	C(≥2,0l)
wurzelecht	we.	mit Drahtballen	mDb.		

2.1.4 Maßarten

hoch	h. (cm)	Stammhöhe	Sth.
breit	br. (cm)	Grundstämme	Gst.
Stammumfang	StU. (cm)	Triebe	Tr.
Durchmesser	∅ (cm)	Kronenbreite	Krbr.

Beispiel einer Bezeichnung:

Winterlinde, Hochstamm, dreimal verpflanzt aus extraweitem Stand, Stammhöhe 300 cm, Stammumfang 14–16 cm, mit Drahtballen:
Tilia cordata H. 3xv. ew. Sth. 300 StU. 14–16 mDb.

2.2 Anforderungen an Nadelgehölze (Kurzfassung)

- Nadelgehölze müssen art-, alters- und standortbedingt mind. alle zwei Jahre, spätestens alle drei Jahre verpflanzt worden sein. Lieferung mB., P oder C. Ausnahmen siehe [2.40].
- Bezweigung je nach Sorte und Wuchseigenschaft vom Boden an. Benadelung in sortentypischer Färbung.
- Starktriebige Nadelgehölze bis zum letzten Jahrestrieb voll bezweigt. Quirlabstände sowie Länge des letzten Jahres-Tr. in gutem Verhältnis zur Gesamtpflanze. Aufrecht wachsende Arten mit geradem Mittel-Tr.
- Sol. Nadelgehölze mind. alle 4 Jahre verpflanzt, ew. mB., ggf. mDb. oder C.
- He.-Pflanzen vom Boden an gut bezweigt und benadelt und ggf. durch regelm. Schnitt geformt.
- Sortierung nach Höhe und/oder Breite.

2.3 Anforderungen an Laubgehölze (Kurzfassung)

Tafel 2.37 Anzuchtformen und Anforderungen (spez. Gütebestimmungen)

Anzuchtform (Abk.)	Beschreibung/allgemeine Anforderungen	spezielle Anforderungen
lStr	Wachsen nicht baumartig und i.d.R. mehrtriebig. Sortierung n. Triebzahl u. -höhe. Nach dem letzten Verpflanzen max. zwei Veg.-Per. Standzeit.	mind. 1 xv. mind. 2 Tr.[1]
vStr		
SolStr	Nach dem letzten Verpflanzen höchstens vier Veg.-Per. Standzeit.[1]	3 xv. als vStr ew. mB., mDb. oder C
lHei.	Hei. wachsen baumartig mit seitl. Beastung ohne Krone. Sortierung n. Höhe.	1 xv. nach dem Verpfl. max. zwei Veg.-Per. Standzeit
vHei.		
Stbu.	v. Hei. mit guter Zweiggarnierung, Sortierung nach StU.	mind. StU. 12, Mindesthöhe 250; als Hei. v. ew. kultiviert u. nach dem letzten Verpfl. max. vier Veg.-Per. Standzeit. 3/4 xv. StU. 12–14/18–20
SolStbu.		als Stbu. ew. kultiviert u. danach nach max. 4 Veg.-Per. v. mDb. oder C. Stammgarnierung ausdrucksvoll.
mehrtriebige SolStbu.		mehrtriebig unterhalb 0,5 m, sonst wie SolStbu.[2]
H.	Bäume, gegliedert in Stamm und Krone. Max. vier Veg.-Per. Standzeit, n. dem letzten Verpfl. Sortierung n. StU.	2 xv. w. Sth. mind. 180[2] 3 xv. ew. Sth. mind. 200[2] Ballenpfl. mDb. oder C
SolH.		kultiviert wie H. 3 xv. ew., danach n. vier Veg.-Per. erneut zu verpfl. mDb. oder C. Für Al und besondere Kronenformen.[2]
He.	Baum- o. strauchartig. Durch Wuchsform und Schnittverträglichkeit f. Formhecken geeignet.	strauchartig wachsende He. siehe: 1Str., vStr. u. SolStr.[2]

[1] Ausnahmen siehe [2.40]. [2] Besondere Anforderungen siehe [2.40].

3 Gehölze: Gestalt, Eigenschaften, Eignung

3.1 Allgemeines

Jede Art hat ihre besondere Kronenform, die sich jedoch je nach Standort (Boden, Klima, Exposition), Anzuchtform, ob als frei stehendes oder als Gruppengehölz und je nach den bisher erfolgten Schnittmaßnahmen unterschiedlich ausbilden kann [2.41]. Die hier dargestellten Formen entstehen bei normaler Entwicklung am richtigen Standort in Einzelstellung. Auch die Baumgröße variiert bei unterschiedlichen Standortbedingungen.

Bäume, Kronenform

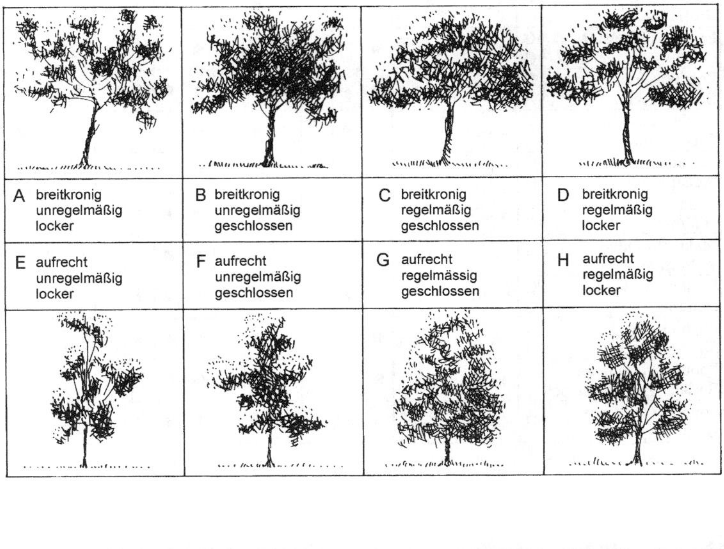

Es werden hier aus der großen Anzahl der von den Baumschulen angebotenen Arten und Sorten, bis auf einige Ausnahmen, die nur in Mitteleuropa heimischen dargestellt. Die letzte Tabellenspalte (Anwendungsbereich) enthält in Fußnoten Empfehlungen der Gartenamtsleiterkonferenz (GALK). Sie gelten für Baumpflanzungen im öffentlichen Freiraum, insbesondere an Straßen. Nicht befußnotete Arten werden von der GALK als nicht geeignet eingestuft für die Verwendung als Straßenbaum bzw. sie sind in der Straßenbaumliste nicht enthalten.

3.2 Bäume

Tafel 2.38 Bäume: Gestalt, Eigenschaften, Eignung

Name	Gestalt			Wurzelsystem			Bodenansprüche				Lichtansprüche						Anwendungsbereich
Botanischer und deutscher Name	Kronenform	Höhe in m	Breite in m	flach verwurzelt	tief verwurzelt	Pfahlwurzel	leicht	schwer	trocken	feucht	sonnig	halbschattig	schattig	Blüte	Fruchtschmuck	Herbstfärbung	
Acer campestre **Feldahorn**	D	15	15	●		●	●		●							●	Pioniergehölz[2)]
Acer platanoides **Spitzahorn**	G	20-30	20		●		●	●			●			●		●	Park- und Alleebaum[2)3)]
Acer pseudoplatanus **Bergahorn**	G	25-40	25		●			●		●	●	●		●			Park- und Alleebaum
Aesculus hippocastanum **Roßkastanie**	G	25-30	15-25	●	●			●		●	●	●		●			Park- und Alleebaum[2)]
Alnus glutinosa **Roterle**	F	10-20	8-12		●			●	●	●	●						Parkbaum, Uferbefestigung
Alnus incana **Grauerle**	G F	6-10	4-8	●	●				○	●	●	●					Pioniergehölz
Betula pendula **Sandbirke**	H	18-25	7-12	●			●		●					●		●	Park-, Alleebaum, Pioniergehölz[2)]
Betula pubescens **Moorbirke**	G H	10-20	8-12	●			●		●	●				●		●	Parkbaum
Carpinus betulus **Hainbuche**	G	10-20	7-12	●			●	●	●	●	●	●	●				Parkbaum, Heckengehölz[2)]
Corylus colurna **Baumhasel**	G	18	12	●	●		○	●	○		●	●		●		●	Straßenbaum[1)]
Crataegus carrieri **Apfeldorn**	B	7	7-10		●		●	●	●	●	●	●		●	●	○	Straßenbaum[1)]
Crataegus monogyna **Weißdorn**	C G	6-10	3-4	●	●		●	●	●	●	●	●		●	●	●	Straßenbaum, Heckengehölz[1)]
Fagus sylvatica **Rotbuche**	C G	25-30	25-30	●				●		●	●	●	●				Parkbaum (kalkliebend)
Fraxinus excelsior **Esche**	C G	25-40	20-35	●		●		●		●		●					Park- und Alleebaum[2)]
Fraxinus ornus **Blumenesche**	D H	8-10	4-8	●			●	●	●	●	●	●		●		●	Kleiner Straßenbaum[1)]
Gleditsia triacanthos **Gleditschie**	E	10-25	8-15		●		●	●	●	●	●					●	Park- und Alleebaum
Ilex aquifolium **Stechpalme**	C G	3-6	3-5	●	●			●	●	●		●	●		●		Immergrünes Parkgehölz
Juglans regia **Walnuss**	G	15-20	10-15	●		●		●		●	●	●					Park- und Alleebaum
Malus floribunda **Wildapfel**	B	4-6	4-6	●				●		●	●			●	●	●	Kleinkroniger Zierbaum[2)]
Platanus acerifolia **Platane**	C G	20-30	15-25		●			●	●	●	●	●					Alleebaum,[1)] schnittverträglich
Populus alba **Silberpappel**	D H	20-35	15-18	●	○			●		●	●	●					Wind- und Küstenschutz
Populus berolinensis **Berliner Lorbeerpappel**	G	18-25	10	●				●		●	●						Alleebaum[2)]
Populus canescens **Graupappel**	B	20-25	15-20		●		●	●	●	●	●	●					Park- und Alleebaum

● zutreffend ○ bedingt zutreffend

(Fortsetzung folgende Seite, Fußnoten s. dort)

Tafel 2.38 Bäume: Gestalt, Eigenschaften, Eignung (Fortsetzung)

Name	Gestalt			Wurzelsystem			Bodenansprüche				Lichtansprüche						Anwendungsbereich
Botanischer und deutscher Name	Kronenform	Höhe in m	Breite in m	flach verwurzelt	tief verwurzelt	Pfahlwurzel	leicht	schwer	trocken	feucht	sonnig	halbschattig	schattig	Blüte	Fruchtschmuck	Herbstfärbung	
Populus nigra **Schwarzpappel**	G	20-25	15-20	●			○	●	○	●	●	●					Parkbaum
Populus nigra „Italica" Säulenpappel	G	25-30	3-5	●				●		●	●					●	Alleebaum
Populus tremula **Zitterpappel**	F	10-20	7-10	●			●	●	●	●	●	●				●	Parkbaum
Prunus avium **Vogelkirsche**	C G	15-20	10-15	●				●		●	●	●		●		●	Alleebaum
Prunus padus **Traubenkirsche**	C	6-10	4-8	●			○	●		●	●	●		●			Park- und Pioniergehölz
Quercus coccinea **Scharlacheiche**	H	15-18	9-12	●			●	●	●	●	●					●	Park- und Straßenbaum
Quercus petraea **Traubeneiche**	C G	20-30	15-20	●		●	●	●	●		●	●				○	Park- und Straßenbaum[1]
Quercus robur **Stieleiche**	D H	25-35	15-20		●	●		●		●	●	●				●	Park- und Straßenbaum[1]
Quercus rubra **Amerik. Roteiche**	G	20-25	12-18	●			●	●		●	●					●	Park- und Straßenbaum[2]
Robinia pseudoacacia **Robinie, Scheinakazie**	A	20-25	12-18	●		●	●	●	●	●	●			●			Parkbaum,[1] Pioniergehölz[3]
Salix alba **Silberweide**	H	15-20	10-15	●			○	●		●	●			●			Parkbaum (am Wasser)
Salix caprea **Salweide**	H	5-8	3-6	●			●	●	●	●	●	●		●			Pioniergehölz
Sorbus aria **Mehlbeere**	C	6-12	4-7		●			○	●		●	●		●			Kl. Alleebaum[2], Pioniergehölz
Sorbus aucuparia **Eberesche**	H	6-12	4-6	●			○	●	○	●	●	●		●	●	●	Park- und Alleebaum
Sorbus intermedia **Oxelbeere**	C G	10-12	5-7		●		●	●	●	●	●			●		●	Alleebaum,[2] Pioniergehölz
Sorbus torminalis **Elsbeere**	G	10-20	7-12		●			●	●					●	●	●	Park- und Alleebaum
Tilia cordata **Winterlinde**	C G	18-25	10-15		●	●	●	●		●	●	●		●		●	Park-/Alleebaum[2], schnittverträglich[3]
Tilia europaea **Holländ. Linde**	G	25-30	18-20		●			●	○	●				●		●	Park- und Alleebaum[1]
Tilia europaea „Pallida" **Kaiserlinde**	G	30-35	12-18	●	●			●	○	●	●			●		●	Park- und Straßenbaum[1]
Tilia platyphyllos **Sommerlinde**	G	30-35	18-25		●	●		●		●	●	●		●		●	Park- und Straßenbaum
Tilia tomentosa **Silberlinde**	G	25-30	15-20		●			●	●	●	●			●		●	Park- und Straßenbaum[2]
Ulmus carpinifolia **Feldulme, Rüster**	C G	20-35	18-25		●	●		●		●	●	●				●	Park- und Alleebaum
Ulmus glabra **Bergulme**	B	25-35	20		●	●		●		●	●	●				●	Park- und Alleebaum

● zutreffend ○ bedingt zutreffend

[1] Empfehlung für die Verwendung als Straßenbaum nach [2.49]. Als Beurteilungskriterien werden nach [2.49] u.a. angesetzt: Standortansprüche, Widerstandsfähigkeit gegen Umweltbelastungen und Krankheiten, Stand- und Verkehrssicherheit (Bruchgefahr/Fruchtfall usw.), Pflegeaufwand.

[2] „Bedingt geeignet" bzw. nur in bestimmten Sorten nach [2.49] empfohlen.

[3] Es gibt kleinkronige Sorten mit guter Schnittverträglichkeit für besondere räumliche Wirkungen.

3.3 Heckengehölze

Die Auswahl in Tafel 2.40 beschränkt sich auf europäische Gehölze.

Tafel 2.40 Heckengehölze: Eigenschaften, Eignung

Name				Wuchs-geschwindig-keit			Bodenansprüche				Licht-ansprüche								
Botanischer und deutscher Name	immergrün	sommergrün	Wuchshöhe in m	schnell	mittel	langsam	leicht	schwer	trocken	feucht	sonnig	halbschattig	schattig	formschnittgeeignet	Blüten	Fruchtschmuck	Blätter (Herbstfärbung)	Vogelnährgehölz	Bienennährgehölz
Acer campestre **Feldahorn**		●	9		●		●		●		●	●	○	○		●	●		●
Buxus sempervirens « Suffroticosa » **Buchsbaum**	●		0,4			●		●	●	●	●	●	●	●					●
Buxus sempervirens –	●		1			●		●	●	●	●	●	●	●					●
Buxus sempervirens arborescens –	●		2			●		●	●	●	●	●	●	●					●
Carpinus betulus **Hainbuche (Weißbuche)**		●	9		●		●	●	●	●	●	●	●	●					
Crataegus laevigata **Zweigriffliger Weißdorn**		●	6		●			●	○	●	●	●		●	●	●	●	●	
Crataegus monogyna **Eingriffliger Weißdorn**		●	6		●			●	○	●	●	●		●	●	●	●	●	
Ilex aquifolium **Stechpalme**	●		6			●		●	○	●		●	●	○		●			
Ligustrum vulgare **Liguster**	○	●	4		●		●	●	●	●	●	●	●	●				●	
Philadelphus coronatus **Pfeifenstrauch**		●	4		●			●	○	●	●	●		○	●				
Rosa arvensis **Feldrose**		●	2		●			●	●	●	○	●			●	●		●	●
Rosa canina **Hundsrose**		●	3	●				●	●	●	●	○			●	●		●	●
Rosa glauca **Hechtrose**		●	3		●		○	●	●		●	●			●	●	●	●	●
Rosa rugosa **Apfelrose**		●	2	●			●	○	●		●				●	●	●	●	●
Syringa vulgaris **Flieder**		●	6			●	○	●	○	●	●	●		○	●				
Taxus baccata **Eibe**	●		9		●			●		●	●	●	●	●					
Thuja occidentalis **Lebensbaum**	●		10			●		●		●	●	●		●					
Viburnum lantana **Wolliger Schneeball**		●	4	●			●	●	●	○	●	○			●	●	●	●	
Viburnum opulus **Schneeball**		●	9	●				●		●	●	●			●	●	●	●	

● zutreffend ○ bedingt zutreffend

3.4 Klettergehölze

Tafel 2.41 Klettergehölze: Eigenschaften, Eignung

Name				Wuchsgeschwindigkeit			Lichtansprüche			Kletterart			Dekor			Anwendungsbereich
Botanischer und deutscher Name	immergrün	sommergrün	Wuchshöhe in m	schnell	mittel	langsam	sonnig	halbschattig	schattig	Selbstklimmer	Schlinger	Ranken	Blüten	Fruchtschmuck	Blätter	
Aristolochia durior **Pfeifenwinde**		●	10	●			○	●	●		●		○		●	Pergolenbegrünung, großblättrig
Campsis radicans **Trompetenwinde**		●	10	●			●			●	○		●			Pergolenbegrünung[1)2)]
Celastrus orbiculatus **Baumwürger**		●	12	●			●				●			●	●	Pergolenbegrünung, Herbstfärbung[4)]
Clematis vitalba **Wilde Waldrebe**		●	30	●			●	●			●		●	●		Pergolenbegrünung[1)2)3)]
Clematis montana «Rubens» **Anemonenwaldrebe**		●	8	●			●	●			○	●	●			Pergolenbegrünung[1)]
Hedera helix **Efeu**	●		30			●		●	●	●						Fassadenbegrünung[2)3)]
Hydrangea petiolaris **Kletterhortensie**		●	10-15		●		●	●	●	●	○		●			Pergolen- und Fassadenbegrünung
Lonicera carprifolium **Geißblatt**		●	6-8		●		●	●			●		●			Pergolenbegrünung[3)]
Parthenocissus quinquefolium **Wilder Wein**		●	15-20	●			●	●	●	●	○	●			●	Fassadenbegrünung,[2)] Herbstfärbung
Parthenocissus tricuspidata «Veitchii» **Wilder Wein**		●	15-20	●			●	●		●		●			●	Fassadenbegrünung,[2)] Herbstfärbung
Polygonum aubertii **Knöterich**		●	8-15	●			●	●	○		●		●			Pergolen- und Fassadenbegrünung
Wisteria sinensis **Blauregen**		●	6-10	●			●	●			●		●			Pergolenbegrünung[4)]

● zutreffend ○ bedingt zutreffend

1) Wurzelscheibe vor Sonne und Trockenheit schützen.

2) Ohne Hilfe kletternd.

3) Heimisch in Mitteleuropa.

4) Stark schlingend: Regenfallrohre sind gefährdet!

3.5 Giftige Gehölze

Bei der Gehölzverwendung im öffentlichen Raum sind giftige Gehölzpflanzen zu vermeiden, bei Kinderspielplätzen und Freiräumen zum Spielen sind sie verboten (DIN 18 034, 09.2012). Zwar sind einige der folgenden Gehölze nur in Teilen (z.B. Früchte) giftig, verwendet werden sollen sie keinesfalls: Buchsbaum (Buxus sempervirens), Eibe (Taxus baccata), Efeu (Hedera helix), Goldregen (Laburnum anagyroides), Holunder (Sambucus nigra, alle rohen Pflanzenteile), Immergrün (Vinca minor), Jelängerjelieber (Lonicera-Arten), Kirschlorbeer (Prunus laurocerasus), Lebensbaum (Thuja occidentalis), Pfaffenhütchen (Euonymus europaea), Liguster (Ligustrum vulgare), Rhododendron-Arten, Robinie (Robinia pseudoakazia), Seidelbast (Daphne mezereum), Stechpalme (Ilex aquifolium).

4 Schutz von Bäumen, Pflanzenbeständen und Vegetationsflächen bei Baumaßnahmen (nach DIN 18 920)[1)]

Vegetationsschutz dient der Werterhaltung (Baumschutz) und der Sicherung der natürlichen Lebensgrundlagen. Er ist gleichzeitig auch Bodenschutz.

Die Anwendung der DIN 18 920 soll die durch bauliche Eingriffe entstehenden Schäden minimieren helfen. Die im Einzelnen vorzusehenden Schutzmaßnahmen sollten nur von fachlich qualifizierten Firmen des Garten- und Landschaftsbaus durchgeführt werden.

- **Schutz von Vegetationsflächen**

- Etwa 2,0 m hohe, standfeste Maschendrahtumzäunung, seitlicher Zaunabstand: 1,5 m
- Verbot der Bodenverunreinigung (Mineralöl, Säuren, Laugen, Farben, sonstige Chemikalien, bodenverfestigende Stoffe wie Zement, Zementmilch usw.) und Vernässung
- Schutz vor Hitze. Pflanzenbestandteile dürfen keinen Temperaturen über 40 °C ausgesetzt werden. Entweder ist der Abstand der Hitzequellen zu vergrößern oder sie sind abzuschirmen.

- **Schutz der Wurzelscheiben von Bäumen** (siehe auch oben)

- Verbot von Bodenverdichtungen (z. B. durch Lagern von Baustoffen und Gerät und durch Befahren) und Vernässung
- Verbot von Überfüllungen[2)]
- Verbot von Bodenabtrag[2)]
- Einzäunung (Kronentraufe zzgl. 1,5 m, bei Säulenformen zzgl. 5 m) etwa 2,0 m hoch.

- **Besondere Baumschutzmaßnahmen**

- Bei Freistellung von Bäumen Schutz des Stamms und der Hauptäste gegen Sonneneinstrahlung und Rindenbrand
- Kurzfristige Aufgrabungen (z. B. Rohrgräben) in Handarbeit nur bis auf 2,5 m an den Stamm zulässig. Besondere Behandlung der berührten Wurzeln. In Sonderfällen Unterschreitung des o.a. Abstands.
- Bei langfristigen Aufgrabungen (Baugruben) Erstellung von **Wurzelvorhängen** nach Vorschrift eine Vegetationsperiode vor Baubeginn.
- Bei Leitungsverlegung möglichst **Unterfahrung** der Wurzelbereiche, Einbringung von Leerrohren.
- Stämme gegen Stoß durch **Abpolsterungen**, Kronen durch **Hochbinden** schützen. Keine Beschädigung von Ästen und Stamm (Verbot des Einschlagens von Nägeln, Bauklammern usw.).
- Gründungen sind im Wurzelscheibenbereich nur ausnahmsweise auf Punktfundamenten zulässig, deren Lage muss vorher durch Sondierung festgelegt werden, um keine Hauptwurzeln zu schädigen.
- Bei unvermeidbaren Grundwasserabsenkungen ausreichendes Wässern der Bäume nach Erfordernis; ggf. zusätzliche Maßnahmen.
- Vermeidung der Drainagewirkung sandverfüllter Leitungsgräben.
- Unvermeidbare Baustellenüberfahrten und Lagerflächen für Baustoffe sind abzupuffern z.B. (Reihenfolge von unten nach oben) durch vlieskaschiertes Geogitter oder Dränverbundstoffe, ungebundene Tragschichtdicke mindestens 20 cm aus Gesteinskörnungsgemisch zur Lastverteilung und Belüftung, Auflage von Baggermatratzen, Bohlen o. Ä.

Die Anwendung dieser allgemein anerkannten Regeln ist nur möglich, wenn vor Beginn der Baustelleneinrichtung die vorhandene Vegetation und die Schutzbereiche exakt aufgenommen und bei der Planung der Baustelleneinrichtung berücksichtigt wurden.

---

1) I. d. F. 07/2014

2) Diese Verbote können ggf. begründet und unter bestimmten Voraussetzungen sowie bei Berücksichtigung besonderer technischer Maßnahmen gelockert werden.

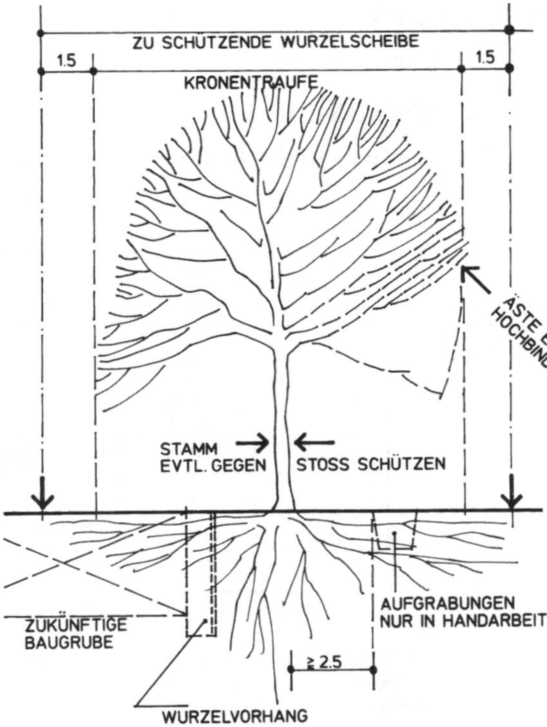

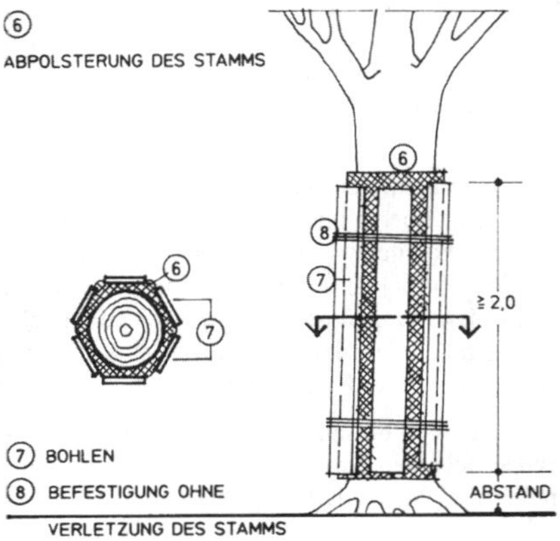

STOSS - SCHUTZ DES STAMMS

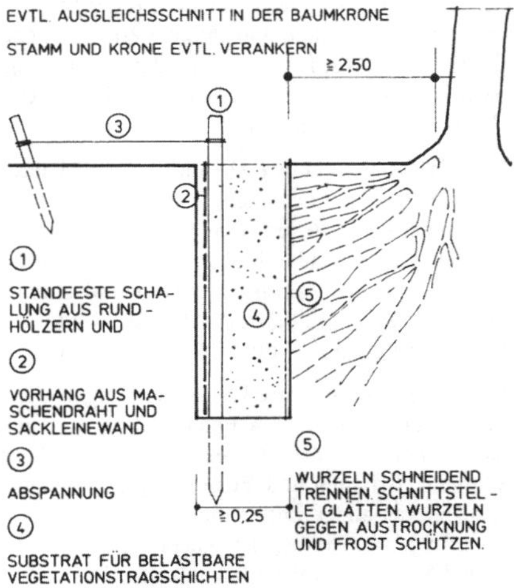

WURZELVORHANG

Übersichtsskizzen zur DIN 18 920 (Maße in mm)

2 C Straßen- und Verkehrswesen

Prof. Dipl.-Ing. Andreas Bracher

1 Grundsätze für innerstädtische Straßen (nach RASt)

1.1 Kategoriengruppen und Verbindungsfunktionsstufen (nach RIN)

Tafel 2.44 Einstufung der Straßen in Kategoriengruppen und Verbindungsfunktionsstufen

Kategoriengruppe / Verbindungsfunktionsstufe		Autobahnen	Landstraßen	anbaufreie Hauptverkehrsstraßen	angebaute Hauptverkehrsstraßen	Erschließungsstraßen
		AS	**LS**	**VS**	**HS**	**ES**
kontinental	**0**	**AS 0**		-	-	-
großräumig	**I**	**AS I**	**LS I**		-	-
überregional	**II**	**AS II**	**LS II**	**VS II**		-
regional	**III**	-	**LS III**	**VS III**	**HS III**	
nahräumig	**IV**	-	**LS IV**	-	**HS IV**	**ES IV**
kleinräumig	**V**	-	**LS V**	-	-	**ES V**

AS I vorkommend, Bezeichnung der Kategorie
(grau) problematisch
- nicht vorkommend oder nicht vertretbar
(Rahmen) Geltungsbereich der RASt

Die **Kategoriengruppe VS** umfasst anbaufreie Straßen im Vorfeld und innerhalb bebauter Gebiete. Bei der ersten Gruppe handelt es sich um die Fortsetzung von Landstraßen bei der Annäherung an größere zusammenhängend bebaute Gebiete. Die Straßenseitenräume sind häufig geprägt von einer lockeren Bebauung. Deshalb bleiben die Erschließungsansprüche noch gering. Nur ein geringer Teil der Bebauung wird unmittelbar von der Straße erschlossen. Mit der Randbebauung verbunden sind im Allgemeinen fahrbahnseitige Verkehrsflächen für den nicht motorisierten Verkehr. Die Straßen der Gruppe VS sind einbahnig oder zweibahnig ausgebildet. Die Verknüpfung mit dem nachgeordneten Straßennetz erfolgt überwiegend durch plangleiche Knotenpunkte mit Lichtsignalanlagen (LSA) oder Kreisverkehre.

Die **Kategoriengruppe HS** umfasst angebaute Straßen innerhalb bebauter Gebiete. Sie bilden das System des innerörtlichen Hauptverkehrsstraßennetzes und übernehmen in der Regel auch die Linien des öffentlichen Nahverkehrs. Sie können auch Bestandteile zwischengemeindlicher Verbindungen sein (Ortsdurchfahrten). Hinsichtlich der straßenrechtlichen Widmung kann es sich um Bundes-, Landes-, Kreis- oder Gemeindestraßen handeln. Die Straßen der Gruppe HS sind einbahnig oder zweibahnig ausgebildet. Die Verknüpfung mit Straßen der gleichen Kategoriengruppe erfolgt im Allgemeinen durch plangleiche Knotenpunkte mit LSA oder Kreisverkehre.

Die **Kategoriengruppe ES** umfasst angebaute Straßen innerhalb bebauter Gebiete, die im Wesentlichen der unmittelbaren Erschließung der angrenzenden bebauten Grundstücke oder dem Aufenthalt dienen. Darüber hinaus übernehmen diese Straßen die flächenhafte Erschließung der durch Wohnen, Arbeiten und Versorgung geprägten Ortsteile. Sie sind grundsätzlich einbahnig und werden untereinander mit plangleichen Knotenpunkten ohne Lichtsignalanlage verknüpft. Die Verknüpfung mit Straßen der Kategoriengruppe HS erfolgt durch plangleiche Knotenpunkte mit und ohne LSA bzw. Kreisverkehre.

Bei der Planung und beim Entwurf von Stadtstraßen sind die verschiedenen Nutzungsansprüche untereinander und mit den Umfeldnutzungen abzustimmen. Soweit erforderlich, ist die Verkehrssicherheit zu verbessern. Für die verträgliche Nutzung unter Wahrung der städtebaulichen, gestalterischen und ökologischen Zusammenhänge stehen häufig nur vorgegebene Flächen zur Verfügung.

1.2 Differenzierung von Stadtstraßen

Zur Charakterisierung von Stadtstraßen werden verkehrliche und städtebauliche Merkmale herangezogen. Da die Kombination aller möglichen Merkmale zu einer nicht überschaubaren Vielfalt führt, werden typische Entwurfssituationen definiert, mit denen die meisten praktisch vorkommenden Entwurfsaufgaben bearbeitet werden können.

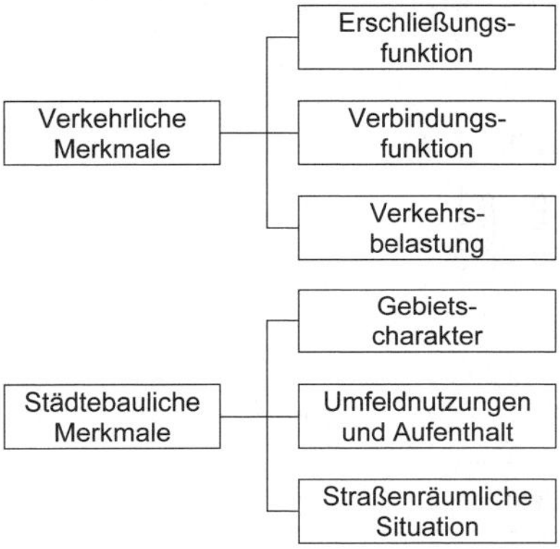

Abb. 2.45a Merkmale zur Differenzierung von Stadtstraßen

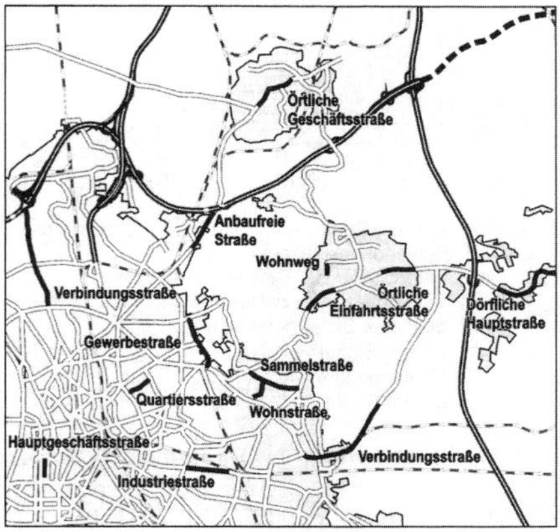

Abb. 2.45b Typische Entwurfssituationen

Tafel 2.45 Zuordnung der Straßenkategorien zu den typischen Entwurfssituationen

Typische Entwurfssituation	Straßenkategorie
Wohnweg	ES V
Wohnstraße	ES V
Sammelstraße	ES IV
Quartierstraße	ES IV, HS IV
Dörfliche Hauptstraße	HS IV, ES IV
Örtliche Einfahrtstraße	HS III, HS IV
Örtliche Geschäftsstr.	HS IV, ES IV
Hauptgeschäftsstraße	HS IV, ES IV
Gewerbestraße	ES IV, ES V, (HS IV)
Industriestraße	ES IV, ES V, (HS IV)
Verbindungsstraße	HS III, HS IV
Anbaufreie Straße	VS II, VS III

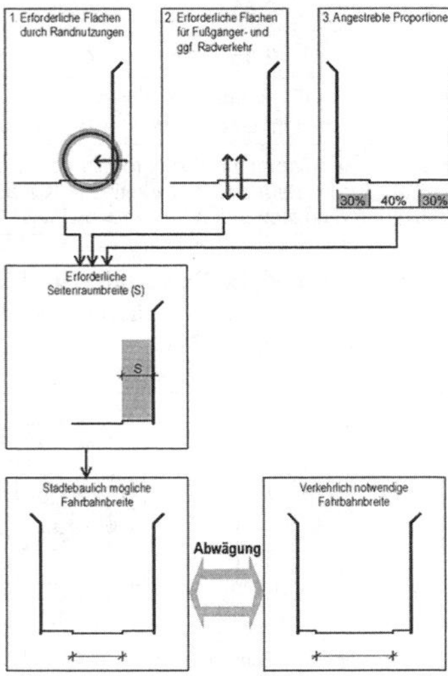

Abb. 2.45c Städtebauliche Bemessung

Für den Entwurfsvorgang kann zwischen zwei verschiedenen Arbeitsweisen gewählt werden:

1. Geführter Entwurfsvorgang mit Zuordnung zu einer typischen Entwurfssituation und Auswahl des Querschnitts gem. Abschn. 2.
2. Individueller Entwurf durch Auswahl der Entwurfselemente mit Hilfe der städtebaulichen Bemessung (vgl. Abb. 2.45c).

1.3 Raumbedarf für den fließenden Verkehr

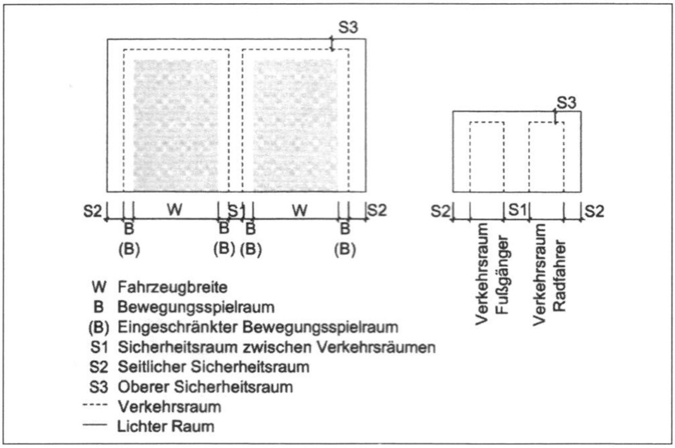

Abb. 2.46a Zusammensetzung des Raumbedarfs für Fahrzeuge (einschl. ÖPNV), Fußgänger und Radfahrer

Tafel 2.46a Bestandteile des Raumbedarfs für Kraftfahrzeuge

Fahrzeugart	*W* in m	*H* in m	*B* in m	*S1* in m	*S2* in m
Pkw	1,75	1,70	0,25 (0,15)	0,25 (0,00)[1)]	0,50 (0,25)
Lieferfahrzeug	2,10	2,40	0,25 (0,20)	0,25 (0,00)[1)]	0,50 (0,25)
Lkw	2,55	4,20	0,25 (0,20)	0,25 (0,00)[1)]	0,50 (0,25)
Linienbus	2,55	4,20	0,25 (0,20)	0,40 (0,00)[1)]	0,50 (0,25)

H Verkehrsraumhöhe (Fahrzeughöhe plus oberer Bewegungsspielraum)
Klammerwerte gelten für eingeschränkte Bewegungsspielräume.

1) Gegen den Verkehrsraum für Radfahrer sind die Sicherheitsräume der untenstehenden Tafel 2.46b einzuhalten. *S*1 darf nur im Begegnungsverkehr mit Kfz auf 0,00 m verringert werden. Beim Nebeneinanderfahren und Vorbeifahren an stehenden Fahrzeugen ist *S*1 ≥ 0,25 m.

Die Fahrzeugbreite *W* und die Bewegungsspielräume *B* ergeben zusammen den Verkehrsraum. Der lichte Raum umfasst die Verkehrsräume und die Sicherheitsräume (oberer Sicherheitsraum für Kfz = 0,30 m, für Radfahrer 0,25 m).

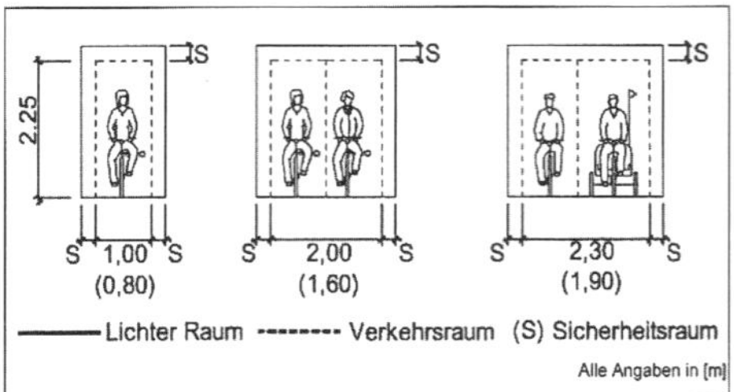

Abb. 2.46b Grundmaße für die Verkehrsräume und lichten Räume des Radverkehrs (Klammerwerte bei beengten Verhältnissen)

Tafel 2.46b Sicherheitsräume bei Radverkehrsanlagen

Abstand	Sicherheitsraum *S* in m
vom Fahrbahnrand	0,50
von parkenden Fahrzeugen in Längsaufstellung	0,75
von parkenden Fahrzeugen in Schräg- oder Senkrechtaufstellung	0,25
von Verkehrsräumen des Fußgängerverkehrs	0,25
von Gebäuden, Einfriedungen, Baumscheiben, Verkehrseinrichtungen und sonstigen Einbauten	0,25

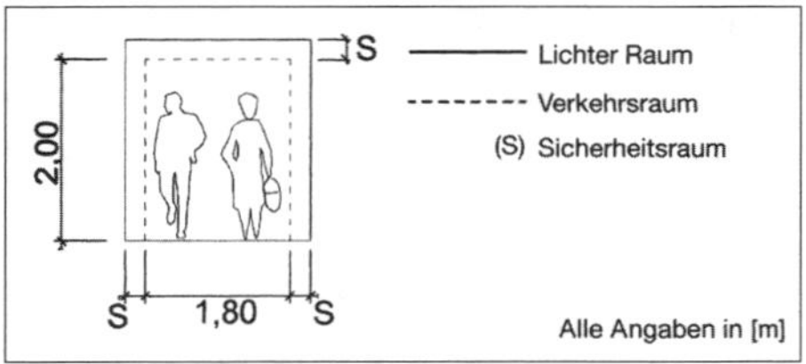

Abb. 2.47a Grundmaße für Verkehrsräume und lichte Räume des Fußgängerverkehrs

Für **Fußgänger** gelten ähnliche Abmessungen der Verkehrsräume wie für Radfahrer. Als Sicherheitsräume können die Sicherheitsräume von Radfahrern verwendet werden. Bei örtlichen Besonderheiten, die eine größere Breite erfordern, können die Richtwerte der Abb. 2.47b herangezogen werden. Die Sicherheitsräume von Fußgängern und Radfahrern dürfen sich überlagern.

Regelbreite eines Seitenraums	Anforderungen im Seitenraum	Raumbedarf
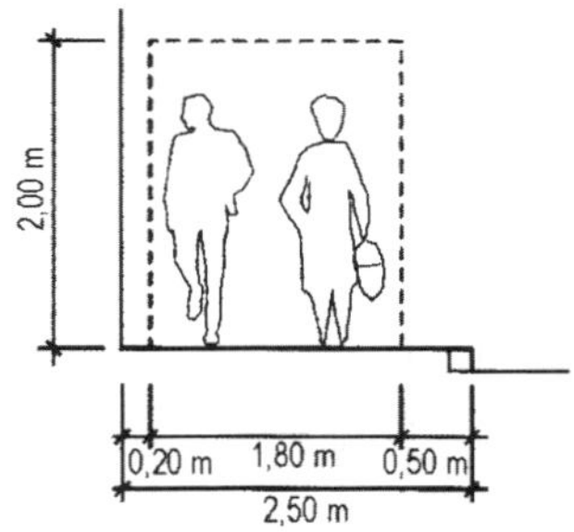	Flächen für Kinderspiel	≥ 2,00 m
	Verweilflächen vor Schaufenstern	≥ 1,00 m
	Grünstreifen ohne Bäume	≥ 1,00 m
	Grünstreifen mit Bäumen	≥ 2,00 – 2,50 m
	Ruhebänke	≥ 1,00 m
	Warteflächen an Haltestellen	≥ 2,50 m
	Auslagen und Vitrinen	1,50 m
	Stellflächen für Zweiräder Aufstellwinkel 100 gon Aufstellwinkel 50 gon	 2,00 m 1,50 m
	Fahrzeugüberhang bei Senkrecht- oder Schrägparkstreifen	0,70 m

Abb. 2.47b Richtwerte für zusätzlichen Raumbedarf im Seitenraum bei besonderen Anforderungen

Zweistreifige Fahrbahnen decken ein breites Spektrum möglicher Kraftfahrzeugverkehrsstärken ab. Anhaltswerte für die Kapazität von zweistreifigen Streckenabschnitten von Hauptverkehrsstraßen liegen zwischen 1400 Kfz/h und 2200 Kfz/h im Querschnitt. Genauere Angaben zur Verkehrsqualität von Straßen und Knotenpunkten sind dem Handbuch für die Bemessung von Straßenverkehrsanlagen (HBS) zu entnehmen.

Tafel 2.47 Orientierungswerte für die Fahrbahnbreite zweistreifiger Fahrbahnen

Anwendungsbereich	Fahrbahnbreite	
	Hauptverkehrsstraßen	Erschließungsstraßen
Regelfall	6,50 m*)	4,50 m – 5,50 m
mit Linienbusverkehr	6,50 m*)	6,50 m
geringer Linienbusverkehr mit geringem Nutzungsanspruch**)	6,00 m	6,00 m
geringe Begegnungshäufigkeit Lkw-Verkehr	5,50 m (bei verminderter Geschwindigkeit)	–
große Begegnungshäufigkeit Bus- oder Lkw-Verkehr	7,00 m	–
Schutzstreifen für Radfahrer	7,50 m mit beidseitig 1,50 m Schutzstreifen 7,50 m mit beidseitig 1,25 m Schutzstreifen***) bei beengten Verhältnissen	

*) Bei diesem Maß sind i. d. R. benutzungspflichtige Radverkehrsanlagen vorzusehen.
**) Zum Beispiel ausschließlich Erschließungsfunktion.
***) Nicht neben Parkstreifen mit häufigen Parkwechseln.

2 Querschnitte für typische Entwurfssituationen

Die folgenden Querschnitte stellen nur eine Auswahl aus den RASt 06 dar.

2.1 Wohnweg

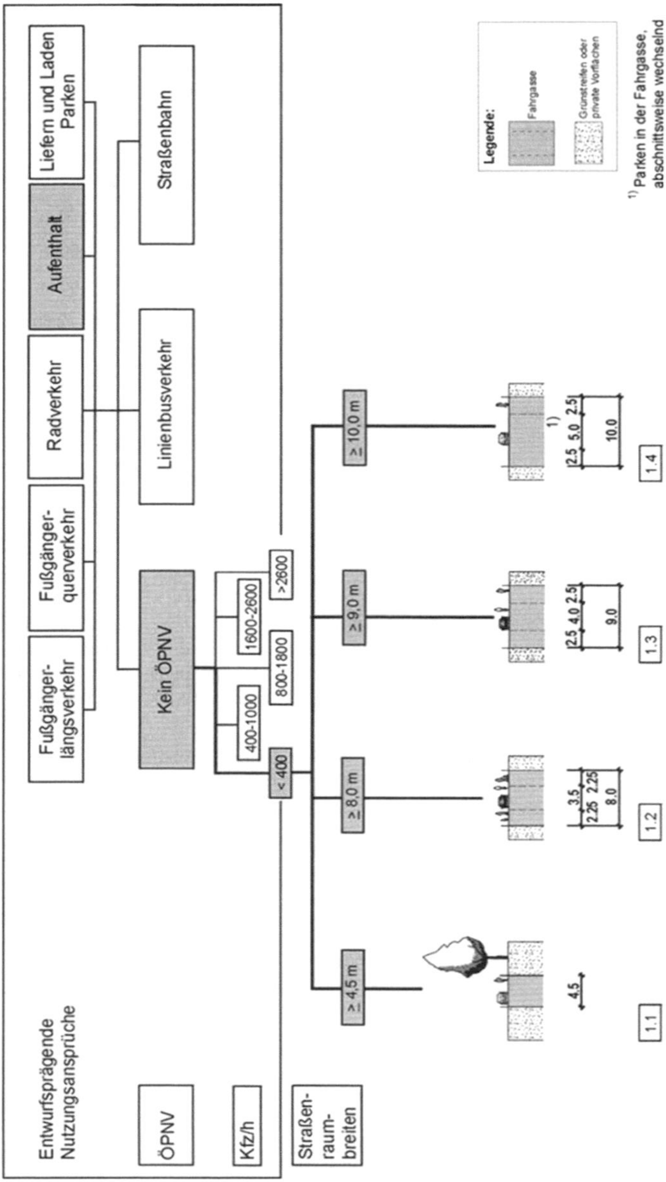

2.2 Wohnstraße

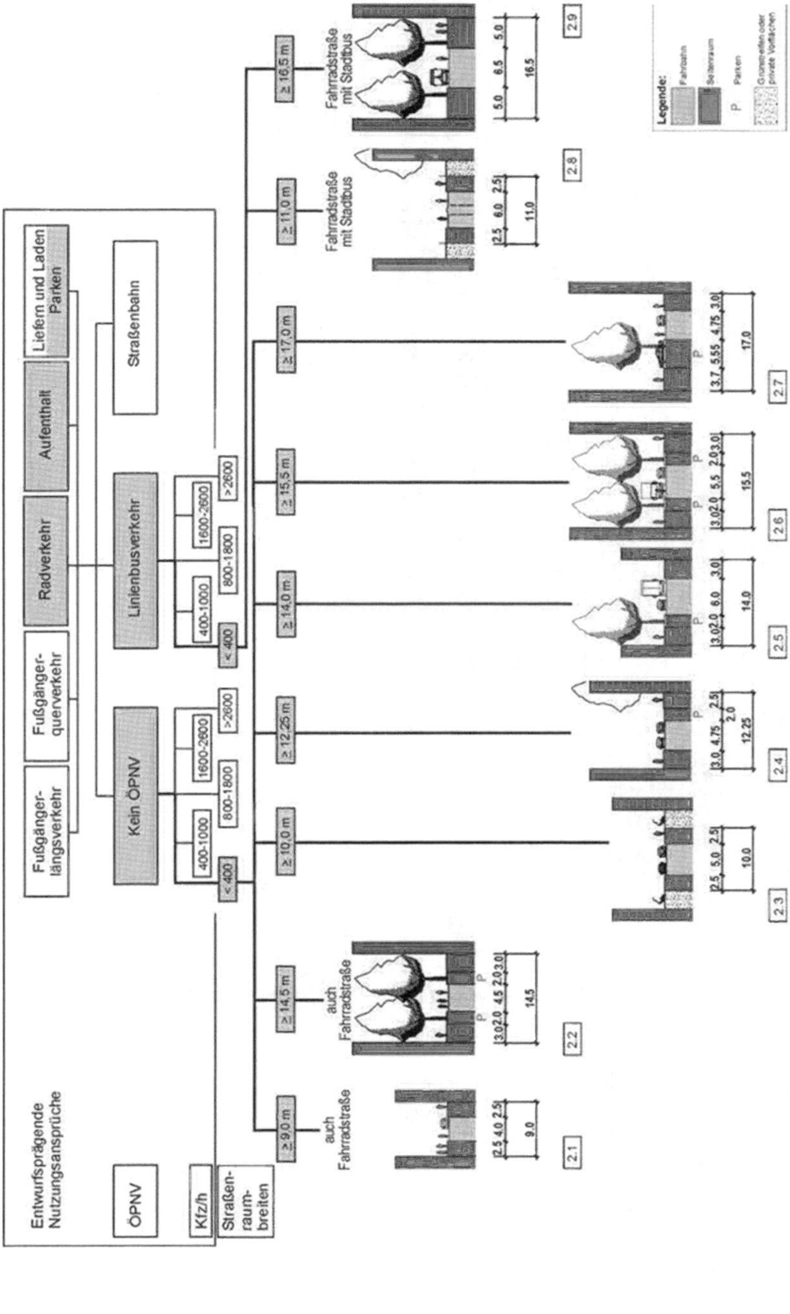

2.3 Sammelstraße

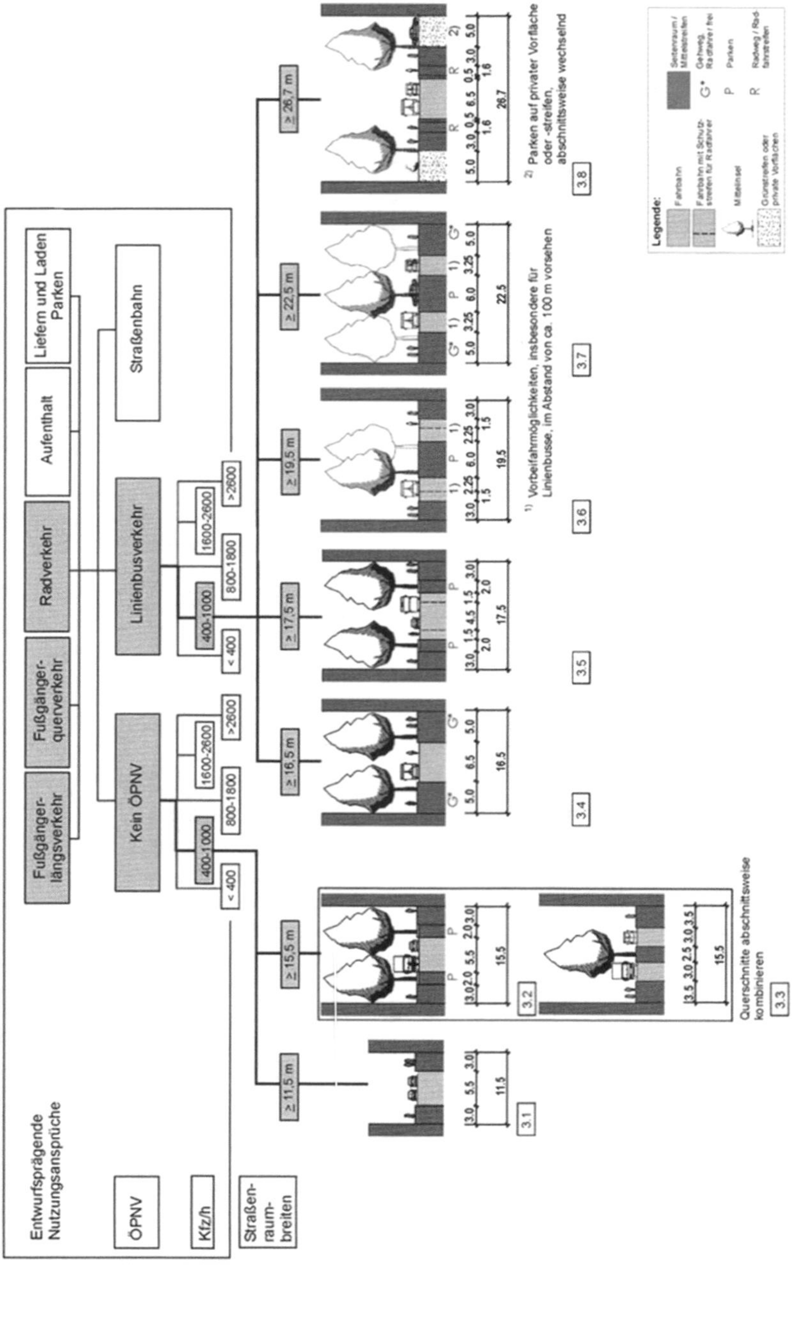

2.4 Dörfliche Hauptstraße

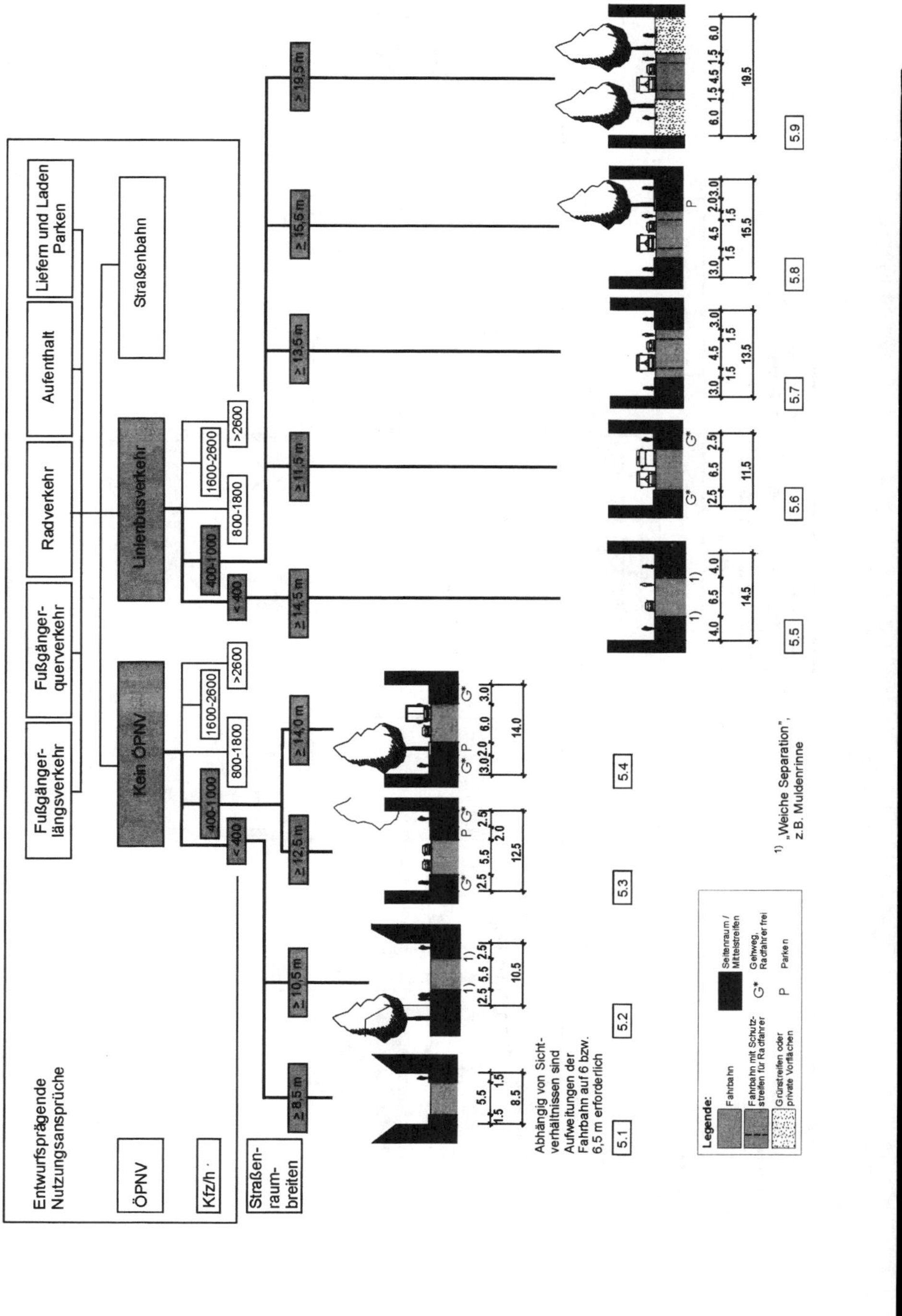

2.5 Örtliche Geschäftsstraße

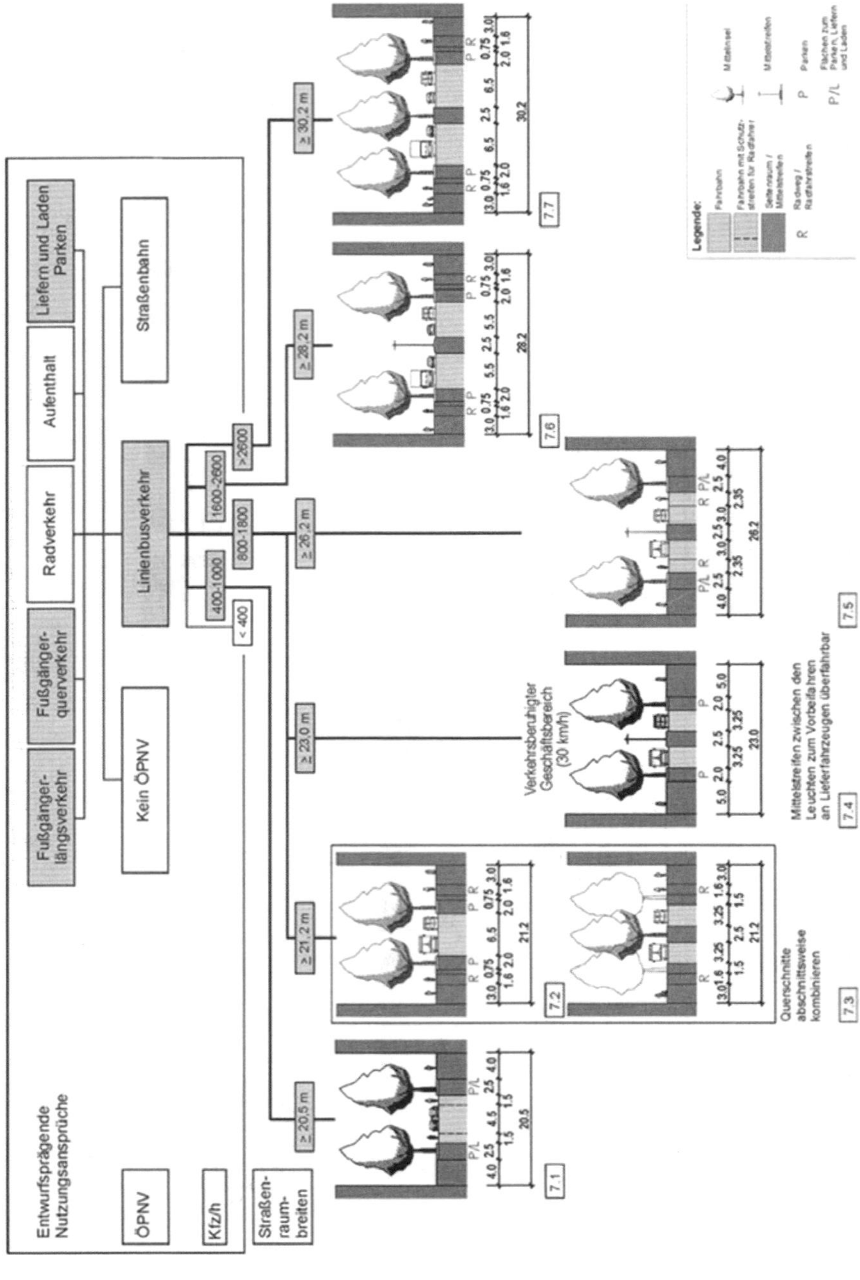

2.6 Hauptgeschäftsstraße

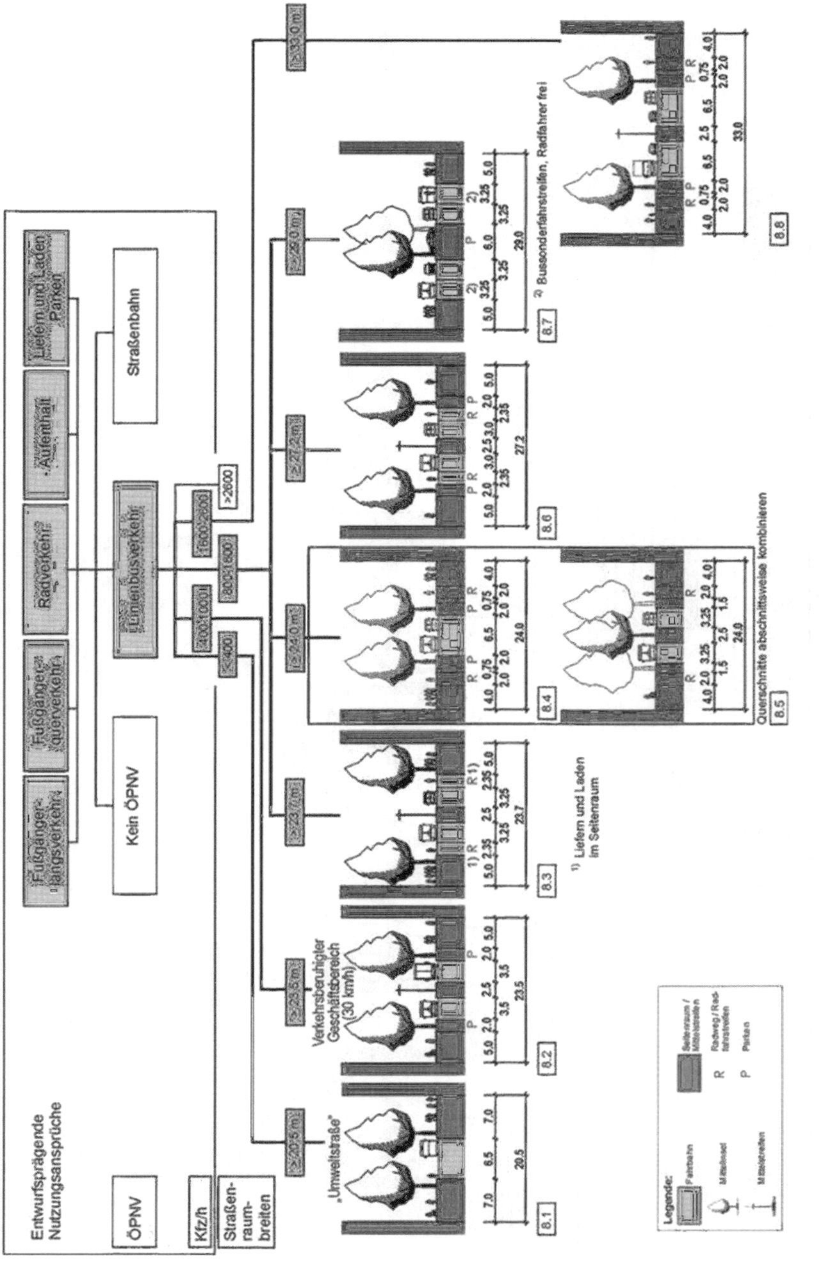

2.7 Gewerbestraße

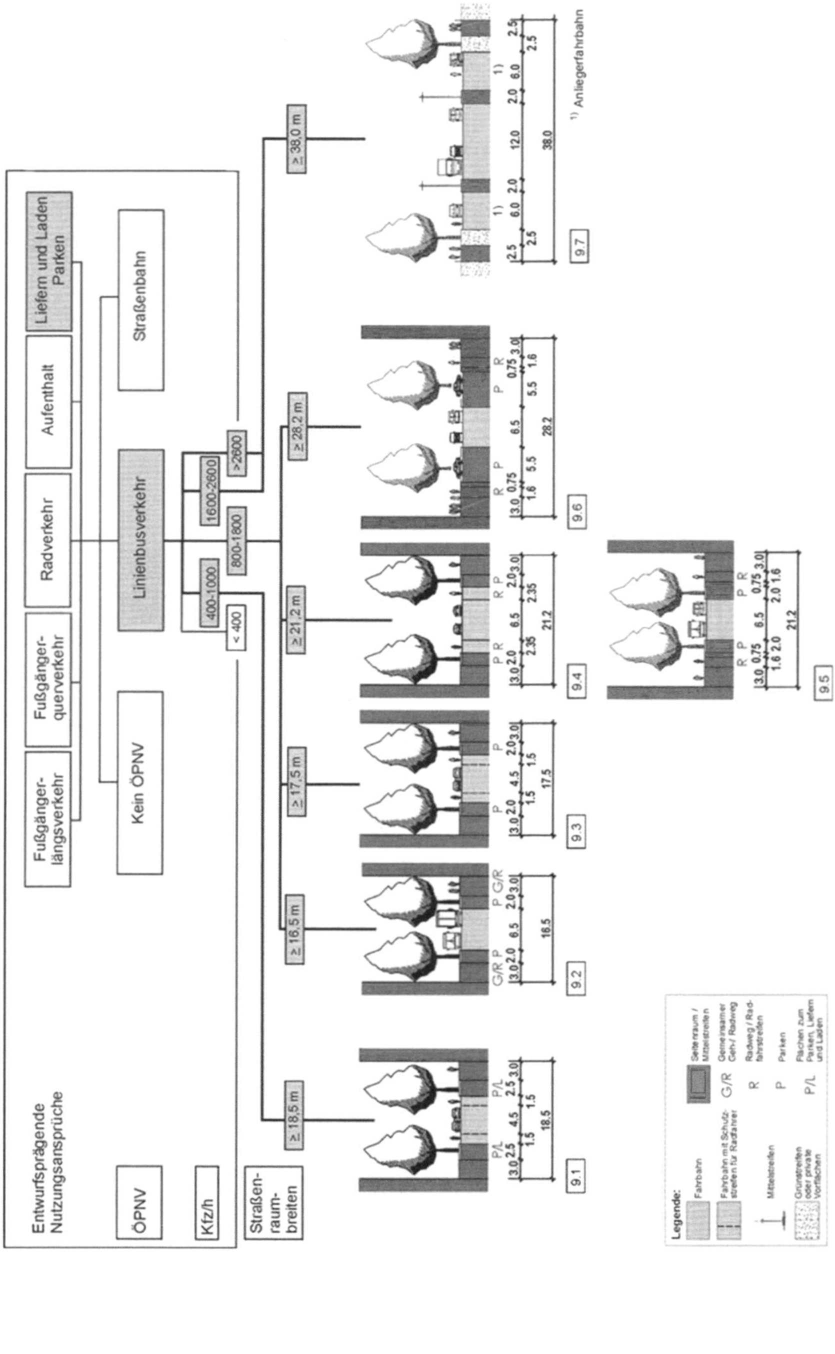

2.8 Industriestraße

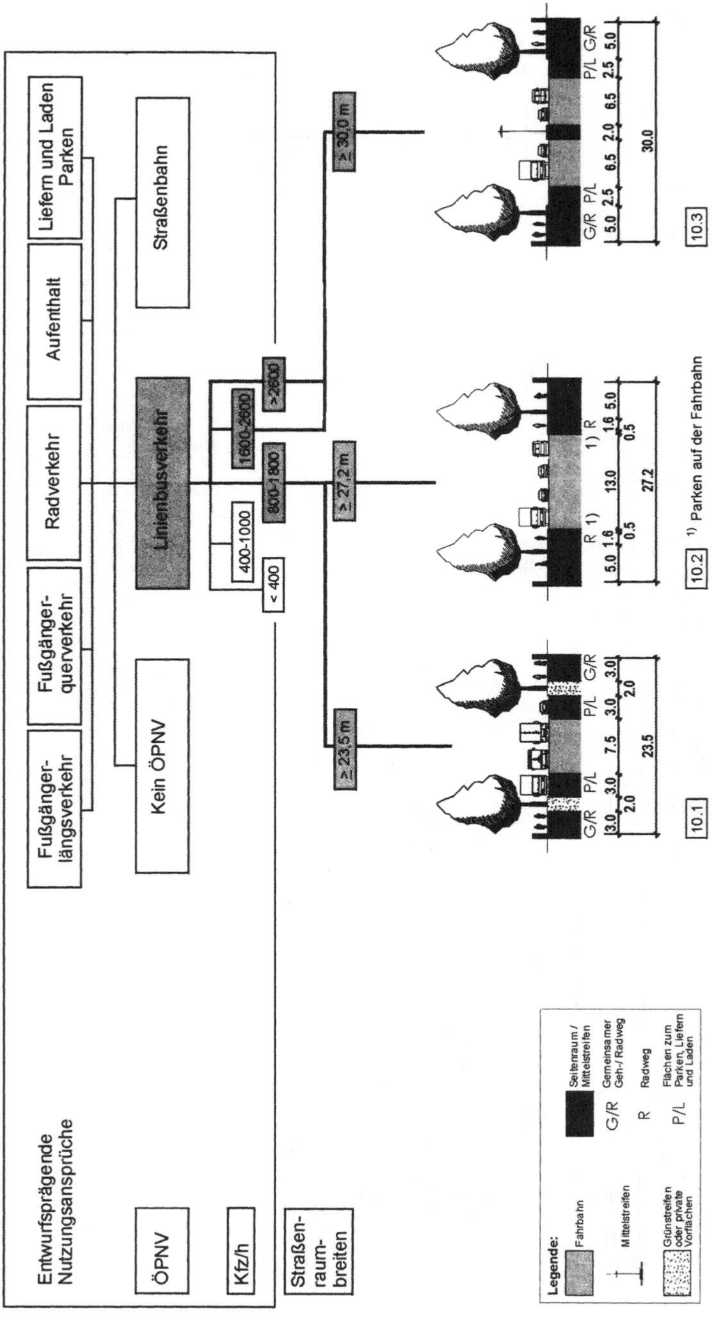

2.9 Verbindungsstraße

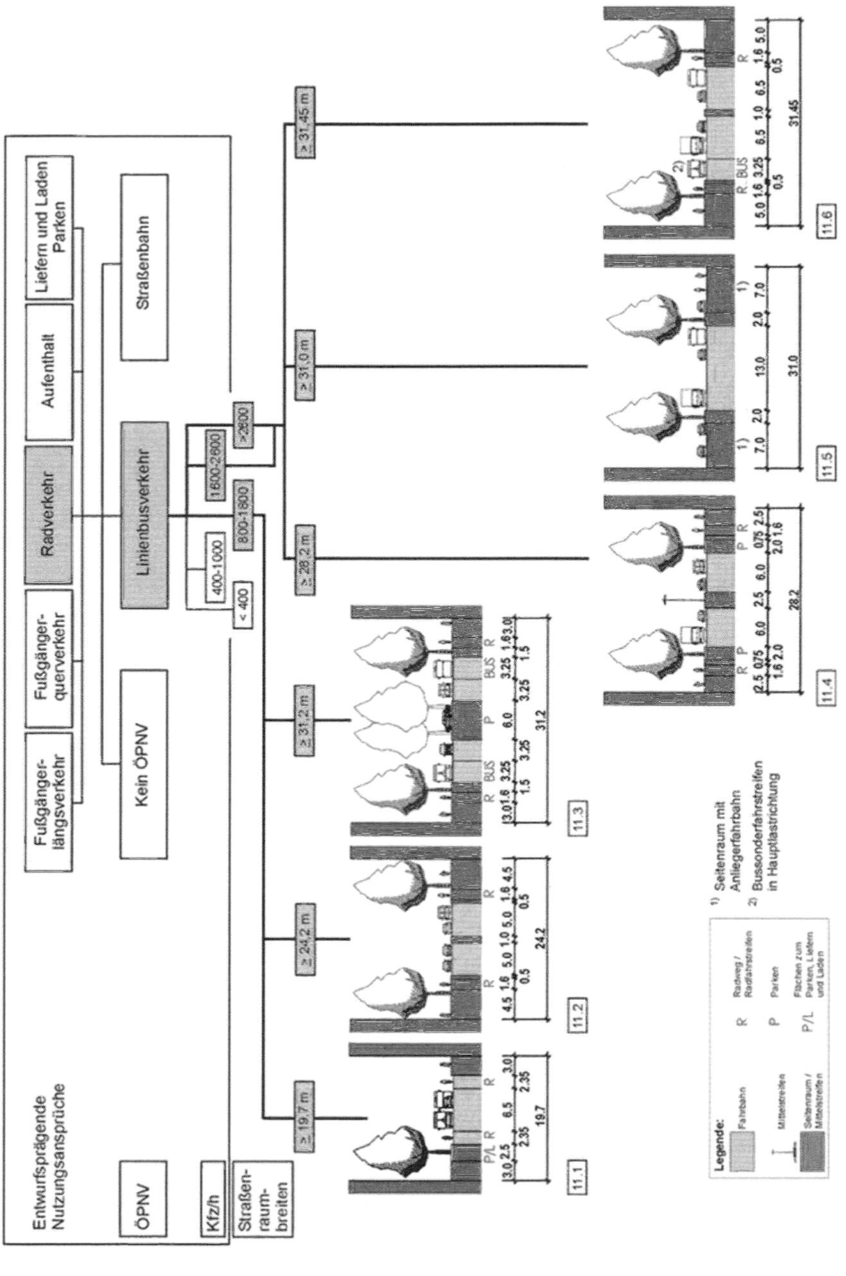

3 Sonstige Verkehrsanlagen

3.1 Wendeanlagen (nach RASt 06)

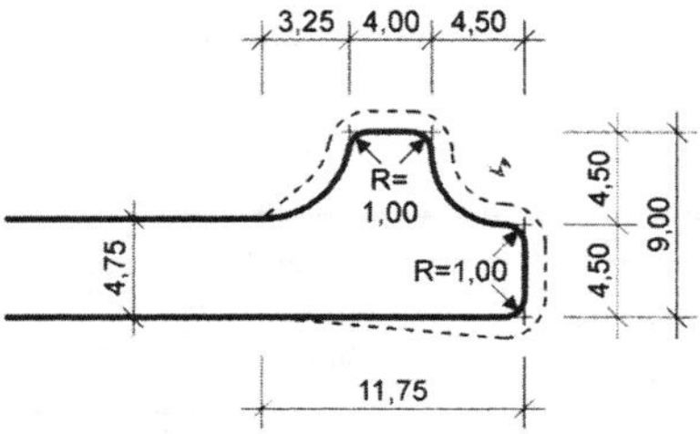

Wendehammer für Pkw

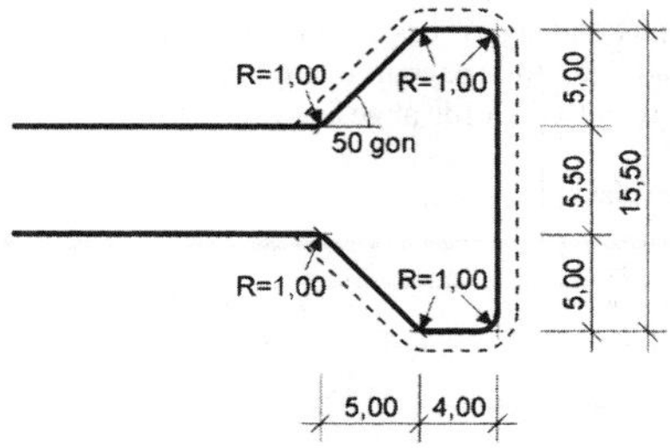

Wendehammer für Fahrzeuge bis 9,00 m Länge (2-achsiges Müllfahrzeug)

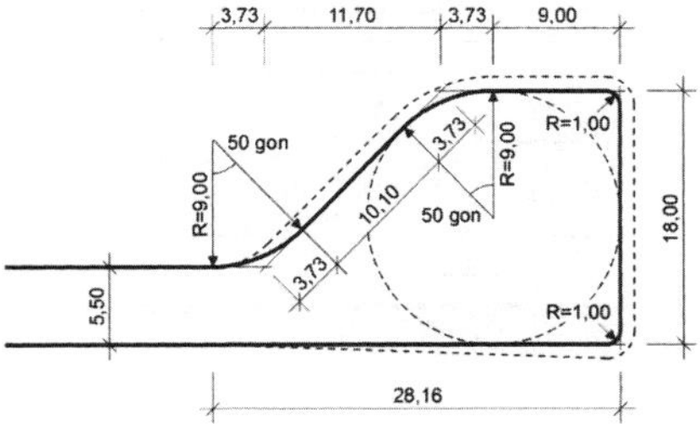

Wendekreis für ein 2-achsiges Müllfahrzeug

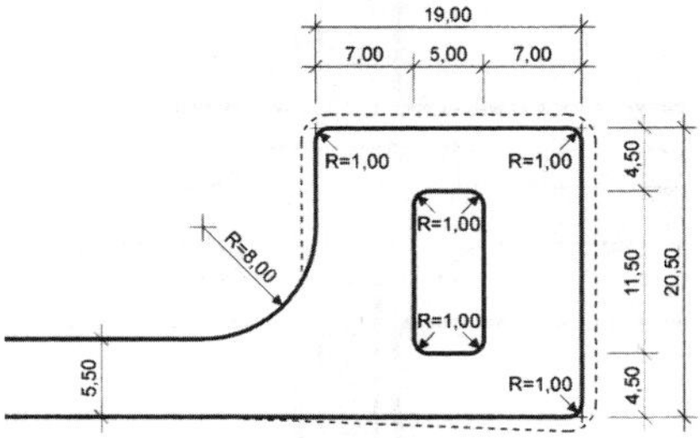

Wendekreis für ein 3-achsiges Müllfahrzeug

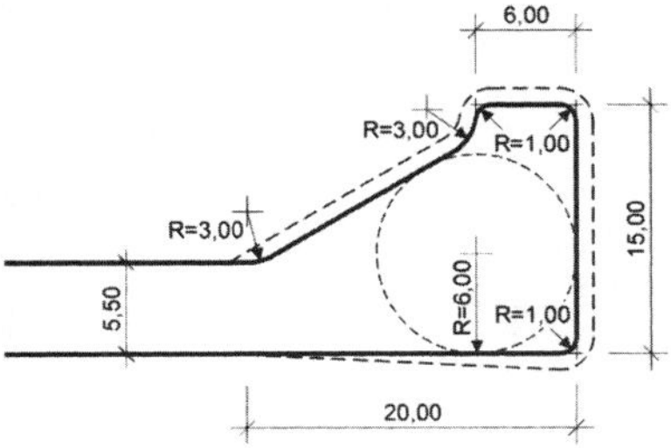

Einseitiger Wendehammer für Fahrzeuge bis 10,00 m Länge (3-achsiges Müllfahrzeug)

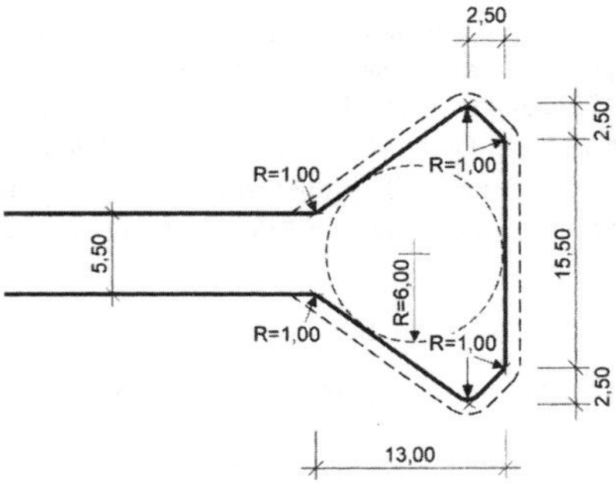

Zweiseitiger Wendehammer für Fahrzeuge bis 10,00 m Länge (3-achsiges Müllfahrzeug)

(Alle Angaben in m.)

Gehwege sind in den Wendeanlagen nicht dargestellt; die Freihaltezone beträgt 1,00 m.

Den Flächenbedarf für Wendeschleifen von Lastzügen und Gelenkbussen enthält die RASt 06.

3.2 Versätze in Erschließungsstraßen (nach RASt 06)

Versätze sind fahrdynamisch wirksam, wenn ihre Tiefe der Fahrgassenbreite entspricht oder sie übertrifft. In Erschließungsstraßen kommen i. d. R. kurze Versätze ohne Inseln zum Einsatz.

Um Fußgängern das Überqueren an Versätzen zu erleichtern, sollen Gehbereiche am Beginn und Ende des Versatzes in einer Mindestbreite von 1,50 m an den Fahrbahn-/Fahrgassenrand vorgezogen und die Borde abgesenkt werden.

Einfacher Versatz

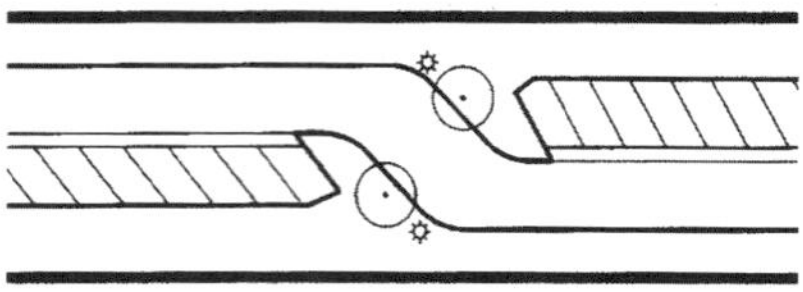

Inselversatz

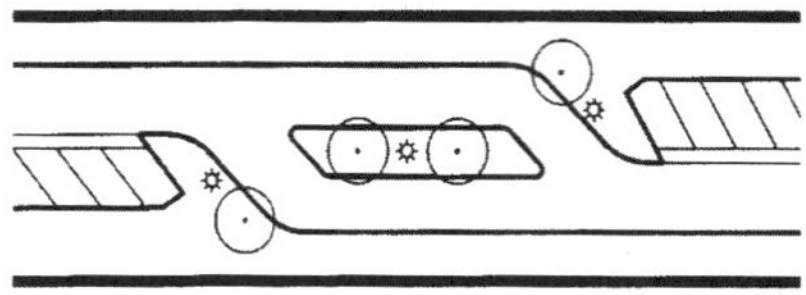

Doppelversatz

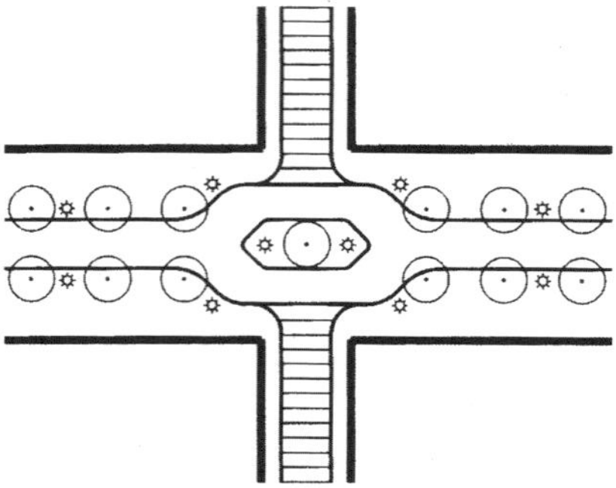

Abmessungen von fahrdynamisch wirksamen Versätzen

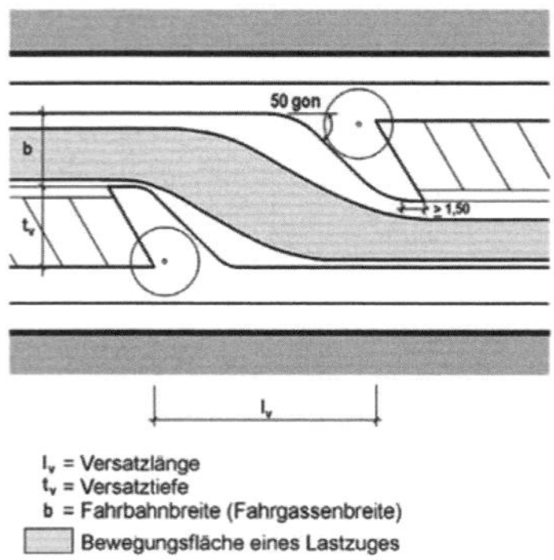

Die Befahrbarkeit von Versätzen durch Pkw und Lkw ist gewährleistet, wenn die Versatzlänge l_v in Abhängigkeit von der Versatztiefe t_v und der Fahrbahn-/Fahrgassenbreite b bemessen wird.

Für eine bessere Befahrbarkeit durch Lastzüge und Sattelzüge kann die Versatzlänge um 50 % vergrößert werden.

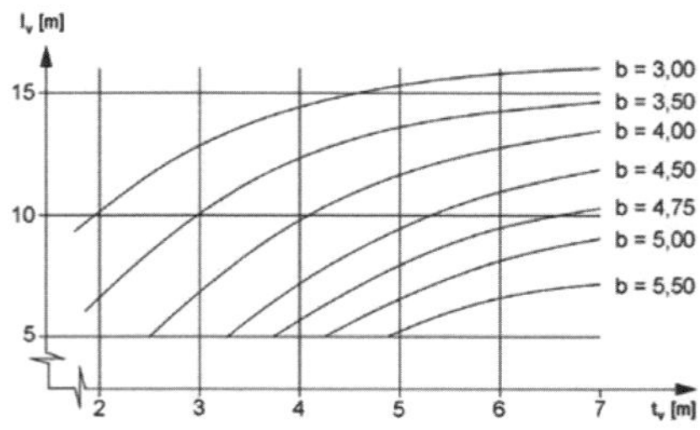

Abb. 2.58 Arten und Abmessungen von Versätzen

3.3 Park- und Ladeflächen im Straßenraum

Die EAR 05 und die RASt 06 der FGSV enthalten umfangreiche Angaben über die Nachfrage nach Parkraum, den Entwurf, die bauliche Gestaltung, Ausstattung sowie Nutzung und Betrieb von Anlagen des ruhenden Verkehrs. Daneben sind die Vorschriften der Länderbauordnungen bzw. der Garagenverordnungen zu beachten, die von den folgenden Angaben u. U. geringfügig abweichen können. Bei den Aufstellarten unterscheidet man Längs-, Schräg- und Senkrechtaufstellung sowie Vorwärts- bzw. Rückwärtseinparken.

Längsaufstellung

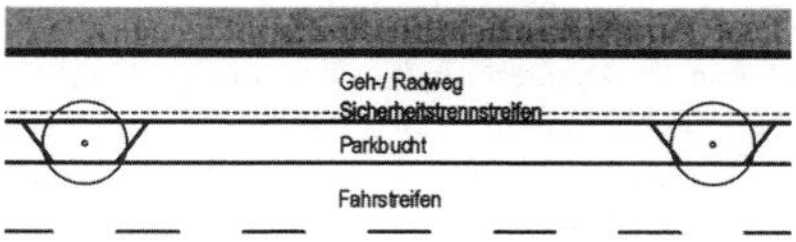

Schrägaufstellung

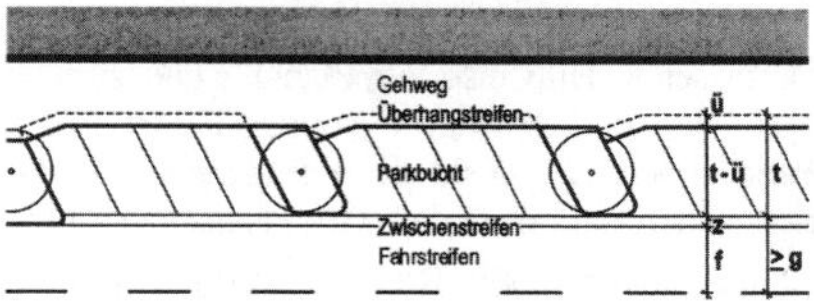

Bei **Längsaufstellung** sollen markierte Parkstände mindestens 5,70 m lang sein. Mit Rückwärtseinparken lassen sich 17 Pkw auf 100 m Länge unterbringen. Für die unmarkierte Längsaufstellung kann mit 5,20 m/Pkw gerechnet werden, entsprechend 19 Pkw/100 m. Pkw benötigen 2,00 m Breite, Lieferfahrzeuge 2,30 m bis 2,50 m und Lkw bzw. Busse 3,00 m. Die Anordnung von Längsparkbuchten anstelle von Parkstreifen am Fahrbahnrand ist wegen der höheren Sicherheit für die überquerenden Fußgänger und der Bepflanzungsmöglichkeiten vorzuziehen.

Schrägaufstellung mit α = 50 gon bis 90 gon erlaubt störungsfreies Einparken und unterstützt eine eindeutige Verkehrsführung. Die Parkstandbreite B beträgt allgemein 2,50 m, für Lkw und Busse liegt sie bei 3,50 m. Die Zahl der unterzubringenden Parkstände hängt vom Winkel α ab, es ergeben sich rd. 36 Pkw/100 m.

Senkrechtaufstellung erfordert den geringsten Flächenbedarf, das Ein- und Ausparken erfolgt aber nicht so zügig. Bei b = 2,50 m lassen sich 40 Pkw auf 100 m Länge unterbringen.

	Aufstellwinkel α (gon)	Tiefe ab Fahrgassenrand $t-ü$ (m)	Breite des Überhangstreifens $ü$ (m)	Breite des Parkstands b (m)	Straßenfrontlänge l beim Einparken vorwärts (m)	rückwärts (m)	Fahrgassenbreite g beim Einparken vorwärts (m)	rückwärts (m)
Längsaufstellung 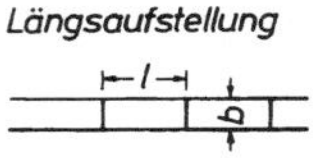	0			2,00	6,70[3]	5,70 5,20[4]	3,25	3,50
Schrägaufstellung 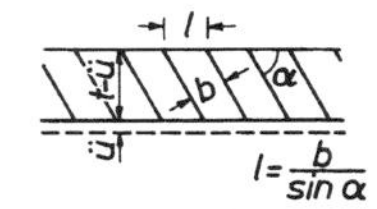	50	4,15	0,70	2,50	3,54		3,00	
	60	4,45	0,70	2,50	3,09		3,50	
	70	4,60	0,70	2,50	2,81		4,00	
	80	4,65	0,70	2,50	2,63		4,50	
	90	4,55	0,70	2,50	2,53		5,25	
Senkrechtaufstellung 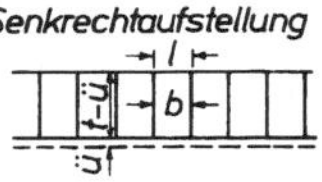	100	4,30	0,70	2,50[1) 2)]	2,50	2,50	6,00	4,50
Blockaufstellung 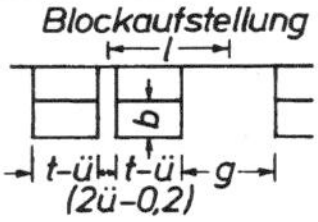	0	4,30	0,70	2,50[1)]	7,90	7,15	6,00	4,50

1) Randparkstände, die an einer Seite durch Bordsteine begrenzt sind, können auf b = 2,25 m reduziert werden.
2) Wenn eine Längsseite durch aufgehende Bauteile begrenzt wird, beträgt b = 2,85 m, und mit zwei Längsseiten wird b = 2,90 m.
3) Nur in Sonderfällen, z. B. um Behinderungen im Radverkehr beim Rückwärtseinparken zu vermeiden.
4) Durchschnittswerte ohne Markierung.

Abb. 2.59 Abmessungen von und Flächenbedarf für Pkw im Straßenraum

An Sammel- und Anliegerstraßen mit benachbarten Parkständen kann die Fahrgassenbreite auf 5,50 m verringert werden, wenn Rangiermanöver auf der Fahrbahn in Kauf genommen werden. Die Mindestfahrgassenbreite für Einrichtungsverkehr ohne Ein- und Ausparken beträgt 3,00 m, für Zweirichtungsverkehr 4,50 m. Zwischen den Schräg- bzw. Senkrechtparkständen und dem angrenzenden Fahrstreifen kann ein Zwischenstreifen der Breite $z = g - f$ zur Erleichterung des Ladeverkehrs markiert werden, wobei f die Fahrstreifenbreite bedeutet.

3.4 Parkbauten

Umfassende Hinweise zur Planung und zum Entwurf von Parkbauten finden sich in den EAR 05. Nach der Verkehrsführung unterscheidet man zwischen Systemen mit Voll-, Halb-, Wendel- und Parkrampen. Die Wahl des Rampensystems und des Höhenversatzes zwischen den Parkgeschossen richtet sich stark nach dem Grundstückszuschnitt und den Geländeverhältnissen.

Gerade Rampen mit Richtungsverkehr sollten mindestens 2,75 m, mit Gegenverkehr mindestens 5,75 m breit sein. Bei gekrümmten Rampen und Bogenfahrten muss der Innenradius mindestens 5,00 m betragen. Die Fahrbahnbreite *f* gekrümmter Rampen ist abhängig vom Innenradius R_i:

R_i (m)	5,00	6,00	7,00	8,00	9,00	10,0	12,0	14,0	16,0	18,0	20,0
f (m)	3,70	3,60	3,50	3,45	3,40	3,35	3,25	3,15	3,10	3,05	3,00

Die Rampenneigung soll 15 %, im Freien 10 % nicht überschreiten. Parkrampen, an denen direkt geparkt wird, sollen höchstens 6 % geneigt sein. Die Knickpunkte an den Übergängen in die Rampen sollen an Kuppen mit $H_k \geq 15$ m und an Wannen mit $H_w \geq 20$ m ausgerundet werden.

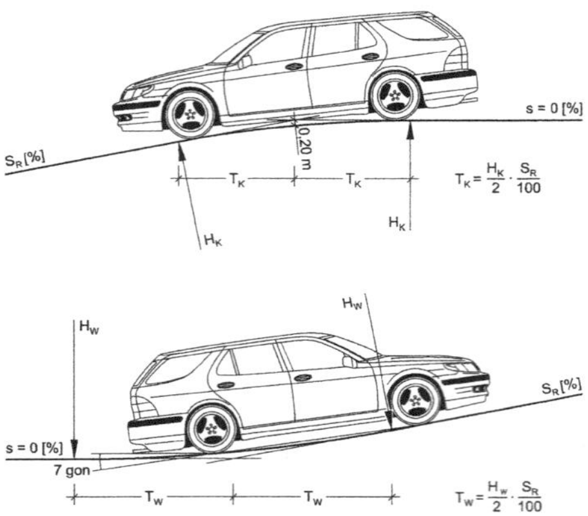

Abb. 2.60a Kuppen- und Wannenausrundungen

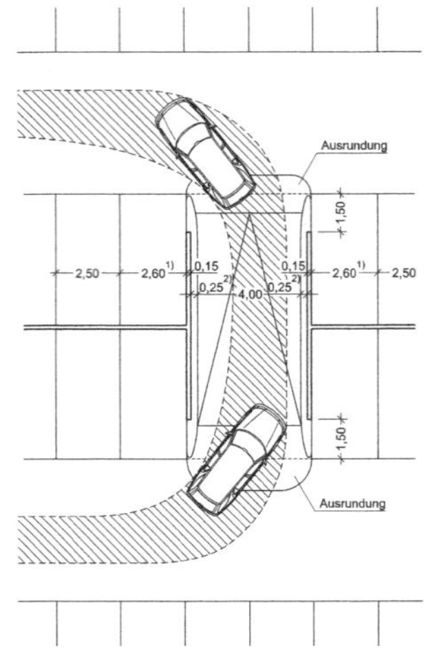

1) Parkstandbreite 2,60 m bei eingeschränktem Seitenabstand.
2) Formal ausreichender Seitenabstand für eine gerade Rampe um das Rastermaß im Rampenbereich einzuhalten.

Abb. 2.60b Geometrie der Halbrampe

3.5 Bushaltestellen

Bushaltebuchten werden nur dort angelegt, wo beim Anhalten der Busse nicht akzeptable Bedingungen für den Individualverkehr entstehen würden, z. B. an Außerortsstraßen oder an nicht angebauten Hauptverkehrsstraßen. Sonst werden Haltestellenkaps (nebenstehendes Beispiel für Gelenkbusse) gebaut; im einfachsten Fall hält der Bus nur mit den entsprechenden Markierungen auf der Fahrbahn.

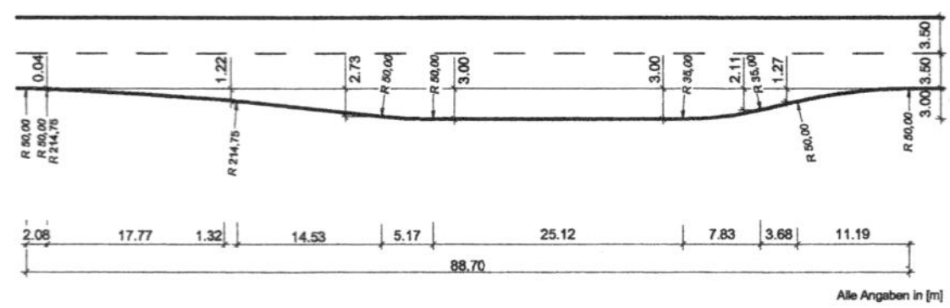

Abb. 2.60c Busbucht

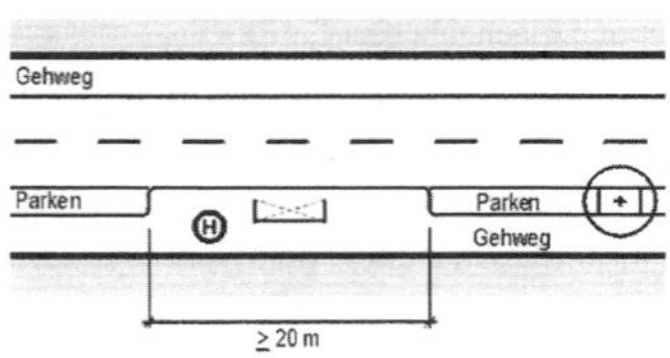

Abb. 2.60d Haltestellenkap

3.6 Nichtmotorisierter Verkehr

Die für Geh- und Radwege erforderlichen Breiten sind S. 2.46 und S. 2.47 zu entnehmen. Der **Radverkehr** kann geführt werden

- **auf der Fahrbahn zusammen mit dem Kfz-Verkehr** bei geringen bis höchstens mittleren Verkehrsstärken und Geschwindigkeiten,
- **auf der Fahrbahn mit Schutzstreifen**, die von den Kfz ggf. mitbenutzt werden können. Die Breite der Schutzstreifen soll 1,50 m, mindestens aber 1,25 m betragen.
- **auf Radfahrstreifen** in gleicher Höhe wie die Fahrbahn, die von dieser durch 0,25 m breite, nicht unterbrochene Fahrbahnmarkierungen abgegrenzt werden. Radfahrstreifen sollen mindestens 1,60 m breit sein.
- **auf straßenbegleitenden Radwegen** (s. S. 2.46). Breite im Einrichtungsverkehr 2,00 m, mindestens aber 1,60 m, im Zweirichtungsverkehr 2,50 m, mindestens aber 2,00 m.

Gemeinsame Geh- und Radwege können angelegt werden

- nur bei schwachen Fußgänger- und Radverkehrsbelastungen,
- wenn getrennte Führungen in Form von Radwegen oder Radfahrstreifen nicht realisierbar sind,
- wenn die Fahrbahnführung des Radverkehrs im Mischverkehr mit dem Kraftfahrzeugverkehr auch bei Anlage eines Schutzstreifens aus Sicherheitserwägungen nicht für vertretbar gehalten wird.

Der Radverkehr muss auf solchen Wegen auf Fußgänger Rücksicht nehmen.

Maximale Belastung durch Fußgänger und Radfahrer in der Spitzenstunde*)	Erforderliche Breite zuzügl. Sicherheitstrennstreifen
70 (Fg+R)/h	≥ 2,50 m - 3,00 m
100 (Fg+R)/h	≥ 3,00 m - 4,00 m
150 (Fg+R)/h	≥ 4,00 m

*) Der Anteil der Radfahrer an der Gesamtbelastung soll dabei ein Drittel nicht übersteigen.

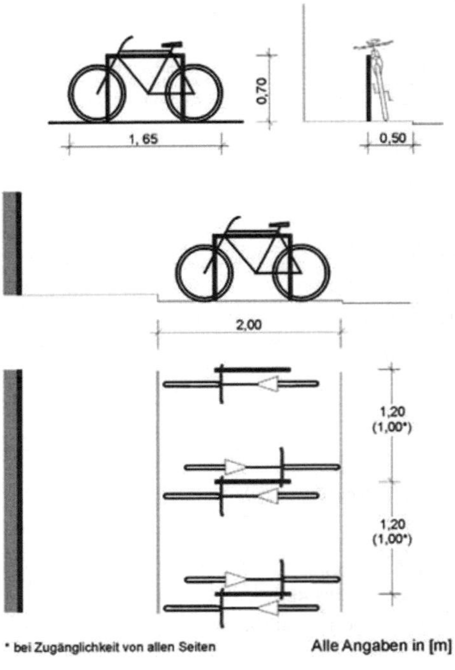

Fahrradabstellanlagen sollten an allen für den Radverkehr wichtigen Zielen geschaffen werden. Sie sollen so gelegen sein, dass die verbleibenden Fußwege möglichst kurz sind.

Abstellanlagen können offen, überdacht oder als abschließbare Fahrradboxen ausgeführt werden. Sie sollen geeignete Vorrichtungen zum Anlehnen und Abschließen besitzen.

Abstellanlagen im Straßenraum sind gegen Missbrauch (Zuparken durch Kraftfahrzeuge) zu schützen. Abstellanlagen im Seitenraum dürfen den Fußgängerverkehr nicht behindern.

Abb. 2.61 Grundmaße von Abstellanlagen für Fahrräder

4 Schichtenaufbau von Verkehrsflächen

4.1 Dicke des Oberbaues

Die Dimensionierung des Oberbaues von Verkehrsflächen, d. h. die Festlegung der Art und Dicken der Schichten zwischen der Oberkante und dem Erdplanum, erfolgt nach den Richtlinien für die Standardisierung des Oberbaues von Verkehrsflächen (RStO 12). Da i. d. R. eine Vielzahl von Einflussfaktoren u. a. der Verkehrsbelastung, der Untergrundverhältnisse, des herrschenden Groß- und Kleinklimas sowie der Grund- und Sickerwasserverhältnisse zu beachten sind, sollte stets ein erfahrener Fachmann beigezogen werden. Zur ungefähren Abschätzung des erforderlichen Schichtenaufbaus werden im Folgenden die wichtigsten Grundlagen und ein vereinfachtes Verfahren angegeben.

Nach der sog. 4.-Potenz-Regel beansprucht eine einzige 10-t-Achse den Oberbau so stark wie 10 000 1-t-Achsen. Daher werden bei der regelgerechten Dickenbemessung ausschließlich die Fahrzeugarten des Schwerverkehrs – Lastfahrzeuge mit mehr als 3,5 t zulässigem Gesamtgewicht und Busse mit mehr als 9 Sitzplätzen – berücksichtigt. Dabei wird die für die betreffende Straße prognostizierte Verkehrsbelastung in sog. äquivalenten 10-t-Achsübergängen ausgedrückt, die den Querschnitt im Berechnungszeitraum – i. d. R. 30 Jahre – durchfahren. Abhängig von der Anzahl *B* der äquivalenten 10-t-Achsübergänge (Aü.) erfolgt die Einteilung in die Belastungsklassen:

B in Mio. Aü.	> 32	> 10 – 32	> 3,2 – 10	> 1,8 – 3,2	> 1,0 – 1,8	> 0,3 – 1,0	≤ 0,3
Belastungsklasse	Bk100	Bk32	Bk10	Bk3,2	Bk1,8	Bk1,0	Bk0,3

Die verschiedenen Methoden zur Ermittlung der dimensionierungsrelevanten Beanspruchung *B* sollen hier nicht wiedergegeben werden, zumal für Neubaugebiete regelmäßig noch keine künftige Verkehrsbelastung angegeben werden kann. Es genügt folgende Zuordnung der typischen Entwurfssituation bzw. Straßenkategorie zu den Belastungsklassen:

Tafel 2.62a Mögliche Belastungsklassen für die typischen Entwurfssituationen nach den RASt

Typische Entwurfssituation	Straßenkategorie	Belastungsklasse
Anbaufrei Straße	VS II, VS III	Bk10 bis Bk100
Verbindungsstraße	HS III, HS IV	Bk3,2 / Bk10
Industriestraße	HS IV, ES IV, ES V	Bk3,2 bis Bk100
Gewerbestraße	HS IV, ES IV, ES V	Bk1,8 bis Bk100
Hauptgeschäftsstraße	HS IV, ES IV	Bk1,8 bis Bk10
Örtliche Geschäftsstraße	HS IV, ES IV	Bk1,8 bis Bk10
Örtliche Einfahrtstraße	HS III, HS IV	Bk3,2 / Bk10
Dörfliche Geschäftsstraße	HS IV, ES IV	Bk1,0 bis Bk3,2
Quartierstraße	HS IV, ES IV	Bk1,0 bis Bk3,2
Sammelstraße	ES IV	Bk1,0 bis Bk3,2
Wohnstraße	ES V	Bk0,3 / Bk1,0
Wohnweg	ES V	Bk0,3

Tafel 2.62b Belastung von Busverkehrsflächen und zugeordnete Belastungsklasse

Belastungsklasse	Bk100	Bk32	Bk10	Bk3,2	Bk1,8[1)]
Verkehrsbelastung in Bussen pro Tag	über 1400	über 425 bis 1400	über 130 bis 425	über 65 bis 130	bis 65

1) Bei Verkehrsbelastung von weniger als 15 Bussen/Tag kann eine niedrigere Belastungsklasse gewählt werden.

Ein weiterer Eingangswert für die Oberbaudimensionierung ist die Frostempfindlichkeit des anstehenden Untergrundes bzw. Unterbaues, d. h. des Bodens unter dem Planum. Sie wird nach Kap. 11A beurteilt. Für gering, mittel und sehr frostempfindliche Böden der Klassen F2 und F3 ergibt sich daraus und aus der Belastungsklasse der Ausgangswert für die erforderliche Gesamtdicke des frostsicheren Oberbaues gemäß Tafel 2.63.

Tafel 2.63 Ausgangswerte zur Bestimmung der Mindestdicke des frostsicheren Oberbaues

Frost-empfindlichkeits-klasse	Dicke in cm bei Belastungsklasse		
	Bk10 / Bk32 / Bk100	Bk1,0 / Bk1,8 / Bk3,2	Bk0,3
F2	55	50	40
F3	65	60	50

Auf frostunempfindlichen Böden der Klasse F1 ist keine derartige Mindestdicke anzusetzen, weil in diesem Fall der anstehende Unterbau bzw. Untergrund die Funktion der Frostschutzschicht mit übernimmt.

Der Ausgangswert nach Tafel 2.63 muss noch um die Zu- und Abschläge *A* bis *D* für die vor Ort herrschenden Gegebenheiten korrigiert werden:

$$D_{ges} = Ausgangswert + A + B + C + D + E$$

Die folgenden Angaben für die Größen *A* bis *E* beschränken sich auf **geschlossene Ortslagen**; Näheres ist den RStO 12 zu entnehmen.

a) Frosteinwirkung
   $A =$ 0 cm für Zone I
   $A = +$ 5 cm für Zone II
   $A = +15$ cm für Zone III
   entsprechend nebenstehender Karte

b) Kleinräumige Klimaunterschiede
   günstige Klimaeinflüsse bei geschlossener seitlicher Bebauung: $B = -5$ cm

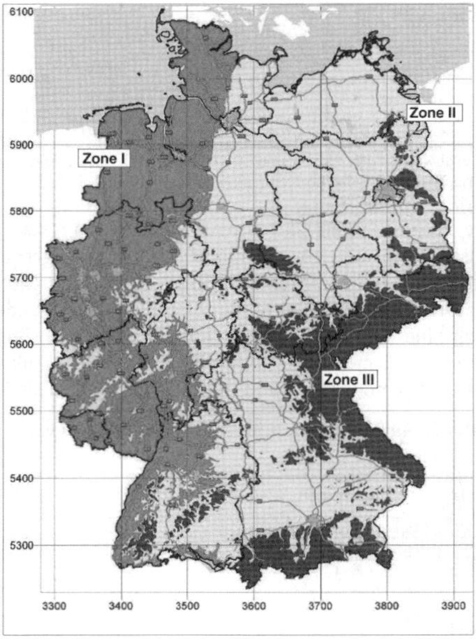

Abb. 2.63 Frosteinwirkungszonen

c) Wasserverhältnisse
   Kein Grund- und Schichtenwasser bis in eine Tiefe von 1,5 m unter Planum: $C = \pm 0$ cm
   Grund- oder Schichtenwasser dauernd oder zeitweise höher als 1,5 m unter Planum: $C = +5$ cm

d) Lage der Gradiente
   Geländehöhe bis Damm $\leq 2{,}0$ m: $D = \pm 0$ cm

e) Entwässerung der Fahrbahn / Ausführung der Randbereiche
   Entwässerung der Fahrbahn über Mulden, Gräben bzw. Böschungen: $E = \pm 0$ cm
   Entwässerung der F. und Randbereiche über Rinnen bzw. Abläufe und Rohrleitungen: $E = -5$ cm

4.2 Festlegung des Schichtenaufbaues

Der Schichtenaufbau einer Verkehrsfläche wird ebenfalls in Abhängigkeit von deren Belastungsklasse festgelegt. Hierfür enthalten die RStO 12 eine Anzahl von Regelbauweisen, von denen auszugsweise in Tafel 2.64a nur je eine in Asphalt- und eine in Pflasterbauweise wiedergegeben ist.

Tafel 2.64a Beispiele für den Schichtenaufbau in Asphalt- bzw. in Pflasterbauweise

(Dickenangaben in cm; ▼ E_{v2}-Mindestwerte in MPa)

Bauweisen mit Asphaltdecke																												
Belastungsklasse	**Bk100**				**Bk32**				**Bk10**				**Bk3,2**				**Bk1,8**				**Bk1,0**				**Bk0,3**			
B [Mio.]	> 32				> 10 - 32				> 3,2 - 10				> 1,8 - 3,2				> 1,0 - 1,8				> 0,3 - 1,0				≤ 0,3			
Dicke des frostsich. Oberbaus[1]	55	65	75	85	55	65	75	85	55	65	75	85	45	55	65	75	45	55	65	75	45	55	65	75	35	45	55	6
Asphalttragschicht auf Frostschutzschicht																												
Asphaltdecke Asphalttragschicht Frostschutzschicht	12 22 ▼120 Σ34 ▼45				12 18 ▼120 Σ30 ▼45				12 14 ▼120 Σ26 ▼45				10 12 ▼120 Σ22 ▼45				4 16 ▼120 Σ20 ▼45				4 14 ▼120 Σ18 ▼45				4 10 ▼100 Σ14 ▼45			
Dicke der Frostschutzschicht	-	31[2]	41	51	25[3]	35	45	55	29[3]	39	49	59	-	33[2]	43	53	25[3]	35	45	55	27	37	47	57	21	31	41	5
Bauweisen mit Pflasterdecke																												
Schottertragschicht auf Frostschutzschicht[13]																												
Pflasterdecke[9] Schottertragschicht Frostschutzschicht													▼180[15] 10 4 25 ▼120 Σ39 ▼45				▼150 10 4 25 ▼120 Σ39 ▼45				▼150 8 4 20 ▼120 Σ32 ▼45				▼120 8 4 15 ▼100 Σ27 ▼45			
Dicke der Frostschutzschicht													-	-	26[3]	36	-	-	26[3]	36	-	-	33[2]	43	-	18[3]	28	38

[1] Bei abweichenden Werten sind Dicken durch Differenzbildung zu bestimmen.
Erläuterungen zu den übrigen Fußnoten sind aus den RStO 12 zu entnehmen.

Die Schichtstärken sind mit Ausnahme der Frostschutzschicht je nach Bauweise und Belastungsklasse durch die Dimensionierungstafeln vorgegeben. Der Ausgleich bis zur nach Abschn. 4.1 ermittelten Oberbaudicke D_{ges} erfolgt in der Frostschutzschicht, d. h. deren Dicke berechnet sich aus der Differenz zwischen D_{ges} und der Summe der anderen Oberbauschichten. In diesem Zusammenhang sind sehr dünne Frostschutzschichten allerdings zu vermeiden, weil sie den erforderlichen Verformungsmodul E_{v2} – in Tafel 2.64a jeweils links neben den Säulen angegeben – nicht gewährleisten. Die notwendigen Mindest-Schichtdicken sind den RStO 12 zu entnehmen.

Tafel 2.64b Bauweisen für Rad- und Gehwege auf F2- und F3-Untergrund bzw. Unterbau

(Dickenangaben in cm; ▼ E_{v2}-Mindestwerte in MPa)

Zeile	Bauweisen	Asphalt		Beton		Pflaster (Plattenbelag)		ohne Bindemittel	
	Dicke des frostsich. Oberbaus	30	40	30	40	30	40	30	40
	Schotter- oder Kiestragschicht auf Schicht aus frostunempfindlichem Material								
1	Decke Schotter- oder Kiestragschicht Schicht aus frostunempfindlichem Material	▼80[20] 10[6] 15 Σ25 ▼45		▼80[20] 12[17] 15 Σ27 ▼45		▼80[20] 8[14] 4 15 Σ27 ▼45		▼120 4 25 Σ29 ▼45	
	Dicke der Schicht aus frostunempfindlichem Material[16]	-	15	-	13	-	13	-	11
	ToB auf Planum								
2	Decke Schotter-, Kiestragschicht oder Frostschutzschicht	▼80[20] 10[6] Σ10 ▼45		▼80[20] 12[17] Σ12 ▼45		▼80[20] 8[14] 4 Σ12 ▼45		▼120 4 Σ 4 ▼45	
	Dicke der Schotter-, Kiestragschicht oder Frostschutzschicht	20	30	18	28	18	28	26	36

[6] Asphalttragdeckschicht oder Asphalttrag- und Asphaltbinderschicht. Übrige Fußnoten siehe RStO 12.

Für Rad- und Gehwege auf Böden der Klassen F2 und F3 genügt i. Allg. eine Mindestdicke des frostsicheren Oberbaues von 30 cm, in geschlossener Ortslage von 20 cm. Ungünstige Wasserverhältnisse und klimatische Bedingungen sind zu berücksichtigen. Im Bereich von Überfahrten für Kraftfahrzeuge ist die Befestigung auf die Verkehrsbelastung abzustimmen.

Deckschichten ohne Bindemittel: siehe „Arbeitsblatt DWA-A 904, Richtlinien für den ländlichen Wegebau, 2005“ der Deutschen Vereinigung für Wasserwirtschaft, Abwasser und Abfall e. V.

5 Oberflächenentwässerung von Verkehrsflächen (nach RAS-Ew, Ausgabe 2005)

5.1 Planungsgrundsätze

Es ist zwischen der Ableitung des Niederschlagswassers – i. d. R. Regenwasser – und derjenigen des im Boden befindlichen Grund- bzw. Sickerwassers zu unterscheiden. Das auf die Straßenoberfläche gelangende Niederschlagswasser stellt stets eine Beeinträchtigung der Sicherheit des Verkehrs dar. Deswegen darf grundsätzlich von außerhalb kein Oberflächenwasser auf die Fahrbahn gelangen, z. B. von Böschungen und anderen Verkehrsflächen. Bei einer gründlichen Planung muss sich der Abflussweg von jeder Teilfläche bis zum Vorfluter verfolgen lassen, sofern das Wasser nicht vorher versickert. Da Oberflächenwasser der Straße stets mehr oder weniger stark verschmutzt ist, Wasser aber andererseits ein Schutzgut darstellt, kommt der Straßenentwässerung unter dem Aspekt des Umweltschutzes erhebliche Bedeutung zu. Deswegen sind neben den Wassergesetzen die Umwelt- und die Bodenschutzgesetze zu beachten. Nichtsdestoweniger ist auch nach neueren Erkenntnissen die Ableitung und Versickerung des Oberflächenwassers über die Bankette, Böschungen und Rasenmulden eine fachgerechte Methode der Straßenentwässerung. Aus Gründen der einfacheren Unterhaltung sind außerdem offene, oberirdische Entwässerungsanlagen den geschlossenen, unterirdischen vorzuziehen.

5.2 Ermittlung des Regenabflusses

Der für die Bemessung der Entwässerungsanlagen maßgebende Regenabfluss Q ist gemäß Kap. 5 B, Abschn. 2 „Abwasserableitung" zu ermitteln.

5.3 Bemessung der Entwässerungseinrichtungen

- **Offene Gerinne allgemein**

Die Abflussleistung von offenen Gerinnen wird nach der Formel von *Manning/Strickler* beurteilt:

$$Q = A \cdot k_{St} \cdot r_{hy}^{2/3} \cdot I_E^{1/2}$$ mit

Q (l/s)	Durchfluss
A (m²)	durchflossener Querschnitt
k_{St} (m$^{1/3}$/s)	Rauheitsbeiwert
r_{hy} (m)	hydraulischer Radius (= A/l_u)
I_E (m/m)	Energiegefälle (bei gleichförmigem Abfluss = Sohlgefälle)

- **Bord- und Spitzrinnen**

Für Bord- und Spitzrinnen vereinfacht sich die o. g. Formel zu

$$Q = k_{St} \cdot h^{8/3} \cdot \sqrt{I} \cdot \frac{0{,}315}{q}$$ mit

Q (l/s)	Durchfluss
k_{St} (m$^{1/3}$/s)	Rauheitsbeiwert
h (m)	Wassertiefe
I (m/m)	Rinnenlängsneigung
q (m/m)	Gerinnequerneigung

Der Rauheitsbeiwert k_{St} kann für saubere, glatte Betonplatten mit 60 m$^{1/3}$/s und für Bruchsteinpflaster mit 40 bis 50 m$^{1/3}$/s angenommen werden.

- **Mulden**

Vereinfachter Ansatz für Mulden:

$$Q = k_{St} \cdot h^{8/3} \cdot \sqrt{I} \cdot \frac{b}{2h}$$ mit

Q (l/s)	Durchfluss
k_{St} (m$^{1/3}$/s)	Rauheitsbeiwert
I (m/m)	Rinnenlängsneigung
b (m)	Muldenbreite
h (m)	Wassertiefe in Muldenmitte

- **Rohrleitungen**

Die Leistungsfähigkeit von Rohrleitungen ist nach *Prandtl/Colebrook* für Voll- bzw. Teilfüllung zu beurteilen (s. a. Kap. 5 B). Für die praktische Arbeit steht im Anhang zu den RAS-Ew, Ausg. 2005 darüber hinaus eine CD-ROM zur Verfügung.

- **Rückhaltebecken** (s. a. ATV-DVWK-A 117)

In einem vereinfachten Verfahren kann man aus dem Ergebnis der Ermittlung der Abflussmenge mit $n = 1$ eine „reduzierte Einzugsfläche" A_{red} berechnen.

$$A_{red} = \frac{Q}{r_{D,n}}$$

mit

A_{red} (ha)	reduzierte Einzugsfläche
Q (l/s)	Durchfluss für die Regendauer D und die Häufigkeit n
$r_{D,n}$ (l/s · ha)	Regenspende für die Regendauer D und die Häufigkeit n

Die Größe A_{red} wird mit veränderten Regenspenden einer Häufigkeit $n \leq 0{,}5$ und verschiedenen (längeren) Dauerstufen des Niederschlags D multipliziert. Das Maximum dieser Proberechnungen ergibt das erforderliche Volumen des Rückhaltebeckens. Das Fassungsvermögen innerörtlicher Regenrückhaltebecken sollte noch um einen Risikofaktor $f_z = 1{,}1$ bis $1{,}2$ vergrößert werden. Das vereinfachte Verfahren gilt bis zu Einzugsgebieten von 200 ha Größe und führt zu keiner Unterdimensionierung.

- **Pumpwerke, Hebeanlagen**

Pumpwerke und Hebeanlagen etwa in Trogstrecken sind auf besonders intensive Niederschläge von 5 Minuten Dauer und 10- bis 20-jähriger Wiederkehr auszulegen. Berechnung nach DIN EN 752-6 bzw. ATV-DVWK-A 134 „Planung und Bau von Abwasserpumpanlagen".

- **Absetzbecken**

Absetzbecken ohne anschließende Versickeranlagen sollen eine Größe aufweisen von mindestens

$$A = 0{,}4 \cdot Q$$

mit

A (m^2)	erforderliche Oberfläche des Absetzbeckens
Q (l/s)	Bemessungszufluss für $n = 1$

Zur Abscheidung von Schwimmstoffen und Leichtflüssigkeiten ist eine Tauchwand o. Ä. vorzusehen.

5.4 Elemente der Wasserableitung

5.4.1 Flächenhafte Entwässerung

Die Oberfläche von Verkehrsflächen (Fahrbahnen oder Parkplätze) soll zur Wasserableitung stets mindestens 2,5 % geneigt sein, Pflasterdecken mindestens 3,0 %. Die resultierende Schrägneigung p setzt sich vektoriell aus der Längsneigung s und der Querneigung q zusammen. Die Schrägneigung darf zur Gewährleistung des Wasserabflusses in den Bereichen der Querneigungswechsel nicht kleiner als 0,5 % sein, in Ausnahmefällen nicht kleiner als 0,2 %.

$$p = \sqrt{s^2 + q^2}$$

An Kreuzungen und Einmündungen ist der Oberflächenentwässerung besondere Beachtung zu schenken. Wasser aus den Nebenästen darf nicht über die Hauptfahrbahn abfließen. Bei rechtwinkligen Kreuzungen bzw. Einmündungen wird die Längsneigung der Hauptfahrbahn zur Querneigung der Nebenfahrbahn und umgekehrt. Um eine einwandfreie Entwässerung zu gewährleisten, empfiehlt sich die Erstellung eines Höhenschichtlinienplans, der dann als Deckenhöhenplan der Bauausführung zugrunde gelegt wird. Ähnliches gilt für große Flächen, wie etwa Parkplätze und Fußgängerzonen.

5.4.2 Linienförmige Entwässerungselemente

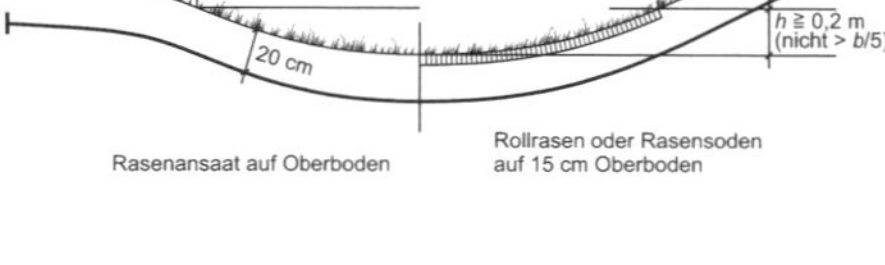

Die **Rasenmulde** stellt die Regelform der Längsentwässerung entlang der nicht angebauten Straßen dar. Rasenmulden sind nicht für ständige Wasserführung geeignet.
Breite $b = 1{,}0$ m bis 2,5 m; Tiefe 0,2 m bis $b/5$.

Abb. 2.66 Rasenmulde

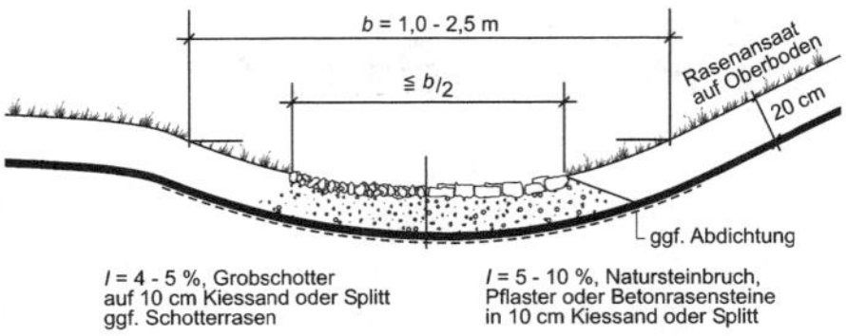

Die Sohle ist wie folgt auszubilden:

$I \leq 1\,\%$	Rasen, u. U. Sohlschalen
$1\,\% < I \leq 4\,\%$	Rasen
$4\,\% < I \leq 10\,\%$	raue Sohlbefestigung
$I > 10\,\%$	Raubettmulde (s. RAS-Ew)

Abb. 2.67a Mulde mit rauer Sohlbefestigung

Straßenrinnen liegen unmittelbar neben oder zwischen den Verkehrsflächen.

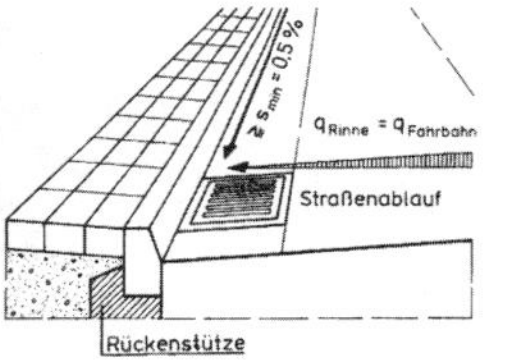

Abb. 2.67b Bordrinne aus Asphalt

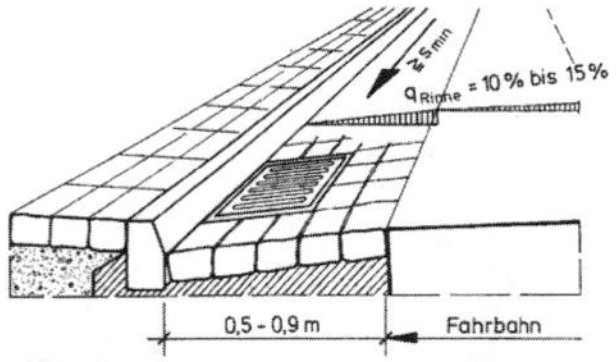

Abb. 2.67c Spitzrinne aus Betonteilen/Pflaster

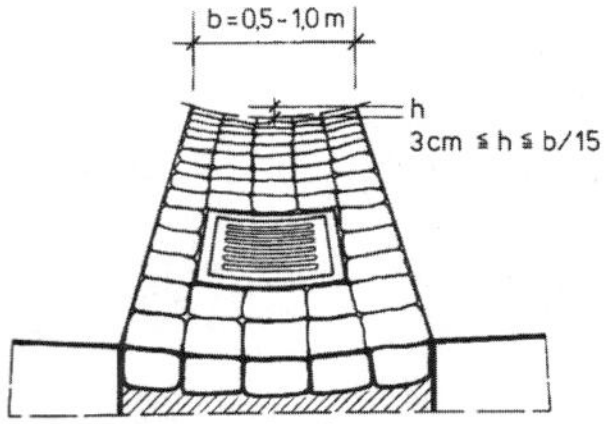

Abb. 2.67d Muldenrinne

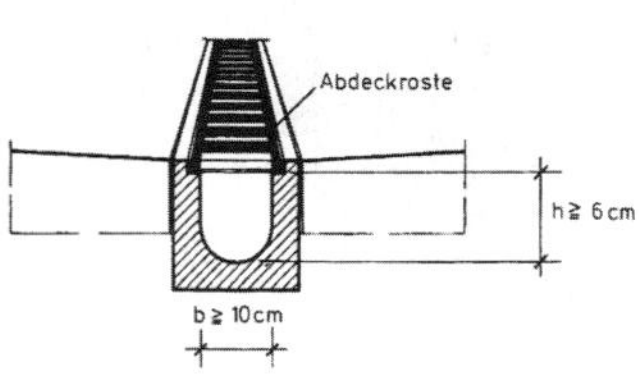

Abb. 2.67e Kastenrinne (Sohlgefälle angeformt)

5.4.3 Punktförmige Entwässerungselemente

Bei den **Straßenabläufen** wird zwischen Trocken- und Nassschlammsystemen unterschieden. Die meist verwendeten Pultaufsätze gibt es in quadratischer und rechteckiger Form (für schmale Rinnen). Ablaufunterteile für Trockenschlamm werden in normaler oder niedriger Bauform ausgeführt.

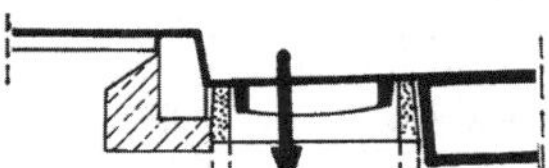

Abb. 2.67f Pultaufsatz

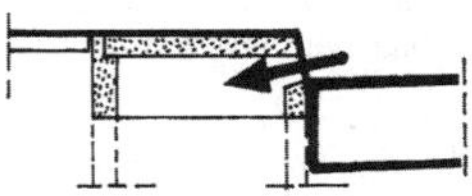

Abb. 2.67g Seiteneinlauf

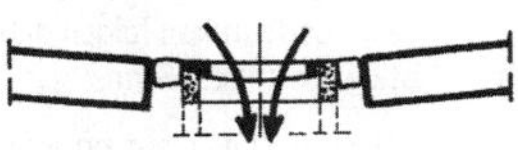

Abb. 2.67h Rinnenaufsatz

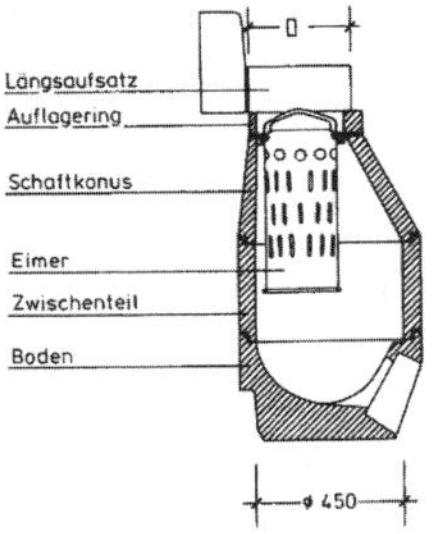

Abb. 2.67i Ablaufunterteil (Trockenschlamm, rechteckiger Aufsatz, normale Bauform)

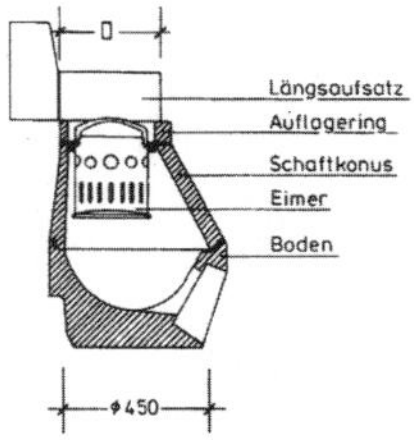

Abb. 2.67j Ablaufunterteil (Trockenschlamm, rechteckiger Aufsatz, niedrige Bauform)

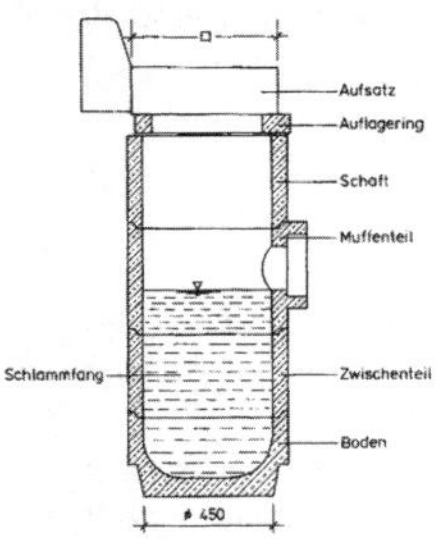

Abb. 2.67k Ablaufunterteil (Nassschlamm, quadratischer Aufsatz)

3 A Baukonstruktion
3 B Befestigungen
3 C Bauwerksabdichtung

3 A Baukonstruktion

Prof. Dipl.-Ing. Rüdiger Wormuth (Abschn. 1 bis 4),
Prof. Dr.-Ing. Rudolf Lückmann (Abschn. 5 bis 8)

1 Grundlagen, Konstruktionsarten

1.1 Allgemeines

Bei der hier angewandten Systematik der Baukonstruktionslehre ist der wichtigste Ordnungsfaktor die Art des Tragwerks [3.1]. Es folgen Konstruktionselemente, die die Struktur eines Tragwerks, und schließlich Bauteile, die die Grobstruktur eines Gebäudes bestimmen.

Der Baustoff ist kein Gliederungsfaktor, wenn der baukonstruktive Entwurf vom Entwurf des Tragwerks her entwickelt wird. Baustoffe werden für bestimmte Funktionen (z. B. Tragfunktion, bauphysikalische Anforderungen) ausgewählt.

In der Baupraxis sind Gebäude aus Konstruktionselementen nur einer Konstruktionsart oder aus nur einem Baustoff selten anzutreffen. In der Regel sind es wirtschaftliche Überlegungen, die zu Mischkonstruktionen führen.

Eine wichtige Konstruktionsaufgabe ist die Berücksichtigung von Formänderungen bei Bauteilen und Baustoffen. Es gibt lastabhängige Verformungen (elastische Verformung, Kriechverformung) und lastunabhängige Verformungen (Schwindverformung, Temperaturverformung). Bei Mischkonstruktionen müssen daher die Verbindungen der Bauteile hinsichtlich baustoffspezifischer und konstruktionsbedingter Verformungen besonders sorgfältig konstruiert werden.

1.2 Massivbau

Konstruktionselemente des Massivbaus sind Körper (z. B. Mauerwerkskörper) mit relativ großer Masse. Bei klassischen Massivbauten (z. B. Mauerwerks- und Gewölbekonstruktionen) dominieren Druckkräfte. Das äußere Erscheinungsbild von Gebäuden in Massivkonstruktion wird durch relativ geschlossene Außenwandflächen und eher hochformatige Außenwandöffnungen bestimmt.

Konstruktionselemente massiver Bauwerke, Beanspruchungen und Verformungen:

Wände und Mauern aus künstlichen und natürlichen Steinen mit Mörtelfugen, aus Beton, Stahlbeton, Porenbeton und Lehm werden i. d. R. durch Druckkräfte in der Wandebene beansprucht. Längenstauchung und Querdehnung sind die Folgen. Außenwände können bei senkrecht auf die Wandfläche wirkenden Horizontalkräften (z. B. Wind) auch auf Biegung beansprucht werden (s. *Platten).*
Stürze aus Stahlbeton oder bewehrtem Mauerwerk werden durch Biegemomente beansprucht.
Bögen aus natürlichen und künstlichen Steinen mit Mörtelfugen sowie aus Gussmauerwerk, Beton und Stahlbeton erfahren im Stützlinienbereich Druckkräfte. Dabei treten Längenstauchungen und Querdehnungen auf.
Ringanker aus bewehrtem Mauerwerk, Stahlbeton, Stahl oder Holz werden auf Zugkräfte hin dimensioniert. Verformungen sind demnach Längendehnungen und Querkontraktionen.

Ringbalken aus bewehrtem Mauerwerk, Stahlbeton, Stahl oder Holz werden durch Biegemomente beansprucht, bei der gleichzeitigen Funktion als *Ringanker* jedoch auch durch Zugkräfte.
Platten aus Stahlbeton oder aus großformatigen Fertigteilen aus Ziegeln und Beton in Verbindung mit Stahlbeton werden bei Verwendung als Deckenplatten hauptsächlich durch Biegemomente beansprucht. Werden Deckenplatten zur Aussteifung von Gebäuden herangezogen (z. B. Windaussteifung), erhalten sie zusätzlich Druckkräfte. Sie wirken dann als *Scheibe* (vgl. *ebene Flächentragwerke* und *Decken).*

Das Konstruktionsprinzip des Massivbaus ist der „Zellenbau" mit sich gegenseitig aussteifenden Wand- und Deckenscheiben. Beim Standsicherheitsnachweis von Mauerwerkskonstruktionen nach DIN 1053-1 wird zwischen einseitig, zweiseitig, dreiseitig oder vierseitig gehaltenen Wänden unterschieden.

Ringanker und *Ringbalken* sind Konstruktionselemente, die der Standsicherheit von Wänden dienen (s. Kap. 11 B und [3.2]). Ringanker sind ggf. in jeder Deckenlage oder darunter auf allen Außenwänden und bzw. oder auf allen Querwänden, die der Abtragung senkrechter Lasten dienen, ringförmig anzulegen. Ringbalken dienen der Aufnahme und Abtragung auf Wände wirkender horizontaler Lasten (z. B. Wind). Sie können außerdem die Funktion von Stürzen haben oder, bei ringförmiger Geschlossenheit, die von Ringankern.

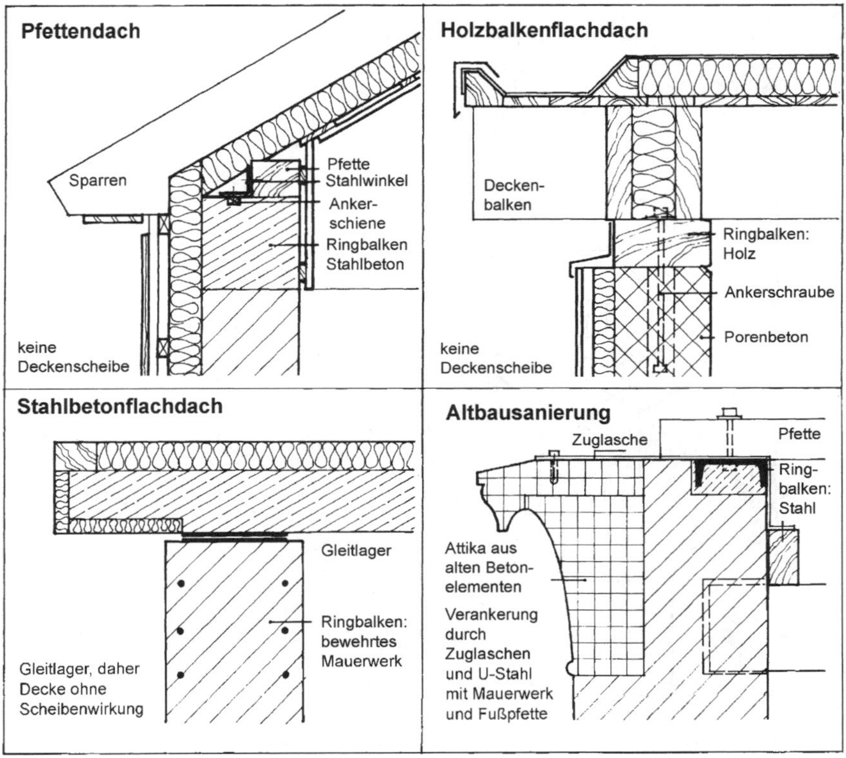

Abb. 3.3a Ringbalken, Beispiele

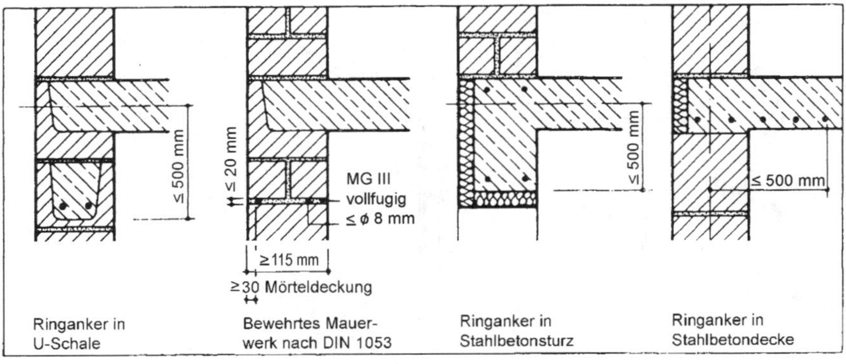

Abb. 3.3b Ringanker, Beispiele

Massive Bauteile werden in der Regel durch Mörtel miteinander verbunden. Verbindend wirken dabei die Haftung des Mörtels und bzw. oder die durch Auflast entstehende Reibung in den Verbindungsfugen. Verbindungen von zeitlich nacheinander entstehenden Ortbetonbauteilen werden durch Anschlussbewehrung hergestellt. Bei Betonfertigteilen gibt es je nach statischer Funktion eine unterschiedliche Ausbildung der Fugenbereiche.

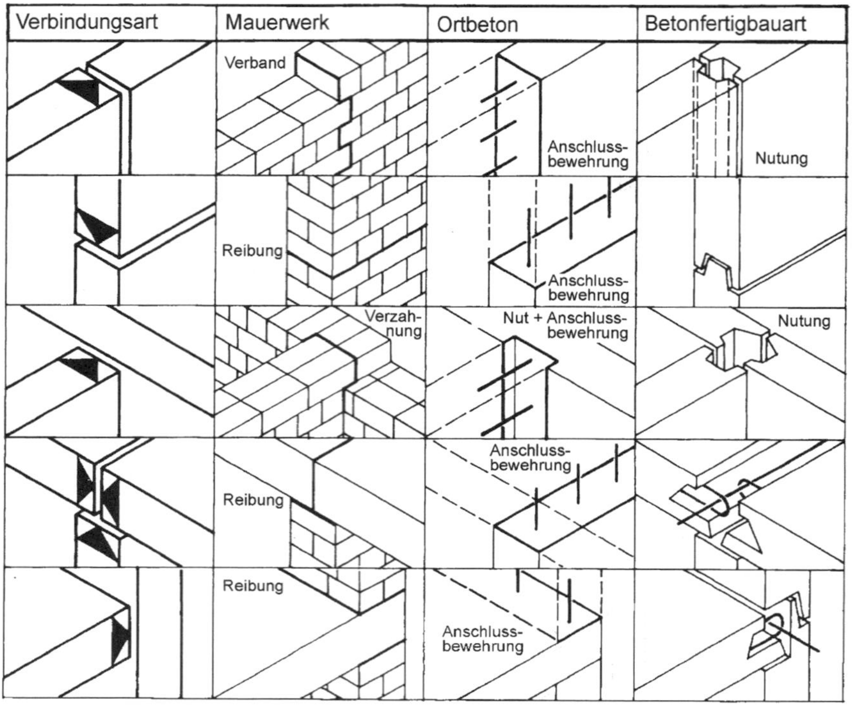

Abb. 3.4a Massivbau, Verbindungen

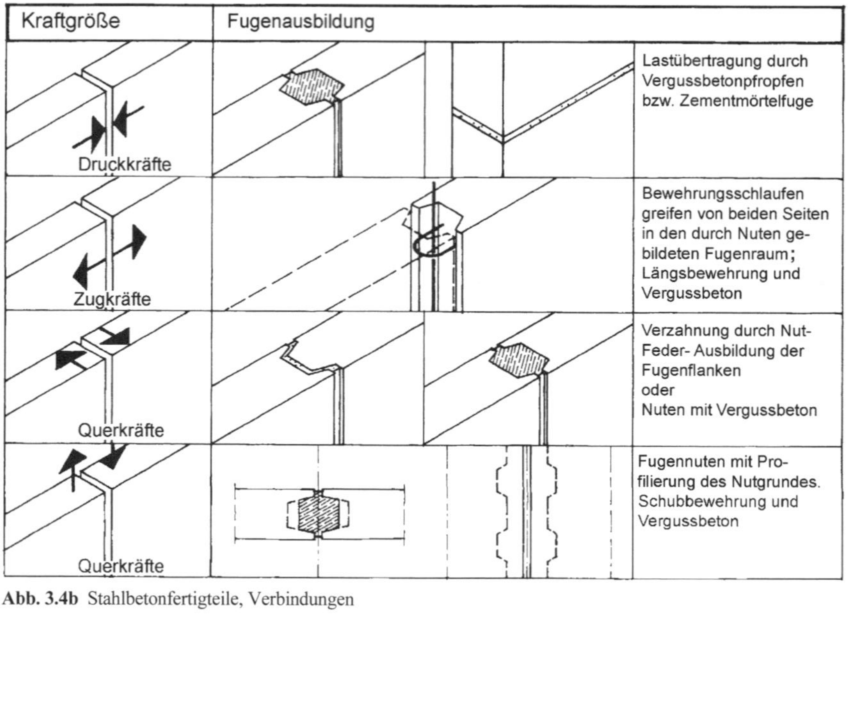

Abb. 3.4b Stahlbetonfertigteile, Verbindungen

1.3 Skelettbau

1.3.1 Allgemeines

Konstruktionselemente des Skelettbaus sind Stäbe, deren Länge sehr groß ist im Vergleich zu den beiden anderen Abmessungen. Die Einzelstäbe von Skelettkonstruktionen sind meist für bestimmte Kraftgrößen spezialisiert: Druckkräfte, Zugkräfte und/oder Biegemomente. Das tragende Gerippe eines Skelettbaus hat keine raumabschließende Wirkung, die raumbegrenzenden Bauteile haben i. d. R. keine tragende Funktion.

Es gibt bei Skelettkonstruktionen zwei Stabilitätsprinzipien:

- Aussteifung gelenkiger Stabwerke durch Dreiecksverbände, scheibenartige Konstruktionen (Fachwerke) oder Scheiben (Wand- oder Deckenscheiben),
- die Stabanschlüsse werden am Fundament oder an massiven Bauteilen durch Einspannung biegesteif hergestellt bzw. die Stabanschlüsse untereinander als biegesteife Rahmenecken ausgebildet.

Für die Erscheinung von Skelettbauwerken ist die Art der Stabilisierung und damit die Ausbildung der Knotenpunkte entscheidend. Gelenkige Verbindungen werden aus konstruktiven und konstruktionsästhetischen Gründen vorzugsweise aus Stahl hergestellt. Dagegen bieten biegesteife Rahmenecken aus Stahlbeton oder Holz keine herstellungstechnischen Probleme.

Konstruktionselemente von Skelettbauten, Beanspruchungen und Verformungen:

Druckstäbe, Stiele, Säulen oder **Stützen** aus Holz, Stahl oder Stahlbeton werden durch Normalkräfte (in der Bauteilachse) oder/und Biegemomente beansprucht. Die Verformungen sind: Knicken, Durchbiegung, Längenstauchung und Querdehnung.

Zugstäbe sind auf Zug belastet. Verformungen: Längendehnung und Querkontraktion.

Träger, Balken, Über- und Unterzugriegel erhalten Biegemomente und Querkräfte. Dabei treten Durchbiegungen auf.

Gelenkige Lager zur Aufnahme von Normalkräften und Querkräften (Biegemomente) werden bevorzugt aus Stahl hergestellt.

Biegesteife Rahmenecken und **eingespannte Lager** aus Holz, Stahl oder Stahlbeton erhalten Biegemomente und Querkräfte.

1.3.2 Gelenkige Stabanschlüsse

• Stahlbau

Allseits bewegliche Punktkipplager sind selten erforderlich. Konstruktiv logisch und gestalterisch einleuchtend, hat *L. Mies van der Rohe* an der Neuen Nationalgalerie in Berlin dieses Problem gelöst (s. Abb. 3.5). Je nachdem, in welchen Richtungen die Gelenke fixiert werden müssen und um Normal- bzw. Querkräfte auf das angeschlossene Tragwerksteil übertragen zu können, wird der Gelenkanschluss auszubilden sein.

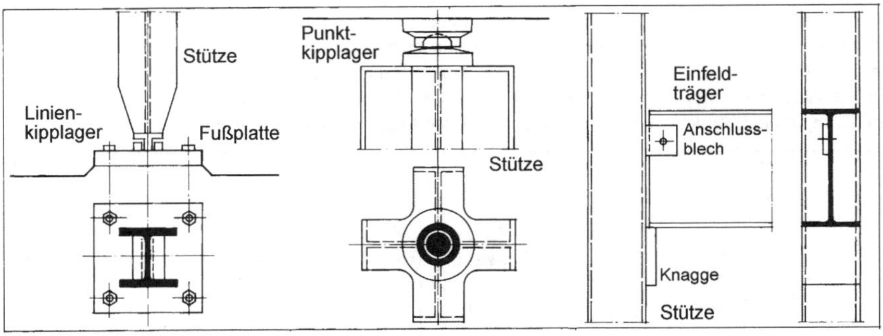

Abb. 3.5 Stahlbau, gelenkige Verbindung

• Stahlbetonbau

Gelenkige Verbindungen sind untypisch für Ortbetonkonstruktionen, da sie nur mit großem konstruktivem Aufwand herstellbar sind. Es wird daher nur eine gelenkige Verbindung des Stahlbetonfertigteilbaus dargestellt [3.14].

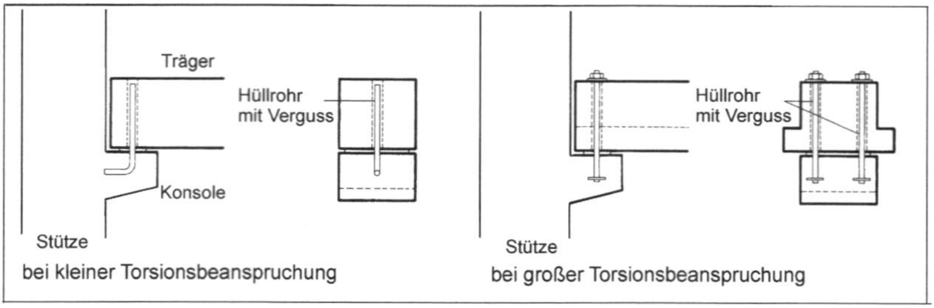

Abb. 3.6a Stahlbetonbau, gelenkige Verbindung

• Holzbau

Für hochbeanspruchte Gelenke in Holzskelettkonstruktionen wird i. d. R. Stahl verwendet. Dabei vermeidet man Schwächungen der Holzbauteile. Bei klassischen Holzverbindungen ist dies dagegen i. d. R. unvermeidlich. Für die statisch konstruktiven Anforderungen gilt das zuvor für Stahl Ausgeführte.

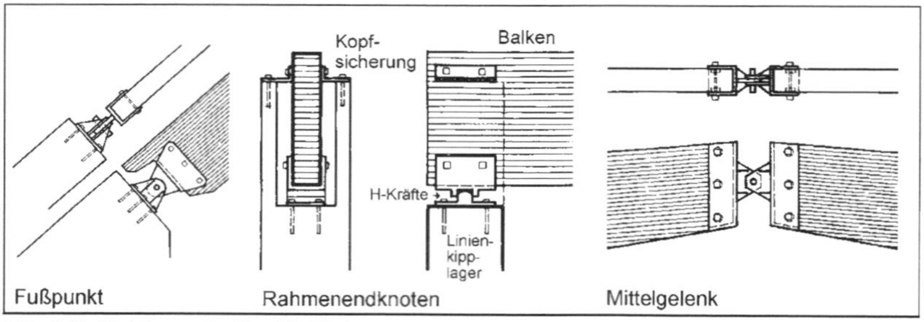

Abb. 3.6b Holzbau, gelenkige Verbindung

1.3.3 Biegesteife Stabanschlüsse

• Stahlbau

Müssen bei Stahlstützen große Druckkräfte und Biegemomente auf die Fundamente übertragen werden, so sind relativ aufwändige Konstruktionen aus Fußplatten zur Verteilung der Druckkräfte und im Fundament verankerte Zugglieder erforderlich. Für biegesteife Rahmenecken gibt es eine Reihe von Standardanschlüssen, bei denen je nach statischem Erfordernis der Kraftumlenkung eine Querschnittsvergrößerung im Eckbereich oder wegen der Querkraftübertragung Aussteifungsrippen notwendig werden.

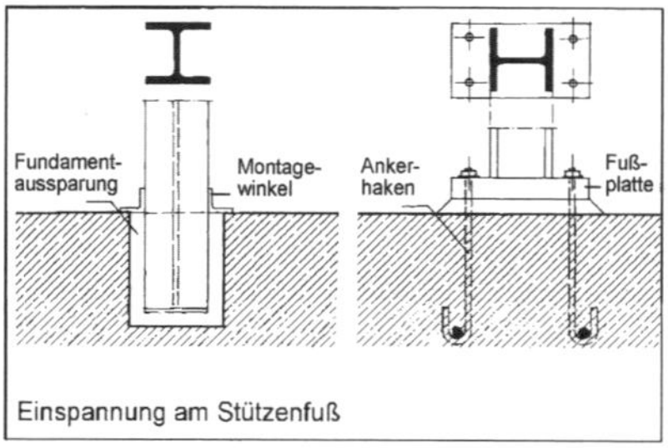

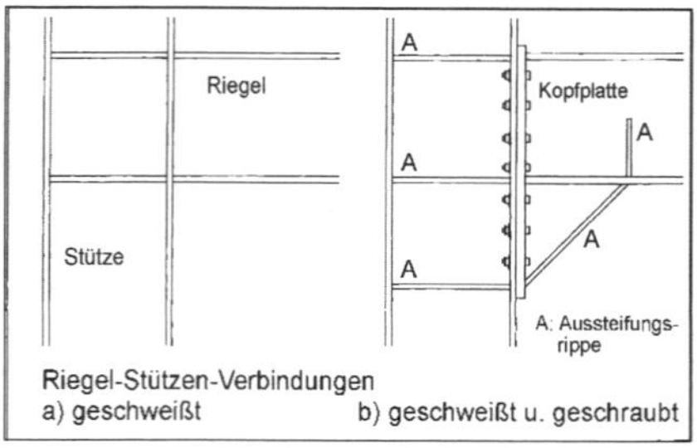

Abb. 3.6c Stahlbau, biegesteife Anschlüsse

• Stahlbetonbau

Für eingespannte Stahlbetonstützen gibt es zwei Standardlösungen: die Ortbetonstütze mit breitem Fundamentfuß, der im Bereich des Stützengrundrisses gegen das „Durchstanzen" eine größere Dicke als im Randbereich besitzt und eine geneigte Oberfläche von nicht mehr als 30° erhält [3.13], wenn auf eine Konterschalung verzichtet werden soll, und das Köcher- oder Hülsenfundament für Stahlbetonfertigstützen. Ortbetonstützenfundamentfüße werden jedoch i. d. R. wegen des geringeren Arbeitsaufwandes mit ebener Oberfläche, jedoch mit der gegen das „Durchstanzen" erforderlichen Gesamtdicke hergestellt. Wegen des relativ großen Schalungsaufwandes für die Herstellung von Ortbetonköcherfundamenten sind inzwischen Alternativen entwickelt worden: 1. Köcherfundamentfertigteile, 2. Stütze-Fundament-Fertigteile.

Bei biegesteifen Stahlbetonrahmenecken sind hinsichtlich der Bewehrungsführung zwei Lastfälle zu unterscheiden [3.13]: Der Lastfall des „schließenden" Moments (außen Zug) und der des „öffnenden" Moments (innen Zug). Die konstruktionsästhetisch einleuchtende Ausrundung der Rahmeninnenecke kommt heute aus wirtschaftlichen Gründen nicht mehr zur Ausführung.

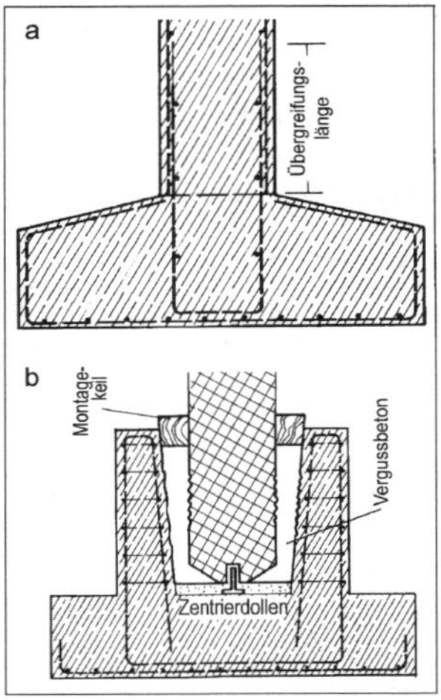

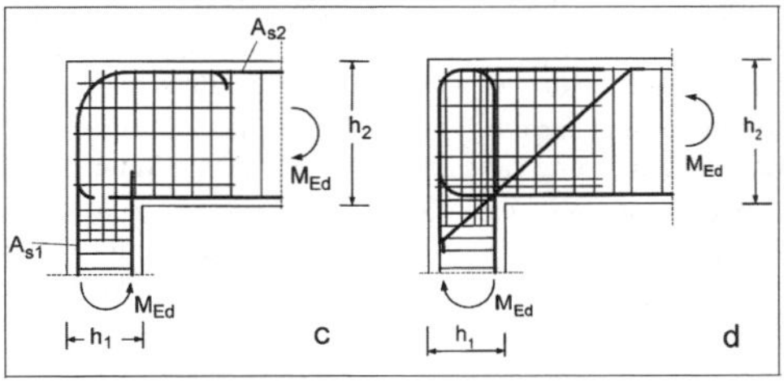

Abb. 3.7a Stahlbetonbau, biegesteife Anschlüsse
a) Fundament, Ortbeton
b) Köcherfundament
c) Rahmenecke, „schließendes" Moment
d) Rahmenecke, „öffnendes" Moment

• Holzbau

Biegesteife Anschlüsse von Holzstützen an Fundamenten sind nur mittels relativ komplizierter Stahlverbindungen möglich. Für biegesteife Holzrahmenecken gibt es hingegen einige holzgemäße Konstruktionslösungen von der klassischen handwerklichen Ausführung eines diagonal beide Stäbe verbindenden Kopfbands bis hin zur industriell hergestellten Keilzinkenverbindung.

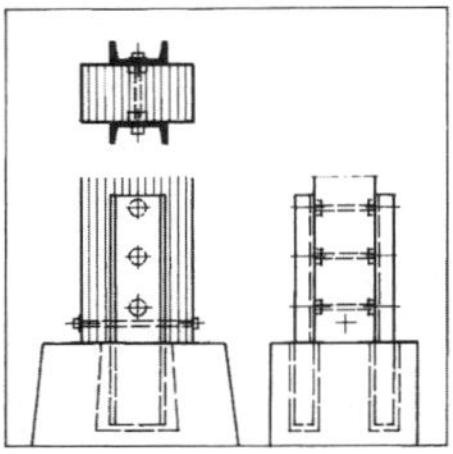

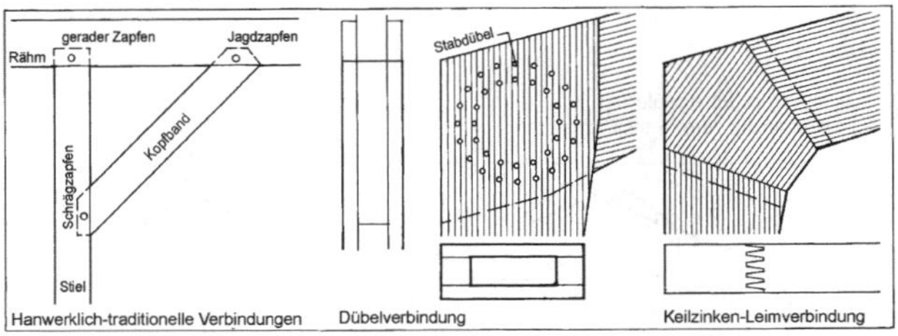

Abb. 3.7b Holzbau, biegesteife Anschlüsse;
Stützeneinspannung und
Rahmenecken: traditionelle Ausbildung – Dübelverbindung – Keilzinkverbindung

1.4 Flächentragwerke

1.4.1 Allgemeines

Konstruktionselemente von Flächentragwerken sind Flächen, deren Dicken im Verhältnis zu den übrigen Dimensionen sehr klein sind. Gewölbekuppeln und Kuppelschalen haben zwar ähnliche Erscheinungsformen, in der Tragwerksdicke und im Tragverhalten unterscheiden sie sich jedoch erheblich, Schalen sind wesentlich dünner als Kuppeln. Die günstige Materialausnutzung bei tragenden Flächen hat ihre Ursache darin, dass fast ausschließlich Normalkräfte vorkommen (Ausnahmen: Platten).

Ebene Flächentragwerke sind Scheiben und Platten (vgl. S. 12.46), aus ihnen setzen sich Faltwerke zusammen (s. Abb. 3.8). Gekrümmte Flächentragwerke werden auch als Schalen bezeichnet. Man unterscheidet einfach gekrümmte Schalen (z. B. Zylindertonnenschalen) und zwei- oder mehrfach gekrümmte Schalen (z. B. Rotationsflächenschalen und Leitkurvenflächenschalen).

1.4.2 Ebene Flächentragwerke

Das Tragverhalten von ebenen Flächentragwerken ist am wirksamsten, wenn der Kraftangriff in Richtung der Flächenebene (Scheibenwirkung), und am schwächsten, wenn er senkrecht zur Ebene erfolgt (Plattenwirkung). Faltwerke sind eine Synthese der positiven Eigenschaften von Scheibe und Platte.

Die Plattenwirkung kann angenommen werden zwischen den als Auflager vorstellbaren Faltwerkskanten und die Scheibenwirkung in Hauptrichtung des Faltwerks, also in Richtung der Falten von Auflager zu Auflager. Die Scheibenwirkung wird größer, je steiler die Faltwerksfläche steht. Damit verbessert sich die Tragfähigkeit des Faltwerks. Sie verschlechtert sich in dem Maße, wie der Neigungswinkel der Faltwerksfläche flacher wird und somit die Plattenwirkung der Fläche zur Wirkung kommt.

Voraussetzung für die Formstabilität eines Faltwerks ist die Unverschieblichkeit der Faltwerkskanten. Kantenverformung kann durch eine Reihe von Maßnahmen eingeschränkt werden:

1. Steilere Faltung oder Verkleinerung des von zwei Faltwerksflächen eingeschl. Winkels (V-Falte).
2. Anordnung von Querversteifern oder biegesteifen Querrahmen.
3. Die Verformung insbesondere freier Faltwerkskanten wird durch Längsversteifer behindert.

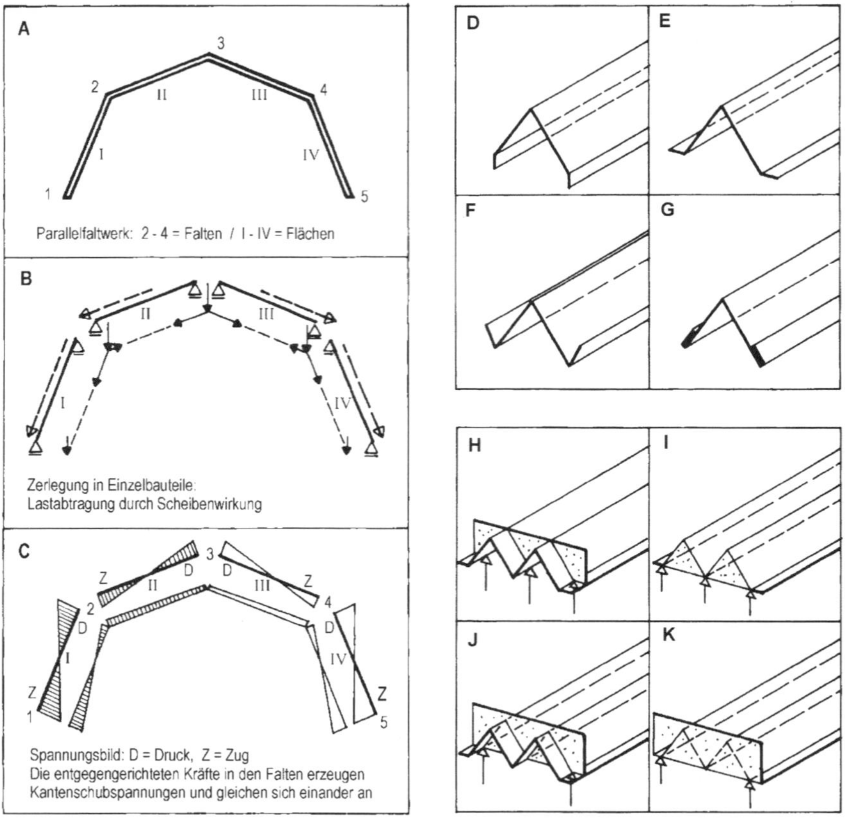

Abb. 3.8 Faltwerke; A–C: Tragverhalten / D–G:Längsversteifer / H–K: Querversteifer

Konstruktionselemente ebener Flächentragwerke. Beanspruchungen, Verformungen:

Platten, i. d. R. aus Stahlbeton hergestellt. Die Kraftrichtung verläuft senkrecht zur Fläche, die Beanspruchung sind Biegemomente. Dabei treten Durchbiegungen auf (vergl.: *Massivbau).*

Scheiben aus Stahlbeton oder Mauerwerk. Kraftrichtung: parallel zur Flächenebene. Verformungen: Beulen und Kippen.

Falten sind gerade Kanten, in denen Faltwerkebenen zusammenstoßen. Hier treten nur Normalkräfte auf. Das Prinzip der Falte ist es, Verformungen zu behindern.

Randträger und **Längsversteifer** werden durch Biegemomente beansprucht.

Querversteifer quer zur Haupttragrichtung erhalten Normalkräfte; sie können sich durch Beulen verformen.

1.4.3 Gekrümmte Flächentragwerke (Schalen)

Die sehr große Formenvielfalt von Schalen lässt sich grob in drei Gruppen gliedern:

- Zylinderschalen
- Rotationsflächenschalen
- allgemeine Schalen

Konstruktionselemente von Schalen, Beanspruchungen und Verformungen:

Schalen werden je nach Größe und den an sie gestellten Anforderungen aus Stahlbeton, glasfaserverstärkten Kunststoffen, Blech, Acrylglas oder Holzlamellen hergestellt.

Schalenflächen werden durch Normalkräfte und in den Randzonen auch durch Biegemomente beansprucht. Das Verformungsverhalten ist Beulen.

Randträger in der Haupttragrichtung haben Biegemomente und Normalkräfte aufzunehmen.

Übergangsbögen werden durch Normalkräfte und reduzierte Biegemomente beansprucht.

Querversteifer (quer zur Haupttragrichtung) haben bei scheibenartiger Ausbildung Normalkräfte und bei rahmenartiger Ausbildung Biegemomente aufzunehmen. Scheiben beulen aus. Rahmen biegen sich durch.

Zylinderschalen (Zylinderträger) lassen sich als Abkömmling von Parallelfaltwerken deuten, bei denen die Anzahl der Falten unendlich groß geworden ist. Entsprechend wird auch das Tragverhalten erklärt: eine Mischung aus Scheiben- und Plattenwirkung wie beim Parallelfaltwerk. Zusätzlich kann von einer Gewölbewirkung ausgegangen werden. Sie dient der Lastverteilung innerhalb des Zylinderträgers. Wie beim Parallelfaltwerk sind die Seitenränder besonders verformungsgefährdet. Ähnlich wie dort lässt sich die Formstabilität freier Ränder durch längs- und querversteifende Konstruktionselemente wahren.

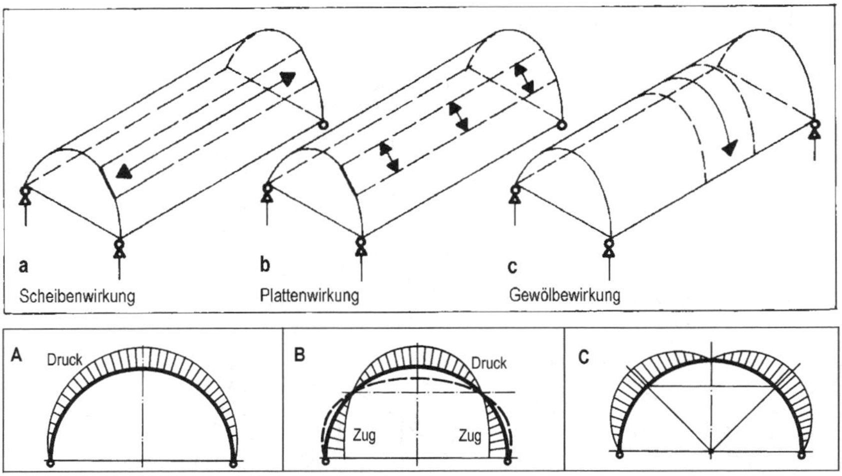

Abb. 3.9 Zylinderträger (Quertonnenschalen):
– Tragverhalten,
– Spannungsbilder (A: Ringspannungen / B: Längsspannungen / C: Schubspannungen)

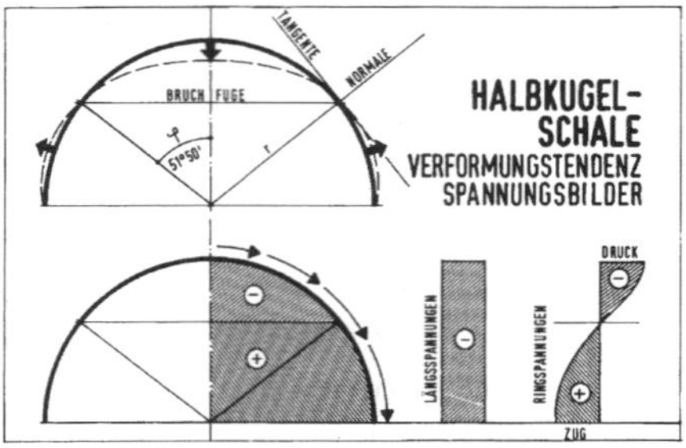

Abb. 3.10a Halbkugelschale, Tragverhalten

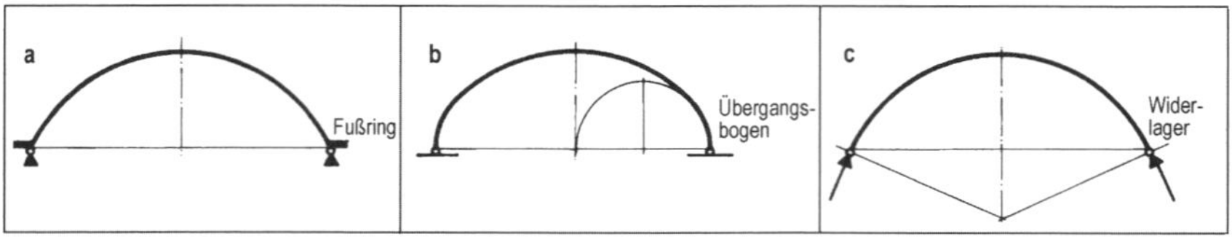

Abb. 3.10b Kuppelschale; Lagerung, Randstabilisierung

Beispielhaft für **Rotationsflächenschalen** wird das Tragverhalten einer Halbkugelschale an ihrer Verformungstendenz und den Spannungsbildern dargestellt. Bei Kuppelschalen mit flachem Stich kann der Schalenrand durch Fußringe oder Übergangsbögen stabilisiert werden, oder er erhält eine widerlagerähnliche Unterstützung.

Hyperbolische Paraboloidschalen (HP-Schalen) sind als Sattelflächen zu bezeichnen, da sie gegensinnig (antiklastisch) gekrümmt sind. Die Geometrie ist einfach erklärbar: Auf einer bogenartig stehenden Parabel als Leitkurve wird eine „hängende" Parabel geführt. Die HP-Schalenfläche wird somit auch als Leitkurvenfläche definiert. Durch diese geometrischen Merkmale wird das Tragverhalten anschaulich charakterisiert als eine Durchdringung von Gewölbe- und Hängewirkung. Wie bei anderen Schalenformen und auch bei Faltwerken gilt bei HP-Schalen, dass Additionen, Kombinationen und Durchdringung von Einzelelementen zu großer Stabilität der dann entstehenden Gesamtform führen, weil die Ränder der Einzelelemente sich an den Berührungsstellen gegenseitig stabilisieren. An einer HP-Schale mit biegesteifen Randgliedern werden drei Möglichkeiten für die Standfestigkeit des Gesamttragwerks dargestellt.

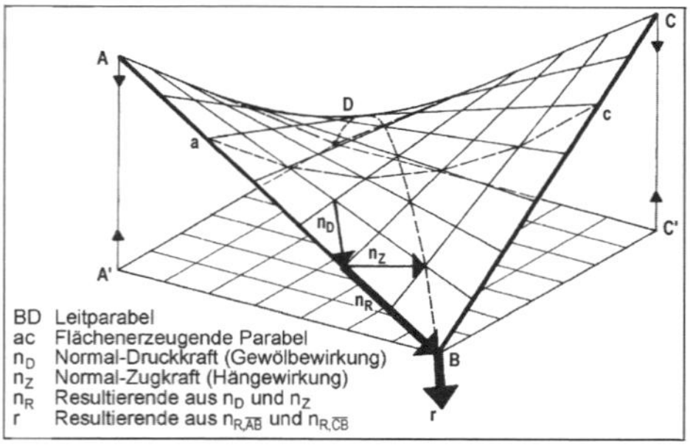

Abb. 3.10c HP-Schalen: Geometrie und statische Merkmale

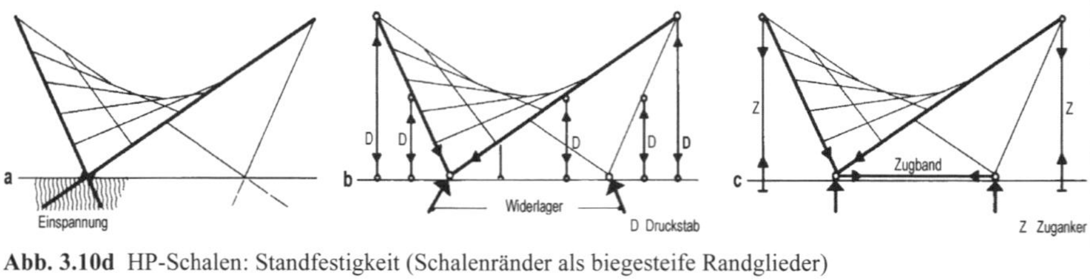

Abb. 3.10d HP-Schalen: Standfestigkeit (Schalenränder als biegesteife Randglieder)

1.5 Seiltragwerke

Es gilt der Stabilitätsgrundsatz: Seile können nur Zugkräfte aufnehmen.

Die Dachlasten eines Seiltragwerks werden von Tragseilen aufgenommen, die üblicherweise hängend angeordnet sind (Hängedächer). Die Seile sind biegeweich und passen ihre Form den auftretenden Lasten an. Sie müssen daher stabilisiert werden. Je nach Art des Seiltragwerks wird eine Stabilisierung durch Dacheigenlast, eine steife Schalenfläche oder punktuelle oder lineare Stabilisierungselemente bewirkt. Durch punktuelle Stabilisatoren werden einzelne Tragseilpunkte fixiert. Lineare Stabilisierungselemente (Seile, Balken, Bogen) fixieren jeweils einen Punkt auf mehreren Tragseilen.

Bei Zugbeanspruchung von Seilen treten elastische und nichtelastische Verformungen auf. Die nichtelastischen Verformungen aufgrund des Kriechens des Stahls bewirken das sogenannte **Seilreck.** Es sind Längendehnungen der Einzeldrähte eines Seils und damit verbundene Querkontraktionen, die ihrerseits Querschnitts- und Längenveränderungen des gesamten Seils bewirken. Durch mehrfaches Vorrecken der Seile vor dem Einbau und vor der endgültigen Belastung wird verhindert, dass nichtkorrigierbare Veränderungen des Spannungszustands am fertigen Tragwerk auftreten und Befestigungselemente wie Seilschellen lose werden.

Konstruktionselemente von Seiltragwerken. Kraftgrößen und Verformungen:

Tragseile, Spannseile und Rückhalteseile werden aus Stahldrähten meist mehrfach verseilt, d. h. ein Seil besteht im Allgemeinen aus mehreren Litzen, die in einer oder mehreren Lagen schraubenlinienförmig um eine Einlage verseilt sind. Es können nur Zugkräfte aufgenommen werden. Die Verformungsarten sind Längendehnung und Querkontraktion.

Druckstäbe, Masten, Pylone aus Stahl oder Holz sind auf Druck beansprucht und gegen Knicken zu bemessen.

Stabilisierungsseile haben die Anforderungen an *Tragseile* zu erfüllen und deren Eigenschaften.

Stabilisierungsbögen aus Holz oder Stahl müssen druckbeanspruchbar sein.

Stabilisierungsbalken aus Holz oder Stahl haben Biegemomente aufzunehmen.

Das in der folgenden Abbildung dargestellte Seilnetztragwerk des Olympiastadions in München ist als Übergangsform zu Membrantragwerken (Zelte) denkbar, wenn man sich die Netzmaschen sehr eng vorstellt. Eine Trennung in Trag- und Stabilisierungsseile ist bei der komplizierten, mehrfach gekrümmten Netzfläche nicht mehr möglich.

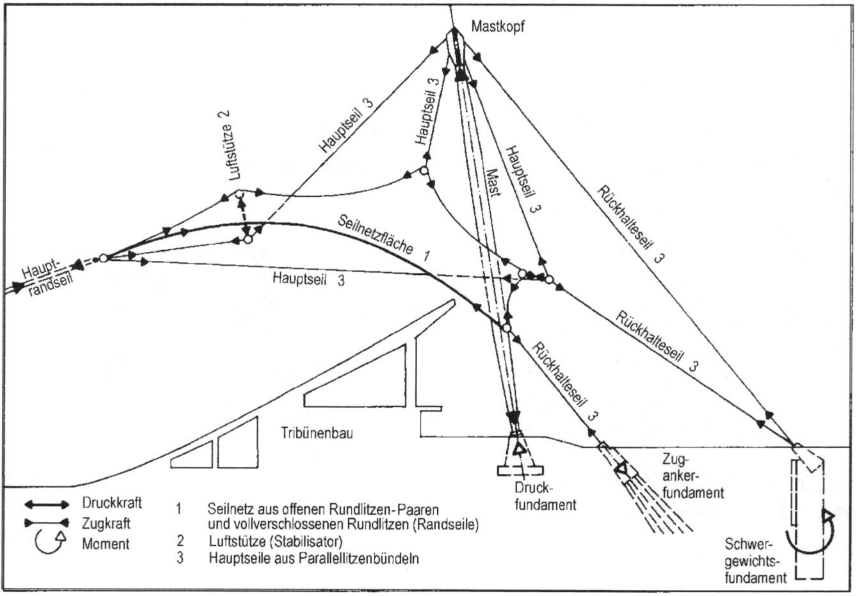

Abb. 3.11 Seilnetztragwerk (Olympiastadion München)

1.6 Membrantragwerke

1.6.1 Allgemeines

Die konstruktive und formale Verwandtschaft von Membrantragwerken zu bestimmten Arten von Seilnetztragwerken oder auch zu HP-Schalen fällt auf.

Der schon bei Seiltragwerken aufgestellte Stabilitätsgrundsatz (Abschn. 1.5) gilt auch hier. Dieser Grundsatz ist bei gekrümmten Membranflächen nur einzuhalten, wenn die Flächen doppelt und gegensinnig gekrümmt sind (Sattelflächen). Bei pneumatisch stabilisierten Membrantragwerken (z. B. Traglufthallen) wird die Membran hingegen durch ein Stütz-, Stabilisierungs- oder Füllmedium stabilisiert.

Konstruktionselemente von Membrantragwerken, Kraftgrößen und Verformungen:

Membranflächen müssen doppelt gekrümmt sein. Bei Zelten hat die Krümmung gegensinnig (antiklastisch) zu sein, bei pneumatisch stabilisierten Membrantragwerken hingegen i. d. R. gleichsinnig. Material: PVC-beschichtetes Polyestergarngewebe. Beanspruchbar nur durch Zugkräfte. Verformungsart: Dehnung.

Rückhalteseile und Spannseile aus Stahl oder Kunststofffasern sind nur zugbelastbar.

Masten oder **Pylone** aus Holz oder Stahl werden auf Druck beansprucht und sind somit knickgefährdet.

Stabilisierungsseile aus Stahl oder Kunststofffasern sind nur zugbelastbar.

Stabilisierungsbögen aus Stahl, Holz oder Hochdruckschläuchen haben Druckkräfte aufzunehmen.

1.6.2 Zelte

Durch Hoch- und Tiefpunkte werden Membranflächen erzeugt, die in jedem Punkt gegensinnig gekrümmt sind. Hochpunkte sind durch Pylone und nach oben gerichtete Seile, Grate durch Bogen, Tiefpunkte durch Seilabspannungen und Kehlen durch Kehlseile herzustellen. Eine derart entstandene doppelt und gegensinnig gekrümmte Membranfläche ist umso steifer, je stärker die Krümmungen sind.

Membranen sind sehr empfindlich gegen punktförmige Belastungen senkrecht zur Membranfläche. Sind punktförmige Stabilisatoren der Membranfläche erforderlich, dann ist durch geeignete konstruktive Maßnahmen sicherzustellen, dass die dort entstehenden Punktbelastungen allmählich in die Membran eingeleitet werden oder dass die Membran an diesen Stellen Verstärkungen erhält.

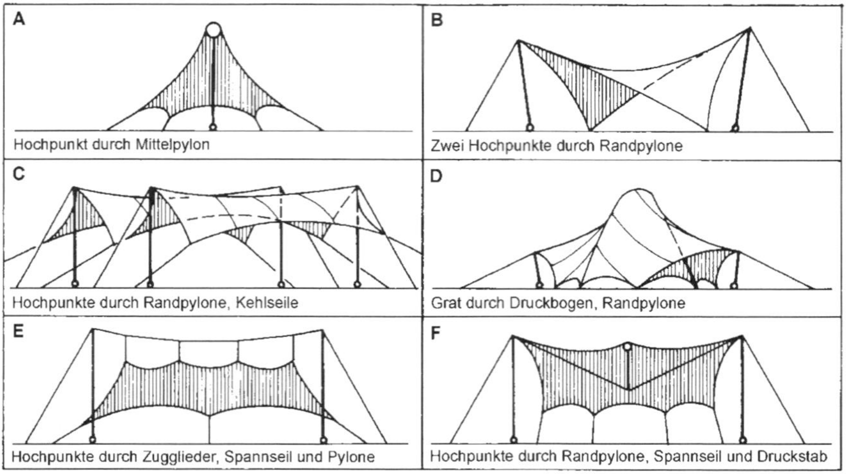

Abb. 3.12 Membrantragwerke (Zelte)

1.6.3 Pneumatisch stabilisierte Membrantragwerke

Die Geometrie pneumatisch stabilisierter Membrantragwerke wird ausschließlich von der Membranstabilisierung bestimmt. Primärstabilisator ist ein gasförmiges Medium (z. B. Luft). Die Membran wird also durch ein nicht formbeständiges Medium flächig unterstützt. Sie trennt Medien unterschiedlicher Dichte. Das Stabilisierungselement ist ein Konstruktionselement und stellt keine Belastung dar. Es herrscht ein Gleichgewichtszustand zwischen dem Innendruck des stabilisierenden Mediums und dem Spannungszustand der stabilisierten Membran.

Die Lastabtragung auf den Baugrund infolge senkrechter Lasten ist vernachlässigbar. Bedeutend ist das Problem der Windverankerung.

Die Geometrie pneumatisch stabilisierter Membrantragwerke hängt ab von

- der Art der Druckdifferenz zwischen Stabilisierungsmedium und Außenluft:
  - **Überdruck** oder
  - **Unterdruck,**
- dem Maß der Druckdifferenz:
  - **Hochdruck** oder
  - **Niederdruck**
- und der Art zusätzlicher Stabilisierungselemente (siehe Seiltragwerke und Zelte).

Die Zugspannung in der Membran (Membranspannung) ist proportional dem Innendruck und dem Krümmungsradius. Bei geschicktem Entwurf zusätzlicher Stabilisierungselemente (z. B. Kehlseile) können mit dabei entstehenden kleinen Krümmungsradien (s. Abb. 3.13a) relativ große Hallen ohne allzu große Membranspannungen hergestellt werden.

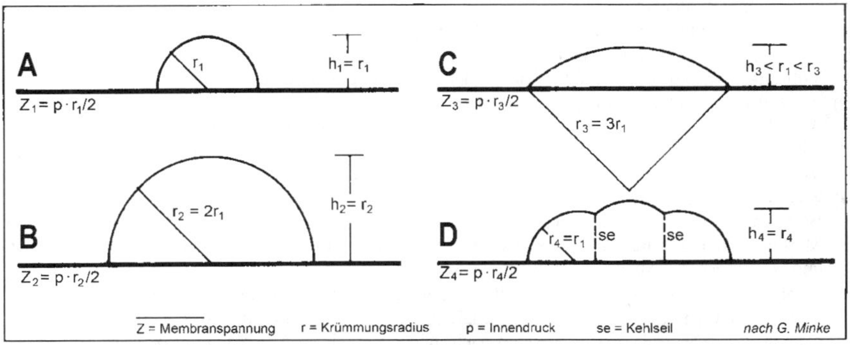

Abb. 3.13a Pneumatisch stabilisierte Membrantragwerke, Membranspannung

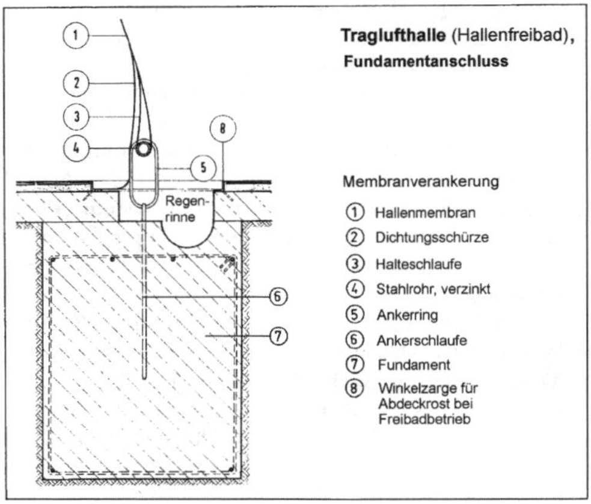

Abb. 3.13b Traglufthalle, Fundamentanschluss

2 Außenwände

2.1 Außenwände aus Mauerwerk

Übersicht, baukonstruktive Hinweise zur Ausführung, Problempunkte

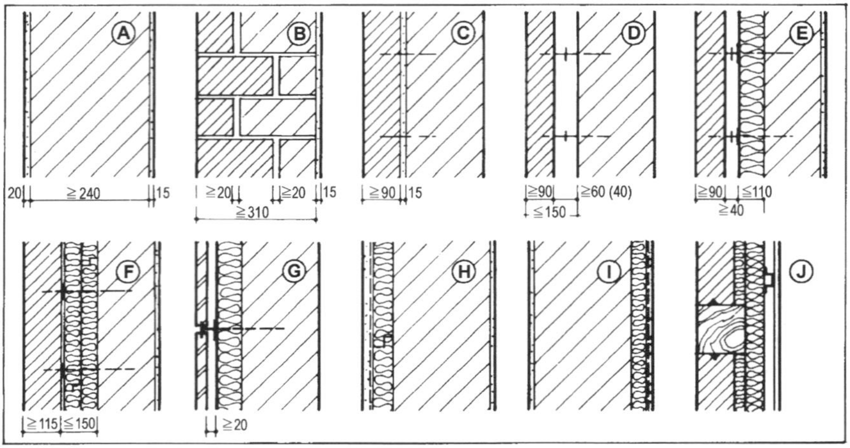

A) **Einschalige Außenwände:**
Schlagregenschutz; geometrische, materialbedingte, konstruktionsbedingte Wärmebrücken.

B) **Einschaliges Verblendmauerwerk:**
Vollfugige Ausführung; hohlraumfreie Längsfuge (Schlagregenschutz); Wärmebrücken.

C) **Zweischalige Außenwände mit Putzschicht (wie A):**
Ausführung der Putzschicht und der sie durchstoßenden Drahtanker: Verankerung der Außenschale; ggf. Abfangung der Außenschale; Dehnfugen der Außenschale; Sickerwasserdichtungen; Verformungsunterschiede der Schalen (schadensanfällige Konstruktion).

D) **Zweischaliges Mauerwerk mit Luftschicht:**
Wärmebrücken; ausreichende Hinterlüftung der Außenschale; Freihalten des Luftraumes von Mörtelbrücken, Vermeiden von Wasserübertritt auf die Innenschale; Verankerung, Abfangungen und Dehnfugen der Außenschale; Sickerwasserdichtungen.

E) **Zweischaliges Mauerwerk mit Luftschicht und zusätzlicher Wärmedämmung:**
Ausreichende Hinterlüftung der Außenschale; Freihalten des Luftraumes von Mörtelbrücken; Vermeiden von Wasserübertritt von außen nach innen; Verankerung, Abfangung und Dehnfugen der Außenschale; Sickerwasserdichtungen; Lückenlosigkeit und Befestigung der Dämmplatten.

F) **Zweischaliges Mauerwerk mit Kerndämmung:**
Schlagregenschutz; Ausführung der Kerndämmung; Hydrophobierung bei Mineralwolledämmmatten und Hyperlite-Schüttungen; Verankerung, Abfangung und Dehnfugen der Außenschale; Sickerwasserdichtungen; der mit Kerndämmmaterial ausgefüllte Raum kann durch Mörtelwülste eingeengt werden (Wärmebrücken/Durchfeuchtung).

G) **Zweischaliges Mauerwerk mit Wärmedämmung und hinterlüfteter Wetterschutzschale:**
Lückenlosigkeit und Befestigung der Wärmedämmung; Belüftung des Luftzwischenraumes.

H) **Mauerwerk mit Wärmedämmverbundsystem „Thermohaut" oder Wärmedämmputz:**
Gewährleistung der Dampfdiffusion; Schrumpfen der Wärmedämmplatten (Ablagern); Anordnung, Lage und Befestigung der WD-Platten; Armierung; Schutz des Dämmsystems vor mechanischen Beschädigungen.

I) **Einschaliges Mauerwerk mit Innendämmung (Abb. 3.19):**
Wärmebrücken bei einbindenden Innenbauteilen; Dampfsperren; Wärmespeicherfähigkeit.

J) **Mauerwerksausgefachte Holzfachwerkwände:**
Konstruktive Verbindung Holz/Mauerwerk; Verformungen Holz/Mauerwerk; Wind- und Schlagregendichtigkeit; Wärmebrücken; Dampfsperre. Dies ist eine schadensanfällige Konstruktion, da durch unvermeidlich eindringendes Schlagregenwasser (Fuge zwischen Holz und Ausfachung) im Inneren der Wand gute Wachstumsbedingungen für holzzerstörende Pilze entstehen [3.10].

Die **Winddichtheit** ist eine äußerst wichtige konstruktive Anforderung der Energieeinsparung. Bei Öffnungen in Außenwänden (Fenster, Türen) sowie anderen baukonstruktiven Übergangszonen, wie zwischen Außenwand und Dach, sind in der Regel besondere Maßnahmen erforderlich. Holzfachwerkbauten (denkmalpflegerische Instandsetzungen) müssen wegen der baustoffspezifischen Verformungen mit besonderer Sorgfalt konstruktiv bearbeitet werden.

2.2 Außenwandkonstruktionen im Skelettbau

Übersicht, baukonstruktive Hinweise

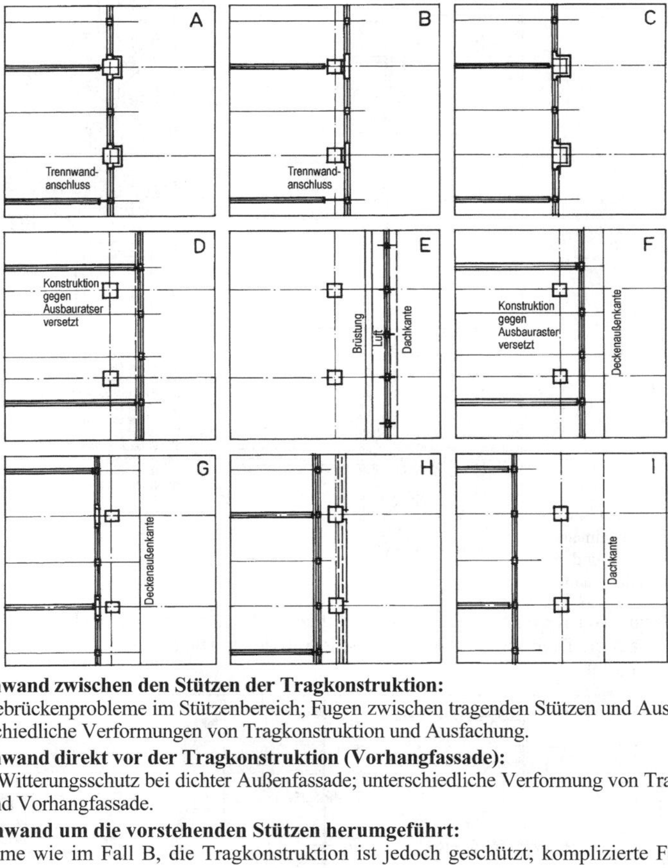

A) Außenwand zwischen den Stützen der Tragkonstruktion:
Wärmebrückenprobleme im Stützenbereich; Fugen zwischen tragenden Stützen und Ausfachungen; unterschiedliche Verformungen von Tragkonstruktion und Ausfachung.

B) Außenwand direkt vor der Tragkonstruktion (Vorhangfassade):
Guter Witterungsschutz bei dichter Außenfassade; unterschiedliche Verformung von Tragkonstruktion und Vorhangfassade.

C) Außenwand um die vorstehenden Stützen herumgeführt:
Probleme wie im Fall B, die Tragkonstruktion ist jedoch geschützt; komplizierte Fassadenabwicklung.

D) Außenwand vor den Stützen der Tragkonstruktion (Vorhangfassade):
Stützen hinter Deckenvorderkante und Brüstung: Probleme wie in Fall B.

E) Selbsttragende Vorhangfassade über mehrere Geschosse:
Probleme wie im Fall B; Brandüberschlag von Geschoss zu Geschoss: Windlasten auf der Vorhangfassade.

F) Außenwand zwischen den auskragenden Decken vor den Stützen:
Wärmebrücken-, Verformungs- und Dichtigkeitsprobleme im Deckenbereich; Deckenstirnflächen witterungsgefährdet.

G) Außenwand hinter Stützen und auskragender Decke:
Wärmebrücken-, Verformungs- und Dichtigkeitsprobleme im Deckenbereich: Stützen und Deckenstirnflächen witterungsgefährdet.

H) Außenwandkonstruktion verspringt im Stützenbereich zwischen Brüstungs- und Fensterebene:
Komplizierte baukonstruktive Anschlüsse; Wärmebrückenprobleme im Deckenbereich.

I) Selbsttragende Fassade hinter den Stützen:
Völlige Trennung von Stützen und Außenwand (vgl. D und E); Windlasten erfordern eigene Tragkonstruktion in der Außenwand; Wärmebrückenproblem am Dachanschluss der Außenwand.

2.3 Außenwandkonstruktionen; Ausführungsdetails

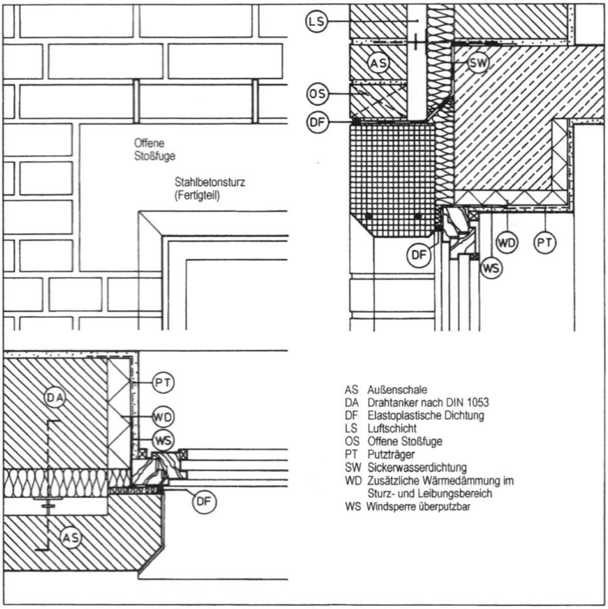

Abb. 3.16a
Fensteranschläge bei zweischaligem Verblendmauerwerk mit Luftschicht und zusätzlicher Wärmedämmung

Bei Verwendung von Kerndämmmatten bzw. -platten sind diese mittels Kunststoffkrallenplatten, die von außen auf die Drahtanker zu schieben sind, zu fixieren. Die Rieselsperre vor der Entwässerungsöffnung entfällt.

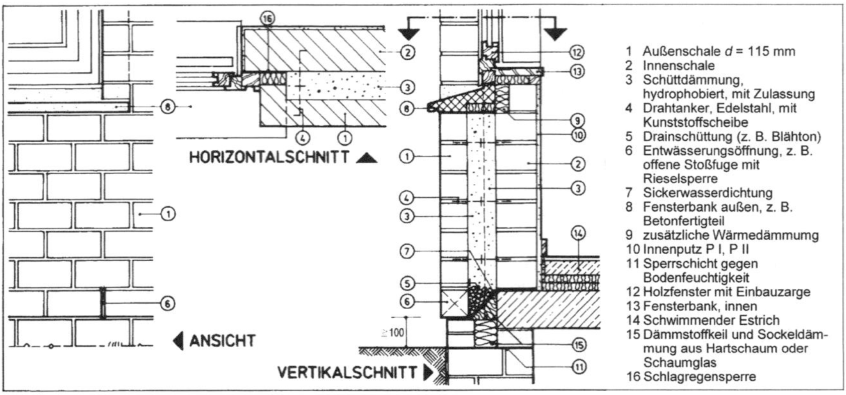

Abb. 3.16b Fenstersturz bei Außenmauerwerk mit Kerndämmung

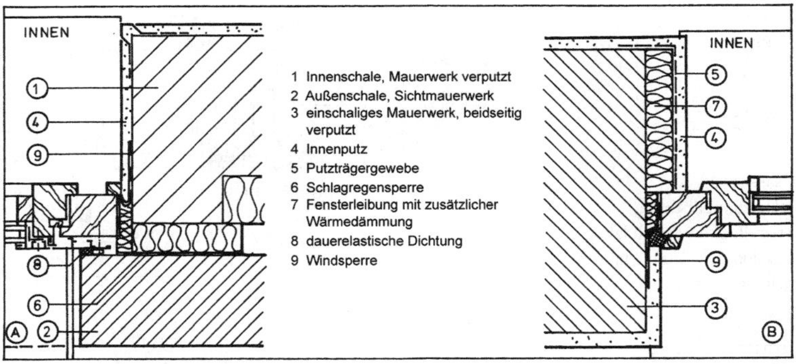

Abb. 3.17a Fensteranschluss (vgl. Abschn. 6.1)
(A) Zweischaliges Mauerwerk mit Luftschicht und zusätzlicher Wärmedämmung
(B) Einschaliges, beidseitig verputztes Mauerwerk

Bei Holz-Alu-Fenstern im Innenanschlag erfolgt die Montage nach Fertigstellung des Innenputzes. Schlagregenschutz von Wärmedämmung und Innenschale ist zu beachten, der Einbau einer Windsperre ist erforderlich (Abb. 3.17a (A)).

Bei Holzfenstern mit Einbauzarge in stumpfer Leibung (ohne Anschlag) wird das Fensterelement nach Abschluss der Putzarbeiten montiert. Wärmebrückenwirkung der Fensterleibung ist zu beachten, der Einbau einer Windsperre ist erforderlich (Abb. 3.17a (B)).

2.4 Wetterschutzschalen von Außenwandkonstruktionen

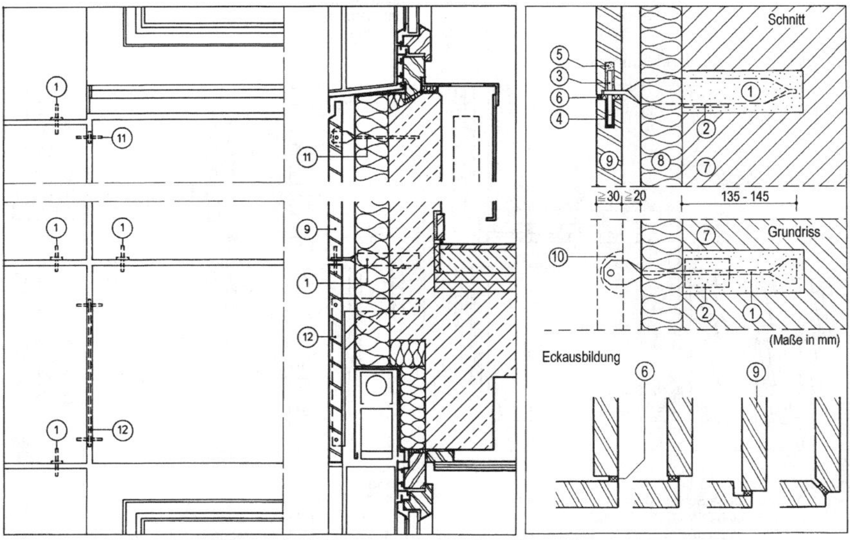

Legende

1 Traganker, nichtrostender Stahl
2 Druckplatte
3 Ankerdorn
4 Ankerdorn mit Kunststoffröhrchen, gleitend
5 Feinmörtel
6 Elastoplastische Versiegelung
7 Mauerwerk
8 Wärmedämmung
9 Naturwerksteinplatten
10 Aussparung
11 Halteanker
12 Sturzabhängung

Abb. 3.17b Mauerwerk mit außenseitiger Wärmedämmung und hinterlüfteter Wetterschutzschale

Abb. 3.18a Dachpfannenbehang (Tragfähigkeit der Holzkonstruktion ist ggf. statisch nachzuweisen)

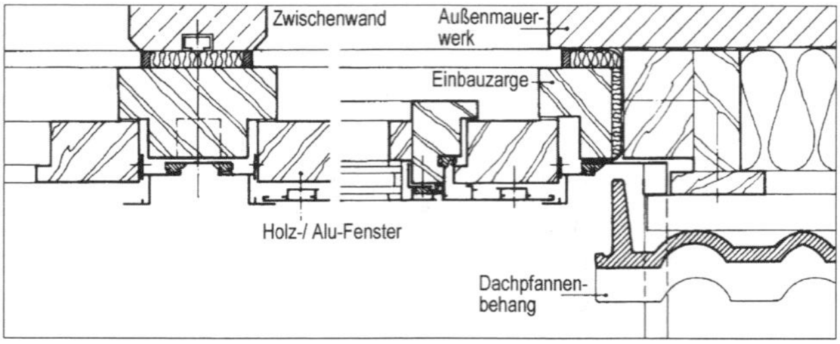

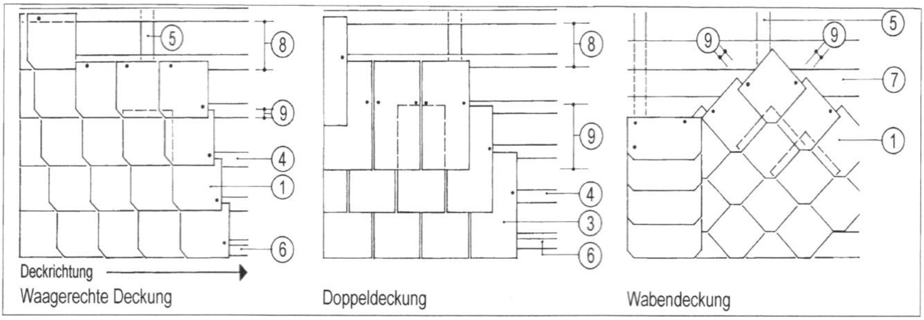

Legende

1 Quadratplatte mit gestutzter Ecke
3 Rechteckplatte
4 Traglattung 3/5 cm
5 Konterlattung
6 Unterlage
7 Brettschalung
8 Lattenabstand
9 Überdeckung

Abb. 3.18b Schindelbekleidungen

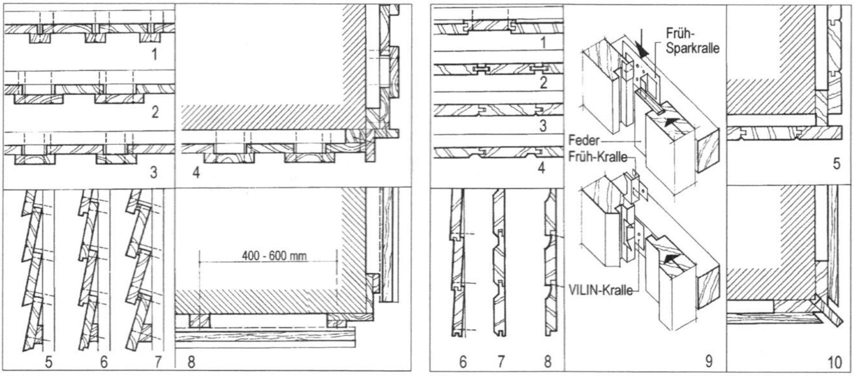

(A)

Legende

1 – 3 Aufgedoppelte Schalung aus parallel besäumten Brettern nach DIN 4071. Brettdicke 21 mm, Brettüberlappungen: Ü = 12 % der Brettbreite oder = 25 mm. Nagelung nie durch mehrere Bretter
4 Eckausbildung
5 – 7 Horizontale Stülpschalung aus sägerauen, parallel besäumten Brettern nach DIN 4071. Brettdicke 21 mm. Bretter mit Tropfnase. Nagelung nie durch mehrere Bretter
8 Eckausbildung

(B)

Legende

1 u. 2 Glattkantbretter, gehobelt und genutet nach DIN 68 127 (senkrecht)
3 u. 4 gespundete Faserbretter, gehobelt nach DIN 68 122 (senkrecht)
5 Eckausbildung
6 wie 1 und 2 (horizontal)
7 wie 4 (horizontal)
8 Stülpschalungsbretter Form B, gespundet nach DIN 68 123 (horizontal)
9 Befestigung durch Spezialklammern
10 Eckausbildung

Abb. 3.18c Schalungen
(A) aufgedoppelte Schalung; (B) gespundete Schalung und Profilbretterschalung

2.5 Außenwände mit Innendämmung

Innendämmung einschaliger massiver Außenwände ist z.B. bei denkmalpflegerischen und wärmeschutztechnischen Instandsetzungen unumgänglich, wenn die Außenhaut des Gebäudes nicht verändert werden darf (Abb. 3.19).

Wichtige bauphysikalische und konstruktive Aspekte:

- Schlagregenschutz der Außenwand,
- Vermeidung von Wärmebrücken, z.B. durch einbindende Innenwände und Fensterleibungen,
- Berücksichtigung der Diffusionsvorgänge von Wasserdampf.

Geeignet sind diffusionsoffene Dämmmaterialien, die auf Grund ihrer Kapillaraktivität Raumluftfeuchte aufnehmen und wieder abgeben können. Beispielhaft seien genannt: Calciumsilikatplatten oder porosierte Leichtziegelkammersteine mit Perlitefüllung.

Innendämmungen mit Dampfsperrschichten sind, da Lückenlosigkeit der Dampfsperren baupraktisch schlecht umsetzbar ist, zu vermeiden.

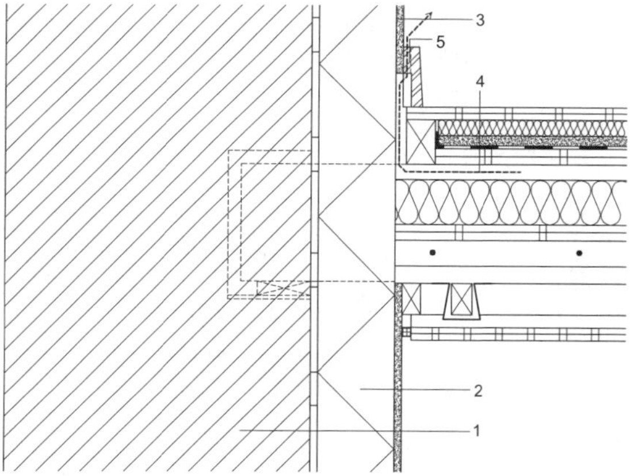

Abb. 3.19 Innendämmung mit mineralischem Material (Altbausanierung)

1 Einschalige Außenwand, Vollziegelmauerwerk
2 Mineralische Innendämmplatten, z.B. Calciumsilikathydratplatten auf ebenem Putzuntergrund
3 Dünnlagenputz nach DIN V 18 550 und Beschichtung oder Tapezierung
4 Holzbalkendecke mit Schall- und Brandschutzausrüstung
5 Belüftung des Deckenhohlraums über geschlitzte Fußleisten

2.6 Außenwände in Holzblockbauweise

Massivholzbauweisen sind nachhaltig:

- Nachwachsender Rohstoff,
- CO-Neutralität,
- Energieeinsparung,
- energieeffizientes Recycling.

Holzblockwände werden aus liegend geschichteten Kanthölzern hergestellt, deren horizontale Fugen durch Nut-Feder-Verbindungen mit eingelegten vorkomprimierten Dichtungsbändern abgedichtet werden. Für Eck- und T-Stöße gibt es verschiedene Blattverbindungen und Verkämmungen (Abb. 3.20a). Prinzipiell sind drei Wandalternativen denkbar (Abb. 3.20b):

- Blockwand mit hinterlüfteter Wetterschutzschale und zusätzlicher Wärmedämmung,
- Doppelblockwand mit Zwischendämmung,
- Blockwand mit Innendämmung.

Geschlossene Blockwände können als Scheiben bei Lastangriff in Richtung der Wandebene wirken sowie als Platten bei senkrecht auf die Wand angreifenden Kräften. Sie bilden mit den Stoßverbindungen steife „Kästen“. Öffnungen stören die Stabilität. Sie müssen daher durch in die Leibungen eingelassenen Rahmen gefasst werden.

Formänderungen durch Schwinden und Quellen des Holzes sind ständig gegeben. In allen Konstruktionsteilen einschließlich Fenstern, Türen und Innenverkleidungen müssen daher gleitende Verbindungen die freie Beweglichkeit der Konstruktionshölzer gewährleisten (Abb. 3.20c). Winddichtigkeit muss gewährleistet sein. Installationsleitungen müssen gleitend gehalten werden. Brandschutz, insbesondere bei Feuerstätten und Abgasleitungen (DIN 18160), ist zu beachten. Schutzmaßnahmen sind erforderlich gegen Bodenfeuchtigkeit, Spritzwasser, Schlagregen und im Gebäudeinneren gegen Brauchwasser.

Holzarten: Fichte, Lärche, Kiefer, Douglasie.
Holztechnische Anforderungen: Sortierklasse S (festigkeitssortiert); kerngetrennt; Maßhaltigkeit: Toleranz quer zur Faser 1 mm; Holzfeuchtigkeit 12 %–18 %; sichtbare Kanten: scharfkantig, gehobelt, gefast.

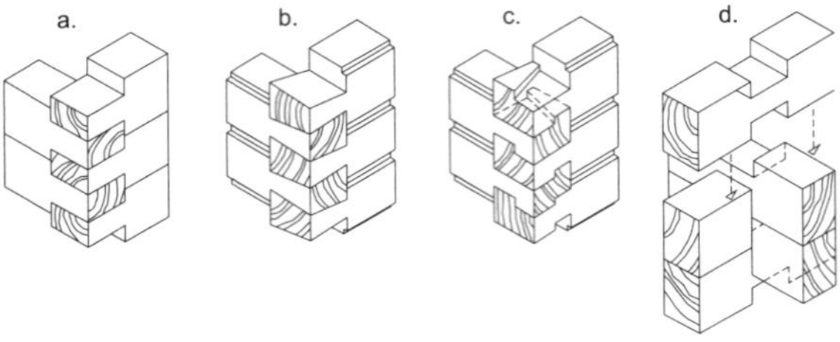

a Gerades Blatt
b Schwalbenschwanzblatt
c Hakenblatt
d Verkämmung mit Vorholz

Abb. 3.20a Blockwände, Eckverbindungen

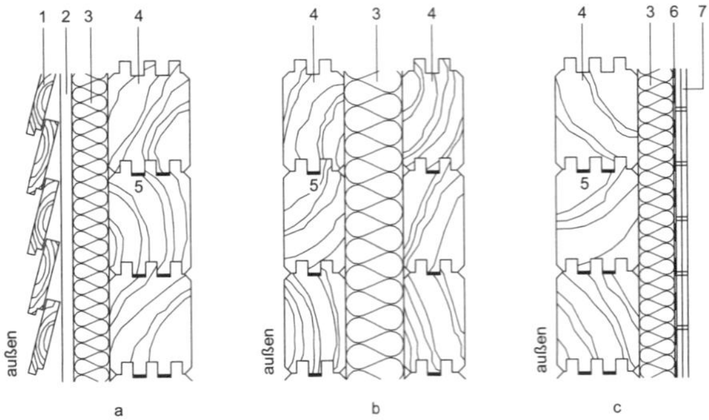

a Blockwand mit dreifacher Federung, äußerer Wärmedämmung und hinterlüfteter Wetterschutzschalung
b Doppelblockwand mit Wärmedämmung
c Blockwand mit Innendämmung

1 Horizontale Stülpschalung
2 Senkrechte Traglattung, Luftzwischenraum mindestens 20 mm
3 Wärmedämmung
4 Blockwand
5 Vorkomprimiertes Dichtungsband
6 Feuchteadaptive Dampfbremse
7 Innenverkleidung auf gleitender Traglattung

Abb. 3.20b Blockaußenwände

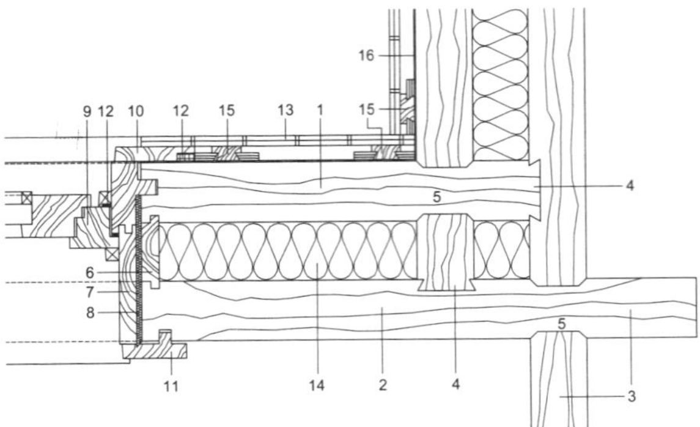

1 Blockwand, innen,
2 Blockwand, außen,
3 Vorholz,
4 Gleitender Schwalbenschwanzstoß,
5 Verkämmung (Chaletverbindung),
6 Leibungsdeckbrett,
7 Leibungsblockrahmen,
8 Leibungsdämmung,
9 Blendrahmenfenster,
10 Bekleidung, innen,
11 Bekleidung, außen, gleitend,
12 Vorkrompimiertes Dichtungsband,
13 Innenverkleidung,
14 Dämmstoff,
15 Haltleisten mit Gleitleiste
16 Windsperre

Abb. 3.20c Doppelblockwand, Außenecke, Fensterleibung

3 Decken

3.1 Allgemeines

Decken haben in erster Linie neben ihrer Eigenlast die Verkehrslasten aus der Nutzung der darüber liegenden Räume auf die Tragkonstruktion abzutragen. Die erforderliche Dicke der tragenden Deckenkonstruktion hängt im Wesentlichen von der Größe der Belastung und von der Spannweite der Decke ab.

Häufig haben Decken für die Gesamtstabilität eines Bauwerks die Funktion der Übertragung von Horizontallasten (z. B. Windlasten) auf vertikale Festpunkte (z. B. Wandscheiben), um sie von dort in die Gründungskonstruktion einzuleiten (s. Abschn. 3.3).

3.2 Tragverhalten von Decken

Das Tragverhalten, die Herstellungskosten, die Auswirkungen auf die Gesamtstabilität des Bauwerks, die Auswirkungen auf die Geschosshöhe und die Integrationsmöglichkeiten für die technische Gebäudeausrüstung sind die wichtigsten Kriterien für die Beurteilung einer Deckenkonstruktion. Entscheidende Einflussgröße für die Abmessung einer Decke ist jedoch oftmals der Brandschutz (s. Kap. 4 B).

Vereinfachend lassen sich Deckenkonstruktionen in Bezug auf ihr Tragverhalten in drei Gruppen gliedern:

- **Einachsig gespannte Decken** sind Systeme, die nach dem statischen Prinzip des „Trägers auf zwei oder mehreren Stützen" gelagert sind. In Spannrichtung (Tragrichtung) lässt sich die Decke streifenartig zerlegen (Träger, Balken), ohne dass die Tragwirkung beeinträchtigt wird.
- **Zweiachsig gespannte** Decken haben eine flächenhafte Tragwirkung. Eine streifenartige Zerlegung ist ohne Beeinträchtigung der Tragwirkung nicht möglich.
- Bei Deckenkonstruktionen mit **räumlicher Tragwirkung** sind die Konstruktionshöhe und die relativ große Unabhängigkeit dieser Systeme von bestimmten Lagerungsarten die auffälligsten Merkmale.

3.3 Scheibenwirkung von Decken

Wenn Decken durch horizontale Lasten (z. B. aus Wind) beansprucht werden, müssen sie als Scheiben ausgebildet werden; das sind flächenhafte Bauteile, die in ihrer Ebene belastet sind. Scheiben können durch fachwerkartige Konstruktionen („Verbände") ersetzt werden (vgl. S. 3.8).

Deckenscheiben sind wichtige Konstruktionselemente für die Gesamtstabilität. Werden Decken ohne Scheibenwirkung vorgesehen oder wird z. B. bei Mauerwerksbauten durch Gleitschichten am Decken-Wand-Auflager eine kraftschlüssige Verbindung zwischen Wand und Deckenscheibe verhindert, so müssen Ersatzmaßnahmen, z. B. in Form von Ringbalken (vgl. S. 3.2), eingeplant werden.

Stahlbetondecken gelten ohne besonderen Nachweis als Deckenscheiben:

- Stahlbetonplattendecken und
- Stahlbetonrippendecken aus Ortbeton.

Bei Stahlbetonfertigteildecken sind nach EC 2 folgende Bedingungen Voraussetzung für die Anrechenbarkeit einer Scheibenwirkung (vgl. Abb. 3.22a und 3.22b):

- Die Decke muss eine zusammenhängende, ebene Fläche bilden.
- Die Fertigteile müssen in den Fugen druckfest miteinander verbunden sein.

In den Fugen zwischen den Fertigteilen sind in der Regel Bewehrungen *(Zugpfosten)* zu verlegen und in Randgliedern zu befestigen.

Decken aus **Stahltrapezprofilen** können durch besondere konstruktive Maßnahmen auf die statische Funktion der Scheibenwirkung eingestellt werden, im Einzelfall müssen allerdings alle konstruktiven Maßnahmen auf der Grundlage einer allgemeinen bauaufsichtlichen Zulassung für das jeweilige Trapezprofil statisch nachgewiesen werden. Es werden folgende Maßnahmen allgemein vorgeschlagen:

- Befestigung jedes Trapezprofiluntergurts auf der tragenden Unterkonstruktion.
- Unter jedem äußeren Trapezprofil muss in Sickenrichtung (Spannrichtung) durchgehend am Untergurt ein versteifender Träger angeschlossen werden, der seinerseits mit den Auflagern der Trapezprofile zu verbinden ist. Die Trapezprofiltafeln bilden mit den Randträgern rechtwinklige Viergelenkrahmen. Deckenscheiben, allgemein auch als Schubfelder bezeichnet, können senkrecht zur Spannrichtung der Trapezprofile durch Träger unterteilt werden, die ggf. als Lasteinleitungsträger wirken können. Sie müssen mit den Randträgern verbunden werden.

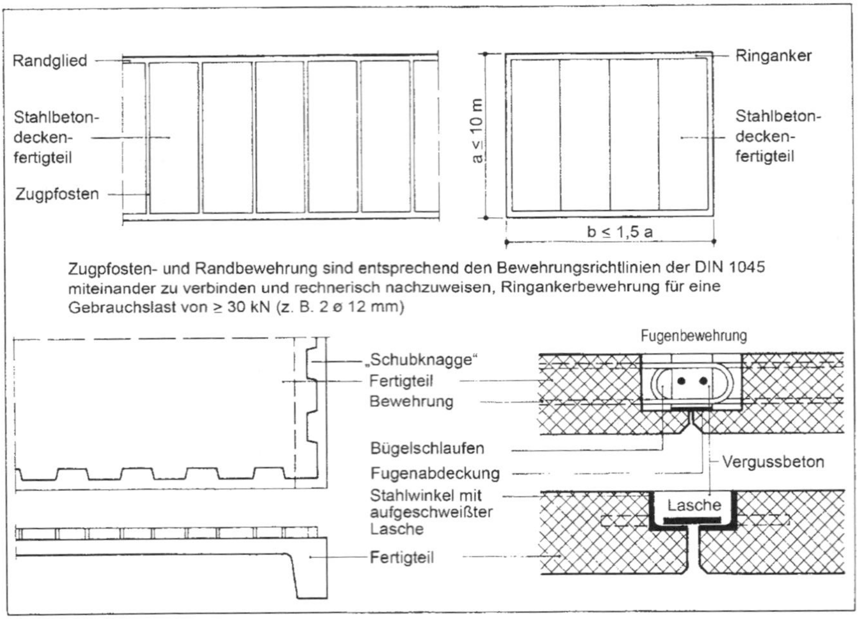

Abb. 3.22a Scheibenwirkung von Stahlbetonfertigteildecken

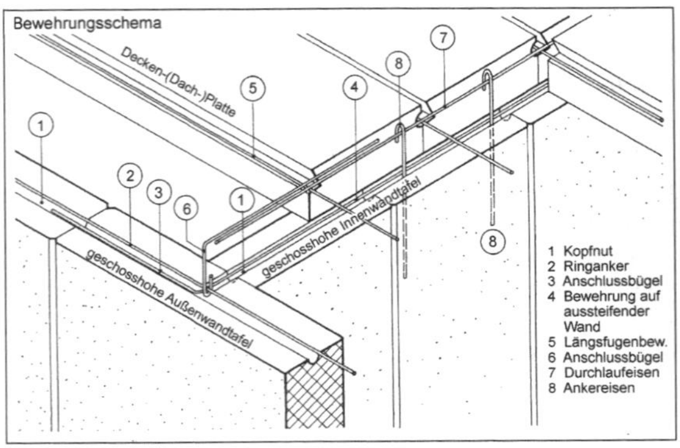

Abb. 3.22b Scheibenwirkung von Porenbetondeckenplatten

Holzbalkendecken können unter bestimmten Bedingungen als scheibenartige Bauteile angesehen und zu waagerechten Aussteifungen eines Gebäudes herangezogen werden (s. DIN 1052-1, DIN 1053-1 und [3.2]).

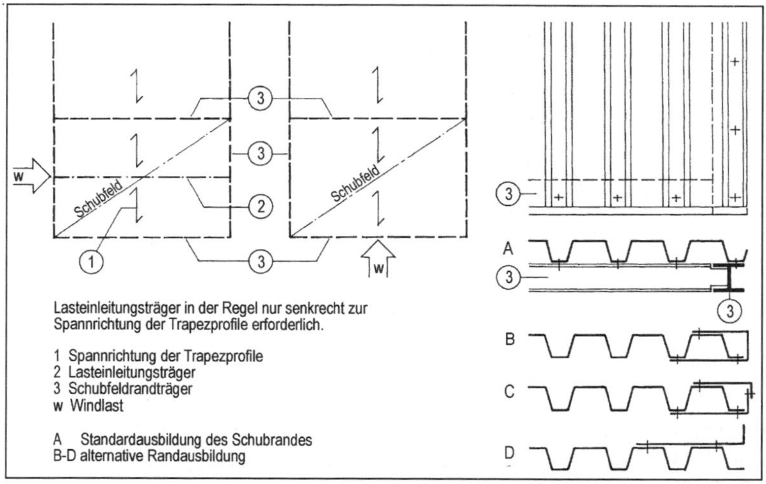

Abb. 3.23a Ausbildung eines Schubfeldes bei Trapezprofilen

3.4 Deckenkonstruktionen

Im Geschosswohnungsbau werden meist Stahlbetonplattendecken ausgeführt, gelagert auf Wänden oder Unterzügen. Die direkte Auflagerung der Deckenplatten als Flachdecke auf Stützen ohne Stützenkopfverstärkungen oder als Pilzdecke ist ein Anwendungsfall für offene Grundrisse ohne Wände und große Spannweiten.

Abb. 3.23b zeigt die Verbindung von Platten mit Unterzügen aus Stahlbeton (Beispiele A und B). Eine Variante ist die reine Fertigteilkonstruktion nach (C) und (D). Abb. 3.24a enthält Beispiele weiterer Deckenkonstruktionen.

In Abb. 3.24b ist eine Ausführung als Stahlträger-Verbunddecke (z. B. für Parkhäuser) dargestellt. Weitere Varianten mit Stahlbeton, Stahl oder Holzbalken als Unterzüge zeigt Abb. 3.24c.

Insbesondere im Wohnungsbau kommt auch die sog. Ziegeldecke zum Einsatz. Abb. 3.25a zeigt den prinzipiellen Aufbau.

Für größere Öffnungen, die das statische System von Decken unterbrechen, müssen besondere konstruktive Maßnahmen wie Bewehrungsverstärkungen oder Auswechselungen vorgesehen werden (Abb. 3.25b).

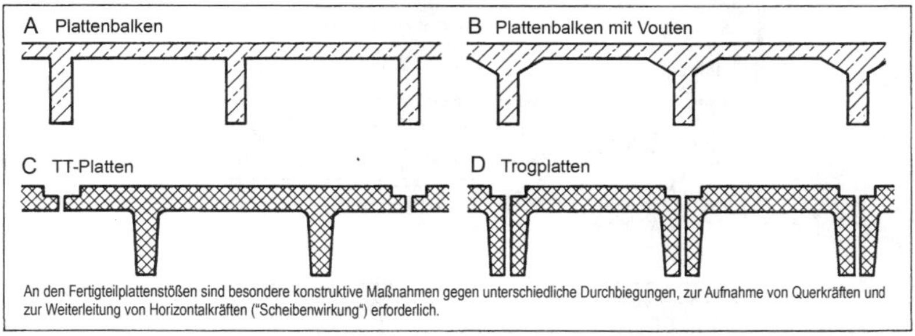

Abb. 3.23b Plattenbalkendecken

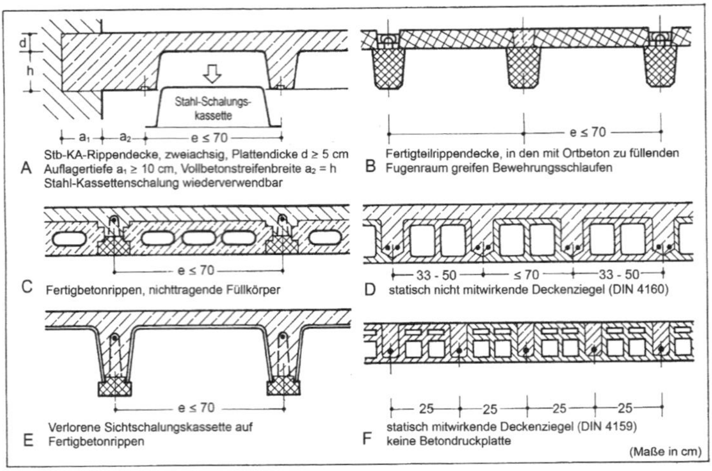

Abb. 3.24a
Rippendecken

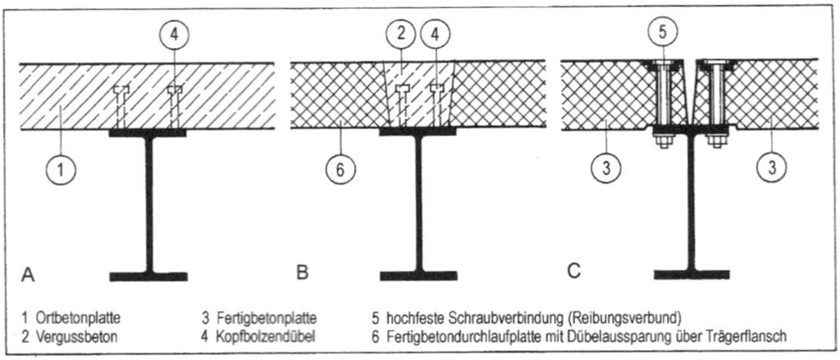

Abb. 3.24b
Stahlträger-Verbunddecken (Variante C nur mit Zulassung)

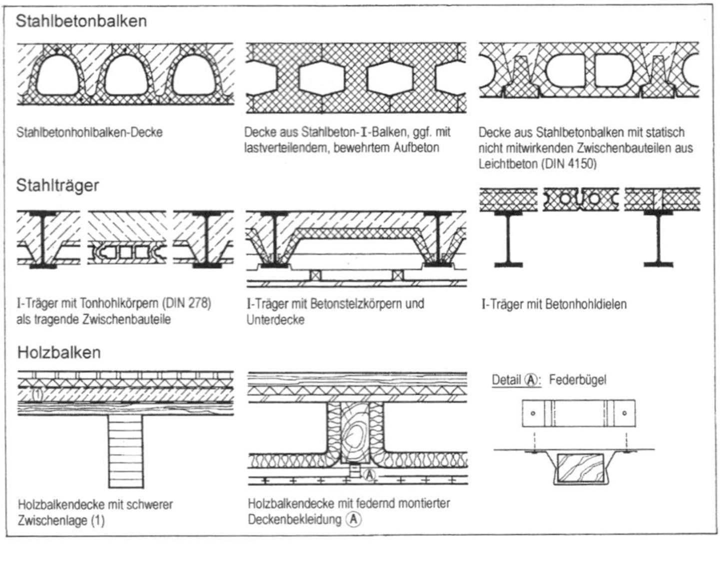

Abb. 3.24c
Träger- und Balkendecken

(A)

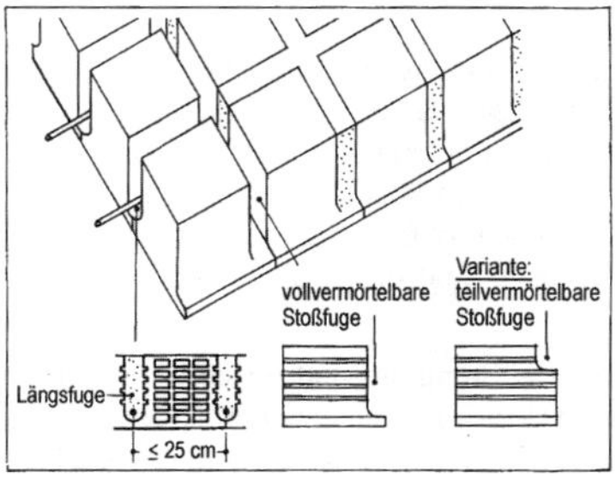

(B)

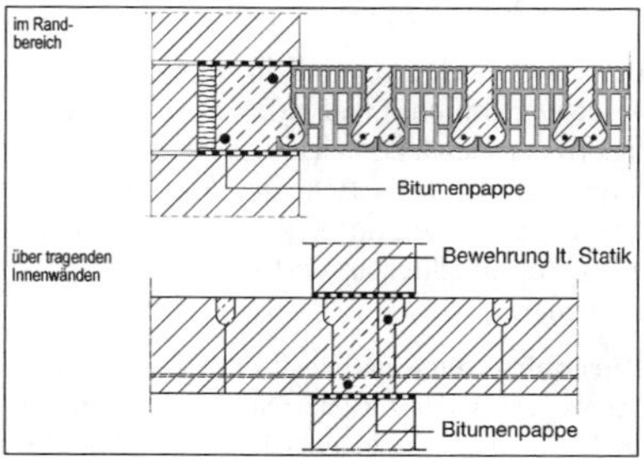

Abb. 3.25a Ziegeldecken: Prinzipskizze (A) und Auflagerdetails (B)

(A)

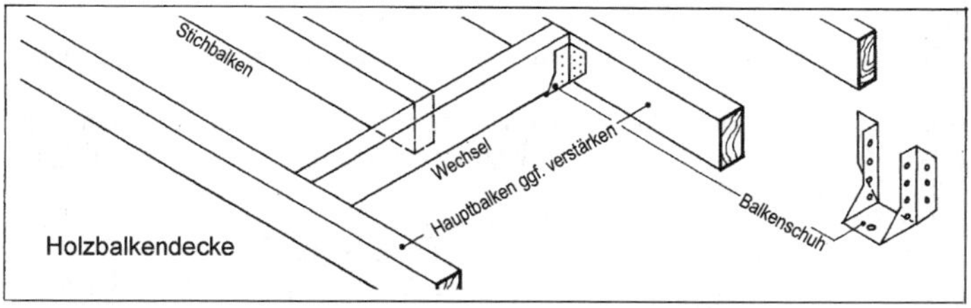

(B)

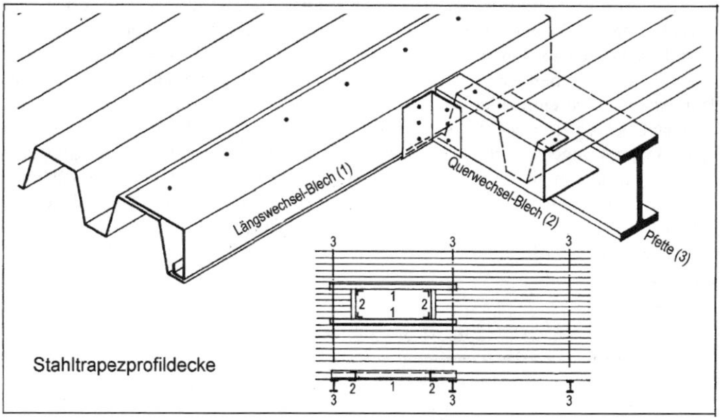

(C)

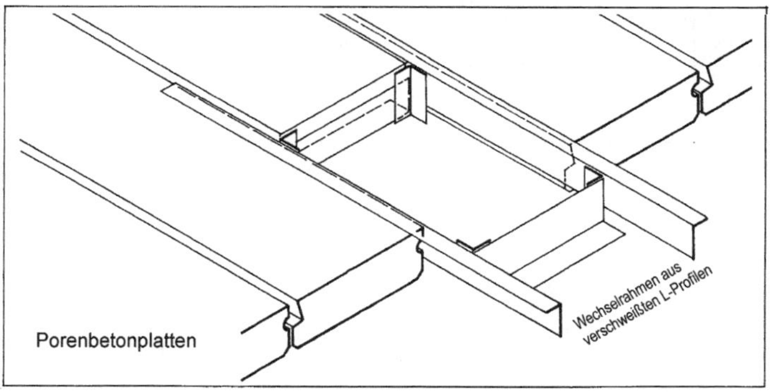

Abb. 3.25b Auswechslung bei Holzbalkendecken (A), Stahltrapezprofildecken (B), Porenbetonplatten (C)

3.5 Verformungen

Bei Geschossdecken sind in erster Linie lastabhängige Verformungen (elastische Verformung und Kriechverformung) und ggf. Schwindverformungen zu beachten. Da Geschossdecken in der Regel im Innern der Gebäude keinen größeren Temperaturschwankungen unterliegen, kommen Temperaturverformungen kaum in Betracht. Allenfalls sind sie z. B. bei Decken über Durchfahrten zu berücksichtigen. Besondere Aufmerksamkeit erfordern die Kontaktstellen zwischen Bauteilen und Materialien mit unterschiedlichen Verformungseigenschaften. Bei Decken sind dies insbesondere die Auflagerbereiche.

Durchbiegungen als elastische Verformungen treten bei Belastung auf und gehen bei Entlastung in der Regel wieder zurück. Die bei Belastung auftretenden Kriechverformungen verbleiben jedoch auch nach Entlastung. Ein entscheidender Parameter für die Durchbiegung von Decken ist das Flächenmoment 2. Grades (Trägheitsmoment) des belasteten Deckenbauteils und somit seine Konstruktionshöhe.

Durchbiegungen können zu folgenden Schäden führen:

- Nichttragende Trennwände, die auf sich durchbiegenden Decken stehen, können von ihrer oberen und seitlichen Halterung abreißen.
- Bei unterschiedlichen Durchbiegungen nebeneinander liegender Deckenfertigteile (z. B. Stahlbetonfertigplatten) können an den Fugen zwischen den Einzelteilen und ggf. an Fußböden und Unterdecken Schäden auftreten.
- Bei Stahlprofilträgern kann infolge starker Durchbiegung durch Biegedrillknicken des Obergurts eine Kippwirkung beim Profilsteg auftreten (siehe [3.1]).
- Bei Dachdecken oder sonstigen Decken aus Stahlbetonplatten, deren Ränder nicht gehalten sind, heben sich die Auflager bei starker Durchbiegung ab. Zweiachsig gespannte Stahlbetondecken zeigen dieses Phänomen besonders stark an den Eckpunkten. Die komplexen Schadensursachen und Vorsorgemaßnahmen sind hier nicht darstellbar [3.7]. Sind Rissschäden im Auflagerbereich von Decken zu befürchten, so ist eine Trennung von Decke und Wand, z. B. durch eine Gleitfuge (Gleitlager), zu empfehlen. Gleitlager müssen die unbeschränkte Beweglichkeit der Decke in der Waagerechten ermöglichen. Um bei großer Durchbiegung der Decke an der inneren Auflagerkante Kantenpressungen mit ihren Folgeschäden zu vermeiden, ist es ratsam, entweder diese Fuge offen zu lassen oder an der durch Pressung gefährdeten Kante einen weichen Kantenstreifen einzulegen, so dass die Lasteinleitung aus der Decke mehr zur Wandmitte verlagert wird. Eine andere konstruktive Möglichkeit zur Vermeidung von Rissschäden s. Kapitel 10 A (Tragwerksentwurf und Vorbemessung), Abschnitt 2.2.2.

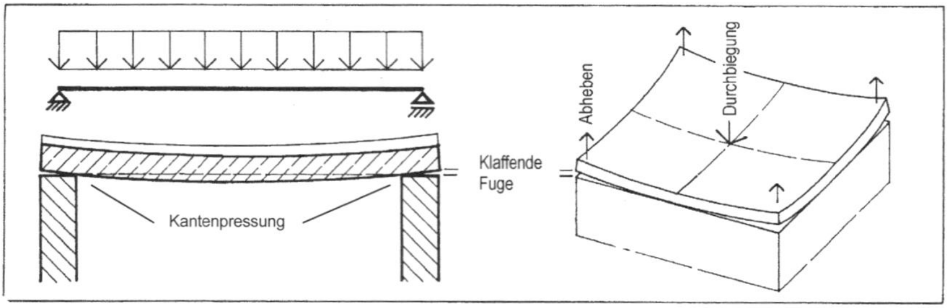

Abb. 3.26 Schäden aus Durchbiegungen von Deckenplatten

3.6 Balkone

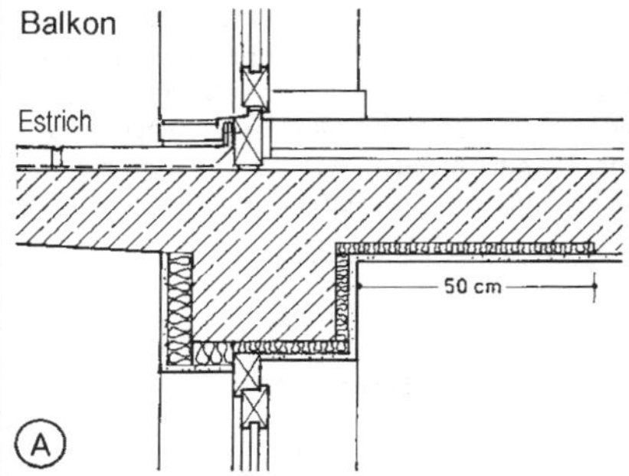

Massivkonstruktion. Stahlbetondecke und Balkonkragplatte höhengleich. Wärmebrücke im Sturzbereich nur durch aufwändige Wärmedämmung zu beseitigen; gut wärmeleitender Innenputz, Putz auf Putzträger. Zu geringe Rückstauhöhe an Türschwelle, Türschwelle ist Stolperkante.

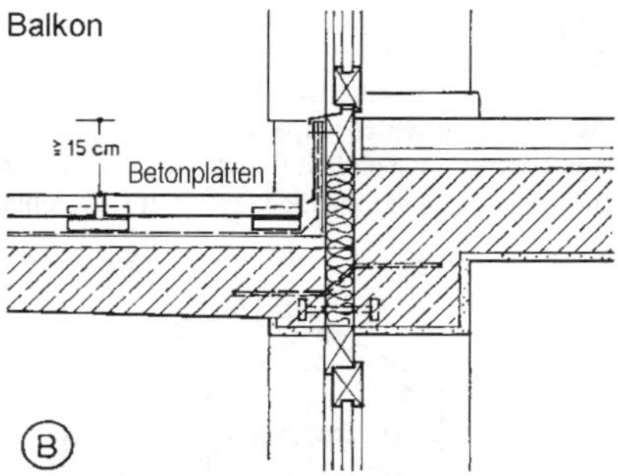

Massivdeckenkonstruktion. Stahlbetondecke und Balkonkragplatte thermisch getrennt. Serienmäßiges, aber aufwändiges Bewehrungselement (V4A-Stahl) mit eingebauter Wärmedämmung. Im Stufenbereich Schutz der Abdichtung gegen Beschädigungen durch Stoß und Bewegung.

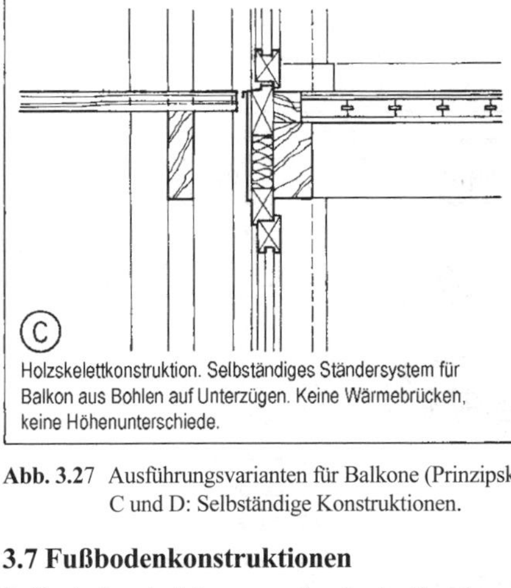

Holzskelettkonstruktion. Selbständiges Ständersystem für Balkon aus Bohlen auf Unterzügen. Keine Wärmebrücken, keine Höhenunterschiede.

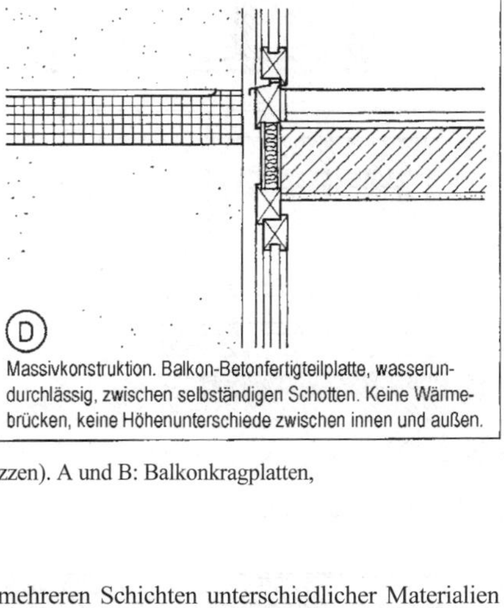

Massivkonstruktion. Balkon-Betonfertigteilplatte, wasserundurchlässig, zwischen selbständigen Schotten. Keine Wärmebrücken, keine Höhenunterschiede zwischen innen und außen.

Abb. 3.27 Ausführungsvarianten für Balkone (Prinzipskizzen). A und B: Balkonkragplatten, C und D: Selbständige Konstruktionen.

3.7 Fußbodenkonstruktionen

Fußbodenkonstruktionen werden in der Regel aus mehreren Schichten unterschiedlicher Materialien aufgebaut. Jede Schicht hat eine bestimmte Funktion (vgl. Abb. 3.28):

- **Ausgleichsschichten** werden erforderlichenfalls zum Ausgleich von Unebenheiten der Rohbauunterkonstruktion oder ggf. auf Estrichen vor Aufbringen des Bodenbelags notwendig.
- **Schutzschichten** gegen Feuchtigkeit. Hierbei ist zu unterscheiden in Feuchtigkeit aus der Rohbauunterkonstruktion, Eigenfeuchtigkeit der Fußbodenbestandteile (z. B. Zementestrich) und Feuchtigkeit aus der Raumnutzung (Sickerwasser und Spritzwasser).
- **Gefälleschichten** ermöglichen eine Verlegung der Fußbodenkonstruktion im Gefälle bei gleichbleibender Dicke der übrigen Schichten. Das Gefälle der Fußbodenoberfläche bzw. darunter liegender Schichten bewirkt einen schnellen Wasserablauf (z. B. in Duschräumen) zum Fußbodenablauf hin.
- **Trennschichten** sollen kraftschlüssige Verbindungen zwischen Fußbodenschichten oder der Unterkonstruktion verhindern, wenn bei unterschiedlichen Bewegungen Rissschäden zu befürchten sind.
- **Wärmedämmschichten** sind bei Fußböden nichtunterkellerter Räume, über Durchfahrten und bei Fußböden in nicht wärmegedämmten Dachräumen erforderlich. Die Dämmschichten können je nach den planerischen Erfordernissen im Zusammenhang mit dem Fußboden oder mit der Rohbaukonstruktion vorgesehen werden.

- **Trittschallschutzschichten** können als Teil eines schwimmenden Estrichs die Weiterleitung des Trittschalls auf die Rohbaukonstruktion behindern oder als entsprechend eingestellte Bodenbeläge die Trittschallentstehung einschränken. Die Dämmmaterialien für schwimmende Estriche eignen sich auch als Wärmedämmmaterialien, jedoch haben nicht alle Wärmedämmmaterialien die für den Trittschallschutz erforderlichen Eigenschaften (geringe dynamische Steifigkeit).
- **Brandschutzschichten** verbessern den Feuerwiderstand von Deckenkonstruktionen. Diese Schichten können noch andere Funktionen haben (Estriche, Dämmschichten), oder aber es werden besondere Brandschutzschichten (z. B. Gipskartonplatten bei Holzbalkendecken) vorgesehen.

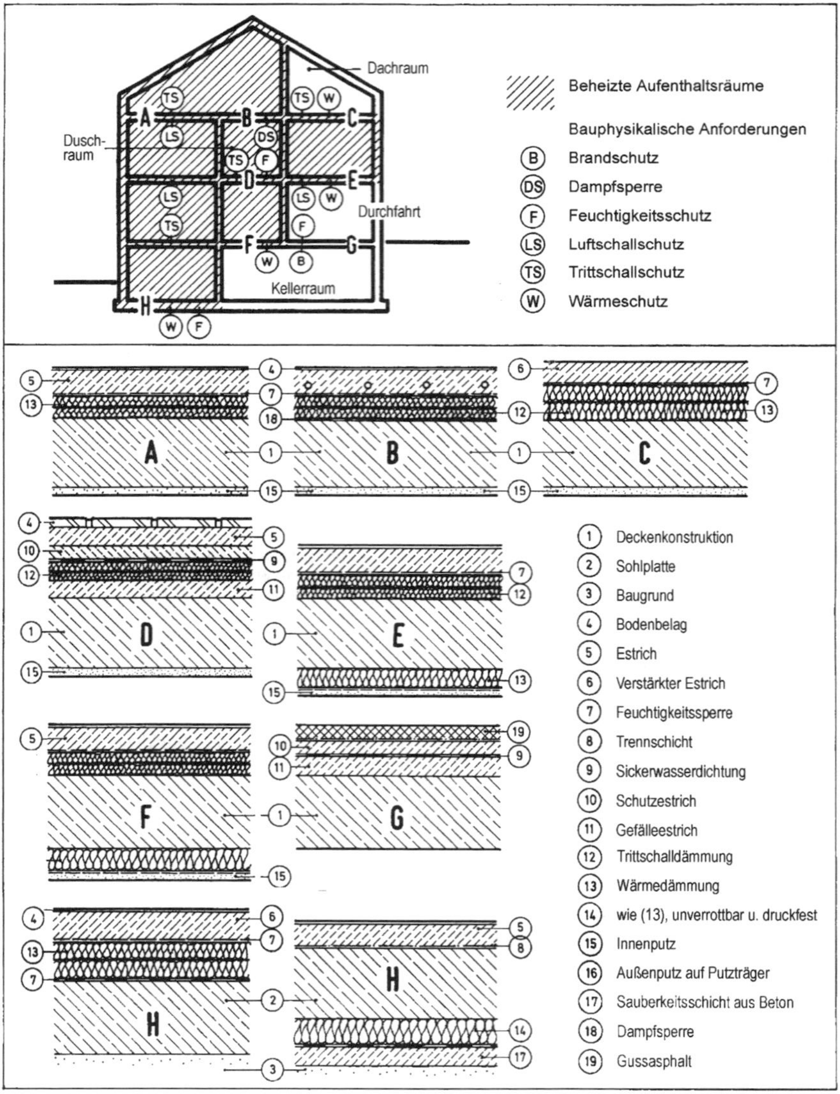

Abb. 3.28 Fußböden, bauphysikalische Anforderungen (Übersicht)

– **Lastverteilungsschichten** sollen die Verteilung von punktförmigen Lasten (Möbel, Raddruck, Maschinen) auf eine größere Fläche weniger tragfähiger Schichten bewirken.
– **Elektrisch leitende Schichten** sind bei besonderen Raumnutzungen zur Ableitung unerwünschter elektrostatischer Ladungen erforderlich. Sie werden in der Regel mit dem Bodenbelag verlegt.
– **Bodenbeläge** (Nutzschichten) bilden die benutzbare Oberfläche von Fußbodenkonstruktionen.

Estriche

Estriche sind auf der Baustelle auf einem tragenden Untergrund oder auf Trenn- oder Dämmschichten hergestellte Bauteile. Sie müssen die auf sie wirkenden Verkehrslasten tragen und auf die Unterkonstruktion ableiten können.

Man unterscheidet Estriche nach der Art ihrer Konstruktion in

- **Verbundestrich** (V)
- **Estrich auf Trennschichten**
- **schwimmenden Estrich** (S),

und nach den verwendeten Materialien in

- **Calciumsulfatestrich** (CA)
- **Gussasphaltestrich** (AS)
- **Magnesiaestrich** (A)
- **Zementestrich** (CT)
- **Kunstharzestrich** (SR),

und hinsichtlich besonderer Funktionen gibt es Bezeichnungen wie

- **Hartstoffestrich** für einen besonders verschleißfesten Estrich mit Hartstoffzuschlägen oder
- **Heizestrich** für Estriche, in oder unter denen Fußbodenheizungssysteme untergebracht werden.

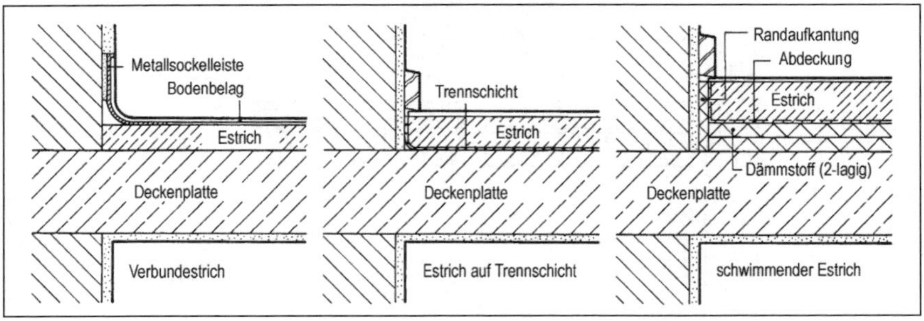

Abb. 3.29 Estriche

Tafel 3.29 Verbundestrich, Eignung tragender Untergründe

Estrichart	Eignung bei tragendem Untergrund aus						
	Beton	Calcium-sulfatestrich	Magnesia-estrich	Zement-estrich	Gussasphalt-estrich[1]	Holz[2]	Stahl[2]
Calciumsulfatestrich	+	+	O	+	O	O	O
Magnesiaestrich[3]	+	O	+	+	O	+	O
Zementestrich	+	O	–	+	O	O	O
Gussasphaltestrich	O	–	–	O	+	O	O

Zeichenerklärung: + geeignet   O geeignet mit besonderen Maßnahmen   – nicht geeignet

[1] Sowie andere bitumengebundene Trag-, Binder- oder Deckschichten.
[2] Bei ausreichender Biegesteifigkeit.
[3] Bei Stahlbetondecken ist eine Sperrschicht vorzusehen.

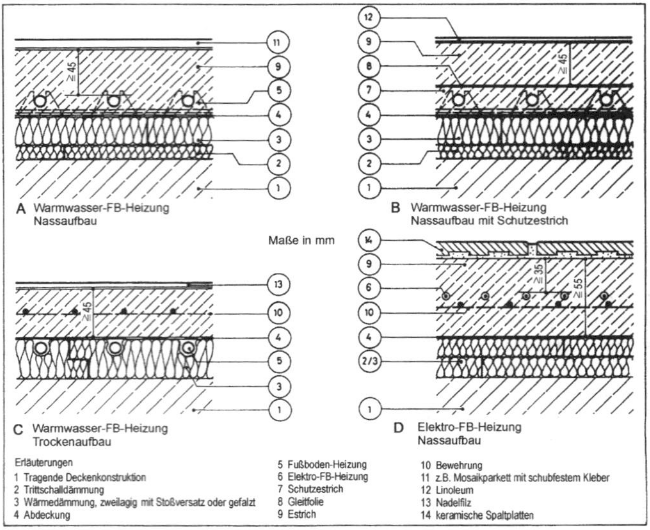

Abb. 3.30a
Fußbodenheizung und schwimmender Estrich

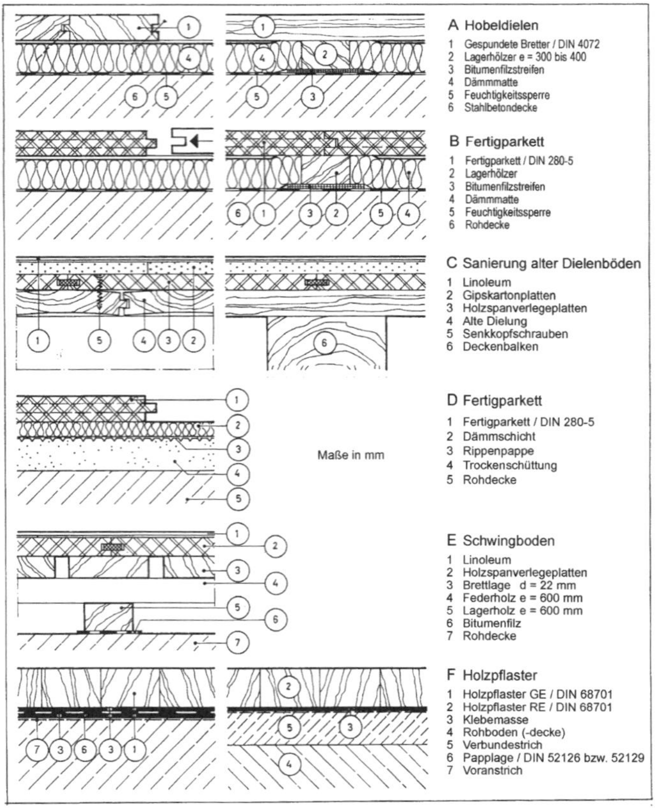

Abb. 3.30b
Parkett- und Dielen-Fußböden

Doppelböden, Trockenhohlböden, Hohlböden[1)]

Diese Fußbodenkonstruktionen werden unter dem unspezifischen Begriff *Systemböden* zusammengefasst, der lediglich bedeutet, dass es sich um gänzlich oder teilvorgefertigte herstellerspezifische Systeme handelt. Bei allen drei Bauprinzipien werden Hohlräume zwischen einer tragenden Deckenkonstruktion (Rohdecke) und dem nutzbaren Fußboden geschaffen, um relativ frei Installationsleitungen zu führen und an beliebigen Stellen Fußbodenauslässe zu schaffen. Diese Flexibilität ist vor allen Dingen bei Büro- und Gewerbenutzungen erwünscht und vorteilhafter als bei Unterdeckeninstallationen.

Doppelböden (DIN EN 12 825) bestehen aus gänzlich vorgefertigten Bauteilen in einem modularen Raster. Auf den Rasterschnittpunkten stehen als primäre Konstruktionsteile höhenjustierbare Stützen, die entweder ein horizontales Rahmengitter als sekundäre Tragstruktur für die aufzulegenden Bodenplatten (Abb. 3.31a), oder direkt die selbsttragenden Bodenplatten tragen. Die Platten sind jederzeit herausnehmbar, der Installationshohlraum überall zugängig.

Hohlböden in Trockenbauweise (DIN EN 13 213) sind konstruktiv den Doppelböden vergleichbar. Die trocken verlegbaren Bodenplatten werden jedoch in den Fugen durch Verklebung zu einer starren Scheibe verbunden. Der Installationshohlraum ist nur über fest eingebaute Revisionsöffnungen erreichbar.

Hohlböden (DIN EN 13 213) sind aufgeständerte Konstruktionen mit Estrich, also eine kombinierte Trocken-Nassbauweise. Fließestrich wird mit einer Trennlage auf eine verlorene tragende Schalung aufgebracht. Eine Plattenschalung kann wie bei Doppelböden auf höhenjustierbaren Stützen ruhen oder die Rippen kassettenartiger Schalelemente stehen auf der Rohdecke (Abb. 3.31b). Der Installationshohlraum ist nur über fest eingebaute Revisionsöffnungen erreichbar.

In den Anwendungsrichtlinien der DIN EN 12 825 und DIN EN 13 213 werden die Systemböden nach ihrer statischen Beanspruchung in Elementklassen klassifiziert. Gegen Körperschallübertragung sind die Konstruktionselemente von Wänden, Decken und Installationsleitungen weichfedernd zu trennen. Anforderungen des Brandschutzes finden sich in der *Richtlinie über brandschutztechnische Anforderungen an Systemböden* (siehe auch Kap. 4 B).

Doppel- und Hohlbodensysteme werden nach den o.a. Anwendungsrichtlinien zertifiziert. Die Ausführung und Unterhaltung unterliegt einer brancheninternen Überwachung.

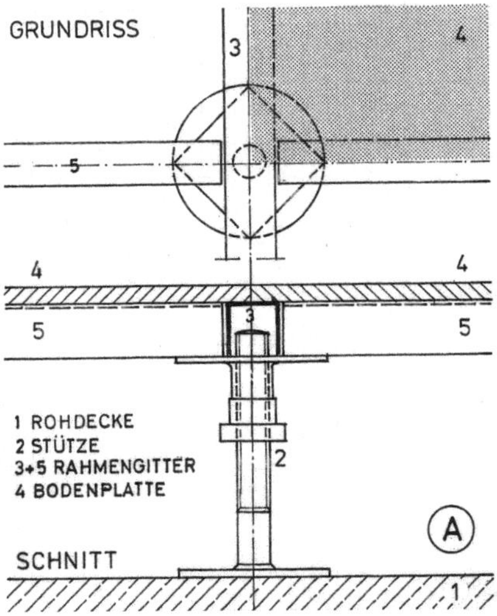

Abb. 3.31a
Doppelboden (Prinzipskizze unmaßstäblich)

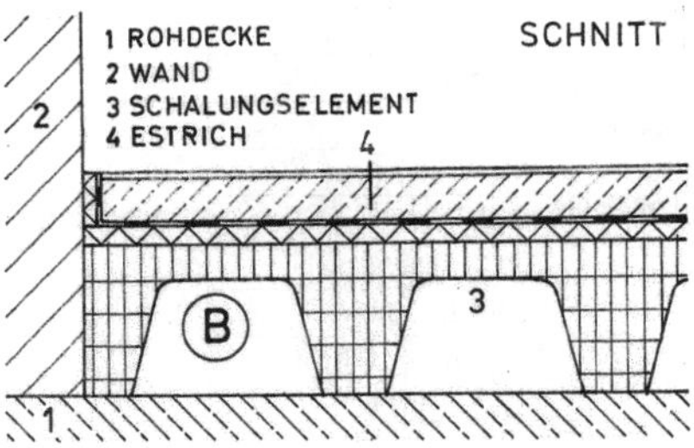

Abb. 3.31b
Hohlböden (Prinzipskizze unmaßstäblich)

[1)] Quelle: Bundesverband Systemböden.

Tafel 3.32 Eignung von Bodenbelägen, Übersicht

Die Bewertung und Eignung sind im Einzelfall anhand genauer Produktdaten zu überprüfen:
- \+ gut
- ○ neutral
- – negativ
- × anwendbar
- (×) beschränkt anwendbar

Belagsgruppe	Belegsart	DIN-Norm	Brandverhalten/Baustoffklasse	Eigenschaften/Eignung										Anwendungsbereich				
				Trittschallschutz	Wärmeschutz	Belastbarkeit	Verschleißfestigkeit	Feuchtigkeitsresistenz	chemische Resistenz	Verschmutzungsresistenz	elektronisches Verfahren	Fußbodenheizung-Eignung	Rutschsicherheit	Wohnen	Ausstellung/Konferenz	Krankenhaus/Schule/Sport	Kaufhaus/Fabrik	Nassraum/Labor
Asphaltplattenbeläge		18 354	A1	○	+	+	+	○	○	+	+	–	+		×	(×)	×	(×)
Elastische Fußbodenbeläge	Linoleum	EN 686-688, EN ISO 24 011	B1 + B2	○	○	○	○	○	○	+	+	+	+	×	×	×	(×)	
	PVC ohne Träger	EN 649-652	B1 + B2	○	○	○	○	○	○	+	–	+	○	(×)	×	(×)	×	
	PVC mit Träger	EN 655		○	○	○	○	○	○	+	–	+	○	×	×	(×)	(×)	
	Elastomer m. Unterschicht	EN 14 521 EN 1816	B1 + B2	+	○	○	○	○	○	+	○	○	+	(×)	×	×	×	(×)
	Elastomer o. Unterschicht			○	○	○	○	+	○	+	○	○	+	(×)	×	×	×	(×)
Estrich	Gussasphalt	18 354	A1	+	+	○	+	+	○	+	+	–	+	(×)	×	×		
	Hartstoffestrich	18 560		○	–	+	+	○	○	+	+	○	+				×	
	Calciumsulfatestrich			○	–	○	○	○	○	○	+	+	+		(×)			
	Magnesiaestrich			○	–	○	○	○	○	○	+	+	+		(×)			
	Zementestrich			○	–	○	○	○	○	○	+	+	+		(×)			
Holzfußböden	Dielenboden		B1 + B2	○	+	○	○	–	–	○	+	–	○	×				
	Mosaikparkett	EN 13 488		○	+	○	○	–	–	+	+	+	○	×	×			
	Massivholz m. Nut und Feder	EN 13 226		○	+	○	○	–	–	○	+	+	○	×	×	(×)		
	Holzpflaster RE u. GE	EN 68 702		+	+	+	○	○	–	○	+	–	+		×	×	×	
Keramische Fliesen und Platten		EN 14 411	A1	–	–	+	+	+	+	+	+	+	–	×	×	×	×	×
Naturstein	Plattenbelag		A1	–	–	+	+	+	○	○	+	+	○	×	×	×	×	
	Pflaster			–	–	+	+	+	○	○	+	–	+		(×)		(×)	
Zementgebundene Beläge	Betonwerksteinplatten	18 500	A1	–	–	+	+	+	○	○	+	–	○	(×)	×	×	×	
	Terrazzo			–	–	+	+	+	○	+	+	–	○					×
Bodenklinkerplatten		18 185		–	–	+	+	+	+	+	+	+	–	×	(×)	×	×	×
Spachtelböden				–	–	○	○	+	○	+	○	○	○				×	×
Textile Fußboden	Webteppiche	66 090 und ISO 2424	B2	+	+	○	○	–	–	○	○	○	+	×	×			
	Wirkteppiche			+	+	○	○	–	–	○	○	○	+	×				
	Tuftingteppiche			+	+	○	○	–	–	○	○	○	+	×	×	×	×	
	Nadelvlies			+	+	○	○	–	–	○	○	○	+	×	×	×	×	
	Flock-, Nähwirk-, Vliesteppiche			+	+	○	○	–	–	○	○	○	+	×				

Allgemeine Technische Vorschriften für Bauleistungen (ATV, VOB Teil C) für Fußbodenbeläge: Bodenbelagsarbeiten – DIN 18 356 (Bodenbeläge u. Platten aus Linoleum, Kunststoff, Natur- u. Synthesekautschuk, Textilien und Kork sowie das Verlegen von Schichstoffelementen); Estricharbeiten – DIN 18 353; Asphaltbeläge – DIN 18 354; Parkettfußböden – DIN 18 356; Holzpflasterarbeiten – DIN 18 367.

4 Dächer

4.1 Dachformen

Flachdach (s. a. Abschn. 4.6)

- Gute Anpassbarkeit an komplexe Grundrissformen.
- Mindestgefälle zur Vermeidung von Wassersäcken bei Durchbiegung der Decke: 2 % bis 5 %.
- Mit Dachüberstand: Schutz der Außenwände und Fenster vor Sonneneinstrahlung und Witterungseinflüssen.
- Ohne Dachüberstand: Kubische Baukörperformen. Zusätzl. Sonnenschutz für die Fenster. Dachrandausbildung mit erhöhtem konstruktivem Aufwand. Zusätzliche Notabläufe für Niederschlagswasser.
- Flachdächer werden abgedichtet.

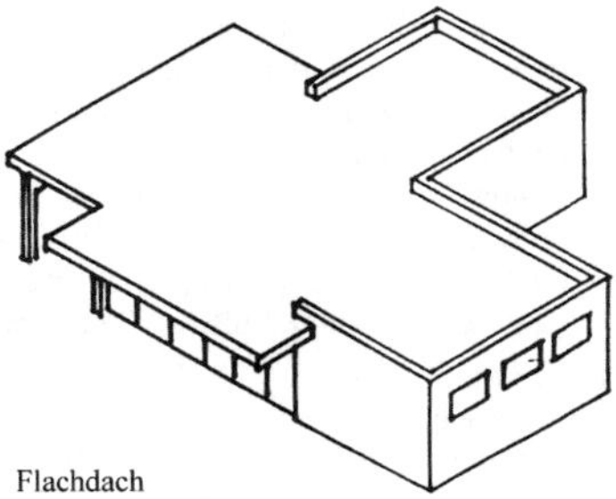

Flachdach

Geneigtes Dach

- Geneigte Dächer werden i. d. R. gedeckt, d. h., mit platten- oder schuppenförmigen Deckungen versehen oder mit Blechbahnen eingedeckt. Werden Abdichtungen ausgeführt, so sind die Abdichtungsbahnen gegen Abrutschen zu sichern.
- Nach Süden ausgerichtete Dachflächen sind bei einer Dachneigung von ca. 30° für die Anlage von Solarkollektor- und Fotovoltaikflächen geeignet.

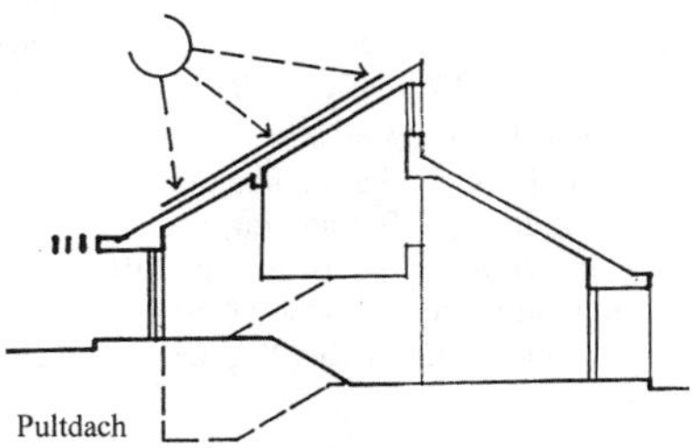

Pultdach

Pultdach

- Gute Anpassbarkeit an komplexe Grundrissformen.
- Dachdeckung je nach Dachdeckungsart. Günstig: 15° bis 35°.
- Konstruktionsart: Pfettendach.
- Dachüberstände an Traufen und Firsten problemlos möglich, an Giebelseiten nur mittels auskragender Pfetten.

Satteldach

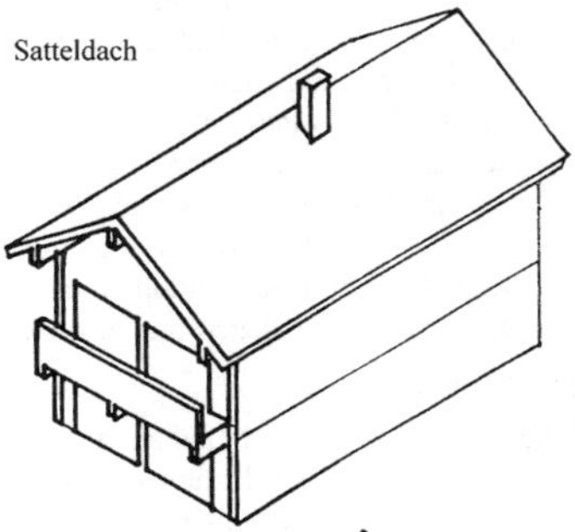

Satteldach

- Flach geneigt (ca. 10° bis 35°) für *Pfettendach*-Konstruktion geeignet.
- Nutzbarkeit des Dachraums bei flacher Dachneigung mittels *Drempel* zu verbessern.
- Bei Pfettendächern größerer Spannweiten mit stehenden Dachstühlen ist die Nutzbarkeit des Dachraums eingeschränkt.
- Dachgauben problemlos bei Auswechselung der Sparren möglich.
- Große Dachüberstände an den Traufen und mittels auskragender Sparren auch an den Giebelseiten möglich.
- Steil geneigt (ca. 35° bis 69°) für *Sparren*- und *Kehlbalkendach*-Konstruktionen geeignet.
- Größere Spannweiten als bei Pfettendächern möglich (Holzersparnis).
- Dachüberstände beim klassischen Sparrendach nur mittels Aufschieblingen möglich.
- An den Giebeln nur kleine Dachüberstände durch auskragende Dachlatten.
- Dachgauben möglichst nur in Sparrenfeldbreite. Bei Unterbrechung der Sparren wird das Konstruktionsprinzip des Sparrendachs aufgehoben.

Satteldach, steil geneigt: Sparrendach

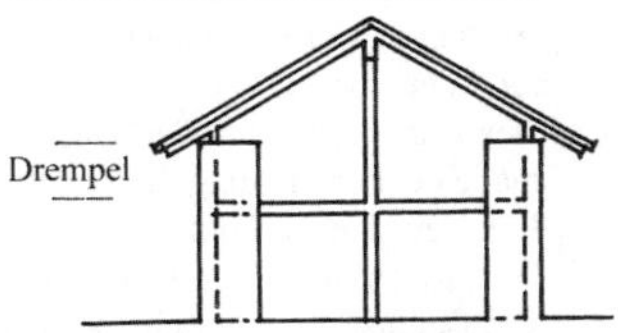

Satteldach, flach geneigt: Pfettendach

Walmdach

- Dachneigungen ab 30° sind sinnvoll.
- Umlaufende Traufe mit Regenrinne; Verzimmerung wegen Schiftsparren schwieriger als bei Satteldächern.
- Bei Vollwalm-Dächern (1) wegen fehlender Giebeldreiecke guter Witterungsschutz der Außenwände.
- Halbwalm (3): klassische Dachform niederdeutscher Hallenhäuser. Hohe Toreinfahrt am Giebel möglich.
- Krüppelwalm (4) = reduzierter Halbwalm.
- Fußwalm (2): umlaufende Traufe wie Vollwalm. Am First kleines Giebeldreieck (Belichtung und Belüftung des Dachraums, früher als Rauchabzug benutzt).

Mansarddach

- Klassische Dachform der Barockzeit (benannt nach dem franz. Baumeister F. Mansart).
- Gut nutzbarer Dachraum.
- Geeignet für Pfettendachkonstruktionen.
- Dachfenster in der steilen Dachfläche leicht mögl.
- Auch mit Voll- oder Halbwalm üblich.

Zeltdach (Pyramidendach)

- Dachform für Pavillonbauten mit zentralisiertem Grundriss (z. B. Quadrat, Sechseck).
- Einfaches Zeltdach und gestuftes Zeltdach mit umlaufendem Zwischenoberlicht.
- Dachneigung i.d.R. bis 30°, bei Turmdächern ab 60°.

Sheddach

- Dachform für Hallen, bei denen gleichmäßige Ausleuchtung der Grundrissfläche erforderlich ist.
- Die senkrechten bzw. steil geneigten Flächen werden verglast und nach Norden ausgerichtet (gleichmäßige Belichtung).
- Besonderer baukonstruktiver Aufwand für die Dachentwässerung (innenliegende Rinnen) erforderlich. Bei HP-Schalensheds Entwässerung ohne besondere Rinnenausbildung möglich.
- Verschiedene Sheddachformen je nach Konstruktion.

Walmdächer

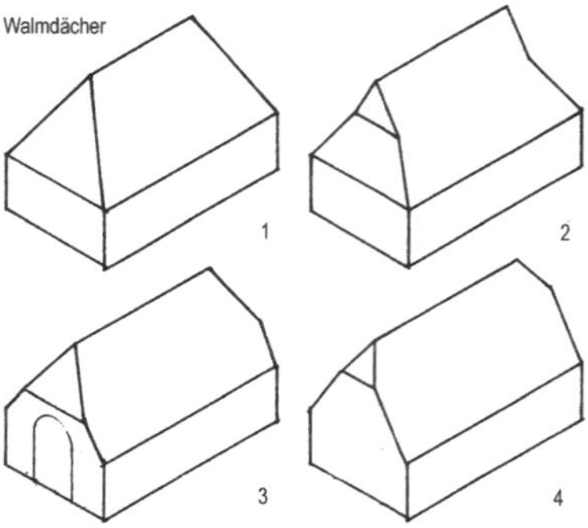

Mansarddach
Zeltdach

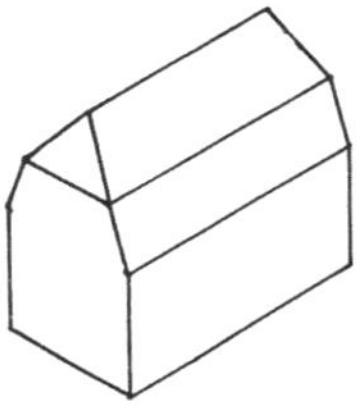

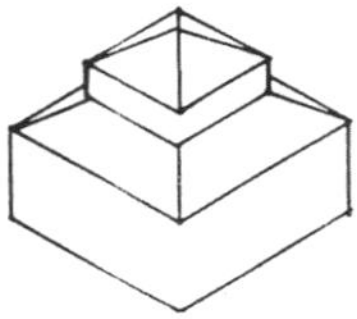

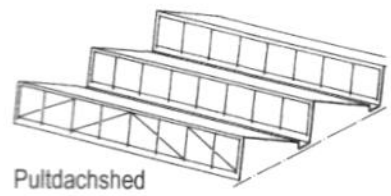

Pultdachshed

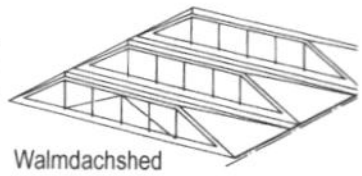

Walmdachshed

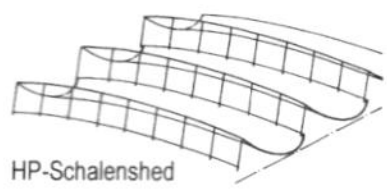

HP-Schalenshed

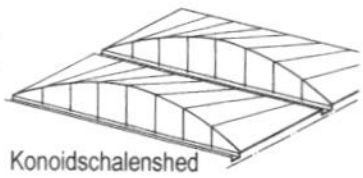

Konoidschalenshed

Dachfenster

Dachfenster oder Dachgauben dienen der Belichtung und Belüftung von Dachräumen geneigter Dächer. Da sie Dachflächen unterbrechen und somit deren baukonstruktive Homogenität (Statik, Ableitung von Niederschlägen, Wärmeschutz, Belüftung der Sparrenfelder), ist besonderer baukonstruktiver Aufwand erforderlich.

Schleppgaube

- Einfachste Gaubenform durch Anhebung der Dachfläche. Flachere Dachneigung der Gaubendachfläche beachten!
- Besondere konstruktive Sorgfalt bei der Ausbildung des Anschlusses der senkr. Gaubenflächen an die Hauptdachfläche (Blechkehle) erforderlich.
- Abtragung der Lasten der Pfosten nur auf die Sparren (Verformung).
- Bei Dachpfannen- oder Dachsteindeckung Deckmaße bei der Planung der Gaubenbreite beachten.
- Für den Knickpunkt zwischen Gaubendach und Hauptdachfläche Knickdachziegel (1) und für Fensteranschluss Wandanschlussziegel (2) verwenden.

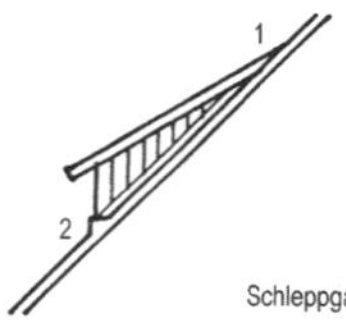

Schleppgaube

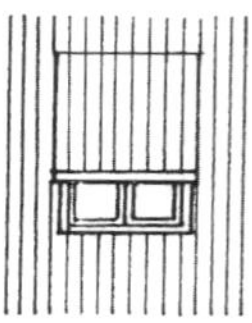

Fledermausgaube

- o Elegante traditionelle Gaubenform für Biberschwanz-, Mönch-Nonne- und Schindel- sowie Reetdächer.
- o Geometrie der Gaubenansichtsfläche siehe nebenstehende Skizze.
- o Die Dachfläche wird wellenförmig angehoben. Komplizierte Verzimmerung der Sparren.

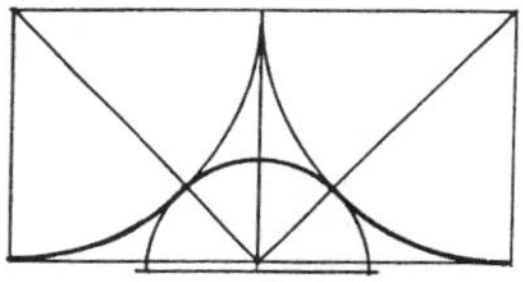

Fledermausgaube

Walmdachgaube

- o Kombination aus Schleppgaube und Sattelgaube.
- o Besondere Eignung für Pfettendächer.

Lukarne

- o In der Regel mit Satteldach ausgeführt, dessen First senkrecht zum Hauptdachfirst verläuft.
- o Fensterfläche in einer Ebene mit der Außenwand.
- o Unterbrechung der Traufe der Hauptdachfläche

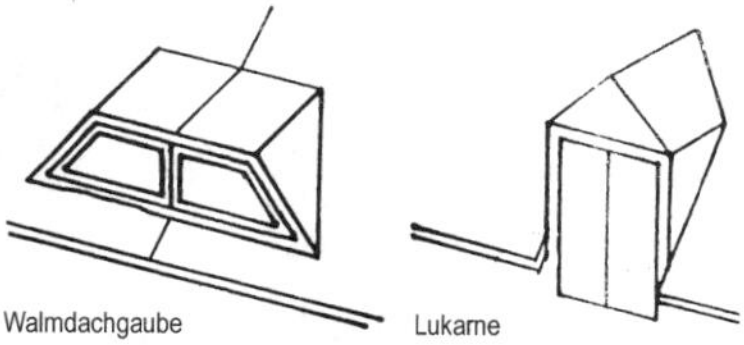

Walmdachgaube Lukarne

4.2 Konstruktionen

4.2.1 Allgemeines

Während geneigte Dächer i. d. R. eingedeckt werden, müssen Flachdächer abgedichtet werden. Die Grenzen zwischen den beiden Dacharten sind fließend (siehe Abb. 3.38).

Flachdächer sind auf üblichen Deckenkonstruktionen (s. Abschn. 3 Decken) aufbaubar. Die besonderen konstruktiven und bauphysikalischen Anforderungen an Dächer müssen allerdings Berücksichtigung finden.

Für **geneigte Dächer** gibt es eine Fülle von Konstruktionsarten. Die Auswahl bestimmt sich aus der gewählten Dachneigung sowie konstruktiven, funktionalen und bauphysikalischen Anforderungen. Neben den hier beispielhaft für den Wohnungsbau vorgestellten Konstruktionstypen des Sparrendachs und des Pfettendachs gibt es vor allem für freie Spannweiten ab 10 m u. a.

- Vollbinder aus Brettschichtholz, Stahl und Stahlbeton
- Fachwerkbinder aus Holz und Stahl (selten auch Stahlbeton)
- Gittergewölbe aus Holz und Stahl
- Raumfachwerke aus Holz und Stahl
- ebene und gekrümmte Flächentragwerke (Abschnitt 1.4) aus Stahlbeton und Holz
- Seiltragwerke aus Stahl (Abschnitt 1.5) und
- Membrantragwerke (Abschnitt 1.6)

sowie Kombinationen dieser Tragwerkstypen (vgl. Kap. 10 A Tragwerksentwurf und Vorbemessung).

4.2.2 Sparrendächer (vgl. Kapitel 10 A, Abschnitt 2.1.4)

Sparren- und Kehlbalkendächer werden aus Sparrenpaaren hergestellt, die am First und an den Traufpunkten druck- und zugfest angeschlossen sind. Die Decken, auf denen die Sparren aufstehen, haben Zugbandfunktion. Die konstruktive Einheit von Sparrenpaar und Decke darf nicht gestört werden. Dachein- und -ausbauten sind daher nur in beschränktem Umfang möglich. Der Abtragung von Horizontallasten dienen Windrispen, ggf. im Verbund mit Firstbohlen.

Der Schub der Sparren wird am Traufpunkt mit flacher werdender Sparrenneigung größer. Sparren- und Kehlbalkendächer unter 30° Dachneigung sind daher nicht sinnvoll. Klassische, zimmermäßig hergestellte Sparren- und Kehlbalkendächer haben Dachneigungen ab 45°. Erst dann sind die Versätze am Sparrenfuß handwerklich einwandfrei ausführbar. Bei Sparrendächern auf Deckenbalken muss der durch das Vorholz des Deckenbalkens entstehende Überstand durch einen Aufschiebling ausgeglichen werden. Der Knick am Übergang vom Aufschiebling zur Sparrenoberkante verleiht diesen Dächern ihre besondere Form. Moderne Sparrenfußkonstruktionen bei Stahlbetondecken erlauben Dachüberstände ohne Aufschieblinge.

Sparren- und Kehlbalkendächer sind bei einfachen Satteldachformen und Dachneigungen ab 30° wirtschaftlicher (weniger Holzverbrauch) als Pfettendächer. Der Dachraum ist frei.

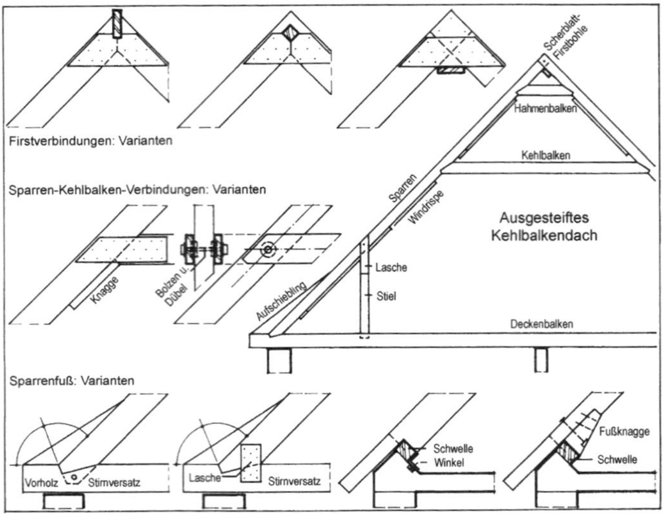

Abb. 3.36a
Sparrendächer

4.2.3 Pfettendächer (vgl. Kapitel 10 A, Abschnitt 2.1.6)

Pfettendächer bestehen aus horizontalen Pfetten in Gebäudelängsrichtung (parallel zu Traufe und First) und den gelenkig aufliegenden Sparren. Bei größeren Gebäudetiefen sind die Mittelpfetten und ggf. auch die Firstpfette mit Stielen und Kopfbändern und untereinander durch Zangen verbunden und durch Windstreben und die Kopfbänder windausgesteift. Lediglich jedes vierte oder fünfte Sparrenpaar wird mit dem Stuhl durch Zangen gebindeartig zusammengefasst. Auf Kopfbänder an den Stuhlsäulen und den Mittel- bzw. Firstpfetten als Element der Windaussteifung kann verzichtet werden, wenn sie anderweitig sichergestellt wird. Kopfbänder behindern den Dachausbau.

Die Ausführung großer Dachüberstände ist problemlos möglich. Pfettendächer sind je nach den Mindestneigungen der Dacheindeckung sehr flach ausführbar. Mit Pfettendachkonstruktionen sind, wenn auch mit zusätzl. Aufwand, zusammengesetzte Dachformen leichter herzustellen als mit Sparrendächern. Auch ist die Anpassbarkeit der Dachkonstruktion an komplexere Gebäudegrundrisse leichter möglich. Als Nachteil gilt beim Vorhandensein von Pfettendachstühlen die geringere Flexibilität bei Dachraumausbauten.

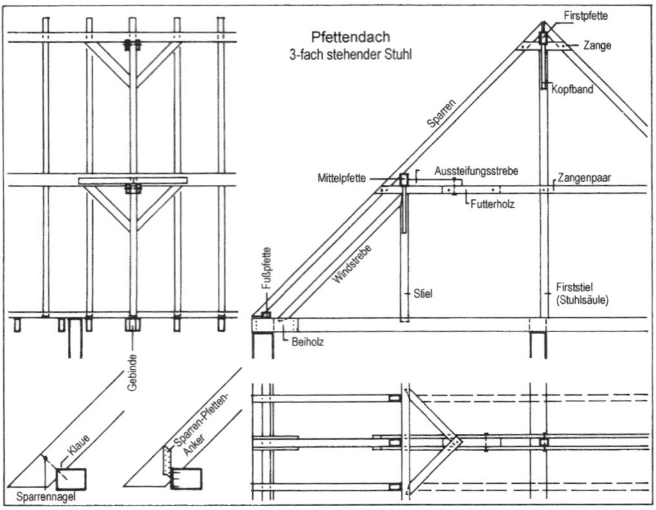

Abb. 3.36b
Pfettendächer

4.3 **Feuchteschutz** (siehe Kap. 4 A, Bauphysik)

Die wichtigste Funktion von Dächern ist der Schutz von Gebäuden gegen atmosphärische Niederschläge. Bei normaler Raumnutzung entsteht in Aufenthaltsräumen Wasserdampf, der durch die Gebäudeaußenhülle nach außen diffundiert (Diffusion), wenn ein Dampfdruckgefälle von innen nach außen besteht. Dabei dringt der Wasserdampf je nach der Dampfdurchlässigkeit der Bauteile ein. Bei Abkühlung des Wasserdampfes an oder in den Bauteilen steigt der Wasserdampfdruck an, und bei Überschreitung des Sättigungsdrucks bzw. bei Unterschreiten der Taupunkttemperatur fällt der Wasserdampf als Tauwasser aus. Tauwasserbildung ist i. d. R. unschädlich, wenn folgende Bedingungen eingehalten werden (DIN 4108-3):

- Tauwasser muss wieder verdunsten können.
- Bauteile dürfen durch Tauwasser nicht geschädigt werden. Der massebezogene Feuchtegehalt von Holz darf um nicht mehr als 5 % und der von Holzwerkstoffen um höchstens 3 % erhöht werden.
- Bei Dach- (und Wand-)Konstruktionen darf eine Tauwassermenge von insgesamt 1 kg/m^2 je Tauperiode nicht überschritten werden.
- Die Tauwassermenge an Berührungsflächen von Bauteilen oder Baustoffschichten mit geringer Kapillarporosität muss auf höchstens 0,5 kg/m^2 je Tauperiode begrenzt bleiben.

4.4 **Wärmeschutz** (siehe Kap. 4 A, Bauphysik)

Guter sommerlicher Wärmeschutz kann bei Dächern durch hohe Wärmespeicherfähigkeit der Bauteile erreicht werden, wenn ausreichende Wärmedämmung vorhanden ist. Zweischalige (belüftete) Dachkonstruktionen bieten in der Regel bessere Voraussetzungen für den sommerlichen Wärmeschutz als nichtbelüftete Konstruktionen. Auf der Rauminnenseite der Bauteile liegende Dämmungen sind ungünstig. Begrünte Dächer (Grasdächer) haben sich, sind sie richtig konstruiert, für den sommerlichen Wärmeschutz hervorragend bewährt. Die Kühlung beruht auf dem Schattenwurf der Grashalme und den Verdunstungsvorgängen der Pflanzen sowie der Masse des Erdsubstrats.

Der winterliche Wärmeschutz wird von folgenden Einflussgrößen bestimmt (baukonstruktive Parameter):

- Wärmedurchgangskoeffizent und Schichtenaufbau der Dachkonstruktion
- wirksamer Feuchtigkeitsschutz und Winddichtigkeit.

Die Winddichtigkeit muss beim baukonstruktiven Entwurf insb. von Holzdachkonstruktionen, Dachausbauten und bei Anschlüssen von Decken und Dächern an Wänden, besonders beachtet werden.

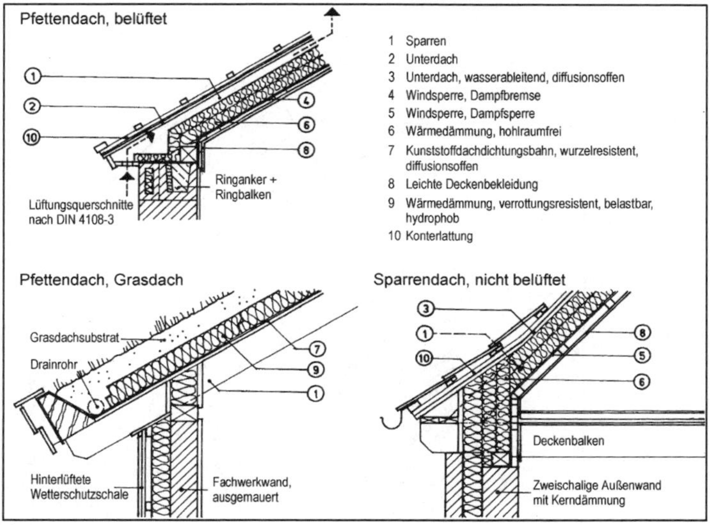

Abb. 3.37
Wärmeschutz

4.5 Geneigte Dächer, Dachdeckungen

Dachdeckungen werden bei geneigten Dächern, Dachdichtungen bei Flachdächern ausgeführt. Es gibt folgende Dachdeckungsarten:

- Reet- und Strohdeckung

- schuppenartige Deckungen
- platten- und tafelförmige Deckungen
- Deckungen aus Bahnen und Bändern.

In Tafel 3.38 sind die verschiedenen Dachdeckungen bestimmten Dachneigungsbereichen zugeordnet.

Tafel 3.38 Regeldachneigungen für Dachziegel

Biberschwanzziegeldeckung		
bei Doppeldeckung	≥ 30°	(57,7 %)
bei Kronendeckung	≥ 30°	(57,7 %)
bei Einfachdeckung mit Spließen	≥ 40°	(83,9 %)
Hohlpfannendeckung		
bei Aufschnittdeckung – trocken, mit Strohdocken oder mit Mörtelverstrich	≥ 35°	(70,0 %)
bei Aufschnittdeckung – bei Verwendung von Pappdocken	≥ 30°	(57,7 %)
bei Vorschnittdeckung – trocken mit Strohdocken oder mit Mörtelverstrich	≥ 40°	(83,9 %)
bei Vorschnittdeckung – bei Verwendung von Pappdocken	≥ 35°	(70,0 %)
Mönch-Nonne-Ziegeldeckung	≥ 40°	(83,9 %)
Krempziegel- und Strangfalzziegeldeckung	≥ 35°	(70,0 %)
Falzziegeldeckung (z.B. Doppelmuldenfalzziegel, Reform- od. Falzpfannen)	≥ 30°	(57,7 %)
Flachdachpfannendeckung	≥ 22°	(40,4 %)
Verschiebeziegeldeckung	≥ 35°	(70,0 %)

Die erforderlichen Mindestdachneigungen sind abhängig von der Dachdeckungsart, konstrukiven Besonderheiten und bei schuppen- und tafelförmigen Deckungen sowie Deckungen aus Bahnen von den Überdeckungen der Einzelteile in Richtung des Wasserabflusses.

Vorschriften über Mindest- und Regeldachneigungen enthalten die Fachregeln des Dachdeckerhandwerks [3.12] (FD) bzw. die Herstellerangaben, die von den Fachregeln abweichen können.

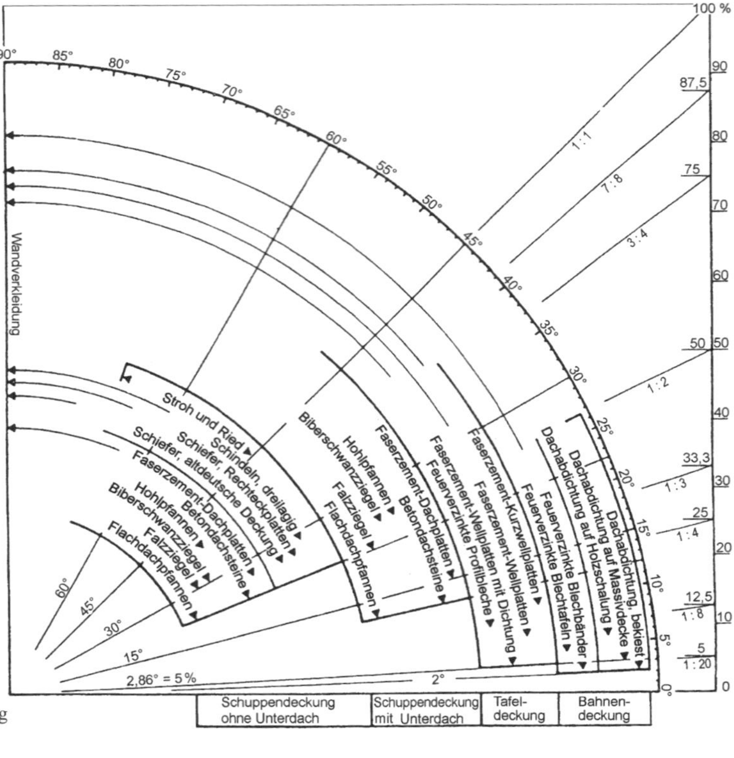

Abb. 3.38 Dachneigung und Dacheindeckung

Flache, schuppenartige Deckungen wie Schindeln oder Biberschwanzziegel ohne Falze oder Verformungen, die der Wasserführung dienen, müssen mehrlagig ausgeführt werden, damit überall die senkrechten Fugen der jeweils darüber liegenden Schuppenlage vollständig unterlegt sind. Bei Gebäuden mit untergeordneten Nutzungen können z. B. einfache Biberschwanzdeckungen als Spließdeckung mit Unterlegung der Längsfugen durch schmale, dünne Holzschindeln ausgeführt werden. Durch Unterlegung der Längsfugen mit Papp- oder Strohdocken verbessert man die Wasserabführung bei Hohlpfannendächern. Früher wurden Hohlpfannendächer in der Regel auch von unten mit Kalkmörtel verstrichen. Heute wird für die Flugschneedichtigkeit eher ein Unterdach angeordnet.

Aus der Fülle von Dachpfannenformen werden hier lediglich vier übliche und in der Form charakteristische mit einer Reihe unterschiedlicher Details aus dem First-, Trauf- und Ortgangbereich dargestellt.

Biberschwanzziegel

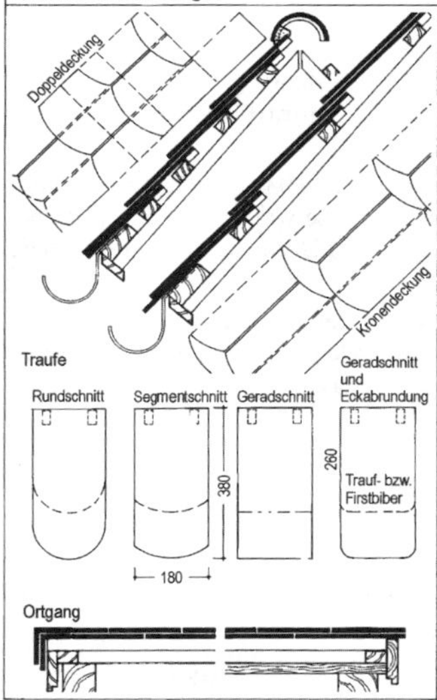

Fläche Gewicht (Normalpfanne)	175 x 380 mm 1,8 kg/Stck
Deckfläche Bedarf	Bedarf abhängig von Dachneigung und Überdeckung Kronendeckung ca. 36 Stck./m² Doppeldeckung ca. 34 Stck./m²
Lattenmaß	Kronendeckung ca. 320 mm Doppeldeckung ca. 160 mm
Mindestdachneigung	30° (Regeldachneigung nach FD)
Konstruktive Besonderheiten	

Hohlfalzziegel

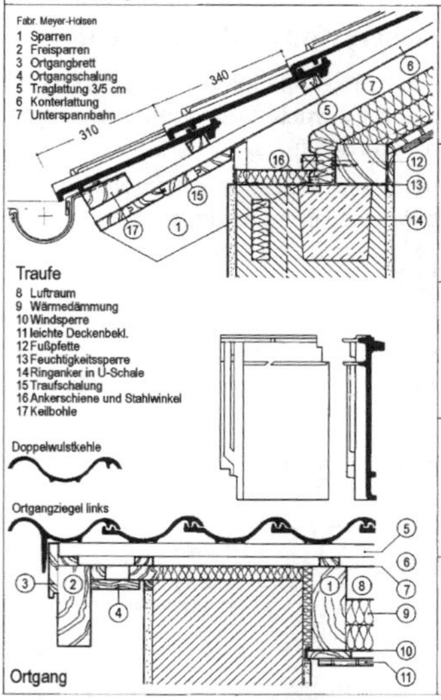

Fläche Gewicht (Normalpfanne)	260 x 425 mm 3 kg/Stck
Deckfläche Bedarf	205 x 315 mm bis 205 x 345 mm 14,5 Stck./m²
Lattenmaß	315 mm bis 345 mm
Mindestdachneigung	11° mit Unterdach ab 22° keine besonderen Anforderungen
Konstruktive Besonderheiten	

Universaldachziegel

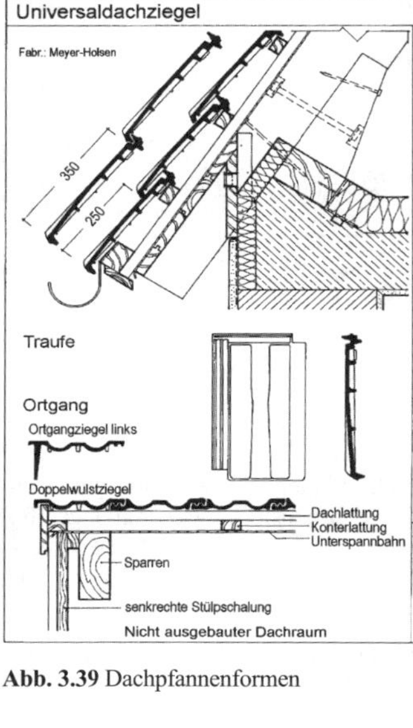

Fläche Gewicht (Normalpfanne)	240 x 400 mm 3 kg/Stück
Deckfläche Bedarf	200 x 250 mm bis 200 x 350 mm 15 - 16,5 Stück/m²
Lattenmaß	250 mm - 350 mm
Mindestdachneigung	25° (Werksangabe) 30° (Regeldachneigung nach FD)
Konstruktive Besonderheiten	Verschiebedachpfanne flexible Deckhöhe

Flachdachpfanne

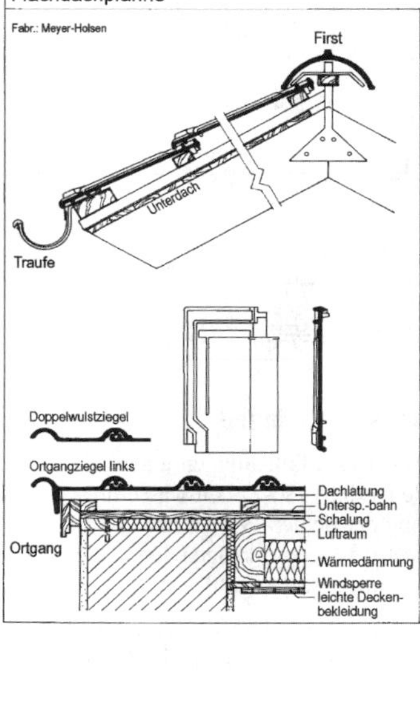

Fläche Gewicht (Normalpfanne)	240 x 400 mm 3 kg/Stück
Deckfläche Bedarf	194 x 340 mm 0,066 m² 15,16 Stück/m²
Lattenmaß	338 bis 342 mm
Mindestdachneigung	11° - 22° mit Unterdach ab 22° keine besonderen Anforderungen
Konstruktive Besonderheiten	besonders tiefe doppelte Kopf- und Seitenfalze

Abb. 3.39 Dachpfannenformen

Die Formen von Dachsteinen und die Konstruktionsprinzipien von Dächern mit Dachsteinen ähneln denen von Dachpfannen aus gebranntem Ton. Die Konstruktionsprinzipien von Schindeldeckungen sind in Abb 3.18b dargestellt. Für die verschiedenen Dachpfannen- und Dachsteintypenbieten die Hersteller für fast jeden Anwendungsfall Sonderformteile an, so dass homogene Eindeckungen ohne Zuschnitte und ohne zusätzlichen konstruktiven Aufwand möglich sind.

Holzdächer mit schuppenartigen Deckungen sind nicht winddicht. Winddichtigkeit ist jedoch ein wichtiger Aspekt des Wärmeschutzes. Insbesondere bei ausgebauten Dachräumen sind die kritischen Anschlussbereiche der Traufe an Giebeln, Firsten und Gebäudetrennwänden besonders sorgfältig zu konstruieren.

Besonderen konstruktiven Aufwand erfordert bei allen Dachdeckungsarten die Ausführung von Graten und Kehlen bei Verschneidungen von Dachflächen. Zu beachten ist die geringere Dachneigung in diesen Bereichen.

4.6 Flachdächer, Konstruktionsarten

Flachdächer sollten mit Gefälle von mindestens 3° zur problemlosen Wegführung des Niederschlagswassers ausgeführt werden. Dächer mit Neigungen unter 3° sind Sonderkonstruktionen mit besonderen Konstruktionsanforderungen.

Bei durchlüfteten Flachdächern ist zwischen der Dachabdichtung (s. Kap. 3 B) und deren Träger einerseits und der Wärmedämmung andererseits eine Luftschicht angeordnet, die von außen zu belüften ist. Die Größe und Lage der Lüftungsöffnungen ist nach DIN 4108-3 je nach Dachneigung und Dachtiefe festzulegen [3.12] (Abschn. 4.4).

Nichtdurchlüftete Flachdächer sind Verbundkonstruktionen, deren Einzelteile hinsichtlich ihrer bauphysikalischen, bauchemischen und statisch-konstruktiven Eigenschaften aufeinander abzustimmen sind. Bei Planung und Ausführung dieser Dächer bedarf es besonderer Sorgfalt.

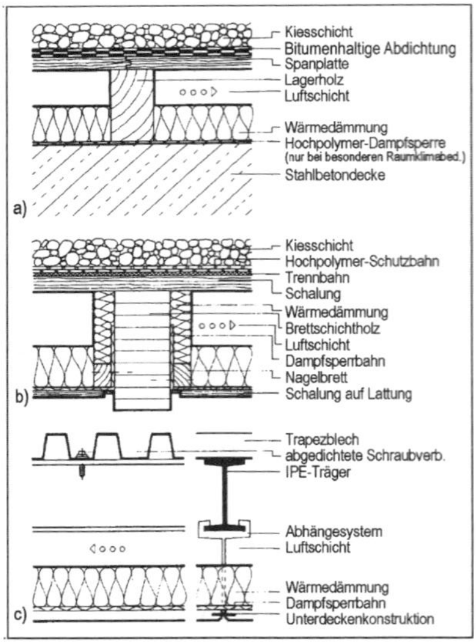

Abb. 3.40a Durchlüftete Flachdächer

Abb. 3.40b Nichtdurchlüftete Flachdächer

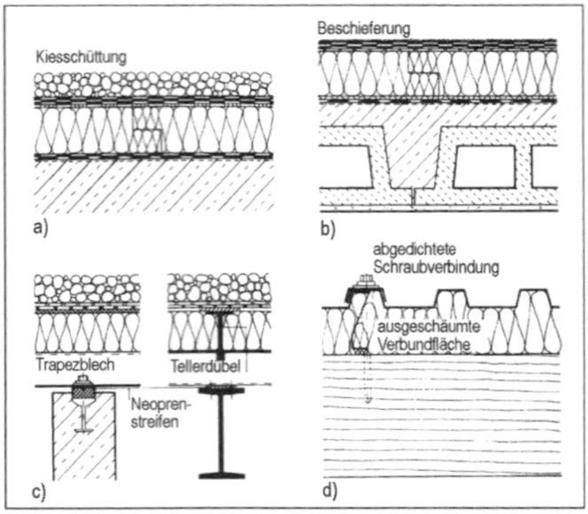

4.7 Dachentwässerungen

DIN 18 460 – Regenfallleitungen außerhalb von Gebäuden und Dachrinnen – ist ersatzlos zurückgezogen worden. DIN 1986-2 – Entwässerungsanlagen für Gebäude und Grundstücke; Bestimmungen für die Ermittlung der lichten Weiten und Nennweiten für Rohrleitungen – ist in DIN EN 12 056-3:2000 – Schwerkraftentwässerungsanlagen innerhalb von Gebäuden, Teil 3: Dachentwässerung. Planung und Bemessung – aufgegangen [3.6].

Es wird für die Berechnung der Querschnitte von Dachrinnen und Regenfallrohren ein erheblicher Mehraufwand erforderlich, da eine Fülle zusätzlicher Parameter zu berücksichtigen sind.

5 Fassaden

5.1 Allgemeines

Mit dem Begriff Fassade wird im Bauwesen im Allgemeinen die Gebäudehülle bezeichnet. Durch die Verwendung von verschiedenen Materialien ergibt sich eine Vielzahl von Gestaltungsmöglichkeiten.

Bevorzugt kommen leichte Elemente unterschiedlicher Dimensionen aus Baustoffen wie Glas, Holz und Leichtmetall oder Kunststoffe zum Einsatz. Funktionsteile wie Fenster, Türen, Sonnen- und Blendschutz sind in die Fassadenkonstruktion integriert. Die Fassadenelemente sind meist mehrschichtige oder mehrschalige Konstruktionen, um allen bauphysikalischen, optischen und ökonomischen Anforderungen zu genügen.

Es lassen sich prinzipiell unterscheiden (Auswahl):

- **nicht hinterlüftete Fassade** (sog. Warmfassade), bei der die Fassade direkt mit der Wand verbunden ist, z. B. als Wärmedämmverbundfassade, bei der Dämmmaterial direkt auf der Außenwand befestigt und anschließend verputzt wird;
- **hinterlüftete Fassade** (sog. Kaltfassade), bei der die äußere Schale durch eine Luftschicht von der dahinterliegenden Konstruktion getrennt ist;
- **Doppelfassaden**, die zwei Fassadenebenen mit einem belüfteten Zwischenraum aufweisen.

Insbesondere in der Skelettbauweise wird im Allgemeinen die sog. **Vorhangfassade** (VHF) eingesetzt; sie wird nur durch Wind und Konstruktionseigenlast beansprucht und leitet die Lasten in die tragende Konstruktion ab, aus der Gebäudekonstruktion selbst werden keine Lasten hierüber abgetragen. Dieser Fassadentyp wird nachfolgend schwerpunktmäßig behandelt, weitere Konstruktionsbeispiele vgl. auch Abschn. 3.

5.2 Statische Anforderungen

Die Fassadenkonstruktion muss so ausgebildet sein, dass alle einwirkenden Kräfte an das Tragwerk des Baukörpers abgeleitet werden können. Die Konstruktion der Fassaden wird durch ständige und nicht ständige Lasten beansprucht.

Ständige Lasten

Ständige Lasten werden durch die Konstruktionseigenlast verursacht. Abhängig von der baulichen Gestaltung und der Aufhängeposition der Wand wird die Tragkonstruktion durch die Eigenlast der Wand auf Druck oder Zug beansprucht. Zugbeanspruchung entsteht bei Vorhangwänden, die am oberen Rand aufgehängt sind, Druckbeanspruchung findet sich bei Vorhangwänden, die unten (z. B. auf der Deckenkonstruktion) aufgelagert sind. Zwischen die Tragkonstruktion gestellte Fassaden werden i. d. R am unteren Rand gelagert und sind daher ebenfalls auf Druck beansprucht.

Nicht ständige Lasten

Nicht ständige Lasten entstehen durch eine kurzzeitige Belastung durch Winddruck oder -sog, durch Temperaturänderungen, durch Transport- oder Montagezustände, Anpralllasten u. a. m.

Windlasten wirken normal zum betrachteten Wandelement. Zusammen mit den Lasten aus dem Eigengewicht (vertikal gerichtete Einwirkung) werden diese über die Verankerungsstelle in die tragende Konstruktion übertragen. Die Windlast setzt sich aus dem auf das Gebäude wirkenden Staudruck je Flächeneinheit in Form von Außen- und Innendruck und dem Parameter *c* zusammen:

$w_e = q_{ref}\ c_e(z_e)\ c_{pe}$ [kN/m²]	$w_i = q_{ref}\ c_e(z_i)\ c_{pi}$ [kN/m²]
Dabei sind:	Dabei sind:
w_e … Außendruck q_{ref} … Bezugsstaudruck $c_e(z_e)$ … Standortbeiwert c_{pe} … Druckbeiwert für den Außendruck	w_e … Außendruck q_{ref} … Bezugsstaudruck $c_e(z_i)$ … Standortbeiwert c_{pe} … Druckbeiwert für den Innendruck

Der Staudruck *q* ist abhängig von den Bauwerkshöhen über Gelände und den dabei auftretenden Windgeschwindigkeiten:

$q_{ref} = v^2_{ref}/1600$ [kN/m²] v_{ref} … Bezugsgeschwindigkeit in m/s

Der Beiwert *c* dient zur Ermittlung der Windlast. Er ist abhängig von der Baukörperform, der Größe der Lasteinzugsfläche und der Neigung zu ihren Begrenzungsflächen. Weitere Hinweise und rechn. Ermittlung s. Kap. 12, Abschn. IV.

Eine nicht tragende Außenwand wird durch Wind auf Biegung beansprucht, wodurch entsprechende Verformungen entstehen. Die Durchbiegung sollte auf ≤ $l/300$, bei Fassadenelementen mit einer Stützweite von bis zu 3 m auf ≤ $l/200$ begrenzt werden.

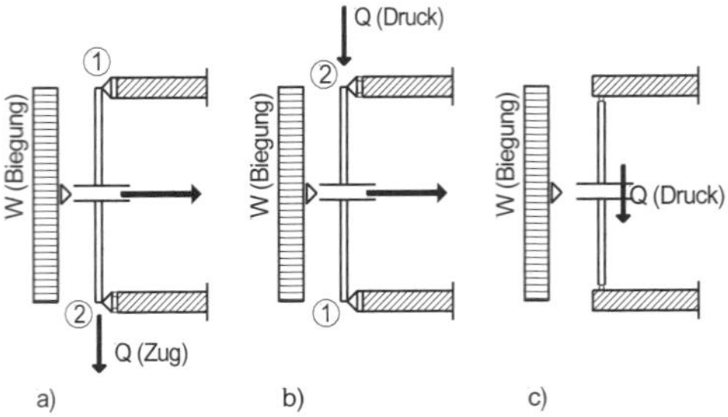

Abb. 3.42a Anordnung von Fassaden
a) Aufhängung
b) Aufstellung auf Decke
c) eingerückte Fassade

Infolge **Temperatureinwirkungen** kommt es zu Längenänderungen der Bauteile. Dies ist insb. für Fassaden bedeutsam, die nach Süden, Südosten und Westen orientiert sind. Die Konstruktion muss so ausgeführt werden, dass durch diese Verformungen keine unzulässigen Spannungen auftreten können.

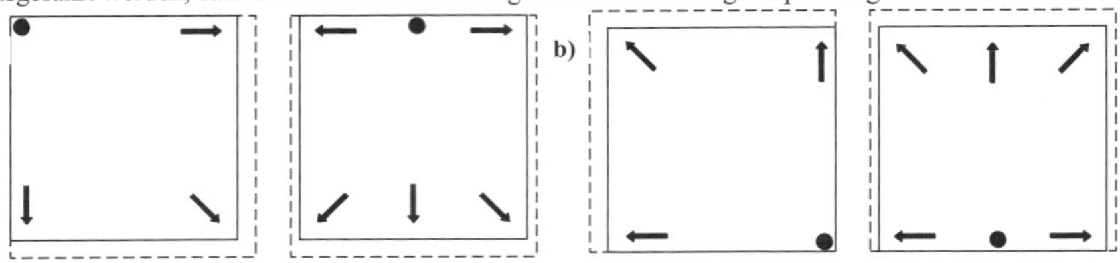

Abb. 3.42b Ausdehnung von Fassaden für ein an der Oberseite befestigtes Element (Element aufgestellt, Fall a)) und für ein an der Unterseite befestigtes Element (Aufhängung, Fall b))

Materialien mit großer Wärmedehnzahl benötigen einen großen Ausdehnungsspielraum. Dies ist bei Fassaden aus bestimmten Metallen, wie z. B. Aluminium, das im Fassadenbau aufgrund seiner geringen Masse oft verwendet wird, besonders zu beachten (s. Tafel 3.42).

Die Länge l eines Bauteils unter Temperatureinfluss kann wie folgt ermittelt werden:

$$l = l_0 + \Delta l = l_0\,(1 + \alpha_T \cdot \Delta T)$$

mit $\Delta l = \alpha_T \cdot \Delta T \cdot l_0$ [m] als Längenänderung des Bauteils.

Dabei sind:

l Länge des Elements bei der Temperatur T [m] l_0 Länge bei der Temperatur $T_0 = 20$ °C
ΔT Temperaturdifferenz in °C α_T Wärmedehnzahl in K^{-1}

Die so ermittelten Werte sind theoretisch und gelten nur bei freier Verschieblichkeit. Tatsächlich werden an den Verbindungstellen die Längenänderungen jedoch teilweise behindert. Hierdurch werden allerdings Spannungen hervorgerufen; die berechnete Spannung darf dabei die zulässige Materialspannung nicht überschreiten. Die für die Berechnung der Längenausdehnung und Spannungen inf. der Temperaturänderung erforderlichen Werte sind in der folgenden Tafel 3.42 zusammengefasst.

Tafel 3.42 Spezifische Masse, lineare Wärmedehnzahlen ausgesuchter Stoffe

Stoff	Spezifische Dichte [kg/m³]	Lineare Wärmedehnzahl α_T [1/K]	Elastizitätsmodul bei Druck: $E \cdot 10^3$ [N/mm²]	Spannung σ_T [N/mm²] bei $\Delta T = 1$ °C (unverschiebliche Lagerung)
Kupfer	8930	$1{,}7 \times 10^{-5}$	120	2,04
Stahl	7850	$1{,}2 \times 10^{-5}$	210	2,52
nichtrostender Stahl	7850	$1{,}6 \times 10^{-5}$	210	3,36
Zink	7130	$2{,}9 \times 10^{-5}$	100	2,90
Aluminium	2700	$2{,}4 \times 10^{-5}$	70	1,61
Glas	2400 – 2600	$0{,}8 \times 10^{-5}$	60 – 80	0,64
Holz	600 – 800	$0{,}5 \times 10^{-5}$	10	0,05

Formänderungen durch Temperatur sind nicht zu verhindern. Durch eine ausreichende Anordnung von Dehnungsfugen sind Schäden zu vermeiden.

Durch **Transport und Montage** sind vorgefertigte Fassadenelemente hohen Belastungen ausgesetzt. Die statischen Systeme der eingebauten Elemente (Endzustand) unterscheiden sich von denen im Transport- und Montagezustand. Der Transport- und Montagefall muss bei der statischen Berechnung der Elemente gesondert berücksichtigt werden.

Anpralllasten sind durch die Gebäudenutzung zufällig verursachte Stöße weicher und harter Art. Bei allen Stockwerken muss gewährleistet sein, dass Stöße durch weiche Körper (Aufprall von Menschen oder Tieren) vom Gebäudeinneren nach außen abgefangen werden können (Aufnahme von Mindestenergie von 1000 J/m²). Im Erdgeschoss und im ersten Obergeschoss gilt dies auch von außen nach innen. Weiterhin müssen die Füllelemente nicht tragender Außenwände Seitenkräfte („Menschengedränge") von 0,5 – 1,0 kN/m (Einwirkhöhe 1 m) aufnehmen können. Nutzungsbedingte Ereignisse (z. B. sich aus dem Fenster lehnende Person) verursachen zusätzliche Lasten, die bei der Dimensionierung des Tragwerks mit 0,5 kN/m zu berücksichtigen sind.

5.3 Anordnung und Befestigung von Fassaden

Bezüglich ihrer Lage lassen sich Fassadenelemente in drei Grundtypen unterscheiden, die ggf. auch in Kombination zur Anwendung kommen:

- vor das Tragwerk gehängte oder gestellte Fassade (Abb. 3.43a, Bild a) und d),
- hinter das Tragwerk gehängte oder gestellte Fassade (Abb. 3.43a, Bild b),
- zwischen die Tragkonstruktion gestellte Fassade (Abb. 3.43a, Bild c).

Diese Grundtypen prägen maßgeblich das Erscheinungsbild der Fassade und des gesamten Gebäudes.

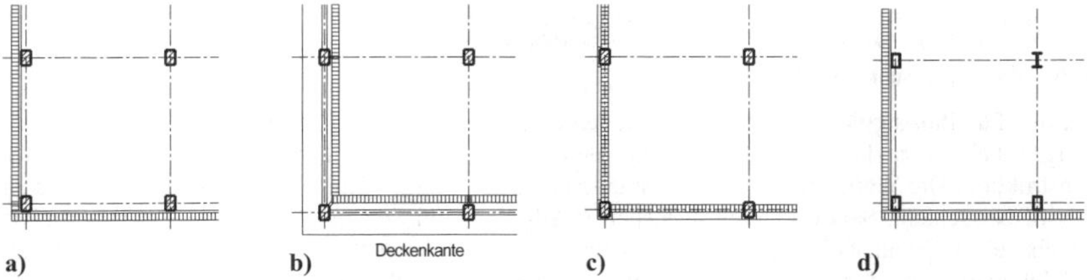

a) b) c) d)

Abb. 3.43a Stützenanordnung
a) Fassade vor die Stützen (Stahlbeton) gestellt oder gehängt, Tragwerk liegt im Innenbereich
b) Fassade hinter die Stützen (Stahlbeton) gestellt, Tragwerk liegt im Außenbereich
c) Fassade zwischen die Stützen (Stahlbeton) gestellt
d) wie a), jedoch Stützen aus Stahl (Varianten b) und c) analog)

In Abb. 3.43b ist die Detailausbildung der Ecke gemäß Abb. 3.43a, Bild d) dargestellt (Fassade aus Glas).

1 Eckverkleidung mit Dämmung hinter dem Fassadenelement
2 Tragkonstruktion aus Stahl
3 Anpressleiste
4 feststehende Isolierverglasung
5 Tragkonstruktion aus Stahl, stumpfer Winkel

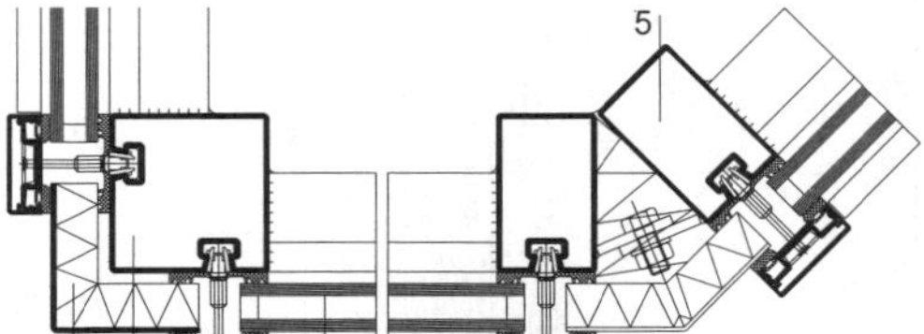

Abb. 3.43b Fassade Glas-Stahl, Eckausbildung

Fassaden werden ausgeführt als:

- Sprossenkonstruktionen, die aus Traggerüst (Pfosten-Riegel-Konstruktionen oder Rahmen) und Füllung bestehen; das Traggerüst dient der Lastabtragung und wird an der tragenden Gebäudekonstruktion befestigt;
- Tafelkonstruktionen, die direkt an das Tragwerk des Gebäudes montiert werden.

Bei **Sprossenkonstruktionen** übernimmt das Sprossenwerk statische und konstruktive Funktionen; die Sprossen nehmen alle anfallenden Lasten auf und dienen zur Aufnahme der Füllung. Die Sprossen werden aus Stahl, Aluminium, Kunststoff, Holz und in Materialkombination hergestellt. Die Füllung wird aus Glas, Blech, Stein oder Holz – in Kombination mit Wärmedämmstoffen – ausgeführt.

Sprossenkonstruktionen sind als Pfosten-Riegel-Konstruktionen oder als Rahmen ausführbar; erste bestehen aus einem System senkrechter und waagerechter Sprossen, die an der Tragkonstruktion des Gebäudes befestigt werden. Rahmen werden als umlaufende Sprossenrahmen mit Füllelement – i. d. R. komplett vorgefertigt – angeliefert und an die tragende Konstruktion des Gebäudes angebracht.

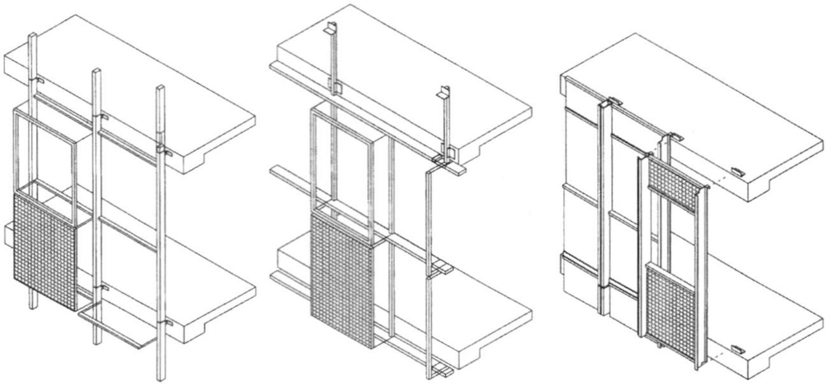

Vertikal orientiertes Skelett in Pfosten-Riegel-Konstruktion | Horizontal orientiertes Skelett in Pfosten-Riegel-Konstruktion | „Vorhangwand" als Rahmenkonstruktion

Abb. 3.44a Sprossenkonstruktionen

Bei der **Tafelkonstruktion** bestehen die Bauteile aus meist geschosshohen Tafeln. Die Elemente benötigen kein zusätzliches Traggerüst, die Befestigung erfolgt direkt an der tragenden Gebäudekonstruktion. Die Wandtafeln haben meist eine integrierte Wärmedämmung und ggf. eine notwendige Dampfsperrschicht. Sandwichtafeln bestehen i. Allg. aus drei Schichten, z. B. aus der inneren Tragschicht, einer Dämmschicht und einer äußeren Vorsatzschale. Aufgrund ihrer Elementgröße haben Tafelelemente eine geringere Fugenanzahl als Sprossenkonstruktionen.

Detailpunkte der Fassadenbefestigung (Sandwichelemente an Stahlstützen) zeigt Abb. 3.44b.

a) Grundriss: Anschluss an tragende Konstruktion	**b)** Vertikalschnitt: Anschluss an Querträger	**c)** Fußpunkt	**d)** Eckausbildung
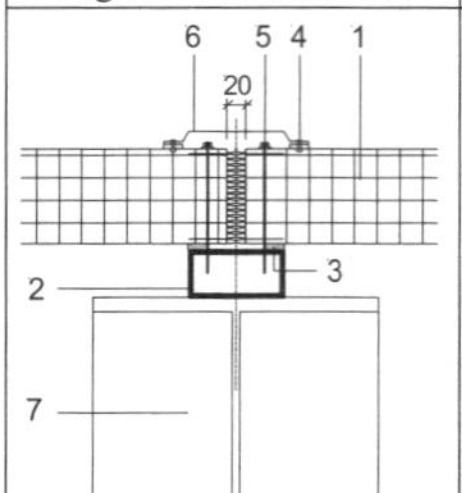	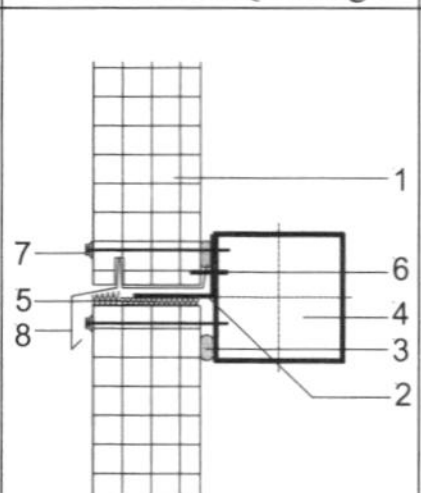	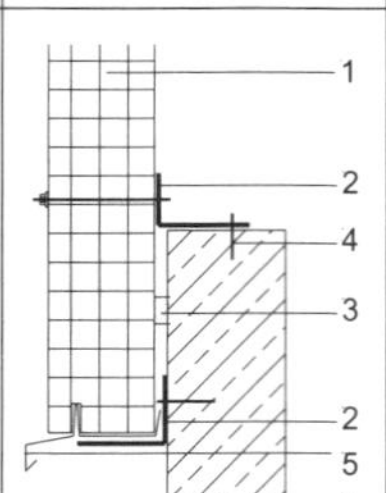	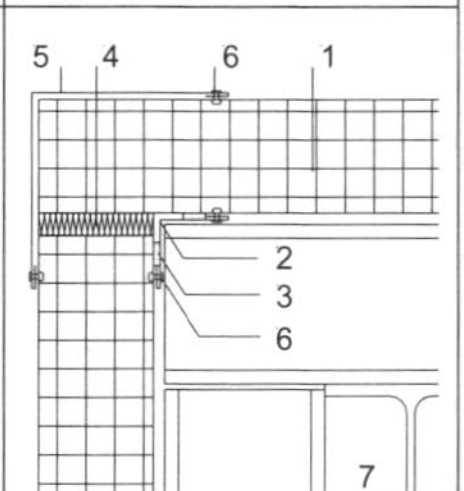
1 Sandwichelement 2 Kastenprofil 100 x 50 x 4 3 Dichtungsband 4 Blindniet 5 Blechschraube 6 Querstoßblende 7 Tragkonstruktion	1 Sandwichelement 2 Paneelträger 3 Dichtungsband 4 Querträger aus Metall 5 Wärmedämmung zw. den Elementen 6 Blindniet 7 Blechschraube 8 Tropfprofil	1 Sandwichelement 2 Paneelträger 3 Dichtungsband 4 Ankerschraube 5 Tropfprofil 6 Tragkonstruktion	1 Sandwichelement 2 Inneneckblende 3 Dichtungsband 4 Wärmedämmung zw. den Elementen 5 Außeneckblende 6 Blindniet 7 Tragkonstruktion

Abb. 3.44b Fassadenbefestigung von Sandwichelementen

6 Fenster, Türen

6.1 Fenster

Bauarten von Fenstern

Prinzipiell lassen sich die in Tafel 3.45 dargestellten Fensterarten unterscheiden, die je nach Bauaufgabe zum Einsatz kommen.

Tafel 3.45 Fensterarten

Fenster-arten	Einfach-fenster 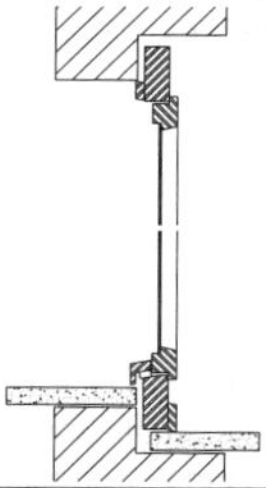	Verbund-fenster 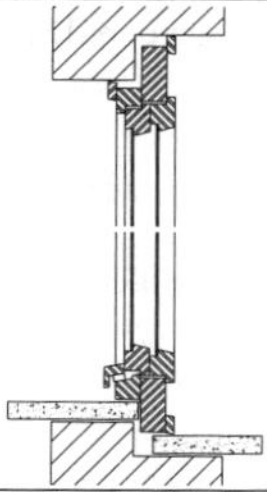	Kasten-fenster 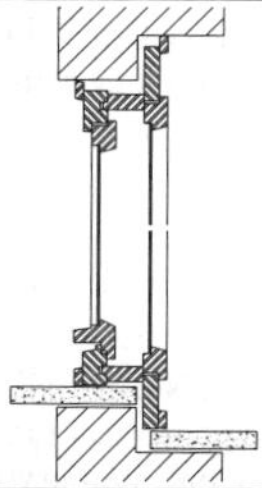
Eigen-schaften	Das Einfachfenster ist die gebräuchlichste Fensterbauweise, die aus einem einteiligen Flügel besteht.	Der Flügelrahmen besteht aus je einem miteinander verbundenen Außen- und Innenflügel, die in der Regel mit Einfachverglasung ausgestattet sind. Durch einen Scheibenabstand von 40 bis 70 mm wird ein gegenüber herkömmlicher Isolierverglasung leicht verbesserter Dämmwert erzielt.	Sie bestehen aus zwei getrennten Flügeln mit mind. 10 – 15 cm Abstand, die durch das umlaufende Futter verbunden und i.d.R. mit Einscheibenverglasung ausgestattet sind. Die Flügel müssen nacheinander geöffnet werden. Es können gute Wärmedämmwerte erreicht werden
Ver-glasung	Zweischeiben- oder Dreischeiben-Wärmeschutz-Isolierverglasung	Fensterglas innen, Wärmeschutz-Isolierglas außen (oder umgekehrt bei denkmalgeschützten Gebäuden)	Fensterglas innen, Wärmeschutz-Isolierglas außen

Kasten- und Verbundfenster eignen sich hervorragend für die Erhaltung historischer Fassaden, weil der Einbau originalmaßstäblicher Sprossen möglich ist.

Dachwohnfenster übernehmen neben der normalen Fensterfunktion teilweise auch die Funktion des Daches. Kellerfenster sind häufig Einfachkonstruktionen mit Rahmen aus verzinktem Stahlblech.

Unterscheidungsmerkmale bei Fenstern:

- nach Materialien:
  Holz; Kunststoff, Aluminium, Stahl, Materialmix Holz/Aluminium und Kunststoff/Aluminium;
- nach Öffnungsart:
  Drehflügel, Kippflügel, Drehkippflügel, Klappflügel, Wendefenster, Schwingfenster, Vertikalschiebefenster, Horizontalschiebefenster, Festverglasung;
- nach Einbauart im Rohbau:
  Fensterleibungen ohne Anschlag, Leibungen mit innerem Anschlag, Leibungen mit äußerem Anschlag.

Einbauarten bei Fenstern

a) b) c)

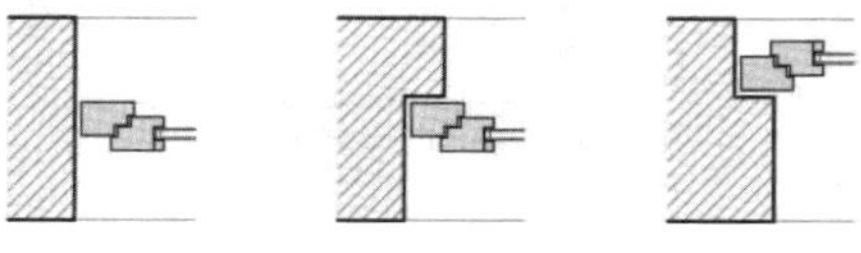

Abb. 3.45 Schematische Darstellung der Einbauarbeiten bei Fenstern

a) Fensterleibung ohne Anschlag
b) Fensterleibung mit Anschlag innen
c) Fensterleibung mit Anschlag außen

Einbaubedingungen bei Fenstern

Folgende Bedingungen müssen beim Fenstereinbau zwingend erfüllt sein:

Trennung von Raum- und Außenklima

Die Trennebene von Raum- und Außenklima muss über die gesamte Fläche der Außenwand erkennbar sein und darf nicht unterbrochen werden. Ihre Temperatur muss über der Taupunkttemperatur des Raumes liegen. Die Konstruktion muss raumseitig luftdicht sein.

Funktionsbereich

In diesem Bereich müssen insbesondere die Anforderungen des Wärme- und Schallschutzes über einen angemessenen Zeitraum sichergestellt werden. Der Funktionsbereich muss „trocken bleiben" und vom Raumklima getrennt sein.

Wetterschutz

Die Ebene des Wetterschutzes muss von der Außenseite den Eintritt von Regenwasser weitgehend verhindern und eingedrungenes Regenwasser kontrolliert nach außen abführen. Zugleich muss die Feuchte aus dem Funktionsbereich nach außen entweichen können.

Die oberste Anforderung lautet: innen dichter als außen!

Für den Normalfall bedeutet dies, dass die Abdichtungsmaßnahmen der Raumseite einen höheren Widerstand gegen das Eindringen von Wasserdampf aufweisen müssen als die Abdichtung der Witterungsseite, damit ein Wasserdampfgefälle nach außen entsteht und evtl. doch eingedrungene Feuchtigkeit nach außen „abdampfen" kann. Zu erreichen ist dies z. B. durch Einsatz alukaschierter, selbstklebender Bänder auf der Innenseite und witterungsseitiger Einsatz von vorkomprimierten Dichtbändern. Andere Lösungen sind möglich, aber das Prinzip muss gewahrt bleiben.

Die Abdichtung zwischen Baukörper und Fenster muss dauerhaft schlagregendicht und luftundurchlässig sein. Aus dieser Forderung ergeben sich maximale Toleranzen sowohl für die Rohbauöffnung als auch für die Einbauelemente (s. Abschn. 6.4).

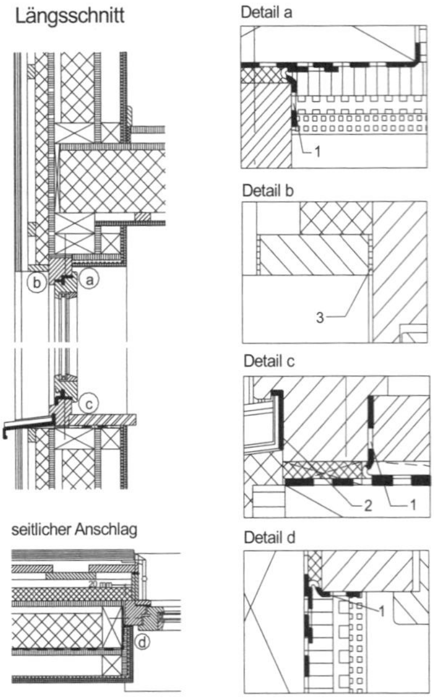

1 Fugendichtband, überputzbar
2 vorkomprimiertes Dichtungsband (Rahmen/Fensterbank)
3 vorkomprimiertes Dichtungsband

Abb. 3.46a Holzfenster in Holzständerbauwand, stumpfer Anschlag (Neubau)

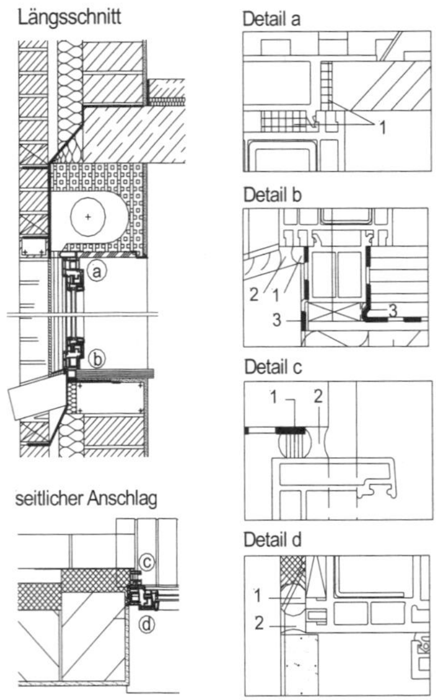

1 vorkomprimiertes Dichtungsband
2 spritzbarer dauerelastischer Dichtstoff
3 Fugendichtband, überputzbar

Abb. 3.46b Kunststofffenster mit Rollladenkasten gegen Innenanschlag (Neubau)

1 imprägnierte Dichtungsbänder
2 geschlossenzelliges Hinterfüllmaterial
3 überputzbares Fugendichtband
4 dauerelastische Dichtstoffe

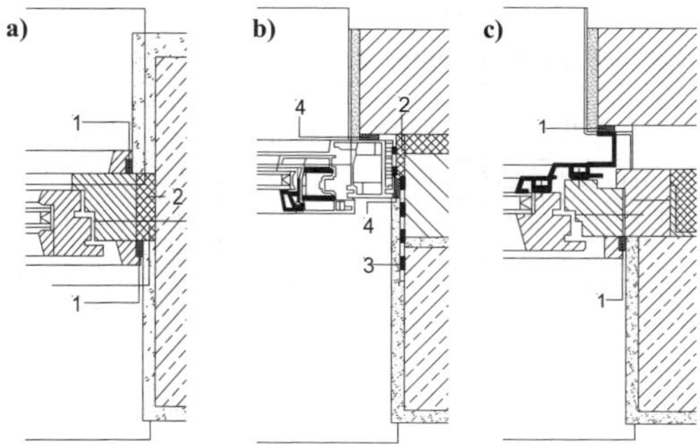

Abb. 3.47a Luftdichte Abdichtung zw. Fenster und Außenwand
a) stumpfer Anschlag, Holzfenster
b) Anschlagstein, Kunststofffenster
c) Fensteranschlag, Holz-Alu-Fenster

6.2 Türen

Einteilung der Türen

Die Türen werden unterschieden nach:

- Verwendungszweck: Außentüren, Innentüren, Repräsentationstüren, Objekttüren, Schutz- und Sondertüren;
- Bewegungsrichtung: Drehflügeltüren, Schiebetüren, Pendeltüren, Drehkreuztür, Harmonikatür, Falttür, Bewegliche Trennwände, Teleskopwand, Rollwand, Hub- und Versenkwand;
- Türrahmenausbildung: Blendrahmentür, Blockrahmentür, Zargenrahmentür, Türen mit Umfassungszargen;
- Türblattausbildung: Latten- oder Brettertüren, Rahmentüren mit Glasfüllungen, Holzfüllungen, Sprossentüren mit Glasfüllungen, aufgedoppelte Türen, Metallrahmentüren mit Füllungen, Ganzglastüren, Falztüren, Stumpftüren.

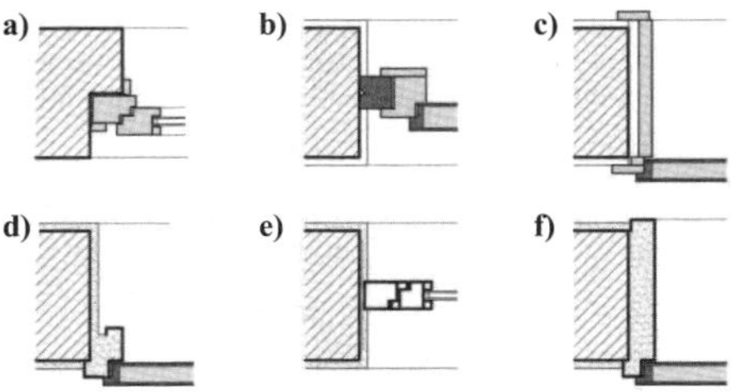

Abb. 3.47b Türrahmenausbildung

a) Blendrahmen
b) Blockrahmen
c) Umfassungszarge, Futterzarge
d) Eckzarge aus Stahl
e) Metallrahmentür
f) Umfassungszarge aus Stahl

Zargen, Türblätter, Türrahmen und -füllungen werden aus verschiedenen Materialien hergestellt, hauptsächlich aus Holz. Weitere Materialien: Glas, Kunststoff, Aluminium, Stahlblech und bei Haustüren auch Bronze bzw. Metalllegierungen (vgl. Tafel 3.47).

Bei einer Blendrahmentür wird das Türblatt nicht wie heute allgemein üblich von einer Türzarge gehalten. Sie ist eine Tür mit einem Blendrahmen, der bei massiver Bauweise mit einem Bankeisen an einem rohen oder vorgeputzten Mauerfalz verankert ist.

Tafel 3.47 Übersicht Türarten, Rahmen und Material

Türen / Material	Innentüren		Wohnungseingangstüren		Außentüren	
	Blendrahmen	Zarge	Blendrahmen	Zarge	Blendrahmen	Zarge
Holz	▒	▒	▒	▒	▒	
Holzwerkstoff	▒	▒	▒	▒		
Kunststoff					▒	
Stahl		▒		▒	▒	
Aluminium					▒	
mit Glasausschnitt	▒	▒	▒	▒	▒	
Ganzglastür		▒			▒	
▒ mögliche Ausführungsvariante						

Anforderungen an Rohbaumaße (Richtmaße) von Türöffnungen sind in Tafel 3.48 zusammengefasst.

Tafel 3.48 Rohbaurichtmaße für Türöffnungen

Maßart	Breite Rohbauöffnung							Höhe Rohbauöffnung			
	Einflüglige Tür				Zweiflüglige Tür						
Rohbau-Richtmaß	625	750	875	1000	1250	1500	1750	1875	2000	2125	2250
Zul. Kleinstmaß	625	750	875	1000	1250	1500	1750	1875	2000	2125	2250
Nennmaß d. Öffnung	635	760	885	1010	1260	1510	1760	1880	2005	2130	2255
Zul. Größtmaß	645	790	895	1020	1270	1520	1770	1890	2015	2140	2265

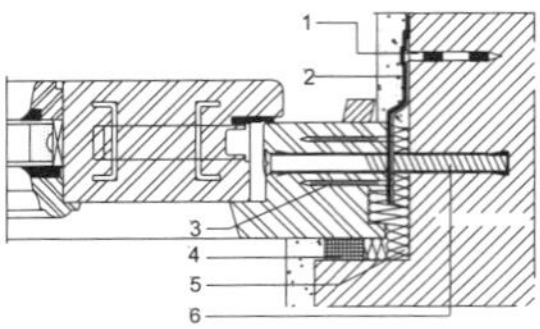

1 Befestigungsmittel, Dübel und Schraube
2 überputzbares Fugendichtungsband
3 Ankernagel
4 vorkomprimiertes Dichtungsband
5 geschlossenzelliges Hinterfüllmaterial
6 Montageanker

Abb. 3.48a Außentüren aus Holz, mit Anschlag

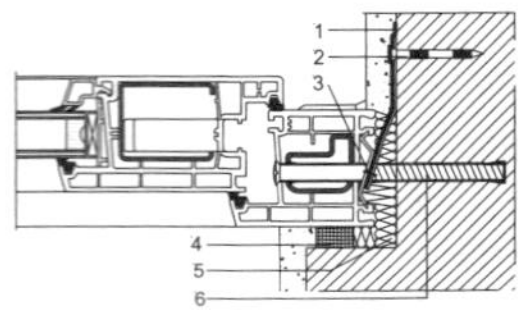

1 überputzbares Fugendichtungsband
2 Befestigungsmittel, Dübel und Schraube
3 Befestigungsmittel Türrahmen
4 vorkomprimiertes Dichtungsband
5 geschlossenzelliges Hinterfüllmaterial
6 Montageanker

Abb. 3.48b Außentüren aus Kunststoff, mit Anschlag

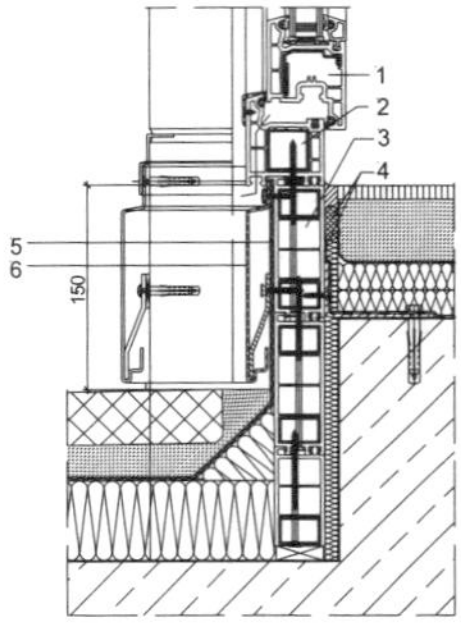

1 Flügel Terrassentür
2 Rahmen, Anschlag, Terrassentür
3 Kunststoffprofil zur Unterfütterung
4 Dichtung als raumseitiger luftdichter Abschluss mit vorkomprimiertem Dichtungsband
5 Abdichtung
6 Metallabdeckung

Abb. 3.48c Terrassentür, Austritt auf begehbares Dach

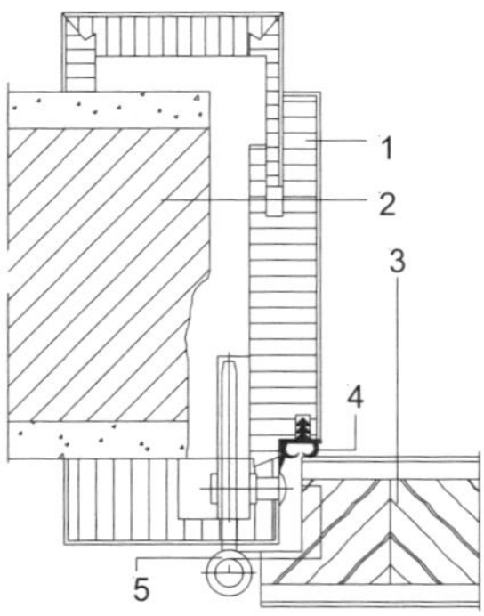

1 Umfassungszarge
2 Wand: Mauerwerk oder Beton mit beidseitigem Putz
3 Türblatt
4 durchgehende Dichtungsebene
5 Einbohrband

Abb. 3.48d Innentüren mit Umfassungszarge aus Holz

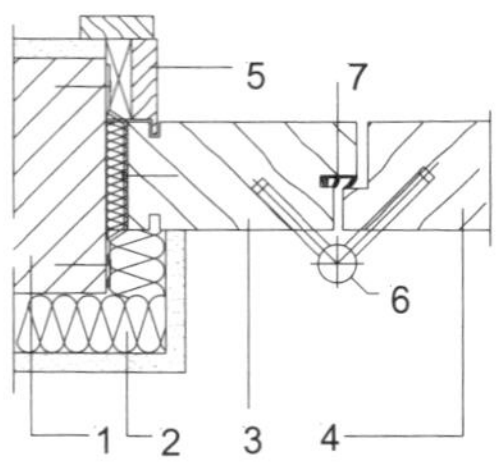

1 Trennwand
2 Dämmung, an kalte Luft grenzend
3 Zarge
4 Türblatt
5 Blindfutter
6 Einbohrband
7 durchgehende Dichtungsebene

Abb. 3.48e Innentüren, Zarge mit Blindfutter

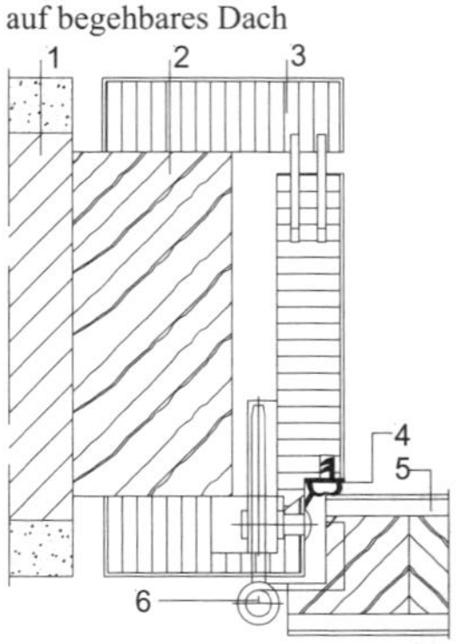

1 Wand: Mauerwerk oder Beton mit beidseitigem Putz
2 Blindfutter aus Holz
3 Türzarge aus Holz
4 durchgehende Dichtungsebene
5 Türblatt aus Holz
6 Einbohrband

Abb. 3.48f Innentüren, Blockrahmen mit Laibungsfutter

6.3 Anforderungen an Türen und Fenster

Allgemeine funktionale, technische und bauphysikalische Anforderungen an Fenster und Türen:

- Wärmedämmung; Schalldämmung; Schlagregensicherheit; Winddichtigkeit;
- Einbruchschutz;
- Bedienungskomfort; geringe Wartung.

Tafel 3.49a Beanspruchung von Fenster und Türen (Übersicht) mit Hinweisen zu geltenden Normen

Beanspruchung		Normen
von der Außenseite	Regen, Wind, UV-Beanspruchung, Schall	DIN EN 12207, EN 12208, EN 12210, DIN 18 055 DIN 18 542, 18 540, DIN 4109
von der Raumseite	Raumlufttemperatur, Raumluftfeuchte, Luftbewegung, Luftdichtheit	DIN 4108 Teil 7, EnEV
aus dem Bauwerk	Bauwerksbewegungen, Toleranzen	DIN 18 201, DIN 18 202
aus dem Bauteil	Längenänderungen, Formänderungen, Kräfte aus Eigenlasten	DIN EN 107
aus der Nutzung	Kräfte aus der Benutzung	DIN 18 055

Statik, Lasten

Fenster und Türen haben in der Regel nur sich selbst zu tragen, sie leiten keine Lasten aus der Konstruktion ab; sie unterliegen jedoch mechanischen Belastungen, die sich aus der Nutzung ergeben. Diese Beanspruchung ist maßgebend für die Bemessung von Glas, Rahmen und Befestigung. Windlasten ergeben sich aus der DIN EN 1991-1-4.

Bauphysik

Die Fenster und Außentüren haben einen wesentlichen Einfluss auf die Bauphysik eines Gebäudes. Bei der Planung der technischen Gebäudeausrüstung sind diese mit einzubeziehen. Ebenso erfolgt eine Berücksichtigung bei der Ermittlung des Wärmebedarfs nach der Energieeinsparverordnung.

Wärmeschutz

Die Anforderungen an die Bauteile Fenster und Türen haben sich mit Inkrafttreten der Energieeinsparverordnung 2014 nicht verändert. Laut Energieeinsparverordnung sind für neu eingebaute Fenster und Türen bestimmte Höchstwerte einzuhalten; s. hierzu Kap. 3 B, S. 3.69 f.

Außenliegende Fenster, Fenstertüren und Dachflächenfenster haben Anforderungen an die Dichtheit und den Mindestluftwechsel zu erfüllen. Sie müssen den Klassen nach Tafel 3.49b entsprechen:

Tafel 3.49b Klassen der Fugendurchlässigkeit von außen liegenden Fenstern, Fenstertüren und Dachflächenfenstern

Anzahl der Vollgeschosse des Gebäudes	Fugendurchlässigkeitsklasse (DIN EN 12 207-1:2000-06)
bis zu 2	2
mehr als 2	3

Klimaklassen

Die neue Prüfnorm nach DIN EN 1121 unterscheidet 5 Prüfklimata (a - e). Dabei entsprechen die Prüfklimata a, b und c den Klimaklassen I, II und III.

Tafel 3.49c Prüfklima nach DIN EN 1121

Prüfklima	Prüfdauer	Tür innen		Tür außen	
		Temperatur	Rel. Luftfeuchte	Temperatur	Rel. Luftfeuchte
a	28 Tage	23 °C	30 %	18 °C	50 %
b	28 Tage	23 °C	30 %	13 °C	65 %
c	28 Tage	23 °C	30 %	3 °C	85 %
d	7 Tage	23 °C	30 %	-15 °C	-
e	24 Stunden	20 – 30 °C	-	80 °C	-

Die Qualität des Türblattes wird nach den im jeweiligen Prüfklima erzielten Toleranzwerten in 3 Toleranzklassen eingeteilt.

Tafel 3.50a Toleranzklassen nach DIN EN 1530

Klasse	Verdrehung	Durchbiegung		Planheit
		längs	quer	
1	8 mm	8 mm	4 mm	0,4 mm
2	4 mm	4 mm	2 mm	0,3 mm
3	2 mm	2 mm	1 mm	0,2 mm

Schallschutz

Schallschutzmaßnahmen an Fenstern und Türen gehören zu den passiven Schallschutzmaßnahmen. Fenster und Türen verringern den Schallschutz einer Wandkonstruktion. Problematisch sind sämtliche Fugenbereiche, insbes. die Bodenfuge bei Türen, bei der die Herstellung einer dauerhaften Abdichtung schwierig zu realisieren ist. Ein abgestimmter Anpressdruck des Türblatts auf die Abdichtungsprofile, die Vermeidung von Schallbrücken zwischen Wand, Rahmen und Türblatt und ein sinnvoller Schichtenaufbau sowie das Gewicht des Türblatts tragen wesentlich dazu bei, die schallschutztechnischen Anforderungen an Türkonstruktionen zu verbessern. Maßgeblich für die Ermittlung des erforderlichen Schallschutzes ist der vorhandene Außenlärmpegel. Verursacher des Lärmpegels ist in der Regel der Fahrzeugverkehr. Weitere Erläuterungen können Kap. 4 A, Abschn. 6 entnommen werden.

Brandschutz

Fenster- und Türelemente sind Teil des ganzheitlichen Brandschutzkonzepts eines Gebäudes, das bei Veränderungen von Einzelelementen berücksichtigt werden muss. Feuerschutzabschlüsse sind national gemäß DIN 4102-5 in die Feuerwiderstandsklassen T30, T60, T90, T120 eingestuft. Feuerschutzabschlüsse, die auf Grundlage der DIN 4102 geprüft werden, müssen den in Teil 5 und 18 gestellten Anforderungen entsprechen. Dies sind u.a.: Selbstschließende Funktion, Feuerwiderstandsklasse, Erhalt der vollen Funktionstüchtigkeit bei den in DIN 4102-5 angegebenen mechanischen Beanspruchungen, Bestehen der Brandversuche nach DIN 4102-5 und Dauerfunktionstüchtigkeit nach DIN 4102-18.

Nach europäischer Normung (DIN EN 13501-2) müssen Feuerschutzabschlüsse folgende Leistungs- und Klassifizierungskriterien erfüllen:

- Raumabschluss E;
- Raumabschluss und Wärmedämmung unter Brandeinwirkung EI_1;
- Raumabschluss und Wärmedämmung unter Brandeinwirkung EI_2;
- Raumabschluss und Strahlung E_W;
- Selbstschließende Eigenschaft mit Dauerfunktionstüchtigkeit C;
- Rauchdichtigkeit S_m.

Nachfolgende Tabelle zeigt die bauaufsichtliche Benennung von Sonderbauteilen nach DIN EN 13501.

Tafel 3.50b bauaufsichtliche Benennung von Sonderbauteilen nach DIN EN 13501

Bauaufsichtliche Benennung	Feuerschutzabschluss (FSA)		Brandschutzverglasungen	
	Ohne Rauchschutz	Mit Rauchschutz	G-Verglasungen nur Raumabschluss	F-Verglasungen Raumabschluss und Wärmedämmung
Feuerhemmend	$EI_2$30-C5	$EI_2$30-C5 S_m	E30	EI30
Hochfeuerhemmend	$EI_2$60-C5	$EI_2$60-C5 S_m	E60	EI60
Feuerbeständig	$EI_2$90-C5	$EI_2$90-C5 S_m	E90	EI90
Feuerwiderstandsfähigkeit 120 Minuten	$EI_2$120-C5	$EI_2$120-C5 S_m		
C5 gibt die Anzahl der auszuführenden Prüfzyklen an. Klasse C5 steht für sehr häufige Betätigung (200.000 Prüfzyklen).				

Schutz vor mechanischen Beschädigungen (Einbruchschutz)

Einbruchhemmende Einbauteile werden dort eingesetzt, wo das unbefugte Eindringen erschwert werden soll. Die Gütesicherung von einbruchhemmenden Türen und Fenstern erfolgt durch die europäischen Normen DIN EN 1627, DIN EN 1628 und DIN EN 1630. Die Tür- und Fensterelemente bilden eine Konstruktionseinheit, die mit bestimmten Sicherheitseinrichtungen versehen ist. Entsprechend der einbruchhemmenden Wirkung erfolgt nach DIN EN 1627 eine Einteilung in Widerstandsklassen. Diese ist auf Tätertypen und Vorgehensweise abgestimmt (s. Tafel 3.51a).

Tafel 3.51a Einteilung der Widerstandsklassen von einbruchhemmenden Bauteilen

Widerstandsklasse	Mutmaßliche Vorgehensweise, Tätertyp und Täterverhalten	Empfohlene Einsatzart des einbruchhemmenden Bauteils		
		Wohngebäude	Gewerbeobjekte, öffentliche Objekte	Gewerbeobjekte, öffentliche Objekte (hohe Gefährdung)
WK1	Grundschutz gegen Aufbruchversuche durch körperliche Gewalt, Vandalismus, geringer Schutz gegen Einsatz von Hebelwerkzeugen	Wenn Einbruchhemmung gefordert ist, ist WK1 nur für Bauteile empfohlen, bei denen kein direkter Zugang (Ebenerdigkeit) möglich ist.		
WK2	körperliche Gewalt, zusätzlich einfache Werkzeuge	geringes Risiko	geringes Risiko	
WK3	zusätzlich zweiter Schraubendreher, einfache Hebelwerkzeuge (Kuhfuß) zum Aufbruch verschlossener und verriegelter Bauteile	durchschnittliches Risiko	durchschnittliches Risiko	
WK4	Erfahrener Täter setzt zusätzlich Säge- und Schlagwerkzeuge ein.		geringes Risiko	geringes Risiko
WK5	Erfahrener Täter setzt zusätzlich Elektrowerkzeuge ein.			durchschnittliches Risiko
WK6	Erfahrener Täter setzt zusätzlich leistungsfähige Elektrowerkzeuge ein.			hohes Risiko

Din EN 356 beschreibt je nach Schutzwirkung angriffhemmende Verglasungen:
- durchwurfhemmende Gläser: Widerstandsklassen P1A bis P4A (bisher A1 bis A3)
- durchbruchhemmende Gläser: Widerstandsklassen P6B bis P8B (bisher B1 bis B3)

6.4 Maßtoleranzen, Fugenabdichtungen

Für die zulässigen Maßabweichungen und Toleranzen bei Wandöffnungen gilt DIN 18 202. Hierdurch lässt sich die tatsächliche Fugenbreite auf ein maximales Maß bestimmen. Abweichungen von der Toleranz erfordern Zusatzmaßnahmen, die vor Bauausführung abgestimmt werden müssen.

Tafel 3.51b Zulässige Maßabweichungen für Wandöffnungen nach DIN 18 202

Oberflächen der Bauteile	zulässige Maßabweichungen		
	$\leq 2{,}5$ m	$> 2{,}5$ und ≤ 5 m	> 5 m
nicht fertig (noch nicht geputztes Mauerwerk)	± 10 mm	± 15 mm	± 20 mm
fertig (geputztes Mauerwerk, Mauerwerk aus Vormauersteinen, Sichtbeton)	± 5 mm	± 10 mm	± 15 mm

Ausführungsvarianten von Fugenabdichtungen sind beispielhaft für Fenster in den Abb. 2.47a a bis c, für Türen in den Abb. 3.48b a bis f dargestellt. Varianten von Fugenabdichtungen für Fenster s. Tafel 3.52a, Überblick über Abdichtungssysteme s. Tafel 3.52b.

Tafel 3.52a Varianten von Fugenabdichtungen

①	②	③	④
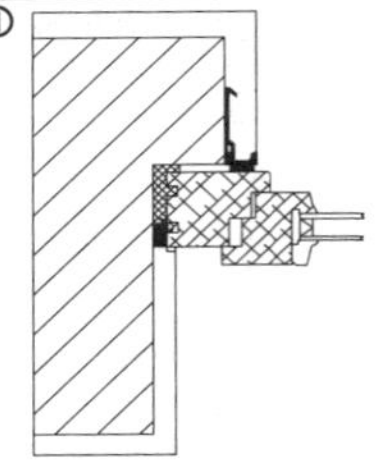	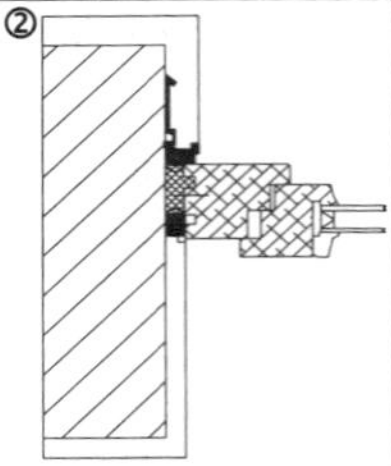	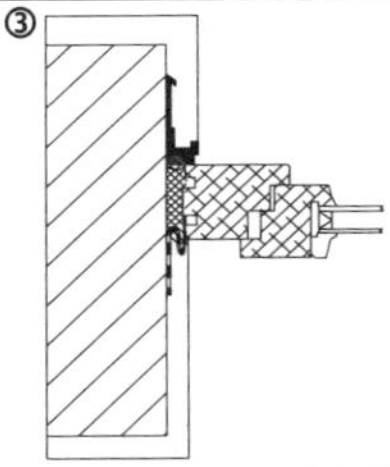	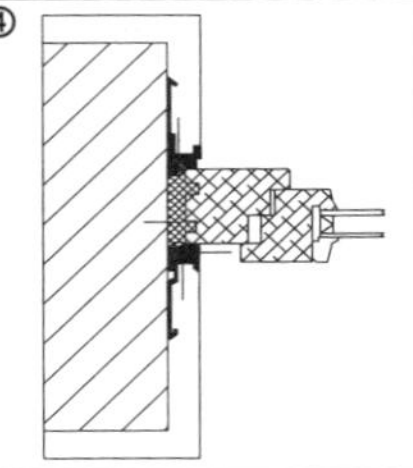
Bauseitige Laibungsausbildung mit Laibungsstein, im Bsp. mit Innenanschlag. Diese Steine zeichnen sich durch geringe Toleranzen u. ebene Oberflächen im Anschlussbereich aus, die eine Abdichtung ohne zusätzl. Maßnahmen im Laibungsbereich ermöglichen.	Laibungsausbildung ohne Laibungsstein. Für die vorgesehene Abdichtung mit spritzbarem Dichtstoff zur Mauerlaibung ist ein Glattstrich erforderlich, um eine geeignete Fugenflanke herzustellen.	Laibungsausbildung ohne Laibungsstein. Abdichtung mit überputzbarem Fugendichtungsband. Je nach Beschaffenheit können Fugendichtungsbänder an regelm. Unebenheiten mit geschlossener Oberfläche angepasst werden.	Laibungsausbildung ohne Laibungsstein. Die vorgesehene Abdichtung erfolgt zwischen Rahmen und einer bauseitig auf Abstand gesetzten Putzschiene, also unabhängig von der Beschaffenheit der rohen Mauerlaibung. Ausführung nach dem Setzen der Putzschienen.

Tafel 3.52b Überblick über Abdichtungssysteme

Material-Rohstoffbasis (Bsp.)	bei Planung u. Ausführung beachten
Spritzbare Dichtstoffe	
Silikon, Polyurethan, Acryldispersion	Haftung und Verträglichkeit / zulässige Gesamtverformung / Arbeitsfolge / Querschnittsgestaltung / Belastung der Haftflächen
Imprägnierte Dichtungsbänder aus Schaumkunststoff	
Polyurethan-Schaumstoff mit Imprägnat	Kompressionsgrad / Pressflächen / Stöße, Eckausbildung / Verträglichkeit / Querschnitt
Fugendichtungsbänder	
z. B. Butyl, Polyisobutylen PE, PP-Folien, Gewebebänder	ausreichende Haftung / überlappende Verklebung / Vorbehandlung der Haftflächen / Anpressdruck bei Verklebung / Bewegungsschlaufe
Elastomer-Fugenbänder	
Polysulfid, Silikon, Polyurethan	abgestimmter Klebstoff / Verträglichkeit / Vorbehandlung der Haftflächen / Eckausbildung, Stöße / Abdeckung
Dichtfolien	
Selbstklebende, modifizierte Bitumenfolie, Polyisobutylen, EPDM, PVC-weich	mechanische Sicherung bei geringer Klebbreite / ausreichende Haftung überlappende Verklebung / Vorbehandlung der Haftflächen / Verträglichkeit des Klebstoffes
Anputzdichtleisten	
Selbstklebende Leisten aus Kunststoff (z. B. PVC)	Haftung und Verträglichkeit / begrenzte Bewegungsaufnahme Putzanbindung / Eckausbildung, Übergänge / Nachweis der Eignung

6.5 Altbausanierung, Besonderheiten im Altbau

Die Grundsätze der Anschlussausbildung gelten für die Instandsetzung und Modernisierung der Fenster oder Außentüren im Gebäudebestand ebenso. Die oft fachgerechte Umsetzung gestaltet sich durch die bauliche Situation und die vorgegebenen Verhältnisse oft schwieriger und umfangreicher als im Neubau.

Folgende Faktoren sind im Altbau zu beachten:

- Die baulichen Gegebenheiten sollen nach Möglichkeit erhalten bzw. nicht verändert werden.
- Der Wärmeschutzstandard der Umfassungskonstruktion entspricht oft nicht heutigen Anforderungen.
- Die Erneuerung der Fenster im Gebäudebestand ist ein Eingriff in das vorh. Gleichgewicht des Objekts.

Gerade im Altbau ist eine umfassende und genaue Aufnahme der Situation und Planung der sinnvollen und notwendigen Maßnahmen unverzichtbare Voraussetzung für eine erfolgreiche Fenstererneuerung. In der Verantwortung des Planers und des Ausführenden liegt es, dem Auftraggeber aufzuzeigen, welche Anforderungen erfüllt werden können und welche Konsequenzen daraus erwachsen, insbesondere, wenn sich die Instandsetzungs- und Modernisierungsarbeiten im Bereich der Gebäudehülle nur auf die Fenster beziehen. Den Möglichkeiten der Umsetzung sind oftmals Grenzen gesetzt und es müssen Kompromisslösungen gesucht werden.

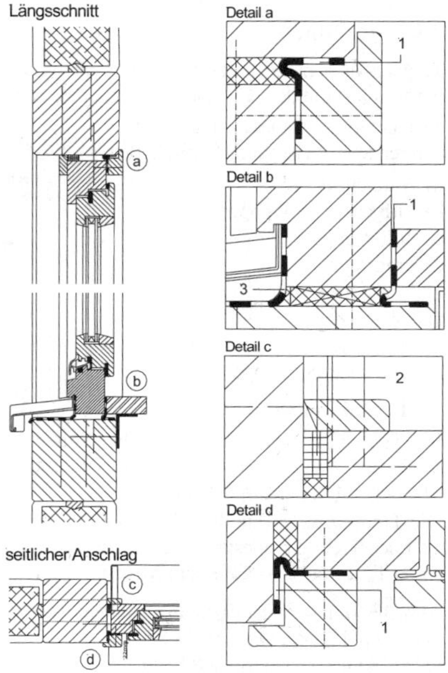

1 Fugendichtband, überputzbar
2 vorkomprimiertes Dichtband zwischen Rahmen und Fensterbank
3 Folie unter Fensterbank

Abb. 3.53a Fenster, Altbau: Fachwerkwand – Einbau von Holzfenstern, stumpfer Anschlag

Abb. 5.53b Einbaudetail eines einfach verglasten Fensters in eine Fachwerkaußenwand

1 Fachwerkriegel
2 Fachwerkbrüstungsriegel
3 Ausfachung des Fachwerkes mit Mauerwerk, verputzt
4 einfach verglastes Fenster, in historischer Ausführung
5 Innenfensterbank mit Wassernut
6 Leibungsfutterbrett, innen
7 Verklotzung
8 Ausstopfung mit Hanfwolle
9 Fugenversiegelung mit Korkmasse
10 Leibungsfutterbrett, außen, leichtes Gefälle, mit Tropfkante
11 Außenfensterbank mit Gefälle und Tropfkante
12 Verleistung

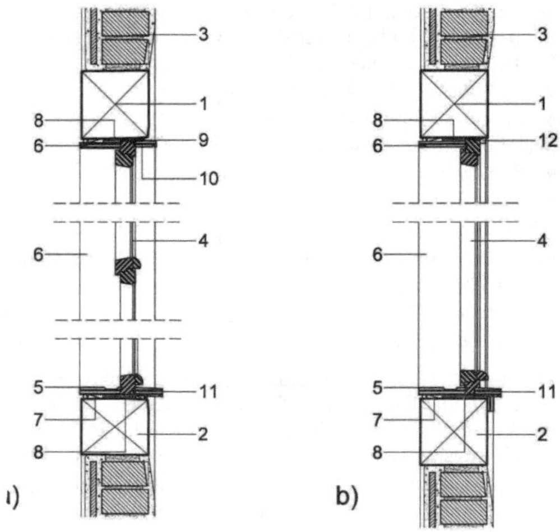

7 Gebäudetreppen, Geländer

7.1 Treppen

Treppen dienen der fußläufigen Verbindung von verschiedenen Bauwerksebenen. Die Gebäudetreppe wird als fest mit dem Gebäude verbundenes, unbewegliches Bauteil definiert.

Man unterscheidet unabhängig vom verwendeten Material die Grundtypen:

a) Wangentreppe
b) Aufgesattelte Treppe
c) Holmtreppe
d) Kragtreppe
e) Spindeltreppe
f) Bolzentreppe
g) Massivtreppe
h) Wangenfreie Treppe

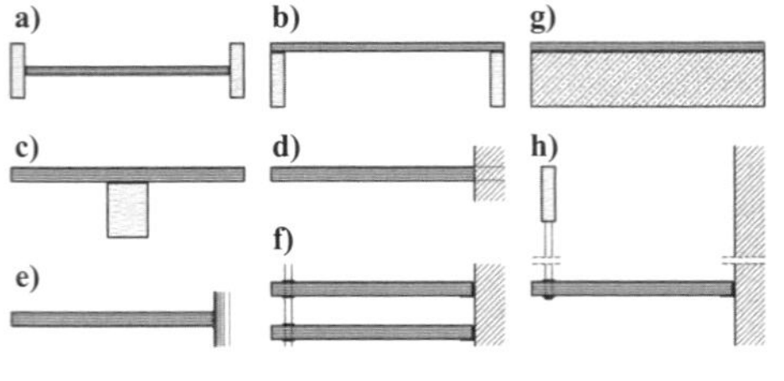

Abb. 3.54a Treppengrundtypen

7.1.1 Allgemeines

Ein Treppenlauf wird von mind. drei Stufen (drei Steigungen) gebildet und muss nach höchstens 18 Stufen ein Zwischenpodest erhalten. Die nutzbare Treppenpodesttiefe muss mindestens der nutzbaren Treppenlaufbreite entsprechen.

Die Treppenaustrittsstufe ist bezüglich ihrer Steigung Teil des Treppenlaufs. Häufig ist sie außerdem Teil des Treppenpodests, sie kann aber auch vor dem Treppenpodest, also auf gleicher Höhe, liegen, wenn Tritt- und Setzstufe dem Material der Treppenlaufkonstruktion entsprechen sollen.

Abb. 3.54b Lage Austrittsstufen zum Podest:
a) als Teil des Podestes
b) als Teil der Treppenkonstruktion

7.1.2 Steigungsverhältnis, Toleranzen

Ein Treppenlauf setzt sich aus den waagerechten Auftritten a und den senkrechten Steigungen s zusammen. Das Steigungsverhältnis als Angabe der Neigung der Treppe wird nach dem Verhältnis s/a in der Lauflinie bestimmt. Das Steigungsverhältnis von Treppen liegt im Bereich von 1:6 (ca. 9,5°) bis 1:1 (45°). Größere Steigungsverhältnisse werden als Leitertreppen (45° bis 75°), Leitern (75° bis 90°) oder Steigeisen (90°), kleinere ($\leq$ 1:6) als Rampen bezeichnet. Die Planung des Steigungsverhältnisses erfolgt mithilfe der *Schrittmaßregel:*

- $2\,s + a = 59$ cm bis 65 cm (ideal: 63 cm).

Weiterhin sind zu beachten die

- *Bequemlichkeitsregel:* $a - s = 12$ cm,
- *Sicherheitsregel:* $a + s = 46$ cm.

Als optimales Steigungsverhältnis, das alle drei Regeln erfüllt, gilt 17/29.

Die Abweichung vom Nennmaß sowie die Abweichung der Ist-Maße benachbarter Stufen dürfen nicht mehr als 0,5 cm betragen, wobei die Maximalwerte der Steigungen bzw. die Minimalwerte der Auftritte nach Tabelle 1 der DIN 18 065 (s. Abschn. 7.1.2) eingehalten werden müssen.

7.1.3 Mindestmaße

Die lichte Treppendurchgangshöhe wird senkrecht von den Vorderkanten der Stufen bis zur Unterseite darüberliegender Bauteile gemessen. Sie beträgt mindestens 2 m. Bei Wohngebäuden mit nicht mehr als zwei Wohnungen, bei nicht notwendigen Treppen und Bodentreppen darf das lichte Durchgangsmaß auf einem ein- oder beidseitigen Randstreifen eingeschränkt sein.

Die nutzbare Treppenlaufbreite ist das lichte Fertigmaß zwischen den die Treppe begrenzenden Bauteilen (z. B. Wände) und/oder den Handlaufinnenkanten. Die in Tafel 3.55 angegebenen Mindestmaße dürfen auch durch Fertigungs- oder Einbautoleranzen nicht unterschritten werden.

Die Podestlänge in Ein- und Mehrfamilienhäuser beträgt mind. 1,0 m, in Wohnhochhäusern mind. 1,25 m.

Tafel 3.55 Grenzmaße der Treppenlaufbreite, Treppensteigung und des Treppenauftritts für Gebäudetreppen – Fertigmaße im Endzustand (nach DIN 18065)

Treppenart	Nutzbare Treppenlaufbreite [cm]	Steigung *s*		Auftritt *a*	
		Mindestmaß [mm]	Maximalmaß [mm]	Mindestmaß [mm]	Maximalmaß [mm]
Gebäude im Allgemeinen					
Baurechtlich notwendige Treppen	100	140	190	260	370
Baurechtlich nicht notwendige Treppen	50	140	210	210	370
Wohnungsgebäude mit nicht mehr als zwei Wohnungen und innerhalb von Wohnungen					
Baurechtlich notwendige Treppen	80	140	200	230	270
Baurechtlich nicht notwendige Treppen	50	140	210	210	370

Treppen und Treppenpodeste müssen verkehrssicher und gut begehbar ausgebildet sein. Sie müssen von den Zugängen günstig erschlossen sein und ausreichend Platz für An- und Austritt bieten. Treppen und Podeste müssen den Anforderungen des Brand- und Schallschutzes, von Bauvorschriften, der Standsicherheit und der Beleuchtung gerecht werden.

Als Material wird i. d. R. Holz, Stahl, Stahlbeton und Naturstein (ggf. in Kombination) verwendet.

7.1.4 Holztreppen

Mit Holztreppen gibt es kaum Gestaltungsgrenzen. Holz lässt sich sehr gut mit anderen Materialien kombinieren, gut bearbeiten und kann nach der Montage benutzt werden. Für Trittstufen sollten harte Hölzer und für Treppenwangen elastische Hölzer bevorzugt werden. Überwiegend werden aus der Gruppe der Nadelhölzer Kiefer, Lärche, Tanne und Fichte und aus der Laubholzgruppe Ahorn, Eiche, Buche und Esche sowie Holzwerkstoffe (z. B. Spanplatten) verwendet.

Holztreppen dürfen allerdings aus Brandschutzgründen nur in Gebäuden mit bis zu zwei Wohnungen (Gebäudeklasse 2) eingebaut werden.

Man unterscheidet Blocktreppen, Einholmtreppen, eingeschobene Treppen, eingestemmte Treppen und aufgesattelte Treppen,.

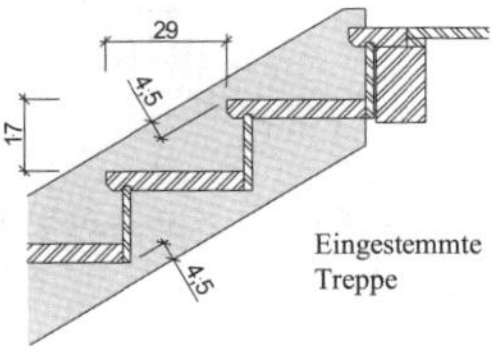

Eingestemmte Treppe

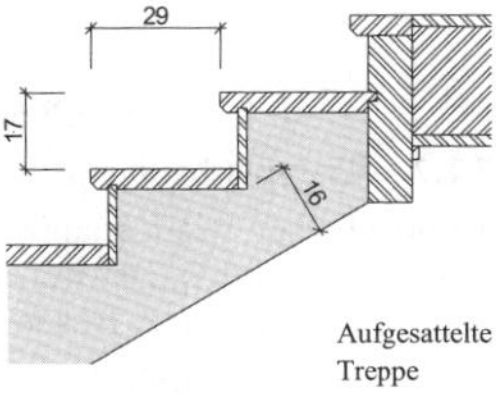

Aufgesattelte Treppe

- Bei eingestemmten Holzwangentreppen werden die Wangen auf Stufenquerschnitt ausgefräst. Die Stufen stecken dann ca. 15 – 20 mm in der Wange und werden von außen verschraubt (sichtbare Verschraubungen mit Holzabdeckkappen versehen). Alle Gelän-derstäbe sind in die Wange und in den Handlauf eingebohrt. Ein-gestemmte Holzwangentreppen gelten als die stabilsten Holztreppen.
- Bei aufgesattelten Holzwangentreppen wird die Wange oberhalb stufenförmig ausgeschnitten, so dass die Stufen mit seitlichem Überstand auf der Wange liegen. Die Stufen werden mit nicht sichtbaren Holzdübeln auf den Wangen gelagert bzw. verklebt. Die Geländerstäbe stehen bei aufgesattelten Treppen entweder auf den jeweiligen Stufen oder auf einem Untergurt, welcher ca. 4 – 5 cm über den Stufenvorderkanten verläuft.
- Bei einer Mischvariante ist die Wandwange eingestemmt und die Treppenfreiseite (Treppengeländerseite) aufgesattelt.

7.1.5 Stahlbetontreppen

Sie werden in Ortbeton oder als Fertigteil eingebaut. Die Gestaltung wird u. a. wesentlich vom Belag geprägt. Stahlbetontreppen sind Massivtreppen und entsprechen hohen brandschutztechnischen Anforderungen. Um störende Geräuschübertragung zu minimieren, müssen geeignete Maßnahmen ergriffen werden (z.B. Abkoppelung von der Wand, Trittschalldämmung etc.).

Fertigtreppen bestehen aus einzelnen, industriell vorgefertigten Teilen, die zu einer individuellen Treppe zusammengesetzt werden können. Stahlbetontreppen als Fertigtreppen sind äußerst präzise gefertigt und sauber gearbeitet, sie sind meistens sofort belastbar und können direkt mit Belag versehen werden.

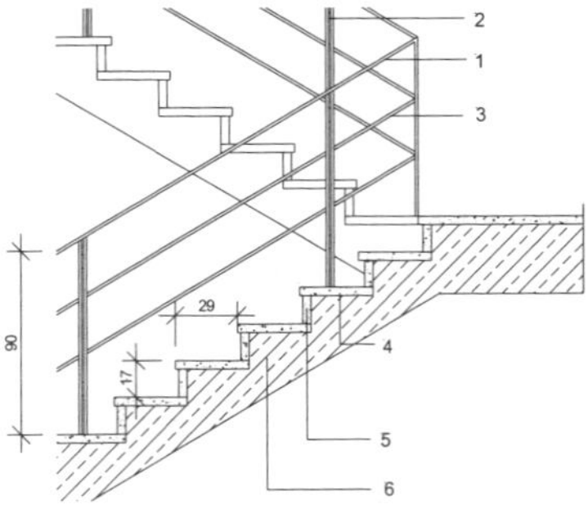

1 Handlauf
2 Geländerpfosten
3 Geländerstab
4 Trittstufe
5 Setzstufe
6 Monolithischer Stahlbeton-Treppenlauf

Abb. 3.56a Monolithische Stahlbetontreppe

7.1.6 Stahltreppen

Stahltreppen bestechen durch ihre extrem schlanken Konstruktionen. Stahl ist ein relativ flexibles Material und verfügt über gute statische und gestalterische Fähigkeiten. Oftmals sind die Trittstufen der reinen Stahltreppen aus Gitterrosten gefertigt und verfügen über ein ebenfalls stählernes Geländer. Brandschutztechnisch gesehen, müssen besondere Vorkehrungen getroffen werden, wenn sie als notwendige Treppen fungieren sollen. Ähnlich wie bei den Stahlbetontreppen muss auch bei Stahltreppen die Schallübertragung auf andere Bauteile unterbunden werden.

1 Handlauf und Pfosten aus Stahlrohr
2 Knieleiste aus Stahlrohr
3 Wangen

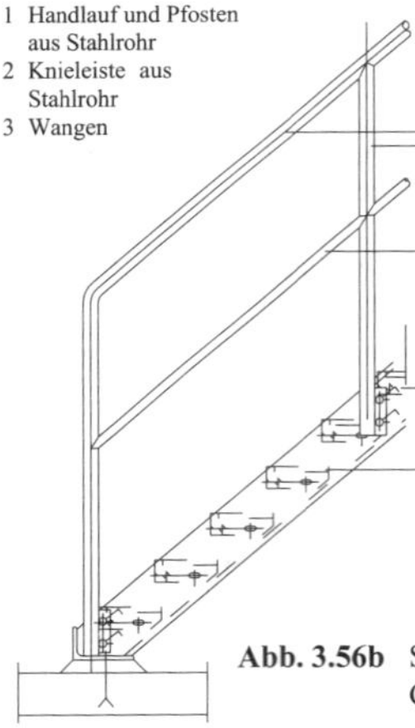

Abb. 3.56b Stahltreppe mit Gitterroststufen

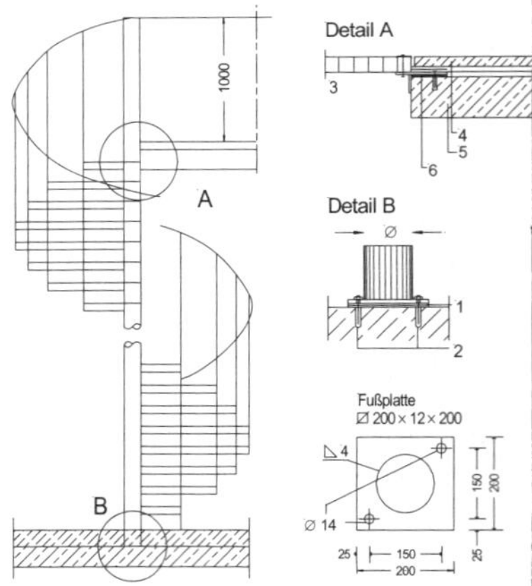

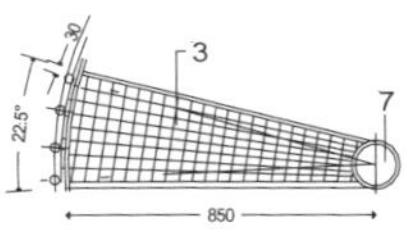

1 schalldämmendes Material
2 Befestigungsmittel
3 Treppenstufen
4 schwimmender Estrich
5 Stahlbetondecke
6 schalltechnische Entkopplung
7 Standrohr

Abb. 3.56c Spindeltreppe aus Stahl

7.1.7 Treppenbeläge

Treppenbeläge wie Keramik, Natursteine, Werksteine, Kunststoffe, Holz und textile Beläge sind bei allen Treppenarten, Bauweisen und Materialien einsetzbar, Einschränkungen bzgl. der Materialwahl können sich jedoch z. B. aus Brandschutzgründen (s. a. Kap. 4 B) ergeben.

7.1.8 Brandschutz

Brandschutztechnische Anforderungen an tragende Teile notwendiger Treppen nach MBO. Tragende Teile von Außentreppen nach § 35 Abs. 1 Satz 3 Nr. 3 für Gebäude der Gebäudeklassen 3 bis 5 müssen aus nichtbrennbaren Baustoffen (A) bestehen.

Gebäude	Gebäudeklasse 1	Gebäudeklasse 2	Gebäudeklasse 3	Gebäudeklasse 4	Gebäudeklasse 5
Tragende Teile einer notw. Treppe	Keine Anforderungen	Keine Anforderungen	F 30 oder A	A	F 30 – A

F 30 Feuerwiderstandsdauer 30 min; A nicht brennbare Baustoffe
F30 – A feuerhemmend und aus nicht brennbaren Baustoffen

7.1.9 **Schallschutz** (s. a. S. 3.32 ff.)

In DIN 4109 „Schallschutz im Hochbau“ werden *Mindestanforderungen* an den Schallschutz gestellt. Im Beiblatt 2 zur DIN 4109 sind Empfehlungen aufgeführt (insbes. auch zu Treppen), deren Einhaltung zu einer deutlichen Minderung der Schallübertragung führt. Eine weitere Orientierungshilfe ist die VDI 4100, die in drei Schallschutzstufen (SSt) unterscheidet. Werte für den Norm-Trittschallpegel enthält Tafel 3.57, sie sind in der Regel getrennt für Treppenläufe und -podeste einzuhalten. Der rechn. Nachweis der Einhaltung der Anforderungen erfolgt nach Kap. 3 A.

Tafel 3.57 Anforderungen an den Norm-Trittschallpegel $L'_{n,w;erf}$ bei Treppen

Geltungsbereich	DIN 4109	DIN 4109, Beiblatt 2	VDI 4100
	(Mindest-)Anforderungen	Erhöhter Trittschallschutz	Schallschutzstufe III
Einfamilien-Doppelhäuser u. Einfamilien-Reihenhäuser	≤ 53 dB[1]	≤ 46 dB	≤ 39 dB
Mehrfamilienhäuser	≤ 58 dB[1]		≤ 46 dB[2]
Beherbergungsstätten			
Krankenhäuser/Sanatorien			

[1] Die Mindestanforderungen der DIN 4109 genügen im Allgemeinen nicht dem privatrechtlich geschuldeten Trittschallschutz (anerkannte Regeln der Technik).
[2] Zukünftig angestrebt: 39 dB (24 dB).

Schalltechnisch ideal ist die vollständige Abkopplung der Treppe von der Trennwand. Aus Gründen der Statik oder Nutzungssicherheit ist dies jedoch vielfach nicht möglich. Abhilfe können hier Elastomerlager schaffen. Diese entkoppeln das statisch notwendige Auflager von der Treppe.

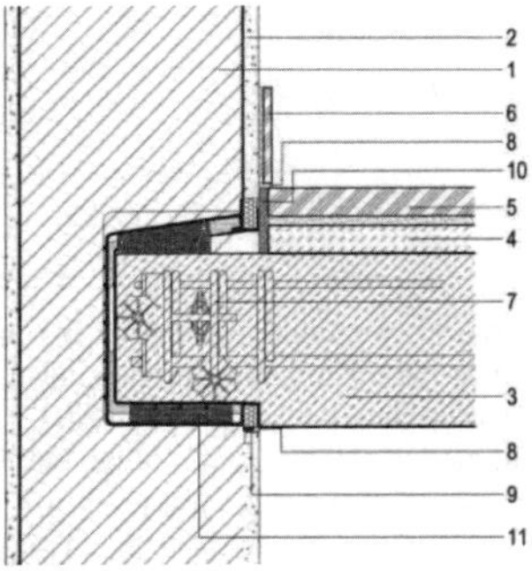

Abb. 3.57a Tronsole – Schalltechnische Entkoppelung des Treppenpodestes von der Treppenhauswand

1 Treppenhauswand
2 Innenwandputz
3 Treppenlauf- Rohkonstruktion aus Stahlbeton (Ortbeton)
4 Verbundestrich, Ausgleich
5 Feinsteinzeugbelag im Dünnbett
6 Sockelfliese
7 Tronsole Typ Z
8 elastische Fuge
9 Anputzprofil
10 Randdämmstreifen
11 Elastomerlager

Anschluss Antritt - Geschossdecke

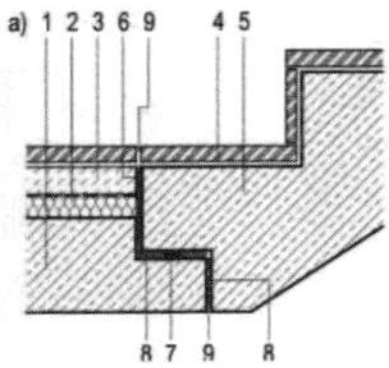

Anschluss Austritt - Geschossdecke

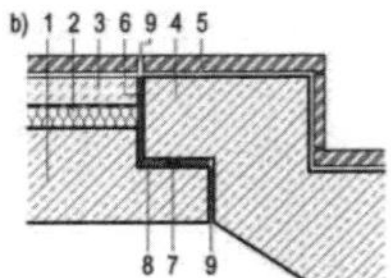

Anschluss Antritt - Bodenplatte

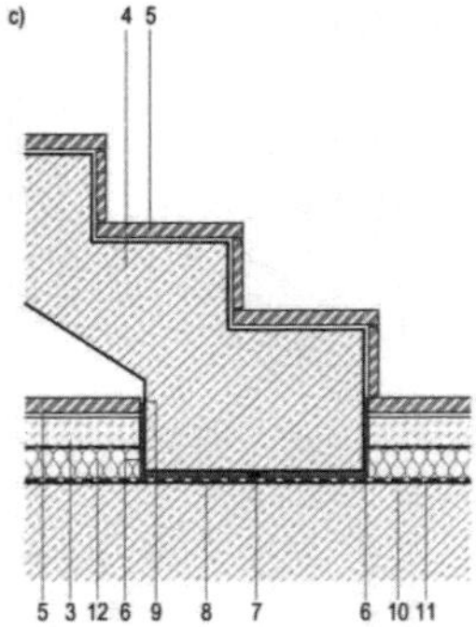

1 Geschossdecke aus Stahlbeton
2 Trittschalldämmung der Geschossdecke
3 schwimmender Zementestrich auf Trennlage
4 Feinsteinzeugbelag im Dünnbett
5 Treppenlauf-Rohkonstruktion aus Stahlbeton (Fertigteil)
6 Randdämmstreifen
7 Elastomerlager
8 Schalllager
9 elastische Fuge
10 Bodenplatte aus Stahlbeton
11 Abdichtung gegen Bodenfeuchte
12 Wärmedämmung der Bodenplatte

Abb. 3.57b Elastomerlager

Der Verbesserungsgrad der Trittschalldämmung hängt von der Weichheit des Elastomerlagers ab. Der bewertete Norm-Trittschallpegel der Treppe kann durch den Einsatz eines weichen Elastomerlagers bis zu 10 dB und um 7 dB beim harten Elastomerlager gegenüber dem starr angebundenen reduziert, d. h. verbessert, werden. Zu beachten ist, dass beim Einsatz von Elastomerlagern auf die Gebrauchstauglichkeit der Treppenkonstruktion geachtet werden muss.

Weitere Schallentkopplungen können mit Tronsolen erreicht werden.

7.2 Geländer/Umwehrungen

An Öffnungen, freien Seiten der Treppe und Podesten muss in der Regel ein Treppengeländer angebracht werden. Die Geländer der Treppenanlagen dienen der Absicherung von freien Treppenseiten und sind bei Treppen mit mehr als 5 Steigungen vorzusehen. Die Bauordnungen der Länder schreiben Geländerhöhen von 90 cm bzw. Geländerhöhen von 1,10 m bei Absturzhöhen von mehr als 12 m vor. Die Arbeitsstätten-Richtlinien der gewerblichen Berufsgenossenschaften schreiben eine Geländerhöhe von 1,00 m bzw. 1,10 m bei möglichen Absturzhöhen von mehr als 12 m vor.

Tafel 3.58 Treppengeländerhöhen nach DIN 18065

Absturzhöhe [m]	Gebäudeart	Mindesttreppengeländerhöhe [cm]
Gebäude im Allgemeinen		
≤12	Gebäude, die nicht der Arbeitsstättenverordnung unterliegen	90[a]
≤12	Arbeitsstätten	100[b]
> 12	Für alle Gebäudearten	110
Wohnungsgebäude mit nicht mehr als zwei Wohnungen und innerhalb von Wohnungen		
≤12		90
> 12[c]		110
[a] nach Bauordnungsrecht	[b] nach Arbeitsstättenrecht	

In speziellen Vorschriften, wie z. B. Kindergartenrichtlinien, wird die Notwendigkeit zusätzlicher Handläufe in geringeren Höhen (60 – 80 cm) geregelt. DIN 18 065 weist darauf hin, dass in Gebäuden, in denen mit der Anwesenheit von Kleinkindern zu rechnen ist, Treppengeländer so zu gestalten sind, dass ein Überklettern erschwert wird und der lichte Abstand von Geländerteilen nicht mehr als 12 cm beträgt.

Die erforderliche Stabilität der Geländer bzw. die anzusetzenden Lasten werden in DIN EN 1991-1-1 geregelt. Üblicherweise ist in privat genutzten Gebäuden ein Querdruck von 0,5 kN/m Geländerlänge anzunehmen. Bei gewerblicher und öffentlicher Nutzung erhöht sich der Querdruck auf 1,0 kN/lfd. M. Geländerlänge.

Für die Geländergestaltung stehen sehr viele Möglichkeiten und Materialien (Stahlbleche, Holz oder Stahlstäbe, -gitter, Glas u.v.a.) zur Verfügung. Varianten von Geländerarten, Befestigungen und Handläufe s. Abb. 3.58a und b.

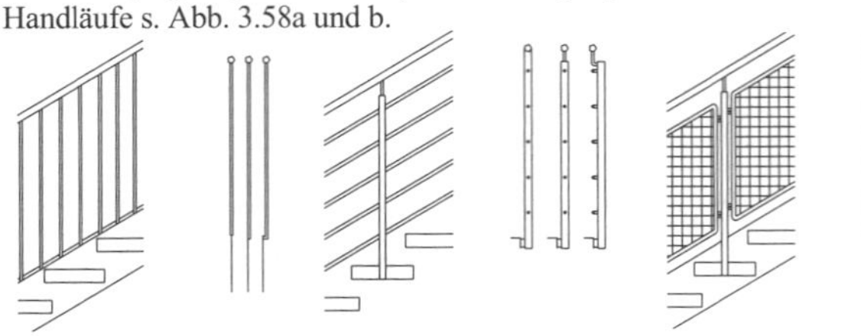

a) Stabgeländer mit Wange **b)** Stabgeländer mit Wange **c)** Füllung in Rahmen

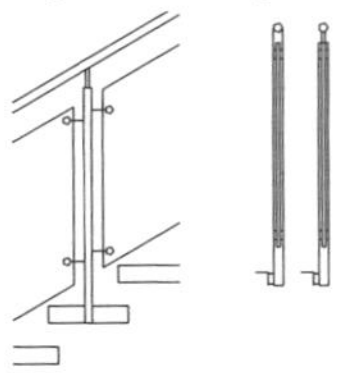

Abb. 3.58a Geländerarten

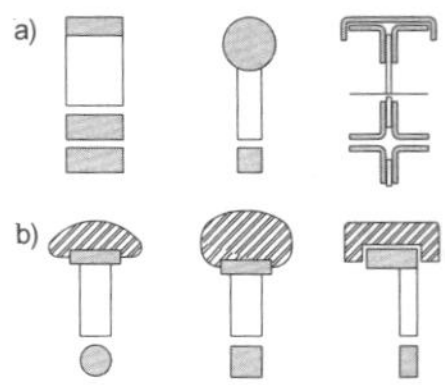

Abb. 3.58b Handläufe
a) aus Stahl (Geländerstäbe aus Stahl)
b) aus Holz (Stäbe aus Stahl oder Holz)

8 Schornsteine, Schächte

8.1 Schornsteine, Abgasleitungen[1)]

8.1.1 Allgemeines; Begriffe

Durch Abgasanlagen müssen Rauch- und Abgase von Heizungsanlagen und Feuerstätten sicher ins Freie transportiert werden. Feuer und Rauch dürfen nicht in andere Geschosse übertragen werden; die Baukonstruktion muss vor der Wärmebelastung geschützt werden.

Bei den Abgasanlagen wird unterschieden in:

- *Schornsteine*, die rußbrandbeständig sind (für feste Brennstoffe wie Kohle, Holz, Pellets);
- *Abgasleitungen*, die nicht rußbrandbeständig sein müssen und bei flüssigen bzw. gasförmigen Brennstoffen (Öl, Gas) eingesetzt werden können.

Zur Abgasanlage gehören je nach Gasgerät und Brennerart die Strömungssicherung mit der Abgasüberwachungseinrichtung, die Abgasklappe, das Abgasrohr oder Verbindungsstück, der Schornstein oder die Abgasleitung und die Mündung des Schornsteins oder der Abgasleitung.

Bei der Planung einer Abgasanlage sollten, dass ggf. strengere Kriterien berücksichtigt werden, so dass ein späterer Wechsel des Brennstoffs und der Betriebsweise möglich ist.

Grundsätzlich kann man unterscheiden nach (Auswahl):

- Schornsteintyp — einschalig, zweischalig, dreischalig
- Bauart
  - Schornsteine aus Mauerwerk — auf der Baustelle im Verband gemauert,
  - Montageabgasanlagen — auf der Baustelle aus Montagebauteilen von kompatiblen Bauprodukten zusammengesetzt, die von einem oder mehreren Herstellern kommen dürfen,
  - Systemabgasanlagen — komplette Abgasanlage als Bausatz oder Fertigelemente, die von einem Hersteller kommen, der die Produkthaftung für die ganze Anlage übernimmt.
- Klassifizierung und Verwendung
  - Temperaturklasse T — zulässige Nennbetriebstemperatur des Bauprodukts, T080 bis T600 (Zahlenwert = Nennbetriebstemperatur in °C),
  - Gasdichtheitsklasse N, P o. H — zul. Leckrate, Klassen N1 bis H2, und zul. Betriebsweise (Unter-/Überdruck) und Verwendung (im Gebäude/im Freien),
  - Kondensatbeständigkeitsklasse — Betrieb unter Feucht- (W) oder Trockenbedingungen (D),
  - Korrosionswiderstandsklasse — Widerstandsklassen 1 – 3 in Abhängigkeit von der Brennstoffart
  - Rußbrandbeständigkeitsklasse — ohne (Oxx) / mit Rußbrandbeständigkeit (Gxx), (xx ist der Außenabstand der Abgasanlage zu brennbaren Stoffen in mm),
  - Feuerwiderstandsklassen — Zeitspanne, der die Anlage einem Feuer widersteht (L00 bis L120; Zahlenwert = Dauer in Minuten),
  - Wärmedurchgangswiderstand — TR zzgl. Angabe des Wärmedurchlasswiderstandes,
  - Abstandsklasse C — zzgl. Angabe des Abstandes in mm zu brennbaren Baustoffen,
  - Baustoffklasse — A (nicht brennbar), B (brennbar), gem. DIN 4102-1.

  Beispiel für eine Kennzeichnung:

  Abgasanlage DIN V 18160-1 T400 N1 D 3 G50 L90
- Betriebsart
  - Raumluftabhängigkeit — Feuerstätte, die die Verbrennungsluft dem Aufstellraum entnimmt,
  - Raumluftunabhängigkeit — Feuerstätte, der die Verbrennungsluft über Leitungen direkt aus dem Freien zugeführt wird.

  Raumluftunabhängige Feuerstätten werden an sog. LAS-Schornsteine (Luft-Abgas-Systeme, d. h. Abgasanlagen mit getrennten Luft- und Abgasschächten) angeschlossen und eröffnen die Möglichkeit, luftdichte Gebäudehüllen zu erstellen, wie es die EnEV fordert.

[1)] Regelungen für die Planung und Ausführung von Abgasanlagen sind in DIN V 18 160-1 (01.2006) und in den Landesbauordnungen bzw. den Feuerungsverordnungen enthalten. Nachfolgend sind nur die Angaben nach DIN V 18 160-1 wiedergegeben; die Ordnungen der Länder sind zusätzlich zu beachten.

8.1.2 Planungshinweise

Grundsätzlich sind die Bestimmungen der Länder (Landesbauordnungen), das Bundesimmissionsschutzgesetz und die Technischen Anleitungen zur Reinhaltung der Luft (TA-Luft) die Basis für die Planung von Abgaseinrichtungen. Die Planung und Ausführung der Abgasleitungen und Schornsteine erfolgen nach DIN 18160-1, DIN EN 12446 und DIN EN 1443.

Der Schornstein bzw. die Abgasleitung muss:

- auf die Feuerstätte bzw. Nennwärmeleistung abgestimmt sein,
- nach den entsprechenden technischen Regeln bemessen werden,
- von dem zuständigen Bezirksschornsteinfeger (untere Baubehörde) abgenommen werden.

Bei der baulichen Ausführung ist zu beachten, dass die Wärmeverluste (charakterisiert durch den Wärmedurchgangskoeffizienten U) so klein wie möglich gehalten werden soll, um eine geringe Abkühlung und einen guten thermischen Auftrieb zu gewährleisten.

Ausgangsdaten für die Berechnung des Schornsteinquerschnittes sind:

- Art des Brennstoffes,
- Nennwärmeleistung,
- Abgastemperatur am Abgasstutzen,
- die Wärmedämmgruppe des Schornsteins,
- die wirksame Schornsteinhöhe.

Tafel 3.60a Anforderungen an einen Schornstein

Wirksame Schornsteinhöhe	groß
Abgastemperatur	hoch
Außenlufttemperatur θ_e	niedrig
Luftdruck p_B	hoch
Wärmedurchgangskoeffizient U	niedrig
Rauigkeit der Innenfläche	niedrig

Je nach Feuerstätte und den Brennstoffen können Schornsteine einfach oder mehrfach belegt werden. Grundsätzlich gilt, dass die Abgasanlagen nach Querschnitt, Höhe und Wärmedurchlasswiderstand so bemessen sein müssen, dass die Abgase in allen Betriebszuständen ins Freie abgeleitet werden und kein gefährlicher Überdruck entsteht.

8.1.3 Schornsteine und Abgasleitungen für Niedertemperatur- und Brennwertkessel

Herkömmliche Feuerungsanlagen werden mit Abgastemperaturen von ca. 80 – 160 °C, moderne Niedertemperatur- und Brennwertgeräte dagegen von nur 30 – 50 °C betrieben. Bei Schornsteinen ist bei Abgastemperaturen ≥ 40 °C der thermische Auftrieb noch knapp ausreichend; bei Brennwertkesseln werden jedoch i. d. R. Gebläse angeordnet, dabei darf im Schornsteininneren kein Überdruck auftreten. Die Taupunkttemperatur an der Mündung wird allerdings unterschritten und somit fällt planmäßig Kondenswasser an. Der Schornstein muss daher für den Feuchtbetrieb zulässig sein.

In Abgasleitungen ist bei Brennwertgeräten ein thermischer Auftrieb nicht gesichert, so dass Gebläse angeordnet werden. Die Abgasleitung muss für Überdruckbetrieb geeignet sein. Wegen des anfallenden Kondensats muss das Leitungsmaterial säurebeständig sein, am unteren Ende ist ein Kondensatablauf vorzusehen. Für den Anschluss von Brennwertgeräten in Altbauten ist i. d. R. der vorhandene Schornstein zu groß und für den Feuchtigkeitsanfall nicht geeignet. Bei ausreichendem Querschnitt kann eine säurefeste, diffusionsdichte Abgasleitung, die für Überdruck geeignet ist, nachträglich eingezogen werden.

8.1.4 Wirksame Schornsteinhöhe

Für den thermischen Auftrieb ist neben der Dichte- bzw. Temperaturdifferenz der Höhenunter-schied Δh zwischen Zu- und Abströmöffnung entscheidend. Die wirksame Schornsteinhöhe ist die Höhendifferenz zwischen Abgaseinführung der obersten Feuerstätte und der Schornsteinmündung.

Tafel 3.60b Mindestwerte für die wirksame Schornsteinhöhe

Belegung	Brennstoff	Mindesthöhe in m
einfach	alle	4,00
mehrfach	fest, flüssig	5,00
	gasförmig	4,00

8.1.5 Nebenluftvorrichtung

Die Abgase, die bei der Verbrennung entstehen, müssen ins Freie abgeführt werden. Dies kann durch thermischen Auftrieb (Dichteunterschiede; auch als Zug bezeichnet) oder durch mechanische Lüftung mittels Ventilatoren erfolgen. Da sich Außenlufttemperatur und Luftdruck ständig ändern und die Abgastemperaturen bei modernen Feuerungsanlagen relativ niedrig liegen, werden Nebenluftvorrichtungen vorgesehen (vgl. Abschn. 8.1.3). Sie gewährleisten einen konstanten Schornsteinzug unabhängig von der Witterung. Es gibt unterschiedliche Ausführungen: selbsttätige (Zugregler), zwangsgesteuerte mit Motor und kombinierte Nebenluftvorrichtungen.

8.1.6 Schornsteinanordnung

Der Schornstein sollte unter Berücksichtigung der Dachkonstruktion in der Nähe des Firstes angeordnet werden, so dass nur ein relativ kurzer Teil des Schornsteins den Windkräften und der Witterung ausgesetzt und damit der Aufwand an Witterungsschutz für den Schornsteinkopf sowie für die Gewährleistung der Standsicherheit gering ist. Auf gleichmäßige Zugwirkung ist zu achten. Die Abgase aus der Feuerstätte sind auf kürzestem Weg in den Schornstein zu leiten. Im Einzelnen gilt:

- Schornsteinhöhe über Dach

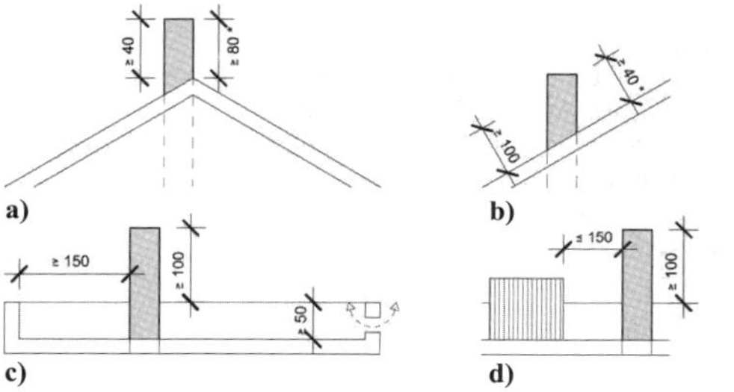

Abb. 3.61a Abstände von Mündungen von Abgasanlagen

a) Dachneigungen > 20°: über First ≥ 40 bei harter, ≥ 80 bei weicher Bedachung
b) Dachneigungen < 20°: über Dachhaut ≥ 100, ≥ 40 bei Gasfeuerstätten ≤ 50 kW
c) Flachdächer mit Brüstung: ist die Brüstung allseitig und höher als 50, so sind Öffnungen in der Brüstung vorzusehen (Ableitung von Abgasansammlungen)
d) Abstände zu Dachaufbauten und/oder zu Bauteilen aus brennbaren Baustoffen: ≥ 150 oder ist Abstand ≤ 150: Überragen von ≥100

- Standsicherheit
  - Nachweis nach DIN V 18 160-1, Abschnitt 13; Anordnung nahe First;
  - Windkräfte am Schornsteinkopf müssen in angrenzende Bauteile abgeleitet werden.
  - Abstützende Bauteile müssen nach DIN V 18 160-1, Abschn. 13.2.1.1, nahezu unverschieblich sein.
  - Bei größeren Höhen über First sind bauliche Maßnahmen, wie Winkeleiseneinfassung oder Ummauerung mit einer Wandstärke 11,5 cm, erforderlich.
- Brandschutz
  - Schornsteinanlagen müssen widerstandsfähig gegen Wärme, Abgas und Rußbrände im Innern des Schornsteins sein.
  - Bei Abgastemperaturen von 400 °C im Schornstein dürfen sich die angrenzenden Oberflächen von Bauteilen aus oder mit brennbaren Baustoffen auf nicht mehr als 85 °C erwärmen.
  - Beim Rußbrand im Inneren des Schornsteins darf die Oberflächentemperatur an den angrenzenden Bauteilen aus oder mit brennbaren Baustoffen 100 °C nicht überschreiten.
  - Bei Brandbeanspruchung von außen muss der Schornstein mindestens 90 Minuten lang standsicher bleiben, um die Brandausbreitung in andere Etagen zu verhindern. Dabei darf durch Wärmeleitung über die Außenschale des Schornsteins keine unzulässig hohe Temperatur an der Schornsteinoberfläche in anderen Geschossen auftreten.

Tafel 3.61 Abstände von Schornsteinanlagen und Reinigungsöffnungen zu brennbaren Materialien

Brennbare Materialien	Abstand Schornstein	Abstand Rauchrohrdurchführung	Abstand Reinigungsöffnung	
			seitlich	nach vorn
Wände	mind. 5 cm, Zwischenraum belüftet	mind. 20 cm rechts und links		
Decken, Dachkonstruktionen aus Holz	mind. 2 cm			
Fußböden			mind. 40 cm, bei Schutz gegen Wärmestrahlung mind. 20 cm	mind. 50 cm
Einbaumöbel	mind. 5 cm		mind. 40 cm	

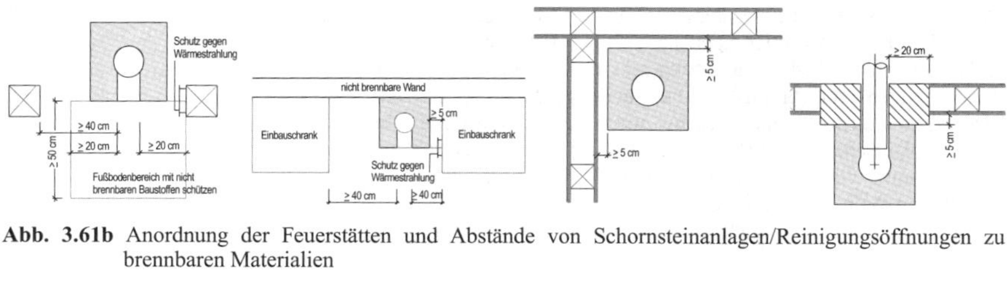

Abb. 3.61b Anordnung der Feuerstätten und Abstände von Schornsteinanlagen/Reinigungsöffnungen zu brennbaren Materialien

8.2 Schachtlüftung

Bei der Schachtlüftung wird die Abluft über einen Schacht geführt, der mit den zu lüftenden Räumen bauseitig verbunden ist, in die Räume selbst muss ausreichend Luft (z. B. über Fenster oder Fugen) nachströmen können. In modifizierter Form kommt die Schachtlüftung in Kombination mit mechanischen Lüftungssystemen zum Einsatz. Bei mehr als zwei Vollgeschossen sind u. a. brandschutztechnische Regelungen der jeweiligen Landesbauordnungen (s. u.) und akustische Belange zu beachten. Die Anbindung der Räume an den Schacht sollte indirekt erfolgen, um eine schallschutztechnische Entkopplung zu ermöglichen.

Tafel 3.62 enthält einige allgemeine bauliche Forderungen für die Ausbildung des Schachts, die Anordnung der Schachtmündung und den Einfluss von benachbarten Gebäuden (s. a. Abb. 3.62a). Durch die Einhaltung der Randbedingungen nach Tafel 3.62 und Abb. 3.62a wird erreicht:

- dass die Mündung des Schachts in der freien Strömung liegt und somit durch die Windströmung die Sogwirkung bzw. die Auftriebsströmung erhöht wird und
- dass die Abluft infolge Verwirbelung hinter den Strömungshindernissen weitgehend verdünnt in die bodennahen Strömungen gelangt und damit kaum die Außenluftqualität beeinflusst.

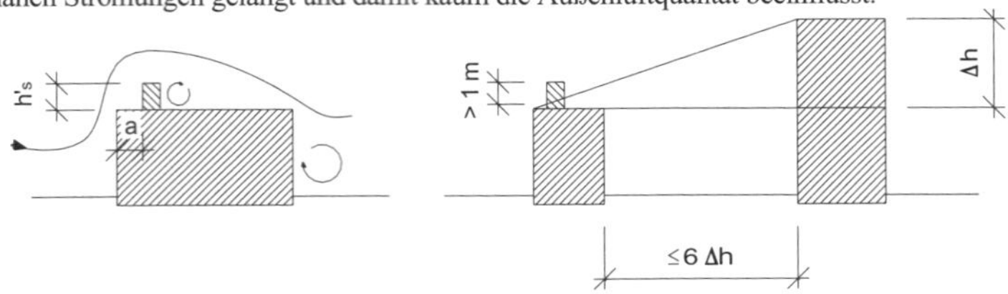

Abb. 3.62a Maßskizze für die Anordnung von Lüftungsschächten bzw. Schornsteinen
a) erforderliche Mindesthöhe h_s' von Lüftungsschächten bei Flachdächern,
b) erf. Höhe von Lüftungsschächten bei niedrigeren Gebäuden in der Nähe höherer Gebäude.

Tafel 3.62 Bauliche Hinweise für die Lüftung von Schächten bzw. von Schornsteinen unter lüftungstechnischen Gesichtspunkten

Schacht	lotrecht
	gleicher Querschnitt
	über Dach geführt
Schachtmündung	in der freien Windströmung
	nahe an der Traufkante, Abstand $a \leq 10$ m (Abb. 3.61); bei Gebäudebreite $= 2 \cdot a \geq 20$ m ist a der Abstand zu der am weitesten entfernten Traufkante
	Die Höhe der Mündung über OK Dach muss sein: $h_s' \geq a$ (Abb. 3.61)
Einfluss von benachbarten Gebäuden	Ist der Abstand zwischen den Gebäuden $\leq 6 \cdot \Delta h$, so sind die Bedingungen nach Abb. 3.61 einzuhalten.

Die Schachtlüftung ist wirkungslos, wenn die Bauwerkstemperatur bzw. Raumlufttemperatur kleiner ist als die Außenlufttemperatur und wenn Windstille herrscht. Eine Anwendung ist nur dann empfehlenswert, wenn kurzzeitige Unterbrechungen der Lüftung zulässig sind.

Die Unterdruckwirkung an der Schachtmündung kann durch Lüftungsaufsätze verstärkt werden. Bei der „Meidinger Scheibe" (Abb. 3.62b) wird durch die Unterströmung der Scheibe ein höherer Unterdruck als bei der freien Umströmung im Abluftschacht bewirkt. Diese Zugver-stärkung kann auch durch andere bautechnische Lösungen erreicht werden.

Für den Brandschutz gilt die Muster-Richtlinie über brandschutztechnische Anforderungen an Lüftungsanlagen (Muster-Lüftungsanlagen-Richtlinie M-LüAR1), an die Anforderungen nach § 41 MBO gestellt werden. Gemäß § 41 Abs. 2 der Musterbauordnung müssen Lüftungsleitungen sowie deren Bekleidungen und Dämmstoffe aus nichtbrennbaren Baustoffen bestehen. Brennbare Baustoffe sind zulässig, wenn ein Beitrag der Lüftungsleitung zur Brandentstehung und Brandweiterleitung nicht zu befürchten ist. Bei der Kombination von Baustoffen ist auf die Verbundwirkung gemäß den Hinweisen in den Verwendbarkeitsnachweisen zu achten.

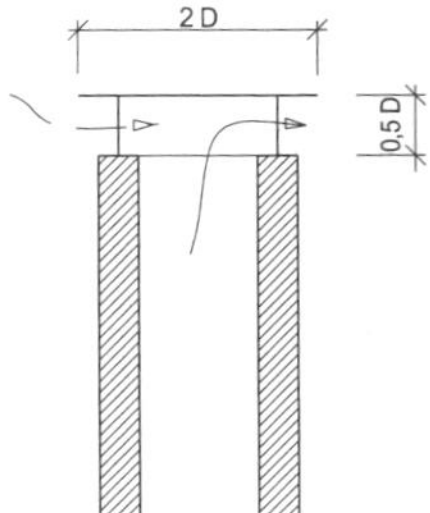

Abb. 3.62b Lüftungsaufsatz – Prinzip: „Meidinger Scheibe"

9 Passivhäuser

Passivhäuser vereinen modernste bauphysikalische Erkenntnisse mit höchster Energieeffizienz und Wohnqualität. Energieeinsparung im Gebäudebereich ist ökologisch sinnvoll, wirtschaftlich vernünftig, politisch geboten und technisch machbar. Die Bewohner und Nutzer profitieren von niedrigeren Energiekosten und behaglicherem Wohnklima. Nicht zuletzt profitiert auch die Umwelt. Passivhäuser sind Gebäude, in denen hohe Behaglichkeit im Winter und im Sommer ohne herkömmliches erdöl- oder erdgasbetriebenes Heizsystem erreicht werden kann. Weitere Vorteile durch ein Gebäude im Passivhausstandard:

- Energie- und Nebenkosteneinsparung
- geringe Temperaturschwankungen im Sommer und auch im Winter
- Überhitzungsreduzierung im Sommer
- keine „Zuglufterscheinungen"
- Erhöhung der Behaglichkeit

9.1 Definition

Ein Passivhaus ist laut Definition des Passivhausinstitutes Darmstadt ein Gebäude, in dem fast ohne ein aktives Heizsystem im Winter und ohne Klimaanlage im Sommer eine hohe Behaglichkeit erreicht werden kann: Das Haus heizt und kühlt sich passiv.

Die präzise Definition lautet: *"Ein Passivhaus ist ein Gebäude, in welchem die thermische Behaglichkeit (ISO 7730) allein durch Nachheizen oder Nachkühlen des Frischluftvolumenstroms, der für ausreichende Luftqualität (DIN 1946) erforderlich ist, gewährleistet werden kann - ohne dazu zusätzlich Umluft zu verwenden."* [1]

Es handelt sich hierbei nicht um einen Energie-Standard im eigentlichen Sinne, sondern um ein Gesamtkonzept für die höchste Behaglichkeit. Die Definition enthält keine Zahlenwerte und gilt für jedes Klima. Dieses Gesamtkonzept setzt sich aus den verschiedenen Einzelkomponenten zusammen, die zueinander in einer Wechselwirkung stehen.

9.2 Gesetzliche Rahmenbedingungen

Mit dem Energieeinspargesetz (EnEG) vom Juli 1976 und in den folgenden Jahren wurden auf nationaler Ebene technische Vorschriften erlassen, die den Energieverbrauch reduzieren sollten. Es beschreibt die gesetzlichen Regelungen zur Einsparung von Energien in Gebäuden. Das EnEG beinhaltet die Verpflichtung, beim Bau von Häusern und anderen Gebäuden für eine möglichst effektive Nutzung von Heiz- und Kühlenergie zu sorgen. Das Energieeinspargesetz wird ergänzt durch die Energieeinsparverordnung EnEV. Das Erneuerbare-Energien-Wärmegesetz (EEWärmeG) [2] ist ein weiterer wichtiger Baustein. Zweck dieses Gesetzes ist eine nachhaltige Entwicklung der Wärme- und Kälteversorgung. Außerdem sollen die Technologien zur Nutzung weiterentwickelt werden. Das Wärmegesetz legt fest, dass spätestens im Jahr 2020 14 % der Wärme in Deutschland aus erneuerbaren Energien stammen soll. Dies soll unter anderem durch Nutzungspflicht erreicht werden. Eigentümer von Gebäuden, die neu gebaut oder maßgeblich saniert werden, müssen erneuerbare Energien für ihre Wärmeversorgung nutzen. Dies wird vom Bund auch finanziell gefördert. Zum 01.05.2011 ist das Gesetz novelliert worden. Seither gilt die Nutzungspflicht nicht nur für Neubauten, sondern auch für bestehende öffentliche Gebäude.

9.3 Passivhauskriterien

Für eine Bewertung der Wohngebäude wurden entsprechende Kriterien festgelegt, welche für eine Zertifizierung als Passivhaus zu erfüllen sind.

Tafel 3.63: Grenzwerte und Passivhauskriterien

Grenzwerte	
Energiekennwert Heizwärme (Heizwärmebedarf)	$\leqq$ 15,00 kWh (m²a)
Primärenergie-Kennwert (Warmwasser, Heizung, Hilfs- und Haushaltsstrom)	$\leqq$ 120,00 kWh (m²a)
Infiltrationsluftwechsel bei 50 Pa	$\leqq$ 0,60 h^{-1}

Weitere Passivhauskriterien	
Guter Wärmeschutz und Kompaktheit	• U-Werte der Bauteile der Außenhülle $U \leqq 0{,}15$ W/(m²K) • Vermeidung von Wärmebrücken • Kompakter Baukörper
Südorientierung und Verschattungsfreiheit	• Passive Solarenergienutzung
Verglasung und Fensterrahmen	• U-Wert der Fenster (Rahmen * Verglasung) • $U \leqq 0{,}80$ W/(m²K) • g-Wert ca. 50 %
Luftdichtheit der Gebäudehülle	• Die Leckage durch unkontrollierte Fugen muss kleiner als 0,6 x Hausvolumen pro Stunde sein ($n_{50} < 0{,}6h^{-1}$)
Passive Vorerwärmung der Frischluft	• Erdwärmetauscher
Hoch wirksame Rückgewinnung der Wärme	• z.B. Gegenstromwärmetauscher mit Wärmerücktauschgrad von 80 %
Erwärmung des Brauchwassers mit teilweise regenerativen Energien	• z.B. Solarkollektoren • z.B. Wärmepumpe
Passive Kühlung im Sommer	• Die Übertemperaturhäufigkeit im Sommer sollte unter 10 % liegen.

9.4 Berechnungsverfahren

Die Kennwerte, die als mindestens einzuhaltende Grenzwerte für die anerkannte Bezeichnung Passivhaus festgesetzt sind, werden nach dem Berechnungsverfahren **PHPP** (Passivhaus-Projektierungspaket) des Passivhaus-Instituts Darmstadt ermittelt. Das PHPP ist ein Planungsinstrument, mit dem ein Passivhaus ausgelegt und die Planung unterstützt werden kann. Das PHPP beinhaltet u.a. folgende Punkte:

- Energiebilanzberechnungen
- Projektierung der Komfortlüftung
- Auslegung der Heizlast
- Nachweis für die Förderung von Passivhäusern

Das PHPP stützt sich bezüglich der Rechenverfahren und Vorgehensweise, aber auch bezüglich der ausgegebenen Kennwerte und Bezugsgrößen auf Festlegungen der DIN-Normen. Wesentlicher Unterschied zwischen dem Berechnungsverfahren nach PHPP und denen der EnEV und damit ursächlich für Abweichungen in den Berechnungsergebnissen sind die Annahmen der Randbezugsgrößen: Während die EnEV vornehmlich darauf abzielt, vergleichbare Werte für Gebäude untereinander zu erhalten, und Standardwerte nach dem derzeitigen Stand der Technik verwendet, greift das PHPP auf Randbezugsgrößen zurück, die aus validierten Daten bereits gebauter Passivhäuser stammen sowie die Spitze im Stand der Technik berücksichtigen.

9.5 Grundlagen – Grundprinzipien der Gebäudeplanung und Konstruktion

Der Passivhausstandard bedeutet zum einen eine Energieeinsparung, die für Nutzer und Umwelt positiv ist. Zum anderen sorgt er für eine Erhöhung des Komforts. Der wesentliche Index für den Nutzungskomfort ist die Behaglichkeit. Für die *Behaglichkeit* des Menschen sind die Raumlufttemperatur der umgebenden Bauteile (Wand, Decke, Fußboden), die relative Luftfeuchtigkeit, die Art und Dauer der Lüftung und das Wärmespeichervermögen der Bauteile von wesentlicher Bedeutung.

Bei der Gebäudeplanung kommt folgenden aufgeführten Themen besondere Aufmerksamkeit zu:

- Passivhausbaukörper
  - Kompakte Gebäudeform
  - Orientierung, Ausrichtung
- Gebäudehülle
  - Wärmeschutz der Gebäudehülle, Wärmedämmung
  - Wärmebrückenfreiheit
  - Luftdichtheit der Gebäudehülle
  - Weitere Bauelemente, z.B. Passivhausfenster

9.5.1 Passivhauskörper

Eine Verringerung der Transmissionswärmeverluste wird durch ein kleines A/V-Verhältnis, also durch eine möglichst *kompakte Gebäudeform* begünstigt. Je geringer die wärmeaustauschende Fläche im Verhältnis zum von ihr umschlossenen Volumen ist, desto kleiner ist der volumenspezifische Wärmebedarf.

Vor- und Rücksprünge in der Fassade sollen vermieden, bzw. minimiert werden. Dies unterstützt außerdem einen vollumfänglichen und konsequent auszuführenden Wärmeschutz.

Das Gebäude sollte so ausgerichtet und zoniert sein, dass sich die Wohnräume nach *Süden* orientieren. Ein großer Süd-Fensterflächenanteil sorgt insbesondere in den Wintermonaten dafür, dass passive solare Energiegewinne erzielt werden können. Die Südfensterflächen sollten auch möglichst verschattungsfrei (Nachbarbebauung und Pflanzen) gehalten werden, damit eine Nutzung der passiven solaren Energiegewinne möglichst effizient möglich ist.

9.5.2 Gebäudehülle

Wärmeschutz

Ein hervorragender Wärmeschutz der Außenbauteile (Wand, Dach, Boden, Fenster etc.) ist unerlässlich. Der Wärmedurchgangskoeffizient U [W/m²K] ist die Kenngröße für die Wärmeleitungsverluste der Außenbauteile. Alle Außenbauteile der beheizten Räume wie Dächer, Wände, Kellerdecken oder unterste Geschossdecken sollen einen Wärmedurchgangskoeffizienten von 0,15 W/(m²K) nicht überschreiten. Je nach Qualität der Dämmung und auch der gewählten Tragkonstruktion muss somit eine Wärmedämmung von ca. 25 bis 40 angeordnet werden.

Bei der Auswahl der geeigneten Wärmedämmung spielen folgende Kriterien eine Rolle:

- Wärmeleitfähigkeit
- Druckfestigkeit
- Brandverhalten
- Temperaturbeanspruchung
- Altersbeständigkeit
- Umweltverträglichkeit

Tafel 3.65: Beispielhafte Außenwandkonstruktionen

Abbildung	Aufbau	U-Wert
 Außenwand aus Mauerwerk mit WDVS	Innenputz, d = 10 mm Mauerwerkswand, d = 240 mm WDVS, WLG 035, geklebt, d = 300 mm WDVS-Schlussbeschichtung, d = 10 mm	0,11 W/m²K
 Außenwand aus Mauerwerk mit Vorhangfassade	Innenputz, d = 10 mm Mauerwerkswand, d = 175 mm Einblasdämmung zwischen Holzstegträgern e = 625 mm, WLG 040, d = 300 mm Wasserfeste Holzweichfaserplatte, d = 18 mm Hinterlüftungsebene, vertikale Unterkonstruktion aus Holz, d = 30 mm Holzverkleidung, z.B. Stulpschalung	0,13 W/m²K

 Holzleichtbauwand, mit thermisch getrennten Holz-Systemträgern	Innenwandbekleidung aus GK, d = 12,5 mm Wärmedämmung zwischen horizontaler Unterkonstruktion als Installationsebene, WLG 040, d = 60 mm Dampfdichtheitsebene aus OSB-Platte mit verklebten Stößen, d = 15 mm Einblasdämmung zwischen thermisch getrennten Holzsystemträgern, e = 625 mm, WLG 040, d = 300 mm Wasserfeste Holzweichfaserplatte, d = 18 mm Hinterlüftungsebene, vertikale Unterkonstruktion aus Holz, d = 30 mm Holzverkleidung, z.B. Stulpschalung	0,11 W/m²K

Tafel 3.66a: Beispielhafte Fußbodenkonstruktionen

 Bodenplatte, Dämmung oberhalb	Bodenbelag, Feinsteinzeug, d = 15 mm Zementestrich, d = 60 mm PE-Folie Trittschalldämmung, d = 30 mm Abdichtung Bodenplatte aus Stahlbeton, d =240mm WD, druckfest, WLG 035, d = 240 mm Schottertragschicht	0,13 W/m²K
 Bodenplatte, Dämmung unterhalb	Bodenbelag, Feinsteinzeug, d = 15 mm Zementestrich, d = 60 mm PE-Folie Trittschalldämmung, d = 30 mm WD, druckfest, WLG 035, d = 240 mm Abdichtung Bodenplatte aus Stahlbeton, C25/30, d = 240mm WD, druckfest, WLG 035, d = 240 mm Schottertragschicht	0,13 W/m²K

Tafel 3.66b: Beispielhafte Dachkonstruktionen

 Massiv-Flachdach mit Extensiv-begrünung	Innenputz, d = 10 mm Stahlbetondecke nach statischen Erfordernissen, d = 220 mm Dampfdruckausgleichsschicht und Dampfsperre Flachdachdämmung als Gefälledämmung, druckfest, WLG 035, d i.M. 400 mm Flachdachabdichtung mit Wurzelschutzschicht Dränageplatten Vegetationssubstrat der Dachbegrünung	0,08 W/m²K
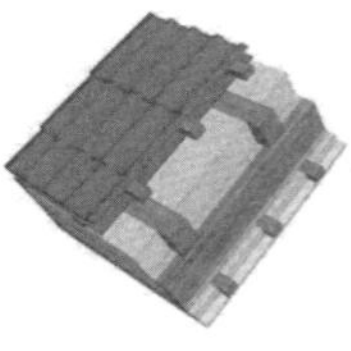 Geneigtes Dach, Dämmung zwischen, über und unter den Sparren	Innenbekleidung aus Gipskarton, d = 12,5 mm WDg zw. UK, WLG 040, d = 60 mm Dampfsperre WD. zw. Sparren, WLG 040, d = 220 mm WD auf Sparren zw. UK, WLG 040, d = 140 mm Unterspannbahn Dachhaut mit Konterlattung, Lattung und Dachziegeln	0,10 W/m²K

	Geneigtes Dach mit Holzstegträgern	Innenbekleidung aus Gipskarton, d = 12,5 mm Wärmedämmung zwischen Unterkonstruktion, WLG 040, d = 60 mm Dampfdichtheitsebene aus OSB-Platte (auch aussteifend) mit verklebten Stößen, d = 18 mm Mineralfaserdämmung zwischen den Stegträgern, WLG 040, d = 400 mm Wasserfeste Holzweichfaserplatte, d = 24 mm Dachhaut mit Konterlattung, Lattung und Dachziegeln	0,09 W/m²K
	Geneigtes Dach mit Massivdachelementen	Innenputz, d = 10 mm Massivdeckenelemente aus Porenbeton, d = 150 mm Einblasdämmung zwischen Holzstegträgern, e = 625 mm, WLG 040, d = 400 mm Wasserfeste Holzweichfaserplatte, d = 24 mm Dachhaut mit Konterlattung, Lattung und Dachziegeln	0,095 W/m²K

Wärmebrücken

Zusätzliche Wärmeverluste entstehen durch *Wärmebrücken*. Man unterscheidet geometrische Wärmebrücken, z.B. Gebäudeecken, und konstruktive Wärmebrücken, z.B. durch Unterbrechungen in Dämmstoffen. Grundsätzlich ist deshalb wärmebrückenfrei oder zumindest wärmebrückenminimiert zu planen, denn der Einfluss der Wärmebrücken steigt auch bei zunehmendem Dämmniveau. Die Wärmeverluste von Wärmebrücken werden mithilfe von Wärmebrückenverlustkoeffizienten (ψ-Werte) beschrieben, welche als Korrekturfaktoren, bezogen auf die zugrunde liegende Konstruktion, zu sehen sind. Wärmebrückeneffekte werden erst bei einer hoch wärmegedämmten Gebäudehülle wirklich relevant. Passivhäuser sollten nach Möglichkeit bilanziell wärmebrückenfrei konstruiert werden, was durch die Begrenzung des ψ-Werts auf maximal 0,010 W/(m²K) erreicht werden kann.

Da eine wärmebrückenfreie Konstruktion die Wärmeverluste vermindert und ebenso Bauschäden durch Tauwasseranfall verhindert, sollte bei einem Passivhaus die gesamte beheizte Gebäudehülle lückenlos von einer Wärmedämmung umfasst werden.

Beispiele für typische Wärmebrücken:

- Durchdringungen der Außenwand,
- auskragende Bauteile,
- Rollladenkästen,
- Fensterlaibungen, etc.

Luftdichtheit

Mit zunehmender Qualität der Gebäudehülle und dem Einsatz von lüftungstechnischen Anlagen mit Wärmerückgewinnung kommt auch der luftdichten Ausführung der Gebäudehülle besondere Bedeutung zu.

Bei der *Luftdichte* geht es ausschließlich um den Austausch der Raumluft mit der kalten Außenluft. Die Dichtheit der wärmeübertragenden Umfassungsfläche wird durch die Anordnung einer dauerhaft luftundurchlässigen Schicht oder eines Bauteil erreicht, die meist auf der warmen Seite der Konstruktion (Innenseite) liegen. Die luftdichte Schicht übernimmt oft auch die Funktion der Dampfbremse oder -sperre.

Es ist darauf zu achten, dass die Luftdichte nicht mit der Winddichtigkeit gleichgestellt wird. Die Winddichtheit ersetzt nicht die Luftdichtheitsebene nach EnEV.

Winddichtheit bedeutet, dass die Luftströmung von außen in die Konstruktion bzw. den Dämmstoff hinein und wieder nach außen unterbunden wird. Sie liegt im äußeren Bereich der Konstruktion und dient dem Erhalt der Dämmeigenschaften der Wärmedämmung. Eine nicht ordnungsgemäß ausgeführte Winddichtung führt z.B. dazu, dass die Wärmedämmstoffe durch- bzw. unterströmt werden und das Gebäude, trotz nachgewiesener Luftdichtheit (Blower-Door-Test), enorme Wärmeverluste aufweist. Schwachstellen hinsichtlich der Winddichtheit sind vor allem in gedämmten Dachausbauten zu finden.

Die Lüftungswärmeverluste sind bei einem Passivhaus gegenüber den Transmissionswärmeverlusten verhältnismäßig hoch. Zur Minimierung der Lüftungswärmeverluste ist die Gebäudehülle möglichst wind- und luftdicht zu erstellen. Eventuelle Leckagen minimieren die Effizienz der Lüftungsanlage und bewirken eine Erhöhung der Transmissionswärmeverluste, was wiederum die Tauwasserbildung in der Dämmebene und dementsprechende Bauschäden zur Folge hat.

Durch die sehr gute Luftdichtheit der Gebäudehülle erfolgt nur ein sehr geringer Teil des Luftwechsels unkontrollierbar über die Fugen in der Gebäudeaußenhülle.
Zur Qualitätssicherung für die Luftdichtheit der Gebäudehülle wird nach DIN EN 13829 das Differenzdruckverfahren vorgeschrieben. DIN EN 13829 unterscheidet zwei Arten der Messung:

- Verfahren A – Prüfung des Gebäudes im Nutzungszustand,
- Verfahren B – Prüfung der Gebäudehülle.

Das Verfahren B ist nach EnEV 2014 das zu verwendende Verfahren, um die Luftdichtheit der Gebäudehülle zu prüfen – der sogenannte **Blower-Door-Test**. Alle einstellbaren und absichtlich vorhandenen Öffnungen des Gebäudes werden geschlossen oder abgedichtet. Ein Ventilator wird luftdicht in die Öffnung eines Fensters oder einer Tür eingesetzt. Durch den drehzahlgeregelten Ventilator wird im Gebäude eine Druckdifferenz von 10 - 60 Pa erzeugt. Die bei der Messung verwendeten Prüfdrücke von 10 bis 60 PA entsprechen dem Staudruck auf der Luv-Seite eines Hauses bei Windgeschwindigkeiten zwischen 4 und 10 m/s bzw. 15 - 35 km/h. Im Gebäude wird zunächst ein konstanter Unterdruck von 50 PA erzeugt und die Gebäudehülle wird nach Leckagen abgesucht. Diese (z.B. Ecken, Laibungen, Steckdosen etc.) sind bereits mit der Hand gut fühlbar, es können aber auch Luftgeschwindigkeitsmesser oder Infrarotkameras eingesetzt werden. Im zweiten Schritt wird ein Unterdruck aufgebaut und schrittweise erhöht, bis ein Enddruck von 60 - 100 Pa erreicht ist. Bei jedem Schritt werden die jeweiligen Luftvolumenströme gemessen und protokolliert. Im dritten Schritt wird das Prozedere mit einem Überdruck durchgeführt. Anhand der Messergebnisse aus den Unter- und Überdruckmessungen wird die mittlere Luftwechselrate (n50-Wert) des Gebäudes ermittelt.
Folgende Punkte sind bei der Planung und Ausführung einer luftdichten Gebäudehülle besonders sorgfältig zu betrachten:

- Abdichtung von Anschlussfugen unterschiedlicher Bauteilflächen, z.B. Anschluss der Bodenplatte an die aufgehenden Wände.
- Einbausituation der Fenster und Türen.
- Installationsebene der Elektro-, Sanitär-, Heizungs- und Lüftungsgewerke, sie sollten innerhalb der luftdichten Ebene geführt werden.
- Nicht vermeidbare Durchführungen sind mit geeigneten Dichtmitteln oder -manschetten abzudichten.

Passivhausfenster

Fenster sind für die Behaglichkeit im Raum sehr wichtig. Fenster mit schlechten Wärmedämmeigenschaften sind auf der Raumseite vergleichsweise kalte Flächen im Gegensatz zu einer gedämmten Außenwand. Ein gut gedämmtes Fenster kann die Behaglichkeit in einem Raum also positiv beeinflussen. In einem Passivhaus sind die energieeffizienten Fenster ein wesentlicher Bestandteil der Gebäudehülle.
Für Passivhausfenster gelten folgende Merkmale:

- Dreischeiben-Wärmeschutzverglasung oder eine vergleichbar gute Glaskombination,
- Wärmegedämmter Randverbund,
- Speziell gedämmter Fensterrahmen,
- Optimiert Einbau in die Wandkonstruktion.

Die Verglasungen von Passivhausfenstern sind i.d.R. Dreischeiben-Wärmeschutzverglasungen. Die zwei Scheibenzwischenräume sind mit low-e-Schicht und Edelgasfüllung hintereinander geschaltet. Dadurch werden U-Werte von 0,5 bis 0,8 W/(m²K) erreicht. Die hohe Qualität muss allerdings für das gesamte Fenster erreicht werden. Deshalb gehört ein gedämmter Fensterrahmen sowie ein thermisch getrennter Randverbund ebenso zu diesem Bauelement.
An die Verglasung werden weitere Anforderungen gestellt. Der Gesamtenergiedurchlassgrad g gibt an, welcher Anteil der eingestrahlten Sonnenenergie bei senkrechtem Einfall von der Verglasung durchgelassen wird. Er wirkt sich also auf die solaren Energiegewinne aus, die vor allem im Winter notwendig sind.
Es gilt: $U_g - 1{,}6 W/(m^2K) * g \leq 0$ Damit ist sichergestellt, dass das Fenster mehr solare Energie gewinnt, als es nach außen Wärme abgibt. Der effektive U-Wert U_W darf nicht größer sein als 0,80 W/(m²K). In diesen Kennwert fließen bei der Berechnung folgende weitere Kenngrößen ein:

- U_g-Wert der Verglasung und die Fläche der Verglasung A_g,
- U_f– Wert des Rahmens und die Projektionsfläche des Rahmens A_f,
- Ψ_g Wärmebrückenverlustkoeffizient am Glasrand,
- Ψ_{Ein} Wärmebrückenverlustkoeffizient durch den Einbau und die Länge des Einbaurandes l_{Ein}.

Die Berechnung des U-Wertes des Fensters U_W erfolgt nach DIN EN 10077 nach folgender Formel:

$$U_w = \frac{A_g * U_g + A_f * U_f + l_g * \psi_g}{A_g + A_f}$$

Die Einbausituation des Passivhausfensters beeinflusst wesentlich den U-Wert der Fensterkonstruktion. Die Rahmen sind mindestens 60 mm zu überdämmen. Die Lage des Fensters in der Wandkonstruktion spielt zusätzlich eine Rolle.

a)

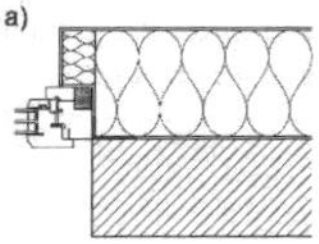

b)

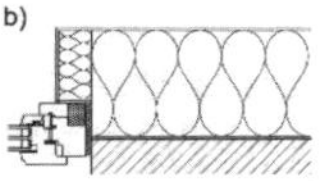

Abb. 3.69a: Oberer und seitlicher Anschluss und Wärmebrückenverlustkoeffizient Ψ

a) Fenster vor dem Mauerwerk, 60 mm Rahmenüberdämmung, ohne Einbaufuge, Befestigung mit Stahlwinkeln Ψ= 0,005 W/(mK)

b) Fenster 30 mm in Mauerwerksebene, 60 mm Rahmenüberdämmung, Einbaufuge 10 mm Ψ = 0,002 W/(mK)

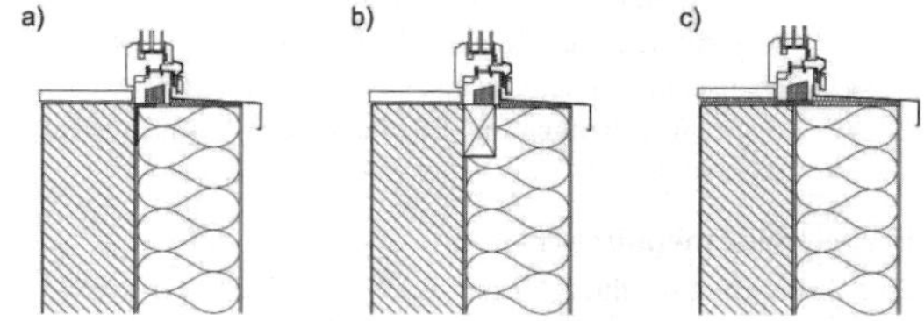

a) Fenster vor dem Mauerwerk, ohne Einbaufuge, Befestigung mit Stahlwinkeln Ψ = 0,028 W/(mK)
b) Fenster vor dem Mauerwerk, ohne Einbaufuge, Befestigung mit Kantholz Ψ = 0,035 W/(mK)
c) Fenster 30 mm in Mauerwerksebene, Einbaufuge 10 mm Ψ = 0,017 W/(mK)

Abb. 3.69b Unterer Anschluss und Wärmebrückenverlustkoeffizient Ψ

Der untere Anschluss des Fensters ist wegen der Anbindung der inneren und äußeren Fensterbank ebenfalls eine Schwachstelle. Durch die Profilierungen und vorgesehenen Nuten und Fräsungen zur Aufnahme der Fensterbänke wird die Rahmenkonstruktion i.d.R. geschwächt. Um auf der Außenseite einen optimalen Wasserablauf zu gewährleisten, kann der untere Rahmen meist nicht ausreichend überdämmt werden.

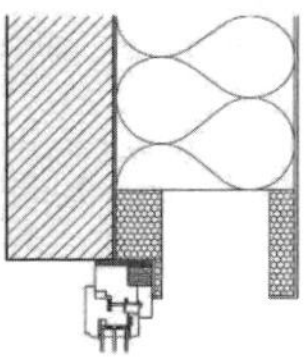

Fenster 30 mm in Mauerwerksebene, Einbaufuge 10 mm, WDVS WLG 040, d = 300mm, PU-Dämmung d = 75 mm Ψ = 0,035 W/(mK)

Abb. 3.69c Einbausituationen, oberer Anschluss mit Rollladen und Wärmebrückenverlustkoeffizient Ψ

Der Einbau eines Rollladens in die Fassade ist eine ernstzunehmende Schwachstelle, die besonderen Planungsaufwand erfordert.

9.6 Grundlagen – Grundprinzipien der Gebäudetechnik

Der in einem Passivhaus angestrebte Primärenergiebedarf beträgt etwa ein Viertel des Primärenergiebedarfes von Gebäuden, die gemäß EnEV geplant und errichtet werden. Dies wird durch die starke Reduzierung der Transmissions- und Lüftungswärmeverluste erreicht. Umso wichtiger ist es, dass auch die Komponenten der Haustechnik unter dem Gesichtspunkt des niedrigen Energiebedarfs ausgewählt werden.

Wesentlicher Bestandteil im haustechnischen Konzept ist die mechanische Be- und Entlüftung mit einem möglichst hohen Wärmerückgewinnungsgrad.

Der Anteil des Wärmebedarfs für die Trinkwassererwärmung am Gesamtwärmebedarf ist ebenfalls deutlich höher als bei einem „EnEV-Haus" und spielt deshalb gegenüber der Restheizung eine größere Rolle.

9.6.1 Gebäudelüftung

Eine mechanische Be- und Entlüftungsanlage wird in einem Passivhaus erforderlich, um den hygienisch erforderlichen Luftaustausch zu gewährleisten. Die Voraussetzungen für eine effizient funktionierende Lüftungsanlage ist die luftdichte Gebäudehülle mit $n_{50} < 0{,}60\ h^{-1}$ und die Gewährleistung der Luftdurchströmung innerhalb der gesamten Nutzungseinheit.

Für eine gute Behaglichkeit und hohen Wohnkomfort sind Luftwechselraten von ca. 0,3 bis 0,5 erforderlich. Die Verteilung der Frischluft erfolgt vom Zentralgerät aus über ein Kanalnetz in die Hauptnutzräume, wie z.B. Wohn- und Schlafräume. Die Zulufträume müssen dabei so gleichmäßig mit der frischen Luft durchspült werden, dass keine Zugerscheinungen entstehen. Die Verlegung der Kanäle kann je nach System in Decken, Fußböden, Schächten oder Wänden erfolgen.
Die Sammlung der Abluft erfolgt in den Räumen mit hoher Feuchte- und Geruchsbildung, wie z.B. Küchen, Bäder und WC-Räume. Auch so wird eine problematische Ausbreitung von Gerüchen und Schadstoffen im Gebäude von vornherein vermieden. Feinfilter sorgen dafür, dass die Lüftungskanäle sauber und staubfrei bleiben.
Die in den Ablufträumen gesammelte Luft wird zum Zentralgerät zurücktransportiert. In einem Wärmetauscher können mindestens 75 % der Wärme der Abluft an die Frischluft übertragen werden.
Bei der Planung der Lüftungsanlage sind folgende Randbedingungen zu beachten:

- *Minimale Zulufttemperatur* 16,5 °C bei Außenlufttemperatur von -10 °C
- *Wirkungsgrad* der Wärmerückgewinnung mind. 75 %
- Möglichst geringe Leistungsaufnahme der Ventilatoren durch Antrieb mit hocheffizienten Elektromotoren
- Kanalnetz mit möglichst kurzen Wegen
- Dichtheit und Wärmedämmung des Gerätes
- Guter Abgleich und Regelbarkeit, um die geförderten Luftmengen dem Bedarf anzupassen
- Schallschutz: Schalldruckpegel in Wohnräumen < 25dB
- Frostschutzschaltung, um Eisbildung am Wärmetauscher bei tieferen Temperaturen (< -15 °C) zu verhindern

Erdreichwärmetauscher

Eine Frostschutzschaltung kann durch eine Defrosterheizung im Zuluftstrom realisiert werden. Sie ist verzichtbar, wenn die Frischluft durch einen *Erdreichwärmetauscher* auf 0 °C bis 5 °C vorerwärmt wird.
Man unterscheidet

- Direkte Vorerwärmung der Frischluft
  Der Erdreichwärmetauscher besteht aus Kunststoff- oder Betonrohren mit einem Durchmesser von 15 bis 20 cm. Die Rohrleitungen werden in einer Tiefe von ca. 1,50 m verlegt, nach Möglichkeit in der vorhandenen Baugrube. Die Ansaugung der Luft erfolgt direkt über dieses Rohr. Die Luft wird dabei so vorgewärmt, dass auch bei extremen Wintertemperaturen die Eintrittstemperatur am Zentralgerät 0° bis 5° C beträgt. Die Leitungen sollten eine Länge von ca. 30 m nicht übersteigen. Es können auch mehrere Rohre nebeneinander verlegt werden.
  Die Erdreichtemperatur in ca. 1 m Tiefe unterschreitet die Frostgrenze nicht und im Sommer bleiben die Temperaturen zwischen 10 °C und 20 ° C, sodass sich durch die Temperaturdifferenz auch ein Kühleffekt einstellt.
- Indirekte Vorerwärmung der Frischluft
  Ein mit Sole gefüllter Wärmetauscher befindet sich im Erdreich. Die Leitungen bestehen, ähnlich wie Trinkwasserleitungen, aus PE. Für ein Einfamilienhaus werden ca. 100 m Länge in 1,50 m Tiefe benötigt. Die mit Sole gefüllte Leitung ist weiter mit einer Umwälzpumpe, Reglereinheit und einem Ausdehnungsgefäß verbunden. Die Sole wird über einen Wärmetauscher geleitet, welcher im Frischluftstrom vor dem Zentralgerät der Lüftungsanlage positioniert ist.

9.6.2 Raumheizung und Warmwasserbereitung

Bei ungünstigen Wettersituationen und an strahlungsarmen Wintertagen entsteht trotz hoher Wärmedämmung und Südausrichtung des Gebäudes ein Wärmebedarf für die Raumheizung.
Der im Passivhaus benötigte sehr geringe Heizwärmebedarf von unter 15 kWh/(m^{2}a) und die ohnehin hohen Innenoberflächentemperaturen aller Außenbauteile erlauben die *Restwärmeerzeugung* und *-übertragung* durch unterschiedliche Konzepte:

- Eine *Zuluftheizung*, welche über die sowieso vorhandene Lüftungsanlage mit Nachheizregister betrieben wird, stellt in der Regel die Grundheizung dar und kann aufgrund von Begrenzungen im energetisch wirtschaftlichen Luftwechsel und der Einströmtemperatur eine maximale Raumheizlast von ca. 10 W/m^2 Nutzfläche abdecken. Alle darüber hinausgehenden Raumheizlasten sowie besondere Steuerungsmöglichkeiten können am besten durch die Kombination mit einem weiteren Wärmeübertragungskonzept erzielt werden.
- Klassische *Radiatorenheizung*, welche allerdings nicht vor den Fenstern angeordnet werden darf.

- *Konvektoren*, welche ebenfalls nicht vor den Fenstern angeordnet werden dürfen.
- *Ofenheizung (Kaminofen)*, welche -zentral im Erdgeschoss aufgestellt- die gesamte Versorgung des Hauses übernehmen kann. Beim Einsatz einer Ofenheizung in Verbindung mit einer Lüftungsanlage muss gewährleistet sein, dass der Ofen raumluftunabhängig arbeitet.

Die Anforderungen an die *Warmwasserbereitung* sind im Passivhaus nicht anders als bei gewöhnlichen Gebäuden. Der durchschnittliche Warmwasserbedarf liegt laut Untersuchungen im Wohnbereich bei ungefähr 25 l Trinkwarmwasser, das auf 60 °C erwärmt wird, was aber sehr stark von dem Nutzerverhalten und den Komforterwartungen der Bewohner abhängt. Im Passivhaus ist der Energiebedarf für die Bereitstellung von Trinkwarmwasser im Wohnbereich die höchste verbliebene Energieanforderung, für die eine ganzjährige Wärmebereitstellung erforderlich ist.

Warmwasserbereitung und Raumheizung mit Sonnenenergie

In den letzten Jahren hat sich die Nutzung der Sonnenenergie, auch unterstützt durch verschiedene Förderprogramme, weit verbreitet. Die Abweichungen in den jeweiligen Wirkungsgraden der angebotenen Kollektoren sind eher gering und werden hauptsächlich durch den Preis wieder ausgeglichen. Für die Warmwasserbereitung eines 4-Personen-Haushaltes ergibt sich i.d.R. eine Kollektorfläche von ca. 10 m². Soll die Solarenergie auch für die Raumheizung herangezogen werden, so ist die Kollektorfläche entsprechend zu vergrößern. Trotzdem kann dann auch nicht auf einen weiteren Wärmeerzeuger für die Raumheizung verzichtet werden, da an strahlungsarmen Wintertagen die eingestrahlte Sonnenenergie nicht dafür ausreicht.
Bei Einfamilienhäusern ist es sinnvoll, als Wärmezentrale einen Pufferspeicher mit integrierter Warmwasserbereitung vorzusehen. Man erhält damit die Möglichkeit, über weitere Wärmetauscher zusätzliche Wärmequellen an den Pufferspeicher anzuschließen.

Energieträger:

- Gas: Erdgas, Flüssiggas, Biogas
- Heizöl EL
- Holz in Form von Pellets, Hackschnitzel, Stückholz
- Elektrischer Strom
- Pflanzenöl: Rapsöl

Wärmeerzeuger:

- Heizkessel (Öl, Gas, Holz)
- Wärmepumpe
- Blockheizkraftwerk (BHKW)
- Elektrischer Strom für Direktheizung, Betrieb der Wärmepumpe
- Einzelöfen (Holzpellets oder Stückholz)

Öl eignet sich wegen den bei der Verbrennung entstehenden schädlichen Abgasen weniger.
Auch elektrischer Strom für den Betrieb von Widerstandsheizgeräten sollte nach Möglichkeit vermieden werden, da der Primärenergieaufwand für die Stromerzeugung zu hoch ist.

9.6.3 Be- und Entlüftung im Sommer

Eine aktive Kühlung von Passivwohnhäusern im Sommer ist aufgrund der hoch gedämmten Gebäudehülle nicht notwendig. Die äußeren Einflüsse werden so weit abgestimmt, dass im Innenraum stets ein behagliches Klima erhalten bleibt. Möglichkeiten für die Regulierung der Innenraumtemperaturen im Sommer:

- Verringerung des Wärmeeintrages durch:
    - Verschattung der Fensterflächen
    - Zwischenspeicherung von Wärmelasten in speicherfähigen Bauteilen
    - Adiabatische Kühlung durch kühlende Bauteile (Gründächer, Wasserflächen)
- Lüftungsanlage
    - Ermöglichen von intensivem manuellen Lüften über die Fenster Abschalten der mechanischen Be- und Entlüftungsanlage
    - Lüftung über die mechanische Be- und Entlüftungsanlage, jedoch ohne Wärmerückgewinnung (Sommerbypass)
    - Lüften über mechanische Be- und Entlüftungsanlage über Erdreichwärmetauscher, der zur Kühlung der Frischluft eingesetzt wird; ohne Wärmerückgewinnung
- Aktive Maßnahmen der Gebäudekühlung
    - Bauteilaktivierung zur Klimaregulierung
    - Nachtspülung bei Lüftungsanlagen
    - Nachtspülung bei Fensterlüftung

9.6.4 Stromerzeugung

Die Verwendung von Photovoltaik zur Erzeugung von Strom kann zur wesentlichen Verbesserung der Primärenergiebilanz beitragen. Er kann jedoch nicht bei den Berechnungen nach PHPP in Ansatz gebracht werden. I.d.R. wird der somit erzeugte Strom in das öffentliche Netz eingespeist.

3 B Befestigungen

Prof. Dr.-Ing. Silvia Weber, Dr.-Ing. Thomas M. Sippel

1 Einführung

Die Vielzahl unterschiedlicher Befestigungselemente für nachträgliche Montage stellt Planer und Entwerfer vor die Entscheidung, für einen speziellen Anwendungsfall ein passendes Befestigungssystem auszuwählen. Hierfür werden Angaben über die Leistungsfähigkeit der Dübel benötigt und es muss zusätzlich eine Reihe von Randbedingungen bekannt sein, die das Tragverhalten und damit die Auswahl des Dübelsystems (Abb. 3.72a) beeinflussen. Eine mögliche Vorgehensweise zur Dübelauswahl im Ankergrund Beton ist in Abb. 3.72b dargestellt.

Aspekte bei der Auswahl des Befestigungssystems

Sicherheits-relevanz	Verankerungs-grund und Geometrie	Einwirkungen	Umgebungs-bedingungen	Montage	weitere Aspekte
Bestandteil der tragenden Konstruktion Gefahr für Leib und Leben Wirtschaftliche Folgen	Beton Mauerwerk Leichtbaustoffe Abmessungen Randabstände	Größe Richtung - Zuglast - Querlast - Kombination Art - ruhend - nicht ruhend	Temperatur Feuchtigkeit Innen- oder Außenbauteil Korrosion	Einzel- oder Mehrfachbefestigung Vorsteckmontage Durchsteckmontage Abstandsmontage	Brandschutz Wirtschaftlichkeit Verfügbarkeit

Abb. 3.72a Aspekte bei der Dübelauswahl

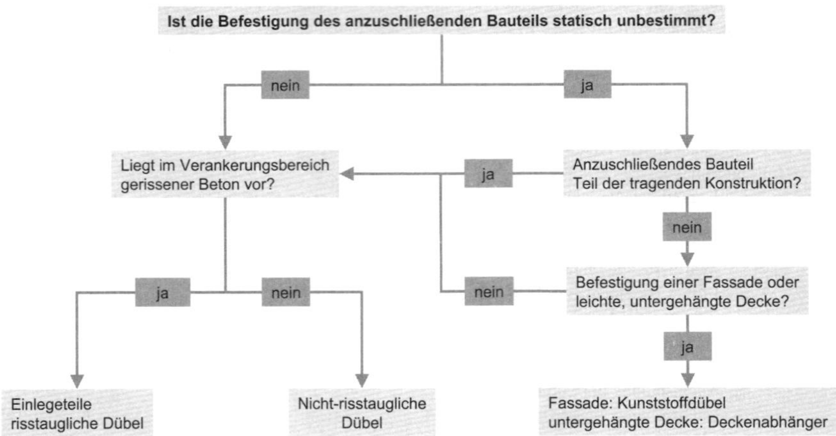

Abb. 3.72b Vorgehensweise bei der Dübelauswahl, Ankergrund Beton [3.36]

Als sicherheitsrelevant gelten Befestigungen, bei deren Versagen Gefahr für Leib und Leben besteht oder erheblicher wirtschaftlicher Schaden eintreten kann. Sie erfordern eine ingenieurmäßige Planung und Bemessung [3.31] sowie eine fachgerechte Montage. Als nicht sicherheitsrelevant werden untergeordnete Befestigungen eingestuft, oder wenn beim Versagen der Befestigung mit geringer Wahrscheinlichkeit die Gefährdung von Menschen auftritt. Die Ausführung dieser Befestigungen erfolgt nach handwerklichen Regeln. Wichtige Auswahlkriterien für das in Abb. 3.72b gezeigte Beispiel sind auch das statische System, der Zustand des Betons und ob das zu befestigende Bauteil Bestandteil der tragenden Konstruktion ist.

2 Wirkungsprinzipien und Versagen

Befestigungsmittel können die zu befestigende Last auf verschiedene Arten in den Ankergrund einleiten. Man unterscheidet die Wirkungsprinzipien Formschluss, Reibschluss und Stoffschluss.

Beim Formschluss werden die Lasten über mechanische Verzahnung zwischen Befestigung und Ankergrund übertragen (z. B. Hinterschnittdübel, Ankerschienen, Kopfbolzen). Beim Reibschluss werden beim Setzen kraft- oder wegkontrolliert Spreizkräfte hervorgerufen, die eine Reibkraft zwischen Dübel und Bohrlochwand erzeugen (z. B. Spreiz- und Kunststoffdübel). Beim Stoffschluss wird die Last über Verbund in den Ankergrund eingeleitet. Typische Vertreter sind die Verbundanker, bei denen der Verbund zwischen Ankerstange und Bohrlochwand durch Kunstharzmörtel erzeugt wird.

Befestigungen können auf verschiedene Arten versagen. Dabei ist nach den unterschiedlichen Belastungsrichtungen (z. B. Zuglast, Querlast bzw. Kombination von Zug- und Querlast) zu unterscheiden.

Die Versagensarten unter Zuglast sind: Herausziehen, Betonausbruch oder Betonkantenbruch, Spalten des Untergrundes und Versagen des Befestigungselementes infolge Stahlbruch, bei Verbunddübeln Versagen des Verbundes. Herausziehen des Dübels tritt bei zu geringer Spreizkraft auf. Bei hohen Spreizkräften hingegen wird der Konusbolzen aus der im Ankergrund verbleibenden Spreizschale gezogen (Durchziehen). Beim Betonausbruch erzeugt der Dübel einen kegelförmigen Betonausbruchkörper. Werden benachbarte Dübel mit geringem Achsabstand durch eine gemeinsame Ankerplatte belastet, kann es zu einem gemeinsamen Ausbruchkörper kommen. Werden Dübel mit geringem Randabstand gesetzt, tritt ein Betonkantenbruch auf. Sind die Bauteilabmessungen zu gering und/oder die Achs- bzw. die Randabstände der Dübel zu klein gewählt kann entweder das gesamte Bauteil gespalten werden oder es entstehen Spaltrisse zwischen benachbarten Dübeln bzw. von randnahen Dübeln zum freien Bauteilrand. Beim Stahlbruch versagt der Bolzen oder die Schraube des Dübels.

Versagensarten wie bei Hinterschnittankern und Metallspreizdübeln können auch bei Verbundankern auftreten. Beim Herausziehen versagt in der Regel der Verbund zwischen Bohrlochwand und Mörtel bzw. zwischen Gewindestange und Mörtel.

In anderen Ankergründen, wie z. B. Vollziegeln, Kalksandvollsteinen, Hochlochziegeln oder Kalksandlochsteinen, wird die maximale Traglast der Dübel in der Regel durch Versagen des Mauersteins begrenzt. In Vollziegeln oder in massiven Bereichen von Lochziegeln (z. B. in breiten Stegen) können Dübel auch durch Herausziehen bzw. Spalten versagen.

Unter Querlast versagen Dübel mit großem Randabstand in der Regel durch Stahlbruch. Werden Dübel mit geringem Randabstand gesetzt, dann kommt es zum Ausbrechen der Betonkante (Betonkantenbruch). Bei randnahen Dübeln mit geringem Achsabstand kann sich ein gemeinsamer Ausbruchkörper bilden und bei Anordnung von Dübeln in der Bauteilecke kann die gesamte Bauteilecke abplatzen. Kurze Dübel mit gleichzeitig großem Durchmesser bzw. Dübelgruppen mit geringem Achsabstand innerhalb der Gruppe können unter Querlast auch durch Betonausbruch zur lastabgewandten Seite versagen. Dübel in anderen Ankergründen, wie z. B. in Voll- oder Lochsteinen, versagen entweder durch Stahlbruch oder aber durch Bruch des Mauersteins.

3 Befestigungen in Beton

3.1 Typen, Verankerungstiefe, Festigkeit des Ankergrundes

Bei Befestigungen in Beton wird unterschieden in Einlegemontage und nachträgliche Montage. Bei der **Einlegemontage** werden unter anderem Transportanker, Ankerschienen und Ankerplatten mit aufgeschweißten Kopfbolzen verwendet. Die Lasteintragung in den Ankergrund erfolgt über mechanische Verzahnung (Formschluss). Die Anordnung der Einlegeteile im Betonbauteil muss auf die vorhandene Bewehrung abgestimmt werden. Zusätzlich kann jedoch auch eine spezielle Rückhängebewehrung zur Steigerung des Widerstandes angeordnet werden. Abb. 3.74a zeigt typische Arten von Einlegeteilen.

a) Eingebaute Ankerschienen

b) Stahlplatte mit Kopfbolzen

Abb. 3.74a Beispiele für unterschiedliche Einlegeteile [3.32]

Zur **nachträglichen Montage** werden üblicherweise Einzelbefestigungen (Hinterschnittanker, kraft- oder wegkontrollierte Spreizdübel, Verbunddübel) und Deckenabhänger (Spreizdübel, Betonschrauben, Setzbolzen, Kunststoffdübel) verwendet. Derzeit sind nachträgliche Befestigungen auf Normalbeton und Porenbeton beschränkt. Für die Verwendung in Leichtbeton liegen bei verschiedenen Herstellern Gutachten und Empfehlungen vor. Außerdem besteht die Möglichkeit, die Tragfähigkeit von Dübeln durch Versuche auf der Baustelle zu ermitteln.

Hinterschnittdübel (Abb. 3.74b(a)) sind für den Einsatz im gerissenen und ungerissenen Beton geeignet und können mit kleinen Randabständen gesetzt werden. Sie basieren auf dem Prinzip der formschlüssigen Verzahnung in dem mit einem speziellen Bohrer hergestellten Bohrloch. Bei Spreizdübeln (Abb. 3.74b(b)) erfolgt die Lastabtragung infolge der Reibung zwischen Konus und Hülse und zwischen Hülse und Beton. Kraftkontrollierte Spreizdübel aus Metall werden durch Aufbringen eines definierten Drehmomentes an der Mutter oder an der Schraube befestigt, während bei den wegkontrollierten der Konus um einen bestimmten Spreizweg eingeschlagen wird. Verbunddübel (Abb. 3.74b(c)) im ungerissenen Beton funktionieren auf dem Prinzip des Stoffschlusses, der durch einen Mörtel hergestellt wird. Dieser Mörtel basiert auf Zement, Kunstharz oder einer Mischung der beiden. Im gerissenen Beton werden spezielle Systeme angewendet, wie z. B. Verbund-Hinterschnittdübel oder Verbund-Spreizdübel.

Die Verankerungstiefe h_{ef} beeinflusst als wichtiger Parameter die Tragfähigkeit von Dübeln. Sie entspricht bei Hinterschnittdübeln bzw. Metallspreizdübeln dem Abstand von der Oberfläche des tragfähigen Ankergrundes bis zum Ende der Spreizschalen (Abb. 3.74b(a) und (b)). Bei Verbunddübeln wird die Verankerungstiefe bis zum Ende der Gewindestange (Abb. 3.74b(c)) und bei Kunststoffdübeln bis zum Ende des Kunststoffspreizteiles gemessen (Abb. 3.74b(d)).

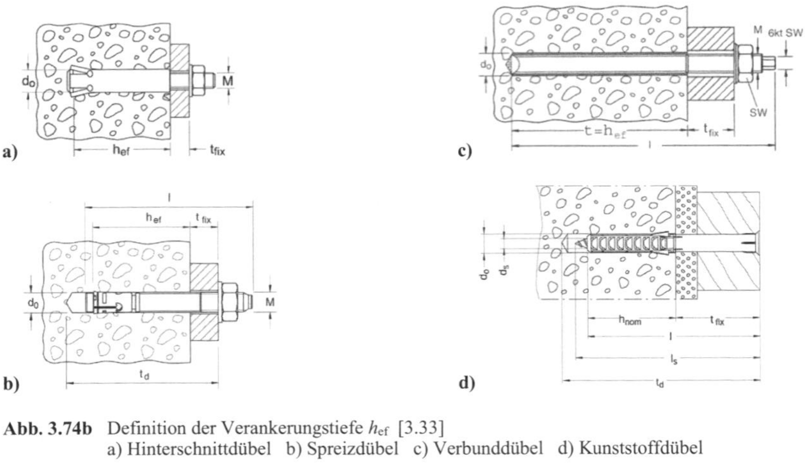

Abb. 3.74b Definition der Verankerungstiefe h_{ef} [3.33]
a) Hinterschnittdübel b) Spreizdübel c) Verbunddübel d) Kunststoffdübel

Die Bruchlast des Dübels ist im gerissenen Beton niedriger als in ungerissenen Bereichen. Im Beton treten jedoch unter voller Gebrauchslast kurzzeitig mit größter Wahrscheinlichkeit Rissbreiten auf, die größer als die zulässigen Werte von 0,3 bis 0,4 mm sind; es wird daher empfohlen, grundsätzlich Dübel zu verwenden, die für Anwendungen in gerissenem Beton geeignet sind.

Um mit einem Dübel die maximal mögliche Last übertragen zu können, sind bestimmte Achs- und Randabstände sowie Bauteildicken einzuhalten. Zur Vermeidung von Abplatzungen, Rissbildungen bzw. Spalten des Ankergrundes, sind in den jeweiligen Zulassungsbescheiden Mindestwerte der Achsabstände (s_1, s_2), Randabstände (c_1, c_2) und der Bauteildicke h angegeben (Abb. 3.75a).

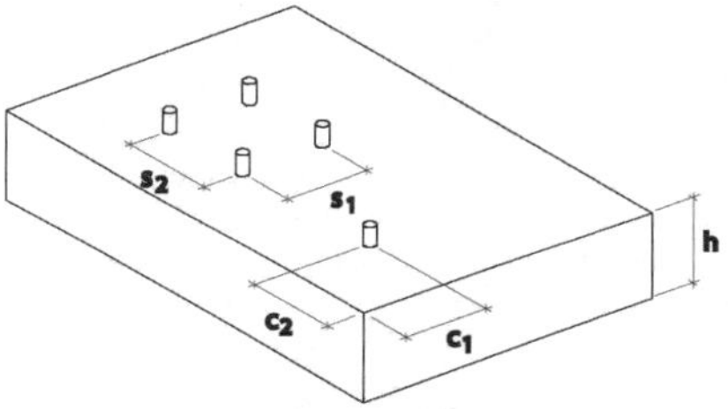

Abb. 3.75a Definition der Achsabstände (s_1, s_2), Randabstände (c_1, c_2) und der Bauteildicke h [3.33]

3.2 Bemessung von Befestigungen

Ist eine Bemessung notwendig, erfolgt diese zurzeit am häufigsten nach dem sog. CC-Verfahren (Concrete-Capacity-Verfahren), das in den *Bautabellen für Ingenieure* ausführlich beschrieben ist.

Als wichtigste Einflussgrößen auf die Tragfähigkeit von Dübelbefestigungen sind die Betonfestigkeit f_c, die Abstände zu benachbarten Dübeln und zu freien Bauteilrändern sowie der Zustand des Ankergrunds (ungerissen oder gerissen) zu nennen. Die genannten Parameter wirken sich je nach Richtung der einwirkenden Last (Zuglast, Querlast oder kombinierte Zug- und Querlast) unterschiedlich stark aus. Maßgebend für die Tragfähigkeit ist in der Regel die Kombination der einzelnen Einwirkungen. Im Sinne einer optimalen Ausnutzung der Dübel und damit einer wirtschaftlichen Bemessung ist es deshalb notwendig, bei der Bemessung der Befestigungen nach Lastrichtung und Bruchart zu unterscheiden.

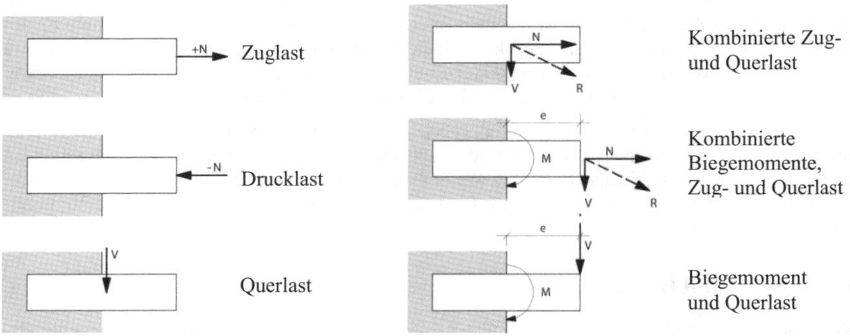

Abb. 3.75b Beanspruchungsarten

Die Bemessung erfolgt für den Grenzzustand der Tragfähigkeit; sie lässt sich vereinfacht ausdrücken:

$$S_d \leq R_d$$

Darin ist S_d der Bemessungswert der Schnittgrößen (Einwirkung) und R_d der Bemessungswert der Tragfähigkeit (Widerstand). Die Bemessungswerte errechnen sich aus $S_d = \gamma_F \cdot S$ mit den Teilsicherheitsbeiwerten γ_F der Einwirkungen und aus $R_d = R_k/\gamma_M$ mit den charakteristischen Tragfähigkeiten R_k als 5-%-Fraktile, die durch die Teilsicherheitsbeiwerte γ_M der Materialien dividiert werden.

Weitere Hinweise siehe *Bautabellen für Ingenieure*.

4 Befestigungen im Mauerwerk

Mauersteine unterscheiden sich erheblich hinsichtlich Festigkeit, Rohdichte und Geometrie und können keine oder nur geringe Spreizkräfte aufnehmen. Verwendet werden Kunststoffdübel (Abb. 3.76(a) und (b)), die geringere Spreizkräfte erzeugen, und die durch das meist längere Spreizteil zu einem verbesserten Tragverhalten in Lochsteinen führen. In Mauerwerk aus Loch- und Hohlsteinen werden häufig sogenannte Injektionsdübel verwendet (Abb. 3.76(c)). Diese bestehen in der Regel aus einer perforierten Siebhülse aus Kunststoff oder Metall, verfüllt mit einem speziellen Kunstharzmörtel, in den eine Ankerstange gesteckt wird. Die Verankerung wird durch mechanische Verzahnung der Ankerstange mit dem Mörtel und des Mörtels mit dem Mauerwerk gewährleistet. Für Befestigungen in Porenbeton sind aufgrund der sehr geringen Tragfähigkeit des Ankergrundes nur spezielle Systeme (Kunststoff- bzw. Injektionsdübel) verwendbar.

Bei sicherheitsrelevanten Befestigungen in Mauerwerk ist wie bei den Befestigungen in Beton nachzuweisen, dass im Grenzzustand der Tragfähigkeit die einwirkenden Kräfte mit ausreichender Sicherheit aufgenommen werden können. Bei Befestigungen mit Kunststoffdübeln gilt auch das Sicherheitskonzept mit Teilsicherheitsbeiwerten [3.34]. Die Anwendung ist auf statisch unbestimmte Systeme beschränkt.

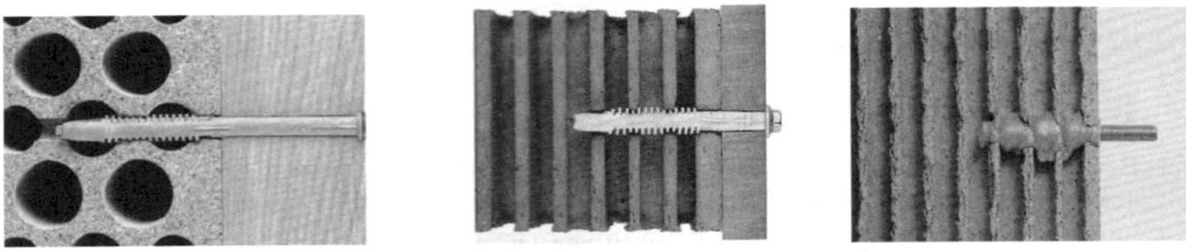

a) b) c)

Abb. 3.76 Kunststoffdübel (a) und (b) sowie Injektionsdübel (c) in Hohlmauerwerk [3.33]

5 Korrosion

Ein häufiger Korrosionsschutz ist die Schutzummantelung des Metalls durch Verzinkung, die auch bei leichter Beschädigung des Mantels wirksam ist. Durch galvanische Verzinkung besitzen Metalldübel in der Regel eine minimale Ummantelungsdicke von 5 µm, die einen Langzeitschutz für Innenanwendungen garantiert. Feuerverzinkte Metalldübel haben eine Ummantelungsdicke von etwa 20–40 µm und können für Außenanwendungen mit geringer Korrosionsgefahr verwendet werden. Sie stellen eine günstige Alternative zu Produkten in rostfreiem Stahl dar.

Als langzeitkorrosionsbeständiges Material gegen gewöhnliche Umwelteinflüsse und Industrieatmosphäre wird nichtrostender Stahl der Widerstandsklasse III (A4) verwendet. Für Anwendungen in Verkehrstunneln, bei Kraftwerken oder Wasserwerken und in Kontakt mit Chloriden und Meereswasser sind Produkte aus hochkorrosionsbeständigen Stählen der Widerstandsklasse IV zu verwenden (siehe auch [3.35]).

6 Brandschutz

Während eines Brandes können bei Metallspreiz- und Hinterschnittdübeln drei verschiedene Versagensarten auftreten: Stahlversagen, Betonversagen oder Herausziehen/Durchziehen. Die Feuerwiderstandsdauer von Befestigungsmitteln wird in der Regel nur aufgrund von Versuchen beurteilt.

Hohe Feuertemperaturen verändern die mechanischen Eigenschaften von Stahl und Beton. Die Stahlfestigkeit und Betonausbruchlast nimmt bei hohen Temperaturen deutlich ab. Die bei einer bestimmten Feuerwiderstandsdauer ertragbare Stahlspannung wird von der Größe und Dicke des Anbauteils beeinflusst. Bei Befestigungen mit geringerer Verankerungstiefe findet eine größere Reduktion der Betonausbruchlast statt als bei Befestigungen mit großer Verankerungstiefe.

Verbundanker zeigen eine deutliche Verschlechterung der Tragfähigkeit im Brandfall.

3 C Bauwerksabdichtung

Univ.-Prof. Dr.-Ing. Nabil A. Fouad

1 Aufgabe von Abdichtungen

Bauwerksabdichtungen haben die Aufgabe, Bauwerke vor den schädigenden Einflüssen des eindringenden Wassers dauerhaft zu schützen. In diesem Kapitel werden unter dem Begriff „Abdichtung" Maßnahmen verstanden, die den Schutz vor von außen und in Nassbereichen einwirkenden Wassers, wie:

- Regenwasser,
- Bodenfeuchtigkeit,
- nicht stauendes und aufstauendes Sickerwasser,
- drückendes Wasser sowie
- vom Gebäudeinneren einwirkendes Wasser, z. B. in Nassräumen oder Schwimmbädern,

gewährleisten.

Die Wirksamkeit einer Abdichtung wird beeinflusst:

- von einer einwandfreien handwerklichen Ausführung,
- vom Entwurf der Abdichtung und
- von der Tragwerksplanung.

Folgen von schadhaften Abdichtungen sind:

- Eindringen von Grundwasser in ein Bauwerk
- Durchfeuchtung von Umschließungsflächen u. dadurch bedingte Nutzungseinschränkung der Räume
- verringerter Wärmeschutz bei durchfeuchteten Bauteilen
- verringerte Festigkeit einiger Baustoffe im feuchten Zustand
- Frost-Tau-Gefährdung einiger Baustoffe
- Korrosion von Baustoffen bei aggressivem Grundwasser (insbesondere bei WU-Beton).

Die direkten Baukosten für die Bauwerksabdichtungen sind, gemessen an den gesamten Baukosten, gering. Bei nicht gegebener Funktionsfähigkeit können allerdings die Folgekosten aus Schäden und etwaige Instandsetzungsmaßnahmen sehr erheblich sein. Bauwerksabdichtungen sind dadurch gekennzeichnet, dass sie in der Regel, insbesondere im Erdreich, nicht gewartet bzw. nachgebessert werden können, so dass sie für die gesamte Lebensdauer eines Bauwerks funktionsfähig sein und folgende grundlegende Anforderungen erfüllen müssen:

- **Herstellung von wasserdichten bzw. wasserundurchlässigen flächigen Schichten**

  Die Abdichtung muss es zulassen, eine wasserdichte oder wasserundurchlässige Schicht herzustellen. Die bei jedem Bau vorhandenen Risse oder Fugen müssen mit diesen Schichten dauerhaft und flexibel überbrückbar sein. Als wasserdicht gilt der Dichtstoff, wenn er bei einer Normprüfung nach z. B. DIN EN 1928 keine Feuchte durchlässt. Wasserundurchlässig bedeutet hingegen, dass nach einer bestimmten Zeit keine Undichtheit bei einem vordefinierten Wasserdruck auftritt; ein Feuchtedurchtritt (Wasserdampf-, vgl. Abschn. 9) ist jedoch möglich. Weiterhin müssen Abdichtungen gegen thermische Beanspruchungen, Witterungseinflüsse sowie bei der Verarbeitung widerstandsfähig sein.

- **Standsicherheit**

  Abdichtungen dürfen die allgemeine Standsicherheit des Gebäudes oder von Gebäudeteilen nicht beeinträchtigen (z. B. durch Gleiten von Gebäudekörpern). Die Standsicherheit der Abdichtungen selbst muss ebenfalls gewährleistet sein, gegebenenfalls sind hierzu besondere Maßnahmen erforderlich.

- **Chemische, physikalische und biologische Dauerhaftigkeit**

  Abdichtungen müssen gegenüber angreifenden, möglicherweise aggressiven Medien beständig und mit den berührenden Baustoffen verträglich sein. Abdichtungen müssen gegenüber Angriff durch Mikroorganismen widerstandsfähig und bei bestimmten Einsatzformen (z. B. Begrünung über der Abdichtung) wurzelfest sein.

2 Werkstoffe zur Bauwerksabdichtung

2.1 Vorbemerkung

Die geregelten sowie gebräuchlichsten Abdichtungsmaterialien sind in den folgenden Abschnitten aufgelistet. Die auf Grundlage von Normen geregelten Abdichtungsmaterialien sind im bauaufsichtlichen Bereich in der Bauregelliste A bzw. Bauregelliste B [3.71]: „Bauprodukte für die Bauwerks- und Dachabdichtung" aufgelistet. Die dort aufgelisteten Normen sind DIN-Normen für Abdichtungsbahnen, Fugenbänder, Klebemassen und Asphaltmassen. Eine Reihe dieser Produktregeln wurden bereits durch harmonisierte Europäische Normen (hEN) erfasst, deren Koexistenzperiode bereits abgelaufen ist. Diese Produkte dürfen nach Ablauf der Koexistenzperiode somit nur noch mit der CE-Kennzeichnung nach der entsprechenden hEN in Verkehr gebracht und verwendet werden. Die Vergleiche zwischen den hEN-Normen für z. B. die Abdichtungsbahnen mit den „alten bewehrten" nationalen Produktnormen zeigen, dass die Inhalte der harmonisierten EN-Normen zum Teil von den bekannten nationalen Produktnormen abweichen und/oder hinter ihnen zurückbleiben. Zur Aufrechterhaltung des nationalen Qualitätsniveaus sind daher sog. Anwendungsnormen mit den jeweiligen Teilen der Normenreihe DIN 20 000, Teil 201 und Teil 202 erschienen, in denen u. a. auch die anwendungsbezogenen Anforderungen der in den Produktnormen angegebenen Eigenschaften für die Verwendung bei Bauwerksabdichtungen festgelegt sind. In den Normen DIN V 20 000, Teil 201 und Teil 202 bestehen die Bezeichnungen der Abdichtungsbahnen aus Kurzzeichen für Produktmerkmale und Anwendungstypen wie in den Tafeln 3.78a/b und 3.79 dargestellt.

Tafel 3.78a Kurzzeichen für Bitumen- und Polymerbitumenbahnen

Stoff	Bezeichnung
Elastomerbitumen (Bitumen modifiziert mit thermoplastischen Elastomeren)	PYE
Kaltselbstklebende Polymerbitumenbahn mit Trägereinlage	PYP
Kaltselbstklebende Bitumen-Dichtungsbahn mit HDPE-Trägerfolie[1]	KSP
Glasvlies (X = bei V60 Flächengewicht in g/m²; bei V13 Gehalt an Löslichem[2] in % des Gehaltes in g/m²)	V(X)
Polyestervlies (X = Flächengewicht in g/m²)	PV(X)
Glasgewebe (X = Flächengewicht in g/m²)	G(X)
Rohfilz (X = Flächengewicht in g/m²)	R(X)
Kombinationsträgereinlage mit überwiegendem Polyesteranteil	KTP
Kombinationsträgereinlage mit überwiegendem Glasanteil	KTG
Kupferbandträgereinlage aus Kupferband 0,1 mm nach DIN EN 1652	Cu 01
Verbundträgereinlage aus Glasvlies 60 g/m² nach DIN 52 141 mit Polyester-Kupferfolienverbund ≥ 0,03 mm	Vcu
Schweißbahn (X = Dicke der unbestreuten Bahn in mm)	S(X)
Dachdichtungsbahn	DD
Dichtungsbahn	D
[1] HDPE: High Density Polyethylen. [2] Lösliche Tränk- und Deckmasse.	

Tafel 3.78b Kurzzeichen für Kunststoff- und Elastomerbahnen

Werkstoff	Bezeichnung
Ethylencopolymerisat-Bitumen	ECB
Ethylen-Vinylacetat-Terpolymer/-Copolymer	EVAC
Flexibles Polyolefin (auf Basis PE oder PP)	FPO / TPO
Chloriertes Polyethylen	PE-C
Polyisobuten (Polyisobutylen)	PIB
Polyvinylchlorid (weich)	PVC / PVC-P
Thermoplastische Elastomere, nicht vernetzt	TPE
Ethylen-Propylen-Dien-Terpolymer	EPDM
Isobutylen-Isopren-Kautschuk (Butylkautschuk)	IIR

Zur weiteren Stoffbeschreibung werden neben der Werkstoffbezeichnung folgende Kurzzeichen verwendet:

- Kaschiert	→ K	- Glasvlies	→ GV
- Verstärkt	→ V	- Polyestervlies	→ PV
- Einlage	→ E	- Polypropylenvlies	→ PPV
- bitumenverträglich	→ BV	- Glasgittergelege/-gewebe	→ GG
- nicht bitumenverträglich	→ NB	- Polyestergewebe/-gelege	→ PG
- Selbstklebeschicht	→ SK	- Polymerbitumenschicht	→ PBS

Tafel 3.79 Kurzzeichen für Anwendungstypen

Anwendung	Bezeichnung
Bahnen für einlagige Dachabdichtung	DE
Bahnen für die Oberlage einer mehrlagigen Dachabdichtung	DO
Bahnen für die untere Lage einer mehrlagigen Dachabdichtung	DU
Bahnen für Zwischenlage bzw. zusätzliche Lage einer mehrlagigen Dachabdichtung	DZ
Bahnen für Abdichtung in oder unter Wänden (horizontale Abdichtung – Mauersperrbahnen)	MSB
Bahnen für die Bauwerksabdichtung gegen Bodenfeuchte, nicht drückendes und drückendes Wasser	BA

2.2 In DIN 18 195-2 und/oder DIN 18 531-2 geregelte Abdichtungsstoffe

2.2.1 Klebemassen und Deckaufstrichmittel

- Straßenbaubitumen nach DIN EN 12 591
- Oxidbitumen nach DIN EN 13 305
- Elastomerbitumen nach DIN EN 14 023

2.2.2 Asphaltmastix und Gussasphalt

2.2.3 Bitumenbahnen

- Mauersperrbahnen (MSB): Bitumendachbahnen mit Rohfilzeinlage (R 500) oder Bitumen-Dachdichtungsbahnen (G200 DD, PV 200 DD)
- Nackte Bitumenbahnen (R 500 N)
- Bitumen-Dachbahnen mit Rohfilzeinlage (R 500)
- Glasvlies-Bitumendachbahnen (V 13)
- Bitumen-Dachdichtungsbahnen (G 200 DD, PV 200 DD)
- Bitumen-Dichtungsbahnen mit Kupferbandeinlage (Cu 01 D)
- Bitumen-Schweißbahnen mit Glasvlies-, Glasgewebe-, Polyestervlieseinlage (V 60 S4, G 200 S4, G 200 S5, PV 200 S5)
- Bitumen-Schweißbahnen mit Kupferbandeinlage (Cu 01 S4)
- Kaltselbstklebende Bitumen-Dichtungsbahnen mit HDPE-Trägerfolie (KSK)
- Edelstahlkaschierte Bitumen-Schweißbahnen

2.2.4 Polymerbitumenbahnen

- Polymerbitumen-Dachdichtungsbahnen mit Glasgewebe- oder Polyestervlieseinlage (PYE G 200 DD, PYE PV 200 DD)
- Polymerbitumen-Schweißbahnen mit Glasgewebe-, Polyestervlieseinlage (PYE G 200 S4, PYE G 200 S5, PYE PV 200 S5)
- Polymerbitumen-Schweißbahnen mit Kupferverbund- oder Kupfereinlage
- Polymerbitumenbahnen mit hochliegender Trägereinlage aus Polyestervlies
- Polymerbitumen-Schweißbahnen mit Kombinationsträgereinlage mit überwiegendem Glas- bzw. Polyesteranteil
- Polymerbitumenbahnen für einlagige Verlegung
- Kaltselbstklebende Polymerbitumenbahnen mit Trägereinlage (PYE – KTG KSP-2,8, PYE - KTP KSP-2,8)

Erläuterung: für die Bezeichnung von Bitumen- und Polymerbitumenabdichtungsbahnen bedeutet z. B. **BA PYE – PV 200 S5** eine Bahn aus Polymerbitumen (PYE) mit Polystervlies 200 g/m², Schweißbahn 5 mm dick, als Lage einer Bauwerksabdichtung. **MSB G 200 DD** bedeutet Bitumenbahn mit Glasgewebeeinlage 200 g/m² als Mauersperrbahn.

2.2.5 Kunststoffmodifizierte Bitumendickbeschichtungen KMB

- Einkomponentige Masse oder
- zweikomponentige Masse

auf Basis von Bitumenemulsionen.

2.2.6 Kunststoff- und Elastomerbahnen

- Ethylencopolymerisat-Bitumen, bitumenverträglich (ECB-Bahnen)
- Polyisobutylen bitumenverträglich (PIB-Bahnen)
- Polyvinylchlorid weich, nicht bitumenverträglich (PVC-P-Bahnen)
- Polyvinylchlorid weich, bitumenverträglich (PVC-P-Bahnen)
- Ethylen-Vinylacetat-Terpolymer, bitumenverträglich (EVA-Bahnen)
- Ethylen-Propylen-Dien-Terpolymer, bitumenverträglich (Elastomer-Bahnen, EPDM-Bahnen)
- Flexible Polyolefin-Bahnen, bitumenverträglich (FPO-Bahnen)
- Chlorierte Polyethylen-Bahnen (PE-C-Bahnen)
- Thermoplastische Elastomer-Bahnen (TPE-Bahnen)
- Isobutylen-Isopren-Copolymer-Bahnen (IIR-Bahnen)

Erläuterung: für die Bezeichnung von Kunststoff- und Elastomer-Dichtungsbahnen bedeutet z. B. **BA EPDM-BV-1,1** Bahn zur einlagigen Verlegung, aus Ethylen-Propylen-Dien-Terpolymer (EPDM), bitumenverträglich, homogen, Dicke 1,1 mm, als Lage einer Bauwerksabdichtung. **BA PVC-P-NB-E-GV-1,5** Bahn aus Polyvinylchlorid weich, nicht bitumenverträglich, mit Einlage aus Glasvlies, Dicke 1,5 mm, als Lage einer Bauwerksabdichtung.

2.2.7 Kalottengeriffelte Metallbänder

- Kupferband (CU-DHP)
- Edelstahlband (X5 CrNiMo 17-12-2)

2.2.8 Mineralische Abdichtungen

- Wasserunduchlässiger Beton (WU-Beton – nicht in DIN 18 195 geregelt)
- Flexible Dichtungsschlämme (MDS)
- Lehm- und Bentonit-Dichtungen (nicht in DIN 18 195 geregelt)

2.2.9 Flüssig zu verarbeitende Abdichtungsstoffe

- Verbundabdichtungen (AIV, mineralisch)
- Flüssigkunststoffe (FLK)

2.3 Hilfsstoffe

2.3.1 Stoffe für Voranstriche, Grundierungen, Versiegelungen und Kratzspachtelungen

- Stoffe auf Basis von Bitumen (als Lösung oder Emulsion)
- Stoffe auf Reaktionsharzbasis
- Stoffe auf Kunststoffbasis (als Lösung oder Dispersion)
- Stoffe auf silikatischer Basis

2.3.2 Stoffe für Trennschichten bzw. Trennlagen

- Ölpapier, mindestens 50 g/m²
- Rohglasvliese
- Vliese aus synthetischen Fasern, mindestens 150 g/m²
- Polyethylen-Folie (PE-Folie), mindestens 0,2 mm dick
- Lochglasvlies-Bitumenbahn, einseitig grob besandet
- Glasvliesbitumendachbahn (V 13)

2.3.3 Stoffe für Schutzlagen und Schutzschichten

- Bahnen aus PVC-halbhart, mindestens 1 mm dick
- Bautenschutzmatten und -platten aus Gummi- oder Polyethylengranulat, mindestens 6 mm dick
- Vliese aus synthetischen Fasern bzw. Geotextilien aus Chemiefasern, mindestens 300 g/m² und mind. 2 mm dick
- Kunststoff- und Elastomerbahnen (nach Abschn. 2.2.6)
- Beton, mindestens Güte C8/10, mind. 50 mm dick
- Mörtel mindestens CS III, mind. 20 mm dick
- Mauerwerk, mind. 115 mm dick
- Betonplatten, mind. 50 mm dick

- Gussasphalt, mind. 25 mm dick
- Perimeterdämmplatten aus Hartschaum oder Schaumglas
- Platten aus Hartschaum, mind. 25 mm dick
- Bitumen- und Polymerbitumenbahnen (nach Abschn. 2.2.3 und 2.2.4)
- Noppenbahnen aus Polyolefine mit Gleit-, Schutz- und Lastverteilungsschicht, mind. 0,8 mm dick
- Dränmatten/-platten, mind. 25 mm dick

2.3.4 Stoffe zum Verfüllen von Fugen in Schutzschichten

- Bitumenhaltige Vergussmassen
- Fugendichtstoffe aus Kunststoffen, Bitumen oder Polymerbitumen
- Fugenverfüllband aus Bitumen, thermoplastischen Kunststoffen oder Elastomeren.

2.4 Schutzschichten und Schutzmaßnahmen nach DIN 18 195-10

Bauwerksabdichtungen sind vor Beschädigungen zu schützen und dies bereits bei der Herstellung eines Bauwerks. Schutzschichten sind außerdem auf Abdichtungen unter intensiv begrünten Dachflächen, über Bewegungsfugen und an Durchdringungen, Übergängen und Abschlüssen notwendig. Die Stoffe für Schutzschichten müssen mit der Bauwerksabdichtung verträglich und gegen die auf sie einwirkenden Beanspruchungen jeglicher Art widerstandsfähig sein. Die Schutzschichten bzw. Schutzmaßnahmen sind in DIN 18 195-10 geregelt. Folgende Stoffe können als Schutzschicht verwendet werden:

- Beton-Schichten
- Mörtel- und Estrich-Schichten
- Mauerwerk und Trockenmauerwerk
- Beton-Fertigteilplatten sowie Keramik- oder Werksteinplatten
- Gussasphalt
- Bitumen-Dichtungsbahnen mit Metallbandeinlage (nur bei einer Einbautiefe $\geq$ 3,0 m unter GOK)
- Perimeterwärmedämmplatten (Schaumkunststoffplatten oder Schaumglasplatten)
- Sonstige Stoffe, die den o. g. Anforderungen nach DIN 18 195-10 genügen.

3 Beanspruchung von Bauwerken durch Wasser

3.1 Erscheinungsformen des Wassers

Bauwerke werden beansprucht durch Grundwasser (auch aggressives Grundwasser), Stau- und Schichtenwasser, Sickerwasser, Haft- und Kapillarwasser, Niederschläge oder Brauchwasser in Innenräumen. In DIN 18 195-1 sind die in Tafel 3.82 zusammengefassten Wasserarten, die ein Bauwerk bzw. Bauteil beanspruchen können, definiert.

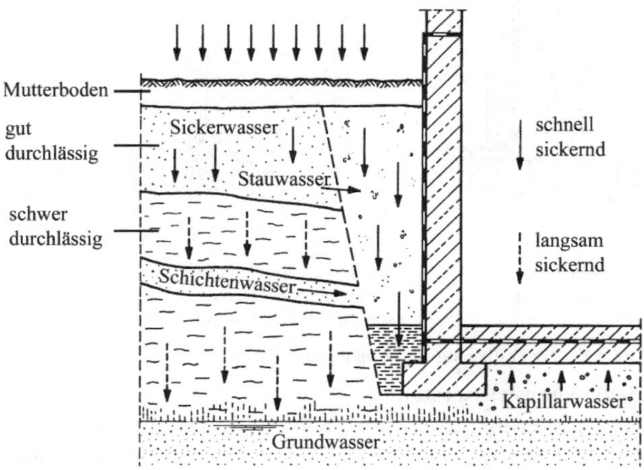

Abb. 3.81
Wasserzufluss an ein Bauwerk im Erdreich

Tafel 3.82 Erscheinungsformen des Wassers nach DIN 18 195-1

Wasserart		Erscheinungsform
Oberflächenwasser		Aus Niederschlägen auf der Geländeoberfläche fließendes Wasser, welches das Bauwerk vorübergehend aufstauend beanspruchen kann.
im Boden vorhandenes Wasser	Boden-feuchtigkeit	Haft- und Kapillarwasser, das im Boden gebunden ist, gilt als Mindestbeanspruchung von erdberührten Bauteilen.
	nicht stauendes Sickerwasser	Niederschlags- oder Oberflächenwasser, das nicht an der Oberfläche abfließt oder verdunstet und in gut durchlässigen Sand- oder Kiesböden mit einem Durchlässigkeitsbeiwert von $k > 10^{-4}$ m/s unter Einwirkung der Schwerkraft rasch und vor allem ungehindert in den tieferen Baugrund bis zum Grundwasser versickern bzw. abfließen kann. Nichtstauendes Sickerwasser übt keinen hydrostatischen Druck auf die Bauteile aus.
	aufstauendes Sickerwasser	Unter Einwirkung der Schwerkraft frei abfließendes Wasser, das auf wenig durchlässigen Bodenschichten (z. B. Schluff, Ton) mit einem Durchlässigkeitsbeiwert von $k \leq 10^{-4}$ m/s zeitweise aufstauen kann.
	nicht drückendes Wasser	Als nicht drückendes Wasser wird Niederschlags-, Sicker- und Brauchwasser bezeichnet, welches auf Abdichtungen keinen oder nur einen geringfügigen, zeitlich begrenzten hydrostatischen Druck (Aufstauhöhe ≤ 100 mm) ausübt.
	drückendes Wasser	Sickerwasser als Stauwasser, welches sich auf dem Weg zum Grundwasser auf sehr gering durchlässigen Bodenschichten aufstaut. Schichtenwasser als ungebundenes Wasser, das sich oberhalb des Grundwassers in einer wenig wasserdurchlässigen Schicht ansammelt und zu einem ständigen oder lang anhaltenden Wasseraufstau führt. Grundwasser als stehendes oder fließendes Wasser, das die unterirdischen Hohlräume und die Poren des Erdreichs zusammenhängend ausfüllt und hydrostatischen Druck und Auftrieb erzeugt.

3.2 Reduzierung der Wasserbeanspruchung durch Dränagen

In bestimmten Fällen kann es sinnvoll oder auch notwendig sein, die zu erwartende Wasserbeanspruchung durch eine Dränage nach DIN 4095 zu reduzieren. Diese Norm enthält in Verbindung mit der Abdichtung erdberührter Bauteile folgende drei Fälle (vgl. Abb. 3.82):

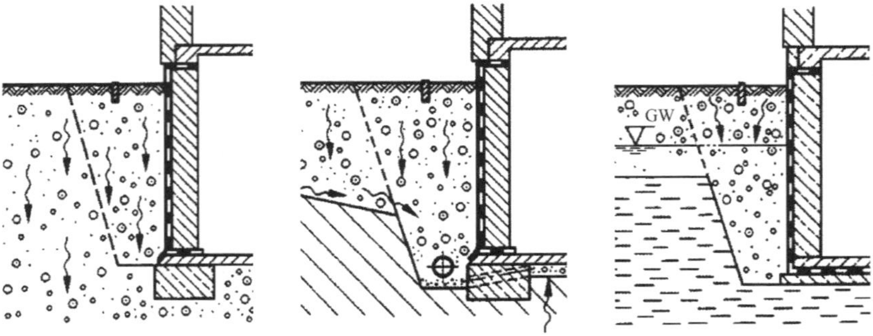

Fall a) Abdichtung ohne Dränung (Bodenfeuchte in stark durchlässigen Böden)

Fall b) Abdichtung mit Dränung (Stau- und Sickerwasser in schwach durchlässigen Böden)

Fall c) Abdichtung ohne Dränung (mit Grundwasser)

Abb. 3.82 Fälle zur Festlegung der Dränung nach DIN 4095

3.3 Bemessungswasserstand

Der Bemessungswasserstand wird nach DIN 18 195-1 wie folgt definiert:

„Der höchste, nach Möglichkeit aus langjähriger Beobachtung ermittelte Grundwasserstand/Hochwasserstand. Bei von innen drückendem Wasser, der planmäßige Wasserstand."

In der DAfStb-Richtlinie „Baukörper aus wasserundurchlässigem Beton“ [3.69] wird der Begriff des Bemessungswasserstandes wie folgt definiert:

„Der höchste innerhalb des planmäßig zu erwartenden Grundwasser-, Schichtenwasser- oder Hochwasserstands unter Berücksichtigung langjähriger Beobachtungen und zu erwartender Gegebenheiten: der höchste planmäßige Wasserstand.“

Damit müssen nach der Begriffsdefinition der WU-Richtlinie [3.69] auch noch die während der Nutzungsdauer „zu erwartenden“ höchsten Grundwasser- und Hochwasserstände prognostiziert werden. In vielen Fällen sind derartig gesicherte Prognosen nicht möglich. Das neue Merkblatt des BWK [3.75] zur Ermittlung des Bemessungswasserstandes für Bauwerksabdichtungen zeigt erforderliche Arbeitsschritte zur systematischen Einbeziehung der Einflussfaktoren auf den Bemessungsgrundwasserstand auf und macht Vorschläge für eine sinnvolle Arbeitsteilung und Aufgabenerfüllung bei der Planung.

3.4 Zuordnung der Abdichtungsarten in Abhängigkeit von Wasserbeanspruchung, Bodenart und Nutzung

In Abhängigkeit von der Beanspruchung des Bauwerks durch das anstehende Wasser und in Abhängigkeit von der Wasserdurchlässigkeit des anstehenden Bodens sowie von der Nutzung des Bauwerks ist die Art der Abdichtung festzulegen (vgl. Tafel 3.83).

Bei Vorhandensein von Stauwasser oder Schichtenwasser muss die Abdichtung gegen drückendes Wasser bemessen werden. Wird das Schichtenwasser bzw. das stauende Wasser durch eine Dränage abgeführt (vgl. Abschn. 7), so genügt es, die Abdichtung wie für eine durch Bodenfeuchte beanspruchte Abdichtung auszuführen (vgl. DIN 18 195-1 und Tafel 3.83).

Tafel 3.83 Zuordnung der erforderlichen Abdichtungsarten nach DIN 18 195-1 in Abhängigkeit von Wasserbeanspruchung und Einbausituation

<table>
<tr><th>Bauteilart</th><th>Wasserart</th><th colspan="2">Einbausituation</th><th>Wasser-einwirkung</th><th>Abdichtung nach</th></tr>
<tr><td rowspan="3">Erdberührte Wände und Bodenplatten oberhalb des Bemessungs-wasserstandes</td><td rowspan="3">Kapillarwasser
Haftwasser
Sickerwasser</td><td colspan="2">stark durchlässiger Boden[7]
$k > 10^{-4}$ m/s</td><td rowspan="2">Bodenfeuchte und nicht stauendes Sickerwasser</td><td rowspan="2">DIN 18 195-4</td></tr>
<tr><td rowspan="2">Wenig durchlässiger Boden[7]
$k \leq 10^{-4}$ m/s</td><td>mit Dränung[1]</td></tr>
<tr><td>ohne Dränung[2]</td><td>aufstauendes Sickerwasser</td><td>DIN 18 195-6
Abschnitt 9</td></tr>
<tr><td rowspan="3">Waagerechte und geneigte Flächen im Freien und im Erdreich;
Wand- und Bodenflächen in Nassräumen</td><td rowspan="3">Niederschlags-wasser
Sickerwasser
Anstaube-wässerung[3]
Brauchwasser</td><td colspan="2">Balkone u. ä. Bauteile im Wohnungsbau
Nassräume im Wohnungsbau[5]</td><td>nicht drückendes Wasser, mäßige Beanspruchung</td><td>DIN 18 195-5
Abschnitt 8.2</td></tr>
<tr><td colspan="2">genutzte Dachflächen[4]
intensiv begrünte Dachflächen[3]
Nassräume (ausgenommen Wohnungsbau)[5]
Schwimmbäder[6]</td><td>nicht drückendes Wasser, hohe Beanspruchung</td><td>DIN 18 195-5
Abschnitt 8.3</td></tr>
<tr><td colspan="2">nicht genutzte Dachflächen, frei bewittert, ohne feste Nutzschicht, einschließlich Extensivbegrünung</td><td>nicht drückendes Wasser</td><td>DIN 18 531</td></tr>
<tr><td>Erdberührte Bauteile unterhalb des Bemessungs-wasserstandes</td><td>Grundwasser
Hochwasser</td><td colspan="2">alle Bodenarten, Gebäudeart und Bauweise</td><td>drückendes Wasser von außen</td><td>DIN 18 195-6
Abschnitt 8</td></tr>
<tr><td>Wasserbehälter, Becken</td><td>Brauchwasser</td><td colspan="2">Im Freien und in Gebäuden</td><td>drückendes Wasser von innen</td><td>DIN 18 195-7</td></tr>
<tr><td colspan="6">[1] Dränung nach DIN 4095. [2] Bis zu Gründungstiefen von 3 m unter Geländeoberkante, sonst Z. 8.
[3] Bis etwa 10 cm Anstauhöhe. [4] Beschreibung siehe 7.3 in DIN 18 195-5.
[5] Beschreibung siehe 7.2 in DIN 18 195-5. [6] Umgänge, Duschräume. [7] Siehe DIN 18 130-1.</td></tr>
</table>

4 Abdichtung gegen Bodenfeuchtigkeit nach DIN 18 195-4

4.1 Abdichtungsprinzipien

Als Bodenfeuchtigkeit wird Wasser bezeichnet, das als Kapillarwasser, Haftwasser und nicht stauendes Sickerwasser auftritt.

Abdichtungsmaßnahmen für Bauwerke gegen Bodenfeuchte werden in DIN 18 195-4 geregelt. Mit dieser Feuchtigkeitsbeanspruchung darf jedoch nur gerechnet werden, wenn das Baugelände (auch unter der Fundamentsohle und das Verfüllmaterial an den Wänden) aus nichtbindigen Böden, z. B. Sand, Kies bestehen. Ein ausreichend nichtbindiger Boden ist vorhanden, wenn der Boden einen sog. Wasserdurchlässigkeitsbeiwert *k* von mindestens 10^{-4} m/s = 0,01 cm/s nach DIN 18 130-1 aufweist.

Dies ist notwendig, da nur nichtbindige Böden für anfallendes Wasser in tropfbar flüssiger Form so durchlässig sind, dass es ständig von der Oberfläche des Geländes bis zum freien Grundwasserstand absickern kann und nicht vorübergehend, z. B. bei starken Niederschlägen aufstaut.

Die Abdichtung muss das Bauwerk gegen im Boden vorhandene o. g. Feuchtigkeitsbeanspruchung schützen und die durch Kapillarität in den Bauteilen mögliche Wasserbewegung unterbinden. In Abb. 3.84 ist die mögliche Wasserbewegung in einer ungeschützten Wand dargestellt: hieraus sind die erforderlichen Stellen für die Abdichtungsmaßnahmen vorgegeben:

- waagerechte Schutzschicht über dem Fundament,
- senkrechte Schutzschichten an der Kelleraußenwand,
- Spritzwasserschutz an der Außenwand oberhalb der Geländeoberfläche und
- Schutz der Kellersohle.

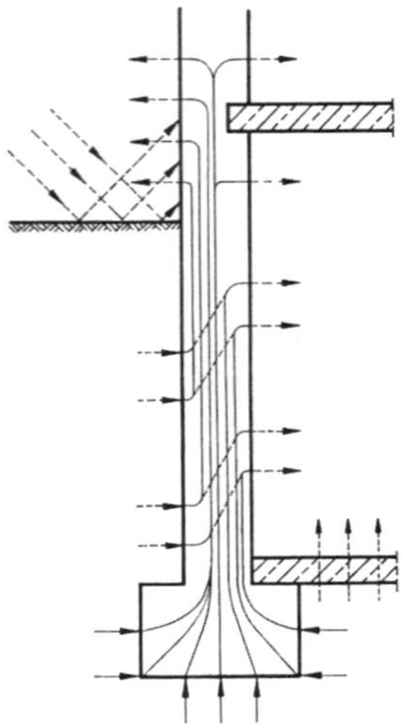

Abb. 3.84
Mögliche Wasserbewegungen an einer nicht abgedichteten Mauerwerkswand

4.2 Konstruktive Ausbildung und Materialien

4.2.1 Waagerechte Abdichtungen in oder unter Wänden (Mauersperre)

Waagerechte Abdichtungen in oder unter Wänden haben die Aufgabe, den kapillaren Wassertransport in den Wandbaustoffen zu unterbinden.

Bei Wänden aus Beton ist die Anordnung einer waagerechten Abdichtung in der Regel nicht möglich. In solchen Fällen sind die Fundamente und Wände aus wasserundurchlässigem Beton herzustellen, oder wenn dies nicht möglich ist, ist unterhalb und seitlich der Fundamente eine grobkörnige Kiesschicht als kapillarbrechende Schicht anzuordnen (vgl. Abb. 3.90b). Die Kiesschüttung ist zu verdichten und gegen das Eindringen von Zementschlämmen durch z. B. ein geotextiles Vlies zu schützen.

In Räumen mit Wänden aus Mauerwerk, in denen nutzungsbedingt die Möglichkeit des Wasseranfalls auf der Bodenplatte besteht und weiterhin während der Bauphase in aller Regel Wasseranfall auf der Bodenplatte (z. B. durch Niederschlag) unvermeidbar ist, wird der Einbau einer zweiten waagerechten Abdichtung oberhalb der ersten Steinschicht des Kellermauerwerks empfohlen, um aufsteigende Feuchte in den Wandfußpunkten zu begrenzen (vgl. Abb. 3.85b). Diese Empfehlung betrifft Außen- und Innenwände gleichermaßen und geht damit über die Mindestanforderungen der DIN 18 195-4 hinaus.

Werden horizontale Abdichtungen ausnahmsweise nicht direkt über dem Fundament angeordnet, sondern in den Wänden, muss die Abdichtung durch einen gegebenenfalls vorhandenen Innenputz geführt werden, um eine Feuchtebrücke im Bereich des Putzes zu vermeiden (vgl. Abb. 3.85c). Diese Abdichtung ist mit der Wand- und Bodenplattenabdichtung – sofern vorhanden – zu verkleben.

Vorzuziehen sind in jedem Fall horizontale Abdichtungen unterhalb der Wände auf dem Fundament (Abb. 3.85a), da Konstruktionen entsprechend Abb. 3.85c schadensanfälliger sind.

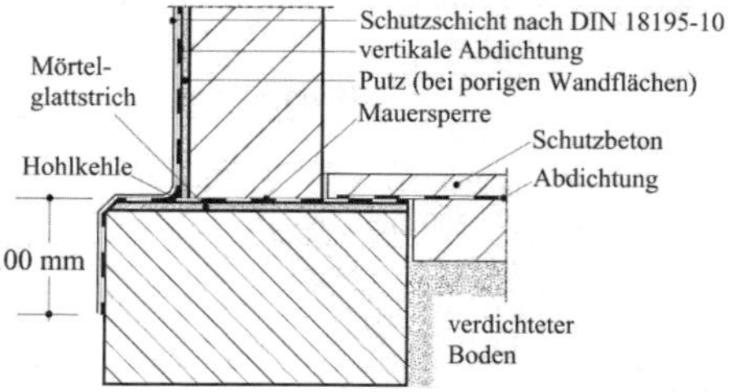

Abb. 3.85a Abdichtung nach DIN 18195-4

Die vertikale Abdichtung muss in ihrer gesamten Länge an die waagerechte Abdichtung herangeführt und verklebt werden.

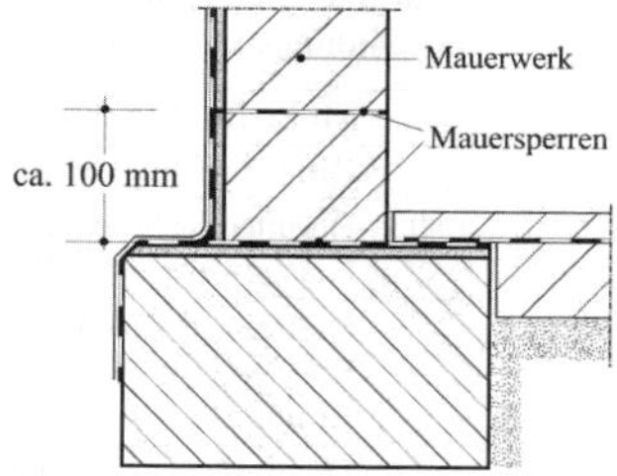

Abb. 3.85b

Empfehlung für eine zusätzliche horizontale Abdichtung am Fußpunkt von Mauerwerkswänden

Für die horizontale Abdichtung sind die in Tafel 3.86 aufgeführten Dach- bzw. Dichtungsbahnen nach DIN 18 195-4 anzuwenden. Es ist darauf hinzuweisen, dass zwischenzeitlich harmonisierte Normen für die Mauersperrbahnen (DIN EN 14 909 und DIN EN 14 967) sowie der zugehörigen Anwendungsnorm (DIN V 20 000-202) erschienen sind. Diese Normen haben eine größere Produktvielfalt zur Folge, während sich die zugehörigen Bahnendicken nur geringfügig geändert haben.

Bitumen-Schweißbahnen sind als Mauersperre *nicht* zulässig. Wegen des im Gegensatz zu Bitumen-Dachbahnen und Bitumen-Dachdichtungsbahnen höheren Anteils an Bitumen kann es zu einem Abfließen des überschüssigen Bitumens kommen, mit der Folge des Entstehens möglicher Risse bzw. des seitlichen Gleitens erddruckbelasteter Wände.

a)

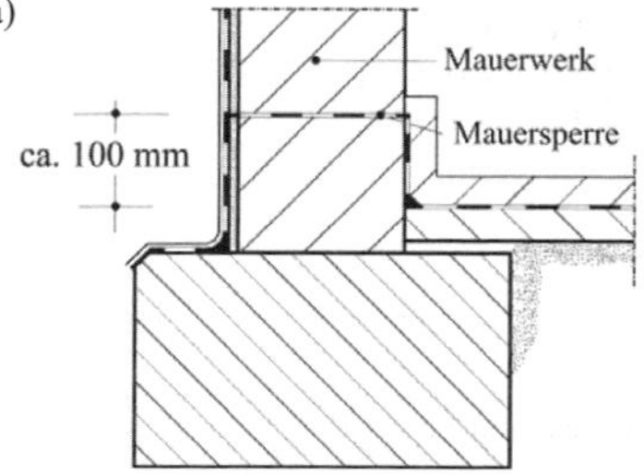

b)

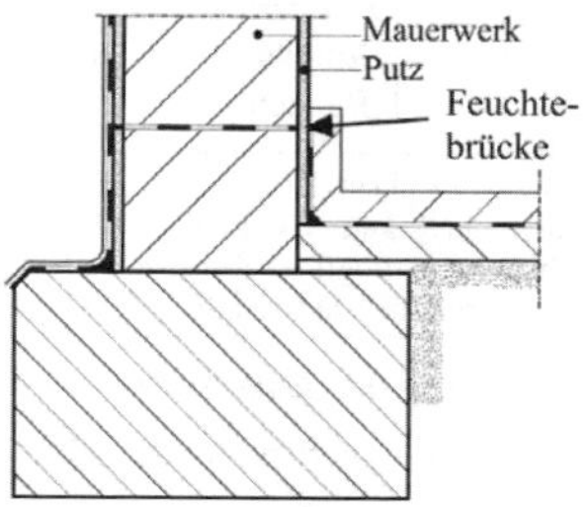

Abb. 3.85c In Variante a) ist eine mögliche Ausführung der horizontalen Abdichtung dargestellt. Die Variante b) stellt aufgrund der Nichtdurchführung der Abdichtung durch den Innenputz eine Feuchtebrücke dar.

Die einlagig einzubauenden Bahnen dürfen nach DIN 18 195-4 nicht aufgeklebt werden und müssen sich mindestens 200 mm überdecken. Die Überdeckungen selbst dürfen verklebt werden. Die Auflageflächen für die Abdichtungsbahnen müssen durch Mauermörtel so glatt ausgeführt werden, dass keine schädlichen Unebenheiten, die z. B. zu Perforationen führen, entstehen.

Die lose verlegten Abdichtungsbahnen können keine horizontal wirkenden Kräfte, z. B. aus einseitigem Erddruck bei Bauten am Hang oder bei nur einseitig für einen längeren Zeitraum verfüllten Baugruben, aufnehmen. In solchen Fällen dürfen nach DIN 18 195-4 die Abdichtungen stufenförmig ausgeführt werden. Eine weitere Möglichkeit besteht darin, die horizontalen Kräfte durch konstruktive Maßnahmen abzuleiten, wie z. B. durch die Anordnung von Widerlagern.

Die in der dritten Spalte von Tafel 3.86 angegebenen Bezeichnungen können an den folgenden zwei Beispielen erläutert werden:

- **MSB PVC-P-NB-1,2** bedeutet Bahnen aus Polyvinylchlorid weich, nicht bitumenverträglich, homogen, Dicke 1,2 mm, als „Mauersperre“
- **MSB FPO-BV-V-GG-1,2** bedeutet Bahn aus flexiblen Polyolefinen, bitumenverträglich, mit Verstärkung aus Glasgittergewebe, Dicke 1,2 mm, als „Mauersperre“

Tafel 3.86 Dach- bzw. Dichtungsbahnen für waagerechte Abdichtungen in oder unter Wänden (Anwendungstyp MSB)

Abdichtungsbahnen		Bezeichnung
Bitumen- und Polymerbitumenbahnen	Bitumenbahnen mit Rohfilzeinlage	R 500
	Bitumendachdichtungsbahnen mit Glasgewebe- oder Polyestervlieseinlage	G 200 DD / PV 200 DD
Kunststoff- und Elastomerbahnen	Dichtungsbahnen aus Ethylencopolymerisat-Bitumen	ECB-BV-E-GV-1,5 ECB-BV-V(X)[1)]-1,5 ECB-BV-E-GV-K-(X)[2)]-1,5
	Dichtungsbahnen aus Polyisobutylen	PIB-BV-K-(X)[2)]-1,5
	Dichtungsbahnen aus weichmacherhaltigem Polyvinylchlorid (nicht bitumenverträglich[3)]/ bitumenverträglich)	PVC-P-NB/BV-1,2 PVC-P-NB/BV-E-GV-1,2 PVC-P-NB/BV-V-(X)[1)]-1,2 PVC-P-NB/BV-K-(X)[2)]-1,2 PVC-P-NB/BV-E-GV-K-(X)[2)]-1,2 PVC-P-NB/BV-V-(X)[1)] -K-(X)[2)]-1,2
	Dichtungsbahnen aus Ethylen-Vinyl-Acetat-Terpolymer	EVA-BV-1,2 EVA-BV-V-(X)[1)]-1,2 EVA-BV-K-(X)[2)]-1,2
	Dichtungsbahnen aus flexiblem Polyolefin	FPO-BV-1,2 FPO-BV-E-GV-1,2 FPO-BV-V-(X)[2)]-1,2 FPO-BV-E-GV-K-(X)[2)]-1,2 FPO-BV-V-(X)1)-K-(X)[2)]-1,2
	Ethylen-Propylen-Dien-Terpolymer-Bahnen	EPDM-BV-1,1 EPDM-BV-V-(X)[1)]-1,3 EPDM-BV-K-(X)[2)]-1,1

1) Verstärkung (X) kann PV, GG oder PG sein.
2) Kaschierung (X) kann PV, PPV oder GG sein.
3) Nicht bitumenverträgliche Kunststoff-Dichtungsbahnen dürfen nur verwendet werden, wenn sie nicht mit Bitumenwerkstoffen in Berührung kommen (Trennlage).

4.2.2 Abdichtung der Außenwände

Alle vom Boden berührten Außenflächen der Umfassungswände sind gegen Bodenfeuchtigkeit abzudichten.

- **Anforderungen an den Untergrund**

Der Untergrund, auf den die Abdichtungen aufgebracht werden, muss folgenden Anforderungen entsprechen (vgl. DIN 18 195-3):

- Bauwerksflächen, auf die die Abdichtung aufgebracht werden soll, müssen frostfrei, fest, eben, frei von Nestern und klaffenden Rissen, Graten und frei von schädlichen Verunreinigungen sein und sie müssen zudem bei aufgeklebten Abdichtungen oberflächentrocken sein.
- Nicht verschlossene Vertiefungen größer als 5 mm, wie beispielsweise Mörteltaschen, offene Stoß- und Lagerfugen oder Ausbrüche, sind mit geeigneten Mörteln zu schließen. Oberflächen von Mauerwerk oder von haufwerksporigen Baustoffen, offene Stoßfugen bis 5 mm und Oberflächenprofilierungen bzw. Unebenheiten von Steinen müssen, sofern keine Abdichtungen mit überbrückenden Werkstoffen verwendet werden, entweder durch Verputzen, Vermörtelung, durch Dichtungsschlämme oder durch eine Kratzspachtelung verschlossen und egalisiert werden.
- Vor- u. Rücksprünge der abzudichtenden Flächen sind auf die unbedingt notwendige Anzahl zu beschränken.
- Haufwerksporige Betone oder andere Baustoffe mit ähnlicher Oberflächenstruktur müssen für den Fall, dass eine KMB als Abdichtung verwendet wird, mit den o. g. Stoffen egalisiert oder mit einer Kratzspachtelung (z. B. KMB) versehen werden.
- Bei der Ausführung mit bitumenhaltigen Abdichtungen ist zu beachten, dass Kanten gefast und Kehlen möglichst gerundet werden. Bei zweikomponentigen kunststoffmodifizierten Bitumendickbeschichtungen kann die Ausrundung mit kunststoffmodifiziertem Bitumendickbeschichtungsmaterial erfolgen, soweit der Hersteller dies zulässt. Hierbei ist auf die längere Durchtrocknungszeit zu achten.

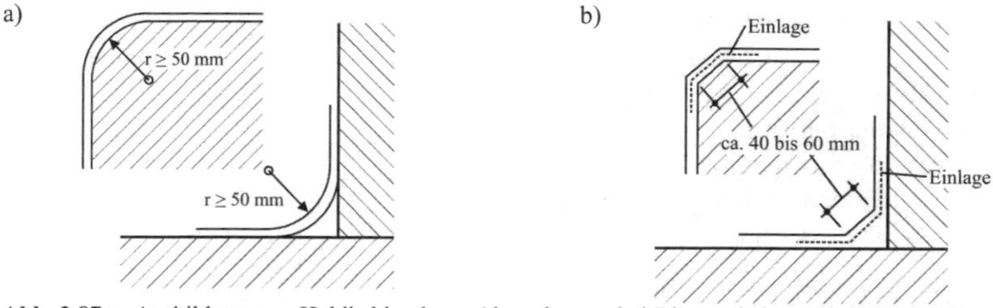

Abb. 3.87a Ausbildung von Hohlkehlen bzw. Abrundungen bei Bitumenbahnen (Fall a)) und Beschichtungen (z. B. KMB – Fall b))

- **Ausbildung und Ausführung**

Folgendes ist bei der Ausbildung der vertikalen Abdichtung zu beachten:

- Auf dem Untergrund ist das Abdichtungssystem in der Regel wie folgt aufgebaut: Voranstrich, Klebemasse, Abdichtung, Deckaufstrichmittel und Schutzschicht.
- Die vertikale Abdichtung muss in ihrer gesamten Länge an die waagerechte Abdichtung herangeführt und/oder verklebt werden, so dass keine Feuchtigkeitsbrücken, insbesondere im Bereich von Putzflächen entstehen können (vgl. Abb. 3.85a bis c).
- Auf die Verträglichkeit der möglicherweise unterschiedlichen Materialien für die vertikale und horizontale Abdichtung ist zu achten, insbesondere wenn KMB als vertikale Abdichtung angeordnet wird.
- Kunststoffmodifizierte Bitumendickbeschichtungen sind zweilagig anzuordnen. Die Schichtdickenkontrolle kann durch das Messen der Nassschichtdicke (im frischen Zustand mit Hilfe einer Lehre) oder der Trockenschichtdicke (Keilschnittverfahren, Abb. 3.87b) erfolgen.
- Die Wandabdichtungen insbesondere KMB-Abdichtungen sind durch Schutzschichten gegen mechanische Beschädigungen z. B. bei Bauarbeiten oder beim Verfüllen der Baugrube zu schützen (vgl. Abschn. 2.4). Bauschutt, Geröll o. Ä. darf nicht unmittelbar die Abdichtung berühren.

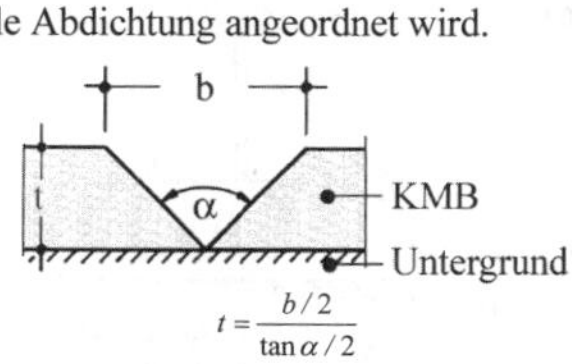

Abb. 3.87b
Prinzip einer Keilschnittprobe

- Bei der Verwendung von KMB-Abdichtungen muss in den Anschlussbereichen eine Gewebeverstärkung eingebaut werden.
- Diese Abdichtung muss planmäßig bis 300 mm über Gelände hochgeführt werden, um ausreichende Anpassungsmöglichkeiten der Geländeoberfläche sicherzustellen. Im Endzustand darf dieser Wert das Maß von 150 mm nicht unterschreiten (Spritzwasserschutz).
- Oberhalb des Geländes darf die Abdichtung entfallen, wenn dort ausreichend wasserabweisende Bauteile angeordnet werden. Die Abdichtung muss dann diese Bauteile am Übergang überlappend unterfahren. Bei unverputzt bleibendem, zweischaligem Mauerwerk kann die Abdichtung am Gebäudesockel hinter der Verblendschale auf die Außenseite der Innenschale hochgeführt werden. Der Zwischenraum sollte am Fußpunkt der Verblendschale entwässert werden.
- Die Abdichtungsmaterialien, die nach DIN 18 195-4 verwendet werden dürfen, sind in der Tafel 3.87 dargestellt. Mit der Ausnahme von KMB ist bei allen bitumenverträglichen Materialien ein kaltflüssiger Voranstrich nach Abschnitt 2.3.1 vorgesehen.

Tafel 3.87 Anforderungen nach DIN 18 195-4 an die verwendbaren Werkstoffe für die vertikale Abdichtung erdberührter Wände

Abdichtung	Anforderung / Bemerkung
Deckaufstrichmittel nach Abschn. 2.2.1	Mindestdicke ≥ 1,5 mm und mittlere Dicke ≥ 2,5 mm nicht für unterkellerte Gebäude
KMB nach Abschn. 2.2.5	Mindestdicke = 3 mm; in zwei Arbeitsgängen aufbringen
Bitumen- und Polymerbitumenbahnen, auch -schweißbahnen nach Tafel 3.88a	einlagig
Bitumen-KSK-Bahnen nach Tafel 3.88a	einlagig
Kunststoff- und Elastomerbahnen nach Tafel 3.88b	einlagig
Elastomerbahnen mit Selbstklebeschicht nach Tafel 3.88b	einlagig

Tafel 3.88a Übersicht zu den Bitumen- und Polymerbitumenbahnen (Anwendungstyp BA)

Abdichtungsbahnen	Bezeichnung
Bitumendachbahnen mit Rohfilzeinlage	R 500
Glasvlies-Bitumendachbahnen	V13
Bitumen-Schweißbahnen mit Glasvlieseinlage	V 60 S4
Bitumen-Dichtungsbahnen mit Kupferbandeinlage	Cu 01 D
Bitumen-Schweißbahnen mit Kupferbandeinlage	Cu 01 S4
Bitumendachdichtungsbahnen und Bitumenschweißbahnen mit Glasgewebe- oder Polystervlieseinlage	G 200 DD / PV 200 DD G 200 S4 / S5 PV 200 S5
Polymerbitumendachdichtungsbahnen und Polymerbitumen-Schweißbahnen mit Glasgewebe- oder Polystervlieseinlage	PYE – G 200 DD, PYE – PV 200 DD PYE – G 200 S4 / S5 PYE – PV 200 S5
Kaltselbstklebende Bitumen-Dichtungsbahnen mit HDPE-Trägerfolie	KSK
Kaltselbstklebende Polymerbitumen-Bahnen mit Trägereinlage	PYE-KTG KSP-2,8 PYE-KTP KSP-2,8

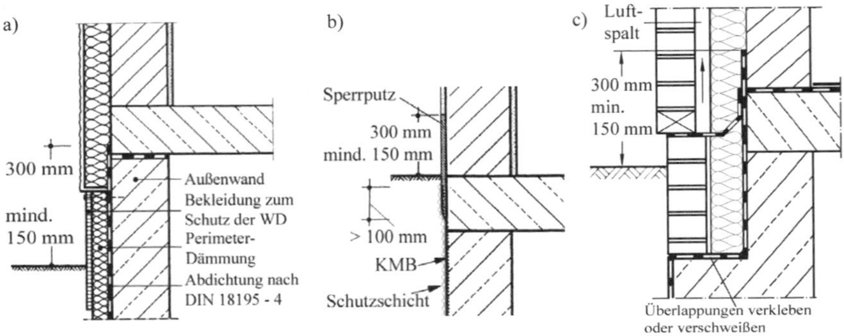

Abb. 3.88 Anschluss der Abdichtung im Sockelbereich: a) WDVS; b) mit KMB; c)Verblend-Mauerwerk (Bemerkung: Die Darstellung ist nur schematisch und berücksichtigt z. B. nicht die Belange des Wärmeschutzes.)

Tafel 3.88b Übersicht zu den Kunststoff- und Elastomerbahnen (Anwendungstyp BA)

Abdichtungsbahnen		Bezeichnung
Homogene Bahnen	Ethylen-Vinyl-Acetat-Terpolymer	EVA-BV-1,2
	weichmacherhaltiges Polyvinylchlorid (nicht bitumenverträglich[3)]/ bitumenverträglich)	PVC-P-NB/BV-1,2 PVC-P-BV-1,5-SK
	Ethylen-Propylen-Dien-Terpolymer-Bahnen	EPDM-BV-1,1 (auch als -SK)
	Polyisobutylen-Bahnen	PIB-BV-1,5
	Bahnen aus flexiblem Polyolefin	FPO-BV-1,2
Bahnen mit Einlagen	Ethylen-Copolymerisat-Bitumen	ECB-BV-E-GV-1,5 / -SK
	weichmacherhaltiges Polyvinylchlorid (nicht bitumenverträglich[3)]/ bitumenverträglich)	PVC-P-NB/BV-E-GV-1,2 PVC-P-BV-E-GV-1,2-SK
	Bahnen aus flexiblem Polyolefin	FPO-BV-E-GV-1,2
Fortsetzung und Fußnoten s. nächste Seite.		

Tafel 3.88b (Fortsetzung)

	Abdichtungsbahnen	Bezeichnung
Bahnen mit Verstärkung	Ethylen-Copolymerisat-Bitumen	ECB-BV-V(X)[1]-1,5
	weichmacherhaltiges Polyvinylchlorid (nicht bitumenverträglich[3]/ bitumenverträglich)	PVC-P-NB/BV-V-(X)[1]-1,2 (auch als -SK)
	Ethylen-Vinyl-Acetat-Terpolymer	EVA-BV-V-(X)[1]-1,2
	Ethylen-Propylen-Dien-Terpolymer-Bahnen	EPDM-BV-V-(X)[1]-1,3 (auch als -SK) EPDM-BV-V-(X)[1]-1,3-PBS
	Bahnen aus flexiblem Polyolefin	FPO-BV-V-(X)[2]-1,2
Bahnen mit Kaschierung mit oder ohne Verstärkung	Ethylen-Copolymerisat-Bitumen	ECB-BV-E-GV-K-(X)[2]-1,5
	weichmacherhaltiges Polyvinylchlorid (nicht bitumenverträglich[3]/bitumenverträglich)	PVC-P-NB/BV-K-(X)[2]-1,2 (auch als -SK) PVC-P-NB/BV-E-GV-K-(X)[2]-1,2 PVC-P-NB/BV-V-(X)[1] -K-(X)[2]-1,2
	Ethylen-Vinyl-Acetat-Terpolymer	EVA-BV-K-(X)[2]-1,2
	Polyisobutylen-Bahnen	PIB-BV-K-(X)[2]-1,5
	Bahnen aus flexiblem Polyolefin	FPO-BV-E-GV-K-(X)[2]-1,2 FPO-BV-V-(X)[1]-K-(X)[2]-1,2
	Ethylen-Propylen-Dien-Terpolymer-Bahnen	EPDM-BV-K-(X)[2]-1,1 (auch als -SK)

[1] Verstärkung (X) kann PV, GG oder PG sein.
[2] Kaschierung (X) kann PV, PPV oder GG sein.
[3] Nicht bitumenverträgliche Kunststoff-Dichtungsbahnen dürfen nur verwendet werden, wenn sie nicht mit Bitumenwerkstoffen in Berührung kommen (Trennlage).

Die in der dritten Spalte angegebenen Bezeichnungen können an den folgenden zwei Beispielen erläutert werden:

- **BA PVC-P-NB-E-GV-1,5** bedeutet Bahnen aus Polyvinylchlorid weich, nicht bitumenverträglich, mit Einlage aus Glasvlies, Dicke 1,5 mm, als Lage einer Bauwerksabdichtung
- **BA EVA-BV-K-PV-1,2** bedeutet Bahn aus Ethylen-Vinyl-Acetat-Terpolymer, bitumenverträglich, mit Kaschierung aus Polyestervlies, Dicke 1,2 mm, als Lage einer Bauwerksabdichtung.

4.2.3 Abdichtung im Bereich von Türen oder Eingängen

Die Abdichtung muss planmäßig bis 300 mm über Gelände hoch geführt werden (Spritzwasserschutz, vgl. Abschn. 4.2.2). Kann im Einzelfall die Abdichtung nicht hochgeführt werden (Terrassentüren, Hauseingänge), sind dort besondere Maßnahmen gegen das Eindringen von Wasser oder das Hinterlaufen der Abdichtung einzuplanen (z. B. durch ausreichend große Vordachflächen, Rinnen mit Abdeckungen oder Gitterrost, vgl. Abb. 3.89).

Oberhalb des Geländes darf die Abdichtung entfallen, wenn dort ausreichend wasserabweisende Bauteile verwendet werden; andernfalls ist sie hinter der Sockelbekleidung hochzuführen. Sollen niveaugleiche Übergänge geschaffen werden, ist der Verhinderung des Eindringens von Wasser besondere Bedeutung zu widmen (Bodenrinnen, Überdachung, Gegengefälle usw.).

a) b)

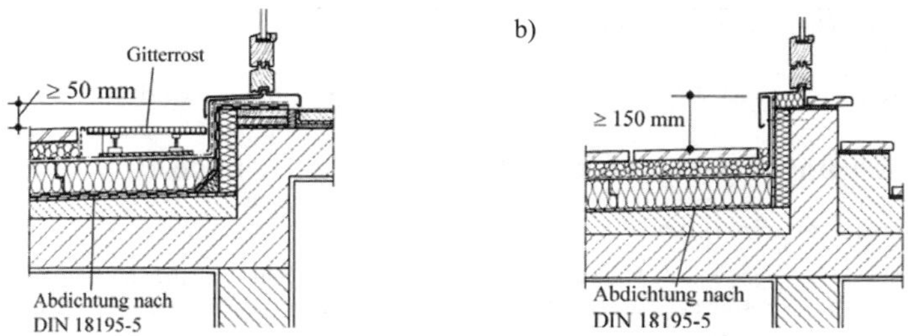

Abb. 3.89 Beispiele senkrechter Abdichtung im Türschwellenbereich (aus [3.77])
a) mit Terrassenablauf (Gitterrost), dargestellt für Abdichtung mit Bitumenbahnen
b) mit hoher Schwelle, dargestellt für Abdichtung aus lose verlegter Kunststoffabdichtung

4.2.4 Abdichtung der Bodenplatte

Bodenplatten sind grundsätzlich gegen aufsteigende Feuchtigkeit abzudichten. Dabei muss die Abdichtung des Fußbodens an die waagerechte Abdichtung der Wände (Mauersperre) so herangeführt oder mit ihr verklebt werden, dass keine Feuchtigkeitsbrücken, insbesondere im Bereich von Putzflächen, entstehen können (vgl. Abb. 3.85c oder 3.90a).

Bei Räumen mit geringen Anforderungen an die Trockenheit der Raumluft, wie z. B. Tiefgaragen oder Lager mit feuchteunempfindlichen Gütern kann die Abdichtung entfallen, wenn durch eine kapillarbrechende Schüttung, z. B. Grobkies mit einer Dicke von mindestens 150 mm, unter der Bodenplatte der Wassertransport durch die Bodenplatte hinreichend vermindert wird (vgl. Abb. 3.90b).

Die Abdichtungsmaterialien, die nach DIN 18 195-4 zur Abdichtung der Bodenplatte verwendet werden dürfen, sind in der Tafel 3.90 dargestellt. Als Untergrund für die Abdichtungen ist eine Betonschicht oder ein gleichwertiger standfester Untergrund erforderlich. Die fertiggestellten Abdichtungen sind vor mechanischen Beschädigungen zu schützen, z. B. durch Schutzschichten nach DIN 18 195-10 (vgl. Abschn. 2.4).

Abb. 3.90a
Anschluss der vertikalen Wandabdichtung an die horizontale Abdichtung

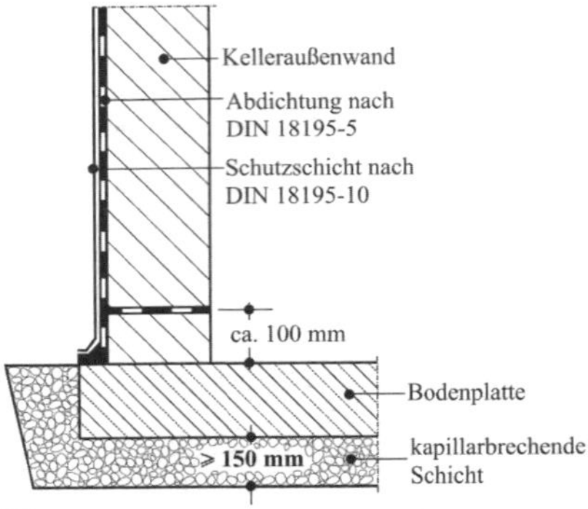

Abb. 3.90b
Anordnung der erforderlichen horizontalen Abdichtung am Wandfußpunkt bei untergeordnet genutzten Kellerräumen

Tafel 3.90 Anforderungen nach DIN 18 195-4 an die verwendbaren Werkstoffe für die Abdichtung der Bodenplatte

Abdichtung	Anforderung / Bemerkung
KMB, vgl. Abschn. 2.2.5	in zwei Arbeitsgängen aufbringen, Mindestdicke = 3 mm
Bitumen- und Polymerbitumenbahnen nach Tafel 3.88a	einlagig
Bitumen-KSK-Bahnen nach Tafel 3.88a	einlagig
Kunststoff- und Elastomerbahnen nach Tafel 3.88b	einlagig
Elastomerbahnen mit Selbstklebeschicht nach Tafel 3.88b	einlagig
Asphaltmastix, vgl. Abschn. 2.2.2	7 mm ≤ Schichtdicke ≤ 15 mm; mittlere Schichtdicke = 10 mm

5 Abdichtungen gegen nicht drückendes Wasser nach DIN 18195-5

5.1 Abdichtungsprinzipien

Als nicht drückendes Wasser wird Niederschlags-, Sicker- und Brauchwasser bezeichnet, welches auf Abdichtungen keinen oder nur einen geringfügigen, zeitlich begrenzten hydrostatischen Druck ausübt. Abdichtungen gegen nicht drückendes Wasser werden in DIN 18 195-5 geregelt.

DIN 18195-5 gilt für die Abdichtung horizontaler und geneigter Flächen im Freien und im Erdreich, sowie der Wand- und Bodenflächen in Nassräumen. Weiterhin gilt die Norm auch für die Abdichtung unter intensiv begrünten Bauwerksflächen mit einer Anstaubewässerung bis 100 mm Höhe, wenn die Ausführung der Abdichtung und ihrer Anschlüsse der dabei gegebenen besonderen Wasserbeanspruchung Rechnung trägt.

DIN 18 195-5 **gilt nicht** für die Abdichtung von nicht genutzten und von extensiv begrünten Dachflächen (hierzu siehe DIN 18 531 bzw. Flachdachrichtlinie [3.73]), die Abdichtung von Fahrbahnen, die zu öffentlichen Straßen oder zu Schienenwegen gehören, z. B. Fahrbahntafeln, die Abdichtung von Deponien, Erdbauwerken und bergmännisch erstellten Tunneln, nachträgliche Abdichtungen in der Bauwerkserhaltung oder in der Baudenkmalpflege, es sei denn, es können hierfür Verfahren angewendet werden, die in dieser Norm beschrieben werden. Konstruktionen aus wasserundurchlässigem Beton sind ebenfalls nicht in DIN 18 195-5 geregelt.

Nach der Größe der auf die Abdichtung einwirkenden Beanspruchungen werden „mäßig“ oder „hoch“ beanspruchte Abdichtungen wie folgt unterschieden:

- **Mäßig beanspruchte Abdichtungen**

Mäßig beanspruchte Abdichtungen sind nach DIN 18 195-5 durch folgende Randbedingungen gekennzeichnet:

- Die auf die Abdichtung einwirkenden Verkehrslasten sind ruhend.
- Die Wasserbeanspruchung ist gering und wirkt nicht ständig (d. h. ausreichend Gefälle vorhanden $i \geq 2{,}0$ %).

Beispiele für mäßig beanspruchte Abdichtungen nach DIN 18 195-5 sind begehbare Dachflächen, Balkone und ähnliche Flächen im Wohnungsbau sowie unmittelbar Spritzwasser belastete Fußboden- und Wandflächen in Nassräumen des Wohnungsbaus, soweit sie nicht durch andere Maßnahmen hinreichend gegen eindringende Feuchtigkeit geschützt sind.

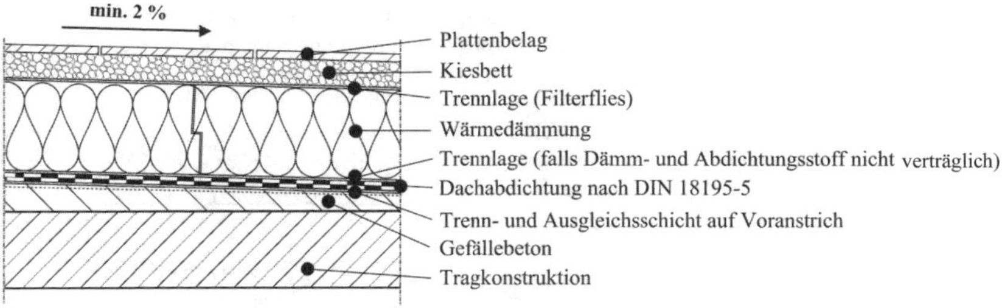

Abb. 3.91a Ausführungsvariante einer genutzten Dachfläche (mäßige Beanspruchung)

- **Hoch beanspruchte Abdichtungen**

Zu den hoch beanspruchten Flächen zählen u. a.:

- Dachterrassen, intensiv begrünte Flächen, Parkdecks, Hofkellerdecken und Durchfahrten, erdüberschüttete Decken
- durch Brauch- oder Reinigungswasser stark beanspruchte Fußboden- und Wandflächen in Nassräumen, wie z. B. Umgänge in Schwimmbädern, öffentliche Duschen, gewerbliche Küchen.

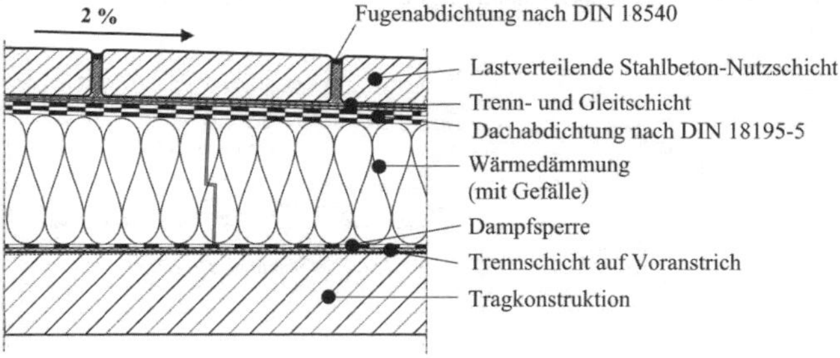

Abb. 3.91b Ausführungsvarianten einer befahrbaren Dachfläche (hohe Beanspruchung)

5.2 Bauliche Erfordernisse

- Die Abdichtungen sind mit Gefälle auszuführen ($i \geq 2{,}0$ %), damit sich das Wasser auf ihnen nicht staut. Sofern erforderlich, ist eine Dränage (vgl. Abschn. 7) anzuordnen.
- Bei Bewegungen des Baukörpers (Schwinden, Bewegungen aus Temperaturänderungen, Setzungen, Biegung) darf die Abdichtung nicht ihre Schutzfunktion verlieren.
- Risse im Bauwerk dürfen zum Zeitpunkt ihres Auftretens nicht breiter als 0,5 mm sein und sich nicht weiter als 2,0 mm breit öffnen (Bitumendickbeschichtungen 1,0 mm). Der Versatz der Risskanten in der Ebene darf nicht größer als 1 mm sein (Bitumendickbeschichtungen 0,5 mm).
- Ergeben z. B. die statischen Berechnungen, dass die genannten Rissbreiten bzw. -bewegungen überschritten werden, so ist durch konstruktive Maßnahmen (mehr Bewehrung, Aufbetonschichten – Abb. 3.92b, engere Fugenteilung, Wärmedämmung, Schleppstreifen – Abb. 3.92a) den entstehenden Bauwerksbewegungen entgegenzuwirken (vgl. auch DIN 18195-8).

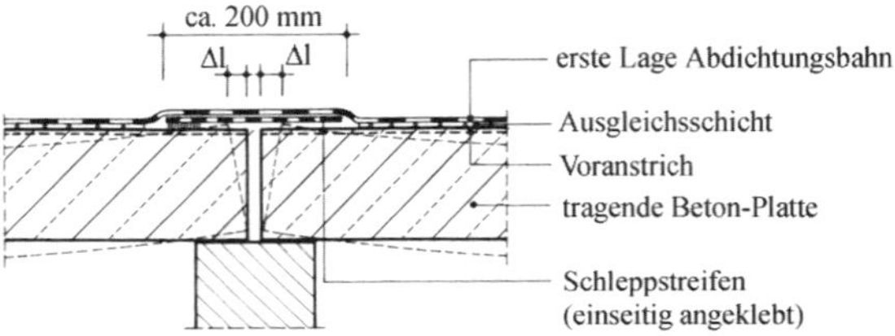

Abb. 3.92a
Schleppstreifenausbildung zur schadensfreien Aufnahme von Wegänderungen [3.78] (Bewegungsfuge Typ I nach DIN 18 195-8)

- Decken aus großformatigen Einzelelementen für Parkdächer oder vergleichbar genutzte Flächen, z. B. aus Beton-Fertigteilplatten, müssen zur Stabilisierung mit bewehrten, am Ort hergestellten Aufbetonschichten oder mit anderen Maßnahmen zur Querkraftübertragung versehen sein, um unterschiedliche Durchbiegungen der Einzelelemente sowohl an ihren Längskanten als auch an den Auflagerfugen zu vermeiden.

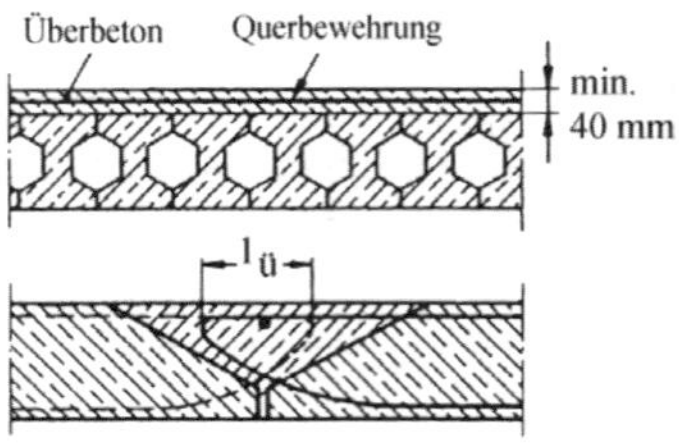

Abb. 3.92b
Querkraftübertragung durch Aufbetonschichten bzw. Fugenverfüllung bei Beton-Fertigteilen [3.78]

- Die Abdichtung darf nur senkrecht zur Fläche beansprucht werden. Abdichtungen in den Schrägen sind durch Widerlager, Anker o. Ä. am Gleiten zu hindern. Im Bereich von z. B. schrägen (mit Gefälle) angeordneten Fahrbahnen (Betonestrich) werden die in Richtung der Abdichtung wirkenden Kräfte meistens durch Telleranker aufgenommen (vgl. Abb. 3.92c). Die Tellerankerkonstruktion überträgt die Kräfte (z. B. aus Brems- bzw. Beschleunigungskräften) von der oberen Betonschicht in die Unterkonstruktion.
- Dämmschichten, auf die die Abdichtungen aufgebracht werden, müssen für die jeweilige Nutzung geeignet sein.
- Die Temperaturempfindlichkeit der Kunstharzschäume ist bei der Verarbeitung bitumenhaltiger Abdichtungen zu beachten.

a)

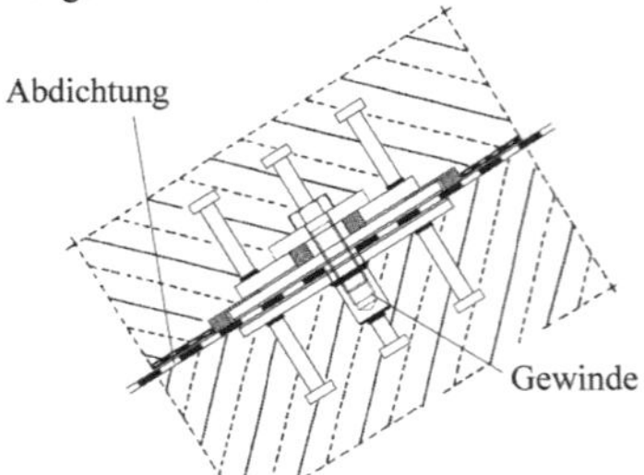

b)

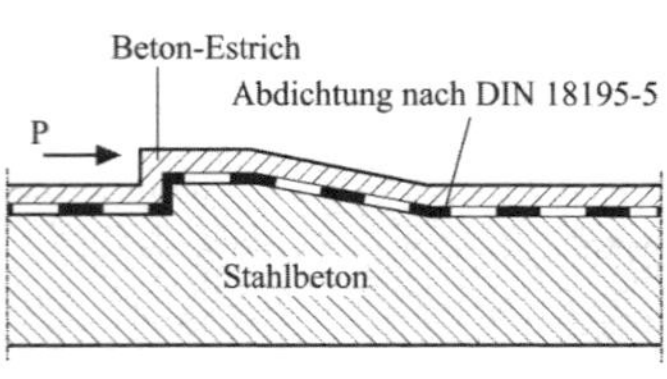

Abb. 3.92c Kraftübertragung in Abdichtungsebene durch a) Anker bzw. b) Vorsprünge

- Bei der Verwendung von Kunststoffabdichtungen sind mögliche Weichmacherwanderungen zwischen Kunstharzschäumen und Abdichtungsbahnen zu verhindern (z. B. durch Anordnung von Trennlagen).
- Die Abdichtung muss hohlraumfrei zwischen den festen Bauteilen des Gebäudes angeordnet werden, damit sie nicht „abfließt“ bzw. bei geringfügigen Beanspruchungen durch den Wasserdruck beschädigt wird.
- Entwässerungseinläufe, die die Abdichtung durchdringen, müssen sowohl die Oberfläche des Bauwerks als auch die Abdichtungsebene entwässern (z. B. bei Dachterrassen mit Gehwegplatten über der Abdichtung o. Ä.).

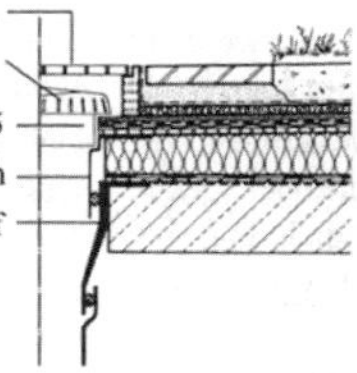

Abb. 3.93a Ungedämmte Dachabläufe in genutzten Dachflächen, dargestellt für Bitumenbahnen (aus [3.77])

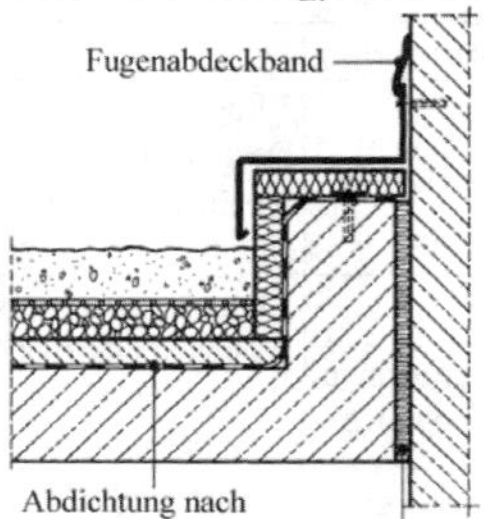

Abb. 3.93b Fugenabdichtung zwischen zwei Gebäuden

5.3 Verwendbare Materialien

5.3.1 Mäßig beanspruchte Abdichtung

Die Abdichtungsmaterialien, die nach DIN 18 195-5 zur Abdichtung bei mäßiger Beanspruchung der Abdichtung verwendet werden dürfen, sind in der Tafel 3.93 dargestellt. Der Untergrund ist i. d. R. mit einem kaltflüssigen Voranstrich zu versehen.

Tafel 3.93 Stoffe für die Abdichtung bei mäßiger Beanspruchung nach DIN 18195-5

Abdichtung	Anforderung / Bemerkung
Bitumen- oder Polymerbitumenbahnen sowie -schweißbahnen	1 Lage Bahnen mit Gewebe-, Polyestervlies- oder Metallbandeinlage Bitumen-Dachdichtungsbahnen mit Gewebeeinlage müssen mit einem Deckaufstrich versehen werden.
kaltselbstklebende Bitumen-Dichtungsbahnen (KSK)	1 Lage auf HDPE-Trägerfolie. Der Untergrund ist mit einem kaltflüssigen Voranstrich zu versehen.
Kunststoff-Dichtungsbahnen aus PIB oder ECB	1 Lage, mind. 1,5 mm dick Kunststoff-Dichtungsbahnen, die unterseitig mit Kunststoffvlies kaschiert sind, dürfen lose verlegt werden.
Kunststoff-Dichtungsbahnen aus EVA und PVC-P	1 Lage, mind. 1,2 mm dick, die lose zu verlegen oder mit einem geeigneten Klebstoff mit ausreichender Überdeckung aufzubringen ist.
Elastomerbahnen	1 Lage, mind. 1,2 mm dick, die lose zu verlegen oder mit Klebemasse oder einem Kaltklebstoff aufzubringen ist.
Elastomerbahnen mit Selbstklebeschicht	1 Lage auf einem kaltflüssigen Voranstrich
Asphaltmastix	2 Lagen Asphaltmastix mit Schutzschicht nach DIN 18 195-10. Diese Art der Abdichtung darf nur auf waagerechten oder schwach geneigten Flächen angewendet werden. Die Abdichtung muss insgesamt i. M. 15 mm, darf jedoch an keiner Stelle unter 12 mm oder über 20 mm dick sein.
Asphaltmastix in Verbindung mit Gussasphalt	1 Lage Asphaltmastix mit einer darauf im Verbund angeordneten Schicht aus Gussasphalt. Die Lage Asphaltmastix muss im Mittel 10 mm, darf jedoch an keiner Stelle weniger als 7 mm oder mehr als 15 mm dick sein. Die Schicht aus Gussasphalt muss eine Nenndicke von 25 mm aufweisen. Zwischen der Abdichtung und dem Untergrund ist eine Trennlage, z. B. aus Rohglasvlies, vorzusehen.
Kunststoffmodifizierte Bitumendickbeschichtungen	In zwei Arbeitsgängen aufbringen, mindestens 3 mm dick. An Kehlen und Kanten sind Gewebeverstärkungen einzubauen. Sie sollten auch auf horizontalen Flächen verwendet werden, um die Mindestschichtdicke sicherzustellen.

5.3.2 Hoch beanspruchte Abdichtung

Die Abdichtungsmaterialien die nach DIN 18 195-5 zur Abdichtung bei hoher Beanspruchung der Abdichtung (z. B. Abdichtung eines Parkdecks) verwendet werden dürfen, sind in der Tafel 3.94 dargestellt. Der Untergrund ist i. d. R. mit einem kaltflüssigen Voranstrich zu versehen.

Tafel 3.94 Stoffe für die Abdichtung bei hoher Beanspruchung nach DIN 18 195-5

Abdichtung	Anforderung / Bemerkung
nackte Bitumenbahnen	3 Lagen, die mit Klebemasse untereinander zu verbinden und mit einem Deckaufstrich zu versehen sind. Sie dürfen nur dort angewendet werden, wo eine Einpressung der Abdichtung mit einem Flächendruck von mindestens 0,01 MN/m² sichergestellt ist.
Bitumen- oder Polymerbitumenbahnen sowie -schweißbahnen	2 Lagen mit Gewebe-, Polyestervlies- oder Metallbandeinlage. Für Abdichtungen auf genutzten Dachflächen ist die obere Lage aus einer Polymerbitumenbahn herzustellen. Beträgt das Gefälle der Abdichtungsunterlage unter 2 %, sind mindestens 2 Lagen Polymerbitumenbahnen zu verwenden.
Kunststoffbahnen aus PIB oder ECB	1 Lage, PIB mind. 1,5 mm dick und ECB mind. 2,0 mm dick. Bei loser Verlegung ist die Abdichtung zwischen zwei Schutzlagen anzuordnen. Bei verklebter Verlegung werden die Bahnen mit Bitumen auf einer unteren Lage aus einer Bitumenbahn oder entsprechender Kaschierung der Wärmedämmung aufgeklebt.
Kunststoffbahnen aus EVA und PVC-P oder Elastomeren	1 Lage, mind. 1,5 mm dick Bei loser Verlegung ist die Abdichtung zwischen zwei Schutzlagen anzuordnen. Bei verklebter Verlegung werden die Bahnen mit Bitumen auf einer unteren Lage aus einer Bitumenbahn oder entsprechender Kaschierung der Wärmedämmung aufgeklebt.
Metallbänder in Verbindung mit Bitumenbahnen	1 Lage kalottengeriffelter Metallbänder aus Kupfer oder Edelstahl und eine Schutzlage aus Glasvlies-Bitumenbahnen oder nackter Bitumenbahn
Metallbänder in Verbindung mit Gussasphalt	1 Lage kalottengeriffelter Metallbänder aus Kupfer oder Edelstahl mit einer darauf im Verbund angeordneten Schicht aus Gussasphalt Die Metallbänder sind mit Klebemasse aus gefülltem Bitumen im Gieß- und Einwalzverfahren einzubauen. Die Schicht aus Gussasphalt muss eine Nenndicke von 25 mm aufweisen.
Bitumen-Schweißbahnen in Verbindung mit Gussasphalt	1 Lage Bitumen-Schweißbahn mit einer darauf im Verbund angeordneten Schicht aus Gussasphalt Die Schicht aus Gussasphalt muss eine Nenndicke von 25 mm aufweisen.
Asphaltmastix in Verbindung mit Gussasphalt	1 Lage Asphaltmastix mit einer darauf im Verbund angeordneten Schicht aus Gussasphalt Die Lage Asphaltmastix muss im Mittel 10 mm, darf jedoch an keiner Stelle weniger als 7 mm oder mehr als 15 mm dick sein. Die Schicht aus Gussasphalt muss eine Nenndicke von 25 mm aufweisen. Zwischen der Abdichtung und dem Untergrund ist eine Trennlage, z. B. aus Rohglasvlies, vorzusehen.

5.4 Abdichtung in Nassräumen

Nach DIN 18 195-5 sind Nassräume Innenräume, in denen nutzungsbedingt Wasser in derartigen Mengen anfällt, das zu dessen Ableitung Fußbodenentwässerungen erforderlich werden. Bäder im Wohnungsbau ohne Bodenablauf zählen hingegen nicht zu den Nassräumen, da die anfallende Wassermenge als gering erachtet wird. Ist ein Fußbodenablauf in einem Wohnungsbad jedoch vorhanden, wird dieser auch als Ausguss benutzt, wodurch entsprechend DIN 18 195 eine Abdichtung notwendig wird. Entsprechend der Definition eines Nassraumes ist ein Badezimmer im Wohnungsbau mit niveaugleicher Duschtasse ein Nassraum, ein Wohnungsbadezimmer mit aufgekanteter Duschtasse, jedoch ohne Bodenablauf, nicht.

Sind die Umfassungsflächen in einem Wohnungsbadezimmer feuchtigkeitsempfindlich (z. B. Holzbau, Trockenbau, Stahlbau), so werden geeignete Schutzmaßnahmen erforderlich. Diese Schutzmaßnahmen können z. B. auch durch eine Verbundabdichtung entsprechend dem Merkblatt des Fachverbandes des deutschen Fliesengewerbes [3.74] ausgeführt werden (Abb. 3.95).

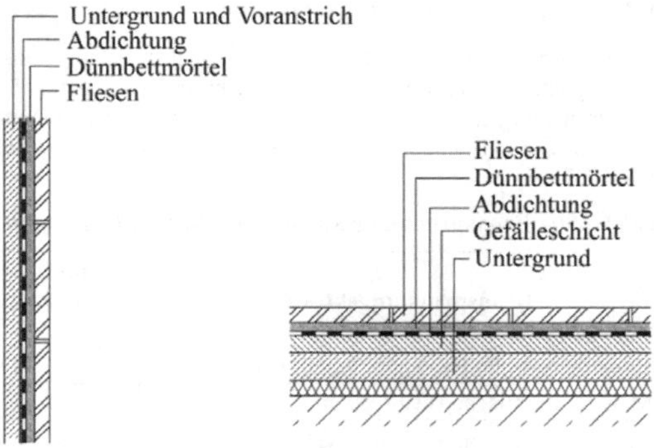

Abb. 3.95
Aufbau einer Verbundabdichtung im Nassraumbereich: Wandaufbau und Bodenaufbau

Bei den Verbundabdichtungen hinsichtlich der Beanspruchungsklassen wird zwischen dem bauaufsichtlich geregelten Bereich (hohe Beanspruchung) und dem bauaufsichtlich nicht geregelten Bereich unterschieden.

Tafel 3.95 Beanspruchungsklassen von Verbundabdichtungen

	Bezeichnung	Beschreibung
bauaufsichtlich geregelter Bereich	Al	Wände in öffentlichen Duschen
	A2	Böden in öffentlichen Duschen
	B	Wände und Böden in öffentlichen Schwimmbädern
	C	Wände und Böden bei hoher und chemischer Beanspruchung
bauaufsichtlich nicht geregelter Bereich	0	Wohnungsbäder ohne Bodenablauf
	A01	Wandflächen in Wohnungsbäder mit Bodenablauf
	A02	Bodenflächen in Wohnungsbädern mit Bodenablauf
	B0	Balkone und Terrassen (nicht über genutzten Räumen)

Für Verbundabdichtungen werden folgende Gruppen von Abdichtungsstoffen unterschieden:

- Kunststoffdispersionen (gefüllt oder ungefüllt)
- Kunststoff-Zement-(Mörtel)-Kombinationen (flexible Dichtungsschlämme)
- Reaktionsharze (Epoxid- oder Polyurethanharze).

Die Eignung von Verbundabdichtungen ist zzt. durch ein gültiges Allgemeines bauaufsichtliches Prüfzeugnis zu erbringen.

Bemerkung: Im Hinblick darauf, dass die Fugen zwischen den Fliesen auf dem Boden und denen auf der Wand nicht auf Dauer wasserdicht ausgebildet werden können (z. B. durch Verformung des Estrichs), wird empfohlen, auch bei feuchtigkeitsunempfindlichen Untergründen eine Abdichtung nach dem o. g. Merkblatt auszuführen. Gegenüber Abdichtungen nach DIN 18 195 erübrigen sich bei den Verbundabdichtungen zusätzliche Schutzschichten, wodurch sich geringere Aufbauhöhen und Konstruktionsdicken realisieren lassen.

Nassräume in öffentlichen Bädern, gewerblichen Küchen u. Ä. sind entweder nach DIN 18 195-5 für hohe Beanspruchungen abzudichten oder es können auch Verbundabdichtungen gewählt werden.

6 Abdichtung von nicht genutzten Dachflächen nach DIN 18531

6.1 Abdichtungsprinzipien

DIN 18 531 gilt für die Planung und Ausführung von Abdichtungen von nicht genutzten Dachflächen aus bahnenförmigen Stoffen im Neubau als auch für die Instandhaltung und Dacherneuerung. Sie gilt auch für Abdichtungen von extensiv begrünten Dachflächen.

Bei der Bemessung der Dachabdichtungen sind insbesondere die planmäßig zu erwartenden Lasten zu berücksichtigen. Eine nicht genutzte Dachabdichtung muss bei den üblicherweise zu erwartenden Oberflächentemperaturen (–20 °C bis +80 °C) funktionsfähig bleiben.

6.2 Beanspruchungsklassen

In DIN 18 531-1 werden unterschiedliche Beanspruchungsklassen der Dachabdichtung definiert. Bei der Planung sind die zu erwartenden Beanspruchungen durch Feuchtigkeit, mechanische und thermische Beanspruchungen, Beanspruchungen durch Wurzelwachstum und darüber hinausgehende Beanspruchungen, wie z. B. chemische Einwirkungen, zu definieren und die Konstruktionen dementsprechend zu klassifizieren.

Tafel 3.96a Beanspruchungsklassen für Dachabdichtungen nach DIN 18 531

Beanspruchungsklassen	**Hohe mechanische Beanspruchung (Stufe I)**	**Mäßige mechanische Beanspruchung (Stufe II)**
Hohe thermische Beanspruchung (Stufe A)	IA[1)]	IIA
Mäßige thermische Beanspruchung (Stufe B)	IB	IIB

[1)] Abdichtungen von An- und Abschlüssen sind der Beanspruchungsklasse IA zuzuordnen.

Tafel 3.96b Beanspruchungsarten von Dachabdichtungen nach DIN 18 531

Beanspruchungsart		**Definition**
Feuchte		Niederschläge und vorübergehend stehendes Wasser, sowie eventuell vorhandene Baufeuchte und die durch die Nutzung des Gebäudes zu erwartende Feuchte
Mechanische Beanspruchung	Stufe I: Hohe mechanische Beanspruchung	1. Art des Untergrundes bzw. der Tragkonstruktion: element- und plattenförmige Untergründe, wie Betonfertigteile, Betondielen, wenn unterschiedliche Verformung der Einzelelemente an ihren Längs- oder Querfugen auftreten können; harte Dämmstoffe aus z. B. XPS soweit sie Fugen aufweisen, deren Bewegungen sich auf die Abdichtung auswirken können; Tragkonstruktionen aus Stahltrapezprofilen; Schalungen aus Holz oder Holzwerkstoffen als Untergrund für die Abdichtung 2. Art der Lagesicherung: z. B. lose liegende Abdichtungen mit mechanischer Befestigung. 3. Weiche Unterlagen: z. B. bei Mineralfaserdämmstoffen 4. Arbeiten auf der Dachabdichtung: bei z. B. häufigen Inspektionen, Wartungsarbeiten oder Extensivbegrünung 5. Mechanische Einwirkungen während der Nutzungsdauer: z. B. in Gebieten, die besonders durch Hagelniederschlag gefährdet sind.
	Stufe II: Mäßige mechanische Beanspruchung	Eine Dachabdichtung gilt als mäßig beansprucht, wenn die o. g. erhöhten Beanspruchungen der Stufe I nicht vorliegen oder die jeweilige Beanspruchung durch geeignete Maßnahmen ausgeschlossen werden kann (z. B. verklebter nicht belüftetem Dachaufbau mit einer Tragkonstruktion aus Stahlbeton und einer Wärmedämmung aus Schaumglas).
Thermische Beanspruchung	Stufe A: Hohe thermische Beanspruchung	Dachabdichtung, die den witterungsbedingt starken thermischen Wechselbeanspruchungen ausgesetzt wird (Abdichtungen ohne Oberflächenschutz oder mit nur leichtem Oberflächenschutz).
	Stufe B: Mäßige thermische Beanspruchung	Keine starken Aufheizungen, schnelle Temperaturänderungen oder direkte Witterungsbeanspruchungen der Abdichtung (z. B. Abdichtungen unter einem schweren Oberflächenschutz wie Kiesschüttung); Dachabdichtungen von Umkehrdächern und extensiv begrünten Dachflächen sind ebenfalls als mäßig beansprucht einzustufen.
Wurzelwachstum		Bei extensiver Begrünung treten Beanspruchungen durch Wurzelwachstum auf. Die Abdichtung muss ausreichend durchwurzelungsfest sein, oder es ist eine zusätzliche Durchwurzelungsschutzschicht anzuordnen.
Sonstige		Dachabdichtungen können photochemischen Einflüssen, kombinierten und wechselnden Einwirkungen von UV-Strahlung, Ozon und biologischen Beanspruchungen ausgesetzt werden.

6.3 Anwendungskategorien

Je nach geplantem Anwendungszweck werden in DIN 18 531 zwei Kategorien für Dachabdichtungen nach Tafel 3.97a unterschieden: bei Standardausführung Kategorie K1 und bei höherwertiger Ausführungsart Kategorie K2. DIN 18 531 fordert für Abdichtungen der Anwendungskategorie K2 neben den höheren Anforderungen an die zu verwendenden Abdichtungsstoffe und den Systemaufbau erhöhte Anforderungen an das Gefälle, die Art der Unterkonstruktion und Detailgestaltung.

Tafel 3.97a Anwendungskategorien für Dachabdichtungen nach DIN 18 531

Anwendungskategorie	Definition / Anforderungen
K1 (Standardausführung)	Dachabdichtungen, an die übliche Anforderungen gestellt werden. (Mindestneigung der Abdichtungsebene von 2 % – für Dachabdichtungen mit einem geringeren Gefälle gelten hinsichtlich der Stoffwahl die Anforderungen entsprechend der Kategorie K2)
K2 (hochwertige Ausführung)	Dachabdichtungen, an die durch den Planer oder Bauherren aufgrund einer höherwertigen Gebäudenutzung (z. B. bei Hochhäusern oder Dachflächen mit erschwertem Zugang) erhöhte Anforderungen gestellt werden. Keine konkreten Bauweisen. Für diese Abdichtungen ist ein Gefälle von mindestens 2 % in der Abdichtungsebene und mindestens 1 % im Bereich von Kehlen einzuhalten.

6.4 Eigenschaftsklassen

Für die Abdichtungsbahnen wurden Eigenschaftsklassen eingeführt. Ziel ist die Einstufung dieser in die jeweiligen Beanspruchungsklassen. Die Eigenschaftsklassen für Abdichtungsprodukte sind analog den Beanspruchungsklassen als Kombination mechanischer und thermischer Eigenschaften wie folgt definiert:

Tafel 3.97b Eigenschaftsklassen der Abdichtungsbahnen nach DIN 18 531-2

Eigenschaftsklasse	Hoher mechanischer Widerstand	Mäßiger mechanischer Widerstand
Widerstand gegen hohe thermische Beanspruchung	E 1	E 3
Widerstand gegen mäßige thermische Beanspruchung	E 2	E 4

6.5 Abdichtungsstoffe

In DIN 18 531-2 in der Fassung von November 2005 sind nur bahnenförmige Abdichtungsstoffe aufgenommen worden. Hierzu gehören die praxisbewährten Bitumen- und Polymerbitumenbahnen sowie Kunststoff- und Elastomerbahnen.

Wie in Abschn. 2 bereits erläutert, wurde aufgrund der europäischen Stoffnormung eine Anpassung der DIN 18 531-2 erforderlich. Aus diesem Grunde ist die neue Fassung der DIN 18 531-2 im Mai 2010 erschienen. Hier werden zusätzlich flüssig aufzubringende Dachabdichtungen geregelt; Diese sind ungesättigtes Polyesterharz, Polyurethanharz und Polymethylmethacrylatharz. Für Bitumenbahnen wird in Zukunft die DIN EN 13 707 gelten und für Kunststoff- und Elastomerbahnen die DIN EN 13 956. Diese europäischen Normen beinhalten keine anwendungsbezogenen Anforderungen für Dachabdichtungen. Deshalb wurde für die nationale Anwendung von Bahnen für Dachabdichtungen die Anwendungsnorm DIN V 20 000-201, aktuelle Fassung November 2006, herausgegeben.

Nach DIN V 20 000-201 sind die Abdichtungsbahnen zusätzlich zur CE-Kennzeichnung mit Kurzzeichen für Anwendungstyp, Eigenschaftsklasse und Produktmerkmale zu bezeichnen.

Zum Beispiel bedeutet die Kennzeichnung von Bitumenbahnen mit **DO E1 PYE-PV 200 S5**: Oberlage einer mehrlagigen Dachabdichtung, Eigenschaftsklasse E1, aus Polymerbitumen mit Polyestervlieseinlage 200 g/m², Schweißbahn der Dicke 5 mm oder die Kennzeichnung der Kunstoffbahnen **DE E1 ECB-BV-E-GV-2,0** bedeutet: einlagige Dachabdichtung, Eigenschaftsklasse E1, aus Ethylencopolymerisat-Bitumen, bitumenverträglich, mit Einlage aus Glasvlieseinlage der Dicke 2 mm.

Die bitumenhaltigen Abdichtungsbahnen, die in DIN 18 531-2 geregelt sind, werden in Tafel 3.98a dargestellt.

Die Kunststoff- und Elastomerbahnen, die in DIN 18 531-2 geregelt sind, werden in Tafel 3.98b dargestellt.

Tafel 3.98a Einstufung der Bitumenbahnen in Anwendungs- und Eigenschaftsklassen[1)]

Bahnen	Bezeichnung	Eigenschafts-klasse	Anwen-dungstyp
Bitumen-Dachdichtungsbahnen mit Glasgewebe- oder Polyestervlieseinlage	G 200 DD PV 200 DD	E2	DU
Bitumen-Schweißbahnen mit Glasvlieseinlage	V 60 S4	E4	DU/DZ[2)]
Bitumen-Schweißbahnen mit Glasgewebe- oder Polyestervlieseinlage	G 200 S4/S5 PV 200 S5	E2	DU
Bitumen-Schweißbahnen mit Kombinationsträger-einlage mit überw. Glasanteil oder Polyesteranteil	KTG S4 KTP S4	E2	DU
Polymerbitumen-Schweißbahnen mit Kombinationsträgereinlage mit überwiegendem Glasanteil oder Polyesteranteil	PYE-KTG S4 PYP-KTG S4 PYE-KTP S4 PYP-KTP S4	E1	DO
Polymerbitumen-Dachdichtungsbahnen, Bahnentyp PYE	PYE-G 200 DD PYE-PV 200 DD	E1	DO
Polymerbitumen-Schweißbahnen mit Glasgewebe- oder Polyestervlieseinlage	PYE-G 200 S4/S5 PYP-G 200 S4/S5 PYE-PV 200 S5 PYP-PV 200 S5	E1	DO
Kaltselbstklebende Polymerbitumenbahnen mit Kombinationsträgereinlage	PYE-KTG KSP-2,8 PYP-KTG KSP-2,8 PYE-KTP KSP-2,8 PYP-KTP KSP-2,8	E1	DU
Kaltselbstklebende Polymerbitumenbahn mit Kombinationsträgereinlage	PYE-KTG KSP-3,2/3,5 PYP-KTG KSP-3,2/3,5 PYE-KTP KSP-3,2/3,5 PYP-KTP KSP-3,2/3,5	E1	DO
Polymerbitumenbahnen für einlagige Verlegung	PYP-KTG-4/ 4,5 PYP-KTP-4/4,5 PYE-KTG-4,5 PYE-KTP-4,5	E1	DE
Polymerbitumen-Schweißbahnen mit Kupferbund- oder Kupferbandeinlage **(nur als Oberlage bei Abdichtungen unter Dachbegrünungen)**	PYE-Vcu S5 PYE-Cu01 S5	E2	DO
Glasvlies-Bitumendachbahnen **(nur als zusätzliche Lage oder als Trennlage)**	V 13	E4	DZ

1) Bahnen, die den genannten Stoffen entsprechen, jedoch die Anforderungen an die Eigenschaften nach DIN V 20 000-201 nicht erfüllen, können als Zwischenlage oder zusätzliche Lage ohne weitere Nachweise verwendet werden. Bei geeigneter Oberflächenausstattung können Bahnen für einlagige Abdichtung auch als Oberlagen, untere Lagen und Zwischenlagen, Bahnen für Oberlagen auch als untere Lagen und Zwischenlagen und untere Lagen auch als Zwischenlagen verwendet werden.
2) Nur bei Dachabdichtungen mit geringer mech. Beanspruchung der Beanspruchungsklassen IIA und IIB nach DIN 18 531-1.

Tafel 3.98b Kunststoff- und Elastomerbahnen nach DIN 18 531-2

Aus-stattung	Bahnen	Bezeichnung
Homogene Bahnen	Ethylen-Vinylacetat-Terpolymer, homogen, bitumenverträglich	EVA-BV-1,2
	weichmacherhaltiges Polyvinylchlorid, homogen, bitumenverträglich mit oder ohne Selbstklebeschicht	PVC-P-BV-1,2 PVC-P-BV-1,5-SK
	weichmacherhaltiges Polyvinylchlorid, homogen, nicht bitumenverträglich[2)]	PVC-P-NB-1,5
	Thermoplastischer Elastomer, homogen, bitumenverträglich	TPE-BV-1,2
	Ethylen-Propylen-Dien-Terpolymer, homogen, bitumenverträglich mit oder ohne Selbstklebeschicht	EPDM-BV-1,1 (auch als -SK)
	Isobutylen-Isopren-Copolymer, homogen, bitumenverträglich	IIR-BV-1,2

Fortsetzung und Fußnote s. nächste Seite.

Tafel 3.98b Kunststoff- und Elastomerbahnen nach DIN 18 531-2 (Fortsetzung)

Ausstattung	Bahnen	Bezeichnung
Bahnen mit Einlagen	Ethylencopolymerisat-Bitumen, bitumenverträglich mit Glasvlieseinlage mit oder ohne Selbstklebeschicht	ECB-BV-E-GV-2,0 (auch als -SK)
	Flexibles Polyolefin, bitumenverträglich mit Glasvlieseinlage	FPO-BV-E-GV-1,2
	weichmacherhaltiges Polyvinylchlorid, nicht bitumenverträglich[3] mit Glasvlieseinlage	PVC-P-NB-E-GV-1,2
	weichmacherhaltiges Polyvinylchlorid, bitumenverträglich mit Glasvlieseinlage mit oder ohne Selbstklebeschicht	PVC-P-BV-E-GV-1,2 (auch als -SK)
Bahnen mit Verstärkung	Flexibles Polyolefin, bitumenverträglich mit Verstärkung	FPO-BV-V-(X)[1]-1,2
	Chloriertes Polyethylen, bitumenverträglich mit Verstärkung mit oder ohne Selbstklebeschicht	PE-C-BV-V- (X)[1]-1,2 (auch als -SK)
	weichmacherhaltiges Polyvinylchlorid, nicht bitumenverträglich[3] mit Verstärkung	PVC-P-NB-V-(X)[1]-1,2
	weichmacherhaltiges Polyvinylchlorid, bitumenverträglich mit Verstärkung mit oder ohne Selbstklebeschicht	PVC-P-BV-V-(X)[1]-1,2 (auch als -SK)
	Ethylen-Propylen-Dien-Terpolymer, bitumenverträglich mit Verstärkung mit oder ohne Polymerbitumenbeschichtung mit oder ohne Selbstklebeschicht	EPDM-BV-V- (X)[1]-1,3 /-PBS (auch als -SK)
Bahnen mit Kaschierung mit oder ohne Verstärkung	Ethylen-Vinylacetat-Terpolymer, homogen, bitumenverträglich, kaschiert mit oder ohne Selbstklebeschicht	EVA-BV-K-(X)[2]-1,2 (auch als -SK)
	Flexibles Polyolefin, bitumenverträglich mit Glasvlieseinlage und Kaschierung	FPO-BV-E-GV-K-(X)[2]-1,2
	Chloriertes Polyethylen, bitumenverträglich mit oder ohne Verstärkung und mit Kaschierung	PE-C-BV-V- (X)[1]-K- (X)[2]-1,2
	weichmacherhaltiges Polyvinylchlorid, homogen nicht bitumenverträglich[3] mit Kaschierung weichmacherhaltiges Polyvinylchlorid, nicht bitumenverträglich[3] mit Glasvlieseinlage und Kaschierung	PVC-P-NB-K- (X)[2]-1,2 PVC-P-NB-E-GV-K- (X)[2]-1,2
	weichmacherhaltiges Polyvinylchlorid, homogen bitumenverträglich mit Kaschierung mit oder ohne Selbstklebeschicht weichmacherhaltiges Polyvinylchlorid, bitumenverträglich mit Glasvieseinlage und Kaschierung	PVC-P-BV-K- (X)[2]-1,2 (auch als -SK) PVC-P-BV-E-GV-K- (X)[2] -1,2
	Thermoplastischer Elastomer, homogen, bitumenverträglich mit Kaschierung	TPE-BV-K-(X)[2] -1,2
	Ethylencopolymerisat-Bitumen, bitumenverträglich mit Glasvlieseinlage und Kaschierung	ECB-BV-E-GV-K- (X)[2]-2,0
	Polyisobutylen, homogen, bitumenverträglich mit Kaschierung	PIB-BV-K-(X)[2]-1,5
	Ethylen-Propylen-Dien-Terpolymer, homogen, bitumenverträglich mit Kaschierung mit oder ohne Selbstklebeschicht	EPDM-BV-K- (X)[2]-1,1 (auch als -SK)

[1] Verstärkung (X) kann PV, GG oder PG sein.
[2] Kaschierung (X) kann PV, PPV oder GG sein.
[3] Nicht bitumenverträgliche Kunststoff-Dichtungsbahnen dürfen nur verwendet werden, wenn sie nicht mit Bitumenwerkstoffen in Berührung kommen (Trennlage).

6.6 Bemessung von Dachabdichtungen nach DIN 18 531-3

Die Art und Anzahl der Lagen einer Dachabdichtung und die Art der Lagesicherung erfolgt nach DIN 18 531-3 in Abhängigkeit der Anwendungskategorien K1 und K2. Die in DIN 18 531-1 festgelegten Beanspruchungsklassen IA, IB, IIA und IIB sind dabei zu berücksichtigen. Es dürfen nur die in Abschn. 6.5 aufgeführten Abdichtungsbahnen verwendet werden.

Tafel 3.100a Bemessung von Dachabdichtungen mit Bitumen- und Polymerbitumenbahnen

Anwendungskategorie der Dachabdichtung	Beanspruchungsklasse der Dachabdichtung	Dachabdichtung (Lagen und erforderliche Eigenschaftsklasse)		
K1	IA, IB	zweilagig	obere Lage:	E 1
			untere Lage:	E 2
	IIA, IIB	zweilagig	obere Lage:	E 1
			untere Lage:	E 4
	IA, IB, IIA, IIB	einlagig		E 1
K2	IA, IB, IIA, IIB	zweilagig	obere Lage:	E 1
			untere Lage:	E 1

Tafel 3.100b Bemessung von Dachabdichtungen mit Kunststoff- und Elastomerbahnen (Anwendungstyp DE, Eigenschaftsklassen E1)

Abdichtungsstoffe für Bahnen		K1	K2
		Mindestnenndicke [mm]	
ECB	Ethylencopolymerisat-Bitumen	2,0	2,3
EVA	Ethylen-Vinylacetat-Terpolymer	1,2	1,5
FPO	Flexibles Polyolefin	1,2	1,5
PE-C	Chloriertes Polyethylen	1,2	1,5
PIB	Polyisobutylen	1,5	1,5
PVC-P	Polyvinylchlorid weichmacherhaltig, homogen, nicht bitumenverträglich	1,5	1,8
PVC-P	Polyvinylchlorid, alle anderen geregelten	1,2	1,5
TPE	Thermoplastisches Elastomer	1,2	1,5
EPDM	Ethylen-Propylen-Dien-Terpolymer	1,1	1,3
EPDM	Ethylen-Propylen-Dien-Terpolymer mit Glasgewebeeinlage	1,4	1,7
IIR	Isobutylen-Isopren-Copolymer	1,2	1,5

7 Dränagen

7.1 Aufgabe und Wirkungsweise einer Dränage

Dränagen haben die Aufgabe, den Boden derart zu entwässern, dass am Baukörper kein drückendes Wasser entstehen kann und somit die Ausführung einer Abdichtung gegen Bodenfeuchte ausreichend ist.

Eine Dränageanlage für bauliche Anlagen besteht grundsätzlich aus Wanddränagen im Bereich der Kelleraußenwände, Bodendränagen unter der Bauwerkssohle, Dränschichten auf erdüberschütteten Decken, Dränleitungen, welche möglichst ringförmig um das Bauwerk angeordnet werden und mit Kontroll- und Spüleinrichtungen auszurüsten sind, sowie Vorfluter (z. B. Regenwasserkanal oder Gewässer) bzw. Versickerungseinrichtungen (vgl. Abb. 3.102). Ein Aufschlämmen von Bodenteilchen soll nicht entstehen, d. h. eine filterfeste Dränung muss gegeben sein. Das auf das Bauwerk zufließende Wasser wird im Bereich der Kelleraußenwände durch eine Wanddränage zur Dränleitung geleitet. Das von unten auf das Bauwerk zufließende Wasser wird durch eine horizontale Dränage (flächige Bodendränage) ebenfalls zur Dränleitung (ggf. durch das Fundament) geleitet.

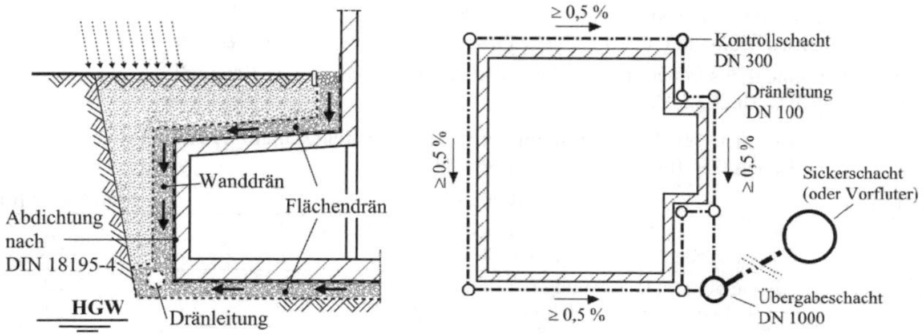

Abb. 3.101a Wirkungsweise von Dränanlagen

7.2 Planung von Dränanlagen

Dränagen werden in DIN 4095 geregelt. Zur Planung einer Dränage sind zunächst genaue Kenntnisse wie folgt erforderlich:

- die Größe, die Form sowie die Oberflächengestalt (Hanglage, Muldenlage) des Einzugsgebietes,
- die Art, Schichtung und Durchlässigkeit des Baugrundes,
- die wasserführenden Schichten sowie Angaben über den durch langjährige Beobachtung ermittelten höchsten Grundwasserstand und
- die chemische Beschaffenheit des angreifenden Wassers in Hinblick auf die Gefahr z. B. einer Verkalkung der Dränage.

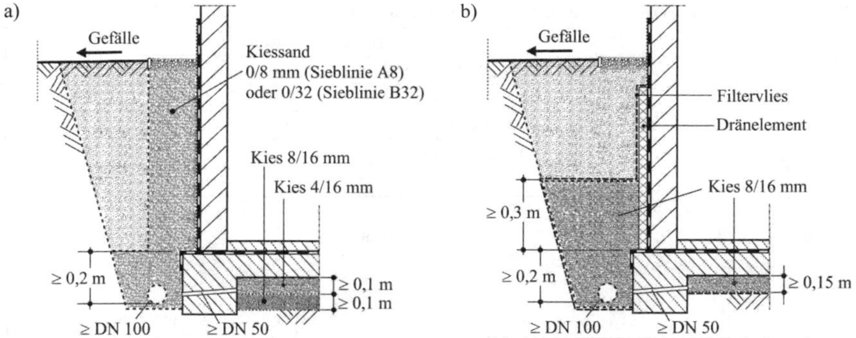

Abb. 3.101b Beispiel einer Dränage mit mineralischer Dränschicht (Fall a) und einer mit Dränelementen (Fall b)

In DIN 4095 werden Regelfälle definiert, bei deren Vorliegen eine vereinfachte Planung einer Dränageanlage möglich ist. Bei der Ausführung der einzelnen Elemente nach den Vorgaben der DIN 4095 werden dann keine besonderen rechnerischen Nachweise erforderlich. In Tafel 3.101 sind die Regelfallkriterien für Wand-, Decken- und Bodenplattendränagen zusammengestellt. In diesem Fall gelten die Bemessungsangaben nach den Tafeln 3.102a und 3.102b.

Tafel 3.101 Kriterien für das Vorliegen eines Regelfalls nach DIN 4095

Dränanlage	Richtwert
vor Wänden	Gelände: eben bis leicht geneigt; Boden: schwach durchlässig Einbautiefe bis 3 m; Gebäudehöhe bis 15 m Länge der Dränleitung zwischen Hoch- und Tiefpunkt bis 60 m
auf Decken	Gesamtauflast bis zu 10 kN/m²; Deckenteilfläche bis zu 150 m² Deckengefälle mindestens 3 % Länge der Dränleitung zwischen Hochpunkt und Dacheinlauf/Traufkante bis 15 m; angrenzende Gebäudehöhe bis 15 m
unter Bodenplatten	schwach durchlässiger Boden bebaute Fläche bis 200 m²

Bei Vorliegen dieser Randbedingungen ist die Dränschicht für eine Abflussspende q' vor Wänden $q' = 0{,}30$ l/(s · m), $q = 0{,}03$ l/(s · m²) auf Decken und $q = 0{,}005$ l/(s · m²) unter Bodenplatten auszulegen.

Für eine Dränschicht aus mineralischen Baustoffen ergeben sich für den Regelfall die Beispiele für die Ausführung gemäß Tafel 3.102a.

Tafel 3.102a Beispiele für die Ausführung und Dicke der Dränschicht aus mineralischen Baustoffen für den Regelfall (DIN 4095)

Lage	Baustoff	min. Dicke [m]
vor Wänden	Kiessand, z. B. Körnung 0/8 mm (Sieblinie A 8) oder 0/32 mm (Sieblinie B 32 nach DIN 1045-2)	0,50
	Filterschicht, z. B. Körnung 0/4 mm und Sickerschicht, z. B. Körnung 4/16 mm	0,10 0,20
	Kies, z. B. Körnung 8/16 mm und Geotextil	0,20
auf Decken	Kies, z. B. Körnung 8/16 mm und Geotextil	0,15
unter Bodenplatten	Filterschicht, z. B. Körnung 0/4 mm und Sickerschicht, z. B. Körnung 4/16 mm	0,10 0,10
	Kies, z. B. Körnung 8/16 mm und Geotextil	0,15
um Dränrohre	Kiessand, z. B. Körnung 0/8 mm (Sieblinie A 8) oder 0/32 mm (Sieblinie B 32 nach DIN 1045-2)	0,15
	Sickerschicht, z. B. Körnung 4/16 mm und Filterschicht, z. B. Körnung 0/4 mm	0,15 0,10
	Kies, z. B. Körnung 8/16 mm und Geotextil	0,10

Tafel 3.102b Richtwerte für Dränleitung und Kontrolleinrichtungen für den Regelfall nach DIN 4095

Bauteil	Richtwert mind.
Dränleitung	Nennweite ≥ DN 100 und Gefälle ≥ 0,5 %
Kontrollrohr	Nennweite ≥ DN 100
Spülrohr	Nennweite ≥ DN 300
Übergabeschacht	Nennweite ≥ DN 1000

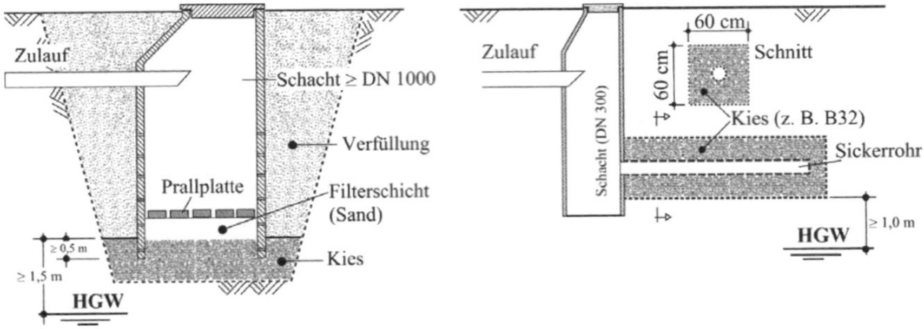

Abb. 3.102 Versickerungsschacht (links) nach ATV-Regelwerk und Rigole (rechts) zur Versickerung von Dränwasser

7.3 Ausführung von Dränanlagen

Für die Ausführung von Dränagen gilt:

- Das Mindestgefälle der Dränleitung soll $i = 0{,}5$ % betragen (bei zu geringem Gefälle besteht die Gefahr der Sedimentation und der anschließenden Rohrverstopfung durch eingespülte Bodenfeinstteile).
- Die Dränleitungen sollen am Hochpunkt mit der Rohrsohle mindestens 20 cm unter Oberkante des Fundamentes liegen (liegt die Dränleitung höher als Oberkante Fundament, so ist der freie Wasserzufluss von der Wanddränage in die Dränleitung unterbunden, liegt die Dränleitung tiefer als die Unterkante des Fundamentes, so kann es bei starkem Wasseranfall zu einer Unterspülung des Fundamentes kommen).
- Die Dränrohre werden mit filterstabilen Kiesschichten oder mit ebenfalls filterstabilen Umhüllungen aus Polyestervlies umgeben (weitgehende Vermeidung des Versandens).

- Anbringen von Kontroll- und Spülrohren an allen Richtungswechseln (Knicke) von Dränrohren entsprechend Abb. 3.101a (Dränrohre können durch das Festsetzen von gallertartigem, verfestigtem Eisenschlamm an den Rohrwandungen versanden oder verstopfen).
- In regelmäßigen Zeitabständen ist der Sandfang (befindet sich am Boden der Kontrollschächte) dahingehend zu überprüfen, ob zuviel Sand im Dränrohr transportiert wurde. Mindestens einmal jährlich sollen die Dränrohre von den Schächten aus gespült werden.
- Richtwerte für die Dränleitungen und Kontrolleinrichtungen im Regelfall enthält Tafel 3.102b.
- Entsorgung des Dränagewassers durch Vorfluter (Bach, See, Graben) oder durch Versickerung im Erdreich (Abb. 3.102). Sickerschacht 10 bis 20 m vom Bauwerk entfernt anordnen.
- Die Funktionsfähigkeit der Dränleitungen muss nach dem Verfüllen der Baugrube, z. B. durch Spiegelung und Spülung, überprüft werden können.

Tafel 3.103 Beispiel von Baustoffen für Dränelemente nach DIN 4095

Bauteil	Art	Material
Filterschicht	Schüttung	Mineralstoffe (Sand und Kies)
	Geotextilien	Filtervlies (z. B. Spinnvlies)
Sickerschicht	Schüttung	Mineralstoffe (Sand und Kies)
	Einzelelemente	Dränsteine (z. B. aus haufwerksporigem Beton) Dränplatten (z. B. aus Schaumkunststoff) Geotextilien (z. B. aus Spinnvlies)
Dränschicht	Schüttungen	Kornabgestufte Mineralstoffe; Mineralstoffgemische (Kiessand) z. B. Körnung 0/8 mm (Sieblinie A 8) oder Körnung 0/32 mm (Sieblinie B 32)
	Einzelelemente	Dränsteine (z. B. aus haufwerksporigem Beton, ggf. ohne Filtervlies); Dränplatten (z. B. aus Schaumkunststoff, ggf. ohne Filtervlies)
	Verbundelemente	Dränmatten aus Kunststoff (z. B. aus Höckerprofilen mit Spinnvlies, Wirrgelege mit Nadelvlies, Gitterstrukturen mit Spinnvlies)
Dränrohr	gewellt o. glatt	Beton, Faserzement, Kunststoff, Steinzeug, Ton mit Muffen
	gelocht oder geschlitzt	allseitig (Vollsickerrohr) seitlich und oben (Teilsickerrohr)
	mit Filtereigenschaften	Kunststoffrohre mit Ummantelung Rohre aus haufwerksporigem Beton

8 Abdichtung gegen von außen drückendes Wasser und aufstauendes Sickerwasser nach DIN 18195-6

8.1 Abdichtungsprinzipien

Abdichtungen gegen drückendes Wasser sind Abdichtungen von Gebäuden und baulichen Anlagen gegen Grundwasser und Schichtenwasser, unabhängig von Gründungstiefe, Eintauchtiefe und Bodenart. Abdichtungen gegen zeitweise aufstauendes Sickerwasser sind Abdichtungen von Kelleraußenwänden und Bodenplatten bei Gründungstiefen bis 3,0 m unter Geländeoberkante in wenig durchlässigen Böden ($k < 10^{-4}$ m/s) ohne Dränung, bei denen Bodenart und Geländeform nur Stauwasser erwarten lassen. Die Unterkante der Kellersohle muss mindestens 300 mm über dem nach Möglichkeit langjährig ermittelten Bemessungswasserstand liegen.

Wasserdruckhaltende Abdichtungen werden in DIN 18 195-6 geregelt und müssen Bauwerke gegen von außen hydrostatisch drückendes Wasser schützen sowie gegen natürliche oder durch Lösungen aus Beton oder Mörtel entstandene Wässer unempfindlich sein. Nach Art und Lage der Abdichtung werden unterschieden:

- Außenhautabdichtung (Regelfall, vgl. Abb. 3.104)
- Innenhautabdichtung (bei der Sanierung, vgl. Abb. 3.104)
- wasserundurchlässige Bauteile (WU-Beton, vgl. Abschn. 9).

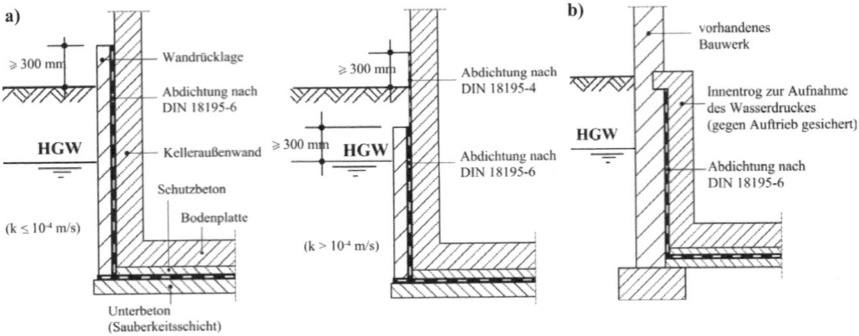

Abb. 3.104 a) Außenhautabdichtung (Regelfall bei Neubauten)
b) Innenhautabdichtung (Regelfall für Behälterabdichtung und nachträgliche Abdichtungen in Gebäuden)

8.2 Planung und bauliche Erfordernisse

- Die Abdichtung nach DIN 18 195-6 ist bei nichtbindigen Böden ($k > 10^{-4}$ m/s) mindestens 300 mm über den Bemessungswasserstand (vgl. Abschn. 4.2.2) zu führen.
- Bei bindigen Böden ($k \leq 10^{-4}$ m/s) ist die Abdichtung wegen der Gefahr einer Stauwasserbildung mindestens 300 mm über die geplante Geländeoberkante zu führen.
- Die Abdichtung darf bei den zu erwartenden Bewegungen der Bauteile durch Schwinden, Temperaturänderungen und Setzungen nicht beschädigt werden.
- Abdichtungen gegen drückendes Wasser müssen Risse, die z. B. durch Schwinden entstehen, überbrücken können. Durch konstruktive Maßnahmen ist sicherzustellen, dass solche Risse zum Entstehungszeitpunkt (zum Zeitpunkt des Abdichtens) nicht breiter als 0,5 mm sind und durch eine eventuelle weitere Öffnung die Rissbreite auf maximal 5 mm begrenzt wird. Der Versatz der Rissufer in der Abdichtungsebene muss geringer als 2 mm sein.
- Abdichtungen gegen aufstauendes Sickerwasser müssen die o. g. Risse ebenfalls überbrücken können. Durch konstruktive Maßnahmen ist sicherzustellen, dass solche Risse zum Entstehungszeitpunkt nicht breiter als 0,5 mm sind und durch eine eventuelle weitere Öffnung die Rissbreite auf maximal 1 mm und der Versatz der Risskanten in der Abdichtungsebene auf höchstens 0,5 mm begrenzt wird.
- Durch konstruktive Maßnahmen ist sicherzustellen, dass die Abdichtung dauerhaft eingebettet ist, um bei Änderungen in der Flächenpressung Schädigungen z. B. in Form des Verdrückens von Bitumenwerkstoffen zu verhindern.
- Die Anzahl der erforderlichen Lagen ist in DIN 18 195-6 in Abhängigkeit von der Eintauchtiefe des Gebäudes in das Grundwasser, der Art der Abdichtungsmaterialien sowie deren Verarbeitung festgelegt (vgl. Tafel 3.105 und 3.106a/b).
- Die Abdichtungen sollen gleichmäßig bzw. stetig durch Auflasten beansprucht werden. Die zulässige Druckbeanspruchung senkrecht zu den Abdichtungsbahnen ist in DIN 18 195-6 in Abhängigkeit von der Art der Abdichtung festgelegt (vgl. Tafeln 3.105 und 3.106a/b). Die Druckbeanspruchung der Abdichtung ist für die kritischen Lastfälle zu untersuchen.
- Der Abdichtung darf keine Übertragung von planmäßigen Kräften parallel zu ihrer Ebene zugewiesen werden. Sofern dies nicht zu vermeiden ist (z. B. bei Bauwerken im Gefälle oder bei einseitiger Baugrundverfüllung), muss durch Anordnung von Widerlagern, Ankern, Bewehrung oder durch andere konstruktive Maßnahmen wie z. B. Nocken dafür gesorgt werden, dass Bauteile auf der Abdichtung keine Kräfte in die Abdichtungsebene einleiten (vgl. Abb. 3.92c).
- Gegen die Abdichtung ist hohlraumfrei zu mauern oder zu betonieren. Wandrücklagen aus Mauerwerk müssen geputzt werden. Wird die tragende Außenwand des Bauwerks in Mauerwerk ausgeführt und nachträglich vor die bereits erstellte Abdichtungsebene gestellt, so ist sie durch eine etwa 4 cm breite Fuge, die schichtenweise beim Mauern mit Zementmörtel verfüllt wird, von der Abdichtung zu trennen.
- Werden Abdichtungen planmäßig durch erhöhte Temperaturen beansprucht, sind diese bei Planung zu berücksichtigen. Bei Abdichtungen mit Bitumenwerkstoffen (Bitumenbahnen, Klebemassen und

Deckaufstrichmittel) muss der Erweichungspunkt nach Ring und Kugel (vgl. DIN EN 1427) des verwendeten Bitumens min. 30 K über der zu erwartenden Temperatur liegen.

- Bei Einwirkung von Druckluft (wenn beim Abschalten der Wasserhaltung z. B. das Wasser die Luft in die Poren des Erdreiches gegen die Abdichtung presst) sind Abdichtungen durch geeignete Maßnahmen gegen das Ablösen von der Unterlage zu sichern. Bei Abdichtungen, die ausschließlich aus Bitumenwerkstoffen bestehen, sind außerdem Metallbänder einzukleben.

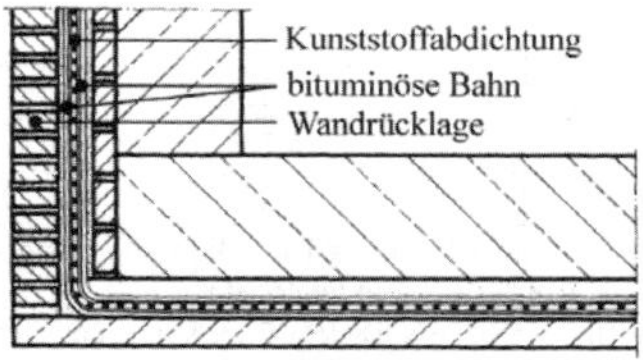

Abb. 3.105a Kehlstoß aus [3.78]

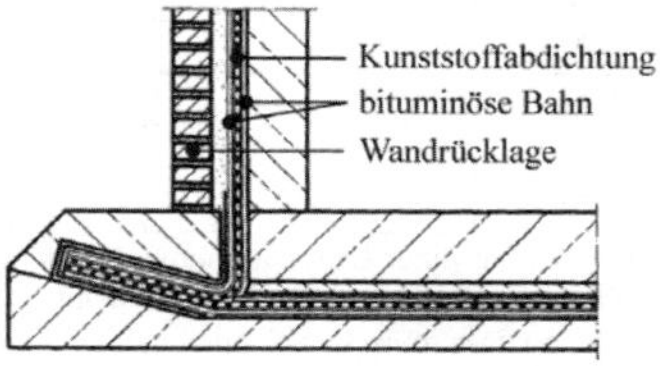

Abb. 3.93b Rückläufiger Stoß aus [3.78]

8.3 Verwendbare Materialien

An Abdichtungen gegen drückendes Wasser werden die höchsten Anforderungen gestellt. Diesen wird Rechnung getragen durch eine erhöhte Anzahl der einzubauenden Lagen. So ist eine Abdichtung gegen drückendes Wasser aus bitumenhaltigen Bahnen mindestens zweilagig, je nach Eintauchtiefe und Material auch bis zu vierlagig auszuführen. Weiterhin können wasserundurchlässiger Beton (WU-Beton) oder Kunststoffbahnen angewendet werden.

Tafel 3.105 Bitumenhaltige bahnenförmige Abdichtungssysteme zur Abdichtung gegen drückendes Wasser nach DIN 18 195-6

Abdichtung	zul. σ [MN/m²]	Eintauchtiefe [m]	Mindest-Lagenzahl Bü	Gi	Anforderungen
Nackte Bitumenbahnen	0,6	≤ 4	3	3	erf. Mindesteinpressdruck ≥ 0,01 MN/m² (hydrostatischer Druck nicht ansetzbar)
		4 bis 9	4	3	
		> 9	5	4	
Nackte Bitumenbahnen mit Metallbandeinlage[1]	1,0	≤ 4	3	3	kein Mindesteinpressdruck erforderlich
		4 bis 9	3	3	
		> 9	4	3	
Nackte Bitumenbahnen mit zwei Metallbandeinlagen[1)4)]	1,5	≤ 4	4	4	kein Mindesteinpressdruck erforderlich
		4 bis 9	4	4	
		> 9	5	4	
			Sonstige Verlegung		
Bitumen-Schweißbahnen[2] (vgl. Tafel 3.88a)	1,0 (bei Glasgewebe 0,8)	≤ 4	2		mit GE oder PV
		4 bis 9	3		mit GE oder PV
			1		mit GE oder PV + jew. 1 Cu
		> 9	2		mit GE oder PV + jew. 1 Cu
Bitumenbahnen[3] und/oder Polymerbitumenbahnen[3] (vgl. Tafel 3.88a)	1,0 (bei Glasgewebe 0,8)	≤ 4 4 bis 9 > 9	wie bei Bitumen-Schweißbahnen		Bei Bitumen- od. Polymerbitumenbahnen u. -Schweißbahnen kein Einpressdruck erforderlich.

Erläuterungen

zul. σ: zulässige Druckspannung — Bü: Bürstenstreich- oder Gießverfahren — Gi: Gieß- und Einwalzverfahren

GE: Gewebe-Einlage — PV: Polyestervlies-Einlage — Cu: Kupferbandeinlage

[1] Metallband-Einlage: Kupfer mit $d = 0{,}1$ mm oder Edelstahl mit $d = 0{,}05$ mm.

[2] Darf nur in Ausnahmefällen angewendet werden, z. B. im Überkopfbereich und an unterschnittenen Flächen.

[3] Bitumenbahnen mit Gewebeeinlage sind mit Bahnen mit anderer Trägereinlage zu kombinieren. Sie sind stets auf der dem Wasser abgewandte Seite der Abdichtung anzuordnen.

[4] Die äußeren Lagen sind aus Bitumenbahnen herzustellen. Es ist daher eine mindestens vierlagige Ausführung erforderlich.

Tafel 3.106a Abdichtungssysteme aus Kunststoff- und Elastomerbahnen zur Abdichtung gegen drückendes Wasser nach DIN 18195-6

Abdichtung	zul. σ [MN/m²]	Eintauchtiefe [m]	Mindest-Lagenzahl	Anforderungen Mindestdicke *d* [mm]
Bahnen aus EVA[1], PIB[1] oder PVC-P[2] (vgl. Tafel 3.88b)	1,0 (bei PIB 0,6)	≤ 4	1	1,5
		4 bis 9	1	2,0
		> 9	1	2,0
Bahnen aus ECB[1] oder EPDM[1] (vgl. Tafel 3.88b)	1,0	≤ 4	1	2,0
		4 bis 9	1	2,5
		> 9	1	2,5

[1] Die Abdichtung ist aus einer Lage bitumenverträglicher Kunststoffdichtungsbahn nach Tafel 3.88b herzustellen, die zwischen zwei Lagen nackter Bitumenbahnen mit Bitumenklebemasse einzukleben ist.

[2] Die Abdichtung ist lose zwischen Schutzlagen aus geeigneten Stoffen nach DIN 18 195-2 zu verlegen. Die obere Schutzlage kann auch aus mindestens 1 mm dicken PVC-P-Bahnen/-Platten, halbhart, hergestellt werden. Diese obere Schutzlage ist an Längs- und Querstößen zu verschweißen. Die Eintauchtiefe der Abdichtung ist auf 4 m zu begrenzen.

Tafel 3.106b Abdichtungssysteme zur Abdichtung gegen aufstauendes Sickerwasser nach DIN 18195-6

Abdichtung	Anforderung / Bemerkung
KMB nach Abschn. 2.2.5	Mindestdicke = 4 mm; in zwei Arbeitsgängen aufbringen, eine Verstärkungslage ist anzuordnen.
Bitumen- und Polymerbitumenbahnen, vgl. Tafel 3.88a	2 Lagen mit Gewebe- oder Polyestervlieseinlage
Polymerbitumen-Schweißbahnen, vgl. Tafel 3.88a	einlagig
Kunststoff- u. Elastomerbahnen nach Tafel 3.88b	einlagig, bitumenverträglich

9 Konstruktionen aus wasserundurchlässigem Beton (WU-Beton)

9.1 Vor- und Nachteile

Bei Konstruktionen aus wasserundurchlässigem Beton wird auch von einer „weißen Wanne" gesprochen. Für diese Bauweise ist kennzeichnend, dass die lastabtragende und die abdichtende Funktion durch den eingebrachten Beton erzielt werden. Gegenüber einer herkömmlichen Abdichtung (z. B. mit bitumenhaltigen, mehrlagigen Schichtenaufbauten) muss die hergestellte Konstruktion selbst eine umseitig geschlossene Wanne, inklusive sämtlicher Fugen und Durchdringungen, ausbilden. Dadurch entstehen folgende Vorteile:

- Wegfall eines Gewerkes (das Abdichten z. B. mit Bitumenbahnen),
- weitgehende Witterungsunabhängigkeit bei der Herstellung des Bauwerkes im Vergleich zu Bauwerken, die zum Beispiel mit bitumenhaltigen Abdichtungsbahnen versehen werden,
- leichte Ortung von Leckagen und deren nachträgliche Sanierung (gezieltes Nachverpressen).

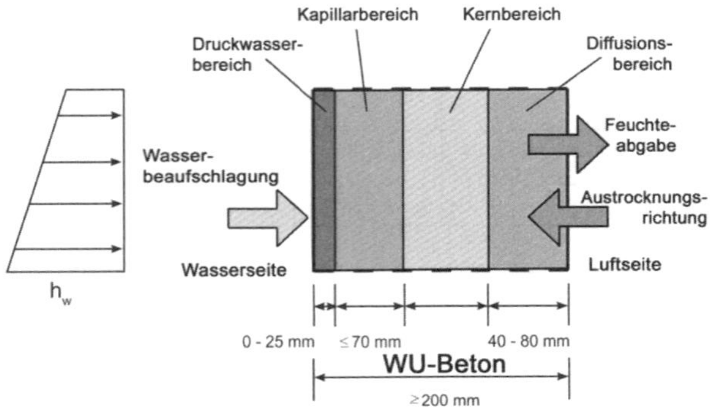

Abb. 3.96 Arbeitsmodell für die Feuchtebedingungen in einem Betonbauteil-Querschnitt mit einseitiger Wasserbeaufschlagung (Beton C30/37, $w/z \leq 0{,}55$) nach [3.69]

Eine Konstruktion aus wasserundurchlässigem Beton kann die Dichtfunktion gegenüber Wasser in flüssiger Form gewährleisten, wenn einerseits die erforderliche Bewehrung zur Begrenzung einer kritischen

Rissweite eingebracht und andererseits ein Beton mit besonderen Eigenschaften verwendet wird. Wasserundurchlässiger Beton besteht aus einem möglichst dichten Zementstein- und Zuschlagstoffgefüge mit wenigen Kapillarporen. Einem von außen wirkenden Wasserangriff wird so ein sehr starker Widerstand gegen Durchdringen entgegengebracht. Dennoch ist eine WU-Beton-Konstruktion nicht wasserdicht. Das bei derartigen Konstruktionen durchtretende Wasser (Wasserdampf) ist durch Verdunsten auf der Raumseite wieder abzuführen. Das bedeutet Mehraufwendungen für den Innenausbau bei hochwertiger Nutzung. Die aufgeführten Mehraufwendungen müssen technisch befriedigend durchführbar sein, und sie müssen sich in wirtschaftlicher Hinsicht tragen.

Im Vergleich zu üblichen Stahlbetonkonstruktionen ist aus den genannten Gründen Folgendes bei der Planung und Herstellung von wasserundurchlässigem Beton zusätzlich zu beachten:

- Nachweis der verminderten Rissbildung bzw. der Rissbreitenbeschränkung (dadurch höherer Bewehrungsgehalt),
- besondere Aufwendungen für die konstruktive Durchbildung des Bauwerkes (z. B. hinsichtlich der Fugen, Anschlüsse oder Durchdringungen),
- angepasste Betonrezeptur (Zement, Sieblinie für die Zuschläge, Betonzusätze) und
- sorgfältige Verarbeitung (Schalung, Verdichtung, Nachbehandlung).

9.2 Planungsgrundsätze

Die Regelung zur Planung und Herstellung von Konstruktionen aus wasserundurchlässigem Beton erfolgt nicht in DIN 18 195. Das Bauen mit wasserundurchlässigem Beton gilt dennoch seit vielen Jahren als bewährte Bauweise und ist in der Fachwelt anerkannt. Die wesentlichen Grundlagen zur Planung und Herstellung von WU-Beton sind in der DAfStb-Richtlinie „Baukörper aus wasserundurchlässigem Beton“ [3.69] und [3.70] enthalten. Die Richtline gilt auch für Dachflächen und Decken aus WU-Beton. Hinsichtlich der Ausführung wird im DAfStb-Heft 555 [3.69] auf zusätzliche Gesichtspunkte, insbesondere indirekte Einwirkungen (z. B. Witterungseinflüsse), hingewiesen.

In der Richtlinie des DAfStb werden je nach Beanspruchung des Bauteils mit Wasser im Gegensatz zur DIN 18 195 nur zwei Beanspruchungsklassen wie folgt unterschieden:

Tafel 3.107a Beanspruchungsklassen von WU-Konstruktionen nach der DAfStb-Richtlinie

Beanspruchungsklasse	Beschreibung
1	drückendes Wasser und zeitweise aufstauendes Sickerwasser (DIN 18 195-6); nichtdrückendes Wasser (entsprechend DIN 18 195-5)
2	Bodenfeuchte (kapillar im Boden gebundenes Wasser); nichtstauendes Sickerwasser (stark durchlässige Bodenschichten oder vorhandene, dauerhafte Dränung gemäß DIN 4095)

In Abhängigkeit von der Funktion und Art der Nutzung des Bauwerks/Bauteils unterscheidet die DAfStb-Richtlinie [3.69] zwei Nutzungsklassen, die vom Planer im Zusammenwirken mit dem Bauherrn festzulegen sind:

Tafel 3.107b Nutzungsklassen für WU-Konstruktionen nach der DAfStb-Richtlinie [3.69]

Nutzungsklasse	Anforderungen
A	kein Wasserdurchtritt in flüssiger Form während der Nutzungszeit; keine Verfärbungen (Durchfeuchtungserscheinungen im Bereich von Rissen und Fugen) während der Nutzung zulässig *Beispiele: Lagerräume mit hochwertiger Nutzung, Büro- und Wohnräume*
B	zeitlich begrenzter Wasserdurchtritt in flüssiger Form während der Nutzungszeit zulässig; Verfärbungen (Durchfeuchtungserscheinungen) – auch längerfristig – zulässig *Beispiele: Lagerräume mit geringen Anforderungen, Tiefgaragen, Installations- und Versorgungsschächte*

Die Nutzungsklasse A sollte nach [3.85] hinsichtlich der Raumnutzung gemäß Tafel 3.108a weiter untergliedert werden.

Dachflächen und Decken aus WU-Beton, die durch nichtdrückendes Wasser auf horizontale bzw. schwach geneigte Flächen beansprucht werden, sind der höheren Beanspruchungsklasse 1 zuzuordnen. Dachflächen von Wohn- und Gewerbebauten gehören in der Regel zur Nutzungsklasse A.

Tafel 3.108a Differenzierung der Nutzungsklasse A (in Anlehnung an [3.85])

Nutzungsklasse	Raumnutzung	Raumklima	Beispiele	Maßnahmen[2)]
A^{***}	anspruchsvoll	- beheizt, - niedrige relative Feuchte, < 60 % r. F.	Bibliotheken, Archive, Technikräume mit feuchteempfindlichen Geräten	Wärmedämmung, Zwangslüftung, Klimaanlage
A^{**}	normal	- beheizt, - geringe relative Feuchte	Wohnräume, Büros, Versammlungsstätten	Wärmedämmung, ggf. Zwangslüftung
A^{*}	einfach	- kühl bis warm, - normale relative Feuchte (schwankend)	Hobbyräume, Werkstätten, Kellerräume mit zeitweisem Aufenthalt von Personen	ggf. Wärmedämmung, natürliche Lüftung
A^{0} [1)]	untergeordnet	keine Anforderungen	einfache Technikräume	

[1)] Einordnung in der Nutzungsklasse B möglich.
[2)] Baukonstruktive Anforderungen an die Zugänglichkeit der umschließenden Bauteile sind immer erforderlich.

Folgende Nachweise müssen bei der Planung von Kellerbauwerken aus WU-Beton geführt werden, bzw. es müssen folgende Regeln beachtet werden:

- Höhe des maximalen Grundwasserpegels (HGW) (vgl. Abschn. 3.3)
- Prüfen der Korrosivität des Grundwassers entsprechend DIN 4030 (Wasseruntersuchung)
- Wahl eines Betons mit hohem Wassereindringwiderstand nach DIN EN 206-1 und DIN 1045-2. Für den Anwendungsbereich der WU-Richtlinie gilt $(w/z)_{eq} \leq 0{,}60$ (entspricht bei Normalbeton einer Festigkeitsklasse von C25/30).
- Die Mindestdicke der Bauteile aus WU-Beton ist entsprechend Tafel 3.108b abhängig von der Beanspruchungsart des Bauwerks durch das Wasser (drückendes Wasser, aufstauendes Wasser, Bodenfeuchte) und von der Art der Herstellung (Ortbeton, Elementwände, Fertigteile).
- Hinsichtlich der Bemessung von WU-Beton-Konstruktionen wird auf die DAfStb-Richtlinie, EC 2 und die zahlreiche auf diesem Gebiet veröffentlichte Literatur (z. B. [3.78] oder [3.82]) verwiesen.
- Der Ausbildung der Arbeitsfugen in Bauteilen aus WU-Beton ist besondere Beachtung zu schenken (vgl. [3.80] oder [3.78]).

Tafel 3.108b Empfohlene Mindestdicken von Bauteilen nach der WU-Richtlinie

Bauteil	Beanspruchungsklasse	Ausführungsart		
		Ortbeton	Elementwände	Fertigteile
Wände	1	240 mm	240 mm	200 mm
	2	200 mm	240 mm [1)]	100 mm
Bodenplatten	1	250 mm	—	200 mm
	2	150 mm		100 mm

[1)] Unter Beachtung besonderer betontechnologischer und ausführungstechnischer Maßnahmen ist eine Abminderung auf 200 mm möglich.

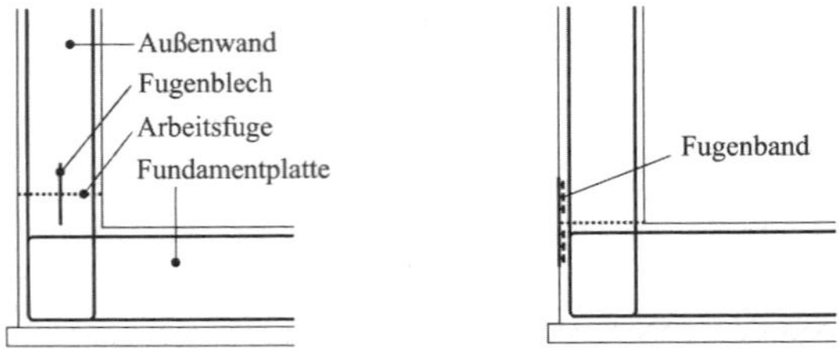

Abb. 3.108
Beispiele für Betonierfugen zwischen Sohlplatte und Wand bei WU-Beton-Wannen, bei denen Sohlplatte und Wände nicht in einem Arbeitsgang betoniert werden können

4 A Bauphysik
4 B Brandsicherheit in Gebäuden

Prof. Dr.-Ing. habil. Wolfgang M. Willems

4 A Bauphysik

1 Wärmeschutz

1.1 Wärmeschutztechnische Größen, Formelzeichen, Einheiten

Wärmeschutztechnische Größe	Formelzeichen	Einheit
Abminderungsfaktor für Sonnenschutzeinrichtungen	F_C	%
Emissionsgrad	ε	%
Fensterflächenanteil	f	%
Fläche	A	m^2
Gesamtenergiedurchlassgrad	g	%
Gesamtenergiedurchlassgrad einschließlich Sonnenschutz	g_{total}	%
Leckagestrom, hüllenflächenbezogener	q_{50}	$m^3/(m^2 \cdot h)$
Lufttemperatur (außen)	θ_e	°C
Lufttemperatur (innen)	θ_i	°C
Masse, flächenbezogene	m'	kg/m^2
Oberflächentemperatur (außen)	θ_{se}	°C
Oberflächentemperatur (innen)	θ_{si}	°C
Rohdichte	ρ	kg/m^3
Schichtdicke	d	m
Sonneneintragskennwert	S_x	-
Sonneneintragskennwert, zulässiger Grenzwert	S_{zul}	-
Speicherfähigkeit, wirksame	C_{wirk}	W·h/K
Speicherkapazität, spezifische	c	Ws/(kg·K)
Temperatur, thermodynamische (absolute)	T	K
Wärmedurchgangskoeffizient	U	$W/(m^2 \cdot K)$
Wärmedurchgangskoeffizient, Korrekturwert	ΔU	$W/(m^2 \cdot K)$
Wärmedurchgangskoeffizient, längenbezogener	ψ	W/(m·K)
Wärmedurchgangskoeffizient, punktbezogener	χ	W/K
Wärmedurchgangswiderstand	R_T	m^2K/W
Wärmedurchgangswiderstand (oberer Grenzwert)	R_T'	m^2K/W
Wärmedurchgangswiderstand (unterer Grenzwert)	R_T''	m^2K/W
Wärmedurchlasswiderstand	R	m^2K/W
Wärmeeintrag, solarer	S	-
Wärmeleitfähigkeit	λ	W/(m·K)
Wärmemenge	Q	Ws
Wärmestrom	Φ	W
Wärmestromdichte	q	W/m^2
Wärmeübergangswiderstand (außen)	R_{se}	m^2K/W
Wärmeübergangswiderstand (innen)	R_{si}	m^2K/W

1.2 Grundlagen der Wärmeübertragung

Wärmestrom und Wärmestromdichte

Unter dem Wärmestrom Φ wird der Wärmemengentransport pro Zeiteinheit, unter der Wärmestromdichte q derjenige pro Zeit- und Flächeneinheit verstanden.

$$\Phi = \frac{Q}{t} \qquad q = \frac{\Phi}{A} = \frac{Q}{A \cdot t}$$

Φ Wärmestrom in W
q Wärmestromdichte in W/m^2
Q Wärmemenge in J bzw. Ws
t Zeit in s
A Fläche in m^2

Für die Schicht eines isotropen Materials berechnet sich die Wärmestromdichte q für stationäre Randbedingungen und ohne innere Wärmequellen zu:

$$q = \frac{1}{R} \cdot (\theta_1 - \theta_2)$$

R Wärmedurchlasswiderstand in m^2K/W
θ Schichtgrenztemperaturen in °C (Indizes: Schichtgrenzen 1 und 2)

Für ein Bauteil einschließlich seiner Einbaurandbedingungen (→ Übergangswiderstände) berechnet sich die Wärmestromdichte q für stationäre Randbedingungen und ohne innere Wärmequellen zu:

$$q = \frac{1}{R_T} \cdot (\theta_i - \theta_e) = U \cdot (\theta_i - \theta_e)$$

R_T Wärmedurchgangswiderstand in m^2K/W
U Wärmedurchgangskoeffizient in $W/(m^2K)$
θ Lufttemperaturen in °C (Indizes: innen i, außen e)

Widerstände

Der Wärmedurchlasswiderstand R eines homogenen geschichteten Bauteils (Anzahl der Schichten von $i = 1$ bis n) berechnet sich aus der Summation der Widerstände der Einzelschichten:

$$R = \sum_{i=1}^{n} R_i = \sum_{i=1}^{n} \frac{d_i}{\lambda_i}$$

R_i Wärmedurchlasswiderstände der Schichten in m^2K/W
n Anzahl der Schichten
d Schichtdicke in m
λ Wärmeleitzahl in $W/(mK)$

Hinsichtlich des Wärmedurchlasswiderstandes von Luftschichten wird unterschieden zwischen:

- ruhenden Luftschichten (keine oder sehr geringe Öffnungsquerschnitte)
- schwach belüftete Luftschichten (mittlere Öffnungsquerschnitte)
- stark belüftete Luftschichten (große Öffnungsquerschnitte).

Tafel 4.3 Wärmedurchlasswiderstände R_g von Luftschichten[1] ($d \leq 300$ mm bzw. $d < 10$ % der Luftschichtbreite bzw. -tiefe, Emissionsgrad der Oberflächen $\varepsilon \geq 80$ %)

Dicke d der Luftschicht in mm	Wärmedurchlasswiderstände R_g in m^2K/W für Luftschichten unterschiedlicher Öffnungsquerschnitte A_v[2] und unterschiedlicher Richtungen des Wärmestroms				
	ruhend			schwach belüftet	stark belüftet[3]
	$A_v \leq 500$ mm²			$500 < A_v < 1500$ mm²	$A_v \geq 1500$ mm²
	aufwärts	horizontal[4]	abwärts		
0	0,000			Hier wird abweichend der *Wärmedurchgangswiderstand* R_T der gesamten Bauteilkomponente berechnet: $R_T = \frac{1500 - A_v}{1000} \cdot R_{T,u} + \frac{A_v - 500}{1000} \cdot R_{T,v}$ A_v Fläche der Öffnungen in mm² $R_{T,u}$ Wärmedurchgangswiderstand mit ruhender Luftschicht $R_{T,v}$ Wärmedurchgangswiderstand mit stark belüfteter Luftschicht	0,00
5	0,110				
7	0,130				
10	0,150				
15	0,160	0,170			
25		0,180	0,190		
50			0,210		
100			0,220		
300			0,230		

[1] Zwischenwerte können geradlinig interpoliert werden.
[2] Bei vertikaler Luftschicht bezogen auf 1 m Länge, bei horizontaler Luftschicht bezogen auf 1 m² Oberfläche.
[3] Für R der Bauteilkonstruktion zwischen Luftschicht und Außenluft gilt: $R = 0$ m^2K/W. Für den äußeren Wärmeübergangswiderstand gilt: $R_{se} = R_{si}$.
[4] Gilt für Abweichungen bis maximal ± 30° zur Horizontalen.

Die Widerstände gegenüber einer Wärmeübertragung im Bereich der inneren und äußeren Bauteiloberflächen werden durch die entsprechenden Wärmeübergangswiderstände R_{si} und R_{se} berücksichtigt, die je nach Zielrichtung der jeweiligen Berechnung variieren, vgl. Tafel 4.4a.

Der Widerstand eines Bauteils gegenüber Wärmedurchgang unter Berücksichtigung seiner Einbausituation wird für ein- und mehrschichtige Bauteile mit homogenem Aufbau durch den Wärmedurchgangswiderstand R_T beschrieben:

$$R_T = R_{si} + R + R_{se}$$

R_s Wärmeübergangswiderstände innen (i) und außen (e) in m^2K/W
R Wärmedurchlasswiderstand des Bauteils in m^2K/W

In mehrschichtigen Bauteilen mit inhomogenem Aufbau treten zusätzliche Querleitungseffekte auf, sodass der Wärmedurchgangswiderstand R_T sich näherungsweise als Mittelwert aus oberem (R_T') und unterem (R_T'') Grenzwert des Wärmedurchgangswiderstandes ermitteln lässt:

$$R_T = 0,5 \cdot \left(R_T' + R_T''\right)$$

R_T' Oberer Grenzwert des Wärmedurchgangswiderstandes in m^2K/W
R_T'' Unterer Grenzwert des Wärmedurchgangswiderstandes in m^2K/W

Tafel 4.4a Innere und äußere Wärmeübergangswiderstände R_{si} und R_{se} ebener Bauteile

Anwendungsbereich	R_{si} in m²K/W	R_{se} in m²K/W
Wärmeschutz-Berechnungen: gemäß DIN EN ISO 6946		
Wärmestrom aufwärts gerichtet	0,10	0,04[1)]
Wärmestrom horizontal gerichtet	0,13	
Wärmestrom abwärts gerichtet	0,17	
Feuchteschutz-Berechnungen: Tauwasserausfall im Bauteilinnern nach DIN 4108-3		
Allgemein	0,25	0,04
Feuchteschutz-Berechnungen: Tauwasserausfall und Schimmelpilzbildung nach DIN EN ISO 13 788		
Verglasungen und Rahmen	0,13	0,04
Sonstige Bauteile	0,25	
Feuchteschutz-Berechnungen: Vermeidung von Schimmelpilzbildung nach DIN 4108-3		
Beheizte Räume	0,25	0,04
Unbeheizte Räume	0,17	
Gegen Erdreich (beheizte bzw. unbeheizte Räume)	0,25 bzw. 0,17	0,00

[1)] Bei Vorhandensein einer *stark belüfteten Luftschicht* gilt für den Wärmedurchlasswiderstand der Bauteilkonstruktion zwischen der Luftschicht und der Außenumgebung $R = 0$, dafür ist $R_{se} = R_{si}$ zu setzen.

Tafel 4.4b Inhomogene mehrschichtige Bauteile: Ermittlung der Grenzwerte R_T' und R_T''

Beschreibung	Oberer Grenzwert R_T' in m²K/W	Unterer Grenzwert R_T'' in m²K/W
Mehrschichtiges Bauteil mit Schichten j und Abschnitten f_m. Es ergeben sich damit $m \cdot j$ einzelne Wärmedurchgangswiderstände R_{mj}.	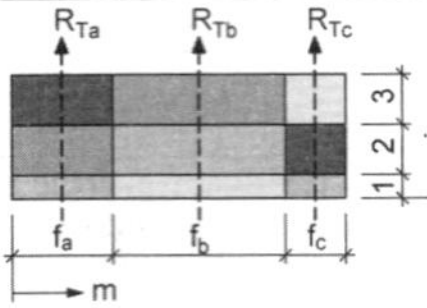	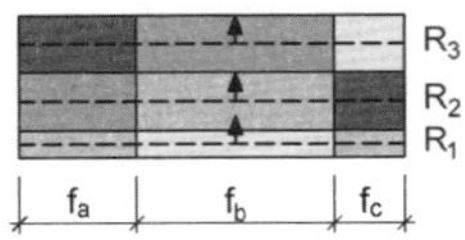
R_{Tm} sind die Wärmedurchgangswiderstände R_T der einzelnen Abschnitte (Berechnung s. o.). R_j sind die gemittelten Wärmedurchlasswiderstände R der einzelnen Schichten (Berechnung s. rechts).	$R_T' = \frac{1}{\sum_{m=a}^{n} \frac{f_m}{R_{Tm}}} = \frac{1}{\frac{f_a}{R_{Ta}} + \frac{f_b}{R_{Tb}} + \ldots + \frac{f_n}{R_{Tn}}}$	$R_T'' = R_{si} + \sum_{j=1}^{n} R_j + R_{se}$ $R_j = \frac{1}{\sum_{m=a}^{n} \frac{f_m}{R_{mj}}} = \frac{1}{\frac{f_a}{R_{aj}} + \frac{f_b}{R_{bj}} + \ldots + \frac{f_n}{R_{nj}}}$

1.3 Wärmedurchgangskoeffizient U

Opake Bauteile

Der Wärmedurchgangskoeffizient U berechnet sich für opake Bauteile (ggf. unter Berücksichtigung unterschiedlicher Korrekturbeiwerte ΔU) nach DIN EN ISO 6946 zu:

$$U = \frac{1}{R_T} + \Delta U$$

mit $\Delta U = \Delta U_g + \Delta U_f + \Delta U_r$

ΔU_g Korrekturwert bei Luftspalten im Bauteil in W/(m²K)
ΔU_f Korrekturwert bei Dämmschichten durchdringenden Befestigungselementen in W/(m²K)
ΔU_r Korrekturwert bei Niederschlag auf Umkehrdächern in W/(m²K)

Weisen Bauteile keilförmige Schichten auf (Beispiel: Flachdächer mit Gefälledämmung), so sind bis zu einer Neigung von 5 % die jeweiligen Wärmedurchgangswiderstände entsprechend DIN EN ISO 6946 Anhang C zu berechnen, vgl. dazu Ablauf und Formeln in Tafel 4.5a.

Tafel 4.5a Berücksichtigung keilförmiger Schichten in Bauteilen nach DIN EN ISO 6946

1	Unterteilung des Bauteils in n Teilflächen A_i mit unterschiedlichen keilförmigen Schichten		
	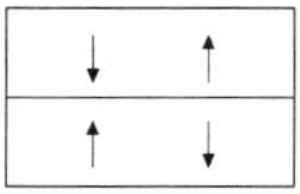	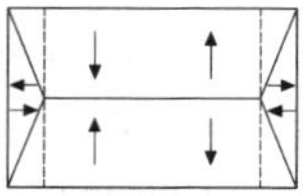	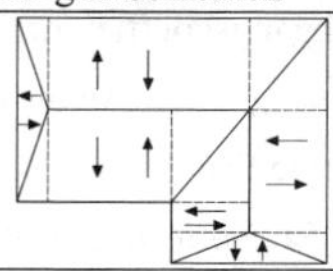
2	Ermittlung der Wärmedurchgangswiderstände R_0 der n ebenen Bauteilbereiche		
	Homogener Aufbau: $R_0 = R_T$	Inhomogener Aufbau: $R_0 = 0{,}5 \cdot \left(R_T' + R_T''\right)$	
3	Ermittlung von R_i an der Stelle der keilförmigen Schicht mit der Dicke d_i		
4	Ermittlung von U_k für den Bereich k in Abhängigkeit der Bereichsgeometrie		
	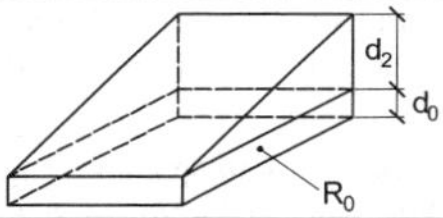	$U_k = \frac{1}{R_2} \cdot \ln\left[1 + \frac{R_2}{R_0}\right]$	
	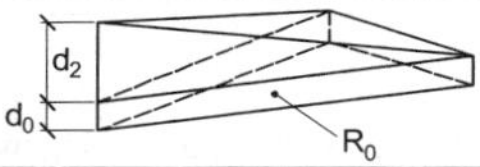	$U_k = \frac{2}{R_2} \cdot \left[\left(1 + \frac{R_0}{R_2}\right) \cdot \ln\left(1 + \frac{R_2}{R_0}\right) - 1\right]$	
	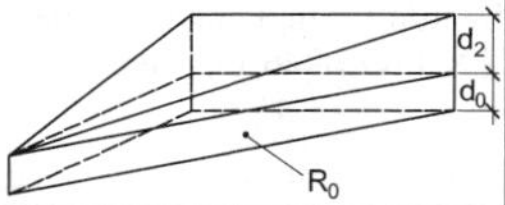	$U_k = \frac{2}{R_2} \cdot \left[1 - \frac{R_0}{R_2} \cdot \ln\left(1 + \frac{R_2}{R_0}\right)\right]$	
	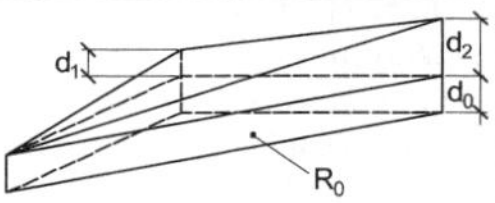	$U_k = 2 \cdot \frac{R_0 \cdot R_1 \cdot \ln\left(1 + \frac{R_2}{R_0}\right) - R_0 \cdot R_2 \cdot \ln\left(1 + \frac{R_1}{R_0}\right) + R_1 \cdot R_2 \cdot \ln\left(\frac{R_0 + R_2}{R_0 + R_1}\right)}{R_1 \cdot R_2 \cdot (R_2 - R_1)}$	
5	Ermittlung des resultierenden U-Wertes für die Gesamtfläche A		
	$U = \frac{1}{A} \cdot \sum_{i=1}^{n} U_i \cdot A_i$		

Korrekturwert für Luftspalten

In den Fällen nach Tafel 4.5b ergibt sich der Korrekturwert ΔU_g zu

$$\Delta U_g = \Delta U'' \cdot \left(\frac{R_1}{R_{T,h}}\right)$$

$\Delta U''$ Korrekturbeiwert nach Tafel 4.5b in W/(m²K)

R_1 Wärmedurchlasswiderstand der die Luftspalte enthaltenden Schicht in (m²K)/W

$R_{T,h}$ Wärmedurchgangswiderstand des Bauteils ohne Berücksichtigung von Wärmebrücken in (m²K)/W

Tafel 4.5b Korrekturbeiwerte $\Delta U''$ für Luftspalte in Bauteilen

Stufe	$\Delta U''$ in W/(m²K)	Beschreibung und Beispiele
0	0,00	Keine Luftspalte in der Dämmschicht oder nur kleine Luftspalte ohne wesentliche Wirkung auf den Wärmedurchgangskoeffizienten *Beispiel: mehrlagige Dämmung; einlagige Dämmung mit Nut-Feder- oder Stufenfalz-Verbindung; Dämmung mit abgedichteten Fugen*
1	0,01	Luftzwischenräume als Verbindung zwischen warmer und kalter Seite der Dämmschicht, jedoch ohne Luftzirkulation zwischen diesen Schichten *Beispiel: Einlagige Dämmung zwischen Holzbalken*
2	0,04	Mögliche Luftzirkulation auf der warmen Seite der Dämmung. Luftspalte können die Dämmschicht durchdringen. *Beispiel: Konstruktionen mit unzureichender Befestigung der Dämmschicht*

Korrekturwert für die Dämmschicht durchdringenden Befestigungselemente

Der Einfluss mechanischer Befestigungselemente kann durch Ermittlung des punktbezogenen Wärmedurchgangskoeffizienten χ nach DIN EN ISO 10211 in den Korrekturwert eingehen:

$\Delta U_f = n_f \cdot \chi$ $\quad n_f$ Anzahl der Befestigungselemente in m^{-2} $\quad \chi$ punktbezog. Wärmedurchgangskoeff. in W/K

Alternative Ermittlung (Näherungsverfahren) nach DIN EN ISO 6946 Anhang D, vgl. Tafel 4.6a.

Tafel 4.6a Näherungsverfahren zur Berücksichtigung von Befestigungselementen

Beispielskizze: Flachdach[1)]	Berechnung des Wärmedurchgangskoeffizienten ΔU_f in W/(m²K)	
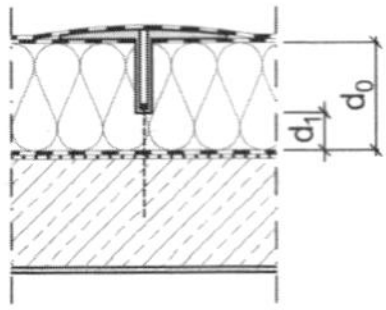 	$\Delta U_f = \frac{\alpha \cdot \lambda_f \cdot n_f \cdot A_f}{d_0} \cdot \left(\frac{R_1}{R_{T,h}}\right)^2$ mit $\alpha = 0{,}8 \cdot \frac{d_1}{d_0}$	
	λ_f, n_f, A_f	Wärmeleitzahl, Anzahl, Querschnittsfläche des Befestigers
	R_1	Wärmedurchlasswiderstand der die Luftspalte enthaltenden Schicht
	$R_{T,h}$	Wärmedurchgangswiderstand des Bauteils ohne Berücksichtigung von Wärmebrücken

1) Hier dargestellt mit einem in einer Aussparung (Verbindungselement zur thermischen Entkopplung) eingebauten Befestigungselement. Durchdringt das Befestigungselement die Dämmschicht vollständig, so gilt $d_1 = d_0$.

Korrekturwert für Umkehrdächer

In Umkehrdächern entstehen zusätzliche Wärmeverluste aus dem Abfließen von Niederschlagswasser zwischen Wärmedämmung und – darunterliegender – Dachabdichtung. Für Umkehrdächer mit einer Dämmschicht aus extrudiertem Polystyrol (XPS) bietet DIN EN ISO 6946 im Anhang D ein Berechnungsverfahren für den entsprechenden Korrekturwert ΔU_r an:

$$\Delta U_r = p \cdot f \cdot x \cdot \left(\frac{R_i}{R_T}\right)^2$$

p durchschn. regionale Niederschlagsmenge während der Heizperiode in mm/d
f Entwässerungsfaktor (Anteil an p, der die Dachabdichtung erreicht)
x Faktor für den gestiegenen Wärmeverlust in (W·d)/(m²·K·mm)
Ungünstigster Fall: einlagige Dämmschichten mit Stumpfstößen und offener Abdeckung, z. B. einer Kiesschüttung auf der Dachabdichtung: $f_x = 0{,}04$.
R_i Wärmedurchlasswiderstand der Dämmschicht über Dachabdichtung
R_T Wärmedurchgangswiderstand der Konstruktion vor Anwendung der Korrektur

In Deutschland erfolgt die Bestimmung des Bemessungswerts des Wärmedurchgangskoeffizienten für Umkehrdächer nach den Festlegungen in den techn. Spezifikationen des jeweiligen Dämmstoffes.

Nach DIN 4108-2 Abschn. 5.3.3 lässt sich der Korrekturwert ΔU_r auch nach Tafel 4.6b bestimmen.

Tafel 4.6b Korrekturwert ΔU_r für Umkehrdächer nach DIN 4108-2

$\frac{(R_T - R_i)}{R_T}$ in %	ΔU_r in W/(m²K)
< 10	0,05
10 bis 50	0,03
> 50	0,00

1.4 Wärmestrombilanzierung und Temperaturverläufe

Wärmestrombilanzen

Unter der Voraussetzung stationärer Randbedingungen gilt: q = konstant. Damit kann an jeder beliebigen Stelle eines Bauteilquerschnittes eine Wärmestrombilanz aufgestellt werden:

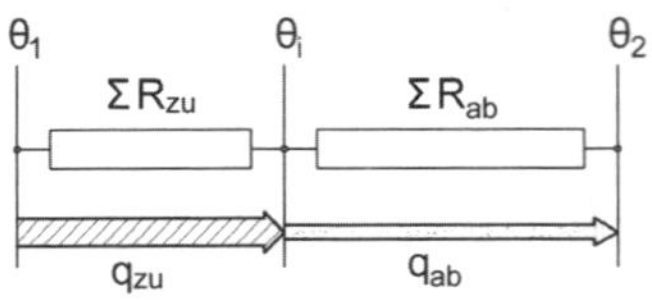

$$q_{zu} = q_{ab}$$

$$\Rightarrow q_{zu} = \frac{(\theta_1 - \theta_i)}{\sum R_{zu}} = q_{ab} = \frac{(\theta_i - \theta_2)}{\sum R_{ab}}$$

$$\Leftrightarrow \quad \theta_i = \frac{1}{1 + \frac{\sum R_{zu}}{\sum R_{ab}}} \cdot \left(\theta_2 \cdot \frac{\sum R_{zu}}{\sum R_{ab}} + \theta_1\right)$$

Beispiel: Gesucht ist die Temperatur in der Wärmedämmschicht der Außenwand an der Stelle $2/3 \cdot d_3$

Querschnitt

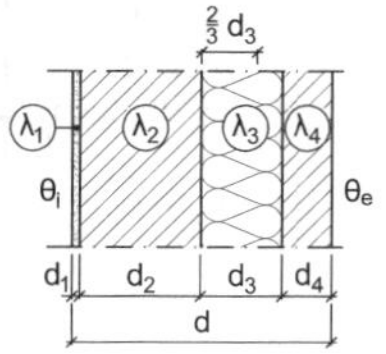

Randbedingungen

$\theta_i = 20$ °C

$\theta_e = -5$ °C

1 Innenputz mit $d_1 = 1{,}5$ cm, $\lambda_1 = 0{,}70$ W/(mK)

2 Tragschale mit $d_2 = 17{,}5$ cm, $\lambda_2 = 0{,}99$ W/(mK)

3 Wärmedämmung mit $d_3 = 12$ cm, $\lambda_3 = 0{,}035$ W/(mK)

4 Verblendschale mit $d_4 = 11{,}5$ cm, $\lambda_4 = 0{,}96$ W/(mK)

Lösung

$$\sum R_{zu} = 0{,}13 + \frac{0{,}015}{0{,}70} + \frac{0{,}175}{0{,}99} + \frac{2}{3} \cdot \frac{0{,}12}{0{,}035} = 2{,}614\,; \quad \sum R_{ab} = \frac{1}{3} \cdot \frac{0{,}12}{0{,}035} + \frac{0{,}115}{0{,}96} + 0{,}04 = 1{,}303$$

$$\theta_i = \frac{1}{1 + \frac{2{,}614}{1{,}303}} \cdot \left(-5 \cdot \frac{2{,}614}{1{,}303} + 20 \right) = 3{,}3 \text{ °C}$$

Temperaturverläufe

Auf Basis der oben beschriebenen Wärmestrombilanz können unter stationären Randbedingungen an jeder beliebigen Stelle im Querschnitt eines *homogen aufgebauten Bauteils* die entsprechenden Temperaturen ermittelt werden. Bei Vorliegen der thermischen Randbedingungen und aller Einzelwiderstände lassen sich die Oberflächen- und Schichtgrenztemperaturen entsprechend nebenstehendem Schema berechnen:

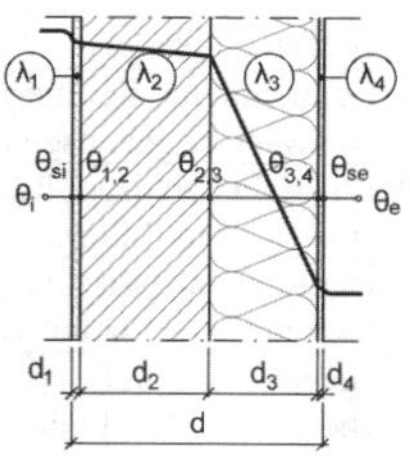

$$q = U \cdot (\theta_i - \theta_e)$$
$$\theta_{si} = \theta_i - R_{si} \cdot q$$
$$\theta_{1,2} = \theta_{si} - R_1 \cdot q$$
$$\theta_{2,3} = \theta_{1,2} - R_2 \cdot q$$
$$\ldots$$
$$\theta_{se} = \theta_{3,4} - R_4 \cdot q$$
$$\theta_e = \theta_{se} - R_{se} \cdot q$$

Beispiel: Gesucht sind alle Oberflächen- und Schichtgrenztemperaturen einer einschaligen Außenwand mit Wärmedämm-Verbundsystem (WDVS)

$$U = \left(0{,}13 + \frac{0{,}015}{0{,}70} + \frac{0{,}175}{0{,}99} + \frac{0{,}16}{0{,}035} + \frac{0{,}02}{1{,}0} + 0{,}04 \right)^{-1}$$
$$= 0{,}202 \ \frac{\text{W}}{\text{m}^2\text{K}}$$
$$q = 0{,}202 \cdot (20 - (-5)) = 5{,}04 \ \frac{\text{W}}{\text{m}^2}$$

$$\theta_{si} = 20 - 0{,}13 \cdot 5{,}04 = 19{,}4 \text{ °C}$$
$$\theta_{1,2} = 19{,}4 - \frac{0{,}015}{0{,}70} \cdot 5{,}04 = 19{,}3 \text{ °C}$$
$$\theta_{2,3} = 19{,}3 - \frac{0{,}175}{0{,}99} \cdot 5{,}04 = 18{,}4 \text{ °C}$$
$$\theta_{3,4} = 18{,}4 - \frac{0{,}16}{0{,}035} \cdot 5{,}04 = -4{,}7 \text{ °C}$$
$$\theta_{se} = -4{,}7 - \frac{0{,}02}{1{,}0} \cdot 5{,}04 = -4{,}8 \text{ °C}$$
$$\theta_e = -4{,}8 - 0{,}04 \cdot 5{,}04 = -5{,}0 \text{ °C (zur Kontr.)}$$

1.5 Winterlicher Wärmeschutz

Mindestanforderungen

Zur Vermeidung von Schimmelpilzbildung auf den Innenoberflächen wärmeübertragender Außenbauteile sind für *alle Stellen* der jeweiligen Bauteile die in DIN 4108-2 erhobenen Mindestanforderungen an den Wärmedurchlasswiderstand R einzuhalten (dies gilt auch in Nischen unter Fenstern, an Brüstungen von Fensterbauteilen, an Fensterstürzen etc.). Darüber hinaus werden die Transmissionswärmeströme durch relevante innenliegende Bauteile hindurch begrenzt. Die Anforderungen gelten für bestimmungsgemäß normalbeheizte ($\theta_i \geq 19$ °C), niedrig beheizte (12 °C $\leq \theta_i < 19$ °C) sowie für solche Räume, die über Raumverbund beheizt werden. Anforderungen finden sich für:

- ein- und mehrschichtige opake Massivbauteile mit $m' \geq 100$ kg/m² → Tafel 4.8
- leichte opake Außenbauteile, Rahmen- und Skelettbauarten mit $m' < 100$ kg/m² → Tafel 4.9
- Bauteile in niedrig beheizten Gebäuden (12 °C $\leq \theta \leq 19$ °C) → Tafel 4.8

Tafel 4.8 Mindestwerte für Wärmedurchlasswiderstände *R* schwerer opaker Bauteile

Nr.	Bauteile		Wärmedurchlasswiderstand des Bauteils R[1)] in m^2K/W
	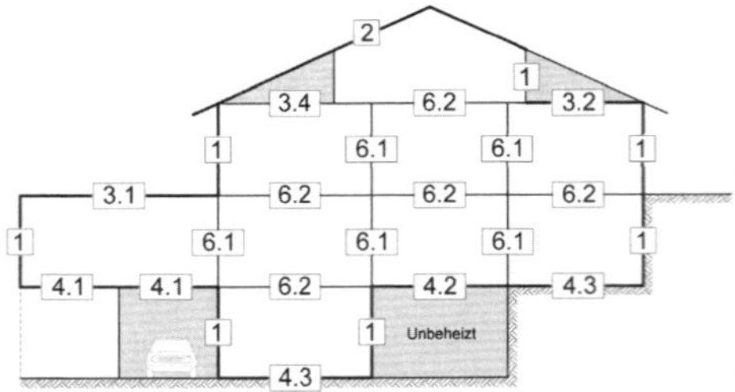		
1	Wände beheizter Räume	gegen Außenluft, Erdreich, Tiefgaragen, nicht beheizte Räume (auch nicht beheizte Dachräume oder nicht beheizte Kellerräume außerhalb der wärmeübertragenden Umfassungsfläche)	1,20[2)]
2	Dachschrägen beheizter Räume	gegen Außenluft	1,20
3.1	Decken beheizter Räume nach oben und Flachdächer	gegen Außenluft	1,20
3.2		zu belüfteten Räumen zwischen Dachschrägen und Abseitenwänden bei ausgebauten Dachräumen	0,90
3.3		zu nicht beheizten Räumen, zu bekriechbaren oder noch niedrigeren Räumen	0,90
3.4		zu Räumen zwischen gedämmten Dachschrägen und Abseitenwänden bei ausgebauten Dachräumen	0,35
4.1	Decken beheizter Räume nach unten	gegen Außenluft, gegen Tiefgaragen, gegen Garagen (auch beheizte), Durchfahrten (auch verschließbare) und belüftete Kriechkeller[3)]	1,75
4.2		gegen nicht beheizten Kellerraum	0,90
4.3		unterer Abschluss (z. B. Sohlplatte) von Aufenthaltsräumen unmittelbar an das Erdreich grenzend mit Raumtiefe ≤ 5 m	
4.4		über einem nicht belüfteten Hohlraum, z. B. Kriechkeller, an das Erdreich grenzend	
5.1	Bauteile an Treppenräumen	Wände zwischen beheiztem Raum und direkt beheiztem Treppenraum, Wände zwischen beheiztem Raum und indirekt beheiztem Treppenraum, wenn alle anderen Bauteile des Treppenraums die Anforderungen dieser Tab. erfüllen	0,07
5.2		Wände zwischen beheiztem Raum und indirekt beheiztem Treppenraum, wenn *nicht* alle anderen Bauteile des Treppenraums die Anforderungen dieser Tabelle erfüllen.	0,25
5.3		oberer und unterer Abschluss eines beheizten oder indirekt beheizten Treppenraumes	wie Bauteile beheizter Räume
6.1	Bauteile zwischen beheizten Räumen	Wohnungs- und Gebäudetrennwände zwischen beheizten Räumen	0,07
6.2		Wohnungstrenndecken, Decken zwischen Räumen unterschiedlicher Nutzung	0,35

[1)] Bei erdberührten Bauteilen: konstruktiver Wärmedurchlasswiderstand (→Wärmedurchlasswiderstand für erdberührte Bauteile, der sich bei Berechnung nach DIN EN ISO 6946 aus deren Schichtenfolge ergibt.).

[2)] Bei niedrig beheizten Räumen gilt: $R \geq 0{,}55\ m^2K/W$. [3)] Zur Vermeidung von Fußkälte.

Die Bestimmung der Wärmedurchlasswiderstände erfolgt nach DIN EN ISO 6946; die Materialkennwerte sind DIN 4108-4, DIN EN ISO 10 456 oder entsprechenden bauaufsichtlichen Regelungen zu entnehmen. Bei der Berechnung des Wärmedurchlasswiderstandes von *Bauteilen mit Abdichtungen* werden nur die raumseitigen Schichten bis zur Bauwerksabdichtung bzw. Dachabdichtung berücksichtigt; ausgenommen sind Bauteile mit Wärmedämmsystemen als Umkehrdach mit XPS-Dämmung bzw. mit Wärmedämmsystemen als Perimeterdämmung aus XPS oder Schaumglas.

Tafel 4.9 Mindestwerte für Wärmedurchlasswiderstände *R* leichter Bauteile, Rahmen- und Skelettbauarten

Bauteile		Wärmedurchlasswiderstand *R* in m^2K/W
opake ein- und mehrschalige Bauteile mit einer flächenbezogenen Masse $m' < 100$ kg/m²		1,75
inhomogene nichttransparente Bauteile (Skelett-, Rahmen- oder Holzständerbauweise)	im Gefachbereich	1,75
	als Mittelwert	1,00
Rollladenkästen	als Mittelwert	1,00
	auf dem Deckel	0,55
transparente und teiltransparente Bauteile von z.B. Vorhangfassaden, Glasdächern, Pfosten-Riegel-Konstruktionen, Fensterwänden	opake Ausfachungen[1]	1,20[2]
	transparente Teile	Isolierglas[3]
	Rahmen[1]	$U_f \leq 2{,}9$ W/(m²K)
Umkehrdach bei leichter Unterkonstruktion mit einer flächenbezogenen Masse $m' < 250$ kg/m²	unterhalb der Abdichtung	0,15

[1] Bei beheizten und niedrig beheizten Räumen.
[2] Bzw. $U_p \leq 0{,}73$ W/(m² ·K).
[3] Alternativ: 2 Glasscheiben (z. B. Verbundfenster oder Kastenfenster).

Wärmebrücken

Eine Wärmebrücke stellt eine wärmestromtechnische Diskontinuität in der Gebäudehülle dar; nach DIN EN ISO 10211 ist eine Wärmebrücke derjenige Teil einer Gebäudehülle, in dem der ansonsten normal zum Bauteil auftretende Wärmestrom deutlich verändert wird, durch:

- eine volle oder teilweise Durchdringung der Gebäudehülle durch Baustoffe unterschiedlicher Wärmeleitfähigkeit, vgl. Abb. 4.9,
- einen Wechsel in der Dicke der Bauteile,
- eine unterschiedlich große Innen- und Außenoberfläche.

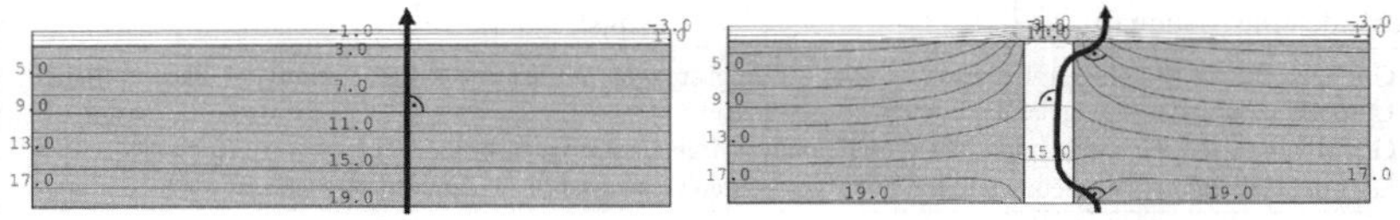

Abb. 4.9 Beispiel für die Beeinflussung des Wärmestromes durch eine stoffliche Wärmebrücke (links: Bauteil ohne Wärmebrücke, rechts: Bauteil mit Wärmebrücke)

Die Quantifizierung erfolgt nach DIN EN ISO 10211 für linienförmige Wärmebrücken durch den längenbezogenen Wärmedurchgangskoeffizienten ψ (Einheit: W/(mK)) und für punktförmige Wärmebrücken durch den punktförmigen Wärmedurchgangskoeffizienten χ (Einheit: W/K) in der Regel anhand computergestützter Berechnungen auf Basis der Methode der Finiten Elemente oder der Finiten Differenzen.

Alternativ können Zahlenangaben für ψ- und χ-Werte den unterschiedlichen Wärmebrückenatlanten entnommen werden. Unter *„www.planungsatlas-hochbau.de"* steht beispielsweise eine kostenfrei nutzbare, kontinuierlich erweiterte Datenbank mit aktuell über 900 Details linienförmiger Wärmebrücken zur Verfügung.

Im Nachweis des energetischen Wärmeschutzes nach Energieeinsparverordnung 2014 ist der Einfluss von Wärmebrücken zahlenmäßig zu erfassen. Diese können neben der o. g. genauen Berechnung der ψ-Werte auch über Pauschalaufschläge ΔU_{WB} auf sämtliche *U*-Werte der wärmeübertragenden Umschließungsfläche wie folgt berücksichtigt werden:

- bei Gebäuden, bei denen mehr als 50 % der Außenwand mit einer innenliegenden Wärmedämmschicht und einbindender Massivdecke versehen sind: $\Delta U_{WB} = 0{,}15$ W/(m²K),
- ohne weitere Einschränkungen: $\Delta U_{WB} = 0{,}10$ W/(m²K),
- bei Ausführung entsprechend den Details nach DIN 4108 Beiblatt 2: $\Delta U_{WB} = 0{,}05$ W/(m²K).

Luftdichtheit

Für zu errichtende Gebäude wird in EnEV 2014 § 6 (1) gefordert, diese so auszuführen, dass die wärmeübertragende Umfassungsfläche einschließlich der Fugen dauerhaft luftundurchlässig entsprechend den anerkannten Regeln der Technik abgedichtet ist. DIN 4108-2 und 4108-7 enthalten dazu Anforderungen, Planungs- und Ausführungsempfehlungen sowie Ausführungsbeispiele, einschließlich geeigneter Materialien zur Einhaltung der genannten Anforderungen, vgl. Tafel 4.10a.

Tafel 4.10a Luftdichtheit von Bauteilen und Bauprodukten

als luftdicht gelten	als nicht luftdicht gelten
– Betonbauteile nach DIN 1045-2 – Mauerwerk mit mindestens einer Putzlage – Nicht perforierte[1] Bahnen z. B. aus Kunststoff, Elastomeren, Bitumen und Papierwerkstoffen – Gipsfaserplatten, Gipskarton-Bauplatten, Faserzementplatten, Bleche und Holzwerkstoffplatten[2]	– Trapezbleche im Bereich der Überlappungen – Nut-Feder-Schalungen – Platten als raumseitige Bekleidung im Bereich von Anschlüssen und Durchdringungen – Poröse Weichfaserplatten und Holzwolleleichtbauplatten

[1] Gilt nicht für Perforierungen durch Befestigungsmittel, z. B. Klammern.

[2] Gilt in der Fläche; im Bereich von Stößen, Anschlüssen, Durchdringungen sind weitere Maßnahmen zu ergreifen.

Werden Messungen der Luftdichtheit von Gebäuden oder Gebäudeteilen durchgeführt, so darf der nach DIN EN 13 829 (2001-02), Verfahren A, gemessene Luftvolumenstrom bei einer Druckdifferenz zwischen innen und außen von 50 Pa die in Tafel 4.10b angegebenen Werte nicht überschreiten.

Dabei ist zu beachten, dass die Einhaltung der Anforderungen an die Luftdichtheit lokale Fehlstellen, die zu Feuchteschäden infolge von Konvektion führen können, nicht ausschließt.

Tafel 4.10b Anforderungen an gemessene Luftvolumenströme

Bezugsgröße	Gebäude	
	ohne raumlufttechnische Anlagen	mit raumlufttechnischen Anlagen[1]
Raumvolumen[2]	$3{,}0\ h^{-1}$	$1{,}5\ h^{-1}$
Netto-Grundfläche[3]	$7{,}8\ m^3/(m^2 \cdot h)$	$3{,}9\ m^3/(m^2 \cdot h)$
Gebäudehülle (optional)	$q_{50} \leq 3{,}0\ m^3/(m^2 \cdot h)$	

[1] Gilt auch für Abluftanlagen. Insbesondere bei Lüftungsanlagen mit Wärmerückgewinnung ist eine deutliche Unterschreitung des angegebenen Grenzwertes sinnvoll.

[2] Gilt allgemein für Gebäude und Gebäudeteile ohne Vorgaben zur Geometrie.

[3] Darf bei Gebäuden oder Gebäudeteilen mit einer lichten Geschosshöhe < 2,60 m angesetzt werden.

1.6 Sommerlicher Wärmeschutz

Anforderungen

Es sind die Anforderungen nach DIN 4108-2 Abschn. 8 einzuhalten. Damit muss darauf geachtet werden, dass durch bauliche Maßnahmen – verbunden mit der Nutzung eines Gebäudes – nicht unzumutbare Temperaturbedingungen in Gebäuden entstehen, die relativ aufwändige und energieintensive Kühlmaßnahmen zur Folge haben.

Der Nachweis ist für kritische Räume bzw. Raumbereiche an der Außenfassade (Dachflächen sind, sofern sie zu Wärmeeinträgen führen, mit zu berücksichtigen) jedoch nur dann zu führen, wenn der orientierungsabhängig gegebene Grenzwert des auf die Grundfläche bezogenen Fensterflächenanteils f_{AG} nach Tafel 4.10c überschritten wird.

Tafel 4.10c Zulässige grundflächenbezogene Fensterflächenanteile, unterhalb derer auf einen Nachweis des sommerlichen Wärmeschutzes verzichtet werden kann

Neigungswinkel α der Fenster zur Horizontalen	Orientierung der Fenster	grundflächenbezogener Fensterflächenanteil f_{AG} in %
$60° < \alpha \leq 90°$	Nord-West über Süd bis Nord-Ost	10
	alle anderen Nordorientierungen	15
$0° \leq \alpha \leq 60°$	alle Orientierungen	7

Der Fensterflächenanteil f_{AG} ergibt sich aus dem Verhältnis von Fensterfläche zu Grundfläche des betrachteten Raumes oder der Raumgruppe. Sind mehrere Fenster in der Fassade (oder z. B. ein Erker) vorhanden, so ist f_{AG} aus der Summe aller Fensterflächen zu berechnen.

Sind beim betrachteten Raum mehrere Orientierungen mit Fenstern vorhanden, wird der kleinere Grenzwert maßgebend.

Nachweisverfahren

Es ist nachzuweisen, dass der solare Wärmeeintrag S in kritische Räume bzw. Raumbereiche an der Außenfassade den zulässigen Grenzwert S_{zul} nicht überschreitet. Damit gilt:

$$S = \frac{\sum_{j=1}^{m} \left(A_{w,j} \cdot g \cdot F_C \right)}{A_G} \leq S_{zul} = \sum_{i=1}^{n} S_{x,i}$$

A_G Nettogrundfläche des Raumes oder Raumbereiches in m^2
A_w Fensterfläche in der Orientierung j (Rohbaumaße) in m^2
g Gesamtenergiedurchlassgrad der Verglasung nach DIN EN 410
F_C Abminderungsfaktor für Sonnenschutzeinrichtungen
S_x anteiliger Sonneneintragskennwert

Tafel 4.11 Abminderungsfaktoren F_C (Anhaltswerte) fest installierter Sonnenschutzeinrichtungen in Abhängigkeit vom Glaserzeugnis nach DIN 4108-2

Sonnenschutzvorrichtung[1]	F_C		
	$g \leq 0{,}40$ (Sonnenschutzglas)	$g > 0{,}40$	
	zweifach	dreifach	zweifach
ohne Sonnenschutzvorrichtung	1,00	1,00	1,00
innen liegend oder zwischen den Scheiben[2]			
– weiß oder reflektierende Oberfläche geringer Transparenz[3]	0,65	0,70	0,65
– helle Farben oder geringe Transparenz[4]	0,75	0,80	0,75
– dunkle Farben oder höhere Transparenz	0,90	0,90	0,85
außen liegend			
– Fensterläden, Rollläden, ¾ geschlossen	0,35	0,30	0,30
– Fensterläden, Rollläden, geschlossen[5]	0,15	0,10	0,10
– Jalousie, Raffstore, drehbare Lamellen, 45° Lamellenstellung	0,30	0,25	0,25
– Jalousie, Raffstore, drehbare Lamellen, 10° Lamellenstellung	0,20	0,15	0,15
– Markise, parallel zur Verglasung[4]	0,30	0,25	0,25
– Vordächer, Markise allgemein, freistehende Lamellen[6]	0,55	0,50	0,50

1) Übliche dekorative Vorhänge gelten nicht als Sonnenschutzvorrichtung.

2) Angegeben sind obere Grenzwerte. Es empfiehlt sich hier, genauere Werte zu ermitteln.

3) Hoch reflektierend mit geringer Transparenz bedeutet Transparenz < 10 %, Reflexion ≥ 60 %.

4) Geringe Transparenz bedeutet Transparenz < 15 %.

5) F_C-Werte für geschlossenen Sonnenschutz dienen der Information und sollen für den Nachweis des sommerlichen Wärmeschutzes nicht verwendet werden. Ein geschlossener Sonnenschutz verdunkelt den dahinterliegenden Raum stark und kann zu einem erhöhten Energiebedarf für Kunstlicht führen, da nur sehr geringer bis kein Einfall des natürlichen Tageslichts vorhanden ist.

6) Direkte Besonnung des Fensters ist auszuschließen; dies gilt als erfüllt bei Südfassaden mit $\beta \geq 50°$ und bei Ost- oder Westfassaden bei $\beta \geq 85°$ oder $\gamma \geq 115°$.

Definition der Abdeckwinkel

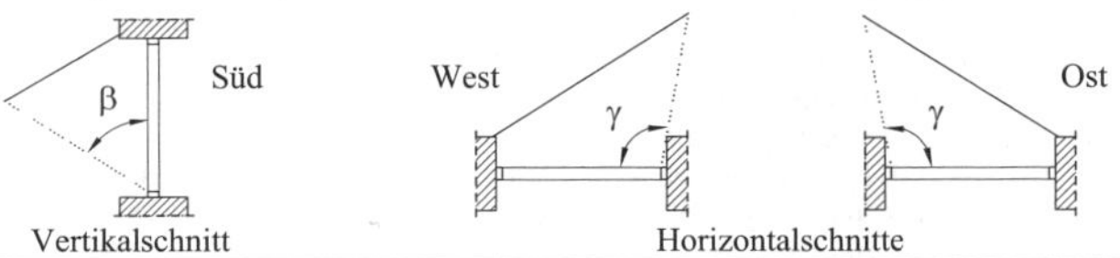

Tafel 4.12 Anteilige Sonneneintragskennwerte $S_{x,i}$

	Nutzung			anteiliger Sonneneintragskennwert S_x					
				Wohngebäude			Nichtwohngebäude		
	Klimaregion nach Abb. 4.13			A	B	C	A	B	C
S_1	ohne Nachtlüftung	Bauart[1)]	leicht	0,071	0,056	0,041	0,013	0,007	0,000
			mittel	0,080	0,067	0,054	0,020	0,013	0,006
			schwer	0,087	0,074	0,061	0,025	0,018	0,011
	erhöhte Nachtlüftung mit $n \geq 2\ h^{-1}$		leicht	0,098	0,088	0,078	0,071	0,060	0,048
			mittel	0,114	0,103	0,092	0,089	0,081	0,072
			schwer	0,125	0,113	0,101	0,101	0,092	0,083
	hohe Nachtlüftung mit $n \geq 5\ h^{-1}$		leicht	0,128	0,117	0,105	0,090	0,082	0,074
			mittel	0,160	0,152	0,143	0,135	0,124	0,113
			schwer	0,181	0,171	0,160	0,170	0,158	0,145
S_2	grundflächenbezog. Fensterflächenanteil f_{WG}[2)]								
	$S_2 = a - (b \cdot f_{WG})$		a	0,060			0,030		
			b	0,231			0,115		
S_3	Fenster mit Sonnenschutzglas[3)6)]		$g \leq 0{,}40$	0,03					
S_4	Fensterneigung (gegenüber der Horizontalen) 0° ≤ Neigung ≤ 60° [4),6)]			$-0{,}035 \cdot f_{neig}$					
S_5	Nord-, Nordost- und Nordwest-orientierte [5)] Fenster soweit die Neigung gegenüber der Horizontalen > 60° ist sowie Fenster, die dauernd vom Gebäude selbst verschattet sind			$+0{,}010 \cdot f_{nord}$					
S_6	Einsatz passiver Kühlung	Bauart[1)]	leicht	0,02					
			mittel	0,04					
			schwer	0,06					

1) Ohne Nachweis der wirksamen Wärmekapazität ist von leichter Bauart auszugehen, wenn keine der im Folgenden genannten Eigenschaften für mittlere oder schwere Bauart nachgewiesen sind.
Vereinfachend kann von mittlerer Bauart ausgegangen werden, wenn folgende Eigenschaften vorliegen:
- Stahlbetondecke; massive Innen- und Außenbauteile (flächenanteilig gemittelte Rohdichte ≥ 600 kg/m³);
- keine innenliegende WäDä an den Außenbauteilen; keine abgehängte / thermisch abgedeckte Decke;
- keine hohen Räume (> 4,5 m), wie z. B. in Turnhallen, Museen.

Von schwerer Bauart kann ausgegangen werden, wenn folgende Eigenschaften vorliegen:
- Stahlbetondecke; massive Innen- u. Außenbauteile (flächenanteilig gemittelte Rohdichte ≥ 1 600 kg/m³);
- keine innenliegende WäDä an den Außenbauteilen; keine abgehängte oder thermisch abgedeckte Decke;
- keine hohen Räume (> 4,5 m), wie z. B. in Turnhallen, Museen.

Die wirksame Wärmekapazität darf auch nach DIN EN ISO 13 786 (Periodendauer 1 d) für den betrachteten Raum bzw. Raumbereich bestimmt werden, um die Bauart einzuordnen; dabei ist folgende Einstufung vorzunehmen (dabei ist C_{wirk} die wirksame Wärmekapazität; A_G die Nettogrundfläche):
- leichte Bauart liegt vor, wenn $C_{wirk} / A_G < 50$ Wh/(K · m²);
- mittlere Bauart liegt vor, wenn 50 Wh/(K · m²) ≤ $C_{wirk} / A_G \leq 130$ Wh/(K · m²);
- schwere Bauart liegt vor, wenn $C_{wirk} / A_G > 130$ Wh/(K · m²).

2) $f_{WG} = A_W / A_G$ Dabei ist: A_W die Fensterfläche; A_G die Nettogrundfläche.

3) Als gleichwertige Maßnahme gilt eine Sonnenschutzvorrichtung, welche die diffuse Strahlung nutzerunabhängig permanent reduziert und hierdurch ein $g_{tot} \leq 0{,}4$ erreicht wird. Bei Fensterflächen mit unterschiedlichem g_{tot} wird S_3 flächenanteilig gemittelt:
$S_3 = 0{,}03 \cdot A_{W,gtot \leq 0,4} / A_{W,gesamt}$
Dabei ist: $A_{W,gtot \leq 0,4}$ die Fensterfläche mit $g_{tot} \leq 0{,}4$; $A_{W,gesamt}$ die gesamte Fensterfläche.

4) $f_{neig} = A_{W,neig} / A_{W,gesamt}$
Dabei ist: $A_{W,neig}$ die geneigte Fensterfläche; $A_{W,gesamt}$ die gesamte Fensterfläche.

5) $f_{nord} = A_{W,nord} / A_{W,gesamt}$ mit
- $A_{W,nord}$ die Nord-, Nordost- und Nordwest-orientierte Fensterfläche soweit die Neigung gegenüber der Horizontalen > 60° ist sowie Fensterflächen, die dauernd vom Gebäude selbst verschattet sind;
- $A_{W,gesamt}$ die gesamte Fensterfläche.

Fenster, die dauernd vom Gebäude selbst verschattet werden: Werden für die Verschattung F_s-Werte nach DIN V 18 599-2:2011-12 verwendet, so ist für jene Fenster $S_5 = 0$ zu setzen.

6) Gegebenenfalls flächenanteilig gemittelt zwischen der gesamten Fensterfläche und jener Fensterfläche, auf die diese Bedingung zutrifft.

Die Nettogrundfläche A_G ermittelt sich aus den lichten Raummaßen, wobei die größte lichte Raumtiefe auf das Dreifache der lichten Raumhöhe zu begrenzen ist.

Der Gesamtenergiedurchlassgrad g ist den Angaben des Glasherstellers zu entnehmen. (Anmerkung: Der ggf. optional angegebene Gesamtenergiedurchlassgrad der Verglasung einschließlich Sonnenschutz g_{total} errechnet sich zu $g_{total} = g \cdot F_C$.)

Es wird unterschieden zwischen leichter, mittlerer und schwerer Bauart, wobei das Differenzierungsmerkmal die wirksame Speicherfähigkeit C_{wirk} ist:

$$C_{wirk} = \sum_j \left(c_j \cdot \rho_j \cdot d_j \cdot A_j \right)$$

C_{wirk} wirksame Speicherfähigkeit in Wh/K oder in J/K
c_j spez. Speicherkapazität in Wh/(kg·K) oder in J/(kg·K)
ρ_j Rohdichte der Baustoffschicht in kg/m³ A_j wirksame Bauteilfläche in m²
d_j wirksame Schichtdicke in m j Bauteilschicht

Als wirksam sind Schichten oder Schichtanteile anzusetzen, die im Bauteil < 10 cm von der Innenoberfläche angeordnet sind.

Liegen Wärmedämmschichten (hier: Schichten mit $\lambda < 0{,}10$ W/(mK) und $R > 0{,}25$ m²K/W) in diesen Bereichen, dürfen nur entsprechend raumseitig davor gelegene Schichten als wärmespeichernd angesetzt werden.

Bei raumtrennenden Innenwänden mit $d < 20$ cm dürfen beidseitig jeweils die Bauteilschichten mit maximal $d/2$ angesetzt werden.

Hinweis: Insbesondere, wenn die Anwendbarkeit des hier beschriebenen vereinfachten Verfahrens ausgeschlossen werden kann, ist zur Bewertung der thermischen Verhältnisse eine dynamisch-thermische Simulationsrechnung entsprechend DIN 4108-2 Abs. 8.4 durchzuführen.

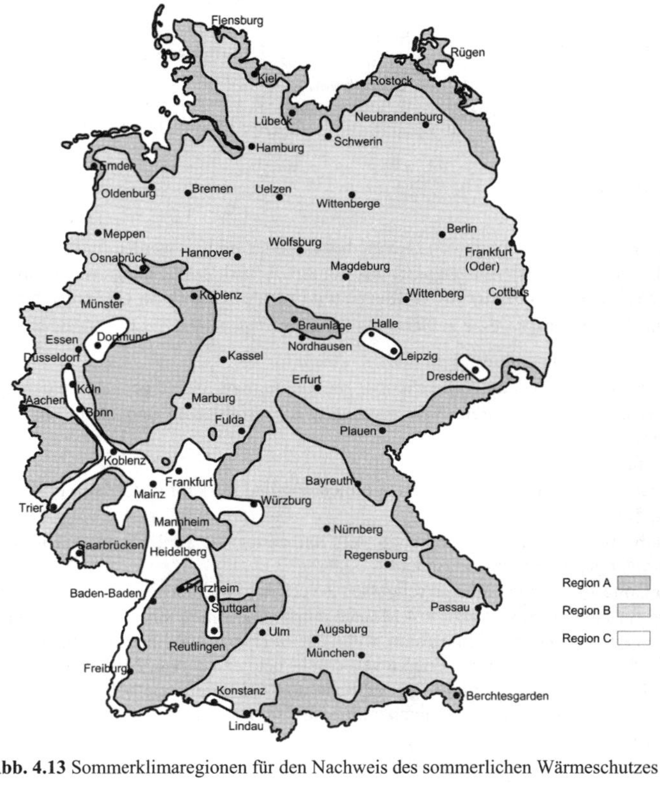

Bochum (C)
Bottrop (B)
Essen (B)
Gelsenkirchen (B)
Duisburg (B)
Dortmund (C)
Düsseldorf (B)
Hagen (C)
Hamm (C)
Herne (C)
Leverkusen (C)
Mülheim (B)
Neuss (B)
Oberhausen (B)
Recklinghausen (B)
Solingen (B)
Witten (C)
Wuppertal (B)

Abb. 4.13 Sommerklimaregionen für den Nachweis des sommerlichen Wärmeschutzes

2 Energieeinsparverordnung – EnEV 2014

2.1 Hintergrund und Ziele

Zweck der EnEV 2014 ist die Einsparung von Energie in Gebäuden. In diesem Rahmen und unter Beachtung des gesetzlichen Grundsatzes der wirtschaftlichen Vertretbarkeit soll die Verordnung dazu beitragen, dass die energiepolitischen Ziele der Bundesregierung, insbesondere ein nahezu klimaneutraler Gebäudebestand bis zum Jahr 2050, erreicht werden. Neben den Festlegungen in der Verordnung soll dieses Ziel auch mit anderen Instrumenten, insbesondere mit einer Modernisierungsoffensive für Gebäude, Anreizen durch die Förderpolitik und einem Sanierungsfahrplan, verfolgt werden. Im Rahmen der dafür noch festzulegenden Anforderungen an die Gesamtenergieeffizienz von Niedrigstenergiegebäuden wird die Bundesregierung in diesem Zusammenhang auch eine grundlegende Vereinfachung und Zusammenführung der Instrumente, die die Energieeinsparung und die Nutzung erneuerbarer Energien in Gebäuden regeln, anstreben, um dadurch die energetische und ökonomische Optimierung von Gebäuden zu erleichtern.

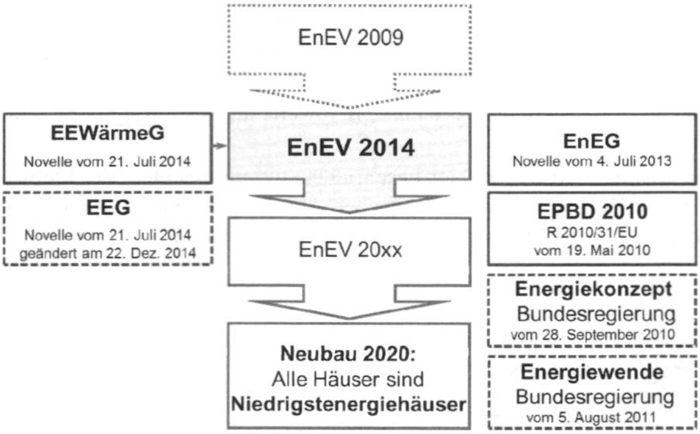

Abb. 4.14
Überblick über die aktuelle Einbindung der EnEV 2014 in das Umfeld der Verordnungen und Gesetze. Darin ist:
EEG Erneuerbare-Energien-Gesetz
EEWärmeG Erneuerbare-Energien-Wärmegesetz
EnEG Energieeinsparungsgesetz
EPBD Energy Performance of Buildings Directive (EU-Gebäuderichtlinie)

2.2 Geltungsbereich

Die EnEV 2014 gilt

- für Gebäude, deren Räume unter Einsatz von Energie beheizt oder gekühlt werden und
- für Anlagen und Einrichtungen der Heizungs-, Kühl-, Raumluft- und Beleuchtungstechnik sowie der Warmwasserversorgung in Gebäuden, deren Räume mit Energie beheizt oder gekühlt werden.

Der Energieeinsatz für Produktionsprozesse in Gebäuden ist nicht Gegenstand der EnEV 2014.

Die EnEV 2014 gilt – mit Ausnahme ihrer §§ 12 und 13 – *nicht* für

- Betriebsgebäude, die überwiegend zur Aufzucht oder zur Haltung von Tieren genutzt werden,
- Betriebsgebäude, soweit sie nach ihrem Verwendungszweck großflächig und lang anhaltend offen gehalten werden müssen,
- unterirdische Bauten,
- Unterglasanlagen und Kulturräume für Aufzucht, Vermehrung und Verkauf von Pflanzen,
- Traglufthallen und Zelte,
- Gebäude, die dazu bestimmt sind, wiederholt aufgestellt und zerlegt zu werden, sowie provisorische Gebäude mit einer geplanten Nutzungsdauer ≤ 2 Jahren,
- Gebäude, die dem Gottesdienst oder anderen religiösen Zwecken gewidmet sind,
- Wohngebäude, die für eine Nutzungsdauer < 4 Monate jährlich bestimmt sind oder die für eine begrenzte jährliche Nutzungsdauer bestimmt sind, wenn der zu erwartende Energieverbrauch der Wohngebäude < 25 % des zu erwartenden Energieverbrauchs bei ganzjähriger Nutzung beträgt,
- sonstige handwerkliche, landwirtschaftliche, gewerbliche und industrielle Betriebsgebäude, die nach ihrer Zweckbestimmung auf eine Innentemperatur < 12 °C oder jährlich < 4 Monate beheizt sowie jährlich < 2 Monate gekühlt werden.

Auf Bestandteile von Anlagensystemen, die nicht im räumlichen Zusammenhang mit Gebäuden stehen, deren Räume unter Einsatz von Energie beheizt oder gekühlt werden, ist nur EnEV §13 anzuwenden.

2.3 Begriffsbestimmungen

Tafel 4.15 Zusammenstellung und Definition grundlegender Begriffe einschl. normativer Verweise bzw. Berechnungsvorgaben im Sinne der EnEV 2014

Bereich	Begriff	Definition
Gebäude	Wohngebäude	Gebäude, die nach ihrer Zweckbestimmung überwiegend dem Wohnen dienen (einschließlich Wohn-, Alten- und Pflegeheime sowie ähnlichen Einrichtungen).
	Nichtwohngebäude	Gebäude, die nach ihrer Zweckbestimmung nicht dem Wohnen dienen.
	Kleine Gebäude	Gebäude mit einer Nutzfläche $A_N \leq 50$ m^2
	Baudenkmäler	nach Landesrecht geschützte Gebäude oder Gebäudemehrheiten
Raum	Beheizte Räume	Räume, die auf Grund bestimmungsmäßiger Nutzung direkt oder durch Raumverbund beheizt werden.
	Gekühlte Räume	Räume, die auf Grund bestimmungsmäßiger Nutzung direkt oder durch Raumverbund gekühlt werden.
Flächen und Volumina	Wohnfläche	Wohnfläche nach Wohnflächen-VO oder anderen Rechtsvorschriften bzw. a.a.R.d.T.
	Nutzfläche	Nutzfläche nach a.a.R.d.T., die beheizt oder gekühlt wird.
	Nutzfläche mit starkem Publikumsverkehr	Öffentlich zugängliche Nutzfläche (insbesondere in Einrichtungen mit gewerblicher, freiberuflicher, kultureller, sozialer oder behördlicher Nutzung), die während ihrer Öffnungszeiten von einer großen Zahl von Menschen aufgesucht werden.
	Gebäudenutzfläche A_N	Wohngebäude: Ermittlung aus dem beheizten Gebäudevolumen
	Nettogrundfläche	Nettogrundfläche nach a.a.R.d.T., die beheizt oder gekühlt wird.
	Wärmeübertragende Umfassungsfläche A	a) *Wohngebäude*: äußere Begrenzungsfläche aller beheizten und gekühlten Räume entsprechend den in DIN V 18599-1 (12.2011) Abschnitt 8 angegebenen Bemaßungsregeln b) *Nichtwohngebäude*: äußere Begrenzungsflächen mindestens aller konditionierten (beheizten und/oder gekühlten) Zonen nach DIN V 18 599-1 (12.2011) Abschnitt 8
	Beheiztes Gebäudevolumen V_e	Bei *Wohngebäuden* das Volumen, das von der entsprechenden wärmeübertragenden Umfassungsfläche A umschlossen wird.
Technische Gebäudeausrüstung	Heizkessel	Der aus Kessel und Brenner bestehende Wärmeerzeuger, der zur Übertragung der durch die Verbrennung freigesetzten Wärme an den Wärmeträger „Wasser“ dient.
	Geräte	Der mit einem Brenner auszurüstende Kessel sowie der zur Ausrüstung eines Kessels bestimmte Brenner.
	Niedertemperatur-Heizkessel	Heizkessel, der kontinuierlich mit einer Eintrittstemperatur von 35 bis 40 °C betrieben werden kann und in dem es unter bestimmten Umständen zur Kondensation des in den Abgasen enthaltenen Wasserdampfes kommen kann.
	Brennwertkessel	Heizkessel, der für die Kondensation eines Großteils des in den Abgasen enthaltenen Wasserdampfes konstruiert ist.
	Nennleistung	Die vom Hersteller festgelegte und im Dauerbetrieb unter Beachtung des vom Hersteller angegebenen Wirkungsgrades als einhaltbar garantierte größte Wärme- oder Kälteleistung in kW.
	Erneuerbare Energie	Solare Strahlungsenergie, Umweltwärme, Geothermie, Wasserkraft, Windenergie und Energie aus Biomasse
	Elektrische Speicherheizsysteme	Heizsysteme mit vom Energielieferanten unterbrechbarem Strombezug, die nur in den Zeiten außerhalb des unterbrochenen Betriebes durch eine Widerstandsheizung Wärme in einem geeigneten Speichermedium speichern.
Erläuterung der Abkürzungen: VO = Verordnung; a.a.R.d.T. = allgemein anerkannte Regeln der Technik.		

Abb. 4.16 Lage der Grenzen (fette Linie) der wärmeübertragenden Umfassungsflächen gemäß EnEV 2014

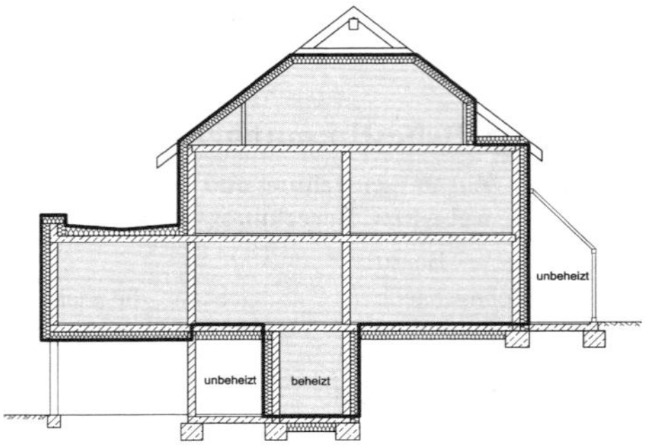

Die wärmeübertragende Umfassungsfläche eines Wohngebäudes wird nach DIN V 18599-1 ermittelt. Das bedeutet zunächst Außenmaßbezug aller Außenbauteile (inkl. evtl. vorhandener Wärmedämmung und Putzschicht); für oberste Geschossdecke sowie unteren Gebäudeabschluss ist die Oberkante der Rohdecke unabhängig von der Lage einer ggf. vorhandenen Dämmschicht als Bezugsmaß anzunehmen.

2.4 Anforderungen

2.4.1 Wohngebäude (Neubau)

Neu zu errichtende Wohngebäude sind so auszuführen, dass sowohl die Höchstwerte des spezifischen, auf die wärmeübertragende Umfassungsfläche bezogenen Transmissionswärmeverlustes H_T' nach Tafel 4.16 als auch das H_T' des jeweiligen Referenzgebäudes nicht überschritten werden.

Tafel 4.16 Höchstwerte des spezifischen, auf die wärmeübertragende Umfassungsfläche bezogenen Transmissionswärmeverlusts H_T'

Gebäudetyp		Höchstwerte des spezifischen Transmissionswärmeverlustes H_T' in W/(m²·K)	
Freistehendes Wohngebäude	mit $A_N \leq 350$ m²	0,40	H_T' des jeweiligen Referenzgebäudes
	mit $A_N > 350$ m²	0,50	
Einseitig angebautes Wohngebäude[1)]		0,45	
Alle anderen Wohngebäude		0,65	
Erweiterungen und Ausbauten von Wohngebäuden		0,65	

[1)] Einseitig angebaut ist ein Wohngebäude, wenn von den vertikalen Flächen dieses Gebäudes, die nach einer Himmelsrichtung weisen, ein Anteil ≥ 80 % an ein anderes Wohngebäude oder an ein Nichtwohngebäude mit einer Raum-Solltemperatur ≥ 19 Grad Celsius angrenzt.

Zu errichtende Wohngebäude sind weiterhin so auszuführen, dass der Jahres-Primärenergiebedarf für Heizung, Warmwasserbereitung, Lüftung und Kühlung den Wert des Jahres-Primärenergiebedarfs eines Referenzgebäudes entsprechend den Vorgaben nach Tafel 4.17 nicht überschreitet. Unter einem Referenzgebäude versteht man ein entwurfsidentisches Gebäude (d. h. also gleiche Geometrie, Gebäudenutzfläche und Ausrichtung), jedoch mit vorgegebener Ausführung von Gebäudehülle und Anlagenkonfiguration.

Das Bundesministerium für Verkehr, Bau und Stadtentwicklung (BMVBS) kann im Einvernehmen mit dem Bundesministerium für Wirtschaft und Technologie für Gruppen von nicht gekühlten Wohngebäuden auf der Grundlage von Modellberechnungen bestimmte Ausstattungsvarianten beschreiben, die unter dort definierten Anwendungsvoraussetzungen die beschriebenen Anforderungen an die Gebäudehülle und den Jahres-Primärenergiebedarf generell erfüllen, und diese im Bundesanzeiger bekannt machen (→ „Modellgebäude-Verfahren" oder auch „EnEV-easy").

Die Anwendungsvoraussetzungen können sich auf die Größe, die Form, die Ausrichtung und die Dichtheit der Gebäude sowie auf die Vermeidung von Wärmebrücken und auf die Anteile von bestimmten Außenbauteilen an der wärmeübertragenden Umfassungsfläche beziehen. Die Einhaltung der in den Absätzen 1, 2 und 4 der EnEV 2014 festgelegten Anforderungen wird vermutet, wenn ein nicht gekühltes Wohngebäude die Anwendungsvoraussetzungen erfüllt, die in der Bekanntmachung definiert sind, und gemäß einer der dazu beschriebenen Ausstattungsvarianten errichtet wird; Berechnungen nach Absatz 3 der EnEV 2014 sind nicht erforderlich.

Tafel 4.17 Ausführung des Referenzgebäudes (Wohngebäude)

	Bauteil oder Anlage	Referenzausführung
Der nach einem in der EnEV 2014 vorgegebenen Verfahren berechnete *Jahres-Primärenergiebedarf des Referenzgebäudes* ist für Neubauvorhaben mit dem Faktor 0,75 zu multiplizieren.		
Gebäudehülle	Außenwand (einschl. Einbauten, wie z.B. Rollladenkästen), Geschossdecke gegen Außenluft	U = 0,28 W/(m²K)
	Außenwand gegen Erdreich, Bodenplatte, Wände und Decken zu unbeheizten Räumen	U = 0,35 W/(m²K)
	Dach, oberste Geschossdecke, Wände zu Abseiten	U = 0,20 W/(m²K)
	Fenster, Fenstertüren	U_W = 1,30 W/(m²K) und $g_\perp$ = 60 %
	Dachflächenfenster	U_W = 1,40 W/(m²K) und $g_\perp$ = 60 %
	Lichtkuppeln	U_W = 2,70 W/(m²K) und $g_\perp$ = 64 %
	Außentüren	U = 1,80 W/(m²K)
	Wärmebrückenzuschlag	ΔU_{WB} = 0,05 W/(m²K)
	Luftdichtheit der Gebäudehülle	Bemessungswert n_{50}: Bei Berechnung nach DIN V 4108-6 (06.2003) mit Dichtheitsprüfung, nach DIN V 18 599-2 (12.2011) nach Kategorie I
	Sonnenschutzvorrichtung	keine anzurechnenden Sonnenschutzvorrichtungen
Anlagentechnik	Heizungsanlage	• Wärmeerzeugung durch Brennwertkessel (verbessert), Heizöl EL, Aufstellung: – $A_N \leq$ 500 m²: innerhalb der thermischen Hülle – $A_N >$ 500 m²: außerhalb der thermischen Hülle • Auslegungstemperatur 55/45 °C, zentrales Verteilsystem innerhalb der wärmeübertragenden Umfassungsfläche, innen liegende Stränge und Anbindeleitungen, Standard-Leitungslängen nach DIN 4701-10 (08.2003) Tab. 5.3-2, Pumpe auf Bedarf ausgelegt (geregelt, Δp konstant), Rohrnetz hydraulisch abgeglichen • Wärmeübergabe mit freien statischen Heizflächen, Anordnung an normaler Außenwand, Thermostatventile mit Proportionalbereich 1 K
	Anlage zur Warmwasserbereitung	• zentrale Warmwasserbereitung • gemeinsame Wärmebereitung mit Heizungsanlage • Berechnung von Q_P nach DIN V 18599 (12.2011): Solaranlage mit Flachkollektor sowie Speicher ausgelegt gemäß DIN V 18599-8 (12.2011) Tab. 5 • Berechnung von Q_P nach DIN 4108-6 (06.2003): Solaranlage mit Flachkollektor zur ausschließlichen Trinkwassererwärmung mit Speicher, indirekt beheizt, stehend, gleiche Aufstellung wie Wärmeerzeuger – kleine Solaranlage bei $A_N \leq$ 500 m² (bivalenter Solarspeicher) – große Solaranlage bei $A_N >$ 500 m² • Verteilsystem innerhalb der wärmeübertragenden Umfassungsfläche, innen liegende Stränge, gemeinsame Installationswand, Standard-Leitungslängen nach DIN 4701-10 (08.2003) Tabelle 5.3-2 mit Zirkulation
	Kühlung	keine Kühlung
	Lüftung	zentrale Abluftanlage, bedarfsgeführt mit geregeltem DC-Ventilator

2.4.2 Nichtwohngebäude (Neubau)

Zu errichtende Nichtwohngebäude sind so auszuführen, dass die Höchstwerte der mittleren Wärmedurchgangskoeffizienten der wärmeübertragenden Umfassungsfläche nach Tafel 4.18 (ausgenommen Außentüren) nicht überschritten werden.

Zu errichtende Nichtwohngebäude sind weiterhin so auszuführen, dass der Jahres-Primärenergiebedarf für Heizung, Warmwasserbereitung, Lüftung, Kühlung und eingebaute Beleuchtung den Wert des Jahres-Primärenergiebedarfs eines Referenzgebäudes gleicher Geometrie, Nettogrundfläche, Ausrichtung und Nutzung einschließlich der Anordnung der Nutzungseinheiten nicht überschreitet.

Tafel 4.18 Höchstwerte der mittleren Wärmedurchgangskoeffizienten der wärmeübertragenden Umfassungsfläche (Nichtwohngebäude)

Zeile	Bauteil		Höchstwert des mittleren Wärmedurchgangskoeffizienten $\overline{U}$ in W/(m²K)	
			Zonen mit $\theta_i \geq 19$ °C	Zonen mit $12 \leq \theta_i < 19$ °C
1	Opake Bauteile (soweit nicht in Zeilen 5 bis 8 enthalten)	Allgemein	0,28	0,50
2		Für Gebäudezonen > 4 m Raumhöhe[1)]	0,35	
3	Transparente Bauteile (soweit nicht in Zeilen 5 bis 8 enthalten)	Allgemein	1,50	2,80
4		Für Gebäudezonen > 4 m Raumhöhe[1)]	1,90	
5	Vorhangfassaden	Allgemein	1,50	3,00
6		Für Gebäudezonen > 4 m Raumhöhe[1)]	1,90	
7	Glasdächer, Lichtbänder, Lichtkuppeln	Allgemein	2,50	3,10
8		Für Gebäudezonen > 4 m Raumhöhe[1)]	3,10	

[1)] Sofern sie durch dezentrale Gebläse- oder Strahlungsheizungen beheizt werden.

2.4.3 Kleine Gebäude und Gebäude aus Raumzellen (Neubau)

Werden bei zu errichtenden kleinen Gebäuden und bei Gebäuden, die für eine Nutzungsdauer von höchstens fünf Jahren bestimmt und aus Raumzellen mit $A_N \leq 50$ m² zusammengesetzt sind, die in Tafel 4.25 genannten Werte der Wärmedurchgangskoeffizienten der Außenbauteile eingehalten, gelten die übrigen Anforderungen für neu zu errichtende Gebäude als erfüllt.

2.4.4 Zusätzliche Anforderungen (Neubau von Wohn- und Nichtwohngebäuden)

Mindestwärmeschutz

Bei zu errichtenden Gebäuden sind Bauteile, die gegen die Außenluft, das Erdreich oder Gebäudeteile mit wesentlich niedrigeren Innentemperaturen abgrenzen, so auszuführen, dass die Anforderungen des Mindestwärmeschutzes nach den anerkannten Regeln der Technik eingehalten werden. Ist bei zu errichtenden Gebäuden die Nachbarbebauung bei aneinander gereihter Bebauung nicht gesichert, müssen die Gebäudetrennwände diesen Mindestwärmeschutz einhalten.

Wärmebrücken

Zu errichtende Gebäude sind so auszuführen, dass der Einfluss konstruktiver Wärmebrücken auf den Jahres-Heizwärmebedarf nach den anerkannten Regeln der Technik und den im jeweiligen Einzelfall wirtschaftlich vertretbaren Maßnahmen so gering wie möglich (!) gehalten wird.

Der verbleibende Einfluss der Wärmebrücken bei der Ermittlung des Jahres-Primärenergiebedarfs ist nach Maßgabe des jeweils angewendeten Berechnungsverfahrens zu berücksichtigen. Soweit dabei Gleichwertigkeitsnachweise zu führen wären, ist dies für solche Wärmebrücken nicht erforderlich, bei denen die angrenzenden Bauteile kleinere Wärmedurchgangskoeffizienten aufweisen, als in den Musterlösungen der DIN 4108 Beiblatt 2 (03.2006) zugrunde gelegt sind.

Dichtheit und Mindestluftwechsel

Zu errichtende Gebäude sind so auszuführen, dass die wärmeübertragende Umfassungsfläche einschließlich Fugen dauerhaft luftundurchlässig entsprechend den anerkannten Regeln der Technik abgedichtet ist; der zur Gesundheit/Beheizung erforderliche Mindestluftwechsel ist sicherzustellen.

Wird eine Überprüfung dieser Anforderungen durchgeführt, darf der nach DIN EN 13829 (02.2001) mit dem dort beschriebenen Verfahren B bei einer Druckdifferenz zwischen innen und außen von 50 Pa gemessene Volumenstrom – bezogen auf das beheizte oder gekühlte Luftvolumen – die Werte nach Tafel 4.19a nicht überschreiten.

Tafel 4.19a Für einen Druckunterschied von 50 Pa maximal zulässige Luftwechselrate bei Dichtheitsprüfung nach DIN EN 13829 (02.2001)

raumlufttechnische Anlagen	maximal zulässige Luftwechselrate in h^{-1}
nicht vorhanden	3,0
vorhanden	1,5

Wird die Dichtheit überprüft, so kann der Nachweis der Luftdichtheit bei der Ermittlung des Jahres-Primärenergiebedarfes berücksichtigt werden, wenn die genannten Anforderungen eingehalten sind.

Sommerlicher Wärmeschutz

Zum Zweck eines ausreichenden baulichen sommerlichen Wärmeschutzes sind die Anforderungen nach DIN 4108-2 (02.2013) Abschnitt 8 einzuhalten. Dazu sind entweder die Sonneneintragskennwerte oder die Übertemperatur-Gradstunden zu begrenzen (es reicht aus, die Berechnungen auf diejenigen Räume oder Raumbereiche zu beschränken, für welche die Berechnung mit Sonneneintragskennwerten zu den höchsten Anforderungen führen würde).

Begrenzung der *Sonneneintragskennwerte*: Es sei hier auf die Seiten 4.10 ff. verwiesen.

Begrenzung der *Übertemperatur-Gradstunden*: Ein ausreichender sommerlicher Wärmeschutz liegt vor, wenn mit einer Simulationsrechnung nach DIN 4108-2 (02.2013) gezeigt werden kann, dass unter den dort genannten Randbedingungen die für den Standort des Wohngebäudes angegebenen Übertemperatur-Gradstunden nicht überschritten werden, vgl. Tafel 4.19b.

Tafel 4.19b Zugrunde gelegte Bezugswerte der operativen Innentemperatur für die Sommerklimaregionen und Anforderungswerte an Übertemperatur-Gradstunden

Sommerklimaregion (nach Abb. 10.13)	Bezugswert $\theta_{b,op}$ der Innentemperatur in °C	Anforderungswert Übertemperatur-Gradstunden in Kh/a	
		Wohngebäude	Nichtwohngebäude
A	25	1 200	500
B	26		
C	27		

Wird bei Wohngebäuden mit Anlagen zur Kühlung die Berechnung nach Übertemperatur-Gradstunden durchgeführt, sind bauliche Maßnahmen zum sommerlichen Wärmeschutz gemäß DIN 4108-2 (02.2013) Abschnitt 4.3 („Wärmeschutz im Sommer") insoweit vorzusehen, wie sich die Investitionen für diese baulichen Maßnahmen innerhalb deren üblicher Nutzungsdauer durch die Einsparung von Energie zur Kühlung erwirtschaften lassen.

2.4.5 Bestehende Gebäude und Anlagen

Änderungen an Bauteilen bestehender Gebäude

Änderungen an Außenwänden, Vorhangfassaden, Fenstern, Türen, Dächern sowie Wänden und Decken gegen unbeheizte Räume und gegen Erdreich bei beheizten oder gekühlten Räumen von Gebäuden sind so auszuführen, dass die in Tafel 4.25 angegebenen Wärmedurchgangskoeffizienten der betroffenen Flächen nicht überschritten werden. Dies gilt als erfüllt, wenn

- geänderte Wohngebäude insgesamt den Jahres-Primärenergiebedarf des Referenzgebäudes und den Höchstwert des spezifischen, auf die wärmeübertragende Umfassungsfläche bezogenen Transmissionswärmeverlust,

Tafel 4.20 Wärmedämmung von Wärmeverteilungs- und Warmwasserleitungen, Kälteverteilungs- und Kaltwasserleitungen sowie Armaturen[1)2)]

Zeile	Art der Leitungen/Armaturen	Mindestdicke der Dämmschicht, bezogen auf eine Wärmeleitfähigkeit von 0,035 W/(m·K)[3)]
1	Innendurchmesser $d \leq 22$ mm	20 mm
2	Innendurchmesser $22 < d \leq 35$ mm	30 mm
3	Innendurchmesser $35 < d \leq 100$ mm	d
4	Innendurchmesser $d > 100$ mm	100 mm
5	Leitungen, Armaturen nach Zeilen 1 bis 4 in Wand- und Deckendurchbrüchen, im Kreuzungsbereich von Leitungen, an Leitungsverbindungsstellen, bei zentralen Leitungsnetzverteilern	50 % der Anforderungen der Zeilen 1 bis 4
6	Wärmeverteilungsleitungen nach den Zeilen 1 bis 4, die nach dem 31. Januar 2002 in Bauteilen zwischen beheizten Räumen verschiedener Nutzer verlegt werden	
7	Leitungen nach Zeile 6 im Fußbodenaufbau	6 mm
8	Kälteverteilungs- und Kaltwasserleitungen sowie Armaturen von Raumlufttechnik- und Klimakältesystemen	6 mm

1) Soweit beim erstmaligen Einbau und bei der Ersetzung von Wärmeverteilungs- und Warmwasserleitungen sowie von Armaturen in Gebäuden die Wärmeverteilungs- und Warmwasserleitungen an die Außenluft grenzen, sind diese mit dem Zweifachen der hier angegebenen Mindestdicken zu dämmen.
Ausnahmen: Die Wärmeverteilungsleitungen befinden sich in beheizten Räumen oder in Bauteilen zwischen beheizten Räumen eines Nutzers und ihre Wärmeabgabe kann durch frei liegende Absperreinrichtungen beeinflusst werden.
Es handelt sich um Warmwasserleitungen mit einem Wasserinhalt ≤ 3 Litern, die weder in den Zirkulationskreislauf einbezogen noch mit elektrischer Begleitheizung ausgestattet sind (Stichleitungen) und sich in beheizten Räumen befinden.

2) Bei Wärmeverteilungs- und Warmwasserleitungen sowie Kälteverteilungs- und Kaltwasserleitungen dürfen die Mindestdicken der Dämmschichten insoweit vermindert werden, als eine gleichwertige Begrenzung der Wärmeabgabe oder der Wärmeaufnahme auch bei anderen Rohrdämmstoffanordnungen und unter Berücksichtigung der Dämmwirkung der Leitungswände sichergestellt ist.

3) Bei Materialien mit anderen Wärmeleitfähigkeiten als 0,035 W/(m·K) sind die Mindestdicken der Dämmschichten entsprechend umzurechnen.

- geänderte Nichtwohngebäude insgesamt den Jahres-Primärenergiebedarf des Referenzgebäudes und die Höchstwerte der mittleren Wärmedurchgangskoeffizienten der wärmeübertragenden Umfassungsfläche

um nicht mehr als 40 % überschreiten (die für Neubauverfahren ab dem 1. Januar 2016 vorgegebene Erhöhung der Anforderungen um 25 % greift hier nicht).

Erweiterung und Ausbau bestehender Gebäude

Bei Erweiterung und Ausbau eines Gebäudes um beheizte oder gekühlte Räume, für die kein Wärmeerzeuger eingebaut wird, sind die betroffenen Außenbauteile so zu ändern oder auszuführen, dass die Wärmedurchgangskoeffizienten der betroffenen Flächen die für solche Außenbauteile in Tafel 4.25 angegebenen Höchstwerte der Wärmedurchgangskoeffizienten nicht überschritten werden.

Ist die neue o. g. Nutzfläche $A_N > 50$ m^2, sind außerdem die Anforderungen an den sommerlichen Wärmeschutz einzuhalten (siehe auch Abschnitt 1.6).

Bauliche Nachrüstung bestehender Gebäude

Eigentümer von Wohngebäuden sowie von Nichtwohngebäuden, die nach ihrer Zweckbestimmung jährlich mindestens vier Monate und auf Innentemperaturen ≥ 19 °C beheizt werden, müssen dafür sorgen, dass zugängliche Decken beheizter Räume zum unbeheizten Dachraum (oberste Geschossdecken), die nicht die Anforderungen an den Mindestwärmeschutz nach DIN 4108-2 (02.2013) erfüllen, so gedämmt sind, dass für den Wärmedurchgangskoeffizienten der obersten Geschossdecke

$U \leq 0{,}24$ W/(m²K) eingehalten wird (Diese Anforderungen gelten nicht, wenn die Fläche der geänderten Bauteile ≤ 10 % der gesamten jeweiligen Bauteilfläche des Gebäudes beträgt.). Diese Pflicht gilt als erfüllt, wenn anstelle der obersten Geschossdecke das darüber liegende Dach entsprechend gedämmt ist oder den Anforderungen an den Mindestwärmeschutz genügt.

Bestehende Anlagen

Eigentümer von Gebäuden dürfen Heizkessel,

- die mit flüssigen oder gasförmigen Brennstoffen beschickt werden und vor dem 1.10.1978 eingebaut/aufgestellt worden sind, nicht mehr betreiben,
- die mit flüssigen oder gasförmigen Brennstoffen beschickt werden und vor dem 1. Januar 1985 eingebaut oder aufgestellt worden sind, ab 2015 nicht mehr betreiben,
- die mit flüssigen oder gasförmigen Brennstoffen beschickt werden und nach dem 1. Januar 1985 eingebaut oder aufgestellt worden sind, nach Ablauf von 30 Jahren nicht mehr betreiben

Dieses gilt nicht:

- wenn die vorhandenen Heizkessel Niedertemperatur-Heizkessel oder Brennwertkessel sind,
- für heizungstechnische Anlagen mit einer Nennleistung < 4 kW oder > 400 kW,
- für Heizkessel, die für den Betrieb mit Brennstoffen ausgelegt sind, deren Eigenschaften von den marktüblichen flüssigen und gasförmigen Brennstoffen erheblich abweichen,
- für Anlagen zur ausschließlichen Warmwasserbereitung,
- für Küchenherde und Geräte, die hauptsächlich zur Beheizung des Raumes, in dem sie eingebaut oder aufgestellt sind, ausgelegt sind, daneben aber auch Warmwasser für die Zentralheizung und für sonstige Gebrauchszwecke liefern.

Eigentümer von Gebäuden müssen dafür sorgen, dass bei heizungstechnischen Anlagen bisher ungedämmte, zugängliche Wärmeverteilungs- und Warmwasserleitungen sowie Armaturen, die sich nicht in beheizten Räumen befinden, nach Tafel 4.20 gedämmt sind.

2.5 Nachweisverfahren

2.5.1 Wohngebäude (Neubau)

Jahres-Primärenergiebedarf Q_P

Der Jahres-Primärenergiebedarf Q_P ist nach DIN V 18599 (12.2011), berichtigt durch DIN V 18599-5 Ber. 1 (05.2013) und durch DIN V 18599-8 Ber. 1 (05.2013), für Wohngebäude zu ermitteln. Als Primärenergiefaktoren sind die Werte für den nicht erneuerbaren Anteil nach DIN V 18599-1 (12.2011) zu verwenden (Für Strom ist mit dem Wert 1,8 zu rechnen. Ausnahme: Für den durch Anlagen mit Kraft-Wärme-Kopplung erzeugten und nach Abzug des Eigenbedarfs in das Verbundnetz eingespeisten Strom gilt der Primärenergiefaktor 2,8.).

Alternativ kann der Jahres-Primärenergiebedarf Q_P für Wohngebäude, die nicht gekühlt werden, nach DIN V 4108-6 (06.2003) und DIN V 4701-10 (08.2003) mit A1 (07.2012) ermittelt werden.

Anrechnung von Strom aus erneuerbaren Energien

Wird Strom aus erneuerbaren Energien eingesetzt, darf dieser Strom in den Berechnungen des Jahres-Primärenergiebedarfs Q_P vom Endenergiebedarf abgezogen werden, wenn er

1. im unmittelbaren räumlichen Zusammenhang zu dem Gebäude erzeugt wird und
2. vorrangig in dem Gebäude unmittelbar nach Erzeugung oder nach vorübergehender Speicherung selbst genutzt und nur die überschüssige Energiemenge in ein öffentliches Netz eingespeist wird.

Es darf jedoch höchstens diejenige Strommenge angerechnet werden, die dem berechneten Strombedarf der jeweiligen Nutzung entspricht.

Ermittlung des spezifischen, auf die wärmeübertragende Umfassungsfläche bezogenen Transmissionswärmeverlustes H_T'

Der spezifische Transmissionswärmeverlust H_T' lässt sich nach dem vereinfachten Ansatz (nachfolgend in Tafel 4.22a vorgestellt) mit Temperatur-Korrekturfaktoren (Tafel 4.22b und 4.23) oder mit dem detaillierten Ansatz (hier nicht dargestellt) ermitteln.

Tafel 4.22a Berechnung des spezifischen, auf die wärmeübertragende Umfassungsfläche bezogenen Transmissionswärmeverlustes H_T'

Benennung		Formel
Spezifischer Transmissionswärmeverlust in W/K	gegen Außenluft	$\sum(A_i \cdot U_i)$
	über nicht oder niedrig beheizte Räume	$H_u = \sum(A_i \cdot U_i \cdot F_{xi})$
Thermischer Leitwert zwischen beheiztem Raum und Erdreich in W/K		$L_s = \sum(A_i \cdot U_i \cdot F_{G,i})$
Spezifischer Wärmebrückenverlust in W/K		$H_{WB} = \Delta U_{WB} \cdot A$ $H_{WB} = \sum(\psi_i \cdot l_i)$
Spezifischer Wärmeverlust über Bauteile mit Flächenheizung[1)] in W/K	gegen Außenluft	$\Delta H_{T,FH} = \frac{R_i}{\frac{1}{U_0} - R_i} \cdot H_0 \cdot \xi$
	gegen Erdreich	$\Delta H_{T,FH} = \frac{R_i}{\frac{A_h}{L_s} - R_i} \cdot H_0 \cdot \xi$
	gegen unbeheizte Räume	$\Delta H_{T,FH} = \frac{R_i}{\frac{1}{b \cdot U_0} - R_i} \cdot H_0 \cdot \xi$
Spezifischer Transmissionswärmeverlust	gesamt in W/K	$H_T = \sum(A_i \cdot U_i) + H_u + L_s + H_{WB} + \Delta H_{T,FH}$
	flächenbezogen in W/(m²K)	$H_T' = \frac{H_T}{A}$

Komponenten	
A_i	Fläche des Bauteils i in m²
U_i	Wärmedurchgangskoeffizient des Bauteils i in W/(m²K)
F_{xi}	Temperatur-Korrekturfaktor nach Tafel 4.22b
$F_{G,i}$	Temperatur-Korrekturfaktor nach Tafel 4.23
ΔU_{WB}	Wärmebrückenaufschlag allgemein: ΔU_{WB} = 0,10 W/(m²K) Details nach DIN 4108 Bbl. 2: ΔU_{WB} = 0,05 W/(m²K)
A	wärmeübertragende Umfassungsfläche des Gebäudes (Abb. 4.16) in m²
ψ_i	linearer Wärmedurchgangskoeffizient der Wärmebrücke i in W/(mK)
l_i	Länge der Wärmebrücke i in m
R_i	Wärmedurchgangswiderstand des Bauteils zwischen Heizfläche und Innenluft in m²K/W
U_0	Wärmedurchgangskoeffizient des Bauteils in W/(m²K)
H_0	spez. Wärmeverlust des durch die Flächenheizung beheizten Gebäudebereiches in W/K
ξ	Deckungsbeitrag der Fußbodenheizung (ξ = 1, wenn keine Angaben)
b	Korrekturwert, s. DIN EN ISO 13789

1) Beim öffentlich rechtlichen Nachweis nach EnEV 2014 kann der spezifische Wärmeverlust über Bauteile mit Flächenheizung $\Delta H_{T,FH}$ unberücksichtigt bleiben, wenn eine Wärmedämmschicht mit $d \geq 8$ cm und einer Wärmeleitzahl $\lambda \leq 0{,}04$ W/(mK) oder mit einem Wärmedurchlasswiderstand $R \leq 2{,}0$ m²K/W zwischen Heizfläche und den außenliegenden konstruktiven Bauteilschichten vorhanden ist.

Tafel 4.22b Temperatur-Korrekturfaktoren F_{xi}

Wärmestrom nach außen über	Zeichen	Temperatur-Korrekturfaktor F_{xi}
Außenwand, Fenster, Decke über Außenluft[1)]	F_e	1,0
Dach (als Systemgrenze)[1)]	F_D	1,0
Oberste Geschossdecke (Dach nicht ausgebaut)[1)]	F_D	0,8
Wände und Decken gegen Abseiten[1)]	F_u	0,8
Wände und Decken gegen unbeheizte Räume	F_u	0,5
Wände und Decken gegen niedrig beheizte Räume	F_{nb}	0,35
Wände und Decken gegen unbeheizte Glasvorbauten mit einer Verglasung als: – Einscheibenverglasung – Zweischeibenverglasung – Wärmeschutzverglasung	F_u	 0,8 0,7 0,5

1) Die Werte gelten auch für Flächen niedrig beheizter Räume.

Tafel 4.23 Temperatur-Korrekturfaktoren für Bauteile gegen Erdreich F_G

Wärmestrom nach außen über	Zeichen	B' in m[1]					
		< 5		5 bis 10		> 10	
		R_f bzw. R_w [2]		R_f bzw. R_w [2]		R_f bzw. R_w [2]	
		≤ 1	> 1	≤ 1	> 1	≤ 1	> 1
Fußboden des beheizten Kellers[5]	$F_G = F_{bf}$	0,30	0,45	0,25	0,40	0,20	0,35
Wand des beheizten Kellers	$F_G = F_{bw}$	0,40	0,60	0,40	0,60	0,40	0,60
Fußboden[3] auf dem Erdreich – ohne Randdämmung[4] – mit Randdämmung (5 m breit, waager.) – mit Randdämmung (2 m tief, senkrecht)	$F_G = F_{bf}$	 0,45 0,30 0,25	 0,60 0,30 0,25	 0,40 0,25 0,20	 0,50 0,25 0,20	 0,25 0,20 0,15	 0,35 0,20 0,15
Kellerdecke und Kellerinnenwand zum unbeheizten Keller – mit Perimeterdämmung – ohne Perimeterdämmung	F_G	 0,55 0,70	 0,55 0,70	 0,50 0,65	 0,50 0,65	 0,45 0,55	 0,45 0,55
aufgeständerter Fußboden[5]	F_G	0,90					
Bodenplatte von niedrig beheizten Räumen[5]	F_G	0,20	0,55	0,15	0,50	0,10	0,35

[1] $B'=A_G/(0{,}5 \cdot P)$; P = exponierter Umfang der Bodenfläche.
[2] R_f, R_w = Wärmedurchlasswiderstand von Bodenplatte (floor) oder Kellerwand (wall).
[3] Bei fließendem Grundwasser erhöhen sich die Temperatur-Korrekturfaktoren um 15 %.
[4] Bei einem Wärmedurchlasswiderstand der Randdämmung $R > 2$ (m²·K)/W; Bodenplatte ungedämmt.
[5] Die Werte gelten auch für Flächen niedrig beheizter Räume.

Aneinandergereihte Bebauung

Bei der Berechnung von aneinandergereihten Gebäuden werden Gebäudetrennwände

a) zwischen Gebäuden, die nach ihrem Verwendungszweck auf Innentemperaturen $\theta_i \geq 19$ °C beheizt werden, als nicht wärmedurchlässig angenommen und bei der Ermittlung der wärmeübertragenden Umfassungsfläche A nicht berücksichtigt,

b) zwischen Wohngebäuden und Gebäuden, die nach ihrem Verwendungszweck auf niedrige Innentemperaturen 12 °C ≤ θ_i < 19 °C beheizt werden, bei der Berechnung des Wärmedurchgangskoeffizienten mit dem Temperatur-Korrekturfaktor F_{nb}= 0,35 gewichtet und

c) zwischen Wohngebäuden und Gebäuden oder Gebäudeteilen, in denen keine beheizten Räume vorhanden sind, bei der Berechnung des Wärmedurchgangskoeffizienten mit einem Temperatur-Korrekturfaktor F_u = 0,5 gewichtet.

Werden beheizte Teile eines Gebäudes getrennt berechnet, gilt a) sinngemäß für die Trennflächen zwischen den Gebäudeteilen. Werden aneinander gereihte Gebäude gleichzeitig erstellt, dürfen sie in diesem Zusammenhang wie ein Gebäude behandelt werden. Die Vorschriften hinsichtlich der Energieausweise bleiben unberührt.

Ist die Nachbarbebauung bei aneinander gereihter Bebauung nicht gesichert, müssen die Trennwände den Mindestwärmeschutz nach den anerkannten Regeln der Technik einhalten.

2.5.2 Änderung von Außenbauteilen

Werden Änderungen an Außenbauteilen beheizter oder gekühlter Räume von Gebäuden entsprechend den Ausführungen nach Tafel 4.24 durchgeführt, so dürfen die in Tafel 4.25 festgelegten Wärmedurchgangskoeffizienten U_{max} der betroffenen Außenbauteile im Bereich der Änderungen nicht überschritten werden.

Dieses Anforderungen gelten alternativ auch dann als erfüllt, wenn

1. geänderte *Wohngebäude* insgesamt den Jahres-Primärenergiebedarf Q_P des Referenzgebäudes und den Höchstwert des spezifischen, auf die wärmeübertragende Umfassungsfläche bezogenen Transmissionswärmeverlusts H_T' nach Tafel 4.16 bzw.
2. geänderte *Nichtwohngebäude* insgesamt den Jahres-Primärenergiebedarf Q_P des Referenzgebäudes und die Höchstwerte der mittleren Wärmedurchgangskoeffizienten der wärmeübertragenden Umfassungsfläche nach Tafel 4.18

um nicht mehr als 40 % überschreiten.

Tafel 4.24 Zusammenstellung der mit wärmschutztechnischen Anforderungen verbundenen baulichen Änderungen von Außenbauteilen an bestehenden Gebäuden

Zeile	Bauteil	Maßnahmen
1	Außenwände[1]	a) erstmaliger Einbau oder Ersatz b) Anbringung einer außenseitigen Bekleidung in Form von Platten oder plattenartigen Bauteilen oder Verschalungen sowie Mauerwerk-Vorsatzschalen c) Erneuerung des Außenputzes
2	Fenster, Fenstertüren, Dachflächenfenster, Glasdächer	a) erstmaliger Einbau oder Ersatz des gesamten Bauteils b) Einbau zusätzlicher Vor- oder Innenfenster c) Ersatz der Verglasung oder verglaster Flügelrahmen: *Anmerkung: Werden bei den aufgeführten Maßnahmen* – *Schallschutzverglasungen mit $R_{w,R} \geq 40$ dB oder vergleichbar,* – *Isolierglas-Sonderaufbauten zur Durchschusshemmung, Durchbruchhemmung oder Sprengwirkungshemmung nach den a.a.R.d.T.,* – *Isolierglas-Sonderaufbauten als Brandschutzglas mit einer Einzelelementdicke $d_i \geq 18$ mm nach DIN 4102-13 (05.1990) oder vergleichbarer Anforderung* *eingebaut, sind die Anforderungen für „Sonderverglasungen“ einzuhalten.*
3	Außentüren	Erneuerung *Anmerkung: Rahmenlose Türanlagen aus Glas, Karusselltüren und kraftbetätigte Türen sind hier ausgenommen.*
4	Steildächer inklusive Dachgauben[1]	a) erstmaliger Einbau oder Ersatz b) Ersatz oder Neuaufbau der Dachdeckung einschließlich darunter liegender Lattungen und Verschalungen
5	Decken und Wände[2] gegen unbeheizte Dachräume[1]	a) erstmaliger Einbau oder Ersatz b) Aufbringung oder Erneuerung von Bekleidungen oder Verschalungen auf der kalten Seite c) Einbau von Dämmschichten
6	Flachdächer[1]	a) erstmaliger Einbau oder Ersatz b) Ersatz oder Neuaufbau der eine Abdichtung, die flächig (zum Beispiel mit geschlossenen Nähten und Stößen) das Gebäude wasserdicht abdichtet, durch eine neue Schicht gleicher Funktion ersetzt (bei Kaltdachkonstruktionen einschließlich darunter liegender Lattungen)
7	Wände und Decken gegen unbeheizte Räume[3], gegen Erdreich und gegen Außenluft	a) erstmaliger Einbau oder Ersatz b) Anbringung oder Erneuerung außenseitiger Bekleidungen oder Verschalungen, Feuchtigkeitssperren oder Drainagen c) Aufbau oder Erneuerung von Fußbodenaufbauten auf der beheizten Seite d) Anbringung der Deckenbekleidung auf der Kaltseite
8	Vorhangfassaden[4]	a) erstmaliger Einbau oder Ersatz des gesamten Bauteils b) Einbau von Sonderverglasungen

1) Die Anforderungen (ausgenommen *a) erstmaliger Einbau oder Ersatz*) sind nicht auf Bauteile anzuwenden, die unter Einhaltung energiesparrechtlicher Vorschriften nach dem 31. Dezember 1983 errichtet oder erneuert worden sind.

2) Einschließlich Abseitenwände.

3) Ausgenommen Dachräume.

4) Vorhangfassaden in Pfosten-Riegel-Konstruktion, deren Bauart DIN EN 13947 (07.2007) entspricht.

Tafel 4.25 Maximalwerte der Wärmedurchgangskoeffizienten U_{max} bei erstmaligem Einbau, Ersatz und Erneuerung von Bauteilen (Fortsetzung siehe nächste Seite)

Bauteil	Maßnahme nach Tafel 4.24	maximaler Wärmedurchgangskoeffizient U_{max}[1] in W/(m²K) für	
		Wohngebäude sowie Zonen von Nichtwohngebäuden mit $\theta_i \geq 19$ °C	Zonen von Nichtwohngebäuden mit $\theta_i < 19$ °C
Außenwände[2]	1a) bis 1c)	0,24	0,35
Außen liegende Fenster und Fenstertüren[3]	2a) und 2b)	1,30[4a]	1,90[4a]
Außen liegende Fenstertüren mit Klapp-, Falt-, Schiebe- oder Hebemechanismus	2a)	1,60[4a]	1,90[4a]
Außentüren	3)	1,80	
Dachflächenfenster[3]	2a) und 2b)	1,40[4a]	1,90[4a]
Verglasungen[3]	2c)	1,10[4b]	keine Anforderungen
Vorhangfassaden	8a)	1,50[5]	1,90[5]
Glasdächer[3]	2a) und 2c)	2,00[4b]	2,70[4b]
außen liegende Fenster, Fenstertüren, Dachflächenfenster mit Sonderverglasungen	2a) und 2b)	2,00[4a]	2,80[4a]
Sonderverglasungen	2c)	1,60[4b]	keine Anforderungen
Vorhangfassaden mit Sonderverglasungen	8b)	2,30[5]	3,00[5]
Steildächer inkl. Dachgauben[2][6]	4a) und 4b)	0,24	0,35
Decken[2a] und Wände (auch Abseiten) gegen unbeheizte Dachräume[2]	5a) bis 5c)	0,24	0,35
Flachdächer[2][7]	6a) und 6b)	0,20	0,35
Decken und Wände gegen unbeheizte Räume oder Erdreich[2a]	7a), 7b) und 7d)	0,30	keine Anforderungen
Fußbodenaufbauten[4]	7c)	0,50	keine Anforderungen
Decken nach unten an Außenluft[2a]	7a) bis 7d)	0,24	0,35

[1] Wärmedurchgangskoeffizient des Bauteils unter Berücksichtigung der neuen und der vorhandenen Bauteilschichten; für die Berechnung von Wänden gegen Erdreich oder unbeheizte Räume (mit Ausnahme von Dachräumen), Decken nach unten gegen Erdreich oder unbeheizte Räume sowie Fußbodenaufbauten ist DIN V 4108-6 (06.2003) Anhang E und für die Berechnung sonstiger opaker Bauteile ist DIN EN ISO 6946 (04.2008) zu verwenden.

[2] Werden entsprechende Maßnahmen (ausgenommen: Neubau oder Ersatz) ausgeführt und ist die Dämmschichtdicke im Rahmen dieser Maßnahmen aus technischen Gründen begrenzt, so gelten die Anforderungen als erfüllt, wenn die nach anerkannten Regeln der Technik höchstmögliche Dämmschichtdicke (bei einem Bemessungswert der Wärmeleitfähigkeit $\lambda = 0{,}035$ W/(m·K)) eingebaut wird. Soweit in diesem Zusammenhang Dämm-Materialien in Hohlräume eingeblasen oder Dämm-Materialien aus nachwachsenden Rohstoffen verwendet werden, ist ein Bemessungswert der Wärmeleitfähigkeit von $\lambda = 0{,}045$ W/(m·K) einzuhalten.

[2a] Wie [2], jedoch auch bei Neubau oder Ersatz.

[3] Bei Ersatz der Verglasung oder verglaster Flügelrahmen entfallen die Anforderungen, wenn der vorhandene Rahmen zur Aufnahme der vorgeschriebenen Verglasung ungeeignet ist. Ist weiterhin die Glasdicke im Rahmen dieser Ersatzmaßnahmen aus technischen Gründen begrenzt, so gelten die Anforderungen als erfüllt, wenn eine Verglasung mit $U \leq 1{,}30$ W/(m²·K) eingebaut wird.
Werden in Kasten- oder Verbundfenstern Gläser ausgetauscht, so gelten die Anforderungen bei Einbau einer Glastafel mit infrarot-reflektierender Beschichtung der Emissivität $\varepsilon_n \leq 0{,}2$ als erfüllt.

[4] Bemessungswert des Wärmedurchgangskoeffizienten des Fensters ([4a]) bzw. der Verglasung ([4b]).

[5] Bemessungswert des Wärmedurchgangskoeffizienten der Vorhangfassade nach DIN EN 13947 (07.2007).

Tafel 4.25 Maximalwerte der Wärmedurchgangskoeffizienten U_{max} bei erstmaligem Einbau, Ersatz und Erneuerung von Bauteilen (Fortsetzung)

Bauteil	Maßnahme nach Tafel 4.24	maximaler Wärmedurchgangskoeffizient U_{max} [1] in W/(m²K) für	
		Wohngebäude sowie Zonen von Nichtwohngebäuden mit $\theta_i \geq 19$ °C	Zonen von Nichtwohngebäuden mit $\theta_i < 19$ °C

[6] Wird hier der Wärmeschutz als Zwischensparrendämmung ausgeführt und ist die Dämmschichtdicke wegen einer innenseitigen Bekleidung oder der Sparrenhöhe begrenzt, so gilt die Anforderung als erfüllt, wenn die nach a.a.R.d.T. höchstmögliche Dämmschichtdicke (bei einem Bemessungswert der Wärmeleitfähigkeit $\lambda = 0{,}035$ W/(m·K)) eingebaut wird.

[7] Werden hier Gefälledächer durch die keilförmige Anordnung einer Dämmschicht aufgebaut, so ist U nach DIN EN ISO 6946 (04.2008) Anhang C zu ermitteln; der Bemessungswert des Wärmedurchgangswiderstandes am tiefsten Punkt der neuen Dämmschicht muss den Mindestwärmeschutz nach den a.a.R.d.T. gewährleisten.

2.5.3 Bewertung bestehender Wohngebäude

Grundsätzlich ist hier für die Ermittlung des Jahres-Primärenergiebedarfs Q_P und des spezifischen, auf die wärmeübertragende Umfassungsfläche bezogenen Transmissionswärmeverlustes H_T' die gleiche Vorgehensweise wie für zu errichtende Wohngebäude anzuwenden. Zusätzlich gilt:

- Sind > 50 % der Außenwand innen gedämmt und mit einbindender Massivdecke versehen, gilt für die gesamte wärmeübertragende Umfassungsfläche $\Delta U_{WB} = 0{,}15$ W/(m²K).
- Bei offensichtlichen Undichtigkeiten (z. B. bei Fenstern ohne funktionstüchtige Lippendichtung) ist die Luftwechselrate abweichend mit $\beta = 1{,}0$ h^{-1} anzusetzen.
- Bei der Ermittlung der solaren Gewinne nach DIN V 18599 (12.2011) oder DIN V 4108-6 (06.2003) Abschnitt 6.4.3 ist der Minderungsfaktor für den Rahmenanteil von Fenstern mit $F_F = 0{,}6$ anzusetzen.

2.6 Ausstellung und Verwendung von Energieausweisen

Energieausweise sind auf Basis der energetischen Eigenschaften des *fertiggestellten* Gebäudes

- bei Errichtung eines Gebäudes sowie
- bei Durchführung von Änderungen im Sinne der Tafel 4.24 oder bei der Erweiterung der Nutzfläche der beheizten oder gekühlten Räume eines Gebäudes um > 50 % (sofern entsprechende Berechnungen für Wohngebäude (Jahres-Primärenergiebedarf, spezifischer Transmissionswärmebedarf) oder Nichtwohngebäude (dito, mittlerer U-Wert) durchgeführt wurden)

zu erstellen. Der Bauherr hat dabei sicherzustellen, dass ihm (insoweit er Eigentümer des Gebäudes ist) oder dem Eigentümer des Gebäudes ein Energieausweis oder eine Kopie unverzüglich nach Fertigstellung des Gebäudes ausgestellt wird.

Weiterhin ist ein Energieausweis oder eine Kopie

- beim Verkauf eines mit einem Gebäude bebauten Grundstückes, eines grundstücksgleichen Rechtes an einem bebauten Grundstück oder eines Wohnungs- oder Teileigentums sowie
- bei Vermietung (bzw. Verpachtung oder Leasing) eines Gebäudes, einer Wohnung oder einer sonstigen selbständigen Nutzungseinheit

zu erstellen und den entsprechenden Personen (Bauherr, Käufer, Mieter) zugänglich zu machen; dies gilt nicht für Baudenkmäler und kleine Gebäude.

Wird in den o.g. Fällen im Vorfeld eine Immobilienanzeige in kommerziellen Medien aufgegeben und liegt zu diesem Zeitpunkt ein Energieausweis vor, so hat der Verkäufer sicherzustellen, dass die Immobilienanzeige Pflichtangaben entsprechend §16a der EnEV 2014 (z.B. Art des Energieausweises, Endenergiebedarf, Primärenergieträger) enthält.

Der Eigentümer eines Gebäudes, in dem sich > 250 m² Nutzfläche mit *starkem Publikumsverkehr* befinden, der auf behördlicher Nutzung beruht, hat dafür Sorge zu tragen, dass für das Gebäude ein Energieausweis ausgestellt und an einer für die Öffentlichkeit gut sichtbaren Stelle ausgehängt wird. Bei entsprechenden Gebäuden mit nichtbehördlicher Nutzung und einer Nutzfläche > 500 m² gilt diese Aushangpflicht, sobald der Energieausweis vorliegt.

3 Erneuerbare-Energien-Wärmegesetz (EEWärmeG)

3.1 Hintergrund und Ziele

Der Europäische Rat beschließt im März 2007, den Anteil der erneuerbaren Energien am Primärenergieverbrauch bis zum Jahr 2020 auf 20 % anzuheben. Im Rahmen des „Integrierten Energie- und Klimaprogramms“ der Bundesregierung bedeutet das für die Wärme- und Kälteversorgung von neu zu errichtenden Wohn- und Nichtwohngebäuden einen Anstieg der Anteile an erneuerbaren Energien von derzeit 6 % auf 14 %.

Gleichzeitig sind erneuerbare Energien als ein Wachstumsmarkt zu sehen, von dem die Bundesregierung sich einen Anstieg der Beschäftigtenzahlen sowie die Förderung technologischer Innovationen, welche die Spitzenposition der deutschen Energiebranche im internationalen Wettbewerb stärken wird, verspricht.

Zum 1. Januar 2009 wird daher das Gesetz zur Förderung Erneuerbarer Energien im Wärmebereich (Erneuerbare-Energien-Wärmegesetz – EEWärmeG) eingeführt. Dieses Gesetz richtet sich an die Eigentümer von Gebäuden, die neu errichtet werden: Diese *müssen* entsprechend den nachfolgend aufgeführten Vorgaben den Wärme- (für Heizung und Warmwasserbereitung) und Kälteenergiebedarf (für Kühlung) durch die anteilige Nutzung von erneuerbaren Energien decken. Der Bedarf wird nach den Vorgaben der jeweils gültigen EnEV ermittelt. Es ist hier jedoch darauf hinzuweisen, dass die Bundesländer eine Pflicht zur Nutzung von erneuerbaren Energien bei bereits errichteten Gebäuden festlegen können. Am 1. Mai 2011 tritt die Novelle des EEWärmeG in Kraft, womit nun den Gebäuden der öffentlichen Hand im In- und Ausland eine besondere Vorbildfunktion zukommt.

3.2 Nutzungspflicht

Geltungsbereich

Betroffen sind alle Gebäude mit einer Nutzfläche $A_N > 50$ m^2, die unter Einsatz von Energie beheizt oder gekühlt werden. Ausnahmen davon sind:

- Betriebsgebäude, die überwiegend zur Aufzucht oder zur Haltung von Tieren genutzt werden,
- Betriebsgebäude, soweit sie nach ihrem Verwendungszweck großflächig und lang anhaltend offen gehalten werden müssen,
- unterirdische Bauten,
- Unterglasanlagen und Kulturräume für Aufzucht, Vermehrung und Verkauf von Pflanzen,
- Traglufthallen und Zelte,
- Gebäude, die dazu bestimmt sind, wiederholt aufgestellt und zerlegt zu werden, und provisorische Gebäude mit einer geplanten Nutzungsdauer von bis zu zwei Jahren,
- Gebäude, die dem Gottesdienst oder anderen religiösen Zwecken gewidmet sind,
- Wohngebäude, die für eine Nutzungsdauer von < 4 Monaten jährlich bestimmt sind,
- sonstige Betriebsgebäude, die nach ihrer Zweckbestimmung auf eine Innentemperatur < 12 °C oder jährlich < 4 Monate beheizt sowie jährlich < 2 Monate gekühlt werden,
- Gebäude, die Teil oder Nebeneinrichtung einer Anlage sind, die vom Anwendungsbereich des Treibhausgas-Emissionshandelsgesetzes (BGBl. I S. 1578 in Verbindung mit BGBl. I S. 3089) in der jeweils geltenden Fassung erfasst ist.
- Gebäude der Bundeswehr, soweit die Erfüllung der Pflicht der Art und dem Hauptzweck der Tätigkeit der Bundeswehr entgegensteht.

Versorgung mehrerer Gebäude

Die Pflicht zur Nutzung von erneuerbaren Energien kann auch dadurch erfüllt werden, dass Verpflichtete, deren Gebäude in räumlichem Zusammenhang stehen, ihren Wärmeenergiebedarf insgesamt in einem Umfang decken, der der Summe der einzelnen Verpflichtungen entspricht.

Betreiben Verpflichtete zu diesem Zweck eine oder mehrere Anlagen zur Erzeugung von Wärme aus erneuerbaren Energien, so können sie von den Nachbarn verlangen, dass diese zum Betrieb der Anlagen in dem notwendigen und zumutbaren Umfang die Benutzung ihrer Grundstücke, insbesondere das Betreten, und gegen angemessene Entschädigung die Führung von Leitungen über ihre Grundstücke dulden.

Entfall der Nutzungspflicht

Die Pflicht zur Nutzung von erneuerbaren Energien entfällt, wenn

- ihre Erfüllung oder die Durchführung der nachfolgend beschriebenen Ersatzmaßnahmen anderen öffentlich-rechtlichen Pflichten widersprechen oder im Einzelfall technisch unmöglich sind oder
- die zuständige Behörde den Verpflichteten auf Antrag von ihr befreit. Von der Pflicht zur Nutzung von erneuerbaren Energien ist zu befreien, soweit ihre Erfüllung und die Durchführung von Ersatzmaßnahmen im Einzelfall wegen besonderer Umstände durch einen unangemessenen Aufwand oder in sonstiger Weise zu einer unbilligen Härte führen.

3.3 Nutzung erneuerbarer Energien (Wärme und Kälte)

Erneuerbare Energien im Sinne dieses Gesetzes sind

1. die dem Erdboden entnommene Wärme (Geothermie),
2. die der Luft oder dem Wasser entnommene und technisch nutzbar gemachte Wärme (Umweltwärme) mit Ausnahme von Abwärme,
3. die durch Nutzung der Solarstrahlung zur Deckung des Wärmeenergiebedarfs technisch nutzbar gemachte Wärme (solare Strahlungsenergie),
4. die aus fester, flüssiger und gasförmiger Biomasse erzeugte Wärme (als Biomasse im Sinne dieses Gesetzes werden anerkannt: a) Biomasse im Sinne der Biomasseverordnung, b) biologisch abbaubare Anteile von Abfällen aus Haushalten und Industrie, c) Deponiegas, d) Klärgas, e) Klärschlamm im Sinne der Klärschlammverordnung, f) Pflanzenölmethylester),
5. die dem Erdboden oder dem Wasser entnommene und technisch nutzbar gemachte oder aus Wärme nach den Nrn. 1 bis 4 technisch nutzbar gemachte Kälte (Kälte aus Erneuerbaren Energien).

Beispiele für Biomasse

Biomasse	Keine Biomasse
Pflanzen und Pflanzenbestandteile; Abfälle und Nebenprodukte pflanzlicher und tierischer Herkunft wie Stroh, Gülle, Mist, Waldrestholz, Grün- und Strauchschnitt; aus Biomasse durch Vergasung oder Pyrolyse erzeugtes Gas; Altholz; aus Biomasse oder Altholz erzeugte Alkohole	Fossile Brennstoffe, Torf, Textilien, belastetes Altholz, Tierkadaver

Abwärme im Sinne dieses Gesetzes ist Wärme, die aus technischen Prozessen und baulichen Anlagen stammenden Abluft- und Abwasserströmen entnommen wird.

Tafel 4.28 Auszug der Anforderungen an die Nutzung erneuerb. Energien einschl. Nachweise

	Forderung	Nachweis
Solare Strahlungsenergie		
A	Deckungsrate ≥ 15 %	Mindest-Aperturfläche der solarthermischen Anlagen je m^2 Gebäudenutzfläche (nach EnEV) – Wohngebäude mit ≤ zwei Wohnungen: 0,04 m^2 – Wohngebäude mit > zwei Wohnungen: 0,03 m^2
B	Normgerechte Zertifizierung der solarthermischen Anlagen	Kennzeichnung der Elemente mit dem europäischen Prüfzeichen „Solar Keymark“
Gasförmige Biomasse		
A	Deckungsrate ≥ 30 %	EnEV-Berechnung
B	Nutzung in einer KWK-Anlage (KWK = Kraft-Wärme-Kopplung)	Bescheinigung eines Sachkundigen, des Anlagenherstellers oder des Fachbetriebs, der die Anlage eingebaut hat.
C	Aufbereitung und Einspeisung des Biomethans entsprechend I.1 a bis c der Anlage 1 zum EEG vom 25. Oktober 2008 (BGBl. I S. 2074) in der jeweils geltenden Fassung	Bescheinigung des Brennstofflieferanten
D	Menge des entnommenen Biomethans im Wärmeäquivalent entspricht der Menge von Gas aus Biomasse, das an anderer Stelle in das Gasnetz eingespeist worden ist.	

Tafel 4.28 Auszug der Anforderungen an die Nutzung erneuerbarer Energien einschließlich der Nachweise (Fortsetzung)

Forderung		Nachweis
Flüssige Biomasse		
A	Deckungsrate ≥ 50 %	EnEV-Berechnung
B	Nutzung in einem Heizkessel, der der besten verfügbaren Technik entspricht.	Bescheinigung eines Sachkundigen, des Anlagenherstellers oder des Fachbetriebs, der die Anlage eingebaut hat.
C	Erfüllung der Anforderungen an die Biomasse-Nachhaltigkeitsverordnung	Einhalten der Vorgaben der Nachhaltigkeitsverordnung
Feste Biomasse		
A	Deckungsrate ≥ 50 %	EnEV-Berechnung
B	Erfüllung der Anforderungen der Verordnung über kleine und mittlere Feuerungsanlagen und Einsatz von Biomassekesseln oder automatisch beschickten Biomasseöfen mit Wasser als Wärmeträger	Bescheinigung eines Sachkundigen, des Anlagenherstellers oder des Fachbetriebs, der die Anlage eingebaut hat.
C	Umwandlungswirkungsgrad – bei Leistung ≤ 50 Kilowatt: ≥ 86 % – bei Leistung > 50 Kilowatt: ≥ 88 % – keine Heizung oder WW-Bereit.: ≥ 70 %	
Geothermie und Umweltwärme		
A	Deckungsrate ≥ 50 %	EnEV-Berechnung
B	Kennzeichnung mit (gemeinschaftlichen) Umwelt- oder Prüfzeichen	„Euroblume“, „Blauer Engel“ oder „European Quality Label for Heatpumps“
C	Minimale Jahresarbeitszahlen β exklusive (inklusive) Warmwasserbereitung elektrisch angetriebener Wärmepumpen – Luft/Wasser: β = 3,5 (3,3) – Luft/Luft: β = 3,5 (3,3) – andere: β = 4,0 (3,8)	Bescheinigung eines Sachkundigen
D	Erfordernis von Wärmemengen- und Stromzählern, deren Messwerte die Berechnung der Jahresarbeitszahl der Wärmepumpen ermöglichen. (Nicht bei Sole/Wasser- und Wasser/Wasser-Wärmepumpen, wenn die Vorlauftemperatur der Heizungsanlage nachweislich ≤ 35 °C beträgt.)	

Die Pflicht zur Nutzung von erneuerbaren Energien gilt auch als erfüllt, wenn die Ersatzmaßnahmen bzw. alternativen Ersatzmaßnahmen nach Tafel 4.30 umgesetzt werden. Erneuerbare Energien und Ersatzmaßnahmen können untereinander und miteinander kombiniert werden. Die prozentualen Anteile der tatsächlichen Nutzung der einzelnen erneuerbaren Energien und Ersatzmaßnahmen im Verhältnis zu der jeweils vorgesehenen Nutzung müssen in der Summe 100 ergeben.

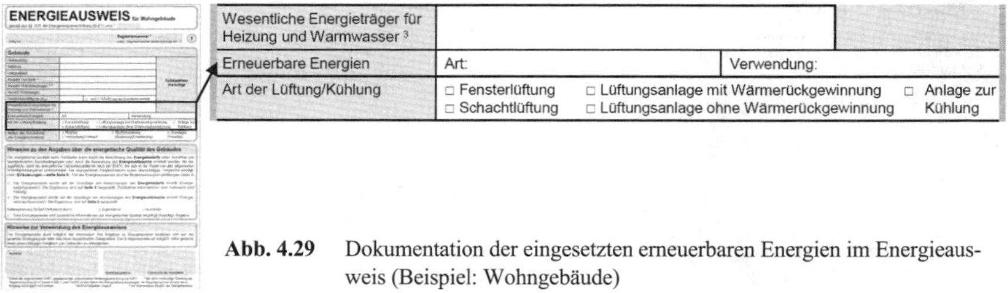

Abb. 4.29 Dokumentation der eingesetzten erneuerbaren Energien im Energieausweis (Beispiel: Wohngebäude)

Tafel 4.30 Anforderungen an Ersatzmaßnahmen und ihre Nachweisverfahren

	Forderung	Nachweis
Aus Anlagen zur Nutzung von Abwärme		
A	Deckungsrate ≥ 50 %	EnEV-Berechnung
B	Bei Nutzung durch Wärmepumpen → vgl. „Geothermie und Umweltwärme“	Bescheinigung eines Sachkundigen und Kennzeichnung mit „Euroblume“, „Blauer Engel“ oder „European Quality Label for Heatpumps“
C	Bei Nutzung durch raumlufttechnische Anlagen mit Wärmerückgewinnung mit – Wärmerückgewinnungsgrad ≥ 70 % und – Leistungszahl ≥ 10 (ermittelt aus dem Verhältnis von der aus der Wärmerückgewinnung stammenden und genutzten Wärme zum Stromeinsatz für den Betrieb der raumlufttechnischen Anlage)	Bescheinigung eines Sachkundigen oder des Anlagenherstellers oder des Fachbetriebs, der die Anlage eingebaut hat.
D	Bei Nutzung anderer Anlagen, wenn sie nach dem Stand der Technik erfolgt.	Bescheinigung eines Sachkundigen
Aus Kraft-Wärme-Kopplungsanlagen		
A	Deckungsrate ≥ 50 %	
B	Hocheffizienz der KWK-Anlage im Sinne der Richtlinie 2004/8/EG KWK-Anlagen mit einer elektrischen Leistung < 1 MW sind hocheffizient, wenn sie Primärenergieeinsparungen im Sinne von Anhang III der Richtlinie 2004/8/EG erbringen.	a) Betrieb durch den Verpflichteten: Bescheinigung eines Sachkundigen, des Anlagenherstellers oder des Fachbetriebs, der die Anlage eingebaut hat, b) ansonsten: Bescheinigung des Anlagenbetreibers
Nah- oder Fernwärme(kälte)versorgung		
A	Die in dem Wärme- oder Kältenetz insgesamt verteilte Wärme oder Kälte stammt: a) zu einem wesentlichen Anteil aus erneuerbaren Energien, b) ≥ 50 % aus Anlagen zur Nutzung von Abwärme, c) ≥ 50 % aus KWK-Anlagen oder d) ≥ 50 % durch eine Kombination der Maßnahmen a) bis c).	Bescheinigung des Wärme- oder Kältenetzbetreibers
Einsparung von Energie		
A	Unterschreitung (a) des jeweiligen Höchstwertes des Jahres-Primärenergiebedarfs und (b) der jeweiligen für das konkrete Gebäude zu erfüllenden Anforderungen an die Wärmedämmung der Gebäudehülle nach EnEV um ≥ 15 %	Energieausweis nach § 18 der EnEV

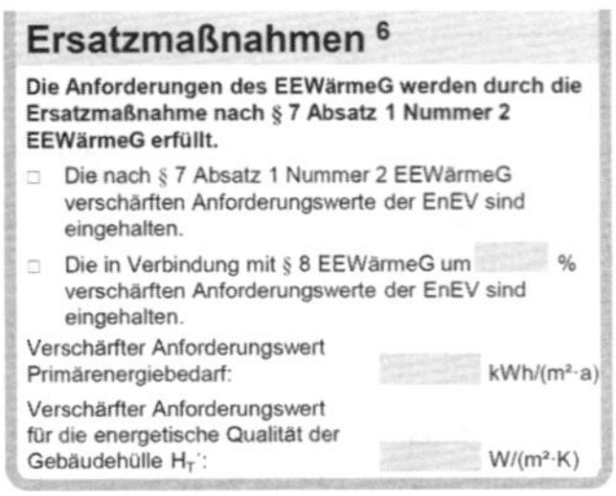
Ersatzmaßnahmen [6]

Die Anforderungen des EEWärmeG werden durch die Ersatzmaßnahme nach § 7 Absatz 1 Nummer 2 EEWärmeG erfüllt.

□ Die nach § 7 Absatz 1 Nummer 2 EEWärmeG verschärften Anforderungswerte der EnEV sind eingehalten.

□ Die in Verbindung mit § 8 EEWärmeG um % verschärften Anforderungswerte der EnEV sind eingehalten.

Verschärfter Anforderungswert Primärenergiebedarf: kWh/(m²·a)

Verschärfter Anforderungswert für die energetische Qualität der Gebäudehülle H_T': W/(m²·K)

Abb. 4.30 Dokumentation der Ersatzmaßnahmen (und ggf. der Kombination mit der Ersatzmaßnahme „Energieeinsparung“) im Energieausweis (Beispiel: Wohngebäude)

4 Feuchteschutz

4.1 Feuchteschutztechnische Größen, Formelzeichen, Einheiten

Feuchteschutztechnische Größe	Formelzeichen	Einheit
Gaskonstante für Wasserdampf, spezifische	R_V	Pa·m³/(kg·K)
Luftfeuchte, relative	ϕ	%
Luftschichtdicke, wasserdampfdiffusionsäquivalente	s_d	m
Luftschichtdicke, wasserd.-diff.-äquiv., des Gesamtbauteils	$s_{d,T}$	m
Lufttemperatur	θ	°C
Oberflächentemperatur, innen	θ_{si}	°C
Schichtdicke	d	m
Tauperiode	t_c	s
Taupunkttemperatur	θ_s	°C
Tauwassermasse, flächenbezogene	M_c	kg/m²
Temperatur, thermodynamische	T	K
Verdunstungsmasse, flächenbezogene	M_{ev}	kg/m²
Verdunstungsperiode	t_{ev}	s
Wärmedurchlasswiderstand	R	m²·K/W
Wärmedurchgangswiderstand	R_T	m²·K/W
Wärmedurchgangskoeffizient	U	W/(m²·K)
Wärmeübergangswiderstand, außen	R_{se}	m²·K/W
Wärmeübergangswiderstand, innen	R_{si}	m²·K/W
Wasseraufnahmekoeffizient	W_w	kg/(m²·h^{0,5})
Wasserdampf-Diffusionsdurchlasswiderstand	Z_p	m²·s·Pa/kg
Wasserdampf-Diffusionsstromdichte	g	kg/(m²·s)
Wasserdampf-Diffusionswiderstandszahl	μ	–
Wasserdampf-Diffusionskoeffizient in Luft	D	m²/s
Wasserdampf-Diffusionsleitkoeffizient in ruhender Luft	δ_0	kg/(m·s·Pa)
Wasserdampf-Diffusionsleitkoeffizient in einem Material	δ	kg/(m·s·Pa)
Wasserdampfkonzentration	c_D	g/m³
Wasserdampfsättigungskonzentration	c_S	g/m³
Wasserdampfpartialdruck	p	Pa
Wasserdampfsättigungsdruck	P_{sat}	Pa

4.2 Grundlagen

4.2.1 Wasserdampf in der Luft

Wasser tritt in der Natur in den drei Aggregatzuständen „fest“, „flüssig“ und „dampfförmig“ auf. Für den Wechsel in den nächsthöheren Aggregatzustand wird Energie benötigt; beim Wechsel in den niedrigeren Aggregatzustand wird Energie freigesetzt. Im Bauwesen sind hier besonders die Verdampfungsenthalpie (Energie, die erforderlich ist, um bei konstantem Druck (isobar) und konstanter Temperatur (isotherm) flüssiges Wasser verdampfen zu lassen) und die Kondensationsenthalpie (Energie, die freigesetzt wird, wenn Wasserdampf bei konstantem Druck (isobar) und konstanter Temperatur (isotherm) kondensiert) zu nennen.

Die in der Luft aufnehmbare Wasserdampfmenge hängt von der Lufttemperatur ab, vgl. Abb. 4.32. Die relative Luftfeuchte ϕ bezeichnet dabei das Verhältnis von tatsächlich vorhandener Wasserdampfkonzentration zur Wasserdampfsättigungskonzentration (bzw. von Wasserdampfpartialdruck zu Wasserdampfsättigungsdruck):

$$\phi = \frac{c_D}{c_S} = \frac{p}{p_{sat}}$$

c_D Wasserdampfkonzentration in g/m³
c_S Wasserdampfsättigungskonzentration in g/m³
p Wasserdampfpartialdruck in Pa
p_{sat} Wasserdampfsättigungsdruck in Pa

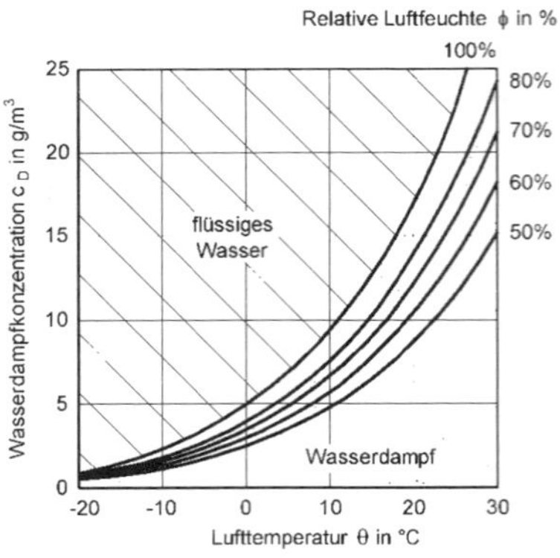

Abb. 4.32

Darstellung des Zusammenhanges zwischen der Lufttemperatur θ und der korrespondierenden Wasserdampfkonzentration c_D in der Luft in Abhängigkeit von der vorhandenen relativen Luftfeuchtigkeit ϕ (Carrier-Diagramm).

Die Grenze zwischen dem Ausfall flüssigen Wassers und der maximal aufnehmbaren Menge Wasserdampf der Luft liegt definitionsgemäß bei $\phi = 100$ %.

Tafel 4.32 Wasserdampfsättigungskonzentration c_S der Luft

θ in °C	30	29	28	27	26	25	24	23	22	21
c_S in g/m³	30,26	28,66	27,14	25,68	24,30	22,97	21,71	20,51	19,37	18,28
θ in °C	20	19	18	17	16	15	14	13	12	11
c_S in g/m³	17,25	16,26	15,33	14,44	13,60	12,80	12,04	11,32	10,64	9,99
θ in °C	10	9	8	7	6	5	4	3	2	1
c_S in g/m³	9,38	8,80	8,25	7,73	7,24	6,78	6,34	5,93	5,55	5,18
θ in °C	0	–1	–2	–3	–4	–5	–6	–7	–8	–9
c_S in g/m³	4,84	4,47	4,13	3,81	3,51	3,24	2,98	2,74	2,52	2,32

4.2.2 Berechnung zentraler diffusionstechnischer Größen

Wasserdampfdiffusionsäquivalente Luftschichtdicke s_d

Unter der wasserdampfdiffusionsäquivalenten Luftschichtdicke s_d (Einheit: m) versteht man die Dicke einer ruhenden Luftschicht, die den gleichen Wasserdampf-Diffusionswiderstand besitzt wie die betrachtete Bauteilschicht. Die wasserdampfdiffusionsäquivalente Luftschichtdicke (in der Praxis häufig auch verkürzt als s_d-Wert bezeichnet) bestimmt den Widerstand einer Bauteilschicht gegen Wasserdampfdiffusion.

Für mehrschichtige, ebene Bauteile lassen sich die wasserdampfdiffusionsäquivalenten Luftschichtdicken der einzelnen Schichten additiv zu einem Bauteilwert zusammenfassen.

$$s_d = \mu \cdot d$$

$$s_{d,T} = \sum_{i=1}^{n} \mu_i \cdot d_i$$

μ Wasserdampfdiffusionswiderstandszahl
d Schichtdicke der Einzelschicht in m
i Index für die Einzelschichten; $i = 1, 2 \dots n$
n Anzahl der Einzelschichten
T Index zur Kennzeichnung des Gesamtbauteils

Dabei unterscheidet man nach der Größe der wasserdampfdiffusionsäquivalenten Luftschichtdicke:

- diffusionsoffene Schichten mit $s_d \leq 0{,}5$ m
- diffusionshemmende Schichten mit $0{,}5 < s_d < 1500$ m
- diffusionsdichte Schichten mit $s_d \geq 1500$ m

Wasserdampfpartialdruck p

Der Wasserdampfpartialdruck p (auch: Wasserdampfteildruck, Einheit Pa) beschreibt den durch den Wasserdampf erzeugten Anteil am atmosphärischen Druck in Abhängigkeit von der relativen Luftfeuchte.

$$p = p_{sat} \cdot \phi$$

ϕ relative Luftfeuchte, ausgedrückt als Dezimalzahl
p_{sat} Wasserdampf-Sättigungsdruck in Pa (vgl. Tafel 4.36)

Wasserdampf-Diffusionsleitkoeffizient in Luft δ_0

Der Wasserdampf-Diffusionsleitkoeffizient in Luft δ_0 (Einheit: kg/(m·s·Pa)) berechnet sich wie folgt:

$$\delta_0 = \frac{D}{R_V \cdot T}$$

D Wasserdampf-Diffusionskoeffizient in Luft in m²/s
Nach *Schirmer* gilt bei θ = 10 °C → D = 0,089 m²/h = 2,47·10⁻⁵ m²/s

R_V spezifische Gaskonstante für Wasserdampf, R_V = 462 Pa·m³/(kg·K)

T Thermodynamische (absolute) Temperatur in K

Im Rahmen der Anwendungen nach DIN 4108-3 ergibt sich dann der Wasserdampf-Diffusionsleitkoeffizienten bei einer Bezugstemperatur von 10 °C näherungsweise zu

$$\delta_0 \approx 2 \cdot 10^{-10} \text{ m·s·Pa/kg}$$

Wasserdampf-Diffusionsdurchlasswiderstand Z_p

Der Wasserdampf-Diffusionsdurchlasswiderstand Z_p (Einheit: m^2·s·Pa/kg) beschreibt den Widerstand einer Baustoffschicht gegenüber Wasserdampfdiffusion. Sind mehrere Baustoffschichten hintereinander angeordnet, so wird der Wasserdampf-Diffusionsdurchlasswiderstandes Z der einzelnen Schichten additiv zu einem Bauteilwert zusammengefasst:

$$Z_p = \frac{d}{\delta} = \frac{1}{\delta_0} \cdot \mu \cdot d$$

$$Z_p = \sum_{i=1}^{n} \frac{d_i}{\delta_i} = \frac{1}{\delta_0} \cdot \sum_{i=1}^{n} \mu_i \cdot d_i$$

d Schichtdicke in m

δ Wasserdampf-Diffusionsleitkoeffizient eines Baustoffes in kg/(m·s·Pa)

δ_0 Wasserdampf-Diffusionsleitkoeffizient in Luft in kg/(m·s·Pa)

μ Wasserdampfdiffusionswiderstandszahl

i Index für die Einzelschichten; i = 1, 2 … n

n Anzahl der Einzelschichten

Im Rahmen der Anwendungen nach DIN 4108-3 ergibt sich dann bei einer Bezugstemperatur von 10 °C der Kehrwert des Wasserdampf-Diffusionsdurchlasswiderstand $1/Z_p$ näherungsweise zu

$$\frac{1}{Z_p} = 2 \cdot 10^{-10} \cdot \frac{1}{\sum_{i=1}^{n} \mu_i \cdot d_i}$$

Wasserdampf-Diffusionsstromdichte g

Die Wasserdampf-Diffusionsstromdichte g (Einheit kg/(m^2·s) durch ein Bauteil, häufig auch nur als Diffusionsstromdichte bezeichnet, lässt sich für stationäre Randbedingungen und unter der Bedingung der Tauwasserfreiheit im betrachteten Diffusionsbereich berechnen zu:

$$g = \frac{1}{Z_p} \cdot (p_i - p_e) = \delta_0 \cdot \frac{(p_i - p_e)}{\sum_{i=1}^{n} \mu_i \cdot d_i}$$

p_i raumseitiger Wasserdampfpartialdruck in Pa

p_e Wasserdampfpartialdruck in Pa

Z_p Wasserdampf-Diffusionsdurchlasswiderstand in m^2·s·Pa/kg

4.3 Oberflächentauwasser und Schimmelpilzbildung

Physikalischer Hintergrund

Wird Luft einer vorgegebenen Temperatur θ bei konstanter Wasserdampfkonzentration abgekühlt, so steigt die relative Luftfeuchte gleichzeitig an; der Grenzzustand ist bei ϕ = 100 % erreicht, die korrespondierende Temperatur wird als Taupunkttemperatur θ_s bezeichnet. Bei weiterer Absenkung der Lufttemperatur beträgt die relative Luftfeuchte weiterhin ϕ = 100 %, das in der Luft nun nicht mehr gasförmig einlagerfähige Wasser taut jedoch aus (kondensiert) und schlägt sich in flüssiger Form der Menge Δc an entsprechend kalten Oberflächen nieder.

Beispiel, vgl. Tafel 4.34: θ_i = 20 °C, ϕ_i = 50 %: Absenkung bis → θ_s = 9,3 °C
Tafel 4.32: Absenkung bis θ= 0 °C → ϕ_i = 100 % und Δc = 8,97 – 4,84 = 4,13 g/m³

Zur Vermeidung von Tauwasserbildung auf Bauteilinnenoberflächen muss die Temperatur der raumseitigen Oberfläche θ_{si} daher die Taupunkttemperatur der Raumluft θ_s (vgl. Tafel 4.34) überschreiten!

Infolge von Kapillarkondensation fällt in den oberflächennahen Bereichen hygroskopischer Bauteiloberflächen (z.B. Putzschichten) bereits Tauwasser aus, wenn die relative Luftfeuchte in den oberflächennahen Bereichen einen Grenzwert von $\phi \approx 80$ % (und eben nicht 100 %) erreicht. Infolge dieser Kapillarkondensation steht in den Poren der oberflächennahen Bauteilschichten mithin Wasser in flüssiger Form an, womit die Lebensgrundlage für das Wachstum von Schimmelpilzen bereitet ist.

Zur Vermeidung einer Schimmelpilzbildung auf Oberflächen ist daher die Schimmelpilzschwelle (also eine Oberflächentemperatur min θ_{si}, die zwangsläufig über der Taupunkttemperatur θ_s liegen muss) als Mindestanforderung einzuhalten! Diese Schwellentemperatur lässt sich leicht aus der Taupunkttemperatur errechnen, wenn diese – bei ansonsten gleichen Randbedingungen – für eine gedachte Luftfeuchte $\phi_{i,O} = \phi_i / \phi_{Kapillarkond.} = \phi_i / 0{,}8 = 1{,}25 \cdot \phi_i$ ermittelt wird.

Beispiel: Gesucht ist die Schimmelpilzschwelle für $\theta_i = 20$ °C und $\phi_i = 50$ %

$\phi_{i,O} = 1{,}25 \cdot 50 = 62{,}5$ % $\rightarrow$ Tafel 4.34 $\rightarrow$ min $\theta_{si} = 12{,}6$ °C

Tafel 4.34 Taupunkttemperatur in Abhängigkeit von Temperatur und relativer Feuchte

Näherungsgleichung: $\theta_s = (\phi \cdot 0{,}01)^{0{,}1247} \cdot (109{,}8 + \theta) - 109{,}8$

Lufttemperatur θ in °C	Taupunkttemperatur[1)] der Luft θ_s in °C in Abhängigkeit von der relativen Luftfeuchte ϕ in %													
	30	35	40	45	50	55	60	65	70	75	80	85	90	95
30	10,5	12,9	14,9	16,8	18,4	20,0	21,4	22,7	23,9	25,1	26,2	27,2	28,2	29,1
29	9,7	12,0	14,0	15,9	17,5	19,0	20,4	21,7	23,0	24,1	25,2	26,2	27,2	28,1
28	8,8	11,1	13,1	15,0	16,6	18,1	19,5	20,8	22,0	23,2	24,2	25,2	26,2	27,1
27	8,0	10,2	12,2	14,1	15,7	17,2	18,6	19,9	21,1	22,2	23,3	24,3	25,2	26,1
26	7,1	9,4	11,4	13,2	14,8	16,3	17,6	18,9	20,1	21,2	22,3	23,3	24,2	25,1
25	6,2	8,5	10,5	12,2	13,9	15,3	16,7	18,0	19,1	20,3	21,3	22,3	23,2	24,1
24	5,4	7,6	9,6	11,3	12,9	14,4	15,8	17,0	18,2	19,3	20,3	21,3	22,3	23,1
23	4,5	6,7	8,7	10,4	12,0	13,5	14,8	16,1	17,2	18,3	19,4	20,3	21,3	22,2
22	3,6	5,9	7,8	9,5	11,1	12,5	13,9	15,1	16,3	17,4	18,4	19,4	20,3	21,2
21	2,8	5,0	6,9	8,6	10,2	11,6	12,9	14,2	15,3	16,4	17,4	18,4	19,3	20,2
20	1,9	4,1	6,0	7,7	9,3	10,7	12,0	13,2	14,4	15,4	16,4	17,4	18,3	19,2
19	1,0	3,2	5,1	6,8	8,3	9,8	11,1	12,3	13,4	14,5	15,5	16,4	17,3	18,2
18	0,2	2,3	4,2	5,9	7,4	8,8	10,1	11,3	12,5	13,5	14,5	15,4	16,3	17,2
17	-0,6	1,4	3,3	5,0	6,5	7,9	9,2	10,4	11,5	12,5	13,5	14,5	15,3	16,2
16	-1,4	0,5	2,4	4,1	5,6	7,0	8,2	9,4	10,5	11,6	12,6	13,5	14,4	15,2
15	-2,2	-0,3	1,5	3,2	4,7	6,1	7,3	8,5	9,6	10,6	11,6	12,5	13,4	14,2
14	-2,9	-1,0	0,6	2,3	3,7	5,1	6,4	7,5	8,6	9,6	10,6	11,5	12,4	13,2
13	-3,7	-1,9	-0,1	1,3	2,8	4,2	5,5	6,6	7,7	8,7	9,6	10,5	11,4	12,2
12	-4,5	-2,6	-1,0	0,4	1,9	3,2	4,5	5,7	6,7	7,7	8,7	9,6	10,4	11,2
11	-5,2	-3,4	-1,8	-0,4	1,0	2,3	3,5	4,7	5,8	6,7	7,7	8,6	9,4	10,2
10	-6,0	-4,2	-2,6	-1,2	0,1	1,4	2,6	3,7	4,8	5,8	6,7	7,6	8,4	9,2

1) Es darf näherungsweise linear interpoliert werden.

Erforderlicher Mindestwärmeschutz von Bauteilen ohne Wärmebrücken

Für ebene Bauteile ohne Wärmebrücken ergeben sich der erforderliche Wärmedurchlasswiderstand R bzw. Wärmedurchgangskoeffizient U zur Vermeidung von Tauwasser- bzw. Schimmelpilzbildung an der Innenoberfläche zu:

$$\text{erf}\,R \geq R_{si} \cdot \frac{\theta_i - \theta_e}{\theta_i - \theta_s} - \left(R_{si} + R_{se}\right)$$

$$\text{erf}\,U \leq \frac{1}{R_{si}} \cdot \frac{\theta_i - \theta_s}{\theta_i - \theta_e}$$

R_{si} Wärmeübergangswiderstand innen, hier gilt:
$R_{si} = 0{,}25$ m²K/W für beheizte, $R_{si} = 0{,}17$ m²K/W für unbeheizte Räume
R_{se} Wärmeübergangswiderstand außen, hier gilt: $R_{se} = 0{,}04$ m²K/W
θ_i Raumlufttemperatur, hier gilt: $\theta_i = 20$ °C
θ_e Außenlufttemperatur, hier gilt: $\theta_e = -5$ °C
θ_s erforderliche Bemessungstemperatur an der Oberfläche, s. Tafel 4.34

Auch wenn DIN 4108-3 nicht darauf eingeht, empfiehlt es sich, bei Erwartung längerer Zeiträume (Minimum 4 bis 5 Tage) mit Außenlufttemperaturen $\theta_e < -5$ °C die Bemessung des Mindestwärmeschutzes im Rahmen eines Gebrauchstauglichkeitsnachweises mit den lokal bzw. regional tatsächlich zu erwartenden Außenlufttemperaturen durchzuführen.

Erforderlicher Mindestwärmeschutz von Bauteilen mit Wärmebrücken

Für Bauteile mit Wärmebrücken ist zur Vermeidung von Tauwasserbildung bzw. Schimmelpilzbildung an den Innenoberflächen die niedrigste Temperatur der raumseitigen Oberfläche im Bereich der Wärmebrücken maßgebend für den Mindestwärmeschutz. Die entsprechenden Werte für Wärmebrücken lassen sich nach DIN EN ISO 10211 berechnen oder den unterschiedlichen Wärmebrückenatlanten (z. B. „www.planungsatlas-hochbau.de“) entnehmen.

4.4 Luftdichtheit im Sinne der DIN 4108-3

Wände und Dächer müssen luftdicht sein, um eine Durchströmung und Mitführung von Raumluftfeuchte, die zu Tauwasserbildung in der Konstruktion führen kann, zu unterbinden. Dies gilt auch für Anschlüsse und Durchdringungen (z. B. Wand/Dach, Schornstein/Dach) sowie bei Installationen (z. B. Steckdosen) und Einbauteilen. Auch sind Querströmungen in Belüftungsschichten innerhalb einer Konstruktion zwischen unterschiedlich beheizten Räumen, z. B. durch Abschottung, zu vermeiden.

Zur Luftdichtheit von Bauteilen und Bauprodukten vgl. Tafel 4.10a sowie die ergänzenden Ausführungen in Abschn. 1.5.

4.5 Tauwasserbildung im Bauteilinnern

4.5.1 Anforderungen

Eine Ansammlung von Tauwasser im Innern von Bauteilen, die durch Erhöhung der Stofffeuchte von Bau- und Wärmedämmstoffen zu Materialschädigungen oder zu Beeinträchtigungen der Funktionssicherheit führt, ist zu vermeiden. Sofern die wesentlichen Anforderungen, z. B. Wärmeschutz und Standsicherheit, sichergestellt sind, gelten Tauwasseransammlungen als unschädlich.

Dies wird in der Regel bei Erfüllung der nachfolgend aufgeführten Bedingungen erreicht:

- Die Baustoffe, die mit dem Tauwasser in Berührung kommen, dürfen nicht geschädigt werden (z. B. durch Korrosion, Pilzbefall).
- Das während der Tauperiode im Innern des Bauteils anfallende Wasser muss während der Verdunstungsperiode wieder an die Umgebung abgegeben werden können. Nachweis: $M_c \leq M_{ev}$
- Bei Dach- und Außenwandkonstruktionen sowie Decken gegen unbeheizte Dachräume muss für die ggf. vorhandene flächenbezogene Tauwassermasse gelten: $M_c \leq 1{,}0$ kg/m^2.
  Ausnahme: Tritt Tauwasser an Berührungsflächen mit einer kapillar nicht wasseraufnahmefähigen Schicht auf, so gilt für die zulässige flächenbezogene Tauwassermasse $M_c \leq 0{,}5$ kg/m^2.
  Für Holzbauteile gelten die Festlegungen nach DIN 68800-2.
- Bei Holz ist eine Erhöhung des massebezogenen Feuchtegehaltes um mehr als 5 %, bei Holzwerkstoffen um mehr als 3 % unzulässig (ausgenommen: Holzwolle-Leichtbauplatten und Mehrschicht-Leichtbauplatten nach DIN 13168).

4.5.2 Nachweisführung

Das in DIN 4108-3 beschriebene äquivalente Periodenbilanz-Verfahren (GLASER-Verfahren) ist nicht anwendbar bei klimatisierten Wohn- oder wohnähnlich genutzten Räumen und erdberührten Bauteilen, begrünten Dachkonstruktionen sowie zur Berechnung des natürlichen Austrocknungsverhaltens, bei nachträglich angebrachter Innendämmung mit $R > 1{,}0$ m^2·K/W auf einschaligen Außenwänden mit ausgeprägten sorptiven und kapillaren Eigenschaften sowie bei Konstruktionen, die an klimatisierte oder deutlich anders beaufschlagte Räume angrenzen (z. B. Schwimmbäder). In diesen Fällen wird auf geeignete rechnerbasierte Simulationsverfahren verwiesen, vgl. dazu die Ausführungen in Anhang D der DIN 4108-3.

Für die in der Tafel 4.37 aufgeführten Bauteile ist – ausreichender Wärmeschutz, luftdichte Ausführung vorausgesetzt – kein rechnerischer Nachweis des Tauwasserausfalls nach DIN 4108-3 (GLASER-Verfahren) erforderlich. Hintergrund: es besteht kein Tauwasserrisiko oder das Nachweisverfahren ist für die Beurteilung nicht geeignet.

Die Ablaufführung für einen Tauwassernachweis nach DIN 4108-3 ist in stichpunktartiger Form in Tafel 4.39a zusammengestellt. Bezüglich der für die Berechnung von U-Werten und resultierenden Temperaturen relevanten Wärmeübergangswiderstände R_s gelten die Angaben in Tafel 4.39b.

Tafel 4.36 Wasserdampf-Sättigungsdruck p_{sat} nach DIN 4108-3

Lufttemperatur θ °C		Wasserdampfsättigungsdruck p_{sat} in Pa									
		,0	,1	,2	,3	,4	,5	,6	,7	,8	,9
$p_{sat} \approx 288{,}68 \cdot (1{,}098 + \theta/100)^{8{,}02}$	30	4241	4265	4289	4314	4339	4364	4389	4414	4439	4464
	29	4003	4026	4050	4073	4097	4120	4144	4168	4192	4216
	28	3778	3800	3822	3844	3867	3889	3912	3934	3957	3980
	27	3563	3584	3605	3626	3648	3669	3691	3712	3734	3756
	26	3359	3379	3399	3419	3440	3460	3480	3501	3522	3542
	25	3166	3185	3204	3223	3242	3261	3281	3300	3320	3340
	24	2982	3000	3018	3036	3055	3073	3091	3110	3128	3147
	23	2808	2825	2842	2859	2876	2894	2911	2929	2947	2964
	22	2642	2659	2675	2691	2708	2724	2741	2757	2774	2791
	21	2486	2501	2516	2352	2547	2563	2579	2594	2610	2626
	20	**2337**	2351	2366	2381	2395	2410	2425	2440	2455	2470
	19	2196	2210	2224	2238	2252	2266	2280	2294	2308	2323
	18	2063	2076	2089	2102	2115	2129	2142	2155	2169	2182
	17	1937	1949	1961	1974	1986	1999	2012	2024	2037	2050
	16	1817	1829	1841	1852	1864	1876	1888	1900	1912	1924
	15	1704	1715	1726	1738	1749	1760	1771	1783	1794	1806
	14	1598	1608	1619	1629	1640	1650	1661	1672	1683	1693
	13	1497	1507	1517	1527	1537	1547	1557	1567	1577	1587
	12	1402	1411	1420	1430	1439	1449	1458	1468	1477	1487
	11	1312	1321	1330	1338	1347	1365	1365	1374	1383	1393
	10	1227	1236	1244	1252	1261	1269	1278	1286	1295	1303
	9	1147	1155	1163	1171	1179	1187	1195	1203	1211	1219
	8	1072	1080	1087	1094	1102	1109	1117	1124	1132	1140
	7	1001	1008	1015	1022	1029	1036	1043	1050	1058	1065
	6	935	941	948	954	961	967	974	981	988	994
	5	872	878	884	890	897	903	909	915	922	928
	4	813	819	824	830	836	842	848	854	860	866
	3	757	763	768	774	779	785	790	796	801	807
	2	705	710	715	721	726	731	736	741	747	752
	1	656	661	666	671	676	680	685	690	695	700
	0	611	615	619	624	629	633	638	642	647	652
$p_{sat} \approx 4{,}689 \cdot (1{,}486 + \theta/100)^{12{,}3}$	-0	611	605	601	596	591	586	581	576	571	567
	-1	562	557	553	548	544	539	535	530	526	521
	-2	517	513	509	504	500	496	492	488	484	479
	-3	475	471	468	464	460	456	452	448	444	441
	-4	437	433	430	426	422	419	415	412	408	405
	-5	**401**	398	394	391	388	384	381	378	375	371
	-6	368	365	362	359	356	353	350	347	344	341
	-7	338	335	332	329	326	323	320	318	315	312
	-8	309	307	304	301	299	296	294	291	288	286
	-9	283	281	278	276	274	271	269	266	264	262
	-10	259	257	255	252	250	248	246	244	241	239

Tafel 4.37 Bauteile ohne Erfordernis eines rechnerischen Tauwasser-Nachweises

Massive Außenwände		
Konstruktion	Außenwand *AW* [1)]	Fassade *F*
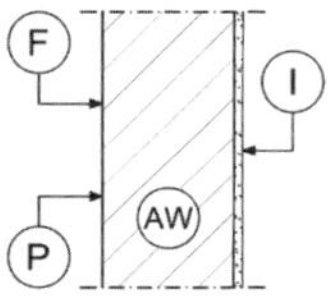	– Ein- oder zweischaliges Mauerwerk (DIN 1053-1) – Normalbeton (DIN EN 206-1 bzw. DIN 1045-2) – Gefügedichter Leichtbeton (DIN 1045-2, DIN EN 206-1, DIN 1045-1) – Haufwerkporiger Leichtbeton (DIN 4232, DIN EN 992, DIN EN 1520)	– wasserabweisender Außenputz[3)] – angemörtelte oder angemauerte Bekleidung (DIN 18 515-1, DIN 18 515-2) mit Fugenanteil ≥ 5 % – hinterlüftete Außenwandbekleidung (DIN 18 516-1) mit und ohne Wärmedämmung – einseitig belüftete Außenwandbekleidung mit Lüftungsöffnung von 100 cm^2/m – kleinformatige luftdurchlässige Außenwandbekleidung mit und ohne Belüftung – Außendämmung (DIN 4108-10) oder wasserabweisender[3a)] Wärmedämmputz oder WDVS[1a)] (DIN EN 13 499, DIN EN 13 500, bauaufsichtliche Zulassung)
		Fassade *F* wie oben[4)], Innendämmung *I* [5)]
		– Wärmedämmschicht: $R \leq 0{,}5$ m^2K/W – Wenn Wärmedämmschicht $0{,}5 < R \leq 1{,}0$ m^2K/W → Innendämmung + Bekleidung mit $s_{d,i} \geq 0{,}5$ m
	Kelleraußenw.[1b)] *AW*	Perimeterdämmung *P*
	– Mauerwerk, Beton	– Perimeterdämmung nach DIN 4108-10 / Zulassung

Außenwände in Holzbauweise nach DIN 68 800-2[2)]		
Konstruktion	Fassade *F*	Raumseite *R*
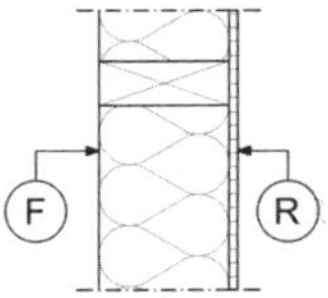	Bekleidung / Beplankung in Holzbauart und vorgehängte Bekleidung ($s_{d,e} \leq 0{,}3$ m) / Holzfaserdämmplatte (DIN EN 13 171)[6)]	Bekleidung oder Beplankung in Holzbauart ($s_{d,i} \geq 2{,}0$ m)
	WDVS[1a)] mit Mineralfaser- (DIN EN 13 162) oder Holzfaserdämmplatten (DIN EN 13 171) und wasserabweisendem[3)] Putzsystem ($s_d < 0{,}7$ m)	
	Beplankung in Holzbauart ($s_{d,e} \leq 0{,}3$ m) und WDVS[1a)] mit Mineralfaser- (DIN EN 13 162) oder Holzfaserdämmplatten (DIN EN 13 171) und wasserabweisendem[3)] Putzsystem ($s_d < 0{,}7$ m)	
	Bekleidung / Beplankung und WDVS[1a)] aus Polystyrol oder mit Mauerwerkvorsatzschalen nach DIN 68 800-2	Bekleidung / Beplankung
Massivholzbauart	Vorgehängte Außenwandbekleidung / WDVS[1a)]	-

Holzfachwerkwände mit raumseitiger Luftdichtheitsschicht		
Konstruktion	Fassade *F*	Gefach *G* und Raumseite *R*
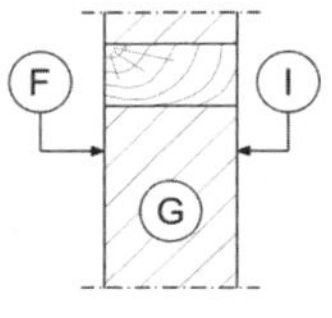	-	Wärmedämmende Ausfachung (Sichtfachwerk) mit Innenbekleidung $1{,}0 \leq s_{d,i} \leq 2{,}0$ m
	-	Innendämmung (über Fachwerk und Gefach) mit $R \leq 0{,}5$ m^2K/W; wenn Wärmedämmschicht $0{,}5 < R \leq 1{,}0$ m^2K/W → Innendämmung + Bekleidung mit $1{,}0 \leq s_{d,i} \leq 2{,}0$ m
	– Wärmedämmputz / WDVS[1a)] mit $s_{d,e} \leq 2{,}0$ m – Hinterlüftete Bekleidung	-

Bodenplatte mit Perimeterdämmung und Abdichtung nach DIN 18 195-4		
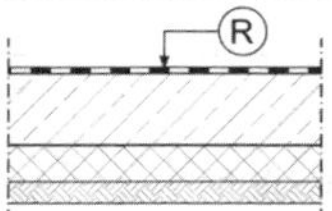	← Konstruktion	Raumseite *R*
	Anteil der raumseitigen Schichten am Gesamtwärmedurchlasswiderstand der Bodenplatte ≤ 20 %	

Fußnoten siehe übernächste Seite

Tafel 4.37 Bauteile ohne Erfordernis eines rechnerischen Tauwasser-Nachweises (Fortsetzung)

Nicht belüftete Dächer[7] *mit Dachdeckungen*

Konstruktion

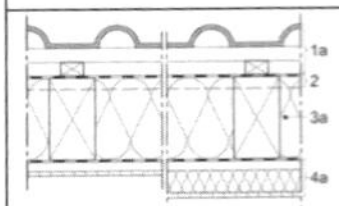

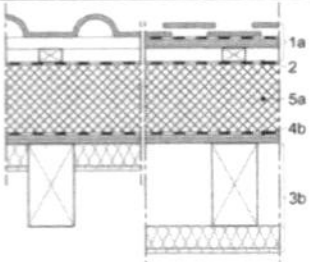

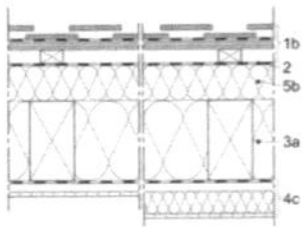

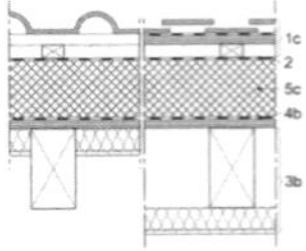

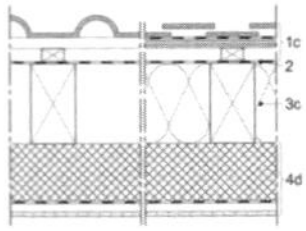

Bauteilschichten bzw. -gruppen

1a belüftete Dachdeckung, Konterlattung/Belüftungsebene
1b nicht belüftete Dachdeckung, zusätzliche belüftete Luftschicht
1c belüftete/nicht belüftete Dachdeckung, Konterlattung/zusätzliche belüftete Luftschicht
2 regensichernde Zusatzmaßnahme, ggf. auf Schalung (→ $s_{d,e}$)
3a Sparren/Zwischensparrendämmung
3b Sparren, ggf. mit Zwischen- oder Untersparrendämmung und Bekleidung
3c Sparren, ggf. mit Zwischensparrendämmung
4a diffusionshemmende Schicht, Bekleidung ggf. auf Unterkonstruktion mit/ohne Dämmung (→ $s_{d,i}$)
4b diffusionshemmende Schicht, ggf. auf Schalung (→ $s_{d,i}$)
4c diffusionshemmende Schicht/Bekleidung, ggf. auf Unterkonstruktion mit/ohne Dämmung (→ $s_{d,i}$)
4d Untersparrendämmung, diffusionshemmende Schicht, Bekleidung, ggf. auf Unterkonstruktion (→ $s_{d,i}$)
5a Aufsparrendämmung 5b Aufsparrendämmung[10], ggf. auf Schalung 5c Aufsparrendämm., $s_d = \infty$

s_d-Werte in m

$s_{d,e} \leq 0{,}1$ → $s_{d,i} \geq 1{,}0$	$0{,}1 < s_{d,e} \leq 0{,}3$ → $s_{d,i} \geq 2{,}0$	$0{,}3 < s_{d,e} \leq 2{,}0$ → $s_{d,i} \geq 6 \cdot s_{d,e}$	$s_{d,e} > 2{,}0$[9] → $s_{d,i} \geq 6 \cdot s_{d,e}$[9]

Nicht belüftete Dächer[7] *mit Dachabdichtung*

Konstruktion	Bauteilschichten bzw. -gruppen
Ohne Darstellung	- Porenbetonplatte nach DIN 4223-1 bis -5 ohne zusätzliche Wärmedämmung und ohne diffusionshemmende Schicht an der Unterseite - Umkehrdach nach DIN 4108-2 und DIN 4108-10 oder Zulassung
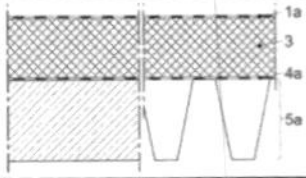 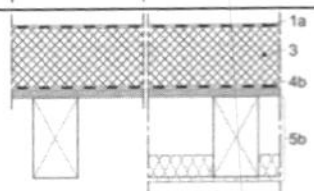 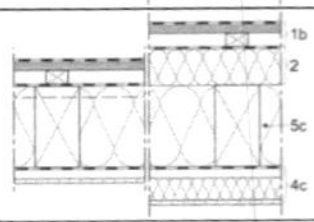	1a Dachabdichtung 1b Dachabdichtung auf Schalung, Konterlattung/Belüftungsebene 2 regensichernde Zusatzmaßnahme, ggf. Aufsparrendämmung[10] (→ $s_{d,e}$)[11] 3 Aufdachdämmung 4a diffusionshemmende Schicht mit $s_{d,i} \geq 100$ m 4b diffusionshemmende Schicht mit Schalung mit $s_{d,i} \geq 100$ m 4c diffusionshemmende Schicht/Bekleidung, ggf. auf Unterkonstruktion mit/ohne Dämmung (→ $s_{d,i}$)[11] 5a Massivdecke/Stahlprofilkonstruktion 5b Sparren o.ä., ggf. mit Zwischen-/Untersparrendämmung und Bekleidung 5c Sparren/Zwischensparrendämmung

Belüftete Dächer[8] mit einer Dachneigung < 5°

Konstruktion	Bauteilschichten bzw. -gruppen
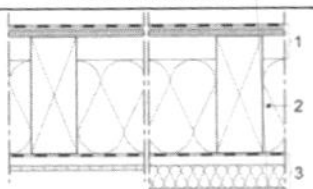	1 Dachabdichtung auf Schalung, Belüftungsebene[12] 2 Sparren/Zwischensparrendämmung 4 diffusionshemmende Schicht/Bekleidung, ggf. auf Unterkonstruktion mit/ohne Dämmung mit $s_{d,i} \geq 100$ m[7a]

Belüftete Dächer[8] mit einer Dachneigung ≥ 5°

Konstruktion	Bauteilschichten bzw. -gruppen
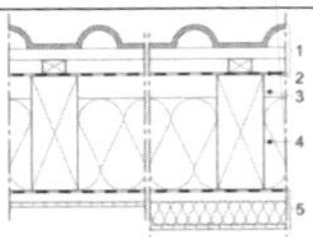	1 Dachabdichtung, ggf. auf Konterlattung 2 regensichernde Zusatzmaßnahme 3 Belüftungsebene[13] 4 Sparren/Zwischensparrendämmung[14] 5 diffusionshemmende Schicht/Bekleidung, ggf. auf Unterkonstruktion mit/ohne Dämmung[14]

Tafel 4.37 Bauteile ohne Erfordernis eines rechnerischen Tauwasser-Nachweises (Fortsetzung)

1) mit Innenputz 1a) WDVS = Wärmedämmverbundsystem 1b) einschalig

2) Es ist besonders auf den Schlagregenschutz zu achten. Durchdringungen und Anschlüsse (Beispiel: Fensterbänke) sind dauerhaft dicht und sicher auszuführen.

3) nach Tafel 10.42b bzw. 3a) Tafel 4.42b oder nach bauaufsichtlicher Zulassung

4) jedoch ohne Schlagregenbeanspruchung

5) Das Einströmen von Raumluft in bzw. hinter die Innendämmung ist zu unterbinden.

6) Dies gilt auch für nicht belüftete Außenwandbekleidungen aus kleinformatigen Elementen, wenn auf der äußeren Beplankung eine zusätzliche wasserableitende Schicht mit $s_{d,e} \leq 0{,}3$ m aufgebracht ist.

7) Bei nicht belüfteten Dächern ist direkt über der Wärmedämmung keine Luftschicht angeordnet; dazu zählen auch solche Dächer, die außenseitig im weiteren Dachaufbau zusätzlich belüftete Luftschichten haben. Bei nachweisfreien Konstruktionen (also hier) gilt: 7a) Der Anteil der unterhalb einer raumseitigen diffusionshemmenden oder diffusionsdichten Schicht angeordneten Bauteilschichten am Gesamtwärmedurchlasswiderstand muss ≤ 20 % sein (bei nicht homogenem Dachaufbau gilt dies für den Gefachbereich).

8) Bei belüfteten Dächern ist direkt über der Wärmedämmung eine belüftete Luftschicht angeordnet.

9) Gilt nur für den Fall, dass sich weder Holz noch Holzwerkstoffe zwischen $s_{d,e}$ und $s_{d,i}$ befinden.

10) Aufsparrendämmung mit $s_d > 0{,}5$ m wird zum $s_{d,e}$-Wert hinzugerechnet.

11) Werte für $s_{d,e}$ und $s_{d,i}$ entsprechen den Angaben für nicht belüftete Dächer mit Dachdeckung.

12) Für die Belüftungsebene gilt: Länge $L \leq 10$ m, Freie Höhe $H \geq 5$ cm $\wedge$ $H \geq 2‰$ der geneigten Dachfläche, Lüftungsquerschnitte an ≥ 2 gegenüberliegenden Dachrändern mit $A \geq 200$ cm²/m $\wedge$ $H \geq 2‰$ der geneigten Dachfläche.

13) Für die Belüftungsebene gilt: Freie Höhe $H \geq 2$, freie Lüftungsquerschnitte an Traufen und Pultdachabschlüssen (Firsten und Graten) mit $A \geq 200$ cm²/m (50 cm²/m) $\wedge$ $H \geq 2‰$ (0,5 ‰) der geneigten Dachfläche.

14) Der s_d-Wert der unterhalb der Belüftungsschicht angeordneten Bauteilschichten muss insgesamt $s_d \geq 2$ m einhalten.

Tafel 4.39a Ablauf der Nachweisführung

Schritt	Maßnahme	Verweis
1	Ermittlung aller Oberflächen- und Schichtgrenztemperaturen im Querschnitt unter Berücksichtigung der Randbedingungen aus	Tafel 4.39b
2	Ermittlung der entsprechenden Wasserdampf-Sättigungsdrücke p_S	Tafel 4.36
3	Ermittlung der wasserdampfdiffusionsäquivalenten Luftschichtdicken s_d als Produkt aus Wasserdampfdiffusionswiderstandszahlen[1] μ und Schichtdicken d	Tafeln 10.43 ff
4	Erstellung eines maßstäblichen Diffusionsdiagramms mit den s_d-Werten auf der Abszisse und den Sättigungsdrücken p_S auf der Ordinate	-
5	Einzeichnen der Wasserdampf-Partialdrücke p_i und p_e von Innen-/Außenluft	Tafel 4.40
6	Konstruktion der kürzesten Verbindungslinie zwischen p_i und p_e mit $p \leq p_S$	-
7	Ermittlung der Tauwasser- und Verdunstungsmengen M_c und M_{ev}	Tafel 4.40

1) Werden für die Wasserdampfdiffusionswiderstandzahl μ einer Bauteilschicht zwei unterschiedliche Werte angegeben, so ist derjenige auszuwählen, der die resultierende Tauwassermenge M_c maximiert. Im Allgemeinen bedeutet dieses, für in Diffusionsrichtung vor dem Taupunkt liegende Schichten den kleineren Wert und für in Diffusionsrichtung hinter dem Taupunkt liegende Schichten den größeren Wert anzusetzen. Diese Werte werden dann für die Berechnungen sowohl in der Tau- als auch in der Verdunstungsperiode angenommen.

Tafel 4.39b Klimarandbedingungen für nichtklimatisierte Wohn- und Büroräume sowie für Gebäude mit vergleichbarer Nutzung, Wärmeübergangswiderstände

Klima	Temperatur θ in °C	rel. Feuchte ϕ in %	Wasserdampf-partialdruck p in Pa	Dauer t in d	h	s
Tauperiode von Dezember bis Februar						
Innenklima	20	50	1168	90	2160	$7776 \cdot 10^3$
Außenklima	-5	80	321			
Verdunstungsperiode von Juni bis August						
Außenklima	-	-	1200	90	2160	$7776 \cdot 10^3$
Innenklima	-	-	1200			
Tauwasserbereich	Außenwände, Decken gegen Dachraum		$p_s = 1700$			
	Dächer		$p_s = 2000$			
Anzusetzende Wärmeübergangswiderstände: $R_{si} = 0{,}25$ m²K/W und $R_{se} = 0{,}04$ m²K/W						

Tafel 4.40 Zusammenstellung der unterschiedlichen Diffusionsdiagramme mit Ermittlung der zugehörigen Tauwasser- und Verdunstungsmengen

Diffusionsdiagramme		Tau- und Verdunstungswassermengen M in kg/(m²a)
Tauperiode	Verdunstungsperiode	
Fall 1 (keine Tauwasserebene)		
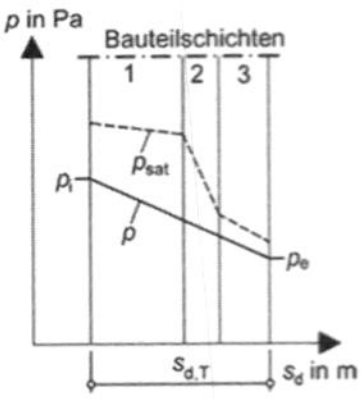	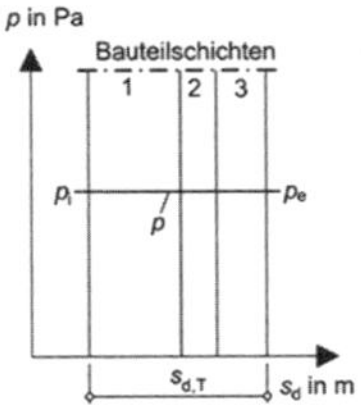	$M_c = 0$ $M_{ev} = 0$
Fall 2 (eine Tauwasserebene)		
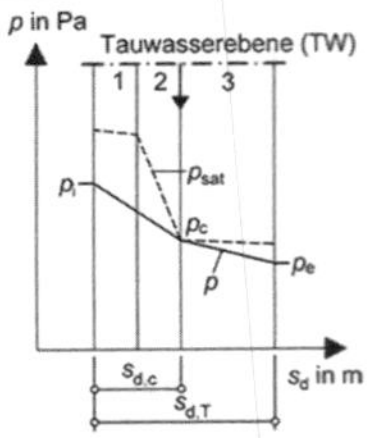	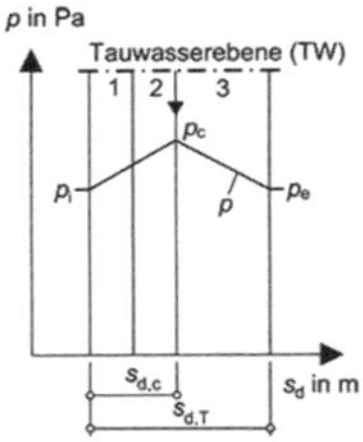	$M_c = \delta_0 \cdot \left(\frac{p_i - p_c}{s_{d,c}} - \frac{p_c - p_e}{s_{d,T} - s_{d,c}} \right) \cdot t_c$ $M_{ev} = \delta_0 \cdot \left(\frac{p_c - p_i}{s_{d,c}} + \frac{p_c - p_e}{s_{d,T} - s_{d,c}} \right) \cdot t_{ev}$
Fall 3 (zwei Tauwasserebenen)		
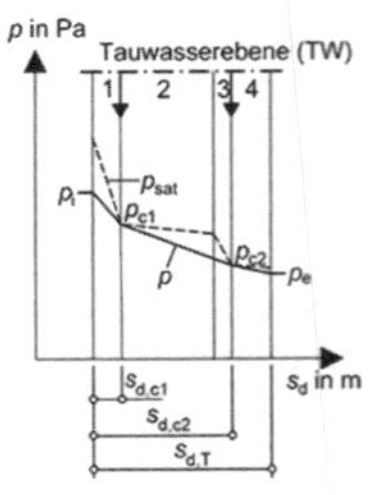	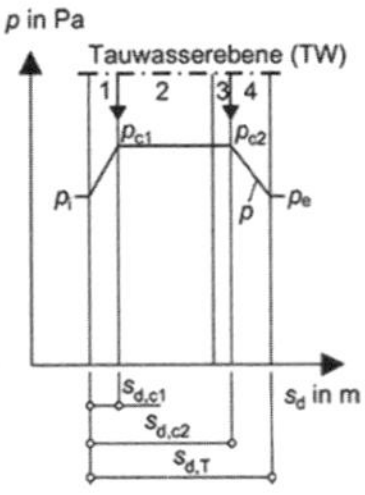	$M_{c1} = \delta_0 \cdot \left(\frac{p_i - p_{c1}}{s_{d,c1}} - \frac{p_{c1} - p_{c2}}{s_{d,c2} - s_{d,c1}} \right) \cdot t_c$ $M_{c2} = \delta_0 \cdot \left(\frac{p_{c1} - p_{c2}}{s_{d,c2} - s_{d,c1}} - \frac{p_{c2} - p_e}{s_{d,T} - s_{d,c2}} \right) \cdot t_c$ $M_c = M_{c1} + M_{c2}$ $g_{ev1} = \delta_0 \cdot \frac{p_c - p_i}{s_{d,c1}}$ *und* $g_{ev2} = \delta_0 \cdot \frac{p_c - p_e}{s_{d,T} - s_{d,c2}}$ $t_{ev1} = \frac{M_{c1}}{g_{ev1}}$ *und* $t_{ev2} = \frac{M_{c2}}{g_{ev2}}$ Für $t_{ev1} < t_{ev2}$ gilt¹⁾: $M_{ev} = M_{ev1} + M_{ev2}$ $M_{ev1} = g_{ev1} \cdot t_{ev1}$ $M_{ev2} = g_{ev2} \cdot t_{ev1} + \left(\delta_0 \cdot \frac{p_{c2} - p_i}{s_{d,c2}} + g_{ev2} \right) \cdot (t_{ev} - t_{ev1})$ Für $t_{ev2} < t_v$ gilt¹⁾: $M_{ev} = M_{ev1} + M_{ev2}$ $M_{ev2} = g_{ev2} \cdot t_{ev2}$ $M_{ev1} = g_{ev1} \cdot t_{ev2} + \left(g_{ev2} + \delta_0 \cdot \frac{p_{c1} - p_e}{s_{d,T} - s_{d,c1}} \right) \cdot (t_{ev} - t_{ev2})$

[1] Gilt $t_{ev1} > t_{ev}$ und $t_{ev2} > t_{ev}$, so trocknen beide Ebenen nicht vor Ende der Verdunstungsperiode aus. Damit ergibt sich die maximal erreichbare Verdunstungsmenge zu

$M_{ev} = (g_{ev1} + g_{ev2}) \cdot t_{ev}$

Tafel 4.40 Zusammenstellung der unterschiedlichen Diffusionsdiagramme... (Fortsetzung)

Fall 4 (ein Tauwasserbereich)

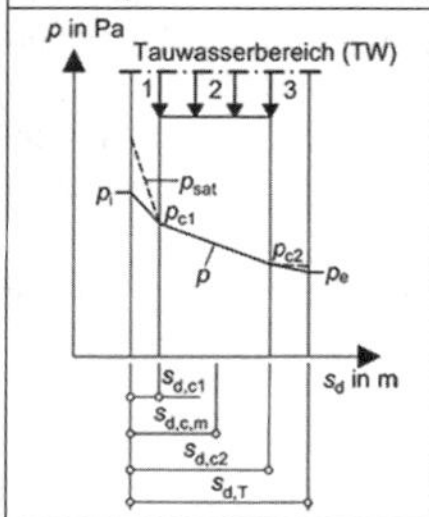

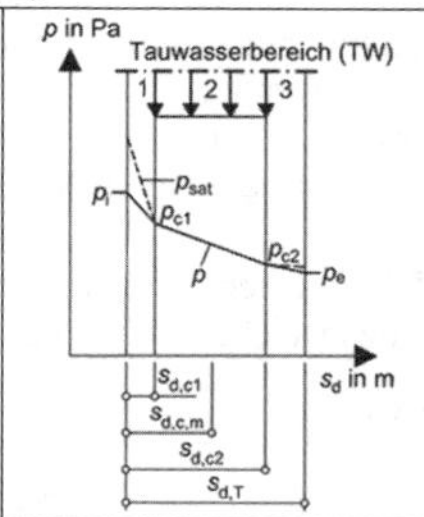

$$M_c = \delta_0 \cdot \left(\frac{p_i - p_{c1}}{s_{d,c1}} - \frac{p_{c2} - p_e}{s_{d,T} - s_{d,c2}} \right) \cdot t_c$$

$$M_{ev} = \delta_0 \cdot \left(\frac{p_c - p_i}{s_{d,c,m}} + \frac{p_c - p_e}{s_{d,T} - s_{d,c,m}} \right) \cdot t_{ev}$$

mit

$$s_{d,c,m} = s_{d,c1} + 0,5 \cdot (s_{d,c2} - s_{d,c1})$$

Beispiel nach DIN 4108-3

Aufbau		d	μ	s_d	λ	R	θ	p_{sat}
Skizze	Schichtenfolge	in m		in m	in W/(mK)	in m²K/W	in °C	in Pa
Maße in mm 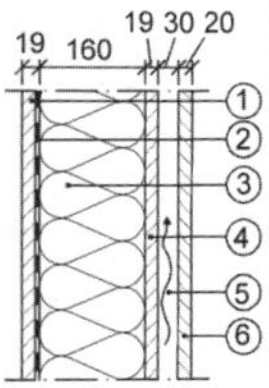							20,0	
	Wärmeübergang innen	-	-	-	-	0,25		
							18,6	2147
	1 Spanplatte	0,019	50	0,95	0,127	0,15		
							17,8	2040
	2 Dampfbremse	$5 \cdot 10^{-5}$	$4 \cdot 10^4$	2,00	-	-		
							17,8	2040
	3 Mineralwolle 040	0,16	1	0,16	0,400	4,00		
							–4,0	438
	4 Spanplatte	0,019	100	1,90	0,127	0,15		
							–4,8	409
	5 Belüftete Luftschicht	0,03	-	-	-	-		
							-	
	6 Wetterschutzschale	0,02	-	-	-			
							-	
	Wärmeübergang außen	-	-	-	-	0,04		
							–5,0	
			$s_T = \Sigma s_d$	$= 5,01$		$R_T = 4,51$		

Tauperiode	Verdunstungsperiode
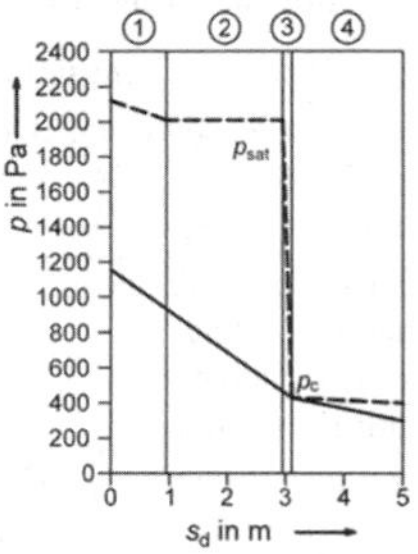	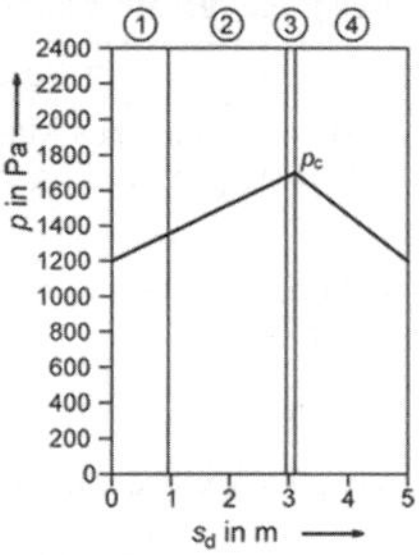
$g_c = 2 \cdot 10^{-10} \cdot \left(\frac{1168 - 438}{3,11} - \frac{438 - 321}{5,01 - 3,11} \right)$	$g_{ev} = 2 \cdot 10^{-10} \cdot \left(\frac{1700 - 1200}{3,11} + \frac{1700 - 1200}{5,01 - 3,11} \right)$
$M_c = g_c \cdot t_c = 3,462 \cdot 10^{-8} \cdot 7776 \cdot 10^3 = 0,269 \frac{kg}{m^2}$	$M_{ev} = g_{ev} \cdot t_{ev} = 8,479 \cdot 10^{-8} \cdot 7776 \cdot 10^3 = 0,659 \frac{kg}{m^2}$

Die zulässige Tauwassermasse beträgt maximal 3 % der flächenbezogenen Masse der Spanplatte:

$$\text{zul } M_c = 0,03 \cdot 0,019 \cdot 700 = 0,399 \frac{kg}{m^2}$$

$M_c = 0,269 \frac{kg}{m^2} < \text{zul. } M_c = 0,399 \frac{kg}{m^2}$ → Kriterium erfüllt

$M_c = 0,269 \frac{kg}{m^2} < M_{ev} = 0,659 \frac{kg}{m^2}$ → Kriterium erfüllt

Damit ist der Nachweis erbracht.

4.6 Schlagregenschutz

Eine Schlagregenbeanspruchung von Fassaden entsteht bei Regen und gleichzeitiger Windanströmung. Das Regenwasser kann dann infolge einer möglichen kapillaren Saugwirkung der Fassadenoberfläche oder auch infolge des auf die Fassade einwirkenden Staudrucks – z. B. über Risse, Spalten oder fehlerhafte Abdichtungen – in die Konstruktion eindringen und dort zu Schäden führen. Die erforderliche Abgabe des aufgenommenen Regenwassers durch Verdunstung darf nicht unzulässig beeinträchtigt werden.

Durch eine geeignete Ausbildung der Außenwandoberflächen kann ein den unterschiedlichen Beanspruchungsgruppen angemessener Schlagregenschutz erreicht werden, vgl. Tafeln 4.42a und b.

Tafel 4.42a Schlagregenbeanspruchungsgruppen

Gruppe I – geringe Beanspruchung (Karte: hellgrau)
- Gebiete mit Jahresniederschlagsmengen < 600 mm
- in besonders windgeschützten Lagen auch Gebiete mit größeren Niederschlagsmengen

Gruppe II – mittlere Beanspruchung (Karte: mittelgrau)
- Gebiete mit Jahresniederschlagsmengen 600 bis 800 mm
- in windgeschützten Lagen auch Gebiete mit größeren Niederschlagsmengen
- Hochhäuser sowie Häuser in exponierter Lage in Gebieten mit regionaltypisch geringerer Schlagregenbeanspruchung

Gruppe III – starke Beanspruchung (Karte: dunkelgrau)
- Gebiete mit Jahresniederschlagsmengen > 800 mm
- windreiche Gebiete mit geringeren Niederschlagsmengen (Küstengebiete, Mittel-/Hochgebirgslagen, Alpenvorland)
- Hochhäuser sowie Häuser in exponierter Lage in Gebieten mit regionaltypisch mittlerer Schlagregenbeanspruchung

Tafel 4.42b Beispiele für die Zuordnung von Außenwandarten und Beanspruchungsgruppen

Beanspruchungsgruppe I	Beanspruchungsgruppe II	Beanspruchungsgruppe III
Außenputz auf Außenwänden aus Mauerwerk, Wandbauplatten, Beton u. Ä. sowie außenseitigen Wärmebrückendämmungen mit folgenden Anforderungen an den Schlagregenschutz:		
keine	wasserabweisend nach Tafel 4.42c	
Einschaliges Sichtmauerwerk mit einer Außenwanddicke inkl. Innenputz von:		Zweischaliges Verblendmauerwerk mit Innenputz sowie – mit Luftschicht und Wärmedämmung – mit Kerndämmung
$d \geq 31$ cm	$d \geq 37{,}5$ cm	
Außenwände mit im Dickbett oder Dünnbett außen angemörtelten Fliesen oder Platten nach DIN 18515-1		mit wasserabweisendem Ansetzmörtel
Außenwände mit gefügedichter Betonaußenschicht		
Wände mit hinterlüfteten Außenwandbekleidungen, wobei offene Fugen zwischen den Bekleidungsplatten den Regenschutz nicht beinträchtigen.		
Wände mit Wärmedämmputzsystem oder zugelassenem Wärmedämmverbundsystem		
Außenwände in Holzbauart mit Wetterschutz nach DIN 68800-2		

Tafel 4.42c Kriterien für den Regenschutz von Putzen und Beschichtungen

Kriterien für den Regenschutz	Wasseraufnahmekoeffizient W_w in kg/(m²·h^{0,5})	Wasserdampfdiffusionsäquivalente Luftschichtdicke s_d in m	Produkt $W_w \cdot s_d$ in kg/(m·h^{0,5})
wasserabweisend	≤ 0,5	≤ 2,0	≤ 0,2

5 Materialkennwerte

Tafel 4.43 Wärmeschutztechnische Bemessungswerte für Baustoffe nach DIN 4108-4 und DIN EN ISO 10 456

Stoff	Roh-dichte[1)2)] ρ in kg/m³	Bemessungswert der Wärmeleitfähigkeit λ in W/(m·K)	Richtwert der Wasserdampf-Diffusionswiderstandszahl[3)] μ	Spezifische Wärme-speicher-kapazität c_p in J/(kg·K)
1 PUTZE, MÖRTEL UND ESTRICHE				
1.1 Putze				
Putzmörtel aus Kalk, Kalkzement und hydraulischem Kalk	(1 800)	1,0	15/35	1 000
Putzmörtel aus Kalkgips, Gips, Anhydrit und Kalkanhydrit	(1 400)	0,70	10	
Leichtputz	< 1 300 ≤ 1 000 ≤ 700	0,56 0,38 0,25	15/20	
Gipsputz ohne Zuschlag	(1 200)	0,51	10	
Wärmedämmputz nach DIN V 18 550, Wärmeleitfähigkeitsgruppe: 060 070 080 090 100	≥ 200	0,060 0,070 0,080 0,090 0,100	5/20	-
Kunstharzputz	(1 100)	0,70	50/200	
1.2 Mauermörtel				
Zementmörtel	(2 000)	1,6	15/35	1 000
Normalmörtel NM	(1 800)	1,2		
Dünnbettmauermörtel	(1 600)	1,0		
Leichtmauermörtel nach DIN EN 1996-1-1, DIN EN 1996-2	≤ 1 000 ≤ 700	0,36 0,21		
Leichtmauermörtel	250 400 700 1 000 1 500	0,10 0,14 0,25 0,38 0,69	5/20	
1.3 Estriche				
Gussasphaltestrich	(2 300)	0,90	4)	1 000
Zement-Estrich	(2 000)	1,40	15/35	
Anhydrit-Estrich	(2 100)	1,20		
Magnesia-Estrich	1 400 2 300	0,47 0,70		
2 BETON-BAUTEILE				
2.1 Beton[5)] nach DIN EN 206-1				
mittlere Rohdichte	1 800	1,15	60/100	1 000
	2 000	1,35	60/100	
	2 200	1,65	70/120	
hohe Rohdichte	2 400	2,0	80/130	
armiert (mit 1 % Stahl)	2 300	2,3	80/130	
armiert (mit 2 % Stahl)	2 400	2,5	80/130	

Tafel 4.43 Wärmeschutztechnische Bemessungswerte für Baustoffe (Fortsetzung)

Stoff	ρ kg/m³	λ W/(m·K)	μ	c_p J/(kg·K)
2.2 Leichtbeton und Stahlleichtbeton mit geschlossenem Gefüge				
nach DIN EN 206-1 und DIN 1045-2, hergestellt unter Verwendung von Zuschlägen mit porigem Gefüge n. DIN 4226-2, ohne Quarzsandzusatz[6)]	800	0,39	70/150	1 000
	900	0,44		
	1 000	0,49		
	1 100	0,55		
	1 200	0,62		
	1 300	0,70		
	1 400	0,79		
	1 500	0,89		
	1 600	1,00		
	1 800	1,15		
	2 000	1,35		
2.3 Dampfgehärteter Porenbeton				
nach DIN 4223-1	350	0,11	5/10	1 000
	400	0,13		
	450	0,15		
	500	0,16		
	550	0,18		
	600	0,19		
	650	0,21		
	700	0,22		
	750	0,24		
	800	0,25		
	900	0,29		
	1 000	0,31		
2.4 Leichtbeton mit haufwerksporigem Gefüge				
mit nichtporigen Zuschlägen nach DIN 4226-1, z. B. Kies	1 600	0,81	3/10	1 000
	1 800	1,1		
	2 000	1,3	5/10	
mit porigen Zuschlägen nach DIN 4226-2, ohne Quarzsandzusatz[6)]	600	0,22	5/15	1 000
	700	0,26		
	800	0,28		
	1 000	0,36		
	1 200	0,46		
	1 400	0,57		
	1 600	0,75		
	1 800	0,92		
	2 000	1,20		
ausschließlich unter Verwendung von Naturbims	400	0,12	5/15	1 000
	450	0,13		
	500	0,15		
	550	0,16		
	600	0,18		
	650	0,19		
	700	0,20		
	750	0,22		
	800	0,24		
	900	0,27		
	1 000	0,32		
	1 100	0,37		
	1 200	0,41		
	1 300	0,47		

Tafel 4.43 Wärmeschutztechnische Bemessungswerte für Baustoffe (Fortsetzung)

Stoff	ρ kg/m³	λ W/(m·K)	μ	c_p J/(kg·K)
2.4 Leichtbeton mit haufwerksporigem Gefüge (Fortsetzung)				
ausschließlich unter Verwendung von Blähton	400	0,13	5/15	1 000
	450	0,15		
	500	0,16		
	550	0,18		
	600	0,19		
	650	0,21		
	700	0,23		
	800	0,26		
	900	0,30		
	1 000	0,35		
	1 100	0,39		
	1 200	0,44		
	1 300	0,50		
	1 400	0,55		
	1 500	0,60		
	1 600	0,68		
	1 700	0,76		
3 BAUPLATTEN				
3.1 Porenbeton-Bauplatten und Porenbeton-Planbauplatten, unbewehrt, nach DIN 4166				
Porenbeton-Bauplatten (Ppl) mit normaler Fugendicke und Mauermörtel, nach DIN EN 1996-1-1, DIN EN 1996-2 verlegt	400	0,20	5/10	1 000
	500	0,22		
	600	0,24		
	700	0,27		
	800	0,29		
Porenbeton-Planbauplatten (Pppl), dünnfugig verlegt	350	0,11	5/10	1 000
	400	0,13		
	450	0,15		
	500	0,16		
	550	0,18		
	600	0,19		
	650	0,21		
	700	0,22		
	750	0,24		
	800	0,25		
3.2 Wandplatten aus Leichtbeton				
nach DIN 18 162	800	0,29	5/10	1 000
	900	0,32		
	1 000	0,37		
	1 200	0,47		
	1 400	0,58		
3.3 Wandbauplatten aus Gips				
nach DIN EN 12 859, auch mit Poren, Hohlräumen, Füllstoffen oder Zuschlägen	750	0,35	5/10	1 000
	900	0,41		
	1 000	0,47		
	1 200	0,58		
3.4 Gipskartonplatten[7)]				
nach DIN 18 180	800	0,25	4/10	1 000

Tafel 4.43 Wärmeschutztechnische Bemessungswerte für Baustoffe (Fortsetzung)

Stoff	ρ kg/m³	λ W/(m·K)		μ	c_p J/(kg·K)
4 MAUERWERK EINSCHLIESSLICH MÖRTELFUGEN					
4.1 Mauerwerk aus Mauerziegeln nach DIN V 105-100, DIN 105-5 und DIN V 105-6 bzw. Mauerziegel nach DIN EN 771-1 in Verbindung mit DIN 20 000-401					
		NM/DM[8]			
Vollklinker, Hochlochklinker, Keramikklinker	1 800	0,81		50/100	1 000
	2 000	0,96			
	2 200	1,2			
	2 400	1,4			
Vollziegel, Hochlochziegel, Füllziegel	1 200	0,50		5/10	1 000
	1 400	0,58			
	1 600	0,68			
	1 800	0,81			
	2 000	0,96			
	2 200	1,2			
	2 400	1,4			
		LM21/LM36[8]	NM/DM[8]		
Hochlochziegel HLzA und HLzB nach DIN 105-100 bzw. LD-Ziegel nach DIN EN 771-1 in Verbindung mit DIN 20 000-401	550	0,27	0,32	5/10	1 000
	600	0,28	0,33		
	650	0,30	0,35		
	700	0,31	0,36		
	750	0,33	0,38		
	800	0,34	0,39		
	850	0,36	0,41		
	900	0,37	0,42		
	950	0,38	0,44		
	1 000	0,40	0,45		
		LM21/LM36[8]	NM[8]		
Hochlochziegel HLzW und Wärmedämmziegel WDz nach DIN V 105-100, bzw. LD-Ziegel nach DIN EN 771-1 in Verbindung mit DIN 20 000-401, Sollmaß h = 238 mm	550	0,19	0,22	5/10	1 000
	600	0,20	0,23		
	650	0,20	0,23		
	700	0,21	0,24		
	750	0,22	0,25		
	800	0,23	0,26		
	850	0,23	0,26		
	900	0,24	0,27		
	950	0,25	0,28		
	1 000	0,26	0,29		
4.2 Mauerwerk aus Kalksandsteinen					
nach DIN V 106, Mauerwerk aus Kalksandsteinen nach DIN EN 771-2 in Verbindung mit DIN 20 000-402	1 000	0,50		5/10	1 000
	1 200	0,56			
	1 400	0,70			
	1 600	0,79		15/25	
	1 800	0,99			
	2 000	1,1			
	2 200	1,3			
4.3 Mauerwerk aus Hüttensteinen					
nach DIN 398	1 000	0,47		70/100	1 000
	1 200	0,52			
	1 400	0,58			
	1 600	0,64			
	1 800	0,70			
	2 000	0,76			

Tafel 4.43 Wärmeschutztechnische Bemessungswerte für Baustoffe (Fortsetzung)

Stoff	Steinbreite in cm	Anzahl der Kammerreihen	ρ kg/m³	λ W/(m·K) LM21[8]/DM[8,9]	λ LM36[8,9]	λ NM[8]	μ	c_p J/(kg·K)
4.4 Mauerwerk aus Porenbeton-Plansteinen								
(PP) nach DIN V 4165-100 bzw. DIN EN 771-4 in Verbindung mit DIN 20 000-404			350	0,11			5/10	1 000
			400	0,13				
			450	0,15				
			500	0,16				
			550	0,18				
			600	0,19				
			650	0,21				
			700	0,22				
			750	0,24				
			800	0,25				
4.5 Mauerwerk aus Betonsteinen								
Hohlblöcke (Hbl) nach DIN V 18 151-100, Gruppe 1[10]			450	0,20	0,21	0,24	5/10	1 000
			500	0,22	0,23	0,26		
			550	0,23	0,24	0,27		
			600	0,24	0,25	0,29		
	17,5	2	650	0,26	0,27	0,30		
	20	2	700	0,28	0,29	0,32		
	24	2–4	800	0,31	0,32	0,35		
	30	3–5	900	0,34	0,36	0,39		
	36,5	4–6	1 000			0,45		
	42,5	6	1 200			0,53		
	49	6	1 400			0,65		
			1 600			0,74		
Hohlblöcke (Hbl) nach DIN V 18 151-100 und Hohlwandplatten nach DIN 18 148, Gruppe 2			450	0,22	0,23	0,28	5/10	1 000
			500	0,24	0,25	0,29		
			550	0,26	0,27	0,31		
			600	0,27	0,28	0,32		
			650	0,29	0,30	0,34		
			700	0,30	0,32	0,36		
	11,5	1	800	0,34	0,36	0,41		
	15	1	900	0,37	0,40	0,46		
	17,5	1	1 000			≤ 0,50		
	30	2	1 200			≤ 0,56		
	36,5	3	1 400			≤ 0,70		
	42,5	5	1 600			0,76		
	49	5						
Vollblöcke (Vbl, S-W) nach DIN V 18 152-100			450	0,14	0,16	0,18	5/10	1 000
			500	0,15	0,17	0,20		
			550	0,16	0,18	0,21		
			600	0,17	0,19	0,22		
			650	0,18	0,20	0,23		
			700	0,19	0,21	0,25		
			800	0,21	0,23	0,27		
			900	0,25	0,26	0,30		
			1 000	0,28	0,29	0,32		

Tafel 4.43 Wärmeschutztechnische Bemessungswerte für Baustoffe (Fortsetzung)

Stoff	ρ kg/m³	λ W/(m ·K)			μ	c_p J/(kg·K)
Vollblöcke (Vbl) und Vbl-S nach DIN V 18 152-100 aus Leichtbeton mit anderen leichten Zuschlägen als Naturbims und Blähton	450	0,22	0,23	0,28	5/10	1 000
	500	0,23	0,24	0,29		
	550	0,24	0,25	0,30		
	600	0,25	0,26	0,31		
	650	0,26	0,27	0,32		
	700	0,27	0,28	0,33		
	800	0,29	0,30	0,36		
	900	0,32	0,32	0,39		
	1 000	0,34	0,35	0,42		
	1 200			0,49		
	1 400			0,57		
	1 600			0,62	10/15	
	1 800			0,68		
	2 000			0,74		
Vollsteine (V) nach DIN V 18 152-100	450	0,21	0,22	0,31	5/10	1 000
	500	0,22	0,23	0,32		
	550	0,23	0,25	0,33		
	600	0,24	0,26	0,34		
	650	0,25	0,27	0,35		
	700	0,27	0,29	0,37		
	800	0,30	0,32	0,40		
	900	0,33	0,35	0,43		
	1 000	0,36	0,38	0,46		
	1 200			0,54		
	1 400			0,63		
	1 600			0,74	10/15	
	1 800			0,87		
	2 000			0,99		
Mauersteine nach DIN V 18 153-100 aus Beton bzw. DIN EN 771-3 in Verbindung mit DIN V 20 000-403	800	0,60			5/15	1 000
	900	0,65				
	1 000	0,70				
	1 200	0,80			20/30	
	1 400	0,90				
	1 600	1,0				
	1 800	1,1				
	2 000	1,3				
	2 200	1,6				
	2 400	2,0				
5 HOLZ UND HOLZWERKSTOFFE						
Nutzholz [11)]	450	0,12			20/50	1 600
	500	0,13				
	700	0,18			50/200	
Sperrholz [12)]	300	0,09			50/150	1 600
	500	0,13			70/200	
	700	0,17			90/220	
	1 000	0,24			110/250	
zementgebund. Spanplatten	1 200	0,23			30/50	1 500
Spanplatten	300	0,10			10/50	1 700
	600	0,14			15/50	
	900	0,18			20/50	
OSB-Platten	650	0,13			30/50	
Holzfaserplatten, einschließlich MDF[13)]	250	0,07			3/5	1 700
	400	0,10			5/10	
	600	0,14			12/20	
	800	0,18			20/30	

Tafel 4.43 Wärmeschutztechnische Bemessungswerte für Baustoffe (Fortsetzung)

Stoff	ρ kg/m³	λ W/(m·K)	μ	c_p J/(kg·K)
6 BELÄGE, ABDICHTSTOFFE UND ABDICHTUNGSBAHNEN				
6.1 Fußbodenbeläge				
Gummi	1200	0,17	10 000	1 400
Kunststoff	1700	0,25	10 000	1 400
Unterlagen, poröser Gummi od. Kunststoff	270	0,10	10 000	1 400
Filzunterlage	120	0,05	15/20	1 300
Wollunterlage	200	0,06	15/20	1 300
Korkunterlage	< 200	0,05	10/20	1 500
Korkfliesen	> 400	0,065	20/40	1 500
Teppich/Teppichböden	200	0,06	5/5	1 300
Linoleum	1 200	0,17	800/1000	1 400
6.2 Dichtungsstoffe, Dichtungen und wärmetechnische Trennungen				
Silicagel (Trockenmittel)	720	0,13	∞	1 000
Silicon, ohne Füllstoff	1 200	0,35	5 000	1 000
Silicon, mit Füllstoff	1 450	0,50	5 000	1 000
Siliconschaum	750	0,12	10 000	1 000
Urethan/Polyurethanschaum (als wärmetechnische Trennung)	1 300	0,21	60	1 800
Weichpolyvinylchlorid (PVC-P), mit 40 % Weichmacher	1 200	0,14	100 000	1 000
Elastomerschaum, flexibel	60–80	0,05	10 000	1 500
Polyurethanschaum (PU)	70	0,05	60	1 500
Polyethylenschaum	70	0,05	100	2 300
Bitumen als Stoff	1 050	0,17	50 000	1 000
6.3 Massive Kunststoffe				
Acrylkunststoffe	1 050	0,20	10 000	1 500
Polycarbonate	1 200	0,20	5 000	1 200
Polytetrafluorethylenkunststoffe (PTFE)	2 200	0,25	10 000	1 000
Polyvinylchlorid (PVC)	1 390	0,17	50 000	900
Polymethylmethacrylat (PMMA)	1 180	0,18	50 000	1 500
Polyacetatkunststoffe	1 410	0,30	100 000	1 400
Polyamid (Nylon)	1 150	0,25	50 000	1 600
Polyamid 6.6 mit 25 % Glasfasern	1 450	0,30	50 000	1 600
Polyethylen/Polythen, hohe Rohdichte	980	0,50	100 000	1 800
Polyethylen/Polythen, niedrige Rohdichte	920	0,33	100 000	2 200
Polystyrol	1 050	0,16	100 000	1 300
Polypropylen	910	0,22	10 000	1 800
Polypropylen mit 25 % Glasfasern	1 200	0,25	10 000	1 800
Polyurethan (PU)	1 200	0,25	6 000	1 800
Epoxydharz	1 200	0,20	10 000	1 400
Phenolharz	1 300	0,30	100 000	1 700
Polyesterharz	1 400	0,19	10 000	1 200
6.4 Gummi				
Naturkautschuk	910	0,13	10 000	1 100
Neopren (Polychloropren)	1 240	0,23	10 000	2 140
Butylkautschuk (Isobutenkautschuk), hart/heiß geschmolzen	1 200	0,24	200 000	1 400
Schaumgummi	60–80	0,06	7 000	1 500
Hartgummi (Ebonit), hart	1 200	0,17	∞	1 400
Ethylen-Propylendien, Monomer (EPDM)	1 150	0,25	6 000	1 000
Polyisobutylenkautschuk	930	0,20	10 000	1 100
Polysulfid	1 700	0,40	10 000	1 000
Butadien	980	0,25	100 000	1 000

Tafel 4.43 Wärmeschutztechnische Bemessungswerte für Baustoffe (Fortsetzung)

Stoff	ρ kg/m³	λ W/(m·K)	μ	c_p J/(kg·K)
6.5 Dachbahnen, Dachabdichtungsbahnen				
Bitumendachbahn nach DIN 52 128	(1200)	0,17	10 000/80 000	1 000
Nackte Bitumenbahnen nach DIN 52 129	(1200)	0,17	2 000/20 000	
Glasvlies-Bitumendachbahnen nach DIN 52 143		0,17	20 000/60 000	
Kunststoff-Dachbahn nach DIN 16 729 (ECB)			50 000/75 000 (2,0 K) 70 000/90 000	
Kunststoff-Dachbahn nach DIN 16 730 (PVC-P)			10 000/30 000	
Kunststoff-Dachbahn nach DIN 16 731 (PIB)			400 000/1 750 000	
6.6 Folien				
PTFE-Folien, Dicke $d \geq 0{,}05$ mm		-	10 000	
PA-Folie, Dicke $d \geq 0{,}05$ mm		-	50 000	
PP-Folie, Dicke $d \geq 0{,}05$ mm		-	1 000	
Feuchtevariable Schichten nach DIN EN 13 984 [14)]		-	-	
7 SONSTIGE GEBRÄUCHLICHE STOFFE[15)]				
7.1 Lose Schüttungen, abgedeckt[16)] **aus porigen Stoffen**				
Blähperlit	(≤ 100)	0,060	3	900 bis 1600
Blähglimmer	(≤ 100)	0,070		
Korkschrot, expandiert	(≤ 200)	0,055		
Hüttenbims	(≤ 600)	0,13		
Blähton, Blähschiefer	(≤ 400)	0,16		
Bimskies	(≤ 1000)	0,19		
Schaumlava	(≤ 1200)	0,22		
	(≤ 1500)	0,27		
aus Polystyrolschaumstoff-Partikeln	(15)	0,050		
aus Sand, Kies, Splitt (trocken)	(1800)	0,70		
7.2 Platten, Fliesen				
Keramik/Porzellan	2 300	1,3	∞	840
Kunststoff	1 000	0,20	10 000	1 000
7.3 Dachziegelsteine				
Ton	2 000	1,0	30/40	800
Beton	2 100	1,5	60/100	1 000
7.4 Glas				
Natronglas (einschließlich Floatglas)	2 500	1,00	∞	750
Quarzglas	2 200	1,40		
Glasmosaik	2 000	1,20		
7.5 Lehmbaustoffe				
	500	0,14	5/10	-
	600	0,17		
	700	0,21		
	800	0,25		
	1000	0,35		
	1200	0,47		
	1400	0,59		
	1600	0,73		
	1800	0,91		
	2000	1,1		

Tafel 4.43 Wärmeschutztechnische Bemessungswerte für Baustoffe (Fortsetzung)

Stoff	ρ kg/m³	λ W/(m·K)	μ	c_p J/(kg·K)
7.6 Natursteine, Gesteine				
Kristalliner Naturstein	2 800	3,5	10 000	1 000
Sediment-Naturstein	2 600	2,3	200/250	
leichter Sediment-Naturstein	1 500	0,85	20/30	
poröses Gestein, Lava	1 600	0,55	15/20	
Basalt	2 700–3 000	3,5	10 000	
Gneis	2 400–2 700	3,5	10 000	
Granit	2 500–2 700	2,8	10 000	
Marmor	2 800	3,5	10 000	
Schiefer	2 000–2 800	2,2	800/1 000	
Kalkstein, extra weich	1 600	0,85	20/30	
Kalkstein, weich	1 800	1,1	25/40	
Kalkstein, mittelhart	2 000	1,4	40/50	
Kalkstein, hart	2 200	1,7	150/200	
Kalkstein, extra hart	2 600	2,3	200/250	
Sandstein (Quarzit)	2 600	2,3	30/40	
Naturbims	400	0,12	6/8	
Kunststein	1 750	1,3	40/50	
7.7 Böden, naturfeucht				
Ton, Schlick o. Schlamm	1 200–1 800	1,5	50	1 670–2 500
Sand und Kies	1 700–2 200	2,0		910–1 180
7. 8 Metalle				
Aluminiumlegierungen	2 800	160	∞	880
Bronze	8 700	65		380
Messing	8 400	120		380
Kupfer	8 900	380		380
Gusseisen	7 500	50		450
Blei	11 300	35		130
Stahl	7 800	50		450
nichtrostender Stahl[17)], austenitisch oder austenitisch-ferritisch	7 900	17		500
nichtrostender Stahl[17)], ferritisch oder martensitisch	7 900	30		460
Zink	7 200	110		380
7.9 Gase				
Luft	1,23	0,025	1	1 008
Kohlendioxid	1,95	0,014		820
Argon	1,70	0,017		519
Schwefelhexafluorid	6,36	0,013		614
Krypton	3,56	0,0090		245
Xenon	5,68	0,0054		160
7.10 Wasser				
Eis bei –10 °C	920	2,30	-	2 000
Eis bei 0 °C	900	2,20		2 000
Schnee, frisch gefallen (< 30 mm)	100	0,05		2 000
Neuschnee, weich (30 bis 70 mm)	200	0,12		2 000
Schnee, leicht verharscht (70 mm bis 100 mm)	300	0,23		2 000
Schnee, verharscht (< 200 mm)	500	0,60		2 000
Wasser bei 10 °C	1 000	0,60		4 190
Wasser bei 40 °C	990	0,63		4 190
Wasser bei 80 °C	970	0,67		4 190

Tafel 4.43 Wärmeschutztechnische Bemessungswerte für Baustoffe (Fortsetzung)

[1] Die in Klammern angegebenen Rohdichtewerte dienen nur zur Ermittlung der flächenbezogenen Masse, z. B. für den Nachweis des sommerlichen Wärmeschutzes.
[2] Die bei den Steinen genannten Rohdichten entsprechen den Rohdichteklassen der zitierten Stoffnormen.
[3] Jeweils der für die Baukonstruktion ungünstigere Wert; bzgl. der Anwendung der μ-Werte siehe DIN 4108-3.
[4] Praktisch dampfdicht; nach DIN EN 12 086 oder DIN EN ISO 12 572: $s_d \geq 1500$ m.
[5] Die Rohdichte von Beton ist als Trockenrohdichte angegeben.
[6] Bei Quarzsand erhöhen sich die Bemessungswerte der Wärmeleitfähigkeit um 20 %.
[7] Die Wärmeleitfähigkeit schließt den Einfluss der Papierdeckschichten mit ein.
[8] Bezeichnung der Mörtelarten nach DIN 1053-1:
- NM – Normalmörtel;
- LM21 – Leichtmörtel mit λ = 0,21 W/(m · K);
- LM36 – Leichtmörtel mit λ = 0,36 W/(m · K);
- DM – Dünnbettmörtel.

[9] Wenn keine Werte angegeben sind, gelten die Werte der Spalte „NM".
[10] Die Bemessungswerte der Wärmeleitfähigkeit sind bei Hohlblöcken mit Quarzsandzusatz für 2 K Hbl um 20 % und für 3 K Hbl bis 6 K Hbl um 15 % zu erhöhen.
[11] Die Rohdichte von Nutzholz und Holzfaserplattenprodukten ist die Gleichgewichtsdichte bei 20 °C und einer relativen Luftfeuchte von 65 %.
[12] Als Interimsmaßnahme und bis zum Vorliegen hinreichend zuverlässiger Daten können für Hartfaserplatten (solid wood panels (SWP)) und Bauholz mit Furnierschichten (laminated veneer lumber (LVL)) die für Sperrholz angegebenen Werte angewendet werden.
[13] MDF bedeutet Medium Density Fibreboard (mitteldichte Holzfaserplatte), die in sog. Trockenverfahren hergestellt worden ist.
[14] Bei feuchtevariablen Bahnen stellt sich der Richtwert der Wasserdampf-Diffusionswiderstandszahl entsprechend der tatsächlich vorliegenden relativen Luftfeuchte variabel ein. Die Messung dieser Materialeigenschaft erfolgt nach DIN EN 13 984.
[15] Diese Stoffe sind hinsichtlich ihrer wärmeschutztechnischen Eigenschaften nicht genormt. Die angegebenen Wärmeleitfähigkeitswerte stellen obere Grenzwerte dar.
[16] Die Dichte wird bei losen Schüttungen als Schüttdichte angegeben.
[17] Eine ausführliche Liste nichtrostender Stähle ist in EN 10088-1 enthalten. Sie kann verwendet werden, wenn die genaue Zusammensetzung des nichtrostenden Stahles bekannt ist.

Für Wärmedämmstoffe mit Kennzeichnung durch CE-Zeichen (das sind Dämmstoffe, die auf der Basis harmonisierter europäischer Dämmstoffnormen in Verkehr gebracht werden) ergibt sich der Bemessungswert der Wärmeleitzahl aus ihrem Nennwert und einem Sicherheitsbeiwert von 1,2 zur Berücksichtigung der zu erwartenden Materialstreuung. Diese Vorgehensweise führt zur Eingruppierung in *Kategorie I*. Für die Zuordnung eines Dämmstoffes zur *Kategorie II* bedarf es einer Allgemeinen Bauaufsichtlichen Zulassung (ABZ), in deren Konzeptionierung durch die Fremdüberwachung des Herstellers die Absicherung aller in einem Grenzwertkonzept erforderlichen Daten erfolgt.

Tafel 4.52 Wärmeschutztechnische Bemessungswerte für Wärmedämmstoffe nach harmonisierten europäischen Normen gemäß DIN 4108-4 und DIN EN ISO 10 456

Stoff	Kategorie I		Kategorie II		Richtwert der Wasserdampf-Diffusionswiderstandszahl[1] μ	Spezifische Wärmespeicherkapazität c_p J/(kg·K)
	Nennwert λ_D W/(m·K)	Bemessungswert λ[2] W/(m·K)	Grenzwert λ_{grenz}[4] W/(m·K)	Bemessungswert λ[3] W/(m·K)		
1 Mineralwolle (MW)						
nach DIN EN 13 162	0,030 0,031 0,032 0,033 0,035 … 0,050	0,036 0,037 0,038 0,040 0,042 … 0,060	0,0290 0,0299 0,0309 0,0319 0,0338 … 0,0480	0,030 0,031 0,032 0,033 0,035 … 0,050	1	1 030
2 Expandierter Polystyrolschaum (EPS)						
nach DIN EN 13 163	0,030 0,031 0,033 0,035 … 0,050	0,036 0,037 0,040 0,042 … 0,060	0,0290 0,0299 0,0319 0,0338 … 0,0480	0,030 0,031 0,033 0,035 … 0,050	20/100	1 450

Tafel 4.52 Wärmeschutztechnische Bemessungswerte für Wärmedämmstoffe (Fortsetzung)

Stoff	Kategorie I		Kategorie II		μ	c_p
	λ_D	λ	λ_{grenz}	λ		
3 Extrudierter Polystyrolschaum (XPS)						
nach DIN EN 13 164	0,026 0,027 0,028 0,029 … 0,045	0,031 0,032 0,034 0,035 … 0,054	0,0252 0,0261 0,0271 0,0280 … 0,0433	0,026 0,027 0,028 0,029 … 0,045	80/250	1 450
4 Polyurethan-Hartschaum (PUR)						
nach DIN EN 13 165[5)]	0,020 0,021 0,022 0,023 0,024 … 0,040	0,024 0,025 0,026 0,028 0,029 … 0,048	0,0195 0,0204 0,0214 0,0223 0,0233 … 0,0433	0,020 0,021 0,022 0,023 0,024 … 0,045	40/200	1 400
5 Phenolharz-Hartschaum (PF)						
nach DIN EN 13 166	0,020 0,021 0,022 0,023 … 0,035	0,024 0,025 0,026 0,028 … 0,042	0,0195 0,0204 0,0214 0,0223 … 0,0338	0,020 0,021 0,022 0,023 … 0,035	10/60	1 400
6 Schaumglas (CG)						
nach DIN EN 13 167	0,038 0,039 0,040 … 0,055	0,046 0,047 0,048 … 0,066	0,0366 0,0375 0,0385 … 0,0528	0,038 0,039 0,040 … 0,055	∞[6)]	1 000
7 Holzwolle-Leichtbauplatten nach DIN EN 13 168						
Holzwolle-Platten (WW)	0,060 0,061 0,062 0,063 … 0,10	0,072 0,073 0,074 0,076 … 0,12	0,0576 0,0585 0,0595 0,0604 … 0,0957	0,060 0,061 0,062 0,063 … 0,10	2/5	1 470
Holzwolle-Mehrschichtplatten mit expandiertem Polystyrolschaum (EPS) nach DIN EN 13 163	0,030 0,031 0,032 0,033 0,034 … 0,050	0,036 0,037 0,038 0,040 0,041 … 0,060	0,0290 0,0299 0,0309 0,0319 0,0329 … 0,0480	0,030 0,031 0,032 0,033 0,034 … 0,050	20/50	-
Holzwolle-Mehrschichtplatten mit Mineralwolle (MW) nach DIN EN 13 162	0,030 0,031 0,032 0,033 … 0,050	0,036 0,037 0,038 0,040 … 0,060	0,0290 0,0299 0,0309 0,0319 … 0,0480	0,030 0,031 0,032 0,033 … 0,050	1	-
Holzwolledeckschicht(en) nach DIN EN 13 168	0,10 0,11 0,12 0,13 0,14	0,12 0,13 0,14 0,16 0,17	0,0957 0,1090 0,1190 0,1280 0,1380	0,10 0,11 0,12 0,13 0,14	2/5	1 470
8 Blähperlit (EPB)						
nach DIN EN 13 169	0,045 0,046 0,047 … 0,065	0,054 0,055 0,056 … 0,078	0,0432 0,0443 0,0452 … 0,0623	0,045 0,046 0,047 … 0,065	5	900

Tafel 4.52 Wärmeschutztechnische Bemessungswerte für Wärmedämmstoffe (Fortsetzung)

Stoff	Kategorie I		Kategorie II		μ	c_p
	λ_D	λ	λ_{grenz}	λ		
9 Expandierter Kork (ICB)						
nach DIN EN 13 170[7]	0,040 0,041 0,042 0,043 0,044 0,045 ... 0,055	0,049 0,050 0,052 0,053 0,054 0,055 ... 0,067	0,0368 0,0377 0,0386 0,0395 0,0404 0,0413 ... 0,0504	0,040 0,041 0,042 0,043 0,044 0,045 ... 0,055	5/10	1 560
10 Holzfaserdämmstoff (WF)						
nach DIN EN 13 171[7]	0,032 0,033 0,034 0,035 0,036 0,037 ... 0,060	0,039 0,040 0,042 0,043 0,044 0,045 ... 0,073	0,0303 0,0312 0,0322 0,0331 0,0340 0,0350 ... 0,0565	0,032 0,033 0,034 0,035 0,036 0,037 ... 0,060	5	2 000
11 Wärmedämmputz						
nach DIN EN 998-1 der Kategorie T1		0,120	0,057 0,066 0,075 0,085 0,094	0,060 0,070 0,080 0,090 0,100	5/20	-
T2		0,192	0,113 0,132 0,150	0,120 0,140 0,160		

[1] Jeweils der für die Baukonstruktion ungünstigere Wert; bzgl. der Anwendung der μ-Werte siehe DIN 4108-3.
[2] $\lambda = \lambda_D \cdot 1{,}2$. [3] $\lambda = \lambda_{grenz} \cdot 1{,}05$.
[4] Der Wert λ_{grenz} ist im Rahmen der techn. Spezifikationen des jeweiligen Dämmstoffs festzulegen.
[5] Die alternative Ermittlung von λ ist möglich nach DIN V 4108-4, Anhang C.
[6] Praktisch dampfdicht, DIN EN 12 086 oder DIN EN ISO 12 572: $s_d \geq 1\,500$ m.
[7] In diesen Zeilen ist die Umrechnung der Feuchte bereits realisiert; beim Kork ist die Umrechnung $\lambda = \lambda_D \cdot 1{,}23$ und $\lambda = \lambda_{grenz} \cdot 1{,}1$ sowie beim Holzfaserdämmstoff $\lambda = \lambda_D \cdot 1{,}23$ und $\lambda = \lambda_{grenz} \cdot 1{,}07$.

Tafel 4.54a Bemessungswert des Wärmedurchgangskoeffizienten von Türen $U_{D,BW}$ in Abhängigkeit der konstruktiven Merkmale

Konstruktionsmerkmale	Bemessungswert des Wärmedurchgangskoeffizienten $U_{D,BW}$ in W/(m²·K)
Türen aus Holz, Holzwerkstoffen und Kunststoff	2,9
Türen aus Metallrahmen und metallenen Bekleidungen	4,0

Tafel 4.54b Bemessungswert des Wärmedurchgangskoeffizienten von Toren $U_{D,BW}$ in Abhängigkeit der konstruktiven Merkmale

Toraufbau[1]	Bemessungswert des Wärmedurchgangskoeffizienten $U_{D,BW}$ in W/(m²·K)
Torblatt aus Metall (einschalig, ohne wärmetechnische Trennung)	6,5
Torblatt aus Metall oder holzbeplankten Paneelen aus Dämmstoffen ($\lambda \leq 0{,}04$ W/(m·K) bzw. $R_D \geq 0{,}5$ W/(m²·K) bei 15 mm Schichtdicke)	2,9
Torblatt aus Holz und Holzwerkstoffen, Dicke der Torfüllung ≥ 15 mm	4,0
Torblatt aus Holz und Holzwerkstoffen, Dicke der Torfüllung ≥ 25 mm	3,2

[1] Unter Tor wird hier verstanden: Eine Einrichtung, um eine Öffnung zu schließen, die in der Regel für die Durchfahrt von Fahrzeugen vorgesehen ist. Der allgemeine Begriff für „Tore" ist in DIN EN 12 433-1 definiert.

Tafel 4.55a **U-Wert, Gesamtenergiedurchlassgrad $g_\perp$ und Transmissionsgrad τ_{D65} (Anhaltswerte) in Abhängigkeit der Konstruktionsmerkmale von Lichtkuppeln und Dachlichtbändern nach DIN 4108-4 (Auszug)**

Typ	Aufbau und Werkstoffe der Platten [1)]	Einfärbung	U W/(m²·K)	$g_\perp$	τ_{D65} [2)]
Lichtkuppel	PMMA-Massiv, einschalig	klar	5,4	0,85	0,92
	PMMA-Massiv, einschalig	opal	5,4	0,80	0,83
	PMMA-Massiv, doppelschalig	klar/klar	2,7	0,78	0,80
	PMMA-Massiv, doppelschalig	klar, IR[3)]	2,7	0,32	0,47
	PMMA-Massiv, dreischalig	opal/opal/klar	1,8	0,64	0,60
	PC-/PETG-Massiv, einschalig	klar	5,4	0,75	0,88
Lichtband	PC-Doppelsteg, 8 mm (PC-SDP8)	klar	3,3	0,81	0,81
	PC-Doppelsteg, 8 mm (PC-SDP8)	opal	3,3	0,70	0,62
	PC-Doppelsteg, 10 mm (PC-SDP10)	klar	3,1	0,85	0,80
	PC-Doppelsteg, 10 mm (PC-SDP10)	opal	3,1	0,70	0,50
	PC-Dreifachsteg, 16 mm (PC-S3P16)	klar	2,4	0,69	0,72
	PC-Dreifachsteg, 16 mm (PC-S3P16)	opal	2,4	0,55	0,48
	PC-Fünffachsteg, 16 mm (PC-S5P16)	opal	1,9	0,52	0,45
	PC-Sechsfachsteg, 25 mm (PC-S6P25)	klar	1,45	0,67	0,62
	PC-Sechsfachsteg, 25 mm (PC-S6P25)	opal	1,45	0,46	0,44
Lichtband	PMMA-Doppelsteg, 16 mm (PMMA-SDP16)	klar	2,5	0,82	0,86
	PMMA-Doppelsteg, 16 mm (PMMA-SDP16)	opal	2,5	0,73	0,74
	PMMA-Doppelsteg, 16 mm (PMMA-SDP16)	IR[3)]	2,5	0,40	0,50
	PMMA-Vierfachsteg, 32 mm (PMMA-S4P32)	klar	1,6	0,71	0,76
	PMMA-Vierfachsteg, 32 mm (PMMA-S4P32)	klar, IR[3)]	1,6	0,50	0,45
	PMMA-Vierfachsteg, 32 mm (PMMA-S4P32)	opal, IR[3)]	1,6	0,30	0,40

1) Werkstoffe und ihre Bezeichnungen: PC = Polycarbonat
PETG = Polyethylenterephthalat, glykolisiert; PMMA = Polymethylmethacrylat

2) Nennwert für Lichtkuppeln und Dachlichtbänder nach DIN EN 1873 bzw. DIN EN 14 963.

3) IR = Infrarot-reflektierend.

Tafel 4.55b **U_g-Wert, Gesamtenergiedurchlassgrad $g_\perp$ und Transmissionsgrad τ_e und τ_v (Anhaltswerte) in Abhängigkeit der Konstruktionsmerkmale nach DIN 4108-4**

Konstruktionsmerkmale der Glastypen	Anhaltswerte für die Bemessung			
	U_g W/(m²·K)	$g_\perp$	τ_e	τ_v
Einfachglas	5,8	0,87	0,85	0,90
Zweifachglas mit Luftfüllung, ohne Beschichtung	2,9	0,78	0,73	0,82
Dreifachglas mit Luftfüllung, ohne Beschichtung	2,0	0,70	0,63	0,75
Wärmedämmglas zweifach mit Argonfüllung, eine Beschichtung	1,7	0,72	0,60	0,74
	1,4	0,67	0,58	0,78
	1,2	0,65	0,54	0,78
	1,1	0,60	0,52	0,80
Wärmedämmglas dreifach mit Argonfüllung, zwei Beschichtungen	0,8	0,60	0,50	0,72
	0,7	0,50	0,39	0,69
Sonnenschutzglas zweifach mit Argonfüllung, eine Beschichtung	1,3	0,48	0,44	0,59
	1,2	0,37	0,34	0,67
	1,2	0,25	0,21	0,40
	1,1	0,36	0,33	0,66
	1,1	0,27	0,24	0,50
Sonnenschutzglas dreifach mit Argonfüllung, zwei Beschichtungen	0,7	0,24	0,21	0,45
	0,7	0,34	0,29	0,63

6 Bauakustik

6.1 Bauakustische Größen, Formelzeichen, Einheiten

Schallschutztechnische Größe	Formelzeichen	Einheit
Außenlärmpegel	L_a	dB(A)
Außenlärmpegel, resultierender maßgeblicher	$L_{a,res}$	dB(A)
Lärmpegel *(od. Schalldruck~)* der Lärmquelle *(od. Schall~) i*	$L_{a,i}$	dB(A)
Dauerschallpegel, äquivalenter	L_{eq}	dB(A)
Dicke (Bauteil-, Schicht-)	d	m
Eigenfrequenz	f_0	Hz
Elastizitätsmodul, dynamischer	E_{Dyn}	MN/m^2
Fläche	S_i	m^2
Frequenz	f	Hz
Hintergrund-Geräuschpegel	L_{Ag}	dB(A)
Koinzidenz-Grenzfrequenz	f_g	Hz
Korrekturwert *(unterschiedliche Indizes)*	K	dB
Luftschalldämm-Maß, bewertetes (einschließlich Flankenübertragung → *Bau-Schalldämm-Maß*)	R'_w	dB
Luftschalldämm-Maß, bewertetes (ausschließl. Flankenübertragung → *Labor-Schalldämm-Maß*)	R_w	dB
Luftschalldämm-Maß, resultierendes, bewertetes (einschließlich Flankenübertragung)	$R'_{w,res}$	dB
Luftschall-Längsdämm-Maß, bewertetes	$R_{L,w}$	dB
Masse, flächenbezogene	m'	kg/m^2
Masse flankierender Bauteile, flächenbezogene	$m'_{L,i}$	kg/m^2
Mittelungsdauer	T	s
Mittelungspegel	L_m	dB(A)
Mittelungspegel vor der Fassade	L_{Ama}	dB(A)
Normtrittschallpegel, bewerteter (mit Flankenübertragung)	$L'_{n,w}$	dB
Normtrittschallpegel, bewerteter äquivalenter	$L_{n,w,eq}$	dB
Plattenbiegesteifigkeit, breitenbezogene	B'	MNm
Prüfwert / Wert aus Prüfung *(als Index)*	P	-
Querkontraktionszahl, Poisson'sche	μ	-
Rechenwert *(als Index)*	R	-
Rohdichte, Nennwert der	ρ_N	kg/m^3
Rohdichte, Rechenwert der	ρ_W	kg/m^3
Schalldruckpegeldifferenz	ΔL_p	dB(A)
Schallgeschwindigkeit	c	m/s
Spektrum-Anpassungswert	C, C_{tr}	dB
Standard-Schallpegeldifferenz, bewertete	$D_{nT,w}$	dB
Standard-Trittschallpegel, bewerteter (mit Flankenübertragung)	$L'_{nT,w}$	dB
Steifigkeit, dynamische	s'	MN/m^3
Strömungswiderstand, längenbezogener	r	$kN{\cdot}s/m^4$
Trittschall-Verbesserungsmaß	ΔL_w	dB
Verbesserungsmaß	ΔR_w	dB
Zeitschritt / Intervall	T_i	s
Zuschlagswert	Z	dB

6.2 Anforderungen

6.2.1 Einführung

Die Schallschutzanforderungen der DIN 4109 haben durch ihre bauaufsichtliche Einführung Bedeutung für den *öffentlich-rechtlichen Nachweis* erlangt. Für den *privatrechtlich zu erbringenden Nachweis* wird heute jedoch in der Regel die Erfüllung – unter Umständen deutlich – höherer Anforderungen maßgebend.

Der geschuldete Schallschutz orientiert sich zunächst einmal an den zeitgemäß üblicherweise akzeptierten Qualitäten – in diesem Zusammenhang sei auf die verschiedenen Gerichtsurteile verwiesen, die tendenziell ein gegenüber den Anforderungen der DIN 4109 erhöhtes Anforderungsniveau vorsehen. Darüber hinaus wird durch Baubeschreibungen, die dem Gebäude einen „zeitgemäßen" oder auch „gehobenen" Baustandard, einen „komfortablen" oder „luxuriösen" Charakter oder ähnlich attraktive Attribute bescheinigen, automatisch eine sogenannte *konkludente (→ stillschweigende) Vereinbarung* getroffen, die per se einen erhöhten Schallschutz erfordert.

Es wird hier daher ganz dringend empfohlen, bereits im frühen Planungsstadium den angestrebten Schallschutz und seine Auswirkung im Kreis der Betroffenen dezidiert (!) zu besprechen und die Vereinbarungen anschließend ausführlich schriftlich zu fixieren.

In VDI 4100 werden vor diesem Hintergrund drei Schallschutzstufen (SSt) für die Planung und Bewertung des Schallschutzes von Wohnungen definiert. Mit ihnen lässt sich der gewünschte Schallschutz zwischen dem Fachplaner/Architekten und dem Bauherrn/Wohnungsnutzer anschaulich und individuell vereinbaren.

Tafel 4.57a Wahrnehmung üblicher Geräusche aus Nachbarwohnungen und Zuordnung zu den drei Schallschutzstufen (SSt) I bis III nach VDI 4100

Geräuschemission	Wahrnehmung der Immission aus der Nachbarschaft bei einem Hintergrundpegel von 20 dB(A) und üblicher Raumgröße		
	SSt I	SSt II	SSt III
laute Sprechweise	undeutlich verstehbar	kaum verstehbar	i.A. nicht verstehbar
angehobene Sprechweise	i.A. kaum verstehbar	i.A. kaum verstehbar	nicht verstehbar
normale Sprechweise	i.A. kaum verstehbar	nicht verstehbar	nicht hörbar
sehr laute Musik (Party)	sehr deutlich hörbar	deutlich hörbar	noch hörbar
laute Musik (auch Radio / TV)	deutlich hörbar	noch hörbar	kaum hörbar
normal laute Musik	noch hörbar	kaum hörbar	nicht hörbar
spielende Kinder	hörbar	noch hörbar	kaum hörbar
Gehgeräusche	i.A. kaum störend	i.A. nicht störend	nicht störend
Nutzergeräusche	hörbar	noch hörbar	i.A. nicht hörbar
Geräusche aus haustechnischen Anlagen	unzumutbare Belästigungen werden i.A. vermieden	i.A. nicht störend	nicht oder nur selten störend
Haushaltsgeräte	noch hörbar	kaum hörbar	i.A. nicht hörbar
Abkürzung: i. A. = im Allgemeinen			

Damit liegen dann selbst die niedrigsten Anforderungen nach VDI 4100 (→ Schallschutzstufe I) *über* den Anforderungen an den baulichen Schallschutz entsprechend DIN 4109, der den Nutzer lediglich *vor unzumutbaren Belästigungen* durch Schallübertragung schützen soll.

Tafel 4.57b Bewertung von Schalldruckpegeldifferenzen

Schalldruckpegeldifferenz ΔL_p in dB(A)	Faktor der Erhöhung (Reduzierung) der Schallenergie	Subjektive Bewertung
± 1	1,25 (0,75)	Änderung i. d. R. nicht wahrnehmbar
± 3	2,0 (0,50)	Änderung wahrnehmbar
± 5	3,2 (0,32)	Änderung deutlich wahrnehmbar
± 10	10,0 (0,10)	Änderung signifikant: verdoppelte (halbierte) Lautstärke

6.2.2 Anforderungen an den Schallschutz gegenüber Außenlärm

Der für die Bemessung resultierende, maßgebliche Außenlärmpegel $L_{a,res}$ wird in der Regel aus den unterschiedlichen Pegeln (Anzahl: n) der einzelnen Lärmquellen $L_{a,i}$ (Straßen-, Schienen-, Luft- und Wasserverkehr, Industrie- und Gewerbelärm) berechnet.

$$L_{a,res} = 10 \cdot \log \sum_{i=1}^{n} 10^{0,1 \cdot L_{a,i}}$$

Für die von der maßgeblichen Lärmquelle abgewandte Gebäudeseite darf der maßgebliche Außenlärmpegel ohne besonderen Nachweis abgemindert werden:

$\Delta L_a = -5$ dB(A) bei offener Bebauung,

$\Delta L_a = -10$ dB(A) bei geschlossener Bebauung bzw. bei Innenhöfen

Sind Lärmschutzwände oder -wälle vorhanden, darf der maßgebliche Außenlärmpegel entsprechend den Vorgaben der DIN 18 005-1 abgemindert werden.

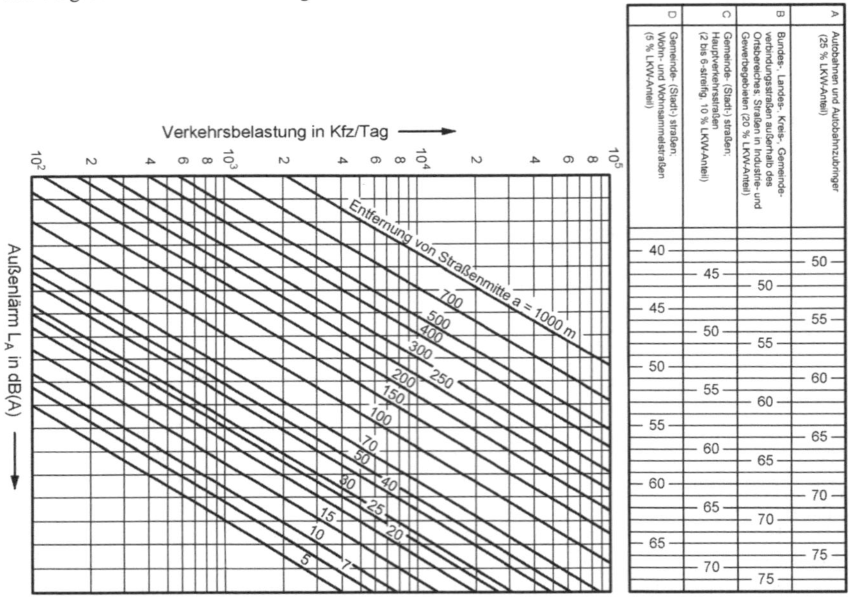

Abb. 4.58 Nomogramm zur Ermittlung des maßgeblichen Außenlärmpegels vor Hausfassaden für typische Straßenverkehrssituationen nach DIN 4109

Straßenverkehr: Sofern für die Einstufung in Lärmpegelbereiche keine anderen Festlegungen, wie z. B. gesetzliche Vorschriften, Bebauungspläne oder Lärmkarten maßgebend sind, ist der Mittelungspegel dem Nomogramm (Abb. 4.58) zu entnehmen.

Zum Mittelungspegel sind Zuschläge (auch kumulativ) zu addieren, wenn der Immissionsort an einer Straße mit beidseitig geschlossener Bebauung liegt ($\Delta L_a = +3$ dB(A)), die Straße eine Längsneigung von mehr als 5 % aufweist ($\Delta L_a = +2$ dB(A)), der Immissionsort weniger als 100 m von der nächsten ampelgeregelten Kreuzung oder Einmündung entfernt ist ($\Delta L_a = +2$ dB(A)).

Schienenverkehr: Bei Berechnungen sind die Beurteilungspegel für den Tag (6.00 bis 22.00 Uhr) nach DIN 18 500-1 zzgl. eines Aufschlags von 3 dB(A) zu bestimmen.

Wasserverkehr: vgl. Schienenverkehr

Gewerbe/Industrie: In der Regel wird der nach TA Lärm für die jeweilige Gebietskategorie angegebene Immissionsrichtwert „Tag“ als maßgeblicher Außenlärmpegel eingesetzt.

Sofern es im Sonderfall gerechtfertigt erscheint, können zur Ermittlung des „maßgeblichen Außenlärmpegels" auch Ergebnisse aus Messungen herangezogen werden.

Setzt sich der Außenlärmpegel aus zeitlich unterschiedlichen Einzelpegeln zusammen, so kann er zu einem äquivalenten Dauerschallpegel zusammengefasst werden.

Zeitlich veränderlicher Schallpegel:

$$L_{eq} = 10 \cdot \log\left[\frac{1}{T} \cdot \int_0^T 10^{0,1 \cdot L(t)} dt\right]$$

L_{eq} äquivalenter Dauerschallpegel in dB(A)
T Mittelungsdauer in s
$L(t)$ zeitlich veränderlicher Schallpegel in dB(A)

Abschnittsweise konstante Schallpegel:

$$L_{eq} = 10 \cdot \log\left[\frac{1}{T} \cdot \sum_{i=1}^{n} T_i \cdot 10^{0,1 \cdot L_{eq,i}}\right] \quad \text{mit} \quad T = \sum_{i=1}^{n} T_i$$

L_{eq} äquivalenter Dauerschallpegel in dB(A)
T Mittelungsdauer in s
T_i Teildauer $i = 1$ bis n in s
$L_{eq,i}$ äquivalente Einzeldauerschallpegel i in dB(A)

Abschnittsweise konstante Schallpegel mit jeweils gleichen Zeitschritten T_i:

$$L_m = 10 \cdot \log\left[\frac{1}{n} \cdot \sum_{i=1}^{n} 10^{0,1 \cdot L_i}\right]$$

L_m Mittelungspegel in dB(A)
n Anzahl gleicher Zeitschritte
L_i Schallpegel in dB(A)

Die Anforderungen an das bewertete, resultierende Luftschalldämm-Maß $R'_{w,res}$ werden erhoben an entsprechenden Fassaden, an Dächer von ausgebauten Dachräumen und an Decken von Aufenthaltsräumen, die zugleich den oberen Gebäudeabschluss bilden. Bei Decken unter nicht ausgebauten Dachräumen und bei Kriechböden sind die Anforderungen durch Dach und Decke gemeinsam zu erfüllen.

Tafel 4.59a Anforderungen an das erforderliche bewertete, resultierende Luftschalldämm-Maß erf. $R'_{w,res}$ von Außenbauteilen nach DIN 4109 und VDI 4100 (nur SSt III)

Lärmpegelbereich	Maßgeblicher Außenlärmpegel in dB(A)	Raumart			
		Bettenräume in Krankenanstalten und Sanatorien	Aufenthaltsräume in Wohnungen, Übernachtungsräume in Beherbergungsstätten, Unterrichtsräume und Ähnliches		Büroräume[1] und Ähnliches
		DIN 4109	DIN 4109	SSt III[3]	DIN 4109
I	≤ 55	35	30	35	-
II	56 bis 60	35	30	35	30
III	61 bis 65	40	35	40	30
IV	66 bis 70	45	40	45	35
V	71 bis 75	50	45	50	40
VI	76 bis 80	-[2]	50	55	45
VII	> 80	-[2]	-[2]	-[2]	50

[1] An Außenbauteile von Räumen, bei denen der eindringende Außenlärm aufgrund der in den Räumen ausgeübten Tätigkeiten nur einen untergeordneten Beitrag zum Innenraumpegel leistet, werden keine Anforderungen gestellt.

[2] Die Anforderungen sind hier aufgrund der örtlichen Gegebenheiten festzulegen.

[3] Die Anforderungen der VDI 4100 gelten nur für schutzbedürftige Räume in Mehrfamilienhäusern sowie in Einfamilien-Doppel- und Einfamilien-Reihenhäusern. Erhöhte Anforderungen in den SSt I und II sind seitens der VDI 4100 nicht vorgesehen.

Tafel 4.59b Korrekturwerte für das erforderliche bewertete, resultierende Luftschalldämm-Maß erf $R'_{w,res}$ von Außenbauteilen in Abhängigkeit des Verhältnisses von gesamter Außenwandfläche $S_{(W+F)}$ zur Grundfläche S_G des betrachteten Aufenthaltsraumes nach DIN 4109 (gilt auch für Anforderung an erf. $R'_{w,res.}$ nach VDI 4100)

$S_{(W+F)}/S_G$	2,5	2,0	1,6	1,3	1,0	0,8	0,6	0,5	0,4
Korrekturwert	+5	+4	+3	+2	+1	0	−1	−2	−3

6.2.3 Anforderungen an den Schallschutz gegenüber Schallübertragung innerhalb von Gebäuden

Tafel 4.60 Anforderungen an den Schallschutz gegenüber Schallübertragung aus einem fremden Wohn- oder Arbeitsbereich nach DIN 4109 und nach DIN 4109 Beiblatt 2 ***(erhöhte Anforderungen)***

Bauteil	Anforderung (in dB)			
	DIN 4109		Beiblatt 2	
	erf. R'_w	erf. $L'_{n,w}$	erf. R'_w	erf. $L'_{n,w}$
Geschosshäuser mit Wohnungen und Arbeitsräumen				
Decken unter allgemein nutzbaren Dachräumen, z. B. Trockenböden, Abstellräume und ihren Zugänge	53 [1]	53 [1]	≥ 55	≤ 46
Wohnungstrenndecken (auch -treppen), Decken zwischen fremden Arbeitsräumen bzw. vergleichbaren Nutzeinheiten	54 [2,3]	53 [3]	≥ 55	≤ 46 [15]
Decken über Kellern, Hausfluren, Treppenräumen über Aufenthaltsräumen	52 [5]	53 [4,5]	≥ 55	≤ 46 [4]
Decken von Durchfahrten, Einfahrten von Sammelgaragen und Ähnlichem unter Aufenthaltsräumen	55 [5]	53 [4,5]	–	≤ 46 [4]
Decken unter/über Spiel- oder ähnlichen Gemeinschaftsräumen	55 [6]	46 [6]	–	≤ 46
Decken unter Terrassen und Loggien über Aufenthaltsräumen	–	53	–	≤ 46
Decken unter Laubengängen	–	53 [4]	–	≤ 46 [4]
Decken und Treppen innerhalb von Wohnungen, die sich über 2 Geschosse erstrecken	–	53 [1,4,5,7]	–	≤ 46 [4,15,16]
Decken unter Bad/WC, ohne/mit Bodenentwässerung	54 [1]	53 [1,4,5,7]	≥ 55	≤ 46 [4,15,16]
Decken unter Hausfluren	–	53 [4,5]	–	≤ 46 [4,15,16]
Treppenläufe und Podeste	–	58 [8,9]	–	≤ 46
Wohnungstrennwände u. Wände zw. fremden Arbeitsräumen	53	–	≥ 55	–
Treppenraumwände und Wände neben Hausfluren	52 [10,11]	–	≥ 55 [10,11]	–
Wände neben Durchfahrten, Einfahrten von Sammelgaragen etc.	55	–	–	–
Wände von Spiel- oder ähnlichen Gemeinschaftsräumen	55	–	–	–
Türen, die von Hausfluren oder Treppenräumen in Flure u. Dielen von Wohnungen u. Wohnheimen od. von Arbeitsräumen führen	27 [12]	–	≥ 37 [12]	–
Türen, die von Hausfluren od. Treppenräumen unmittelbar in Aufenthaltsräume (keine Flure u. Dielen) von Wohnungen führen	37 [12]	–	–	–
Einfamilien-Doppelhäuser und Einfamilien-Reihenhäuser				
Decken	–	48 [4]	–	≤ 38 [4,15]
Treppenläufe und -podeste, Decken unter Fluren	–	53 [13]	–	≤ 46 [4,15]
Haustrennwände	57	–	≥ 67	–
Beherbergungsstätten				
Decken	54	53	≥ 55	≤ 46
Decken unter/über Schwimmbädern, Spiel- und ähnlichen Gemeinschaftsräumen zum Schutz gegenüber Schlafräumen	55 [6]	46 [6]	–	–
Treppenläufe und Podeste	–	58 [8,14]	–	≤ 46 [4]
Decken unter Fluren	–	53 [5]	–	≤ 46 [4]
Decken unter Bad / WC ohne / mit Bodenentwässerung	54	53 [4,7]	≥ 55	≤ 46 [4,15,16]
Wände zwischen Übernachtungsräumen sowie Fluren und Übernachtungsräumen	47	–	≥ 52 [17]	–
Türen zwischen Fluren und Übernachtungsräumen	32 [12]	–	≥ 37 [12]	–

Tafel 4.60 Anforderungen an den Schallschutz (Fortsetzung)

Bauteil	Anforderung (in dB)			
	DIN 4109		Beiblatt 2	
	erf. R'_w	erf. $L'_{n,w}$	erf. R'_w	erf. $L'_{n,w}$
Krankenanstalten und Sanatorien				
Decken	54	53	≥ 55	≤ 46
Decken unter/über Schwimmbädern, Spiel- und ähnlichen Gemeinschaftsräumen zum Schutz gegenüber Schlafräumen	55 [6)]	46 [6)]	–	–
Treppenläufe und -podeste, Decken unter Fluren	–	58 [8)]	–	≤ 46 [4)]
Decken unter Fluren	–	53 [5)]	–	≤ 46 [4)]
Decken unter Bad/WC, ohne/mit Bodenentwässerung	54	53 [4) 7)]	≥ 55	≤ 46 [4) 15) 16)]
Wände zwischen a) Krankenräumen, b) Fluren und Krankenräumen, c) Untersuchungs- bzw. Sprechzimmern, d) Fluren und Untersuchungs- bzw. Sprechzimmern, e) Kranken- und Arbeits- bzw. Pflegeräumen	47	–	≥ 52 [18)]	–
Wände zwischen Operations- bzw. Behandlungsräumen sowie Fluren und Operations- bzw. Behandlungsräumen	42	–	–	–
Wände zwischen Räumen der Intensivpflege, sowie Fluren und Räumen der Intensivpflege	37	–	–	–
Türen zwischen Untersuchungs- bzw. Sprechzimmern sowie Fluren und Untersuchungs- bzw. Sprechzimmern	37 [12)]	–	–	–
Türen zwischen a) Fluren und Krankenräumen, b) Operations- bzw. Behandlungsräumen, c) Fluren und Operations- bzw. Behandlungsräumen	32 [12)]	–	≥ 37 [12) 19)]	–
Schulen und vergleichbare Unterrichtsbauten				
Decken zw. Unterrichtsräumen oder ähnlichen Räumen	55	53 [4)]		
Decken unter Fluren	–	53 [4)]		
Decken zw. Unterrichtsräumen und ähnlichen Räumen und „besonders lauten" Räumen (wie z.B. Sporthallen, Musikräume, Werkräume)	55	46 [6)]		
Wände zw. Unterrichts- oder ähnlichen Räumen	47	–		
Wände zw. Unterrichts- oder ähnlichen Räumen und Fluren	47	–		
Wände zw. Unterrichts- oder ähnlichen Räumen und Treppenhäusern	52	–		
Wände zw. Unterrichts- und ähnlichen Räumen und „besonders lauten" Räumen (wie z. B. Sporthallen, Musikräume, Werkräume)	55	–		
Türen zw. Unterrichts- oder ähnlichen Räumen und Fluren	32 [12)]	–		

1) Bei Gebäuden mit ≤ 2 Wohnungen gilt: erf. R'_w = 52 dB und erf. $L'_{n,w}$ = 63 dB.
2) Bei Gebäuden mit ≤ 2 Wohnungen gilt: erf. R'_w = 52 dB.
3) Ausnahme sind Gebäude mit ≤ 2 Wohnungen, sofern Beläge nach DIN 4109 Beiblatt 2 Tab. 18 oder mit Kennzeichnung und Werksbescheinigung.
4) Erf. $L'_{n,w}$ nur für Trittschallübertragung in fremde Aufenthaltsräume (unabhängig von der Übertragungsrichtung).
5) Keine Anrechnung weichfedernder Bodenbeläge zulässig.
6) Ggf. werden zusätzliche Dämpfungsmaßnahmen gegen Übertragung tieffrequenten Körperschalls erforderlich.
7) Bei Bodenentwässerung: Prüfung von $L'_{n,w}$ nur in einem Radius r > 60 cm.
8) Keine Anforderungen an Treppenläufe in Gebäuden mit Aufzug.
9) Keine Anforderungen an Treppenläufe und -podeste in Gebäuden mit ≤ 2 Wohnungen.
10) Für Wände mit Türen gilt: erf. $R'_{w,\,Wand}$ = erf. $R'_{w,\,Tür}$ + 15 dB.
11) Wandabschnitte mit der Breite b < 30 cm bleiben unberücksichtigt.
12) Anforderungen werden an erf. R_W (ohne Flankenschallübertragung) gestellt.
13) Bei einschaligen Haustrennwänden: keine Anrechnung weichfedernder Bodenbeläge zulässig.
14) Gilt nicht für Decken von Räumen mit besonders lauten haustechnischen Anlagen oder Anlagenteilen.
15) Weichfedernde Bodenbeläge dürfen für den Nachweis des Trittschallschutzes angerechnet werden.
16) Bei Sanitärobjekten in Bad und WC ist für eine ausreichende Körperschalldämmung zu sorgen.
17) Für Wände zwischen Übernachtungsräumen und Fluren gilt erf. R'_w für die Wand allein.
18) Anforderungen gelten nur für Wände zwischen Krankenräumen sowie Fluren und Krankenräumen.
19) Anforderungen gelten nur für Türen zwischen Fluren und Krankenräumen.

Tafel 4.62a Empfehlungen an den Schallschutz gegenüber Schallübertragung aus dem eigenen Wohn- und Arbeitsbereich nach DIN 4109 Beiblatt 2 Tab. 3 für normale und erhöhte Anforderungen

Bauteil	Anforderung (in dB)			
	normal		erhöht	
	erf. R'_w	erf. $L'_{n,w}$	erf. R'_w	erf. $L'_{n,w}$
Wohngebäude				
Decken in Einfamilienhäusern, exklusive Kellerdecken und Decken unter nicht ausgebauten Dachräumen	50 1) 2)	56 1) 2)	≥ 55 1) 2)	≤ 46 1) 2)
Treppen und Treppenpodeste in Einfamilienhäusern	–	–	–	≤ 53 2)
Decken von Fluren in Einfamilienhäusern	–	56 2)	–	≤ 46 2)
Wände ohne Türen zwischen „lauten" und „leisen" Räumen unterschiedlicher Nutzung (z. B. zwischen Wohn- und Kinderschlafzimmer)	40	–	≥ 47	–
Büro- und Verwaltungsgebäude				
Decken, Treppen, Decken von Fluren und Treppenraumwände	52 2)	53 2)	≥ 55 2)	≤ 46 2)
Wände zwischen Räumen mit üblicher Bürotätigkeit, Wände zwischen Fluren und Räumen mit üblicher Bürotätigkeit	37 3)	–	≥ 42 3)	–
Türen in Wänden zwischen Räumen mit üblicher Bürotätigkeit sowie in Wänden zwischen Fluren und Räumen mit üblicher Bürotätigkeit	27 4)	–	≥ 32 4)	–
Wände von Räumen für konzentrierte geistige Tätigkeit oder zur Behandlung vertraulicher Angelegenheiten sowie Wände zwischen Fluren und diesen Räumen	45 3)	–	≥ 52 3)	–
Türen in Wänden von Räumen für konzentrierte geistige Tätigkeit oder zur Behandlung vertraulicher Angelegenheiten, ~ in Wänden zwischen Fluren und diesen Räumen	37 4)	–	–	–

1) Bei Decken zwischen Wasch- und WC-Räumen: Schutz nur gegen Trittschallübertragung in Aufenthaltsräume.
2) Weichfedernde Bodenbeläge dürfen für den Nachweis des Trittschallschutzes angerechnet werden.
3) Diese Werte dürfen nicht durch Nebenwegübertragung über Flur und Türen verschlechtert werden.
4) Anforderungen werden an erf. R_W (ohne Flankenschallübertragung) gestellt.

Tafel 4.62b Anforderungen an die Luft- und Trittschalldämmung zwischen „besonders lauten" und „schutzbedürftigen" Räumen nach DIN 4109 unter Berücksichtigung von Flanken- und sonstigen Nebenwegübertragungen

Art der „besonders lauten" Räume	bewertetes Luftschalldämm-Maß von Decken und Wänden R'_w (in dB)		Bewerteter Norm-Trittschallpegel von Fußböden $L'_{n,w}$ 1) 2) in dB
	Schalldruckpegel $75 \le L_{AF} \le 80$ in dB(A)	Schalldruckpegel $81 \le L_{AF} \le 85$ in dB(A)	
Räume mit „besonders lauten" haustechnischen Anlagen oder Anlagenteilen	57	62	43 3)
Betriebsräume von Handwerks- und Gewerbebetrieben; Verkaufsstätten	57	62	43
Küchenräume der Küchenanlagen von Beherbergungsstätten, Krankenhäusern, Sanatorien, Gaststätten, Imbissstuben u. dgl.	55		43
Küchenräume wie vor, jedoch auch nach 22.00 Uhr in Betrieb	57 4)		33
Gasträume, nur bis 22.00 Uhr in Betrieb	55		43
Gasträume mit Betrieb auch nach 22.00 Uhr mit maximalem Schalldruckpegel $L_{AF} \le 85$ dB(A)	62		33

Tafel 4.62b Anforderungen an die Luft- und Trittschalldämmung (Fortsetzung)

Art der „besonders lauten" Räume	bewertetes Luftschalldämm-Maß von Decken und Wänden R'_w (in dB)		Bewerteter Norm-Trittschallpegel von Fußböden $L'_{n,w}$ 1) 2) in dB
	Schalldruckpegel $75 \leq L_{AF} \leq 80$ in dB(A)	Schalldruckpegel $81 \leq L_{AF} \leq 85$ in dB(A)	
Räume von Kegelbahnen	67		–
Fußböden der Keglerstube / der Bahn	–		33 / 15
Gasträume mit maximalem Schalldruckpegel $85 \leq L_{AF} \leq 95$ dB(A), z. B. mit elektroakustischen Anlagen	72		28

1) Jeweils in Richtung der Lärmausbreitung.
2) Die für Maschinen erforderliche Körperschalldämmung ist mit diesem Wert nicht erfasst; hierfür sind ggf. weitere Maßnahmen erforderlich. Ebenso kann je nach Art des Betriebes ein niedrigerer bewerteter Normtrittschallpegel notwendig sein; dies ist im Einzelfall zu prüfen.
3) Nicht erforderlich, wenn geräuscherzeugende Anlagen ausreichend körperschallgedämmt aufgestellt werden; eventuelle weitere Anforderungen nach DIN 4109 bleiben davon unberührt.
4) Handelt es sich um Großküchen und darüberliegende Wohnungen als schutzbedürftige Räume, gilt erf. $R'_w = 62$ dB.

Tafel 4.63 Anforderungen an den Schallschutz schutzbedürftiger Räume in Wohngebäuden nach VDI 4100 (→ Empfehlungen)

Schallschutz schutzbedürftiger Räume[1]	Kennzeichnende Größe (in dB)	Schallschutzstufe (SSt)		
		I	II	III
Mehrfamilienhäuser				
Luftschallschutz, allgemein	$D_{nT,w}$	≥ 56	≥ 59	≥ 64
Luftschallschutz: Treppenraumwand mit Tür[2]	$D_{nT,w}$	≥ 45	≥ 50	≥ 55
Trittschallschutz: vertikal, horizontal oder diagonal[3]	$L'_{nT,w}$	≤ 51	≤ 44	≤ 37
Einfamilien-Doppel- und -Reihenhäuser				
Luftschallschutz, allgemein	$D_{nT,w}$	≥ 65	≥ 69	≥ 73
Trittschallschutz: horizontal oder diagonal[3]	$L'_{nT,w}$	≤ 46	≤ 39	≤ 32
Eigener Bereich (selbst genutztes Einfamilienhaus oder Wohnung)[4]				
Luftschallschutz: horizontal (Wände *ohne* Türen) und vertikal	$D_{nT,w}$	48	52	
Luftschallschutz: bei offenen Grundrissen *Wand mit Tür* zum getrennten Raum	$D_{nT,w}$	26	31	
Trittschallschutz: Decken und Treppen im abgetrennten Treppenraum[5]	$L'_{nT,w}$	53	46	

1) Schutzbedürftige Räume in Wohnungen sind hier alle Räume (auch Bäder) mit einer Grundfläche ≥ 8 m².
2) Bezieht sich auf den Schallschutz vom Treppenraum zum nächsten Aufenthaltsraum; wohnungsinterne Türen dürfen im Falle eines dazwischen liegenden Raums pauschal mit $\Delta D_{nT,w} = -10$ dB berücksichtigt werden.
3) Gilt auch für die Trittschallübertragung von Balkonen, Loggien, Laubengängen und Terrassen.
4) Kennzeichnung der Empfehlungen hier als SSt EB I und SSt EB II.
5) Oben und unten abgeschlossen.

Aus den genannten Empfehlungen der VDI 4100 ergeben sich dann das bewertete Bau-Schalldämm-Maß R'_w bzw. der bewertete Norm-Trittschallpegel $L'_{n,w}$ der trennenden Bauteile für eine vorgegebene Nachhallzeit $T_0 = 0{,}5$ s (→ typische Wohnnutzung) entsprechend den nachfolgenden Gleichungen zu:

$$R'_w = D_{nT,w} + 10 \cdot log\left(3{,}1 \cdot \frac{S}{V_E}\right)$$

$$L'_{n,w} = L'_{nT,w} + 10 \cdot log V_E - 15$$

R'_w bewertetes Bau-Schalldämm-Maß in dB
$D_{nT,w}$ bewertete Standard-Schallpegeldifferenz in dB
$L'_{nT,w}$ bewerteter Standard-Trittschallpegel in dB
$L'_{n,w}$ bewerteter Norm-Trittschallpegel in dB
S Größe der Trennfläche in m²
V_E Volumen des Empfangsraums in m³

6.2.4 Empfehlungen für den Mindest-Schallschutz in Bürogebäuden

Bei der Anwendung der Tafel 4.64 ist zu beachten, dass zur Verringerung der Störwirkung informationshaltiger Geräusche (z. B. Sprache) der Schallpegel eines gleichmäßigen Hintergrundgeräusches (z. B. durch eine Lüftungsanlage) gezielt angehoben werden kann. Darüber hinaus kann es notwendig werden, die aufgeführten Empfehlungen wesentlich zu erhöhen, wenn in Einzelbüros der Hintergrundgeräuschpegel L_{Ag} den Wert von 30 dB(A) deutlich unterschreitet.

Tafel 4.64 Empfehlungen für den Mindest-Schallschutz in Bürogebäuden nach VDI 2569 in Verbindung mit VDI 2058-3 und Arbeitsstättenverordnung (ArbStättV)

Tätigkeitsbereich	Tätigkeitsgruppe	Bürotyp	Hintergrundgeräuschpegel[1]	Außenbauteile	Empfehlungen für innerbetriebliche Büros, angrenzende Flure[4], Sanitärräume		Anforderungen an Innenbauteile zu fremden Wohn- und Arbeitsbereichen	
					Wand, Decke	Decke	Wand, Decke	Decke
			L_{Ag} in dB(A)	$R'_{w,res}$[5] in dB	$R'_{w,res}$[2] in dB	$L'_{n,w}$[3] in dB	R'_w in dB	$L'_{n,w}$ in dB
überwiegend geistig, Beurteilungspegel $L_r \leq 55$ dB(A)	Entscheidungen mit besonderer Tragweite, schöpferisches Denken	Einzelbüro mit hohen Anforderungen	30	$L_{Ama} - 25$	52	46	≥ 55	46
			35	$L_{Ama} - 30$	47	46		
	Entscheiden und Handeln mit weitreichenden Folgen	Einzelbüro mit normalen Anforderungen	30	$L_{Ama} - 30$	47	46	≥ 55	46
			35	$L_{Ama} - 35$	42	46		
			40	$L_{Ama} - 40$	37	53		
	Arbeiten mit hoher Konzentration	Mehrpersonenbüro mit hohen Anforderungen	30	$L_{Ama} - 30$	47	46	≥ 55	46
			35	$L_{Ama} - 35$	42	46		
			40	$L_{Ama} - 40$	37	53		
			45	$L_{Ama} - 45$	32	53		
	Besprechungen	Sitzungsraum	30	$L_{Ama} - 25$	57	46	≥ 55	46
			35	$L_{Ama} - 30$	52	46		
Einfach, überwiegend mechanisiert, Beurteilungspegel $L_r \leq 70$ dB(A)	Tätigkeit mit zeitweiliger Konzentration, besonderer Verantwortung und zeitweise mechanisierter Arbeit	Einzelbüro mit geringen Anforderungen	35	$L_{Ama} - 35$	42	53	≥ 55	53
			40	$L_{Ama} - 40$	37	53		
			45	$L_{Ama} - 45$	32	53		
		Mehrpersonenbüro mit normalen Anforderungen	40	$L_{Ama} - 45$	37	53	≥ 55	53
			45	$L_{Ama} - 45$	32	53		
	überwiegend mechanisiert	Mehrpersonenbüro mit geringen Anforderungen	40	$L_{Ama} - 45$	32	53	≥ 55	53
			45	$L_{Ama} - 50$	27	53		

[1] Bei der Planung neuer Bürogebäude ist der entsprechend den akustischen Eigenschaften zu erwartende oder gewünschte Hintergrundgeräuschpegel zugrunde zu legen; bei Verbesserungen in vorhandenen Gebäuden sollten dagegen Messungen durchgeführt werden.
[2] Diese Werte gelten für das bewertete Luftschalldämm-Maß von Wänden einschließlich das von Türelementen.
[3] Der angegebene bewertete Normtrittschallpegel gilt nur bei ähnlicher Raumnutzung. Im Einzelfall können niedrigere Werte für $L'_{n,w}$ erforderlich werden (Beispiel: Küche, Kantine o. Ä. über geräuschempfindlichen Büroräumen).
[4] Je nach Nutzung des Flurs können die jeweils angegebenen Werte verändert werden.
[5] L_{Ama} ist der Mittelungspegel des Schalldrucks außen vor der Fassade.

6.3 Kennwerte für den Luft- und Trittschallschutz nach DIN 4109 Bbl. 1

6.3.1 Vorbemerkung

Gegenwärtig (Stand 11.2015) gelten für den öffentlich rechtlichen Nachweis noch die Vorgaben von DIN 4109. Auch wenn erkennbar ist, dass die Nachweisführung der veralteten Norm im Rahmen der seit längerem laufenden Überarbeitung auf die Rechenansätze der europäischen Normengruppe DIN EN 12 354 umgestellt werden wird, ist der Zeitpunkt der Umsetzung noch nicht abzusehen. Daher beziehen sich die vorgestellten Nachweisverfahren und die zu ermittelnden Kennwerte auf den angesprochenen Status quo.

Die Norm gibt dem Planer nur eine beschränkte Auswahl an Bauelementen an die Hand, deren schalltechnische Rechenwerte in Algorithmen oder Tabellen vorgegeben sind. Insbesondere für mehrschalige Konstruktionen wird ausdrücklich auf die entsprechenden Herstellerangaben (Prüfzeugnisse) verwiesen.

6.3.2 Rechenwerte der bewerteten Luftschalldämm-Maße $R'_{w,R}$

Rechenwerte der Rohdichten

Vor der Ermittlung der flächenbezogenen Massen von Mauerwerksscheiben, Bauelementen aus Betonen sowie von Putzschichten sind die *Nennwerte* der eingesetzten Materialien in die entsprechenden schalltechnisch relevanten *Rechenwerte* umzuwandeln.

Tafel 4.65a Rechenwerte der Wandrohdichten für einschaliges Mauerwerk für alle Formate der in DIN 1053-1 und DIN 4103-1 für die Herstellung von Wänden aufgeführten Steine und Platten in Abhängigkeit ihres Nennwertes

Nennwert[1)]	in kg/m³	2200	2000	1800	1600	1400	1200	1000	900	800	700	600	500	400
Rechenwert[2)] in kg/m³	Normalmörtel	2080	1900	1720	1540	1360	1180	1000	910	820	730	640	550	460
	Leichtmörtel	1940	1770	1600	1420	1260	1090	950	860	770	680	590	500	410

[1)] Werden Hohlblocksteine nach DIN 106-1, DIN 18 151 oder DIN 18 153 vermauert und die Hohlräume satt mit Sand oder mit Normalmörtel gefüllt, so sind die Rechenwerte der Wandrohdichte um 400 kg/m³ zu erhöhen.

[2)] Dicke der Mörtelfugen von Wänden nach DIN 1053 bzw. DIN 4103-1. Bei Wänden aus dünnfugig zu verlegenden Plansteinen und -platten sind die Werte entsprechend Tafel 4.65b anzusetzen.

Tafel 4.65b Rechenwerte der Rohdichten für Betone

Beton	Nennwert der Rohdichte ρ_N in kg/m³	Rechenwert der Rohdichte ρ_W in kg/m³
fugenloser Normalbeton (unbewehrt u. bewehrt)	–	2300
fugenloser Leicht- oder Porenbeton oder im Dünnbett verlegte Plansteine oder Planplatten aus Leicht- oder Porenbeton	> 1000	$\rho_N - 100$
	≤ 1000	$\rho_N - 50$

Tafel 4.65c Rechenwerte der flächenbezogenen Massen für Putzschichten

Putzdicke in mm	Flächenbezogene Masse m' in kg/m²	
	Kalkgipsputz, Gipsputz	Kalkputz, Kalkzementputz, Zementputz
10	10	18
15	15	25
20	–	30

Einschalige, biegesteife Wände

Als biegesteif gelten einschalige Bauteile mit einer Koinzidenzgrenzfrequenz $f_g \leq 2000$ Hz. Wände mit unmittelbar aufgebrachten Putzschichten nach DIN 18 550-1 oder mit Beschichtungen gelten als einschalig. Vorausgesetzt werden in Tafel 4.65d ein geschlossenes Gefüge und ein fugendichter Aufbau der Wand (als Mindestanforderung gegenüber Schalldurchgang gilt eine zumindest einseitig angebrachte vollflächig anhaftende Putzschicht bzw. eine anderweitig taugliche Beschichtung).

Tafel 4.65d Rechenwerte der bewerteten Luftschalldämm-Maße $R'_{w,R}$ für einschalige Wände (Voraussetzung: flankierende Bauteile mit $m' \approx 300$ kg/m²)

allgemein	verputzte Wände aus dampfgehärtetem Porenbeton und Leichtbeton mit Blähtonzuschlag ($\rho_N \leq 800$ kg/m³)	Wände aus Gips-Wandbauplatten nach DIN 4103-2, umlaufend mit Bitumenfilzstreifen eingebaut
$R'_{w,R} = 28 \cdot \log m' - 20$	$R'_w = 28 \cdot \log m' - 18$	

Einschalige biegesteife Wände mit Innendämmung

Die Anordnung einer biegeweichen Innenschale verändert das Schalldämm-Verhalten einschaliger biegesteifer Wände; schalltechnisch verbessernde Konstruktionen sind mit den entsprechenden Rechenwerten nachfolgend aufgeführt.

Tafel 4.66a Schalltechnisch verbesserte Konstruktionen einschaliger biegesteifer Wände mit Innendämmung

Gruppe	Wandausbildung (Maße in mm)	Beschreibung
A	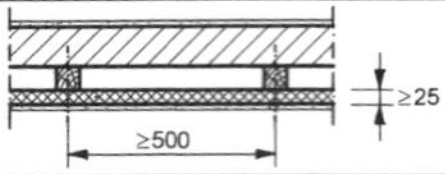	Vorsatzschale aus Holzwolle-Leichtbauplatten nach DIN 1101, $d \geq 25$ mm, verputzt, Holzständer an schwerer Schale befestigt, Ausführung nach DIN 1102
	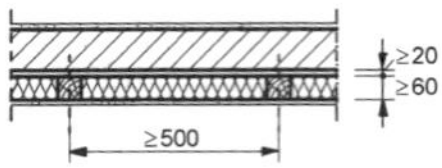	Vorsatzschale aus Gipskartonplatten nach DIN 18 180, $d = 12{,}5$ oder 15 mm, Ausführung nach DIN 18 181 oder aus Spanplatten nach DIN 68 763, $10 \leq d \leq 16$ mm, mit Hohlraumfüllung aus Faserdämmstoffen nach DIN 18 165-1 mit $d = 20$ mm oder $d \geq 60$ mm und $r \geq 5$ kN·s/m^4
B	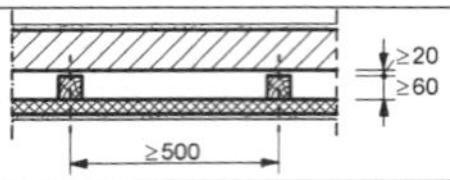	Vorsatzschale aus Holzwolle-Leichtbauplatten nach DIN 1101, $d \geq 25$ mm, verputzt, Holzständer mit Abstand $d \geq 20$ mm vor schwerer Schale frei stehend, Ausführung nach DIN 1102
	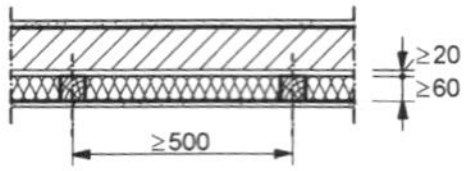	Vorsatzschale aus Gipskartonplatten nach DIN 18 180, $d = 12{,}5$ o. 15 mm, Ausführung nach DIN 18 181 oder aus Spanplatten nach DIN 68 763, $10 \leq d \leq 16$ mm, Holzständer oder C-Wandprofile aus Stahlblech nach DIN 18 182-1 mit Abstand $d \geq 20$ mm vor schwerer Schale frei stehend, Hohlraumfüllung aus Faserdämmstoffen (DIN 18 165-1) mit $d = 20$ mm o. $d \geq 60$ mm und $r \geq 5$ kN·s/m^4
	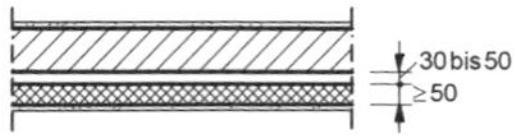	Vorsatzschale aus Holzwolle-Leichtbauplatten nach DIN 1101, $d \geq 50$ mm, verputzt, mit Abstand $30 \leq d \leq 50$ mm vor schwerer Schale frei stehend, Ausführung nach DIN 1102 (Ausfüllung des Hohlraumes mit Faserdämmstoffen (DIN 18 165-1) mit $d = 20$ mm o. $d \geq 60$ mm und $r \geq 5$ kN·s/m^4: Abstand $d = 20$ mm ausreichend)
	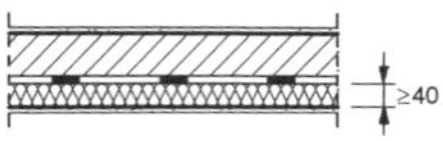	Vorsatzschale aus Gipskartonplatten (DIN 18 180), $d = 12{,}5$ oder 15 mm und Faserdämmplatten (DIN 18 165-1) Anwendungstyp WV-s mit $d \geq 40$ mm und $s' \leq 5$ MN/m^3, Ausführung nach DIN 18 181, an schwerer Schale streifen- oder punktförmig befestigt

Tafel 4.66b Rechenwerte der bewerteten Luftschalldämm-Maße $R'_{w,R}$ für schalltechnisch verbesserte Konstruktionen einschaliger biegesteifer Wände mit Innendämmung nach Tafel 4.66a (Voraussetzung: flankierende Bauteile mit $m' \approx 300$ kg/m^2)

m' in kg/m^2		100	150	200	250	275	300	350	400	450	500
$R'_{w,R}$ in dB	Gruppe A	48	48	49	51	52	53	54	55	56	57
	Gruppe B	49	49	50	52	53	54	55	56	57	58

Zweischalige biegesteife Haustrennwände

Zweischalige Haustrennwände werden in der Regel aus zwei schweren, biegesteifen Schalen mit durchgehender Trennfuge hergestellt (vgl. Abb. 4.67).

Tafel 4.66c Rechenwerte der bewerteten Luftschalldämm-Maße $R'_{w,R}$ für zweischalige Haustrennwände (Voraussetzung: durchgehende Trennfuge, flankierende Bauteile mit $m' \approx 300$ kg/m^2)

allgemein	verputzte Wände aus dampfgehärtetem Porenbeton und Leichtbeton mit Blähtonzuschlag ($\rho_N \leq 800$ kg/m^3)
$R'_{w,R} = 28 \cdot log(m'_1 + m'_2) - 8$	$R'_{w,R} = 28 \cdot log(m'_1 + m'_2) - 6$

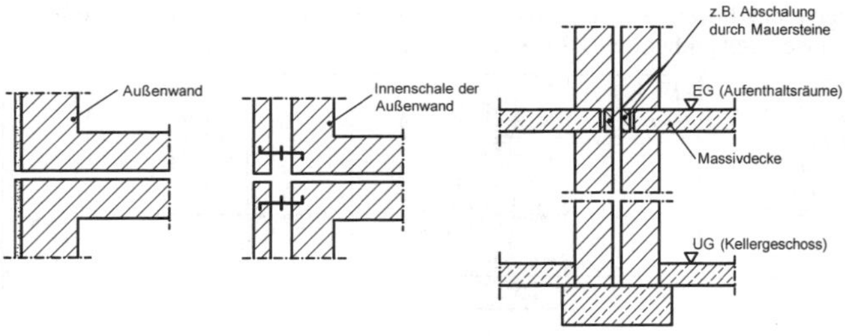

Abb. 4.67 Skizze zur prinzipiellen Ausbildung zweischaliger Haustrennwände (links/mittig: Horizontalschnitte unterschiedlicher Außenwände, rechts: Vertikalschnitt)

Massive Außenwände

Die rechnerische Ermittlung des bewerteten Luftschalldämm-Maßes $R'_{w,R}$ mehrschaliger massiver Wände mit mindestens einer biegesteifen Schale beschränkt sich nach DIN 4109 auf die nachfolgenden Varianten; für abweichende Konstruktionen ist auf entsprechende Prüfzeugnisse zurückzugreifen.

Tafel 4.67 Rechenwerte der bewerteten Luftschalldämm-Maße $R'_{w,R}$ für massive Außenwände (Voraussetzung: mindestens eine biegesteife Schale, flankierende Bauteile mit $m' \approx 300$ kg/m²)

Mauerwerk mit hinterlüfteter Bekleidung	Zweischaliges Mauerwerk mit Luftschicht[1]	Beton-Sandwichelement mit Dämmschicht aus Hartschaum
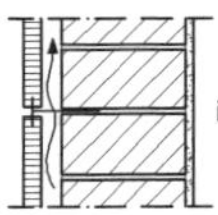	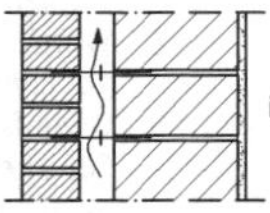	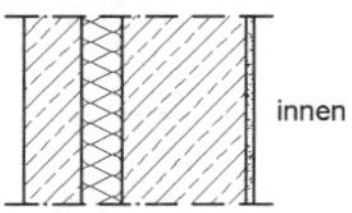
$m' = m'_{\text{Innenschale}}$	$m' = m'_{\text{Innenschale}} + m'_{\text{Vormauerschale}}$	$m' = m'_{\text{Innenschale}} + m'_{\text{Wetterschutzschale}}$
$R'_{w,R} = 28 \cdot \log m' - 20$	$R'_{w,R} = 28 \cdot \log m' - 15$	$R'_{w,R} = 28 \cdot \log m' - 22$

[1] Ist die flächenbezogene Masse der auf die Innenschale der Außenwand anschließenden Trennwände größer als 50 % der flächenbezogenen Masse der inneren Schale der Außenwand, darf das Schalldämm-Maß um 3 dB erhöht werden.

Beispiel:

Gesucht ist das bewertete Luftschalldämm-Maß R'_w einer zweischaligen Außenwand mit Luftschicht, Vormauerschale (Klinker, d = 11,5 cm, ρ_N = 2200 kg/m³), Tragschale (Leichtbeton mit Naturbims als haufwerkporigem Zuschlag, d = 30 cm, ρ_N = 400 kg/m³ mit Leichtmörtel), Innenputz (d = 1,5 cm)

$\rho_N = 2200$ kg/m³ $\rightarrow$ $\rho_W = 2080$ kg/m³ $\qquad m'_1 = 0{,}115 \cdot 2080 = 239{,}2\,\text{kg/m}^2$

$\rho_N = 500$ kg/m³ LM $\rightarrow$ $\rho_W = 410$ kg/m³ $\qquad m'_2 = 0{,}30 \cdot 410 + 15{,}0 = 138{,}0\,\text{kg/m}^2$

Innenputz: $m' = 15$ kg/m² $\qquad R'_{w,R} = 28 \cdot \log(239{,}2 + 138{,}0) - 15 = 57\,\text{dB}$

Einschalige biegesteife Wände mit Wärmedämmverbundsystem (WDVS)

Wärmedämmverbundsysteme können das Schalldämmverhalten von Wänden je nach Aufbau sowohl verbessern als auch verschlechtern – verantwortlich ist dafür vor allem die Größe der Resonanzfrequenz des bauakustisch zweischaligen Systems dieses Wandaufbaus. Das bewertete Luftschalldämm-Maß $R'_{w,R}$ ergibt sich mit Hilfe eines Verbesserungsmaßes ΔR_w, das sich üblicherweise der entsprechenden Allgemeinen Bauaufsichtlichen Zulassung des WDVS entnehmen lässt (alternativ lässt sich der Einfluss des WDVS auch mit geeigneten genaueren Verfahren berechnen):

$$R'_{w,R} = R'_{w,R}(m') + \Delta R_w$$

Außenwände in Leichtbauweise

Beispiele für die Ausführung von Außenwänden in Holzbauweise und deren Rechenwerte $R'_{w,R}$ nach DIN 4109 finden sich in der Tafel 4.68a; hinsichtlich anderer Konstruktionen im Holz- und Leichtbau wird auf weiterführende Literatur und entsprechende Prüfzeugnisse verwiesen.

Tafel 4.68a Rechenwerte der bewerteten Luftschalldämm-Maße $R'_{w,R}$ von Außenwänden in Holzbauweise; Beispiele nach DIN 4109 Beiblatt 1 (Maße in mm)

Aufbau	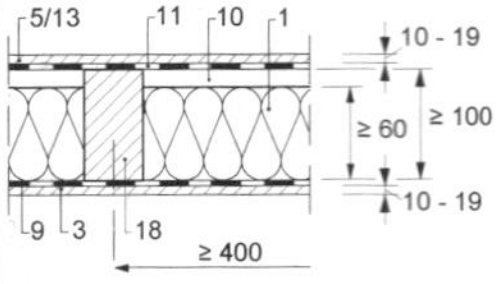	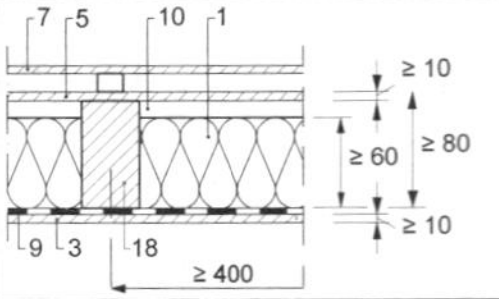	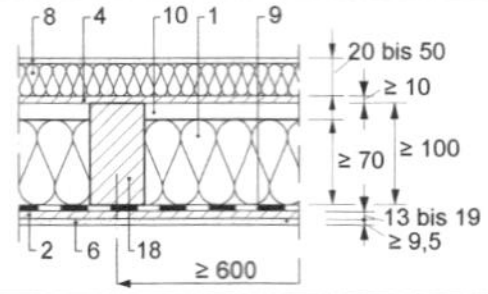
$R'_{w,R}$	35	35	42
Aufbau	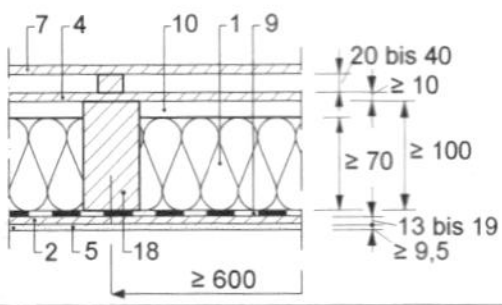	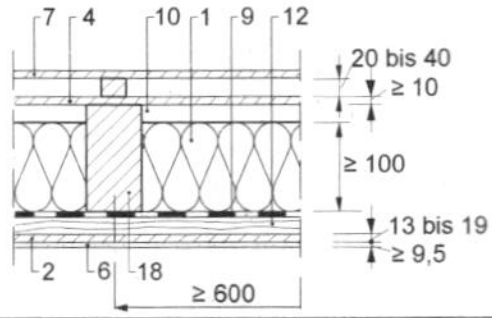	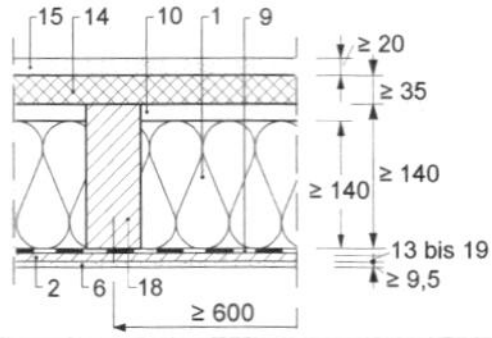
$R'_{w,R}$	42	45	48
Aufbau	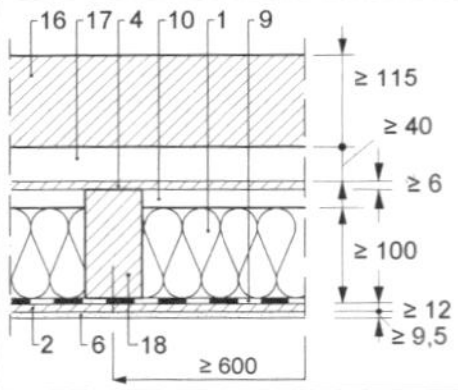		
$R'_{w,R}$	52		

1 Faserdämmstoff nach DIN 18 165-1, längenbezogener Strömungswiderstand $r \geq 5$ kN·s/m^4
2 Spanplatten nach DIN 68 763, Bau-Furniersperrholz nach DIN 68 705-3 und -5, Gipskartonplatten nach DIN 18 180 mit $m' \geq 8$ kg/m^2
3 Spanplatten nach DIN 68 763, Bau-Furniersperrholz nach DIN 68 705-3 und -5, Gipskartonplatten nach DIN 18 180 oder 18 mm Nut-Feder-Bretterschalung ($m' \geq 8$ kg/m^2)
4 Spanplatten, Bau-Furniersperrholz mit $m' \geq 8$ kg/m^2
5 Spanplatten, Bau-Furniersperrholz oder 18 mm Nut-Feder-Bretterschalung ($m' \geq 8$ kg/m^2)
6 Bekleidung mit $m' \geq 8$ kg/m^2
7 Vorhangschale mit $m' \geq 10$ kg/m^2
8 Wärmedämmverbundsystem, Hartschaumplatten mit Dünn- oder Dickputz
9 Dampfsperre, bei zweilagiger, raumseitiger Bekleidung kann die Dampfsperre auch zwischen den Bekleidungen angeordnet werden
10 Hohlraum, nicht belüftet
11 Wasserdampfdurchlässige Folie, nur bei Bretterschalung erforderlich
12 Zwischenlattung
13 Faserzementplatten mit $d \geq 4$ mm
14 Holzwolle-Leichtbauplatten nach DIN 1101
15 Mineralischer Außenputz nach DIN 18 550-1 u. -2
16 Mauerwerk-Vorsatzschale
17 Hohlraum, belüftet
18 Holzständer

Dächer

Beispiele für die Ausführung von Flach- und Satteldächern in Holzbauweise und deren Rechenwerte $R'_{w,R}$ nach DIN 4109 finden sich in den Tafeln 4.68b und 4.69a; hinsichtlich anderer Konstruktionen wird auf weiterführende Literatur und entsprechende Prüfzeugnisse verwiesen.

Tafel 4.68b Rechenwerte der bewerteten Luftschalldämm-Maße $R'_{w,R}$ von Flachdächern in Holzbauweise nach DIN 4109 Beiblatt 1 (Maße in mm)

Aufbau	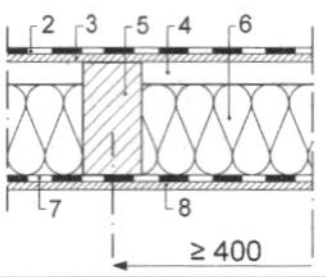	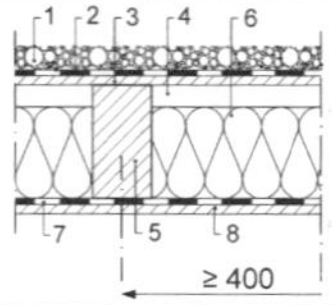	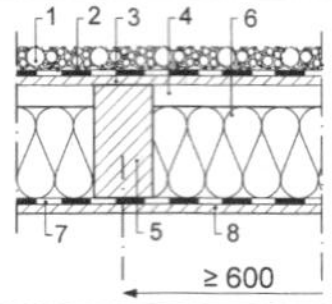	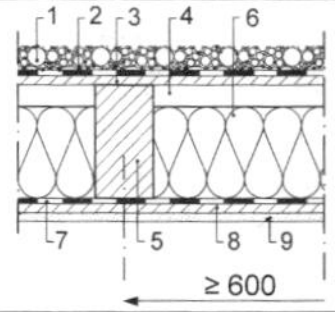
$R'_{w,R}$ in dB	35	40	45	50

1 Kiesauflage $s_k \geq 30$ mm
2 Dachabdichtung
3 Spanplatten, Bau-Furniersperrholz, Nut-Feder-Schalung, $d \geq 12$ mm
4 Hohlraum, belüftet/nicht belüftet
5 Sparren, Sparrenhöhe ≥ 160 mm
6 Faserdämmstoff, längenbezogener Strömungswiderstand $r \geq 5$ kN·s/m^4, $d \geq 60$ mm
7 Dampfsperre
8 Spanplatten, Bau-Furniersperrholz, Nut-Feder-Schalung, $d \geq 12$ mm, optional mit Zwischenlattung
9 Spanplatten, Gipskartonplatten, Bretterschalung mit $m' \geq 8$ kg/m^2

Tafel 4.69a Rechenwerte der bewerteten Luftschalldämm-Maße $R'_{w,R}$ geneigter Dächer in Holzbauweise (Beispiele nach DIN 4109 Beiblatt 1; Maße in mm)

Aufbau	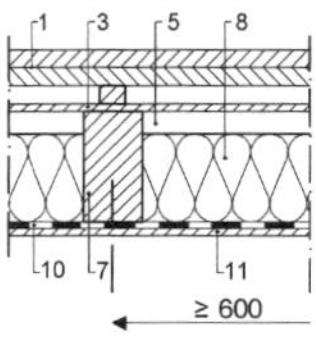	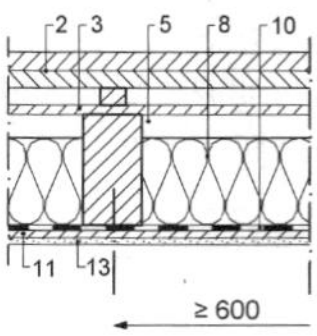	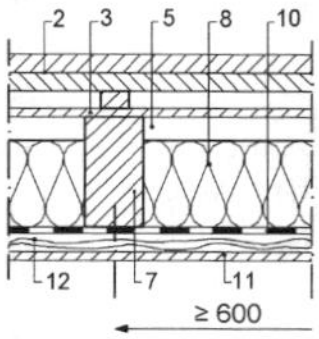	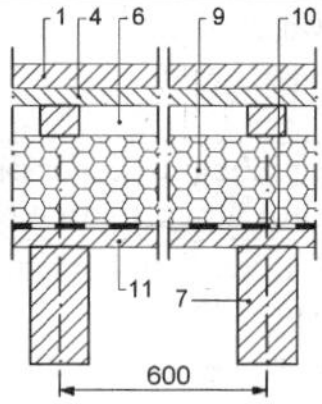
$R'_{w,R}$ in dB	35	40[1] bzw. 45	45	37

1 Dachdeckung auf Querlattung (ggf. mit Konterlattung)
2 Dachdeckung auf Querlattung (ggf. mit Konterlattung), mit Anforderungen an die Dichtheit (z. B. Faserzementplatten auf Rauspund $d \geq 20$ mm, Falzdachziegel nach DIN 456 bzw. Betondachsteine nach DIN 1115, nicht gefalzte Dachziegel bzw. Dachsteine in Mörtelbettung)
3 Unterspannbahn o. Ä., z. B. harte Holzfaserplatten
4 Rauspundschalung mit Nut und Feder, $d = 24$ mm
5 Hohlraum, belüftet/nicht belüftet
6 Hohlraum, belüftet/nicht belüftet, $d \geq 40$ mm
7 Sparren, Sparrenhöhe $h \geq 160$ mm
8 Faserdämmstoff, längenbezogener Strömungswiderstand $r \geq 5$ kN·s/m^4, $d \geq 60$ mm
9 Hartschaumplatten nach DIN 18 164, Anwendungstyp WD oder WS und WD, $d \geq 120$ mm
10 Dampfsperre
11 Spanplatten oder Gipskartonplatten ohne/mit Zwischenlattung
12 Zwischenlattung
13 Bekleidung aus Holz, Spanplatten oder Gipskartonplatten mit $m' \geq 6$ kg/m^2

1) Ohne Anforderung an die Dichtheit der Dachdeckung.

Decken

Für massive Decken ergibt sich der Rechenwert des bewerteten Luftschalldämm-Maßes $R'_{w,R}$ in Abhängigkeit zur flächenbezogenen Masse m' (Tafel 4.69b), bei deren Ermittlung bei Konstruktionen mit Hohlräumen, unbewehrtem Beton, Aufbeton und Estrichen entsprechende Randbedingungen (Tafel 4.70a) zu beachten sind.

Tafel 4.69b Rechenwerte der bewerteten Luftschalldämm-Maße $R'_{w,R}$ von Massivdecken (Voraussetzung: flankierende Bauteile mit $m'_{L,Mittel} = 300 \pm 25$ kg/m^2)

Flächenbezogene Masse m' 1) in kg/m^2	Rechenwerte der bewerteten Luftschalldämm-Maße $R'_{w,R}$ in dB			
	Einschalige Massivdecke mit		Massivdecke mit Unterdecke 3) und	
	unmittelbar aufgebrachtem Estrich / Gehbelag	schwimmendem Estrich 2)	unmittelbar aufgebrachtem Estrich / Gehbelag	schwimmendem Estrich
150	41	49	49	52
200	44	51	51	54
250	47	53	53	56
300	49	55	55	58
350	51	56	56	59
400	53	57	57	60
450	54	58	58	61
500	55	59	59	62

1) Die Massen von aufgebrachten Verbundestrichen oder Estrichen auf Trennschicht und von unterseitigem Putz sind zu berücksichtigen.
2) Und anderen schwimmend verlegten Deckenauflagen (z. B. schwimmend verlegte Holzfußböden), sofern sie ein Trittschallverbesserungsmaß $\Delta L_w \geq 24$ dB haben.
3) Biegeweiche Unterdecken oder akustisch gleichwertig.

Beispiele für die Ausführung von Decken in Holzbauweise und deren Rechenwerte $R'_{w,R}$ nach DIN 4109 finden sich in der Tafel 4.70b; hinsichtlich anderer Konstruktionen wird auf weiterführende Literatur und entsprechende Prüfzeugnisse verwiesen.

Tafel 4.70a Ermittlung der flächenbezogenen Masse *m'* für unterschiedliche Massivdecken

Konstruktionsart	Ermittlung der flächenbezogenen Masse m'
Massivdecke mit Hohlräumen	Berechnung mit den Rechenwerten nach DIN 1055-1 abzüglich 15 % oder Berechnung mit dem vorhandenen Querschnitt mit $\rho = 2300$ kg/m³
Stahlbeton-Rippendecke ohne Füllkörper, Estrich und Unterdecke	nur Deckenplatte
Aufbeton, unbewehrter Beton aus Normalbeton	$\rho = 2100$ kg/m³
Verbundestrich und Estrich auf Trennschicht	Berechnung mit den Rechenwerten nach DIN 1055-1 abzüglich 10 %

Tafel 4.70b Rechenwerte der bewerteten Luftschalldämm-Maße $R'_{w,R}$ von Decken in Holzbauweise nach DIN 4109 Beiblatt 1 (Maße in mm)

Deckenaufbau[3)]		Schalldämm-Maß in dB		
		Massivbau	Holz- oder Skelettbau	
		$R'_{w,R}$[1)]	$R'_{w,R}$[2)]	$R_{w,R}$
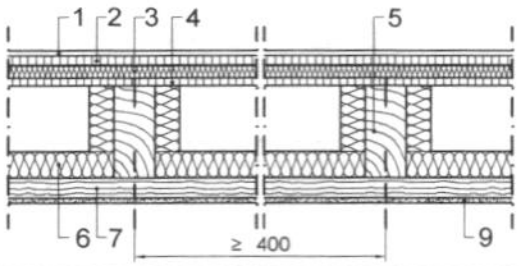	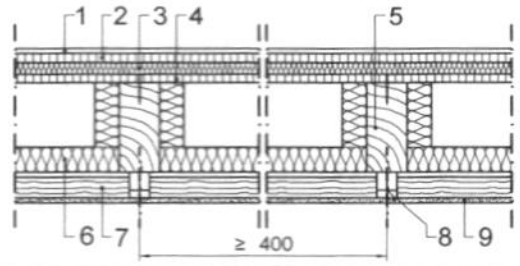	links: k.A. rechts: 50	links: 50 rechts: 54	links: 53 rechts: 57
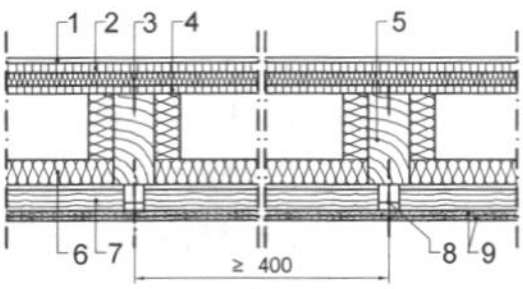	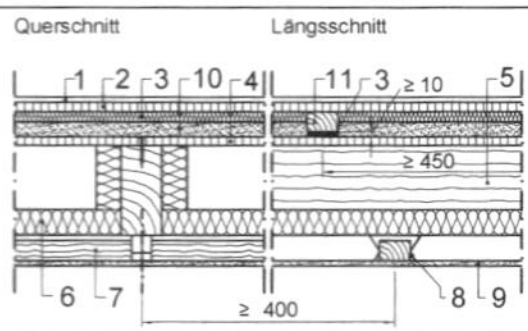	links: 50 rechts: k.A.	links: 57 rechts: 57	links: 62 rechts: 65
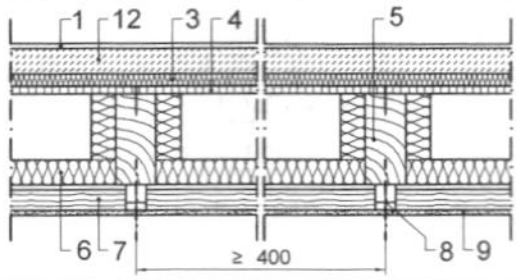	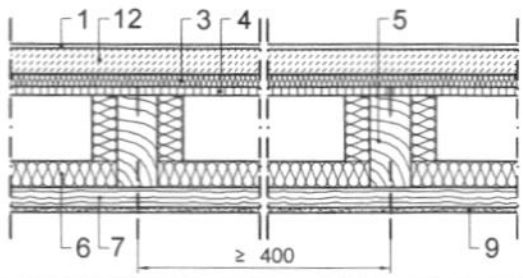	links: 50 rechts: k.A.	links: 57 rechts: 54	links: 65 rechts: 60
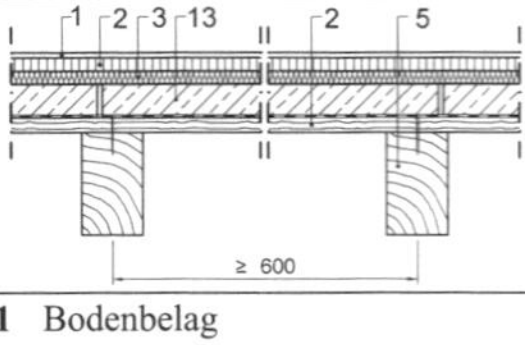		k.A.	55	63

1 Bodenbelag
2 Spanplatte, gespundet oder Nut-Feder-Verbindung, schwimmend verlegt, $19 \leq d \leq 25$ mm
3 Trittschalldämmung nach DIN 18 165-2 Typ T od. TK mit $s' \leq 15$ MN/m³, $d \geq 25$ mm (auf Sand: $d \geq 20$ mm)
4 Spanplatte, gespundet oder Nut-Feder-Verbindung, mechanisch am Deckenbalken befestigt, $16 \leq d \leq 25$ mm
5 Holzbalken, $d \geq 180$ mm
6 Hohlraumbedämpfung nach DIN 18 165-1 mit $r \geq 5$ kN·s/m⁴, $d \geq 50$ mm[3)]
7 Lattung, Achsabstand $e \geq 400$ mm
8 Anschluss der Latten an den Balken über Federbügel oder Federschienen
9 Gipskartonplatten (d = 12,5 oder 15 mm), Spanplatte ($10 \leq d \leq 13$ mm) oder verputzte HWL-Platte ($d \geq 25$ mm)
10 trockener Sand
11 Lagerholz (40 mm × 60 mm)
12 Zementestrich, schwimmend verlegt
13 Betonplatten oder -steine, Kantenlänge $l \leq 400$ mm, $m' \geq 140$ kg/m², offene Fugen zwischen den Platten, in Kaltbitumen verlegt

1) Die mittlere flächenbezogene Masse der einschaligen, biegesteifen Bauteile beträgt $m' \approx 300$ kg/m².
2) Die flankierenden Wände sind als Montagewände ausgeführt und in der Deckenebene unterbrochen.
3) Bei einer Dicke der eingelegten Dämmschicht von $d \geq 100$ mm kann das seitliche Hochziehen entfallen.

Fenster und Rollladenkästen

Die nachfolgend angegebenen Rechenwerte der bewerteten Luftschalldämm-Maße $R_{w,R}$ für Einfachfenster mit Mehrscheiben-Isolierverglasung basieren auf den Werten des geänderten Beiblattes 2. Die angegebenen Spektrumanpassungswerte C und C_{tr} gelten dabei nur für das Bauteil Fenster. Der Rechenwert des bewerteten Luftschalldämm-Maßes $R_{w,R,EFI}$ ermittelt sich dabei aus $R_{w,R}$ unter Berücksichtigung der in Tafel 4.71 angegebenen Korrekturbeiwerte wie folgt:

$$R_{w,R,EFI} = R_{w,R} + \sum K_i$$

K_{AH} Alu-Holz-Fenster = –1 dB
K_{RA} Rahmenanteil ≤ 30 %
K_S Stulpfenster
K_{Sp} Fenster m. glasteilenden Sprossen
$K_{F1,5}$ Fenster < 1,5 m²
$K_{F,3}$ Fenster mit Einzelscheibe ≥ 3 m² = –2 dB
K_{FV} Festverglasung mit erhöhtem Scheibenanteil

Tafel 4.71 Rechenwerte der bewerteten Luftschalldämm-Maße $R_{w,R}$ und $R_{w,P}$ von Einfachfenstern mit Mehrscheiben-Isolierverglasung nach DIN 4109 Beiblatt 1/A1

$R_{w,R}$ in dB	$R_{w,P}$ in dB	Scheibenaufbau[1)]		alternativ:	Falzdichtung[3)]	Spektrum		Korrekturbeiwerte in dB				
		d_{ges} mit Aufbau in mm	SZR in mm	$R_{w,P,Glas}$[2)] in dB		C in dB	C_{tr} in dB	K_{RA}	K_S	K_{FV}	$K_{F1,5}$	K_{Sp}
25		≥ 6	≥ 8	≥ 27								
30		≥ 6	≥ 12	≥ 30	1							
31	33	≥ 8, ≥ 4 + 4	≥ 12	≥ 30	1	–2	–5	–2	0	–1	0	0
32	34	≥ 8, ≥ 4 + 4	≥ 16	≥ 30	1	–2	–6	–2	0	–1	0	0
33	35	≥ 10, ≥ 6 + 4	≥ 12	≥ 32	1	–2	–4	–2	0	–1	0	0
34	36	≥ 10, ≥ 6 + 4	≥ 16	≥ 33	1	–1	–4	–2	0	–1	0	0
35	37	≥ 10, ≥ 6 + 4	≥ 16	≥ 35	1	–1	–4	–2	0	–1	0	0
36	38	≥ 12, ≥ 8 + 4	≥ 16	≥ 38	2[4)]	–2	–5	–2	0	0	0	0
37	39	≥ 14, ≥ 10 + 4	≥ 20	≥ 39	2[5)]	–2	–5	–2	0	0	0	0
38	40			≥ 40	2	–2	–5	–2	0	0	–1	–1
39	41			≥ 41	2	–2	–5	0	0	0	–1	–2
40	42			≥ 44	2	–2	–5	0	–1	0	–1	–2
41	43			≥ 46	2	–2	–4	0	–2	0	–1	–2
42	44			≥ 49	2	–1	–4	0	–2	+1	–1	–2
43	45			≥ 51	2	–1	–5	0	–1	+1	–1	–2
≥ 44	46	Nachweis durch Prüfung										

1) Scheibe mit Gesamtglasdicke d_{ges}; Füllung des Scheibenzwischenraums (SZR) mit Luft oder Argon.
2) Labor-Prüfwert der Scheibe im Normformat 1,23 m × 1,48 m.
3) Doppelfalze bei Flügeln von Holzfenstern; mindestens zwei wirksame Anschläge bei Flügeln von Metall- und Kunststofffenstern. Erforderliche Falzdichtungen sind umlaufend, ohne Unterbrechung anzubringen und müssen weich federnd, dauerelastisch, alterungsbeständig und leicht auswechselbar sein.
Ausführung mit zwei elastischen Dichtungen bestehen aus umlaufender Außen- oder Mitteldichtung und umlaufender Innendichtung im Flügelüberschlag.
4) Bei Holzfenstern genügt eine umlaufende Dichtung.
5) Nachweis durch Prüfung.

Rollladenkästen erreichen bei Ausführung nach DIN 4109 Beiblatt 1 Abschn. 10.1.3 Rechenwerte der bewerteten Schalldämm-Maße $25 \leq R_w \leq 40$ dB.

Für übliche *Industrie- und Rolltore* werden in VDI 2571 als Anhaltswerte für das bewertete Schalldämm-Maß $10 \leq R_w \leq 15$ dB angegeben.

Tafel 4.72a Rechenwerte der bewerteten Luftschalldämm-Maße $R_{w,R}$ von Einfachfenstern mit Einfachglas sowie Verbund- und Kastenfenster nach DIN 4109 Beiblatt 1/A1

Fenster[1)]		Glasscheiben			
Typus	$R_{w,R}$ in dB	Gesamtdicke d_{ges} mit Aufbau in mm	SZR in mm	Alternativ: $R_{w,P,Glas}$ in dB	Falz-dichtung
Einfachfenster mit Einfachglas	25	≥ 4		≥ 27	1
	30	≥ 8		≥ 32	1
Verbundfenster	25	≥ 6	–		
	30	≥ 6	≥ 30		1
	32	≥ 8 bzw. ≥ 4 + 4/12/4	≥ 30		1
	35	≥ 8 bzw. ≥ 6 + 4/12/4	≥ 40		1
	37	≥ 10 bzw. ≥ 6 + 6/12/4	≥ 40		1
	40	≥ 14 bzw. ≥ 8 + 6/12/4	≥ 50		2[2)]
	42	≥ 16 bzw. ≥ 8 + 8/12/4	≥ 50		2[2)]
	45	≥ 18 bzw. ≥ 8 + 8/12/4	≥ 60		2[2)]
Kastenfenster[3)]	32	–	–		1
	35	–	–		1
	37	≥ 8 bzw. ≥ 4 + 4/12/4	≥ 100		1
	40	≥ 8 bzw. ≥ 6 + 4/12/4	≥ 100		2[2)]
	42	≥ 10 bzw. ≥ 8 + 4/12/4	≥ 100		2[2)]
	45	≥ 12 bzw. ≥ 8 + 6/12/4	≥ 100		2[2)]

1) Sämtliche Flügel müssen bei Holzfenstern mindestens Doppelfalze, bei Metall- und Kunststoff-Fenstern mindestens zwei wirksame Anschläge haben. Erforderliche Falzdichtungen müssen umlaufend und ohne Unterbrechung angebracht sein. Sie müssen weichfedernd, dauerelastisch, alterungsbeständig und leicht auswechselbar sein.

2) Die Werte gelten nur, wenn keine zusätzlichen Maßnahmen zur Belüftung des Scheibenzwischenraumes getroffen sind oder wenn eine ausreichende Luftumlenkung im äußeren Dichtungssystem vorgenommen wurde (Labyrinthdichtung). Außen- und Innendichtung umlaufend.

3) Eine schallabsorbierende Laibung ist sinnvoll, da sie die durch Alterung der Falzdichtung entstehenden Fugenundichtigkeiten teilweise ausgleichen kann.

6.3.3 Rechenwerte der bewerteten Luftschall-Längsdämm-Maße $R'_{L,w}$

Einschalige massive flankierende Bauteile von trennenden Bauteilen

Die angegebenen Tabellenwerte gelten für folgende Bauteile:
- Innen- und Außenwände als Längswände,
- Unterseiten von Massivdecken, sofern keine Unterdecke vorhanden ist,
- Oberseiten von Massivdecken, sofern keine schwimmenden Auflagen vorhanden sind.

Tafel 4.72b Rechenwerte der bewerteten Luftschall-Längsdämm-Maße $R_{L,w,R}$ für massive flankierende Bauteile von trennenden Bauteilen

Flächenbezogene Masse[1)] m' in kg/m²	Bewertetes Luftschall-Längsdämm-Maß $R_{L,w,R}$ in dB	
	Decken	Längswände
100	41	43
200	51	53
300	56	58
350	58	60
400	60	62

1) Bei Massivdecken mit Verbundestrichen oder Estrichen auf Trennschichten (wobei Trittschalldämmschichten keine Trennschichten darstellen) ist deren flächenbezogene Masse in m' zu berücksichtigen.

Andere flankierende Bauteile von trennenden Bauteilen

Die Luftschall-Längsdämm-Maße anderer als einschaliger massiver Bauteile sind primär abhängig von der Anschlusskonstruktion zwischen trennendem und flankierendem Bauteil (Beispiele: Trennwand an flankierende Decke mit abgehängter Unterdecke, Trennwand an flankierender Decke mit schwimmendem Estrich, Trennwand an flankierender Längswand mit biegeweicher Vorsatzschale). Für weitere Werte wird daher auf DIN 4109 Beiblatt 1, weiterführende Literatur oder Herstellerangaben (Prüfzeugnis) verwiesen.

6.3.4 Rechenwerte der bewerteten Norm-Trittschallpegel $L'_{n,w}$

Massive Decken und Treppen

Der bewertete Normtrittschallpegel $L'_{n,w}$ lässt sich für Massivdecken – sofern er nicht anderweitig aus Messungen (Vorhaltemaß!) bekannt ist – rechnerisch aus den Daten für die Massivdecke und für die weichfedernde Auflage bestimmen.

Tafel 4.73a Rechenwerte des äquivalenten bewerteten Normtrittschallpegels $L_{n,w,eq,R}$ von Massivdecken ohne und mit biegeweicher Unterdecke

m' der Massivdecke ohne Auflage[1)] in kg/m²		135	160	190	225	270	320	380	450	530
$L_{n,w,eq,R}$ in dB	mit Unterdecke[2)]	75	74	74	73	73	72	71	69	67
	ohne Unterdecke	86	85	84	82	79	77	74	71	69

[1)] Errechnet sich einschließlich eines etwaigen Verbundestrichs oder Estrichs auf Trennschicht (Trittschalldämmschichten sind keine Trennschichten) sowie unmittelbar aufgebrachter Putzschichten.

[2)] Bei Verwendung von schwimmenden Estrichen mit mineralischen Bindemitteln sind die Tabellenwerte um 2 dB zu erhöhen.

Tafel 4.73b Rechenwerte der Trittschallverbesserungsmaße $\Delta L_{w,R}$ von schwimmenden Estrichen und schwimmend verlegten Holzfußböden (gültig nur für Massivdecken!)

Deckenauflage		$\Delta L_{w,R}$ in dB	
Schwimmende Estriche	s'_{max} in MN/m³	harter Gehbelag	weichfedernder Gehbelag ($\Delta L_{w,R} \geq 20$ dB)[1)]
Gussasphaltestriche nach DIN 18 560-2 mit einer flächenbezogenen Masse $m' \geq 45$ kg/m² auf Dämmschichten nach DIN 18 164-2 bzw. DIN 18 165-2	50 40 30 20 15 10	20 22 24 26 27 29	20 22 24 26 29 32
Estriche nach DIN 18 560-2 mit einer flächenbezogenen Masse $m' \geq 70$ kg/m² auf Dämmschichten nach DIN 18 164-2 bzw. DIN 18 165-2	50 40 30 20 15 10	22 24 26 28 29 30	23 25 27 30 33 34
Schwimmende Holzfußböden			
Unterböden aus Holzspanplatten nach DIN 68 771 auf Lagerhölzern mit Dämmstreifenunterlagen aus Dämmstoffen nach DIN 18 165-2 mit $s' \leq 20$ MN/m³, $b \geq 100$ mm und $d \geq 10$ mm nach Einbau. Dämmstoffe zwischen den Lagerhölzern nach DIN 18 165-1 mit $d_N \geq 30$ mm und $r \geq 5$ kN·s/m⁴		24	–
Unterböden aus Holzspanplatten ($d \geq 22$ mm) nach DIN 68 771 vollflächig verlegt auf Dämmstoffen nach DIN 18 165-2 mit $s' \leq 10$ MN/m³		25	–

[1)] Wegen der möglichen Austauschbarkeit von weichfedernden Bodenbelägen, die sowohl dem Verschleiß als auch besonderen Wünschen der Bewohner unterliegen, dürfen diese bei dem Nachweis der Anforderungen nach DIN 4109 nicht angerechnet werden. Dieses gilt nicht grundsätzlich für die erhöhten Anforderungen nach DIN 4109 Bbl. 2 sowie für die Anforderungen nach VDI 4100.

Tafel 4.73c Rechenwerte der äquivalenten bewerteten Norm-Trittschallpegel $L_{n,w,eq,R}$ und der bewerteten Norm-Trittschallpegel $L'_{n,w,R}$ verschiedener Treppenkonstruktionen aus Stahlbeton mit einer Mindestdicke von 120 mm (DIN 4109 Beiblatt 1)

Ausbildung von Stahlbetontreppen ($d \geq 120$ mm) und Treppenraumwand		$L_{n,w,eq}$ in dB	$L'_{n,w}$ in dB
Treppenpodest	fest verbunden mit einschaliger biegesteifer Treppenraumwand ($m' \geq 380$ kg/m²)	66	70
	fest verbunden mit Treppenraumwand, durchgehende Gebäudetrennfuge	≤ 53	≤ 50
	Trennung von Treppenraumwand durch schalltechnisch entkoppelte Auflagerung (→ erhöhter Schallschutz)	Prüfzeugnis	

Tafel 4.73c Rechenwerte der bewerteten Norm-Trittschallpegel (Fortsetzung)

Ausbildung von Stahlbetontreppen ($d \geq 120$ mm) und Treppenraumwand		$L_{n,w,eq}$	$L'_{n,w}$
Treppenlauf	fest verbunden mit einschaliger biegesteifer Treppenraumwand ($m' \geq 380$ kg/m²)	61	65
	abgesetzt von einschaliger, biegesteifer Treppenraumwand	58	58
	abgesetzt von Treppenraumwand, durchgehende Gebäudetrennfuge	≤ 46	≤ 43
	abgesetzt von Treppenraumwand, durchgehende Gebäudetrennfuge, auf Treppenpodest elastisch aufgelagert	38	42
	Trennung von Podest und/oder Treppenraumwand durch schalltechnisch entkoppelte Auflagerung (→ erhöhter Schallschutz)	Prüfzeugnis	

Holzbalkendecken

Die Rechenwerte der bewerteten Normtrittschallpegel für Holzbalkendecken nach DIN 4109 sind in Tafel 4.74 für Gebäude in Massivbauweise und für Gebäude in Skelett-/Holzbauweise zusammengestellt.

Tafel 4.74 Rechenwerte der bewerteten Norm-Trittschallpegel $L'_{n,w,R}$ von Holzbalkendecken

Deckenaufbau		Trittschallpegel in dB: Massivbau[1)] $L'_{n,w,R}$	Holz- oder Skelettbau[2)] $L'_{n,w,R}$[3)]	Holz- oder Skelettbau[2)] $L'_{n,w,R}$[4)]
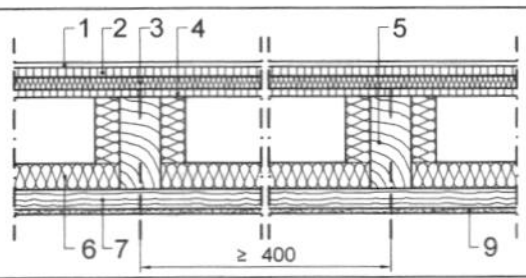	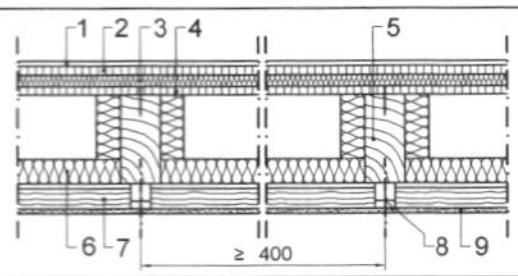	links: k.A. rechts: 56	links: 64 rechts: 56	links: 56 rechts: 49
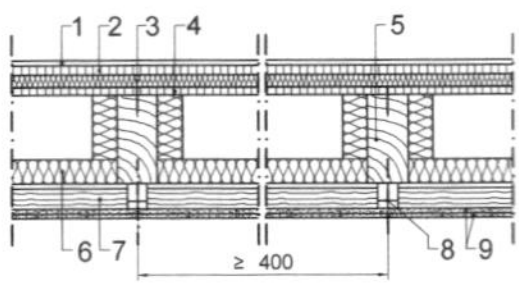	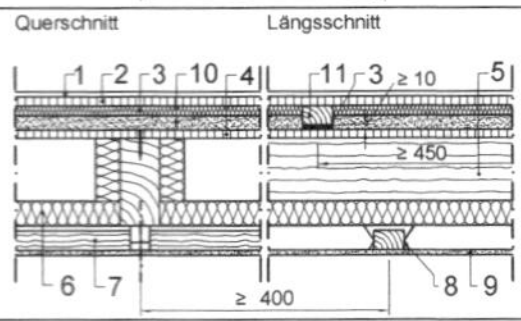	links: 53 rechts: k.A.	links: 53 rechts: 51	links: 46 rechts: 44
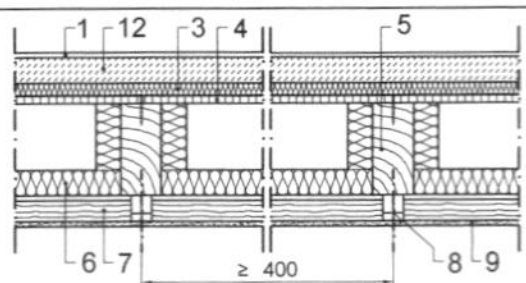	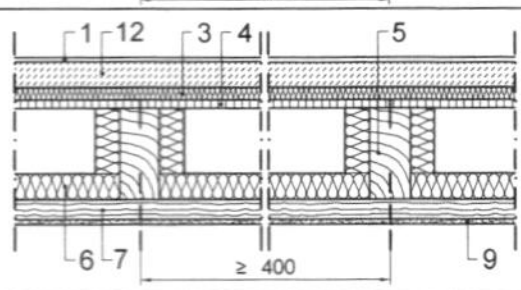	links: 51 rechts: k.A.	links: 51 rechts: 56	links: 44 rechts: 49
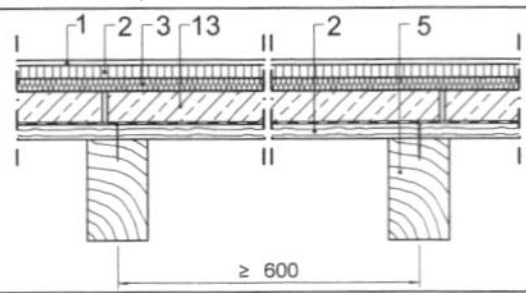	(Maße in mm)	k.A.	53	46

1 Bodenbelag
2 Spanplatte, gespundet oder Nut-Feder-Verbindung, schwimmend verlegt, $19 \leq d \leq 25$ mm
3 Trittschalldämmung nach DIN 18 165-2 Typ T od. TK mit $s' \leq 15$ MN/m³, $d \geq 25$ mm (auf Sand: $d \geq 20$ mm)
4 Spanplatte, gespundet oder Nut-Feder-Verbindung, mechanisch am Deckenbalken befestigt, $16 \leq d \leq 25$ mm
5 Holzbalken, $d \geq 180$ mm
6 Hohlraumbedämpfung nach DIN 18 165-1 mit $r \geq 5$ kN·s/m⁴, $d \geq 50$ mm
7 Lattung, Achsabstand $e \geq 400$ mm
8 Anschluss der Latten an den Balken über Federbügel oder Federschienen
9 Gipskartonplatten (d = 12,5 oder 15 mm), Spanplatte ($10 \leq d \leq 13$ mm) od. verputzte HWL-Platte ($d \geq 25$ mm)
10 trockener Sand
11 Lagerholz (40 mm × 60 mm)
12 Zementestrich, schwimmend verlegt
13 Betonplatten oder -steine, Kantenlänge $l \leq 400$ mm, $m' \geq 140$ kg/m², offene Fugen zwischen den Platten, in Kaltbitumen verlegt

1) Die mittlere flächenbezogene Masse der einschaligen, biegesteifen Bauteile beträgt $m' \approx 300$ kg/m².
2) Die flankierenden Wände sind als Montagewände ausgeführt und in der Deckenebene unterbrochen.
3) Ohne Bodenbelag.
4) Mit weichfederndem Bodenbelag ($\Delta L_w \geq 26$ dB).

6.3.5 Frequenzabhängige Effekte

Koinzidenzgrenzfrequenz

Einschalige Bauteile weisen sogenannte Koinzidenz- oder auch Spuranpassungseffekte auf, in deren Frequenzbereich sich eine Verschlechterung des Luftschalldämm-Maßes gegenüber den Rechenwerten nach dem Berger'schen Massegesetz einstellt. Für die in der Baupraxis üblichen Werkstoffe kann die *Koinzidenzgrenzfrequenz* vereinfachend (Annahmen: Poisson'sche Querkontraktionszahl $\mu = 0{,}35$, Schallgeschwindigkeit der Luft $c_L = 340$ m/s) ermittelt werden zu:

$$f_g \approx \frac{60}{d} \cdot \sqrt{\frac{\rho}{E_{Dyn}}}$$

ρ Rohdichte des Bauteils in kg/m³
d Bauteildicke in m
E_{Dyn} Dynamischer E-Modul in MN/m²

Die Koinzidenzgrenzfrequenz eines einschaligen Bauteils sollte zur Verbesserung seiner Schalldämmung außerhalb des bauakustisch relevanten Bereiches (100 Hz $\leq f \leq$ 3150 Hz) liegen.

Tafel 4.75 Dynamische Elastizitätsmoduln E_{Dyn} unterschiedlicher Baustoffe in MN/m²

Baustoff	E_{Dyn}	Baustoff	E_{Dyn}
Kalksandstein	3 000 bis 12 000	Stehende Luft	0,12
Ziegel	1 000 bis 5 000	Mineralfaserplatten	0,14 bis 0,40
Porenbeton	500 bis 4 000	Mineralfaserfilze	0,13 bis 0,16
Beton	25 000	EPS-Hartschaum	2 bis 4
Stahl	200 000	Elastifiziertes EPS	0,60 bis 0,80
Glas	60 000 bis 70 000	XPS-Hartschaum	30
Gipskarton	3 300	PUR-Hartschaum	1 bis 6
Holzspanplatten	4 500	Korkplatten	10 bis 30
Sperrholzplatten	5 000 bis 12 000	Naturkork	15 bis 25
Laubholz (⊥ Faser)	600	Holzwolle-Leichtbaupl.	100 bis 200
Laubholz (∥ Faser)	12 500	Gummischrot-Platten	0,63
Nadelholz (⊥ Faser)	300	Naturkautschuk	5
Nadelholz (∥ Faser)	10 000	Schaumglas	1 300 bis 1 600

Eigenfrequenz plattenförmiger einschaliger Bauteile

Eigenschwingungen plattenförmiger einschaliger Bauteile (primär Trennwände und Trenndecken) können bei Räumen üblicher Abmessungen zu einer Verschlechterung ihrer Schalldämmung im Bereich tiefer Frequenzen führen. Für ebene, an den Rändern linienförmig gelagerte Platten lässt sich die Eigenfrequenz wie folgt berechnen (maßgebend ist i. d. R. die erste Eigenfrequenz $f_{1,1}$):

$$f_n = \frac{\pi}{2} \cdot \sqrt{\frac{B'}{m'}} \cdot \left[\left(\frac{n_x}{a} \right)^2 + \left(\frac{n_y}{b} \right)^2 \right]$$

$$B' = \frac{E_{Dyn} \cdot d^3}{12 \cdot (1 - \mu^2)}$$

B' breitenbezogene Plattenbiegesteifigkeit in Nm
m' flächenbezogene Masse der Platte in kg/m²
n_x, n_y natürliche ganze Zahl
E_{Dyn} Dynamischer Elastizitätsmodul in MN/m²
d Dicke der Platte in m
μ Poisson'sche Querkontraktionszahl (vereinfacht: $\mu = 0{,}35$)
a, b Abmessungen der Platte in m

Resonanzfrequenz

Mehrschalige Bauteile stellen bauakustische Feder-Masse-Systeme dar; diese Systeme weisen Resonanzfrequenzen auf, bei denen die einzelnen Schalen des Bauteils mit maximaler Amplitude gegeneinander schwingen. Die Resonanzfrequenz f_0 eines zweischaligen Systems ermittelt sich zu:

$$f_0 = \frac{1000}{2 \cdot \pi} \cdot \sqrt{s' \cdot \left(\frac{1}{m'_1} + \frac{1}{m'_2} \right)} \quad \text{mit}$$

$$s' = \frac{E_{Dyn}}{d}$$

s' dynamische Steifigkeit der Dämmung (= Feder) in MN/m³
m'_i flächenbezogene Masse der Schale i in kg/m²
E_{Dyn} Dynamischer Elastizitätsmodul in MN/m²
d Dicke der Platte in m

Die Resonanzfrequenzen zweischaliger Konstruktionen lassen sich auch vereinfachend ermitteln:

Tafel 4.76a Resonanzfrequenzen f_0 zweischaliger Konstruktionen

Ausbildung der federnden Dämmschicht	Doppelwand aus zwei gleich schweren biegeweichen Schalen 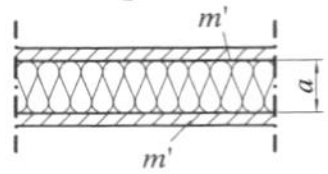	leichte biegeweiche Vorsatzschale vor schwerem Bauteil 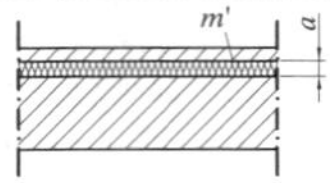
Hohlraumbedämpfung mit $r \geq 5$ kN·s/m^4	$f_0 = \frac{85}{\sqrt{m' \cdot a}}$	$f_0 = \frac{60}{\sqrt{m' \cdot a}}$
Dämmschicht mit beiden Schalen vollflächig verbunden	$f_0 = 225 \cdot \sqrt{\frac{s'}{m'}}$	$f_0 = 160 \cdot \sqrt{\frac{s'}{m'}}$

Spektrum-Anpassungswerte

Spektrum-Anpassungswerte dienen zur Quantifizierung der Eigenarten unterschiedlicher Geräuschspektren sowie zur Erfassung von Schalldämmkurven mit einem sehr niedrigen Wert in einem einzelnen. Sie werden nicht mit in die Einzahlangabe der Schalldämm-Maße oder Norm-Schallpegeldifferenzen aufgenommen, sondern als separate Angaben ergänzt.

Beispiel: R'_w (C; C_{tr}) = 56 (–2; –5) dB

Tafel 4.76b Spektrum-Anpassungswerte C und C_{tr} für unterschiedliche Geräuschquellen

C (Spektrum 1)	C_{tr} (Spektrum 2)
– Wohnaktivitäten (Reden, Musik, Radio, Fernsehgerät) – Kinderspielen – Schienenverkehr, mittlere und hohe Geschwindigkeit – Autobahnverkehr mit $v > 80$ km/h – Düsenflugzeuge in kleinem Abstand – Betriebe (primär mittel- und hochfrequenter Lärm)	– Städtischer Straßenverkehr – Schienenverkehr geringer Geschwindigkeit – Propellerflugzeug – Düsenflugzeug in großem Abstand – Discomusik – Betriebe, die überwiegend tief- und mittelfrequenten Lärm abstrahlen

6.4 Nachweisverfahren nach DIN 4109 Beiblatt 1

6.4.1 Außenlärm

Der Nachweis eines ausreichenden resultierenden bewerteten Luftschalldämm-Maßes $R'_{w,res}$ eines sich aus verschiedenen Einzelbauteilen zusammensetzenden Außenbauteils wird unter Berücksichtigung von Nebenwegübertragungen (Bau-Randbedingungen) wie folgt geführt:

$$\text{vorh } R'_{w,R,res} \geq \text{erf } R'_{w,R,res}$$

$$\text{vorh } R'_{w,R,res} = -10 \cdot \log\left(\frac{1}{S_{ges}} \cdot \sum_{i=1}^{n} S_i \cdot 10^{-0,1 \cdot R'_{w,R,i}}\right)$$

S_i Einzelfläche i in m^2
S_{ges} Gesamtfläche in m^2 (Summe aller Einzelflächen)
$R'_{w,R,i}$ Rechenwert des bewerteten Luftschalldämm-Maßes des Einzelbauteils i in dB
n Gesamtanzahl der Einzelbauteile i

Für Bauteile ohne Nebenwegübertragungen, wie z. B. Fenster, Türen, Rollladenkästen, sind hier entsprechend die jeweiligen Laborschalldämm-Maße $R_{w,R,i}$ einzusetzen.

6.4.2 Luftschallschutz in Gebäuden: Gebäude in Massivbauweise

Vorausgesetzte Randbedingungen

- Mittlere flächenbezogene Masse der biegesteifen flankierenden Bauteile m' = 300 kg/m^2. Öffnungen (z. B. für Türen oder Fenster) werden bei der Ermittlung vernachlässigt.
- Biegesteife Anbindung der flankierenden Bauteile an das trennende Bauteil, sofern dessen flächenbezogene Masse mehr als 150 kg/m^2 beträgt (Ausnahme: mehrschalige Bauteile aus biegeweichen Schalen, wie z. B. leichte Trennwände und Holzbalkendecken).
- Von einem zum anderen Raum durchlaufende flankierende Bauteile.
- Dichte Anschlüsse des trennenden Bauteils an die flankierenden Bauteile.

Biegesteife trennende Bauteile: Korrekturwert $K_{L,1}$ für flankierende Bauteile mit $m' \neq 300$ kg/m²

Bestimmung der mittleren flächenbezogenen Masse $m'_{L,mittel}$ der flankierenden Bauteile biegesteifer trennender Bauteile (mit oder ohne biegeweicher Vorsatzschale) als arithmetisches Mittel der einzelnen massiven Bauteile $m'_{L,i}$ und Ermittlung des Korrekturbeiwertes $K_{L,1}$:

$$m'_{L,mittel} = \frac{1}{n}\sum_{i=1}^{n} m'_{L,i}$$

$m'_{L,i}$ flächenbezogene Masse des i-ten nicht verkleideten, massiven flankierenden Bauteils (i = 1 bis n) in kg/m²

n Anzahl der nicht verkleideten, massiven flankierenden Bauteile

Anmerkung:

Einzelne flankierende Bauteile mit gegenüber den anderen Flankenbauteilen deutlich niedrigeren flächenbezogenen Massen verändern bei diesem Verfahren das bewertete Schalldämm-Maß des trennenden Bauteils nur unwesentlich und werden damit zu einer zu optimistischen Bewertung führen. In diesem Fall sollte zu anderen, geeigneteren Nachweisverfahren gegriffen werden.

Tafel 4.77a Korrekturwert $K_{L,1}$ für das bewertete Schalldämm-Maß $R'_{w,R}$ von biegesteifen trennenden Bauteilen (Wände und Decken)

<table>
<tr><th rowspan="2">Art des trennenden Bauteils</th><th colspan="7">Korrekturwert $K_{L,1}$ in dB
für eine flächenbezogene Masse $m'_{L,mittel}$ in kg/m²</th></tr>
<tr><th>400</th><th>350</th><th>300</th><th>250</th><th>200</th><th>150</th><th>100</th></tr>
<tr><td>Einschalige, biegesteife Wände und Decken</td><td colspan="4">0</td><td colspan="3">–1</td></tr>
<tr><td>Einschalige, biegesteife Wände mit biegeweichen Vorsatzschalen</td><td rowspan="4">+2</td><td rowspan="4">+1</td><td rowspan="4">0</td><td rowspan="4">–1</td><td rowspan="4">–2</td><td rowspan="4">–3</td><td rowspan="4">–4</td></tr>
<tr><td>Massivdecken mit schwimmendem Estrich oder Holzfußboden</td></tr>
<tr><td>Massivdecken mit Unterdecke</td></tr>
<tr><td>Massivdecken mit schwimmendem Estrich und Unterdecke</td></tr>
</table>

Mehrschalige biegeweiche trennende Bauteile: Korrekturwert $K_{L,1}$ für flankierende Bauteile mit $m' \neq 300$ kg/m²

Bestimmung der mittleren flächenbezogenen Masse $m'_{L,mittel}$ der flankierenden Bauteile zweischaliger Wände aus biegeweichen Schalen sowie Holzbalkendecken, errechnet mit oder ohne biegeweicher Vorsatzschale, als Mittel der einzelnen massiven Bauteile $m'_{L,i}$ und Ermittlung des Korrekturbeiwertes $K_{L,1}$:

$$m'_{L,Mittel} = \left[\frac{1}{n}\sum_{i=1}^{n}(m'_{L,i})^{-2,5}\right]^{-0,4}$$

$m'_{L,i}$ flächenbezogene Masse des i-ten nicht verkleideten, massiven flankierenden Bauteils (i = 1 bis n) in kg/m²

n Anzahl der nicht verkleideten, massiven flankierenden Bauteile

Tafel 4.77b Korrekturwerte $K_{L,1}$ für das bewertete Schalldämm-Maß $R'_{w,R}$ von zweischaligen Wänden aus biegeweichen Schalen sowie für Holzbalkendecken als trennende Bauteile bei flankierenden Bauteilen mit einer mittleren flächenbezogenen Masse $m'_{L,mittel}$

$R'_{w,R}$ des trennenden Bauteils für $m'_{L,mittel} \approx 300$ kg/m²	Korrekturwert $K_{L,1}$ in dB für eine flächenbezogene Masse $m'_{L,mittel}$ in kg/m²						
	450	400	350	300	250	200	150
50	+4	+3	+3	0	-2	-4	-7
49	+2	+2	+1	0	-2	-3	-6
47	+1	+1	+1	0	-2	-3	-6
45	+1	+1	+1	0	-1	-2	-5
43	0	0	0	0	-1	-2	-4
41	0	0	0	0	-1	-1	-3

Mehrschalige biegeweiche trennende Bauteile: Korrekturwert $K_{L,2}$ für flankierende Bauteile mit biegeweichen Vorsatzschalen sowie für biegeweiche flankierende Bauteile

Mehrschalige biegeweiche trennende Bauteile sind hier biegesteife Wände mit biegeweicher Vorsatzschale, biegesteife Decken mit schwimmendem Estrich oder Holzfußboden, Holzbalkendecken sowie Wände aus biegeweichen Schalen.

Ihr Schalldämm-Maß wird um den Korrekturwert $K_{L,2}$ erhöht, wenn die einzelnen flankierenden Bauteile eine der folgenden Randbedingungen erfüllen:

- Sie sind in Sende- und Empfangsraum raumseitig mit je einer biegeweichen Vorsatzschale oder mit einem schwimmenden Estrich oder mit einem schwimmenden Holzfußboden versehen, die im Bereich des trennenden Bauteils unterbrochen sind.
- Sie bestehen aus biegeweichen Schalen, die im Bereich des trennenden Bauteils unterbrochen sind.

Tafel 4.78a Korrekturwerte $K_{L,2}$ für das bewertete Schalldämm-Maß $R'_{w,R}$ mehrschaliger trennender Bauteile

Anzahl der flankierenden biegeweichen Bauteile oder flankierenden Bauteile mit biegeweicher Vorsatzschale	Korrekturwert $K_{L,2}$ in dB
1	+ 1
2	+ 3
3	+ 6

Nachweisführung

$$\text{vorh}\,R'_{w,R} = R'_{w,R} + K_{L,1} + K_{L,2} \geq \text{erf}\,R'_{w,R}$$

6.4.3 Luftschallschutz in Gebäuden: Gebäude in Skelett- oder Holzbauweise

Vorausgesetzte wesentliche Randbedingungen

- Alle an der Schallübertragung beteiligten Bauteile und Anordnungen (auch Lüftungskanäle und Ähnliches) werden erfasst.
- Die Schall-Längsdämm-Maße der flankierenden Bauteile werden durch die Art des trennenden Bauteils nicht oder nur unwesentlich beeinflusst.
- Die dem Nachweis zugrundeliegenden Rechenwerte werden unter Berücksichtigung der Anschlüsse an Wände und Decken sowie des Einflusses von Steckdosen etc. ermittelt.
- Die flankierenden Bauteile werden in beiden Räumen (Sende- und Empfangsraum) jeweils konstruktiv gleich ausgeführt.

Ermittlung der erforderlichen Rechenwerte

Eingangswerte für die Tafel 4.78b sind die Prüfstands- (Index P) bzw. Rechenwerte (Index R) der bewerteten Schalldämm-Maße ohne und mit (Apostroph) Berücksichtigung der Flankenübertragung, vgl. dazu auch die Zusammenstellung in Abschnitt 6.1.

Sofern keine gemeinsamen Kantenlängen vorliegen (was beispielsweise bei Kabelkanälen oder Lüftungsanlagen der Fall ist), entfällt der entsprechende längenbezogene Ausdruck. Für Räume mit einer Raumhöhe von etwa 2,5 bis 3,0 m und einer Raumtiefe von etwa 4,0 bis 5,0 m entfallen sowohl der flächenbezogene als auch der längenbezogene Ausdruck.

Tafel 4.78b Ermittlung der für den Nachweis erforderlichen Rechenwerte für das trennende Bauteil und die flankierenden Bauteile

<table>
<tr><th colspan="6">Trennendes Bauteil</th><th>Flankierende Bauteile</th></tr>
<tr><td colspan="6">$R_{w,R} = R_{w,P} - 2$ dB</td><td>$R_{L,w,R,i} = R_{L,w,P,i} - 2$ dB</td></tr>
<tr><td colspan="6">$R_{w,R} = R'_{w,P} + Z - 2$ dB</td><td>$R'_{L,w,R,i} = R_{L,w,R,i} + 10 \cdot \log \frac{S_T}{S_0} - 10 \cdot \log \frac{\ell_i}{\ell_0}$</td></tr>
<tr><td>$R'_{w,P}$</td><td>48</td><td>49</td><td>51</td><td>53</td><td>54</td><td rowspan="2">S_T Fläche des trennenden Bauteils in m²
S_0 Bezugsfläche (Wände: 10 m²)
ℓ_i gemeinsame Kantenlänge von trennendem und flankierendem Bauteil in m
ℓ_0 Bezugslänge (Wand: 2,8 m, Boden: 4,5 m)</td></tr>
<tr><td>Z</td><td>0</td><td>1</td><td>2</td><td>3</td><td>4</td></tr>
</table>

Nachweisführung

Der genaue Nachweis führt i. Allg. zu wirtschaftlicheren Ergebnissen als der vereinfachte Nachweis.

Tafel 4.78c Alternative Führung des vereinfachten oder des genauen Nachweises

Vereinfachter Nachweis	Genauer Nachweis
$\text{vorh}\,R_{w,R} \geq \text{erf}\,R'_{w,R} + 5$ dB und $\text{vorh}\,R_{L,w,R,i} \geq \text{erf}\,R'_{L,w,R} + 5$ dB	$\text{vorh}\,R'_{w,R} \geq \text{erf}\,R'_{w,R}$ mit $\text{vorh}\,R'_{w,R} = -10 \cdot \log\,(10^{-0,1 \cdot R_{w,R}} + \sum_{i=1}^{n} 10^{-0,1 \cdot R'_{L,w,R,i}})$

6.4.4 Trittschallschutz in Gebäuden: Gebäude in Massivbauweise

Randbedingungen

Der bewertete Normtrittschallpegel von Decken $L'_{n,w}$ (sei es als Rechen- oder Messwert) setzt sich grundsätzlich aus mehreren Komponenten zusammen. Im Allgemeinen (so z. B. bei Massivdecken) differenziert man nach

- dem äquivalenten bewerteten Normtrittschallpegel (Rechenwert) $L'_{n,eq,w,R}$ zur Beschreibung der Trittschalleigenschaften der Rohdecke (wobei eine ggf. vorhandene Unterdecke hier ebenfalls mitberücksichtigt wird) und nach
- dem Trittschallverbesserungsmaß $\Delta L_{w,R}$ (Rechenwert) der Deckenauflage.

Der Einfluss unterschiedlicher räumlicher Zuordnungen von Sende- und Empfangsraum wird durch den Korrekturwert K_T nach Abb. 4.79 erfasst.

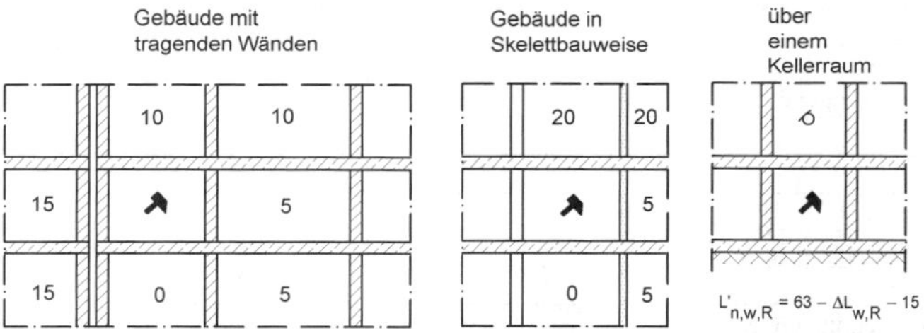

Abb. 4.79 Korrekturwerte K_T (in dB) in Abhängigkeit der unterschiedlichen Zuordnungen von Sende- und Empfangsraum

Nachweis für Massivdecken

$$\text{vorh}\, L'_{n,w,R} = L_{n,w,eq,R} - \Delta L_{w,R} - K_T \leq \text{erf}\, L'_{n,w,R} - 2\ \text{dB}$$

Wird ein weichfedernder Bodenbelag auf einem schwimmenden Boden angeordnet, darf als Trittschallverbesserungsmaß nur der jeweils höhere Wert berücksichtigt werden. Beim Nachweis der Anforderungen nach DIN 4109 (SSt I) dürfen weichfedernde Bodenbeläge nicht angesetzt werden.

Nachweis für Holzbalkendecken

Während sich für Massivdecken die erforderlichen äquivalenten bewerteten Normtrittschallpegel berechnen lassen und für Trittschallverbesserungsmaße Tabellenwerte angegeben werden, sind für andere als in der DIN 4109 Bbl. 1 Tab. 34 (vgl. Tafel 4.74) aufgeführte Holzbalkendecken grundsätzlich Eignungsprüfungen durchzuführen.

Für die Nachweisführung gilt dann:

$$\text{vorh}\, L'_{n,w,R} + 2\ \text{dB} \leq \text{erf}\, L'_{n,w,R}$$

6.4.5 Trittschallschutz in Gebäuden: Gebäude in Skelett- und Holzbauweise

In Gebäuden in Skelett- und Holzbauart wird der Rechenwert des bewerteten Normtrittschallpegels $L'_{n,w}$ massiver Decken lediglich für unterhalb einer Decke liegende Räume ($K_T = 0$) ermittelt; Rechenvorgaben für versetzt angeordnete Räume in Gebäuden in Skelett- und Holzbauart sind in DIN 4109 Bbl. 1 nicht angegeben.

Die Rechenwerte des bewerteten Normtrittschallpegels $L'_{n,w,R}$ von Holzbalkendecken sind DIN 4109 Bbl. 1 Tab. 34 zu entnehmen oder durch Eignungsprüfungen zu ermitteln, Beispiele sind in Abschnitt 6.3.4 zusammengestellt.

Für die Nachweisführung gilt dann:

$$\text{vorh}\, L'_{n,w,R} + 2\ \text{dB} \leq \text{erf}\, L'_{n,w,R}$$

7 Raumakustik

7.1 Raumakustische Größen, Formelzeichen, Einheiten

	Formelzeichen	Einheit
Absorptionsfläche, äquivalente	A	m^2
Dämpfungskonstante der Luft	m	Neper/m
Eigenfrequenz	f_0	Hz
Frequenz	f	Hz
Geräuschpegel, zulässiger	L_{AmA}	dB
Grenzradius	r_g	m
Hallradius	r_H	m
Laufwegdifferenz	Δl	m
Laufzeitdifferenz	Δt	s
Masse, flächenbezogene	m'	kg/m^2
Nachhallzeit	T	s
Porosität	σ	%
Raumvolumen	V	m^3
Schallabsorptionsgrad	α_s	-
Schalldruckpegel	L	dB
Schalldruckpegelminderung	ΔL	dB
Schallgeschwindigkeit in Luft	c_L	m/s
Sprechpegel	$L_{SAm,1m}$	dB
Steifigkeit, dynamische	s'	MN/m^3

7.2 Anforderungen

7.2.1 Einführung

Der innerhalb eines Raumes von einem Sender S abgestrahlte Schall breitet sich je nach Lage und Abstrahlungscharakteristik des Senders näherungsweise kugel- oder halbkugelförmig aus. Befindet sich der Empfänger E im Nahfeld des Senders (ist also der Abstand zwischen S und E kleiner oder gleich dem jeweiligen Grenzabstand), so überwiegt der Direktschall gegenüber dem reflektierten Schall; im anderen Fall befindet sich der Empfänger im diffusen Schallfeld.

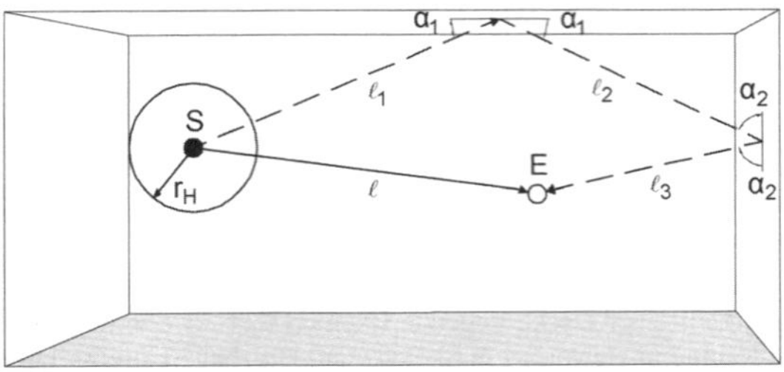

Abb. 4.80
Skizze zur Schallübertragung zwischen einem Sender S und einem Empfänger E innerhalb eines Raumes. Gekennzeichnet sind zwei signifikante Weglängen des Schalls (ℓ = Weglänge des direkten Schalls, $\ell_1 + \ell_2 + \ell_3$ = Weglänge des indirekten Schalls) sowie der Hallradius r_H zur Abgrenzung des diffusen Schallfelds

Tafel 4.80 Grenzabstände zwischen Nahfeld und diffusem Schallfeld in Abhängigkeit der äquivalenten Schallabsorptionsfläche A des Raumes

Abstrahlungsform	Lage der Schallquelle	Grenzabstand in m	
kugelförmig	im Raum	Hallradius r_H	$r_H = \sqrt{\frac{A}{16 \cdot \pi}} \approx 0{,}14 \cdot \sqrt{A}$
halbkugelförmig	am Boden	Grenzradius r_g	$r_g = \sqrt{\frac{2 \cdot A}{16 \cdot \pi}} \approx 0{,}2 \cdot \sqrt{A}$

7.2.2 Verständlichkeit

Kennwert für die Beurteilung der Verständlichkeit eines Schallsignals im diffusen Schallfeld eines Raumes ist die Laufzeitdifferenz Δt zwischen Sender und Empfänger. Zu ihrer Überprüfung im Planungsprozess wird üblicherweise die korrespondierende Laufwegdifferenz $\Delta \ell$ herangezogen.

Tafel 4.81a Verständlichkeit eines Schallsignals

Differenzen-Term	Grenzwert	Bewertung
$\Delta t = \frac{\sum_{i=1}^{n} \ell_i - \ell}{c_L} = \frac{\Delta \ell}{c_L}$	$\Delta t \leq 0{,}05$ s $\Delta \ell \leq 17$ m	Die Laufzeitdifferenz führt zu einer Verbesserung der Verständlichkeit sowie zu einer Erhöhung des Schallpegels.
	$0{,}05 \text{ s} < \Delta t \leq 0{,}10$ s $17 \text{ m} < \Delta \ell \leq 34$ m	Die Laufzeitdifferenz führt zu einer Verschlechterung der Verständlichkeit.
$\Delta \ell = \sum_{i=1}^{n} \ell_i - \ell$	$\Delta t > 0{,}10$ s $\Delta \ell > 34$ m	Die Laufzeitdifferenz wird als Echo wahrgenommen.

7.2.3 Absorptionsfläche und Nachhallzeit

Für einen Raum ergibt sich die äquivalente Absorptionsfläche $A(f)$ in Abhängigkeit zu unterschiedlichen Mittenfrequenzen durch Aufsummierung der Schallabsorptionsflächen aller Begrenzungsflächen des Raumes, der Raumausstattung und der im Raum befindlichen Personen sowie des Luftvolumens (vernachlässigbar bei Räumen mit $V < 200$ m³):

$$A(f) = \sum_{i=1}^{n} \alpha_i(f) \cdot S_i + \sum_{j=1}^{m} A_j(f) + 4 \cdot m(f) \cdot V$$

α_i Absorptionsgrade der Einzelflächen
S_i Einzelfläche i in m²
A_j äquivalente Schallabsorptionsfläche nicht flächenhafter Materialien, Gegenstände und Personen in m²
$m(f)$ Dämpfungskonstante der Luft
V Raumvolumen in m³

Tafel 4.81b Dämpfungskonstante der Luft *m(f)* in Oktavbändern (Mittenfrequenzen) in Abhängigkeit von Temperatur θ und Luftfeuchte ϕ

Raumluftklima	Dämpfungskonstante $m(f)$ in Luft in 10^{-3} Neper/m für die Oktavband-Mittenfrequenzen in Hz						
	125	250	500	1000	2000	4000	8000
$\theta = 10$ °C, $30 \leq \phi \leq 50$ %	0,1	0,2	0,5	1,1	2,7	9,4	29,0
$\theta = 10$ °C, $50 < \phi \leq 70$ %	0,1	0,2	0,5	0,8	1,8	5,9	21,1
$\theta = 10$ °C, $70 < \phi \leq 90$ %	0,1	0,2	0,5	0,7	1,4	4,4	15,8
$\theta = 20$ °C, $30 \leq \phi \leq 50$ %	0,1	0,3	0,6	1,0	1,9	5,8	20,3
$\theta = 20$ °C, $50 < \phi \leq 70$ %	0,1	0,3	0,6	1,0	1,7	4,1	13,5
$\theta = 20$ °C, $70 < \phi \leq 90$ %	0,1	0,3	0,6	1,1	1,7	3,5	10,6

Tafel 4.81c Absorptionsgrade von Mobiliar und Personen

Raumbegrenzungsfläche		Schallabsorptionsgrad α_s für die Oktavband-Mittenfrequenz in Hz					
		125	250	500	1000	2000	4000
Stuhlreihen	Holz/Kunststoff	0,06	0,08	0,10	0,12	0,14	0,16
Abstand:	-gepolstert; typischer Mindestwert	0,10	0,20	0,30	0,40	0,50	0,50
0,9 m bis 1,2 m	-gepolstert; typischer Höchstwert	0,50	0,70	0,80	0,90	1,00	1,00
Personen, sitzend	typischer Mindestwert	0,20	0,40	0,50	0,60	0,70	0,70
in o.g. Stuhlreihen	typischer Höchstwert	0,60	0,70	0,80	0,90	0,90	0,90
Kinder in einem hart möblierten Klassenzimmer, 1 Kind je m² Fläche		0,10	0,20	0,25	0,35	0,40	0,40

Tafel 4.82 Absorptionsgrade einiger Raumbegrenzungsflächen

Raumbegrenzungsfläche		Schallabsorptionsgrad α_s für die Oktavband-Mittenfrequenz in Hz					
		125	250	500	1000	2000	4000
Mauerziegelwand, unverputzt, Fugen ausgestrichen		0,03	0,03	0,03	0,04	0,05	0,06
Mauerwerk aus Hohllochziegeln, Löcher sichtbar, 6 cm vor Massivwand, Hohlraum leer		0,11	0,22	0,36	0,32	0,55	0,43
Glattputz		0,02	0,02	0,03	0,03	0,04	0,06
Tapete auf Kalkzementputz		0,02	0,03	0,04	0,05	0,07	0,08
Fenster, Glasfassade		0,12	0,08	0,05	0,04	0,03	0,02
Tür, Holz, lackiert		0,10	0,08	0,06	0,05	0,05	0,05
Stuckgips, unverputzter Beton		0,02	0,02	0,03	0,04	0,05	0,05
Marmor, Fliesen, Klinker		0,01	0,01	0,02	0,02	0,03	0,03
Fenster (Isolierverglasung, Kasten-/Verbundfenster)		0,28	0,20	0,10	0,06	0,03	0,02
Parkettfußboden	– aufgeklebt	0,04	0,04	0,05	0,06	0,06	0,06
	– auf Blindboden	0,20	0,15	0,10	0,10	0,05	0,10
	– hohlliegend	0,15	0,07	0,07	0,06	0,06	0,06
Teppichboden	– bis 6 mm Florhöhe	0,02	0,04	0,06	0,20	0,30	0,35
	– 7 mm bis 10 mm Florhöhe	0,04	0,07	0,12	0,30	0,50	0,80
2,5 mm PVC-Fußbodenbelag auf Betonboden		0,01	0,02	0,01	0,03	0,05	0,05
Linoleum auf Beton		0,02	0,02	0,03	0,03	0,04	0,04
9,5 mm Gipskarton-platte (GKP) ohne Mineralfaser (MF)	– 60 mm Wandabstand, Hohlraum kassettiert	0,31	0,08	0,04	0,07	0,09	0,08
	–25 mm Wandabstand	0,27	0,16	0,10	0,08	0,11	0,12
12,5 mm GKP, 30 mm MF	–100 mm Wandabstand	0,30	0,12	0,08	0,06	0,06	0,10
	–400 mm Wandabstand	0,21	0,12	0,09	0,06	0,09	0,13
Furnierte Holz- oder Spanplatte dicht vor festem Untergrund		0,04	0,04	0,05	0,06	0,06	0,06
4 mm Hartfaserplatte, kassettiert	– ohne Dämmstoff, Wandabstand 60 mm	0,22	0,19	0,14	0,07	0,05	0,05
	–mit 40 mm Mineralwolle, Wandabstand 60 mm	0,67	0,21	0,14	0,07	0,06	0,05
	–ohne Dämmstoff, Wandabstand 120 mm	0,26	0,15	0,06	0,05	0,05	0,05
Vorhang, < 0,2 kg/m², bis 200 mm vor einer harten Oberfläche; typischer Mindestwert		0,05	0,06	0,09	0,12	0,18	0,22
Vorhang, Webstoffe ≈ 0,4 kg/m², in Falten oder gerüscht (> 1 : 3), bis 200 mm vor einer harten Oberfläche, typischer Höchstwert		0,10	0,40	0,70	0,90	0,95	1,00
Große Öffnungen (kleines Maß > 1 m)		1,00	1,00	1,00	1,00	1,00	1,00
Luftgitter, 50 % offene Fläche		0,30	0,50	0,50	0,50	0,50	0,50
Bühnenöffnung mit Dekoration		0,40	0,40	0,60	0,70	0,80	0,80
Kino-Bildwand		0,10	0,10	0,20	0,30	0,50	0,60
Bücherregal in Bibliotheken, bezogen auf die vertikale Buchrückenfläche von einer Rückwand		0,30	0,40	0,40	0,30	0,30	0,20

Die frequenzabhängige Nachhallzeit $T(f)$ eines Raumes bezeichnet denjenigen Zeitraum, in dem nach Beendigung des Schallsignals in dem Raum der Schalldruckpegel $L(f)$ um 60 dB absinkt.

Die äquivalente Schallabsorptionsfläche eines Raumes lässt sich auch messtechnisch ermitteln. Nach SABINE (Wallace Clement Sabine, amerikan. Physiker, 1868 – 1919) gilt nachfolgende Beziehung:

$$A(f) = 0{,}163 \cdot \frac{V}{T(f)}$$

$A(f)$ frequenzabhängige äquivalente Schallabsorptionsfläche des Raumes in m²
$T(f)$ frequenzabhängige Nachhallzeit in s
V Raumvolumen in m³

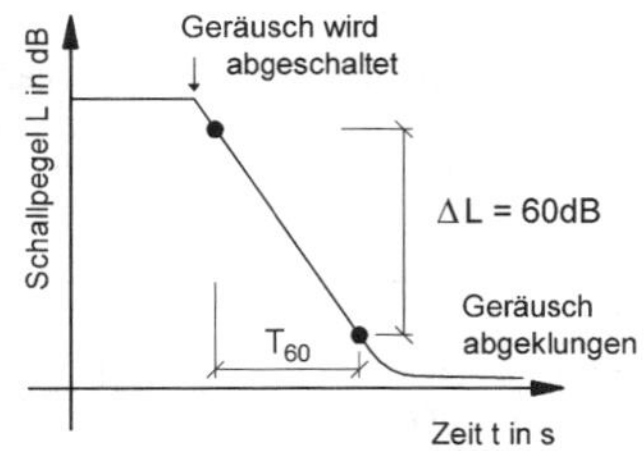

Abb. 4.83a
Verlauf eines Schallsignals gegebener Mittenfrequenz über die Zeit vor und nach Abschaltung des Signals mit Kennzeichnung der korrespondierenden Nachhallzeit T

Durch eine Erhöhung der äquivalenten Schallabsorptionsfläche $A(f)$ eines Raumes lässt sich in einem diffusen Schallfeld der Schallpegel um den Betrag $\Delta L(f)$ reduzieren. Es gilt:

$$\Delta L(f) = 10 \cdot \log\left[1 + \frac{\Delta A(f)}{A_0(f)}\right]$$

$$\Delta L(f) = 10 \cdot \log\left[\frac{T_0(f)}{T(f)}\right]$$

$\Delta L(f)$ frequenzabhängige Schallpegelminderung in dB
$\Delta A(f)$ zusätzliche in den Raum eingebrachte frequenzabhängige Schallabsorptionsfläche in m^2
$A_0(f)$ frequenzabhängige Schallabsorptionsfläche im Anfangszustand in m^2
$T_0(f)$ frequenzabhängige Nachhallzeit vor der Maßnahme in s
$T(f)$ frequenzabhängige Nachhallzeit nach der Maßnahme in s

7.2.4 Sprachverständlichkeit

Bei der Beurteilung der direkten sprachlichen Kommunikation zwischen Sprecher und Zuhörer am Arbeitsplatz ist insbesondere der Sprechaufwand des Sprechers und das Ausmaß der Sprachverständlichkeit beim Hörer zu berücksichtigen; in der Tafel 4.83 sind die entsprechenden Zusammenhänge dargestellt. Die Qualität der sprachlichen Kommunikation ist umso höher, je geringer der erforderliche Sprechaufwand und je höher der Signalgeräuschabstand ist.

Tafel 4.83 Zulässige Geräuschpegel am Arbeitsplatz in Abhängigkeit von Sprachaufwand, Sprachverständigung bzw. Signal-Geräuschabstand am Arbeitsplatz und Entfernung der Gesprächspartner nach VDI 2569

Sprech-aufwand	Sprechpegel $L_{SAm,1m}$ in dB	zulässiger Geräuschpegel L_{AmA} in dB Sprachverständigung: Signal-Geräuschabstand ($L_{SA} - L_{Am}$) in dB bei der Entfernung											
		perfekt [18 dB]			sehr gut [12 dB]			gut [7 dB]			zufriedenstellend [2 dB]		
		1 m	2 m	4 m	1 m	2 m	4 m	1 m	2 m	4 m	1 m	2 m	4 m
angehoben	66	48	42	36	54	48	42	59	53	47	64	58	52
normal	60	42	36	30	48	42	36	53	47	41	58	52	46
entspannt	54	36	30	30	42	36	30	47	41	35	52	46	40

7.2.5 Technische Absorber

Differenzierung

Grundsätzlich lässt sich in Abhängigkeit der physikalischen Wirkungsweisen in einem ersten Schritt differenzieren zwischen Absorbern und Resonatoren; ihre jeweils typischen frequenzabhängigen Verläufe der Schallabsorptionsgrade sind nachfolgend in einer Prinzipskizze dargestellt.

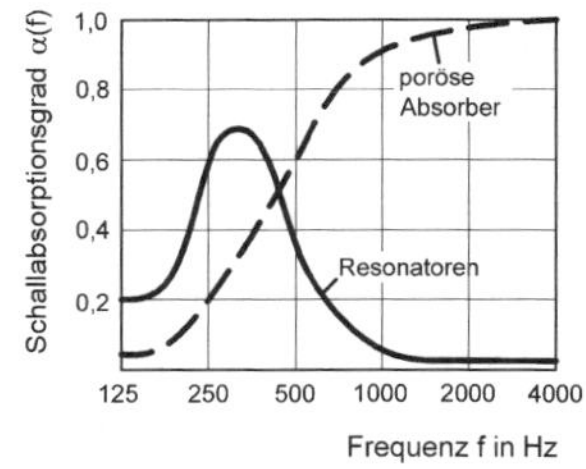

Abb. 4.83b
Prinzipdarstellung der frequenzabhängigen Verläufe der Schallabsorptionsgrade poröser Absorber und Resonatoren

Absorber

Unter einem akustischen Absorber wird hier ein Material verstanden, dass aufgrund seiner hohen Porosität σ (90 % $\leq \sigma <$ 100 %) die auftreffende Schallenergie zu einem hohen Anteil dissipiert (in Wärme umwandelt), einige Beispiele sind in Tafel 4.84 zusammengestellt.

Tafel 4.84 Beispiele für poröse Absorber

Material	Kurzbeschreibung
Mineralfaser	Üblicherweise Einbau als steifere Platte in Akustikdecken und -wänden, als weiche Matte häufig Auflage für Lochplatten aus Metall, Holz oder Gipskarton
Schaumstoff	Schwerpunktmäßig Einsatz als Polsterung von Sitzmöbeln, häufig auch als Auflage in Verbindung mit Lochplatten aus Metall, Holz oder Gipskarton
Akustikputz	Dünne Putzschichten nur im Bereich höherer Frequenzen wirksam, für die Bedämpfung tiefer Frequenzen Anordnung auf einer der Decke oder Wand vorgelagerten Trägerschicht (z. B. Gipskarton-Bauplatte) erforderlich
Textilien	Dickes, offenporiges Material erforderlich, Einsatz in der Regel als Vorhang (für Bedämpfung tieferer Frequenzen ausreichenden Abstand zur Wand einplanen)
Teppiche	Aufgrund der relativ geringen Dicke primär wirksam oberhalb von 1000 Hz

Plattenresonatoren

Plattenresonatoren wirken schalltechnisch als ein Feder-Masse-System; damit liegen ihre höchsten Absorptionsgrade im Bereich der jeweiligen systemtypischen Eigenfrequenz f_0.

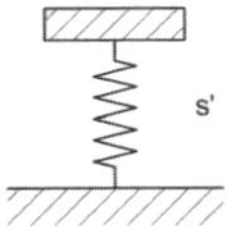

Abb. 4.84a
Prinzipdarstellung des Feder-Masse-Systems eines Plattenresonators

$$f_0 = \frac{1}{2\pi} \cdot \sqrt{\frac{s'}{m'_1}} \quad \text{mit } m'_1 << m'_2$$

s' dynamische Steifigkeit in MN/m³
m'_1 flächenbezogene Masse der Vorsatzschale in kg/m²
m'_2 flächenbezogene Masse der Wand oder Decke in kg/m²

Helmholtz-Resonatoren

Der Helmholtz-Resonator ist ein Resonanzabsorber für tiefe Frequenzen, bei dem die Luft im Resonatorhals die schwingende akustische Masse und das angeschlossene Luftvolumen einer Feder in Form eines Luftkissens darstellen. Die höchsten Absorptionsgrade im Bereich der jeweiligen systemtypischen Eigenfrequenz f_0.

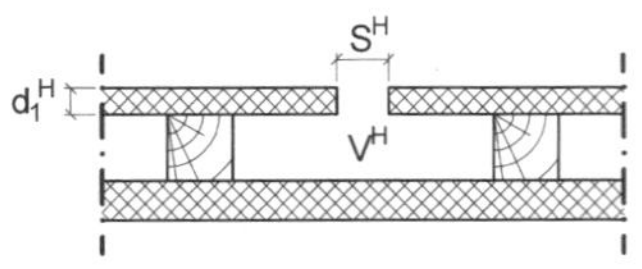

Abb. 4.84b
Prinzipdarstellung eines Helmholtz-Resonators

$$f_0 \approx 170 \cdot \sqrt{\frac{S^{\mathrm{H}}}{V^{\mathrm{H}} \cdot \left(d_1^{\mathrm{H}} + 2\Delta t\right)}}$$

S^{H} Fläche des Resonatorhalsquerschnittes in cm²
V^{H} Luftvolumen in dm³
d_1^{H} Resonatorhalslänge in cm
$2\Delta t$ Mündungskorrekturwert in cm nach Tafel 4.85a

Tafel 4.85a Mündungskorrekturwerte für Helmholtz-Resonatoren

Ausbildung des Resonatorhalses	Mündungskorrekturwert $2\Delta t$ in cm	
Kreisförmig (Durchmesser d)	$0{,}8 \cdot d$	
Quadratisch (Kantenlänge a)	$0{,}9 \cdot a$	
Beliebig, jedoch nicht schlitzförmig (Fläche A_R)	$0{,}9 \cdot \sqrt{A_R}$	
Schlitzförmig	nebenstehende Grafik	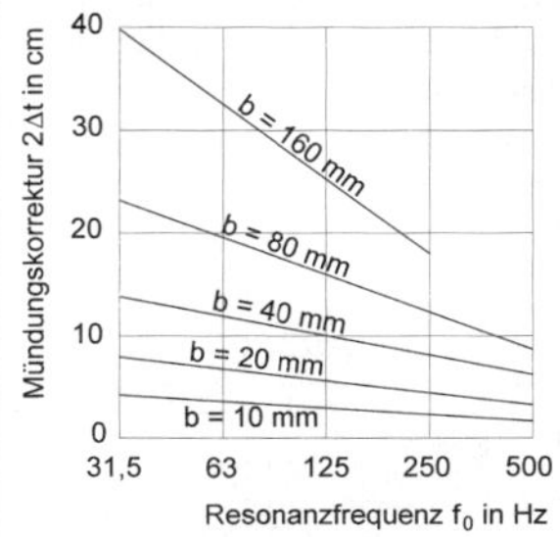

7.2.6 Planungsparameter

Anforderungen an die Nachhallzeit

Sowohl für die Hörsamkeit (Sprechräume) als auch für den Musikeindruck (Konzertsäle) ist die optimale Nachhallzeit – neben der gleichmäßigen Schallverteilung im Raum – das wichtigste raumakustische Kriterium.

Tafel 4.85b Sollwerte der gemittelten Nachhallzeit zwischen 500 Hz und 1000 Hz für unterschiedlich genutzte Räume im besetzen Zustand nach DIN 18 041 (gestrichelt: Werte für im Sinne der Norm untypische Raumvolumina; strichpunktiert: Räume mit $V > 5000$ m³)

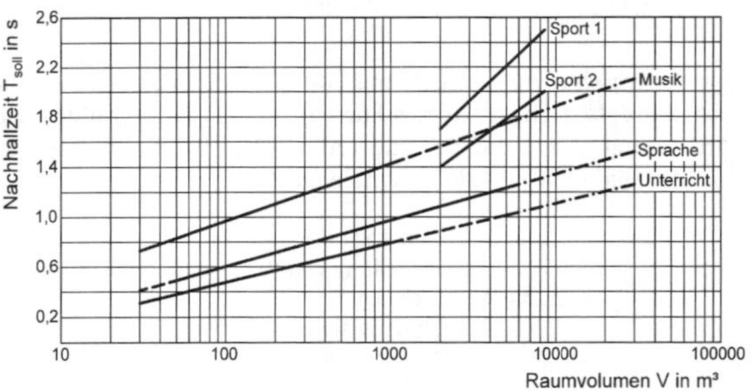

Nachhallzeit[1] T in s
$T_{\text{soll,Sport1}} = (1{,}27 \cdot \log V - 2{,}49)$
$T_{\text{soll,Sport2}} = (0{,}95 \cdot \log V - 1{,}74)$
$T_{\text{soll,Musik}} = (0{,}45 \cdot \log V + 0{,}07)$
$T_{\text{soll,Sprache}} = (0{,}37 \cdot \log V - 0{,}14)$
$T_{\text{soll,Unterr.}} = (0{,}32 \cdot \log V - 0{,}17)$

[1] Sport- und Schwimmhallen ohne Publikum für normale Nutzung und/oder einzügigen Unterrichtsbetrieb (Sport 1) bzw. für mehrzügigen Unterrichtsbetrieb (Sport 2).

Raumgeometrie

Prinzipiell sollten bei der Raumplanung kreisförmige und elliptische Grundrisse sowie parallele Flächen im Raum ohne ergänzende raumakustische Maßnahmen vermieden werden.

Für eine ausreichende Direktschallversorgung sollte bei großen Räumen eine Sitzreihenüberhöhung vorgesehen werden, vgl. Abb. 4.85.

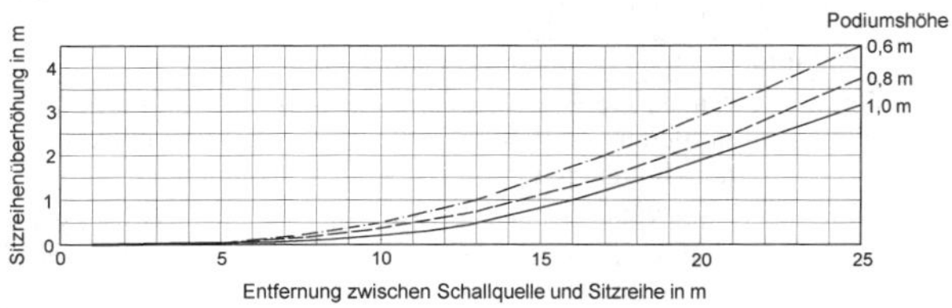

Abb. 4.85
Sitzreihenüberhöhung bei einem Blickfeldwinkel von 12° nach DIN 18 041

Raumoberflächen in kleinen Räumen

Für kleine Räume mit einem Volumen $V \leq 250$ m^3, die primär der sprachlichen Kommunikation dienen (Besprechungszimmer, Klassenräume, Gruppenräume in Kindergärten o. Ä.) wird eine Anordnung von schallabsorbierenden Flächen nach Abb. 4.86a (b) und (c) empfohlen. Eine Überdämpfung der Räume ist aufgrund der geringen Distanz zwischen Sende- und Empfangsort i. d. R. ausgeschlossen.

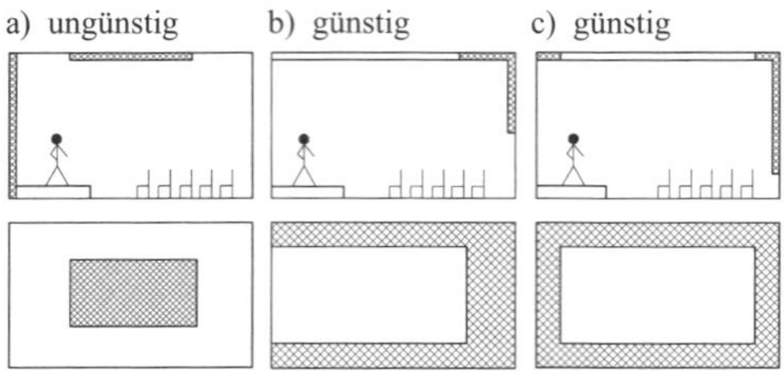

Abb. 4.86a
Verteilung schallabsorbierender Flächen (grau hinterlegt) für Räume kleiner und mittlerer Größe nach DIN 18 041 (oben: Aufrisse, unten: Deckenuntersichten)

Raumoberflächen in mittleren Räumen / kleineren Hallen

In entsprechenden Räumen mit einem Volumen von $250 < V \leq 5000$ m^3 (insbesondere größere Klassenräume, Seminarräume und Hörsäle) sind zunächst planparallele schallharte Oberflächen zu vermeiden, aus denen Flatterechos (Abb. 4.86b (a)) resultieren können; zu möglichen Lösungen siehe Abb. 4.86b (b) und (c).

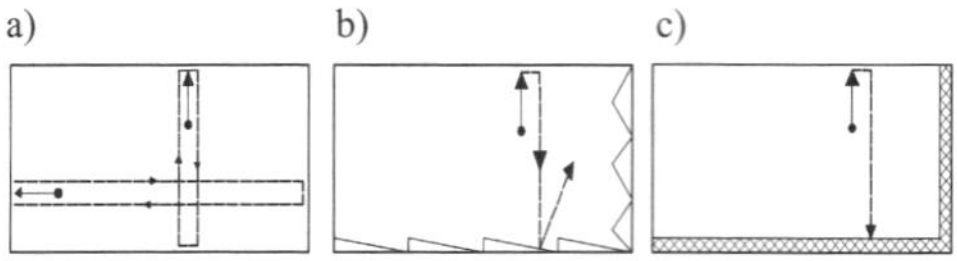

Abb. 4.86b
Flatterecho (a) und konstruktive Lösungen zu seiner Vermeidung
b) Segmentweise Schrägstellung einer Wand um mindestens 5°
c) Anordnung von Absorptionsflächen

In größeren Räumen (Raumlänge $l > 9{,}0$ m) sind zur Vermeidung von Laufzeitunterschieden mit $\Delta t \geq 0{,}05$ s (Abb. 4.86c (a)) Maßnahmen entsprechend Abb. 4.86c (b) und (c) zu ergreifen. Die Entwurfsparameter bezüglich der Anordnung absorbierender und reflektierender Oberflächensegmente in größeren Räumen (z. B. Hörsäle) sind in Tafel 4.86 zusammengestellt.

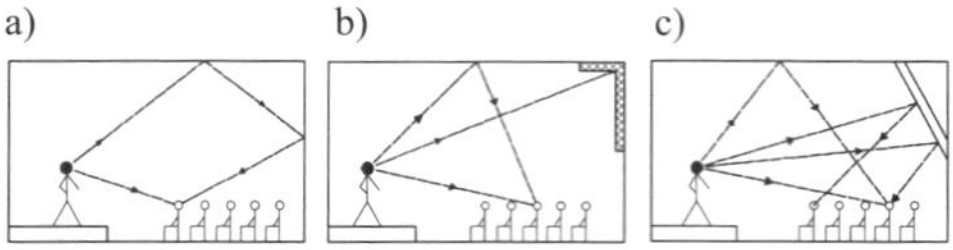

Abb. 4.86c
Darstellung von Rückwand- und Deckenreflexionen
a) ungünstig: $\Delta t \geq 0{,}05$ s
b) günstig durch Schallabsorber
c) günstig durch Reflexion

Tafel 4.86 Anordnung absorbierender und reflektierender Oberflächensegmente in größeren Räumen

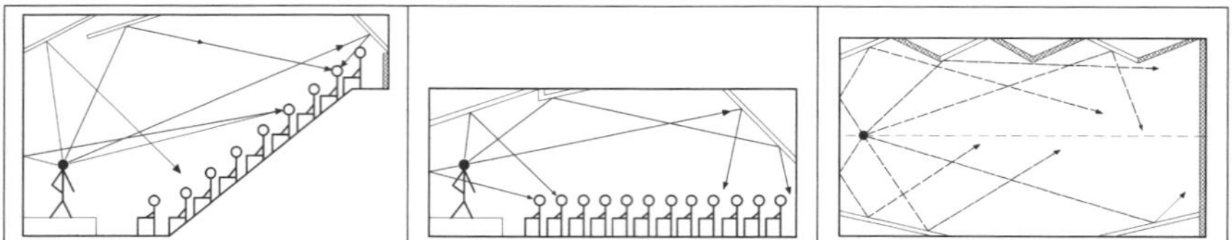

Wand hinter dem Sender	Ausführung für tiefe Frequenzen schallabsorbierend
Decke im mittleren Raumbereich	Von hier gelangen die ersten Reflektionen in das Auditorium, Ausführung im mittleren und hohen Frequenzbereich schallreflektierend und Ausführung im unteren Frequenzbereich absorbierend
Decke und Seitenflächen	Sind Decke und Seitenflächen nicht eben, sondern großflächig gegliedert, so sind die Einzelelemente so auszurichten, dass der Schall in die mittleren und hinteren Teile des Auditoriums gelenkt wird.

4 B Brandsicherheit in Gebäuden

1 Regelwerke

1.1 Einführung

Der Brandschutz stellt seit den ersten historischen Formulierungen baurechtlicher Vorgaben einen der Kerne des Bauordnungsrechtes dar. Dies ist in Deutschland seit jeher Landesangelegenheit mit aktuell 16 Landesbauordnungen (LBO). Hierfür dient als orientierende Leitlinie die Musterbauordnung (MBO), die in der novellierten Fassung als MBO 2012 vorliegt; sie wurde erarbeitet durch die Konferenz der für Städtebau, Bau- und Wohnungswesen zuständigen Minister und Senatoren der Länder – ARGEBAU. Die MBO stellt in den nachfolgenden Ausführungen den bauordnungsrechtlichen Bezug dar.

Die zentralen Anforderungen an den Brandschutz werden in § 3 (1) der MBO allgemein formuliert mit „Anlagen sind so anzuordnen, zu errichten, zu ändern und instand zu halten, dass die öffentliche Sicherheit und Ordnung, insbesondere Leben, Gesundheit und die natürlichen Lebensgrundlagen, nicht gefährdet werden." und in § 14 präzisiert zu „Bauliche Anlagen sind so anzuordnen, zu errichten, zu ändern und instand zu halten, dass der Entstehung eines Brandes und der Ausbreitung von Feuer und Rauch (Brandausbreitung) vorgebeugt wird und bei einem Brand die Rettung von Menschen und Tieren sowie wirksame Löschmöglichkeiten möglich sind.".

Auf europäischer Ebene wird in der Bauproduktenrichtlinie (Richtlinie 89/106/EWG des Rates vom 21.12.1988 zur Angleichung der Rechts- und Verwaltungsvorschriften der Mitgliedstaaten über Bauprodukte) im Anhang I wie folgt formuliert:

„Das Bauwerk muss derart entworfen und ausgeführt sein, dass bei einem Brand

- die Tragfähigkeit des Bauwerks während eines bestimmten Zeitraumes erhalten bleibt,
- die Entstehung und Ausbreitung von Feuer und Rauch innerhalb des Bauwerks begrenzt wird,
- die Ausbreitung von Feuer auf benachbarte Bauwerke begrenzt wird,
- die Bewohner das Gebäude unverletzt verlassen oder durch andere Maßnahmen gerettet werden können,
- die Sicherheit der Rettungsmannschaft berücksichtigt ist.".

1.2 Übersicht

Die Bauordnungen der Länder, hier repräsentiert durch die MBO, haben Gesetzesstatus. Dabei bezieht sich die MBO auf den „Normalfall" in Form eines sog. Standardbauwerkes, wie es z. B. ein übliches Bürogebäude unterhalb der Hochhausgrenze und mit Brandabschnittsflächen bis höchstens 1600 m^2 darstellt. Für diese Standardgebäude werden die Brandschutzanforderungen durch vorgegebene einfache „Standardkonzepte des Brandschutzes" umgesetzt. In diesen Konzepten, die sich primär auf bauliche Anforderungen (wie zum Beispiel Baustoff- und Bauteilanforderungen, Abstandsregelungen, Rettungswegführung) stützen, sind Maßnahmen des anlagentechnischen Brandschutzes (Brandmelde-, Sprinkler-, Rauchabzugsanlagen u.a.m.) oder betriebliche Vorschriften (wie z. B. die Erfordernis einer Betriebsfeuerwehr) nicht vorgesehen. Diese sind den Sonderbauten vorbehalten.

Unterhalb der gesetzlichen Regelungen der LBO stehen die auf ihrer Rechtsgrundlage erlassenen Verordnungen, die sich auf Sonderbauten beziehen. Für Gebäude besonderer Art und Nutzung werden Brandschutzanforderungen auch in Form von Richtlinien gestellt. Tafel 4.87 bezieht sich auf Muster-Verordnungen und -Richtlinien; in einigen Bundesländern sind diese länderspezifisch umgesetzt.

Tafel 4.87 Übersicht über das Regelwerk „Baulicher Brandschutz (Muster)"

<table>
<tr><td colspan="4">Musterbauordnung (MBO) 2012</td></tr>
<tr><td colspan="2">Anforderungen nach MBO, allgemeingültig</td><td colspan="2">Anforderungen für Sonderbauten</td></tr>
<tr><td colspan="2">Durchführungs- od. Ausführungsverordnung zur LBO</td><td>Muster-Verkaufsstättenverord.</td><td>MVkVO</td></tr>
<tr><td colspan="2">Verwaltungsvorschrift zur jeweiligen LBO</td><td>Muster-Garagenverordnung</td><td>MGarVO</td></tr>
<tr><td rowspan="5">Muster-Liste der Techn. Baubestimmungen mit den Normen zur brandschutztechnischen Bemessung von Bauteilen (z. B. DIN 4102) und den Musterrichtlinien, z. B.:
– Muster-Systemböden-Richtlinie
– Muster-Lüftungsanlagen-Richtl.</td><td rowspan="5">M-LTB

MSysBöR
M-LüAR</td><td>Muster-Krankenhausbauverord.</td><td>MKhBauVO</td></tr>
<tr><td>Muster-Versammlungsstättenverordnung</td><td>MVStättV</td></tr>
<tr><td>Muster-Beherbergungsstättenverordnung</td><td>MBeVO</td></tr>
<tr><td>Muster-Industriebau-Richtlinie</td><td>MIndBauRL</td></tr>
<tr><td>Muster-Schulbau-Richtlinie</td><td>MSchulBauR</td></tr>
<tr><td rowspan="2">Bauregellisten A, B, C als technische Baubestimmungen zu Bauprodukten und Bauarten</td><td rowspan="2">BRL A, T. 1 bis 3
BRL B, T. 1, 2
BRL C</td><td>Hochhausbau-Richtlinie</td><td>MHHR</td></tr>
<tr><td>Muster-Richtlinie über den Bau Fliegender Bauten</td><td>MFlBauR</td></tr>
</table>

Durch die Formulierung der MBO § 3 (3) Satz 1 „Die von der obersten Bauaufsichtsbehörde durch öffentliche Bekanntmachung als Technische Baubestimmungen eingeführten technischen Regeln sind zu beachten." werden die in der „Liste der als Technische Baubestimmungen eingeführten technischen Regeln" (Muster-TB-Liste bzw. die in jeweiliges Landesrecht umgesetzte TB-Liste) rechtlich verbindlich.

Die Verwendung von Bauprodukten wird in MBO § 17 geregelt. Damit ist die Bauregelliste zu beachten, die vom Deutschen Institut für Bauwesen (DIBt) im Einvernehmen mit den obersten Bauaufsichtsbehörden der Länder bekannt gemacht wird.

1.3 Geltungsbereich

Die MBO gilt entsprechend §1 (1) für bauliche Anlagen (vgl. Tafel 4.88a) und Bauprodukte. Sie gilt auch für Grundstücke sowie für andere Anlagen und Einrichtungen, an die dort oder in Vorschriften aufgrund der MBO Anforderungen gestellt werden.

Tafel 4.88a Geltungsbereich der MBO

<table>
<tr><th colspan="2">Geltungsbereich: Bauliche Anlagen</th></tr>
<tr><th>Definition</th><th>Ergänzungen</th></tr>
<tr><td>Bauliche Anlagen sind mit dem Erdboden verbundene, aus Bauprodukten hergestellte Anlagen; eine Verbindung mit dem Boden besteht auch dann, wenn die Anlage durch eigene Schwere auf dem Boden ruht oder auf ortsfesten Bahnen begrenzt beweglich ist oder wenn die Anlage nach ihrem Verwendungszweck dazu bestimmt ist, überwiegend ortsfest zu werden.</td><td>– Aufschüttungen und Abgrabungen
– Lagerplätze, Abstell- und Ausstellungsplätze
– Sport- und Spielflächen
– Camping-, Wochenend- und Zeltplätze
– Freizeit- und Vergnügungsparks
– Stellplätze für Kraftfahrzeuge
– Gerüste
– Hilfseinrichtungen zur stat. Sicherung von Bauzuständen</td></tr>
<tr><td colspan="2">Die MBO gilt nicht für:
– Anlagen des öffentlichen Verkehrs einschl. Zubehör, Nebenanlagen u. -betriebe, ausgenommen Gebäude
– Anlagen, die der Bergaufsicht unterliegen, ausgenommen Gebäude
– Leitungen, die der öffentlichen Versorgung mit Wasser, Gas, Elektrizität, Wärme, der öffentlichen Abwasserentsorgung oder der Telekommunikation dienen
– Rohrleitungen, die dem Ferntransport von Stoffen dienen
– Kräne und Krananlagen, sowie für Messestände in Messe- und Ausstellungsgebäuden.</td></tr>
</table>

1.4 Begriffe

Gebäude sind selbstständig benutzbare, überdeckte bauliche Anlagen, die von Menschen betreten werden können und geeignet oder bestimmt sind, dem Schutz von Menschen, Tieren oder Sachen zu dienen. Sie werden in Klassen entsprechend Tafel 4.88b eingeteilt.

Tafel 4.88b Einteilung der Gebäudeklassen

<table>
<tr><th>Gebäudeklasse</th><th>Lage auf dem Grundstück</th><th>Gebäudehöhe[1)]</th><th>Zahl der Nutzungseinheiten</th><th>Grundflächen der Nutzungseinheiten[2)]</th></tr>
<tr><td>1</td><td>freistehend</td><td rowspan="3">bis 7 m</td><td rowspan="2">maximal 2</td><td rowspan="2">insgesamt nicht mehr als 400 m²</td></tr>
<tr><td>2</td><td>–</td></tr>
<tr><td>3</td><td>–</td><td>–</td><td>–</td></tr>
<tr><td>4</td><td>–</td><td>bis 13 m</td><td>–</td><td>jeweils bis 400 m²</td></tr>
<tr><td>5</td><td>–</td><td>–</td><td>–</td><td>–</td></tr>
<tr><td colspan="5">1) Gebäudehöhe ist das Maß der Fußbodenoberkante des höchstgelegenen Geschosses, in dem ein Aufenthaltsraum möglich ist, über der Geländeoberfläche im Mittel.
2) Die Grundflächen der Nutzungseinheiten im Sinne der MBO sind die Brutto-Grundflächen. Bei der Berechnung der Brutto-Grundflächen bleiben Flächen in Kellergeschossen außer Betracht.</td></tr>
</table>

Sonderbauten sind Anlagen und Räume besonderer Art oder Nutzung nach Tafel 4.88c.

Tafel 4.88c Definition von Sonderbauten

Benennung	Charakteristik (Höhe / Grundfläche / Sonstiges)
Hochhäuser	Höhe > 22 m
Bauliche Anlagen	Höhe > 30 m
Große Gebäude	Grundfläche > 1600 m² (außer Wohngebäude, Garage)
Verkaufsstätten	Verkaufsräume und -flächen > 800 m²

Tafel 4.88c Definition von Sonderbauten (Fortsetzung)

Bürogebäude, Verwaltungsgebäude	Einzelräume > 400 m^2
Gebäude für den Aufenthalt von Personen	Nutzung einzelner Räume durch > 100 Personen
Versammlungsstätten mit Versammlungsräumen	Versammlungsräume für insgesamt > 200 Besucher und mit gemeinsamen Rettungswegen
Versammlungsstätten im Freien mit Szenenflächen sowie Freisportanlagen, jeweils mit Tribünen	Besucherbereiche mit jeweils >1000 Besuchern, ganz oder teilw. errichtet als bauliche Anlage
Gaststätten	> 40 Gastplätze im Gebäude / > 1000 Plätze im Freien
Beherbergungsstätten	> 12 Betten
Spielhallen	> 150 m^2
Krankenhäuser, Wohnheime und Ähnliches	
Tageseinrichtungen für Kinder, Menschen mit Behinderung und alte Menschen	ausgenommen Tageseinrichtungen einschließlich Tagespflege für ≤ 10 Kinder
Schulen, Hochschulen und ähnliche Einrichtungen	
Justizvollzugsanstalten und bauliche Anlagen für den Maßregelvollzug	
Camping- und Wochenendplätze	
Freizeit- und Vergnügungsparks	
Fliegende Bauten	sofern sie einer Ausführungsgenehmigung bedürfen
Regallager	Oberkante Lagergut > 7,5 m
Bauliche Anlagen mit erhöhter Brand- oder Explosionsgefahr	wenn deren Nutzung durch Umgang oder Lagerung mit den genannten Gefahren verbunden ist
hier nicht aufgeführte Anlagen und Räume	sofern Art u. Nutzung mit o. g. Gefahren vergleichbar

2 Baustoffe und Bauteile

2.1 Brandverhalten

Es wird differenziert zwischen dem Baustoff- und dem Bauteilverhalten.

Baustoffverhalten: Beschreibung des Materials hinsichtlich der Brennbarkeit (und ggf. zusätzlicher Eigenschaften, wie z.B. Rauchentwicklung) unter definierten Randbedingungen

Bauteilverhalten: Beschreibung des Bauteils gegenüber einer definierten Brandbeanspruchung unter definierten Randbedingungen

Momentan kann für den Zeitraum der Koexistenzperiode – der jedoch noch zu definieren ist – diese Klassifizierung sowohl nach der Normengruppe DIN 4102 als auch nach dem europäischen Klassifizierungssystem nach DIN EN 13 501 erfolgen. Die Einführung des europäischen Klassifizierungssystems erfolgte durch Veröffentlichung in der Bauregelliste A Teil 1, Ausgabe 2005/1 in Verbindung mit den Änderungen in der Bauregelliste, Ausgabe 2005/2. Nach Ablauf der Koexistenzperiode sollen nur noch europäisch genormte Bauprodukte vorhanden sein.

2.2 Brandverlauf

Der Verlauf eines Brandes (Abb. 4.90a) wird im Wesentlichen bestimmt durch:

- die Brandlast (Menge und Art der brennbaren Materialien),
- Konzentration, Lagerungsdichte und Verteilung der Brandlast im Brandraum,
- Geometrie des Brandraumes,
- thermische Eigenschaften (primär Wärmeleitfähigkeit und Wärmekapazität) der den Brandraum umschließenden Bauteile,
- Art und Intensität der Sauerstoffzufuhr zum Brandraum,
- Art und Intensität von Löschmaßnahmen.

Um einheitliche Prüf- und Beurteilungsgrundlagen für das Brandverhalten von Bauteilen zu schaffen, wurde auf internationaler Ebene eine „Einheitstemperaturzeitkurve“ (ETK) festgelegt. Diese stellt einen möglichen Brandverlauf dar, der jedoch eine hohe Deckung mit realen Bränden aufweist. Prüfungen von Bauteilen unter anderen zeitlichen Temperaturbedingungen (z. B. Schwelbrandkurve, Außenbrandkurve, Kohlenwasserstoffkurve) können fallweise sinnvoll sein, vgl. Abb. 4.90b.

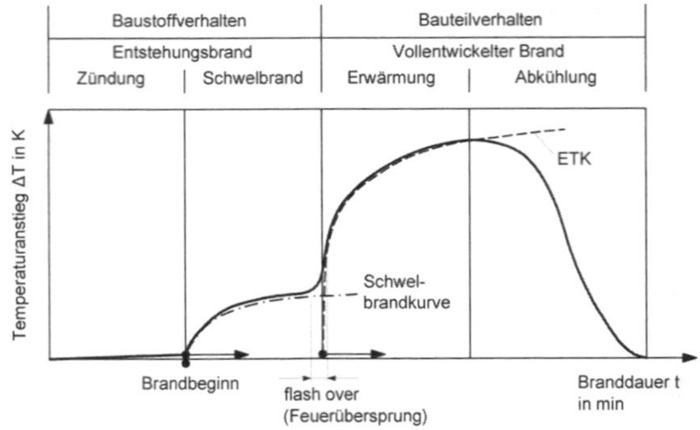

Abb. 4.90a
Prinzipdarstellung eines Brandverlaufes

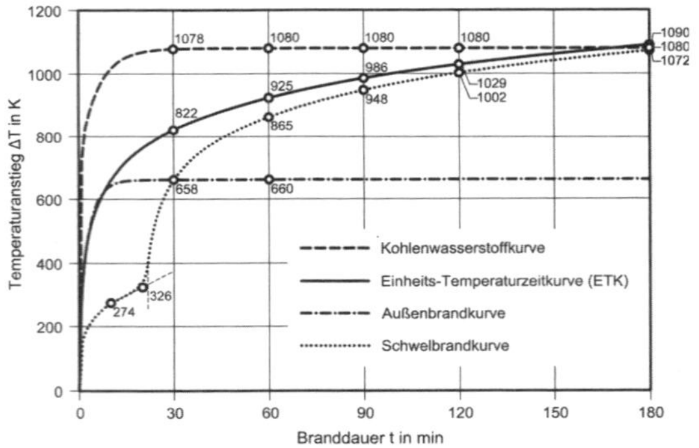

Abb. 4.90b
Brandverlauf und Einheitstemperaturzeitkurve

2.3 Nationales Klassifizierungssystem nach DIN 4102

Die Normengruppe DIN 4102 ist die klassische, den Bauordnungen zugeordnete Norm, die den Brennbarkeitsgrad von Baustoffen und die Feuerwiderstandsfähigkeit von Bauteilen definiert und so darlegt, wie der in den Bauordnungen geforderte bauliche Brandschutz zu realisieren ist.

Tafel 4.90 Feuerwiderstandsklassen nach DIN 4102-2 mit bauaufsichtlichen Benennungen entsprechend MBO (nach Bauregelliste A Teil 1 Anlage 0.0.1)

Feuer-widerstands-klasse	Baustoffklasse nach DIN 4102-1		Benennung	Kurzbezeichnung	
	wesentliche Teile	übrige Teile		DIN 4102-2	MBO
F 30	B	B	Feuerwiderstandsklasse F 30	F 30-B	feuerhemmend
	A	B	Feuerwiderstandsklasse F 30 und in den wesentlichen Teilen aus nichtbrennbaren Baustoffen	F 30-AB	
	A	A	Feuerwiderstandsklasse F 30 und aus nichtbrennbaren Baustoffen	F 30-A	
F 60	B	B	Feuerwiderstandklasse F 60	F 60-B	
	A	B	Feuerwiderstandsklasse F 60 und in den wesentlichen Teilen aus nichtbrennbaren Baustoffen	F 60-AB	hochfeuerhemmend
	A	A	Feuerwiderstandsklasse F 60 und aus nichtbrennbaren Baustoffen	F 60-A	
F 90	B	B	Feuerwiderstandsklasse F 90	F 90-B	
	A	B	Feuerwiderstandsklasse F 90 und in den wesentlichen Teilen aus nichtbrennbaren Baustoffen	F 90-AB	feuerbeständig
	A	A	Feuerwiderstandsklasse F 90 und aus nichtbrennbaren Baustoffen	F 90-A	

Tafel 4.90 Feuerwiderstandsklassen nach DIN 4102-2 (Fortsetzung)

Feuer-widerstands-klasse	Baustoffklasse nach DIN 4102-1 wesentliche Teile	Baustoffklasse nach DIN 4102-1 übrige Teile	Benennung	Kurzbezeichnung DIN 4102-2	Kurzbezeichnung MBO
F 120	B	B	Feuerwiderstandsklasse F 120	F 120-B	
	A	B	Feuerwiderstandsklasse F 120 und in den wesentl. Teilen aus nichtbrennbaren Baustoffen	F 120-AB	
	A	A	Feuerwiderstandsklasse F 120 und aus nicht-brennbaren Baustoffen	F 120-A	
F 180	B	B	Feuerwiderstandsklasse F 180	F 180-B	
	A	B	Feuerwiderstandsklasse F 180 und in den wesentl. Teilen aus nichtbrennbaren Baustoffen	F 180-AB	
	A	A	Feuerwiderstandsklasse F 180 und aus nicht-brennbaren Baustoffen	F 180-A	

Tafel 4.91a Baustoffklassen und ihre Benennungen nach DIN 4102-1

Baustoffklasse		Bauaufsichtliche Benennung	
A	A1	Nichtbrennbare Baustoffe	Ohne brennbare Baustoffe
	A2		Im Wesentlichen aus nicht brennbaren Baustoffen
B	B1	Brennbare Baustoffe	Schwerentflammbar
	B2		Normalentflammbar
	B3		Leichtentflammbar

2.4 Europäisches Klassifizierungssystem nach DIN EN 13 501

Die Beschreibung ist hier erheblich komplexer als in DIN 4102-1, die sich primär auf die Brennbarkeit eines Baustoffes bezieht. In DIN EN 13 501 sind die Baustoffklassen A1, A2, B, C, D, E, F definiert; es wird zusätzlich differenziert zwischen Baustoffen/Bauprodukten (Tafel 4.91b) und Bodenbelägen. Neben den Hauptklassifizierungskriterien der Entzündbarkeit, der Flammenausbreitung und der freiwerdenden Wärme werden die Brandparallelerscheinungen der Rauchentwicklung (s = smoke) und des brennenden Abfallens/Abtropfens von Baustoffen (d = droplets) festgestellt und in mehreren Stufen klassifiziert. Die Mitgliedstaaten können dann die als notwendig erachteten Klassen und Stufen zur Sicherstellung ihres jeweiligen Schutzniveaus fordern. Jeweils 3 Klassen für die Rauchentwicklung (s1, s2 und s3) und das brennende Abtropfen/Abfallen eines Baustoffes (d0, d1 und d2) sind festgelegt.

Tafel 4.91b Europäische Klassifizierung des Brandverhaltens für Bauprodukte, jedoch keine Bodenbeläge (nach DIN EN 13 501)

Klasse	Prüfverfahren	Kriterien	Zusatzkriterien
A1	DIN EN ISO 1182	Temperaturanstieg, Gewichtsverlust, Dauer der Entflammung	
	DIN EN ISO 1716	Brennwert	
A2	DIN EN ISO 1182 oder DIN EN ISO 1716	Temperaturanstieg, Gewichtsverlust, Dauer der Entflammung, Brennwert	
	DIN EN 13 823	Geschwindigkeit der Brandausbreitung, seitliche Flammenausbreitung, freigesetzte Wärme	Rauchentwicklung, brennendes Abtropfen/ Abfallen
B	DIN EN 13 823	Geschwindigkeit der Brandausbreitung, seitliche Flammenausbreitung, freigesetzte Wärme	Rauchentwicklung, brennendes Abtropfen/ Abfallen
	DIN EN ISO 11 925-2	Flammenausbreitung	
C	DIN EN 13 823	Geschwindigkeit der Brandausbreitung, seitliche Flammenausbreitung, freigesetzte Wärme	Rauchentwicklung, brennendes Abtropfen/ Abfallen
	DIN EN ISO 11 925-2	Flammenausbreitung	
D	DIN EN 13 823	Geschwindigkeit der Brandausbreitung	Rauchentwicklung, brennendes Abtropfen/ Abfallen
	DIN EN ISO 11 925-2	Flammenausbreitung	
E	DIN EN ISO 11 925-2	Flammenausbreitung	brennendes Abtropfen/ Abfallen
F	Keine Leistung festgestellt.		

Die Prüfverfahren für die Baustoffklassen A1, A2 und E entsprechen im Wesentlichen den bisherigen deutschen Prüfverfahren. Als neues Prüfverfahren ist für die Brandverhaltensklassen A2, B, C und D der sog. SBI-Test (Single-Burning-Item = einzelner brennender Gegenstand) hinzugekommen. Dieser Test nach DIN EN 13 823 stellt einen kleinen Brandherd, wie zum Beispiel einen brennenden Papierkorb, dar.

Tafel 4.92a Brandverhalten von Bauprodukten, jedoch keine Bodenbeläge (nach Bauregelliste A Teil 1 Anlage 0.0.2)

Bauaufsichtliche Anforderung	Zusatzanforderung		Europäische Klasse nach DIN EN 13 501[1)]	Klasse nach DIN 4102-1
	kein Rauch	kein brennendes Abtropfen / Abfallen		
Nichtbrennbar	•	•	A1	A1
	•	•	A2 -s1, d0	A2
Schwer-entflammbar	•	•	B, C -s1, d0	B1
		•	A2, B, C -s2, d0 A2, B, C -s3, d0	
	•		A2, B, C -s1, d1 A2, B, C -s1, d2	
			A2, B, C -s3, d2	
Normal-entflammbar		•	D -s1/s2/s3, d0 E	B2
			D -s1/s2/s3, d1 -s1/s2/s3, d2 E -d2	
Leichtentflammbar			F	B3

1) Erläuterungen der Kurzzeichen s und d siehe Tafel 4.92b und 4.92c.

Beispiel: Bauprodukt Klasse A2, keine Rauchentwicklung, deutliches Abtropfen: A2-s1,d2
⇒ Klassifizierung als „schwerentflammbar"

Tafel 4.92b Klassifizierung des Zusatzkriteriums „Rauchentwicklung"

Klasse	Maximalwert der Rauchentwicklungsrate SMOGRA (in m^2/s^2)	Maximalwert der gesamten freigesetzten Rauchmenge TSP600s (in m^2)
s1	30	50
s2	180	200
s3	Maximalwert überschritten oder ohne Prüfung	

Tafel 4.92c Klassifizierung des Zusatzkriteriums „brennendes Abtropfen/Abfallen"

Klasse	Brennendes Abtropfen/Abfallen	
	nicht innerhalb von 600 Sekunden	innerhalb von 600 Sekunden, aber nicht länger als 10 Sekunden
d0	•	
d1		•
d2	Maximalwert überschritten, Entzündung des Filterpapiers oder ohne Prüfung	

Tafel 4.92d Brandverhalten von Bodenbelägen (nach Bauregelliste A Teil 1 Anlage 0.0.2) (mit Index fl = floorings)

Bauaufsichtliche Anforderung	Europäische Klasse nach DIN EN 13 501	Klasse nach DIN 4102-1
Nichtbrennbar	$A1_{fl}$	A1
	$A2_{fl}$ -s1	A2
Schwerentflammbar	B_{fl}, C_{fl} -s1	B1
Normalentflammbar	D_{fl} -s1 $A2_{fl}$, B_{fl}, C_{fl}, D_{fl}, E_{fl} -s2	B2
Leichtentflammbar	F_{fl}	B3

Die **Klassifizierung** muss nach DIN EN 13 501-2 entsprechend der folgenden Aufstellung benannt werden (s. Tafel 4.93a), wobei *t* für die Zeit und * für weitere Kurzzeichen steht.

R	E	I	W		t	t	-	M	C	S	*	*	*	*

Tafel 4.93a Auszug der Erläuterung der Klassifizierungskriterien und der zusätzlichen Angaben zur Klassifizierung des Feuerwiderstandes (nach BRL A Teil 1 Anlage 0.1.2)

Herleitung des Kurzzeichens	Kriterium	Anwendungsbereich
R (Résistance)	Tragfähigkeit	zur Beschreibung der Feuerwiderstandsfähigkeit
E (Étanchéité)	Raumabschluss	
I (Isolation)	Wärmedämmung (unter Brandeinwirkung)	
W (Radiation)	Begrenzung des Strahlungsdurchtritts	
M (Mechanical)	Mechanische Einwirkung auf Wände (Stoßbeanspruchung)	
S_m ($Smoke_{max.\ leakage\ rate}$)	Begrenzung der Rauchdurchlässigkeit (Dichtheit, Leckrate), erfüllt die Anforderungen sowohl bei Umgebungstemperatur als auch bei 200 °C	Rauchschutztüren (als Zusatzanforderung auch bei Feuerschutzabschlüssen), Lüftungsanlagen einschließlich Klappen
C…(Closing)	Selbstschließende Eigenschaft (ggf. mit Anzahl der Lastspiele) einschl. Dauerfunktion	Rauchschutztüren, Feuerschutzabschlüsse (einschließlich Abschlüsse für Förderanlagen)
ef	Leistungsverhalten nach der Außenbrandkurve anstelle der ETK	Nichttragende Außenwände
i → o i ← o i ↔ o (in – out)	Richtung der klassifizierten Feuerwiderstandsdauer	Nichttragende Außenwände, Installationsschächte u. -kanäle, Lüftungsanlagen und -klappen
a ↔ b (above – below)	Richtung der klassifizierten Feuerwiderstandsdauer	Unterdecken

Die verschiedenen Klassifizierungskriterien mit der zugeh. Feuerwiderstandsdauer und die zusätzlichen Angaben führen zu einer Vielzahl europäischer Feuerwiderstandsklassen. Die folgenden Tafeln 4.93b bis 4.94b enthalten ausgewählte Bauteile und Sonderbauteile mit zugeordneten Feuerwiderstandsklassen nach DIN EN 13 501 sowie ihre Zuordnung zu den bauaufsichtlichen Anforderungen.

Tafel 4.93b Feuerwiderstandsklassen tragender Bauteile nach DIN EN 13 501-2 und ihre Zuordnung zu den bauaufsichtlichen Anforderungen (nach BRL A Teil 1 Anlage 0.1.2)

Bauaufsichtliche Anforderung	ohne Raumabschluss	mit Raumabschluss
Feuerhemmend	R 30	REI 30
Hochfeuerhemmend	R 60	REI 60
Feuerbeständig	R 90	REI 90
Feuerwiderstandsfähigkeit 120 min.	R 120	REI 120
Brandwand	-	REI-M 90

Tafel 4.93c Feuerwiderstandsklassen von nichttragenden Bauteilen nach DIN EN 13 501-2 und ihre Zuordnung zu den bauaufsichtl. Anforderungen (nach BRL A Teil 1 Anl. 0.1.2)

Bauaufsichtliche Anforderung	nichttragende Innenwand	nichttragende Außenwand	Doppelboden	Selbständige Unterdecke
Feuerhemmend	EI 30	E 30 (i→o) und EI 30-ef (i←o)	REI 30 ETK (f)	EI 30 (a↔b)
Hochfeuerhemmend	EI 60	E 60 (i→o) und EI 60-ef (i←o)		EI 60 (a↔b)
Feuerbeständig	EI 90	E 90 (i→o) und EI 90-ef (i←o)		EI 90 (a↔b)
Feuerwiderstandsfähigkeit 120 min.	–			–
Brandwand	EI 90-M			–

Tafel 4.94a Feuerwiderstandsklassen von Sonderbauteilen nach DIN EN 13 501-3 und ihre Zuordnung zu den bauaufsichtlichen Anforderungen (nach BRL A Teil 1 Anl. 0.1.2)

Bauaufsichtliche Anforderung	Feuerschutzabschlüsse (auch in Förderanlagen)	Kabel-abschottung	Rohr-abschottung
Feuerhemmend	EI_2 30-C	EI 30-C	EI 30
Hochfeuerhemmend	EI_2 60-C	EI_2 60-C	EI 60
Feuerbeständig	EI_2 90-C	EI_2 90-C	EI 90
Feuerwiderstandsfähigkeit 120 min.	–	EI 120	EI 120

Tafel 4.94b Klassen von Bedachungen nach DIN EN 13 501-5 und ihre Zuordnung zu den bauaufsichtlichen Anforderungen (nach BRL A Teil 1 Anlage 0.1.3)

Bauaufsichtliche Anforderung	Klasse
Widerstandsfähig gegenüber Flugfeuer und strahlende Wärme (harte Bedachung)	B_{ROOF} (t1)
Keine Leistung festgestellt (weiche Bedachung)	F_{ROOF} (t1)

3 Anforderungen nach Musterbauordnung (MBO)

3.1 Brandwände und ihre Anordnung

Der Begriff *Brandwand* stellt einen Qualitätsanspruch dar. Eine Brandwand muss auch unter zusätzlicher mechanischer Beanspruchung feuerbeständig sein und aus nichtbrennbaren Baustoffen bestehen (→ F 90-A). Ausnahmen siehe Tafel 4.94c, alle weiteren Anforderungen an Brandwände gelten auch für deren Substitute nach Tafel 4.94c.

Tafel 4.94c Mögliche Substitution von Brandwänden

Gebäudeklasse	1 bis 3		4	5	landwirtschaftlich genutztes Gebäude[2]
	Variante A	Variante B			
F 60-AB	•		•		
F 90-AB					•
zusätzlich mechanisch beanspruchbar			•		
Gebäudeabschlusswand mit i → o F 30-AB[1] o → i F 90-AB		•			

[1] Anforderung: Gebäudeabschlusswände, die jeweils von innen nach außen die Feuerwiderstandsfähigkeit der tragenden und aussteifenden Teile des Gebäudes – mit F 30-AB als Mindestanforderung – aufweisen.

[2] Der Bruttorauminhalt des landwirtschaftlich genutzten Gebäudes oder Gebäudeteils ist ≤ 2 000 m³.

Öffnungen in Brandwänden sind unzulässig. Sie sind in inneren Brandwänden nur dann zulässig, wenn sie auf die für die Nutzung erforderliche Zahl und Größe beschränkt sind und feuerbeständige, dicht- und selbstschließende Abschlüsse aufweisen.

Verglasungen in inneren Brandwänden sind nur zulässig, wenn sie feuerbeständig und auf die für die Nutzung erforderliche Zahl und Größe beschränkt sind.

Brandwände sind vorzusehen

- als Gebäudeabschlusswand, ausgenommen von Gebäuden ohne Aufenthaltsräume und ohne Feuerstätten ≤ 50 m³ Brutto-Rauminhalt, wenn diese Abschlusswände an oder mit einem Abstand < 2,50 m gegenüber der Grundstücksgrenze errichtet werden, es sei denn, dass ein Abstand ≥ 5 m zu bestehenden oder nach den baurechtlichen Vorschriften zulässigen künftigen Gebäuden gesichert ist (Abb. 4.95a) (*Anmerkung: Dies gilt nicht für seitliche Wände von Vorbauten im Sinne der MBO § 6 Abs. 6, wenn sie von dem Nachbargebäude oder der Nachbargrenze einen Abstand einhalten, der ihrer eigenen Ausladung entspricht, mindestens jedoch 1 m beträgt.*),
- als innere Brandwand zur Unterteilung ausgedehnter Gebäude in Abständen ≤ 40 m,

- als innere Brandwand zur Unterteilung landwirtschaftlich genutzter Gebäude in Brandabschnitte ≤ 10 000 m³ Brutto-Rauminhalt,
- als Gebäudeabschlusswand zwischen Wohngebäuden und angebauten landwirtschaftlich genutzten Gebäuden sowie als innere Brandwand zwischen dem Wohnteil und dem landwirtschaftlich genutzten Teil eines Gebäudes.

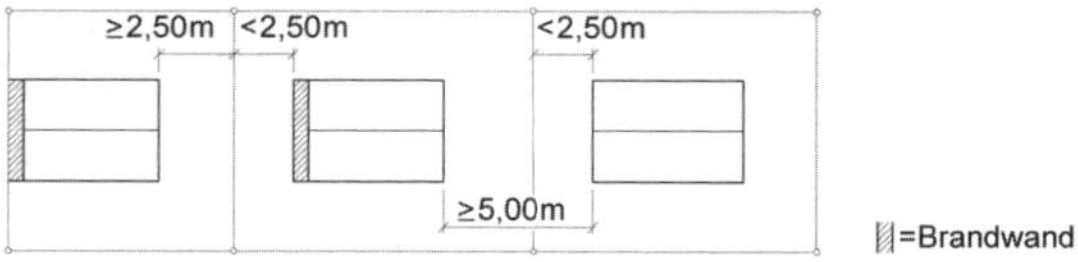

Abb. 4.95a
Anordnung von Brandwänden als Gebäudeabschlusswände

Für die *Anordnung von Brandwänden* gilt, dass sie bis zur Bedachung durchgehen und in allen Geschossen übereinander angeordnet sein müssen. Abweichend davon dürfen anstelle innerer Brandwände Wände geschossweise versetzt angeordnet werden, wenn

1. die Wände auch unter zusätzlicher mechanischer Beanspruchung feuerbeständig sind und aus nichtbrennbaren Baustoffen bestehen,
2. die Decken, soweit sie in Verbindung mit diesen Wänden stehen, feuerbeständig sind, aus nichtbrennbaren Baustoffen bestehen und keine Öffnungen haben,
3. die Bauteile, die diese Wände und Decken unterstützen, feuerbeständig sind und aus nichtbrennbaren Baustoffen bestehen,
4. die Außenwände in der Breite des Versatzes in dem Geschoss oberhalb oder unterhalb des Versatzes feuerbeständig sind und
5. Öffnungen in den Außenwänden im Bereich des Versatzes so angeordnet oder andere Vorkehrungen so getroffen sind, dass eine Brandausbreitung in andere Brandabschnitte nicht zu befürchten ist.

Zur Ausführung von Brandwänden im Bereich des *Dachanschlusses* vgl. Angaben in Tafel 4.95, zur Ausführung von Brandwände im Bereich von *Gebäude-Innenecken* vgl. Skizze in Abb. 4.95b.

Tafel 4.95 Mindestanforderungen an die Ausführung von Brandwänden im Bereich des Dachanschlusses

allgemein		Gebäudeklassen 1 bis 3
≥ 0,30 m; Dachhaut	nicht brennbar; Dachhaut; ≥ 0,50 m; ≥ 0,50 m	vollständig mit nicht brennbarem Baustoff ausgefüllt; Dachhaut
Verbleibende Hohlräume sind vollständig mit nichtbrennbaren Baustoffen auszufüllen.		

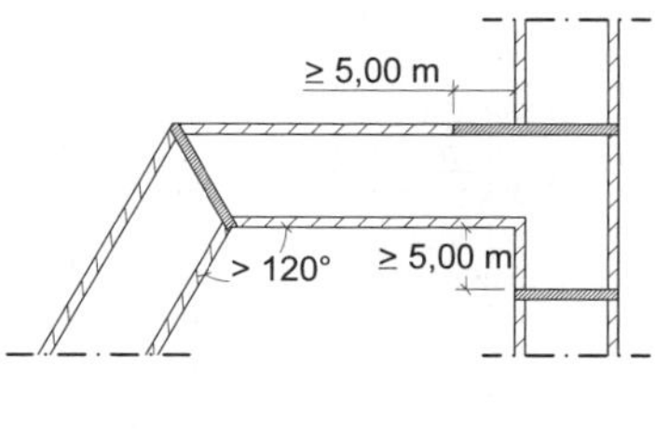

Abb. 4.95b
Ausführung von Brandwänden (schraffiert dargestellt) im Bereich von Gebäude-Innenecken

Anmerkung: Die schraffiert dargestellte Außenwand muss hier lediglich öffnungslos und als F 90-A klassifiziert sein.

3.2 Wände und Stützen

Baustoffe, die nicht mindestens normalentflammbar sind (B3) dürfen nicht verwendet werden; dies gilt nicht, wenn sie in Verbindung mit anderen Baustoffen nicht leicht entflammbar sind.

Grundsätzlich gilt nach MBO, dass alle in Tafel 4.96a aufgeführten Wände und Stützen im Brandfall ausreichend lange einer Brandausbreitung im Sinne ihrer konstruktiven Anforderungen widerstehen.

Tafel 4.96a Zentrale Anforderungen an Wände und Stützen

MBO	Bauteilbeschreibung	Gebäudeklasse 1	2	3	4	5
§ 27	Tragende Wände und Stützen (allgemein)	-	Fh		Hfh	Fb
	Tragende Wände und Stützen im Dachgeschoss, wenn darüber keine Aufenthaltsräume möglich sind	-	-	-	-	-
	Tragende Wände und Stützen im Kellergeschoss	Fh		Fb		
§ 28	Oberflächen von Außenwänden sowie Außenwandbekleidungen einschließlich Dämmstoff und Unterkonstruktion	-	-	-	schwerentflammbar[1]	
	Nichttragende Außenwände und nichttragende Teile tragender Außenwände	-	-	-	nichtbrennbar[2]	
§ 29	Trennwände zwischen Nutzungseinheiten sowie zwischen Nutzungseinheiten u. anders genutzten Räumen	Fh[3]		Fh	Hfh	Fb
	Trennwände zwischen Aufenthaltsräumen und anders genutzten Räumen im Kellergeschoss	Fh[3]		Fb		
	Trennwände zum Abschluss von Räumen mit Explosions- oder erhöhter Brandgefahr	Fb				
§ 30	Anstelle von Brandwänden zulässige Wände	Hfh[4]			Hfh[5]	Fb
§ 35	Wände notwendiger Treppenräume[6]	Nicht erforderlich		Fh	Hfh[5]	Bw
§ 36	Wände notwendiger Flure (allgemein)			Fh		
	Wände notwendiger Flure im Kellergeschoss	Fh		Fb		
§ 39	Fahrschachtwände	Nicht erforderl.		Fh	Hfh	Fb[7]

Erläuterung der Abkürzungen:
Fh = Feuerhemmend, Hfh = Hochfeuerhemmend, Fb = Feuerbeständig, Bw = Brandwand

1) Unterkonstruktionen können bei Eignungsnachweis auch normalentflammbar ausgeführt werden.
2) Sie sind aus brennbaren Baustoffen zulässig, wenn sie als raumabschließende Bauteile feuerhemmend sind.
3) Die Anforderungen gelten nicht für Wohngebäude.
4) Alternativ: Gebäudeabschlusswände, die jeweils von innen nach außen die Feuerwiderstandsfähigkeit der tragenden und aussteifenden Teile des Gebäudes, mindestens jedoch feuerhemmende Bauteile, und von außen nach innen die Feuerwiderstandsfähigkeit feuerbeständiger Bauteile haben.
5) Unter zusätzlicher mechanischer Beanspruchung.
6) Dies ist nicht erforderlich für Außenwände von Treppenräumen, die aus nichtbrennbaren Baustoffen bestehen und durch andere an diese Außenwände anschließende Gebäudeteile im Brandfall nicht gefährdet werden können.
7) Die Wände sind darüber hinaus aus nichtbrennbaren Baustoffen herzustellen.

3.3 Decken, Dächer

Nach MBO müssen alle in Tafel 4.96b aufgeführten Decken als tragende und raumabschließende Bauteile zwischen Geschossen im Brandfall ausreichend lang standsicher und widerstandsfähig gegen die Brandausbreitung sein.

Tafel 4.96b Grundlegende Anforderungen an die Ausführung von Decken und Dächern

MBO	Bauteilbeschreibung	Gebäudeklasse 1	2	3	4	5
§ 31	Decken (allgemein)	-	Fh		Hfh	Fb
	Decken im obersten Dachgeschoss	-	-	-	-	-
	Decken im Kellergeschoss	Fh		Fb		
	Decken unter und über Räumen mit Explosions- oder erhöhter Brandgefahr	Fb[1]		Fb		
	Decken zwischen landwirtschaftlich genutztem Teil und Wohnteil eines Gebäudes	Fb				
§ 32	Dächer	harte Bedachung[2)3)4)]				

Abkürzungen: Fh = Feuerhemmend, Hfh = Hochfeuerhemmend, Fb = Feuerbeständig, Nb = Nicht brennbar

1) Anforderungen gelten nicht für Wohngebäude.
2) Harte Bedachung = Ausreichend lang widerstandsfähig gegen Brandbeanspruchung von außen durch Flugfeuer und strahlende Wärme.
3) Bei Gebäuden der Gebäudeklassen 1 bis 3 sind abweichende Bedachungen zulässig, vgl. Tafel 4.97a.
4) Anforderung gilt nicht für Gebäude ohne Aufenthaltsräume und ohne Feuerstätten ≤ 50 m³ Brutto-Rauminhalt.

Tafel 4.97a Zulässige Ausführungen von Dächern ohne harte Bedachung

Erforderlich Abstände von Gebäuden mit Dächern ohne harte Bedachung		Gebäude: Gebäudekl. 1 bis 3	Wohngebäude: Gebäudekl. 1 u. 2
von der Grundstücksgrenze		≥ 12 m	≥ 6 m
von Gebäuden auf demselben Grundstück	mit harter Bedachung	≥ 15 m	≥ 9 m
	mit nicht harten Bedachungen	≥ 24 m	≥ 12 m
von Gebäuden auf demselben Grundstück ohne Aufenthaltsräume und ohne Feuerstätten ≤ 50 m³ Brutto-Rauminhalt		≥ 5 m	-

Die Anforderungen der Tafeln 4.96b und 4.97a gelten nicht für

- lichtdurchlässige Bedachungen aus nichtbrennbaren Baustoffen; brennbare Fugendichtungen und brennbare Dämmstoffe in nichtbrennbaren Profilen sind zulässig,
- Dachflächenfenster, Oberlichte und Lichtkuppeln von Wohngebäuden,
- Eingangsüberdachungen und Vordächer aus nichtbrennbaren Baustoffen,
- Eingangsüberdachungen aus brennbaren Baustoffen, wenn die Eingänge nur zu Wohnungen führen.

Darüber hinaus sind *lichtdurchlässige Teilflächen* aus brennbaren Baustoffen in harten sowie in begrünten Bedachungen zulässig, wenn eine Brandentstehung bei einer Brandbeanspruchung von außen durch Flugfeuer und strahlende Wärme nicht zu befürchten ist oder Vorkehrungen hiergegen getroffen werden.

Dachüberstände, Dachgesimse und Dachaufbauten, lichtdurchlässige Bedachungen, Dachflächenfenster, Lichtkuppeln, Oberlichte und Solaranlagen sind so anzuordnen und herzustellen, dass Feuer nicht auf andere Gebäudeteile und Nachbargrundstücke übertragen werden kann.

Von *Brandwänden* (und ihren Substituten, vgl. Tafel 4.94c) müssen ≥ 1,25 m entfernt sein:

- Dachflächenfenster, Oberlichte, Lichtkuppeln und Öffnungen in der Bedachung, wenn diese Wände nicht mindestens 30 cm über die Bedachung geführt sind,
- Solaranlagen, Dachgauben und ähnliche Dachaufbauten aus brennbaren Baustoffen, wenn sie nicht durch diese Wände gegen Brandübertragung geschützt sind.

Dächer von traufseitig aneinandergebauten Gebäuden müssen als raumabschließende Bauteile für eine Brandbeanspruchung von innen nach außen (i → o), einschließlich der sie tragenden und aussteifenden Bauteile, feuerhemmend sein. Öffnungen in diesen Dachflächen müssen waagerecht gemessen ≥ 2 m von der Brandwand (oder ihrem Substitut, vgl. Tafel 4.94c) entfernt sein.

Dächer von Anbauten, die an Außenwände mit Öffnungen oder ohne Feuerwiderstandsfähigkeit anschließen, müssen innerhalb eines Abstands von 5 m von diesen Wänden als raumabschließende Bauteile für eine Brandbeanspruchung von innen nach außen, einschließlich der sie tragenden und aussteifenden Bauteile, die Feuerwiderstandsfähigkeit der Decken des Gebäudeteils haben, an denen sie angebaut werden. Ausnahme: Wohngebäude der Gebäudeklassen 1 bis 3.

3.4 Treppen

Jedes nicht zu ebener Erde liegende Geschoss sowie der benutzbare Dachraum eines Gebäudes müssen über ≥ 1 Treppe (→ *notwendige Treppe*) oder Rampe mit flacher Neigung zugänglich sein. Dabei gilt, dass einschiebbare Treppen und Rolltreppen als notwendige Treppen unzulässig sind (Ausnahme: In Gebäuden der Gebäudeklassen 1 und 2 sind einschiebbare Treppen und Leitern als Zugang zu einem Dachraum ohne Aufenthaltsraum zulässig.).

Tafel 4.97b Grundlegende Anforderungen an die Ausführung von Treppen

Bauteilbeschreibung	Gebäudeklasse				
	1	2	3	4	5
Tragende Teile notwendiger Treppen	–		Fh od. Nb	Nb	Fh und Nb
Tragende Teile von Außentreppen[1]			Nb		
Abkürzungen: Fh = Feuerhemmend, Nb = Nicht brennbar					
[1] Eine notwendige Treppe ist ohne eigenen Treppenraum als Außentreppe zulässig, wenn ihre Nutzung ausreichend sicher ist und im Brandfall nicht gefährdet werden kann.					

Die nutzbare Breite der Treppenläufe und Treppenabsätze notwendiger Treppen muss für den größten zu erwartenden Verkehr ausreichen. Treppen müssen einen festen und griffsicheren Handlauf haben (soweit die Verkehrssicherheit dies fordert, sind Handläufe auf beiden Seiten und Zwischenhandläufe vorzusehen). Eine Treppe darf nicht unmittelbar hinter einer Tür beginnen, die in Richtung der Treppe aufschlägt (→ Anordnung eines ausreichenden Absatzes zwischen Treppe und Tür).

3.5 Rettungswege

In Nutzungseinheiten mit ≥ 1 Aufenthaltsraum (Wohnungen, Praxen, selbstständige Betriebsstätten etc.) sind ≥ 2 voneinander unabhängige, ins Freie führende Rettungswege je Geschoss erforderlich. Dabei gilt:

- Innerhalb des Geschosses dürfen diese über denselben *notwendigen Flur* führen. Notwendige Flure müssen so angeordnet und ausgebildet sein, dass die Nutzung im Brandfall ausreichend lang möglich ist; sie sind nicht erforderlich in Wohn- und sonstigen Gebäuden (dort ausgenommen Kellergeschosse) der Gebäudeklassen 1 und 2 (weitere Ausnahmen vgl. MBO § 36 (1) 3 und 4).
- Liegt die Nutzungseinheit nicht ebenerdig, muss der erste Rettungsweg über eine *notwendige Treppe* führen. Der zweite Rettungsweg kann eine weitere notwendige Treppe oder eine mit Rettungsgeräten der Feuerwehr erreichbare Stelle der Nutzungseinheit sein.
- Ein zweiter Rettungsweg ist nicht erforderlich, wenn die Rettung über einen sicher erreichbaren Treppenraum möglich ist, in den Feuer und Rauch nicht eindringen können (*Sicherheitstreppenraum*).
- Gebäude, deren zweiter Rettungsweg über Rettungsgeräte der Feuerwehr führt und bei denen die Oberkante der Brüstung von zum Anleitern bestimmten Fenstern oder Stellen mehr als 8 m über der Geländeoberfläche liegt (Abb. 4.98a), dürfen nur errichtet werden, wenn die Feuerwehr über die erforderlichen Rettungsgeräte wie Hubrettungsfahrzeuge verfügt (Abb. 4.98a). Liegen diese Fenster in Dachschrägen oder Dachaufbauten, gelten die Angaben in Abb. 4.98b.
- Bei Sonderbauten ist der zweite Rettungsweg über Rettungsgeräte der Feuerwehr nur zulässig, wenn keine Bedenken wegen der Personenrettung bestehen.
- Von jeder Stelle eines Aufenthaltsraumes sowie eines Kellergeschosses muss ≥ 1 Ausgang in einen *notwendigen Treppenraum* oder ins Freie in ≤ 35 m Entfernung erreichbar sein.
- Jede *notwendige Treppe* muss zur Sicherstellung der Rettungswege aus den Geschossen ins Freie in einem eigenen, durchgehenden Treppenraum liegen (→ *notwendiger Treppenraum*).
  Ausnahmen: a) in Gebäuden der Gebäudeklassen 1 und 2, b) für die Verbindung von ≤ 2 Geschossen innerhalb derselben Nutzungseinheit von insgesamt ≤ 200 m^2, wenn in jedem Geschoss ein anderer Rettungsweg erreicht werden kann, c) bei Außentreppen, vgl. Abb. 4.98a.
- Jeder *notwendige Treppenraum* muss einen unmittelbaren Ausgang ins Freie haben.
- *Notwendige Treppenräume* müssen belüftet und zur Unterstützung wirksamer Löscharbeiten entraucht werden können.

Abb. 4.98a
2. Rettungsweg: Einsatz von Rettungsgeräten der Feuerwehr in Abhängigkeit von der Fensterhöhe über Geländeoberkante; Angabe der erforderlichen lichten Fensteröffnungen (zulässige Höhe der Fensteröffnung über Fußbodenoberkante ≤ 1,20 m)

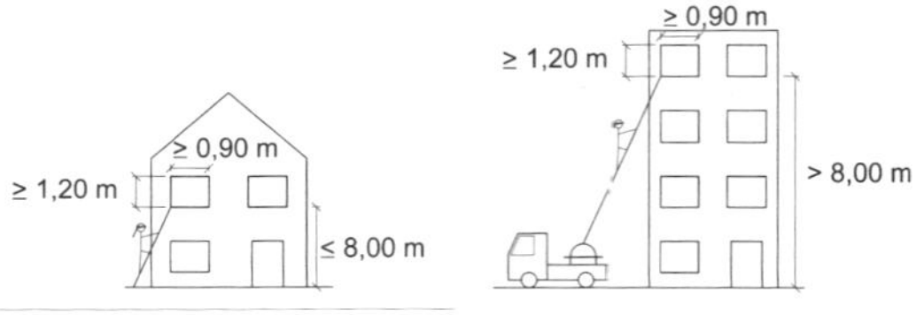

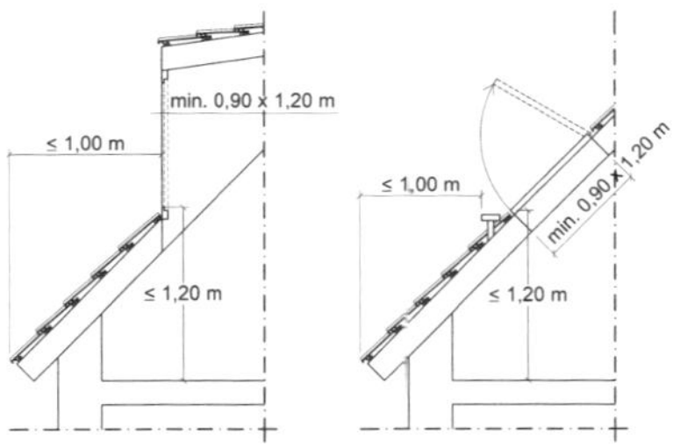

Abb. 4.98b
2. Rettungsweg: Ausführung von Fensteröffnungen in Dachschrägen oder Dachaufbauten

3.6 Zugänge und Zufahrten

Gebäude dürfen nur errichtet werden, wenn das Grundstück in angemessener Breite an einer befahrbaren öffentlichen Verkehrsfläche liegt oder wenn das Grundstück eine befahrbare, öffentlich-rechtlich gesicherte Zufahrt zu einer befahrbaren öffentlichen Verkehrsfläche hat.

Für die Zugänglichkeit durch die Feuerwehr bedeutet dies zunächst allgemein nach MBO:

- Schaffung eines geradlinigen *Zu- oder Durchgangs* zu rückwärtigen Gebäuden,
- Schaffung eines geradlinigen Zu- oder Durchgangs zu anderen Gebäuden wenn der zweite Rettungsweg dieser Gebäude über Rettungsgeräte der Feuerwehr führt,

- Schaffung einer *Zu- oder Durchfahrt* zu Gebäuden, bei denen die Oberkante der Brüstung von zum Anleitern bestimmten Fenstern oder Stellen > 8 m über Gelände liegt,
- Schaffung von Aufstell- und Bewegungsflächen, wenn für die Personenrettung der Einsatz von Hubrettungsfahrzeugen erforderlich ist,
- Zu- und Durchfahrten, Aufstellflächen und Bewegungsflächen müssen für Feuerwehrfahrzeuge ausreichend befestigt und tragfähig sein; sie sind als solche zu kennzeichnen und ständig frei zu halten; die Kennzeichnung von Zufahrten muss von der öffentlichen Verkehrsfläche aus sichtbar sein.

In den jeweiligen Landesbauordnungen werden diese qualitativen Angaben ggf. weiter spezifiziert, vgl. beispielhafte Darstellungen in Abb. 4.99 nach der MBO.

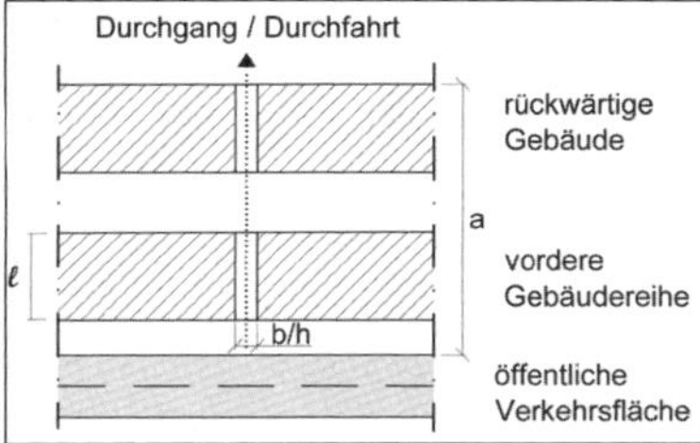

	Durchgang	Durchfahrt
Randbedingungen	$OK_{Brüstung} \leq 8$ m $a < 50$ m gradlinig, keine Kurven	$OK_{Brüstung} > 8$ m $a \geq 50$ m Kurven unter bestimmten Bedingungen möglich
Anforderung	$b \geq 1{,}25$ m (bei Türen: $b \geq 1{,}0$ m) $h \geq 2{,}0$ m	$b \geq 3{,}0$ m (bei $\ell > 12$ m: $b \geq 3{,}5$ m) $h \geq 3{,}5$ m Wände, Decken: F90

Abb. 4.99 Ausführung von Zu- und Durchgängen, Zu- und Durchfahrten nach MBO

4 Anforderungen nach Muster-Industriebau-Richtlinie (MIndBauR)

4.1 Grundlagen

Ziel der „Richtlinie über den baulichen Brandschutz im Industriebau (Muster-Industriebaurichtlinie)" ist es, die *Mindestanforderungen an den Brandschutz* von Industriebauten zu regeln. Dies sind primär:
- Feuerwiderstandsfähigkeit der Bauteile und Brennbarkeit der Baustoffe,
- Größe der Brandabschnitte bzw. Brandbekämpfungsabschnitte,
- Anordnung, Lage und Länge der Rettungswege.

Unter Industriebauten werden hier Gebäude oder Gebäudeteile im Bereich der Industrie und des Gewerbes verstanden, die der *Produktion (Herstellung, Behandlung, Verwertung, Verteilung) oder Lagerung von Produkten oder Gütern* dienen.

Die Richtlinie gilt für Industriebauten,
- die keine Aufenthaltsräume in einer Höhe > 22 m (→ § 2 Abs. 3 Satz 2 MBO) haben.
- die Aufenthaltsräume (§ 2 Abs. 5 MBO) in einer Höhe > 22 m haben, welche nur vorübergehend zu Wartungs- und Kontrollzwecken begangen werden; hier ist die Muster-Hochhausrichtlinie nicht anzuwenden.

Für Industriebauten mit geringeren Brandgefahren, wie
- Industriebauten, die überwiegend offen sind (z.B. überdachte Freianlagen oder Freilager), oder die aufgrund ihres Verhaltens im Brandfall diesen gleichgestellt werden können,
- Industriebauten, die lediglich der Aufstellung technischer Anlagen dienen und die nur vorübergehend zu Wartungs- und Kontrollzwecken begangen werden (Einhausungen, z. B. aus Gründen des Witterungs- oder Immissionsschutzes),

können Erleichterungen gestattet werden, wenn die bauordnungsrechtlichen Schutzziele erfüllt sind.

Diese Richtlinie gilt nicht für Reinraumgebäude.

Weitergehende Anforderungen können gestellt werden z. B. für Regallager mit brennbarem Lagergut und einer Oberkante Lagerguthöhe > 9,0 m.

Brandabschnitt → Bereich eines Gebäudes zwischen seinen Außenwänden und/oder den Wänden, die als Brandwände über alle Geschosse ausgebildet sind.

Brandbekämpfungsabschnitt → auf das kritische Brandereignis normativ bemessener, gegenüber anderen Gebäudebereichen brandschutztechnisch abgetrennter Gebäudebereich mit spezifischen Anforderungen an Wände und Decken, die diesen Brandbekämpfungsabschnitt begrenzen.

Zur *Klassifizierung der brandschutztechnischen Infrastruktur* werden die Sicherheitsstufen K 1 bis K 4 entsprechend den Ausführungen der Tafel 4.100a definiert.

Tafel 4.100a Definition der Sicherheitskategorien K 1 bis K 4 anhand der Infrastruktur

Infrastruktur		Sicherheitskategorie						
Brandabschnitte oder Brandbekämpfungsabschnitte	Werkfeuerwehr[1)]	K 1	K 2	K 3.1[2)]	K 3.2[2)]	K 3.3[2)]	K 3.4	K 4
ohne besondere Maßnahmen für Brandmeldung und -bekämpfung	–	•						
automatische Brandmeldeanlage	–		•					
automatische Brandmeldeanlage in Industriebauten	≥ Staffelstärke[3)]			•				
	≥ Gruppenstärke				•			
	≥ 2 Staffeln					•		
	≥ 3 Staffeln						•	
selbsttätige Feuerlöschanlage	–							•

[1)] Eine nach Landesrecht anerkannte Werkfeuerwehr, die jederzeit in ≤ 5 Minuten nach ihrer Alarmierung die Einsatzstelle erreicht.
[2)] Bei Vorhandensein einer flächendeckenden halbstationären Feuerlöschanlage darf hier die jeweils nächst höhere Kategorie angesetzt werden, wenn die Werkfeuerwehr der Verwendung der Feuerlöschanlage zugestimmt hat.
[3)] Die Staffel muss aus hauptamtlichen Kräften bestehen.

4.2 Allgemeine Anforderungen

Für Industriebauten ist der *Löschwasserbedarf* im Benehmen mit den zuständigen Dienststellen unter Berücksichtigung der Flächen der Brandabschnitte oder Brandbekämpfungsabschnitte sowie der Brandlasten festzulegen. Auszugehen ist dabei von einem Löschwasserbedarf nach Tafel 4.100b.

Tafel 4.100b Löschwasserbedarf

Selbsttätige Feuerlöschanlage	Fläche A des Brand- oder Brandbekämpfungsabschnittes		
	$A \leq 2\,500$ m^2	$2\,500 < A \leq 4\,000$ m^2	$A > 4\,000$ m^2
≥ 96 m^3/h bei $t = 1$ h[1)]	≥ 96 m^3/h bei $t = 2$ h	interpolieren	≥ 192 m^3/h bei $t = 2$ h

[1)] Erforderlich für Löscharbeiten der Feuerwehr.

Hinsichtlich der *Lage und Zugänglichkeit* aller Brandabschnitte/Brandbekämpfungsabschnitte wird gefordert, dass diese mindestens mit einer Seite an einer Außenwand liegen und von dort für die Feuerwehr zugänglich sein müssen (Ausnahme: Abschnitte mit selbstständiger Feuerlöschanlage).

Freistehende/aneinandergebaute Industriebauten mit einer Grundfläche von insgesamt > 5 000 m^2 müssen eine für Feuerwehrfahrzeuge *befahrbare Umfahrt* (→ Anforderungen an Flächen für die Feuerwehr erfüllen!) haben. Die für die Feuerwehr erforderlichen Zufahrten, Durchfahrten, Aufstell- und Bewegungsflächen sowie Umfahrten sind ständig freizuhalten. Hierauf ist dauerhaft und leicht erkennbar hinzuweisen.

4.3 Anforderungen an Baustoffe und Bauteile / Größe der Brandabschnitte

Die Größe der Brandabschnitte und die Anforderungen an Bauteile und Baustoffe werden auf der Grundlage der nachfolgend aufgeführten Tabellenwerten ermittelt (→ vereinfachtes Verfahren); für *Geschosse mit Ebenen* kann der Brandschutz im Verfahren ohne Brandlastermittlung jedoch nicht nachgewiesen werden.

Die zulässigen Größen der Brandabschnittsflächen von Industriebauten bestimmen sich in Abhängigkeit der Sicherheitskategorien K 1 bis K 4, der Feuerwiderstandsklassen der tragenden und aussteifenden Bauteile sowie der Zahl der Geschosse entsprechend Tafel 4.101a; Gleiches gilt für die erforderliche Feuerwiderstandsfähigkeit der tragenden und aussteifenden Bauteile, Geschossdecken, Verschlüsse von Öffnungen in Geschossdecken sowie des Haupttragwerkes des Daches (z. B. Binder).

Unterdecken einschließlich ihrer Aufhängungen sowie Deckenbekleidungen einschließlich ihrer Dämmstoffe und Unterkonstruktionen müssen aus nichtbrennbaren Baustoffen bestehen.

In Lagergebäuden und Gebäuden mit Lagerbereichen bei *Lagerguthöhen ≤ 7,5 m* gelten folgende besondere Anforderungen:
- Ist keine selbsttätige Feuerlöschanlage vorhanden, so ist in jedem Geschoss die Fläche jedes Brandabschnittes oder Lagerbereichs durch Freiflächen in Lagerabschnitte von ≤ 1 200 m^2 zu unterteilen.
- Lagerguthöhe ≤ 4,5 m → Breite der Freifläche ≥ 3,5 m
- Lagerguthöhe > 4,5 m und ≤ 7,5 m → Breite der Freifläche ≥ 5,0 m
- Entsprechende Zwischenwerte ergeben sich durch Interpolation.

In Lagergebäuden und Gebäuden mit Lagerbereichen müssen bei *Lagerguthöhen > 7,5 m* selbsttätige Feuerlöschanlagen angeordnet werden. Es gilt: Lagerguthöhe = Oberkante des Lagergutes.

Tafel 4.101a Zulässige Größe der Brandabschnitte in m²

Gebäude		Sicherheitskategorie						
Geschossigkeit	Klassifizierung[1]	K 1	K 2	K 3.1	K 3.2	K 3.3	K 3.4	K 4
erdgeschossig	A	1 800[2]	2 700[2,5]	3 200[2]	3 600[2]	4 200[2]	4 500[2]	10 000
	F 30-B	3 000	4 500[5]	5 400	6 000	7 000	7 500	10 000
2-geschossig	F 30-B	800[3,4]	1 200[3,4]	1 400[3,4]	1 600[3]	1 800[3]	2 000[3]	8 500
	F 60-A	1 600[3]	2 400[3]	2 900[3]	3 200[3]	3 600[3]	4 000[3]	8 500
	F 90-A	2 400	3 600	4 300	4 800	5 500	6 000	8 500
3-geschossig	F 60-A	1 200[3,4]	1 800[3]	2 100[3]	2 400[3]	2 800[3]	3 000[3]	6 500
	F 90-A	1 800	2 700	3 200	3 600	4 100	4 500	6 500
4-geschossig	F 90-A	1 500	2 300	2 700	3 000	3 500	3 800	5 000
5-geschossig	F 90-A	1 200	1 800	2 200	2 400	2 800	3 000	4 000

1) Feuerwiderstandsfähigkeit der tragenden und aussteifenden Bauteile; Bezeichnung nach MBO, vgl. Tafel 4.90.
2) Breite des Industriebaus ≤ 40 m und Wärmeabzugsfläche nach DIN 18 230-1 ≥ 5 %.
3) Wärmeabzugsfläche nach DIN 18 230-1 ≥ 5 %.
4) Für Gebäude der Gebäudeklassen 3 und 4 ergibt sich nach MBO eine zulässige Größe von 1 600 m².
5) Die zulässige Größe darf um 10 % überschritten werden, wenn in dem Brandabschnitt die Produktions- und Lagerräume Rauchabzugsanlagen haben, bei denen
- je ≤ 200 m² der Grundfläche ≥ 1 Rauchabzugsgerät mit insgesamt ≥ 1,5 m² aerodynamisch wirksamer Fläche im Dach angeordnet wird,
- je ≤ 1 600 m² Grundfläche ≥ 1 Auslösegruppe für die Rauchabzugsgeräte gebildet wird,
- Zuluftflächen mit einem freien Querschnitt von ≥ 36 m² im unteren Raumdrittel vorhanden sind sowie
- die Anforderungen der MIndBauR an die manuellen und maschinellen Rauchabzugsanlagen erfüllt sind.

4.4 Rettungswege

Zu den Rettungswegen in Industriebauten gehören insbesondere die *Hauptgänge* in den Produktions- und Lagerräumen, die *Ausgänge* aus diesen Räumen, die *notwendigen Flure*, die *notwendigen Treppen* und die *Ausgänge ins Freie*. Es gelten folgende zentrale Anforderungen:

- Jeder Raum mit einer Fläche > 200 m² muss ≥ 2 Ausgänge haben.
- Industriebauten mit einer Grundfläche > 1 600 m² müssen in jedem Geschoss ≥ 2 (möglichst entgegengesetzt liegende) bauliche Rettungswege aufweisen. Dies gilt entsprechend für Ebenen oder Einbauten mit einer Grundfläche > 200 m².
- Von jeder Stelle eines Produktions- oder Lagerraumes soll ≥ 1 Hauptgang nach ≤ 15 m Lauflänge erreichbar sein. Hauptgänge müssen ≥ 2 m breit sein und sollen geradlinig auf kurzem Wege zu Ausgängen ins Freie, zu notwendigen Treppenräumen, zu Außentreppen, zu Treppen von Ebenen und Einbauten, zu offenen Gängen, über begehbare Dächer auf das Grundstück, zu anderen Brandabschnitten oder zu anderen Brandbekämpfungsabschnitten führen. Diese wiederum müssen Ausgänge unmittelbar ins Freie oder zu notwendigen Treppenräumen mit einem sicheren Ausgang ins Freie haben.
- In Produktions- oder Lagerräumen muss von jeder Stelle aus ≥ 1Ausgang ins Freie, ein Zugang zu einem notwendigen Treppenraum, zu einer Außentreppe, zu einem offenen Gang oder zu einem begehbaren Dach, ein anderer Brandabschnitt oder ein anderer Brandbekämpfungsabschnitt entsprechend den Vorgaben der Tafel 4.101b erreichbar sein.

Tafel 4.101b Maximal zulässige Entfernungen zu Ausgängen in Produktions- oder Lagerräumen

Ausstattung	Mittlere lichte Raumhöhe h		
	$h \leq 5{,}0$ m	5,0 m < h < 10 m	$h \geq 10{,}0$ m
keine	35,0 m	interpolieren	50,0 m
automatische Brandmeldeanlage[1]	50,0 m		70,0 m
selbsttätige Feuerlöschanlage[1,2]			

1) Bei Auslösung müssen Alarmierungseinrichtungen (Internalarm) ausgelöst werden.
2) Zusätzliche Handauslösung der Alarmierungseinrichtung erforderlich.

5 Anforderungen nach Muster-Versammlungsstättenverordnung

5.1 Geltungsbereich

Die „Musterverordnung über den Bau und Betrieb von Versammlungsstätten (Muster-Versammlungsstättenverordnung – MVStättV)“ gilt für den Bau und Betrieb von:

- Versammlungsstätten mit Versammlungsräumen, die einzeln mehr als 200 Besucher fassen sowie für Versammlungsstätten mit Versammlungsräumen, die gemeinsam mehr als 200 Besucher fassen, sofern diese Räume gemeinsame Rettungswege haben,
- Versammlungsstätten im Freien mit Szeneflächen (→ Flächen ≥ 20 m^2 für künstlerische und andere Darbietung) und Tribünen, die keine fliegenden Bauten sind und >1 000 Besucher fassen und ganz oder teilweise aus baulichen Anlagen bestehen,
- Sportstadien und Freisportanlagen mit Tribünen, die keine fliegenden Bauten sind, und die jeweils insgesamt > 5 000 Besucher fassen.

Diese Verordnung gilt *nicht* für:

- Räume, die dem Gottesdienst gewidmet sind,
- Unterrichtsräume in allgemein- und berufsbildenden Schulen sowie Räume in Museen,
- fliegende Bauten.

Die MVStättV ist keine in sich abgeschlossene Regelung. Grundlage für den Bau von Versammlungsstätten ist zunächst die Muster-Bauordnung, deren Bestimmungen durch die MVStättV modifiziert und konkretisiert werden.

5.2 Wände und Stützen

Die Anforderungen an Wände und Stützen werden unabhängig von der Größe und der Art der Versammlungsstätte entsprechend Tafel 4.102 erhoben.

Dämmstoffe müssen grundsätzlich aus *nichtbrennbaren Baustoffen* (A1/A2) bestehen.

Tafel 4.102 Anforderungen an Wände und Stützen

Bauteilbeschreibung	Versammlungsstätte	
	mehrgeschossig	erdgeschossig
Tragende und aussteifende Wände, Pfeiler und Stützen	F90-AB	F30-B[1)]
Außenwände	A	-
Zum Abschluss von Versammlungsstätten und Bühnen erforderlicheTrennwände[2)]	F90-AB	F30-B
Trennwände von Werkstätten, Magazinen und Lagerräume	F90-AB	
Trennwände von Räumen unter Tribünen und Podien	F90-AB	
Wände von Räumen unter Szeneflächen, die nicht zu einer Unterbühne gehören	F90-AB	
Bekleidungen an Wänden in Versammlungsräumen[3)]	B1[4)]	
Bekleidungen von Wänden in: – Foyers, durch die Rettungswege aus anderen Versammlungsräumen führen – notwendigen Treppenräumen und Räumen zwischen ihnen – notwendigen Fluren sowie Ausgängen ins Freie	A	
Unterkonstruktionen, Halterungen und Befestigungen von Bekleidungen[5)]	B1	

Abk.: F30-B = feuerhemmend, F90-AB = feuerbeständig, A = nicht brennbar, B1 = schwer entflammbar

[1)] Bei Vorhandensein automatischer Feuerlöschanlagen können tragende und aussteifende Bauteile ohne Feuerwiderstandsfähigkeit und aus brennbaren Baustoffen verwendet werden.

[2)] In der Trennwand zwischen Bühne und Versammlungsraum ist eine Bühnenöffnung zulässig.

[3)] In Versammlungsstätten mit einer Grundfläche ≤ 1 000 m^2 genügen geschlossene, nicht hinterlüftete Holzbekleidungen.

[4)] Zusätzliche Anforderung: nicht brennend abtropfend.

[5)] Anforderung gilt nicht bei Versammlungsstätten mit einer Grundfläche ≤ 100 m^2.
In den Hohlräumen hinter brennbaren Baustoffen dürfen Kabel und Leitungen nur in Installationsschächten oder Installationskanälen aus nichtbrennbaren Baustoffen verlegt werden.

5.3 Decken und Dächer

Soweit für Dächer in der MVStättV keine Sonderregelungen entsprechend Tafel 4.103 maßgebend werden, wird entsprechend MBO § 32 die Ausführung einer harten Bedachung gefordert.

Dämmstoffe müssen grundsätzlich aus *nichtbrennbaren Baustoffen* (A1/A2) bestehen.

Tafel 4.103 Anforderungen an Decken und Dächer

Bauteilbeschreibung	Versammlungsstätte	
	mehrgeschossig	erdgeschossig
Decken	F90-AB	F30-B[1]
Decken von Werkstätten, Magazinen und Lagerräumen	F90-AB	
Decken von Räumen unter Tribünen und Podien	F90-AB	
Decken von Räumen unter Szeneflächen, die nicht zu einer Unterbühne gehören	F90-AB	
Fußböden von Szeneflächen	staubdicht[2]	
Unterkonstruktion der Fußböden von Szeneflächen[3]	A	
Unterkonstruktion der Fußböden von Podien und Tribünen, die veränderbare Einbauten in Versammlungsräumen sind[4]	A	
Tragwerke von Dächern, die den oberen Abschluss von Räumen der Versammlungsstätte bilden[5]	F30-B	
Tragwerke von Dächern, die von Räumen der Versammlungsstätte nicht durch feuerbeständige Bauteile getrennt sind[5]	F30-B	
Bedachungen der genannten Dächer[6] [7]	A	
Tragwerke von Dächern über Tribünen und Szeneflächen im Freien	F30-B oder A	
Lichtdurchlässige Bedachungen über Versammlungsräumen[8]	A	
Unterdecken und Bekleidungen an Decken in Versammlungsräumen[9]	A	
Unterdecken in: – Foyers, durch die Rettungswege aus anderen Versammlungsräumen führen – notwendigen Treppenräumen und Räumen zwischen ihnen – notwendigen Fluren sowie Ausgängen ins Freie	B1[4]	
Unterkonstruktionen, Halterungen und Befestigungen von Unterdecken[10]	B1	
Bodenbeläge in: – notwendigen Treppenräumen und Räumen zwischen ihnen – in notwendigen Fluren sowie Ausgängen ins Freie	A	
Bodenbeläge in Foyers, durch die Rettungswege aus anderen Versammlungsräumen führen	B1	

Abk.: F30-B = feuerhemmend, F90-AB = feuerbeständig, A = nicht brennbar, B1 = schwer entflammbar

1) Bei Vorhandensein automatischer Feuerlöschanlagen können tragende und aussteifende Bauteile ohne Feuerwiderstandsfähigkeit und aus brennbaren Baustoffen verwendet werden.

2) Damit wird verhindert, dass sich in dem regelmäßig nicht zugänglichen Raum unter dem Fußboden der Szenenfläche Staub und Materialien ansammeln, die sich leicht entzünden lassen. Betriebsbedingte Öffnungen sind zulässig.

3) Anforderung gilt nicht für die Lagerhölzer.

4) Anforderung gilt nicht bei Podien ≤ 20 m².

5) Anforderung gilt nicht für Versammlungsstätten mit automatischen Feuerlöschanlagen.

6) Anforderung gilt nicht für Dachhaut und Dampfsperre.

7) Anforderung gilt nicht für Bedachungen über Versammlungsräumen mit einer Grundfläche ≤ 1 000 m².

8) Bei Versammlungsräumen mit einer automatischen Feuerlöschanlage genügen schwerentflammbare Baustoffe, die nicht brennend abtropfen können.

9) In Versammlungsstätten mit einer Grundfläche ≤ 1 000 m² genügen auch B1-Baustoffe oder geschlossene, nicht hinterlüftete Holzbekleidungen.

10) Anforderung gilt nicht bei Versammlungsstätten mit einer Grundfläche ≤ 100m².
In den Hohlräumen hinter brennbaren Baustoffen dürfen Kabel und Leitungen nur in Installationsschächten oder Installationskanälen aus nichtbrennbaren Baustoffen verlegt werden.

5.4 Rettungswege

Zu den Rettungswegen von Versammlungsstätten gehören insbesondere die *frei zu haltenden Gänge* und *Stufengänge*, die *Ausgänge* aus Versammlungsräumen, die *notwendigen Flure* und *notwendigen Treppen*, die *Ausgänge ins Freie*, die als Rettungsweg dienenden *Balkone, Dachterrassen* und *Außentreppen* sowie die *Rettungswege im Freien* auf dem Grundstück. Es gelten folgende Anforderungen:

- Rettungswege müssen ins Freie zu öffentlichen Verkehrsflächen führen.
- Versammlungsstätten müssen in jedem Geschoss mit Aufenthaltsräumen ≥ 2 voneinander unabhängige bauliche Rettungswege haben; dies gilt für Tribünen entsprechend. Die Führung beider Rettungswege innerhalb eines Geschosses durch einen gemeinsamen notwendigen Flur ist zulässig. Rettungswege dürfen über Balkone, Dachterrassen und Außentreppen auf das Grundstück führen, wenn diese im Brandfall sicher begehbar sind.
- Rettungswege dürfen über Gänge und Treppen durch Foyers oder Hallen zu Ausgängen ins Freie geführt werden, soweit ≥ 1 weiterer von dem Foyer oder der Halle unabhängiger baulicher Rettungsweg vorhanden ist; Foyers oder Hallen dürfen nicht als Raum zwischen notwendigen Treppenräumen und Ausgängen ins Freie im Sinn des § 35 Abs. 3 Satz 2 MBO dienen.
- Versammlungsstätten müssen für Geschosse mit jeweils > 800 Besucherplätzen nur diesen Geschossen zugeordnete Rettungswege haben.
- Versammlungsräume und sonstige Aufenthaltsräume für > 100 Besucher oder mit > 100 m^2 Grundfläche müssen jeweils ≥ 2 möglichst weit auseinander und entgegengesetzt liegende Ausgänge ins Freie oder zu Rettungswegen haben.
- Ausgänge und sonstige Rettungswege müssen durch Sicherheitszeichen dauerhaft und gut sichtbar gekennzeichnet sein.
- Die Dimensionierung erfolgt nach Tafel 4.104.

Tafel 4.104 Dimensionierung der Rettungswege

Rettungsweg		zul. Entfernung (= zul. Lauflänge) bei einer lichten Raumhöhe H	
von	zum	$H \leq 5{,}0$ m	$H > 5{,}0$ m
jedem Besucherplatz	nächsten Ausgang des Versammlungsraumes oder Tribüne	30 m	$30 + n \cdot 5{,}0$[1)]
jeder Stelle einer Bühne	nächsten Ausgang	30 m	
jeder Stelle eines notwendigen Flures oder eines Foyers	Ausgang ins Freie oder zu einem notwendigen Treppenraum	30 m	
Ausstellungshallen		Unterteilung durch Gänge[2)] in Ausstellungsflächen mit einer max. Tiefe von 30 m	
jeder Stelle auf einer Ausstellungsfläche	Gang	20 m	
in		erforderliche Breite eines jeden Teils des Rettungsweges	
Versammlungsstätten (allgemein)		1,20 m / 200 Personen[3)]	
Versammlungsstätten im Freien sowie Sportstadien		1,20 m / 600 Personen[3)]	
Versammlungsräumen mit ≤ 200 Besucherplätzen		0,90 m	
Bühnenhäusern		0,90 m	
Gängen zwischen den Wänden der Bühne und dem Rundhorizont oder den Dekorationen[4)]		1,20 m	
Arbeitsbühnen		0,80 m	
Ausstellungsflächen: Gänge und zugehörige Ausgänge		3,0 m	

1) Bei $H > 5{,}0$ m ist je 2,5 m zusätzlicher lichter Höhe (→ n) über der zu entrauchenden Ebene für diesen Bereich eine Verlängerung der Entfernung um jeweils 5 m mit einer resultierender Gesamtentfernung ≤ 60 m zulässig.

2) Die Gänge müssen auf möglichst geradem Weg zu entgegengesetzt liegenden Ausgängen führen.

3) Zwischenwerte sind zulässig; die lichte Breite eines jeden Teils von Rettungswegen muss ≥ 1,20 m betragen.

4) In Großbühnen müssen diese Gänge vorhanden sein.

5.5 Treppen

Für *notwendige Treppen* gilt:
- Die Führung der jeweils anderen Geschossen zugeordneten notwendigen Treppen in einem gemeinsamen notwendigen Treppenraum (Schachteltreppen) ist zulässig.
- Sie müssen feuerbeständig sein, wobei in notwendigen Treppenräumen oder als Außentreppen eine Ausführung mit nichtbrennbaren Baustoffen genügt (gilt nicht für Ausstellungsstände).
- Für notwendige Treppen von Tribünen und Podien als veränderbare Einbauten genügen Bauteile aus nichtbrennbaren Baustoffen und Stufen aus Holz (gilt nicht für Ausstellungsstände).
- Die lichte Breite notwendiger Treppen darf nicht > 2,40 m betragen.
- Sie müssen auf beiden Seiten feste und griffsichere Handläufe ohne freie Enden haben, wobei die Handläufe über die Treppenabsätze fortzuführen sind.
- Sie müssen geschlossene Trittstufen haben; dies gilt nicht für Außentreppen.

Für *allgemeinem Besucherverkehr dienende Treppen* gilt:
- Sie müssen auf beiden Seiten feste und griffsichere Handläufe ohne freie Enden haben, wobei die Handläufe über die Treppenabsätze fortzuführen sind.
- Sie müssen geschlossene Trittstufen haben; dies gilt nicht für Außentreppen.

Wendeltreppen sind als notwendige Treppen für Besucher unzulässig.

5.6 Türen und Tore

Tafel 4.105 Anforderungen an Türen und Tore

Lage und Art	Geforderte Eigenschaften		
Türen und Tore in feuerbeständigen Innenwänden	feuerhemmend	rauchdicht	selbstschließend
Türen und Tore in inneren Brandwänden	feuerhemmend	rauchdicht	selbstschließend
Türen und Tore in feuerhemmenden Innenwänden	–	rauchdicht	selbstschließend
Türen in Rettungswegen	Aufschlagen in Fluchtrichtung	keine Schwellen	jederzeit von innen in voller Breite öffenbar
Schiebetüren in Rettungswegen	unzulässig, außer automatische Schiebetüren		
Pendeltüren in Rettungswegen	nur mit Vorrichtungen, die ein Durchpendeln der Türen verhindern		
selbstschließende Türen	dürfen offengehalten werden, wenn sie Einrichtungen haben, die bei Raucheinwirkung ein selbsttätiges Schließen der Türen bewirken		
mechanische Vorrichtungen zur Vereinzelung oder Zählung (z.B. Drehkreuze)	in Rettungswegen unzulässig, sofern sie nicht im Gefahrenfall von innen leicht und in voller Breite geöffnet werden können		

6 Anforderungen nach Muster-Beherbergungsstättenverordnung

6.1 Geltungsbereich

Die „Muster-Verordnung über den Bau und Betrieb von Beherbergungsstätten (Muster-Beherbergungsstättenverordnung – MBeVO)" gilt für den Bau und Betrieb von Beherbergungsstätten (→ Gebäude oder Gebäudeteile, die ganz oder teilweise für die Beherbergung von Gästen bestimmt sind; Ausnahme: Ferienwohnungen) mit mehr als 12 Gastbetten.

6.2 Rettungswege

- Für jeden Beherbergungsraum müssen ≥ 2 voneinander unabhängige Rettungswege vorhanden sein; sie dürfen jedoch innerhalb eines Geschosses über denselben notwendigen Flur führen.

- Der erste Rettungsweg muss für Beherbergungsräume, die nicht zu ebener Erde liegen, über eine notwendige Treppe führen, der zweite Rettungsweg über eine weitere notwendige Treppe oder eine Außentreppe.
- In Beherbergungsstätten mit insgesamt ≤ 60 Gastbetten genügt als zweiter Rettungsweg eine mit Rettungsgeräten der Feuerwehr erreichbare Stelle des Beherbergungsraumes; dies gilt nicht, wenn in einem Geschoss > 30 Gastbetten vorhanden sind.
- An Abzweigungen notwendiger Flure, an den Zugängen zu notwendigen Treppenräumen und an den Ausgängen ins Freie ist durch beleuchtete Sicherheitszeichen auf die Ausgänge hinzuweisen.
- In notwendigen Fluren mit nur einer Fluchtrichtung (Stichfluren) müssen die Entfernung zwischen Türen von Beherbergungsräumen und notwendigen Treppenräumen oder Ausgängen ins Freie ≤ 15 m sein; Stufen müssen beleuchtet sein.

6.3 Bauteile

Tafel 4.106 Anforderungen an Bauteile

<table>
<tr><th>Bauteilbeschreibung</th><th>Anforderungen</th></tr>
<tr><td>Tragende Wände, Stützen und Decken (allgemein)[1]</td><td>F90-AB</td></tr>
<tr><td>Tragende Wände, Stützen und Decken in Gebäuden mit ≤ 2 oberirdischen Geschossen</td><td>F30-B</td></tr>
<tr><td>Tragende Wände, Stützen und Decken in obersten Geschossen von Dachräumen mit Beherbergungsräumen</td><td>F30-B</td></tr>
<tr><td>Trennwände zwischen Räumen einer Beherbergungsstätte und Räumen, die nicht zu der Beherbergungsstätte gehören[2)3)]</td><td>F90-AB</td></tr>
<tr><td>Trennwände zwischen Beherbergungsräumen und Gasträumen / Küchen[2]</td><td>F90-AB
keine Öffnungen</td></tr>
<tr><td>Trennwände zwischen Beherbergungsräumen sowie zwischen Beherbergungsräumen und sonstigen Räumen</td><td>F30-B</td></tr>
<tr><td>Bekleidungen, Unterdecken und Dämmstoffe in notwendigen Fluren</td><td>A</td></tr>
<tr><td>Bodenbeläge in notwendigen Fluren</td><td>B1</td></tr>
<tr><td>Öffnungen von notwendigen Treppenräumen zu anderen Räumen[4]</td><td rowspan="2">Feuerhemmende Feuerschutzabschlüsse[5]</td></tr>
<tr><td>Öffnungen von notwendigen Fluren in Kellergeschossen zu Räumen, die von Gästen nicht benutzt werden</td></tr>
<tr><td>Öffnungen von notwendigen Treppenräumen zu notwendigen Fluren</td><td rowspan="3">Rauchabschlüsse</td></tr>
<tr><td>Öffnungen von notwendigen Fluren zu Beherbergungsräumen</td></tr>
<tr><td>Öffnungen von notwendigen Fluren zu Gasträumen, wenn an den Fluren in demselben Rauchabschnitt Öffnungen zu Beherbergungsräumen liegen</td></tr>
<tr><td colspan="2">Abk.: F30-B = feuerhemmend, F90-AB = feuerbeständig, A = nicht brennbar, B1 = schwer entflammbar</td></tr>
</table>

1) Dies gilt nicht für oberste Geschosse von Dachräumen, wenn sich dort keine Beherbergungsräume befinden.
2) Soweit in Beherbergungsstätten die tragenden Wände, Stützen und Decken nur feuerhemmend zu sein brauchen, genügen feuerhemmende Trennwände.
3) Öffnungen müssen feuerhemmende Feuerschutzabschlüsse haben, die auch die Anforderungen an Rauchschutzabschlüsse erfüllen.
4) Ausgenommen zu notwendigen Fluren.
5) Diese Feuerschutzabschlüsse müssen auch die Anforderungen an Rauchschutzabschlüsse erfüllen.

6.4 Sicherheitstechnik (zentrale Anforderungen)

Beherbergungsstätten müssen eine *Sicherheitsbeleuchtung* haben

- in notwendigen Fluren und in notwendigen Treppenräumen,
- in Räumen zwischen notwendigen Treppenräumen und Ausgängen ins Freie,
- für Sicherheitszeichen, die auf Ausgänge hinweisen, und
- für Stufen in notwendigen Fluren.

Zusätzlich müssen sie eine *Sicherheitsstromversorgung* haben, die bei Ausfall der allgemeinen Stromversorgung den Betrieb der sicherheitstechnischen Anlagen und Einrichtungen übernimmt, insbesondere der Sicherheitsbeleuchtung, der Alarmierungseinrichtungen und der Brandmeldeanlage.

Es müssen *Alarmierungseinrichtungen* vorhanden sein, durch die im Gefahrenfall die Betriebsangehörigen und Gäste gewarnt werden können. Bei Beherbergungsstätten > 60 Gastbetten müssen sich die Alarmierungseinrichtungen bei Auftreten von Rauch in den notwendigen Fluren selbsttätig auslösen.

In Gebäuden > 60 Gastbetten müssen *automatische Brandmeldeanlagen* (Kenngröße Rauch) sowie *Handfeuermelder* zur unmittelbaren Alarmierung der dafür zuständigen Stelle vorhanden sein.

Aufzüge von Beherbergungsstätten > 60 Gastbetten sind mit einer *Brandfallsteuerung* auszustatten, die durch die automatische Brandmeldeanlage ausgelöst wird (damit soll sichergestellt werden, dass die Aufzüge das nicht vom Rauch betroffene Eingangsgeschoss, ansonsten das in Fahrtrichtung davor liegende Geschoss, anfahren und dort mit geöffneten Türen außer Betrieb gehen).

7 Anforderungen nach Muster-Schulbau-Richtlinie

7.1 Geltungsbereich

Die „Muster-Richtlinie über bauaufsichtliche Anforderungen an Schulen (Muster-Schulbau-Richtlinie – MSchulbauR)" gilt für Anforderungen an allgemeinbildende und berufsbildende Schulen (soweit sie nicht ausschließlich der Unterrichtung Erwachsener dienen), die aufgrund der schultypischen Nutzung an Schulen gestellt werden müssen oder zugelassen werden können.

Über mehrere Geschosse reichende Hallen sind zulässig.

7.2 Bauteile

Tafel 4.107a Anforderungen an Bauteile

Bauteilbeschreibung	Anforderungen
Bauteile (allgemein)	MBO
Brandwände nach MBO[1]	Abstände ≤ 60 m
Türen zwischen Hallen und notwendigen Treppenräumen, notwendigen Fluren und Aufenthaltsräumen.	F30-B, rauchdicht, selbstschließend

[1] In Öffnungen in diesen Brandwänden im Zuge notwendiger Flure sind feuerhemmende, rauchdichte und selbstschließende Türen zulässig, wenn die angrenzenden Flurwände in einem Bereich von 2,5 m beiderseits der Tür keine Öffnungen haben.

7.3 Rettungswege

Für jeden Unterrichtsraum müssen in demselben Geschoss *mindestens zwei voneinander unabhängige Rettungswege* zu Ausgängen ins Freie oder zu notwendigen Treppenräumen vorhanden sein.

Der zweite Rettungsweg muss bei Schulen, an denen Kinder und Jugendliche unterrichtet werden immer ein *zweiter baulicher Rettungsweg* sein, da eine Rettung ganzer Schulklassen über eine Anleiterung in der im Gefahrenfall erforderlichen kurzen Zeit unrealistisch ist.

Einer der beiden Rettungswege darf durch eine *Halle* führen, sofern diese eine *Rauchabzugsanlage* hat.

Notwendige Flure mit nur einer Fluchtrichtung (Stichflure) müssen ≤ 10 m sein.

Tafel 4.107b Erforderliche nutzbare Breiten der Rettungswege

Rettungsweg über	erforderliche nutzbare Breite[1]	
	minimal	nutzerabhängig
Ausgänge von Unterrichtsräumen und sonstigen Aufenthaltsräumen	0,90 m	1,00 m / 150 Nutzer
Ausgänge von notwendigen Fluren und notwendigen Treppen[2)3)]	1,25 m	
Ausgänge von notwendigen Fluren > 180 Nutzer	2,00 m	
Notwendige Treppe[4]	≤ 2,50 m	
Geländer und Umwehrungen	Höhe ≥ 1,10 m	

[1] Die erforderliche nutzbare Breite der notwendigen Flure und notwendigen Treppen darf durch offenstehende Türen, Einbauten oder Einrichtungen nicht eingeengt werden.

[2] Ausgänge zu notwendigen Fluren dürfen nicht breiter sein als der notwendige Flur. Ausgänge zu notwendigen Treppenräumen dürfen nicht breiter sein als die notwendige Treppe.

[3] Ausgänge aus notwendigen Treppenräumen müssen mindestens so breit sein wie die notwendige Treppe.

[4] Notwendige Treppen dürfen keine gewendelten Läufe haben.

An den Ausgängen zu notwendigen Treppenräumen oder ins Freie müssen *Sicherheitszeichen* angebracht sein.

Türen, die selbstschließend sein müssen, dürfen nur offengehalten werden, wenn sie *Feststellanlagen* haben, die bei *Raucheinwirkung ein selbsttätiges Schließen* der Türen bewirken; sie müssen auch von Hand geschlossen werden können. Türen im Zuge von Rettungswegen müssen *in Fluchtrichtung* des ersten Rettungsweges aufschlagen. Sie müssen von innen leicht in voller Breite zu öffnen sein.

8 Anforderungen nach Muster-Richtlinien über Flächen für die Feuerwehr

8.1 Geltungsbereich

Die Anforderungen hinsichtlich der Flächen für die Feuerwehr werden zur Ausführung des § 5 MBO (Zugänge und Zufahrten auf den Grundstücken) vor dem Hintergrund der heute üblicherweise eingesetzten Fahrzeuge erhoben.

8.2 Zu- oder Durchfahrten

- Die Befestigungsqualität muss ein Befahren durch Feuerwehrfahrzeuge mit einer Achslast ≤ 10 t und einem zulässigen Gesamtgewicht ≤ 16 t gewährleisten.[1]
- Die lichte Breite der Zu- oder Durchfahrten muss ≥ 3,0 m, die lichte Höhe ≥ 3,50 m (gemessen senkrecht zur Fahrbahn) betragen.
- Bei einer beidseitigen Begrenzung der Zu- oder Durchfahrt durch Bauteile (z.B. Wände, Pfeiler) auf einer Länge > 12,0 m muss die lichte Breite ≥ 3,50 m betragen.
- Wände und Decken sind mindestens in F-90AB auszubilden.
- In Kurven sind zur Vermeidung von Behinderungen der Feuerwehrfahrzeuge die in Abb. 4.108 angegebene Außenradien einzuhalten; dabei müssen vor oder hinter Kurven auf einer Länge von ≥ 11,0 m Übergangsbereiche vorhanden sein.
- Geradlinig geführte Zu- oder Durchfahrten können außerhalb der Übergangsbereiche als Fahrspuren ausgebildet werden (Abmessungen vgl. Abb. 4.108).

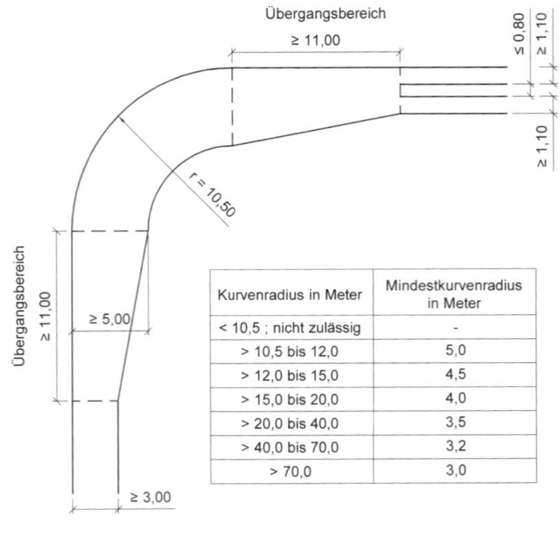

Kurvenradius in Meter	Mindestkurvenradius in Meter
< 10,5 ; nicht zulässig	-
> 10,5 bis 12,0	5,0
> 12,0 bis 15,0	4,5
> 15,0 bis 20,0	4,0
> 20,0 bis 40,0	3,5
> 40,0 bis 70,0	3,2
> 70,0	3,0

Abb. 4.108
Mindestabmessungen zur Ausbildung von Kurvenradien, Übergangsbereichen und Fahrspuren

[1] Zur Tragfähigkeit von Decken, die im Brandfall von Feuerwehrfahrzeugen befahren werden, wird auf Anlage 1.1/1 zu DIN 1055 Blatt 3 der Muster-Liste der Technischen Baubestimmungen verwiesen.

- Längsneigungen sind zulässig, wobei jedoch keine Änderungen der Fahrbahnneigung in Durchfahrten sowie bei einem Abstand ≤ 8,0 m vor und hinter Durchfahrten zulässig sind; die mit Neigungsänderungen verbundenen Übergänge sind mit einem Radius ≥ 15,0 m auszurunden.
- Stufen und Schwellen in Zu- oder Durchfahrten mit einer Höhe ≥ 8,0 cm sind unzulässig; ebenso unzulässig ist eine Folge von Stufen oder Schwellen im Abstand < 10,0 m. Stufen in den durch Neigungsänderungen bedingten Übergängen (s.o.) sind nicht zulässig.

8.3 Aufstellflächen

- Die Befestigungsqualität muss ein Befahren durch Feuerwehrfahrzeuge mit einer Achslast ≤ 10 t und einem zulässigen Gesamtgewicht ≤ 16 t gewährleisten.[2]
- Aufstellflächen müssen ≥ 3,50 m breit und so angeordnet sein, dass alle zum Anleitern bestimmten Stellen von Hubrettungsfahrzeugen erreicht werden können.
- Für Aufstellflächen *entlang von Außenwänden* entsprechend Abb. 4.109 (links) ist zusätzlich zur Mindestbreite von 3,50 m auf der gebäudeabgewandten Seite ein ≥ 2 m breiter hindernisfreier Geländestreifen anzuordnen.
  Für den Abstand *A* zwischen Aufstellflächen und der anzuleiternden Außenwand gilt:
  - 8,0 m < Brüstungshöhe ≤ 18,0 m: 3,0 m < *A* ≤ 9,0 m
  - Brüstungshöhe > 18 m: 3,0 m < *A* ≤ 6,0 m
- Die Aufstellfläche muss ≥ 8,0 m über die letzte Anleiterstelle hinausreichen.
- Für Aufstellflächen *rechtwinklig oder annähernd im rechten Winkel auf die anzuleiternde Außenwand* entsprechend Abb. 4.109 (rechts) muss zusätzlich zur Mindestbreite von 3,50 m beidseitig ein ≥ 1,25 m breiter und ≥ 11,0 m langer hindernisfreier Geländestreifen vorhanden sein; der Abstand zur Außenwand muss ≤ 1,0 m sein. Die Entfernung zwischen der Außenseite der Aufstellflächen und der entferntesten seitlichen Begrenzung der zum Anleitern bestimmten Stellen muss ≤ 9,0 m sein (bei Brüstungshöhe >18 m gilt ≤ 6,0 m).

Abb. 4.109
Mindestabmessungen von Aufstellflächen

links: Aufstellflächen *entlang* von Außenwänden

rechts: Aufstellflächen *rechtwinklig* zu Außenwänden

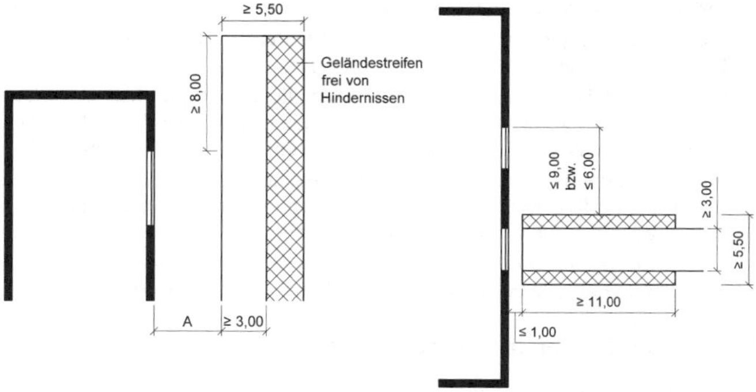

8.4 Sonstige

- *Sperrvorrichtungen* (Sperrbalken, Ketten, Sperrpfosten) sind in *Zu- oder Durchfahrten* zulässig, wenn sie von der Feuerwehr geöffnet werden können.
- *Zu- oder Durchgänge* für die Feuerwehr sind geradlinig und ≥ 1,25 m breit auszubilden. Für *Türöffnungen* und andere geringfügige Einengungen in diesen Zu- oder Durchgängen genügt eine lichte Breite von 1 m.
- *Bewegungsflächen* müssen für jedes Fahrzeug ≥ 7 m × 12 m groß sein (Zufahrten sind keine Bewegungsflächen), vgl. Abb. 4.110.
- Vor und hinter *Bewegungsflächen an weiterführenden Zufahrten* sind Übergangsbereiche mit einer Länge ≥ 4,0 m anzuordnen.

---

[2] Zur Tragfähigkeit von Decken, die im Brandfall von Feuerwehrfahrzeugen befahren werden, wird auf Anlage 1.1/1 zu DIN 1055 Blatt 3 der Muster-Liste der Technischen Baubestimmungen verwiesen.

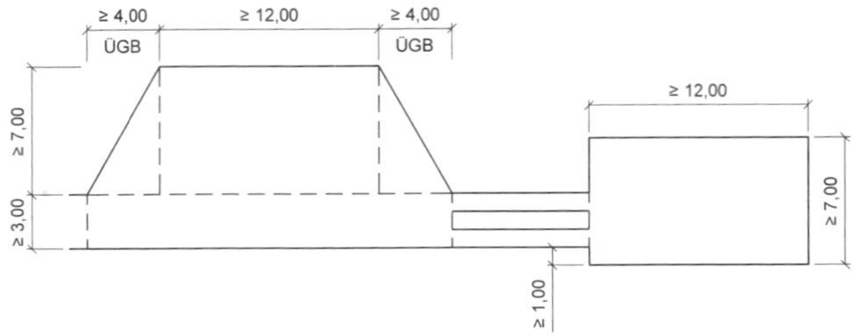

Abb. 4.110 Mindestabmessungen von Bewegungsflächen und Übergangsbereichen

9 Anforderungen nach Muster-Systembödenrichtlinie

9.1 Geltungsbereich

Die Anforderungen nach der „Muster-Richtlinie über brandschutztechnische Anforderungen an Systemböden (MSysBöR)" werden erhoben an Systemböden, deren Hohlräume Installationen, z. B. Leitungen, aufnehmen können; dies gilt nicht für Systemböden in Sicherheitstreppenräumen.

Systemböden werden unterschieden in

- Hohlböden mit fugenloser, gegossener Tragschicht aus Estrich und einem Hohlraum ≤ 200 mm lichter Höhe (mit einer lichten Höhe > 200 mm gelten sie als Doppelböden)
- Doppelböden als vorgefertigte Systemböden, bestehend aus Tragplatten und aus Ständern.

9.2 Systemböden in notwendigen Treppenräumen, in Räumen zwischen notwendigen Treppenräumen und Ausgängen ins Freie sowie in notwend. Fluren

- Alle Teile müssen aus *nichtbrennbaren Baustoffen* bestehen, sofern nichts Anderes gefordert wird (bauordnungsrechtliche Anforderungen an Bodenbeläge bleiben unberührt).
- Die *Anschlussfugen* müssen mit nichtbrennbaren Baustoffen verschlossen sein; Tragschicht und Tragplatten dürfen keine Öffnungen aufweisen.
- *Hohlböden* müssen einen Estrich mit einer Dicke ≥ 30 mm haben; verlorene Schalungen dürfen aus normalentflammbaren Baustoffen bestehen. Revisions- und Nachbelegungsöffnungen sind zulässig; sie müssen dichtschließende Verschlüsse aus nichtbrennbaren Baustoffen haben.
- *Doppelböden* müssen dicht verlegte (mindestens stumpf gestoßene) Tragplatten aufweisen. Umleimer und Auflagerplättchen dürfen aus brennbaren Baustoffen mit einer Dicke ≤ 0,6 mm (Umleimer) bzw. 3 mm (Auflagerplättchen) bestehen.
- *Doppelböden mit einem Hohlraum > 200 mm lichter Höhe* müssen als tragende und raumabschließende Bauteile bei Brandbeanspruchung von unten feuerhemmend (F30-B) sein.

9.3 Systemböden in anderen Räumen

- Bei *Doppelböden mit einem Hohlraum > 500 mm lichter Höhe* muss die Tragkonstruktion (Tragplatte einschl. Ständer) bei Brandbeanspruchung von unten feuerhemmend (F30-B) sein.
- Systemböden, deren Hohlräume auch der *Raumlüftung* dienen und die unter mehreren Räumen durchlaufen, müssen in den Hohlräumen oder im Bereich des Luftaustritts Brandmelder mit der Kenngröße „Rauch" haben, über die im Brandfall die Lüftungsanlage abgeschaltet wird.

9.4 Wände auf Systemböden

- *Brandwände* (und Wände, die anstelle von Brandwänden zulässig sind, s. Tafel. 4.94c), Wände notwendiger Treppenräume, Wände von Räumen zwischen notwendigen Treppenräumen und Ausgängen ins Freie sowie Trennwände dürfen von Systemböden aus <u>*nicht*</u> *hochgeführt* werden.
- *Sonstige raumabschließenden Wände*, für die eine Feuerwiderstandsfähigkeit vorgeschrieben ist, dürfen von Systemböden aus hochgeführt werden, wenn diese Wände zusammen mit den Systemböden auf die für die Wand erforderliche Feuerwiderstandsklasse geprüft sind.
- *Wände notwendiger Flure* innerhalb von Nutzungseinheiten dürfen hochgeführt werden von Hohlböden und von Doppelböden mit einem lichten Hohlraum ≤ 200 mm, wenn der Doppelboden bei Brandbeanspruchung von unten mindestens feuerhemmend (F30-B) ist.

5 A Technische Gebäudeausrüstung
5 B Wasserversorgung/Abwasserableitung

5 A Technische Gebäudeausrüstung

Univ.-Prof. Dr.-Ing. Dirk Bohne

1 Wärmeversorgungsanlagen

1.1 Heizlast

Grundlage für die Ermittlung des Wärmestroms (in Watt) ist DIN EN 12 831 „Heizungsanlagen in Gebäuden, Verfahren zur Berechnung der Heizlast“ und Beiblatt 1 „Nationaler Anhang“ für Deutschland.

Die Heizlast eines Gebäudes setzt sich zusammen aus:

- der *Transmissionsheizlast* zum Ausgleich der Wärmeverluste, die beim Abfließen von Wärme über die Umschließungsflächen entstehen und
- der *Lüftungsheizlast* zum Ausgleich der Wärmeverluste aufgrund nach außen entweichender Raumluft bzw. eindringender aufzuheizender Außenluft.

Die momentane Heizleistung $\phi_{HL,i}$ für einzelne Räume (i) setzt sich aus den Transmissionsverlusten und den Lüftungswärmeverlusten zusammen (statische Berechnung). Für den Aufheizvorgang nach einer Temperaturabsenkung kann eine zusätzliche Leistung angesetzt werden:

$$\phi_{HL,i} = \phi_{T,i} + \phi_{V,i} + \phi_{RH,i}$$

Darin ist

$\phi_{T,i}$ Transmissionsverluste der einzelnen Bauteile (i)
$\phi_{V,i}$ Lüftungswärmeverluste durch einzelne Bauteile
$\phi_{RH,i}$ zusätzliche Aufheizleistung nach einer Temperaturabsenkung (in Absprache mit dem Bauherren)

Die Schritte des Berechnungsverfahrens für einen beheizten Raum sind wie folgt (DIN EN 12 831):

- Bestimmung der Werte für die Norm-Außentemperatur und des Jahresmittels der Außenlufttemperatur;
- Festlegung der Räume (beheizt oder unbeheizt) und Festlegung der Werte für die Norm-Innentemperatur jedes beheizten Raumes;
- Festlegung der Abmessungen und der wärmetechnischen Eigenschaften aller Bauteile für jeden beheizten oder unbeheizten Raum;
- Berechnung des Koeffizienten für die Norm-Transmissionswärmeverluste und Multiplizieren mit der Norm-Temperaturdifferenz, um die Norm-Transmissionswärmeverluste zu erhalten;
- Berechnung des Koeffizienten für die Norm-Lüftungswärmeverluste und Multiplizieren mit der Norm-Temperaturdifferenz, um die Norm-Lüftungswärmeverluste zu erhalten;
- Addieren der Norm-Transmissionswärmeverluste und der Norm-Lüftungswärmeverluste;
- Berechnung der Norm-Heizlast des beheizten Raumes unter Berücksichtigung eines Korrekturfaktors für die Aufheizleistung;
- die Auslegungsheizleistung der beheizten Räume ergibt sich aus der Summe der Norm-Wärmeverluste und der Aufheizleistung.

Bei unzureichender Winddichtheit des Gebäudes können die Lüftungswärmeverluste deutlich höher ausfallen als die Transmissionswärmeverluste. Maschinelle Lüftungseinrichtungen für z.B. innenliegende Bäder und Toiletten oder raumlufttechnische Anlagen sind gesondert zu berücksichtigen.

Wird eine raumlufttechnische Anlage (z.B. Klimaanlage) vorgesehen, wird hierdurch die Berücksichtigung des Lüftungswärmebedarfs nicht etwa überflüssig. Der Luftaustausch durch Winddruck an der Fassade und durch thermischen Auftrieb (Infiltration) findet auch bei Anwesenheit von Raumlufttechnischen Anlagen statt.

Für die Dimensionierung des Heizungssystems ist die Heizlast bei den tiefsten anzunehmenden Außentemperaturen ausschlaggebend. Die der Berechnung zugrunde zu legende Norm-Außentemperatur entspricht dem niedrigsten Zweitagesmittelwert des jeweiligen Ortes, der zehnmal in zwanzig Jahren erreicht oder unterschritten wurde. In DIN EN 12 831 Beiblatt 1 ist die Norm-Außentemperatur für alle Orte über 20 000 Einwohner tabellarisch aufgeführt. Sie bewegt sich zwischen -10°C und -16°C.

Als Norm-Innentemperatur wird die operative Temperatur eingesetzt. Die empfohlenen Innentemperaturen nach DIN EN 12 831 sind in Tafel 5.3 aufgeführt. Mit den Bauherren können auch andere Temperaturen vereinbart werden.

Tafel 5.3 Empfohlene Innentemperaturen für Innenräume nach DIN EN 12 831-Beibl. 1 Tab.2

lfd. Nr.	Raumart	Norm-Innentemperatur θ_{int} [°C]
1	Wohn- und Schlafräume	+20
2	Büroräume, Sitzungszimmer, Ausstellungsräume, Haupttreppenräume, Schalterhallen	+20
3	Hotelzimmer	+20
4	Verkaufsräume und Läden allgemein	+20
5	Unterrichtsräume allgemein	+20
6	Theater- und Konzerträume	+20
7	Bade-/Duschräume, Bäder, Umkleideräume, Untersuchungszimmer (generell jede Nutzung als unbekleideter Bereich)	+24
8	WC-Räume	+20
9	Beheizte Nebenräume (Flure, Treppenhäuser)	+15
10	Unbeheizte Nebenräume (Keller, Treppenhäuser, Abstellräume)	+10

Zur Auslegung des Wärmeaustauschers bzw. Wärmeerzeugers muss die Norm-Heizlast des Gebäudes berechnet werden. Das Berechnungsverfahren basiert auf den Resultaten der raumweisen Berechnung.

Die einzelnen Schritte bei der Berechnung der Heizlast für eine Gebäudeeinheit oder ein gesamtes Gebäude sind (gem. DIN EN 12 381) folgende:

- Nummerierung der Norm-Transmissionswärmeverluste aller beheizten Räume, ohne den Wärmefluss zwischen den beheizten Räumen zu berücksichtigen, um die gesamten Auslegungstransmissionswärmeverluste für die Gebäudeeinheit oder das gesamte Gebäude zu erhalten;
- Summierung der Norm-Lüftungswärmeverluste aller beheizten Räume, ohne den Wärmefluss zwischen den beheizten Räumen zu berücksichtigen, um die gesamten Auslegungslüftungswärmeverluste für die Gebäudeeinheit oder das gesamte Gebäude zu erhalten;
- Addieren der Norm-Transmissionswärmeverluste aller beheizten Räume und der Norm-Lüftungswärmeverluste einer Gebäudeeinheit oder eines gesamten Gebäudes;
- Berechnung der Norm-Heizlast des Gebäudes unter Berücksichtigung eines Korrekturfaktors für die zusätzliche Aufheizleistung, um die gesamte Aufheizleistung für eine Gebäudeeinheit oder ein gesamtes Gebäude zu erhalten;
- die Norm-Heizlast für eine Gebäudeeinheit oder ein gesamtes Gebäude ergibt sich aus der Summe der gesamten Norm-Wärmeverluste:

$$\phi_{HL} = \Sigma\phi_{T,i} + \Sigma\phi_{V,i}$$

Darin sind, die Summe der Transmissionswärmeverluste aller beheizten Räume, ohne Berücksichtigung des Wärmeflusses zwischen den Gebäudeeinheiten bzw. innerhalb des Gebäudes in Watt (W) addiert. Die Lüftungswärmeverluste aller beheizten Räume ohne Berücksichtigung des Wärmeflusses zwischen den Gebäudeeinheiten bzw. des Gebäudes impliziert einen Luftvolumenstrom für das gesamte Gebäude. Da die zonenweise Berechnung des Luftvolumenstromes immer auf dem ungünstigsten Fall beruht, ist eine Summierung der jeweiligen Zonenwerte nicht geeignet, weil dieser ungünstigste Fall nur in Teilen dieser Zonen gleichzeitig auftritt. Aus diesem Grund wird der Luftvolumenstrom für das gesamte Gebäude wie folgt berechnet:

ohne raumlufttechnische Anlagen (natürliche Belüftung):

$$\Sigma \dot{V}_i = \max\,(0{,}5 \cdot \Sigma \dot{V}_{inf,i}, \Sigma \dot{V}_{min,i}) \quad \text{(der größere Wert wird verwendet)}$$

mit raumlufttechnischen Anlagen (mechanische Belüftung):

$$\Sigma \dot{V}_i = 0{,}5 \cdot \Sigma \dot{V}_{inf,i} + (1 - \eta_v) \cdot \Sigma \dot{V}_{SU,i} + \Sigma \dot{V}_{mech,inf,i}$$

wobei η_v der Wirkungsgrad der Wärmerückgewinnungsanlage für die Abluft ist und $V_{SU,i}$ der durch Lüftungsanlagen zugeführte Volumenstrom. Ist keine Wärmerückgewinnungsanlage vorhanden, ist η_v = 0. Zur Auslegung des Wärmeerzeugers wird ein 24-Stunden-Mittelwert verwendet. Wenn die Zuluft über ein verbundenes System beheizt wird, ist die Heizlast bei dem verbundenen System anzurechnen. Die benötigte Aufheizleistung ist von dem angenommenen Innentemperaturabfall während der Absenkzeit, der Speichermasse der Räume und der Wiederaufheizzeit abhängig. Es können erhebliche Wärmeleistungen auftreten. Die Bedingungen zur benötigten Wiederaufheizleistung müssen mit dem Bauherrn abgestimmt werden.

Die erforderliche Heizleistung der Wärmeerzeuger kann größer sein als die Normheizlast (die nur den Transmissions- und den Lüftungswärmebedarf berücksichtigt), sofern der Wärmeerzeuger z.B. auch die Warmwasserbereitung übernimmt, ein Schwimmbad zu beheizen ist oder raumlufttechnische Anlagen mit Wärme versorgt werden müssen.

Zur Ermittlung der Wärmeerzeugerleistung ϕ_{SU} sind dann außer der Norm-Heizlast ggf. Zuschläge erforderlich: bei einem Durchfluss-Speicher-Warmwasserbereitungssystem der Anteil der Dauerlast, die Wärmeleistung für Luftheizregister bei Raumlufttechnischen Anlagen, wobei der Anteil der Rückwärme von Wärmerückgewinnungssystemen und ggf. andere notwendige Wärmeleistungen abgezogen werden müssen. Bei Gebäuden mit statischer Heizung und natürlicher Lüftung ist jedoch die Norm-Heizleistung der Wärmeerzeugerauslegung zugrunde zu legen.
Die vollständige Wärmebilanz lautet daher:

$$\phi_{SU} = \phi_{HL} + \phi_{DHW} + \phi_{AS}$$

Darin ist ϕ_{SU} die Wärmeerzeugerleistung, ϕ_{HL} die Heizlast, ϕ_{DHW} die ggf. notwendige Zusatzheizleistung für Warmwasserbereitung und ϕ_{AS} die Zusatzheizleistung für andere Systeme (z.B. Raumlufttechnische Anlagen, Prozesswärme u.a.).

Die Bemessung der notwendigen Heizleistung für Warmwasserbereitung kann nach DIN 4708-1 bis -3 „Zentrale Warmwassererwärmungsanlagen" erfolgen.

1.2 Wärmeerzeugungsanlagen

Wärmeversorgungsanlagen für Gebäude verwenden in der Regel als Wärmeträger Wasser, seltener Luft. Dampf als Wärmeträger wird nur noch für industrielle Zwecke verwendet. Die notwendige Temperatur des Heizmittels (Wasser, Luft, Dampf) hängt von den gewählten Heizmitteltemperaturen und den ausgewählten Raumheizflächen ab. Für das notwendige Temperaturniveau des Wärmeträgers ist eine Wärmeerzeugungsanlage notwendig.

Die Mehrzahl der bestehenden Wärmeerzeugungsanlagen verwendet als Primärenergieträger Erdgas oder Heizöl.

Meistens wird in Heizkesseln Heizöl oder Erdgas bei einer Verbrennungstemperatur um 1000°C verbrannt und die Wärme über Wärmetauscher an das Wärmeträgermedium Wasser abgegeben. Weil die notwendigen Heizmitteltemperaturen in der Regel bis 70°C ausreichend sind, liegt es nahe, im Sinne einer ganzheitlichen Planung auf die Verbrennung fossiler Energieträger zu verzichten.

Um Wärme aus Umweltenergie verwenden zu können, besteht die Möglichkeit, Erdwärme (oberflächennahe Geothermie) in Verbindung mit Wärmepumpenanlagen zu verwenden, die Erzeugung von Wärme und Strom zu koppeln (Kraft-Wärme-Kopplung) oder ggf. auf CO_2-neutrale Energieträger wie Holz zurückzugreifen. Auch können ggf. saisonale Wärmespeicher Energie aus der Umwelt (thermische Solarenergie) während der Sommermonate speichern und für die Heizperioden zur Verfügung stellen.

Heizöl- und Biodiesellagerung

Heiz- bzw. Bioöl ist den wassergefährdenden Flüssigkeiten zuzurechnen. Anlagen zur Öllagerung bedürfen der bauaufsichtlichen Genehmigung. Bestimmungen über die Lagerung von Heizöl und Biodiesel finden sich im Bauordnungsrecht der Länder.

Der Jahresbedarf B an Öl lässt sich nach folgender Formel ermitteln:

$$B = \frac{\phi_{HL} \cdot b_{vH}}{H_U}$$

Zu berücksichtigen sind:

- die Heizlast ϕ_{HL} des Gebäudes
- die je nach Gebäudeart anzunehmenden jährlichen Vollbenutzungsstunden b_{vH}
- der Energieinhalt H_U des Brennstoffes Heizöl EL.

Tafel 5.5 Vollbenutzungsstunden für Überschlagsrechnungen
(Nur für Schätzung geeignet. Neben dem Wärmedämmstandard ist die Luftdichtheit und das Nutzungsverhalten von großem Einfluss.)

	b_{vH}
Einfamilienhaus	1500–2100 h/a
Mehrfamilienhaus	1800–2100 h/a
Bürogebäude	1500–1900 h/a
Krankenhaus	1900–2500 h/a
Schule, einschichtiger Betrieb	1200–1400 h/a
Schule, mehrschichtiger Betrieb	1300–1500 h/a

1.2.1 Wärmeerzeuger für Gas oder Heizöl

Gas-Umlaufwasserheizer beanspruchen als Wärmeerzeuger einer Warmwasser-Heizung keinen besonderen Aufstellraum. Sie werden an Wänden, bevorzugt im Bad oder Flurbereich installiert. Geräteabmessungen: ca. 50/38/85 (in cm) mit geringfügigen Abweichungen. Die unterste Leistungsgrenze der in mehreren Leistungsstufen gebauten Umlaufwasserheizer liegt bei etwa 5 kW.

Gas-Durchlaufwasserheizer für die Warmwasserbereitung werden im Wohnungsbau vorzugsweise im Bad angeordnet. Sie versorgen meist alle Warmwasser-Zapfstellen einer Wohneinheit.

Heizkessel aus Gusseisen oder Stahl sind funktionell gleichwertig, die aus einzelnen Gliedern zusammengesetzten Gusskessel jedoch aufgrund ihrer höheren Korrosionsbeständigkeit besonders dauerhaft. Durch Anbau weiterer Glieder lassen sich Gusskessel leicht in ihrer Leistung verändern. Heizöl- und gasbefeuerte Anlagen höherer Leistung erhalten vorzugsweise Stahlkessel.

Standardheizkessel (Konstanttemperaturkessel) sind nur in Verbindung mit Regeleinrichtungen zur Anpassung der Heizmitteltemperaturen statthaft.

Niedertemperaturkessel (NT-Kessel) sind Heizkessel, die kontinuierlich mit Rücklauftemperaturen von 35-40°C betrieben werden können, ohne Korrosionsschäden durch u.U. auftretende Kondensationen. Etwa 35-40°C werden als Sockeltemperatur ständig aufrechterhalten. Die maximalen Vorlauftemperaturen liegen je nach Auslegung des Systems bei etwa 55-75°C.

Brennwertkessel benötigen weniger Energie und erzeugen somit umweltfreundlich weniger CO_2 als NT-Kessel. Bei der Verbrennung von Kohlenwasserstoffen verbindet sich der Wasserstoff mit dem Luftsauerstoff zu Wasser bzw. unter Wärmeaufnahme zu Wasserdampf. Diese im gasförmigen Aggregatzustand gebundene Energie entweicht normalerweise durch die Abgasanlage (Schornstein). Gelingt es, den Wasserdampf durch Abkühlung unter den Taupunkt zur Kondensation zu bringen, kann die freigesetzte Latentwärme genutzt werden. Brennwertkessel (Kondensationsheizkessel) erzielen so (bei diesem Bezugswert) Wirkungsgrade von über 100%, bezogen auf den (unteren) Heizwert H_U. Die noch heißen Abgase werden in Nachschaltheizflächen (Abgaswärmetauscher) des Heizkessels aus Edelstahl durch das Rücklaufwasser bis zur Kondensatbildung abgekühlt. Dabei wird noch eine gewisse Menge sensibler (fühlbarer) Wärme (ca. 7%) an den Rücklauf abgegeben. Hinzu kommt die Latentwärme, die bei der Kondensation von in den Abgasen enthaltenem Wasserdampf anfällt, wenn sie vom Rücklauf gekühlt werden (ca. 11% bei Gasfeuerungen, 6% bei Ölfeuerungen). Voraussetzung ist, dass die Rücklauftemperatur niedriger liegt als der Taupunkt des Wasserdampfs in den Abgasen (ca. 45-57°C, abhängig vom CO_2-Gehalt im Abgas).

Holzkessel verwerten einen schwefelfreien Brennstoff. Anders als bei den fossilen Brennstoffen führt die Verbrennung von Holz zudem zu keinem Anstieg des CO_2-Gehaltes der Atmosphäre. Die bei der Verbrennung von Holz frei werdende CO_2-Menge wurde zuvor während des Wachstums aus der Atmosphäre aufgenommen. (Beim Verrotten von Holz entsteht ebenfalls CO_2.)

Als Stand der Technik gilt der Holzvergaserkessel.

Bei dem Scheitholzgebläsekessel wird in der Regel in Verbindung mit einem Pufferspeicher mit einem gebläseunterstützten Kessel Scheitholz verbrannt. Eine vielversprechende Entwicklung sind die Hackgut- bzw. **Pelletsfeuerungen.** Hier werden aus einem Lagerraum Hackgut oder Pellets mittels Förderschnecken oder einem Ansaugsystem in einen Zwischenbehälter gefördert und dann in die Brennkammer eingeführt. Durch kontinuierliche Brennstoffzulieferung ist ein gleichbleibend guter Wirkungsgrad gewährleistet und eine gute Leistungsanpassung möglich.

Hackgutheizungen sind vor allem dann entsprechend einzusetzen, wenn Hackgut in entsprechender Qualität termingerecht zu erhalten ist. Pelletsheizungen können auch bei kleiner Leistung eingesetzt werden. Pellets können in einem Pumpwagen angeliefert und in einen Vorratsraum gepumpt werden. Die benötigte Lagerfläche ist vergleichbar mit der bei einem Einsatz von Heizöl (Auflagen für Heizöllager wie Mindestabstände über Heizöllagertanks berücksichtigt). Vorteil ist vor allem der sehr homogene Brennstoff und die gute Regelbarkeit der Heizkessel.

1.2.2 Schornsteine, Abgasanlagen

Unter dem Oberbegriff „Abgasanlagen“ ist zu unterscheiden zwischen Schornsteinen und Abgasleitungen.

Klassifizierung von Abgasanlagen

- Temperaturklasse z.B. T400 (maximale Abgastemperatur)
  Die Temperaturklasse gibt an, bis zu welcher Abgastemperatur ein Bauprodukt einsetzbar ist: z.B. Temperaturklasse T80 = zulässige Abgastemperatur ≤ 80°C.
- Druckklasse z.B. N2 (übliche Dichtheitsanforderung)
  Die Gasdichtheitsklasse N1 bis H2 kennzeichnet die zulässige Leckrate der Abgasleitung unter Prüfbedingungen und demnach
  - die zulässige Betriebsweise: Über- und/oder Unterdruck;
  - die zulässige Verwendung: im Gebäude und/oder im Freien.
- Rußbrandbeständigkeitsklasse z.B. G (bedeutet beständig)
- Kondensatbeständigkeiteitsklasse z.B. D (bedeutet für trockene Betriebsweise)
- Korrosionswiderstandsklasse z.B. 3 (für feste, flüssige und gasförmige Brennstoffe)
- Wärmedurchlasswiderstandsklasse z.B. TR65
- Feuerwiderstandsklasse z.B. L90
- Abstandsklasse z.B. C50 (Abstand in mm zu angrenzenden Bauteilen)

Tafel 5.6 Übersicht über die wichtigsten Abgasanlagen

	ABGASANLAGEN				
	Dreischalige gedämmte Schornsteine	Feuchtigkeits-unempfindliche Schornsteine	Abgasleitungen für NT-Kessel[1]	Abgasleitungen für Brennwert-kessel	LAS-Systeme (Luft-Abgas-Systeme)[5]
Feuerstätte	Kachelofen Kaminofen Offener Kamin	NT-Kessel Brennwertkessel[2] Kachelofen Kaminofen Offener Kamin	NT-Kessel	Brennwertkessel (i. d. R. wandhängend)	NT-Kessel, wandhängend (raumluftunabhängige Gaswasserheizer mit Gebläse)
Brennstoffe	Öl, Gas Feste Brennstoffe[3]	Öl, Gas Feste Brennstoffe[4]	Öl, Gas	Gas (Öl)	Gas
Abgas-temperaturen	bis ca. 400°C	80 bis 200°C bei[6] NT-Kesseln, ≤ 400°C bei Feststoffkesseln	80 bis 200°C[6]	≤ 80°C	80 bis 200°C[6]
Unter-/Überdruck	Unterdruck (Zug)	Unterdruck (Zug)	Unterdruck (Zug)	Überdruck	Überdruck
Verhalten bei Kondensatanfall	Feuchtigkeits-empfindlich	Feuchtigkeitsun-empfindlich. Kondensat-ableitung[5]	Feuchtigkeitsun-empfindlich. Kondensat-ableitung[5]	Feuchtigkeitsun-empfindlich. Kondensat-ableitung[5]	Feuchtigkeitsun-empfindlich. Kondensat-ableitung[5]

[1] Teurer als feuchtigkeitsunempfindliche Schornsteine, aber leichter umzustellen bei späterem Austausch der Feuerstätte. Seltener in Neubauten installiert.
[2] Sofern (bei richtiger Schornsteinbemessung) das Gebläse der Brennwertfeuerung keinen Überdruck im Schornstein aufbaut.
[3] Beständig gegenüber Rußbrand (ca. 1000°C).
[4] Im Regelfall.
[5] Auch konzentrische LA-Anlagen aus Stahlblechrohren (ab oberstem Geschoss) für Brennwertgeräte.
[6] 120 bis 160°C werden bei NT-Kesseln selten überschritten.

Feuerstätten und Abgasanlagen müssen aufeinander abgestimmt sein (NT: Niedertemperaturkessel).

1.2.3 Wärmeerzeugung mit Wärmepumpen

Wärmepumpen-Heizungsanlagen

Ein linksläufiger Kreisprozess (Arbeitsprozess), bei dem Wärme von einem tieferen Temperaturniveau (Wärmequelle) durch Arbeitszufuhr auf ein höheres Temperaturniveau (Wärmesenke) gebracht wird, bezeichnet man als Wärmepumpe (WP). Die WP vereinigt die als Nutzarbeit zugeführte Energie mit der aus der Umgebung aufgenommenen Anergie.

Die möglichen Arbeitsprozesse werden unterschieden nach thermodynamischen, thermoelektrischen und thermomagnetischen Prozessen. Größte Bedeutung ist den thermodynamischen Prozessen beizumessen. Sie können u. a. durch die Vergleichsprozesse Carnot, Lorenz, Ericson, Stirling oder Joule verwirklicht werden. Die wichtigsten Arbeitsprozesse sind für Wärmepumpen der Kompressionskreislauf (Carnotvergleichsprozess) und der Sorptionskreislauf (Ab- oder Adsorption).

Tafel 5.7 Beispiele für die Benennung von Wärmepumpen und Wärmepumpenanlagen

Wärmequelle	Wärmeträger		Benennung	
	kalte Seite	warme Seite	der Wärmepumpe (WP)	der Wärmepumpenanlage (WPA)
Erdreich	Sole	Luft	Sole/Luft-WP	Erdreich/Luft-WPA
Erdreich	Sole	Wasser	Sole/Wasser-WP	Erdreich/Wasser-WPA
Sonne	Sole	Luft	Sole/Luft-WP	Solar/Luft-WPA
Sonne	Sole	Wasser	Sole/Wasser-WP	Solar/Wasser-WPA
Wasser	Wasser	Wasser	Wasser/Wasser-WP	Wasser/Wasser-WPA
Wasser	Wasser	Luft	Wasser/Luft-WP	Wasser/Luft-WPA
Luft	Luft	Wasser	Luft/Wasser-WP	Luft/Wasser-WPA
Luft	Luft	Luft	Luft/Luft-WP	Luft/Luft-WPA
An erster Stelle wird die Wärmequelle, an zweiter Stelle der Wärmeträger der warmen Seite genannt.				

Wärmequelle Wasser

Grundwasser bietet die Möglichkeit der ganzjährigen Energieentnahme. Das annähernd gleich bleibende Temperaturniveau der Wärmequelle erlaubt einen monovalenten Wärmepumpenbetrieb mit annähernd konstanter Leistungszahl. Die Grundwassertemperatur schwankt jahreszeitlich beeinflusst um +8 bis +12°C.

Oberflächenwasser (Bach-, Fluss- oder Seewasser) unterliegt hinsichtlich Temperatur und verfügbarer Menge stets starken, jahreszeitlich bedingten Schwankungen, so dass bei kleineren Gewässern meist nur eine bivalente Betriebsweise der angeschlossenen Wärmepumpe vertretbar ist.

Wärmequelle Erdreich

Der Einsatz von Erdkollektoren in Form eines unterhalb der Erdoberfläche verlegten, soledurchflossenen Rohrregisters setzt eine ausreichend große, nicht überbaute und nicht durch Gebäude verschattete Grundstücksfläche sowie eine geeignete Topographie voraus.

Dem Boden kann nur soviel Wärme entzogen werden, wie ihm im Verlauf des Jahres durch solare Einstrahlung zugeführt wird. Die infolgedessen begrenzte Regenerierfähigkeit des Bodens lässt einen Wärmeentzug von max. 10-35 W/m^2 zu. Ein höherer Wärmeentzug würde im Bereich der Kollektorrohre einen nicht mehr regenerierbaren Dauerfrost bewirken. Die angeführten Werte sind von der Beschaffenheit und Feuchtigkeit des Bodens abhängig.

Erdsonden (vertikal verlegte Erdreichwärmetauscher) bestehen aus Rohren, die bis zu etwa 100 m tief (bei manchen Verfahren auch bis zu 400 m) in die Erde abgesenkt werden. In den Sonden fließt Sole, die dem Erdreich Wärme entzieht. Da ab 5 m Tiefe keine witterungsbedingten Temperaturveränderungen mehr auftreten, ermöglicht diese technologische Variante der Erdentwärmung einen monovalenten Wärmepumpenbetrieb mit konstanter Leistungszahl (die bis zu 6-6,5 betragen kann).

Die erreichbaren Entzugsleistungen richten sich nach der Betriebsweise der Anlage (nur Heizung oder Heizen und Kühlen), nach der Betriebszeit und selbstverständlich nach der Qualität des Untergrundes. Bei schlechtem Untergrund können 20 W/m erzielt werden, bei Kies/Sand, wasserführend bis zu 65 W/m und bei Gneis 60-70 W/m. Die U-Rohr-Sonden haben einen Rohrdurchmesser von 25-32 mm, die

Außenabstände einer U-Rohr-Sonde 50-70 mm. Die Sonden sind in Abständen von mind. 6 m zueinander einzubauen. Die Sondenrohre sollen in parallel geschalteten Kreisen zum Verteiler geführt werden.

Wärmequelle Energiepfähle

Die Ausführung der Gebäudegründung bietet mitunter eine kostengünstige Lösung der Nutzung oberflächennaher Geothermie. Es können z.B. Gründungspfähle durch integrierte Rohrsysteme als Wärmetauscher verwendet werden (Kühlung als sog. Direktkühlung oder Heizung mittels Wärmepumpen). Auch andere erdreichberührende Bauteile z.B. Bodenplatten oder Schlitzwände lassen sich als Absorber einsetzen.

Wärmequelle Luft

Mit dem geringsten Investitionsaufwand ist bei Luft/Wasser-Wärmepumpen zu rechnen, als Kompaktanlage im Freien aufgestellt. Luft ist überall in ausreichendem Maße vorhanden. Nachteilig ist jedoch der antizyklische, also gegenläufige Temperaturverlauf der Wärmequelle Luft zur erforderlichen Heizmittel-Temperatur der Heizungsanlage, da Außenluft gerade dann niedrige Temperaturen aufweist, wenn der Wärmebedarf besonders groß ist.

1.2.4 Blockheizkraftwerke, Fernwärme, Nahwärmeversorgung

Block-Heizkraftwerke (BHKW) sind verbrauchernahe Zentralen mit einer oder mehreren Verbrennungskraftmaschinen (Motoren) und zugeordneten Generatoren zur Stromerzeugung. Die Abwärme (Kühlwasser und Abgase) der öl- oder gasbetriebenen Verbrennungsmotoren wird für die Gebäudeheizung herangezogen. Häufig werden Klassifizierungen nach Leistung verwendet, bis 2,5 kW_{el} Nano-BHKW, bis 20 kW_{el} Mikro-BHKW, bis 50 kW_{el} Mini-BHKW und größer 50 kW_{el} Klein-BHKW.

In der Regel werden Anlagen mit Teilleistungen des BHKW und einem zusätzlichen Spitzenheizkessel gewählt; mit diesem Prinzip kann ein erheblicher Anteil der Jahresheizarbeit durch das BHKW trotz der geringeren Teilleistung erzielt werden; empfohlener Anteil von BHKW-Heizleistung an der Gesamtheizlast:

- Mehrfamilienhäuser 10-20%
- Altersheime, Krankenhäuser, Kliniken, Hallenbäder 30-40%
- Hotels 20-30%
- Schulen mit Sporthallen, Gaststätten 10-15%
- Verwaltungsgebäude 10%
- Verwaltungsgebäude in Verbindung mit Kälte bis zu 40%.

Die Auslegung von BHKW richtet sich also insbesondere nach der Heizlast. Bei sehr kleinen Leistungen für Einfamilienhäuser sind mittlerweile auch BHKW-Module ab 2 kW elektrischer Leistung auf dem Markt. Diese sog. Mikro-BHKW werden als 1-Zylinder-Otto-Kleinmotoren oder neuerdings als Sterling-Motor angeboten.

Fernwärmeleitungsnetze

Fernwärmenetze sind zzt. auch noch Dampfnetze zu finden. Neuanlagen werden bevorzugt als Heißwassersysteme betrieben, überwiegend mit Temperaturen bis 140°C, maximal 180°C. Netzdrücke im Vorlauf: 5-17 bar. Viele Fernwärmenetze werden mit Abwärme aus BHKW betrieben. Daraus folgen z.T. sehr geringe Primärenergiefaktoren.

Dreileiternetze führen neben Vor- und gemeinsamem Rücklauf eine weitere Versorgungsleitung für Gebrauchswarmwasser zu den Abnehmern. Bei Zweileiternetzen darf die Vorlauftemperatur 70°C auch in den Sommermonaten nicht unterschreiten, wenn die Warmwasserbereitstellung ganzjährig gewährleistet sein soll. Auch die Wärmeabnahme für Heizzwecke ist dann ganzjährig möglich.

Wärmeübergabe in der Hausstation

In der Hausstation wird die vom Wärmeerzeuger gelieferte Wärme dem Verbraucher übergeben. Sie umfasst die Übergabestation, die oft Eigentum des Fernwärmeversorgungsunternehmens (FVU) ist, sowie die Hauszentrale des Fernwärmekunden. Eine Bodenentwässerung und eine Schwelle sollen andere Kellerräume beim Entleeren der Anlage vor Überschwemmung schützen. An Schlafräume sollten geräuschemittierende Hausstationen nicht angrenzen.

Bei **indirekter Wärmeübergabe** wird ein Wärmetauscher eingeschaltet und damit das Fernwärmenetz mit seinen i. Allg. hohen Netzdrücken und -temperaturen vom Heizungsnetz des Verbrauchers getrennt.

Bei **direkter Wärmeübergabe** gelangt das Heizmedium des Wärmeerzeugers bis in die Heizkörper des Abnehmers, was i. Allg. Hochdruckarmaturen und -heizflächen bedingt. Eine Reduzierung der Heizwassertemperatur erfolgt mittels Rücklaufbeimischung.

Nahwärmekonzepte

Versorgt ein Heizkraftwerk eine begrenzte Anzahl von Gebäuden, spricht man von einer Nahwärmeversorgung. Dabei wird eine Zentrale errichtet, die über Fernleitung in der o.a. Weise die einzelnen Gebäude mit Wärme versorgt. Eine bessere Ausnutzung durch längere Laufzeiten der einzelnen Aggregate ist dabei, z.B. für ein Blockheizkraftwerk, gegeben. Ebenso können Holzhackschnitzel-Heizkessel, Pelletsheizkessel oder auch Kombinationen mit solaren Langzeitspeichern verwendet werden. Insbesondere bei solaren Langzeitspeichern (unterirdischen Kies-Wasser-Speichern) ist mit zunehmender Größe die solare Deckungsrate deutlich günstiger. Ein sehr gut gedämmtes Gebäude mit minimalem Restwärmebedarf (Passivhaus) und dezentral erzeugter Restwärme erscheint gegenüber dem hohen Aufwand der Nahwärmeversorgung eine eher anzustrebende Variante für zukünftige Gebäude.

1.2.5 Wärmeverteilnetze

Die Warmwasserheizung (Warmwasser-Pumpenheizung) wird am häufigsten verwendet. Hierbei wird die im Heizkessel erzeugte Wärme mittels Wasser als Trägermedium in die wärmeabgebenden Heizflächen transportiert. Das abgekühlte Wasser gelangt in den Kessel zurück, wo es wieder erwärmt wird (Vor- und Rücklauf). Warmwasserheizungen haben eine maximale Vorlauftemperatur von 100 bis max. 105°C. Die Anhebung des Siedepunktes über 100°C hinaus lässt sich durch mäßigen Überdruck (bis etwa 2,5 bar) erreichen. Gewählt werden heute vorzugsweise Vorlauftemperaturen um 45 bis 70°C, also im Niedertemperaturbereich. Heizungsanlagen mit Vorlauftemperaturen über 120°C hinaus gelten als Heißwasserheizungen und werden vorzugsweise in der Fernwärmeversorgung eingesetzt.

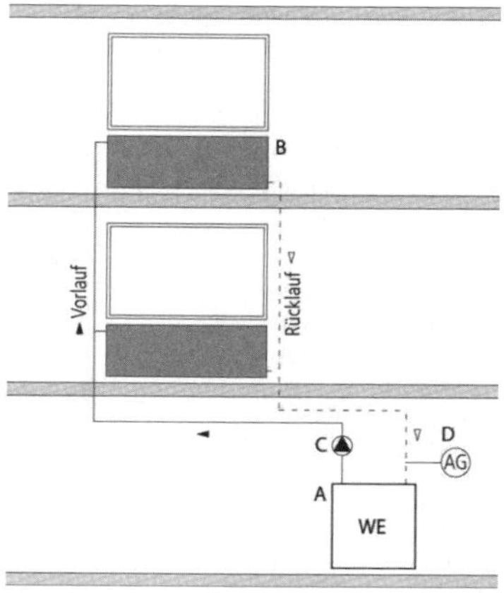

Abb. 5.9a
Prinzip einer Warmwasserheizung (Warmwasser-Pumpenheizung): Wasser übernimmt die im Kessel (A) erzeugte Wärme und führt sie den wärmeabgebenden Heizflächen (B) zu. Eine Pumpe (C) bewirkt den ständigen Umlauf des Wassers. Temperaturbedingte Druckunterschiede im Leitungssystem gleicht ein Ausdehnungsgefäß (D) aus.

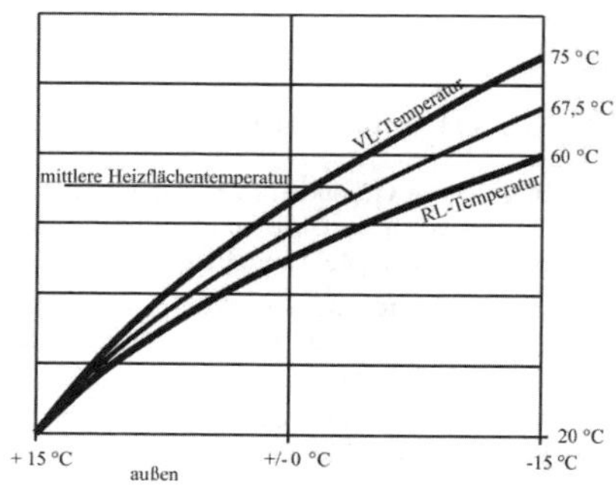

Abb. 5.9b
Die Heizwassertemperatur (Vor- und Rücklauf) steigt bei sinkender Außentemperatur nicht linear, sondern verläuft in einer Kurve.
Grund: die Wärmeabgabe am Heizkörper erfolgt sowohl durch Strahlung als auch durch Konvektion. Bei Temperaturänderung verändern sich die Anteile von Strahlung und Konvektion. Mit abnehmender Heizwassertemperatur verringert sich die Spreizung.
Bei jeder Neuanlage ist die Heizkurve anlagenspezifisch einzustellen. An ihr orientiert sich das Regelsystem.
Umwälzpumpen sorgen für den Umtrieb des Heizungswassers.

Die Temperaturdifferenz zwischen Vor- und Rücklauf wird als Spreizung bezeichnet. Kennzeichnend für die Auslegungstemperaturen einer Anlage ist die Spreizung bei höchster Leistung (bei den tiefsten anzunehmenden Außentemperaturen).

Heute ist die Niedertemperatur-Heizung Stand der Technik mit Auslegungstemperaturen, z.B. 70/55°C, 60/50°C oder 55/45°C.

Rohrleitungen für Warmwasser-Heizungen: Stahlrohre, Weichstahlrohre, Kupferrohre.

Wärmedämmung von Rohrleitungen erfolgt nach EnEV.

In Zentralheizungssystemen sind die gem. EnEV geforderten Dämmstoff-Mindestdicken vorzusehen, bezogen auf eine Wärmeleitfähigkeit von 0,035 W/(m^{2}K) (je nach Funktion ist die Wärmedämmung abhängig vom Rohrdurchmesser als Mindestwärmedämmung festgelegt).

Für die **Rohrleitungsführung** der Warmwasser-Heizung ergeben sich im Wohnungsbau folgende Möglichkeiten der Leitungsführung zwischen Wärmeerzeuger und Heizfläche:

- Heizkörper unter den Fenstern; untere Verteilung; Steigestränge und Anschlussleitungen in der Außenwand: das klassische System einer Warmwasserheizung. Unter Berücksichtigung von DIN 1053, DIN 4108 und DIN 4109 nur noch unter Schwierigkeiten realisierbar.
- Heizkörper unter den Fenstern; zentral angeordnete Steigestränge, z.B. im Treppenraum; Anschlussleitungen unterhalb eines schwimmenden Estrichs als Ein- oder Zweirohrsystem. Gut kombinierbar mit Wärmemengenzählern für jede Wohn- bzw. Mieteinheit von Mehrfamilienhäusern.
- Heizkörper unter den Fenstern; Steigestränge dezentral an Innenwänden; Anschlussleitungen innerhalb einer speziellen Fußleistenkonstruktion. Bisher nicht befriedigend gelöst: die Leitungsführung im Türbereich. Ein Absenken der Stränge in den Estrich wirft Schallschutzprobleme auf.
- Heizkörper unter den Fenstern; Wärmeerzeuger im gleichen Geschoss (Etagenheizung). Anschlussleitungen unterhalb des schwimmenden Estrichs als Ein- oder Zweirohrsystem. Die Strahlungsverluste des Wärmeerzeugers kommen der Wohnung zugute.
- Fußbodenheizung, Steigestränge zentral an einer Innenwand; Verteilung in den Stockwerken.

A Klassisches Zentralheizungssystem mit Steigleitungen und Anschlussleitungen in den Außenwänden.
B Zentrale Steigestränge in Kombination mit horizontaler Anbindung der Heizkörper im Bereich des schwimmenden Estrichs.
C Etagenheizung, sonst wie B.
D Fußbodenheizung. In den Geschossen werden Unterverteilungen für die einzelnen Heizkreise installiert. Die Rohrführung erfolgt auf dem Dämmsystem.

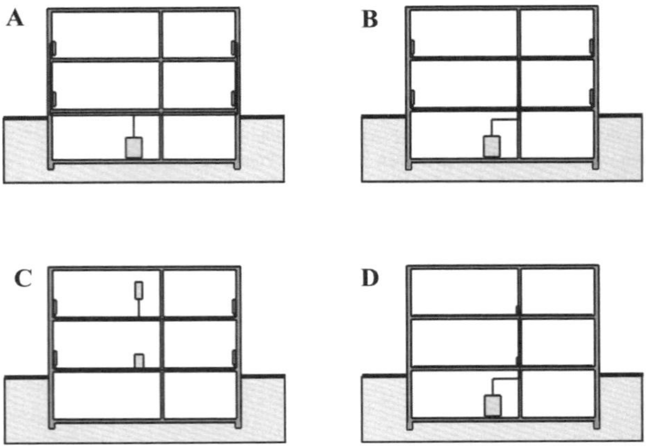

Abb. 5.10 Varianten der Trassenführung von Heizungsvor- und -rücklauf im Wohnungsbau

In größeren Gebäuden (Verwaltungsbauten, Schulen usw.) ergibt sich, insbesondere bei Skelettbauten, die Notwendigkeit, die vertikalen Stränge zentral in einem Schacht durch die Geschosse zu führen und für die horizontale Anbindung der Heizflächen eine verdeckte Leitungsstraße vorzusehen.

Bei **Zweirohrsystemen** erhält jeder Heizkörper über Vorlaufleitungen erwärmtes Wasser mit annähernd gleicher Temperatur zugeführt. Abgekühltes Wasser verlässt die Heizkörper und gelangt in Rücklaufsträngen in die Heizzentrale zurück.

Vor- und Rücklauf werden im klassischen Zweirohrsystem nebeneinander liegend vertikal an die Heizkörper herangeführt, wobei sich die horizontale Verteilerebene i. Allg. unter der Decke des Kellergeschosses befindet (untere Verteilung). Obere Verteilungen im Dachbereich kommen nur noch in

Sonderfällen in Betracht. Vor- und Rücklauf versorgen bei diesen Zweirohrsystemen in jedem Geschoss normalerweise 2 Heizkörper. Diese haben i.d.R. einen gleichseitigen Anschluss, d. h. beide Anschlüsse befinden sich auf ein- und derselben Heizkörperseite.
Bei **Einrohrsystemen** werden alle Heizkörper hintereinander an eine Ringleitung angeschlossen. Die Anordnung der Einrohrheizungen entspricht einer Reihenschaltung, die des Zweirohrsystems einer Parallelschaltung.

1.2.6 Raumheizflächen

Die Wärmeabgabe von Heizflächen an die Umgebung erfolgt entweder überwiegend durch Konvektion (Wärmeträger ist dabei strömende Luft.) oder überwiegend durch Strahlung. Grundsätzlich findet Wärmeübertragung immer parallel mit Wärmeleitung, Strahlung und Konvektion statt, wobei die Anteile je nach Umständen unterschiedlich groß sind. Bei der Wärmeübergabe von Heizflächen an einen Raum ist die Wärmeleitung vernachlässigbar.

Wärmeabgabe überwiegend durch **Konvektion**:

- Warmluftheizgeräte
- Konvektoren
- Radiatoren und Plattenheizkörper (mit einem nicht unbeträchtlichen Strahlungsanteil)
- Elektrische Schwachlast-Speichergeräte mit dynamischer Entladung.

Wärmeabgabe überwiegend durch **Strahlung**:

- Deckenstrahlungsheizungen
- Fußbodenheizungen
- Wandflächenstrahlungsheizungen.

Bei Strahlungsheizungen liegen die Wandtemperaturen höher und damit physiologisch günstiger als bei Konvektionsheizungen. Das Raumlufttemperaturprofil einer Strahlungsheizung kommt dem idealen Temperaturprofil recht nahe.

Konvektionsheizungen zeichnen sich durch geringe Anlagekosten und eine gute Anpassung an wechselnde Heizlasten (schnelles Aufheizen und rasches Ansprechen auf Regelvorgänge) aus. Auch sind nachträgliche Änderungen leichter vorzunehmen. Weniger günstig ist eine vermehrte, durch die verstärkte Luftbewegung verursachte Staubaufwirbelung.

Die **Anordnung von Heizflächen** im Raum soll so vorgenommen werden, dass die Behaglichkeitsbedingungen im Raum möglichst optimal sind. Das bedeutet:

- Eine nicht zu hohe Strahlungstemperatur- Asymmetrie (Wärmeübertragungsverhältnisse vom Menschen an kalte und von warmen Raumbegrenzungsflächen)
- Erwärmung der durch Fensterfugen von außen oder Luftdurchlässe in den Raum mit Untertemperatur strömenden Luft
- Verhinderung von Temperaturschichtung durch falsche Anordnung
- Verhinderung ungünstiger Strömungsverhältnisse (wirbelförmigen Raumluftströmungen, die sich aufgrund der Raumluftströmungsverhältnisse bilden).

Der Wärmedurchgangskoeffizient von Fenstern ist bei heute üblicher Verglasung mit einem *U*-Wert von 1,0 W/m^{2}K zwar gegenüber der früheren Bauart deutlich geringer, stellt aber immer noch den größten Wärmeverlust einer Fassade dar.

Es bildet sich an der Oberfläche des Fensters auf der Innenseite eine sog. Kaltluftströmung. Diese Kaltluftströmung ist gegenüber früheren üblichen *U*-Werten von Fenstern zwar erheblich geringer, führt aber immer noch zu einer abfallenden Luftströmung.

Um diese zu kompensieren, werden Heizflächen (Heizkörper) möglichst unterhalb von Fensterflächen oder unmittelbar daneben aufgestellt.

Die maßgebliche Beurteilungsgröße für die Behaglichkeit im Raum ist die Strahlungstemperatur-Asymmetrie. Kritische Behaglichkeitsbedingungen treffen insbesondere bei Räumen mit hohem Fensterflächenanteil auf.

Hochgedämmte Gebäude, wie nach der neuen Energieeinsparverordnung mittlerweile üblich, sind insgesamt gegenüber früheren Gebäuden deutlich weniger kritisch bezüglich der Strahlungstemperatur-Asymmetrie. Deshalb sind bei hochgedämmten Gebäuden Flächenheizungen (Fußboden-, Decken- oder Wandheizungen) problemlos einzusetzen. Eine ideale Kombination ist die gemeinsame Nutzung von Flächentemperierungen für **Heizen und Kühlen.** Die möglichen Leistungen unter Beachtung der Behaglichkeitsgrenzen liegen bei

- Deckensysteme für Kühlung bis 100 W/m²
- Deckensysteme für Heizung bis 40 W/m²
- Fußbodensystem für Kühlung bis 40 W/m²
- Fußbodensysteme für Heizung bis 100 W/m²

Plattenheizkörper (Flachheizkörper) haben mit 85% inzwischen den mit Abstand größten Marktanteil unter den Raumheizkörpern. Sie bestehen aus glatten oder/und profilierten wasserdurchflossenen Stahlblech-Doppelplatten. Profilierte Modelle weisen eine geringfügig höhere Wärmeleistung pro Fläche auf. Die Vorderseite gibt die Wärme überwiegend in Form von Strahlung ab, die übrigen Flächen durch Konvektion (an vorbeiströmende Luft).

Röhrenheizkörper (Stahlrohrradiatoren) zählen wie die Guss- und Stahlradiatoren zu den Gliederheizkörpern.

Stahlradiatoren werden aus mehreren Gliedern zu einem Block verschweißt.

Gussradiatoren zeichnen sich durch hohe Korrosionsbeständigkeit aus.

Konvektoren bestehen aus dicht mit Blechlamellen besetzten Rohren. In schachtartigen Nischen eingebaut oder als eigenständiger Heizkörper, bewirkt die an den Lamellen erwärmte Luft eine Luftströmung (freie Konvektion).

Fußbodenheizungen der Warmwasser-Pumpenheizungen bestehen aus innerhalb bzw. unterhalb eines Estrichs angeordneten, von Heizwasser durchflossenen Röhrenregistern. Zur Rohdecke hin ist eine ausreichend dimensionierte Wärmedämmschicht vorzusehen. Die Oberflächentemperatur beträgt bei einer Außentemperatur von 0°C etwa 22 bis 23°C, bei tiefster Außentemperatur werden ca. 25°C erreicht. Damit liegt die Oberflächentemperatur des Fußbodens nur um einige Kelvin höher als die Raumlufttemperatur. Beim Befühlen ist sie kaum als erhöhte Temperatur wahrnehmbar. Als äußerster Grenzwert in Daueraufenthaltsbereichen gelten 29°C, um Fußbeschwerden (Schwellungen) vorzubeugen.

Deckenstrahlungsheizungen sind Flächenheizungen mit hohem Strahlungsanteil; niedrige Vorlauftemperaturen, niedrige Lufttemperaturen; zum Abschirmen von Fensterflächen werden ebenfalls zusätzliche Maßnahmen empfohlen. Unzuträglichkeiten infolge auf den Kopf einwirkender Wärmestrahlung sind bei Neubauten nicht mehr zu erwarten, da heute infolge des gestiegenen Wärmedämmstandards die Strahlungsintensität nur noch gering ausfällt (geringe Strahlungstemperatur-Asymmetrie). Temperaturschichtungen unter der Decke (Wärmestau), wie bei vorwiegend konvektiv wirkenden Heizsystemen anzutreffen (Radiatoren, Plattenheizkörper, elektr. Speichergeräte), werden vermieden. Allgemein durchgesetzt haben sich abgehängte Rohrregister in Verbindung mit Blechplatten als Abstrahlfläche und oberseitiger Dämmlage. Weitere Varianten: in Gipskassettenplatten eingebettete bzw. unterseitig zu putzende Abstrahlplatten aus Blech oder Kapillarrohrmatten (Rohrdurchmesser 3,4 mm), welche mit dem Putz unter eine Betondecke befestigt werden. Deckenheizungen können ebenso für Kühlzwecke genutzt werden. Dies bietet sich, insbesondere für Gebäude mit der Notwendigkeit Kühllasten abzuführen, an. Die Konstruktionen sind baugleich mit Kühldecken. In Beton von Massivdecken eingegossene Heizrohre (**Bauteilaktivierung, Thermoaktive Decken, Betonkernaktivierung**) sollten besonders zum Zwischenspeichern von Umweltenergie (oberflächennahe Geothermie) verwendet werden. Als Heizsystem ist die Bauteilaktivierung wegen der großen thermischen Trägheit nur in Zusammenhang mit einem ganzheitlichen Temperierungssystem zu empfehlen. Mit Zusatzheizflächen (z.B. Deckensegel) kann eine zusätzliche Heizleistung für schnelle Lastwechsel installiert werden. **Wandheizungen** werden als besonders angenehm empfunden. Ihre konstruktive Ausbildung entspricht im Prinzip der einer Fußbodenheizung. An die Stelle eines Estrichs tritt Wandputz oder eine Verkleidung aus Gipskartonplatten. Die geringe Verbreitung von Wandflächenheizungen ist darauf zurückzuführen, dass i.d.R. nicht genügend freie Wandflächen zur Verfügung stehen, weil Stellflächen benötigt werden. Ein Anbohren der Wände (Befestigungsmittel) ist problematisch. Außenwände mit Heizregistern müssen eine ausreichende Wärmedämmung aufweisen ($U < 0{,}35$ W/m²K). Bei Sanierungen denkmalgeschützter Gebäude werden Wandheizungen mittlerweile besonders gerne eingesetzt, weil ein Austrocknen von Bauteilen eher verhindert wird.

2 Raumlufttechnik

2.1 Kontrollierte Wohnungslüftung

Aus hygienischen und bauphysikalischen Gründen ist es erforderlich, mit Gerüchen, Wasserdampf, CO_2, ggf. auch Schadstoffen angereicherte Luft aus Aufenthaltsräumen abzuführen und durch unverbrauchte sauerstoffreiche Luft zu ersetzen. Zu unterscheiden sind Grundlüftung (bauphysikalisch erforderlich) und Bedarfslüftung (hygienisch erforderlich).

Nennlüftung: Ein mind. 0,5- bis 1,0-maliger Luftaustausch pro Stunde kann sicherstellen, dass bei normaler Raumnutzung keine Bauschäden entstehen. (Außenluftwechsel: mind. 0,5/h, max. 1,0/h).

Bedarfslüftung: Körperausdünstungen, Tabakrauch, Küchen- und Toilettengerüche, aber auch Ausdünstungen aus Möbeln, Teppichen, Baustoffen bewirken eine Luftverschlechterung, die eine Lufterneuerung erforderlich macht.

Aus hygienischen Gründen empfohlener Luftwechsel:

- 0,5- bis 1,0fach/h in Wohn-, Aufenthalts- und Schlafräumen,
- 4,0- bis 5,0fach/h in innenliegenden Sanitärräumen,
- 0,5- bis 25fach/h in Küchen (stoßweise Belastung).

Fugenlüftung: Mit einem ausreichenden natürlichen Luftwechsel über Fensterfugen kann in Neubauten nicht mehr gerechnet werden, da zur Verringerung der Lüftungswärmeverluste die Fugen zwischen Flügel- und Blendrahmen im Regelfall nahezu luftundurchlässig ausgebildet werden . Die Luftdurchlässigkeit für Fenster und Türen ist in DIN 12207 definiert, nach EnEV gilt Klasse 2 DIN 12207 bis zu 2 Vollgeschossen, bei mehr als 2 Vollgeschossen gilt Klasse 3.

Fensterlüftung: Fenster können bei Bedarf kurzfristig geöffnet (Stoßlüftung) oder über einen längeren Zeitraum hinweg geöffnet gehalten werden (Dauerlüftung). Die häufig mit gekipptem Lüftungsflügel, vorwiegend bei Schlafräumen und Toiletten, praktizierte Dauerlüftung ist während der Heizperiode mit unverhältnismäßig hohen Wärmeverlusten verbunden, zumal unterhalb der Fenster angeordnete thermostatische Heizkörperventile auf Kaltlufteinwirkung mit einer verstärkten Wärmezufuhr reagieren.

Mechanische Lüftung von Einfamilienhäusern

Die Bestrebungen zur Minimierung der Transmissionswärmeverluste hatten zur Folge, dass die Lüftungswärmeverluste einen erheblichen Anteil am Wärmeverlust eines Gebäudes haben.

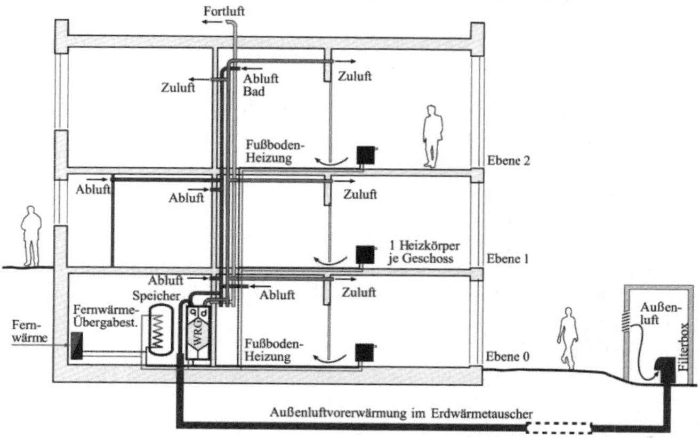

Abb. 5.13 Kontrollierte Wohnungslüftung am Beispiel eines Einfamilienwohnhauses. Der Erdwärmetauscher sorgt für Luftkühlung im Sommer. Durch die Luftansaugung über einen Erdwärmetauscher kann warme Außenluft von +30 auf +20 °C abgekühlt werden. Der Erdwärmetauscher dient im Winter zur Vorwärmung der Außenluft (-10 auf +2 °C). Nachheizer: Durch Nachheizen der Luft kann an milden Wintertagen ein gut gedämmtes Gebäude erwärmt werden.

Eine mechanische Lüftung ohne Wärmerückgewinnung soll bewirken, dass einerseits die Raumluft ausreichend erneuert wird, andererseits aber die mit der abziehenden Luft entweichenden Wärmeverluste in vertretbaren Grenzen bleiben.

Bei Mehrfamilienwohnhäusern können Einzelgeräte für jede Wohneinheit eingebaut oder in unterschiedlichen Varianten zentrale Anlagen vorgesehen werden. In Abb. 5.14 ist eine Lösung mit strangweisen zentralen Geräten dargestellt. Die unterschiedlichen Luftmengenanforderungen der Nutzer erfordern jedoch drehzahlgeregelte Ventilatoren und Volumenstromregler für jede Wohneinheit. Unter Umständen ist eine Konzeption mit dezentralen Geräten sinnvoller.

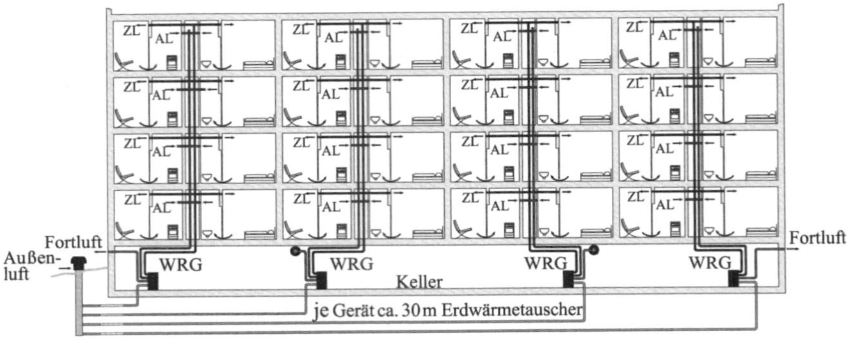

Abb. 5.14 Mehrfamilienhaus mit Wohnungslüftung. Jeder Lüftungsstrang wird über ein Zentralgerät mit Wärmerückgewinnung versorgt.

2.2 Raumlufttechnische Anlagen

Aufgabe der Raumlufttechnik

In Aufenthaltsbereichen von Menschen soll ein unserem Behaglichkeitsempfinden entsprechender Raumluftzustand herrschen. Folgende behaglichkeitsrelevanten Komponenten sind durch RLT-Anlagen zu beeinflussen:

- Reinheit der Luft / Geruchspegel,
- Raumlufttemperatur,
- Luftbewegung,
- Luftfeuchtigkeit.

Darüber hinaus auf unser Behaglichkeitsempfinden einwirkende Einflussgrößen:

- Temperatur der Umschließungsflächen,
- raumakustische Verhältnisse / Geräuschpegel,
- Beleuchtung / Belichtung,
- Dichte der Personenbelegung,
- visueller Raumeindruck: Proportionen, Farbgebung und Materialzusammenstellung.

Hauptaufgabe lüftungstechnischer Anlagen ist die Erneuerung der Raumluft, wobei die Luft stets auch gereinigt (gefiltert) wird. Hinzu kommen gegebenenfalls weitere Aufbereitungsstufen wie:

- Erwärmung oder Kühlung,
- Be- und Entfeuchtung der Luft.

Die Menge der einem Raum zuzuführenden Außenluft, die Außenluftrate bzw. der Außenluftstrom, hängt sowohl von der Anzahl im Raum anwesender Menschen als auch von der jeweiligen Raumfunktion ab. Zum Teil höher angesetzte Außenluftraten für gewerblich genutzte Räume enthalten die Arbeitsstättenrichtlinien (ASR 5):

Die Luftwechselzahl gibt an, wie oft pro Zeiteinheit das Raumluftvolumen erneuert wird. Der erforderliche Luftwechsel für Wohngebäude liegt im Bereich von 0,5/h bis 1,0/h, bei sog. Passivhäusern liegt er bei 0,3/h (Durchschnitt des gesamten Nettovolumens). Der hygienische Mindestluftwechsel für Wohngebäude wird i. Allg. für Daueraufenthaltsräume mit einem 0,5-fachen stündlichen Raumluftwechsel als Mindestwert angenommen.

Für Bürogebäude ergeben sich bei einer durchschnittlichen Bürofläche pro Person von 10 m² und 2,80 m lichten Raumhöhe Luftwechselzahlen von 0,7–2,1:

- 0,7 (20 m³/h je Person),
- 1,4 (40 m³/h je Person),
- 2,1 (60 m³/h je Person).

Der spezifische Luftraum kennzeichnet das Verhältnis von Raumvolumen zur Personenzahl. Ein kleiner spezifischer Luftraum erschwert die Erstellung zugfrei arbeitender RLT-Anlagen. Nach Arbeitsstättenverordnung (ASR 5) sind Stofflasten(CO_2, VOC, Formaldehyd u.a.) entscheidend, ob eine Raumlufttechnische Anlage erforderlich wird. Eine CO_2-Konzentration von 1000 ppm soll unterschritten werden.

Raumluftqualität

Die Qualität der Raumluft wird, abgesehen von nutzungsbedingten Verunreinigungen, bestimmt durch die Qualität der Zuluft; sie besteht aus Außenluft und ggf. Umluft.

Tafel 5.15a
Klassifizierung der Raumluftqualität für den Aufenthaltsbereich in Räumen nach DIN EN 13 779

Kategorie	Beschreibung
IDA 1	hohe Raumluftqualität
IDA 2	mittlere Raumluftqualität
IDA 3	mäßige Raumluftqualität
IDA 4	niedrige Raumluftqualität

Umluft kann die Oberfläche der Luftkanäle verunreinigen (z.B. durch Tabakrauch). Sie sollte nicht aus anderen Räumen stammen. In Aufenthaltsräumen ist der Umluftanteil so zu begrenzen, dass hygienische Höchstwerte (z. B. 0,10 ... 0,12 Vol.-% für die CO_2-Volumenkonzentration) nicht überschritten werden.

Der Anteil der Außenluft (Mindestaußenluftstrom) wird bestimmt durch das Maß der auftretenden Luftverunreinigungen. Diese können freigesetzt werden durch Menschen, Tiere, Pflanzen, Baumaterialien und Arbeitsprozesse. Sie bestehen aus unbelebten Stoffen und lebenden Organismen wie:

- Gase und Dämpfe (z. B. CO_2, SO_2, NO_2, O_3, Radon, Formaldehyd)
- Geruchsstoffe
- Aerosole (Fasern, Stäube, Pollen)
- Viren
- Bakterien und ihre Sporen (Legionellen)
- Pilze und Pilzsporen (z. B. Erreger der Aspergillose).

Als Indikator für personenbezogene Luftbelastung (Gerüche) wird i. Allg. der CO_2-Gehalt der Luft herangezogen, da die durch menschliche Ausdünstungen freigesetzten Gerüche in etwa proportional zur CO_2-Produktion durch Atmung sind. Da die Außenluft eine Vorbelastung an CO_2 mitführt, ist die Differenz zwischen der gewünschten maximalen CO_2-Konzentration im Raum und der in der Außenluft enthaltenen Konzentration für die Luftmengenbestimmung entscheidend.

Tafel 5.15b
Raumklassifizierung nach Erhöhung der CO_2-Konzentration gegenüber der Außenluft nach DIN EN 13 779

Kategorie	Erhöhung der CO_2-Konzentration gegenüber der Außenluft-CO_2-Konzentration, in ppm	
	Üblicher Bereich	Standardwert
IDA 1	≤ 400	350
IDA 2	400–600	500
IDA 3	600–1000	800
IDA 4	> 1000	1200

Arbeitsstätten unterliegen hinsichtlich der Luftverunreinigung besonderen Bestimmungen. Der MAK-Wert (Maximale Arbeitsplatz-Konzentration) gibt an, wie hoch die Raumluft mit bestimmten Schadstoffen, z.B. Asbeststaub, CO oder SO_2 angereichert sein darf, ohne für Personen bei achtstündiger Arbeitszeit eine ernste Gefährdung zu bilden. Gegebenenfalls sind besondere Maßnahmen, wie Absauganlagen, zu treffen. In benachbarten Räumen dürfen MIK-Werte (Maximale Immissionskonzentration) nach VDl 2310 nicht überschritten werden.
Eine Methode, Luftqualitäten zu bewerten, beruht auf den Parametern Verunreinigungslast in olf und Luftqualität in dezipol.

Tafel 5.16a
Klassifizierung der Raumluftqualität nach dezipol gem. DIN EN 13 779

Kategorie	Empfundene Luftqualität, in dezipol	
	Üblicher Bereich	Standardwert
IDA 1	≤ 1,0	0,8
IDA 2	1,0–1,4	1,2
IDA 3	1,4–2,5	2,0
IDA 4	> 2,5	3,0

1 olf ist die Luftverunreinigung, die ein Mensch im Sitzen beim Lesen/Schreiben abgibt. Sie steigt bei schwerer körperlicher Arbeit bis zu 2,5 olf an. Raucher bewirken im Durchschnitt eine Verunreinigungslast von 6 olf (während des Rauchens 25 olf). 1 dezipol ist die Luftverunreinigung, die entsteht, wenn 10 l/s reine Luft mit 1 olf verunreinigt wird.

Tafel 5.16b Außenluftvolumenstrom je Person nach Raumklassifizierung und max. CO_2-Konzentration nach DIN EN 13 779

Kategorie	Einheit	Außenluftvolumenstrom je Person			
		Nichtraucher-Bereich		Raucher-Bereich	
		Üblicher Bereich	Standardwert	Üblicher Bereich	Standardwert
IDA 1	$m^3\ h^{-1}$ Person^{-1}	> 54	72	> 108	144
	$l\ s^{-1}$ Person^{-1}	> 15	20	> 30	40
IDA 2	$m^3\ h^{-1}$ Person^{-1}	36–54	45	72–108	90
	$l\ s^{-1}$ Person^{-1}	10–15	12,5	20–30	25
IDA 3	$m^3\ h^{-1}$ Person^{-1}	22–36	29	43–72	58
	$l\ s^{-1}$ Person^{-1}	6–10	8	12–20	16
IDA 4	$m^3\ h^{-1}$ Person^{-1}	< 22	18	< 43	36
	$l\ s^{-1}$ Person^{-1}	< 6	5	< 12	10

Raumtemperaturen

Die Raumtemperaturen passen sich den Raumfunktionen an. Wenn mit dem Bauherren nichts anderes vereinbart ist, gelten z. B. die Raumtemperaturen nach DIN EN 12 831 Beiblatt 1. Zu beachten ist, dass es sich um die operative Temperatur handelt, also dem arithmetischen Mittel der Innenlufttemperatur und der mittleren Strahlungstemperatur der Oberflächen des Raumes. Ausschlaggebend ist die empfundene Temperatur (**operative Raumtemperatur**). Niedrige Wandtemperaturen bedingen entsprechend höhere Raumlufttemperaturen:

$$\Theta_o = \frac{\Theta_a + \Theta_r}{2}$$

Darin ist Θ_a die Innenlufttemperatur und Θ_r die Strahlungstemperatur der Oberflächen im Raum. Operative Raumtemperaturen sind z. B.:

- Wohn- und Schlafräume 22 °C,
- Büroräume 20 °C,
- Bade- und Duschräume, Umkleideräume, Untersuchungszimmer 24 °C,
- beheizte Nebenräume 15 °C,
- Verkaufsräume allgemein 20 °C,
- Lebensmittelverkauf 18 °C,
- Turnhallen 20 °C,
- Schwimmhallen 28 °C,
- Kirchen 15 °C,
- Theater, Museen 20 °C.

Die einzuhaltenden operativen Temperaturen werden nach Gebäudetyp und Außentemperaturen z.B. nach DIN EN 15251 entsprechend der gewählten Komfortbedingungen ausgelegt.

Tafel 5.17 Auslegungswerte für die operativen Temperaturen in Bürogebäuden

Bedingungen	Üblicher Bereich	Standardwert für die Auslegung
Winterbetrieb mit Heizung	θ = 19 °C bis 24 °C	θ = 21 °C[a]
Sommerbetrieb mit Kühlung	θ = 23 °C bis 26 °C	θ = 26 °C[b]
[a] Bei Auslegungsbedingungen im Winter. Mindesttemperatur am Tag. [b] Bei Auslegungsbedingungen im Sommer. Höchsttemperatur am Tag.		

Nach ASR A 3.5 (gilt für Arbeitsräume) muss die Raumtemperatur mindestens betragen:

a bei überwiegend sitzender Tätigkeit+19 °C (mittlere Arbeitsschwere); +20°C (leichte Arbeitsschwere)

b bei überwiegend nicht sitzender Tätigkeit +17 °C (mittlere Arbeitsschwere)

c bei schwerer körperlicher Arbeit +12 °C

Für die Begrenzung der Raumtemperatur gilt nach ASR weiterhin, dass die Raumtemperatur in Arbeitsräumen +26 °C nicht überschreiten soll. Ggf. sind Maßnahmen (Sonnenschutz, Nachtauskühlung, Steuerung Lüftungseinrichtungen) zu treffen.

Luftdruckverhältnisse

Lüftungstechnische Anlagen werden mit Außenluftüberschuss (Unterdrucklüftung), mit Innenluftüberschuss (Überdrucklüftung) oder mit ausgeglichenen Drücken (Verbundlüftung) betrieben, s. Abb. 5.17.

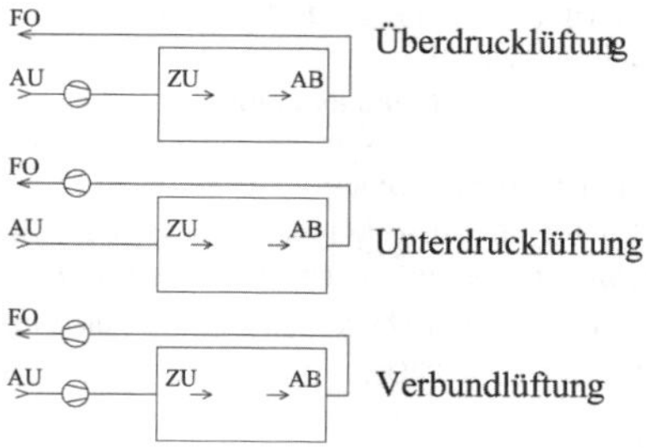

Abb. 5.17
Systembedingte Luftdruckverhältnisse belüfteter Räume. Unter- oder Überdruck können auch bei Verbundluftsystemen durch unterschiedliche Drehzahl von Zu- und Abluftventilator bewirkt werden.

2.3 Aufbau von Raumlufttechnischen Anlagen

Eine raumlufttechnische Anlage besteht in der Regel aus einer Ansaugvorrichtung der Außenluft, dem zentralen Aufbereitungsgerät, einem Luftverteilnetz und Luftdurchlässen.

Je nachdem, welche Aufgaben eine raumlufttechnische Anlage erfüllen soll, unterteilt man sie in verschiedene Systeme. Auch unterscheidet man dahingehend, ob eine raumlufttechnische Anlage alleine mit Hilfe der transportierten und aufbereiteten Luft den gewünschten Zweck erfüllt oder ob Kombinationen, in der Regel mit wassergeführten Systemen, eingesetzt werden.

Die erste Unterscheidung raumlufttechnischer Anlagen ist die Unterscheidung in Anlagen

- mit Lüftungsfunktion oder
- ohne Lüftungsfunktion.

Anlagen mit Lüftungsfunktion müssen einen ausreichenden Anteil an Außenluft zur Verfügung stellen. Neben der Funktion des Lüftens können solche Anlagen selbstverständlich auch andere Funktionen (Heizen, Kühlen, Be-/ Entfeuchten) übernehmen.

Anlagen ohne Lüftungsfunktion erfüllen die gleichen Bedingungen, tauschen jedoch keine verbrauchte Raumluft aus.

Eine weitere Unterteilung von raumlufttechnischen Anlagen erfolgt nach Art und Weise der Luftbehandlung. Dabei werden die sog. thermodynamischen Behandlungsfunktionen (H: Heizen; K: Kühlen; B: Befeuchten; E: Entfeuchten) zugrunde gelegt: eine Anlage, in der Luft nur transportiert und ggf. gefiltert wird, ist eine **Lüftungsanlage**. Sofern keine Außenluft eingesetzt würde, handelt es sich um eine reine Umluftanlage.

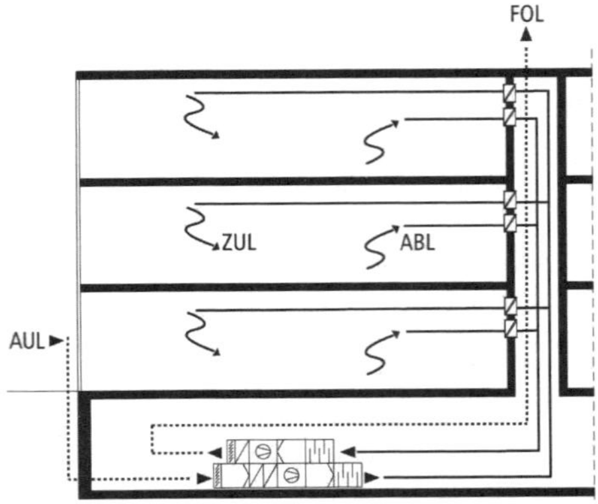

Abb. 5.18
Schematische Darstellung einer Raumlufttechnischen Anlage: Zu- und Abluftgerät in einer Zentrale; thermodynamische Behandlungsfunktion Heizen. Die Außenluft wird über eine kreislaufverbundene Wärmerückgewinnung vorerwärmt (FOL Fortluft).

Bei dem Einsatz einer thermodynamischen Behandlungsfunktion (Heizen, Kühlen, Be-/Entfeuchten) wird diese ebenfalls als **Lüftungsanlage** (mit Außenluft- oder Mischluftanteil) oder **Umluftanlage** bezeichnet.

Sofern **zwei thermodynamische Behandlungsfunktionen** eingesetzt werden (z. B. Heizen und Kühlen) handelt es sich um eine **Teilklimaanlage** (mit Außenluftanteil) oder eine **Umluftteilklimaanlage** (ohne Außenluftanteil).

Auch bei **drei thermodynamischen Behandlungsfunktionen** (H, K, B oder H, K, E, oder H, B, E oder K, B, E) handelt es sich um eine **Teilklimaanlage** (mit Außen- oder Mischluft) oder um eine **Umluftteilklimaanlage** (Umluft).

Erst bei **vier thermodynamischen Behandlungsfunktionen** (H, K, B, E) handelt es sich um eine **Klimaanlage** bzw. um **eine Umluftklimaanlage**.

In der Raumlufttechnik verwendet man die Begriffe:

Außenluft ODA
Umluft RCA
Zuluft SUP
Abluft ETA
Sekundärluft SEC
Fortluft EHA
Überstromluft TRA.

Zum Teil ist auch noch die kürzere Form mit AU, UM, ZU, AB und MI gebräuchlich. Die Darstellung von raumlufttechnischen Anlagen wird nach Symbolen gemäß DIN EN 12 792 durchgeführt.

Raumlufttechnische Anlagen werden weiterhin eingeteilt in

- Nur-Luft-Anlagen,
- Luftwasseranlagen,
- Luftkältemittelanlagen.

2.4 Nur-Luft-Anlagen

Bei der Nur-Luft-Anlage werden die geforderten Raumparameter durch Aufbereiten der Luft, entsprechend den thermodynamischen Behandlungsfunktionen ohne Kombination mit anderen Kühlsystemen, durchgeführt.

Nur-Luft-Anlagen werden in Einkanal- und Zweikanalanlagen aufgeteilt.

Lüftungsanlagen, Teilklimaanlagen bewirken, dass eine bestimmte Raumluftmenge durch Außenluft ersetzt wird. Hierbei ist die Außenluft zu filtern und nötigenfalls soweit zu erwärmen, dass keine Zugerscheinungen auftreten. In der Regel wird zusätzlich ein stationäres Heizsystem (meist Heizkörper einer WW-Heizung) installiert, welches 50–100% des Normwärmebedarfs übernimmt. Auch können die örtlichen Heizflächen in den nächtlichen Betriebspausen der Lüftungsanlage einer zu starken Raumauskühlung entgegenwirken.

Filter sind neben der Reinigung und Wartung der raumlufttechnischen Anlagen wesentlich für die Zuluftqualität. Filter werden nach Abscheidegrad eingeteilt. Die Klassen nach DIN EN 779 beginnen bei G1 bis G4 (Grobstaubfilter), den Feinstaubfiltern (F5 bis F9) und den Schwebstofffiltern (EU 10 bis EU 17). Zentralgeräte besitzen üblicherweise 2 Filterstufen auf der Zuluftseite. Ein Filter ist für die Vorfilterung und zum Schutz des Ventilators vorgesehen, der zweite mit einem höheren Abscheidegrad wird nach dem Ventilator eingesetzt. Ebenso wird zum Schutz der Anlage auf der Abluftseite ein Filter eingebaut. In Räumen mit besonderen Anforderungen (z. B. Operationsräume mit hohen Anforderungen an die Keimarmut) werden spezielle Filter wie Schwebstofffilter eingebaut. Meist werden diese Filter unmittelbar vor dem Luftauslass angeordnet (endständige Filter), um das Mitführen von Partikeln aus dem Luftkanal zu verhindern.

Ventilatoren sorgen in Verbindung mit einem Netz von Luftkanälen für die Verteilung der Zuluft und die Absaugung der Abluft.

Reiner Außenluftbetrieb ist zu unwirtschaftlich, deshalb wird ein Teil der Abluft dem System wieder zugeführt (Mischluftbetrieb) oder (heute die bevorzugte Lösung), es wird eine hochwirksame Wärmerückgewinnungsanlage bei gleichzeitig reinem Außenluftbetrieb eingesetzt. Bei Räumen, in denen unangenehme Gerüche, starke Luftverschmutzung, gesundheitsschädigende Dämpfe, Keime oder Viren auftreten (Toiletten, Küchenanlagen, Labors), wird die Abluft direkt als Fortluft ins Freie geführt und grundsätzlich reiner Außenluftbetrieb für die Zuluft gewählt.

Einkanal-ND-Klimaanlagen (ND = Niederdruck; Einkanal = Luftzuführung nicht getrennt nach Warm- und Kaltluft). Einkanal-Klimaanlagen entsprechen in ihrem Aufbau grundsätzlich den zuvor behandelten Lüftungsanlagen, mit dem Unterschied, dass die Luft sämtliche Aufbereitungsstufen (Erwärmen oder Kühlen, Be- oder Entfeuchten) durchläuft.

Die Luft von Niederdruckanlagen wird mit nur kleinen Drücken und Geschwindigkeiten (4-10 m/s) gefördert, was relativ große Kanalquerschnitte bedingt.

Den **Zonen-Klimaanlagen mit Mehrzonenzentrale** sind Mischgeräte nachgeschaltet, die jeweils für eine Raumzone die erforderlichen Luftzustände herstellen.

Einkanal-HD-Klimaanlagen (HD = Hochdruck) unterscheiden sich von Einkanal-ND-Anlagen nur darin, dass die Luft mit hoher Geschwindigkeit (10-25 m/s) und hohem Druck gefördert wird, woraus wesentlich kleinere Kanalquerschnitte resultieren. Die höheren Luftgeschwindigkeiten in den Kanälen führen jedoch zu höherem Energieverbrauch für den Lufttransport, weshalb diese Anlagenvariante äußerst selten gebaut wird.

Anlagen mit variablem Volumenstrom (VVS) können Energieaufwand und Betriebskosten von ND- und HD-Anlagen vermindern. Während bei den zuvor angeführten Systemen die Zuluftmenge konstant gehalten wird (KVS) bei variabler Temperatur, ist bei VVS-Anlagen die Temperatur konstant, im Heizungsfalle i. Allg. mit mind. +20 °C. Die Anpassung an unterschiedliche thermische Anforderungen erfolgt durch individuelle Luftmengenregulierung des Zu- und Abluftstromes, ggf. in Verbindung mit örtlichen Heizflächen.

HD-Induktionsklimaanlage ist eine in den 1970er und 1980er Jahren für die Fensterzonen von Verwaltungsgebäuden verwendete, heute nicht mehr eingesetzte Klimaanlagenvariante.

Bei allen zuvor aufgeführten raumlufttechnischen Anlagevarianten wird Luft als Trägermedium für Kälte- und Wärmeenergie eingesetzt, was bedeutet, dass für den Transport von Kälte und Wärme eine größere (ca. 4–6fache) Luftmenge zu transportieren ist, als für den hygienisch bedingten Luftaustausch notwendig wäre. Dies hat entsprechend große Kanalquerschnitte zur Folge. Bei Induktionsklimaanlagen braucht nur die zur Lufterneuerung benötigte Außenluft aufbereitet und den Bedarfsstellen zugeführt werden.

Induktionsgeräte stellen eine Kombination von Luftauslass und örtlicher Heizfläche dar. Sie enthalten Wärmetauscher in Form von Rippenrohren, die je nach Bedarf mit Heizungs- oder Kühlwasser beschickt werden.

Gebläsekonvektoren (Fan-Coil-Anlagen) sind mit Induktionsgeräten vergleichbar. Der Unterschied ist der Luftantrieb. Beim Induktionsgerät wird Sekundär(-Raum)-Luft durch die Luftdüsen induziert, beim Gebläsekonvektor werden die Düsen durch ein Querstromgebläse ersetzt. Fan-Coils können im Zwei-, Drei- oder Vierleiterprinzip angeschlossen werden (Heiz- und Kühlmittel), je nach Zonierung des Gebäudes und Regelkonzept. Fan-Coil-Anlagen werden auch mit Quellluftauslässen angeboten.

2.5 Luftwasseranlagen

Luftwasseranlagen sind raumlufttechnische Anlagen, die in Verbindung mit wassergeführten Zusatzheiz- oder Kühleinrichtungen betrieben werden.

Eine Möglichkeit ist eine Einkanalanlage mit konstantem Volumenstrom, die mit zusätzlichen Raumkühl- oder Heizsystemen kombiniert wird. Ein zusätzliches wassergeführtes Heiz- oder Kühlsystem kann ein Kühldeckensystem sein, Kühlsegel, Bauteilaktivierung oder auch Kühlkonvektoren in unterschiedlichen Bauarten.

Ebenso sind sog. Induktionsklima-, Fan-Coil- oder Fassadenlüftungsanlagen möglich, die weiter unten erläutert werden.

Kühldecken

In Büroräumen ist die innere Kühllast, d.h. die von Personen, Geräten und von der Beleuchtung erzeugte abzuführende Wärme, im Regelfall größer als die Wärmeverluste über die Gebäudeaußenhaut. Der Heizfall tritt dann vornehmlich zu Zeiten der Nichtnutzung der Räume ein. Entstanden ist diese Sachlage durch die mittlerweile geringen Heizlasten durch gut gedämmte Gebäudehüllen und gestiegene innere Wärmelasten, vorwiegend durch EDV-Geräte, Beleuchtungsabwärme und Personen.

Zur Abführung dieser bei etwa 40-80 W/m^2 liegenden Kühllast sind bei konventioneller Klimatisierung hohe Luftwechselzahlen, voluminöse Kanäle und aufwendige Zentralgeräte erforderlich. An ihre Stelle treten zunehmend Kühldecken, ein System, das auch als stille Kühlung bezeichnet wird, da keine geräuschbildenden Anlagenteile wie Ventilatoren eingesetzt werden. Anstelle von Luft wird Wasser als Transportmedium verwendet. Der Luftaustausch beschränkt sich auf die hygienisch bedingte Luftwechselrate.

Kaltes Wasser durchfließt an der Decke angeordnete Rohre oder Kühlelemente. Je nach Anordnung und Ausbildung erfolgt eine Kühlung vorwiegend infolge Strahlungsaustausch oder Konvektion.

Geschlossene Kühldecken bestehen aus einer flächigen Anordnung von Rohrregistern unterhalb einer Decke. Der Raum wird überwiegend durch Wärmeabstrahlung zur kälteren Decke hin gekühlt (es gibt physikalisch gesehen keine Kältestrahlung). Zudem kühlt sich aufsteigende warme Luft an der Deckenfläche ab und sinkt allmählich wieder in die Aufenthaltszone. Spezifische Kühlleistung: 40-100 W/m^2.

Typische Systemvariante: Kapillarrohrmatten, bestehend aus eng nebeneinander liegenden dünnen (3,4 mm) Schläuchen. Verlegung über Deckenabhängungen (mit Dämmmatten abgedeckt) oder in Deckenputz eingebettet.

Werden Fenster geöffnet, bleibt die Kühlleistung teilweise erhalten, da diese zu etwa 50% aus Strahlung wirksam wird.

Offene Kühldecken wirken überwiegend konvektiv. Raumluft gelangt bis an die Rückseite der mit Abstand untereinander abgehängten linearen Kühlelemente. Die Bauformen sind unterschiedlich. In kompakter Form entsprechen sie funktionell in etwa flachen kaltwasserdurchflossenen Konvektoren. Spezifische Kühlleistung: 40-150 W/m^2. Ab 100 W/m^2 können Zugerscheinungen auftreten.

Der Luftwechsel vollzieht sich nach dem Schwerkraftprinzip. Eine Ventilatorunterstützung sollte nach Möglichkeit nicht vorgesehen werden, da sie dem Prinzip der minimalen Luftbewegung widerspricht.

Abgependelte sog. Kühlsegel (als offenes oder geschlossenes System ausgebildet) können über eng begrenzten Raumzonen temperatursenkend wirken. Je nach Zuschnitt wirken sie als raumgestalterische Komponente.

Die Kühlleistung von Decken- oder Wandsystemen ist durch den Kondensationspunkt begrenzt. Dieser liegt je nach Lufttemperatur zwischen 15 bis 16°C. Auch bei gleichzeitiger Nutzung des Flächen-Kühlsystems für Heizzwecke gilt zur Einhaltung der Behaglichkeit eine Grenze. Je nach Einsatz eines Fußboden- oder Deckensystems gilt als maximale Heiz- bzw. Kühlleistung:

Deckensysteme für Kühlung bis	100 W/m^2
Deckensysteme für Heizung bis	40 W/m^2
Fußbodensystem für Kühlung bis	40 W/m^2
Fußbodensysteme für Heizung bis	100 W/m^2.

Größere spez. Kühlleistungen als bei Flächensystemen und meist kostengünstigere Lösungen ergeben sich bei Einsatz von Kühlkonvektoren.

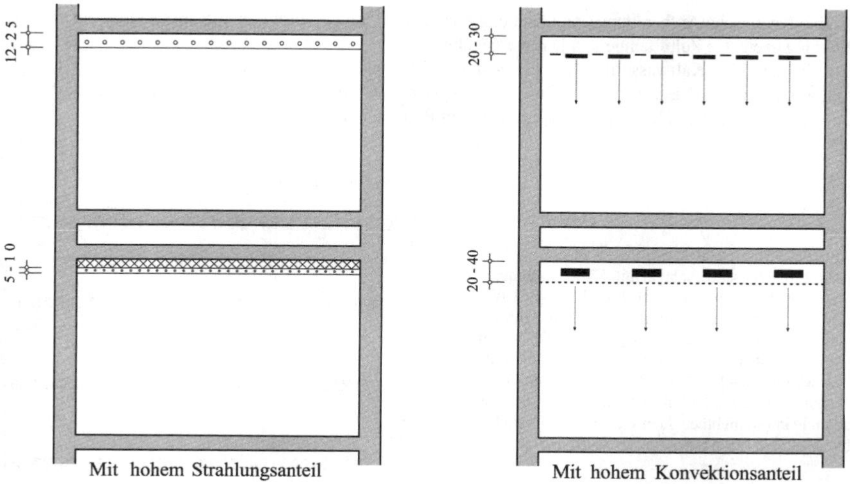

Abb. 5.21 Kühldecken bewirken eine statische Kühlung. Anstelle einer mechanischen Luftumwälzung findet ein Strahlungsaustausch zwischen kaltwasserdurchflossenen Deckenelementen und dem Raum statt. Der Luftaustausch kann auf das hygienisch notwendige Mindestmaß beschränkt bleiben. Links: Systeme geringer Bauhöhe, Metallkassettendecke und Kapillarrohrdecke. Rechts: Systeme in Kombination mit Deckenabhängungen, z. B. Akustikdecken. Eine nachträgliche Installation ist oft möglich.

Bauteilaktivierung

In Massivdecken eingebettete Rohrregister können zur thermischen Entladung tagsüber aufgeheizter Bauwerksmassen im Verwaltungsbau eingesetzt werden. Inzwischen werden Gebäude mit dieser Technologie sowohl gekühlt als auch beheizt.

Zu berücksichtigen ist, dass die Deckenunterseiten keine Bekleidungen oder Abhängungen aufweisen dürfen. Eine individuelle Temperaturregelung ist infolge des trägen Regelverhaltens der Deckenmassen nicht möglich. Daher sind stationäre, i.d.R. an der Fassade angeordnete Heizkörper empfehlenswert. Sie übernehmen auch die Überbrückung von Heizlastspitzen im Winter.

Mit diesem Prinzip lassen sich Kühlleistungen von bis zu 40 W/m² und Heizleistungen von bis 50 W/m² erzielen (Dauerleistung für 8 bis 10 Stunden). Die große Trägheit in dieser Konzeption macht eine Bauteilaktivierung besonders dann sinnvoll, wenn die Betondecken zur Zwischenlagerung von Umweltenergie verwendet werden.

Wie beim Heizfall ist auch im Kühlfall bei Flächenkühlsystemen die Lage im Raum für die max. mögliche Wärmeaufnahme entscheidend. Die möglichen spezifischen Kühlleistungen sind bei Deckensystemen dem Bodensystem überlegen.

2.6 Gebäudekühlung

Durch die auf Gebäude wirkenden äußeren und inneren Wärmeströme ist unter Umständen eine Kühlung erforderlich. Im Wesentlichen unterscheidet man zwischen **wassergeführten und luftgeführten Systemen**.

Kühlung und Rückkühlung

Bei wassergeführten Systemen wird gekühltes Wasser in einem geschlossenen Rohrsystem, z.B. zu Kühldecken, transportiert und erwärmt wieder zurück zur Kälteerzeugung geführt. Das dafür notwendige hydraulische Anlagensystem besteht aus einem Vorlauf mit Kaltwasser, einem Rücklauf, sicherheitstechnischen Einrichtungen sowie der Kälteerzeugung und den wärmeaufnehmenden Teilen, wie z.B. Deckenkühlsystem. Bei luftgeführten Systemen wird in einer zentralen raumlufttechnischen Anlage die

thermodynamische Aufbereitungsstufe Kühlung ergänzt und die für den Raum aufbereitete Luft auf eine zur Kühlung geeignete Zulufttemperatur heruntergekühlt.
An ein zentrales Kaltwassernetz für die Kühlung können ebenso Ventilatorkonvektoren (VK) angeschlossen werden. Diese sind in die Brüstung integriert oder unter Decken installiert. Die Raumluft wird im Wärmetauscher des VK direkt gekühlt und dem Raum wieder zugeführt.

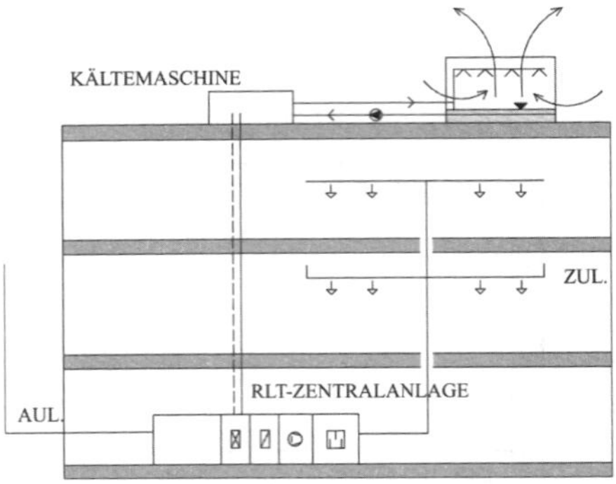

Abb. 5.22
Raumlufttechnische Anlage mit Kältemaschine. Mittels eines thermodynamischen Kreislaufs wird Wasser gekühlt und zu dem raumlufttechnischen Zentralgerät geführt. Dort wird die Zuluft gekühlt. Die Abwärme wird über einen Kühlturm an die Umgebung abgegeben. Man unterscheidet Kühltürme im Nass- und Trockenbetrieb. Nasse Kühltürme geben Dampfschwaden ab und sind in dichtbebauten Gebieten u.U. nicht statthaft.

Sofern **Gebäudetemperierungsanlagen** eingesetzt werden, können höhere Temperaturen für den Kühlkreislauf verwendet werden (8-22°C Kreislaufwasser).

Neben dem häufigsten thermodynamischen Kreislaufprozess, dem oben beschriebenen Kaltdampfkompressionskälteprozess, ist der **Ab- oder Adsorbtionskälteprozess** von Bedeutung. Dieser Kreislaufprozess unterscheidet sich von dem Kompressionskälteprozess dadurch, dass nicht mechanisch mit einem Kompressor verdichtet wird, sondern dass der unterschiedliche Verdampfungsdruck von Lösungsmitteln verwendet wird. Die mit einem Kältemittel angereicherte Lösung wird hierbei durch eine Pumpe auf den höheren Verflüssigungsdruck gebracht und dann in den Austreiber gefördert. Durch Wärmezufuhr wird das Kältemittel wieder ausgetrieben. Ein wesentlicher Unterschied ist neben dem unterschiedlichen Kreislaufprozess die Tatsache, dass durch eine Wärmequelle ein Ab- oder Adsorbtionskälteprozess in Gang gehalten werden kann, d.h. das durch Abwärme, Fernwärme, Gasverbrennung oder durch andere Energiezufuhr ein Ad- oder Absorbtionskreislauf betrieben werden kann. Sofern Wärme in geeigneter Temperatur zur Verfügung steht oder durch einen entsprechenden Heizkreis in einer gesamten Wärmeversorgung für ein Gebäude bereitgestellt wird, ist der Primärenergieaufwand deutlich geringer gegenüber einem elektrisch betriebenen Kompressionskältekreislauf.

Kühlung mit Umgebungsenergie

Die Kühlung von Gebäuden über luft- oder wassergeführte Anlagen mit Kältemaschinen in zentraler oder dezentraler Form erfolgt überwiegend über die Energiequelle Strom. Dies bedeutet erhebliche Mengen an Primärenergie, schon allein durch die Stromerzeugung und durch Umwandlungsverluste in der Kältemaschine. Eine Alternative ist die Kühlung mit Grundwasser, Erdsonden, Erdkollektoren oder Energiepfählen. Dabei nutzt man das Potential gleichmäßig niedriger Erdreichtemperaturen ab einer Tiefe von 10 bis 20 m im Erdreich. Bedingung ist, dass Flächenkühlsysteme (z. B. Kühldecken) ermöglichen, mit den erreichbaren Temperaturen zu kühlen. Das Prinzip ist: Wärme wird in den Räumen i.d.R. über Flächenkühlsysteme (z. B. Kühldecken oder Bauteilaktivierung) bei Oberflächentemperaturen von ca. 17°C aufgenommen. Das auf ca. 19 bis 23°C erwärmte Wasser wird im Erdreich direkt (Grundwasser) oder indirekt (Erdsonden oder Erdkollektoren) auf 17 °C wieder abgekühlt. Es wird lediglich die Pumpenenergie für die Umwälzung benötigt (Verhältnis ca. 1:150!). Zu beachten ist die geringe Ergiebigkeit des Erdreichs, die nach Bodenqualität (Wärmeleitfähigkeit des Erdreichs und Wassergehalt) stark schwankt. Eine direkte Grundwassernutzung ist am günstigsten, allerdings genehmigungspflichtig und nicht häufig realisierbar (zu geringer Grundwasserleiter). In der VDI 4640 sind Planungshinweise und Empfehlungen für solche Anlagen angegeben.

2.7 Wärmerückgewinnung

Ins Freie beförderte Fortluft enthält meist noch reichlich ungenutzte Wärme, die im Sinne eines rationellen Energieeinsatzes dem Lüftungs- bzw. Klimatisierungsprozess wieder zugeführt werden kann. Die einfachen

und kostengünstigen Wärmetauschereinrichtungen sollten bei keiner Anlage fehlen.
Wärmerückgewinnungssysteme werden in rekuperative und regenerative Systeme unterschieden. Rekuperative Verfahren sind durch wärmedurchlässige Trennflächen gekennzeichnet, die Fort- und Außenluftstrom hermetisch voneinander trennen. Ein Stoffaustausch findet nicht statt.

In regenerativen Systemen kann neben der sensiblen (fühlbaren) Wärme auch latente Kondensationswärme aus der Fortluft gewonnen werden. Der latente Wärmeinhalt von Luft ist bei 50% relativer Feuchte und 25°C etwa gleich groß wie der sensible.

2.8 Brandschutzmaßnahmen

Brandschutzmaßnahmen sollen verhindern, dass über das Kanalsystem Feuer und Rauch in andere Brandabschnitte (Geschosse, Treppenräume) bzw. allgemein zugängliche Flure (Rettungswege) übertragen werden können.
Anforderungen an Lüftungsanlagen enthalten die weitgehend bundeseinheitlichen „Bauaufsichtlichen Richtlinien über die brandschutztechnischen Anforderungen an Lüftungsanlagen“ der Bundesländer (RbAL).
Luftkanäle (Lüftungsleitungen) müssen je nach Anzahl der Vollgeschosse eine bestimmte Feuerwiderstandsfähigkeit aufweisen.
Wird ein klassifizierter Feuerwiderstand bei Lüftungsleitungen erforderlich und sind die Kanalwerkstoffe nicht ausreichend feuerwiderstandsfähig, kommen folgende Maßnahmen in Betracht (Abb. 5.23):

- feuerwiderstandsfähige Abschottung durch Unterdecken,
- Führung innerhalb von feuerwiderstandsfähigen Schächten oder Kanälen,
- Einbau von Brandschutzklappen.

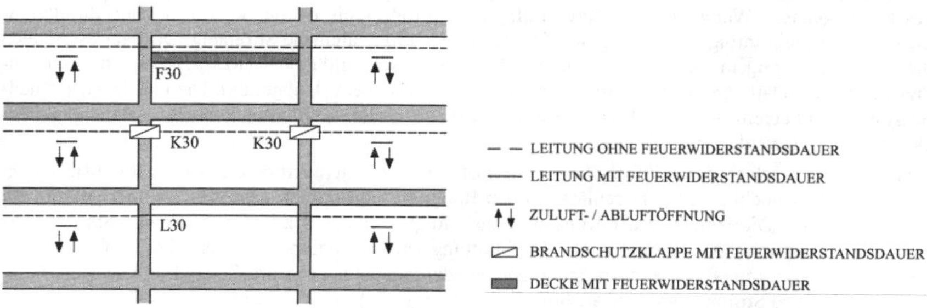

Abb. 5.23 Leitungsführung durch Wände notwendiger Flure, an die Anforderungen hinsichtlich der Feuerwiderstandsdauer gestellt werden (hier ohne Belüftung der Flure). Besondere Aufmerksamkeit sollte Lüftungsleitungen im Deckenbereich allgemein zugänglicher Flure, und damit in Rettungswegen, gewidmet werden. Die auf einem bundeseinheitlichen Musterentwurf der Fachkommission „Bauaufsicht“ fußenden „Bauaufsichtlichen Richtlinien über brandschutztechnische Anforderungen an Lüftungsanlagen“ der Bundesländer sehen in allgemein zugänglichen Fluren für Lüftungsleitungen die Widerstandsklasse L30 oder entsprechende alternative Maßnahmen vor, z.B. Absperrvorrichtungen (Brandschutzklappen) der Feuerwiderstandsklasse K 30 (Brandschutzklappen benötigen im Regelfall einen elektrischen Anschluss und unterliegen einer ständigen Wartung), eine abgehängte Decke der Widerstandsklasse F30 bei Brandbeanspruchung von oben, L30-ummantelte Lüftungsleitungen bzw. die Ausbildung des Kanals in L30.

Brandschutzklappen (Feuerschutzklappen) schotten die Kanalquerschnitte bei Raucheinwirkung oder Überschreiten einer Grenztemperatur ab. Sie sind dort anzuordnen, wo Kanäle durch Wände und Decken hindurchführen, die Brandabschnitte trennen. (Auch Installationsschächte über mehr als 2 Vollgeschosse und Treppenräume gelten als Brandabschnitte.) Damit soll verhindert werden, dass sich im Katastrophenfall Rauch und Feuer zündschnurartig über die Luftkanäle ausbreiten.

Brandschutzklappen können entfallen, wenn die Lüftungsleitungen feuerwiderstandsfähig hergestellt werden (und selbstverständlich keine Luftaustrittsöffnungen aufweisen) oder in einem feuerwiderstandsfähigen Schacht/Kanal verlegt werden.

RLT-Zentralen werden gem. RbAL (Musterentwurf für bauaufsichtliche Richtlinien über die brandschutztechnischen Anforderungen an Lüftungsanlagen) bei Gebäuden ab 3 Vollgeschossen erforderlich, sofern die Lüftungsleitungen in mehrere Geschosse oder Brandabschnitte führen.

2.9 Raumströmung

Für den Nutzer eines Raumes ist die Art und Weise, wie aufbereitete Luft im Raum verteilt wird, entscheidend (Komfort). Je nachdem, in welcher Form die Luft in den Raum eingebracht wird, spricht man von unterschiedlichen Raumströmungsbildern. Die dabei eingesetzten Luftauslässe gehören somit zu den wichtigsten Bestandteilen jeder raumlufttechnischen Anlage. Die Luftauslässe müssen mit großer Sorgfalt ausgelegt und eingebaut werden. Ziel der Auslegung ist es, die notwendige Luftmenge ohne Zugerscheinung, ohne Kurzschlussströmung und mit möglichst geringer Geräuschbildung zu verteilen.

Man unterscheidet zwischen Zuluftdurchlass für die in den Raum eingebrachte Luft und Abluftdurchlass für die Öffnung, durch die Abluft aus einem Raum abgesaugt wird. Je nach Anordnung der Durchlässe unterscheidet man weiterhin zwischen Deckendurchlass und Wanddurchlass. Bei den Luftführungsarten unterscheidet man zwischen Verdrängungslüftung und Mischlüftung (Verdünnungslüftung).

Verdrängungslüftung basiert auf der Verdrängungs-(Kolben-)Strömung und ist aus der Reinraumtechnik bekannt. Zuluft tritt über laminare Durchlässe in den Raum ein und erreicht den Auslass über mehr oder weniger geradlinige Strömungspfade. Verdrängungslüftung kommt nur in Sonderfällen zur Anwendung z.B. in OP-Räumen und einigen industriellen Einrichtungen wie Laboratorien, Reinräumen, Farbspritzräumen. Hierbei wird die Zuluft über eine gesamte Wandfläche (oder auch Deckenfläche) gleichmäßig ein- und auf der gegenüberliegenden Seite abgeführt. Turbulenzen und damit Luftmischungen sollen somit vermieden werden. Angestrebt wird eine gleichmäßige und vollständige Lufterneuerung.

Quelllüftung entsteht, wenn Personen oder andere Wärmequellen die Verdrängungsströmung antreiben. Die Quelllüftung ist im Gegensatz zur Verdrängungslüftung eine Komfortlüftung mit niedrigen Luftgeschwindigkeiten. Wenn der induzierte Luftvolumenstrom groß ist im Vergleich zum Zuluftvolumenstrom, entsteht infolge Rückströmung eine der Mischlüftung ähnliche Strömung. Quellauslässe sollen die Zuluft mit geringem Turbulenzgrad in die Räume entlassen. Infolge der niedrigen Austrittsgeschwindigkeit sind sie relativ großflächig. Abluft wird stets im Deckenbereich abgeführt. Die Kühllast des Quellluftsystems ist begrenzt (z.B. 35 W/m^2 in Büroräumen). Bei großen Kühllasten können zusätzlich Kühldecken vorgesehen werden.

Mischlüftung (auch als Strahllüftung bezeichnet) ist die am meisten verbreitete Art der Raumströmung. Zuluft tritt über hochinduktive Durchlässe in den Raum ein und erreicht den Auslass über gekrümmte Strömungspfade. Die Kontrolle der Konzentration erfolgt über das Verdünnungsprinzip. Bei der Verdünnungslüftung bzw. Mischlüftung oder Strahllüftung wird Induktion angestrebt. Die Luft wird über Auslässe über Decken oder Wandanordnung gerade oder tangential aufgebracht, so dass sich mitgerissene Luftteilchen zu Strömungswalzen ausbilden.

Luftführung im Raum

Die 3 Arten der Luftführung im Raum, Mischluft-, Verdrängungsluft- und Quellluftsysteme, sind schematisch in Abb. 5.24 dargestellt.

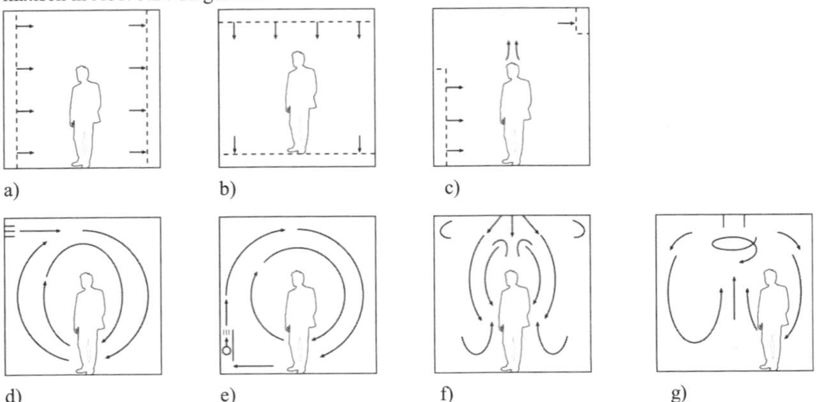

Abb. 5.24 Raumströmungsbilder für reine Verdrängungsströmung (Kolbenströmung) vertikal (a) und horizontal (b); thermisch induzierte Strömung mit Personenwärme als „thermischer Antrieb" (c); Mischluftströmung mit tangentialen Strömungswalzen (d, e) und Mischluftströmung mit diffusen Strömungswalzen (f, g).

Luftdurchlässe für Zu- und Abluft sind die einzigen sichtbaren Teile einer RLT-Anlage im Raum. Nach Festlegung des Lüftungssystems sollten zwischen Anlagenplaner und Architekt die Inanspruchnahme von Raumbegrenzungsflächen (Wände, Deckenflächen, Galerien, Bodenflächen) abgestimmt werden:

- Platzierung in der Wandfläche
- Einbeziehung in eine Deckenstruktur (in Großräumen z. B. einem Theater)
- Ggf. Einplanung eines Doppelbodens
- Größe und Anzahl (korrelierend)
- Formatierung: linear oder gedrungen, senk- oder waagerecht orientiert bei flächigen Auslässen, Figuration von Düsenelementen u. a. m.

Die Luftauslässe sind so anzuordnen und auszulegen, dass Zugerscheinungen insbesondere bei Kühlbetrieb vermieden werden. Wandgitter mit verstellbaren Luftleitlamellen und Mengeneinstellklappen sind am weitesten verbreitet. Weitwurfdüsen kommen für saalartige Räume in Betracht. Decken-Luftverteiler (Anemostate) bewirken eine relativ massive Luftführung von oben nach unten. Fußbodenauslässe finden vorwiegend in Räumen Verwendung, die infolge elektronischer Ausstattung thermisch hoch belastet sind. Quellluftauslässe werden grundsätzlich in Bodennähe angeordnet.

2.10 Lüftungstechnische Einzelgeräte

Diese häufig als Klimageräte angebotenen Geräte sind richtiger als Teilklimageräte zu bezeichnen, da allen mindestens eine Luftaufbereitungsstufe fehlt; meist fehlt die automatisch gesteuerte Feuchteregelung. Einzelgeräte gibt es anschlussfertig in mehreren Größenordnungen. Aufwändige Kanalnetze entfallen.

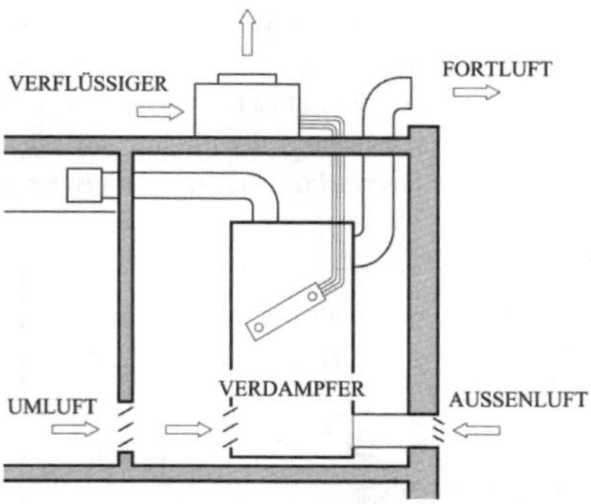

Abb. 5.25
In einem Nebenraum aufgestelltes Schrankgerät mit Kühlaggregat nach dem Split-System. Auf dem Dach befindet sich die luftgekühlte Verflüssigereinheit, im Schrankgerät die Verdampfereinheit. Schrankgeräte sind im Prinzip kleine RLT-Zentralen.

Fan-Coil-Anlagen (Ventilator-Wärmetauscher-Anlagen) erlauben eine verhältnismäßig gut zu regelnde Teilklimatisierung in einem Größenbereich, in dem HD-Induktionsanlagen noch nicht wirtschaftlich einzusetzen sind (bis zu etwa 30 Fenstergeräten).

Jede Truhe der Fan-Coil-Anlage kann unabhängig von den anderen Truhen in Betrieb gehen. Truhengeräte mit Wärmetauscher können bei beschränkten räumlichen Verhältnissen auch im Deckenbereich installiert werden. Bevorzugte Anwendungsbereiche: vornehmlich kleine Verwaltungsgebäude, Hotels.

Schrankgeräte kommen zur Lüftung und Teilklimatisierung größerer Räume (> 100 m^2) in Betracht und sind bis auf Schrankformat verkleinerte ND-Lüfterzentralen mit oder ohne Feuchteregulierung bzw. Kühlung.

2.11 Luft-Kältemittel-Anlagen

Sofern das Gerät nicht in dem zu versorgenden Raum aufgestellt wird, sind vom Aufstellungsraum (Nebenraum, Keller) ausgehend Luftkanäle zu installieren. Abgehängte Decken erleichtern die Kanalführung. Für größere Leistungen lassen sich mehrere Schrankgeräte parallel schalten. Meist finden für die Kühlung Split-Geräte Verwendung. Bei diesem System besteht das im Gebäudeinnern befindliche Geräteteil aus Filter, Ventilator und Verdampfer. Der Kompressor mit luftgekühltem Verflüssiger (Kondensator) wird außerhalb des Aufstellungsraumes untergebracht, was den dortigen Geräuschpegel entlastet. Beide Teile sind nur durch die Kältemittelleitungen und ein Stromkabel untereinander verbunden.

Bevorzugte Anwendungsbereiche: Zentralen elektronischer Anlagen, gastronomische Betriebe, Werkstätten.

Mittlerweile finden die sog. **Multi-Split-Anlagen** eine größere Verbreitung, z.B. bei Bürogebäuden, Hotels. Mit der heute üblichen Invertertechnik lassen sich stufenlose Leistungsanpassungen der Split-Geräte realisieren. Das früher nachteilige Takten der Anlage entfällt. Zudem können die Geräte im Wärmepumpenbetrieb auch heizen. Insbesondere bei Sanierungen können daher die Multi-Split-Anlagen eine interessante Alternative zu Nur-Luft- oder Luft-Wasseranlagen sein. Bedenklich ist, dass der Primärenergieverbrauch mit Strom als Antriebsenergie immer höher ist als beispielsweise die Kühlung über oberflächennahe Geothermie (Grundwasser oder Erdreich).

2.12 Fassadenlüftungsgeräte

Fassadenlüftungsanlagen werden auch als dezentrale Lüftungsgeräte bezeichnet. Mit einer direkten lufttechnischen Anbindung werden die Geräte in der Nähe der Fassade angeordnet. Gegenüber den Ventilator-Konvektoren mit Umluftbetrieb wird der Außenluftstrom direkt aus der Fassade zum Gerät geführt. Dadurch entfallen sämtliche lufttechnischen Installationen im Gebäude. Für die **dezentrale** Lüftungstechnik spricht:

- individuelleres Raumklima, bessere Akzeptanz
- einfache Anpassung an Raumnutzung, Raumgröße; Nachrüsten einfach; variable Luftströme
- bei Störungen nur einzelnes Gerät betroffen
- niedrigerer Energiebedarf; kurze Luftwege, kleinere Druckverluste; Lüftung bei Anwesenheit
- niedrigere Investitionskosten; weniger zentrale Technik und Räume; flexible Anpassung an Bedarf
- größerer architektonischer Freiraum; kleinere Geschosshöhen; weniger Schächte.

Fassadenlüftungsgeräte können in unterschiedlicher Form als Unterflur- Zuluftgerät, kombiniertes Zu- und Abluftgerät oder mit zentraler Abluftanlage konzipiert werden.

Zu beachten ist unbedingt der Einfluss des Winddrucks auf den Volumenstrom. Auch die Temperaturgrenzschicht an der Fassade kann die Zulufttemperatur je nach Lage und Konzeption des Gebäudes beeinflussen.

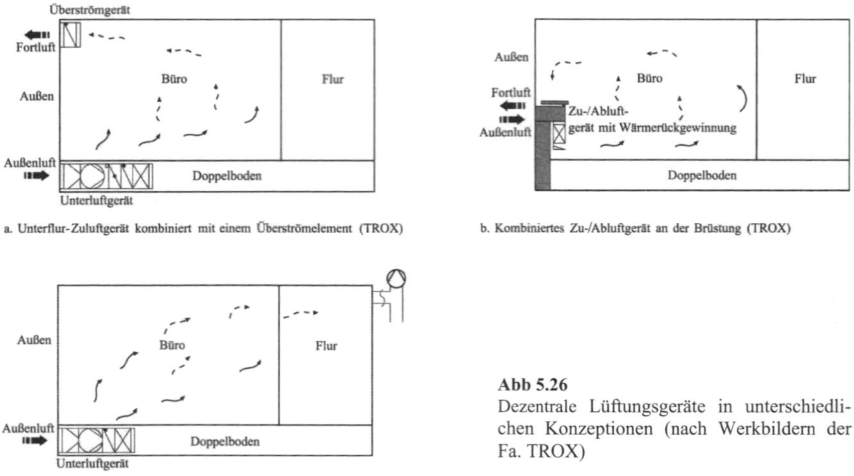

a. Unterflur-Zuluftgerät kombiniert mit einem Überströmelement (TROX)

b. Kombiniertes Zu-/Abluftgerät an der Brüstung (TROX)

c. Unterflur-Zuluftgerät kombiniert mit einer zentralen Abluftanlage (TROX)

Abb 5.26
Dezentrale Lüftungsgeräte in unterschiedlichen Konzeptionen (nach Werkbildern der Fa. TROX)

2.13 Berechnungen von Raumlufttechnischen Anlagen

Luftmenge

Die erforderliche Luftmenge richtet sich nach der geforderten bzw. gewünschten Luftqualität. In erster Näherung werden spezifische Volumenströme zugrunde gelegt.

Der erforderliche **Volumenstrom** q_{Vt} ist:

$$q_{Vt} = V \cdot n \quad \text{bzw.}$$
$$q_{Vt} = A \cdot n$$

mit q_{Vt} Volumenstrom in m^3/h bzw. m^3/s
V Raumvolumen in m^3
A Fläche in m^2
n spezifischer Luftwechsel in m^{-3} bzw. m^{-2}

Bei flächenbezogenen Angaben ist statt dem Volumen V die Fläche A einzusetzen. Der aus einer Heiz- oder Kühllast resultierende Volumenstrom ergibt sich aus dem Wärmestrom:

$$\Phi_V = n \cdot V \cdot \rho_L \cdot c_{pL} \cdot (\Theta_i - \Theta_o)$$

mit ρ_L Dichte von Luft (1,2 kg/m^3 bei 20 °C)
c_{pL} Spezifische Wärmekapazität von Luft bei konst. Druck (1,0 kJ/kg K)
Θ_i Temperatur der Zuluft
Θ_o Temperatur der Außenluft bzw. Eintrittstemperatur

Die Zuluft ist im Lüftungsfall mit der Raumtemperatur gleichzusetzen. Wird mit Luft geheizt, ist die Zulufttemperatur für den Heizfall festzulegen und dann mit dem sich daraus ergebenden Volumenstrom zu vergleichen (ausreichende Lufterneuerung). Im Kühlfall bestimmt die Kühllast den erforderlichen Volumenstrom, der ebenfalls mit dem geforderten Außenluftanteil zu vergleichen ist. Wird eine Wärmerückgewinnung eingesetzt, ist der zurückgewonnene Anteil im Heizfall abzuziehen.

Die auf einen Raum wirkende **Kühllast** setzt sich zusammen aus der äußeren und inneren Kühllast. Die gesamte Bilanz beträgt:

$$\Phi_A = \Phi_W + \Phi_T + \Phi_S + \Phi_{FL}$$

mit den Wärmeströmen durch Transmission durch die Wand (W) (die Außenwand wird durch Absorption erwärmt und es fließt Wärme von außen nach innen), Transmission durch die Glasscheibe (T) (auch hier entsteht ein Wärmefluss durch die erhöhte Scheibentemperatur), die Strahlung (S), die durch die Glasscheibe gelangt (ein Teil der Strahlung wird reflektiert, ein Teil absorbiert und der Rest emittiert) und schließlich gelangt noch ein Teil warmer Außen- oder Raumluft in den zu kühlenden Raum, die sog. Infiltration (FL).

Die solare Strahlung ist ein maßgeblicher Anteil und kann durch Glasarten und Sonnenschutz gemindert werden (selektiv beschichtete Gläser lassen weniger Solarstrahlung in den Raum; außen liegender Sonnenschutz kann bis zu 80% des Wärmeeintrags durch solare Strahlung verhindern). Mittels meteorologischer Daten wird die solare Strahlung, die auf die Bauteile wirkt, ermittelt. Die Strahlung setzt sich aus dem direkten Anteil und dem diffusen Anteil zusammen. Da für die Aufwärmung des Raumes zahlreiche Einflussparameter (Speicherwirksamkeit von Bauteilen, innere Lasten durch Personen, Beleuchtung und Maschinen) bestimmend sind, werden üblicherweise thermische Simulationsprogramme eingesetzt.

Die Kühllasten aus inneren Wärmequellen betragen 20 bis 150 W/m^2, die äußeren Kühllasten je nach Anteil von Glas an der Fassade, Gebäudeausrichtung, Glasart und Sonnenschutz zwischen 25 bis 200 W/m^2. Neben der Höhe der Kühllast sind die speicherwirksame Masse im Raum und die Gesamtkonzeption des Energiesystems von großem Einfluss. Mit Nachtauskühlungsstrategien oder z. B. Kühlung mit Umweltenergie kann u.U. eine höhere Kühllast kompensiert werden, ohne dass eine künstliche Kühlung erfolgen muss.

Zustandsänderung der Luft

Wenn Luft in raumlufttechnischen Geräten behandelt wird, verändert sich bei Erwärmung, Kühlung oder Feuchtebehandlung die Temperatur und die Feuchte. Diese Vorgänge werden im *h*-*x*-Diagramm nach *Mollier* quantitaiv beschrieben. (*h* Enthalpie, *x* Wassergehalt der Luft). In diesem Diagramm ist die Enthalpie und Temperatur (Energieinhalt) der Luft über dem Wassergehalt aufgetragen. Die Kurven beschreiben die Linien konstanter relativer Feuchtigkeit. Die unterste Linie entspricht 100 % Feuchtigkeit und wird als Sättigungslinie oder Taupunktlinie bezeichnet. Unterhalb dieser Linie fällt Wasser aus (Nebelgebiet). Die diagonal von links oben nach rechts unten verlaufenden Linien sind Linien konstanter Enthalpie, also bei Luftzustandsänderungen ohne Energiezu- oder -abfuhr. Bei Zustandsänderungen mit Enthalpieveränderung kann die benötigte Energiemenge aus dem Diagramm abgelesen werden.

Lufterwärmung in einem Wärmetauscher ist in Abb. 5.28 dargestellt. Die Enthalpie ändert sich, die Temperatur steigt, aber der Wassergehalt bleibt unverändert. Jedoch verringert sich die relative

Feuchtigkeit. Die Luftkühlung ist in Abb. 5.28b dargestellt. Die Temperatur nimmt ab, der Sättigungspunkt ist schnell erreicht und Wasser fällt aus. Kondensat muss abgeführt werden. Bei gezielter Kühlung zur Entfeuchtung muss anschließend nacherwärmt werden (Abb. 5.29), was einen hohen Energieverbrauch verursacht.

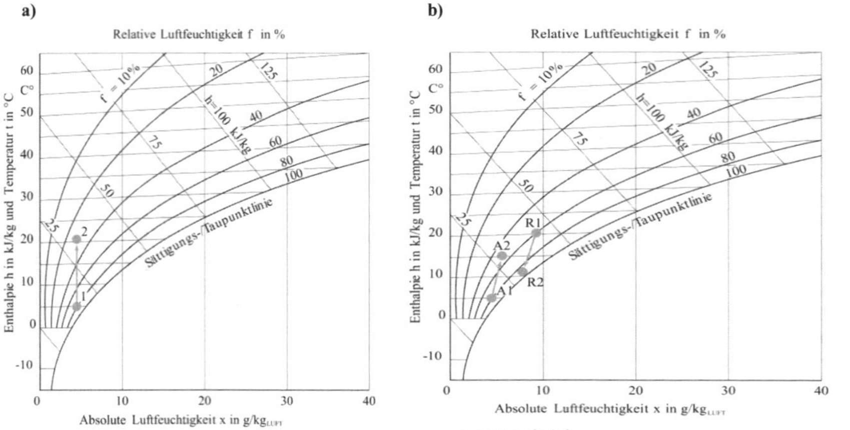

a)
1: kalte Außenluft
2: Außenluft nach der Erwärmung durch die Heizung

b)
A1: kalte Außenluft
A2: Außenluft nach der Erwärmung durch die Wärmerückgewinnung
R1: Raumluft
R2: Raumluft nach der Wärmeabgabe

Abb. 5.28a Zustandsänderung von Luft im *h*-*x*-Diagramm
a) bei der Erwärmung
b) bei der rekuperativen Wärmerückgewinnung (Wärmeaustausch z.B. im Kreuzstromwärmetauscher)

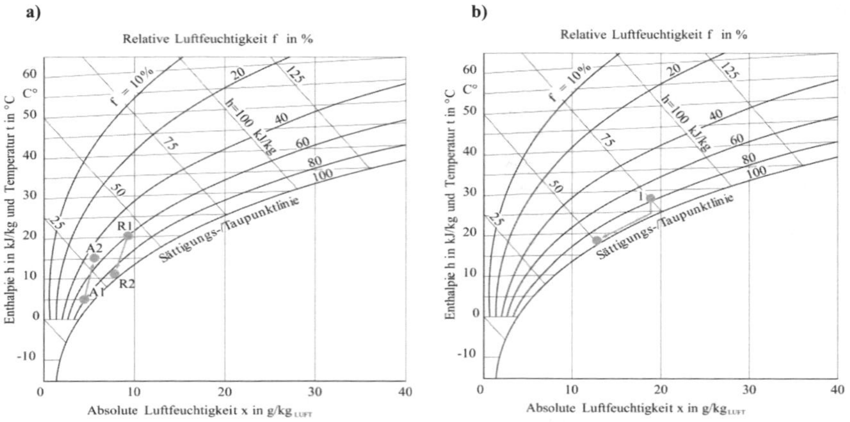

a)
A1: kalte Außenluft
A2: Außenluft nach der Erwärmung durch die Wärmerückgewinnung
R1: Raumluft
R2: Raumluft nach der Wärmeabgabe

b)
1: Raumluft
2: Raumluft nach der Kühlung bei gleichzeitiger Entfeuchtung beim Verlassen des Kühlgeräts

Abb. 5.28b Zustandsänderung von Luft im *h*-*x*-Diagramm
a) bei der regenerativen Wärmerückgewinnung (Veränderung der Feuchtigkeit möglich, z.B. Sorptionswärmeräder)
b) bei der Kühlung (Wird die Sättigungslinie erreicht, erfolgt die weitere Kühlung entlang der Sättigungslinie und es fällt Kondensat aus.)

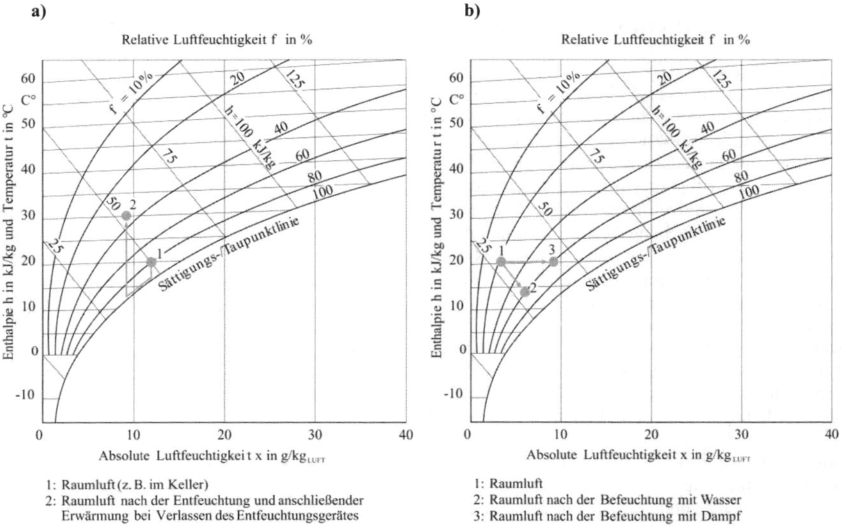

Abb. 5.29 Zustandsänderung von Luft im *h*-*x*-Diagramm
a) bei der Entfeuchtung durch Kühlung und anschließender Nacherwärmung auf den gewünschten Zustand
b) bei Befeuchtung mit Dampf (nahezu konstante Temperatur 1-3) und adiabat (durch Verdunstung 1-2)

Kanalquerschnitt

Den Querschnitt eines vertikalen Versorgungsschachtes kann der Bauplaner grob überschlägig aus dem Volumenstrom und der Auslegungsluftgeschwindigkeit ermitteln.

Luftgeschwindigkeit in Hauptkanälen:
- bei Niederdruck-Anlagen: 4-12 m/s
- bei Hochdruck-Anlagen: 12-25 m/s

Der Kanalquerschnitt A ergibt sich aus dem Volumenstrom q_{Vt} und der Luftgeschwindigkeit v:

$$A = \frac{q_{Vt}}{v}$$

3 Energieeffiziente Systeme

3.1 Allgemeines

Zur Konditionierung von Gebäuden werden Wärme-, ggf. Kälteversorgungsanlagen, raumlufttechnische Anlagen sowie elektrotechnische Anlagen verwendet. Ziel eines nachhaltigen Gebäudeentwurfs ist es, die Gebäudehülle, Konstruktion und die technischen Anlagen aufeinander abzustimmen, um so mit minimalem Primärenergiebedarf maximale Behaglichkeit zu erreichen. Der Einsatz von hochwertiger Energie (Exergie) soll dabei gering sein, die Verwendung von Anergie (aus Abwärme oder Umgebung) ist zu bevorzugen. Regenerative Energie (solare Energie, Windkraft, oberflächennahe Geothermie) soll in Abhängigkeit von den Umgebungsbedingungen und der Wirtschaftlichkeit in möglichst großem Umfang eingesetzt werden. Der Gebäudestandort kann im Kontext der Versorgung von Quartieren andere Energiekonzepte erfordern als die Einzelversorgung. Im Mittelpunkt ganzheitlicher Lösungen stehen Speichertechnologien für Wärme und Strom, mit denen der zum Angebot regenerativer Energie inkohärente Bedarf ganz oder teilweise gedeckt werden kann.

Bei der Entscheidung über geeignete energieeffiziente Systeme stehen zunächst die geplante energetische Qualität und die Nutzung eines Gebäudes im Vordergrund. Einen ersten Anhalt geben die in Tafel 5.30 genannten groben Kennwerte. Die Bandbreite reicht vom hochgedämmten „Passivhaus" bis zu den Mindestanforderungen der EnEV (Energieeinsparverordnung).

Tafel 5.30 Energiekennwerte (Bandbreite) für verschiedene Gebäudetypen (Neubauten); grobe Angaben: links niedriger Wert, rechts hoher Wert; Erfahrungswerte (Quelle: BOHNE Ingenieure GmbH) *⁾Erfahrungsgemäß ohne Raumkühleinrichtung, **⁾Wert stark abhängig von Kühllasten und Nutzungsprofil

Nutzung	Heizlast [W/m²]	Heizenergiebedarf [kWh/(m²a)]	Anteil TWW [kWh/m²]	Strombedarf [kWh/m²]	Stromleistung [W/m²]	Kühllast [W/m²]	Kühlenergiebedarf [kWh/m²]
Einzelhandel	15 - 50	15 - 55	0 - 5	25 - 100	50 - 100	10 - 100	5 - 300**⁾
Gewerbe	25 - 80	25 - 90	0 - 10	25 - 90	50 - 200	0 - 100	0 - 200**⁾
Dienstleistung	10 - 50	15 - 60	0 - 5	30 - 60	25 - 50	0 - 80	0 - 100**⁾
Büro/Verwaltung	10 - 50	15 - 60	0 - 5	25 - 55	25 - 40	0 - 80	0 - 80**⁾
Wohnen	10 - 70	15 - 75	12,5	20 - 40	2 - 4	0*⁾	0
Schule/Kita/Hort	10 - 60	15 - 70	2 - 5	10 - 30	15 - 30	0*⁾	0

3.2 Wärmeversorgungsanlagen

Nachhaltige Wärmeversorgungsanlagen verwenden Abwärme aus Stromerzeugung (Kraft-Wärme-Kopplung) mit einer eigenen oder innerhalb des Quartiers angeordneten Anlage, solare Wärme, Umweltwärme – (Wärmepumpen mit Umweltwärme) oder Abwärme als Wärmequelle. Eine Übersicht typischer Anlagenkonfigurationen zeigen die Abbildungen 5.30a bis 5.31d.

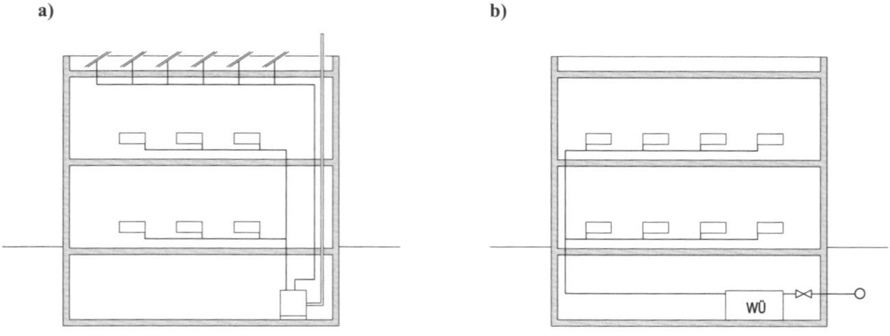

Abb. 5.30

a) Wärmeerzeugung mit WWPH und solarer Unterstützung

b) Fern- oder Nahwärmeanschluss mit Wärmepumpe (WÜ: Wärmeübergabe)

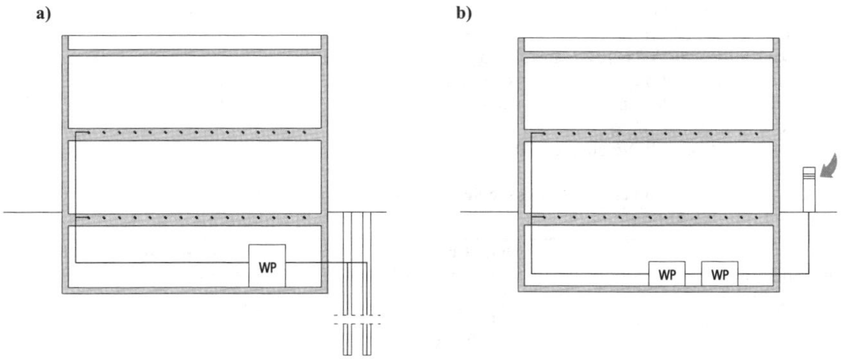

Abb. 5.31a

a) Monovalente Wärmepumpe mit Erdsonden als Wärmequelle
b) Monovalente Wärmepumpe (Kaskadenschaltung zur Lastanpassung) mit Außenluft als Wärmequelle

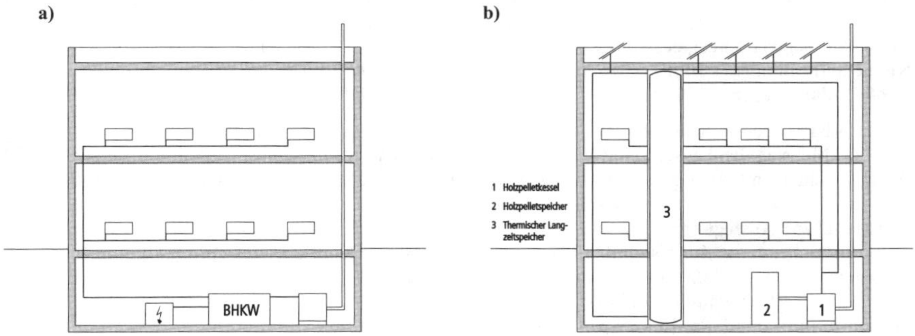

Abb. 5.31b

a) Kraft-Wärme-Kopplung mit einem Blockheizkraftwerk für Strom- und Wärmeerzeugung und zusätzlicher Spitzenlastwärmeerzeugung (Gaskessel, Pelletskessel)
b) Solarthermischer Wärmeerzeuger mit Langzeitspeicher und Pelletsheizung für Nachheizung

3.2.1 Solare Wärmeerzeugung

Thermische Solaranlagen werden zur Heizungsunterstützung in Warmwasserpumpenheizungsanlagen (WWPH) oder ausschließlich zur Warmwasserbereitung verwendet. Letzteres zielt auf einen hohen solaren Deckungsanteil in den Sommermonaten, zentrale WWPH können dann abgeschaltet werden. Kleine Anlagen für Einfamilienhäuser (50 Prozent-Deckung des Trinkwarmwasserbedarfs) benötigen eine Kollektorfläche ca. 5-6 m^2/Wohneinheit bzw. 1,5 m^2/Person. Die Dimensionierung des dazugehörigen Speichervolumens beträgt ca. 50 Liter Speichervolumen je m^2 Kollektorfläche.

Bei der Kollektoraufstellung ist zu beachten (nach Fisch et al. 2001: Solarstadt):

- Solare Heizungsunterstützung: erforderliche Kollektorfläche für Wohnsiedlung ca. 1/5 bis 1/7 der Wohnfläche
- Südorientierte Kollektorfläche (20° Dachneigung) 30 Prozent mehr Ertrag als West oder Ost orientiert
- Verschattungsfreie möglichst große zusammenhängende Südflächen (>100m^2) um Verrohrungsaufwand gering zu halten
- Große Kollektormodule 4 bis 5m^2 verwenden
- Vakuumröhrenkollektoren haben 20 bis 30 Prozent höhere Erträge, sind aber teurer.
- Meist stehen nur 75 bis 90 Prozent der Bruttodachfläche für eine Kollektoraufstellung zur Verfügung

- Abweichung auf die Südorientierung max. Süd-Ost, Süd-West bzw. 45°: Der Ertrag reduziert sich um max. ca. 10 Prozent
- Dachneigungen 20° bis 50° (ab 15° möglich)
- Fassadenintegration bedeutet 30 bis 35 Prozent geringere Solareinstrahlung
- Allgemein gilt: Ist eine Abweichung aus der Südrichtung erforderlich, sollte der Kollektor flacher geneigt sein
- Generell: Optimale Neigung ca. 30°

Tafel 5.32 Aufstellungswinkel für thermische Solarkollektoren (nach Fisch et al. 2001, Solarstadt: Tab. 5.1, S.62)

	Orientierung	**Neigungswinkel Kollektoren**
Ganzjährig TWW	Süd/ Ost-Süd/West	15 bis 45°
Solare Kühlung	Süd +/- 15°	30 bis 40°
Nahwärme mit Langzeitspeicher	Süd +/- 30°	20 bis 50°
Luftheizkollektoren	Süd +/- 15°	45 bis 90°

Bei nachhaltigen Energiekonzepten mit solarer Nutzung unterscheidet man zwischen **Lang- und Kurzzeitspeicherung**. Kurzzeitspeicher werden für eine Zwischenspeicherung von bis zu mehreren Tagen ausgelegt. Als Faustregel zur Auslegung gilt (nach Fisch et al. 2001, Solarstadt):

Jährlicher solarer Energieerträge
Kleine Solaranlagen < 10m² 300 bis 350 kWh/(m²a)
Große Solaranlagen > 100 m² 350 bis 450 kWh/(m²a)

Große Solaranlagen werden eingesetzt mit einem Trinkwarmwasserbedarf (TWW) von mehr als 3 m³/Tag z.B. für Mehrfamilienhäuser, Hotels, Seniorenwohnanlagen, Krankenhäuser, Wohnsiedlungen ab 30 Wohneinheiten u.a.: Auslegung generell ca. 50 bis 60 Prozent solarer Deckungsanteil am TWW-Bedarf.

Faustregel zur Auslegung:
Kollektorfläche: 0,7 bis 1 m² pro Person, 0,02 bis 0,03 m² Kollektorfläche pro m² Wohnfläche
Speicher: 0,05 bis 0,06 m³ pro m² Flachkollektorfläche; 0,06 bis 0,08 m³ pro m² Vakuumröhrenkollektorfläche
Massenstrom: 10-15 kg/h pro m² Kollektorfläche
Jährlicher Solarertrag: 300 bis 450 kWh/(m²*a)

3.2.2 Wärmepumpenanlagen

Wärmepumpen kühlen die Umgebung (Luft, Wasser, Erde) ab und ziehen daraus einen für Heizzwecke verwertbaren Wärmegewinn (s. S. 5.7). Auch Abwärme aus technischen Prozessen oder die warme Abluft bei Lüftungsanlagen bieten sich als Energiequelle an. Ziel des Wärmepumpenprozesses ist es, mit einem gewissen Anteil an hochwertiger Energie (Exergie) einen deutlich größeren Anteil Anergie für Heizzwecke nutzbar zu machen.
Die Qualität des Wärmepumpenprozesses wird durch die Leistungszahl und die Jahresarbeitszahl beschrieben.

Die Leistungszahl COP (en.: Coefficient of Performance) kennzeichnet das Verhältnis von nutzbarer Wärmeenergie Φ_C (kW) zur aufgenommenen elektrischen Energie des Verdichters P_{el} (kW_{el}):

$$COP = \Phi_C / P_{el}$$

Die nutzbare Wärmeenergie Φ_c setzt sich zusammen aus:
der Wärmeleistung Φ_s = die der Wärmequelle durch Abkühlung entzogen wird, zuzüglich
der Wärmeleistung, die der Antriebsenergie des Kompressors entspricht (eingesetzte elektrische Energie; identisch mit P_{el}):

$$COP = \Phi s + \Phi el / Pel$$

COP bewegt sich in einer Größenordnung zwischen 2 und 6. Das bedeutet, dass pro aufgewendeter Energieeinheit das zwei bis sechsfache an Energieausbeute erzielt wird.

Beispielsweise erbringt eine Wärmepumpe mit 5 kW Leistungsaufnahme bei einer Leistungszahl 3 eine nutzbare Wärmeleistung von 5 × 3 = 15 kW. Je geringer die Temperaturdifferenz zwischen Verdampfung und Verflüssigung, d. h. zwischen der Wärmequelle (z. B. Grundwasser) und der Wärmenutzungsanlage (z. B. Vorlauf einer Warmwasser-Heizung), desto günstiger (höher) fällt die Leistungszahl aus (Gesetz von Carnot).

Anzustreben ist ein geringer Temperaturhub, erreichbar durch:

- eine möglichst hohe Temperatur des wärmeabgebenden Mediums
- eine möglichst niedrige Vorlauftemperatur (Heizmitteltemperatur) bei der Auslegung der Heizungsanlage

Die mittlere Leistungszahl, als Durchschnittswert über die Dauer eines Jahres gerechnet, wird **Jahresarbeitszahl** β genannt und liegt niedriger. Sie berücksichtigt u. a. auch den Stromverbrauch der soleseitigen Pumpen.

Mit monovalenten Anlagen sind derzeit realisierbar:

- 3,0...3,3 mit außenluftbetriebenen Wärmepumpen
- 4,0...4,4 mit erdreichgekoppelten Wärmepumpen

Da die Leistungsziffer COP einen momentanen Gütegrad der Wärmepumpe darstellt, wird die Qualität einer Wärmepumpenanlage (WPA) besser durch die Jahresarbeitszahl SPF (en: Seasonal Performance Factor) beschrieben. Diese ist definiert als das Verhältnis der Heizleistung Q_{WP} zur aufgewendeten Elektroenergie E_{HW} (für Elektrowärmepumpen):

$$SFP = Q_{WP}/E_{HW}$$

Die Gesamtbilanz einer Wärmepumpenanlage umfasst auch Hilfsenergie im System und ggf. Wärme für Warmwasserbereitung, siehe DIN EN 15316-4 und DIN EN 15450. Die maximale Leistungsziffer COP_{crnt} stellt den Carnot-Prozess als thermodynamischen Vergleichsprozess bei den jeweiligen Wärmesenken- und Wärmequellentemperaturen dar. Damit kann der exergetische Wirkungsgrad einer WPA berechnet werden:

$$\eta_{ex} = COP/COP_{CRN}$$

Für elektrisch betriebene Wärmepumpen berechnet sich:

$$COP_{crnt} = \frac{T_{hot}}{T_{hot} - T_{cold}} = \frac{\theta_{sk} - 273{,}15}{\theta_{sk} - \Phi_{sc}}$$

mit den Kelvin Temperaturen der Wärmequelle- und Senke T_{hot}; T_{cold} bzw. in C° mit θ_{sk} und θ_{sc}.

Für Ad- und Absorptionswärmepumpen und Verbrennungsmotorwärmepumpen (VWP) beschreibt das Verhältnis von Wärmeleistung und Leistungsaufnahme die Qualität nur ungenügend. Um die verschiedenen WP-Systeme miteinander vergleichen zu können, wurde die Heizzahl

$$\zeta = Q_H / m_B * H_u$$

definiert, wobei der Nenner die während der Heizzeit verbrauchte Primärenergie mit der Masse des Brennstoffs m_B und dem dazugehörige Heizwert H_u bedeutet. Im Fall von VWP muss auch die genutzte Abwärme Q_{ab} des Motors in die Bilanz einfließen. Dann ist:

$$Q_H = Q_{WP} + Q_{ab}$$

Antriebsarten von Kompressions-Wärmepumpen

Zum Antrieb der Verdichter (Kompressoren) kommen Elektromotoren sowie gas- oder dieselölbetriebene Verbrennungsmotoren in Betracht.

Elektromotoren zeichnen sich durch große Laufruhe und verhältnismäßig lange Lebensdauer aus. Die meisten Wärmepumpen werden mit diesem Antrieb ausgestattet. Wirtschaftlich erreichbare Vorlauf-Temperatur: +55 °C. Leistungsbereich: bis 100 kW.

Mit **Verbrennungsmotoren** versehene Wärmepumpen ziehen aus der Abwärme der Motoren einen zusätzlichen Energiegewinn, so dass bei angeschlossenen Heizungssystemen VL-Temperaturen von etwa 75 °C - 90 °C erreichbar sind. Zusätzlich genutzt wird die bei der Motorkühlung anfallende und die in den Abgasen enthaltene Wärme. Als Antriebsenergie kommen Gas oder Dieselöl/Biodiesel in Betracht. Nachteile sind großer Verschleiß, Wartungs- und Reparaturaufwand, starke Geräuschentwicklung, Schadstoffemission bei Dieselantrieb (Stickoxide, Ruß), das Erfordernis eines Schornsteins (eine Abgasanlage). Der Gesamt- Primärenergieaufwand ist wesentlich geringer als bei Elektro-Wärmepumpen. Verbrennungsmotor-Wärmepumpen werden vorwiegend für größere Anlagen eingesetzt (Leistungsbereich: ab 50 kW bis mehrere 100 kW). Gasmotor-Wärmepumpen mit kleinerer Leistung sind mittlerweile verfügbar.

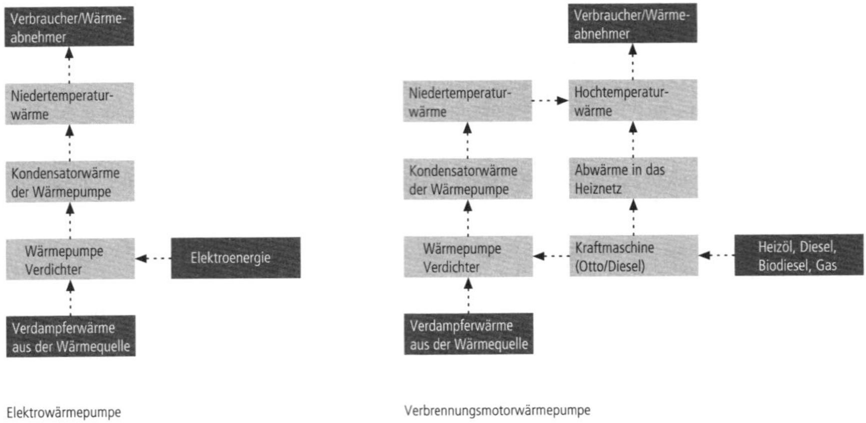

Abb. 5.34 Elektro- und Verbrennungsmotorwärmepumpen; schematischer Wärmefluss

Absorptions-Wärmepumpen
Dem Absorptionsvorgang liegt die Thermodynamik des Zweistoffsystems zugrunde: Während die Aggregatzustände einfacher Stoffe von Druck und Temperatur abhängen, kommt bei Zweistoffgemischen als dritte Komponente die Lösungskonzentration hinzu. Die Funktionsweise des Verdichtungsprozesses in Absorptions-Wärmepumpen: Das vom Verdampfer kommende gasförmige Kältemittel, z. B. Ammoniak (NH_3), wird bei niedrigem Druck mit dem Absorptionsmittel Wasser zusammengeführt, das sich im Absorptionsmittel löst. Hierbei wird bereits ein geringer Anteil nutzbarer Wärme frei. Die Ammoniak-Wasser-Lösung kann nun mit einem verhältnismäßig geringen Kompressionsaufwand auf einen höheren Druck gepumpt werden und gelangt in den Desorber (Austreiber).
Dort wird durch eine relativ geringe Wärmezufuhr (Gasbrenner) das Kältemittel als die leichter siedende Flüssigkeit aus der Lösung ausgedampft und zum Kondensator geleitet. Das zurückgebliebene Absorptionsmittel H_2O fließt entspannt zum Absorber zurück. Für die Energiezufuhr kommt fast ausschließlich Gas in Betracht. Auch kann Wärme mit einer genügend hohen Vorlauftemperatur (mind. 80-90°C, Solarwärme, Fernwärme, Abwärme) zum Antrieb verwendet werden. Die wirtschaftlich erreichbare Vorlauftemperatur liegt bei 50°C. Die Primärenergieausnutzung einer Absorptions-Wärmepumpe liegt mit ca. 130 Prozent unter der einer gasbetriebenen Kompressions-Wärmepumpe. Da aber Absorptions-Wärmepumpen weitgehend ohne bewegliche und damit verschleißbare Teile auskommen, haben sie eine längere Lebenserwartung bei nur geringem Wartungsaufwand (Leistungsbereich: 10-250 kW).

Adsorptionswärmepumpen (ADWP) verwenden für den thermischen Verdichter Zeolith, eine kristalline Substanz, die Wasser aufnimmt und bei Erhitzung wieder abgibt. Bei der Einbindung der Moleküle in die Kristallstruktur wird Wärme freigesetzt (Adsorption) und zum Heizen genutzt. Mittels Desorption ist der Vorgang umkehrbar. ADWP sind besonders für die Nutzung solarer Wärme in der Winterperiode geeignet, da bereits ab 3°C Kollektortemperatur Solarenergie als Wärmequelle genutzt werden kann. Es werden Kompaktsysteme mit Brennwertgasgerät angeboten, die einen bivalenten Betrieb erlauben. Die Heizleistung liegt zwischen 1,5 und 40 kW, der Gesamtnutzungsgrad bei bis zu ca. 150 Prozent.

Betriebsweisen von Wärmepumpen
Wärmepumpen können monovalent oder bivalent betrieben werden:

- Monovalent = ohne Unterstützung durch einen weiteren Wärmeerzeuger bis zu Außentemperaturen von etwa -16 °C
- Bivalent = in Verbindung mit einem zweiten Wärmeerzeuger

Bei bivalentem Betrieb erwärmt die Wärmepumpe das Heizwasser bis zu einer VL-Temperatur von 50/55°C. Das reicht aus, um konventionelle statische Heizflächen bis zu Außentemperaturen von etwa 0-10°C zu betreiben (bei hoch gedämmten Gebäuden auch höher). Erst bei niedrigeren Außentemperaturen tritt der zusätzliche Wärmeerzeuger – in der Regel ein Heizkessel oder eine Gastherme – in Aktion, um allein oder gemeinsam mit der Wärmepumpe die entsprechend größere Wärmemenge aufzubringen.
Beim **monovalenten Betrieb** wird die Auslegung der Wärmepumpe von dem rechnerisch kältesten Tag des Jahres bestimmt. Die an den übrigen Tagen zu hohe Heizleistung hat i. d. R. eine erhöhte Ein- und Ausschaltfrequenz (ein häufiges „Takten“) und damit einen erhöhten Verschleiß des Verdichters zur Folge. **Bivalente Wärmepumpenanlagen** können alternativ oder parallel betrieben werden.
Bivalent alternativ betriebene Wärmepumpen übernehmen die Wärmeerzeugung bis zu Außentemperaturen um etwa +3°C. Ist diese Bivalenztemperatur, die örtlich geringfügig abweichen kann, erreicht, bewirkt ein Außenthermostat (Bivalenzschalter), dass ein Heizkessel die Wärmeerzeugung anstelle der Wärmepumpe übernimmt.
Unter +3°C sinken die Außentemperaturen im langjährigen Mittel, z. B. an 82 Tagen in Bremen, an 58 Tagen in Köln, an 73 Tagen in Stuttgart und an 107 Tagen in München.
Der **Umschaltpunkt** soll so ausgelegt sein, dass die Wärmepumpe bis zu 50 Prozent des maximalen Wärmebedarfs abdeckt. Sie liefert dann ungefähr 60 Prozent der aufzubringenden Jahreswärmemenge.
Bei einer angenommenen Jahresarbeitszahl von 3 entfällt davon ein Drittel auf die Antriebsenergie, so dass letztendlich zwei Drittel ihres Anteils an der Jahreswärmemenge von 60 Prozent, also 40 Prozent, der Umwelt entzogen werden. Der Zusatzwärmeerzeuger muss für die volle Heizleistung ausgelegt sein. Bei **bivalent parallelem** Betrieb ist die Wärmepumpe ständig im Einsatz. Vom Umschaltpunkt an geht ein Spitzenlast-Wärmeerzeuger zusätzlich in Betrieb. Er muss nur für etwa
50-70 Prozent der Gesamtheizleistung ausgelegt sein und übernimmt im Jahresmittel etwa 10-20 Prozent der Wärmeerzeugung. Der Umschaltpunkt liegt i. d. R. im Bereich zwischen +3°C und -1°C.
Wie bei monovalenten Wärmepumpen sind die Tarifbedingungen zu beachten. Bivalente Wärmepumpen mit Verbrennungsmotor werden dagegen vorwiegend bivalent parallel betrieben.
Bivalenter Betrieb von Wärmepumpen ist bei Inanspruchnahme von Außenluft bzw. Witterungswärme als Wärmequelle der Regelfall, da mit abnehmender Außentemperatur auch die Leistungszahl der Wärmepumpe sinkt und einen unterstützenden Wärmeerzeuger erforderlich werden lässt. Umgebungsluft-Wärmepumpen werden vorwiegend in bestehenden Gebäuden mit Warmwasser-Heizungen eingesetzt, deren Heizflächen und Rohrleitungen auf höhere Heizmitteltemperaturen (60-90°C) ausgelegt sind, in Ergänzung zum vorhandenen brennstoffbefeuerten Wärmeerzeuger. Elektromotorisch angetriebene Wärmepumpen mit bivalenter Betriebsweise stellten bisher die große Anzahl der installierten Wärmepumpen. Durch Verbrennungsmotoren bivalent angetriebene Wärmepumpen arbeiten überwiegend bivalent parallel. Pufferspeicher auf der „warmen“ Seite des Wärmepumpensystems haben die Aufgabe, bei mangelndem Wärmebedarf (z.B. geschlossenen Thermostatventilen) die von der „kalten“ Seite anfallende, überschüssige Wärme aufzufangen, um einem zu häufigen Schalten (Takten) der Anlage vorzubeugen. Die erforderliche Speichermenge zur Verstetigung der Heizwasser-Durchflussmenge im Kondensator liegt bei etwa 1 m^3/6 kW Wärmepumpenleistung. Speicher auf der „kalten“ Seite des Systems bevorraten Energie über einen begrenzten Zeitraum und überbrücken so Perioden unzureichender Wärmezufuhr, wie auch die von den EVU vorgegebenen Sperrzeiten bei z. B. monovalenten Elektro-Wärmepumpen. In Betracht kommen wärmegedämmte Wasserbehälter im Keller wie auch Speichermassen im Bereich von Gebäudefundamenten. Erforderliche Speichermenge: etwa 0,5 m^3/1 kW Wärmepumpenleistung.

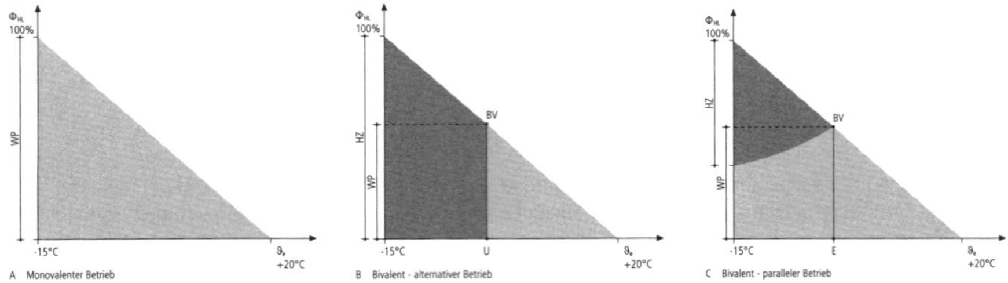

Abb. 5.36 Betriebsarten von Wärmepumpenanlagen (helle Flächen: Wärmepumpen-Arbeit)

Auslegungshinweise für **Wärmequellen** (siehe S.5.7) von Wärmepumpenanlagen: Bei Grundwasseranlagen werden Förderbrunnen und Schluckbrunnen benötigt, wobei der Entnahmebrunnen sicherheitshalber 5-6 m tiefer beginnen sollte als der Grundwasserspiegel zum Zeitpunkt der Bohrung, um schwankende Wasserstände zu berücksichtigen. Der Schluckbrunnen nimmt das um 4-6 K vom WP-Verdampfer abgekühlte Wasser auf und ist mind. 15 m vom Förderbrunnen entfernt anzuordnen, wenn die Grundwasserfließrichtung unbekannt ist. Bei monovalenter Betriebsweise werden für 10 kW Heizleistung etwa 1,5 m^3 Wasser pro Stunde benötigt. Das Brunnenrohr (Durchmesser für Ein- und Zweifamilienhäuser ca. 10-15 cm) endet oben in einer kleinen unterirdisch angelegten Brunnenkammer. Ein frostsicher verlegtes Anschlussrohr führt zur Wärmepumpe. Die Förderpumpen werden entweder im Wärmepumpenbereich angeordnet oder (ab ca. 7 m Förderhöhe) als Tauchpumpe im Entnahmebrunnen. Etwa 60 m Brunnentiefe dürfte als wirtschaftlich vertretbare Grenze anzusehen sein. Der Förderaufwand muss in einem angemessenen Verhältnis zum Energiegewinn stehen. Je nach Bodenbeschaffenheit und Bohrungstiefe fallen die Erstellungskosten für eine Brunnenanlage sehr unterschiedlich aus. Durch die Bohrungen werden wasserundurchlässige Schichten durchstoßen. Es können auf diese Weise Verbindungen zwischen mehreren Grundwasserstockwerken entstehen, möglicherweise mit chemischen und biologischen Folgen, deren Auswirkungen nicht ohne weiteres abzusehen sind.

Erdsonden sind die am häufigsten verwendeten Wärmequellenanlagen für Wärmepumpen. Die erreichbaren Entzugsleistungen richten sich nach der Betriebsweise der Anlage (nur Heizung oder Heizen und Kühlen), nach der Betriebszeit und selbstverständlich nach der Qualität des Untergrundes. Das Erdsondensystem wird häufig erfolgreich auch bei kombinierten Heiz-Kühlsystemen eingesetzt. Dazu ist ein kombiniertes Gebäudetemperierungssystem erforderlich (stille Kühlung und Heizen über Flächensysteme) Da der Boden durch den saisonbedingten Wechsel zwischen Wärmeentzug und Wärmeeintrag regeniert wird, sind die erzielbaren Leistungsziffern besonders günstig (hoch). Anhaltswerte (mögliche Entzugsleistungen) für den Heizfall sind in Tafel 5.67 angegeben. Im Rahmen der Auslegung solcher Anlagen werden Computerprogramme eingesetzt, die mithilfe der festgestellten oder vermuteten Erdreichbedingungen und Gebäudelasten Erdsondenfelder thermisch untersuchen.

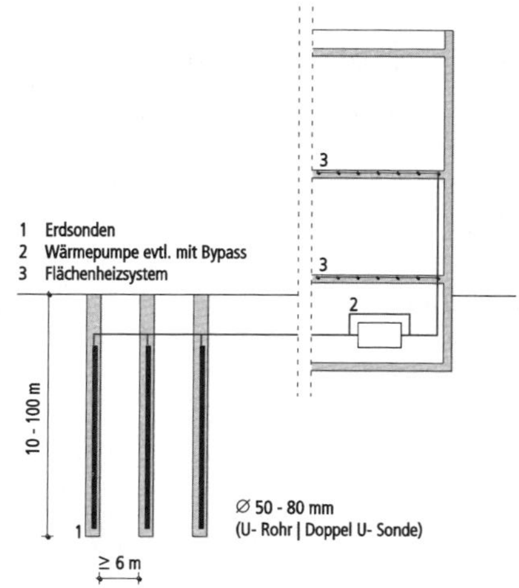

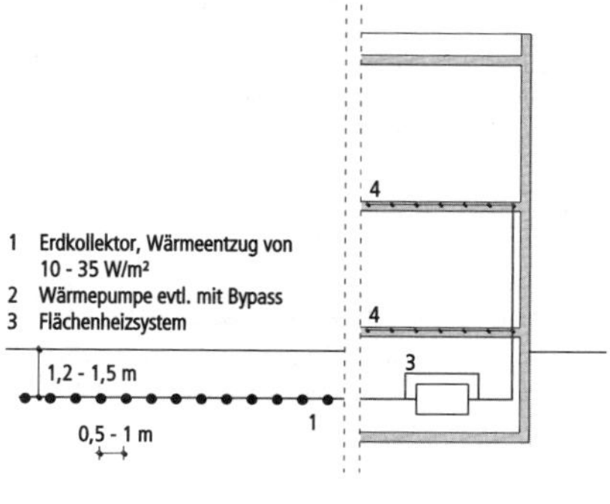

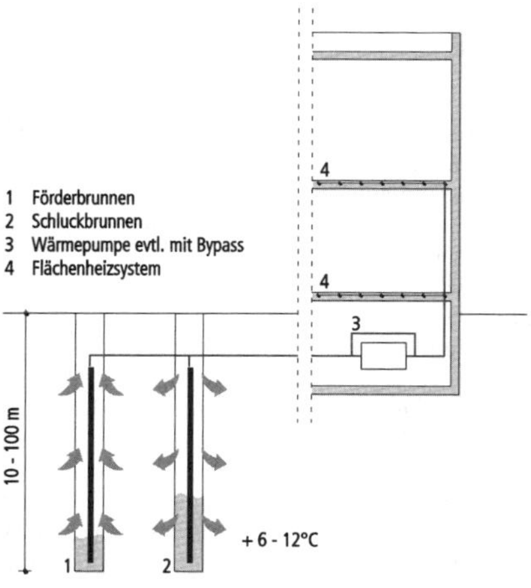

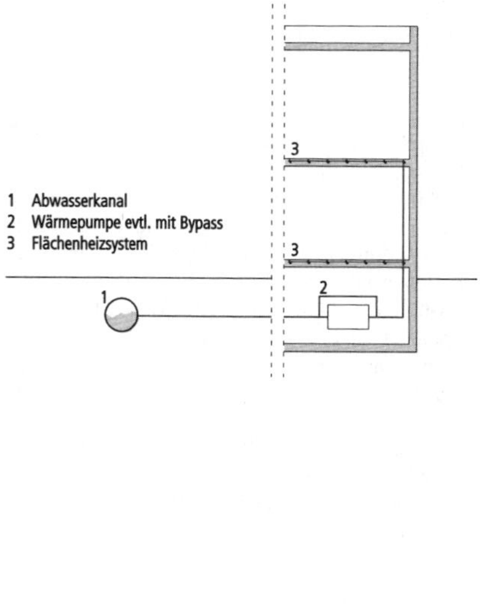

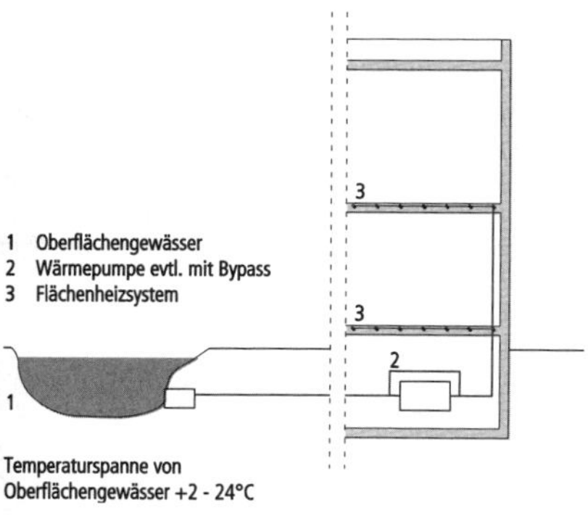

Abb 5.37
Wärmequellen für Wärmepumpenanlagen; vereinfachte Darstellung effizienter Systeme (Wärmequellennutzung ist immer von den örtlichen Bedingungen abhängig)

Tafel 5.38 Mögliche spezifische Entzugsleistungen für Erdwärmesonden (VDI 4640 Blatt 2); nur Wärmeentzug (Heizung einschl. Warmwasser)
Länge der einzelnen Erdwärmesonden zwischen 40 und 100 m kleinster Abstand zwischen zwei Erdwärmesonden: mindestens 5 m bei Erdwärmesondenlängen 40 bis 50 m mindestens 6 m bei Erdwärmesondenlängen >50 bis 100 m; als Erdwärmesonden kommen Doppel-U-Sonden mit DN 20, DN 25 oder DN 32 mm oder Koaxialsonden mit mindestens 60 mm Durchmesser zum Einsatz; nicht anwendbar bei einer größeren Anzahl kleiner Anlagen auf einem begrenzten Areal

Untergrund	spezifische Entzugsleistung	
	für 1800 h	für 2400 h
Allgemeine Richtwerte		
Schlechter Untergrund (trockenes Sediment) ($\lambda < 1{,}5$ W/(m K)	25 W/m	20 W/m
Normaler Festgesteins-Untergrund und wassergesättigtes Sediment ($\lambda = 1{,}5$-$3{,}0$ W/(m K)	60 W/m	50 W/m
Festgestein mit hoher Wärmeleitfähigkeit ($\lambda > 3{,}0$ W/(m · L)	84 W/m	70 W/m
Einzelne Gesteine		
Kies, Sand, trocken	< 25 W/m	< 20 W/m
Kies, Sand, wasserführend	65-80 W/m	55-65 W/m
Bei starkem Grundwasserfluss in Kies und Sand, für Einzelanlagen	80-100 W/m	80-100 W/m
Ton, Lehm, feucht	35-50 W/m	30-40 W/m
Kalkstein (massiv)	55-70 W/m	45-60 W/m
Sandstein	65-80 W/m	55-65 W/m
saure Magmatite (z. B. Granit)	65-85 W/m	55-70 W/m
basische Magmatite (z. B. Basalt)	40-65 W/m	35-55 W/m
Gneis	70-85 W/m	60-70 W/m
Die Werte können durch die Gesteinsausbildung wie Klüftung, Schieferung, Verwitterung erheblich schwanken.		

Für die **Wärmequelle Luft** sind infolge der geringen spezifischen Wärmekapazität der Luft dem Verdampfer große Luftmengen mit hoher Geschwindigkeit zuzuführen. Dort wird die Luft um 2-5 K abgekühlt. Der hohe Luftdurchsatz bedingt eine nicht unerhebliche Geräuschemission. Benötigt werden ca. 4.000 m^3/h pro 10 kW Wärmebedarf (>1 m^3/s). Je nach Fabrikat, Leistung und Aufstellungsort kann es daher notwendig werden, zusätzliche Vorkehrungen zur Geräuschdämmung zu treffen.

Latent-Speicher können ebenfalls einige Tage mit ungünstigen Witterungsbedingungen überbrücken. Sie bestehen i.d.R. aus wassergefüllten, ins Erdreich versenkten Kunststoffbehältern, durchzogen von spiralförmig gewickeltem Kunststoffrohr. Momentan für die Gebäudeheizung nicht benötigte Energie wird dem Speicher zugeführt und bei Bedarf an die Wärmepumpe weitergegeben. Der Wärmeentzug wird bis zur Eisbildung betrieben, um die bei diesem Vorgang freiwerdende Latentwärme zu nutzen. Bei Abkühlung von 1 l Wasser um 1 K wird jeweils eine Wärmemenge von 1,16 Wh frei, bei der Zustandsänderung von 1 l flüssigem Wasser zu Eis bis 92,1 Wh. Das Verhältnis beträgt 1:80. Liegt die Speichertemperatur unterhalb der Temperatur des umgebenden Erdreichs, erfolgt ein Wärmefluss vom Erdreich zum Speicher, der ebenfalls genutzt werden kann. Latentspeicher werden mit ca. 1,0-1,3 m Erdüberdeckung eingegraben. Bei trockenem Erdreich empfiehlt sich eine Zuführung von Niederschlagswasser von Dächern oder Hofflächen.

3.2.3 Kraft-Wärme-Kopplungsanlagen

Die Grundidee der Kraft-Wärme-Kopplung ist, für ein oder mehrere Gebäude elektrische Energie zu erzeugen und die dabei zwangsweise anfallende Abwärme direkt für Heizzwecke zu nutzen. Durch diese direkte Kopplung von der Nutzung der Brennstoffenergie für elektrische Kraft und die Nutzung von Wärme bzw. Kälte spricht man von Kraft-Wärme-Kopplung und von Kraft-Wärme-Kälte-Kopplung. Durch die gleichzeitige Nutzung von Kraft und Abwärme können Gesamtwirkungsgrade von 80 bis über 90 Prozent erzielt werden.

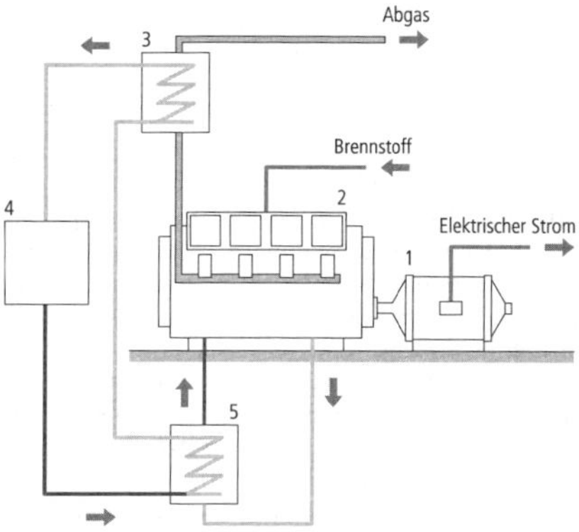

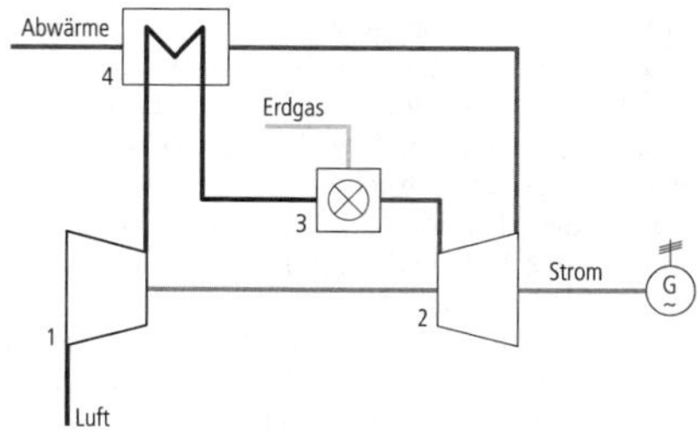

Abb. 5.39
a) Prinzip der Kraft-Wärme-Kopplung mit Verbrennungsmotor
b) Aufbau einer Mikrogasturbine

Im Kraftwerk können unterschiedliche Primärenergiearten bis hin zu Kohle eingesetzt werden. Für Gebäude kommen Heizöl, Biodiesel, Erdgas oder Biogas in Frage. Anstelle des im Kraftwerk üblichen Wasser-/Dampfkreislaufes werden für die Gebäudeversorgung Verbrennungsmotoren, Stirling-Motoren, Gasturbinen oder Brennstoffzellen angetrieben, mit denen elektrische Energie erzeugt wird. Die bei diesem Prozess anfallende Abwärme wird über Wärmetauscher in ein Wärmeverteilnetz für Heizzwecke eingeführt. Gasturbinen und Verbrennungsmotoren stehen in unterschiedlichsten Größen und Qualitäten für die Kraft-Wärme-Kopplung in Gebäuden zur Verfügung. Gasturbinen werden bei größeren Leistungen ab 500 kW bis über 5 MW eingesetzt. Sie haben ein weniger gutes Teillastverhalten und werden daher für größere Anlagen konzipiert. Microgasturbinen sind ab 23 kW (elektrisch) verfügbar und auch für mittlere Gebäudegrößen geeignet. Otto-Motoren werden bereits ab 1,3 kW elektrischer Leistung bis über mehrere MW angeboten. Gleiches gilt für Diesel-Motoren. Wegen der für Gebäude üblichen Bauweise in Modulen bzw. kompakten Einheiten wird der Begriff Blockheizkraftwerk (BHKW) verwendet. Unter einem Blockheizkraftwerk versteht man ein kleines Heizkraftwerk, in dem durch Kraft-Wärme-Kopplung Strom und nutzbare Wärme gleichzeitig erzeugt werden.

Für die Einteilung von Blockheizkraftwerken findet man unterschiedliche Klassifizierungen, z.B.

- Nano-BHKW 1-2,5 kW_{el}
- Mikro-BHKW 2,5-20 kW_{el}
- Mini-BHKW 20-50 kW_{el}
- Klein-BHKW > 50 kW_{el}

Stirlingmotoren arbeiten nach unterschiedlichen Bauformen. Geringer Wartungsaufwand und geringe Schallemissionen machen das Prinzip für kleine Gebäude-BHKW interessant. Derzeit liegen die elektrischen Wirkungsgrade bei 15 Prozent. Durch Nutzung der Abgaswärme für Heizzwecke kann der Gesamtwirkungsgrad gesteigert werden. Es sind Kleinstgeräte mit 1 kW_{el} und integriertem Brennwertkessel für die Spitzenlastwärme verfügbar.

Mikrogasturbinen sind ab 28 kW_{el} verfügbar. Der elektrische Wirkungsgrad liegt bei 24 Prozent bei den kleinsten Anlagen und steigt auf bis zu 30 Prozent mit der Größe der Turbine. Die Gesamtwirkungsgrade liegen bei 83-86 Prozent. Die Geräte bestehen im Wesentlichen aus Verdichter, Brennkammer, Turbinenrad und Rekuperator (s. Abb. 5.36). Die Abgastemperaturen liegen zwischen 270°C (mit Rekuperator) und 680°C. Es können Dampferzeuger nachgeschaltet werden, was z.B. beim Einsatz in Krankenhäusern vorteilhaft sein kann. Es können außerdem hohe Heizwassertemperataren erzeugt werden, was den Einsatz

für den Austausch von alten Wärmeerzeugern bei Beibehaltung der vorhandenen Wärmeverteilnetze sinnvoll macht.
In der **Brennstoffzelle** wird aus Wasserstoff über einen elektrochemischen Prozess ohne mechanische Teile Strom und Wärme erzeugt. Die Abwärme der Brennstoffzelle wird durch einen Kühlkreislauf für Heizzwecke genutzt. Der erforderliche Wasserstoff wird bei Gebäudeheizung z.B. aus zugeführtem Brenngas (Brennstoff) gebildet. Der Wasserstoff wird aus Erdgas (oder Methan / Methanol) im sog. Reformer direkt vor Ort gewonnen. Für den Reformer werden ca. 20 Prozent der eingesetzten Energie als Prozessenergie verbraucht. Brennstoffzellen sind hinsichtlich der Energieerzeugung vergleichbar mit einem Blockheizkraftwerk, ausgenommen der mechanischen Teile, d.h. Strom und Wärme werden geräuschlos erzeugt. Die Schadstoffemission, Stickoxide und Kohlenmonoxid, betragen je nach Brennstoffzellentyp nur einen Bruchteil im Vergleich zur konventionellen Feuerung.
Die Leistungsbereiche der Brennstoffzellengeräte reichen von 0,5 kW_{el} bis zu mehreren hundert kW. Es sind mehrere Entwicklungen im Feldtest. Kompaktanlagen verwenden als Brennstoff Erdgas. Hauptproblem bei der Entwicklung ist die Langzeitstabilität. Als Wartungsintervall sind alle ein bzw. zwei Jahre vorgesehen. Die Systemtemperaturen für Heizmittel betragen 70/55°C und sind daher bei üblichen Niedertemperatursystemen einsetzbar. Neben der Einzelversorgung für Gebäude sind Nahwärmekonzepte denkbar, oder auch die Vernetzung von Brennstoffzellen in den unterschiedlichen Liegenschaften, die vernetzt ein "virtuelles Kraftwerk" bilden.

Auslegung von Kraft-Wärme-Kopplungsanlagen
Die größte Schwierigkeit bei der Konzeption eines BHKW's für Gebäude besteht darin, eine geeignete Leistungsgröße festzulegen. Konventionelle Anlagen werden nach den maximalen Leistungskennwerten festgelegt. Dies ist für die Heizlast der Norm-Gebäudewärmebedarf, zuzüglich. ggf. notwendiger Leistungen für Raumlufttechnik, Trinkwarmwasser und Prozesswärme. Für die die elektrische Leistung wird die Leistungsbilanz des Gebäudes unter Annahme geeigneter Gleichzeitigkeitsfaktoren aufgestellt.
Ein Blockheizkraftwerk kann jedoch grundsätzlich nach zwei unterschiedlichen Größen dimensioniert werden:

1. Nach der Heizlast bzw. nach der Wärmebedarfsstruktur
2. Nach der Stromenergiebilanz bzw. dem Stromverbrauchsgang

Die Erzeugung von Strom und Wärme gleichzeitig durch Kraft-Wärme-Kopplung bedingt, dass – je nach BHKW-Typ - Strom und Wärme gleichzeitigt erzeugt werden. Der Bedarf für Gebäude unterscheidet sich nach Tages- und Jahresgang für diese beiden Verbräuche erheblich. Der Planer muss deshalb entscheiden, ob er ein Blockheizkraftwerk wärmegeführt, d.h. nach der Heizlast, oder stromgeführt, d.h. nach dem Strombedarf dimensioniert.
Wird das Blockheizkraftwerk wärmegeführt dimensioniert, muss ein ggf. erzeugter Überschussstrom in das öffentliche Netz eingespeist werden und bei nicht ausreichender Strombereitstellung durch Netzparallelbetrieb aus dem öffentlichen Netz zusätzlich entnommen werden.
Bei stromgeführtem Betrieb wird u.U. zu viel Wärme erzeugt, die in Pufferspeichern begrenzt zwischengespeichert wird, oder zu wenig Wärme, die dann durch zusätzliche Wärmeerzeugungsanlagen geliefert werden muss.
Diese Darstellung zeigt, dass ein reiner Inselbetrieb, also eine völlig netzunabhängige Betriebsweise von BHKW ungünstig ist. In den meisten Fällen muss daher eine parallele Erzeugung mit konventionellen Wärmeerzeugungsanlagen realisiert werden.
BHKW werden dann stromgeführt betrieben, wenn sie z.B. zur Abdeckung von Spitzenlasten im öffentlichen Netz eingesetzt werden. Im Prinzip ist aber dann die Wärmezwischenspeicherung nur für kleine Nahwärmekonzepte sinnvoll nutzbar, und die Problematik wie bei Kondensationskraftwerke besteht nach wie vor.
BHKW werden deshalb überwiegend wärmegeführt konzipiert. Eine sinnvolle Konzeption für ein BHKW kann vor allem dann vorgenommen werden, wenn der zeitliche Verlauf des Wärme- und Strombedarfs eines Objektes bekannt ist. Bei Neuplanungen kann über charakteristische Kurven z.B. für Wohnungsbau, Krankenhausbau u.a. eine relativ genaue Vorhersage getroffen werden. Nach dem Wärme- und Strombedarf eines Gebäudes kann dann ein Blockheizkraftwerk für Teillastbetrieb ausgelegt werden.

Da die Heizlast eines Gebäudes in der Regel überwiegend vom Gang der Außentemperatur abhängt, kann der Heizenergieverbrauch in einer Jahresdauerlinie abhängig von den Benutzungsstunden des Jahres aufgetragen werden (Bild 5.41a). Die Jahresdauerlinie wird für den jeweiligen Standort nach der Jahreshäufigkeit der Heizstunden bis zu einer bestimmten Wärmeleistung für das Gebäude erstellt. Wird ein BHKW nur für Teilleistung ausgelegt, kann dennoch ein erheblicher Anteil der Jahresheizarbeit geleistet werden. Die Investition für ein BHKW kann dann gering gehalten werden, bei einem gleichzeitig hohen Anteil an der Jahresheizarbeit.

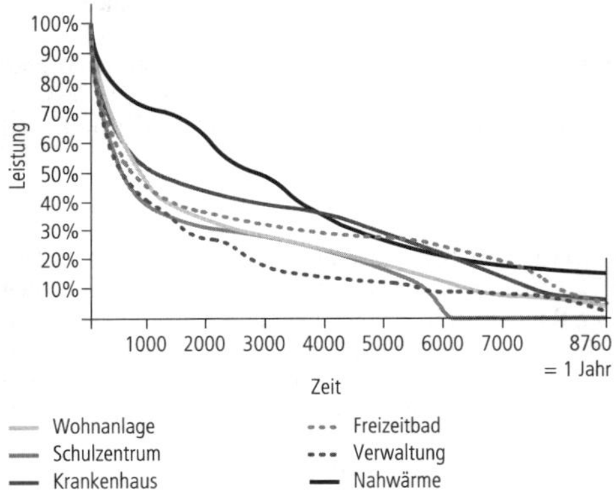

Abb. 5.41a
Typische Jahresdauerlinie für Heizarbeit unterschiedlicher Gebäude (qualitativ)

Die Auslegung von BHKW richtet sich also insbesondere nach der Heizlast. Bei sehr kleinen Leistungen für Einfamilienhäuser sind mittlerweile auch BHKW-Module ab 1 kW elektrischer Leistung auf dem Markt, bei Brennstoffzellen ab 0,5 kW_{el}. Diese sog. Nano-BHKW werden als 1-Zylinder Otto Kleinmotoren, als Sterling-Motor bzw. als Brennstoffzellen angeboten.
Solche Anlagen können auch als Einzelanlage ohne Spitzenheizkessel in Verbindung mit einem ausreichend großen Pufferspeicher vorgesehen werden. Die Taktung im Übergangsbereich und die damit verbundene Verringerung der Lebensdauer führen meist zu Kombinationen von BHKW mit Spitzenwärmeerzeugern.
Mikro- und Mini-BHKW im Bereich von 2,5 bis zu 50 kW eignen sich für mittlere Gebäudegrößen.
Sog. Kompakt-BHKW im Leistungsbereich von bis zu 400 kW sind anschlussfertig einschl. Schalldämmmaßnahmen und Steuerung für den Anschluss bzw. die Kombination für Wärmeversorgungsanlagen vorgesehen. Von Groß-BHKW spricht man bei Leistungen ab ca. 400 kW.

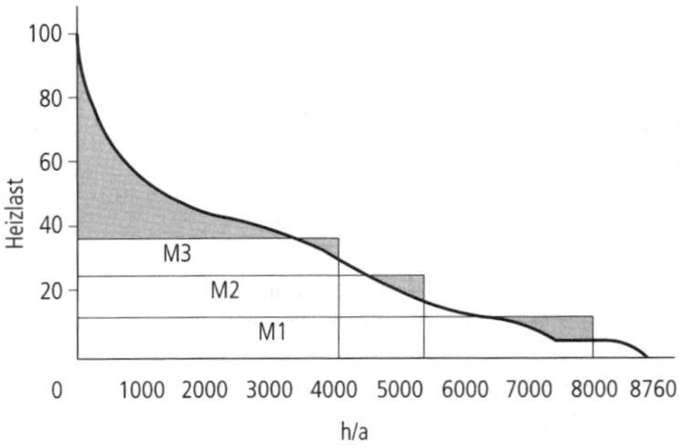

Abb. 5.41b
Jahresdauerlinie mit mehreren Modulen bei mittleren und größeren BHKW. Die Leistungsanpassung der Module M1 bis M3 erfolgt stufenweise. Die Spitzen-leistung Q_{ges} wird durch eine zusätzliche Wärmeerzeugungsanlage sichergestellt. Dennoch erbringen die BHKW-Module den größten Anteil an der Jahresheizarbeit (weiße Fläche).

Motoren für BHKW sind für einen gleichmäßigen, langsam laufenden Betrieb konstruiert. Dadurch soll erreicht werden, dass die Wartungsintervalle lang genug sind und ein nicht zu hoher Verschleiß auftritt. Bei der Auslegung ist dennoch zu vermeiden, dass durch zu große Dimensionen ein ständiges Takten der Motoren mit ungünstigen Auswirkungen auf den Verschleiß der Maschine erfolgt. Eine Leistungsanpas-

sung der BHKW bei sinkender Heizlast kann z.B. dadurch erfolgen, dass bei größeren Leistungen mehrere Module zur Anpassung an den Leistungsbedarf vorgesehen werden, siehe Abb. 5.41b.
Der Einsatz von Pufferspeichern bei BHKW ist in vielen Fällen zur Verlängerung der Laufzeit erforderlich. Pufferspeicher werden in etwa so ausgelegt, dass für eine Volllaststunde eines BHKW bei einer Temperaturdifferenz von 30 K und ca. 2/3 nutzbarem Speichervolumen das entsprechende Volumen zur Verfügung steht. Pro 10 kW thermischer Leistung können ca. 400 Liter Speicher dafür angesetzt werden.
Der Flächenbedarf für Heizzentralen liegt z.B. bei einem Mikro-BHKW von 5,5 kW elektrischer Leistung bei ca. 4 m², bei 15 kW elektrisch bei ca. 6,5 m², wobei die notwendige Fläche für Zusatzwärmeerzeuger und Wärmeverteilung hinzugerechnet werden muss.
Bei der Aufstellung in Gebäuden sind zahlreiche Anforderungen zu beachten. Das Abgasrohr muss über das Dach geführt werden, das BHKW entweder als Modul gekapselt oder so aufgestellt sein, dass die Schallübertragung in Aufenthaltsbereiche vermieden wird, und es muss eine ausreichende Zuluft- und Abluftführung eingeplant werden.

3.3 Kälteerzeugungsanlagen

Kälteerzeugungsanlagen für Gebäude werden eingesetzt, um Übertemperaturen in Räumen zu verhindern und ggf. die Raumluft zu entfeuchten (vgl. S. 5.21). Ziel einer nachhaltigen Gebäudeplanung ist, durch passive Maßnahmen (ausreichend Speichermasse im Raum, ggf. in Verbindung mit Nachtauskühlung) mit Dämpfung des Temperaturanstiegs eine aktive Gebäudekühlung zu verhindern. Reichen solche Maßnahmen nicht aus, sind aktive Kühlsysteme erforderlich. Üblicherweise werden dazu Kältemaschinen eingesetzt, die über Wasser-Kühlkreisläufe oder raumlufttechnische Anlagen Räume kühlen. Mit Nutzung einer natürlichen Wärmesenke (Grundwasser, Erdreich) oder spezieller Verfahren (solare Kühlung, DEC-Verfahren) kann ein erheblicher Teil sonst nötiger Primärenergie eingespart werden.

3.3.1 Kälteerzeugungsanlagen mit Kompressionskreislauf

Kältemaschinen arbeiten z.B. nach dem Kompressionsverfahren, das dem beschriebenen Wärmepumpenkreislauf (S. 5.7) als rechtsläufiger Prozess entspricht. Der Antrieb erfolgt durch den Verdichter, der elektrisch betrieben wird. Der Energieaufwand wird durch die Leistungszahl ausgedrückt, die das Verhältnis von Kälteleistung zur elektrischen Leistung des Verdichters beschreibt. Anstelle von Leistungsziffern verwendet man mittlerweile den Begriff EER (engl.: Energy Efficiency Ratio):

$$EER = \Phi_0 / P_{el}$$

mit der Kälteleistung Φ_0 und der elektrischen Leistung P_{el}.
Da der EER i.d.R. für Volllastbetrieb gemessen wird, die meiste Betriebszeit aber im Teillastbetrieb erfolgt, hat sich der ESERR (engl.: European Seasonal Efficiency Ratio) durchgesetzt:

$$ESEER = 0{,}03 \cdot EER(100\%) + 0{,}33 \cdot EER(75\%) + 0{,}41 \cdot EER(50\%) + 0{,}23 \cdot EER(25\%)$$

Der durchschnittliche Wert der Jahreskältearbeit wird mit der Jahresarbeitszahl bzw. dem SEER (Seasonal Energy Efficiency Ratio) mit der Jahreskältearbeit Q_K und der Elektroarbeit E_K beschrieben:

$$SEER = Q_K / E_K$$

Die erzielbaren EER-Werte hängen von der Qualität der Kältemaschine und von den Prozesstemperaturen ab. Die theoretische höchstmögliche Leistungsziffer $EER_{CARNOT\ (Carnot\ Prozeß)}$ und der tatsächliche erreichbare EER werden durch den Gütegrad beschrieben:

$$\eta_{KM} = EER/EER_{CRNT}$$

Der Gütegrad realer Kaltdampf-Kompressionsanlagen erreicht 35 bis -45 Prozent. Übliche EER betragen bei realen Bedingungen 2,5 bis 3,5, die Werte für den SEER liegen zwischen 3,5 und 4,8.

Kompressionskältemaschinen werden in der Gebäudetechnik in unterschiedlichen Bauarten eingesetzt. Man unterscheidet (in Verbindung mit raumlufttechnischen Anlagen) Nur-Luftanlagen, Luft-Wasseranlagen und Luft-Kältemittelanlagen (vgl. S. 5.18). Die Kältemaschinen werden zur Kühlung der Räume direkt oder indirekt eingesetzt. Die direkte Kühlung erfolgt durch dezentrale Anlagen im Raum. Bei Aufstellung des Kälteteils außen und Anordnung des Gerätes im Raum spricht man von einem „Splitgerät". Werden mehrere Splitgeräte über ein Kälteteil versorgt, bezeichnet man diese Anlagen als

„Multi-Splitanlagen“ (Abb. 5.45a). Kennzeichnend ist die direkte Kühlung, d.h. der Kältemittelverdampfer liegt im abzukühlenden Stoffstrom (hier der Raumluft). Bei dem indirekten Verfahren wird in einer Kältemaschine ein geeigneter Kälteträger wie Wasser oder ein Gemisch aus Wasser und Glykol (Sole) abgekühlt. In einem zweiten Kreislauf wird das Kälteträgermedium zu einem Verteiler gefördert und versorgt Temperierungssysteme (z.B. Kühldecken) oder Wärmetauscher in raumlufttechnischen Anlagen (Abb. 5.22). Die häufig außerhalb des Gebäudes (Dach) aufgestellten Geräte sind über ein geschlossenes Kaltwasser-Pumpensystem mit den Verbrauchern verbunden. Übliche Systemtemperaturen sind 6°C Vorlauf- und 10 bis 12°C Rücklauftemperatur. Wenn Umweltenergie als Wärmesenke eingesetzt wird, werden üblicherweise Temperaturen von 14 bis 16°C gewählt. Die Aufteilung des Kälteprozesses auf einen außerhalb des Gebäudes stehenden Rückkühler, der das Wärmeträgermedium kühlt, und dem innerhalb des Gebäudes untergebrachten Kälteteil bestehend aus Verdampfer, Verflüssiger und Verdichter, nennt man „Glykol-Rückkühler“.
Bei den indirekten Systemen wird durch das Sekundärsystem der geschlossenen Kaltwasserverteilung die Effizienz durch die zusätzliche Hilfsenergie (Umwälzpumpen) gemindert. Deshalb werden auch Lösungen angeboten, bei denen der wärmeaufnehmende Verdampfer direkt in das raumlufttechnische Zentralgerät eingebaut wird. Das System wird auch „**Direktverdampfer**“ genannt. Entweder ist der Verflüssiger des Gerätes außerhalb des Gebäudes angeordnet, oder auch dieser Teil in das zentrale Lüftungsgerät integriert (auf der Fortluftseite). Da bei hohen Außentemperaturen die Fortlufttemperatur der Lüftungsanlage geringer als diese ist, ergibt sich ein verbesserter Gütegrad der Anlage (größere Leistungsziffer bei kleinerer Temperaturdifferenz).
Eine Besonderheit der Kaltwassersätze und indirekten Systeme ist die Möglichkeit, die Konstruktion für einen sog. „**free-cooling**“ Betrieb auszuführen. Immer, wenn das Potential der Außenluft ausreicht, wird der Kältekreislauf abgestellt und mit dem natürlichen Temperaturgefälle zur Außenluft kaltes Wasser erzeugt. Eine weitere Methode der Rückkühlung (Wärmeabfuhr aus dem Kreislaufprozess) ist der Kühlturm.
Eine besondere Variante ist die **adiabate Verdunstungskühlung**. Dazu wird verdunstendes Wasser in die Abluft (eines RLT-Gerätes) eingespritzt und die Luft befeuchtet. Die warme Luft nimmt Wasser auf, welches vom flüssigen in den dampfförmigen Zustand übergeht. Durch die Verdampfungswärme des Wassers wird der Luft latente Wärme entzogen und die Temperatur sinkt. Mittels Kreuzstromwärmetauscher wird dann die Zuluft abgekühlt. Anhaltswert für die Abkühlung der Luft ist 2,5 Kelvin/ Gramm Wasser, welches pro Kilo Luft aufgenommen wird. Kritisch ist der Frischwasserbedarf anzusehen. In Verbindung mit einer Regenwasserspeicheranlage kann die adiabate Verdunstungskühlung eine sinnvolle, nachhaltige Kühltechnik sein. Die Grenze liegt bei einer erzielbaren Zulufttemperatur von 20 bis 24°C im Sommer. Nur bei thermischer Optimierung eines Gebäudes und geringer Kühllast kann die adiabate Verdunstungskühlung als ausreichende Wärmesenke eingesetzt werden.

3.3.2 Kälteerzeugungsanlagen mit natürlichen Wärmesenken

Die Kühlung ohne Kältemaschinen funktioniert nur, wenn eine natürliche Wärmesenke zur Verfügung steht. Wird ein Gebäude z.B. über Deckentemperierung gekühlt, müssen die Temperaturen des Wärmeträgers Wasser im Bereich zwischen 16°C und 20°C liegen. Da zur Verhinderung der Unterschreitung des Taupunktes im Raum die Oberflächentemperatur der Wärme aufnehmenden Bauteile über 16°C liegen sollten, darf die Wärmeträgervorlauftemperatur nicht zu niedrig sein. Erwärmt sich das Wasser in dem geschlossenen Kreislaufsystem bei einer Temperatureinspeisung von 3 K auf 19°C, können natürliche Wärmesenken wie Grundwasser (10° bis 14°C), Oberflächenwasser oder das Erdreich ab einer Tiefe von mindestens 10 bis 20 m sehr gut verwendet werden. Es muss lediglich die Hilfsenergie für die Umwälzpumpen eingesetzt werden.
In Abb. 5.45b ist eine Direktkühlung mit Oberflächenwasser dargestellt. Das erwärmte Wasser aus dem Flächenkühlsystem wird über einen Zwischenwärmetauscher mit Flusswasser gekühlt. Zu beachten ist, dass die Oberflächenwassertemperatur abhängig von der Außentemperatur schwankt (phasenverschoben) und ggf. eine für Kühlung zu hohe Temperatur aufweist. Die dargestellte reversible Wärmepumpe kann bei rechtsläufigem Betrieb auch als Kältemaschine arbeiten (einige Wärmepumpen werden für „reversiblen“ Betrieb angeboten). Dann kann bei nicht ausreichendem Wärmesenkenpotential die Kältemaschine Wasser kühlen. Oberflächenwasser mit mehr als 20°C kann noch für die Rückkühlung der Kältemaschine eingesetzt werden.

Grundwasser weist ab einer Tiefe von 10 m nur geringe Temperaturschwankungen auf. Mit ca. 10 °C ist Grundwasser als Wärmesenke gut zu verwenden. Der Wärmeentzug aus dem Grundwasser kann nach zwei Methoden erfolgen:

- direkte Erwärmung des Grundwasserleiters
- Entnahme, Aufwärmung und Wiedereinleitung des Grundwassers.

Bei der erstgenannten Methode werden Tauchsieder ähnlich geformte Wärmetauscher über Bohrlöcher in den Grundwasserleiter gebracht und über einen Solekreislauf mit der Kälteanlage verbunden. Häufig wird die zweitgenannte Methode angewendet, für die eine Entnahme und Wiedereinleitung des Grundwassers mit Förder- und Schluckbrunnen stattfindet. Meist wird eine Temperaturerhöhung auf 6 K begrenzt und muss überwacht werden (geothermisches Monitoring). Die Regeneration des Wärmehaushaltes durch Pendelbetrieb (Heizen über Grundwasserwärmentzug im Winter, Kühlen im Sommer) wird bevorzugt. Dafür sollten thermische Simulationen einen ausgeglichenen Wärmehaushalt nachweisen. In Abb 5.45c ist eine Anlage mit Direktkühlung über Grundwasser dargestellt.
Erdkollektoren werden im Erdreich in einer Tiefe von 1,20-1,50 m parallel verlegte Rohre bezeichnet. Der Verlegeabstand beträgt zwischen 0,5 m (wassergesättigter Sand/Kies) und 0,8 m (trockener, nicht bindiger Boden). Der Wärmeeintrag wird je nach Bodenqualität zwischen 10 bis zu 40 W/m² (wassergesättigter Sand/Kies) angegeben. Erdwärmekollektoren sollen nicht überbaut und die Oberfläche sollte nicht versiegelt werden.

Vertikale **Erdwärmesonden** (vertikal verlegte Erdreichwärmetauscher) werden in bis zu 100 m tiefe Bohrungen (bei manchen Verfahren auch bis zu 400 m Tiefe) eingebracht. Wegen des geringeren Flächenbedarfs und günstigeren spezifischen Wärmeleistungen wird diese Technik häufig gegenüber den waagerechten Erdreichwärmetauschern bevorzugt. Die Erdwärmesonden werden in einem geschlossenen Kreislauf bis zur Wärmpumpenanlage für Heizsysteme entweder als indirektes System mit einem Zwischenkreislauf oder mit einem Direktsystem mit Kältemittel in Verbindung mit dem Verdampfer der Wärmepumpe gebaut. Letztgenannte Ausführung wird selten gewählt. Bei dem indirekten System wird z.B. ein Solekreislauf (Mischung Monoethylenglycol/Wasser) mit der Wärmepumpe über einen Zwischenwärmetauscher verbunden. Durch Abschaltung des Wärmepumpenkreislaufs kann eine einfache Direktkühlung erfolgen. Das erwärmte Wasser aus dem Temperierungssystem wird über einen Bypass direkt im Zwischenwärmetauscher abgekühlt. Übliche Temperaturen des Kühlwassers sind 16°C Vorlauf, 18 bis 20°C Rücklauf. Bei einer mittleren Erdreichtemperatur von 10°C können die Erdsonden als Wärmesenke betrieben werden. In Abb. 5.45d ist eine Direktkühlung dargestellt. Die Sonden haben unterschiedliche Bauformen: U-Rohrsonde, Doppel-U-Rohrsonde, Koaxialsonde. Die häufigste Anwendung zurzeit ist die Doppel-U-Rohrsonde. Das Bohrloch wird mit einer Bentonit-Zement-Suspension verpresst, um einen guten Wärmeübergang zwischen Erdreich und Sonde zu gewährleisten. Die **erreichbaren Wärmeeintragsleistungen** richten sich nach der Betriebsweise der Anlage (nur Heizung oder Heizen und Kühlen), nach der Betriebszeit und wesentlich nach der Qualität des Untergrundes. Bei schlechtem Untergrund können 20 W/m erzielt werden, bei Kies/Sand, wasserführend bis zu 55 W/m und bei Gneis 50-60 W/m. Die genannten U-Rohr-Sonden haben einen Rohrdurchmesser von 25-32 mm, die Außenabstände einer U-Rohr-Sonde 50-70 mm. Die Sonden sind in Abständen von mind. 6 m zueinander einzubauen. Die Sondenrohre sollen in parallel geschalteten Kreisen zum Verteiler geführt werden.

Energiepfähle

Die Gebäudegründung kann kostengünstig als Absorber (bauteilintegrierte Rohrsysteme) verwendet werden. Eine Methode ist die Aktivierung von Pfahlgründungen. Alle Pfahlbaumethoden (Ortbetonpfähle, Fertigpfähle aus Stahlbeton oder Stahl) können eingesetzt werden. Eine wirtschaftliche Nutzung beginnt bei Pfahllängen von etwa 6 m. Bereits als Fertigteil ausgeführte Energiepfähle sind besonders wirtschaftlich. Zur Bestimmung der Entzugsleistung von Pfählen müssen Auslegungsprogramme verwendet werden, die die unterschiedlichen Wärmeübertragungsverhältnisse zwischen Rohr-Betonpfahl und Erdreich im Zusammenhang mit den Bodenverhältnissen aufzeigen. Grundwasserführende Schichten verbessern den Wärmeentzug bzw. die Wärmeeinbringung, bei Wärmespeicherung ist eine hohe spezifische Wärmekapazität und ein geringer Grundwasserstrom günstiger. Andere erdreichberührende Flächen (Schlitzwände, Bodenplatten) können ebenfalls gut als Absorber eingesetzt werden.

Tafel 5.45 Entzugsleistungen bzw. Wärmesenkenleistung für Energiepfähle (Quelle: Fa. Uponor)

	Energiepfähle d < 60 cm	Energiepfähle d > 60 cm
Wärmequelle	40 - 80 W/m	30 - 70 W/m^2
Wärmesenke	20 - 60 W/m	20 - 50 W/m^2

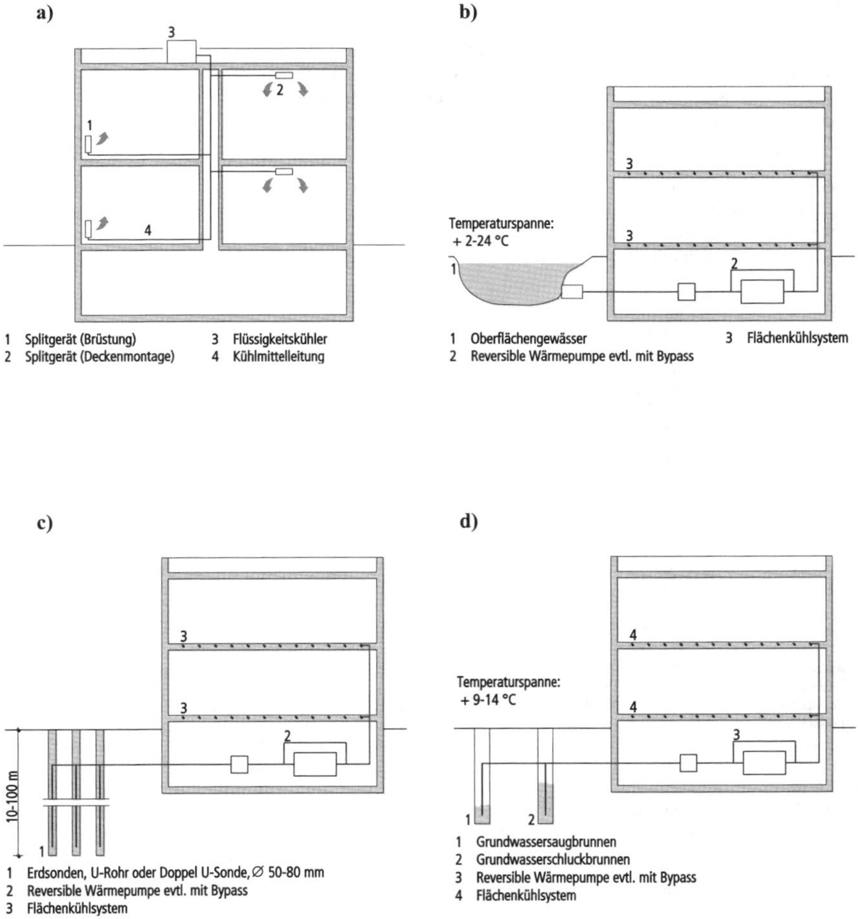

Abb. 5.45

- **a)** Kühlung mit Multi-Split-Anlage
- **b)** Kühlung mit Oberflächenwasser
- **c)** Kühlung mit Grundwasser + reversibler Wärmepumpe mit Direktkühlung
- **d)** Kühlung mit Erdsonden + reversibler Wärmepumpe mit Direktkühlung

3.3.3 Kälteerzeugung mit Sorptionsverfahren

Die Kälteerzeugung mit Sorptionsverfahren unterscheidet sich von den Kompressionsverfahren durch den Verdichterprozess als thermischen Verdichte. Dazu wird ein Lösungsmittelkreislauf verwendet, dessen Beschreibung der Sorptionswärmepumpe entspricht. Die notwendige Lösungsmittelpumpe benötigt vergleichsweise wenig Energie, der Prozess wird hauptsächlich durch Wärme angetrieben. Die Wärme entsteht durch Gasverbrennung oder durch Verwendung von Abwärme bzw. Fernwärme. Sorptionsprozesse unterteilt man in Ab- und Adsorption. Bei den Absorptionsverfahren wird ein Zweistoffsystem (z.B. Lithiumbromid-Wasser oder Wasser-Ammoniak) verwendet. Die Verdichtung erfolgt in Form einer thermischen Verdichtung durch Wärmezufuhr. Es werden Maschinen mit einstufigem- oder zweistufigem Verfahren angeboten. Die Druckerhöhung von Verdampferdruck auf Kondensationsdruck erfolgt durch die Lösungsmittelpumpe. Das einstufige Verfahren liefert geringere Wärmeaustauschgrade als das zweistufige. Allerdings ist die notwendige Temperatur der Wärmezufuhr für den Absorptionsvorgang geringer (70-85 °C). Damit wird der einstufige Prozess für die Nutzung von Motorabwärme aus Kraft-Wärme-Kopplung interessant. Die Qualität der Absorptionskälteanlage beschreibt das Wärmeverhältnis:

$$\zeta = Q_{c,outg} \,/\, Q_{c,them}$$

mit der Kälteleistung am Verdampfer (Nennkälteleistung) und der Heizleistung am Austreiber. Die notwendige Warmwassertemperatur am Austreiber beträgt 70-130 °C. Das Wärmeverhältnis liegt zwischen 0,6-0,83. Die energetische Bewertung von Absorptionskältemaschinen erfolgt anhand des Wärmeverhältnisses ζ und eines mittleren Teillastfaktors PLV_{av} (siehe DIN EN 18599).

a)

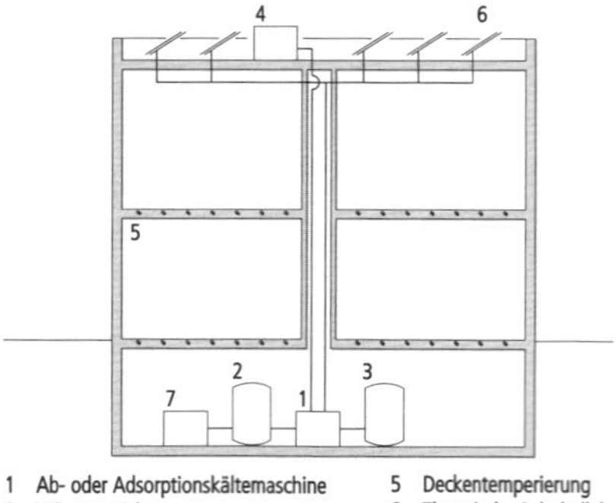

1 Ab- oder Adsorptionskältemaschine
2 Wärmespeicher
3 Kältespeicher
4 Rückkühlwerk
5 Deckentemperierung
6 Thermische Solarkollektore
7 Zusatzwärmeerzeuger (Back- up)

b)

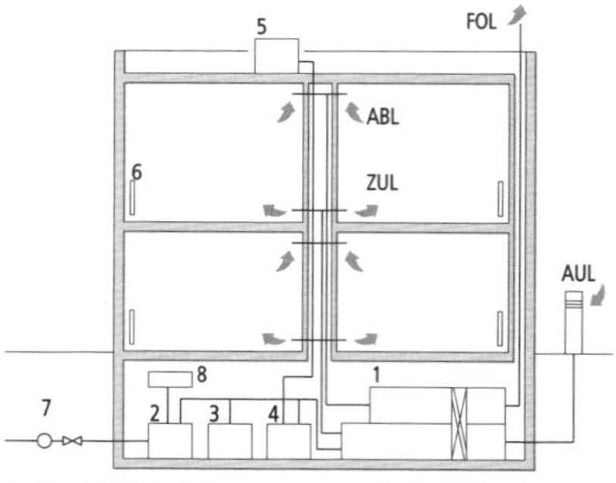

1 Raumlufttechnische Anlage
2 Kraft- Wärme- Kopplung (BHKW)
3 Spitzenlast-Wärmeerzeuger
4 Ab- oder Adsorptionskältemaschine
5 Rückkühlwerk
6 Statische Heizkörper
7 Erdgasanschluss
8 Stromverteiler

Abb. 5.46
a) Kälteerzeugungsanlage mit solarer Wärmeerzeugung für eine Ab- oder Adsorptions-Kältemaschine
b) Kälteerzeugungsanlage mit Abwärmenutzung aus Kraft- Wärme-Kopplung

In Tafel 5.38 sind einige typische Werte für das Nennwärmeverhältnis angegeben. Bei den Adsorptionsmaschinen besteht der Sorptionsprozess auf dem periodischen Wechsel von Adsorption und Regeneration von Kältemittel und hochporösen Hygroskopischen Feststollen (Aktivkohle, Zeolith, SillicaGel). Es handelt sich um eine reversible Anlagerung von Gasmolekülen an den porösen Feststoffen mit großer Oberfläche. Adsorptionsmaschinen sind besonders in kleiner Bauweise (ab 40 kW Kälteleistung) und Abwärme geeignet, da die Temperatur der Wärmezufuhr ab 70 bis 75 °C (je nach Gerätekonstruktion) möglich ist. In Abb. 5.46a ist eine Kälteerzeugungsanlage mit Nutzung solarer Wärme dargestellt. Die Anlage kann bei Verwendung reversibler Adsorptionsmaschinen auch für Heizzwecke eingesetzt werden. Ein Zusatzwärmeerzeuger (Back-up) übernimmt die Spitzenheizlast. In Abb. 5.46b ist die Kälteerzeugungsanlage mit Abwärmenutzung aus Kraft-Wärme-Kopplung dargestellt. Die BHKW-Anlage kann dadurch deutlich besser ausgelastet werden, und die Wirtschaftlichkeit wird erheblich verbessert. Selbstverständlich muss die Heizlast, Stromlast und Kältelast abgestimmt sein. Das hier dargestellte Gebäude wird außerdem mit einer zentralen Raumlufttechnik versorgt. Ein weiteres System der solarunterstützten Kühlung ist das **Desiccant Cooling System (DCS)**. Hier wird die solare Wärme nicht – wie bei den Sorptionsverfahren – in kaltes Wasser umgewandelt, sondern die Zuluft eines raumlufttechnischen Systems indirekt gekühlt. Dazu wird die Abluft bis an die Sättigungsgrenze befeuchtet, wodurch die Temperatur sinkt. Durch Nacherwärmung der Fortluft ist die Feuchteaufnahme wieder möglich und ein Entfeuchtungsrad (Sorptionsrad) kann die Außenluft entfeuchten. Mit der Befeuchtung der Zuluft sinkt noch einmal die Zulufttemperatur. Unter Beachtung der Behaglichkeitskriterien (relative Feuchte der Zuluft max. 60 bis 65%) können so Zulufttemperaturen von 20 bis 21°C erreicht werden. Dieses System ist vor allem bei Anlagenkonzepten mit Nur-Luftanlagen sinnvoll.

Tafel 5.47 Nennwärmeverhältnis einiger Ab- und Absorptionskälteanlagen (nach DIN V 18599-7)

			Nennwertverhältnis ζ			
			≤ 200 kW	bis 200 kW		
Heiztemperatur Vorlauf/Rücklauf [°C]	**Kühlwasserein-/ Austritts-temperatur** [°C]	**Kaltwasser-austritts-Temperatur** [°C]	H_2O-LiBr	H_2O-LiBr	NH_3/H_2O	H_2O/Silikagel-Zeolith
70/60	27/33	6	-	0,65	0,50	-
		12	-	0,70	0,56	0,59
		16	-	0,75	0,62	0,63
	40/45	6	-	-	-	-
		12	-	-	-	-
		16	-	-	-	-
80/70	27/33	6	-	0,69	0,52	-
		12	0,71	0,72	0,60	0,52
		16	-	0,77	0,64	0,60
	40/45	6	-	-	-	-
		12	-	-	-	-
		16	-	0,50	-	-
90/75	27/33	6	0,69	0,70	0,57	-
		12	0,71	0,73	0,62	0,51
		16	0,73	0,77	0,64	0,55
	40/45	6	-	-	-	-
		12	-	0,50	-	-
		16	-	0,60	0,45	0,34
110/95	27/33	6	0,70	-	0,53	-
		12	0,71	-	0,56	-
		16	0,72	-	0,58	-
	40/45	6	-	0,50	0,42	-
		12	0,60	0,60	0,52	-
		16	0,70	0,70	0,58	-

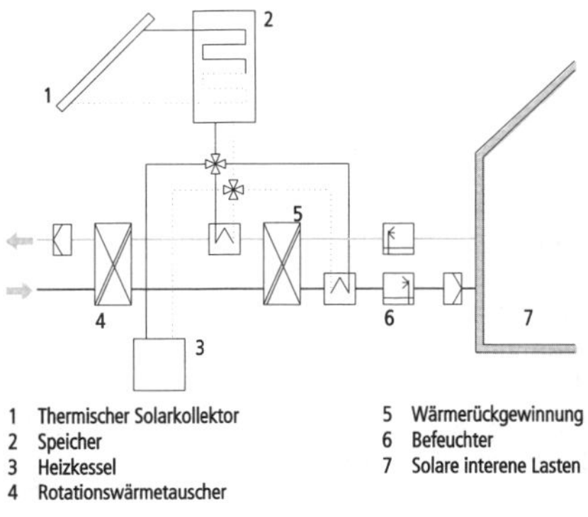

Abb. 5.47
Solare Kühlung mit Solarkollektoren und Absorptionskältemaschine.
Kombinierte Luft-Wasser-Anlagen sind dann von Vorteil, wenn der höhere Anteil der Kühllasten über Bauteiltemperierung mit geschlossenen Kaltwassersystemen abgeführt wird. Ein weiteres Verfahren der solaren Kühlung ist die Stromerzeugung über Photovoltaikanlagen und der Antrieb von Kompressionskältemaschinen mit solarerzeugtem Strom.

4 Elektrotechnik – Starkstrom

4.1 Stromzuführung

Im Zuge einer internationalen Harmonisierung trat mit der Veröffentlichung der DIN IEC 38 für öffentliche Niederspannungsnetze der Bundesrepublik die Nennspannung 230/400 V an die Stelle der bisherigen 220/380 V. (Für Elektrogeräte ergaben sich hieraus keine Probleme. In der BRD lag der Spannungswert der Versorgungsnetze bereits vor 1987 bei etwa 230 V).

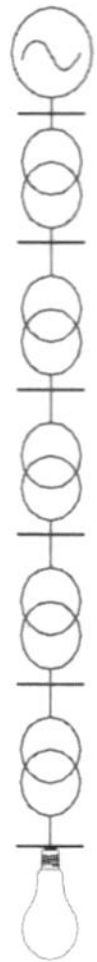

Abb. 5.48 Zur Verringerung der Verluste durch Erwärmung wird die Spannung der elektrischen Energie mehrfach auf den jeweils optimalen Wert transformiert.

Niederspannungsanschluss mit 230/400 V

Jedes Gebäude erhält einen Anschluss an das öffentliche Stromnetz, welches gewöhnlich als TN-C-Netz mit 4 Leitern ausgebildet ist, den 3 Phasen und einem Neutralleiter mit Schutzfunktion: L1, L2, L3 und PEN (früher R, S, T und MP).

Kurzbezeichnungen von Netzformen: Im Zuge einer internationalen Harmonisierung sind einige bisher gebräuchliche Begriffe, wie Nullung oder Schutzerdung, durch eine Buchstabenkombination ersetzt worden.

Tafel 5.48 Kennzeichnung von Leitern in Drehstromsystemen gem. DIN VDE 0470-1

Außenleiter	L1 L2 L3 R S T U V W	(vorzugsweise) (zulässig) (allgemein)	im Netz
Neutralleiter	N	(auch als Mittelleiter bezeichnet)	
Schutzleiter	PE	(protection earth, früher SL)	
Neutralleiter mit Schutzfunktion	PEN	(geerdeter Leiter, der die Funktionen von Neutralleiter + Schutzleiter übernimmt)	

Die dem Verbraucher als 230/400 V zugeführte Energie kann verwendet werden (V/3) als:

- 230-V-Wechselstrom für Leuchten- und Steckdosenstromkreise mit 3 Leitern: einem Außenleiter, beispielsweise L1, dem Neutralleiter N und dem Schutzleiter PE.
- 400-V-Drehstrom mit 4 oder 5 Leitern je nach Art des angeschlossenen Geräts, z.B. Elektro-Herde mit den 3 Außenleitern + N + PE oder Durchlauferhitzer mit den 3 Außenleitern + PE.

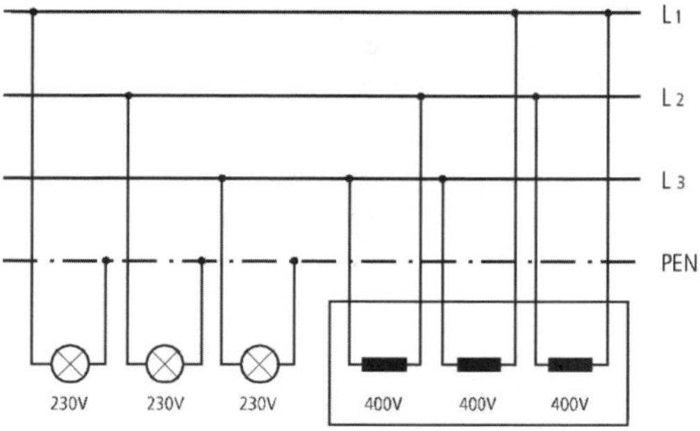

Abb. 5.49
In Deutschland besteht (mit einigen wenigen Ausnahmen) im Niederspannungsbereich zwischen jeder Phase und dem geerdeten PEN-Leiter eine Spannung von 230 V, zwischen 2 Phasen jeweils 400 V.

Anschluss geplanter Gebäude

Bereits im Vorplanungsstadium sollte der Architekt mit dem zuständigen EVU die Versorgungs- und Anschlussfragen klären (Art der Zuleitung, Trassenführung, Transformatorenstation) und sich zur Aufstellung seines Finanzierungsplanes die Anschlusskosten angeben lassen. Hierzu wird das EVU nähere Angaben und Unterlagen anfordern (wie z.B. Lageplan, Gebäudekonzeption, geplante elektrische Einrichtungen).

Freileitungsanschluss

Freileitungsnetze finden sich vorwiegend in ländlichen Gebieten.
Varianten der Gebäudeeinführung: Freileitungsanschluss über Dachständer.

- Ein Freileitungsanschluss über eine Hauswand ist aus ästhetischen Gründen meist unbefriedigend und nur bei untergeordneten Gebäuden vertretbar.
- Ein Freileitungsanschluss mit Erdkabel-Hauseinführung kommt dort in Betracht, wo Dachständer aus architektonischer Sicht unerwünscht sind, z.B. bei eingeschossigen Gebäuden mit Flachdach. Die entstehenden Mehrkosten sind dem EVU zu erstatten.

Erdkabel-Anschluss

Verkabelte Leitungen können im Ortsbild nicht störend wirken, sind dafür aber teurer als Freileitungen. Auch lassen sich infolge von Erdarbeiten entstehende Kabelbeschädigungen weniger leicht aufspüren als bei Freileitungen, zumal sich Störungen oft erst Wochen nach einer Beschädigung einstellen. (Etwa 30 cm über den Kabeln verlegte gelbe Trassenwarnbänder können bei späteren Erdarbeiten Baggerführer auf die Kabeltrasse aufmerksam machen.)

Ein Erdkabel wird vom EVU etwa 60-80 cm unter Terrain ins Gebäude eingeführt. Die TAB sehen vor, dass Art und Größe des Schutzrohres vom EVU festgelegt werden, dass der Anschlussnehmer für den Einbau zu sorgen hat und dass das EVU für einen wasserdichten Abschluss des Kabels im Schutzrohr sorgt. Leicht nach außen geneigte Schutzrohre erleichtern das allseitig saubere Schließen einer Gebäudeeinführung mit dauerelastischen Dichtstoffen. Auf sorgfältigen Anschluss an die vertikalen Sperrschichten von Kelleraußenwänden sollte die Bauleitung achten. Kernbohrungen erleichtern i.d.R. ein Durchfahren von Betonwänden.

4.2 Niederspannungsanlagen

Zähleranlagen bei Niederspannungseinspeisung

Für die Anbringung der Zählereinrichtungen sind leicht zugängliche Räume zu wählen, z.B. Haus-Anschlussräume, Treppenräume oder besondere Zählerräume. Unzulässig ist die Anordnung in Wohnräumen, Küchen, Toiletten, Bade- und Waschräumen (hygienische Gründe), innerhalb von Wohnungen in Mehrfamilienhäusern (ständige Zugänglichkeit nicht gewährleistet), über Treppenstufen (Unfallrisiko), in Speichern, Garagen (eingeschränkte Zugänglichkeit), in feuchten Räumen, Öllagern sowie an Stellen mit erhöhter Umgebungstemperatur oder an feuer- bzw. explosionsgefährdeten Stellen.

Der Stromverbrauch von Gemeinschaftsanlagen ist gem. DIN 18 015-1 in Gebäuden mit mehr als 2 Wohnungen gesondert zu messen. Bei Mehrfamilienwohngebäuden ist mit dem EVU abzusprechen, ob zentrale oder dezentrale Zähleranlagen installiert werden sollen.

Dezentrale Zähleranlagen

Stromversorgungssysteme mit dezentral angeordneten Zählern eignen sich für kleine und mittlere Wohnhäuser (mit bis zu etwa 3 Geschossen).

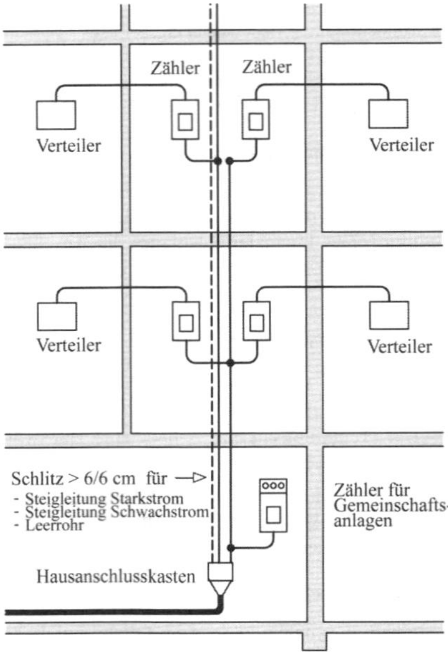

Abb. 5.50
Dezentrale Zähleranlage. Die Steigleitungen sowie ein Leerrohr d = 29 mm werden i.d.R. im Treppenraum verlegt. Das Leerrohr soll Nachrüstungen erleichtern und u. a. Steuerleitungen für Mehrtarifzähler aufnehmen können. Für die Zählerschränke und Verteiler in den Geschossen sind Nischen einzuplanen.

Zentrale Zähleranlage

Alle Zähler befinden sich bei dieser Variante in der Nähe des Hausanschlusskastens, i.d.R. in einem Haus-Anschlussraum. Von hier aus werden Hauptleitungen zu den einzelnen Wohnungsverteilungen geführt. Der vertikale Wandschlitz nimmt, wie bei dezentralen Zähleranlagen auch, ein Leerrohr ≥ 29 mm sowie Schwachstromleitungen auf.

Ab einer bestimmten Anzahl von Zählern (ab ca. 8 Wohnungen) fordert das Elektroversorgungsunternehmen meistens die Unterbringung der Zähler in einem Hausanschlussraum.

Zentrale Zählersysteme sind höher belastbar. Nischen in Treppenraumwandungen, aus denen die oben beschriebenen Probleme resultieren können, entfallen. Zentrale Zähleranlagen werden daher i. Allg. bevorzugt. Reichen bei größeren Bauvorhaben Wandschlitze zur Unterbringung der Leitungen nicht mehr aus, werden Kabelschächte erforderlich.

Stromnetze

Die Stromversorgung kleinerer Gebäude besteht aus Stromeinspeisung, Zähler und Verteiler je Wohnung oder Einheit. Bei größerern Gebäuden können unterschiedliche Konzepte der Planung zugrunde gelegt werden. Die **vertikale Stromversorgung** wird am häufigsten verwendet. Bei größeren Lasten, z.B. für Aufzüge, Klimatechnik in den Obergeschossen (Dachaufstellung von Kältetechnik o.Ä.) kann eine zweite Einspeisung im oberen Gebäudebereich erfolgen.

Eine einzige Steigleitung schränkt die Versorgungssicherheit ein. Deshalb können **Gruppenversorgung, Einzelversorgung oder Ringsteigleitungen** vorgesehen werden. Bei mehreren Aufteilungen wächst die Hauptverteilung und damit die Investition. Einzelversorgung wendet man z. B.

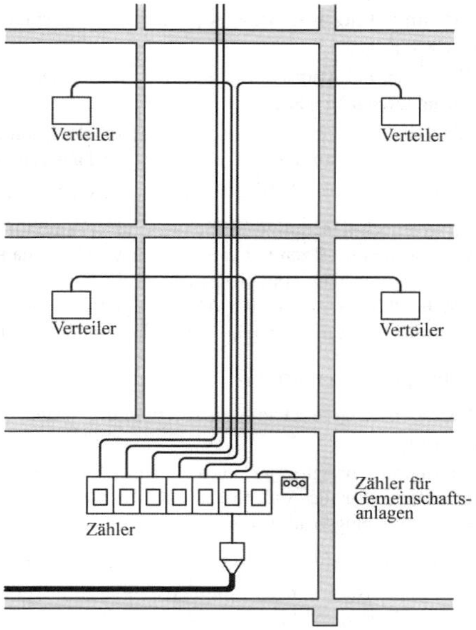

Abb. 5.51a
Zentrale Zähleranlage im Bereich des Haus-Anschlusskastens. Die Anlage ist höher belastbar. Zählernischen entfallen.

bei Wohnungen mit zentralem Zählerplatz im Untergeschoss an. Für große Gebäude ist eine **Ringsteigleitung mit Kuppelschalter** wegen des optimalen Lastflusses mit geringen Verlusten eine gute Lösung.

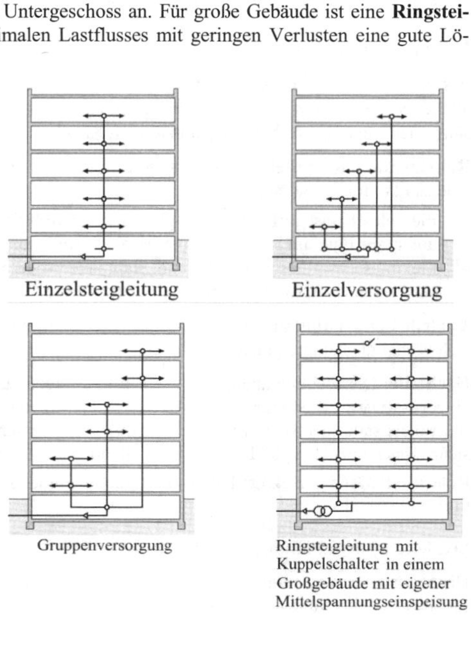

Abb. 5.51b
Niederspannungsnetzformen in Gebäuden: Die Einzelsteigleitung ist bei geringen Ansprüchen an die Versorgungssicherheit eine preiswerte Lösung; Vorteil ist der Wegfall der Hauptverteilung; bei der Einzelversorgung wird die Schaltanlage im Untergeschoss umfangreich; diese Anordnung wird bei zentralen Zählern im Untergeschoss gewählt; für mehrstöckige Gebäude wird häufig eine Gruppenversorgung gewählt mit verbesserter Versorgungssicherheit; bei Großbauten bietet eine Ringsteigleitung mit Kuppelschalter große Versorgungssicherheit.

Stromkreisverteilungen sind den Zählern nachgeschaltet. Hier erfolgt die letzte Aufgliederung der Zuleitungen in einzelne Stromkreise.

Überstrom-Schutzeinrichtungen, in der Umgangssprache als Sicherung bezeichnet, haben zwei Funktionen:

- Sie sollen bei Kurzschluss, auch bei Körperschluss („elektrischer Schlag"), möglichst schnell den Stromdurchgang abschalten.
- Sie sollen bei Leitungsüberlastung ausschalten, um zu verhindern, dass der Leiter sich übermäßig erwärmen und auf diese Weise einen Brand auslösen kann.

Sicherungsstufen: 10, 13, **16, 20**, 25, (32), 35, 40, 50, **63**, 80, 100 (A Nennstrom).

Fehlerstromschutzschalter (FI-Schutzschalter) sind für Wechselstrom ab 16 A, für Drehstrom ab 25 A verwendbar und schützen vor elektrischen Schlägen, da sie innerhalb von Sekundenbruchteilen die fehlerhaften Leitungsteile vom Netz trennen. Sie werden mit unterschiedlicher Fehlerstromempfindlichkeit hergestellt (0,03 A; 0,3 A; 0,5 A). Einen sicheren Schutz bei direkter Berührung spannungsführender Teile gewährleistet nur der 0,03 A-FI-Schutzschalter. Er ist daher besonders zu empfehlen.

Einteilung von Stromkreisen

Im **Verteiler** wird die letzte Aufgliederung der Strombahnen in einzelne abgesicherte **Stromkreise** vorgenommen.

Die Stromkreise bestehen jeweils aus 1 bis 3 Außenleitern (Phasen) und den dazugehörigen Neutral- und Schutzleitern. Nur die Außenleiter sind abzusichern; in Neutral- und Schutzleitern dürfen keine Sicherungselemente eingebaut werden.

Mindestanzahl von Stromkreisen für Beleuchtung und Steckdosen einer Wohnung gem. DIN 18 015-2:

- 2 Stromkreise: bis 50 m^2 Wohnfläche
- 3 Stromkreise: 50 bis 75 m^2 Wohnfläche
- 4 Stromkreise: 75 bis 100 m^2 Wohnfläche
- 5 Stromkreise: 100 bis 125 m^2 Wohnfläche
- 6 Stromkreise: über 125 m^2 Wohnfläche

Leitungsmaterial

Als metallischer **Leiter** wird im Wohnungsbau ausschließlich Kupfer verwendet. Isolierte einzelne Leiter nennt man **Adern**, mehrere in einer Umhüllung zusammengefasste Adern **Leitung**; mit einem zusätzlichen Mantel versehen spricht man vom Kabel.

Rohrinstallation bestehend aus Isolierrohr und eingezogenen Kunststoffaderleitungen. Als Rohrmaterial kommt in Betracht:

- Flexibles Kunststoffisolierrohr, glatt oder gewellt für unterschiedliche Druckbeanspruchungen (im, unter, auf Putz, im Estrich, Stampfbeton, Fertigbeton).
- Flexibles gewelltes Stahlrohr und Stahlpanzerrohr, vornehmlich bei höherer Druckbeanspruchung verwendet (im Estrich, Stampf- oder Fertigbeton).

Vorteile der Rohrinstallation: Nachträgliche Verstärkungen oder Auswechslungen der Leitungen lassen sich verhältnismäßig einfach vornehmen.

Nachteile: Die Elektroplanung muss sehr früh erfolgen, damit die Isolierrohre in Stahlbetonteile (Decken) eingegossen werden können. Das waagerechte Fräsen von Wandschlitzen zur Unterputzverlegung der Rohre ist ohne statischen Nachweis für tragende und aussteifende Wände unter 24 cm Dicke sowie in Schornsteinwangen unzulässig und damit für Installationen im Wohnungsbau i. Allg. ungeeignet.

Rohrinstallationen, in Bauteilen aus Fertigbeton einbetoniert, entsprechen dagegen dem Stand der Technik.

Stegleitungsinstallation, „Im-Putz-Installation"

Die bandartigen Stegleitungen NYIF bzw. NYIFY (mit äußerer Umhüllung aus Gummi bzw. PVC) kommen für alle trockenen Räume in Betracht, einschließlich der Bäder von Wohnungen und Hotels im Bereich 3.

Tafel 5.53
Buchstabenkurzzeichen von nationalen, nicht harmonisierten Typen (eine Auswahl), z. B.: NYM-J 5 × 2,5 kennzeichnet eine Mantelleitung mit PVC-isolierten Adern und äußerer PVC-Umhüllung, mit einer grüngelb gekennzeichneten Ader und 5 Adern je 2,5 mm² Nennquerschnitt

N =	Normenleitung nach VDE-Bestimmungen
Y =	Kunststoff (PVC)
A =	Aderleitung
M =	Mantelleitung
F =	Flachleitung bzw. Fassungsader bzw. feindrähtig
G =	Gummi
I =	Im-Putz
R =	Rohrdraht
U =	umhüllt
L =	leichte

Bei Leitungen mit grüngelb gekennzeichneter Ader folgt nach einem Bindestrich ein J, bei Leitungen ohne grüngelb gekennzeichnete Ader ein O. Danach werden Anzahl und Querschnitt der Adern angegeben.

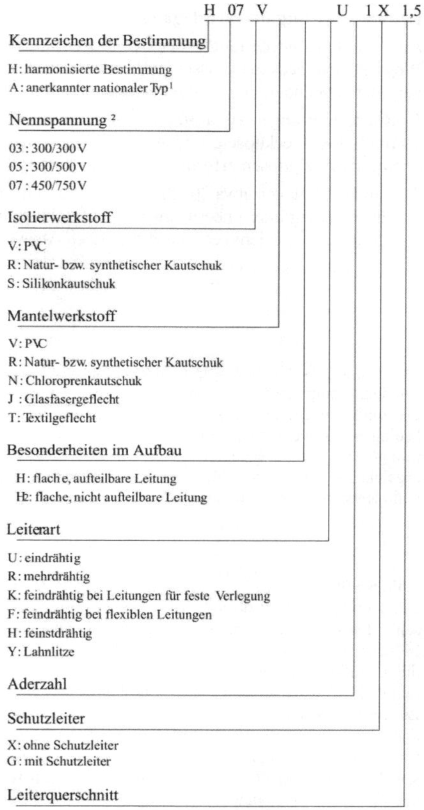

Abb. 5.53
Harmonisierte Typenkurzzeichen von Starkstromleitungen. Kennzeichnung einer eindrähtigen PVC-Aderleitung z. B. H07V-U1 × 1,5. Altes Typenkurzzeichen: NYA 1,5 mm².

1 Ergänzende Arten nur in einzelnen Ländern zugelassen
2 Gibt die Grenzspannung an. Je höher die Spannung, umso stärker die Leistung
03: Nicht für Drehstrom (400 V) geeignet
05: Für Wechsel- und Drehstrom geeignet, z. B. 230/400 V da < 300/500 V.
07: Für Baustellen verwendet (stärkere Isolierung)

Vorteile der Stegleitungsinstallation: die Ausschreibung der Elektroinstallation kann zu einem relativ späten Zeitpunkt erfolgen und die Anordnung von Schaltern, Lichtauslässen usw. gegebenenfalls gemeinsam mit den Bauherrn im Rohbau an Ort und Stelle festgelegt werden. Die Stegleitungsinstallation ist preislich günstiger als eine Rohrinstallation.

Nachteile: Nachträgliche Veränderungen sind nicht ohne größeren Aufwand (Stemm-, Putz- und Anstricharbeiten) möglich.

Mantelleitung NYM

Mantelleitungen sind Feuchtraumleitungen und werden als Ergänzung von Rohr- und Stegleitungsinstallationen eingesetzt wie auch für leistungsstarke Verbraucher in Verbindung mit Stegleitungsinstallationen.

Kunststoffkabel NYY

Gegenüber Mantelleitungen (NYM) haben Kunststoffkabel einen verstärkten Außenmantel, der durch entsprechende Kunststoffmischung und Zusätze von Ruß vor Witterungseinflüssen schützt. Sie werden vornehmlich im Erdreich (Außenleuchten), in Kabelkanälen und im Freien eingesetzt. NYY darf auch direkt in zu verdichtenden Beton eingebettet werden.

Leitungsführung und -verlegung

Auf Wänden sind Leitungen senkrecht und waagerecht zu führen, an Decken können sie auf kürzestem Wege zu den Deckenauslässen geführt werden. Für die Ausführung der Wandinstallation in Räumen mit verputzten Wänden gibt es zwei Möglichkeiten:

1. Rundumleitungen etwa 30 cm unterhalb der Decke mit senkrechten Stichleitungen zu darunter befindlichen Steckdosen, Leuchten, Schaltern und zu Auslässen an der Decke. Hierfür ist eine Vielzahl von Abzweigdosen erforderlich, deren Deckel sich i. Allg. auf den Wandflächen markieren.
2. Rundumleitungen etwa 30 cm oberhalb des Fußbodens in Steckdosenhöhe. Geräteverbindungsdosen (Geräte-Abzweigdosen) übernehmen zwei Funktionen: sie nehmen nicht nur die Steckdosen- oder Schaltereinsätze auf, sondern besitzen zudem noch Abzweigklemmen zum Anschluss abgehender Leitungen.

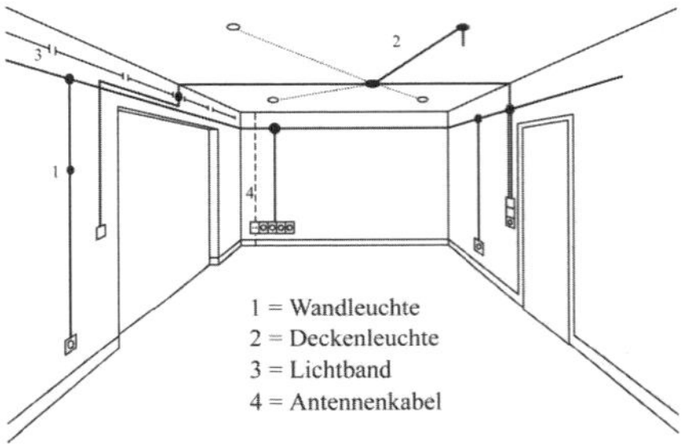

Abb. 5.54a
Herkömmliches Verfahren mit Abzweigdosen. Eine Rundumleitung wird 30 cm unter der Decke verlegt. Die Verbindungen zu Steckdosen, Lichtauslässen usw. bedingen eine verhältnismäßig große Anzahl von Abzweigdosen, deren Deckel sich an der Wandoberfläche abzeichnen. Gerätedosen für Schalter und Steckdosen befinden sich an den Leitungsenden.

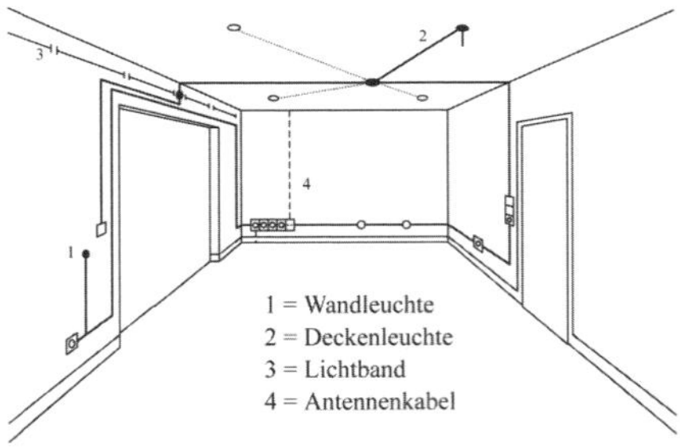

Abb. 5.54b
Ringleitungen, 30 cm über dem Fußboden, mit eingeschleiften Leerdosen ermöglichen bei Veränderung der Möbelstellung eine flexible Anpassung der Installation durch einfaches Nachrüsten der Leerdosen. Türen und raumhohe Fensterelemente müssen umfahren werden. Es werden Dosen größerer Tiefe (Geräteverbindungsdosen) verwendet mit der Funktion sowohl einer Geräte- als auch einer Abzweigdose. Hinter dem Geräteeinsatz (Schalter oder Steckdose) befinden sich zusätzliche Klemmen für Leitungsanschlüsse.

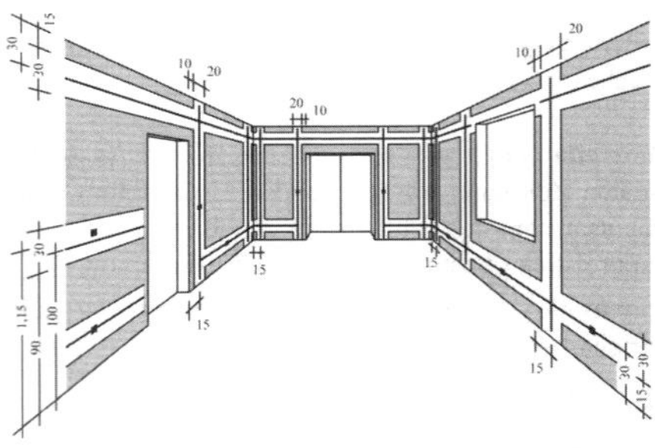

Abb. 5.54c
Installationszonen für elektrische Installationen mit Vorzugsmaßen für die Leitungsführung gem. DIN 18 015-3. Nebenstehend Maßangaben für mittlere Installationszonen in Räumen mit Arbeitsflächen an Wänden, wie z. B. Küchen. Vorzugsmaße für waagerechte Leitungsführungen: 30 cm unterhalb der fertigen Deckenfläche bzw. 30 cm oberhalb der fertigen Fußbodenfläche. In einer Installationszone können mehrere Leitungen parallel laufend verlegt werden, beispielsweise für Geräte mit eigenem Stromkreis (Küche), dazu Schwachstromleitungen, für z. B. Telefon-, Audio- oder Videoanlagen.

Abweichungen sind zulässig (also auch Schrägführungen):

- wenn die elektrischen Leitungen in Schutzrohren verlegt werden und eine Überdeckung von mindestens 6 cm sichergestellt ist (z.B. in Betonfertigteilen);
- wenn in Leichtbauweise die Leitungen in ausreichend großen Hohlräumen verlegt werden, so dass sie beim Anbohren der Wand ausweichen können oder durch konstruktive Maßnahmen geschützt sind.

An Deckenflächen kann für verdeckt zu führende Leitungen der kürzeste Weg gewählt werden. Sichtbar zu verlegende Leitungen, z.B. in Keller- und Dachräumen, ebenso wie auch sichtbar bleibende Nachinstallationen können selbstverständlich außerhalb der Installationszonen verlegt werden.

Vorzugshöhen für Schalter: 1,05 m über fertigem Fußboden bzw. 1,15 m oberhalb von Arbeitsflächen. In Wohnungen für Rollstuhlfahrer sollten gem. DIN 18 025-1 Schalter und häufig benutzte Steckdosen in 85 cm Höhe und damit in Griffhöhe eines Rollstuhlbenutzers liegen.

Leitungsverlegung in Leichtbauwänden

In Leichtbauwänden (Hohlwänden) aus vorwiegend brennbaren Baustoffen mit Rahmen- und Ständerkonstruktionen aus Holz oder Metall und Beplankungen aus Gipskarton-, Spanplatten o.ä. Abdeckmaterialien sind besondere Verbindungs- und Gerätedosen zu verwenden. Die oberflächenbündig einzubauenden Dosen müssen in der relativ dünnen Beplankung zugfest zu befestigen sein.

Leitungsverlegung in Fertigbetonbauteilen

Alle Leitungsauslässe (Schalter, Steckdosen, Brennstellen) müssen vor dem Betonieren festliegen, insbesondere bei Sichtbeton. Nachträgliche Korrekturen oder Installationen sind nur als Aufputzinstallation möglich. Es empfiehlt sich, vorsorglich einige Leerrohre und Leerdosen einbauen zu lassen, um ein späteres Nachrüsten auf Wand- und Deckenoberflächen zu vermeiden. Als **Leitungsmaterial** kommen in Frage:

- Mantelleitungen NYM in Schutzrohren. Vorwiegend werden flexible Wellrohre aus Kunststoff verwendet. Bilden Schutzrohre und Dosen ein geschlossenes System, kommt auch Aderleitung H07V-U in Betracht. Hierbei ersetzt das lückenlose Rohrsystem den Außenmantel eines Mantelleiters.
- Mantelleitung NYM ohne Rohr, sofern die Leitung wie bei Unterputzverlegung in Schlitzen eingebracht und anschließend mit Beton bedeckt wird. Direktes Einlegen von NYM in Beton, der mechanisch verdichtet wird, ist unzulässig.
- Kabel NYY, ohne zusätzliche Maßnahme.

Schalter und Steckdosen

Schalter werden in Türdrückerhöhe, 1,05 m über dem fertigen Fußboden, angeordnet. Im Dunkeln sind sie auch für Besucher leicht auffindbar, da man diese Höhe ohnehin „im Griff“ hat. Werden sie niedriger angeordnet, bilden beschädigte Schalter leicht eine Gefahr für Kleinkinder.

Für Rollstuhlfahrer sollten Schalter und häufig benutzte Steckdosen gem. DIN 18 025-1 allerdings in 85 cm Höhe und damit in Griffhöhe eines Rollstuhlfahrers liegen, von Rauminnenecken mindestens 50 cm entfernt.

Schalterarten

- **Ausschalter**: jeweils ein Ausschalter schaltet eine oder mehrere Brennstellen.
- **Wechselschalter** (immer 2 zusammengehörige Schalter): von jedem der beiden Schalter aus kann die dazugehörige Brennstelle (es können auch mehrere sein) geschaltet werden. Verwendung: in Schlafzimmern oder in Räumen, die von zwei Seiten betreten und verlassen werden können.
- **Kreuzschalter**: immer in Verbindung mit 2 Wechselschaltern. Erweiterte Wechselschaltung. Von jedem der meist drei Schalter aus kann die dazugehörige Brennstelle (auch mehrere) geschaltet werden. Verwendung: in Räumen, die an mehreren Stellen betreten und verlassen werden. Wegen des erheblichen Leitungsaufwandes heute weitgehend abgelöst durch die
- **Stromstoßschaltung**: mit Hilfe eines Stromstoßrelais können beliebig viele Brennstellen von beliebig vielen Schaltern aus geschaltet werden. Das Relais wird im Stromkreisverteiler oder einer normalen Unterputzdose untergebracht. Gegenüber einer Wechsel- oder Kreuzschaltung werden weniger Leiter benötigt. Schalter für Stromstoßschaltungen: Fernschalter als Tastschalter, auch als Leuchttaster.
- **Serienschalter** bestehen aus 2 unter einer Abdeckung nebeneinander liegenden Ausschaltern, evtl. auch Wechselschaltern. Sie schalten zwei voneinander unabhängige Brennstellen (oder Brennstellengruppen) und werden vornehmlich bei Häufungen von Schaltern verwendet (ursprünglich Drehschalter zum stufenweisen Schalten einer mehrflammigen Beleuchtung).
- **Dimmer** sind Helligkeitsregler, die meist auch die Funktion eines Ausschalters übernehmen.

Abb. 5.56
Schaltervarianten
Ausschalter: Schaltungen nur von einer Stelle aus möglich (A).
Wechselschalter: Schaltung von 2 Stellen aus möglich (B).
Kreuzschalter: In Verbindung mit 2 Wechselschaltern sind Schaltungen von 3 Stellen aus möglich (C).
Tastschalter: Sie ermöglichen mit Hilfe eines Stromstoßrelais Schaltungen von beliebig vielen Stellen aus (D). Hier mit Orientierungslämpchen ausgestattet.

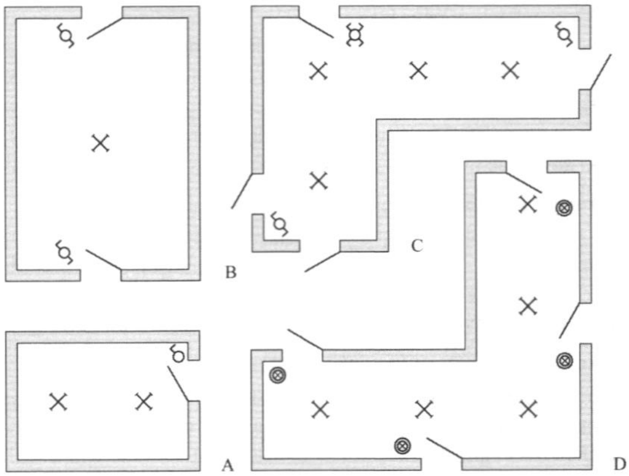

Tafel 5.56 Ausstattungswerte für Wohnungen gem. DIN 18 015-2 und RAG-RG 678 (nach hea.de).

Ausstattungswert		Küche a) b)	Kochnische b)	Bad	WC-Raum	Hausarbeitsraum b)	Wohnzimmer a) bis 20 m²	Wohnzimmer a) über 20 m²	Esszimmer	je Schlaf-, Kinder-, Gäste-, Arbeitszimmer, Büro b) bis 20 m²	je Schlaf-, Kinder-, Gäste-, Arbeitszimmer, Büro b) über 20 m²	Flur bis 3 m	Flur über 3 m	Freisitz	Abstellraum	Hobbyraum	Zur Wohnung geh. Keller-/Bodenraum, Garage	Keller-/Bodengang, je 6 m Ganglänge	Anschlüsse für besondere Verbrauchsmittel mit eigenem Stromkreis	Stromkreisverteiler	Gebäudekommunikation
	Anzahl der Steckdosen, Beleuchtungs- und Kommunikationsanschlüsse ★																				
★	Steckdosen allgemein	5	3	2 e)	1	3	4	5	3	4	5	1	1	1	1	3	1	1	Elektroherd, Mikrowellengerät, Geschirrspülmaschine, Waschmaschine f), Wäschetrockner, Bügelstation, Warmwassergerät d), Heizgerät d)	in Mehrraumwohnungen mind. vierreihige, in Einraumwohnungen mind. dreirei-	Klingel oder Gong, Türöffner und Gegensprechanlage
★	Beleuchtungsanschlüsse	2	1	2	1	1	2	3	1	1	2	1	2 g)	1	1	1	1	1			
★	Telefon-/Datenanschluss (IuK)						1		1	1		1									
★	Steckdosen für Telefon/Daten						1		1	1		1									
★	Radio-/TV-/Datenanschluss (RuK)	1					2		1	1											
★	Steckdosen für Radio/TV/Daten	3					6		3	3											
★	Kühlgerät, Gefriergerät	2	1																		
★	Dunstabzug	1																			
★	Anschluss für Lüfter c)			1	1																
★	Rollladenantriebe	Anschlüsse entsprechend der Anzahl der Antriebe																			
★	Beleuchtungs- und Steckdosenstromkreise ★	Wohnfläche der Wohnung in m²									Anzahl Stromkreise										
★		bis 50									3										
★		über 50 - 75									4										
★		über 75 - 100									5										
★		über 100 - 125									6										
★		über 125									7										
★★	Anzahl der Steckdosen, Beleuchtungs- und Kommunikationsanschlüsse ★★																				
★★	Steckdosen allgemein	10	4	4 e)	2	8	8	11	5	8	11	2	3	2	2	6	2	1	Elektroherd, Back	in	Klin

	Beleuchtungsanschlüsse	3	2	3	1	2	2	3	1	2	3	2	2 g)	2	1	2	1	1			
	Telefon-/Datenanschluss (IuK)	1				1	1	2	1	1	2	1		1		1					
	Steckdosen für Telefon/Daten	2				2	2	4	2	2	4	2		2		2					
	Radio-/TV-/Datenanschluss (RuK)	1				1	2	3	1	1				1		1					
	Steckdosen für Radio/TV/Daten	3				3	6	9	3	3				3		3					
	Kühlgerät, Gefriergerät	2	1																		
	Dunstabzug	1																			
	Anschluss für Lüfter c)			1	1																
	Rollladenantriebe	Anschlüsse entsprechend der Anzahl der Antriebe																			
	Beleuchtungs- und Steckdosenstromkreise ★★																				
		1		1		1	1	2	1	1	2			1		1	1				
	Anzahl der Steckdosen, Beleuchtungs- und Kommunikationsanschlüsse ★★★																				
★★★	Steckdosen allgemein	12	4	5 e)	2	10	10	13	7	10	13	3	4	3	2	8	2	1	Elektroherd, Backofen, Dampfgarer, Mikrowellengerät, Geschirrspülmaschine, Waschmaschine f), Wäschetrockner, Bügelstation, Warmwassergerät d), Saunaheizgerät, Whirlpool, Heizgerät d)	in Mehrraumwohnungen mind. vierreihige, in Einraumwohnungen	Klingel oder Gong, Türöffner und Gegensprechanlage mit mehreren
★★★	Beleuchtungsanschlüsse	3	2	3	2	3	3	4	2	3	4	2	2 g)	2	1	2	1	1			
★★★	Telefon-/Datenanschluss (IuK)	1		1		1	1	2	1	1	2	1		1		1					
★★★	Steckdosen für Telefon/Daten	2		2		2	2	4	2	2	4	2		2		2					
★★★	Radio-/TV-/Datenanschluss (RuK)	1		1		1	2	3	1	2				1		1					
★★★	Steckdosen für Radio/TV/Daten	3		3		3	6	9	3	6				3		3					
★★★	Kühlgerät, Gefriergerät	2	1																		
★★★	Dunstabzug	1																			
★★★	Anschluss für Lüfter c)			1	1																
★★★	Rollladenantriebe	Anschlüsse entsprechend der Anzahl der Antriebe																			
★★★	**Beleuchtungs- und Steckdosenstromkreise ★★★**																				
★★★		1		1		1	1	2	1	1	2	1		1		1	1				

a) In Räumen mit Essecke ist die Anzahl der Anschlüsse und Steckdosen um jeweils 1 zu erhöhen.
b) Die den Bettplätzen und den Arbeitsflächen von Küchen, Kochnischen und Hausarbeitsräumen zugeordneten Steckdosen sind mindestens als Zweifach-Steckdose vorzusehen.
Sie zählen jedoch in der als jeweils nur eine Steckdose.
c) Sofern eine Einzellüftung vorgesehen ist. Bei fensterlosen Bädern oder WC-Räumen ist die Schaltung über die Allgemeinbeleuchtung mit Nachlauf vorzusehen.
d) Sofern die Heizung/Warmwasserversorgung nicht auf andere Weise erfolgt.
e) Davon ist eine Steckdose in Kombination mit der Waschtischleuchte zulässig.
f) In einer Wohnung nur jeweils einmal erforderlich.
g) Von mindestens zwei Stellen schaltbar.

Schalterbetätigungsarten

Während Stromstoßschaltungen nur **über Tastschalter** (Taster) vorzunehmen sind (Schaltfläche federt nach Betätigung zurück), werden Ausschalter, Wechselschalter, Kreuzschalter und Serien-schalter i. Allg. über **Wippschalter** (Wippen) betätigt (Schaltfläche ist abwechselnd oben oder unten zu drücken). **Drehschalter** zum Schalten von Beleuchtungsanlagen sind überholt.

Sensorschalter entsprechen äußerlich Großflächen-Wippschaltern und werden auch anstelle von Wippschaltern eingesetzt. Sie brauchen nur berührt zu werden und funktionieren ohne mechanisch bewegte Teile absolut geräuschlos. Sensorschalter sind austauschbar mit herkömmlichen Schaltern.

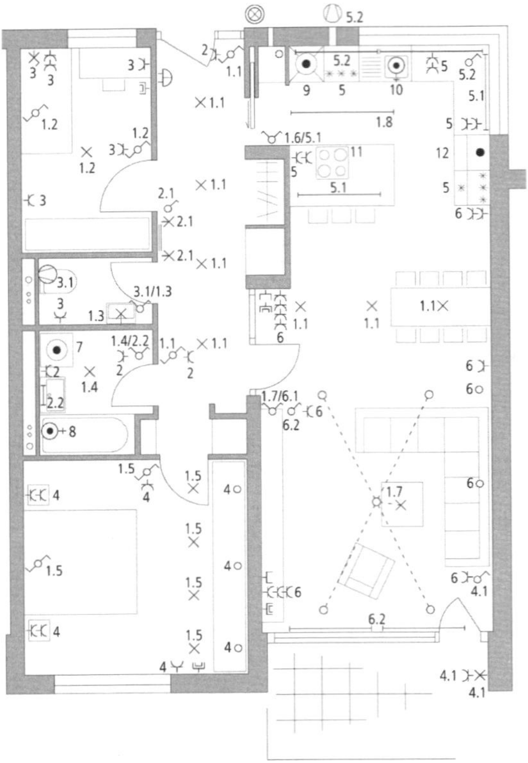

1 Allgemeinbeleuchtung aller Räume
2 Steckdosen und Wandleuchten Flur und Bad
3 Steckdosen und Wandleuchten Kinderzimmer, Steckdose und Lüfter WC
4 Steckdosen Elternschlafzimmer, Steckdose und Wandleuchte Loggia
5 Steckdosen, Arbeitsplatzbeleuchtung, Lüfter, Kühlschrank, Gefrierschrank Küche
6 Steckdosen, Essplatzbeleuchtung und Vorhangbeleuchtung, Wohnzimmer
7 Waschgerät
8 Warmwasser-Bereiter Bad
9 Geschirrspüler
10 Warmwasser-Bereiter Küche
11 Herd
12 Backofen

Bezeichnung:
1 Stromkreis
1,6 Stromkreis mit Zuordnungsziffer (von Schalter zu Leuchte/Gerät)

Abb. 5.58 Elektro-Installationsplan für eine Wohnung

Leitungsführung im Nichtwohnungsbau

Die Verteilung elektrischer Energie erfolgt in dieser Reihenfolge:

- Hauptverteiler
- ggf. Unterverteiler
- Stockwerksverteiler
- ggf. Verteiler für besondere Abnehmer
- Stromkreise für Beleuchtung, Steckdosen und Einzelverbraucher.

Hauptstromversorgungsleitungen verbinden, vertikal und horizontal geführt, den Hauptverteiler mit den nachgeschalteten Verteilern.

Vertikale Leitungsführung in Gebäuden

Wandschlitze reichen zur Unterbringung der Hauptleitungskabel ab einer bestimmten Gebäudegröße nicht mehr aus. Für den vertikalen Energietransport werden dann mehrere Kabel in besonderen Installationsschächten gemeinsam mit Schwachstromleitungen einschließlich Datenkabel, Busleitungen und Brandmeldekabel installiert. Die Schächte bilden eigene Brandabschnitte und sind einschließlich ihrer Revisionsöffnungen mindestens feuerbeständig auszubilden. In den Schächten ist für die Leitungen bzw. Kabel eine ausreichend breite Wandfläche vorzusehen.

Tafel 5.59 Richtwerte in cm für lichte Schachtbreiten bei einer angenommenen, zur Verfügung stehenden Mindesttiefe ab 10-15 cm, nach *Seip* „Elektrische Installationstechnik"

Geschosszahl	2	4	6	8	10	12
Große Bürobauten, Warenhäuser	30	60	90	120	150	180
Kranken-, Lehr- u. Unterrichtsanstalten	20	40	60	80	100	120

Horizontale Leitungsführung

Abgehängte Decken und aufgeständerte Fußböden erlauben es, Leitungen in der horizontalen Ebene verdeckt überall hinzuführen. Eine zu enge Anordung mehrerer Kabel auf den Kabelbahnen (Kabelträgern, Registerschienen) beeinträchtigt infolge stärkerer Erwärmung die elektrische Belastbarkeit und sollte nach Möglichkeit vermieden werden.

Gewählt wird im Regelfall eine dezentrale Verteilungsform mit mehreren Unterverteilungen in Flurwänden, Deckenabhängungen und aufgeständerten Böden. Hiervon ausgehend, wird mit kurzen Anbindungen jeweils eine kleine Anzahl von Verbrauchern (Beleuchtung, Steckdosen, Geräte) versorgt. Eine Dezentralisierung gestattet ein leichteres Anpassen der Elektroinstallation bei Änderung der räumlichen Konzeption. Jeder Verbraucher erhält eine eigene Zuleitung, die bei Änderungen in den Unterverteilungen umgeklemmt wird. Abzweigdosen entfallen. Weitere Vorteile gegenüber einer zentralen Verteilungsform ohne Unterverteiler: bei Störungen fällt jeweils nur ein kleiner Anlagenbereich aus; die Fehlersuche ist einfacher.

Unterflurkanal-Installation

Dieses System erlaubt große Raumtiefen (Büro-Großräume) bei gleichzeitiger Flexibilität der Möblierung. In bestimmtem Raster werden flache Blech- oder Kunststoffkanäle auf der Rohdecke montiert und in den Fußbodenaufbau miteinbezogen.

Rastermaße: zwischen 1,20 m × 1,20 m und 1,80 m × 1,80 m, je nach Möblierungskonzept. Dazu evtl. Netze für Sonderzwecke mit größerem Raster.

Unterflurkanäle liegen im Verbundestrich entweder

- oberflächenbündig (Estrichstärke ab etwa 40 mm) oder
- mindestens 30-35 mm unter der Estrichoberfläche (Estrichstärke 55-100 mm).

4.3 Hoch- und Mittelspannungsanlagen

Elektrische Spanung mit mehr als 1000 Volt wird als **Hochspannung** bezeichnet. Da mit höherer Spannung und dem gleichen Strom mehr Leistung übertragen werden kann, findet die überregionale Verteilung von Strom mit möglichst hoher Spannung statt. Die Anforderungen an die Isolierung steigen jedoch mit zunehmender Spannung.

Während Wohnbauten überwiegend Niederspannung 230/400V erhalten, erfolgt die Stromversorgung größerer Objekte vornehmlich mit 10-20 kV. (Im technischen Sprachgebrauch als Mittelspannung, umgangssprachlich als Hochspannung bezeichnet.)

Ob Nieder- oder Mittelspannungsversorgung in Betracht kommt, ist vom Energiebedarf des Bauobjekts abhängig und wird vom EVU entschieden.

Einspeisung mit hoher Spannung bedeutet, dass auf dem Baugrundstück oder im Gebäude Transformatoren und Schaltanlagen unterzubringen sind.

Transformatoren setzen die mit Mittelspannung zugeführte Energie auf die Verbraucherspannung herab, z. B. von 10 000 V auf 230/400 V. Etwa schrankgroße Schaltzellen schützen angeschlossene Leitungen vor Kurzschlüssen bzw. Überlastungen und ermöglichen Schalthandlungen im Mittelspannungsnetz unter Vermeidung von Lichtbögen.

Die Kosten für die Errichtung der Trafostation trägt der Abnehmer, evtl. auch die Kosten für eine Schalt- und Messanlage. Von einigen EVU können Transformatoren gemietet werden.

Je nach Objektgröße fällt die Elektrozentrale mit Trafokammer, Schaltanlage, gegebenenfalls mit Notstromerzeugung und Batterieraum unterschiedlich aus.

Mit Rücksicht auf die Transformatorengewichte und den Transport von Transformatoren und Schaltgeräten werden Umspannanlagen vorzugsweise ebenerdig errichtet und zwar so, dass Ausgänge und Treppen im Brandfalle durch Feuer oder Verqualmung nicht in ihrer Funktion beeinträchtigt werden.

Umspannanlagen sollten nach Möglichkeit gemeinsam mit Batterie- und Notstromanlagen in der Nähe der Räume mit hohem elektrischem Energiebedarf angeordnet werden. Dies können sein: RLT-Zentrale, EDV-Anlage, Fabrikationseinrichtungen u.Ä.

Bei räumlich großen Bauobjekten mit entsprechend hohem Energiebedarf empfiehlt sich eine Aufteilung in mehrere Trafostationen im Bereich der Verbrauchsschwerpunkte (Klimaanlagen, Aufzugsantriebsmaschinen usw.), da die Energieübertragung auf Niederspannungsebene 230/400 V mit größeren Verlusten verbunden ist als auf Hochspannungsebene.

Voraussetzung für die Aufstellung von Transformatoren in oberen Geschossen ist, dass die Isolier- und Kühlmittel keine Brandschutzmaßnahmen erforderlich machen.

- Ölgekühlte Transformatoren erfüllen diese Voraussetzung nicht. Ihre Verwendung bedingt besondere Feuerschutzmaßnahmen, wie z.B. Einrichtungen zum Ablöschen und Auffangen brennend auslaufenden Öls.
- Luftgekühlte Trockentransformatoren (Gießharztransformatoren) können u.a. in feuergefährdeten Betrieben, in oberen Stockwerken und in Wohngebäuden eingesetzt werden. Ihr Isoliermittel Gießharz ist schwer brennbar und selbstverlöschend. Es entwickelt im Brandfalle keine toxischen Gase. Preislich liegen Gießharztransformatoren wesentlich höher als Öltransformatoren. Infolge größerer Mindestwandabstände fallen die Trafokammern größer aus. Sie sind den Gegebenheiten entsprechend vom Fachingenieur festzulegen.
- Clophen-(Askarel-)Transformatoren dürfen ab 1990 nicht mehr verwendet werden, da aus dem flüssigen Isolier- und Kühlmittel PCB im Brandfalle mit Umgebungstemperaturen um 600°C das hochgiftige PCDD (polychloriertes Dibenzo-Dioxin) entsteht.
- Für eine Aufstellung in den oberen Geschossen sind demnach nur Trockentransformatoren geeignet. Dabei sind folgende Punkte zu berücksichtigen:
  - Die Transportmöglichkeiten; Aufzüge sind i. Allg. für diese Lasten nicht ausgelegt, Treppen ungeeignet. Für den Vertikaltransport kommen Außenbefahranlagen der Fassadenreinigung in Verbindung mit behelfsmäßigen Auslegern in den anzufahrenden technischen Geschossen in Frage.
  - Vorkehrungen zur zwangsweisen Be- und Entlüftung über Kanalsysteme mittels Ventilatoren.
  - Die hohe Deckenbelastung durch Transformatoren.
  - Maßnahmen zur Abschirmung der Umspannungsgeräusche (Summen).
  - Die Einplanung einer Zugangsschleuse und eines 40-100 cm hohen Kabelbodens.

Öltransformatoren erhalten Ölauffangwannen, deren Volumen dem Inhalt der Isolierflüssigkeit des Trafos entspricht (1000-2000 l). Um die Flammen des brennend auslaufenden Öls zu ersticken, leitet man das auslaufende Öl über eine 20 cm dicke Kies- und Schotterschicht, die sich auf einem Rost über der Auffangwanne befindet (s. Abb. 5.61a).

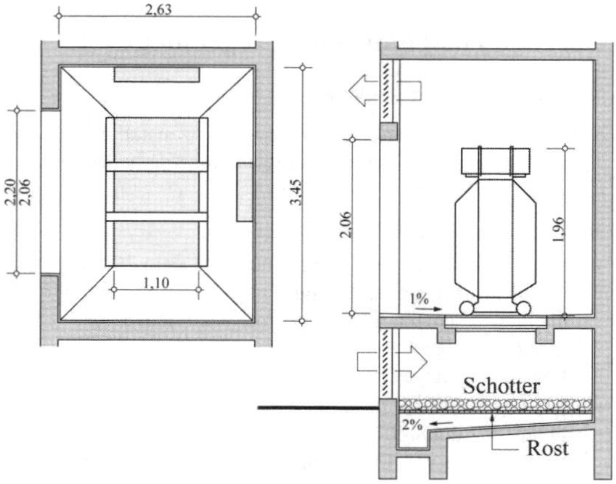

Abb. 5.61a
Transformatorenkammer, hier für 630 kVA-Öltransformatoren bei Queraufstellung.
Vertikalschnitt mit Ölauffangwanne und flammenlöschender Schotterschicht. Endgültige Abmessungen wie auch der Abstand zwischen Zu- und Abluftöffnungen sind vom Elektro-Fachingenieur zu erfragen. Bei gerin-gem Lüftungsbedarf können untere Lüftungsöffnungen auch in Türen angeordnet werden.

Tafel 5.61 Abmessungen von Trafokammern nach AGI-Arbeitsblatt J 11 für ölgekühlte Transformatoren. Die erforderliche Trafoleistung in kVA ist vom Elektro-Fachingenieur zu ermitteln und ist abhängig vom gebäudespezifischen Energiebedarf für Beleuchtung, Geräteausstattung u.a.

kVA	Länge m	Breite m	Türen Längsaufstellung	Türen Queraufstellung m	Höhe m	Fahrrollenmittenabstände m	Gewicht t
630	3,45	2,63	1,23	2,20	2,06	0,67	2,5
800	3,60	2,85	1,45	2,30	2,40	0,67	3,0
1000	3,70	3,10	1,50	2,40	2,55	0,82	4,0
1250	3,90	3,15	1,55	2,40	2,70	0,82	4,3
1600	3,90	3,20	1,60	2,50	2,95	0,82	5,3

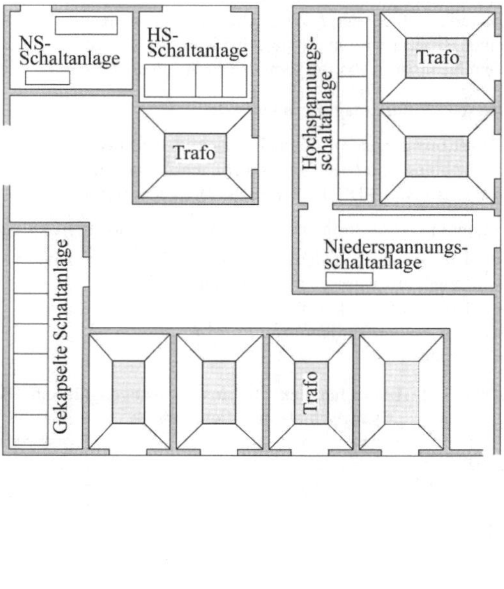

Abb. 5.61b
Beispiele für eine räumliche Konzeption von Umspannungsanlagen mit ölgekühlten Transformatoren.
Oben: räumliche Trennung der Schaltanlagen für Hochspannung (Mittelspannung) und Niederspannung.
Unten: gekapselte Schalteinrichtung, platzsparend in nur einem Raum. Abmessungen (Schaltschränke, Bedienungsgänge) sind vom Elektroversorgungsunternehmen zu erfragen. Bei der Bemessung sollten spätere Erweiterungen berücksichtigt werden.

4.4 Eigenstromversorgungsanlagen

Notstromversorgungsanlagen

Notstromversorgungsanlagen liefern bei Netzausfall die elektrische Energie, die erforderlich ist, um eine Notbeleuchtung aller Verkehrswege aufrechtzuerhalten und den Kollaps wichtiger technischer Einrichtungen zu verhindern.

In Betracht kommende Ersatzstromquellen:

- **Batterieanlagen** als Zentralbatterie-System, Gruppen- oder Einzelbatteriesystem. Da Batterien Gleichstrom geringer Leistung abgeben, sind sie nicht für motorische Antriebe, wohl aber für Sicherheitsbeleuchtungen, Feuermeldeeinrichtungen, Diebstahlssicherungsanlagen und Telefonanlagen geeignet. Eine Umformung in Wechselstrom ist mittels Wechselrichter möglich, z.B. um Leuchtstofflampen betreiben zu können.
- **Dieselbetriebene Stromerzeugungsaggregate** für Netzersatz- oder Notstrombetrieb erzeugen Drehstrom 230/400 V größerer Leistung (etwa 20 bis 1500 kVA) und können die Versorgung motorisch betriebener Einrichtungen wie Wasserdruckerhöhungsanlagen, Feuerwehraufzüge oder die Ventilatorlüftung innenliegender Treppenräume gewährleisten.

Es sollte sichergestellt werden, dass im Falle eines Brandes die Kabel und Leitungen nicht durch Hitzeeinwirkung zerstört werden. (Alle Leitungsisolierungen bestehen aus Kunststoff, meist PVC, und sind daher brennbar). Andernfalls könnten Sicherheitseinrichtungen lahmgelegt werden wie

- Brandschutzklappen,
- Löschwasser-Druckerhöhungsanlagen,
- Lüftungsanlagen von Sicherheitstreppenräumen,
- Rauchabzugsanlagen,
- Feuerwehraufzüge einschließlich Lüftung von Fahrschacht und Triebwerksraum.

Die zum Betrieb dieser Sicherheitseinrichtungen erforderlichen Kabel und Leitungen sind getrennt von den übrigen Leitungen und wirksam geschützt vor Brandeinwirkung zu verlegen, z.B. in Kanälen aus Feuerschutzplatten.

Zentrale Notstrombatterien

Batterieanlagen erzeugen Gleichstrom, der erforderlichenfalls mit Hilfe von Wechselrichtern in Wechselstrom umgeformt wird. In Betracht kommen NiCd-Batterien (Nickel-Cadmium-Batterien) und Pb-Batterien (Bleibatterien). Übliche Nennspannungen: 12V, 24V, 40V, 60V, 110V, 230V. Die Kapazität einer Batterie wird in Amperestunden (Ah) angegeben. Eine Batterie der Kapazität von z.B. 60 Ah und dem Nennstrom von 6A kann diesen Strom über 10 Stunden abgeben.

Diesel-Stromerzeugungsaggregate

(Notstromaggregate) übernehmen bei Netzausfall die Versorgung der Sicherheits- oder Ersatzbeleuchtung und/oder von motorischen Antrieben mit Wechsel- oder Drehstrom. Otto-Motoren dürfen, folgt man DIN VDE 0108-1, nicht verwendet werden.

Standard-Diesel-Stromerzeugungsaggregate (Notstromaggregate) bestehen aus:

- Dieselmotor und Generator; beide auf einem gemeinsamen Grundrahmen montiert;
- Druckluft-Anlasseinrichtung, Batterie;
- Brennstoffbehälter für 24-Std.-Nennlast;
- Schalldämpfeinrichtungen;
- Schaltschrank.

Tafel 5.62 Überschlägliche Raumabmessungen für ein Diesel-Stromerzeugungsaggregat, nach *Seip* „Elektrische Installationstechnik"

Aggregatleistung	20–60	100–200	250–550	650–1500	kVA
Raumgröße	5,0 / 4,0	6,0 / 4,5	7,5 / 5,0	10,5 / 5,0	m
Raumhöhe	3,0	3,5	4,0	4,0	m
Tür/Tor	1,5 / 2,0	1,5 / 2,0	2,2 / 2,0	2,2 / 2,0	m

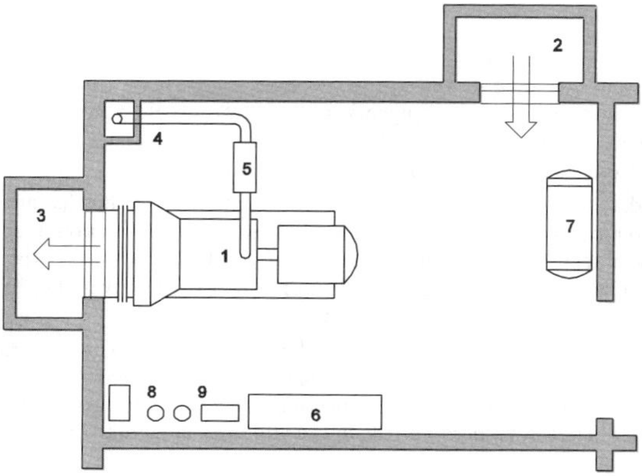

1 Dieselmotor und Generator auf gemeinsamem Grundrahmen
2 Luftzufuhr (Kühl- und Verbrennungsluft)
3 Fortluftabführung (Kühlluft)
4 Abgasrohr
5 Schalldämpfer
6 Schaltschrank zum selbsttätigen Umschalten bei Netzausfall
7 Treibstoffbehälter
8 Anlassdruckluft (Kompressor und Flaschen)
9 Batterie

Abb. 5.63 Diesel-Notstromaggregat im Bereich einer Gebäudeecke. Die Ecklage gestattet es, die Luftansaugöffnung und die Fortluftöffnung möglichst weit auseinander anzuordnen. Über die erforderliche Luftmenge bzw. Luftein- und -austrittsöffnungen geben die Aggregathersteller Auskunft. Abgasrohr (4) hier über Dach geführt. Alternative: Einleitung in eine Auspuff-Schallgrube eines Volumens von 1 m^3 je 50 kVA.

USV-Anlagen

Zwischen Netzausfall und Umschaltung auf das Notstromaggregat vergehen bei üblichen Anlagen etwa 15 Sekunden. Damit wegen der Anlaufzeit üblicher Notstromaggregate nicht Telefongespräche in Nebenstellenanlagen zusammenbrechen und die Sicherheitsbeleuchtung ohne Verzögerung einsetzen kann, übernehmen gegebenenfalls Batterieanlagen die Überbrückung der Anlaufzeit bzw. es werden unterbrechungslose Stromversorgungsanlagen (USV-Anlagen) eingesetzt.

Zu unterscheiden sind **dynamische und statische USV-Anlagen**. Dynamische (rotierende) USV-Anlagen sind mit dem motorbetriebenen Generator verbunden. Statische USV-Anlagen sind überbrückende Batteriegeräte.

Bei **Schnellbereitschaftsanlagen** wird ein schweres Schwungrad ständig von einem Elektromotor auf voller Drehzahl gehalten. Fällt der Strom aus, wird der Dieselmotor automatisch eingekuppelt und durch die kinetische Energie des Schwungrades auf Drehzahl gebracht („hochgerissen“). Der Strom fällt für 0,3-0,5 Sekunden aus.

Sofortbereitschaftsanlagen sind besonders aufwendig. Die Verbraucher sind an ein eigenes Stromnetz angeschlossen, das von einem Generator versorgt wird, der seine Antriebsenergie aus dem allgemeinen Netz bezieht.

5 Lichtplanung

Allgemeines

Etwa 80% aller Umwelt-Eindrücke und Informationen empfangen wir Menschen visuell durch Wahrnehmung differenzierter Lichteinwirkungen. Aufgrund des physiologischen Aufbaus des Auges und des menschlichen Gesichtsfeldes dominieren vertikale Flächen in der visuellen Wahrnehmung.

Lichtstrahlen sind unsichtbar (der lichtdurchflutete Weltraum wirkt schwarz). Erst beim Auftreffen auf stoffliche Materie kann Licht wahrgenommen werden. Weißes Sonnenlicht ist eine Kombination aller Spektralfarben (Regenbogenfarben) und reicht von Violett über Blau, Grün und Gelb bis hin zu Rot, einschließlich aller Zwischentöne. Wellenlänge und Frequenzen der elektromagnetischen Schwingungen sind gegenläufig, d. h. mit größerer Wellenlänge nimmt die Frequenz ab.

Wenn die natürliche Beleuchtung nicht mehr ausreicht (Tafel 5.65b), bedienen wir uns künstlicher, elektrisch betriebener Lichtquellen, deren quantitative und qualitative Lichtabgabe sehr unterschiedlich ausfällt. Zur Beurteilung, Charakterisierung und Kennzeichnung beleuchtungstechnischer Vorgänge und Sachverhalte bedient man sich bestimmter lichttechnischer Begriffe, die nachfolgend aufgeführt sind.

Lichttechnische Grundgrößen

- Der **Lichtstrom** Φ in Lumen (lm) ist die in alle Richtungen ausgestrahlte Lichtleistung einer Lichtquelle. Grundsätzlich beschreibt die Einheit Watt Leistung, die optische Lichtquelle kann aber so nicht zutreffend beschrieben werden. Erst durch die Einbeziehung der spektralen Empfindlichkeit des Auges ergibt sich die Größe Lumen (Die Angabe der Leistung in Lumen kann i. Allg. den Katalogen der Leuchtenhersteller entnommen werden).
- Die **Lichtausbeute** beschreibt den Wirkungsgrad eines Leuchtmittels und ist das Verhältnis des angestrahlten Lichtstroms zur aufgewendeten Leistung, wird durch das Verhältnis lm/W gekennzeichnet und gibt Aufschluss über die Wirtschaftlichkeit einer elektrischen Lichtquelle (Tafel 5.65a).

  $$\eta = \frac{\Phi}{P}(lm/W)$$

- Die **Lichtmenge** ist das Produkt aus Zeit und abgegebenem Lichtstrom und erfasst die in einem Zeitraum abgegebene Lichtenergie.

  $$Q = \Phi * t(lm/h)$$

- Die **Beleuchtungsstärke E** in Lux (lx)

  $$E = \frac{\Phi}{A}$$

  kennzeichnet den Lichtstrom pro beleuchtete Fläche und ist die Bewertungsgröße für das Beleuchtungsniveau eines Raumes oder einer Raumzone. Sie wird in 85 cm Höhe gemessen (horizontale Bezugsebene), kann aber an jeder Stelle des Raumes gemessen werden. Die Beleuchtungsstärke nimmt mit dem Quadrat der Entfernung von der Lichtquelle ab (photometrisches Entfernungsgesetz). Es wird unterschieden in die Beleuchtungsstärke für Sehaufgaben und im unmittelbaren Umgebungsbereich, siehe DIN EN 12 464-1.
- Die **Leuchtdichte L** in (cd/m^2) kennzeichnet den Helligkeitseindruck, den das Auge von einer leuchtenden oder beleuchteten Fläche erhält. Die Leuchtdichte von 1 cd/cm^2 (Dimension relevant für Lampen) entspricht 10.000 cd/m^2 (Dimension relevant für beleuchtete Flächen). Zu große Leuchtdichten oder Leuchtdichteunterschiede im Gesichtsfeld verursachen Blendung. Je kleiner die Abstrahlfläche einer Lampe ist, umso höher ist i. Allg. die Leuchtdichte der Abstrahlfläche und umso größer ist die Blendgefahr. Die Blendwirkung, die von einer Leuchtstofflampe ausgeht, ist, verglichen mit einer Glühlampe gleicher Lichtleistung, wesentlich geringer (Tafel 5.65c).
- Die **Lichtstärke I** (Intensität) in (cd)

  $$I = \frac{\Phi}{\Omega}$$

  ist das Verhältnis von Lichtstrom Φ und dem Raumwinkel Ω und kennzeichnet das Maß für den in einer bestimmten Richtung wirksamen Teillichtstrom. Nur eine ideale, punktförmige Lichtquelle strahlt in alle Richtungen des Raumes gleichmäßig ab. In der Praxis ergibt sich eine ungleichmäßige Verteilung des Lichtstroms. Die Lichtstärke dient vornehmlich der lichttechnischen Charakterisierung von Leuchten mit Hilfe eines Polardiagramms (Abb. 5.65).

Der **Reflexionsgrad** von Raumbegrenzungsflächen (Wände, Decke, Fußboden) hängt ab von Oberflächenbeschaffenheit und Farbe der beleuchteten Fläche. Er beeinflusst Bemessung und Auswahl der Beleuchtungsanlage. Nicht reflektiertes Licht wird absorbiert oder transmittiert.

Tafel 5.65a Vergleich der Lichtausbeute (in Lumen pro Watt) verschiedener Lampentypen, unter Berücksichtigung von konventionellen Vorschaltgeräten

Glühlampe	12 lm/W
Halogenlampe	20 lm/W
Leuchtstofflampe	70 lm/W
Energiesparlampe	55 lm/W
LED derzeit	100 lm/W

Tafel 5.65b Vergleich natürlicher Beleuchtungsstärken

Julisonne mittags, unbedeckter Himmel	100.000 lx
Julisonne mittags, bedeckter Himmel	20.000 lx
Trüber Dezembernachmittag	3.000 lx
Im Zimmer am Fenster	1.000 - 2.500 lx
Vollmondnacht	0,25 lx
Straßenbeleuchtung (künstlich)	10 lx

Tafel 5.65c Beispiele von Leuchtdichten (Mittelwerte). Die Einheit cd/cm², auch Stilb (sb) genannt, dient der Charakterisierung von Lichtquellen. Die Einheit cd/m² wird zur Bewertung von beleuchteten Flächen verwendet. 1cd/m² = 10^{-4} cd/cm² (sb)

Weiße Fläche bei Vollmond	0,1 cd/m²
Schwarze Fläche bei 500 Lux	15 cd/m²
Weiße Fläche bei 500 Lux	150 cd/m²
Flachbildschirm	500 cd/m²
Leuchtstofflampe 18 W	50.000 cd/m²
Glühlampe 100 W	60.000 cd/m²

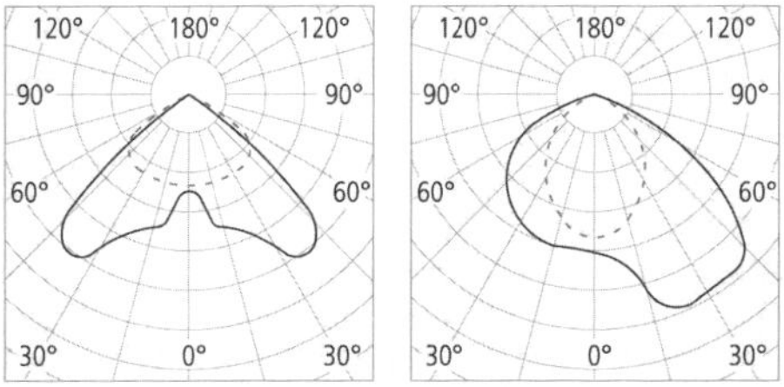

Abb. 5.65 Lichtstärkeverteilungskurven (LVK) zweier Leuchten. Lichtquellen strahlen i. d. R in verschiedene Richtungen mit unterschiedlicher Intensität (Lichtstärke), darstellbar in Polardiagrammen mit leuchtenspezifischen Lichtstärkeverteilungskurven. Links: Batwing-Leuchte mit extrem breitstrahlender Lichtstärkeverteilung, rechts: schrägstrahlende Leuchte (Eckleuchte). Bei nicht rotationssymmetrischer, sondern achsensymmetrischer Abstrahlung werden i. d. R. zwei LVK angegeben: quer und längs zur Leuchtenachse.

Lichtfarbe (K = Kelvin)

Die Lichtfarbe beschreibt das farbliche Aussehen des Lichtes eines Leuchtmittels. Sie wird charakterisiert durch die Farbtemperatur, gemessen in Kelvin. Dabei können bestimmte Lichtfarben unterschiedliche Farbwiedergabeeigenschaften haben und somit die Raumatmosphäre beeinflussen. Warmweißes Licht wird als gemütlich und behaglich empfunden. Neutralweißes Licht wird eher als sachlich wahrgenommen. Bei entsprechender Lichtstärke kommt es dem Tageslicht jedoch näher und ist somit das bessere Arbeitslicht.

- Kerze 1.900 K
- Glühlampe 2.700 – 2.900 K
- Halogenlampe 3.000 – 3.200 K
- Leuchtstofflampe 2.800 – 6.000 K
- Mondlicht 4.100 K
- Tageslicht 5.000 – 6.000 K

Farbwiedergabeindex (CRI/Ra-Wert)

Der Color Rendering Index (CRI) ist der Farbwiedergabeindex, der zur Charakterisierung von Leuchtquellen dient. Er ist ein Index für die Natürlichkeit der Farbe. Je größer der Farbwiedergabeindex, der als CRI- oder Ra-Wert bezeichnet wird, desto natürlicher werden Farben wiedergegeben und desto angenehmer werden sie empfunden. Die Größe des Ra-Wertes kann zwischen 0 und 100 liegen und ist maßgeblich für die Farbwiedergabe von beleuchteten Gegenständen.

- Leuchtmittel Ra-Index
- Glühlampe bis 100
- Halogenlampe 60 – 95
- Leuchtstofflampe 50 – 90
- LED weiß 70 – 95
- Quecksilberdampf-Hochdrucklampe 45

Farbtemperatur

Die Farbtemperatur kennzeichnet die Lichtfarbe einer Lichtquelle und wird verglichen mit der Lichtfarbe, die ein definierter schwarzer Strahler hat, wenn dieser bei einer bestimmten Temperatur glüht.

Tafel 5.66 Farbtemperatur und Lichtfarbe

< 3.300 K	3.300 – 5.300 K	> 5.300 K
Warmweiß	Neutralweiß	Tageslichtweiß

Lampen und Leuchten

Im technischen Sprachgebrauch wird (gem. DIN 5039) zwischen Lampen und Leuchten unterschieden. **Lampen** = Künstliche Lichtquellen, z. B. Glühlampen (sog. Glühbirnen) oder Leuchtstofflampen. **Leuchten** = Lampenhalterung, ggf. mit leuchtdichteverringernder und schützender Abdeckung, mit lichtlenkenden Flächen sowie Vorschaltgeräten, ggf. auch weiteren Bestandteilen.

Lampen

Bei elektrisch betriebenen Lampen unterscheiden wir zwei Typen:

- Temperaturstrahler sind z. B. Glühlampen in Birnen-, Pilz- oder Soffittenform.
- Entladungslampen gibt es als Niederdruck-Entladungslampen in Röhrenform, wie z.B. Leuchtstofflampen oder Hochspannungsröhren („Neonröhren") sowie auch als Hochdruck-Entladungslampen mit kleinem Lampenkörper in Kolben- oder Röhrenform, wie z.B. Natriumdampflampen, Quecksilberdampflampen und Halogen-Metalldampflampen. Entladungslampen erhalten Vorschaltgeräte, ggf. auch Zündgeräte, die z.T. in die Leuchte mit einbezogen werden.

Temperatur-/Luminiszenzstrahler

Es wird zwischen zwei unterschiedlichen Lichtquellen unterschieden: den Temperaturstrahlern und den Luminiszenzstrahlern. Bei den Temperaturstrahlern wird feste Materie erhitzt und beginnt zu glühen. Ab ca. 600 °C wird sichtbares Licht im roten Bereich ausgesendet. Mit zunehmender Temperatur wird die Lichtfarbe immer heller und weißer. Neben der Sonne und dem Feuer sind auch Glüh- und Halogenlampen Temperaturstrahler. Bei ihnen wird die maximale Temperatur von etwa 3.400 K durch den Schmelzpunkt des Wolframfadens begrenzt. Bei Luminiszenzstrahlern wird das Licht nicht aus einem glühenden Körper, sondern aus einem Luminiszenzprozess (optische Strahlung eines physikalischen

Systems, die beim Übergang von einem angeregten Zustand zum Grundzustand entsteht) erzeugt. Zu den Luminiszenzstrahlern gehören Gasentladungslampen, wie z.B. Leuchtstoffröhren oder Natriumdampflampen. Eine weitere Klasse von Luminiszenzstrahlern nutzt die Elektrolumineszenz. Hierzu gehören anorganische Leuchtdioden (LEDs) und organische Leuchtdioden (OLEDs) sowie Elektrolumineszenz-Folien. Das Licht wird durch Anlegen einer elektrischen Spannung bzw. eines elektrischen Feldes in einem Festkörper erzeugt.

Glühlampen

Glühlampen sind Temperaturstrahler. Leistungsbereich: 15 – 200 W. Vergleichsweise ungünstige Lichtausbeute: ca 10 – 20 lm/W und geringe Lebensdauer: ca. 1.000 Std. Wegen der geringen Energieeffizienz sind Glühlampen schon teilweise verboten. Glühlampen werden in vielfältigen Formen hergestellt, z.B. als:

- **Allgebrauchslampen**
- **Linestra-Röhren**
- **Großkolbenlampen** (Globe- oder Kugellampen)
- **Reflektorlampen**
- **Halogen-Glühlampen** enthalten ein Halogen als Füllgas. Gegenüber Allgebrauchslampen werden bessere Lichtausbeute (20 – 25 lm/W) und längere Lebensdauer (2.000 Std.) erreicht. Die Farbwiedergabe ist sehr gut bis brillant (Farbwiedergabestufe 1, Farbtemperatur ca. 3.000 K).
- (Halogen-**Metalldampflampen** zählen zu den Hochdruck-Entladungslampen.)
- **Niedervolt-Halogenlampen** haben extrem kleine Quarzkolben mit erhöhtem innerem Gasdruck. Sie sind auf einen Transformator angewiesen, der die Netzspannung von 230 V auf 6, 12 oder 24 V herunterspannt.

Infolge ihrer kompakten Bauform eignen sich Niedervolt-Halogenlampen gut zum Einsatz in Downlights und Strahlern kleinerer Abmessungen.

Es gibt 3 Größen von **Schraubfassungen**:

- E 40 = Goliath-Fassung für 300 – 2.000 Watt-Lampen.
- E 27 = Normal-Fassung für 25 – 200 Watt-Lampen.
- E 14 = Mignon-Fassung für kleinere Sonderformen.

Niederdruck-Entladungslampen

Mehr als 80 % des in Deutschland insgesamt benötigten Lichts wird mittels Entladungslampen erzeugt. An erster Stelle stehen Leuchtstofflampen. **Leuchtstofflampen** sind Entladungslampen. Sie bestehen aus einem gasgefüllten Rohr mit Elektroden an beiden Enden. Kontinuierliche Entladungen in einer ionisierten Entladungsstrecke zwischen den Elektroden rufen während des Betriebes eine nur geringe Lichtwirkung (2 %) hervor. Der größere Anteil des von der Lampe ausgestrahlten Lichtes beruht auf UV-Strahlen (ca. 20 %), die erst mit Hilfe einer innenseitigen Röhrenbeschichtung aus Leuchtstoff in sichtbare Strahlung umgewandelt werden. Durch unterschiedliche Zusammensetzungen des Leuchtstoffes lassen sich Lampen unterschiedlicher Lichtfarben herstellen.

Bei Verwendung **konventioneller Vorschaltgeräte** (KVG) heizt beim Einschalten ein über die Zündleitung fließender Strom die Lampenelektroden vor. Bevorzugt werden sog. Verlustarme Vorschaltgeräte (VVG) mit hochwertigerem Eisenkern und dickerem Kupferdraht.

Elektronische Vorschaltgeräte heben die Netzfrequenz von 50 Hz auf etwa 30 Hz an. Während bei niederfrequentem Betrieb der Ionisationszustand innerhalb der Entladungsröhre bei jedem Stromnulldurchgang in Form einer Zündung neu aufgebaut werden muss, entfallen bei hochfrequentem Betrieb die hierfür erforderlichen hohen Spannungsspitzen: die Lampenspannung nähert sich der Sinusform. Starter entfallen bei HF-Systemen.

Helligkeitsregelung

Mit speziellen elektronischen Vorschaltgeräten (EVG-Dynamic) lassen sich Leuchtstofflampen stufenlos von 100 % auf 1 % dimmen. Bei Verwendung von konventionellen Vorschaltgeräten (Drosselspule + Starter) werden eine leuchtenintegrierte elektronische Zündhilfe sowie ein Spezialdimmer (Dimmer für induktive Lasten) erforderlich.

LED

LEDs (Light Emitting Diode) sind Halbleiterdioden welche bei Stromdurchfluss aus der Sperrschicht heraus Licht abgegeben (emittieren). Dieser Strom muss begrenzt oder geregelt werden, da die LED sonst zu heiß und überlastet würde. Zudem liegt die maximal erträgliche Spannung bei 5 Volt. Die Lichtabstrahlung steigt proportional zum elektrischen Strom. Temperaturen von über 60 °C verringern die Lebensdauer und die Lichtausbeute der LED und sollten vermieden werden. Daher müssen Leuchten mit Hochleistungs-LEDs mit einem eigenen Wärmemanagement aktiv konstruiert und verbaut werden. LEDs haben gegenüber allen anderen Leuchtmitteln einen definierten Abstrahlwinkel. Das Licht kann daher durch geeignete Reflektor- oder Linsensysteme optimal gelenkt werden. Nachteile bietet die Bauform in der Allgemeinbeleuchtung durch die fehlende Rundumstrahlung. LEDs können ein großes Spektrum an Lichtfarben liefern (2.600 – 10.000 K), haben eine sehr gute Lichtausbeute (bis zu 100 lm/W) und eine sehr lange Lebensdauer (bis zu 50.000 h). Die Leuchte hat nahezu keine Wärmeabgabe. Die elektronischen Bauteile haben allerdings eine erhebliche Wärmeabgabe, weshalb ein Wärmemanagement betrieben werden muss. Dies erfolgt je nach Konstruktionsart mit freier Konvektion oder mit Unterstützung eines Ventilators. **Organische Leuchtdioden** (OLEDs) funktionieren ähnlich wie die Leuchtdioden. Hier findet die Rekombination von Ladungsträgerpaaren in organischen Schichten statt. Organische Leuchtdioden sind flächige Lichtquellen, eignen sich deshalb für flächige Beleuchtung, lassen sich aber nicht zur Akzentuierung einsetzen.

Tafel 5.68 Lichtquellen und Eigenschaften (Werte sind ungefähre Daten und abhängig von Typen, Vorschaltgeräten, etc.).

Lichtquelle	Lichtfarbe [K]	Farbwiedergabe [Ra]	Lichtausbeute [lm/W]	Lebensdauer [h]
Halogen-Glühlampen	3.000	100	20 - 25	2.000 - 5.000
Leuchtstofflampen	2.700 - 16.000	80 - 89	70 - 95	10.000 - 20.000
Kompakte Leuchtstofflampen	2.700 - 4.000	80 - 89	60 - 85	10.000 - 20.000
Hochdruck-entladungslampen	3.000 - 4.200	80 - 90	65 - 100	10.000 - 15.000
LED	2.700 - 6.500	70 - 95	60 - 90	10.000 - 50.000

Leuchten

Bei der Beurteilung einer Leuchte sollten berücksichtigt werden:

- Konstruktion, Wartungsfreundlichkeit, Gestaltung,
- die elektrotechnische Sicherheit,
- die lichttechnischen Eigenschaften.

Die **lichttechnischen Eigenschaften** (Tafel 5.68) einer Leuchte werden gekennzeichnet durch Kriterien, deren bis ins einzelne gehende Aufschlüsselung i. Allg. dem beratenden Ingenieur vorbehalten bleibt:

- Die Lichtstromverteilung gem. DIN 5040 kennzeichnet direkte bis indirekte Beleuchtungsweisen mit Lichtstromverteilungen im oberen oder unteren Halbraum durch Kennbuchstaben A bis E (für eine exakte Berechnung wenig geeignet).
- Die Lichtverteilung gem. DIN 5032 unter Berücksichtigung der Lichtstärkeverteilungskurven (LVK) der Leuchten (Abb. 5.65).
- Seit März 2014 müssen Lampen und Leuchten durch EU-Verordnung gekennzeichnet sein. Dazu

gehören die Energieeffizienzklasse, die Nennleistungsaufnahme bzw. der Nennlichtstrom, die Nennlebensdauer sowie weitere Angaben wie Farbtemperatur, Anlaufzeit bis zur Erreichung von 60 % des vollen Lichtstroms und Weiteres.

Planung von Beleuchtungsanlagen

Licht ist seit Jahrtausenden ein Gestaltungsmittel der Baukunst. Licht verändert Dimensionen, Farben und Raumstimmungen. Lichttechnisch kann in Flächen-, Zonen- und Akzentbeleuchtung unterschieden werden. Flächenbeleuchtung, d. h. gleichmäßige Ausleuchtung, kommt beispielsweise für Unterrichtsräume oder gewerbliche Räume mit variablen Arbeitsplätzen in Betracht. Eine zonierte Beleuchtung wird bei differenzierter Raumnutzung und fester Zuordnung von Arbeitsplätzen und Beleuchtung erforderlich, wie z. B. in Kassenhallen von Banken mit Warte-, Abfertigungs-, Ausstellungs- und Arbeitszonen. Akzentuierende Beleuchtungen werden vornehmlich ergänzend eingesetzt, um stimmungsbetonte Bereiche zu schaffen oder einzelne Gegenstände hervorzuheben, z. B. in Museen, Verkaufsräumen, in der Gastronomie und der Werbung.

Bei der Beleuchtungsplanung von Innenräumen sollten vorrangig berücksichtigt werden:

- Beleuchtungsniveau,
- Begrenzung der Blendung, Leuchtdichteverteilung,
- Helligkeitsverteilung und Schattigkeit,
- Lichtfarbe und Farbwiedergabe,
- Anordnung der Lichtquellen.

Beleuchtungsanforderungen

Beleuchtungsniveau und Gleichmäßigkeit

Das Beleuchtungsniveau wird durch die Beleuchtungsstärke bestimmt, durch die Inneneinrichtung und die Reflexionseigenschaften der Umgebungsflächen und Materialen beeinflusst. Die Beleuchtungsstärke nimmt aufgrund von Alterung und Ausfall der Lampen sowie Verschmutzung der Leuchten und Räume über die Betriebsdauer ab (nähere Erläuterungen zum Thema Lichtstromrückgang und Wartungsfaktor im Abschnitt Lichtplanung). Die empfohlene Beleuchtungsstärke für jede Tätigkeit bzw. Sehaufgabe ist deshalb als Wartungswert der Beleuchtungsstärke E_m in Normen (z. B. Din EN 12 464-1) und in der Arbeitsstättenrichtlinie ASR geregelt (siehe Tafel 5.75). Unter Gleichmäßigkeit U_0 wird der Quotient aus der minimalen und der mittleren Beleuchtungsstärke verstanden.

$$U_0 = \frac{E_{\min}}{E_m}$$

Die Gleichmäßigkeit U_0 sollte in der Regel im unmittelbaren Umgebungsbereich 40 % ($U_0 \geq 0.40$) nicht unterschreiten, im Hintergrundbereich 10 % (siehe Tafel 5.71). Die Sehleistung ist unmittelbar abhängig vom Beleuchtungsniveau, aber auch vom Alter der Menschen aufgrund nachlassender Transmissionseigenschaften des menschlichen Auges mit zunehmendem Alter (siehe Abb.5.69).

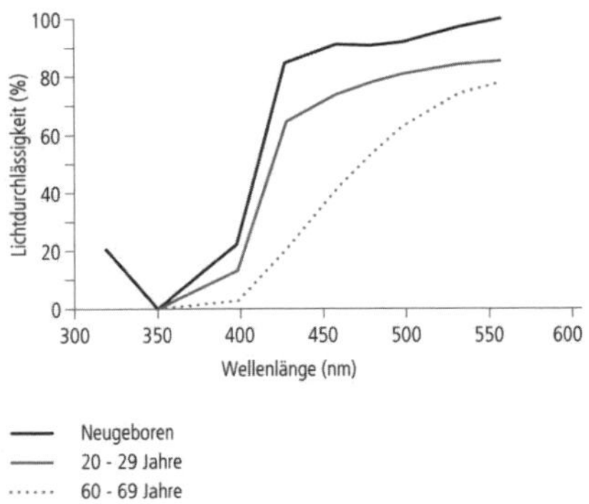

Abb. 5.69

Lichtdurchlässigkeit des menschlichen Auges in Abhängigkeit von der Wellenlänge und dem Alter, Quelle: Bommel et. a.: Industriebeleuchtung und Produktivität.

Horizontale Beleuchtungsstärke

In der Regel beziehen sich die Anforderungen auf die horizontale Beleuchtungsstärke, da die meisten Sehaufgaben auf einer horizontalen Fläche (Schreibtisch etc.) stattfinden. Für Büroarbeitsplätze gilt dementsprechend eine Höhe von 0,75 m, für Verkehrsflächen, Treppen usw. gelten 0,20 m über dem Boden. Befindet sich die Sehaufgabe auf einer vertikalen Fläche, ist entsprechend die vertikale Beleuchtungsstärke zur Bewertung heranzuziehen.

Vertikale Beleuchtungsstärke

Neben der horizontalen Beleuchtungsstärke sind in der DIN EN 12 464-1 auch Mindestwerte für die vertikale Beleuchtungsstärke gefordert: normale Wände mind. 50 lx und Wände von Büros, Unterrichtsräumen, Fluren, Treppen usw. mind. 75 lx als Wartungswert der Beleuchtungsstärke.

Zylindrische Beleuchtungsstärke

Die zylindrische Beleuchtungsstärke ist der Lichtstrom auf der Mantelfläche eines Zylinders, geteilt durch die Mantelfläche. Sie wird in der Regel bei der Planung mit Lichtplanungsprogrammen aus dem Mittelwert der vertikalen Beleuchtungsstärke ermittelt. Für eine gute Erkennbarkeit von Objekten im Raum bzw. eine Kommunikation zwischen Personen ist eine angemessene mittlere zylindrische Beleuchtungsstärke, mind. 50 lx, zu erreichen. Für besondere Bereiche, wie Büros, Besprechungsräume und Unterrichtsräume, sollte die zylindrische Beleuchtungsstärke mind. 150 lx erreichen.

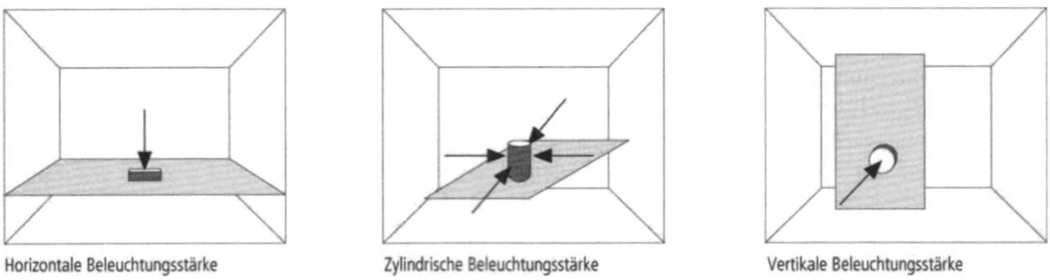

Abb. 5.70a Horizontale, zylindrische und vertikale Beleuchtungsstärke, Quelle: VBG. Natürliche und künstliche Beleuchtung von Arbeitsstätten.

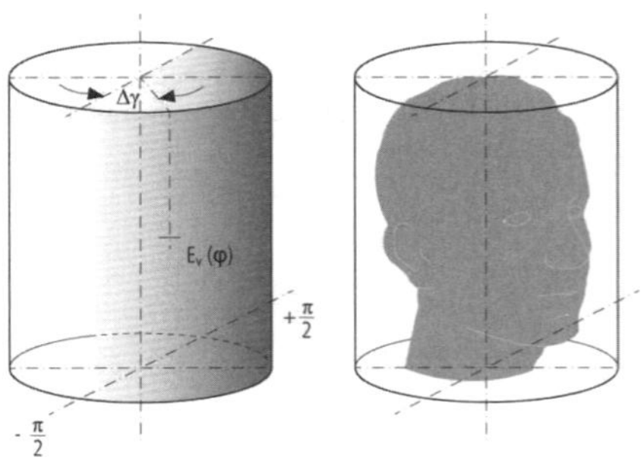

Abb. 5.70b

Prinzip der zylindrischen Beleuchtungsstärke, Quelle: Trilux: Beleuchtungspraxis- Innenbeleuchtung.

Tafel 5.71 Anforderungen hinsichtlich Wartungswert der Beleuchtungsstärke E_m, Gleichmäßigkeit U_0, Blendungsbegrenzung UGR und Farbwiedergabe Ra exemplarischer Sehaufgaben, Quelle: DIN EN 12464-1.

Art des Raums, der Sehaufgabe bzw. der Tätigkeit	E_m [lx]	UGR [-]	U_0 [-]	Ra [-]
Verkehrsflächen und Flure	100	28	0,40	40
Kantinen	200	22	0,40	80
Sanitätsräume	500	19	0,60	80
Farbprüfung	1.000	16	0,70	90
Büros, Schreiben und Lesen	500	19	0,60	80
Empfangstheke	300	22	0,60	80
Unterrichtsräume	300	19	0,60	80

Blendungsbegrenzungen

Blendung wird hervorgerufen durch zu hohe Leuchtdichten einer Lichtquelle oder des Tageslichts bzw. zu große Leuchtdichteunterschiede im Sichtbereich. Unterschieden wird zwischen Direktblendung und Reflexblendung.

Lichtfarbe und Farbwiedergabe

Die Lichtfarbe und Farbwiedergabe einer Lichtquelle wird maßgeblich durch das Spektrum bestimmt. Je nach Beleuchtungsaufgabe und Umgebung erfolgt die Wahl der Lichtfarbe. Die Farbwiedergabe ist in der Regel für die jeweilige Sehaufgabe vorgeschrieben. Eine gute Farbwiedergabe, Farbwiedergabeindex Ra > 80 bzw. > 90, sorgt dafür, dass ein Objekt entsprechend seiner spektraler Farben wahrgenommen wird. Wenn einer Lichtquelle ein spektraler Bereich fehlt oder nur geringfügig vorhanden ist, wird dieser Bereich auch beim zu beleuchtenden Objekt nicht richtig wiedergegeben.

Lichtrichtung und Schattigkeit

Lichtrichtung und Schattigkeit entscheiden über die Wahrnehmung eines Gegenstandes oder Raumes. Zu wenig Schatten erschwert die räumliche Wahrnehmung (Raumbegrenzungsflächen, Treppen, Gegenstände, Hindernisse usw.) und kann eintönig wirken. Zu viel Schatten kann zu große Leuchtdichteunterschiede bewirken, die dann die Adaption des menschlichen Auges erschweren, und Gegenstände oder Flächen im Dunkeln lassen, die dann nicht wahrgenommen oder übersehen werden können. Die richtige Schattenwirkung wird auch als „Modelling“ bezeichnet, als Ausgewogenheit zwischen gerichteter und diffuser Beleuchtung.

Energetische Aspekte

Für Räume, in denen auch tagsüber auf künstliche Beleuchtung nicht verzichtet werden kann, sollte eine tageslichtabhängige Lichtregelung (Konstantlichtregelung) in Erwägung gezogen werden. Die erzielbare Energieeinsparung liegt für ein mitteleuropäisches Standardbüro zwischen 30 und 75 %, bei sehr kurzer Amortisationszeit. In Betracht kommen Arbeitsplätze in tiefen Räumen, aber auch Foyers, Restaurationen und Hallenbauten. Fensterlicht- und Raumlichtsensoren regeln über Dimmer entweder nur einzelne Leuchten, Leuchtengruppen oder, eingebunden in eine Gebäudesystemtechnik, die gesamte Beleuchtung eines Gebäudes. Sofern gewünscht, kann auch am Arbeitsplatz individuell Einfluss auf das Beleuchtungsniveau genommen werden.

Lichtsteuerung

Funktion der Lichtsteuerung:

- Reduzierung des Energieverbrauchs,
- Anpassung der Helligkeit an die Sehaufgabe oder an die unterschiedlichen Bedürfnisse der Benutzer
- Lichtgestaltung durch unterschiedliche Szenen.

Unabhängig von der Art der Lichtsteuerung und der verwendeten Kontrollstrategie muss ein Eingriff durch den Nutzer möglich sein. Andernfalls wird die Lichtsteuerung nicht akzeptiert und kann nicht ihren ursprünglichen Zweck erfüllen.

Zeitsteuerung

Zweck einer zeitlich gesteuerten Beleuchtung ist die automatische Abschaltung in Zeiten der Nichtnutzung. Darunter fallen Zeitschaltuhren, die die Beleuchtung zu definierten Uhrzeiten ein- und ausschalten.

Präsenzmelder

Präsenzmelder, wozu Anwesenheitssensoren und Bewegungsmelder zählen, sind Passiv-Infrarot-Geräte. Diese Sensoren reagieren auf Änderungen der Wärmestrahlung in ihrem Erfassungsbereich. Präsenzmelder werden unterschieden nach der verwendeten Kontrollstrategie. Automatische Ein- und Ausschaltung bewirkt eine sofortige Änderung, wenn eine Bewegung erkannt wird. Die häufigste Variante ist die automatische Einschaltung bei erfasster Bewegung zusammen mit einer verzögerten Ausschaltung, die unnötig häufige Schaltfrequenzen vermeidet.

Tageslichtabhängige Regelung bzw. Steuerung

Eine tageslichtabhängige Steuerung kann zentral über eine Gebäudeleittechnik oder raumweise über ein Bussystem erfolgen. Bei einer tageslichtabhängigen Regelung wird jede Leuchte separat mit einem eigenen Sensor geregelt (siehe Abb. 5.72). Üblich ist hier eine umgekehrt proportionale Regelung, d. h. bei steigendem Tageslichtanteil wird der Teil der künstlichen Beleuchtung reduziert, wodurch der Energieverbrauch sinkt. Marktübliche Systeme schalten die Beleuchtung in der Regel erst aus, wenn die Beleuchtungsstärke im Raum einen über dem Sollwert liegenden Wert für ein bestimmtes Zeitintervall überschritten hat.

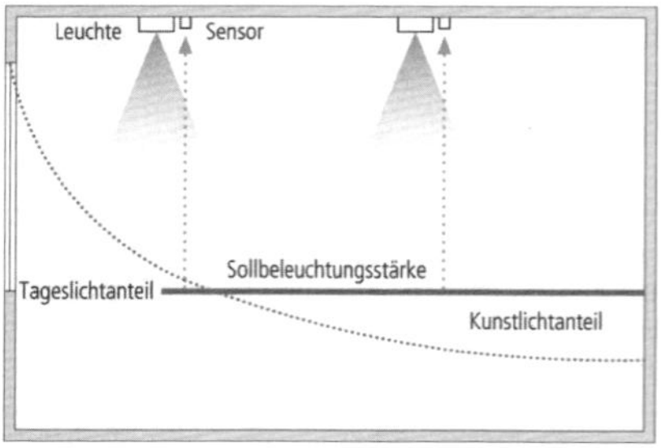

Abb. 5.72
Konstantlichtregelung/tageslichtabhängige Regelung, Quelle: Görres.

Verschiedene Zonen eines Raumes oder auch benachbarter Räume, die abwechselnd betreten werden, sollten keine zu großen Leuchtdichte-Unterschiede aufweisen. Ins Freie führende Räume und der anschließende Freiraum sollten so beleuchtet sein, dass sich das Auge dem Wechsel durch geeignete Stufung der Beleuchtungsstärke allmählich anpassen kann. Stark unterschiedliche Leuchten im Blickfeld verlangen dem Auge ein ständiges Adaptieren (Anpassen) ab und bewirken, dass sich bald Ermüdungserscheinungen einstellen. Als Grenzwerte für das Verhältnis unterschiedlicher Leuchtdichten im Gesichtsfeld gelten 3:1 bzw. 1:3.

Leuchten geringer Blendwirkung (direkt und indirekt)

Im Zuge der Vervollkommnung von Spiegelrastersystemen wurden u. a. auch **Darklightleuchten** entwickelt. Darklight ist ein Oberbegriff der Spiegelrastertechnik. Darklightleuchten heben sich in ihrer Leuchtdichte kaum von der sie umgebenden Deckenfläche ab. Erst ab einem bestimmten steilen Blickwinkel wird die Lichtquelle (Lampe) sichtbar. Der kritische Blickwinkel einer sitzenden Person liegt etwa zwischen 5° – 15° und 35° – 45°, gemessen zur Waagerechten. In diesem Winkelbereich soll keine Direktblendung auftreten. Leuchten mit Darklightreflektoren und einer zusätzlichen unteren Lampenabschirmung aus prismatisch strukturiertem Acryl reduzieren die Leuchtdichte auch im Ausstrahlungsbereich zwischen 0° und 25° zur Senkrechten, so dass auch an ungünstig angeordneten Arbeitsplätzen direkt unter einer Leuchte kaum Reflexblendung auftritt. Für Räume mit Schreib- und Lesetätigkeiten eignen sich Spiegelrasterleuchten mit extrem breitstrahlender Lichtstärkeverteilung (sog. Batwing-Spiegelsysteme; ihre Lichtstärkeverteilungskurve ähnelt der Kontur von Fledermausflügeln).

Batwing-Leuchten bewirken eine großflächige Beleuchtung bei weitgehender Nivellierung der Beleuchtungsstärke. Durch Überlagerung der Ausstrahlung mehrerer Leuchten werden an einem Arbeitsplatz mehrere Lichtquellen wirksam, so dass Verschattungen weniger hart ausfallen und Reflexblendungen an Intensität verlieren. Durch Reduzierung der Abstrahlung im kritischen Bereich zwischen 15° – 35° zur Vertikalen können Glanzeffekte und Spiegelungen auf horizontalen Arbeitsflächen weitgehend vermieden werden.

Licht und Farbe

Maßstab für die Lichtfarben künstlicher Lichtquellen ist das Tageslicht. Dieses ist, abhängig vom jeweiligen Sonnenstand, einem ständigen Wechsel unterworfen. Je tiefer die Sonne steht, um so „wärmer" (d. h. gelblich-roter) lässt ihr Licht die angestrahlten Körperfarben erscheinen. In der Mittagszeit überwiegt der bläulich-weiße Anteil der Strahlung. Zur Kennzeichnung von Lichtfarben zieht man die **„Farbtemperaturen"** des Planck'schen Strahlers („Schwarzer Strahler") heran. Wie bei allen festen glühenden Körpern ist seine Glühfarbe (Lichtfarbe) temperaturabhängig. Ab etwa 800 K beginnt die sichtbare Strahlung mit dunkler Rotglut. Bei ansteigender Temperatur kommen zunächst gelbe, dann grüne und schließlich blaue bis violette Strahlen hinzu. Der Weißpunkt, bei dem sich alle sichtbaren Strahlungen so überlagern, dass sie als weißes Licht erscheinen, liegt bei 5.000 K. Darüber überwiegt der (kurzwellige) blaue und violette Anteil. Ab etwa 7.000 K erscheint die Strahlung mit ansteigender Farbtemperatur zunehmend blaustichiger, „kälter". Unterhalb von 5.000 K ist die Strahlung warmtoniger Farben vorherrschend. Zur Bestimmung der Lichtfarbe einer Lichtquelle wird die spektrale Zusammensetzung ihrer Strahlung mit den Farbtemperaturen des o. a. Schwarzen Strahlers annäherungsweise verglichen und entsprechend eingestuft. Tageslicht durchläuft an einem Sonnentag mehrere Farbtemperaturen: unter 2.000 K bei Sonnenauf- und -untergang, über 5.000 K bei höchstem Sonnenstand bzw. 7.000 K bei gleichmäßig bedecktem Himmel. Künstliche Lichtquellen weisen eine unterschiedliche Zusammensetzung ihrer Spektren auf. Gem. DIN EN 12 464-1 „Licht und Beleuchtung - Beleuchtung von Arbeitsstätten" werden die Lichtfarben elektrischer Lampen in drei nicht scharf abgrenzbare Gruppen eingeteilt:

- **ww** = warmweiße Lichtfarbe, mit überwiegendem Rotanteil (ähnlichste Farbtemperatur unter 3.300 K). Lampen dieser Gruppe vermitteln eine behagliche Raumstimmung. Leuchtstofflampen dieser Lichtfarbgruppe können i. d. R. gemeinsam mit Glühlampen installiert werden. Auch bei niedriger Beleuchtungsstärke (Schummerlicht) wirkt warmtoniges Licht angenehm. Verwendung: vorzugsweise für Räume, die der Entspannung dienen oder festlichen Charakter haben, wie Wohnräume, Konferenzräume, Gasträume, Theater usw.
- **tw** = tageslichtweiße Lichtfarbe, mit überwiegendem Blaulichtanteil (ähnlichste Farbtemperatur über 5.300 K). Die Farbwiedergabe entspricht weitgehend dem Tageslicht (zur Mittagszeit), was in bestimmten Industriezweigen und gewerblichen Bereichen geschätzt wird. Licht dieser Gruppe vermittelt eine sachliche Atmosphäre und wirkt bei ausreichend hoher Beleuchtungsstärke aktivierend auf den menschlichen Organismus. Bei Beleuchtungsstärken unter 1.000 lx kann die Beleuchtung unangenehm fahl wirken.
- **nw** = neutralweiße Lichtfarbe (ähnlichste Farbtemperatur 3.300 – 5.300 K). Am häufigsten verwendete Lichtfarbe z. B. in Büros, Schulen, Werkstätten, Ausstellungs- und Verkaufsräumen. Stellt hinsichtlich der Lichtqualität und der Wirtschaftlichkeit einen guten Kompromiss dar. Ist für Beleuchtungsstärken ab etwa 200 lx geeignet und auch mit Tageslicht kombinierbar.

Bei gleicher Lichtfarbe kann die **Qualität der Farbwiedergabe** unterschiedlich ausfallen, je nach Zusammensetzung der einzelnen Spektralfarben. Ist bei einer Lichtfarbenkategorie eine bestimmte Spektralfarbe unterrepräsentiert, kann dies zwar durch entsprechende Mischung der anderen Spektralanteile kompensiert werden, bei der Beleuchtung von Körperfarben wirkt sich eine solche Lücke jedoch farbverfremdend aus. Am natürlichsten wirken Lichtquellen mit einem kontinuierlichen, ausgewogenen Spektrum.

Planungskonzepte

Die quantitative Lichtplanung richtet sich in erster Linie auf die ausreichende Beleuchtung von Arbeitsplätzen. Dabei steht die optimale Sehleistung, eine hohe Produktivität und Unfallsicherheit in Verbindung mit der Wirtschaftlichkeit im Vordergrund. Meist ergibt sich aus diesen Anforderungen eine gleichmäßige horizontal orientierte Beleuchtung des Raumes. Damit wird aber die gesamte optische Wahrnehmung eines Raumes nur unzutreffend beschrieben. Die visuelle Wirkung der Umgebung wird durch verschiedene Einflussgrößen bestimmt, die durch Auswahl des Leuchtmittels, der Richtung, Farbe bzw. Helligkeit bestimmt wird. Es ist also in Verbindung mit der Innenraumplanung eine qualitative Lichtplanung empfehlenswert. Eine Vielzahl an Leuchten und Konzepten steht hierfür zur Verfügung (Abb. 5.74). Zusammengefasst lassen sich folgende Effekte bzw. Methoden beschreiben (siehe www.erco.com):

- Allgemeine Beleuchtung,
- Fluten,
- Akzentuieren,
- Projizieren,
- Orientieren.

Allgemeine Beleuchtung bezeichnet eine gleichmäßige, meist auf eine horizontale Nutzebene bezogene Beleuchtung. Quantitative Aspekte stehen bei Arbeitsplätzen oder Verkehrszonen oft im Vordergrund. Die direkte Beleuchtung lässt sowohl diffuses als auch gerichtetes Licht zu. Indirekte Beleuchtung dagegen erzeugt ein sehr gleichmäßiges, weiches Licht. Flutende Beleuchtung bezeichnet eine architektur- und objektorientierte Beleuchtung. Sie dient primär dem Sichtbarmachen von Raumproportionen und Raumbegrenzungen. Die symmetrischen Fluter werden zur Flutung von horizontalen Flächen oder zur Grundbeleuchtung im Präsentationsbereich verwendet.

Asymmetrische Fluter zeichnen sich durch eine uniforme Lichtverteilung auf Flächen aus. Akzentuierende Beleuchtung betont einzelne Architekturelemente oder Objekte. So wird eine Wahrnehmungshierarchie aufgebaut und die Aufmerksamkeit gelenkt. Orientierungsbeleuchtung ist in erster Linie über die Funktion der Orientierung definiert. Dies kann durch beleuchtende oder als Signal wirkende Leuchten erreicht werden. Die Beleuchtung des Raumes ist von sekundärer Bedeutung, vielmehr bildet eine Leuchtenreihe eine Orientierungslinie (Bodenfluter).

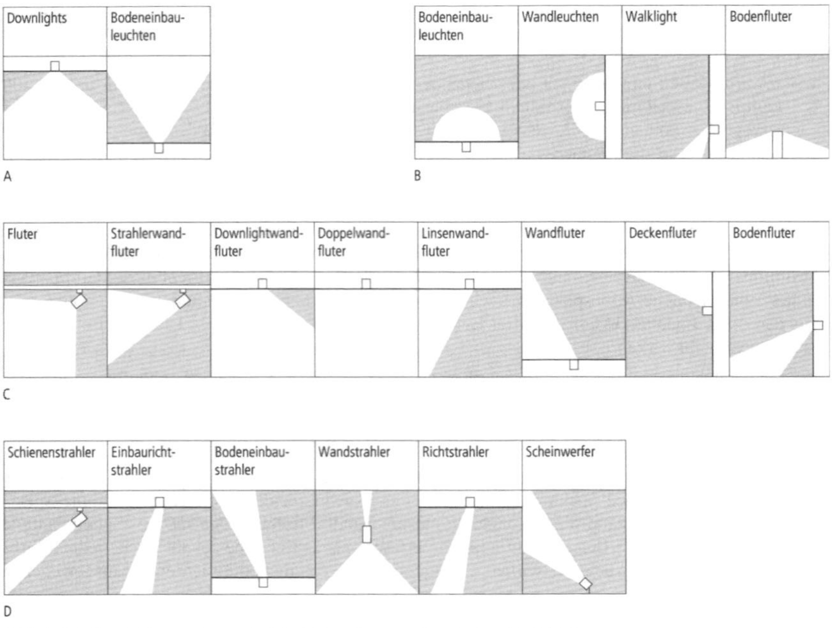

Abb. 5.74 Leuchten werden nach ihrer Beleuchtungsaufgabe charakterisiert:
A Allgemeinbeleuchtung,
B Orientierung,
C Flutung,
D Akzentuierung.
Darüber hinaus gibt es noch spezielle Leuchten, die weitere Funktionen beinhalten.

Lichtszenen und Lichtplanung

Lichtszenen

Über eine zentrale Gebäudeleittechnik, dezentrale oder raumweise Bedienungen können definierte Lichtszenen programmiert und abgerufen werden. Dadurch können gleiche Räume mit unterschiedlichen Beleuchtungssituationen für verschieden Funktionen oder Sehaufgaben genutzt werden. Darüber hinaus kann der Helligkeitsbedarf für unterschiedliche Personen differenziert werden und somit den Sehkomfort erhöhen sowie den Energieverbrauch minimieren. Unterschiedliche Lichtszenen können ebenfalls zur Gestaltung dienen und die Architektur unterstützen.

Lichtplanung

Wahrnehmungsorientierte Lichtplanung nach Richard Kelly

Richard Kelly (1919 – 1977) war ein Pionier der qualitativen Lichtplanung, der die vorhandenen Anregungen aus Wahrnehmungspsychologie und Bühnenbeleuchtung zu einem einheitlichen Konzept zusammenfasste. Kelly löste sich von der Vorgabe einer einheitlichen Beleuchtungsstärke als Zentralkriterium der Lichtplanung. Er ersetzte die Frage nach der Lichtquantität durch die Frage nach einzelnen Qualitäten des Lichts, nach einer Reihe von Funktionen der Beleuchtung, die auf den wahrnehmenden Betrachter ausgerichtet waren. Kelly unterschied hierbei in den 1950iger Jahren drei Grundfunktionen: ambient luminescene (Licht zum Sehen), focal glow (Licht zum Hinsehen) und play of brilliants (Licht zum Ansehen). Das Licht zum Sehen dient zur Erkennung der Objekte und zur Ausübung der Sehaufgabe und entspricht eher der quantitativen Lichtplanung. Das Licht zum Hinsehen hat zur Aufgabe, durch bewusste Helligkeitsunterschiede bzw. unterschiedliche Akzentuierungen gezielt Aufmerksamkeit zu wecken. Beim Licht zum Ansehen ist das Licht alleine die Information bzw. das zu betrachtende Objekt.

Bereichsorientierte Lichtplanung

In den einschlägigen Normen und in den Arbeitsstättenrichtlinien werden die Beleuchtungsanforderungen räumlich unterschieden. Hier existiert leider keine einheitliche Sprachregelung, weswegen an dieser Stelle die Unterschiede verdeutlicht werden. Nach DIN EN 12 464-1 wird unterschieden in (siehe Abb. 5.76a):

- Bereich der Sehaufgabe,
- Unmittelbarer Umgebungsbereich (Streifen mit einer Breite von mind. 0,5 m, der innerhalb des Gesichtsfelds den Bereich der Sehaufgabe umgibt),
- Hintergrundbereich (mind. 3 m breit, innerhalb der Raumbegrenzungen, an den unmittelbaren Umgebungsbereich angrenzend).

Im Umgebungsbereich darf die Beleuchtungsstärke in der Regel eine Stufe niedriger sein als im Bereich der Sehaufgabe (siehe Tafel 5.75). Die Beleuchtungsstärke im Hintergrundbereich sollte mindestens 1/3 der Beleuchtungsstärke des unmittelbaren Umgebungsbereichs aufweisen.

Tafel 5.75 Zusammenhang zwischen den Beleuchtungsstärken und den Bereichen, Quelle: DIN EN 12 464-1.

Beleuchtungsstärke im Bereich der Sehaufgabe	Beleuchtungsstärke im unmittelbaren Umgebungsbereich
≥ 750	500
500	300
300	200
200	150
150	150
100	100
≤ 50	50

Abb. 5.76a
Bereiche nach DIN EN 12 464-1.

1 Bereich der Sehaufgabe.
2 Unmittelbarer Umgebungsbereich (Streifen mit einer Breite von mind. 0,5 m, der innerhalb des Gesichtsfelds den Bereich der Sehaufgabe umgibt).
3 Hintergrundbereich (mind. 3 m breit, innerhalb der Raumbegrenzungen, an den unmittelbaren Umgebungsbereich angrenzend).

Nach den Arbeitsstättenrichtlinien ASR Abschnitt A3.4 Beleuchtung wird unterschieden zwischen (Abb. 5.76b):

- raumbezogener Beleuchtung (UB),
- arbeitsbereichbezogene Beleuchtung (AB),
- teilflächenorientierter Beleuchtung (TF).

Bei **raumbezogener Beleuchtung** wird der ganze Raum als Arbeitsbereich betrachtet. Dies ist insbesondere dann der Fall, wenn der Raum einer flexiblen Nutzung unterliegt oder die Anforderungen der Arbeitsbereiche in der Planungsphase noch nicht feststehen. Bei einer **arbeitsbereichbezogenen Beleuchtung** kann die Lichtplanung auf unterschiedliche Arbeitsbereiche bzw. Sehaufgabe ausgerichtet werden, z. B. ein Arbeitsbereich „Bildschirmarbeitsplatz" und ein Arbeitsbereich „Besprechung". Eine **teilflächenbezogene Beleuchtung** kann angewendet werden, wenn in einem Arbeitsbereich unterschiedliche Tätigkeiten durchgeführt werden oder individuelle Erfordernisse der Menschen eine dedizierte Beleuchtungslösung erfordern. Der Umgebungsbereich nach den Arbeitsstättenrichtlinien weicht folglich deutlich vom Umgebungsbereich nach DIN EN 12 464-1 ab.

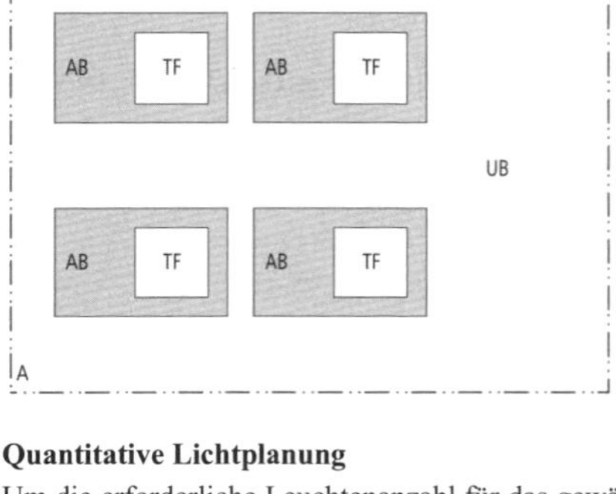

Abb. 5.76b
Prinzip der teilflächenorientierten Beleuchtung nach Arbeitsstättenrichtlinie.

Quantitative Lichtplanung

Um die erforderliche Leuchtenanzahl für das gewählte Beleuchtungskonzept zu ermitteln, ist eine quantitative Lichtplanung durchzuführen. Dies kann überschlägig mit dem Wirkungsgradverfahren berechnet werden oder mit Hilfe von Lichtplanungsprogrammen (z. B. Dialux* oder Relux**).

* http://www.dial.de
** http://www.relux.com

Wartungsfaktor

Die Beleuchtungsstärke nimmt aufgrund von Alterung und Ausfall der Lampen sowie Verschmutzung der Leuchten und Räume über die Betriebsdauer ab. Die empfohlene Beleuchtungsstärke für jede Sehaufgabe ist deshalb als Wartungswert der Beleuchtungsstärke E_m in den entsprechenden Normen angegeben. Die Beleuchtungsanlage muss folglich mit einem Wartungsfaktor MF geplant werden, der alle Einflüsse berücksichtigt und der für die vorgesehene Beleuchtungseinrichtung, die räumliche Umgebung und den festgelegten Wartungsplan errechnet wurde. Der zu planende Neuwert der Beleuchtungsanlage E_n (lx) ergibt sich aus dem Wartungswert der Beleuchtungsstärke E_m und dem Wartungsfaktor MF:

$$E_n = \frac{E_m}{MF}$$

Der Wartungsfaktor MF hängt vom Alterungsverhalten der Lampe und der Vorschaltgeräte, der Leuchte, der Umgebung und den Wartungsintervallen ab:

- **Lampenlichtstrom-Wartungsfaktor LLMF** (Lamp Lumen Maintenance Factor): Faktor für die Abnahme des Lampenlichtstroms über die Betriebsdauer,
- **Lampenlebensdauerfaktor LSF** (Lamp Survival Factor): Faktor für die Ausfallrate der Lampen über die Betriebsdauer,
- **Leuchtenwartungsfaktor LMF** (Luminaire Maintenance Factor): Faktor für die Abnahme des Betriebswirkungsgrades der Leuchte durch Verschmutzung zwischen den Reinigungsintervallen,
- **Raumwartungsfaktor RSMF** (Room Surface Maintenance Factor): Faktor für die Verschlechterung der Reflexionsgrade der Raumflächen.

$$MF = LLMF * LSF * LMF * RSMF$$

Der Planer muss:

- den Wartungsfaktor angeben und alle Annahmen aufführen, die bei der Bestimmumg des Wertes gemacht wurden,
- die Beleuchtungseinrichtung entsprechend der Raumnutzung festlegen,
- den Neuwert der Beleuchtungsanlage planen und
- einen umfassenden Wartungsplan erstellen, der das Intervall für den Lampenwechsel, das Intervall für die Reinigung der Lleuchten und des Raumes und die Reinigungsmethoden enthalten muss.

Falls zum Zeitpunkt der Planung noch keine gesicherten Annahmen für die Einzelfaktoren vorhanden sind, werden Referenzwerte empfohlen (siehe Tafel 5.77). Diese standardisierten Werte sind konservativ, eine detaillierte Planung führt in der Regel zu günstigeren Werten und ist der Verwendung der Referenzwerte vorzuziehen. Aus Kostengesichtspunkten kann es sinnvoller sein, Wartungsintervalle zusammen zu legen und die Beleuchtungsanlage mit einem ungünstigeren Wartungsfaktor auszulegen.

Tafel 5.77 Referenzwerte für beispielhafte Anwendungen.

Referenz-Wartungsfaktor	**Referenz-Neuwertfaktor**	**Umgebungsbedingung**	**Anwendungsbeispiel**
0,80	1,25	reine Räume (R)	Museen, Banken, Hotels, Gesundheitsräume
0,67	1,50	saubere Räume (S)	Büros
0,57	1,75	normale Räume (N)	Industrie, Außenbeleuchtung
0,50	2,00	verschmutzte Räume (V)	Handwerksbetriebe, Industrie, Außenbeleuchtung

Wirkungsgradverfahren

Mithilfe des Wirkungsgradverfahrens wird die erforderliche Leuchtenanzahl für eine Beleuchtungssituation berechnet:

$$n = \frac{E_{\mathrm{m}} * A}{\Phi * \eta_{\mathrm{LB}} * \eta_{\mathrm{R}}}$$

n	Anzahl der Leuchten
E_m	Wartungswert der Beleuchtungsstärke
A	zu beleuchtende Fläche
Φ	Lichtstrom einer Leuchte
η_{LB}	Leuchtenbetriebswirkungsgrad
η_R	Raumwirkungsgrad

Der Leuchtenbetriebswirkungsgrad und der Lichtstrom ergeben sich aus Angaben der Leuchtenhersteller. Der Raumwirkungsgrad η_R ermittelt sich aus Tabellen in Abhängigkeit von der Lichtstärkeverteilung der ausgewählten Leuchte, vom Verschmutzungsgrad des Raumes und vom Raumindex k (siehe Tafel 5.78). Der Raumindex k berechnet sich wie folgt:

$$k = \frac{a * b}{h * (a + b)}$$

Die Lichtpunkthöhe h berechnet sich wie folgt (siehe Abb. 5.78):

$$h = H - p - h_{\mathrm{N}}$$

H	Raumhöhe
P	Pendellänge (bei abgependelten Leuchten)
h_N	Höhe der Nutzebene

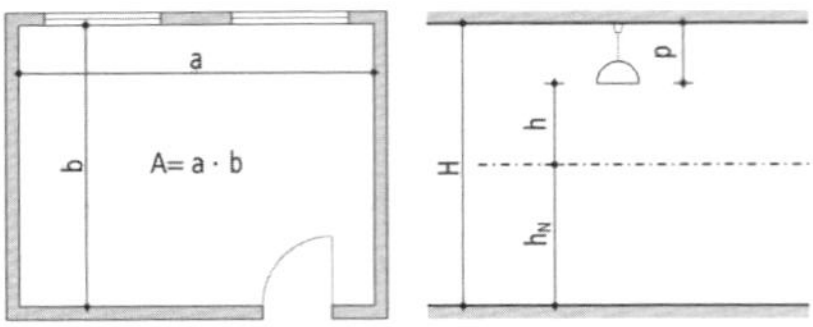

A zu beleuchtende Fläche
H Raumhöhe
h Lichtpunkthöhe
h_N Höhe der Nutzebene
p Pendellänge

Abb. 5.78

Raumabmessungen und Lichtpunkthöhe für das Wirkungsgradverfahren.

Nach der Berechnung des Wartungsfaktors *MF* aus den Einzelfaktoren ergibt sich somit die Anzahl der erforderlichen Leuchten für den Neuwert n_N zu Beginn der Installation:

$$n_{\mathrm{N}} = \frac{n}{MF}$$

Tafel 5.78 Exemplarischer Raumwirkungsgrad η_R.

Reflexionsgrade	Raumwirkungsgrade		
[*k*]	hoch	mittel	gering
0,6	0,70	0,64	0,59
0,8	0,78	0,71	0,66
1,0	0,85	0,77	0,71
1,5	0,96	0,87	0,80
2,0	1,00	0,91	0,82
3,0	1,09	0,98	0,88

Energetische Lichtplanung

Neben der quantitativen Lichtplanung ist es ebenfalls erforderlich, den Energieverbrauch der Beleuchtung zu berücksichtigen. Nach der Energieeinsparverordnung für Gebäude muss der Einfluss der Beleuchtung auf den Primärenergieverbrauch im Gebäude berücksichtigt werden. Das entsprechende Nachweisverfahren ist in DIN V 18 599-4 definiert. Neben der Auswahl der Beleuchtungsart direkt oder direkt/indirekt wird auch die Lichtsteuerung (z. B. Präsenzmelder oder tageslichtabhängige Regelung) bei der Berechnung des Energieverbrauchs berücksichtigt.

Tafel 5.79 Beleuchtungsanforderungen für Arbeitsräume, Arbeitsplätze und Tätigkeiten (Auszug ASR 3.4)

Arbeitsräume, Arbeitsplätze Tätigkeiten	Mindestwert der Beleuchtungsstärke lx	Mindestwert der Farbwiedergabe Index R_a	Bemerkungen
Verkehrswege			
- Treppen, Fahrsteige, Aufzüge	100	40	
Lagerräume			
- mit Suchaufgabe bei nicht gleichartigem Lagergut	100	60	
- mit Leseaufgaben	200	60	
Allgemeine Bereiche, Tätigkeiten und Aufgaben			
- Kantinen, Teeküchen, SB-Restaurants	200	80	
- Pausenräume, Warteräume, Aufenthaltsräume	200	80	
- Räume für körperliche Ausgleichsübungen (Sport-, Fitnessräume, Sporthallen)	300	80	
- Waschräume, Bäder, Toiletten, Umkleideräume	200	80	
- Erste-Hilfe-Räume	500	90	
- Haustechnische Anlagen, Schaltgeräteräume	200	60	
Büros und büroähnliche Arbeitsbereiche			
- Ablegen, Kopieren	300	80	
- Schreiben, Lesen, Datenverarbeitung	500	80	
- Archive	200	80	
Verkaufsräume			
- Verkaufsbereich	300	80	
- Kassenbereich, Packtisch	500	80	
Büchereien			
- Bücherregale	200*	80	*vertikal
- Lesebereich	500	80	
Ausbildungsstätten,Kindergärten, Vorschule			
- Spielzimmer, Krippenräume, Bastelräume (Handarbeitsräume)	300	80	
- Unterrichtsräume in Grund- und weiterführenden Schulen	300	80	
- Hörsäle	500	80	
- Wandtafel, Demonstrationstisch	500*	80	*vertikal
- Fachunterrichtsräume: naturwissenschaftlicher und technischer Unterricht, Werken und textiles Gestalten, Lehrwerkstätten, Handarbeitsräume, Zeichensäle	500	80	$\bar{E}_v \geq 175$ lx
Gesundheitseinrichtungen			
- Flure: während des Tages	200	80	
- Allgemeinbeleuchtung ohne regelmäßigen Aufenthalt von Beschäftigten	200	80	
- risikoarme medizinische oder pflegerische Tätigkeiten	300	90	
- Gesundheitseinrichtungen, Arbeitsbereiche für medizinische oder pflegerische Tätigkeiten mit erhöhtem Gefährdungspotential	500	90	

6 Wasser- und Abwassertechnik (innerhalb von Gebäuden)

6.1 Wasseranlagen

6.1.1 Grundsätzliches

Kupfer, Stahl und Kunststoff sind die Basismaterialien für über 20 Systeme von Trinkwasser-Leitungsrohren. Die größten Unterschiede finden sich in den Rohr-Verbindungstechniken: Löten, Klemmen, Pressen, Schweißen, Schrauben.

Der Hausanschluss ab Versorgungsleitung unter der Straße bis hin zum Wasserzähler ist Sache des Wasserversorgungsunternehmens (WVU: Wasserwerk, kommunales Tiefbauamt o.a.). Jede Wohnung oder sonstige Nutzungseinheit sollte, wie z.B. in der BauO NW festgelegt, einen eigenen Wasserzähler erhalten.

Die Verteilung des Trinkwassers über ein Leitungsnetz im Anschluss an den Hausanschluss erfolgt durch den **Wasserdruck**, der in der Regel durch das Wasserversorgungsunternehmen zur Verfügung gestellt wird. Wenn der Druck zur Verteilung des Wassers im Leitungsnetz nicht ausreicht, muss eine Druckerhöhungsanlage (DEA) installiert werden. Dies gilt natürlich auch für den seltenen Fall einer Eigenversorgungsanlage (Brunnenanlage) oder bei der Speicherung von Regenwasser für Nichttrinkwasserzwecke (siehe unten).

Ruhedruck = Statischer Überdruck an einer bestimmten Stelle der Wasserverbrauchsanlage, wenn keine Wasserentnahme erfolgt; ist vom jeweiligen Netzdruck abhängig.

Fließdruck = Statischer Überdruck an einer Messstelle in der Wasserverbrauchsanlage während einer Wasserentnahme. Er ist niedriger als der Ruhedruck.

Erforderliche Fließdrücke: $\geq$ 0,5 bar Überdruck für alle Zapfventile,
$\geq$ 1,0 bar Überdruck für elektrische Durchlauferhitzer ab 9 / 18 kW,
$\geq$ 1,2 bar Überdruck für Druckspüler der Nennweite 20 (gängigstes Modell).

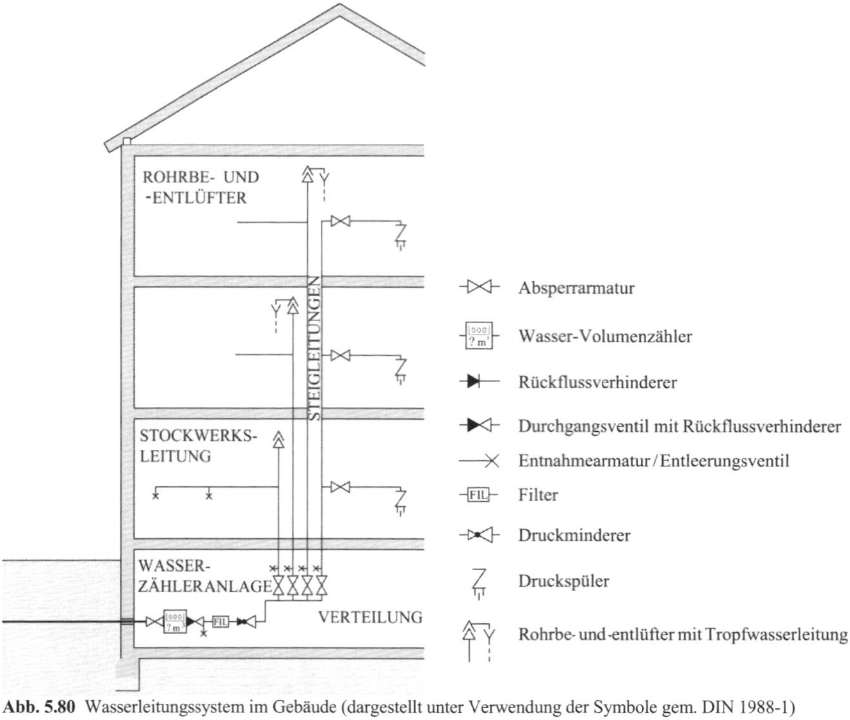

Abb. 5.80 Wasserleitungssystem im Gebäude (dargestellt unter Verwendung der Symbole gem. DIN 1988-1)

Mit Rücksicht auf Druckschwankung im Netz sollte ein Fließdruck von mind. 1,5 bar angestrebt werden. Hohe Drücke verursachen starke Geräuschentwicklungen an Armaturen. Die Schallschutznorm DIN 4109 sieht 5 bar als Obergrenze vor. Ab 6 bar sprechen die Sicherheitsventile elektrischer Warmwasserbereiter an. Bei zu hohen Drücken können Druckminderventile in den Zuleitungen angeordnet werden. Sofern der Wasserdruck an höhergelegenen Entnahmestellen nicht dem erforderlichen Ruhedruck entspricht, werden Druckerhöhungsanlagen erforderlich.

Die Leitungsdimensionierung erfolgt durch eine einfache Überschlagsrechnung, die bis auf wenige Ausnahmen ausreicht. Damit kann der verfügbare Druck abhängig vom Druck an der Hauseinführung für das Leitungsnetz abgeschätzt werden (vgl. Abschn. 6.1.2).

Kalkablagerungen entstehen vornehmlich an Stellen größerer Wärmeentwicklung wie an den Heizflächen der Heizungskessel, Warmwasserbereiter. Eine Enthärtung ist im Wohnbereich ab etwa 14 °dH (2,5 mmol/l) sinnvoll und bei mehr als 21 °dH (3,8 mmol/l) eine technische Notwendigkeit, um Kalkablagerungen und Energievergeudung zu vermeiden, sofern die Wassertemperatur in Leitungen und Geräten 60°C überschreitet. Möglichkeiten: **Härtestabilisierung durch Phosphat-Dosierung** (Impfung); **Enthärtung durch Ionenaustausch**; **physikalische Wasserbehandlung.** Der Einbau eines **Filters** ist gem. DIN 1988-2 bei metallischen Leitungen obligatorisch; bei Kunststoffleitungen wird eine Empfehlung ausgesprochen.

Regenwasser- und Grauwassernutzungsanlagen: Das auf Dachflächen anfallende Niederschlagswasser wird vorgefiltert einem Behälter (Zisterne) zugeführt, die sich entweder im Keller oder neben dem Gebäude im Erdreich befindet. Bei Wasserentnahme an den Verbrauchsstellen (WC, Gartenzapfstelle, Waschmaschine) fördert eine Pumpe das gespeicherte Regenwasser in vom Trinkwassernetz getrennten Leitungen zu den Verbrauchsstellen. Fällt mehr Regenwasser an als der Behälter fassen kann, wird das überschüssige Wasser per Überlauf der Kanalisation oder eine Sickeranlage zugeführt. Sinkt der Regenwasserspiegel im Behälter unter eine kritische Marke, wird Wasser aus dem Trinkwassernetz nachgespeist. Auffangflächen sind ausschließlich Dachflächen.

Zwischen **Nichttrinkwasser-Rohrnetzen und Trinkwasser-Rohrnetzen dürfen keine unmittelbaren Verbindungen** (weder fest noch lösbar) bestehen, um einen Übertritt von kontaminiertem Wasser in Trinkwasserleitungen mit Sicherheit auszuschließen. Die Trinkwassernorm DIN 1988 sieht vor, dass die frei über dem Einlauftrichter des Behälters endende Trinkwasser-Nachspeiseleitung einen Abstand von mindestens 2 × (DN Wasserleitung), aber mind. 20 mm einhalten muss.

Abwasserrecycling (Grauwassernutzung): DIN EN 12 056-2 unterscheidet bei Abwässern Grau- und Schwarzwasser. Ersteres enthält im Gegensatz zu Schwarzwasser keine menschlichen Exkremente. Grauwasser findet ausschließlich für die Toilettenspülung Verwendung. In Betracht kommen Abwässer aus der Körper- und Wäschereinigung.

Warmwasserversorgung

Mit Strom oder Gas betriebene Wassererwärmungsgeräte können sowohl zentral als auch dezentral eingesetzt werden, um Bedarfsstellen mit temperiertem Wasser zu versorgen.

Elektrisch betriebene WW-Bereiter können direkt an der Verbrauchsstelle (dezentral) installiert werden. Infolge kurzer WW-Leitungen entstehen nur geringe Wasser- und Wärmeverluste.

Speicher haben wärmegedämmte, stets mit Wasser gefüllte Behälter, deren Wasser automatisch aufgeheizt wird. Drucklose Speicher (sog. offene Speicher) können nur eine, druckfeste Speicher (sog. geschlossene Speicher) mehrere Entnahmestellen versorgen. Bei beiden Systemen wird der aufgeheizte Behälterinhalt durch zufließendes Kaltwasser aus dem Speicher herausgedrückt.

Durchlauferhitzer erwärmen das Wasser im Durchfluss bis auf etwa 65°C. Längere Behälterverweilzeiten des temperierten Wassers und daraus resultierende Qualitätsminderungen (Ausscheiden von Luft und Kohlensäure, Beeinflussung durch Kesselsteinschlamm) werden vermieden.

Gas-Wasserheizer erwärmen hydraulisch gesteuert Wasser im Durchfluss.

Gas-Vorratswasserheizer mit druckfesten Behältern von ca. 80 bis 280 l Fassungsvermögen in Verbindung mit atmosphärischen Gasbrennern kommen ggf. bei größerem Warmwasserbedarf und kurzer Anbindung zu den Verbrauchsstellen in Betracht.

Solare Trinkwassererwärmung

Ein Hauptnutzungsbereich von thermischen Solaranlagen ist die Trinkwarmwasserversorgung im Wohnungsbau. Das Potential liegt in Deutschland bei 1300 bis 1900 h Sonnenscheindauer bei 900 bis 1200 kWh/m^{2}a Einstrahlung auf eine horizontale Fläche. Bei **thermischen Solarkollektoren** (Flach-, Vakuumkollektoren) gilt als Faustwert für die Kollektorfläche: *Flachkollektoren* 1,5 bis 2 m^2/ Person, *Vakuum-*

Röhrenkollektoren können etwa 30% geringer dimensioniert werden. Die Kollektorneigung ist von der jahreszeitlichen Nutzung abhängig.

Anlagen zur Warmwasserbereitung (vorwiegende Nutzung) sollen in erster Linie die steile Einstrahlung während der Sommermonate nutzen und haben eine entsprechend flache Neigung. Dies gilt auch für Kollektoren zur Freibaderwärmung. Die empfohlene *Kollektorneigung von 20° bis 45°* kann mit üblichen Dachneigungen eingehalten werden. **Anlagen zur Raumheizung** im Herbst und Frühjahr, evtl. auch im Winter, sollen die flacher einstrahlende Strahlung einfangen können. Für die WW-Bereitung im Sommer spielt die hierfür nicht optimale Neigung wegen der ausreichend zu dimensionierenden Fläche eine untergeordnete Rolle. *Empfohlene Kollektorneigung: 35° bis 60°.*

Die aufgefangene Sonnenwärme wird einem **Speicher** zugeführt, der in der Lage sein sollte, kürzere Perioden unzureichender Energiezufuhr zu überbrücken. Das Speichervolumen kann mit 80 bis 140 l pro Person bzw. 60 bis 70 l/m^2 Kollektorfläche angenommen werden. Eine Nachheizung ist unumgänglich. Durchschnittliche Wärmebedarfsdeckung durch Kollektoren: 80 % in den Sommer-, 10 % in den Wintermonaten, im Jahresmittel etwa 50 %. Sog. **Kombinationskessel** übernehmen neben der Wärmeerzeugung für eine zentrale Wärmeerzeugungsanlage auch die Bereitstellung für Warmwasser. Dies geschieht beinahe ausnahmslos mittels **WW-Speichern**, die entweder mit dem Wärrmeerzeuger baulich verbunden sind (darüber oder darunter angeordnet) oder neben diesem aufgestellt werden.

Neben einem Kessel angeordnete Speicher können größer dimensioniert werden als integrierte Kessel-Speicher-Einheiten. Je größer das Speichervolumen ist, umso niedriger kann die Wassertemperatur liegen (Mindesttemperatur zur Vermeidung von Legionellenbildung ist zu beachten). Speicherinhalt für Einfamilienhäuser: etwa 80 bis 200 l, für Zweifamilienhäuser: 200 bis 300 l. Rechenwerte für die Festlegung des Speichervolumens enthält DIN 4708-2.

Die Alternative zum Speichersystem sind Kessel mit Durchlauferhitzer aus kupfernen Rohrschlangen. Sie liefern leitungsfrisches und nicht abgestandenes Wasser bei höherer Dauerleistung gegenüber Speicherkesseln. Da jedoch bei diesem System für die Warmwasserbereitung eine wesentlich höhere Kesselleistung vorzuhalten ist (18 bis 30 kW) als für die Raumheizung erforderlich, resultiert daraus eine unwirtschaftliche Betriebsweise.

Bei größeren Anlagen (Krankenhäuser, Hotels) kann es zweckmäßig sein, für die Warmwasser-Erzeugung im Sommer einen gesonderten „Sommerkessel" vorzusehen.

Kombinations-Gaswasserheizer, sog. Kombithermen, übernehmen, wie bereits zuvor angeführt, sowohl die Warmwasserversorgung als auch die Wärmeversorgung für eine zentrale Warmwasserheizung bis zu einer Leistung von etwa 24 kW. In ihrer Funktionsweise entsprechen sie Kombinationskesseln mit Durchlauferhitzer, d.h., das zu entnehmende Warmwasser kann leitungsfrisch ohne Verweilzeit in einem Speicherbehälter gezapft werden.

Bei Bedarf größerer Warmwassermengen, etwa zur Versorgung von Küchenanlagen gastronomischer Betriebe oder von Reihenduschen in Sozialeinrichtungen der Industrie, kommt i.d.R. nur eine zentrale Versorgung über die Heizzentrale in Betracht.

Die Speichergröße richtet sich nach der Verbrauchsstruktur des Gebäudes bzw. der Nutzer. Mit statistischen Rechenverfahren werden geeignete Speichergrößen ermittelt, siehe DIN 4708.

Sind nur Kleinverbraucherstellen in Verwaltungsgebäuden, Schulen, Geschäftshäuser usw. zu versorgen, ist eine elektr. betriebene Einzelversorgung der Verbrauchsstellen i. Allg. vorteilhafter, z.B. für:

- Handwaschbecken: ein druckl. Speicher von 5 l zum Händewaschen;
- Teeküchen: ein Kochendwassergerät zur Getränkebereitung sowie ein druckl. Speicher von 5 bis 10 l zur Geschirreinigung;
- Putzraum mit Ausgussbecken: ein druckl. Speicher von 10 bis 30 l, ggf. auch größer, für die Gebäudereinigung.

Rohrleitungen für die Warmwasserversorgung

Um die Wärmeverluste in Grenzen zu halten, sind Warmwasserleitungssysteme in ihrer Ausdehnung zu minimieren und Steigleitungen so anzuordnen, dass sich möglichst kurze Anbindungen zu den Verbrauchsstellen ergeben. Als Rohrleitungsmaterialien kommen vorwiegend Kupfer- oder verzinkte Stahlrohre in Betracht, zum Teil auch Kunststoffrohre.

Wärmedämmung von Warmwasserleitungen. Ab 5 m Leitungslänge muss die Wassertemperatur im Rohrnetz auf max. 60°C begrenzt werden.

Zirkulationsleitungen (WW-Umlaufleitungen) ermöglichen das Zapfen warmen Wassers ohne längere Wartezeiten auch bei größerer Entfernung zwischen zentraler Warmwassererzeugung und Zapfstelle.

Zur Vermeidung von Legionellenbildung wird eine Betriebstemperatur von 60°C empfohlen.

6.1.2 Dimensionierung von Wasserversorgungsanlagen

Prof. Dr.-Ing. Ulrich Drechsel, Prof. Dr.-Ing. Stefan Krause

6.1.2.1 Versorgungseinheiten bis zu 1000 E (außerhalb von Gebäuden)

Anlagen für Versorgungsanlagen unter 1000 E werden ausgelegt für den Einwohner bezogenen mittleren Tagesbedarf von ca. 90 bis 140 l/(E · d). Gegenüber früheren höheren Verbrauchswerten passt die neue DVGW W 410 (12.2008) die Auslegungsempfehlungen den gesunkenen Verbrauchswerten an.

Der Spitzendurchfluss Q_S je Versorgungsanlage < 1000 E wird berechnet durch Multiplikation des ein- wohnerspezifischen stündlichen Spitzenverbrauchswertes $w_{h,max}$ mit der Zahl der versorgten Einwohner:

$\log w_{h,max} = 1{,}099 \cdot (\log E)^2 - 0{,}9729 \cdot (\log E) - 0{,}1624$; $Q_S = Q_{h,max} = w_{h,max} \cdot E$

Beispiel: Spitzen-Bemessungsdurchfluss einer Wasserversorgungsleitung für 6 Einwohner:

$\log w_{h,max\,(6\,E)} = 1{,}099 \cdot (\log 6)^2 - 0{,}9729 \cdot (\log 6) - 0{,}1624 = -0{,}2540$;

$w_{h,max\,(6\,E)} = 10^{-0{,}2540} = 0{,}5571$ l/(s · E)

$Q_{S\,(6\,E)} = Q_{h,max\,(6\,E)} = w_{h,max\,(6\,E)} \cdot E = 0{,}5571 \cdot 6 = 3{,}343$ l/s

Auf diesen oben ermittelten Bemessungsdurchfluss wird die Versorgungsleitung von der öffentlichen Wasserversorgung bis zur Übergabestelle (Hauptabsperrarmatur) bemessen.

Verlegung der Anschlussleitungen (AL):
Hausanschlussleitungen sind je nach Klima (0,80) 1,0 bis 1,50 (1,80) m tief frostfrei zu verlegen. Die Anordnung ist rechtwinklig zur Straße, geradlinig und mit Steigung zum Gebäude hin. Eine Überbauung ist unzulässig. Bei horizontaler Annäherung an eine Abwasserleitung von ≤ 1,0 m darf die Trinkwasserleitung nicht tiefer als diese liegen. Der Sicherheitsabstand von der Grundstücksentwässerung und anderen Leitungen ist 20 cm. Eine Absperreinrichtung soll möglichst nahe der Versorgungsleitung angebracht werden (Anbohrschelle mit Schlüsselstange und Straßenkappe).

6.1.2.2 Wasserversorgung in Gebäuden

Hinweis zur Schreibweise: In der DIN 1988 wird der Durchfluss Q mit $\dot{V}$ bezeichnet.

Ermittlung der Summendurchflüsse ΣQ_R ($\Sigma \dot{V}_R$):

Zur Berechnung der Summendurchflüsse werden die einzelnen Berechnungsdurchflüsse $\dot{V}_R$, beginnend an der vom Anschluss entferntesten Entnahmestelle, entgegen der Fließrichtung bis zur Betrachtungsstelle aufsummiert. Angaben zu den Berechnungsdurchflüssen findet man in DIN 1988 Tabelle 11 (siehe unten) oder in Herstellerangaben zu den Entnahmearmaturen.

Bezeichnung der Leitungen:

Steigleitungen (SL): von Geschoss zu Geschoss führende Leitung von der Stockwerks- oder Einzelleitungen abzweigen
Stockwerksleitungen (SWL): von der Steigleitung innerhalb eines Stockwerks abzweigende Leitung. In Mehrfamilienhäusern sollen sie einzeln absperrbar sein.

Hausanschluss:
Möglichst unmittelbar hinter der wasser- und gasdichten Hauseinführung (Futterrohr) wird die Wasserzähleranlage mit Hauptabsperrventil und Rückflussverhinderer eingebaut, ggf. mit Druckminderer auf max. 6 bar. Kann die Übergabestation nicht im unterkellerten Gebäude untergebracht werden, ist ein begehbarer (Öffnung 70 × 70 cm²) frostsicherer Wasserzählerschacht $l = 1{,}2$ m, $b = 1{,}0$ m anzuordnen.

Verbrauchsleitungen im Gebäude möglichst geradlinig verlegen, mit Steigung zur Zapfstelle hin.

Anhaltswerte für Rohrnennweiten im Zuge einer ersten Vorplanung gibt *Pistohl* [5.11] an.

Art der Leitung	Mindestwert	überschlägige Annahme
Anschlussleitung	DN 25 (1″)	DN 32 (5/4″)
Steigleitungen		
1–5 Zapfstellen		DN 20 (3/4″)
5–10 Zapfstellen	DN 20 (3/4″)	DN 25 (1″)
10–20 Zapfstellen		DN 32 (5/4″)
20–40 Zapfstellen		DN 40 (11/2″)
Stockwerksleitungen für		
1 Abortspülkasten		DN 10 bis DN 15
1–2 Waschtische; o. 1 Brause	DN 15 (1/2″)	DN 15
1 Badewanne o. 1 Gartenleitung		DN 20 bis DN 25
Abortdruckspüler		DN 25
Stockwerksleitungen für mehrere Zapfst.	die nächstgrößere Nennweite als für die größte Einzelarmatur	

Mindestfließdruck [bar]	Art der Trinkwasser-Entnahmestelle		Berechnungsdurchfluss bei Entnahme von Mischwasser[1)]		von nur kaltem o. erwärmtem Trinkwasser
			$\dot{V}_R$ kalt [l/s]	$\dot{V}_R$ warm [l/s]	$\dot{V}_R$ in [l/s]
	Auslaufventil				
0,5	ohne Luftsprudler[2)]	DN 15	-	-	0,30
0,5		DN 20	-	-	0,50
0,5		DN 25	-	-	1,00
1,0	mit Luftsprudler	DN 10	-	-	0,15
1,0		DN 15	-	-	0,15
1,0	Brauseköpfe für Reinigungsbrausen	DN 15	0,10	0,10	0,20
1,2	Druckspüler nach DIN 3265-1	DN 15	-	-	0,70
1,2	Druckspüler nach DIN 3265-1	DN 20	-	-	1,00
0,4	Druckspüler nach DIN 3265-1	DN 25	-	-	1,00
1,0	Druckspüler für Urinalbecken	DN 15	-	-	0,30
1,0	Haushaltsgeschirrspülmaschine	DN 15	-	-	0,15
1,0	Haushaltswaschmaschine	DN 15	-	-	0,25
	Mischbatterie für				
1,0	Brausewanne	DN 15	0,15	0,15	-
1,0	Badewanne	DN 15	0,15	0,15	-
1,0	Küchenspüle oder	DN 15	0,07	0,07	-
1,0	Waschtisch	DN 15	0,07	0,07	-
1,0	Sitzwaschbecken	DN 15	0,07	0,07	-
1,0	Mischbatterie	DN 20	0,30	0,30	-
0,5	Spülkasten nach DIN 19 542	DN 15	-	-	0,13
1,0	Elektro-Kochendwassergerät	DN 15	-	-	0,10[3)]

1) Berechnungsdurchflüsse für Mischwasserentnahme: für kaltes Wasser 15 °C; für erwärmtes Trinkwasser 60 °C

2) Bei Auslaufventilen ohne Luftsprudler und mit einer Schlauchverbindung wird der Druckverlust in der Schlauchleitung (bis 10 m Länge) und im angeschlossenen Apparat (z. B. Rasensprenger) pauschal über den Mindestfließdruck berücksichtigt. In diesem Fall erhöht sich der Mindestfließdruck um 1,0 auf 1,5 bar.

3) Bei voll geöffneter Drosselschraube.

An Tiefpunkten Entleerungsvorrichtungen vorsehen.

Der Spitzendurchfluss Q_S oder $\dot{V}_s$ wird nach DIN 1988 mit Hilfe der folgenden Grafik ermittelt, in welche man unter Beachtung aller Entnahmestellen mit dem Summendurchfluss hineingeht. Dabei ist nach den Gebäudetypen (A bis K) zu differenzieren.

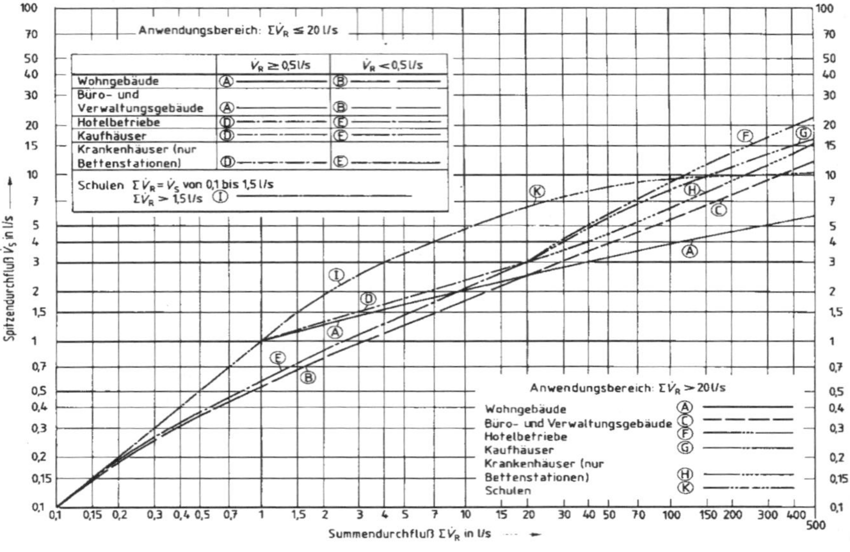

Sinnbilder für Trinkwasseranlagen:

Trinkwasserleitung ggf. mit Angabe der Nennweite links: kalt (hier DN 100); rechts: warm hier DN 50	TW 100 ; TWW 50
Trinkwasser-Zirkulationsleitung (DN 15)	TWZ 15
Lageangabe: links Absperrarmatur; rechts Entnahmearmatur	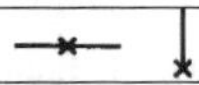
Verbindung: links: lösbar; rechts unlösbar	
Schlauchverbindung	
Übergang: links in der Nennweite DN 50 wird auf DN 40 reduziert; rechts Werkstoff von Stahl auf Kupfer	50 / 40 St / Cu
Leitungskreuz ohne Verbindung	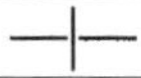
Abzweig: links einseitig; rechts beidseitig	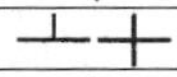
Steigleitung, dargestellt im Grundriss	
Darstellung der Richtung in Grundrissdarstellung: A: hindurchgehend B: beginnend und aufwärts/abwärts verlaufend C: von unten/oben kommend, endend	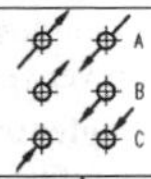
elektrische Trennung, Isolierstück	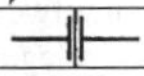
Wand- oder Deckendurchführung mit Schutzrohr	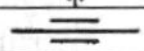
Wand- oder Deckendurchführung mit abgedichtetem Schutz(Mantel-)rohr	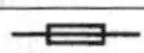
Absperrarmatur (allgemein)	
Absperrschieber	
Zwei-, Drei-, Vierwegeventil (mit Richtungshinweis)	
Durchgangshahn	
Anbohrschelle; links: seitlich; rechts: Ventilanbohrschelle von oben	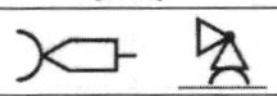
Druckminderer mit Eingangs- und Ausgangsdruck	
Entleerungsventil	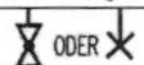
links: Wandbatterie, rechts Mischer jeweils mit Zusatzkennzeichnung	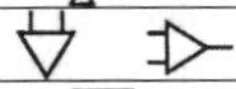
Spülkasten (hier Unterputzausführung UP)	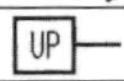
Brause (links Schlauchbrause)	
links: Rohrbe- und -entlüfter, Mitte: mit Tropfwasserableitung; rechts: Rohrbelüfter Durchflussform	
links: Rückflussverhinderer; rechts: Durchgangsventil mit Rückflussverhinderer (Fließrichtung jeweils von links nach rechts)	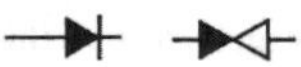
freier Auslauf (Systemtrennung)	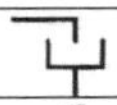
federbelastetes Sicherheitsventil	
Darstellung eines allgemeinen Apparates links ohne rotierende Teile; rechts mit rotierenden Teilen; jeweils weitere Spezifizierung möglich	
links: Anzeigeinstrument; rechts Messeinrichtung	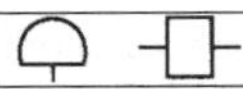
Darstellung einer Pumpe (alternativ)	
links: Wasser-Volumenzähler (WZ); rechts: Wassermengenzähler (WMZ)	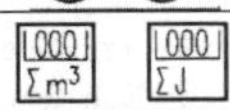
Druckerhöhungsanlage mit Angabe der Pumpenanzahl, Förderleistung und Ein- sowie Ausgangsdrücken	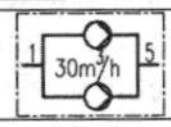
Wärmetauscher (allgemein)	
unmittelbar beheizter Trinkwassererwärmer; weitere Spezifikation durch Angabe der Energiequelle	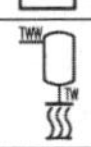

6.2 Feuerlöschanlagen

Löschwassereinrichtungen werden zum Teil behördlicherseits vorgeschrieben, im Übrigen durch erhebliche Prämienabschläge vonseiten der Versicherungen honoriert. Planungshinweise können den Richtlinien des Verbandes der Sachversicherer (VdS) entnommen werden.

Feuerlösch-Steigleitungen mit angeschlossenen Wandhydranten sind in den meisten Bundesländern für „notwendige Treppenräume" von Hochhäusern wie auch für eine Reihe von gewerblich genutzten Gebäuden obligatorisch. (Als Hochhäuser gelten Gebäude, bei denen der Fußboden mindestens eines Aufenthaltsraumes mehr als 22 m über der festgelegten Geländeoberfläche liegt.)

„Nasse" Feuerlösch-Steigleitungen stehen ständig unter Leitungsdruck und ermöglichen eine Brandbekämpfung bereits vor Eintreffen der Feuerwehr. Um den erforderlichen Wasserdruck von mind. 3 bar am höchstgelegenen Wandhydranten zu erreichen, müssen sie ggf. über eine Druckerhöhungsanlage betrieben werden, die ihrerseits an eine Notstromanlage anzuschließen ist. Für beide Einrichtungen sind im Kellergeschoss Räumlichkeiten planerisch freizuhalten. Ein Anschluss an häufig benutzte Entnahmestellen im obersten Geschoss sollte sicherstellen, dass das Wasser in den Steigesträngen nicht unvertretbar lange in den Leitungen verweilt und „fault".

„Trockene" Steigleitungen sind nicht mit dem Wassernetz verbunden und stehen der Feuerwehr zur Verfügung. Ein zeitaufwendiges Auslegen von Schläuchen entfällt. Im Brandfalle wird Löschwasser, meist von einem nahegelegenen Hydranten, mittels einer Feuerlöschpumpe der Feuerwehr in die Steigleitung eingespeist. Die hierfür erforderlichen Anschlusskupplungen werden in der Nähe der Gebäudezugänge angeordnet. Feuerwehrfahrzeuge müssen an diesen Bereich heranfahren können. Ein Hydrant muss für die Feuerwehr in nicht mehr als 80 m Entfernung zur Verfügung stehen. Gegebenenfalls ist er vom Bauherrn zu erstellen. Überflurhydranten sind Unterflurhydranten insofern überlegen, als sie nicht von parkenden Fahrzeugen verstellt werden können. Gegebenenfalls sind auch Löschwasserzisternen anzulegen.

Löschwassersteigleitungen **„nass/trocken"** werden erst unmittelbar vor der Brandbekämpfung mit Wasser gefüllt. Bei Betätigung eines Wandhydranten in den oberen Stockwerken bewirkt ein elektrisch gesteuerter Schaltmechanismus, dass die Steigleitung geflutet und nach der Wasserentnahme das Leitungssystem wieder entleert wird. Hierzu sind im unteren Bereich der Steigleitung ein Schaltschrank und ein Anschluss an das Entwässerungssystem des Gebäudes erforderlich. Bei Stromausfall werden die Leitungen automatisch mit Wasser gefüllt.

Wandhydranten „nass" und „nass/trocken" enthalten: Kupplung, schwenkbare Haspel mit Schlauch und Strahlrohr, eventuell auch Handfeuerlöscher und Feuermelder. Sie können in Selbsthilfe, z.B. vor Eintreffen der Feuerwehr, benutzt werden. Nischengröße für Wandhydranten: 70/80/25 bis 74/80/25 (in cm) gem. DIN 14 461-1 „Wandhydrant mit formstabilem Schlauch". Wandhydranten „trocken" enthalten i.d.R. nur einen Anschluss für die Feuerwehr und sind daher entsprechend kleiner: 32/42/14,5 od. 16 (in cm).

Sprinkleranlagen sind selbsttätige Feuerlöschanlagen. Sie erkennen, melden und löschen ein ausbrechendes Feuer, bevor es sich zu einem unkontrollierbaren Großbrand ausweiten kann.

Funktionsprinzip der Sprinkler: Sie werden nach einem bestimmten Raster in ein Rohrleitungsnetz integriert, das die geschützten Bereiche in Deckenhöhe überzieht und fest montiert ist.

Die Sprinkleranlage liegt wie ein Netz wassergefüllter Röhren über den zu schützenden Objekten. Flüssigkeitsgefüllte Glasfässchen oder Schmelzlote dienen als Auslöseelemente; die Auslösetemperaturen liegen jeweils rund 30 K über der höchstmöglichen, normalerweise für den zu schützenden Bereich zu erwartenden Temperatur. Zeitgleich mit der Auslösung erfolgen im Falle eines Falles ein akustischer Alarm und die Alarmierung der Feuerwehr oder einer entsprechend besetzten Stelle.

Bestandteile einer Sprinkleranlage

Eine Sprinkleranlage besteht aus einer oder mehreren Wasserversorgungen und einer oder mehreren **Sprinklergruppen**. Jede Gruppe besteht aus einer Alarmventilstation und einem Rohrnetz mit daran installierten Sprinklern. Die Sprinkler sind an vorgegebenen Stellen unter Dächern oder Decken und, wenn erforderlich, in Regalen, unter Zwischenböden sowie an anderen besonderen Stellen eingebaut. Die Sprinkler schützen, dem jeweiligen Risiko entsprechend, pro Sprinklerkopf 9 bis 21 m^2 Bodenfläche. Die mögliche zu schützende Boden- bzw. Wand- oder Deckenfläche hängt von der Brandgefahrenklasse ab.

Zur Bemessung der Sprinkleranlage muss die **Brandgefahrenklasse** vor Beginn der Planung festgelegt werden. Die von automatischen Sprinkleranlagen zu schützenden Gebäude und Bereiche werden als kleine **(LH), mittlere (OH) und hohe (HH)** Brandgefahr eingestuft. Diese Zuordnung hängt von der Nutzung sowie der Brandbelastung ab und ist der VdS CEA 4001 zu entnehmen. Ein typischer Büroraum würde der Klasse LH eingeordnet.

Je nach Anzahl der notwendigen Sprinkler und nach der Einstufung des zu schützenden Bereichs werden verschiedene **Wasserversorgungen** gefordert. Man unterscheidet

a) das öffentliche Wasserleitungsnetz,
b) Vorratsbehälter,
c) unerschöpfliche Wasserquellen (Als unerschöpflich gelten natürliche und künstliche Quellen wie Flüsse, Kanäle und Seen, die aufgrund ihres Volumens, des Klimas usw. stets eine ausreichende Kapazität besitzen.),
d) Druckluftwasserbehälter. Ein Druckluftwasserbehälter ist ein Behälter, der Wasser unter Luftdruck enthält. Der Luftdruck muss ausreichen, um das gesamte Wasser mit dem erforderlichen Wasserdruck abgegeben zu können. Der Druckluftwasserbehälter darf nur zur Löschwasserversorgung von Sprinkleranlagen eingesetzt werden.

Je nach Brandgefahrenklasse können **einfache, doppelte oder kombinierte Wasserversorgungen** erforderlich werden. **Einfache Wasserversorgungen** sind:

a) öffentliches Wasserleitungsnetz,
b) öffentliches Wasserleitungsnetz mit einer oder mehreren Druckerhöhungspumpen,
c) Druckluftwasserbehälter,
d) Hochbehälter,
e) Behälter mit einer oder mehreren Pumpen,
f) unerschöpfliche Quelle mit einer oder mehreren Pumpen.

Die Wasserversorgungen werden in 4 Arten unterteilt:

- Die **Wasserversorgung Art 1** besteht aus nur einer erschöpflichen Wasserquelle.
- Die **Wasserversorgung Art 2** besteht aus nur einer unerschöpflichen Wasserquelle.
- Die **Wasserversorgung Art 3** besteht aus einer unerschöpflichen und einer erschöpflichen Wasserquelle.
- Die **Wasserversorgung Art 4** besteht aus 2 unerschöpflichen und einer erschöpflichen Wasserquelle.

6.3 Abwasseranlagen (s.a. Kap. 5 B)

Auf bebauten Grundstücken fällt Niederschlagswasser und Schmutzwasser an. Schmutzwasser wird in senkrechten Leitungen einem i.d.R. unter dem Kellerfußboden befindlichen liegenden Rohrnetz und dann der öffentlichen Kanalisation zugeführt. Man unterscheidet Misch- und Trennverfahren.

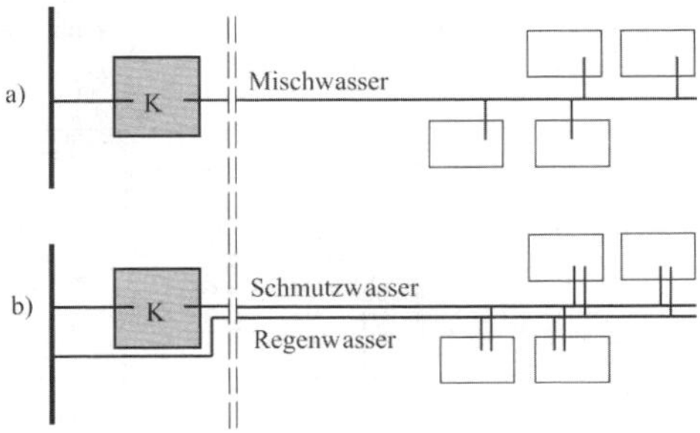

Abb. 5.87
Beim Mischsystem (a) werden Regen- und Schmutzwasser ungetrennt der kommunalen Kläranlage (K) zugeführt. Starke Niederschläge können bewirken, dass rückstauendes Wasser aus tief gelegenen, ungesicherten Schmutzwassereinläufen austritt.
Im Trennsystem (b) werden Regen- und Schmutzwasser getrennt abgeführt und auf diese Weise die Kläreinrichtungen entlastet. Rückstauendes Regenwasser kann innerhalb von Gebäuden keinen Schaden mehr anrichten.

Die **Genehmigungspflicht** für die Erstellung einer Grundstücksentwässerungsanlage, wie auch die Überwachung ihrer Erstellung, beschränkt sich in den meisten Bundesländern (z.B. in Nordrhein-Westfalen) auf den Anschluss an das kommunale Kanalnetz, soweit nur häusliche Abwässer anfallen.

Entwässerungsanlagen für Gebäude werden möglichst nach dem Schwerkraftprinzip erstellt. Es gilt die europäische Normenreihe DIN EN 12 056 für alle Entwässerungsanlagen, die unter Schwerkraft betrieben werden. Die Normreihe gilt ausschließlich für wohn-, geschäfts-, instituts- und industrielle Bauten innerhalb der Gebäude. Zusätzliche Bestimmungen für Deutschland sind in der DIN 1986-100 aufgeführt. Außerhalb des Gebäudes gelten außerdem die DIN EN 752 sowie weitere Bestimmungen.

Bei der Einleitung von Regenwasser in das Kanalsystem ist eine ggf. vorliegende **Einleitungsbegrenzung** zu beachten. Sofern diese vorliegt, können bei Überschreitung ein Regenrückhaltebauwerk oder andere Retentionsmaßnahmen erforderlich werden.

Die Leitungen eines Abwassernetzes werden wie folgt bezeichnet: **Fallleitung** ist die senkrechte Leitung im Gebäude, die Schmutz- oder Regenwasser in eine liegende Leitung führt und über Dach entlüftet wird. Die **Grundleitung** ist die unzugänglich im Erdreich oder in einer Bodenplatte liegende Leitung, die Abwasser aus Fallleitungen, Anschlussleitungen und Bodeneinläufen aufnimmt. **Lüftungsleitung** ist die Verlängerung von Fallleitung über Dach, um einen Druckausgleich über die Freispiegelentwässerung herzustellen. **Sammelleitungen** entsprechen der Funktion der Grundleitung, liegen jedoch frei unter der Kellerdecke oder an Kellerwänden. **Anschlussleitungen** sind die Leitungen vom Geruchsverschluss des Entwässerungsgegenstandes bis zur weiterführenden Leitung. Der **Anschlusskanal** ist die Leitung vor der letzten Reinigungsöffnung auf dem Grundstück bis zum öffentlichen Abwasserkanal. Die verwendeten Symbole sind in DIN 1986-100 aufgeführt.

Anschlussleitungen und Fallleitungen müssen (WC- und Urinalanschlüsse sollten) aus heißwasserbeständigen Materialien (für eine maximale Wassertemperatur von +95 °C) bestehen (gusseiserne Rohre, Stahlrohre, Faserzementrohre, heißwasserbeständige Kunststoffrohre, sogenannte HT-Rohre (Hotwater-Tubes) aus PP, ABS, ASA, PE-HD (früher: PE-hart), PVC-C).

Regen- und Schmutzwasser müssen in getrennten Fallleitungen abgeführt werden. Am Fuße aller Fallstränge sind Reinigungsöffnungen vorzusehen. *Rohrleitungsmaterialien* sind *gusseiserne Rohre* (SML-Rohre) ohne Muffe gem. DIN 19 522, *Stahlabflussrohre* gem. DIN EN 1123 innen und außen feuerverzinkt, *Faserzementrohre* (FZ-Rohre) nach DIN EN 12 763-1 u. -2, *PP-Rohre* (aus Polypropylen) gem. DIN 19 560, ABS- und ASA-Rohre (aus Acrylnitril-Butadien-Styrol bzw. Acrylnitril-Styrol-Acrylester) gem. DIN 19 561, PE-HD-Rohre (Polyethylenrohre hoher Dichte, bisher auch als Polyethylen-hart bezeichnet) gem. DIN 19 535-1, PVC-C-Rohre (aus chloriertem PVC-U) gem. DIN 19 538. *Innenliegende Regenfallleitungen* sind durch Dämmmaßnahmen gegen Kondensatwasser zu sichern.

Geneigte Dächer mit äußerer Entwässerung erhalten **Dachrinnen** aus Kunststoff (PVC) gem. DIN EN 607 oder Metall (Zink- oder Kupferblech, seltener Aluminium bzw. nichtrostendes oder verzinktes Stahlblech) gem. DIN EN 612. **Außen angeordnete Regenfallleitungen**: Üblicherweise werden für Regenfallleitungen die gleichen Materialien wie für die Dachrinnen verwendet. Die strömungstechnisch ungünstigere rechteckige Querschnittsform wird seltener gewählt.

Lüftungsleitungen

Jede Fallleitung für Schmutzwasser ist ab der Einmündung der obersten Anschlussleitung als Lüftungsleitung ohne Querschnittsverengung bis über Dach zu führen. Lüftungsleitungen sind möglichst geradlinig und lotrecht zur Mündung zu führen. Grundleitungen in Gebäuden ohne Schmutzwasserfallleitungen (z.B. in eingeschossigen, nichtunterkellerten Gebäuden) sind an ihrem oberen Ende mit einer über Dach geführten Lüftung zu versehen. Der Anschluss eines Regenfallrohres in einem Mischsystem kann nicht als Lüftung gelten, da diese bei Regen unwirksam ist.

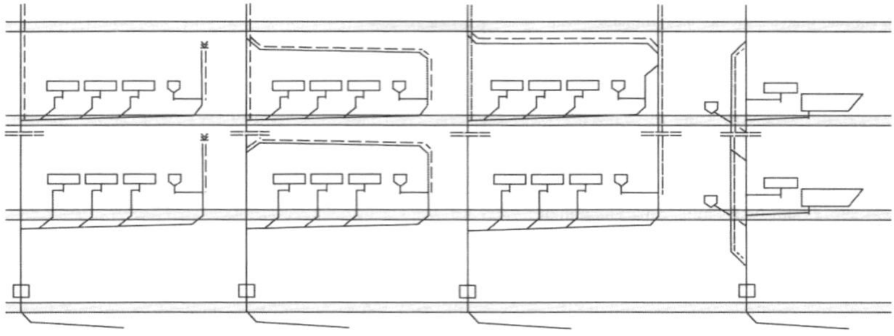

statt Umlüftung oder indirekter Nebenlüftung ist auch ein Belüftungsventil möglich | Umlüftung | indirekte Nebenlüftung | direkte Nebenlüftung

Abb 5.88 Varianten von Lüftungssystemen für Sonderfälle: Umlüftungen entlüften Sammelanschlussleitungen. Indirekte und direkte Nebenlüftungen sowie Sekundärlüftungen entlasten stark beanspruchte und lange Fallleitungen.

Grund- und Sammelleitungen

Ein Rohrnetz aus liegenden Leitungen übernimmt die aus Fallsträngen und Bodenabläufen zufließenden Abwässer und führt sie dem Anschlusskanal zu. Innerhalb des Gebäudes sind Sammelleitungen mit einem Füllungsgrad von $h/d_i = 0{,}5$ mit einem Mindestgefälle von 0,5 cm/m und einer Mindestfließgeschwindigkeit von 0,5 m/s zu bemessen. Nach Einleitung eines Volumenstromes aus einer Abwasserhebeanlage kann die Sammelleitung mit einem Füllungsgrad von $h/d_i = 0{,}7$ bemessen werden. Der Mindestquerschnitt beträgt DN 80. Sofern der Gesamtschmutzwasserabfluss > 2,0 l/s ist, kann die Bemessung nach der Tabelle für Sammelanschlussleitungen erfolgen (Mindestquerschnitt DN 50). Grundleitungen sind ebenso zu bemessen und mit einem Mindestquerschnitt von DN 80 auszulegen. Mischwasser außerhalb des Gebäudes ist mit einer Mindestfließgeschwindigkeit von 0,7 m/s und einer Höchstgeschwindigkeit von 2,5 m/s zu berücksichtigen. Nach der Einleitung eines Volumenstroms aus einer Abwasserhebeanlage kann die Grundleitung hinter einem Schacht mit offenem Durchfluss auch mit einem Füllungsgrad von $h/d_i = 1{,}0$ bemessen werden. Grundsätzlich können Grundleitungen bis zum nächstgelegenen Schacht außerhalb von Gebäuden mit der Mindestnennweite DN 80 (d_i = 75 mm) ausgeführt werden, wenn die hydraulischen Berechnungen dies zulassen. Unabhängig davon wird empfohlen, wegen der besseren Zugänglichkeit der Grundleitungen bei Inspektion und Reinigung die Nennweite DN 100 zu wählen.

Im Gegensatz zu Anschluss-, Fall- und Sammelleitungen werden für Grundleitungen keine heißwasserbeständigen Materialien gefordert. Sie müssen für eine Abwassertemperatur von +45 °C mit kurzzeitig höheren Spitzen geeignet sein.

Eingeführte **Rohrleitungsmaterialien für Grundleitungen im Erdreich**: Steinzeugrohre für Grundleitungen gibt es in mehreren Ausführungen: Steinzeugrohr CeraFix (früher Steinzeugrohr N) nach DIN EN 295, Nennweiten: DN 100 bis DN 200 mit Steckmuffe L nach Verbindungssystem F. Steinzeugrohr CeraDyn (früher Steinzeugrohr V) nach DIN EN 295, Nennweiten: DN 200 bis DN 1400 mit Steckmuffe K nach Verbindungssystem C. Kunststoffrohre PVC-U (früher als PVC-hart bezeichnet) in orangebrauner Farbe gem. DIN EN 1401-1, Steckmuffenverbindung wie bei PVC-Fallleitungen; Faserzement-Kanalrohre (FZ-Rohre) nach DIN EN 12 763-1 u. -2, Typ B, geeignet für Grund- und Sammelleitungen.

Planungshinweise zu Grundleitungen

Damit liegende Rohrleitungen leerlaufen können, sind sie in einem gleichmäßigen Gefälle zu verlegen, welches nicht steiler als 5 % bzw. 1:20 sein soll. Mit steilerem Gefälle verringert sich die Schwemmtiefe und damit die Schleppkraft des Wassers (Feststoffe werden vom Wasser überholt). Das hydraulisch günstigste Gefälle liegt bei 2 % bzw. 1:50 und sollte nach Möglichkeit durchgängig in Entwässerungssystemen Anwendung finden. Die DIN EN 12 056 erlaubt jedoch auch weitaus kleinere Gefälle, siehe Tafel 5.90. Muss ein Gefällewechsel in einem Leitungsstrang vorgenommen werden (z.B. von 1: 50 auf 1: 667, wie bei Übergang von DN 100 auf DN 125 zulässig), sollte dies möglichst an einer Reinigungsöffnung erfolgen. Mindestgefälle finden sich in Tafel 5.90.

Für größere Höhenunterschiede sind ggf. Absturzschächte mit Reinigungsmöglichkeit anzuordnen. Grundleitungen werden i.d.R. nach dem Ausheben der Fundament- und Rohrgräben noch vor dem Betonieren der Fundamente verlegt. Abwasser- und Lüftungsleitungen müssen bei bis zu 0,5 bar (5 m WS) dauernd dicht sein. Das Bauordnungsrecht der jeweiligen Länder sieht daher vor, dass alle Grundleitungen nach ihrer Verlegung einer Dichtheitsprüfung nach DIN EN 1610 zu unterziehen sind.

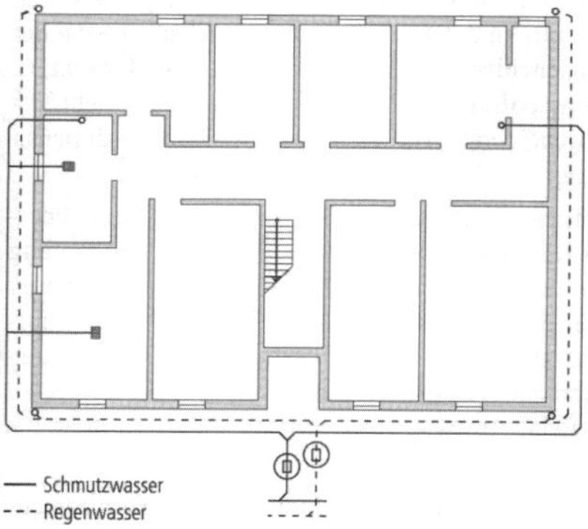

Abb. 5.89
Kellergeschoss eines Mehrfamilienhauses mit Grundleitungen im Trennsystem. Richtungsänderungen bzw. Abzweigungen jeweils unter 45°. Die Regenwassergrundleitungen liegen an den Kreuzungspunkten etwa 20 cm höher als die Grundleitungen für Schmutzwasser.

Tafel 5.90 Mindestgefälle für Freispiegelentwässerung

Leitungsbereich	Mindestgefälle	Hinweis auf Norm und Abschnitt
Unbelüftete Anschlussleitungen	1,0 %	DIN EN 12056-2, Tab. 5 DIN 1986-100, Abschnitt 14
Belüftete Anschlussleitungen	0,5 %	DIN 1986-100, Abschnitt 14 DIN EN 12056-2, Tab. 8
Grund- und Sammelleitungen a) für Schmutzwasser b) für Regenwasser (Füllungsgrad 0,7)	 0,5 % 0,5 %	 DIN 1986-100, Abschnitt 14 DIN 1986-100, Abschnitt 14
Grund- und Sammelleitungen DN 90 (Klosettbecken mit Spülwasservolumen 4,5–6 l)	1,5 %	DIN 1986-100, Tabelle A.2
Grundleitungen für Regenwasser außerhalb des Gebäudes (Füllungsgrad 0,7): bis DN 200 ab DN 250	 0,5 %*) 1 : DN*)	DIN 1986-100, Abschnitt 9.3.5.2

*) Fließgeschwindigkeit max. 2,5 m/s. Hinter einem Schacht mit offenem Durchfluss kann für die Vollfüllung ohne Überdruck bemessen werden.

Reinigungsöffnungen

Am Fuße aller Fallleitungen für Schmutz- und Regenwasser sind Reinigungsöffnungen, etwa 30 bis 40 cm über dem Fußboden (Eimerhöhe), vorzusehen. Reinigungsöffnungen sind auch in **Grundleitungen** vorzusehen. Mit Blick auf die Länge bzw. Reichweite von Reinigungs- und Inspektionsgeräten schreibt DIN 1986-100 Reinigungsöffnungen in Abständen von max. 20 m vor. In Strecken ohne Richtungsänderung (betrifft insbesondere Anschlusskanäle) sind Abstände von max. 40 m bis DN 150 zugelassen. Bei Grundleitungen ≥ DN 200 in Schächten mit offenem Durchfluss kann der Abstand auf 60 m erhöht werden. Um die in Grundleitungen eingebauten, mit rechteckigen Reinigungsöffnungen versehenen Reinigungsrohre zugänglich zu machen, werden sie in **Schächten** (Revisionsschächten) angeordnet.

Alle Leitungen der Gebäude- und Grundstücksentwässerungen münden in den **Anschlusskanal**. Dieser beginnt in aller Regel mit dem letzten Kontrollschacht auf dem Baugrundstück, dem Übergabeschacht (Hauskasten), und endet am öffentlichen Straßenkanal.

Bodenabläufe brauchen sich nicht direkt unterhalb der Zapfstelle zu befinden. Es reicht aus, wenn diesen das Wasser über einen wasserdichten Fußboden ohne Pfützenbildung zufließen kann.

Abläufe bestehen aus Gusseisen, Edelstahl, Messing, Beton bzw. Stahlbeton oder Kunststoff (PE, GFK, PP, ABS, ASA oder PVC). **Entwässerungsrinnen** nach DIN 19 580 aus Gusseisen, Beton, Stahlbeton, Kunstharz- oder Faserbeton werden in mehreren Beanspruchungsklassen hergestellt.

Flachdachabläufe. Flachdächer mit nach innen abgeführter Entwässerung müssen mindestens zwei Abläufe oder anstelle des zweiten Ablaufes einen Sicherheitsüberlauf erhalten. Die Anordnung von Fallleitungen und damit auch die Anzahl der Fallleitungen, sind letztendlich von der Grundrisskonzeption abhängig.

Grundsätzlich ist Abwasser aus gewerblicher oder industrieller Herkunft so zu behandeln, dass es in das Schmutzwasserleitungsnetz eingeführt werden darf. Gegenfalls sind dafür entsprechende **Abscheider- oder Aufbereitungsanlagen** einzubauen. Dazu gehören z.B. **Abscheideranlagen für Fette, Abscheideranlagen für Leichtflüssigkeiten, Stärkeabscheider oder Emulsionsspaltanlagen**. Bei Mineralöl oder Leichtflüssigkeiten sind Abscheider nach DIN EN 858-1 und -2 Abscheideranlagen für Leichtflüssigkeiten dimensioniert. Die Anlagen bestehen in der Regel aus Schlammfang, Abscheider und Probenahmeschacht.

Ein **Rückstau von Abwässern** tritt ein, wenn das Aufnahmevermögen des Entwässerungssystems überfordert bzw. blockiert ist. In Schmutzwasserleitungen tritt Rückstau i. Allg. nur als Folge von Verstopfung auf. Mischkanalisationen sind besonders gefährdet, da starke Regenfälle bewirken können, dass zeitweilig sowohl die öffentliche Kanalisation als auch die oberirdischen Vorfluter (Bäche, Flüsse) nicht mehr aufnahmefähig sind. Weitere Regen- und Schmutzwasserzuflüsse führen dann zu einem unbeeinflussbaren Ansteigen des Wasserspiegels im Abwasserleitungsnetz und zum Austritt von Abwässern aus tiefliegenden ungesicherten Abläufen. Ein gewisser Anteil der austretenden Abwässer eines Mischsystems besteht aus Schmutzwasser mit Fäkalienanteilen.

Einrichtungen zur Sicherung von Ablaufstellen fäkalienfreier Abwässer: Kellerablauf mit Rückstauverschluss gem. DIN EN 13 564-1 (nur in Ausnahmefällen). Ein Schmutzwassersammelbehälter mit

Pumpe ermöglicht eine kontinuierliche Entsorgung auch bei Rückstau. Meist als Bodenablauf ausgebildet, mit Anschlussmöglichkeit für weitere Entwässerungsgegenstände. Die Abwässer werden über eine Rohrschleife gedrückt, die höher liegt als die Rückstauebene.

Einrichtungen zur **Sicherung von Ablaufstellen fäkalienhaltiger Abwässer**: Rückstauverschluss zum Einbau in Abwasserleitungen gem. DIN EN 13 564, die das Abwasser mit natürlichem Gefälle befördern (nur in Ausnahmefällen). **Fäkalienhebeanlagen** bieten mit ihrer über die Rückstauebene geführten Rohrschleife den sichersten Schutz gegenüber Rückstau, selbst bei Stromausfall oder defekter Anlage. Sie sind unumgänglich, wenn die Kanalisation so hoch liegt, dass ein Anschluss mit aus-reichendem Gefälle nicht realisierbar ist.

Abwasserhebeanlagen bestehen aus Pumpenaggregaten mit davorgeschalteten Sammelbehältern sowie den dazugehörigen Leitungen und Armaturen. Sie werden eingesetzt, um unterhalb der Rückstauebene Abwasser sicher der öffentlichen Kanalisation zuzuführen. Hebeanlagen werden auch benötigt, wenn der Straßenkanal für den Anschluss einer Gebäudeentwässerung mittels Freiflussleitung zu hoch liegt. Abwasserhebeanlagen, bei denen der Abwasserzufluss nicht unterbrochen werden darf, sind als **Doppelhebeanlage** einzubauen.

Einleitung von Niederschlagswasser in den Untergrund: Versickerungsanlagen setzen eine ausreichende Durchlässigkeit der zur Verfügung stehenden Grundstücksfläche voraus, ausgedrückt im Durchlässigkeitsbeiwert (k_f-Wert). Eingeführte Methoden, das Niederschlagswasser durch Versickerung dem Untergrund zuzuführen, sind: Muldenversickerung (grabenartig oder auch in größeren Flächen); Sickerschacht (geeignet für kleinere Flächen mit abzuleitendem Niederschlagswasser z.B. von Einfamilienhäusern); Rigole (kiesgefüllter Graben mit perforiertem Rohrstrang in frostfreier Tiefe); Kombination von Muldenversickerung und Rohrrigole; Teich mit sickerfähigem Rand oberhalb.

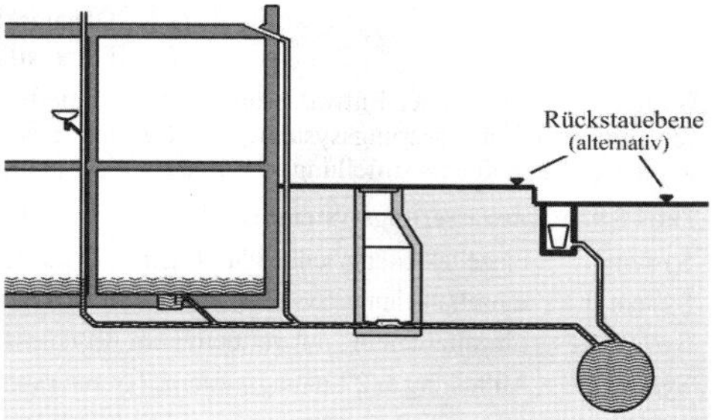

Abb. 5.91
Rückstau in den Abflussleitungen eines Mischsystems infolge Überlastung der Vorfluter nach einem Starkregen. An den tiefstgelegenen Abläufen tritt, sofern diese ungesichert sind, mit Schmutzwasser vermischtes Regenwasser aus.

Dimensionierung von Entwässerungsanlagen

Die Berechnung von Entwässerungsanlagen basiert auf angenommenen Belastungen der Leitungssysteme, die vom Nutzungstyp und von der Art der Entwässerung abhängig sind. Grundsätzlich wird zwischen Schmutz- und Regenwasser unterschieden. Weiterhin wird unterschieden, ob das anfallende Schmutz- und Regenwasser zu einem Mischsystem zusammengeführt wird oder nach Auflage der kommunalen Satzung getrennt abgeführt werden muss.

Bemessungen von Schmutzwasserleitungen

Der erwartete Schmutzwasserabfluss berechnet sich nach

$$Q_{WW} = K \cdot \sqrt{\Sigma(DU)}$$

Dabei sind Q_{ww} der Schmutzwasserabfluss (l / s), K die Abflusskennzahl (dimensionslos) und DU die Anschlusswerte (Design Units) (dimensionslos).

Tafel 5.91 Typische Abflusskennzahlen *K* nach DIN 12 056

Gebäudeart	*K*
unregelmäßige Benutzung z. B. in Wohnhäusern, Pensionen, Büros	0,5
regelmäßige Benutzung z. B. in Krankenhäusern, Schulen, Restaurants, Hotels	0,7
häufige Benutzung z. B. in öffentlichen Toiletten und/oder Duschen	1,0
spezielle Benutzung z. B. Labor	1,2

Tafel 5.92a Anschlusswerte (*DU*) für verschiedene Entwässerungsgegenstände (DIN 1986-100)

Entwässerungsgegenstand	Anschlusswert *DU*	Einzelanschlussleitung
Waschbecken, Bidet	0,5	DN 40
Dusche ohne Stöpsel	0,6	DN 50
Dusche mit Stöpsel	0,8	DN 50
Einzelurinal mit Spülkasten	0,8	DN 50
Urinal mit Druckspüler	0,5	DN 50
Standurinal	0,2	DN 50
Urinal ohne Wasserspülung	0,1	DN 50
Badewanne	0,8	DN 50
Küchenspüle und Geschirrspüler[1)]; Geschirrspüler	0,8	DN 50
Waschmaschine bis 6 kg	0,8	DN 50
Waschmaschine bis 12 kg	1,5	DN 56/60
WC mit 4,0/4,5 l Spülkasten	1,8	DN 80 / DN 90
WC mit 6,0/7,5 l Spülkasten/Druckspüler	2,0	DN 80 – DN 100
WC mit 9,0 l Spülkasten/Druckspüler	2,5	DN 100
Bodenablauf DN 50	0,8	DN 50
Bodenablauf DN 70	1,5	DN 70
Bodenablauf DN 100	2,0	DN 100

[1)] Mit gemeinsamem Geruchsverschluss.

Der gesamte Abwasserabfluss ergibt sich aus:

$$Q_{\text{tot}} = Q_{\text{WW}} + Q_{\text{c}} + Q_{\text{P}}$$

Q_{tot} Gesamtschmutzwasserabfluss in l/s
Q_{WW} Schmutzwasserabfluss in l/s;
Q_{c} Dauerabfluss in l/s;
Q_{P} Pumpenförderstrom in l/s

Wegen unterschiedlicher Entwässerungssysteme innerhalb Europas definiert die DIN EN 12 056-2 vier verschiedener Entwässerungssysteme. Die Systeme unterscheiden sich nach dem Füllungsgrad, der Anschlussleitung und der Aufteilung in ein oder zwei Leitungssystemen:

Tafel 5.92b Entwässerungssysteme (für Deutschland zulässig sind die Systeme I und IV)

System I	Einzelfallleitung, teilbefüllte Anschlussleitung, Befüllungsgrad 0,5
System II	Einzelfallleitung, Systemanschlussleitung, teilbefüllt, Befüllungsgrad 0,7
System III	Einzelfallleitung mit vollbefülltem Anschluss, Befüllungsgrad 1,0
System IV	Aufteilung in 2 Leitungssysteme (Grauwasser, Schmutzwasser)

Die ermittelte Dimension ist in der Einheit DN anzugeben.

Bemessung von Anschlussleitungen

Die Einzel- und Sammelanschlussleitungen werden nach den folgenden Tafeln bemessen.

Tafel 5.92c
Bemessung von unbelüfteten Sammelanschlussleitungen (entspricht Tabelle 5 in DIN 1986-100)

K = 0,5	*K* = 0,7	*K* = 1,0	DN	d_i
Σ *DU*	Σ *DU*	Σ *DU*		mm
1,0	1,0	0,8	50	44
2,0	2,0	1,0	56/60	49/56
9,0	4,6	2,2	70[1)]	68
13,0[2)]	8,0[2)]	4,0	80	75
13,0[2)]	10,0[2)]	5,0	90	79
16,0	12,0	6,4	100	96

[1)] Keine Klosetts. [2)] Maximal zwei Klosetts.

Tafel 5.92d
Bemessung von belüfteten Sammelanschlussleitungen (vereinfacht anstelle der Berechnung für Sammelleitungen nach *Prandtl /Colebrook*)

K = 0,5	*K* = 0,7	*K* = 1,0	DN	d_i
Σ *DU*	Σ *DU*	Σ *DU*		mm
3,0	2,0	1,0	50	44
5,0	4,6	2,2	56/60	49/56
13,0	10,0	5,0	70[1)]	68
16,0	13,0	9,0	80	75
20,0	16,0	11,0	90	79
25,0	20,0	14,0	100	96

[1)] Keine Klosetts.

Fallleitungen

Die Bemessung von Fallleitungen für Schmutzwasser unterscheidet sich nach dem Lüftungssystem (Tabelle 11 in DIN 12 056-2 für Fallleitungen mit Haupt- und Nebenlüftung), siehe Tafel 5.93a.

Tafel 5.93a Zulässiger Schmutzwasserabfluss Q_{max} und Nennweite DN für Fallleitungen mit Nebenlüftung (entspricht Tabelle 12 in DIN EN 12 056-2)

Schmutzwasserfallleitung mit		Q_{max} (l/s)	
Hauptlüftung DN	Nebenlüftung DN	Abzweige	Abzweige mit Innenradius
60	50	0,7	0,9
70	50	2,0	2,6
80[1)]	50	2,6	3,4
90	50	3,5	4,6
100[2)]	50	5,6	7,3
125	70	12,4[3)]	10,0
150	80	14,1	18,3
200	100	21,0	27,3

1) Mindestnennweite bei Anschluss von Klosetts an System II.
2) Mindestnennweite bei Anschluss von Klosetts an System I, III, IV.
3) Bei diesem Wert dürfte es sich in DIN EN 12 045-2 um einen Fehler handeln. Empfehlung: Korrektur auf 8,4.

Grund- und Sammelleitungen

Innerhalb des Gebäudes sind Sammelleitungen mit einem Füllungsgrad von h/d_i = 0,5 unter Berücksichtigung des Mindestgefälles von 0,5 % auszulegen, nach dem Anschluss einer Abwasserhebeanlage auch mit einem Füllungsgrad von h/d_i = 0,7 zu bemessen. Außerhalb von Gebäuden ist eine Mindestfließgeschwindigkeit von 0,7 m/s und eine Höchstgeschwindigkeit von 2,5 m/s zu berücksichtigen. Der zulässige Füllungsgrad ist h/d_i = 0,7 und das Mindestgefälle J = 1 : DN.

Tafel 5.93b Zul. Schmutzwasserabfluss, Füllungsgrad 50 % (h/d_i = 0,5) (DIN 1986-100 Tab. A3 (gekürzt))

Gefälle	DN 80		DN 90		DN 100		DN 125		DN 150		DN 200		DN 225		DN 250		DN 300	
i	Q_{max}	*v*	Q_{max}	*v*	Q_{max}	*v*	Q_{max}	*v*	Q_{max}	*v*	Q_{max}	*v*	Q_{max}	*v*	Q_{max}	*v*	Q_{max}	*v*
cm/m	l/s	m/s	l/s	m/s	l/s	m/s	l/s	m/s	l/s	m/s	l/s	m/s	l/s	m/s	l/s	m/s	l/s	m/s
0,50	-	-	-	-	1,8	0,5	2,8	0,5	5,4	0,6	10,0	0,8	15,9	0,8	18,9	0,9	34,1	1,0
1,00	1,3	0,6	1,5	0,6	2,5	0,7	4,1	0,8	7,7	0,9	14,2	1,1	22,5	1,2	26,9	1,2	48,3	1,4
1,50	1,5	0,7	1,8	0,7	3,1	0,8	5,0	1,0	9,4	1,1	17,4	1,3	27,6	1,5	32,9	1,5	59,2	1,8
2,00	1,8	0,8	2,1	0,8	3,5	1,0	5,7	1,1	10,9	1,3	20,1	1,5	31,9	1,7	38,1	1,8	68,4	2,0
2,50	2,0	0,9	2,4	1,0	4,0	1,1	6,4	1,2	12,2	1,5	22,5	1,7	35,7	1,9	42,6	2,0	76,6	2,3
3,00	2,2	1,0	2,6	1,1	4,4	1,2	7,1	1,4	13,3	1,6	24,7	1,9	39,2	2,1	46,7	2,2	83,9	2,5
3,50	2,4	1,1	2,9	1,1	4,7	1,3	7,6	1,5	14,4	1,7	26,6	2,0	42,3	2,2	50,4	2,3	90,7	2,7
4,00	2,6	1,2	3,1	1,2	5,0	1,4	8,2	1,6	15,4	1,8	28,5	2,1	45,2	2,4	53,9	2,5	96,9	2,9
4,50	2,8	1,2	3,2	1,3	5,3	1,5	8,7	1,7	16,3	2,0	30,2	2,3	48,0	2,5	57,2	2,7	102,8	3,1
5,00	1,2	2,9	3,4	1,4	5,6	1,6	9,1	1,8	17,2	2,1	31,9	2,4	50,6	2,7	60,3	2,8	108,4	3,2

Tafel 5.93c Zulässiger Schmutzwasserabfluss, Füllungsgrad 70 % (h/d_i = 0,7) (entspricht DIN 1986-100 Tab. A4 (gekürzt))

Gefälle	DN 80		DN 90		DN 100		DN 125		DN 150		DN 200		DN 225		DN 250		DN 300	
i	Q_{max}	*v*	Q_{max}	*v*	Q_{max}	*v*	Q_{max}	*v*	Q_{max}	*v*	Q_{max}	*v*	Q_{max}	*v*	Q_{max}	*v*	Q_{max}	*v*
cm/m	l/s	m/s	l/s	m/s	l/s	m/s	l/s	m/s	l/s	m/s	l/s	m/s	l/s	m/s	l/s	m/s	l/s	m/s
0,50	1,5	0,5	-	-	2,9	0,5	4,8	0,6	9,0	0,7	16,7	0,8	26,5	0,9	31,6	1,0	56,8	1,1
1,00	2,2	0,7	2,5	0,6	4,2	0,8	6,8	0,9	12,8	1,0	23,7	1,2	37,6	1,3	44,9	1,4	80,6	1,6
1,50	2,6	0,8	3,0	0,8	5,1	1,0	8,3	1,1	15,7	1,3	29,1	1,5	46,2	1,6	55,0	1,7	98,8	2,0
2,00	3,1	0,9	3,5	0,9	5,9	1,1	9,6	1,2	18,2	1,5	33,6	1,7	53,3	1,9	63,3	2,0	114,2	2,3
2,50	3,4	1,0	4,0	1,1	6,7	1,2	10,8	1,4	20,33	1,6	37,6	1,9	59,7	2,1	71,7	2,2	127,7	2,6
3,00	3,8	1,1	4,3	1,2	7,3	1,3	11,8	1,5	22,3	1,8	41,2	2,1	65,4	2,3	77,9	2,4	140,0	2,8
3,50	4,1	1,2	4,7	1,3	7,9	1,5	12,8	1,6	24,1	1,9	44,5	2,2	70,6	2,5	84,2	2,6	151,2	3,0
4,00	4,4	1,3	5,0	1,3	8,4	1,6	13,7	1,8	25,8	2,1	47,6	2,4	75,5	2,7	90,0	2,8	161,7	3,2
4,50	4,6	1,4	5,3	1,4	8,9	1,7	14,5	1,9	27,3	2,2	50,5	2,5	80,1	2,8	95,5	3,0	171,5	3,4
5,00	4,9	1,5	5,6	1,5	9,4	1,7	15,3	2,0	28,8	2,3	53,3	2,7	84,5	3,0	100,7	3,1	180,8	3,6

Regenwasserableitung

Das auf Dachflächen und befestigten Grundstücksflächen anfallende Regenwasser wird über ein Leitungssystem abgeführt. Wichtigstes Ziel ist es, das Regenwasser von bebauten Flächen möglichst auf dem Grundstück dem Grundwasser über geeignete Versickerungssysteme wieder zuzuführen. Ist dies nicht möglich, wird das Regenwasser über Misch- oder Trennsystem abgeleitet. Bei der Einleitung in den Anschlusskanal ist ggf. eine Einleitungsbegrenzung zu beachten. Unter Umständen ist zur Einhaltung einer Einleitungsbegrenzung eine Regenrückhaltung in Form eines überdimensionierten Leitungsnetzes oder in Form eines Bauwerks herzustellen. Die Entwässerungsanlage ist so herzustellen, dass ein ausreichender Schutz vor unplanmäßiger Überflutung wie Wasseraustritt im Gebäude, Überflutung von außen, unzureichend bemessener Entwässerungsanlage oder Überflutung von Flächen mit wassergefährdenden Stoffen gegeben ist. Jede Dachfläche muss mind. einen Ablauf und einen Notüberlauf mit freiem Abfluss erhalten. Regenwasser, auch von kleinen Dachflächen, darf nicht in Schmutzwasserfallleitungen eingeleitet werden. Leitungsanlagen werden für ein mittleres Regenereignis bemessen. Da mit starken Regenereignissen zu rechnen ist, sind Überlastungen des Leitungsnetzes durch geeignete Maßnahmen (Notüberläufe, Druckentlastung von Freispiegelleitungen) zur Vermeidung von Schäden zu begrenzen.

Tafel 5.94 **Abflussbeiwerte *C* zur Ermittlung des Regenwasserabflusses** (entspricht Tabelle 6 DIN 1986-100)

Nr.	Art der Flächen	Abflussbeiwert *C*
1	Wasserundurchlässige Flächen, z. B.	
	– Dachflächen, Betonflächen, Rampen, befestigte Flächen mit Fugendichtung, Schwarzdecken (Asphalt)	1,0
	– Pflaster mit Fugenverguss	1,0
	– Kiesdächer	0,5
	– begrünte Dächer[1)]	
	▪ für Intensivbegrünungen	0,3
	▪ für Extensivbegrünungen ab 10 cm Aufbaudicke	0,3
	▪ für Extensivbegrünungen unter 10 cm Aufbaudicke	0,5
2	Teildurchlässige und schwach ableitende Flächen, z. B.	
	– Betonsteinpflaster in Sand oder Schlacke verlegt, Flächen mit Platten	0,7
	– Flächen mit Pflaster, mit Fugenanteil > 15 %, z. B. 10 cm × 10 cm u. kleiner	0,6
	– wassergebundene Flächen	0,5
	– Kinderspielplätze mit Teilbefestigungen	0,3
	– Kunststoff-Flächen, Kunststoffrasen	0,6
	– Tennenflächen	0,4
	– Rasenflächen	0,3
3	Wasserdurchlässige Flächen ohne oder mit unbedeutender Wasserableitung, z. B. Parkanlagen und Vegetationsflächen, Schotter- u. Schlackeboden, Rollkies, auch mit befestigten Teilflächen, wie ▪ Gartenwege mit wassergebundener Decke ▪ Einfahrten und Einstellplätze mit Rasengittersteinen	0,0
	[1)] Nach Richtlinien für die Planung, Ausführung und Pflege von Dachbegrünungen.	

Der Regenwasserabfluss wird nach DIN EN 12 056-2 bzw. DIN 1986-100 gerechnet:

$$Q = \left(r_{(\mathrm{D,T})} \cdot C \cdot A\right) / 10000$$

r(D,T)
: Berechnungsregenspende in l/s/ha, ermittelt auf statistischer Grundlage, ist die Fünfminutenregenspende, die einmal in 2 Jahren erwartet werden muss

C Abflussbeiwert

A im Grundriss projezierte Niederschlagsfläche in m^2

Die für die Bemessung maßgebende Regendauer ist mit $D = 5$ Min. zu berücksichtigen. Die Jährlichkeit wird durch die Aufgabenstellung festgelegt. Die Jährlichkeit des Berechnungsregens für Grundstücksflächen ohne geplante Regenrückhaltung muss mindestens einmal in zwei Jahren (T = 2) betragen. Für Dachflächen wird die Jährlichkeit des Berechnungsregens mit 5 Jahren (T = 5) angesetzt. Die Ermittlung der Regenspenden erfolgt durch das Institut für Wasserwirtschaft, Leibniz Universität Hannover unter Verwendung von KOSTRA-DWD 2000 (Deutscher Wetterdienst). Einen Auszug daraus zeigt Tafel 5.95.

Überlastungen bzw. Überflutungen sind durch geeignete Maßnahmen über den Einbau von Notüberläufen, Druckentlastung von Freispiegelleitungen usw. zu begrenzen. Die Abflussbeiwerte C zur Ermittlung des Regenwasserabflusses sind in der Tafel 5.94 aufgeführt (DIN 1986-100, Tabelle 6).

Abflusswirksame Flächen sind Dachflächen, Fassadenfläche und befestigte Grundstücksflächen.

Dachflächen werden als projizierte Flächen angesetzt. Fassadenflächen sind nur anzusetzen, wenn durch Wind Einfluss auf den Regenwasserabfluss möglich ist. Grundstücksflächen von befestigten Flächen - sofern an das Leitungssystem angeschlossen - müssen berücksichtigt werden.

Dachabläufe werden nach dem Abflussvermögen des Ablaufsystems und nach konstruktionsbedingten Voraussetzungen ermittelt. Kriterien sind:

- jeder Tiefpunkt muss einen Ablauf erhalten,
- konstruktionsbedingt zusätzliche Abläufe (Öffnungen, Aufbauten),
- bei gleicher Höhenlage max. Abstand 20 m voneinander.

Die Berechnung erfolgt nach DIN 1986-100:

$$n_{DA} = (Q/Q_{DA})_{DA}$$

mit n_{DA} Mindeststandard Dach- bzw. Rinnenablauf
Q Regenwasserablauf der Dach- bzw. Teilfläche [l/s]
Q_{DA} Abflussvermögen des Ablaufs [l/s] (Herstellerangaben)

Alle Dachentwässerungen müssen ein Entwässerungs- und Notentwässerungssystem haben. Flachdächer können über Öffnungen in der Attika oder über einen freien Notablauf gesichert werden. Bei Regenrinnen erfolgt die Notentwässerung über die Rinnenvorderkante.

Die Notentwässerung berechnet sich wie folgt:

$$Q_{NOT} = \left(r_{(5,100)} - r_{(D,T)} \cdot C\right) \cdot A / 10000$$

mit Q_{Not} Mindestabflussvermögen der Notentwässerung [l/s]
$r_{(5/100)}$ 5-Minuten-Regenspende, die einmal in einhundert Jahren erwartet wird
$r_{(D,T)}$ Berechnungsregenspende
D Regendauer [min]
T Jährlichkeit des Regenereignisses
C Abflussbeiwert [1]
A wirksame Niederschlagsfläche [m^2]

Tafel 5.95 Regenereignisse in Deutschland (Auszug aus Anhang DIN 1986-100)

Ort	Dachflächen bzw. Flächen nach 14.7		Grundstücksflächen					
	Regendauer D = 5 min		Regendauer D = 5 min		Regendauer D = 10 min		Regendauer D = 15 min	
	Bemessung	Notentwässerung	Bemessung	Überflutungspüfung	Bemessung	Überflutungspüfung	Bemessung	Überflutungspüfung
	$r_{(5,5)}$	$r_{(5,100)}$	$r_{(5,2)}$	$r_{(5,30)}$	$r_{(10,2)}$	$r_{(10,30)}$	$r_{(15,2)}$	$r_{(15,30)}$
	l/(s ha)	l/(s ha)	l/(s ha)	l/(s ha)	l/(s ha)	l/(s ha)	l/(s ha)	l/(s ha)
Aachen	252	462	187	377	148	273	125	223
Aschaffenburg	307	567	227	462	172	324	141	259
Augsburg	339	648	245	524	183	353	149	277
Aurich	255	459	192	377	150	274	125	223
Bad Kissingen	361	723	250	577	186	392	151	308
Bad Salzuflen	287	492	224	410	169	299	138	242
Bad Tölz	354	627	271	518	214	384	180	317
Bamberg	317	566	240	466	183	340	149	277
Bayreuth	357	674	260	547	203	401	169	329
Berlin	371	668	281	549	210	391	170	314
Bielefeld	285	533	209	433	163	315	137	257
Bocholt	217	350	176	296	141	228	118	190
Bonn	299	572	215	463	165	322	137	257
Braunschweig	307	568	227	463	175	337	145	275
Bremen	205	304	175	265	144	220	123	192
Bremerhaven	274	498	206	408	154	282	125	223
Chemnitz	346	597	270	496	205	365	167	298
Cottbus	286	536	210	435	161	302	133	241

Cuxhaven	277	494	210	407	162	296	133	241
Dessau	313	567	235	456	175	325	141	259
Dortmund	303	526	234	436	176	306	143	244
Dresden	323	602	238	490	181	345	149	277
Duisburg	268	457	210	381	160	265	131	210
Düsseldorf	316	607	226	490	174	343	145	275
Eisenach	293	529	221	434	171	317	141	259
Emden	282	538	204	435	156	301	128	240
Erfurt	255	459	192	377	150	274	125	223
Erlangen	320	605	233	490	176	344	145	275
Essen	281	493	216	408	164	284	135	226
Frankfurt/Main	329	601	246	492	184	346	149	277
Garmisch-Partenkirchen	292	527	220	433	174	318	146	260
Gera	340	637	249	517	191	366	157	295
Göppingen	310	564	232	462	177	325	146	260
Görlitz	310	565	232	462	180	339	149	277
Göttingen	316	570	239	468	188	354	157	295
Halle/Saale	313	567	235	465	175	325	141	259
Hamburg	266	463	206	384	161	290	133	241
Hamm	307	567	227	462	172	324	141	259
Hanau	313	567	235	465	175	325	141	259
Hannover	328	652	229	522	162	321	128	240
Heidelberg	355	634	270	522	201	370	162	296
Heilbronn	303	527	235	437	179	320	146	260
Helmstedt	319	562	245	465	188	341	154	278
Hildesheim	293	529	221	434	171	317	141	259
Ingolstadt	269	460	211	383	166	291	138	242
Kaiserslautern	345	636	256	519	193	368	157	295
Karlsruhe	337	603	256	496	187	348	149	277
Kassel	302	568	221	461	173	336	145	275
Kiel	239	426	182	350	140	246	115	197
Koblenz	323	602	238	490	181	345	149	277
Köln	312	610	221	490	169	342	140	274
Konstanz	327	600	243	490	189	360	157	295
Leipzig	365	682	268	554	193	375	153	293
Lindau	326	604	241	493	179	345	145	275
Lingen	342	639	251	520	188	366	153	293
Lübeck	293	552	214	448	156	291	125	223
Lüdenscheid	333	601	251	493	192	361	157	295
Magdeburg	308	583	224	472	165	312	133	241
Mainz	285	533	209	433	163	315	137	257
Mannheim	309	533	241	443	187	335	154	278
Minden	320	617	229	498	169	331	137	257
Mönchengladbach	270	502	199	408	152	281	125	223
München	353	633	267	520	206	383	170	314
Münster	307	567	227	462	172	324	141	259
Neubrandenburg	365	682	268	554	193	375	153	293
Neustadt-Weinstraße	345	636	256	519	193	368	157	295
Nürnberg	317	566	240	466	183	340	149	277
Oberstorf	258	431	206	362	167	286	143	244
Osnabrück	337	641	244	519	188	379	156	310
Paderborn	336	639	244	518	186	365	153	293
Passau	348	633	261	518	198	369	162	296
Pforzheim	323	602	238	490	181	345	149	277
Pirmasens	345	636	256	519	193	368	157	295
Regensburg	303	570	222	463	167	323	137	257
Rosenheim	452	853	330	692	245	470	199	369

Rostock	230	388	182	325	145	248	122	207
Rüsselheim	285	533	209	433	163	315	137	257
Saarbrücken	260	462	199	381	158	289	133	241
Schweinfurt	299	534	228	440	179	333	149	277
Schwerin	286	496	222	411	175	313	146	260
Siegen	302	568	221	461	173	336	145	275
Speyer	336	639	244	518	186	365	153	293
Stuttgart	446	858	320	693	235	468	190	366
Trier	310	564	232	462	177	325	146	260
Ulm	316	563	240	464	180	326	146	260
Villingen-Schw.-ingen	371	668	281	549	210	391	170	314
Willingen/Upland	349	677	249	546	190	385	156	310
Wittenberge	260	459	200	379	153	275	125	223
Würzburg	314	569	236	467	178	339	145	275
Zwickau	361	671	267	546	202	389	165	312

Freispiegelentwässerung

Fallleitungen müssen mind. in der Anschlussnennweite des zugehörigen Dachablaufs geführt werden. Der Füllungsgrad kann bis zu $f = 0{,}33$ betragen. Sammel- und Grundleitungen innerhalb des Gebäudes sind mit einem Füllungsgrad von 0,5 und einem Mindestgefälle von 0,5 cm/m zu bemessen, Tafel 5.97. Außerhalb des Gebäudes ist die Maximalgeschwindigkeit von 2,5 m/s zu berücksichtigen. Der max. Füllungsgrad beträgt hier 0,7, s. Kap. 5 B, S. 5.96. Hinter einem Schacht mit offenem Durchfluss kann die Vollfüllung ohne Überdruck bemessen werden. Das Mindestgefälle beträgt 0,5 cm/m bis DN 200 und 1:DN ab DN 250. Der Mindestdurchmesser von Grundleitungen beträgt DN 100. Außerhalb von Gebäuden sind auch die angeschlossenen Dachflächen mit dem 2-jährigen Berechnungsregen zu ermitteln.

Tafel 5.97 Abflussvermögen von Entwässerungsleitungen bei einem Füllungsgrad von $h/d_i = 0{,}5$
(entspricht Tabelle A.2 in DIN 1986-100); innerhalb des Gebäudes sind Sammel- und Grundleitungen für einen Füllungsgrad von $h/d_i = 0{,}5$ unter Berücksichtigung eines Mindestgefälles von $i = 0{,}5$ cm/m zu bemessen.

Gefälle	DN 70 $d_i = 68$ mm		DN 80 $d_i = 75$ mm		DN 90 $d_i = 79$ mm		DN 100 $d_i = 96$ mm		DN 125 $d_i = 113$ mm		DN 150 $d_i = 146$ mm		DN 200 $d_i = 184$ mm		DN 225 $d_i = 207$ mm		DN 250 $d_i = 230$ mm		DN 300 $d_i = 290$ mm	
i	Q	v	Q	v	Q	v	Q	v	Q	v	Q	v	Q	v	Q	v	Q	v	Q	v
cm/m	l/s	m/s	l/s	m/s	l/s	m/s	l/s	m/s	l/s	m/s	l/s	m/s	l/s	m/s	l/s	m/s	l/s	m/s	l/s	m/s
0,20													6,3	0,5	8,6	0,5	11,4	0,5	21,0	0,6
0,30											4,2	0,5	7,7	0,6	10,5	0,6	14,0	0,7	25,8	0,8
0,40									2,4	0,5	4,8	0,6	8,9	0,7	12,2	0,7	16,2	0,8	29,9	0,9
0,50							1,8	0,5	2,7	0,5	5,4	0,6	10,0	0,8	13,7	0,8	18,1	0,9	33,4	1,0
0,60					1,1	0,5	1,9	0,5	3,0	0,6	5,9	0,7	11,0	0,8	15,0	0,9	19,8	1,0	36,7	1,1
0,70	0,8	0,5	1,1	0,5	1,2	0,5	2,1	0,6	3,2	0,6	6,4	0,8	11,8	0,9	16,2	1,0	21,4	1,0	39,6	1,2
0,80	0,9	0,5	1,1	0,5	1,3	0,5	2,2	0,6	3,5	0,7	6,8	0,8	12,7	1,0	17,3	1,0	22,9	1,1	42,4	1,3
0,90	0,9	0,5	1,2	0,6	1,4	0,6	2,4	0,7	3,7	0,7	7,3	0,9	13,4	1,0	18,4	1,1	24,3	1,2	45,0	1,4
1,00	1,0	0,5	1,3	0,6	1,5	0,6	2,5	0,7	3,9	0,8	7,7	0,9	14,2	1,1	19,4	1,2	25,7	1,2	47,4	1,4
1,10	1,0	0,6	1,4	0,6	1,6	0,6	2,6	0,7	4,1	0,8	8,0	1,0	14,9	1,1	20,4	1,2	26,9	1,3	49,8	1,5
1,20	1,1	0,6	1,4	0,6	1,6	0,7	2,7	0,8	4,2	0,8	8,4	1,0	15,5	1,2	21,3	1,3	28,1	1,4	52,0	1,6
1,30	1,1	0,6	1,5	0,7	1,7	0,7	2,9	0,8	4,4	0,9	8,7	1,0	16,2	1,2	22,1	1,3	29,3	1,4	54,1	1,6
1,40	1,2	0,6	1,5	0,7	1,8	0,7	3,0	0,8	4,6	0,9	9,1	1,1	16,8	1,3	23,0	1,4	30,4	1,5	56,2	1,7
1,50	1,2	0,7	1,6	0,7	1,8	0,7	3,1	0,8	4,7	0,9	9,4	1,1	17,4	1,3	23,8	1,4	31,5	1,5	58,2	1,8
2,00	1,4	0,8	1,8	0,8	2,1	0,9	3,5	1,0	5,5	1,1	10,9	1,3	20,1	1,5	27,5	1,6	36,4	1,8	67,2	2,0
2,50	1,6	0,9	2,0	0,9	2,4	1,0	4,0	1,1	6,1	1,2	12,2	1,5	22,5	1,7	30,8	1,8	40,7	2,0	75,2	2,3
3,00	1,7	1,0	2,2	1,0	2,6	1,1	4,4	1,2	6,7	1,3	13,3	1,6	24,7	1,9	33,7	2,0	44,6	2,1	82,4	2,5
3,50	1,9	1,0	2,4	1,1	2,8	1,1	4,7	1,3	7,3	1,5	14,4	1,7	26,6	2,0	36,4	2,2	48,2	2,3		
4,00	2,0	1,1	2,6	1,2	3,0	1,2	5,0	1,4	7,8	1,6	15,4	1,8	28,5	2,1	39,0	2,3	51,5	2,5		
4,50	2,1	1,2	2,8	1,2	3,2	1,3	5,3	1,5	8,3	1,6	16,3	2,0	30,2	2,3	41,3	2,5				
5,00	2,2	1,2	2,9	1,3	3,3	1,4	5,6	1,6	8,7	1,7	17,2	2,1	31,9	2,4						

Tafel 5.98 Abflussvermögen von Entwässerungsleitungen bei einem Füllungsgrad von $h/d_i = 0{,}7$

(entspricht Tabelle A.3 in DIN 1986-100); innerhalb des Gebäudes sind Sammel- und Grundleitungen für einen Füllungsgrad von $h/d_i = 0{,}5$ unter Berücksichtigung eines Mindestgefälles von $i = 0{,}5$ cm/m zu bemessen.

Gefälle	DN 70 $d_i = 68$ mm		DN 80 $d_i = 75$ mm		DN 90 $d_i = 79$ mm		DN 100 $d_i = 96$ mm		DN 125 $d_i = 113$ mm		DN 150 $d_i = 146$ mm		DN 200 $d_i = 184$ mm		DN 225 $d_i = 207$ mm		DN 250 $d_i = 230$ mm		DN 300 $d_i = 290$ mm	
i	Q	v	Q	v	Q	v	Q	v	Q	v	Q	v	Q	v	Q	v	Q	v	Q	v
cm/m	l/s	m/s	l/s	m/s	l/s	m/s	l/s	m/s	l/s	m/s	l/s	m/s	l/s	m/s	l/s	m/s	l/s	m/s	l/s	m/s
0,20											5,7	0,5	10,5	0,5	14,4	0,6	19,0	0,6	35,1	0,7
0,30									3,5	0,5	7,0	0,6	12,9	0,6	17,6	0,7	23,3	0,8	43,1	0,9
0,40							2,6	0,5	4,1	0,5	8,1	0,6	14,9	0,8	20,4	0,8	27,0	0,9	49,9	1,0
0,50			1,5	0,5	1,7	0,5	2,9	0,5	4,6	0,6	9,0	0,7	16,7	0,8	22,8	0,9	30,2	1,0	55,8	1,1
0,60	1,3	0,5	1,7	0,5	1,9	0,5	3,2	0,6	5,0	0,7	9,9	0,8	18,3	0,9	25,0	1,0	33,1	1,1	61,2	1,2
0,70	1,4	0,5	1,8	0,5	2,1	0,6	3,5	0,6	5,4	0,7	10,7	0,9	19,8	1,0	27,1	1,1	35,8	1,2	66,1	1,3
0,80	1,5	0,5	1,9	0,6	2,2	0,6	3,7	0,7	5,8	0,8	11,5	0,9	21,2	1,1	29,0	1,2	38,3	1,2	70,7	1,4
0,90	1,6	0,6	2,1	0,6	2,4	0,6	4,0	0,7	6,1	0,8	12,2	1,0	22,5	1,1	30,7	1,2	40,6	1,3	75,0	1,5
1,00	1,7	0,6	2,2	0,7	2,5	0,7	4,2	0,8	6,5	0,9	12,8	1,0	23,7	1,2	32,4	1,3	42,8	1,4	79,1	1,6
1,10	1,7	0,6	2,3	0,7	2,6	0,7	4,4	0,8	6,8	0,9	13,5	1,1	24,9	1,3	34,0	1,4	45,0	1,4	83,0	1,7
1,20	1,8	0,7	2,4	0,7	2,7	0,7	4,6	0,8	7,1	0,9	14,1	1,1	26,0	1,3	35,5	1,4	47,0	1,5	86,7	1,8
1,30	1,9	0,7	2,5	0,7	2,8	0,8	4,8	0,9	7,4	1,0	14,6	1,2	27,1	1,4	37,0	1,5	48,9	1,6	90,3	1,8
1,40	2,0	0,7	2,6	0,8	2,9	0,8	5,0	0,9	7,7	1,0	15,2	1,2	28,1	1,4	38,4	1,5	50,8	1,6	93,7	1,9
1,50	2,0	0,8	2,7	0,8	3,1	0,8	5,1	1,0	7,9	1,1	15,7	1,3	29,1	1,5	39,7	1,6	52,5	1,7	97,0	2,0
2,00	2,4	0,9	3,1	0,9	3,5	1,0	5,9	1,1	9,2	1,2	18,2	1,5	33,6	1,7	45,9	1,8	60,7	2,0	112,1	2,3
2,50	2,6	1,0	3,4	1,0	4,0	1,1	6,7	1,2	10,3	1,4	20,3	1,6	37,6	1,9	51,4	2,0	67,9	2,2	125,4	2,5
3,00	2,9	1,1	3,8	1,1	4,3	1,2	7,3	1,3	11,3	1,5	22,3	1,8	41,2	2,1	56,3	2,2	74,4	2,4		
3,50	3,1	1,2	4,1	1,2	4,7	1,3	7,9	1,5	12,2	1,6	24,1	1,9	44,5	2,2	60,9	2,4				
4,00	3,4	1,2	4,4	1,3	5,0	1,4	8,4	1,6	13,0	1,7	25,8	2,1	47,6	2,4						
4,50	3,6	1,3	4,6	1,4	5,3	1,5	8,9	1,7	13,3	1,8	27,3	2,2	50,5	2,5						
5,00	3,8	1,4	4,9	1,5	5,6	1,5	9,4	1,7	14,3	1,9	28,8	2,3								

Dachentwässerung mit Druckströmung

Für dieses System ist ein auf das Objekt bezogener hydraulischer Nachweis zu erbringen. Der für die Funktion erforderliche Anstau im Bereich des Ablaufs gilt nicht als Überflutung der Dachfläche, sofern die Festlegung für Abläufe nach DIN EN 1253 nicht überschritten wird. Dachflächen mit z.B. planmäßiger Überflutung sind bis zur Überflutungshöhe abzudichten und statisch zu bemessen. Für das Regenwasserdruckleitungssystem ist als verfügbare Höhe max. der Abstand zwischen Dachablauf und Rückstauebene einzusetzen. Bei der Einführung eines Druckleitungssystems in eine Freispiegelleitung ist die Umwandlung der hohen kinetischen Energie durch Reduzierung der Fließgeschwindigkeit auf < 2,5 m/s sicherzustellen. Ein Rechenverfahren ist in der VDI 3806 Dachentwässerung mit Druckströmung angegeben.

Mischwasser

Der Mischwasserabfluss Q_m setzt sich aus dem Schmutzwasserabfluss Q_{WW} und dem Regenwasserabfluss Q_r zusammen:

$$Q_m = Q_{WW} + Q_r$$

mit Q_m Mischwasserabfluss in l/s
Q_{WW} Schmutzwasserabfluss in l/s
Q_r Regenwasserabfluss in l/s

Die Leitungen werden mit einem Füllungsgrad von $h/d_i = 0{,}7$ oder hinter einem Schacht mit offenem Durchfluss mit Vollfüllung ohne Überdruck (siehe Tab. A-4 DIN 1986-100) ausgelegt; vgl. Kap 5 B.

Tafeln zur Planung und Bemessung der Anlagen zur Regenwasserableitung

(Quelle: Gebäude- und Energietechnik Deutschland, Fachinformation: Bemessung von vorgehängten und innenliegenden Rinnen, herausgegeben im August 2005 vom Zentralverband Sanitär/Heizung/Klima, St. Augustin)

Tafel 5.99a Abflussvermögen von halbrunden Rinnen (Gefälle J = 0) und daran anschließbare Niederschlagsflächen bei unterschiedlichen Regenspenden r in l/(s ha) und C = 1,0. Auszug aus den Tabellen zur Planung und Bemessung der Anlagen zur Regenwasserableitung nach ZVSHK Fachinformation: Bemessung von vorgehängten und innenliegenden Rinnen (07/2010), Zentralverband Sanitär Heizung Klima, St. Augustin.

L	Nennmaß 333					Nennmaß 400					Nennmaß 500				
	Q	anschließbare Dachfläche bei einer Regenspende r in l/(s·ha)				Q	anschließbare Dachfläche bei einer Regenspende r in l/(s·ha)				Q	anschließbare Dachfläche bei einer Regenspende r in l/(s·ha)			
		250	300	350	400		250	300	350	400		250	300	350	400
m	l/s	m^2	m^2	m^2	m^2	l/s	m^2	m^2	m^2	m^2	l/s	m^2	m^2	m^2	m^2
13,0	2,34	94	78	67	59	4,20	168	140	120	105	8,12	325	271	232	203
14,0	2,31	92	77	66	58	4,15	166	138	119	104	8,04	322	268	230	201
15,0	2,28	91	76	65	57	4,10	164	137	117	103	7,97	319	266	228	199

Tafel 5.99b Abflussvermögen/Regenwasserabfluss von senkrechten Regenwasserfallleitungen nach EN 12 056-3 (2000), Tabelle 8h

Innendurchmesser der Regenwasserfallleitung (mm)	Abflussvermögen Q_{RWP} (in l/s) *)		Innendurchmesser der Regenwasserfallleitung (mm)	Abflussvermögen Q_{RWP} (in l/s) *)	
d_i	Füllungsgrad $f = 0{,}20$	Füllungsgrad $f = 0{,}33$	d_i	Füllungsgrad $f = 0{,}20$	Füllungsgrad $f = 0{,}33$
50	0,7	1,7	140	11,4	26,3
55	0,9	2,2	150	13,7	31,6
60	1,2	2,7	160	16,3	37,5
65	1,5	3,4	170	19,1	44,1
70	1,8	4,1	180	22,3	51,4
75	2,2	5,0	190	25,7	59,3
80	2,6	5,9	200	29,5	68,0
85	3,0	6,9	220	38,1	87,7
90	3,5	8,1	240	48,0	110,6
95	4,0	9,3	260	59,4	137,0
100	4,6	10,7	280	72,4	166,9
110	6,0	13,8	300	87,1	200,6
120	7,6	17,4	> 300	Wyly-Eaton-Gleichung*)	Wyly-Eaton-Gleichung*)
130	9,4	21,6			

*) Die angegebenen Werte beruhen auf der Wyly-Eaton-Gleichung: $Q_{RWP} = 2{,}5 \cdot 10^{-4} \cdot k_b^{-0{,}167} \cdot d_i^{2{,}667} \cdot f^{1{,}667}$

mit Q_{RWP} Abflussvermögen/Regenwasserabfluss der Regenwasserfallleitung, in Litern je Sekunde (l/s)
k_b Rohrrauigkeit in Millimeter (angenommen 0,25 mm)
d_i Innendurchmesser des Regenwasserfallrohres in Millimeter (mm)
f Füllungsgrad, definiert als das Verhältnis des Querschnitts des Rohres, der mit Wasser gefüllt ist, zum Gesamtquerschnitt, dimensionslos.

ANMERKUNG 1: Das maximale Abflussvermögen in einem nicht kreisrunden Regenfallrohr kann als gleichwertig zum Abflussvermögen eines kreisrunden Regenfallrohres gleicher Querschnittsfläche angenommen werden.
ANMERKUNG 2: Wenn ein Regenfallrohr einen Verzug aufweist, mit einem Gefälle von nicht mehr als 10° zur Waagerechten (180 mm/m), kann der Verzug vernachlässigt werden.

5 B Wasserversorgung / Abwasserableitung

Prof. Dr.-Ing. Ulrich Drechsel, Prof. Dr.-Ing. Stefan Krause

1 Wasserversorgung

1.1 Wasserbedarf

Einwohnerbezogener Wasserbedarf (Tagesmittelwerte) inkl. Kleingewerbe in l/(E·d)

Nutzung für:	Bereich	nach DVGW-W 410	
Baden, Duschen, Körperpflege	20 bis 45	43	36 %
Toilettenspülung	20 bis 40	32	27 %
Wäsche waschen	10 bis 20	15	12 %
Geschirr spülen	3 bis 15	7	6 %
Raumreinigung, Autopflege, Garten	5 bis 10	7	6 %
Trinken und Essen	4 bis 10	5	4 %
Kleingewerbe	5 bis 20	11	9 %
Summen	70 bis 160	120	100 %

Jahr	l/(E·d)
1950	80
1960	97
1970	122
1980	141
1990	147
1995	132
2000	129
2005	125
2010	121

Der durchschnittliche einwohnerbezogene Bedarf wird sich voraussichtlich bei 120 l/(E·d) stabilisieren.

Wasserbedarf für öffentliche und gewerbliche Einrichtungen
(in Anlehnung an DVGW-W 410 und VDI 3807)

Verwendung	Bedarf in l
Krankenhäuser, je Tag und Bett - im Mittel	130 – 1200 500
Altenheime, je Bewohner und Tag, im Mittel	150
Schulen (außer Hochschulen), je Schüler und Lehrer pro Tag, im Mittel	6
Hallenbäder, je Besucher und Tag Freibäder, je Besucher und Tag	150 – 250 250 – 450
Verwaltungsgebäude und Bürohäuser, je Beschäftigten und Tag - im Mittel	13 – 111 25
Landwirtschaftliche Anwesen, je Großviehgleichwert und Tag, im Mittel (Wichtung bezogen auf eine Großvieheinheit, Personen mit Faktor 2 ca. 100 l/d) Kühe = 1,2; Pferde = 1,0; Mastschweine = 0,13; Schafe = 0,1; 10 Hühner = 0,04	52
Hotels, je Hotelzimmer und Tag - im Mittel	70 – 1400 390
Gemischte Gewerbegebiete je Fläche (ha) und Tag - im Mittel Gemischte Gewerbegebiete je Arbeitsplatz und Tag - im Mittel	1500 – 4000 2000 25 – 125 50
Einkaufszentren, je betriebener Verkaufsfläche (m²) und Tag, im Mittel	600
Kaufhäuser, ohne Restaurant, je Beschäftigten und Tag, im Mittel	50
Richtwerte für ländliche Orte: Wasserbedarf für öffentliche Einrichtungen	1 – 2 % von Q_d

Von diesen Werten bestehen, je nach Lage des Einzelfalles, zum Teil erhebliche Abweichungen.

Löschwasserbedarf

Brandschutz ist eine Aufgabe der Gemeinden. Insbesondere in kleinen Gemeinden kann es bei Entnahme des Löschwassers aus dem Trinkwassernetz zu Problemen führen, da der Löschwasserbedarf den Trinkwasserbedarf übersteigen kann – dies führt zu Überdimensionierung des Trinkwassernetzes mit der Gefahr der Stagnation. Deckungsmöglichkeiten des Löschwasserbedarfs können dann z.B. auch durch Löschwasserteiche bereitgestellt werden.

Es wird nach DVGW-W 405 unterschieden zwischen Grundschutz (grundsätzlicher allgemeiner Brandschutz für Gemeindegebiet ohne Berücksichtigung von besonderem Sach- und Personenrisiko) und

Objektschutz. Falls ein erhöhtes objektbezogenes Risiko (Krankenhäuser, Hochschulen, Hotels, …) vorliegt, so muss der Grundstückeigentümer hierfür Vorsorge treffen.

Richtwerte für den Löschwasserbedarf Q_L für den Grundschutz (nach DVGW-W 405)

Bauliche Nutzung nach § 17 der Baunutzungsverordnung	**WR, WA, WB MI, MD[1)]**		**GE[1)]**	**GE, MK[1)]**		**GI[1)]**
Zahl der Vollgeschosse (N)	≤ 3	> 3	≤ 3	= 1	> 1	–
Geschossflächenzahl (GFZ)	≤ 0,3 – 0,7	0,7 – 1,2	0,3 – 0,7	0,7 – 1	1 – 2,4	–
Baumassenzahl (BMZ)	–	–	–	–	–	≤ 9
Gefahr der Brandausbreitung	**Löschwasserbedarf Q_L in [m³/h] (für 2 Stunden)**					
klein[2)]	48	96	48	96	96	
mittel[3)]	96	96	96	96	192	
groß[4)]	96	192	96	192	192	

Erläuterungen:
1) WR reines Wohngebiet, WA allgem. Wohngebiet, WB besonderes Wohngebiet, MI Mischgebiet, MD Dorfgebiet, MK Kerngebiet, GE Gewerbegebiet, GI Industriegebiet
2) Feuerbeständige, hochfeuerhemmende Umfassungen, harte Bedachungen
3) Umfassungen nicht feuerbeständig, harte Bedachungen oder Umfassungen feuerbeständig und weiche Bedachungen
4) Umfassungen nicht feuerbeständig, weiche Bedachungen, Umfassungen aus Holzfachwerk (ausgemauert), stark behinderte Zugänglichkeit, Häufung von Feuerbrücken usw.

Bei kleinen ländlichen Orten und Wochenendhausgebieten ist i. d. R. Q_L = 48 m³/h anzusetzen. Löschwasser soll für eine Löschzeit von 2 h zur Verfügung stehen. Der Auslaufdruck am Hydranten zur Bereitstellung von Löschwasser soll 1,5 bar nicht unterschreiten.

Richtwert: Der Wasserbedarf für Feuerwehrübungen und Brandfall beträgt 0,2 % bis 0,5 % der Gesamtjahresförderung.

Wasserverluste

Als Wasserverlust bezeichnet man die Differenz zwischen der gemessenen Wasserabgabe und dem gemessenen Wasserverbrauch. Reale Verluste Q_{VR} entstehen durch Rohrbrüche und Leckagen. Scheinbare Verluste Q_{VS} resultieren aus Fehlanzeigen der Messgeräte und unkontrollierten Entnahmen. Die Ermittlung erfolgt als Prozentangabe bezogen auf das Abgabevolumen (z.B. Neuanlagen bis 5 %, bestehende Anlagen bis 10 %) bzw. nach DWGW-W 392 vorzugsweise über den auf die Leitungslängen bezogenen spezifischen Wasserverlust q_V.

$$Q_V = q_V \cdot L_N$$

mit Q_V Wasserverlust in [m³/h]
q_V spezifischer Wasserverlust in [m³/(h·km)]
L_N Länge des Versorgungsnetzes ohne Hausanschlussleitungen in [km]

Richtwerte für spezifische reale Wasserverluste q_{VR} in m³/(h·km) (DVGW-W 392)

Wasserverlust-bereich	**Versorgungsstruktur**		
	Bereich 1 (großstädtisch)	**Bereich 2 (städtisch)**	**Bereich 3 (ländlich)**
geringe Verluste	≤ 0,10	< 0,07	< 0,05
mittlere Verluste	0,10 – 0,20	0,07 – 0,15	0,05 – 0,10
hohe Verluste	> 0,20	> 0,15	> 0,10

Eigenverbrauch der Wasserwerke

Für Filterrückspülungen verbraucht das Wasserwerk ca. 1 %, für Rohrnetzspülungen ca. 1 % bis 1,5 % der Jahreswasserabgabe. Da z.B. die Reinigung zeitlich steuerbar ist, wird die Entnahme normalerweise in den verbrauchsschwächeren Zeiten liegen. Dann ist der Eigenbedarf bemessungstechnisch hinsichtlich der Maximalwerte nicht relevant.

1.2 Bemessungsgrundlagen

Die Wasserhaushaltsgleichung ist zu beachten! Das nutzbare Wasserdargebot muss größer sein als der maximale Wasserbedarf. Der zu erwartende Wasserbedarf ist wirklichkeitsnah zu ermitteln!

Bezugszeit t_B für die Bemessung von Anlagenteilen (nach DVGW-W 400)

- Anlagen vor der Speicherung: $t_B = 1$ d
- Rohrnetz, Pumpen, Druckerhöhungsanlagen: $t_B = 1$ h
- Hausanschlussleitungen: $t_B = 10$ sec

Begriffe und Formelzeichen:

- Q_a mittlerer jährlicher Bedarf im langjährigen Durchschnitt in m³/a
- $Q_{d,m} = Q_a / 365$ mittlerer Tagesbedarf im langjährigen Durchschnitt in m³/d
- $Q_{d,max}$; $Q_{d,min}$ Bedarf am Tag mit maximalem bzw. minimalem Verbrauch in m³/d
- $Q_{h,m} = Q_{d,m} / 24$ mittlerer stündlicher Bedarf im langjährigen Durchschnitt in m³/h
- $Q_{h,max}$ maximaler stündlicher Bedarf am Tag des höchsten Wasserbedarfs in m³/h
- $Q_{h,max;d,m}$ maximaler stündlicher Bedarf am durchschnittlichen Bedarfstag in m³/h
- f_d, f_h Tagesspitzenfaktor (Index d); Stundenspitzenfaktor (Index h) [-]
- st Stundenprozentwert [%]

Bedarfsschwankungen sind im Wesentlichen abhängig von klimatischen Faktoren, der Größe des Versorgungsgebietes (Einwohnerzahl E) und dem gewerblichen bzw. industriellen Einfluss. Je kleiner das Versorgungsgebiet, desto größer sind die Spitzenfaktoren:

- größter Tagesbedarf $Q_{d,max} = f_d \cdot Q_{d,m}$ in m³/d mit $f_d = 3{,}9 \cdot E^{-0{,}0752}$
- größter stündlicher Bedarf $Q_{h,max} = f_h \cdot Q_{h,m}$ in m³/h mit $f_h = 18{,}1 \cdot E^{-0{,}1682}$

Richtwerte für Versorgungsgebiete (inkl. (klein-)gewerblichem Einfluss)

Siedlungsgebiete	f_d $(\cdot Q_{d,m})$	f_h $(\cdot Q_{h,m})$	st_{max} **(%)** (gleicher Tag)
Kleine Landgemeinden ca. 5.000 E	2,1	4,3	8,7
Größere Gemeinden ca. 10.000 E	2,0	3,8	8,2
Städte ca. 50.000 E	1,7	2,9	7,1
Großstädte ca. 100.000 E	1,6	2,6	6,6

Der maximale Stundenprozentwert st_{max} beschreibt den Prozentsatz des maximalen Stundenverbrauchs innerhalb eines Tages bezogen auf den mittleren Wasserverbrauch an eben diesem Tag.

Zwischen dem st_{max}-Wert und den Spitzenfaktoren besteht folgender Zusammenhang:

- für st_{max} gilt empirisch: $st_{max} = 19{,}3 \cdot E^{-0{,}093}$
- für den Spitzenverbrauchstag gilt: $f_h = f_d \cdot st_{max} \cdot 24$ (st_{max} als Dezimalzahl einsetzen)

Beispiele für Tagesganglinien des Wasserverbrauchs in Anlehnung an DVGW-W 410

Zeit	0 – 1	1 – 2	2 – 3	3 – 4	4 – 5	5 – 6	6 – 7	7 – 8	8 – 9	9 – 10	10 – 11	11 – 12
ländlich	2,1	2	1,9	2	2,1	2,6	4,5	6,4	6,2	5,9	5,5	5,1
städtisch	2,1	1,3	1,0	0,9	1,0	1,2	2,0	3,7	5,8	6,9	6,8	6,1
Großstadt	3,4	3,1	2,7	2,6	2,6	2,6	3,0	4,2	4,7	5,0	5,0	4,9

Zeit	12 – 13	13 – 14	14 – 15	15 – 16	16 – 17	17 – 18	18 – 19	19 – 20	20 – 21	21 – 22	22 – 23	23 – 24
ländlich	4,9	4,7	4,8	4,8	4,7	4,7	4,8	5,0	4,8	4,3	3,5	2,7
städtisch	5,5	5,1	4,9	4,6	4,4	4,7	5,6	6,8	6,8	5,6	4,2	3,0
Großstadt	4,8	5,0	5,3	5,2	5,1	4,9	4,7	4,5	4,4	4,4	4,2	3,7

Kleine Versorgungseinheiten

Bei Versorgungsanlagen für Gebieten unter 1000 E werden für den einwohnerbezogenen mittleren Tagesbedarf ausgelegt. Gegenüber früheren höheren Verbrauchswerten passt die DVGW-W 410 vom Dezember 2008 die Auslegungsempfehlungen den gesunkenen Verbrauchswerten an: Die Spitzendurchflüsse Q_s je Versorgungsanlage < 1000 E werden berechnet durch Multiplikation des einwohnerspezifischen stündlichen Spitzenverbrauchswertes $w_{h,max}$ mit der Zahl der versorgten Einwohner:

$$w_{h,max} = 10^{0{,}1099 \cdot (\log E)^2 - 0{,}9729 \cdot (\log E) - 0{,}1624} \qquad Q_s = Q_{h,max} = w_{h,max} \cdot E$$

Beispiel: Spitzen-Bemessungsdurchfluss für eine Wasserversorgungsleitung für 6 Einwohner:

$w_{h,max(6E)} = 10^{0{,}1099 \cdot (log\,6)^2 - 0{,}9729 \cdot (log\,6) - 0{,}1624} = 0{,}1403\; l/(s \cdot E)$

$Q_{s(6E)} = Q_{h,max(6E)} = w_{h,max(6E)} \cdot E = 0{,}1403 \cdot 6 = 0{,}8\; l/s$

Auf diesen Bemessungsdurchfluss wird die Versorgungsleitung von der öffentlichen Wasserversorgung bis zur Übergabestelle (Hauptabsperrarmatur) bemessen.

1.3 Wasserförderung

Für die Wasserförderung werden in der Regel bevorzugt Kreiselpumpen mit einer stabilen Pumpenkennlinie (kein ausgeprägtes Maximum) eingesetzt. Kreiselpumpen bieten gegenüber der Kolbenpumpe den Vorteil eines kontinuierlichen Förderstroms.

Der Betriebspunkt ist der Schnittpunkt der vom Hersteller gelieferten Pumpenkennlinie $H_P(Q)$ mit der selbst zu ermittelnden Anlagenkennlinie $H_A(Q)$ (= geodätische Förderhöhe H_{geo} zuzüglich aller Verluste h_v in der Saug- und Steigleitung). Die Berechnung der vom Durchfluss abhängigen (Reibungs-) Verluste h_v ist in Kapitel 2.3.1 dargestellt.

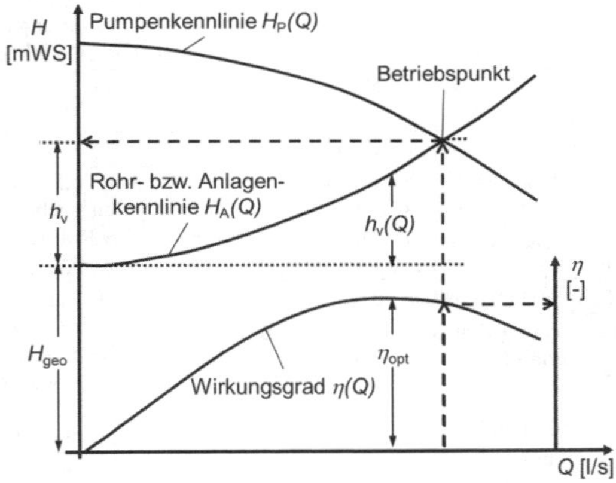

Der Betriebspunkt sollte möglichst im Bereich eines hohen Wirkungsgrades η liegen.

Zur Anpassung des Betriebspunktes und damit der Fördermenge und Förderhöhe gibt es unterschiedliche Möglichkeiten, z.B.:

- Das Erhöhen (Verringern) der Pumpendrehzahl führt zu einer höheren (kleineren) Fördermenge und –höhe und dadurch zu einer Verschiebung des Betriebspunktes nach rechts (links).
- Das Hintereinanderschalten von Pumpen vergrößert die Förderhöhe; das Parallelschalten von Pumpen erhöht den Durchfluss. In beiden Fällen verschiebt sich der Betriebspunkt nach rechts.
- Eine Reduzierung des Durchflusses ist auch durch höhere Verluste möglich (z.B. Schieber). Dadurch verläuft die Anlagenkennlinie steiler nach oben und der Betriebspunkt verschiebt sich nach links. Dies ist jedoch nicht wirtschaftlich, da der Verlust für diese Drosselung in die Förderhöhe der Pumpe eingeht und somit mehr Energie verbraucht wird.

Die **Leistung** kann wie folgt berechnet werden (siehe auch [5.18], Kapitel 13A Wasserbau):

$$P = \frac{Q \cdot H_P}{102 \cdot \eta_{ges}} \quad \text{in [kW]}$$

mit Q Förderstrom in [l/s]

H_P Förderhöhe in [m] (= geodätische Höhe + Verlusthöhe für Saug- und Druckleitung)

η_{ges} Gesamtwirkungsgrad von Pumpe und Motor [-]

Sonstiges:

- Die max. zu fördernde Wassermenge entspricht i.d.R. $Q_{d,max}$, falls sich die Pumpe vor der Wasserspeicherung bzw. $Q_{h,max}$, falls sich die Pumpe hinter der Wasserspeicherung befindet.
- Leistungsreserve für kleine Antriebsmotoren: 10 – 20 %; bei großen Motoren: 5 – 10 %.
- Elektromotoren: üblicherweise Drehstrom, Antrieb direkt durch Kupplung, durch Riemen oder Getriebe, übliche Lastdrehzahlen n = 2900/min bzw. 1450/min, Wirkungsgrade η = 80 % bis 95 %
- Richtwert: Energieverbrauch bei Kreiselpumpen für V = 1 m³ und h_{ges} = 1 m: W_{el} = 5 Wh
- Die Saughöhe von Pumpen ist auf etwa h_{Saug} < 7 bis 7,5 m begrenzt, da sonst Kavitation auftritt. Die diesbezüglichen Herstellerangaben sind zwingend zu beachten.

– Bei Pumpen sollten i.d.R. folgende tägliche Förderzeiten t_P beachtet werden:
  - t_P = 8 bis 10 h bei Durchschnittsverbrauch
  - t_P = 12 bis 14 h bei großem Verbrauch
  - t_P = 16 bis 20 h bei maximalem Verbrauch.

1.4 Wasserverteilung

Einzelheiten zur Rohrhydraulik siehe auch [5.18] Kapitel 13A Wasserbau. Die Bemessung der Rohrleitungen erfolgt nach *Darcy-Weisbach* und mit dem Widerstandsbeiwert nach *Prandtl-Colebrook* (siehe auch DVGW-GW 303-1 und [5.18] Teil 13C).

integrale Rauheiten k_i / wirtschaftliche Geschwindigkeiten v_w	**k_i in mm**	**v_w in m/s**
Fern- und Zubringerleitungen mit gestreckter Leitungsführung aus Stahl oder Guss mit ZM- oder Bitumenauskleidung od. Spannbeton od. Faserzement	0,1	≥ 2,0
Hauptleitungen wie vor, aber auch ohne Auskleidung in Verteilungsnetzen (ohne Ablagerungen)	0,4	1,0 bis 2,0
Neue Netze, Versorgungsleitungen	1,0	< 1,0

Bei bestehenden Netzen sollte die vorhandene Rauheit i.d.R. durch Messung bestimmt werden.
Die Durchflussermittlung bei geschlossenen Siedlungsgebieten erfolgt mit dem Metermengenwert $m = Q_{h,max}/\sum L$ in l/(s · m) mit ΣL Gesamtlänge der Rohrleitungen im Versorgungsgebiet in m
Als minimale Nennweite sollte DN 100, in begründeten Fällen DN 80 angesetzt werden.

Mindestbetriebsdrücke (DVGW-W 400-1)		
Versorgungsdruck für Gebäude	**Neue Netze[1)]**	**Bestehende Netze[2)]**
– mit EG	2,0 bar	2,0 bar
– mit EG und 1 OG	2,5 bar	2,35 bar
– mit EG und 2 OG	3,0 bar	2,70 bar
– mit EG und 3 OG	3,5 bar	3,05 bar
– mit EG und 4 OG	4,0 bar	3,40 bar

1) Die am Hausanschluss vor dem Wasserzähler gemessenen Drücke stellen bei normgerechter Bemessung und Ausführung an der hydraulisch am ungünstigsten gelegenen Wasserzapfstelle einen Mindestdruck von 1 bar sicher.

2) Für bestehende Versorgungsnetze und für neue Netzteile in direktem Zusammenhang mit bestehenden Netzen können etwas reduzierte Mindestdrücke angesetzt werden.

Druck wird in Pascal Pa (1 Pa = 1 N/m²) gemessen. In der Wasserversorgung ist auch die Verwendung der Einheiten bar und m Wassersäule (mWs) gebräuchlich.

1 bar = 100 kPa = 10^5 Pa entspricht 10,19 mWS ≈ 10 mWs

Übliche (Grenz-)Werte in Versorgungsnetzen sind:

– Mindestfließdruck gemessen am Hausanschluss 2 bis 4 bar
– empfohlener Ruhedruck im Schwerpunkt einer Druckzone 5 bar
– Druckminderer in der Verbrauchsanlage ab ca. 6 bar
– i. d. R. höchster Ruhedruck 8 bar, zusätzlich etwa 2 bar Reserve für Druckstöße ergeben den Mindestplanungswert von 10 bar für Verteilungsnetze.

Zum Nachweis der Rohrnetzdrücke sind folgende *Betriebszustände* (*Bz*) zu berücksichtigen:

Bz 1: max. Förderung der Pumpwerke ohne Abnahme im Versorgungsgebiet
Bz 2: $Q_{h,max;d,max}$ größter stündlicher Bedarf in langjähriger Zeitspanne, meist am Tag des größten Verbrauchs ohne Löschwasser
Bz 3: $Q_{h,max;d,m} + Q_L$ größter stündlicher Bedarf am Durchschnittstag $Q_{d,m}$ plus Löschwasser

Zur Ermittlung der hydraulischen Verluste wird mit Druckabfalltafeln gearbeitet. In diesen Tabellen sind abhängig von Rauheit, Durchmesser und Durchfluss die Fließgeschwindigkeiten bei vollgefüllter Leitung und das sich dann einstellende Reibungsgefälle J_R aufgeführt. Mit diesem kann dann die Reibungsverlusthöhe $h_v = J_R \cdot L$ gerechnet werden. In den nachfolgenden Tabellen sind nur dann Werte ausgewiesen, wenn die Geschwindigkeit im Bereich zwischen 0,1 m/s < v < 5 m/s liegt.

Beispiel: Gesucht: wirtschaftlicher DN und h_v für Hauptleitung (Q = 200 l/s, L = 12,5 km)

Lösung: Wahl: $v_{wirtschaftlich}$ = 1 bis 2 m/s, k_i = 0,4 mm und dann mit Druckabfalltafel:
- Variante 1: DN 400 → v = 1,59 m/s, J_R= 6,53 o/oo, h_v = 12,5 · 6,53 = 81,66 m
- Variante 2: DN 500 → v = 1,02 m/s, J_R = 2,06 o/oo, h_v = 25,76 m

Druckabfalltafel für Wasserversorgungsfernleitungen

Integrale Rauheit $k_i = 0{,}1$ mm; DN = Nennweite, Innendurchmesser; Reibungsgefälle $J_R = h_v/L$

Abfluss	**DN**	**50**	**DN**	**65**	**DN**	**80**	**DN**	**100**	**DN**	**125**	**DN**	**150**
Q [l/s]	v [m/s]	J_R [‰]	v [m/s]	J_R [‰]	v [m/s]	J_R [‰]	v [m/s]	J_R [‰]	v [m/s]	J_R [‰]	v [m/s]	J_R [‰]
1	0,51	7,91	0,30	2,17	0,20	0,79	0,13	0,27	< vmin		< vmin	
1,5	0,76	16,8	0,45	4,55	0,30	1,64	0,19	0,55	0,12	0,19	< vmin	
2	1,02	28,8	0,60	7,73	0,40	2,77	0,25	0,93	0,16	0,31	0,11	0,13
3	1,53	62,1	0,90	16,5	0,60	5,84	0,38	1,94	0,24	0,65	0,17	0,27
4	2,04	107,9	1,21	28,4	0,80	9,99	0,51	3,29	0,33	1,10	0,23	0,45
5	2,55	166,2	1,51	43,4	0,99	15,2	0,64	4,98	0,41	1,65	0,28	0,68
6	3,06	236,8	1,81	61,6	1,19	21,5	0,76	7,00	0,49	2,31	0,34	0,94
7	3,57	319,7	2,11	82,9	1,39	28,8	0,89	9,35	0,57	3,07	0,40	1,25
8	4,07	415,1	2,41	107,3	1,59	37,2	1,02	12,0	0,65	3,94	0,45	1,60
9	4,58	522,9	2,71	134,8	1,79	46,6	1,15	15,0	0,73	4,91	0,51	1,99
10	> vmax		3,01	165,5	1,99	57,1	1,27	18,4	0,81	5,98	0,57	2,41
15	> vmax		4,52	365,4	2,98	125,1	1,91	39,9	1,22	12,9	0,85	5,15
20	> vmax		> vmax		3,98	219,4	2,55	69,6	1,63	22,3	1,13	8,88
25	> vmax		> vmax		4,97	339,8	3,18	107,4	2,04	34,3	1,41	13,6
30	> vmax		> vmax		> vmax		3,82	153,3	2,44	48,7	1,70	19,3

Abfluss	**DN**	**200**	**DN**	**250**	**DN**	**300**	**DN**	**400**	**DN**	**500**	**DN**	**600**
Q [l/s]	v [m/s]	J_R [‰]	v [m/s]	J_R [‰]	v [m/s]	J_R [‰]	v [m/s]	J_R [‰]	v [m/s]	J_R [‰]	v [m/s]	J_R [‰]
5	0,16	0,17	0,10	0,06	< vmin		< vmin		< vmin		< vmin	
10	0,32	0,59	0,20	0,20	0,14	0,08	< vmin		< vmin		< vmin	
15	0,48	1,23	0,31	0,41	0,21	0,17	0,12	0,04	< vmin		< vmin	
20	0,64	2,11	0,41	0,70	0,28	0,29	0,16	0,07	0,10	0,02	< vmin	
25	0,80	3,20	0,51	1,06	0,35	0,43	0,20	0,11	0,13	0,04	< vmin	
30	0,95	4,51	0,61	1,48	0,42	0,60	0,24	0,15	0,15	0,05	0,11	0,02
40	1,27	7,79	0,81	2,54	0,57	1,03	0,32	0,25	0,20	0,08	0,14	0,03
50	1,59	11,9	1,02	3,88	0,71	1,56	0,40	0,38	0,25	0,13	0,18	0,05
60	1,91	17,0	1,22	5,49	0,85	2,20	0,48	0,53	0,31	0,18	0,21	0,07
70	2,23	22,8	1,43	7,36	0,99	2,94	0,56	0,70	0,36	0,23	0,25	0,10
80	2,55	29,6	1,63	9,51	1,13	3,79	0,64	0,90	0,41	0,30	0,28	0,12
90	2,86	37,2	1,83	11,9	1,27	4,75	0,72	1,13	0,46	0,37	0,32	0,15
100	3,18	45,6	2,04	14,6	1,41	5,81	0,80	1,37	0,51	0,45	0,35	0,18
150	4,77	100,9	3,06	32,1	2,12	12,7	1,19	2,96	0,76	0,97	0,53	0,39
200	> vmax		4,07	56,3	2,83	22,1	1,59	5,13	1,02	1,67	0,71	0,67
300	> vmax		> vmax		4,24	48,8	2,39	11,2	1,53	3,62	1,06	1,45
400	> vmax		> vmax		> vmax		3,18	19,6	2,04	6,31	1,41	2,51
500	> vmax		> vmax		> vmax		3,98	30,4	2,55	9,72	1,77	3,85
600	> vmax		> vmax		> vmax		4,77	43,4	3,06	13,9	2,12	5,48
700	> vmax		> vmax		> vmax		> vmax		3,57	18,7	2,48	7,39

Abfluss	**DN**	**700**	**DN**	**800**	**DN**	**900**	**DN**	**1000**	**DN**	**1100**	**DN**	**1200**
Q [l/s]	v [m/s]	J_R [‰]	v [m/s]	J_R [‰]	v [m/s]	J_R [‰]	v [m/s]	J_R [‰]	v [m/s]	J_R [‰]	v [m/s]	J_R [‰]
100	0,26	0,09	0,20	0,05	0,16	0,03	0,13	0,02	0,11	0,01	< vmin	
150	0,39	0,18	0,30	0,10	0,24	0,05	0,19	0,03	0,16	0,02	0,13	0,01
200	0,52	0,31	0,40	0,16	0,31	0,09	0,25	0,05	0,21	0,03	0,18	0,02
300	0,78	0,67	0,60	0,35	0,47	0,19	0,38	0,12	0,32	0,07	0,27	0,05
400	1,04	1,16	0,80	0,59	0,63	0,33	0,51	0,20	0,42	0,12	0,35	0,08
500	1,30	1,77	0,99	0,91	0,79	0,50	0,64	0,30	0,53	0,19	0,44	0,12
600	1,56	2,51	1,19	1,28	0,94	0,71	0,76	0,42	0,63	0,26	0,53	0,17
700	1,82	3,38	1,39	1,73	1,10	0,96	0,89	0,56	0,74	0,35	0,62	0,23
800	2,08	4,38	1,59	2,23	1,26	1,23	1,02	0,73	0,84	0,45	0,71	0,29
900	2,34	5,50	1,79	2,80	1,41	1,54	1,15	0,91	0,95	0,57	0,80	0,37
1000	2,60	6,75	1,99	3,43	1,57	1,89	1,27	1,11	1,05	0,69	0,88	0,45
1250	3,25	10,4	2,49	5,28	1,96	2,91	1,59	1,71	1,32	1,06	1,11	0,68
1500	3,90	14,9	2,98	7,53	2,36	4,14	1,91	2,43	1,58	1,50	1,33	0,97
1750	4,55	20,1	3,48	10,2	2,75	5,58	2,23	3,27	1,84	2,02	1,55	1,30
2000	> vmax		3,98	13,2	3,14	7,24	2,55	4,24	2,10	2,61	1,77	1,68

Druckabfalltafel für Wasserversorgungsleitungen

Integrale Rauheit k_i = 0,4 mm; *DN* = Nennweite, Innendurchmesser; Reibungsgefälle $J_R = h_v/L$

Abfluss	**DN**	**50**	**DN**	**65**	**DN**	**80**	**DN**	**100**	**DN**	**125**	**DN**	**150**
***Q* [l/s]**	*v* [m/s]	J_R [‰]	*v* [m/s]	J_R [‰]	*v* [m/s]	J_R [‰]	*v* [m/s]	J_R [‰]	*v* [m/s]	J_R [‰]	*v* [m/s]	J_R [‰]
1	0,51	10,2	0,30	2,64	0,20	0,92	0,13	0,30	< vmin		< vmin	
1,5	0,76	22,3	0,45	5,71	0,30	1,97	0,19	0,64	0,12	0,21	< vmin	
2	1,02	39,0	0,60	9,94	0,40	3,41	0,25	1,09	0,16	0,36	0,11	0,14
3	1,53	86,5	0,90	21,9	0,60	7,43	0,38	2,36	0,24	0,76	0,17	0,30
4	2,04	152,5	1,21	38,4	0,80	13,0	0,51	4,10	0,33	1,31	0,23	0,52
5	2,55	237,2	1,51	59,5	0,99	20,1	0,64	6,30	0,41	2,00	0,28	0,79
6	3,06	340,4	1,81	85,3	1,19	28,7	0,76	8,98	0,49	2,84	0,34	1,12
7	3,57	462,3	2,11	115,6	1,39	38,8	0,89	12,1	0,57	3,82	0,40	1,50
8	4,07	602,7	2,41	150,6	1,59	50,5	1,02	15,7	0,65	4,95	0,45	1,94
9	4,58	761,7	2,71	190,1	1,79	63,7	1,15	19,8	0,73	6,22	0,51	2,43
10	> vmax		3,01	234,3	1,99	78,5	1,27	24,4	0,81	7,64	0,57	2,98
15	> vmax		4,52	524,2	2,98	175,1	1,91	54,2	1,22	16,9	0,85	6,55
20	> vmax		> vmax		3,98	310,0	2,55	95,7	1,63	29,7	1,13	11,5
25	> vmax		> vmax		4,97	483,2	3,18	149,0	2,04	46,2	1,41	17,8
30	> vmax		> vmax		> vmax		3,82	214,0	2,44	66,2	1,70	25,5

Abfluss	**DN**	**200**	**DN**	**250**	**DN**	**300**	**DN**	**400**	**DN**	**500**	**DN**	**600**
***Q* [l/s]**	*v* [m/s]	J_R [‰]	*v* [m/s]	J_R [‰]	*v* [m/s]	J_R [‰]	*v* [m/s]	J_R [‰]	*v* [m/s]	J_R [‰]	*v* [m/s]	J_R [‰]
5	0,16	0,19	0,10	0,06	< vmin		< vmin		< vmin		< vmin	
10	0,32	0,69	0,20	0,22	0,14	0,09	< vmin		< vmin		< vmin	
15	0,48	1,49	0,31	0,48	0,21	0,19	0,12	0,05	< vmin		< vmin	
20	0,64	2,60	0,41	0,83	0,28	0,33	0,16	0,08	0,10	0,03	< vmin	
25	0,80	4,01	0,51	1,27	0,35	0,50	0,20	0,12	0,13	0,04	< vmin	
30	0,95	5,72	0,61	1,81	0,42	0,71	0,24	0,17	0,15	0,05	0,11	0,02
40	1,27	10,0	0,81	3,16	0,57	1,24	0,32	0,29	0,20	0,09	0,14	0,04
50	1,59	15,6	1,02	4,89	0,71	1,91	0,40	0,44	0,25	0,14	0,18	0,06
60	1,91	22,3	1,22	7,00	0,85	2,73	0,48	0,62	0,31	0,20	0,21	0,08
70	2,23	30,3	1,43	9,47	0,99	3,68	0,56	0,84	0,36	0,27	0,25	0,11
80	2,55	39,5	1,63	12,3	1,13	4,78	0,64	1,09	0,41	0,35	0,28	0,14
90	2,86	49,8	1,83	15,5	1,27	6,03	0,72	1,37	0,46	0,44	0,32	0,17
100	3,18	61,4	2,04	19,1	1,41	7,42	0,80	1,68	0,51	0,54	0,35	0,21
150	4,77	137,5	3,06	42,7	2,12	16,5	1,19	3,71	0,76	1,18	0,53	0,46
200	> vmax		4,07	75,7	2,83	29,2	1,59	6,53	1,02	2,06	0,71	0,81
300	> vmax		> vmax		4,24	65,3	2,39	14,6	1,53	4,57	1,06	1,78
400	> vmax		> vmax		> vmax		3,18	25,7	2,04	8,06	1,41	3,14
500	> vmax		> vmax		> vmax		3,98	40,1	2,55	12,5	1,77	4,87
600	> vmax		> vmax		> vmax		4,77	57,6	3,06	18,0	2,12	6,98
700	> vmax		> vmax		> vmax		> vmax		3,57	24,4	2,48	9,47

Abfluss	**DN**	**700**	**DN**	**800**	**DN**	**900**	**DN**	**1000**	**DN**	**1100**	**DN**	**1200**
***Q* [l/s]**	*v* [m/s]	J_R [‰]	*v* [m/s]	J_R [‰]	*v* [m/s]	J_R [‰]	*v* [m/s]	J_R [‰]	*v* [m/s]	J_R [‰]	*v* [m/s]	J_R [‰]
100	0,26	0,10	0,20	0,05	0,16	0,03	0,13	0,02	0,11	0,01	< vmin	
150	0,39	0,21	0,30	0,11	0,24	0,06	0,19	0,04	0,16	0,02	0,13	0,01
200	0,52	0,37	0,40	0,19	0,31	0,10	0,25	0,06	0,21	0,04	0,18	0,02
300	0,78	0,81	0,60	0,41	0,47	0,22	0,38	0,13	0,32	0,08	0,27	0,05
400	1,04	1,42	0,80	0,71	0,63	0,39	0,51	0,23	0,42	0,14	0,35	0,09
500	1,30	2,19	0,99	1,10	0,79	0,60	0,64	0,35	0,53	0,22	0,44	0,14
600	1,56	3,14	1,19	1,58	0,94	0,86	0,76	0,50	0,63	0,31	0,53	0,20
700	1,82	4,26	1,39	2,14	1,10	1,16	0,89	0,68	0,74	0,42	0,62	0,27
800	2,08	5,54	1,59	2,78	1,26	1,51	1,02	0,88	0,84	0,54	0,71	0,35
900	2,34	7,00	1,79	3,50	1,41	1,91	1,15	1,11	0,95	0,68	0,80	0,43
1000	2,60	8,62	1,99	4,31	1,57	2,35	1,27	1,36	1,05	0,83	0,88	0,53
1250	3,25	13,4	2,49	6,71	1,96	3,65	1,59	2,11	1,32	1,29	1,11	0,83
1500	3,90	19,3	2,98	9,63	2,36	5,23	1,91	3,03	1,58	1,85	1,33	1,18
1750	4,55	26,2	3,48	13,1	2,75	7,10	2,23	4,11	1,84	2,51	1,55	1,60
2000	> vmax		3,98	17,1	3,14	9,25	2,55	5,35	2,10	3,27	1,77	2,09

Druckabfalltafel für Wasserversorgungsleitungen

Integrale Rauheit $k_i = 1$ mm; DN = Nennweite, Innendurchmesser; Reibungsgefälle $J_R = h_v/L$

Abfluss	DN	50	DN	65	DN	80	DN	100	DN	125	DN	150
Q [l/s]	v [m/s]	J_R [‰]	v [m/s]	J_R [‰]	v [m/s]	J_R [‰]	v [m/s]	J_R [‰]	v [m/s]	J_R [‰]	v [m/s]	J_R [‰]
1	0,51	13,4	0,30	3,34	0,20	1,13	0,13	0,36	< vmin		< vmin	
1,5	0,76	29,7	0,45	7,37	0,30	2,47	0,19	0,77	0,12	0,25	< vmin	
2	1,02	52,4	0,60	13,0	0,40	4,33	0,25	1,35	0,16	0,42	0,11	0,17
3	1,53	117,2	0,90	28,9	0,60	9,60	0,38	2,96	0,24	0,92	0,17	0,36
4	2,04	207,7	1,21	51,1	0,80	16,9	0,51	5,21	0,33	1,62	0,23	0,63
5	2,55	323,8	1,51	79,5	0,99	26,3	0,64	8,07	0,41	2,50	0,28	0,96
6	3,06	465,7	1,81	114,2	1,19	37,8	0,76	11,6	0,49	3,57	0,34	1,37
7	3,57	633,2	2,11	155,2	1,39	51,3	0,89	15,7	0,57	4,83	0,40	1,86
8	4,07	826,4	2,41	202,5	1,59	66,9	1,02	20,4	0,65	6,28	0,45	2,41
9	4,58	1045,4	2,71	256,1	1,79	84,5	1,15	25,8	0,73	7,93	0,51	3,04
10	> vmax		3,01	315,9	1,99	104,2	1,27	31,8	0,81	9,76	0,57	3,74
15	> vmax		4,52	709,1	2,98	233,7	1,91	71,2	1,22	21,8	0,85	8,32
20	> vmax		> vmax		3,98	414,7	2,55	126,2	1,63	38,6	1,13	14,7
25	> vmax		> vmax		4,97	647,2	3,18	196,9	2,04	60,1	1,41	22,9
30	> vmax		> vmax		> vmax		3,82	283,2	2,44	86,4	1,70	32,9

Abfluss	DN	200	DN	250	DN	300	DN	400	DN	500	DN	600
Q [l/s]	v [m/s]	J_R [‰]	v [m/s]	J_R [‰]	v [m/s]	J_R [‰]	v [m/s]	J_R [‰]	v [m/s]	J_R [‰]	v [m/s]	J_R [‰]
5	0,16	0,22	0,10	0,07	< vmin		< vmin		< vmin		< vmin	
10	0,32	0,83	0,20	0,26	0,14	0,10	< vmin		< vmin		< vmin	
15	0,48	1,84	0,31	0,57	0,21	0,22	0,12	0,05	< vmin		< vmin	
20	0,64	3,23	0,41	1,01	0,28	0,39	0,16	0,09	0,10	0,03	< vmin	
25	0,80	5,02	0,51	1,56	0,35	0,60	0,20	0,14	0,13	0,04	< vmin	
30	0,95	7,20	0,61	2,23	0,42	0,86	0,24	0,19	0,15	0,06	0,11	0,02
40	1,27	12,7	0,81	3,94	0,57	1,52	0,32	0,34	0,20	0,11	0,14	0,04
50	1,59	19,8	1,02	6,13	0,71	2,36	0,40	0,53	0,25	0,17	0,18	0,07
60	1,91	28,5	1,22	8,79	0,85	3,38	0,48	0,75	0,31	0,24	0,21	0,09
70	2,23	38,8	1,43	11,9	0,99	4,58	0,56	1,02	0,36	0,32	0,25	0,12
80	2,55	50,6	1,63	15,6	1,13	5,97	0,64	1,32	0,41	0,42	0,28	0,16
90	2,86	63,9	1,83	19,7	1,27	7,54	0,72	1,67	0,46	0,52	0,32	0,20
100	3,18	78,9	2,04	24,3	1,41	9,29	0,80	2,06	0,51	0,64	0,35	0,25
150	4,77	177,1	3,06	54,4	2,12	20,8	1,19	4,59	0,76	1,43	0,53	0,55
200	> vmax		4,07	96,6	2,83	36,9	1,59	8,13	1,02	2,53	0,71	0,98
300	> vmax		> vmax		4,24	82,8	2,39	18,2	1,53	5,64	1,06	2,17
400	> vmax		> vmax		> vmax		3,18	32,3	2,04	10,0	1,41	3,85
500	> vmax		> vmax		> vmax		3,98	50,4	2,55	15,6	1,77	6,00
600	> vmax		> vmax		> vmax		4,77	72,5	3,06	22,4	2,12	8,62
700	> vmax		> vmax		> vmax		> vmax		3,57	30,5	2,48	11,7

Abfluss	DN	700	DN	800	DN	900	DN	1000	DN	1100	DN	1200
Q [l/s]	v [m/s]	J_R [‰]	v [m/s]	J_R [‰]	v [m/s]	J_R [‰]	v [m/s]	J_R [‰]	v [m/s]	J_R [‰]	v [m/s]	J_R [‰]
100	0,26	0,11	0,20	0,06	0,16	0,03	0,13	0,02	0,11	0,01	< vmin	
150	0,39	0,25	0,30	0,13	0,24	0,07	0,19	0,04	0,16	0,02	0,13	0,02
200	0,52	0,44	0,40	0,22	0,31	0,12	0,25	0,07	0,21	0,04	0,18	0,03
300	0,78	0,97	0,60	0,49	0,47	0,26	0,38	0,15	0,32	0,09	0,27	0,06
400	1,04	1,72	0,80	0,86	0,63	0,47	0,51	0,27	0,42	0,16	0,35	0,11
500	1,30	2,68	0,99	1,33	0,79	0,72	0,64	0,42	0,53	0,26	0,44	0,16
600	1,56	3,85	1,19	1,91	0,94	1,04	0,76	0,60	0,63	0,37	0,53	0,23
700	1,82	5,22	1,39	2,60	1,10	1,41	0,89	0,81	0,74	0,50	0,62	0,32
800	2,08	6,81	1,59	3,39	1,26	1,83	1,02	1,06	0,84	0,64	0,71	0,41
900	2,34	8,62	1,79	4,28	1,41	2,32	1,15	1,34	0,95	0,81	0,80	0,52
1000	2,60	10,6	1,99	5,28	1,57	2,85	1,27	1,65	1,05	1,00	0,88	0,64
1250	3,25	16,6	2,49	8,24	1,96	4,45	1,59	2,57	1,32	1,56	1,11	0,99
1500	3,90	23,8	2,98	11,8	2,36	6,40	1,91	3,69	1,58	2,24	1,33	1,42
1750	4,55	32,4	3,48	16,1	2,75	8,69	2,23	5,01	1,84	3,05	1,55	1,94
2000	> vmax		3,98	21,0	3,14	11,3	2,55	6,54	2,10	3,97	1,77	2,52

1.5 Wasserspeicherung

Für die Bemessung eines Wasserspeichers als Tagesausgleichsspeicher ist $Q_{d,max}$ einschließlich eines Zuschlags für die Löschwasserreserve maßgebend. Bei kleinen Orten wird das Behältervolumen in m³ in etwa entsprechend dem maximalen Tagesverbrauch in m³/d gewählt. Richtwerte:

- bei $Q_{d,max} < 2000$ m³/d: Nutzinhalt V in m$^3 \approx 1{,}0 \cdot Q_{d,max}$ in m^3/d
- bei $Q_{d,max} < 4000$ m³/d: Nutzinhalt V in m$^3 \approx 0{,}8 - 1{,}0 \cdot Q_{d,max}$ in m^3/d
- bei $Q_{d,max} > 4000$ m³/d: Nutzinhalt V in m$^3 \approx 0{,}3 - 0{,}8 \cdot Q_{d,max}$ in m^3/d

Bis zu einem Nutzinhalt von $V = 2000$ m³ ist die **Löschwasserreserve (LW)** mit 100 – 200 m³ bei Dorf- und Wohngebieten und mit 200 – 400 m³ bei Kern- und Gewerbegebieten nachzuweisen.

Löschwasserreserven bei kleinen Versorgungsgebieten	**Einwohner**	**LW-Speicherraum**
Einzelgebäude, kleine landwirtschaftliche Anwesen	< 100 E	50 m³
Kleine ländliche Orte, bis 50 Anwesen	ca. 300 E	100 m³
Große ländliche Orte, offene Bauweise	ca. 3000 E	150 m³
Große ländliche Orte, geschlossene Bauweise	ca. 1000 E	200 m³
Kleinstädte mit gefährdetem Altstadtgebiet	> 3000 E	300 bis 400 m³

Übliche Behälterformen:

Rechteckgrundriss für Behälter bis ~ 20 000 m³ (Länge zu Breite ≥ 2 : 1 bei kleineren Volumina, ≥ 3 : 1 bei größeren Volumina); kreisförmiger Grundriss für Behälter bis ~ 7000 m³; quadratischer Grundriss für Behälter bis ~ 300 m³ Nutzinhalt. Eine Aufteilung in zwei Kammern ist bei größeren Behältern sinnvoll. Die empfohlene Wassertiefe steigt mit dem Behältervolumen:

Behältervolumen V in m³	< 200	200 bis 500	> 500	> 10 000
Empfohlene Wassertiefe h in m	etwa 3	etwa 4 bis 5	etwa 5 bis 6	auch über 6

Große Behälter ($V > 2000$ m³) werden nach der Methode der fluktuierenden Wasservolumina bemessen. Das erforderliche Speichervolumen ist hierbei die betragsmäßige Summe der maximalen und minimalen Differenz zwischen Fördersummenwert und Abnahmesummenwert multipliziert mit dem Wasserverbrauch am Tag des größten Verbrauchs zuzüglich eines ausreichenden Sicherheitszuschlages.

Beispiel: Speichervolumen mit der Methode der fluktuierenden Wassermengen
Gegeben: Tagesganglinie Wasserverbrauch (V) und Förderung (F), Förderzeit 8 bis 18 Uhr
Gesucht: Volumen des Tagesausgleichsspeichers $V_{Speicher}$ in m³

Zeit	0 - 1	1 - 2	2 - 3	3 - 4	4 - 5	5 - 6	6 - 7	7 - 8	8 - 9	9 - 10	10 - 11	11 - 12
V	2,0	1,6	1,5	1,5	1,6	2,2	3,1	4,0	5,1	6,0	5,9	5,9
ΣV	2,0	3,6	5,1	6,6	8,2	10,4	13,5	17,5	22,6	28,6	34,5	40,4
F	-	-	-	-	-	-	-	-	10	10	10	10
ΣF	0,0	0,0	0,0	0,0	0,0	0,0	0,0	0,0	10	20	30	40
$\Sigma F - \Sigma V$	-2,0	-3,6	-5,1	-6,6	-8,2	-10,4	-13,5	**-17,5**	-12,6	-8,6	-4,5	-0,4

Zeit	12 - 13	13 -1 4	14 - 15	15 - 16	16 - 17	17 - 18	18 - 19	19 - 20	20 - 21	21 - 22	22 - 23	23 - 24
V	6,1	5,2	5,5	5,6	6,0	5,5	6,0	5,3	5,1	4,1	3,1	2,1
ΣV	46,5	51,7	57,2	62,8	68,8	74,3	80,3	85,6	90,7	94,8	97,9	100,0
F	10	10	10	10	10	10	-	-	-	-	-	-
ΣF	50	60	70	80	90	100	100	100	100	100	100	100
$\Sigma F - \Sigma V$	3,5	8,3	12,8	17,2	21,2	**25,7**	19,7	14,4	9,3	5,2	2,1	0

V Verbrauchsganglinie (stündlicher Verbrauch in % des Tagesverbrauchs)
F Förderung bzw. Zufluss (stündliche Förderung bzw. Zufluss in % des Tagesverbrauchs)
$\Sigma F - \Sigma V$ Fehlbetrag (negativ) bzw. Überschuss (positiv) in % des Tagesverbrauchs
Lösung: erf. Speichervolumen $V_{Speicher} = Q_{d,max} \cdot [max(\sum F - \sum V) + |min(\sum F - \sum V)|]$

$$V_{Speicher} = Q_{d,max} \cdot [25{,}7\% + |-17{,}5\%|] = Q_{d,max} \cdot 43{,}2\%$$

1.6 Zisternen, Regenwassernutzungsanlage

Die Nutzung von Regenwasser zur Einsparung von Trinkwasser hat als Ergänzung zu moderner wassersparender Sanitärtechnik an Bedeutung gewonnen. Durch die Rückhaltung im Speicher und die Nutzung von Regenwasser werden die Wasserabflüsse aus Siedlungsgebieten reduziert und verzögert.

Eine Substitution des Trinkwassers mit Regenwasser im Haus ist immer dort möglich, wo für das verwendete Wasser keine Trinkwasserqualität erforderlich ist. So lässt sich Regenwasser z.B. für die Gartenbewässerung, die Toilettenspülung oder zum Wäschewaschen verwenden.

Das vom Dach abfließende Niederschlagswasser wird über einen Filter in den Speicher geleitet. Um bei vollem Speicher ein Überlaufen zu vermeiden, muss ein Anschluss zum Kanal oder vorzugsweise zu einer Versickerungsanlage vorgesehen werden. Bei der Installation einer Regenwassernutzungsanlage müssen die gültigen Gesetze und Vorschriften beachtet werden.

Die DIN 1989-1 gibt hier Hinweise, wie man die Größe des Regenwasserspeichers berechnet. Es sollte dabei auf ein ausgewogenes Verhältnis zwischen Regenwasserertrag und Nutzwasserbedarf geachtet werden. Es werden drei verschiedene Bemessungsverfahren erwähnt:

- Verkürztes Verfahren, für kleine Anlagen (z.B. Ein- und Zweifamilienhäuser), keine Berechnung
- Vereinfachtes Verfahren, für viele Anlagen, Berechnungsaufwand gering, genaueres Ergebnis
- Differenziertes Verfahren, für große Anlagen, bessere Annäherung an wirkliche Betriebsverhältnisse

Verkürztes Verfahren

Das verkürzte Verfahren kann bei Ein- und Zweifamilienhäusern sowie vergleichbaren Gebäuden mit Hartdach angewandt werden. Das erforderliche Nutzvolumen der Zisterne V_Z wird hierbei nur über Erfahrungswerte abgeschätzt. Üblicherweise wird der größere der beiden so ermittelten Zahlenwerte realisiert. Falls die beiden Werte sehr stark voneinander abweichen, wird das vereinfachte Verfahren empfohlen.

- $V_{Z,1}$ = 25 bis 50 l/m² · angeschlossene Auffangfläche (Ertrag)
- $V_{Z,2}$ = 800 bis 1000 l/Nutzer · Anzahl der Nutzer (Bedarf)

Vereinfachtes Verfahren

Für das vereinfachte Verfahren werden als Anwendungsbereich Mehrfamilienhäuser, Verwaltungs-, Büro-, Gewerbe-, Industriegebäude genannt. Es ist aber auch bei Ein- und Zweifamilienhäusern sinnvoll, nicht mit dem verkürzten Verfahren zu arbeiten. Bei dem vereinfachten Verfahren wird zunächst die anfallende Regenwassermenge bestimmt:

$$V_N = A_A \cdot \Psi_a \cdot h_N \cdot \eta$$

mit: V_N: jährliches Regenwasservolumen [m³/a]
A_A: Auffangfläche = Grundfläche Haus + Dachüberstand [m²]
ψ_a: Jahresabflussbeiwert (oder auch Ertragsbeiwert e) [-]
h_N: mittlere jährliche Niederschlagshöhe (z.B. vom DWD) [m/a]
η: Filterwirkungsgrad (meist 0,9 bzw. Herstellerangaben) [-]

Der Jahresabflussbeiwert (Ertragsbeiwert) kann entsprechend der nebenstehenden Tabelle angesetzt werden.

Falls die Zisterne einen Zufluss von mehreren Flächen mit unterschiedlichen Beiwerten erhält, so ist die zufließende Regenwassermenge V_N sinngemäß als Summe von mehreren Auffangflächen zu ermitteln.

Ausbildung Auffangfläche	ψ_a
geneigtes Hartdach	0,8
Flachdach unbekiest	0,8
Flachdach bekiest	0,6
Gründach intensiv	0,3
Gründach extensiv	0,5
Pflasterfläche/Verbundpflaster	0,5
Asphalt	0,8

Die im Jahr benötigte Brauchwassermenge kann wie folgt abgeschätzt werden:

$$V_B = B_P \cdot n_{BP} + B_A \cdot A_{BA}$$

mit: V_B: jährliches Brauchwasservolumen [m³/a]
B_P: personenbezogener Bedarf (z.B. für Toilettenspülung) [m³/a/Person]
n_{BP}: Anzahl der Personen [Person]
B_A: flächenbezogener Bedarf [m³/m²/a]
A_{BA}: Größe der Bezugsfläche (z.B. Bewässerungsfläche) [m²]

Als Bedarfswerte können nebenstehende Werte angesetzt werden:

Bedarfswerte für	**Bedarfswert**	
Toiletten im Haushalt	24 l/d/Person	8,8 m³/a/Person
Toiletten im Bürobereich	12 l/d/Person	4,4 m³/a/Person
Toiletten in Schulen	6 l/d/Person	2,2 m³/a/Person
Gartenbewässerung	60 l/m²/a	0,06 m³/m²/a
Bewässerung Sportanlagen	200 l/m²/a	0,2 m³/m²/a
Bewässerung Grünland	80-200 l/m²/a	0,08-0,2 m³/m²/a

Das erforderliche Volumen des Speichers kann dann wie folgt ermittelt werden:

$$V_Z = 0{,}06 \cdot min(V_N; V_B)$$

mit: V_Z: erforderliches Zisternenvolumen [m³] (mit V_N und V_B in [m³/a])

Wenn der Bedarf (V_B) wesentlich größer ist als der Niederschlagsertrag (V_N), dann muss relativ viel Trinkwasser in die Zisterne eingespeist werden. Der substituierte (ersetzte) Anteil Trinkwasser wird kleiner.

Beispiel: Erforderliches Volumen einer Zisterne für ein Mehrfamilienhaus

Gegeben: 6-Familienhaus mit 3 Personen/Haushalt, Grundfläche 320 m², geneigtes Dach
6 Garagen mit Grundfläche von je 20 m², Flachdach bekiest, Niederschlagshöhe 750 mm/a, Brauchwasser für 400 m² Grünanlagen und Toiletten

Lösung: Niederschlagsvolumen:
- Jahresabflussbeiwert Dach $\psi_a = 0{,}8$
- Jahresabflussbeiwert Garage $\psi_a = 0{,}6$
- Niederschlagshöhe Darmstadt $h_N = 750$ mm/a = 0,75 m/a
- Filterwirkungsgrad $\eta = 0{,}9$

→ $V_N = (320\text{ m}^2 \cdot 0{,}8 + 120\text{ m}^2 \cdot 0{,}6) \cdot 0{,}75\text{ m/a} \cdot 0{,}9 = 221{,}4\text{ m}^3/\text{a}$

Brauchwassermenge:
- Personen: $n_{BP} = 18$ E
- Toilette: $B_P = 24$ l/E/d = 8,8 m³/E/a
- Gartenfläche $A_{BA} = 400$ m²
- Bewässerungsbedarf $B_A = 60$ l/m²/a = 0,06 m³/m²/a

→ $V_B = 18\text{ E} \cdot 8{,}8\text{ m}^3/\text{E/a} + 400\text{ m}^2 \cdot 0{,}06\text{ m}^3/\text{m/a} = 181{,}7\text{ m}^3/\text{a}$

Zisternenvolumen:

→ $V_Z = min\ (V_N, V_A) \cdot 0{,}06 = 181{,}7\text{ m}^3 \cdot 0{,}06 = 10{,}9\text{ m}^3$, Wahl $V_Z = 11\text{ m}^3$

Differenziertes Verfahren

Das differenzierte Verfahren wird bei großen Regenwassernutzungsanlagen oder sehr individuellen Verbrauchsstrukturen empfohlen. Hierbei erfolgt eine Optimierung des Speichers durch die Simulation der individuellen Verbrauchscharakteristiken und des örtlich gemessenen Niederschlags in Form von Tageswerten oder sogar 5-Minutenwerten über mindestens 5 bis 10 Jahre, besser 30 Jahre. Für dieses Verfahren ist eine entsprechende Software erforderlich. Eine Handrechnung ist nicht mehr praktikabel.

1.7 Wasserversorgung in Gebäuden

Siehe dazu Kap. 5 A.

2 Abwasserableitung

2.1 Entwässerungsverfahren

Bis in die 1990er-Jahre wurde der anfallende Regenabfluss aus dem Bereich der Siedlungsgebiete in die Kanalisation abgeleitet. Im Sinne einer zeitgemäßen Regenwasserbewirtschaftung ist Niederschlagswasser nur dann über die Kanalisation abzuleiten, wenn es keine insbesondere wasserwirtschaftlich sinnvollen Alternativen gibt. Die in jedem Fall zu prüfenden Möglichkeiten der Regenwasserversickerung und -nutzung reduzieren die Zuflüsse zur Kanalisation und führen damit zu Kosteneinsparungen.

Gegenüberstellung von Misch- und Trennverfahren (nicht vollständig)		
Kriterium	**Mischverfahren**	**Trennverfahren**
Kanalnetz	Nur 1 Kanal erforderlich. Oft größere Einbautiefe. Meist geringere Kosten.	2 Kanalnetze (Schmutzwasser, Regenwasser) erforderlich, dadurch meist teurer.
Grundstücksentwässerung	Nur 1 Anschlussleitung erforderlich, größere Gefährdung durch Rückstau.	Je 1 Leitung für Schmutz- und Regenwasser, Rückstau im Regenwasserkanal.
Kanalbetrieb Bauaufsicht	Evtl. Ablagerungen im Kanalnetz bei Trockenwetter, ggf. Spülungen erforderlich.	Ablagerungen in Anfangshaltungen der Schmutzwasserkanäle. Kanalbetrieb wegen größerer Länge teurer. Mehraufwand bei Bauaufsicht, um Fehlanschlüsse zu vermeiden.
Sonderbauwerke	Regenentlastungsbauwerke zur Entlastung der Kanäle und wegen begrenzter Kapazität von KLA zwingend. Pumpwerke baulich und betrieblich teurer.	Spülschächte in Schmutzwasserkanälen bei ungünstigen Gefälleverhältnissen. Gleichmäßige Beanspruchung der Schmutzwasserpumpen in Pumpwerken.
Klärwerk	Durch schwankende Zuflüsse (Mischwasser) ungleichmäßige Belastung in der Abwasserreinigung.	Betriebskosten sind ggf. geringer, da nur Schmutzwasser behandelt wird.
Gewässer	Durch Entlastungsbauwerke gelangt Mischwasser in die Gewässer (u.a. hygienische Gefahren).	Regenwasser gelangt z.T. ungereinigt in die Gewässer. Gefährdung durch Unfälle (Austritt wassergefährdender Stoffe) oder im Brandfall (Löschflüssigkeiten).

Beide Verfahren haben Vor- und Nachteile und beide können je nach Rahmenbedingungen sinnvoll sein. Gemäß § 55 (2) des Wasserhaushaltgesetzes soll vorzugsweise im Trennverfahren entwässert werden: "Niederschlagswasser soll ortsnah versickert, verrieselt oder direkt oder über eine Kanalisation ohne Vermischung mit Schmutzwasser in ein Gewässer eingeleitet werden, soweit dem weder wasserrechtliche noch sonstige öffentlich-rechtliche Vorschriften noch wasserwirtschaftliche Belange entgegenstehen". Die Entscheidung für ein Verfahren muss die örtlichen Verhältnisse in ihrer Gesamtheit (gesetzliche, wasserwirtschaftliche, hygienische und technische Gesichtspunkte) berücksichtigen, z.B. örtliche Gegebenheiten, Gelände- und Gewässerverhältnisse, Entwicklungstendenzen im Entwässerungsgebiet, vorhandene Kanalisationsanlagen, Bau- und Betriebskosten für Kanalisation und Klärwerk.

Soweit es die Bodenverhältnisse und der Verschmutzungsgrad zulassen, ist die Versickerung oder Nutzung des Regenwassers am Entstehungsort der Ableitung vorzuziehen. Ist eine Versickerung nicht möglich, kann Regenwasser über offene Entwässerungseinrichtungen (Mulden, Gräben, Teiche) abgeleitet werden. Verschmutztes Regenwasser ist vor der Einleitung zu behandeln. Zur Verminderung der hydraulischen Belastung des Gewässers können z.B. Regenrückhalteräume erforderlich werden.

Aktueller Standard: Regenwasser oder Teile davon werden unmittelbar verwertet oder versickert. Trennung von Entwässerungszonen in: a) verschmutztes Regenwasser, b) nicht schädlich verunreinigtes Regenwasser (DWA-A 138).

- Modifiziertes Trennverfahren: Schmutzwasserableitung erfolgt im Schmutzwasserkanal; Regenwasser aus a) wird getrennt abgeleitet, Regenwasser aus b) versickert.
- Modifiziertes Mischverfahren: Regenwasser aus b) versickert, Schmutzwasser und Regenwasser aus a) werden gemeinsam abgeleitet.

2.2 Abwasseranfall

2.2.1 Trockenwetterabfluss $Q_T = Q_S + Q_F = (Q_H + Q_G + Q_I) + Q_F$

Häusliches Schmutzwasser Q_H

Der mittlere Schmutzwasseranfall häuslicher (und kleingewerblicher) Herkunft kann meist mit ausreichender Genauigkeit der Trinkwasserabnahme der Einwohner E gleichgesetzt werden. Zu berücksichtigen sind evtl. Minderungen (z.B. Verwendung des Trinkwassers für die Gartenbewässerung) und Erhöhungen (z.B. Ableitung von Wasser aus Privatbrunnen oder aus der Regenwassernutzung). Kanäle sind auf den maximalen stündlichen Abfluss hin zu bemessen.

Gemäß DWA-A 118 soll die spezifische häusliche Schmutzwassermenge auch bei kleineren Orten nicht unter w_H = 150 l/(E·d) angenommen werden. Angesichts der seit vielen Jahren bei etwa 120 l/(E·d) liegenden spezifischen Wasserverbräuche sollte man diese Vorgabe kritisch hinterfragen.

– Mittlerer, täglicher häusl. Schmutzwasserabfluss:

$$Q_{H,d}\ [l/s] = w_H\ [l/E{\cdot}d] \cdot E\ [E]/86.400$$

– Stündlicher Maximalabfluss häusl. Schmutzwasser:

$$Q_{H,max}\ [l/s] = 24/x \cdot Q_{H,d}\ [l/s]$$

Orientierungswerte für Stundensatz x	
< 1.000 E	$x \approx 8$
1.000 - 5.000 E	$x \approx 8$ bis 11
5.000 - 20.000 E	$x \approx 11$ bis 13
20.000 - 100.000 E	$x \approx 13$ bis 16
> 100.000 E	$x \approx 16$
1.000 - 100.000 E	$x \approx 1{,}7 \cdot ln(E) - 3{,}6$

Häufig werden die spezifischen Werte nicht nur für die echten Einwohner (*E*), sondern auch für die sogenannten Einwohnerwerte (*EW*) mit angesetzt. Nachfolgend sind einige Umrechnungen aufgeführt.

Einwohnerwerte für Schmutzwasser aus Gemeinschaftseinrichtungen	
Beherbergungsstätten, Internate (je nach Ausstattung)	1 Bett = 1 – 3 EW
Camping- und Zeltplätze	2 Personen = 1 EW
Fabriken, Werkstätten ohne Küchenbetrieb	2 Betriebsangehörige = 1 EW
Bürohäuser	3 Betriebsangehörige = 1 EW
Gaststätten ohne Küchenbetrieb	3 Plätze = 1 EW
Gaststätten mit Küche und höchstens 3-maliger Ausnutzung eines Sitzplatzes in 24 Stunden; je weitere 3-malige Ausnutzung / 24 h	Plätze = 1 EW + 1 EW
Gartenlokale ohne Küchenbetrieb	10 Plätze = 1 EW
Vereinshäuser ohne Küchenbetrieb	5 Benutzer = 1 EW
Sportplätze ohne Gaststätte und Vereinshaus	30 Besucherplätze = 1 EW
Krankenanstalten mit < 200 Betten: – je Krankenbett – je Mitarbeiter des ständig anwesenden Personals (nicht ständig anwesendes Personal bleibt unberücksichtigt)	1 Bett = 2,5 EW 1 Mitarbeiter = 1 EW

Die Bandbreite der genannten Werte umfasst nicht alle örtlichen und strukturellen Besonderheiten sowie tägliche, monatliche und jährliche Schwankungen. Für Planungen im Bestand ist es sinnvoll, die Daten z.B. über die tatsächlichen Wasserverbräuche zu ermitteln. Bei Neuplanungen können aktuelle Wasserverbräuche von ähnlichen Einrichtungen angepasst übernommen werden.

Alternativ zu vorhergehender Ermittlung von $Q_{H,max}$ kann gemäß DWA-A 118 bei kleineren Systemen auch vereinfacht und auf der sicheren Seite liegend mit einem einwohnerspezifischen maximalen häuslichen Schmutzwasserabfluss $q_{H,max}$ in l/(s·1000 E) gerechnet werden. Für $q_{H,max}$ wird hierbei meist ein Wert von 4 l/(s·1000 E) angesetzt.

$$Q_{H,max}\ [l/s] = q_{H,max}[l/s \cdot 1000\ E] \cdot E\ [E]/1000$$

Unüblicher ist die Ermittlung von $Q_{H,max}$ über eine flächenspezifische maximale häusliche Schmutzwasserspende $q_{H,max}$ in l/(s·ha).

$$Q_{H,max}\ [l/s] = q_{H,max}[l/s \cdot ha] \cdot A_E\ [ha]$$ mit A_E: Fläche des Einzugsgebietes in [ha]

Beispiel: Gegeben: Einwohnerdichte $ED = 100$ E/ha
Einzugsgebiet $A_E = 50$ ha
spez. Wasserverbrauch $w_H = 125$ l/(E·d)
Gesucht: Maximaler häuslicher Schmutzwasserabfluss $Q_{H,max}$
Lösung: 1.: mit x-Wert $E = ED \cdot A_E = 5.000$ E → $x \approx 11$
$Q_{H,d} = w_H \cdot E = 125 \cdot 5.000/86.400 = 7{,}2$ l/s
$Q_{H,max} = 24/x \cdot Q_{H,d} = 15{,}8$ l/s
2.: mit $q_{H,max} = 4$ l/(s·1000 E) $Q_{H,max} = q_{H,max} \cdot E = 4 \cdot 5000 / 1000 = 20$ l/s

Gewerbliches und industrielles Schmutzwasser Q_G, Q_I

Der Wasserbedarf und somit das anfallende Schmutzwasser des Kleingewerbes ist relativ gering (meist < 5% der städtischen Wasserabnahme). Es wird oft mit dem häuslichen Schmutzwasser erfasst.

Der Wasserbedarf von größerem Gewerbe und Industriebetrieben ist hingegen sehr stark von der Nutzung bzw. dem Produkt und dem Produktionsverfahren abhängig. Mögliche stündliche, tägliche und jahreszeitliche Schwankungen sind zu berücksichtigen. Mitunter ist der Wasserbedarf abweichend von der eingeleiteten Schmutzwassermenge. Abweichungen sind z.B. möglich, wenn Rohstoffe mit hohem Wassergehalt zu trockenen Endprodukten verarbeitet werden (z. B. Nahrungsmittelindustrie). Industrielles Schmutzwasser wird wegen der z.T. großen Mengen und wegen der oft vom häuslichen Schmutzwasser abweichenden Verschmutzung getrennt als Einzelabfluss berücksichtigt. Wenn der durchschnittliche Schmutzwasseranfall Q_G bzw. Q_I bekannt ist, dann kann mit den Faktoren a (Produktionsstunden je Tag) und b (Produktionstage je Jahr) eine Umrechnung auf den stündlichen Maximalwert erfolgen:

$$Q_{G/I,max}\,[l/s] = \frac{24}{a_{G/I}} \cdot \frac{365}{b_{G/I}} \cdot Q_{G/I}\,[l/s]$$

Bei geplanten Gewerbe- und Industriegebieten sollte z.B. über vorhandene vergleichbare Gebiete eine Abschätzung erfolgen. Wenn keine Informationen verfügbar sind, dann kann ein Ansatz mit einer spezifischen gewerblichen / industriellen Schmutzwasserabflussspende $q_{G/I,max}$ verwendet werden.

$$Q_{G/I,max}\,[l/s] = q_{G/I,max}\,[l/(s \cdot ha)] \cdot A_{E,G/I}\,[ha]$$

mit: $q_{G/I,max}$ = gewerbliche bzw. industrielle Schmutzwasserspende [l/(s·ha)]
- geringer Wasserverbrauch $q_{G/I,max} = 0{,}2\ bis\ 0{,}5\ l/(s \cdot ha)$ (nach
- mittl. bis hoher Wasserverbrauch $q_{G/I,max} = 0{,}5\ bis\ 1{,}0\ l/(s \cdot ha)$ DWA-A 118)

$A_{E,G/I}$ = Einzugsgebietsfläche des Gewerbe- bzw. Industriebetriebs [ha]

Fremdwasser Q_F

Beim Fremdwasser handelt es sich um bestimmungswidrig in Abwasseranlagen gelangendes Wasser, wie z.B. durch Undichtigkeit in die Kanalisation eindringendes Grundwasser, unerlaubt über Fehlanschlüsse eingeleitetes Wasser, Zuflüsse aus Dränagen oder Gewässereinleitungen in Mischwasser- oder Schmutzwasserkanäle oder einem Schmutzwasserkanal zufließendes Oberflächenwasser. Fremdwasser erfordert aufgrund seiner Qualität keine Abwasserbehandlung, erschwert diese jedoch bzw. belastet aufgrund seiner Menge Abwasseranlagen unnötig und ist unter dem Aspekt des Gewässerschutzes unerwünscht. Fremdwasseranfall kann jahreszeitlich sehr stark schwanken! Die Zulässigkeit der Einleitung von Dränage, Quell- und Bachwasser in Regenwasserkanäle ist im Einzelfall zu überprüfen. Fremdwasser wird quantifiziert mit:

– Fremdwasseranteil $FWA = Fremdwasserabfluss\ Q_F / Trockenwetterabfluss\ Q_T$
– Fremdwasserzuschlag $FWZ = Fremdwasserabfluss\ Q_F / Schmutzwasserabfluss\ Q_S$

Der Fremdwasseranteil ist für die Bemessung von Regen- und Mischwasserkanälen i. d. R. nicht relevant, jedoch für die Bemessung von Schmutzwasserkanälen, Sonderbauwerken (RÜ, RÜB) und vorentlasteten Hauptsammlern.

Wenn keine Messungen vorliegen, kann Q_F in Abhängigkeit z.B. vom Alter der Kanalisation, dem Kanalzustand und von den Grundwasserverhältnissen abgeschätzt werden:

– pauschal mit dem Fremdwasserzuschlag $FWZ = 0{,}1\ bis\ 1{,}0$ (in begründeten Fällen auch > 1,0) als Vielfaches des Schmutzwasserabflusses → $Q_F = FWZ\ \cdot (Q_H + Q_G + Q_I)$,
– mit einer auf die Fläche des kanalisierten Siedlungsgebietes bezogenen Fremdwasserspende q_F = 0,05 bis 0,15 l/(s·ha) (nach DWA-A 118, bezogen auf die gesamte Fläche und nicht auf die undurchlässige Fläche!) → $Q_F\,[l/s] = q_F\,[l/(s \cdot ha)] \cdot A_E\,[ha]$.

Bei Schmutzwasserkanälen im Trennverfahren sollte zusätzlich das eindringende Regenwasser, sofern keine Messungen vorliegen, mit einer Spende $q_{R,Tr} = 0{,}2 \; bis \; 0{,}7 \; l/(s \cdot ha)$ bezogen aus die Fläche des Trennsystems $A_{E,Tr}$ berücksichtigt werden.

$$Q_{R,Tr} \, [l/s] = q_{R,Tr} \, [l/(s \cdot ha)] \cdot A_{E,Tr} \, [ha]$$

2.2.2 Regenwetterabfluss Q_R und Regenwetterabflussvolumen V_R

Abflüsse infolge von Niederschlägen sind bei entsprechenden Ereignissen um ein Vielfaches größer als der Trockenwetterabfluss. Bei Mischwasserkanälen hat der Schmutzwasserabfluss bei der Bemessung der Leitungen eine nur geringe Bedeutung (z.B. bei der Berechnung der Teilfüllung bei Trockenwetterabfluss).

$$Q_R = \psi_s \cdot A_E \cdot r_{D,n} \quad \text{bzw.} \quad V_R = \psi_M \cdot A_E \cdot h_{N;D,n} \cdot 10$$

mit: Q_R = Regenwetterabfluss [l/s] bzw. V_R = Regenwetterabflussvolumen [m³]
ψ_S = Spitzenabflussbeiwert [-] bzw. ψ_M = mittlerer Abflussbeiwert [-]
A_E = Einzugsgebietsfläche [ha]
$r_{D,n}$ = Regenspende [l/(s·ha)] (abhängig von Regendauer D [min] und Häufigkeit n [1/a])
$h_{N;D,n}$ = Niederschlagshöhe [mm] (abhängig von D [min] und n [1/a])

Regenspende, Niederschlagshöhe, Bemessungsregen

Die **Regenspende *r*** beschreibt wie die Intensität i die Stärke des Niederschlages. Die Niederschlagsintensität i ist der Quotient aus Niederschlagshöhe h_N und -dauer D. Aus der Intensität i kann die Regenspende r in l/(s·ha) abgeleitet werden:

$$i \, [mm/min] = h_N \, [mm]/D \, [min] \qquad r \, [l/(s \cdot ha)] = 166{,}67 \cdot i[mm/min]$$

Langjährige Niederschlagsmessungen können statistisch ausgewertet werden und ermöglichen dann eine Aussage bezüglich der zu erwartenden Niederschlagshöhe oder Regenspende für eine bestimmte Häufigkeit n und eine Regendauer bzw. Dauerstufe D. Die Regenhäufigkeit n [1/a] ist der Kehrwert der Wiederkehrzeit $T_n \, [a]$ $(n = 1/T_n)$. Die Regenhäufigkeit n gibt an, wie oft ein Regen in einem Jahr statistisch gesehen erreicht oder überschritten wird. So bedeutet z.B.

- $n = 2$ [1/a] einen Regen, der in einem Jahr zweimal erreicht oder überschritten wird ($T_n = 0{,}5$ a)
- $n = 0{,}1$ [1/a] einen Regen, der in 10 Jahren einmal erreicht oder überschritten wird ($T_n = 10$ a).

Die Regenspende aus einer Niederschlagshöhenstatistik ist über die Dauerstufe D und die Häufigkeit n eindeutig beschrieben. Dies wird durch entsprechende Indices dargestellt (z.B. $D = 10$ min, $n = 0{,}33$ 1/a → $r_{D = 10 \, min \, ; \, n = 0{,}33 \, 1/a}$ oder kürzer $r_{10; \, 0{,}33}$). Die bis vor einigen Jahren noch übliche Umrechnung der Regenspenden mit dem Zeitbeiwert nach Reinhold ist veraltet sollte nicht mehr verwendet werden.

$$r_{D,n} = \varphi_{D,n} \cdot r_{15,1} \qquad \text{mit} \qquad \varphi_{D,n} = \frac{38}{D+9}(n^{-0{,}25} - 0{,}369) \qquad \text{(veraltet !)}$$

Stattdessen stehen hierfür die vom Deutschen Wetterdienst erstellten Niederschlagshöhenstatistiken (KOSTRA-DWD 2000 [5.14]) zur Verfügung.

Regenspenden *r* in [l/(s·ha)] für *n* = 1 [1/a] (Auszug aus KOSTRA [5.14])							
Ort *D* in min	5	10	15	30	60	90	120
Nordwestdeutschland (Oldenburg)	135	113	97	69	43	31	25
Nordost-/Mitteldeutschland (Magdeburg)	157	124	103	68	40	30	24
Westdeutschland (Köln)	149	122	103	70	43	31	25
Sachsen (Dresden)	170	136	114	76	46	34	28
Südwestdeutschland (Karlsruhe)	192	143	114	71	40	31	25
Süddeutschland (München)	199	158	131	86	51	39	32

Richtwerte:

- Regenintensität $i = 1$ mm/min → Regenspende $r = 166{,}67$ l/(s · ha)
- Regenspende $r = 100$ l/(s·ha) → Regenintensität $i = 0{,}6$ mm/min
- Regenstunden 800 h/a bis 1000 h/a
- Regenhöhe $h_N = 1$ mm = 1 l/m² = 10 m³/ha

KOSTRA-DWD 2000, Niederschlagshöhen und -spenden für Hannover, Spalte: 3, Zeile: 37																		
T_n	**0,5**		**1**		**2**		**3**		**5**		**10**		**20**		**50**		**100**	
n	**2**		**1**		**0,5**		**0,333**		**0,2**		**0,1**		**0,05**		**0,02**		**0,01**	
D	**h_N**	**r_N**	**h_N**	**r_N**	**h_N**	**r_N**	**h_N**	**r_N**	**h_N**	**r_N**	**h_N**	**r_N**	**h_N**	**r_N**	**h_N**	**r_N**	**h_N**	**r_N**
5 min	2,3	76,9	4,5	151	6,7	224	8,0	267	9,6	321	11,8	395	14,1	468	17,0	566	19,2	639
10 min	4,7	78,9	7,1	118	9,4	157	10,8	180	12,6	209	14,9	249	17,3	288	20,4	340	22,7	379
15 min	6,3	70,0	8,8	97,2	11,2	124	12,6	140	14,4	160	16,9	188	19,3	215	22,6	251	25,0	278
20 min	7,4	61,7	9,9	82,6	12,4	104	13,9	116	15,7	131	18,3	152	20,8	173	24,1	201	26,6	222
30 min	8,8	49,0	11,4	63,5	14,0	78,0	15,6	86,5	17,5	97,2	20,1	112	22,7	126	26,2	145	28,8	160
45 min	10,0	37,1	12,7	47,2	15,4	57,2	17,0	63,1	19,0	70,5	21,7	80,5	24,4	90,5	28,0	104	30,7	114
60 min	10,7	29,8	13,5	37,5	16,3	45,2	17,9	49,8	20,0	55,5	22,8	63,2	25,5	70,9	29,2	81,2	32,0	88,9
90 min	12,0	22,2	15,1	28,0	18,2	33,8	20,1	37,2	22,4	41,5	25,5	47,3	28,7	53,1	32,8	60,7	35,9	66,5
120 min	13,0	18,0	16,4	22,7	19,8	27,5	21,8	30,2	24,3	33,7	27,7	38,5	31,1	43,2	35,6	49,4	39,0	54,2
180 min	14,5	13,4	18,3	17,0	22,2	20,5	24,4	22,6	27,2	25,2	31,1	28,8	34,9	32,3	39,9	37,0	43,8	40,5
4 h	15,7	10,9	19,9	13,8	24,0	16,7	26,5	18,4	29,5	20,5	33,7	23,4	37,9	26,3	43,4	30,1	47,5	33,0
6 h	17,6	8,1	22,3	10,3	26,9	12,5	29,7	13,7	33,1	15,3	37,8	17,5	42,5	19,7	48,7	22,5	53,3	24,7
T: Wiederkehrintervall [a], D: Regendauer, Dauerstufe, h_N: Niederschlagshöhe [mm], r_N: Regenspende l/(s·ha)																		

Beispiel: Gesucht: a) $r_{15/1}$, b) $r_{20/2}$, c) $h_{N,60/0,5}$, d) $h_{N,120/0,33}$

Lösung:
a) D = 15 min, n = 1 1/a → $T_n = 1/n$ = 1 a → $r_{15/1}$ = 97,2 l/(s·ha)
b) D = 20 min, n = 2 1/a → $T_n = 1/n$ = 0,5 a → $r_{20/0,5}$ = 61,7 l/(s·ha)
c) D = 60 min, n = 0,5 1/a → $T_n = 1/n$ = 2 a → $h_{N,60/0,5}$ =16,3 mm
d) D = 120 min, n = 0,33 1/a → $T_n = 1/n$ = 3 a → $h_{N,120/0,33}$ = 21,8 mm

Aus wirtschaftlichen Gründen werden Kanalleitungen nicht nach dem ungünstigsten zu erwartenden Niederschlag bemessen, sondern für eine vertretbare Regenspende mit zugehöriger Regendauer und Regenhäufigkeit. Man bezeichnet diese festzulegende Regenspende als **Bemessungsregenspende** $r_{D,n}$. Man nimmt dabei in Kauf, dass bei selteneren Ereignissen Überlastungen in Form von Überstau (Wasserspiegel bis Geländeoberkante GOK) oder Überflutungen (Schäden infolge von Überstau) auftreten können.

Um aus der Niederschlagshöhenstatistik die Bemessungsregenspende ablesen zu können, wird somit eine maßgebende Dauer D und eine Bemessungshäufigkeit n benötigt. Für einfache Bemessungsverfahren wird empfohlen, die nachfolgenden Mindestregendauern nicht zu unterschreiten. Bei diesen Verfahren sollte als Regendauer D das Maximum aus D_{min} und der summierten Fließzeit $\sum t_f$ bis zu der zu bemessenden Haltung angesetzt werden ($D = max(D_{min}, \sum t_f)$).

Maßgebende kürzeste Regendauer D_{min}		
Mittlere Geländeneigung	befestigter Flächenanteil BG	Kürzeste Regendauer
< 1%	≤ 50 %	15 min
	> 50 %	10 min
1 % bis 4 %	0 bis 100 %	10 min
> 4%	≤ 50 %	10 min
	> 50 %	5 min

Hinsichtlich der empfohlenen Häufigkeiten ist eine Abhängigkeit von der Nutzung und von der Art des Nachweises (Bemessung, Überflutung, Überstaus) zu beachten. Für die Überflutungs- und Überstaunachweise sind entsprechend geeignete Modelle (i.d.R. hydrodynamische Kanalnetzmodelle) zwingend erforderlich. Der Bemessungsnachweis kann z.T. mit einfachen Verfahren durchgeführt werden.

Empfohlene Wiederkehrintervalle T_n [a] gemäß:	**DIN EN 752**		**DWA-A 118**
Ort	**Bemessung**	**Überflutung**	**Überstau**
Ländliche Gebiete	1	10	2
Wohngebiete	2	20	3
Stadtzentren, Industrie, Gewerbe	5	30	≥ 5
Unterirdische Verkehrsanlagen, Unterführungen	10	50	≥ 10
Bemessung: Es darf kein Einstau auftreten ($Q_{Bem} < Q_{voll}$)			
Überstau: Wasser auf Gelände ($WSP \geq GOK$)			
Überflutung: Überstau, der Schaden nach sich zieht			

Beispiel: Gesucht: Regenspende für Bemessungsnachweis, Wohngebiet Hannover, Geländeneigung I_G = 2,3 %, befestigter Flächenanteil BG = 37 % summierte Fließzeit $\sum t_f$= 7,8 min

Lösung: I_G = 2,3 %, BG = 37 % → D_{min} = 10 min → $D = max(D_{min}, \sum t_f)$ = 10 min
Bemessung, Wohngebiet → T_n = 2 a (n = 0,5 1/a)
Regenspende → $r_{10/0,5}$ = 157 l/(s·ha)

Abflussbeiwert

Der auf die Oberfläche fallende Niederschlag kommt nur zum Teil zum Abfluss. Es gibt Abflussverluste durch Verdunstung, Versickerung, Benetzung der Oberfläche oder Auffüllen der Mulden. Der tatsächliche abfließende Regenabfluss ist somit nur ein Teil des gesamten Niederschlags. Zur Beschreibung gibt es unterschiedlichste Kennzahlen, wie z.B. Befestigungsgrad *BG* oder Versiegelungsgrad *VG*, die bei Modellen verwendet werden, und Abflussbeiwerte, die bei einfacheren Verfahren Anwendung finden. Nachfolgend werden nur die Abflussbeiwerte weiter dargestellt:

Falls der maximale Abflussscheitel $Q_{R,max}$ gesucht ist (z.B. für die Kanalbemessung), verwendet man den Spitzenabflussbeiwert ψ_S.

$$Q_{R,max} = \psi_S \cdot A_E \cdot r_{D,n}$$

Für Volumenbetrachtungen (z.B. für die Bemessung eines Regenrückhaltebeckens) wird der mittlere Abflussbeiwert ψ_M berücksichtigt.

$$V_R = \psi_M \cdot A_E \cdot r_{D,n} \cdot D \qquad \text{bzw.} \qquad V_R = \psi_M \cdot A_E \cdot h_{N/D,n}$$

In der Literatur lassen sich abhängig von der Art der Oberfläche Erfahrungswerte finden. Nebenstehende Tabelle liefert nur einen Überblick. Meistens ist der mittlere Abflussbeiwert etwas kleiner als der Spitzenabflussbeiwert. In den Regelwerken und Normen sind z.T. differenziertere Werte zu finden.

Art und Beschaffenheit der Auffangflächen	ψ_S bzw. ψ_M
Metall- und Schieferdächer	0,9 bis 1
Flachdach, Dachziegel, Dachpappe	0,8 bis 1
Gründach (je nach Substratdicke)	0,3 bis 0,6
Asphaltstraßen und Fußwege (dichte Oberfläche)	0,8 bis 1
Fugendichtes Pflaster aus Stein oder Holz	0,7 bis 0,9
Reihenpflaster ohne Fugenverguss	0,3 bis 0,6
Schotterstraßen wassergebunden, Kleinsteinpflaster	0,2 bis 0,6
Kieswege (lockerer Kies)	0,1 bis 0,3
Unbefestigte Flächen, Park- und Gartenflächen	0,0 bis 0,2

Durch Wichtung über die jeweiligen Teilflächen können für ein (Teil-)Gebiet mittlere Abflussbeiwerte bestimmt werden. Es ist darauf zu achten, dass die Teilgebiete eine in sich relativ homogene Versiegelung aufweisen.

- $\psi_{S,Mittel} = \frac{\sum(\psi_{S,i} \cdot A_i)}{\sum A_i}$ bzw. $\psi_{M,Mittel} = \frac{\sum(\psi_{M,i} \cdot A_i)}{\sum A_i}$

  mit: A_i = Teilfläche (z.B. Dach, Straße, Hof, Grünfläche) [ha]
  ψ_i = Abflussbeiwerte für diese Teilfläche [-]
  $\sum A_i$ = In der Regel die gesamte Einzugsgebietsfläche A_E in [ha]

Beispiel: Ermittlung der mittleren Abflussbeiwerte $\psi_{S,m}$ und $\psi_{M,m}$ für ein Teilgebiet

Art der Teilflächen	A_i *[ha]*	$\psi_{S,i}$	$A_i \cdot \psi_{S,i}$	$\psi_{M,i}$	$A_i \cdot \psi_{M,i}$
Hartdächer	22	0,9	19,8	0,9	19,8
Gründächer (dicke Substratauflage)	8	0,5	4,0	0,4	3,2
Straßen und Höfe (asphaltiert)	20	0,9	18,0	0,9	18,0
Kieswege	12	0,3	3,6	0,25	3,0
Grünflächen, Gärten (gut durchlässig)	51	0,05	2,6	0	0,0
Summen	113		48,0		44,0
mittlere Abflussbeiwerte		$\psi_{S,m}$ = 48/113 = 0,42		$\psi_{M,m}$ = 44/113 = 0,39	

Im Regelwerk DWA-A 118 ist für Fließzeitverfahren eine weitere Vorgehensweise zur Ermittlung eines mittleren Spitzenabflussbeiwertes dargestellt, bei der die Bestimmung von $\psi_{S,m}$ in Abhängigkeit des Befestigungsgrades, der Gebietsneigung und der Regenspende erfolgt. Da bei dieser Methode die durchlässigen Flächen nur sehr undifferenziert eingehen, wird hier nicht weiter darauf eingegangen. So kann bei dieser Methode bei einem befestigten Anteil von 20 % (Anteil an Dach-, Hof- und Verkehrsflächen) ein Spitzenabflussbeiwert von bis zu 0,8 abgelesen werden. Dies ist aber nur dann der Fall, wenn entsprechend schlecht durchlässige Böden vorliegen.

2.3 Kanalnetzberechnung

2.3.1 Hydraulik von Abwasserkanälen

Querschnittsformen

Für die im Bereich Abwasser meist verwendeten geschlossenen Querschnittsformen gilt DIN 4263. Mit fast 90 % der gesamten Kanallänge ist der Kreisquerschnitt das am häufigsten eingesetzte Profil. Die übliche Schreibweise für Kreisprofile ist der Normdurchmesser DN (franz.: diamètre nominal) gefolgt vom Innendurchmesser in mm (z.B. DN 300 → d = 2·r = 0,3 m). Weitere Normquerschnitte sind das Ei- und das Maulprofil.

Nach DWA-A 118 werden folgende Mindestdurchmesser empfohlen:

- Regen-, Mischwasserkanal: DN 300 Ausnahme DN 250
- Schmutzwasserkanal: DN 250 Ausnahme DN 200

Hydraulische Grundlagen

Grundlagen für die Abflussberechnung in den folgenden Ausführungen sind die Definitionsgleichungen für den hydraulischen Durchmesser, die mittlere Fließgeschwindigkeit und die Reynoldszahl sowie die die Darcy-Weisbach-Gleichung und die Prandtl-Colebrook-Gleichung:

$$D = 4 \cdot \frac{A}{U}; \quad v = \frac{Q}{A}; \quad Re = \frac{v \cdot D}{\nu}; \quad h_v = \lambda \cdot \frac{L}{D} \cdot \frac{v^2}{2g} = I_E \cdot L; \quad \frac{1}{\sqrt{\lambda}} = -2 \cdot log\left(\frac{2{,}51}{Re\sqrt{\lambda}} + \frac{k/D}{3{,}71}\right)$$

mit:				
	D	hydraulischer Durchmesser (m)	A	Fließquerschnitt (m²)
	U	benetzter Umfang (m)	v	mittl. Fließgeschwindigkeit (m/s)
	Q	Abfluss (m³/s)	Re	Reynoldszahl (-)
	ν	kinematische Viskosität (m²/s)	h_v	Reibungsverlusthöhe (m)
	λ	Widerstandsbeiwert (-)	L	Leitungslänge (m)
	g	Erdbeschleunigung (m/s²)	k	Rauheit (m)
	I_E	Energieliniengefälle	d	Durchmesser Kreisprofil (m)

Durch Umformung lässt sich der Abfluss berechnen:

$$Q = A \cdot \left[-2 \cdot log\left(\frac{2{,}51 \cdot \nu}{D \cdot \sqrt{2g \cdot I_E \cdot D}} + \frac{k/D}{3{,}71}\right)\right] \sqrt{2g \cdot I_E \cdot D}$$

Für ein vollgefülltes Kreisprofil ($D = d$ und $A = \pi \cdot d^2/4$) ergibt sich:

$$Q = \left(\pi \cdot \frac{d^2}{4}\right)\left[-2 \cdot log\left(\frac{2{,}51 \cdot \nu}{d \cdot \sqrt{2g \cdot I_E \cdot d}} + \frac{k/d}{3{,}71}\right)\right] \sqrt{2g \cdot I_E \cdot d}$$

Für die kinematische Viskosität kann auch bei Abwasser der Wert für reines Wasser verwendet werden. Üblicherweise geht man von einer Wassertemperatur von 10 °C und damit von $\nu = 1{,}3 \cdot 10^{-6}$ m²/s aus.

Gemäß DWA-A 110 wird zwischen dem **Pauschalkonzept** (für Neuplanungen) und dem **Individualkonzept** (für Bestandsüberrechnungen) unterschieden. Beim **Pauschalkonzept** werden die Rohrreibungsverluste und die zusätzlichen örtlichen Verluste (z.B. Schächte, Muffen, Zuflüsse) durch eine Erhöhung der tatsächlichen Rauheit *k* berücksichtigt. Dadurch können alle Verluste (Einzel- und Reibungsverluste) durch obige Formeln erfasst werden. Die erhöhte Rauheit wird als betriebliche Rauheit k_b bezeichnet.

Pauschalwerte für die betriebliche Rauheit k_b in [mm] gemäß DWA-A 110		
Kanalart	Schachtausbildung	
	Regelschächte oder angeformte Schächte	Sonderschächte
Transportkanäle	0,50	0,75
Sammelkanäle ≤ DN 1000	0,75	1,50
Sammelkanäle > DN 1000	0,75	1,50
Mauerwerkskanäle, Ortbetonkanäle, sonstige Kanäle (nicht genormt, ohne Nachweis Wandrauheit)	1,50	1,50
Drosselstrecken, Druckrohrleitungen, Düker und Reliningstrecken ohne Schächte	0,25	

Teil- und Vollfüllung

Von Vollfüllung spricht man, wenn der Kanalquerschnitt vollständig mit Wasser gefüllt ist. Bei Teilfüllung liegt ein freier Wasserspiegel vor. Bei bekannter Rauheit k (bzw. k_b) kann man dann für verschiedene vorgegebene Wasserstände die dazugehörigen Abflüsse bestimmen. Umgekehrt lässt sich auch für einen vorgegebenen Abfluss (allerdings nur iterativ) die dazugehörige Fließtiefe berechnen.

Für Kreisprofile liegen Vollfüllungstabellen vor, aus denen abhängig von k_b, I_S und DN die Vollfüllungsleistung Q_{Voll} und Vollfüllungsgeschwindigkeit v_{Voll} abgelesen werden kann. Nachfolgend sind Auszüge nur für die betriebliche Rauheit $k_b = 0{,}75$ mm aufgeführt ($Q \equiv Q_{Voll}$, $v \equiv v_{Voll}$).

Neben der Vollfüllungsleistung interessiert mitunter auch die Abflussleistung bei teilgefüllten Querschnitten oder die Teilfüllungsfließtiefe für Abflüsse, die kleiner sind als die Vollfüllungsleistung. Anstelle der mathematisch aufwändigen Anwendung der zuvor aufgeführten Fließformel existieren Tabellen, in denen die Querschnittsgrößen in dimensionsloser Form (z.B. Fließtiefe / Durchmesser oder Teilfüllungsabfluss / Vollfüllungsabfluss) aufgeführt sind.

Teilfüllungstabellen für <u>Kreisprofile</u> h_{Teil}/D (Spalte 1 und 2) und Q_{Teil}/Q_{Voll} (Spalte 3 und 4)

h_T/D	v_T/v_V	Q_T/Q_V	h_T/D	v_T/v_V	Q_T/Q_V	Q_T/Q_V	v_T/v_V	h_T/D	Q_T/Q_V	v_T/v_V	h_T/D
0,02	0,159	0,001	**0,52**	1,015	0,534	**0,02**	0,412	0,095	**0,52**	1,009	0,512
0,04	0,244	0,003	**0,54**	1,030	0,567	**0,04**	0,503	0,133	**0,54**	1,018	0,524
0,06	0,312	0,008	**0,56**	1,043	0,601	**0,06**	0,565	0,163	**0,56**	1,027	0,536
0,08	0,372	0,014	**0,58**	1,056	0,635	**0,08**	0,613	0,188	**0,58**	1,035	0,547
0,10	0,425	0,022	**0,60**	1,068	0,669	**0,10**	0,652	0,210	**0,60**	1,043	0,559
0,12	0,473	0,032	**0,62**	1,078	0,702	**0,12**	0,686	0,231	**0,62**	1,051	0,571
0,14	0,518	0,044	**0,64**	1,088	0,736	**0,14**	0,716	0,250	**0,64**	1,058	0,583
0,16	0,559	0,058	**0,66**	1,097	0,768	**0,16**	0,743	0,268	**0,66**	1,065	0,595
0,18	0,598	0,073	**0,68**	1,105	0,800	**0,18**	0,767	0,285	**0,68**	1,071	0,607
0,20	0,634	0,090	**0,70**	1,112	0,831	**0,20**	0,790	0,301	**0,70**	1,078	0,618
0,22	0,668	0,109	**0,72**	1,118	0,862	**0,22**	0,810	0,316	**0,72**	1,084	0,631
0,24	0,701	0,129	**0,74**	1,123	0,891	**0,24**	0,829	0,331	**0,74**	1,090	0,643
0,26	0,732	0,151	**0,76**	1,126	0,919	**0,26**	0,847	0,346	**0,76**	1,095	0,655
0,28	0,761	0,174	**0,78**	1,129	0,945	**0,28**	0,864	0,360	**0,78**	1,100	0,667
0,30	0,789	0,199	**0,80**	1,130	0,970	**0,30**	0,880	0,374	**0,80**	1,105	0,680
0,32	0,815	0,225	**0,82**	1,131	0,992	**0,32**	0,894	0,387	**0,82**	1,109	0,693
0,34	0,840	0,252	**0,84**	1,129	1,013	**0,34**	0,909	0,400	**0,84**	1,114	0,706
0,36	0,864	0,280	**0,86**	1,127	1,031	**0,36**	0,922	0,413	**0,86**	1,117	0,719
0,38	0,886	0,309	**0,88**	1,122	1,046	**0,38**	0,935	0,426	**0,88**	1,121	0,732
0,40	0,908	0,339	**0,90**	1,116	1,058	**0,40**	0,947	0,439	**0,90**	1,124	0,747
0,42	0,928	0,370	**0,92**	1,108	1,066	**0,42**	0,958	0,451	**0,92**	1,127	0,761
0,44	0,948	0,402	**0,94**	1,096	1,069	**0,44**	0,969	0,464	**0,94**	1,129	0,776
0,46	0,966	0,434	**0,96**	1,080	1,066	**0,46**	0,980	0,476	**0,96**	1,130	0,792
0,48	0,984	0,467	**0,98**	1,058	1,053	**0,48**	0,990	0,488	**0,98**	1,131	0,809
0,50	1,000	0,500	**1,00**	1,000	1,000	**0,50**	1,000	0,500	**1,00**	1,130	0,827

<u>Beispiele:</u> Gegeben: $Q = 200$ l/s, $I_S = 4\ ^o/_{oo}$, $k_b = 0{,}75$ mm
Gesucht: erforderlicher DN ($Q_{Voll} > Q$)
Lösung: aus Vollfüllungstabelle → DN 400 $Q_{Voll} = 145{,}1$ l/s noch zu klein
→ DN 500 $Q_{Voll} = 261{,}3$ l/s reicht aus

Gegeben: DN 1200, $k_b = 0{,}75$ mm, $I_S = 1{,}8\ ^o/_{oo}$, $h_{Teil} = 12$ cm
Gesucht: Teilfüllungsabfluss Q_{Teil}
Lösung: aus Vollfüllungstabelle → $Q_{Voll} = 1.742$ l/s
aus Teilfüllungstabelle mit $h_{Teil}/\text{DN} = 0{,}12 / 1{,}2 = 0{,}10$
→ $Q_{Teil}/Q_{Voll} = 0{,}022$ → $Q_{Teil} = 0{,}022 \cdot 1742 = 38{,}3$ l/s

Gegeben: DN 400, $k_b = 0{,}75$ mm, $I_S = 2{,}9\ ^o/_{oo}$, $Q_{Teil} = 37$ l/s
Gesucht: Teilfüllungsfließtiefe h_{Teil}
Lösung: aus Vollfüllungstabelle → $Q_{Voll} = 123{,}3$ l/s
aus Teilfüllungstabelle mit $Q_{Teil}/Q_{Voll} = 37/123{,}3 = 0{,}30$
→ $h_{Teil}/\text{DN} = 0{,}374$ → $h_{Teil} = 0{,}374 \cdot 0{,}4 = 0{,}15$ m

Vollfüllungstabelle für Abwasserleitungen:

Betriebliche Rauheit k_b = 0,75 mm, *DN* = Nennweite, *Q* = Vollfüllungsleistung, *v* = -geschwindigkeit

Gefälle		DN 100		DN 150		DN 200		DN 250		DN 300		DN 400		DN 500	
o/oo	1:	*Q* [l/s]	*v* [m/s]	*Q* [l/s]	*v* [m/s]	*Q* [l/s]	*v* [m/s]	*Q* [l/s]	*v* [m/s]	*Q* [l/s]	*v* [m/s]	*Q* [l/s]	*v* [m/s]	*Q* [l/s]	*v* [m/s]
0,5	**2000**	1,2	0,16	3,7	0,21	8,0	0,25	14,4	0,29	23,4	0,33	50,3	0,40	90,8	0,46
0,6	**1667**	1,4	0,17	4,1	0,23	8,7	0,28	15,9	0,32	25,8	0,36	55,3	0,44	99,7	0,51
0,7	**1429**	1,5	0,19	4,4	0,25	9,5	0,30	17,2	0,35	27,9	0,39	59,8	0,48	107,9	0,55
0,8	**1250**	1,6	0,20	4,7	0,27	10,2	0,32	18,4	0,37	29,9	0,42	64,0	0,51	115,5	0,59
0,9	**1111**	1,7	0,21	5,0	0,28	10,8	0,34	19,6	0,40	31,7	0,45	68,0	0,54	122,7	0,62
1,0	**1000**	1,8	0,23	5,3	0,30	11,4	0,36	20,6	0,42	33,5	0,47	71,8	0,57	129,4	0,66
1,1	**909**	1,9	0,24	5,6	0,31	12,0	0,38	21,7	0,44	35,2	0,50	75,3	0,60	135,8	0,69
1,2	**833**	2,0	0,25	5,8	0,33	12,5	0,40	22,7	0,46	36,8	0,52	78,8	0,63	142,0	0,72
1,3	**769**	2,0	0,26	6,1	0,34	13,0	0,42	23,6	0,48	38,3	0,54	82,0	0,65	147,9	0,75
1,4	**714**	2,1	0,27	6,3	0,36	13,5	0,43	24,5	0,50	39,8	0,56	85,2	0,68	153,6	0,78
1,5	**667**	2,2	0,28	6,5	0,37	14,0	0,45	25,4	0,52	41,2	0,58	88,2	0,70	159,0	0,81
1,6	**625**	2,3	0,29	6,7	0,38	14,5	0,46	26,3	0,53	42,6	0,60	91,2	0,73	164,3	0,84
1,7	**588**	2,3	0,30	7,0	0,39	15,0	0,48	27,1	0,55	43,9	0,62	94,0	0,75	169,5	0,86
1,8	**556**	2,4	0,31	7,2	0,41	15,4	0,49	27,9	0,57	45,2	0,64	96,8	0,77	174,5	0,89
1,9	**526**	2,5	0,32	7,4	0,42	15,8	0,50	28,7	0,58	46,5	0,66	99,5	0,79	179,3	0,91
2,0	**500,0**	2,6	0,32	7,6	0,43	16,3	0,52	29,4	0,60	47,7	0,68	102,1	0,81	184,0	0,94
2,1	**476,2**	2,6	0,33	7,7	0,44	16,7	0,53	30,2	0,61	48,9	0,69	104,7	0,83	188,6	0,96
2,2	**454,5**	2,7	0,34	7,9	0,45	17,1	0,54	30,9	0,63	50,1	0,71	107,2	0,85	193,1	0,98
2,3	**434,8**	2,7	0,35	8,1	0,46	17,5	0,56	31,6	0,64	51,2	0,72	109,6	0,87	197,5	1,01
2,4	**416,7**	2,8	0,36	8,3	0,47	17,9	0,57	32,3	0,66	52,4	0,74	112,0	0,89	201,8	1,03
2,5	**400,0**	2,9	0,36	8,5	0,48	18,2	0,58	33,0	0,67	53,5	0,76	114,4	0,91	206,0	1,05
2,6	**384,6**	2,9	0,37	8,6	0,49	18,6	0,59	33,6	0,69	54,5	0,77	116,7	0,93	210,2	1,07
2,7	**370,4**	3,0	0,38	8,8	0,50	19,0	0,60	34,3	0,70	55,6	0,79	118,9	0,95	214,2	1,09
2,8	**357,1**	3,0	0,39	9,0	0,51	19,3	0,61	34,9	0,71	56,6	0,80	121,1	0,96	218,2	1,11
2,9	**344,8**	3,1	0,39	9,1	0,52	19,7	0,63	35,6	0,72	57,6	0,82	123,3	0,98	222,1	1,13
3,0	**333,3**	3,1	0,40	9,3	0,53	20,0	0,64	36,2	0,74	58,6	0,83	125,4	1,00	225,9	1,15
3,5	**285,7**	3,4	0,43	10,1	0,57	21,6	0,69	39,1	0,80	63,4	0,90	135,6	1,08	244,3	1,24
4,0	**250,0**	3,6	0,46	10,8	0,61	23,2	0,74	41,9	0,85	67,8	0,96	145,1	1,15	261,3	1,33
4,5	**222,2**	3,9	0,49	11,4	0,65	24,6	0,78	44,4	0,91	72,0	1,02	154,0	1,23	277,3	1,41
5,0	**200,0**	4,1	0,52	12,1	0,68	25,9	0,83	46,9	0,96	76,0	1,07	162,4	1,29	292,4	1,49
6	**166,7**	4,5	0,57	13,2	0,75	28,5	0,91	51,4	1,05	83,3	1,18	178,1	1,42	320,6	1,63
7	**142,9**	4,9	0,62	14,3	0,81	30,8	0,98	55,6	1,13	90,0	1,27	192,5	1,53	346,5	1,76
8	**125,0**	5,2	0,66	15,3	0,87	32,9	1,05	59,5	1,21	96,3	1,36	205,9	1,64	370,6	1,89
9	**111,1**	5,5	0,70	16,3	0,92	34,9	1,11	63,1	1,29	102,2	1,45	218,5	1,74	393,2	2,00
10	**100,0**	5,8	0,74	17,2	0,97	36,9	1,17	66,6	1,36	107,8	1,53	230,4	1,83	414,7	2,11
11	**90,9**	6,1	0,78	18,0	1,02	38,7	1,23	69,8	1,42	113,1	1,60	241,7	1,92	435,0	2,22
12	**83,3**	6,4	0,81	18,8	1,07	40,4	1,29	73,0	1,49	118,2	1,67	252,5	2,01	454,5	2,31
13	**76,9**	6,7	0,85	19,6	1,11	42,1	1,34	76,0	1,55	123,1	1,74	262,9	2,09	473,2	2,41
14	**71,4**	6,9	0,88	20,4	1,15	43,7	1,39	78,9	1,61	127,7	1,81	272,9	2,17	491,1	2,50
15	**66,7**	7,2	0,91	21,1	1,19	45,2	1,44	81,7	1,66	132,2	1,87	282,5	2,25	508,4	2,59
16	**62,5**	7,4	0,94	21,8	1,23	46,7	1,49	84,4	1,72	136,6	1,93	291,8	2,32	525,2	2,67
17	**58,8**	7,6	0,97	22,5	1,27	48,2	1,53	87,0	1,77	140,9	1,99	300,9	2,39	541,5	2,76
18	**55,6**	7,8	1,00	23,1	1,31	49,6	1,58	89,5	1,82	145,0	2,05	309,6	2,46	557,2	2,84
19	**52,6**	8,1	1,03	23,7	1,34	51,0	1,62	92,0	1,87	149,0	2,11	318,2	2,53	572,6	2,92
20	**50,0**	8,3	1,05	24,4	1,38	52,3	1,66	94,4	1,92	152,9	2,16	326,5	2,60	587,5	2,99
25	**40,0**	9,3	1,18	27,3	1,54	58,5	1,86	105,6	2,15	171,0	2,42	365,2	2,91	657,2	3,35
30	**33,3**	10,2	1,29	29,9	1,69	64,1	2,04	115,8	2,36	187,4	2,65	400,2	3,19	720,2	3,67
50	**20,0**	13,1	1,67	38,7	2,19	82,9	2,64	149,7	3,05	242,2	3,43	517,2	4,12	930,5	4,74
75	**13,3**	16,1	2,05	47,4	2,68	101,7	3,24	183,4	3,74	296,9	4,20	633,8	5,04	1140	5,81
100	**10,0**	18,6	2,37	54,8	3,10	117,5	3,74	211,9	4,32	343,0	4,85	732,2	5,83	1317	6,71

Vollfüllungstabelle für Abwasserleitungen:

Betriebliche Rauheit k_b = 0,75 mm, *DN* = Nennweite, *Q* = Vollfüllungsleistung, *v* = -geschwindigkeit

Gefälle		DN 600		DN 800		DN 1000		DN 1200		DN 1400		DN 1600		DN 2000	
o/oo	1:	*Q* [l/s]	*v* [m/s]	*Q* [l/s]	*v* [m/s]	*Q* [l/s]	*v* [m/s]	*Q* [l/s]	*v* [m/s]	*Q* [l/s]	*v* [m/s]	*Q* [l/s]	*v* [m/s]	*Q* [l/s]	*v* [m/s]
0,5	**2000**	147,0	0,52	313,9	0,62	564,5	0,72	911,2	0,81	1365	0,89	1937	0,96	3474	1,11
0,6	**1667**	161,4	0,57	344,4	0,69	619,3	0,79	999,5	0,88	1497	0,97	2125	1,06	3810	1,21
0,7	**1429**	174,6	0,62	372,5	0,74	669,7	0,85	1081	0,96	1619	1,05	2297	1,14	4118	1,31
0,8	**1250**	186,9	0,66	398,6	0,79	716,6	0,91	1156	1,02	1732	1,13	2457	1,22	4405	1,40
0,9	**1111**	198,4	0,70	423,2	0,84	760,7	0,97	1227	1,09	1838	1,19	2608	1,30	4675	1,49
1,0	**1000**	209,3	0,74	446,4	0,89	802,3	1,02	1294	1,14	1939	1,26	2750	1,37	4930	1,57
1,1	**909**	219,7	0,78	468,5	0,93	842,0	1,07	1358	1,20	2034	1,32	2886	1,44	5173	1,65
1,2	**833**	229,6	0,81	489,6	0,97	879,9	1,12	1419	1,26	2126	1,38	3015	1,50	5405	1,72
1,3	**769**	239,2	0,85	509,9	1,01	916,2	1,17	1478	1,31	2213	1,44	3140	1,56	5627	1,79
1,4	**714**	248,3	0,88	529,4	1,05	951,2	1,21	1534	1,36	2298	1,49	3259	1,62	5841	1,86
1,5	**667**	257,2	0,91	548,2	1,09	984,9	1,25	1589	1,40	2379	1,55	3374	1,68	6047	1,92
1,6	**625**	265,7	0,94	566,4	1,13	1018	1,30	1641	1,45	2458	1,60	3486	1,73	6247	1,99
1,7	**588**	274,0	0,97	584,0	1,16	1049	1,34	1692	1,50	2534	1,65	3594	1,79	6441	2,05
1,8	**556**	282,1	1,00	601,1	1,20	1080	1,37	1742	1,54	2608	1,69	3699	1,84	6629	2,11
1,9	**526**	289,9	1,03	617,8	1,23	1110	1,41	1790	1,58	2680	1,74	3801	1,89	6811	2,17
2,0	**500,0**	297,5	1,05	634,0	1,26	1139	1,45	1837	1,62	2750	1,79	3901	1,94	6989	2,22
2,1	**476,2**	304,9	1,08	649,8	1,29	1167	1,49	1882	1,66	2819	1,83	3997	1,99	7163	2,28
2,2	**454,5**	312,2	1,10	665,2	1,32	1195	1,52	1927	1,70	2886	1,87	4092	2,04	7333	2,33
2,3	**434,8**	319,3	1,13	680,3	1,35	1222	1,56	1971	1,74	2951	1,92	4185	2,08	7498	2,39
2,4	**416,7**	326,2	1,15	695,1	1,38	1249	1,59	2013	1,78	3015	1,96	4275	2,13	7661	2,44
2,5	**400,0**	333,0	1,18	709,6	1,41	1274	1,62	2055	1,82	3077	2,00	4364	2,17	7819	2,49
2,6	**384,6**	339,7	1,20	723,8	1,44	1300	1,66	2096	1,85	3139	2,04	4451	2,21	7975	2,54
2,7	**370,4**	346,3	1,22	737,7	1,47	1325	1,69	2137	1,89	3199	2,08	4536	2,26	8128	2,59
2,8	**357,1**	352,7	1,25	751,3	1,49	1349	1,72	2176	1,92	3258	2,12	4620	2,30	8278	2,63
2,9	**344,8**	359,0	1,27	764,7	1,52	1373	1,75	2215	1,96	3316	2,15	4702	2,34	8425	2,68
3,0	**333,3**	365,2	1,29	777,9	1,55	1397	1,78	2253	1,99	3373	2,19	4783	2,38	8570	2,73
3,5	**285,7**	394,7	1,40	840,8	1,67	1510	1,92	2435	2,15	3645	2,37	5169	2,57	9260	2,95
4,0	**250,0**	422,3	1,49	899,3	1,79	1615	2,06	2604	2,30	3898	2,53	5527	2,75	9902	3,15
4,5	**222,2**	448,1	1,58	954,3	1,90	1713	2,18	2763	2,44	4136	2,69	5864	2,92	10505	3,34
5,0	**200,0**	472,5	1,67	1006	2,00	1807	2,30	2913	2,58	4361	2,83	6183	3,08	11076	3,53
6	**166,7**	518,0	1,83	1103	2,19	1980	2,52	3192	2,82	4779	3,10	6776	3,37	12137	3,86
7	**142,9**	559,8	1,98	1192	2,37	2140	2,72	3449	3,05	5163	3,35	7321	3,64	13113	4,17
8	**125,0**	598,7	2,12	1275	2,54	2288	2,91	3689	3,26	5521	3,59	7828	3,89	14021	4,46
9	**111,1**	635,3	2,25	1352	2,69	2428	3,09	3913	3,46	5857	3,81	8305	4,13	14875	4,73
10	**100,0**	669,8	2,37	1426	2,84	2560	3,26	4126	3,65	6175	4,01	8755	4,35	15681	4,99
11	**90,9**	702,7	2,49	1496	2,98	2685	3,42	4328	3,83	6478	4,21	9184	4,57	16449	5,24
12	**83,3**	734,1	2,60	1563	3,11	2805	3,57	4521	4,00	6767	4,40	9594	4,77	17182	5,47
13	**76,9**	764,3	2,70	1627	3,24	2920	3,72	4706	4,16	7044	4,58	9986	4,97	17886	5,69
14	**71,4**	793,3	2,81	1688	3,36	3030	3,86	4885	4,32	7311	4,75	10365	5,15	18562	5,91
15	**66,7**	821,2	2,90	1748	3,48	3137	3,99	5057	4,47	7568	4,92	10729	5,34	19216	6,12
16	**62,5**	848,3	3,00	1805	3,59	3240	4,13	5223	4,62	7817	5,08	11082	5,51	19847	6,32
17	**58,8**	874,5	3,09	1861	3,70	3340	4,25	5384	4,76	8058	5,23	11424	5,68	20459	6,51
18	**55,6**	900,0	3,18	1915	3,81	3438	4,38	5541	4,90	8292	5,39	11756	5,85	21054	6,70
19	**52,6**	924,7	3,27	1968	3,92	3532	4,50	5693	5,03	8520	5,53	12079	6,01	21632	6,89
20	**50,0**	948,9	3,36	2019	4,02	3624	4,61	5841	5,16	8742	5,68	12393	6,16	22195	7,06
25	**40,0**	1061	3,75	2258	4,49	4053	5,16	6533	5,78	9777	6,35	13860	6,89	24820	7,90
30	**33,3**	1163	4,11	2475	4,92	4441	5,65	7158	6,33	10712	6,96	15185	7,55	27193	8,66
50	**20,0**	1503	5,31	3197	6,36	5737	7,30	9245	8,17	13835	8,99	19612	9,75	35119	11,18
75	**13,3**	1841	6,51	3917	7,79	7028	8,95	11326	10,01	16949	11,01	24026	11,95	43021	13,69
100	**10,0**	2127	7,52	4524	9,00	8117	10,34	13081	11,57	19574	12,72	27747	13,80	49684	15,81

2.3.2 Bemessung von Kanälen / Kanalhaltungen

Bemessungsabflüsse Q_{Bem}

Je nach vorhandenem Entwässerungssystem und je nach betrachtetem Kanal sind unterschiedliche Bemessungsabflüsse zu ermitteln.

Trennsystem: Schmutzwasserkanal $Q_{Bem} = Q_{T,max} + Q_{R,Tr}$

mit: $Q_{T,max}$ = maximaler Trockenwetterabfluss

$Q_{R,Tr}$ = unvermeidbarer Regenabfluss im SW-Kanal von Trenngebieten

Regenwasserkanal $Q_{Bem} = Q_R$

mit: Q_R = Regenwetterabfluss ($Q_R = \psi_S \cdot A_E \cdot r_{D,n}$)

Mischsystem: Mischwasserkanal $Q_{Bem} = Q_{T,max} + Q_R$

mit: $Q_{T,max}$ = maximaler Trockenwetterabfluss

Q_R = Regenwetterabfluss ($Q_R = \psi_S \cdot A_E \cdot r_{D,n}$)

Bemessungsnachweis

Für die Bemessung muss nachgewiesen werden, dass der Bemessungsabfluss kleiner ist als die Vollfüllungsleistung. Bei einer Neubemessung hat es sich etabliert, dass ein „Sicherheitsbeiwert" von 0,9 verwendet wird. Die Bedingungen für die Bemessung lauten somit:

- Bestand: $Q_{Bem} < Q_{Voll}$
- Neubemessung: $Q_{Bem} < 0{,}9 \cdot Q_{Voll}$

Da es sich bei einem Kanalnetz um ein mehr oder weniger umfangreiches System handelt, empfiehlt es sich, die Bemessung in tabellarischer Form durchzuführen. Dabei wird das Netz von außen beginnend und der Fließrichtung folgend haltungsweise aufgelistet.

2.4 Niederschlagswasserversickerung

Nicht schädlich verunreinigtes Niederschlagswasser soll versickert werden, soweit es die örtlichen Verhältnisse zulassen. Näheres ist im Arbeitsblatt DWA-A 138 geregelt. Vorteile: Entlastung der Kanalisation, Grundwasseranreicherung. Allgemeine Grundsätze zum Umgang mit Regenwasser zeigt das Merkblatt DWA-M 153 auf. Unbedenklich ist die Versickerung des Niederschlagswassers aus Wohn- und vergleichbaren Gewerbegebieten. Schädlich verunreinigtes Niederschlagswasser erfordert eine ausreichende Vorreinigung vor der Versickerung. Versickerung in besonderen Anlagen gilt als Einleitung in ein Gewässer und bedarf der wasserrechtlichen Erlaubnis. Sonderregelungen gelten in Wasserschutzgebieten (Trinkwasser- und Heilquellenschutz). Je flächenhafter die Versickerung erfolgt, desto besser ist die Reinigungswirkung, zu der besonders die belebte Bodenzone beiträgt (Flächenversickerung, Muldenversickerung). Günstige Randbedingungen zur Versickerung liegen vor bei Durchlässigkeitsbeiwerten $k_f = 10^{-3}$ m/s (Feinkies) bis $k_f = 10^{-6}$ m/s (schluffiger Sand).

Bemessungsgrundlagen:

- Zufluss $Q_{zu}\,[m^3/s] = 10^{-7} \cdot r_{D,n}[l/(s \cdot ha)] \cdot A_u[m^2]$

  mit $r_{D,n}$ Regenspende [l/(s·ha)]

  A_u angeschlossene undurchlässige Fläche [m²] ($A_u = \psi_M \cdot A$)

- Versickerung $Q_s\,[m^3/s] = k_{f,u}\,[m/s] \cdot I\,[-] \cdot A_s[m^2]$ $k_{f,u} \approx k_f/2$

  mit $k_{f,u}$ Durchlässigkeitsbeiwert ungesättigte Bodenzone [m/s]

  I hydraulisches Gefälle [-] (hier meist $I \approx 1$)

  A_s Fläche der Versickerungsanlage [m²]

Die Durchlässigkeitsbeiwerte k_f sind je nach Bestimmungsart (Bodenansprache, Labormethoden, Feldmethoden) nach DWA-A 138 zu korrigieren. Die Feldmethoden (z.B. Doppelringinfiltrometer, Schurf) am Ort der geplanten Anlage liefern direkt den benötigten $k_{f,u}$-Wert und sind deshalb zu empfehlen.

Als Bemessungshäufigkeit wird bei dezentralen Versickerungsanlagen $n = 0{,}2$ 1/a ($T_n = 5$ a) empfohlen.

2.4.1 Flächenversickerung

Die Flächenversickerung wird z.B. angewandt bei Parkwegen, Sportanlagen, unbedenklichen Hofflächen, ländlichen Wegen oder Campingplätzen. Für die Oberflächenbefestigung werden z.B. Betongittersteine oder wasserdurchlässige Pflasterungen in Sandbettung mit Kies- bzw. Schottertragschichten als Unterbau verwendet. Eine Flächenversickerung ist nur möglich, wenn die Versickerungsfähigkeit des Bodens ausreichend groß ist. Die $k_{f,u}$-Werte sollten größer als $1 \cdot 10^{-4}$ m/s sein. Als maßgebende Dauer wird $D = 10$ (große flache Flächen evtl. 15 min) und als Bemessungshäufigkeit $n = 0{,}2$ 1/a min empfohlen.

$$Q_{zu} = Q_s \quad \Leftrightarrow \quad A_s = \frac{A_u}{k_{f,u}/(10^{-7} \cdot r_{D,n}) - 1} \qquad \text{nur möglich, falls } k_{f,u} > 10^{-7} \cdot r_{D,n}$$

mit:
- A_s Fläche der Versickerungsanlage [m²]
- A_u angeschlossene undurchlässige Fläche [m²]
- $k_{f,u}$ Durchlässigkeitsbeiwert ungesättigte Bodenzone [m/s]
- $r_{D,n}$ Regenspende aus Statistik ($D = 10$ min, $n = 0{,}2$ 1/a) [l/(s·ha)]

Beispiel:
Gegeben: Hannover, $A_{Dach} = 100$ m², $k_{f,u} = 2 \cdot 10^{-4}$ m/s
Gesucht: Flächenversickerung, A_s
Lösung: $A_u = \psi_M \cdot A_{Dach} = 0{,}9 \cdot 100 = 90$ m² $\qquad r_{10;0,2} = 209$ l/(s·ha)

$$A_s = \frac{90\ m^2}{2 \cdot 10^{-4} \frac{m}{s} / \left(10^{-7} \cdot 209 \frac{l}{s \cdot ha}\right) - 1} = 10{,}5\ m^2$$

2.4.2 Muldenversickerung

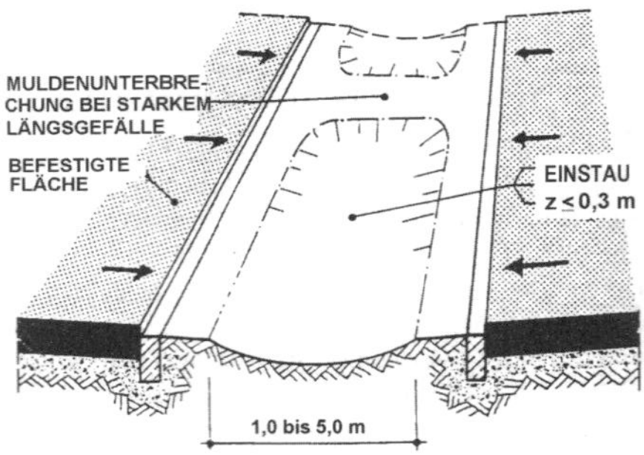

Fällt mehr Niederschlagswasser an als gleichzeitig versickern kann, so muss der Abfluss zwischengespeichert werden. Dies kann in einer Mulde erfolgen. Bei Mulden handelt es sich um Bodenvertiefungen mit einer max. Einstauhöhe von $z_{Mulde} \leq 0{,}3$ m.

Anwendungsbereiche: Seitenräume von Fuß- und Radwegen, Grundstücke mit wirtschaftlich ungenutzter Grünfläche sowie untergeordnete Wege und Plätze.

Die Sohle der Mulde muss horizontal hergestellt werden. Lange Mulden sind bei vorhandenem Geländegefälle zu unterbrechen.

Für die Muldenversickerung wird eine Bemessungshäufigkeit von $n = 0{,}2$ 1/a min empfohlen. Die Entleerung der gefüllten Mulde sollte nicht länger als 1-2 Tage dauern. Die Ermittlung des erforderlichen Volumens erfolgt analog zur Berechnung eines Regenrückhalteraums.

$$V_{Mulde} = (V_{zu} - V_s) \cdot f_Z = \left((A_u + A_s) \cdot r_{D,n} \cdot 10^{-7} - k_{f,u} \cdot A_s\right) \cdot D \cdot 60 \cdot f_Z$$

mit
- V_{Mulde} erforderliches Volumen der Mulde [m³]
- A_s mittlere Fläche der Mulde [m²]
- A_u angeschlossene undurchlässige Fläche [m²]
- $k_{f,u}$ Durchlässigkeitsbeiwert ungesättigte Bodenzone [m/s]
- $r_{D,n}$ Regenspende aus Statistik (D = variabel, $n = 0{,}2$ 1/a) [l/(s·ha)]
- D Regendauer, Dauerstufe [min]
- f_Z Zuschlagfaktor [-] (siehe DWA-A 138, auf der sicheren Seite liegend meist 1,2)

In der Gleichung liegen mit V_{Mulde} und A_s zwei Unbekannte vor. Üblicherweise wird A_s abgeschätzt. Als Richtwert kann für A_s ein Flächenbedarf von 10 % (Mittel-/Feinsand) bis 20 % (schluffiger Sand bis Schluff) der angeschlossenen undurchlässigen Fläche A_u angesetzt werden.

Die maßgebende Regendauer D und damit die anzusetzende Regenspende $r_{D,n}$, die zum größten Speichervolumen $V_{Mulde,max}$ führt, ist durch Variation zu ermitteln.

Beispiel: Gegeben: Hannover, $A_{Dach} = 100$ m², $k_f = 4\cdot10^{-5}$ m/s ($\rightarrow k_{f,u} \approx k_f / 2 = 2\cdot10^{-5}$ m/s)
Gesucht: Muldenversickerung, A_s, V_{Mulde}, z_{Mulde}
Lösung: $A_u = \psi_M \cdot A_{Dach} = 0{,}9\cdot100 = 90$ m² Wahl: $A_s \approx 0{,}1\cdot A_u = 10$ m², $n = 0{,}2$ 1/a
Weitere Schritte:

D [min]	*r* [l/sha]	*V* [m³]
15	160,0	1,51
20	131,0	1,60
30	97,2	1,67
45	70,5	1,64
60	55,5	1,53

- Variation Dauerstufen, $r_{D,n}$ aus Statistik, Berechnung V_{Mulde} und z_{Mulde}
- maßgebendes Volumen bei $D = 30$ min:
  $V_{Mulde}(D = 30\text{ min}) = [(90 + 10)\cdot10^{-7}\cdot97{,}2 - 10\cdot2\cdot10^{-5}]\cdot30\cdot60\cdot1{,}2 = 1{,}67$ m³
- Einstauhöhe:
  $z_{Mulde} = V_{Mulde} / A_s = 1{,}67 / 10 = 0{,}17\text{ m} < z_{max} = 0{,}30$ m (ok)
- Entleerungsdauer:
  $t_e = V_{Mulde}/A_s/k_{f,u} = 1{,}67 / 10 / 2\cdot10^{-5} = 8350\text{ s} = 2{,}3\text{ h} < 1 - 2$ Tage (ok)

2.4.3 Rigolen- und Rohrversickerung

Bei der Rigolenversickerung wird das Niederschlagswasser im Gegensatz zur Mulde unterirdisch zwischengespeichert. Klassischerweise wird hierfür durch einen Bodenaustausch das Porenvolumen von Kies (~ 35 %) genutzt. Alternativ dazu gibt es Kunststoffkörbe, die ein größeres „Porenvolumen" (> 90 %) aufweisen. In einer Kiesrigole kann zusätzlich ein Sickerrohr verlegt werden, um die gleichmäßige Verteilung des Zuflusses zu beschleunigen.

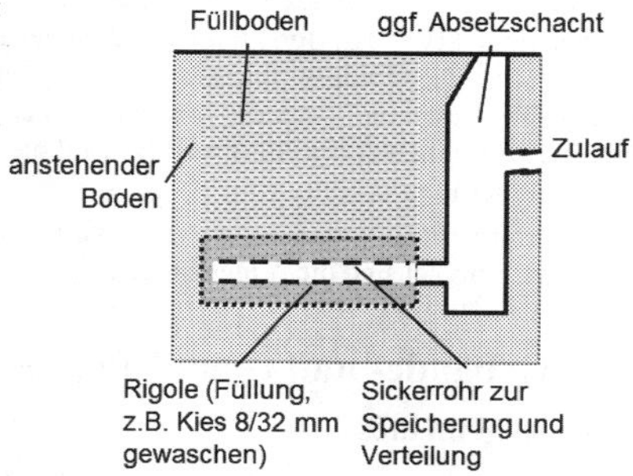

Anwendungsbereich: Vor allem bei beengten Platzverhältnissen. Eine Kombination der Rigolen- mit einer Versickerungsmulde ist möglich.

Der Abstand zwischen der Grabensohle und dem höchsten natürlichen Grundwasserstand sollte ≥ 1 m sein. Nach Möglichkeit ist eine geeignete Absetzvorrichtung zum Schutz der Rigole vor Verschlammung vorzuschalten. Die Rigole ist in ein Geotextil einzuschlagen.

Für die Bemessung wird wie bei der Muldenversickerung das erforderliche Volumen aus der Differenz zwischen dem zufließenden Volumen und dem während der Zuflussdauer versickernden Volumen ermittelt. Das hydraulische Gefälle wird meist mit $I = 1$ abgeschätzt. Wenn die Breite b_R und die Höhe h_R der Rigole gewählt wird, dann kann anschließend die erforderliche Länge L_R errechnet werden.

Die Regenspende *r*, die in Verbindung mit der Regendauer *D* zur größten Länge führt, ist durch Probieren zu ermitteln. Je nach Ergebnis muss evtl. die gewählte Breite und Höhe verändert werden und die Berechnung erneut durchgeführt werden. Üblicherweise wird die Rigole auf $n = 0{,}2$ 1/a ausgelegt.

$$L_R = \frac{r_{D,n}\cdot10^{-7}\cdot A_u\cdot D\cdot60\cdot f_Z}{b_R\cdot h_R\cdot s+\frac{\pi d^2}{4}(1-s)+k_{f,u}\left(b_R+\frac{h_R}{2}\right)\cdot D\cdot60\cdot f_Z}$$ („klassische", längliche Kiesrigole, $L_R >> b_R$)

$$L_R = \frac{r_{D,n}\cdot10^{-7}\cdot A_u-k_{f,u}\left(b_R\cdot\frac{h_R}{2}+\frac{h_R^2}{4}\right)}{\frac{b_R\cdot h_R\cdot s}{D\cdot60\cdot f_Z}+k_{f,u}\left(b_R+\frac{h_R}{2}\right)}$$ (kompakte Rigole mit Kunststoffkörben)

mit
- L_R erforderliche Länge der Rigole [m]
- b_R, h_R gewählte Breite und Höhe der Rigole [m]
- s Porenzahl [-] (ca. 0,35 für Kies, > 0,9 für Kunststoffkörbe)
- d Durchmesser Sickerrohr [m] ($d = 0$ m, falls nicht vorhanden)
- A_u angeschlossene undurchlässige Fläche [m²]
- $k_{f,u}$ Durchlässigkeitsbeiwert ungesättigte Bodenzone [m/s]
- $r_{D,n}$ Regenspende aus Statistik (D = variabel, $n = 0{,}2$ 1/a) [l/(s·ha)]
- D Regendauer, Dauerstufe [min]
- f_Z Zuschlagfaktor [-] (siehe DWA-A 138, auf der sicheren Seite liegend meist 1,2)

Beispiel: Gegeben: Hannover, A_{Dach} = 200 m², Pflasterfläche A_{Hof} = 100 m², $k_{f,u} = 1\cdot10^{-5}$ m/s
Gesucht: Rigole, Kunststoffkörbe (b x l x h → 80 cm x 80 cm x 40 cm, s = 95 %)
Lösung: $A_u = \psi_{M,Dach}\cdot A_{Dach} + \psi_{M,Hof}\cdot A_{Hof} = 0{,}9\cdot200 + 0{,}6\cdot100 = 240$ m²
Wahl: b_R = 4 Stück · 0,8 m = 3,2 m, h_R = 2 Stück · 0,4 m = 0,8 m, n = 0,2 1/a

Weitere Schritte:
- Variation Dauerstufen, $r_{D,n}$ aus Statistik ablesen
- Berechnung L_R mit 2. Formel (kompakte Abmessungen)
- maßgebend: max. Länge (hier bei D = 360 min)
- Anzahl der Körbe: n = 2,72 m / 0,8 m = 3,4 → Wahl: 4 Stück
- b_R x L_R x h_R = 3,2 m x 3,2 m x 0,8 m (4 x 4 x 2 = 32 Stück)

D [min]	r [l/sha]	L_R [m]
180	25,2	2,64
240	20,5	2,70
360	15,3	2,72
540	11,5	2,65
720	9,3	2,52

2.4.4 Mulden-Rigolen-Element

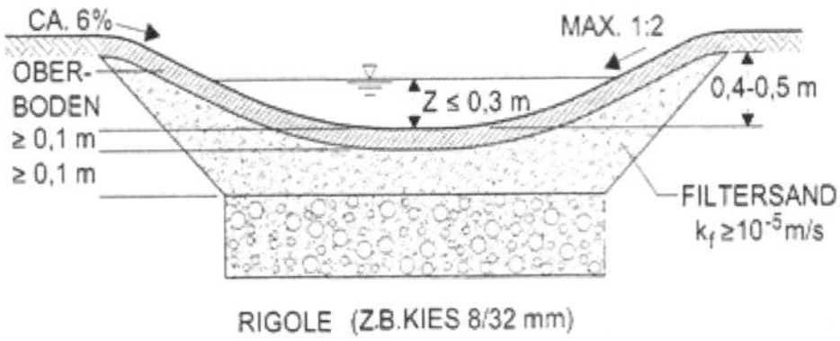

Ein Mulden-Rigolen-Element kann bei schlechterer Durchlässigkeit des anstehenden Bodens vorgesehen werden. Durch die zusätzliche Rigole wird ein vergrößertes Speichervolumen geschaffen. Bedingt durch die Bodenpassage wird auch eine Vorreinigung des Regenwassers erreicht.

Der Muldenboden sollte aus einer mindestens 10 cm mächtigen belebten Oberbodenschicht mit guter Durchlässigkeit ($k_f \geq 10^{-5}$ m/s) mit einer darunter liegenden Sandfilterschicht (d > 10 cm und $k_f \geq$ 10–4 m/s) bestehen. Die Mulde wird wie in Kap. 2.4.2 dargestellt mit dem höheren k_f-Wert des Oberbodens bemessen. Das Gesamtvolumen des Mulden-Rigolenspeichers berechnet sich analog Kap. 2.4.2 allerdings unter Berücksichtigung des Niederschlages auf die Muldenfläche und eines eventuellen gedrosselten Abflusses aus der Rigole.

Für das erforderliche Volumen der Rigole wird von dem Gesamtvolumen das ermittelte Muldenvolumen abgezogen. Hierbei sind die Abmessungen der Mulde und der Rigole aneinander anzupassen.

2.5 Gebäude- und Grundstücksentwässerung

2.5.1 Allgemeines

Begriffe gemäß DIN EN 12056 und DIN EN 1986	
Fallleitung FL	senkrechte Schmutzwasserleitung
Regenfallleitung RFL	senkrechte Fallleitung für Regenwasser
Lüftungsleitung LL	Leitung zur Begrenzung der Druckschwankungen in der Anlage
Einzelanschlussleitung EAL	Verbindung Entwässerungsgegenstand mit Sammelanschluss-, Fall- oder Grundleitung
Sammelanschlussleitung SAL	Verbindet EAL mit der Fall- oder Grundleitung
Grundleitung GL	Entwässerungsleitung innerhalb oder außerhalb eines Gebäudes, an die die FL oder Entwässerungsgegenstände angeschlossen sind
Anschlusskanal AK	Kanal zwischen der öffentlichen Entwässerungsanlage und der ersten Reinigungsöffnung auf dem Grundstück
Revisionsschacht	Reinigungsöffnung der Grundleitung innerhalb eines Schachtes

Für Entwässerungsanlagen zur Ableitung von Abwasser von Gebäuden und Grundstücken, die überwiegend mit Freispiegelleitungen betrieben werden, gilt die Norm DIN 1986-100 im Wesentlichen in Verbindung mit DIN 1986-3, DIN 1986-4, DIN 1986-30, DIN EN 12056-1 bis DIN EN 12056-5, DIN EN 752 sowie DIN EN 1610. Der Anwendungsbereich endet im Prinzip beim Anschlusskanal.

Bei Regenwasser sollten die Möglichkeiten der dezentralen Regenwasserbewirtschaftung (Speicherung und Nutzung, Versickerung, getrennte Ableitung in ein Gewässer) genutzt werden und die Ableitung in die Kanalisation minimiert werden.

Schmutz- und Regenwasserleitungen müssen bei bestehendem Trennsystem vollständig getrennt geführt werden. Bei einem Mischsystem dürfen die Leitungen nur außerhalb des Gebäudes und möglichst nahe am Anschlusskanal zusammengeführt werden. In Ausnahmefällen (z.B. Grenzbebauung) ist eine Zusammenführung unmittelbar an der Gebäudeaußenwand möglich.

Innerhalb von Gebäuden mit Keller sollten aus Gründen der Inspizierbarkeit und der einfacheren Sanierungsmöglichkeit Grundleitungen vermieden und stattdessen Sammelleitungen verlegt werden. Dies gilt insbesondere für Neu- und Umbauten, sollte aber auch im Bestand bei einer Sanierung der Grundleitung geprüft werden.

Jede Fallleitung muss als Lüftungsleitung bis über Dach geführt werden. Lüftungsleitungen sind möglichst geradlinig und lotrecht zu führen.

Reinigungsöffnungen, Schächte, Inspektionsöffnungen sind für die Reinigung, Kontrolle und Prüfung erforderlich. Sie sind vorzusehen:

- als Reinigungsverschlüsse in Grundleitungen und Sammelleitungen mindestens alle 20 m (bei geraden Grundleitungen bis DN 150 alle 40 m und in geraden Grundleitungen ≥ DN 200 bei Schächten mit offenem Durchfluss alle 60 m);
- als Reinigungs- und Rohrendverschlüsse in Sammelleitungen;
- als Reinigungsrohre unmittelbar am Übergang der Fallleitung in eine liegende Leitung;
- als Reinigungsrohre in Fallleitungen oder als Rohrendverschlüsse an zugänglichen Stellen am Übergang von einer lotrechten Leitung in eine Sammelleitung;
- nahe der Grundstücksgrenze, jedoch nicht weiter als 15 m vom öffentlichen Abwasserkanal entfernt;
- getrennt für das jeweilige Abwassersystem.

Außerhalb des Gebäudes sollte ein Einsteigschacht vorgesehen werden, bei dem ein Zugang mit Fahrzeugen und Geräten möglich ist. Die Nennweiten (*DN*) geben den ungefähren äußeren Durchmesser in mm an. Den Nennweiten sind Mindestinnendurchmesser ($d_{i,min}$) zugeordnet, die für die hydraulische Berechnung maßgeblich sind. Weiterhin soll eine betriebliche Rauheit von k_b = 1 mm angesetzt werden.

Nennweiten (*DN*) mit entsprechendem Mindestinnendurchmesser ($d_{i,min}$)							
DN [mm]	$d_{i,min}$ [mm]	*DN* [mm]	$d_{i,min}$ [mm]	*DN* [mm]	$d_{i,min}$ [mm]	*DN* [mm]	$d_{i,min}$ [mm]
30	26	60	56	100	96	225	207
40	34	70	68	125	113	250	230
50	44	80	75	150	146	300	290
56	49	90	79	200	184		

Leitungsbereich	**Mindestgefälle**
Unbelüftete Anschlussleitungen	1 %
Belüftete Anschlussleitungen	0,5 %
Grund- und Sammelleitungen für Schmutzwasser	0,5 % bzw. 1:DN (in mm)
Grund- und Sammelleitungen für Regenwasser (Füllungsgrad 0,7)	0,5 % bzw. 1:DN (in mm)
Grund- und Sammelleitungen DN 90 (Klosett Spülvolumen 4,5 - 6,0 l)	1,5 %

Unbelüftete und belüftete Anschlussleitungen		
Anwendungsgrenzen Einzelanschlussleitungen (EAL)	System I unbelüftet	System I belüftet
– maximale Leitungslänge (L)	4,0 m	10,0 m
– maximale Umlenkungen 90°	3 (ohne Anschlussbogen)	keine Begrenzung
– max. Höhendiff. (Δh) mit 45° oder mehr Neigung	1,0 m	3,0 m
– Mindestgefälle	1 %	0,5 %
Kann ein Grenzwert (unabhängig von DN) für unbelüftete Leitungen nicht eingehalten werden, so ist die Leitung zu belüften!		

Bei Planung und Verlegung von Anschlussleitungen ist zwischen Einzel- und Sammelanschlussleitungen und zwischen belüfteten und unbelüfteten Leitungen zu unterscheiden.

Symbole für Abwasseranlagen bei der Gebäude- und Grundstücksentwässerung

Schmutzwasserleitung (mit Zusatz DS für Druckleitung)	—————— —DS—
Regenwasserleitung (mit Zusatz DR für Druckleitung)	- - - - - - - - DR - -
Mischwasserleitung	-·-·-·-
Lüftungsleitung; links: Grundriss, rechts: geschnitten mit Richtungshinweis (z.B. beginnend, aufwärts)	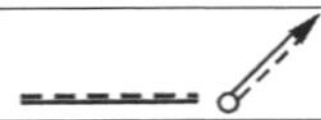
Fallleitung	
Richtungshinweise von links nach rechts: hindurchgehend; beginnend abwärts; von oben kommend endend; beginnend aufwärts	
Nennweitenänderung	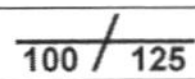
Reinigungsöffnung	
Belüftungsventil	
Ablauf oder Entwässerungsrinne ohne Geruchsverschluss links: Grundriss rechts: Schnitt	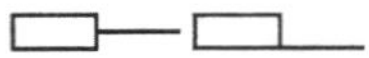
Ablauf oder Entwässerungsrinne mit Geruchsverschluss	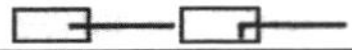
Rückstauverschluss: identisch in Grundriss und Schnitt links: fäkalienfreies rechts: fäkalienhaltiges Abwasser	
Entwässerungspumpe für fäkalienfreies Abwasser links: Grundriss rechts: Schnitt	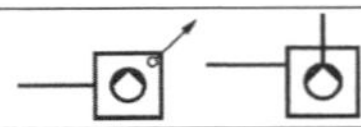
Fäkalienhebeanlage links: Grundriss rechts: Schnitt	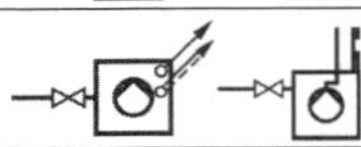
Schacht mit Durchfluss oben: Grundriss unten: Schnitt links: offen rechts: geschlossen	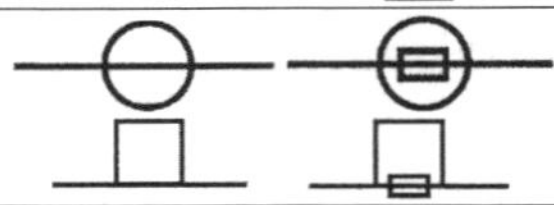
Badewanne links: Grundriss rechts: Schnitt	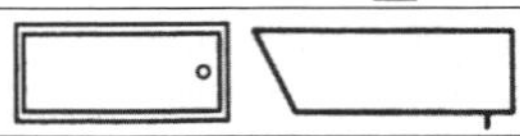
Dusche links: Grundriss rechts: Schnitt	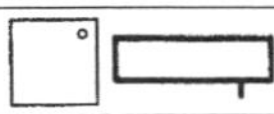
Urinal links: Grundriss rechts: Schnitt	
WC-Spülkasten links: Grundriss rechts: Schnitt	
Doppelspüle links: Grundriss rechts: Schnitt	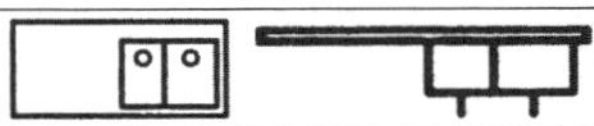
Geschirrspülmaschine	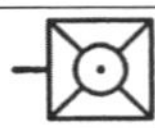
Waschmaschine	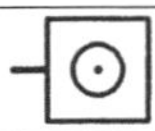

2.5.2 Bemessung der Schmutzwasserleitungen

Im Zusammenhang mit den Bemessungsgrundlagen wurden aus dem Englischen abgeleitete Indices eingeführt, die von den vorangegangenen Kapiteln abweichen.

$$Q_{tot} = Q_{ww} + Q_c + Q_p \qquad Q_{ww} = K \cdot \sqrt{\sum DU}$$

mit: Q_{tot} Gesamtschmutzwasserabfluss [l/s] (tot → total)
Q_{ww} Schmutzwasserabfluss [l/s] (ww → waste water)
Q_c Dauerabfluss [l/s] (c → continuous)
Q_p Pumpenförderstrom [l/s] (p → pump)
K Abflusskennzahl

K	**Gebäudeart, Entwässerungsanlage**
0,5	unregelmäßige Benutzung, z. B. Wohnungen, Bürogebäude, Pension
0,7	regelmäßige Benutzung, z. B. Krankenhaus, Restaurant, Schule, Hotel
1,0	häufige Benutzung, z. B. öffentliches WC, Reihenwasch- oder -duschanlage

DU Anschlusswert [l/s] (DU → design unit)

Einzelanschlussleitung (EAL)

Anwendungsgrenzen für unbelüftete Einzelanschlussleitungen sind:

- Gefälle ≥ 1 cm/m, Länge ≤ 4 m, max. Höhendifferenz ≤ 1,0 m, max. 3 x 90° Umlenkungen

Ansonsten muss die Leitung belüftet werden. Bei belüfteten Leitungen ist einzuhalten:

- Gefälle ≥ 0,5 cm/m, Länge ≤ 10 m, max. Höhendifferenz ≤ 3,0 m

Die Anschlusswerte *DU* von einzelnen Entwässerungsgegenständen und die erforderlichen Durchmesser der Einzelanschlussleitungen können nebenstehender Tabelle entnommen werden.

Einzelanschlussleitung für:	*DU*	*DN*
Waschbecken, Bidet	0,5	40
Dusche ohne Stöpsel	0,6	50
Dusche mit Stöpsel, Einzelurinal mit Spülkasten	0,8	50
Urinal mit Druckspüler	0,5	50
Standurinal	0,2	50
Urinal ohne Wasserspülung	0,1	50
Badewanne	0,8	50
Küchenspüle und Geschirrspüler; Geschirrspüler	0,8	50
Waschmaschine bis 6 kg	0,8	50
Waschmaschine bis 12 kg	1,5	70
WC mit 4,0/4,5 l Spülkasten/Druckspüler	1,8	80 / 90
WC mit 6,0 l Spülkasten/Druckspüler	2,0	80 – 100
WC mit 9,0 l Spülkasten/Druckspüler	2,5	100
Bodenablauf DN 50	0,8	50
Bodenablauf DN 70	1,5	70
Bodenablauf DN 100	2,0	100
Bodenablauf DN 100	2,0	100

Sammelanschlussleitungen (SAL)

Bemessung von unbelüfteten Sammelanschlussleitungen				
DN (d_i)	K = 0,5 l/s	K = 0,7 l/s	K = 1,0 l/s	**max.**
	ΣDU_{max}	ΣDU_{max}	ΣDU_{max}	**Länge [m]**
50 (44)	1	1	0,8	4
56/60 (49/56)	2	2	1	4
70* (68)	9	4,6	2,2	4
80 (75)	13**	8**	4	10
90 (79)	13**	10**	5	10
100 (96)	16	12	6,4	10
*) kein Klosett	**) max. 2 Klosetts			

Anwendungsgrenzen für unbelüftete Sammelanschlussleitungen (SAL) sind:

- Alle angeschlossenen Einzelanschlussleitungen → Bedingungen für unbelüftete EAL eingehalten
- Gefälle ≥ 1 cm/m, $L \leq 4$ m bis DN 70, $L \leq 10$ m ab DN 80

Sofern der ermittelte Schmutzwasserabfluss Q_{ww} kleiner ist als der größte Anschlusswert eines einzelnen Entwässerungsgegenstandes, ist der entsprechende Anschlusswert *DU* des Entwässerungsgegenstandes als Abfluss in (l/s) zu verwenden.

Falls eine Belüftung erforderlich ist, dann erfolgt die Bemessung analog zu einer Sammel- oder Grundleitung.

Schmutzwasserfallleitungen

Die Bemessung von Fallleitungen (FL) innerhalb von Gebäuden ist von der Art der Lüftung und des Anschlusses der Sammelanschlussleitungen abhängig. Der Anschluss der SAL kann scharfkantig oder abgerundet erfolgen.

Schmutzwasserfallleitung mit Hauptlüftung		
DN	Q_{max} in l/s scharfkantig	Q_{max} in l/s ausgerundet
60	0,5	0,7
70	1,5	2,0
80*)	2,0	2,6
90	2,7	3,5
100**)	4,0	5,2
125	5,8	7,6
150	9,5	12,4
200	16,0	21,0

*) DN_{min} Klosetts mit Spülvol. 4 - 6 l.
**) DN_{min} Klosetts mit Spülvol. > 6 l.

Sammel- und Grundleitungen

Bei Grund- und Sammelleitungen innerhalb von Gebäuden sollte der Füllungsgrad h/d_i kleiner als 0,5, das Gefälle größer als 0,5 cm/m und die Geschwindigkeit größer als 0,5 m/s sein. Hinter einer Pumpe kann der Füllungsgrad bis auf 0,7 erhöht werden.

Bei Grundleitungen außerhalb des Gebäudes sollte:

- $h/d_i \leq 0{,}7$ $\quad 0{,}7 \leq v \leq 2{,}5$ m/s $\quad J \geq 0{,}5$ cm/m

eingehalten sein. Hinter einer Pumpe oder im Falle von Mischwasserleitungen > DN 150 kann der Füllungsgrad bis auf 1,0 erhöht werden. Als Durchmesser wird mindestens DN 100 empfohlen.

Im Teil 5 A, Kap. 6.3 sind Tabellen aufgeführt, mit denen für verschiedene DN, Gefälle, Rauheiten und Füllungsgrade die Abflüsse Q und Geschwindigkeiten v abgelesenen werden können.

2.5.3 Bemessung der Regenwasserleitungen

Für die Bemessung von Regenwasserleitungen wird auf Ansätze analog Kapitel 2.3.1 zurückgegriffen.

$$Q_R = \psi_s \cdot A \cdot r_{D,n} \cdot 10^{-4}$$

mit: Q_R Regenwetterabfluss [l/s]
ψ_s Spitzenabflussbeiwert [-] (in DIN 1986 als „C_s“ bezeichnet)
A angeschlossene Fläche [m²] $\quad r_{D,n}$ Regenspende [l/(s·ha)]

Für die Regenwasserableitung von Gebäuden wird üblicherweise die Bemessungsregenspende für eine Regendauer von D = 5 Minuten und für eine Wiederkehrzeit von T_n = 2 Jahren (Grundstücksflächen) bzw. T_n = 5 a (Dachflächen) angesetzt → $r_{D = 5\,min;\, n = 0,5\, 1/a}$ oder $r_{D = 5\,min;\, n = 0,2\, 1/a}$. Zusätzlich werden Notentwässerungen (z.B. Überlauf über Dachrinnenkante) empfohlen, die die Differenz bis hin zu einem Regenereignis mit T_n = 100 a ableiten können ($Q_{Not} = \psi_s \cdot A \cdot (r_{D,n=0{,}01} - r_{D,n}) \cdot 10^{-4}$). Die Regenspenden sind z. B. dem KOSTRA-Datenwerk [5.14] zu entnehmen.

Art der Flächen	ψ_S	ψ_M
Schrägdach, Flachdach (feste Oberfläche)	1,0	0,8 - 0,9
Flachdach (Kiesschüttung)	0,8	0,8
Begrüntes Dach (Extensiv, Neigung > 5°)	0,7	0,4
Begrüntes Flachdach (Extensivbegrünung, unter 10 cm Aufbaudicke)	0,5	0,3
Begrüntes Flachdach (Extensivbegrünung, ab 10 cm Aufbaudicke)	0,4	0,2
Begrüntes Flachdach (Intensivbegrünung, ab 30 cm Aufbaudicke)	0,2	0,1
Verkehrsflächen (Beton, Schwarzdecken, Asphalt)	1,0	0,9
Verkehrsflächen (Pflaster o.ä. mit Fugendichtung)	1,0	0,8
Verkehrsflächen mit Neigung zum Gebäude	1,0	1,0
Betonsteinpflaster, in Sand oder Schlacke verlegt, Flächen mit Platten	0,9	0,7
Pflasterflächen mit Fugenanteil > 15 % oder fester Kiesbelag	0,7	0,6
wassergebundene Flächen	0,9	0,7
lockerer Kiesbelag, Schotterrasen, z. B. Kinderspielplätze	0,3	0,2
Verbundsteine mit Sickerfugen, Sicker- oder Drainsteine	0,4	0,25
Rasengittersteine (mit häufigen Verkehrsbelastungen)	0,4	0,2
Rasengittersteine (ohne häufige Verkehrsbelastungen)	0,2	0,1
Sportflächen mit Dränung (Kunststoffflächen, Kunststoffrasen)	0,6	0,5
Sportflächen mit Dränung (Tennenflächen)	0,3	0,2
Sportflächen mit Dränung (Rasenflächen)	0,2	0,1
Parkanlagen, Rasenflächen, Gärten (flaches Gelände)	0,0	0,0
Parkanlagen, Rasenflächen, Gärten (steiles Gelände)	> 0,0	> 0,0

Wasserundurchlässige Flächen ohne oder mit unbedeutender Wasserableitung, wie Parkanlagen, Vegetationsflächen, Schotter und Schlackeboden, Rollkies (auch mit Teilbefestigung), Gartenwege, Einfahrten und Einstellplätze mit Rasengittersteinen, und wasserdurchlässige Flächen, wie Parkanlagen, Vegetationsflächen, Schotter, Kies, oder Gartenwege bleiben bei der Regenwasserableitung außer Betracht ($\psi = 0$). Ansonsten sollten die genannten Spitzenabflussbeiwerte verwendet werden.

Bei entsprechender Windeinwirkung sollte zusätzlich ein Regenabfluss von den Fassaden berücksichtigt werden (siehe DIN EN 12056-3).

Dachrinnen

Bei Richtungsänderungen von mehr als 10° muss das für die gerade Rinne ermittelte Abflussvermögen auf 85 % reduziert werden. Rinnenwinkel nahe bei Fallleitungen sind zu vermeiden.

max. Abfluss am Fallrohr in l/s von gefällelosen vorgehängten Rinnen									
L in m	halbrunde Rinne (Nennmaß in mm)					rechteckige Rinne (Nennmaß in mm)			
	200	250	333	400	500	250	333	400	500
4	1,1	1,7	2,7	4,7	8,7	1,0	2,4	4,0	7,2
6	1,0	1,7	2,6	4,6	8,7	1,0	2,3	3,9	7,1
8	1,0	1,6	2,6	4,5	8,6	1,0	2,3	3,8	7,0
10	1,0	1,6	2,5	4,4	8,4	0,9	2,2	3,7	6,8
12	0,9	1,5	2,4	4,3	8,3	0,9	2,1	3,6	6,7
14	0,9	1,5	2,4	4,2	8,1	0,9	2,1	3,5	6,5
16	0,9	1,4	2,3	4,1	8,0	0,9	2,0	3,4	6,4
18	0,8	1,4	2,2	4,0	7,8	0,8	2,0	3,3	6,2
20	0,8	1,3	2,2	3,9	7,7	0,8	1,9	3,2	6,1

Regenfallleitungen

Der Durchmesser darf die Anschlussnennweite des zugehörigen Dachablaufs nicht unterschreiten und ist für einen Füllungsgrad von $f \leq 0{,}33$ zu bemessen. Es wird die empirisch hergeleitete Wyly-Eaton-Gleichung vorgeschlagen:

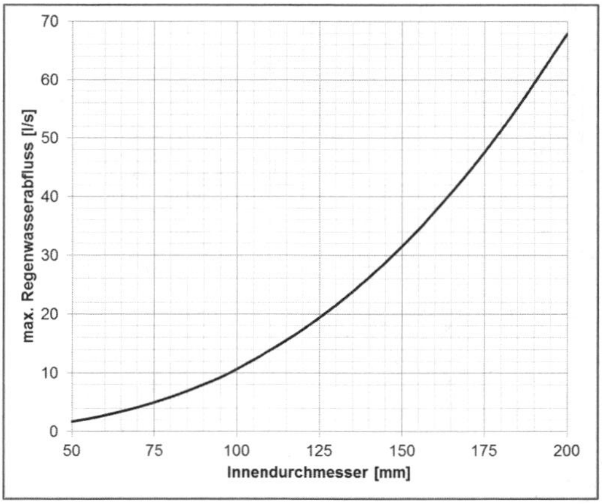

$$Q = 2{,}5 \cdot 10^{-4} \cdot k_b^{-1/6} \cdot d_i^{8/3} \cdot f^{5/3}$$

- Q Abflussvermögen in l/s
- k_b Rohrrauheit mit 0,25 mm
- d_i Innendurchmesser in mm
- f Füllungsgrad mit f = 0,33

Verziehungen mit $\alpha > 10°$ gegen die Horizontale bleiben bei der Ermittlung des Abflussvermögens unbeachtet.

Bei einer Verziehung $\alpha < 10°$ muss ein hydraulischer Nachweis für einen Füllungsgrad von $h/d = 0{,}7$ geführt werden.

Grundleitungen für Regenwasser

Der Mindestdurchmesser von Grundleitungen beträgt DN 100.

Grundleitungen außerhalb von Gebäuden werden für Schmutz- (Q_{tot}), Regen- (Q_R) und Mischwasser ($Q_M = Q_{tot} + Q_R$) auf einen zulässigen Füllungsgrad $h/d_i = 0{,}7$ bemessen. Als Fließgeschwindigkeit sollte $0{,}7 < v < 2{,}5$ m/s eingehalten werden. Bei Leitungen bis DN 200 beträgt das Mindestgefälle 0,5 cm/m; ab DN 250 ist I_{min} = 1/DN (mit DN in mm). Der Regenabfluss Q_R ist für ein zweijährliches Ereignis zu ermitteln.

Für die Bemessung kann auf die unter Kapitel 2.3.1 aufgeführten Voll- und Teilfüllungstabellen zurückgegriffen werden oder eine Berechnung mit der unter Kapitel 2.3.1 aufgeführten Darcy-Weisbach-Gleichung erfolgen.

2.5.4 Beispiel und Planunterlagen

Beispiel: Bemessung der Fall- und Grundleitungen eines 3-geschossigen Mietshauses mit 6 Wohnungen in Hannover.

Gegeben: Entwässerung im Trennverfahren:

- Hartdachfläche $A = 200$ m², 22° Neigung → $\psi_s = 1{,}0$, 4 Fallrohre
- Hof (Beton) $A = 222$ m² → $\psi_s = 1{,}0$, restl. Grundstück wasserdurchlässig
- Regenspenden $r_{D = 5\,\text{min},\, n = 0{,}5\, 1/a} = 224$ l/(s·ha) $r_{D = 5\,\text{min},\, n = 0{,}2\, 1/a} = 321$ l/(s·ha)
- 6 Wohnungen jeweils $\Sigma DU = 5$ bei $K = 0{,}5$
- Kellergeschoss 6 Waschmaschinen (bis 6 kg) (→ $\Sigma DU = 6 \cdot 0{,}8 = 4{,}8$)
  Spülbecken (→ $\Sigma DU = 2 \cdot 0{,}8 = 1{,}6$)
  1 Bodenablauf DN 100 (→ $DU = 2{,}0$) → $\Sigma DU = 8{,}4$
- Lüftungssystem Hauptlüftung
- Gefälle Schmutzwasser: $I = 2$ %; Regenwasser: $I = 1$ % und 2,5 %

Strecke	Leitungsart FL	GL 1	GL 2	A m²	ψ_s -	$r_{D,n}$	Wohn. -	ΣDU	Q_R l/s	Q_S l/s	I_S ‰	DN mm	Bemerkung
Regenfallleitungen *(n = 0,2 1/a, f ≤ 0,33)*													
R 1	x			50	1	321			1,6			80	$Q_{max} = 5{,}9$ l/s
R 2	x			50	1	321			1,6			80	$Q_{max} = 5{,}9$ l/s
R 3	x			50	1	321			1,6			80	$Q_{max} = 5{,}9$ l/s
R 4	x			50	1	321			1,6			80	$Q_{max} = 5{,}9$ l/s
Regenwassergrundleitungen *(n = 0,5 1/a, h/d_i ≤ 0,7)*													
R1			x	222	1	224			5,0		20	125	$Q_{max} = 9{,}1$ l/s
R2			x	50	1	224			1,1		10	100	$Q_{max} = 4{,}2$ l/s
R3			x	272	1	224			6,1		10	150	$Q_{max} = 12{,}7$ l/s
R4			x	50	1	224			1,1		10	100	$Q_{max} = 4{,}2$ l/s
R5			x	322	1	224			7,2		10	150	$Q_{max} = 12{,}7$ l/s
R6			x	50	1	224			1,1		10	100	$Q_{max} = 4{,}2$ l/s
R7			x	50	1	224			1,1		10	100	$Q_{max} = 4{,}2$ l/s
R8			x	100	1	224			2,2		10	100	$Q_{max} = 4{,}2$ l/s
R9			x	422	1	224			9,5		25	150	$Q_{max} = 20{,}2$ l/s
Schmutzwasserfallleitungen													
S1	x						3	15		1,9		100	$Q_{max} = 4{,}0$ l/s
S2	x						3	15		1,9		100	$Q_{max} = 4{,}0$ l/s
Schmutzwassergrundleitungen *(h/d_i ≤ 0,5)*													
S1		x						8,4		1,5	20	100	$Q_{max} = 3{,}5$ l/s
S2		x						15		1,9	20	100	$Q_{max} = 3{,}5$ l/s
S3		x						23,4		2,4	20	100	$Q_{max} = 3{,}5$ l/s
S4		x						15		1,9	20	100	$Q_{max} = 3{,}5$ l/s
S5		x	x					38,4		3,1	20	100	$Q_{max} = 3{,}5$ l/s

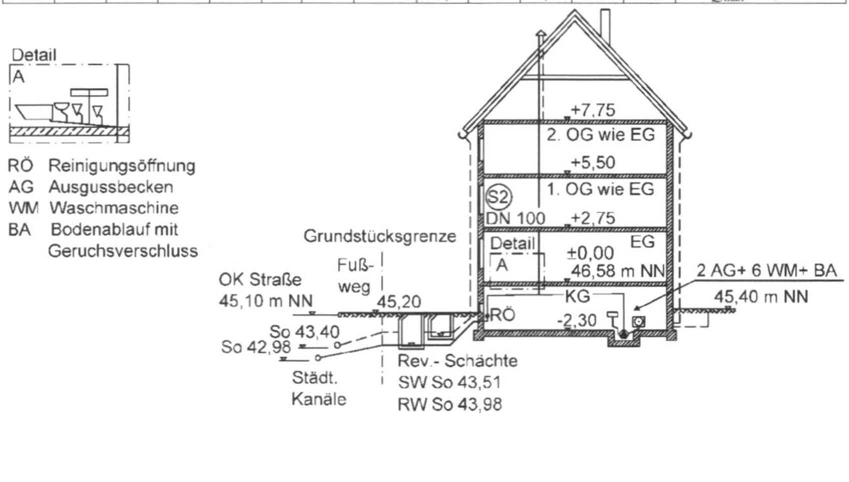

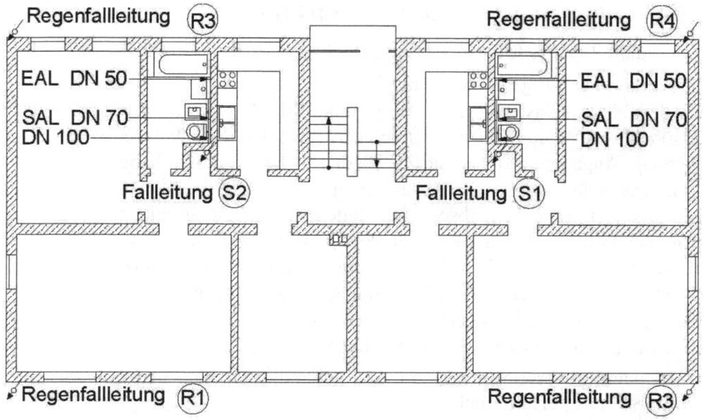
Regenfallleitung R3
Regenfallleitung R4
EAL DN 50
SAL DN 70
DN 100
EAL DN 50
SAL DN 70
DN 100
Fallleitung S2
Fallleitung S1
Regenfallleitung R1
Regenfallleitung R3

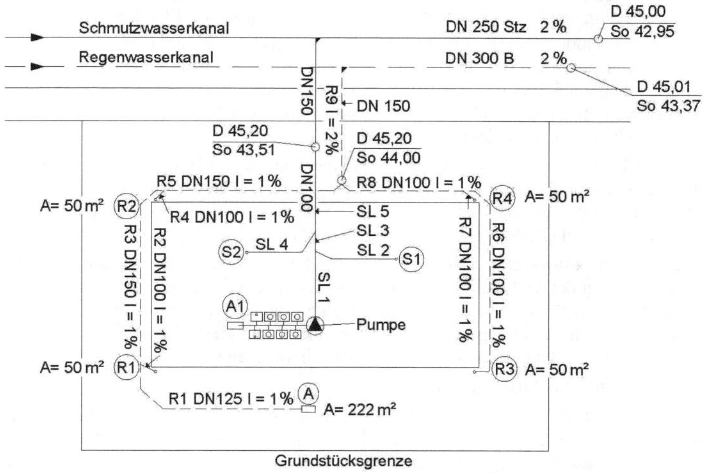
Schmutzwasserkanal
DN 250 Stz 2 %
D 45,00
So 42,95
Regenwasserkanal
DN 300 B 2 %
D 45,01
So 43,37
DN150
R9 I = 2%
DN 150
D 45,20
So 43,51
D 45,20
So 44,00
DN100
R5 DN150 I = 1%
R8 DN100 I = 1%
A= 50 m²
R2
R4 DN100 I = 1%
SL 5
SL 3
R4
A= 50 m²
S2
SL 4
SL 2
S1
R3 DN150 I = 1%
R2 DN100 I = 1%
SL 1
R7 DN100 I = 1%
R6 DN100 I = 1%
A1
Pumpe
A= 50 m²
R1
R3
A= 50 m²
R1 DN125 I = 1%
A
A= 222 m²
Grundstücksgrenze

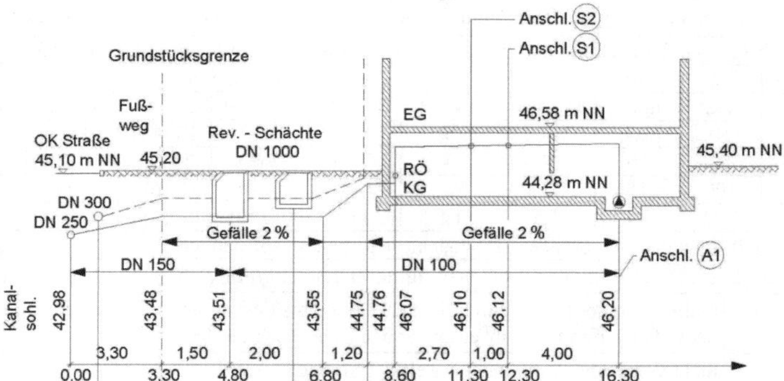
Anschl. S2
Anschl. S1
Grundstücksgrenze
Fuß-
weg
EG
46,58 m NN
OK Straße
45,10 m NN
45,20
Rev. - Schächte
DN 1000
RÖ
KG
44,28 m NN
45,40 m NN
DN 300
DN 250
Gefälle 2 %
Gefälle 2 %
Anschl. A1
DN 150
DN 100
Kanal-
sohl.
42,98
43,48
43,51
43,55
44,75
44,76
46,07
46,10
46,12
46,20
3,30
1,50
2,00
1,20
2,70
1,00
4,00
0,00
3,30
4,80
6,80
8,60
11,30
12,30
16,30
8,00
Gefälle 2,5 %
DN 150
DN 125
Kanal-
sohl.
43,40
43,90
43,98
So Schacht
2,30
3,00
0,00
2,30
5,30

2.5.5 Entwässerungsgesuch und Dichtheitsprüfung

Erforderliche Bestandteile eines **Entwässerungsgesuchs** sind gemäß DIN 1986-100 i.d.R.:

- Auszug aus Flurkarte und Eigentümernachweis;
- Auszug aus dem Kanalkataster je nach Anwendungsfall für Schmutz-, Regen-, oder Mischwasser (Lage und Höhe des Anschlusskanals), vorhandene, zulässige Rückstauebene;
- Baubeschreibung: Angaben über Art und Zweck des geplanten Bauvorhabens;
- Lageplan mit Grundstücksgrenze, Baulasten, Grunddienstbarkeiten, vorhandene und geplante bauliche Anlagen, wie z.B. Schächte, Abscheideranlagen, Versickerungsanlagen, Regenwassernutzungsanlagen, Brunnen; Grundleitungen außerhalb des Gebäudes, befestigte Hof-, Wege-, Dachflächen;
- Gebäudepläne im Maßstab ≥ 1:100 mit Darstellung der Entwässerungsanlage;
- Abwasserhebeanlagen und/oder andere Einrichtungen zur Rückstausicherung;
- Verwendbarkeitsnachweise der eingesetzten Bauprodukte;
- Nachweis der Bemessung der Entwässerungsanlage.

Bei größeren Gebäuden, gewerblicher Nutzung oder behandlungsbedürftigem Niederschlagswasser sind meist weitere Informationen erforderlich.

Für die **Bemessung** werden i.d.R. neben den Berechnungen folgende Planunterlagen erstellt:

Lageplan: M 1:1000; Maßstabsangabe, Himmelsrichtung, Lage und Katasterbezeichnung des Baugrundstücks und der Nachbargrundstücke; vorhandene und geplante bauliche Anlagen; Führung der Abwasserleitungen außerhalb des Gebäudes mit Angabe der Fließrichtung und der lichten Weite; Sohlenhöhe des weiterführenden (öffentlichen) Kanals an der Anschlussstelle; Sickeranlagen, Mulden, Rigolen, Kleinkläranlagen, Revisionsschächte, Abscheider usw.

Grundrisse: M 1:100; schematische Darstellung von Wänden und Durchbrüchen; schematische Darstellung aller Entwässerungsgegenstände; Angabe der Nennweiten und Werkstoffe der Leitungen; Beschriftung der Zeichnungselemente; alle Anschluss-, Sammel-, Fall-, Grund- und Lüftungsleitungen für Schwarz- (Fäkal-) und Grauwasser (fäkalienfreies Abwasser) (falls getrennt) sowie Regenwasser.

Strangschema und Abwicklung: M 1:100; schematische Darstellung von Wänden und Decken; alle Leitungen; Darstellung der Leitungen als Abwicklung ihrer wahren Länge; schematische Darstellung aller Entwässerungsgegenstände; zeichnerische Darstellung des Gefälles aller liegenden Leitungen; Bemaßung von Grund- und Hauptsammelleitungen mit Höhen und Gefälleangaben; Angabe Kanalsohlentiefe; Angabe von Abzweigen, Richtungsänderungen, Übergängen usw.

Dichtheitsprüfung von Anschlussleitungen:

Es existiert derzeit eine Vielzahl von technischen Regeln, Erlassen, Verordnungen, Hinweisen und Prüfkriterien zur Dichtheitsprüfung, die nur z.T. aufeinander abgestimmt sind. Nach DIN EN 1610 werden neu gebaute Rohrleitungen, Schächte und Inspektionsöffnungen nach der Grabenverfüllung und dem Entfernen des Verbaus geprüft. Es kann Wasser oder Luft (Überdruck) verwendet werden.

Prüfdruck, Druckabfall und Prüfzeiten für die ***Luftprüfung (L)*** nach DIN EN 1610									
Verfahren	p_0	Δp	Prüfzeit in min						
	mbar	mbar	DN 100	DN 200	DN 300	DN 400	DN 600	DN 800	DN 1000
LA	10	2,5	5	5	7 (5)	10 (7)	14 (11)	19 (14)	24 (18)
LB	50	10	4	4	6 (4)	7 (6)	11 (8)	15 (11)	19 (14)
LC	100	15	3	3	4 (3)	5 (4)	8 (6)	11 (8)	14 (10)
LD	200	15	1,5	1,5	2 (1,5)	2,5 (2)	4 (3)	5 (4)	7 (5)
Werte in ( ) für trockene Betonrohre. Für Schächte + Inspektionsöffnungen gilt $t_{Schacht} = 0,5 \cdot t_{Rohr}$.									

Prüfdruck, Druckabfall und Prüfzeiten für die ***Wasserprüfung (W)*** nach DIN EN 1610	
Prüfdruck	hydrostatischer Druck durch Schachtfüllung bis Oberkante Gelände: max. 500 mbar an der tiefsten, mind. 100 mbar an der höchsten Stelle des Rohrscheitels
Vorfüllzeit	nicht vorgeschrieben, üblicherweise: 1 Stunde
Prüfzeit	30 min
zulässige Wasserzugabe	0,15 l/m² (Leitungen) 0,2 l/m² (Leitungen einschließlich Schächte) 0,4 l/m² (Schächte und Inspektionsöffnungen)

6 A Baudenkmalpflege
6 B Bauwerksüberwachung, Bauwerksprüfung
6 C Schutz und Instandsetzung
6 D Baustoffe und ihre Eigenschaften

6 A Baudenkmalpflege

Prof. Dr.-Ing. Rudolf Lückmann

1 Entstehung

Die Ursprünge der Denkmalpflege liegen, wie vieles in unserer Kultur, im alten Rom. Theodorus legte im Jahr 398 Strafen fest, wenn bedeutende historische Bauten oder Monumente der Stadt Rom baulich oder stadträumlich beeinträchtigt oder zerstört wurden. Ein Erlass von Papst Leo X. von 1516 schützte die antiken Bauwerke. Um 1534 gründete Papst Paul III. eine Zentralbehörde zur Erhaltung von antiken Denkmalen. Hierbei ging es um die bauliche Sicherung, teilweise Rekonstruktion der antiken Denkmale. Diese gaben zuvor allseits beliebte Baustofflager ab. Im Fall ihrer Nutzung ging häufig die Zerstörung einher. Abgerundet wurden die Bemühungen des Vatikans zur Erhaltung der alten Kunstschätze um 1624 unter Papst Urban VIII., der ein Ausfuhrverbot erließ.

Ähnlich motiviert muss die Denkmalpflege zur Zeit von Karl Friedrich Schinkel (*1781 bis †1841) verstanden werden. Schinkel wird in Deutschland gerne als einer der wesentlichen Initiatoren für den staatlichen Schutz der Altertümer genannt. Die Verstaatlichung des kirchlichen Eigentums durch den Reichsdeputationsbeschluss von 1803 hatte den Abbruch vieler Kirchen, Klöster, Burgen und Schlösser ausgelöst. Zusammen mit dem Veränderungsdruck auf die historischen Gebäude durch die aufkeimende Industrialisierung während des 19. Jahrhunderts, der den Abbruch ganzer Quartiere, das Schleifen der Stadtmauern usw. bedingte, regte sich der Widerstand gegen diese Entwicklung. So entstanden die ersten Schutzverordnungen, die z. T. schon auf privaten Besitz ausgedehnt wurden. Schutzwürdig waren jedoch vorwiegend Kirchen, Monumente, Schlösser, Burgen oder Befestigungsanlagen. Um 1843 setzte das Land Preußen Wilhelm Robert Alexander Ferdinand von Quast (*1807 bis †1877) als den ersten hauptamtlichen Konservator ein.

Neben der Motivation Altes zu schützen, stand am Anfang der Denkmalpflege eine andere Triebfeder mindestens gleichwertig neben der Erstgenannten. Im Ausklingen des Römerreiches oder in der Renaissance wollten die Gebildeten ihrer Zeit, ebenso wie im beginnenden Historismus in Deutschland des frühen 19. Jahrhunderts über die Erhaltung der baulichen Zeugnisse der Vorfahren hinaus, sich ihre Anschauungsobjekte für die aktuellen Moden der Architektur sichern.

Nachdem die Baumeister von den Denkmälern gelernt hatten, was sie für den richtigen Stil hielten, verfielen sie in eine Selbstüberschätzung, die vielen Wissensgebieten der Zeit zu eigen war. Sie ließen den originalen Denkmälern bei Eingriffen plötzlich Veränderungen angedeihen, die sie aufgrund ihrer Kenntnisse für richtig hielten. Insbesondere Eugène Emmanuel Viollet-le-Duc (*1814 bis †1879), der profilierteste, französische Vertreter der damaligen Denkmalpflege bewirkte durch seine nach Alter strukturierende Hierarchisierung der Qualitäten von Bauteilen, durch seine Definition von klaren Typologien (malfaçon/déviation), der Stilreinheit und -einheit im Ergebnis teilweise ein recht willkürliches Umgehen mit der Altsubstanz.

Noch vor der vorletzten Jahrhundertwende wurde zu Recht von John Ruskin (*1819 bis †1900) und ihm gleichgesinnten Experten diese Art des Umgangs als „vadalisme restaurateurs“ (Restaurierungs-Vandalen) verunglimpft. Ihrer Auffassung nach, sollte unter der Bewahrung sämtlicher Schaffensperioden und aus den Erkenntnissen einer sorgfältigen Bestandsanalyse Altes erhalten und Neues entwickelt werden.

Einen wesentlichen Eckpunkt hin zu dieser Denkweise setzte die erste Tagung für Denkmalpflege im Jahre 1900 in Dresden. Es wurde deutlich darauf hingewiesen, dass es bei der Denkmalpflege in erster Line um das Konservieren geht, also das Erhalten der Originalsubstanz. Damit war die Denkmalpflege aus dem Dunstkreis dumpfer Rekonstruktionen und falsch verstandener Nachbauten auf eine neue Höhe gehoben worden. Allerdings finden sich bis heute beide Philosophien parallel nebeneinander. Erstere wird stärker von Laien, letztere mehr von Fachleuten vertreten.

Im Zweiten Weltkrieg verlor Deutschland sehr viele Baumonumente. In der nachfolgenden Wiederaufbauphase wurde zudem recht bedenkenlos mit dem baulichen Erbe umgegangen. Viele Städte verloren ihren Charakter und die Bürger die Identifikation mit ihrer Heimat. Die geringe Wertschätzung der Altbausubstanz prägte in allen europäischen Ländern das Handeln bis in die sechziger, siebziger Jahre des 20. Jahrhunderts.

Der Verlust identitätsstiftender Kulturdenkmale spiegelte sich sehr bald in wachsendem Widerstand wider. In der Charta von Venedig 1964 vereinbarten Experten das erste Mal international, was bereits auf der Denkmaltagung in Dresden um 1900 vorgedacht war. Als eine logische Konsequenz erließen die deutschen Bundesländer aufgrund ihrer Kulturhoheit ab der Mitte der 1970er-Jahre ihre Denkmalschutzgesetze.

Hierbei dehnten sie die Gruppe der zu schützenden Kulturdenkmale weit aus. Beginnend von Monumenten, Kirchen, Schlössern, Burgen wurden nun ebenfalls Profanbauten ohne repräsentativen Charakter (städtische und ländliche Wohn- und Nutzgebäude), Stadtgrundrisse oder industrielle Bauwerke als Denkmale verstanden. Mit der Einführung der Denkmalschutzgesetze müssen Bauherren, Planer und Ausführende sich mit der Denkmalpflege auseinandersetzen. Die Bereitschaft blieb aber häufig gering, Spannungen waren und sind vorprogrammiert. Rechtlich betrachtet muss jegliche Änderung in oder an einem eingetragenen Denkmal beantragt werden. Eine fehlende Zustimmung bzw. Genehmigung, kann theoretisch als Ordnungswidrigkeit oder Straftatbestand geahndet werden. Das verstehen viele Bürger als einen deutlichen Eingriff in die freie Verfügung über ihr Eigentum. Politisch hat dies dazu geführt, dass die rechtsgültigen Entscheidungen in den meisten Bundesländern heute in die Hand der Kreise und Städte gelegt ist, wobei die Landesämter nur eine beratende Funktion einnehmen. Es wäre aber schade, wenn eine zu starke Betonung über die Verfügbarkeit des Eigentums zum Verlust unseres kulturellen Erbes führte.

2 Entwerfen in alter Substanz

Die erste nennenswerte Gruppe von Steinbauten in Deutschland rechnen wir der karolingischen Romanik zu. Wurde ein solches Bauwerk in der Zeit der Gotik neu angesehen und aus irgendeinem Grund umgebaut, nutzte der Baumeister selbstverständlich aktuelle, dem Baustil der Epoche entsprechende Formen. Er betrachtete den Altbau als ein zu recycelndes Geschenk und baute es in den Formen seiner Zeit um. Ähnlich verfuhren die barocken Künstler mit der Vielzahl der durch den Dreißigjährigen Krieg teil- oder ganz zerstörten Bauten. Nur in wenigen Ausnahmen versuchten sie sich stilistisch an den alten Baukörper anzupassen. Der gotisierende Aufbau des Vierungsturmes am Mainzer Dom 1767 durch Ignaz Michael Neumann gehört zu den wenigen Ausnahmen.

Diesen natürlichen Umgang mit dem baulichen Erbe unterbrach erst die Epoche des Historismus. In diese Zeit kam die Tendenz auf, den Bauten je nach einer erst in dieser Periode definierten Stilreinheit eine historisierende Gestaltung widerfahren zu lassen. Damit war das bereits beschriebene Verhalten gegenüber der alten Bausbustanz keinesfalls unterbrochen, denn im Prinzip entsprachen diese Formen dem aktuellen Stil und waren ebenfalls bei Neubauten typisch.

Zeitgleich wurden die ersten Denkmalschutzgesetze in Deutschland erlassen. So nimmt es wenig Wunder, dass viele der großen Fachleute der damaligen Zeit genau aus dieser Auffassung heraus arbeiteten und das noch zudem als Denkmalpflege verstanden. Sensible Kunsthistoriker erkannten aber früh, welche Maskerade sich hinter diesem, z. T. die Originalsubstanz vernichtenden Handelns verbarg. Auf der ersten Tagung für Denkmalpflege in Dresden forderte Cornelius Gurlitt um 1900 bereits, beim Ersatz an teilzerstörten Denkmalen, dies in aktuellen Formen auszuführen. Damit war ein Credo gesetzt, welches bis heute Gültigkeit hat.

Nach dem Historismus folgte die Moderne. Die Möglichkeiten der neuen Baustoffe Eisen und Stahlbeton flossen in eine neue Art von Gestaltung und Formsprache ein. Diese wurde mit Euphorie und in schlichter Sachlichkeit angegangen. Mit den großen Verlusten des letzten Weltkrieges konnte sich diese Form der Architektur breiten Raum verschaffen. Alte Stadtquartiere mussten neuen weichen. So manches Denkmal ersetzte ein schmucker Stahlbetonkasten. Doch in den 1970er-Jahren begann die Sehnsucht nach dem Verlorenen sich mehr Raum zu verschaffen. Vielen Menschen erschien die Moderne zu kalt, zu sachlich und zu wenig emotional.

Dieses Defizit veranlasste viele Bauherren Rekonstruktionen älterer Gebäude zu fordern. Vom Knochenhauerhaus in Hildesheim über die Frauenkirche in Dresden bis hin zu Berliner Schloss reicht die Palette. Eine solche Entwicklung hat es historisch noch nie gegeben. Sie ist Ausdruck der fehlenden Akzeptanz der modernen Architektur bei vielen Zeitgenossen. Dennoch sind diese Wiederaufbauten aus fachlichen Gründen abzulehnen, da es schlicht nicht möglich ist, originalgetreu ein verlorenes Bauwerk zu ersetzen. Ein solches Gebäude ist ein Neubau und bringt keinen kulturellen Beitrag für unsere Epoche.

Anders ist die Reparatur von kleineren Bauteilen anzusprechen. Fehlen nur Teile eines Denkmals, ist eine durch Quellen zu belegende Rekonstruktion des älteren Elementes und eine Ergänzung in den alten Formen gerechtfertigt. Hier spielt die Überlegung eine Rolle, dass im Zweifelsfall nur das nachgebaute Einzelteil als letztes Zeugnis des Originals bleibt.

Ein weiterer kritischer Fall besteht darin, wenn die Altsubstanz so weit zerstört ist, dass nur noch spärliche Reste bleiben. Es ist dann darauf zu achten, dass die letzten Reste eines einst bedeutenden Bauwerks nicht durch einen überformenden Neubau der Lächerlichkeit Preis gegeben werden. In diesem Fall ist es eine Frage der Pietät, wie wir uns gegenüber dem Erbe stellen.

Festhalten lassen sich im Kern drei Strategien. Die Erste rekonstruiert, will auffüllen, was verloren ist. Die Gegensätzliche versucht kontrastierend das Neue deutlich zu machen und vom Alten abzusetzen. Der dritte Weg bemüht sich, beide Strategien zu vermitteln. Hierbei werden Proportionen bis hin zu Details der älteren, verlustigenden Bauwerke oder -teile in die gestalterische, aktuelle Mode übersetzt. Diese Transformation hat z. T. hervorragende Ergebnisse gebracht.

Es gibt damit keine feste Regel, wie mit einem Denkmal gestalterisch zu verfahren ist. Unter der Vorgabe, so viel Altsubstanz wie möglich zu erhalten, können immer mehrere Entwurfswege angegangen werden. Ihre Qualität entscheidet sich am Geschick und Können des Planers.

3 Denkmalarten

• **Baudenkmäler**	
– bauliche Anlagen	Schlösser, Kirchen, Wohnhäuser ...
– Teile baulicher Anlagen	Fassaden, Erker, Skulpturen ...
– Mehrheiten baulicher Anlagen (Ensemble)	Siedlungen, Burganlagen mit Wirtschaftsbauten, Industriekomplexe ...
– Grünanlagen	Hausgärten, Stadtparks, Friedhöfe, Grünplätze, Alleen
• **Bewegliche Denkmäler**	
– nicht-ortsfeste Denkmäler	Gefäße, Altäre, Bücher, Münzen, Lokomotiven, Schiffe
• **Bodendenkmäler**	bewegliche oder unbewegliche Denkmäler, die sich im Boden befinden oder befanden: Grundmauern, menschliche Überreste, Bodenverfärbungen, Bunker, unterirdische Grabanlagen

4 Ziele der Denkmalpflege

Erhalt durch Nutzung, Verträglichkeit der Nutzung

In den seltensten Fällen wird das Denkmal selbst sein Dasein auf lange Sicht begründen können, also ist eine dem Gebäude verträgliche Nutzung eine grundlegende Voraussetzung für den Fortbestand und die weiteren Planungsschritte. Ohne die Nutzung der Gebäude sind Maßnahmen zur Bestandssicherung und Instandsetzung nicht wirtschaftlich zu bewerkstelligen. In Fällen in denen sich aus wirtschaftlichen, politischen oder sozialen Gründen im Moment keine sinnvolle Verwendung für das Denkmal findet, soll der Istzustand konserviert werden, damit kann dem weiteren Verfall Einhalt geboten werden bzw. das Gebäude für eine spätere Wiederbelebung erhalten werden.

Fragen, die nach eingehender Untersuchung zu beantworten sind:

Welche Zeugniswerte sind vorrangig zu schützen?
Welche Anpassungen der Substanz sind vertretbar, um eine künftige Gebäudenutzung zu ermöglichen?

4.1 Nutzung

Die gewünschte Nutzung ist an der vorhandenen Bausubstanz zu orientieren. Dabei ist auf Gegebenheiten und Potentiale zu achten:

- Standort; Erschließung
- Grundriss; Höhengefüge
- Baukonstruktion; statisches System; Gebäudestruktur
- vorherige Nutzung.

Es ist abzuwägen, ob die Nutzung in das vorhandene Gebäude passt. Welche Gegebenheit müsste geändert werden und ist diese Änderung im Baudenkmal vertretbar?

4.2 Grundregel der Denkmalpflege

Stichpunktartig können folgende Grundregeln der Denkmalpflege genannt werden:

- Erhalten von möglichst viel Originalsubstanz, damit der Zeugniswert gewahrt bleibt.
- Eine dem Baudenkmal entsprechende Nutzung finden – Übernutzungen vermeiden.
- Fachgerechte Instandhaltungs- und Sanierungsmaßnahmen.
- Materialgerechte Verbindungen; zu erneuernde Bauteile auf das notwendige Maß reduzieren.

5 Organisation der Denkmalbehörden

In Deutschland liegt die Kulturhoheit bei den Bundesländern. Zuständig für Denkmalschutz und Denkmalpflege ist daher die jeweilige Landesverwaltung. Somit gibt es in Deutschland in jedem Bundesland ein eigenes Denkmalschutzgesetz.

Die Denkmalbehörden sind in Denkmalschutzbehörden (meist dreistufige Verwaltung aus Oberste, Obere und Untere Denkmalschutzbehörde und Denkmalfachbehörden (Landesamt für Denkmalpflege, LDA) gegliedert. Die hoheitlichen Aufgaben werden fast überall von den Denkmalschutzbehörden, die fachlichen und wissenschaftlichen Aufgaben von den Denkmalfachbehörden wahrgenommen. Zuständig ist in der Regel zunächst immer die Untere Denkmalschutzbehörde.

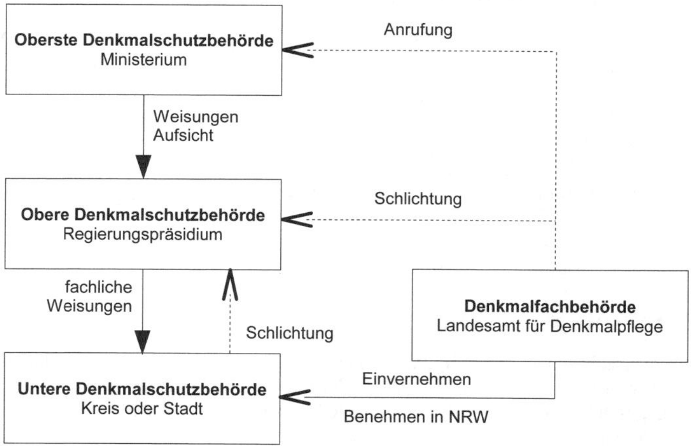

Denkmalbehörden

Denkmalschutzbehörde	Denkmalfachbehörde
• rechtlich-hoheitliche Funktion • Überwachung und Sicherung des Denkmalbestandes • Entscheidungsbefugnis im gesetzlichen Rahmen • Rechtliche Überprüfung der Forderungen der Fachbehörde • Durchführung von Genehmigungsverfahren • Durchführung von Ordnungswidrigkeitsverfahren	• Landesamt für Denkmalpflege • fachliche Beratung der Unteren Denkmalbehörden • wissenschaftliche Grundlage für Denkmalschutzbehörde • Erfassung der Kulturdenkmale • Führung der Denkmallisten und -bücher • fachliche Prüfung von Anträgen zur Veränderung von Kulturdenkmalen • Prüfung, Überwachung und Durchführung von archäologischen Grabungen • wissenschaftliche Arbeit und Veröffentlichungen • Denkmalkonservierung/-restaurierung

Tafel 6.6 Vergleich der Denkmalschutzgesetze

Bundesland	Schutzsystem	Verzeichnisname	Unterschutzstellung durch	Eintragung Liegenschaftskataster	Vorkaufsrecht der Behörden	Anzeigepflicht bei Eigentümerwechsel
Baden-Württemberg	Generalklausel Listeneintragung[1)]	Denkmalbuch	Gesetz Eintragung[1)]	○	○	●
Bayern	Generalklausel	Denkmalliste	Gesetz	○	○	○
Berlin	Generalklausel	Denkmalliste	Gesetz	○	○	●
Brandenburg	Listeneintragung	Denkmalverzeichnis	Eintragung	○	○	●
Bremen	Listeneintragung	Denkmalliste	Bescheid	○	○	●
Hamburg	Listeneintragung (für „erkannte Denkmäler“)	Denkmalliste (Denkmalverzeichnis)	Eintragung (Eintragung)[2)]	○	○	○
Hessen	Generalklausel	Denkmalbuch	Gesetz	●	○	●
Mecklenburg-Vorpommern	Listeneintragung	Denkmalliste	Eintragung	○	●	●
Niedersachsen	Generalklausel	Denkmalverzeichnis	Gesetz	○	○	●
Nordrhein-Westfalen	Listeneintragung	Denkmalliste	Eintragung	○	○	●
Rheinland-Pfalz	Listeneintragung	Denkmalbuch	Eintragung	○	●	○
Saarland	Generalklausel	Denkmalliste	Gesetz	○	●	●
Sachsen	Generalklausel	Kulturdenkmalliste	Gesetz	○	●	●
Sachsen-Anhalt	Generalklausel	Denkmalverzeichnis	Gesetz	○	●	○
Schleswig-Holstein	Generalklausel Listeneintragung[1)]	Denkmalbuch	Eintragung Gesetz	○	○	○
Thüringen	Generalklausel	Denkmalbuch	Gesetz	●	●	●

● trifft zu, ○ trifft nicht zu

[1)] Für „Kulturdenkmäler von besonderer Bedeutung“.

[2)] Keine allgemein-rechtsverbindliche Schutzwirkung.

6 Genehmigungsverfahren

- Denkmalschutzrechtliches Genehmigungsverfahren nach jeweiligem Denkmalschutzgesetz
- Generelles Veränderungsverbot der Baudenkmäler mit Genehmigungsvorbehalt
- Bei denkmalgeschützten Gesamtanlagen sind alle Maßnahmen, die das historische Erscheinungsbild berühren, genehmigungspflichtig. Also die äußere Erscheinung wie Fassade und Dach ist geschützt.
- Ist ein Bauvorhaben baugenehmigungspflichtig, tritt an die Stelle der denkmalschutzrechtlichen Genehmigung eine behördeninterne Zustimmung gegenüber der Bauaufsicht.

Genehmigung bei:

- völliger oder teilweiser Zerstörung
- wesentlicher Beeinträchtigung des Erscheinungsbildes
- Umgestaltung
- Instandsetzung
- Eingriffe in den Bestand
- Befunduntersuchungen, Grabungen
- Anbringen von Werbung
- Entfernen vom Standort
- Maßnahmen in der Umgebung

Wenn kein Bauantrag zu stellen ist, dann Antragstellung an Untere Denkmalschutzbehörde mit allen zur Beurteilung des Vorhabens notwendigen Unterlagen:

- Antragsschreiben, mit Angaben zu Grundstück, Bauherr, Eigentümer
- Auszug aus der Liegenschaftskarte und Kennzeichnung des Denkmals
- Fotos des Kulturdenkmals
- Genaue Maßnahmenbeschreibung unter Angabe von Materialien, Farbnummern und Vorgehensweise
- Planzeichnungen, Werkzeichnung, Details im angemessenem Maßstab.

Umfang der Unterlagen am Bauordnungsrecht und Bauvorlagenordnung orientiert. Oftmals gleichzeitige Beantragung nach Bauordnungsrecht und Denkmalrecht.

Weitere Unterlagen wie Bestandspläne, Gutachten oder Stellungnahmen können verlangt werden. Die Genehmigung kann von weiteren vorbereitenden Untersuchungen abhängig gemacht werden (Freilegungen, Farbuntersuchungen, Dokumentationen usw.).

Genehmigungsablauf

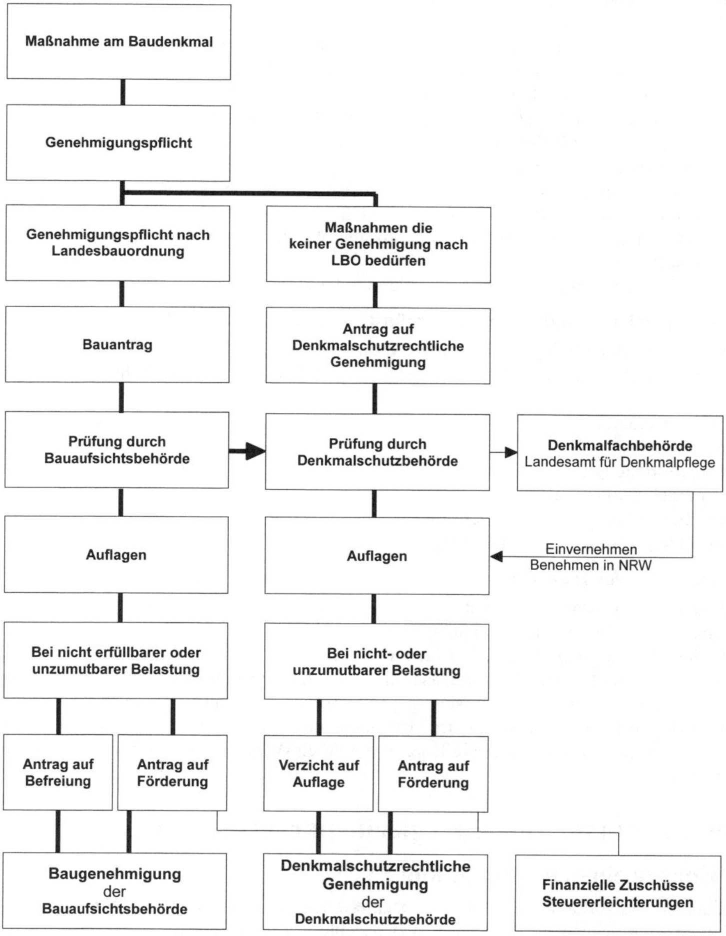

7 Finanzierung

Der Erhalt und die Pflege von Baudenkmälern stehen im öffentlichen Interesse. Für Staat und Gemeinden besteht eine Rechtspflicht zur Beteiligung an den Kosten des Denkmalschutzes. Um die finanziellen Belastungen für den Bauherrn zu mildern, stellt der Staat verschiedene direkte und indirekte Finanzierungshilfen zur Verfügung:

Direkte Finanzierungshilfen, Zuschüsse zu denkmalpflegerischen Baumaßnahmen

- Unterschiedliche Programme in den Bundesländern, bei den zuständigen Behörden von Fall zu Fall erfragen,
- Mittel von Bund, Land oder Gemeinde, Antragsverfahren über die Gemeinde,
- Zuschüsse werden dem Bezuschussten u. U. als Einkommen angerechnet und sind steuerpflichtig,
- vor Eingang des Bewilligungsbescheides darf nicht mit der Maßnahme begonnen werden,
- Förderung nur von Maßnahmen mit öffentlich-rechtlicher Genehmigung,
- wichtige Förderprogramme:
  - Landesmittel zur Finanzierung denkmalpflegerischer Mehrkosten. Nur der sogenannte „denkmalpflegerische Mehraufwand“ kann bezuschusst werden. Dieser ist die Differenz aus den entstandenen Mehrkosten, abzüglich der Kosten für den „normalen“ Erhaltungsaufwand, der finanziert werden müsste, wenn das Gebäude nicht unter Denkmalschutz stehen würde.
  - Auf bestimmte Maßnahmen abgestellte Zuschüsse der Gemeinden und Landkreise nach den entsprechenden Förderrichtlinien.
  - Zuschüsse zu unrentierlichen Kosten in festgesetzten Bereichen der vereinfachten Stadterneuerung oder in Sanierungsgebieten nach BauGB.
  - Zuschüsse innerhalb der Förderung des sozialen Wohnungsbaus nach dem Zweiten Wohnungsbaugesetz.
  - Zuschüsse aus dem Programm zur Förderung der Dorferneuerung.

Indirekte Finanzierungshilfen, Steuervergünstigungen

Für Denkmaleigentümer gibt es Steuervergünstigungen im Bereich der

- Sonderabschreibungen für Herstellungs- und Unterhaltungsaufwand im Rahmen der Einkommensteuer,
- Vermögenssteuer,
- Grundsteuer,
- Grunderwerbssteuer,
- Erb- und Schenkungssteuer,
- Einheitsbewertung von Grundstücken.

Steuererleichterungen sind in den Steuergesetzen geregelt.

Voraussetzungen zur Inanspruchnahme von Steuervergünstigungen

- Förderung nur von Maßnahmen mit öffentlich-rechtlicher Genehmigung (Baugenehmigung, denkmalschutzrechtliche Genehmigung)
- schriftliche Bestätigung der Denkmalfachbehörde über die Denkmaleigenschaft des Objekts
- Bescheinigung der Denkmalbehörde, dass die Maßnahme genehmigt ist und dem Erhalt des Denkmals dient und Bestätigung der Kosten (geprüfte Schlussrechnungen vorlegen).
- Abstimmung rechtzeitig vor Beginn der Maßnahme mit der zuständigen Behörde (der Denkmalfachbehörde – Landesamt für Denkmalpflege, in Nordrhein-Westfalen mit der Stadt- oder Gemeindeverwaltung).

8 Baudenkmale und Energieeinsparverordnung

8.1 Energieeinsparverordnung

Baudenkmäler, die verkauft, vermietet, verpachtet oder geleast werden, benötigen gemäß § 16 (4) EnEV keinen Energieausweis. Allerdings ist zu beachten, dass einzelne Zuschussgeber und Zuschussrichtlinien für die Beantragung von Fördermitteln die Vorlage eines Energieausweises oder einer sonstigen Zertifizierung verlangen.

Baudenkmäler in diesem Sinne sind Einzeldenkmäler sowie Ensembles. Daher besteht auch für Gebäude innerhalb eines Ensembles, die nicht Einzeldenkmal sind, keine Pflicht zur Erstellung eines Energieausweises.
Bei Baudenkmälern kann von den Anforderungen der EnEV abgewichen werden, wenn die Erfüllung der Anforderungen die Substanz oder das Erscheinungsbild beeinträchtigen oder andere Energieeinsparmaßnahmen zu einem unverhältnismäßig hohen Aufwand führen würden. Ob dies der Fall ist, ist vom Eigentümer in eigener Verantwortung ggf. nach Beratung durch das Landesamt für Denkmalpflege zu entscheiden.

Vorrang der Belange des Denkmalschutzes vor Energiesparmaßnahmen

Durch § 24 Abs.1 EnEV wird klargestellt, dass die Belange von Denkmalschutz und Denkmalpflege dem Interesse an der Durchführung von Energiesparmaßnahmen vorgehen. Die Erteilung einer Erlaubnis für eine energetische Sanierung von Baudenkmälern ist daher in der Regel zu versagen, wenn die beabsichtigten Maßnahmen die Substanz oder das Erscheinungsbild des Denkmals beeinträchtigen würden.

8.2 Energetisches Sanieren von Denkmalen

Die klimaschutzpolitischen Zielstellungen, die steigende Energienachfrage sowie die Endlichkeit fossiler Energieressourcen lassen neue Möglichkeiten bei der energetischen Sanierung von Baudenkmalen zu. Momentan gibt es noch keine verbindlichen Gesetzmäßigkeiten, jedoch haben etliche Bundesländer schon Leitfäden für den Umgang mit regenerativer Energie entwickelt.

Im Fokus steht neben den Verbrauchswerten (Betriebskosten) auch die Gesamtbilanz der Lebenszyklusbetrachtung. Dabei erzielen historische Gebäude oft keine schlechten Werte.

Die Energieeffizienz kann gesteigert werden durch die Dämmung der Gebäudehülle, den Austausch bzw. die Optimierung von Heizungs- und Lüftungsanlagen sowie Beleuchtungsanlagen.

Besonders im Dachbereich und bei der Verringerung von Transmissionswärmeverlusten durch Fenster und Türen bieten sich denkmalverträgliche Maßnahmen an.

Im Integrierten Energie- und Klimaschutzprogramm der Bundesregierung (IEKP) finden sich Förderprogramme zu:

- Förderprogramm für Kommunen und andere Einrichtungen
- Impulsprogramm Mini-KWK- Anlagen
- Marktanreizprogramm zur Förderung erneuerbarer Energien
- Förderprogramm „Vor-Ort-Beratung“ des Bundesministeriums für Wirtschaft und Technologie
- Experimenteller Wohnungs- und Städtebau
- Förderung von Klimaschutzprojekten in Kommunen sowie sozialen und kulturellen Einrichtungen
- Förderprogramm zur Weiterentwicklung der Nationalen Klimaschutzinitiative
- Sozial Investieren – Energetische Gebäudesanierung
- Energieeffizient Sanieren (Kredit, Sonderförderung, Kommunen)

mit Schwerpunkten der Förderung:

- Klimaschutzkonzepte und „Klimaschutzmanager“
- Klimaschutztechnologien bei Stromnutzung
- Klimaschutzmodellprojekte mit Leitbild CO_2-Neutralität
- „IT goes green“ – Förderung effizienter Computertechnologien
- Nachhaltige Stadtentwicklung
- Förderprogramme der KWF-Förderbank
- Städtebauförderungsprogramme
- Integrierte Ländliche Entwicklung (ILE)
- Wohneigentum, Mehrgenerationswohnen
- Energieeffizienz und Klimaschutz (EuK)
- Landesprogramme für die Denkmalpflege

9 Untersuchungen am Baudenkmal

Entsprechend der ärztlichen Therapiefindung für einen kranken Menschen, lässt sich ein Baudenkmal als Patient betrachten. Auch hier sind die Schritte

Anamnese (Voruntersuchung, Bestandsaufnahme, weiterführende Untersuchungen),
Diagnose (Analyse und Bewertung von Bestandsaufnahme und Untersuchungen) und
Therapie (Planungs- und Maßnahmenkonzept)

unerlässlich für den Erfolg der Maßnahmen am Baudenkmal.

9.1 Voruntersuchung, Bestandsaufnahme (Anamnese)

- Erste Baubegehung, Erkundung des Ist-Zustands
- Denkmalpflegerische, kunst- und kulturhistorische Information
- Baualterbestimmung:
  - aus Urkunden und Archivalien,
  - durch am Bauwerk zu findende Jahreszahlen, an Holz und Steinbauteilen in Originaleinbaulage,
  - durch Inschriften, Aufmalungen können allerdings übermalt sein,
  - anhand konstruktiver Merkmale und Materialeinsatz,
  - durch Radiokarbonmethode,
  - durch Dendrochronologie
- Hypothese zur Entstehungs-, Nutzungs- und Umnutzungsgeschichte
- Erste Einschätzung von Bauschäden unter Betrachtung der Konstruktion und der typischen Schadensbilder, Grobdiagnose zur Erstellung eines ersten Kostenrahmens
- Begehung des Objekts vom Dach beginnend in den Keller, konstruktive Zusammenhänge zum Tragwerk und zur Lastableitung von oben nach unten am besten erkennbar
- Erste Prüfung der Verträglichkeit mit der angestrebten Nutzung, dem Soll-Zustand
- Bestandserfassung:
  - Verformungsgerechtes Bauaufmaß, mit allen Maßen in Grundriss, Schnitt und Ansicht
  - Eintragung der Konstruktionsmaterialien
  - Erfassung der Kräfteverläufe und deren Störungen
  - Aufzeichnung der Schadensbilder und Mängel
- Maßnahmenorientierte Bestandserfassung mittels Raumbuch
- Festlegen der weiterführenden Untersuchungen.

Weiterführende Untersuchungen

- Zielformulierung der Baumaßnahme
- Bauwerksdiagnose mit bewertetem Ergebnis durch restauratorische, bauhistorische, archäologische, statische und bauchemische Untersuchungen
- Alle Untersuchungen mit Eingriffen in den Bestand oder Boden (Fundamentuntersuchungen) bedürfen der Genehmigung der Denkmalbehörden.

Typische Untersuchungsschwerpunkte am Baudenkmal

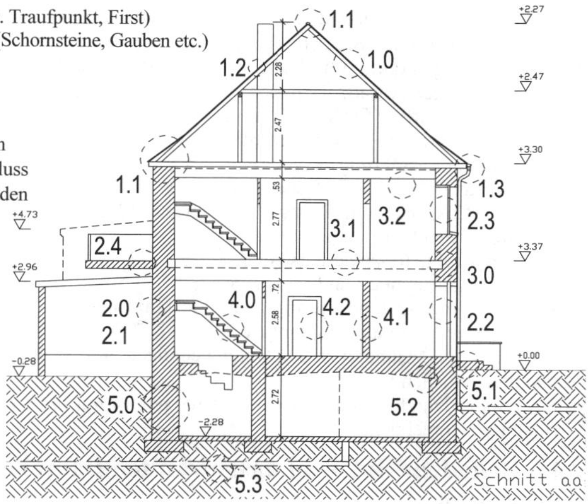

1.0 Schäden der Dachdeckung
1.1 Schadhafte Holzdachstühle (insbes. Traufpunkt, First)
1.2 Schäden an Dachdurchdringungen (Schornsteine, Gauben etc.)
1.3 Schäden der Dachentwässerung
2.0 Schäden Fassadenoberfläche
2.1 Risse in der Fassade
2.2 Schadhafte Fenster und Außentüren
2.3 Schwachstelle Fenster-Wandanschluss
2.4 Auskragende Bauteile, Balkonschäden
3.0 Balkenköpfe von Holzbalkendecken, Deckenbalken
3.1 Holzfußböden, Bodenbelag (Platten- und Terrazzobeläge)
3.2 Schadhafter Deckenputz und -stuck
4.0 Geschosstreppen
4.1 Risse und Schäden am Wandputz, Wandbekleidungen
4.2 Schäden an Innentüren
5.0 Durchfeuchtete Kellerwände
5.1 Feuchteschäden am Bauwerkssockel
5.2 Auflagerschäden an Kellerdecken, abgerissene Schildwände, Risse an Gewölben
5.3 Schadhafte (Grund-)Leitungen; Heizungsanlage; Schäden an Schornsteinen und Schornsteinköpfen; Elektroinstallation; Sanitärinstallation.

Rechnergestützte Untersuchungsmethoden	
Thermografie	Darstellung der Oberflächentemperatur von Bauteilen, nutzt das differenzierte Wärmeverhalten von Bauteilen, z. B. zur Sichtbarmachung von Fachwerk unter Verputz, Veränderungen im Mauerwerksgefüge (Materialwechsel, Bögen etc.).
Fotogrammetrie	Fassadenaufnahmen, Innenraumaufnahmen in fotografischer Aufnahmetechnik, maßstabsgerechte, detailgetreue Methode.
Endoskopie	Untersuchung von Hohlräumen mittels bildgebender endoskopischer Untersuchung, Balkenköpfe, Dach- und Deckenhohlräume, Baustoffschichtenfolge
Dendrochronologie	Altersbestimmung für Holz nach der vergleichenden Abfolge der Jahresringe; Arbeitsschritte: 1. Voruntersuchung / bauhistorische Fragestellung 2. Probeentnahme 3. Laborauswertung der Proben 4. Interpretation der Laborergebnisse bezüglich der bauhistorischen Erkenntnisse 5. Archivierung der Proben und der gewonnenen Erkenntnisse.
Radiokarbonuntersuchung	Altersbestimmung nach Kohlenstoffisotop 14C, für alle kohlenstoffhaltigen Baumaterialien; nur grobe Baudatierung (bei Holz ca. +/– 50 Jahre).

9.2 Analyse und Bewertung von Bestandsaufnahmen und Untersuchungen (Diagnose)

- Schadensanalyse
- Analyse des Bestandes
- Auswertung der Archivalien
- Analyse aus statischer, bauphysikalischer, brandschutztechnischer Sicht.

9.3 Planungs- und Maßnahmenkonzept (Therapie)

- Leitidee: Erhalt von soviel Originalsubstanz wie möglich!
- Planungsschritte sollten darauf abzielen, die ursprüngliche Baustruktur wie Geschosshöhen, Bauwerksachsen und Stützensysteme zu erhalten.
- Neue Nutzungsstruktur mit der vorhandenen Baustruktur in Einklang bringen
- Konzeptioneller Ansatz nach den Voruntersuchungen unter Berücksichtigung der Zielformulierung und weiterer Einflussfaktoren:
  - Standard der zu planenden Installation,
  - Installationsführung,
  - sparsamer Umgang mit Energie und Einsatz von dem Denkmal angemessenen Materialien,
  - Konstruktionen und Materialien, ohne schädliche Umweltbelastungen oder Belastungen für die Gesundheit,
  - angestrebte Restnutzungsdauer,
  - Wirtschaftlichkeit und Finanzierung,
  - Erhaltungsmöglichkeit originaler Substanz und Konstruktionen,
  - Auflagen aus Genehmigungen.
- Festlegen von Maßnahmen aus Untersuchungen zum Tragwerk, der Bauphysik, der Baubiologie oder der Bauchemie
- Bei exakter Durchführung der Untersuchungen ist nur mit wenigen Überraschungen während der Bauphase zu rechnen.

9.4 Schadensbilder an ausgewählten Bauteilen

9.4.1 Gründung

- Oft einfache Fundamentierung der historischen Bauten in geringer Tiefe auf gewachsenem Boden,
- Pfahl- oder Rostgründungen aus Eichenholz bei ständig hohem Grundwasserstand als Grundlage der Streifenfundamente,
- Fundamente oft in Bruchstein mit Kalkmörtel ausgeführt,
- Schäden an der Gründung zeigen sich meist im Mauerwerk,
- Abklärung bei vorhandenen Rissen, Anzeichen von Setzungen oder Ausbauchungen. Prüfen ob Setzung andauert, kann mit Putzmarken (Gipsmörtel) festgestellt werden.

Ursachen für Gründungsschäden:

- Zu schwach dimensionierte Fundamente, z. B. bei Übernahme aus einem Vorgängerbau oder bei Laststeigerungen,
- Bodenbewegungen, insbesondere bei tonigen und lehmigen Böden (Schrumpfen bei Trockenheit, Ausdehnen bei Feuchtigkeit),
- Grundwasserabsenkungen durch Flussregulierungen oder Tagebaubetrieb, Holzpfähle und Holzroste kommen an die Luft und verfaulen, die Steinfundamente sacken nach,
- stark schwankender Grundwasserstand durch Tiefbaumaßnahmen (Straßenbau, Kanalisationsbau) führt zu partieller Verdichtung des Bodens, mit Bildung von Hohlstellen und damit zum Absacken von Fundamenten und Rissbildungen am Gebäude,
- bei Beton auf Korrosion der Bewehrung achten (Rostflecken, Betonabsprengungen über der Bewehrung),
- Kalkkrusten am Beton können ein Zeichen von Kiesnestern sein,
- Schäden durch Feuchtigkeit im erdberührten Bereich, Abdichtung Ursachen für Feuchteschäden:
  - Abdichtung zum anstehenden Erdreich defekt (Setzungsschäden, Durchwurzelung, Versprödungsrisse)
  - gerissene Aufstandsbögen der Fallleitungen
  - Leckage in den Grundleitungen
  - Leitungsdurchführungen (Wasser, Gas, ELT etc.) undicht, zudem können die Leitungsgräben als Drainage wirken und zusätzlich Wasser zum Gebäude führen,
  - unsachgemäß verlegte Drainageleitung am Gebäude (wirkt als Wassersammler)
  - Spritzwasserschäden durch defekte Traufentwässerung
  - anstehendes Hangwasser.

9.4.2 Wandkonstruktionen

Häufig vorzufindende Wandaufbauten im Denkmalbereich:

- *Werksteinbauten* aus behauenem Naturstein in der Wandaußenschale bei Zweischalenmauerwerk, meist Sandstein, auch Granit, Kalkstein, Travertin, Marmor

- *Bruchsteinbauten* aus bruchrauhem Naturstein, meist Putzbauten, ab Spätbarock auch als Sichtmauerwerk ausgeführt
- *Putzbauten*: Mauer aus Bruchstein, Ziegel oder Fachwerk
- *Ziegelrohbauten* vorwiegend in den Küstenregionen von Nord- und Ostsee; sehr widerstandsfähig
- *Fachwerkbauten* mit Sichtfachwerk oder verputztem Fachwerk, auch auf massiven Sockelgeschossen (Stein- und Lehmwände)

Ursachen für Mauerwerksschäden	Abhilfe
• Risse aus Gründungsschäden • Verformungen aus Gewölbedruck, Gewölberisse • Schiefstellung durch fehlende Queraussteifung • dauernde Nässebelastung • Umbauten mit Ausbau von aussteifenden Wänden und Pfeilern, Öffnungseinbau mit Gefügezerstörungen, aus Deckensanierungen erhöhter Gewölbedruck	• Ursache der Rissbildung klären und abstellen, Rissbewegung auf Stillstand prüfen, • Sanierung durch Vergießen, Verpressen oder Vernadeln, • beim Vernadeln muss die Schadensursache für die Rissbildung sicher abgestellt sein, damit der Schaden an anderer Stelle nicht erneut auftritt, • Ringbalken, Stützwand, Strebepfeiler
Verwitterung und Substanzverlust, besonders bei Sandstein	Ergänzung von Fehlstellen aus Naturstein (Einsatz einer Vierung), Steinaustausch mit steinmetzmäßiger Bearbeitung nach Original, Steinfestigung durch Ersatzbindemittel, Reparatur mit künstlichem Steinersatz.

9.4.3 Holzbauteile

Untersuchungsmethoden an Holzbauteilen auf Substanzverlust:

- Anschlagen mit Hammer und Beil
- Anbohren
- Ziehen von Bohrkernen
- Endoskopie
- Densistomat (Bohrmaschine zur Bestimmung der Wandstärke, Nadelbohrung mit einer speziellen Bohrmaschine und Aufzeichnung des Bohrwiderstand in Abhängigkeit von der jeweiligen Bohrtiefe, Aussage über Holzfestigkeit und Holzfäule)

Schadensfeststellung auf:

- Schäden durch tierische Holzschädlinge,
- Schäden durch pflanzliche Holzschädlinge (Schwammarten),
- Risse und Brüche,
- fehlende Konstruktionshölzer,
- klaffende und fehlende Holzverbindungen,
- Verformungen aufgrund weiterer Ursachen,
- Mängel aus unsachgemäßer Reparatur oder Umbauten,
- Schäden, die auf falsche Ausfachungen zurückgehen,
- Schadensbilder aus Wand- und Bauteilverkleidungen.

9.5 Zusammenfassung Maßnahmenschritte am Baudenkmal

1. Bestandsaufnahme, Voruntersuchung
2. Untersuchungen
3. Analyse und Bewertung von Bestandsaufnahme und Untersuchungen
4. Planungs- und Maßnahmenkonzept
5. Finanzierung
6. Genehmigungsverfahren
7. Ausschreibung und Vergabe
8. Überwachung und Ausführung
9. Abnahme und Abrechnung
10. Dokumentation Vorzustand, während der Maßnahme, Abschluss.

6 B Bauwerksüberwachung, Bauwerksprüfung

Prof. Dr.-Ing. Martin Mertens

1 Einleitung

Nicht zuletzt aufgrund einiger Fälle von Tragwerksversagen im In- und Ausland in der jüngeren Vergangenheit, hat die Zustandsprüfung von Bauwerken („Bauwerksprüfung") zunehmend an Relevanz gewonnen. Neben einem Überblick über den baulichen Zustand des Bestandes erlaubt eine regelmäßige Prüfung das rechtzeitige Ergreifen von Maßnahmen zur Sicherung der Tragfähigkeit, der Dauerhaftigkeit und der Verkehrssicherheit von baulichen Anlagen. Sie hat mithin neben rechtlichen und technischen Aspekten auch eine hohe wirtschaftliche Bedeutung.

Während der Bauwerksprüfung von Ingenieurbauwerken im Zuge von Straßen und Wegen ein seit Jahrzehnten vorhandenes und ständig weiterentwickeltes technisches Regelwerk zugrunde liegt, sind anwendungsorientierte Richtlinien, Vorschriften und Empfehlungen für die Bauwerksprüfung von Gebäuden des Hochbaus erst in den letzten Jahren entstanden. Diese werden in Zukunft den allgemein anerkannten Regeln der Technik zuzuordnen sein.

2 Rechtliche Grundlagen, Regelwerke

Grundsätzlich trägt der Eigentümer die Verantwortung und die Haftungsrisiken für die ordnungsgemäße Instandhaltung, d. h. Wartung, Überprüfung und gegebenenfalls Instandsetzung, sowie für die Verkehrssicherheit und Standsicherheit seiner baulichen Anlage. Dies gilt für bauliche Anlagen von privaten Eigentümern ebenso wie von Bund, Ländern oder kommunalen Körperschaften.

2.1 Gebäude

Für bauliche Anlagen ist der einleitend genannte Grundsatz im Bauordnungsrecht der Länder in Verbindung mit § 823, §§ 836 bis 838 BGB (Verkehrsicherungspflicht) verankert.

Als Regelwerk für die Bauwerksüberwachung (Zustandsüberwachung) von baulichen Anlagen des Bundes gelten die „Richtlinien für die Durchführung von Bauaufgaben des Bundes (RBBau)" Abschnitt C in Verbindung mit der „Richtlinie für die Überwachung der Verkehrssicherheit von baulichen Anlagen des Bundes (RÜV)" .

Die im Sept. 2006 von der „Bauministerkonferenz der für Städtebau, Bau- und Wohnungswesen zuständigen Minister und Senatoren der Länder (ARGEBAU)" veröffentlichten „Hinweise für die Überprüfung der Standsicherheit von baulichen Anlagen durch den Eigentümer/Verfügungsberechtigten" [6.1] stellen einen Anhang zur Musterbauordnung dar. Diese werden ergänzt und konkretisiert durch die VDI-Richtlinie VDI 6200 (Februar 2010) „Standsicherheit von Bauwerken, Regelmäßige Überprüfung".

Wichtige Grundlage einer regelmäßigen Bauwerksprüfung ist eine vollständige und laufend aktualisierte Bestandsdokumentation. Hierzu gibt das DBV-Merkblatt „Bauwerksbuch, Empfehlungen zur Sicherheit und Erhaltung von Gebäuden" [6.3] wertvolle Hinweise.

2.2 Ingenieurbauwerke im Zuge von Straßen und Wegen

Rechtliche Verpflichtungen zu Bauwerksprüfungen ergeben sich aus den Straßengesetzen des Bundes und der Länder (s. z. B. § 4 Bundesfernstraßengesetz, FStrG). Durchgängig ist in den Straßengesetzen enthalten, dass der Träger der Straßenbaulast verantwortlich für alle Anforderungen in Bezug auf „Sicherheit und Ordnung" seiner Straßen und Bauwerke ist. Bau und Unterhaltung von Straßen sowie die Wahrnehmung der Straßenaufsicht stellen hoheitliches Handeln dar. Die Durchführung einer Bauwerksprüfung ist selbst allerdings kein hoheitliches Handeln, sondern die Tätigkeit eines Sachverständigen.

Die Norm DIN 1076 „Ingenieurbauwerke im Zuge von Straßen und Wegen" enthält Vorgaben zur technischen Durchführung einer Bauwerksprüfung, zu Prüfzyklen sowie Prüfarten und definiert Anforderungen an das Prüfpersonal.

Bund und Länder vereinheitlichen die Aufnahme der an den o.g. Bauwerken festgestellten Schäden mit Hilfe der „Richtlinie zur einheitlichen Erfassung, Bewertung, Aufzeichnung und Auswertung von Ergebnissen der Bauwerksprüfung nach DIN 1076 (RI-EBW-PRÜF)" und dem unterstützenden Programmsystem „SIB-Bauwerke" [6.2].

3 Arten der Bauwerksüberwachung und Bauwerksprüfung

3.1 Bauüberwachung und Prüfung nach VDI-Richtlinie 6200

Abgestuft nach Gefährdungspotenzial und Schadensfolgen werden für die zum Anwendungsbereich der VDI-Richtlinie 6200 gehörenden Gebäude in Kategorien („Consequences Classes") eingeteilt:

Tafel 6.15a Schadensfolgeklassen (Consequences Classes) für Bauwerke mit Beispielen (Aufzählung nicht vollständig)

Schadensfolgeklasse	Merkmale	Gebäudetypen und exponierte Bauteile	Beispielhafte Bauwerke
CC 3 Kategorie 1 gemäß [6.2]	hohe Folgen (Schäden an Leben und Gesundheit für sehr viele Menschen, große Umweltschäden)	insbesondere: Versammlungsstätten für mehr als 5000 Personen	Stadien, Kongresshallen, Mehrzweckarenen
CC 2 Kategorie 2 gemäß [6.2]	mittlere Folgen (Schäden an Leben und Gesundheit für viele Menschen, spürbare Umweltschäden)	bauliche Anlagen mit über 60 m Höhe Gebäude und Gebäudeteile mit Stützweiten größer 12 m und/oder Auskragungen größer 6 m sowie großflächige Überdachungen exponierte Bauteile von Gebäuden, soweit sie ein besonderes Gefährdungspotenzial beinhalten	Hochhäuser, Fernsehtürme Bürogebäude, Industrie- und Gewerbebauten, Kraftwerke, Produktionsstätten, Bahnhofs- und Flughafengebäude, Hallenbäder, Einkaufsmärkte, Museen, Krankenhäuser, Kinos, Theater, Schulen, Diskotheken, Sporthallen aller Art, z. B. für Eislauf, Reiten, Tennis, Radfahren, Leichtathletik große Vordächer, angehängte Balkone, vorgehängte Fassaden, Kuppeln
CC 1	geringe Folgen (Sach- und Vermögensschäden, geringe Umweltschäden, Risiken für einzelne Menschen)	robuste und erfahrungsgemäß unkritische Bauwerke mit Stützweiten kleiner 6 m Gebäude mit nur vorübergehendem Aufenthalt einzelner Menschen	Ein- und Mehrfamilienhäuser landwirtschaftlich genutzte Gebäude

Weiterhin erfolgt unter Würdigung der statisch-konstruktiven Tragwerkseigenschaften hinsichtlich von Lastumlagerungsmöglichkeiten und Versagensankündigungsfähigkeiten eine Einstufung in Robustheitklassen („Robustness Classes"):

Tafel 6.15b Robustheitklassen für Bauwerke mit Beispielen (Aufzählung nicht vollständig)

Robustheitsfolgeklasse	Bauwerk/Nutzung	Beispielhafte Tragwerke
RC 1	statisch bestimmte Tragwerke ohne Systemreserven Fertigteilkonstruktionen ohne redundante Verbindungen imperfektionsempfindliche Systeme Tragwerke mit sprödem Verformungsverhalten	Einfeldträger stützenstabilisierte Hallentragwerke ohne Kopplungen schlanke Schalentragwerke Tragwerke aus Glas Tragwerke mit Gussbauteilen
RC 2	statisch unbestimmte Konstruktionen mit Systemreserven elastisch-plastisches Tragverhalten	Durchlaufträger eingeschossige Rahmenkonstruktionen Stahlkonstruktionen
RC 3	Konstruktionen mit großer Systemredundanz Tragwerksverhalten und/oder Konstruktionen mit großen plastischen Systemreserven fehlerunempfindliche Systeme	mehrgeschossige Rahmenkonstruktionen vielfach statisch unbestimmte Systeme seilverspannte Konstruktionen überschüttete Bogentragwerke
RC 4	Tragwerke, bei denen alternativ berücksichtigte Gefährdungsszenarien und Versagensanalysen ausreichende Robustheit zeigen	Bemessung für Stützenausfall, Bemessung auf Lastfall Flugzeugabsturz

Das empfohlene abgestufte Vorgehen bei der Überprüfung der Standsicherheit besteht aus:

- Begehung durch den Eigentümer/Verfügungsberechtigten:
  Besichtigung des Bauwerks auf offensichtliche Schäden (Verformungen, Schiefstellungen, Risse, Durchfeuchtungen, Ausblühungen, Korrosion, … an tragenden Bauteilen, bauphysikalische Unzulänglichkeiten u.a.), kann auch durch den nicht fachkundigen Eigentümer/Verfügungsberechtigten

vorgenommen werden. Eine beispielhafte Checkliste und Dokumentation der Begehung durch den Eigentümer/Verfügungsberechtigten ist im Anhang der VDI-Richtlinie vorhanden.

- Inspektion durch eine fachkundige Person:
  Sichtkontrolle ohne Verwendung von technischen Prüfhilfsmitteln in Form einer visuellen Überprüfung von einer fachkundigen Person.
- Eingehende Überprüfung durch eine besonders fachkundige Person:
  Handnahe Prüfung aller maßgeblichen, auch der schwer zugänglichen Bauwerksteile auf Schädigung, eventuell stichprobenhafte Materialuntersuchungen.

Für die regelmäßige Zustandsprüfung werden in Abhängigkeit von der Schadensfolgeklasse die in der Tafel 6.16 angegebenen Zeitintervalle empfohlen. Im Einzelfall sind diese Anhaltswerte unter Berücksichtigung der Robustheitklasse, Alter und Erhaltungszustand, Nutzung, Umweltbedingungen usw. zu konkretisieren.

Tafel 6.16 Zeitintervalle für die regelmäßigen Überprüfungen (Anhaltswerte nach VDI-Richtlinie 6200)

Schadensfolgeklasse	Begehung gemäß Abschnitt 10.1.1	Inspektion gemäß Abschnitt 10.1.2	Eingehende Überprüfung gemäß Abschnitt 10.1.3
CC 3	1 bis 2 Jahre	2 bis 3 Jahre	6 bis 9 Jahre
CC 2	2 bis 3 Jahre	4 bis 5 Jahre	12 bis 15 Jahre
CC 1	3 bis 5 Jahre	nach Erfordernis	

3.2 Bauüberwachung und Prüfung nach DIN 1076

Laufende Beobachtung (LB): Dreimalige Überwachung/Jahr, befasst sich vorrangig mit Belangen der Verkehrssicherheit. Bauwerke werden von der Verkehrsebene und vom Geländeniveau aus auf Funktionssicherheit von Einbauteilen (Lager, Fahrbahnübergänge, Entwässerungseinrichtungen u. a.) und von Schutzeinrichtungen (Schutzplanken, Geländer, Lärmschutzwände u. a.) beobachtet.

Besichtigung (B): Einmal jährliche Besichtigung auf Mängel und Schäden von der Verkehrsebene und vom Geländeniveau aus. Weitere Besichtigungen nach Hochwasser, Fahrzeuganprall, Erdbeben, Schäden an Wasser- und Gasleitungen u. a.

Einfache Prüfung (EP): Erfolgt alle drei Jahre durch Sichtprüfung aller ohne Verwendung besonderer Rüstungen zugänglichen Teile hinsichtlich der Tragfähigkeit, der Standsicherheit und des baulichen Zustandes. Bei Holzbauwerken erfolgt die Einfache Prüfung jährlich.

Hauptprüfung (HP): Die alle sechs Jahre erforderlichen Hauptprüfungen schließen die Einfachen Prüfungen mit ein und ersetzen diese im Prüfzyklus. Handnahe Sichtprüfung aller Bauwerksteile unter Einsatz technischer Hilfsmittel zur zerstörungsfreien Materialuntersuchung. Bei Bedarf auch zerstörende Prüfung (z. B. zum Zwecke des Endoskopisierens, der Feststellung der Karbonatisierungstiefe, Entnahme von Bohrkernen für Laboruntersuchungen). Schwer zugängliche Bauwerksteile sind mit Hilfe von Besichtigungseinrichtungen, Rüstungen u. Ä. zu prüfen. Gegebenfalls auch vermessungstechnische Kontrollen, wenn geometrische Veränderungen vermutet werden.

Prüfung aus besonderem Anlass (SP): Prüfung auf Anordnung oder nach größeren Unwettern, Hochwassern, Verkehrsunfällen oder sonstigen den Bestand der Bauwerke beeinflussenden Ereignissen.

Prüfung nach besonderen Vorschriften: Überprüfung der Einhaltung der Überwachungs- und Prüfzyklen von maschinellen und elektrischen Anlagen nach deren einschlägigen Vorschriften. Prüfung ob bei Mängeln und Schäden notwendige Maßnahmen zu deren Beseitigung ergriffen wurden.

4 Anforderungen an das Überwachungs- und Prüfpersonal

4.1 Bauliche Anlagen im Anwendungsgebiet der RBBau

Gemäß RRBau Teil C und RÜV ist die Bauüberwachung nach Möglichkeit mit verwaltungseigenen, sachkundigen Fachkräften durchzuführen, die über die erforderlichen statischen, konstruktiven und bauphysikalischen Kenntnisse verfügen.

Tafel 6.17 Überwachung, Prüfungsarten und Prüfzyklen nach DIN 1076, Abschn. 5 und 6

Bauwerk	Prüfungsart[1)]	Prüfung vor Abnahme der Leistung	Gewährleistung in Jahren					Prüfungen bis zum Ende der Nutzungsdauer in Jahren							
							Prüfung vor Ablauf der Gewährleistung								
		Baujahr	1	2	3	4	5	6	7	8	9	10	11	12	weiterhin
Brücken und Ingenieurbauwerke	LB		2×	2×	2×	2×	2×	2×	2×	2×	2×	2×	2×	2×	2×/Jahr
	B		1×	1×	–	1×	–	1×	1×	–	1×	1×	–	1×	1×/Jahr
	EP				*					*			–		6
	HP	*					*						*		6
	SP		auf Anordnung oder nach größeren Unwettern, Hochwassern, Verkehrsunfällen oder sonstigen, den Bestand der Bauwerke beeinflussenden Ereignissen												

[1)] LB = Laufende Beobachtung, dreimal pro Jahr; B = Besichtigung, jährlich
EP = Einfache Prüfung; HP = Hauptprüfung; SP = Prüfung aus besonderem Anlass

4.2 Empfehlungen nach VDI-Richtlinie 6200

Begehungen: Durch den (nicht sachkundigen) Eigentümer/Verfügungsberechtigten

Inspektion: Durch eine fachkundige Person, z. B. Bauingenieure und Architekten mit mindestens fünf Jahren Berufserfahrung in den Bereichen Aufstellen von Standsicherheitsnachweisen, technische Bauleitung und vergleichbaren Tätigkeiten, bzw. mindestens dreijährige Erfahrung in der Überprüfung vergleichbarer Konstruktionen.

Prüfungen: Bauingenieure mit mindestens zehn Jahren Berufserfahrung in der Aufstellung von Standsicherheitsnachweisen (mindestens fünf Jahre), technischer Bauleitung (mindestens ein Jahr) und vergleichbaren Tätigkeiten. Erfahrungen in der jeweiligen Fachrichtung (Massivbau, Metallbau, Holzbau). Weiterhin Prüfingenieure bzw. Sachverständige für Standsicherheit für die jeweilige Fachrichtung und Prüfämter.

4.3 Ingenieurbauwerke im Zuge von Straßen und Wegen (DIN 1076)

Die DIN 1076 fordert, dass mit den Prüfungen ein sachkundiger Ingenieur zu betrauen ist, der auch die statischen und konstruktiven Verhältnisse der Bauwerke beurteilen kann.

In [6.4] werden die beruflichen und persönlichen Anforderungen präzisiert:

- Abgeschlossenes Universitäts- oder Fachhochschulstudium, in der Regel im Bauingenieurwesen, Fachrichtung Konstruktiver Ingenieurbau.
- Fünf- bis zehnjährige Berufserfahrung im Brückenbau bzw. Konstruktiven Ingenieurbau erwünscht, insbesondere aus dem Bereich der Entwurfsbearbeitung, Bauausführung, Standsicherheitsberechnung und der Bauwerksinstandsetzung.
- Kenntnisse der einschlägigen Gesetze, Verwaltungsvorschriften und Regeln, insbesondere hinsichtlich der Verkehrssicherung, Arbeitsschutz und Unfallverhütung.
- Gute körperliche und gesundheitliche Verfassung, insb. Hör- und Sehfähigkeit, Schwindelfreiheit.

Das Absolvieren einschlägiger Weiterbildungslehrgänge für Ingenieurinnen und Ingenieure der Bauwerksprüfung wird empfohlen [6.5].

5 Bewertung von Schäden und Mängeln, Dokumentation nach VDI-Richtlinie 6200 für Gebäude

Die Richtlinie empfiehlt die Anlage einer Bestandsdokumentation „Standsicherheit", vergleichbar mit dem „Bauwerks-/Objektbuch" in den Hinweisen der ARGE-Bau [6.1], in der alle während der Planungs- und Bauphasen für die Standsicherheit und Feuerwiderstandsdauer der tragenden Bauteile erstellten, notwendigen Dokumente eingeordnet werden, einschließlich aller laufenden Fortschreibungen. Ein Gliederungsvorschlag für die Bestandsdokumentation ist in der Richtlinie enthalten.

Das „Bauwerksbuch Standsicherheit" ist ein handlicher Auszug aus der Bestandsdokumentation Standsicherheit, in dem die Ergebnisse aller durchgeführten regelmäßigen Überprüfungen zu dokumentieren sind.
Nach Umbauten, Umnutzungen und technischen Modernisierungen wird eine Inspektion empfohlen.
Nach außergewöhnlichen Einwirkungen (Hochwasser, Brand, Erdbeben usw.) ist eine außerplanmäßige Überprüfung sinnvoll.

6 C Schutz und Instandsetzung

I Schutz und Instandsetzung von Betonbauwerken

Univ.-Prof. Dr.-Ing. Michael Raupach

1 Regelwerke

Beim Schutz und bei der Instandsetzung von Betonbauteilen sind verschiedene Regelwerke zu beachten. Die Instandsetzungsarbeiten sind nach einem von einem sachkundigen Planer aufgestellten Instandsetzungsplan auszuführen. Der detaillierte Arbeitsplan muss von einer qualifizierten Führungskraft aufgestellt werden. Die Qualifikation wird durch den SIVV-Schein (Schützen, Instandsetzen, Verbinden, Verstärken) nachgewiesen. Kunststoffmodifizierte Spritzmörtel dürfen nur von Personen mit dem sogenannten Düsenführerschein (D-Schein) verarbeitet werden.

Alle Materialien müssen die Anforderungen der Richtlinie für Schutz und Instandsetzung von Betonbauteilen (Rili-SIB) des DAfStB [6.15], Teil 2, bzw. der Technischen Vertragsbedingungen der ZTV-ING [6.16] erfüllen.

Alle Stoffe, die im Bereich der Betoninstandsetzung angewendet werden dürfen, sind in der Bauregelliste enthalten [6.17]. Die genormten Stoffe wie Beton, Spritzbeton, Rissfüllstoffe und Oberflächenschutzsysteme (außer OS7 und OS10) sind in der Bauregelliste A, Teil 1, die nicht genormten Stoffe, das sind kunststoffhaltige Mörtel/Betone (PCC, SPCC, PC), Korrosionsschutzstoffe, OS7 und OS10, in der Bauregelliste A, Teil 2 aufgeführt, soweit sie dort eingesetzt werden, wo die Standsicherheit des Bauwerkes betroffen ist. Stoffe von untergeordneter Bedeutung sind in Liste C enthalten.

Als Nachweis der grundsätzlichen Eignung eines Instandsetzungsstoffes bzw. -systems nach Bau-regelliste A, Teil 2 dient ein allgemeines bauaufsichtliches Prüfzeugnis (abP). Grundlage dieses Zeugnisses ist die Grundprüfung des Produktes, die nur von einer dafür vom Deutschen Institut für Bautechnik anerkannten Stelle durchgeführt werden darf. Auch das abP wird von der Prüfstelle ausgestellt. Bestandteil eines abP sind u. a. die Ausführungsanweisungen des Herstellers, die bei Untergrundvorbehandlung, Anmischen, Verarbeitung, Ausführung und Nachbehandlung unbedingt zu beachten sind. Dort sind unter anderem auch Angaben zu den minimalen und maximalen Verarbeitungstemperaturen sowie Schichtdicken enthalten.

Angewendet werden dürfen Rissfüll- und Korrosionsschutzstoffe, PCC, SPCC, PC und OS-Systeme grundsätzlich nur, wenn für sie ein Übereinstimmungszertifikat (ÜZ) vorliegt. Zur Kennzeichnung der ÜZ-Produkte ist auf ihrer Verpackung ein Übereinstimmungszeichen (Ü-Zeichen) angebracht.

2 Angriffe auf Stahlbeton

Mögliche Angriffe auf Stahlbetonbauteile sind im nachfolgenden Schema zusammengestellt.

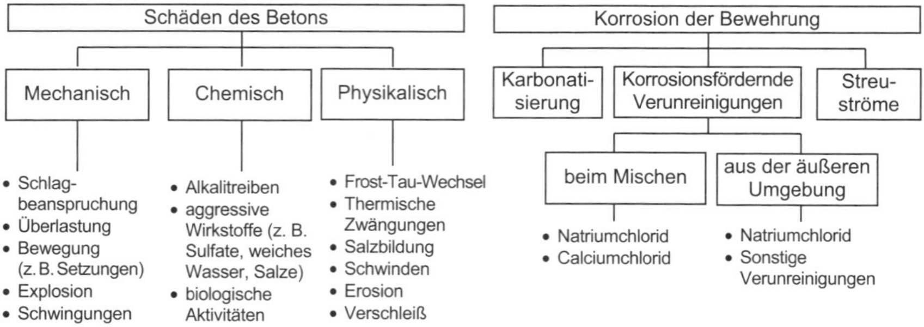

3 Bauwerksdiagnose

3.1 Erfassung des Ist-Zustandes

Beispiele zur Untersuchung des Ist-Zustandes sind in nachfolgender Tafel 6.19 wiedergegeben.

Tafel 6.19 Untersuchung des Ist-Zustandes eines Bauwerks (Beispiele nach [6.15])

	Kriterien zur Beschreibung des Ist-Zustandes	Untersuchungsmethoden, Hilfsmittel	Untersuchungsergebnisse und Bewertung
1	**Umgebungs- und Nutzungsbedingungen**		
1.1	Mechanische Einwirkungen (z. B. Fahrzeuganprall, Überlastung)	Inaugenscheinnahme	Bewertung im Einzelfall
1.2	Physikalische und chemische Einwirkung (z. B. von Temperatur, Feuchte, Frost, Tausalzen, Gasen, Ölen, Fetten)	Messungen, Erkundungen	Angabe über Art und Umfang der Einwirkungen, Bewertung im Einzelfall
1.3	Einwirkungen aus Betrieb (Reinigung, Wartung)	Auswertung von Protokollen, z. B. der Streckenwartung	Häufigkeit und Art der Reinigung, Reinigungsmittel, Bewertung im Einzelfall
1.4	Zugänglichkeit	Örtliche Feststellungen	Bewertung im Einzelfall (Hinweis auf Zugänglichkeit und/oder Unzugänglichkeit, evtl. auf Geräte und Beleuchtung)
2	**Bauwerks- und Bauteileigenschaften**		
2.1	Brückenklasse, statisches System	Bauwerksbuch, Bauwerksakten	Bewertung im Einzelfall
2.2	Herstellungsbedingungen (z. B. Witterung, Besonderheiten)	Bautagebuch, Wetteramt, Bauwerksakten	Bewertung im Einzelfall
2.3	Optischer Eindruck (z. B. Abplatzungen, Risse, Rostfahnen, Ausblühungen, Verschmutzungen, Absandungen)	Inaugenscheinnahme, Rissaufnahme, z. B. mit Risslupe	Lokalisierung und Ausmaß, Bewertung im Einzelfall
2.4	Hohlstellen	Abklopfen, Impuls-Echo-Verfahren	Lokalisierung und Ausmaß, Bewertung im Einzelfall
2.5	Betondeckung	Induktivitätsmessungen, Anbohren	Bewertung durch Vergleich mit den Anforderungen
2.6	Verformung, Zwang, Pressungen	Messungen und Berechnungen	Bewertung im Einzelfall
2.7	Entwässerung, Abdichtung, Belag, Fugen	Inaugenscheinnahme, Abklopfen, ggf. Öffnen und/oder Messen	Bewertung nach dem Zustand und dem Grad der Funktionsfähigkeit
2.8	Fahrbahnübergänge, Einbauten	Inaugenscheinnahme	
2.9	Bewehrungskorrosion	Elektrochemische Potentialmessung	Lokalisierung von Bewehrungskorrosion in Stahlbetonbauwerken
3	**Baustoffeigenschaften**		
3.1	Druckfestigkeit	Zerstörungsfreie Prüfung („Schmidt-Hammer"), in begründeten Einzelfällen zerstörende Prüfung durch Entnahme von Bohrkernen; DIN 1048-2	Nennfestigkeit, Vergleich mit geforderten Werten
3.2	Oberflächenzugfestigkeit	Geregeltes Abreißprüfgerät a) Oberfläche b) ggf. tiefer liegende Schichten (Profilaufnahme); DAfStb-Heft 420	Vergleich mit geforderten Werten. Falls nicht ausreichend, Überprüfung des Festigkeits- und Verformungsverhaltens
3.3	Korrosion der Bewehrung	Augenscheinliche Betrachtung	Zur Bewertung sind sowohl die Absolutwerte als auch die gegenseitigen Abhängigkeiten der einzelnen Baustoffeigenschaften in ihrer Gesamtheit zu berücksichtigen. Grenzwerte einzelner Baustoffeigenschaften sind daher nicht genannt.
3.4	Karbonatisierung	Phenolphthalein, Thymolphthalein; DAfStb-Heft 422	
3.5	Chloridbelastung	DAfStb-Heft 401	
3.6	Gesamtporosität, Kapillarität	z. B. nach DIN 52 103	
3.7	Wasseraufnahmekoeffizient	z. B. nach DIN 52 617	

3.2 Karbonatisierung

Bei der Karbonatisierung des Betons diffundiert das in der Luft enthaltene Kohlendioxid in den Zementstein und bildet mit Calciumhydroxid ($Ca(OH)_2$) sowie anderen calciumhaltigen Hydratationsprodukten Calciumcarbonat ($CaCO_3$). Dadurch kann der pH-Wert der Porenlösung bis unter 9 sinken und der Porenraum wird in Abhängigkeit vom Bindemittel verändert. Durch den reduzierten pH-Wert bedingt die Karbonatisierung eine Depassivierung der Bewehrung. Die Karbonatisierung ist mit Hilfe des Phenolphthalein-Tests oder durch Bestimmung des pH-Wertes der Porenlösung festzustellen. Dabei ist die Verteilung der Karbonatisierungstiefe über die Bauteiloberfläche zu ermitteln.

3.3 Kritischer Chloridgehalt

Der kritische, korrosionsauslösende Chloridgehalt im Beton hängt von einer Reihe von Einflussfaktoren ab und muss daher im jeweiligen Einzelfall bei Überschreitung der im Folgenden genannten Grenzwerte durch den sachkundigen Planer beurteilt werden. Hierbei sind außer dem Chloridgehalt auch die Umgebungsbedingungen zu berücksichtigen. Diese Beurteilung betrifft auch die Festlegung der abzutragenden Betonbereiche. Die nachfolgenden Angaben in den einzelnen Grundsatzlösungen sind deshalb nur als Richtwerte zu verstehen.

Wenn erhöhte Chloridgehalte nicht ausgeschlossen werden können, sind sie nach [6.15] im Bereich der Betondeckung der Bewehrung zunächst überschlägig zu prüfen. Werden Chloridgehalte über 0,2 % der Zementmasse oder über 0,03 % der Betonmasse festgestellt, so sind die Konzentrationsverteilungen über die Bauteildicke im Bereich der mit Chlorid beaufschlagten Bauteiloberflächen zu ermitteln.

Wenn nach [6.15] bei Stahlbetonbauteilen in der Betondeckungsschicht Chloridgehalte über 0,5 % Cl^-, bezogen auf die Zementmasse, und bei Spannbetonbauteilen Werte über 0,2 % Cl^- ermittelt werden, ist zur Beurteilung der erf. Maßnahmen der sachkundige Planer einzuschalten. Dies gilt auch dann, wenn an der Betonoberfläche keine Anzeichen von Korrosion an der Bewehrung feststellbar sind. Bei unbekannter Betonzusammensetzung ist der Zementgehalt auf der sicheren Seite liegend abzuschätzen.

3.4 Klassifizierung der Betonfeuchte

Die Betonfeuchte wird nach [6.15] wie folgt eingeteilt:

trocken Eine ca. 2 cm tiefe, frisch hergestellte Bruchfläche darf (infolge Austrocknens) nicht augenscheinlich heller werden. Unter einer am Rand aufgeklebten PE-Folie (500 mm × 500 mm) darf über Nacht keine Dunkelfärbung des Betons und keine Kondensation von Feuchtigkeit auftreten.

feucht Die Oberfläche hat ein mattfeuchtes Aussehen, darf aber keinen glänzenden Wasserfilm aufweisen; das Porensystem des Betonuntergrundes darf nicht wassergesättigt sein, d. h. aufgebrachte Wassertropfen müssen eingesogen werden und nach kurzer Zeit muss die Oberfläche wieder matt erscheinen. Der Feuchtegehalt kann mit der CM-Methode bzw. durch Darren bei 105 °C genauer bestimmt und mit dem in den Angaben zur Ausführung angegebenen zulässigen Wert verglichen werden. Der zulässige Wassergehalt hängt u. a. vom Zementgehalt, Wasserzementwert und Porenvolumen ab. Ein fester Prozentsatz lässt sich nicht angeben. Für Bewertung und Zuordnung ist eine besondere Sachkenntnis erforderlich.

nass Das Porensystem des Betonuntergrundes ist wassergesättigt; die Betonoberfläche wirkt glänzend, weist jedoch keinen tropfbaren Wasserfilm auf.

4 Instandsetzungsprinzipien bei Bewehrungskorrosion nach Rili-SIB

4.1 Instandsetzungsprinzip R

Das Instandsetzungsprinzip R beruht auf der erneuten Bildung einer Passivschicht auf der Oberfläche der Stahlbewehrung (Repassivierung) durch Auftragen eines zementgebundenen Mörtels bzw. Betons, im Weiteren einheitlich als Mörtel bezeichnet, der zu einem erneut hohen pH-Wert an der Stahloberfläche führt. Die Bewehrung wird bei dieser Vorgehensweise nicht wie früher üblich beschichtet, da der pH-Wert des Mörtels sonst nicht einwirken kann.

Bei Grundsatzlösung R1-K wird der alkalische Mörtel sowohl für die örtliche Reprofilierung als auch für den großflächigen Auftrag auf die ursprüngliche Betonoberfläche oder großflächig abgetragene Bereiche verwendet (Abb. 6.21a). Der Instandsetzungsmörtel muss eine ausreichende Alkalität bzw. einen ausreichenden Karbonatisierungswiderstand haben. Seine Dicke muss so bemessen werden, dass sie größer ist als die Karbonatisierungstiefe am Ende der Lebensdauer des Bauteils. Die günstige Wirkung von event. zusätzlich aufgebrachten Oberflächenschutzsystemen darf aus Sicherheitsgründen nicht angesetzt werden.

Abgetragen werden muss lediglich lockerer Beton. Neben den Betonstählen ist soviel Altbeton zu entfernen, dass der Instandsetzungsmörtel hohlstellenfrei eingebracht werden kann. In seltenen Fällen, wenn die mittlere Karbonatisierungstiefe mehr als 20 mm hinter die äußerste Bewehrungslage vorgedrungen ist, ist der Altbeton bis zur Oberfläche der äußeren Bewehrungslage zu entfernen, um eine Realkalisierung zu ermöglichen. Die Stahloberfläche muss dann so behandelt werden, dass mindestens ein Oberflächenvorbereitungsgrad Sa 2 nach DIN EN ISO 12944-4 erreicht wird.

Bei Grundsatzlösung R2-K wird der alkalische Mörtel nur zur Ausbesserung örtlich begrenzter Bereiche verwendet, wenn dort zu große Karbonatisierungstiefen oder zu geringe Betondeckungen festgestellt wurden. In der Regel wird zur Verbesserung des Karbonatisierungswiderstandes des Bauteils dessen gesamte Oberfläche mit einem Oberflächenschutzsystem OS 2, OS 4 oder OS 5 beschichtet. Dabei muss die begrenzte Dauerhaftigkeit solcher Maßnahmen im Instandhaltungsplan berücksichtigt werden. Verzichtet werden kann auf ein Oberflächenschutzsystem nur, wenn nach der Instandsetzung auch außerhalb der örtlichen Reprofilierungsstellen ohne ein Oberflächenschutzsystem die Betondeckung am Ende der

Nutzungsdauer größer als die Karbonatisierungstiefe ist. Unabhängig davon darf Verfahren R2 nur angewendet werden, wenn die Betondeckung nach der Instandsetzung mindestens 10 mm beträgt. Im anderen Fall muss Instandsetzungsprinzip C oder W angewendet werden.

In Bereichen, in denen Stahlbewehrung im karbonatisierten Bereich liegt, wird der Altbeton 10 mm bzw. 15 mm bei $d_s \geq 20$ mm um den Stabstahl herum entfernt, um ein hohlstellenfreies Einbringen des Instandsetzungsmörtels zu ermöglichen.

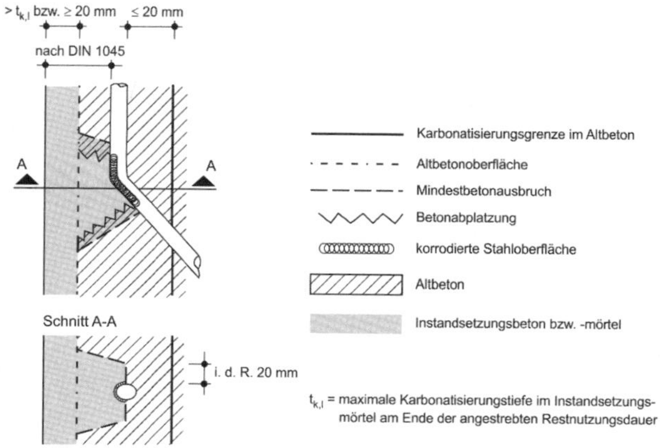

Abb. 6.21a Grundsatzlösung R1-K, schematische Darstellung nach [6.15]

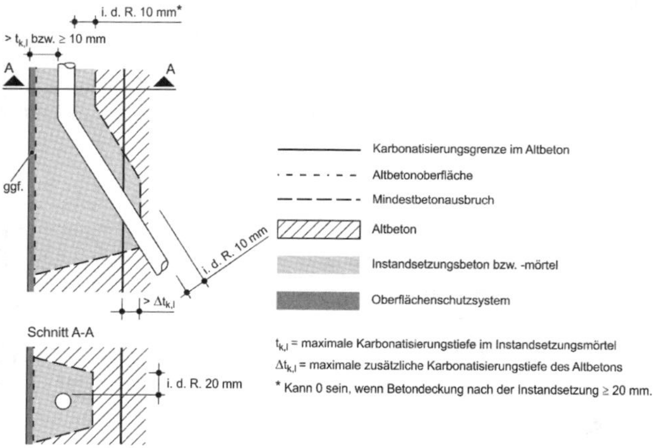

Abb. 6.21b Grundsatzlösung R2-K nach [6.15]

4.2 Instandsetzungsprinzip W

Das Prinzip beruht auf einer Absenkung des Wassergehaltes im Beton, die die elektrolytische Leitfähigkeit so stark reduziert, dass die Korrosionsgeschwindigkeit auf praktisch vernachlässigbare Werte gesenkt wird. Dies kann durch geeignete Oberflächenschutzsysteme (z. B. auf Basis von Kunststoffen oder durch Metallabdeckungen) erreicht werden, die das Eindringen von Wasser weitgehend verhindern können. Darüber hinaus muss auch verhindert werden, dass Wasserdampf von innen oder Bodenfeuchte in das Bauteil eindringt. Die Vorgehensweise bei der Instandsetzung ist in Abb. 6.22a schematisch dargestellt.

Neben lockeren Bereichen ist Altbeton nur von den korrodierten Abschnitten der Bewehrung zu entfernen. Ist die der Bauteiloberfläche abgewandte Umfangsfläche von Stählen betroffen, muss auch hinter dem

Stabstahl Beton entfernt werden, um ein hohlstellenfreies Einbringen des Instandsetzungsmörtels zu ermöglichen. Da der Erfolg der Instandsetzungsmaßnahme von der Wirksamkeit des Oberflächenschutzsystems abhängt, dürfen nur OS-Systeme verwendet werden, die ein Wassereindringen verhindern.

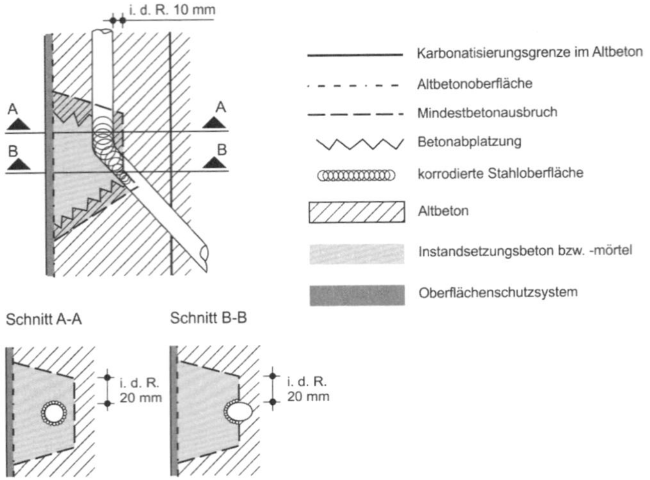

Abb. 6.22a Schematische Darstellung des Instandsetzungsprinzips W nach [6.15]

4.3 Instandsetzungsprinzip C

Das Prinzip beruht auf der Verhinderung der anodischen Eisenauflösung durch eine geeignete Beschichtung der Stahloberfläche. Es wird angewendet, wenn die Anforderungen an die Grundsatzlösungen R1-K bzw. R2-K und W nicht erreicht werden können. Dies ist insbesondere der Fall, wenn die Betondeckung auch nach der Instandsetzung kleiner als 10 mm ist und z. B. aufsteigende Feuchtigkeit oder rückseitige Feuchteeinwirkungen vorliegen.

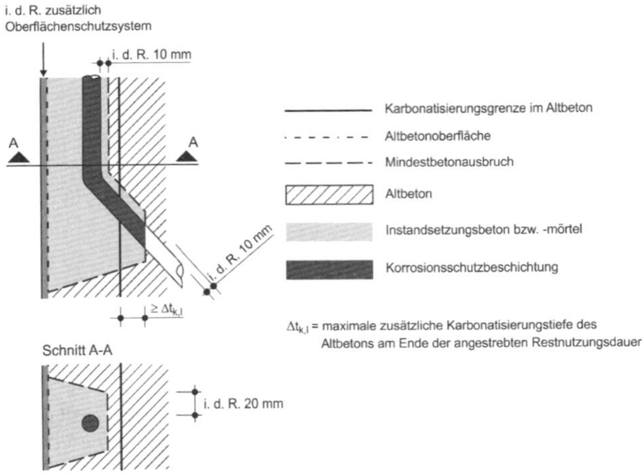

Abb. 6.22b Schematische Darstellung des Korrosionsschutzprinzips C nach [6.15]

Im Normalfall muss der Altbeton rund um die im karbonatisierten Bereich liegenden Bewehrungsabschnitte abgetragen werden zuzüglich eines Sicherheitszuschlags $\Delta t_{k,l}$, der den Karbonatisierungsfortschritt bis zum Ende der Nutzungszeit berücksichtigt, s. Abb. 6.22b. Danach ist die freigelegte Stahloberfläche mittels Strahlen mit einem trockenen oder feuchten Strahlmittel so zu entrosten, dass der Oberflächenvorbereitungsgrad Sa 2½ nach DIN EN ISO 12 944-4 an jeder Stelle erreicht wird. Dies gilt auch für Kreuzungsbereiche von Betonstählen und die Rückseiten der Stahloberflächen. Auf die so vorbereiteten Stahloberflächen ist ein Korrosionsschutzsystem aufzubringen. Im Regelfall wird die gesamte Betonoberfläche zur Verbesserung seines Karbonatisierungswiderstandes zusätzlich mit einem Oberflächenschutzsystem beschichtet, wobei dessen günstige Wirkung berücksichtigt werden darf. Auf das Oberflächenschutzsystem darf nur verzichtet werden, wenn das Korrosionsproblem lediglich auf eine örtliche Unterschreitung der Betondeckung zurückzuführen war. Kann der karbonatisierte Altbeton nicht in dem beschriebenen Umfang entfernt werden, kann das Verfahren mit dem Verfahren W kombiniert werden.

4.4 Instandsetzungsprinzipien bei Bewehrungskorrosion infolge Chlorideinwirkung

Ist die Depassivierung der Stahloberfläche auf die Einwirkung von Chloriden zurückzuführen, muss sämtlicher Altbeton, dessen Chloridgehalt über dem dort maßg. korrosionsauslösenden Chloridgehalt liegt, im Bereich von Stahlbewehrung zzgl. eines Sicherheitszuschlags entfernt werden. Grundsätzlich muss sichergestellt werden, dass während der gesamten Restnutzungszeit der korrosionsauslösende Chloridgehalt auf der Stahloberfläche nicht mehr erreicht wird. Das heißt, es muss nachgewiesen werden, dass die max. erreichbare Tiefe des korrosionsauslösenden Chloridgehaltes kleiner ist als die Betondeckung nach der Instandsetzung. Um dies sicher zu erreichen, wird in der Regel ein Oberflächenschutzsystem auf die Betonoberfläche aufgebracht, dessen günstige Wirkung berücksichtigt werden darf.

Liegt die Front des korrosionsauslösenden Chloridgehaltes in größeren Bereichen oder über das gesamte Bauteil hinter der Bewehrung, kann es – analog zur Grundsatzlösung R1-K – erforderlich sein, eine flächige Mörtel-Beschichtung aufzubringen. Diese Grundsatzlösung wird als R1-Cl bezeichnet und ist exemplarisch in Abb. 6.23 dargestellt. Liegt der korrosionsauslösende Chloridgehalt dagegen nur örtlich hinter der Bewehrung oder kann z. B. aus statischen Gründen keine flächige Mörtel-Beschichtung aufgebracht werden, ist die Grundsatzlösung R2-Cl möglich. In diesem Fall muss die Betondeckung nach der Instandsetzung mindestens 10 mm groß sein und das zwingend aufzubringende Oberflächenschutzsystem muss das weitere bzw. erneute Eindringen von Chloriden verhindern.

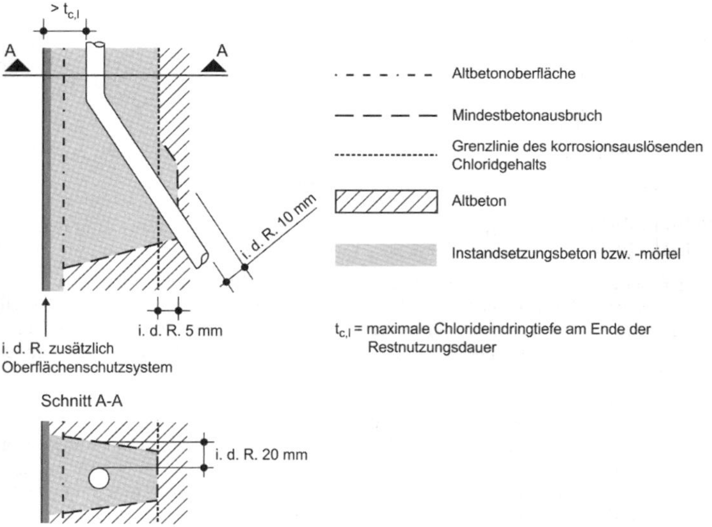

Abb. 6.23 Korrosionsschutzprinzip R1-Cl nach [6.15]

4.5 Kathodischer Korrosionsschutz

Haupteinsatzgebiet des kathodischen Schutzes sind Stahlbetonbauteile, die bis zur ersten Bewehrungslage oder auch in tiefer liegenden Zonen korrosionsauslösende Chloridgehalte enthalten. Der Korrosionsschutz erfolgt i. d. R. durch fremdstrominduzierte Polarisierung mit inerten Anoden (Abb. 6.24).

Während das Verfahren des Kathodischen Korrosionsschutzes in der DIN EN ISO 12696:2012 geregelt und über die Instandsetzungsrichtlinie des DAfStb [6.15] bauaufsichtlich eingeführt ist, ist für die dabei verwendeten Anodensysteme einschließlich der Einbettmörtel i.d.R. eine projektbezogene Zustimmung im Einzelfall erforderlich. Der DAfStb hat dazu eine Empfehlung veröffentlicht, die Angaben zu den erforderlichen Nachweisen für die Anoden, z. B. für edelmetallbeschichtete Titananoden, und für die Einbettmörtel (KKS-Funktionsprüfung und Prüfung des elektrischen Widerstandes) enthält.

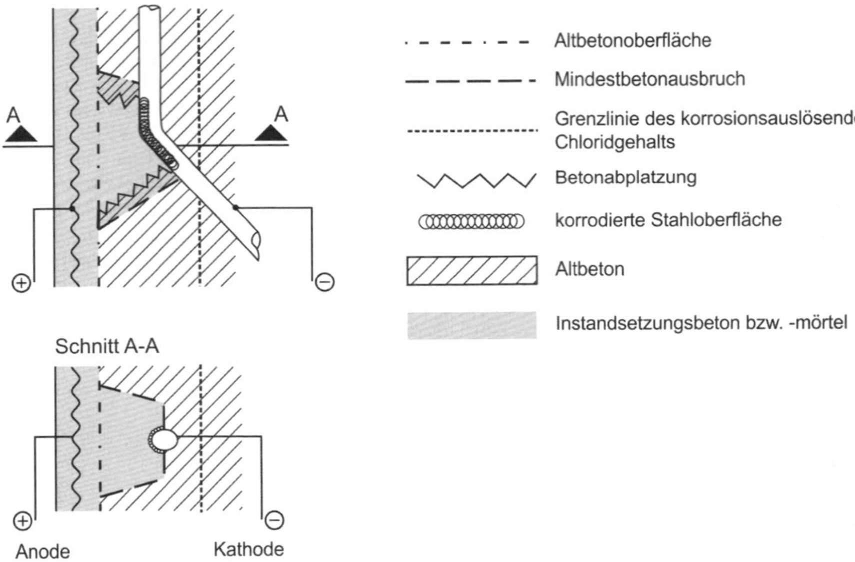

Abb. 6.24 Grundsatzlösung kathodischer Korrosionsschutz (Schema) nach [6.15]

5 Untergrundvorbehandlung

Oberflächenbeschaffenheit

- Für örtliche Ausbesserungen bzw. flächige Beschichtungen muss der Betonuntergrund
  - frei sein von losen und mürben Teilen (z. B. auch von minderfesten Risskanten) und von sich leicht ablösenden arteigenen Schichten (z. B. Zementhaut) und darf nicht abmehlen oder absanden,
  - frei sein von etwa parallel zur Oberfläche oder schalenförmig im oberflächennahen Bereich verlaufenden Rissen und Ablösungen,
  - frei sein von Graten; in zu begründenden Fällen können sie belassen werden,
  - eine dem zu verwendenden Stoff angepasste Rauheit aufweisen,
  - frei sein von artfremden Stoffen (wie Gummiabrieb, Trennmittel, ungeeigneten Altbeschichtungen, Ausblühungen, Öl, Bewuchs u. Ä.).
- An der Oberfläche vorhandene, nicht im System geprüfte Instandsetzungsbetone und -mörtel müssen sachgerecht vorbereitet werden.
- Kiesnester und andere Hohlstellen sind sachgerecht auszuarbeiten und auszufüllen.
- Hinsichtlich senkrecht zur Oberfläche verlaufender Risse siehe Abschn. 6. Hinsichtlich der Betonfeuchte siehe Abschn. 3.4. Für Hydrophobierungen gelten die vom Hersteller bereitgestellten Angaben zur Ausführung.

Tafel 6.25 Verfahren für die Vorbereitung des Betonuntergrundes (nach [6.15])

Verfahren: Art	Verfahren: Gerät, Material, Stoff		Anwendungszweck*: 1	2	3	4	5	Anwendungsbereich	Anforderungen	Umfang der Nachbearbeitung
1	2		3					4	5	6
Stemmen	Hammer Meißel	von Hand	x	x	x			örtlich, für kleinere Flächen [a]	Beschädigungen des Betonstahls sind zu vermeiden; besondere Vorsicht bei Spanngliedern	Strahlen
	Meißel	Pressluft od. elektrisch			x [a]					
	Nadelpistole		x	x		(x)[g]				
Bürsten	rotierende Stahlbürste		x	x		(x)[g]		Anwendungsbereich ist geräteabhängig		Säubern
Fräsen	Fräsmaschine		x	x [i]	x [i, k]			großflächige Abtragung auf waagerechten Oberflächen	Betonabtrag je Arbeitsgang ≤ 5 mm; höhengleiche Überlappung der Fräsbahnen ≤ 5 cm: Einsatz eines elektronischen Nivelliergerätes	Strahlen einschließlich unbehandelt verbliebener kleinerer Flächen
	großflächiger Abtrag mit definierter Tiefe									
Schleifen	Schleifgerät		x	x				örtlich, für kleinere Flächen		Säubern
Flammstrahlen	Geräte zur thermischen und mechanischen Behandlung [b]		x	x				waagerechte und senkrechte Flächen	Gemäß DIN 32539, aber mit Geschwindigkeit ≥ 1,0 m/min und mechanischem Vortrieb	Säubern nach mechanischer Behandlung
Staubarmes Strahlen	Strahlen mit festen Strahlmitteln bei gleichzeitigem Absaugen; Kugelstrahlen		x	x	(x)[c]	x		geräteabhängig, auf waagerechten und/oder senkrechten Flächen		
Strahlen	Druckluftstrahlen mit festen Strahlmitteln		x	x	(x)[c]	x		waagerechte und senkrechte Flächen	Staubschutz erforderlich; Gefahrstoffverordnung beachten; Druckluft ölfrei! [d]	Säubern
	Nebelstrahlen; Feuchtstrahlen mit festem Strahlmittel		x	x	(x)[c]	(x)[h]			Staubschutz kann entfallen; Druckluft ölfrei! [d]	
	Hochdruckwasserstrahlen ≥ 60 N/mm²		x	x	(x)[e]	(x)[h]				
Säubern	Abblasen mit Druckluft						x	vorzugsweise auf nicht waagerechten Flächen [a]	Druckluft ölfrei! [d] Staubschutz erforderlich	
	Absaugen mit Industriesaugern						x	Regelverfahren auf großen waagerechten Flächen	Verwendete Sauger müssen Wasser und grobe Teile aufnehmen können.	
	Wasserstrahlen, Dampfstrahlen, Heißwasserstrahlen		(x)[f]				x	Entfernen von atmosphärischen Verunreinigungen des Betonuntergrundes		

Erläuterungen zu Tafel 6.25

* **Anwendungszweck** (Spalte 3):

1 Entfernen der Reste von Beschichtungen und Nachbehandlungsfilmen sowie von oberflächigen Verunreinigungen
2 Entfernen von Zementschlämmen und minderfesten Schichten
3 Abtragen von schadhaftem Beton/Betonersatz sowie Freilegen der Bewehrung
4 Entfernen von Rostprodukten an freiliegender Bewehrung und anderen Metallteilen
5 Säubern des Betonuntergrundes von Wasser, Staub und losen Teilen.

a) Gefahr der tiefergehenden Zerstörung des Betons.
b) Die thermisch geschädigten Bereiche des Betons sind zu entfernen.
c) Grad des Betonabtrags ist abhängig vom Druck und von der Art und Menge des Strahlmittels.
d) Ölfrei: Die eingesetzten Baukompressoren müssen Ölausscheider mit einem nachgewiesenen Wirkungsgrad von ≤ 0,01 ppm Restölgehalt haben.
e) Grad des Betonabtrags ist druckabhängig.
f) Reste von Beschichtungen können nicht immer entfernt werden.
g) Nicht für zu beschichtende Bewehrungen und andere Metallteile.
h) Gegebenenfalls trocken nachstrahlen.
i) Der maximale Abtrag von ≤ 5 mm ist unbedingt einzuhalten, da bei größerem Abtrag eine tiefergehende Zerstörung des Betons wahrscheinlich ist.
k) Nicht zum Freilegen der Bewehrung.

Tafel 6.26a Vorbereitung der Bewehrung

Instandsetzungsprinzip	Oberflächenvorbereitungsgrad
R	Sa 2
W	Sa 2
W mit Reaktionsharzbeschichtung	Sa 2½
C	Sa 2½
K	–

Tafel 6.26b Beschichtung des Stahls

Beschichtungsmaterial	Schichtdicke in μm	Anzahl der Schichten
Reaktionshärtende Systeme	> 300	1
Reaktionshärtende Systeme mit Besanden	> 200 + Sand und 2. Schicht	2
Kunststoffmodifizierte zementhaltige Systeme	> 1000	2

Tafel 6.26c Witterungsbedingungen (nach [6.15])

Exposition	zementgebundene Stoffe, auch mit Kunststoffzusatz	kunststoffgebundene Stoffe
relative Luftfeuchte	keine Forderung	Bauteiltemperatur muss mindestens 3 K über dem Taupunkt liegen.
Niederschlag	kein Regen	kein Regen oder Nebelnässen
Wind	Windstärke ≤ 3 Beaufort*), entsprechend ≤ ca. 5 m/s	Staub muss ferngehalten werden.
Sonne	Austrocknung durch Sonneneinstrahlung muss vermieden werden.	keine Anforderung

*) Blätter und dünne Zweige bewegen sich.

Tafel 6.26d Mechanische Eigenschaften
(geforderte Oberflächenzugfestigkeiten des Betonuntergrundes; nach [6.15])

Schutz- bzw. Instandsetzungsmaßnahme: Örtliche Ausbesserung bzw. flächige Beschichtung	Mindestwerte der Oberflächenzugfestigkeit [N/mm²]	
	Mittelwert	kleinster Einzelwert
Mörtel und Beton	1,5	1,0
OS 2 (OS B)	0,8	0,5
OS 5 (ohne Feinspachtel) (OS D)	1,0	0,6
OS 4 (OS C), OS 5 (OS D), OS 9 (mit Feinspachtel) (OS E)	1,3	0,8
OS 11 (OS F), OS 13	1,5	1,0
OS 8	2,0	1,5

6 Füllen von Rissen und Hohlräumen

6.1 Riss- und Hohlraumbeurteilung

Tafel 6.26e Feuchtezustand von Rissen und Hohlräumen (nach [6.15])

Zeile	Begriff	Merkmal
1	Trocken mit umgebungsbedingter Ausgleichsfeuchte	– Wasserzutritt nicht möglich – Beeinflussung des Riss-/Hohlraumbereiches durch Wasser nicht feststellbar bzw. seit ausreichend langer Zeit ausschließbar
2	Feucht	– Farbtonveränderung im Riss- oder Hohlraumbereich durch Wasser, jedoch kein Wasseraustritt – Anzeichen auf Wasseraustritt in der unmittelbar zurückliegenden Zeit (z. B. Aussinterungen, Kalkfahnen) – Riss oder Hohlraum erkennbar feucht oder matt-feucht (beurteilt an Trockenbohrkernen)
3	Drucklos, wasserführend	– Wasser in feinen Tröpfchen im Rissbereich erkennbar – Wasser perlt aus dem Riss
4	Unter Druck, wasserführend	– Zusammenhängender Wasserstrom tritt aus dem Riss aus

Tafel 6.27a Mögliche Rissursachen (nach [6.18])

Z.	Risse nach ihrer Ursache		Erscheinungsform	Beschreibung
1a	Risse infolge der Eigenschaften des Betons	Oberflächige Netzrisse, Krakelee-risse	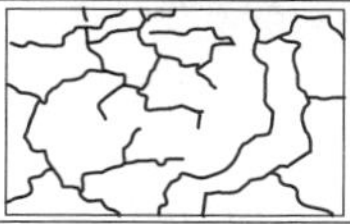	Treten vor allem an der Oberfläche von flächigen Bauteilen auf. Sie verlaufen in der Regel „ungeordnet". Die Risstiefe ist meist gering.
1b		Schwindrisse	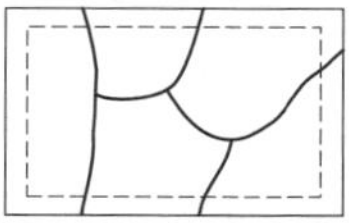	Durch die Volumenverminderung infolge Schwindens treten diese Risse dort auf, wo die Verformungen behindert werden. Die Risse gehen in der Regel durch die ganze Bauteildicke und verlaufen gerichtet oder „ungeordnet".
1c		Setzrisse	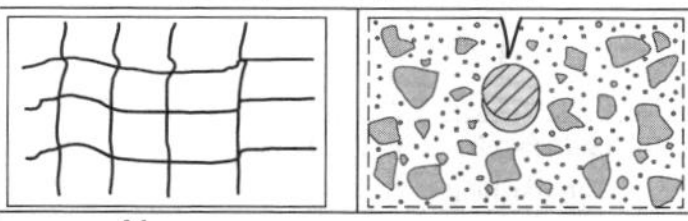	Verlaufen i. d. R. parallel oberhalb von obenliegenden Bewehrungsstäben an nicht geschalten Bauteilflächen. Je nach Ursache entstehen Fehlstellen unter der Bewehrung.
2a	Risse infolge von äußeren Kräften bzw. Zwang	Biegerisse	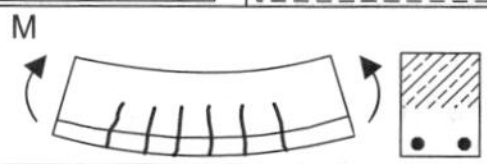	Verlaufen etwa rechtwinklig zur Biegezugbewehrung; beginnen am Zugrand und enden im Bereich der Nulllinie. Verlauf ist oft affin zum Biegemomentenverlauf.
2b		Schubrisse	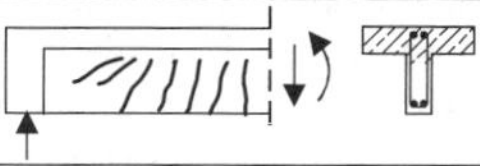	Bilden sich aus Biegerissen; verlaufen in der Regel schräg zur Stabachse; treten im Bereich großer Querkräfte auf.
2c		Trennrisse	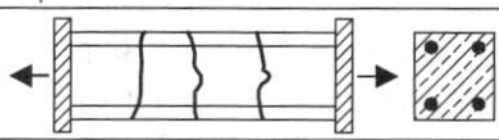	Verlaufen durch den gesamten Querschnitt; treten bei zentrischem Zug oder bei Zugbeanspruchung mit kleiner Ausmitte auf.
2d		Spaltzugrisse	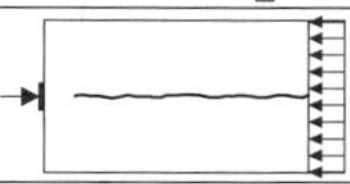	Verlaufen parallel zu den Hauptdruckspannungen. Diese Risse treten z. B. im Verankerungsbereich von Spanngliedern auf.

Tafel 6.27b Erfassung und Beurteilung von Riss-/Hohlraummerkmalen (nach [6.15])

	Merkmal	Erfassungs- und Untersuchungsmethode	Dokumentation
1	Rissart	Inaugenscheinnahme, ggf. Bohrkernentnahme [1]	Unterscheidung nach oberflächennahen und Trennrissen
2	Rissverlauf	Inaugenscheinnahme	zeichnerische Darstellung, gegebenenfalls pauschale Angaben (z. B. Biegerisse in Abständen von ...., Netzrisse mit Maschenweite von ...)
3	Rissbreite	Linienstärkenmaßstab, Risslupe (Genauigkeit 0,05 mm)	Angaben mit Datum, gegebenenfalls Messort bei Rissbreitenänderungen nach Zeilen 4.1 und 4.2 auch mit Uhrzeit und Witterungsbedingungen, ggf. Bauteiltemperatur [3]
4.1	Rissbreiten-änderung – kurzzeitig	Wegänderungen, z. B. mit Wegaufnehmer	Höchständerung mit Datum, Uhrzeit und Witterungsbedingungen
4.2	täglich	Wegänderungen, z. B. mit Messuhr, Setzdehnungsmesser, Wegaufnehmer	Änderungen zwischen Morgen- und Abendmesswert mit einem Zeitabstand von ca. 12 Stunden, mit Datum, Witterungsbedingungen und Bauteiltemperatur
4.3	langzeitig	Kleben von (ggf. kalibrierten) Marken, Setzdehnungsmessung	Änderungen in großen Zeitabständen (u. U. mehrere Monate) mit Angabe des Datums und der Witterungsbedingungen, gegebenenfalls Bauteiltemperatur [3]
5	Hohlraumeigenschaften	Bohrkernentnahme, Endoskopie	Lage und Ausmaße des hohlraumreichen Gefüges, Durchgängigkeit
6	Zustand der Risse	Inaugenscheinnahme, ggf. Bohrkernentnahme [1,2]	
7	Vorangegangene Maßnahmen	Bauwerksbuch, Erkundungen	Unterscheidung gemäß Definition, ggf. Abschätzung der Wahrscheinlichkeit wiederkehrender Rissursachen
8	Beurteilung der Rissursache oder Hohlraumursache	Inaugenscheinnahme, Erkundungen incl. Herstellungsbedingungen, Wertung der Ergebnisse von Zeile 1-4, ggf. Berechnungen	Angaben über frühere Maßnahmen, z. B. Füllung der Risse

[1] Bohrkernentnahme nur in Ausnahmefällen und mit geringem Durchmesser (50 mm).
[2] Ermittlung des Feuchtegehaltes durch Inaugenscheinnahme oder mit Labormethoden.
[3] Angabe der Bauteiltemperatur, sofern Witterungsbedingungen keine Rückschlüsse zulassen (z. B. Straßentunnel, Parkhäuser o. Ä.).

Tafel 6.28 Anwendungsbereiche der Rissfüllstoffe (nach [6.15])

		Feuchtezustand der Füllbereiche			
		trocken [1]	Feucht	„drucklos" wasserführend	„unter Druck" wasserführend [2]
	Anwendungsziel	**zulässige Maßnahmen**			
1	Schließen durch Tränkung	EP – T ZL – T ZS – T	ZL – T ZS – T		
2	Schließen und Abdichten durch Injektion	EP – I PUR – I ZL – I ZS – I	PUR – I ZL – I ZS – I	PUR – I ZL – I ZS – I	PUR – I ZL – I ZS – I
3	Begrenzt dehnfähiges Verbinden	PUR – I	PUR – I	PUR – I	PUR – I
4	Kraftschlüssiges Verbinden	EP – I ZL – I ZS – I	ZL – I ZS – I	ZL – I ZS – I	ZL – I ZS – I

[1] Flanken von Rissen und innere Oberflächen von Hohlräumen müssen ggf. gem. Angaben zur Ausführung vorgenässt werden.
[2] Zusammen mit Maßnahmen zur Druckminderung (z. B. Entlastungsbohrungen, Wasserhaltung) und rückseitigem Abdichten.

6.2 Verfahren zum Füllen von Rissen und Hohlräumen

Vor dem Füllen müssen die Risse von losen Feinstoffen befreit werden, z. B. mit einem geeigneten Staubsauger. Je nach Durchfeuchtung des Betons sind vor der Rissbehandlung die Rissufer zu trocknen. Hinsichtlich des Einbringens unterscheidet man zwischen Tränkung und Injektion.

Tränkung ist definiert als das Füllen von Rissen auf annähernd waagerechten Flächen von oben unter einem Druck von max. 0,1 bar. Der Tränkstoff dringt aufgrund der Schwerkraft und der Kapillarität in den Riss ein. Durch Tränkung können i. Allg. nur oberflächennahe Rissbereiche gefüllt werden. Epoxidharze sind aufgrund niedriger Oberflächenspannung für die Tränkung sehr schmaler Risse besonders geeignet.

Dagegen wird mit der *Injektion* die vollständige Füllung eines Risses angestrebt. Eingebracht wird der Füllstoff unter Druck mit Hilfe von Einfüllstutzen, sog. Packern. Gebräuchlich sind Bohr- und Klebepacker. Bohrpacker benötigen ein Bohrloch, das unter einem Winkel von 45° angelegt wird und den Riss kreuzen muss (Abb. 6.28). Bohrpacker werden für höhere Drücke verwendet und sind mit einem Rückschlagventil ausgerüstet. Klebepacker werden mittels einer Platte über dem Riss auf das Bauteil geklebt.

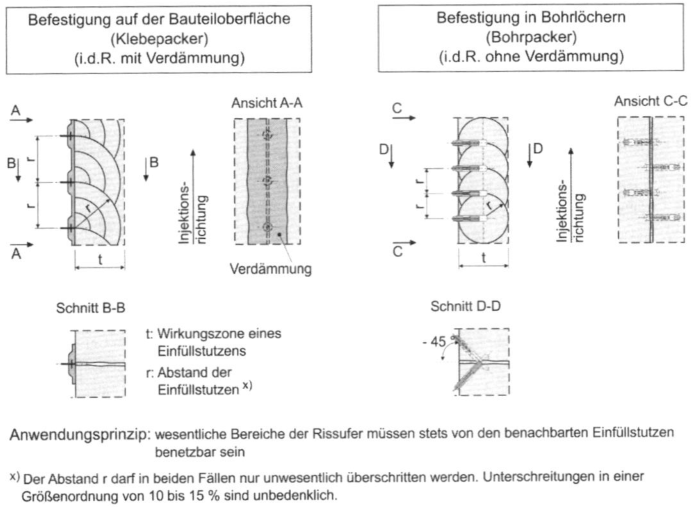

Abb. 6.28 Anordnung von Klebe- und Bohrpacker

Nach Setzen der Packer wird der Riss vollständig verdämmt (meist mit schnell abbindenden Reaktionsharzmassen). Beim Injizieren an geneigten Bauteilen wird grundsätzlich von unten nach oben vorgegangen. Am obersten Punkt muss eine Entlüftungsöffnung vorhanden sein. Sobald der Füllstoff am nächst höheren Einfüllstutzen austritt, wird die Injektion dort fortgesetzt. Unabhängig vom Füllgut sollte innerhalb seiner Verarbeitbarkeitszeit eine Nachinjektion vorgenommen werden. Da mit niedrigerem Druck über längere Zeit ein höherer Rissfüllgrad erreicht werden kann als mit hohem Druck über kurze Zeit, haben sich sog. Ballon- und Federdruck-Packer bewährt. Bei unter Druck wasserführenden Rissen, die mit PUR abgedichtet werden sollen, kann eine Vorinjektion mit Polyurethanschaum, sog. Sekundenschaum (SPUR), der einen feinzelligen Schaum mit großem Volumen bildet, zur Herabsetzung des Wasserzutritts vorgenommen werden. Das PUR soll direkt nach dem SPUR über zusätzliche Bohrpacker injiziert werden.

Das kraftschlüssige Füllen eines Risses ist nur sinnvoll, wenn im Zuge der weiteren Nutzung des Bauteils die Betonzugfestigkeit in der Umgebung des Risses nicht überschritten wird. Die Beurteilung dieses Sachverhaltes ist Aufgabe des sachkundigen Planers.

7 Einsatz von Instandsetzungsmörteln

7.1 Beanspruchbarkeitsklassen

Tafel 6.29 Beanspruchbarkeitsklassen

	Anwendungsbereich								
	Beanspruchbarkeitsklasse	Stofftyp	Stoffbezeichnung	Für Instandsetzungsprinzip R geeignet	dynamische Beanspruchung bei und nach Applikation zulässig	statische Mitwirkung zulässig	maximale Flächengröße	Lage der Auftragsfläche	Anwendungsbeispiele
	1	2	3	4	5	6	7	8	9
1	M 1	zement-gebunden	–	–	–	–	örtlich begrenzt	beliebig	Fassaden
2	M 2	zement-gebunden	PCC I	x	x	–	beliebig	waagerechte/ schwach geneigte Oberseiten	befahrbare Flächen unter Belägen auf Brücken und in Parkhäusern
			PCC II	x	x	–		beliebig	Brückenuntersichten, Stützwände, Widerlager, Fassaden
3	M 2	zement-gebunden	SPCC	x	x	–		Unterseiten, vertikale/ stark geneigte Flächen	
4	M 2	reaktions-harzge-bunden	PC II	–	x	–	örtlich begrenzt[1]	beliebig	
5			PC I	–	x	–		waagerechte/ schwach geneigte Oberseiten	befahrbare Flächen unter Belägen auf Brücken und in Parkhäusern
6	M 3	zement-gebunden	–	x	x	x	beliebig	beliebig	Stützen, Platten[2], Balken

[1] Im Verkehrsbereich < 1 m² zulässig.
[2] Im Hochbau auch direkt befahrbare Flächen.

7.2 Kunststoffmodifizierte Zementmörtel

Bei SPCC und PCC ist Zement das Hauptbindemittel. Der Kunststofffeststoffanteil liegt zwischen 0,5 und 5 % bezogen auf die Trockenmörtelmasse. Auf die Baustelle werden die Ausgangsstoffe für PCC entweder in 2 Komponenten (Werk-Trockenmörtel und Kunststoffdispersion) od. einkomponentig (1-K; nur Werk-Trockenmörtel) geliefert. Für SPCC werden meistens Dispersionspulver verwendet. SPCC unterscheiden sich von den PCC durch die Art der Verdichtung: während PCC von Hand verdichtet wird, erfolgt die Verdichtung beim SPCC durch die Spritzenergie. SPCC wird vor allem für eine großflächige Erhöhung der Betondeckung verwendet. Die Oberfläche wird oft spritzrau gelassen. Soll sie geglättet werden, wird der SPCC mindestens zweilagig aufgebracht und erst die zweite Lage abgerieben.

7.3 Mörtel und Beton ohne Kunststoffmodifizierung

Reiner Zementmörtel muss aus Zement hergestellt werden, der DIN EN 197-1 oder DIN 1164 entspricht oder bauaufsichtlich zugelassen ist und dessen Festigkeit mindestens der Klasse 32,5 entspricht. Der Zementgehalt muss mindestens 400 kg pro m³ verdichteten Mörtels betragen. Der Wasserzementwert darf 0,50 nicht überschreiten.

7.4 Reaktionsharzgebundene Mörtel und Betone (PC)

PC soll nur in Ausnahmefällen eingesetzt werden, z. B. wenn

- eine schnelle Aushärtung erforderlich ist,
- Nachbehandlungsmaßnahmen, die bei allen zementgebundenen Stoffen erforderlich sind, nicht durchführbar sind oder
- eine sehr geringe Schichtdicke erforderlich ist.

Als Bindemittel werden ausschl. kalthärtende, lösemittelfreie und alkalibeständige Epoxidharzsysteme verwendet. PC erhärtet durch chemische Vernetzung von Harz und Härter. Da die Gefahr des Austrocknens nicht besteht, können PC in noch dünneren Schichten als PCC/SPCC aufgebracht werden. Risse sollten bei geeigneten und planmäßig hergestellten PC gar nicht auftreten. Die Haftfestigkeit von PC am Untergrund ist i. Allg. besser als bei PCC. Wenn der Untergrund nicht tragfähig ist und die Flächen größer sind, kann es durch den höheren Wärmedehnungskoeffizienten zu Schäden im Betonuntergrund kommen.

7.5 Betonersatzsysteme

Da im Zusammenhang mit Instandsetzungsmörteln und -betonen noch andere Komponenten verwendet werden, spricht man von Betonersatz-Systemen (BES). Komponenten von BES sind:

- Korrosionsschutz (zementgebunden oder epoxidharzgebunden); nur bei Instandsetzungsprinzip C und Verwendung von PC
- Haftbrücke (zementgebunden oder epoxidharzgebunden); nicht bei SPCC
- Feinspachtel; nur auf vertikalen Flächen in Verbindung mit einem Oberflächenschutzsystem.

Freigelegte Bewehrung ist vor der Reprofilierung mit PC immer mit epoxidharzgebundenem Korrosionsschutzsystem zu beschichten, da PC nicht alkalisch ist und daher die Stahloberfläche nicht passiviert.

8 Oberflächenschutzsysteme nach Rili-SIB

Hinsichtlich ihrer Erscheinungsform werden drei Typen von Oberflächenschutzschichten unterschieden: Hydrophobierung, Imprägnierung und Beschichtung.

Hydrophobierungen bilden keinen sichtbaren Film auf der Beton- bzw. Mörteloberfläche und verändern sie optisch nur unwesentlich. Die Poren sind nicht gefüllt, sondern nur ausgekleidet. Ziel einer Hydrophobierung ist eine wasserabweisende Beton- bzw. Mörteloberfläche. Als Bestandteil eines Oberflächenschutzsystems soll eine Hydrophobierung die langfristige Haftung einer Beschichtung am Untergrund verbessern.

Imprägnierungen dienen dazu, das Eindringen flüssiger oder gasförmiger Stoffe in den Beton weitgehend zu verhindern. Als Grundierung sollen sie die Festigkeit des Untergrundes oder die Haftung zur nächsten Schicht verbessern. Sie bestehen aus niedermolekularen Stoffen auf der Basis von Epoxidharz, Polyurethan oder Acrylat, enthalten mehr oder weniger Lösemittel und weder Pigmente noch Füllstoffe.

Beschichtungen dienen dazu, das Eindringen flüssiger und gasförmiger Stoffe in den Beton zu verhindern, den Beton vor mechanischen und chemischen Beanspruchungen zu schützen und Risse zu überbrücken. Sie bilden eine geschlossene, 0,1 bis 5 mm dicke Schicht auf der Betonoberfläche. Verwendet werden – je nach Aufgabe der Beschichtung – Reaktionsharze auf der Basis von Epoxid, Polyurethan und Acrylat, sowie mehr oder weniger gefüllte Polymerdispersionen und kunststoffmodifizierte Zementschlämmen. Der Begriff „gefüllt" bezeichnet in diesem Zusammenhang die Verwendung eines Zuschlags in der Dispersion, in der Regel Quarzsand. Oberflächenschutzsysteme sind aus einer oder mehreren Schichten der o. g. Typen aufgebaut. Hinsichtlich der Funktion werden folgende Oberflächenschutzschichten unterschieden: Grundierungen, Kratz- und Ausgleichsspachtelungen, hauptsächlich wirksame Oberflächenschutzschichten sowie Deckversiegelungen und Verschleißschichten.

Eine **Kratz- bzw. Ausgleichsspachtelung** soll

- die Rauheit der Betonoberfläche ausgleichen und
- Poren, Lunker und Kiesnester schließen,

damit die nachfolgenden Schichten in einer gleichmäßigen Schichtdicke aufgetragen werden können. Verwendet werden hierfür überwiegend kunststoffmodifizierte Zementmörtel, zum Teil auch Reaktionsharzmörtel mit einem Größtkorn bis 0,5 mm, in Ausnahmefällen bis 1 mm, die auch als Feinspachtel bezeichnet werden. Die Schichtdicke kann bis zu 3 mm betragen.

Eine **Grundierung** soll

- Poren verschließen und das Absaugen des Bindemittels nachfolgender Schichten verhindern,
- das Eindringen von Luft, Feuchtigkeit und beschichtungsschädlichen Stoffen (z. B. Alkalien) aus dem Untergrund in die nachfolgenden Schichten verhindern,
- den Untergrund im oberflächennahen Bereich verfestigen,
- den Verbund zu nachfolgenden Schichten herstellen (evtl. in Verbindung mit eingestreutem Korn).

Die **hauptsächlich wirksamen Oberflächenschutzschichten (hwO)** haben eine oder mehrere der folgenden Eigenschaften:

- Wasserdampfdurchlässigkeit
- Kohlenstoffdioxiddichtigkeit
- Rissüberbrückung
- Widerstandsfähigkeit gegenüber mechanischer Beanspruchung (Verschleißfestigkeit, Zwangsspannungen durch Temperaturwechsel).

Aus diesen Eigenschaften ergeben sich folgende 3 Typen von hwO:

- abdichtende Oberflächenschutzschichten
- rissüberbrückende Oberflächenschutzschichten
- Verschleißschichten.

Die rissüberbrückende Eigenschaft einer Beschichtung wird durch Elastifizierung bzw. ausreichende Dicke erreicht. Zusätzlich kann die Beschichtung mit textilen Einlagen bewehrt werden, z. B. mit Glas- oder Carbongewebe. Verschleißschichten werden i. d. R. zusätzlich aufgebracht, wenn die Oberfläche mechanisch oder chemisch beansprucht wird, z. B. wenn die Oberfläche befahren wird. Die Dichtungs- und Rissüberbrückungsfunktion wird dagegen häufiger von der darunter liegenden Schicht erfüllt.

Verschleißschichten werden aus einem Reaktionsharzmörtel in fließfähiger Konsistenz in einer Dicke bis zu 5 mm ausgeführt. Eine griffige Oberfläche wird durch Abstreuen mit trockenem Sand erreicht. Da die Härte des Korns den Verschleißwiderstand bestimmt, wird bei hoch beanspruchten Flächen statt Quarz oft Siliziumkarbid oder Korund verwendet. Nachteil der abgestreuten Flächen ist deren extreme Verschmutzungsneigung, insbesondere in Bereichen, die nicht beregnet werden. Verbessert werden kann die Reinigungsfähigkeit in überdachten Bereichen durch eine Deckversiegelung. Durch die aufgebrachte Menge kann die Griffigkeit innerhalb eines breiten Spektrums beliebig eingestellt werden. Darüber hinaus wird das Abstreukorn durch die Deckversiegelung auch besser in die Beschichtung eingebunden.

Oberflächenschutzsysteme bestehen i. d. R. aus mehreren der o. g. Funktionsschichten, die je nach Anforderungsprofil unterschiedlich aufgebaut sind. In der Rili-SIB [6.15] werden 9 Oberflächenschutzsysteme (OS-Systeme) unterschieden, s. Tafel 6.34. Die dort genannten Bindemittel haben sich bisher bewährt. Andere Bindemittel sind aber zulässig, wenn die in der Rili-SIB Teil 2 genannten Anforderungen an die OS-Systeme und deren Ausgangsstoffe erfüllt werden. Darüber hinaus müssen für zementgebundene Kratz- und Ausgleichsspachtel und OS 5b (OS DI) Zemente nach DIN EN 197-1 oder DIN 1164 sowie Zuschlag nach DIN 4226-1 verwendet werden. Verschleißschichten von OS-11-Systemen müssen geeignete Füllstoffe und anorganische Abstreumaterialien enthalten. OS 4 und OS 5 werden standardmäßig im Zusammenhang mit den Instandsetzungsprinzipien C und W verwendet.

OS 5b werden auch als elastische Dichtungsschlämmen bezeichnet. Da sie bei Freibewitterung zu starker Verschmutzung neigen, ist eine Deckversiegelung sinnvoll. Um Verschmutzungen der Oberfläche infolge Klebrigkeit vorzubeugen, hat sich die Ausführung von OS 5a mit UV-vernetzenden Acrylat-Dispersionen bewährt. Beim 2-schichtigen OS 11 (OS 11a) ist die unten liegende hwO elastisch eingestellt und für die Rissüberbrückung zuständig. Die oben liegende, meistens härter eingestellte hwO übernimmt die Funktion der Verschleißschicht. Das einschichtige OS 11b stellt eine Ausnahme dar, weil die elastische hwO gleichzeitig beide Funktionen übernimmt. Verwendet werden hierfür praktisch ausschließlich Polyurethan-Bindemittel.

Da das Funktionieren eines OS-Systems maßgebend von seiner Gesamtdicke bzw. der Dicke der hwO ist, müssen die in der Ausführungsanweisung enthaltenen Schichtdicken-Angaben beim Aufbringen unbedingt beachtet werden. Sie beziehen sich immer auf die getrocknete Schicht (Trockenschichtdicke).

Folgende Begriffe werden hinsichtlich der Schichtdicke unterschieden:

– Mindestschichtdicke d_{min}, Schichtdickenzuschlag d_z, Sollschichtdicke d_s, Maximalschichtdicke d_{max}.

Mindest- und Maximalschichtdicke der hwO werden im Rahmen der Grundprüfung von der Prüfstelle ermittelt. Die Mindestschichtdicke ergibt sich als größter Wert der Schichtdicke, die erforderlich ist, um

– Spannungen bei Temperaturwechselbeanspruchung zu ertragen,
– die entsprechende Rissüberbrückungsprüfung zu bestehen und
– den geforderten CO_2-Diffusionswiderstand zu erreichen.

Darüber hinaus ist aber mindestens der in der Tafel 6.32 angegebene Wert für d_{min} anzusetzen.

Damit die in der Grundprüfung ermittelte Mindestschichtdicke in der Praxis auch sicher erreicht wird, ist in Abhängigkeit vom OS-System und der Untergrundrauheit (Rautiefe) ein Schichtdickenzuschlag d_z erforderlich, der ebenfalls der Tafel 6.32 zu entnehmen ist. Die Rautiefe wird mit dem Sandflächenverfahren bestimmt, s. Rili-SIB [6.15], Teil 3.

Tafel 6.32 Mindestschichtdicken und Schichtdickenzuschlag (abhängig von der Rautiefe; nach [6.15])

Oberflächenschutzsystem		Mindestschichtdicke d_{min} [µm]	Rautiefe R_t [mm]	Schichtdicken-zuschlag d_Z [µm]
OS 2 (OS B)		80	0,2	50
			0,5	70
OS 4 (OS C)		80	0,2	50
			0,5	70
OS 5a (OS DII)		300	0,2	70
			0,5	100
OS 5b (OS DI)		2000	0,2	250
			0,5	400
			1,0	600
OS 8		2500 [1), 2)]	0,5	750
			1,0	1200
OS 9 (OS E)		1000	0,2	250
			0,5	400
OS 11a (OS F a)	Verschleißschicht	3000	0,2	300
	elastische Oberflächen-schutzschicht	1500	0,5	600
			1,0	1000
OS 11b (OS F b)		4000	0,5	750
			1,0	1200
OS 13		2500 [2)]	0,5	750
			1,0	1200
			Zwischenwerte geradlinig interpolieren.	

[1)] Bei reinen Schutzmaßnahmen, die nicht standsicherheitsrelevant sind: 1500 µm. [2)] Gesamtschichtdicke.

Rautiefe

Die Rautiefe ist der absolute Wert der Rauheit einer Oberfläche in mm, im Regelfall bestimmt nach dem Sandflächenverfahren. Die Rautiefe R_t ist definiert als Höhe des gedachten, zylindrischen Körpers mit dem Kreisdurchmesser d und dem Sandvolumen V, der alle Spitzen des Untergrundes einschließt. Beispiele für verschiedene Rauheiten sind nachfolgend genannt:

- R_t = 0,2 mm: – glatter Betonuntergrund, grundiert und abgestreut mit Quarzsand 0,1 bis 0,3 mm;
  – glatt geschalter, nicht gestrahlter Beton;
  – Feinspachtel, der mit Kunststoff- oder Stahltraufel aufgezogen bzw. geglättet ist;
  – nicht abgestreute, elastische Oberflächenschutzschicht z. B. OS 11a (OS Fa).
- R_t = 0,5 mm: – gestrahlter Betonuntergrund, grundiert und abgestreut mit feuergetrocknetem Quarzsand der Körnung 0,2 bis 0,7 mm;
  – glatt geschalter bzw. abgeriebener Beton, der gesandstrahlt ist;
  – Feinspachtel, der an der Oberfläche abgerieben bzw. abgefilzt wurde.
- R_t = 1,0 mm: – gestrahlter Betonuntergrund, der grundiert und mit Quarzsand der Körnung 0,7 bis 1,2 mm abgestreut ist;
  – rauer, abgewitterter, gestrahlter Beton.
- R_t = 1,5 mm: – gestrahlter Betonuntergrund, der grundiert und mit Quarzsand der Körnung 1 bis 2 mm abgestreut ist;
  – Waschbeton.

Die Maximalschichtdicke ist die Schichtdicke, die maximal vorhanden sein darf, damit der zulässige H_2O-Diffusionswiderstand nicht überschritten wird. Die in der Praxis aufzubringende Schichtdicke (Trockenschichtdicke) muss zwischen der Sollschichtdicke $d_s = d_{min} + d_z$ und der Maximalschichtdicke liegen.

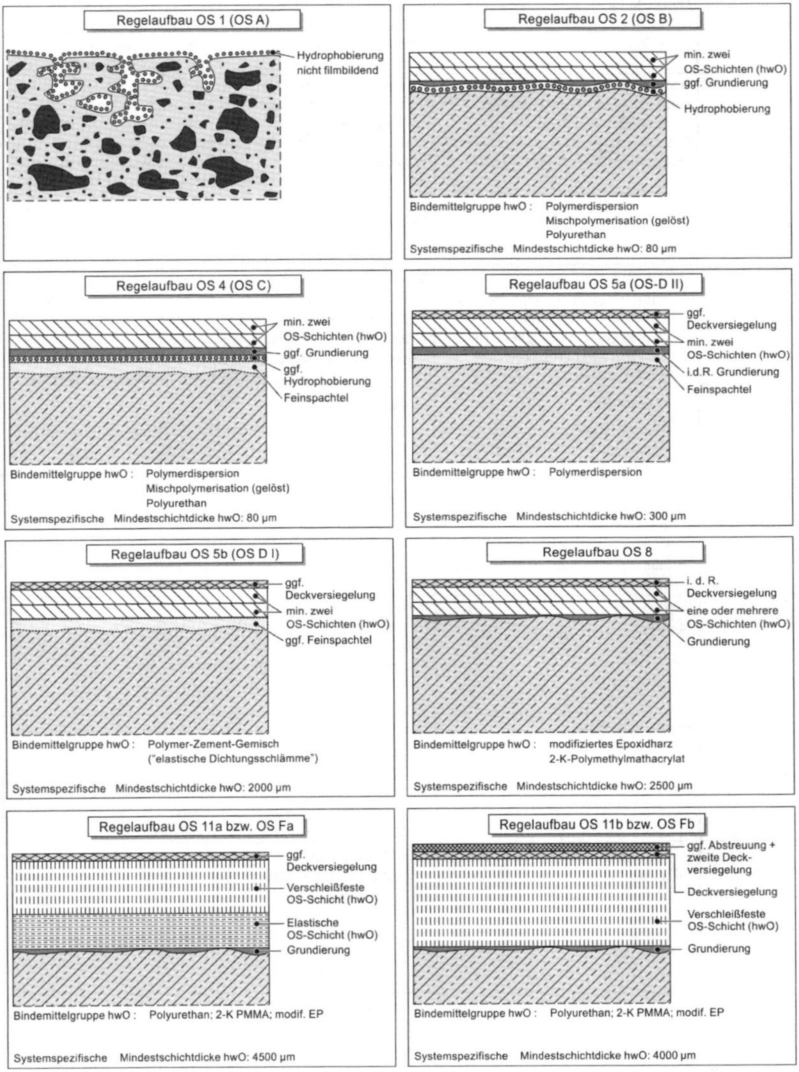

Abb. 6.33 Schematischer Aufbau ausgewählter Oberflächenschutzsysteme nach Rili-SIB [6.15]

Tafel 6.34 Oberflächenschutzsysteme [A] (nach [6.15])

Blatt 1

	System-bezeichnung	OS 1 (OS A)	OS 2 (OS B)	OS 4 (OS C)
	1	2	3	4
1	Kurzbe-schreibung	Hydrophobierung	Beschichtung für nicht begeh- und befahrbare Flächen (ohne Kratz- bzw. Ausgleichs-spachtelung)	Beschichtung mit erhöhter Dichtheit für nicht begeh- und befahrbare Flächen (mit Kratz- bzw. Ausgleichsspachtelung)
2	Anwendungs-bereiche	Bedingter Feuchteschutz bei vertikalen und geneigten freibe-witterten Betonbauteilen, z. B. Brückenkappen, Stützwände. Nicht wirksam bei drückendem Wasser.	Vorbeugender Schutz von freibewitterten Betonbauteilen mit ausreichendem Wasserabfluss auch im Sprühbereich von Auftausalzen. Bedingt geeignet als Beschichtungssystem für Instandsetzungen nach Teil 1, Abschnitt 6 [6.15].	Freibewitterte Betonbauteile auch im Sprühbereich [2] von Auftausalzen. Regelmaßnahme bei Instandsetzungen nach den Korrosionsschutzprinzipien W und C, wenn der Untergrund rissfrei ist.
3	Eigenschaften	**gefordert** - zeitlich begrenzte Reduzierung der kapillaren Wasseraufnahme - zeitlich begrenzte Verbesserung des Frost- und Frost-Tausalz-Widerstandes **nicht gefordert** - Reduzierung der Aufnahme von in Wasser gelösten Schadstoffen - größerer Karbonatisierungs-fortschritt im Vergleich zu nicht hydrophobiertem Beton im Freien - keine Veränderung der Wasserdampfdurchlässigkeit - keine Veränderung des optischen Erscheinungsbildes	**gefordert** – Reduzierung der Wasseraufnahme – Reduzierung des Eindringens beton- und stahlangreifender Stoffe – Reduzierung der Kohlendioxiddiffusion – begrenzte Wasserdampfdurchlässigkeit – Verbesserung des Frost- und Frost-Tausalz-Widerstandes **nicht gefordert** – optische Wirkung, farbliche Oberflächengestaltung möglich	
4	Bindemittel-gruppen der hauptsächlich wirksamen Oberflächen-schutzschicht	Silan Siloxan	Polymerdispersion Mischpolymerisat (gelöst) Polyurethan Silan/Siloxan: für Hydrophobierung	
5	Regelaufbau	Hydrophobierung	1. Hydrophobierung [5] 2. gegebenenfalls Grundierung 3. mindestens zwei Oberflächenschutz-schichten (hwO)	1. Kratz-/Ausgleichsspachtelung[6] 2. gegebenenfalls Hydrophobierung[5] 3. gegebenenfalls Grundierung 4. mindestens zwei Ober-flächenschutzschichten (hwO)
6	Schichtdicke der hauptsäch-lich wirksamen Oberflächen-schutzschicht	keine filmbildenden Formulierungen zulässig	(Die für die Bauausführung relevanten Schichtdicken sind den Angaben zur Ausführung zu entnehmen.)	
7	Rissüber-brückung	–	–	–

[A] Da sich die ursprüngliche Nomenklatur OS 1 bis OS 12 allgemein etabliert hat, wird trotz Wegfalls einzelner OS-Systeme die alte Nummerierung beibehalten.

[1] Siehe [6.15] Teil 4, Tabelle 5.2.
[2] Mit entsprechendem Nachweis auch im Spritzbereich.
[3] Mit entsprechendem Nachweis auch für Bauwerke mit Trennrissen.
[4] Bei nur gelegentlichem Begang (z. B. Dienststege) kein Nachweis der Verschleißfestigkeit erforderlich.
[5] Ggf. Wirksamkeitsnachweis gemäß [6.15] Teil 4, Abschnitt 5.5.9.
[6] Dispersionsspachtel u. Ä. erfordern u. U. eine gesondert zu vereinbarende Prüfung.
[7] Spritzauftrag mehrlagig auch in einem Arbeitsgang.
[8] Nur durch Abstreuen gefüllte Schicht ist nur bei gelegentlichem Begang zulässig.
[9] Abhängig von der Viskosität (mind. 20 M.-%).
[10] Systeme mit Deckversiegelung sind ohne Versiegelung komplett zu prüfen; Griffigkeit, Verschleiß und Rissüberbrückung sind zusätzlich mit Versiegelung zu prüfen.

Tafel 6.34 Oberflächenschutzsysteme [A] (Fortsetzung)

Blatt 2

	Systembezeichnung	OS 5a (OS DII) OS 5b (OS DI)	OS 7 (TL/TP-BEL-EP)	OS 8	OS 9 (OS E)
	1	5	6	6a	7
1	Kurzbeschreibung	Beschichtung mit geringer Rissüberbrückungsfähigkeit [1] für nicht begeh- und befahrbare Flächen (mit Kratz- bzw. Ausgleichsspachtelung)	Beschichtung unter Dichtungsschichten für begeh- und befahrbare Flächen	Starre Beschichtung für befahrbare, mechanisch stark belastete Flächen	Beschichtung mit erhöhter Rissüberbrückungsfähigkeit[1] für nicht begeh- und befahrbare Flächen (mit Kratz- bzw. Ausgleichspachtelung.)
2	Anwendungsbereiche	Freibewitterte Betonbauteile mit oberflächennahen Rissen [3] auch im Sprühbereich [2] von Auftausalzen.	Grundierungen, Versiegelungen, Kratzspachtelungen als Teil der Abdichtung von Brücken u. ähnlichen Bauwerken	Alle mechanisch und chemisch beanspruchten Betonflächen, z.B. Fahrbahnen, Industrieböden, Rampen	Freibewitterte Betonbauteile mit oberflächennahen Rissen und/oder Trennrissen auch im Sprüh- oder Spritzbereich von Auftausalzen.
3	Eigenschaften	**gefordert** - Reduzierung der Wasseraufnahme - Reduzierung des Eindringens beton- und stahlangreifender Stoffe - starke Reduzierung der Kohlendioxiddiffusion - Rissüberbrückungsfähigkeit für oberflächennahe Risse - begrenzte Wasserdampfdurchlässigkeit - Verbesserung des Frost- u. Frost-Tausalz-Widerstandes **nicht gefordert** - optische Wirkung, farbliche Oberflächengestaltung möglich	- Porenverschluss der Beton- bzw. Betonersatzoberfläche - Rauigkeitsausgleich (Kratzspachtel) - Hitzebeständigkeit bis 250 °C (kurzzeitig)	**gefordert** – Verhinderung der Aufnahme von in Wasser gelösten Schadstoffen – Verbesserung der Chemikalienbeständigkeit – Verbesserung des Verschleißwiderstandes – Verbesserung des Frost- oder Frost-Tausalz-widerstandes – Verbesserung der Griffigkeit – Erhöhung der Schlagfestigkeit **nicht gefordert** – Verhinderung der Kohlendioxiddiffusion – Starke Reduzierung der Wasserdampfdiffusion	**gefordert** – Verhinderung der Wasseraufnahme – Verhinderung des Eindringens beton- und stahlangreifender Stoffe – dauerhafte Rissüberbrückung vorhandener und neu entstehender oberflächennaher Risse und Trennrisse unter temperatur- und/oder lastabhängigen Bewegungen – Verbesserung des Frost- und Frost-Tausalz-Widerstandes **nicht gefordert** – Verhinderung der Kohlendioxiddiffusion – starke Reduzierung der Wasserdampfdiffusion
4	Bindemittelgruppen der hauptsächlich wirksamen Oberflächenschutzschicht	a) Polymerdispersion b) Polymer/Zement-Gemisch	Epoxidharz	Epoxidharz	Polyurethan, mod. Epoxidharze, Polymerdispersion, 2-K Polymethylmetharcylat
5	Regelaufbau	a) Polymerdispersion 1. Kratz-/Ausgleichsspachtelung 2. i. d. R. Grundierung 3. mindestens zwei Oberflächenschutzschichten (hwO) 4. ggf. Deckversiegelung b) Polymer/Zement-Gemisch 1. ggf. Kratz-/Ausgleichsspachtelung [6] 2. mindestens zwei elastische Oberflächenschutzschichten (hwO) 3. ggf. Deckversiegelung	Grundierung oder Versiegelung oder Kratzspachtelung gem. TL-BEL-EP [6.21]	1. Grundierung 2. verschleißfeste, ggf. vorgefüllte Oberflächenschutzschicht (hwO) abgestreut, ggf. mehrlagig 3. ggf. Deckversiegelung	1. Kratz-/Ausgleichsspachtelung [6] 2. i. d. R. Grundierung 3. mindestens zwei elastische Oberflächenschutzschichten[7] (hwO) 4. ggf. Deckversiegelung
6	Schichtdicke der hauptsächlich wirksamen Oberflächenschutzschicht	(Die für die Bauausführung relevanten Schichtdicken sind den Anweisungen zur Ausführung zu entnehmen.)			
7	Rissüberbrückung	Klasse I_T [1]	–	–	Klasse II_{T+V} [1]

Fußnoten, siehe Blatt 1.

Tafel 6.34 Oberflächenschutzsysteme [A] (Fortsetzung)

Blatt 3

	System-bezeichnung	OS 10 (TL/TP-BEL-B3)	OS 11 (OS F)	OS 13
	1	8	9	10
1	Kurzbe-schreibung	Beschichtung als Dichtungsschicht mit hoher Rissüberbrückung unter Schutz- und Deckschichten für begeh- und befahrbare Flächen	Beschichtung mit erhöhter dynamischer Rissüberbrückungsfähigkeit[1] für begeh- und befahrbare Flächen	Beschichtung mit nicht dynamischer Rissüberbrückungsfähigkeit für begeh- und befahrbare, mechanisch belastete Flächen
2	Anwendungs-bereiche	Abdichtung von Betonbauteilen mit Trennrissen und planmäßiger mechanischer Beanspruchung, z. B. Brücke, Trog- und Tunnelsohlen u. ä. Bauwerken wie Parkdecks	Freibewitterte Betonbauteile mit oberflächennahen Rissen und/oder Trennrissen und planmäßiger[4] mechanischer Beanspruchung auch im Sprüh- od. Spritzbereich von Auftausalzen z. B. Parkhaus-Freidecks und Brückenkappen.	Mechanisch und chemisch beanspruchte, überdachte Betonbauteile mit oberflächennahen Rissen auch im Einwirkungsbereich von Auftausalzen, z. B. geschlossene Parkgaragen und Tiefgaragen.
3	Eigenschaften	**gefordert** – Verhinderung der Wasseraufnahme – Verhinderung des Eindringens beton- und stahlangreifender Stoffe – dauerhafte Rissüberbrückung vorhandener und neu entstehender Trennrisse unter temperatur- und lastabhängigen Bewegungen		
			– Verbesserung des Frost-Tausalz-Widerstandes – Verbesserung der Griffigkeit	
		– Hitzebeständigkeit bis 250 °C (kurzzeitig) – Übertragung von Schubkräften aus Verkehr über Gussasphaltschutzschicht	– Verbesserung des Frost-Widerstandes	– Verbesserung der Chemikalienbeständigkeit – Verminderung des Verschleißes – Schlagverhalten (impact resistance) – zusätzlich, je nach Anforderung: Eignung bei rückseitiger Durchfeuchtung
			nicht gefordert – Verhinderung der Kohlendioxiddiffusion – starke Reduzierung der Wasserdampfdiffusion	
4	Bindemittel-gruppen der hauptsächlich wirksamen Oberflächenschutz-schicht	Polyurethan und andere	Polyurethan mod. Epoxidharze 2-K Polymethylmethacrylat	modifizierte Epoxidharze Polyurethan 2-K Polymethylmethacrylat
5	Regelaufbau	1. Behandlung der Betonoberfläche nach OS 7 2. gegebenenfalls Haftvermittler 3. Dichtungsschicht (hwO) 4. gegebenenfalls Verbindungsschicht 5. Gussasphalt. In bestimmten Fällen ist auch eine verschleißfeste, vorgefüllte, ggf. abgestreute Deckschicht, ggf. mit Deckversiegelung möglich; diese Richtlinie enthält jedoch dafür keine Prüfvorschriften	a) 1. Grundierung 2. elastische Oberflächenschutzschicht (hwO) 3. verschleißfeste vorgefüllte[8, 9] Deckschicht, abgestreut (hwO) 4. gegebenenfalls Deckversiegelung[10] b) 1. Grundierung 2. verschleißfeste, vorgefüllte[8, 9] Oberflächenschutzschicht, abgestreut (hwO) 3. Deckversiegelung 4. ggf. Abstreuung und zweite Deckversiegelung	1. Grundierung 2. verschleißfeste, ggf. vorgefüllte Oberflächenschutzschicht, abgestreut 3. Deckversiegelung
6	Schichtdicke der hauptsächlich wirksamen Oberflächenschutz-schicht	(Die für die Bauausführung relevanten Schichtdicken sind den Anweisungen zur Ausführung zu entnehmen.)		
7	Rissüber-brückung	Klasse IV$_{T+V}$ (ZTV-BEL-B-3)	Klasse II$_{T-V}$	Klasse A1 (–10 °C)

Fußnoten, siehe Blatt 1.

II Schutz und Instandsetzung von Mauerwerk

Univ.-Prof. Dr.-Ing. Michael Raupach

1 Zustandsbeurteilung

Die Zustandsbeurteilung eines Mauwerkes ist für die anschließende Planung und Durchführung einer Schutz- und Instandsetzungsmaßnahme unabdingbar. Tafel 6.37 zeigt relevante Eigenschaften und die Regelwerke der Prüfverfahren.

Tafel 6.37 Bestimmung von Materialkennwerten [6.22]

Eigenschaft	Norm, Richtlinie bzw. übliche Verfahren
Druckfestigkeit	Mauerstein: DIN EN 772-1
	Naturstein: DIN EN 1926
	Mörtel: DIN 18555-3
Biegefestigkeit	Naturstein nach DIN EN 12372, DIN EN 13161
Statischer E-Modul	Mauerstein in Anlehnung an DIN 18555-4
	Naturstein nach DIN EN 14580
Rohdichte	Mauerstein nach DIN EN 772-13
	Naturstein nach DIN EN 772-4 oder DIN EN 1936
	Mörtel nach DIN EN 18555-3
Porosität	Mauerstein, Naturstein nach DIN EN 1936
	Mörtel in Anlehnung an DIN EN 1936
Porengröße/-verteilung	Mauerstein, Naturstein, Mörtel mit Quecksilberdruckporosimetrie nach DIN 66133
Wasseraufnahme	Mauerstein nach DIN EN 771-1
	Naturstein nach DIN EN 13755
	Mörtel in Anlehnung an DIN EN 13755 bzw. nach [6.23]
Kapillarer Wasseraufnahmekoeffizient	Mauerstein nach DIN EN 772-11
	Naturstein nach DIN EN 1925
	Mörtel in Anlehnung an DIN EN 1925 bzw. nach [6.23]
Sättigungswert	Mauerstein, Naturstein, Mörtel nach DIN 52008
Feuchtegehalt	Mauerstein, Naturstein, Mörtel mittels Darr-Methode
Frostbeständigkeit	Mauerstein nach DIN 52252-1, -3
	Naturstein nach DIN 52008 (Anhang C und D)
	Mörtel nach [6.23]
Kristallisationsneigung	Naturstein nach DIN EN 12370
Mörtelzusammensetzung	WTA-Merkblatt 4-5-99/D, [6.23], in Anlehnung an DIN 52170-1 bis -4
Salzgehalt	WTA-Merkblatt 4-5-99/D, [6.23], in Anlehnung an DIN 51100
Mauerwerksfestigkeit	Normenreihe DIN EN 1052

Insbesondere bei historischem Mauerwerk sollte die Bestimmung der Materialkennwerte möglichst zerstörungsarm bzw. -frei erfolgen. Dazu stehen verschiedene Prüfverfahren zur Verfügung (z. B. Ultraschall, Feuchtemessung über elektrische Kenngrößen) für die i. d. R. eine objektspezifische Kalibrierung erforderlich ist.

2 Ziele und Verfahren

Die Durchführung von Schutz- und Instandsetzungsmaßnahmen an Mauerwerken ist nicht umfassend mit Regelwerken bzw. Normen abgedeckt. Nur zu Teilaspekten existieren Merkblätter, die u. a. von der Wissenschaftlich-Technischen Arbeitsgemeinschaft für Bauwerkserhaltung und Denkmalpflege (WTA) erarbeitet wurden. Tafel 6.38 gibt eine Übersicht über häufige Ziele von Erhaltungsmaßnahmen und die möglichen Verfahren zur Realisierung.

Tafel 6.38 Ziele von Erhaltungsmaßnahmen und mögliche Verfahren

Ziele	Verfahren	Bemerkung
1	2	3
Trockenlegung	Horizontalsperre: • Chemisch (Injektion) • Mechanisch (Bleche) • Elektrophysikalische Verfahren	s. Abschn. 3.1
	Vertikalsperre: • Freischachten und Außenabdichtung • Schleierinjektion • Innenseitige Abdichtung	
	Rissinjektion	s. Kap. 6 C I, Abschn. 6.2
	Sanierputz	s. Abschn. 3.2
Verstärken	Vernadeln und verankern	s. Abschn. 3.3
	Injizieren und verpressen	
	Vorspannen	
	Querschnittsauftrag durch Spritzschalen	
	Bewehrung: Stahl in Lagerfugen, Mikropfähle, faserverstärkte Kunststoffe (Lamellen)	
Ursprungszustand	Verfugen, ggf. injizieren und verpressen	s. Abschn. 4
	Steinaustausch	
	Steinergänzungsmörtel	
Oberflächenschutz	Putzauftrag, Auftrag einer Schlämme	s. Abschn. 3.4
	Anstrich	
	Hydrophobieren	
	Wärmedämmputz- oder -verbundsystem	
Wärmedämmung	Wärmedämmputzsystem	s. Abschn. 3.5
	Wärmedämmverbundsystem	

Neben den oben genannten Zielen können Maßnahmen zur Verbesserung des Schall- (Füllen von Hohlstellen etc.) oder Brandschutzes (Putze etc.) erforderlich sein.

3 Trockenlegung

3.1 Vertikal- und Horizontalsperren

Tafel 6.39 beschreibt die Verfahren, die für nachträgliche Horizontalabdichtungen herangezogen werden können. Das chemische Verfahren (Mauwerksinjektion, Abb. 6.39a) wird am häufigsten verwendet. Über Bohrlöcher wird mit oder ohne Druck Injektionsstoff in das Mauerwerk eingebracht. Dabei handelt es sich um ein- oder mehrkomponentige Materialien auf Basis von Alkalisilikat/Alkalimethylsilikonat, Epoxidharz, Paraffin, Polyurethan, Polyacrylatgel, Siliconat, Silan/Siloxan oder Siliconmicroemulsion. Durch eine Verstopfung, Verengung und/oder Hydrophobierung des Kapillarporensystems können diese Materialien den kapillaren Wassertransport im Mauerwerk reduzieren bzw. weitestgehend verhindern. Der zu injizierende Bereich (Abb. 6.39a) wird vor der Injektion meistens mit einer Dichtungsschlämme abgedichtet.

Tafel 6.39 Verfahrensbeschreibung für nachträgliche Horizontalabdichtungen

Verfahren	Beschreibung	Literatur
Mechanische Verfahren	Mauertausch bzw. Mauertrennung durch überlappende Kernbohrungen	[6.24]
	Horizontalschnittverfahren durch Seilsägen, Kreissägen oder Kettensägen und anschließendes Einlegen eines Dichtungsbleches	
	Ramm-Riffelblechverfahren: Einschlagen eines Dichtungsbleches	
Chemische Verfahren	Injektion chemisch erhärtender Stoffe über Bohrlöcher zur Abdichtung des Porensystems von Ziegel und Mörtel	[6.25]
Elektrophysikalische Verfahren	Trocknung des Mauerwerks durch Elektroosmose und Elektrophorese (Achtung: Wirksamkeit ist umstritten!)	

Bohrlochanordnung	horizontal	geneigt
einreihig (in Stein)	-	+
zweireihig (in Stein)	+ (a) oder	+ (b)
zweireihig (in Fuge)	+ (a)	-

Bohrungen so anordnen, dass alle kapillaraktiven Wandelemente (Fuge, Stein) penetriert werden.
Untere Bohrlochreihe zuerst füllen.

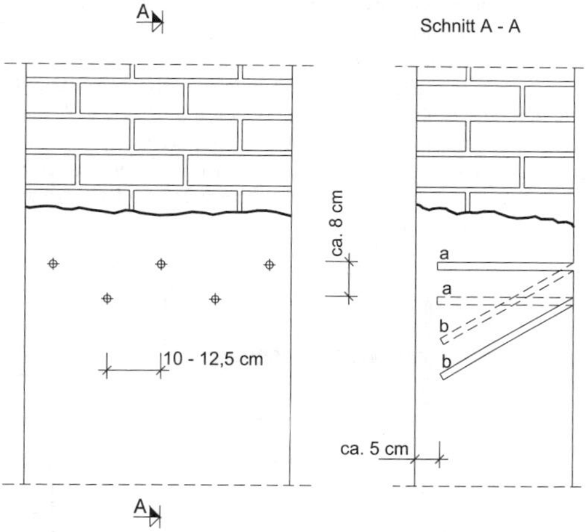

Abb. 6.39a Schematische Darstellung der Bohrlochanordnung für die Mauerwerksinjektion unter Druck [6.25]

Abb. 6.39b zeigt eine Schleierinjektion zur nachträglichen Außenabdichtung. Das Anbringen von Außenabdichtungen ist im Kap. 3 B erläutert.

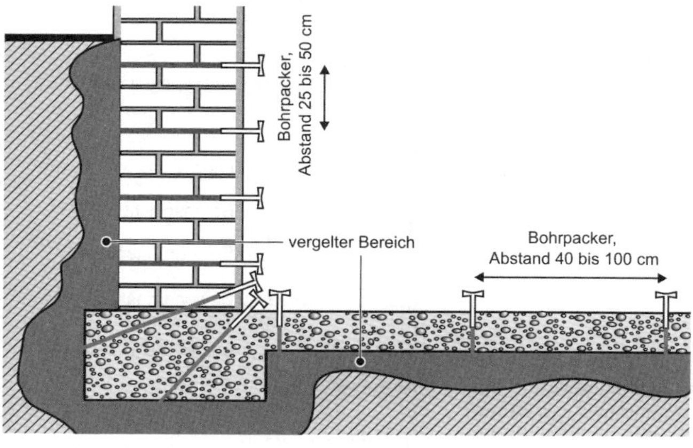

Abb. 6.39b Schleierinjektion zur nachträglichen Außenabdichtung

3.2 Sanierputze

Sanierputze werden zum Verputzen von feuchtem und/oder salzbelastetem Mauerwerk eingesetzt. Sanierputze sind porenreiche Putze, in denen die aus dem Mauerwerk stammenden gelösten Salze kapillar transportiert und im Porenraum auskristallisiert werden. Gleichzeitig bewirkt die hohe Wasserdampfdurchlässigkeit der Sanierputze günstige Austrocknungsbedingungen für das Mauerwerk. Anforderungen an Sanierputze sind in der DIN EN 998-1 und im WTA-Merkblatt [6.26] festgelegt. Im Regelfall wird ein Sanierputzsystem bestehend aus Spritzbewurf, evtl. Porengrundputz und Sanierputz eingesetzt. Anwendungs- und Verarbeitungshinweise sind in [6.27] dargestellt.

3.3 Verstärken

Die Methode einer Mauerwerksverstärkung hängt wesentlich von dem gewünschten Grad der Verstärkung ab. Die Instandsetzung von Fugen, Rissen und das Schließen von Hohlräumen erhöht die Tragfähigkeit des Mauerwerks um ein geringeres Maß als das Klammern, Vernadeln, Bewehren sowie der Auftrag von Lamellen aus Stahl oder Kohlefasern. Die höchste Traglaststeigerung wird mit Spanngliedern aus Stahlspanndrähten oder Glas- bzw. Kohlefaserverbundstäben erzielt. Abb. 6.40a zeigt zum einen das Einbringen eines Stahlankers zur Anbindung benachbarter Bauteile und zum anderen die Verankerung von Spanngliedern in einer ausbetonierten Aussparung. Abb. 6.40b verdeutlicht, wie eine zusätzliche Bewehrung im Putz oder Spritzbeton eingelegt werden kann. Näheres kann [6.28] entnommen werden.

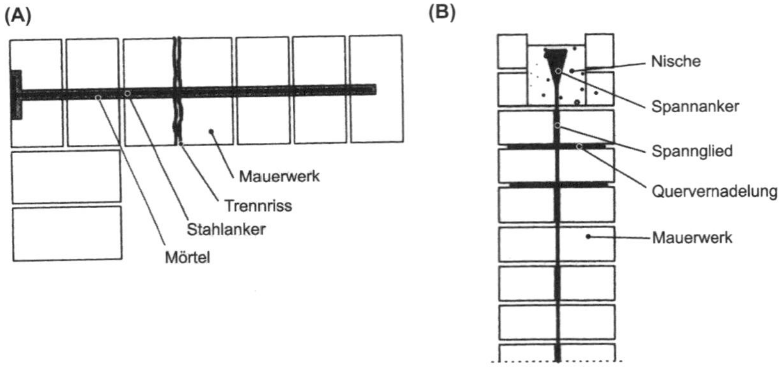

Abb. 6.40a **(A)** Stahlanker zur Anbindung benachbarter Bauteile (Querschnitt) [6.28]
(B) Verankerung von Spanngliedern in einer ausbetonierten Aussparung (Längsschnitt) [6.28]

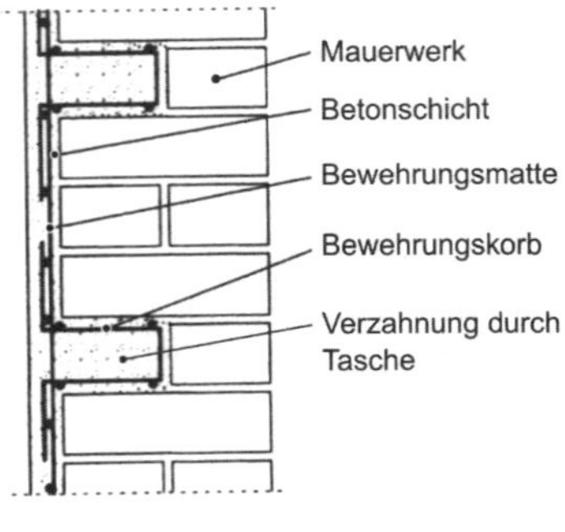

Abb. 6.40b Bewehrte Ergänzungsschicht; die Verzahnung der Beschichtung zum Bestand kann durch Taschen erfolgen (Längsschnitt) [6.28]

3.4 Oberflächenschutz

Oberflächenschutzmaßnahmen ändern das Erscheinungsbild des Mauerwerkes. Eine Ausnahme ist die Hydrophobierung. Bei Hydrophobierungen kleiden siliziumorganische Verbindungen die Poren im oberflächennahen Bereich des Mauerwerkes aus, woraus eine wasserabweisende Wirkung resultiert.

Schlämmen sind Dünnputze auf mineralischer Basis von 3–5 mm Dicke. Bei der Anwendung von Schlämmen bleibt eine gewisse Struktursichtigkeit der Fassade erhalten. Sie wirken als zusätzliche Verschleißschicht, die in Zeitabständen von ca. 10 bis 15 Jahren nachgearbeitet werden muss.

Erfolgt ein Oberflächenschutz durch Putze ist der Putzaufbau zu beachten. Die thermische und hygrische Beanspruchung einer Außenwand nimmt von außen nach innen ab. Die äußerste Putzlage weist somit die größten Formänderungen auf. Dementsprechend sollen die Putzlagen von innen nach außen verformbarer („weicher“) werden. Von dieser Putzregel „weich auf hart“ kann jedoch bei Wärmedämmputzen und Wärmedämmverbundsystemen bei Verwendung geprüfter Systeme abgewichen werden [6.29].

3.5 Wärmedämmung

In einem Wärmedämmputzsystem wird der wärmedämmende Unterputz als Wärmedämmputz bezeichnet. Dieser Wärmedämmputz muss mindestens 20 mm und soll in der Regel höchstens 100 mm dick sein. Um den weichen Wärmedämmputz vor mechanischer Beanspruchung und Durchfeuchtung zu schützen, wird auf den Unterputz ein wasserabweisender Oberputz aufgetragen. Die DIN EN 998-1 definiert Wärmeleitfähigkeitsgruppen für Wärmedämmputze.

Beim Wärmedämmverbundsystem wird das Dämmmaterial i. d. R. in Form von Platten oder Lamellen mit Hilfe von Kleber und/oder Dübel (Tellerdübel) auf dem Mauerwerk befestigt und mit einer Armierungsschicht versehen. Die Armierungsschicht besteht aus einem Armierungsmörtel, in den ein Armierungsgewebe eingebettet wird. Den Abschluss des Systems bildet ein Außenputz.

4 Natursteininstandsetzung

In der Natursteininstandsetzung werden im Wesentlichen die Ziele Erhaltung bzw. Wiederherstellung des Ursprungszustandes, Trockenlegung, Oberflächenschutz oder Verstärken nach Tafel 6.38 verfolgt. Dabei soll im Allgemeinen möglichst viel von der Grundsubstanz erhalten bleiben. Um dies zu erreichen, werden häufig beschädigte Steine nicht ausgetauscht, sondern nur Teile des Steins ersetzt oder die Steine werden mit Steinergänzungsmörtel restauriert. Die Steinergänzungsmörtel sind dann unter Beachtung der speziellen Anforderungen des vorliegenden Steines zu entwickeln. Gleiches gilt für die Verfugmörtel.

Um das Erscheinungsbild zu erhalten und gleichzeitig die Oberfläche zu schützen, werden als Oberflächenschutzstoffe sogenannte Steinschutzstoffe aufgebracht. Dies können Hydrophobierungen, Kieselsäureester zur Festigung des Steines oder Kombinationen sein.

Häufig ist eine Reinigung des Mauerwerks erforderlich. Man unterscheidet Nassreinigungsverfahren ohne und mit chemischen Zusätzen und mechanische Reinigungsverfahren. Zunehmend werden auf dem Gebiet der Denkmalpflege besonders schonende Verfahren wie die Laser- und Ultraschallreinigung mit Erfolg eingesetzt.

III Schutz von Stahlbauten

Prof. Dr.-Ing. Christof Hausser

1 Korrosion von Stahl

1.1 Chemische Grundlagen

Korrosion bezeichnet die chemische Reaktion eines Metalls mit seiner Umgebung, die zur Auflösung eines Bauteils bis hin zu seiner Zerstörung führen kann. Alle Metalle besitzen die Eigenschaft, dass sie in Anwesenheit einer ionenhaltigen, wässrigen Lösung, dem Elektrolyten, in Form von Ionen in geringem Umfang in Lösung gehen:

$$Me \rightarrow Me^{n+} + n \cdot e^{-}$$

Die Bereitschaft eines Metalls zu dieser Reaktion kann in der Normalspannungsreihe dargestellt werden, die das elektrische Potential dieser Reaktion im Verhältnis zu einer Wasserstoffelektrode angibt. Ein Metall geht umso leichter in Lösung, je niedriger sein elektrisches Potential ist. Unedle Metalle wie Aluminium (Al), Zink (Zn) und Eisen (Fe) sind mit ihrem negativen Potential stärker korrosionsgefährdet als edle Metalle wie Kupfer (Cu), Silber (Ag) oder Gold (Au).

Element	Al	Zn	Cr	Fe	Cd	Ni	Sn	Pb	H	Cu	Ag	Pt	Au
Potentialdifferenz	negativ, unedel <———								0	———> edel, positiv			

Eisen wird unter hohem Energieaufwand durch Reduktion des Eisenerzes im Hochofenprozess gewonnen. Es befindet sich in einem chemisch instabilen Zustand und strebt danach, durch Oxidation und Energieabgabe in einen stabilen Zustand zurückzukehren.

Im Stahlbau tritt überwiegend *elektrochemische Korrosion* an einem Korrosionselement auf, welches sich aus Kathode, Anode und einem ionenleitenden Elektrolyten zusammensetzt. Kathode und Anode können im Falle einer homogenen Mischelektrode gleichmäßig über das Bauteil verteilt sein, was zu gleichmäßiger Flächenkorrosion führt. Sind Kathode und Anode örtlich voneinander getrennt, wird von einer heterogenen Mischelektrode gesprochen und es entstehen örtliche Korrosionserscheinungen wie Loch- oder Spaltkorrosion.

Voraussetzungen für das Einsetzen einer Korrosionsreaktion sind elektrisch leitende Verbindungen zwischen Kathode und Anode sowohl im Metall als auch im Elektrolyt, sowie geringe Potentialunterschiede an der Metalloberfläche, die durch Ungleichheiten innerhalb des Metalls und des Elektrolyts stets gegeben sind.

Als Primärreaktion der elektrochemischen Korrosion gehen an der Anode Stahlionen in Lösung:

$$Fe \rightarrow Fe^{2+} + 2e^{-}$$

Der Stahl löst sich auf, und in das Material werden freie Elektronen abgegeben. Um eine kontinuierliche Reaktion zu ermöglichen, reagieren die Elektronen an der Kathode in neutral bis basischen Elektrolyten mit dem in Wasser gelösten Sauerstoff (Sauerstofftyp):

$$\tfrac{1}{2}O_2 + H_2O + 2e^{-} \rightarrow 2OH^{-}$$

Im Elektrolyt ziehen sich die Eisenionen Fe^{2+} und die Hydroxylionen OH^{-} aufgrund ihrer entgegengesetzten elektrischen Ladung an und bilden Eisen(II)-Hydroxid:

$$Fe^{2+} + 2OH^{-} \rightarrow Fe(OH)_2$$

Durch Sauerstoffzutritt wird in einer Sekundärreaktion Eisen(III)-Hydroxid gebildet, welches sich als Rost auf dem Bauteil ablagert:

$$2Fe(OH)_2 + \tfrac{1}{2}O_2 \rightarrow 2FeOOH + H_2O$$

In sauren Elektrolyten erfolgt die Kathodenreaktion dagegen nach dem Wasserstofftyp, bei der unter Bildung von Wasser Eisensalze entstehen.

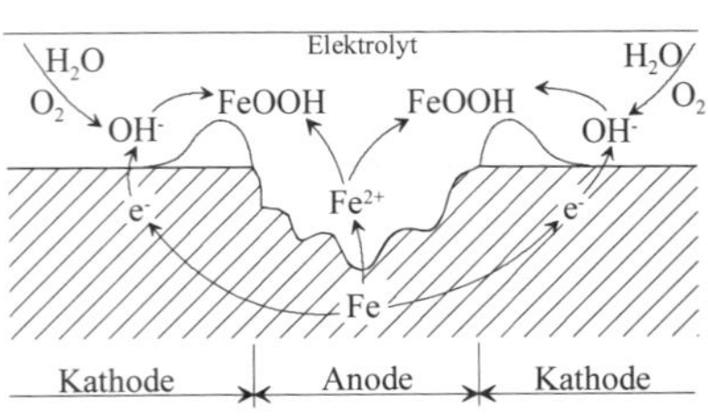

Abb. 6.42 Elektrochemische Korrosion

Neben der elektrochemischen Korrosion kann Stahl bei sehr hohen Temperaturen in einer rein *chemischen Korrosion* direkt mit Sauerstoff reagieren. Bei Schweißvorgängen z. B. verfärbt sich der Stahl und es bilden sich direkt Metalloxide, sogenannter Zunder. *Physikalische Korrosionsvorgänge* treten z. B. bei Anwesenheit von Wasserstoff im Elektrolyten auf. Wasserstoff wird vom Stahl absorbiert, was zu einer Materialversprödung führt und bei Zugbeanspruchung eine Rissbildung auslösen kann.

1.2 Umgebungsbedingungen

Die Stärke und Schnelligkeit eines Korrosionsprozesses wird wesentlich von den Umgebungsbedingungen eines Bauteils beeinflusst. Hohe Luftfeuchtigkeit, langanhaltende Benetzung durch ein Elektrolyt, agressive Medien wie Luftschadstoffe oder Meersalz beschleunigen den Korrosionsvorgang. In DIN EN ISO 12 944-2 werden die Umgebungsbedingungen wie folgt definiert:

Tafel 6.43 Umgebungsbedingungen

Korrosivitäts-kategorie	Flächenabtrag pro Jahr		Typische Beispiele	
	Stahl [μm]	Zink [μm]	im Freien	in Gebäuden
C1 unbedeutend	≤ 1,3	≤ 0,1	-	geheizte Gebäude (Büros, Läden, Schulen, Hotels)
C2 gering	1,3–25	0,1–0,7	trockenes, ländliches Klima	Ungeheizte Gebäude (Lager, Produktionsräume, Sporthallen)
C3 mäßig	25–50	0,7–2,1	Stadt- und Industrieatmosphäre, Küsten mit geringer Salzbelastung	Produktionsräume mit hoher Luftfeuchtigkeit (Wäschereien, Brauereien, Molkereien)
C4 stark	50–80	2,1–4,2	Industrielle Bereiche, Küsten mit mäßiger Salzbelastung	Chemieanlagen, Schwimmbäder
C5-I sehr stark (Industrie)	80–200	4,2–8,4	Industrieatmosphäre mit hoher Feuchtigkeit und Aggressivität	Gebäude mit nahezu ständiger Kondensation und starken Verunreinigungen
C5-M sehr stark (Meer)	80–200	4,2–8,4	Küsten- und Offshorebereiche mit hoher Salzbelastung	

1.3 Erscheinungsformen der Korrosion

Korrosion kann in sehr unterschiedlichen Erscheinungsformen auftreten. Ohne mechanische Beanspruchung werden die folgenden Formen unterschieden:

Flächenkorrosion: Anoden und Kathoden sind gleichmäßig über das Bauteil verteilt und führen zu einem gleichmäßigen Flächenabtrag, häufig auch in Form von Mulden.

Mulden- und Lochkorrosion: Anode und Kathode sind räumlich voneinander getrennt und führen zu einem punktuellen Materialabtrag zunächst in Muldenform, dann als Loch oder als unterhöhlende Vertiefung. Der Korrosionsfortschritt verläuft schnell und die Tragfähigkeit des Bauteils kann nach kurzer Zeit beeinträchtigt sein. Bei hochfesten Stählen kann Lochkorrosion durch hohe Kerbspannungen zu Spannungsrisskorrosion führen.

Spaltkorrosion: In Spalten mit einer Breite kleiner als 1 mm tritt örtlich verstärkte Korrosion auf. Der Korrosionsvorgang findet an nicht einsehbaren Stellen statt und wird durch länger einwirkende Feuchtigkeit beschleunigt. In den meisten Fällen sind die Spalte konstruktionsbedingt, z. B. an geschraubten Knotenpunkten.

Kontaktkorrosion: Werden Bauteile aus zwei verschiedenen Metallen elektrisch leitend miteinander verbunden, so entsteht ein elektrochemisches Kontaktelement, bei der das unedlere Metall die sich auflösende Anode bildet. Unterschiedliche Metalle sollten deswegen nur kombiniert werden, wenn das Vorhandensein eines geschlossenen Elektrolytfilms ausgeschlossen werden kann.

Unter mechanischer Beanspruchung treten u. a. die folgenden Korrosionsformen auf:

Spannungsrisskorrosion: Bei Anwesenheit von Zugspannungen und Korrosion kann sehr schnell und ohne Vorwarnung ein Bauteilversagen auftreten. Ausgehend von einer Störung wie z. B. einem Mikroriss oder einer punktuellen Lochkorrosion entstehen inter- oder transkristalline Risse im Stahl. Am Rissende vergrößert die Kerbwirkung die vorhandene Zugspannung und es setzt erneut Korrosion ein. Es treten kaum Korrosionsprodukte in Erscheinung, so dass die Spannungsrisskorrosion schwer erkennbar ist. Voraussetzung für das Auftreten dieser Korrosionsart ist ein kritisches System aus Werkstoff und Korrosionsmedium, s. [6.46].

Schwingungsrisskorrosion: Werden dynamisch beanspruchte Bauteile einem korrosiven Medium ausgesetzt, so sinkt die maximal aufnehmbare Lastspielzahl des Bauteils. Dabei nimmt die Intensität der Schwingungsrisskorrosion mit abnehmender Lastfrequenz zu. Als korrosives Medium reicht bereits Umgebungsluft aus, Wasser und insbesondere Meerwasser haben eine verstärkende Wirkung.

Reibkorrosion: An der Kontaktstelle zweier Bauteile, die aufeinander gedrückt und gegeneinander bewegt werden, treten zugleich mehrere Effekte auf. Die Oberflächen der Bauteile werden ständig elastisch und plastisch verformt, es entstehen kurzzeitig lokal hohe Temperaturen, und die das Metall umgebenden schützenden Oxidschichten werden ständig aufgebrochen. Die Kontaktstelle ist deshalb besonders korrosionsgefährdet, außerdem wird die Dauerschwingfestigkeit des Bauteils durch Reibkorrosion stark reduziert.

2 Maßnahmen des Korrosionsschutzes

2.1 Übersicht

Mit den Maßnahmen des Korrosionsschutzes soll die zerstörende Wirkung der Korrosion vermindert oder verhindert werden. Dabei muss Korrosion nicht generell vermieden werden, solange sie nicht zu einer Schädigung des Bauteils führt. Bei der Planung eines wirtschaftlichen Korrosionsschutzes sind daher die Funktion des Bauteils und die zu erwartenden Umgebungsbedingungen von großer Bedeutung.

Grundsätzlich wird zwischen passiven und aktiven Schutzmaßnahmen unterschieden. Während passive Maßnahmen den Korrosionsvorgang durch Fernhalten von angreifenden Stoffen unterbinden, greifen aktive Maßnahmen direkt in den Korrosionsprozess ein.

Tafel 6.44 Übersicht der Korrosionsschutzmaßnahmen

Typ	Maßnahme	Beispiel
Passiver Korrosionsschutz	Organische Beschichtung	Anstrich
	Metallischer Überzug	Feuerverzinken
	Umhüllung / Überzug	Spannanker in Kunststoffrohr
	Öl, Fett, Wachs	Temporäre Schutzmaßnahme
Aktiver Korrosionsschutz	Umhüllung (Passivierung)	Bewehrungsstahl in Beton
	Kathodischer Schutz	Elektrochem. Schutz durch Opferanode
	Inhibitoren	Zusatzstoffe in Kühlkreisläufen
Aktiver Korrosionsschutz durch Planung	Werkstoffwahl	Nichtrostende Stähle
	Konstruktive Gestaltung	Vermeiden von Wasseransammlungen

2.2 Organische Beschichtung

Die Beschichtung eines Bauteils mit einer festhaftenden Schicht aus Kunststoff, z. B. durch Anstrich oder Spritzen führt zu einer Abschirmung des Stahls von seiner Umgebung. Um Korrosion dauerhaft zu vermeiden ist die Dichtheit der Beschichtung, ihre Stärke sowie die Vermeidung von Poren und Beschädigungen von entscheidender Bedeutung. Durch Zugabe von Pigmenten, wie z. B. Zinkstaub, kann die Auflösung des Stahls zusätzlich behindert werden (aktive Schutzkomponente).

Ein Beschichtungssystem besteht i.d.R. aus mindestens zwei Grund- und zwei Deckbeschichtungen. Ein Beschichtungsstoff setzt sich aus Bindemittel, Füllstoffen (z. B. Farbstoffe und Pigmente) sowie einem Lösemittel zusammen. Beschichtungen können sowohl im Werk, als auch auf der Baustelle aufgebracht werden. Beispiele für Beschichtungssysteme sind in DIN EN ISO 12 944-5 angegeben. Unter Berücksichtigung praktischer Belange werden in [6.51] die in Tafel 6.45 angegebenen Beschichtungen empfohlen.

Tafel 6.45 Beschichtungssysteme nach [6.51]

Werkstatt					Baustelle			System	Korrosivitätskategorie														
GB	NDFT [µm]	ZB/DB	NDFT [µm]	Anzahl	DB	NDFT [µm]	Anzahl	NDFT [µm]	C2			C3			C4			C5-I			C5-M		
									k	m	l	k	m	l	k	m	l	k	m	l	k	m	l
AK	100	–	–	1 – 2	AK	60	1	160	■	■	■	■	■	□	□	□	□	□	□	□	□	□	□
EP	160	–	–	1 – 2	–	–	–	160	■	■	■	■	■	□	□	□	□	□	□	□	□	□	□
AK	100	–	–	1 – 2	AK	100	1 – 2	200	▒	▒	▒	■	■	■	■	□	□	□	□	□	□	□	□
EP-Zn	60	EP, PUR	100	2 – 3	–	–	–	160	▒	▒	▒	■	■	■	■	□	□	□	□	□	□	□	□
EP	80	EP, PUR	120	2 – 3	–	–	–	200	▒	▒	▒	■	■	■	■	□	□	□	□	□	□	□	□
EP-Zn	80	EP, PUR	100	2 – 3	PUR	60	1	240	▒	▒	▒	▒	▒	▒	■	■	■	■	■	□	□	□	□
EP	160	EP, PUR	120	2 – 4	–	–	–	280	▒	▒	▒	▒	▒	▒	■	■	■	■	■	■	■	■	□
EP-Zn	80	EP, PUR	160	2 – 3	PUR	80	1 – 2	320	▒	▒	▒	▒	▒	▒	■	■	■	■	■	■	■	■	■

GB = Grundbeschichtung; ZB = Zwischenbeschichtung; DB = Deckbeschichtung; NDFT = Sollschichtstärke
AK = Alkydharz; EP = Epoxidharz; PUR = Polyurethan; Zn = Zinkpigmente
k = kurz (2-5 Jahre); m = mittel (3-15 Jahre); l = lang (über 15 Jahre)
■ = geeignet; ▒ = unwirtschaftlich; □ = ungeeignet

Vor Aufbringen einer Beschichtung muss i. d. R. die Stahloberfläche vorbereitet werden. DIN EN ISO 12 944-4 unterscheidet folgende Vorbereitungsgrade: Sa1 bis Sa3 für gestrahlte Oberflächen, St2 und St3 für manuelle bzw. maschinelle Entrostung, Fl für Flammstrahlen und Be für Beizen. Das Beschichtungssystem kann als Nassbeschichtung durch Streichen, Rollen oder Spritzen, als Bandbeschichtung (Coil Coating) oder als Pulverbeschichtung aufgebracht werden.

2.3 Metallische Überzüge

Der Überzug eines Stahlbauteils mit einer Metallschicht bewirkt zunächst einen passiven Korrosionsschutz durch Fernhalten des aggressiven Mediums. Wird die Metallschicht an einer Stelle beschädigt und der Stahl punktuell freigelegt, entsteht zwischen den beiden Metallen Kontaktkorrosion. Sofern der metallische Überzug aus einem unedleren Metall, z. B. Zink besteht, übernimmt der Überzug die Funktion der Anode und geht in Lösung, während das Bauteil aus Stahl aktiv geschützt bleibt.

In der Praxis haben Überzüge aus Zink die größte Bedeutung. Zum Aufbringen des Überzugs wird neben Spritzverzinken und galvanischen Verfahren vor allem das Schmelztauchverzinken (Feuerverzinken) eingesetzt. Zur Vorbereitung der Oberfläche muss dazu das Bauteil in mehreren Arbeitsgängen entfettet, gebeizt, gespült und mit einem Flussmittel versehen werden. Der Zinküberzug wird anschließend durch Eintauchen in flüssiges Zink bei ca. 450 °C aufgebracht.

Beim Eintauchen in das Zinkbad erfolgt eine chemische Reaktion zwischen Eisen und Zink. Es bildet sich eine Eisen-Zink-Legierungsschicht, überdeckt von einer reinen Zinkschicht in einer Stärke von insgesamt 50–150 µm. DIN EN ISO 1461 fordert bei Bauteilstärken von mehr als 6 mm eine minimale Zinkauflage von 85 µm. Dickere Zinkschichten führen zu einem besseren Korrosionsschutz, allerdings senken sie auch das Haftvermögen des Zinks an dem Bauteil. Die Stärke der Zinkschicht hängt neben der Tauchdauer und Temperatur des Tauchbades besonders vom Siliciumgehalt des Stahles ab.

Aufgrund der Abmessungen der Tauchbäder ist die Größe der Bauteile, die in einem Stück feuerverzinkt werden können, begrenzt. Die größten in Deutschland verfügbaren Zinkbäder haben eine Länge von maximal 16,5 m, eine Breite von 2,0 m und eine Tiefe von 3,2 m. Durch mehrfaches Eintauchen in das Zinkbad können auch übergroße Bauteile feuerverzinkt werden.

Durch die hohe Temperatur des Zinkbades sind die Bauteile während des Verzinkens hohen Beanspruchungen ausgesetzt. Bauteile mit hohen Eigenspannungen, die z. B. durch umfangreiche Schweißarbeiten entstanden sind, können sich stark verziehen, da sich die Spannungen durch die hohe Temperatur des Zinkbades abbauen. Bauteile, die in mehreren Schritten verzinkt werden, sollten möglichst zwängungsfrei konstruiert sein, damit sich die größten Temperaturdehnungen ohne große Zwangskräfte einstellen können. Hohlprofile müssen mit ausreichend vielen Öffnungen versehen sein, damit das Zink leicht in die Hohlräume ein- und wieder austreten kann. Werden Hohlräume vollständig verschlossen, besteht die Gefahr einer Explosion, da sich die eingeschlossene Luft und Feuchtigkeit bei der Erhitzung auf 450 °C schlagartig ausdehnt.

Sollen größere Bauteile mit einem Zinküberzug versehen werden, besteht die Möglichkeit des Spritzverzinkens (thermisches Spritzen). Damit können Bauteile auch nachträglich und lokal begrenzt mit einem Zinküberzug versehen werden.

2.4 Duplexsysteme

Duplexsysteme bestehen aus einer Kombination von metallischem Überzug und organischer Beschichtung. Bei überdurchschnittlich hoher Korrosionsbelastung kann durch Duplexsysteme ein verbesserter Schutz des Bauteils erreicht werden. Gleichzeitig besteht die Möglichkeit einer farblichen Gestaltung.

Duplexsysteme erreichen eine bis zu 2,5-fach längere Schutzdauer als die jeweiligen Einzelsysteme. Dieser Synergieeffekt beruht auf einem gegenseitigen Schutz von Zinküberzug und Beschichtung. Die Beschichtung schützt den Zinküberzug vor Einflüssen aus der Umgebung und verhindert den Abtrag des Zinks. Gleichzeitig bleibt das Bauteil bei Beschädigungen der Beschichtung gegen Korrosion geschützt, es kommt zu keiner Unterrostung und damit zum Abblättern der Beschichtung. Beispiele geeigneter Duplex-Beschichtungssysteme sind in DIN EN ISO 12 944-5 und [6.51] enthalten.

Tafel 6.46 Duplexsysteme nach [6.51]

Oberflächenvorbereitung		Werkstatt			Baustelle			System	Korrosivitätskategorie														
		GB/ZB	NDFT [µm]	Anzahl	DB	NDFT [µm]	Anzahl	NDFT [µm]	C2			C3			C4			C5-I			C5-M		
Reinigen	Sweepen								k	m	l	k	m	l	k	m	l	k	m	l	k	m	l
x		AY-Hydro	120	1 – 2	–	–	–	120	■	■	■	■	■	□	□	□	□	□	□	□	□	□	□
x		AY-Hydro	80	1	AY/PVC	80	1 – 2	160	▒	▒	▒	■	■	■	■	■	□	■	□	□	■	□	□
x		AY-Hydro	80	1	EP/PUR	80	1 – 2	160	▒	▒	▒	■	■	■	■	■	□	■	□	□	■	□	□
x		EP-Komb.	120	1 – 2	–	–	–	120	▒	▒	▒	■	■	■	■	■	□	■	□	□	■	□	□
x		EP-Komb.	80	1	EP/PUR	80	1 – 2	160	▒	▒	▒	■	■	■	■	■	■	■	□	□	■	■	□
	x	EP	80	1	EP/PUR	80	1 – 2	160	▒	▒	▒	■	■	■	■	■	■	■	□	□	■	■	□
x	o	EP-Komb.	160	2	EP/PUR	80	1 – 2	240	▒	▒	▒	■	■	■	■	■	■	■	■	□	■	■	■
	x	EP	160	2	EP/PUR	80	1 – 2	240	▒	▒	▒	■	■	■	■	■	■	■	■	□	■	■	■

GB = Grundbeschichtung
ZB = Zwischenbeschichtung
DB = Deckbeschichtung
NDFT = Sollschichtstärke
AY = Acrylharz
EP = Epoxidharz
PVC = Polyvinylchlorid
PUR = Polyurethan
k = kurz (2-5 Jahre)
m = mittel (3-15 Jahre)
l = lang (über 15 Jahre)
■ = geeignet
▒ = unwirtschaftlich
□ = ungeeignet

2.5 Kathodischer Schutz

Der kathodische Korrosionsschutz ist eine aktive Schutzmaßnahme, bei der die elektrochemische Korrosionsreaktion umgekehrt wird, d. h. das Stahlbauteil wird zur Kathode und bleibt dadurch vor Auflösung geschützt. Dazu muss das elektrische Potential im Elektrolyt aktiv verändert werden. Dies kann durch Verwendung einer unedleren galvanischen Opferanode (z. B. aus Zink) geschehen, die sich infolge des Korrosionsprozesses auflöst und die in regelmäßigen Abständen ausgetauscht werden muss. Alternativ kann eine inerte Hilfsanode zusammen mit einer externen Fremdstromquelle eingesetzt werden, um die Oberfläche des Stahlbauteils kathodisch zu polarisieren (vgl. Abb. 6.47a).

Der kathodische Korrosionsschutz wird vor allem bei Bauteilen im Erdreich oder im Wasser eingesetzt, bei der eine Kontrolle und Erneuerung des Korrosionsschutzes unmöglich oder zu teuer wäre, wie z. B. Rohrleitungen, Behälter, Schleusen oder Bohrinseln. Um den Schutzstrombedarf zu reduzieren bzw. um die Opferanode zu schonen, sollte das Bauteil mit einer elektrisch isolierenden Beschichtung versehen werden. Damit beschränkt sich der kathodische Schutz nur auf den kleinen Bereich unvermeidbarer Beschädigungen und Poren.

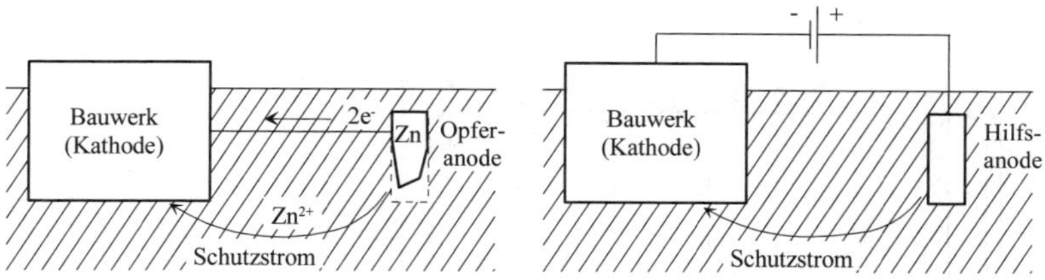

Abb. 6.47a Kathodischer Korrosionsschutz mit Opferanode bzw. Fremdstromquelle

2.6 Werkstoffwahl

Das Korrosionsverhalten von Stahl kann durch die Zugabe von Legierungsstoffen bei der Stahlherstellung so günstig beeinflusst werden, dass weitere Korrosionsschutzmaßnahmen nicht erforderlich werden.

Wetterfeste Stähle (Kurzbezeichnung WT) nach DIN EN 10 025 sind niedriglegierte Stähle mit geringen Zusätzen (< 0,5 %) von Kupfer, Chrom und Nickel. Bei diesen Stählen wird die atmosphärische Korrosion nicht verhindert, es bilden sich jedoch aus den Rostprodukten zusammenhängende Sperrschichten, die den Stahl bei normaler Bewitterung vor dem Zutritt aggressiver Medien schützen. So stellt sich bei wetterfesten Stählen ein deutlich geringerer Massenverlust durch Abrostung als bei unlegierten Stählen ein. Bei Industrieatmosphäre, hohem Salzgehalt oder langanhaltender Wasserbenetzung steigt die Abrostung wetterfester Stähle stark an, so dass sie in diesen Fällen ohne zusätzliche Schutzmaßnahmen, wie z. B. einer organischen Beschichtung, nicht verwendet werden sollten.

Nichtrostende Stähle nach DIN 17 440 sind hochlegierte Stähle mit einem Chromgehalt von mindestens 10,5 %. In sauerstoffhaltiger Atmosphäre bildet sich an der Oberfläche dieser Stähle eine sehr dünne Oxidschicht, die eine anodische Auflösung des Stahles verhindert. Diese Passivschicht bildet sich bei Beschädigungen sofort neu, so dass ein dauerhafter Korrosionsschutz des Bauteils gewährleistet ist. Allerdings besteht in saurer Umgebung eine Anfälligkeit nichtrostender Stähle gegenüber Loch- und Spannungsrisskorrosion. Deswegen ist vor allem bei der Verwendung in Schwimmbädern, Straßentunneln und Schornsteinen auf eine geeignete Werkstoffwahl zu achten, s. [6.46].

2.7 Konstruktive Gestaltung

Durch korrosionsschutzgerechtes Konstruieren können Ausmaß und Geschwindigkeit von Korrosionsvorgängen deutlich reduziert und damit die Lebensdauer eines Bauwerkes verlängert werden. In Anlehnung an DIN EN ISO 12 944-3 werden die folgenden Grundregeln genannt:

Bauliche Gestaltung: Am wirkungsvollsten lässt sich eine Stahlkonstruktion vor Korrosion schützen, wenn der Zutritt von aggressiven Medien und insbesondere von Feuchtigkeit verhindert wird. Deshalb sollte die tragende Stahlkonstruktion innerhalb eines Gebäudes, geschützt durch Dach und Fassade, angeordnet werden.

Zugänglichkeit: Zur Überwachung und Instandsetzung von Beschichtungen oder Überzügen sollten Bauteile so gestaltet sein, dass sie auch nachträglich zugänglich und erreichbar sind. Neben Hilfseinrichtungen wie Stege oder Arbeitsbühnen ist darauf zu achten, dass Mindestabstände zwischen den einzelnen Bauteilen und angrenzenden Flächen eingehalten werden (vgl. Abb. 6.47b und 6.48). Korrosionsgefährdete Bauteile, die nach der Montage unzugänglich sind, sollten so geschützt werden, dass der Korrosionsschutz während der gesamten Nutzungsdauer des Bauwerks gewährleistet bleibt.

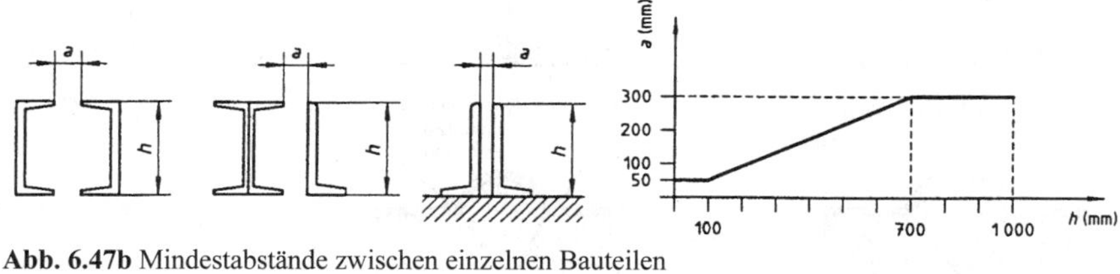

Abb. 6.47b Mindestabstände zwischen einzelnen Bauteilen

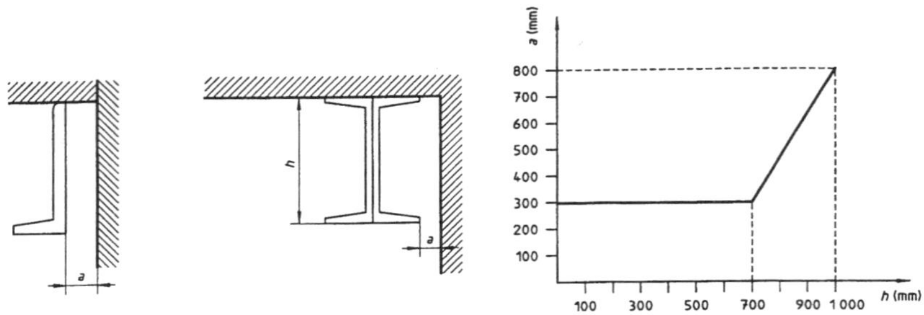

Abb. 6.48 Mindestabstände zwischen Bauteilen und angrenzenden Flächen

Wasseransammlungen und Ablagerungen: Stahlbauteile, die der Witterung ausgesetzt sind, sollten so gestaltet sein, dass sich keine Ansammlungen von Wasser und Ablagerungen bilden können. Dies kann durch abgeschrägte und geneigte Oberflächen geschehen, durch das Vermeiden von oben offenen Profilen, Taschen und Vertiefungen sowie durch das kontrollierte Ableiten von Wasser durch geeignete Entwässerungseinrichtungen.

Spalten: Spalten, Fugen und sich überlappende Verbindungen führen leicht zu Spaltkorrosion und sollten durch geeignete Gestaltung vermieden werden. Berührungsflächen können z. B. mit durchgehenden Schweißnähten vor Wasserzutritt geschützt werden. Übergangsstellen zwischen Beton und Stahl erfordern besondere Maßnahmen des Korrosionsschutzes.

Kanten: An scharfen Kanten haften Beschichtungen schlechter und sind leichter Beschädigungen ausgesetzt. Alle scharfen Kanten sollten deshalb abgerundet oder zumindest gebrochen werden.

Schweißstellen: Oberflächenfehler an Schweißnähten führen zu lokalen Schmutzablagerungen und zu geringen Dicken der Beschichtung und sind deshalb zu vermeiden.

Rippen und Aussteifungen: Um Spalte zu vermeiden, sind Rippen und Aussteifungen ringsum mit den angrenzenden Bauteilen zu verschweißen. Außerdem sind zur Vermeidung von Wasseransammlungen in den Ecken Aussparungen anzuordnen.

Unterschiedliche Metalle: Zur Vermeidung von Kontaktkorrosion sollten Stähle mit einem unterschiedlichen elektrochemischen Potential nicht miteinander verbunden werden. Kritisch ist vor allem die Kombination kleiner, unedler Bauteile mit großen, edleren Bauteilen. Dagegen kann eine Verbindung von kleinen, edlen Bauteilen, wie z. B. Schrauben aus nichtrostendem Stahl, mit weniger edlen Baustählen durchaus erfolgen. Ist eine Kombination verschiedener Metalle unvermeidbar, kann Kontaktkorrosion durch die elektrische Isolierung der beiden Bauteile voneinander vermieden werden.

Korrosionsschutzgerechte Gestaltung nach DIN EN ISO 12 944-3

schlecht ⟶ besser ⟶ gut

IV Schutz von Holzbauteilen

Prof. Dr.-Ing. François Colling

1 Allgemeines

Der Schutz von Holzbauteilen wird in der Normenreihe DIN 68800 behandelt, deren Teile in den Jahren 2011 und 2012 neu erschienen sind.

Die dauerhafte Funktionstüchtigkeit, d. h. die Dauerhaftigkeit einer Holzkonstruktion ist durch allgemeine Maßnahmen (nach DIN 68800-1), durch besondere bauliche Maßnahmen (nach DIN 68 800-2) und erforderlichenfalls zusätzlich durch vorbeugenden chemischen Holzschutz (nach DIN 68 800-3) sicherzustellen.

2 Gefährdungen

2.1 Allgemeine Gefährdungen

Allgemeine Gefährdungen können entstehen durch

- unzureichende Detailplanung (z. B. von Fugen) oder Nichtberücksichtigung des materialspezifischen Verhaltens von Holz,
- nicht fachgerechte Ausführung, insbesondere von Fugen und Anschlüssen,
- falsche Nutzung, wie z. B. mangelhaftes Heizen und/oder Lüften.

2.2 Feuchte, Nässe

Gefährdungen, die durch Feuchte/Nässe bestehen, sind

- Tauwasseranfall infolge Konvektion (Luftströmung) durch Undichtigkeiten in der Gebäudehülle; die infolge Konvektion anfallenden Wassermengen sind dabei 100- bis 1000-mal größer als bei Diffusion. Das Tauwasser tritt dabei örtlich konzentriert im Bereich der Undichtigkeiten an und erhöht somit das Risiko eines Feuchteschadens;
- Tauwasseranfall infolge Diffusion; das diffusionstechnische Verhalten eines Bauteilquerschnittes kann nach DIN 4108 („Glaser-Verfahren") rechnerisch untersucht werden;
- Tauwasser an der Oberfläche, z. B. durch Baufeuchte und/oder unzureichendes Lüften und Heizen.

2.3 Pilze

2.3.1 Holzverfärbende Pilze

Zu den holzverfärbenden Pilzen gehören vornehmlich die Schimmelpilze und Bläuepilze. Diese ernähren sich ausschließlich von den Inhaltsstoffen der Holzzellen, ohne die Zellwände anzugreifen. Daher bewirken sie keine Fäulnis und somit auch keine Festigkeitsverluste.

2.3.2 Holzzerstörende Pilze

Im Gegensatz zu den holzverfärbenden Pilzen bauen holzzerstörende Pilze die Zellwände der Holzzellen ab und verursachen dadurch eine Fäulnis. Die wichtigsten holzzerstörenden Pilze sind der Hausschwamm, der Braune Kellerschwamm, der Weiße Porenschwamm, der Eichenporling sowie verschiedene Blättlingsarten (vornehmlich bei im Freien verbautem Holz).

Wichtigstes Kriterium für die Entwicklung von allen Pilzen ist die Holzfeuchte. Für ihre Entwicklung benötigen sie freies Wasser in den Zellhohlräumen, so dass eine Pilzgefährdung erst oberhalb des Fasersättigungsbereiches (d.h. Holzfeuchte $\omega \geq$ ca. 30%) gegeben ist.

2.4 Insekten

2.4.1 Frischholzinsekten

Frischholzinsekten haben als Zerstörer des verbauten Holzes zumeist keine Bedeutung. Im abgetrockneten Holz finden sie keine geeigneten Lebensbedingungen vor, so dass eine Weitervermehrung ausgeschlossen ist und Bekämpfungsmaßnahmen nicht erforderlich sind. Allerdings sind die Larven einiger Frischholzinsekten, wie die der Holzwespen, befähigt, im ausgetrockneten Holz ihre Entwicklung abzuschließen.

2.4.2 Trockenholzinsekten

Die Trockenholzinsekten befallen das lufttrockene Bauholz und bleiben im Unterschied zu den Frischholzinsekten viele Generationen hindurch in demselben Holz bis zu seiner weitgehenden oder völligen Zerstörung tätig. Sie stellen somit die eigentlichen technischen Schädlinge des Holzes dar. Die wichtigsten Trockenholzinsekten sind der Hausbock, der Gemeine Nagekäfer sowie der Braune Splintholzkäfer.

2.5 Moderfäule

Als Moderfäule wird ein Abbauvorgang bezeichnet, der durch einige holzzerstörende Pilze verursacht wird. Kennzeichnend für alle Moderfäulen ist ihr sehr hohes Feuchtebedürfnis. Entsprechend treten sie an stark und dauernd der Feuchte ausgesetztem Holz auf, insb. an solchem mit Erdkontakt. Im Hochbau ist Holz überall dort gefährdet, wo es zu Schmutzansammlungen kommt (z. B. Fugen in Balkonbelägen).

2.6 Gebrauchsklassen

In DIN 68 800-1 werden Holzbauteile je nach Einbausituation und klimatischer Beanspruchung in sog. Gebrauchsklassen eingestuft (Tafel 6.50a u. b). Die Einstufung in die verschiedenen Gebrauchsklassen erfolgt dabei vorrangig nach der Feuchtebeanspruchung, der die Holzbauteile ausgesetzt sind.

Tafel 6.50a Gebrauchsklassen (GK) für nicht bewitterte Bauteile

	Gefährdung durch	Einbausituation	Beispiele
GK 0	-	Innen verbautes, ständig trockenes Holz (Holzfeuchte ≤ 20 %).	• Sichtbar bleibende Hölzer in Wohnräumen • Allseitig insektendicht abgedeckte Holzbauteile • Außenwände und Dachbauteile mit besonderen baulichen Maßnahmen nach DIN 68 800-2
GK 1	Insekten		• Nicht insektendicht bekleidete Balken • Sparren/Pfetten in unbeheizten Dachstühlen • Nicht oder nur teilweise einsehbare Balken
GK 2	Insekten, Pilze	Gelegentliche Befeuchtung (z. B. durch Tauwasser) der Bauteile möglich	• Außenwände und Dachbauteile ohne besondere bauliche Maßnahmen nach DIN 68 800-2 • Unzureichend wärmegedämmte Balkenköpfe • Brückenträger überdachter Brücken über Wasser

Tafel 6.50b Gebrauchsklassen (GK) für bewitterte Bauteile

	Gefährdung durch	Einbausituation	Beispiele
GK 3.1	Insekten, Pilze, Auswaschen	Gelegentlich feucht	Anreicherung von Wasser **nicht** zu erwarten: • Bewitterte Stützen mit ausreichendem Bodenabstand
GK 3.2		Häufig feucht	Anreicherung von Wasser zu erwarten: • Bewitterte horizontale Handläufe • Bewitterte Balkonbalken
GK 4	Insekten, Pilze, Auswaschen, Moderfäule	Vorwiegend bis ständig feucht	• Bauteile mit Erdkontakt • Bauteile mit Süßwasserkontakt
GK 5		Ständig dem Meerwasser ausgesetzt	• Dalben • Kai- und Steganlagen

3 Grundlegende Maßnahmen

3.1 Planung

Maßnahmen zum Schutz des Holzes sind zunächst originäre Planungsaufgaben. Sie gehören frühzeitig geplant und sind in der Ausschreibung festzulegen. Der Bauablauf ist so zu koordinieren und zu überwachen, dass Schäden auszuschließen sind. So sind z. B. Holzbauteile während des Transports und der Lagerung stets vor Feuchte und Nässe zu schützen, weil bereits eine kurzfristige Befeuchtung zu einem Schimmelpilzbefall führen kann.

Holzwerkstoffe sind vor Feuchte und Niederschlägen besonders zu schützen, weil durch die Feuchteaufnahme das Gefüge insbesondere an den Plattenrändern zerstört und die Tragfähigkeit beeinträchtigt wird. Weitere Auswirkungen sind irreversible Verformungen (Aufwölbungen).

3.2 Natürliche Resistenz des Holzes

Auf einen vorbeugenden chemischen Holzschutz kann gänzlich verzichtet werden, wenn eine auf die jeweils vorliegende Gefährdung abgestimmte Holzart eingesetzt wird (Tafel 6.51). Hierbei ist allerdings zu beachten, dass – unabhängig von der Holzart – das Splintholz keine natürliche Resistenz besitzt.

Tafel 6.51 Verzicht auf vorbeugenden chemischen Holzschutz durch Verwendung ausreichend resistenter Holzarten

Gebrauchsklasse	Holzart
GK 0	Alle Holzarten
GK 1	Alle Hölzer, technisch getrocknet (siehe unten), oder Kiefer, Lärche, Douglasie mit **Splintholzanteil ≤ 10 %**
GK 2	Alle Hölzer unter Berücksichtigung von Abschn. 4 , oder Kiefer, Lärche, Douglasie **splintfrei**
GK 3.1	Lärche, Douglasie, Yellow Cedar **splintfrei**
GK 3.2	Eiche, Bongossi **splintfrei**

3.3 Technisch getrocknetes Holz

Bei einer mindestens 48-stündigen technischen Trocknung bei einer Temperatur von mind. 55°C, bei der die Feuchte des Holzes auf $\omega \leq 20\%$ getrocknet wird, werden flüchtige Lock- und Holzinhaltsstoffe abgebaut und die Nahrungsgrundlage für Larven (Eiweiß) zerstört.

Daher besteht nach DIN 68800-1 bei technisch getrocknetem Holz keine Gefährdung gegenüber Insektenbefall (→ Einsatz in GK 1 möglich).

3.4 Holzfeuchte

Ein Befall mit holzzerstörenden Pilzen ist nur bei Holzfeuchten oberhalb des Fasersättigungsbereiches (d.h. bei $\omega \geq$ ca. 30%) möglich. Daher sollte Holz mit der erwarteten Ausgleichsfeuchte eingebaut werden. Für Tragwerke mit üblichen Nutzungsbedingungen wird in DIN EN 1995-1-1, DIN 18 334 und DIN 68800-1 der Einbau von (technisch) getrocknetem Holz mit einer Holzfeuchte ≤ 20 % gefordert.

3.5 Nutzung

Bereits ab einer relativen Luftfeuchtigkeit von etwa 80 % besteht die Gefahr eines Tauwasseranfalles mit Schimmelbildung an Bauteiloberflächen. Eine solch hohe Luftfeuchtigkeit kann nicht nur im Bauzustand durch eine hohe Baufeuchte verursacht werden, sondern auch in bewohnten Räumen durch die Feuchteproduktion von Mensch, Tier und Pflanze. Bei luftdicht ausgeführten Neubauten mit gewollt geringen Lüftungswärmeverlusten ist daher eine kontrollierte Lüftungsanlage anzustreben.

4 Besondere bauliche Maßnahmen

Unter besonderen baulichen Maßnahmen im Sinne von DIN 68800-2 sind solche Maßnahmen zu verstehen, die es ermöglichen, Bauteile, die ursprünglich der GK 2 zuzuordnen sind (z. B. Außenwände und Dächer mit Wetterschutz), in die GK 0 einzustufen. Nach DIN 68800-2 sind bauliche Maßnahmen zum Schutz des Holzes in jedem Fall zu ergreifen und chemischen Maßnahmen vorzuziehen.

4.1 Schutz vor Pilzen

Besondere bauliche Maßnahmen gegen holzzerstörende Pilze:

- Schutz vor unzuträglicher Feuchtebeanspruchung durch Sicherstellung der Dichtigkeit sowohl des außenseitigen Wetterschutzes als auch der raumseitigen luftdichten Gebäudehülle.
- Schnelle Abgabe von ungewollt eingedrungener Feuchte durch diffusionsoffene Bauweise.

4.2 Schutz vor Insekten

Der wirksamste Schutz vor einem Insektenbefall liegt darin, den Insekten den Zugang zu Holzbauteilen zu verwehren und so die Eiablage zu verhindern (z. B. mit vollgedämmten und/oder nicht belüfteten Bauteilquerschnitten mit insekten-undurchlässiger Abdeckung).

Ein Verzicht auf vorbeugenden chemischen Holzschutz ist auch dann möglich, wenn Holzbauteile zum Raum hin einsehbar und kontrollierbar angeordnet werden, weil davon ausgegangen werden kann, dass ein Insektenbefall nicht unbemerkt bleibt und rechtzeitig Bekämpfungsmaßnahmen eingeleitet werden können.

5 Maßnahmen bei bewitterten Bauteilen

Auch und insbesondere bei bewitterten Bauteilen sind baulich-konstruktive Maßnahmen zum Schutz des Holzes vorzunehmen. Ein chemischer Holzschutz kann Schäden, die durch eine schlechte Konstruktion entstehen, nicht verhindern, sondern nur hinauszögern. Bauliche Maßnahmen bei bewitterten Bauteilen lassen sich in drei Gruppen unterteilen:

- Schutz gegen Niederschläge und Spritzwasser,
- Vermeidung von stehendem Wasser,
- Schutz gegen Feuchteleitung (Kapillarleitung).

5.1 Schutz gegen Niederschläge und Spritzwasser

- Dachüberstände,
- Abdeckungen, z. B. durch Bleche aus Kupfer, Zink oder Edelstahl, besonderes Augenmerk ist auf die Abdeckung des Hirnholzes zu legen, da Wasser über das Hirnholz besonders leicht eindringen kann,
- Bodenabstand ≥ 30 cm (siehe Skizze).

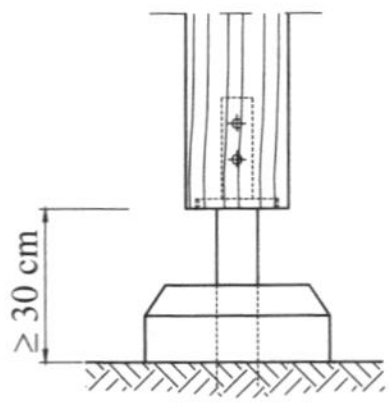

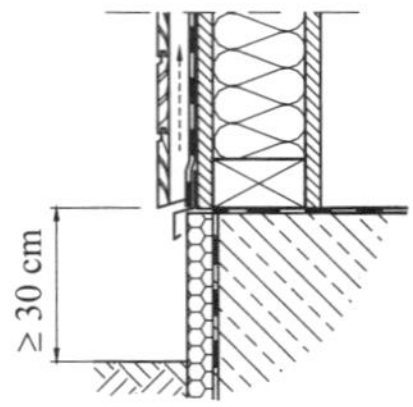

5.2 Vermeidung von stehendem Wasser

- Schnelles Ableiten von Wasser (z. B. durch Abschrägen der Oberseiten),
- Anbringen von Tropfkanten,
- Belüftung / Hinterlüftung der Holzbauteile zur schnellen Abfuhr von Feuchte,
- kein Eingraben oder Einbetonieren von Holzbauteilen.

5.3 Schutz gegen Feuchteleitung (Kapillarleitung)

- Keine direkt aufgeständerte Stützen, weil das Stirnholz kapillar Wasser aufsaugt,
- Ausbildung von luftigen Fugen mit ausreichendem Abstand zur Vermeidung von Schmutzansammlungen,
- Sperrschichten auf Mauerwerk und Beton zur Vermeidung von aufsteigender Feuchte.

6 Chemische Schutzmaßnahmen

Mindestanforderungen an den Schutz des Holzes werden seitens der Bauaufsicht nur an tragende oder aussteifende Holzbauteile gestellt, weil Schäden hier zu einem Sicherheitsrisiko führen können. Für nicht tragende Holzbauteile werden Empfehlungen ausgesprochen.

Erst wenn nach Ausschöpfen aller baulich-konstruktiven Maßnahmen noch ein Restrisiko verbleibt, ist bei tragenden oder aussteifenden Holzbauteilen ein vorbeugender chemischer Holzschutz vorzunehmen. Der chemische Holzschutz ist somit als **Ergänzung** zum baulichen Holzschutz anzusehen.

Die Maßnahmen, die zum Zweck des vorbeugenden chemischen Holzschutzes zu ergreifen sind, sind in DIN 68 800-3 geregelt. Hier werden u. a. Angaben über die Vorbedingungen für die Schutzbehandlung, die Art der Holzschutzmittel, die Einbringverfahren und Einbringmengen sowie die Durchführung der Schutzbehandlung gemacht. Mit einem einfachen „Draufpinseln“, wie dies leider allzu oft praktiziert wird, ist kein dauerhafter Holzschutz zu erreichen.

Die Bauaufsicht fordert für Holzschutzmittel, die zum Schutz von tragenden Bauteilen eingesetzt werden, einen Nachweis ihrer Wirksamkeit und ihrer gesundheitlichen Unbedenklichkeit im Rahmen einer allgemeinen bauaufsichtlichen Zulassung (BAZ). Die Produktion der Holzschutzmittel wird überwacht, die Packungen tragen das Übereinstimmungszeichen (Ü-Zeichen).

6 D Baustoffe und ihre Eigenschaften

Ass. Prof. Dipl.-Ing. Dr. techn. Heinrich Bruckner

Im Folgenden wird ein kurzer Überblick über wichtige Baustoffe und deren Eigenschaften gegeben. Alle Werte beziehen sich auf Normtemperaturen. Bei einem angegebenen Bereich für die Dichte der Baustoffe sind die großen λ-Werte den größeren ρ-Werten zuzuordnen. Nachdem es bereits einen Normenentwurf für die Beurteilung einzelner (relevanter?) Umweltwirkungen gibt (aber noch keine Werte), wird – im Gegensatz zu früheren Ausgaben – die Umweltbeurteilung nicht angegeben.

1 Natursteine und Lehm

1.1 Granit u. Syenit gehören zur Familie der Tiefengesteine (Plutonite). Wichtigste Mineralbestandteile des Granits: Feldspat, Quarz, Glimmer. Syenite enthalten im Gegensatz zu Granit keinen bis sehr wenig Quarz ([6.95], [6.96], [6.116]). *Verwendung:* Fassadenplatten, Bodenplatten, Säulen, Straßenpflaster.

1.2 und 1.3 Kalksteine, Dolomite, Marmor: Kalksteine sind Sedimentgesteine, die einen überwiegenden Kalkgehalt aufweisen (Richtwert: dichte Kalkgesteine $\rho > 2600$ kg/m^3, sonstige $\rho \leq 2600$ kg/m^3). Dolomite sind Gesteine, die vorwiegend aus Dolomitmineralen bestehen. Marmor: Umprägungsgestein von Kalkstein bzw. Dolomit.

Solnhofer Platten: feinkörniger, sehr dichter, dünnschichtiger Plattenkalk ([6.95], [6.96]).
Verwendung: dichte Kalksteine: Fußböden, Wandplatten; sonstige Kalksteine: Kirchen, Prunkbauten.

1.4 Quarzitische Sandsteine: durch Ton, Kalk und Kieselsäure in Schichten verfestigte Sande mit einem Quarzanteil von mindestens 85 %, evtl. quarzitische Gesteinsbruchstücke.
Verwendung: Bruchsteine, Bahn- und Straßenschotter ([6.95], [6.116]).

1.5 Sonst. Sandsteine: durch Ton, Kalk u. Kieselsäure verfestigte Sande. Quarzanteil < 85 % [6.95].
Verwendung: Baustein z. B. für Kirchen, Prunkgebäude, Denkmäler.

1.6 Tonschiefer: umgeprägtes Tongestein, nicht quellfähig (Schieferton im Gegensatz dazu ist kaum (nicht) umgeprägt und daher quellfähig) ([6.95], [6.96], [6.116]). *Verwendung:* Dach- und Wandplatten.

1.7 Tuffstein: als Tuff werden vulkanische Auswurf- bzw. Lockerprodukte bezeichnet. Tuffgestein ist verfestigter vulkanischer Tuff. Sehr porig, verwitterungsgefährdet ([6.95]).
Verwendung: als Leichtbaustein, zur Wärmedämmung, früher auch bei Prunkgebäuden.

1.8 Strohlehm: Lehm-Stroh-Gemisch mit einer Dichte zwischen 1200 und 1700 kg/m^3 ([6.93]).
Verwendung: Zwischenwände, Ausfachungen, Lehmstampfbau.

1.9 Massivlehm: Lehm ohne Beimengungen in Form organischer (Stroh, Hackschnitzel) oder anorganischer (Blähton) Zuschläge mit tragender Funktion ([6.93], [6.116]). *Verwendung:* Lehmstampfbau.

1.10 Massivlehmsteine: vorgefertigte Lehmsteine aus Massivlehm (nicht gebrannt) ([6.93]).
Verwendung: Mauerwerksbau.

2 Keramische Baustoffe – Steine, Dachziegel, Platten und Fliesen

Die Norm EN 771 unterscheidet zwischen **LD-Ziegel** mit einer (Bruttorohdichte $\leq$ 1000 kg/m^3 und **HD-Ziegel** mit einer Bruttorohdichte > 1000 kg/m^3.

2.1 Vollziegel sind keramische Baustoffe (Irdengut, Grobkeramik) aus Ton bzw. Tonmergel (Korngröße der Tone $d < 0{,}002$ mm), die bei Temperaturen zwischen 900 bis 1100 °C gebrannt werden. Vollziegel können einen Lochanteil in der Lagerfläche bis 15 % aufweisen ([6.98], [6.99]).
Verwendung: Mauerwerk, Bögen, Ausmauerungen, Pfeiler.

2.2 Lochziegel können als Hochlochziegel mit einem Lochanteil bis 50 % der Lagerfläche, als Leichthochlochziegel ($\rho \leq$ 1000 kg/m^3) oder als Langlochziegel (Lochung parallel zur Lagerfuge; nichttragend) ausgebildet sein ([6.98], [6.99]).
Verwendung: Außen- und Zwischenwände.

2.3 Vormauerziegel: Vormauerziegel sind hochfest und daher frostbeständig, sie genügen speziellen Anforderungen bezüglich Sichtfläche und Farbe ([6.95], [6.99], [6.116]).
Verwendung: Sichtmauerwerk, Schornsteinköpfe.

2.4 Klinkerziegel: gelochte oder nicht gelochte, bis zur Sintergrenze (Grobkeramik, Sinterzeug) gebrannte Ziegel (1150 bis 1300 °C), d. h., sie sind schwer (Scherbenrohdichte $\geq$ 1900 kg/m^3), dicht, hart und frostbeständig; heller Klang beim Anschlagen ([6.95], [6.96], [6.98]).

Man unterscheidet Wasserbau-, Kanal-, Pflaster-, Fassaden-, Fußboden-, Tunnel- u. säurefesten Klinker.

2.5 Dachziegel: Dachziegel sind hochfeste keramische Bauteile (spezielle Anforderungen an den Ton), die in natürlicher Brennfarbe, gefärbt, engobiert, glasiert oder gedämpft hergestellt werden. Man unterscheidet Strangdachziegel (ohne oder mit Seitenfalz; Biberschwanz, Hohlpfanne, Strangfalzziegel) und Pressdachziegel (ein oder mehrere Kopf-, Fuß- und Seitenfalze; Falzziegel, Flachdachpfanne, Mönch und Nonne). Besondere Anforderungen werden bezüglich Frostbeständigkeit, Wasserundurchlässigkeit, Oberflächenbeschaffenheit und Farbe, Form und Maßhaltigkeit und Flügeligkeit gestellt ([6.95], [6.96], [6.116]).

2.6 und 2.7 Spalt- und Klinkerplatten: hergestellt aus hochwertigen Tonen und mineralischen Zuschlägen (Grobkeramik) im Strangpressverfahren, die nach dem Brennen (1100 bis 1300 °C) gespalten werden (eine Form ergibt zwei Platten). Frostsicher, säurebeständig, bessere Stoß- und Bruchfestigkeit als Steingutfliesen. Höhere Toleranzen bei der Maßgenauigkeit aufgrund des Schwindens beim Trocknen und Brennen. Bodenklinkerplatten werden trocken gepresst. Glasierte Fußbodenplatten werden entsprechend der Abriebfestigkeit der Glasuren in 4 Klassen eingeteilt ([6.96], [6.98], [6.99], [6.116]).

Verwendung: Treppen-, Fassadenplatten, Fenstersohlbank-, Rinnen- und, Beckenrandsteine.

Cottoplatten: unglasierte und ungesinterte rote (rotbraune) Ziegelplatten, die nach ausreichender Trocknungszeit (ca. 4 Wochen) gewachst werden. Meist nicht frostbeständig und mit höherer Wasseraufnahme (Brenntemperatur 1000 °C).

2.8 Wandfliesen innen: Steingut- oder Irdengutfliesen (Feinkeramik) werden vor allem aus Ton (Anteil ≥ 50 %), Kaolin (fehlt beim Irdengut), Quarz und Feldspat etc. hergestellt. Hohe Wasseraufnahme (daher Glasur) ([6.95], [6.96], [6.98], [6.99], [6.116]).

2.9 Bodenfliesen in Zementmörtel: Fliesen können mit Fliesenkleber (hydraulischer Dünnbettmörtel auf Zementbasis, Dispersionskleber, Reaktionsharzkleber) oder in Zementmörtel verlegt werden. Einmischungsfaktor (EF) = (Trockenmasse von Sand 0/4 + Zement)/Nassmörtel. Mischungsverhältnisse Zement : Sand, EF für: Vorputz: 1 : 3(3,5), 1,5; Spritzbewurf: 1 : 2,5(3), 1,5; Spaltwandplatten: 1 : 4(4,5), 1,4; Steinzeugfliesen: 1 : 3, 1,5; Steingut und Irdengut: 1: 5, 1,4 ([6.95], [6.96], [6.99], [6.116]).

Verwendung: Mauerwerk oder raue Betonoberflächen, keramische Bodenplatten, Bodenfliesen.

3 Mörtel, Putze, Estriche

3.1 Calziumsulfatestrich (CA): Calziumsulfatestriche umfassen die früheren Gruppen Anhydritestrich, Gipsestrich, Halbhydratestrich und Fließestrich. Natürliches Anhydrit ($CaSO_4$) ist ein in der Natur vorkommender wasserfreier Gips ($CaSO_4 \cdot 2H_2O$); synthetisches Anhydrit fällt z. B. bei der Flusssäureherstellung an. Anhydritestriche werden aus Anhydritbindern u. Sand im Mischungsverhältnis 1 : 2,5 (Raumteile) und evtl. Fließmitteln meist als Fließestrich hergestellt (Lufttemperatur bei der Herstellung ≥ 5 °C; Fugen sind bei weniger als < 1000 m^2 i.d.R. nicht erforderlich, außer bei Fußbodenheizungen). Nachbehandlung ist nicht erforderlich, begehbar nach 1–2 Tagen, verlegereif nach ca. 10–14 Tagen.

Fließestrich ist ein Werktrockenmörtel, der auf der Baustelle mit Wasser angerührt und zur Verlegestelle gepumpt wird (selbstverlaufend, eben). Dicke ca. 3,5 cm, begehbar nach 3 bis 24 Std., belastbar nach 8 bis 72 Std., verlegereif nach 8 bis 21 Tagen [6.96].

Verwendung: Wohn-, Bürobauten, Feuchtebereiche, Fußbodenheizungen.

3.2 Gipsestrichplatten: Trockenestrich aus meist 3 verklebten Gipskartonplatten (Nut und Feder), Abmessungen oft 200/60 [cm], d = 2,5 cm. Auch mit Feuchtigkeitsschutz bzw. aufgeklebten Polystyrolschaumplatten. Sofort begehbar ([6.96], [6.116], [6.117]).

Anwendung: Trockenausbau (auch für Fußbodenheizungen).

3.3 Gipsfaserestrichplatten: Analog den Gipsestrichplatten (siehe 3.2) aus Gips mit Faserbewehrung (Cellulosefasern); sofort begehbar ([6.96], [6.116]). *Anwendung:* Trockenausbau.

3.4 Gussasphaltestrich: Estrich aus Bitumen u. Zuschlag (einschließlich Füller): Fugenloser Einbau (bei jedem Wetter), Verarbeitungstemperatur 220–250 °C, die Oberfläche wird vor dem Erkalten mit feinem Sand abgerieben (einlagig 2 bis 3 cm; zweilagig ≥ 4 cm). Nach 2 bis 3 Stunden begehbar [6.96].

Verwendung: befahrbar, beheizte und unbeheizte Räume, im Freien, Kühlräume.

3.5 Lehmestrich wird mit nicht zu grobkörnigem und feuchtem Lehm (Trockenschwindung < 5 mm) und evtl. Faserstoffen (Strohhäcksel, Kuhhaare) schichtenweise in einer Stärke von 8 bis 20 cm hergestellt. Die nach dem Trocknen der jeweiligen Schicht auftretenden Risse werden wieder so lange zugestampft, bis keine Risse mehr auftreten.

Verwendung: landwirtschaftlich genutzte Gebäude, Ställe, Getränkekeller.

Natursteine – Gestein, Lehm

NR.	KURZBEZEICHNUNG	DICHTE	MECHANIK: DRUCK-FESTIGKEIT	MECHANIK: BIEGE-FESTIGKEIT	MECHANIK: E-MODUL	WÄRME: LINEARE WÄRME-AUSDEHNUNG	WÄRME: WÄRME-LEITFÄHIGKEIT	WÄRME: SPEZ. WÄRME-KAPAZITÄT	FEUCHTE: DAMPF-DIFFUSIONS-WIDERSTAND	FEUCHTE: WASSER-AUFNAHME
		ρ	σ_D	σ_{BZ}	E	α	λ	c	μ	
		kg/m³	N/mm²	N/mm²	10^3 N/mm²	10^{-6} K	W/(m·K)	kJ/(kg·K)		Masse-%
1.1	Granit/Syenit	2600–2800	160–240	10–20	40–80	5–11	2,8–3,5	0,91–1,0	50–200	0,2–0,5
1.2	dichte Kalksteine, Dolomite, Marmor	2600–2850	80–180	6–15	60– 90	5–10	2,3–3,5	0,91–1,0	50–200	0,2–0,6
1.3	sonst. Kalksteine	1600–2800	20–90	5–8	40–70	4–12	0,85–2,3	0,88–1,0	20–250	0,2–10
1.4	quarzit. Sandstein	2600–2700	120–200	12–20	20–70	8–12	2,1–2,3	0,88–1,0	20–50	0,2–0,6
1.5	sonst. Sandsteine	2000–2700	30–180	3–15	5–30	8–12	2,1–2,3	0,88–1,0	20–50	0,2–9
1.6	Tonschiefer	2000–3500	60–95	7–16	56–91	5	2,2–3,5	0,9–1,0	50–400	0,5–0,7
1.7	Tuffstein	1300–2000	5–25	1–4	30–80	6–10	0,8–0,85	0,88–1,0	4–10	6–15
1.8	Strohlehm	850–1600	1,7–2,5	1,2–1,7	4,35	5	0,25–0,81	1–1,1	2–5	x
1.9	Massivlehm	1800–2200	2–5	x	4,35	5	0,85–0,93	1	5–10	x
1.10	Massivlehmsteine	1800–2200	2–4	x	4,35	5	0,91–1,1	1	5–10	x

Keramische Baustoffe – Steine, Dachziegel, Platten und Fliesen

NR.	KURZBEZEICHNUNG	DICHTE	DRUCK-FESTIGKEIT	BIEGE-FESTIGKEIT	E-MODUL	LINEARE WÄRME-AUSDEHNUNG	WÄRME-LEITFÄHIGKEIT	SPEZ. WÄRME-KAPAZITÄT	DAMPF-DIFFUSIONS-WIDERSTAND	WASSER-AUFNAHME
2.1	Vollziegel	1200–1800	10–25	5–10	5–20	5	0,46–0,83	0,92–1,0	5–10	18–22
2.2	Lochziegel	550–1400	2,5–25	5–10	5–20	5	0,13–0,50	0,92–1	5–10	15–22
2.3	Vormauerziegel	1800	25–50	10–25	9	5	0,96	0,92–1,0	50–100	1–8
2.4	Klinkerziegel	1800–2400	60	10–30	20–70	5	0,8–1,4	0,88–1,0	50–400	6
2.5	Dachziegel	1800–2000	x	8–15	5–20	4,5–5	0,46–1,0	0,8–0,90	30–400	14–18
2.6	Spalt-/Klinkerplatten (Fußboden)	2000–2100	> 22	15	5–30	9	1,05–1,11	0,88–0,90	120–410	3–10
2.7	Wandspalt- u. Klinkerplatten	2000	> 12	9	5–30	9	0,96–1,05	0,9–0,92	35–300	3–10
2.8	Wandfliesen, innen	1700–2000	> 12	12–15	5–30	9	0,87–1,04	0,90	150–300	3–10
2.9	Bodenfliesen in Zementmörtel	2300	> 27	27	5–30	9	1,28	0,9	150–300	3–10

3.6 Magnesiaestrich (MA): Estrich aus kaustisch (= ätzend) gebranntem Magnesia und einer wässrigen Lösung aus Magnesiumchlorid, anorganischen oder organischen Zuschlägen und evtl. Farbstoffen. Schwindet beim Erhärten. Auf Betondecken Eindringen der Mörtelfeuchtigkeit in den Beton verhindern (Chloridkorrosion!), feuchteanfällig (Schutz durch Dampfsperre, Ölen) [6.96].

Steinholz (Dicke 1,5 bis 2,5 cm); Mischungsverhältnis (Vol.) für Unterböden: Magnesia : Sägemehl (Füller) = 1 : 4, Mischungsverhältnis für Nutzschichten: Magnesia : Füllstoff = 1 : 2.

Anwendung: Innenbereich (z. B. Küchen), Laborräume.

3.7 Zementestrich (CT): Zement, Zuschlag (bei $d \leq 4$ cm Korngröße ≤ 8 mm, bei $d > 4$ cm bis 16 mm), evtl. Zusätze. Mischungsverhältnis (Vol.): Sand (0/2) : Kiessand (2/8) : Zement = 2(2,5) : 2(2,5) : 1 ([6.96]).

Verwendung: begehbare und befahrbare Estriche im Innen- und Außenbereich.

Terrazzo: Zementestrich mit weißem (farbigem) schleif- und polierfähigem Natursteinzuschlag. Fugen alle 5 bis 6 m, nicht unter 5 °C verarbeiten, begehbar nach ca. 3 Tagen [6.96].

3.8 und 3.9 Gipsputze (Maschinengipsputze) bestehen aus Halbhydrat, Anhydrit II und Anhydrit III (Versteifungsbeginn ≥ 3 Min., Maschinenputz ≥ 25 Min.). Gips : Wasser = 1,5 : 1.

Gipsmörtel mit Sand abgemagert: abgemagerter Gipsputz, mit rel. raschem Versteifungsbeginn. Mischungsverhältnis (Vol.) Wasser : Gips : Sand = 1 : 1,25 : 2,5(3,75), evtl. Kalkhydrat als Verzögerer (Wasser : Kalk = 10 : 1) ([6.96], [6.100], [6.116]).

Verwendung: Innenbereich (nicht in Feuchträumen).

3.10 Gips-Kalkputze müssen mit Luftkalk (Kalkhydrat = gelöschter Kalk) hergestellt werden. Mischungsverhältnis (Vol.) Gips : Kalk : Sand = 1 : 1 : 3 ([6.96], [6.100], [6.116]).

Verwendung: Innenbereich.

3.11 Kalkputz (Luftkalkmörtel) besteht aus Luftkalk (Weißkalk, Dolomitkalk; Kalkhydrat = gelöschter Kalk), Sand u. Wasser. Mischungsverhältnis (Vol.) Luftkalk : Sand = 1 : 3 (3,5) ([6.96], [6.100], [6.116]).

Verwendung: Innenbereich.

3.12 Hydraulische und Hochhydraulische Kalkputze bestehen aus hydraulisch erhärtenden Kalken (Wasserkalk, Hydraulischer Kalk, Hochhydraulischer Kalk) und Sand, benötigen keine Zementzusätze und dürfen nicht mit Gips gemischt werden. Mischungsverhältnis (Vol.) Hydr. Kalk : Sand = 1 : 3. Verwendung auch als Trasskalkmörtel ([6.96], [6.100], [6.116]).

Verwendung: feuchtebeständig – Außen- und Innenbereich.

3.13 Kalk-Zementputz: Putze aus Zement, Kalk, Zuschlag und Wasser. Mischungsverhältnis (Vol.) Zement : Kalk : Zuschlag = 1 : 2(1,5) : 9 ([6.96], [6.100], [6.116]).

Verwendung: Innen- und Außenbereich.

3.14 Zementputz: Feste und kaum saugende Putze aus Zement, Zuschlag und Wasser. Mischungsverhältnis (Vol.) Zement : Zuschlag : Wasser = 1 : 3 : 0,5 ([6.96], [6.100], [6.116]).

Verwendung: Sockelbereich, Außenmauern.

3.15 Kunstharzputze sind Beschichtungen, bestehend aus Kunstharzen (organischen Verbindungen, z.B. Polymetacrylat, Polyvinylacetat) und Sanden ($d > 0{,}25$ mm) bzw. Füllstoffen ([6.100], [6.116]).

Verwendung: Oberputz auf mineralischen Unterputzen oder Wärmedämmverbundsystemen.

3.16 Silikatputz: Silikatputze, aber auch Silikonharzputze sind ähnlich aufgebaut wie Kunstharzputze (siehe 3.15), unterscheiden sich jedoch hinsichtlich des Bindemittels ([6.96]).

Silikatputz = Bindemittel (Kaliwasserglas + Dispersionszusatz (z. B. Acrylate)) + Sand.

Verwendung: auf silikatischen Untergründen (sandhaltige Putze), nicht auf Holz(werk-) od. Kunststoffen.

3.17 Leichtputz: Werksmörtel mit einer Dichte von 600 bis 1300 kg/dm^3 (keine Wärmedämmputze!). Verwendung von porigen mineralischen oder organischen Zuschlägen ([6.96]).

Anwendung: als Unterputz bei Außenwänden.

3.18 und 3.19 Wärmedämmputze ($\lambda \leq 0{,}2$ W/(m·K)) werden mit expandiertem Polystyrol, Blähperlite, Vermiculite oder auch Mischungen dieser Stoffe hergestellt. Die Putzdicke ist abhängig von der gewünschten Dämmwirkung (Unterputz 2 bis 10 cm, Oberputz 1 cm) ([6.96], [6.100], [6.116]).

Verwendung: Unterputz für außen liegende Wärmedämmputzsysteme.

3.20 Dämmputz mit Perliten: Perliteputz, Vermiculiteputz (siehe 9.7–9.9). Unterputz $d_{\min} = 1$ cm; Oberputz $d \approx 0{,}5$ cm ([6.96], [6.100], [6.116]).

Verwendung: brandschutztechnisch wirksame Bekleidung von Bauteilen.

3.21 Sanierputze sind Werk-Trockenmörtel (Zementmörtel mit Luftporenbildner, Sand oder Füllstoffen) mit hoher Porosität (30–45 Vol.-%), großer Wasserdampfdurchlässigkeit und geringer kapillarer Leitfähigkeit. In der Regel 2- oder 3-lagige Systeme mit Schichtdicken ≥ 2,0 cm (Salzeinlagerung von 4–6 kg/m^2) ([6.96], [6.100], [6.116]).

Verwendung: Trockenlegung der Oberflächen von feuchtem Mauerwerk.

Mörtel, Putze, Estriche

NR.	KURZBEZEICHNUNG	DICHTE	MECHANIK: DRUCK-FESTIGKEIT	MECHANIK: ZUG-FESTIGKEIT	MECHANIK: BIEGE-FESTIGKEIT	MECHANIK: E-MODUL	WÄRME: LINEARE WÄRME-AUSDEHNUNG	WÄRME: WÄRME-LEITFÄHIGKEIT	WÄRME: SPEZ. WÄRME-KAPAZITÄT	FEUCHTE: DAMPF-DIFFUSIONS-WIDERSTAND	FEUCHTE: WASSER-AUFNAHME
		ρ	σ_D	σ_Z	σ_{BZ}	E	α	λ	c	μ	
		kg/m^3	N/mm^2	N/mm^2	N/mm^2	10^3 N/mm^2	10^{-6} K	W/(m·K)	kJ/(kg·K)		Masse-%
3.1	Calziumsulfatestrich	1800–2200	5–15	0,3–0,5	3–8	8–20	20	0,7–1,2	0,84–1,0	10–35	0,1–0,1
3.2	Gipsestrichplatten	1200	4–15	x	x	x	20	0,25–0,47	0,85–1,0	5–10	x
3.3	Gipsfaserestrich-platten	1150	5–15	x	5–7	3,5–4	10	0,27–0,32	0,85–1,1	9–13	1,3
3.4	Gussasphaltestrich	2000–2500	x	x	≥ 8	x	x	0,70–0,90	1,05	2000–dampfd.	≤ 0,7
3.5	Lehmestrich	1700–2000	3–4	<2	0,5–0,7	4,35	5	0,81–1,16	1,0	5–10	x
3.6	Magnesiaestrich	1400–2300	12–60	x	3–11	14–20	x	0,47–0,70	1,0–1,5	15–35	x
3.7	Zementestrich	2000–2200	18–80	1–8	3–9	30	10	1,40	1,0–1,13	15–50	x
3.8	Gipsputz	900–1200	2–5	0,3	1–2	2,8–5	12	0,36–0,51	0,85	10	x
3.9	Gipsmörtel, mit Sand	1200–1400	3	x	1–2	2,8–5	12	0,70	0,85–1,0	10	40
3.10	Gips-Kalkputz	1400–1600	2	x	≥ 1	x	8–12	0,7–0,87	0,85–1,0	10–15	x
3.11	Luftkalkputz	1600–1800	1,5	0,1	1,3	5	5–12	0,87–1,0	0,96–1,0	10–35	25
3.12	(Hoch-)hydraulischer Kalkputz	1600–1800	4–20	0,2	2,6–9,0	5–6	5–12	0,87–1,0	0,96–1,0	15–35	25
3.13	Kalk-Zementputz	1800	2,5–4	0,3	0,8	6	12	0,87–1,0	0,96–1,13	15–35	x
3.14	Zementputz	1800–2000	15	1,5	3–10	15	6–10	1,4–1,6	1,13	15–35	15
3.15	Kunstharzputz	1100	5	1,0	x	5	15	0,7	1,0	50–200	x
3.16	Silikatputz	1750	5	0,3	x	7	12	0,7	0,84	40	x
3.17	Leichtputz	600–1300	2,5–3	0,3	0,8	1,8–6,0	3–15	0,25–0,56	1,0	15–20	x
3.18	Wärmedämmputz	200–600	0,7	0,1	x	1	15	0,06–0,25	1,0	5–20	x
3.19	Dämmputz mit exp. Zuschlägen	600–800	0,7	0,1	x	1	3–15	0,19–0,28	0,90–0,92	5–20	x
3.20	Dämmputz mit Perliten	550	0,7	0,1	x	1	3–15	0,15	0,90	5–20	x
3.21	Sanierputz	< 1400	< 4	0,3	2	3	15	0,45–0,55	1,0	10	x

4 Baustoffe mit mineralischen Bindemitteln – Normalbeton, Leichtbeton, Platten und Dachsteine

4.1 bis 4.5 Normalbeton besitzt eine Dichte von 2000 bis 2600 kg/m^3 und besteht aus Normalzuschlag (Kies, Sand), Zement, Wasser und evtl. Zusätzen (Zusatzmittel: Luftporenbildner, Verflüssiger etc. Zusatzstoffe: Gesteinsmehl, Trass etc.). Die Herstellung erfolgt vor Ort (Ortbeton) oder im Werk (Lieferbeton). Zement ist ein hydraulisches Bindemittel, Beton erhärtet daher auch unter Wasser.

Erforderliche Angaben: Druckfestigkeit, Konsistenz, Korngröße (abhängig von der Dicke des Bauteils und der Bewehrungslage), besondere Eigenschaften (Wasserundurchlässigkeit, Sichtbeton etc.).

Mischungsverhältnis für 1 m^3 Normalbeton: knapp 2 t Zuschlag, ca. 300 kg Zement, ca. 150 Liter Wasser. Volumenverhältnis Zement : Zuschlag : Wasser = 1 : 7 : 1,5(1,6).

Einflüsse auf die Betoneigenschaften: *w*/*z*-Wert, Zementleimanteil, Zement- und Zuschlagsqualität, Verarbeitung, Verarbeitungstemperatur, Verdichtung (Rütteln, Stampfen, etc.), Nachbehandlung (ausreichende Feuchtigkeit für den Erhärtungsvorgang, Schutz vor Kälte, zu großer Hitze etc., evtl. Nachbehandlungsmittel), Erhärtungsdauer ([6.101], [6.112]).

4.6 Stahlbeton: Verbundbaustoff aus Beton (i. d. R. Aufnahme der Druckspannungen) und Stahl in Form einer schlaffen Bewehrung (Aufnahme der Zugspannungen).

4.7 und 4.8 Blähtonbeton, haufwerksporig, setzt sich im Wesentlichen aus Zement, Wasser und Blähton als Zuschlag (kugeliger Leichtzuschlag mit einer Dichte von ρ = 600 bis 1600 kg/m^3, der durch Erhitzen (> 1000 °C) von illitreichen Tonarten entsteht) zusammen. Haufwerksporen sind Poren zwischen den Zuschlagskörnern, die z. B. entstehen, wenn nur eine Korngröße verwendet wird, d. h. keine stetige Sieblinie verwendet wird ([6.90], [6.102], [6.106]).

Verwendung: Hohlblocksteine, Schallschutzwände.

4.9 Blähtonbeton, gefügedicht: Gefügedichter Blähtonbeton besitzt im Gegensatz zu haufwerksporigem Blähtonbeton eine stetige Sieblinie für den Zuschlag ([6.90], [6.102], [6.106]).

Verwendung: Hohlblocksteine, Wand- und Deckenplatten, Estriche, konstruktiver Stahlleichtbeton.

4.10 Porenbeton (Gasbeton): Quarzsand, Zement, Kalk, Wasser werden durch ein Treibmittel (z. B. Aluminiumpulver) bei konstantem Druck und Temperatur im Autoklaven aufgebläht. Die Unterscheidung erfolgt nach der Druckfestigkeit und der Rohdichte. Verarbeitung zu Planblöcken (Verkleben mit Dünnbettmörtel), Fassadenplatten, Deckenplatten (Bewehrung benötigt eine Ummantelung!)

Verwendung: Außenwände, Innenwände, Deckenelemente, Fassadenplatten (Industriebau).

Porenleichtbeton oder Schaumbeton: Mischung eines Feinmörtels mit einem gesondert hergestellten Schaum in Spezialmischern. Erhärtung an der Luft ([6.95], [6.101], [6.102], [6.103]).

Verwendung: Ausgleichsschichten (wärmedämmend) auf Decken und Flachdächern, Unterböden im Industriebau, Straßenbau.

4.11 Holzspanbeton: Beton (Zement, Zuschlag, Wasser), bei dem Holzspäne (mineralisiert) als Zuschlag verwendet werden [6.96].

Verwendung: z. B. als Hohlblockstein, Schalungssteine, Platten.

4.12 Hüttenbimsbeton setzt sich aus Zement, Wasser u. Hüttenbims (mit Wasser schnell gekühlte u. aufgeschäumte Hochofenschlacke mit einer Dichte von ρ = 900 bis 1400 kg/m^3) zusammen [6.96].

Anwendung: z. B. als wärmedämmender Leichtbeton, Stahlleichtbeton, Hohlblocksteine.

4.13 Kalksandstein ist ein Gemisch von Branntkalk, Quarzsand und Wasser, das geformt und unter Sättigungsdampfduck (16 bar) und höherer Temperatur (160 bis 220 °C) im Autoklaven hydratisiert wird. Die Farbe ist weiß, Voll- oder Lochsteine ([6.92], [6.95], [6.96], [6.102]).

Verwendung: Mauersteine, Vormauersteine, Verblendsteine.

4.14 und 4.15 Polystyrolbeton: gefügedichter Leichtbeton aus Zement, Zuschlag aus expandiertem Polystyrol, Feinsand oder Füller, Wasser und evtl. Zusatzmitteln ([6.96], [6.102]).

Verwendung: Steine bzw. geschosshohe Elemente im Wohnbau (als verlorene Schalung und Verfüllung mit Normalbeton), im Straßenbau als Tragschicht bei frostgefährdeten Böden.

4.16 Ziegelsplittbeton: wird aus Zement, Wasser und gebrochenem Ziegel als Zuschlag (Recyclingmaterial) hergestellt. Wichtig ist die Kornform des Ziegelsplitts (Verhältnis *l* : *d*) um ein entsprechendes Einmischen zu ermöglichen [6.96].

Verwendung: Wände (Mauersteine).

Beton, Platten und Dachsteine

			MECHANIK			WÄRME			FEUCHTE
NR.	KURZBEZEICHNUNG	DICHTE	DRUCK-FESTIGKEIT	BIEGE-FESTIGKEIT	E-MODUL	LINEARE WÄRME-AUSD.	WÄRME-LEITFÄHIGKEIT	SPEZ. WÄRME-KAPAZITÄT	DAMPF-DIFFUSIONS-WIDERSTAND
		ρ	σ_D	σ_{BZ}	E	α	λ	c	μ
		kg/m³	N/mm²	N/mm²	10^3 N/mm²	10^{-6} K	W/(m·K)	kJ/(kg·K)	
4.1	Normalbeton	2000–2600	5	2,6–3,2	x	10	1,35–2,10	1,0–1,13	50–150
4.2	Normalbeton	2000–2600	15	5,0–7,0	26	10	2,03–2,10	1,0–1,13	50–150
4.3	Normalbeton	2000–2600	25	6,9–10,2	30	10	2,03–2,10	1,0–1,13	50–150
4.4	Normalbeton	2000–2600	35	8,4–12,9	34	10	2,03–2,10	1,0–1,13	50–150
4.5	Normalbeton	2000–2600	55	11,1–17,9	39	10	2,03–2,10	1,0–1,13	50–150
4.6	Stahlbeton	2400–2500	5–55	x	22–39	10	2,10–2,30	1,0–1,13	35 –50
4.7	Blähtonbeton, haufw.	400–1100	1,7–4	0,3–1,05	0,5–4,0	10	0,16–0,39	1,0–1,13	5–15
4.8	Blähtonbeton, haufw.	1100–1700	4–20	1,05–2,5	4–16	10	0,39–0,42	1,0–1,13	5–15
4.9	Blähtonbeton, dicht	1100–1800	14–28	x	9,0–17,5	10	0,39–1,60	1,0–1,13	15–30
4.10	Porenbeton	350–1400	2,5–10	0,5–2,0	1,2–2,5	8	0,11–0,31	1,0	5–10
4.11	Holzspanbeton	600–800	2,0	1–2	1,5	8	0,14–0,27	1,5	5–10
4.12	Hüttenbimsbeton	900–1600	25	x	5–10	8	0,52–0,63	1,13	10
4.13	Kalksandstein	1000 –2200	4–60	x	3	8	0,5–1,3	1,0	5–25
4.14	Polystyrolbeton	400	1,0	0,5	0,8	12	0,14	1,4	40
4.15	Polystyrolbeton	600–1000	2,2–6,0	0,7–1,5	1–3	12	0,21–0,43	1,4	60–200
4.16	Ziegelsplittbeton	1600	25–30	2–5	15–20	x	0,73–0,87	0,92	5–15
4.17	Gipsbauplatten	750–1200	10–35	3–7	17–18	x	0,29–0,58	0,8–1,0	5–10
4.18	Gipsfaserplatten	1000	4,5–5	1,5–7,0	2,3–4	20	0,27	0,84	8
4.19	Gipskartonplatten	700–900	4–6	2–6	2–3	20	0,21–0,25	0,84–1,0	4–10
4.20	Vermiculiteplatten	350–950	1–3	1,0–6,0	≥4	0,9–0,94	0,11–0,23	1,15	x
4.21	Mineralfaserplatten	430–900	x	3,4–7,6	x	x	0,05–0,17	x	x
4.22	Betondachstein	2100–2400	x	x	x	x	1,5–2,1	1,0–1,13	35–100
4.23	Dachplatten	1700	x	6,0	15,5	10	0,35	1,0	136

4.17 Gipsbauplatten (Gipsdielen): Gipsplatten (Steine) aus Stuckgips, manchmal auch mit anorganischen Zuschlägen oder Füllstoffen, mit Dicken zwischen 6 und 12 cm. Auch mit Nut und Feder. Die Steine werden mit Fugengips im Verband versetzt und gespachtelt [6.96].

Verwendung: Trennwände (innen).

4.18 Gipsfaserplatten: Gipsplatten mit Cellulosefasern als Faserverstärkung. Als Ausbauplatte, Feuchtraumplatte, Brandschutzplatte.

Verwendung: trockener Ausbau, Dachboden, Zwischenwände, Vorsatzschale, Kanäle, Schächte.

4.19 Gipskartonplatten sind Platten mit einem Kern aus modifiziertem Stuckgips und einer Kartonummantelung. Als Ausbauplatte, Feuchtraumplatte, Brandschutzplatte.

Verwendung: trockener Innenausbau, Dachboden, Zwischenwände, Vorsatzschale.

4.20 Vermiculitebrandschutzplatten werden durch Verpressen von geblähtem Vermiculite mit anorganischen, nicht brennbaren Bindemitteln hergestellt.

Verwendung: Brandschutzbekleidungen für Stahl- und Holzbauten, Unterdecken, Kanäle, Schächte.

4.21 Mineralfaserbrandschutzplatten: Verbundelemente aus magnesitgebundenen, vlies- und gitterbewehrten Deckschichten und nichtbrennbarer Steinwolle im Kern.

Verwendung: Wärmedämmung von Wänden und Decken zum Dachraum.

4.22 Betondachstein: im Strangpressverfahren hergestellte farbige Dachsteine aus Beton (Mörtel, Pigmente), die durch Presswalzen verdichtet werden.

4.23 Dachplatten: Faserzementplatten mit Dolanit- (Polyacrylnitril) oder Kuralonfasern (Polyvinylalkohol), Zement und Wasser [6.96].

Verwendung: leichte Dachdeckungen als Wellenplatte, ebene Dachplatte, Fassadenplatte.

5 Farben und Spachtel

5.1 und 5.2 Silikatfarbe (Wasserglasfarbe, Mineralfarbe) besitzt als Bindemittel Kaliwasserglas in wässriger Lösung (alkalisch, keimtötend). Wasserglas bildet keinen Film, sondern bewirkt eine Verkieselung des Untergrundes. Dispersionssilikatfarben enthalten zusätzlich Kunststoffdispersionen und können daher streichfertig geliefert werden [6.119].

Verwendung: Außenanstriche, Witterungsschutz.

5.3 Silikonharzfarbe: Silikone sind kettenförmige Makromoleküle, die durch fortlaufende Verbindung von Silizium- und Sauerstoffatomen gebildet werden (ölig, pasten-, harz- oder kautschukartig [6.96]).

Verwendung von Silikonharzen: Imprägniermittel, Schutzanstriche, Schichtstoffe.

5.4 Außendispersionen sind in der Regel Kunststoffdispersionsfarben (KD-Farben, auch Binderfarben), die in Wasser dispergierte Polymersiationsharze als Bindemittel enthalten.

Verwendung: im Innen- und Außenbereich für fast alle Untergründe.

5.5 Betonspachtel (polymermodifiziert), wird als Emulsions- oder Dispersionsspachtel aus Plastomeren, Füllstoffen und evtl. Zement hergestellt ([6.96], [6.118]).

Verwendung: Zum Ausgleichen von Unebenheiten, Verschließen von Rissen.

Farben und Spachtel

	KURZBEZEICHNUNG	DICKE	DICHTE	WÄRME-LEITFÄHIGKEIT	DAMPFDIFFUSIONS-WIDERSTAND
		d [m]	ρ [kg/m³]	λ [W/(m·K)]	μ
5.1	Silikatfarbe	0,00017	1400	0,700	850
5.2	Mineralfarbe	0,00010	1400	0,600	500
5.3	Silikonharzfarbe	0,00015	1400	0,600	260
5.4	Außendispersion	0,00020	1390	0,600	900
5.5	Betonspachtel	0,00500	1700	0,700	120

Richtwerte für Oberflächenbehandlungen

EIGENSCHAFTEN	IMPRÄGNIERUNG	LASUR	DECKANSTRICH
Bindemittel	gelöstes Polymer	Silikat	Dispersion
Typische Schichtdicke (µm)	20–40	50–100	150–300
Diffusionsäquivalente Luftschichtdicke in m für Wasserdampf (Kohlendioxid)	< 5 (< 0,5)	< 1 (< 0,1)	0,5–100 (0,1–0,5)
Wasseraufnahmekoeff. in kg/(m²·h^0,5)	0,1 bis 0,5	0,1 bis 3	0,05 bis 0,1

6 Holz und Holzbaustoffe

6.1 bis 6.5 Massivhölzer (Fichte, Kiefer, Lärche, Buche, Eiche): Holz besteht i. W. aus Cellulose (polymeres Kohlehydrat), Hemicellulose als Gerüststoff (Cellulosebegleiter, wird leicht von Schädlingen angegriffen) u. Lignin als Kittstoff (aromatische Verbindungen). Nebenbestandteile sind Wachse, Harze, Fette, Stärke, Mineralien etc. Die Vorteile von Holz sind die hohe Festigkeit, bezogen auf die Eigenlast, die gute Bearbeitbarkeit und Verfügbarkeit. Nachteile sind die Brennbarkeit, geringe Dauerhaftigkeit bei Wechsel von feucht/trocken, Anfälligkeit gegen tierische und pflanzliche Holzschädlinge.
Holzschutz: Man unterscheidet beim baulichen Holzschutz zwischen konstruktivem (bauliche Maßnahmen wie Dachüberstände, Sockel und Mindesthöhe über dem Erdboden bei der Holzanwendung etc.) u. chemischem Holzschutz sowie zwischen vorbeugendem u. bekämpfendem Holzschutz. Der Holzschutz richtet sich gegen den Angriff von tierischen (Holzwurm, Hausbock etc.) und pflanzlichen Holzschädlingen (Pilze wie z. B. Hausschwamm und Kellerschwamm) und Mikroorganismen.

Beim konstruktiven Holzschutz versucht man die Voraussetzungen für ein Einnisten der Holzschädlinge – pflanzliche Holzschädlinge benötigen eine entsprechende Temperatur und Feuchte als Lebensbedingung – auszuschließen [6.96].

Bei den chemischen Holzschutzmitteln unterscheidet man: Wasserlösliche (salzhaltige) Holzschutzmittel für trockenes und halbtrockenes Holz. Sie bestehen aus auswaschbaren und nicht auswaschbaren Salzen, z. B. aus Arsenaten (A), anorganischen Borverbindungen (B), Chromaten (C), Hydrogenfluoriden (HF), Siliconfluoriden (SF), Kupfersalzen (K). Lösungsmittelhaltige (ölige) Holzschutzmittel: bestehen aus einem Lösungsmittel, in dem die Wirkstoffe (Insektizide, Fungizide) gelöst sind. Als Lösemittel werden aromatische Kohlenwasserstoffe, chlorierte Kohlenwasserstoffe, Alkohole, Ketone, Ester und aliphatische Kohlenwasserstoffe verwendet.

Die *Verwendung*sarten von Massivhölzern sind abhängig von der Holzart ([6.90], [6.102]).

Fichte: Dachstühle, Träger, (Holzleimbinder), Stützen, Schalungen, Leisten, Bretter, Brettsperrholz.

Kiefer: Träger (Holzleimbinder), Brettsperrholz, Stützen, Wasserbau, Möbel.

Lärche: Träger (Holzleimbinder), Brettsperrholz, Wasserbau, Dachschindeln, Fußböden, Treppen, Fassaden.

Buche: Unterlagsplatten, Fußböden, Dübel, Möbelbau.

Eiche: Fußböden, Treppen, Türen, Möbelbau, Eisenbahnschwellen.

6.6 bis 6.8 Holzfaserplatten sind Holzwerkstoffe aus Holzfasern, die mit oder ohne Bindemittel unter Einwirkung von Druck und Temperatur hergestellt werden.

Verwendung: mittragende Beplankung, Schalenkonstruktionen, Dachschalung ([6.90], [6.94]).

6.9 Mitteldichte Faserplatten sind Holzwerkstoffe, die nach dem Trockenverfahren hergestellt werden. Man unterscheidet HDF- ($\geq$ 800 kg/m³), Leicht-MDF- ($\leq$ 650 kg/m³) und Ultraleicht-MDF- ($\leq$ 550 kg/m³) Platten.

Verwendung: Innen- und Dachausbau.

6.10 Holzwolleleichtbauplatten: Platten aus Holzwolle und mineralischem Bindemittel (Zement oder kaustisch gebranntes Magnesit) [6.97], [6.120].

Verwendung: Ausbau (Putzträger), Wärmedämmung, Mantelbeton.

6.11 bis 6.13 Holzspanplatten werden aus Holzspänen, die mit Leimen, Zement, Magnesit, Kunstharz oder Gips gebunden sind, hergestellt. Die Herstellung erfolgt als Flachpress-, Strangpressplatte in den Qualitäten P1 bis P7. Bezüglich der Formaldehydemissionen von leimgebundenen Platten unterscheidet man E1- (geringe) und E2- (höhere Emissionen) Platten ([6.95]).

Verwendung: mittragende Beplankung, Fußbodenunterkonstruktionen, Dachschalung.

6.14 Sperrholz wird in **Furnierplatten (FU)** und **Tischlerplatten (TI)** unterteilt.

Furnierplatten bestehen aus 2 parallelen Deckfurnieren und einer kreuzweise verleimten Mittellage.

Tischlerplatten oder Paneelplatten sind Platten mit einer dickeren Holzmittellage (Stäbchenmittellage (STAD), Holzleisten ($b \leq 8$ *mm*), verleimt; Stabmittellage (ST), Holzleisten (b = 24 bis 28 mm, verleimt, oder Streifenmittellage (SR) mit (b = 24 bis 28 mm, nicht verleimt) und beidseitig normal aufgeleimten Decklagen (2 bis 3 mm Furnieren; 3 bis 5 mm Spanplatten; 4 mm Hartfaserplatten).

Anwendung: Holztafelbauweise, Möbelbau.

Holz und Holzbaustoffe

NR.	KURZBEZEICHNUNG	DICHTE	MECHANIK: DRUCK-FESTIGKEIT	MECHANIK: ZUG-FESTIGKEIT	MECHANIK: BIEGE-FESTIGKEIT	MECHANIK: SCHUB-SPANNUNG	MECHANIK: E-MODUL	WÄRME: LINEARE WÄRME-AUSD.	WÄRME: WÄRMELEIT-FÄHIGKEIT	WÄRME: SPEZ. WÄRME-KAPAZITÄT	FEUCHTE: DAMPF-DIFFUSIONS-WIDERSTAND
		ρ	σ_D	σ_Z	σ_{BZ}	τ	E	α	λ	c	μ
		kg/m^3	N/mm^2	N/mm^2	N/mm^2	N/mm^2	$10^3\ N/mm^2$	10^{-6} K	W/(m·K)	kJ/(kg·K)	
6.1	Holz (Fichte)	430	40*)	80*)	68	7,5	10*)	34 (3–9)	0,12–0,14	1,6–2,5	40–50
6.2	Holz (Kiefer)	520	45*)	100*)	80	10	11*)	(3–9)	0,14	1,6–2,5	
6.3	Holz (Lärche)	500	48*)	105*)	93	9	12*)	(3–9)	0,14	1,6–2,5	40–50
6.4	Holz (Eiche)	670	52*)	110*)	95	11,5	13*)	(3–9)	0,15	1,6–2,5	40–50
6.5	Holz (Buche)	670	60*)	135*)	120	10,0	14*)	(3–9)	0,18	1,6–2,5	40–50
6.6	Holzfaserplatte (hart)	800–1100	20–30	4,0	2,2**)	0,12–0,17	2	x	0,13–0,18	1,7–2,5	20–100
6.7	Holzfaserplatte (mittelhart)	330–900	20–30	2	23	0,3	2,2–3,0	x	0,14–0,17	1,7–2,5	5–30
6.8	Holzfaserplatte (weich)	150–350	20–30	x	1,5–2	x	x	x	0,045–0,056	1,7–2,5	3–10
6.9	Mitteldichte Faserplatte (MDF)	500–1000	10–18	0,5–0,9	15–38	x	1,8–3	6,8	0,1–0,18	1,7–2,5	5–30
6.10	Holzwolleleichtbauplatte	310–570	> 1,5	x	> 1,2	x	x	x	0,073–0,15	2,0–2,1	5–100
6.11	Spanplatte	300–700	11–15	6–10	10–25	5–10	1,9–3,0	6,2	0,081–0,13	2,5	50
6.12	Spanplatte gipsgebunden	1200	2	0,5	x	0,2	x	x	0,35	2,5	10–25
6.13	Spanplatte zementgebunden	1200–1450	3,5	1–8	≥ 9,0	2	x	10	0,2–0,35	1,5–2,0	20–50
6.14	Sperrholz	300–1000	3–8	3–8	12–20	0,4–0,9	9–16	4,2	0,09–0,24	1,6–2,5	50–400
6.15	Furnierschichtholz (Kerto)	510	3–8	0,05/0,2/2,5	x	0,6–2,2	x	x	0,15	2,5	60–80
6.16	OSB-Platte	580–650	2	2,5	x	0,4	5,7	6,3	0,13–0,15	2,5	27–250
6.17	3- und 5-Schichtplatten	400–500	7–10	3,5–6	x	0,9	x	x	0,15	2,5	50–400

*) Werte bei Massivholz parallel zur Faser, alle anderen Werte quer zur Faser.

**) Festigkeiten in Plattenebene. Die Werte gelten für eine Holzfeuchte zwischen 15 und 20 %.

6.15 Furnierschichtholz besteht aus Furnierschichten, die entweder eine parallele Faserrichtung aufweisen, oder es wird zwischen mehreren parallelen Furnieren eine festgelegte Zahl von Furnieren mit querlaufender Faserrichtung eingelegt.

Kerto-Furnierschichtholz besteht aus 3,2 mm dicken verleimten Schälfurnieren aus Nadelholz.

Kerto-Q: Furnierlagen vorwiegend parallel, geringe Anzahl von Furnierlagen quer dazu.

Kerto-S: ausschließlich faserparallele Furnierlagen.

Microllam: Furnierschichtholz mit parallelen, in Längsrichtung überlappenden Furnierschichten aus „Southern Yellow Pine".

6.16 OSB-Platten (oriented structural board oder strandboard) bestehen aus langen Spänen (längsorientiert oder überkreuz) mit querliegender Mittelschicht. *Verwendung:* mittragende Beplankung, Fußbodenunterkonstruktionen, Dachschalung.

Parallam: Platten aus längsorientierten Spänen mit einer Spanlänge bis ca. 75 mm.

PSL (parallel strand lumber): aus 30 mm langen und 1 mm dicken Spänen (Qualität V100).

Verwendung: aussteifende Platten, Kanthölzer.

Intrallam: Stab- oder plattenförmige Konstruktionselemente aus Furnierstücken.

6.17 3- und 5-Schichtplatten bestehen aus 3 bzw. 5 Schichten quer zueinander verleimten Holzlagen. Es werden u. a. folgende Holzarten dazu verwendet: Fichte, Kiefer, Lärche, Douglasie, Zirbe. Die Plattenstärken liegen zwischen 12 mm und 55 mm.

7 Bauglas

7.1 Flachglas besteht im Wesentlichen aus Quarzsand, Soda, Dolomit, Kalk, Feldspat und Sulfat. Man unterscheidet Fensterglas und Spiegelglas (Herstellung vor allem im Floatverfahren), Gussglas (keine klare Durchsicht, z. B. Drahtgläser) und Antikglas (schlierig, blasig) ([6.90], [6.96], [6.109]).

Nach der Verwendung unterscheidet man Normalglas, Sicherheitsglas (Einscheibensicherheitsglas, Verbundsicherheitsglas, Drahtglas), Wärmeschutzglas (Verbundelement aus zwei oder mehr Scheiben mit umlaufender Dichtung, luft- oder gasgefüllt), Sonnenschutzglas (Absorptions- und Reflexionsglas durch Schichtsysteme aus Metalloxiden oder gefärbten Folien) und Schallschutzglas (hohes Scheibengewicht, unterschiedliche Dicke der Einzelscheiben, Schwergasfüllung des Scheibenzwischenraums).

7.2 Kieselglas (Quarzglas) besitzt einen hohen SiO_2-Anteil und damit eine hohe Schmelztemperatur (1700 °C), gute Temperaturwechsel- und Chemikalienbeständigkeit, UV-durchlässig ([6.96], [6.110]).

Verwendung: Quarzlampen, Laborgläser.

7.3 Glaskeramik wird mit unterschiedlicher Zusammensetzung mit folgenden Eigenschaften hergestellt: geringe Wärmeausdehnung, hohe Temperatur- (Feuerwiderstandszeiten von 180 bis 240 Min.) und Temperaturwechselbeständigkeit, hohe Abrieb- und Verschleißfestigkeit, hohe mechanische Festigkeit, gute Bearbeitbarkeit ([6.96], [6.110]).

Verwendung: Brandschutzgläser, Laborgläser.

7.4 Bauhohlglas wird vor allem durch Pressen hergestellt, man versteht darunter kompaktes Glas für raumabschließende Funktion ([6.96], [6.110]).

Anwendung: Glasbausteine, Betonglas, Glasdachsteine.

Bauglas

NR.	KURZ-BEZEICHNUNG	DICHTE	DRUCK-FESTIGKEIT	ZUG-FESTIG-KEIT	BIEGE-FESTIGKEIT	E-MODUL	POISSON-ZAHL	LINEARE WÄRME-AUSDEHNUNG
		ρ [kg/m³]	σ_D [N/mm²]	σ_Z [N/mm²]	σ_{BZ} [N/mm²]	E [10³ N/mm²]		α [10^{-6} K]
7.1	Flachglas	2500	700–900	25–90	30–45	73	0,23	9
7.2	Kieselglas	2200	1150–2000	70	x	67–71	x	0,5
7.3	Glaskeramik	2400–2750	240–350	x	22–40	60	0,243	8–13
7.4	Bauhohlglas	2500	700–900	25	> 30	73	0,23	8–9

Bauglas (fortgesetzt)

NR.	KURZBEZEICHNUNG	WÄRMELEITFÄHIGKEIT	SPEZ. WÄRMEKAPAZITÄT	DAMPFDIFFUSIONSWID.
		λ [W/(m·K)]	c [kJ/(kg·K)]	μ
7.1	Flachglas	0,8–1,0	0,75–0,8	dampfd.
7.2	Kieselglas	1,3–1,4	0,75–1,2	dampfd.
7.3	Glaskeramik	0,93–1,5	0,7–0,9	dampfd.
7.4	Bauhohlglas	0,8–1,0	0,8–1,2	dampfd.

8 Baumetalle

Stähle für den Stahlbau

Baustahl: Stahl ist ein Eisenwerkstoff mit einem Kohlenstoffgehalt kleiner 2,06 %. Die Herstellung von Stahl erfolgt vom Erz durch Verhütten (Hochofen) zum Roheisen, durch Frischen (Bessemerverfahren, LD-Verfahren, Elektrostahlverfahren) zum Rohstahl und durch Desoxidieren (entfernen des Restsauerstoffs aus der Schmelze) zum Stahl.

Unlegierte Stähle enthalten neben Eisen und Kohlenstoff geringe, in ihren maximalen Mengen definierte weitere Stoffe (Si, Mn, Al, Ti, Cu, P, S, N). Legierte Stähle enthalten entsprechend größere Mengen der Legierungselemente.

Baustahl ist meist unlegierter (< 2 % Legierungsanteile) oder niedrig legierter Stahl (< 5 % Legierungsanteile), der sich aufgrund seiner Streckgrenze vornehmlich für Konstruktionen des Stahl- und Maschinenbaus eignet. Der Kohlenstoffgehalt liegt unterhalb 0,6 %; ca. 0,2 % bei schweißbaren Baustählen. Man unterscheidet allgemeine Baustähle, Feinkornbaustähle, wetterfeste Baustähle und nichtrostende Baustähle.

Stähle für Schrauben, Muttern und Nieten weisen einen Kohlenstoffgehalt < 0,25 % auf, sie sind unlegiert, unlegiert und vergütet oder legiert und vergütet.

Stähle für Seildrähte werden aus Walzdrähten mit einem Kohlenstoffgehalt zwischen 0,35 und 0,9 % hergestellt ([6.90], [6.96], [6.104]).

8.1 Allgemeiner Baustahl sind Stähle, die im warmgeformten Zustand, nach dem Normalglühen oder nach einer Kaltumformung im Wesentlichen aufgrund ihrer Zugfestigkeit und Streckgrenze im Bauwesen eingesetzt werden.

Verwendung: Profile, Bleche.

8.2 Feinkornbaustahl sind voll beruhigte, unlegierte und schweißgeeignete Baustähle, bei denen durch Zugabe von Keimbildnern (Aluminium, Niobium, Vanadium und Titan) ein feinkörniges Gefüge entsteht. Sie besitzen eine höhere Streckgrenze und Zugfestigkeit als allgemeine Baustähle. Hochfeste Feinkornbaustähle haben einen Kohlenstoffgehalt ≤ 0,2 %.

Verwendung: Profile, Bleche.

8.3 Wetterfeste Baustähle und nichtrostende Baustähle entsprechen in ihren technologischen Eigenschaften den allg. Baustählen, besitzen jedoch Legierungszusätze (Cu, Cr, Ni, V, P), die unter Witterungseinfluss eine dichte oxidische Deckschicht bilden. Sie weisen im Vergleich zu allgemeinen Baustählen bei gleicher Streckgrenze eine deutlich höhere Zugfestigkeit und Bruchdehnung auf ([6.96], [6.104]).

Verwendung: Bleche, Profile.

8.4 Stahlguss ist die Bezeichnung für jeden in eine Form gegossenen Stahl, der anschließend nicht mehr umgeformt wird (geringerer Kohlenstoffgehalt als Gusseisen).

Anwendung: Brückenlager, Maschinenteile, Schienenteile.

8.5 Hochfeste und schweißgeeignete Stähle sind Feinkornbaustähle mit einem Kohlenstoffgehalt ≤ 0,2 % mit einer erhöhten Streckgrenze [6.96].

Verwendung: Profile, Bleche, Breitflachstähle.

8.6 Hochlegierte Stähle werden für hochwertige Anforderungen verwendet, sie sind i. Allg. hochfest, schweißbar und teilweise sehr korrosionsbeständig CV2A, V4A, Nirostastähle. Sie sind aber i. Allg. nicht für Oberflächenvergütung oder Oberflächenhärtung geeignet [6.96].

Verwendung: nichtrostende Bauteile, Grubenausbauprofile, Bekleidungen für Bauteile.

Stähle für den Betonbau und Spannbetonbau

8.7 Betonstabstahl wird als legierter (P, S, N), schweißbarer, warmgewalzter (mit oder ohne anschließender Nachbehandlung aus der Walzhitze) oder kaltverformter Stahl (Verwinden oder Recken) mit gerippter Oberfläche hergestellt.

Bezeichnung: BSt Streckgrenze bzw. 0,2-%-Dehngrenze [6.96].

Bewehrungsdraht wird als legierter, schweißbarer, kaltverformter Stahl als Ring hergestellt und ausschließlich werksmäßig zu Bewehrung weiterverarbeitet.

Bezeichnung: BSt Streckgrenze bzw. 0,2-%-Dehngrenze G(latt) oder P(rofiliert) [6.96].

8.8 Betonstahlmatten werden aus legiertem, schweißbarem, kaltverformtem Stahl durch Widerstandspunktschweißungen an den Schnittpunkten der Bewehrungsstäbe hergestellt. Bezeichnung: BSt Streckgrenze bzw. 0,2-%-Dehngrenze Matte [6.96].

8.9 Spannstähle werden aus unlegierten Stählen (0,6 bis 0,9 % Kohlenstoff) oder aus niedrig legierten Stählen (0,4 bis 0,7 % Kohlenstoff, Si, Mn, Cr) hergestellt. Man unterscheidet warmgewalzte (rund, glatt bzw. mit Gewinde- oder Schrägrippen d = 26 bis 36 mm), vergütete (rund, glatt bzw. rund, gerippt, d = 5,2 bis 14 mm), kaltgezogene (rund, glatt oder rund profiliert, d = 4 bis 12,2) Spannstähle und Spanndrahtlitzen.

Bezeichnung: St Streckgrenze ($R_{0,2}$)/Nennwert der Zugfestigkeit (R_m) jeweils in N/mm^2 (z. B. St1570/1770) oder Y Zugfestigkeit (R_m) in N/mm^2.

Spanndrahtlitzen bestehen aus kaltgezogenen Einzeldrähten: rund, glatt d = 6,9 bis 18,3 mm (Einzeldrähte ca. d/3) ([6.96], [6.104]).

Nichteisenmetalle

8.10 Aluminium(-legierungen) für Bleche und Profile: Aluminium wird aus Bauxit in folgenden Verfahrensschritten hergestellt: Zerkleinern, in Drehrohröfen Entwässern und Reinigen, Aufmahlen und Aufschließen, Erhitzen und schmelzelektrolytisch Verarbeiten. Aluminium wird als Reinaluminium (98–99,9 % Al) oder legiert (Mangan, Magnesium, Silizium, Zink, Kupfer) hergestellt. Aluminium bildet sehr schnell eine dünne, dichte und wasserunlösliche Oxidschicht, ist aber gegen Säuren und Basen empfindlich. Durch Eloxieren (anodische Oxidation) der Oberfläche kann Aluminium mit einer festhaftenden, bis 30 µm dicken, metallisch glänzenden Oxidschicht überzogen werden, dadurch wird es sehr korrosionsfest ([6.90], [6.96], [6.104]).

Verwendung: AlMn-Legierung: Dachdeckung, Wandverkleidungen; AlMg-Legierung: Fenster, Treppengeländer, Gitter; AlMgSi-Legierungen: Türprofile, Bauprofile.

8.11 Kupfer wird aus Kupfererzen (Kupferkies, Kupferglanz) durch Flotation (Schwimmverfahren), Rösten und Reduktion im Konverter als Rohkupfer (97–99 % Cu) hergestellt. Es ist ziemlich weich, lässt sich löten und schmieden und ist korrosionsbeständig durch Bilden einer Schutzschicht (Patina) [6.96].

Legierungen werden mit Zink (Messing), Zinn, (Bronze), Nickel oder Aluminium hergestellt.

Verwendung: Dachdeckung, Dachrinnen.

8.12 Kupfer-Zink-Legierung (Messing) aus Kupfer und Zink (bis ca. 45 %). Gut verformbar und korrosionsbeständig.

Verwendung: Beschläge, Armaturen.

8.13 Kupfer-Zinn-Legierung (Zinnbronze): Kupferlegierungen mit mehr als 60 % Kupfer werden als Bronze (hier Zinnbronze) bezeichnet (das Hauptlegierungselement darf nicht Zink sein). Sehr hart und korrosionsbeständig, gute Verschleißeigenschaften und gut kalt verformbar.

Verwendung: Gleitlager.

8.14 und 8.15 Zink wird aus Zinkblende und Zinkcarbonat gewonnen und besitzt eine große Wärmeausdehnung. Es wird als Walz- oder Gussbauteil verarbeitet. Zink überzieht sich an der Luft mit einer graublauen Patina, es ist in der elektrochemischen Spannungsreihe unedler als Kupfer [6.96].

Verwendung: Dacheindeckungen, Traufenblech, Mauer- und Gesimsabdeckungen.

9 Dämmstoffe

Mineralische Dämmstoffe

9.1 bis 9.4 Glaswolle und Steinwolle werden aus Glas- oder Gesteinsschmelzen durch Weiterverarbeiten (Düsen) zu Fäden und anschließendem Vernadeln zu Matten und Platten (evtl. mit Papier oder Alukaschierung) hergestellt ([6.102], [6.107], [6.108], [6.115]).

Verwendung: Innendämmung, Außendämmung, Kerndämmung, Trittschalldämmung.

9.5 Schlackenwolle wird aus zerfaserter Hochofenschlacke als Nebenprodukt der Stahlgewinnung hergestellt [6.96].

Verwendung: Innendämmung.

9.6 Schaumglas (Foamglas) wird aus Glaspulver und Kohlenstoff bei 1000 °C hergestellt, wobei der Kohlenstoff kleine Gasblasen bildet. Der Dämmstoff ist schwarz, sehr druckfest und feuchtebeständig und dichtet gegen Feuchte ab ([6.90], [6.96], [6.102]).

Verwendung: befahr- und begehbare Außendämmung, in Gebäuden ohne dichte Bodenplatte.

9.7 und 9.8 Perlite ist ein vulkanisches Gestein (Naturglas), das durch Erhitzen aufbläht und in dieser Form (Blähperlite) als Dämmstoff (Schüttungen) zum Einsatz kommt. Für die Verwendung im Feuchtebereich wird Blähperlit mit Silikonen oder Bitumen hydrophobiert ([6.96], [6.121]).

Verwendung: Dämmschüttungen.

Baumetalle			MECHANIK						WÄRME			FEUCHTE
NR.	KURZBEZEICHNUNG	DICHTE	STRECK-GRENZE	ZUG-FESTIGKEIT	BRUCH-DEHNUNG	E-MODUL	SCHUB-MODUL	QUER-DEHN-ZAHL	LINEARE WÄRME-AUSDEHNUNG	WÄRME-LEITFÄHIG-KEIT	SPEZ. WÄRME-KAPAZITÄT	DAMPF-DIFFUSIONS-WIDERSTAND
		ρ	β_s *bzw.* $\beta_{0,2}$	β_Z	δ_5	E	G		α	λ	c	μ
		kg/m³	N/mm²	N/mm²	%	10³ N/mm²	10³ N/mm²		10^{-6} K	W/(m·K)	kJ/(kg·K)	
8.1	Allgemeiner Baustahl	7850	185–360	310–680	18–26	210	85	0,28	12	40–60	0,45–0,48	dampfd.
8.2	Feinkornbaustähle	7850	225–460	350–720	17–24	210	81	0,28	12	40–60	0,45–0,48	dampfd.
8.3	Wetterfeste Baustähle	7850	215–355	340–680	18–26	170	64	0,28	16	40–60	0,45–0,48	dampfd.
8.4	Stahlguss	7850	260	500–520	2–18	210	81	0,28	12	40–50	0,45–0,48	dampfd.
8.5	Hochfeste u. schweiß-geeignete Stähle	7850	430–690	530–940	16–17	210	x	0,28–0,29	12	40–60	0,45–0,48	dampfd.
8.6	Hochlegierte Stähle	7950	225–600	490–950	25 bis ≥ 50	170	65	0,28–0,30	13–16	15–30	0,45–0,48	dampfd.
8.7	Betonstabstahl	7850	200 bis > 500	340 bis > 550	8 bis > 18	210	85	0,28	11	40–50	0,45–0,48	dampfd.
8.8	Betonstahlmatten	7850	500	550	8	210	85	0,28	11	40–50	0,45–0,48	dampfd.
8.9	Spannstahl	7850	835–1570	1030–1770	≤ 6	195–205	x	0,28–0,29	11	40–50	0,45–0,48	dampfd.
8.10	Aluminium(-legierungen) für Bleche u. Profile	2660–2800	90–250	120–400	5–20	70	27	0,3	23,4–23,7	110–230	0,88–0,92	dampfd.
8.11	Kupfer	8900	40–80	200–360	2–45	100–130	48,3	0,33	17	305–385	0,38	dampfd.
8.12	Kupfer-Zink-Legierungen (Messing)	8300–8500	180–270	440–490	18–20	75–104	40	0,37	17	117	0,37	dampfd.
8.13	Kupfer-Zinn-Legierungen (Zinnbronze)	8800–8900	140–150	260–280	5–10	80–106	43	0,35	17–18	71	0,37	dampfd.
8.14	Zink gewalzt	7100–7200	120–140	200	20	80–130	35–40	0,25	22–29	109–110	0,38–0,41	dampfd.
8.15	Zink gegossen	7100–7200	150–250	180–300	1–6	80–130	35–40	0,25	22–29	109–110	0,38–0,41	dampfd.

9.9 Vermiculite (Blähglimmer) wird durch Aufblähen spezieller Glimmer hergestellt. Vermiculite besitzen eher blättrige Struktur ([6.96], [6.121]).
Verwendung: Dämmschüttung.

9.10 Bimskies ist schaumig aufgeblähte vulkanische Lava und gilt als der älteste Zuschlag für Leichtbeton [6.96].
Verwendung: Leichtbetonzuschlag, Dämmschüttung.

9.11 Blähton wird aus speziellen blähfähigen Tonen bzw. Schiefertonen im Drehrohrofen oder Schachtofen granuliert, gebläht und gebrannt (1150 °C) ([6.96], [6.121]).
Verwendung: Leichtbetonzuschlag, Dämmschüttung.

Natürliche organische Dämmstoffe

9.12 Flachsdämmstoffe werden aus den Fasern des Stängels von Flachs (Lein) gewonnen. Zur Anwendung kommen Flachsschäben (Stopfwolle) und Flachsdämmstoffmatten ([6.121]).
Verwendung: Innendämmung.

9.13 und 9.14 Holzfaserdämmplatten werden aus aufbereitetem und zerfasertem Holz und evtl. Bindemittel (Bitumen, Natriumhydroxid, Paraffin oder Weißleim) hergestellt ([6.90], [6.102], [6.121]).
Verwendung: Unterdachplatten.

9.15 Holzwolleleichtbauplatten werden aus Holzwolle und kaustisch gebranntem Magnesit oder Zement hergestellt. Bei der Verwendung von Zement muss die Holzwolle vorher mineralisiert werden, um schädliche Einwirkungen des Holzes auf den Zementstein zu verhindern ([6.90], [6.96], [6.121]).
Verwendung: Mantelbeton, Putzträger, Ausbauplatten.

9.16 Hobelspäne bzw. Holzwolle zur Wärmedämmung stammen meist von Fichten od. Kiefern aus der Holzindustrie. Die Brandbeständigkeit kann mit Hilfe einer Mischung aus Molke und Borax erhöht werden ([6.113], [6.121]).
Verwendung: Innendämmung, Hohlraumdämmung.

9.17 Kokosfaserdämmstoffe werden aus der faserigen Umhüllung der Kokosnuss hergestellt. Kokosfaserdämmstoffe sind als Stopfwolle, Dämmfilz, Rollfilz und als Trittschalldämmplatten am Markt ([6.113]).
Verwendung: Innendämmung.

9.18 und 9.19 Kork ist ein sekundäres Abschlussgewebe von Stämmen, das bei der Korkeiche vorkommt. Korkeichen werden zur Ernte zu einem Drittel geschält, wobei der Baum nach der Ernte von neuem Korkgewebe ausbildet. Kork kommt in Form von Korkschrot oder als Platten mit holzeigenen Stoffen oder mit Bindemittel (Bitumen) gebunden auf den Markt ([6.121]).
Verwendung: Dach-, Fassadendämmung.

9.20 Schafwolldämmstoffe wird aus den Haaren der Schafe hergestellt und in Form von Stopfwolle, Matten oder Platten verarbeitet. Zum Schutz vor Schädlingen werden Schafwolldämmstoffe mit Mitin (Mottenschutzmittel), zum Brandschutz mit Borax behandelt ([6.121]).
Verwendung: Innendämmung, Trittschalldämmung.

9.21 Schilfbauplatten werden aus den Stängeln der Schilfpflanze hergestellt, die mit (verzinktem) Draht zu Platten zusammengebunden werden ([6.121]).
Verwendung: Außendämmung, Putzträger.

9.22 und 9.23 Cellulosedämmstoffe werden aus Holz oder aus Altpapier gewonnen und als Blaswolle oder Platten verwendet. Die Fasern sind meist mit Borax (Brandschutz) imprägniert ([6.96]).
Verwendung: Innendämmung, nachträglicher Einbau (Einblasen) einer Wärmedämmung.

9.24 Baumwolledämmstoff wird aus den Fasern der Früchte der Baumwollpflanze gewonnen und als Stopfwolle, Blaswolle oder Platten auf den Markt gebracht ([6.121]).
Verwendung: Innendämmung, Trittschalldämmung.

9.25 Strohschüttungen werden aus den getrockneten Halmen verschiedener Getreidesorten (Roggen- und Weizenstroh) hergestellt (auch Strohplatten) ([6.121]).
Verwendung: Leichtlehmzuschlag.

9.26 Hanfdämmstoffe werden aus den Fasern der Stängel von Hanf gewonnen. Zur Anwendung kommen die Hanffasern (Stopfwolle).
Verwendung: Innendämmung.

Dämmstoffe			MECHANIK		WÄRME		FEUCHTE
NR.	KURZBEZEICHNUNG	DICHTE	ZUSAMMENDRÜCKUNG UNTER LAST	DYNAMISCHE STEIFIGKEIT	WÄRME-LEITFÄHIGKEIT	SPEZ. WÄRME-KAPAZITÄT	DAMPFDIFFUSIONS-WIDERSTAND
		ρ [kg/m³]	[%]	S [MN/m³]	λ [W/(m·K)]	c [kJ/(kg·K)]	μ
9.1	Glaswolle	60–180	25	x	0,0,36–0,050	0,6–1,0	1
9.2	Glaswolle, Trittschalldämmplatte	140–170	10	5–10	x	x	1
9.3	Steinwolle	10–100	20	x	0,036–0,050	0,6–1,0	1
9.4	Steinwolle, Trittschalldämmplatte	10–100	10	5–10	0,041	0,6	1
9.5	Schlackenwolle	130–180	20–25	x	0,035–0,07	x	4
9.6	Schaumglas (Foamglas)	110–150	x	x	0,038–0,066	0,8–1,0	dampfd.
9.7	Perlite, ungebunden	70–180	x	x	0,045–0,065	0,9–0,94	2–5
9.8	Perlite, bitumengebunden	280	x	x	0,07	0,9	x
9.9	Vermiculite	100–180	25	x	0,07	0,88	3–4
9.10	Bimskies	1200	x	x	0,19	0,9–1,6	3
9.11	Blähton (4–8)	300–700	x	x	0,10–0,16	0,9–1,6	1–8
9.12	Flachs	16–30	x	x	x	x	1–1,5
9.13	Holzfaserdämmplatte	150–300	x	> 40	0,07–0,65	2,0–2,5	4–9
9.14	Holzweichfaser-, Unterdachplatten	250–370	x	x	0,07	2,0–2,5	4–9
9.15	Holzwolleleichtbauplatte	310–570	x	100	0,073–0,15	1,7–2,1	2–5
9.16	Hobelspäne	50–75	x	x	0,055	1,6	2
9.17	Kokos	60–140	15–20	TSDPL 13–33	0,46–0,57	2,0–2,1	1–2
9.18	Kork	90–300	0 (25 Schrot)	10–30	0,04–0,055	1,56–2,0	5–30
9.19	Kork, bitumengebunden	200–400	10	10–30	0,047–0,093	X	5–30
9.20	Schafwolle	13–25	x	x	0,035–0,04	1,3	1–2
9.21	Schilfbauplatten	180–300	x	x	0,072	1,2	1–1,5
9.22	Cellulose, lose	35–120	x	x	0,04–0,045	1,8–2,2	1–1,5
9.23	Cellulosedämmplatten	70–100	x	x	0,04	1,8–2,2	1–1,5
9.24	Baumwolle	20	x	x	0,04	0,8–1,3	1–2
9.25	Strohschüttung	90–150	x	x	0,056–0,1	2,1	1–1,5
9.26	Hanf	30–130	x	16	0,035–0,04	2,1	1
9.27	EPS	15–50	2–10	17–100	0,03–0,06	1,45	20–100
9.28	XPS	25–65	< 2	50–80	0,035–0,04	1,5	80–300
9.29	PU	20–100	≤ 2	< 10	0,02–0,04	1,3–1,4	30–150

Künstliche organische Dämmstoffe

9.27 Polystyrol, expandiert (EPS) wird aus Perlpolymerkugeln (2 bis 3 mm), in die ein Treibmittel einpolymerisiert wird, hergestellt. Polystyrolperlen werden mit Wasserdampf auf ca. 100 °C erweicht und blähen durch das Treibmittel auf das 30- bis 50fache Ausgangsvolumen auf. Findet dieser Prozess in einer geschlossenen Form statt, verschweißen die Kugeln zu einem Block, der anschließend weiterverarbeitet werden kann (siehe 11.8) ([6.90], [6.96], [6.113]).
Verwendung: nicht druckfeste Dämmplatten.

9.28 Polystyrol, extrudiert (XPS) wird in einem Extruder (Strangpresse) als unendlicher Schaumstoffstrang hergestellt. Es entsteht ein druckfester Dämmstoff mit einer geschlossenen Porenstruktur. ([6.90], [6.96], [6.113], [6.114]).
Verwendung: druckfeste Dämmplatten (Kelleraußenwände, Parkdecks, Terrassen).

9.29 Polyurethanhartschaum (PU) wird in Formen oder als endloses Band verschäumt und als Platten, Bahnen oder Blöcke gefertigt (evtl. ein- oder zweiseitig beschichtet).
Verwendung: Kelleraußendämmung, Dächer.

10 Dichtungsbahnen und bitumenhaltige Baustoffe

10.1 bis 10.3 Dachbelagbahnen: Dachbahnen werden aus PVC (vgl. Abschnitt 11), Ethylencopolymerisat-Bitumen ECB oder Polyisobutylen PIB in Dicken von 1 bis 2 mm (evtl. einseitig kaschiert) hergestellt. Sie werden mit Heißbitumen oder Lösemittelspezialkleber verklebt oder auch nur gelegt und mit Platten oder Kies abgedeckt ([6.96], [6.102]).

10.4 und 10.5 Bautenschutzfolien (PVC- und PE-Folien vgl. Abschnitt 11) werden in Dicken zwischen 0,02 und 0,4 mm und Breiten bis 6 m hergestellt. PE-Folien sind empfindlich gegen UV-Strahlen, bleiben aber auch bei Frost flexibel ([6.96], [6.102]).

Dampfbremsen, Unterspannbahnen werden zur Verhinderung der Kondenswasserbildung verwendet. Unterspannbahnen werden zum Schutz des Dachraumes vor Flugschnee verwendet (faserverstärkte Kunststofffolien oder kunststofffaserverstärkte Bitumenbahnen) [6.96].

10.6 bis 10.9 Baupapiere, Pappen werden beschichtet od. getränkt, z. B. mit Wachs, Öl, Bitumen, Paraffin, Alu od. gitterverstärkt hergestellt. Je nach Beschichtung sind unterschiedliche Anwendungen möglich.
Verwendung: Dampfbremse, Estrichpappe, Estrichlegerfolie, Trennlagen.

10.10 Bitumen ist ein halbfestes bis hartes Destillationsprodukt (Kohlenwasserstoffgemisch) des Erdöls, das bei ca. 150 bis 200 °C dünnflüssig wird und sehr gut als Bindemittel für mineralische Stoffe (Splitt, Sand), Metalle und organische Fasern verwendet werden kann.

Polymerbitumen ist ein Gemisch von Bitumen und Polymersystemen, die das elasto-viskose Verhalten von Bitumen verändern. Elastomerbitumen besitzt eine verbesserte Kälteflexibilität, Plastomerbitumen eine erhöhte Wärmestandfestigkeit ([6.90], [6.102], [6.108]).
Anwendung: Straßenbau, Isolierungen.

10.11 Asphalt ist ein Gemisch (natürlich vorkommend oder künstlich hergestellt) aus Bitumen und Mineralstoffen (Splitt, Sand), evtl. Zusätzen und weiteren Zuschlägen ([6.90], [6.108]).
Anwendung: Straßenbau.

10.12 Gussasphaltestrich: Estrich aus Bitumen und Zuschlag (einschließlich Füller): GE10, GE15, GE40, GE100 (Stempeleindringtiefe in 0,1 mm). Fugenloser Einbau (bei jedem Wetter), Verarbeitungstemperatur 220 bis 250 °C, die Oberfläche wird vor dem Erkalten mit feinem Sand abgerieben (einlagig 2 bis 3 cm; zweilagig $\geq$ 4 cm). Nach 2 bis 3 Stunden begehbar.
Anwendung: Unterboden für Nutzbeläge, direkt begeh-/befahrbarer Fußbodenbelag, Industrieestrich.

10.13 Nackte Bitumenbahn mit einer Trägereinlage (Rohfilz-, Glasgewebe-, Metallbandeinlage, Jutegewebe, Chemiefaservliese) ohne Bestreuung mit mineralischen Stoffen ([6.95], [6.102], [6.111]).

10.14 Bitumendachbahnen (Rohfilzeinlage, Bitumendachdichtungsbahnen, Glasvliesbitumendachbahnen): Bitumenbahn mit Besandung zur Verbesserung des Verwitterungsschutzes.

10.15 Bitumendichtungsbahnen (Rohfilz-, Glasgewebe-, Metallbandeinlage, Jutegewebe, Polyethylenterephthalat): besandete Bitumenbahn z. B. für horiz. Mauerwerksabdichtung zur Erhöhung der Reibung.

10.16 Bitumenschweißbahnen (Jute-, Glasgewebe, Glas-, Polyestervlies) sind Bitumenbahnen, die nur durch Erhitzen (ohne zusätzlichen Kleber) mit der Unterlage verschweißt werden ([6.96], [6.111]).
Verwendung: vertikale Abdichtungen.

10.17 Polymer-Bitumendachdichtungsbahnen (Jute-, Glasgewebe, Polyestervlies): Bitumendachbahnen aus Polymerbitumen (siehe 10.10 und 10.14) ([6.96], [6.102], [6.111]).

10.18 Polymer-Bitumenschweißbahnen (Jute-, Glasgewebe, Polyestervlies): Bitumenschweißbahnen aus Polymerbitumen (siehe 10.10 und 10.16) ([6.96], [6.102], [6.111]).
Verwendung: vertikale und horizontale Abdichtungen.

Dichtungsbahnen				WÄRME		FEUCHTE
NR.	KURZBEZEICHNUNG	DICKE	DICHTE	WÄRME-LEITFÄHIGKEIT	SPEZ. WÄRME-KAPAZITÄT	DAMPFDIFFUSIONS-WIDERSTAND
		d	ρ	λ	C	μ
		m	kg/m³	W/(m·K)	kJ/(kg·K)	
10.1	Dachbahnen aus PVC	> 0,0012	1500	0,180	1,26	10 000–30 000
10.2	Dachdichtungsbahn Ethylencopol. ECB	> 0,0020	1500	0,180	1,0–1,26	50 000–90 000
10.3	Dachdichtungsbahn Polyisobutylen PIB	> 0,0015	1400	0,180	1,0–1,26	260 000–400 000
10.4	PVC-Folien	> 0,0001	1200	0,16	1,47	20 000–50 000
10.5	PE-Folien	> 0,0001	960	0,35	2,0–2,5	> 10 000
10.6	Papier, dampfbremsend	0,003	590	0,17	1,6	2250
10.7	Papier, wasserabstoß.	0,003	720	0,17	1,5	400
10.8	Wachspapier	0,00020	1400	0,180	1,26	4000
10.9	Pappe, bituminiert	0,00092	1200	0,180	1,26	108

Bitumenhaltige Baustoffe			WÄRME		FEUCHTE
NR.	KURZBEZEICHNUNG	DICHTE	WÄRME-LEITFÄHIGKEIT	SPEZ. WÄRME-KAPAZITÄT	DAMPFDIFFUSIONS-WIDERSTAND
		ρ	λ	c	μ
		kg/m³ (g/m²)	W/(m·K)	kJ/(kg·K)	
10.10	Bitumen	1200–1400	0,14 –0,17	1,0–1,26	100 000
10.11	Asphalt	2000	0,7	1,05	2000
10.12	Gussasphaltestrich	2100–2300	0,7–0,9	1,05	2000
10.13	Nackte Bitumenbahn	1200 (333–500)	0,17	1,0	2000–20 000
10.14	Bitumendachbahn	1200 (200–500)	0,17	1,5	10 000–80 000
10.15	Bitumen-dichtungsbahnen	(220–500)	0,17	1,5	10 000–80 000
10.16	Bitumenschweißbahnen	(60–300)	0,17	1,5	50 000–80 000
10.17	Polymer-Bitumen-dachdichtungsbahnen	(200–300)	0,17	1,5	50 000–80 000
10.18	Polymer-Bitumen-schweißbahnen	(200–300)	0,17	1,5	50 000–80 000

11 Kunststoffe – Polymere als Baustoffe

Thermoplaste

11.1 und 11.2 Polyethylen (PE): Polyethylene sind strukturmäßig die einfachsten Kunststoffe und gehören zu den weichen und flexiblen Thermoplasten. Die Eigenschaften hängen im Wesentlichen vom Polymerisationsverfahren und im Weiteren von der Dichte ab. Die zwei Arten, Polyethylen hart und Polyethylen weich, unterscheiden sich neben der Dichte in der Festigkeit und den Temperatureigenschaften ([6.96], [6.113]).

Verwendung: Folien, Dach-/Dichtungsbahnen, Druckrohre für Trinkwasser und Abwasserentsorgung.

11.3 Polypropylen (PP): ein durch Polymerisation von Propylen (entsteht beim Cracken von Benzin) gewonnenes Thermoplast. Es besitzt höhere Festigkeiten und eine höhere Erweichungstemperatur als Polyethylen ([6.96], [6.113]).

Verwendung: Rohre (Warmwasser, Fußbodenheizung), im Bauwesen derzeit eher selten.

11.4 bis 11.6 Polyvinylchlorid (PVC) ist ein thermoplastischer Kunststoff und wird durch Polymerisation von Vinylchlorid in den Formen PVC-hart, PVC-weich und PVC-hochdruckgeschäumt hergestellt. PVC ist ohne Weichmacher schwer entflammbar, entwickelt aber beim Brand Chlorgase ([6.96], [6.106], [6.113], [6.114]).

Verwendung: PVC-hart: Rohre, Fassadenelemente, Fensterrahmen, Lichtelemente, Rollladenprofile;
PVC-weich: Dach- und Dichtungsbahnen, Fugenbänder;
PVC-hochdruckgeschäumt: Dichtungsprofile, Sandwichplatten.

11.7 Polystyrol (PS) entsteht durch Polymerisation von Styrol, das aus Benzol und Ethylen hergestellt wird (Thermoplast). Es ist relativ hart, spröde, glasklar und besitzt einen Oberflächenglanz. Es kann mit Strangguss- (Extrudern) und Spritzgussmaschinen verarbeitet werden ([6.96], [6.113]).

Verwendung: Beschläge, Profile, Behälter, Dosen.

11.8 Polystyrol, expandiert (EPS) wird aus Perlpolymerkugeln (2 bis 3 mm), in die ein Treibmittel einpolymerisiert wird, hergestellt (Thermoplast). Polystyrolperlen werden mit Wasserdampf auf ca. 100 °C erweicht und blähen durch das Treibmittel auf das 30- bis 50fache Ausgangsvolumen auf. Findet dieser Prozess in einer geschlossenen Form statt, verschweißen die Kugeln zu einem Block, der anschließend weiterverarbeitet werden kann ([6.90], [6.96], [6.113]).

Verwendung: nicht druckfeste Dämmplatten.

11.9 Polystyrol, extrudiert (XPS) wird in einem Extruder (Strangpresse) als unendlicher Schaumstoffstrang hergestellt. Es entsteht eine druckfester Dämmstoff mit einer geschlossenen Porenstruktur. Als Treibmittel werden kaum mehr FCKW oder teilhalogenierte Kohlenwasserstoffe eingesetzt, die emittieren können ([6.90], [6.96], [6.113], [6.114]).

Verwendung: druckfeste Dämmplatten (Kelleraußenwände, Parkdecks, Terrassen).

11.10 und 11.11 Polyamide (PA) zählen zu den Thermoplasten und werden durch Polykondensation von Diaminen (basenartige, organische Verbindungen, die zwei Aminogruppe NH_2 im Molekül enthalten) mit Dicarbonsäuren oder aus Aminosäuren hergestellt. Polyamide werden nach der Anzahl der Kohlenstoffatome ihrer Monomere bezeichnet (z.B. PA 6, PA 11) ([6.96], [6.113]).

Verwendung: Gewebe (Bekleidung, Teppiche), Folien, Platten, Profile, Dübel, Beschläge.

11.12 Polyethylenterephthalat (PET) wird durch Polykondensation aus Terephthalsäure und Ethylenglycol hergestellt und zu sehr reißfesten und temperaturbeständigen Folien verarbeitet (Thermoplast) ([6.96], [6.113], [6.114]).

Verwendung: Dichtungsbahnen, Textilfasern (Diolen, Trevira).

Duroplaste und Elastomere

11.13 Phenolformaldehydharz (PF) (Phenol + Formaldehyd = Phenolharz + Wasser) ist braun und besitzt eine relativ hohe Oberflächenhärte (Mohs 3), beständig gegen Alkohole, Benzin und Mineralöle, aber nicht gegen Säuren und Laugen ([6.96], [6.113], [6.115]).

Verwendung: ohne Füllstoffe: Beschläge;
mit Füllstoffen: Steckdosen, Pressschichtholz, Holzfaser-, Mineralwolleplatten.

Formaldehydharze werden durch Polykondensation mit Phenol oder Resorcin (Phenolformaldehydharz PF) oder mit Harnstoff oder Melamin zu Harnstoffharzen (Aminoplaste) hergestellt.

Verwendung: Härtungsmittel für Duroplaste.

11.14 Phenolharz, blockgeschäumt ist ein spröder, offenzelliger Dämmstoff mit hoher Wasseraufnahme und sehr gutem Wärmedämm- und Brandverhalten ([6.96], [6.113]).

Verwendung: Wärmedämmplatten.

11.15 und 11.16 Harnstoffformaldehydharz (UF) oder Aminoplaste werden durch Polykondensation von Harnstoff und Formaldehyd hergestellt. Harnstoffformaldehydharze sind farblos, beständig gegen Sonnenlicht, aber hitze- und feuchtigkeitsempfindlich ([6.90], [6.96], [6.113]).

Verwendung: Bindemittel für Holzwerkstoffe, Holzleime, Schaumstoffe, Lackharze.

Harnstoffharz, Ortschaum ist offenzellig und sehr gasdurchlässig und mechanisch nicht belastbar. Während der Erhärtung wird Formaldehyd frei.

Verwendung: Verfüllen (Ausschäumen) von Hohlräumen.

11.17 Melaminformaldehydharz (MF) oder Aminoplaste werden durch Polykondensation von Melamin mit Formaldehyd gewonnen. Melaminformaldehydharz ist färbbar und sonnenlichtbeständig und unbedenklich bei der Berührung mit Lebensmitteln (Küchenarbeitsplatten) ([6.96], [6.113]).

Verwendung: Dekorationsplatten, Holzwerkstoffe, für Leime und Lackrohstoffe.

11.18 Epoxidharze werden aus Polyphenolen und Epichlorhydrin entweder als flüssige oder feste (mit Lösemittel) Materialien hergestellt. EP-Harze haften auf den meisten Materialien sehr gut und besitzen eine ziemlich große Härte und Abriebfestigkeit.

Verwendung: 2-Komponenten-Klebstoffe, Injektionsharz für Abdichtungen, Bindemittel von Saniermörtel, Lack- und Gießharz ([6.96], [6.113]).

11.19 bis 11.21 Polyurethan: wird durch Polyaddition von Polyisocyanat und OH-Gruppen enthaltenden Molekülen synthetisiert. PUR-Schäume werden als gummiartiger Weichschaum oder als Hartschaum hergestellt ([6.96], [6.113], [6.114]).

Polyurethangießharze haften gut auf den meisten Untergründen, sind gut alterungsbeständig, beständig gegen Benzin, Öle, Fette und verdünnte Säuren und Laugen, aber unbeständig gegen konzentrierte Säuren und Laugen und werden evtl. durch heißes Wasser zerstört ([6.96], [6.113]).

Verwendung: Oberflächenschutzsysteme.

Polyurethanhartschaum wird in Formen oder als endloses Band verschäumt und als Platten, Bahnen oder Blöcke gefertigt (evtl. ein- oder zweiseitig beschichtet).

Verwendung: Kelleraußendämmung, Dächer, Sandwichkonstruktionen.

Polyurethanortschaum wird auf der Baustelle mit einer Misch-Spritzpistole aufgespritzt (Haftung auf den meisten Untergründen sehr gut), wo es sofort aufschäumt und aushärtet.

Verwendung: Ausschäumen von Türzargen und Fensterrahmen.

Kunststoffe			MECHANIK		WÄRME			FEUCHTE
NR.	KURZ-BEZEICHNUNG	DICHTE	REISS-DEHNUNG	E-MODUL (ZUG)	WÄRME-LEITFÄHIGKEIT	LINEARE WÄRME-AUSD.	SPEZ. WÄRME-KAP.	DAMPFDIFF.-WIDERSTAND
		ρ		E	λ	α	C	μ
		kg/m³	%	N/mm²	W/(m·K)	10^{-6} K	kJ/(kg·K)	
11.1	Polyethylen, weich	910–960	300–1000	200–500	0,32–0,33	200	2,01–2,51	100 000
11.2	Polyethylen, hart	940–960	100–1000	700–1400	0,4–0,5	150–180	1,55–1,89	100 000
11.3	Polypropylen	900–910	20–80	1100–1300	0,22	110–170	0,80–1,80	10 000
11.4	PVC hart	1380–1550	10–50	1000–3500	0,16–0,17	70–80	0,90–1,01	8000–50 000
11.5	PVC weich	1160–1350	170–400	x	0,15	150–210	1,47	8000–50 000
11.6	PVC, hochdruckgeschäumt	30–100	x	16–35	0,03–0,04	x	1,4	150–450
11.7	Polystyrol	1050	3–4	3200	0,16	70	1,26–1,34	x
11.8	EPS	15–40	x	3–12	0,03–0,037	x	1,4	20–70
11.9	XPS	28–60	x	> 15	0,03–0,039	x	1,4	100–300
11.10	Polyamid 6	1130–1150	200–300	1400	0,25–0,29	70–120	1,60–2,09	50 000
11.11	Polyamid 11	1040	500	1000	0,23	100–120	1,67–2,09	x
11.12	Polyethylen-terephtalat	1370	50–300	3100	0,24	70	1,47	x
11.13	Phenolform-aldehydharz	1300–1400	0,4–0,8	5600–12000	0,19–0,35	30–50	1,01–1,34	10 000
11.14	Phenolharz, blockgeschäumt	30–100	x	6–27	0,02–0,042	x	1,4	30–300
11.15	UF-Harz	1500	0,5–1,0	7000–10500	0,40	40–50	1,47	x
11.16	Harnstoffharz, Ortschaum	5–15	x	n. b.	0,03	x	1,4	4–10
11.17	MF-Harz	1500	0,6–0,9	4900–9100	0,35	10–30	1,27–1,38	x
11.18	Epoxidharz	1200–1900	4	21 500	0,2–0,23	20	1,38–1,4	10 000
11.19	PU-Gießharz	1050–1200	3–6	4000	0,252–0,58	10–20	1,89	6000
11.20	PU-Hartschaum	20–100	x	2–20	0,015–0,048	50–80	1,3–1,4	30–200
11.21	PU-Ortschaum	20–75	x	1	0,02–0,04	50–80	1,4	30–100

Historische Baustoffe

Unter historischen Baustoffen versteht man vor allem jene Materialien die bei Umbauten oder der Sanierung von Gebäuden vorzufinden sind und deren Verwendung heute nicht mehr üblich ist. Trotzdem ist es bei der Sanierung häufig erforderlich die Stoffeigenschaften zu kennen, um eine Wiederherstellung zu ermöglichen. Im Gegensatz zu den heute üblichen Materialien im oberen Abschnitt werden die Materialien hier nach der Verwendungsart unterteilt. Es handelt sich hier mehr um das Bauteil, wo das jeweilige Material vorgefunden wird. Aus verständlichen Gründen ist hier die Anzahl der technischen Kennwerte geringer, da früher über die Baustoffe noch keine entsprechenden Angaben gemacht wurden und es keine Prüfvorschriften gab.

12 Historische Decken- und Wandbaustoffe

Deckenbaustoffe sind Materialien, die zur Herstellung ebener oder gewölbter Decken über Räumen verwendet wurden. Man unterscheidet hier tragende Stoffe (Holzbalken, Eisenbetonbalken, Eisenträger und entsprechende Füllkörper oder gewölbte Steindecken, Steineisendecken, Eisenbetondecken) und Deckenfüllstoffe zur Ausfüllung der Balkenfache oder Zwischendecken (Quarzsand, Lehm, Strohlehm, granulierte Hochofenschlacke, Koksgries, Korkabfälle und Kieselgur).

Die Deckenfüllkörper sind, analog zu den modernen Trägerdecken, Hohlkörper aus Ziegel oder Leichtbeton, aber auch aus Blech, Holzwolleleichtbauplatten (Deckenrippenabstand max. 70 cm).

12.1 Bimsbeton-Deckenhohlkörper mit rechteckigem Querschnitt, abgeschrägten Oberkanten, Steg- und Sohleleisten. Bimsbeton ohne Sandzusatz ρ = 500 bis 1200 kg/m^3, mit Sandzusatz 900 bis 1400 kg/m^3, λ = 0,08 bis 0,25 kcal/mh°C.

12.2 Bimsbeton-Füllkörper ohne Sohleleiste mit Längs- und Querrillen an der Oberseite.

12.3 Holzwolle-Deckenfüllkörper mit senkrechtem Steg in der Längsrichtung und breiten Sohleleisten auf den Längsseiten. Die Sohlplatte und Sohlleiste läuft unter den Rippen und Füllkörpern gleichmäßig als Putzträger durch.

Oder: Elemente bis 5 m Länge, wobei Sohle und Deckenplatte aus Holzwolleleichtbauplatten bestehen und die leicht schrägen Seitenwände und der senkrechte Steg aus Massivholz.

12.4 Deckenfüllkörper aus Leichtbeton (Schlacke und Bims) mit omegaförmigem Querschnitt.

12.5 Gipsdeckenkörper (Hohlsteine aus Gips, z. B. Ceha) mit rechteckigem Querschnitt, gebrochenen Oberkanten, kräftigen Sohlkanten und kreisförmigen oder rechteckigen Hohlräumen.

12.6 Lochblech-Hohlkörper in Kastenform aus Lochblech ohne Sohlleisten. Die Füllkörper wurden zur Herstellung einer geeigneten Untersicht auf einer Schalung verlegt, auf der vorher ein Putzträger verlegt wurde.

12.7 Füllkörper aus Rohrgewebe in Form eines Kastens, mit Holzleisten versteift und mit Pappe überzogen.

12.8 Deckenfüllkörper aus Stahlblech (Stahlzelle): die Füllkörper sind aus geriffeltem U-förmig gebogenem Stahlblech und verbleiben in der Decke.

12.9 Granulierte (gekörnte) Hochofenschlacke ist ein bei der Schmelzung des Roheisens in feuerflüssigem Zustand entstehendes Nebenerzeugnis (Kalk-Tonerde-Silikat). Als Füllstoff ist die Schlacke oft geschäumt.

12.10 Kieselgur: feinkörnige Erde aus amorpher Kieselerde. Besteht meist aus den Kieselpanzern von Algen.

12.11 Aschensteine: Leichtsteine mit Zuschlägen aus Asche und gesiebter Schlacke mit Kalk als Bindemittel (Mischungsverhältnis ca. 1 : 5).

12.12 Korksteine, Pech gebunden (schwarzer Korkstein), bestehen aus expandiertem Kork mit Pech (Destillationsrückstand von der Aufarbeitung des Steinkohleteers) als Bindemittel.

12.13 Korksteine, Tonmilch gebunden (weißer Korkstein), sind Steine aus expandiertem Kork mit Ton als Bindemittel.

12.14 Hüttenschwemmsteine sind Mauersteine aus geschäumter Hochofenschlacke, Kalk-Schlackenmehl oder Zement.

12.15 (Rheinische) Schwemmsteine: mit hydraulischer Kalkmilch gebundene Bimssteine.

Deckenhohlkörpersteine

NR.	KURZBEZEICHNUNG	ABMESSUNGEN $l \times b$ in cm	h in cm	FLÄCHENGEWICHT [kg/m²]	WÄRMELEITZAHL λ [W/mK] WÄRMEDURCHGANG D [m²K/W]
12.1	Bimsbeton-Deckenhohlkörper (ohne Aufbeton)	50 (52) × 25 (27)	12 bis 26	235 bis 360	$D \approx 0{,}45$
12.2	Bimsbeton-Füllkörper ohne Sohleleiste (ohne Aufbeton)	46 × 46	12 bis 20	150 bis 260	$D \approx 0{,}35$
12.3	Holzwolle-Deckenfüllkörper	100 bis 200 × 50 oder 50 × (bis) 500	15 oder 12; 14; 15; 17	197 bis 225 (bei 5 cm Aufbeton)	x
12.4	Deckenfüllkörper aus Leichtbeton (Schlacke und Bims)	50 × 25	13, 16 bis 25	231 bis 321 (bei 5 cm Aufbeton)	x
12.5	Gipsdeckenkörper (Hohlsteine aus Gips)	100 × 50	12 bis 32	42 bis 75	x
12.6	Lochblech-Hohlkörper	40 × 40	≥ 10	x	x
12.7	Füllkörper aus Rohrgewebe	60 × 60	8 bis 28	174 bis 278 (bei 6 cm Aufbeton)	x
12.8	Deckenfüllkörper aus Stahlblech	32,5 (bis 90) × 30 (bis 75)	10 bis 35	x	x

Deckenfüllstoffe

NR.	KURZBEZEICHNUNG	ABMESSUNGEN	DICHTE [kg/m³]	WÄRMELEITZAHL λ [W/mK]
12.9	Granulierte (gekörnte) Hochofenschlacke	x	350	0,085
12.10	Kieselgur	x	300 (gebrannt: 150–210 kg/m³)	0,060 bis 0,080

Wandsteine

NR.	KURZBEZEICHNUNG	ABMESSUNGEN $l \times b$ in cm	H, D in cm	DICHTE [kg/m³]	WÄRMELEITZAHL λ [W/mK]
12.11	Aschensteine	15 × 25	6,5 (6,9)	ca. 1000	0,35
12.12	Korksteine, Pech gebunden	50 × 100	1 bis 16 cm	560	0,195
12.13	Korksteine, Tonmilch gebunden	50 × 100	1 bis 16 cm	250	0,095
12.14	Hüttenschwemmsteine	25 × 12 × 6,5		1000–1200	0,30
12.15	(Rheinische) Schwemmsteine	25 × 12	6,5; 7,5; 9,5	850	0,165

13 Historische Dämmplatten/Dämmstoffe

13.1 Filzplatten wurden als Dichtungsplatten oder Auflager verwendet (bis 15 cm Dicke). Filzplatten sind ein nicht gewebtes Textilerzeugnis mit regelloser Lagerung aus Schafwolle, Kuhhaaren oder auch Pflanzenfasern.

13.2 Bitumenfilzplatten sind mit Bitumen getränkte Rohfilzmatten. Verwendung als Horizontalisolierung.

13.3 Strohfaserplatten sind der Holzfaserweichplatte ähnliche Platten aus chemisch aufgeschlossenem Getreidestroh.

13.4 Seegrasmatten sind Dämmmatten aus zwei Lagen Bitumenpapier mit eingesteppter Seegrasfüllung.

13.5 Schlackenwolle (hellbraun bis graubraun) aus kieselsäurereichen und schwefelarmen Hochofenschlacken hergestellt, entweder als Stopfwolle oder als Matte zwischen Asphaltpapier (auch als Trittschalldämmplatte).

13.6 Torfplatten: Torf wird in Torfmooren gewonnen und besteht aus pflanzlichen Stoffen in verschiedenen Graden der Zersetzung. Die Platten wurden beidseitig mit Papier oder auch Bitumen beschichtet.

13.7 Wellpappeplatte: Platte aus mehreren Lagen bitumengetränkter Wellpappe (als Estrichrandstreifen, Kelleraußenisolierung).

13.8 Juteplatten (Antivibritplatten) aus mehrlagigen imprägnierten Jutegeweben. Verwendung als Isolierung und Körperschalldämmstoff (Vibration).

Dämmplatten/Dämmstoffe

NR.	KURZBEZEICHNUNG	ABMESSUNGEN	DICHTE [kg /m^3]	WÄRMELEITZAHL λ [W/mK]
13.1	Filzplatten	Bahnen	130–150	0,05–0,06
13.2	Bitumenfilzplatten	B = 100 cm D = 1,5; 2,5; 3,5 mm	375–430	0,06
13.3	Strohfaserplatten	$l \times b$ = 280 cm × 1250 cm	350	0,08–0,1
13.4	Seegrasmatten	D = 0,6 bis 2 cm	70–80	0,04
13.5	Schlackenwolle	B = 100 cm D = 0,8 bis 1,2 cm	60–250	0,38–0,80
13.6	Torfplatten	$l \times b$ = 50 cm × 100 cm d = 1,5; 2,5; 3 bis 6 cm	200–250	0,045–0,08
13.7	Wellpappeplatte	$l \times b$ = 100 cm × 150 cm D = 1; 1,5; 2 und 3 cm	150	0,15
13.8	Juteplatten	$l \times b$ = 50 cm × 50 cm (ca.) D = 0,6 bis 2 cm	640	0,040–0,055

14 Historische Fußböden, Mörtel, Estriche, Platten

Fußböden wurden schon immer aus den unterschiedlichsten Materialien hergestellt: Naturstein, künstliche Steine (Platten, Klinker etc.), steinartige Stoffe (Lehm-, Gips-, Asphalt- und Zementestrich, Terrazzo-, Granito- und Mosaikfußböden, Steinholz, Steinzellulose), Holz, Linoleum und Kunststoffen.

14.1 Granito ist ein Betonwerkstein dessen Oberfläche geschliffen, poliert oder steinmetzmäßig bearbeitet wurde. Die Bezeichnung gibt immer auch einen Hinweis auf den verwendeten Zuschlag. Zum Beispiel gibt es auch Kunstmarmor.

14.2 Steinzellulose-Fußböden sind Steinholz-Fußböden mit Papiermehlzugabe. Gemenge aus kaustischer Magnesia (Magnesit), Magnesiumchloridlösung und Füllstoffe wie Holzmehl, Papierfasern, Sägespäne, Korkmehl, Ledermehl und Talkum (teilweise auch Asbestfasern).

14.3 Linoleum wird aus Leinöl hergestellt. Mit Hilfe von Trockenstoffen oxidiert das Leinöl und wird anschließend mit Kopal und Harzen verschmolzen. Dieser Ausgangsstoff wird im Weiteren mit Korkmehl oder Holzmehl und Farbpulver zu einer körnigen Linoleummasse verarbeitet. Diese Masse wird erwärmt und unter Druck auf eine Juteunterlage gepresst.

14.4 Bitumengetränkte Bimsbetonplatten (Strabit) wurden für Industriefußböden und Stallböden verwendet, aber auch im Straßenbau und bei Tunneldichtungen.

14.5 Stucco Lustro ist die älteste Art von Kunstmarmor. Er besteht aus Gipsmörtel, Leimwasser und Marmorstaub. Der Mörtel wurde schichtenweise auf die Wand aufgetragen, geglättet und mit einer Marmorzeichnung versehen. Anschließend wurden die Flächen mit heißen Stahlkellen geglättet und poliert.

14.6 Trasskalk ist eine Mischung aus Trass und gelöschtem Kalk (erhärtet auch unter Wasser) im Verhältnis 1:1, 1:2 oder 1:3. Er wurde für Mauer-, Putz- und Fugenmörtel verwendet.

14.7 Sorelzement/Magnesiamörtel (siehe Magnesiaestrich), eine nach dem Franzosen *Stanislas Sorel* benannte Mörtelart.
Sorelzement erhält man durch Mischen von gebranntem Magnesit (kohlensäurefrei) mit einer konzentrierten Lösung von Chlormagnesium. Er wurde nicht nur für Holzwolleleichtbauplatten und Steinholz verwendet, sondern auch für Putze, da er auf Holz ohne besondere Putzträger haftet.

Fußböden, Estrich, Platten

NR.	KURZBEZEICHNUNG	ABMESSUNGEN	DICHTE [kg /m³]	WÄRMELEITZAHL λ [W/mK]
14.1	Granito	x	2800	2,1 bis 2,3
14.2	Steinzellulose-Fußböden	x	700	0,22
14.3	Linoleum Korklinoleum	D = 1,8 bis 4 mm D = 4 bis 7 mm	1100 750 bis 1000	0,12 bis 0,17 0,085
14.4	Bitumengetränkte Bimsbetonplatten	$l \times b$ = 12,4 × 25 D = 3; 4; 5 cm	1600	0,16
14.5	Stucco Lustro	$D \leq 5$ mm	1600	x
14.6	Trasskalk	x	1800 bis 2200	0,58
14.7	Sorelzement/Magnesiamörtel	x	3150	x

15 Historische Anstriche

Bei den Anstrichen unterschied man nach dem Untergrund Anstriche für Stein, Putz und Mauerwerk, Holz und Metall. Für mineralische Materialien verwendete man im Weiteren auch Schutzmittelanstriche, Sperranstrichmittel und Hartspachtelanstriche.

Schutzmittelanstriche sind Anstriche zum Schutz gegen Witterung, Wasser, Hitze und Chemikalien (Ölfarben, Nitrocelluloselacke und Wasserglasanstriche).

Sperranstrichmittel dienen zum Schutz von Flächen, die durch Feuchtigkeit gefährdet sind (Wachse, Paraffin, Siliconfluoride (Fluate), Anstriche auf Chlorkautschukbasis und Bitumenanstrichsperrmittel, auch Pech und Teer).

Unter Hartspachtelanstriche versteht man eine plastische Wandoberflächenbehandlung mit Spachtelmassen aus Schwerspat, weißem Zement etc., die als Ersatz für Wandfliesen verwendet wurden.

15.1. Paraffin ist ein Gemenge fester Kohlenwasserstoffe, das aus Erdöl (früher auch aus Teeren) gewonnen wird. Es wurde zur Holzkonservierung und zur Herstellung wasserdichter Papiere und als Gipshärtemittel verwendet.

15.2 Pech ist ein Destillationsrückstand bei der Herstellung von Steinkohleteer. Im Bauwesen wurde nur Steinkohlenteerpech oder Stearinpech als Anstrichmittel (Lack) oder als Sperranstrich verwendet.

15.3 Teeranstrichmittel sind kalt verarbeitbar und wurden durch Auflösen von Steinkohlenteerpech in leichtflüchtigen Lösungsmitteln hergestellt. Verwendung als Schutzanstriche von Mauerwerk und Beton und als Rostschutzmittel.

15.4 Karbolineum ist ein hochsiedendes Steinkohlenteeröl das als Holzschutzmittel verwendet wurde. Es ist wasserunlöslich, brennbar. Es wirkt fäulnishemmend und desinfizierend ist aber heute wegen seiner stark hautreizenden Wirkung, und da es bei längerer Einwirkung krebserregend wirkt, nicht mehr in Wohngebieten im Einsatz.

15.5 Wasserglasanstriche wurden als Brandschutzanstrich für Holz und andere saugfähige Stoffe verwendet. Eine weitere Verwendung war für Mörtel und Betone zur Erhöhung der Wetterbeständigkeit bzw. auch als Sperrzusatz oder Sperranstrich.

15.6 Kalkfarben sind Anstriche auf Kalkbasis. Im einfachsten Fall eines weißen Anstrichs ist das Bindemittel gleich dem Farbmittel.

15.7 Leimfarben sind Farben mit Leim als Bindemittel. Sie sind im Allgemeinen wischfest aber nicht waschfest und daher nur im Innenbereich anwendbar. Sie werden meist zur Herstellung feiner, matttöniger Anstriche auf Putzen verwendet. Selten wurden Heißleime (Knochen- oder Lederleim) verwendet, meist Pflanzenleime, wie z. B. Kartoffelstärke, mit Natronlauge aufgeschlossen.

15.8 Kaseinfarben verwenden als Bindemittel Kasein. Kasein gehört zur Gruppe der Phosphorproteide, das in der Kuhmilch als Calciumsalz vorkommt. Es enthält außerdem noch Fette, Salze, Milchsäure und Kalzium. Die Aufschließung des Kaseins erfolgt mit Kalk oder Alkalien (Salmiak, Borax oder Soda). Kalkcasein, Kaltleim, ist in trockenem Zustand wasserunlöslich und basisch, nur für kalkechte Pigmente geeignet. Die Verarbeitung ist gut, muss aber rasch verarbeitet werden, da es sonst hart wird, die Trocknung erfolgt durch Verdunsten des Wassers, besitzt eine hohe Bindekraft.
Kalkcasein wird für Dekorationsmalerei bei Hausfassaden verwendet.
Alkalicasein, *Malercasein* ist wasserlöslich, aber wasserfester als andere Leimfarbenanstriche und wird für Restaurierungsarbeiten und Innenanstriche verwendet.

Anstriche

NR.	KURZBEZEICHNUNG	DICKE [µm]	DICHTE [kg/m³]	s_d [1)] [m]
15.1	Paraffin	20–100	810–930	x
15.2	Pech	100–2000	1250–1350	> 8,5
15.3	Teeranstrichmittel	80–120	1140	> 8,5
15.4	Karbolineum	0–50	1080	1 bis 2,6
15.5	Wasserglasanstriche	80–170	1400	0,04
15.6	Kalkfarben	0–100	1500	0,02–0,03
15.7	Leimfarben	0–100	1480	0,03–0,04
15.8	Kaseinfarben	0–100	1580	0,03–0,04

1) Diffusionsäquivalente Luftschichtdicken $s_d = \mu \times d$ [m].

Weitere Werte:

– Chlorkautschuklacke	2,5 bis 8,3
– Polyvinylchloridlacke	2,6 bis 5,1
– Öl-Lacke	2,1 bis 2,9
– Ölfarben	1,0 bis 2,6
– Binderfarben (z. B. Polyacrylat, Polyvinylacrylat oder Naturharz):	
– ölhaltig	0,03 bis 0,04
– ölfrei	0,06 bis 0,5
– Mineralfarben	ca. 0,04
– Kalkanstriche	ca. 0,03
– Leimfarben	0,03 bis 0,04

16 Periodensystem der Elemente

Periodensystem der Elemente

Ordnungszahl (Protonenzahl) – Relative Atommasse – Elementsymbol – Elementname (Beispiel: 20 40,08 Ca Calcium)

Metall / Halbmetall / Nichtmetall

P.	1A	2A	3B	4B	5B	6B	7B	8	8	8	1B	2B	3A	4A	5A	6A	7A	8A
1	1 1,00797 H Wasserstoff																	2 4,0026 HE Helium
2	3 6,939 Li Lithium	4 9,0122 Be Beryllium											5 10,811 B Bor	6 12,01115 C Kohlenstoff	7 14,0067 N Stickstoff	8 15,9994 O Sauerstoff	9 18,9984 F Fluor	10 20,183 NE Neon
3	11 22,9898 Na Natrium	12 24,312 Mg Magnesium											13 26,9815 Al Aluminium	14 28,086 Si Silizium	15 30,9738 P Phosphor	16 32,064 S Schwefel	17 35,453 Cl Chlor	18 39,948 Ar Argon
4	19 39,102 K Kalium	20 40,08 Ca Calcium	21 44,956 Sc Scandium	22 47,90 Ti Titan	23 50,942 V Vanadium	24 51,996 Cr Chrom	25 54,9380 Mn Mangan	26 55,847 Fe Eisen	27 58,9332 Co Kobalt	28 58,71 Ni Nickel	29 63,546 Cu Kupfer	30 65,37 Zn Zink	31 69,72 Ga Gallium	32 72,59 Ge Germanium	33 74,9216 As Arsen	34 78,96 Se Selen	35 79,904 Br Brom	36 83,80 Kr Krypton
5	37 85,47 Rb Rubidium	38 87,62 Sr Strontium	39 88,91 Y Yttrium	40 91,22 Zr Zirconium	41 92,906 Nb Niob	42 95,94 Mo Molybdän	43 (97) Tc Technetium	44 101,07 Ru Ruthenium	45 102,905 Rh Rhodium	46 106,4 Pd Palladium	47 107,868 Ag Silber	48 112,40 Cd Cadmium	49 114,82 In Indium	50 118,69 Sn Zinn	51 121,75 Sb Antimon	52 127,60 Te Tellur	53 126,90 I Jod	54 131,30 Xe Xenon
6	55 132,905 Cs Zäsium	56 137,34 Ba Barium	57-71 La-Lu Lanthaniden	72 178,49 Hf Hafnium	73 180,948 Ta Tantal	74 183,85 W Wolfram	75 186,2 Re Rhenium	76 190,2 Os Osmium	77 192,2 Ir Iridium	78 195,09 Pt Platin	79 196,967 Au Gold	80 200,59 Hg Quecksilber	81 204,37 Tl Thallium	82 207,19 Pb Blei	83 208,98 Bi Bismut	84 (209) Po Polonium	85 (210) At Astat	86 (222) Rn Radon
7	87 (223) Fr Franzium	88 (226) Ra Radium	89-103 Ac-Lr Actiniden															

57 138,91 La Lanthan	58 140,12 Ce Cer	59 140,907 Pr Praseodym	60 144,24 Nd Neodym	61 (145) Pm Promethium	62 150,35 Sm Samarium	63 151,96 Eu Europium	64 157,25 Gd Gadolinium	65 158,924 Tb Terbium	66 162,50 Dy Dysprosium	67 164,930 Ho Holmium	68 167,26 Er Erbium	69 168,934 Tm Thulium	70 173,04 Yb Ytterbium	71 174,97 Lu Lutetium
89 (227) Ac Actinium	90 (232) Th Thorium	91 (231) Pa Protaktinium	92 (238) U Uran	93 (237) Np Neptunium	94 (244) Pu Plutonium	95 (243) Am Amerizium	96 (247) Cm Curium	97 (247) Bk Berkelium	98 (251) Cf Kalifornium	99 (254) Es Einsteinium	100 (257) Fm Fermium	101 (256) Md Mendelevium	102 (254) No Nobelium	103 (262) Lr Lawrencium

7A Öffentliches Baurecht
7B Werkvertrag und HOAI

7 A Öffentliches Baurecht

Rechtsanwalt Dr. Hendrik Schilder
(Fachanwalt für Verwaltungsrecht; Partner der Kanzlei Kapellmann und Partner, Düsseldorf; Lehrbeauftragter an der Hochschule Niederrhein)

1 Grundlagen

Das öffentliche Baurecht beinhaltet Vorschriften über die Zulässigkeit, Grenzen, Ordnung sowie Förderung der Nutzung von Grund und Boden durch bauliche Anlagen.

1.1 Bauordnungsrecht

Das Bauordnungsrecht dient der Gefahrenabwehr. Es stellt Anforderungen an die konkrete bauliche Anlage, um zu verhindern, dass Gefahren von ihr ausgehen. Das formelle Bauordnungsrecht beinhaltet Vorschriften zum Baugenehmigungsverfahren. Das materielle Bauordnungsrecht regelt z.B. den Brandschutz und die Verwendbarkeit von Bauprodukten. Zur Gewährleistung gesunder Wohnverhältnisse existieren u. a. Vorgaben für Aufenthaltsräume und zum Abstand verschiedener baulicher Anlagen untereinander. Die Einhaltung der notwendigen Abstandsfläche garantiert eine ausreichende Belüftung, Belichtung und Besonnung, vermindert das Risiko eines Brandüberschlages und führt zur Wahrung eines Sozialabstandes (Sicherstellung der Privatsphäre).

Das Bauordnungsrecht liegt in der Gesetzgebungszuständigkeit der einzelnen Bundesländer. Daher verfügt jedes Bundesland über eigene Gesetze und Verordnungen. Um ein gewisses Maß an Gleichlauf zu gewährleisten, gibt die Bauministerkonferenz Mustergesetze und Verordnungen heraus. Den einzelnen Ländern steht es allerdings frei, hiervon abzuweichen.

Die wichtigste gesetzliche Regelung ist die Bauordnung des jeweiligen Bundeslandes. Hinzu treten Verordnungen, die durch das zuständige Ministerium erlassen werden. Diese Verordnungen betreffen besonders gefahrenträchtige Anlagen, bei denen erhöhte Anforderungen zu beachten sind. In Nordrhein-Westfalen ist dies in erster Linie die Sonderbauverordnung. Sie enthält u.a. Regeln zur Gestaltung von Versammlungsstätten, also etwa Vorgaben zum Brandschutz und zur Vermeidung von Massenpaniken in baulichen Anlagen, in denen viele Menschen zusammenkommen. In den Anwendungsbereich fallen z. B. Theater, Veranstaltungshallen und Sportstadien. Die Sonderbauverordnung enthält daneben auch brandschutztechnische Vorschriften für Hochhäuser, also Gebäude, bei denen der Fußboden mindestens eines Aufenthaltsraumes mehr als 22 m über der Geländeoberfläche liegt. Des Weiteren existieren Vorschriften für Verkaufsstätten, Garagen und Beherbergungsbetriebe. Die jeweiligen Bauordnungen eröffnen zudem den Gemeinden die Möglichkeit zum Erlass örtlicher Bauvorschriften. Typischer Regelungsinhalt sind gestalterische Anforderungen wie z. B. die Verwendung bestimmter Ziegelfarben zur Bewahrung eines historischen oder zur Schaffung eines neuen harmonischen Ortsbildes.

1.2 Bauplanungsrecht

Das Bauplanungsrecht regelt die flächenbezogene Zulässigkeit von Bauvorhaben. Die Gesetzgebungszuständigkeit liegt beim Bund, so dass dieselben Bestimmungen in ganz Deutschland gelten. Die wichtigsten Rechtsgrundlagen sind das Baugesetzbuch (BauGB) und die Baunutzungsverordnung (BauNVO).

Durch Bauleitpläne (Flächennutzungsplan und Bebauungsplan) legt die jeweilige Gemeinde die für einen bestimmten Bereich geltenden Anforderungen an Bauvorhaben fest. Der Flächennutzungsplan gibt für das gesamte Gemeindegebiet die Entwicklungsperspektiven, insbesondere zur Art der baulichen Nutzung (z. B. Gewerbe, Wohngebiet), vor. Aus dem Flächennutzungsplan ist der Bebauungsplan zu entwickeln (§ 8 BauGB), der konkretisierte, im Baugenehmigungsverfahren anzuwendende Vorgaben macht.

1.3 Raumordnungsrecht

Die gemeindliche Planungshoheit wird durch das Raumordnungsrecht eingeschränkt, vgl. § 1 Abs. 4 BauGB. Dieses dient der Entwicklung, Ordnung und Beeinflussung der räumlichen Struktur (Gesamtheit der räumlich bedingten Lebens- und Arbeitsbedingungen). Der Bund hat durch das Raumordnungsgesetz Regelungen erlassen, die durch Landesgesetze näher konkretisiert werden. Daneben existieren in den einzelnen Bundesländern auf mehreren Ebenen Raumordnungspläne und sonstige bei der Bauleitplanung zu beachtenden Vorgaben. Auf der übergeordneten Ebene gelten die Pläne für das gesamte Bundesland und auf der untergeordneten Ebene für einen bestimmten Bereich, z. B. einen Regierungsbezirk. Die Raumordnungspläne legen die Gebiete fest, in denen überhaupt bauliche Entwicklungen möglich sein sollen, und begrenzen die Ansiedlung von Vorhaben mit raumbedeutender Wirkung wie Kraftwerken oder großflächigen Einzelhandelsbetrieben (z. B. Einkaufszentren). Die Gemeinden sind bei ihrer Bauleitplanung gemäß § 1 Abs. 4 BauGB an diese Ziele der Raumordnung gebunden, so dass ein Abweichen nicht zulässig ist. Fehlt raumordnungsrechtlichen Vorgaben die für ein Ziel notwendige Letztverbindlichkeit, handelt es sich nur um einen Grundsatz der Raumordnung. Die Gemeinde kann ihn dann im Wege der Abwägung überwinden.

2 Baugenehmigung

Die Herbeiführung der Baugenehmigung ist Hauptpflicht des beauftragten Architekten. Er hat alles zu tun und nichts zu unterlassen, um die Baugenehmigung entsprechend den Wünschen seines Auftraggebers zu erhalten. Die Baugenehmigung beinhaltet einen feststellenden und einen verfügenden Teil. Sie stellt fest, dass dem Bauvorhaben öffentlich-rechtliche Vorschriften im Zeitpunkt der Erteilung der Genehmigung nicht entgegenstehen. Zugleich verfügt sie die Baufreigabe, ermöglicht also den Baubeginn.

2.1 Genehmigungspflichtige Vorhaben

Nach § 59 Abs. 1 Musterbauordnung (MBO) sind die Errichtung, Änderung und Nutzungsänderung von baulichen Anlagen und sonstigen in den Anwendungsbereich des Bauordnungsrechtes fallenden Anlagen genehmigungspflichtig.

2.1.1 Änderung

Eine genehmigungspflichtige Änderung liegt bei einer nicht nur unerheblichen Umgestaltung der baulichen Anlage vor. Genehmigungsfrei sind nur kleinere Änderungen, die sich auf Schutzgüter des Bauordnungsrechtes nicht auswirken können, wie z. B. der Austausch einer Fensterbrüstungsabdeckung. Reine Instandhaltungsmaßnahmen zur Bewahrung des Soll-Zustandes sind nicht baugenehmigungspflichtig.

2.1.2 Nutzungsänderung

Eine Nutzungsänderung liegt vor, wenn die neue Nutzung gegenüber der bisherigen potentiell anderen oder weitergehenden Anforderungen öffentlich-rechtlicher Art unterworfen ist oder werden kann (OVG NRW, BRS 57, Nr. 258). Unzweifelhaft genehmigungspflichtig ist z. B. die Umnutzung gewerblich genutzter Räume zu Wohnraum. Selbst eine vordergründig nur als Intensivierung der gleichen Nutzung erscheinende Änderung kann eine genehmigungspflichtige Nutzungsänderung darstellen.

Beispiele:
- *Verlängerung der Öffnungszeiten eines Einzelhandelsgeschäftes in den Nachtzeitraum (22.00 Uhr bis 6.00 Uhr) hinein,*
- *Einrichtung einer zweiten Produktionslinie (z. B. Flaschenabfüllanlage) in einer ansonsten unveränderten Produktionshalle.*

In beiden Fällen kommt wegen der lärmtechnischen Auswirkungen die Geltung erhöhter und damit anderer Anforderungen in Betracht.

2.1.3 Abbruch

Der Abbruch baulicher Anlagen ist nach § 61 Abs. 3 MBO verfahrensfrei oder lediglich anzeigepflichtig. In einigen Bundesländern (z. B. NRW) bedarf indessen grundsätzlich auch der Abbruch einer Genehmigung.

2.2 Verfahren

Die Erteilung einer Baugenehmigung setzt die Stellung eines entsprechenden Bauantrages durch einen bauvorlageberechtigten Architekten voraus. Die Unterlagen müssen den Vorgaben der jeweiligen Bauvorlagenverordnung des Bundeslandes entsprechen.

Keiner Baugenehmigung bedürfen die in § 61 MBO aufgezählten Vorhaben. Hierbei handelt es sich um bauliche und sonstige Anlagen, die nur ein geringes Gefahrenpotential und eine zu vernachlässigende städtebauliche Relevanz aufweisen. Erfasst werden z. B. Gebäude mit einer Bruttogrundfläche bis zu 10 m², Wochenendhäuser, Brunnen, bestimmte Masten und Einfriedungen wie Mauern mit einer maximalen Höhe von 2 m.

Nach § 62 MBO sind weitere bauliche Anlagen von einer Genehmigungspflicht freigestellt. Wichtigster Anwendungsfall sind Wohngebäude im Geltungsbereich eines Bebauungsplanes, wenn dessen Festsetzungen eingehalten werden. Der Bauherr muss aber dennoch die üblichen Bauvorlagen bei der Bauaufsicht einreichen. Mit dem Bau darf erst einen Monat nach Einreichung begonnen werden. Vor Ablauf dieser Frist kann die Bauaufsichtsbehörde die Durchführung eines Genehmigungsverfahrens gegenüber dem Bauherrn anordnen.

Bei allen anderen Vorhaben mit Ausnahme von Sonderbauten (Aufzählung in § 2 Abs. 4 MBO) ist das vereinfachte Genehmigungsverfahren durchzuführen. Dabei prüft die Bauaufsichtsbehörde in erster Linie das Bauplanungsrecht. Die Einhaltung der Anforderungen an die Standsicherheit sowie an den Brand-, Schall-, Wärme- und Erschütterungsschutz ist durch bautechnische Nachweise entsprechender Sachverständiger zu belegen, § 66 MBO.

Zuständig für die Erteilung der Baugenehmigung sind in erster Linie die Gemeinden und Städte. Bei kleineren Gemeinden sieht das Landesrecht die Verlagerung der Bauaufsicht auf die übergeordnete Gebietskörperschaft, z. B. den Kreis, vor. In diesem Falle muss die Gemeinde nach § 36 BauGB durch Erteilung ihres Einvernehmens die bauplanungsrechtliche Zulässigkeit bestätigen.

Eine Baugenehmigung erlischt binnen drei Jahren nach ihrer Erteilung, wenn bis dahin nicht mit der Realisierung des Bauvorhabens begonnen wurde, oder wenn die Bauarbeiten seit mehr als einem Jahr unterbrochen sind, § 73 Abs. 1 MBO. Die Frist kann auf entsprechenden Antrag verlängert werden.

2.3 Prüfungsumfang/Verhältnis zu anderen Genehmigungen

Die Baugenehmigung ist nach § 72 Abs. 1 MBO zu erteilen, wenn dem Bauvorhaben keine öffentlich-rechtlichen Vorschriften entgegenstehen. In erster Linie betrifft dies bauordnungs- und bauplanungsrechtliche Vorschriften. Daneben müssen je nach Landesrecht auch das Immissionsschutz-, das Arbeitsstätten- sowie das Naturschutzrecht Berücksichtigung finden.

Für die Realisierung eines Vorhabens können neben der Baugenehmigung noch weitere Genehmigungen notwendig sein. Bei Baumaßnahmen an Baudenkmälern oder in näherer Umgebung zu solchen bedarf der Bauherr einer denkmalrechtlichen Erlaubnis. Liegt das Vorhaben in einem Naturschutz- oder Landschaftsschutzgebiet muss eine Befreiung von dem dort geltenden Bauverbot nach dem jeweiligen Landschaftsschutzgesetz vorliegen. Eine forstrechtliche Genehmigung wird für die Beseitigung von Wald benötigt.

Das Verhältnis der Baugenehmigung zu sonstigen notwendigen Genehmigungen ist je nach Bundesland unterschiedlich. In einigen Bundesländern kann die Baugenehmigung bereits vor Vorliegen der anderen Genehmigungen erteilt werden, z. B. in Bayern und Baden-Württemberg. In anderen Bundesländern wie Niedersachsen und Rheinland-Pfalz darf die Baugenehmigung erst erteilt werden, wenn sämtliche anderen notwendigen Genehmigungen bereits vorliegen.

2.4 Bauvorbescheid

Der Bauvorbescheid (§ 75 MBO) ist ein vorweggenommener Teil der späteren Baugenehmigung.

2.4.1 Inhalt

Sein Regelungsinhalt ist nicht festgelegt und richtet sich daher allein nach der Fragestellung im Antrag. Üblich und von besonderer Praxisbedeutung ist die Klärung der bauplanungsrechtlichen Zulässigkeit eines Vorhabens. Der Bauherr erhält hierdurch die Sicherheit, dass sein Vorhaben grundsätzlich bei unterstellter Erfüllbarkeit der bauordnungsrechtlichen Anforderungen genehmigungsfähig ist. Häufig stellt ein Bauvorbescheid die Grundlage für den Erwerb des Baugrundstückes dar oder klärt dessen wirtschaftliche Verwertbarkeit.

2.4.2 Bindungswirkung

Der Bauvorbescheid entfaltet Bindungswirkung für die spätere Baugenehmigung. Die Baugenehmigungsbehörde kann also die im Vorbescheid positiv beschiedenen Fragen im Baugenehmigungsverfahren nicht anders beurteilen. Der Bauvorbescheid setzt sich sogar gegen Änderungen des Planungsrechtes oder eine Veränderungssperre durch (BVerwG, BRS 42, Nr. 170).

Um in den Genuss der Bindungswirkung zu gelangen, genügt es, vor Ablauf der Geltungsdauer eines Bauvorbescheides den Bauantrag einzureichen. Die Bindungswirkung bezieht sich nur auf ein Vorhaben, das im Vergleich zum Vorbescheidsvorhaben die Genehmigungsfrage in bodenrechtlicher oder bauordnungsrechtlicher Hinsicht nicht erneut aufwirft (BVerwG, BRS 40, Nr. 71). Bereits geringfügige Abweichungen führen deshalb zum Entfallen der Bindungswirkung.

Beispiele: • *Änderung der Lage des Baukörpers,*
• *Austausch der angebotenen Warensortimente bei einem Einzelhandelsvorhaben.*

2.5 Bestandsschutz

Viele ältere Gebäude sind auf Basis des seinerzeit gültigen Baurechtes genehmigt worden, entsprechen aber nicht den heutigen rechtlichen Anforderungen. Bei baulichen Änderungen oder Nutzungsänderungen ist dann fraglich, inwieweit der Ist-Zustand trotz der Änderungen Bestandsschutz genießt oder ob eine Anpassung an die heutigen Vorgaben erfolgen muss.

2.5.1 Inhalt

Eine legal errichtete bauliche Anlage darf dauerhaft auch bei Änderungen der Rechtslage weiter entsprechend der seinerzeitigen Baugenehmigung genutzt werden, sog. passiver Bestandsschutz. Durchbrochen wird dieser Grundsatz durch die in einigen Bauordnungen vorgesehene Möglichkeit nachträglicher Anordnungen zur Gewährleistung der Sicherheit für Leben oder Gesundheit (z. B. § 87 BauO NW). Ein über den passiven hinausgehender aktiver Bestandsschutz, der z. B. Erweiterungen des geschützten Bestandes trotz Verstoßes gegen das geltende Recht ermöglichen würde, scheidet regelmäßig aus (BVerwG, BauR 1991, S. 51). Etwas anderes gilt nur bei ausdrücklicher gesetzlicher Normierung wie in § 35 Abs. 4 BauGB. Infolgedessen werfen bauliche Änderungen und Nutzungsänderungen die Genehmigungsfrage neu auf.

Beispiel: Bei nachträglicher Anbringung von Balkonen an einer Außenwand muss diese Außenwand die heutigen Abstandsflächenvorschriften einhalten.

2.5.2 Entfallen

Vom Bestandsschutz sind Reparaturen und Modernisierungen gedeckt. Wenn diese Arbeiten allerdings so intensiv in die Bausubstanz eingreifen, dass eine statische Nachberechnung der gesamten Anlage notwendig wird oder die Kosten für die Instandhaltungsmaßnahmen die Kosten für eine Neuerrichtung erreichen, entfällt der Bestandsschutz (BVerwG, BauR 1975, S. 114).

Daneben kann der Bestandsschutz auch durch Aufgabe der Nutzung verloren gehen. Ohne neue Baugenehmigung darf die Nutzung dann nicht wieder aufgenommen werden. Für diese Fälle hat die Rechtsprechung ursprünglich ein Zeitmodell entwickelt: Im ersten Jahr nach Einstellung der Nutzung ist eine Wiederaufnahme unproblematisch möglich. Im zweiten Jahr spricht für die Wiederaufnahme noch eine Regelvermutung: Nur wenn Anhaltspunkte vorliegen, die nach der Verkehrsauffassung gegen eine Wiederaufnahme sprechen, erlischt der Bestandsschutz. Nach Ablauf von zwei Jahren kehrt sich die Vermutung in ihr Gegenteil um, so dass nur bei Vorliegen besonderer Umstände eine Wiederaufnahme infrage kommt (BVerwG, BauR 1995, S. 807). Einige Oberverwaltungsgerichte wenden diese Grundsätze aber nicht mehr an, sondern bejahen selbst bei deutlich längeren Nutzungsunterbrechungen noch den Bestandsschutz.

2.6 Baulasten

Eine Baulast beinhaltet öffentlich-rechtliche Verpflichtungen eines Grundstückseigentümers gegenüber der Bauaufsichtsbehörde zu einem Tun, Dulden oder Unterlassen, § 83 MBO. Sie dient der Herbeiführung der bauordnungsrechtlichen Genehmigungsfähigkeit. Die Baulastenerklärung ist vom Eigentümer gegenüber der Bauaufsichtsbehörde abzugeben, die ein Baulastenverzeichnis führt. Die

Löschung einer Baulast kommt erst in Betracht, wenn sie nicht mehr benötigt wird, weil das Vorhaben auch ohne sie legal ist. Allein eine Vereinbarung zwischen Baulastbegünstigtem und -belastetem genügt daher nicht.

Beispiel:
- *Übernahme von Abstandsflächen einer auf dem Nachbargrundstück stehenden baulichen Anlage,*
- *Sicherung der Zufahrt zu einem Grundstück über ein anderes,*
- *Nachweis von Stellplätzen auf einem benachbarten Grundstück, Vereinigungsbaulast bei einheitlichem Gebäude auf mehreren Flurstücken.*

3 Bauplanungsrecht

Die bauplanungsrechtliche Zulässigkeit von Vorhaben richtet sich nach den §§ 29 bis 37 BauGB. Ein Grundstück kann im Geltungsbereich eines Bebauungsplanes (§ 30 BauGB), im unbeplanten Innenbereich (§ 34 BauGB) oder im Außenbereich (§ 35 BauGB) liegen.

3.1 Vorhaben im Geltungsbereich eines Bebauungsplanes

Im Geltungsbereich eines Bebauungsplanes ist ein Vorhaben zulässig, wenn es die Festsetzungen des Bebauungsplans einhält (§ 30 BauGB). Damit hat es bei einem qualifizierten Bebauungsplan, der mindestens Festsetzungen über die Art und das Maß der baulichen Nutzung sowie über die überbaubaren Grundstücksflächen und die örtlichen Verkehrsflächen enthält, sein Bewenden. Fehlt es an diesem Mindestinhalt, liegt ein einfacher Bebauungsplan vor, bei dem gem. § 30 Abs. 3 BauGB ergänzend zu den Festsetzungen des Bebauungsplans § 34 BauGB oder § 35 BauGB Anwendung finden.

Welche Festsetzungen in einem Bebauungsplan getroffen werden können, ergibt sich aus § 9 BauGB sowie der BauNVO. Letztere findet in der Fassung Anwendung, die zum Zeitpunkt des Inkrafttretens des Bebauungsplanes gültig war. Ein Festsetzungserfindungsrecht besteht nicht: Fehlt eine Ermächtigungsgrundlage für einen gewollten Regelungsinhalt kann dieser nicht festgesetzt werden.

3.1.1 Art der baulichen Nutzung

Vorgaben zur zulässigen Art der baulichen Nutzung machen in erster Linie die §§ 1 bis 15 BauNVO. Weitere Nutzungsarten sind im Katalog des § 9 Abs. 1 BauGB erwähnt.

a) Allgemeines

Durch die Festsetzung eines der in §§ 2 bis 11 BauNVO geregelten Baugebiete werden die dort aufgeführten Zulässigkeitskataloge zum Gegenstand des jeweiligen Bebauungsplanes. § 1 Abs. 4 bis 10 BauNVO erlauben Modifizierungen dieser Kataloge. Die Vorschriften zu den einzelnen Baugebieten sind systematisch gleich aufgebaut. Der erste Absatz bestimmt den Gebietscharakter. Im zweiten Absatz sind die allgemein zulässigen Nutzungen aufgeführt. Der dritte Absatz enthält die ausnahmsweise zulässigen Nutzungen.

b) Reines Wohngebiet (WR)

Ein reines Wohngebiet nach § 3 BauNVO dient ausschließlich dem Wohnen, weshalb nur Wohngebäude allgemein zulässig sind. Ausnahmsweise können Läden genehmigt werden.

Beispiele: „Tante-Emma-Laden", Kiosk.

Das Wohnen nicht störende Handwerksbetriebe, die die Bedürfnisse der Bewohner des reinen Wohngebietes decken müssen, sind ebenfalls ausnahmsweise zulässig.

Beispiel: Bäckerei, Friseur mit einem Kundenstamm, der aus dem gleichen Baugebiet stammt.

Unter den gleichen Voraussetzungen sind Anlagen für kirchliche, kulturelle, gesundheitliche und sportliche Zwecke ausnahmsweise zulässig. Bei Anlagen für soziale Zwecke (z. B. Kindertagesstätte) muss dieser Nachbarschaftsbezug nicht gegeben sein. Schließlich sind kleine Betriebe des Beherbergungsgewerbes (z. B. Pension, Ferienappartements) ausnahmsweise zulässig.

c) Allgemeines Wohngebiet (WA)

Ein allgemeines Wohngebiet (§ 4 BauNVO) dient vorwiegend dem Wohnen. Neben Wohngebäuden sind Läden, Schank- und Speisewirtschaften sowie nicht störende Handwerksbetriebe zulässig. Bezüglich der letzteren drei Nutzungen gilt eine Einschränkung auf die der Versorgung des Gebietes dienenden Einrichtungen.

Beispiel: Eine Eckkneipe ist zulässig, nicht jedoch ein Restaurant mit Gästen aus größerem Umfeld.

Bei den ebenfalls allgemein zulässigen Anlagen für kirchliche, kulturelle, soziale, gesundheitliche und sportliche Zwecke muss im Einzelfall gewährleistet sein, dass die Wohnruhe nicht beeinträchtigt wird.

Ausnahmsweise sind sonstige nicht störende Gewerbebetriebe zulässig. Bezugspunkt für den Störungsgrad ist die Wohnruhe. Dabei kommt es nicht auf den Störfaktor des konkreten Vorhabens an, sondern auf die typische Störwirkung eines Gewerbebetriebes der zur Genehmigung anstehenden Art und Größe. Im besonderen Maße relevant ist der erzeugte An- und Abfahrtsverkehr.

Beispiele:

- *Computerreparaturdienst ist nicht störend,*
- *Ausstellungs- und Lagergebäude eines Sanitärhandels stört,*
- *Videothek ist nur bei kleiner Größe und damit geringem Kundenaufkommen nicht störend.*

Ausnahmsweise zulässig sind Anlagen für Verwaltungen. Hierunter fallen nicht nur Gebäude und Einrichtungen der öffentlichen Hand, sondern auch von Trägern sonstiger öffentlicher Belange, die privatwirtschaftliche Zwecke verfolgen (z. B. Krankenkasse).

d) Mischgebiet (MI)

Mischgebiete (§ 6 BauNVO) sind gekennzeichnet durch ein Nebeneinander von Wohnen und Gewerbe. Um eine Wohnverträglichkeit zu gewährleisten, dürfen die zulässigen Gewerbebetriebe das Wohnen nicht wesentlich stören. Die Durchmischung der unterschiedlichen Nutzungen muss sich auf den ganz überwiegenden Teil des Gebietes beziehen. Sofern eine räumliche Trennung zwischen Wohnen und Gewerbe auszumachen ist, liegt statt eines Mischgebietes ein allgemeines Wohngebiet neben einem Gewerbegebiet vor.

Bei der Frage, ob ein Gewerbebetrieb das Wohnen nicht wesentlich stört, kommt es auf eine typisierende Betrachtungsweise an und nicht auf das Immissionsverhalten des konkreten zur Genehmigung gestellten Betriebes.

Beispiele:

- *Pizzalieferservice ist zulässig,*
- *Niederlassung eines Heizungsinstallateur- oder Sanitärunternehmen ist zulässig, da die handwerkliche Tätigkeit überwiegend beim Kunden und nicht in der Niederlassung erbracht wird,*
- *Kfz-Reparaturwerkstatt ist nur zulässig, wenn keine Lackierarbeiten durchgeführt werden.*

Vergnügungsstätten sind nur in einem überwiegend durch gewerbliche Nutzungen geprägten Teil des Mischgebietes allgemein zulässig. Außerdem dürfen sie nicht kerngebietstypisch sein.

Beispiel: Spielhalle mit Mehrfachkonzession und Nachtbetrieb ist kerngebietstypisch.

e) Dorfgebiet (MD)

Ein Dorfgebiet (§ 5 BauNVO) weist eine Nutzungsmischung zwischen Wohnen und land- und forstwirtschaftlichen Betrieben sowie sonstigem Gewerbe auf. Die Zweckbestimmung und der Zulässigkeitskatalog spiegeln den dörflichen Charakter wieder, der in aller Regel nur bei historisch gewachsenen Gebieten vorliegt. Entsprechend des Gebietscharakters sind land- und forstwirtschaftliche Betriebe und Wirtschaftsstellen allgemein zulässig.

Beispiele: Bauernhöfe, Tierzuchtbetriebe, Molkereien, Käsereien, Getreidemühlen, Sägewerke.

Neben „normalen" Wohngebäuden sind auch typischerweise in Kleinsiedlungen vorkommende Wohngebäude mit gartenbaumäßiger Nutzung und Haltung von Kleintieren zur Selbstversorgung der Bewohner zulässig.

f) Besonderes Wohngebiet (WB)

Eine besondere Stellung zwischen dem allgemeinen Wohngebiet und dem Gewerbegebiet nimmt das besondere Wohngebiet (§ 4 a BauNVO) ein. Nach dem Willen der planenden Gemeinde soll sich das Gebiet im Laufe der Jahre von einer eher mischgebietstypischen Verflechtung von Gewerbe und Wohnen zu einem allgemeinen Wohngebiet entwickeln. Deshalb sind nur solche Gewerbebetriebe allgemein zulässig, die der konkreten Eigenart des jeweiligen Gebietes entsprechen.

g) Kerngebiet (MK)

Ein Kerngebiet (§ 7 BauNVO) weist eine Nutzungsstruktur auf, die für ein Stadt- oder Stadtteilzentrum typisch ist. Neben den in § 7 Abs. 1 BauNVO genannten Handelsbetrieben und zentralen Einrichtungen der Wirtschaft, der Verwaltung und der Kultur prägen auch Wohnnutzungen den Gebietscharakter. Allerdings sind diese nur dann zulässig, wenn der Bebauungsplan sie erlaubt.

Wohnungen für Aufsichts- und Bereitschaftspersonen sowie für Betriebsinhaber und Betriebsleiter sind demgegenüber allgemein zulässig. Diese Personen haben von der Nähe zum Betrieb besondere Vorteile, z. B. weil sie einen im Kerngebiet gelegenen gewerblichen Betrieb im Notfall schnell erreichen müssen.

Im Kerngebiet sind jegliche Formen von Vergnügungsstätten, also auch solche mit großem Einzugsbereich, zulässig. Unter den Begriff der allgemein zulässigen Einzelhandelsbetriebe fallen auch großflächige Einzelhandelsbetriebe nach § 11 Abs. 3 BauNVO (ab 800 m^2 Verkaufsfläche) und Einkaufszentren.

h) Gewerbegebiet (GE)

Ein Gewerbegebiet (§ 8 BauNVO) dient der Unterbringung von nicht erheblich belästigenden Gewerbebetrieben. Es handelt sich um ein Auffangbaugebiet für diejenigen Betriebe, die wegen ihres Störgrades nicht in einem Mischgebiet zulässig sind, jedoch u. U. selbst eine gewisse Störungsfreiheit benötigen, so dass eine Ansiedlung im Industriegebiet ausscheidet. Unter den Begriff der Gewerbebetriebe aller Art fallen auch Einzelhandelsbetriebe. Wohnungen für Aufsichts- und Bereitschaftspersonen sowie Betriebsinhaber und Betriebsleiter sind ausnahmsweise zulässig, wenn sie einem Gewerbebetrieb zugeordnet und diesem untergeordnet sind. Da ein Gewerbegebiet grundsätzlich kein wohnverträgliches Umfeld darstellt, werden diese Anforderungen von der Bauaufsicht strikt angewendet und jeglicher Versuch, solche Wohnungen zu allgemeinem Wohnraum umzunutzen, unterbunden.

Häufig werden in Bebauungsplänen sog. eingeschränkte Gewerbegebiete festgesetzt. Hierbei handelt es sich nicht um eine Gebietsart nach der BauNVO, sondern um eine Modifizierung des § 8 BauNVO (auf Basis des § 1 Abs. 5 BauNVO). Zulässig sind nur mischgebietstypische Gewerbebetriebe, die das Wohnen nicht wesentlich stören. Eingeschränkte Gewerbegebiete eignen sich als Puffer zwischen Gewerbe- und Wohngebieten.

i) Industriegebiet (GI)

Ein Industriegebiet nach § 9 BauNVO dient der Unterbringung von solchen Gewerbebetrieben, die in allen anderen Baugebieten aufgrund ihres Störungsgrades unzulässig wären. Es handelt sich vornehmlich um solche, die einer Genehmigung nach dem BImSchG (Aufzählung in der 4. BImSchV) bedürfen.

j) Sondergebiete (SO)

In manchen städtebaulichen Situationen will die Gemeinde in einem Bebauungsplan einen Nutzungskatalog vorsehen, der keinem der Baugebiete der §§ 2 bis 9 BauNVO entspricht. Hierfür sieht § 11 BauNVO die Möglichkeit der Festsetzung eines Sondergebietes vor. Dessen Zweckbestimmung, die allgemein sowie die ausnahmsweise zulässigen Nutzungen, müssen von der Gemeinde für jeden Einzelfall konkret festgesetzt werden. Die Zweckbestimmung muss sich von den in der BauNVO geregelten Baugebieten wesentlich unterscheiden. § 11 Abs. 2 und § 10 BauNVO nennen Beispiele für zulässige Sondergebiete.

Ein Sondergebiet für großflächigen Einzelhandel ist nach § 11 Abs. 3 BauNVO neben einem Kerngebiet das einzige Baugebiet, in dem großflächige Einzelhandelsbetriebe (ab 800 m^2 Verkaufsfläche und einer Geschossfläche von 1200 m^2 aufwärts) zulässig sind, sofern nicht die Regelvermutung des § 11 Abs. 3 Satz 3 BauNVO widerlegt werden kann. Hintergrund sind die schädlichen Auswirkungen solcher Einzelhandelsbetriebe u. a. auf die verbrauchernahe Versorgung der Bevölkerung (Vermeidung von Einzelhandelsnutzungen „auf der grünen Wiese").

Häufig anzutreffen sind Sondergebiete für Büro- und Verwaltungsgebäude. Zulässig sind Einrichtungen der öffentlichen und/oder privaten Verwaltung sowie sonstige Büronutzungen.

k) Gemeinbedarf

Nach § 9 Abs. 1 Nr. 5 BauGB können in einem Bebauungsplan Flächen für den Gemeinbedarf festgesetzt werden. Diese müssen mit einer konkreten Zweckbestimmung für die Art der Einrichtung, die zulässig sein soll, versehen werden. Es handelt sich um Anlagen, die der Allgemeinheit dienen.

Beispiele: Pflegeheim, Kindertagesstätte, Schule, Polizeipräsidium.

Jegliche andere Nutzung ist auf einer Gemeinbedarfsfläche unzulässig.

l) Freie Berufe

Eine Sonderstellung nehmen Gebäude und Räume für freie Berufe ein. Nach § 13 BauNVO ist u. a. in reinen und allgemeinen Wohngebieten nur die Nutzung einzelner Räume eines Gebäudes durch freiberuflich Tätige zulässig. Die Räume dürfen die typische Größe einer einzelnen Wohnung im fraglichen Gebiet nicht überschreiten. In den anderen Baugebieten können ganze Gebäude freiberuflich genutzt werden.

m) Stellplätze/Garagen

Die bauplanungsrechtliche Zulässigkeit von Stellplätzen und Garagen regelt § 12 BauNVO. Vor allem in reinen und allgemeinen Wohngebieten sind Stellplätze und Garagen nur in dem Umfang zulässig, wie es dem Bedarf des konkreten Baugebietes entspricht. Es darf also z. B. in einem allgemeinen Wohngebiet kein Parkhaus für die Öffentlichkeit errichtet werden. Zumeist reglementieren die Festsetzungen eines Bebauungsplanes die Zulässigkeit von Stellplätzen und Garagen weitergehend, z. B. indem Stellplätze zwingend in Tiefgaragen vorzusehen sind.
Weitere Regelungen zu Stellplätzen enthält das Bauordnungsrecht. Es bestimmt die Anzahl der notwendigen Stellplätze in Abhängigkeit von der jeweiligen Nutzung. Darüber hinaus sieht es vor, dass die Stellplatzanordnung auf dem Baugrundstück keine unzumutbaren Belästigungen für die Nachbarschaft verursachen darf. Die Anlage von Stellplätzen im hinteren Grundstücksbereich von Wohngrundstücken scheidet daher regelmäßig aus, sofern nicht bereits entsprechende Vorbilder vorhanden sind.

n) Nebenanlagen

Die Zulässigkeit von Nebenanlagen regelt § 14 BauNVO. Nebenanlagen dienen dem Nutzungszweck der baulichen Hauptanlage.

Beispiele: Gartenlauben, Geräteräume, gemauerte Kompostanlagen, Gewächshäuser, Schwimmbecken, Silos, Einrichtungen für die Kleintierhaltung.

Nach § 14 Abs. 1 BauNVO sind Nebenanlagen allgemein zulässig, sofern sie der Eigenart des jeweiligen Baugebietes nicht widersprechen. Zudem müssen sie dem Nutzungszweck eines im Baugebiet gelegenen Grundstückes oder des Baugebietes selbst zu dienen bestimmt sein. Nicht zulässig wäre deshalb eine Nebenanlage, die im Bezug zu einer in einem anderen Baugebiet gelegenen Hauptanlage steht. Dem Baugebiet selbst dient eine Anlage, wenn sie in einem Bezug zu mehreren baulichen Hauptanlagen in dem Gebiet steht.

Beispiel: Blockheizkraftwerk für das Wohngebiet, in dem es stehen soll.

Fehlt einer Nebenanlage zur Versorgung mit Elektrizität, Wärme etc. der Bezug zum konkreten Baugebiet, in dem sie zugelassen werden soll, kann sie dennoch gemäß § 14 Abs. 2 BauNVO ausnahmsweise zulässig sein.

Beispiel: Blockheizkraftwerk, das ein benachbartes Baugebiet (mit-)versorgt.

o) Unzulässigkeit im Einzelfall

Selbst wenn ein Vorhaben sämtliche Festsetzungen des Bebauungsplanes einhält, kann es trotzdem nach § 15 Abs. 1 BauNVO im Einzelfall unzulässig sein. In der ersten Variante (Satz 1) widerspricht das Vorhaben der Eigenart des Baugebietes. Hiermit ist zunächst die allgemeine Zweckbestimmung des Baugebietes i. S. der jeweils ersten Absätze der §§ 2 bis 11 BauNVO gemeint. Typischer Anwendungsfall ist das „Umkippen" eines Mischgebietes in Richtung eines Gewerbe- oder allgemeinen Wohngebietes, wenn durch das beantragte Vorhaben die eine oder andere Nutzungsart derart dominieren würde, dass die mischgebietstypische Verflechtung der Nutzungen nicht mehr vorliegen würde.

In der zweiten Variante (Satz 2) geht es um unzumutbare Immissionen durch das beantragte Vorhaben oder zu seinen Lasten durch bereits bestehende Nutzungen. Diese Regelung ist eine gesetzliche Ausprägung des allgemeinen Gebotes zur gegenseitigen Rücksichtnahme zwischen benachbarten Nutzungen. Ist die Immissionssituation unzumutbar, wird die Genehmigung versagt. Eine Unzumutbarkeit liegt vor, wenn trotz Erfüllung aller denkbaren Anforderungen gesunde Wohn- oder Arbeitsverhältnisse nicht gewährleistet werden können. Häufig geht es um Fallgestaltungen, in denen zwei unterschiedliche Baugebiete aufeinander treffen und das beantragte Vorhaben im Randbereich eines der beiden Baugebiete liegen soll.

p) Feingliederungsmöglichkeiten

Die Nutzungskataloge der §§ 2 bis 9 BauNVO können im Einzelfall von der planenden Gemeinde geändert werden. Sicherzustellen ist allerdings, dass der Gebietscharakter des jeweiligen Baugebietes gewahrt bleibt. Die rechtlichen Grundlagen für Feingliederungen finden sich in § 1 Abs. 4 bis 10 BauNVO.

Nach § 1 Abs. 5 BauNVO können allgemein zulässige Nutzungen entweder für nur ausnahmsweise zulässig erklärt oder sogar generell ausgeschlossen werden.

Beispiel: Im allgemeinen Wohngebiet sind Handwerksbetriebe nicht oder nur ausnahmsweise zulässig.

§ 1 Abs. 6 BauNVO bezieht sich auf ausnahmsweise zulässige Nutzungen, die entweder vollständig ausgeschlossen oder für allgemein zulässig erklärt werden können.

Beispiel: Im allgemeinen Wohngebiet sind Beherbergungsbetriebe allg. zulässig oder nicht Bestandteil des Bebauungsplanes.

Nach § 1 Abs. 7 BauNVO (vertikale Gliederung) kann die Zulässigkeit bzw. ausnahmsweise Zulässigkeit von Nutzungen auf einzelne Geschosse, Ebenen oder sonstige Teile baulicher Anlagen beschränkt werden.

Beispiel: Im Mischgebiet sind Wohnnutzungen nur oberhalb des 1. OG zulässig.

Eine horizontale Gliederung ermöglicht § 1 Abs. 4 BauNVO. Damit können die zulässigen Nutzungen auf bestimmte Bereiche des Baugebiets aufgeteilt werden.

Beispiel: Gliederung eines Gewerbegebietes nach dem Emissionsverhalten der Betriebe.

Die BauNVO verwendet in den Zulässigkeitskatalogen Oberbegriffe für bestimmte Nutzungsarten, wie z. B. Einzelhandelsbetriebe. § 1 Abs. 9 BauNVO ermöglicht eine weitergehende Differenzierung nach Unterarten eines von der BauNVO verwendeten Oberbegriffes. Es muss sich aber um objektiv bestimmbare Typen von Anlagen handeln und nicht faktisch um ein konkretes einzelnes Vorhaben.

Beispiele:

- *Als Unterart der Nutzung Einzelhandelsbetriebe können solche Einzelhandelsbetriebe ausgeschlossen werden, die innenstadtrelevante Sortimente (wie z. B. Bekleidung und Bücher) anbieten.*
- *Unzulässig ist eine Festsetzung, wonach nur solche Gewerbebetriebe, die keinen nächtlichen An- und Abfahrtsverkehr hervorrufen, genehmigungsfähig sind.*

Bei § 1 Abs. 10 BauNVO handelt es sich um eine spezielle Vorschrift zum Bestandsschutz. Danach ist es möglich, einer bestehenden baulichen Anlage bei einer Überplanung erweiterten Bestandsschutz zu gewähren, obwohl sie eigentlich nach Inkrafttreten des Bebauungsplanes bauplanungsrechtlich unzulässig wäre. Auf diese Art und Weise können Erweiterungen, Änderungen und Nutzungsänderungen genehmigungsfähig bleiben.

In einem Sondergebiet gelten die Feingliederungsvorschriften des § 1 Abs. 4 bis 10 BauNVO nicht, § 1 Abs. 3 Satz 2 BauNVO. Daher ist die planende Gemeinde bei den Festsetzungen für ein Sondergebiet freier und muss die vorstehend dargestellten Grenzen nicht einhalten.

3.1.2 Maß der baulichen Nutzung

Regelungen zum Maß der baulichen Nutzung enthalten die §§ 16 bis 21a BauNVO.

a) GRZ/GFZ/BMZ

Die Grundflächenzahl (GRZ) nach § 19 BauNVO bestimmt den Anteil des Baugrundstückes, der von baulichen Anlagen überdeckt werden darf. Nach § 19 Abs. 4 BauNVO sind bestimmte Anlagen wie Garagen, Stellplätze und unterirdische Anlagen auf die Grundfläche anzurechnen.

Die Geschossflächenzahl (GFZ) nach § 20 BauNVO bestimmt die zulässige Geschossfläche im Verhältnis zur Grundstücksfläche. Ausschlaggebend ist allein die Fläche von Vollgeschossen. Wann ein Vollgeschoss vorliegt, bestimmt die jeweilige Bauordnung. Kriterium ist regelmäßig ein Mindestmaß für die Höhe des Geschosses (in NRW 2,30 m) sowie für das Hinausragen über die Geländeoberfläche (in NRW 1,60 m). Ein Staffelgeschoss, das gegenüber den Außenwänden des Gebäudes zurückversetzt ist, zählt nur dann als Vollgeschoss, wenn es eine Mindestgrundfläche im Verhältnis zur Grundfläche des darunterliegenden Vollgeschosses aufweist (in NRW 2/3).

Die Baumassenzahl (BMZ) nach § 21 BauNVO gibt an, wie viel m^3 Baumasse je m^2 Grundstücksfläche zulässig ist. Von Relevanz ist die Baumassenzahl zumeist nur bei gewerblichen Bauten, die keine Vollgeschosse, sondern z. B. Ebenen aufweisen.

Maßgeblich zur Bestimmung der für alle drei Kennzahlen relevanten Grundstücksfläche ist die im jeweiligen Baugebiet hinter der Straßenbegrenzungslinie/Straßengrenze liegende Fläche des Baugrundstückes. Verkehrs- oder Grünflächen sind daher nicht zu berücksichtigen. Ausschlaggebend für die Bestimmung der Größe des Baugrundstückes ist die Eintragung im Grundbuch als Flurstück. Deshalb führt eine Vereinigungsbaulast nicht zur Vergrößerung der maßgeblichen Grundstücksfläche.

Die Festsetzungen zur GRZ, GFZ oder BMZ erfolgen als Dezimalzahl. Alternativ kann auch ein absoluter Wert vorgesehen werden.

Beispiele: GRZ = 0,4; GFZ =1,0; Geschossfläche = 20 000 m².

§ 17 BauNVO legt bei der Bauleitplanung zu berücksichtigende Obergrenzen für die GRZ, die GFZ und die BMZ in Abhängigkeit vom jeweiligen Baugebiet fest. Hierdurch sollen gesunde Wohn- und Arbeitsverhältnisse gewährleistet und nachteilige Auswirkungen auf die Umwelt sowie die Verkehrsabwicklung vermieden werden. Eine Überschreitung der Obergrenzen ist nach § 17 Abs. 2 BauNVO zulässig, wenn gesunde Wohn- und Arbeitsverhältnisse gewahrt, Umwelt- und Verkehrsbelange sowie sonstige öffentliche Belange nicht entgegenstehen.

b) Höhe baulicher Anlagen

Die maximal zulässige Höhe baulicher Anlagen wird typischerweise durch die Festsetzung der Firsthöhe, Traufhöhe oder Gebäudehöhe festgelegt. Zulässig ist auch die Vorgabe einer Mindest- oder zwingenden Höhe. Als Bezugspunkt für die Höhenmessung bietet sich Normalnull oder die Höhe einer benachbarten Straße an.

c) Vollgeschosse

Nach § 16 Abs. 2 Nr. 3 BauNVO kann die Zahl der Vollgeschosse festgesetzt werden. Zulässig ist die Angabe eines Höchst- und/oder eines Mindestmaßes oder eines zwingenden Maßes.

3.1.3 Überbaubare Grundstücksflächen

Die überbaubare Grundstücksfläche (Baufenster) wird durch Baugrenzen, Baulinien oder eine Bebauungstiefe geregelt (§ 23 BauNVO).

a) Festsetzungsarten

Bei einer Baulinie muss die bauliche Anlage zwingend auf dieser errichtet werden, § 23 Abs. 2 Satz 1 BauNVO.

Baugrenzen i. S. von § 23 Abs. 3 BauNVO dürfen nicht überschritten werden. Ein Zurückbleiben hinter der Baugrenze ist aber (anders als bei einer Baulinie) zulässig.

Eine Bebauungstiefe regelt den maximal zulässigen Abstand einer baulichen Anlage von der Straßengrenze und entfaltet damit die gleichen Wirkungen wie eine Baugrenze, § 23 Abs. 4 BauNVO.

b) Ausnahmen

Ein Überschreiten von Baugrenzen oder Baulinien durch Gebäudeteile in geringfügigem Ausmaß kann zugelassen werden (§ 23 Abs. 2 Satz 2 u. Abs. 3 Satz 2 BauNVO). Gleiches gilt für ein Zurückbleiben hinter einer Baulinie. Ein geringfügiges Ausmaß ist nur dann anzunehmen, wenn das betreffende Gebäudeteil von seiner Baumasse unbedeutend ist und gegenüber dem Gesamtbauvorhaben nicht nennenswert ins Gewicht fällt.

Beispiele: Balkone, Erker, Kamin, Außenaufzug.

Es darf sich immer nur um Gebäudeteile und nicht um das Gebäude selbst handeln. Unzulässig ist es daher, wenn die gesamte Fassade in einem bestimmten Bereich über die Baugrenze/Baulinie vorspringt. Im Bebauungsplan können weitere Ausnahmen festgesetzt werden, § 23 Abs. 2 Satz 3 BauNVO.

c) Anlagen außerhalb des Baufensters

Außerhalb der überbaubaren Grundstücksflächen sind nach § 23 Abs. 5 BauNVO – vorbehaltlich einer anderen Festsetzung im Bebauungsplan – u. a. Nebenanlagen i. S. von § 14 BauNVO zulässig. Zudem sind die Anlagen zulässig, die nach der jeweiligen Bauordnung in den Abstandsflächen zulässig sind.

Beispiele: Stellplätze, Garagen, Gewächshäuser und Geräteschuppen.

3.1.4 Bauweise

a) Offene Bauweise

In der offenen Bauweise gemäß § 22 Abs. 2 BauNVO werden Gebäude mit seitlichem Grenzabstand als Einzelhäuser, Doppelhäuser oder Hausgruppen errichtet. Die Gebäudelänge darf 50 m nicht überschreiten.

b) Geschlossene Bauweise

In der geschlossenen Bauweise (§ 22 Abs. 3 BauNVO) dürfen die Gebäude keinen seitlichen Grenzabstand aufweisen, müssen also aneinander gebaut werden.

Eine Ausnahme gilt dann, wenn die vorhandene Bebauung eine Abweichung erfordert, § 22 Abs. 3, 2. Halbsatz BauNVO. Hierdurch soll sichergestellt werden, dass keine unzumutbaren Verhältnisse durch die Realisierung der geschlossenen Bauweise entstehen. Grund für eine Ausnahme können Aspekte des Brandschutzes, der Belichtung, der Belüftung oder der Gestaltung sein. Allein ein mit Abstand zur gemeinsamen Grenze errichtetes Gebäude auf dem Nachbargrundstück erfordert nicht die Einhaltung eines Grenzabstandes. Notwendig ist vielmehr, dass unzumutbare Verhältnisse für den Nachbarn drohen, wenn nicht von der geschlossenen Bauweise abgewichen wird.

c) Abweichende Bauweise

Möglich ist auch die Festsetzung einer abweichenden Bauweise, § 22 Abs. 4 BauNVO. Ausschlaggebend ist dann die jeweilige Definition im Bebauungsplan.

Beispiele:

- *Sog. halboffene Bauweise: an einer Seite wird an die Grundstücksgrenze und an der anderen mit Grenzabstand gebaut.*
- *Kettenbauweise: das Erdgeschoss wird ohne Grenzabstand, die oberen Geschosse mit Grenzabstand errichtet.*

d) Geltungsbereich

Die Festsetzung der Bauweise gilt für die gesamte überbaubare Grundstücksfläche und auf der vollen Höhe der baulichen Anlage. In der geschlossenen Bauweise kann deshalb ein Gebäude eine größere Bebauungstiefe oder Höhe aufweisen als das Nachbargebäude. Bei Doppelhäusern ist allerdings nach der Rechtsprechung des Bundesverwaltungsgerichtes regelmäßig nur eine gleich tiefe Bebauung auf der Grundstücksgrenze zulässig (BVerwG, BauR 2000, S. 1168).

3.1.5 Sonstige Festsetzungen

a) Grünordnerische Festsetzungen

Üblich ist z. B. die Festsetzung einer öffentlichen (allgemein zugänglichen) oder privaten Grünfläche nach § 9 Abs. 1 Nr. 15 BauGB. Flächen für das Anpflanzen von Bäumen, Sträuchern oder sonstigen Pflanzen oder für den Erhalt bereits bestehender Bepflanzungen können nach § 9 Abs. 1 Nr. 25 BauGB vorgesehen werden.

Solche Festsetzungen haben häufig den Zweck, einen durch den Bebauungsplan verursachten Eingriff in Natur und Landschaft (z. B. wegen Versiegelung von Boden oder Verlust bestehender Bepflanzungen) im Plangebiet zu kompensieren. Genügt dies nicht für eine vollständige Kompensation, muss ein weitergehender Ausgleich außerhalb des Bebauungsplangebietes erfolgen, vgl. § 1a Abs. 3 BauGB.

b) Verkehrsflächen

Regelmäßig sind im Bebauungsplan öffentliche Verkehrsflächen oder Privatstraßen festgesetzt. Daneben kommt zur Sicherstellung der Erschließung einzelner Baufelder eine Festsetzung nach § 9 Abs. 1 Nr. 21 BauGB in Betracht, die vorgibt, dass die betroffenen Flächen mit einem Geh-, Fahr- und Leitungsrecht im Grundbuch zu sichern sind.

c) Gestaltung

Gestalterische Festsetzungen ermöglichen die jeweiligen Bauordnungen, vgl. § 86 MBO. Statt einer eigenständigen Satzung können Gestaltungsvorschriften auch in einen Bebauungsplan aufgenommen werden.

Beispiele:

- *Dachneigung weniger als 45°*
- *rote Verklinkerung*
- *Beschränkungen für Werbeanlagen z. B. bzgl. der Größe.*

d) Bedingte Festsetzungen

§ 9 Abs. 2 BauGB ermöglicht bedingte Festsetzungen. Danach sind bzw. werden Nutzungen abhängig vom Eintreten bestimmter Umstände zulässig oder unzulässig.

Beispiele:

- *Wohnnutzung erst zulässig, wenn Lärmschutzwand errichtet ist.*
- *Wohnnutzung zulässig bis Realisierung einer gewerblichen Nutzung.*

3.1.6 Vorhabenbezogener Bebauungsplan

a) Bedürfnis

Die bisherigen Erläuterungen zu den Festsetzungsmöglichkeiten beziehen sich auf einen „normalen“ Bebauungsplan, der häufig auch als Angebotsbebauungsplan bezeichnet wird. Er eröffnet für den Bauwilligen eine Variationsbreite, ermöglicht also eine Vielzahl unterschiedlicher Vorhaben. Wenn ein Investor ein ganz bestimmtes Vorhaben realisieren will und hierfür das Planungsrecht noch geschaffen werden muss, kommt die Aufstellung eines vorhabenbezogenen Bebauungsplanes nach § 12 BauGB in Betracht. Dieser ermöglicht allein die Realisierung des konkreten Vorhabens.

b) Bestandteile

Ein vorhabenbezogener Bebauungsplan besteht aus drei Teilen: dem Bebauungsplan, dem Vorhaben- und Erschließungsplan sowie dem Durchführungsvertrag. Der Vorhaben- und Erschließungsplan ist eine zeichnerische Darstellung des Vorhabens. Er beinhaltet zumeist Schnitte der einzelnen baulichen Anlagen und eine Projektion ihrer Lage und ihres schematischen Grundrisses in den Bebauungsplan. Im Durchführungsvertrag ist vor allem eine Verpflichtung zur Realisierung des Vorhabens durch den Vorhabenträger innerhalb einer bestimmten Frist vorzusehen. Die drei Bestandteile des vorhabenbezogenen Bebauungsplanes müssen aufeinander abgestimmt sein und dürfen keine Widersprüche bei der Konkretisierung des Vorhabens aufweisen.

c) Festsetzungen

Bei den Festsetzungen im vorhabenbezogenen Bebauungsplan ist die Gemeinde nach § 12 Abs. 3 Satz 2 BauGB nicht an den Festsetzungskatalog nach § 9 BauGB und der BauNVO gebunden. Es sind deshalb Festsetzungen möglich, die in einem Angebotsbebauungsplan unzulässig sind.

Beispiel: Zulässig sind Gewerbebetriebe ohne nächtlichen Lkw-Verkehr.

Zumeist greift man aber auch beim vorhabenbezogenen Bebauungsplan auf die üblichen Festsetzungen zurück.

d) Vorhabenbegriff

Der Vorhabenbegriff ist sehr eng zu verstehen, weshalb bereits auf Bebauungsplanebene eine Detailschärfe wie bei einem Bauvorbescheid anzustreben ist. Allerdings ermöglicht § 12 Abs. 3a BauGB seit dem Jahre 2006 Festsetzungen mit größerem Spielraum mit der Folge, dass die eigentliche Konkretisierung des Vorhabens nur durch den Durchführungsvertrag erfolgt.

3.1.7 Ausnahmen und Befreiungen

Bei der Anwendung eines Bebauungsplanes oder eines vorhabenbezogenen Bebauungsplanes kann eine Ausnahme oder Befreiung von den Festsetzungen notwendig sein, um zur Genehmigungsfähigkeit des Vorhabens zu gelangen.

a) Ausnahme

Nach § 31 Abs. 1 BauGB können von den Bebauungsplanfestsetzungen solche Ausnahmen zugelassen werden, die in dem Bebauungsplan ausdrücklich vorgesehen sind. Hiervon sind vor allem die ausnahmsweise zulässigen Nutzungen gemäß der dritten Absätze der §§ 2 bis 9 BauNVO erfasst. Aber auch bezüglich des Maßes der baulichen Nutzung kann der Bebauungsplan ausdrücklich eine Ausnahme vorsehen.

Beispiel: Zulässig sind Gebäude mit einer maximalen Höhe von 40 m ü. NN. Ausnahmsweise dürfen technische Aufbauten diese Höhe um bis zu 2 m überschreiten.

Die Erteilung einer Ausnahme steht im Ermessen der Behörde, der Bauherr hat also grundsätzlich keinen Anspruch auf die Gewährung der Ausnahme. Eine Versagung kommt vor allem dann in Betracht, wenn die Ausnahme eine Entwicklung einleiten würde, die die Eigenart des Baugebietes beeinträchtigt. Sind keine städtebaulichen Bedenken erkennbar, muss die Ausnahme gewährt werden und der Bauherr hat dann auf sie einen Anspruch.

b) Befreiung

Ermöglicht der Bebauungsplan keine Ausnahme, kann gemäß § 31 Abs. 2 BauGB die Erteilung einer Befreiung in Frage kommen. Hierfür müssen drei Voraussetzungen erfüllt sein:

- die Grundzüge der Planung dürfen nicht berührt werden,

- die Befreiung muss unter Würdigung nachbarlicher Interessen mit den öffentlichen Belangen vereinbar sein und
- es muss einer der in § 31 Abs. 2 Nr. 1 bis 3 BauGB genannten Befreiungsgründe vorliegen.

Im ersten Schritt darf durch die Befreiung keine Beeinträchtigung der Grundzüge der Planung des jeweiligen Bebauungsplanes eintreten. Unter Grundzüge der Planung versteht man die aus der Begründung zum Bebauungsplan ersichtlichen wesentlichen städtebaulichen Erwägungen der planenden Gemeinde. Wenn eine Befreiung das Grundkonzept des Bebauungsplanes tangieren würde, bleibt nur der Weg einer Bebauungsplanänderung.

Des Weiteren muss die Befreiung mit öffentlichen und nachbarlichen Belangen vereinbar sein. Zu prüfen ist in diesem Zusammenhang, ob städtebauliche Interessen der planenden Gemeinde, die nicht zu den Grundzügen der Planung gehören, der Befreiung entgegenstehen. Bei der Würdigung nachbarlicher Interessen ist das Gebot der gegenseitigen Rücksichtnahme zu beachten.

Zusätzlich muss eine der drei folgenden Voraussetzungen vorliegen:

- Gründe des Wohls der Allgemeinheit erfordern die Befreiung,
- die Abweichung ist städtebaulich vertretbar oder
- die Durchführung des Bebauungsplanes würde zu einer offenbar nicht beabsichtigten Härte führen.

Einschlägig ist in den meisten Fällen die städtebauliche Vertretbarkeit der Befreiung. Als städtebaulich vertretbar ist alles anzusehen, was in einem Bebauungsplan unter Berücksichtigung des Abwägungsgebotes planbar wäre. Damit ist ein weiter Spielraum für Befreiungen eröffnet, solange die Grundzüge der Planung nicht berührt sind.

Die Erteilung einer Befreiung steht im Ermessen der Behörde. Selbst wenn die Voraussetzungen des § 31 Abs. 2 BauGB erfüllt sind, besteht also kein Anspruch auf Erteilung der Befreiung. Die Bauaufsichtsbehörde muss lediglich ihr Ermessen fehlerfrei ausüben, also die Erteilung oder Ablehnung mit zutreffenden Erwägungen begründen. Sofern der Befreiung gewichtige Interessen entgegenstehen, muss sie versagt werden. Dem Bauherrn steht ein einklagbarer Anspruch auf Erteilung der Befreiung nur zu, wenn schwerwiegende Eigentümerinteressen zu einer sog. Ermessensreduzierung auf null führen. In diesem Falle ist jede andere Entscheidung als die Gewährung der Befreiung ermessensfehlerhaft, was nur selten anzunehmen ist. Wenn die Behörde „nur“ unzutreffende Erwägungen bei der Ablehnung der Befreiung angestellt hat, führt ein Gerichtsverfahren lediglich dazu, dass die Behörde eine neue Ermessensentscheidung treffen muss. Das Ergebnis der Entscheidung ist dann nach wie vor offen. Deshalb ist in der Genehmigungspraxis eine sehr unterschiedliche Anwendung des § 31 Abs. 2 BauGB je nach Einzelfall und zuständiger Baugenehmigungsbehörde zu verzeichnen. Zum Teil wird der Tatbestand des § 31 Abs. 2 BauGB sehr weit ausgelegt, in anderen Fällen indessen sehr restriktiv gehandhabt.

3.1.8 Exkurs: Aufstellung eines Bebauungsplanes

Die Gemeinden haben nach § 1 Abs. 3 BauGB Bauleitpläne aufzustellen, sobald und soweit es für die städtebauliche Entwicklung und Ordnung erforderlich ist. Üblicherweise beginnt ein Bebauungsplanverfahren mit einem Aufstellungsbeschluss des Planungsausschusses oder des Gemeinderates, der das Planungsziel in Form eines Bebauungsplanvorentwurfes für das betroffene Areal beinhaltet.

a) Frühzeitige Beteiligung

An den Aufstellungsbeschluss schließt sich die frühzeitige Bürgerbeteiligung nach § 3 Abs. 1 BauGB an. Eine bestimmte Form ist hierfür nicht vorgegeben. Gängig ist die Durchführung einer Bürgerversammlung, auf der die Planungsabsichten vorgestellt und den anwesenden Bürgern die Gelegenheit zur Äußerung gegeben wird. Anschließend kann regelmäßig für einen Zeitraum von (je nach Gemeinde) zwischen zwei bis vier Wochen von jedem Bürger schriftlich zu den Planabsichten Stellung genommen werden.

Parallel zur frühzeitigen Bürgerbeteiligung erfolgt nach § 4 Abs. 1 BauGB die frühzeitige Beteiligung von Behörden und sonstigen Trägern öffentlicher Belange. Der Bebauungsplanvorentwurf wird hierzu an die in ihrem Aufgabenbereich berührten Ämter und Behörden mit einer Stellungnahmefrist übersendet. Zu den sonstigen Trägern öffentlicher Belange zählen z. B. die Versorgungsträger/Energieunternehmen, die Deutsche Telekom AG sowie die IHK und Naturschutzverbände.

Unter Berücksichtigung des Ergebnisses der frühzeitigen Beteiligung ist der Bebauungsplanvorentwurf zu einem Bebauungsplanentwurf fortzuentwickeln. Für diesen Entwurf beschließt dann der Planungsausschuss oder der Rat der Gemeinde (je nach Gemeinde unterschiedlich) die Offenlage des Bebauungsplanentwurfes. Der Beschluss ist im Amtsblatt der Gemeinde und ggf. auch in Tageszeitungen bekannt zu machen. Die Bürger haben dann gemäß § 3 Abs. 2 BauGB für die Dauer von einem Monat die Gelegenheit, den Bebauungsplanentwurf bei der Gemeinde einzusehen und Anregungen abzugeben. Parallel hierzu wird gemäß § 4 Abs. 2 BauGB eine erneute Beteiligung der Behörden und sonstigen Träger öffentlicher Belange durchgeführt.

b) Abwägung

Die planende Gemeinde muss bei Aufstellung eines Bebauungsplanes in eigener Verantwortung die betroffenen Belange ermitteln und bewerten sowie einen angemessenen Ausgleich zwischen den widerstreitenden Belangen herstellen (Abwägung, § 1 Abs. 7 BauGB). Eine beispielhafte Aufzählung der zu beachtenden Belange findet sich in § 1 Abs. 6 BauGB. Zu den abzuwägenden Gesichtspunkten zählen insbesondere die eingegangenen Anregungen von Bürgern und Stellungnahmen von Behörden/Trägern öffentlicher Belange aus beiden Beteiligungsverfahren. Die Gemeinde entscheidet diesbezüglich, ob sie ihnen folgt oder nicht. Zuständig für die Abwägungsentscheidung ist der Gemeinderat.

c) Begründung

Die Bewertung der Belange und vor allem auch die jeweilige städtebauliche Begründung für die getroffenen Festsetzungen werden in der Begründung zum Bebauungsplan niedergelegt, § 10 Abs. 4 BauGB. Die Begründung dient deshalb auch zur Auslegung der Festsetzungen des Bebauungsplanes im Rahmen der späteren Anwendung und kann vor allem Anhaltspunkte dafür liefern, ob die Erteilung einer Ausnahme oder Befreiung nach § 31 BauGB in Frage kommt.

d) Umweltbericht

Daneben gehört zum Bebauungsplan ein Umweltbericht (§ 2 Abs. 4 BauGB und Anlage 1 zum BauGB). Dieser beschäftigt sich ausschließlich mit den betroffenen Umweltbelangen, also den Auswirkungen des Bebauungsplanes auf Flora und Fauna sowie auf das Orts- und Landschaftsbild. Daneben werden die Konsequenzen für die menschliche Gesundheit (z. B. Lärmzunahme, Luftschadstoffe) beschrieben und bewertet.

e) Satzungsbeschluss

Der Satzungsbeschluss über den Bebauungsplan (§ 10 Abs. 1 BauGB) ist ortsüblich, also im Amtsblatt und ggf. in Tageszeitungen, bekannt zu machen. Mit der Bekanntmachung tritt der Bebauungsplan in Kraft.

f) § 33 BauGB

In manchen Fällen besteht ein Bedürfnis für die Erteilung einer Baugenehmigung noch vor Inkrafttreten des Bebauungsplanes, obwohl dieser erst die planungsrechtliche Zulässigkeit des Vorhabens herbeiführen wird. § 33 BauGB ermöglicht eine vorgezogene Genehmigung, wenn das Vorhaben den zukünftigen Festsetzungen des Bebauungsplanes entspricht und der Antragsteller diese Festsetzungen schriftlich anerkennt. Frühester Zeitpunkt für eine Genehmigung nach § 33 BauGB ist die Beendigung der Offenlage und Behördenbeteiligung nach §§ 3 Abs. 2, 4 Abs. 2 BauGB.

Zusätzlich muss die sogenannte materielle Planreife vorliegen. Erforderlich ist hierfür, dass mit dem Inkrafttreten des Bebauungsplanes in der offen gelegten Form mit an Sicherheit grenzender Wahrscheinlichkeit zu rechnen ist. Wenn zweifelhaft ist, ob der Gemeinderat den Bebauungsplan tatsächlich beschließen wird, weil die politische Mehrheit auf der Kippe steht oder während der Offenlage schwerwiegende Anregungen eingegangen sind, scheidet eine Genehmigung vor Satzungsbeschluss nach § 33 BauGB aus.

3.1.9 Veränderungssperre/Zurückstellung

Während der u. U. langen Dauer eines Bebauungsplanverfahrens besteht das bisherige Planungsrecht fort. Die Bauaufsichtsbehörden müssen also auf Basis des bisherigen Bebauungsplanes oder der §§ 34, 35 BauGB Baugenehmigungsanträge bearbeiten und bescheiden. Eine Baugenehmigung und ein Bauvorbescheid setzen sich gegen den später in Kraft tretenden Bebauungsplan durch. Für die planende Gemeinde kann dies eine missliche Situation sein, weil auf diese Art und Weise der Bebauungsplan noch vor seinem Inkrafttreten unterwandert werden kann. Zur Sicherung der gemeindlichen Planungshoheit ermöglichen deshalb die §§ 14 und 15 BauGB eine Zurückstellung von Baugesuchen und den Erlass einer Veränderungssperre.

a) Aufstellungsbeschluss

Voraussetzung ist, dass die Gemeinde einen Aufstellungsbeschluss über einen Bebauungsplan gefasst hat. Inhaltlich muss der Beschluss die Planungsziele für das Bebauungsplangebiet näher konkretisieren. Anlass für den Aufstellungsbeschluss kann ein konkreter Bauantrag sein, den die Gemeinde nicht genehmigen möchte.

Beispiel: Ein Lebensmitteldiscounter beantragt die Erteilung einer Baugenehmigung für einen Markt in einem Gewerbegebiet. Die Gemeinde kann dies zum Anlass nehmen, einen Aufstellungsbeschluss zur Änderung des Bebauungsplanes zu fassen und als Planungsziel den Ausschluss von Einzelhandelsbetrieben zum Zwecke des Schutzes der zentralen Versorgungsbereiche der Gemeinde vorgeben.

b) Zurückstellung

Wenn zu befürchten steht, dass das beantragte Vorhaben den zukünftigen Festsetzungen des Bebauungsplanes widerspricht, kann der Bauantrag nach § 15 Abs. 1 BauGB für die Dauer von bis zu zwölf Monaten durch einen Bescheid zurückgestellt werden. Die Baugenehmigungsbehörde braucht den Bauantrag dann nicht weiter zu bearbeiten und die Gemeinde erhält hierdurch die Gelegenheit, das Bebauungsplanverfahren abzuschließen. Wenn der Bebauungsplan in Kraft tritt und das beantragte Vorhaben erwartungsgemäß im Widerspruch zu den Festsetzungen steht, ist es nicht mehr genehmigungsfähig und der Bauantrag kann entschädigungslos abgelehnt werden.

c) Veränderungssperre

Statt einer Zurückstellung kann der Rat der Gemeinde eine Veränderungssperre als Satzung beschließen (§§ 14, 16 BauGB). Mit Inkrafttreten der Veränderungssperre durch öffentliche Bekanntmachung des Satzungsbeschlusses werden Vorhaben, die möglicherweise den zukünftigen Festsetzungen des Bebauungsplanes widersprechen, unzulässig. Der Bauantrag kann dann abgelehnt werden.

Die Veränderungssperre hat nach § 17 Abs. 1 BauGB eine Geltungsdauer von zwei Jahren, die durch neuen Beschluss des Gemeinderates um ein weiteres Jahr verlängert werden kann. Wenn besondere Umstände, namentlich eine besondere Schwere und eine damit verbundene hohe Zeitintensivität des Bebauungsplanverfahrens vorliegen, kann eine weitere Verlängerung um ein Jahr, also auf insgesamt vier Jahre, erfolgen (§ 17 Abs. 2 BauGB). Ein Entschädigungsanspruch entsteht für einen Bauherrn erst dann, wenn die Veränderungssperre über diese vier Jahre hinaus andauert, § 18 Abs. 1 BauGB.

d) Berechnung der Geltungsdauer

Bei der Berechnung der Geltungsdauer einer Veränderungssperre bzw. Zurückstellung ist zu berücksichtigen, dass Zeiten der faktischen Zurückstellung des Baugesuches anzurechnen sind. Hierunter ist eine schlichte Nichtbearbeitung des Bauantrages ohne rechtfertigenden Grund zu verstehen. Je nach Komplexität des beantragten Vorhabens gesteht die Rechtsprechung der Baugenehmigungsbehörde üblicherweise einen Zeitraum von drei bis sechs Monaten zur Bearbeitung eines Bauantrages zu. Voraussetzung ist natürlich die Vollständigkeit der eingereichten Unterlagen, weshalb notwendige Nachforderungen oder Nachbesserungen die zulässige Bearbeitungsdauer verlängern. Wenn der Zurückstellung oder der Veränderungssperre eine faktische Zurückstellung vorausgegangen ist, hat die Geltungsdauer der Zurückstellung/Veränderungssperre für den betroffenen Bauherrn bereits mit Beginn dieser faktischen Zurückstellung zu laufen begonnen. Beachtet die Gemeinde dies nicht, macht sie sich wegen verzögerter Bearbeitung des Bauantrages entschädigungspflichtig.

3.2 Unbeplanter Innenbereich (§ 34 BauGB)

Wenn das potenzielle Baugrundstück nicht im Geltungsbereich eines Bebauungsplanes liegt, ist im nächsten Schritt zu prüfen, ob sich die bauplanungsrechtliche Zulässigkeit aus § 34 BauGB ergibt.

3.2.1 Im Zusammenhang bebauter Ortsteil

Eine Innenbereichslage setzt das Vorliegen eines im Zusammenhang bebauten Ortsteiles voraus. Dieses Merkmal dient der Abgrenzung des Innenbereiches vom Außenbereich (§ 35 BauGB).

a) Ortsteil

Ein Ortsteil erfordert mehr als nur das Vorhandensein einer Mindestanzahl baulicher Anlagen. Die vorhandenen Bauten müssen nach ihrer Zahl ein gewisses Gewicht besitzen und Ausdruck einer organischen Siedlungsstruktur sein (BVerwGE 31, S. 22). Je nach den Umständen des Einzelfalles können bereits acht bis neun Bauten einen Ortsteil bilden. Die Gebäude dürfen zudem nicht als völlig regellose Anordnung erscheinen. Eine Streubebauung stellt keinen Ortsteil, sondern eine grundsätzlich zu missbilligende Splittersiedlung i. S. von § 35 Abs. 3 Nr. 7 BauGB dar.

b) Bebauungszusammenhang

Von einem Bebauungszusammenhang kann nur die Rede sein, wenn die vorhandene Bebauung trotz etwaiger Baulücken den Eindruck der Geschlossenheit und Zusammengehörigkeit vermittelt (BVerwGE 75, S. 34). Dabei dürfen die Baulücken zwischen den einzelnen baulichen Anlagen nicht so groß sein, dass eine räumliche Zäsur und damit eine Trennung zwischen den vorhandenen Gebäuden entsteht. Bei einer Baulücke, die Raum für etliche bauliche Anlagen geben würde, handelt es sich nicht mehr um eine Innenbereichslage, sondern um einen sogenannten „Außenbereich im Innenbereich“. In diesem Falle richtet sich die Zulässigkeit von Vorhaben nach § 35 und nicht nach § 34 BauGB. Wie groß eine Baulücke sein darf, ohne den Bebauungszusammenhang zu unterbrechen, ist eine Frage des Einzelfalles und richtet sich vor allem nach der städtebaulichen Struktur der Umgebungsbebauung.

Beispiel: In einem Ortsteil mit ca. 20 Wohnhäusern auf Grundstücken mit einer Breite von 20 bis 30 Metern gehören nur solche unbebauten Flächen zum Bebauungszusammenhang, die für nicht mehr als zwei bis drei weitere Wohngrundstücke der gleichen Größe Platz bieten.

Der Bebauungszusammenhang endet nicht zwangläufig mit dem letzten Baukörper. Vor allem topografische Einschnitte wie Böschungen, Gräben, Flüsse und Straßen können die Grenze des Bebauungszusammenhanges markieren. Der Bereich zwischen dem letzten Gebäude und dem topografischen Merkmal ist dann einer Bebauung noch zugänglich.

Wichtig ist schließlich, dass das im Zusammenhang mit einem Bauvorhaben zum Abriss vorgesehene Bestandsgebäude bei der Beurteilung der Innenbereichslage zu berücksichtigen ist (BVerwGE 75, S. 34). Der Abriss eines in einer Ortsrandlage gelegenen Baukörpers macht das Grundstück deshalb nicht zu einem Außenbereichsgrundstück, solange noch mit einer Wiederbebauung zu rechnen ist.

Um Unklarheiten bei der Anwendung des § 34 BauGB zu verhindern oder eine Arrondierung eines Ortsteiles durch zukünftige Bebauung von im Außenbereich gelegenen Grundstücken zu ermöglichen, kann eine Gemeinde nach § 34 Abs. 4 bis 6 BauGB eine sogenannte Innenbereichssatzung aufstellen. Diese legt in ihrem Geltungsbereich verbindlich fest, welche Grundstücke zum Innenbereich zu zählen sind.

3.2.2 Einfügen in die Eigenart der näheren Umgebung

Liegt ein im Zusammenhang bebauter Ortsteil vor, ist ein Vorhaben zulässig, wenn es sich nach Art und Maß der baulichen Nutzung, der Bauweise und der überbaubaren Grundstücksflächen in die Eigenart der näheren Umgebung einfügt.

a) Maßgebliche Umgebung

Zunächst ist zu bestimmen, welche Bebauung zur näheren Umgebung im Sinne der Vorschrift zählt. Die maßgebliche Umgebung geht über die direkt benachbarten oder gegenüber liegenden Grundstücke hinaus. Relevant ist die Bebauung, die in einem wechselseitigen Austauschverhältnis zum Baugrundstück steht. Sofern und soweit eine Bebauung auf das Baugrundstück in bodenrechtlich relevanter Hinsicht einwirkt bzw. umgekehrt die neue Bebauung auf benachbarte bauliche Anlagen Einfluss ausübt, reicht die nähere Umgebung.

Hinsichtlich der Art der baulichen Nutzung ist die nähere Umgebung regelmäßig weiterzuziehen als bei den übrigen Kriterien für ein „Einfügen“. Denn die Art der Nutzung wirkt sich in einem weiteren Umfeld aus als z. B. die überbaubare Grundstücksfläche.

Bei der Frage nach der Eigenart der näheren Umgebung sind grundsätzlich sämtliche vorhandenen baulichen Anlagen zu berücksichtigen. Etwas anderes gilt nur für solche Baukörper, die völlig aus dem Rahmen der ansonsten anzutreffenden Bebauung herausfallen und deshalb als Fremdkörper erscheinen (BVerwGE 84, S. 322).

b) Einfügen

Das zur Genehmigung gestellte Vorhaben muss sich in die Eigenart der näheren Umgebung einfügen. Hinsichtlich der Art der baulichen Nutzung ist zu klären, ob die nähere Umgebung einem der Baugebiete der BauNVO entspricht. Es muss also ein Abgleich der vorhandenen Nutzungen mit den Zulässigkeitskatalogen der in Betracht kommenden Baugebiete erfolgen. Passen die vorgefundenen Nutzungen zu einem Baugebiet, spricht man von einem faktischen Baugebiet, also z. B. einem faktischen allgemeinen Wohngebiet. Ein Vorhaben ist dann zulässig, wenn es in dem Baugebiet allgemein zulässig ist. Bei einer ausnahmsweisen Zulässigkeit ist es auch im Innenbereich ausnahmsweise zulässig.

Wenn kein faktisches Baugebiet vorliegt, kommt es allein darauf an, ob die zur Genehmigung gestellte Art der baulichen Nutzung ein Vorbild in der näheren Umgebung hat oder nicht. Zur Abgrenzung der unterschiedlichen Nutzungsarten ist auch in diesem Falle auf die Begrifflichkeiten der BauNVO zurückzugreifen.

Beispiel: Eine Schreinerei ist genehmigungsfähig, wenn ein anderer Handwerksbetrieb vorhanden ist. Ob dieser ebenfalls eine Schreinerei ist, ist unerheblich.

Ein Vorhaben fügt sich nach der Bauweise in die nähere Eigenart der Umgebung ein, wenn es sich der vorhandenen Bauweise anschließt. Ist die nähere Umgebung von offener oder geschlossener Bauweise geprägt, muss sich das zur Genehmigung gestellte Vorhaben hieran halten. Wenn im Umfeld beide Bauweisen vorhanden sind, hat der Bauherr bauplanungsrechtlich ein Wahlrecht. Bauordnungsrechtlich ist allerdings die Einhaltung der Abstandsflächenvorschriften der jeweiligen Bauordnung zu beachten. Zumeist sehen die Bauordnungen einen Verzicht auf seitliche Abstandsflächen nur dann vor, wenn das Bauplanungsrecht zwingend die geschlossene Bauweise vorsieht (anders allerdings § 6 Abs. 1 Satz 3 MBO). Wenn beide Bauweisen vorzufinden sind, muss planungsrechtlich nicht zwingend ohne Grenzabstand gebaut werden, sondern es besteht nur ein Recht dazu. Dann muss nach einigen Bauordnungen (z. B. § 6 Abs. 1 Satz 2 b) BauO NRW) sichergestellt sein, dass auf dem Nachbargrundstück ebenfalls in geschlossener Bauweise gebaut wird, weil z. B. ein entsprechendes grenzständiges Gebäude vorhanden ist oder eine Zustimmung zur grenzständigen Bebauung vorliegt.

Bei der Beurteilung des Einfügens hinsichtlich der überbaubaren Grundstücksfläche kommt es auf die in der näheren Umgebung faktisch vorhandenen Baugrenzen oder Baulinien an. Es muss also ein Vergleich mit der Lage der Baukörper auf den benachbarten Grundstücken erfolgen.

Beim Maß der baulichen Nutzung ist auf die Festsetzungsmöglichkeiten der BauNVO abzustellen. In erster Linie sind die Kriterien maßgeblich, die für einen Betrachter des jeweiligen Gebäudes ohne weiteres wahrnehmbar sind, wie insbesondere die Höhe. Die Zahl der Vollgeschosse ist nur von eingeschränkter Relevanz, weil von außen nicht immer erkennbar ist, ob ein bestimmtes Geschoss die landesrechtlichen Kriterien für ein Vollgeschoss erfüllt oder nicht. Ohne Bedeutung für die Beurteilung eines Einfügens sind aus den gleichen Gründen die GRZ, die GFZ oder die BMZ.

§ 34 Abs. 3a BauGB ermöglicht im Einzelfall die Erweiterung, Änderung, Nutzungsänderung oder Erneuerung eines Gewerbe- oder Handwerksbetriebes, obwohl sie sich nicht in die Eigenart der näheren Umgebung einfügt. Die Voraussetzungen der Vorschrift sind dem Befreiungstatbestand des § 31 Abs. 2 Nr. 2 BauGB nachempfunden.

Der Erschwerung der unkontrollierten Ansiedlung von Einzelhandelsbetrieben im unbeplanten Innenbereich dient § 34 Abs. 3 BauGB. Danach dürfen von solchen Vorhaben keine schädlichen Auswirkungen auf zentrale Versorgungsbereiche der jeweiligen Gemeinde oder der Nachbargemeinden zu erwarten sein. Hierzu ist eine wertende Betrachtung unter Berücksichtigung der Größe des zur Genehmigung gestellten Vorhabens und der Struktur und der Wehrhaftigkeit des betroffenen zentralen Versorgungsbereiches anzustellen.

3.3 Außenbereich (§ 35 BauGB)

Sofern weder ein Bebauungsplan existiert noch ein im Zusammenhang bebauter Ortsteil vorliegt, befindet sich das Baugrundstück im Außenbereich gemäß § 35 BauGB. Bei der Frage der Genehmigungsfähigkeit ist zu unterscheiden zwischen privilegierten und nicht privilegierten Vorhaben.

3.3.1 Privilegierte Vorhaben

In § 35 Abs. 1 BauGB werden die im Außenbereich privilegierten Vorhaben aufgezählt. Es handelt sich zum einen um solche bauliche Anlagen, die aufgrund ihres Zweckes in erster Linie sinnvoll nur im Außenbereich angesiedelt werden können.

Beispiele: Bauliche Anlagen eines Gartenbaubetriebes (§ 35 Abs. 1 Nr. 2 BauGB) oder eines land- oder forstwirtschaftlichen Betriebes (§ 35 Abs. 1 Nr. 1 BauGB).

An das Vorliegen eines land- oder forstwirtschaftlichen Betriebes sind hohe Anforderungen zu stellen, weshalb die häufig anzutreffende Tierhaltung aus Liebhaberei nicht ausreichend ist.
Zum anderen sind Vorhaben privilegiert, die aufgrund ihrer Auswirkungen auf die Umgebung einen Abstand zur sonstigen Bebauung benötigen, § 35 Abs. 1 Nr. 4 BauGB.

Beispiel: Schweinemastbetrieb.

Privilegierte Vorhaben sind genehmigungsfähig, sofern ihnen keine öffentlichen Belange entgegenstehen. Letzteres ist nur ausnahmsweise anzunehmen, so dass i. d. R. ein Genehmigungsanspruch besteht.

3.3.2 Nicht privilegierte Vorhaben

Andere als die in § 35 Abs. 1 BauGB genannten Vorhaben können nach § 35 Abs. 2 BauGB nur im Einzelfall zugelassen werden, wenn öffentliche Belange nicht beeinträchtigt werden. In § 35 Abs. 3 BauGB werden die zu berücksichtigenden Belange beispielhaft aufgezählt. Zumeist scheitern nicht privilegierte Vorhaben bereits an entgegenstehenden Darstellungen des Flächennutzungsplanes. Wenn dieser z. B. Flächen für die Landwirtschaft festsetzt, kann ein Wohngebäude ohne Bezug zu einem landwirtschaftlichen Betrieb nicht genehmigt werden. Belange des Naturschutzes und der Landschaftspflege sowie des Ortsbildes im Sinne von § 35 Abs. 3 Nr. 5 BauGB stehen ebenfalls einer Bebauung des Außenbereiches mit nicht privilegierten Vorhaben regelmäßig entgegen.

Hinsichtlich der Genehmigungsfähigkeit von Wohngebäuden im Umfeld von bereits vorhandenen Gebäuden, denen das nötige Gewicht für einen im Zusammenhang bebauten Ortsteil fehlt, ist § 35 Abs. 3 Nr. 7 BauGB zu beachten. Entscheidend ist, ob die Entstehung, Verfestigung oder Erweiterung einer Splittersiedlung zu befürchten ist. Dabei ist nicht jeder zusätzliche Baukörper schädlich. Andererseits darf keine Vorbildfunktion für eine weitere Zersiedlung des Außenbereiches entstehen. Ein zusätzliches Wohngebäude ist deshalb regelmäßig nur dann genehmigungsfähig, wenn mit ihm die bauliche Entwicklung der Splittersiedlung abgeschlossen ist oder jedenfalls die Zahl der zulässigen weiteren Gebäude sich in engen Grenzen hält.

3.3.3 Erweiterter Bestandsschutz

In einigen Fällen kann sich die weitgehende Unzulässigkeit insbesondere von Wohngebäuden im Außenbereich zu Lasten des betroffenen Eigentümers wie eine (Teil-)Enteignung auswirken. Zum Beispiel müsste die Genehmigung zur Nutzungsänderung eines früheren Bauernhofes zu „normalen“ Wohnzwecken versagt werden. Um solche Unbilligkeiten zu verhindern, sieht § 35 Abs. 4 BauGB einen erweiterten, aktiven Bestandsschutz vor. Unter engen Voraussetzungen ermöglicht § 35 Abs. 4 Satz 1 Nr. 1 BauGB die Umnutzung landwirtschaftlicher Gebäude zu Wohnzwecken. § 35 Abs. 4 Satz 1 Nr. 5 BauGB erlaubt die Erweiterung eines Wohngebäudes auf bis zu höchstens zwei Wohnungen. Eine Neuerrichtung u. a. nach Zerstörung oder wegen Baufälligkeit eines Gebäudes sehen § 35 Abs. 4 Satz 1 Nr. 2 u. 3 BauGB vor.

Die Besserstellung beschränkt sich allerdings nur auf bestimmte öffentliche Belange i. S. v. § 35 Abs. 3 BauGB. Unbeachtlich sind lediglich eine etwaige entgegenstehende Darstellung im Flächennutzungsplan oder im Landschaftsplan sowie eine Beeinträchtigung der natürlichen Eigenart der Landschaft und die Entstehung, Verfestigung oder Erweiterung einer Splittersiedlung. Zudem stellt § 35 Abs. 5 BauGB zusätzliche Anforderungen wie eine Rückbauverpflichtung nach Aufgabe der Nutzung und eine Sicherstellung der zweckentsprechenden Nutzung auf.

Die Gemeinde kann nach § 35 Abs. 6 BauGB durch eine Außenbereichssatzung weitere Bauflächen für Wohngebäude vorsehen. Diesen können dann die Darstellung im Flächennutzungsplan als Fläche für die Landwirtschaft oder Wald und der Vorwurf der Entstehung oder Verfestigung einer Splittersiedlung nicht entgegengehalten werden.

3.4 Gesicherte Erschließung

Weitere Genehmigungsvoraussetzung in den Fällen der §§ 30 bis 35 BauGB ist jeweils die gesicherte Erschließung des Bauvorhabens. Hiermit ist ein Anschluss an die Versorgungseinrichtungen (Wasser, Energie etc.) sowie an das öffentliche Straßennetz gemeint.

Beispiel: Führt eine Zufahrt zu einem Baugrundstück zwangsläufig über ein im fremden Eigentum stehendes Grundstück, ist diese Zufahrt durch eine Baulast und/oder Dienstbarkeit zu sichern.

Zur Sicherstellung der Erschließung kann es erforderlich sein, dass die Gemeinde eine neue Straße baut. Hierfür kann sie dann Erschließungsbeiträge erheben, so dass die Baukosten bis auf den mindestens 10%igen Gemeindeanteil von den Grundstückseigentümern entlang der Straße getragen werden müssen. Alternativ kann die Gemeinde die Herstellung der Erschließungsanlage durch einen Erschließungsvertrag auf einen Dritten übertragen, § 124 BauGB. Für die Gemeinde hat dies den Vorteil, dass ihr keine Kosten entstehen, da diese regelmäßig vollständig vom Dritten übernommen werden.

Grundsätzlich gibt es keinen Anspruch gegen die Gemeinde auf Herstellung der Erschließung, § 123 Abs. 3 BauGB. In besonderen Fallgestaltungen kann sich dennoch eine Verpflichtung der Gemeinde ergeben.

Beispiele:

- *Bei seit längerem rechtskräftigem Bebauungsplan und bauwilligem Grundstückseigentümer muss die Gemeinde die faktische Bausperre wegen der fehlenden Erschließung durch Herstellung der selbigen beseitigen.*
- *Die Gemeinde lehnt ein annehmbares Angebot auf Abschluss eines Erschließungsvertrages ab, § 124 Abs. 3 Satz 2 BauGB.*

Die Erschließung muss nicht bereits zum Zeitpunkt der Erteilung der Baugenehmigung oder des Baubeginns hergestellt sein. Ausreichend ist vielmehr die Prognose, dass sie zum Zeitpunkt der Aufnahme der Nutzung vorhanden sein wird.

3.5 Einvernehmen

Bei kleineren Gemeinden ist nicht die Gemeinde selbst, sondern die nächsthöhere Gebietskörperschaft, z. B. der Kreis, Baugenehmigungsbehörde. Für die Aufstellung von Bebauungsplänen ist auch in diesen Fällen die Gemeinde zuständig. Aufgrund des Auseinanderfallens dieser Zuständigkeiten muss sichergestellt sein, dass die Baugenehmigungsbehörde nicht gegen etwaige planerische Absichten der Gemeinde eine Baugenehmigung erteilt. Zu diesem Zwecke sieht § 36 BauGB vor, dass die Baugenehmigungsbehörde in den Fällen der §§ 31, 33 bis 35 BauGB die Baugenehmigung nur im Einvernehmen mit der Gemeinde erteilen darf. Diese muss also ausdrücklich ihre Zustimmung geben. Demgegenüber ist die Gemeinde im Falle eines Genehmigungsanspruches nach § 30 BauGB lediglich von dem Bauantrag zu unterrichten.

Die Gemeinde darf ihr Einvernehmen nach § 36 Abs. 2 Satz 1 BauGB nur aus planungsrechtlichen Gründen, also wegen Nichtvorliegens der Voraussetzungen der §§ 31, 33, 34 oder 35 BauGB, verweigern. Wird das Einvernehmen rechtswidrig nicht erteilt, kann nach § 36 Abs. 2 Satz 3 BauGB die nach Landesrecht zuständige Behörde das Einvernehmen ersetzen.

Das Einvernehmen und seine Ersetzung sind rein verwaltungsinterne Abläufe, auf die der Bauherr keinen Einfluss ausüben kann. Wird sein Bauantrag wegen der Versagung des Einvernehmens abgelehnt, muss er die Baugenehmigungsbehörde auf Erteilung der Baugenehmigung verklagen und nicht etwa die Gemeinde auf Erteilung des Einvernehmens.

4 Rechtsschutz

4.1 Rechtsschutz des Bauherrn

Lehnt die Baugenehmigungsbehörde einen Antrag auf Erlass eines Bauvorbescheides oder Erteilung einer Baugenehmigung ab, kann sich der Bauherr hiergegen innerhalb einer Frist von einem Monat ab Zustellung der Ablehnung zur Wehr setzen. In einigen Bundesländern ist ein an die Baugenehmigungsbehörde zu richtender Widerspruch der richtige Rechtsbehelf. Wenn der Widerspruch zurückgewiesen wird, bleibt dem Bauherrn eine Verpflichtungsklage auf Erteilung der Baugenehmigung beim Verwaltungsgericht. Die Klage ist innerhalb eines Monats nach Zustellung des Widerspruchsbescheides zu erheben. In anderen Bundesländern wie z. B. NRW und Bayern ist das Widerspruchsverfahren abgeschafft worden mit der Folge, dass gegen den ablehnenden Bescheid direkt innerhalb der Monatsfrist Klage beim Verwaltungsgericht eingereicht werden muss.

Wird die Ablehnung eines Bauantrages/einer Bauvoranfrage wegen Ablaufes der Widerspruchs-/Klagefrist bestandskräftig, ist damit nicht endgültig für alle Zeiten das Vorhaben abgelehnt. Vielmehr steht es dem Bauherrn frei, jederzeit einen inhaltsgleichen Bauantrag neu zu stellen.

4.2 Rechtsschutz des Nachbarn

Ein Nachbar kann sich gegen die dem Bauherrn erteilte Baugenehmigung wehren, wenn er durch diese in eigenen Rechten verletzt ist.

4.2.1 Rechtsbehelfe

In den Bundesländern, in denen das Widerspruchsverfahren noch existiert, muss der Nachbar Widerspruch einlegen. Bei Ablehnung des Widerspruches ist eine Anfechtungsklage beim Verwaltungsgericht einzulegen. Die Anfechtungsklage ist in den Bundesländern, in denen das Widerspruchsverfahren abgeschafft ist, direkt zu erheben.

Für den Widerspruch oder die Anfechtungsklage läuft nur dann eine Monatsfrist, wenn die Baugenehmigung dem Nachbarn durch die Baugenehmigungsbehörde zugestellt worden ist. Erlangt er auf andere Art und Weise von dem Vorhaben Kenntnis, insbesondere durch den Baubeginn, besteht keine Bindung an eine bestimmte Frist. Allerdings können Nachbarrechte verwirken. Üblicherweise wird Verwirkung nach ca. einem Jahr ab Kenntnis von dem konkreten Bauvorhaben angenommen. Wird ein Widerspruch zurückgewiesen, muss innerhalb eines Monats geklagt werden.

4.2.2 Verletzung von Nachbarrechten

Auf den Rechtsbehelf des Nachbarn wird die Baugenehmigung nicht insgesamt auf ihre Rechtmäßigkeit überprüft. Einem Nachbarn steht kein Recht auf Einhaltung solcher gesetzlicher Regelungen zu, die allein städtebaulich motiviert sind. Deshalb hat sein Widerspruch bzw. seine Klage nur Erfolg, wenn die Baugenehmigung nicht nur rechtswidrig ist, sondern ihn in eigenen Rechten verletzt. Es ist deshalb zu ermitteln, ob die Baugenehmigung gegen eine Vorschrift verstößt, die zumindest auch den nachbarlichen Interessen zu dienen bestimmt ist.

Typische Beispiele für eine nachbarschützende Vorschrift sind die Abstandsflächenregelungen und das in § 15 BauNVO zum Ausdruck kommende Rücksichtnahmegebot. Des Weiteren hat ein Nachbar einen Anspruch auf Wahrung des Gebietscharakters des jeweiligen Baugebietes.

Beispiel: Wenn in einem allgemeinen Wohngebiet ein emittierender Gewerbebetrieb genehmigt wird, verletzt dies den Nachbarn in eigenen Rechten.

Im Anwendungsbereich des § 34 BauGB kommt dem Merkmal des „Einfügens" dann eine subjektiv rechtliche Komponente zu, wenn sich das Vorhaben nicht einfügt und hierdurch das Rücksichtnahmegebot verletzt wird. Zudem ist auch bei Vorliegen eines faktischen Baugebietes der Gebietscharakter zu wahren.

Wichtig ist, dass die Vorschriften zum Maß der baulichen Nutzung und zur überbaubaren Grundstücksfläche regelmäßig nicht drittschützend sind.

Beispiel: Einem Nachbarn steht kein Abwehrrecht gegen ein Überschreiten einer Baulinie oder einer Befreiung von der festgesetzten Vollgeschosszahl zu.

Etwas anderes gilt nur dann, wenn sich aus den Aufstellungsvorgängen zum Bebauungsplan der Wille der planenden Gemeinde ergibt, dass die fragliche Festsetzung Drittschutz vermitteln soll. Relevant ist hierfür insbesondere die Begründung zum Bebauungsplan.

Als klagebefugter Nachbar ist zudem regelmäßig nur der Eigentümer eines angrenzenden Grundstückes anzusehen, da bei größerer Entfernung zumeist eine Verletzung in eigenen Rechten ausscheidet. Nur bei der Abwehr von Immissionen durch das Bauvorhaben oder hinsichtlich des Anspruches auf Erhaltung der Eigenart des Baugebietes ist der Kreis der Nachbarn weiter zu ziehen.

4.2.3 Eilverfahren

Während eines Widerspruchs- oder Klageverfahrens durch einen Nachbarn kann der Bauherr das Vorhaben dennoch realisieren, da der Rechtsbehelf keine aufschiebende Wirkung entfaltet (§ 212a BauGB). Allerdings baut der Bauherr auf eigenes Risiko und muss im Falle eines Obsiegens des Nachbarn damit rechnen, dass er sein Vorhaben wieder zurückbauen oder so umplanen muss, dass keine Nachbarrechtsverletzung mehr vorliegt. Will der Nachbar einen Baustopp erreichen, muss er zusätzlich zum Widerspruchs-/Klageverfahren einen Eilantrag nach § 80 Abs. 5 VwGO beim Verwaltungsgericht stellen.

4.3 Bebauungsplan

Gegen einen Bebauungsplan kann ein Normenkontrollantrag gemäß § 47 VwGO gestellt werden. Hierfür ist in erster Instanz das Oberverwaltungsgericht/der Verwaltungsgerichtshof zuständig. Der Antrag ist innerhalb eines Jahres nach Inkrafttreten des Bebauungsplanes einzureichen. Zulässigkeitsvoraussetzung ist, dass sich der jeweilige Antragsteller im Rahmen der Öffentlichkeitsbeteiligung geäußert hat. Des Weiteren muss der Antragsteller durch den Bebauungsplan möglicherweise in eigenen Rechten verletzt sein. Es muss also keine subjektive Rechtsverletzung feststehen, sondern lediglich in Frage kommen. Dies ist auf jeden Fall bei einem Eigentümer zu bejahen, dessen Grundstück im Geltungsbereich des Bebauungsplanes gelegen ist. Bei anderen Eigentümern kann sich die Möglichkeit einer subjektiven Rechtsverletzung in erster Linie aus einer Immissions-/Verkehrszunahme infolge der Realisierung des Bebauungsplanes ergeben.

Im Rahmen der Begründetheit des Normenkontrollantrages prüft das OVG/der VGH die Rechtmäßigkeit des Bebauungsplanes umfassend. Der Bebauungsplan wird also bereits dann für unwirksam erklärt, wenn gegen irgendeine Rechtsvorschrift verstoßen worden ist, ohne dass es auf eine subjektive Rechtsverletzung des Antragstellers ankommt.

Die Stellung eines Normenkontrollantrages hindert die Gemeinde nicht daran, den Bebauungsplan durch Erteilung von Baugenehmigungen umzusetzen. Will der Antragsteller eine vorläufige Außervollzugsetzung des Bebauungsplanes erreichen, muss er einen entsprechenden Eilantrag nach § 47 Abs. 6 VwGO an das OVG/den VGH stellen. Für dessen Erfolg kommt es aber anders als beim Hauptsacheverfahren allein darauf an, ob der Antragsteller durch den Vollzug des Bebauungsplanes in eigenen Rechten verletzt wird.

7 B Werkvertrag und HOAI

Grundlagen und Vertragsgestaltung, Honorarmanagement und Vertragskündigung

Rechtsanwalt Dr. M.-Maximilian Lederer
(Partner in der Kanzlei Kapellmann und Partner, Düsseldorf, Lehrbeauftragter für Bauvertrags- und Ingenieurvertragsrecht an der Ruhr-Universität Bochum)

Überblick HOAI 2013

Nur ca. vier Jahre nach Inkrafttreten der letzten HOAI-Novelle hat der Bundesrat am 07.06.2013 der siebten Änderung der Honorarordnung für Architekten und Ingenieure zugestimmt, die einen Tag nach deren Verkündung im Bundesgesetzblatt am 17.07.2013 in Kraft getreten ist. Anlass und Zielsetzung der neuen HOAI waren:

- Honorarerhöhung für die Architekten und Ingenieure: Die Tafelendwerte wurden, nachdem sie bereits 2009 pauschal um 10 % erhöht wurden, nochmals um rund 17 % gegenüber der HOAI 2009 angehoben. Mit der nochmaligen Honorarerhöhung einhergehend wurden die Leistungsbilder je nach Planungsleistung unterschiedlich stark erweitert, woraus sich ein geänderter Planungsaufwand für die aktualisierten Leistungsbilder ergibt, der u.a. als Begründung für die Honorarerhöhungen angeführt worden ist. An der bereits mit der HOAI 2009 eingeführten Deregulierung der Beratungsleistungen, wie überhaupt an dem systematischen Aufbau der HOAI mit seinen diversen Anlagen, wurde auch in der HOAI 2013 festgehalten.
- Wie bereits in den vorangegangenen Altfassungen der HOAI hat der Verordnungsgeber abermals versäumt, die Grundleistungen der einzelnen Leistungsbilder prozentual zu bewerten. Die Parteien werden deshalb wie bisher weiterhin gezwungen sein, solche Grundleistungsbewertungstabellen vertraglich zu vereinbaren, damit einerseits bei nicht vollständiger Beauftragung aller Grundleistungen die Herleitung des Minderhonorars nachvollziehbar ist und andererseits im Falle der vorzeitigen Beendigung des Architekten- oder Ingenieurvertrages eine nachvollziehbare Abrechnung der erbrachten Leistungen von den infolge der Kündigung nicht erbrachten, aber beauftragten Leistungen möglich ist.
- Die HOAI gilt weiterhin nur für die eigentlichen Planungsleistungen, während Honorare für sogenannte Beratungsleistungen in der Anlage 1 unverbindlich geregelt sind. Hiervon betroffen sind die Leistungsbilder der Umweltverträglichkeitsstudie, der Bauphysik (bestehend aus den Grundleistungen Wärmeschutz und Energiebilanzierung, Bauakustik (Schallschutz) und Raumakustik), Geotechnik sowie Ingenieurvermessung. Die Honorare für diese Leistungen können frei vereinbart werden. Wird keine Honorarvereinbarung zwischen den Parteien für diese Leistung getroffen, tritt an deren Stelle die übliche Vergütung gem. §§ 612 Abs. 2, 632 Abs. 2 BGB.
- Reine Inländer-HOAI: § 1 HOAI 2013 regelt weiterhin, dass die HOAI nur auf Auftragnehmer mit Sitz im Inland anzuwenden ist, soweit die Leistungen vom Inland aus erbracht werden. Ein beispielsweise in England ansässiges Büro kann folglich einen Planungsauftrag in Düsseldorf annehmen, ohne an die Mindest- und Höchstsätze der HOAI gebunden zu sein. Die Bundesregierung sah sich bereits 2009 gezwungen, eine entsprechende Regelung in die HOAI aufzunehmen, um den Anforderungen der Europäischen Dienstleistungsrichtlinie in Bezug auf die dort geregelte Niederlassungs- und Dienstleistungsfreiheit gerecht zu werden.
- § 3 Abs. 2 Satz 2 HOAI 2009, mit dem seinerzeit der Begriff der anderen Leistungen eingeführt wurde und zusammen mit § 7 Abs. 5 HOAI 2009 die Grundlage für das „Nachtragsmanagement“ bei den Architekten- und Ingenieurverträgen zu legen schien, wurde in Bezug auf die anderen Leistungen ersatzlos gestrichen und im Übrigen in § 10 HOAI 2013 überführt.
- Die in der HOAI 2009 herausgenommene Regelung zum angemessenen Umfang der Berücksichtigung mitzuverarbeitender Bausubstanz bei den anrechenbaren Kosten wurde in § 4 Abs. 3 HOAI 2013 wieder eingeführt. Danach ist der Umfang der mitzuverarbeitenden Bausubstanz bei den anrechenbaren Kosten angemessen zu berücksichtigen. Umfang und Wert der mitzuverarbeitenden Bausubstanz sind spätestens zum Zeitpunkt der Kostenberechnung objektbezogen zu ermit-

teln und schriftlich zu vereinbaren. Im Gegenzug zur wieder eingeführten mitzuverarbeitenden Bausubstanz wurde die prozentuale Höhe des Umbauschlages von bis zu 80 % des Honorars gem. § 35 Abs. 1 Satz 1 HOAI 2009 auf nunmehr bis 33 % bei Gebäuden gemäß § 36 Abs. 1 HOAI 2013 bzw. bis 50 % bei Innenräumen gemäß § 36 Abs. 2 HOAI 2013 jeweils bei durchschnittlichem Schwierigkeitsgrad verringert. Zugleich setzen nunmehr Umbauten gem. § 2 Abs. 5 HOAI 2013 tatbestandlich voraus, dass es sich um Umgestaltungen mit wesentlichen Eingriffen in die Konstruktion oder Bestand handelt. Der Umbau- und Modernisierungszuschlag ist gemäß § 6 Abs. 2 S. 2 HOAI 2013 unter Berücksichtigung des Schwierigkeitsgrads der Leistungen schriftlich bei Auftragserteilung zu vereinbaren. Letzteres folgt aus § 7 Abs. 1 HOAI 2013. § 6 Abs. 2 S. 3 HOAI 2013 stellt klar, dass die Höhe der prozentualen Wertspanne jeweils in den Teilen 3 und 4 der HOAI für die jeweiligen dortigen Leistungsbilder separat geregelt ist. Die unwiderlegliche Vermutung gemäß § 6 Abs. 2 S. 4 HOAI 2013, wonach ein Zuschlag von 20 % ab einem durchschnittlichen Schwierigkeitsgrad vereinbart ist, greift, wenn die Vertragsparteien keine andere schriftliche Vereinbarung bei Auftragserteilung getroffen haben. Mit der Formulierung „ab einem durchschnittlichen Schwierigkeitsgrad“ hat der Verordnungsgeber klargestellt, dass diese Vermutung auch für Fälle hoher oder sehr hoher Planungsanforderungen greift. Einen Mindestwert sieht § 6 Abs. 2 S. 4 HOAI 2013 indes nicht vor. Die Höhe des Zuschlags kann bei Auftragserteilung frei vereinbart werden. Es steht den Vertragsparteien wie bisher bei der HOAI 2009 weiterhin frei, bei Auftragserteilung auch einen Zuschlag von weniger als 20 % zu vereinbaren. Bei den Fällen sehr geringer oder geringer Planungsanforderungen entfällt der Umbauzuschlag ganz, es sei denn die Parteien haben bei Auftragserteilung schriftlich etwas anderes vereinbart. Das Zusammenspiel über die gemäß § 4 Abs. 3 HOAI 2013 erfolgende Mitberücksichtigung der mitzuverarbeitenden Bausubstanz bei den anrechenbaren Kosten mit dem Zuschlag nach § 6 Abs. 2 Nr. 5 HOAI 2013 führt dazu, dass beide Faktoren kumulativ zu einer Erhöhung des Honorars führen können. Der Verordnungsgeber hat hierdurch dem Umstand Rechnung tragen wollen, dass der Auftragnehmer beim Bauen im Bestand nicht schlechter gestellt wird, als beim Neubau (einerseits); im Übrigen wollte er den besonderen Anforderungen beim Umbau/Modernisieren von Bestandsobjekten durch einen entsprechenden Zuschlag Rechnung tragen (andererseits).

- Baukostenberechnungsmodell: Auch die HOAI 2013 hält an dem mit der HOAI 2009 eingeführten Baukostenberechnungsmodell fest. Gem. § 6 Abs. 1 Nr. 1 HOAI 2013 erfolgt die Honorarermittlung damit weiterhin einheitlich für alle Leistungsphasen nach den anrechenbaren Kosten des Objektes auf der Grundlage der Kostenberechnung. Kostenanschlag und Kostenfeststellung gehören zwar noch zu den geschuldeten Leistungen des Planers, sofern er mit den entsprechenden Leistungsphasen beauftragt ist, die diesbezüglichen Kostenermittlungen sind allerdings für die Honorarermittlung irrelevant.
- Baukostenvereinbarung: Gem. § 6 Abs. 3 HOAI 2013 kann zu Anfang des Planungsstadiums, wenn noch keine Planung als Voraussetzung für eine Kostenschätzung oder Kostenberechnung vorliegt, schriftlich vereinbart werden, dass das Honorar auf der Grundlage der anrechenbaren Kosten einer Baukostenvereinbarung berechnet wird. Voraussetzung hierfür ist allerdings weiter, dass in dieser Vereinbarung die nachprüfbaren Baukosten einvernehmlich festgelegt werden. Damit eine Baukostenvereinbarung überhaupt geeignet ist, um aus ihr heraus die anrechenbaren Kosten für die Honorarermittlung des Planers zu ermitteln, ist eine Differenzierung nach den Kosten der Baukonstruktion und denjenigen der Technischen Anlage sowie nach den nicht anrechenbaren Kosten notwendig. Eine solche Vereinbarung gilt immer nur zwischen den Parteien („inter partes“), so dass der Fachingenieur nicht an eine Baukostenvereinbarung zwischen Auftraggeber und Objektplaner gebunden ist. Damit die im Rahmen der Baukostenvereinbarung vereinbarten Baukosten das Kriterium der Nachprüfbarkeit erfüllen, müssen sich diese an vergleichbaren Referenzobjekten oder einer Bedarfsplanung etwa auf Basis der DIN 18205 ermitteln lassen.
- Stundensätze: Es bleibt bei der Streichung der verbindlichen Stundensätze, die noch § 6 HOAI 2002 vorsah. Ohnehin hatte der BGH (BGH, NZBau 2009, 450) längst entschieden, dass die in § 6 HOAI 2002 geregelten Stundensätze nicht dem Mindestsatzgebot unterliegen, sondern frei vereinbart werden können, wenn dies schriftlich bei Auftragserteilung im Rahmen der durch § 15 HOAI 2002 festgelegten Mindest- und Höchstsätze erfolgte.
- Bonus-Malus-Regelungen: Bei der bereits mit der HOAI 2009 neu eingeführten Bonus-Malus-Regelung ist es im Ergebnis verblieben. Gemäß § 7 Abs. 6 HOAI 2013 kann für Planungsleistungen, die technisch-wirtschaftliche oder umweltverträgliche Lösungsmöglichkeiten nutzen und zu

einer wesentlichen Kostensenkung ohne Verminderung des vertraglich festgelegten Standards führen, ein Erfolgshonorar schriftlich vereinbart werden von bis zu 20 % des vereinbarten Honorars. Für den Fall, dass schriftlich festgelegte anrechenbare Kosten überschritten werden, kann ein Malushonorar i.H.v. bis zu 5 % des Honorars schriftlich vereinbart werden.

- Neu eingeführt wurde in § 10 Abs. 2 HOAI 2013 eine Regelung zur Honorierung von Grundleistungen, über deren Wiederholung sich die Vertragsparteien geeinigt haben, ohne dass sich dadurch anrechenbare Kosten oder Flächen ändern. Die zu wiederholenden Grundleistungen sind auf der Grundlage einer schriftlichen Vereinbarung entsprechend ihrem Anteil an der jeweiligen Leistungsphase zu honorieren. In diesem Zusammenhang bleibt es dabei, dass die im Rahmen der Leistungsbilder enthaltene Darstellung und Bewertung von Varianten keine wiederholt zu erbringende Grundleistung darstellt (vgl. Amtliche Begründung zur Drucksache 334/13, Seite 143).
- In § 12 HOAI 2013 ist nunmehr das Thema Instandsetzung und Instandhaltung in den Allgemeinen Teil überführt worden. Die bisher in § 36 HOAI 2009 enthaltene Regelung bezieht sich nunmehr allgemein auf Objekte i.S.v. § 2 Abs. 1 HOAI 2013 und ist daher richtigerweise dem Allgemeinen Teil der HOAI zugeordnet worden. Inhaltlich bleibt die Vorschrift unverändert.
- § 15 Abs. 1 HOAI 2013 enthält nunmehr als Fälligkeitskriterium für das Honorar die Abnahme der geschuldeten Leistung neben der prüffähigen Honorarschlussrechnung. Bislang war es jedenfalls nach herrschender Meinung so, dass die Abnahme der Leistungen im Gegensatz zu den Vorschriften des Bürgerlichen Gesetzbuches zum Werkvertragsrecht keine Fälligkeitsvoraussetzung für die Schlussrechnung der Architekten und Ingenieure war.
- In § 37 Abs. 2 HOAI 2013 wird die Regelung des § 25 Abs. 1 HOAI 2002 wieder aufgenommen, wonach die getrennte Honorarberechnung gemäß § 11 Abs. 1 S. 1 HOAI 2013 nicht greift, wenn derselbe Auftragnehmer für ein Objekt sowohl Gebäude- als auch Innenraumleistungen erbringt. Diese Regelung soll eine Mehrfachhonorierung vermeiden helfen. Etwaige erhöhte Anforderungen sind im Rahmen der für die Grundleistungen am Gebäude festgesetzten Mindest- und Höchstsätze zu berücksichtigen.

1 Vertragsgestaltung und Honorarsicherung bei Architekten-/Ingenieurverträgen

1.1 Rechtsnatur von Architekten- und Ingenieurverträgen – Werk- oder Dienstvertrag?

Die Frage nach der Rechtsnatur von Architekten- und Ingenieurverträgen ist von erheblicher Bedeutung für Vergütungs- und Haftungsfragen.

In Betracht kommt die Einordnung als Werk- oder Dienstvertrag.

Bei Werkverträgen schuldet der Auftragnehmer einen Erfolg; bei Dienstverträgen schuldet er eine Tätigkeit/Bemühen, unabhängig von dem Eintritt eines bestimmten Erfolges.

Hiervon ausgehend ist selbstverständlich das Gewährleistungs- und Haftungsrecht völlig verschieden.

Bei Werkverträgen steht man im Rahmen der Gewährleistung verschuldensunabhängig für den Eintritt des Erfolges während der Gewährleistungsfristen (grundsätzlich 2 Jahre, bei Bau- und Planerverträgen für Bauwerke 5 Jahre) ein.

Bei Dienstverträgen fehlt es an einem vergleichbaren Gewährleistungsrecht, da kein Erfolg geschuldet ist.

Für die Haftung im Dienstvertragsrecht, soweit sie in Betracht kommt, gilt die regelmäßige Verjährungsfrist (gem. § 195 BGB 3 Jahre).

Völlig unterschiedlich sind weiter die Voraussetzungen, unter denen der Anspruch auf die vereinbarte Vergütung entsteht. Beim Werkvertragsrecht ist die Vergütung abhängig von der (mängelfreien) Erfüllung der vertraglich geschuldeten Leistung, beim Dienstvertragsrecht wird die Vergütung für die geleisteten Dienste (Tätigkeit) erbracht. Ebenfalls unterschiedlich geregelt sind Kündigung und Kündigungsfolgen.

Insoweit wird auf die Abb. 7.26 verwiesen.

	Werkvertrag	Dienstvertrag
• Erfolgshaftung	+	–
• Gewährleistung	Mängelbeseitigung ohne Verschulden	–
• Haftung/Schadensersatz	fehlender Erfolgseintritt und Verschulden	unsorgfältige Erfüllung der übernommenen Tätigkeiten + Verschulden
• Verjährungsfrist	2 Jahre / 5 Jahre	3 Jahre
• Vergütung	abhängig von der Erbringung des geschuldeten Erfolges	Erbringen der vereinbarten (erfolgsunabhängigen) Tätigkeit
• Vertragsbeendigung	Kündigung bei Beibehaltung des Werklohnanspruchs, § 649 S. 2 BGB	Kündigung gemäß vertraglichen oder gesetzlichen Kündigungsfristen

Abb. 7.26 Rechtsnatur von Architekten-/Ingenieurverträgen

1.2 Die herrschende Meinung zur Einordnung von Architekten- und Ingenieurverträgen als Werk- oder Dienstvertrag

Die herrschende Meinung nimmt überwiegend an, dass es sich bei Architekten- und Ingenieurverträgen um Werkverträge handelt (ständige Rechtsprechung seit BGHZ 31, 224).

Maßgeblich getragen wird dieses Ergebnis von der Überlegung, dass der Architekt/Ingenieur die Bau-/Anlagenerrichtung planerisch bis zum Ende = Erfolg (Fertigstellung des Baues/der Anlage) begleitet.

Der Architekt/Ingenieur schuldet im Rahmen der ihm übertragenen Planungsaufgaben alle notwendigen planerischen Leistungen, damit der Bau/die Anlage mängelfrei errichtet wird.

Insoweit ist es nur folgerichtig und konsequent, dass die Leistung des Architekten/Ingenieurs seinem Kerngehalt nach erfolgsbezogen und nicht lediglich tätigkeitsbezogen qualifiziert wird.

Dabei ist die schlussendliche Errichtung des Baues/der Anlage nur der letzte von mehreren bereits vorher zu erzielenden Erfolgen, die der Architekt/Ingenieur (bei Vollbeauftragung) schuldet. Zur Errichtung des Bauvorhabens muss der Architekt/Ingenieur Teilerfolge erbringen, und zwar:

- Erstellung eines die Vorstellung des AG in architektonischer wie kostenmäßiger Hinsicht umsetzenden Entwurfes
- Einholung der notwendigen behördlichen Genehmigungen (Baugenehmigung etc.)
- Durchführung der für die Bauerrichtung notwendigen Vergaben/Beauftragungen von Werkunternehmern
- Überwachung der Bauerrichtung auf Übereinstimmung mit den planerischen Vorgaben und auf Mängelfreiheit
- Erstellung der Dokumentation.

Hiervon ausgehend wird in ständiger Rechtsprechung der Architekten- und Ingenieurvertrag werkvertraglich qualifiziert, wenn

- das volle Leistungsbild übertragen wird (Vollarchitektur, vgl. BGHZ 45, 372),
- der Architekt beginnend mit der Vorbereitung der Vergabe oder lediglich mit der Objektüberwachung beauftragt wird (BGHZ 62, 204 sowie BGH, BauR 1982, 79).

Lediglich dann, wenn der beauftragte Architekt/Ingenieur zu Planungsleistungen eines Dritten oder des Auftraggebers unterstützende Leistungen erbringt (z. B. im Rahmen des Entwurfs oder der Koordinierung), für die Herbeiführung des Erfolges also der Auftraggeber selber oder ein Dritter letztendlich verantwortlich ist, wird man einen Dienstvertrag annehmen können.

1.3 Die wesentlichen Konsequenzen der werkvertraglichen Einordnung von Architekten- und Ingenieurverträgen

Der Architekt/Ingenieur schuldet zu der vereinbarten Vergütung die Herbeiführung des nach dem Vertrag geschuldeten Erfolges.

In dieser Aussage stecken bereits die wesentlichen Elemente und damit Konsequenzen aus der werkvertraglichen Einordnung von Architekten- und Ingenieurverträgen:

- Die Herbeiführung des Werkerfolges ist für die Erfüllung des Vertrages entscheidend, nicht der dafür notwendige Aufwand. Der Aufwand für die Herbeiführung des Werkerfolges kann gering oder sehr hoch sein. In beiden Fällen bleibt das Honorar der Architekten/Ingenieure grundsätzlich unverändert. Eine Aufwandsbeschränkung findet in den Gebührentatbeständen der HOAI nicht statt. Das ist der Grund, warum dem Architekten/Ingenieur, dem die Vollplanung übertragen worden ist, kein Vergütungsanspruch zusteht, wenn er keine genehmigungsfähige Planung in der Lage ist zu erstellen (vgl. OLG Düsseldorf, BauR 1997, 159 ff.) oder aber die Planung des Architekten/Ingenieurs den vom Auftraggeber verbindlich vorgegebenen Kostenrahmen nicht einhält (vgl. OLG Düsseldorf, IBR 1997, 509).
- Der geschuldete Werkerfolg wird durch den Vertrag definiert. Im Bauvertragsrecht sprechen wir insoweit von Bausoll; bei Planerverträgen würde es sich anbieten, vom **Planungssoll** zu sprechen.
- Das Planungssoll wird von den Parteien gemäß den vertraglichen Festlegungen definiert. Zu diesem Zweck muss der Vertrag zur Ermittlung des Planungssolls ausgelegt werden. Es gelten die allgemeinen Auslegungsgrundsätze, insbesondere das Totalitätsprinzip, d. h. der Grundsatz, wonach alle vertraglichen Unterlagen und Umstände, unter denen der Vertrag geschlossen wurde, zur Ermittlung und Auslegung des Vertrages heranzuziehen sind. Die HOAI ist dabei allenfalls nachrangig zu berücksichtigen, da sie als Preisrecht ausschließlich für die Honorierung von Planungs- und Ingenieurleistungen einschlägig ist.

Werkleistung/BGB	Honorar/HOAI
• Maßgeblich für die Feststellung, ob überhaupt Vergütung geschuldet.	• Maßgeblich für die Vereinbarung zur Höhe des Honorars (Mindest-Höchstsätze; Schriftform).
• Entstehung des Honoraranspruchs Maßgeblich allein die Erfüllung des Planungssolls.	• Aufwandsunabhängige Leistung, bis Planungssoll erreicht ist.
• Erbringung des Planungssolls in abnahmereifer Form (d. h. mängelfrei). Anerkannte Regeln der Technik stellen dabei nur den Mindeststandard der Vertragsgerechtigkeit des Planungssolls dar (BGH BauR 1995, 230).	• Lediglich subsidiäre Geltung der Leistungskataloge der HOAI zur Ermittlung der geschuldeten Leistung.
• Gemäß werkvertraglichen Grundsätzen verschuldensunabhängige Haftung zur Erzielung des Planungssolls.	• Fälligkeit des Honorars: Abnahme der Leistungen und prüffähige Rechnung unter Beachtung vor allem von § 4 HOAI (DIN 276!).

Abb. 7.27 Folgen der werkvertraglichen Einordnung von Architekten- und Ingenieurverträgen

1.4 Elemente der Geschäftsbesorgung in Architekten- und Ingenieurverträgen

Neben der Herbeiführung des sich über das vertragliche Planungssoll definierenden Werkerfolges schuldet der Architekt/Ingenieur auch geschäftsbesorgende Tätigkeiten.

Hierzu gehören Aufklärungs- und Beratungspflichten, die abhängig von dem zu planenden Objekt und der Person des Auftraggebers (Projekterfahrenheit des Auftraggebers) sind. Soweit der Architekt/Ingenieur vertragsgemäß die Pflichten des AG gegenüber Dritten wahrnimmt, ist er Sachwalter der Interessen des Auftraggebers.

Zu den Sachwalterpflichten gehören:

- Beratung des AG zur Notwendigkeit der Einschaltung von Sonderfachleuten gemäß den objektspezifischen Notwendigkeiten: wichtig bei der Frage, ob Bodengutachter, Fassadenplaner, Bauakustiker, Schnittstellenkoordinatoren etc. beauftragt werden sollen. Wird mangels Empfehlung des Architekten/Ingenieurs ein objektiv notwendiger Sonderfachmann nicht eingeschaltet, haftet der Architekt/Ingenieur für Mängel in der Planung/Bauerrichtung, die durch Einschaltung des Sonderfachmanns vermieden worden wären, dem AG auf Schadensersatz.
- Beratung des AG über die Art der Bauvergabe (z. B. GU-Vergabe gegenüber Einzelvergabe) und Auswahl der Bauhandwerker

- Belehrung über Eigenschaften und Risiken neuer/alternativer Baustoffe oder Baukonstruktionsverfahren
- Beratung des AG im Bereich der Kostenverfolgung/-deckelung
- Berücksichtigung vertragsrechtlicher Interessen des AG bei Abfassung von Bauverträgen für den AG (z. B. bei den Verjährungsfristen)
- Beratung zur Erlangung öffentlicher Fördermittel
- Berücksichtigung von Nachbarrechtsverhältnissen
- Beratung und Durchsetzung der auftraggeberseitigen Interessen vor, bei und nach der Abnahme von Werkleistungen
- Maßnahmen und Beratung zur Verfolgung und Durchsetzung der Mängelbeseitigungsansprüche (z. B. bei drohendem Ablauf der Gewährleistungsfristen, Einschaltung eines Anwalts zur Einleitung verjährungsunterbrechender Maßnahmen).

1.5 Der Abschluss von Architekten- und Ingenieurverträgen

1.5.1 Formvorschriften, Kopplungsverbot

a) Form des Architektenvertrages

Der Architektenvertrag bedarf ebenso wie jeder gewöhnlicher Werkvertrag (s. o.) keiner bestimmten Form; d. h., er kann auch **mündlich** wirksam abgeschlossen werden.

Allerdings wird über § 7 HOAI für den Teil des Architektenvertrages, der die Vereinbarung des Honorars betrifft, eine bestimmte Form vorgeschrieben. § 7 HOAI lautet:

> *„Vereinbarung des Honorars*
>
> *(1) Das Honorar richtet sich nach der schriftlichen Vereinbarung, die die Vertragsparteien bei Auftragserteilung im Rahmen der durch diese Verordnung festgesetzten Mindest- und Höchstsätze treffen.*
>
> ...
>
> *(5) Sofern nicht bei Auftragserteilung etwas anderes schriftlich vereinbart worden ist, wird unwiderruflich vermutet, dass die jeweiligen Mindestsätze gemäß Absatz 1 vereinbart sind."*

Nach § 7 HOAI kann eine von den Mindestsätzen der HOAI abweichende Vereinbarung des Honorars folglich nur

- schriftlich und
- bei Auftragserteilung getroffen werden.

Um der Schriftform als Voraussetzung einer wirksamen, die Mindestsätze der HOAI überschreitenden Honorarvereinbarung zu genügen, ist es in jedem Fall (selbstverständlich) ausreichend,

> wenn die Vertragsparteien die Vereinbarung über das Honorar eigenständig unterschreiben (OLG Köln, BauR 1986, 467).

Eine Vertragsurkunde mit beiden Unterschriften der Vertragsparteien ist dabei nicht notwendig. Es reicht aus, wenn jede Partei die für die andere Partei bestimmte Vertragsurkunde unterzeichnet (§ 126 Abs. 2 Satz 2 BGB).

Nicht ausreichend ist es, wenn eine Vertragspartei lediglich die Honorarvereinbarung schriftlich, sei es durch einseitige Auftragsbestätigung oder durch kaufmännisches Bestätigungsschreiben, „bestätigt" (BGH, BauR 1989, 222). Selbst wenn die eine Vertragspartei ein schriftliches Angebot macht und die andere Seite schriftlich bestätigt, soll dies nach Auffassung des BGH (BauR 1994, 131) nicht ausreichend sein, um der Schriftformvoraussetzung zu genügen (hiergegen zu Recht Locher/Koeble/Frik, Kommentar zur HOAI, 9. Aufl., § 4, Rn. 28).

Handlungsempfehlung:

Bei der strengen Auslegung des Schriftformerfordernisses einer Honorarvereinbarung gibt es nur eine richtige, weil sichere Vorgehensweise:

Die schriftlich zu fertigende Honorarvereinbarung muss von beiden Parteien auf derselben Urkunde gegengezeichnet werden.

Folge einer unwirksamen Honorarvereinbarung:

Ist dem Schriftformerfordernis nicht Genüge getan, so ist die Honorarvereinbarung unwirksam. Es gelten gemäß der unwiderleglichen Vermutung von **§ 7 Abs. 5 HOAI** die jeweiligen Mindestsätze als vereinbart. Der Vertrag bleibt im Übrigen in allen Punkten gültig.

b) Geltungsumfang des Schriftformerfordernisses

Das Schriftformerfordernis gilt für die Vereinbarung des Honorars u. a. hinsichtlich

- der Leistungen,
- eines erhöhten Umbauzuschlags nach § 12 Abs. 2 Satz 2 HOAI,
- einer Nebenkostenpauschale nach § 14 Abs. 3 Satz 2 HOAI.

Besondere (§ 3 Abs. 3 HOAI) Leistungen sind in der HOAI seit deren Neufassung 2009 nicht mehr preisrechtlich erfasst, so dass ein für die Altfassung bejahtes Schriftformerfordernis nicht mehr greift. Das heißt, die Vereinbarung eines Honorars für besondere oder zusätzliche Leistungen kann auch formfrei und damit mündlich erfolgen.

Grundsätzlich gilt das Schriftformerfordernis bei Honorarvereinbarungen aller Art, die eine Abweichung von den Mindestsätzen zum Inhalt haben, sei es durch

- Einordnung in eine falsche Honorarzone,
- die Vereinbarung zu niedriger oder zu hoher anrechenbarer Kosten,
- die Vereinbarung zu niedriger Prozentsätze aus den Leistungsbildern für die betreffenden Leistungsphasen (vgl. Landgericht Nürnberg, BauR 1993, 105),
- Zusammenfassen eigentlich getrennt abzurechnender Objekte oder Tätigkeiten etc.

Das Schriftformerfordernis erstreckt sich allerdings nur auf den Geltungs- bzw. Regelungsbereich der HOAI.

Der Regelungsbereich der HOAI wird bestimmt durch **§ 1 HOAI**, der auf die einzelnen Leistungsbilder sowie die gesonderten Bestimmungen der HOAI verweist, welche eine Regelung des Honorars vornehmen.

§ 1 HOAI hat unverändert folgenden Wortlaut:

> *„Anwendungsbereich*
>
> *Diese Verordnung regelt die Berechnung der Entgelte für die Leistungen der Architekten und Architektinnen und der Ingenieure und Ingenieurinnen (Auftragnehmer oder Auftragnehmerinnen) mit Sitz im Inland,* ***soweit die Leistungen durch diese Verordnung erfasst*** *und* ***vom Inland aus erbracht werden****."*

Die HOAI und damit auch das Schriftformerfordernis gilt demgemäß nicht für alle diejenigen Teile der Vereinbarung in einem Architekten-/Ingenieurvertrag, der den Vergütungsteil für die beauftragten Leistungen entweder nicht betrifft oder aber die Vergütung für Leistungen regelt, die von den Leistungsbildern der HOAI nicht erfasst sind.

Zu Letzteren gehören beispielsweise

- die sogenannten Beratungsleistungen, die jetzt in der Anlage 1 der HOAI unverbindlich geregelt sind. Zu diesen Beratungsleistungen gehören folgende Leistungsbilder: Umweltverträglichkeitsstudie, Thermische Bauphysik, Schallschutz und Raumakustik, Bodenmechanik, Erd- und Grundbau sowie vermessungstechnische Leistungen,
- die Erbringung von Leistungen nicht in der HOAI erfasster Fachingenieure, wie z. B. die Planung von Leitsystemen für den Verkehr in Einkaufsmärkten, Krankenhäusern, Kongresscentern etc. (vgl. Korbion/Mantscheff/Vygen, 6. Aufl., HOAI-Komm., § 1, Rn. 46),
- sowie die Planungsleistungen, mit denen Generalunter- bzw. -übernehmer im Rahmen eines Bauleitungsvertrags beauftragt werden (vgl. BGH, ZfBR 1997, 250 ff.).

Das Schriftformerfordernis gilt weiter nicht für folgende Sachverhalte:

- Vereinbarung, wonach die Architektenleistung **kostenlos** oder auf Risiko des Auftragnehmers erbracht werden soll;
- Vereinbarungen, bei denen die Vergütungspflicht von einer **Bedingung** abhängig gemacht wird;
- Vereinbarung einer Kompensationsabrede zwischen Architekten mit dem Ziel, eine Kostenlosigkeit der wechselseitig zu erbringenden Leistungen zu regeln.

c) Ausnahmefälle, in denen der Architektenvertrag selbst (nicht nur die Honorarvereinbarung) einer bestimmten Form bedarf

Es gibt besondere gesetzliche Regelungen, die bei bestimmten Personen, die Vertragspartner von Architekten/Ingenieuren sein können, eine bestimmte Form für den Vertragsabschluss vorschreiben.

Als wichtigster Fall wäre hier der Vertragsschluss mit **Gemeinden** zu nennen. Diese bedürfen gemäß den Gemeindeordnungen der Länder durchweg immer der Schriftform sowie häufig der Unterzeichnung durch den Bürgermeister selber unter Beifügung seiner Amtsbezeichnung und des Dienstsiegels. Werden diese Formvorschriften nicht eingehalten, so sind die Verträge nach herrschender Meinung (BGH, BauR 1994, 363) unwirksam wegen Überschreitung der Vertretungsmacht durch den Vertragspartner.

d) Sonderfall Kopplungsverbot

Nach der allgemeinen Regelung im BGB (§ 134) können Verträge nicht nur unwirksam und damit nichtig sein, weil sie einer gesetzlichen Form nicht Genüge leisten, sondern auch dann, wenn sie gegen ein gesetzliches Verbot verstoßen.

Der wichtigste Fall des Verstoßes gegen ein gesetzliches Verbot im Bereich des Architekten-/Ingenieurrechts ist das sogenannte Kopplungsverbot, das sich in jüngster Zeit zunehmender Beliebtheit in der Rechtsprechung erfreut, obgleich es rechtspolitisch weitgehend als überholt gilt.

Das Kopplungsverbot ist im Gesetz zur Verbesserung des Mietrechts und zur Begrenzung des Mietanstiegs sowie zur Regelung von Ingenieur- und Architektenleistungen (MRVG) geregelt. Art. 10 § 3 MRVG lautet:

> *„Unverbindlichkeit der Kopplung von Grundstückskaufverträgen mit Ingenieur- und Architektenverträgen*
>
> *Eine Vereinbarung, durch die der Erwerber eines Grundstücks sich im Zusammenhang mit dem Erwerb verpflichtet, bei der Planung oder Ausführung eines Bauobjektes oder dem Grundstück die Leistungen eines bestimmten Ingenieurs oder Architekten in Anspruch zu nehmen, ist unwirksam.*
>
> *Die Wirksamkeit des auf den Erwerb des Grundstücks gerichteten Vertrages bleibt unberührt."*

Dieses gesetzliche Verbot, das 1971 bereits eingeführt worden ist, geht auf einen Zeitgeist zurück, bei dem die Meinung vorherrschte, man müsse bei dem angeblich knappen Angebot an Baugrundstücken einer monopolartigen Stellung des Architekten oder Ingenieurs entgegenwirken.

Obgleich diese Zielsetzung des Gesetzes in heutiger Zeit wohl überholt sein dürfte, ist diesem gesetzlichen Verbot wegen seiner Rechtsfolgen, die im Falle des Verstoßes eintreten, immer noch große Beachtung zu schenken:

Ist ein Vertrag wegen Verstoßes gegen ein Kopplungsverbot unwirksam, so kann der Architekt/Ingenieur nicht das vertraglich vereinbarte Honorar verlangen, da dieses wegen der Unwirksamkeit des Vertrages nicht wirksam vereinbart worden ist. Auch ein Rückgriff auf das Rechtsinstitut der Geschäftsführung ohne Auftrag oder der ungerechtfertigten Bereicherung ist nicht in jedem Fall möglich.

Kann beispielsweise der Erwerber für sich behaupten, er habe die Architektenleistungen nur beauftragt, um an das Grundstück zu kommen, so dürften die Rechtsgrundsätze der Geschäftsführung ohne Auftrag bereits nicht eingreifen.

Ein Rückgriff auf die Rechtsgrundsätze der ungerechtfertigten Bereicherung scheidet aus, wenn der Auftraggeber die Leistungen nicht verwertet hat (vgl. BGH, BauR 1994, 651).

Das Kopplungsverbot findet Anwendung, wenn

> der Erwerber eines Grundstücks (gleichgültig ist die Person des Erwerbers) sich zu einer Inanspruchnahme von Leistungen eines bestimmen Architekten verpflichtet.

Nach herrschender Meinung ist die Bindung an einen Architekten auch dann im Zusammenhang mit dem Erwerb des Grundstücks unzulässig, wenn der Architekt als Generalübernehmer oder als Bauträger auftritt (BGH, BauR 1991, 114).

Im Zusammenhang mit dem Erwerb des Grundstücks steht die Verpflichtung zur Inanspruchnahme von Architektenleistungen dann,

> wenn der Veräußerer den Verkauf des Grundstücks davon abhängig macht, dass der Erwerber einem bestimmten Architekten den Auftrag zusagt. Einen Verstoß gegen das Kopplungsverbot nimmt die herrschende Meinung bereits dann an, wenn ein Erwerber gegen den Veräußerer die

Verpflichtung eingeht, einen bereits abgeschlossenen Architektenvertrag von diesem zu übernehmen (BGH, BauR 1993, 104). Grundsätzlich kommt es nicht darauf an, ob der Architekt das Grundstück selbst an der Hand hatte oder eine andere Person.

Voraussetzung der Nichtigkeit ist auch nicht, dass der Grundstückserwerbsvertrag und der Architektenvertrag gleichzeitig abgeschlossen worden sind (BGH, BauR 1975, 139).

Lediglich dann, wenn der Erwerber das Grundstück ohne Verpflichtung, Leistungen eines bestimmten Architekten zu beauftragen oder zu übernehmen, erwerben kann, fehlt es an einer Kopplung. Letzten Endes kommt es darauf an, dass der Erwerber nach Erwerb des Grundstücks frei in der Wahl seines Architekten ist.

Deshalb ist es im Ergebnis unbedenklich, wenn sich in dem Grundstückskaufvertrag der Erwerber verpflichtet, einen bestimmten Betrag als Abstandszahlung für die bisherige Beauftragung des Architekten durch den Verkäufer zu leisten (BGH, BauR 1978, 230).

1.5.2 Die honorarrechtlichen Probleme im Zusammenhang mit dem Vertragsabschluss im Einzelnen

In der Praxis immer wieder bedeutsam ist die Frage, wann man vom Zustandekommen eines Architektenvertrages mit welchem Leistungsumfang ausgehen kann, wenn die Vertragsparteien nicht den oben skizzierten klaren Weg der gemeinsamen Unterzeichnung eines schriftlichen Architektenvertrages gegangen sind, aus dem sich sowohl der **beauftragte Leistungsumfang** (Planungssoll) als auch die **vereinbarte Vergütung** im Einzelnen ergibt.

Obige Fragestellung ist beispielsweise dann von großer Bedeutung, wenn es nach umfangreichen „Vorleistungen" zum Zwecke der Akquisition von Seiten des Architekten nicht zu dem gewünschten schriftlichen Vertragsabschluss gekommen ist.

a) Die Akquisitionsphase: Ab wann bekommt der Architekt/Ingenieur Vergütung in der „Startphase"?

Wann kann der Architekt für seine in der Akquisitionsphase erbrachten Vorplanungsleistungen eine Vergütung verlangen?

Folgender Beispielfall soll die Problematik erläutern:

Der potenzielle AG bittet die Architekten um die Fertigung und Vorlage aussagekräftiger Vorentwurfszeichnungen und Unterlagen für ein Parkhaus, da er sich mit dem Gedanken trägt, auf einem bestimmten Grundstück ein Parkhaus mit mindestens 400 Einstellplätzen zu bauen. Hierbei soll auch in Betracht gezogen werden, das Parkhaus multifunktional, z. B. mit einem Kino, auszustatten. Die Architekten erbringen umfangreiche Tätigkeiten und legen einen fast baureifen Entwurf für ein Parkhaus mit Kino vor. Nach Erbringung dieser Leistungen entschließt sich der potenzielle AG allerdings entgegen seinen früheren Absichten, in keinem Fall ein Kino in dem möglicherweise zu erstellenden Parkhaus zu berücksichtigen, sondern vielmehr anstelle des Kinos Büro- und Geschäftsräume. Die Architekten erbringen erneut umfangreiche Planungsleistungen, die diesem Wunsch gerecht werden. In einem dritten Anlauf bittet der potenzielle AG darum, einen weiteren aussagekräftigen Entwurf vorzulegen, der lediglich ein Parkhaus vorsieht ohne jede weitere Nutzungsmöglichkeit.

Aus nicht näher nachvollziehbaren Gründen entscheidet sich potenzieller AG anschließend, keines der vorgestellten Varianten zu bauen. Vielmehr nimmt er von dem Bauvorhaben insgesamt Abstand.

Frage:

Stehen den Architekten für die von ihnen erbrachten Vorentwurfsleistungen Honoraransprüche zu? Wenn ja, in welcher Höhe?

Fallvariante:

Wie wäre der obige Fall zu entscheiden, wenn die Architekten nach der ersten geplanten Version (Parkhaus und Kino) dem potenziellen AG ein schriftliches Angebot über die nunmehr von ihm gewünschte Planungsvariante hätten zukommen lassen und dieser auf dieses Angebot nicht reagiert?

Regelmäßig, so auch in dem obigen Fall, ist es so, dass der Wunsch des AG, ein bestimmtes Objekt zu bauen, noch nicht endgültig in allen Einzelheiten feststeht, regelmäßig am Anfang noch unklar ist, wie das Objekt nun konkret aussehen soll, welche Nutzeranforderung es im Einzelnen erfüllen soll und mit welchem Architekten der Bauherr nun tatsächlich beabsichtigt, das Objekt zu realisieren.

In dieser Akquisitionsphase erbringt der Architekt mehr oder weniger umfangreiche Planungsleistungen, die bereits sehr kostspielig sein können, um den begehrten Auftrag für das Objekt zu erlangen.

Die Grenzziehung zwischen Auftrag und Akquisition lässt sich – dies vorweg – nicht allgemein verbindlich festlegen. Sie ist von vielen Einzelfragen abhängig und immer einzelfallbezogen zu beurteilen, weshalb es eine recht umfangreiche Jurisprudenz zu diesem Thema gibt.

Folgende aus der Falljurisprudenz sich ergebende Einzelaspekte lassen sich hervorheben:

- Bei einer lediglich vorbereitenden, in die **Grundlagenermittlung** einzuordnenden Tätigkeit des Architekten wird man das Zustandekommen eines entgeltlichen Planungsauftrages dann, wenn der Architekt nicht ausdrücklich auf die Entgeltlichkeit seiner Tätigkeit hingewiesen hat, zu verneinen haben (vgl. KG BauR 1988, 621).
- Erbringt der Architekt auf Wunsch des AG darüber hinausgehende Leistungen, die bereits der **Vorplanung** zuzurechnen sind, kommt es entscheidend auf den Umstand der von ihm erbrachten Leistungen an. Eine Grenzziehung ist nur schwer möglich. Der BGH (BauR 1987, 454) entschied seinerzeit einen Fall, in dem er eine entgeltliche Tätigkeit des Architekten bejahte, der bereits Bestandspläne, ein Aufmaß des Gebäudes, Vorplanungsleistungen, eine Baukostenermittlung und eine Wirtschaftlichkeitsberechnung erstellt hatte. Entscheidend kommt es darauf an, dass die Leistungen des Architekten nicht so geringfügig sind, dass der Bauherr ohne entsprechende Klarstellung von Seiten des Architekten davon ausgehen durfte, diese Leistungen seien unentgeltlich (vgl. auch OLG Hamm, NJW-RR 1986, 1280). Dabei wird man sagen können, dass der Schwellenwert zu einem entgeltlichen Auftrag bei Leistungen im Bereich der Vorplanung dann überschritten wird, wenn die Architekten auf Wunsch des Bauherrn eine Kostenschätzung nach DIN 276 erbringen.

  Hat der Architekt im vorgenannten Sinne umfangreiche Vorplanungsleistungen erbracht, so scheitert die Vergütungspflicht seitens des Bauherrn nicht daran, dass er sich nunmehr dazu entscheidet, das Bauvorhaben nicht durchzuführen .
- Sind bereits Leistungen aus der **Entwurfsplanung** erbracht worden, so gibt es nach herrschender Meinung mangels gegenteiliger vertraglicher Absprachen keine Zweifel mehr daran, dass in diesem Fall keine lediglich geringfügigen Leistungen vorliegen, weshalb von einer vergütungspflichtigen Tätigkeit des Architekten ausgegangen werden kann (OLG Hamm, BauR 1990, 636).

b) Der Umfang beauftragter Architekten-/Ingenieurleistungen

Mit obigen Ausführungen ist allerdings noch nicht die Frage beantwortet, mit welchem Leistungsumfang nun der Architekt beauftragt worden ist. Diese Frage ist von ganz erheblicher Bedeutung dann, wenn der AG sich nach Erbringung der Vorplanungs- bzw. Entwurfsplanungsleistungen dazu entschließt, das Objekt nicht zu realisieren. Sollte der Architekt mit der **Vollplanung** in diesen Fällen bereits beauftragt worden sein, so stünde ihm in diesem Falle auch für die noch zu erbringenden Leistungsphasen das vereinbarte Entgelt abzgl. der von ihm ersparten Aufwendungen bzw. dessen, was er statt dessen erwirkt oder böswillig zu erwerben unterlässt, über § 649 Satz 2 BGB zu.

(⇒ Kündigung)

Es gilt folgender Grundsatz:

Eine wie auch immer geartete Vermutung für die Übertragung der Vollarchitektur existiert nicht.

Es kommt deshalb auch hier ganz entscheidend auf den konkreten Einzelfall an. Ausschlaggebend ist, ob der Architekt davon ausgehen durfte, der AG werde das Objekt (ausschließlich) mit ihm realisieren. Zweifel an der Realisierung, beispielsweise weil die Finanzierung nicht gesichert ist, sprechen bereits gegen einen Vollauftrag (vgl. OLG Düsseldorf, VersR 1973, 1150). Immer dann, wenn der AG verständliche Gründe dafür vortragen kann, dass er zunächst nur eine oder einzelne Leistungsphasen dem Architekten übertragen wollte, um dann zu entscheiden, ob er den Architekten mit weiteren Leistungsphasen beauftragt, steht dies einer Beauftragung mit der Vollarchitektur entgegen (vgl. BGH, BauR 1980, 84).

Legt man diese Jurisprudenz dem obigen Beispielfall zugrunde, so wird man eine Vergütungspflicht dann, wenn die Vorplanungsleistungen umfangreich und kostenintensiv waren, bejahen können. Dies erst recht, wenn, wie in der Fallvariante, die Architekten vor Erbringung der zweiten Planvariante ein schriftliches Angebot dem AG überreicht haben. Hiermit haben sie schlüssig zum Ausdruck gebracht, dass sie für ihre Planungsleistungen eine Vergütung beanspruchen.

Dabei ist im Ergebnis unerheblich, ob sich der AG nun zu diesem Angebot geäußert hat oder nicht. Im Hinblick auf den Umstand der Beauftragung wird man allerdings angesichts der Unsicherheit des AG, das Bauvorhaben zu realisieren, davon ausgehen müssen, dass lediglich eine Beauftragung bis einschließlich Leistungsphase 2 (Vorplanung) erfolgt ist.

c) Darlegungs- und Beweislastgrundsätze

Es gilt folgender Grundsatz:

Der Architekt/Ingenieur, der für seine Leistungen Vergütung beansprucht, hat alle Voraussetzungen für die Vergütungspflichtigkeit seiner Leistung darzulegen und zu beweisen.

Das heißt, er hat zu beweisen, dass „klar" war, dass seine Leistungen vom AG zu vergüten waren und nicht lediglich als „Morgengabe" im Rahmen der Akquisition verstanden werden durften.

Gleiches gilt auch für etwaige **Bedingungen**, die die Honorarpflicht für die Architektenleistungen betrifft.

Derartige Bedingungen können wirksam **mündlich** vereinbart werden. Folgender Beispielfall zur Erläuterung:

Der potenzielle AG fordert die Architekten auf, für sein Bauvorhaben Leistungen bis zur Genehmigungsplanung zu erbringen. Für den Fall, dass sich ein Erwerber für das Objekt nach Vorlage der Baugenehmigung findet, soll das Objekt realisiert werden. Die Architekten erbringen die Planungsleistungen bis einschließlich Leistungsphase 4. Zur Realisierung des Bauvorhabens kommt es nicht, weil sich kein Erwerber findet. Die Architekten rechnen über ihre Leistungen ab. Der potenzielle AG verweigert die Zahlung mit dem Hinweis darauf, zwischen ihm und den Architekten sei vereinbart worden, dass diese nur dann eine Vergütung für ihre Leistungen erhalten, wenn das Objekt auch realisiert würde.

Die Architekten bestreiten eine derartige Vereinbarung.

Erhalten die Architekten die in Rechnung gestellte Vergütung für ihre Planungsleistungen?

Die Frage ist dann zu bejahen, wenn den **Architekten** der Beweis gelingt, dass die von dem AG behauptete Bedingung für die Honorarzahlung **nicht** vereinbart worden ist.

Die Beweislast für das Fehlen der von dem AG behaupteten aufschiebenden Bedingung für den Vertragsschluss trifft nach herrschender Meinung den Auftragnehmer und nicht den Auftraggeber (vgl. BGH NJW 1985, 497).

Können die Architekten den Beweis nicht erbringen oder ist für das Gericht nach Beweisaufnahme nicht klar, ob die Behauptung des AG hinsichtlich der Vereinbarung einer aufschiebenden Bedingung zutreffend ist oder nicht (non liquet), so wird die Honorarklage der Architekten abgewiesen.

1.5.3 Die HOAI als verbindliches Preisrecht – Umfang und Grenzen möglicher Honorarvereinbarungen mit dem AG

a) Untergrenze anrechenbarer Kosten

Die HOAI bestimmt in § 7 Abs. 2, dass die Honorierung von Leistungen, die auf anrechenbaren Kosten oder Flächen außerhalb der in den Honorartabellen festgelegten Honorarsätzen beruhen, frei vereinbart werden kann. Das bedeutet, die Honorierung für diese Leistungen unterliegt nicht mehr den Preisregelungen der HOAI. Folglich kann ein Honorar für diese Leistungen auch mündlich wirksam vereinbart werden. Im Übrigen ist das Honorar für diese Leistungen auch nicht mehr an Mindestsätze gebunden, so dass für diese Leistungen auch ein Honorar vereinbart werden kann, das unter den Mindestsätzen der HOAI innerhalb der Tafelwerte liegt (BGH, BauR 2012, 975).

b) Obergrenze anrechenbarer Kosten

Praxisrelevanter dürfte § 7 Abs. 2 in den Fällen sein, wo die Tafelwerte nach oben überschritten werden, bei der Objektplanung Gebäude also nun auch über 25.000.000,00 € liegen. In diesen Fällen besteht keinerlei Honorarbindung an die Mindest- oder Höchstsätze der HOAI. Es handelt sich hierbei um eine insbesondere für mittlere und größere Projekte relevante Vorschrift, da die anrechenbaren Baukosten in solchen Fällen die Tafelendwerte häufig überschreiten.

Gebäude und Innenräume	§ 35 Abs. 1 Anrechb. Kosten < 25 000 € oder > 25 Mio. €
Freianlagen	§ 40 Abs. 1 Anrechb. Kosten < 20 000 € oder > 1,5 Mio. €
Ing.-Leistungen und Ingenieurbauwerke	§ 44 Abs. 1 Anrechb. Kosten < 25 000 € oder > 25 Mio. €
Verkehrsanlagen	§ 48 Abs. 1 Anrechb. Kosten < 25 000 € oder > 25 Mio. €
Tragwerksplanung	§ 52 Abs. 1 Anrechb. Kosten < 10 000 € oder > 15 Mio. €
Techn. Ausrüstung, jeweils pro einzelner Anlagengruppe	§ 54 Abs. 1 Anrechb. Kosten < 5 000 € oder > 4 Mio. €

Abb. 7.34 Möglichkeiten freier Honorarvereinbarungen nach der HOAI, geordnet nach Architekten- und Ingenieurleistungen

Nicht ganz unbestritten ist die Frage, ob bei Überschreitung der Tafelwerte ein Honorar vereinbart werden kann, welches unterhalb der Mindest-/Höchstsätze der HOAI für bis zu 25 Mio. € liegt. Die herrschende Meinung (vgl. BGH, BauR 2012, 975; Locher/Koeble/Frick, HOAI, § 7, Rn. 85, 87; Pott/Dahlhoff/Kniffka/Rath, 8. Aufl., § 16, Rn. 4; Korbion/Mantscheff/Vygen, HOAI, 8. Aufl. § 7, Rn. 42) macht mit ihrem Grundsatz der freien Honorarvereinbarung in diesen Fällen Ernst und lässt eine solche Vereinbarung zu. Lediglich eine Mindermeinung (Löffelmann/Fleischmann, Architektenrecht, 6. Aufl., Rn. 1468) hält dies aus unterschiedlichen, im Einzelnen nicht überzeugenden Gründen für nicht zulässig.

Der Verordnungsgeber hätte bei der Neufassung der HOAI angesichts dieser Diskussion in der Literatur eine Klarstellung in dem einen oder anderen Sinne vornehmen können, die er allerdings unterlassen hat. Der jetzige Text in § 7 Abs. 2 HOAI n.F. sieht indes keine Beschränkung bei der freien Honorarvereinbarung im Falle der Unter- wie auch Überschreitung der Tafelwerte vor, so dass der bisher herrschenden Meinung (s.o.) zuzustimmen ist.

c) Handlungsempfehlung

Bei der Vertragsgestaltung mit Architekten und Ingenieuren ist vorab stets zu prüfen, welche (voraussichtlichen) anrechenbaren Baukosten für die jeweilige Leistung erreicht werden, weil hiervon die freie Vereinbarkeit des jeweiligen Honorars entscheidend abhängt. Dabei gilt einheitlich: Ob das Honorar bei einem Architektenauftrag mit anrechenbaren Baukosten von z. B. 100 Mio. € mit einem bestimmten Prozentsatz der Baukosten vereinbart wird (z. B. Architektenhonorar für 100 % Leistung = pauschal 5 % der Netto-Bausumme), ob in Anlehnung an die Honorartabelle zu § 25 HOAI eine „fortgeschriebene Honorartabelle“ vereinbart wird oder auf sonstige Weise das Honorar fixiert wird, bleibt vollständig dem Willen der Vertragsparteien überlassen. Oberhalb wie unterhalb der Tafelwerte besteht eine freie Vereinbarkeit der Preise. Auch mündliche Absprachen sind hier wirksam, wenn auch natürlich nicht ratsam und völlig praxisfremd.

Wird bei anrechenbaren Baukosten von z. B. 100 Mio. € gar kein Honorar vereinbart, weil z. B. eine endgültige Einigung über verschiedene, wechselseitig vorgelegte Honorartabellen nicht zustande gekommen ist, so schuldet der Auftraggeber gemäß § 632 Abs. 2 BGB die „übliche Vergütung für solche Leistungen“, die natürlich nur schwer zu ermitteln ist. Das Kammergericht (Dt. Arch. Bl. 1990, 754) hat in einem ähnlichen Fall jedenfalls die niedrigere der zwischen den Parteien diskutierten Tabellen als Mindestmaß der üblichen Vergütung als maßgeblich angesehen.

Die **Handlungsempfehlung** für das Vorgehen bei Vertragsschluss muss deshalb in allen Fällen lauten:

Die Honorarvereinbarung ist inhaltlich klar und **immer schriftlich** mit dem AG zu vereinbaren. Sie muss/sollte zur Vermeidung von Honorarnachteilen möglichst zu Projektanfang erfolgen.

d) Gebundene Honorarvereinbarung

Soweit die anrechenbaren Kosten weder unter- noch überschritten werden, erlauben die Bestimmungen der HOAI nur einen relativ begrenzten Spielraum bei der Vertragsgestaltung, wie Abb. 7.36 verdeutlicht.

aa) § 7 HOAI

Gemäß **§ 7 Abs. 3 HOAI** dürfen die in der HOAI festgesetzten **Mindestsätze** nur durch schriftliche Vereinbarung und nur in Ausnahmefällen unterschritten werden.

Ähnliches gilt gemäß **§ 7 Abs. 4 HOAI** für die **Höchstsätze** der HOAI, die nur bei außergewöhnlichen oder ungewöhnlich lange dauernden Leistungen durch schriftliche Vereinbarung überschritten werden dürfen. Solche Ausnahmefälle, die eine Unterschreitung der Mindestsätze oder eine Überschreitung der Höchstsätze rechtfertigen, werden in der Praxis nur äußerst selten anerkannt.

Wichtig:

Der jeweils maßgebliche Mindest- oder Höchstsatz wird **objektiv** nach den HOAI-Kriterien ermittelt und **nicht** nach der Parteivereinbarung. Um den **zulässigen Honorarrahmen (Mindest- bzw. Höchstsatz) festzustellen, ist also eine HOAI-konforme Honorarermittlung** erforderlich, die ihrerseits den Umfang der erbrachten oder zu erbringenden Leistungen berücksichtigt, außerdem die maßgebenden anrechenbaren Baukosten sowie die einschlägige Honorarzone.

Beispielfall:

Für die Planungsleistungen zu einem anspruchsvollen Wohn- und Einkaufszentrum mit anrechenbaren Baukosten von 15 Mio. € vereinbart der Projektentwickler mit dem Objektplaner P eine Abrechnung nach Honorarzone II, Mindestsatz, anrechenbare Baukosten 10 Mio. €.

Mindestsatz unterschritten? Wenn ja, welche Rechtsfolgen?

Wie wäre der Fall zu beurteilen, wenn die Parteien 20 Mio. € anrechenbare Baukosten vereinbart hätten?

Bei diesem Beispiel liegt gleich eine doppelte Unterschreitung der zulässigen Mindestsätze gemäß § 7 Abs. 5 HOAI vor. Zum einen ist der Mindestsatz nach den realen anrechenbaren Baukosten gemäß §§ 4, 32 HOAI zu ermitteln und nicht nach fiktiven Baukosten. Zum anderen kommt es auf die tatsächliche Honorarzone gemäß § 34 Abs. 5 HOAI und nicht auf die vereinbarte, tatsächlich aber zu niedrige Honorarzone an.

Die Honorarvereinbarung im Beispielsfall ist also **nichtig**, der Architekt kann für seine Planungsleistungen den Mindestsatz nach den tatsächlich anrechenbaren Baukosten (15 Mio. €) nach der Honorarzone III oder sogar IV verlangen. An diesem Ergebnis ändert sich auch dann nichts, wenn der Auftraggeber mit dem Objektplaner beispielsweise ein Pauschalhonorar vereinbart, ohne die zugrunde liegenden anrechenbaren Baukosten und die Honorarzone zu kennzeichnen. Auch in solchen Fällen ist, um die Wirksamkeit der Vereinbarung beurteilen zu können, eine HOAI-konforme Honorarermittlung vorzunehmen mit dem Ergebnis, dass die Pauschale als unzulässige Mindestsatzunterschreitung anzusehen ist, wenn das HOAI-konform ermittelte Honorar über der Pauschale liegt. Auch dann kann der Architekt regelmäßig die Differenz zwischen dem vereinbarten und dem Mindesthonorar gemäß HOAI **nachberechnen**.

Da Mindestsatzunterschreitungen in der Praxis, insbesondere bei gewerblichen Bauvorhaben, nicht selten vorkommen, muss sich der AG also über diese Unsicherheit im Klaren sein.

Eine andere Frage ist es, ob es dem Architekten/Ingenieur nach den Grundsätzen **von Treu und Glauben** im Einzelfall untersagt ist, sich auf die Mindestsatzunterschreitung zu berufen. Dies wird von der höchstrichterlichen Rechtsprechung dann angenommen, wenn sich der Architekt/Ingenieur mit seinem günstigen Honorarangebot praktisch den Auftrag erschlichen hat und der AG auf die Wirksamkeit der Honorarvereinbarung vertraut und seine Vermögensdispositionen hierauf ausgerichtet hat (BGH, NJW 1997, 2329).

HOAI § 6 Abs. 2 Satz 2 ff.	Umbau- oder Modernisierungszuschlag: Schriftliche Vereinbarung unter Berücksichtigung des Schwierigkeitsgrades. Maximale Höhe des Zuschlags ist in den einzelnen Leistungsbildern geregelt, z.B. für Gebäude und Innenräume in § 36 Abs. 1, 2 HOAI (bei Gebäuden maximal 33 %, bei Innenräumen maximal 50 % auf das ermittelte Honorar). Sofern keine schriftliche Vereinbarung getroffen wurde, geht die unwiderlegliche Vermutung einer Zuschlagsvereinbarung von 20 % ab einem durchschnittlichen Schwierigkeitsgrad.
§ 7 Abs. 3	Mindestsatzunterschreitung nur im Ausnahmefall und in Schriftform.
§ 7 Abs. 4	Höchstüberschreitung nur bei außergewöhnlichen Leistungen und in Schriftform.
§ 9 Abs. 1	Vorplanung oder Entwurfsplanung als Einzelleistung: Vorplanung: Prozentsatz der Vorplanung zzgl. höchstens der Prozentsatz der Grundlagenermittlung. Entwurfsplanung: Prozentsatz der Entwurfsplanung zzgl. höchstens des Prozentsatzes der Vorplanung. Die Vereinbarung hat schriftlich zu erfolgen.
§ 9 Abs. 2	Bauleitplanung und Landschaftsplanung: Hier wird § 9 Abs. 1 Nr. 2 für die Bauleitplanung und § 9 Abs. 1 Nr. 1 für die Landschaftsplanung für entsprechend anwendbar erklärt.

§ 9 Abs. 3	Objektüberwachung als Einzelleistung: Sowohl bei der Objektüberwachung für Technische Ausrüstung und bei Gebäuden als Einzelleistung können für die Leistungsbewertung der Objektüberwachung höchstens der Prozentsatz der Objektüberwachung und die Prozentsätze der Grundlagenermittlung und Vorplanung herangezogen werden. Die Vereinbarung hat schriftlich zu erfolgen.
§ 10	Mehrere Vor- oder Entwurfsplanungen: Während § 10 HOAI 2009 die Vergütung von mehreren Vorentwurfs- oder Entwurfsplanungen erfasste, regelt § 10 Abs. 2 HOAI 2013 jetzt allgemein die Wiederholung von Grundleistungen und ihre anteilsmäßige Honorarberechnung: Das Honorar für Wiederholung von Grundleistungen, ohne dass sich dadurch die anrechenbaren Kosten oder Flächen ändern, ist entsprechend ihrem Anteil an der jeweiligen Leistungsphase schriftlich zu vereinbaren.
§ 12	Instandsetzungen und Instandhaltungen: Gemäß § 12 Abs. 2 kann für Grundleistungen bei Instandsetzung und Instandhaltung von Objekten schriftlich vereinbart werden, dass der Prozentsatz für die Objektüberwachung oder Bauoberleitung um bis zu 50 % der Bewertung dieser Leistungsphase erhöht wird.

Abb. 7.36 Möglichkeiten der Honorarvereinbarung innerhalb der Tafelwerte

Ähnliches gilt für das Verbot der Höchstsatzüberschreitung gemäß § 7 Abs. 4 HOAI, auch wenn eine Höchstsatzüberschreitung in der Praxis, insbesondere im gewerblichen Baubereich, viel seltener vorkommt als die Mindestsatzunterschreitung. Liegt jedoch ausnahmsweise ein Fall der Höchstsatzüberschreitung vor, dann führt die Unwirksamkeit der Honorarvereinbarung allerdings lediglich dazu, dass der Architekt das HOAI-konform ermittelte höchstzulässige Honorar fordern kann.

Der Fall der zulässigen Höchstsatzüberschreitung bei **außergewöhnlichen Leistungen** dürfte praktisch kaum vorkommen, da er tendenziell in Richtung einzigartiger Leistung ausgelegt wird

Zu dem Ausnahmefall der Höchstsatzüberschreitung bei **ungewöhnlich lange dauernden Leistungen** gibt es schon eher den praktischen Bezug und damit einen konkreten Regelungsbedarf. Beide Parteien gehen bei Vertragsschluss in der Regel ausgesprochen oder unausgesprochen von einer **Regelbauzeit** aus. Wird diese überschritten, stellt sich die Frage der Anpassung des Honorars. Eine Honoraranpassung hat in diesen Fällen nur unter folgenden Voraussetzungen Aussicht auf Erfolg:

- Es muss vertraglich eine Regelbauzeit vereinbart worden sein.
- Es muss konkret geregelt sein, wie sich bei Überschreitung dieser Regelbauzeit das Honorar anpasst.

Werden diese Handlungsempfehlungen nicht beherzigt, so scheitert eine Honoraranpassung entweder daran, dass sich die Regelbauzeit nicht ermitteln lässt, oder aber eine für die Wirksamkeit der Honorarvereinbarung bei Überschreitung des Höchstsatzes notwendige Schriftformvereinbarung fehlt.

bb) § 9 HOAI

§ 9 HOAI enthält eine Reihe nicht allzu häufig vorkommender Regelungen. Hiernach kann für die **Vorplanung** oder die **Entwurfsplanung** ein deutlich **höheres** Honorar vereinbart werden, wenn **nur** die Vorplanung **oder** die Entwurfsplanung Vertragsgegenstand ist. § 9 Abs. 1 und Abs. 2 HOAI geben nur Honorarhöchstsätze vor. Diese berechnen sich aus der Leistungsbewertung der jeweiligen einzelnen Leistungsphasen zzgl. der Leistungsbewertung der vorangegangenen Leistungsphase.

cc) § 10 HOAI

§ 10 HOAI 2009 enthielt für mehrere Vor- und Entwurfsplanungen eine insbesondere für die Projektentwicklung sehr bedeutsame Bestimmung:

> *„Werden auf Veranlassung des Auftraggebers mehrere Vorentwurfs- oder Entwurfsplanungen für dasselbe Objekt nach grundsätzlich verschiedenen Anforderungen gefertigt, so sind für die vollständige Vorentwurfs- oder Entwurfsplanung die vollen Prozentsätze dieser Leistungsphase nach § 3 Abs. 4 vertraglich zu vereinbaren. Bei der Berechnung des Honorars für jede weitere Vorentwurfs- oder Entwurfsplanung sind die anteiligen Prozentsätze der entsprechenden Leistung vertraglich zu vereinbaren.“*

Naturgemäß kommt es gerade im Rahmen einer Projektentwicklung häufig vor, dass insbesondere der Vorentwurf, aber auch der Entwurf den geänderten Bedürfnissen des Investors, des Nutzers, den baurechtlichen Anforderungen usw. angepasst werden müssen. Für solche Fälle enthielt **§ 20 HOAI 2002 zum Schutz des Auftraggebers** eine Anrechnungspflicht dergestalt, dass der Architekt nicht jeden

Vorentwurf oder Entwurf vollständig abrechnen kann, sondern auf den zweiten, dritten Entwurf usw. einen Nachlass in Höhe von 50 % zu gewähren hat. Im Gegensatz dazu sah § 10 HOAI 2009 nunmehr keine statische Anrechnung/Minderung des Honorars bei dem zweiten oder dritten Entwurf etc. vor, vielmehr sind die anteiligen Prozentsätze der entsprechenden Wiederholungsleistungen vertraglich zu vereinbaren. Die Möglichkeit freier Vereinbarungen sollte den Beteiligten mehr Verhandlungsspielraum geben, das Honorar den tatsächlichen Gegebenheiten anzupassen. In § 10 Abs. 2 HOAI 2013 ist jetzt allgemein die Wiederholung von Grundleistungen und ihrer anteilsmäßigen Honorarberechnung geregelt bzw. zusammengefasst worden. Hintergrund dafür ist, dass nach den konkreten Umständen im Einzelfall nunmehr zu prüfen sein soll, welcher Mehraufwand dem Auftragnehmer durch die Wiederholung von Grundleistungen tatsächlich entsteht. Soweit erbrachte Grundleistungen im Falle der Wiederholung verwertet werden können, sind diese nicht zusätzlich zu vergüten, was sich auch bei der Altfassung bereits von selber verstand. Voraussetzung ist allerdings, dass sich Auftraggeber und Auftragnehmer über die Wiederholung von Grundleistungen einigen und dass sich dadurch die anrechenbaren Kosten oder Flächen nicht ändern. Was gilt aber, wenn es zu einer Wiederholung von Grundleistungen kommt, die mit einer Erhöhung bei den anrechenbaren Kosten einhergeht? Die Antwort darauf lässt die HOAI offen, es sei denn, man geht davon aus, dass in diesem Fall § 10 Abs. 1 HOAI 2013 greift, der allerdings zur weiteren Voraussetzung hat, dass sich der Umfang der beauftragten Leistung geändert hat.

Dadurch, dass § 10 HOAI im allgemeinen Teil geregelt ist, ergibt sich, dass diese Regelungen nunmehr nicht nur, wie schon in der Altfassung durch Verweisung, für die Technische Ausrüstung, sondern nunmehr auch für die Tragwerksplanung gilt.

Im Gegensatz dazu steht die **Planungsvariante**, die gestalterische, konstruktive, funktionale oder wirtschaftliche Änderungen gegenüber dem ersten Vorentwurf oder Entwurf aufweist, hingegen keine wesentlichen Änderungen des Volumens nach Rauminhalt oder Fläche, des Programms oder andere Grundstücksverhältnisse. Wird also eine solche Planungsvariante erstellt, so erhält der Planer kein gesondertes Honorar.

Beispielfall:

Im Düsseldorfer Hafengebiet soll ein Altbau um- und ausgebaut sowie mit einem daneben zu errichtenden Neubau kombiniert werden. In Abstimmung mit dem AG fertigt der Architekt einen Entwurf, der eine Aufstockung des Altbaus auf 4 Geschosse sowie einen damit verbundenen 5-geschossigen Neubau vorsieht. Dieser Entwurf findet nicht die Zustimmung des Planungsamtes. In Abstimmung mit dem Planungsamt veranlasst der AG den Architekten, für den Altbau ein 3-geschossiges und für den Neubau ein 4-geschossiges Gebäude mit Staffelgeschoss sowie geänderter Fassadengestaltung zu planen.

Hierbei handelt es sich um einen zweiten Planungsentwurf im Sinne des § 10 HOAI, der den Architekten auch ohne Ankündigung berechtigt, Honorar für den zweiten Entwurf zu fordern. Allerdings verlangt die HOAI in § 10, dass das durch die vertragliche Änderung des Leistungsumfangs geänderte Honorar schriftlich zu vereinbaren ist. Da dem Auftragnehmer allerdings ein Anspruch auf diese Vereinbarung zusteht, steht es ihm frei, bei verweigerter schriftlicher Vereinbarung den Auftraggeber sogleich auf Zahlung in Anspruch zu nehmen (BGH, BauR 2007, 1592).

Übrigens ist kein Planer ohne gesonderte Vereinbarung verpflichtet, überhaupt einen zweiten oder dritten Vorentwurf bzw. Entwurf zu fertigen. Umgekehrt kann § 10 HOAI vertraglich nur insoweit ausgeschlossen oder eingeschränkt werden, als dadurch keine Mindestsatzunterschreitung eintritt, § 7 Abs. 3 HOAI.

dd) §§ 36, 6 Abs. 2 ff., 4 Abs. 3 Umbau- oder Modernisierungszuschlag

In § 35 HOAI 2009 wurde noch geregelt, dass ein Umbau- und Modernisierungszuschlag von bis zu 80 % vereinbart werden konnte, wobei der Verordnungsgeber diese Neuregelung mit einer Streichung des ehemaligen § 10 Abs. 3a HOAI 2002 verknüpfte und dadurch zum Ausdruck brachte, dass eine angemessene Berücksichtigung der vorhandenen Bausubstanz bei den anrechenbaren Kosten nicht mehr gewünscht werde. Nunmehr sehen §§ 36, 6 Abs. 2 ff. HOAI je nach Leistungsbild geringere Maximalsätze vor (vgl. Abb. 7.34).

In der HOAI 2013 ist in § 4 Abs. 3 die Berücksichtigung der mitzuverarbeitenden Bausubstanz bei den anrechenbaren Kosten wieder eingeführt worden. Umfang und Wert der mitzuverarbeitenden Bausubstanz sind zum Zeitpunkt der Kostenberechnung oder, sofern keine Kostenberechnung vorliegt, zum Zeitpunkt der Kostenschätzung objektbezogen zu ermitteln und schriftlich zu vereinbaren. Damit ist der Altzustand, der auf die seinerzeitige Rechtsprechung zu § 10 Abs. 3a HOAI 2002 zurückging, wonach eine entsprechende Berücksichtigung bei der vorhandenen Bausubstanz den anrechenbaren Kosten für notwendig erachtet wurde, wieder eingeführt.

2 Regelungsbedürftige Punkte in Architektenverträgen

2.1 Der Einheitsarchitektenvertrag

Es hat 9 Jahre gedauert, bis das alte Architektenvertragsmuster aus dem Jahre 1985 von der Bundesarchitektenkammer durch die Fassung aus dem Jahre 1994 ersetzt wurde.

Insgesamt war die neue Fassung straffer gefasst und man verzichtete auf die Beifügung allgemeiner Bedingungen.

Der neue Einheitsarchitektenvertrag war noch nicht veröffentlicht, als er sich bereits einer harschen Kritik von Seiten der Literatur erfreuen durfte (vgl. Bartsch, BauR 1994, S. 314 ff.).

Da sich der Einheitsarchitektenvertrag aus vorformulierten, für eine Vielzahl von Anwendungsfällen gedachten Bestimmungen/Klauseln zusammensetzt, sind seine Regelungen Allgemeine Geschäftsbedingungen und unterliegen demzufolge der Überprüfung anhand des AGB-Gesetzes bzw. ab 2002 den an seine Stelle getretenen § 305 ff. BGB. Eine Überprüfung der Klauseln des Einheitsarchitektenvertrages anhand dieser „Messlatte" ließ Wirksamkeitsbedenken aufkommen, beispielsweise bei den nachfolgenden Regelungen:

- § 2.2 schränkt die Berichtspflicht des Architekten gegenüber dem Bauherrn mehrfach ein und könnte gemäß § 307 Abs. 1 BGB n. F. unwirksam sein.
- § 4.9 bestimmt zur Fälligkeitsregelung von Abschlagszahlungen, dass der Architekt diese jederzeit fordern kann. Dies widerspricht § 15 Abs. 2 HOAI, wonach Abschlagszahlungen nur in angemessenen zeitlichen Abständen und nur für nachgewiesene Leistungen gefordert werden können.
- § 6.2 bestimmt, dass für die Dauer der Unterbrechung der Vertragsdurchführung eine angemessene Entschädigung seitens des Bauherrn zu zahlen ist. Da daneben § 21 HOAI a. F. unberührt bleiben soll, könnte es zu einer Doppelberechnung kommen, was zur Unwirksamkeit von § 6.2 führen würde.
- Die Haftungsbegrenzung des § 7.4 für die Fälle leichter Fahrlässigkeit, orientiert an der Deckungssumme der Haftpflichtversicherung, ist bedenklich und vermutlich unwirksam, weil in Höhe der von den Kammern zu § 8 empfohlenen Deckungssumme für sonstige Schäden eine nach der höchstrichterlichen Rechtsprechung geforderte Deckung üblicher Schadenshöhen wohl kaum gewährleistet ist. Außerdem erweckt diese Regelung den Anschein, als würde sich durch den Eintrag der konkreten Haftungssumme etwas an der Rechtsnatur dieser Regelung als AGB ändern (kritisch deshalb zu Recht Bartsch, BauR 1994, S. 314, 318).
- Die Regelung in § 7.5, wonach die Gewährleistungszeit schon mit der Teilabnahme der Leistungsphasen 1 bis 8 beginnen soll, auch wenn die Leistungsphase 9 mitbeauftragt worden ist, dürfte eine nicht zulässige Verkürzung der gesetzlichen Gewährleistungsfrist darstellen.
- Die Regelung in § 9 zur vorzeitigen Beendigung des Vertrags mit der bekannten 60/40-Regelung bei vom Architekten nicht zu vertretender Kündigung des Vertrages ist problematisch, aber wohl wirksam. Der Bundesgerichtshof hat in seinem Urteil, BauR 1996, 412, 414 mit seiner ständigen Rechtsprechung gebrochen, wonach es dem Architekten gestattet ist, seine ersparten Aufwendungen mit pauschal 40 % ohne weiteren Nachweis zu berechnen. Dieser Entscheidung lag ein mündlich abgeschlossener Architektenvertrag zugrunde. Die Entscheidungsgründe ließen vermuten, dass es nur eine Frage der Zeit sei, bis der Bundesgerichtshof bei Vorlage eines geeigneten Falls auch eine in Allgemeinen Geschäftsbedingungen vereinbarte entsprechende Regelung für nichtig erklären wird. In einer Nachfolgeentscheidung (BGH, BauR 1997, 156) hatte der Bundesgerichtshof zwar über eine 60/40-Regelung im AGB zu entscheiden und diese sogleich für nichtig erklärt. Die entscheidende AGB-Regelung war allerdings bereits deshalb für nichtig zu befinden, weil dem AG nicht die Möglichkeit des Nachweises geringerer ersparter Aufwendungen eingeräumt wurde.

Bis heute fehlt eine höchstrichterliche Rechtsprechung dazu, ob in Allgemeinen Geschäftsbedingungen eine 60/40-Regelung, die zugleich den Nachweis geringerer ersparter Aufwendungen dem AG ermöglicht und dies in gleicher Weise für die Anrechnung von Vorteilen aus Ersatzaufträgen zulässt, wirksam ist.

Für die Wirksamkeit spricht allerdings viel (vgl. von Rintelen, BauR 1998, 609).

Fazit:

Der Einheitsarchitektenvertrag ist im Großen und Ganzen mit derart vielen AGB-rechtlichen Problemen belastet, dass seine Anwendung guten Gewissens nicht empfohlen werden kann. Die Bundesarchitektenkammer hat sich wohl nicht zuletzt deshalb dazu entschlossen, den entsprechenden Antrag im kartellrechtlichen Genehmigungsverfahren auf Zulassung vor dem Bundeskartellamt zurückzuziehen.

2.2 Regelungsbedürftige Punkte in Architekten- und Ingenieurverträgen

Verwendet man gleichwohl den Einheitsarchitektenvertrag, muss man sich allerdings ungeachtet der oben skizzierten AGB-Problematik weiter über folgende inhaltliche Schwächen im Klaren sein, die eine entsprechende Ergänzung dringend erforderlich machen und im Übrigen für jede Vertragsgestaltung von grundsätzlicher Bedeutung sind und deshalb beachtet werden müssen:

a) Der Einheitsarchitektenvertrag beginnt in den §§ 1 und 2 mit der „kästchenweise" anzukreuzenden Unterscheidung, ob Gegenstand des Verfahrens im Sinne des § 3 HOAI ein Neubau, eine Erweiterung, ein Umbau, eine Modernisierung etc. vorliegt. Im Vordergrund steht damit also die honorarmäßige Zuordnung der Architektenleistung, ohne dass die konkrete Leistung, die nach dem Vertrag geschuldet sein soll, beschrieben worden wäre.

- Die zentrale Regelung eines jeden Vertrages ist allerdings die **geschuldete Leistung**. Das „Grundübel" der überwiegenden Vielzahl aller Architekten- und Ingenieurverträge liegt darin, dass die geschuldete Leistung nicht klar inhaltlich umrissen und zu den Leistungen der anderen Planungsbeteiligten wie auch den von Seiten des Auftraggebers zu erbringenden Leistungen abgegrenzt wird. Hierzu reicht es nicht aus, wenn in § 2 des Einheitsarchitektenvertrages unter der Überschrift „Aufgaben und Pflichten des Architekten" nur die 9 Leistungsphasen in Bezug genommen werden, denn damit wird man der Rechtsnatur des Architektenvertrages als Werkvertrag nur äußerst unzureichend gerecht.

Der Architekt ist nicht lediglich verpflichtet, die beauftragten Leistungsphasen zu erbringen, sondern er hat an der Entstehung des Bauwerks (Erfolg) kraft der ihm übertragenen Planungsleistungen mitzuwirken. Er schuldet zwar nicht die Erstellung des Objekts als solches, aber die hierfür notwendigen planerischen Leistungen.

Da für die Erstellung eines Bauwerks eine Vielzahl von Planungsleistungen erforderlich sind, sollten die beauftragten Leistungen im Einzelnen aufgezählt werden, verbunden mit einer weitergehenden Regelung dahin, dass diese Aufzählung **abschließender Natur** ist und der Architekt nur dann darüber hinausgehende Leistungen zu erbringen hat, wenn hierfür die Parteien vorher ein neues, zusätzliches Honorar vereinbart haben.

- In diesem Zusammenhang ist weiter zu regeln, dass ohne die Vereinbarung eines neuen Honorars für bislang nicht beauftragte Leistungen dem Architekten ein **Leistungsverweigerungsrecht zusteht**.
- Hierher gehört weiter auch die Regelung, ob die Leistungen voll bereits jetzt oder **in Stufen** beauftragt werden:
  - wenn in Stufen beauftragt wird, die Gewährleistung mit Erbringung der letzten Leistung aus der beauftragten Stufe beginnt, wenn nicht in einem absehbaren (kurzen) Zeitraum die nächstfolgende Stufe abgerufen wird und
  - bei verspäteter Beauftragung einer Folgestufe eine angemessene Erhöhung des auf die Folgestufen vereinbarten Honorars zu vereinbaren ist oder aber sich der Architekt einseitig vom Vertrag lösen kann.

- Im Rahmen der Objektüberwachung ist der Architekt gut beraten, wenn er vertraglich konkret festlegt, wie viele Baustellenbegehungen er pro Woche/pro Monat schuldet, wie viele Personen die Objektüberwachung durchführen, was passiert, wenn die Objektüberwachung ungewöhnlich lange dauert.

b) Im Rahmen der Vergütung sind alle notwendigen Vereinbarungen so zu treffen, dass sich für alle denkbaren zukünftigen Fälle das Honorar bereits anhand der getroffenen Vereinbarungen auch ermitteln lässt.

- Hierher gehört beispielsweise, dass man den Vergütungsmodus für die oben angesprochene verspätete Beauftragung mit Folgestufen und auch einen etwaigen Umbauzuschlag bereits jetzt abschließend regelt.
- Des Weiteren ist klar zu regeln, wie Besondere und Zusätzliche Leistungen, die jetzt frei vereinbart werden können, zu vergüten sind.

Eine klare, eindeutige und auch gerichtlich durchsetzbare Regelung müsste so aussehen, dass die Vergütung auf der Grundlage einer schriftlich abgeschlossenen Zusatzvereinbarung zu entrichten ist. Bis zum Abschluss dieser Vereinbarung steht dem Architekten dann **vereinbarungsgemäß** ein Leistungsverweigerungsrecht zu.

c) Anlässlich der Definition des geschuldeten „Planungssolls" ist weiter zu regeln, für welche Ergebnisse/Erfolge der Architekt **haftet**. Bekanntermaßen schuldet beispielsweise der Architekt die Erwirkung einer rechtswirksamen Baugenehmigung (vgl. BGH BB 1992, 951). Wissen beide Vertragsparteien allerdings bei Vertragsschluss bereits, dass die Erteilung der Baugenehmigung höchst zweifelhaft ist, und dient der Architektenvertrag dazu, die Genehmigungsfähigkeit des Bauvorhabens erst zu ermitteln, so ist die Regelung eines Haftungsausschlusses für eine rechtswirksame Baugenehmigung ebenso selbstverständlich wie **unerlässlich**.

d) Weiter unerlässlich ist eine Regelung im Architektenvertrag dahin, dass dieser nicht unter einer wie auch immer gearteten **Bedingung** steht. Dies aus den oben geschilderten Gründen der Beweislast einer von Seiten des Auftraggebers später behaupteten Bedingung. Ist allerdings im Vertragstext geregelt, dass die Erteilung des Architektenvertrages von keinen Bedingungen abhängig gemacht worden ist, so führt dies dazu, dass der Auftraggeber dann, wenn er sich anschließend gleichwohl auf eine Bedingung beruft, er diese auch zu beweisen hätte.

e) Ein weiterer regelungsbedürftiger Punkt betrifft die Sicherung der **Finanzierung** des Bauvorhabens. In den Vertragsverhandlungen mit dem Bauherrn muss diese Frage angesprochen und eine Regelung im Vertrag zugeführt werden, sei es dahin, dass beide Parteien festhalten, dass die Finanzierung des Bauvorhabens gesichert ist, oder aber dahin, wem welche Aufgaben hinsichtlich des Erhalts oder Beantragung der für die Finanzierung notwendigen Mittel zufällt und wie diese vergütet werden.

f) Ein immer wieder kritischer Punkt ist die **Bausummenüberschreitung**. Um spätere Bausummenüberschreitungsprozesse zu vermeiden, sollte im Vertrag klar geregelt werden, was geschieht, wenn die in Aussicht genommene Bausumme überschritten wird. Dabei sollte klar und eindeutig herauskommen, dass der Architekt für die Einhaltung einer bestimmten Bausumme keinerlei wie auch immer geartete Garantie übernehmen kann, wohl aber ihn die Verpflichtung trifft, bei einer erkennbar werdenden Überschreitung der Bausumme den Bauherrn hierauf hinzuweisen.

Fazit:

Der Einheitsarchitektenvertrag bzw. andere von den Architekten/Ingenieuren verwendeten vorformulierten Verträge sollten um die obigen Regelungen unbedingt ergänzt bzw. präzisiert werden. Diese Ergänzung sollte auf einer eigenen Anlage zum Vertrag erfolgen. Diese Ergänzung sollte weiter mit dem Bauherrn konkret ausgehandelt und besprochen werden, um sich nicht des Einwandes Allgemeiner Geschäftsbedingungen ausgesetzt zu sehen.

Das Problem einer möglichen Nichtigkeit infolge des Eingriffs durch die AGB-Regelungen lässt sich bei der Mehrfachverwendung vorformulierter Verträge und/oder Vertragsbedingungen allerdings de facto nicht umgehen.

Es ist deshalb sowohl aus diesem Grunde als auch aus den obigen Erwägungen heraus nicht empfehlenswert, seine tägliche Praxis nur mit vorformulierten Vertragsbedingungen zu bewältigen.

Unentbehrlich ist indes eine Checkliste der regelungsbedürftigen Punkte. Insoweit mögen obige Ausführungen dem Praktiker eine Hilfestellung geben.

Im Sinne einer **Hilfestellung für die Praxis** sind auch die nachfolgend abgedruckten Beispiele eines **Objektplanervertrages** und eines **Generalplanervertrages** zu verstehen.

Die abgedruckten Verträge erheben ausdrücklich **nicht** den Anspruch, einer AGB-rechtlichen Prüfung standzuhalten. Sie sind als **Beispiel** dafür zu sehen, wie Planerverträge abgeschlossen werden können, insbesondere wie ein Generalplanervertrag abgeschlossen werden kann. Entscheidend ist die Prüfung der jeweiligen einzelnen Regelungen auf ihre Notwendigkeit und Anpassung auf die besonderen Bedürfnisse und Besonderheiten des einzelnen Objektes. Auch ergänzende **auftragnehmerfreundliche** Regelungen zum Leistungsverweigerungsrecht und **Aufrechnungsverbot** mit Schadensersatzansprüchen gegen Honorarforderungen sind als weitere Regelungspunkte in den Verträgen zu bedenken. Was die Regelung der Vergütung für geänderte oder zusätzliche Leistungen anbelangt, so stellt die Formulierung hierzu in dem Objektplanervertrag ein Vorschlag dar, der, was die in Ansatz zu bringenden Honorarprozentsätze betrifft, in jedem Einzelfall mit dem Vertragspartner auszuhandeln wäre. Letztlich sei nochmals der Hinweis gestattet, dass ein jeder Vertrag davon lebt, wie genau er die jeweiligen Erfordernisses des Einzelfalls richtig erfasst und im Vertrag umsetzt. Aus diesem Grunde sind die Anlagen zum Vertrag wie die **Leistungsbeschreibung**, das **Pflichtenheft** und auch das **Projekthandbuch** mit von ausschlaggebender Bedeutung.

2.3 Beispielhafte Architekten- und Ingenieurverträge

2.3.1 *MUSTER-ARCHITEKTENVERTRAG GEBÄUDE*

Vertrag Objektplanung Gebäude; Projekt: ....

zwischen der .... – Auftraggeberin (AN) –
und der/die ....
vertreten durch .... – Auftragnehmer (AN) –

wird der nachfolgende Vertrag über Leistungen der **Objektplanung** (Gebäude) geschlossen:

Inhaltsverzeichnis

1 Gegenstand des Vertrages

1.1 Gegenstand des Vertrages sind Leistungen der Objektplanung (Gebäude) nach näherer Maßgabe dieses Vertrages für das Bauvorhaben der Auftraggeberin ...., zu erstellen auf den Grundstücken Grundbuch von ...., Blatt ...., Flur ...., Flurstücke .... Das zu bebauende Grundstück ist im Lageplan gekennzeichnet **Anlage 1.**

1.2 Die Vorgaben der Auftraggeberin für das/die zu planende(n) Gebäude sind enthalten in der Projektbeschreibung einschließlich Gestaltungs- und Konstruktionsprinzipien **Anlage 2.**

1.3 Der Auftragnehmer schuldet als Leistung ein mangelfreies und vertragsrechtes Werk gemäß den Festlegungen dieses Vertrages und seiner Anlagen.

2 Vertragsgrundlagen

Die Rechte und Pflichten der Vertragspartner sind vorrangig in diesem Vertrag geregelt. Soweit der Vertrag keine speziellen Regelungen enthält, sind Vertragsgrundlagen in nachstehender Geltungsreihenfolge:

2.1 Der Lageplan und die Grundstücksangaben gemäß **Anlage 1.**
2.2 Die Vorgaben der Auftraggeberin für das zu planende Gebäude gemäß **Anlage 2.**
2.3 Die Leistungsbeschreibung für die Leistungen des AN gemäß **Anlage 3.**
2.4 Die Zieldefinition Planung gemäß **Anlage 4.**
2.5 Der Projektterminplan gemäß **Anlage 5.**
2.6 Das verbindliche Baubudget gemäß **Anlage 6.**
2.7 Die Honorarangebote bzw. Honorarvereinbarungen gemäß **Anlage 7.**
2.8 Der Zahlungsplan gemäß **Anlage 8.**

Bei Widersprüchen geht die höherrangige Bestimmung der Nachrangigen vor. Ein Widerspruch liegt jedoch nicht vor, soweit die höherrangige Bestimmung lediglich allg. Vorgaben für die zu erbringende Leistung enthält, die durch die nachrangige Regelung konkretisiert werden. Im Zweifelsfall hat der AN der Auftraggeberin den aus seiner Sicht bestehenden Widerspruch zur Entscheidung vorzulegen, wobei die Auftraggeberin eine Entscheidung nach billigem Ermessen trifft; in diesem Fall steht dem Auftragnehmer kein zusätzlicher Vergütungsanspruch zu.

3 Leistungen des Auftragsnehmers

3.1 Grundsätze

3.1.1 Der Auftragnehmer hat bei der Erbringung seiner Leistungen neben den Festlegungen dieses Vertrages und der vereinbarten Vertragsgrundlagen jederzeit die gesetzlichen und behördlichen Vorgaben zu beachten und alles zu unternehmen, um eine zeit- und kostengerechte Erbringung seiner Leistungen unter Wahrung der vereinbarten Qualität sicherzustellen.

Zur Erreichung dieser Ziele verpflichtet der Auftragnehmer sich jederzeit zur Kooperation, wobei er insbesondere die Auftraggeberin unverzüglich schriftlich informiert, falls die Vertragsziele durch Baubeteiligte, Behörden, Nachbarn oder sonstige Dritte gefährdet erscheinen.

Auf erkennbare Budgetüberschreitungen wird der AN die Auftraggeberin unverzüglich hinweisen und gleichzeitig Abhilfevorschläge, beispielsweise Einsparvorschläge oder Kompensationsmöglichkeiten, unterbreiten. Das Nähere regelt Ziff. 5 dieses Vertrages.

3.1.2 Gesetzliche oder vertragliche Verpflichtungen der Auftraggeberin, z. B. aus abgeschlossenen oder noch abzuschließenden Miet-, Pacht-, Veräußerungs- oder sonstigen, das zu planende Objekt betreffenden Verträgen, aus dem Bebauungsplan, städtebaulichen Verträgen usw. sind jederzeit vom AN zu beachten, um die Einhaltung der gesetzlichen oder vertraglichen Verpflichtungen durch die Auftraggeberin sicherzustellen.

Soweit die aus solchen gesetzlichen oder vertraglichen Verpflichtungen der Auftraggeberin resultierenden Vorgaben nach Auffassung des Auftragnehmers nicht mit diesem Vertrag und seinen Vertragsgrundlagen übereinstimmen, hat der Auftragnehmer die Auftraggeberin unverzüglich und schriftlich hierauf hinzuweisen und ggf. eine geänderte oder zusätzliche Leistung anzubieten; auf die Regelung in Ziff. 8 wird verwiesen.

3.1.3 Dem AN ist bekannt, dass die Auftraggeberin das Objekt ganz oder in Teilen vermarktet (Vermietung, Verpachtung, Verkauf oder sonstige Verwertung). Zum Leistungsumfang des AN gehört deshalb die Integration von Planungswünschen von Mietinteressenten, Kaufinteressenten oder sonstigen Kunden der Auftraggeberin, die sich auf entsprechende Planungsbereiche beziehen. Insbesondere gehört die Erstellung von bis zwei Grundrissvarianten und die Integration der Planungswünsche und -vorstellungen der Auftraggeberin/Kunden, die Integration von seitens der Kunden beauftragten Innenarchitekten, Küchenplanern, Lieferanten und sonstigen Planern sowie deren Koordination mit der eigenen Planung zum abgegoltenen Leistungsumfang des AN und stellt keine vergütungspflichtige Zusatzleistung des AN dar.

In der Ausführungsphase gehört zum durch das vereinbarte Honorar abgegoltenen Leistungsumfang des AN die Integration von Sonderwünschen der Auftraggeberin/Kunden, z. B. bezüglich der Raumaufteilung, der Ausstattungsqualität usw. sowie deren Koordination mit den Planungs- und Ausführungsbeteiligten.

3.1.4 Ebenfalls zum Leistungsumfang des AN gehören alle Planungen und Unterlagen zur Herbeiführung einer Abgeschlossenheitsbescheinigung und Aufteilungsplanung nach den Bestimmungen des Wohnungseigentumsgesetzes, soweit Wohnungs- oder Teileigentum geschaffen werden soll.

3.1.5 Der AN erbringt alle Leistungen des SiGeKo nach den Bestimmungen der Baustellenverordnung.

3.2 Leistungen des AN

Die Leistungen des AN ergeben sich daraus, welche der Leistungsphasen aus der Leistungsbeschreibung **(Anlage 3)** beauftragt sind oder später von der Auftraggeberin abgerufen werden.

Der AN schuldet pro beauftragter Leistungsphase alle zur Erreichung des Planungserfolges erforderlichen Leistungen; die Einzelaufzählung von Leistungspflichten pro jeweiliger Leistungsphase in **Anlage 3** ist demgemäß nicht abschließend. Alle zur Erreichung des Planungserfolges, wie er sich insbesondere aus der Zieldefinition der **Anlage 4** ergibt, erforderlichen Leistungen (auch etwaige Besondere Leistungen und ggf. Zusätzliche Leistungen), sollten sie auch über die Leistungsbeschreibung **(Anlage 3)** hinausgehen, sind durch das vereinbarte Honorar abgegolten, d. h. sie werden also nicht zusätzlich vergütet.

4 Stufenweise Beauftragung

4.1 In diesem Vertrag beauftragte Leistungen

Die Auftraggeberin überträgt dem AN von den in der **Anlage 3** genannten Leistungsphasen mit diesem Vertrag die Leistungsphasen ...., ..., ..., …

4.2 Abrufmöglichkeit bezüglich nicht beauftragter Leistungen

Mit diesem Vertrag nicht beauftragte Leistungen der entsprechenden Leistungsphasen gemäß **Anlage 3** kann die Auftraggeberin durch gesonderten schriftlichen Abruf jeweils einzeln beauftragen. Der AN hat die Auftraggeberin rechtzeitig schriftlich darauf hinzuweisen, zu welchem spätesten Zeitpunkt ein solcher Abruf weiterer Leistungsphasen erforderlich ist, damit eine unterbrechungsfreie Leistung des AN und die Einhaltung des Projektterminplans **(Anlage 5)** sichergestellt sind.

Der Abruf muss jeweils spätestens innerhalb einer Frist von sechs Monaten nach Fertigstellung aller Arbeiten des AN aus der letzten beauftragten Leistungsphase erfolgen; die Frist beginnt jedoch nicht vor dem Zugang des Hinweises des AN gemäß Satz 2 bei der Auftraggeberin.

Für die Leistungsphasen 5, 6 und 7 teilt die Auftraggeberin im Abruf auch mit, ob sie die jeweilige Alternative A (Einzelvergabe) oder B (Schlüsselfertigvergabe) gemäß **Anlage 3** wählt.

4.3 Kein Anspruch bei nicht erfolgtem Abruf

Über die durch diesen Vertrag bereits erfolgte Beauftragung hinaus, stehen dem AN keinerlei Ansprüche auf Abruf weiterer Leistungsphasen durch die Auftraggeberin zu. Der AN kann aus der stufenweisen Beauftragung oder Nichtbeauftragung keinerlei weitergehende Rechte, gleich welcher Art, herleiten, insbesondere keine Ansprüche auf Auftragserteilung oder auf Schadensersatz/Entschädigung wegen der Nichtbeauftragung entsprechender Leistungen.

5 Kosten des Projektes – Budget

5.1 Grundsatz

Der AN ist verpflichtet, die durch das Baubudget **(Anlage 6)** festgelegten Kosten des Gesamtprojektes sowie der einzelnen Gebäude, Bauabschnitte usw. bei gleichzeitiger Erreichung der vereinbarten Planungsziele unbedingt zu beachten. Sobald und soweit für den AN in den einzelnen Planungsphasen Budgetabweichungen erkennbar sind, hat er die Auftraggeberin hierauf unter Nennung der Gründe hinzuweisen und Vorschläge zur Abhilfe, insbesondere zur Kosteneinsparung oder entsprechender Kompensationsmaßnahmen, zu unterbreiten. Die Einhaltung des Baubudgets insgesamt sowie der entsprechenden Einzelbudgets gemäß **Anlage 6** sind damit vereinbarte Beschaffenheit der vom AN zu erbringenden Leistungen.

Das diesem Vertrag zugrunde liegende Baubudget sowie die entsprechenden Einzelbudgets **(Anlage 6)** sind für den AN verbindlich und von ihm zwingend zu beachten, soweit und solange die Auftraggeberin dem AN kein hiervon abweichendes Einzel- oder Gesamtbudget schriftlich verbindlich mitteilt.

5.2 Kostenermittlungen

Kostenermittlungen sind gemäß DIN 276 (Fassung Dezember 2008) und mit Aufstellung von Mengengerüsten zu erstellen. Im Besonderen sind bei allen Kostenangaben die kostenrelevanten Hauptbestandteile nach Mengen und dazugehörigen Kosten zu untergliedern, um die Auswirkung von Änderungen der Ausstattungs- und Konstruktionsvorgaben nachvollziehen zu können. Der AN hat hierbei die Verpflichtung, die Beiträge der Fachplaner in die Kostenschätzung bzw. -berechnung zu integrieren und eine Gesamtkostenschätzung bzw. -berechnung abzugeben. Die vertraglichen Pflichten der Fachplaner bleiben hiervon unberührt.

6 Termine

6.1 Projektterminplan

Der AN hat seine Leistungen auf der Grundlage des vereinbarten Projektterminplans **(Anlage 5)** und den dort zugrunde gelegten „Meilensteinen" für das Projekt zu erbringen. Soweit Abweichungen von diesem Projektterminplan erkennbar oder bereits eingetreten sind, hat der AN die Auftraggeberin unverzüglich und schriftlich hierauf hinzuweisen und Abhilfemaßnahmen, z. B. Aufholmöglichkeiten, organisatorische Optimierungen usw. vorzuschlagen. Die Einhaltung des Projektterminplans in allen Planungs- und Ausführungsphasen ist damit unbedingt sicherzustellen, ebenso die vereinbarte Beschaffenheit der vom AN zu erbringenden Leistungen.

6.2 Detailtermine

Der AN ist verpflichtet, den Projektterminplan in den einzelnen Leistungsphasen, beginnend mit Leistungsphase 2, durch einen von ihm vorzulegenden Detailterminplan für die Planungsleistungen und für die Ausführung der Bauleistungen zu ergänzen.

Die darin für die Planungsleistungen enthaltenen Anfangs-, die wesentlichen Zwischen- und Endtermine werden zwischen der Auftraggeberin und dem AN festgelegt und sind für den AN verbindlich. Das vorgesehene Ende einer Leistungsphase ist immer verbindlicher Zwischen- bzw. Endtermin der entsprechenden Teilleistung des AN.

Legt der AN nicht alsbald, spätestens zwei Wochen nach Vertragsabschluss, diesen Detailterminplan vor oder einigen die Parteien sich nicht, kann die Auftraggeberin nach billigem Ermessen einseitig einen Detailablaufplan mit entsprechend verbindlichen Anfangs-, wesentlichen Zwischenterminen und Endterminen für die vom AN zu erbringenden Leistungen festlegen.

Werden einzelne Leistungsphasen von der Auftraggeberin gemäß Ziff. 4.2 dieses Vertrages später abgerufen, hat der AN auch hierfür unverzüglich einen Detailablaufplan vorzulegen. Es gelten die vorstehenden Regelungen entsprechend.

6.3 Terminkontrollbericht

Um der Auftraggeberin eine Terminkontrolle zu ermöglichen, ist der AN verpflichtet, regelmäßig (mtl. jeweils in der ersten Woche des Monats) Terminkontrollberichte im Sinne eines Soll-Ist-Vergleichs der Planungsleistungen und der Ausführungsleistungen nebst Erläuterungen vorzulegen.

6.4 Verzug des Auftragnehmers

6.4.1 Vertragskündigung

Kommt der AN mit seiner Leistung zu den Terminen des Projektterminplans gemäß Ziff. 6.1 oder zu den Anfangs-, wesentlichen Zwischenterminen oder Endterminen des Detailablaufplans gemäß Ziff. 6.2 in Rückstand, erbringt er die ausstehende Leistung trotz Nachfristsetzung sodann nicht innerhalb von maximal 15 Werktagen und hat er die Verzögerung zu vertreten, so ist die Auftraggeberin – unbeschadet aller sonstigen Rechte – berechtigt, den Vertrag für Leistungsphasen, die in Bearbeitung sind, ganz oder teilweise aus wichtigem Grund zu kündigen. Die Auftraggeberin ist dann nach ihrer Wahl auch berechtigt, Leistungsphasen, mit denen der AN noch nicht begonnen hat, oder auch alle in Auftrag gegebenen Leistungsphasen aus wichtigem Grund zu kündigen.

Die Kündigungsfolgen ergeben sich aus Ziff. 13.2.2 dieses Vertrages.

Schadensersatzansprüche der Auftraggeberin wegen Verzuges oder im Zusammenhang mit der Kündigung aus wichtigem Grund bleiben unberührt.

6.4.2 Honorarkürzung

Kommt der AN mit der vollständigen Fertigstellung seiner Leistungen zu den jeweiligen Terminen gemäß Projektterminplan (Ziff. 6.1) oder Detailterminplan (Ziff. 6.2) in Rückstand, erbringt er die ausstehende Leistung trotz Nachfristsetzung sodann nicht innerhalb von max. 15 Werktagen und hat er die Verzögerung zu vertreten, so verringert sich das Honorar des AN für die Leistungsphase, mit der er in Verzug ist, um jeweils 5-%-Punkte des Vertragshonorars für diese Leistungsphase. Die Auftraggeberin ist berechtigt, die entsprechende Teil- oder Schlussrechnung des AN entsprechend zu kürzen. Dieser Vertragsstrafenanspruch muss nicht bei der Abnahme vorbehalten werden, sondern kann bis zur Schlusszahlung auf die Teilschlussrechnung oder Schlussrechnung geltend gemacht werden.

Weitergehende Ansprüche der Auftraggeberin – insbesondere gemäß Ziff. 6.4.1 – bleiben unberührt. Auf Schadensersatzansprüche der Auftraggeberin wegen Verzugs des AN sind die vorerwähnten Honorarkürzungen anzurechnen.

7 Vergütung

7.1 Honorar

7.1.1 1. Alternative: Pauschalhonorar innerhalb der Tafelwerte

Variante 1: Pauschalhonorar

Die Parteien vereinbaren für die vollständige, vertragsgerechte und mängelfreie Erbringung aller Leistungen des Auftragnehmers ein Pauschalhonorar, das auf der Grundlage der Honorarberechnung **(Anlage 7)** ermittelt wurde.

Pauschalhonorar für die durch diesen Vertrag beauftragten u. abgerufenen Leistungsphasen ... €.

Bei Abruf weiterer Teilleistungen beträgt das Pauschalhonorar für diese Teilleistungen: ... € (für Stufe 2)
... € (für Stufe 3)
... € (für Stufe 4).

Der AN bestätigt, dass ihm das Projekt auch im Hinblick auf die Honorarbezugsparameter der HOAI vertraut ist. Gleichzeitig ist dem AN bekannt, dass die Auftraggeberin das Bauvorhaben insgesamt oder Teile davon an einen Investor oder an einzelne Erwerber zu Festpreisen veräußert hat bzw. veräußern wird. Der Kalkulation des Kaufpreises bzw. der Kaufpreise liegt das mit dem AN vereinbarte Honorar als Kalkulationsgrundlage zugrunde. Die Auftraggeberin vertraut daher auf die Unveränderlichkeit des nach diesem Vertrag vereinbarten Honorars. Der AN versichert, sich in jedem Fall an die vertraglich vereinbarte Honorarregelung zu halten, auch für den Fall, dass die Mindestsätze der HOAI unterschritten sein sollten. Sollte der AN trotz dieser Versicherung bei einer Mindestsatzunterschreitung die Honorardifferenz zwischen dem vereinbarten Honorar und den Mindestsätzen der HOAI geltend machen, so schuldet er der Auftraggeberin als Schadensersatz den Betrag, den er über die vereinbarte Pauschale hinaus geltend macht.

Variante 2: Kostenberechnungsmodell nach § 6 Abs. 1 HOAI

Die Parteien legen für das Objekt die Honorarzone .... zugrunde.

Vereinbart wird der Mindestsatz plus 10 % aus der Honorartabelle zu § 34 Abs. 1 HOAI.

Ist in Ziff. 4.1 dieses Vertrages eine Leistungsphase nur mit einem Teilprozentsatz beauftragt, so schuldet die Auftraggeberin nur den entsprechenden Teil der Vergütung.

Soweit weitere Honorarberechnungsfaktoren vereinbart werden (z.B. ein Umbauzuschlag), sind sie in der **Anlage 7** genannt.

Soweit der Auftragnehmer die in der Leistungsbeschreibung **(Anlage 3)** aufgeführten Leistungen aus von ihm zu vertretenen Gründen nicht erbringt, besteht zwischen den Parteien Einigkeit, dass das hierauf entfallende, anteilige Honorar von der Auftraggeberin nicht geschuldet wird.

Bei Beauftragung eines Generalunternehmers gehört der GU-Zuschlag nicht zu den anrechenbaren Kosten.

Berechnungen zu

- den vorläufigen anrechenbaren Kosten,
- dem vorläufigen Honorar,
- der Aufteilung des vorläufigen Honorars in Euro auf die vorgenannten Leistungsphasen (stufenweise Beauftragung),

sind in der **Anlage 7** zu diesem Vertrag niedergelegt, die bei Vorliegen der Kostenberechnung ggf. anzupassen sind. Die Benennung von Honoraren für eine einzelne Leistungsphase in **Anlage 7** bedeutet keine Beauftragung dieser Leistungsphase; maßgebend ist allein Ziff. 4 dieses Vertrages.

7.1.2 **2. Alternative: Anrechenbare Baukosten oberhalb von 25.564.594,- € [HOAI damit nicht anwendbar = Honorar kann frei vereinbart werden]**

Variante 1: Pauschalhonorar

....

Variante 2: Honorar nach anrechenbaren Baukosten auf Basis fortgeschriebener Honorartabelle

....

7.2 Zeithonorar

7.2.1 Werden Leistungen nach Zeitaufwand vergütet, gelten hierfür folgende Stundensätze

- für den Inhaber/Geschäftsführer € ....
- für projektleitende Diplom-Ingenieure € ....
- für sachbearbeitende Diplom-Ingenieure € ....
- für Techniker € ....
- für Zeichner und Schreibkräfte € ....
- für Hilfskräfte € ....

7.2.2 Leistungen des AN nach Zeitaufwand werden nur vergütet, wenn sie vorher schriftlich durch die Auftraggeberin beauftragt worden sind. In diesem Fall ist der AN verpflichtet, den entsprechenden Zeitaufwand durch Stundenbelege nachzuweisen, die er spätestens monatlich der Auftraggeberin zur Prüfung und Abzeichnung vorlegen muss. Der AN ist verpflichtet, Leistungen nach Zeitaufwand spätestens im Folgemonat nach der Vorlage der Stundennachweise abzurechnen, andernfalls verfällt sein Vergütungsanspruch nach Zeitaufwand, es sei denn, der AN weist nach, unverschuldet an der rechtzeitigen Abrechnung gehindert worden zu sein.

7.3 Nebenkosten

Kosten für Reisen sowie für alle übrigen Nebenkosten im Sinne von § 14 HOAI sind in dem gemäß Ziff. 7.1 vereinbarten Honorar enthalten [alternativ: Werden pauschal mit .... % des vereinbarten Honorars vergütet/werden gemäß Nachweis vergütet].

7.4 Umsatzsteuer

Das Honorar und die Nebenkosten verstehen sich als Nettobeträge zzgl. Mehrwertsteuer in der jeweils gesetzlich bestimmten Höhe.

8 Geänderte und zusätzliche Leistungen

8.1 Anordnungsbefugnisse der Auftraggeberin

Die Auftraggeberin ist jederzeit befugt, Änderungen und Ergänzungen zum beauftragten bzw. abgerufenen Leistungsumfang des AN anzuordnen. Der AN ist zur Erbringung dieser von der Auftraggeberin angeordneten geänderten oder zusätzlichen Leistungen verpflichtet, soweit er der Auftraggeberin nicht nachweist, dass die Erbringung dieser Leistungen unmöglich oder für den AN unzumutbar ist. Dieses Anordnungsrecht gilt sowohl für in Arbeit befindliche als auch für bereits abgeschlossene Leistungsphasen.

Einigkeit besteht zwischen den Parteien, dass bei gleichbleibendem Leistungsziel unterschiedliche Vorschläge und Ausarbeitungen des AN in gestalterischer, konstruktiver, funktionaler oder wirtschaftlicher Hinsicht während der Erstellung der Planung und vor Abschluss der einzelnen Planungsphasen, z. B. unterschiedliche Grundrissvarianten, Ansichten usw. zum normalen, durch das vereinbarte Honorar abgegoltenen Leistungsumfang des AN gehören und deshalb von vornherein nicht als geänderte oder zusätzliche Leistungen des AN anzusehen sind. Gleichermaßen bleibt die Regelung in Ziff. 3.1.3 dieses Vertrages unberührt.

8.2 Anspruchsvoraussetzung für die Vergütung geänderter oder zusätzlicher Leistungen dem Grunde nach

In allen Fällen, in denen dem AN nach Maßgabe der Regelungen in Ziff. 8.3 dieses Vertrages eine zusätzliche oder geänderte Vergütung zusteht, ist Anspruchsvoraussetzung, dass der AN der Auftraggeberin vor Beginn der Arbeit an den geänderten oder zusätzlichen Leistungen schriftlich den entsprechenden Mehrvergütungsanspruch dem Grunde nach ankündigt und eine prüfbare Aufstellung über das geänderte oder zusätzliche Honorar nach Maßgabe der Regelung in Ziff. 8.3 dieses Vertrages vorlegt. Weitere Anspruchsvoraussetzung ist, dass die Auftraggeberin den geänderten oder zusätzlichen Vergütungsanspruch des Auftragnehmers zumindest dem Grunde nach schriftlich bestätigt. Verweigert die Auftraggeberin trotz Ankündigung des AN unberechtigt die Bestätigung der geänderten oder zusätzlichen Vergütung dem Grunde nach, ist der AN nicht verpflichtet, die geänderten oder zusätzlichen Leistungen auszuführen, es sei denn, es ist Gefahr im Verzug.

Eine Ausnahme von der Pflicht zur Mehrvergütungsankündigung als Anspruchsvoraussetzung gilt dann, wenn die Auftraggeberin an der Vergütungspflicht keine Zweifel haben kann, z. B. weil die sofortige Änderung der Leistungen aus technischen oder wirtschaftlichen Gründen, oder bei Gefahr im Verzuge, zwingend erforderlich ist, die der Auftragnehmer nicht zu vertreten hat.

Ein Mehrvergütungsanspruch des Auftragnehmers ist ausgeschlossen, wenn die Abweichung vom Planungssoll aus dem Risikobereich des Auftragnehmers stammt.

Die Vorschriften des BGB über die Geschäftsführung ohne Auftrag (§ 677 ff. BGB) sowie zur angemessenen Entschädigung nach § 642 BGB oder zum Schadensersatz gem. § 280 BGB bleiben unberührt.

8.3 Anpassung der Vergütung der Höhe nach

8.3.1 Ordnet die Auftraggeberin eine Änderung des Planungssolls bei gleichbleibenden Honorarermittlungsparametern an, indem beispielsweise das Leistungsziel, der Leistungsumfang oder der Leistungsablauf geändert werden, so ist eine geänderte Vergütung unter Berücksichtigung der Mehr- oder Minderkosten zu vereinbaren.

8.3.2 Ändert sich das Planungssoll auf Veranlassung des Auftraggebers während der Laufzeit des Vertrages mit der Folge der Änderung der anrechenbaren Kosten, so ist das Honorar abweichend von Ziffer 8.3.1 für die noch zu erbringenden beauftragenden Leistungen anzupassen, wenn die anrechenbaren Kosten zu den Honorarermittlungsparametern gehören. Ziffer 8.3.1 bleibt daneben unberührt, sofern der Auftragnehmer nach den Grundsätzen der Störung der Geschäftsgrundlage nachweist, dass Umfang und Ablauf der Leistung eine Änderung über das Maß hinaus erfordern, dass mit der Änderung der anrechenbaren Kosten im Allgemeinen einhergeht und demgemäß vom angepassten Honorar ohnehin bereits erfasst ist.

8.3.3 Etwaige weitergehende Ansprüche des Auftragnehmers gem. Ziffer 8.2 letzter Satz bleiben unberührt.

9 Rechnungen; Zahlungen

9.1 Abschlagszahlungen, Zahlungsplan

9.1.1 Der AN kann gegen Vorlage entsprechender Rechnungen Abschlagszahlungen entsprechend dem Stand seiner Leistungen in angemessenen Zeitabständen verlangen.

Abschlagszahlungen werden bis zu 95 % des dem AN für die nachgewiesenen Leistungen zustehenden Honorars erbracht. Die restlichen 5 % verbleiben der Auftraggeberin als Vertragserfüllungssicherheit und werden mit der Schlussrechnung bzw. Teilschlussrechnung ausgezahlt, es sei denn Ansprüche des AG auf Vertragserfüllung sind noch nicht erfüllt. Dann darf er einen entsprechenden Teil der Sicherheit zurückbehalten. Steht dem AN ein Anspruch auf Vergütung der Nebenkosten zu (Ziff. 7.3 dieses Vertrages), so werden die Nebenkosten jeweils anteilig mit den Abschlagszahlungen ohne Abzug bezahlt. Die **Mehrwertsteuer** wird zusammen mit den Abschlagszahlungen geleistet.

9.1.2 Ist ein Zahlungsplan vereinbart **(Anlage 8)**, so kann der AN gegen entsprechende Rechnungsstellung Zahlung gemäß Zahlungsplan verlangen. Voraussetzung der Zahlung ist die vollständige und mängelfreie Erbringung der entsprechenden Teilleistungen.

Der Zahlungsplan ist entsprechend der stufen- und abschnittsweisen Beauftragung und unter Zugrundelegung der fortgeschriebenen Rahmen- und Detailterminplanung und des Leistungsfortschritts ggf. anzupassen.

9.2 Rechnungen

Rechnungen sind nach ihrem Zweck als Abschlags-, Teilschluss- oder Schlussrechnung zu bezeichnen; sie sind durchlaufend zu nummerieren und kumulierend aufeinander aufzubauen.

Der Rechnungsbetrag ist in der Rechnung entsprechend der Honorargliederung des Vertrages bzw. den Vorgaben des Zahlungsplans prüfbar darzustellen.

Sowohl Abschlagsrechnungen wie Schlussrechnungen sind innerhalb von 30 Kalendertagen nach Zugang bei der Auftraggeberin von dieser zu prüfen und zu zahlen.

9.3 Schlussrechnung(en)

9.3.1 Nach vertragsgemäßer Erbringung der beauftragten Leistungsphasen 1 bis ggf. 8 (je nach Leistungsabruf) und Abnahme kann der AN das Honorar für diese Leistungsphasen schlussrechnen (1. Teil-Schlussrechnung).

9.3.2 Falls dem AN auch die Leistungsphase 9 übertragen worden ist, kann das Honorar für diese Leistungsphase 9 nach vertragsgemäßer Erbringung und Abnahme in Rechnung gestellt werden (2. Teil-Schlussrechnung).

9.4 Vergütung geänderter od. zusätzlicher Leistungen

Soweit der AN Anspruch auf Vergütung geänderter oder zusätzlicher Leistungen nach Maßgabe von Ziff. 8 dieses Vertrages hat, muss er sie spätestens mit seiner die Leistungen betreffenden Schlussrechnung geltend machen.

9.5 Berichtigung, Erstattung

Werden Fehler in der Abrechnung der Vergütung festgestellt, so ist die Abrechnung zu berichtigen. Das Gleiche gilt, wenn sich Änderungen der für die Berechnung der Vergütung maßgebenden Summen ergeben. Der AN ist verpflichtet, die sich aus einer Überzahlung ergebenden Beträge zu erstatten. Der AN kann sich nicht auf einen etwaigen Wegfall der Bereicherung (§ 818 Abs. 3 BGB) berufen.

10 Pflichten des Auftragnehmers

10.1 Allgemeine Pflichten

10.1.1 Anerkannte Regeln der Technik u. a.

Die Leistungen des AN müssen in jeder Planungsphase mindestens den anerkannten Regeln der Technik entsprechen und dabei den neuesten Stand der Technik, Gelbdrucke von DIN-Vorschriften (soweit diese zum Zeitpunkt der Fertigstellung der jeweiligen Planung in einschlägigen Fachkreisen als beachtlich bekannt gemacht worden sind), die Allgemeinen Technischen Vertragsbedingungen für Bauleistungen (VOB/C) und die übrigen einschlägigen DIN-, VDE-, VDI-, VDS-, TÜV-Richtlinien, Be- und Verarbeitungsvorschriften der Herstellerwerke sowie alle einschlägigen öffentlich rechtlichen Bestimmungen und sonst einschlägigen Technischen Bestimmungen und Richtlinien berücksichtigen.

10.1.2 Wirtschaftlichkeit

Der AN hat seine Leistungen unter besonderer und stetiger Beachtung des Erfordernisses der Wirtschaftlichkeit der zu errichtenden Bauwerke/Anlagen – sowohl in Bezug auf die Herstellung, als auch auf den späteren Betrieb – zu erbringen.

10.1.3 Persönliche Leistungserbringung

Der AN hat die Leistungen persönlich bzw. im eigenen Unternehmen zu erbringen. Die Hinzuziehung von Fachingenieuren und/oder Nachunternehmern zur Erfüllung der Leistungen durch den AN bedarf der vorherigen schriftlichen Zustimmung durch die Auftraggeberin.

10.1.4 Auskunftspflicht des AN

Der AN hat der Auftraggeberin auf Anforderung unverzüglich und ohne besondere Vergütung Auskunft über seine Leistungen zu erteilen.

10.1.5 Wahrung der Auftraggeberinteressen

Als Sachwalter der Auftraggeberin darf der AN keine Unternehmer- oder Lieferanteninteressen vertreten.

10.1.6 Anordnungen und Anregungen der Auftraggeberin, Bedenken

Der AN hat seiner Planung über die in den Vertragsgrundlagen festgelegten Vorgaben hinaus die schriftlichen Anordnungen und Anregungen der Auftraggeberin zugrunde zu legen und etwaige Bedenken hiergegen der Auftraggeberin unverzüglich mitzuteilen. Er hat seine Leistungen vor ihrer endgültigen Ausarbeitung mit der Auftraggeberin und den anderen Planungs- und Projektbeteiligten abzustimmen und zu koordinieren.

Die Haftung des AN für die Richtigkeit und Vollständigkeit seiner Leistungen wird durch Anerkennung oder Zustimmung der Auftraggeberin, z.B. durch Planfreigaben der Auftraggeberin, in keiner Weise eingeschränkt.

10.1.7 Projektbesprechungen

Der AN ist verpflichtet, an den von der Auftraggeberin gesondert festgesetzten Projektbesprechungen teilzunehmen.

10.1.8 Verantwortlicher Ansprechpartner

Für den AN wird als verantwortlicher Ansprechpartner Herr/Frau ...., im Verhinderungsfall Herr/Frau .... als Vertreter benannt.

Der Ansprechpartner bzw. sein Vertreter hat die Aufgabe, die Leistungen des AN fachlich zu leiten, intern zu koordinieren und den Informationsaustausch mit der Auftraggeberin durchzuführen. Er nimmt an allen Besprechungen des AN mit der Auftraggeberin, mit den anderen Planungs- und Projektbeteiligten und sonstigen Dritten teil, soweit diese Besprechungen den Aufgabenbereich des AN berühren. Er vermittelt die dabei erhaltenen Informationen intern an die zuständigen Stellen und sorgt dafür, dass diese mit ihm zusammen an den jeweiligen Gesprächen teilnehmen.

Der verantwortliche Ansprechpartner des AN darf nur mit schriftlicher Zustimmung der Auftraggeberin oder auf deren Wunsch abgelöst werden. Die Bestellung des Nachfolgers bedarf ebenfalls der schriftlichen Zustimmung der Auftraggeberin. Die Zustimmung der Auftraggeberin darf nicht ohne wichtigen Grund verweigert werden.

10.1.9 Unterzeichnung der Unterlagen

Der AN hat die von ihm gefertigten Unterlagen als Verfasser zu unterzeichnen.

10.1.10 Aufbewahrungspflicht

Der AN hat unbeschadet der Regelung in Ziff. 12.4 seine Unterlagen mindestens fünf Jahre nach Fertigstellung des Bauvorhabens, in jedem Fall jedoch bis zum Ablauf der Verjährungsfrist für die Mängelansprüche der Auftraggeberin, aufzubewahren. Bevor er diese Unterlagen vernichtet, hat er sie der Auftraggeberin zur Abholung anzubieten.

10.1.11 Öffentlichkeitsarbeit

Der AN unterstützt die Auftraggeberin auf Verlangen bei der Öffentlichkeitsarbeit.

10.2 Sonstige Pflichten

10.2.1 Vertraulichkeitsschutz

Der AN hat über seine Leistungen und die ihm bei Vertragserfüllung bekannt gewordenen Vorgänge Dritten gegenüber Stillschweigen zu bewahren. Dies gilt auch nach Beendigung des Vertragsverhältnisses.

10.2.2 CAD-Planung, Einsatz elektronischer Datenträger, elektronische Plattform

Der AN hat seine Planungsleistungen unter Einsatz von CAD zu erbringen, um einen Datenaustausch unter den Planungsbeteiligten und der Auftraggeberin zu ermöglichen. Die Weitergabe von Planungs- und sonstiger Unterlagen erfolgt mit Hilfe geeigneter elektronischer Datenträger, ohne dass der AN hierfür eine gesonderte Vergütung erhält.

Der AN hat die zum Zeitpunkt des Vertragsschlusses geltenden CAD-Standards bei der Auftraggeberin zu beachten. Diese sind wie folgt hinterlegt: ....

Die Auftraggeberin kann diese Regelungen durch die Überlassung von Musterzeichnungen, -plänen und sonstige Dateien ergänzen. Sofern darin Unklarheiten enthalten sind oder die Musterzeichnungen, -pläne und sonstigen Dateien den Festlegungen der CAD-Standards bei der Auftraggeberin nicht entsprechen, hat der AN die Auftraggeberin unverzüglich schriftlich darauf hinzuweisen. Unterbleibt dieser Hinweis, hat der AN darauf zurückzuführende, nachträglich erforderliche Änderungen in den CAD- und Planungsunterlagen vorzunehmen, ohne dass er hierfür eine Vergütung erhält.

Die derzeit von der Auftraggeberin verwendeten Programme sind in den hinterlegten Standards geregelt.

Bei der Übergabe der Planungsdaten hat der AN die von der Auftraggeberin verlangten Systemvoraussetzungen zu beachten. Der AN stellt sicher, dass die von ihm erstellten Planungsunterlagen in den von der Auftraggeberin verwendeten Softwareprogrammen archiviert und weiterverarbeitet werden können.

Wird ausschließlich für die Projektbeteiligten ein elektronisches Projekt- und Dokumentenmanagementsystem eingerichtet, so muss sich der AN dieses Systems bedienen. Darin von der Auftraggeberin hinterlegte Unterlagen gelten als zur Verfügung gestellt im Sinne dieses Vertrages.

10.2.3 Koordinationspflicht des Auftragnehmers

Innerhalb der beauftragten Leistungsphasen hat der AN die Leistungen anderer an der Planung fachlich Beteiligter und hingezogener Sachverständiger zu integrieren.

Innerhalb der Leistungsphase 2 ist Voraussetzung der Integration, dass Leistungen an der Planung Beteiligter bereits im Vorplanungsstadium erbracht worden sind oder erbracht werden und dass eine Integration schon jetzt notwendig ist, um eine sachgerechte Vorplanung durchzuführen.

Im Rahmen der Leistungsphase 3 hat der AN die Beiträge anderer an der Planung fachlich Beteiligter bis zur ausführungsreifen Lösung mitzuverwenden und dabei sein Planungskonzept mit denjenigen der Fachingenieure und sonstigen Projektbeteiligten in vollem Umfang in Einklang zu bringen.

Im Rahmen der Leistungsphase 5 hat der AN die Grundlagen für die anderen an der Planung fachlich Beteiligten zu erarbeiten und ihre Beiträge bis zur ausführungsreifen Lösung zu integrieren; der AN muss insoweit eng und termingemäß mit den anderen an der Planung fachlich Beteiligten zusammenarbeiten und ihnen die Grundlagen für deren Planung umfassend und rechtzeitig zur Verfügung stellen. Entsprechende Leistungsbestandteile aus Vorplanung und Entwurfsplanung sind vom AN fortzuschreiben.

Die Koordinierungspflichten eines eventuell von der Auftraggeberin beauftragten Projektsteuerers bleiben unberührt.

Der AN ist verpflichtet, den anderen fachlich Beteiligten die notwendigen Angaben und Unterlagen so rechtzeitig zu liefern, dass diese ihre Leistungen ordnungsgemäß erbringen können.

Treten während der Planung Meinungsverschiedenheiten zwischen dem AN und anderen fachlich Beteiligten auf, so hat der AN unverzüglich die schriftliche Entscheidung der Auftraggeberin herbeizuführen.

10.2.4 Abstimmung mit Genehmigungs- und Fachbehörden, Auflagen

Um sicherzustellen, dass der Verwirklichung seiner Planung keine Hindernisse entgegenstehen, wird der AN im erforderlichen Umfang fortlaufend Verbindung mit den zuständigen Genehmigungs- und Fachbehörden sowie den sonst in Betracht kommenden Behörden und Stellen halten und mit diesen die Planung abstimmen. Von bevorstehenden Verhandlungen mit diesen Behörden und Stellen wird er die Auftraggeberin unverzüglich unterrichten, um ihr Gelegenheit zu geben, hieran nach eigenem Ermessen teilzunehmen.

Der AN wird die Auftraggeberin fortlaufend und unverzüglich über seine Gespräche mit diesen Behörden und Stellen im Jour fix und durch Übermittlung von Besprechungsniederschriften informieren. Er wird der Auftraggeberin den einschlägigen Schriftverkehr in Kopie zuleiten.

Von Genehmigungs- und Fachbehörden oder anderen zuständigen Stellen der Auftraggeberin gemachte Auflagen sind vom AN unbedingt zu befolgen. Stehen solche Auflagen im Widerspruch zu Festlegungen in den Vertragsunterlagen oder zu Anordnungen oder Anregungen der Auftraggeberin oder berühren sie die Konzeption in einer nicht unwesentlichen Form, so wird der AN die Auftraggeberin hierüber und über mögliche Konsequenzen unverzüglich unterrichten und die Entscheidung der Auftraggeberin einholen, bevor die betroffene Planung weiterbearbeitet wird. Die Entscheidung wird dem AN schriftlich mitgeteilt. Ziff. 10.2.8 bleibt unberührt.

10.2.5 Anforderung von Angaben

Angaben der Auftraggeberin, fachlich Beteiligter und sonstiger Stellen, die der AN zur Leistungserfüllung benötigt, hat der AN rechtzeitig über die Auftraggeberin anzufordern.

10.2.6 Besprechungsniederschriften

Der AN ist verpflichtet, über Besprechungen mit fachlich Beteiligten und sonstigen Projektbeteiligten Niederschriften in einem dem Besprechungsinhalt angemessenen Umfang anzufertigen und der Auftraggeberin binnen vier Werktagen zu übermitteln.

10.2.7 Konstruktions- und Ausstattungsalternativen

Der AN hat im Bedarfsfall (z. B. Bedenken ausführender Unternehmer oder Planungsbeteiligter, Hinweise/Anregungen des Projektsteuerers oder der Auftraggeberin, Einwände von Behörden usw.) in vorheriger Abstimmung mit der Auftraggeberin alternative Konstruktionsdetails und Ausstattungsmerkmale zu prüfen bzw. zu erarbeiten, unter Beachtung des Ziels der Kostenoptimierung und Baurationalisierung. Hierbei sind ggf. andere an der Planung bzw. Ausführung Beteiligte einzubeziehen oder der Auftraggeberin ist die Hinzuziehung von (weiteren) Sonderfachleuten zu empfehlen.

Die Regelung in Ziff. 8 dieses Vertrages bleibt unberührt.

10.2.8 Prüfungs- und Hinweispflicht des Auftragnehmers

Hat der AN im Zusammenhang mit der Erbringung seiner Leistungen gegen die Anwendung der im Vertrag oder den Anlagen aufgeführten Unterlagen oder der einzuhaltenden Bestimmungen und Richtlinien Bedenken oder stellt er Lücken, Überschneidungen oder Widersprüche fest, wird er die Auftraggeberin hierauf unverzüglich und schriftlich hinweisen. Die Auftraggeberin wird in solchen Fällen schnellstmöglich eine verbindliche Entscheidung treffen.

Angaben und Festlegungen im Vertrag und der in den Anlagen aufgeführten Unterlagen sowie in etwa zukünftig hinzutretenden Vertragsunterlagen entbinden den AN nicht von seiner Verpflichtung zur selbständigen Prüfung und von seiner Verantwortung für die Richtigkeit und Vollständigkeit der von ihm geschuldeten Leistungen.

10.2.9 Projekthandbuch/Formblätter

Soweit die Auftraggeberin selbst oder durch einen Projektsteuerer ein Projekthandbuch erstellen lässt, sind die organisatorischen Vorgaben unbedingt vom AN zu beachten. In diesem Fall wird dem AN das Projekthandbuch unverzüglich zur Verfügung gestellt. Ggf. von der Auftraggeberin bzw. vom Projektsteuerer entwickelte Formulare und sonstige Vorgaben sind vom AN zu verwenden und zu beachten.

11 Wahrnehmung der Interessen der Auftraggeberin durch den Auftragnehmer, keine Vollmacht

11.1 Wahrnehmung der Rechte und Interessen der Auftraggeberin

Der AN ist zur Wahrnehmung der Rechte und Interessen der Auftraggeberin im Rahmen der ihm übertragenen Leistungen berechtigt und verpflichtet. Er hat die Auftraggeberin unverzüglich über Umstände zu unterrichten, aus denen sich Ansprüche gegen die übrigen Planungs- und Baubeteiligten ergeben können. Die Geltendmachung derartiger Ansprüche obliegt der Auftraggeberin.

11.2 Keine Vollmacht des AN

Der AN hat keine Vollmacht, finanzielle Verpflichtungen für die Auftraggeberin einzugehen. Ebenso wenig hat er Vollmacht für den Abschluss, die Änderung, die Ergänzung oder Aufhebung von Verträgen sowie die Vereinbarung neuer Preise.

12 Urheber- und Nutzungsrecht

12.1 Nutzungs- und Verwertungsrechte der Auftraggeberin

Soweit der AN für die Auftraggeberin urheberrechtsfähige Leistungen erbringt, verbleiben diese höchstpersönlichen Urheberrechte beim AN. Im Übrigen überträgt der AN der Auftraggeberin mit Abschluss des Vertrages sämtliche Nutzungs- und Verwertungsrechte an allen das vertragsgegenständliche Bauvorhaben betreffenden Unterlagen und Leistungen. Insbesondere überträgt der AN der Auftraggeberin das Recht, entsprechend den vom AN erstellten Unterlagen und Planungen das streitgegenständliche Bauvorhaben zu errichten, zu ändern, zu erweitern und ggf. auch ganz oder teilweise abzubrechen. Gleichermaßen räumt der AN der Auftraggeberin das Recht ein, diese Nutzungsrechte ganz oder teilweise auf Dritte zu übertragen.

Die vorstehenden Regelungen gelten unabhängig davon, in welchem Umfang der AN Leistungen für die Auftraggeberin erbracht hat und ob und aus welchem Grund der Vertrag vorzeitig ganz od. teilweise beendet wird.

12.2 Freistellung der Auftraggeberin

Der AN garantiert, dass alle von ihm erstellten Planungs- und sonstigen Leistungen frei von Rechten Dritter sind und er damit uneingeschränkt befugt ist, die in Ziff. 12.1 geregelten Nutzungs- und Verwertungsrechte uneingeschränkt auf die Auftraggeberin zu übertragen. Wenn und soweit von Dritten aus den vom AN erstellten Planungs- und sonstigen Leistungen Rechte gegenüber der Auftraggeberin geltend gemacht werden, stellt der AN die Auftraggeberin gegenüber den Dritten frei.

12.3 Veröffentlichung

Die Auftraggeberin hat das Recht zu Veröffentlichungen unter Namensangabe des AN. Der AN seinerseits bedarf zur Veröffentlichung der Einwilligung der Auftraggeberin.

12.4 Aushändigung von Unterlagen

Die vom AN gefertigten und beschafften Unterlagen (Pläne, Zeichnungen, Dokumentationen usw.) sind der Auftraggeberin auszuhändigen. Sie werden Eigentum der Auftraggeberin. Ein Zurückbehaltungsrecht des AN ist grundsätzlich ausgeschlossen, es sei denn, die Ansprüche des AN, auf die er das Zurückbehaltungsrecht stützt, sind von der Auftraggeberin anerkannt oder rechtskräftig festgestellt.

Die dem AN überlassenen Unterlagen der Auftraggeberin sind der Auftraggeberin spätestens nach Abschluss seiner Leistungen zurückzugeben.

13 Kündigung

13.1 Kündigungsmöglichkeiten

Die Auftraggeberin kann den Vertrag bzw. die mit dem Vertragsabschluss oder durch gesonderten Abruf beauftragten (Teil-)Leistungen jederzeit ohne Grund und, bei Vorliegen eines wichtigen Grundes, auch aus wichtigem Grund ganz oder teilweise kündigen. Ein wichtiger Kündigungsgrund für die Auftraggeberin liegt insbesondere vor, wenn das geplante Bauvorhaben ganz oder teilweise, gleich aus welchem Grund, nicht durchgeführt wird.

Der AN kann den Vertrag nur aus wichtigem Grund kündigen. Er hat kein Recht zu Teilkündigungen.

Die Kündigung muss schriftlich erfolgen.

13.2 Kündigungsfolgen

13.2.1 Wird der Vertrag von der Auftraggeberin ohne Grund gekündigt oder vom AN aus einem von der Auftraggeberin zu vertretenen Grund, so erhält der AN für die bis zur Kündigung ausgeführten und verwertbaren Leistungen die – anteilige – vereinbarte Vergütung. Für die kündigungsbedingt nicht mehr erbrachten Leistungen steht dem AN die vereinbarte Vergütung unter Abzug der ersparten Aufwendungen zu. Die ersparten Aufwendungen werden einvernehmlich auf 40 % der restlichen Vergütung vereinbart, wobei beiden Parteien der Nachweis offen steht, dass die ersparten Aufwendungen tatsächlich höher bzw. niedriger sind als die vereinbarte Pauschale. Im Übrigen hat der AN das anzurechnen, was er aufgrund der Kündigung anderweitig erwirbt bzw. schuldhaft unterlässt zu erwerben.

13.2.2 Kündigt die Auftraggeberin den Vertrag ganz oder teilweise aus einem wichtigen Grund, so steht dem AN für die erbrachten und verwertbaren, in sich abgeschlossenen Leistungen das – anteilige – vertraglich vereinbarte Honorar zu. Weitergehende Ansprüche des AN scheiden insoweit aus, es sei denn die Auftraggeberin hat den Kündigungsgrund zu vertreten. In diesem Fall gilt Ziffer 13.2.1 entsprechend.

Soweit der AN den wichtigen Kündigungsgrund zu vertreten hat, ist er der Auftraggeberin darüber hinaus zur Erstattung der kündigungsbedingt eintretenden Mehrkosten verpflichtet. Weitergehende Schadensersatzansprüche der Auftraggeberin bleiben unberührt.

14 Abnahme

Die Leistungen des AN bedürfen einer gemeinsamen förmlichen Abnahme nach vollständiger und im Wesentlichen mängelfreier Fertigstellung aller ihm beauftragten Leistungen. Die Leistungen werden nach der letzten dem AN beauftragten Leistungsphase, spätestens nach Leistungsphase 8, abgenommen.

Die Leistungen der Leistungsphase 9 werden gesondert abgenommen.

Teilabnahmen sind im Übrigen ausgeschlossen.

15 Mändelhaftung

Für Mängelhaftungsansprüche der Auftraggeberin gegen den AN gelten die Regelungen des Werkvertragsrechtes der §§ 634–638 BGB mit der Maßgabe, dass der Rücktritt vom Vertrag ausgeschlossen ist; statt des Rücktritts gelten die Kündigungsregeln gemäß Ziff. 13 dieses Vertrages.

Die Verjährungsfrist beträgt fünf Jahre, für alle planungs- und sonstigen Leistungen des AN im Zusammenhang mit Abdichtungsmaßnahmen des Gebäudes bzw. der Gebäude jedoch 10 Jahre.

16 Haftpflichtversicherung

16.1 Haftpflicht-Deckungssummen

Zur Sicherung etwaiger Ersatzansprüche aus diesem Vertrag hat der AN unverzüglich nach Vertragsabschluss eine Berufs-/Betriebshaftpflichtversicherung nachzuweisen. Die Deckungssummen dieser Versicherung müssen je Schadensfall mindestens betragen:

a) für Personenschäden € ......
b) für sonstige Schäden € ......

16.2 Versicherungsnachweis

Der AN hat den Versicherungsnachweis durch ein an die Auftraggeberin gerichtetes Bestätigungsschreiben seines Versicherers zu führen und die Auftraggeberin während der Laufzeit dieses Vertrages unverzüglich zu unterrichten, wenn der Versicherungsschutz – gleich aus welchem Grund – eingeschränkt oder aufgehoben ist. In diesem Fall hat der AN unverzüglich einen mindestens gleichwertigen Versicherungsschutz herzustellen und der Auftraggeberin nachzuweisen.

16.3 Zahlungsverweigerungsrecht

Der AN hat vor dem Nachweis des Versicherungsschutzes keinen Anspruch auf Leistungen der Auftraggeberin. Die Auftraggeberin kann Zahlungen vom Nachweis des Bestandes und des Fortbestehens des Versicherungsschutzes abhängig machen.

16.4 Abtretung von Erstattungsansprüchen

Der AN tritt hiermit seine Erstattungsansprüche gegen seine Haftpflichtversicherung erfüllungshalber an die Auftraggeberin ab.

17 Abtretung und Aufrechnung

17.1 Abtretung

Die Abtretung von Honoraransprüchen und sonstigen Ansprüchen des AN gegenüber der Auftraggeberin ist nur mit schriftlicher Zustimmung der Auftraggeberin zulässig.

17.2 Aufrechnung

Der AN kann gegen Ansprüche der Auftraggeberin nur mit unbestrittenen oder rechtskräftig festgestellten Forderungen gegenüber der Auftraggeberin aufrechnen.

18 Schlussbestimmungen

18.1 Schriftform

Dieser Vertrag selbst sowie alle Änderungen und Ergänzungen bedürfen zu ihrer Wirksamkeit der Schriftform. Dies gilt auch für einen Verzicht auf die vereinbarte Schriftform.

18.2 Übertragung auf Dritte

Soweit die Auftraggeberin das zu beplanende Grundstück oder Teile davon bzw. Rechte hieran ganz oder teilweise auf Dritte überträgt, ist die Auftraggeberin mit Zustimmung des AN berechtigt, die vom AN zu erbringenden Planungs- und sonstigen Leistungen an diesen übertragenden Teilen ebenfalls auf den Dritten zu übertragen. Der AN stimmt einer solchen ganz oder teilweisen Übertragung des Vertragsverhältnisses bereits jetzt zu, soweit es die nachbenannten Personen betrifft: ....

18.3 Teilunwirksamkeit

Soweit eine Regelung dieses Vertrages oder der Vertragsanlagen unwirksam sein sollte, so bleibt die Wirksamkeit der Regelungen im Übrigen unberührt. In diesem Fall wird die unwirksame Regelung durch eine wirksame Regelung ersetzt, die dem Parteiwillen am nächsten kommt.

Das Gleiche gilt, soweit der Vertrag eine Regelungslücke aufweist.

18.4 Gerichtsstand

Gerichtsstand ist ....

Ort, Datum, Unterschrift	Ort, Datum, Unterschrift
Auftraggeberin	*Auftragnehmer*

Anlagenliste

Anlage 1: Lageplan
Anlage 2: Projektbeschreibung, Gestaltungs- und Konstruktionsprinzipien Auftraggeberin
Anlage 3: Leistungsbeschreibung
Anlage 4: Zieldefinition Planung (Planungssoll)
Anlage 5: Projektterminplan
Anlage 6: Kostenbudget
Anlage 7: Honorarermittlungsparameter
Anlage 8: Zahlungsplan

2.3.2 *GENERALPLANERVERTRAG*

Für das Bauvorhaben ....

wird zwischen .... – nachstehend **Auftraggeber (AG)** genannt –

und .... – nachstehend **Auftragnehmer (AN)** genannt –

folgender Vertrag geschlossen:

Inhaltsverzeichnis

1 Vertragsgegenstand/Planungsziel

Der AG beabsichtigt, das Gebäude in .... einer umfassenden Modernisierung zu unterziehen. Mit den Planungen und Projektvorbereitungen wird im Frühjahr ...... begonnen; die Realisierung des Projekts ist für die Jahre .... geplant.

Mit der Erbringung **aller für das Projekt erforderlichen Architekten- und Ingenieurleistungen** soll ein Generalplaner beauftragt werden, der eine für den Bauherrn **schnittstellenfreie, alle Fachbereiche übergreifende und integrierende Gesamtplanung** liefert.

Der AG erwartet eine praxisorientierte und ausführungstaugliche Planung, die der speziellen Umbauproblematik Rechnung trägt. Das vom Generalplaner zu erarbeitende, in sich schlüssige und umfassende Modernisierungs- und Umgestaltungskonzept sollte sich ohne grundsätzliche Veränderungen seitens eines Generalunternehmers in eine der Bedeutung des Objekts angemessene Gestaltungs- und Ausführungsqualität umsetzen lassen.

Der AG stellt außerdem die Forderung, die Planung so fabrikatsneutral und wettbewerbsfähig anzulegen, dass ein tatsächlicher preiswirksamer Ausführungswettbewerb unter mehreren Generalunternehmer-Kandidaten möglich wird.

2 Verantwortliche Vertreter

Als verantwortliche(r) Vertreter/-in, der/die uneingeschränkt zur Abgabe sowie Entgegennahme rechtsgeschäftlicher und sonstiger Erklärungen bevollmächtigt ist, werden benannt:

für den AG: ....

für den AN: ....

Für die Plan-Prüfung und Plan-Freigabe zur Ausführung ist verantwortlich:

Name: ....

3 Vertragsgrundlagen/Leistungen des Generalplaners

Dem Vertrag liegen zugrunde:

3.1

3.1.1 Verbindliches Kostenbudget / Kostenermittlung .... (Anlage 1)

3.1.2 Leistungsbeschreibung .... (Anlage 2)

3.1.3 Honorarermittlung .... (Anlage 3)

3.1.4 Terminplan .... (Anlage 4)

3.2 Die Leistungen des Generalplaners beziehen sich auf:

3.2.1 **Objektplanung Gebäude** in Anlehnung an das Leistungsbild gemäß § 34 Abs. 1, § 35 Abs. 6 HOAI in Verbindung mit deren Anlage 10:

Der genaue Umfang der geschuldeten Leistungen ergibt sich im Einzelnen aus der Leistungsbeschreibung, Anlage 2 zu diesem Vertrag.

3.2.2 **Objektplanung Innenräume** in Anlehnung an das vorerwähnte Leistungsbild:

Der genaue Umfang der geschuldeten Leistungen ergibt sich im Einzelnen aus der Leistungsbeschreibung, Anlage 2 zu diesem Vertrag.

3.2.3 **Fachplanung Tragwerksplanung,** in Anlehnung an das Leistungsbild gem. § 51 Abs. 5, § 52 Abs. 2 HOAI in Verbindung mit deren Anlage 14:

Der genaue Umfang der geschuldeten Leistungen ergibt sich im Einzelnen aus der Leistungsbeschreibung, Anlage 2 zu diesem Vertrag.

3.2.4 **Fachplanung Technische Ausrüstung,** in Anlehnung an das Leistungsbild gemäß § 55 Abs. 3, § 56 Abs. 3 HOAI in Verbindung mit deren Anlage 15 für

1) **Abwasser-, Wasser- und Gasanlagen**:

Der genaue Umfang der geschuldeten Leistungen ergibt sich im Einzelnen aus der Leistungsbeschreibung, Anlage 2 zu diesem Vertrag.

2) **Wärmeversorgungsanlagen:**

Der genaue Umfang der geschuldeten Leistungen ergibt sich im Einzelnen aus der Leistungsbeschreibung, Anlage 2 zu diesem Vertrag.

3) **Lufttechnische Anlagen:**

Der genaue Umfang der geschuldeten Leistungen ergibt sich im Einzelnen aus der Leistungsbeschreibung, Anlage 2 zu diesem Vertrag.

4) **Starkstromanlagen:**

Der genaue Umfang der geschuldeten Leistungen ergibt sich im Einzelnen aus der Leistungsbeschreibung, Anlage 2 zu diesem Vertrag.

5) **Fernmelde- und Informationstechnische Anlagen:**

Der genaue Umfang der geschuldeten Leistungen ergibt sich im Einzelnen aus der Leistungsbeschreibung, Anlage 2 zu diesem Vertrag.

6) **Förderanlagen:**

Der genaue Umfang der geschuldeten Leistungen ergibt sich im Einzelnen aus der Leistungsbeschreibung, Anlage 2 zu diesem Vertrag.

7) **Nutzungsspezifische Anlagen:**

Der genaue Umfang der geschuldeten Leistungen ergibt sich im Einzelnen aus der Leistungsbeschreibung, Anlage 2 zu diesem Vertrag.

8) **Gebäudeautomation:**

Der genaue Umfang der geschuldeten Leistungen ergibt sich im Einzelnen aus der Leistungsbeschreibung, Anlage 2 zu diesem Vertrag.

3.2.5 Leistungen für Brandschutz:

Der genaue Umfang der geschuldeten Leistungen ergibt sich im Einzelnen aus der Leistungsbeschreibung, Anlage 2 zu diesem Vertrag.

3.2.6 Leistungen für Thermische Bauphysik:

Der genaue Umfang der geschuldeten Leistungen ergibt sich im Einzelnen aus der Leistungsbeschreibung, Anlage 2 zu diesem Vertrag.

3.2.7 Leistungen für Schallschutz und Raumakustik:

Der genaue Umfang der geschuldeten Leistungen ergibt sich im Einzelnen aus der Leistungsbeschreibung, Anlage 2 zu diesem Vertrag.

3.2.8 Leistungen für Bodenmechanik, Erd- und Grundbau:

Der genaue Umfang der geschuldeten Leistungen ergibt sich im Einzelnen aus der Leistungsbeschreibung, Anlage 2 zu diesem Vertrag.

3.2.9 Leistungen für Fassadenplanung:

Der genaue Umfang der geschuldeten Leistungen ergibt sich im Einzelnen aus der Leistungsbeschreibung, Anlage 2 zu diesem Vertrag.

3.3 Die Leistungen werden in zwei Stufen beauftragt.

Die Leistungsphasen werden gemäß Anlage 2 zum Teil nicht mit dem vollen Leistungsbild beauftragt. Die prozentuale Bewertung der einzelnen Leistungsphasen zum Zweck der Honorarfindung ergibt sich aus der Honorarermittlung, Anlage 3 zu diesem Vertrag.

Die genaue Definition der Schnittstelle zwischen der Stufe 1 und der Stufe 2 ist im Einzelnen in der Leistungsbeschreibung, Anlage 2 zu diesem Vertrag, niedergelegt. Gleiches gilt für den Umfang der Leistungen.

Beauftragt wird mit diesem Vertrag zunächst lediglich für die Stufe 1. Es ist **beabsichtigt**, den AN auch mit der Stufe 2 im weiteren Verlauf der Projektrealisierung zu beauftragen, ohne dass der AN auf die Beauftragung der Stufe 2 einen Rechtsanspruch hätte. Wird der AN nicht mit der Stufe 2 beauftragt, so stehen ihm für diesen Teil der Leistungen weder Vergütungs- noch Schadensersatzansprüche zu. Der Abruf der Stufe 2 bedarf zu seiner Wirksamkeit der schriftlichen Beauftragung durch den AG.

4 Honorar

Für die sich aus Ziffer 3.3 ergebenden Architektur- und Ingenieurleistungen vereinbaren die Parteien nachfolgendes Honorar:

4.1 Grundlagen der Vergütung:

Es werden folgende Honorarzonen und Honorarsätze zugrunde gelegt bzw. vereinbart:

Objektplanung Gebäude:	Honorarzone:
	Honorarsatz:
	Umbauzuschlag:

Objektplanung Innenräume:
Im Honorar für Objektplanung Gebäude gemäß § 37 Abs. 2 HOAI enthalten!

Fachplanung Tragwerksplanung:	Honorarzone:
	Honorarsatz:
	Umbauzuschlag:

Fachplanung Technische Ausrüstung:

1. Abwasser-,Wasser- und Gasanlagen:	Honorarzone:
	Honorarsatz:
2. Wärmeversorgungsanlagen:	Honorarzone:
	Honorarsatz:
3. Lufttechnische Anlagen:	Honorarzone:
	Honorarsatz:

4. Starkstromanlagen: Honorarzone:
Honorarsatz:
5. Fernmelde- und Informationstechnische Anlagen: Honorarzone:
Honorarsatz:
6. Förderanlagen: Honorarzone:
Honorarsatz:
7. Nutzungsspezifische Anlagen: Honorarzone:
Honorarsatz:
8. Gebäudeautomation: Honorarzone:
Honorarsatz:

Ingenieurleistungen Brandschutztechnische Planungsleistungen:
pauschal (netto):

Ingenieurleistungen für Schallschutz und Raumakustik:
1. Schallschutz: pauschal (netto):
2. Bauakustik: pauschal (netto):
3. Raumakustik: pauschal (netto):
Fassadenplanung: pauschal (netto):
Ingenieurleistung Abdichtungstechnik,
Gebäudesimulation und Prüfstatik: pauschal (netto):
Ingenieurleistungen Brandschutz: pauschal (netto):

4.2 Eine genaue Berechnung der Vergütung ist als Anlage 3 zu diesem Vertrag beigefügt. Die Vergütung wird für die mit diesem Vertrag beauftragten Architekten- und Ingenieurleistungen der Stufe 1, getrennt von den in der Stufe 2 enthaltenen Architekten- und Ingenieurleistungen, ermittelt und vereinbart.

Stufe 1:

Zum Zweck der Honorarermittlung der in der **Stufe 1** beauftragten Architekten- und Ingenieurleistungen legen die Parteien die sich aus der Kostenschätzung, Anlage 1 zu diesem Vertrag, ergebenden anrechenbaren Kosten zugrunde. Die danach jeweils maßgebliche Honorarbezugssumme / anrechenbaren Kosten für die mit diesem Vertrag beauftragten Leistungen sind Grundlage der Honorarvereinbarung, wie sich aus der Anlage 3 zu diesem Vertrag ergibt. Aus den einzelnen in der Anlage 3 aufgeführten Honoraren wird ein **Gesamtpauschalhonorar** einschließlich Nebenkosten, die mit ...... % auf das Honorar als vereinbart gelten, sowie ...... % Generalplanerzuschlag (ausgenommen dem Anteil Objektplanung Ziffer 3.2.1) von ...... € netto für die Stufe 1 gebildet, das **auch bei Veränderung der dieser Honorarvereinbarung zugrunde liegenden anrechenbaren Kosten** (siehe oben) **gleich bleibt**, soweit der Vertrag hierzu nichts anderes regelt.

Stufe 2:

Das Honorar für die gesondert abzurufenden Leistungen der Stufe 2 dieses Vertrages gilt in der Höhe als vereinbart, wie es sich aus der Anlage 3 in Verbindung mit der Anlage 1 dieses Vertrages ergibt. Aus dem sich danach ergebenden Honorar einschließlich Nebenkosten, die mit ...... % auf das Honorar als vereinbart gelten, sowie ...... % Generalplanerzuschlag (ausgenommen dem Anteil Objektplanung Ziffer 3.2.1) wird wie für die Stufe 1 ein **Gesamtpauschalhonorar** gebildet, **das auch bei Veränderung der der Honorarvereinbarung für die Stufe 2 zugrunde gelegten anrechenbaren Kosten gemäß Kostenberechnung gleich bleibt** , soweit der Vertrag hierzu nichts anderes regelt.

Soweit die Honorarvereinbarung gemessen an den anrechenbaren Kosten des Objektes auf der Grundlage der Kostenberechnung ganz oder in Teilen zu einer Unterschreitung der Mindestsätze des verbindlichen Preisrechts der HOAI führt, kann der AN vom AG zusätzliches Honorar auf der Grundlage des Mindestsatzes i. V. m. der oben vereinbarten Honorarzone und mit den maßgeblichen anrechenbaren Kosten, spätestens mit der Schlussrechnungslegung, fordern, ohne dass die Wirksamkeit der Vereinbarung des Pauschalhonorars im Übrigen für diejenigen Leistungen berührt wird, bei denen es zu **keiner** Unterschreitung des Mindestsatzes gekommen ist.

Das Gleiche gilt sinngemäß für die Fälle, wo es infolge einer Reduzierung der anrechenbaren Kosten zu einer Überschreitung des Höchstsatzes nach dem verbindlichen Preisrecht der HOAI kommt. In diesem Fall ist der AG lediglich verpflichtet, Honorar an den AN nur in einer Höhe zu entrichten, wie er dem Höchstsatz unter Zugrundelegung der maßgeblichen anrechenbaren Kosten des Objekts auf der Grundlage der Kostenberechung entspräche, bzw. bei bereits erfolgter Zahlung zuviel gezahltes Honorar vom AN zurückzufordern.

4.3 Mit der vereinbarten Nebenkostenpauschale von .... % auf das Honorar (siehe oben Ziffer 4.2) sind alle anfallenden Nebenkosten abgegolten mit Ausnahme von:

- Massenpausen (Lichtpausen, die an die Baustelle bzw. zum Zweck der Ausschreibung an die Baustelle bzw. den AG gehen), derartige Massenpausen sind von der Firma ...... in Auftrag zu geben. Die Kosten wird der Auftraggeber unmittelbar übernehmen.

- Fotoarbeiten,
- Modellarbeiten,
- Baustellenbüro, ausgenommen Telekommunikationskosten.

4.4 Die in Ziffer 4.2 vereinbarte Vergütung enthält nicht die gesetzliche Mehrwertsteuer. Sie wird mit dem jeweils geltenden gesetzlichen Mehrwertsteuersatz zusätzlich berechnet.

5 Termine/Haftung bei Verzug

Der AN wird seine Leistungen zu den Terminen erbringen, wie sie in dem beigefügten Terminplan (Anlage 4) festgelegt sind.

Die vereinbarten Termine sind **Vertragstermine**, die voraussetzen, dass keine größeren Planungsänderungen gemäß nachfolgender Ziffer 6 Abs. 2 verlangt werden. Im Falle der von dem AN zu vertretenden Nichteinhaltung der Termine haftet dieser nach Mahnung durch den AG für alle Schäden und Nachteile, die dem AG hieraus entstehen, insbesondere auch, wenn dieser durch die Verzögerung seinerseits die terminlichen Verpflichtungen gegenüber dem Nutzer nicht einhalten kann.

6 Planungsänderungen oder -ergänzungen/Haftung

Kleinere Änderungen, die in dem im Bauwesen üblichen Rahmen bleiben, sind im Honorar enthalten.

Werden vom AG größere Planungsänderungen oder -ergänzungen vorgenommen, die bedingen, dass der AN bereits erstellte Teile seiner Leistung erneut erbringen muss, oder Leistungen erfordert, die von dem Vertrag nicht erfasst werden, so ist dafür im Einzelfall **vor Ausführung** ein zusätzlicher, dem Änderungsumfang und dem in diesem Vertrag vereinbarten Honorar entsprechendes Honorar schriftlich anzumelden. Sollte nicht innerhalb von 2 Wochen nach Anmeldung eine schriftliche Einigung zwischen den Parteien zustande gekommen sein, so steht dem AN ein **Leistungsverweigerungsrecht** die Änderungsleistungen betreffend zu.

Der AG hat das Recht, sich durch Einsicht in die durch die Änderung überholten Unterlagen und den Umfang der Zusatzarbeit des AN Klarheit zu verschaffen.

Der AN ist verpflichtet, rechtzeitig vor Ausführung geänderter oder zusätzlicher Planungsleistungen, für die er beabsichtigt, ein zusätzliches Honorar geltend zu machen, dem AG **schriftlich** ein Angebot über diese Leistungen zu unterbreiten. Verletzt der AN diese Pflicht schuldhaft, ist er dem AG zum Ersatz eines hieraus resultierenden Schadens verpflichtet. Zusätzliches Honorar schuldet der AG nicht, wenn der AG bei rechtzeitiger Anmeldung der zusätzlichen Vergütung von der Durchführung der geänderten, ergänzten oder zusätzlichen Planungsleistung Abstand genommen hätte.

7 Versicherung

Zur Sicherung etwaiger Ansprüche aus dem Vertragsverhältnis mit dem AG hat der AN eine **Einzelobjektversicherung** abzuschließen, und zwar:

für Sach- und Vermögensschäden in Höhe von .... Mio. €
und für
Personenschäden in Höhe von .... Mio. €
je Schadensfall zweifach bzw. auf ...... Mio. € pro Jahr begrenzt.

Der AN hat das Bestehen einer Versicherung mit Abschluss des Vertrages nachzuweisen.

Bis zum Nachweis der Versicherung im Falle des Verlangens ist der AG berechtigt, Honorarzahlungen einzustellen.

8 Allgemeine und besondere Pflichten des AN

8.1 Die Leistungen müssen den allgemein anerkannten Regeln der Ingenieurtechnik und der Bautechnik entsprechen.

8.2 Der AN ist verpflichtet, das für das Baugebiet gültige Baurecht sowie alle einschlägigen Vorschriften und Normen zu beachten und anzuwenden. Die von dem AN anzufertigenden Unterlagen müssen den örtlichen Verhältnissen Rechnung tragen. Der AN ist verpflichtet, im Rahmen seiner beauftragten Planung auch die Grundsätze der **Wirtschaftlichkeit** sowohl bei den **Herstellungskosten** als auch bei den **Betriebskosten** zu berücksichtigen.

Der AG hat die Baukosten gemäß Erläuterungsbericht der Projektsteuerer gemäß Kostenbudget (Anlage 1 zu diesem Vertrag) mit insgesamt .... Mio. € zzgl. MwSt. veranschlagt.

Wird für den AN erkennbar, dass diese Kostenvorgabe nicht eingehalten werden kann, ist er **verpflichtet**, den AG hierauf unverzüglich **schriftlich** hinzuweisen und nach Feststellung der Veränderung des Kostenrahmens den AG über Grund und Umfang der Kostenänderung im Einzelnen zu informieren. Eine derartige Aufklärungspflicht obliegt dem AN insbesondere auch dann, wenn Sonder- oder Änderungswünsche des AG zu einer Verteuerung zu führen drohen. Der AN hat weiterhin unverzüglich Vorschläge zur Abwendung von Mehrkosten zu unterbreiten oder deren Unabwendbarkeit zu erläutern und die Entscheidung des AG abzuwarten.

8.3 Der AN führt seine Leistungen in enger Zusammenarbeit mit dem AG aus.

Der AN hat alle Pläne auf die Belange der Bauausführung abzustimmen und deswegen ständig Kontakt mit dem AG zu halten. Vor der endgültigen Anfertigung von Berechnungen oder Plänen muss er sich vergewissern, dass seine Vorstellungen (z. B. über Bau- und Montageabläufe) den Erfordernissen der Baustelle entsprechen.

Erforderlichenfalls muss er dem AG seine Vorstellungen durch Beschreibungen und Skizzen darlegen und mit diesem abstimmen. Die vom AN gelieferten Pläne und Anweisungen müssen übersichtlich und gut verständlich sein, damit sie ein störungsfreies Arbeiten am Bauwerk gestatten.

Die Pläne müssen einen ausdrücklichen Hinweis auf Prüfung und Freigabe enthalten. Werden Pläne geändert, erhalten diese erneut einen Prüf- und Freigabevermerk und sind mit einem Index zu versehen.

8.4 Der AN muss alle Unterlagen, die ihm vom AG zur Verfügung gestellt werden bzw. vom AG freigegeben worden sind, mit den Unterlagen der Ausschreibung für das Bauvorhaben vergleichen. Stellt er Abweichungen fest, so hat er den verantwortlichen Vertreter des AG unverzüglich zu unterrichten.

8.5 Anregungen oder Sicht- und Prüfvermerke des AG entbinden den AN nicht von der Haftung für die von ihm zu erbringenden Leistungen. Dies gilt auch für ausdrückliche Weisungen und Anordnungen des AG gegenüber dem AN, sofern letzterer hiergegen nicht schriftlich Einspruch erhebt.

8.6 Der AN sorgt für die Voraussetzungen des termingemäßen Ablaufs aller Prüfungs- und Genehmigungsverfahren durch Dritte und deren Dokumentation.

8.7 Soweit der AN Teile der beauftragten Leistungen durch nachbeauftragte Planer erbringt, hat er dafür Sorge zu tragen, dass die Vergabe nur an besonders erfahrene und leistungsfähige Planer/Ingenieure erfolgt. Wünsche des AG zur Berücksichtigung bestimmter Planer/Ingenieure berücksichtigt der AN nach Möglichkeit unbeschadet der Erfüllungsgehilfenhaftung des AN (§ 278 BGB) für die von ihm beauftragten Nachplaner. Der AN hat dem AG die Nachplaner und -Ingenieure rechtzeitig vor deren Beauftragung schriftlich mitzuteilen. Der AG ist berechtigt, einzelne Nachplaner/-Ingenieure aus wichtigem Grunde abzulehnen.

8.8 Der AN hat dem AG auf Verlangen jederzeit über den Stand seiner Leistungen Auskunft zu erteilen.

8.9 Der AN räumt dem AG bzw. hiermit Bevollmächtigten des AG das Recht ein, jederzeit nach vorheriger Abstimmung im Büro des AN zu überprüfen, ob die laut diesem Vertrag bestellte Leistung erbracht wird. Der AG ist in diesem Rahmen berechtigt, zur Überprüfung im Büro des AN ein Audit durchzuführen.

8.10 Der AN führt Planlisten mit den Soll-Lieferdaten dieses Vertrages (Ziffer 5 des Vertrages) und den tatsächlichen Auslieferungsdaten. Desgleichen werden Daten von Planänderungen mit den Ausgangsdaten entsprechend indizierter Pläne in den Listen angegeben.

8.11 Der AN ist verpflichtet, bis zur endgültigen Erbringung sämtlicher nach diesem Vertrag beauftragter Leistungen die erforderliche Anzahl an Mitarbeitern bereitzustellen. Im Falle der Beauftragung mit der Stufe 2 obliegt dem AN diese Pflicht bis zum Ablauf der Gewährleistungspflichten der am Bau beteiligten Unternehmer.

8.12 Soweit es seine Aufgabe erfordert, ist der AN berechtigt und verpflichtet, die Rechte des AG zu wahren, insbesondere hat er den am Bau Beteiligten die notwendigen Weisungen zu erteilen. Finanzielle Verpflichtungen für den AG darf er nur eingehen, wenn Gefahr in Verzug und das Einverständnis des AG nicht rechtzeitig zu erlangen ist.

8.13 Der AN ist verpflichtet, die Planung und zeichnerische Darstellung aller Leistungsbereiche integriert über ein CAD-System zu erstellen. Der AN gewährleistet über die gesamte Planungszeit die Kompatibilität der CAD-Daten mit den vom AG verwendeten Auto-CAD-System.

8.14 Der AN hat den Brandschutzgutachter sowie die zuständige Denkmalschutzbehörde frühzeitig in die Planung einzubinden. Er nimmt an den Besprechungen mit der Baugenehmigungsbehörde teil und protokolliert jede einzelne Besprechung. Der AN hat vor jeder Terminvereinbarung mit dem Brandschutzgutachter, der Denkmalschutzbehörde oder der Baugenehmigungsbehörde dem AG so rechtzeitig Mitteilung zu machen, dass eine Teilnahme an dem Termin möglich ist.

9 Urheberrecht

9.1 Dem Auftraggeber steht das ausschließliche und uneingeschränkte Nutzungsrecht an den vom AN erstellten Plänen, Zeichnungen und sonstigen Unterlagen zur Erstellung des Bauvorhabens zu.

9.2 Der AG ist berechtigt, die von ihm erstellten Pläne, Zeichnungen und sonstigen Unterlagen zu bearbeiten und/oder zu ändern sowie sein Nutzungsrecht auf Dritte zu übertragen oder durch Dritte wahrnehmen zu lassen. Nach Fertigstellung des Bauvorhabens ist der AG auch befugt, das Gebäude zu ändern, um- oder neuzugestalten. Vor Durchführung derartiger Maßnahmen wird der AG die Meinung des AN einholen.

9.3 Werden durch die Planung des AN Schutzrechte, insbesondere Patentrechte Dritter verletzt, so hat der AN auf eigene Kosten entweder eine Genehmigung des Lizenznehmers einzuholen oder aber seine Planung auf eigene Kosten so umzuplanen, dass Schutzrechte Dritter nicht verletzt werden. Von etwaigen Abwehr- und/oder Schadensersatzansprüchen Dritter aus Anlass der Verletzung ihrer Schutzrechte ist der AN verpflichtet, den AG freizustellen. Hat der AN die Verletzung der Schutzrechte Dritter zu vertreten, so schuldet er dem AG darüber hinaus den Ersatz etwaiger ihm entstandener Schäden.

10 Zahlungen

10.1 Die Leistungen des AN sind erst erfüllt, wenn er alle nach diesem Vertrag beauftragten Leistungen vollständig erbracht hat. Dies setzt, soweit es die geschuldeten Pläne und Berechnungen anbelangt, voraus, dass diese Planunterlagen, mit allen erforderlichen und endgültigen Genehmigungsvermerken versehen, dem AG übergeben wurden und Änderungen nicht mehr erforderlich sind. Bei nicht termingemäßer Lieferung der endgültigen Unterlagen kann der AG Vorabzüge verlangen, ohne dass hierfür eine besondere Vergütungspflicht besteht.

Der AN ist berechtigt, nach der Abnahme der nach dem Vertrag zu erbringenden Leistungen der Leistungsphasen 1 bis 8 im Falle der Beauftragung auch mit der Stufe 2 Teilschlussrechnung über die bis zur Objektüberwachung erbrachten Leistungen zu legen. Nach Erbringung der sich hieran noch anschließenden beauftragten Leistungen gilt die nachfolgende Regelung unter Ziffer 10.3.

10.2 Der AN kann unter Rechnungsstellung Abschlagszahlung entsprechend dem jeweiligen Stand seiner Leistungen in angemessenen Zeitabständen verlangen. Die Nebenkosten werden jeweils anteilig mit und entsprechend den Abschlagszahlungen bezahlt. Die Mehrwertsteuer wird zusammen mit den Abschlagszahlungen und sonstigen Nebenkostenabrechnungen überwiesen.

10.3 Nach restloser Fertigstellung der Arbeiten (vgl. Ziff. 10.1) reicht der AN eine Schlussrechnung beim AG ein.

10.4 Alle Rechnungen sind über den vom AG eingesetzten Projektsteuerer .... an den AG zu richten und müssen enthalten:

- fortlaufende Nummerierung
- Projektbezeichnung
- Auftragssumme
- bisherige Gesamtleistung
- erhaltene Abschlagszahlungen.

10.5 Rechnungen sind innerhalb von 21 Arbeitstagen nach Zugang bei dem vom AG eingesetzten Projektsteuerer zu zahlen.

11 Haftung/Verjährung/Abtretung von Erstattungsansprüchen

11.1 Bei nicht vertragsgemäßer Erfüllung oder der Nichteinhaltung der Vertragstermine stehen dem AG die Rechte des Bestellers nach den gesetzlichen Vorschriften des Werkvertragsrechts zu. Verletzt der AN schuldhaft seine ihm mit diesem Vertrag aufgegebenen Pflichten, insbesondere die in Ziffer 8.2 aufgeführten Grundsätze der Kostenkontrolle und Wirtschaftlichkeit und kommt es hierdurch zu Vermögensschäden/Mehrkosten bei der Bauerstellung, so ist der AN dem AG zum Schadensersatz verpflichtet, es sei denn, die Mehrkosten bei der Bauerstellung wären auch bei pflichtgemäßem Verhalten des AN nicht zu vermeiden gewesen.

11.2 Die Ansprüche des AG aus diesem Vertrag verjähren nach Ablauf von 5 Jahren.

Die Verjährung beginnt mit der Abnahme der nach dem Vertrag zu erbringenden Leistungen der Leistungsphasen 1 bis 8, und zwar einheitlich für diese Leistungen und hinsichtlich der Leistungen der Leistungsphase 9 mit der Abnahme dieser Restleistungen.

Für den Fall, dass es bei der Beauftragung lediglich mit der Stufe 1 des AN verbleibt, beginnt die Verjährung mit der Erbringung der letzten nach der Stufe 1 geschuldeten Leistung.

Für Schadensersatzansprüche wegen positiver Vertragsverletzung gelten die gesetzlichen Vorschriften über die Verjährung.

11.3 Schaltet der AN zur Erfüllung der nach diesem Vertrag ihm obliegenden Leistungen/Pflichten Dritte, z. B. Nachplaner, ein, so haftet er für deren Verschulden bei der Erfüllung/Leistungserbringung wie für eigenes Verschulden (§ 278 BGB), auch wenn er bei der Beauftragung des Dritten einem unverbindlichen Wunsch des AG gefolgt ist.

11.4 Der AN tritt hiermit seine Erstattungsansprüche gegen die Haftpflichtversicherung erfüllungshalber an den Auftraggeber ab, soweit dem Auftraggeber aufgrund einer rechtskräftigen Entscheidung eines Gerichts, eines gerichtlichen Vergleichs oder einer außergerichtlichen Einigung, der die Versicherung zugestimmt hat, Ansprüche gegen den AN zustehen.

Die Abtretung erfolgt vorbehaltlich einer etwa notwendigen Zustimmung der Versicherung.

Der AG nimmt diese Abtretung bereits jetzt an.

12 Abtretungsverbot

12.1 Die Abtretung der dem AN aus dem Architektenvertrag zustehenden Forderungen an Dritte ist ohne Zustimmung des AG nicht gestattet.

12.2 Soweit zu den Voraussetzungen von § 354a HGB eine gleichwohl ohne Zustimmung des AG erfolgte Abtretung wirksam ist, ist der Auftraggeber aber nach wie vor berechtigt, mit befreiender Wirkung an den bisherigen Gläubiger Zahlung leisten zu können.

13 Kündigung

13.1 Es gelten die werkvertraglichen Grundsätze zur Kündigung von Werkverträgen, soweit nachfolgend nichts anderes geregelt ist.

13.2 Wird der Vertrag aus einem Grund gekündigt, den der AG zu vertreten hat, erhält der AN für die beauftragten Leistungen die vereinbarte Vergütung. Er muss sich auf die Vergütung dasjenige anrechnen lassen, was er infolge der Aufhebung des Vertrages an Aufwendungen erspart oder durch anderweitige Verwendung seiner Arbeitskraft erwirbt oder zu erwerben böswillig unterlässt. Die ersparten Aufwendungen werden mit 40 % des Honorars für die vom AN zum Zeitpunkt der Kündigung noch nicht erbrachten beauftragten Leistungen vereinbart. Es steht dem AG wie dem AN frei nachzuweisen, dass die ersparten Aufwendungen höher bzw. niedriger als vereinbart sind. Gleiches gilt in Bezug auf die Berücksichtigung eines Abzugs wegen Erwerbs durch anderweitige Verwendung der Arbeitskraft des AN oder böswilliger Unterlassung anderweitigen Erwerbs.

13.3 Wird der Vertrag aus einem Grunde gekündigt, den der AN zu vertreten hat, so erhält der AN für alle bis zur Kündigung erbrachten, in sich abgeschlossenen und nachgewiesenen beauftragten Einzelleistungen die hierauf entfallende Vergütung, sofern die Leistungen von dem Auftraggeber weiter verwendet werden können. Schadensersatzansprüche des AG bleiben von dieser Regelung unberührt.

14 Gerichtsstand

Als Gerichtsstand wird, sofern eine solche Vereinbarung nach den gesetzlichen Vorschriften zulässig ist, ... vereinbart.

Ort, Datum, Unterschrift

3 Architekten-Wettbewerb: Ansprüche des Architekten bei Auslobung eines Wettbewerbs

3.1 Änderungen in der GRW 1995 / RPW 2008

Seit dem 11.1.1996 ist die GRW 77 (Grundsätze und Richtlinien für Wettbewerbe auf den Gebieten der Raumplanung, des Städtebaus und des Bauwesens) durch die GRW 95 ersetzt worden, die mit Wirkung zum 01.01.2009 von der RPW 2008 abgelöst wurde. Die Novellierung der alten GRW 77 war veranlasst und zwingend notwendig zum Zweck der Umsetzung der Dienstleistungsrichtlinie 92/50/EWG, die im Wesentlichen Bekanntmachungen und Zulassungskriterien betrifft.

Im Zuge der hiernach notwendigen Angleichungen Europäischen Rechts wurde die GRW auch gleich neu und übersichtlicher gegliedert, sodass jetzt beispielsweise die Konsequenzen aus dem Wettbewerb, die weitere Verarbeitung und Vergütung der weiteren Bearbeitung betreffend, des Urheberrechts und der Nutzung bei weiterer Beauftragung, im Abschnitt 7 konzentriert geregelt sind. In der RPW 2008 sind die wichtigsten Wettbewerbs-Basisregeln für alle Planungsbereiche nunmehr fortentwickelt und auf neun Paragraphen zusammengefasst worden. Dabei wurden die Wettbewerbssummen auf das einfache des üblichen Honorars, wie es sich aus der einschlägigen Honorarordnung für die geforderte Wettbewerbsleistung ergibt, reduziert. Des Weiteren finden sich in den Basisregeln die vergaberechtlich zu berücksichtigen Vorgaben. Öffentliche Auftraggeber sind dabei an die Entscheidung des Preisgerichts gebunden (vgl. hierzu näher Lederer (Hrsg.)/Heymann, HOAI-Honorarmanagement bei Architekten- und Ingenieurverträgen, 3. Aufl. 2011).

3.2 Anspruch des Architekten auf Auftragserteilung und Folgen des Verstoßes hiergegen

Der Kontrahierungszwang des Auslobenden ist nach wie vor die Kernregelung jedes Teilnahmewettbewerbs. § 8 Abs. 2 RPW 2008 regelt hierzu nunmehr Folgendes:

> *„Bei der Umsetzung des Projektes ist einer der Preisträger unter Würdigung der Empfehlung des Preisgerichts mit den weiteren Planungsleistungen zu beauftragen, sofern kein wichtiger Grund der Beauftragung entgegensteht. Bei interdis-*

ziplinären Wettbewerben ist die Arbeitsgemeinschaft zu beauftragen. [...] Art und Umfang der Beauftragung müssen sicherstellen, dass die Qualität des Wettbewerbsentwurfes umgesetzt wird. Sie erstreckt sich in der Regel mindestens bis zur abgeschlossenen Ausführungsplanung."

Abschnitt 7.1 Abs. 1 der GRW 1995 sah noch vor, dass nur bei einem beschränkten Wettbewerb bzw. Einleitungswettbewerb der erste Preisträger regelmäßig zu beauftragen sei. § 8 Abs. 2 RPW 2008 sieht demgegenüber nunmehr lediglich eine Verpflichtung zur Beauftragungspflicht aus dem Kreise eines der Preisträger vor, sodass nicht zwingend der erste Preisträger beauftragt werden muss.

Verstößt der Auslober gegen diese Verpflichtung, indem er beispielsweise nicht einen der Preisträger mit der weiteren Bearbeitung beauftragt, sondern einen Dritten, so haben die Preisträger gemeinsam einen **Schadensersatzanspruch** gegen den Auslober. Der Schaden besteht in Höhe des Architektenhonorars für die Leistungen, deren weitere Beauftragung der Auslober versprochen hat, jedoch unter Abzug ersparter Eigenaufwendungen (BGH, BauR 1984, 196).

Der Schadensersatzanspruch steht in diesen Fällen allen Preisträgern gemeinsam zu, die zum Zweck der Verfolgung ihrer Rechte eine Zweckgemeinschaft in Form einer BGB-Gesellschaft gründen und die Schadensersatzzahlungen im Innenverhältnis untereinander gleichmäßig aufzuteilen haben.

4 Kündigung von Architekten- und Ingenieurverträgen

4.1 Wer kann wann kündigen?

Die Voraussetzung, unter denen Architekten- und Ingenieurverträge gekündigt werden können, sind differenziert zu betrachten. Je nachdem, wer kündigt (AG oder AN) und auf welcher Grundlage gekündigt wird (Gesetz oder Vertrag), ergeben sich unterschiedliche Folgen.

4.2 Kündigung durch den AG

Gemäß § 649 BGB kann im Werkvertragsrecht der AG jederzeit kündigen. Es bedarf für ihn keines wichtigen noch überhaupt eines Grundes.

Für die Kündigungsfolgen ist die Differenzierung zwischen freier Kündigung und Kündigung aus wichtigem Grunde allerdings von Bedeutung:

- Bei einer **freien Kündigung** schuldet der AG die volle vereinbarte Vergütung abzüglich der ersparten Aufwendungen und/oder dessen, was der AN für den entzogenen Auftrag erwirbt oder zu erwerben böswillig unterlässt.
- Bei einer Kündigung aus **wichtigem Grunde** erhält der AN für den Teil der beauftragten, aber nicht erbrachten Leistungen keinerlei Vergütung (vgl. BGH, WM 1990, 1765).

Der Bundesgerichtshof hatte in seinem Urteil vom 27.10.1998, IBR 1999, 20 zu entscheiden, was man konkret unter einem vom Auftraggeber „zu vertretenden Kündigungsgrund" zu verstehen hat.

In dem betreffenden Fall beauftragte eine Abfallentsorgungs-GmbH, deren Anteile zu 51 % bei dem Landkreis als Träger der Abfallentsorgung lagen, ein Planungsbüro mit der Standortsuche für eine Mülldeponie. Hierfür wurde ein Pauschalhonorar in deutlich sechsstelliger Höhe vereinbart. Einige Monate nach der Auftragserteilung entschied der Kreis, dass die Mülldeponie nicht gebaut werden solle. Daraufhin kündigte die GmbH den Vertrag aus wichtigem Grund. Sie war der Meinung, dass diese Kündigung von ihr nicht zu vertreten sei, sodass dem Planungsbüro eine Vergütung für die nicht erbrachten Leistungen nicht zustünde. Das Planungsbüro klagte die Restvergütung abzüglich der ersparten Aufwendungen ein. Der Bundesgerichtshof gab der Klage dem Grunde nach statt. Zwar habe die Abfallentsorgungs-GmbH die Kündigung weder vorsätzlich noch fahrlässig verschuldet, der Begriff des Verschuldens sei jedoch für die Frage, wer den Kündigungsgrund zu vertreten habe, nicht brauchbar, da es für diese Frage auf Zumutbarkeitsüberlegungen ankomme. Mit der Antwort auf die Frage, wer was zu vertreten habe, wird die Entscheidung darüber getroffen, wem welches **Kündigungsrisiko** nach dem Vertrag obliegt. Grundsätzlich gilt insoweit, dass die Kündigungsfolgen derjenige tragen muss, dessen **Risikosphäre** die Kündigung zuzurechnen ist. Im entschiedenen Fall sah es der Bundesgerichtshof als nicht sachgerecht an, dem Planungsbüro auch solche Risiken aufzuerlegen, die dieses nicht beeinflussen konnte. Die mehrheitlich vom Landkreis beherrschte Auftraggeberin müsse sich das Handeln des Kreises als seiner Risikosphäre zugehörig zurechnen lassen.

Mit dieser Entscheidung des Bundesgerichtshofs hat demgemäß nunmehr die **Risikosphärentheorie** Eingang in das werkvertragliche Kündigungsrecht gefunden. Diese Entscheidung wird zukünftig von großer Bedeutung sein; denn sie hat die Vorentscheidung für weitere typische Problemfälle getroffen, z. B. für diejenigen Fallgestaltungen, in denen ein Generalplaner seinen Nachplanern kündigt, weil der Bauherr Abstand von der Realisierung des Bauvorhabens genommen hat.

4.3 Kündigung durch den AN

- Eine Kündigung des Architekten- oder Ingenieurvertrags durch den AN ist „frei" nach dem Gesetz **nicht** möglich.

Lediglich dann, wenn der AG seinen Mitwirkungsverpflichtungen zur Entstehung des Werks nicht nachkommt (z. B. Bereitstellungspflichten wie die zur Verfügungstellung des Grundstücks zur Bauwerksrealisierung), kann der AN dem AG eine Frist zur Nachholung der Handlung setzen und Kündigung des Vertrags im Falle des fruchtlosen Fristablaufs androhen; bei fruchtlosem Fristablauf gilt der Vertrag dann als aufgehoben (§ 643 Satz 2 BGB).

Dem AN steht in diesem Fall zum einen hinsichtlich der erbrachten Leistungen eine Teilvergütung zu (§ 645, Abs. 1, Satz 2 BGB) sowie zum andern das Recht, gemäß § 642 BGB eine angemessene Entschädigung zu verlangen. Mit dem Entschädigungsanspruch soll der AN einen Ausgleich dafür erhalten, dass er Arbeitskraft und Kapital bereitgehalten hat und gegebenenfalls seine zeitliche Disposition durchkreuzt worden ist.

- Daneben gibt es auch für den AN die Kündigung aus wichtigem, vom AG zu vertretendem Grund, etwa wenn der AG seine vertraglichen Verpflichtungen derart grob verletzt, dass dem AN ein Festhalten am Vertrag nicht mehr zumutbar ist.

4.4 Kündigungsfolgen

Die unterschiedlichen Kündigungsvoraussetzungen bei auftraggeber- und auftragnehmerseitiger Kündigung sowie die unterschiedlichen **Kündigungsfolgen** ergeben sich aus den Abb. 7.62a und 7.62b.

Der Bundesgerichtshof hat sich in mehreren Entscheidungen aus den vergangenen 10 Jahren recht umfangreich mit den Kündigungsfolgen auseinandersetzen können.

Die größte Aufmerksamkeit wurde dabei der Entscheidung des BGH vom 10.10.1996, BauR 1997, 156 zuteil. Ausgehend von der gesetzlichen Regelung, dass dem Auftragnehmer bei freier Kündigung des Werkvertrags durch den Auftraggeber der entgangene Gewinn abzüglich der ersparten Aufwendungen zusteht oder dessen, was der Auftragnehmer statt dessen erwirbt oder zu erwerben böswillig unterlässt, erklärte das Gericht, entgegen einer 25-jährigen anderslautenden Entscheidungspraxis, dass eine Pauschalierung der ersparten Aufwendung mit 40 % für die vom Auftragnehmer noch nicht erbrachten beauftragten Leistungen gegen das AGB-Gesetz bzw. den an seine Stelle ab 2002 getretenen § 305 ff. BGB n. F. verstößt und damit nichtig ist. In dem entschiedenen Fall kam der Bundesgerichtshof deshalb zur Nichtigkeit von Ziffer 8.3 der AVA zum Einheitsarchitektenvertrag in seiner Altfassung. Die der Entscheidung zugrunde liegende Altfassung der AVA sah die Pauschalierung der ersparten Aufwendungen mit 40 % vor, **ohne die Möglichkeit** zu eröffnen, dass beide Parteien den Nachweis erbringen können, die ersparten Aufwendungen oder die Vergütung aus anderweitigem Erwerb seien höher oder niedriger als die vorgesehene Pauschale von 40 %. Diesen Bedenken Rech-nung tragend müsste demgemäß eine Formulierung der Kündigungsfolgen, wie sie Ziff. 13.2 des im Kap. 2.3.1 abgedruckten „Architektenvertrages Gebäude" vorsieht, AGB-konform und damit wirksam sein.

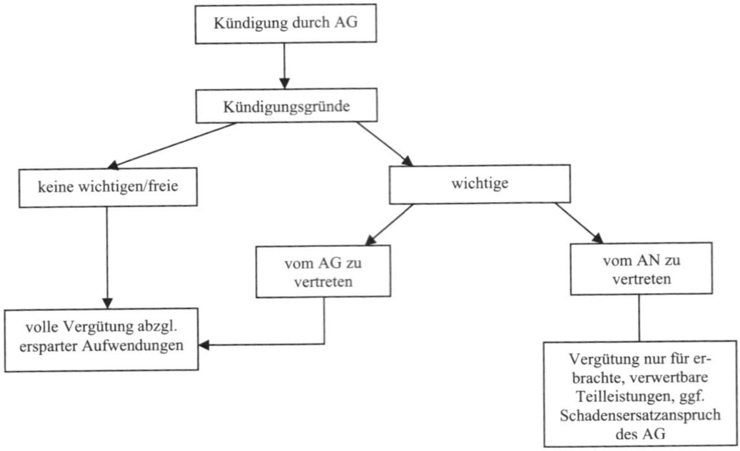

Abb. 7.62a Auftraggeberseitige Kündigung

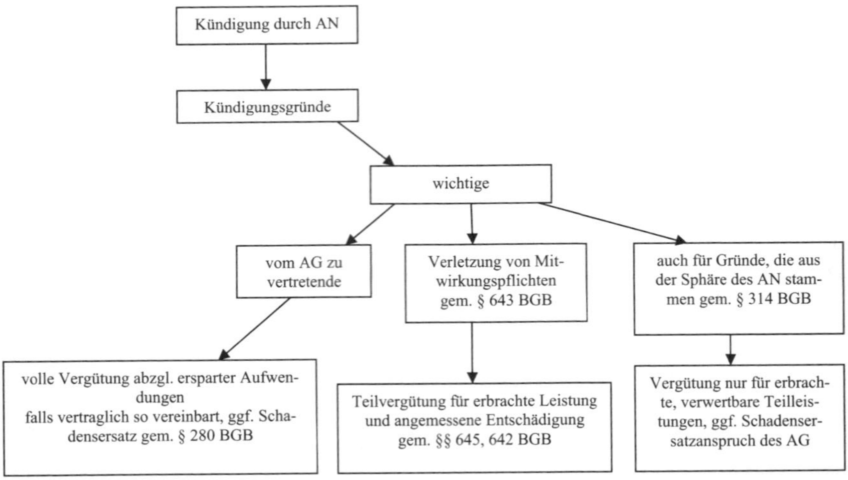

Abb. 7.62b Auftragnehmerseitige Kündigung

Wie sieht nun die Abrechnung eines gekündigten Architektenvertrags konkret aus?

Hierzu entschied der Bundesgerichtshof in BauR 1997, 305 allgemein verbindlich für alle Werkverträge:

Im Falle der Kündigung eines Werkvertrags sind der Vergütungsanteil für die erbrachten Leistungen und die noch nicht erbrachten beauftragten Leistungen getrennt darzulegen und voneinander in der Schlussrechnung abzugrenzen. Für den Architektenvertrag bedeutet dies, dass der Architekt bzw. Ingenieur bei noch nicht zu 100 % erbrachten Grundleistungen den Leistungsanteil für die erbrachten Leistungen darzulegen und in Höhe des so ermittelten Prozentanteils in die Schlussrechnung einzustellen hat. Die Darstellungsanforderung an die Differenz zwischen der vereinbarten Vergütung einerseits und den ersparten Aufwendungen und anderweitigem Erwerb andererseits bestimmen sich jeweils gemäß den Anforderungen des konkreten Einzelfalls. Die Darstellung muss so erfolgen, dass dem Auftraggeber eine sachgerechte Rechtswahrung möglich ist (BGH, BauR 1999, 642 ff.).

In der Praxis hat es sich bewährt, so vorzugehen, dass die Teilleistungen prozentual unter Heranziehung einer der bekannten Tabellen zur differenzierten Ermittlung der Teilleistungspunkte einzelner Grundleistungsphasen, z. B. der **Steinfort-Tabelle**, ermittelt werden. Man sollte sich allerdings insoweit keiner Illusion hingeben: Die in der Literatur veröffentlichten Tabellen sind Meinungen Einzelner, die allesamt dem Problem letztendlich hilflos gegenüberstehen, dass der Gesetzgeber es versäumt hat, die Einzelleistungen einer Grundleistungsphase zu bewerten.

Letzten Endes wird in einem Rechtsstreit ein Sachverständiger diese Frage für den jeweiligen Rechtsfall dann verbindlich zu beantworten haben. Aber auch dessen Ergebnis trägt schließlich den faden Beigeschmack, dass es mehr oder weniger willkürlich sein muss, weil der Gesetz- bzw. Verordnungsgeber seine „Hausaufgaben“ nicht gemacht hat.

Geht der Architekt/Ingenieur bei der Abrechnung des gekündigten Vertrags wie oben dargestellt vor, so hat die Schlussrechnung zwei Teile, nämlich den 1. Teil über die Abrechnung der erbrachten Leistungen sowie den 2. Teil über die Abrechnung der beauftragten, aber noch nicht erbrachten Leistungen. Letzterer ist nach der immer noch geltenden Entscheidung des Bundesgerichtshofs aus 1986, NJW-RR 1986, 3026, ohne Mehrwertsteuer zu berechnen, da es an einem Austauschgeschäft insoweit fehle. Diese Entscheidung des Bundesgerichtshofes ist in den letzten Jahren in Kritik geraten (vgl. Kapellmann, Jahrbuch 1998, 35). Es empfiehlt sich deshalb, die Schlussrechnung mit dem **Vorbehalt** zu versehen, dass sich der Auftragnehmer vorbehält, die Mehrwertsteuer nachzuberechnen, wenn er hiermit von seinem zuständigen Finanzamt bestandskräftig veranlagt wird.

Was nun **konkret** ersparte Aufwendungen sind, dazu hat der Bundesgerichtshof in seiner Entscheidung vom 28.10.1999, NZBau 2000, 82 entschieden:

- Personalkosten gehören grundsätzlich nur dann zu den ersparten Aufwendungen, wenn sie infolge der Kündigung nicht mehr aufgewendet werden müssen. Der Architekt muss sich jedoch dasjenige anrechnen lassen, was er durch anderweitigen Einsatz des Personals erwirbt.
- Der Architekt muss sich grundsätzlich nicht solche Personalkosten anrechnen lassen, die dadurch entstehen, dass er eine rechtlich mögliche Kündigung des Personals nicht vorgenommen hat.
- Ersparte Kosten freier Mitarbeiter oder Subunternehmer muss der Architekt konkret vertragsbezogen ermitteln. Ein aus der Vergütung nach der HOAI berechneter durchschnittlicher Stundensatz ist keine tragfähige Grundlage für diese Berechnung.
- Der Architekt muss sich diejenigen sachlichen, projektbezogenen Aufwendungen als Ersparnis anrechnen lassen, die er infolge der Kündigung nicht hat und die mit der Vergütung abgegolten werden. Es genügt in der Regel, wenn er die Sachmittel zusammenfassend so beschreibt und bewertet, dass der Auftraggeber in der Lage ist, die Richtigkeit des dafür angesetzten Betrages beurteilen zu können.
- Anderweitigen Erwerb muss der Auftraggeber nachvollziehbar und ohne Widerspruch zu den Vertragsumständen angeben. Zur Offenlegung seiner Geschäftsstruktur ist er nicht von vornherein verpflichtet.

Als weitere wichtige Kündigungsfolge und gleichsam als typischer Fallstrick hervorzuheben, ist der Umstand, dass der Architekt/Ingenieur durch die Kündigung grundsätzlich nicht sein Nachbesserungsrecht bei behaupteter mangelhafter Planung und/oder Bausummenüberschreitung verliert. Dem Architekt/Ingenieur ist wie jedem Auftragnehmer eines Werkvertragsverhältnisses gemäß § 633 Abs. 2 BGB Gelegenheit zu geben, den Mangel beispielsweise durch Überarbeitung der Planung zu beseitigen. Fordert der Auftraggeber den Auftragnehmer hierzu vor Beseitigung des Mangels durch einen Drittplaner nicht auf und vereitelt er auf diese Weise das Nachbesserungsrecht des Auftragnehmers, steht ihm kein Ersatzanspruch für die durch die Mängelbeseitigung entstandenen Schäden zu (OLG Hamm, BauR 1995, 413 f.).

5 Honorarmanagement

Wie erhalte/sichere ich mir meine kraft Gesetzes oder Vertrages zustehenden Honoraransprüche?

Wie rechne ich meine Honoraransprüche richtig ab?

Die beiden Fragen stellen sich für Planer und Ingenieure gleichermaßen, egal ob sie Leistungen aus der Objektplanung, Tragwerksplanung, TGA erbringen oder sonstige Planungsaufgaben wahrnehmen.

Anhand der Objektplanung wird nachfolgend ein Honorarmanagement skizziert, das entsprechend für alle sonstigen Planer- und Ingenieurleistungen Anwendung finden kann.

Es orientiert sich an der in der nachfolgenden Abbildung dargestellten „Zeitlinie", in der sich die wesentlichen Schnittstellen aus vergütungsrechtlicher Sicht wiederfinden. Die Schnittstellen werden nachfolgend stichpunktartig besprochen.

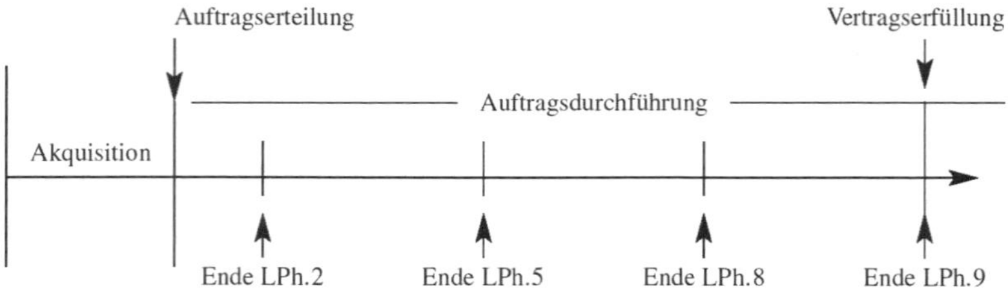

Abb. 7.64 Zeitlinie

5.1 Akquisition

- Grundsätzlich kein Vergütungsanspruch.
- Ausnahme: Für die Leistung bis zur Auftragserteilung wird ein Pauschalhonorar vertraglich vereinbart. Problematisch ist die Wirksamkeit einer derartigen Vereinbarung für die Fälle nicht freier Honorarvereinbarung, Stichwort: Unterschreitung der Mindestsätze. Bei Unterschreitung der Mindestsätze kann der Architekt grundsätzlich nachberechnen (aber **Standesverstoß** möglich).

5.2 Auftragserteilung

- Besondere Probleme ergeben sich in den Fällen der Unterschreitung der „Kappungsgrenze": In dem Maße, in dem der Auftrag bereits vor der schriftlichen Vereinbarung des Honorars mündlich erteilt wurde, ist eine die Mindestsätze überschreitende nachträgliche Honorarvereinbarung **unwirksam**. Deshalb ist auch keine wirksame Vereinbarung einer Nachberechnung der im Rahmen der „Akquisition" geleisteten Arbeiten auf der Basis des bei der Auftragserteilung vereinbarten mindestsatzüberschreitenden Honorarsatzes möglich.

Dass die Rechtsprechung mit diesem Grundsatz auch Ernst macht, beweist folgender Fall:

Fallbeispiel nach einem Urteil des OLG Düsseldorf vom 19.04.1996, IBR 1996, S. 342:

Zum Umbau eines Dachgeschosses (denkmalgeschütztes Haus) erarbeitete der Architekt einen Einheitsarchitektenvertrag mit folgendem Honorarangebot:

Honorarzone IV, Umbauzuschlag 33 %, Nebenkostenpauschale 7 %.

Nachdem sich der Auftraggeber zunächst damit (mündlich) einverstanden erklärt hatte, zögerte sich die Unterschriftsleistung unter den Architektenvertrag Monate hinaus. Es dauerte 3 Monate, bis der Auftraggeber den Architektenvertrag unterschrieb. In der Zwischenzeit war der Architekt sehr produktiv tätig, erarbeitete die Vorlage für die Baugenehmigung sowie die Abgeschlossenheitsbescheinigung.

Der Architekt rechnet seine Leistungen auf der Basis des dann doch noch unterschriebenen Einheitsarchitektenvertrages ab.

Hiergegen wendet sich der Auftraggeber gemäß vorgenannter Entscheidung des OLG Düsseldorf zu Recht.

Das OLG Düsseldorf entschied:

Angesichts des Umfangs der von dem Architekten bereits ausgeführten Arbeiten war klar, dass die Parteien sich schon lange vor Unterzeichnung des Architektenvertrags über die Beauftragung geeinigt hätten. Ein Umbauzuschlag sei demnach nur zu 20 % gerechtfertigt, eine Nebenkostenpauschale überhaupt nicht wirksam vereinbart worden.

Handlungsempfehlung:

- Vor Unterzeichnung der schriftlichen Honorarvereinbarung dürfen umfangreiche Planungsleistungen **nicht** erbracht werden.
- Leistungen dürfen allerdings bis zu Teilen der Leistungsphase 2 vor schriftlicher Auftragserteilung und Honorarvereinbarung erbracht werden. Auf diese Weise wird das Kostenrisiko durch eine Nichtbeauftragung in Grenzen gehalten.
- Vorteil auftragsloser Leistungserbringung in der Akquisitionsphase: Hier können die Parteien bei Auftragserteilung noch wirksam, beginnend mit der Leistungsphase 1, ein Honorar oberhalb der Mindestsätze vereinbaren.

Diesem Vorteil steht selbstverständlich der Nachteil gegenüber, dass kein Vergütungsanspruch bei fehlender Auftragserteilung besteht.

5.3 Auftragsdurchführung

(1) Schnittstelle: Ende der Leistungsphase 2

Die Beendigung der Leistungsphase 2 ist vergütungsrechtlich von erheblicher Bedeutung und muss aus diesem Grunde **dokumentiert** werden. Zu den Grundleistungen der Leistungsphase 2 gehört die Untersuchung **alternativer** Lösungsmöglichkeiten. Mit Beendigung der Leistungsphase 2 hat sich der AG auf das nun weiterzubearbeitende Planungskonzept festzulegen. Es gehört nicht zu den Grundleistungen der Leistungsphasen 3 und 4, auch die zuvor dargestellten alternativen Lösungsmöglichkeiten weiter durchzuplanen.

Vielmehr stellt eine weitergehende Durchplanung/Analyse/Optimierung der Alternativen eine Besondere Leistung der Leistungsphase 3 dar.

Handlungsempfehlung für das Honorarmanagement:

- Dokumentation des Planungskonzepts, für welches sich der AG entschieden hat, **vor** Beginn der Entwurfsplanung. Es wird schwierig sein, von dem Auftraggeber eine eindeutige Erklärung über den Abschluss einer Leistungsphase zu erlangen. Hierzu deshalb folgende Vorschläge:
- Soweit vertraglich durchsetzbar, sollte **im Vertrag** geregelt werden, dass die Architekten dem Auftraggeber die Beendigung einer jeweiligen Leistungsphase jeweils schriftlich anzeigen. Sofern der AG der Auffassung ist, dass noch nicht alle Leistungen aus der als beendet gemeldeten Leistungsphase erbracht sind, hat er dies den Architekten umgehend, spätestens innerhalb von 2 Wochen schriftlich mitzuteilen.
- Sofern eine solche vertragliche Vereinbarung nicht möglich ist, bietet sich folgende „Krücke" an: Der Architekt sollte dem Bauherrn nach Abschluss einer Leistungsphase eine Akontoforderung über die in dieser Leistungsphase erbrachten Leistungen zukommen lassen mit dem gleichzeitigen Hinweis in einem Anschreiben, dass die Leistungen aus der betreffenden Leistungsphase abgeschlossen sind. Erhebt der Bauherr hiergegen keine Einwendungen, so hat man bei einer späteren Auseinandersetzung zumindest gute Argumente auf seiner Seite, den Abschluss der jeweiligen Leistungsphase mit allen sich hieraus ergebenden Konsequenzen für die weitergehende Honorierung schlüssig darlegen zu können.
- **Optimierung von Planungsalternativen/Varianten** nur, wenn **vorher** eine **schriftliche** Honorarvereinbarung für diese Leistungen getroffen wurde.

(2) Schnittstelle: Beginn der Leistungsphase 3 bis Ende Leistungsphase 5

Fortlautende Überprüfung der einzelnen Planungsschritte bei Dokumentation des Abschlusses einer jeden Leistungsphase im Hinblick auf angeordnete Wiederholungen vorangegangener Leistungsphase bzw. Teilen hieraus.

Handlungsempfehlung für das Honorarmanagement:

Keine Wiederholung bereits abgeschlossener Leistungsphasen oder Teilen hieraus, wenn nicht **vorher hierfür schriftlich** eine Honorarvereinbarung getroffen worden ist.

(3) Schnittstelle: Ende der Leistungsphase 8, Beginn der Leistungsphase 9

- Erstellung einer Teilschlussrechnung, soweit vertraglich vereinbart; ansonsten Teilrechnung.
- Abschlagszahlungen gemäß § 15 Abs. 2 HOAI in regelmäßigen zeitlichen Abständen für die Erbringung der Leistungsphase 8, z. B. in Jahresabständen.
- Schlussrechnung nach Beendigung der Leistungsphase 9.

5.4 Sonderthema: Bindung des Architekten an die Schlussrechnung

Dieses in der Vergangenheit sehr folgenträchtige Thema ist zwar zwischenzeitlich durch die Entscheidung des Bundesgerichtshofes (BGH, BauR 1993, 263 und BGH BauR 1993, 239) entspannt worden. Der BGH hält danach an seiner alten Rechtsprechung zur Bindung des Architekten an seine Schlussrechnung nicht mehr in der alten Strenge fest. Die Bindungswirkung ist allerdings noch nicht vollständig aufgegeben worden. Sie ist lediglich abgemildert worden, und zwar dahingehend, dass der Architekt an seine Schlussrechnung zwar grundsätzlich gebunden ist, allerdings nur in dem Umfang, wie er damit beim AG Vertrauen auf die Richtigkeit der Abrechnung geschaffen hat. Der AG, der die Schlussrechnung angreift, beispielsweise indem er die mangelnde Prüffähigkeit rügt und auf die Schlussrechnung nicht zahlt, ist nicht schutzwürdig, da die Schlussrechnung ja gerade kein Vertrauen beim Auftraggeber in diesem Fall geweckt haben kann.

Da Anknüpfungspunkt für die Bindungswirkung das **Erwecken von Vertrauen** in die **Richtigkeit der Abrechnung auf Seiten des AG** ist, kann jedoch auch eine nicht prüffähige Schlussrechnung eine Bindungswirkung auslösen (herrschende Meinung).

Folge der gelockerten Bindungswirkung:

Hat der Architekt Schlussrechnungen gelegt, die der AG anerkannt und auf die der AG Schlusszahlung geleistet hat, so ist grundsätzlich eine **Nachforderung** des Architekten beispielsweise wegen unwirksamer Unterschreitung der Mindestsätze **ausgeschlossen**.

Dies gilt dann nicht, wenn dem AG die Umstände für die nicht ordnungsgemäßen Abrechnungen, die zur Nachforderung seitens des Architekten führen, bekannt waren, beispielsweise indem er wusste, dass die Honorarvereinbarung wegen Unterschreitung der Mindestsätze nichtig ist.

5.5 Einwendungsverlust gegen die Prüfbarkeit der Honorarschlussrechnung

Jüngst wurde vom Bundesgerichtshof (BGH BauR 2004, 316) entschieden, dass dann, wenn der Auftraggeber nicht innerhalb einer Frist von 2 Monaten nach Zugang der Honorarschlussrechnung einwendet, dass die Rechnung nicht prüfbar sei, er mit einer späteren Einwendung gegen die Prüfbarkeit der Schlussrechnung ausgeschlossen ist. Das hat nach Auffassung des Bundesgerichtshofs weiter zur Folge, dass nach Ablauf dieser 2-Monatsfrist die Honorarforderung des Architekten auch bei objektiv mangelnder Prüffähigkeit fällig wird, wenn die mangelnde Prüffähigkeit nicht vorher zu Recht gerügt wurde. Da Voraussetzung für den Beginn der Verjährung einer Honorarforderung deren Fälligkeit ist, bedeutet dies in letzter Konsequenz schließlich, dass auch objektiv nicht prüffähige Rechnungen eines Architekten bei nicht rechtzeitiger Rüge deren mangelnder Prüffähigkeit zu verjähren beginnen können.

8 A Baubetrieb – Bauprozessmanagement
8 B Kostenplanung; Wertermittlung; Honorarordnung
8 C Facility Management

8 A Baubetrieb – Bauprozessmanagement

Prof. Dr.-Ing. Dipl.-Kfm. Shervin Haghsheno

1 Projektmanagement

1.1 Regelwerke

AHO-Heft Nr. 9: Projektmanagementleistungen in der Bau- und Immobilienwirtschaft [8.1]

DIN 276-1: Kosten im Bauwesen – Teil 1: Hochbau [8.2]

DIN 69901: Projektmanagement – Projektmanagementsysteme (Teile 1 – 5)

HOAI: Verordnung über die Honorare für Architekten und Ingenieurleistungen (Honorarordnung für Architekten und Ingenieure) [8.3]

SL Bau: Streitlösungsordnung für das Bauwesen [8.4]

1.2 Grundlagen

Vorhaben, die im Wesentlichen durch Einmaligkeit der Bedingungen in ihrer Gesamtheit gekennzeichnet sind, werden als Projekte bezeichnet [8.5]. In der nachfolgenden Tabelle sind verschiedene Projekttypen und häufig vorhandene Charakteristika von Projekten aufgelistet.

Tab. 8.2a: Projekttypen und häufige Charakteristika von Projekten

Projekt	
Projekttypen	**Charakteristika**
- Investitionsprojekte	- ergebnisorientiert und zeitlich abgegrenzt
- Infrastrukturprojekte	- komplex
- Produktentwicklungsprojekte	- benötigen eigene Projektorganisation
- Organisationsprojekte	- benötigen außerordentliche Ressourcen
- Organisationsentwicklungsprojekte	- beinhalten Risiken
- Informatikprojekte	- sind einmalig, interdisziplinär und neuartig
- Bauprojekte	- bringen Veränderungen mit sich

Im Bauwesen können viele verschiedene Projekttypen auftreten, da neben dem klassischen Bauprojekt z. B. auch Investitionsprojekte oder Organisationsprojekte bearbeitet werden können. Bauprojekte selbst können weiterhin, je nachdem, welche menschlichen Bedürfnisse mit dem zu erstellenden Bauwerk erfüllt werden, in unterschiedliche Bauprojektarten aufgeteilt werden.

Tab. 8.2b: Übersicht Bauprojektarten [8.6]

Bauprojektarten	
Grunddaseinsfunktion	**Bauprojekte**
„wohnen“	Wohnbauten, Wohnheime, Hotels …
„arbeiten“	Büro-, Fabrikgebäude, Labors …
„sich versorgen“	Kaufhäuser, Krankenhäuser, Anlagen der Energieversorgung …
„sich bilden“	Stadthallen, Hochschulgebäude, Museen, Theater …
„sich erholen“	Sportstätten, Parks, Freizeitanlagen …
„Verkehrsteilnahme“	Straßen, Brücken, Schienenverkehrswege ...
„Leben in der Gemeinschaft“	Kirchen, Gerichtsgebäude ...

In DIN 69901 werden die Grundlagen, Prozesse und Begriffe des Projektmanagements erläutert. DIN 69901 gliedert sich in folgende Teile:

- Teil 1: Grundlagen
- Teil 2: Prozesse, Prozessmodell
- Teil 3: Methoden
- Teil 4: Daten, Datenmodell
- Teil 5: Begriffe

Projektmanagement stellt gemäß DIN 69901-5 [8.5] die Gesamtheit von Führungsaufgaben, -organisation, -techniken und -mitteln für die Initialisierung, Definition, Planung, Steuerung und den Abschluss von Projekten dar.

1.3 Projektmanagementphasen und -prozesse

In DIN 69901-2 [8.7] wird das Projektmanagement-Prozessmodell beschrieben. In dem beschriebenen Modell werden fünf Projektmanagementphasen definiert. Eine Projektmanagementphase stellt einen Abschnitt des Projektlebenszyklus dar. Durch die Nutzung von Ressourcen oder Informationen soll ein Prozessergebnis erzielt werden. Diese Vorgänge werden Projektmanagementprozesse genannt und sind den einzelnen Projektmanagementphasen zugeordnet. Die verschiedenen Projektmanagementprozesse sind in Prozessuntergruppen zusammengefasst, um die Orientierung innerhalb des Lebenszyklus eines Projekts zu erleichtern.

Tab. 8.3: Projektmanagementphasen und Projektmanagementprozesse [8.7]

Prozesse	Phasen				
	Initialisierung	**Definition**	**Planung**	**Steuerung**	**Abschluss**
Ablauf & Termine		Meilensteine definieren	Vorgänge planen Terminplan Projektplan	Vorgänge anstoßen Termine steuern	
Änderungen			Umgang mit Änderungen	Änderungen steuern	
I, D, K[1)]	Freigabe erteilen	Freigabe erteilen Berichtswesen festlegen Projektmarketing definieren	Freigabe erteilen I, D, K[1)] planen	Freigabe erteilen I, D, K[1)] planen Abnahme durchführen	Abnahme erteilen Projektabschlussbericht Dokumentation archivieren
Kosten & Finanzen		Aufwände grob schätzen	Kosten- u. Finanzmittelplan erstellen	Kosten- u. Finanzmittelplan steuern	Nachkalkulation
Organisation	Zuständigkeit klären PM-Prozesse auswählen	Projektkernteam bilden	Projektorganisation planen	Kick-Off durchführen Projektteam bilden u. entwickeln	Abschlussbesprechung Projektorganisation auflösen
Qualität		Erfolgskriterien definieren	Qualitätssicherung planen	Qualität sichern	Projekterfahrungen sichern
Ressourcen			Ressourcenplan erstellen	Ressourcen steuern	Ressourcen rückführen
Risiko		Umgang Risiken Projektumfeld analysieren Machbarkeit bewerten	Risiken analysieren Gegenmaßnahmen planen	Risiken steuern	
Projektstruktur		Grobstruktur erstellen	Projektstrukturplan Arbeitspakete beschreiben Vorgänge beschreiben		
Verträge & Nachforderungen		Umgang mit Verträgen Vertragsinhalte f. Kunde festlegen	Vertragsinhalte m. Lieferant festlegen	Verträge abwickeln Nachforderungen steuern	Verträge beenden
Ziele	Ziele skizzieren	Ziele definieren Projektinhalte abgrenzen		Zielerreichung steuern	

[1)] I, D, K = Information, Dokumentation, Koordination

Der Ausschuss der Verbände und Kammern der Ingenieure und Architekten für die Honorarordnung (AHO), Fachkommission Projektsteuerung/PM, hat mit dem AHO-Heft Nr. 9 einen eigenen Vorschlag zur Strukturierung der Projektmanagementphasen und der Honorierung von Projektmanagementleistungen bei der Abwicklung von Bauprojekten erarbeitet. Die Systematik der Ermittlung der Honorierung lehnt sich dabei an die Vergütungssystematik der HOAI an. Dabei unterscheidet sich die Grundstruktur des AHO-Heftes Nr. 9 von der HOAI besonders in der Anzahl der Phasen. Im Gegensatz zur HOAI ist die Struktur des AHO-Heftes Nr. 9 nicht nach Projektphasen, sondern nach Projektstufen gegliedert. Die folgende Tabelle ordnet die Projektstufen AHO den Projektphasen nach HOAI gemäß der zeitlichen Abfolge zu.

Tab. 8.4a: Gegenüberstellung Projektstufen nach AHO und Projektphasen nach HOAI [8.8]

Projektstufen nach AHO	Projektphasen nach HOAI
1 Projektvorbereitung	Projektentwicklung, Strategische Planung und Phase 1
2 Planung	2, 3 und 4
3 Ausführungsvorbereitung	5, 6 und 7
4 Ausführung (Projektüberwachung)	8
5 Projektabschluss (Projektbetreuung, Dokumentation)	9

Die Projektstufen sind wiederum in jeweils fünf Handlungsbereiche unterteilt. In jeder Projektstufe werden die Leistungen diesen fünf Handlungsbereichen zugeordnet. Innerhalb dieser Handlungsbereiche sind - analog zur HOAI - Grundleistungen und Besondere Leistungen definiert. In der folgenden Tabelle ist beispielhaft ein Auszug der Leistungen der Projektstufe 2 dargestellt.

Tab. 8.4b: Handlungsbereiche und dazugehörige Leistungen für die Projektstufe 2 Planung (vgl. [8.1])

Handlungsbereiche	Grundleistungen	Besondere Leistungen
A Organisation, Information, Koordination und Dokumentation	- Fortschreiben der projektspezifischen Organisationsvorgaben mit Projektstrukturplanung - Analysieren und Bewerten der Planungsprozesse auf Konformität mit den vorgegebenen Projektzielen - ...	- Vertreten der Planungskonzeption ggü. der Öffentlichkeit unter besonderen Anforderungen und Zielsetzungen sowie bei mehr als 5 Erläuterungs- oder Erörterungsterminen - Betreiben eines eigenen Projektkommunikationssystems - ...
B Qualitäten und Quantitäten	- Laufendes Analysieren und Bewerten der Leistungen der Planungsbeteiligten - Steuerung und Planung der Bemusterung - ...	- Steuern der Nachhaltigkeits- und Zertifizierungsprozesse - Steuern der Planung bei 3- bis n-dimensionaler Gebäudemodellbearbeitung sowie BIM-Administration
C Kosten und Finanzierung	- Überprüfen der Kostenschätzung und -berechnung der Objekt- und Fachplaner sowie Veranlassen erforderlicher Anpassungsmaßnahmen - Kostensteuerung zur Einhaltung der Kostenziele - ...	- Erstellen einer Kostenschätzung/ -berechnung nach DIN 276 - Erstellung der Nutzkostenschätzung, -berechnung sowie Nutzkosten-steuerung - ...
D Termine, Kapazitäten und Logistik	- Fortschreiben des Terminrahmens - Überprüfen des Terminplans der Planungsbeteiligten für den Planungs- und Bauablauf, insbesondere auf Einhaltung des Terminrahmens - ...	- Erstellen eines Terminplans für Planung und Bauablauf bei (noch) nicht vorliegenden Terminplänen der Planungsbeteiligten - Erstellen des Vergabeterminplans bei (noch) nicht vorliegenden Terminplänen der Planungsbeteiligten - ...
E Verträge und Versicherungen	- Mitwirken bei der Durchsetzung von Vertragspflichten gegenüber den Beteiligten - Mitwirken bei der Umsetzung des Versicherungskonzepts für alle Projektbeteiligten	

1.4 Leistungsbild und Vergütungen

Grundsätzlich kann die Honorierung von Projektmanagementleistungen zwischen den Vertragspartnern frei geregelt werden. Das AHO-Heft Nr. 9 schlägt folgende alternative Bestimmungen für die Ermittlung vor:

- Honorierung nach anrechenbaren Kosten
- Honorierung nach Zeitaufwand

Sollten die Vertragspartner keine andere Vorgehensweise vereinbaren, gilt die Honorierung nach den anrechenbaren Kosten. Grundlage für die Ermittlung der anrechenbaren Kosten ist, falls nicht anderweitig vereinbart, DIN 276. Die relevanten Kostengruppen sind die Kostengruppen 100 bis 700, jedoch ohne 110, 710 und 760.

Für die Honorierung nach den anrechenbaren Kosten muss das Projekt zunächst einer von fünf Honorarzonen (HZ) zugeordnet werden. Die Honorarzonen wurden im AHO-Heft Nr. 9 an die Rahmenbedingungen von Projektmanagementleistungen angepasst und unterscheiden sich deshalb von den Honorarzonen der HOAI. Für die Zuordnung der Projekte zu Honorarzonen werden die in der folgenden Tabelle genannten Merkmale herangezogen.

Tab. 8.5a: Definition Honorarzonen nach AHO-Heft Nr. 9 (vgl. [8.1])

HZ	Beschreibung	Merkmale
I	Projekte mit sehr geringen Projektsteuerungsanforderungen	- Komplexität - Projektroutine - besondere Projektinhalte - Risiko bei Realisierung - Termineinhaltung - Budgeteinhaltung
II	Projekte mit geringen Projektsteuerungsanforderungen	
III	Projekte mit durchschnittlichen Projektsteuerungsanforderungen	
IV	Projekte mit überdurchschnittlichen Projektsteuerungsanforderungen	
V	Projekte mit sehr hohen Projektsteuerungsanforderungen	

Um die Projekte den Honorarzonen zuordnen zu können, wird eine Systematik vorgeschlagen, die auf Bewertungspunkten beruht. Entsprechend dem Schwierigkeitsgrad der Anforderungen werden die Merkmale mithilfe von Punkten bewertet. Anschließend werden die Bewertungspunkte aller Merkmale aufsummiert, womit ein Ergebnis ermittelt werden kann.

Tab. 8.5b: Bewertungsmerkmale und mögliche Punktzahlen [8.1]

Bewertungsmerkmale	Bewertungspunkte
Komplexität der Projektorganisation	Bis zu 10 Punkte
Spezifische Auftraggeberroutine	Bis zu 10 Punkte
Besonderheiten in den Projektinhalten	Bis zu 10 Punkte
Risiko der Projektrealisierung	Bis zu 10 Punkte
Terminvorgaben	Bis zu 5 Punkte
Kostenvorgaben	Bis zu 5 Punkte

Tab. 8.5c: Maßgebende Honorarzone nach AHO-Heft Nr. 9 § 5 (2) [8.1]

Honorarzone	Bewertungspunkte
Honorarzone I	bis zu 10 Punkte
Honorarzone II	11 bis 20 Punkte
Honorarzone III	21 bis 30 Punkte
Honorarzone IV	31 bis 40 Punkte
Honorarzone V	41 bis 50 Punkte

Mithilfe der anrechenbaren Kosten kann das Honorar aus der maßgebenden Honorartafel abgelesen werden. Sollten die anrechenbaren Kosten einem Zwischenwert entsprechen, kann das Honorar durch lineare Interpolation ermittelt werden

Tab. 8.5d: Auszug Honorartafel § 7-Teil 1 AHO-Heft Nr. 9 [8.1]

Anrechenbare Kosten in Euro	Honorare in Euro									
	Zone I		Zone II		Zone III		Zone IV		Zone V	
	von	bis	von	bis	von	bis	von	bis	von	bis
	Euro		Euro		Euro		Euro		Euro	
500.000	18.065	22.164	22.164	28.248	28.248	33.962	33.962	38.121	38.121	44.082
1.000.000	32.442	39.696	39.696	50.578	50.578	60.718	60.718	68.179	68.179	78.814
1.500.000	45.426	55.480	55.480	70.674	70.674	84.755	84.755	95.194	95.194	110.017
...	...	...	...	...	...	...	...	...	...	...

Die in den Honorartafeln aufgelisteten Honorare beziehen sich auf die Kombination der Unternehmereinsatzformen Einzelplaner und Einzelgewerke für Bauleistungen. Für den Einsatz von Generalplanern und Generalunternehmern (sog. Kumulativleistungsträger) werden abgeminderte Honorarsätze vorgeschlagen, die den reduzierten Steuerungsaufwand des Projektmanagers berücksichtigen. Diese sind der folgenden Tabelle zu entnehmen.

Tab. 8.6a: Honorarübersicht Projektmanagement bei Kumulativleistungsträgern (Angaben in %) [8.9]

Nr.	**DVP Projektstufe**	**HOAI Phase**	**DVP Honorar-aufteilung**	**Einzelplaner GU**		**Generalplaner (1-9) Einzelfirmen**	**Generalplaner GU**		**Generalübernehmer nach PE**
				GU (ohne Lph. 5)	**GU (mit Lph. 5)**		**Lph. 5 bei GP**	**Lph. 5 bei GU**	
1	Projektvorbereitung	PE + 1	26	26	26	22	22	22	28
2	Planung	2, 3, 4	21	21	21	14	14	14	11
3	Ausführungsvorbereitung	5, 6, 7	19	16	13	15	14	12	7
4	Ausführung	8	26	19	19	24	18	18	15
5	Projektabschluss	9	8	7	7	7	6	6	5
			100	88	85	82	74	72	66

Es ist ebenfalls möglich, einzelne Projektstufen oder Handlungsbereiche als Teilleistungen zu beauftragen. Die jeweilige Vergütung der Grundleistungen einzelner Projektstufen kann anteilig berechnet werden.

Tab. 8.6b: Honoraranteile in v.H. des Grundhonorars für die Grundleistungen der Projektsteuerung [8.1]

Nr.	**Projektstufen**	**Bewertung der Grundleistungen in v. H. des Grundhonorars nach § 7 [%]**
1	Projektvorbereitung (inkl. Grundlagenermittlung)	19
2	Planung (Vor-, Entwurfs- und Genehmigungsplanung)	21
3	Ausführungsvorbereitung (Ausführungsplanung, Vorbereiten und Mitwirken bei der Vergabe)	22
4	Ausführung (Objektüberwachung und Dokumentation)	30
5	Projektabschluss (Objektbetreuung)	8
	Summe:	100

Beispiel: Honorarermittlung für Projektmanagementleistungen nach AHO-Heft Nr. 9

Aufgabe: Gemeinsam mit einem Auftraggeber wurden Projektmanagementleistungen vereinbart, für die ein Honorar errechnet werden soll. Als Vergabemodell ist der Einsatz von Einzelplanern und Einzelgewerken für die Ausführung vorgesehen.

Randbedingungen:
- *Leistungsumfang:*
  Grundleistungen der Projektstufen 1, 2 und 3 u. Steuern der Zertifizierungsprozesse
- *Honorare mit Auftraggeber vereinbart:*
  Grundleistungen gemäß Honorartafeln (Mittelwert); Besondere Leistungen werden mit 0,3 % der anrechenbaren Kosten vergütet
- *Anrechenbare Kosten Projekt:* 1.400.000 €
- *Bewertungspunkte:*
  Komplexität der Projektorganisation 2; Spezifische Auftraggeberroutine 4; Besonderheiten in den Projektinhalten 6; Risiko der Projektrealisierung 7; Terminvorgaben 1; Kostenvorgaben 4

Schritt 1: *Ermittlung Honorarzone:* Summe Bewertungspunkte 2 + 4 + 6 + 7 + 1 + 4 = 24
➔ HZ III (Tab. 8.5c)

Schritt 2: *Ermittlung Honorarsatz:* Honorar aus Honorartafel (Tab. 8.5d) ablesen
➔ Interpolation notwendig

$$\left(\frac{60.718 + 50.578}{2}\right) + \frac{\left(\frac{84.755 + 70.674}{2}\right) - \left(\frac{60.718 + 50.578}{2}\right)}{1.500.000 - 1.000.000} \times (1.400.000 - 1.000.000) = 73.301{,}20\ €$$

Schritt 3: *Ermittlung Honorare für Grundleistungen:* Prozente aus Tab. 8.6b

1 Projektvorbereitung 19 %	73.301,20 × 0,19 = 13.927,23 €
2 Planung 21 %	73.301,20 × 0,21 = 15.373,25 €
3 Ausführungsvorbereitung 22 %	73.301,20 × 0,22 = 16.126,26 €
Summe =	45.426,74 €

Schritt 4: *Ermittlung Honorare für besondere Leistungen:*
Steuern der Zertifizierungsprozesse 1.400.000 × 0,003 = 4.200 €

Schritt 5: *Ermittlung Honorar gesamt (ohne Mehrwertsteuer):* 45.426,74 + 4.200 = **49.626,74 €**

Bei der Honorierung über den Zeitaufwand basiert die Vergütung auf dem tatsächlich anfallenden Zeitaufwand oder einer Pauschale, die auf dem geschätzten Zeitaufwand beruht. Zur Berechnung des Honorars werden Monatsverrechnungssätze vorgeschlagen, die sowohl die direkten Personalkosten aus Gehalt, Soziallöhnen und Sozialkosten als auch die indirekten Personalkosten aus Geschäftsführung, Sekretariat, allgemeinen Geschäftskosten sowie Wagnis und Gewinn enthalten. Die projektbezogenen Nebenkosten sind über einen projektspezifischen Prozentsatz der Verrechnungssätze zu berücksichtigen. Die Umsatzsteuer ist in den Sätzen ebenfalls nicht enthalten.

Tab. 8.7a: Mitarbeitermonatsverrechnungssätze für projektbezogene Einsatzzeiten AHO-Heft Nr. 9 [8.1]

Funktion	Monatsverrechnungssatz
Projektleiter/in	16.500 - 18.800 €/Mon.
Projektbearbeiter/in	12.500 - 14.500 €/Mon.
Technisch-wirtschaftliche/r MA	8.400 - 10.500 €/Mon.

1.5 Projektmanagementziele

Tab. 8.7b: Projektmanagementziele

Zielgruppen	Zielvorgaben
Organisation, Information, Koordination und Dokumentation	- eindeutige und klare Projektorganisation - reibungsloser Projektablauf - schnelle, richtige, umfassende Information - rechtzeitige, richtige Entscheidungen - einwandfreie, vollständige Dokumentation - klare Regularien zum Controlling der Ziele
Qualitätsziele	- bedarfs- und funktionsgerechte Vorgaben der Nutzung - eindeutige Vorgabe der standortrelevanten Rahmenbedingungen - Grundstück, Bebauungsplan, Bodenrecht, Erschließung, Umweltfragen - Schaffen optimaler Vorgaben für Bauplanung und Wettbewerb - Festlegen der Nachhaltigkeitsziele - hohe Qualität in Planung und Ausführung - Einschalten qualifizierter Firmen unter Beachtung unternehmensspezifischer Auftraggeberziele - rechtzeitige und richtige Entscheidung in Planung und Bauablauf - wirtschaftliche Abwicklung aller Vergaben, frühzeitige Beauftragung
Kostenziele	- angemessenes Budget für Investitionen und Folgekosten - reibungslose Rechnungs- und Zahlungsabwicklung - rechtzeitige Mittelbereitstellung - Einhalten der definierten Kostenziele bzw. Unterschreitung bei gleichzeitiger Erreichung aller anderen Projektziele
Terminziele	- Vorgabe eines realistischen Terminrahmens für Planung und Bau - zielorientierte Terminsteuerung der Planung unter Ausschöpfung der beauftragten Planerkapazitäten im Rahmen des formulierten Generalterminplans - rechtzeitige Beauftragungen, Genehmigungen, Entscheidungen - Einhaltung und Erreichung des vorgegebenen Vertragsablaufplans - fristgerechte Übergabe, Inbetriebnahme
Vertragsziele	- eindeutige Verträge - qualifizierte Planungs- und Projektbeteiligte - rechtzeitige Beauftragungen - versicherungstechnische Absicherung unvorhersehbarer Risiken

1.6 Projektorganisation und Vergabemodelle

Das Ziel der Projektorganisation besteht darin, eine reibungslose Projektabwicklung zu ermöglichen. Die Projektorganisation ist die Aufbau- und Ablauforganisation zur Abwicklung eines bestimmten Projekts. Folgende Aufgaben zählen allgemein zur Projektorganisation [8.6]:

- Aufstellen der Projektstruktur
- Festlegen der Aufbauorganisation, damit Zuordnung der Aufgaben, Kompetenzen und Verantwortungen zu den einzelnen Organisationseinheiten
- Sicherstellen zielgerichteter Informationsflüsse
- Festlegen von rationellen Arbeits- und Entscheidungsabläufen (Ablauforganisation)

Sowohl aufgrund der Größe und Komplexität eines Projekts als auch auf Basis der Bereitschaft des Auftraggebers, selbst Leistungen innerhalb des Projekts zu übernehmen, muss eine geeignete Aufbau- und Projektorganisation gewählt werden.

Tab. 8.8: Gegenüberstellung grundsätzlicher Formen der Aufbauorganisation (vgl. [8.10])

Organisationsform	**Größte Vorteile**	**Größte Nachteile**	**Beweglichkeit**	**Motivation der Mitarbeiter**
Linienorganisation 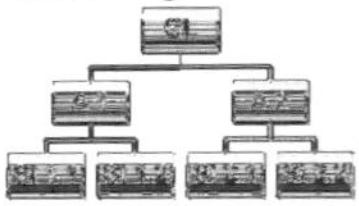	klare Führung klare Weisung einheitlicher Wille	langsam förmlich autoritär	gering	gering
Stab-Linienorganisation 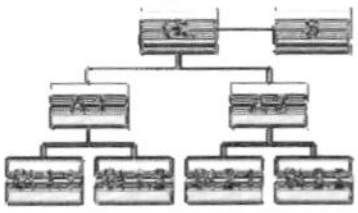	Spezialberatung der Linienstellen bei eindeutiger Weisungskompetenz	aufwendig bei kleinen Firmen Stab nicht ausgelastet	mittelgroß	groß
Matrixorganisation 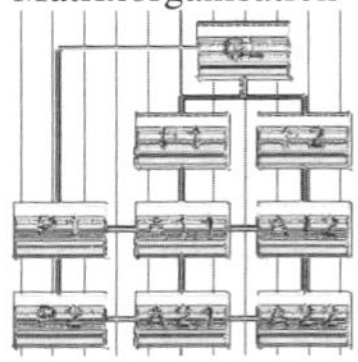	Spezialisten wirken zusammen	Spannungen durch viele Berührungspunkte	mittel	mittel
Abkürzungen: GL: Gesamtleitung; S: Stabstelle; A: Abteilung; St: Stelle; P: Projektleitung; F: Fachbereichsleitung				

Zu den wesentlichen Aufgaben des Projektmanagements gehört die frühzeitige Festlegung der Projektorganisations- und Vergabeform. Hierbei sind folgende Festlegungen zu treffen:

- Welche Leistungen werden zur Erfüllung der Projektaufgabe und zur Erreichung der Projektziele benötigt (Definition Leistungsträger)?
- In welchen Paketen werden die einzelnen Leistungsträger zusammengefasst (Klärung der Schnittstellen aus Bauherrensicht)?
- Zu welchem Zeitpunkt werden die Leistungsträger in das Projekt eingebunden (Festlegung des Zeitpunkts der Vergabe)?
- Auf welche Art und Weise bzw. durch welchen Prozess werden die Leistungsträger in das Projekt eingebunden (Festlegung des Vergabemodells)?
- Mit Hilfe welcher Kriterien werden die Leistungsträger ausgewählt (Vergabekriterien)?

Öffentliche Auftraggeber sind im Rahmen der Festlegung der Projektorganisationsform und des Vergabemodells an Vergabegesetze und Vergabeverordnungen gebunden. Diese Regelungen dienen primär der Sicherstellung eines ausreichenden Wettbewerbs und einer Gleichbehandlung der Bieter. Zudem soll mit einem transparenten und geordneten Vergabeverfahren Korruption im Rahmen der öffentlichen Beschaffung vorgebeugt werden.

Tab. 8.9: Gegenüberstellung Projektorganisations- und Vergabemodelle (vgl. [8.8])

Organisationsform	Beschreibung	Größte Vorteile	Größte Nachteile
Projektleitung generell	Projektleitung durch Bauherrn o. extern eingesetzten Projektleiter	- professionelle Abwicklung gewährleistet	- Kosten - Delegation Entscheidungsbefugnis problematisch
Konventionelle Abwicklung	mit Einzelplanern und Einzelunternehmern	- Auswahl aus besten Spezialisten - Gewerke können unabhängig voneinander vergeben werden - flexible Abwicklung	- hoher Koordinationsaufwand - Kostensicherheit erst zu einem späten Zeitpunkt - Haftung problematisch
Generalplaner	Planung in einer Hand entweder durch Büro oder durch Büro mit Subunternehmen	- eindeutige Planerhaftung - keine Koordinationsaufgaben für Projektleitung	- geringe Einflussmöglichkeit des Bauherrn bei Planerwahl - Haftungshöhe beschränkt
General-unternehmer (GU)	Ausführung in einer Hand. Einzelne Bauaufgaben führt der GU selbst aus	- eindeutige Haftung - Wegfall Koordinationsaufgaben für Bauherr	- geringe Einflussmöglichkeiten des Bauherrn bei Subunternehmerwahl - frühzeitige Vergabereife gefordert - geringere Flexibilität
Total-unternehmer (TU)	Ausführung ist in einer Hand, ohne dass TU Bauleistungen selber ausführt	- eindeutige Haftung - Wegfall Koordinationsaufgaben für Projektleitung	- geringe Einflussmöglichkeiten des Bauherrn bei Subunternehmerwahl - frühzeitige Vergabereife gefordert - geringere Flexibilität
General-übernehmer (GÜ)	gesamte Ausführung und ggf. Teile der Planung in einer Hand. Einzelne Bauaufgaben führt GÜ selbst aus	- eindeutige Haftung - Wegfall Koordinationsaufgaben für Projektleitung - frühe Kostensicherheit	- geringe Einflussmöglichkeit des Bauherrn - geringe Flexibilität - schwierige Leistungskontrolle durch Bauherr
Totalübernehmer (TÜ)	gesamte Ausführung und Planung in einer Hand. TÜ führt keine Bauaufgaben selbst aus	- eindeutige Haftung - Wegfall Koordinationsaufgaben für Projektleitung - frühe Kostensicherheit	- geringe Einflussmöglichkeit Bauherr - geringe Flexibilität - schwierige Leistungskontrolle durch den Bauherrn
Bauträger	Nutzer oder beauftragte Projektleitung kauft das Projekt, das der Bauträger errichtet	- AG ist mit der Projektrealisierung nicht belastet - Kostensicherheit - eindeutige Haftung	- keine Einflussmöglichkeit des Bauherrn - geringe Flexibilität - Komfort und Risiko müssen bezahlt werden

1.7 Konfliktlösungsverfahren

Bauprojekte weisen i. d. R. ein sehr hohes Konfliktpotential auf. Konflikte können vor, während und nach der Ausführung der Bauleistungen auftreten. Gründe für das hohe Konfliktpotential sind u. a.:

- hoher Komplexitätsgrad der Bauprojekte (Dynamik, Unsicherheit etc.)
- hohe Anzahl der Projektbeteiligten und zahlreiche Schnittstellen
- hoher Koordinationsaufwand
- unterschiedliche Zielvorstellungen der Beteiligten
- unrealistische Projektziele

- Zusammenarbeit mit immer neuen Projektpartnern
- unzureichendes Projektmanagement (Zieldefinition, Bedarfsermittlung, Kommunikation, Dokumentation etc.)
- kein aktives Konfliktmanagementsystem

Tab. 8.10a: Streitlösungsverfahren nach SL Bau (vgl. [8.4])

	Schiedsgericht	Adjudikation	Schlichtung	Mediation
Merkmale	- kontradiktorisch - streitorientiert - anspruchsorientiert - delegierte Verantwortung - Schiedsspruch verbindlich	- kontradiktorisch - streitorientiert - anspruchsorientiert - delegierte Verantwortung - vorläufig bindende Entscheidung	- konsensual - anspruchsorientiert - z. T. delegierte Verantwortung - Akzeptanz ist Voraussetzung für Gültigkeit	- konsensual - Kooperation - interessenorientiert - Selbstverantwortung der Parteien - einvernehmliche Lösung
Ablauf	- Einleitung Schiedsgerichtsverfahren - Ernennung des Schiedsgerichts - Zustellung Klageschrift - Erwiderung - Beweisaufnahme und Erörterungstermin - Schiedsspruch	- schriftlicher Antrag - Benennung Adjudikator - Einreichung Antragsschrift - Erwiderung - Erörterungstermin - Adjudikationsentscheidung	- Schlichter einvernehmlich bestimmt - schriftliche Darlegung - Stellungnahme - Sitzungen zw. Parteien und Schlichter - Erörterungstermin - Schlichterspruch	- Mediationsvertrag - Auftragsklärung - Bestandsaufnahme Konfliktpunkte - Ausarbeiten Interessen - Lösungsalternativen - Vereinbarung einer Lösung
Vorteile	- ggf. Einbeziehung Dritter möglich - Schiedsgericht fachlich kompetent	- Adjudikator fachlich kompetent - Entscheidung innerhalb kurzer Fristen - geringe Kosten im Vergleich zu Gerichtsverfahren - Entscheidung gerichtlich überprüfbar	- fördert kooperative Verhaltensweisen - einvernehmliche Lösung - Schlichter kann Lösungsvorschläge unterbreiten	- kooperative Lösungsfindung - einvernehmliche Lösung - Vertraulichkeit - kostengünstig, insbes. bei hohen Streitwerten - zeitnahe Klärung möglich
Nachteile	- Verfahrensdauer oft lang - starre Verfahrensregeln - Dialog zwischen Streitparteien beschränkt	- Ergebnis vorläufig bindend - Dialog zwischen Streitparteien beschränkt	- beide Parteien müssen vollständig dahinter stehen	- beide Parteien müssen vollständig dahinter stehen - Mediator auch bei Eskalation nur unterstützend

Tab. 8.10b: Modell zur Konflikteskalation in Bauprojekten

Interne Eskalationsstufen			Externe Eskalationsstufen	
1. Stufe	**2. Stufe**	**3. Stufe**	**4. Stufe**	**5. Stufe**
Konfliktlösung durch Verhandlungen auf Arbeitsebene, z. B. durch Projektleiter der Vertragspartner	interne Eskalation, z. B. auf Ebene der Bereichs- oder Niederlassungsleitung	weitere interne Eskalation, z. B. auf Ebene der Geschäftsführung /Vorstand	externe Eskalation unter Einbindung eines Dritten in einem konsensualen Verfahren, z. B. Mediation oder Schlichtung	weitere externe Eskalation unter Einbindung eines Dritten in einem kontradiktorischen Verfahren, z. B. Adjudikation oder Schiedsgericht
⟶ zunehmender Grad der Konflikteskalation				

Nicht gesteuerte Konflikte können zu erheblichen Reibungsverlusten und Mehraufwendungen für alle Projektbeteiligten und zur Gefährdung der Erreichung der Projektziele führen. Um dies zu verhindern, gehört es zu den Aufgaben des Projektmanagements, ein funktionierendes Konfliktmanagementsystem für das Bauprojekt zu installieren. Hierzu gehören z. B. Regelungen, die beschreiben, auf welcher Ebene und mit welchen Fristen Konflikte bearbeitet werden müssen, wenn die Projektbeteiligten auf der Arbeitsebene nicht rechtzeitig zu einer einvernehmlichen Lösung gelangen.

Um Streitigkeiten am Bau beilegen zu können, ohne dass ein staatliches Gericht eingeschaltet werden muss, hat der deutsche Beton- und Bautechnik-Verein e.V. in Zusammenarbeit mit der deutschen Gesellschaft für Baurecht e.V. die Streitlösungsordnung für das Bauwesen (SL Bau) herausgegeben. In dieser Ordnung werden alternative Streitlösungsverfahren beschrieben (Tab. 8.10a).

1.8 Ablauf- und Terminplanung

Durch die Ablaufplanung soll die Reihenfolge von Vorgängen und Aktivitäten bestimmt werden. Mittels Berücksichtigung von Dauern und Abhängigkeiten ergibt sich aus der Ablaufplanung ein Terminplan. Sowohl Ablaufpläne als auch Terminpläne können in verschiedenen Formen dargestellt werden. Ziele der Ablauf- und Terminplanung sind [8.11]:

- Ermittlung des Bauzeitenminimums,
- Ermittlung eines rationellen, termingerechten und störungsfreien Bauablaufs,
- Minimierung des Ressourceneinsatzes bei kontinuierlicher Potenzialverteilung (Arbeitskräfte und Betriebsmittel).

Bei der Erstellung von Ablauf- und Terminplänen ist folgendes Vorgehen zu empfehlen [8.10]:

- Gliederung des Projektes in möglichst gleiche Abschnitte,
- Ermittlung der dazugehörigen Teilmengen,
- Festlegung der Teilprozesse nach Art, Reihenfolge und Folgezeit,
- Ermittlung der Dauern der einzelnen Teilprozesse,
- Ermittlung der erforderlichen Ressourcen an Arbeitskräften bzw. Maschinen.

Unabhängig von der Form müssen in der Terminplanung Puffer berücksichtigt werden. Mit dem Begriff „Puffer" ist eine Zeitspanne beschrieben, um die die Lage eines Prozesses verschoben werden kann. Sobald eine Folge von Tätigkeiten ausschließlich aus Vorgängen besteht, deren gesamte Pufferzeit ein Minimum ist, wird diese Folge von Tätigkeiten „Kritischer Weg" genannt.

1.8.1 Detaillierungsgrad von Terminplänen

Ein Projekt durchläuft mehrere Planungsebenen, in denen die Darstellungsformen unterschiedliche Anforderungen erfüllen müssen. So müssen je nach Planungsebene Parameter, wie z. B. der Zeitmaßstab oder der Detaillierungsgrad, angepasst werden. Dementsprechend können sich Merkmale, wie z. B. die Anzahl der Vorgänge oder Größe der Darstellung, je nach Detaillierungsgrad ändern.

Tab. 8.11: Detaillierungsgrade von Terminplänen (vgl. [8.6])

Detaillierungsgrad	Definition	Ziele	Genauigkeit
Rahmenterminplan	Abwicklung des Projekts mithilfe von Meilensteinen über die gesamte Bauzeit	- Festlegung Meilensteine - Ergebnisorientierte Fokussierung auf Meilensteine	steigt ↓
Generalablaufplan	Angaben lassen sich einzelnen Planern und Ausführungselementen zuordnen	- Fixierung Vertragstermine - Aufzeigen „Kritischer Weg" - Vorgangsabgrenzung durch Zwischentermine	
Steuerungsterminplan	Für jeden Bauabschnitt werden die Vertrags- und Zwischentermine der Beteiligten fixiert	- Vereinfachung der Einzelvorgänge - Grundlage fortlaufende Terminüberwachung	
Detailterminplan	Darstellung des detaillierten Ablaufs getrennt nach Planung und Ausführung	- Vereinfachung einzelner Vorgänge	
Feinterminplan	Bei besonders komplexen Aufgaben oder bei gestörten Bauabläufen wird ein weiterer Detaillierungsschritt durchgeführt	- Weitere Vereinfachung einzelner Vorgänge	

1.8.2 Anordnungsbeziehungen von Teilvorgängen

Nachdem die einzelnen Teilprozesse, die in einem Ablauf- bzw. Terminplan dargestellt werden sollen, identifiziert sind, müssen diese in eine zielführende Reihenfolge gebracht werden. Außerdem müssen die Anordnungsbeziehungen der Teilprozesse untereinander bestimmt werden. Beeinflusst werden die Anordnungsbeziehungen entweder durch technische Abhängigkeiten, wie z. B. Erhärtungszeiten von Beton oder durch kapazitative Abhängigkeiten, wie z. B. Verfügbarkeit von Geräten. Bei Netzplänen werden die Anordnungsbeziehungen durch Koppelabstände ergänzt. Der zeitliche Zusammenhang innerhalb der Anordnungsbeziehung wird mithilfe einer konkreten Zeitangabe festgelegt. Die dabei möglichen Anordnungsbeziehungen sind in der folgenden Abbildung grafisch dargestellt.

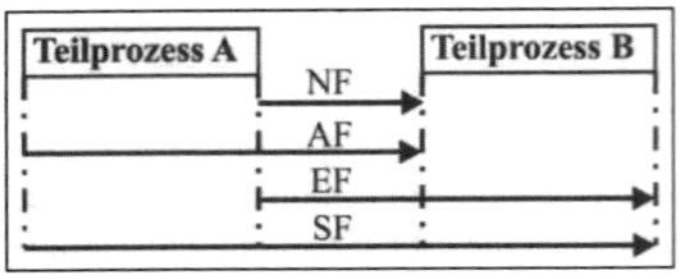

Abb. 8.12: Anordnungsbeziehungen Teilprozesse [8.10]

Anordnungsbeziehungen:

NF = Normalfolge (Ende-Anfang)

AF = Anfangsfolge (Anfang-Anfang)

EF = Endfolge (Ende-Ende)

SF = Sprungfolge (Anfang-Ende)

1.8.3 Balkenplan

An dieser Stelle soll der Balkenplan als eine der häufigsten Darstellungsarten von Terminplänen vorgestellt werden. Später werden zwei weitere Darstellungsarten erläutert. In einem Balkenplan wird jeder Teilprozess durch einen separaten horizontalen Balken dargestellt, dessen Länge proportional zur Dauer des dargestellten Teilprozesses ist. Neben der Komponente „Dauer" sollen idealerweise auch die Anordnungsbeziehungen der einzelnen Teilvorgänge untereinander dargestellt werden, wobei im Balkenplan i. d. R. keine Koppelabstände dargestellt sind. Bei der Erstellung müssen folgende Bearbeitungsschritte durchgeführt werden (vgl. [8.12]):

- Festlegung Planungsebene,
- Festlegung Zeitmaßstab entsprechend der Planungsebene,
- Bestimmung erforderlicher Teilprozesse,
- Auftrag des Zeitmaßstabs auf der Abszisse, z. B. in Tagen, Wochen oder Monaten,
- Auftrag der Abfolge der Teilprozesse entlang der Ordinate,
- Abschätzung bzw. Bestimmung der Dauern der einzelnen Teilprozesse,
- Bestimmung der Anordnungsbeziehungen zwischen den Teilprozessen,
- Eintragung der Balken anhand der Anordnungsbeziehungen und Dauern.

Beispiel: Erstellung Feinterminplan zur Errichtung einer gepflasterten Einfahrt (Balkenplan)

Aufgabe: Im Rahmen des Baus eines Einfamilienhauses soll eine Garage über eine gepflasterte Einfahrt mit der Straße verbunden werden. Da die Arbeiten am Haus bereits weit fortgeschritten und Lagerflächen deshalb begrenzt sind, soll das Material für die Einfahrt produktionssynchron (just in time) angeliefert werden. Um die genauen Zeitpunkte für die einzelnen Lieferungen festlegen zu können, soll ein Feinterminplan in Form eines Balkenplans erstellt werden.

Randbedingungen:
- *Maße Einfahrt:* Länge 16 m; Breite 2,5 m
- *Schichtdicken:* Aushub 0,35 m; Frostschicht 0,25 m; Bettungsmaterial 0,03 m
- *Teilprozesse:* Bodenaushub; Randsteine setzen; Frostschicht einbringen; Frostschicht verdichten; Bettung einbringen; Bettung glätten; Pflastersteine setzen; Sand einkehren und nachverdichten
- *Aufwandswerte (AW):* Die Aufwandswerte können aus der nachfolgenden Tabelle abgelesen werden
- *Anordnungsbeziehungen:* Normalfolge ohne Puffer
- *Zeitmaßstab:* Tägliche Arbeitszeit 8 $^{h}/_{Tag}$
- *Bauablauf:* Randsteine werden ausschließlich an den Längsseiten gesetzt

Teilprozess	AW Annahme	Rechnung	Dauer
Bodenaushub	$0{,}25\ {}^{h}/_{m^3}$	$0{,}25\ {}^{h}/_{m^3} \times 16\ m \times 2{,}5\ m \times 0{,}35\ m$	3,5 h
Randsteine setzen	$0{,}14\ {}^{h}/_{m}$	$0{,}14\ {}^{h}/_{m} \times 2 \times 16\ m$	4,5 h
Frostschicht einbringen	$0{,}6\ {}^{h}/_{m^3}$	$0{,}6\ {}^{h}/_{m^3} \times 16\ m \times 2{,}5\ m \times 0{,}25\ m$	6 h
Frostschicht verdichten	$0{,}1\ {}^{h}/_{m^2}$	$0{,}1\ {}^{h}/_{m^2} \times 16\ m \times 2{,}5\ m$	4 h
Bettung einbringen	$0{,}4\ {}^{h}/_{m^3}$	$0{,}4\ {}^{h}/_{m^3} \times 16\ m \times 2{,}5\ m \times 0{,}03\ m$	0,5 h
Bettung glätten	$0{,}025\ {}^{h}/_{m^2}$	$0{,}025\ {}^{h}/_{m^2} \times 16\ m \times 2{,}5\ m$	1 h
Pflastersteine setzen	$0{,}35\ {}^{h}/_{m^2}$	$0{,}35\ {}^{h}/_{m^2} \times 16\ m \times 2{,}5\ m$	14 h
Sand einkehren	$0{,}025\ {}^{h}/_{m^2}$	$0{,}025\ {}^{h}/_{m^2} \times 16\ m \times 2{,}5\ m$	1 h
Nachverdichten	$0{,}1\ {}^{h}/_{m^2}$	$0{,}1\ {}^{h}/_{m^2} \times 16\ m \times 2{,}5\ m$	4 h

Balkenplan

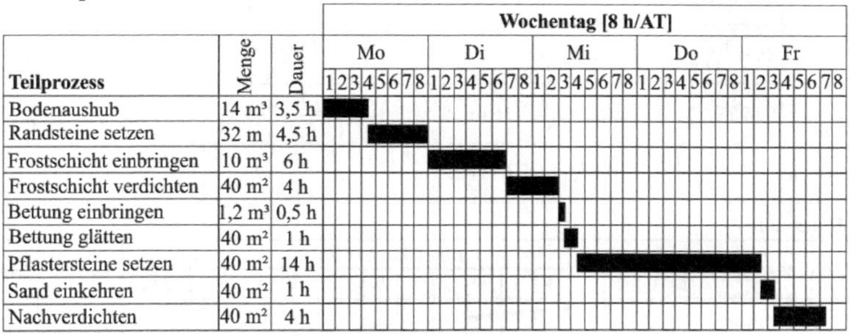

1.8.4 Weg-Zeit-Diagramm (Linienplan)

Zusätzlich zur Abbildung der Anordnungsbeziehungen und der Dauern von Teilprozessen wird in einem Weg-Zeit-Diagramm auch der zurückgelegte Weg dargestellt. Dabei kann der Arbeitsfortschritt sowohl in Längs- als auch in Höhenrichtung abgebildet werden. Bei der Darstellung einer Längserstreckung wird der Weg auf der Abszisse aufgetragen. Handelt es sich jedoch um die Darstellung einer Höhenerstreckung, wird der Weg auf der Ordinate aufgetragen. Die Zeit wird immer auf der Achse aufgetragen, die rechtwinklig zur Wegachse verläuft.

Das Vorgehen bei der Erstellung eines Weg-Zeit-Diagramms beinhaltet alle Arbeitsschritte, die auch zur Erstellung eines Balkenplans (Abschn. 1.8.3) notwendig sind. Jedoch muss hier zusätzlich der Arbeitsfortschritt in Form des zurückgelegten Weges berücksichtigt werden.

Beispiel: Erstellung Feinterminplan zur Errichtung einer gepflasterten Einfahrt (Weg-Zeit-Diagramm)

Aufgabe: Im Rahmen des Baus eines Einfamilienhauses soll eine Garage über eine gepflasterte Einfahrt mit der Straße verbunden werden. Da die Arbeiten am Haus selbst schon weit fortgeschritten und Lagerflächen deshalb begrenzt sind, soll das Material für die Einfahrt produktionssynchron (just in time) angeliefert werden. Um die genauen Zeitpunkte für die einzelnen Lieferungen festlegen zu können, soll ein Feinterminplan in Form eines Weg-Zeit-Diagramms erstellt werden.

Randbedingungen:
- *Maße Einfahrt:* Länge 16 m; Breite 2,5 m
- *Schichtdicken:* Aushub 0,35 m; Frostschicht 0,25 m; Bettungsmaterial 0,03 m
- *Teilprozesse:* Bodenaushub; Randsteine setzen; Frostschicht einbringen; Frostschicht verdichten; Bettung einbringen; Bettung glätten; Pflastersteine setzen; Sand einkehren und nachverdichten
- *Aufwandswerte (AW):* Die Aufwandswerte können aus der nachfolgenden Tabelle abgelesen werden
- *Anordnungsbeziehungen:* Normalfolge ohne Puffer
- *Personal:* Es stehen 2 Arbeitskräfte zur Verfügung
- *Zeitmaßstab:* Tägliche Arbeitszeit 8 ${}^{h}/_{Tag}$
- *Bauablauf:* Randsteine werden ausschließlich an den Längsseiten gesetzt

Teilprozess	AW Annahme	Rechnung	Dauer	Menge/Meter
Bodenaushub	$0{,}25\ ^{h}/_{m^3}$	$0{,}25\ ^{h}/_{m^3} \times 16\ m \times 2{,}5\ m \times 0{,}35\ m$	$\frac{3{,}5\ h}{2} = 1{,}75\ h$	$\frac{14\ m^3}{16\ m} = 0{,}875\ ^{m^3}/_{m}$
Randsteine setzen	$0{,}14\ ^{h}/_{m}$	$0{,}14\ ^{h}/_{m} \times 2 \times 16\ m$	$\frac{4{,}5\ h}{2} = 2{,}25\ h$	$\frac{32\ m}{16\ m} = 2\ ^{m}/_{m}$
Frostschicht einbringen	$0{,}6\ ^{h}/_{m^3}$	$0{,}6\ ^{h}/_{m^3} \times 16\ m \times 2{,}5\ m \times 0{,}25\ m$	$\frac{6\ h}{2} = 3\ h$	$\frac{10\ m^3}{16\ m} = 0{,}625\ ^{m^3}/_{m}$
Frostschicht verdichten	$0{,}1\ ^{h}/_{m^2}$	$0{,}1\ ^{h}/_{m^2} \times 16\ m \times 2{,}5\ m$	$\frac{4\ h}{2} = 2\ h$	$\frac{40\ m^2}{16\ m} = 2{,}5\ ^{m^2}/_{m}$
Bettung einbringen	$0{,}4\ ^{h}/_{m^3}$	$0{,}4\ ^{h}/_{m^3} \times 16\ m \times 2{,}5\ m \times 0{,}03\ m$	$\frac{0{,}5\ h}{2} = 0{,}25\ h$	$\frac{1{,}2\ m^3}{16\ m} = 0{,}075\ ^{m^3}/_{m}$
Bettung glätten	$0{,}025\ ^{h}/_{m^2}$	$0{,}025\ ^{h}/_{m^2} \times 16\ m \times 2{,}5\ m$	$\frac{1\ h}{2} = 0{,}5\ h$	$\frac{40\ m^2}{16\ m} = 2{,}5\ ^{m^2}/_{m}$
Pflastersteine setzen	$0{,}35\ ^{h}/_{m^2}$	$0{,}35\ ^{h}/_{m^2} \times 16\ m \times 2{,}5\ m$	$\frac{14\ h}{2} = 7\ h$	$\frac{40\ m^2}{16\ m} = 2{,}5\ ^{m^2}/_{m}$
Sand einkehren	$0{,}025\ ^{h}/_{m^2}$	$0{,}025\ ^{h}/_{m^2} \times 16\ m \times 2{,}5\ m$	$\frac{1\ h}{2} = 0{,}5\ h$	$\frac{40\ m^2}{16\ m} = 2{,}5\ ^{m^2}/_{m}$
Nachverdichten	$0{,}1\ ^{h}/_{m^2}$	$0{,}1\ ^{h}/_{m^2} \times 16\ m \times 2{,}5\ m$	$\frac{4\ h}{2} = 2\ h$	$\frac{40\ m^2}{16\ m} = 2{,}5\ ^{m^2}/_{m}$

Weg-Zeit-Diagramm

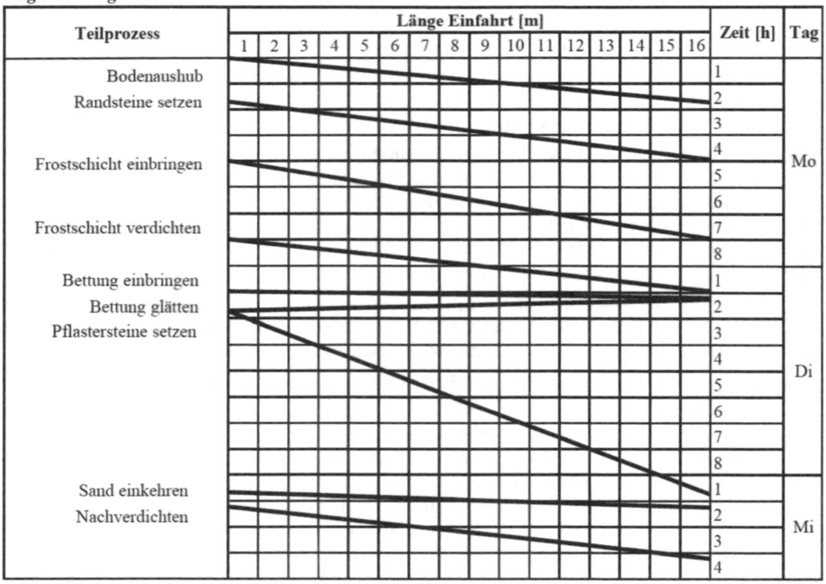

1.8.5 Netzplan

Im Bauwesen kommen zwei Netzplantechniken zum Einsatz:

- Vorgangspfeilnetzplan (CPM = critical path method)
- Vorgangsknotennetzplan (MPM = metra potential method)

In den folgenden Abbildungen ist der grundsätzliche Aufbau der beiden Netzplantechniken grafisch dargestellt. Grundsätzlich unterscheiden sich die beiden Techniken in der Darstellungsform der einzelnen Vorgänge. Beim CPM-Netzplan wird der Vorgang als Pfeil und beim MPM-Netzplan als Knoten dargestellt. Vor allem beim MPM-Netzplan werden eine Vielzahl an Informationen im Knoten dokumentiert. Da es keine allgemeingültige Form gibt, hängt das Aussehen des Knotens vom Informationsgehalt und den Präferenzen des Planers ab.

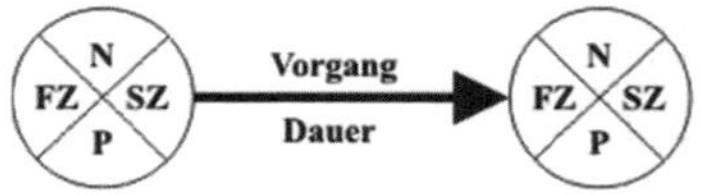

N Knotennummer
FZ Frühest möglicher Zeitpunkt
SZ Spätest möglicher Zeitpunkt
P = SZ – FZ Pufferzeit

Abb. 8.15a: Aufbau CPM-Netzplan

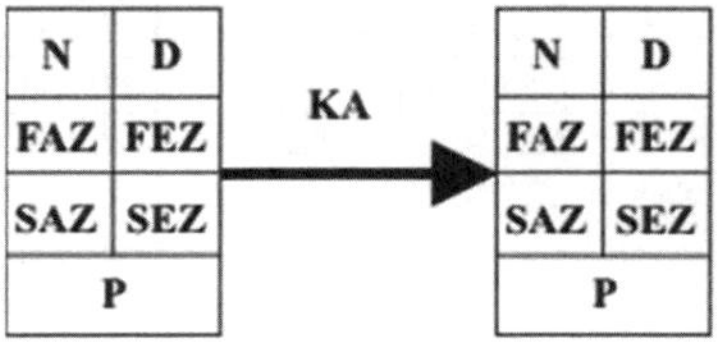

N Knotennummer (Vorgangsnummer)
D Vorgangsdauer
FAZ Frühester Anfangszeitpunkt
FEZ Frühester Endzeitpunkt
SAZ Spätester Anfangszeitpunkt
SEZ Spätester Endzeitpunkt
KA Koppelabstand
P Pufferzeit

Abb. 8.15b: Aufbau MPM-Netzplan

Beispiel: Erstellung Feinterminplan zur Errichtung einer gepflasterten Einfahrt (MPM-Netzplan)

Aufgabe: Im Rahmen des Baus eines Einfamilienhauses soll eine Garage über eine gepflasterte Einfahrt mit der Straße verbunden werden. Da die Arbeiten am Haus selbst schon weit fortgeschritten und Lagerflächen deshalb begrenzt sind, soll das Material für die Einfahrt produktionssynchron (just in time) angeliefert werden. Um die genauen Zeitpunkte für die einzelnen Lieferungen festlegen zu können, soll ein Feinterminplan in Form eines MPM-Netzplans erstellt werden.

Die Vorgangsdauern können aus der Vorgangstabelle abgelesen werden und wurden im Beispiel Kapitel 1.8.4 ermittelt.

Randbedingungen:
- *Maße Einfahrt:* Länge 16 m; Breite 2,5 m
- *Schichtdicken:* Aushub 0,35 m; Frostschicht 0,25 m; Bettungsmaterial 0,03 m
- *Teilprozesse:* Bodenaushub; Randsteine setzen; Frostschicht einbringen; Frostschicht verdichten; Bettung einbringen; Bettung glätten; Pflastersteine setzen; Sand einkehren und nachverdichten
- *Aufwandswerte (AW):* Die Aufwandswerte können aus der nachfolgenden Tabelle abgelesen werden
- *Anordnungsbeziehungen:* Sind der Vorgangstabelle zu entnehmen
- *Personal:* Es stehen 2 Arbeitskräfte zur Verfügung
- *Zeitmaßstab:* Tägliche Arbeitszeit 8 $^{h}/_{Tag}$
- *Bauablauf:* Randsteine werden ausschließlich an den Längsseiten gesetzt

N	Bezeichnung	Dauer [h]	Nachfolger	Anordnungsbeziehung
A	Bodenaushub	1,75	C	Ende-Anfang 0
B	Randsteine liefern	0,25	C / D	Ende-Anfang 0 / Ende-Anfang 0
C	Randsteine setzen	2,25	E	Anfang-Anfang 2
D	Frostschicht liefern	0,25	E	Anfang-Anfang 0,25
E	Frostschicht einbringen	3	F / G	Ende-Anfang 0 / Ende-Anfang 0
F	Frostschicht verdichten	2	H	Ende-Anfang 0
G	Bettung liefern	0,25	H	Ende-Anfang 0
H	Bettung einbringen	0,25	I / J	Ende-Anfang 0 / Ende-Anfang 0
I	Bettung glätten	0,5	K	Ende-Anfang 0
J	Pflastersteine liefern	0,25	K	Ende-Anfang 0
K	Pflastersteine setzen	7	L	Ende-Anfang 0
L	Brechsand einkehren	0,5	M	Ende-Anfang 0
M	Nachverdichten	2	-	-

MPM-Netzplan

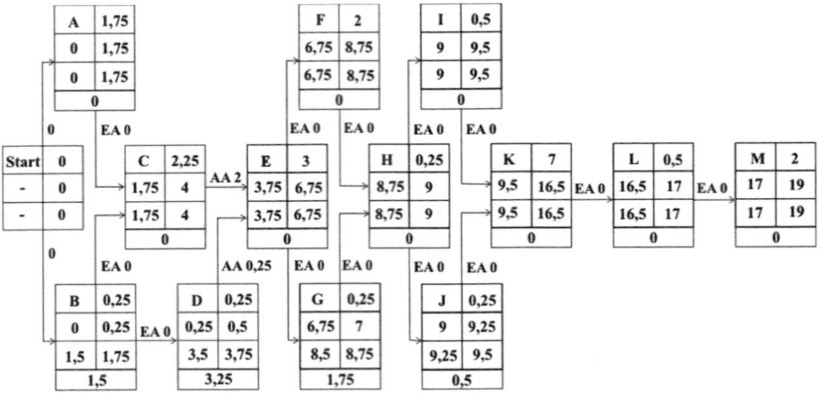

1.8.6 Vergleich der Darstellungsarten von Terminplänen

Nachfolgend werden die vorgestellten Darstellungsarten von Terminplänen mit ihren Vor- und Nachteilen und Anwendungsbereichen gegenübergestellt.

Tab. 8.16: Vergleich Darstellungsarten (vgl. [8.10] und [8.13])

	Balkenplan	Weg-Zeit-Diagramm	Netzplan
Vorteile	- leicht verständlich - gute Übersichtlichkeit - gute Kontrollmöglichkeit des zeitlichen Ablaufs	- leichte Verständlichkeit und Lesbarkeit - Verknüpfung Ort, Menge und Zeit - Ablaufgeschwindigkeit abbildbar	- gegenseitige Abhängigkeiten von Teilprozessen sind dargestellt - Änderungen und Auswirkungen auf den Gesamtprozess abbildbar
Nachteile	- unterschiedliche Leistungen eines Teilprozesses sind nicht darzustellen - Anordnungsbeziehungen nicht dargestellt	- Abhängigkeiten zwischen Vorgängen nicht ausgewiesen - Kritischer Weg fehlt - weniger geeignet für Fortschrittskontrolle der Tätigkeiten	- intensiv und aufwendig bei der Erstellung - wenig anschaulich und komplizierter zu Lesen
Anwendung	- übliche Darstellung von Bauabläufen im Hochbau - Planung Arbeitsprozesse - Einsatzplanung Arbeitskräfte	- Bauprojekte mit Längs- oder Höhenstreckung, wie z. B. Straßen, Tunnel, Eisenbahnstrecken, Hochhäuser oder Schornsteine	- Projektmanagement komplexer Bauvorhaben - Koordination und Steuerung von Projekten

1.9 Ressourcenplanung

Die Ressourcen- oder auch Bereitstellungsplanung ist eine unternehmens- bzw. projektspezifische Angelegenheit, welche die Dimensionierung und Bereitstellung von Personal, Geräten, Material (Baustoffen), Nachunternehmerleistungen (NU-Leistungen) oder sonstigen Ressourcen zum Ziel hat. Nachunternehmer sind Unternehmen, die im Auftrag eines anderen Unternehmens Leistungen erbringen. Neben der Dimensionierung und Bereitstellung spielt die Qualität der Ressourcen eine wesentliche Rolle für den Erfolg einer Baumaßnahme.

Da ein direkter Zusammenhang mit der Bauzeitenplanung besteht, gibt es eine Wechselwirkung zwischen Ressourcenplanung und der Bauablaufplanung.

Tab. 8.17: Ressourcenplanung

Ressource	Ziel	Ablauf	Werkzeug
Personal	- Ermittlung Personalkapazität - Regulierung Personalkapazität	- Ermittlung der benötigten Personalanzahl pro Vorgang - Addition der notwendigen Arbeitskräfte in einem bestimmten Zeitraum	- Mengen-Zeit-Diagramm
Geräte	- in der Arbeitsvorbereitung begrenzt auf Leistungs- und Schlüsselgeräte - Auswahl, Dimensionierung und Bereitstellung	- Ermittlung der benötigten Geräte pro Vorgang - Ermittlung der benötigten Kapazitäten, um geplanten Baufortschritt zu realisieren - Abgleich mit Gerätebestand	- Gerätebedarfsliste
Material	- Baustoffbereitstellung in vorgegebener Quantität zur richtigen Zeit - angemessene Baustoffqualität	- Massen- und Mengenermittlung durchführen - Materiallisten erstellen - Rahmenkaufverträge für Massenbaustoffe abschließen - Terminplanung Bestellungen und Lieferungen	- Ressourcenplan
NU-Leistungen	- Beauftragung von Arbeiten, die nicht von eigenem Personal übernommen werden - Koordination NU auf Baustelle	- Ermittlung von Vorgängen, welche nicht vom eigenen Personal ausgeführt werden - Definition Arbeitspakete - Definition zu erbringender Qualitätsmerkmale	- Terminliste

Beispiel: Personalplanung anhand einer bestehenden Zeitschiene und Aufwandswerten

Aufgabe: Anhand einer bestehenden Terminplanung soll die Personalplanung für die Herstellung von 12 Stahlbetonstützen durchgeführt werden.

a) Anhand gegebener Aufwandswerte und der nachfolgenden Termine sollen die jeweiligen Kolonnenstärken je Vorgang bestimmt werden (Annahme: Es ist ausreichend Schalung für alle Stützen vorhanden).

b) Es soll ein Mengen-Zeit-Diagramm erstellt werden.

Randbedingungen:
- Arbeitstag 8 h
- Nach 8 h beginnt ein neuer Arbeitstag, Überstunden werden nicht berücksichtigt.
- Abmessungen Stütze 0,5 x 0,75 x 3 m
- Bewehrungsgrad 0,5 t/m^3
- Beim Vorgang „Betonieren" sind die Aushärtungszeiten inbegriffen.
- Die Anordnungsbeziehung zwischen den Vorgängen ist eine Normalfolge.

Termine:
- Baubeginn 01.03.
- Einschalen bis 03.03.
- Bewehren bis 06.03.
- Betonieren bis 10.03.
- Ausschalen bis 11.03.

Aufwandswerte:
- Einschalen 0,89 h/m^2
- Bewehren 25 h/t
- Betonieren 7,14 h/m^3
- Ausschalen 0,625 h/m^2

a) *Benötigte Arbeitszeit:*

Einschalen: $0{,}89\ ^{h}/_{m^2} \times (2 \times 12 \times 0{,}5\ m \times 3\ m + 2 \times 12 \times 0{,}75\ m \times 3\ m) = 80{,}1\ h$

Bewehren: $25\ ^{h}/_{t} \times (12 \times 0{,}5\ m \times 0{,}75\ m \times 3\ m) \times 0{,}5\ ^{t}/_{m^3} = 150\ h$

Betonieren: $7{,}14\ ^{h}/_{m^3} \times (12 \times 0{,}5\ m \times 0{,}75\ m \times 3\ m) = 96{,}39\ h$

Ausschalen: $0{,}625\ ^{h}/_{m^2} \times (2 \times 12 \times 0{,}5\ m \times 3\ m + 2 \times 12 \times 0{,}75\ m \times 3\ m) = 56{,}25\ h$

Benötigte Kolonnenstärke: n = Benötigte Arbeitszeit/vorgegebene Arbeitszeit

Einschalen: n = 80,1 h/16 h = 5

Bewehren: n = 150 h/24 h = 7

Betonieren: n = 96,39 h/32 h = 3

Ausschalen n = 56,25 h/8 h = 7

b)

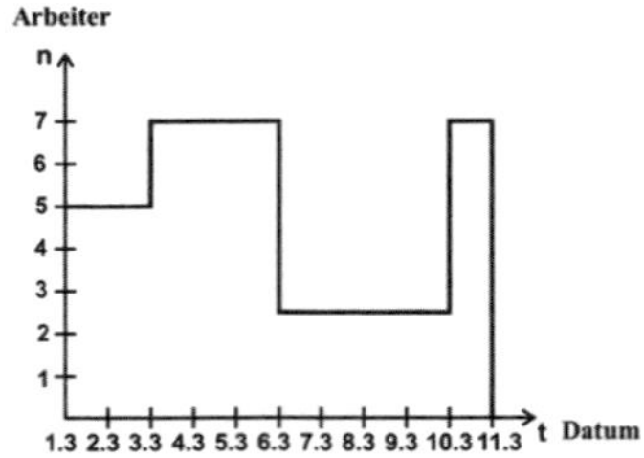

2 Kalkulation

2.1 Regelwerke

VgV: Verordnung über die Vergabe öffentlicher Aufträge [8.14]

VOB/A: Allgemeine Bestimmungen für die Vergabe von Bauleistungen [8.15]

VOB: Vergabe- und Vertragsordnung für Bauleistungen (Teile A/B/C) [8.16]

BGL Baugeräteliste [8.17]

2.2 Einordnung der Kalkulation in das Rechnungswesen

Das Rechnungswesen lässt sich grundsätzlich in die Teilbereiche internes und externes Rechnungswesen unterteilen. Das interne Rechnungswesen besteht aus der Kosten- und Leistungsrechnung (KLR), welche die innerbetrieblichen Vorgänge bei der Erstellung von Leistungen betriebswirtschaftlich darstellt. Dazu gehört unter anderem die Bauauftragsrechnung, welche die auftragsbezogene Kostenermittlung von Bauleistungen beinhaltet und auch als Kalkulation bezeichnet wird. Ein weiterer Teil des internen Rechnungswesens ist die Baubetriebsrechnung, die die Kosten und Leistungen zur Planung und Kontrolle des baubetrieblichen Geschehens erfasst. Darunter fallen Vorgänge wie z. B. das Controlling, die Kostenartenrechnung oder die Ergebnisrechnung.

Das externe Rechnungswesen wird durch die Unternehmensrechnung zusammengefasst, welche den außerbetrieblichen Werteverzehr einer Unternehmung aus den Geschäftsbeziehungen zur Umwelt beschreibt. Die Bilanz sowie die Gewinn- und Verlustrechnung (GuV) sind die dafür eingesetzten Instrumente.

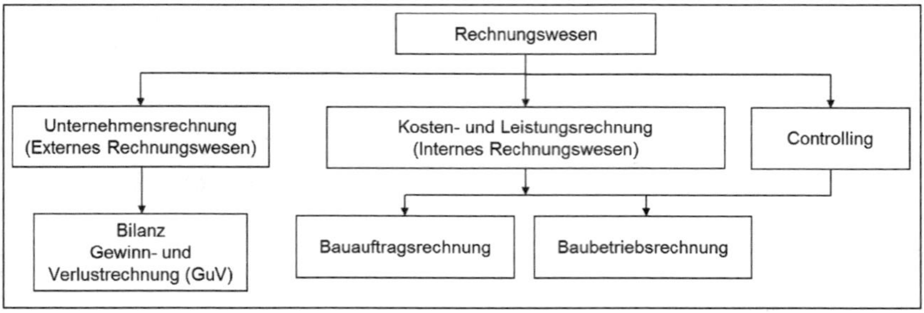

Abb. 8.18: Bereiche Rechnungswesen [8.18]

2.3 Aufbau der Kalkulation

Im Bauwesen wird im Regelfall die Umlagekalkulation verwendet. Hierbei werden die Gesamtkosten in Gemein- und Einzelkosten unterteilt. Die Einzelkosten der Teilleistung (EKT) können den Leistungen einer Baumaßnahme direkt zugeordnet werden. Kosten, die den Teilleistungen nicht direkt und ausschließlich zugerechnet werden können, werden Gemeinkosten genannt. Zu den Gemeinkosten gehören die Baustellengemeinkosten (BGK), die allgemeinen Geschäftskosten (AGK) sowie Wagnis und Gewinn (W + G).

Die in der folgenden Abbildung gewählte Gliederung einer Vorkalkulation beschreibt nicht nur die Zusammensetzung der Angebotssumme, sondern zeigt auch auf, wie eine Kostenermittlung von Bauleistungen aussehen kann.

Tab. 8.19a: Gliederung der Kalkulation [8.18]

Aufbau	**Erläuterung**
1. Einzelkosten der Teilleistung	Kosten der einzelnen Ausschreibungspositionen
+ 2. Gemeinkosten der Baustelle	
= **Herstellkosten**	Kosten der Baustelle
+ 3. Allgemeine Geschäftskosten	
= **Selbstkosten**	Kosten der Unternehmung
+ 4. Wagnis und Gewinn	Einschätzung des Risikos und des Marktes
= **Angebotssumme (netto)**	Marktpreis
+ 5. Umsatzsteuer	
= **Angebotssumme (brutto)**	Preis für den Bauherrn

In der Vorkalkulation sind alle Arten der Kostenermittlung vor der eigentlichen Bauausführung inbegriffen, wohingegen bei der Nachkalkulation nach Fertigstellung der Maßnahme Werte ermittelt werden, die für zukünftige Baumaßnahmen genutzt werden können.

2.4 Einzelkosten der Teilleistung (EKT)

Bevor ein Bauunternehmen ein Angebot abgegeben kann, muss es sich einen Überblick über die geforderte Leistung verschaffen. Die Bauleistung im engeren Sinne wird durch die Leistungsbeschreibung und das Leistungsverzeichnis (LV) spezifiziert. Die Leistungsbeschreibung bildet eine wesentliche Grundlage des Bauvertrags und liefert eine Beschreibung der Bauleistung. Im Leistungsverzeichnis werden alle Teilleistungen in Positionen aufgeteilt und in einem Verzeichnis vermerkt. Die Kosten, die für die einzelnen Positionen anfallen, sind ein wichtiger Bestandteil der Kalkulation und werden Einzelkosten der Teilleistung (EKT) genannt.

Die Kosten eines Unternehmens werden in der Praxis in Kostenarten untergliedert. Eine Gliederung in zwei, drei oder vier Kostenarten gilt für sämtliche Arten von Bauarbeiten. Um Besonderheiten der einzelnen Bausparten zu berücksichtigen, wird auch eine Unterteilung in fünf oder sechs Kostenarten vorgenommen. Je nach Unternehmensstruktur kann die Gliederung auch mehr als sechs Kostenarten beinhalten. Je detaillierter eine solche Kostengliederung ist, desto einfacher lässt sich später ein Soll-Ist-Vergleich durchführen.

Tab. 8.19b: Kostenartengliederung (vgl. [8.18])

2 KA	Lohn	sonstige				
3 KA	Lohn	Fremdleistung	sonstige			
4 KA	Lohn	Fremdleistung	Geräte	sonstige		
5 KA	Lohn	Fremdleistung	Geräte	RSV	sonstige	
6 KA	Lohn	Fremdarbeit	Geräte	RSV	Kosten NU	sonstige
weitere	Stoffe	Fremdtransporte	Betriebsstoffe	Miete Fremdgeräte	Ausstattung	sonstige
KA = Kostenarten; NU = Nachunternehmerleistungen; RSV = Rüst-, Schal- und Verbaustoffkosten						

2.4.1 Lohnkosten

Die Lohnkosten werden in der Kalkulation in Form eines Mittellohns berücksichtigt, da sich die Baustellenkolonne i. d. R. aus unterschiedlich hoch bezahltem Personal zusammensetzt. Der Mittellohn ist ein arithmetisches Mittel der Lohnkosten je Arbeitsstunde, die während einer Baumaßnahme entstehen. Neben den tariflichen Löhnen werden außerdem Zulagen und Zuschläge (A), Sozialkosten (S) und Lohnnebenkosten (L) berücksichtigt. Zusätzlich können die Gehälter des aufsichtführenden Personals, wie z. B. der Poliere, mit in den Mittellohn einbezogen werden (P).

Tab. 8.20a: Bestandteile Mittellohn (vgl. [8.18])

Mittellohnart	Bestandteile	Inklusive Einschluss der Aufsichtsgehälter
Mittellohn A	- tarifliche Löhne gewerbliche Mitarbeiter - Stammarbeiter- und Leistungszulage - Überstunden, Nacht-, Sonntags- und Feiertagsarbeit - Übertarifliche Bezahlung - Vermögensbildung - Arbeitserschwernisse - etc.	Mittellohn AP
Mittellohn AS	- Bezahlung von Feiertagen, Ausfalltagen und Krankheit - Arbeitgeberanteile Sozialversicherungen - Arbeitsschutz und Arbeitssicherheit - Beiträge zu Sozialkassen des Baugewerbes - Beihilfen im Krankheits- oder Todesfall - Betriebliche Altersversorgung - etc.	Mittellohn APS
Mittellohn ASL	- Auslösung, Reisegeld- und Reisezeitvergütung - Kosten für Wochenend-Heimfahrten - Fahrtkostenabgeltung - Verpflegungszuschuss - etc.	Mittellohn APSL

2.4.2 Gerätekosten

In der Hauptkostenart Gerätekosten werden in der Kalkulation folgende Kosten zusammengefasst:

- Kosten für Abschreibung und Verzinsung (A + V)
- Kosten für die Reparatur (R)

Allerdings ergeben sich durch den Einsatz von Geräten weitere Kosten, die üblicherweise in anderen Hauptkostenarten zusammengefasst werden. So werden z. B. die Betriebsstoffkosten in den sonstigen Kosten abgerechnet und für die Gerätepflege und Wartung wird ein Zuschlag von ca. 10 % auf die Arbeitszeit aufgerechnet.

Tab. 8.20b: Unterteilung Gerätekosten [8.18]

Gerätevorhaltung	Gerätebetrieb	Gerätebereitstellung	Allgemeine Kosten
- Kalkulatorische Abschreibung (A) - Kalkulatorische Verzinsung (V) - Reparaturkosten (R)	- Treib- und Schmierstoffkosten - Wartungs- und Pflegekosten - Bedienungskosten	- Kosten des An- und Abtransportes - Kosten für Auf-, Um- und Abladen - Kosten für Auf-, Um- und Abbau	- Kosten der Lagerung - Kosten der Geräteverwaltung - Kosten der Geräteversicherungen und Kfz-Steuern

Für die Zuordnung der Gerätekosten im Leistungsverzeichnis bestehen drei Möglichkeiten:

- in den Einzelkosten als Bestandteil einer Teilleistung (Position)
- in den Einzelkosten als eigene Teilleistung (Position)
- in den Gemeinkosten der Baustelle

Als Grundlage für die Berechnung der Gerätekosten wird die Baugeräteliste 2007 (BGL) verwendet. In der BGL werden Neuwerte, Nutzungsdauern und die monatlichen Abschreibungs- und Verzinsungswerte der gängigen Baumaschinen zusammengefasst. Charakterisiert werden die Geräte durch Kenngrößen, wie z. B. Motorleistung oder Nennlastmoment, um die angegebenen Werte nicht an ein bestimmtes Fabrikat zu binden. Die Baugeräte sind in einzelne Hauptgruppen (HG) unterteilt und zur Klassifizierung mit einem Geräteschlüssel versehen.

Tab. 8.21a: Aufbau Geräteschlüssel der BGL 2007 am Beispiel eines Turmdrehkrans [8.18]

Bezeichnung	Gliederung	Bezeichnung
Gerätehauptgruppe	**C**	Hebezeuge
Gerätegruppe	C.**0**	Turmdrehkrane und Drehkrane
Geräteuntergruppe	C.0.**1**	Turmdrehkrane, oben drehend, stationär oder fahrbar
Geräteart	C.0.1**0**	Turmdrehkran mit Laufkatzausleger
Gerätegröße	C.010.0**100**	Turmdrehkran mit Laufkatzausleger und 100 tm Nennlastmoment

Mithilfe der in der BGL 2007 bereitgestellten Werte und folgender Formeln können die Gerätekosten berechnet werden [17]:

$A = \frac{A_x}{VM}$ mit A_x = mittlerer Neuwert im Jahr x [€] und VM = Vorhaltemonate [Mo]

$V = \frac{A_x \times p \times n \times 0{,}5}{VM}$ mit p = Zinssatz [%]; n = Nutzungsjahre [a] und VM = Vorhaltemonate [Mo]

$R = r \times A_x$ mit r = Reparatursatz [$^{\%}/_{Mo}$] und A_x = mittlerer Neuwert [€]

Die Preise, die in der BGL 2007 aufgeführt sind, beziehen sich auf die gängigen Fabrikate mit der Preisbasis des Bezugsjahres 2000. Um die Preisentwicklung der letzten Jahre zu berücksichtigen, werden die Preise mit dem aktuellen Erzeugerpreisindex des statistischen Bundesamtes angeglichen.

2.4.3 Sonstige Kosten und Fremdleistungen

Zu den sonstigen Kosten gehören primär die Kosten für Baustoffe und Bauhilfsstoffe. Bei langen Bauzeiten bzw. schwankungsintensiven Materialien empfiehlt es sich, die Preisentwicklung anhand von Preisindizes zu berücksichtigen.

Fremdleistungen kommen zum Einsatz, wenn der eigene Betrieb nicht in der Lage ist, bestimmte Leistungen selbst auszuführen. Dies kann daran liegen, dass der Betrieb auf die Ausführung der Leistungen nicht ausgelegt ist oder aktuell nicht über die Kapazitäten verfügt und daher andere Unternehmen für die Leistungserbringung einsetzt. Beim Einsatz von Fremdleistungen muss sichergestellt werden, dass auch der Fremdbetrieb die Leistungen zuverlässig und entsprechend der geforderten Qualitätsanforderungen erbringt.

2.5 Baustellengemeinkosten (BGK)

Tab. 8.21b: Baustellengemeinkosten [8.18]

Zeitunabhängige Kosten	Zeitabhängige Kosten

Kosten der Baustelleneinrichtung
- Ladekosten und Frachtkosten
- Auf-, Um- und Abbaukosten für:
  - Geräte
  - Unterkünfte, Container
  - Wasser, Abwasser, (elektr.) Energie, Telefon
  - Zufahrten, Wege, Zäune, Lager- und Werkplätze
  - Sicherungseinrichtung
	Vorhaltekosten
	- Geräte und Fahrzeuge
	- besondere Anlagen
	- Unterkünfte und Container
	- Einrichtungsgegenstände, Büroausstattung
	- Rüst-, Schal- und Verbaustoffe
	- Sicherungseinrichtungen und Verkehrssignalanlagen

Kosten der Baustellenausstattung - Hilfsstoffe - Werkzeuge und Kleingeräte - Ausstattung für Büros, Unterkünfte, Sanitär	*Betriebskosten* - Geräte und besondere Anlagen - Unterkünfte und Container - Fahrzeuge
Beseitigung Bauabfälle	*Kosten der örtlichen Bauleitung* - Gehälter - Telefon, Porto, Büromaterial - PKW- und Reisekosten, Spesen, Werbung
Technische Bearbeitung und Kontrolle - konstruktive Bearbeitung und Arbeitsvorbereitung - Baustoffprüfung, Bodenuntersuchung	*Lohn- und Gehaltskosten aus Gerätevorhaltung* - Gerätebedienung, z. B. Kranführer - Wartung, Reparatur

Zeitunabhängige Kosten	Zeitabhängige Kosten
Bauwagnisse - Sonderwagnisse der Bauausführung - Versicherungen *Sonderkosten* - außerordentliche Bauzinsen und Lizenzgebüren - Arge-Kosten - Winterbaumaßnahmen - sonstige einmalige Kosten	*Allgemeine Baukosten* - Hilfslöhne - Transportkosten zur Versorgung der Baustelle - Instandhaltungskosten der Wege, Plätze, Straßen und Zäunen - Pachten und Mieten - Werkzeuge und Kleingerät - sonstige zeitabhängige Kosten

2.6 Allgemeine Geschäftskosten (AGK) / Wagnis und Gewinn (WuG)

Tab. 8.22: Bestandteile allgemeine Geschäftskosten (vgl. [8.18])

Personal	- Unternehmensleitung und Verwaltung - Werkstatt- und Fuhrparkmitarbeiter - Freiwillige soziale Aufwendungen für die Belegschaft - Versicherungen, soweit diese nicht die Baustelle direkt betreffen - Reisekosten
Infrastruktur	- Betriebsgebäude und Arbeitsräume inkl. Heizung, Beleuchtung, Reinigung - Büromaterial - Kommunikation
Kompetenz	- Soft- und Hardware - EDV-Schulungen und andere fachliche Weiterbildungen - Beiträge zu Verbänden
Innovation	- Patente - Entwicklung von neuen Verfahren

Wagnis und Gewinn werden über eine Umlage (in %) den EKT zugerechnet. Dadurch werden allgemeine Unternehmenswagnisse und der Unternehmensgewinn berücksichtigt.

2.7 Ablauf Kalkulation über die Angebotssumme

Eine Kalkulation über die Angebotssumme läuft in vier Schritten ab.

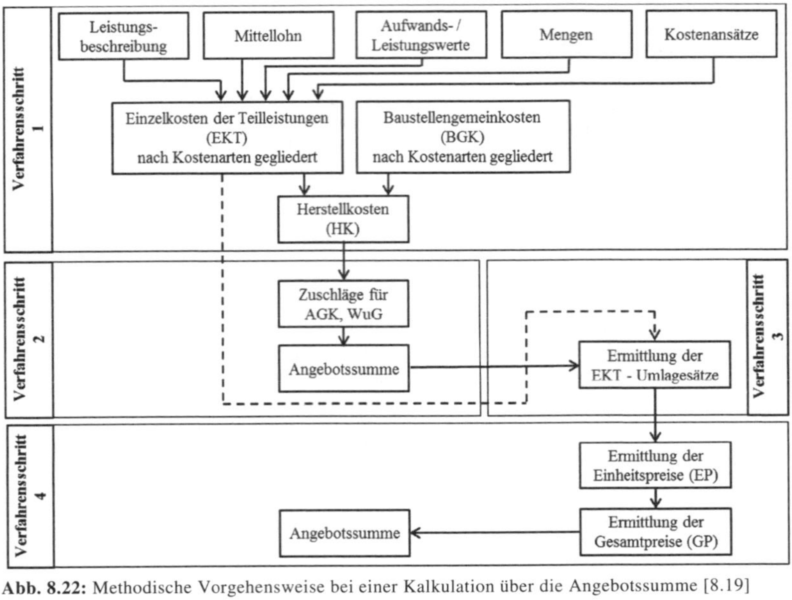

Abb. 8.22: Methodische Vorgehensweise bei einer Kalkulation über die Angebotssumme [8.19]

3 Bauausführung

3.1 Regelwerke

BGB:	Bürgerliches Gesetzbuch [8.20]
DIN 18299	Allgemeine Regelungen für Bauarbeiten (VOB – Teil C) [8.21]
DIN EN ISO 9000:	Qualitätsmanagementsysteme – Grundlagen und Begriffe [8.22]
KLR Bau	Kosten- und Leistungsrechnung der Bauunternehmen [8.23]
VOB/B:	Allgemeine Vertragsbedingungen für die Ausführung von Bauleistungen [8.24]

3.2 Bauleitung

Je nach Vergabemodell (siehe Abschn. 1.6) tritt der Bauleiter als Stellvertreter des ausführenden Bauunternehmens oder des Bauherrn auf der Baustelle auf. In der folgenden Tabelle werden beispielhaft einige Aufgaben der Bauleitung aufgelistet.

Tab. 8.23: Aufgaben eines Bauleiters

Aufgabe	Beschreibung
Dokumentation	Durch die tägliche Erstellung des Bautageberichts ist der Bauleiter jederzeit über seine Baustelle informiert und kann seinem Vorgesetzten jederzeit oder in einem Streitfall Auskunft geben.
Arbeitsvorbereitung	Abstimmung und Festlegung von Terminen, Verfahren, Baumaschinen und Personal
Einkauf	Ggf. in Zusammenarbeit mit der kaufmännischen Abteilung Anfragen von Lieferanten und Subunternehmen
Qualitätsmanagement	Kontrolle und Einhaltung des Qualitätsmanagementplans
Kosten- und Terminmanagement	Sicherstellung der Einhaltung des vorgegebenen Termin- und Kostenrahmens für die Baumaßnahme
Soll-Ist-Vergleich	Prüfung, ob die geforderten Leistungen zu den geplanten Zeitpunkten erbracht wurden und ob die anfallenden Kosten mit den kalkulierten Kosten übereinstimmen
Aufrechterhaltung des Bauablaufs	Einweisung des Poliers/betrieblichen Personals und Meldung sowie Beseitigung von Behinderungen und Unterbrechungen
Abrechnung und Nachtragsmanagement	Der Bauleiter ist für die Erzielung des Betriebsergebnisses verantwortlich; darunter fällt auch die Erstellung von Abrechnungen der erbrachten Leistungen und das Nachtragsmanagement.
Arbeitssicherheit	Der Bauleiter ist für die Einhaltung der Arbeitssicherheit verantwortlich.
Versicherungen	Der Bauleiter ist dafür verantwortlich, die notwendigen Versicherungen für die Baustelle abzuschließen und aufrechtzuerhalten.
Abnahme	Vorbereiten und Durchführen der Abnahme
Öffentlichkeitsarbeit	Der Bauleiter muss dafür sorgen, dass die Baustelle nach außen hin gut wahrgenommen wird. Er oder sie fungiert ebenfalls als Repräsentant für die Baustelle gegenüber Dritten.

Nachfolgend sind die Grundleistungen und besonderen Leistungen gemäß dem Leistungsbild „Gebäude und Innenräume“ nach HOAI (Anlage 10) aufgelistet [8.3].

Grundleistungen:

a) Überwachen der Ausführung des Objektes auf Übereinstimmung mit der öffentlich-rechtlichen Genehmigung oder Zustimmung, den Verträgen mit ausführenden Unternehmen, den Ausführungsunterlagen, den einschlägigen Vorschriften sowie mit den allgemein anerkannten Regeln der Technik

b) Überwachen der Ausführung von Tragwerken mit sehr geringen und geringen Planungsanforderungen auf Übereinstimmung mit dem Standsicherheitsnachweis

c) Koordinieren der an der Objektüberwachung fachlich Beteiligten

d) Aufstellen, Fortschreiben und Überwachen eines Terminplans (Balkendiagramm)

e) Dokumentation des Bauablaufs (zum Beispiel Bautagebuch)

f) Gemeinsames Aufmaß mit den ausführenden Unternehmen
g) Rechnungsprüfung einschließlich Prüfen der Aufmaße der bauausführenden Unternehmen
h) Vergleich der Ergebnisse der Rechnungsprüfungen mit den Auftragssummen einschließlich Nachträgen
i) Kostenkontrolle durch Überprüfen der Leistungsabrechnung der bauausführenden Unternehmen im Vergleich zu den Vertragspreisen
j) Kostenfeststellung, zum Beispiel nach DIN 276
k) Organisation der Abnahme der Bauleistungen unter Mitwirkung anderer an der Planung und Objektüberwachung fachlich Beteiligter, Feststellung von Mängeln, Abnahmeempfehlung für den Auftraggeber
l) Antrag auf öffentlich-rechtliche Abnahmen und Teilnahme daran
m) Systematische Zusammenstellung der Dokumentation, zeichnerischen Darstellungen und rechnerischen Ergebnisse des Objekts
n) Übergabe des Objekts
o) Auflisten der Verjährungsfristen für Mängelansprüche
p) Überwachen der Beseitigung der bei der Abnahme festgestellten Mängel

Besondere Leistungen:

- Aufstellen, Überwachen und Fortschreiben eines Zahlungsplanes
- Aufstellen, Überwachen und Fortschreiben von differenzierten Zeit-, Kosten- oder Kapazitätsplänen
- Tätigkeit als verantwortlicher Bauleiter, soweit diese Tätigkeit nach jeweiligem Landesrecht über die Grundleistungen der LPH 8 hinausgeht

3.2.1 Steuerung und Qualitätssicherung

Bei der Bauüberwachung muss ständig die Einhaltung der drei Zielgrößen Qualität, Termin und Kosten überprüft werden. Sollte es in einem der drei Bereiche zu einer negativen Abweichung kommen, ist dem mit steuernden Maßnahmen entgegenzuwirken. Allerdings stehen die drei Zielgrößen in einer Beziehung zueinander, weshalb die Veränderung einer Zielgröße zumeist auch Auswirkungen auf die anderen Zielgrößen zur Folge hat.

Um eine negative Abweichung zu erkennen ist es notwendig, ein gewissenhaftes Controlling durchzuführen. Hierbei sollen Risiken erkannt, analysiert und minimiert werden, bevor sie einen größeren negativen Einfluss auf die gesamte Baumaßnahme nehmen. Dazu können Werkzeuge wie ein Soll-Ist-Vergleich eingesetzt werden.

Auch die Führung eines ausführlichen Bautagesberichts kann bei der Überwachung der Baumaßnahme hilfreich sein. Es werden alle ausgeführten Arbeiten sowie alle relevanten Ereignisse auf der Baustelle kontinuierlich und nachvollziehbar dokumentiert.

Qualität

Laut § 13 (1) der VOB/B muss die Leistung bei der Abnahme frei von Sachmängeln sein. Gewährleistet wird dies durch die Fertigstellung in einer vereinbarten Beschaffenheit, die den Regeln der Technik entspricht. Falls die Beschaffenheit nicht vereinbart wurde, ist die Leistung frei von Sachmängeln, wenn sie sich für die laut Vertrag vorausgesetzte oder gewöhnliche Verwendung eignet.

Tab. 8.24: Steuerungswerkzeuge für die Qualitätssicherung

Werkzeug	Beschreibung	Zweck
Baustellenbegehung	- Besuch der Baustelle, um Qualität vor Ort nachzuprüfen	- Mängel werden frühzeitig erkannt, bevor sie durch andere Bauteile verdeckt werden - Überprüfung, ob bereits erkannte Mängel beseitigt wurden
Verwaltung Mängel	- Mängel müssen nicht nur erkannt, sondern auch dokumentiert werden	- durch geeignete Datenbanksysteme werden Mängel erfasst und übersichtlich aufgelistet - Möglichkeit der Nachverfolgung
Kontrolle Lieferungen	- angelieferte Bauteile o. Materialien müssen bei Lieferung auf Qualität überprüft werden	- frühzeitige Unterbindung des Einbaus von Materialien oder Bauteilen mit mangelhafter Qualität

Werkzeug	Beschreibung	Zweck
Kontrolle Pläne	- Abstimmung der Statik und Ausführungspläne mit dem Technischen Büro (TB), dem AG und den Behörden - Erstellung Planliste	- Dokumentation, zu welchem Zeitpunkt welcher Wissensstand durch Pläne vorhanden war - Fehler auf Plänen werden ggf. vor der Ausführung erkannt
Bedenkenanmeldung § 4 (3) mit Bezug auf § 13 (3) VOB/B	Bedenken gegenüber - Art der Ausführung - vom AG gelieferten Stoffen oder Bauteilen - Leistungen anderer Unternehmer sind schriftlich mitzuteilen	- Sollte der AG an den Materialien oder der Planungsleistung festhalten, kann er keine Mängelansprüche ggü. dem AN geltend machen.

Termin

Laut § 5 (1) der VOB/B ist die Ausführung nach verbindlichen Fristen zu beginnen, zu fördern und zu beenden. Soweit im Vertrag geregelt, sind auch bestimmte Einzelfristen einzuhalten. Sollten diese Fristen nicht eingehalten werden können, hat der AG das Recht, einen angemessenen Schadensersatz nach § 6 (6) der VOB/B zu fordern. Ein Verzug könnte auch eine Vertragsstrafe nach § 11 (2) der VOB/B nach sich ziehen. Dies verdeutlicht, dass nicht nur in der Planung Terminmanagement äußerst wichtig ist, um die vereinbarten Leistungen fristgerecht zu erbringen.

Allerdings können die Bauarbeiten auch durch Behinderungen gestört werden. Dies ist der Fall, wenn die Arbeiten am Bauwerk oder einem Gewerk nur mit geringerer Leistung weitergeführt werden können. Auch eine Bauzeitunterbrechung, bei der auf der Baustelle gar nicht mehr gearbeitet werden kann, ist möglich. Beide Fälle müssen dem Bauherrn unverzüglich durch eine Behinderungsanzeige gemeldet werden. Ist dies der Fall, kann ggf. eine Bauzeitverlängerung erwirkt werden (vgl. [8.11]).

Tab. 8.25: Steuerungswerkzeuge für das Terminmanagement

Werkzeug	Beschreibung	Zweck
Soll-Ist-Vergleich	Die Dokumentation der Ist-Termine ermöglicht einen Abgleich mit den Soll-Terminen aus der Planung.	- Terminverzögerungen oder großzügige Puffer werden frühzeitig erkannt - Optimierungspotentiale werden frühzeitig erkannt
Abhilfeaufforderung	Der AG kann nach § 5 (3) den AN zur Abhilfe auffordern, sollte die Nichteinhaltung einer Vertragsfrist drohen.	- frühzeitiges Gegensteuern, falls Nichteinhaltung der Vertragsfrist droht - Aufforderung geht von AG aus, doch AN ist nur zu Maßnahmen verpflichtet, um Termin zu halten
Anordnung Beschleunigung	Der AG kann nach § 2 (5) eine Beschleunigung beantragen, die entsprechend zu vergüten ist.	- es kann eine frühere Fertigstellung bewirkt werden - Versäumnisse des AG können aufgeholt werden
Beschleunigung	Die Erhöhung von Kapazitäten kann eine Beschleunigung herbeiführen (ohne zus. Vergütung).	- Versäumnisse des AN können ausgeglichen werden, um einer Vertragsstrafe zu entgehen
Gezielte Veränderungen im Bauablauf	Zeitgewinne durch Veränderungen im Bauablauf, wie z. B. Umstellung der Abläufe	- durch Optimierungen oder Veränderungen können zusätzliche Zeitpotentiale generiert werden
Baubesprechung	Regelmäßiges Treffen zwischen Bauleiter und den am Bau beteiligten Firmen, die z. B. durch Poliere vertreten sind	- frühzeitige Abfrage, wie weit fortgeschritten die einzelnen Gewerke sind - Klärung der Probleme, die im späteren Verlauf ggf. zu Verzögerungen führen
Behinderungsanzeige	Durch eine nicht vom AN verursachte Behinderung kann laut § 6 (4) der VOB/B eine Fristverlängerung erwirkt werden.	- nicht selbst verursachte oder verschuldete Arbeitsausfälle können ausgeglichen werden

Tab 8.26a: Ursachen und Anspruchsfolgen von Störungen des Bauablaufs [8.11]

Risiko des Auftraggebers	Bauzeitverlängerung	Vergütungsanpassung gem.	§ 2 Abs. 3 VOB/B	§ 2 Abs. 4 VOB/B	§ 2 Abs. 5 VOB/B	§ 2 Abs. 6 VOB/B	§ 2 Abs. 8 VOB/B	Entschädigung gem.	§ 642 BGB	Schadensersatz gem.	§ 6 Abs. 6 VOB/B	Kein Anspruch
Mengenabweichung	■	■	■									
Leistungsmodifikation	■	■		■	■	■	■					
Unzureichende Mitwirkung	■	■						■	■	■	■	
Risikobereich des Auftragnehmers												
Organisationsmängel												■
Unzureichende Kapazitäten												■
Ausführungsfehler												■
Von keiner Vertragspartei zu vertreten												
Streik/Aussperrung	■											
Höhere Gewalt	■											
Schlechte Witterungsverhältnisse	■											

Preis

Nach § 14 (1) VOB/B hat der AN seine Leistungen prüfbar abzurechnen. Dabei werden alle bereits erbrachten Leistungen mit den im Bauvertrag vereinbarten Einheitspreisen abgerechnet.

Tab 8.26b: Steuerungswerkzeuge für das Preismanagement

Werkzeug	Beschreibung	Zweck
Aufmaß	Mithilfe des Aufmaßes kann die erbrachte Leistung in festgelegten Intervallen ermittelt werden.	- Hilfsmittel, um Leistung prüfbar abrechnen zu können - Aufmaß zusammen mit AG-Vertreter schafft Vertrauen
Soll-Ist-Vergleich	Entstandene Kosten für ein Gewerk können mit kalkulierten Kosten verglichen werden.	- Erfahrungswerte für die Zukunft - ggf. Einkaufsverhalten ändern, um Fehlentwicklungen gegenzusteuern
Nachträge	Der AG hat laut § 1 (3 - 4) VOB/B die Möglichkeit, einseitig Änderungen am Bauentwurf vorzunehmen und weitere Leistungen zu beauftragen.	- Nachträge ermöglichen es dem AN, die zusätzlichen Leistungen abzurechnen - Mehraufwand durch nicht selbst verursachte Behinderungen können ebenfalls durch Nachträge abgerechnet werden

3.2.2 Abnahme und Übergabe von Bauleistungen

Laut § 640 des BGB wird der Vorgang der Billigung einer erbrachten Leistung eines Werkvertrags als Abnahme bezeichnet. Dabei setzt sich die Abnahme aus zwei Wesenselementen zusammen:

- physische Entgegennahme
- Anerkennung des Werkes als in der Hauptsache vertragsgemäße Erfüllung

Unabhängig davon kann auch während eines Projekts der Auftragnehmer selbst eine interne Abnahme nach Qualitätsmanagement-Plan durchführen. Als ein Ziel seines eigenen Qualitätsmanagementsystems kann er interne Abnahmen nutzen, um Anforderungen an Mangelfreiheit, Arbeitssicherheit, Qualität usw. gerecht zu werden. Eng mit der Abnahme verbunden ist das Mängel- und Gewährleistungsmanagement. Der Begriff Mangel ist sowohl im BGB als auch in der VOB/B definiert.

Da der Erbringer einer Bauleistung in vielen Fällen den laufenden Betrieb nicht verantwortet, muss eine Übergabe organisiert werden. Die Übergabe soll einen reibungslosen Betrieb gewährleisten. Für die Übergabe selbst gibt es keine Regelungen, die eingehalten werden müssen; es ist jedoch gängig, eine Einweisung vor Ort für das Betriebspersonal durchzuführen. Außerdem ist es üblich, Übergabedokumente wie z. B. Pläne, Werkzeichnungen, Listen mit beteiligten Firmen usw. in einer übersichtlichen Form an den Auftraggeber und das Betriebspersonal zu übergeben.

Tab. 8.27a: Rechtsfolgen einer Abnahme [8.25]

Regelwerk	Rechtsfolge
§ 641 BGB	Abnahme ist die Voraussetzung für die Fälligkeit der Vergütung.
§ 640 (2) BGB	Der Auftraggeber muss die Mängel, die ihm bekannt sind, bei der Abnahme vorbehalten, um den Anspruch auf Mängelbeseitigung nicht zu verlieren.
§ 634a (2) BGB u. § 13 (4) VOB/B	Mit der Abnahme beginnt die Verjährungsfrist für die Gewährleistung.
§ 4 (5) VOB/B	Mit der Abnahme entfällt die Schutzpflicht.
§ 644 (1) BGB u. § 12 (6) VOB/B	Mit der Abnahme geht die Gefahrtragung vom Auftragnehmer auf den Auftraggeber über.
§ 640 (2) BGB u. § 11 (4) VOB/B	Eine noch nicht erhaltene Vertragsstrafe muss bei der Abnahme vom Auftraggeber vorbehalten werden, sonst verliert dieser den Anspruch darauf.

Tab. 8.27b: Art der Abnahme nach BGB und VOB/B (vgl. [8.20] und [8.24])

Abnahmeart	Regelwerk	Merkmale
Stillschweigend	BGB	- Durch konkludentes (schlüssiges) Handeln des AG gilt die Abnahme als erteilt
(ausdrückliche) Abnahme	§ 640 BGB	- Gilt, falls die VOB/B im Bauvertrag nicht mit einbezogen wird - Der AG ist zur Abnahme verpflichtet, sofern der Zustand des Werkes dies zulässt - Wegen unwesentlicher Mängel kann die Abnahme nicht verweigert werden - Das Werk gilt als abgenommen, sollte der AG eine angemessene Frist verstreichen lassen
Förmlich	§ 12 VOB/B	- Ist innerhalb von 12 Tagen zu gewähren, sobald der AN diese beantragt - Der Befund der gemeinsamen Verhandlung ist schriftlich zu dokumentieren - Abnahme kann nur bei wesentlichen Mängeln verweigert werden - I. d. R. wird der volle Leistungsumfang des Bauvertrags abgenommen
Fiktiv	§ 12 VOB/B	- Kommt zustande, wenn keine der beiden Parteien eine förmliche Abgabe verlangt - Kommt 12 Werktage nach der schriftlichen Fertigstellungsmitteilung zustande - Kommt 6 Werktage nach Beginn der Benutzung durch den AG zustande - Die fiktive Abnahme entspricht nicht der stillschweigenden Abnahme

Tab. 8.27c: Gegenüberstellung Mängeldefinition nach BGB und VOB/B (vgl. [8.20]und [8.24])

Regelwerk	§ 633 BGB	§ 13 (1) VOB/B
Bezeichnungen	Sach- und Rechtsmängel	Sachmängel
Voraussetzung Sachmangel	Soweit vereinbart, muss das Werk die vereinbarte Beschaffenheit aufweisen. Falls nicht vereinbart, entsprechend der: - vorausgesetzten bzw. - gewöhnlichen Verwendung	Leistung hat die vereinbarte Beschaffenheit und entspricht den anerkannten Regeln der Technik. Falls nicht vereinbart, entsprechend der: - vorausgesetzten bzw. - gewöhnlichen Verwendung
Voraussetzung Rechtsmangel	Dritte können in Bezug auf das Werk keine Rechte gegen Besteller geltend machen.	-

4 Nachhaltiges Bauen

4.1 Regelwerke

DIN EN 15643-1: Nachhaltigkeit von Bauwerken – Bewertung der Nachhaltigkeit von Gebäuden Teil 1: Allgemeine Rahmenbedingungen [8.26]

DIN V 18599-1: Energetische Bewertung von Gebäuden – Berechnung des Nutz-, End- und Primärenergiebedarfs für Heizung, Kühlung, Lüftung, Trinkwarmwasser und Beleuchtung [8.27]

EnEV 2014: Verordnung über energiesparenden Wärmeschutz und energiesparende Anlagentechnik bei Gebäuden (Energieeinsparverordnung – EnEV) [8.28]

DIN 15804: Nachhaltigkeit von Bauwerken – Umweltproduktdeklarationen – Grundregeln für die Produktkategorie Bauprodukte [8.29]

Leitfaden Nachhaltiges Bauen: Leitfaden nachhaltiges Bauen [8.30]

4.2 Nachhaltigkeit im Immobilienmanagement

Allgemein gilt für das Thema Nachhaltigkeit, dass die Verantwortung gegenüber zukünftigen Generationen eine wichtige Rolle spielt. Dabei steht eine langfristige Erhaltung und Weiterentwicklung der Grundlagen der Gesellschaft im Vordergrund. Auch im Immobilienmanagement rückt das Thema Nachhaltigkeit immer weiter in den Vordergrund.

Laut einer Erhebung der RICS Deutschland Ltd. [8.31] spiegelt sich diese Entwicklung auch in den Marktdaten wieder. Vor allem in den Großstädten Europas steigt der Anteil an zertifizierten Büroflächen. Als ein Grund für diese Entwicklung wird die Verankerung von Corporate Sustainability Responsibility (CSR) in den Unternehmensstrukturen genannt. Ein wesentlicher Bestandteil von CSR-Richtlinien könnte darin bestehen, überwiegend sogenannte „grüne Flächen" anzumieten.

Die Weltkommission für Umwelt und Entwicklung der Vereinten Nationen hat bereits 1987 den sogenannten Brundtlandbericht [8.32] veröffentlicht, der unter anderem Zielvorstellungen für ein Konzept für nachhaltige Entwicklung thematisiert. Dabei soll die wirtschaftliche und soziale Entwicklung der Gesellschaft nicht unabhängig von der Dauerhaftigkeit des Ökosystems betrachtet bzw. vorangetrieben werden. Diese Zielvorgaben finden sich noch immer in aktuellen Regelwerken, wie z. B. dem Leitfaden für Nachhaltiges Bauen, wieder.

Tab. 8.28: Schutzgüter und -ziele der Nachhaltigkeit allgemein und auf den Baubereich bezogen [8.30]

		Ökologie	**Ökonomie**	**Soziokulturelles**
Schutzgüter	Nachhaltigkeit allgemein	- natürliche Ressourcen - natürliche Umwelt	- Kapital/Werte - ökonomische Leistungsfähigkeit	- menschliche Gesundheit - soziale und kult. Werte
	Nachhaltiges Bauen	- natürliche Ressourcen - globale und lokale Umwelt	- Kapital/Werte	- Gesundheit - Nutzerzufriedenheit - Funktionalität - kultureller Wert
Schutzziele	Nachhaltigkeit allgemein	- Schutz der natürlichen Ressourcen und sparsamer Umgang - Effizienzsteigerung - Reduktion von Schadstoffbelastungen/ Umwelteinwirkungen	- Lebenszykluskosten/ Subventionsaufwand senken - Schulden verringern - Schaffung nachhaltiger Konsumgewohnheiten	- Schutz und Förderung der Gesundheit - Chancengleichheit - Armutsbekämpfung - Bildung/Ausbildung - Gleichberechtigung - Integration
	Nachhaltiges Bauen	- Schutz natürlicher Ressourcen - Schutz des Ökosystems	- Minimierung der Lebenszykluskosten - Verbesserung der Wirtschaftlichkeit - Erhalt Kapital/Wert	- Bewahrung von Gesundheit, Sicherheit und Behaglichkeit - Gewährleistung von Funktionalität - Sicherung der gestalterischen und städtebaulichen Qualität

Bei der Gewichtung dieser Dimensionen können zwei unterschiedliche Nachhaltigkeitsmodelle verfolgt werden. Diese sind in der nachfolgenden Tabelle beschrieben und einander gegenübergestellt.

Tab. 8.29a: Gegenüberstellung schwacher und starker Nachhaltigkeit (vgl. [8.33])

Nachhaltigkeitsmodell	Schwache Nachhaltigkeit	Starke Nachhaltigkeit
Annahme	alle Säulen gleichwertig → Substituierbarkeit von natürlichen Ressourcen durch Human- und Sachkapital	Ökologische Dimension hat Vorrang ggü. den anderen beiden Dimensionen.
Bedingung	Die Summe des gesamten Kapitalstocks muss konstant bleiben	Natürliche Ressourcen lassen sich nicht durch Sach- oder Humankapital ersetzen.
Beispiel	Die Zerstörung eines Biotops durch Baumaßnahmen ist solange nachhaltig, wie durch diese Baumaßnahme im selben Maße soziale Werte erschaffen werden	- erneuerbare Ressourcen dürfen nur in dem Maße genutzt werden, in dem sie sich regenerieren - erschöpfbare Ressourcen dürften in diesem System gar nicht genutzt werden, ohne Ersatz durch gleichwertige natürliche Ressourcen

Je nach Auslegung der Projekte können 3 Nachhaltigkeitsstrategien verfolgt werden, um die Indikatoren in die gewünschte Richtung zu beeinflussen. Diese Strategien sind in der folgenden Tabelle beschrieben.

Tab. 8.29b: Nachhaltigkeitsstrategien (vgl. [8.33])

Strategie	Konsistenz	Effizienz	Suffizienz
Ansatz	Einsatz naturverträglicher Technologien, die die Stoffe und Leistungen der Ökosysteme nutzen	effizientere Nutzung von Materie und Energie	geringerer Verbrauch von Ressourcen durch eine geringere Nachfrage nach Gütern
Maßnahmen	Einsatz umweltfreundlicher Technologien (z. B. Kreislaufwirtschaft ohne Emissionen oder nachhaltig erzeugte erneuerbare Energien)	geringerer Einsatz von Energie/Ressourcen zur Erbringung der gleichen Dienstleistung oder Abdeckung des gleichen Bedürfnisses	Das richtige Maß. Beachtung von limitierenden Faktoren bei der Nutzung von Energie und Ressourcen sowie der Freisetzung von Stoffen in die Umwelt
Auswirkung	Der Einsatz von umweltfreundlichen Technologien ist schmerzfrei und führt zu keinerlei Komforteinbußen.	Effizienzmaßnahmen zusammen mit Konsistenz beeinflussen das Konsumniveau und das Nutzerverhalten nur marginal.	Um zukunftsfähige Emissionswerte und eine gerechte Lastenverteilung zu erreichen, sind einschneidende Änderungen im Konsumverhalten erforderlich.
Bewertung	Die ausschöpfbaren Einsparpotenziale sind vergleichsweise gering und die Übertragbarkeit in die Breite ist fragwürdig.	Ein moderates Niveau an Einsparungen ist möglich und entspricht kurzfristigen politischen Zielwerten.	großes Einsparpotential zu Lasten des Komforts
Beispiel Immobilie	- Photovoltaik und Solarthermie - Wärmepumpe	- effektivere Dämmung - verbrauchsärmere Heizung	- Licht ausschalten - Heizung runterdrehen

4.3 Zertifizierungssysteme

Um die Erfüllung nachhaltiger Zielvorgaben bei Bauprojekten nachweisen zu können, existiert eine Vielzahl an Zertifizierungssystemen. Dabei gibt es sowohl Systeme für den Neubau verschiedener Immobilienarten als auch Systeme für die Bewertung von Bestandsgebäuden.

Der Investmentmarkt zeigt, dass ein Bedarf an zertifizierten Gewerbeimmobilien besteht (vgl. [8.31]). Im Jahr 2014 wurden etwa 5,3 Mrd. € in zertifizierte Gewerbeimmobilien investiert. Das entspricht ca. einem Fünftel der gesamten Investitionen. Dabei handelt es sich besonders um großvolumige Projekte an attraktiven Standorten. So hatten ca. 80 % der gehandelten nachhaltigen Immobilien ein Transaktionsvolumen von mindestens 50 Mio. €. Zwar liegt der Schwerpunkt noch auf den Neubauten, allerdings ist auch ein Anstieg der zertifizierten Gebäude im Bestand zu erkennen. So waren ca. 30 % der neu zertifizierten Objekte Gebäude im Bestand (vgl. [8.31]).

Neben der Zertifizierung der Deutschen Gesellschaft für Nachhaltiges Bauen (DGNB) sind international vor allem die Building Research Establishment Environmental Assessment Methodology (BREEAM) aus Großbritannien und das „Leadership in Energy and Environmental Design" (LEED) des U.S. Green Building Council (USGBC) relevant. Obwohl es noch viele weitere Zertifizierungssysteme, wie z. B. das französische Haute Qualité Environnementale (HQE), gibt, werden die drei für Deutschland maßgebenden Systeme in der folgenden Tabelle beschrieben und miteinander verglichen.

Tab. 8.30: Vergleich Zertifizierungssysteme

System	BREEAM	LEED	DGNB
Historie	- Veröffentlichung 1990 und damit das älteste Green-Building-Label - Umfangreiche Aktualisierung 1998 - Neuauflage aller Profile 2008 - 2013 Ergänzung für Bestand international	- 1998 Einführung LEED - Aktuelle Auflage 2009 freigegeben	- 2009 Einführung DGNB - 2012 erste große Aktualisierung - Systemversion 2015 für Nutzungsprofil Neubau Büro- und Verwaltungsgebäude
Anzahl zertifizierter Gebäude Sanierung/ Neubau Stand 03.15 [8.31]	- Deutschland 9 - Großbritannien 2422 - Frankreich 101 - Polen 52 - Österreich 3 - Russland 18 - Spanien 16	- Deutschland 92 - Großbritannien 11 - Frankreich 20 - Polen 28 - Österreich 11 - Russland 8 - Spanien 58	- Deutschland 380 - Großbritannien 0 - Frankreich 0 - Polen 0 - Österreich 45 - Russland 1 - Spanien 1
Kriterien-gruppen	- Management - Health & Wellbeing - Energy - Transportation - Water - Materials - Waste - Land Use & Ecology - Pollution	- Sustainable Sites - Water Efficiency - Energy & Atmosphere - Materials & Resources - Indoor Environmental Quality - Innovation in Design - Regional Priority	- Ökologie - Ökonomie - Soziales und Funktionales - Technik - Prozess - (Standortqualität)
Anzahl Kriterien	71	64	40
Bewertung	Outstanding > 85 % Excellent 70 - 84,9 % Very good 55 - 69,9 % Good 40 - 54,9 % Pass 25 - 39,9 % Acceptable 10 - 24,9 %	Platin ≥ 80 P. Gold 60 - 79,9 P. Silver 50 - 59,9 P. Certified 40 - 49,9 P.	Platin ≥ 80 % Gold 65 – 79,9 % Silber 50 – 64,9 % Bronze nur im Bestand ≥ 35 %
Versionen für Bestand	BREEAM DE Bestand: - Teil 1: Gebäude - Teil 2. Betrieb - Teil 3: Mieter	Existing Buildings: Operations & Maintenance (LEED O+M)	- Bestand Büro/Verwaltungsgebäude (BBV13) - Bestand Handelsbauten - Bestand Industriebauten - Bestand Wohngebäude
Sprache	Englisch (international) Deutsch (BREEAM DE)	Englisch	Deutsch
Ingenieur-grundlagen	Adaption an lokale Standards	Amerikanischer Standard; teilweise deutscher Standard zulässig	Deutsche Normung Stand der Technik

8 B Kostenplanung; Wertermittlung; Honorarordnung

Prof. Dipl.-Ing. Karlheinz Tripler

1 Kostenplanung nach DIN 276-1, Kosten im Bauwesen, Teil 1 Hochbau (12.08)

Bauliche **Investitionen** bedürfen der Untersuchung, welchen **finanziellen Aufwand** sie erfordern. Kosten sind „Aufwendungen für Güter, Leistungen und Abgaben einschließlich Umsatzsteuer".

Entscheidungen über Bauweise, Bauvolumen, Standard und Bauzeit sowie über die Frage, ob überhaupt gebaut werden soll, hängen wesentlich von Stand und Ergebnis der Kostenplanung ab. Für Architekten stellt sie einen Tätigkeitsbereich dar, der zunehmend von anderen Berufsgruppen (z. B. Projektmanagement, Generalübernehmer, Public Private Partnership (PPP) ausgefüllt wird.

1.1 Kostenermittlungen

Die Arten der Kostenermittlungen, die zugehörigen Grundlagen, den Planungsstand, den Genauigkeitsgrad und die Folgen (Entscheidungen, Anrechenbarkeit auf das Honorar) zeigt Tafel 8.32.

1.2 Verfahren der Kostenermittlung

Die Anwendung von Verfahren bezieht sich schwerpunktmäßig auf die Kostengruppen (siehe Abschn. 1.7.2) 300, 400, 500 und 600, während für die Kostengruppen 100 und 200 die Kosten durch Nachfrage beim Auftraggeber und bei Ämtern bzw. Energieversorgungsunternehmen einzuholen sind. Für Kostengruppe 700 sind Berechnungen mit Erfahrungswerten vorzunehmen, darüber hinaus ist zu recherchieren wie für 100 und 200. Schätzung, Berechnung und Anschlag gelten als Prognosen.

Tafel 8.31 Gliederung der Verfahren der Kostenermittlung [8.34]

Verfahren	Eignung für die klassischen Ermittlungsarten			Vorwiegende bzw. ausschließliche Art der Ermittlung der Kostenkennwerte
	Kosten-schätzung	Kosten-berechnung	Kosten-anschlag	
Planungsorientierte Verfahren				
Verfahren mit einem Bezugswert				
Nutzungseinheiten	●			Mittelwertbildung[3)]
Brutto-Rauminhalt	●[1)]			Mittelwertbildung
Brutto-Grundfläche	●			Mittelwertbildung
Nutzfläche	●			Mittelwertbildung
Hauptnutzfläche	●			Mittelwertbildung
Wohnfläche (siehe Abschn. 1.8)	●			Mittelwertbildung
Verfahren mit mehreren Bezugswerten				
Grobelemente	○	●[2)]		Mittelwertbildung
Unterelemente	○	○	●	Mittelwertbildung
Kostenelemente	○	○	●	Mittelwertbildung
Kostenflächenarten	●	●		Regression
Ausführungsorientierte Verfahren				
Verfahren mit				
Leistungsbereichen	○	●		Mittelwertbildung
Teilleistungen	○	○	●	Mittelw./Baupreiskalkulation
Leitpositionen	○	●	●	Baupreiskalkulation

○ Grundleistungen gemäß Leistungsbild Objektplanung für Gebäude, Freianlagen und raumbildende Ausbauten (siehe Abschnitt 3.2).

● Besondere Leistungen gem. Leistungsbild Objektplanung für Gebäude, Freianlagen und raumbildende Ausbauten.

1) 2) Gewähltes Verfahren siehe Abschnitte 1.7.1 und 1.7.2.

3) Die Übertragung von Kostenkennwerten aus Einzelobjekten ist wegen mangelnder Vergleichbarkeit nur ausnahmsweise möglich. Mittelwertbildung durch Daten einer Reihe vergleichbarer Gebäude.

Tafel 8.32 Arten der Kostenermittlung

	Art	DIN 276-1 (12.08)	Grundlagen (Voraussetzungen)		Anrechenbarkeit für Honorar[1]	max. Abweichung[4] in %
1	Kostenrahmen[2]	3.4.1	Bedarfsplanung, Festlegung von Kostenvorgaben	quantitative Bedarfsangaben, Raumprogramm mit Nutzeinheiten, Funktionselemente mit Flächenangaben; qualitative Bedarfsangaben, Ausstattungsstandards; Standortbedingungen	-/-	-/-
2	Kostenschätzung[2]	3.4.2	2. Vorplanung (Projekt- und Planungsvorbereitung) HOAI § 33	Versuchsweise zeichnerische Darstellungen, Strichskizzen, Berechnung der Mengen von Bezugseinheiten, z.B. Grundflächen und Rauminhalte nach DIN 277 Teil 1 und Teil 2, Angaben zum Baugrundstück	Grundlage des Honorars für alle Leistungsphasen, soweit Kostenberechnung nicht vorliegt	+/– 10–15 in Bezug zu 3
3	Kostenberechnung[2]	3.4.3	3. Entwurfsplanung (System- und Integrationsplanung) HOAI § 33	durchgearbeitete, vollständige Vorentwurfs- und/oder Entwurfszeichnungen, Berechnung der Mengen von Bezugseinheiten der Kostengruppen, Erläuterungen, z.B. Beschreibung der Einzelheiten, die aus den Zeichnungen nicht zu ersehen sind	Grundlage des Honorars für alle Leistungsphasen	+/– 5–10 in Bezug zu 4
4	Kostenanschlag[2]	3.4.4	7. Mitwirkung bei der Vergabe HOAI § 33	endg., vollständige Ausführungs-, Detail- und Konstruktionszeichnungen, Berechnungen, z. B. für Standsicherheit, der Mengen von Bezugseinheiten der Kostengruppen, Erläuterungen zur Bauausführung	-/-	+/– 0–5 in Bezug zu 5
5	Kostenfeststellung[3]	3.2.4	8. Objektüberwachung (Bauüberwachung) HOAI § 33	geprüfte Abrechnungsbelege, z. B. Schlussrechnungen, Nachweise der Eigenleistungen, Planungsunterlagen, z. B. Abrechnungszeichnungen, Erläuterungen	-/-	0
6	Kostenkontrolle und Kostensteuerung	3.5	3., 7. und 8. (siehe oben)	Vergleich einer aktuellen mit einer früheren Kostenermittlung Gezieltes Eingreifen in Kostenentwicklung bei Abweichungen nach Kostenkontrolle oder Mittelkürzung	Unter-/Überschreitungen können zu Bonus/Malus führen, Abschnitt 3.0.2 und 3.0.3	siehe 2 bis 5

[1] Leistungsbild für Flächenplanung, Objektplanung und Fachplanung (siehe HOAI § 6, Abschnitt 1.1).
[2] Ermittlungsarten als Prognosen (Soll) mit zunehmender Genauigkeit.
[3] Nachweis der entstandenen Kosten (Ist), Grundlage für Vergleiche und Dokumentationen.
[4] Die genannten Prozentzahlen für Kostenüber- und -unterschreitungen sind Stand der Wissenschaft und Lehre. Laut Rechtsprechung max. 30 % zwischen Schätzung und Feststellung.

1.3 Grundflächen und Rauminhalte, Bezugsgrößen

Im Mittelpunkt dieses Abschnittes steht DIN 277, Grundflächen und Rauminhalte von Bauwerken im Hochbau (02.05):

Teil 1 Begriffe, Ermittlungsgrundlagen
Teil 2 Gliederung der Netto-Grundfläche (Nutzflächen, Technische Funktionsflächen und Verkehrsflächen)
Teil 3 Mengen und Bezugseinheiten.

1.3.1 Grundflächen und Rauminhalte

Sowohl Grundflächen als auch Rauminhalte sind getrennt nach folgenden **3 Bereichen** zu ermitteln:

a) überdeckt und allseitig in voller Höhe umschlossen,

b) überdeckt, jedoch nicht allseitig in voller Höhe umschlossen (z.B. Loggia, Carport, Luftgeschoss, Laubengang, überdeckter Balkon),

c) nicht überdeckt (z.B. Dachgarten, nicht überdeckter Balkon).

Bei **Kostenermittlungen** wird fast ausnahmslos der **Bereich a** herangezogen. So spielen die Bezugseinheiten (Erläuterung siehe Fußzeiger zu Abb. 8.33)

$\text{€/m}^2_{\text{BGFa}}$ und $\text{€/m}^3_{\text{BRIa}}$ sowie €/m^2_{NF}

die wichtigste Rolle bei **Kostenschätzungen** neben der Wohnfläche nach II. BV (11.03), WoFIV (01.04) und anderen Bezugsgrößen (siehe Abschnitt 1.3.2).

In Tafel 8.33 sind die verschiedenen Nutzungsarten der Hauptnutz-, Nebennutz-, Funktions- und Verkehrsflächen in Bezug zur Netto-Grundfläche und Nutzfläche dargestellt.

Abb. 8.33 zeigt die Abhängigkeit der verschiedenen Grundflächen untereinander als hierarchisches System.

Tafel 8.33 Nutzungsarten und Gliederung der Netto-Grundfläche

Nr.	Nutzungsgruppen	Netto-Grundfläche
1	Wohnen und Aufenthalt	Nutzfläche (NF)
2	Büroarbeit	
3	Produktion, Hand- und Maschinenarbeit, Experimente	
4	Lagern, Verteilen und Verkaufen	
5	Bildung, Unterricht und Kultur	
6	Heilen und Pflegen	
7	Sonstige Nutzungen	
8	Technische Anlagen	Technische Funktionsfläche (TF)
9	Verkehrserschließung und -sicherung	Verkehrsfläche (VF)

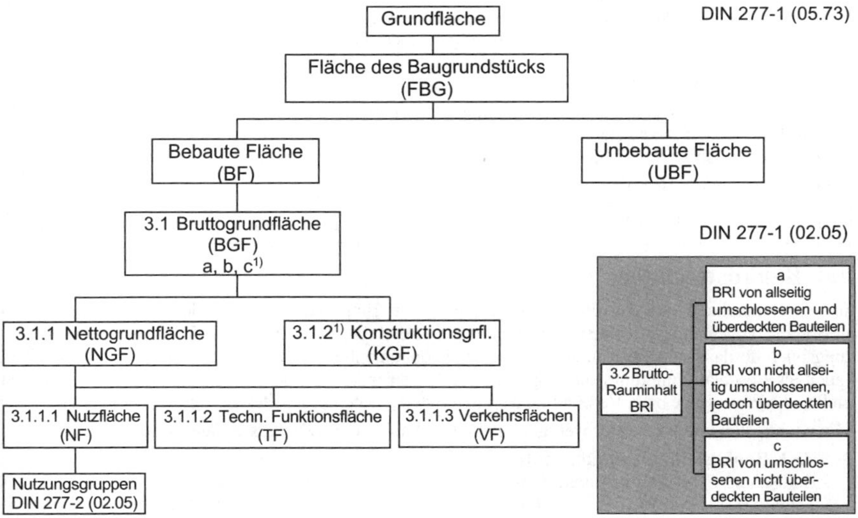

[1] a, b, c sinngemäß wie bei BRI, s. Kasten rechts

Abb. 8.33 Zuordnung der Begriffe

Tafel 8.34 Berechnung der Grundflächen und Rauminhalte

I	Brutto-Grundfläche (BGF)
	Für die Berechnung der Brutto-Grundfläche sind die äußeren Maße der Bauteile einschließlich Bekleidung, z. B. Putz, in Fußbodenhöhe anzusetzen. Konstruktive und gestalterische Vor- und Rücksprünge an den Außenflächen bleiben dabei unberücksichtigt. Brutto-Grundflächen des 2. Bereichs sind an den Stellen, an denen sie nicht umschlossen sind, bis zur senkrechten Projektion ihrer Überdeckungen zu rechnen. Brutto-Grundflächen von Bauteilen (Konstruktionsgrundflächen), die zwischen dem 1. und 2. Bereich liegen, sind zum 1. Bereich zu rechnen.
II	Netto-Grundfläche (NGF), Nutz- (NF), Techn. Funktions- (TF) und Verkehrsfläche (VF)
	Bei der Berechnung der Netto-Grundfläche sind die Grundflächen von Räumen oder Raumteilen unter Schrägen mit lichten Raumhöhen – von mind. 1,5 m bzw. – unter 1,5 m stets getrennt zu ermitteln. Für die Ermittlung der Netto-Grundflächen bzw. der Nutz-, Funktions- oder Verkehrsfläche im Einzelnen sind die lichten Maße der Räume in Fußbodenhöhe ohne Berücksichtigung von Fuß-, Sockelleisten oder Schrammborden anzusetzen. Für Netto-Grundflächen des 2. Bereichs gilt Abschnitt I, zweiter Absatz, sinngemäß. Die Grundflächen von Treppenräumen und Rampen sind als Projektion auf die darüber liegende Grundrissebene zu berechnen, soweit sie sich nicht mit anderen Grundflächen überschneiden. Grundflächen unter der jeweils ersten Treppe oder unter der ersten Rampe werden derjenigen Grundrissebene zugerechnet, auf der die Treppe oder Rampe beginnt. Sie werden ihrer Nutzung entsprechend zugeordnet. Die Grundflächen von Aufzugsschächten und von begehbaren Installationsschächten werden in jeder Grundrissebene, durch die sie führen, berechnet.
III	Brutto-Rauminhalt (BRI)
	Der Brutto-Rauminhalt ist aus den nach Abschnitt I berechneten Brutto-Grundflächen und den dazugehörigen Höhen zu errechnen. Als Höhen für die Ermittlung des Brutto Rauminhaltes gelten die senkrechten Abstände zwischen den Oberflächen des Bodenbelags der jeweiligen Geschosshöhe bzw. bei Dächern die Oberfläche des Dachbelags. Bei Luftgeschossen gilt als Höhe der Abstand von der Oberfläche des Bodenbelags bis zur Unterfläche der darüber liegenden Deckenkonstruktion. Bei untersten Geschossen gilt als Höhe der Abstand von der Unterfläche der konstruktiven Bauwerkssohle bis zur Oberfläche des Bodenbelags des darüber liegenden Geschosses. Für die Höhen des 3. Bereichs sind die Oberkanten der diesem Bereich zugeordneten Bauteile, z. B. Brüstungen, Attiken, Geländer, maßgebend. Bei Bauwerken oder Bauwerksteilen, die von nicht senkrechten und/oder nicht waagerechten Flächen begrenzt werden, ist der Rauminhalt nach entsprechenden Formeln zu berechnen.

1.3.2 Andere Bezugsgrößen

Der Einsatz anderer, nicht genormter Bezugsgrößen entspricht auch den Anforderungen der DIN 276 im Rahmen der Kostenschätzung, ist aber wesentlich ungenauer als der Einsatz der Flächen und Rauminhalte nach DIN 277 und der Wohnflächenverordnung (Abschnitt 1.8).

Beispiele für andere Bezugsgrößen:

€	je	(z. B.) Arbeitsplatz, Hotelbett, Krankenbett, Pflegeeinheit, Stellplatz, Studienplatz

1.4 Baukostendaten

Im Zusammenhang mit der Einführung der EDV im Bauwesen ist es mittlerweile relativ einfach geworden, abgerechnete Kosten von Hochbauten beliebig gegliedert (z. B. DIN 276, Standardleistungsbuch für das Bauwesen) aufzubereiten und zu dokumentieren. Die Verbreitung erfolgt in Buchform (auch als Loseblattsammlung) oder als Software. Datenbanken honorieren Abrechnungsunterlagen und stellen die Weitergabe bzw. Verbindung der aufbereiteten Daten gegen Bezahlung zur Verfügung.

Die wichtigsten und mehr oder weniger bekannten Anbieter von Baukostendaten sind:

1. **BKI, Baukosteninformationszentrum**
   Deutscher Architektenkammern GmbH, Bahnhofstraße 1, 70372 Stuttgart,
   Telefon 0711/954854-0, Fax 0711/954854-54, info@baukosten.de, www.baukosten.de [8.35]
2. **NHK 2000, NHK 2005, Ermittlung zeitgemäßer Normalherstellungskosten**
   Bundesministerium für Raumordnung, Bauwesen und Städtebau
   www.bmvbs.de/dokumente/,-7628/Artikel/dokument.htm [8.36]

Tafel 8.35a NHK 2005, Beispiel und Vergleich [8.35]

61.36 Ein- und Zweifamilienhäuser, eingeschossig, nicht unterkellert, DG ausgebaut, einfacher Standard												€/m² BGF
Baujahre:	...1925	1925-1945		1946-1959		1960-1969		1970-1984		1985-2004		2005
300 Bauwerk - Baukonstruktion	485	485	510	510	540	540	565	565	615	620	670	675
400 Bauwerk - Technische Anlagen	65	65	70	70	70	70	75	75	80	80	90	90
300+400 Bauwerk	550	550	580	580	610	610	640	640	695	700	760	765

Merkmale der Stichprobe:
mittlere Geschosshöhe 3,02m
Geschosszahl 2 OG
Wohnfläche / BGF 0,61
BGF / Nutzeinheit 1,6m²/WFL

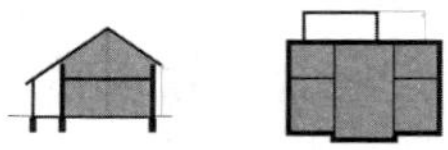

Nebenkosten (in % an Bauwerk)[1]
von ø bis
15 **17** 19
Gesamtnutzungsdauer: 60-100 Jahre
Standardeinordnung siehe Anlage 2

61.37 Ein- und Zweifamilienhäuser, eingeschossig, nicht unterkellert, DG ausgebaut, mittlerer Standard												€/m² BGF
Baujahre:	...1925	1925-1945		1946-1959		1960-1969		1970-1984		1985-2004		2005
300 Bauwerk - Baukonstruktion	535	535	565	570	595	600	625	630	685	685	745	750
400 Bauwerk - Technische Anlagen	115	115	120	120	125	125	135	135	145	145	155	160
300+400 Bauwerk	650	650	685	690	720	725	760	765	830	830	900	910

Merkmale der Stichprobe:
mittlere Geschosshöhe 3,02m
Geschosszahl 2 OG
Wohnfläche / BGF 0,61
BGF / Nutzeinheit 1,6m²/WFL

Nebenkosten (in % an Bauwerk)[1]
von ø bis
15 **17** 19
Gesamtnutzungsdauer: 60-100 Jahre
Standardeinordnung siehe Anlage 2

61.38 Ein- und Zweifamilienhäuser, eingeschossig, nicht unterkellert, DG ausgebaut, hoher Standard												€/m² BGF
Baujahre:	...1925	1925-1945		1946-1959		1960-1969		1970-1984		1985-2004		2005
300 Bauwerk - Baukonstruktion	620	620	655	655	690	695	725	730	790	795	860	870
400 Bauwerk - Technische Anlagen	175	175	185	185	195	195	205	205	225	225	245	245
300+400 Bauwerk	795	795	840	840	885	890	930	935	1015	1020	1105	1115

Merkmale der Stichprobe:
mittlere Geschosshöhe 3,02m
Geschosszahl 2 OG
Wohnfläche / BGF 0,61
BGF / Nutzeinheit 1,6m²/WFL

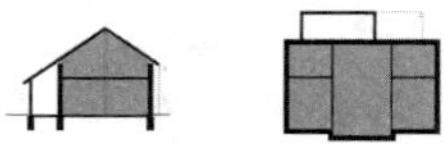

Nebenkosten (in % an Bauwerk)[1]
von ø bis
14 **16** 19
Gesamtnutzungsdauer: 60-100 Jahre
Standardeinordnung siehe Anlage 2

Für die Bearbeitung des Beispiels (Abschnitt 1.7.1) wurden für die Kostenschätzung und für die Kostenberechnung die BKI-Baukosten für Gebäude von 2013 übernommen. Dazu die Tafeln 8.35b, 8.36 und Abb. 8.36.

Tafel 8.35b BKI-Baukosten 2015 [8.36]; Ein- und Zweifamilienhäuser, nicht unterkellert, mittlerer Standard Kostenkennwerte für die Kostengruppe der 1. Ebene (Schätzung) nach DIN 276

KG	Kostengruppen der 1. Ebene	Einheit	▷	€/Einheit	◁	▷	% an 300+400	◁
100	Grundstück	m² FBG						
200	Herrichten und Erschließen	m² FBG	7	**20**	49	1,4	**3,6**	6,6
300	Bauwerk - Baukonstruktionen	m² BGF	779	**935**	1.112	74,7	**80,0**	84,1
400	Bauwerk - Technische Anlagen	m² BGF	185	**233**	319	15,9	**20,1**	25,3
	Bauwerk (300+400)	m² BGF	985	**1.168**	1.366		**100,0**	
500	Außenanlagen	m² AUF	24	**52**	95	3,6	**6,7**	11,8
600	Ausstattung und Kunstwerke	m² BGF	15	**41**	68	1,5	**3,1**	4,7
700	Baunebenkosten	m² BGF	–	**–**	–	–	**–**	–

Tafel 8.36 **BKI-Baukosten 2015 [8.36]; Ein- und Zweifamilienhäuser, nicht unterkellert, mittlerer Standard, Kostenkennwerte für die Kostengruppe der 2. Ebene (Berechnung) nach DIN 276**

KG	Kostengruppen der 2. Ebene	Einheit	▷	€/Einheit	◁	▷	% an 300	◁
310	Baugrube	m³ BGI	16	**27**	56	0,1	**0,9**	1,6
320	Gründung	m² GRF	207	**251**	307	12,5	**14,7**	18,1
330	Außenwände	m² AWF	315	**375**	459	35,8	**38,9**	42,5
340	Innenwände	m² IWF	131	**159**	197	9,5	**12,6**	15,3
350	Decken	m² DEF	221	**251**	290	6,8	**12,5**	17,2
360	Dächer	m² DAF	170	**217**	256	12,9	**17,3**	25,8
370	Baukonstruktive Einbauten	m² BGF	–	**–**	–	–	**–**	–
390	Sonstige Baukonstruktionen	m² BGF	16	**26**	42	1,9	**3,0**	4,9
300	**Bauwerk Baukonstruktionen**	**m² BGF**					**100,0**	
KG	**Kostengruppen der 2. Ebene**	**Einheit**	▷	**€/Einheit**	◁	▷	**% an 400**	◁
410	Abwasser, Wasser, Gas	m² BGF	65	**78**	104	28,8	**35,8**	41,4
420	Wärmeversorgungsanlagen	m² BGF	66	**95**	125	35,8	**42,6**	51,0
430	Lufttechnische Anlagen	m² BGF	20	**23**	26	0,0	**2,5**	11,0
440	Starkstromanlagen	m² BGF	25	**33**	49	12,8	**14,7**	18,1
450	Fernmeldeanlagen	m² BGF	5	**9**	17	2,6	**4,5**	11,7
460	Förderanlagen	m² BGF	–	**–**	–	–	**–**	–
470	Nutzungsspezifische Anlagen	m² BGF	–	**–**	–	–	**–**	–
480	Gebäudeautomation	m² BGF	–	**–**	–	–	**–**	–
490	Sonstige Technische Anlagen	m² BGF	–	**1**	–	–	**0,0**	–
400	**Bauwerk Technische Anlagen**	**m² BGF**					**100,0**	

Kostenkennwerte für die Kosten des Bauwerks (Kostengruppen 300+400 nach DIN 276)

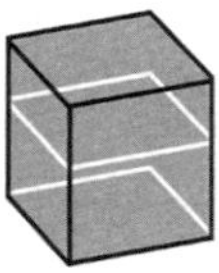

BRI 365 €/m³
von 330 €/m³
bis 420 €/m³

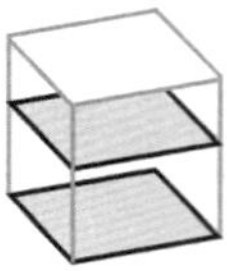

BGF 1.170 €/m²
von 980 €/m²
bis 1.370 €/m²

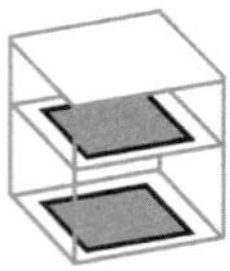

NF 1.740 €/m²
von 1.430 €/m²
bis 2.060 €/m²

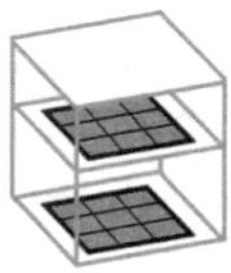

NE 1.870 €/NE
von 1.600 €/NE
bis 2.300 €/NE
NE: Wohnfläche

Objektbeispiele

6100-1168

6100-1151

6100-1148

Abb. 8.36 Basis für Tafeln 8.35b und 8.36; Ein-/Zweifamilienhäuser mittlerer Standard [8.36]

1.5 Baupreisindex und Regionaleinfluss

Der Einsatz von Baukostendaten nach Abschn. 1.4 bedarf je nach Alter und Herkunft der **Korrektur.**

1.5.1 Baupreisindex

Das **Statistische Bundesamt** (www.destatis.de) gibt vierteljährlich **Verhältniszahlen** über die durchschnittliche Preisentwicklung von Wohngebäuden aller Art heraus. Baupreisindizes dienen sowohl den Kosten- (Aktualisierung von Daten) als auch den Wertermittlungen (Ermittlung der Herstellungskosten zurückliegender Baujahre). Für die Schätzung der Kosten künftig auszuführender Bauten gilt Folgendes: Der **zeitliche Abstand** zwischen dem **Stichtag der Kostenschätzung** und dem **Baubeginn** bzw. dem Zeitpunkt der **Vergabe** macht eine Prognose nötig, die Kenntnisse über die Situation des Baumarktes sowie künftiger Materialpreis- und Lohnsteigerungen voraussetzt. Tafel 8.57 zeigt die Baupreisentwicklung der Jahre 1998 bis 1/2015. Schon 1913 wurde durch die Bausparkassen damit begonnen, Baukosten systematisch aufzubereiten. Die Wahl des Basisjahres beschränkt sich mittlerweile auf 2005, während die Bausparkassen nach wie vor das Basisjahr 1914 verwenden.

1.5.2 Regionaler Einfluss von Baukostendaten

Bauen verursacht im Bundesgebiet je nach Standort unterschiedlich hohe Kosten. Die Übernahme von Baukostendaten „fremder Herkunft" birgt grundsätzlich das Risiko der Ungenauigkeit in sich. Zwei beispielhafte Anbieter von Baukostendaten sind in Abschn. 1.4 aufgezeigt. In allen Datensammlungen werden für das gesamte Bundesgebiet geltende Durchschnittswerte ermittelt. Die Handhabung wird in den genannten Werken ausführlich erläutert. Der sogenannte Bundesdurchschnitt in den einzelnen Datenbanken ist nicht unbedingt vergleichbar. Die Herkunft der Kostendaten ist sehr unterschiedlich zusammengesetzt.

Tafel 8.37 Regionale Korrekturfaktoren [8.37]

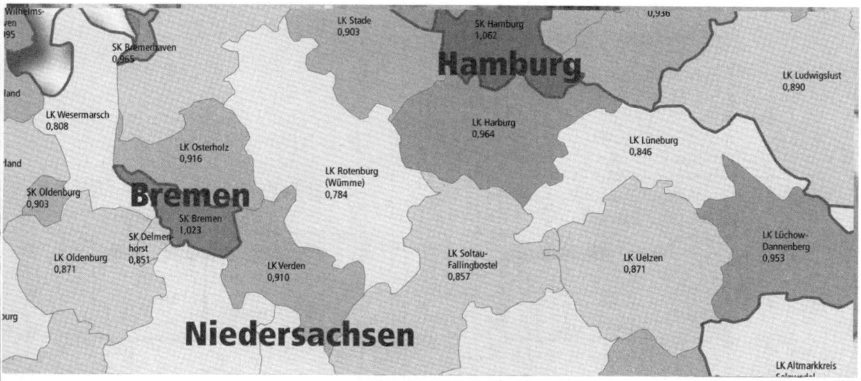

Die Anwendung von Baukostendaten aus der Literatur oder Software-Programmen erfolgt grundsätzlich aus drei Gründen:

1. Mangels jeglicher Erfahrung, die erst aus einer Vielzahl von geplanten und ausgeführten Gebäudetypen entstanden sein muss (z. B. Absolventen),
2. bei Bearbeitung eines für das Planungsbüro völlig neuen Gebäudetyps,
3. zum Vergleich mit einer aufgestellten Kostenermittlung.

Mangelnde Erfahrung lässt sich durch den Austausch mit befreundeten Architekten ausgleichen, die sich schon längere Zeit gerade für die Bauaufgabe spezialisiert haben, mit der man selber zum ersten Mal konfrontiert worden ist. Fachverbände, Innungen und Kammern sind eine weitere Quelle für einschlägige und relativ zuverlässige Kostendaten. Trotzdem ist der kritische Einsatz von Daten aus der Literatur ein Gewinn für die Genauigkeit des Ergebnisses von Kostenermittlungen.

1.6 Beispielobjekt

Es handelt sich um ein Einfamilienhaus mit einem Nebengebäude als Garage und Geräteraum. **Architekten:** Harms & Partner, Oldenburg

1.6.1 Darstellung

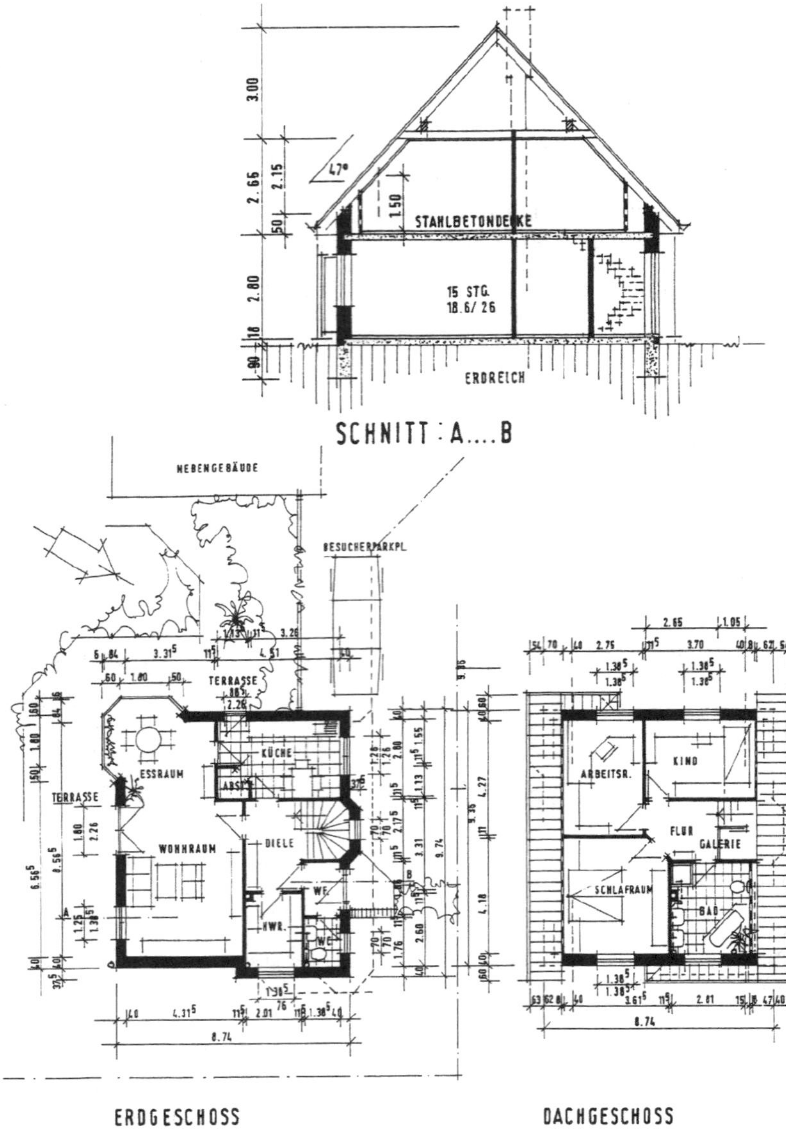

1.6.2 Baubeschreibung

Anmerkung: Die Baubeschreibung ist nach den Tabellen für Ausführungsstandards von BKI und NHK 2015 für freistehende Ein- und Zweifamilienhäuser angefertigt worden.

	Standard		
Bauteil	**Einfach**	**Mittel**	**Gehoben**
Fassade			Verblendmauerwerk
Fenster		Kunststoff, Rollläden	
Dach		Betondachsteine, mittlerer Wärmedämmstandard	
Sanitärausstattung		Bad mit Dusche und Wanne, Gäste-WC	
Innenwandbekl. der Nassräume		Fliesen bis in Türhöhe	
Bodenbeläge		Teppich, Fliesen, Linoleum	
Innentüren		Fertigtürelemente mit Echtholzfurnier	
Heizung		Zentralheizung mit Therme und Radiatoren	zentrale Warmwasserbereitung
Elektro-Installation		1–2 Lichtauslässe und 2–3 Steckdosen je Raum	

Aus der Baubeschreibung muss die Qualität des Standards erkennbar werden. Bei Einsatz von Baukostendaten (Abschnitt 1.4) ist eine Entscheidung zwischen den Standards **Einfach** (sparsam, min. bzw. von), **Mittel** (normal, durchschnittlich) und **Gehoben** (komfortabel, max. bzw. bis) zu treffen. Bei Kostenüberschreitungen dient die Baubeschreibung als Vergleichsmaßstab bei planerischen (Quantität) bzw. baulichen (Qualität) Veränderungen (Hinweispflicht des Architekten auf Mehrkosten). Bei Unsicherheit hilft ein Punktesystem des BKI, das die Einordnung erleichtert.
Die Tafel 8.39 zeigt nach DIN 276 gegliederte Beispiele für kostenmindernde (Einfach) und kostensteigernde (Gehoben) Maßnahmen.

Tafel 8.39 Kostenrelevante Bau- und Gebäudeteile

DIN	Bau-/Gebäudeteil	kostenmindernd	kostensteigernd
310	Baugrube	Wiederverwertung von Boden	Bodenaustausch, Pfähle
320	Gründung	ohne Fußboden und Wärmed.	Bodenverbesserung, Kanäle
330	Außenwände	1-schalig, Putz u. Anstrich	Sichtmauerwerk, Metallfassade
350	Decken	einf. Bodenbeläge u. Treppen	Natursteinböden, Holztreppen
360	Dächer	einf. Geometrie, keine Gauben	Metall- u. Glasdächer, Gauben
410	Abw.-, Wasser-, Gasanl.	wenig San.-Objekte u. Bäder	Regenwassernutzung, Hebeanl.
420	Wärmeversorgung	Therme mit WW	Fußbodenheizung, Kollektoren
430	Lufttechn. Anlagen	Einzelraumlüf., Dunstabzug	Klimaanlage, Rückgewinnung
440	Starkstromanlagen	wenig Steckdosen u. Schalter	Blitzschutz, Photovoltaik

1.7 Kostenermittlungen, Bearbeitung und Erläuterung

1.7.1 Bearbeitung[1)]

Die Bearbeitung des Beispiels erfolgt im Rahmen der Kostenschätzung und der Kostenberechnung. In der Norm wird die Gliederung der Gesamtkosten innerhalb der **Kostenschätzung** mindestens bis zur **1. Ebene** (Stelle) und innerhalb der **Kostenberechnung** mindestens bis zur **2. Ebene** gefordert. Es empfiehlt sich jedoch, in jeweils weitere Ebenen zu untergliedern, soweit die entsprechenden Beträge bekannt sind oder lediglich erfragt werden müssen. Ausnahmen sind die KG 300 und 400

Tafel 8.40 Berechnungsbeispiel[1)] **Beträge in €**

1	2	3	4	5	6
Kosten-gruppe	*Kostenschätzung* Kostenberechnung	Kostenanschlag	*Kosten-schätzung*	Kostenberechnung	
				Ansatz	Betrag
100	***Grundstück***		*66 500*		(71 155)
110	**Grundstückswert**		Ansatz:	s. KG 100, Spalte 4	66 500
120	**Grundstücks-nebenkosten**		500 m^2 FBG · 133 €/m^2	7 % von 110	4 655
121		Vermessungsgebühren			
122		Gerichtsgebühren			
123		Notariatsgebühren			
124		Maklerprovisionen			
125		Grunderwerbsteuer			
126		Wertermittlungen, Untersuchungen			
127		Genehmigungsgebühren			
128		Bodenordnung, Grenzregulierung			
130	**Freimachen**			z. B. Gebühr für Verzichtserklärung der Stadt betr. Vorkaufsrecht	
131		Abfindungen			
132		Ablösen dinglicher Rechte			
139		Sonstiges			
200	***Herrichten und Erschließen***		10 000		(9 333)
210	**Herrichten**		Ansatz: 500 m^2 FBG · 20 €/m^2	500 m^2 FBG · 5 €/m^2 FBG	2 500
211		Sicherungsmaßnahmen			
212		Abbruchmaßnahmen			
213		Altlastenbeseitigung			
214		Herrichten der Geländeoberfläche			
219		Sonstiges			
220	**Öffentliche Erschließung**			Aufstellung:	6 833
221		Abwasserentsorgung		2 000	
222		Wasserversorgung		1 750	
223		Gasversorgung		1 250	
224		Fernwärmeversorgung		entfällt	
225		Stromversorgung		1 750	
226		Telekommunikation		83	
227		Verkehrserschließung		in 110 enthalten	
229		Sonstiges		entfällt	
230	**Nichtöffentliche Erschließung**			Gliederung wie 220	./.
240	**Ausgleichsabgaben**			entfällt	./.
300	***Bauwerk – Baukonstruktionen***		177.209 (300+400)		(146 108)
310	**Baugrube**		Ansatz: 168,29 m^2 BGFa · 1 170,00 €/m^2 · 0,9 (300+400)	Das Gebäude ist nicht unterkellert, eine Baugrube entfällt.	./.
311		Baugrubenherstellung			
312		Baugrubenschließung			
313		Wasserhaltung			
319		Sonstiges			

[1)] Erläuterungen und Quellen siehe Abschnitt 1.7.2.

Tafel 8.40 (Fortsetzung) **Beträge in €**

1	2	3	4	5	6
Kosten-gruppe	*Kostenschätzung* Kostenberechnung	Kostenanschlag	*Kosten-schätzung*	Kostenberechnung Ansatz	Betrag
320	**Gründung**			Basisfläche (GRF) = 86,44 m² · 251 €/m² · 0,9	19 527
321		Baugrundverbesserung			
322		Flachgründungen			
323		Tiefgründungen			
324		Unterböden und Bodenplatten			
325		Bodenbeläge			
326		Bauwerksabdichtungen			
327		Dränagen			
329		Sonstiges			
330	**Außenwände**			Außenwandfläche (AWF) 169,66 m² · 375 €/m² · 0,9	57 260
331		Tragende Außenwände			
332		Nichttr. Außenwände			
333		Außenstützen			
334		Außentüren u. -fenster			
335		Außenw.bekleidungen, außen			
336		Außenw.bekleidungen, innen			
337		Element. Außenwände			
338		Sonnenschutz			
339		Sonstiges			
340	**Innenwände**			Innenwandfläche (IWF) 131,78 m² · 159 €/m² · 0,9	18 858
341		Tragende Innenwände			
342		Nichttr. Innenwände			
343		Innenstützen			
344		Innentüren u. -fenster			
345		Innenw.bekleidungen			
346		Element. Innenwände			
349		Sonstiges			
350	**Decken**			Deckenfläche (DEF) 86,44 m² · 251 €/m² · 0,9	19 527
351		Deckenkonstruktionen			
352		Deckenbeläge			
353		Deckenbekleidungen			
359		Sonstiges			
360	**Dächer**			Dachfläche (DAF) 158,40 m² · 217 €/m² · 0,9	30 936
361		Dachkonstruktionen			
362		Dachfenster, Dachöffnungen			
363		Dachbeläge			
364		Dachbekleidungen			
369		Sonstiges			
370	**Baukonstruktive Einbauten**			entfällt	./.
371		Allgemeine Einbauten			
372		Besondere Einbauten			
379		Sonstiges			
390	**Sonstige Maßnahmen**	(entfällt hier)		in 310–360 enthalten	
400	***Bauwerk – Technische Anlagen***		in KG 300 enthalten		(32 564)
410	**Abwasser-, Wasser-, Gasanlagen**			BGFa 168,29 m² · 78 €/m² BGF · 0,9	11 814
411		Abwasseranlagen			
412		Wasseranlagen			
413		Gasanlagen			
414		Feuerlöschanlagen			
419		Sonstiges			

Tafel 8.40 (Fortsetzung) **Beträge in €**

1	2	3	4	5	6
Kosten-gruppe	*Kostenschätzung* Kostenberechnung	Kostenanschlag	*Kosten-schätzung*	Kostenberechnung Ansatz	Betrag
420	**Wärmeversorgungs-anlagen**			BGFa 168,29 m² · 95 €/m² BGF · 0,9	14 389
421		Wärmeerzeugungsanl.			
422		Wärmeverteilnetze			
423		Raumheizflächen			
429		Sonstiges			
430	**Lufttechnische Anlagen**			entfällt	./.
431		Lüftungsanlagen			
432		Teilklimaanlagen			
433		Klimaanlagen			
434		Prozesslufttechn. Anl.			
435		Kälteanlagen			
439		Sonstiges			
440	**Starkstromanlagen**			BGFa 168,29 m² · 33 €/m² BGF · 0,9	4 998
441		Hoch-/Mittelspannung			
442		Eigenstromversorgung			
443		Niederspannungsschalt-anlagen; Niederspannungs-installationsanlagen			
445		Beleuchtungsanlagen			
446		Blitzschutz/Erdung			
449		Sonstiges			
450	**Fernmelde- und info.techn. Anlagen**			BGFa 168,29 m² · 9 €/m² BGF · 0,9	1 363
451		Telekomm.anlagen			
452		Such- u. Signalanlagen			
453		Zeitdienstanlagen			
454		Elektroakust. Anlagen			
455		Fernseh- und Antennenanlagen			
456		Gefahrenmelde- u. Alarmanlagen			
457		Übertragungsnetze			
459		Sonstiges			
460	**Förderanlagen**			entfällt	./.
461		Aufzugsanlagen			
462		Fahrtreppen/-steige			
463		Befahranlagen			
464		Transportanlagen			
465		Krananlagen			
469		Sonstiges			
470	**Nutzungsspezifische Anlagen**			entfällt	./.
471		Küchentechn. Anl.			
472		Wäscherei-, Reinigungs-anlagen			
473		Medienvers.anlagen			
474		Medizintechn. Anlagen			
475		Labortechn. Anlagen			
476		Badetechn. Anlagen			
477		Kälteanlagen			
478		Entsorgungsanlagen			
479		Sonstiges			
480	**Gebäudeautomation**			entfällt	./.
481		Automationssysteme			
482		Leistungsteile			
483		Zentrale Einrichtungen			
489		Sonstiges			

Tafel 8.40 (Fortsetzung) **Beträge in €**

1	2	3	4	5	6
Kosten-gruppe	*Kostenschätzung* Kostenberechnung	Kostenanschlag	*Kosten-schätzung*	Kostenberechnung Ansatz	Betrag
490	**Sonst. Maßnahmen für Technische Anlagen**			entfällt	./.
491		Baustelleneinrichtung			
492		Gerüste			
493		Sicherungsmaßnahmen			
494		Abbruchmaßnahmen			
495		Instandsetzungen			
496		Recyl., Zwischendep. und Entsorgung			
497		Schlechtwetterbau			
498		Zusätzl. Maßnahmen			
499		Sonstiges			
500	***Außenanlagen***		18 495		(19 222)
510	**Geländeflächen**		Ansatz:	UBF 206 m²	4 532
511		Geländebearbeitung	UBF	· 22 €/m² UBF	
512		Vegetationstechnische Bodenbearbeitung	411 m² · 45 €/m²		
513		Sicherungsbauweisen			
514		Pflanzen			
515		Rasen			
516		Begrünung unterbau. Flächen			
517		Wasserflächen			
519		Sonstiges			
520	**Befestigte Flächen**			UBF 205 m²	11 890
521		Wege		· 58 €/m² UBF	
522		Straßen			
523		Plätze, Höfe			
524		Stellplätze			
525		Sportplatzflächen			
526		Spielplatzflächen			
527		Gleisanlagen			
529		Sonstiges			
530	**Baukonstruktionen in Außenanlagen**			pauschal für Pergola	2 800
531		Einfriedungen			
532		Schutzkonstruktionen			
533		Mauern, Wände			
534		Rampen, Treppen, Tribünen			
535		Überdachungen			
536		Brücken, Stege			
537		Kanal-, Schachtbau-anlagen			
538		Wasserbaul. Anlagen			
539		Sonstiges			
540	**Techn. Anlagen in Außenanlagen**			pauschal für Abwasser (Anteile der Versorgungsleitungen sind in KG 220/230 enthalten.)	
541		Abwasseranlagen			
542		Wasseranlagen			
543		Gasanlagen			
544		Wärmevers.anlagen			
545		Lufttechn. Anlagen			
546		Starkstromanlagen			
547		Fernmelde- und info.techn. Anlagen			
548		Nutzungsspez. Anl.			
549		Sonstiges			

Tafel 8.40 (Fortsetzung) **Beträge in €**

1	2	3	4	5	6
Kosten-gruppe	*Kostenschätzung* Kostenberechnung	Kostenanschlag	*Kosten-schätzung*	Kostenberechnung Ansatz	Betrag
550	**Einbauten in Außenanlagen**			entfällt	./.
551		Allgemeine Einbauten			
552		Besondere Einbauten			
559		Sonstiges			
590	**Sonst. Maßnahmen für Außenanlagen**			in 510–550 enthalten	./.
591		Baustelleneinrichtung			
592		Gerüste			
593		Sicherungsmaßnahmen			
594		Abbruchmaßnahmen			
595		Instandsetzungen			
596		Recycl., Zwischendep., Entsorgung			
597		Schlechtwetterbau			
598		Zusätzl. Maßnahmen			
599		Sonstiges			
600	***Ausstattung und Kunstwerke***		7 800		(8 675)
610	**Ausstattung**				8 675
611		Allgem. Ausstattung	pauschal		
612		Bes. Ausstattung	(nutzungsspez.		
619		Sonstiges	Erfahrungs-		
620	**Kunstwerke**		wert)		
621		Kunstobjekt		entfällt	./.
622		Künstlerisch gestaltete Bauteile des Bauwerks			
623		Künstlerisch gestaltete Bauteile der Außenanlage			
629		Sonstiges			
700	***Baunebenkosten***		24 809		(30 477)
710	**Bauherrenaufgaben**			entfällt	
711		Projektleitung	Ansatz:		
712		Projektsteuerung	14 % von KG		
713		Betriebs- und Organisationssteuerung	300 + 400: (178 672)		
719		Sonstiges			
720	**Vorbereitungen der Objektplanung**			entfällt	./.
721		Untersuchungen			
722		Wertermittlungen			
723		Städtebaul. Leistungen			
724		Landschaftsplanerische Leistungen			
725		Wettbewerbe			
729		Sonstiges			
730	**Architekten- und Ingenieurleistungen**				26 727
731		Gebäude		Architekten:	
732		Freianlagen		13 % von	
733		Raumbildende Ausbauten		KG 300/400 ≈ 13 % v. 178 672	
734		Ingenieurbauwerke und Verkehrsanlagen		= 23 227 + Fachingenieure	
735		Tragwerksplanung		pauschal: 3 500	
736		Techn. Ausrüstung		= 26 727	
739		Sonstiges			

Tafel 8.40 (Fortsetzung) **Beträge in €**

1	2	3	4	5	6
Kosten-gruppe	*Kostenschätzung* Kostenberechnung	Kostenanschlag	*Kosten-schätzung*	Kostenberechnung	
				Ansatz	Betrag
740	**Gutachten und Beratung**			Vermessung, Gebäudeeinmessung	950
741		Thermische Bauphysik			
742		Schallschutz und Raumakustik			
743		Bodenmechanik, Erd- und Grundbau			
744		Vermessung			
745		Lichttechnik, Tageslichttechnik			
749		Sonstiges			
750	**Kunst**			entfällt	./.
751		Kunstwettbewerbe			
752		Honorare			
759		Sonstiges			
760	**Finanzierung**			entfällt, da von persönlichen Verhältnissen des Auftraggebers abhängig	./.
761		Finanzierungskosten			
762		Zinsen vor Nutzungsbeginn			
769		Sonstiges			
770	**Allgemeine Baunebenkosten**				2 800
771		Prüfungen, Genehmigungen, Abnahmen			
772		Bewirtschaftungskosten			
773		Bemusterungskosten			
774		Betriebskosten während der Bauzeit			
779		Sonstiges			
790	**Sonstige Baunebenkosten**			entfällt	./.

		Gesamtkosten inkl. Mehrwertsteuer in €	
		Kostenschätzung **304 813**	Kostenberechnung **317 534**
		Abweichungen gemäß Tafel 8.32, Spalte 5 (hier Überschreitung):	
		100 %	**104,2[1)] %**

[1)] Der Toleranzbereich von +/– 10–15 % wurde nicht ausgenutzt. Die geringe Überschreitung lässt eher auf einen sog. Kostendeckel (Begrenzung der Gesamtkosten, auch „Bausumme" genannt, durch Bauherrn) schließen.

1.7.2 Erläuterungen

100/200 Grundstück/Herrichten und Erschließen

Tafel 8.45 Quellen für grundstücksbezogene Kosten

100	Quelle	200	Quellen
110	Gutachterausschuss beim zuständigen Katasteramt (Kaufpreissammlung des Vorjahres)	221	Tiefbauamt
		222–225	Energieversorgungsunternehmen (EVU), Baukostenzuschüsse
		226	Telekom

300/400 Bauwerk – Baukonstruktionen/Bauwerk – Technische Anlagen

Für die **Kostenschätzung** ist die Berechnung der Bruttogrundfläche nach DIN 277 (Abschnitt 1.3) erforderlich. Es empfiehlt sich, den Grundriss in einfache geometrische Formen zu zerlegen.

1. Schritt: Berechnung der Bruttogrundfläche (BGF):

	Berechnung [m]	Ergebnis [m²]	
Bruttogrundfläche EG:	8,74 · 9,74	85,13	
	–4,43 · 0,375	–1,66	
	+2,05 · 0,60	+1,23	
	–0,50 · 0,50 · 0,5	–0,125	
	+2,35 · 0,60	+1,41	
	–0,60 · 0,60 · 0,5	–0,18	Hierzu gehört die Darstellung 1.6.1 sowie Abschnitt 1.3.1.
	–0,50 · 0,50 · 0,5	–0,125	
	+0,375 · 2,405	+0,90	
-	–0,375 · 0,375	–0,14	
		86,44	
Bruttogrundfläche DG:	8,74 · 9,365	81,85	
Bruttogrundfläche gesamt:		168,29	

2. Schritt:

Multiplikation des Ergebnisses der Flächenberechnung mit dem zugehörigen Kostenkennwert, der, falls nicht aktuell, mit dem Baupreisindex (Abschnitt 1.5.1) zeitlich und regional gemäß Abschnitt 1.5.2, Tafel 8.37, angepasst werden muss. Da die Kennwerte den Stand 1. Quartal 2015 haben, ist das in diesem Beispiel nicht nötig.
Für die Kostenschätzung wurde der Kostenkennwert 1140 €/m² BGF der Abb. 8.36 entnommen und mit dem regionalen Faktor 0,9 multipliziert.

Zur **Kostenberechnung** wurde für die Bearbeitung des Beispiels das Verfahren mit Grobelementen (s. Abschnitt 1.2, Tafel 8.31) durchgeführt [8.34].

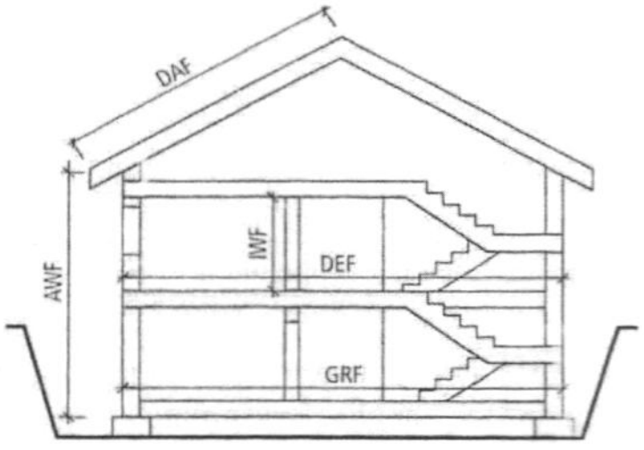

Abb. 8.46
Prinzip der Grobelemente von Gebäuden für die Kostenberechnung, der Raum der Baugrube entspricht BGI

1. Schritt: Mengenermittlung (m², m³)

(Bei der Durchführung sind die Messvorschriften nach Tafel 8.47 einzuhalten.)

2. Schritt: Verwendung geeigneter Kostenkennwerte

Für das Beispiel wurden die Baukostendaten des Standardwerks Gebäudekosten 2015 des Baukosteninformationszentrums Deutscher Architektenkammern [8.31] hinzugezogen. Die verwendeten Daten entsprechen den mittleren Kostenkennwerten der Tafel 8.36 in Abschnitt 1.4.

3. Schritt: Zeitliche und regionale Anpassung der Baukostendaten

Die Kostenkennwerte wurden, wie auch bei der Schätzung, nur regional mit 0,90 für die Stadt Oldenburg gemäß Abschnitt 1.5.2 angepasst.

Tafel 8.47 Messvorschriften und Anwendung

Abkürzung	Bezeichnung	Messvorschrift	Einheit	Beispiel (Abschnitt 1.6)
BGI (310)[1]	Baugrube	Gemessen wird der Rauminhalt des Aushubs einschl. der statthaften Arbeitsräume. Aushub für Fundamente, Grundleitungen, Ausgleichsschichten, Filterschichten usw. wird nicht berücksichtigt.	m^3	entfällt
BGF (320)[1]	Basisfläche	Grundfläche der untersten Grundrissebene. Die Fläche ergibt sich aus den äußeren Abmessungen in Bodenhöhe. Konstruktive Vor- und Rücksprünge bleiben unberücksichtigt. Abschnitt 3.3 DIN 277 (6.87) gilt sinngemäß.	m^2	$8{,}74 \cdot 9{,}74$ $- 4{,}43 \cdot 0{,}37^5 + 2{,}05 \cdot 0{,}60$ $- 0{,}50 \cdot 0{,}50 \cdot 0{,}5 + 2{,}35 \cdot 0{,}60$ $- 0{,}60 \cdot 0{,}60 \cdot 0{,}5$ $- 0{,}50 \cdot 0{,}50 \cdot 0{,}5$ $+ 0{,}37^5 \cdot 2{,}40^5 - 0{,}37^5 \cdot 37^5$ $= 86{,}44$
AWF (330)[1]	Außenwandfläche	Abgewickelte Außenfläche der Außenwände. Gemessen wird vertikal ab Oberkante Fundament bis zur Auflagerung der Dachkonstruktion bzw. bis zur Oberkante der als Dachbrüstung geführten Außenwand. Öffnungen, wie z.B. Lichtschächte, werden übermessen.	m^2	$8{,}74 \cdot 3{,}58$ $+ 0{,}60 \cdot 3{,}58 + 8{,}74 \cdot 4{,}05/2$ $+ (0{,}84 + 1{,}80 + 0{,}78 + 5{,}84)$ $\cdot 2{,}90$ $+ 5{,}84 \cdot 0{,}68 + 8{,}74 \cdot 4{,}052/2$ $+ (7{,}04 + 0{,}78 + 1{,}80) \cdot 3{,}58$ $+ [9{,}74 + (2 \cdot 0{,}095)] \cdot 3{,}58$ $= 169{,}66$
IWF (340)[1]	Innenwandfläche	Summe der Innenwandfläche aller Grundrissebenen. Gemessen wird bis zur Innenkante der Außenwand. Bei durchbindenden Wänden wird nur eine, ggf. die dickere, gemessen. Vertikal wird von Oberkante der darunterliegenden bis zur Unterkante der darüberliegenden Tragkonstruktion der Decke gemessen. Öffnungen, wie z.B. Türen und Innenfenster, werden übermessen.	m^2	EG: $(2{,}915 + 4{,}51 + 0{,}70 + 0{,}80$ $+ 0{,}70 + 5{,}65 + 2{,}01 + 3{,}735$ $+ 1{,}385 + 1{,}385) \cdot 2{,}80 +$ DG: $(4{,}18 + 0{,}115 + 4{,}27 + 2{,}80$ $+ 2{,}47 + 2{,}47) \cdot 1{,}25$ $+ (3{,}36 + 2{,}47) \cdot 1{,}52$ $+ (4{,}27 + 0{,}115 + 3{,}36 + 0{,}11$ $+ 1{,}22 + 0{,}68 + 1{,}63 + 0{,}34) \cdot 2{,}65$ $+ 1{,}40 \cdot 2{,}47 + 2{,}47 \cdot 1{,}13/2$ $= 131{,}78$
DEF (350)[1]	Deckenfläche (horizontale Trennfläche)	Summe der Grundflächen aller Grundrissebenen ohne Basisfläche und Dachfläche. Maßgebend sind die äußeren Abmessungen; konstruktiv gestalterische Vor- und Rücksprünge bleiben unberücksichtigt. Abschnitt 3.3 DIN 277 (6.87) gilt sinngemäß. Treppen, Öffnungen, Wände, Schächte usw. werden übermessen.	m^2	86,44
DAF (360)[1]	Dachfläche	Bei Flachdächern ergibt sich die Fläche aus den äußeren Abmessungen in Höhe der Dachkonstruktion. Bei geneigten Dächern wird die abgewickelte Fläche ermittelt. Öffnungen, wie z.B. Dachfenster, Schornsteine und sonstige Aufbauten, werden übermessen.	m^2	$2 \cdot 10{,}56 \cdot 7{,}50$ (gemessen) $= 158{,}40$

[1] Kostengruppe nach DIN 276 (6.93).

500 Außenanlagen
1. Schritt:

Die **unbebaute Fläche** (UBF) resultiert aus der **Differenz** zwischen der Fläche des Baugrundstücks (FBG) und der bebauten Fläche (BF).
Für das Beispiel: 500 m² FBG – 89 m² BF = 411 m² UBF (KG 510: 206 m²
KG 520: 205 m²)

2. Schritt:

Zur **Kostenschätzung** wurden 40 €/m² UBF angesetzt, die sich, je nach Standard, auf 20 €/m² UBF oder 60 €/m² UBF und mehr regulieren lassen. Die **Eigenhilfe** sollte jedoch hier, wie in allen anderen Kostengruppen, **unberücksichtigt** bleiben und ausschließlich Bestandteil eines Finanzierungsplanes sein.

Grundlage der **Kostenberechnung** sind ebenfalls Erfahrungswerte bzw. Nachfragen bei Unternehmen. Im letzten Fall ist die Umsatzsteuer stets hinzuzurechnen. Soweit Daten aus der Literatur verwendet werden, sind diese gemäß Abschnitt 1.5.1 zu aktualisieren.

600 Ausstattung und Kunstwerke
Während der Begriff Ausstattung gleichzusetzen ist mit **Einrichtung** im Sinne von Ersteinrichtung, ist die Kostenbeeinflussung von Kunstwerken lediglich bei öffentlichen Bauvorhaben und ggf. im Sinne des Mäzenatentums von Bedeutung. Die sowohl für die **Kostenschätzung** als auch die Kostenberechnung eingesetzten Beträge sind abhängig von den alten und neuen Wohn- und Ausstattungsbedingungen der Nutzer sowie von den regionalen Bedingungen bei Wohnungswechsel.

Für das Objekt wurden folgende Annahmen getroffen:

Ausstattung von Bad und Gäste-WC	500
Allgemeine Ausstattung u. Einbauküche	6 000
Erstausstattung/Leuchten	500
Gerät	500

700 Baunebenkosten
Innerhalb der **Kostenberechnung** werden für das gewählte Beispiel keine Kosten für Bauherrenaufgaben (714) und Vorbereitung (720) angesetzt, da diese üblicherweise bei Einfamilienhäusern nicht anfallen. Ausgaben für Kunst (750) fallen hauptsächlich bei öffentlichen Auftraggebern an. Folgende Ansätze werden für Allgemeine Baunebenkosten (770) ermittelt und betreffen hinsichtlich der Gliederung (3. Stelle) schon die Ebene des Kostenanschlags:

Genehmigungsgebühr inkl. Abnahme:		
5,50 € je 500 € Rohbaukosten		
Rohbaukosten	= 50 % von 300 + 400 (178 672)	
	= 89 336	
	· 5,50 €/500	= 983 €
	+ Abnahme	= 1 050 €
	Bewirtschaftungskosten des Auftraggebers	750 €
	sonstige Kosten (z. B. Baufeiern)	1 000 €
		2.800 €

1.8 Wohnflächenverordnung (WoFlV vom 25. November 2003)

Bis zum 21.12.2003 war die Wohnfläche für die Beantragung staatlicher Fördermittel und als Vertragsbestandteil von Mietverträgen auf der Grundlage **der §§ 42 bis 44 der Zweiten Berechnungsverordnung** (Verordnung über wohnungswirtschaftliche Berechnungen, II. BV) zu ermitteln. An die Stelle dieser Vorschrift ist seit dem 01.01.2004 die **Wohnflächenverordnung** (Verordnung zur Berechnung der Wohnfläche, über die Aufstellung von Betriebskosten und zur Änderung anderer Verordnungen) getreten. In § 5 Übergangsvorschrift dieser Verordnung wird allerdings die Gültigkeit von Berechnungen, die bis zum 31.12.2003 aufgestellt wurden, nur so lange bestätigt, wie keine bauliche Veränderungen danach erfolgten, die eine Neuberechnung der Wohnfläche erfordert hätten. Die Wohnflächenverordnung gilt uneingeschränkt für alle Neubauten und Umbauten ab dem 01.01.2004 und steht im Mittelpunkt der weiteren Ausführungen.

§ 2 Zur Wohnfläche gehörende Grundflächen

1 Die Wohnfläche einer Wohnung umfasst die Grundflächen der Räume, die ausschließlich zu dieser Wohnung gehören. Die Wohnfläche eines Wohnheims umfasst die Grundflächen der Räume, die zur alleinigen und gemeinschaftlichen Nutzung durch die Bewohner bestimmt sind.

2 Zur Wohnfläche gehören auch die Grundflächen von

2.1 Wintergärten, Schwimmbädern und ähnlichen nach allen Seiten geschlossenen Räumen sowie

2.2 Balkonen, Loggien, Dachgärten und Terrassen, wenn sie ausschließlich zu der Wohnung oder dem Wohnheim gehören.

3 Zur Wohnfläche gehören nicht die Grundflächen folgender Räume:

3.1 Zubehörräume, insbesondere:

a) Kellerräume
b) Abstellräume und Kellerersatzräume außerhalb der Wohnung
c) Waschküchen
d) Bodenräume
e) Trockenräume
f) Heizungsräume
g) Garagen

3.2 Räume, die nicht den an ihre Nutzung zu stellenden Anforderungen des Bauordnungsrechtes der Länder genügen, sowie

3.3 Geschäftsräume.

§ 3 Ermittlung der Grundfläche

1 Die Grundfläche ist **nach den lichten Maßen zwischen den Bauteilen** zu ermitteln; dabei ist von der Vorderkante der Bekleidung auszugehen. Bei fehlenden begrenzenden Bauteilen ist der bauliche Abschluss zu Grunde zu legen.

2 Bei der Ermittlung der Grundfläche sind namentlich einzubeziehen die Grundflächen von

2.1 Tür- und Fensterbekleidungen sowie Tür- und Fensterumrahmungen;

2.2 Fuß-, Sockel- und Schrammleisten;

2.3 fest eingebauten Gegenständen, wie z.B. Öfen, Heiz- und Klimageräten, Herden, Bade- oder Duschwannen;

2.4 freiliegenden Installationen;

2.5 Einbaumöbeln und

2.6 nicht ortsgebundenen versetzbaren Raumteilern.

3 Bei der Ermittlung der Grundflächen bleiben außer Betracht die Grundflächen von

3.1 Schornsteinen, Vormauerungen, Bekleidungen, freistehenden Pfeilern und Säulen, wenn sie eine Höhe von 1,50 m aufweisen und ihre Grundfläche mehr als 0,1 m^2 beträgt;

3.2 Treppen mit über drei Steigungen und deren Treppenabsätze;

3.3 Türnischen und

3.4 Fenster- und offenen Wandnischen, die nicht bis zum Fußboden herunterreichen oder bis zum Fußboden herunterreichen und 0,13 m oder weniger tief sind.

4 Die Grundfläche ist **durch Ausmessung** im fertiggestellten Wohnraum **oder** auf Grund einer **Bauzeichnung** zu ermitteln. Wird die Grundfläche auf Grund einer Bauzeichnung ermittelt, muss diese

4.1 für ein Genehmigungs-, Anzeige-, Genehmigungsfreistellungs- oder ähnliches Verfahren nach dem Bauordnungsrecht der Länder gefertigt oder, wenn ein bauordnungsrechtliches Verfahren nicht erforderlich ist, für ein solches geeignet sein und

4.2 die Ermittlung der lichten Maße zwischen den Bauteilen im Sinne des Absatzes 1 ermöglichen. Ist die Grundfläche nach einer Bauzeichnung ermittelt worden und ist abweisend von dieser Bauzeichnung gebaut worden, ist die Grundfläche durch Ausmessung im fertiggestellten Wohnraum oder auf Grund einer berichtigten Bauzeichnung neu zu ermitteln.

(Fortsetzung s. nächste Seite.)

§ 4 Anrechnung der Grundflächen

Die Grundflächen

1 von Räumen und Raumteilen mit einer lichten Höhe von mindestens 2,0 m sind vollständig,

2 von Räumen und Raumteilen mit einer lichten Höhe von mindestens 1,0 m und weniger als 2,0 m sind zur Hälfte,

3 von unbeheizbaren Wintergärten, Schwimmbädern und ähnlichen nach allen Seiten geschlossenen Räumen sind zur Hälfte und

4 von Balkonen, Loggien, Dachgärten und Terrassen sind in der Regel zu einem Viertel, höchstens zur Hälfte[1)] anzurechnen.

[1)] Hier liegt ein Ermessensspielraum vor, der sich positiv (höhere Miete) oder negativ (Begrenzung der Wohnfläche bei staatlicher Bauförderung) auswirken kann.

Abbildungen zu §§ 3 und 4 der Wohnflächenverordnung

Abb. 1

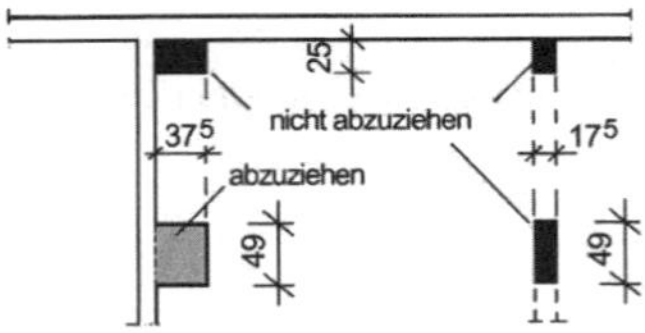

Abb. 4

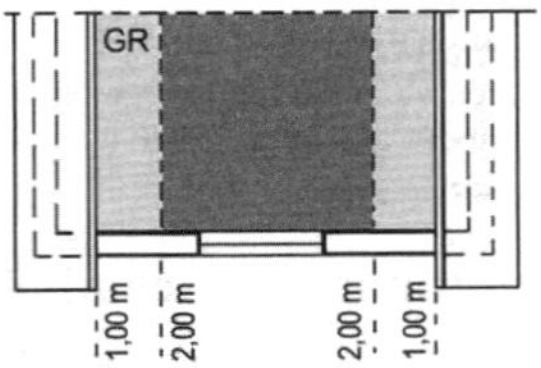

Grundriss mit Angabe der lichten Höhe

Abb. 2

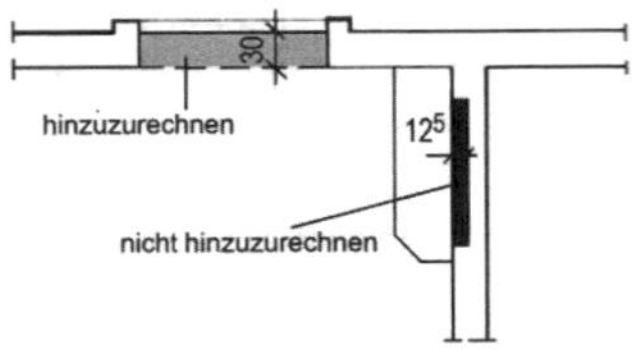

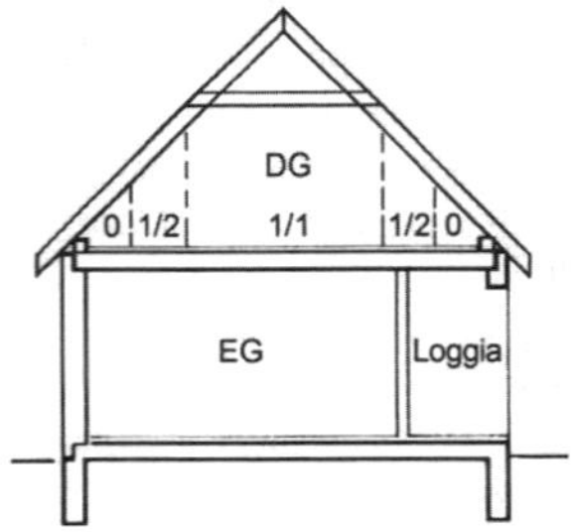

Schnitt mit Angabe der Anrechenbarkeit

Abb. 3

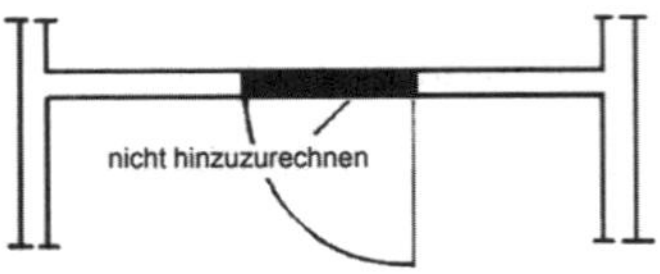

Gliederung der Wohnflächenberechnung

1	2	3	4	5
Gliederung [1)]	Ansatz und Abzüge, Abmessungen a × b	Grundfläche	Abzug [2)] für Anrechenbarkeit (§ 4 WoFlV)	Wohnfläche
I Wohn- und Schlafräume				
II Küchen				
III Nebenräume				

[1)] Diese Gliederung ist eine Empfehlung auf der Grundlage der II. BV und der DIN 283-2 (3.51) Berechnung der Wohn- und Nutzfläche, in der Wohnflächenverordnung ist sie nicht vorgeschrieben. Eine weitere Untergliederung, z. B. beim Bau von Mehrfamilienhäusern, sollte getrennt nach Geschossen und Wohnungen sowie durch die systematische Zuordnung von Raumnummern erfolgen.

[2)] Von Spalte 3 unter Verwendung der Faktoren 1,0; 0,5; 0,25 und 0,0.

2 Wertermittlung

Ermittlung des Wertes (Marktwert, Verkehrswert, Gemeiner Wert) von unbebauten und bebauten Grundstücken [nach Baugesetzbuch (BauGB) vom 23.09.2004, Immobilienwertermittlungsverordnung (ImmoWertV) vom 01.07.2010); Wertermittlungsrichtlinie (WertR) vom 01.03.2006, künftig ersetzt durch Sachwertrichtlinie (SW-RL) vom 05.09.2012, Vergleichswertrichtlinie (VW-RL) und Ertragswertrichtlinie, die in Kürze in Kraft treten.]

2.1 Zweck der Bewertung von Grundstücken

Folgenden unterschiedlichen Zwecken dienen Wertermittlungen:

Tafel 8.51a Zweck und Veranlassung

Nr.	Zweck/Veranlassung	Veranlassung/Auftraggeber
1	Kauf/Verkauf	Käufer/Verkäufer
2	Erbschaft	Erbengemeinschaft, einzelner Erbe wegen Auseinandersetzung über Abfindung anderer Erben
3	Ehescheidung	Ehepaare und Gleichgestellte bei Aufteilung des Vermögens
4	Enteignung	Staatliche Stellen können Enteignungen betreiben, wenn das öffentliche Interesse gegenüber dem Recht auf privates Eigentum überwiegt.
5	Steuerliche Bemessung (Grundsteuer)	Finanzämter
6	Beleihung [s. a. Beleihungswertermittlungsverordnung (BelWertV) vom 01.08.2006]	Bauherrn und Kaufinteressenten
7	Zwangsversteigerung (freiwillige Gerichtsbarkeit bei den Amtsgerichten durch Rechtspfleger)	Gläubiger im Grundbuch (Dritte Abteilung, Grundschulden, Hypotheken, Rentenschulden) belasteter Grundstücke
8	Entschädigung durch Brandkasse (nicht mehr Pflichtversicherung)	Brandkasse durch „Schätzung" nach Fertigstellung und Fortschreibung des Neuwertes
9	Honorarermittlung, Ermittlung des Wertes der vorh. Bausubstanz, die nach § 10 Abs. 3a HOAI technisch oder gestalterisch mitverarbeitet wird.	Architekten und Ingenieure

2.2 Personen und Institutionen für die Wertermittlung

Tafel 8.51b Wertermittler

Nr.	Wertermittler	Anmerkung
1	Öffentlich bestellte und vereidigte (ö.b.u.v.) Sachverständige	Prüfung und Zulassung durch Industrie- und Handelskammer zus. mit Architektenkammer
2	sonstige Sachverständige	Die Berufsbezeichnungen Sachverständiger, Gutachter und Makler sind gesetzlich nicht geschützt.
3	Makler	Unterschiedlich vorgebildet, oft gute Marktkenntnisse, ermitteln Kaufpreisforderungen.
4	Gutachterausschüsse/Finanzamt	Öffentlicher Charakter, Fachpersonal
5	Banken, Versicherungen, Bausparkassen	Unterschiedlich ausgebildet (Bankkaufleute)

2.3 Arten der Wertermittlung

Je nach Gegenstand der Wertermittlung (unbebautes bzw. bebautes Grundstück) sowie der Art der Nutzung (Selbstnutzung, Vermietung und Verpachtung (V+V), gewerbliche Nutzung) werden folgende Wertermittlungsverfahren eingesetzt:

Tafel 8.52a Arten der Wertermittlumg

Nr.	Bebauung/ Nutzung	**Vergleichswertverfahren** (Was kosten vergleichbare Grundstücke?)	**Ertragswert-verfahren** (Renditeberechnung)	**Sachwertverfahren** (Substanzwertberechnung)
1	Unbebaut	X	O	O
2	bebaut, selbstgenutzt	Grundstückswert des Sachwertes sonst [1)]	O	X
3	bebaut, Nutzung durch V+V oder Gewerbe	Grundstückswert des Ertragswertes sonst [1)]	X	O

[1)] Geeignet für Sachverständige (Abschn. 2.2), die Zugriff auf die Grundstücksmarktberichte haben.

2.4 Ertragswertverfahren – Grundlagen

Das Ertragswertverfahren ist eine Renditeberechnung und wird für Gebäude verwendet, die nicht zu den freistehenden Einfamilien- oder Reihenhäusern gehören oder von den Eigentümern nicht selbst genutzt werden (Selbst- oder Eigennutzung). Eine Rendite lässt sich errechnen aus Einkünften aus Vermietung und Verpachtung (V+V, Begriff aus der Steuergesetzgebung), aus Kapitalerträgen und aus Gewinnen bzw. Verlusten bei Handel, Gewerbe, Industrie und Landwirtschaft. Hierbei handelt es sich um Gebäude als Betriebsmittel. Eine Ausnahme bilden öffentliche Gebäude, die naturgemäß nicht zu vermieten sind und für die es auch keine Vergleichsmieten gibt. Hier ist das Sachwertverfahren anzuwenden.

Nötige Daten zu den Grundlagen für die Ertragswertermittlung auf Seite 8.53.

Tafel 8.52b Definition der Begriffe

Nr.	Begriff	Definition
1	Ertragswert-verfahren	Nachhaltig künftig erzielbarer Reinertrag des Grundstücks, vermindert um den Verzinsungsbetrag des Bodenwertes (Nr. 7) und unter Berücksichtigung der Restnutzungsdauer der baulichen Anlagen.
2	Rohertrag	Nachhaltig erzielbare regelmäßige Einnahmen aus einem Grundstück. Anstelle von Mieten können, z.B. bei sog. Leerstand, ortsübliche Mieten (Vergleichsmieten) für die Ermittlung verwendet werden.
3	Bewirtschaftungs-kosten	Dazu gehören Betriebskosten, Verwaltungskosten, Instandhaltungskosten und das Mietausfallwagnis.
4	Reinertrag	Rohertrag abzüglich Bewirtschaftungskosten.
5	Vervielfältiger	Rentenbarwertfaktor der Miete, abhängig von Restnutzungsdauer und Bodenwertverzinsungsbetrag.
6	Restnutzungsdauer	Gesamtnutzungsdauer (durchschnittl. wirtschaftl. Gesamtnutzungsdauer bei ordnungsgemäßer Instandhaltung) abzgl. Gebäudealter am Wertermittlungsstichtag.
7	Bodenwert-verzinsungsbetrag (Liegenschafts-zinssatz)	Betrag, um dem sich das durch Liegenschaft gebundene Kapital verzinst. Der Zinssatz bemisst sich nach dem aus der Liegenschaft marktüblich erzielbaren Reinertrag im Verhältnis zum Verkehrswert. Da der Bodenwert getrennt ermittelt wird, reduziert sich der Reinertrag um die anteilige Miete für das Grundstück.
8	Kapitalisierung	Jahresreinertrag × Vervielfältiger. Barwert von Einkünften aus Vermietung und Verpachtung oder Renten. Das Gegenteil der Kapitalisierung ist die Verrentung, beispielsweise eines Kaufpreises zu einer Leibrente.
9	Bodenrichtwert	Von den Gutachterausschüssen bei den Katasterämtern auf der Grundlage von abgeschlossenen Kaufverträgen gesammelte und aufbereitete Grundstückspreise. Hierzu das Beispiel auf Seite 8.55. Einheit: €/m^2.
10	Bodenwert	Bodenrichtwert × Fläche des Baugrundstücks. Anmerkung: Hierbei handelt es sich um die Einbeziehung des Vergleichswertverfahrens. Bei übergroßen Grundstücken sollten selbständig nutzbare Teilflächen getrennt, z.B. als unbebautes Grundstück, ermittelt werden.
11	Sonstige wertbeein-flussende Umstände	Siehe hierzu Tafel 8.56, Punkt 7.
12	Verkehrswert	Hier: Aus dem Ergebnis der Ertragswertermittlung durch die Marktanpassung (Angebot und Nachfrage) entstanden. Der Verkehrswert wird auch als Gemeiner Wert oder Marktwert bezeichnet. Die Märkte für Objekte des Ertrags- und des Sachwertverfahrens unterscheiden sich erheblich.

Zu den Punkten 3, 5 und 6 sind die zugehörigen Daten auf den folgenden Seiten aufgeführt.

Tafel 8.53a Bewirtschaftungskosten

I. Verwaltungskosten zu Nr. 3.5.2.3 WertR nach § 26 Abs. 2 und 3 sowie § 41 Abs. 2 II. BV[1)]

bis 230 €	jährlich je Wohnung bei Eigenheimen; bei Kaufeigenheimen und Kleinsiedlungen je Wohngebäude
bis 275 €	jährlich je Eigentumswohnung; bei Kaufeigentumswohnung und Wohnung in der Rechtsform eines eigentumsähnlichen Dauerwohnrechts
bis 30 €	jährlich für Garagen oder ähnliche Einstellplätze

Die genannten Beträge verändern sich am 1. Januar 2005 und am 1. Januar eines jeden darauf folgenden dritten Jahres um den Prozentsatz, um den sich der vom Statistischen Bundesamt festgestellte Verbraucherpreisindex für Deutschland für den der Veränderung vorausgehenden Monat Oktober gegenüber dem Verbraucherpreisindex für Deutschland für den der letzten Veränderung vorausgehenden Monat Oktober erhöht oder verringert hat. Für die Veränderung am 1. Januar 2005 ist die Erhöhung oder Verringerung des Verbraucherpreisindex für Deutschland maßgeblich, die im Oktober 2004 gegenüber dem Oktober 2001 eingetreten ist.

II. Instandhaltungskosten zu Nr. 3.5.2.4 WertR nach § 28 Abs. 2 bis 5 II. BV[1)]

bis 7,10 €	je m² Wohnfläche je Jahr für Wohnungen, deren Bezugsfertigkeit am Ende des Kalenderjahres weniger als 22 Jahre zurückliegt
bis 9,00 €	je m² Wohnfläche je Jahr für Wohnungen, deren Bezugsfertigkeit am Ende des Kalenderjahres mindestens 22 Jahre zurückliegt
bis 11,50 €	je m² Wohnfläche je Jahr für Wohnungen, deren Bezugsfertigkeit am Ende des Kalenderjahres mindestens 32 Jahre zurückliegt
bis 68,00 €	je Garagen- oder Einstellplatz im Jahr einschließlich der Kosten für die Schönheitsreparatur

Zu- und Abschläge

abzüglich	0,20 €	jährlich je Quadratmeter Wohnung, bei eigenständiger gewerblicher Leistung von Wärme i.S.d. § 1 Abs. 2 Nr. 2 der Heizkosten V
abzüglich	1,05 €	jährlich je Quadratmeter Wohnung, wenn der Mieter die Kosten der kleinen Instandhaltung trägt
zuzüglich	1,00 €	jährlich je Quadratmeter Wohnung, wenn ein maschinell betriebener Aufzug vorhanden ist
zuzüglich bis	8,30 €	jährlich je Quadratmeter Wohnung, wenn der Vermieter die Kosten der Schönheitsreparaturen trägt

Die genannten Beträge verändern sich am 1. Januar 2005 und am 1. Januar eines jeden darauf folgenden dritten Jahres nach Maßgabe des vorstehenden für die Verwaltungskosten maßgeblichen Grundsatzes.

III. Mietausfallwagnis zu Nr. 3.5.2.5 WertR u. a. nach § 29 II. BV[1)]

Als Erfahrungswerte können angesetzt werden:

2 vom Hundert	der Nettokaltmiete bei Mietwohn- und gemischt genutzten Grundstücken
4 vom Hundert	der Nettokaltmiete (Rohertrag) bei Geschäftsgrundstücken

[1)] Zweite Berechnungsverordnung (II. BV) in der Fassung der Bekanntmachung vom 12. Oktober 1990 (BGBl. I S. 2178), zuletzt geändert durch Artikel 3 der Verordnung zur Berechnung der Wohnfläche, über die Aufstellung von Betriebskosten und zur Änderung anderer Verordnungen vom 25. November 2003 (BGBl. I S. 2346).

Tafel 8.53b Vervielfältigertabelle (Auszug, fettgedruckte Zahlen: Beispiel)

Restnutzungs-	Bei einem Liegenschaftszinssatz von (%)								
dauer (Jahre)	1,0	1,5	2,0	2,5	**3,0**	3,5	4,0	4,5	5,0
63	46,57	40,57	35,64	31,56	28,16	25,30	22,89	20,83	19,08
64	47,10	40,96	35,92	31,76	**28,31**	25,41	22,97	20,89	19,12
65	47,63	41,34	36,20	31,96	28,45	25,52	23,05	20,95	19,16
66	48,15	41,71	36,47	32,16	28,60	25,62	23,12	21,01	19,20
67	48,66	42,08	36,73	32,35	28,73	25,72	23,19	21,06	19,24
68	49,17	42,44	36,99	32,54	28,87	25,82	23,26	21,11	19,28
69	49,67	42,80	37,25	32,72	29,00	25,91	23,33	21,16	19,31

Liegenschaftszinssätze sind ortsabhängig. Auskünfte erteilen die Gutachterausschüsse.

Tafel 8.54 Durchschnittliche wirtschaftliche Gesamtnutzungsdauer für Gebäude bei ordnungsgemäßer Instandhaltung, ohne Modernisierung[1)]

Einfamilienhäuser (entsprechend ihrer Qualität) einschließlich:	60 bis 100 Jahre
– freistehender Einfamilienhäuser (auch mit Einliegerwohnung)	
– Zwei- und Dreifamilienhäuser	
Reihenhäuser (bei leichter Bauweise kürzer)	60 bis 100 Jahre
Fertighaus in Massivbauweise	60 bis 80 Jahre
Fertighaus in Massiv-, Fachwerk- und Tafelbauweise, Siedlungshaus	60 bis 70 Jahre
Wohn- und Geschäftshäuser, Mehrfamilienhaus (Mietwohngebäude)	60 bis 80 Jahre
Gemischt genutzte Wohn- und Geschäftshäuser	60 bis 80 Jahre
mit gewerblichem Mietertragsanteil bis 80 %	50 bis 70 Jahre
Verwaltungs- und Bürogebäude	
Verwaltungsgebäude, Bankgebäude	50 bis 80 Jahre
Gerichtsgebäude	60 bis 80 Jahre
Gemeinde- und Veranstaltungsgebäude	
Vereins- und Jugendheime, Tagesstätten	40 bis 80 Jahre
Gemeindezentren, Bürgerhäuser	40 bis 80 Jahre
Saalbauten, Veranstaltungszentren	60 bis 80 Jahre
Kindergärten, Kindertagesstätten	50 bis 70 Jahre
Ausstellungsgebäude	30 bis 60 Jahre
Schulen	
Schulen, Berufsschulen	50 bis 80 Jahre
Hochschulen, Universitäten	60 bis 80 Jahre
Wohnheime, Krankenhäuser, Hotels	
Personal- und Schwesternwohnheime, Altenwohnheime, Hotels	40 bis 80 Jahre
Allgemeine Krankenhäuser	40 bis 60 Jahre
Sport- und Freizeitgebäude, Bäder	
Tennishallen	30 bis 50 Jahre
Turn- und Sporthallen	50 bis 70 Jahre
Funktionsgebäude für Sportanlagen	40 bis 60 Jahre
Hallenbäder	40 bis 70 Jahre
Kur- und Heilbäder	60 bis 80 Jahre
Kirchen, Stadt- und Dorfkirchen, Kapellen	60 bis 80 Jahre
Einkaufsmärkte, Warenhäuser	
Einkaufsmärkte	30 bis 80 Jahre
Kauf- und Warenhäuser	40 bis 60 Jahre
Parkhäuser, Tiefgaragen	50 Jahre
Tankstelle	10 bis 20 Jahre
Industriegebäude, Werkstätten, Lagergebäude	40 bis 60 Jahre
Landwirtschaftliche Wirtschaftsgebäude	
Reithallen, Pferde-, Rinder-, Schweine-, Geflügelställe	30 Jahre
Scheune ohne Stallteil	40 bis 60 Jahre
Landwirtschaftliche Mehrzweckhalle	40 Jahre

2.5 Vergleichswertverfahren – Grundlagen

Das Vergleichswertverfahren dient der Ermittlung des Wertes unbebauter Grundstücke sowie des Grundstückswertes beim Sach- oder Ertragswertverfahren. Maßgeblich ist der Wert des Grundstückes und nicht sein Preis, falls dieser durch Spekulation, Wucher oder Übervorteilung entstanden ist. Üblich ist die Verwendung des sog. Bodenrichtwertes. Diese werden von den Gutachterausschüssen bei den Katasterämtern auf der Grundlage von durch Notare oder den Geschäftsstellen der Katasterämter beurkundeten Kaufverträgen erstellt.

1) Anmerkung: Diese Tafel ist auch Grundlage für die Grundlagen des im Abschn. 2.6 folgenden Sachwertverfahrens.

Beispiel: Bodenrichtwertkarte

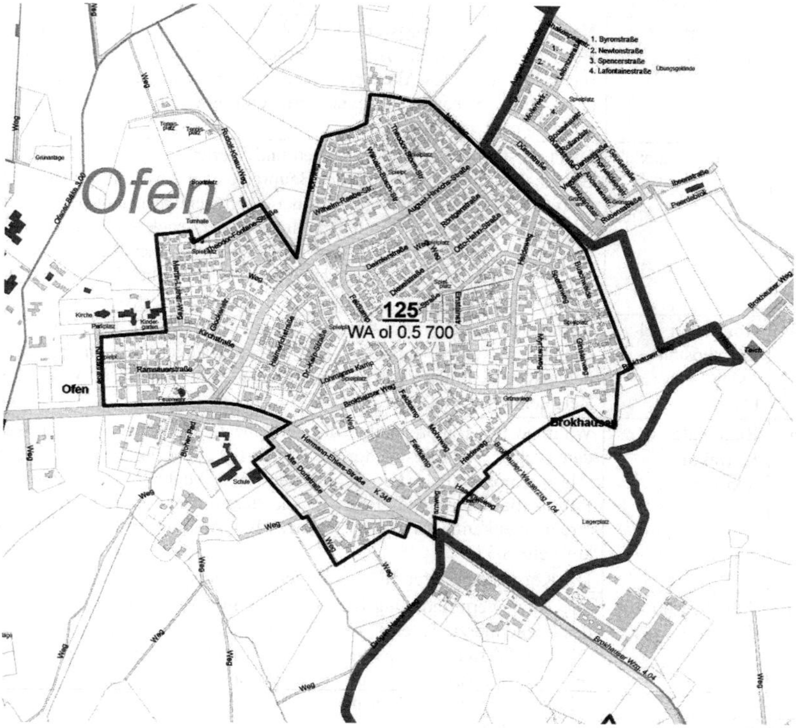

Abb. 8.55 Bodenrichtwertkarte des Ortsteiles Ofen der Gemeinde Bad Zwischenahn (Landkreis Ammerland)

Erläuterung

Die Umrandungen von Gebieten, hier des Dorfgebietes, ist oft gleichbedeutend mit den Grenzen eines oder mehrerer Bebauungspläne.

125 Wert des Grundstückes in €/m² Grundstücksfläche (FBG). Die Unterstreichung weist darauf hin, dass vom Eigentümer bzw. Käufer Erschließungsbeiträge für die öffentliche Erschließung (Anliegerbeiträge für Straße und Straßenbeleuchtung bzw. -begrünung und das Vorhalten, nicht den Anschluss, von Ver- und Entsorgungsleitungen) nicht mehr zu leisten sind.

WA Allgemeines Wohngebiet gemäß Bebauungsplan (Baunutzungsverordnung, BauNVO)

o offene Bauweise (BauNVO)

I Zahl der Vollgeschosse (BauNVO)

0,5 Geschossflächenzahl (BauNVO), Verhältnis der Geschossfläche zur Grundstücksfläche

700 durchschnittliche Grundstücksgröße

2.6 Sachwertverfahren – Grundlagen

Das Sachwertverfahren ist eine Substanzwertberechnung und eignet sich für Gebäude, bei denen es nicht um eine möglichst hohe Rendite im Verhältnis zu den aufgewandten Kosten geht, also für die typische Selbstnutzung. Auch Gebäude, für die es keinen Markt gibt, wie z.B. öffentliche, gehören dazu. Getrennt vom Bodenwert, wie auch beim Ertragswertverfahren, ist der Wert der baulichen Anlagen, Außenanlagen und besonderen Betriebseinrichtungen nach Herstellungswerten zu ermitteln. Abhängig vom Alter wird der Herstellungswert gemindert. Eine mögliche Wertminderung stellen Baumängel und Bauschäden dar; s. hierzu Abschnitt 2.8.

Tafel 8.56 Definition der Begriffe

Nr.	Begriff	Definition
1	Sachwertverfahren	Nach sog. Herstellungswert für Gebäude, Außenanlagen und besonderen Betriebseinrichtungen ermittelt. Dieser Wert ist für Gebäude unter Berücksichtigung ihres Alters (Nr. 5) und von Baumängeln und Bauschäden (Abschnitt 2.8) sowie sonstiger wertbeeinflussender Umstände (Nr. 7) zu mindern oder zu steigern.
2	Baupreisindex	Dient der Umrechnung von Kosten und Werten von Gebäuden unter der Berücksichtigung veränderlicher Baupreise. Die Auswahl des Basisjahres ist möglicherweise abhängig von den vorliegenden Daten oder Quellen. Bei der Verwendung von Herstellungskosten nach NHK 2005 ist das Basisjahr 2005. Einen auf das Beispiel bezogenen Auszug aus dem Baupreisindex für Wohngebäude (Quelle: Statistisches Bundesamt Wiesbaden) zeigt Tafel 8.57.
3	Normalherstellungskosten (NHK) von Gebäuden	Bestandteil der Wertermittlungsrichtlinie 2006 (WertR 06). Die Normalherstellungskosten enthalten die Mehrwertsteuer, jedoch keine Baunebenkosten. Einen Auszug daraus zeigt Abb. 8.57. Der Wert für das Beispiel ist fett gedruckt.
4	Regionale Korrekturfaktoren	Während der Baupreisindex die zeitliche Umrechnung von Baukostendaten regelt, bedarf es weiterer Faktoren für die regionale und konjunkturelle Anpassung. Es empfiehlt sich dabei, die Baukosten-Regionalfaktoren des BKI (Baukosteninformationsdienst Deutscher Architektenkammern) zu verwenden. Ein Ausschnitt daraus findet sich auf Seite 8.37. Die Korrekturfaktoren für das Berechnungsbeispiel: 0,90
5	Alterswertminderung	Die Alterswertminderung ist abhängig von der Lebensdauer des Gebäudes (siehe hierzu Tafel 8.54) und dessen Alter (Differenz zwischen Baujahr und Wertermittlungsstichtag). Die Tabelle (Auszug Tafel 8.58a) unterscheidet zwischen linearer (Empfehlung) Wertminderung und Wertminderung nach *Ross* (umstritten).
6	Besondere Betriebseinrichtung	Bei öffentlichen Bauten eher verbreitet als bei (selbstgenutzten) Wohngebäuden. Beispiele: Personen- und Lastenaufzüge, Müllbeseitigungsanlagen und professionelle Küchen.
7	Sonstige wertbeeinflussende Umstände	Merkmal: bisher nicht erfasst oder berücksichtigt. Beispiele: wirtschaftliche Wertminderung (z. B. durch Grundriss), überdurchschnittlicher Erhaltungszustand, erhebliche Abweichung zwischen tatsächlicher und maßgeblicher Nutzung [WertV und Baunutzungsverordnung (BauNVO)].
8	Bodenrichtwert	Von den Gutachterausschüssen bei den Katasterämtern auf der Grundlage von abgeschlossenen Kaufverträgen gesammelte und aufbereitete Grundstückspreise. Hierzu das Beispiel auf Seite 8.55. Einheit: €/m².
9	Bodenwert	Bodenrichtwert × Fläche des Baugrundstücks. Anmerkung: Hierbei handelt es sich um die Einbeziehung des Vergleichswertverfahrens. Bei übergroßen Grundstücken sollten selbständig nutzbare Teilflächen getrennt, z. B. als unbebautes Grundstück, ermittelt werden.
10	Verkehrswert	Hier: Aus dem Ergebnis der Sachwertermittlung durch die Marktanpassung (Angebot und Nachfrage) entstanden. Der Verkehrswert wird auch als Gemeiner Wert oder Marktwert bezeichnet. Der Markt für Objekte zur Ermittlung mit dem Ertragswertverfahren unterscheidet sich erheblich von dem für Objekte, die in den Bereich des Sachwertverfahrens gehören. Beim Vergleichswertverfahren ist durch die Verwendung geeigneter aktueller Daten die Marktanpassung nicht nötig.
Zu den Punkten 2, 3 und 5 sind die zugehörigen Daten in den folgenden Tafeln dargestellt.		

Tafel 8.57 **Baupreisindex mit Basisjahren 2010 (Auszug) für Wohngebäude, einschließlich Umsatzsteuer (Stat. Bundesamt Wiesbaden)**

	Jahr	Index		Quartal/Jahr	Index
1	1998	96,0	**13**	**2010**	**100,0**
2	1999	85,7	**14**	2011	102,8
3	2000	85,9	**15**	2012	105,4
4	2001	85,9	**16**	1/2013	106,8
5	2002	85,9	**17**	2/2013	107,4
6	2003	85,9	**18**	3/2013	107,8
7	2004	87,0	**19**	4/2013	108,1
8	2005	87,8	**20**	1/2014	108,9
9	2006	89,5	**21**	2/2014	109,2
10	2007	95,4	**22**	3/2014	109,6
11	2008	98,2	**23**	4/2014	109,8
12	2009	99,0	**24**	1/2015	110,6

2.6.1 Normalherstellungskosten NHK 2005

61.36 Ein- und Zweifamilienhäuser, eingeschossig, nicht unterkellert, DG ausgebaut, einfacher Standard												€/m² BGF
Baujahre:	**...1925**	**1925-1945**		**1946-1959**		**1960-1969**		**1970-1984**		**1985-2004**		**2005**
300 Bauwerk - Baukonstruktion	485	485	510	510	540	540	565	565	615	620	670	675
400 Bauwerk - Technische Anlagen	65	65	70	70	70	70	75	75	80	80	90	90
300+400 Bauwerk	550	550	580	580	610	610	640	640	695	700	760	765

Merkmale der Stichprobe:
mittlere Geschosshöhe 3,02m
Geschosszahl 2 OG
Wohnfläche / BGF 0,61
BGF / Nutzeinheit 1,6m²/WFL

Nebenkosten (in % an Bauwerk)[1]
von **ø** bis
15 **17** 19
Gesamtnutzungsdauer: 60-100 Jahre
Standardeinordnung siehe Anlage 2

61.37 Ein- und Zweifamilienhäuser, eingeschossig, nicht unterkellert, DG ausgebaut, mittlerer Standard												€/m² BGF
Baujahre:	**...1925**	**1925-1945**		**1946-1959**		**1960-1969**		**1970-1984**		**1985-2004**		**2005**
300 Bauwerk - Baukonstruktion	535	535	565	570	595	600	625	630	685	685	745	750
400 Bauwerk - Technische Anlagen	115	115	120	120	125	125	135	135	145	145	155	160
300+400 Bauwerk	650	650	685	690	720	725	760	765	830	830	900	910

Merkmale der Stichprobe:
mittlere Geschosshöhe 3,02m
Geschosszahl 2 OG
Wohnfläche / BGF 0,61
BGF / Nutzeinheit 1,6m²/WFL

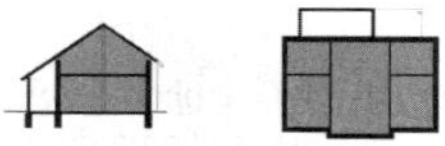

Nebenkosten (in % an Bauwerk)[1]
von **ø** bis
15 **17** 19
Gesamtnutzungsdauer: 60-100 Jahre
Standardeinordnung siehe Anlage 2

61.38 Ein- und Zweifamilienhäuser, eingeschossig, nicht unterkellert, DG ausgebaut, hoher Standard												€/m² BGF
Baujahre:	**...1925**	**1925-1945**		**1946-1959**		**1960-1969**		**1970-1984**		**1985-2004**		**2005**
300 Bauwerk - Baukonstruktion	620	620	655	655	690	695	725	730	790	795	860	870
400 Bauwerk - Technische Anlagen	175	175	185	185	195	195	205	205	225	225	245	245
300+400 Bauwerk	795	795	840	840	885	890	930	935	1015	1020	1105	1115

Merkmale der Stichprobe:
mittlere Geschosshöhe 3,02m
Geschosszahl 2 OG
Wohnfläche / BGF 0,61
BGF / Nutzeinheit 1,6m²/WFL

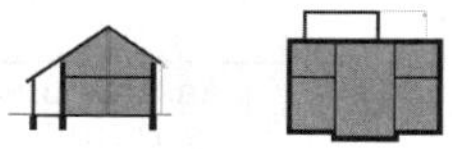

Nebenkosten (in % an Bauwerk)[1]
von **ø** bis
14 **16** 19
Gesamtnutzungsdauer: 60-100 Jahre
Standardeinordnung siehe Anlage 2

Abb. 8.57 Normalherstellungskosten NHK 2005

Tafel 8.58a Tabelle zur Berechnung der Wertminderung wegen Alters von Gebäuden/lineare Abschreibung bzw. Abschreibung nach Ross in v. H. des Herstellungswertes (Auszug)

Restnutzungs-dauer Jahre	40		50		60		70		80		90		100	
	Linear	Ross	Linear	Ross	Linear	Ross	Linear	Ross	Linear	Ross	Linear	Ross	Linear	Ross
64							9	4,7	20	12,0	29	18,6	36	24,5
65							7	3,8	19	11,1	28	17,7	35	23,6
66							6	3,0	18	10,3	27	16,9	34	22,8
67							4	2,2	16	9,4	26	16,0	33	21,9
68							3	1,5	15	8,6	24	15,2	32	21,1
69							1	0,7	14	7,8	23	14,4	31	20,3
70							0	0,0	13	7,0	22	13,6	30	19,5
71									11	6,3	21	12,8	29	18,7
72									10	5,5	20	12,0	28	17,9
73									9	4,8	19	11,2	27	17,1
74									8	4,0		10,5		16,4
75									6	3,3		9,7		15,6
76									5	2,6		9,0		14,9
77									4	1,9		8,3		14,1
78									3	1,3		7,6		13,4

2.7 Formular und Beispiel

Grundlage für das Formular sind die Ergänzenden Richtlinien (Anlage 2, bebaute Grundstücke) zu den Richtlinien für die Ermittlung der Verkehrswerte von Grundstücken (Wertermittlungsrichtlinie, WertR 2006). Der Ermittlung mit Formular geht eine umfangreiche Beschreibung unter Einbeziehung des Ortstermines und Aufführung möglichst aller Grundstücks- und Gebäudedaten voraus, die für eine sorgfältige Ermittlung nötig sind. Für eine Ermittlung des Vergleichswertes ist ein Formular nicht hilfreich.

Tafel 8.58b Vereinfachte Beschreibung für die Sach- und die Ertragswertermittlung

Einfamilienhaus nicht unterkellert, Erdgeschoss und ausgebautes Dachgeschoss, durchschnittlicher Standard, Baujahr 1999, die technische Lebensdauer beträgt 80 Jahre, Wohnfläche 156 m^2, Miete 7 €/(m^2 Wohnfläche) (WFl), Bruttogrundfläche (BGF) 180 m^2, Liegenschaftszinssatz 2,5 %, Grundstück 500 m^2, Bodenrichtwert 90,00 €/(m^2 Grundstücksfläche) (FBG), das Parkett im Esszimmer (16 m^2) ist wellig, es gibt nur ein Badezimmer im DG, gegenüber dem Grundstück ist die Hauptwache der städtischen Berufsfeuerwehr. Wertermittlungsstichtag: 15.02.2015 (Tag der Ortsbesichtigung)

2.7.1 Ertragswertverfahren

Das Ertragswertverfahren soll hier für das gleiche oben beschriebene Wohnhaus angewendet werden, wie in Abschnitt 2.6 (Sachwertverfahren). Voraussetzung dafür:

Tafel 8.58c Wahl des Wertermittlungsverfahrens

Zeile	Gewähltes Verfahren	Begründung
1	Ertragswertverfahren	Das Objekt war stets vermietet. Eigentümerin ist eine Wohnungsbaugesellschaft.
2	Sachwertverfahren	Das Objekt wurde stets von den Eigentümern selbst genutzt, unter den Interessenten sind keine Vermieter.
3	Vergleichswert	Nur für den Grundstückswert in Verfahren Zeile 1 u. 2

Tafel 8.58d Formular Ertragswert

Zeile	Beschreibung	Ansatz, Anmerkung	
1	Wertermittlungsstichtag	15.02.2015	
2	Liegenschaftszinssatz	3,0	
3	Restnutzungsdauer, 80 Jahre – 16 (2015–1999)	64 Jahre	
4	Miete (hier: tatsächlich) pro Monat	7,5 €/m^2 Wohnfläche	

Tafel 8.58d Formular Ertragswert (Fortsetzung)

5	Wohnfläche	156 m^2	**Teilergebnis**
6	Jährlicher Rohertrag/Nettokaltmiete	156 m^2 · 7,5 €/m^2 · 12	14.040.00 €
7	Bewirtschaftungskosten (Tafel 8.53a) – Verwaltungskosten – Instandhaltungskosten bei 156 m^2 – Mietausfallwagnis	 **200,00** €/Jahr 7,10 €/m^{2}Jahr = **1.107,60** €/Jahr 2 % der Nettokaltm. = **280,80** €/Jahr	–1.588,40 €
8	Reinertrag	Zeile 6 + Zeile 7	**12.451,60 €**
9	Anteil des Bodenwertes am Reinertrag Bodenwert × Liegenschaftszinssatz (Bodenwert 500 m^2 × 90,00 €/m^2)	3,0 % von 45.000 €	–1.350,00 €
10	Anteil der baul. Anlagen am Reinertrag	Zeile 8 + Zeile 9	11.101,60 €
11	Vervielfältiger aus Tafel 8.53b Restnutzungsdauer 64 Jahre, 3,0 %	28,31	
12	Ertragswert der baulichen Anlagen	Zeile 10 · Zeile 11	314.286,29 €
13	Zu- und **Abschläge** für sonstige wertbeeinflussende Umstände	Lage und Bad im DG –5 % von Zeile 12	–15.714,31 €
14	Bodenwert (Vergleichswert)	500 m^2 · 90,00 €/m^2	45.000,00 €
15	Ertragswert	Zeile 12 + Zeile 13 + Zeile 14	343.571,98 €
16	Marktanpassung, Hilfsmittel/Quelle: Grundstücksmarktbericht des Gutachterausschusses (hier: Renditeobjekte)	+ 7 % von Zeile 15	24.050,04 €
17	**Verkehrswert aus dem Ertragswert**	(gerundet 380.000,00 €)	**376.622,01 €**

Tafel 8.59 Formular Sachwert

Zeile	**Beschreibung**	**Ansatz, Anmerkung**	
1	Wertermittlungsstichtag	**15.02.2015**	
2	Baupreisindex 1/2015, Basisjahr 2010	110,6	
3	Gebäudetyp nach NHK	61.37	
4	Ausstattungsstandard/Baujahr	Mittel/1999	
5	Gebäudeklasse	1985–2004+	
6	Betrag €/m^{2}BGF von/bis	830–900	**Teilergebnis**
7	gewählt		870,00 €/m^{2}BGF
8	Regionalfaktoren	0,9	
9	Objektbez. Normalherstellungskosten	Zeile 7 · Zeile 8	783,00 €/m^{2}BGF
10	Bruttogrundfläche	180 m^2	
11	Baunebenkosten (lt. NHK)	17 % v. Z. 9 (1,17)	
12	Baupreisindex am WE-Stichtag	110,6 (1,106)	
13	Herstellungswert am WE-Stichtag	Zeile 9 · Zeile 10 · Zeile 11 · Zeile 12	182.379,18 €
14	Alterswertminderung Tafel 8.58a Gesamtnutzungsdauer 80 Jahre Restnutzungsdauer 64 Jahre	20 % von Zeile 13	- 36.475,84 €
15	Baumängel und Bauschäden	Parkett/Esszimmer	–1.100,00 €
16	sonst. wertbeeinflussende Umstände	nur Bad im DG –5 % v. Z. 13	–9.118,96 €
17	Gebäudewert am WE-Stichtag	Zeile 13 + Zeilen 14 bis 16	135.684,38 €
18	Wert der Außenanlagen	16 % von Zeile 17	21.709,50 €
19	Wert der bes. Betriebseinrichtung	entfällt	
20	Wert der baulichen und. sonst. Anl.	Zeile 17 + Zeile 18 + Zeile 19	157.393,88 €
21	Bodenwert (Vergleichswert)	500 m^2 · 90 €/m^2	45.000,00 €
22	Sachwert	Zeile 20 + Zeile 21	202.393,88 €
23	Marktanpassung, Hilfsmittel/Quelle: Grundstücksmarktberichte	+ 10 % von Zeile 22	20.239,39 €
24	**Verkehrswert aus dem Sachwert**	gerundet	**222.633,27 €** **225.000,00 €**

2.8 Schäden, Mängel und Ortstermin

2.8.1 Schäden und Mängel

Sachwertverfahren und Ertragswertverfahren

Im Zusammenhang mit der technischen Lebensdauer von Bauteilen ist besonders der konstruktive und technische Ausbau der Abnutzung durch die Nutzer unterworfen und bedarf regelmäßiger Bauunterhaltung, beispielsweise durch Erneuerung. Diese sind deutlich zu unterscheiden von den sog. Schönheitsreparaturen, deren Unterlassung („Reparaturanstau") sich nicht wert-mindernd auswirkt.

Grundsätzlich gilt die Überprüfung, ob der technische Zustand dem Alter des Hauses entspricht oder ob er schlechter (wertmindernd) oder besser ist (durch erfolgte werterhöhende Investitionen). Bei der Ermittlung der Beträge für die Wertminderung geht es ausschließlich um Schadensbeseitigung, nicht um Substanzverbesserung. Eine werterhöhende Investition stellt zum Beispiel eine Solaranlage dar, die es zum Zeitpunkt des Baujahres noch gar nicht gab.

Die Abb. Seite 8.60 zeigt die Isometrie eines geöffneten Bauwerks als Anleitung für die Ortsbegehung.

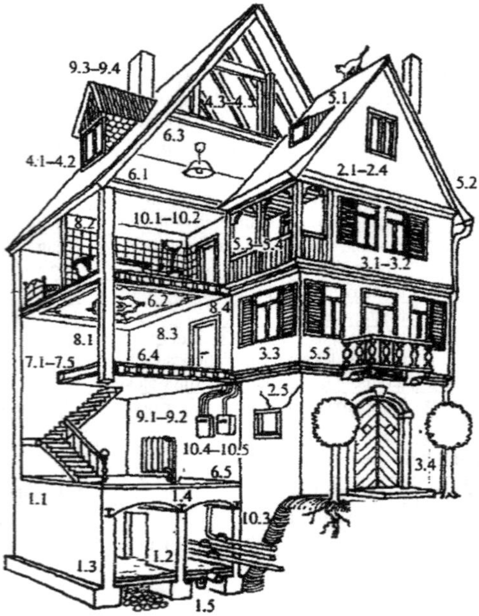

Tafel 8.60 Legende für Abb. S. 8.60

Zeile	Nr.	Bauteil	Nr.	Bauteil	Nr.	Bauteil
1	1.1	Kelleraußenwände	4.1-4.2	Gauben, Dachflächenfenster	7.1-7.5	Geschosstreppen
2	1.2	Kellerinnenwände	4.3-4.5	Dachkonstruktion	8.1	Putz/Tapeten
3	1.3	Bauwerkssockel	5.1	Dachdeckung und -dichtung	8.2	Wandfliesen
4	1.4	Auflager/Kellerdecke	5.2	Dachentwässerung	8.3	Innenwände
5	1.5	Grundleitungen	5.3-5.4	Loggien	8.4	Innentüren
6	2.1-2.4	Fassadenoberfläche	5.5	Balkon	9.1-9.2	Heizungsanlage
7	2.5	Fassadenrisse	6.1	Balkenköpfe	9.3-9.4	Schornsteine
8	3.1-3.2	Fenster	6.2	Deckenstuck	10.1-10.2	Bäder/WC
9	3.3	Fensterläden	6.3	Deckenputz	10.3	Hausanschlüsse
10	3.4	Außentüren	6.4	Holzfußboden	10.4-10.5	Zähler/Verteiler

2.8.2 Ortstermin

Die örtliche Aufnahme eines Gebäudes sollte mit den Eigentümern bzw. Mietern rechtzeitig einvernehmlich vereinbart werden. Das Ergebnis der Begehung stellt allerdings immer einen Augenblickszustand dar, das Objekt kann vorher oder nachher anders ausgesehen haben.
Es empfiehlt sich Folgendes **mitzunehmen:**

Tafel 8.61a

Nr.	Gegenstand/Person	Anmerkung
1	Kopien der Bauzeichnung	Falls nicht vorhanden, Skizzen machen
2	Schreibplatte/Klemmplatte	DIN A 4
3	Vorbereites Formular Ergebnis: **Standard** (Bezug: Kosten)	Inhalt: Ort, Datum, Teilnehmer, Beschreibung von Außenanlagen, Erschließung, Bauweise, Fassade mit Außentüren und Fenstern Innen: Gliederung nach DIN 276 oder nach Rohbau, konstruktivem und technischem Ausbau, Begehung geschoss- und raumweise, jeder Raum sollte zugänglich sein, Art der Beheizung, Alter von Kessel und ggf. Standspeicher
4	Entfernungsmessgerät	Zollstock als Maßstab für Fotos, ggf. Maßband (für Bruttogrundfläche, BGF) oder Lasermessgerät
5	Fotoapparat	Besser zwei, Batterien und Akkus
6	Taschenlampe	Batterien, Akkus
7	Diktiergerät oder besser Nr. 8	Eigentümer/Nutzer könnten sich bei negativen Befunden einmischen wollen.
8	Mitarbeiter/Mitarbeiterin	Es werden mehr als zwei Hände (und zwei Augen) gebraucht zum Messen, schreiben und fotografieren.
9	Fachmann/-frau	Falls spezielle Kenntnisse erforderlich sind.

2.9 Honorar

Die Art der Honorierung von Wertermittlungen richtet sich nach den Personen, die sie angefertigt haben bzw. ihrem Berufsstand. Grundlage des Honorars sind wahlweise:

JVEG — **Justizvergütungs- und -entschädigungsgesetz vom 05.05.2004**

GOGut — **Gebührenordnung für Gutachterausschüsse und deren Geschäftsstellen nach dem Baugesetzbuch (BauGB) vom 22.04.1997**
(Anmerkung: Zuständigkeit der Länder) (Niedersachsen)

Freie Vereinbarung — **Stunden- oder Pauschalhonorare, (Bearbeitungs-)Gebühren jeweils frei vereinbart, ggf. in Anlehnung an HOAI 1996 (nicht mehr gültig) § 34**

Anmerkung: Seit 17.07.2013 gilt die HOAI 2013 (Honorarordnung für Architekten und Ingenieure). Die Vergütung für Wertermittlungen (§ 34) ist darin nicht mehr geregelt.

In Anlehnung an Tafel 8.51b zeigt Tafel 8.61b die zugehörige Abrechnungsart auf.

Tafel 8.61b

Nr.	Wertermittler	Grundlage für Honorar
1	Öffentlich bestellte und vereidigte (ö.b.u.v.) Sachverständige	JVEG (2.10.1)
2	sonstige Sachverständige	Freie Vereinbarung
3	Makler	Pauschalhonorar, ggf. Prozentsatz vom Kauf- bzw. Verkaufspreis
4	Gutachterausschüsse/Finanzamt	GOGut/Dienstleistung, ehrenamtliche Mitglieder von Gutachterausschüssen nach JVEG
5	Banken, Versicherungen, Bausparkassen	Bearbeitungsgebühr, Service oder Hinzuziehung (Bedingung) Dritter wie unter Nr. 1, 2 und 4 aufgeführt.

2.9.1 JVEG

Das Justizvergütungs- und Entschädigungsgesetz gehört allein in den Zuständigkeitsbereich der u.a. für Wertermittlungen zuständigen öffentlich bestellten und vereidigten (ö.b.u.v.) Sachverständigen. Nach ihm werden auch ehrenamtliche Mitglieder von Gutachterausschüssen entschädigt.

Tafel 8.62a

Nr.	Art der Leistung	Grundlagen	Honorar in €/Stunde
1	Bewertung von Immobilien	Honorargruppe 6 (I.1.1)	75,00[1)]
2	Gutachten über Mieten und Pachten	Honorargruppe 5 (I.1.2)	70,00[1)]
3	Ehrenamtliche Mitgliedschaft in Gutachterausschüssen	Erlass der Bundesländer	30,00
4			35,00

[1)] Erf. Zeit einschl. notwendiger Reise- u. Wartezeiten. Die letzte Stunde wird je angefangene halbe Stunde abgerechnet.

2.9.2 Freie Vereinbarung – Nachfolge HOAI

In der zurzeit geltenden HOAI 2013 sind u.a. die §§ 33 Gutachten und 34 Wertermittlungen aus der HOAI 1996 nicht mehr enthalten. Dieses wurde damit begründet, dass es sich dabei ohnehin um keine sog. preisrechtlichen Regelungen gehandelt habe. Um die erforderliche Prüfbarkeit einer Honorarrechnung für Wertermittlungen zu erreichen, die nicht in die Zuständigkeit von JVEG und GOGut fallen, ist es ratsam, trotz mangelnder Gültigkeit auf bekannte und bewährte Instrumente zurückzugreifen. Diese Empfehlung wird auch vom Bundesverband Deutscher Grundstücks-sachverständiger BDGS ausgesprochen.

Wichtigste Grundlage für das zu ermittelnde Honorar ist der ermittelte Wert, bestehend aus den Werten von Grundstücken (immer), Gebäuden u. Bauwerken sowie mit den Grundstücken verbundenen Rechte.

Während die Schwierigkeitsstufe in Tafel 8.63 zur Honorarerhöhung führt, gibt es auch Sachverhalte, die zu Minderungen des Honorars führen.

Tafel 8.62b Mögliche Erhöhungen und Minderungen des Honorars auf der Grundlage von § 34 Abs. 4 bis 6 HOAI 1996 (nicht mehr gültig)

Nr.	Erhöhung (Schwierigkeitsgrad)[1)] bei Wertermittlung	Minderung	%
1	für Erbbaurechte, Nießbrauchs- und Wohnrechte sowie sonstige Rechte	überschlägige Wertermittlung für Banken und Versicherungen (Formular)	30
2	für Umlegungen und Enteignungen	nur Sach- oder Ertragswert	20
3	bei steuerlichen Bewertungen	nur Umrechnung des Wertermittlungsstichtages vorh. Wertermittlungen	20
4	für unterschiedliche Nutzungen auf einem Grundstück		
5	bei Berücksichtigung von Schadensgraden		
6	bei besonderen Unfallgefahren, starkem Staub od. Schmutz oder sonstigen Erschwernissen bei Auftragsdurchführung		
7	für mehrere Stichtage		
8	die im Einzelfall eine Auseinandersetzung mit Grundsätzen der Wertermittlung und dafür schriftliche Begründung erfordern		
9	bei Wertermittlungen, für die der Auftragnehmer Unterlagen beschaffen, überarbeiten oder anfertigen muss, zum Beispiel: Grundstücks-, Grundbuch und Katasterangaben		
10	bei Feststellung der Roheinnahmen		
11	bei Feststellung der Bewirtschaftungskosten		
12	**bei Örtlicher Aufnahme der Bauten[1)]**		
13	bei Anfertigen von Systemskizzen		
14	bei Ergänzung vorhandener Zeichnungen		

[1)] Für die Geltendmachung der Schwierigkeitsstufe bei der Honorarermittlung reicht das Zutreffen einer einzelnen Schwierigkeit aus. **Allein der grundsätzliche unverzichtbare Ortstermin (Nr. 12) reicht dafür aus.** Dieser Ortstermin sollte unbedingt wahrgenommen werden. Der Satz „Grundstück/Gebäude wurden nicht besichtigt" ist ein Vorbehalt und schränkt ggf. die Verwendbarkeit der Wertermittlung ein. Sollte die Entfernung zum Wertermittlungsobjekt unzumutbar groß sein, empfiehlt es sich, den Auftrag nicht anzunehmen, da zudem die Kenntnis des örtlichen Immobilienmarktes für die Marktanpassung fehlen wird.

Tafel 8.63 Honorartafel als unverbindliche Preisempfehlung auf der Grundlage von § 34 Abs. 1 HOAI 1996 (nicht mehr gültig) + 27 %

Wert Euro	Normalstufe von	Normalstufe bis	Schwierigkeitsstufe von	Schwierigkeitsstufe bis
	Euro		Euro	
25 565	248	320	309	479
50 000	355	433	422	591
75 000	481	591	569	806
100 000	597	730	707	1 001
125 000	703	858	831	1 168
150 000	798	969	942	1 323
175 000	844	1 032	1 003	1 406
200 000	946	1 156	1 119	1 575
225 000	1 022	1 244	1 205	1 698
250 000	1 075	1 312	1 273	1 791
300 000	1 178	1 434	1 390	1 957
350 000	1 264	1 537	1 492	2 099
400 000	1 328	1 627	1 568	2 213
450 000	1 393	1 701	1 639	2 314
500 000	1 450	1 772	1 715	2 418
750 000	1 719	2 103	2 032	2 871
1 000 000	1 954	2 398	2 314	3 262
1 250 000	2 179	2 659	2 570	3 621
1 500 000	2 380	2 908	2 803	3 959
1 750 000	2 593	3 165	3058	4 309
2 000 000	2 761	3 368	3 252	4 582
2 250.000	2 938	3 574	3 465	4 881
2 500 000	3 142	3 836	3 720	5 233
3 000 000	3 467	4 234	4 096	5 778
3 500 000	3 795	4 613	4 487	6 348
4 000 000	4 102	5 026	4 851	6 875
4 500 000	4 490	5 530	5 321	7 536
5 000 000	4 783	5 845	5 663	8 001
7 500 000	6 277	7 670	7 438	10 462
10 000 000	7 778	9 411	9 066	12 891
12 500 000	9 174	11 198	10 893	15 371
15 000 000	10 306	12 576	12 078	16 984
17 500 000	11 602	14 054	13 625	19 085
20 000 000	12 395	15 167	14 705	20 742
22 500 000	13 561	16 679	16 161	22 727
25 000 000	14 787	18 252	17 675	24 897
25 564 594	15 061	18 605	18 015	25 394

Das Honorar für ermittelte Werte unter 25 565 € sollte pauschal oder als Zeithonorar berechnet werden, wobei auch die Stundensätze nicht (mehr) festgelegt sind, da lineare Interpolation zu sehr geringen Honoraren führt. Für ermittelte Werte über 25 564 594 € sollte das Honorar pauschal vereinbart werden. Lineare Interpolation führt hier zu eher unangemessenen hohen Honoraren.

Nebenkosten, wie z.B. für Post- und Fernmeldegebühren, Vervielfältigungen, Fotos und Filme sowie Fahrtkosten, können mit Einzelnachweis (Empfehlung bei weiten Reisen) oder pauschal abgerechnet werden.

Für Honorar und Nebenkosten ist die Umsatzsteuer fällig. Eine Ausnahme gilt gemäß § 19 Abs. 1 des Umsatzsteuergesetzes (UStG) für sog. Kleinunternehmer (max. 17 500 € netto im Vorjahr und voraussichtlich max. 50 000 € netto im laufenden Jahr nicht überstiegen bzw. übersteigen werden).

3 Honorarordnung

(Verordnung über die Honorare für Architekten- und Ingenieurleistungen – HOAI; Fassung vom 17.07.2013, HOAI 2013)

Die neue Fassung der Honorarordnung weist gegenüber der HOAI 2009 hauptsächlich Änderungen bei den Grundleistungen und in den Honorartabellen auf. Darin sind die Honorare um ca. 17 % angehoben worden.

3.1 Honorarvereinbarungsmodelle (§ 7 und 8)

	Bezeichnung	Anmerkungen
3.1.1	**Baukostenvereinbarung** vor Beginn der Planungen: Baukosten werden in Form einer schriftlichen Vereinbarung einvernehmlich aber nachprüfbar festgelegt; dabei handelt es sich um einen Höchstbetrag der gleichzeitig die anrechenbaren Kosten für die Honorarermittlung bildet, § 7 (6), umgangssprachlich „Kostendeckel" genannt.	Steigende Baukosten sind für die Höhe des Honorars nicht wirksam, als Grundleistungen sind nach wie vor alle 4 Kostenermittlungen durchzuführen und untereinander zu vergleichen. (Kostenkontrolle)
3.1.2	**Erfolgshonorar** (Bonus-Honorar): bei Kostensenkungen ohne Standard- oder Programmverminderung kann ein Erfolgshonorar bis zu 20 % des Honorars schriftlich vereinbart werden, § 7 (7).	Günstige Ausschreibungsergebnisse müssen daher nicht automatisch zu Standardverbesserung oder Programmerweiterung führen.
3.1.3	**Malus-Honorar**: in Fällen des Überschreitens der einvernehmlich festgelegten Kosten kann ein Malus-Honorar von bis zu 5 % des Honorars schriftlich vereinbart werden, § 7 (7).	Alle kostensteigernden Ereignisse sollten dokumentiert werden, um die Verantwortung dafür nachweisen zu können.
3.1.4	Die **Überschreitung der Mindestsätze** (siehe Honorartafeln in den folgenden Abschnitten über Gebäude und raumbildenden Ausbau, Freianlagen und Tragwerksplanung) **muss schriftlich vereinbart werden**.	Schriftliche Vereinbarung wenigstens über Honorar bei Auftragserteilung (unbedingt vor Beginn der Planung)!

3.2 Gebäude, HOAI Teil 3 Objektplanung, Abschnitt 1 Gebäude und Innenräume

3.2.1 Grundlagen des Honorars (Teil 1 § 6 und Teil 3 § 33)

3.2.2	anrechenbare Kosten (ohne Umsatzsteuer) des Objekts[1) 2)]	§ 32
3.2.3	Leistungsbild mit 9 Leistungsphasen (Grundleistungen)	§ 33
3.2.4	Honorarzonen	§ 5 (1), Anlage 10.1
3.2.5	Honorartafel	§ 35
3.2.6	ggf. Zulage bei Umbauten und Modernisierungen bzw. Instandhaltungen und Instandsetzungen	§§ 36 und 12

[1)] Kostengliederung nach DIN 276-1 (12.2008). Siehe hierzu Abschnitt 1.7.

[2)] Als anrechenbare Kosten gelten für alle Leistungsphasen (siehe Abschnitt 3.2.3a), also 1 bis 9, das Ergebnis der Kostenberechnung oder, soweit diese nicht vorliegt, das Ergebnis der Kostenschätzung [8.34], [8.35].

3.2.2 Besondere Grundlagen des Honorars bei Gebäuden und Innenräumen – §33

%	Bezeichnung der anrechenbaren Kosten für das Honorar für Grundleistungen	DIN 276-1(12.2008)
100	Baukonstruktion (Bauwerk) Herrichten des Grundstückes; nichtöffentliche Erschließung[1)] Freianlagen inkl. Herrichten und nichtöffentliche Erschließung mit Kosten bis 7500,00 €, sonst Abschn. 3.3 Ausstattung und Kunstwerke[1)] Technische Anlagen, die der Architekt nicht fachlich plant oder deren Ausführung er nicht fachlich überwacht bis zu 25 % der sonstigen anrechenbaren Kosten (Anmerkung: alle anrechenbaren Kosten ohne die der Technischen Anlagen.).	300 210, 230 500 (Außenanlagen) 600 400
50	Technische Anlagen wie vor beschrieben, mit dem Betrag, der 25 % der sonstigen anrechenbaren Kosten übersteigt.	400

[1)] Nur falls der Auftragnehmer dafür plant, die Ausführung bzw. den Einbau überwacht oder bei der Beschaffung mitwirkt.

3.2.3a Leistungsumfang/Grundleistungen (Anlage 10.1) – § 34

§ 34 Leistungsbild Objektplanung für Gebäude (Neubauten, Neuanlagen, Erweiterungsbauten, Umbauten, Modernisierungen) und Innenräume	Bewertung in %	
	Gebäude	Innenräume
1. Grundlagenermittlung Ermitteln der Voraussetzungen zur Lösung der Bauaufgabe durch die Planung, Ortsbesichtigung	2	2
2. Vorplanung (Projekt- und Planungsvorbereitung) Erarbeiten der wesentlichen Teile einer Lösung der Planungsaufgabe, Kostenschätzung, Genehmigungsfähigkeit	7	7
3. Entwurfsplanung (System- und Integrationsplanung) Erarbeiten der endgültigen Lösung der Planungsaufgabe, im Maßstab 1:100 bei Gebäuden und 1:50 bis 1:20 bei Innenräumen, Objektbeschreibung, Kostenberechnung	15	15
4. Genehmigungsplanung Erarbeiten und Einreichen der Vorlagen für die erforderlichen Genehmigungen oder Zustimmungen	3	2
5. Ausführungsplanung Erarbeiten und Darstellen der ausführungsreifen Planungslösung (1:50 bis 1:1), Werkplanprüfung	25	30
6. Vorbereitung der Vergabe Ermitteln der Mengen und Aufstellen von Leistungsverzeichnissen nach Gewerken	10	7
7. Mitwirkung bei der Vergabe Einholen, Prüfen und Werten von Angeboten, Führen von Bietergesprächen, Mitwirkung bei der Auftragserteilung, Kostenanschlag	4	3
8. Objektüberwachung und Dokumentation Überwachen der Ausführung des Objekts, Terminplanung und Kostenfeststellung, Objektübergabe	32	32
9. Objektbetreuung Überwachen der Beseitigung von Mängeln und Dokumentation des Gesamtergebnisses	2	2

3.2.3b Besondere Leistungen bei Gebäuden und Innenräumen (Anlage 10.1)

zu LP	Besondere Leistungen (Auswahl, Empfehlung: Pauschalhonorar vereinbaren)
1	Bestandsaufnahme, Standortanalyse, Raumprogramm, Funktionsprogramm
2	Finanzierungsplan, Bauvoranfrage, Perspektive, Modell, Zeit- und Organisationsplan
3	Optimierung/Kostenuntersuchung, Wirtschaftlichkeitsberechnung, Energiehaushalt
4	Beschaffung nach besonderer Zustimmung, Widerspruchs- und Klageverfahren
5	Objektbeschreibung für Bau- oder Raumbuch, Detailmodelle, Werkplanprüfung
6	Leistungsbeschreibung mit Leistungsprogramm für Bau- oder Raumbuch
7	Angebotsprüfung, Leistungsbeschreibung mit Leistungsprogramm, bes. Preisspiegel
8	Zahlungs-, Zeit-, Kosten- oder Kapazitätspläne, Tätigkeit als verantw. Bauleitung
9	Bestandspläne, Objektbeobachtung und -verwaltung, Baubegehung nach Übergabe

3.2.4a Honorarzonen mit Objektbeispielen, § 5 Abs. 1 und Anlage 10.2 für Gebäude

I	Behelfsbauten für vorübergehende Nutzung, Pausen-, Spiel-, Liege- und Wandelhallen, einfache landwirtschaftliche Gebäude, Tribünenbauten, Wetterschutzhäuser
II	**einfache** Wohnbauten mit gemeinschaftlichen Sanitär- und Kücheneinrichtungen, Garagen, Parkhäuser, Gewächshäuser, geschlossene eingeschossige Hallen, einfache Werkstätten
III	Wohnhäuser und Heime mit **durchschnittlicher** Ausstattung, Kinderhorte und -gärten, Jugendherbergen, Grundschulen, Versammlungsstätten, Altentagesstätten, Druckereien, durchschnittlich ausgestattete Bürogebäude, Läden, Einkaufszentren, Großmärkte, Messehallen, Gaststätten, Kantinen, Mensen, Feuerwachen und Rettungsstationen, Pflegeheime und Hilfskrankenhäuser, Turn- und Sportgebäude
IV	Wohnhäuser mit überdurchschnittlicher Ausstattung, Wohnbauten mit hohem Planungsaufwand, Zentralwerkstätten, Kraftwerksgebäude, Schulen (ohne Grundschulen) bis einschließlich Universitäten und Volkshochschulen, Labor- und Institutsgebäude für Lehre und Forschung, Bibliotheken, Archive, Großküchen, Hotels, Banken, Kaufhäuser, öffentliche und private Veranstaltungsgebäude, Parlaments- und Justizgebäude, Krankenhäuser der Versorgungsstufen I und II, Therapie- und Rehabilitationseinrichtungen, Kirchen, Konzerthallen, Museen, Studiobühnen, Mehrzweckhallen, Hallenschwimmbäder, Großsportstätten
V	Krankenhäuser der Versorgungsstufe III, Universitätskliniken, Gebäude der Schwermetallindustrie, Fernseh-, Rundfunk- und Theaterstudios, Konzert- und Theatergebäude, Kulissengebäude, Bauten für experimentell wissenschaftliche Forschung

3.2.4b Honorarzone mit Objektbeispielen, § 5 Abs. 1 und Anlage 10.3 für raumbildenden Ausbau

I	innere Verkehrsflächen, offene Pausen-, Spiel- und Liegehallen: einfachste Innenräume für vorübergehende Nutzung
II	einfache Wohn-, Aufenthalts- und Büroräume, Werkstätten; Verkaufslager, Nebenräume in Sportanlagen, einfache Verkaufskioske
III	Aufenthalts-, Büro-, Freizeit-, Gaststätten-, Gruppen-, Wohn-, Sozial-, Versammlungs- und Verkaufsräume, Kantinen; Hotel-, Kranken-, Klassenzimmer und Bäder (durchschnittliche Ausstattung oder durchschnittliche technische Einrichtung)
IV	Behandlungs-, Verkaufs-, Arbeits-, Bibliotheks-, Sitzungs-, Gesellschafts-, Gaststätten-, Vortragsräume; Hörsäle, Ausstellungen, Messestände, Fachgeschäfte, Empfangs- und Schalterhallen, Parlaments- und Gerichtssäle, Mehrzweckhallen
V	Konzert- und Theatersäle; Studioräume

3.2.5 Honorartafel Gebäude und raumbildende Ausbauten, § 34 (1)

Anrechenb. Kosten Euro	Zone I von (Euro)	Zone I bis (Euro)	Zone II von (Euro)	Zone II bis (Euro)	Zone III von (Euro)	Zone III bis (Euro)	Zone IV von (Euro)	Zone IV bis (Euro)	Zone V von (Euro)	Zone V bis (Euro)
25 000	3 120	3 657	3 657	4 339	4 339	5 412	5 412	6 094	6 094	6 631
35 000	4 217	4 942	4 942	5 865	5 865	7 315	7 315	8 237	8 237	8 962
50 000	5 804	6 801	6 801	8 071	8 071	10 066	10 066	11 336	11 336	12 333
75 000	8 342	9 776	9 776	11 601	11 601	14 469	14 469	16 293	16 293	17 727
100 000	10 790	12 644	12 644	15 005	15 005	18 713	18 713	21 074	21 074	22 928
150 000	15 500	18 164	18 164	21 555	21 555	26 883	26 883	30 274	30 274	32 938
200 000	20 037	23 480	23 480	27 863	**27 863**	34 751	34 751	39 134	39 134	42 578
300 000	28 750	33 692	33 692	39 981	**39 981**	49 864	49 864	56 153	56 153	61 095
500 000	45 232	53 006	53 006	62 900	62 900	78 449	78 449	88 343	88 343	96 118
750 000	64 666	75 781	75 781	89 927	89 927	112 156	112 156	126 301	126 301	137 416
1 000 000	83 182	97 479	97 479	115 675	115 675	144 268	144 268	162 464	162 464	176 761
1 500 000	119 307	139 813	139 813	165 911	165 911	206 923	206 923	233 022	233 022	253 527
2 000 000	153 965	180 428	180 428	214 108	214 108	267 034	267 034	300 714	300 714	327 177
3 000 000	220 161	258 002	258 002	306 162	306 162	381 843	381 843	430 003	430 003	467 843
5 000 000	343 879	402 984	402 984	478 207	478 207	596 416	596 416	671 640	671 640	730 744
7 500 000	493 923	578 816	578 816	686 862	686 862	856 648	856 648	964 694	964 694	1 049 587
10 000 000	638 277	747.981	747 981	887 604	887 604	1 107 012	1 107 012	1 246 635	1 246 635	1 356 339
15 000 000	915 129	1 072 416	1 072 416	1 272 601	1 272 601	1 587 176	1 587 176	1 787 360	1 787 360	1 944 648
20 000 000	1 180 414	1 383 298	1 383 298	1 641 513	1 641 513	2 047 281	2 047 281	2 305 496	2 305 496	2 505 380
25 000 000	1 436 874	1 683 837	1 683 837	1 998 153	1 998 153	2 492 079	2 492 079	2 806 395	2 806 395	3 053 358

Anmerkungen: Neben dem Mindest- (von) und dem Höchstsatz (bis) können weitere Honorarsätze vereinbart werden. Üblich ist die Verwendung von 1/4-Satz, 1/2-Satz und 3/4-Satz. Sowohl die Unterschreitung als auch die Überschreitung des Mindestsatzes bedarf der Schriftform (Empfehlung: Arch.-Vertrag). Liegen die ermittelten anrechenbaren Kosten Kosten außerhalb der Tafelwerte, sind die Honorare frei vereinbar. Fettgedruckte Honorare beziehen sich auf das Beispiel auf der nächsten Seite.

3.2.6 Umbauten und Modernisierungen von Gebäuden und Innenräumen (§ 36) sowie Instandsetzungen und Instandhaltungen von Objekten (§ 12)

Bei Umbauten und Modernisierungen kann bei einem durchschnittlichen Schwierigkeitsgrad bei Gebäuden ein Zuschlag von 20 bis 33 % und bei Innenräumen von 20 bis 50 % vereinbart werden, für Instandsetzungen und Instandhaltungen eine Erhöhung des Honorars für die Leistungsphase 8 bis zu 50 %. Die Vereinbarungen bedürfen der Schriftform.

3.2.7 Berechnungsbeispiel für Gebäude (Schlussrechnung)

Das Beispiel gilt auch für Innenräume.

Anrechenbare Kosten		
Kosten nach DIN 276 (12.08)	Art	Kostenberechnung [€]
300	Baukonstruktion	179 000
210	Herrichten	8 000
Zwischensumme[1]		**187 000**
400	Technische Anlagen	49 000
–25 %		**46 750**
übersteigender Betrag		2 250
davon 50 %		**1 125**
Gesamt		**234 875**

Nebenkostenaufstellung:

Post- und Fernmeldegebühren	325
Fahrtkosten	528
Druckkosten für Ausschreibung	380
Gesamt	1 233
(hierzu Einzelnachweise)	

Honorar	
Zone III, Mindestsatz	Betrag €
bei 200 000 € anrechenbaren Kosten (siehe Tabelle S. 8.67)	27 863
bei 300 000 € anrechenbaren Kosten (siehe Tabelle S. 8.67)	39 981
bei 234 875 € anrechenbaren Kosten[2]	32 089
davon 97 % (Leistungsphase 1–8)[3]	**31 126**
Leistungen nach § 35 (Umbau und Modernisierung)	-/-
Leistungen nach § 36	-/-
Bes. Leistungen § 3 (3), hier: Bauvoranfrage	**1 500**
Nebenkosten[4] (Aufstellung in der Tafel links)	**1 233**
Honorar netto	**33 859**
Umsatzsteuer, zzt. 19 %	**6 433**
Honorar brutto[5]	**40 292**

Interpolation und Fußnoten

Interpolation (näherungsweise Bestimmung) des Honorars für 234 875 € anrechenbare Kosten:

Tabellenspanne: 100 000 €	Honorar für 200 000 €	27 863 €
Honorardifferenz 39 981 – 27 863 = 12 118 €,	Honorar für 34 875 €	4 226 €
(12 118 × 34 875 / 100 000 = 4 226 €)		**32 089 €**

1) Sonstige (§ 32 Abschnitt 2) anrechenbare Kosten.

2) Ermittelt durch lineare Interpolation. Einzelheiten im Kasten oben.

3) Die Leistungsphase 9 Objektbetreuung und Dokumentation ist in diesem Beispiel nicht enthalten. Es empfiehlt sich dafür ein gesonderter Architektenvertrag, da sonst eine Honorarschlussrechnung erst nach Ablauf der Gewährleistungsfristen für die Leistungen der ausführenden Firmen (z. B. 2 oder 4 Jahre) gestellt werden kann.

4) Nebenkosten (§ 14) für Post- und Fernmeldegebühren, Vervielfältigungen, Foto und Film, Baustellenbüro und Fahrtkosten können mit Abschlags- bzw. Schlussrechnung abgerechnet werden. Die Vereinbarung einer Nebenkostenpauschale (üblich 5–7 %) bedarf gem. HOAI der schriftlichen Vereinbarung.

5) Abzüglich bereits erhaltener Abschlagszahlungen;

3.3 Freianlagen, HOAI Teil 3 Objektplanung Abschnitt 2

3.3.1 Grundlagen des Honorars (Teil 1 § 6 und Teil 3 § 38)

3.3.2	anrechenbare Kosten (ohne Umsatzsteuer) des Objekts[1] [2]	§ 38
3.3.3	Leistungsbild mit 9 Leistungsphasen (Grundleistungen)	§ 39
3.3.4	Honorarzonen	§ 5 (1) sowie Anlage 11.2
3.3.5	Honorartafel	§ 40
3.3.6	ggf. Zulage bei Instandsetzungen und Instandhaltungen[3]	§ 12

[1] Kostengliederung nach DIN 276-1 (12.2008). Siehe hierzu Abschnitt 1.7.
[2] Als anrechenbare Kosten gelten für alle Leistungsphasen (siehe Abschnitt 3.3.3), also 1 bis 9, das Ergebnis der Kostenberechnung oder, soweit diese nicht vorliegt, das Ergebnis der Kostenschätzung. Die verschiedenen Kostenermittlungsarten sind im Abschnitt 1.2 dargestellt, s. a. [8.30], (8.31].
[3] Erhöhung des Honorars für die Leistungsphase 8 um bis zu 50 % mit schriftlicher Vereinbarung

3.3.2 Anrechenbare Kosten für Grundleistungen bei Freianlagen § 38

Bezeichnung
Außenanlagen (bei Gebäuden) gemäß KG 500 DIN 276-1 (12.2008) Planerisch gestaltete Freiflächen und Freiräume sowie entsprechend gestaltete Anlagen in Verbindung mit oder in Bauwerken *insbesondere:* Einzelgewässer mit überwiegend ökologischen und landschaftsgestalterischen Elementen; Teiche ohne Dämme; flächenhafter Erdbau zur Geländegestaltung; einfache Durchlässe und Uferbefestigungen[3] [4]; Lärmschutzwälle[3]; Stützbauwerke und Geländeabstützungen ohne Verkehrsbelastung[4]; Stege und Brücken[4]; Wege ohne Eignung für den regelmäßigen Fahrverkehr mit einfachen Entwässerungsverhältnissen sowie andere Wege und befestigte Flächen[3] [4]

3.3.3 Leistungsumfang/Grundleistungen

LP	Grundleistung	%	LP	Grundleistung	%
1	Grundlagenermittlung	3	6	Vorbereitung der Vergabe	7
2	Vorplanung	10	7	Mitwirkung bei der Vergabe	3
3	Entwurfsplanung	16	8	Objektüberwachung / Bauüberwachung und Dokumentation	30
4	Genehmigungsplanung	4			
5	Ausführungsplanung	25	9	Objektbetreuung	2

3.3.4 Honorarzonen mit Objektbeispielen, § 5 (1) und Anlage 11.2

I	Geländegestaltung mit Einsaaten in der freien Landschaft; Windschutzpflanzungen; Spielwiesen, Ski- und Rodelhänge ohne technische Einrichtungen
II	Freiflächen mit einfachem Ausbau bei kleineren Siedlungen, bei Einzelbauwerken und bei landwirtschaftlichen Aussiedlungen; Ballspielplätze; Ski- und Rodelhänge; einfache Sportplätze; Geländegestaltungen und Pflanzungen für Deponien
III	Freiflächen bei privaten und öffentlichen Bauwerken; Begleitgrün und Verkehrsanlagen; Flächen für den Arten- und Biotopschutz; Ehrenfriedhöfe, Ehrenmale; Kombinationsspielfelder; Camping-, Zelt- und Badeplätze; Kleingartenanlagen
IV	innerörtliche Grünzüge; Oberflächengestaltungen und Pflanzungen für Fußgängerbereiche; extensive Dachbegrünungen; Spielplätze; Sportstadien, Freibäder, Golfplätze; Friedhöfe
V	Hausgärten und Gartenhöfe für hohe Repräsentationsansprüche, Terrassen- und intensive Dachbegrünungen; historischen Parkanlagen; botanische und zoologische Gärten

3.3.5 Honorartafel für Grundleistungen bei Freianlagen § 40 (1)

Anrechenbare Kosten Euro	Zone I von Euro	Zone I bis Euro	Zone II von Euro	Zone II bis Euro	Zone III von Euro	Zone III bis Euro	Zone IV von Euro	Zone IV bis Euro	Zone V von Euro	Zone V bis Euro
20 000	3 643	4 348	4 348	5 229	5 229	6 521	6 521	7 403	7 403	8 108
25 000	4 406	5 259	5 259	6 325	6 325	7 888	7 888	8 954	8 954	9 807
30 000	5 147	6 143	6 143	7 388	7 388	9 215	9 215	10 460	10 460	11 456
35 000	5 870	7 006	7 006	8 426	8 426	10 508	10 508	11 928	11 928	13 064
40 000	6 577	7 850	7 850	9 441	9 441	11 774	11 774	13 365	13 365	14 638
50 000	7 953	9 492	9 492	11 416	11 416	14 238	14 238	16 162	16 162	17 701
60 000	9 287	11 085	11 085	13 332	13 332	16 627	16 627	18 874	18 874	20 672
75 000	11 227	13 400	13 400	16 116	16 116	20 100	20 100	22 816	22 816	24 989
100 000	14 332	17 106	17 106	20 574	20 574	25 659	25 659	29 127	29 127	31 901
125 000	17 315	20 666	20 666	24 855	24 855	30 999	30 999	35 188	35 188	38 539
150 000	20 201	24 111	24 111	28 998	28 998	36 166	36 166	41 053	41 053	44 963
200 000	25 746	30 729	30 729	36 958	36 958	46 094	46 094	52 323	52 323	57 306
250 000	31 053	37 063	37 063	44 576	44 576	55 594	55 594	63 107	63 107	69 117
350 000	41 147	49 111	49 111	59 066	59 066	73 667	73 667	83 622	83 622	91 586
500 000	55 300	66 004	66 004	79 383	79 383	99 006	99 006	112 385	112 385	123 088
650 000	69 114	82 491	82 491	99 212	99 212	123 736	123 736	140 457	140 457	153 834
800 000	82 430	98 384	98 384	118 326	118 326	147 576	147 576	167 518	167 518	183 472
1 000 000	99 578	118 851	118 851	142 942	142 942	178 276	178 276	202 368	202 368	221 641
1 250 000	120 238	143 510	143 510	172 600	172 600	215 265	215 265	244 355	244 355	267 627
1 500 000	140 204	167 340	167 340	201 261	201 261	251 011	251 011	284 931	284 931	312 067

3.4 Tragwerksplanung, HOAI Teil 4 Fachplanung, Abschnitt 1

3.4.1 Grundlagen des Honorars (§§ 6 und 50)

3.4.2	anrechenbare Kosten (ohne Umsatzsteuer) des Objekts[1)2)]	§ 50
3.4.3	Honorarzone des Objekts	Anl. 14.2
3.4.4	Leistungsumfang/Grundleistungen	§ 51
3.4.5	Honorartafel	§ 52
3.4.6	ggf. Zulage für Leist. im Bestand bzw. Instandhaltungen und -setzungen	§ 12

[1)] Kostengliederung nach DIN 276-1 (12.2008). Siehe hierzu Abschnitt 1.7.

[2)] Als anrechenbare Kosten gelten für alle Leistungsphasen (siehe Abschnitt 3.4.4a), also 1 bis 9, das Ergebnis der Kostenberechnung oder, soweit diese nicht vorliegt, das Ergebnis der Kostenschätzung.

3.4.2 Anrechenbare Kosten für Leistungen bei der Tragwerksplanung (§ 50)

a	Gebäude[3)] und zugehörige bauliche Anlagen	%
300	Bauwerk – Baukonstruktionen[4)]	55
400	Bauwerk – Technische Anlagen[4)]	10
b	Ingenieurbauwerke, Kosten für Bauwerk – Baukonstruktion (KG 300 DIN 276)	90
	1. Erdarbeiten 2. Mauerarbeiten 3. Beton- und Stahlbetonarbeiten 4. Naturwerksteinarbeiten 5. Betonwerksteinarbeiten 6. Zimmer- und Holzbauarbeiten 7. Stahlbauarbeiten 8. Sonst. Tragwerke u. Tragwerksteil. 9. Abdichtungsarbeiten 10. Dachdeckung u. -abdichtung 11. Klempnerarbeiten 12. Metallbau- u. Schlosserarbeiten für tragende Konstruktionen 13. Bohrarbeiten 14. Verbauarbeiten für Baugruben 15. Rammarbeiten 16. Wasserhaltungsarbeiten	
b	Ingenieurbauwerke, Kosten der Techn. Ausrüstung (KG 400 DIN 276)	15

[3)] Es kann vereinbart werden, dass bei einem hohen Anteil an Kosten der Gründung und der Tragkonstruktionen (DIN 276, 3.1.1 und 3.1.2) sowie bei Umbauten die anrechenbaren Kosten nach den Leistungen 1. bis 12. der Kosten bei Ingenieurbauwerken (**b**) ermittelt werden.

[4)] Soweit hier die Kosten der Technischen Anlagen (KG 400, DIN 276-1 (12.2008)) angerechnet werden, sind diese um die Kosten der Zentralen Betriebstechnik und der Betrieblichen Einbauten zu reduzieren.

3.4.3 Honorarzonen mit Objektbeispielen, Anlage 14.2

I	Tragwerke mit sehr geringem Schwierigkeitsgrad; einfache statisch bestimmte ebene Tragwerke aus Holz, Stahl, Stein oder unbewehrtem Beton mit ruhenden Lasten, ohne Nachweis horizontaler Aussteifung
II	Tragwerke mit geringem Schwierigkeitsgrad; statisch bestimmte ebene Tragwerke mit vorwiegend ruhenden Lasten; Deckenkonstruktionen mit vorwiegend ruhenden Flächenlasten; Mauerwerksbauten ohne Nachweis horizontaler Aussteifung; Flachgründungen und Stützwände einfacher Art
III	Tragwerke mit durchschnittlichem Schwierigkeitsgrad; schwierige statisch bestimmte und unbestimmte ebene Tragwerke; einfache Verbundkonstruktionen des Hochbaus; Tragwerke für Gebäude mit Abfangung der tragenden bzw. aussteifenden Wände; ausgesteifte Skelettbauten; einfache Rahmentragwerke; einfache Traggerüste für Ingenieurbauwerke
IV	Tragwerke mit überdurchschnittlichem Schwierigkeitsgrad; vielfach statisch unbestimmte Systeme; statisch bestimmte räumliche Fachwerke; Tragwerke für schwierige Rahmen- und Skelettbauten; Verbundkonstruktionen; schwierige statisch unbestimmte Flachgründungen; besondere Gründungsverfahren; schwierige Gerüste für Ingenieurbauwerke; Mauerwerk nach Eignungsprüfung
V	Tragwerke mit sehr hohem Schwierigkeitsgrad; schwierige Tragwerke in neuen Bauarten; räumliche Stabwerke und statisch unbestimmte räumliche Fachwerke; Verbundträger mit Vorspannung; Flächentragwerke mit Anwendung der Elastizitätstheorie; schwierige Rahmentragwerke mit Vorspannkonstruktionen und Stabilitätsuntersuchungen

3.4.4a Leistungsbild/Grundleistungen[1)] § 51 und Anlage 14.1

§ 51 Leistungsbild Tragwerksplanung Leistungsphasen (LP)	Gebäude und zugehörige bauliche Anlagen	Ingenieurbauwerke	% des Honorars für Grundleistungen
1. Grundlagenermittlung Klären der Aufgabenstellung	x		**3**
2. Vorplanung (Projekt- und Planungsvorbereitung) Erarbeiten des statisch-konstruktiven Konzepts des Tragwerks	x	x	**10**
3. Entwurfsplanung (System- und Integrationsplanung) Erarbeitung der Tragwerkslösung mit überschlägiger statischer Berechnung	x	x	**15**
4. Genehmigungsplanung Anfertigen und Zusammenstellen der statischen Berechnung mit Positionsplänen für die Prüfung	x	x	**30**
5. Ausführungsplanung[2)] Anfertigen der Tragwerksausführungszeichnungen	x	x	**40**
6. Vorbereitung der Vergabe Beitrag zur Mengenermittlung und zum Leistungsverzeichnis	x	x	**2**

1) Besondere Leistungen sind in Abschnitt 3.4.4b dargestellt und werden gesondert vergütet.

2) Die Ausführungsplanung wird in folgenden Fällen mit 26 % bewertet: Verzicht auf Schalpläne im Stahlbetonbau; Verzicht auf Prüfung der Stahlbau-Werkpläne durch den Ingenieur; Tragwerk aus Holz mit unterdurchschnittlichem Schwierigkeitsgrad.

3.4.4b Besondere Leistungen der Tragwerksplanung Anlage 2.10 zu § 3 Absatz 3

zu LP	Besondere Leistungen (Auswahl)
2	Lastenplan für die Gründungsbeurteilung, vorläufige Berechnung wesentlicher tragender Teile
3	Mehraufwand bei Sonderbauweisen oder Sonderkonstruktionen, vorgezogene Stahl- und Holzmengenermittlung, Nachweise der Erdbebensicherung
4	Leistungen bei Bergschadenssicherung, Berechnungen nach militärischen Lastenklassen (MLC)
5	Werkstattzeichnungen im Stahl- und Holzbau sowie Elementpläne für Stahlbetonfertigteile einschließlich der zugehörigen Stahl- bzw. Stücklisten
6	Aufstellen des Leistungsverzeichnisses des Tragwerks
	Ausschließlich Besondere Leistungen
7	Mitwirkung bei der Prüfung und Wertung von Nebenangeboten
8	Ingenieurtechnische Kontrolle der Ausführung, Kontrolle von Gerüsten, Betonherst.
9	Baubegehung zur Feststellung und Überwachung der Standsicherheit

3.4.5 Leistungen im Bestand bzw. Instandhaltung und Instandsetzung (siehe 3.2.6)

3.4.6 Berechnungsbeispiel zur Tragwerksplanung für Gebäude (Schlussrechnung)

Anrechenbare Kosten

Kosten nach DIN 276 (12.08)	Art	Kostenberechnung in [€]
300	Baukonstruktion	179 000
davon 55 %		**98 450**
400	Technische Anlagen	49 000
davon 10 %		**4 900**
Gesamt		**103 350**

Nebenkostenaufstellung:

Post- und Fernmeldegebühren	25
Fahrtkosten	125
Gesamt	150

(hierzu Einzelnachweise)

Honorar

Zone III, Mindestsatz	Betrag in [€]
bei 100 000 € anrechenbaren Kosten (siehe Tabelle S. 8.73)	12 639
bei 150 000 € anrechenbaren Kosten (siehe Tabelle S. 8.73)	17 380
bei 103 350 €[2)] anrechenbaren Kosten	**12 957** [2)]
Besondere Leistung (siehe vorige Tabelle), hier: Baubegehung	**250**
Nebenkosten (Aufstellung in der Tafel links)	**150**
Honorar netto	**13 357**
Umsatzsteuer, zzt. 19 %	**2 538**
Honorar brutto[1)]	**15 895**

Interpolation und Fußnoten

Interpolation (näherungsweise Bestimmung) des Honorars für 103 350 € anrechenbare Kosten:

Tabellenspanne: 50 000 €	Honorar für 100 000 €	12 639 €
Honorardifferenz 17 380 – 12 639 = 4 741 €	Honorar für 3 350 €	318 €
(4 741 × 3 350 / 50 000 = 318 €)		**12 957 €**

1) Abzüglich bereits erhaltener Abschlagszahlungen

2) Ermittelt durch lineare Interpolation. Berechnung im Kasten darüber.

3.4.7 Honorare für Grundleistungen bei Tragwerksplanungen (§ 52)

Anrechenbare Kosten Euro	Zone I von Euro	Zone I bis Euro	Zone II von Euro	Zone II bis Euro	Zone III von Euro	Zone III bis Euro	Zone IV von Euro	Zone IV bis Euro	Zone V von Euro	Zone V bis Euro
10 000	1 461	1 624	1 624	2 064	2 064	2 575	2 575	3 015	3 015	3 178
15 000	2 011	2 234	2 234	2 841	2 841	3 543	3 543	4 149	4 149	4 373
25 000	3 006	3 340	3 340	4 247	4 247	5 296	5 296	6 203	6 203	6 537
50 000	5 187	5 763	5 763	7 327	7 327	9 139	9 139	10 703	10 703	11 279
75 000	7 135	7 928	7 928	10 080	10 080	12 572	12 572	14 724	14 724	15 517
100 000	8 946	9 940	9 940	12 639	**12 639**	15 763	15 763	18 461	18 461	19 455
150 000	12 303	13 670	13 670	17 380	**17 380**	21 677	21 677	25 387	25 387	26 754
250 000	18 370	20 411	20 411	25 951	25 951	32 365	32 365	37 906	37 906	39 947
350 000	23 909	26 565	26 565	33 776	33 776	42 125	42 125	49 335	49 335	51 992
500 000	31 594	35 105	35 105	44 633	44 633	55 666	55 666	65 194	65 194	68 705
750 000	43 463	48 293	48 293	61 401	61 401	76 578	76 578	89 686	89 686	94 515
1 000 000	54 495	60 550	60 550	76 984	76 984	96 014	96 014	112 449	112 449	118 504
1 250 000	64 940	72 155	72 155	91 740	91 740	114 418	114 418	134 003	134 003	141 218
1 500 000	74 938	83 265	83 265	105 865	105 865	132 034	132 034	154 635	154 635	162 961
2 000 000	93 923	104 358	104 358	132 684	132 684	165 483	165 483	193 808	193 808	204 244
3 000 000	129 059	143 398	143 398	182 321	182 321	227 389	227 389	266 311	266 311	280 651
5 000 000	192 384	213 760	213 760	271 781	271 781	338 962	338 962	396 983	396 983	418 359
7 500 000	264 487	293 874	293 874	373 640	373 640	466 001	466 001	545 767	545 767	575 154
10 000 000	331 398	368 220	368 220	468 166	468 166	583 892	583 892	683 838	683 838	720 660
15 000 000	455 117	505 686	505 686	642 943	642 943	801 873	801 873	939 131	939 131	989 699

Anmerkungen: Neben dem Mindest- (von) und dem Höchstsatz (bis) können weitere Honorarsätze vereinbart werden. Üblich ist die Verwendung von 1/4-Satz, 1/2-Satz und 3/4-Satz. Sowohl die Unterschreitung als auch die Überschreitung bedürfen der Schriftform (Empfehlung: Ingenieur-Vertrag). Fettgedruckte Honorare für Beispiel auf voriger Seite.

8 C Facility Management

Prof. Dipl.-Ing. Bernhard Hort, B.BA., Architekt, Facility Manager GEFMA

1 Einführung

Im vorliegenden Kapitel sind grundlegende Informationen zum Facility Management zusammengestellt. Es wird auf die wichtigsten DIN-Normen und Richtlinien des Deutschen Verbandes für Facility Management e. V. (GEFMA[1]) hingewiesen. GEFMA engagiert sich in der Normungsarbeit für FM und stellt ein Richtlinienwerk als Basis für qualitätsorientierte FM-Dienstleistungen zur Verfügung. Der Verband wurde 1989 gegründet und versteht sich als das deutsche Netzwerk der Entscheider im Facility Management (FM). GEFMA definiert in der Richtlinie GEFMA 100-1 Facility Management als eine Managementdisziplin, die durch ergebnisorientierte Handhabung von Facilities und Services im Rahmen geplanter, gesteuerter und beherrschter Facility - Prozesse eine Befriedigung der Grundbedürfnisse von Menschen am Arbeitsplatz, Unterstützung der Unternehmenskernprozesse und Erhöhung der Kapitalrentabilität bewirkt.

Facilities sind dabei Objekte, wie z. B. bauliche und technische Anlagen und Einrichtungen, Ausstattungen, Geräte, Infrastrukturen, Arbeitsmittel, Energie, Hard- und Software.

Services beschreiben Dienstleistungen, wie z.B. Ver- und Entsorgungsdienstleistungen, Transportdienstleistungen, Sicherungsdienstleistungen, Erhaltungs-, Reinigungs- und Pflegedienstleistungen, Planungs- und Beratungsleistungen.

Beispiele für **Facility - Prozesse** sind: Objekte ver- und entsorgen, Objekte reinigen und pflegen, Objekte schützen und sichern.

1.1 Prozesse

Prozesse sind allgemein Vorgänge oder ein Geschehen. Es gibt viele Arten von Prozessen, z. B. natürliche, technische, kulturelle und wirtschaftliche Prozesse. In einem Unternehmen kann jeder einzelne Arbeitsablauf als Prozess angesehen werden. Der Prozess ist also eine Folge von Aktivitäten zur Erstellung einer bestimmten Leistung. In Unternehmen können Prozesse in Kernprozesse und unterstützende Prozesse unterteilt werden. Ein Kernprozess eines Automobil-Herstellers wäre beispielsweise „Autos produzieren". Unterstützende Prozesse wären dabei beispielsweise „Instandhaltung, Buchhaltung" oder „Personalwesen". Bei den unterstützenden Prozessen oder Sekundärprozessen unterscheidet man gebäudeabhängige und gebäudeunabhängige Prozesse.

Facility Management umfasst dabei die Planung, Steuerung und Durchführung der Unterstützungsprozesse für die unterschiedlichen Kernprozesse in Industrie- und Dienstleistungsunternehmen sowie in öffentlichen Organisationen und Einrichtungen. Beispiele sind die Automobilindustrie, der Maschinenbau, die chemische Industrie, Banken, Flughäfen, Hotellerie, Gastronomie, Krankenhäuser, Schulen und Hochschulen und kommunale Einrichtungen.

1.1.1 Kernprozesse

Kernprozesse sind eine Abfolge von Tätigkeiten, durch deren Ergebnisse sich eine Organisation im Markt gegenüber externen Kunden definiert und gegenüber Wettbewerbern differenziert. Kernprozesse und deren Ergebnisse spiegeln in der Regel den Zweck wieder, derentwegen die Organisation gegründet wurde und existiert. In den Kernprozessen setzen Organisationen üblicherweise ihre Kernkompetenzen ein, um den Unternehmenserfolg sicherzustellen. [GEFMA E.V.; GEFMA 100-1][2]

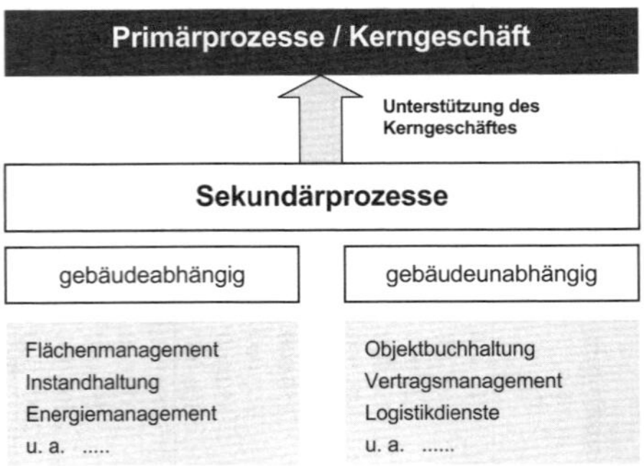

Abb. 8.74 Prozesse

[1] GEFMA **G**erman **F**acility **M**anagement **A**ssociation, Deutscher Verband für Facility Management e.V., Bonn.
[2] GEFMA e.V.: GEFMA 100-1; Facility Management Grundlagen, Bonn 2004.

1.1.2 Unterstützungsprozesse

Unterstützungsprozesse sind eine Abfolge von Tätigkeiten zur Schaffung von Voraussetzungen für die Realisierung der Kernprozesse einer Organisation oder zu deren Unterstützung. Typische Unterstützungsprozesse sind Personalwesen, Buchhaltung und Einkauf. Sie treten gegenüber externen Kunden üblicherweise nicht in Erscheinung. [GEFMA E.V.; GEFMA 100-1]

1.2 Nutzen des Facility Managements

Über den Nutzen von FM lassen sich grundlegende Aussagen nach GEFMA 100-1 treffen:

- Facility Management gestaltet Arbeitsplätze, Arbeitsbedingungen und Arbeitsumgebungen derart, dass ein konzentriertes und störungsfreies Arbeiten in einem fördernden Umfeld möglich ist.
- Dadurch leistet Facility Management einen Beitrag zur Steigerung der Arbeitsproduktivität und zur Unterstützung der Kernprozesse des Unternehmens.
- Facility Management sorgt für den langfristigen Erhalt oder die Erhöhung von Vermögenswerten in Form von Bausubstanz, Anlagen und Einrichtungen.
- Durch den sparsamen und effizienten Einsatz von Ressourcen begrenzt und verringert Facility Management die gebäude- und servicebedingten Kosten über den gesamten Lebenszyklus hinweg.
- Bei verbrauchsabhängigen Kosten werden durch verursachungsgerechte Abrechnungen auch bei den Nutzern Anreize für einen sparsamen Umgang mit Ressourcen geschaffen.
- Durch vorausschauende Planung erspart FM dem Anwender unvorhergesehene und ungeplante Kosten.
- Sofern eine Vermietung geplant ist, sorgt FM für eine hohe Attraktivität von Mietflächen bei angemessenen Kosten.
- Facility Management sorgt für Sicherheit, Gesundheitsschutz und Wohlbefinden von Menschen am Arbeitsplatz.
- FM beeinflusst positiv die Unternehmenskultur, trägt zur Erhöhung der Mitarbeiterzufriedenheit und Motivation bei und stärkt die Bindung zum Unternehmen.

2 Facility Management nach DIN 15 221-1

In der neuen DIN EN 15 221-1 „Facility Management" Teil 1 Begriffe werden, basierend auf den Ergebnissen der Arbeit des europäischen Normenausschusses CEN 348, erstmals in Deutschland Begriffe und Strukturen im Facility Management normativ geregelt. Hier wird sehr deutlich herausgearbeitet, dass die Sicherung des Kerngeschäftes (Hauptprozesse) der Organisation der Gegenstand ist, auf den sich alle FM-Leistungen beziehen (vgl. Abschn. 2.2).

2.1 Begriffe

Facility Management

Integration von Prozessen innerhalb einer Organisation zur Erbringung und Entwicklung der vereinbarten Leistungen, welche zur Unterstützung und Verbesserung der Effektivität der Hauptaktivitäten der Organisation dienen.

Facility (Einrichtung)

Materieller Vermögenswert, der eine Organisation unterstützt.

Facility - Service

Dienstleistung zur Unterstützung der Hauptaktivitäten einer Organisation, die von einem internen oder externen Leistungserbringer erbracht werden.

Key performence indicator (KPI), Schlüssel Leistungskennzahl

Größe, welche wesentliche Informationen zur Leistung der erbrachten Facility - Services ausdrückt.

Service Level Agreement (SLA), Leistungsvereinbarung

Vereinbarung zwischen dem Aufraggeber bzw. Kunden und dem Leistungserbringer über die Leistung, deren Bemessung und die Bedingungen der Erbringung der Dienstleistungen.

2.2 Facility Management - Modell

Das dargestellte Facility Management-Modell beschreibt den Rahmen, wie Facility Management die Hauptaktivitäten einer Organisation unterstützt, umfasst die Beziehung zwischen Bedarf und Lieferung und zeigt wie die unterschiedlichen Ebenen des Facility Managements zusammenwirken können.

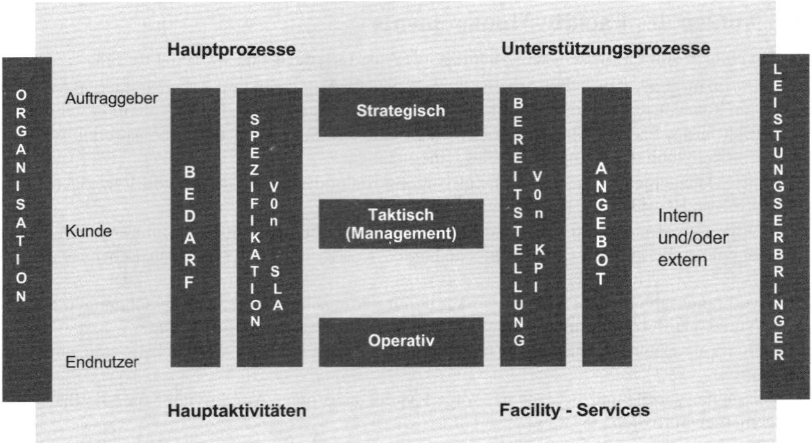

Abb. 8.76a FM-Modell aus DIN EN 15 221-1 Facility Management – Teil 1: Begriffe
Legende: SLA = Service Level Agreement; KPI = Key Performance Indicator

2.3 Leistungsumfang des Facility Managements

Die Leistungen des Facility Managements beinhalten das Managen der Facilities und der zugehörigen Facility - Services in den Anwendungsbereichen:

- Fläche und Infrastruktur sowie
- Mensch und Organisation.

Die Abgrenzung zwischen Kern- und Unterstützungsprozessen muss von jedem Unternehmen selbst vorgenommen werden. Insofern ist auch die Beschreibung der Leistungen in der Norm nur exemplarisch und folgt keiner bestimmten Reihenfolge.

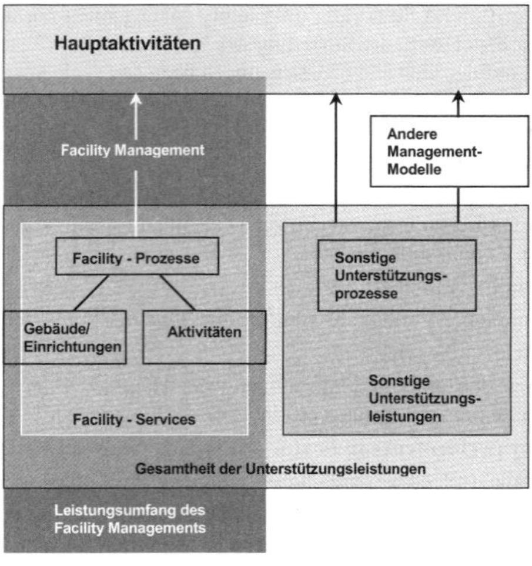

Abb. 8.76b Anwendungsbereich des Facility Managements, DIN EN 15 221-1

2.3.1 Fläche und Infrastruktur[3]

Zu den typischen Leistungen zählen u. a.:

- Bereitstellen der dem Bedarf der Organisation entsprechenden Flächen sowie deren Verwaltung, Optimierung und Verwertung;
- Bereitstellen von Arbeitsplätzen und Sichern oder Optimieren ihrer anforderungsgerechten Ausstattung;
- Bereitstellen, Optimieren und Gewährleisten der Funktionssicherheit der für das Kerngeschäft erforderlichen technischen Infrastruktur;
- Sichern und Optimieren von Hygiene und Sauberkeit auf den Flächen und für die technische Infrastruktur.

2.3.2 Mensch und Organisation[3]

Zu den typischen Leistungen zählen u. a.:

- Gewährleisten von Gesundheit, Arbeitsschutz und Sicherheit aller Arbeitskräfte sowie weiterer Personen (z. B. Kunden, Gäste);
- Bereitstellen aller erforderlichen Büroservices und Verpflegungsdienste;
- Gewährleistung des Einsatzes effizienter Informations- und Kommunikationstechniken sowohl für das Kerngeschäft als auch für das Facility Management;
- Decken des Logistikbedarfes der Organisation.

3 Gebäudemanagement

3.1 Abgrenzung Facility Management und Gebäudemanagement

Gebäudemanagement betrachtet die Leistungen des Managements für das Gebäude und die Services der Allgemeinbereiche. Facility Management hingegen bildet alle Management- und Serviceleistungen ab, die als Sekundärprozesse die Wertschöpfung innerhalb eines Handlungsraumes eines Menschen unterstützen, die nicht unbedingt etwas mit Gebäuden zu tun haben müssen. Gebäudemanagement ist also nicht gleich Facility Management, sondern ein Teil davon.

Das Gebäudemanagement betrachtet die Nutzung bzw. den Betrieb des Gebäudes und unterteilt sich in verschiedene Bereiche. Hierzu gehören Infrastruktur-, Flächen- und Raumplanungen, kaufmännisches Management und das technische Management. Alle Disziplinen gehören zum operativen Geschäft. Hierbei ist wichtig, dass alle Teilgebiete des Gebäudemanagements nicht isoliert gesehen werden, sondern ganzheitlich betrachtet werden. In jedem Teilbereich gibt es bestimmte Kernaufgaben. Zu einer optimierten Flächennutzung gehören Planungen zur Flächen- und Raumaufteilung, die auch aus technischer und infrastruktureller Sicht betriebswirtschaftlich sinnvoll sind. Zum Bereich der Infrastruktur gehören integrierte Dienstleistungen, wie die Gebäudereinigung, der Sicherheitsdienst oder auch das Catering. Das kaufmännische Management, innerhalb des Gebäudemanagements, bezieht sich zum Beispiel auf den Einkauf von Dienstleistungen oder technischen Geräten sowie Vertrags- und Personalmanagement. Im technischen Gebäudemanagement werden Aspekte der Instandhaltung, Anlagenüberwachung sowie der Energiewirtschaft betrachtet. Alle Faktoren des Gebäudemanagements müssen strukturiert und effizient in einer ganzheitlichen Planung schon vor der eigentlichen Nutzungsphase festgelegt werden.

3.2 Gebäudemanagement nach DIN 32 736

Gebäudemanagement (GM) ist die Gesamtheit aller Leistungen zum Betreiben und Bewirtschaften von Gebäuden einschließlich der baulichen und technischen Anlagen auf der Grundlage ganzheitlicher Strategien. Dazu gehören auch die infrastrukturellen und kaufmännischen Leistungen[4].

Die DIN 32 736 gliedert das Gebäudemanagement in die drei Disziplinen technisches, kaufmännisches und infrastrukturelles Gebäudemanagement und nimmt als vierten Punkt das Flächenmanagement als übergreifende Disziplin auf (Abb. 8.78).

---

[3] GEFMA e.V.: Der Facility Manager ein vielseitiges Berufsbild, Bonn und Berlin 2013, S. 11.

[4] DIN 32 736 Gebäudemanagement, August 2000.

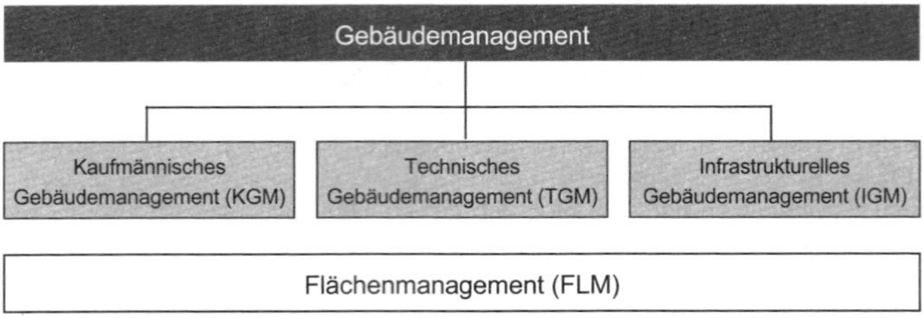

Abb. 8.78 Leistungsbereiche des Gebäudemanagements

3.2.1 Technisches Gebäudemanagement - TGM

Technisches Gebäudemanagement umfasst alle Leistungen, die zum Betreiben und Bewirtschaften der baulichen und technischen Anlagen eines Gebäudes erforderlich sind:

- Betreiben
- Dokumentieren
- Energiemanagement
- Informationsmanagement
- Modernisieren
- Sanieren
- Umbauen.

3.2.2 Infrastrukturelles Gebäudemanagement - IGM

Infrastrukturelles Gebäudemanagement umfasst die geschäftsunterstützenden Dienstleistungen, welche die Nutzung von Gebäuden verbessern:

- Verpflegungsdienste
- DV-Dienstleistungen
- Gärtnerdienste
- Hausmeisterdienste
- Interne Postdienste
- Kopier- und Druckerdienste
- Parkraumbetreiberdienste
- Reinigungs- und Pflegedienste.

3.2.3 Kaufmännisches Gebäudemanagement - KGM

Kaufmännisches Gebäudemanagement umfasst alle kaufmännischen Leistungen aus den Bereichen TGM, IGM unter Beachtung der Immobilienökonomie:

- Beschaffungsmanagement
- Kostenplanung und -kontrolle
- Objektbuchhaltung
- Vertragsmanagement.

3.2.4 Flächenmanagement - FLM

Das Flächenmanagement umfasst das Management der verfügbaren Flächen im Hinblick auf ihre Nutzung und Verwertung. Das Ziel ist die Bereitstellung einer allgemeinen Datenbasis für das Gebäudemanagement sowie die Optimierung der Ausnutzung der bereitgestellten Flächen.

Die DIN 32 736 unterscheidet:

- Nutzerorientiertes Flächenmanagement, wie z. B. Nutzungsplanung
- Anlagenorientiertes Flächenmanagement, wie z. B. Flächenanalyse im Hinblick auf Technische Anlagen

- Immobilienwirtschaftlich orientiertes Flächenmanagement, wie z. B. Belegungsberatung und -steuerung
- Serviceorientiertes Flächenmanagement, wie z. B. flächen- und raumbezogene Reinigungs- oder Sicherheitsleistungen.

Grundlage für die Ermittlung der Flächen sowie die Bereitstellung einer Flächensystematik für ein Gebäude bildet die DIN 277[5]. In dieser Norm werden die Gebäudeflächen hinsichtlich ihrer Nutzungsart gegliedert (vgl. Kap. 8 B, Abschn. 1.3.1 Grundflächen und Rauminhalte).

3.2.5 Computer Aided Facility Management - CAFM

Der Deutsche Verband für Facility Management (GEFMA) beschreibt in der Richtlinie GEFMA 400 CAFM wie folgt:

Die Prozesse des Facility Management bedürfen je nach Größe und Komplexität der Facilities (Immobilien, Anlagen, Dienstleistungen, sonstigen Ressourcen) einer individuellen, zielgerichteten Unterstützung durch Technologien, Werkzeuge und Methoden der Informationsverarbeitung. In diesem Sinne ist entsprechend der DIN 32 736 „Gebäudemanagement – Begriffe und Leistungen“ Computer Aided Facility Management (kurz CAFM) – ein Schwerpunkt im Informationsmanagement bei klarer Abgrenzung zur Gebäudeautomation und anderen gängigen IT-Anwendungen, wie Planungssoftware, Office-Lösungen oder kaufmännischer Standardsoftware. In der DIN EN 15 221-4 Facility Management – Taxonomie, Klassifikation und Strukturen im Facility Management – ist CAFM als ein standardisiertes Facility-Produkt im Bereich „Fläche und Infrastruktur“ beschrieben. Bei allen möglichen Einordnungen und Abgrenzungen gilt es als ein Grunderfordernis des CAFM, dass im Rahmen des Aufbaus entsprechender Systeme eine Integration in die IT-Systemumgebung im Unternehmen entwickelt und unterhalten werden muss [GEFMA e.V.; GEFMA 400][6].

In der Richtlinie werden marktgängige Begriffe im Umfeld von CAFM erläutert, wesentliche Leistungsmerkmale einer CAFM-Software beschrieben und das Nutzenpotenzial beim Aufbau von CAFM-Systemen umrissen.

Als CAFM-Software im Sinne der Richtlinie gelten Software-Werkzeuge, welche die spezifischen Prozesse des Facility Managements und die daran direkt oder indirekt (z. B. als Informationsnachfrager) beteiligten Personen unterstützen. Alle im Lebenszyklus von Facilities anfallenden Daten werden elektronisch verarbeitet. Dabei sollen zumindest die folgenden CAFM-Funktionalitäten enthalten sein:

Flächenmanagement	Umzugsmanagement	Vertragsmanagement
Inventarmanagement	Energiecontrolling	Mietmanagement
Raumreservierung	Instandhaltungsmanagement	Betriebskostenabrechnung
Reinigungsmanagement	Schließanlagenmanagement	Sicherheit und Arbeitsschutz

Die Bearbeitung grafischer und alphanumerischer Daten auf Basis einer oder mehrerer Datenbanken wird als unverzichtbares Merkmal einer CAFM-Software verstanden.

4 FM-gerechte Gebäudeplanung

4.1 Ganzheitliches Bauen

Die Planung eines Gebäudes im Sinne einer FM-gerechten Gebäudeplanung setzt eine ganzheitliche Betrachtung der Immobilie über den gesamten Lebenszyklus voraus.

Ganzheitliches Bauen umfasst im betriebswirtschaftlichen Sinne alle durchzuführenden Leistungserstellungsprozesse im gesamten Lebenszyklus der Facilities, die Facilities selbst und die Tätigkeiten der baubeteiligten Partner unter Beachtung wissenschaftlicher, technischer, wirtschaftlicher und sozialer Aspekte [KAHLEN, 2008][7]. Die „Facilities“ sind Bauwerke (Grundstück, bauliche Anlagen, Gebäudetechnik) wie Gebäude, sonstige Bauwerke, Anlagen, Freianlagen und raumbildende Ausbauten (im Sinne des § 2, Teil I der HOAI)[8]. Bauen umfasst also den gesamten Herstellungsprozess der

[5] DIN 277 Grundflächen und Rauminhalte von Bauwerken im Hochbau, Februar 2005.
[6] GEFMA e.V.: GEFMA 400; Computer Aided Facility Management CAFM, Bonn 2013.
[7] KAHLEN, H.: Schneider Bautabellen für Architekten, Werner-Verlag, Köln 2008, S. 10.74.
[8] HOAI , Honorarordnung für Architekten und Ingenieure, 2013.

Facilities, d. h. von der Initiierung bis zum Abriss. Bauwerke bestehen aus Grundstücken, baulichen Anlagen (dem „Gebauten" aus den verschiedenen Materialien) und der Gebäudetechnik.

Abb. 8.80 Bauwerkslebenszyklus

4.2 Lebenszyklus von Gebäuden

Während im 19. Jahrhundert eine Lebenserwartung von ca. 150 Jahren für Wohngebäude durchaus üblich war, ist diese Betrachtung bis in die Gegenwart hinein auf 80 bis 100 Jahre korrigiert worden. Immobilienfinanzierungsinstitute haben die Lebensdauer für gewerbliche Immobilien schon längst auf maximal 50 Jahre reduziert. Dies scheint noch zu großzügig bemessen, wenn man bedenkt, dass Verwaltungsgebäude nach 30 Jahren bis auf das Tragwerk vollständig entkernt und modernisiert werden. Hier lässt sich jedoch keine grundsätzliche Linie festschreiben, sondern es sind die Umstände des jeweiligen Einzelfalls zu berücksichtigen.

Die Lebensdauer eines Gebäudes lässt sich in eine technische und eine wirtschaftliche Betrachtung aufgliedern. Die technische Lebensdauer wird bestimmt von den eingesetzten Baustoffen, der Konstruktion sowie der Komplexität der Technischen Gebäudeausrüstung. Die wirtschaftliche Lebensdauer wird durch die Nutzungsdauer bestimmt. Solange eine wirtschaftliche Nutzung möglich ist, wird die technische Gesamtlebensdauer nicht sonderlich von der wirtschaftlichen Nutzungsdauer beeinträchtigt. Von Bedeutung ist dabei, ob die Gebäude nur spezielle Nutzungen zulassen oder ob gegebenenfalls Umnutzungen (Flexibilität) möglich sind.

Anforderungen an Gebäude

Die Anforderungen an Gebäude in heutiger Zeit haben sich aufgrund gesellschaftlicher Veränderungen wesentlich gewandelt. Nach Krimmling[9] ergeben sich im Zusammenhang mit der Errichtung und Nutzung von Gebäuden zwei Interessenkonstellationen. Allgemeininteressen, vertreten durch Behörden, Träger öffentlicher Belange oder Verbände sowie Individualinteressen, vertreten durch Bauherr, Planer, Bauausführende, Nutzer und Betreiber. Die Fragestellung nach den Interessen des Nutzers führt zu vier Kategorien:

- Funktionalität
- Komfort und Behaglichkeit
- Image
- Wirtschaftlichkeit.

Mit Hilfe dieser Kategorien lässt sich für jedes Gebäude ein konkretes Anforderungsprofil erstellen, das als Grundlage für die Gebäudeplanung dient. Auf der Basis dieses Profils kann der beauftragte Architekt verschiedene Gebäudekonzepte entwickeln [Krimmling, 2013, S. 54].

Die Berücksichtigung der Interessenkategorien im Gebäudeentwurf führt nach Krimmling zu folgenden Einflussgrößen:

- Größe des Gebäudes (Flächen- und Raumangebot) Flächenanordnung und -zuschnitt
- Gebäudegliederung
  (Turm, stehende Scheibe, liegende Scheibe, Atrium, gegliederte Formen)
- Bauart – Materialwahl
- Fassadengestaltung
- Art und Umfang gebäudetechnischer Systeme
- Innenarchitektur, Material und Farbwahl, Möblierung.

[9] Krimmling, J.: Facility Management, Strukturen und methodische Instrumente, Stuttgart 2013.

4.3 Gebäudeentwurf

Neben entwurfsrelevanten Kriterien wie Städtebau, Funktion, Konstruktion, Gestalt und Wirtschaftlichkeit sind im FM-gerechten Gebäudeentwurf die sich aus der Nutzerorientierung ergebenden Forderungen, insbesondere die Phase der Bauwerksnutzung, bereits in der Planung der Bauwerke zu beachten.

Der Lebenszyklus einer Immobilie erstreckt sich über die fünf Phasen: Initiierung, Planung, Realisierung, Nutzung und Verwertung. Die Leistungsbereiche: Initiierung (Projektentwicklung u. a.), Bauwerksnutzung (Betrieb), Stilllegung (Abriss) wurden bislang nur ungenügend in den Entwurfsprozess eingebunden und finden noch wenig Berücksichtigung. Durch die Verknüpfung im Sinne des Ganzheitlichen Bauens über den gesamten Lebenszyklus sollen die Abhängigkeiten der einzelnen Phasen verdeutlicht und praxisnah umgesetzt werden. Dabei steht neben den funktionalen und gestalterischen Aspekten die materialgerechte Bauformenentwicklung im Vordergrund. Die Auswirkungen der Materialien, Konstruktionen und des Tragwerks auf die Bauunterhaltungskosten und damit auf die Lebenszykluskosten sind zu beachten, ebenso die Betrachtung sogenannter „Strategischer Bauteile“, deren Eigenschaften im Hinblick auf Nutzungskosten und Flexibilitätseigenschaften erfolgskritisch sind.

4.3.1 Konzept der strategischen Bauteile

In der konsequenten Ausrichtung des Gebäudeentwurfes auf optimierte Lebenszykluskosten und Lebenszyklusqualitäten (insbesondere Flexibilität) müssen sogenannte „Strategische Bauteile“ identifiziert werden. Der Begriff bezeichnet eine Bewertung von Bauteilen bei Baukonstruktionen und gebäudetechnischen Anlagen. Damit werden Gliederungselemente gemäß DIN 276 charakterisiert, deren Eigenschaften im Hinblick auf Nutzungskosten und Flexibilitätseigenschaften erfolgskritisch sind. Für technische Anlagen und baukonstruktive Komponenten müssen Auswirkungen von Konstruktions-, Bauteil- und Materialentscheidungen auf Lebenszykluskosten analysiert und bewertet werden [BALCK][10].

Beispiele für strategische Bauteile sind:

- Flexible Trennwände:
  Von ihrer Beschaffenheit hängt die Nutzungsqualität der Räume ab und es erwachsen ca. 80 % der Lebenszykluskosten aus Arbeitsplatzveränderungen und Umzugskosten. Bei intelligenten Grundriss- und Trennwandsystemlösungen können diese Kosten stark reduziert werden.
- Flexibel belastbare Deckentragwerke (z. B. im Industriebau):
  Dadurch sind Layoutveränderungen mit hohen Punktlasten möglich.
- Lichtsysteme:
  Sie haben einen direkten Einfluss auf die Arbeitsproduktivität und das Wohlbefinden (Ambiente) und verursachen einen beachtlichen Anteil des Energieverbrauchs.
- Bodenbeläge:
  Die Qualität der Arbeitsumgebung hängt von den optischen und akustischen Eigenschaften ab. Der Investitionskostenanteil an den Lebenszykluskosten ist wesentlich geringer als die resultierenden Reinigungs- und Entsorgungskosten. Es ist also sinnvoll bei der Auswahl der Bodenbeläge die späteren Reinigungskosten in die Entscheidungsfindung mit einzubeziehen.

4.3.2 Flexibilität in der Gebäudeplanung

Flexibilität ist bezüglich möglicher Nutzungsänderungen während des Lebenszyklus das entscheidende Anforderungsmerkmal moderner Gebäude.

Nutzungsänderungen ergeben sich:

- innerhalb des Gebäudes, in dem Abteilungen neu zusammengesetzt werden oder Mitarbeiter umziehen, d. h. die Ablauforganisation von Unternehmen wird häufig verändert. Daraus resultieren sich verändernde Anforderungen an die Raumaufteilung und -anordnung.
- Durch völlige Umnutzung des Gebäudes, weil es vielleicht von einem anderen Unternehmen gekauft wurde. Hier spielt auch die jeweilige Situation am Immobilienmarkt hinein, aus welcher sich neue Nutzungsanforderungen an Gebäude ergeben. [KRIMMLING, 2013, S. 178][11]

---

[10] BALCK H.: Handbuch Facility Management, ecomed, 2004.

[11] KRIMMLING, J.: Facility Management, Strukturen und methodische Instrumente, Stuttgart 2013.

Flexibilität ist hinsichtlich verschiedener Aspekte erforderlich:

- Flexibilität durch Grundrissgestaltung (Raster, Raumtiefen, Orientierung)
- Flexibilität im Tragwerk (Kerne, Tragsystem)
- flexible Trennwandsysteme
- Flexibilität durch Hohlraum- und Doppelböden
- Flexibilität durch anpassungsfähige Installationen (Bus-Systeme)
- Flexibilität durch entsprechende Arbeitsplatzgestaltung.

5 Lebenszykluskosten

Ein lebenszyklusorientierter Ansatz in der Planung und Nutzung von Immobilien erfordert eine ganzheitliche Betrachtung der Kosten bereits in der Vorplanungsphase. Die Gestaltungsmöglichkeiten der Folgekosten sind in den ersten Planungsphasen am größten. Am Ende der Realisierung einer Immobilie sind die Folgekosten nur noch mit hohem Investitionsaufwand zu beeinflussen. Die Basis zur Ermittlung der Lebenszykluskosten bietet die GEFMA Richtlinie 220-1 im Zusammenhang mit der DIN 276, Kosten im Hochbau, und der DIN 18 960, Nutzungskosten im Hochbau.

Um im Sinne von Facility Management die Wirtschaftlichkeit einer Gebäudeplanung beurteilen zu können, müssen die Folgekosten einer Investition ebenso wie die Investitionskosten berücksichtigt werden.

Ziel einer wirtschaftlichen Planung muss sein, das optimale Verhältnis von Herstellungskosten zu Baunutzungskosten zu erreichen.

Durch die Verknüpfung von Investitionskosten auf Basis der DIN 276 und der Kosten des Bewirtschaftens und Betreibens auf Basis der DIN 18 960 entsteht methodisch eine durchgängige Erfassung aller kostenrelevanten Faktoren in der Wertschöpfungskette des Investierens und Nutzens.

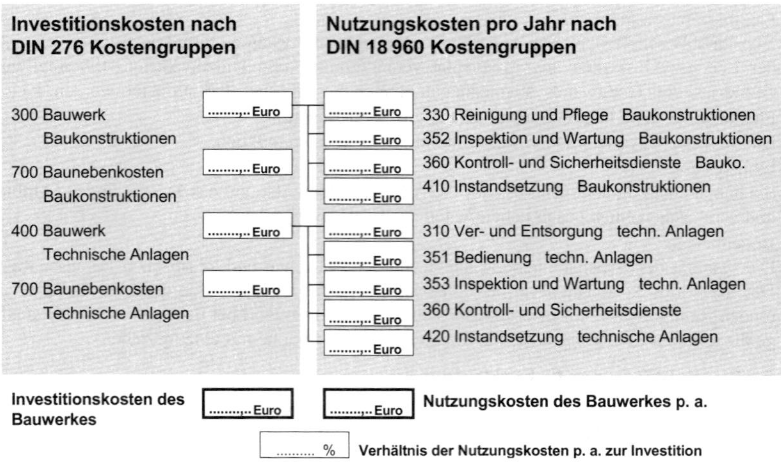

Abb. 8.82 Ermittlung der Lebenszykluskosten

5.1 Anwendungsbereich der GEFMA-Richtlinie 220-1[12]

Die Lebenszykluskosten-Ermittlung ist eine Methode zur Bestimmung der langfristig vorteilhaftesten Variante aus verschiedenen Handlungsmöglichkeiten. Denkbare Anwendungsbereiche der LzK-Ermittlung sind die Optimierung von Investitionen bzw. von Planungen – für Neubau wie auch für Instandhaltung oder Modernisierung –, die Nutzung als Kennzahl im Lebenszyklus-Management, Budgetplanung, Kostenkontrolle, PPP-Angebotserstellung oder der Einsatz als Kriterium in der

[12] GEFMA e.V.: GEFMA 220-1; Lebenszykluskostenrechnung im FM, Bonn 2010.

Zertifizierung nach dem Deutschen Gütesiegel Nachhaltiges Bauen (DGNB) bzw. nach dem Bewertungssystem Nachhaltiges Bauen für Bundesgebäude (BNB) des Bundesministeriums für Verkehr, Bauen und Stadtentwicklung. Das in der Richtlinie vorgestellte Vorgehen bei der Modellierung und Berechnung von LzK ist universell anwendbar, d.h. nicht auf bestimmte Anwendungen beschränkt. Auch für Maßnahmen im Gebäudebestand sind die beschriebenen Prinzipien grundsätzlich anwendbar [GEFMA E.V.; GEFMA 220-1, S.1].

5.2 Lebenszykluskosten im FM

Die phasenübergreifende Optimierung von Prozessen im Lebenszyklus einer Facility ist ein wesentliches Anliegen des FM. Neben den Aspekten der Behaglichkeit, der Verlässlichkeit und der Unterstützung des Kerngeschäfts des Anwenders steht die Allokation der finanziellen Mittel im Zentrum des Interesses. Durch die Berechnung von LzK kann die langfristig kostengünstigste, und damit die unter ökonomischen Gesichtspunkten nachhaltigste Handlungsalternative bestimmt werden.

Dabei kann nicht grundsätzlich davon ausgegangen werden, dass eine Erhöhung der Investitionskosten eine Absenkung der Nutzungskosten zur Folge hat. Abb. 8.83 zeigt Beispiele für die vier möglichen Beziehungen zwischen Investitions- und Folgekosten.

Die LzK eignen sich vornehmlich als relative Kennzahl, d. h. für das Ranking von Alternativen, da sie durch die i. d. R. lange Lebensdauer einer Facility zu wesentlichen Teilen auf Prognosen künftiger Zahlungen beruhen und deshalb mit Unsicherheiten behaftet sind. [GEFMA e.V.; GEFMA 220-1, S. 3]

	Investitionskosten	
Nutzungskosten	niedrig	hoch
niedrig	z. B. Technikvermeidung durch bauliche Maßnahmen	z. B. Wärmedämmung
hoch	z. B. Baumaterialien mit geringer Lebensdauer	z. B. überdimensionierte technische Anlagen

Abb. 8.83 Mögliches Verhältnis von Investitions- zu Nutzungskosten, GEFMA 220-1

5.3 Berechnung der Lebenszykluskosten nach GEFMA 220-1

Für die Berechnung der LzK aus den Ausgangsdaten stehen die verschiedenen Ansätze der Investitionsrechnung bereit. Im Sinne des erweiterten LzK-Begriffes werden in der GEFMA-Richtlinie nicht nur Kosten- sondern auch Erfolgsrechnungen angesprochen. Die Berechnungsmethoden lassen sich untergliedern in statische, dynamische und moderne Methoden.

Die **statischen Methoden** verwenden einperiodische, betriebswirtschaftliche Kennzahlen (Kosten, Erträge), die den tatsächlichen Zeitpunkt des Zahlungsanfalls wegen der i. d. R. kurzen Periode nicht extra berücksichtigen, d.h. es werden weder Preissteigerungen noch Finanzierung oder Diskontierung berücksichtigt.

Die **dynamischen Methoden** bilden den Zeitwert des Geldes durch Diskontierung (Abzinsung) künftiger Zahlungen auf den Betrachtungszeitpunkt ab. Der sogenannte Barwert einer Zahlung Z im Jahr n gibt an, welchen Betrag man zum Betrachtungszeitpunkt (z. B. Jahr der Investition) bei einer Verzinsung von i anlegen muss, um im Jahr n die Zahlung Z leisten zu können. (Beispiel: für die Zahlung von 100 Euro im Jahr 10 des Lebenszyklus muss man bei einem Zinssatz von 5 % im Jahr 0 des Lebenszyklus einen Barwert in Höhe von 61 Euro vorhalten.) Durch die Barwertermittlung wird der Zeitwert des Geldes in die LzK-Berechnung integriert. Je höher der Zinssatz gewählt wird, desto weniger tragen spätere Zahlungen zur Summe der LzK bei, desto geringer wird auch ihr Gewicht für die Entscheidungsfindung. Häufig wird für die dynamischen LzK die Kapitalwertmethode angewendet. Der Kapitalwert ergibt sich aus der Summe der Barwerte aller Zahlungen (durch Abzinsung entsprechend dem Zahlungszeitpunkt gewonnen), die im Lebenszyklus fällig werden.

Als **moderne Methode** wird der „Vollständige Finanzplan" (VoFi) bezeichnet. Er bildet das Vermögen des Investors ab (Endvermögen, Einkommen durch laufende Entnahme) mit expliziter Annahme jeder einzelnen Zahlung für jedes Jahr des Betrachtungszeitraums. Wegen der Unterscheidung zwischen Eigen- und Fremdkapital, Finanzierungslaufzeiten u.a. eignet sich der VoFi zur Einbeziehung von Finanzierungsszenarios in die LzK-Berechnung.

6 Betreiberverantwortung nach GEFMA 190[13]

Die GEFMA-Richtlinie 190 vermittelt systematisch grundlegende Informationen und Zusammenhänge über die Betreiberverantwortung im Rahmen eines Facility Managements und leistet damit einen wichtigen Beitrag zur Rechtssicherheit.

6.1 Anwendungsbereich

Der Gesetzgeber erlegt demjenigen besondere Pflichten auf, der

- ein Grundstück mit einem Gebäude im Eigentum hat,
- Gebäude mit gebäudetechnischen Anlagen betreibt,
- als Arbeitgeber fungiert, d. h. Arbeitnehmer beschäftigt,
- Arbeitsplätze und/oder Arbeitsmittel (einschl. überwachungsbedürftiger Anlagen) bereitstellt.

Die Betreiberverantwortung in der GEFMA 190 wird auf den Betrieb aller Arten von gewerblich genutzten und öffentlichen Gebäuden bezogen, z. B. Verwaltungsgebäude, Produktions- und Lagergebäude, Energieanlagen und deren Gebäude, Verkaufs-, Versammlungs- Sport- und Gaststätten, Schulen und Hochschulen, Flughäfen und Bahnhöfe, Messebauten usw. Außer Betracht bleiben der Betrieb von Baustellen sowie der Betrieb von Krankenhäusern aus Sicht der medizinischen Betreiberverantwortung.

6.2 Gesetzliche Verantwortung

Aus dem Betrieb von Gebäuden und Anlagen können sich Gefahren oder Nachteile für Leben, Körper, Gesundheit, Freiheit, Eigentum oder sonstige Rechte von Personen oder für die Umwelt ergeben. Jedem Unternehmen, das im Rahmen seiner Geschäftstätigkeit Gebäude betreibt, wird deshalb vom Gesetzgeber die Verantwortung dafür auferlegt, alle erforderlichen und zumutbaren Maßnahmen zu ergreifen, um diese Gefahren oder Nachteile zu vermeiden oder zu verringern.

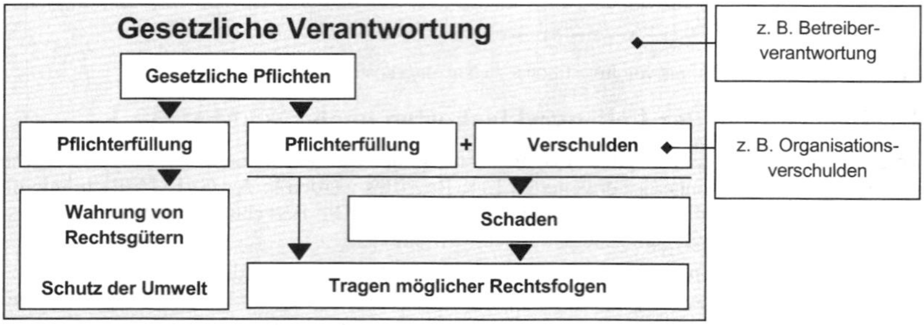

Abb. 8.84 Umfang und Ziele der gesetzlichen Verantwortung am Beispiel der Betreiberverantwortung

Verantwortung ist hierbei als ein Überbegriff anzusehen; die Betreiberverantwortung umfasst:

- Gesetzliche Betreiberpflichten für gebäudebetreibende Unternehmen und die darin handelnden Personen
- Übernahme des latenten Risikos einer Pflichtverletzung (als aktive pflichtwidrige Handlung oder pflichtwidrige Unterlassung) und eines Verschuldens (als persönliche Vorwerfbarkeit im Sinne von Vorsatz oder Fahrlässigkeit)
- Tragen möglicher Rechtsfolgen für Unternehmen und Personen (Haftung). Die genannten Elemente werden in der Richtlinie erläutert.

In weiteren Kapiteln der GEFMA-Richtlinie 190 werden Entlastungs- und Haftungsdeckungsmöglichkeiten behandelt sowie Empfehlungen zur sicheren Handhabung der Betreiberverantwortung gegeben.

---

[13] GEFMA e.V.: GEFMA 190; Betreiberverantwortung im FM, Bonn 2004.

9 Einwirkungen auf Tragwerke

I Grundlagen der Tragwerksplanung

(DIN EN 1990:2010-12, DIN EN 1990/NA:2010-12, DIN EN 1990/NA/A1:2012.08)

Prof. Dr.-Ing. Andrej Albert

1 Einführung

Für das Bauen mit Beton, Holz, Mauerwerk, Stahl usw. sind in den letzten Jahren die Bemessungs- und Konstruktionsnormen auf das Sicherheitskonzept mit Teilsicherheitsbeiwerten umgestellt worden, die Lastannahmen (Einwirkungen) wurden überarbeitet und angepasst. Inzwischen stehen entsprechende europäische Normen – EN 1990 bis EN 1999 – zur Verfügung.
Die europäischen Normen werden ergänzt um sog. Nationale Anhänge (NA); diese enthalten Regelungen zu den Parametern, die im Eurocode für nationale Entscheidungen offen gelassen wurden. Die national festzulegenden Parameter (NDP) gelten für die Tragwerksplanung in dem Land, in dem das Bauwerk erstellt wird. Sie umfassen z. B.

- Zahlenwerte und/oder Klassen, an denen die Eurocodes Alternativen eröffnen,
- Zahlenwerte, bei denen die Eurocodes nur Symbole angeben,
- landesspezifische, geografische und klimatische Daten, die nur für das jeweilige Mitgliedsland gelten (z. B. Schneekarten),
- Vorgehensweisen, wenn die Eurocodes mehrere Verfahren zur Wahl anbieten,
- Verweise zur Anwendung des Eurocodes, soweit sie diese ergänzen und nicht widersprechen.

Gegenwärtig (Januar 2014) sind die europäischen Normen im Bauwesen mit Ausnahme von DIN EN 1996 und DIN EN 1998, deren Einführung im Laufe des Jahres 2014 erwartet wird, bauaufsichtlich eingeführt.
In DIN EN 1990 „Grundlagen der Tragwerksplanung" sind Prinzipien und Anforderungen zur Tragsicherheit, Gebrauchstauglichkeit und Dauerhaftigkeit von Tragwerken genannt. DIN EN 1990 ist für die direkte Verwendung beim Entwurf, bei der Berechnung und Bemessung von Neubauten in Verbindung mit DIN EN 1991 bis DIN EN 1999 gedacht. In den Normen der Reihe DIN EN 1991 sind die für die Bemessung und Konstruktion von Tragwerken maßgebenden Einwirkungen festgelegt. DIN EN 1992 bis DIN EN 1999 behandelt die Bemessung und Konstruktion mit den Materialien Beton, Stahl, Holz, Mauerwerk und Aluminium sowie die Bemessung in der Geotechnik und die Auslegung von Bauwerken in Erdbebengebieten. Die Normenstruktur ist nachfolgend dargestellt.

In diesem Kapitel 9 werden neben den Grundlagen der Tragwerksplanung nach DIN EN 1990 insbesondere die Einwirkungen auf Tragwerke nach DIN EN 1991 behandelt.
Für bestimmte Bauwerke (z. B. Brücken) oder besondere Einwirkungen (z. B. Erdbeben (s. DIN EN 1998)) sind zusätzliche Festlegungen zu berücksichtigen. Es wird auf die Erläuterungen und Hinweise in den nachfolgenden Abschnitten II bis VI verwiesen.

2 Grundlagen und Begriffe

Grundsätzliches Ziel bei Planung, Konstruktion und Ausführung von Bauwerken ist die Sicherstellung einer angemessenen Zuverlässigkeit gegen Versagen und die Gewährleistung des vorgegebenen Nutzungszwecks für die vorgesehene Dauer unter Berücksichtigung von wirtschaftlichen Gesichtspunkten (s. [9.1]). Das Sicherheits- und Bemessungskonzept beruht auf dem Nachweis, dass diese Anforderungen erfüllt und sog. Grenzzustände nicht überschritten werden. Man unterscheidet Grenzzustände der *Tragfähigkeit*, Grenzzustände der *Gebrauchstauglichkeit* und Anforderungen an die *Dauerhaftigkeit*.

Die folgenden Ausführungen gelten für die Tragwerksplanung von Hoch- und Ingenieurbauwerken (inkl. der Gründung). Sie gelten auch für die Tragwerksplanung im Bauzustand und für Tragwerke mit befristeter Standzeit sowie für die Planung von Verstärkungs-, Instandsetzungs- oder Umbaumaßnahmen.

Begriffe (Auswahl; s. a. Erläuterungen in den jeweiligen Kapiteln)

Prinzip	Eine Angabe und Festlegung, von der keine Abweichung zulässig ist.
Anwendungsregel	Allgemein anerkannte Regel, die dem Prinzip folgt und dessen Anforderungen erfüllt. Alternativen sind auf der Basis der Prinzipien zulässig.
Grenzzustand	Ein Zustand, bei deren Überschreitung das Tragwerk die Entwurfsanforderungen nicht mehr erfüllt; man unterscheidet Grenzzustände der Tragfähigkeit und der Gebrauchstauglichkeit.
Einwirkung F	Kräfte (Lasten) als direkte Einwirkungen und aufgezwungene Verformungen (Temperatur, Setzung ...) als indirekte Einwirkungen
Auswirkung der Einwirkung E	Beanspruchungen von Bauteilen (z. B. Schnittkräfte, Momente, Spannungen) oder Reaktionen des Gesamttragwerks (z. B. Durchbiegungen), die durch die Einwirkungen hervorgerufen werden.
Bauteileigenschaft, Widerstand, R	Durch Materialeigenschaften (Beton, Betonstahl, Spannstahl) und geometrische Größen sich ergebende aufnehmbare Beanspruchungen.
Tragwerk	Miteinander verbundene tragende und aussteifende Bauteile.
Tragsystem	Summe der tragenden Bauteile und ihr Zusammenwirken.
Tragwerksmodell	Idealisierung des Tragsystems für Schnittgrößenermittlung und Bemessung.

3 Charakteristische Werte und Bemessungswerte

3.1 Einwirkungen

Einwirkungen sind als Lastbilder aus Einwirkungsnormen, bauartspezifischen Bemessungsnormen oder gleichwertigen Unterlagen zu entnehmen. Umwelteinflüsse, die die Dauerhaftigkeit beeinflussen können, sind durch geeignete Modelle zu erfassen (z. B. durch die Definition von Umweltklassen mit entsprechenden Anforderungen).

Für die Nachweisführung maßgebende Einwirkungswerte:

- *Charakteristische Werte* (F_k), die i. Allg. in Lastnormen festgelegt werden, und zwar als
  - ständige Einwirkung, i. d. R. als ein einzelner Wert (G_k), ggf. jedoch auch als oberer ($G_{k,sup}$) und unterer ($G_{k,inf}$) Grenzwert;
  - veränderliche Einwirkung (Q_k), als oberer / unterer Wert oder als festgelegter Nennwert;
  - außergewöhnliche Einwirkung (A_k), i. Allg. als festgelegter (deterministischer) Wert.
- *Repräsentative Werte von veränderlichen Einwirkungen* (Q_{rep}) ergeben sich unter Berücksichtigung von Kombinationsbeiwerten ψ_i; es werden unterschieden
  - Charakteristischer Wert (Q_k)
    - Kombinationswert ($\psi_0 \cdot Q_k$)
    - Häufiger Wert ($\psi_1 \cdot Q_k$)
    - Quasi-ständiger Wert ($\psi_2 \cdot Q_k$).
- *Bemessungswerte* der Einwirkung (F_d) ergeben sich aus
  - $F_d = \gamma_F \cdot F_{rep}$ mit $F_{rep} = \psi \cdot F_k$ (ψ entweder mit dem Wert 1,0 oder mit ψ_0, ψ_1 oder ψ_2)

  mit γ_F als Teilsicherheitsbeiwert für die betrachtete Einwirkung; der Beiwert γ_F kann mit einem oberen ($\gamma_{F,sup}$) und einem unteren Wert ($\gamma_{F,inf}$) angegeben werden.

3.2 Baustoffeigenschaften

Eigenschaften von Baustoffen, Bauprodukten oder Baugrund werden durch charakteristische Werte X_k beschrieben, die i. Allg. einem festgelegten Quantilwert der statistischen Verteilung entsprechen (bei Festigkeitsgrößen ist der untere charakt. Wert i. d. R. das 5-%-Quantil). Für den Bemessungswert gilt

$$X_d = \eta \cdot X_k/\gamma_m$$

mit γ_m als Teilsicherheitsbeiwert für die Baustoff- oder Produkteigenschaft nach der bauartspezifischen Bemessungsnorm. Der charakteristische Wert X_k wird mit einem Beiwert η zur Umrechnung von Probeneigenschaften und maßgebenden Eigenschaften im Bauteil, von Maßstabseffekten u. a. m. multipliziert.

3.3 Geometrische Größen

Geometrische Größen werden durch charakteristische Werte und im Fall von Imperfektionen unmittelbar durch ihre Bemessungswerte dargestellt. Die charakteristischen Werte entsprechen üblicherweise den bei der Tragwerksplanung festgelegten Maßen. Der Bemessungswert wird i. Allg. durch den Nennwert

$$a_d = a_{nom}$$

wiedergegeben, ggf. aber auch durch $a_d = a_{nom} \pm \Delta a$ mit Δa als ungünstige Abweichung.

4 Grenzzustände der Tragfähigkeit (GZT)

4.1 Lagesicherheit (EQU – equilibrium)

Es ist nachzuweisen, dass die Bemessungswerte der destabilisierenden Einwirkungen $E_{d,dst}$ die Bemessungswerte der stabilisierenden Einwirkungen $R_{d,stb}$ nicht überschreiten (EN 1990, 6.4.2):

$$\boldsymbol{E_{d,dst} \leq R_{d,stb}} \tag{4.1}$$

Ist der Ansatz eines Widerstandes von Bauteilen (z. B. Zugverankerungen) erforderlich, ergibt sich nach DIN EN 1990/NA, A.1.3.1(3) der Bemessungswert der zugehörigen Beanspruchung $E_{d,anch}$ zu

$$E_{d,anch} = E_{d,dst} - E_{d,stb}$$

($E_{d,dst}$ ergibt sich mit $\gamma_{G,dst}$* und γ_Q, $E_{d,stb}$ mit $\gamma_{G,stb}$* nach Tafel. 9.5a; weitere Hinweise s. EN 1990)

4.2 Tragwerks- oder Querschnittsversagen (STR – structural)

Beim Nachweis für Grenzzustände der Tragfähigkeit eines Querschnitts, Bauteils oder einer Verbindung, wobei die Tragfähigkeit von Baustoffen entscheidend ist, ist zu zeigen, dass

$$\boldsymbol{E_d \leq R_d} \tag{4.2}$$

ist, mit E_d als Bemessungswert der Auswirkung einer Einwirkung und R_d des zug. Tragwiderstands.

Bemessungswert der Beanspruchung E_d

Der Bemessungswert der Beanspruchung kann nach EN 1990, Gl. (6.10), (6.11b) und (6.12b) bestimmt werden:

Grundkombination $$\boldsymbol{E_d = E\,[\sum_{j\geq 1} \gamma_{G,j} \cdot G_{k,j} \text{ „+“ } \gamma_P \cdot P \text{ „+“ } \gamma_{Q,1} \cdot Q_{k,1} \text{ „+“ } \sum_{i>1} \gamma_{Q,i} \cdot \psi_{0,i} \cdot Q_{k,i}\,]} \tag{4.3a}$$

Außergew. Situation $$E_{dA} = E\,[\sum_{j\geq 1} G_{k,j} \text{ „+“ } P \text{ „+“ } A_d \text{ „+“ } (\psi_{1,1}/\,\psi_{2,1}) \cdot Q_{k,1} \text{ „+“ } \sum_{i>1} \psi_{2,i} \cdot Q_{k,i}\,] \tag{4.3b}$$

Erdbeben $$E_{dAE} = E\,[\sum_{j\geq 1} G_{k,j} \text{ „+“ } P \text{ „+“ } A_{Ed} \text{ „+“ } \sum_{i\geq 1} \psi_{2,i} \cdot Q_{k,i}\,] \tag{4.3c}$$

$\gamma_{G,j}$; γ_P Teilsicherheitsbeiwert für ständige Einwirkungen (Tafel 9.5a); für die Vorspannung (Kap. 12 C)
γ_{Q1}; γ_{Qi} Teilsicherheitsbeiwert für die erste; für weitere veränderliche Einwirkungen (s. Tafel 9.5a)
$G_{k,j}$; P charakteristische Werte der ständigen Einwirkungen; der Vorspannung
$Q_{k,1}$; $Q_{k,i}$ charakteristische Werte der ersten und der weiteren unabhängigen veränderlichen Einwirkung
A_d Bemessungswert einer außergewöhnlichen Einwirkung (z. B. Anpralllast; Explosion)
A_{Ed} Bemessungswert der Einwirkung infolge von Erdbeben
ψ_0, ψ_1, ψ_2 Kombinationsbeiwerte für seltene, häufige und quasi-ständige veränderliche Einwirkungen (s. Tafel 9.5b); in Gl. (4.3b) hängt die Wahl zwischen $\psi_{1,1}$ und $\psi_{2,1}$ von der maßg. außergewöhnlichen Bemessungssituation ab (Anprall, Brandbelastung usw.).
„+“ „ist zu kombinieren“

Die *maßgebende* Leiteinwirkung $E_{Qk,1}$ der unabhängigen veränderlichen Einwirkungen kann bei linear-elastischer Schnittgrößenermittlung bestimmt werden aus dem Extremwert von

– Grundkombination extr. $[\gamma_{Q,i} \cdot (1 - \psi_{0,i}) \cdot E_{Qk,i}\,]$ (4.4a)
– Außergew. Kombination extr. $[(\psi_{1,i} - \psi_{2,i}) \cdot E_{Qk,i}\,]$ (4.4b)

Bemessungswerte der Tragfähigkeit R_d

Der Bemessungswert der Tragfähigkeit R_d wird in den bauartspezifischen Normen festgelegt. Er ist als Funktion der Baustoffeigenschaften und der geometrischen Größen zu bestimmen.

4.3 Baugrundversagen (GEO – geotechnical)

Versagen oder übermäßige Verformung des Baugrundes, bei der die Festigkeit von Boden und Fels wesentlich an der Tragsicherheit beteiligt ist. Es wird auf die Erläuterungen im Kap. 11 A verwiesen.

4.4 Ermüdungsversagen (FAT – fatique)

Versagen aufgrund der Ermüdung von Tragwerken oder Teilen davon. Für die Ermüdungsnachweise werden die maßgebenden Kombinationen in EN 1992 bis EN 1999 angegeben.

4.5 Baulicher Brandschutz

Die Tragwerksanalyse für den Brandfall ist mit dem Modell nach DIN EN 1991-1-2 und mit den Kenndaten für das Tragwerk bei erhöhter Temperatur durchzuführen.

Tafel 9.5a Teilsicherheitsbeiwerte γ_F für Einwirkungen (DIN EN 1990/NA, Tab. NA.A.1.2(A)-(C))

Nachweis	Einwirkung		Symbol	Bemessungssituation P/T[1)]	A[1)]
Lagesicherheit des Tragwerks (EQU)	Ständige Einwirkungen:				
	Eigenlast des Tragwerks und von Ausbauten; ständige Einwirkungen, vom Baugrund herrührend; Grundwasser und frei anstehendes Wasser	destab. stabil.	$\gamma_{G,dst}$ $\gamma_{G,stb}$	1,10 0,90	1,00 0,95
	Bei kleinen Schwankungen der ständigen Einwirkung (z. B. Nachweis der Auftriebssicherheit)	destab. stabil.	$\gamma_{G,dst}$ $\gamma_{G,stb}$	1,05 0,95	1,00 0,95
	Ständige Einwirkungen für kombinierte Nachweise der Lagesicherheit unter Einschluss des Widerstands der Bauteile (z. B. Zugverankerung)	destab. stabil.	$\gamma_{G,dst}$* $\gamma_{G,stb}$*	1,35 1,15	1,00 0,95
	Veränderliche Einwirkungen	destab.	γ_Q	1,50	1,00
	Außergewöhnliche Einwirkungen	destab.	γ_A	–	1,00
Versagen des Tragwerks od. der Gründung, durch Bruch, überm. Verformung (STR/GEO)	Unabhängige ständige Einwirkungen (siehe oben)	ungünstig günstig	$\gamma_{G,sup}$ $\gamma_{G,inf}$	1,35 1,00	1,00 1,00
	Unabhängige veränderliche Einwirkungen	ungünstig günstig	γ_Q γ_Q	1,50 –	1,00 –
	Außergewöhnliche Einwirkungen	ungünstig	γ_A	–	1,00
Baugrundversagen durch Böschungs- od. Geländebruch (GEO)	Unabhängige ständige Einwirkungen (s. o.)		γ_G	1,00	1,00
	Unabhängige veränderliche Einwirkungen	ungünstig günstig	γ_Q γ_Q	1,30 –	1,00 –
	Außergewöhnliche Einwirkungen	ungünstig	γ_A	–	1,00

[1)] P: Ständige Situation; T: Vorübergehende Situation; A: Außergewöhnliche Situation

Tafel 9.5b Kombinationsbeiwerte ψ für Hochbauten (DIN EN 1990/NA, Tab. NA.A. 1.1)

Einwirkung			Kombinationsbeiwerte ψ_0	ψ_1	ψ_2
Nutzlast,	Kategorie A, B:	Wohn-, Aufenthalts-, Büroräume	0,7	0,5	0,3
	Kategorie C, D:	Versammlungsräume; Verkaufsräume	0,7	0,7	0,6
	Kategorie E:	Lagerräume	1,0	0,9	0,8
Verkehrslast,	Kategorie F:	Fahrzeuggewicht $F \leq 30$ kN	0,7	0,7	0,6
	Kategorie G:	Fahrzeuggewicht 30 kN $< F <$ 160 kN	0,7	0,5	0,3
	Kategorie H:	Dächer	0	0	0
Windlasten			0,6	0,2	0
Schneelasten		Orte bis zu NN +1000	0,5	0,2	0
		Orte über NN +1000	0,7	0,5	0,2
Temperatureinwirkungen		(nicht für Brand!)	0,6	0,5	0
Baugrundsetzungen			1,0	1,0	1,0
Sonstige veränderliche Einwirkungen			0,8	0,7	0,5

Beispiel

Einfeldträger mit Kragarm und Belastung g_{k1} = 10,0 kN/m² (Eigenlasten), q_{k1} = 7,5 kN/m² (Nutzlast in Büroräumen) und Q_{k2} = 5,0 kN/m (Schneelast; Lage bis NN +1000).

Nachweis der Lagesicherheit

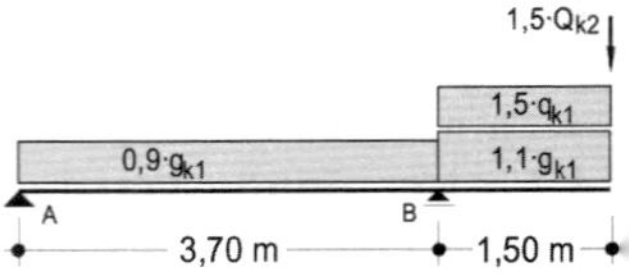

Maßgebende Lastfallkombination mit Q_{k2} als Leiteinwirkung

- $\gamma_{G,sup} \cdot g_{k1}$ „+" $\gamma_Q \cdot Q_{k2}$ „+" $\gamma_Q \cdot \psi_0 \cdot q_{k1}$
- $\gamma_{G,inf} \cdot g_{k1}$

$A_{d,dst} = 1{,}1 \cdot 10{,}0 \cdot 1{,}5^2 / (2 \cdot 3{,}7)$
$+ 1{,}5 \cdot 5{,}0 \cdot 1{,}5 / 3{,}7 + 1{,}5 \cdot (0{,}7 \cdot 7{,}5) \cdot 1{,}5^2 / (2 \cdot 3{,}7) = 8{,}8$ kN/m

$A_{d,stb} = 0{,}9 \cdot 10{,}0 \cdot 3{,}70 / 2 = 16{,}7$ kN/m

$A_{d,dst} = 8{,}8$ kN/m $< A_{d,stb} = 16{,}7$ kN/m $\Rightarrow$ Nachweis erfüllt

Versagen an der Stütze B auf Biegung (Einwirkung)

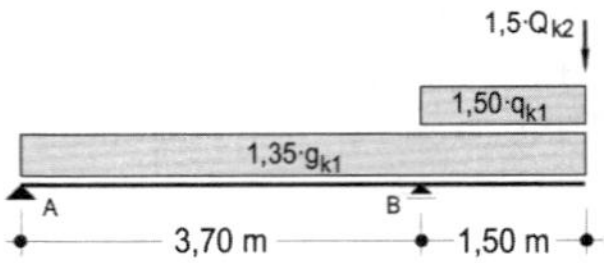

Maßgebende Lastfallkombination mit Q_{k2} als Leiteinwirkung[1)]

- $\gamma_{G,sup} \cdot g_{k1}$ „+" $\gamma_Q \cdot Q_{k2}$ „+" $\gamma_Q \cdot \psi_0 \cdot q_{k1}$

$M_{Ed,B} = 1{,}35 \cdot 10{,}0 \cdot 1{,}5^2 / 2$
$+ 1{,}50 \cdot 5{,}0 \cdot 1{,}5 + 1{,}5 \cdot (0{,}7 \cdot 7{,}5) \cdot 1{,}5^2 / 2 = 35{,}3$ kNm/m

5 Grenzzustände der Gebrauchstauglichkeit

Die Beanspruchung E_d darf den Nennwert des Gebrauchstauglichkeitskriteriums C_d nicht überschreiten

$$\boxed{E_d \leq C_d} \qquad (6.1)$$

Kombinationsregeln für Einwirkungen E_d (in symbolischer Form):

charakteristische Kombination $\quad E_{d,char} = E\,[\sum_{j\geq 1} G_{k,j}$ „+" P_k „+" $Q_{k,1}$ „+" $\sum_{i>1} \psi_{0,i} \cdot Q_{k,i}]$ (6.2a)

häufige Kombination $\quad E_{d,frequ} = E\,[\sum_{j\geq 1} G_{k,j}$ „+" P_k „+" $\psi_{1,1} \cdot Q_{k,1}$ „+" $\sum_{i>1} \psi_{2,i} \cdot Q_{k,i}]$ (6.2b)

quasi-ständige Kombination $\quad E_{d,perm} = E\,[\sum_{j\geq 1} G_{k,j}$ „+" P_k „+" $\sum_{i\geq 1} \psi_{2,i} \cdot Q_{k,i}]$ (6.2c)

nicht-häufige Kombination[2)] $\quad E_{d,non\text{-}fr} = E\,[\sum_{j\geq 1} G_{k,j}$ „+" P_k „+" $\psi_{1,infq} \cdot Q_{k,1}$ „+" $\sum_{i>1} \psi_{1,i} \cdot Q_{k,i}]$ (6.2d)

Die maßgebende Leiteinwirkung $E_{Qk,1}$ der unabhängigen veränderlichen Einwirkungen kann bei linear-elastischer Schnittgrößenermittlung bestimmt werden aus dem Extremwert von

- seltene Kombination $\quad$ extr. $[(1 - \psi_{0,i}) \cdot E_{Qk,i}]$ (6.3a)
- häufige Kombination $\quad$ extr. $[(\psi_{1,i} - \psi_{2,i}) \cdot E_{Qk,i}]$ (6.3b)

Teilsicherheitsbeiwerte für Baustoffe, Bauprodukte und Bauteile

Für die Gebrauchstauglichkeitsnachweise sind die Teilsicherheitsbeiwerte γ_M für die Baustoff-, Bauprodukt- und Bauteileigenschaften mit 1,0 anzunehmen (Ausnahmen: s. EN 1992 bis EN 1999)

Bemessungswert des Gebrauchstauglichkeitskriteriums C_d

Die jeweiligen Grenzwerte sind in den bauartspezifischen Normen festgelegt (z. B. eine Verformung).

1) $(1 - \psi_{0,i}) \cdot M_{Qk2} = (1 - 0{,}5) \cdot 5{,}0 \cdot 1{,}5 = 3{,}75 > (1 - \psi_{0,i}) \cdot M_{qk1} = (1 - 0{,}7) \cdot 7{,}5 \cdot 1{,}5^2/2 = 2{,}53$ (vgl. Gl. (4.4a))

2) Nicht häufige Kombination für eine Anwendung im Brückenbau

Beispiel (Fortsetzung von vorheriger Seite)
Biegemoment an Stütze B, z. B. in der häufigen Kombination
Maßgebende Lastfallkombination mit q_{k1} als Leiteinwirkung[1)]

- g_{k1} „+“ $\psi_{1,1} \cdot q_{k1}$ „+“ $\psi_{2,2} \cdot Q_{k2}$

$M_{\text{frequ,B}} = 10{,}0 \cdot 1{,}5^2 / 2 + (0{,}5 \cdot 7{,}5) \cdot 1{,}5^2 / 2 + (0{,}0 \cdot 5{,}0) \cdot 1{,}5$
$= 15{,}47$ kNm/m

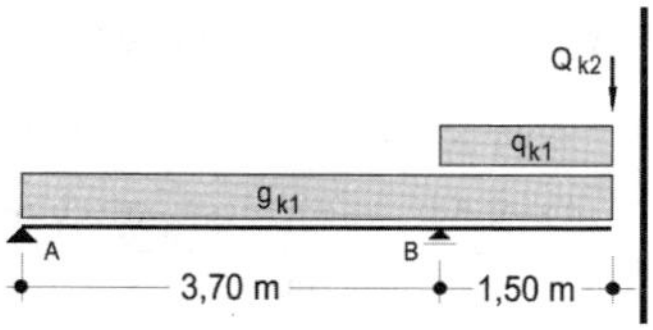

6 Bautechnische Unterlagen

6.1 Übersicht (vgl. z. B. DIN EN 1992-1-1/NA, Abschn. 2.8)

Zu den **bautechnischen Unterlagen** gehören die für die Ausführung des Bauwerks notwendigen Zeichnungen, die statische Berechnung und – wenn für die Bauausführung erforderlich – eine ergänzende Projektbeschreibung, sowie bauaufsichtlich erforderliche Verwendbarkeitsnachweise für Bauprodukte bzw. Bauarten (z. B. allgemeine bauaufsichtliche Zulassungen). Zu den bautechnischen Unterlagen gehören auch Angaben über das Herstellverfahren, Montageanweisungen, ggf. Angaben über Art und Zeitpunkt des Vorspannens sowie das Spannprogramm.

Die Bauteile und alle Einbauteile sind auf den **Zeichnungen** eindeutig und übersichtlich darzustellen und zu bemaßen. Die Darstellungen müssen mit den Angaben in der statischen Berechnung übereinstimmen. Auf zugehörige Zeichnungen ist hinzuweisen.

Für Schalungs- und Traggerüste, für die eine statische Berechnung erforderlich ist, sind Zeichnungen für die Baustelle anzufertigen; ebenso für Schalungen, die hohen seitlichen Druck des Frischbetons aufnehmen müssen.

Beispielsweise sind auf **Bewehrungszeichnungen** insbesondere anzugeben:

- die Festigkeitsklasse, die Expositionsklassen und weitere Anforderungen an den Beton;
- die Betonstahlsorte und die Spannstahlsorte;
- Anzahl, Durchmesser, Form und Lage der Bewehrungsstäbe inkl. gegenseitiger Abstand, Übergreifungslängen, Verankerungslängen; Anordnung, Maße und Ausbildung von Schweißstellen; Typ und Lage der mechanischen Verbindungsmittel;
- ggf. entsprechende Angabe zu den Spanngliedern;
- Rüttelgassen, Lage von Betonieröffnungen;
- bei gebogenen Bewehrungsstäben die erforderlichen Biegerollendurchmesser;
- Maßnahmen zur Lagesicherung der Betonstahlbewehrung und der Spannglieder (Unterstützungen, Abstandhalter);
- das Verlegemaß c_v der Bewehrung, das sich aus dem Nennmaß der Betondeckung c_{nom} ableitet, sowie das Vorhaltemaß c_{dev} der Betondeckung;
- die Fugenausbildung;
- gegebenenfalls besondere Maßnahmen zur Qualitätssicherung.

In einer **statischen Berechnung** sind das Tragwerk, die Lastabtragung, die Tragfähigkeit und die Gebrauchstauglichkeit prüfbar nachzuweisen. Mit numerischen Methoden erzielte Rechenergebnisse sollten grafisch dargestellt werden. Für Regeln, die von den in den Normen angegebenen Anwendungsregeln abweichen, und für abweichende außergewöhnliche Gleichungen ist die Fundstelle anzugeben, so dass ihre Richtigkeit geprüft werden kann.

Angaben, die für die **Bauausführung** oder für die Prüfung der Zeichnungen oder der statischen Berechnung notwendig sind, müssen in einer Baubeschreibung enthalten und erläutert sein.

1) $(\psi_{1,i} - \psi_{2,i}) \cdot M_{qk1} = (0{,}5 - 0{,}3) \cdot 7{,}5 \cdot 1{,}5^2/2 = 1{,}69 > (\psi_{1,i} - \psi_{2,i}) \cdot M_{Qk2} = (0{,}2 - 0) \cdot 5{,}0 \cdot 1{,}5 = 1{,}50$ (s. Gl. (6.3b))

6.2 Statische Berechnung (vgl. auch [9.2], [9.3])

Ein bautechnischer Nachweis sollte die in Tafel 9.8 aufgeführten Teile enthalten.

Tafel 9.8 Umfang des bautechnischen Nachweises

Teil	Inhalt (beispielhaft)
Titelseite	Bauvorhaben, Bauherr, Bauort Aufsteller der statischen Berechnung; Architekt Koordinator für die statischen Unterlagen Umfang der statischen Unterlagen (kapitelweise angeben) Freiraum für den Prüfstempel
Inhaltsverzeichnis	Inhalt der statischen Berechnung, Positionspläne und des Anhangs
Baubeschreibung	Standort des Bauvorhabens (Umgebungssituation, Höhenlage, Schnee-/ Windzone, Erdbebenzone) Baugrundverhältnisse; Gründungsmaßnahmen Nutzung des Bauwerks und seine besonderen Erfordernisse Abmessungen des Gebäudes Erläuterung der statischen Grundkonzeption Angaben zur Anordnung von Dehnungsfugen Angaben zu Montagezuständen und besonderen Bauweisen Umbauten Materialien (vorgesehene Baustoffe)
Normen, Literatur	Der Berechnung zugrunde gelegte Normen Verwendete Literatur
Standsicherheitsnachweis	System und Einwirkungen Schnittgrößenverlauf für alle Grund- und Bemessungslastfälle Nachweise in den Grenzzuständen der Tragfähigkeit Nachweis der Gebrauchstauglichkeit Konstruktive Durchbildung Die Dokumentation der EDV-Berechnungen sollte dem Anhang zugeordnet werden. Es sind die aus den EDV-Nachweisen zu übertragenden relevanten Werte deutlich kenntlich zu machen (mindestens mit Hinweisen zu versehen und zu unterstreichen).
Brandschutznachweis Schallschutznachweis Wärmeschutznachweis	
Schlussseite	Verantwortlicher Aufsteller mit Name, Anschrift, Datum und Unterschrift (ggf. auch Name des zuständigen Sachbearbeiters)
Positionspläne	Achsen und Reihen Angabe der statischen Positionen; Kennzeichnung, z. B. D für Decken, U für Unterzüge, W für tragende Wände, St für Stützen, Fu für Fundamente (Beispiel: D 3.04 = Decke im 3. OG, Position 4) Angaben zu den aussteifenden Bauteilen Maßst. Angaben besonderer Lasten (z. B. Dachpfosten auf Decke, Maschinenfundamente u. Ä.) Anordnung der Dehnungsfugen
Anhang	Gültige Baueingabepläne Bodengutachten Allgemeine bauaufsichtliche Zulassungen der verwendeten Baustoffe, Bauteile, Bauarten u. Ä. Nachweise der Befähigtkeitseignung (Schweißen, Leimen u. Ä.) Dokumentation der EDV-Berechnungen.
Konstruktionszeichnungen	Maßgebliche Grundlagen für die Ausführung eines jeden Bauwerks und unverzichtbarer Bestandteil einer jeden statischen Berechnung. (s. hierzu auch Abschn. 6.1, *Bewehrungszeichnungen*).

II Eigenlasten von Baustoffen, Bauteilen und Lagerstoffen

DIN EN 1991-1-1 (12.2010), DIN 1991-1-1/NA (12.2010), DIN 1991-1-1/NA/A1 (05.2015)

Prof. Dipl.-Ing. Klaus-Jürgen Schneider (†), Prof. Dr.-Ing. Andrej Albert

Die nachfolgend angegebenen charakteristischen Werte von Wichten und Flächenlasten sind **Mittelwerte**; wenn die verwendeten Stoffe größere Streuungen aufweisen, sind genauere Betrachtungen erforderlich (s. EN 1990, 4.1.2). Angaben in weiteren Normen sind zu beachten.

1 Beton, Mörtel (EC1-1-1, Tab. A.1)

Normalbeton	Wichte[1)] in kN/m³			24				
Stahlbeton	Wichte[1)] in kN/m³			25				
Schwerbeton	Wichte[1)] in kN/m³			> 26				
Leichtbeton	Rohdichteklasse	1,0	1,2	1,4	1,6	1,8	2,0	
	Wichte[1), 2)] in kN/m³	9–10	10–12	12–14	14–16	16–18	18–20	
Mörtel	Zementmörtel	Wichte in kN/m³		19,0–23,0				
	Gips-/Kalkmörtel	Wichte in kN/m³		12,0–18,0				
	Kalkzementmörtel	Wichte in kN/m³		18,0–20,0				

[1)] Bei Frischbeton sind die Werte um 1 kN/m³ zu erhöhen.
[2)] Für bewehrten Leichtbeton sind die Werte um 1 kN/m³ zu erhöhen. Bemessungswerte s. a. DIN EN 1992-1-1, 11.3.1.

2 Mauerwerk und Putz

2.1 Mauerwerk (EC1-1-1, Tab. NA.A.13 mit Änderung gemäß EC1-1-1/NA/A1)

Mauerwerk aus künstlichen Steinen (einschließlich Fugenmörtel und übliche Feuchte)

Steinrohdichte in g/cm³	0,4	0,5	0,6	0,7	0,8	0,9	1,0	1,2	1,4	1,6	1,8	2,0	2,2	2,4	2,6
Wichte bei Normalmörtel in kN/m³	6	7	8	9	10	11	12	14	16	16	18	20	22	24	26
Wichte bei Leicht- und Dünnbettmörtel in kN/m³	5	6	7	8	9	10	11	13	15						

Bei Zwischenwerten der Steinrohdichten Rechenwerte geradlinig interpolieren.

Mauerwerk aus natürlichen Steinen
Siehe Seite 6.55 bzw. EC 1-1-1, Tab. A.2.

Wände aus Mauerwerk einschließlich Putz[3)] in kN/m²

Steinrohdichte in kg/dm³	0,5	0,6	0,7	0,8	0,9	1,0	1,2	1,4	1,6	1,8	2,0	2,2
d = 11,5 cm	1,36	1,47	1,59	1,70	1,82	1,93	2,16	2,28	2,51	2,62	2,83	3,08
d = 17,5 cm	1,78	1,95	2,13	2,30	2,48	2,65	3,00	3,18	3,53	3,70	4,05	4,40
d = 24,0 cm	2,23	2,47	2,71	2,95	3,19	3,43	3,91	4,15	4,63	4,87	5,35	5,83
d = 30,0 cm	2,65	2,95	3,25	3,55	3,85	4,15	4,75	5,05	5,65	5,95	6,55	7,15
d = 36,5 cm	3,11	3,47	3,84	4,20	4,57	4,93	5,66	6,03	6,76	7,12	7,85	8,58

[3)] Bei Mauerwerk ohne Putz (Kalkzement-Putz) verringert sich die Eigenlast um 0,55 kN/m².

Porenbeton, unbewehrt; Bauplatten und Planbauplatten nach DIN 4166 (EC1-1-1, Tab. NA.A.14)

Rohdichteklasse	0,35	0,40	0,45	0,50	0,55	0,60	0,65	0,70	0,80
Wichte[4)] in kN/m³	4,5	5,0	5,5	6,0	6,5	7,0	7,5	8,0	9,0

Porenbeton, bewehrt; Dach-, Wand- und Deckenplatten nach DIN 4223 (EC1-1-1, Tab. NA.A.14)

Rohdichteklasse	0,40	0,45	0,50	0,55	0,60	0,65	0,70	0,80
Wichte[4)] in kN/m³	5,2	5,7	6,2	6,7	7,2	7,8	8,4	9,5

[4)] Die Werte schließen den Fugenmörtel und die übliche Feuchte ein. Bei Verwendung von Leicht- und Dünnbettmörtel dürfen die charakteristischen Werte um 0,5 kN/m³ vermindert werden.

Gips-Wandbauplatten nach DIN EN 12 859 **und Gipskartonplatten** nach DIN 18 180 (EC1-1-1, Tab. NA.A.16)

Gegenstand	Rohdichteklasse	Flächenlast je cm Dicke in kN/m²
Porengips-Wandbauplatten	0,7	0,07
Gips-Wandbauplatten	0,9	0,09
Gipskartonplatten	–	0,09

2.2 Mörtel und Putze ohne und mit Putzträger (EC1-1-1, Tab. NA.A.17)

Gegenstand	Flächenlast in kN/m²
Drahtputz (Rabitzdecken und Verkleidungen), 30 mm Mörteldicke aus (Angaben aus DIN 1055-1; in DIN EN 1991-1-1 nicht enthalten)	
▪ Gipsmörtel	0,50
▪ Kalk-, Gipskalk- oder Gipssandmörtel	0,60
▪ Zementmörtel	0,80
Gipskalkputz	
▪ auf Putzträgern (z. B. Ziegeldrahtgewebe, Streckmetall) bei 30 mm Mörteldicke	0,50
▪ auf Holzwolleleichtbauplatten mit 15 mm Dicke u. Mörtel mit 20 mm Dicke	0,35
▪ auf Holzwolleleichtbauplatten mit 25 mm Dicke u. Mörtel mit 20 mm Dicke	0,45
▪ Gipsputz, Dicke 15 mm	0,18
▪ Kalk-, Kalkgips- und Gipssandmörtel, Dicke 20 mm	0,35
▪ Kalkzementmörtel, Dicke 20 mm	0,40
▪ Leichtputz nach DIN 18550-4, Dicke 20 mm	0,30
▪ Putz aus Putz- und Mauerbinder nach DIN 4211, Dicke 20 mm	0,40
▪ Rohrdeckenputz (Gips), Dicke 20 mm	0,30
Wärmedämmputzsystem (WDPS) – Dämmputz	
▪ Dicke 20 mm	0,24
▪ Dicke 60 mm	0,32
▪ Dicke 100 mm	0,40
Wärmedämmbekleidung aus Kalkzementputz mit einer Dicke von 20 mm und Holzwolleleichtbauplatten	
▪ Plattendicke 15 mm	0,49
▪ Plattendicke 50 mm	0,60
▪ Plattendicke 100 mm	0,80
Wärmedämmverbundsystem (WDVS) aus 15 mm dickem bewehrtem Oberputz und Schaumkunststoff nach DIN V 18164-1 und DIN 18164-2 oder Faserdämmstoff nach DIN V 18165-1 und DIN 18165-2	0,30
Zementmörtel, Dicke 20 mm	0,42

3 Metalle (EC1-1-1, Tab. A.4)

Baustoff	Wichte in kN/m³
Aluminium	27
Blei	112–114
Gusseisen	72,5
Schmiedeeisen	76
Kupfer	87–89
Messing (Kupfer-Zink-Legierung)	83–85

Baustoff	Wichte in kN/m³
Bronze (Kupfer-Zinn-Legierung)	83–85
Stahl	77,0–78,5
Zink	71–72
Magnesium (Angaben nach DIN 1055-1)	18,5
Nickel (Angaben nach DIN 1055-1)	89
Zinn (Angaben nach DIN 1055-1)	74

4 Holz und Holzwerkstoffe[1)]

Nadelholz	C24		C30		C35		C40	
Wichte in kN/m³	4,2		4,6		4,8		5,0	
Laubholz	D30		D35		D40		D60	
Wichte in kN/m³	6,4		6,7		7,0		8,4	
Brettschichtholz	GL24		GL28		GL32		GL36	
	h	c	h	c	h	c	h	c
Wichte in kN/m³	3,7	3,5	4,0	3,7	4,2	4,0	4,4	4,2

1) Weitere Werte s. EC1-1-1, Tab. A.3.

Holzwerkstoffe	Wichte in kN/m³
Spanplatten	7–8
Weichholz-Sperrholz	5
Birken-Sperrholz	7
Laminate, Tischlerplatte	4,5
Hartfaserplatten	10
Faserplatten, mittlere Dichte	8
Leichtfaserplatten	4

5 Dachdeckungen

Die Flächenlasten gelten für 1 m² Dachfläche ohne Sparren, Pfetten und Dachbinder.

Deckungen aus Dachziegeln, Dachsteinen und Glasdeckstoffen (EC1-1-1, Tab. NA.A.21)

Gegenstand	Flächenlast[1] in kN/m²
Dachsteine aus Beton mit mehrfacher Fußverrippung u. hoch liegendem Längsfalz ▪ bis 10 Stück/m² ▪ über 10 Stück/m²	 0,50 0,55
Dachsteine aus Beton mit mehrfacher Fußverrippung u. tief liegendem Längsfalz ▪ bis 10 Stück/m² ▪ über 10 Stück/m²	 0,60 0,65
Biberschwanzziegel 155 mm × 375 mm und 180 mm × 380 mm und ebene Dachsteine aus Beton im Biberformat ▪ Spließdach (einschließlich Schindeln) ▪ Doppeldach und Kronendach	 0,60 0,75
Falzziegel, Reformpfannen, Falzpfannen, Flachdachpfannen	0,55
Glasdeckstoffe	bei gleicher Dachdeckungsart wie in Zeilen 1 bis 6
Großformatige Pfannen bis 10 Stück/m²	0,50
Kleinformatige Biberschwanzziegel u. Sonderformate (Kirchen-, Turmbiber usw.)	0,95
Krempziegel, Hohlpfannen	0,45
Krempziegel, Hohlpfannen in Pappdocken verlegt	0,55
Mönch- und Nonnenziegel (mit Vermörtelung)	0,90
Strangfalzziegel	0,60

1) Die Flächenlasten gelten, soweit nicht anders angegeben, ohne Vermörtelung, aber einschließlich der Lattung. Bei einer Vermörtelung sind 0,1 kN/m² zuzuschlagen.

Schieferdeckung (EC1-1-1, Tab. NA.A.22)

Gegenstand	Flächenlast in kN/m²
Altdeutsche Schieferdeckung und Schablonendeckung auf 24 mm Schalung, einschließlich Vordeckung und Schalung ▪ in Einfachdeckung ▪ in Doppeldeckung ▪ Schablonendeckung auf Lattung, einschließlich Lattung	 0,50 0,60 0,45

Metalldeckungen (EC1-1-1, Tab. NA.A.23)

Gegenstand	Flächenlast in kN/m²
Aluminiumblechdach (Aluminium 0,7 mm dick, einschließlich 24 mm Schalung)	0,25
Aluminiumblechdach aus Well-, Trapez- und Klemmrippenprofilen	0,05
Doppelstehfalzdach aus Titanzink oder Kupfer, 0,7 mm dick, einschließlich Vordeckung und 24 mm Schalung	0,35
Stahlpfannendach (verzinkte Pfannenbleche) ▪ einschließlich Lattung ▪ einschließlich Vordeckung und 24 mm Schalung	 0,15 0,30
Stahlblechdach aus Trapezprofilen	2)
Wellblechdach (verzinkte Stahlbleche, einschließlich Befestigungsmaterial)	0,25

2) Nach Angabe des Herstellers.

Faserzement-Dachplatten nach DIN EN 494 (EC1-1-1, Tab. NA.A.24)

Gegenstand	Flächenlast in kN/m²
Deutsche Deckung auf 24 mm Schalung, einschl. Vordeckung und Schalung	0,40
Doppeldeckung auf Lattung, einschließlich Lattung	0,38[1)]
Waagerechte Deckung auf Lattung, einschließlich Lattung	0,25[1)]
[1)] Bei Verlegung auf Schalung sind 0,1 kN/m² zu addieren.	

Faserzement-Wellplatten nach DIN EN 494 (EC1-1-1, Tab. NA.A.25)

Gegenstand	Flächenlast in kN/m²
Faserzement-Kurzwellplatten	0,24[2)]
Faserzement-Wellplatten	0,20[2)]
[2)] Ohne Pfetten, jedoch einschließlich Befestigungsmaterial.	

Sonstige Deckungen (EC1-1-1, Tab. NA.A.26)

Gegenstand	Flächenlast in kN/m²
Deckung mit Kunststoffwellplatten (Profilformen nach DIN EN 494), ohne Pfetten, einschließlich Befestigungsmaterial	
▪ aus faserverstärkten Polyesterharzen (Rohdichte 1,4 g/cm³), Plattendicke 1 mm	0,03
▪ wie vor, jedoch mit Deckkappen	0,06
▪ aus glasartigem Kunststoff (Rohdichte 1,2 g/cm³), Plattendicke 3 mm	0,08
PVC-beschichtetes Polyestergewebe, ohne Tragwerk	
▪ Typ I (Reißfestigkeit 3,0 kN/5 cm Breite)	0,0075
▪ Typ II (Reißfestigkeit 4,7 kN/5 cm Breite)	0,0085
▪ Typ III (Reißfestigkeit 6,0 kN/5 cm Breite)	0,01
Rohr- oder Strohdach, einschließlich Lattung	0,70
Schindeldach, einschließlich Lattung	0,25
Sprossenlose Verglasung	
▪ Profilbauglas, einschalig	0,27
▪ Profilbauglas, zweischalig	0,54
Zeltleinwand, ohne Tragwerk	0,03

Dach-/Bauwerksabdichtungen mit Bitumen-, Kunststoff- und Elastomerbahnen
(EC1-1-1, Tab. NA.A.27)

Gegenstand	Flächenlast in kN/m²
Bahnen im Lieferzustand	
Bitumen- u. Polymerbitumen-Dachdichtungsbahn nach DIN 52130 u. DIN 52132	0,04
Bitumen- u. Polymerbitumen-Schweißbahn nach DIN 52131 und DIN 52133	0,07
Bitumen-Dichtungsbahn mit Metallbandeinlage nach DIN 18190-4	0,03
Nackte Bitumenbahn nach DIN 52129	0,01
Glasvlies-Bitumen-Dachbahn nach DIN 52143	0,03
Kunststoffbahnen, 1,5 mm Dicke	0,02
Bahnen in verlegtem Zustand	
Bitumen- und Polymerbitumen-Dachdichtungsbahn nach DIN 52130 und DIN 52132, einschließlich Klebemasse bzw. Bitumen- und Polymerbitumen-Schweißbahn nach DIN 52131 und DIN 52133, je Lage	0,07
Bitumen-Dichtungsbahn nach DIN 18190-4, einschl. Klebemasse, je Lage	0,06
Nackte Bitumenbahn nach DIN 52129, einschließlich Klebemasse, je Lage	0,04
Glasvlies-Bitumen-Dachbahn nach DIN 52143, einschl. Klebemasse, je Lage	0,05
Dampfsperre, einschließlich Klebemasse bzw. Schweißbahn, je Lage	0,07
Ausgleichsschicht, lose verlegt	0,03
Dach- u. Bauwerksabdichtungen aus Kunststoffbahnen, lose verlegt, je Lage	0,02
Schwerer Oberflächenschutz auf Dachabdichtungen	
Kiesschüttung, Dicke 5 cm	1,0

6 Fußboden- und Wandbeläge (EC1-1-1, Tab. NA.A.18)

Gegenstand	Flächenlast je cm Dicke in kN/m²
Asphaltbeton	0,24
Asphaltmastix	0,18
Gussasphalt	0,23
Betonwerksteinplatten, Terrazzo, kunstharzgebundene Werksteinplatten	0,24
Estrich	
▪ Calciumsulfatestrich (Anhydritestrich, Natur-, Kunst- und REA[1)]-Gipsestrich)	0,22
▪ Gipsestrich	0,20
▪ Gussasphaltestrich	0,23
▪ Industrieestrich	0,24
▪ Kunstharzestrich	0,22
▪ Magnesiaestrich nach DIN 272 mit begehbarer Nutzschicht bei ein- oder mehrschichtiger Ausführung	0,22
▪ Unterschicht bei mehrschichtiger Ausführung	0,12
▪ Zementestrich	0,22
Glasscheiben	0,25
Gummi	0,15
Keramische Wandfliesen (Steingut einschließlich Verlegemörtel)	0,19
Keramische Bodenfliesen (Steinzeug und Spaltplatten, einschließlich Verlegemörtel)	0,22
Kunststoff-Fußbodenbelag	0,15
Linoleum	0,13
Natursteinplatten (einschließlich Verlegemörtel)	0,30
Teppichboden	0,03

1) Rauchgasentschwefelungsanlagen

7 Sperr-, Dämm- und Füllstoffe

Lose Stoffe (EC1-1-1, Tab. NA.A.19)

Gegenstand	Flächenlast je cm Dicke in kN/m²
Bimskies, geschüttet	0,07
Blähglimmer, geschüttet	0,02
Blähperlit	0,01
Blähschiefer und Blähton, geschüttet	0,15
Faserdämmstoffe nach DIN V 18 165-1 und DIN 18 165-2 (z. B. Glas-, Schlacken-, Steinfaser)	0,01
Faserstoffe, bituminiert, als Schüttung	0,02
Gummischnitzel	0,03
Hanfscheben, bituminiert	0,02
Hochofenschaumschlacke (Hüttenbims), Steinkohlenschlacke, Koksasche (Angaben aus DIN 1055-1, nicht in EC1-1-1 enthalten)	0,14
Hochofenschlackensand	0,10
Kieselgur	0,03
Korkschrot, geschüttet	0,02
Magnesia, gebrannt	0,10
Schaumkunststoffe	0,01

Platten, Matten und Bahnen (EC1-1-1, Tab. NA.A.20)

Gegenstand		Flächenlast je cm Dicke in kN/m²
Asphaltplatten		0,22
Holzwolle-Leichtbauplatten nach DIN 1101	– Plattendicke ≤ 100 mm	0,06
	– Plattendicke > 100 mm	0,04
Kieselgurplatten		0,03
Korkschrotplatten aus impräg. Kork nach DIN 18 161-1, bituminiert		0,02
Mehrschicht-Leichtbauplatten nach DIN 1102, unabhängig von der Dicke	– Zweischichtplatten	0,05
	– Dreischichtplatten	0,09
Korkschrotplatten aus Backkork nach DIN 18 161-1		0,01
Perliteplatten		0,02
Polyurethan-Ortschaum nach DIN 18 159-1		0,01
Schaumglas (Rohdichte 0,07 g/cm³) in Dicken von 4 cm bis 6 cm mit Pappekaschierung und Verklebung		0,02
Schaumkunststoffplatten nach DIN V 18 164-1 und DIN 18 164-2		0,004

8 Lagerstoffe – Wichten und Böschungswinkel

8.1 Baustoffe als Lagerstoffe

Baustoffe als Lagerstoffe (EC1-1-1, Tab. A.7)

Gegenstand		Wichte in kN/m³	Böschungswinkel[1)]
Bentonit	– lose	8,0	40°
	– gerüttelt	11,0	–
Blähton, Blähschiefer (Höchstwert; nach DIN 1055-1)		15,0	30°
Braunkohlenfilterasche		15,0	20°
Flugasche		10–14	25°
Gesteinskörnung	für Leichtbeton (s. a. S. 9.9)	9–20	30°
	für Normalbeton	20–30	30°
	für Schwerbeton	>30	30°
Gips, gemahlen		15,0	25°
Glas	in Scheiben	25,0	–
	gekörnt (EC1-1-1, Tab. A.5)	22,0	–
	Acrylscheiben (EC1-1-1, Tab. A.5)	12,0	–
Hochofenschlacke	Stücke	17,0	40°
	gekörnt	12,0	30°
	Hüttenbims	9,0	35°
Kalk	Kalkstein	13,0	25°
	gemahlen	13,0	25°–27°
Kesselasche (nach DIN 1055-1)		13,0	30°
Koksasche (nach DIN 1055-1)		7,5	25°
Kies und Sand, Schüttung		15–20	35°
Kunststoffe	Polyäthylen, Polystyrol als Granulat	6,4	30°
	Polyvinylchlorid, gemahlen	5,9	40°
	Polyesterharze	11,8	–
	Leimharze	13,0	–
Magnesit, gemahlen		12,0	–
Sand		14–19	30°
Trass, gemahlen, lose geschüttet		15,0	25°
Vermiculit	Blähglimmer als Zuschlag für Beton	1,0	–
	Glimmer	6–9	–
Zement	geschüttet	16,0	28°
	in Säcken	15,0	–
Ziegelsplitt, gemahlene oder gebrochene Ziegel		15,0	35°

1) Die Böschungswinkel gelten für lose Schüttung. Für Lagerung in Silos s. dort.

8.2 Gewerbliche und industrielle Lagergüter

Gewerbliche und industrielle Lagerstoffe (EC1-1-1, Tab. A.12 und Tab. A.12DE)

Gegenstand		Wichte in kN/m³	Böschungswinkel
Bücher und Akten	Akten, Bücher, Regale und Schränke	6,0	–
	dicht gelagert	8,5	–
Bitumen, Teer		14,0	–
Eis, in Stücken		8,5	–
Eisenerz	Raseneisenerz	14,0	40°
	Brasilerz	39,0	40°
Fasern, Zellulose, in Ballen gepresst		12,0	0°
Faulschlamm	bis 30 % Volumenanteil an Wasser	12,5	20°
	über 50 % Volumenanteil an Wasser	11,0	0°
Fischmehl		8,0	45°
Gummi		10–17	–
Holzspäne, lose geschüttet		2,0	45°
Sägespäne	in Säcken, trocken	3,0	–
	lose, trocken	2,5	45°
	lose, feucht	5,0	45°
Holzwolle	lose	1,5	45°
	gepresst	4,5	–
Karbid in Stücken		9,0	30°
Kleider und Stoffe, gebündelt		11,0	–
Kork, gepresst		3,0	–
Leder, gestapelt		10,0	–
Linoleum nach DIN EN 548, in Rollen		13,0	–
Papier	gestapelt	11,0	–
	in Rollen	15,0	–
Porzellan oder Steingut, gestapelt		11,0	–
PVC-Beläge nach DIN EN 649, in Rollen		15,0	–
Soda	geglüht	25,0	45°
	kristallin	15,0	40°
Steinsalz		22,0	45°
Salz		12,0	40°
Wolle, Baumwolle, gepresst, luftgetrocknet		13,0	–

Feste Brennstoffe (EC1-1-1, Tab. A.11)

Gegenstand		Wichte in kN/m³	Böschungswinkel
Braunkohle	Briketts, geschüttet	7,8	30°
	Briketts, gestapelt	12,8	–
	erdfeucht	9,8	30°–35°
	trocken	7,8	35°
	Staub	4,9	25°–40°
	Braunkohleschwelkoks	9,8	40°
Brennholz		5,4	45°
Holzkohle	lufterfüllt	4,0	–
	luftfrei	15,0	–
Steinkohle	Pressbriketts, geschüttet	8	35°
	Pressbriketts, gestapelt	13	–
	Eierbriketts	8,3	30°
	Steinkohle als Rohkohle, grubenfeucht	10	35°
	Kohle, gewaschen	12	–
	Steinkohle als Staubkohle	7	25°
	Koks	4,0–6,5	35°–45°
	Mittelgut im Steinbruch	12,3	35°
	Waschberge im Zechenbetrieb	13,7	35°
	andere Kohlensorten	8,3	30°–35°
Torf	schwarz, getrocknet, dicht gepackt	6–9	–
	schwarz, getrocknet, lose gekippt	3–6	45°

Flüssigkeiten (EC1-1-1, Tab. A.10)

Gegenstand		Wichte in kN/m³
Getränke	Bier, Milch, (Süß-)Wasser, Wein	10,0
Pflanzenöle	Glycerin	12,3
	Leinöl	9,2
	Olivenöl	8,8
	Rizinusöl	9,3
Organische Flüssigkeiten und Säuren	Alkohol, Brennspiritus	7,8
	Äther	7,4
	Salzsäure, 40 % Massenanteil	11,8
	Salpetersäure, 91 % Massenanteil	14,7
	Schwefelsäure, 30 % Massenanteil	13,7
	Schwefelsäure, 87 % Massenanteil	17,7
	Terpentin	8,3
Kohlenwasserstoffe	Anilin	9,8
	Benzol	8,8
	Steinkohleteer	10,8–12,8
	Kreosot	10,8
	Naphtha	7,8
	Paraffin	8,3
	Leichtbenzin	6,9
	Erdöl	9,8–12,8
	Dieselöl	8,3
	Heizöl	7,8–9,8
	Schweröl	12,3
	Schmieröl	8,8
	Benzin, als Kraftstoff	7,4
	Butangas	5,7
	Propangas	5,0
Weitere Flüssigkeiten	Quecksilber	133
	Bleimennige	59
	Bleiweiß in Öl	38
	Schlamm, über 50 % Volumenanteil an Wasser	10,8

Landwirtschaftliche Schütt- und Stapelgüter (EC1-1-1, Tab. A.8)

Gegenstand		Wichte in kN/m³	Böschungswinkel
Trockenfutter	grün, lose gehäuft	3,5–4,5	–
Gras-Würfel		7,8	40°
Heu	in Ballen	1,0–3,0	–
	gewalzte Ballen	6,0–7,0	–
Silofutter		5,0–10,0	–
Stroh	lose	0,7	–
	in Ballen	1,5	–
Getreide (ungemahlen, ≤ 14 % Feuchtigkeitsgehalt, falls nicht anders angegeben)	allgemein	7,8	30°
	Gerste	7,0	30°
	(Brau-)Gerste	8,8	–
	Grassamen	3,4	30°
	Mais, geschüttet	7,4	30°
	Mais, in Säcken	5,0	–
	Hafer	5,0	30°
	Rübsamen	6,4	25°
	Roggen	7,0	30°
	Weizen, geschüttet	7,8	30°
	Weizen, in Säcken	7,5	–
Häute und Felle		8,0–9,0	
Hopfen		1,0–2,0	25°
Hopfen (nach DIN 1055-1)	in Säcken	1,7	–
	in zylindrischen Hopfenbüchsen	4,7	–
	gepresst oder in Tuch eingenäht	2,9	–

Landwirtschaftliche Schütt- und Stapelgüter (Fortsetzung)

Malz		4,0–6,0	20°
Mehl	grob gemahlen	7,0	45°
	Würfel	7,0	40°
Torf	trocken, lose geschüttet	1,0	35°
	trocken, in Ballen komprimiert	5,0	–
	feucht	9,0	–
Tabak	in Ballen	3,5–5,0	–
Wolle	lose	3,0	–
	in Ballen	7,0–13,0	–

Lagergüter, Nahrungsmittel (EC1-1-1, Tab. A.9)

Gegenstand			Wichte in kN/m³	Böschungswinkel
Eier, in Behältern			4,0–5,0	–
Mehl	lose		6,0	25°
	verpackt		5,0	–
Obst, Früchte	Äpfel	lose	8,3	30°
		in Kisten	6,5	–
	Kirschen		7,8	–
	Birnen		5,9	–
	Himbeeren, in Schalen		2,0	–
	Erdbeeren, in Schalen		1,2	–
	Tomaten		6,8	–
Zucker	lose, geschüttet		7,8–10	35°
	dicht, verpackt		16	–
Gemüse, grün	Kohl		4,0	–
	Salat		5,0	–
Hülsenfrüchte	allgemein		7,4	30°
	Bohnen		8,1	35°
	Sojabohnen		7,8	–
Wurzelgemüse	allgemein		8,8	–
	Rote Beete		7,4	40°
	Möhren		7,8	35°
	Zwiebeln		7,0	35°
	Rüben		7,0	35°
Kartoffeln	lose		7,6	35°
	in Kisten		4,4	–
Zuckerrüben	Trockenschnitzel		2,9	35°
	roh		7,6	–
	Nassschnitzel		10,0	–

Düngemittel (EC1-1-1, Tab. A.8)

Gegenstand		Wichte in kN/m³	Böschungswinkel
Naturdünger	Mist (mindestens 60 % Feststoffe)	7,8	–
	Mist (mit trockenem Stroh)	9,8	45°
	trockener Geflügelmist	6,9	45°
	Jauche (maximal 20 % Feststoffe)	10,8	–
Kunstdünger	NPK-Düngemittel, gekörnt	8,0–12,0	25°
	Thomasmehl	13,7	35°
	Phosphat, gekörnt	10,0–16,0	30°
	Kalisulfat	12,0–16,0	28°
	Harnstoffe	7,0–8,0	24°

III Nutzlasten für Hochbauten

DIN EN 1991-1-1 (12.2010), DIN 1991-1-1/NA (12.2010), DIN 1991-1-1/NA/A1 (05.2015)

Prof. Dipl.-Ing. Klaus-Jürgen Schneider (†), Prof. Dr.-Ing. Andrej Albert

1 Lotrechte Nutzlasten für Decken, Treppen und Balkone

Tafel 9.18 Lotrechte Nutzlasten für Decken, Treppen und Balkone; charakteristische Werte (vgl. EN 1991-1-1/NA, Tab. 6.1 DE)

Kategorie		Nutzung	Beispiele	q_k kN/m²	Q_k kN
A	A1	Spitzböden	Für Wohnzwecke nicht geeigneter, aber zugänglicher Dachraum bis 1,80 m lichter Höhe.	1,0	1,0
	A2	Wohn- und Aufenthaltsräume	Räume mit ausreichender Querverteilung der Lasten. Räume und Flure in Wohngebäuden, Bettenräume in Krankenhäusern, Hotelzimmer einschl. zugehöriger Küchen und Bäder.	1,5	–
	A3		wie A2, aber ohne ausreichende Querverteilung der Lasten	2,0[1]	1,0
B	B1	Büroflächen, Arbeitsflächen, Flure	Flure in Bürogebäuden, Büroflächen, Arztpraxen; Stationsräume, Aufenthaltsräume einschl. der Flure, Kleinviehställe.	2,0	2,0
	B2		Flure in Krankenhäusern, Hotels, Altenheimen, Internaten usw.; Küchen u. Behandlungsräume einschl. Operationsräume ohne schweres Gerät.	3,0	3,0
	B3		wie B1 und B2, jedoch mit schwerem Gerät	5,0	4,0
C	C1	Räume, Versammlungsräume und Flächen, die der Ansammlung von Personen dienen können (mit Ausnahme von unter A, B, D und E festgelegten Kategorien)	Flächen mit Tischen; z. B. Schulräume, Cafés, Restaurants, Speisesäle, Lesesäle, Empfangsräume.	3,0	4,0
	C2		Flächen mit fester Bestuhlung; z. B. Kirchen, Theater oder Kinos, Kongresssäle, Hörsäle, Versammlungsräume, Wartesäle.	4,0	4,0
	C3		Frei begehbare Flächen; z. B. Museumsflächen, Ausstellungsflächen usw. und Eingangsbereiche in öffentlichen Gebäuden und Hotels, nicht befahrbare Hofkellerdecken, Flure in den Kategorien C1 bis C3.	5,0	4,0
	C4		Sport- und Spielflächen; z. B. Tanzsäle, Sporthallen, Gymnastik- und Kraftsporträume, Bühnen.	5,0	7,0
	C5		Flächen für große Menschenansammlungen; z. B. Konzertsäle, Terrassen und Eingangsbereiche sowie Tribünen mit fester Bestuhlung.	5,0	4,0
	C6		Flächen mit erheblichen Menschenansammlungen; Tribünen ohne feste Bestuhlung.	7,5	10,0
D	D1	Verkaufsräume	Flächen von Verkaufsräumen bis 50 m² Grundfläche in Wohn-, Büro- und vergleichbaren Gebäuden.	2,0	2,0
	D2		Flächen in Einzelhandelsgeschäften und Warenhäusern.	5,0	4,0
	D3		Fläche wie D2, jedoch mit erhöhten Einzellasten infolge hoher Lagerregale.	5,0	7,0

1) Für die Weiterleitung der Lasten in Räumen mit Decken ohne ausreichende Querverteilung auf stützende Bauteile darf der angegebene Wert um 0,5 kN/m² abgemindert werden.

Tafel 9.18 (Fortsetzung)

Kategorie		Nutzung	Beispiele	q_k kN/m²	Q_k kN
E	E1.1	Fabriken und Werkstätten, Ställe, Lagerräume und Zugänge	Flächen in Fabriken[2)] und Werkstätten[2)] mit leichtem Betrieb und Flächen in Großviehställen.	5,0	4,0
	E1.2		Lagerflächen, einschließlich Bibliotheken.	6,0[3)]	7,0
	E2.1		Flächen in Fabriken[2)] und Werkstätten[2)] mit mittlerem oder schwerem Betrieb.	7,5[3)]	10,0
T[4)]	T1[5)]	Treppen und Treppenpodeste	Treppen und Treppenpodeste der Kategorie A und B1 ohne nennenswerten Publikumsverkehr.	3,0	2,0
	T2		Alle Treppen und Treppenpodeste, die nicht in T1 oder T3 eingeordnet werden können.	5,0	2,0
	T3		Zugänge und Treppen von Tribünen ohne feste Sitzplätze, die als Fluchtweg dienen.	7,5	3,0
Z[4)]		Zugänge, Balkone und Ähnliches	Dachterrassen, Laubengänge, Loggien usw., Balkone, Ausstiegspodeste.	4,0	2,0

[2)] Nutzlasten in Fabriken und Werkstätten gelten als vorwiegend ruhend. Im Einzelfall sind sich häufig wiederholende Lasten je nach Gegebenheit als nicht vorwiegend ruhende Lasten nach Abschn. 5 einzuordnen.
[3)] Bei diesen Werten handelt es sich um Mindestwerte. In Fällen, in denen höhere Lasten vorherrschen, sind die höheren Lasten anzusetzen.
[4)] Hinsichtlich der Einwirkungskombinationen sind die Einwirkungen der Nutzungskategorie des jeweiligen Gebäudes oder Gebäudeteiles zuzuordnen.
Nach [9.6] ist eine Überlagerung mit den Schneelasten nicht erforderlich.
[5)] Gilt nach [9.6] für Treppen und Podeste der Kategorie T1 auch dann, wenn sie Teil der Fluchtwege sind.

- Lasten in diesem Abschnitt gelten als vorwiegend ruhende Lasten. Tragwerke, die durch Menschen zu Schwingungen angeregt werden können, sind gegen die auftretenden Resonanzeffekte auszulegen.
- Für Haushaltskeller bzw. Kellerräume in Wohngebäuden gilt $q_k = 3{,}0$ kN/m² und $Q_k = 3{,}0$ kN [9.6].
- In Gebäuden und baulichen Anlagen, die in Kategorie E eingeordnet werden, ist in jedem Raum die nach Tafel 9.18 angenommene Nutzlast anzugeben.
- Falls der Nachweis der örtlichen Mindesttragfähigkeit erforderlich ist (z. B. bei Bauteilen ohne ausreichende Querverteilung der Lasten), so ist er mit den charakteristischen Werten für die Einzellast Q_k nach Tafel 9.18 ohne Überlagerung mit der Flächenlast q_k zu führen. Die Aufstandsfläche für Q_k umfasst ein Quadrat mit einer Seitenlänge von 5 cm.
- Wenn konzentrierte Lasten aus Lagerregalen, Hubeinrichtungen, Tresoren usw. zu erwarten sind, muss die Einzellast für diesen Fall gesondert ermittelt und zusammen mit den gleichmäßig verteilten Nutzlasten beim Tragsicherheitsnachweis berücksichtigt werden.
- Für die Lastweiterleitung auf sekundäre Tragglieder (Unterzüge, Stützen, Wände, Gründungen usw.) dürfen die Nutzlasten nach der folgenden Gleichung abgemindert werden:

  $q'_k = \alpha_A \cdot q_k$

  mit q'_k abgeminderte Nutzlast
  q_k Nutzlast nach Tafel 9.18 (Trennwandzuschlag (Abschn. 2) darf zusätzl. abgemindert werden)
  α_A Abminderungsbeiwert nach Tafel 9.20a (vgl. EN 1991-1-1/NA, 6.3.1.2(10)); dabei ist
  A Einzugsfläche des sekundären Traggliedes in m²
- Bei Decken, die von Personenfahrzeugen oder von Gabelstaplern befahren werden, ist an den Einfahrten der Räume die zulässige Gesamtlast nach Tafel 9.21b bzw. Tafel 9.22 anzugeben. Zusätzlich gilt für Kategorie E auch Abschn. 5, 1. und 2. Zeile.
- An den Zufahrten von Decken, die von schwereren Fahrzeugen (z. B. solche nach Abschn. 5.3) befahren werden, ist die zulässige Gesamtlast des Fahrzeugs der entsprechenden Brückenklasse nach DIN 1072 anzugeben.

Tafel 9.20a Abminderungsbeiwert α_A

Kategorien A, B, Z	Kategorien C bis E1.1
$\alpha_A = 0{,}5 + 10/A \leq 1{,}0$	$\alpha_A = 0{,}7 + 10/A \leq 1{,}0$

Bei mehrfeldrigen statischen Systemen ist die Einzugsfläche für jedes Feld getrennt zu bestimmen. Näherungsweise darf der ungünstigste Abminderungsfaktor für alle Felder angesetzt werden (Abb. 9.20).

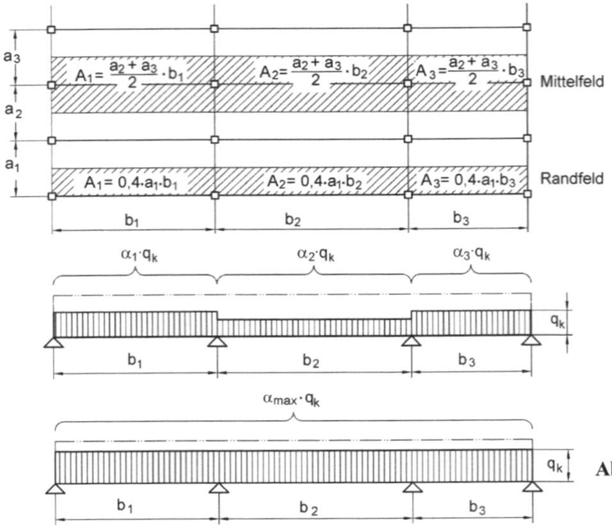

Abb. 9.20 Einzugsflächen und Belastungen für sekundäre Tragglieder

Werden für die Bemessung der vertikalen Tragglieder Nutzlasten aus mehreren Stockwerken maßgebend, dürfen diese für die Kategorien A bis E, T und Z mit einem Faktor α_n abgemindert werden. Wird jedoch bei der Lastkombination der charakteristische Wert der Nutzlast mit einem Kombinationsbeiwert ψ abgemindert, darf der Abminderungsbeiwert α_n nicht angesetzt werden. Weiterhin gilt, dass die Faktoren α_A und α_n nicht gleichzeitig angesetzt werden dürfen; es darf dann der günstigere der beiden Werte verwendet werden. In mehrgeschossigen Gebäuden ist die Nutzlast aller Geschosse bei der Ermittlung der Einwirkungskombination insgesamt als eine unabhängige veränderliche Einwirkung aufzufassen.

Tafel 9.20b Abminderungsbeiwert α_n

Kategorien A bis D, Z	Kategorien E, T
$\alpha_n = 0{,}7 + 0{,}6/n$	$\alpha_n = 1{,}0$
n Anzahl der Geschosse oberhalb des belasteten Bauteils (> 2)	

2 Lasten aus leichten Trennwänden

Die Lasten leichter unbelasteter Trennwände (Wandlast ≤ 5 kN/m Wandlänge) dürfen vereinfacht als gleichmäßig verteilter Zuschlag zur Nutzlast berücksichtigt werden (EN 1991-1-1/NA, 6.3.1.2). Davon ausgenommen sind Wände, die parallel zu den Balken von Decken ohne ausreichende Querverteilung stehen, sowie bewegliche Trennwände.

Tafel 9.20c Trennwandzuschlag[1)]

Trennwandzuschlag für Wände (einschließlich Putz) mit einer Last von	≤ 3 kN/m Wandlänge	0,8 kN/m²
	> 3 kN/m Wandlänge ≤ 5 kN/m Wandlänge	1,2 kN/m²
Bei Nutzlasten von ≥ 5 kN/m² kann der Zuschlag entfallen.		

[1)] Sind Nachweise in den Grenzzuständen der Gebrauchstauglichkeit maßgebend (z. B. Nachweis der Verformungen), sollte der Trennwand-Lastanteil mit $\psi_2 = 1{,}0$ angesetzt werden [9.6].

3 Gleichmäßig verteilte Nutzlasten und Einzellasten für Dächer

Die Lasten nach Abschn. 3 gelten als vorwiegend ruhend.

Falls der Nachweis der örtlichen Mindesttragfähigkeit erforderlich ist, so ist er mit den charakteristischen Werten für die Einzellast Q_k nach Tafel 9.21a zu führen. Die Aufstandsfläche für Q_k umfasst ein Quadrat mit einer Seitenlänge von 5 cm.

Für die Begehungsstege, die Teil eines Fluchtweges sind, ist eine Nutzlast von 3 kN/m² anzusetzen. Befahrbare Dächer oder Dächer für Sonderbetrieb sind in Abschn. 4 und 5 geregelt.

Tafel 9.21a Nutzlasten für Dächer (EN 1991-1-1/NA, Tab. 6.10 DE)

Kategorie	Nutzung	Q_k in kN
H	Nicht begehbare Dächer, außer für übliche Erhaltungsmaßnahmen und Reparaturen	1,0

Eine Überlagerung der Einwirkungen nach Tafel 9.21a mit den Schneelasten ist nicht erforderlich.

Bei Dachlatten sind zwei Einzellasten von je 0,5 kN in den äußeren Viertelpunkten der Stützweite anzunehmen. Für hölzerne Dachlatten mit Querschnittsabmessungen, die sich erfahrungsgemäß bewährt haben, ist bei Sparrenabständen bis etwa 1 m kein Nachweis erforderlich.

Leichte Sprossen dürfen mit einer Einzellast von 0,5 kN in ungünstigster Stellung berechnet werden, wenn die Dächer nur mit Hilfe von Bohlen und Leitern begehbar sind.

4 Gleichmäßig verteilte Nutzlasten für Parkhäuser und Flächen mit Fahrzeugverkehr

Die in Tafel 9.21b angegebenen charakteristischen Werte der Nutzlasten für Parkhäuser und Flächen mit Fahrzeugverkehr dürfen als vorwiegend ruhende Lasten betrachtet werden. Beim Nachweis der örtlichen Mindesttragfähigkeit mit den charakteristischen Werten für die Einzellasten Q_k ist eine Überlagerung mit der Flächenlast q_k nicht erforderlich.

Zufahrten zu Flächen, die für die Kategorie F bemessen wurden, müssen durch entsprechende Vorrichtungen so abgegrenzt werden, dass die Durchfahrt von schweren Fahrzeugen verhindert wird.

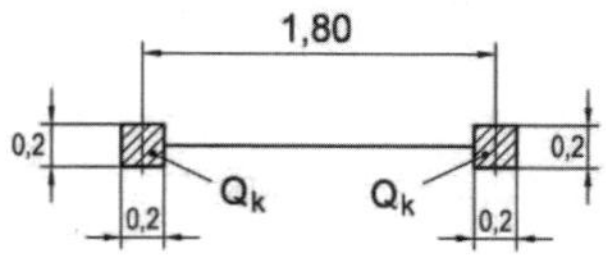

Abb. 9.21 Aufstandsfläche für Q_k

Tafel 9.21b Lotrechte Nutzlasten für Parkhäuser und Flächen mit Fahrzeugverkehr (EN 1991-1-1/NA/A1, Tab. 6.8 DE)

Kategorie	Nutzung	q_k kN/m²		$2 \cdot Q_k$ kN
F1	Verkehrs- und Parkflächen für leichte Fahrzeuge (Gesamtlast ≤ 30 kN)	3,0 [b) c)]	oder	20 [a)]
F2	Zufahrtsrampen	5,0 [c)]		20 [a)]

a) In den Kategorien F1 und F2 können die Achslast ($2 \cdot Q_k = 20$ kN) oder die Radlasten ($Q_k = 10$ kN) für den Nachweis örtlicher Beanspruchungen (z. B. Querkraft am Auflager oder Durchstanzen unter einer Radlast) maßgebend werden.

b) Kann bei statischen Systemen die Einflussfläche A_{EF} eindeutig bestimmt werden, darf die Flächenlast wie folgt abgemindert werden:

$$2{,}2+3{,}5/A_{EF} \leq 3{,}0 \text{ kN/m}^2$$
$$\geq 2{,}5 \text{ kN/m}^2$$

c) Für die Lastweiterleitung auf Stützen, Wände und Fundamente ist ein Wert von 2,5 kN/m² ausreichend.

5 Gleichmäßig verteilte Nutzlasten und Einzellasten bei nicht vorwiegend ruhenden Einwirkungen

- Die gleichmäßig verteilten Nutzlasten q_k nach Abschn. 5.2 u. 5.4 sind ohne Schwingbeiwert anzusetzen.
- Die Einzellasten Q_k nach Abschn. 5.2 u. 5.4 sind mit den Schwingbeiwerten ϕ zu vervielfachen.

5.1 Schwingbeiwerte

- Der Schwingbeiwert beträgt $\phi = 1{,}4$, sofern kein genauerer Nachweis geführt wird.
  Für überschüttete Bauwerke ist $\phi = 1{,}4 - 0{,}1 \cdot h_{ü} \geq 1{,}0$ (mit $h_{ü}$ als Überschüttungshöhe in m).
- Der Schwingbeiwert ϕ für Flächen nach Abschn. 5.3 ist in DIN 1072 enthalten.

5.2 Flächen für Betrieb mit Gegengewichtsstaplern

Decken in Werkstätten, Fabriken, Lagerräumen und unter Höfen, auf denen Gegengewichtsstapler eingesetzt werden, sind je nach den Betriebsverhältnissen für einen Gegengewichtsstapler in ungünstigster Stellung mit den in Betracht kommenden Einzellasten Q_k nach Tafel 9.22 (Geometrie nach Abb. 9.22) und ringsherum für eine gleichmäßig verteilte Nutzlast q_k nach Tafel 9.22 zu bemessen.

Tafel 9.22 Lotrechte Nutzlasten auf Lagerflächen und Betrieb mit Gabelstaplern
(EN 1991-1-1/NA, Tab. 6.4 DE und EN 1991-1-1, Tab. 6.5 u. 6.6)

Kategorie		Gabelstapler-Klasse	Eigenlast (netto) in kN	Hublasten in kN	Nutzlast	
					$2 \cdot Q_k$ in kN	q_k in kN/m²
E	E2.2	FL1	21	10	26	12,5
	E2.3	FL2	31	15	40	15,0
	E2.4	FL3	44	25	63	17,5
	E2.5	FL4	60	40	90	20,0
		FL5	90	60	140	
		FL6	110	80	170	

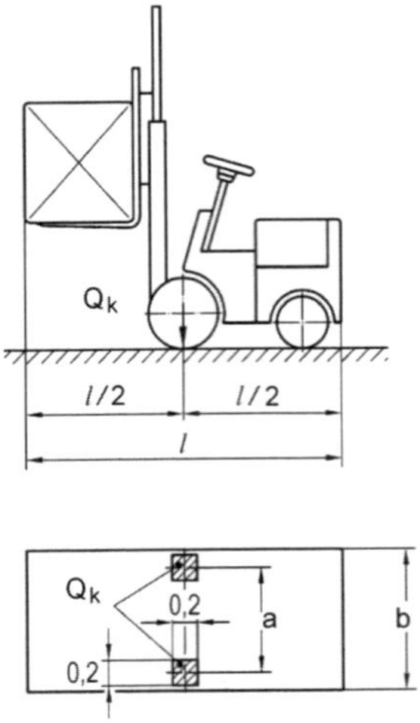

Maße *a*, *b* und *l* für Gegengewichtsstapler (s. Abb. 9.22)

Klasse	a in m	b in m	l in m
FL1	0,85	1,00	2,60
FL2	0,95	1,10	3,00
FL3	1,00	1,20	3,30
FL4	1,20	1,40	4,00
FL5	1,50	1,90	4,60
FL6	1,80	2,30	5,10

- Die Gleichlast q_k ist außerdem in ungünstiger Zusammenwirkung – feldweise veränderlich – anzusetzen, sofern die Nutzung als Lagerfläche nicht ungünstiger ist.
- Muss damit gerechnet werden, dass Decken sowohl von Gegengewichtsstaplern als auch von Fahrzeugen der Kategorie F oder von Fahrzeugen nach Abschn. 5.3 befahren werden, so ist die ungünstiger wirkende Nutzlast anzusetzen.

Abb. 9.22 Gegengewichtsstapler

5.3 Flächen für Fahrzeugverkehr auf Hofkellerdecken und planmäßig befahrene Deckenflächen

- Hofkellerdecken und andere Decken, die planmäßig von Fahrzeugen befahren werden, sind für die Lasten der Brückenklassen 16/16 bis 30/30 nach DIN 1072 zu berechnen.
- Hofkellerdecken, die nur im Brandfall von Feuerwehrfahrzeugen befahren werden, sind für die Brückenklasse 16/16 nach DIN 1072, Tabelle 2, zu berechnen. Dabei ist jedoch nur ein Einzelfahrzeug in ungünstigster Stellung anzusetzen; auf den umliegenden Flächen ist die gleichmäßig verteilte Last der Hauptspur in Rechnung zu stellen. Der nach DIN 1072 geforderte Nachweis für eine einzelne Achslast von 110 kN darf entfallen. Die Nutzlast darf als vorwiegend ruhend eingestuft werden.

5.4 Flächen für Hubschrauberlandeplätze

- Für Hubschrauberlandeplätze auf Decken sind entsprechend der zulässigen Abfluggewichte der Hubschrauber die Regelbelastungen der Tafel 9.23a zu entnehmen.

- Außerdem sind die Bauteile auch für eine gleichmäßig verteilte Nutzlast von 5 kN/m² mit Volllast der einzelnen Felder in ungünstigster Zusammenwirkung – feldweise veränderlich – zu berechnen. Der ungünstigste Wert ist maßgebend. Für die Weiterleitung der gleichmäßig verteilten Nutzlast in stützende Bauteile von Dachflächen der Kategorie K mit Hubschrauberlandemöglichkeit, bei denen eine Befahrung mit Fahrzeugen jeglicher Art aufgrund der baulichen Gegebenheiten nicht möglich ist, darf diese gleichmäßig verteilte Nutzlast von 5 kN/m² auf 3 kN/m² reduziert werden.

Tafel 9.23a Hubschrauber-Regellasten (EN 1991-1-1/NA, Tab. 6.11 DE)

Kategorie		Zulässiges Abfluggewicht in t	Hubschrauber-Regellast Q_k in kN	Seitenlängen einer quadratischen Aufstandsfläche in cm
HC[1)]	HC1	3	30	20
	HC2	6	60	30
	HC3	12	120	30

[1)] Die Einwirkungen sind wie diejenigen der Kategorie E zu kombinieren.

6 Horizontale Nutzlasten

6.1 Horizontale Nutzlasten infolge von Personen auf Brüstungen, Geländer und anderen Konstruktionen, die als Absperrung dienen

- Die charakteristischen Werte gleichmäßig verteilter Nutzlasten, die in der Höhe des Handlaufs, aber nicht höher als 1,2 m wirken, sind in Tafel 9.23b enthalten.
- Die horizontalen Nutzlasten nach Tafel 9.23b sind in Absturzrichtung in voller Höhe und in der Gegenrichtung mit 50 % (mindestens jedoch mit 0,5 kN/m) anzusetzen.
- Wind- und horizontale Nutzlasten sind zu überlagern. Ausgenommen davon sind Brüstungen von Balkonen und Laubengängen, die nicht als Fluchtwege dienen.

Tafel 9.23b Horizontale Nutzlasten q_k infolge von Personen auf Brüstungen, Geländern und anderen Konstruktionen, die als Absperrung dienen (EN 1991-1-1/NA, Tab. 6.12 DE)

Belastete Fläche nach Kategorie	Horizontale Nutzlast q_k in kN/m
A, B1, H, F1[1)] bis F4[1)], T1, Z[2)]	0,5
B2, B3, C1 bis C4, D, E1.1[3)], E1.2[3)], E2.1[3)] bis E2.5[3)], FL1[1)] bis FL6[1)], HC, T2, Z[2)]	1,0
C5, C6, T3	2,0

[1)] Anprall wird durch konstruktive Maßnahmen ausgeschlossen.
[2)] Für Kategorie Z ist die Zuordnung in Zeile 1 bzw. Zeile 2 entsprechend der zugehörigen maßgeblichen Nutzungskategorie nach EN 1991-1-1/NA, Tabelle 6.1DE vorzunehmen.
[3)] Bei Flächen der Kategorie E.1.1, E.1.2, E.2.1 bis E.2.5, die nur zu Kontroll- und Wartungszwecken begangen werden, sind die Lasten in Abstimmung mit dem Bauherrn festzulegen, jedoch mindestens 0,5 kN/m.

6.2 Horizontallasten zur Erzielung einer ausreichenden Längs- und Quersteifigkeit

Neben den Windlasten und anderen waagerecht wirkenden Lasten sind zum Erzielen einer ausreichenden Längs- und Quersteifigkeit folgende beliebig gerichtete Horizontallasten zu berücksichtigen:

- Für Tribünenbauten und ähnliche Sitz- und Steheinrichtungen ist eine in Fußbodenhöhe angreifende Horizontallast von $^1/_{20}$ der lotrechten Nutzlast anzusetzen.
- Bei Gerüsten ist eine in Schalungshöhe angreifende Horizontallast von $^1/_{100}$ aller lotr. Lasten anzusetzen.
- Zur Sicherung gegen Umkippen von Einbauten, die innerhalb von geschlossenen Bauwerken stehen und keiner Windbeanspruchung unterliegen, ist eine Horizontallast von $^1/_{100}$ der Gesamtlast in Höhe des Schwerpunktes anzusetzen.

6.3 Horizontallasten für Hubschrauberlandeplätze auf Dachdecken[1)]

- In der Ebene der Start- und Landefläche und des umgebenden Sicherheitsstreifens ist eine horizontale Nutzlast q_k nach Tafel 9.23b an der für den untersuchten Querschnitt eines Bauteils jeweils ungünstigsten Stelle anzunehmen.
- Für den mindestens 0,25 m hohen Überrollschutz ist am oberen Rand eine Horizontallast von 10 kN anzunehmen.

7 Anpralllasten

Für die Anpralllasten gelten EN 1991-1-7 und EN 1991-2.

[1)] Nach DIN 1055-3; in EN 1991-1-1 sind keine Angaben enthalten.

IV Windlasten (nach DIN EN 1991-1-4:2010-12 und DIN EN 1991-1-4/NA:2010-12)

Prof. Dr.-Ing. Peter Schmidt

1 Allgemeines, Geltungsbereich, Begriffe

DIN EN 1991-1-4 gilt für Bauwerke mit einer Höhe bis 300 m sowie für Brücken mit einer Spannweite bis 200 m. Bei Brücken müssen zusätzlich die Abgrenzungskriterien hinsichtlich dynamischer Wirkungen erfüllt sein; für nähere Angaben hierzu wird auf die Norm verwiesen. Die Norm enthält keine Hinweise zur Berücksichtigung von örtlichen Effekten auf die Windcharakteristik (z. B. Inversionslagen, Wirbelstürme). Sie gilt nicht für die Ermittlung von Windeinwirkungen auf Fachwerkmaste und Türme mit nicht parallelen Eckstielen, abgespannte Masten und abgespannte Kamine. Weiterhin liefert die Norm keine Hinweise zu Torsionsschwingungen (z. B. bei hohen Gebäuden mit zentralem Kern), Schwingungen von Brücken sowie zu böenerregten Schwingungen.

Tafel 9.24 Begriffe nach DIN EN 1991-1-4 (Auswahl)

Begriff	Definition
Grundwert der Basiswindgeschwindigkeit	Die mittlere 10-minütige Windgeschwindigkeit mit einer jährlichen Auftretenswahrscheinlichkeit von 2 % unabhängig von der Windrichtung, bezogen auf eine Höhe von 10 m über flachem offenem Gelände unter Berücksichtigung der Meereshöhe (falls erforderlich).
Basiswindgeschwindigkeit	Der modifizierte Grundwert der Basiswindgeschwindigkeit zur Berücksichtigung der Richtung des betrachteten Windes und der Jahreszeit (falls erforderlich).
Mittlere Windgeschwindigkeit	Die Basiswindgeschwindigkeit modifiziert zur Berücksichtigung von Geländerauigkeit und Topographie.
Druckbeiwert	Außendruckbeiwerte geben die Windeinwirkung auf Außenflächen, Innendruckbeiwerte auf Innenflächen von Bauwerken wieder. Lokale Beiwerte liefern die Druckbeiwerte für belastete Flächen mit einer Größe von 1 m^2 oder weniger, z.B. für die Bemessung von kleinen Bauteilen oder Befestigungen; globale Beiwerte liefern die Druckbeiwerte für belastete Flächen mit mehr als 10 m^2.
Kraftbeiwert	Kraftbeiwerte geben die Gesamteinwirkung infolge Wind auf Bauwerke, Bauteile oder Komponenten wieder. Sie enthalten auch Reibungseffekte, außer wenn diese besonders ausgeschlossen werden.

2 Bemessungssituationen

Die maßgebenden Windeinwirkungen sind für jeden belasteten Bereich zu ermitteln. Weiterhin ist zu beachten, dass die Folgen anderer Einwirkungen (z. B. Schnee, Eis, Verkehr), die sich auf die Bezugsfläche sowie die aerodynamischen Beiwerte erheblich auswirken, zu berücksichtigen sind. Können Veränderungen des Bauwerks, z. B. während der Bauausführung, die Windeinwirkungen beeinflussen, sind diese Einflüsse bei der Ermittlung der Windeinwirkungen zu berücksichtigen. Fenster und Türen sind als geschlossen anzunehmen; die Wirkung geöffneter Fenster und Türen ist als außergewöhnliche Bemessungssituation zu berücksichtigen. Bei ermüdungsempfindlichen Bauwerken oder Bauteilen sind Ermüdungsbeanspruchungen durch Windeinwirkungen zu untersuchen.

3 Erfassung der Windeinwirkungen

Windeinwirkungen sind über die Zeit veränderlich und werden als veränderliche, freie Einwirkungen eingestuft (DIN EN 1990, 4.1.1). Windeinwirkungen werden durch eine vereinfachte Anordnung von Winddrücken oder Windkräften erfasst, wobei deren Wirkung äquivalent zu den maximalen Wirkungen des turbulenten Windes ist. Winddrücke wirken auf die Außenflächen von Baukörpern (Außendruck) und sind bei Durchlässigkeit der äußeren Hülle auch auf die Innenflächen anzusetzen (Innendruck). Bei offenen Gebäuden können Windeinwirkungen auch direkt auf die Innenflächen wirken. Der Winddruck wirkt senkrecht zur betrachteten Oberfläche und wird bei Druckbeanspruchung als *positiver Druck*, bei Sogbeanspruchung als *negativer Druck* bezeichnet. In Fällen, bei denen der Wind an größeren Flächen eines Bauwerkes vorbeistreichen kann, kann es erforderlich sein, auch die Reibungskräfte parallel zur Oberfläche zu berücksichtigen. Die nach DIN EN 1991-1-4 ermittelten Windeinwirkungen sind charakteristische Werte, die mit der Basiswindgeschwindigkeit oder dem entsprechenden Geschwindigkeitsdruck ermittelt werden. Die Basiswerte sind charakteristische Größen mit einer jährlichen Überschreitenswahrscheinlichkeit von 2 % (98-%-Fraktile), die einer mittleren Wiederkehrperiode von 50 Jahren entspricht.

4 Beurteilung der Schwingungsanfälligkeit von Bauwerken

Bei ausreichend steifen, nicht schwingungsanfälligen Tragwerken wird die Windbeanspruchung durch eine statische Ersatzlast erfasst, bei schwingungsanfälligen Konstruktionen durch eine um den Böenreaktionsfaktor vergrößerte statische Ersatzlast. Nachfolgend werden nur Regeln und Verfahren für die Ermittlung der Windlast von *nicht schwingungsanfälligen* Bauwerken behandelt, für schwingungsanfällige Konstruktionen wird auf die Norm verwiesen.

Als nicht schwingungsanfällig gelten Bauwerke, wenn die Verformungen unter Windeinwirkungen durch Böenresonanz um nicht mehr als 10 % vergrößert werden. Dies gilt als erfüllt bei üblichen Wohn-, Büro- und Industriegebäuden mit einer Höhe bis zu 25 m sowie Bauwerken, die in Form und Konstruktion ähnlich sind.

5 Windzonen, Basiswindgeschwindigkeit, Geschwindigkeitsdrücke

5.1 Allgemeines

Gemäß nationalem Anhang (NA) zur DIN EN 1991-1-4 ist Deutschland in vier Windzonen (1 bis 4) eingeteilt, um die regional unterschiedlichen Windgeschwindigkeiten und die daraus resultierenden unterschiedlichen Windbelastungen zu berücksichtigen. In Tafel 9.25a sind für die 4 Windzonen Grundwerte der Basiswindgeschwindigkeit $v_{b,0}$ und die zugehörigen Basisgeschwindigkeitsdrücke $q_{b,0}$ angegeben. Die Werte gelten in einer Höhe von 10 m im ebenen, offenen Gelände über einen Zeitraum von 10 Minuten. Hinweis: Eine genaue Zuordnung der Verwaltungsgrenzen von Landkreisen und kreisfreien Städten zu den Windzonen findet man im Internet unter www.dibt.de (Excel-Tabelle).

Tafel 9.25a Windzonenkarte mit zug. Basiswindgeschwindigkeiten $v_{b,0}$ und Basisgeschwindigkeitsdrücken $q_{b,0}$ nach DIN EN 1991-1-4/NA, Anhang NA.A

Windzonenkarte

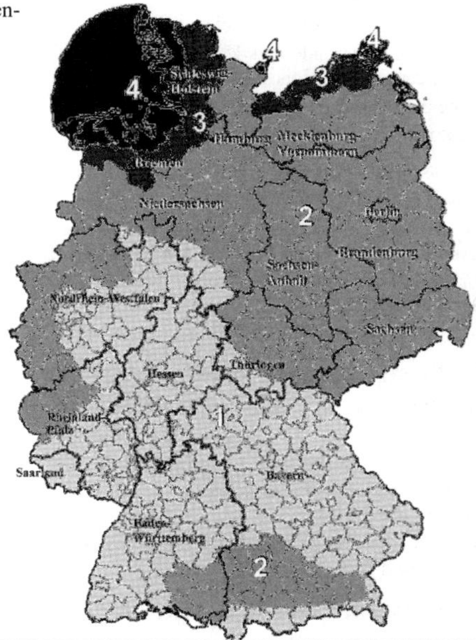

Windzone	$v_{b,0}$ in m/s	$q_{b,0}$ in kN/m²
1	22,5	0,32
2	25,0	0,39
3	27,5	0,47
4	30,0	0,56

Mittelwerte in 10 m Höhe im ebenen, offenen Gelände für einen Zeitraum von 10 Minuten bei einer jährlichen Überschreitungswahrscheinlichkeit von 0,02.

Tafel 9.25b Geländekategorien nach DIN EN 1991-1-4/NA, Anhang NA.B

Geländekategorie I

Geländekategorie II

Geländekategorie III

Geländekategorie IV

Aus dem Grundwert der Basiswindgeschwindigkeit $v_{b,0}$ sowie dem Richtungsfaktor c_{dir} und dem Jahreszeitenbeiwert c_{season} ergibt sich die Basiswindgeschwindigkeit v_b:

$$v_b = c_{dir} \cdot c_{season} \cdot v_{b,0}$$

v_b	Basiswindgeschwindigkeit in m/s
c_{dir}	Richtungsfaktor; gemäß NA ist $c_{dir} = 1{,}0$
c_{season}	Jahreszeitenbeiwert; gemäß NA ist $c_{season} = 1{,}0$
$v_{b,0}$	Grundwert der Basiswindgeschwindigkeit nach Tafel 9.25a

Aus der Basiswindgeschwindigkeit v_b und der Dichte der Luft ρ berechnet sich der Basisgeschwindigkeitsdruck q_b mit folgender Gleichung:

$$q_b = \frac{1}{2} \cdot \rho \cdot v_b^2 \cdot 10^{-3}$$

q_b	Basisgeschwindigkeitsdruck in kN/m²
v_b	Basiswindgeschwindigkeit in m/s
ρ	Dichte der Luft in kg/m³ ($\rho = 1{,}25$ kg/m³ bei 1013 hPa Luftdruck und $T = 10$ °C in Meereshöhe)

Für die Berechnung der Windlasten bei nicht schwingungsanfälligen Bauwerken und Bauteilen wird der Böen- oder Spitzengeschwindigkeitsdruck q_p benötigt. Dieser ergibt sich aus der Windgeschwindigkeit in einer Windbö (Mittelwert während einer Böendauer von zwei bis vier Sekunden) und kann je nach vorliegender Geländekategorie ungefähr 1,1-mal (Geländekategorie IV) bis 2,6-mal (Geländekategorie I) so groß wie der Basisgeschwindigkeitsdruck q_b werden.

Der Grundwert der Basiswindgeschwindigkeit sowie der Böengeschwindigkeitsdruck sind abhängig von der Bodenrauigkeit und der Topografie. Es werden 4 Geländekategorien und 2 Mischprofile unterschieden (Tafel 9.25b):

- **Geländekategorie I:** Offene See; Seen mit mindestens 5 km freier Fläche in Windrichtung; glattes flaches Land ohne Hindernisse.
- **Geländekategorie II:** Gelände mit Hecken, einzelnen Gehöften, Häusern oder Bäumen, z.B. landwirtschaftliches Gebiet.
- **Geländekategorie III:** Vorstädte, Industrie- und Gewerbegebiete; Wälder.
- **Geländekategorie IV:** Stadtgebiete, bei denen mindestens 15 % der Fläche mit Gebäuden bebaut sind, deren mittlere Höhe 15 m überschreitet.
- **Mischprofil Küste:** Übergangsbereich zwischen Geländekategorie I und II.
- **Mischprofil Binnenland:** Übergangsbereich zwischen Geländekategorie II und III.

Vereinfachend kann in küstennahen Gebieten sowie auf den Inseln der Nord- und Ostsee die Geländekategorie I, im Binnenland die Geländekategorie II zu Grunde gelegt werden.

Die angegebenen Böengeschwindigkeitsdrücke gelten für ebenes Gelände. Bei exponierten Lagen des Bauwerkstandortes kann eine Erhöhung erforderlich sein (DIN EN 1991-1-4/NA, Anh. NA.B); bei Standorten über 800 m NN ist der Wert um 10 % je 100 Höhenmeter zu erhöhen (Faktor = $0{,}2 + H_s/1000$, Meereshöhe H_s in m; DIN EN 1991-1-4/NA, Anh. NA.A). Für Kamm- und Gipfellagen der Mittelgebirge sowie für Bauwerksstandorte, die über $H_s = 1100$ m liegen, sind besondere Überlegungen erforderlich.

5.2 Verfahren zur Ermittlung des Böengeschwindigkeitsdruckes

Gemäß DIN EN 1991-1-4/NA werden drei Verfahren zur Ermittlung des Böengeschwindigkeitsdruckes unterschieden:

1. Vereinfachtes Verfahren für Bauwerke geringer Höhe bis 25 m (Abschnitt 5.3).
2. Genaues Verfahren für Bauwerke bis 300 m Höhe mit Berücksichtigung der Bodenrauigkeit durch Annahme von Mischprofilen (Regelfall) (Abschnitt 5.4).
3. Genaues Verfahren für Bauwerke bis 300 m Höhe mit genauer Berücksichtigung der Bodenrauigkeit durch Annahme von Geländekategorien (Abschnitt 5.5).

5.3 Vereinfachte Böengeschwindigkeitsdrücke für Bauwerke bis 25 m Höhe

Bei Bauwerken bis 25 m Höhe darf der Böengeschwindigkeitsdruck vereinfachend nach Tafel 9.27a konstant über die gesamte Bauwerkshöhe angesetzt werden. Der Böengeschwindigkeitsdruck ergibt sich für die Bauwerkshöhe, eine Abstufung über die Bauwerkshöhe wie in der alten Windlastnorm (DIN 1055-4, Ausg. 1986) ist nicht mehr vorgesehen. Für höhere Bauwerke sowie für Bauwerke auf den Inseln der Nordsee mit mehr als 10 m Höhe ist der Böengeschwindigkeitsdruck nach Abschnitt 5.4 zu berechnen.

Tafel 9.27a Vereinfachte Böengeschwindigkeitsdrücke für Bauwerke bis 25 m Höhe

Windzone		Geschwindigkeitsdruck q_p in kN/m² bei einer Gebäudehöhe h in den Grenzen von		
		$h \leq 10$ m	$10\text{ m} < h \leq 18$ m	$18\text{ m} < h \leq 25$ m
1	Binnenland	0,50	0,65	0,75
2	Binnenland	0,65	0,80	0,90
	Küste[1)] und Inseln der Ostsee	0,85	1,00	1,10
3	Binnenland	0,80	0,95	1,10
	Küste[1)] und Inseln der Ostsee	1,05	1,20	1,30
4	Binnenland	0,95	1,15	1,30
	Küste[1)] der Nord- und Ostsee und Inseln der Ostsee	1,25	1,40	1,55
	Inseln der Nordsee [2)]	1,40	–	–

1) Zur Küste zählt ein 5 km breiter Streifen, der entlang der Küste verläuft und landeinwärts gerichtet ist.
2) Auf den Inseln der Nordsee ist der Böengeschwindigkeitsdruck für Bauwerke über 10 m Höhe nach Abschnitt 5.4 zu ermitteln.

5.4 Höhenabhängiger Böengeschwindigkeitsdruck im Regelfall

Für Bauwerke mit einer Höhe über 25 m über Grund ist bei der Berechnung des Böengeschwindigkeitsdruckes der Einfluss der Bodenrauigkeit genauer zu erfassen. Als Regelfall sieht DIN EN 1991-1-4/NA die höhenabhängige Berechnung des Böengeschwindigkeitsdruckes für drei unterschiedliche Mischprofile (Binnenland, küstennahe Gebiete, Inseln der Nordsee) vor (Tafel 9.27b).

Tafel 9.27b Böengeschwindigkeitsdruck für Bauwerke über 25 m Höhe sowie im Regelfall

Binnenland (Mischprofil der Geländekategorien II und III)		Küstennahe Gebiete sowie Inseln der Ostsee (Mischprofil der Geländekategorien I und II)	
$q_p(z) = 1{,}5 \cdot q_b$	für $z \leq 7$ m	$q_p(z) = 1{,}8 \cdot q_b$	für $z \leq 4$ m
$q_p(z) = 1{,}7 \cdot q_b \cdot \left(\frac{z}{10}\right)^{0{,}37}$	für $7\text{ m} < z \leq 50$ m	$q_p(z) = 2{,}3 \cdot q_b \cdot \left(\frac{z}{10}\right)^{0{,}27}$	für $4\text{ m} < z \leq 50$ m
$q_p(z) = 2{,}1 \cdot q_b \cdot \left(\frac{z}{10}\right)^{0{,}24}$	für $50\text{ m} < z \leq 300$ m	$q_p(z) = 2{,}6 \cdot q_b \cdot \left(\frac{z}{10}\right)^{0{,}19}$	für $50\text{ m} < z \leq 300$ m

Inseln der Nordsee (Geländekategorie I)	
$q_p(z) = 1{,}1$ kN/m	für $z \leq 2$ m
$q_p(z) = 2{,}6 \cdot q_b \cdot \left(\frac{z}{10}\right)^{0{,}19} = 1{,}5 \cdot \left(\frac{z}{10}\right)^{0{,}19}$ mit $q_b = 0{,}56$ kN/m² für Windzone 4 (Inseln der Nordsee)	für $2\text{ m} < z \leq 300$ m

z Höhe über Grund bzw. Bezugshöhe z_e oder z_i nach Abschnitt 7 in m

q_b Basisgeschwindigkeitsdruck. Es gilt:

Windzone	q_b in kN/m²
1	0,32
2	0,39
3	0,47
4	0,56

5.5 Genauere Erfassung der Bodenrauigkeit

Ein genaueres Verfahren zur Berechnung des Böengeschwindigkeitsdruckes, mit dem der Einfluss der Bodenrauigkeit erfasst werden kann, ist in DIN EN 1991-1-4/NA.B, Tab. NA.B.2 angegeben.

5.6 Abminderung des Geschwindigkeitsdruckes bei vorübergehenden Zuständen

Der Geschwindigkeitsdruck darf gemäß DIN EN 1991-1-4/NA, Anhang NA.B.5 in folgenden Fällen abgemindert werden:

- Bei vorübergehenden Zuständen (z. B. Bauzustände).
- Bei Bauwerken, die nur zeitweilig bestehen.

Die Größe der Abminderung ist abhängig von der Dauer des Zustandes sowie von der Art und dem Umfang der – schützenden oder verstärkenden – Sicherungsmaßnahmen, die bei aufkommenden Sturms durchgeführt werden. Zu den schützenden Sicherungsmaßnahmen gehören z. B. das Niederlegen von Bauteilen am Boden, die Einhausung oder der Einschub von Bauteilen in Hallen. Verstärkende Sicherungsmaßnahmen sind Verankerungen, Erdnägel, Aussteifungselemente, Abspannungen u.a.m., die im Falle aufkommenden Sturms angebracht werden. Abminderungsfaktoren für den Geschwindigkeitsdruck bei vorübergehenden Zuständen sind in Tafel 9.28a angegeben. Die angegebenen Abminderungen gelten jedoch nicht für Bauten, die jederzeit errichtet und demontiert werden können, wie z. B. Fliegende Bauten und Gerüste. Eventuelle Ausnahmen hiervon müssen in den entsprechenden Fachnormen geregelt sein.

Tafel 9.28a Abgeminderter Geschwindigkeitsdruck bei vorübergehenden Zuständen

Dauer des vorübergehenden Zustandes	Mit schützenden Sicherungsmaßnahmen	Mit verstärkenden Sicherungsmaßnahmen	Ohne Sicherungsmaßnahmen
bis zu 3 Tagen	$0{,}1 \cdot q$	$0{,}2 \cdot q$	$0{,}5 \cdot q$
bis zu 3 Monaten von Mai bis August	$0{,}2 \cdot q$	$0{,}3 \cdot q$	$0{,}5 \cdot q$
bis zu 12 Monaten	$0{,}2 \cdot q$	$0{,}3 \cdot q$	$0{,}6 \cdot q$
bis zu 24 Monaten	$0{,}2 \cdot q$	$0{,}4 \cdot q$	$0{,}7 \cdot q$
Bemerkung	Die Geschwindigkeitsdrücke gelten für den Nachweis der ungesicherten Konstruktion. Die Werte dürfen angesetzt werden bei: • ausreichender Beobachtung der Wetterlage • Einholen von Sturmwarnungen durch einen qualifizierten Wetterdienst • rechtzeitigem Abschluss der Sicherungsmaßnahmen vor aufkommendem Sturm.		Die Geschwindigkeitsdrücke gelten für den Nachweis der durch Sicherungsmaßnahmen ertüchtigten Konstruktion.
q ursprünglicher (nicht abgeminderter) Geschwindigkeitsdruck in kN/m²			

6 Windeinwirkungen auf Bauwerke und Bauteile

Windeinwirkungen sind unter Berücksichtigung der äußeren und inneren Winddrücke (Außen- und Innendruck) zu erfassen. Es wird unterschieden zwischen Winddrücken und Windkräften; Winddrücke erfassen die Windbeanspruchung als Flächenlasten (Einheit: kN/m²), Windkräfte geben sie als Einzellast (in kN) an. In Abschn. 7 werden Winddrücke, in Abschn. 8 Windkräfte behandelt. Die Idealisierung der Windbeanspruchung durch Flächenlasten (Winddrücke) ist dann erforderlich, wenn z. B. unmittelbar vom Wind beanspruchte Bauteile der Gebäudehülle (Dach-, Wand-, Fassadenelemente, Befestigungen o. Ä.) dimensioniert werden müssen. Auch für mittelbar belastete Bauteile, wie Verbände, Dachkonstruktionen und Hallenrahmen ist die Windbeanspruchung als Flächenlast auf die Gebäudehülle anzusetzen. Der Begriff „Winddruck" wird stellvertretend für Druck- u. Sogbelastung verwendet. Winddruck wirkt senkrecht zur Oberfläche. Als Vorzeichenregelung gilt: Druck = positiv, Sog = negativ. Die Angaben in diesem Abschnitt gelten nur für ausreichend steife, d.h. nicht schwingungsanfällige Konstruktionen, bei denen die böenerregten Resonanzschwingungen vernachlässigt werden können. Übliche Wohn-, Büro- und Industriegebäude mit einer Höhe bis 25 m sowie Bauwerke, die in Form und Konstruktion ähnlich sind, gelten ohne weiteren Nachweis als nicht schwingungsanfällig. Die nachfolgend angegebenen Winddrücke treten nicht zwingend gleichzeitig an allen Punkten der betrachteten Oberfläche auf, ggf. ist der Einfluss auf die betrachtete Reaktionsgröße zu untersuchen. Die Norm enthält keine genauen Angaben, wann und wie günstig wirkende Lastanteile mit ungünstig wirkenden Lastanteilen überlagert werden dürfen. Eine konservative Abschätzung besteht darin, die günstig wirkenden Lastanteile zu null anzunehmen. Weiterhin ist zu beachten, dass insb. bei großflächigen, weit gespannten Rahmen- und Bogentragwerken der Einfluss günstig wirkender Lastanteile genauer zu untersuchen ist, d. h., in diesen Fällen i. d. R. mit null anzunehmen ist.

7 Winddruck auf Oberflächen

7.1 Berechnung von Winddrücken

Der Winddruck auf Außenflächen (Außendruck) bzw. auf Innenflächen (Innendruck) eines Bauwerks berechnet sich nach Tafel 9.28b. Der Innendruck ist abhängig von der Größe und Lage der Öffnungen in der Außenhaut und wirkt auf alle Raumabschlüsse eines Innenraums gleichzeitig und mit gleichem Vorzeichen. Die Nettodruckbelastung infolge Winddrucks ergibt sich als Resultierende von Außen- u. Innendruck. Der Innendruck darf jedoch nicht entlastend angesetzt werden. Beispiele für die Überlagerung von Außen- und Innendruck sind in Abb. 9.29a dargestellt.

Tafel 9.28b Winddruck auf Oberflächen (Außen- und Innendruck)

Außendruck w_e in kN/m²	Innendruck w_i in kN/m²
$w_e = q_p(z_e) \cdot c_{pe}$	$w_i = q_p(z_i) \cdot c_{pi}$
c_{pe} Aerodynamischer Beiwert für den Außendruck nach Abschnitt 7.2 z_e Bezugshöhe nach Abschnitt 7.2	c_{pi} Aerodynamischer Beiwert für den Innendruck nach Abschnitt 7.2.9 z_i Bezugshöhe nach Abschnitt 7.2.9
q_p Böengeschwindigkeitsdruck für die Bezugshöhe z_e bzw. z_i in kN/m² nach Abschn. 5.3 (Bauwerke bis 25 m), 5.4 (Regelfall, Bauwerke bis 300 m), 5.5 (genauere Erfassung der Bodenrauigkeit)	

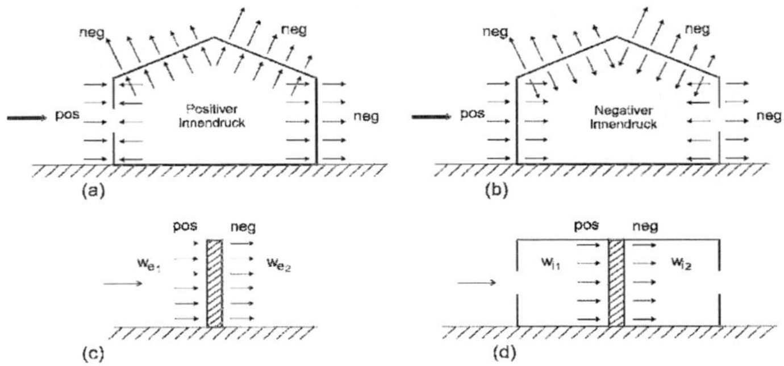

Abb. 9.29a Beispiele für die Überlagerung von Außen- und Innendruck

7.2 Druckbeiwerte für den Außen- und Innendruck

7.2.1 Allgemeines

Die Außendruckbeiwerte c_{pe} für Bauwerke und Gebäudeabschnitte sind abhängig von der Lasteinflussfläche A (Tafel 9.29). Nachfolgend werden die Außendruckbeiwerte für die entsprechende Gebäudeform für Lasteinzugsflächen von $A \le 1\ \text{m}^2$ ($c_{pe,1}$) und $A > 10\ \text{m}^2$ ($c_{pe,10}$) tabellarisch angegeben. Für andere Lasteinzugsflächen ist der Außendruckbeiwert nach Abb. 9.29b bzw. Tafel 9.29 zu ermitteln.

Tafel 9.29 Zusammenhang zwischen Lasteinzugsfläche und Außendruckbeiwert c_{pe}

Lasteinflussfläche A	Außendruckbeiwert c_{pe}	Bemerkung
$A \le 1\ \text{m}^2$	$c_{pe} = c_{pe,1}$	Verwendung ausschließlich für die Bemessung kleiner Bauteile und deren Verankerungen (z.B. Verkleidungs- und Dachelemente).
$1\ \text{m}^2 < A \le 10\ \text{m}^2$	$c_{pe} = c_{pe,1} - (c_{pe,1} - c_{pe,10}) \cdot \log A$	
$A > 10\ \text{m}^2$	$c_{pe} = c_{pe,10}$	Verwendung für die Bemessung des gesamten Tragwerks einschl. der Gründung und der Aussteifungskonstruktion unabhängig von der tatsächlichen Größe der Lasteinzugsfläche.

Die Außendruckbeiwerte für Lasteinzugsflächen $\le 10\ \text{m}^2$ gelten nur für die Berechnung der Ankerkräfte von Bauteilen, die unmittelbar durch Wind belastet werden (z. B. Fassadenplatten) und für den Nachweis der Verankerungen einschließlich deren Unterkonstruktion. Die Außendruckbeiwerte $c_{pe,10}$ ($A > 10\ \text{m}^2$) sind für die Bemessung der Bauteile des gesamten Tragwerks, der Gründung und ggf. der Aussteifungskonstruktion zu verwenden. Das gilt auch für den Fall, dass die Lasteinzugsfläche der betrachteten Bauteile $< 10\ \text{m}^2$ ist.

Weitere Regelungen:

- Die Außendruckbeiwerte gelten nicht für hinterlüftete Wand- und Dachflächen.
- Bei Dachüberständen ist für den Außendruckbeiwert auf der Unterseite der Wert der anschließenden Wandfläche und für den Außendruckbeiwert auf der Oberseite der Wert der anschließenden Dachfläche anzusetzen. Ergänzend zu dieser Regelung ist zu beachten, dass auf der Dachoberseite im Bereich von Dachüberständen die Eck- und Randbereiche (Bereiche F und G) ab der Dachtraufe (Dachrand) angesetzt werden können.

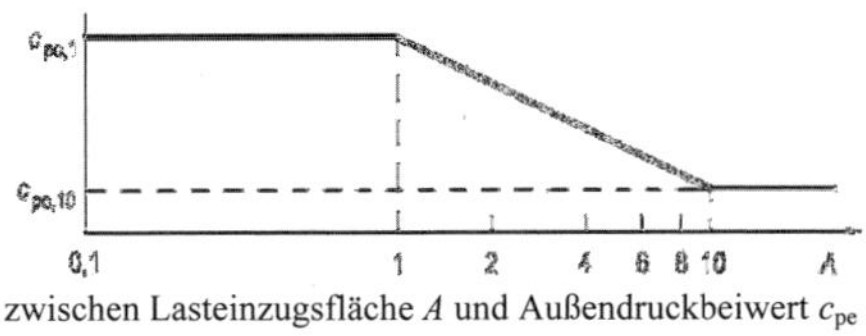

Abb. 9.29b Zusammenhang zwischen Lasteinzugsfläche A und Außendruckbeiwert c_{pe}

Die Außendruckbeiwerte $c_{pe,1}$ und $c_{pe,10}$ werden in den nachfolgenden Abschnitten für die orthogonalen Anströmrichtungen 0°, 90° und 180° angegeben. Sie geben den höchsten auftretenden Wert innerhalb des Bereiches von ±45° um die jeweilige orthogonale Anströmrichtung wieder.

7.2.2 Vertikale Wände von Gebäuden mit rechteckigem Grundriss

Für vertikale Wände von Baukörpern mit rechteckigem Grundriss darf der Außendruck gestaffelt über die Baukörperhöhe in Abhängigkeit vom Verhältnis h/b nach Abb. 9.30a angesetzt werden. Die Staffelung über die Höhe ist nur für den Bereich D anzuwenden. Außendruckbeiwerte für vertikale Wände nach Tafel 9.30.

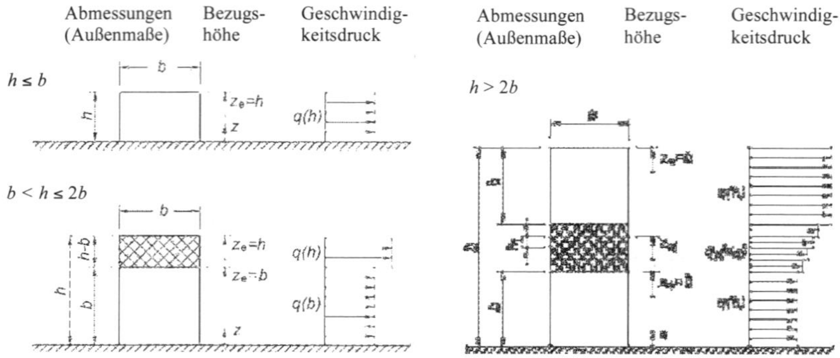

Abb. 9.30a Geschwindigkeitsdruck, Bezugshöhe z_e für vertikale Wände in Abhängigkeit von Baukörperhöhe h und -breite b

Tafel 9.30 Außendruckbeiwerte für vertikale Wände von Gebäuden mit rechteckigem Grundriss (Einteilung der Wandflächen nach Abb. 9.30b)

Bereich	A		B		C		D		E	
h/d	$c_{pe,10}$	$c_{pe,1}$	$c_{pe,10}$	$c_{pe,1}$	$c_{pe,10}$	$c_{pe,1}$	$c_{pe,10}$	$c_{pe,1}$	$c_{pe,10}$	$c_{pe,1}$
= 5	–1,4	–1,7	–0,8	–1,1	–0,5	–0,7	+0,8	+1,0	–0,5	–0,7
1	–1,2	–1,4	–0,8	–1,1	–0,5		+0,8	+1,0	–0,5	
≤ 0,25	–1,2	–1,4	–0,8	–1,1	–0,5		+0,7	+1,0	–0,3	–0,5

Für einzeln in offenem Gelände stehende Gebäude können im Sogbereich auch größere Sogkräfte auftreten. Zwischenwerte dürfen linear interpoliert werden. Für Gebäude mit $h/d > 5$ ist die Gesamtwindlast anhand der Kraftbeiwerte aus DIN EN 1991-1-4, Abschnitte 7.6 bis 7.8 und 7.9.2 (vgl. a. Abschn. 8 in diesem Beitrag) zu ermitteln.

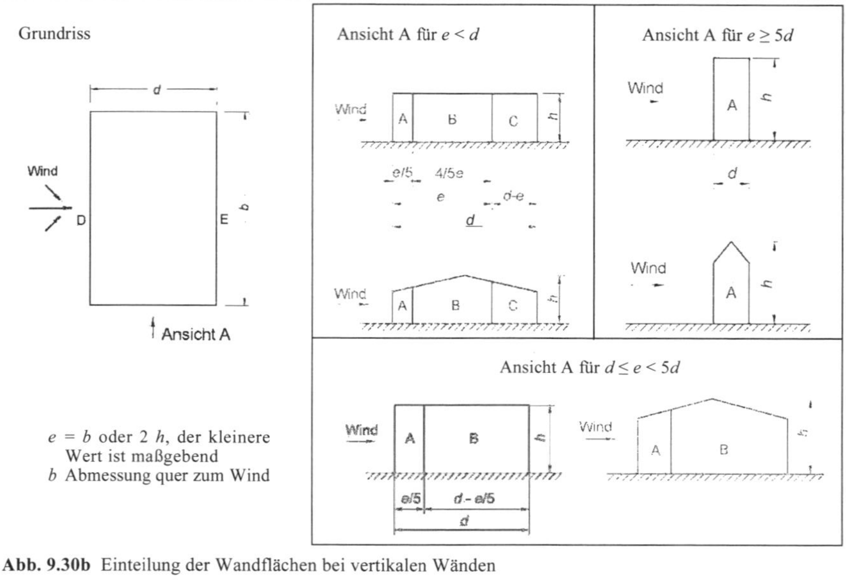

Abb. 9.30b Einteilung der Wandflächen bei vertikalen Wänden

7.2.3 Flachdächer

Flachdächer im Sinne der Norm sind Dächer mit einer Dachneigung von weniger als 5°. Außendruckbeiwerte nach Tafel 9.31, Einteilung der Dachflächen nach Abb. 9.31. Für sehr flache Baukörper mit $h/d < 0{,}1$ darf der Bereich F entfallen. Druckbeiwerte für die Attika wie bei freistehenden Wänden (Abschnitt 7.2.1).

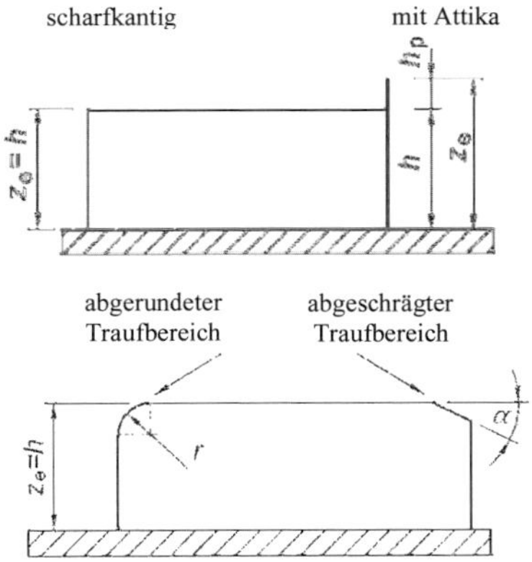

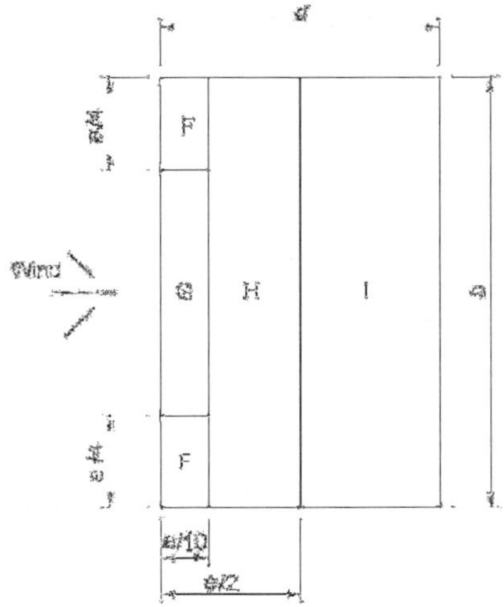

$e = b$ oder $2\,h$, der kleinere Wert ist maßgebend
b Abmessung quer zum Wind

Abb. 9.31 Einteilung der Dachflächen bei Flachdächern

Tafel 9.31 Außendruckbeiwerte für Flachdächer

Ausbildung des Traufbereichs		F		G		H		I	
		$c_{pe,10}$	$c_{pe,1}$	$c_{pe,10}$	$c_{pe,1}$	$c_{pe,10}$	$c_{pe,1}$	$c_{pe,10}$	$c_{pe,1}$
Scharfkantiger Traufbereich		–1,8	–2,5	–1,2	–2,0	–0,7	–1,2	+0,2 –0,6	
mit Attika	$h_p/h = 0{,}025$	–1,6	–2,2	–1,1	–1,8	–0,7	–1,2	+0,2 –0,6	
	$h_p/h = 0{,}05$	–1,4	–2,0	–0,9	–1,6	–0,7	–1,2	+0,2 –0,6	
	$h_p/h = 0{,}10$	–1,2	–1,8	–0,8	–1,4	–0,7	–1,2	+0,2 –0,6	
Abgerundeter Traufbereich	$r/h = 0{,}05$	–1,0	–1,5	–1,2	–1,8	–0,4		±0,2	
	$r/h = 0{,}10$	–0,7	–1,2	–0,8	–1,4	–0,3		±0,2	
	$r/h = 0{,}20$	–0,5	–0,8	–0,5	–0,8	–0,3		±0,2	
Abgeschrägter Traufbereich	$\alpha = 30°$	–1,0	–1,5	–1,0	–1,5	–0,3		±0,2	
	$\alpha = 45°$	–1,2	–1,8	–1,3	–1,9	–0,4		±0,2	
	$\alpha = 60°$	–1,3	–1,9	–1,3	–1,9	–0,5		±0,2	

Bei Flachdächern mit Attika oder abgerundetem Traufbereich darf für Zwischenwerte h_p/h und r/h linear interpoliert werden.

Bei Flachdächern mit mansardendachartigem Traufbereich darf für Zwischenwerte von α zwischen $\alpha = 30°$, 45° und 60° linear interpoliert werden. Für $\alpha > 60°$ darf zwischen den Werten für $\alpha = 60°$ und den Werten für Flachdächer mit scharfkantigem Traufbereich interpoliert werden.

Im Bereich I, für den positive und negative Werte angegeben werden, sollten beide Werte berücksichtigt werden.

Für die Schräge des mansardendachartigen Traufbereichs selbst werden die Außendruckbeiwerte in Abschnitt 7.2.5 - „Außendruckbeiwerte für Sattel- und Trogdächer" - Anströmrichtung $\theta = 0°$, Bereiche F und G, in Abhängigkeit von dem Neigungswinkel des mansardendachartigen Traufenbereichs angegeben.

Für den abgerundeten Traufbereich selbst werden die Außendruckbeiwerte entlang der Krümmung durch lineare Interpolation entlang der Kurve zwischen dem Wert an der vertikalen Wand und auf dem Dach ermittelt.

7.2.4 Pultdächer

Bei Pultdächern sind drei Anströmrichtungen zu untersuchen ($\theta = 0°$: Anströmung auf niedrige Traufe; $\theta = 180°$: Anströmung auf hohe Traufe; $\theta = 90°$: Anströmung parallel zu hoher und niedriger Traufe). Außendruckbeiwerte nach Tafel 9.32, Einteilung der Dachflächen siehe Abb. 9.32.

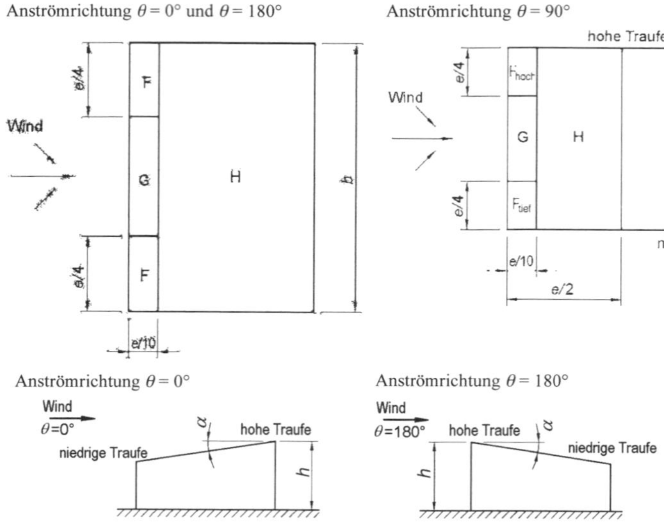

$e = b$ oder $2\,h$, der kleinere Wert ist maßgebend
b Abmessung quer zum Wind

Bezugshöhe: $z_e = h$

Abb. 9.32 Einteilung der Dachflächen bei Pultdächern

Tafel 9.32 Außendruckbeiwerte für Pultdächer

Neigungswinkel α [1]	Anströmrichtung $\theta = 0°$ [2]						Anströmrichtung $\theta = 180°$					
	Bereich F		Bereich G		Bereich H		Bereich F		Bereich G		Bereich H	
	$c_{pe,10}$	$c_{pe,1}$	$c_{pe,10}$	$c_{pe,1}$	$c_{pe,10}$	$c_{pe,1}$	$c_{pe,10}$	$c_{pe,1}$	$c_{pe,10}$	$c_{pe,1}$	$c_{pe,10}$	$c_{pe,1}$
5°	–1,7	–2,5	–1,2	–2,0	–0,6	–1,2	–2,3	–2,5	–1,3	–2,0	–0,8	–1,2
	+0,0		+0,0		+0,0							
15°	–0,9	–2,0	–0,8	–1,5	–0,3		–2,5	–2,8	–1,3	–2,0	–0,9	–1,2
	+0,2		+0,2		+0,2							
30°	–0,5	–1,5	–0,5	–1,5	-0,2		–1,1	–2,3	–0,8	–1,5	–0,8	
	+0,7		+0,7		+0,4							
45°	-0,0		-0,0		-0,0		–0,6	–1,3	–0,5		–0,7	
	+0,7		+0,7		+0,6							
60°	+0,7		+0,7		+0,7		–0,5	–1,0	–0,5		–0,5	
75°	+0,8		+0,8		+0,8		–0,5	–1,0	–0,5		–0,5	

Neigungswinkel α [1]	Anströmrichtung $\theta = 90°$									
	Bereich F_{hoch}		Bereich F_{tief}		Bereich G		Bereich H		Bereich I	
	$c_{pe,10}$	$c_{pe,1}$	$c_{pe,10}$	$c_{pe,1}$	$c_{pe,10}$	$c_{pe,1}$	$c_{pe,10}$	$c_{pe,1}$	$c_{pe,10}$	$c_{pe,1}$
5°	–2,1	–2,6	–2,1	–2,4	–1,8	–2,0	–0,6	–1,2	–0,5	
15°	–2,4	–2,9	–1,6	–2,4	–1,9	–2,5	–0,8	–1,2	–0,7	–1,2
30°	–2,1	–2,9	–1,3	–2,0	–1,5	–2,0	–1,0	–1,3	–0,8	–1,2
45°	–1,5	–2,4	–1,3	–2,0	–1,4	–2,0	–1,0	–1,3	–0,9	–1,2
60°	–1,2	–2,0	–1,2	–2,0	–1,2	–2,0	–1,0	–1,3	–0,7	–1,2
75°	–1,2	–2,0	–1,2	–2,0	–1,2	–2,0	–1,0	–1,3	–0,5	

[1] Zwischenwerte dürfen linear interpoliert werden, soweit nicht das Vorzeichen wechselt. [2] Bei Anströmrichtung $\theta = 0°$ und bei Neigungswinkeln von $\alpha = +5°$ bis $\alpha = +45°$ ändert sich der Druck schnell zwischen positiven und negativen Werten. Für diesen Bereich wird daher sowohl der positive als auch der negative Außendruckbeiwert angegeben. Bei solchen Dächern sind beide Fälle (Druck und Sog) getrennt zu berücksichtigen, d.h. es sind erstens ausschließlich positive Werte (Druck) und zweitens ausschließlich negative Werte zu betrachten.

7.2.5 Sattel- und Trogdächer

Außendruckbeiwerte nach Tafel 9.33, Einteilung der Dachflächen nach Abb. 9.33.

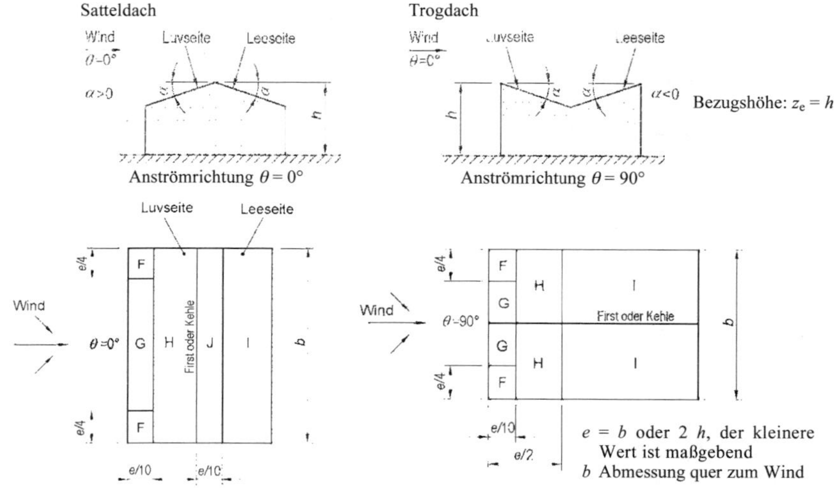

Abb. 9.33 Einteilung der Dachflächen bei Sattel- und Trogdächern

Tafel 9.33 Außendruckbeiwerte für Sattel- und Trogdächer

	Neigungswinkel α [1]	Anströmrichtung $\theta = 0°$ [2]; Bereich									
		F		G		H		I		J	
		$c_{pe,10}$	$c_{pe,1}$	$c_{pe,10}$	$c_{pe,1}$	$c_{pe,10}$	$c_{pe,1}$	$c_{pe,10}$	$c_{pe,1}$	$c_{pe,10}$	$c_{pe,1}$
Trogdach	−45°	−0,6		−0,6		−0,8		−0,7		−1,0	−1,5
	−30°	−1,1	−2,0	−0,8	−1,5	−0,8		−0,6		−0,8	−1,4
	−15°	−2,5	−2,8	−1,3	−2,0	−0,9	−1,2	−0,5		−0,7	−1,2
	−5°	−2,3	−2,5	−1,2	−2,0	−0,8	−1,2	+0,2		+0,2	
								−0,6		−0,6	
Satteldach	5°	−1,7	−2,5	−1,2	−2,0	−0,6	−1,2	−0,6		+0,2	
		+0,0		+0,0		+0,0				−0,6	
	15°	−0,9	−2,0	−0,8	−1,5	−0,3		−0,4		−1,0	−1,5
		+0,2		+0,2		+0,2					
	30°	−0,5	−1,5	−0,5	−1,5	−0,2		−0,4		−0,5	
		+0,7		+0,7		+0,4					
	45°	−0,0		−0,0		−0,0		−0,2		−0,3	
		+0,7		+0,7		+0,6		+0,0		+0,0	
	60°	+0,7		+0,7		+0,7		−0,2		−0,3	
	75°	+0,8		+0,8		+0,8		−0,2		−0,3	

	Neigungswinkel α	Anströmrichtung $\theta = 90°$; Bereich							
		F		G		H		I	
		$c_{pe,10}$	$c_{pe,1}$	$c_{pe,10}$	$c_{pe,1}$	$c_{pe,10}$	$c_{pe,1}$	$c_{pe,10}$	$c_{pe,1}$
Trogdach	−45°	−1,4	−2,0	−1,2	−2,0	−1,0	−1,3	−0,9	−1,2
	−30°	−1,5	−2,1	−1,2	−2,0	−1,0	−1,3	−0,9	−1,2
	−15°	−1,9	−2,5	−1,2	−2,0	−0,8	−1,2	−0,8	−1,2
	−5°	−1,8	−2,5	−1,2	−2,0	−0,7	−1,2	−0,6	−1,2
Satteldach	5°	−1,6	−2,2	−1,3	−2,0	−0,7	−1,2	−0,6	
	15°	−1,3	−2,0	−1,3	−2,0	−0,6	−1,2	−0,5	
	30°	−1,1	−1,5	−1,4	−2,0	−0,8	−1,2	−0,5	
	45°	−1,1	−1,5	−1,4	−2,0	−0,9	−1,2	−0,5	
	60°, 75°	−1,1	−1,5	−1,2	−2,0	−0,8	−1,0	−0,5	

[2] Für Dachneigungen zwischen den angegebenen Werten darf linear interpoliert werden, sofern nicht das Vorzeichen der Druckbeiwerte wechselt. Zwischen den Werten $\alpha = +5°$ und $\alpha = -5°$ darf nicht interpoliert werden, stattdessen sind die Werte für Flachdächer zu benutzen. Wert 0,0 für Interpolation.

[1] Für die Anströmrichtung $\theta = 0°$ und Neigungswinkel von $\alpha = -5°$ bis $+45°$ ändert sich der Druck schnell zwischen positiven und negativen Werten; daher werden sowohl der positive als auch der negative Wert angegeben. Bei solchen Dächern sind vier Fälle zu berücksichtigen, bei denen jeweils der kleinste bzw. größte Wert für die Bereiche F, G und H mit den kleinsten bzw. größten Werten der Bereiche I und J kombiniert werden. Das Mischen von positiven und negativen Werten auf einer Dachfläche ist nicht zulässig.

7.2.6 Außendruckbeiwerte für Walmdächer

Außendruckbeiwerte nach Tafel 9.34, Einteilung der Dachflächen nach Abb. 9.34. Für Dachneigungen zwischen den angegebenen Werten darf linear interpoliert werden, sofern das Vorzeichen nicht wechselt.

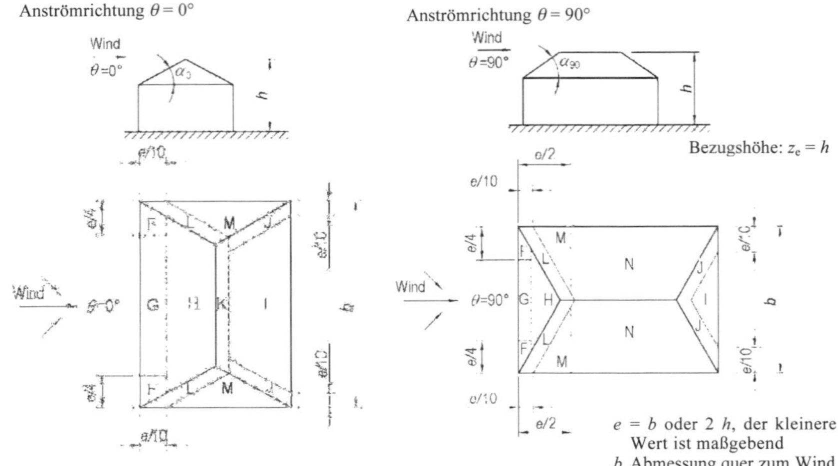

$e = b$ oder $2\ h$, der kleinere Wert ist maßgebend
b Abmessung quer zum Wind

Abb. 9.34 Einteilung der Dachflächen bei Walmdächern

Tafel 9.34 Außendruckbeiwerte für Walmdächer

Neigungswinkel α_0 für $\theta = 0°$, α_{90} für $\theta = 90°$	F $c_{pe,10}$	F $c_{pe,1}$	G $c_{pe,10}$	G $c_{pe,1}$	H $c_{pe,10}$	H $c_{pe,1}$	I $c_{pe,10}$	I $c_{pe,1}$	J $c_{pe,10}$	J $c_{pe,1}$	K $c_{pe,10}$	K $c_{pe,1}$	L $c_{pe,10}$	L $c_{pe,1}$	M $c_{pe,10}$	M $c_{pe,1}$	N $c_{pe,10}$	N $c_{pe,1}$
+5°	−1,7	−2,5	−1,2	−2,0	−0,6	−1,2	−0,3		−0,6		−0,6		−1,2	−2,0	−0,6	−1,2	−0,4	
	+0,0		+0,0		+0,0													
+15°	−0,9	−2,0	−0,8	−1,5	−0,3		−0,5		−1,0	−1,5	−1,2	−2,0	−1,4	−2,0	−0,6	−1,2	−0,3	
	+0,2		+0,2		+0,2													
+30°	−0,5	−1,5	−0,5	−1,5	−0,2		−0,4		−0,7	−1,2	−0,5		−1,4	−2,0	−0,8	−1,2	−0,2	
	+0,5		+0,7		+0,4													
+45°	-0,0		-0,0		-0,0		−0,3		−0,6		−0,3		−1,3	−2,0	−0,8	−1,2	−0,2	
	+0,7		+0,7		+0,6													
+60°	+0,7		+0,7		+0,7		−0,3		−0,6		−0,3		−1,2	−2,0	−0,4		−0,2	
+75°	+0,8		+0,8		+0,8		−0,3		−0,6		−0,3		−1,2	−2,0	−0,4		−0,2	

Für die Anströmrichtung $\theta = 0°$ und Neigungswinkel von $\alpha = +5°$ bis $+45°$ ändert sich der Druck auf der Luvseite schnell zwischen positiven und negativen Werten; daher werden sowohl positive als auch negative Werte angegeben. Bei solchen Dächern sind zwei Fälle separat zu berücksichtigen: 1. ausschließlich positive Werte und 2. ausschließlich negative Werte. Das Mischen von positiven und negativen Werten auf einer Dachfläche ist nicht zulässig.
Für Werte der Dachneigung zwischen den angegebenen Werten darf linear interpoliert werden, sofern das Vorzeichen der Druckbeiwerte wechselt.
Der Wert Null (+0,0 bzw. -0,0) ist für Interpolationszwecke angegeben.
Die luvseitige Dachneigung ist maßgebend für die Druckbeiwerte.

7.2.7 Vordächer

Druckbeiwerte für Vordächer sind im Nationalen Anhang zu DIN EN 1991-1-4, Anhang NA.V geregelt. Danach sind Vordächer sowohl für eine (positive) abwärts gerichtete Windlast (Abwärtslast) als auch für eine (negative) aufwärts gerichtete (Aufwärtslast) zu untersuchen. Das Vordach wird in zwei Bereiche (A und B) eingeteilt (Abb. 9.35), für die jeweils aerodynamische Beiwerte für den resultierenden Druck in Abhängigkeit von der Geometrie angegeben sind (Tafel 9.35).

Für Tafel 9.35 gilt weiterhin:

- Die Druckbeiwerte gelten für ebene Vordächer, die mit einer max. Auskragung von 10 m und einer Dachneigung von bis zu ±10° aus der Horizontalen an eine Gebäudewand angeschlossen sind.
- Die Werte $c_{p,net}$ gelten für die Resultierende der Drücke an Ober- und Unterseite.
- Die Werte gelten unabhängig vom horiz. Abstand des Vordaches von der Gebäudeecke.
- Bezugshöhe z_e ist der Mittelwert aus Trauf- und Firsthöhe.

Tafel 9.35 Aerodynamische Beiwerte $c_{p,net}$ für den resultierenden Druck an Vordächern

Höhenverhältnis h_1/h	Bereich A			Bereich B		
	Abwärtslast	Aufwärtslast $h_1/d_1 \leq 1{,}0$	Aufwärtslast $h_1/d_1 \geq 3{,}5$	Abwärtslast	Aufwärtslast $h_1/d_1 \leq 1{,}0$	Aufwärtslast $h_1/d_1 \geq 3{,}5$
≤ 0,1	1,1	–0,9	–1,4	0,9	–0,2	–0,5
0,2	0,8	–0,9	–1,4	0,5	–0,2	–0,5
0,3	0,7	–0,9	–1,4	0,4	–0,2	–0,5
0,4	0,7	–1,0	–1,5	0,3	–0,2	–0,5
0,5	0,7	–1,0	–1,5	0,3	–0,2	–0,5
0,6	0,7	–1,1	–1,6	0,3	–0,4	–0,7
0,7	0,7	–1,2	–1,7	0,3	–0,7	–1,0
0,8	0,7	–1,4	–1,9	0,3	–1,0	–1,3
0,9	0,7	–1,7	–2,2	0,3	–1,3	–1,6
1,0	0,7	–2,0	–2,5	0,3	–1,6	–1,9
Für Zwischenwerte $1{,}0 < h_1/d_1 < 3{,}5$ ist linear zu interpolieren; Zwischenwerte h_1/h dürfen linear interpoliert werden.						

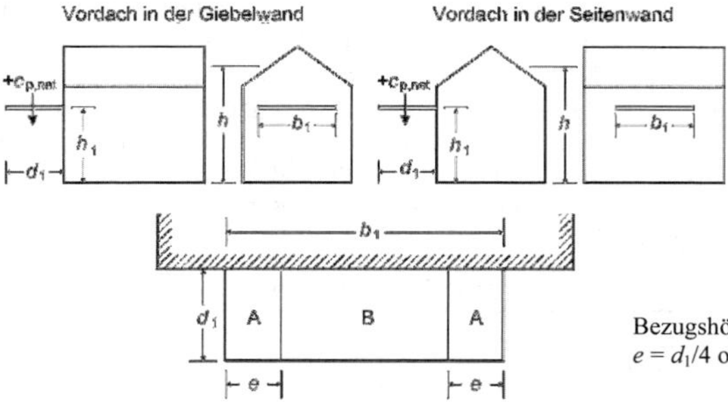

Bezugshöhe z_e = Mittelwert aus Trauf- und Firsthöhe
$e = d_1/4$ oder $b_1/2$, der kleinere Wert ist maßgebend

Abb. 9.35 Abmessungen und Einteilung der Flächen für Vordächer

7.2.8 Gekrümmte Dächer; Freistehende Dächer

Es wird auf DIN EN 1991-1-4 verwiesen (s. a. *Bautabellen für Ingenieure*).

7.2.9 Innendruck bei geschlossenen Baukörpern mit durchlässigen Wänden

Ein ungünstig wirkender Innendruck ist zu berücksichtigen; Innen- und Außendruck sind gleichzeitig anzunehmen (Überlagerung nach Abschn. 7.1). Der Innendruck ist auf alle Raumabschlüsse gleichzeitig und mit gleichem Vorzeichen anzusetzen. Bei Außenwänden mit einer Grundundichtigkeit von ≤ 1% braucht der Innendruck nicht berücksichtigt zu werden, wenn die Öffnungen über die Außenwände gleichmäßig verteilt sind. Der Innendruckbeiwert c_{pi} ist in Tafel 9.36a angegeben.

Bei einer Öffnungsfläche > 30 % an mind. zwei Seiten eines Gebäudes (Fassade oder Dach) gelten diese Seiten als offen. Die Windlast ist dann für freistehende Dächer bzw. Wände zu berechnen.

Fenster oder Türen dürfen im GZT in der ständigen Bemessungssituation als geschlossen angesehen werden, sofern sie nicht bei einem Sturm betriebsbedingt geöffnet werden müssen (z. B. Ausfahrtstore von Gebäuden mit Rettungsdiensten). Der Lastfall mit geöffneten Fenstern oder Türen gilt als außergewöhnliche Bemessungssituation; sie ist insbesondere bei Gebäuden mit großen Innenwänden, die bei Öffnungen in der Gebäudehülle die gesamte Windlast abtragen müssen, zu überprüfen.

Tafel 9.36a Innendruckbeiwerte c_{pi}

Gebäude, Bauteil			Innendruckbeiwert c_{pi}
Gebäude mit einer dominanten Seite [1]	Verhältnis Gesamtfläche der Öffnungen in der dominanten Seite zur Summe der Öffnungen in den restl. Seitenflächen [2]	≥ 3	$c_{pi} = 0{,}90 \times c_{pe}$ [3]
		2	$c_{pi} = 0{,}75 \times c_{pe}$ [3]
Gebäude ohne eine dominante Seite, d. h. gleichmäßig verteilte Öffnungen [4]			c_{pi} s. Skizze
Offene Silos und Schornsteine			$c_{pi} = -0{,}60$
Belüftete Tanks mit kleinen Öffnungen			$c_{pi} = -0{,}40$

[1] Als dominante Seite wird die Gebäudeseite bezeichnet, bei der die Gesamtfläche der Öffnungen mindestens doppelt so groß ist wie die Summe der Öffnungen in den restlichen Seitenflächen (gilt auch für einzelne Innenräume).

[2] Zwischenwerte dürfen linear interpoliert werden.

[3] c_{pe}-Wert = Außendruckbeiwert der dominanten Seite. Bei unterschiedlichen Außendruckbeiwerten auf der dominanten Seite ist ein mit den Öffnungsflächen gewichteter Mittelwert für c_{pe} zu ermitteln.

[4] Bei Gebäuden ohne eine dominante Seite ist der Innendruckbeiwert abhängig von der Höhe h und der Tiefe d des Gebäudes sowie vom Flächenparameter μ (s. Skizze)

$\mu = A_1/A$ — A_1 Gesamtfläche der Öffnungen in den leeseitigen und windparallelen Flächen mit $c_{pe} \leq 0$

A Gesamtfläche aller Öffnungen

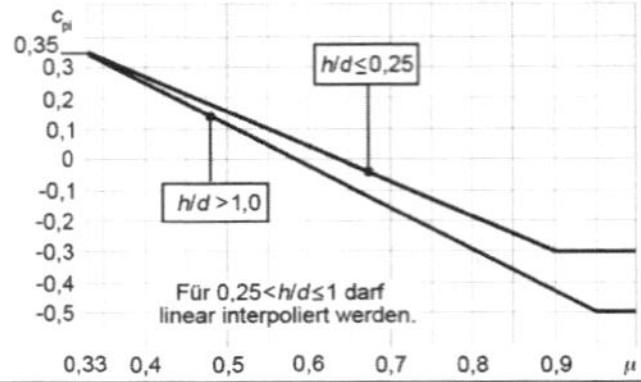

Die Bezugshöhe z_i für den Innendruck ist gleich Bezugshöhe z_e für den Außendruck der Seitenflächen mit Öffnungen; der größte Wert ist maßgebend.

Bei offenen Silos, Schornsteinen und belüfteten Tanks gilt: Bezugshöhe z_i = Höhe des Bauwerks h.

7.2.10 Seitlich offene Baukörper

Hinweise zu seitlich offenen Baukörpern sind in DIN EN 1991-1-4 nicht enthalten. Aus diesem Grund wird empfohlen, die nachfolgend angegebenen Regelungen nach DIN 1055-4 (Ausg. 2005) zu verwenden. Wände, bei denen mehr als 30 % der Fläche offen sind, gelten als offen. Fenster, Türen und Tore sind als geschlossen anzusehen, wenn sie nicht betriebsbedingt bei Sturm geöffnet werden müssen (z. B. Ausfahrtstore von Gebäuden für Rettungsdienste). Druckbeiwerte für die innen liegenden Flächen seitlich offener Baukörper sind in Tafel 9.36b angegeben. Für die außen liegenden Flächen gelten die Druckbeiwerte geschlossener Baukörper (Abschnitte 7.2.2 bis 7.2.6), sofern in Tafel 9.36b nichts anderes angegeben ist.

Tafel 9.36b Druckbeiwerte seitlich offener Baukörper (nach DIN 1055-4:2005-03)

Eine Seite offen

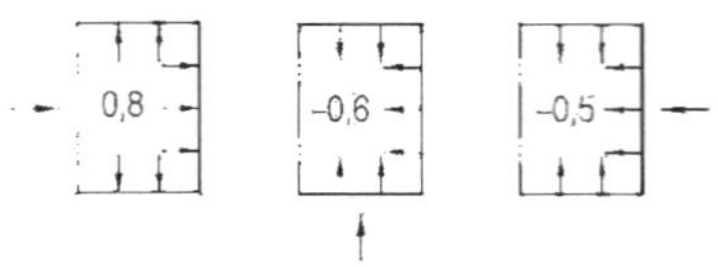

Zwei aneinandergrenzende Seiten offen

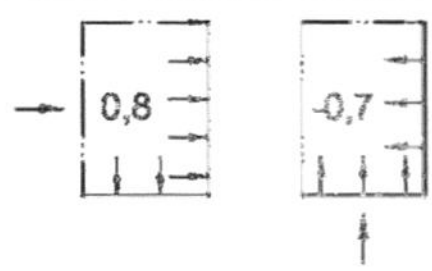

Drei Seiten offen

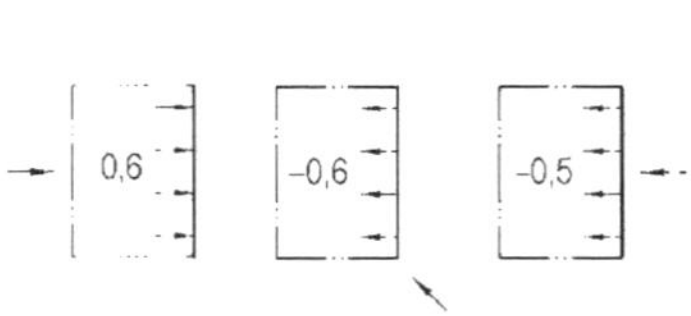

Zwei gegenüberliegende Seiten offen

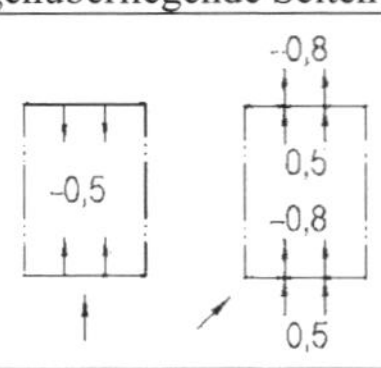

Bezugshöhe z_i = Bezugshöhe z_e für den Außendruck der Wandfläche, in der sich die Öffnung befindet.

7.2.11 Freistehende Wände und Brüstungen

Druckbeiwerte für den resultierenden Druck $c_{p,net}$ an freistehenden Wänden und Brüstungen sind in Tafel 9.37 angegeben. Die Wand ist in Abhängigkeit vom Verhältnis Wandlänge zu Wandhöhe (h/l) in Bereiche nach Abb. 9.37 einzuteilen. Befinden sich auf der Luvseite der betrachteten Wand andere Wände, die gleich groß oder größer sind, darf eine abgeminderte Windlast angesetzt werden; s. hierzu *Bautabellen für Ingenieure*.

Tafel 9.37 Druckbeiwerte $c_{p,net}$ für freistehende Wände und Brüstungen

Völligkeitsgrad[3]	Bereich		A	B	C	D
$\varphi = 1$	gerade Wand	$l/h \leq 3$	2,3	1,4	1,2	1,2
		$l/h = 5$	2,9	1,8	1,4	1,2
		$l/h \geq 10$	3,4	2,1	1,7	1,2
	abgewinkelte Wand mit Schenkellänge $\geq h$[1), 2)]		± 2,1	± 1,8	± 1,4	± 1,2
$\varphi = 0,8$			± 1,2	± 1,2	± 1,2	± 1,2

1) Für Längen des abgewinkelten Wandstücks zwischen 0 und h darf linear interpoliert werden.
2) Das Mischen von positiven und negativen Werten ist nicht gestattet.
3) Völligkeitsgrad: $\varphi = 1$: vollkommen geschlossene Wand; $\varphi = 0,8$: Wand, die zu 20 % offen ist. Bezugsfläche ist gleich Gesamtfläche der Wand. Für Völligkeitsgrade zwischen 0,8 und 1 können die Beiwerte linear interpoliert werden. Für durchlässige Wände mit Völligkeitsgraden $\varphi < 0,8$ sind die Beiwerte wie für ebene Fachwerke zu ermitteln.

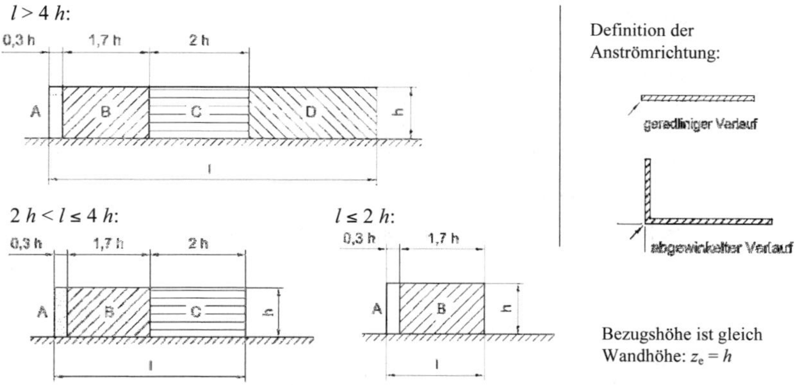

Abb. 9.37 Einteilung der Wandfläche und Definition der Anströmrichtung

8 Windkräfte bei nicht schwingungsanfälligen Konstruktionen

8.1 Allgemeines

Die Gesamtwindkraft, die auf ein Bauwerk oder ein Bauteil einwirkt, kann wie folgt berechnet werden:

- aus Kräften ermittelt mit Kraftbeiwerten (Abschnitt 8.1.1),
- aus Kräften ermittelt mit Winddrücken und Reibungsbeiwerten (Abschnitt 8.1.2).

8.1.1 Windkräfte aus Kraftbeiwerten

Die auf ein Bauwerk einwirkende Gesamtwindkraft F_w kann mit

$$F_w = c_s c_d \cdot c_f \cdot q_p(z_e) \cdot A_{ref}$$

oder durch vektorielle Addition der auf die einzelnen Körperabschnitte wirkenden Windkräfte

$$F_{w,j} = c_s c_d \cdot \Sigma\,(c_f \cdot q_p(z_e) \cdot A_{ref})$$

berechnet werden.

$c_s c_d$ Strukturbeiwert (für nicht schwingungsanfällige Konstruktionen ist $c_s c_d = 1,0$; für schwingungsanfällige Konstruktionen wird auf die Norm verwiesen)

c_f Kraftbeiwert für einen Baukörper oder Baukörperabschnitt n. Abschnitt 8.2

$q_p(z_e)$ Böengeschwindigkeitsdruck in der Bezugshöhe z_e nach Abschnitt 5

A_{ref} Bezugsfläche für einen Baukörper oder Baukörperabschnitt nach Abschnitt 8.2

8.1.2 Windkräfte aus Winddrücken

Alternativ zu der Ermittlung von Windkräften aus Kraftbeiwerten nach 8.1.1 kann die Windkraft F_w auch mit Winddrücken und Reibungsbeiwerten durch vektorielle Addition der Kräfte

$F_{w,e}$ (Kraft aus dem Außenwinddruck), $F_{w,i}$ (Kraft aus dem Innenwinddruck) und $F_{fr,j}$ (Reibungskraft) ermittelt werden. Es gilt:

Kraft aus dem Außenwinddruck:

$$F_{w,e} = c_s c_d \cdot \sum(w_e \cdot A_{ref})$$

Kraft aus dem Innenwinddruck:

$$F_{w,i} = c_s c_d \cdot \sum(w_i \cdot A_{ref})$$

Reibungskraft:

$$F_{fr,j} = c_{fr,j} \cdot q_p(z_e) \cdot A_{fr,j}$$

- w_e Außenwinddruck auf einen Körperabschnitt in der Höhe z_e n. Abschnitt 7.1
- w_i Innenwinddruck auf einen Körperabschnitt in der Höhe z_i n. Abschnitt 7.1
- A_{ref} Bezugsfläche des Körperabschnitts
- c_{fr} Reibungsbeiwert
  Oberfläche glatt (Stahl, glatter Beton): $c_{fr} = 0{,}01$
  rau (rauer Beton, geteerte Flächen): $c_{fr} = 0{,}02$
  sehr rau (gewellt, gerippt, gefaltet): $c_{fr} = 0{,}04$
  (s.a. Norm)
- A_{fr} Außenfläche, die parallel vom Wind angeströmt wird

8.2 Aerodynamische Kraftbeiwerte für ausgewählte Bauteile

8.2.1 Kraftbeiwerte für Bauteile mit rechteckigem Querschnitt

Der Kraftbeiwert c_f von Bauteilen mit rechteckigem Querschnitt ergibt sich bei Anströmung quer zur betrachteten Querschnittsseite mit folgender Gleichung:

$$c_f = c_{f,0} \cdot \psi_r \cdot \psi_\lambda$$

- $c_{f,0}$ Grundkraftbeiwert für einen scharfkantigen Rechteckquerschnitt mit unendlicher Schlankheit nach Tafel 9.38a
- ψ_r Abminderungsfaktor für quadratische Querschnitte mit abgerundeten Ecken nach Tafel 9.38b
- ψ_λ Abminderungsfaktor zur Berücksichtigung der Schlankheit

Tafel 9.38a Grundkraftbeiwerte $c_{f,0}$ von scharfkantigen Rechteckquerschnitten

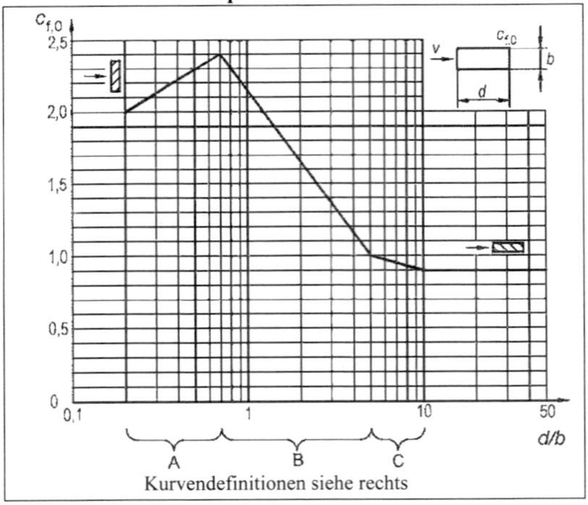

Tafel 9.38b Abminderungsfaktor ψ_r

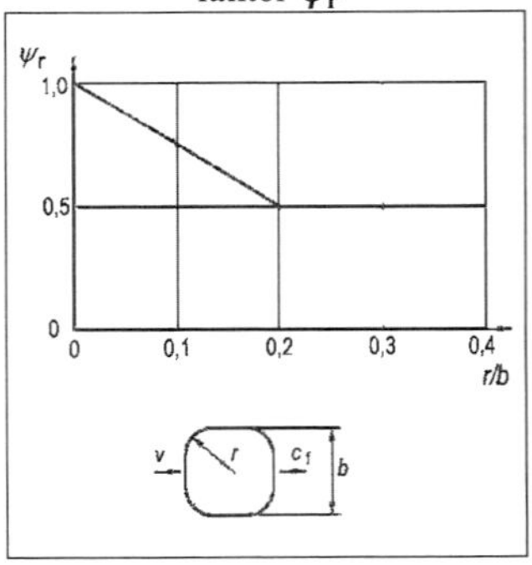

Kurvendefinition in Tafel 9.38a:

A: $c_{f,0} = 0{,}3191 \cdot \ln(d/b) + 2{,}5139$
B: $c_{f,0} = -0{,}7121 \cdot \ln(d/b) + 2{,}1460$
C: $c_{f,0} = -0{,}1443 \cdot \ln(d/b) + 1{,}2322$

Die Bezugsfläche A_{ref} bei Bauteilen mit rechteckigem Querschnitt ergibt sich zu:

$$A_{ref} = l \cdot b$$

l Länge des betrachteten Abschnittes b Breite bzw. Höhe des Abschnittes

Die Bezugshöhe z_e für Bauteile mit rechteckigem Querschnitt ist gleich der maximalen Höhe der Unterkante des betrachteten Abschnittes.

Für detailliertere Angaben und weitere Hinweise wird auf die *Bautabellen für Ingenieure* verwiesen.

8.2.2 Kraftbeiwerte für weitere Bauteile

Der Kraftbeiwert c_f für Anzeigetafeln, für Fachwerke u.a.m. und die Abminderungen der Windkräfte auf hintereinanderliegende gleiche Stäbe, Tafeln oder Fachwerke sowie zur Berücksichtigung der Schlankheiten können DIN EN 1991-1-4 entnommen werden (s. a. *Bautabellen für Ingenieure*).

Beispiel: Ermittlung des Winddruckes für ein Einfamilienhaus mit Satteldach

Bauwerksstandort: Windzone 1, Binnenland
Bauwerkshöhe: $h = 7{,}7$ m; Dachneigung: $\alpha = 40°$
Der Baukörper ist allseitig geschlossen, d. h. es ist kein Innendruck anzusetzen.

Böengeschwindigkeitsdruck q_p

Der Böengeschwindigkeitsdruck kann vereinfachend nach Tafel 9.27a bestimmt werden, da die Bauwerkshöhe h kleiner als 25 m ist ($h = 7{,}7$ m < 25 m).
$q_p = 0{,}50$ kN/m² konstant über die gesamte Bauwerkshöhe

Außendruckbeiwerte c_{pe} u. Winddruck w_e für das Dach

Das Dach ist nach Abb. 9.33 in die Bereiche F, G, H, I und J einzuteilen.

Abmessung e:
$e = b = 12$ m oder $e = 2 \cdot h = 2 \cdot 7{,}7 = 15{,}4$ m;
der kleinere Wert ist maßgebend; hier: $e = 12$ m

Die Außendruckbeiwerte ergeben sich nach Tafel 9.33. Die Ermittlung der Winddrücke $w_e = c_{pe} \cdot q_p$ erfolgt tabellarisch. Nachfolgend wird der Winddruck nur für die Anströmrichtung $\theta = 0°$ (Wind quer zum First) untersucht. Die Berechnung für die Anströmrichtung $\theta = 90°$ (Wind parallel zum First) erfolgt analog.

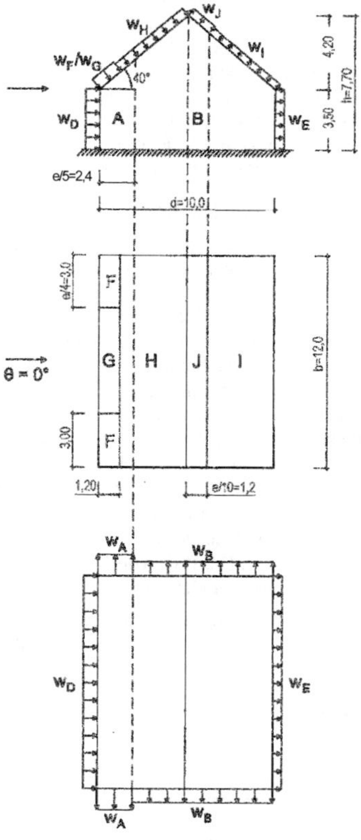

Bereich	Außendruckbeiwert		Winddruck (kN/m²)	
	$c_{pe,10}$	$c_{pe,1}$	$w_{e,10}$	$w_{e,1}$
F	+0,7	+0,7	+0,35	+0,35
G	+0,7	+0,7	+0,35	+0,35
H	+0,53 [1)]	+0,53 [1)]	+0,27	+0,27
I	–0,4	–0,4	–0,20	–0,20
J	–0,5	–0,5	–0,25	–0,25

[1)] Interpolierter Wert für $\alpha = 40°$: $c_{pe(40°)} = \frac{0{,}6 - 0{,}4}{15} \cdot 10 + 0{,}4 = 0{,}53$

Hinweis:

Für Lasteinzugsflächen $A < 10$ m² ergeben sich erhöhte Druckbeiwerte, die nur für die Berechnung von Ankerkräften bzw. den Nachweis von Verankerungen benötigt werden. Die Sparren haben eine kleinere Lasteinzugsfläche als 10 m² (hier: $A = (5{,}0/\cos 40°) \cdot 0{,}75 = 4{,}9$ m²; angenommener Sparrenabstand $e = 0{,}75$ m). Bei einer Dachneigung von $\alpha = 40°$ ergeben sich jedoch keine höheren Druckbeiwerte ($c_{pe,10} = c_{pe,1}$).

Außendruckbeiwerte u. Winddruck für die Wände:

Einteilung der Wände in horizontale Streifen nach Abb. 9.30a,
$h = 7{,}7$ m $< b = 12$ m (ein horizontaler Streifen mit konstantem Geschwindigkeitsdruck)

Einteilung in Bereiche nach Abb. 9.30b:
Windparallele Wände: $d = 10$ m $< e = 12$ m $< 5d = 50$ m; d.h. Einteilung in Bereiche A und B
Wand auf Luvseite: Bereich D;
Wand auf Leeseite: Bereich E

Bereich	Außendruckbeiwert		Winddruck (kN/m²)	
	$c_{pe,10}$	$c_{pe,1}$	$w_{e,10}$	$w_{e,1}$
A	–1,2	–1,4	–0,60	–0,70
B	–0,8	–1,1	–0,40	–0,55
D	+0,8	+1,0	+0,40	+0,50
E	–0,5	–0,5	–0,25	–0,25

Außendruckbeiwerte (Tafel 9.30) und Winddruck ($w_e = c_{pe} \cdot q_p$) siehe Tabelle.

$h/d = 7{,}7/10 = 0{,}77$

Vereinfachend werden die Außendruckbeiwerte für $h/d = 1$ (sichere Seite) angesetzt.

V Schneelasten

(n. DIN EN 1991-1-3:2010-12, DIN EN 1991-1-3/A1:2015 u. DIN EN 1991-1-3/NA:2010-12)

Prof. Dr.-Ing. Peter Schmidt

1 Allgemeines

DIN EN 1991-1-3 wurde als Ersatz für DIN 1055-5 eingeführt und regelt in Verbindung mit dem nationalen Anhang (NA) die Ermittlung von Schneelasten, die für die Berechnung und Bemessung von Hoch- und Ingenieurbauten anzusetzen sind. Die Norm gilt für Bauwerksstandorte bis 1500 m über NN. Für Bauten in einer Höhenlage von mehr als 1500 m sind in jedem Einzelfall entsprechende Rechenwerte von der zuständigen Behörde festzulegen. Die Norm enthält keine Angaben über anprallende Schneelasten aufgrund des Abrutschens oder Herunterfallens von Schnee von höher liegenden Dächern. Nicht enthalten sind außerdem Angaben über Schneelasten in Gebieten, in denen das ganze Jahr über Schnee vorhanden ist (z.B. Gletschergebiete in den Alpen). Weiterhin enthält die Norm keine Regelungen zu seitlichen Lasten infolge Schnees (z.B. durch Verwehungen verursacht) und Schneelasten auf Brücken. Ferner sind keine Angaben über zusätzliche Windlasten enthalten, die sich aus einer Änderung der Umrissform oder Größe von Bauwerken aufgrund von Schnee- oder Eisablagerungen ergeben könnten. Eislasten sollen in DIN EN 1991-1-1/NA festgelegt werden (zurzeit Normentwurf).

2 Klassifikation der Einwirkungen und Bemessungssituationen

Schneelasten müssen als veränderliche, ortsfeste Einwirkungen klassifiziert werden (siehe DIN EN 1990, 4.1.1(1) und 4.1.1(4)). Darüber hinaus sind die hier behandelten Schneelasten in der Regel als statische Einwirkungen einzustufen (DIN EN 1990, 4.1.1(4)). Außergewöhnliche Schneelasten, die beispielsweise im norddeutschen Tiefland in seltenen Fällen auftreten können, dürfen als außergewöhnliche Einwirkungen in Übereinstimmung mit DIN EN 1990, 4.1.1(2) festgelegt werden. Regelungen zum norddeutschen Tiefland siehe Abschnitt 3.3. Dagegen dürfen Schneeverwehungen auf Dächern nicht wie außergewöhnliche Einwirkungen behandelt werden. Die maßgebenden Schneelasten sind für jede festgestellte Bemessungssituation nach DIN EN 1990 zu ermitteln. Auch für örtliche Effekte ist in der Regel die ständige bzw. vorübergehende Bemessungssituation zu berücksichtigen. Für die Festlegung der Bemessungssituation wird unterschieden in übliche und außergewöhnliche Verhältnisse. Übliche Verhältnisse liegen an Orten vor, an denen das Auftreten von außergewöhnlichen Schneefällen und außergewöhnlichen Schneeverwehungen unwahrscheinlich ist (Fall A). Außergewöhnliche Verhältnisse sind anzunehmen, wenn Schneefälle und/oder Verwehungen außergewöhnlich sind. Die Norm unterscheidet drei Fälle (B1, B2, B3), wobei gemäß nationalem Anhang (NA) in Deutschland nur Fall B1 für Orte im norddeutschen Tiefland zu untersuchen ist (Tafel 9.40).

Tafel 9.40 Bemessungssituationen und Lastverteilungen

	Übliche Verhältnisse	Außergewöhnliche Verhältnisse
Fall	Fall A	Fall B1
Beschreibung	Keine außergewöhnlichen Schneefälle Keine außergewöhnlichen Verwehungen	Außergewöhnliche Schneefälle Keine außergewöhnlichen Verwehungen
Lage	Deutschland (Regelfall)	Norddeutsches Tiefland
Bemessungssituation	ständig / vorübergehend	ständig / vorübergehend
Schneelast auf dem Dach in kN/m²	(1) unverweht: $\mu_i \cdot C_e \cdot C_t \cdot s_k$	(1) unverweht: $\mu_i \cdot C_e \cdot C_t \cdot s_k$
	(2) verweht: $\mu_i \cdot C_e \cdot C_t \cdot s_k$	(2) verweht: $\mu_i \cdot C_e \cdot C_t \cdot s_k$
Bemessungssituation	-	außergewöhnlich (wenn Schnee die außergewöhnliche Einwirkung ist)
Schneelast auf dem Dach in kN/m²	-	(3) unverweht: $\mu_i \cdot C_e \cdot C_t \cdot C_{esl} \cdot s_k$
	-	(4) verweht: $\mu_i \cdot C_e \cdot C_t \cdot C_{esl} \cdot s_k$

μ_i Formbeiwert für Schneelasten
C_e Umgebungskoeffizient (gemäß NA ist $C_e = 1{,}0$ anzusetzen)
C_t Temperaturbeiwert (gemäß NA ist $C_t = 1{,}0$ anzusetzen)
C_{esl} Beiwert für außergewöhnliche Schneelasten (gemäß NA ist $C_{esl} = 2{,}3$ im norddt. Tiefland)
s_k charakteristischer Wert der Schneelast auf dem Boden in kN/m² (Tafel 9.41a)

Die angegebenen Lasten und Lastanordnungen gelten nur für natürliche Schneelastverteilungen. Lastverteilungen infolge künstlicher Anhäufungen (z.B. durch Abräumen oder Umverteilen) werden nicht berücksichtigt. Lastabminderungen durch abschmelzenden Schnee bei Dächern mit erhöhtem Wärmedurchgang ($U > 1$ W/(m²K)) sind nicht vorgesehen.

3 Schneelast auf dem Boden

3.1 Charakteristische Werte

Der charakteristische Wert der Schneelast auf dem Boden s_k ist ein 98%-Fraktilwert mit einer jährlichen Überschreitenswahrscheinlichkeit von 0,02 und einer Wiederkehrperiode von 50 Jahren. Er ergibt sich in Abhängigkeit von der Schneelastzone und der Geländehöhe über dem Meeresniveau (Tafel 9.41a).

Tafel 9.41a Charakteristische Werte s_k der Schneelast auf dem Boden

Schneelastzonenkarte

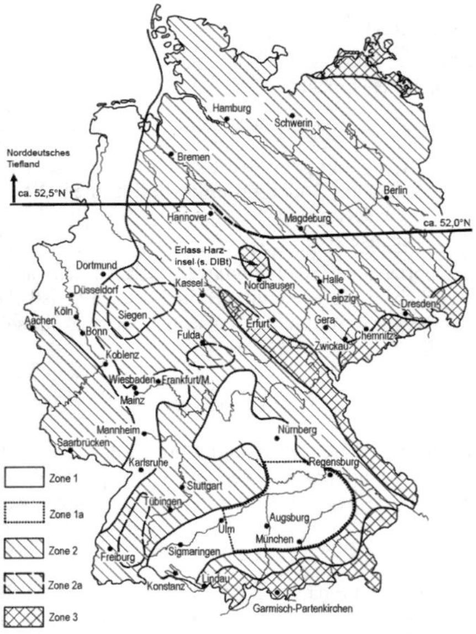

Zone	Charakteristischer Wert der Schneelast auf dem Boden in kN/m²
1	$s_k = 0{,}19 + 0{,}91 \cdot \left(\frac{A+140}{760}\right)^2 \geq 0{,}65$
1a	$s_k = 1{,}25 \cdot \left[0{,}19 + 0{,}91 \cdot \left(\frac{A+140}{760}\right)^2\right] \geq 0{,}81$
2	$s_k = 0{,}25 + 1{,}91 \cdot \left(\frac{A+140}{760}\right)^2 \geq 0{,}85$
2a	$s_k = 1{,}25 \cdot \left[0{,}25 + 1{,}91 \cdot \left(\frac{A+140}{760}\right)^2\right] \geq 1{,}06$
3 [1)]	$s_k = 0{,}31 + 2{,}91 \cdot \left(\frac{A+140}{760}\right)^2 \geq 1{,}10$
A Geländehöhe über dem Meeresniveau in m	

1) In Zone 3 können für bestimmte Lagen (z. B. Oberharz, Hochlagen des Fichtelgebirges, Reit im Winkl, Obernach/Walchensee) höhere Werte als nach der oben angegebenen Gleichung maßgebend sein. Angaben über die Schneelast in diesen Regionen sind bei den zuständigen Stellen einzuholen.

Norddeutsches Tiefland: siehe Abschnitt 3.3!

3.2 Weitere repräsentative Werte

Weitere repräsentative Werte für Schneelasten auf dem Dach sind in Übereinstimmung mit DIN EN 1990 Kombinationsbeiwerte ($\Psi_0 \cdot s$), häufige Werte ($\Psi_1 \cdot s$) und quasi-ständige Werte ($\Psi_2 \cdot s$) (Tafel 9.41b).

Tafel 9.41b Beiwerte Ψ_0, Ψ_1 und Ψ_2 für unterschiedliche Lagen des Bauwerks

Region	Ψ_0	Ψ_1	Ψ_2
Bauwerkslagen in einer Höhe von 1000 m $< H \leq$ 1500 m ü. d. Meer	0,70	0,50	0,20
Bauwerkslagen in einer Höhe $H \leq$ 1000 m ü. d. Meer	0,50	0,20	0

3.3 Außergewöhnliche Schneelasten auf dem Boden (Norddt. Tiefland)

In Gemeinden, die in der Tabelle „Zuordnung der Schneelastzonen nach Verwaltungsgrenzen" (siehe www.dibt.de) mit der Fußnote „*Nordd. Tiefld.*" gekennzeichnet sind, ist in den Zonen 1 und 2 zusätzlich zu den ständigen und vorübergehenden Bemessungssituationen auch die Bemessungssituation mit Schnee als außergewöhnlicher Einwirkung zu überprüfen. Dabei ist der Bemessungswert für außergewöhnliche Schneelasten auf dem Boden des betreffenden Ortes s_{Ad} mit folgender Gleichung zu ermitteln:

$s_{Ad} = C_{esl} \cdot s_k$

C_{esl} Beiwert für außergewöhnliche Schneelasten ($C_{esl} = 2{,}3$)
s_k Charakt. Wert der Schneelast auf dem Boden in kN/m² (Tafel 9.41a)

4 Schneelast auf Dächern

4.1 Allgemeines

Für die Bemessung ist zu berücksichtigen, dass Schnee auf dem Dach in vielen unterschiedlichen Lastverteilungen auftreten kann. Die Schneelast auf dem Dach s ist u.a. abhängig von der Dachform, den wärmedämmenden Eigenschaften und der Oberflächenrauigkeit des Daches, der Nachbarbebauung, dem umgebenden Gelände und dem örtlichen Klima (insbes. Windexposition, Temperaturänderungen, Niederschlagswahrscheinlichkeit). Im Wesentlichen sind als Lastanordnungen unverwehte und verwehte Schneelastverteilungen auf dem Dach bei der Bemessung zu berücksichtigen. Die Schneelast auf dem Dach s ermittelt sich nach Tafel 9.42a.

Tafel 9.42a Schneelast auf dem Dach

Bemessungssituation	Schneelast auf dem Dach s in kN/m²
Ständige und vorübergehende Bemessungssituationen (Fall A)	$s = \mu_i \cdot C_e \cdot C_t \cdot s_k$
Außergewöhnliche Bemessungssituationen, bei denen die außergewöhnliche Schneelast der außergewöhnlichen Einwirkung entspricht (Fall B1); Norddt. Tiefland	$s = \mu_i \cdot C_e \cdot C_t \cdot s_{Ad}$

μ_i Formbeiwert der Schneelast (s. Abschnitt 4.2)
s_k charakteristischer Wert der Schneelast auf dem Boden in kN/m² (Tafel 9.41a)
s_{Ad} Bemessungswert für außergewöhnliche Schneelasten am Boden für einen bestimmten Ort
C_e Umgebungskoeffizient (gemäß NA ist für $C_e = 1{,}0$ anzusetzen)
C_t Temperaturkoeffizient (gemäß NA ist für $C_t = 1{,}0$ anzusetzen)

Die Schneelast wirkt lotrecht und bezieht sich auf die horizontale Projektion der Dachfläche. Die nachfolgend angegebenen Lastanordnungen gelten für natürliche Schneeverteilungen und decken künstliche Verteilungen, die durch Räumen des Daches oder Umverteilen von Schnee entstehen, nicht ab. In solchen Fällen muss das Dach für eine geeignete Lastverteilung bemessen werden.

4.2 Formbeiwerte für Dächer

4.2.1 Allgemeines

Die Formbeiwerte μ_i sind abhängig von Dachform sowie Dachneigung α und gelten für Schneelastverteilungen mit und ohne Verwehungen. Besondere Überlegungen sollten erfolgen, wenn Dachformen vorliegen, die im Vergleich zur geradlinigen und ebenen Form eine nennenswerte Vergrößerung der Schneelast bewirken.

4.2.2 Flach- und Pultdächer sowie Satteldächer

Für die Formbeiwerte bei Flach- und Pultdächern sowie Satteldächern gilt Tafel 9.43a. Bei Flach- und Pultdächern ist ohne und mit Verwehung eine gleichmäßig verteilte Schneelast anzusetzen (Tafel 9.42b). Für Satteldächer sind drei Lastanordnungen zu untersuchen, die ungünstigste ist maßgebend (Tafel 9.42b). Ohne Windeinfluss stellt sich die Verteilung (a) ein, mit Verwehungs- und Abtaueinflüssen (b) und (c), die nur bei Tragwerken maßgebend sind, die bei ungleich verteilten Lasten empfindlich reagieren (z. B. Sparren- und Kehlbalkendächer).

Tafel 9.42b Lastanordnung für Flach- und Pultdächer sowie Satteldächer

Flach- und Pultdächer	Satteldächer
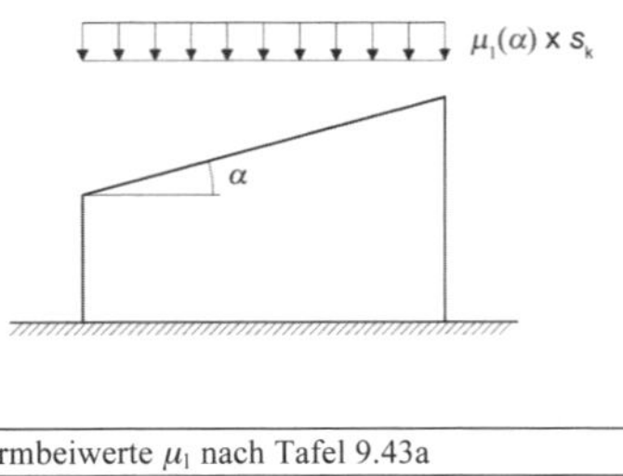	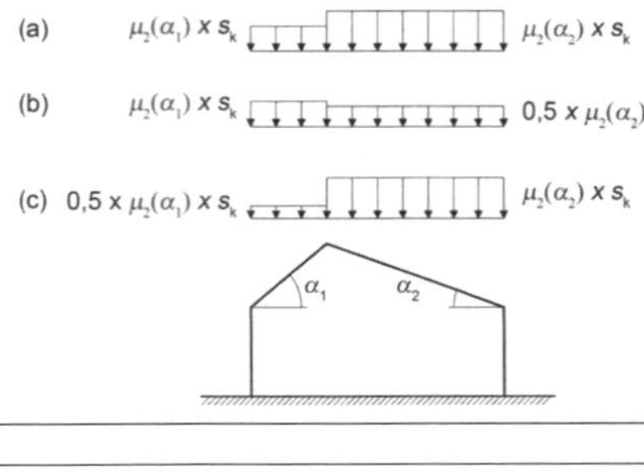
Formbeiwerte μ_1 nach Tafel 9.43a	

Tafel 9.43a Formbeiwerte μ_1, μ_2 und μ_3

Formbeiwert	Dachneigung α $0° \leq \alpha \leq 30°$	$30° < \alpha < 60°$	$\alpha \geq 60°$
$\mu_1(\alpha)$	0,8	$0{,}8 \cdot (60° - \alpha)/30°$	0
$\mu_2(\alpha)$	0,8	$0{,}8 \cdot (60° - \alpha)/30°$	0
$\mu_3(\alpha)$	$0{,}8 + 0{,}8 \cdot \alpha/30°$	1,6	-
Die Formbeiwerte μ_1 und μ_2 gelten, wenn der Schnee ungehindert vom Dach abrutschen kann. Wird das Abrutschen behindert (z. B. durch Schneefanggitter, Brüstungen o. Ä.) ist der Formbeiwert mit $\mu = 0{,}8$ anzusetzen.			

4.2.3 Aneinandergereihte Satteldächer

Aneinandergereihte Satteldächer (Scheddächer mit geneigtem Fensterband) sind für Schneeverteilungen ohne Windeinfluss (Tafel 9.43b, Lastanordnung (a)) und für Schneeverteilungen mit Verwehungseinfluss (Tafel 9.43b, Lastanordnung (b)) zu untersuchen.

Tafel 9.43b Lastanordnung für aneinandergereihte Satteldächer

Lastanordnung

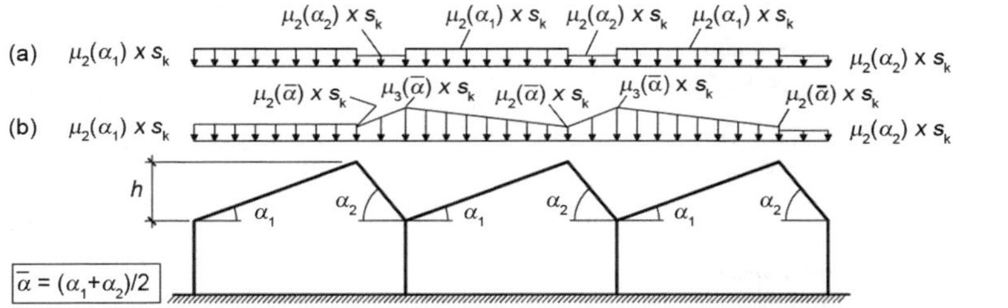

Für die Berechnung der Formbeiwerte der Innenfelder $\mu_2(\bar{\alpha})$ und $\mu_3(\bar{\alpha})$ ist der mittlere Dachneigungswinkel anzusetzen: $\bar{\alpha} = 0{,}5 \cdot (\alpha_1 + \alpha_2)$ mit α_1, α_2 Dachneigungswinkel Formbeiwerte μ_2 und μ_3 nach Tafel 9.43a.	Der Formbeiwert μ_3 darf auf folgenden Wert begrenzt werden: max $\mu_3 = \gamma \cdot h/s_k + \mu_2$ γ Wichte des Schnees ($\gamma = 2$ kN/m^3) h Höhenlage des Firstes über der Traufe in m s_k charakteristische Schneelast in kN/m^2

4.2.4 Sheddächer mit lotrechtem Fensterband

Bei Sheddächern mit lotrechtem Fensterband (aneinandergereihte Pultdächer) sind zwei Schneelastverteilungen zu untersuchen (Tafel 9.43c, Lastanordungen (a) und (b)).

Tafel 9.43c Lastanordnung für Sheddächer mit lotrechtem Fensterband

Lastanordnung

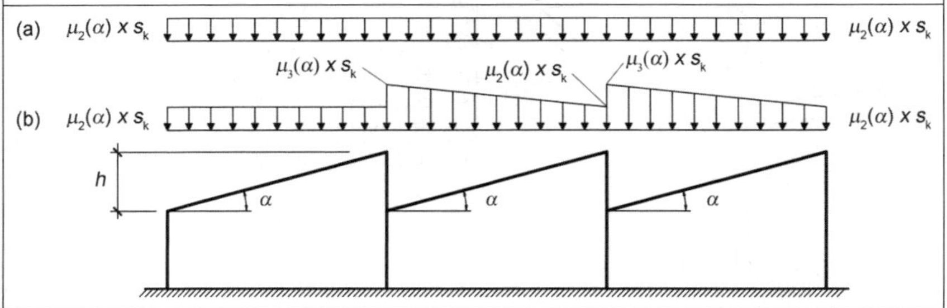

Formbeiwerte μ_2 und μ_3 nach Tafel 9.43a

4.2.5 Tonnendächer

Tonnendächer sind für die in Tafel 9.44b dargestellte gleichmäßig verteilte Schneelast (a) und die unsymmetrische Schneelast (b) zu untersuchen. Tonnendächer im Sinne der Norm sind alle zylindrischen Formen mit beliebig konvexer Krümmung. Weiterhin ist die Neigung der Tangente am Anschluss zu den vertikalen Bauteilen beliebig. Die Formbeiwerte für Tonnendächer μ_4 sind abhängig vom Verhältnis Stichhöhe des Tonnendaches h zur Breite b (Tafel 9.44a).

Tafel 9.44a Formbeiwert μ_4 für Tonnendächer

Verhältnis h/b		Formbeiwert μ_4 (für $\beta \leq 60°$)	
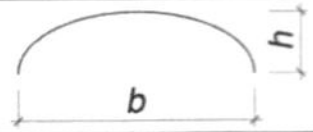	$< 0{,}18$	$0{,}2 + 10 \cdot \dfrac{h}{b}$	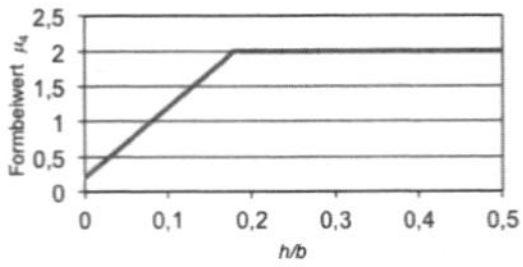
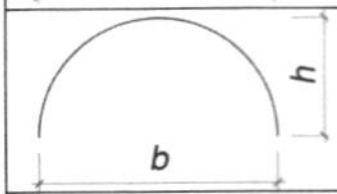	$\geq 0{,}18$	2,0	
Die Formbeiwerte gelten unter der Voraussetzung, dass der Schnee ungehindert vom Tonnendach abrutschen kann. Im Bereich von Dachneigungen mit $\beta > 60°$ ist $\mu_4 = 0$.			

Tafel 9.44b Lastanordnung für Tonnendächer

Lastanordnung	Erläuterung
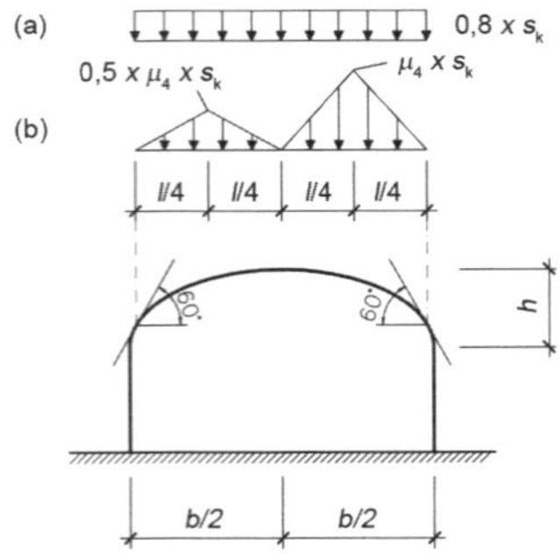	h Stichhöhe des Tonnendaches b Breite l Sehnenlänge zwischen den Punkten mit einer Tangentenneigung von $\beta = \pm 60°$ Formbeiwert μ_4 nach Tafel 9.44a Lastverteilungen in der Abb. links: (a) Lastverteilung für nicht verwehten Schnee (b) Lastverteilung für verwehten Schnee

4.3 Verwehungen an Wänden und Aufbauten

Im Bereich von Wänden und Aufbauten kann es durch Verwehung zu Schneeanhäufungen kommen. Die Schneelast infolge Verwehung ist als dreieckförmige Belastung mit der Länge l_S anzusetzen. Lastanordnung und Formbeiwerte siehe Tafel 9.44c.

Tafel 9.44c Lastanordnung und Formbeiwerte der Schneelast an Wänden und Aufbauten

Lastanordnung	Formbeiwerte
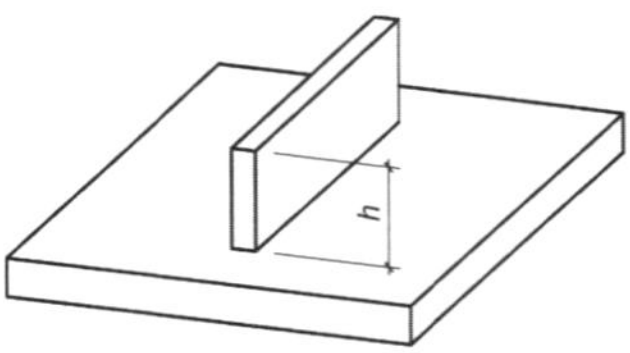 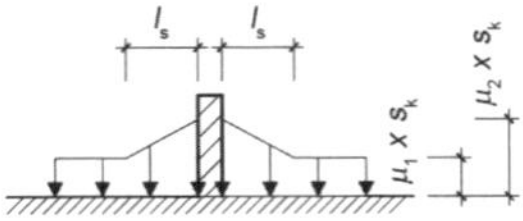	$\mu_1 = 0{,}8$ $\mu_2 = \dfrac{\gamma \cdot h}{s_k} \begin{cases} \geq 0{,}8 \\ \leq 2{,}0 \end{cases}$ γ Wichte des Schnees ($\gamma = 2$ kN/m³) h Höhe des Aufbaus in m s_k charakteristischer Wert der Schneelast auf dem Boden in kN/m² nach Tafel 9.41a Länge der Verwehungskeile: $l_S = 2 \cdot h \begin{cases} \geq 5 \text{ m} \\ \leq 15 \text{ m} \end{cases}$

4.4 Höhensprünge an Dächern

Auf Dächern unterhalb eines Höhensprunges kann es durch Anwehen oder Abrutschen des Schnees vom höher gelegenen Dach zu einer Anhäufung von Schnee kommen. Dieser Lastfall ist auf dem tiefer liegenden Dach für das Abrutschen des Schnees generell und für das Anwehen erst bei einem Höhensprung von mehr als 0,5 m nach Tafel 9.45a zu berücksichtigen. Gegebenenfalls sind zusätzlich Stoßlasten aus den abrutschenden Schneemassen zu berücksichtigen.

Tafel 9.45a Lastanordnung und Formbeiwerte der Schneelast an Höhensprüngen

<table>
<tr><th>Lastanordnung</th><th colspan="2">Formbeiwerte</th></tr>
<tr><td rowspan="9">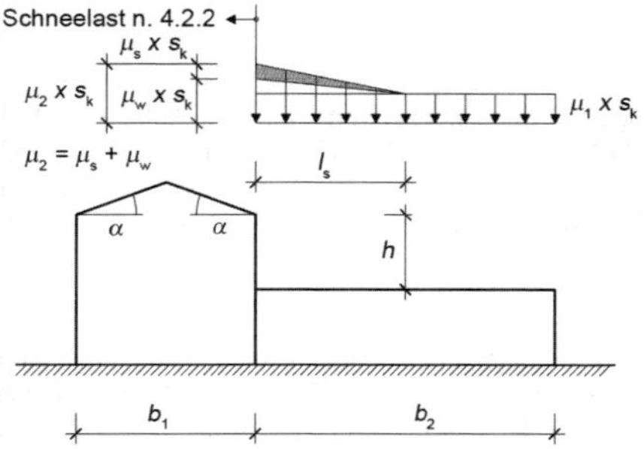

Länge des Verwehungskeils l_S:
$l_S = 2 \cdot h \begin{cases} \geq 5\ \text{m} \\ \leq 15\ \text{m} \end{cases}$
Ist die Länge des unten liegenden Daches b_2 kürzer als die Länge des Verwehungskeils l_S, dann sind die Lastordinaten am Dachrand abzuschneiden.</td>
<td colspan="2">$\mu_1 = 0{,}8$ (Annahme: tiefer liegendes Dach ist flach)</td></tr>
<tr><td colspan="2">μ_S (Formbeiwert für abrutschenden Schnee):
$\alpha \leq 15°$: $\mu_S = 0$
$\alpha > 15°$: μ_S ergibt sich aus einer Zusatzlast, die dreieckförmig auf die Länge l_S verteilt ist. Als Zusatzlast werden 50 % der resultierenden Schneelast auf der anschließenden Dachseite des höher liegenden Daches angesetzt. Formbeiwert des höher liegenden Daches: $\mu = 0{,}8$ (unabh. von der Dachneigung).</td></tr>
<tr><td colspan="2">μ_W (Formbeiwert für verwehten Schnee):</td></tr>
<tr><td>$\mu_W = \dfrac{b_1 + b_2}{2h} \leq \dfrac{\gamma \cdot h}{s_k} - \mu_S$</td><td>Nur anzusetzen bei Höhensprüngen $h > 0{,}5$ m</td></tr>
<tr><td colspan="2">Begrenzung der Formbeiwerte:</td></tr>
<tr><td>Allgemein (ständige / vorübergehende Situation)</td><td>$0{,}8 \leq \mu_W + \mu_S \leq 2{,}4$</td></tr>
<tr><td>Seitl. offene, zugängliche Vordächer mit $b_2 \leq 3$ m</td><td>$0{,}8 \leq \mu_W + \mu_S \leq 2{,}0$</td></tr>
<tr><td>Alpine Region (EC1-1-3, Bild C.2) mit $s_k > 3$ kN/m²</td><td>$1{,}2 \leq \mu_W + \mu_S \leq \dfrac{6{,}45}{s_k^{0{,}9}}$</td></tr>
<tr><td>Norddt. Tiefland (außergewöhnliche Situation)</td><td>$2{,}3\mu_W + \mu_S \leq 4{,}0$</td></tr>
<tr><td>In den Gleichungen und in der Abbildung sind:
γ Wichte des Schnees ($\gamma = 2$ kN/m³)
h Höhe des Dachsprunges in m
s_k charakteristischer Wert der Schneelast auf dem Boden in kN/m² nach Tafel 9.41a</td><td colspan="2">Bei seitlich offenen Vordächern mit $b_2 \leq 3$ m, die für die Räumung zugänglich sind, ist unabhängig von der Größe des Höhensprungs nur die ständige / vorübergehende Bemessungssituation zu untersuchen.</td></tr>
</table>

5 Sonderfälle

5.1 Schneeüberhang an der Traufe

Auskragende Teile eines Daches (Dachüberstand) werden durch Schneeüberhang zusätzlich belastet. Diese Belastung ist unabhängig von der Höhe des Bauwerksstandortes bei der Bemessung der auskragenden Dachteile zusätzlich zur normalen Schneelast als Linienlast an der Traufe anzusetzen und ergibt sich nach Tafel 9.45b.

Tafel 9.45b Lastanordnung für den Schneeüberhang an der Traufe

<table>
<tr><th>Lastanordnung</th><th colspan="2">Schneelast des Überhangs in kN/m</th></tr>
<tr><td>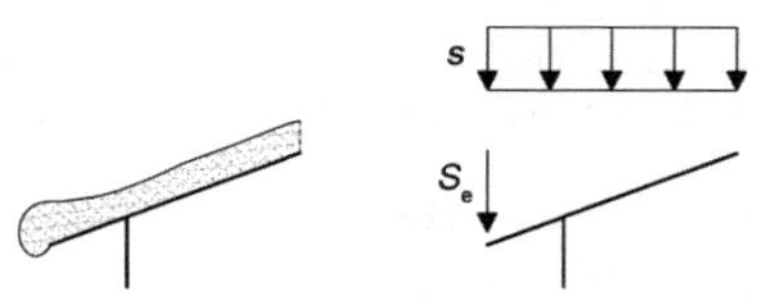
</td><td>$S_e = k \cdot \dfrac{s^2}{\gamma}$</td><td>$s$ Schneelast auf dem Dach in kN/m²
γ Wichte des Schnees ($\gamma = 3$ kN/m³) (Altschnee)
k Beiwert, der die unregelmäßige Form des Schneeüberhangs berücksichtigt (gemäß NA: $k = 0{,}4$)</td></tr>
<tr><td colspan="3">Die Linienlast braucht nicht angesetzt zu werden, wenn über die Dachfläche verteilt Schneefanggitter o.Ä. angeordnet sind, die ein Abgleiten von Schnee wirksam verhindern.</td></tr>
</table>

5.2 Schneelasten an Schneefanggittern und Dachaufbauten

Schneefanggitter, die abrutschende Schneemassen anstauen, sind für eine Linienlast F_S zu berechnen. Dabei wird die Reibung zwischen Schnee und Dachfläche vernachlässigt. Es gilt:

$F_s = s \cdot b \cdot \sin\alpha$

- s Schneelast auf dem Dach, bezogen auf den ungünstigen Lastfall für unverwehten Schnee für die Dachfläche, von der der Schnee abgleiten kann, in kN/m²
- b horizontaler Abstand des Fanggitters oder Aufbaus zum nächsten Fanggitter, zum First oder einem höher liegenden Hindernis in m
- α Dachneigungswinkel

VI Bauten in deutschen Erdbebengebieten

(nach DIN EN 1998-1:2010-12, DIN EN 1998-1/A1:2013-05, DIN EN 1998-1/NA:2011-01)

Prof. Dr.-Ing. Andrej Albert

Vorbemerkung

Nachfolgend sind einige grundlegende Anforderungen für den Entwurf von baulichen Anlagen in Erdbebengebieten nach DIN EN 1998-1:2010-12 mit DIN EN 1998-1/A1:2013-05 sowie DIN EN 1998-1/NA:2011-01 aufgeführt. Es werden die Erdbebenzonen wiedergegeben, in denen DIN EN 1998-1 anzuwenden ist. Auf Berechnungsformeln wird verzichtet. Weitere Hinweise s. [9.20], [9.21] , [9.22] u. a. m.

1 Grundlagen

In DIN EN 1998-1 werden Entwurf, Bemessung und Konstruktion baulicher Anlagen aus Stahlbeton, Stahl, Stahlverbund, Holz und Mauerwerk des Hoch- und Ingenieurbaus in deutschen Erdbebengebieten behandelt. Die Norm gilt nicht für Sonderbauwerke, wie z. B. kerntechnische Anlagen, Off-Shore-Bauwerke. Ziel der Norm ist es, im Falle eines Erdbebens menschliches Leben zu schützen, Schäden zu begrenzen und sicherzustellen, dass wichtige bauliche Anlagen funktionstüchtig bleiben.

DIN EN 1998-1/NA teilt die betroffenen Gebiete Deutschlands in die *Erdbebenzonen 1 bis 3* (s. Abb. 9.49) ein, außerhalb dieser Zonen ist der Grad der Erdbebengefährdung so gering, dass DIN EN 1998-1 nicht angewendet werden muss (Erdbebenzone 0).

2 Entwurf und Bemessung

2.1 Grundlegende Anforderungen

Tragwerke in Erdbebengebieten müssen so bemessen und ausgebildet sein, dass sie dem Bemessungserdbeben ohne örtliches oder globales Versagen widerstehen (Anforderung an die Standsicherheit) und einem Erdbeben, das mit höherer Wahrscheinlichkeit als das Bemessungserdbeben auftritt, widerstehen, ohne dass Schäden oder Nutzungsbeschränkungen auftreten, deren Kosten im Vergleich zu den Kosten des Bauwerks unverhältnismäßig hoch wären (Anforderung an die Schadensbegrenzung).

Die angestrebte Zuverlässigkeit hinsichtlich der Standsicherheit und der Schadensbegrenzung unterscheidet sich je nach Art des zu errichtenden Bauwerks. Sie wird erreicht, indem die Referenzerdbebeneinwirkung mit einem für die jeweilige Bauwerkskategorie angemessenen Bedeutungsbeiwert (vgl. Tafel 9.48a) multipliziert wird.

2.2 Entwurf von Hochbauten in Erdbebengebieten

Beim Entwurf von Hochbauten in erdbebengefährdeten Regionen sollten folgende Prinzipien eingehalten werden, um ein wirtschaftliches Tragwerk zu erhalten:

- Konstruktive Einfachheit mit klaren und direkten Übertragungswegen der Erdbebenkräfte
- Regelmäßigkeit im Grundriss (gekennzeichnet durch eine gleichmäßige Verteilung der tragenden Bauteile) und im Aufriss; ggf. kann die Regelmäßigkeit durch Unterteilung des Gesamttragwerks mit Fugen erreicht werden.
- Gute Übereinstimmung der Verteilung der Massen, der Beanspruchbarkeit und der Steifigkeit
- Aussteifende Tragwerksteile mit ähnlicher Steifigkeit in beiden Hauptrichtungen
- Vermeidung übermäßiger Verformungen, die zu einem Versagen infolge von Effekten nach Theorie II. Ordnung oder zu Schäden führen könnten.
- Ausreichende Torsionssteifigkeit des Aussteifungssystems
- Die Decken- und Dachscheiben müssen eine hohe Steifigkeit zur Verteilung der horizontalen Trägheitskräfte besitzen.
- Die Gründung muss sicherstellen, dass das Gesamtbauwerk einer gleichförmigen Erdbebenanregung ausgesetzt wird.

2.3 Erdbebenauslegungen

Für den Nachweis der Erdbebensicherheit wird zwischen regelmäßigen und unregelmäßigen Bauwerken unterschieden.

Als Kriterien für eine Regelmäßigkeit im Grundriss und Aufriss sind zu nennen:

- Regelmäßigkeit im Grundriss (Auswahl):
  - Das Gebäude ist im Grundriss hinsichtlich der Horizontalsteifigkeit und der Massenverteilung nahezu symmetrisch bezüglich zweier rechtwinklig zueinander stehender Achsen.
  - Die Grundrissform des Gebäudes ist kompakt (Rücksprünge sind nur bedingt zulässig).
  - Die Steifigkeit der Decke in ihrer Ebene muss im Vergleich zur Horizontalsteifigkeit der durch die Decke gekoppelten Stützen und Wände ausreichend groß sein.
- Die Gebäudeabmessungen im Grundriss müssen der Bedingung $L_{max}/L_{min} \leq 4$ genügen (L_{max}, L_{min} = größte bzw. kleinste senkrecht zueinander gemessene Gebäudeabmessung im Grundriss).
- Regelmäßigkeit im Aufriss (Auswahl):
  - Kerne, tragende Wände etc. verlaufen ohne Unterbrechung von der Gründung bis zur Oberkante (bei Rücksprüngen verlaufen sie bis zur Oberkante des entsprechenden Gebäudeteils).
  - Horizontalsteifigkeit und Masse der einzelnen Geschosse bleiben konstant oder verändern sich nur allmählich mit der Bauwerkshöhe.
  - Im Skelettbau treten nur geringe Schwankungen des Verhältnisses zwischen der tatsächlichen und der rechnerisch erforderlichen Beanspruchbarkeit auf.
  - Rücksprünge sind nur bedingt zulässig (s. Abb. 9.47a bis d; weitere Hinweise s.a. Bautabellen für Ingenieure).

a)

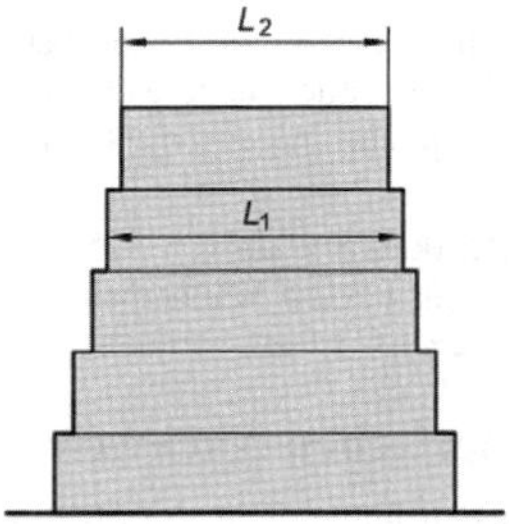

$$\frac{L_1 - L_2}{L_1} \leq 0,20$$

b)

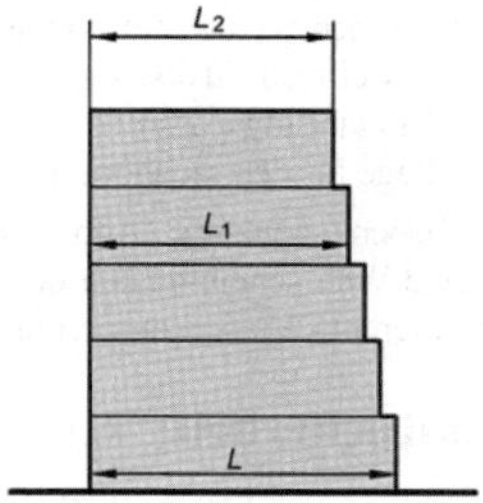

$$\frac{L_1 - L_2}{L_1} \leq 0,10 \text{ und } \frac{L - L_2}{L} \leq 0,30$$

c)

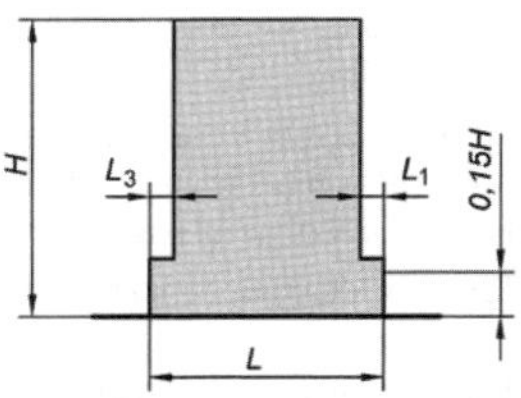

$$\frac{L_3 + L_1}{L} \leq 0,20$$

d)

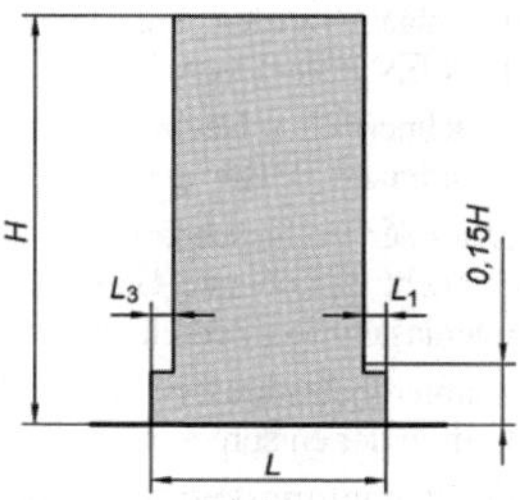

$$\frac{L_3 + L_1}{L} \leq 0,50$$

Abb. 9.47 Kriterien für die Regelmäßigkeit von Gebäuden

2.4 Bedeutungskategorie und Bedeutungsbeiwert

Entsprechend ihrer Bedeutung für den Schutz der Allgemeinheit werden Hochbauten in vier Bedeutungskategorien eingeteilt. Diesen Kategorien sind Bedeutungsbeiwerte γ_I zugeordnet, die bei der Erdbebeneinwirkung berücksichtigt werden; vgl. Tafel 9.48a.

Tafel 9.48a Bedeutungskategorien und -beiwerte

Bedeutungs-kategorie	Bauwerke	Bedeutungs-beiwert γ_I
I	Bauwerke ohne Bedeutung für den Schutz der Allgemeinheit, mit geringem Personenverkehr (z. B. Scheunen, Kulturgewächshäuser)	0,8
II	Bauwerke, die nicht zu den anderen Kategorien gehören (z. B. kleinere Wohn- und Bürogebäude, Werkstätten)	1,0
III	Bauwerke, von deren Versagen eine große Zahl von Personen betroffen ist (z. B. große Wohnanlagen, Schulen, Versammlungsräume, Kaufhäuser)	1,2
IV	Bauwerke, deren Unversehrtheit im Erdbebenfall von hoher Bedeutung für den Schutz der Allgemeinheit ist (z. B. Krankenhäuser, wichtige Einrichtungen des Katastrophenschutzes, der Feuerwehr und der Sicherheitskräfte)	1,4

3 Erdbebenzonen

Die Erdbebenzonen der Bundesrepublik Deutschland sind in Abb. 9.49 dargestellt. Nicht Gegenstand der Darstellung sind nichttektonische Ereignisse z.B. in Bergbau- oder Erdfallgebieten. Für die Zuordnung einzelner Kreise und Gemeinden zu den Erdbebenzonen wird auf die Erlasse (Liste der Technischen Baubestimmungen) der Bundesländer verwiesen.

Den Erdbebenzonen werden Intensitätsintervalle zugeordnet, die in Tafel 9.49 wiedergegeben sind. Innerhalb der jeweiligen Erdbebenzone wird die Gefährdung als einheitlich angesehen. Als zonenspezifischer Einwirkungsparameter gilt die Referenz-Spitzenbodenbeschleunigung a_{gR} (s. Tafel 9.49), die als Grundlage für den rechnerischen Nachweis anzusehen ist.

Für die Erdbebenzonenkarte (Abb. 9.49) gilt eine Referenz-Wiederkehrperiode von 475 Jahren; dem entspricht eine Wahrscheinlichkeit des Auftretens oder Überschreitens von 10 % innerhalb von 50 Jahren. Diese Referenz-Wiederkehrperiode wird dem Bedeutungsbeiwert $\gamma_I = 1,0$ zugeordnet.

4 Standsicherheit; Verzicht auf einen rechnerischen Nachweis

Für den Nachweis der Standsicherheit sind die Bemessungssituation infolge von Erdbeben nach DIN EN 1990 und die Empfehlungen gemäß Abschn. 2.2 zu berücksichtigen.

Unter gewissen Voraussetzungen hinsichtlich des Baugrundes und der Regelmäßigkeit des Gebäudes darf gemäß Anhang NA.D von vereinfachten Auslegungsregeln für übliche Hochbauten der Bedeutungskategorie I bis III mit nicht mehr als 6 Geschossen und einer maximalen Gebäudehöhe von 20 m Gebrauch gemacht werden. Für weitergehende Informationen zu den vereinfachten Auslegungsregeln wird auf DIN EN 1998-1 verwiesen.

Auf einen rechnerischen Nachweis der Standsicherheit kann gemäß Anhang NA.D bei Wohn- und ähnlichen Gebäuden (z. B. Bürogeb.) verzichtet werden, wenn folgende Bedingungen eingehalten sind:

- die Anzahl der Vollgeschosse über Gründungsniveau ist nicht größer als die Werte nach Tafel 9.48b; dabei braucht das oberste Geschoss nicht berücksichtigt zu werden, wenn die maßgebende Masse (aus Eigenlasten und Verkehrslasten) max. 50 % des darunterliegenden Vollgeschosses beträgt;
- die Gesamterdbebenkraft ist in jeder Richtung kleiner als die 1,5-fache charakteristische resultierende Windkraft in der entsprechenden Richtung.

Tafel 9.48b Bedeutungskategorie und zulässige Anzahl von Vollgeschossen für Hochbauten ohne rechnerischen Standsicherheitsnachweis

Erdbebenzone	Bedeutungskategorie	Maximale Anzahl von Vollgeschossen
1	I bis III	4
2	I und II	3
3	I und II	2

Für „einfache Mauerwerksbauten“ der Bedeutungskategorien I und II kann ein rechnerischer Nachweis ebenfalls entfallen.

Tafel 9.49 Intensitätsintervalle und Bemessungwerte der Bodenbeschleunigung in den Erdbebenzonen

Erdbebenzone	Intensitätsintervall	Referenz-Spitzenwert der Bodenbeschleunigung a_{gR} (in m/s²)
0	$6{,}0 \leq I < 6{,}5$	–
1	$6{,}5 \leq I < 7{,}0$	0,4
2	$7{,}0 \leq I < 7{,}5$	0,6
3	$7{,}5 \leq I$	0,8

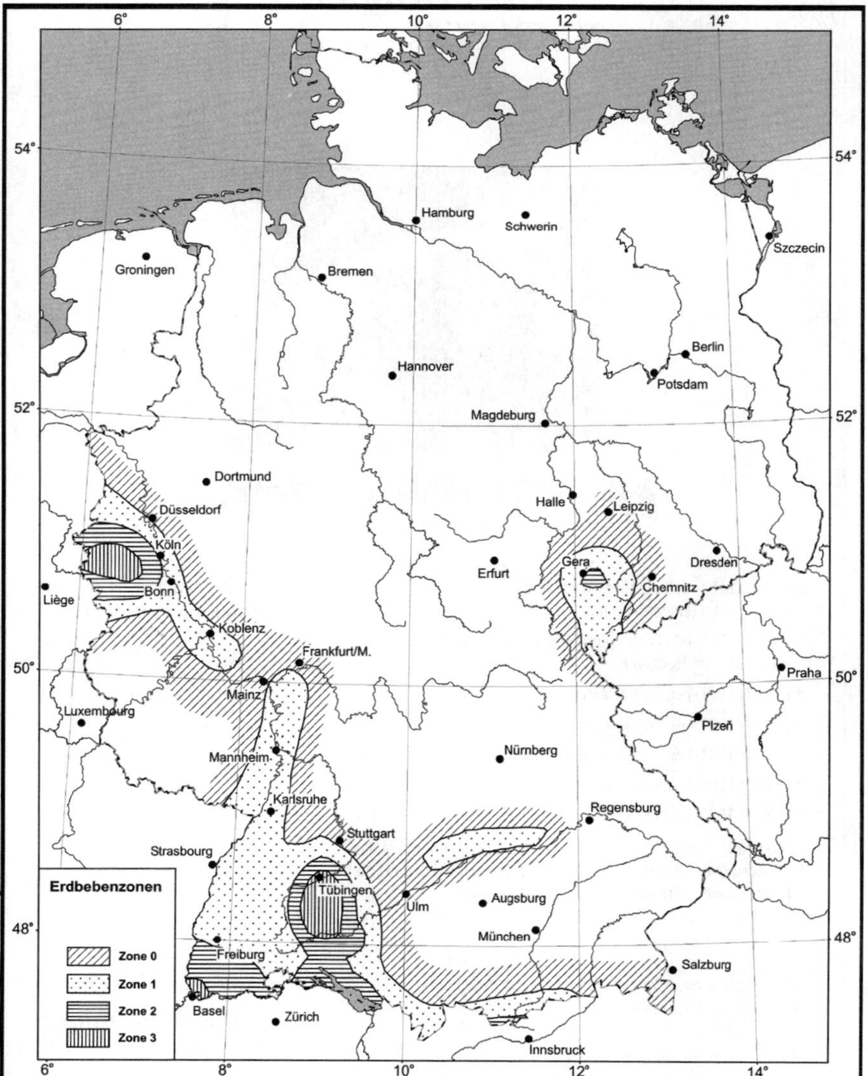

Abb. 9.49 Erdbebenzonen der Bundesrepublik Deutschland

10 A Tragwerksentwurf und Vorbemessung
10 B Baustatik
10 C Mathematik
10 D Bauinformatik

10 A Tragwerksentwurf und Vorbemessung

Prof. Dr.-Ing. Harald Bergner, Prof. Dipl.-Ing. Heinz Volz

1 Hinweise zum Tragwerksentwurf

1.1 Allgemeines

Der Planungsprozess eines Bauwerks durchläuft nacheinander verschiedene Phasen, in denen die jeweiligen Einflussparameter für die Konzeption eines Bauwerks zusammengestellt, analysiert und bewertet werden. Neben den Zielvorstellungen des Bauherrn sind die funktionellen Anforderungen aus der Nutzung, die Zwänge aus dem Grundstück, die Termin- und Kostenvorgaben mit den baurechtlichen Rahmenbedingungen und den technischen Möglichkeiten in Einklang zu bringen. Die Komplexität des Entwurfsprozesses erfordert für das Erreichen einer in sich schlüssigen Lösung ein systematisch-methodisches Vorgehen, das durch intuitive, kreative Beiträge entscheidend bereichert wird.

Für den **Tragwerksentwurf** wird folgendes Vorgehen empfohlen:

1. **Analyse** (Einspeichern der Daten)
   Systematisch-analytisches Erfassen der Einwirkungen und der Randbedingungen, z. B. anhand einer Checkliste zum Tragwerksentwurf (vgl. Abschn. 1.2)
2. **Kreativität** (möglich erscheinende Lösungen erdenken)
   Studium, Auswahl und Erzeugung einer Vielzahl von möglichen Varianten zum Tragwerk (z. B. anhand einer Übersicht unterschiedlicher Tragwerkstypen; vgl. Abschn. 1.3)
3. **Entscheidungen** (Abwägen der Vor- und Nachteile)
   Überprüfung der Kompatibilität mit den weiteren Anforderungen und der Vertiefung der Problemzonen (z. B. hochbeanspruchte Krafteinleitungsbereiche, komplizierte konstruktive Details), gründliche Bearbeitung der gewählten Lösung.

1.2 Checkliste zum Tragwerksentwurf

Vor dem Einstieg in die eigentliche Projektbearbeitung sollten die für das Tragwerk maßgeblichen Entwurfsparameter abgeklärt sein:

1.2.1 Nutzungsanforderungen

- Welche **Raumtiefen** und -höhen ergeben sich aus den Nutzungen? Welche Konsequenz hat dies für die Spannrichtungen/Stützenstellungen und für die Wahl des statischen Systems? Welches Lichtraumprofil ist einzuhalten? Kann es in den Randzonen eingeschränkt werden (→ Vouten möglich?)?
- Welche **Verkehrslasten** (Nutzlasten) fallen in den einzelnen Geschossen an?
- Sind spätere **Nutzungsänderungen** vorhersehbar und sollen diese schon jetzt bei der Lastaufstellung mit berücksichtigt werden?
- Auf welches Maß müssen aus den Nutzungsanforderungen **Verformungen** der Bauteile begrenzt werden (z. B. Maschinennutzung, Kranbahnverschiebungen, Durchbiegungen, Schwingungsempfindlichkeit, Wassersackbildung bei Flachdächern, Rissempfindlichkeit von nichttragenden Bauelementen)?
- Ist mit **Erschütterungen** (z. B. aus Verkehrseinrichtungen oder aus Erdbebenlasten) zu rechnen?
- Soll das **Dach ausgebaut** werden?
- Wird das **Dach begrünt**?
- Wie erfolgt die **Belichtung** (z. B. Shedkonstruktion)?
- Soll das Bauwerk in **Abschnitten** erstellt werden? Soll eine spätere Erweiterung eingeplant werden?
- Welche Konsequenzen ergeben sich aus der **Installationsführung** (horizontal und vertikal) für die Tragkonstruktion (z. B. Decke, Unterzüge, Stützen)?
- Welche bauphysikalischen Anforderungen müssen erfüllt werden (**Wärme-**, **Schall-** und **Brandschutz**)? Mit welchen Bau- und Tragsystemen lassen sich diese Anforderungen erfüllen?
- Welche Einschränkungen bzgl. der **Bauzeit** sind zu beachten (Fertigteilbau – Herstellung vor Ort)?
- Ergeben sich aus der Nutzung bzw. aus Außeneinwirkungen erhöhte Anforderungen an den **Korrosionsschutz**, an die **Dichtigkeit** und an die Wahl des Baustoffs der Tragkonstruktion?
- Welche **Lebensdauer** soll das Bauwerk haben? Lässt es sich kostengünstig und umweltschonend rückbauen, abreißen, recyceln?

1.2.2 Grundstück/Bauort

- Welche Vorgaben ergeben sich aus dem **Bauort**? Kommen z. B. bei beengter **Baulückenbebauung** wegen fehlender Lagermöglichkeit auch Fertigteillösungen (Montage vom Lieferfahrzeug) in Frage?
- Steht **Grenzbebauung** an? Wie tief ist das Nachbarbauwerk gegründet? Sollte eine Lastabtragung zur Grenze hin vermieden werden (z. B. Spannrichtung senkrecht zur Straßenfront), oder empfiehlt sich das Zurückziehen der vertikalen Tragelemente von der Grenze? Sind Unterfangungen erforderlich?
- Kann ein **Kran** gestellt werden? Stören z. B. Hochspannungsleitungen und Nachbargebäude den Bauablauf? Welche Konsequenzen ergeben sich daraus für das Bausystem?
- Ist die **Gesamtbauhöhe** begrenzt? Müssen deshalb die Konstruktionsdicken (z. B. Decken, Unterzüge) minimiert werden?

1.2.3 Baugrund

- Welcher **Baugrund** steht in dieser Gegend an? Welche Informationen lassen sich aus der geologischen Karte entnehmen?
- Sind bei Nachbargrundstücken **Bodenaufschlüsse** (Baugruben) einzusehen?
- Liegt ein **Baugrundgutachten** vor?
- Lässt sich aus dem **Bewuchs** oder aus dem **Flurnamen** etwas über die Bodenbeschaffenheit ableiten?
- Wurden **Baugrunduntersuchungen** am Bauplatz selbst oder bei Nachbargrundstücken durchgeführt (Schürfe, Sondierungen etc.)?
- War das Grundstück bereits einmal bebaut? Sind **Gebäudereste** noch **im Untergrund** vorhanden?
- Wurde der natürliche Geländeverlauf geändert? Befinden sich **Ablagerungen**, Deponien, Altlasten o. Ä. im Untergrund?
- Wie hoch steht das **Grund- bzw. Schichtwasser**? Ist mit **Hochwasser** zu rechnen?
- Wie tief sind die **Nachbarbauwerke** gegründet?
- Sind an Nachbarbauwerken **Rissbildungen** infolge von Baugrundbewegungen (Setzungsdifferenzen) aufgetreten (Beweissicherung vornehmen)?
- In welcher Tiefe stehen tragfähige Bodenschichten an? Ist eine **Tiefgründung** erforderlich?
- Welche **Bodenpressungen** können zugelassen werden?
- Welche **Konsequenzen** ergeben sich aus den vorgenannten Erkenntnissen **für die Gründung** und den **Keller** (Flach-, Tief-, Flächengründung, Streifen-, Einzelfundamente, Weiße Wanne)?

1.2.4 Konstruktion/Aussteifung/Fugen

- Wie wird das Gebäude ausgesteift **(Gesamtstabilität)**? Für welche Horizontalbelastungen ist das Bauwerk auszulegen (z. B. Wind, Erddruck, Erdbeben, Anpralllasten)?
- Sind **Fugen** (s. Abschn. 6) erforderlich (Dehn-, Setz- und Scheinfugen oder Schwindgassen)? Durch Fugen getrennte Bauabschnitte müssen auch allein für Horizontallasten standsicher sein.
- Können die Decken als **Scheiben** ausgebildet werden? Müssen horizontale Verbände in Deckenebene oder Ringbalken als **Scheibenersatz** angebracht werden?
- Wo werden **vertikale Aussteifungselemente** angeordnet? Ist deren Lage im Grundriss verträglich mit den Zwängen aus Verformungsbehinderung (z. B. Temperaturänderung, Schwinden)?
- Haben die vertikalen Aussteifungselemente genügend Auflast aus einem großen Lasteinzugsgebiet, um die Horizontallasten in den Baugrund ableiten zu können? (Möglichst **keine** Stützen **neben** Wandscheiben, sondern **in** Wandscheiben anordnen.)
- Weisen benachbarte Baukörper unterschiedliche Höhen oder unterschiedlich nachgiebigen Baugrund auf **(Setzfugen)**?

1.3 Anregungen zum praktischen Vorgehen beim Tragwerksentwurf

Um ein für den Entwurf geeignetes Tragwerk zu entwickeln, sollte man die Raumvorstellungen skizzieren (maßstäblich) und verschiedene statische Strukturen ausprobieren. Für die Überprüfung der Realisierbarkeit sollte die Größenordnung der Tragelemente und die Beanspruchungen in den kritischen Zonen rechnerisch überschlagen werden. Hilfreich für das Entwickeln von Tragwerksvarianten sind:

- Studium und Analyse gebauter Objekte als Anregung für Modifikationen zur Tragstruktur; Literaturstudium (siehe Kapitel 15)
- Zusammenarbeit mit erfahrenen Tragwerksplanern

- Anwendung von Vorbemessungshilfen
- Statisch-konstruktive Überlegungen:
  1. Formfindung
  2. Modellbildung (Statisches System)
  3. Lastabschätzung (vertikal und horizontal)
  4. Ermittlung der maximalen Schnittgrößen (*M*, *V*, *N*) an vereinfachten statischen Systemen (In dieser Phase des Entwurfsprozesses werden die Schnittgrößen in ungünstigster Kombination aus den charakteristischen Einwirkungsgrößen (1,0fache Lasten) ermittelt. Die Anforderungen aus der Sicherheit bzw. der Verbindungstechnik werden über die nachfolgend näher definierte „zulässige" Entwurfsspannung σ_E eingebracht.)
  5. Überschlägiges Dimensionieren der Tragelemente und ihrer Verbindungen an den Stellen der maximalen Beanspruchung (z. B. max *M*) und in den Krafteinleitungsbereichen (Auflagern, Knotenpunkte und schwierige konstruktive Details; siehe Abschn. 1.5)
  6. Gewährleistung der Gesamtstabilität (Standsicherheit gegen horizontale Lasten)
  7. Überlegungen zur Gebrauchstauglichkeit (Verformungen), Ausführbarkeit (Montage), Beständigkeit, Brandschutz und Kosten.

Arbeitstechniken

Beim Entwerfen von Geschossbauten haben sich für das praktische Vorgehen unter anderem folgende **Arbeitstechniken** bewährt:

- Werden mehrere Baubereiche mit unterschiedlichen Funktionen übereinander angeordnet, so sollte stets das System mit den stärksten Bindungen zuerst entworfen werden und die weiteren Funktionen sollten sich daran orientieren; z. B. bei Stapelung „Tiefgarage – Ladengeschoss – Wohnungen" sollten zuerst die Möglichkeiten der Verkehrsführung und Stützenstellung in der Tiefgarage abgeklärt werden und danach, darauf aufbauend, die Laden- bzw. Wohngeschosse entwickelt werden. Eine Umkehrung des Entwurfsprozesses erfordert meist die Zwischenschaltung eines aufwändigen Lastverteilungsrostes („Statikgeschoss").
- Während des Entwurfsprozesses sollten die Tragstruktur und das Lastabtragungssystem des darunter liegenden Geschosses berücksichtigt werden (durch Übereinanderlegen der Transparentpläne oder Miterfassen der darunter liegenden Tragstruktur durch andersfarbige Darstellung; besonders empfehlenswert ist dies bei der Überprüfung alter Bausubstanz!).
- Verwendung von Rastern mit systematisierter Struktur. Hierbei gilt: Zur Erzielung einer **geringen Gesamtkonstruktionshöhe Decke/Unterzug** muss der *Unterzug* über die *kurze* und die *Decke* über die *lange* Spannweite gespannt werden. Die in statischer Hinsicht **wirtschaftlichste Deckenkonstruktion** erhält man, wenn die *Decke* über die *kurze* und der *Unterzug* über die *lange* Richtung gespannt werden.
- Entwicklung der Konstruktionsidee im Grundriss **und** im Schnitt.
- Vertikale Lasten sollten auf kürzestem und direktem Wege ohne Umleitungen über Biegeträger (Abfangungen) abgeleitet werden. Lasten „spazierenführen" ist teuer, vergleichbar mit der Installationsführung bei der Entwässerung.

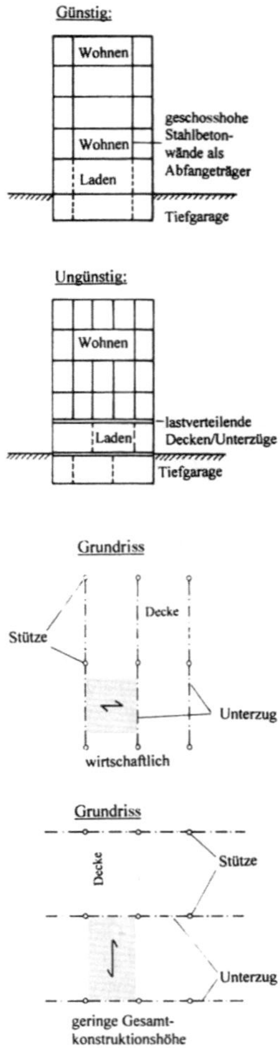

Vorbemessung

Nachfolgend wird als Anregung für einige typische statische Systeme die zur Vorbemessung von Biegetragwerken (= horizontaler Transport der Lasten) anzunehmende Größe des „Hebelarms der inneren Kräfte z" am Ort des maximalen Moments zusammengestellt:

$$M = D \cdot z = Z \cdot z \quad \rightarrow \quad Z = D = M/z$$

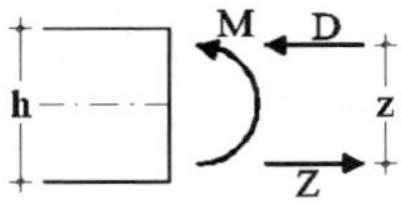

z ist der Abstand der Resultierenden aus Biegedruck und Biegezug:
kleiner Hebelarm → große Kräfte
großer Hebelarm → kleine Kräfte

Mit der Kenntnis der im Allgemeinen ausnutzbaren Beanspruchbarkeiten der einzelnen Werkstoffe und der über die jeweiligen Verbindungsmittel übertragbaren Kräfte kann ein Tragwerk mit geringem Aufwand auf Ausführbarkeit hin überprüft und die Größe der Querschnitte und ihrer Verbindungen abgeschätzt werden.

Die erzielbare Tragfähigkeit der Materialien kann bei zusammengesetzten Konstruktionen wegen der Schwächung im Bereich der Verbindungen im Allgemeinen nicht voll genutzt werden.

Somit ergibt sich näherungsweise:

Erforderliche Fläche der Zugzone $A_Z \approx Z/\sigma_E$

σ_E Entwurfsspannung (reduziert im Hinblick auf Verbindungstechnik und den erforderlichen Sicherheiten auf Material und Einwirkungen)

Entwurfsspannung σ_E in kN/cm² (Gebrauchszustand, Bemessung mit den Schnittgrößen M_k, V_k und N_k aus „charakteristischen Einwirkungen")

Material	Verbindungstechnik	σ_E kN/cm²
Holz	z. B. Stabdübel	0,5
S235 (St37)	Schrauben/Schweißen	14
C20/25 (B25) BSt 500	Übliche Bewehrungsstöße	0,8 28

Erforderliche Fläche der Druckzone $A_D \approx D/\sigma_{E,\lambda}$

$\sigma_{E,\lambda}$ Entwurfsspannung (reduziert im Hinblick auf Schlankheit und Verbindungstechnik); siehe auch Abschnitt 2.4, Vordimensionierung von Stützen in Abhängigkeit von Druckkraft und Knicklänge

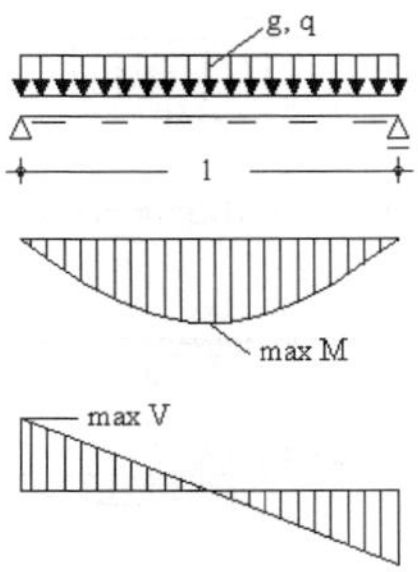

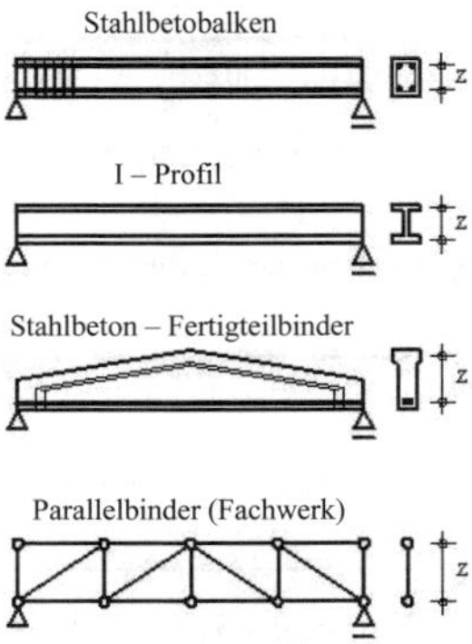

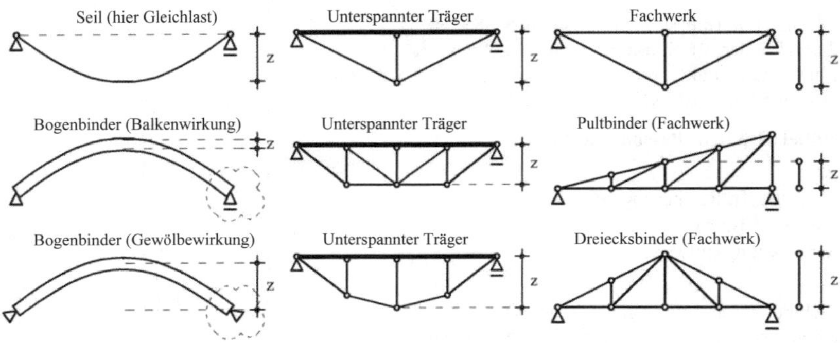

1.4 Optimierung der statischen Systeme

Anregungen, um bei gleichem Lastbild und gleicher Trägerlänge/Spannweite die Trägerhöhe zu minimieren (hier am Beispiel eines Einfeldträgers mit Gesamtlast r).

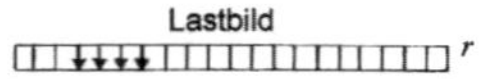

Einfeldträger
M_{max} = 100 %

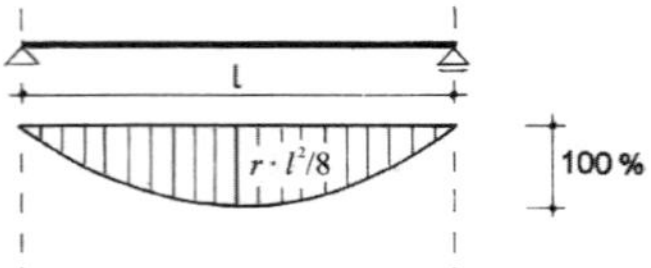

Träger mit einseitigem Kragarm

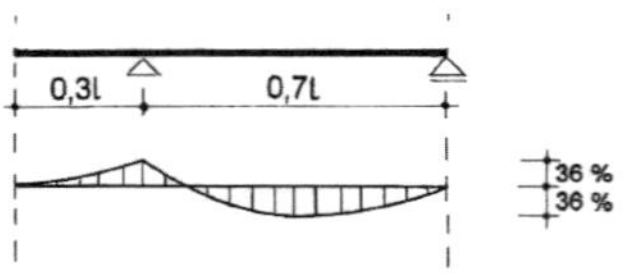

Träger mit beidseitigen Kragarmen

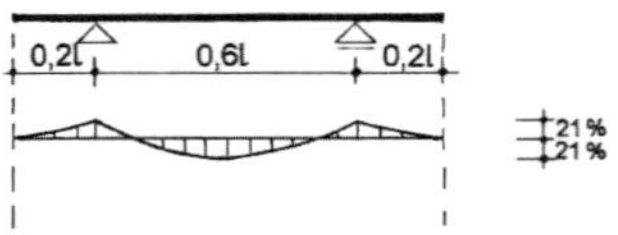

Träger mit voller Endeinspannung

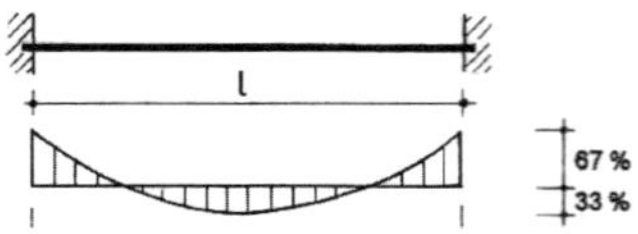

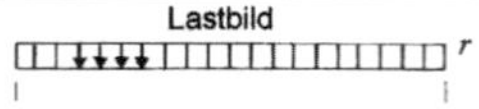

Einfeldträger

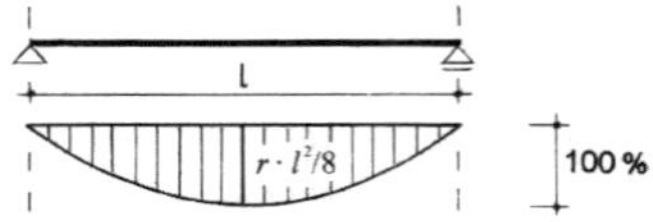

Rahmen
Steuerung der Momentenverteilung durch entsprechende Lage der Gelenke

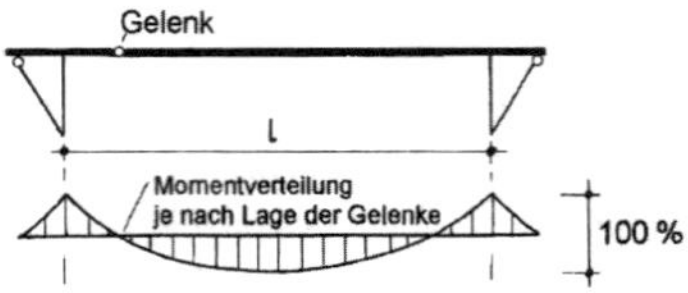

Rahmen
weitere Auflösung des Systems mit Gerberette

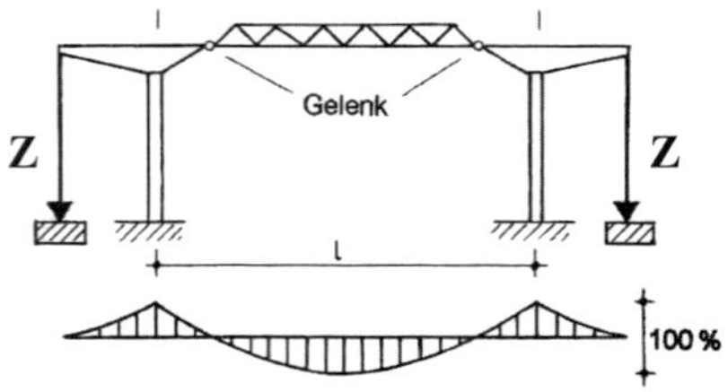

1.5 Verbindungen, Verankerungen, Verbindungsmittel

Holz mit Stahl, Holz mit Holz (vgl. Kap. 11 C)

Nägel N

d_N (1/10 mm) · l_N (mm) von N 22 · 45 bis N 88 · 260
Platzbedarf in der Anschlussfläche pro Nagel ≈ 60 d_N^2
Erzielbare Tragfähigkeit pro Scherfläche F_N (kN) ≈ 3,5 d_N^2 (cm)
z. B. 1 N 46 · 130 ≈ 0,75 kN (≈ 1 Mannlast)

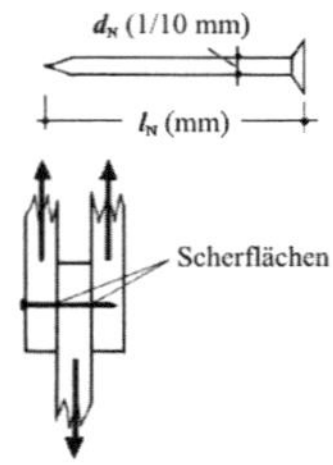

Stabdübel SDü bzw. Passbolzen PB

Vorteil:
- rel. große Kräfte übertragbar
- guter Brandschutz
- kein Wartungsaufwand.

Nachteil:
- Verbindungsart optisch schlecht ablesbar
- außen liegende Stahllaschen nur mit PB zulässig.

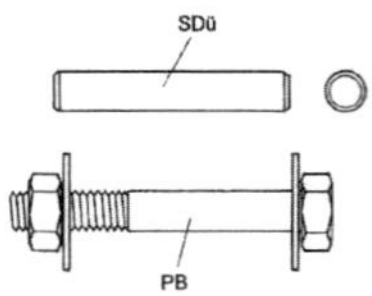

Konstruktionsempfehlung:

bei großen Kräften: mehrere innen liegende Stahllaschen und kleine SDü-Durchmesser verwenden

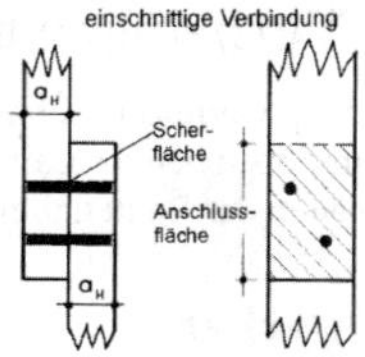

Vorgaben für den Entwurf:

Holzdicke $a_H \geq 5\ d_{SDü}$; optimal:
Summe der Seitenholzdicken $\geq$ 1,5 Mittelholzdicke,
mind. 4 Scherflächen,
erf. Anschlussfläche pro Stabdübel $A_{SDü} \approx 30\ d_{SDü}^2$

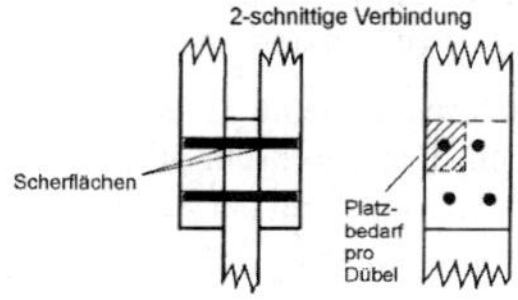

Übertragbare Kräfte:

$F_{SDü}$ (kN) $\approx 2{,}0\ d_{SDü}^2$ (cm) – einschnittig
$F_{SDü}$ (kN) $\approx 4{,}4\ d_{SDü}^2$ (cm) – zweischnittig
Bei Verbindungen mit Stahllaschen ist die Tragfähigkeit 25 % höher. Bei Abweichungen der Kraftrichtung von der Wuchsrichtung des Holzes: Abminderung der ursprgl. Tragfähigkeit $F_{SDü}$ zu $\overline{F}_{SDü}$

$\overline{F}_{SDü} = (1 - \alpha°/360°)\ F_{SDü}$

(Abminderungsfaktor bei $\alpha = 90°$ um ca. 25 %)

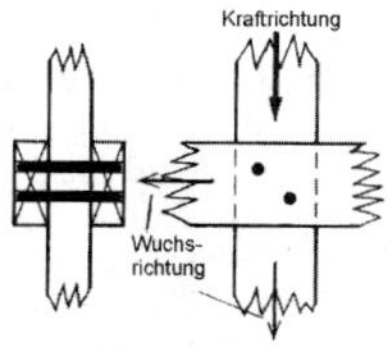

Einpressdübel Typ D (z. B. Geka)

Erzielbare Tragfähigkeit ≈ Anzahl Dorne × Dorntragfähigkeit
1 Dorn trägt ≈ 1 Mann = 0,75 kN
oder ≈ $F_{Dü}$ (kN) ≈ $\varnothing_{Dü}$ in cm/6

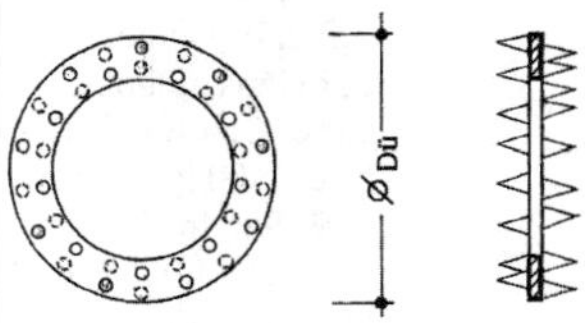

Stahlbau-Verbindungen, Stahl mit Stahl

Schrauben (Baustellen-Verbindung)

- M12 bis M36 (in der Regel Güte 10.9)
- günstig für Verbindungen auf der Baustelle
- demontierbar
- Bemessungshilfen für Schraubverbindungen s. Kap. Stahlbau
- günstig: Scher-Lochleibungsverbindung (SL)
- immer gleiche Schraubendurchmesser verwenden
- empf. Schraubendurchmesser = Blechdicke t_{B1} + 7 mm

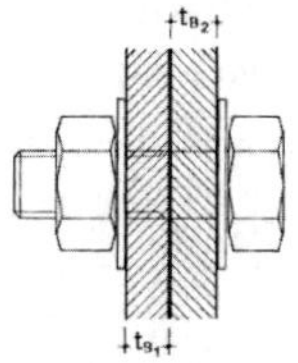

Schweißen (Werkstatt-Verbindung)

- kostengünstig
- mit Schweißverbindungen lässt sich jedes Stahlbauteil bis zur vollen Tragfähigkeit ausnutzen.

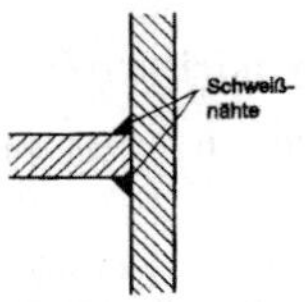

Verankerungen im Beton
(Schwerlastdübel/Spreizdübel)

- Beton ≥ C20/25
- Verankerung in Druck- und Zugzone des Betons möglich
- Innengewindedurchmesser = $d_{D,i}$
- Außengewindedurchmesser = $d_{D,a}$
- erzielbar Z (kN) / V_{SZ} / $V \approx 4\ d_{D,a}^2$ (cm) $\approx 5\ d_{D,i}^2$ (cm)
- Z Zugkraft, V_{SZ} Schrägzugkraft, V Querlast
- Geometrische Randbedingungen/Dübelabstände
  - untereinander: $A = 45\ d_{D,a}$
  - vom Rand bzw. von der Ecke: $E = R = 30\ d_{D,a}$
- Mindestbohrlochtiefe $t = 8\ d_{D,a}$
- Mindestbauteildicke $D \geq 20\ d_{D,a}$
- Mindestbauteilbreite $B = 60\ d_{D,a}$

(vgl. auch Kap. 3 B „Befestigungen“)

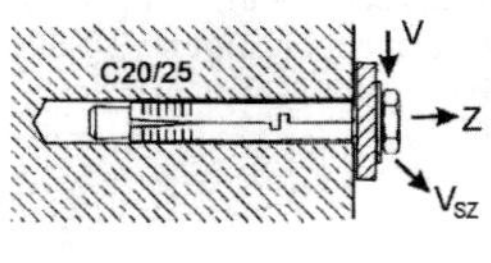

2 Vorbemessung

Überschlagswerte zum schnellen Abschätzen der tragenden Konstruktionen bei der Entwurfsberatung
(Abschätzen der Bauteilabmessungen)

Hinweis:
Soweit nachfolgend eine lastabhängige Vordimensionierung erfolgt, gelten die jeweiligen charakteristischen Werte.

2.1 Dächer

2.1.1 Lastannahmen G_k, Q_k

(charakteristische Werte g_k und q_k der Einwirkungen)

Dachtragelemente in der Regel für späteren Dachausbau auslegen. Die durchschnittliche Gesamtdachlast für überschlägige Lastenermittlung beträgt etwa:

2,0 kN/m² ($\alpha < 60°$) bis 2,5 kN/m² ($\alpha \geq 60°$)

Bei nicht ausgebauten Dächern jeweils ca. 0,5 kN/m² weniger.

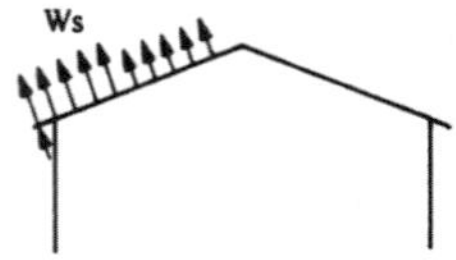

- **Zusatzlasten bei Begrünung:**
  - extensiv: ca. 1,00 kN/m²
  - intensiv: ca. 2 bis 5 kN/m²

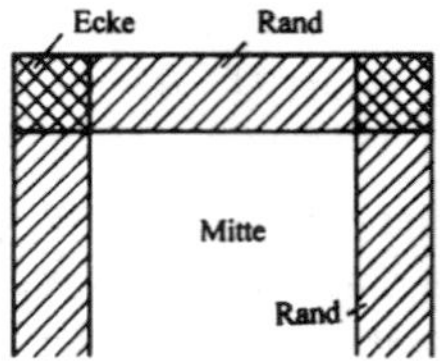

- **Sogsicherung**
  - ist bei flachen und leichten Dächern ($\alpha < 25°$) wichtig
  - insbesondere an den Rändern und Ecken
  - Verankerung in Decken und Wänden
  - Im Regelfall (Binnenland) gilt:
    - Für Gebäudehöhen **bis 10 m** über OKG:
      Geschwindigkeitsdruck $q = 0{,}5$ kN/m²
      (= ca. 100 km/h Windgeschwindigkeit)
      z. B. Sog im Eckbereich und $\alpha < 25°$:
      $w_s = c_{pe,1} \cdot q = 2{,}9 \cdot 0{,}5 = 1{,}45$ kN/m²
    - Für Gebäudehöhen über **10 m bis 18 m** über OKG:
      Geschwindigkeitsdruck $q = 0{,}65$ kN/m²

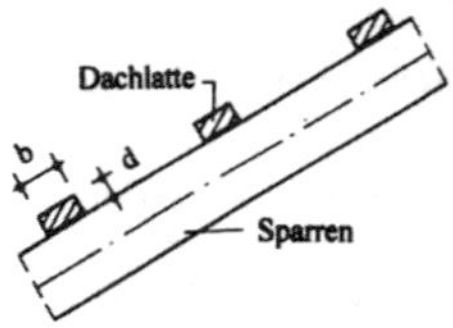

2.1.2 Dachlatten

Mindestabmessungen

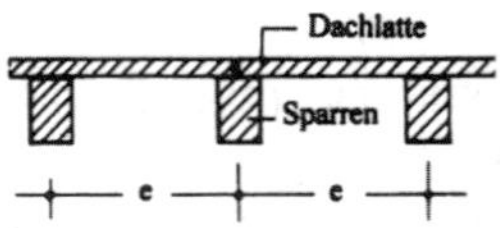

Sparrenabstand *e* (in cm)	*d/b* (in mm)
< 70	24/48
< 80	30/50
< 90	35/50
< 100	40/60

2.1.3 Windrispen (Abmessungen in mm)

- Holz 40/100 an *Unterseite* Sparren

oder

- Stahl (Windrispenband) 2/40 auf *Oberseite* Sparren mit Anschluss über Knagge zwischen den Sparren
- Endanschluss mit > 12 Sondernägeln 4 × 40
- Zwischenbefestigung 2 Nägel je Sparren
- Rispenband spannen!

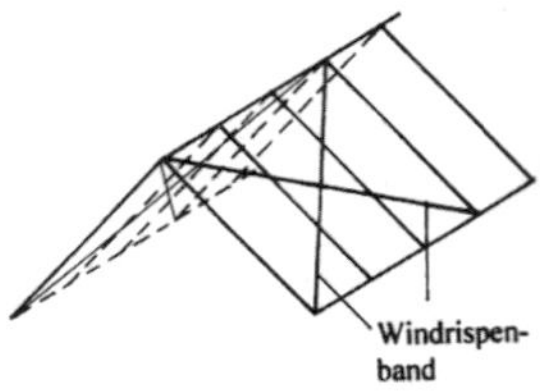

2.1.4 Sparrendach

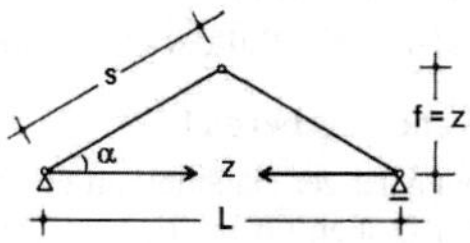

- **Anwendungsbereich**
- – Dachneigung > 20°
- – Hausbreite: bis L < 10 m mit Vollholz möglich
  bei L > 10 m Sonderkonstruktion, z. B. DSB
  (Empfehlung: KVH) *).

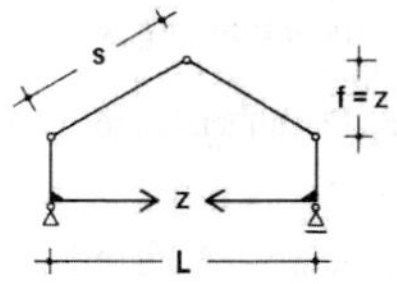

- **Statisch-konstruktive Hinweise**
- – keine großen Öffnungen im Dach und/oder Decke anordnen (wegen Dachschub/Zugband)
- – Decke muss Zugbandfunktion erfüllen
- – Drempel mit biegesteifer Verbindung zur Decke oder oben durch Ringbalken gehalten.

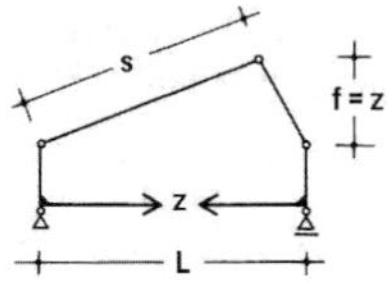

- **Sparren (alle Werte für Dächer mit Dachausbau)**

Sparrenhöhe $h \approx s / 24 + 2$ (cm) (s Sparrenlänge)
(Außerdem meist Dämmdicke maßgebend!)

Sparrenbreite $b \approx e / 10 \geq 8$ cm (e Sparrenabstand)

Horizontalschub $H = \dfrac{r \cdot L^2}{8 \cdot f} \approx \dfrac{r \cdot L}{4 \cdot \tan\alpha}$
≈ 10 bis 15 kN/m Trauflänge

(r Gesamtlast aus Eigenlast, Ausbau, Schnee und Wind)

2.1.5 Kehlbalkendach

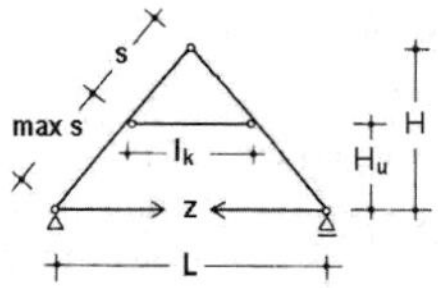

(Dachraum ausgebaut)

- **Anwendungsbereich**
- – Dachneigung > 20°
- – Hausbreite: bis L < 14 m mit Vollholz möglich
  bei L > 14 m Sonderelemente nötig

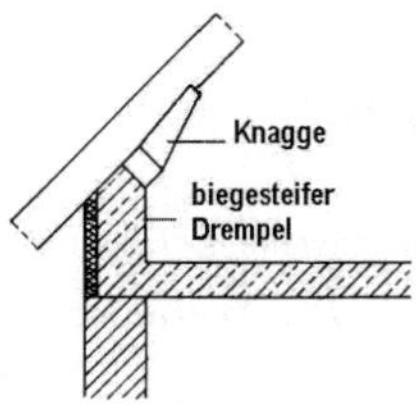

- **Statisch-konstruktive Hinweise**
- – keine großen Öffnungen in Dach und/oder Decke (wegen Dachschub/Zugband)
- – Decke muss Zugbandfunktion erfüllen
- – Drempel mit biegesteifer Verbindung zur Decke oder obere Halterung durch Ringbalken.

- **Empfehlung für Höhenlage der Kehlbalken**
  $H_u : H \approx 0{,}6$ bis $0{,}8$

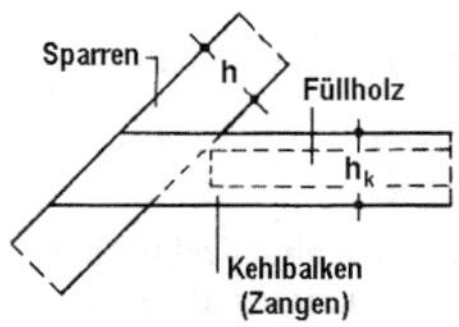

- **Sparren**

Sparrenhöhe $h \approx \max s / 24 + 4$ in cm
(max s = max. Sparrenlänge *zwischen* zwei Unterstützungen)

h sollte ggf. ausreichend hoch für die Dämmung zwischen den Sparren sein.

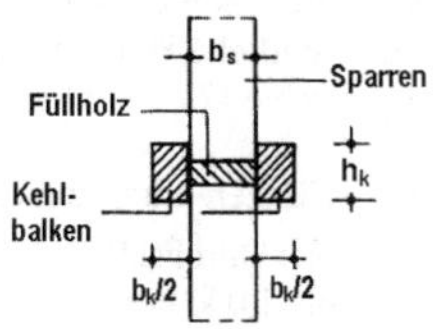

Sparrenbreite	$b \approx e/8 \geq 8$ cm	(e Achsabstand)
Kehlbalkenhöhe	$h_K \approx l_K/20$	(mit Spitzbodenlast)
Kehlbalkenbreite	$b_K \approx e/8$	(einteilig)
bzw.	$b_K \approx 2 \cdot e/8$	(zweiteilig, Zangen)

Sonderfall:

Bei **großen Öffnungen** im Dach oder in der Decke kann der Störbereich z. B. mit **beidseitigen** Pfetten ausgewechselt werden.

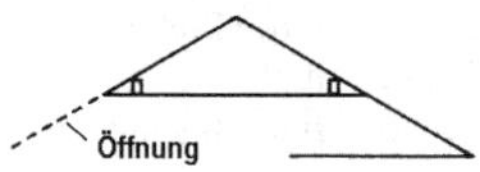

Hinweis: Keinen H-Schub aus V-Lasten am unteren Sparrenauflager einleiten (unteres Sparrenauflager wie Auflager beim Pfettendach ausbilden).

*) KVH = Konstruktionsvollholz.

2.1.6 Pfettendach

(Hinweis: Pultdach = Pfettendachhälfte)

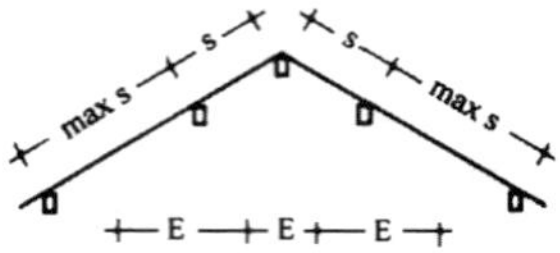

- **Anwendungsbereich**
  - bei geringer Dachneigung
  - bei großen Öffnungen im Dach und/oder in der darunter liegenden Decke
  - die Spannrichtung der darunter liegenden Decke ist beliebig
  - große Dachüberstände an Traufe und Giebel sind möglich.

- **Sparren**

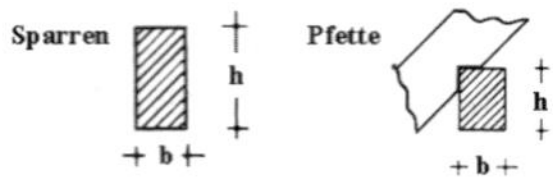

Sparrenhöhe $h \approx \dfrac{\max s}{24}$

Die Sparrenhöhe h sollte ggf. ausreichend hoch für die Dämmung ***zwischen*** den Sparren sein.

Sparrenbreite $e \approx \dfrac{e}{10} \geq 8\,\text{cm}$ (e Sparrenabstand)

$b : h = 1 : 2$ günstige Querschnittsform

- **Grat- oder Kehlsparren**

$h \approx 1{,}5\; h_{\text{Normalsparren}}$

- **Pfetten**

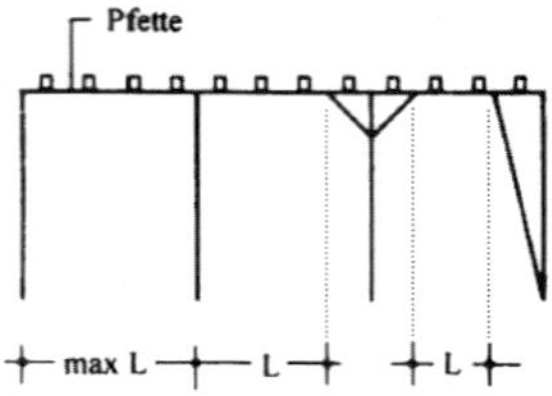

maßgebend = max L

Last nur aus Dach

Pfettenhöhe $h \approx \dfrac{L}{24} + \dfrac{E}{30 \text{ bis } 50}$

Dachneigung $\alpha \approx 45°$: Betrag des Nenners 30
$\alpha \approx 15°$: Betrag des Nenners 50

Pfettenbreite $b \approx \dfrac{L}{40} + \dfrac{E}{50}$

bzw. $b \approx 0{,}5\,h$ bis $0{,}7\,h$

(L Spannweite, E Lasteinzugsbreite)

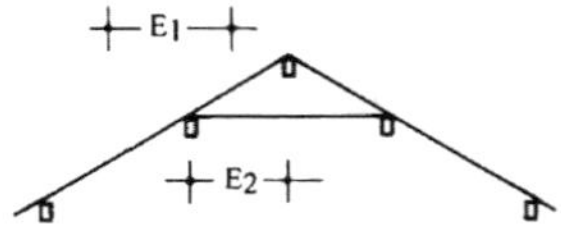

Last aus Dach und ausgebautem Spitzboden

Pfettenhöhe $h \approx \dfrac{L}{24} + \dfrac{E_1 + E_2}{30}$

Pfettenbreite $b \approx \dfrac{L}{40} + \dfrac{E_1 + E_2}{50}$

Nicht abgestrebtes Pfettendach

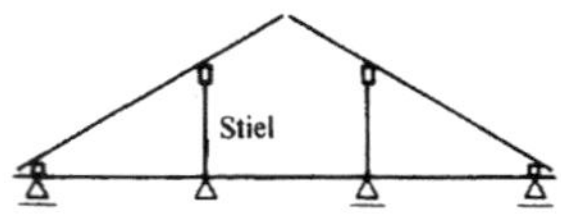

Abgestrebtes Pfettendach

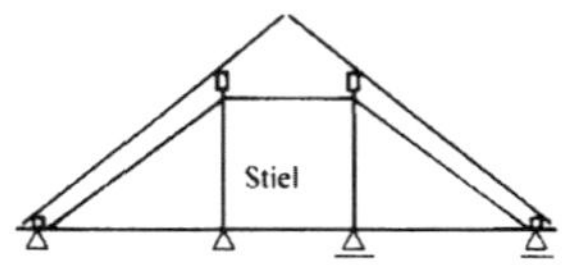

Hinweis:

- ○ Nicht abgestrebtes Pfettendach = horizontale Festhaltung am Sparrenfuß: Mittelpfetten hochkant, rechteckig
- ○ Abgestrebtes Pfettendach = horizontale Festhaltung durch seitliche Halterung der Pfetten (seitlich abgestrebte Stiele): Mittelpfetten in etwa quadratisch.

- **Stiele** (= Stützen unter den Pfetten)

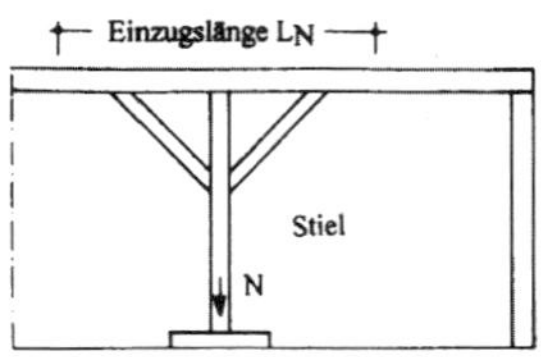

Stiellast N = Durchschnittslast × Einzugsfläche

$N \approx (2{,}5 \text{ bis } 3{,}0\,\text{kN/m}^2) \cdot (E_1 + E_2) \cdot L_N\,(\text{m})$

(L_N Mittelwert der an den Stiel angrenzenden Nachbarspannweiten der Pfette)

Stielquerschnitt

$a \approx \sqrt{6 \cdot N\,(\text{kN})}$ in cm

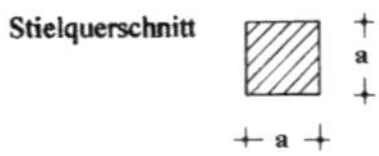

2.1.7 Sprengwerk/Hängewerk

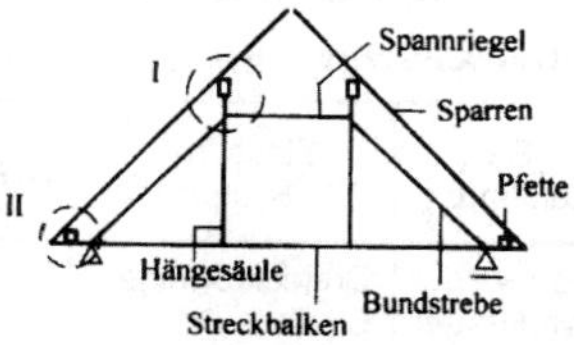

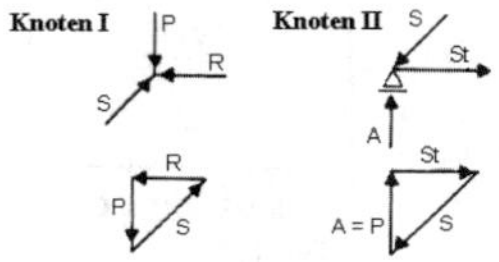

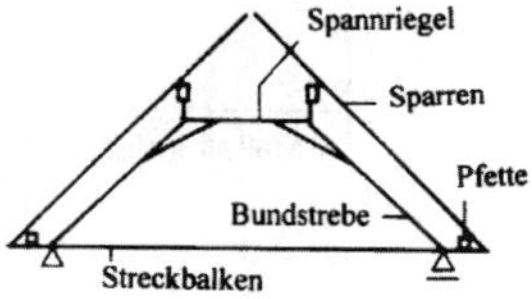

- **Anwendungsbereich**
  - Dachneigung ≥ 30°
  - Stützenfrei unterhalb des Dachraumes.
- **Statisch-konstruktive Hinweise**
  - wenn Lastabtragung vom Dach nur auf Außenwände möglich ist
  - beim Fehlen von tragenden Innenwänden
  - Binderabstand ca. 3,5 m bis 5 m; die Zwischenbereiche können Öffnungen und Störungen aufweisen.
  - Öffnungen in die Zwischenbereiche der Binder verlegen.
- **Sparren und Pfetten**

  Dimensionierung wie Pfettendach (Abschn. 2.1.6).
- **Spannriegel und Bundstrebe**

  Dimensionierung als Druckstäbe nach Abschn. 2.4.3: Kräfteermittlung über Krafteck

S Bundstrebe	P Last aus Pfette
R Spannriegel	St Streckbalken

2.1.8 Flachdächer

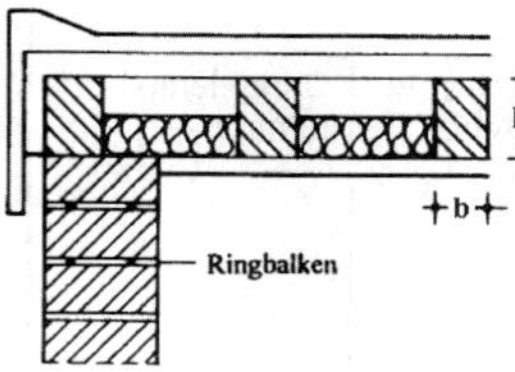

- **Allgemein**
  - Gesamtlasten (Eigenlast + Schnee + Wind)

leicht	mittel	schwer
1,5 kN/m²	2,5 kN/m²	4,0 kN/m²
(Kiespressdach)	(Kiesschüttung)	(extensiv begrünt)

  - Sog an den Dachrändern und besonders an den Gebäudeecken beachten (flache Dächer $\alpha < 25°$ und Dachüberstände sind besonders gefährdet)
  - Gefälle beachten: mind. 3 % Dachneigung (Wassersackbildung).

- **Holzbalkenflachdach**

  Anwendungsbereich:

  $l < 5$ m (Vollholz), Empfehlung: KVH
  $l > 5$ m (BSH)

  Balken (Vollholz oder BSH)

  Dachlast:

	leicht	mittel	schwer
$h =$	$l/24$	$l/20$	$l/16$

  (e Balkenabstand = 0,7 m bis 1,0 m bzw. $l/4$)

  $b > 0{,}5\,h$

Dreieck-Streben-Binder

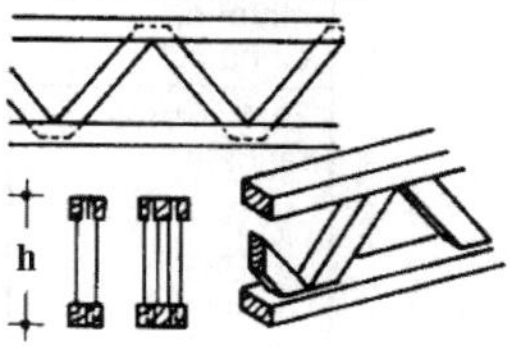

- **Dreieck-Streben-Binder o. Ä.**

  $l = 5$ m bis 10 m $h < 75$ cm

  $h = l/20$ bis $l/15$

  Trägerabstand $e = 0{,}80$ m bis 1,25 m

Trigonit

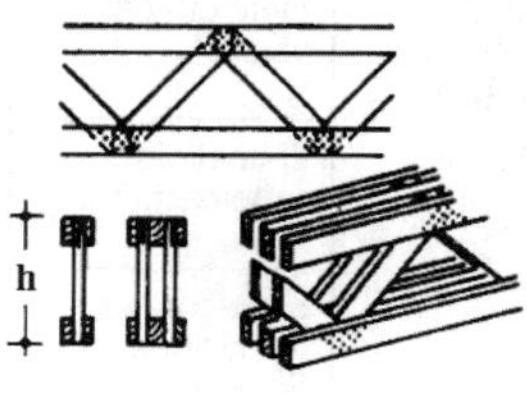

2.1.9 Weitgespannte Dachtragwerke

- **Holzkonstruktionen** (aus: Informationsdienst Holz)

Bezeichnung	Statisches System	System-Skizze	Spannweite l m	Binderhöhe	Binderabstand	Dachneigung α
Fachwerkträger	Dreieckförmiger Binder		7,5 bis 30	$h \geq \frac{l}{10}$	4 bis 10 m	12 bis 30°
			7,5 bis 20	$h_m \geq \frac{l}{10}$	4 bis 10 m	12 bis 30°
	Trapezförmiger Binder		7,5 bis 30	$h \geq \frac{l}{12}$	4 bis 10 m	3 bis 8°
			7,5 bis 30	$h_m \geq \frac{l}{12}$	4 bis 10 m	3 bis 8°
	Parallelbinder		7,5 bis 60	$h \geq \frac{l}{12} - \frac{l}{15}$	4 bis 10 m	–
			7,5 bis 60	$h \geq \frac{l}{12} - \frac{l}{15}$	4 bis 10 m	–
			7,5 bis 60	$h \geq \frac{l}{12} - \frac{l}{15}$	4 bis 10 m	–
Fachwerkrahmen	Dreigelenkrahmen	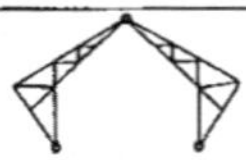	Kantholzrahmen 15 bis 30	$\frac{l}{12}$	Kantholzrahmen $e = 4$ bis 6 m	20°
			Rahmen mit Stützen aus Brettschichtholz 25 bis 50		weitgespannte Rahmen $e = 6 - 10$ m	–
	Dreigelenkrahmen, einhüftig		10 bis 20	$\frac{l}{12}$	e=4 bis 6 m	3 bis 8°
	Zweigelenkrahmen		Kantholzrahmen 15 bis 40	$\frac{l}{12}$	Kantholzrahmen $e = 4$ bis 6 m	3 bis 8°
		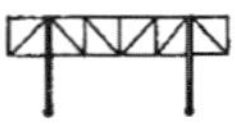	Rahmen mit Stäben aus Brettschichtholz 25 bis 60		weitgespannte Rahmen $e = 6 - 10$ m	–
Brettschichtträger	Einfeldträger, parallel	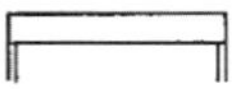	10 bis 35	$\frac{l}{17}$	5 bis 7,50 m	–
	Einfeldträger, satteldachförmig		10 bis 35	$\frac{l}{16} / \frac{l}{30}$	5 bis 7,50 m	3 bis 8°
	Einfeldträger, geknicktes Satteldach		10 bis 35	$\frac{l}{16} / \frac{l}{30}$	5 bis 7,50 m	max 12°

- **Stahlkonstruktionen** (Beispiele)

Nr	Binderform	System	Binderspann-weite	Binderhöhe
1	parallelgurtig, eben	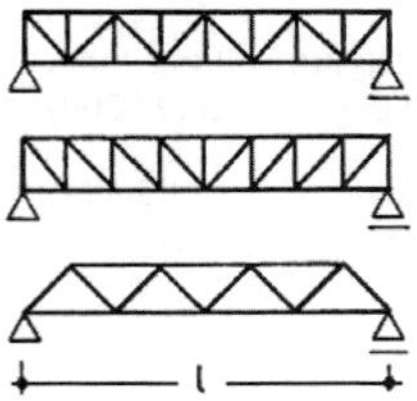	ca. 40 m	$\left(\frac{1}{8} \text{ bis } \frac{1}{10}\right) \cdot l$
2			ca. 40 m	$\left(\frac{1}{8} \text{ bis } \frac{1}{12}\right) \cdot l$
3			ca. 40 m	$\left(\frac{1}{8} \text{ bis } \frac{1}{12}\right) \cdot l$
4	Pultdach, geneigter Obergurt	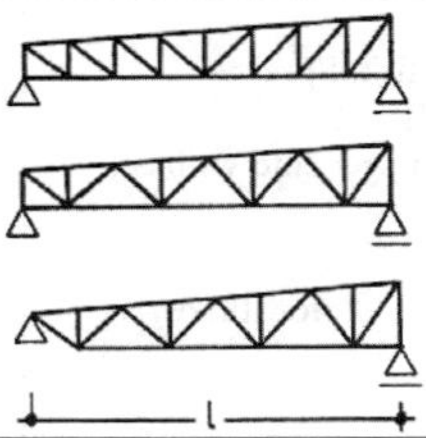	ca. 40 m	$\left(\frac{1}{8} \text{ bis } \frac{1}{12}\right) \cdot l$
5			ca. 40 m	$\left(\frac{1}{8} \text{ bis } \frac{1}{12}\right) \cdot l$
6			ca. 40 m	$\left(\frac{1}{8} \text{ bis } \frac{1}{12}\right) \cdot l$
7	Satteldach Dreieck-form	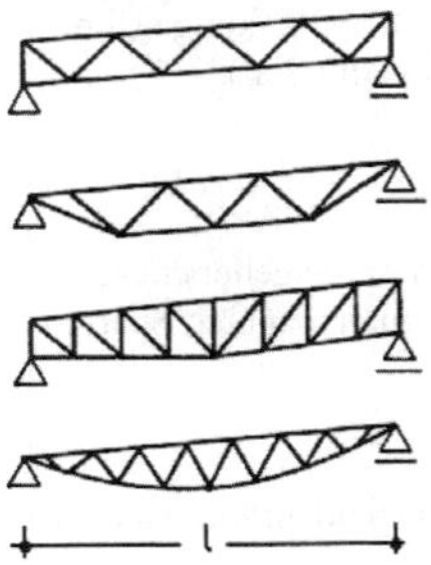	ca. 40 m	$\left(\frac{1}{8} \text{ bis } \frac{1}{12}\right) \cdot l$
8			ca. 40 m	$\left(\frac{1}{8} \text{ bis } \frac{1}{12}\right) \cdot l$
9			ca. 40 m	$\left(\frac{1}{8} \text{ bis } \frac{1}{12}\right) \cdot l$
10			ca. 40 m	$\left(\frac{1}{10} \text{ bis } \frac{1}{14}\right) \cdot l$
11	Satteldach Dreieck-form	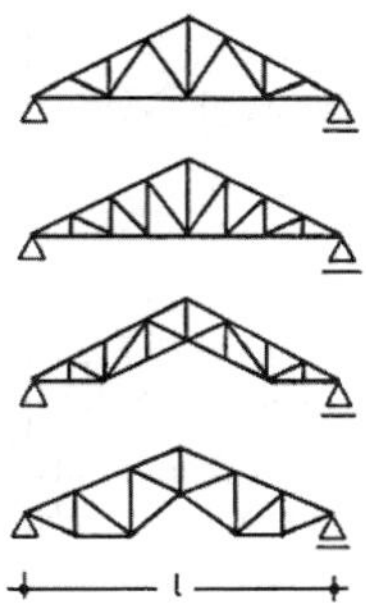	ca. 20 m	$\left(\frac{1}{6} \text{ bis } \frac{1}{9}\right) \cdot l$
12			ca. 20 m	$\left(\frac{1}{6} \text{ bis } \frac{1}{9}\right) \cdot l$
13			ca. 20 m	$\left(\frac{1}{6} \text{ bis } \frac{1}{9}\right) \cdot l$
14			ca. 20 m	$\left(\frac{1}{6} \text{ bis } \frac{1}{9}\right) \cdot l$
15	Polonceau-binder	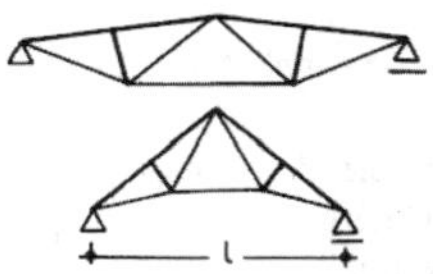	ca. 20 m	$\left(\frac{1}{6} \text{ bis } \frac{1}{9}\right) \cdot l$
16			ca. 20 m	$\left(\frac{1}{6} \text{ bis } \frac{1}{9}\right) \cdot l$

- **Unterspannter Träger**

(Träger mit „Luftstützen“ = Spreizen)

geeignet für gleichmäßig verteilte Lasten (z. B. Dachträger und Glaskonstruktionen),

Obergurt = auch biegebeanspruchter Druckgurt, soll zur Stabilisierung leicht überhöht werden (Überhöhungswert ca. l / 200).

Geneigter Träger mit Vertikalspreize

l Spannweite des Gesamtträgers

l_{Sp} Spannweite zwischen den Spreizen

$$h \approx \frac{l}{12} \text{ bis } \frac{l}{6}$$

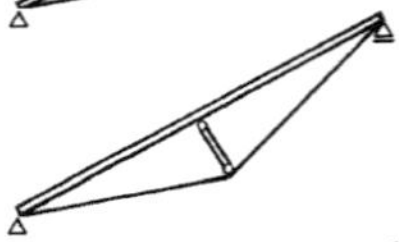

Geneigter Träger mit senkrechter Spreize

D_{Sp} Druckkraft in Spreize

$D_{Sp} \approx 1{,}1 \cdot r \cdot l_{Sp}$

(r = gleichmäßig verteilte Volllast)

Im Balken:

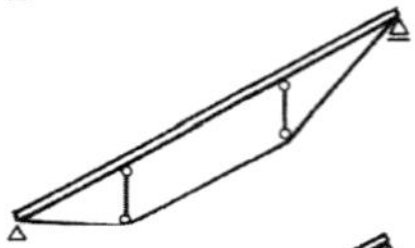

Zweifachunterspreizung $|M| \leq r \cdot \frac{l_{Sp}^2}{9}$ (Feld/Stütze)

$N \approx 3$ bis $6\ D_{Sp}$

Dreifachunterspreizung an jeder Spreize Umlenkung erforderlich („Knick“ im Seil)

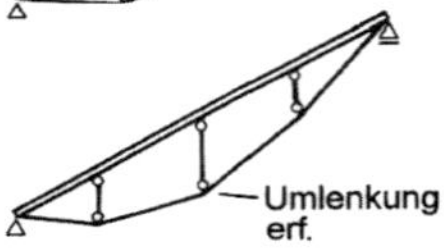

Polonceaubinder ≈ Sparrendach mit angehobenem Zugband und unterspannten Sparren

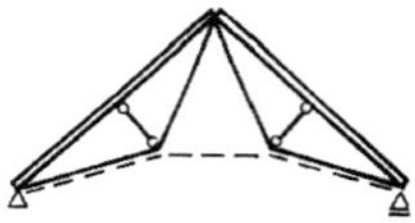

Flachgeneigter Polonceaubinder mit tiefliegendem Zugband

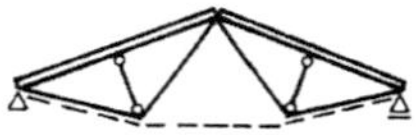

Polonceaubinder mit zweifach gestütztem Sparren als Viergelenkstabzug

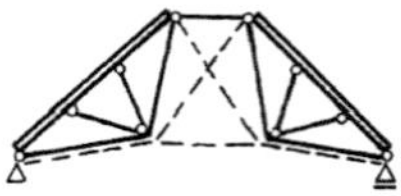

- **Stahlbeton- und Spannbetonkonstruktionen** (Beispiele)

Satteldachbinder oder parallelgurtiger Träger; Ausführung als Stahlbetonbinder oder – bei größeren Spannweiten – als Spannbetonbinder.

Bauhöhen etwa

$$h \approx \frac{l}{12} \text{ (Stahlbeton)} \qquad h \approx \frac{l}{18} \text{ (Spannbeton)}$$

Querschnitt häufig mit verbreitertem Obergurt; bei großen Bewehrungsgraden auch Verstärkung des Untergurts (Zugzone) zur einwandfreien Unterbringung der Bewehrung

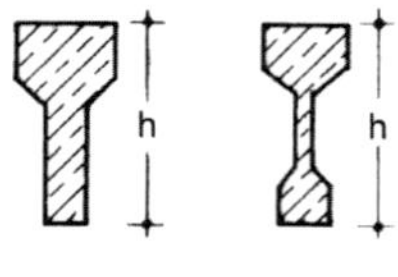

2.2 Geschossdecken

2.2.1 Allgemeines

- Werte gültig für Nutzlasten $q_k \leq 5$ kN/m²
- Wohnungsbau: $q_k = 1{,}5$ kN/m² (*mit* ausreichender Querverteilung der Lasten)
- Wohnungsbau: $q_k = 2{,}0$ kN/m² (*ohne* ausreichende Querverteilung, z. B. Holzbalkendecke)
- Berücksichtigung unbelasteter leichter Trennwände durch Zuschlag zur Verkehrslast: $\Delta q = 1{,}20$ kN/m² für Wandgewicht ≤ 5 kN/m Wandlänge
- Charakteristische Deckengesamtlast 5 (Holz) bis 10 (Stahlbeton) kN/m².

Empfehlung: Immer Trennwandzuschlag berücksichtigen, damit Umnutzungen möglich sind.

2.2.2 Stahlbetonplattendecken (Vollbetondecken)

Maßgebend für die Wahl der Deckendicke ist die ideelle Stützweite $l_i = \alpha \cdot l$ (≈ Abstand der Momentennullpunkte)

Einfeldträger: $l_i = l$
Mehrfeldträger, Endfeld: $l_i = 0{,}8$ bis $0{,}9\, l$
Mittelfelder: $l_i = 0{,}6\, l$
Kragarm: $l_i = 2{,}4\, l$

- **einachsig gespannte Platten**
  - *Anwendungsbereich*
    $l_i < 6$ m (wirtschaftlich)
  - *Deckendicke* (Mindestanforderung!)

$$h(\text{m}) \geq \frac{l_i(\text{m})}{25} + 0{,}03\ \text{m (C20/25) bzw.}$$

$$h(\text{m}) \geq \frac{l_i(\text{m})}{30} + 0{,}03\ \text{m (C30/37)}$$

$$h(\text{m}) \geq \frac{l_i^2(\text{m})}{150} + 0{,}03\ \text{m zusätzlich bei Trennwänden}$$

  - *Bewehrung für Verkehrslast $q = 2{,}7$ kN/m²*
    (Wohnungsbau, C20/25, BSt 500, $d = 15$ bis 20 cm)
    Nachfolgende Werte sind nur gültig für Nutzlasten „Wohnungsbau" und Plattendicken in der Nähe der o. g. Entwurfswerte. Bei Abweichungen der Spannweiten benachbarter Felder > 30 % sollte l_i der jeweils großen Felder reichlich gewählt werden.

    ***Feld*bewehrung** (unten):

$$a_s\ (\text{in cm}^2/\text{m}) = \frac{l_i^2\ (\text{m})}{4}$$

    ***Stütz*bewehrung** (oben):

$$a_s\ (\text{in cm}^2/\text{m}) = \frac{l_m^2\ (\text{m})}{4}$$

    l_i ideelle Stützweite
    l_m jeweiliger Mittelwert der benachbarten Spannweiten für die betreffende Stützung:

$$l_m = \frac{l_{links} + l_{rechts}}{2}$$

  - *Stahlbedarf* (einachsig gespannt)
    Einfeldsystem: g_{Stahl} (kg/m² Decke) ≈ $1{,}3\, a_s$ (cm²/m)
    Durchlaufsystem: g_{Stahl} (kg/m² Decke) ≈ $1{,}7\, a_s$ (cm²/m)
    a_s Bewehrungsquerschnitt im Feld in Haupttragrichtung

α - Werte:

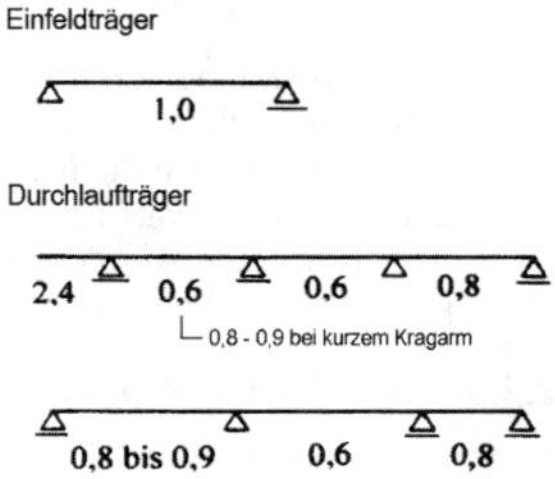

Ortbetondecke

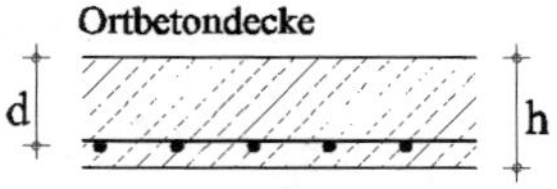

Beispiel Zweifeldträger:

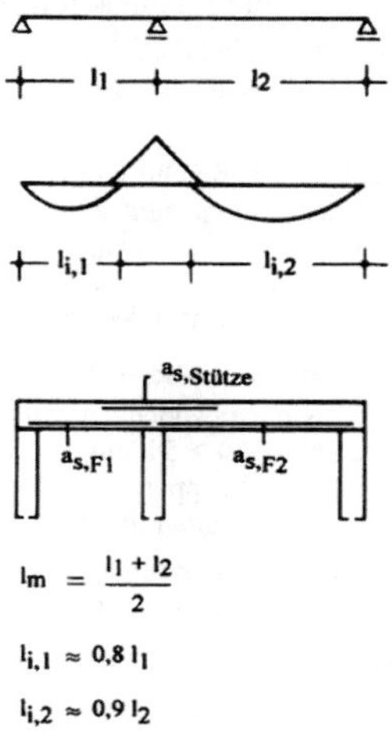

- **zweiachsig gespannte Platten**
  - o *Anwendungsbereich*: $l \leq 7$ m
    wirtschaftlich für $e = l_{max} / l_{min} < 1{,}4$
    Nur bedingt zu empfehlen bei Halbfertigteilkonstruktionen (z. B. Elementdecke) wegen reduzierter statischer Höhe. Querbewehrung muss zudem einzeln eingefädelt werden!
  - o *Deckendicke*
    Maßgebend für die Dimensionierung ist die kleinere der beiden Spannweiten l_i. Bei durchlaufenden Deckenfeldern mit einheitlicher Dicke ist die maßgebende Spannweite die größte der jeweils kleineren Spannweiten.

$$h\,(\text{m}) > \frac{l_i\,(\text{m})}{25} + 0{,}03\text{ m bzw. } \frac{l_i^2\,(\text{m})}{150} + 0{,}03\text{ m}\,^{*)}\ (\text{C20/25})$$

*) Maßgebend bei Decken mit leichten Trennwänden und $l_i > 6$ **m.**

Zur Vermeidung von Rissen in den Mauerwerkswänden in den freien Ecken ist eine Abhebesicherung (Verankerung/ Auflast/Randversteifung/Unter- bzw. Überzug) erforderlich, oder die Decke darf im Eckbereich nicht auflagern! (Kein Abheben, siehe Abbildungen, keine Wärmebrücke, geringere obere Drillbewehrung, aber größeres Feldmoment.)

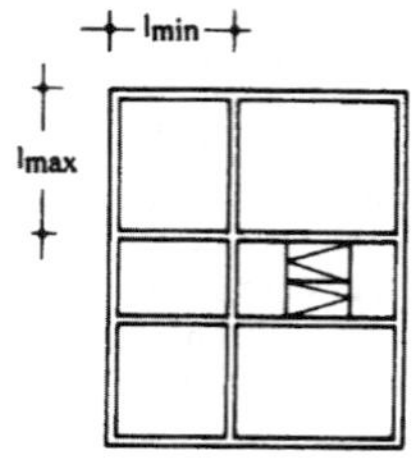

Schnitt in die Deckenebene

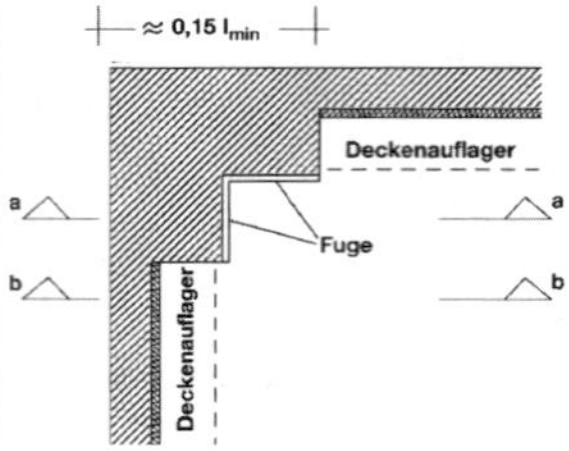

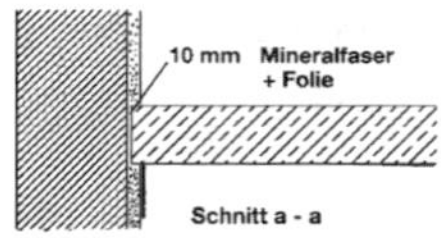

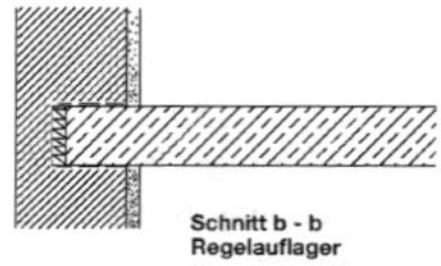

2.2.3 Stahlbeton-Rippendecken

- **Anwendungsbereich**
  - o $6\text{ m} < l < 12$ m
  - o Nutzlast ≤ 5 kN/m²
  - o lichter Rippenabstand $a_L \leq 70$ cm
  - o günstige Installationsführung zwischen den Rippen.
- **Dimensionierung**
  $h \geq 5$ cm bzw. $> a_L / 10$
  $h_0 \approx l/15$ bis $l/20$
  Nur einlagige Querbewehrung in der Druckplatte!
  Bei Decken mit leichten Trennwänden:

  $h_0\,(\text{m}) > l_i^2/150 + 0{,}035$ m

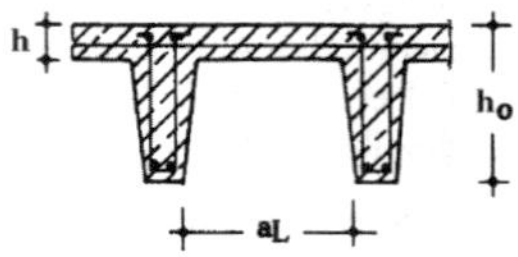

- **Voll- und Halbmassivstreifen**

Erforderlich bei durchlaufenden Systemen im Bereich der Innenstützungen (Aufnahme der Biegedruckkräfte)

Empfehlung:
Deckendurchbrüche möglichst im Bereich der Druckplatte neben den Rippen und nicht in Unterzugachsen anbringen. Bei großen Spannweiten sind Querrippen erforderlich.

2.2.4 Plattenbalkendecken/Π-Platten

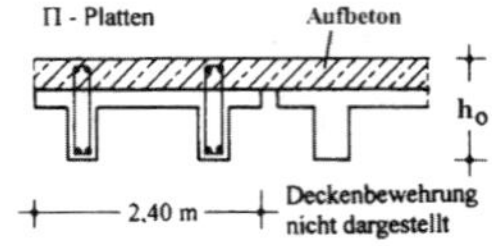

- **Anwendungsbereich**
  - o wie Rippendecken, jedoch
  - o Nutzlast > 5 kN/m²
  - o lichter Rippenabstand > 70 cm ≈ $l_{Rippe}/4$
  - o Druckplatte mit oberer *und* unterer Querbewehrung
- **Dimensionierung**
  $h_0 \approx l/15$ bis $l/20$

Empfehlung für Π-Platten:

Aufbeton zur einfachen Erzielung einer Deckenscheibenwirkung und zum Ausgleich von eventuell vorhandenen Höhendifferenzen.

Plattenbalkendecke

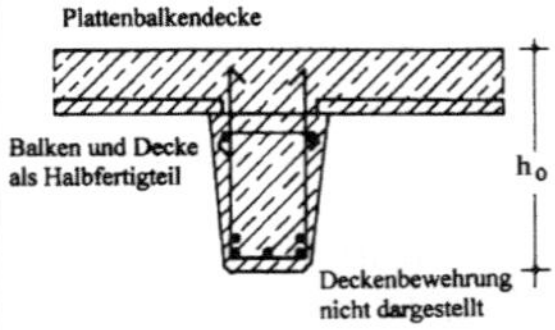

2.2.5 Kassettendecken/Trägerrost

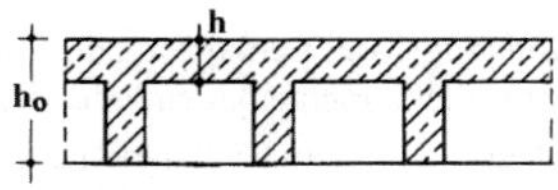

- **Anwendungsbereich**

Statisch nur sinnvoll, wenn zweiachsige Lastabtragung möglich ist und annähernd quadratisches Raster vorliegt.

$$\varepsilon = \frac{l_y}{l_x} \qquad 0{,}9 < \varepsilon < 1{,}1$$

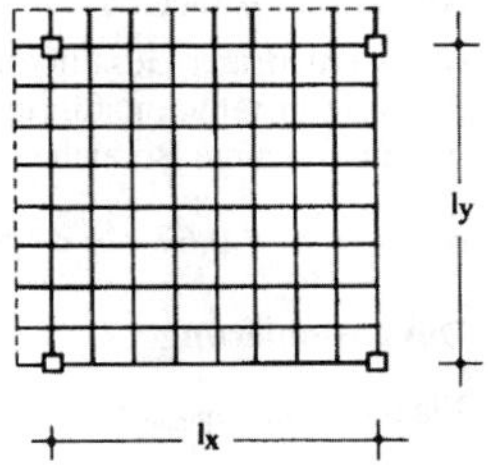

- **Dimensionierung**

Durchlaufwirkungen sind mit ideeller Ersatzstützweite l_i zu erfassen

- *Vollwandträger*

Stahlbeton	$H = h_0 \approx \frac{l_i}{20}$
Holz	$H \approx \frac{l_i}{20}$ (schwierige Verbindungen!)
Stahl	$H \approx \frac{l_i}{30}$

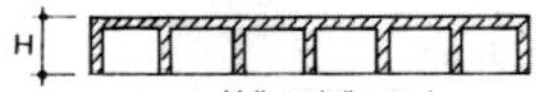

Vollwandträgerrost

- *Fachwerk* (große Stützweiten)

Stahlbeton:	nicht gebräuchlich
Holz	$H \approx \frac{l_i}{15}$
Stahl	$H \approx \frac{l_i}{20}$

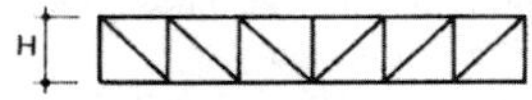

Fachwerk

- *Raumfachwerke* bei sehr großen Stützweiten (z. B. Mero/ Durchdringungen von Dreigurtbindern) dreilagige Struktur, bei räumlich gekrümmten Strukturen sind geringere Bauhöhen möglich.

Stahlbeton:	als Raumfachwerk zu aufwendig
Holz	$H \approx \frac{l_i}{20}$
Stahl	$H \approx \frac{l_i}{15}$ bis $\frac{l_i}{20}$

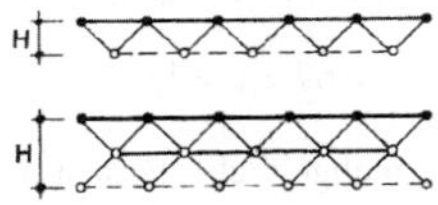

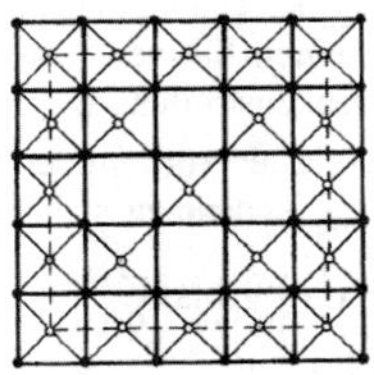
Beispiel für eine dreilagige Struktur

2.2.6 Hohldecken

Hohldecken können als Fertigteillösung (Abschn. 4.1.2) oder unter Verwendung von Hohlkörpern in Ortbeton hergestellt werden. Der Vorteil liegt in der Reduktion des Eigengewichtes um ca. 30 %. Die Steifigkeit der Hohldecke geht nur um 10 %, die Schubtragfähigkeit aber um 50 % zurück. Deshalb werden im Bereich hoher Querkräfte keine Verdrängungskörper angeordnet.

Übliche Ortbetonhohldecken haben eine Dicke zwischen 20 und 60 cm, sind zweiachsig gespannt und werden ohne Unterzüge ausgeführt. Die Dimensionierung orientiert sich an den Massivdecken.

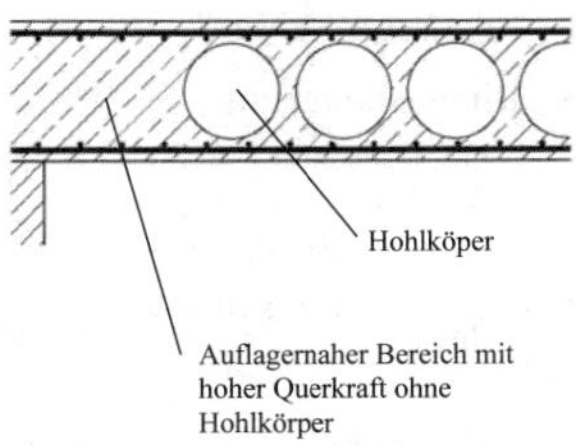

Da die Hohlkörper während des Betonierens unter Auftrieb stehen, wird entweder in zwei Abschnitten gefertigt oder die Kombination mit Halbfertigteilen (Abschn. 4.1.1) gewählt.

2.2.7 Flach- und Pilzdecken

Unterzugslose, punktgestützte Stahlbetonplattendecke auf quadratischem, rechteckigem oder dreiecksförmigem Stützenraster:

Pilzdecke – mit Verstärkung im Stützenbereich („Pilzkopf")
Flachdecke – ohne Verstärkung im Stützenbereich.

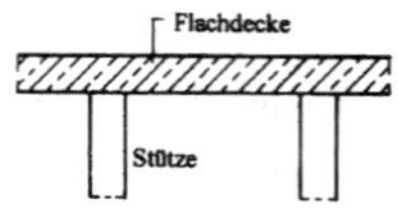

- **Anwendungsbereich**
  - bei niedriger Gesamtkonstruktionshöhe
  - freie Installationsführung möglich
  - ausgedehnte Bereiche ohne Fugen ausführbar
  - $\varepsilon = \frac{l_y}{l_x} \quad 0{,}67 < \varepsilon < 1{,}5$

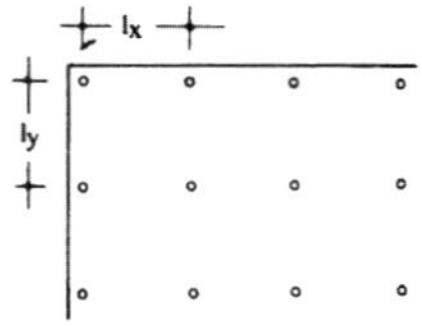

- **Dimensionierung**

  Flachdecke: $h_{\text{Platte}} \approx \frac{l}{25} \text{ bis } \frac{l}{20} \quad > 15 \text{ cm}$

  $h_{\text{Stütze}} \approx 1{,}1\ h_{\text{Platte}}$

  Pilzdecke: $h_{\text{Platte}} \approx 0{,}8\ h_{\text{Platte,Fl}}$ (Flachdecke)

Achtung:

- möglichst keine Deckendurchbrüche neben den Stützen
- große Öffnungen besser im Innenbereich und nicht in den Stützenfluchten
- Deckendurchbiegungen ca. 30 % größer als bei analogen „Decken mit Unterzügen" (Schalung überhöhen!).

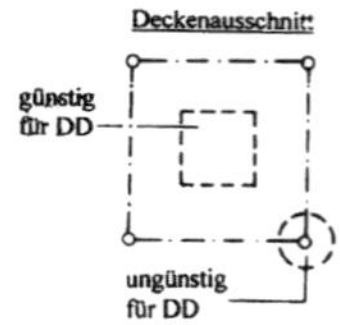

Bei **unregelmäßigem** Stützenraster bzw.

$$\varepsilon = \frac{l_y}{l_x} \quad 0{,}67 > \varepsilon > 1{,}5$$

kann der maßgebliche Beanspruchungsbereich auch über die Ermittlung der Diagonalspannweiten abgeschätzt werden, d. h. man legt einen fiktiven, diagonalen Trägerrost von sich kreuzenden Deckenstreifen zwischen den Stützen an.

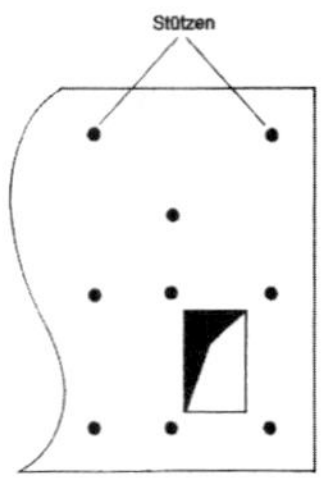

Die größte aller vorkommenden maßgeblichen ideellen Stützweiten $l_{i,max}$ ist dann ausschlaggebend für die Dimensionierung:

$$h_{\text{Platte}} \geq \frac{l_{i,max}}{30} \text{ bis } \frac{l_{i,max}}{20}$$

$$h_{\text{Stütze}} \approx 1{,}1\ h_{\text{Platte}}$$

2.2.8 Stahlträger-Verbunddecken

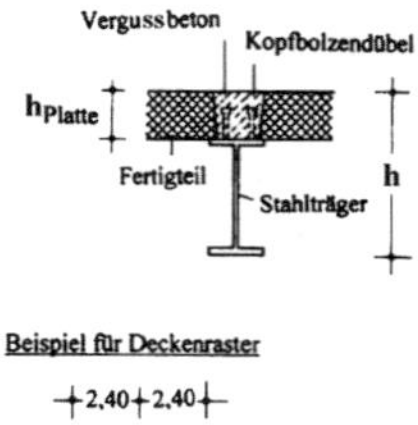

- **Anwendungsbereich**

  Nutzlast ≥ 5 kN/m²

- **Dimensionierung**
  - Deckenraster = 1,20; 2,40; 3,60 m
  - Spannweite Deckenträger ≤ 3- bis 4faches Deckenraster ≤ 14,40 m
  - $h_{\text{Platte}} \approx \frac{\text{Deckenraster}}{30}$ (i. Allg. 12 bis 20 cm)
  - Gesamthöhe $h \approx \frac{l}{17}$ (bei St 37 bzw. S 235).

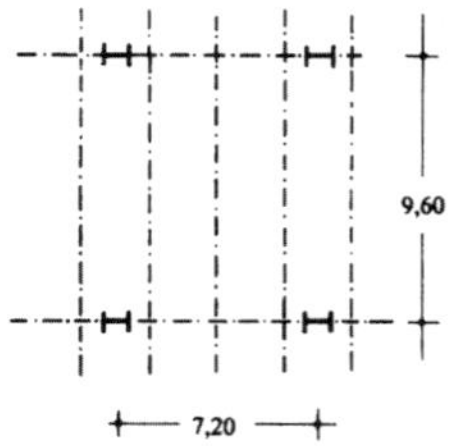

2.2.9 Holzbalkendecken

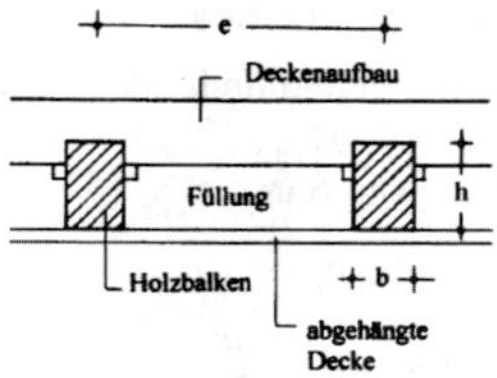

Eigenlast: g = ca. 2 kN/m²
Nutzlast: q = 2 kN/m²

- **Balken**

  $h \approx l / 20$
  $b \approx$ (1/2 bis 2/3) $h \geq$ 10 cm
  Balkenachsabstand $e \approx l/4$ (günstig $e \approx$ 65 cm bis 100 cm).

- **Brandschutz**

  F 30-B mit Verkleidungen und Abdeckungen und/oder Überdimensionierung möglich („heiße Bemessung").

2.3 Unterzüge/Überzüge

2.3.1 Unterzüge aus Holz (unter Holzbalkendecken)

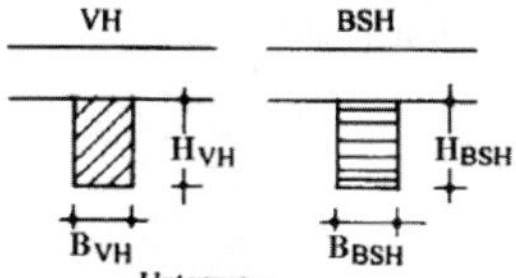

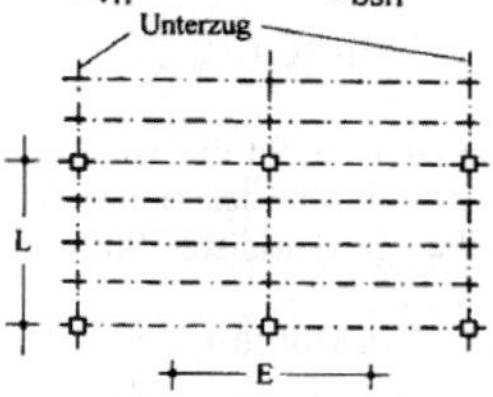

Die angegebenen Werte gelten für eine Verwendung in beheizten Innenräumen oder zumindest als überdachtes Tragwerk (Nutzungsklassen 1 und 2) mit mittlerer Lasteinwirkungsdauer. Frei der Witterung ausgesetzte Bauteile mit ständig hohen Lasten dürfen nicht so stark ausgenützt werden und erfordern deshalb größere Querschnitte.

- **Vollholz** (VH u. KVH)

$$H_{VH} \approx \frac{L}{22} + \frac{E}{33}$$

$$B_{VH} \approx \frac{L}{40} + \frac{E}{50}$$

- **Brettschichtholz** (BSH)

  $H_{BSH} = 0{,}95\, H_{VH}$
  $B_{BSH} \leq 18$ cm

2.3.2 Stahlbetonunterzüge/-überzüge

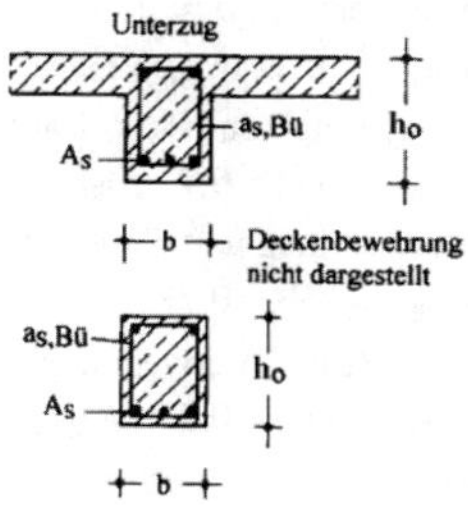

Um die Einbaubarkeit der Bewehrung und die gute Verdichtung des Betons sicherstellen zu können sollte:
$b \geq 24$ cm

- **Einfeldträger**

$$h_0 \approx \frac{l}{8} \text{ bis } \frac{l}{12}$$

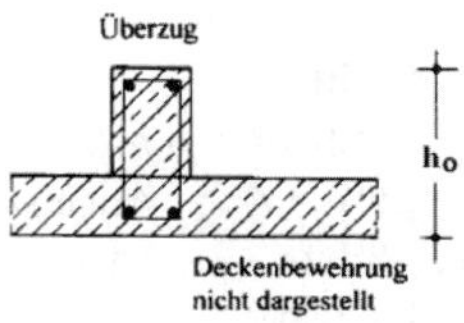

- **Durchlaufträger**

$$h_0 \approx \frac{l}{8} \text{ bis } \frac{l}{14}$$

- **Wandartiger Träger**

  Bei Ausführung einer tragenden Wand in Stahlbeton ergibt sich die Möglichkeit zur Ausbildung eines leistungsfähigen geschosshohen Trägers.

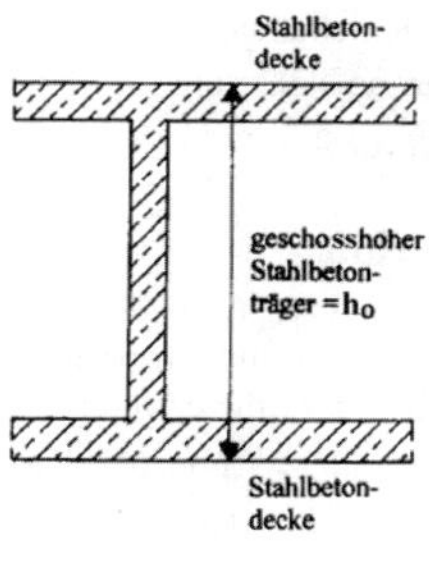

2.3.3 Deckengleicher Unterzug

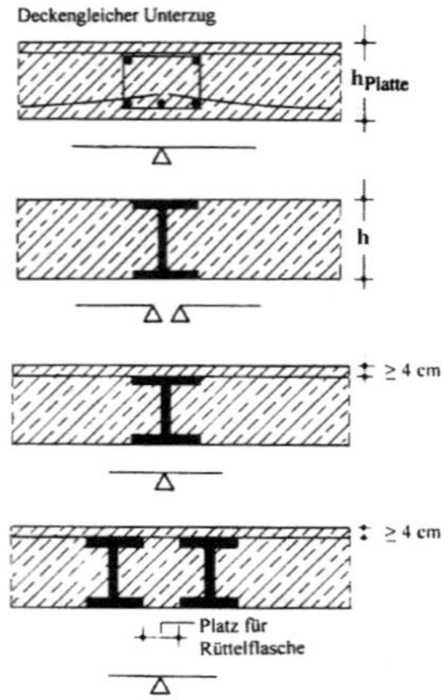

- **Stahlbetonblindbalken** (deckengleicher Unterzug)
  $L \leq 15 \cdot h_{\text{Platte}}$
  L Spannweite

- **Stahlträger:**

  HEA: $h \approx \dfrac{L+E}{35}$

  L Spannweite
  E Einzugsbreite

2.4 Stützen

Voraussetzung für die nachfolgenden Angaben:
Gesamtstabilität des Bauwerks ist durch Decken- und Wandscheiben gewährleistet. Stützen sind oben und unten gehalten.

$\rho = A_{Stahl}/A_{Beton}$

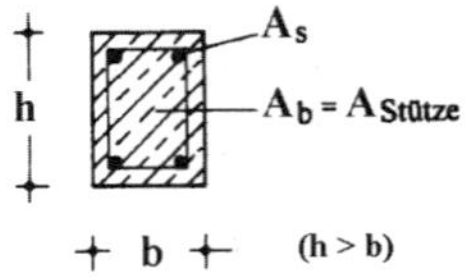

2.4.1 Stahlbeton

Für Stockwerkshöhe < 14b (b < h), Beton C20/25 und Bewehrungsprozentsatz $\rho \approx$ 1 % gilt:

$A_{\text{Stütze}}\ (\text{cm}^2) \approx N_{\text{Stütze}}\ (\text{kN})$

bei Steigerung von ρ = 1 % auf ρ = 3 % gilt:

$A_{\text{Stütze}}\ (\text{cm}^2) \approx 0{,}7 \cdot N_{\text{Stütze}}\ (\text{kN})$

bei Verwendung von C30/37 statt C20/25 gilt:

$A_{\text{Stütze}}\ (\text{cm}^2) \approx 0{,}77 \cdot N_{\text{Stütze}}\ (\text{kN})$

bei $\rho \approx$ 3 % und Verwendung von C30/37 gilt:

$A_{\text{Stütze}}\ (\text{cm}^2) \approx 0{,}55 \cdot N_{\text{Stütze}}\ (\text{kN})$

Weitere Laststeigerungen bei gleichen Querschnittsabmessungen lassen sich durch den Einsatz von hochfestem Beton oder der Ausführung als Stahlverbundstütze realisieren.

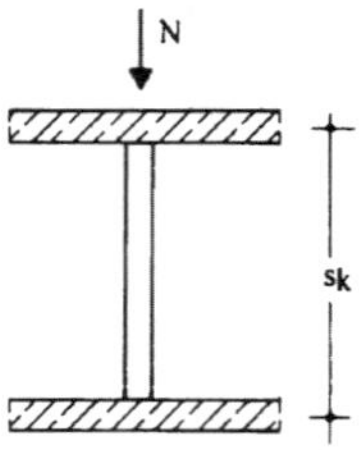

2.4.2 Stahl

HEA (IPBl): $h\,(\text{mm}) \approx \sqrt{22 \cdot N\,(\text{kN}) \cdot s_k\,(\text{m})}$
HEB (IPB): $h\,(\text{mm}) \approx \sqrt{16 \cdot N\,(\text{kN}) \cdot s_k\,(\text{m})}$
HEM (IPBv): $h\,(\text{mm}) \approx \sqrt{10 \cdot N\,(\text{kN}) \cdot s_k\,(\text{m})}$

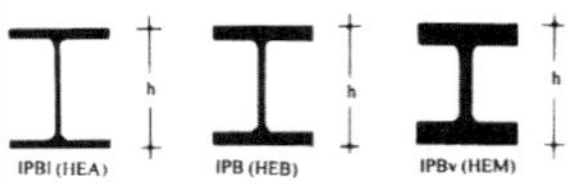

h Profilhöhe
N Stützenlast mit charakteristischen Lasten
s_K Knicklänge

Erste grobe Näherung für übliche Profile und Geschosshöhen:

erf $A\ (\text{cm}^2) \approx 0{,}10 \cdot N\ (\text{kN})$

2.4.3 Holz

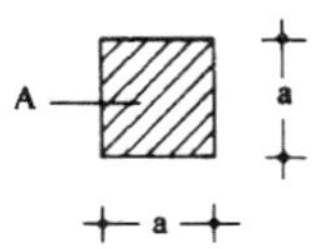

Für $s_K < 34\ d_{min}$ (z. B. Stütze 10/10, $s_K \leq 3{,}4$ m) und Krafteinleitung an den Stützenenden ⊥ zum Faserverlauf (z. B. Stütze/Schwelle oder Stütze/Unterzug):

erf $A\ (\text{cm}^2) \approx (5 \text{ bis } 6) \cdot N\ (\text{kN})$
bzw. $a \approx 2{,}3 \cdot \sqrt{N\ (\text{kN})}$

2.4.4 Planungshilfen für die Querschnitts- und Materialwahl von Geschossstützen

Tafel 10.21a Tragfähigkeit im Vergleich (charakteristische Lasten ≈ Gebrauchslasten)

Knicklänge s_k = 3,0 m										
	Stahl						Verbund[2)]	Stahlbeton		Holz[3)]
Last in kN	HEA St 37 S235	HEB St 37 S235	HEM St 37 S235	Rohr St 37 S235	□[1)] St 37 S235	□[1)] St 37 S235	Querschnitt HEM (b/h)	C20/25 ρ = 0,8 %	C30/37 ρ = 3 %	NH/ C24
100	100	100	100	101,6 × 3,6	80 × 4	70 × 7,1		20/20	20/20	16/16 (24/24)
200	140	120	100	152,4 × 4,5	80 × 10	80 × 10		20/20	20/20	20/20 (32/32)
300	160	140	100	193,7 × 5,6	100 × 5,6	100 × 6,3		20/20	20/20	22/22 (32/32)
500	200	160	120	244,5 × 6,3	120 × 11	110 × 10		24/24	20/20	
800	240	200	160	323,9 × 7,1	150 × 14,2	140 × 10		30/30	22/22	
1000	260	220	180	323,9 × 7,1	180 × 12,5	150 × 11	100 (22/22)	32/32	24/24	
1500	320	280	220	406,4 × 8,8	220 × 14,2	160 × 16	120 (24/24)	40/40	30/30	
2000	450	340	240		260 × 16	220 × 16	140 (26/26)	45/45	34/34	
3000	700	550	280			260 × 17,3	180 (30/30)	55/55	42/42	
5000	900						260 (40/40)	72/72	55/55	
8000							300 (45/45)	90/90	68/68	
10000							400 (45/55)	100/100	75/75	

1) Quadratische MSH-Hohlprofile.
2) S355 (bzw. St 52) und C45/55.
3) Klammerwerte: Pressungen senkrecht zur Faser (Schwelle) maßgebend.

Tafel 10.21b Tragfähigkeit im Vergleich (charakteristische Lasten ≈ Gebrauchslasten)

Knicklänge s_k = 4,2 m										
	Stahl						Verbund[2)]	Stahlbeton		Holz[3)]
Last in kN	HEA St 37 S235	HEB St 37 S235	HEM St 37 S235	Rohr St 37 S235	□[1)] St 37 S235	□[1)] St 37 S235	Querschnitt HEM (b/h)	C20/25 ρ = 0,8 %	C30/37 ρ = 3 %	NH/ C24
100	120	120	100	133,0 × 4,0	80 × 10	80 × 10				20/20 (32/32)
200	160	140	120	152,4 × 4,5	100 × 8,8	100 × 8,8				22/22 (32/32)
300	180	160	120	193,7 × 5,6	120 × 8,8	120 × 7,1				26/26 (32/32)
500	220	180	140	244,5 × 6,3	150 × 10	150 × 7,1		24/24		
800	260	220	180	323,9 × 7,1	160 × 14,2	160 × 10	100 (22/22)	30/30	22/22	
1000	280	240	200	406,4 × 8,8	180 × 14,2	160 × 14,2	120 (24/24)	32/32	24/24	
1500	360	300	240		220 × 16	200 × 14,2	140 (26/26)	40/40	30/30	
2000	500	360	240		260 × 17,5	220 × 16	160 (30/30)	45/45	34/34	
3000	800	650	300			260 × 17,3	200 (35/35)	55/55	42/42	
5000							260 (40/40)	72/72	55/55	
8000							320 (45/50)	90/90	68/68	
10000							500 (45/65)	100/100	75/75	

1) Quadratische MSH-Hohlprofile.
2) S355 (bzw. St 52) und C45/55.
3) Klammerwerte: Pressungen senkrecht zur Faser (Schwelle) maßgebend.

2.5 Fundamente

Für aufnehmbaren Sohldruck zul $\sigma_B \approx 250$ kN/m² bis 300 kN/m² sowie Erdauflast und Fundamenteigenlast ≈ 20 % der Stützenlast N_{St} gilt:

$$\text{erf } A_{Fu} \approx \frac{G_{Fu} + N_{St}}{\text{zul } \sigma_B}$$

N_{St} Stützenlast OK Fundament aus Summe aller Lasten × Stützeneinzugsflächen

G_{Fu} Fundamenteigenlast und Erdauflast

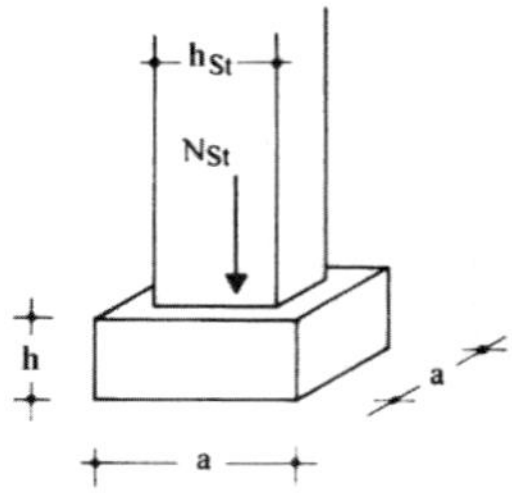

- **Quadratische Einzelfundamente**

  Seitenlänge $$a(\text{m}) = \sqrt{\frac{1{,}2 \cdot N_{St}(\text{kN})}{\text{zul } \sigma_B(\text{kN/m}^2)}}$$

  Ausführung in C20/25 **unbewehrt**:

  Fundamentdicke $h(\text{m}) \approx 0{,}6 \cdot (a - h_{St})$

  Ausführung in Stahlbeton C20/25 **bewehrt**:

  Fundamentdicke $h(\text{m}) \approx \dfrac{a}{3} > 30\,\text{cm}$

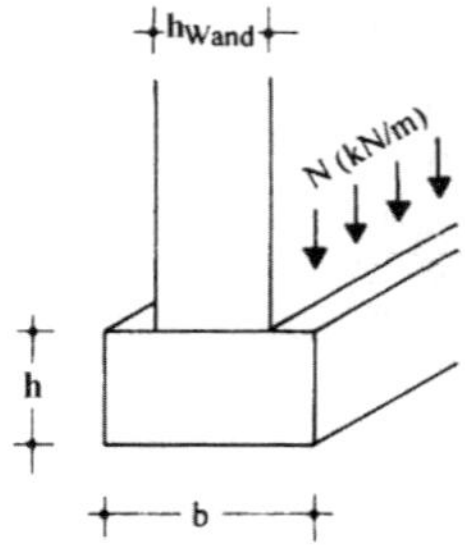

- **Streifenfundamente C20/25**

  Fundamentbreite $$b(\text{m}) \approx \frac{1{,}2N(\text{kN/m})}{\text{zul } \sigma_B(\text{kN/m}^2)}$$

  Fundamentdicke $h(\text{m}) \approx 0{,}6 \cdot (b - h_{Wand})$
  jedoch mindestens 30 bis 40 cm

- **Plattenfundamente**

  Durchgehende, bewehrte Gründungsplatte unter dem gesamten Bauwerk:
  - o zur Vermeidung von Schäden bei unterschiedlicher Baugrundsetzung
  - o bei hohen Lasten (Hochhäuser)
  - o bei drückendem Grundwasser, in Verbindung mit Wannenausbildung (steifer Kellerkasten)
  - o aus wirtschaftlichen Gründen auch bei kleineren Bauwerken (das Ausschachten von Fundamentgräben entfällt).

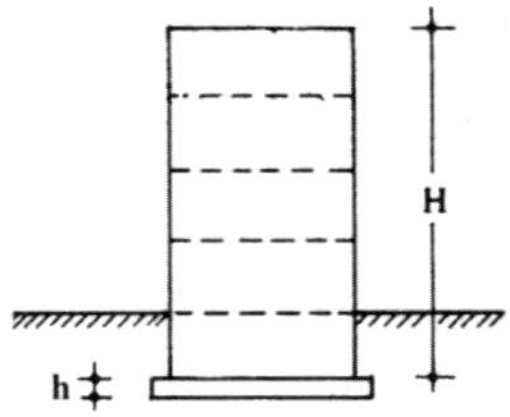

  Plattendicke $$h \approx \frac{\text{Gebäudehöhe } H}{30} \geq 25\,\text{cm}$$

  Wannengründung:
  bei Eintauchen des Kellers ins Grundwasser

  Sohlendicke $h_s \approx \dfrac{2}{3} \cdot \Delta h \geq 30\,\text{cm}$

  Wanddicke $h_w \geq 30\,\text{cm}$

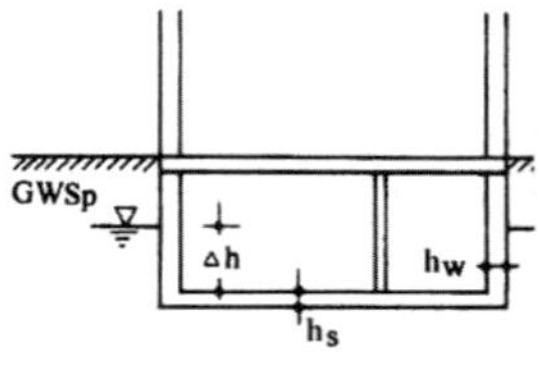

2.6 Vorbemessungsbeispiel: 2-geschossiges Wohnhaus mit Satteldach (nicht unterkellert)

Übersicht mit Positionen der untersuchten Bauteile s. nebenstehend.

Dachkonstruktion (Holzdach)

Pos. DK1 *Sparren* (s. Abschn. 2.1.6)

$h = \max s/24 = 490/24 \approx 22$ cm

$b = e/8 \geq 8$ cm; $e = 80$ cm; $b = 80/8 = 10$ cm

gew. $b/h = 10/22$ $e \leq 80$ cm

Pos. DK2 *Pfette* (s. Abschn. 2.1.6)

$h = L/24 + E/50 \doteq 425/24 + 462/50 = 27$ cm

$b = L/40 + E/50 = 425/40 + 462/50 = 20$ cm

gew. $b/h = 20/28$

(wegen großer Länge Unterteilung der Pfette in 2 Teile nötig)

Pos. DK3 *Stiel* (bei Holzständerwand s. Abschn. 2.1.6 u. 2.4.3)

Stiellast $N =$ (2,5 bis 3,0 kN/m^2) × Einzugsfläche

$N = 2{,}5 \cdot 4{,}90 \cdot 4{,}25 = 52$ kN

Stielquerschnitt $A =$ (5 bis 6) × N

$A = 5 \cdot 52 = 260$ cm^2

Seitenlänge des Querschnitts: $a = \sqrt{260} = 16$ cm

gew. 16/16 oder 14/18

Decke über Erdgeschoss

Stahlbetondecke

C20/25, BSt 500 A

Wahl der Deckendicke:

$h \geq l_i/25 + 0{,}03$ m (s. Abschn. 2.2.2)

Bei Wahl einer einheitlichen Deckendicke ist die größte der maßgebenden ideellen Spannweiten zugrunde zu legen.

Einfelddecke: $l_i = 1{,}0 \cdot 4{,}25 = 4{,}25$ m
Dreifelddecke: $l_i = 0{,}9 \cdot 4{,}25 < 4{,}25$ m
maßgebend: $l_i = 4{,}25$ m
$h = 4{,}25/25 + 0{,}03$ m $= 0{,}20$ m

gew. $h = 20$ cm, Beton C20/25

Pos. D1 *Einfelddecke*

a_s (cm^2/m) $= l_i^2$ (m)/4 $= 4{,}25^2/4 = 4{,}5$ cm^2/m

unten R 524 A (vorh $a_s = 5{,}24$ cm^2/m)

Pos. D2 *Dreifelddecke*

Feld 1 und Feld 3 (unten)

$l_i = 0{,}8 \cdot 4{,}25 = 3{,}8$ m (Endfelder)

$a_s = l_i^2/4 = 3{,}80^2/4 = 3{,}6$ cm^2/m

unten R 424 A (vorh $a_s = 4{,}24$ cm^2/m)

Feld 2 (unten)

$l_i = 0{,}6 \cdot 4{,}25 = 2{,}6$ m (Innenfeld)

$a_s = l_i^2/4 = 2{,}60^2/4 = 1{,}7$ cm^2/m

unten R 188 A (vorh $a_s = 1{,}88$ cm^2/m)

Schnitt

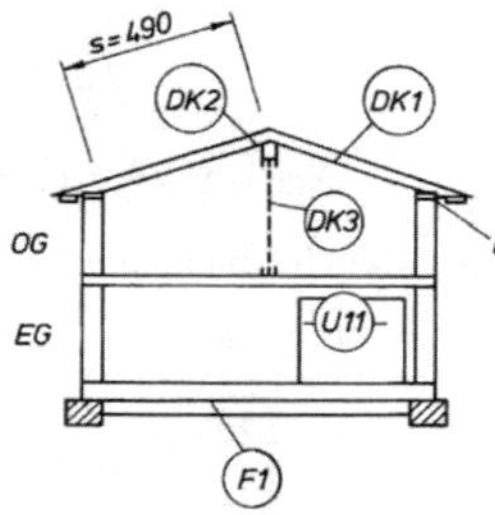

Dach

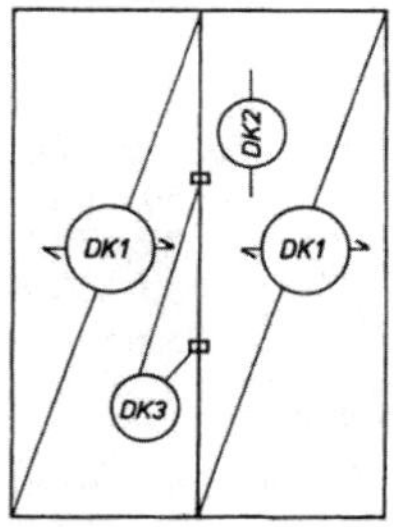

Obergeschoss

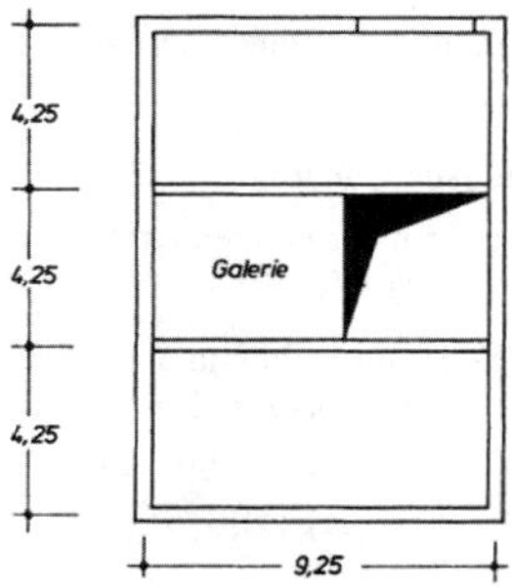

Erdgeschoss

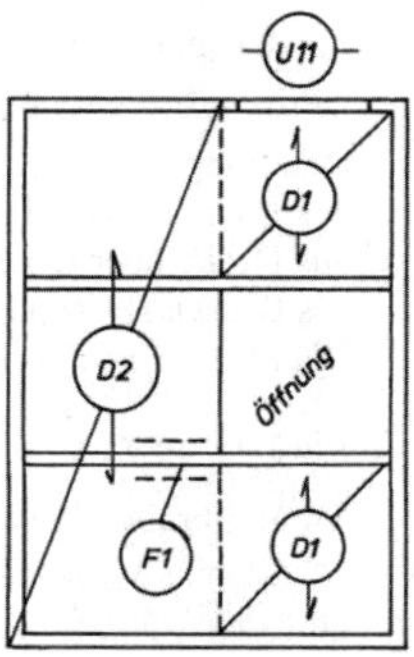

Stützungsbereiche (obere Lage)

$$a_s = \left(\frac{l_1 + l_2}{2}\right)^2 \cdot \frac{1}{4} = \left(\frac{4{,}25 + 4{,}25}{2}\right)^2 \cdot \frac{1}{4}$$
$$= 4{,}5\ \text{cm}^2/\text{m}$$

oben R 524 A (vorh $a_s = 5{,}24\ \text{cm}^2/\text{m}$)

Erdgeschoss

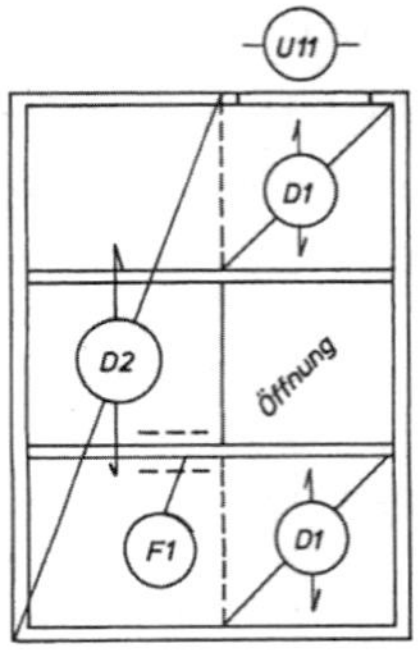

Alternativ: Holzbalkendecke

Pos. D1 *Einfeldbalken*
$l = 4{,}25$ m
$h = l/20 = 425/20 = 21$ cm
$b = h/2 = 10$ bis 12 cm
gew. $b/h = 10/22$ Balkenabstand $e = 80$ cm

Pos. D2 wie Pos. D1

Unterzüge

Pos. U11 *Stahlbetonunterzug* (s. Abschn. 2.3.2)
$l = 3{,}50 + 0{,}20 = 3{,}70$ m
$h = l/8$ bis $l/12$ bei $b \geq 24$ cm
$h = l/9 = 370/9 = 40$ cm
$b = 25$ cm

Belastung:

Trägerbelastung q = Deckenlast × Einzugsbereich
q = ca. 10 (kN/m²) · (4,25/2) = 21,3 kN/m

Schnittgrößen:

Einfeldträger, Balken auf zwei Stützen
$M_{max} = q \cdot l^2 / 8 = 21{,}3 \cdot 3{,}70^2 / 8 = 36{,}4$ kNm

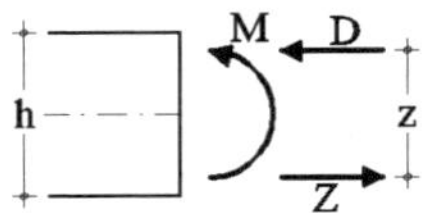

Längsbewehrung:

Hebelarm der inneren Kräfte (s. Abschn. 1.3)
$z \approx 0{,}8 \cdot h = 0{,}8 \cdot 0{,}4 = 0{,}32$ m

Zugkraft im Stahl und die resultierende Bewehrung
$Z = M / z = 36{,}4 / 0{,}32 = 114$ kN
$A_s\ (\text{cm}^2) = Z / \sigma_E = 114 / 28 = 4{,}1\ \text{cm}^2$
gew. z. B. 3 ∅ 14^{IV} vorh $A_s = 4{,}6\ \text{cm}^2$

Fundamente

Schnitt

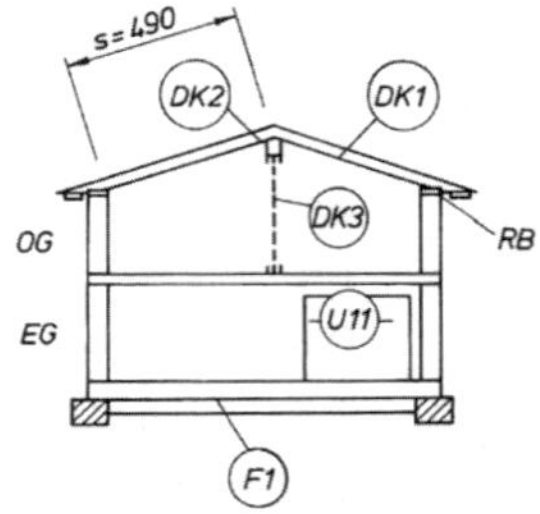

Pos. F1 Streifenfundament unter Mittelwand (s. Abschn. 2.5)
Fundamentbreite $b = 1{,}2 \cdot N$ (kN/m) /zul σ_B (kN/m);
zul $\sigma_B = 250\ \text{kN/m}^2$ (Annahme)
Belastung N:

aus Dach 2,5 kN/m² · 4,25 m	= 10,6 kN/m
aus Decke über EG 10 kN/m² · 4,25 m	= 40,3 kN/m
aus Decken/Bodenpl. ca. 10 kN/m² · 2,0 m	= 20,0 kN/m
Wände (2,5 + 2,75) kN/m² · 4,63 m	= 24,3 kN/m
	N = 95,2 kN/m

$b = 1{,}2 \cdot 95{,}2/250 = 0{,}46$ m

Mindestbreite $b = 0{,}50$ m
$h = (b_{Fu} - h_{Wand}) \cdot 0{,}6 = (0{,}50 - 0{,}24) \cdot 0{,}6 = 0{,}16$ m
gew. $b/h = 50/50$

3 Hallentragwerke

Standardhallen in Holz- und Stahlbau- sowie in Stahlbeton- und Spannbetonbauweise für Spannweiten (*l*) von ca. 12 m bis 30 m und übliche Standardlasten; erhöhte Schnee- und Windlasten sowie Sonderlasten (z. B. Anprall) erfordern größere Bauteilabmessungen. Weitere wichtige Entwurfskriterien:

Wirtschaftlichkeit, Unterhaltsaufwand, Dauerhaftigkeit, Fertigung, Transport und Montage sowie Brand- und Wärmeschutz und Recyclebarkeit.

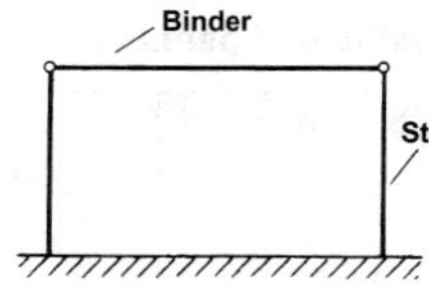

Binder auf eingespannten Stützen

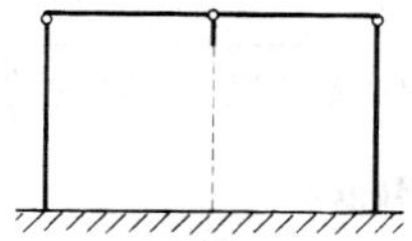
2-schiffige Halle mit mittigem Abfangeträger (Innenstützen im doppelten Binderabstand)

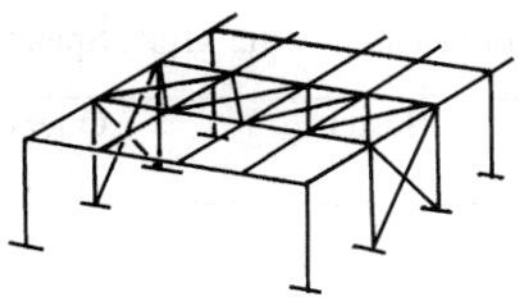

3.1 Aussteifung

Die Aussteifung erfolgt in Binderebene bzw. Querrichtung (Halle i. d. R. länger als breit) über in Fundamente eingespannte Stützen bzw. über Rahmentragwirkung in Binderebene (ermöglicht Erweiterbarkeit in Längsrichtung). In Längsrichtung werden bei Hallen in Stahl- und Holzbauweise i. Allg. Verbände bzw. Scheiben in Dach- und Wandebene angeordnet, bei Hallen aus Stahlbeton erfolgt die Stabilisierung aber auch über eingespannte Stützen.

3.2 Haupttragsystem

3.2.1 Rahmen

Übliche statische Systeme zur Hallen-Queraussteifung (Haupttragsystem) und Abmessungen von Vollwandbindern

- **Holz- und Stahlhallen**

System	Querschnittshöhe *h* Holz	Querschnittshöhe *h* Stahl	
Eingespannter Rahmen	$\frac{l}{27}$	$\frac{l}{33}$	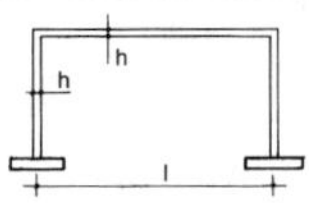
Zweigelenkrahmen	$\frac{l}{25}$	$\frac{l}{30}$	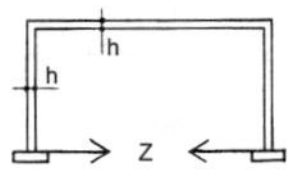
Zweigelenkrahmen mit Voute	$\frac{l}{20}$	$\frac{l}{27}$	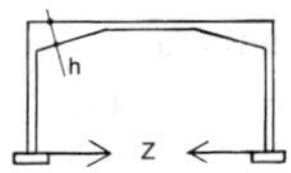
Dreigelenkrahmen mit Voute	$\frac{l}{10}$	$\frac{l}{12}$	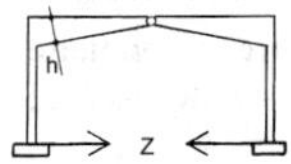
Fachwerk-konstruktion	Konstruktionshöhe ca. 2- bis 3-mal höher als bei Vollwandbindern		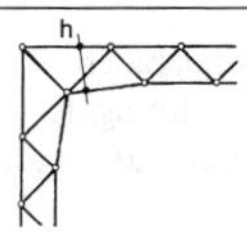

- **Stahlbeton/Spannbeton**

System	Binder-Querschnittshöhe h		
	Stahlbeton	Spannbeton	
Binder auf Kragstütze[1)]	$\frac{l}{12}$	$\frac{l}{18}$	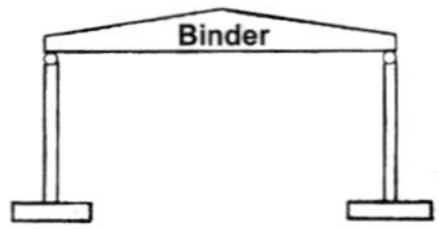

[1)] Kragstütze in Block- oder Köcherfundament bzw. FT-Stütze mit sog. „angeformtem" Fundament.

3.2.2 Bogen

Voraussetzung: annähernd gleichmäßig verteilte Gleichlast und Aufnahme des Horizontalschubs gewährleistet

Bogenstich: $f \approx \frac{l}{6}$ bis $\frac{l}{10}$

Spannweite: für große Spannweite bis 100 m

System	Querschnittshöhe h und Bogenstich f		
	Holz	Stahl	
Eingespannter Bogen	nicht empfohlen	$h > \frac{l}{60}$ $f > \frac{l}{9}$	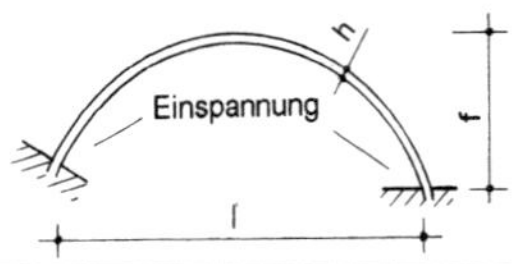
Zweigelenkbogen	$h > \frac{l}{40}$ $f > \frac{l}{8}$	$h > \frac{l}{50}$ $f > \frac{l}{8}$	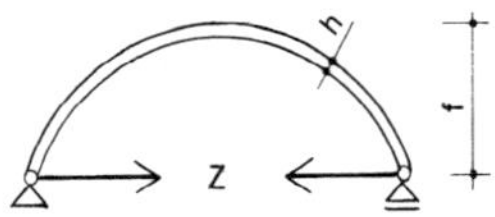
Dreigelenkbogen	$h > \frac{l}{30}$	$h > \frac{l}{40}$	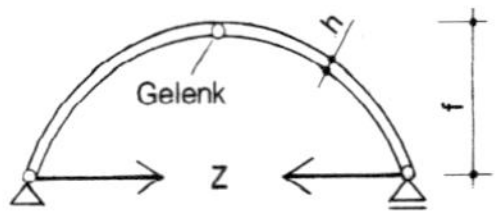

3.3 Dach

- **Dachaufbau**

  Lasten: leicht 1,5 kN/m^2, schwer 2,5 kN/m^2

- **Dacheindeckung**
  - Porenbetonplatten
    $h = l/30$ bis $l/25$
  - Trapezblech
    Einfeldträger: $h = l/45$
    Durchlaufträger: $h = l/55$

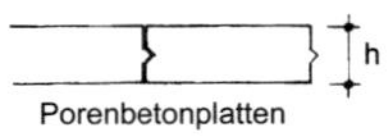

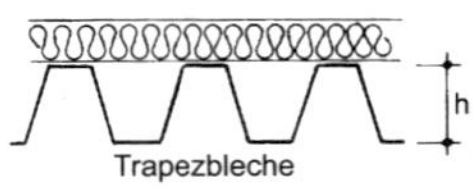

- **Dachpfetten**
  - Stahlbeton $b/h = 1:2$
    $h = l/25$

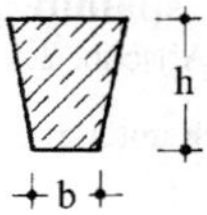

  - Holz $b/h = 1:2$
    Einfeldträger $h = l/20$
    Koppelpfetten $h = l/24$

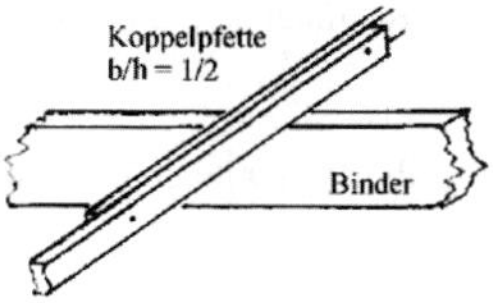

  - Stahl
    IPE-Profil $h = l/33$

3.4 Dachbinder

Binderabstand kostengünstig bei ca. 5 m bzw. **1/4 der Binderspannweite (*L*/4)**

3.4.1 Vollwandbinder

- Betonfertigteile
  Stahlbeton $h = l/12$
  Spannbeton $h = l/18$
  (Spannbeton: empfehlenswert erst ab $l > 25$ m)

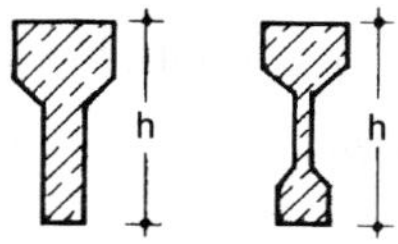

- Holzbinder BS $b < 20$ cm
  Parallelträger $h = l/17$
  Satteldachbinder $h = l/15$ (Mitte)
  $h = l/30$ (Auflager)

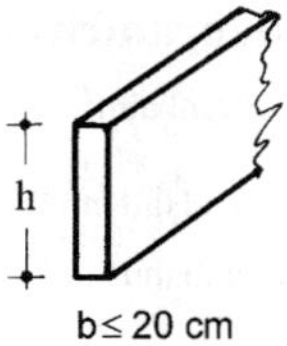

- Stahlbinder
  HEA $h = l/20$ bis $l/30$

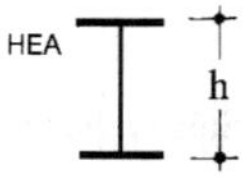

  HEA, Wabenträger $h_{\text{Ursprungsprofil}} \approx l/25$ bis $l/35$
  $H_{\text{Wabenträger}} \approx 1{,}5\ h_{\text{Ursprungsprofil}}$

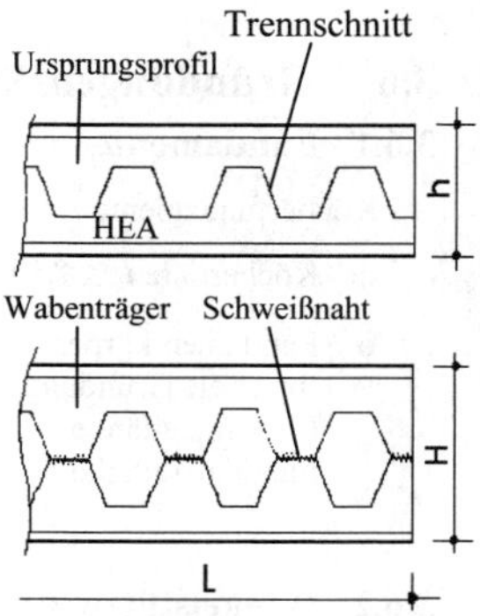

3.4.2 Fachwerkbinder/Dreigurtbinder

(s. a. Abschn. 2.1.9)

- Stahl, Hohlprofil $h = l/17$ bis $l/10$
- Holz, Kantholz $h = l/9$

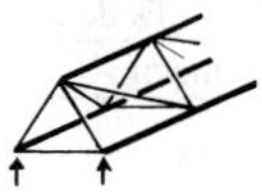

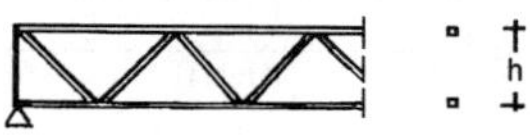

3.4.3 Unterspannte Träger aus Holz oder Stahl
(s. a. Abschn. 2.1.9)

- einfach unterspreizt $h = L/6$ bis $L/12$

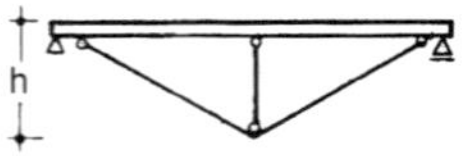

- zweifach unterspreizt $h = L/8$

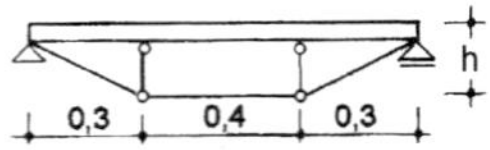

- dreifach unterspreizt ohne Einhängeträger $h = L/6$

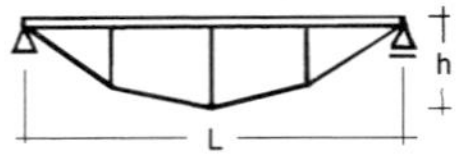

- dreifach unterspreizt mit Einhängeträger $h = L/8$

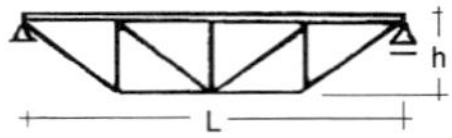

3.4.4 Bogenträger
- ohne Zugband $h = L/16$
- mit Zugband $h = L/40$

für $f/L \geq 1/7$

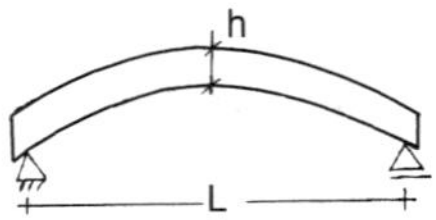

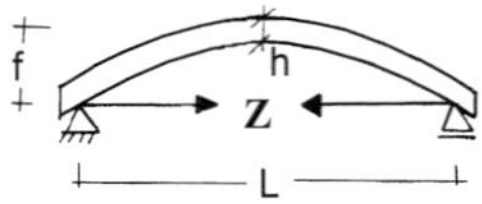

3.5 Hallenrandstützen aus Beton
- ohne Kranbahn: $h = H/10$ für $H = 4$ m
  $h = H/16$ für $H = 10$ m
  mit H als Hallenhöhe
- mit Kranbahn: Zuschlag zur Dicke
  1 cm je 10 kN Nutzlast

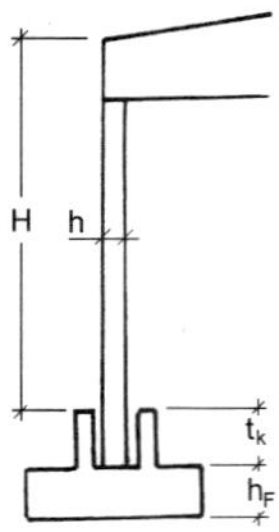

3.6 Gründungen/Stützmauern
3.6.1 Fundamente
Köcherfundamente

- Köchertiefe $t_k \leq 1{,}5$ bis $2{,}0 \times$ Stützendicke
- Fundamentkörper $l_F : b_F = 2 : 1$
  frostfreie Gründung
  Fundamentlänge $l_F = 0{,}40 \times$ Hallenhöhe
  Fundamentdicke $h_F = 0{,}15 \times$ Hallenhöhe

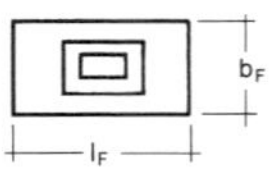

3.6.2 Winkelstützmauern

Bodenart	bindig	rollig
Abmessungen	Lehm/Ton	Sand/Kies
h	$0{,}08 \cdot H$	$0{,}07 \cdot H$
h_F	$0{,}10 \cdot H$	$0{,}10 \cdot H$
l_F	$0{,}50 \cdot H$	$0{,}40 \cdot H$

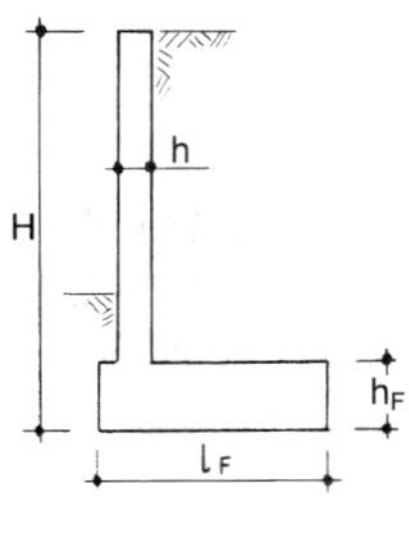

4 Skelettbauten aus Stahlbetonfertigteilen

Viele Stahlbetonkonstruktionen können aus Fertigteilen hergestellt werden. Oft führt auch die Kombination von Fertigteilen und Ortbeton zu einem gelungenen Bauwerk. Für den Einsatz von Fertigteilen können sowohl wirtschaftliche als auch technische Gründe sprechen.

Vorteile ergeben sich bei:

- Bauteile mit großem Schalungsaufwand
- Große Anzahl gleicher Bauteile
- Verkürzung der Bauzeit durch die Vorfertigung oder die Witterungsunabhängigkeit
- Qualitätsanforderungen an Oberfläche, Festigkeit oder Maßtoleranzen
- Einsatzmöglichkeit des Spannbetons zu geringeren Kosten.

Es ist wirtschaftlich sinnvoll, möglichst standardisierte Querschnitte zu wählen. Im folgenden Abschnitt werden besonders vorteilhafte Konstruktionen aufgezeigt.

4.1 Deckensysteme

4.1.1 Deckenplatten mit nachträglich ergänztem Ortbeton

Im üblichen Hochbau werden Stahlbetondecken oft dadurch wirtschaftlich hergestellt, dass man die Unterseite der Platten vorfertigt und mit Ortbeton ergänzt. Wesentliches Element dabei sind die Gitterträger, die im Bauzustand durch ihre fachwerkartige Ausbildung die Eigengewichts- und Frischbetonlasten auf die Montageunterstützungen abtragen und im erhärteten Endzustand die Schubsicherung der Platte gewährleisten.

Da die untere Biegezugbewehrung in Tragrichtung der Platten bereits im Fertigteil eingebaut wird, eignet sich diese Bauweise besonders für einachsig gespannte Systeme. Die Stützbewehrung des Durchlaufträgers wird im Ortbetonbereich ergänzt. Bezüglich der Festlegung der Plattendicken gelten die Festlegungen bei Ortbetondecken (vgl. Abschnitt 2.2.2).

Die Abstände der erforderlichen Montageunterstützungen sind von den Gitterträgern abhängig, ergeben sich meist zu ca. 1,70 m, können aber bis zu 5 m betragen. Nachteilig sind die transportbedingten Fugen in Querrichtung zwischen den 5 bis 7 cm dicken Fertigteilplatten.

Vergleich verschiedener Deckensysteme bei gleicher Auflast (aus Estrich, Belag, Verkehr, Trennwandzuschlag etc.):

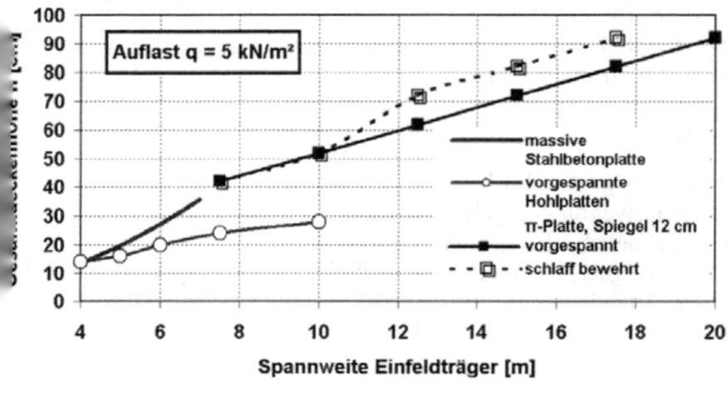

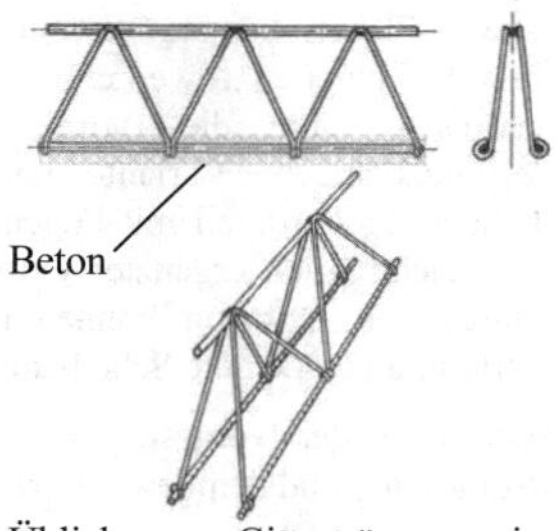

Üblicher Gitterträger in Längsansicht, Schnitt und Perspektive

Gitterträger für große Abstände der Montageunterstützungen, System Montaquick, Kaiser-Omnia

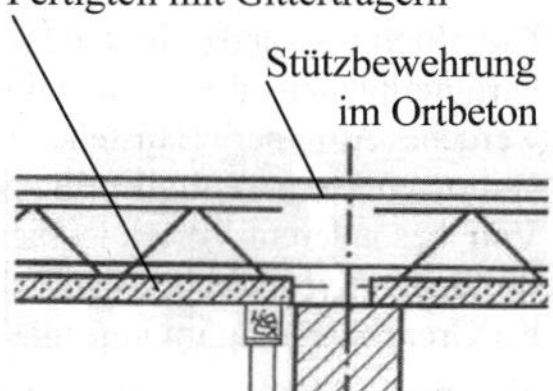

Auflagerdetails im Bauzustand:
Linke Seite: FT-Platte endet vor der Wand, mit erforderlicher Montageunterstützung.
Rechte Seite: Direkte Lagerung auf der Wand.

4.1.2 Vorgespannte Hohlplatten

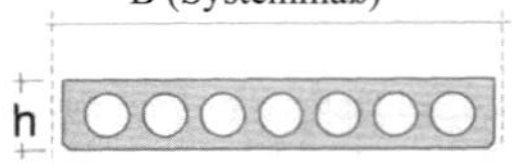

Die vorgespannte Hohlplatte

Wie die obere Grafik zeigt, können mit vorgespannten Hohlplatten auch Spannweiten im Bereich um 10 m mit Deckendicken unter 30 cm realisiert werden. Die Gründe hierfür sind das geringere Eigengewicht infolge der Hohlräume und vor allem der Einfluss der Vorspannung, der dazu führt, dass die Verformungen kleiner bleiben als bei einer gleichdicken schlaff bewehrten Massivplatte.

Nachteilig ist die geringere Querverteilungsfähigkeit bei hohen Belastungsunterschieden, da die meist 1,20 m breiten Elemente nur über einen Fugenverguss miteinander verbunden sind.

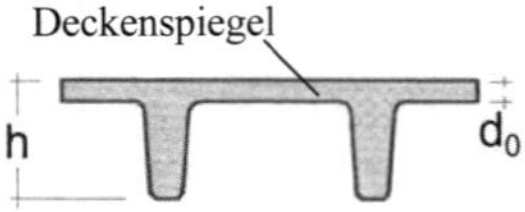

π-Platte

4.1.3 Geschossdeckenplatten π-Profil

Die π-Platten können sowohl vorgespannt als auch schlaff bewehrt eingesetzt werden. Bei Spannweiten ab ca. 12 m erweisen sich die vorgespannten π-Platten als die leistungsfähigere Variante (siehe Grafik oben). π-Platten können als Fertigteil mit Fugenverguss oder als Halbfertigteil mit nachträglich ergänzter Ortbetonplatte ausgeführt werden. Durch den Ortbeton können hohe Punktlasten besser quer verteilt, und eine gute Scheibentragwirkung erzielt werden.

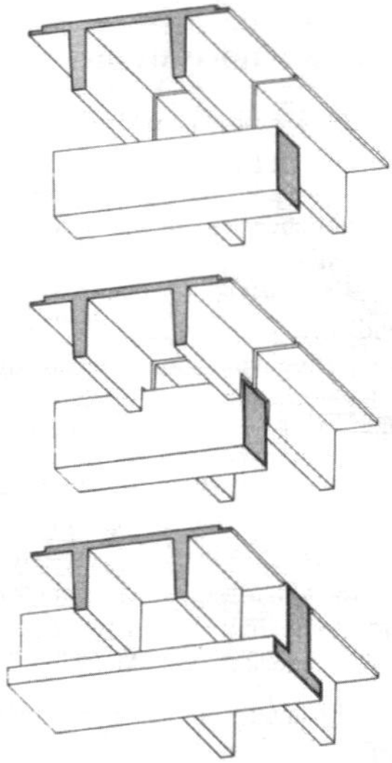

Mögliche Auflagerdetails

Vergleich der vorgespannten π-Platte bei verschiedenen Auflasten q und dem jeweils erf. Deckenspiegel d_0:

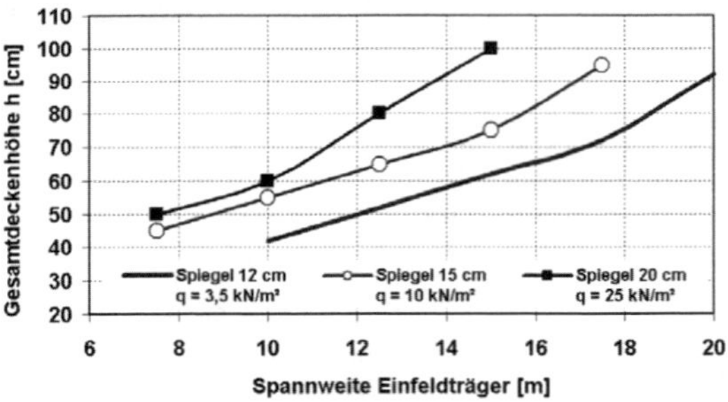

4.2 Elementwandplatten mit Ortbeton

Die Elementwände bestehen aus beidseitig angeordneten Fertigteilplatten, die durch Gitterträger auf Abstand gehalten werden. Auf der Baustelle wird der Kern mit Ortbeton vergossen. Somit entfallen die Schalarbeiten auf der Baustelle. Von besonderem Vorteil ist dies, wenn nicht ausreichend Platz für eine konventionelle Wandschalung vorhanden ist, wie z. B. bei Grenzbebauung im innerstädtischen Bereich.

Aus Transportgründen ist die Elementbreite begrenzt. Im Kern der Wand, also im Ortbetonbereich, kann Bewehrung zugelegt werden. Anschlussbewehrung, die auf die Gegebenheiten der Elemente abgestimmt ist, kann ebenfalls vorgesehen werden. Der Einbau (Durchfädeln) horizontaler Zugbänder ist aufwendig.

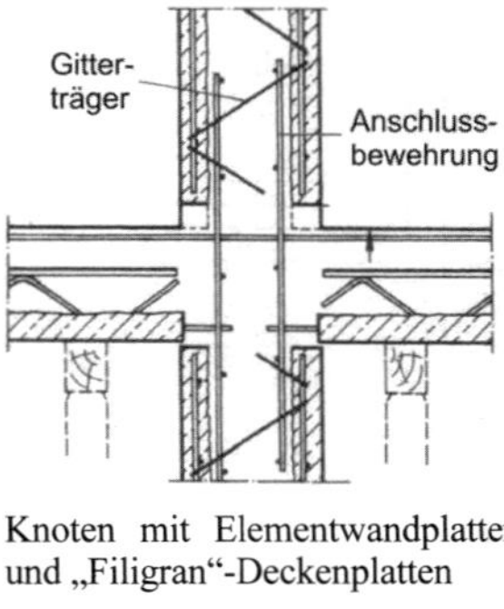

Knoten mit Elementwandplatten und „Filigran“-Deckenplatten

5 Gesamtstabilität Aussteifung/Abtragung horizontaler Lasten

5.1 Allgemeines

Gebäude müssen auch gegen Horizontallasten (z. B. Wind, seitlicher Erddruck, Bremskräfte, Erdbeben oder infolge von Lotabweichungen der vertikalen Tragelemente) standsicher sein. Für die Sicherstellung der Gesamtstabilität einer Tragkonstruktion gibt es prinzipiell folgende Möglichkeiten, die auch miteinander kombiniert werden können:

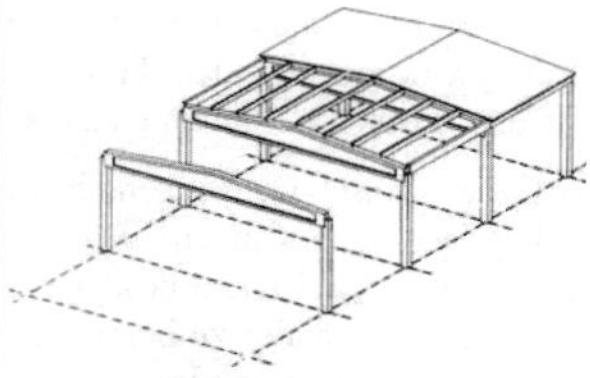

Hallenkonstruktion

a) Rahmenstabilisierung

Hierbei werden Rahmenkonstruktionen oder auch eingespannte Einzelstützen ohne zusätzliche Verbände und Scheiben ausgebildet; sie müssen alle einwirkenden Lasten aufnehmen und in den tragfähigen Baugrund weiterleiten können.

Diese Form der Stabilisierung kommt insbesondere bei ein- und zweigeschossigen Tragwerken (Industriehallen) vor. Als Tragsystem werden dann z. B. im Fertigteilbau eingespannte Stützen mit einem gelenkig aufgelagerten Riegel gewählt.

Die Rahmensysteme selbst bzw. die Stützen sind verschieblich und müssen entsprechend bemessen werden.

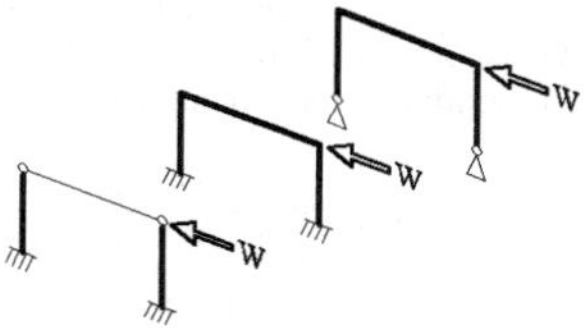

Rahmentragwirkung und eingespannte Stützen

b) Stabilisierung mit Verbänden

Zur Aufnahme der Horizontallasten werden Verbände angeordnet; die Stützen und Riegel selbst werden somit nicht mehr als Biegebauteil zur Abtragung von Horizontallasten herangezogen, sondern beteiligen sich nur noch als Ober- bzw. Untergurt des Verbandes. Die daraus resultierenden Normalkräfte sind meist von den Profilen leicht aufnehmbar.

In der Regel benötigt man einen Dachverband, der die Windlasten nach außen abträgt und an zwei Wandverbände übergibt. Die Dachpfetten übernehmen dabei die Aufgabe der Vertikalstäbe des Verbandes und müssen auf Grund der entstehenden Druckkräfte auf Knicken bemessen werden.

Die Diagonalen des Verbandes werden oft als Auskreuzung mit Stäben oder Stahlseilen ausgeführt. Je nach Richtung der Last entsteht in einem der Stäbe Zug. Der andere Stab erhält Druck, wird dabei schlaff und fällt somit aus. Über eine Vorspannung der Diagonalen kann dem entgegengewirkt werden. Der Vorteil hierbei besteht in den geringeren Verformungen des Verbandes.

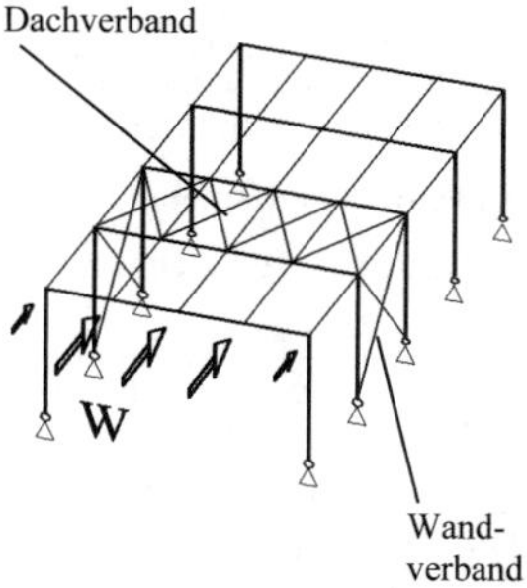

Halle mit Windverband

Die Anordnung der Dach- und Wandverbände sollte möglichst im Mittelbereich der Halle erfolgen. Viele Hallen werden quer über Rahmen und längs mit Verbänden ausgesteift.

c) Scheibenstabilisierung

Durch eine ausreichende Anzahl von horizontalen und vertikalen Scheiben werden alle horizontalen Einwirkungen aufgenommen. Die Stützen im Gebäude werden nur noch zur vertikalen Lastabtragung herangezogen. Eine Scheibenstabilisierung ist insbesondere bei mehrgeschossigen Wohn- und Bürogebäuden wirtschaftlich, da Decken als horizontale und Wände als vertikale Scheiben i. d. R. vorhanden sind.

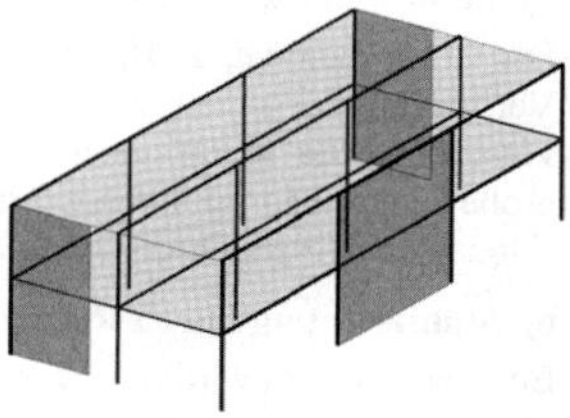

Stabilisierung mit Scheiben

Wände und Decken stützen sich gegenseitig ab und sind damit als Ganzes formstabil gegen jede beliebig gerichtete Horizontalbelastung (Schachtel- bzw. Zellenstruktur).

Jede tragende Teilbegrenzungsfläche des Raumes muss dabei imstande sein, sowohl die senkrecht auf sie entfallende Last aufzunehmen und an die angrenzenden Teilflächen weiterzuleiten (Plattentragwirkung) als auch die in der Mittelebene wirkende Last an die angrenzenden Elemente zu übertragen (Scheibenwirkung).

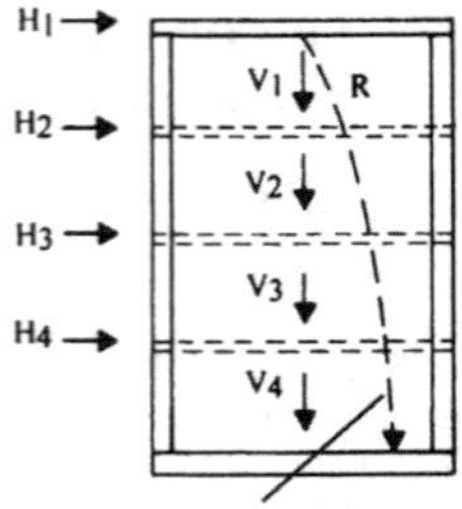

Verlauf der resultierenden Last R (aus V und H)

Kräfteverlauf in einer Wand

Auf die Anordnung der Scheiben im Grundriss wird in Abschnitt 5.4 näher eingegangen. Das Aussteifungssystem muss eine ausreichende Steifigkeit besitzen, um die Horizontalverformungen des Gesamtgebäudes zu begrenzen und dafür zu sorgen, dass kein Stabilitätsproblem auftreten kann. Für die Beurteilung der ausreichenden Dimensionierung der Stahlbetonwände enthält der EC 2 Festlegungen (analog der Labilitätszahl). Für die häufigen Fälle des Hochbaus (Büronutzung, konstantes quaderförmiges Gebäude, ca. 3 m Geschosshöhe) lässt sich das erforderliche Gesamtträgheitsmoment der Wände grob abschätzen zu:

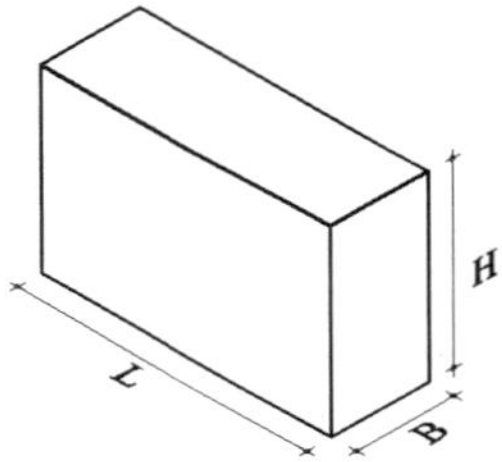

Isometrie eines Gebäudes

$$I_{\text{Wände}}\left[\text{m}^4\right] \geq \frac{H^3 \cdot L \cdot B}{\alpha}$$

Wobei: H / L / B = Höhe / Länge / Breite des Gebäudes in [m]

α = Faktor in Abhängigkeit der Stockwerkanzahl [m]

Anzahl Stockwerke	1 und 2	3 und 4	5 bis 9	≥ 10
α [m]	1 000 000	1 250 000	1 400 000	1 700 000

Türen und Fenster stellen Querschnittsschwächungen der Wände dar und müssen berücksichtigt werden.

Anwendungsbeispiel:

Bürogebäude, 10 Stockwerke, H / L / B = 31 m / 40 m / 16 m

$$I_{\text{Wände}} \geq \frac{H^3 \cdot L \cdot B}{\alpha} = \frac{31^3 \cdot 40 \cdot 16}{1\,700\,000} = 11{,}21\ \text{m}^4$$

Vorhanden in x-Richtung: Eine Wand d / b = 8 m / 0,30 m

$$I_{\text{vorh,x-Ri.}} \geq \frac{d^3 \cdot b}{12} = \frac{8^3 \cdot 0{,}3}{12} = 12{,}8\ \text{m}^4 > 11{,}21\ \text{m}^4$$

Vorhanden in y-Richtung: Zwei Wände d / b = 6,50 m / 0,30 m

$$I_{\text{vorh,y-Ri.}} \geq 2 \cdot \frac{d^3 \cdot b}{12} = 2 \cdot \frac{6{,}5^3 \cdot 0{,}3}{12} = 13{,}73\ \text{m}^4 > 11{,}21\ \text{m}^4$$

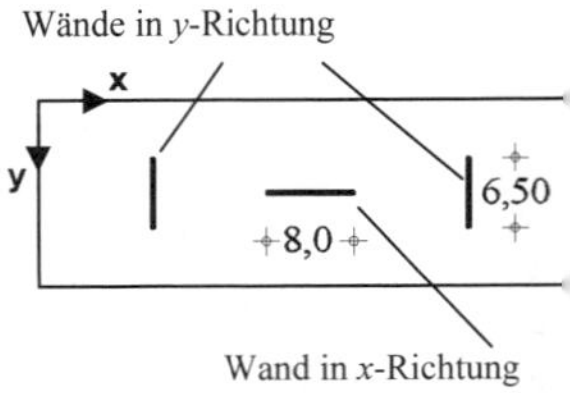

Gebäudegrundriss mit den aussteifenden Wänden

d) Stabilisierung durch Kerne

Oft ist es möglich, z. B. bei Treppenhäusern, Fahrstuhl- oder Versorgungsschächten vier oder mehr Wände zu Kernen zu verbinden. Der so entstehende Hohlkastenquerschnitt hat eine große Biege- und Torsionssteifigkeit, wenn er nicht durch große Türen und Öffnungen geschwächt ist.

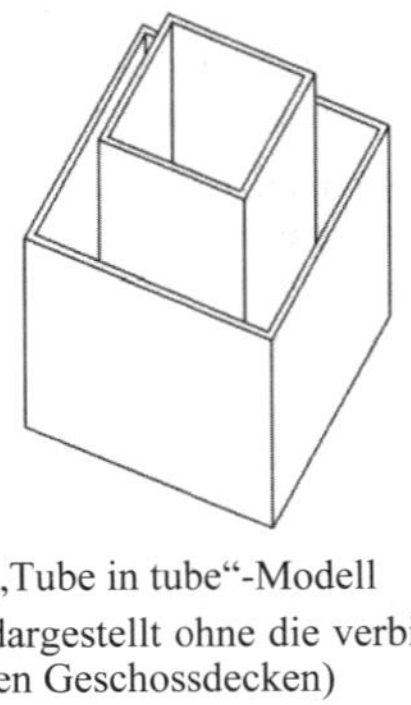

„Tube in tube"-Modell (dargestellt ohne die verbindenden Geschossdecken)

e) Stabilisierung durch Röhren

Bei Hochhäusern wird die erforderliche Steifigkeit so groß, dass oft die gesamte vertikale Tragstruktur zur Aussteifung herangezogen wird. Sowohl die Stützen und Riegel in der Fassade als auch die Innenwände können so verbunden werden, dass Röhren (= Tube) entstehen.

5.2 Ringbalken RB

Fehlt bei einer Decke die Scheibentragwirkung ganz oder teilweise (z. B. bei Holzbalkendecken oder Fertigteildecken) oder können wegen gleitender Lagerung die horizontalen Haltekräfte nicht übertragen werden, so muss die obere Halterung insbesondere der Außenwände durch einen Ringbalken erfolgen. (Von der eigentlich notwendigen Scheibe verbleibt nach dem „Ausschneiden" der Öffnung nur noch der „äußere Rand" → Ringbalken = Deckenscheibenersatz!)

Der Ringbalken wird horizontal auf Biegung beansprucht und leitet die senkrecht zu seiner Längsachse wirkende horizontale Last an quer dazu angeordnete Wände, die als Ringbalkenauflager wirken, weiter. Von diesen vertikalen Wandscheiben werden die Horizontalkräfte zusammen mit den Vertikallasten in den Baugrund weitergeleitet.

Die Spannweite des Ringbalkens ist der jeweilige Abstand der Querwände (u. U. sind Kragstützen als Querwandersatz möglich). Seine wirksame statische Höhe ergibt sich aus der horizontalen Breite des Balkens (Wanddicke).

Ringbalken müssen sowohl Winddruck- als auch Windsogkräfte aufnehmen können. Sie können aus bewehrtem Mauerwerk (bei Mauerwerkswänden), aus Stahlbeton, aus Holz oder aus Stahl ausgeführt werden. Dabei ist auf eine kraftschlüssige Verbindung mit der zu haltenden Wand und den Querwänden zu achten. Ringbalken aus Stahlbeton müssen beidseitig längsbewehrt und mit Bügeln (Schubbewehrung) versehen werden.

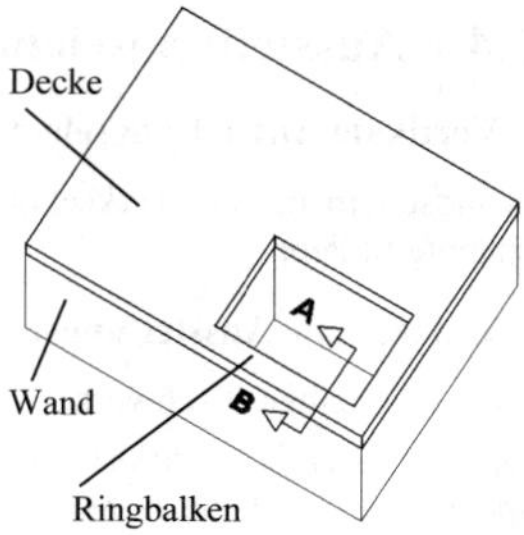

Horizontale Lagerung der Wände durch Decke und Ringbalken

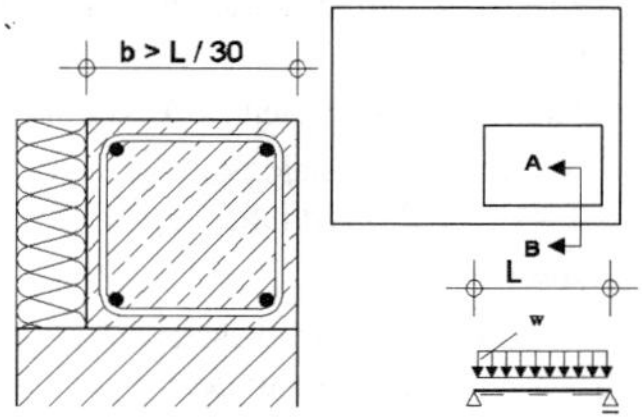

Oben gezeigter Ringbalken im Schnitt und Grundriss

5.3 Ringanker RA

Im Unterschied zum Ringbalken nehmen Ringanker nur Zugkräfte auf. Bei zusammengesetzten Decken, (z. B. aus Stahlbetonfertigteilen mit Fugenverguss) muss der Ringanker das Scheibenzugband darstellen und die Windlast in die Wandscheiben zurückhängen. Der zugehörige Druckbogen stellt sich dann in der Decke ein.

Auch in besonders rissgefährdeten Wänden (DIN 1053-1, 8.2), insbesondere wenn diese

- viele oder große Öffnungen aufweisen und/oder
- eine besonders große Länge haben (≥ 18 m) und/oder
- diese durch mögliche Setzungsdifferenzen (Baugrundverhältnisse) gefährdet sind,

müssen Ringanker angeordnet werden. Diese müssen eine Zugkraft von mindestens 30 kN aufnehmen können.

Ausführungsmöglichkeiten:

- Rundstähle in Lagerfugen von Mauerwerk (z. B. 4 ∅ 6^{IV}, korrosionsgeschützt) oder in Beton (z. B. 2 ∅ 10^{IV})
- Holz
- Stahl.

Ringanker sind bei Mauerwerksbauten in jeder Deckenebene anzuordnen und umschließen das Bauwerk wie eine „Paketschnur".

Ringbalken können bei entsprechender, zugfester Ausführung auch die Ringankerfunktion übernehmen.

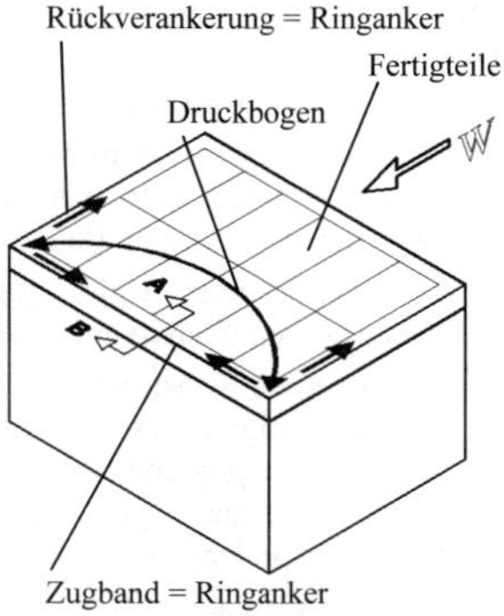

Aus Stahlbetonfertigteilen zusammengesetzte Decke mit umlaufendem Ringanker

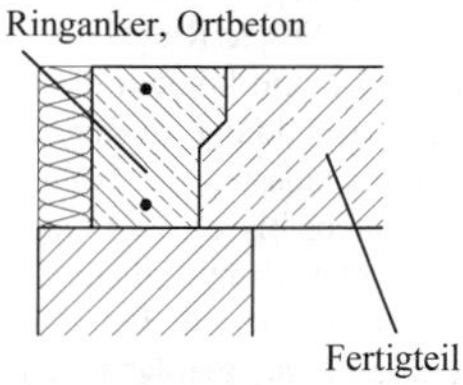

Ringanker, Schnitt A-B

5.4 Aussteifungselemente

- **Vertikale Aussteifungselemente:**

Wandscheiben, Fachwerkscheiben (Verbände), Rahmen, eingespannte Stützen.

- **Horizontale Aussteifungselemente:**

Deckenscheiben, Fachwerkscheiben (Verbände), Ringbalken.

Die als Scheiben wirksamen Decken (Deckenscheiben) oder speziell angeordnete Scheiben (z. B. Fachwerkscheiben) sammeln die horizontalen Kräfte und leiten sie an vertikale Aussteifungselemente (Wände, Rahmen, Fachwerkscheiben, eingespannte Stützen) weiter.

Vertikale Scheiben wirken dabei als im Baugrund eingespannte Kragscheiben, sie dienen als horizontale Halterungen der Deckenscheiben.

Es müssen mindestens 4 Aussteifungselemente angeordnet werden:

- eine horizontale Scheibe (z. B. Deckenscheibe), deren Auflager durch die vertikalen Aussteifungselemente gebildet werden,

sowie

- drei vertikale Aussteifungselemente (leisten Widerstand gegen Verschiebungen in Richtung ihrer Mittelebene),

deren Achsen sich **nicht** in einem gemeinsamen Punkt schneiden dürfen (mindestens 3 Festhaltungen im Grundriss). Es kann aber auch ein möglichst zentral im Grundriss angeordneter Treppenhauskern als biegesteife Röhre die Aussteifung übernehmen. Zusätzliche Wandscheiben verbessern das Tragverhalten.

Folgendes ist zu beachten:

- Jedes Einzelbauwerk muss ausgesteift sein, z. B. auch Reihenmittelhäuser, aber auch die einzelnen, voneinander durch Dehnfugen getrennten Bauabschnitte eines Bauwerks.
- Die Aussteifung erfolgt geschossweise. Aussteifungselemente sollten übereinander stehen.
- Um rissefreie Konstruktionen zu erhalten, sollte die Lage der Wände zwängungsarme Verformungen infolge von Temperaturschwankungen und Schwinden ermöglichen: Keine steifen Elemente einander gegenüberliegend anordnen, gegebenenfalls „Schwindgassen" freilassen!

  Ständig wirkende vertikale Auflasten verbessern das Tragverhalten der Wandscheiben und verringern den Aufwand für die Gründung. Öffnungen in den Wänden sind begrenzt möglich.
- Aussteifungen über Rahmenwirkung (biegesteife Verbindungen Stütze/Riegel) oder durch eingespannte Stützen sind „weich" und können große Verformungen aufweisen. Gefahr der Rissbildung in angrenzenden, nichttragenden Bauteilen. Rahmenaussteifung sollte daher nur in Ausnahmefällen und höchstens bis zu ca. 4 Geschossen erfolgen. Dies gilt ebenfalls für eingespannte Stützen, wobei eingespannte Stahlbeton- und Stahlstützen z. B. bei Hallenbauten ≤ 10 m sein sollten. Von eingespannten Holzstützen wird abgeraten.

Sehr gut

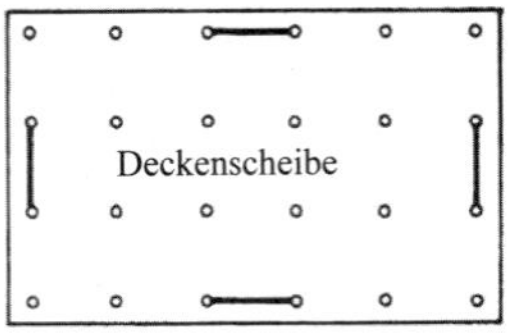

Gut

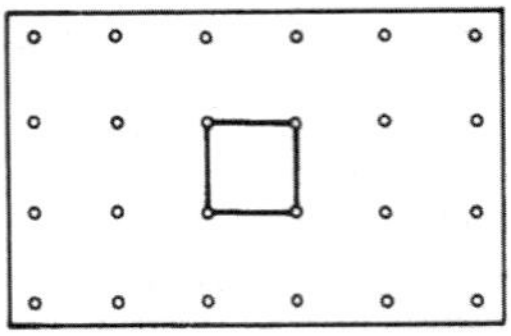

Möglich

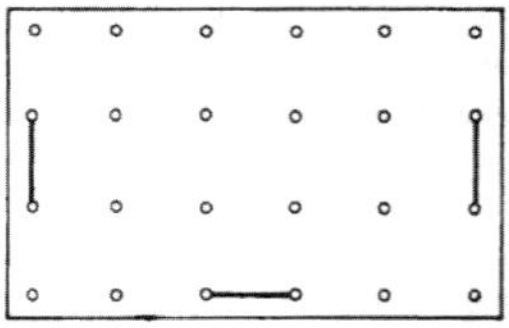

Möglich (schlecht)

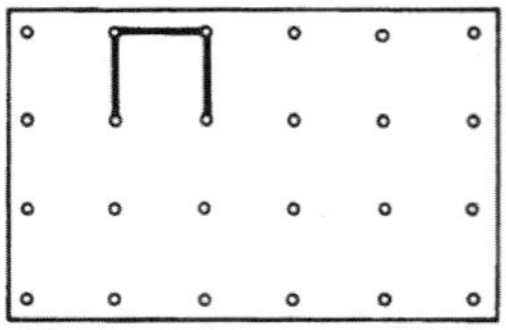

Nicht möglich

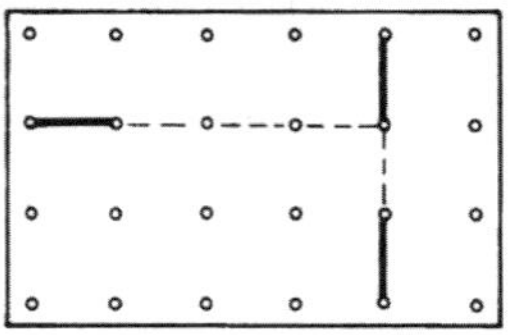

Gegenüberliegende steife Elemente

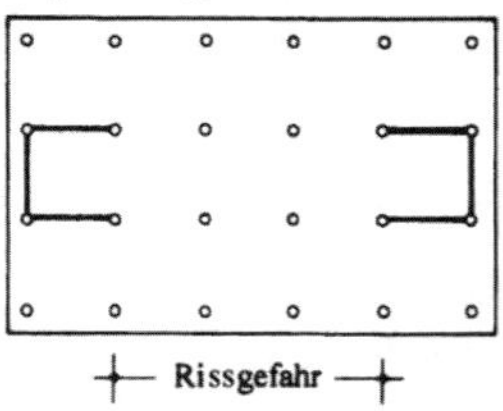

6 Fugen

6.1 Allgemeines

Fugen begrenzen die wirksame Länge der Bauelemente bei Längenänderungen. Sie schaffen Bewegungsmöglichkeit für Verformungen (z. B. durch unterschiedliche Bauteilsetzung, Temperaturänderung, Schwinden).

Fugen sind „geplante“ Risse, die sonst wegen der behinderten Verformbarkeit unkontrolliert entstehen würden. Ihre Lage und Anzahl sollte möglichst früh planerisch festgelegt werden.

6.2 Fugenarten

- **Dehnfugen** sind Raumfugen, die für Temperaturerhöhungen (Brandfall) horizontalen Bewegungsspielraum vorhalten, die aber auch Bewegungen infolge von Temperaturdifferenz (Wärmedämmung!) und Schwinden ermöglichen. Sie gehen durch das gesamte Gebäude und enden oberhalb der Gründung.

$$\text{Fugenbreite} \approx \frac{\text{wirksame Dehnlänge } l_w}{1200} \text{ bzw. } \frac{l_w}{600}$$

(bei hoher Brandlast)

Dehnfuge als Trennfuge

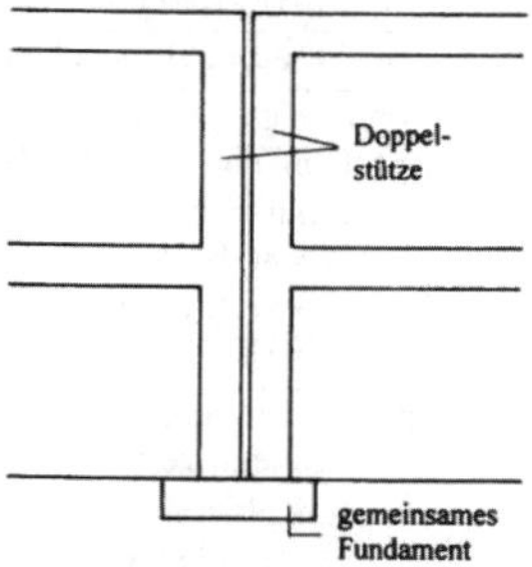

- **Setzfugen** ermöglichen zwängungsfrei unterschiedliche vertikale Bewegungen benachbarter Bauteile. Setzfugen trennen auch die Fundamente. Notwendig z. B. bei unterschiedlicher Belastung, bei hohen neben niedrigen Gebäuden!

  Setzfugen wegen unterschiedlichen Baugrunds lassen sich gegebenenfalls vermeiden durch:
  - Bodenaustausch (Magerbeton oder Kies)
  - Gründung unterhalb des nachgiebigen Bereichs
  - Gründung auf Pfählen
  - Anordnung eines steifen Kellerkastens.

Dehnfuge als Gleitfuge

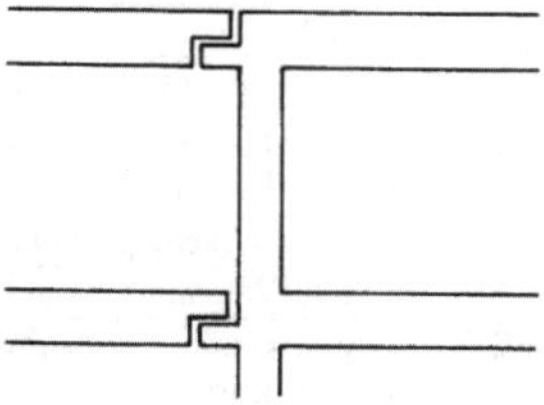

- **Scheinfugen** (z. B. durch Einlegen von Dreikantleisten) sind geplante Sollbruchstellen. Sie sind ohne Arbeitsunterbrechung herstellbar. Querschnittsschwächung ca. 25 % der Konstruktionsdicke erforderlich.
- **Arbeitsfugen** ergeben sich aus dem taktweisen Arbeitsfortschritt (möglichst ⊥ zur resultierenden Kraft anordnen).
- **Schwindfugen** (oder Schwindgassen) sind vorübergehend offen bleibende schmale Betoniergassen, die erst nach dem weitgehenden Abklingen des Schwindvorgangs geschlossen werden (aufwändig; lassen sich oft mit dem Arbeitsfortschritt nicht vereinbaren).

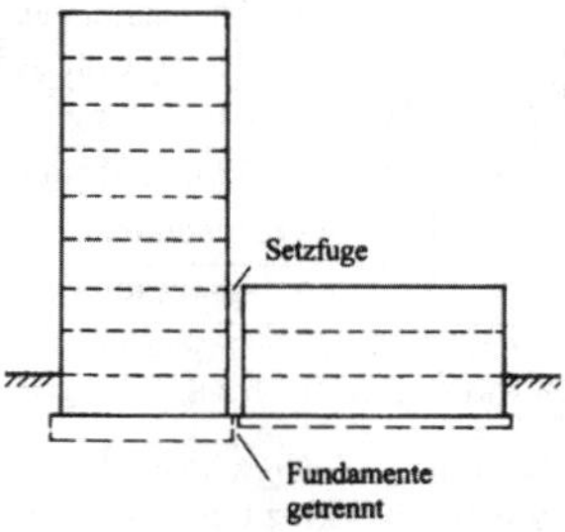

6.3 Dehnungsfugenabstände

Fugen sind aufwendig in der Herstellung und im Unterhalt; daher sollten nur so viel Fugen wie unbedingt nötig angeordnet werden. Allgemeingültige Regeln und Angaben über erforderliche Fugenabstände sind nicht möglich, da eine Vielzahl von Einflüssen eine Rolle spielt, wie z. B. Temperatur, Schwinden, Kriechen, Wärmedämmung, Alter und Nachbehandlung der Baustoffe. Nachfolgend werden in den Tafeln 10.36 bis 10.37b (Auszug aus TGL*) 2903, Ausg. 04.83 – Bewegungsfugen in Bauwerken) für einige Konstruktionen grobe Anhaltswerte für Fugenabstände angegeben.

*) „Technische Güte- und Lieferbedingungen" der ehemaligen DDR.

Tafel 10.36 Gebäude mit Tragkonstruktion aus Beton oder Stahlbeton

Nr.	Konstruktion des Gebäudes		max. Abstand der Fugen in m bei Ortbeton-bauweise	Montage-bauweise
1	SKELETTBAU			
1.1	**Stahlbeton, eingeschossig, gelenkig gekoppelt**			
1.1.1	ohne Witterungseinfluss auf die verbindenden Tragglieder Stützenkennwert[1] bei Betrachtung des Gebäudes in			
	Längsrichtung	Querrichtung[2]		
	$\alpha = 40$ bis 85	$\alpha = 90$ bis 130	36	48
	$\alpha = 86$ bis 140	$\alpha = 131$ bis 175	48	72
	$\alpha > 140$	$\alpha > 175$	72	96
1.1.2	mit Witterungseinfluss auf die verbindenden Tragglieder Stützenkennwert[1] bei Betrachtung des Gebäudes in			
	Längsrichtung	Querrichtung[2]		
	$\alpha = 40$ bis 85	$\alpha = 90$ bis 130	24	36
	$\alpha = 86$ bis 140	$\alpha = 131$ bis 175	36	48
	$\alpha > 140$	$\alpha > 175$	48	54
1.2	**Stahlbeton, mehrgeschossig**			
1.2.1	rahmenstabilisierte Konstruktion Stütze – Riegel in Richtung der betrachteten Fugenabstände			
	ohne Witterungseinfluss auf die verbindenden Tragglieder		36	48
	mit Witterungseinfluss auf die verbindenden Tragglieder		24	36
1.2.2	scheiben- oder kernstabilisierte bzw. rahmenstabilisierte Konstruktion Stütze – Riegel in Richtung der betrachteten Fugenabstände			
	ohne Witterungseinfluss auf die verbindenden Tragglieder		48	72
	mit Witterungseinfluss auf die verbindenden Tragglieder		36	48
2	WANDBAU			
2.3	**Ortbetonkonstruktion**			
	in Querwandbauweise, Montageaußenwand		48	–
	in Längswandbauweise, Ortbetonaußenwand		36	–

[1] Stützenkennwert $\alpha = h^2/s$ mit h als Stützenhöhe in m und s als Stützendicke in m in Richtung des Dehnungsfugenabstands.
[2] Richtung der Hauptbeanspruchung aus den äußeren Kräften, z. B. Wind, Kranseitenstoß.

Es kann durchaus wirtschaftlich sinnvoll sein, größere Fugenabstände zu wählen oder sogar **fugenlose Bauwerke** zu erstellen. Der bei derartig ausgeführten Bauwerken entstehende große Zwang bzw. dessen Auswirkung kann z. B. reduziert werden:

- durch besondere Vorkehrungen bei der Herstellung (z. B. schwindarmer Zement, Nachbehandlung des Betons, Gleitfolien),
- durch ausreichende Wärmedämmung (Außendämmung ist im Hinblick auf die Rissgefahr sehr günstig, Innendämmung sehr ungünstig!),
- durch höheren Bewehrungsaufwand (bis etwa +30 %). Die entstehenden Rissbreiten im Beton werden dadurch auf ein unschädliches Maß reduziert.

Tafel 10.37a Gebäude aus Mauerwerk

Nr.	Konstruktion des Gebäudes	Abstand der Fugen in m höchstens
1	Mauerwerk aus gebrannten Voll- und Hochlochziegeln	72
2	Mauerwerk aus Kalksandsteinen	36
3	Mauerwerk aus Leichtbeton-Hohlblocksteinen	36
4	Mauerwerk aus Porenbeton	48
5	Mauerwerk aus Holzbeton	18
6	Mauerwerk aus natürlichen Steinen	24
7	Mauerwerk nach Nr. 1 bis 6 bei Auflagerung von Ortbetongeschossdecken	24

Für **Außenschalen** von zweischaligem Mauerwerk werden folgende maximalen Dehnfugenabstände empfohlen: bei Mauerwerk aus Ziegeln etwa 12 m und aus Kalksandstein ca. 7 m. Unabhängig davon sollten Dehnungsfugen immer an Gebäudeecken angeordnet werden; an welcher Seite der Ecke die Fuge angeordnet werden sollte, hängt von der Himmelsrichtung ab, siehe z. B. [11.31].

Tafel 10.37b Gebäude mit Tragkonstruktion aus Stahl

Nr.	Konstruktion des Gebäudes	Maximaler Abstand der Fugen (in m) in	
		eingeschossigen Gebäuden	mehrgeschossigen Gebäuden
1	Festpunkt in der **Mitte** eines Gebäudeabschnitts		
	ohne Witterungseinfluss auf die verbindenden Tragglieder	144	96
	mit Witterungseinfluss auf die verbindenden Tragglieder	120	72
2	Festpunkte an **beiden Enden** eines Gebäudeabschnitts oder Festpunkte neben den Fugen, nachgiebiger Anschluss der Koppelglieder in Richtung des betrachteten Fugenabstands, z. B. mit rohen, abscherbeanspruchten Schrauben		
	ohne Witterungseinfluss auf die verbindenden Tragglieder	120	72
	mit Witterungseinfluss auf die verbindenden Tragglieder	96	60
3	Festpunkte an **beiden Enden** eines Gebäudeabschnitts oder Festpunkte neben den Fugen, unnachgiebiger Anschluss der Koppelglieder in Richtung des betrachteten Fugenabstands, z. B. mit Schweiß-, Stirnplattenverbindungen, Passschrauben, gleitfesten Schraubverbindungen		
	ohne Witterungseinfluss auf die verbindenden Tragglieder	96	60
	mit Witterungseinfluss auf die verbindenden Tragglieder	72	48
4	**keine** Festpunkte, in Richtung des betrachteten Fugenabstands durchgehendes Rahmentragwerk oder Tragwerk mit in den Fundamenten eingespannten Stützen		
	ohne Witterungseinfluss auf die verbindenden Tragglieder	72	48
	mit Witterungseinfluss auf die verbindenden Tragglieder	60	36

10 B Baustatik

Prof. Dr.-Ing. Karsten Tichelmann; Dipl.-Ing. Timm Wetzel

1 Auflagerreaktionen, Schnitt- und Verschiebungsgrößen

1.1 Horizontale Einzelstäbe, $\alpha = a/l$

	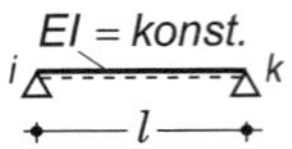	Auflagerkräfte 		M-Linie 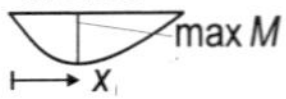		Biegelinie 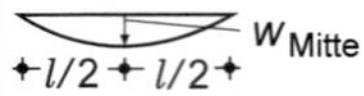
		A	B	max M	bei $x =$	$EI\, w_{\text{Mitte}}$ [1)]
1	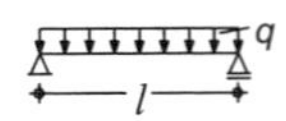	$\frac{ql}{2}$	$\frac{ql}{2}$	$\frac{ql^2}{8}$	$\frac{l}{2}$	$\frac{5}{384}ql^4$
2	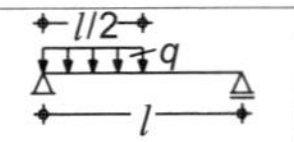	$\frac{3}{8}ql$	$\frac{1}{8}ql$	$\frac{9}{128}ql^2$	$\frac{3}{8}l$	$\frac{5}{768}ql^4$
3	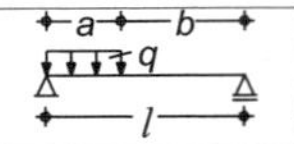	$\frac{qa}{l}\left(l-\frac{a}{2}\right)$	$\frac{qa^2}{2l}$	$\frac{A^2}{2q}$	$\frac{A}{q}$	$\frac{ql^2}{48}a^2\left(1{,}5-\alpha^2\right)$
4	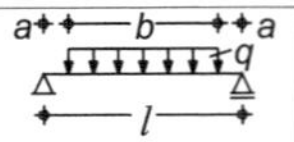	$\frac{1}{2}qb$	$\frac{1}{2}qb$	$\frac{qb}{8}(2l-b)$	$\frac{l}{2}$	$\frac{ql^4}{348}\left(5-24\alpha^2+16\alpha^4\right)$
5	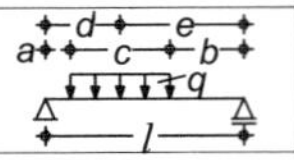	$\frac{qc(2b+c)}{2l}$	$\frac{qc(2a+c)}{2l}$	$\frac{A^2}{2q}+A\cdot a$	$a + A/q$	$\frac{ql^4}{348}\cdot(5-12\alpha^2+8\alpha^4 -12\beta^2+8\beta^4)$
6	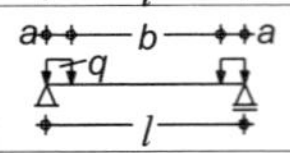	qa	qa	$\frac{1}{2}qa^2$	a bis $(a+b)$	$\frac{ql^2}{24}a^2\left(1{,}5-\alpha^2\right)$
7	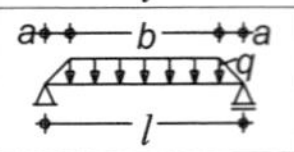	$\frac{q}{2}(l-a)$	$\frac{q}{2}(l-a)$	$\frac{q}{24}\left(3l^2-4a^2\right)$	$\frac{l}{2}$	$\frac{ql^4}{1920}\left(25-40\alpha^2+16\alpha^4\right)$
8	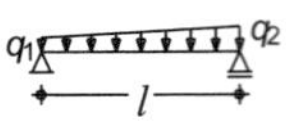	$(2q_1+q_2)\frac{l}{6}$	$(q_1+2q_2)\frac{l}{6}$	$\approx 0{,}064(q_1+q_2)l^2$	$\approx 0{,}55l$	$\frac{5}{768}(q_1+q_2)l^4$
9a		$\frac{ql}{6}$	$\frac{ql}{3}$	$\frac{ql^2}{15{,}59}$	$0{,}577l$	$\frac{5}{768}ql^4$
9b	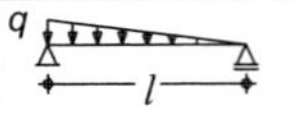	$\frac{ql}{3}$	$\frac{ql}{6}$	$\frac{ql^2}{15{,}59}$	$0{,}423l$	$\frac{5}{768}ql^4$
10		$\frac{ql}{4}$	$\frac{ql}{4}$	$\frac{ql^2}{12}$	$0{,}50l$	$\frac{1}{120}ql^4$
11	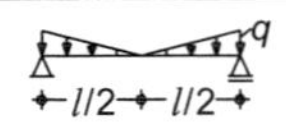	$\frac{ql}{4}$	$\frac{ql}{4}$	$\frac{ql^2}{24}$	$0{,}50l$	$\frac{3}{640}ql^4$
12	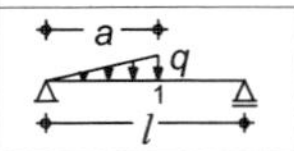	$\frac{qa}{6}(3-2\alpha)$	$\frac{qa^2}{3l}$	$\frac{qa^2}{3}\sqrt{\left(1-\frac{2}{3}\alpha\right)^3}$	$a\sqrt{1-\frac{2}{3}\alpha}$	$\frac{qa^3}{45}(1-\alpha)(5l-4a)$ (Stelle 1)
13	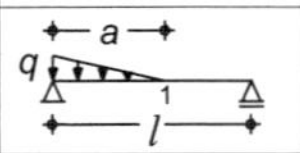	$\frac{qa}{6}(3-\alpha)$	$\frac{qa^2}{6l}$	$\frac{qa^2}{6l}\left(l-a+\frac{2}{3}a\sqrt{\frac{\alpha}{3}}\right)$	$a-\sqrt{\frac{a^3}{3l}}$	$\frac{qa^3}{360}(1-\alpha)(20l-13a)$ (Stelle 1)

<table>
<tr><td colspan="2">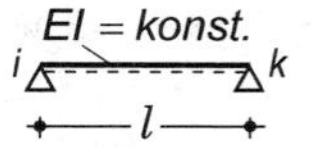</td><td colspan="2">Auflagerkräfte 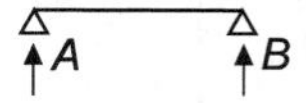</td><td colspan="4">M-Linie 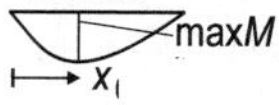</td><td colspan="3">Biegelinie 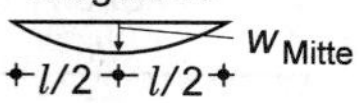</td></tr>
<tr><td colspan="2"></td><td>A</td><td>B</td><td colspan="2">$\max M$</td><td colspan="2">bei $x =$</td><td colspan="3">$EI\, w_{\text{Mitte}}$ [1)]</td></tr>
<tr><td>14</td><td>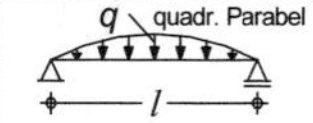</td><td>$\frac{ql}{3}$</td><td>$\frac{ql}{3}$</td><td colspan="2">$\frac{5}{48} ql^2$</td><td colspan="2">$\frac{l}{2}$</td><td colspan="3">$\frac{61ql^4}{5760}$</td></tr>
<tr><td>15</td><td>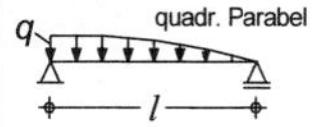</td><td>$\frac{ql}{2{,}4}$</td><td>$\frac{ql}{4}$</td><td colspan="2">$\frac{ql^2}{11{,}15}$</td><td colspan="2">$0{,}446l$</td><td colspan="3">$\frac{11ql^4}{1200}$</td></tr>
<tr><td>16</td><td>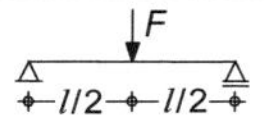</td><td>$\frac{F}{2}$</td><td>$\frac{F}{2}$</td><td colspan="2">$\frac{Fl}{4}$</td><td colspan="2">$\frac{l}{2}$</td><td colspan="3">$\frac{Fl^3}{48}$</td></tr>
<tr><td>17</td><td>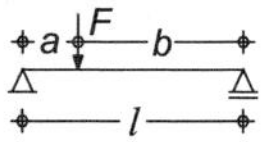</td><td>$\frac{Fb}{l}$</td><td>$\frac{Fa}{l}$</td><td colspan="2">$\frac{Fab}{l}$</td><td colspan="2">a</td><td colspan="3">$\frac{1}{48} Fl^3 \cdot \left(3\alpha - 4\alpha^3\right)$
für $a \le b$</td></tr>
<tr><td>18</td><td>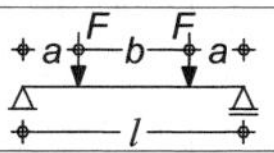</td><td>F</td><td>F</td><td colspan="2">Fa</td><td colspan="2">a bis
$(a+b)$</td><td colspan="3">$\frac{Fl^3}{24} \cdot \left(3\alpha - 4\alpha^3\right)$</td></tr>
<tr><td rowspan="4">19</td><td rowspan="4">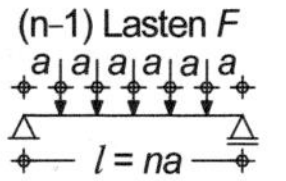</td><td rowspan="4">$F\frac{n-1}{2}$</td><td rowspan="4">$F\frac{n-1}{2}$</td><td colspan="4">Fl/r</td><td colspan="3">$\max Ml^2/s$</td></tr>
<tr><td>n</td><td>2</td><td>3</td><td>4</td><td>5</td><td>6</td><td>7</td></tr>
<tr><td>r</td><td>4</td><td>3</td><td>2</td><td>1,66</td><td>1,33</td><td>1,16</td></tr>
<tr><td>s</td><td>12</td><td>9,39</td><td>10,11</td><td>9,25</td><td>9,81</td><td>9,56</td></tr>
<tr><td rowspan="4">20</td><td rowspan="4">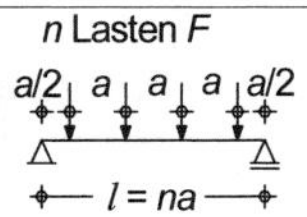</td><td rowspan="4">$F\frac{n}{2}$</td><td rowspan="4">$F\frac{n}{2}$</td><td colspan="4">Fl/r</td><td colspan="3">$\max Ml^2/s$</td></tr>
<tr><td>n</td><td>2</td><td>3</td><td>4</td><td>5</td><td>6</td><td>7</td></tr>
<tr><td>r</td><td>4</td><td>2,4</td><td>2</td><td>1,54</td><td>1,33</td><td>1,12</td></tr>
<tr><td>s</td><td>8,73</td><td>10,19</td><td>9,37</td><td>9,82</td><td>9,49</td><td>9,72</td></tr>
<tr><td>21</td><td>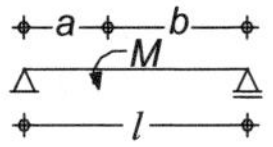</td><td>$\frac{M}{l}$</td><td>$-\frac{M}{l}$</td><td colspan="2">$a \ge \frac{l}{2}$: $\frac{Ma}{l}$
$a \le \frac{l}{2}$: $-\frac{Mb}{l}$</td><td colspan="2">$\frac{a}{l}$
$\frac{a}{l}$</td><td colspan="3"></td></tr>
<tr><td>22</td><td>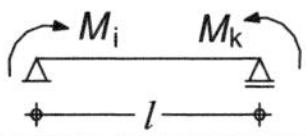</td><td>$\frac{M_k - M_i}{l}$</td><td>$-\frac{M_k - M_i}{l}$</td><td colspan="4">M_i oder M_k</td><td colspan="3">$\frac{M_i + M_k}{16} l^2$</td></tr>
<tr><td>23</td><td>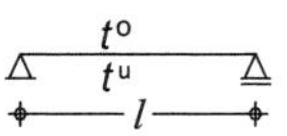</td><td>0</td><td>0</td><td colspan="4">0</td><td colspan="3">$\frac{t^2}{8} \cdot \frac{t^u - t^o}{h} \alpha_t EI$
h Querschnittshöhe
α_t Temperaturdehnzahl</td></tr>
<tr><td>24</td><td>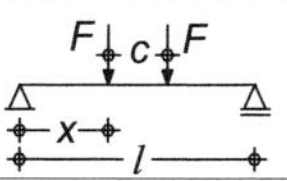</td><td colspan="9">$\max M = \frac{Fl}{8}\left(2 - \frac{c}{l}\right)^2$ für $x = \frac{l}{2} - \frac{c}{4}$
wenn $c/l > 0{,}586$, ist $\max M = Fl/4$</td></tr>
<tr><td>25</td><td>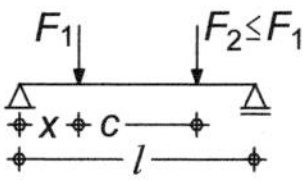</td><td colspan="9">$\max M = \left(F_1 + F_2\right) \cdot \frac{(l-e)^2}{4l}$ für $x = \frac{l-e}{2}$ $e = F_2 \cdot c/(F_1 + F_2)$
wenn $c/l \ge 0{,}50$, kann $F_1 l/4$ maßgebend sein.</td></tr>
</table>

1) Bei symmetrischer Belastung ist $w_{\text{Mitte}} = w_{\max}$, bei unsymmetrischen Belastungen ist $w_{\text{Mitte}} \approx w_{\max}$.
Hinweis: Die Formeln für die Durchbiegung w_1 gelten nur für $EI = \text{const.}$

Träger auf zwei Stützen mit Kragarm

	EI = konst.; i, k, j; l, c	M-Linie, Auflagerkräfte: A	B	$\max M$	M_k	Biegelinie (w_{Mitte}, w_j; $l/2$, $l/2$): $EI\,w_{Mitte}$	$EI\,w_j$
1	q (Feld und Kragarm)	$\left(l^2-c^2\right)\frac{q}{2l}$	$\left(l+c\right)^2\frac{q}{2l}$	$\frac{A^2}{2q}$	$-\frac{qc^2}{2}$	$\left(\frac{l^2}{2,4}-c^2\right)\frac{ql^2}{32}$	$\left(\frac{c^3}{8}+\frac{c^2 l}{6}-\frac{l^3}{24}\right)qc$
2	q (Feld)	$\frac{ql}{2}$	$\frac{ql}{2}$	$\frac{ql^2}{8}$	0	$\frac{ql^4}{76,8}$	$-\frac{ql^3c}{24}$
3	q (Kragarm)	$-\frac{qc^2}{2l}$	$\left(1+\frac{c}{2l}\right)qc$	M_k	$-\frac{qc^2}{2}$	$-\frac{ql^2c^2}{32}$	$\left(\frac{l}{6}+\frac{c}{8}\right)qc^3$
4	F; a, b	$\frac{Fb}{l}$	$\frac{Fa}{l}$	$\frac{Fab}{l}$	0	$\left(\frac{l^2}{16}-\frac{a^2}{12}\right)Fa$ wenn $a\leq l/2$	$-\left(l+a\right)\frac{Fabc}{6l}$
5	F; a	$-\frac{Fa}{l}$	$\left(1+\frac{a}{l}\right)F$	M_k	$-Fa$	$-\frac{Fal^2}{16}$	$\left(\frac{lc}{3}+\frac{ac}{2}-\frac{a^2}{6}\right)Fa$
6	M^e	$-\frac{M^e}{l}$	$\frac{M^e}{l}$	M_k	$-M^e$	$-\frac{M^e l^2}{16}$	$\left(\frac{l}{3}+\frac{c}{2}\right)cM^e$
7	Temp. T_o, T_u, h; $\kappa^e=\alpha_T\left(T_u-T_o\right)/h$; κ^e	0	0	0	0	$\kappa^e l^2/8$	$-\kappa^e l\,c/2$
8	κ^e	0	0	0	0	0	$-\kappa^e c^2/2$

Kragträger

	EI = konst.; i, k; l	M-Linie (M_i, A): A	M_i	Biegelinie (w_k, φ_k): $EI\,w_k$	$EI\,\varphi_k$
1	q	ql	$-\frac{ql^2}{2}$	$\frac{ql^4}{8}$	$\frac{ql^3}{6}$
2	q (Dreieck, am Einspannende)	$\frac{ql}{2}$	$-\frac{ql^2}{6}$	$\frac{ql^4}{30}$	$\frac{ql^3}{24}$
3	q (Dreieck, am freien Ende)	$\frac{ql}{2}$	$-\frac{ql^2}{3}$	$\frac{11ql^4}{120}$	$\frac{ql^3}{8}$
4	F	F	$-Fl$	$\frac{Fl^3}{3}$	$\frac{Fl^2}{2}$
5	F; a	F	$-Fa$	$\left(\frac{l}{2}-\frac{a}{6}\right)Fa^2$	$\frac{Fa^2}{2}$
6	M_k	0	M_k	$-\frac{M_k l^2}{2}$	$-M_k l$
7	Temp. T_o, T_u, h; $\kappa^e=\alpha_T\left(T_u-T_o\right)/h$	0	0	$-\frac{\kappa^e l^2}{2}EI$	$-\kappa^e l\cdot EI$

Einseitig eingespannter Träger, $\alpha = a/l$

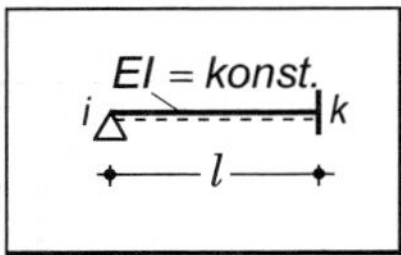	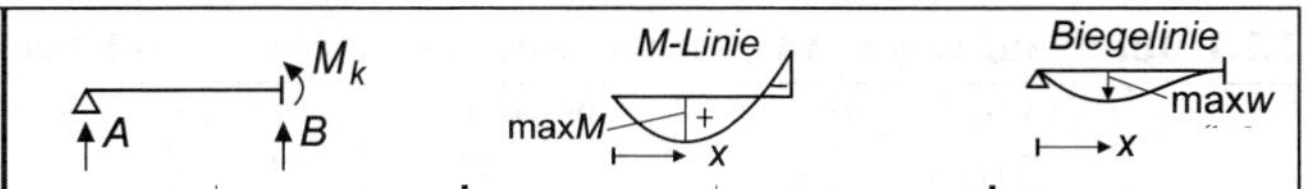				
	A	B	M_k	max M	max EIw
1 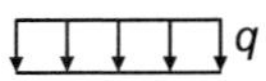	$\frac{3ql}{8}$	$\frac{5ql}{8}$	$-\frac{ql^2}{8}$	$\frac{9ql^2}{128}$ bei $x = 0{,}375l$	$\frac{ql^4}{184{,}6}$ bei $x = 0{,}422l$
2 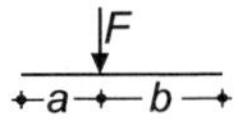	$\frac{3-\beta}{2}\beta^2 F$	$\frac{3-\alpha^2}{2}\alpha F$	$-\frac{1-\alpha^2}{2}\alpha Fl$	$\frac{3-\beta}{2}\alpha\beta^2 Fl$ bei $x = a$	
3 	$\frac{ql}{10}$	$\frac{2ql}{5}$	$-\frac{ql^2}{15}$	$\frac{ql^2}{33{,}54}$ bei $x = 0{,}447l$	$\frac{ql^4}{419{,}3}$ bei $x = 0{,}447l$
4 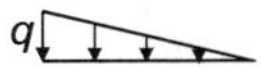	$\frac{11ql}{40}$	$\frac{9ql}{40}$	$-\frac{7ql^2}{120}$	$\frac{ql^2}{23{,}65}$ bei $x = 0{,}329l$	$\frac{ql^4}{328{,}1}$ bei $x = 0{,}402l$

Beidseitig eingespannter Träger, $\alpha = a/l$

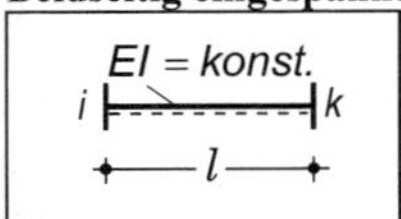	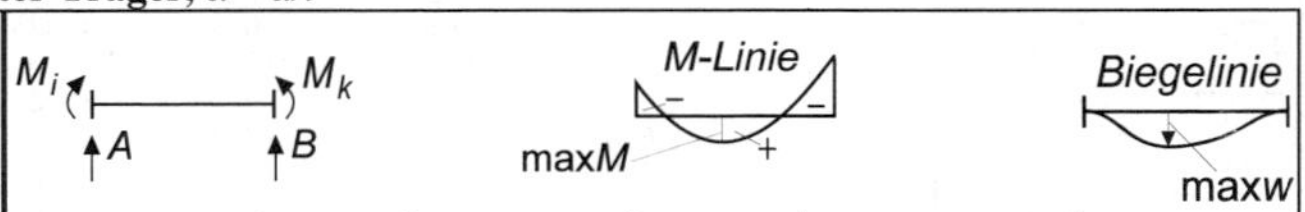					
	A	B	M_i	M_k	max M_f	max $EI\,w$
1 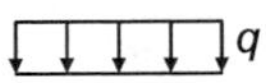	$\frac{ql}{2}$	$\frac{ql}{2}$	$-\frac{ql^2}{12}$	$-\frac{ql^2}{12}$	$\frac{ql^2}{24}$	$\frac{ql^4}{384}$
2 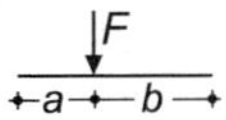	$(3-2\beta)\beta^2 F$	$F - A$	$-\alpha\beta^2 Fl$	$-\alpha^2\beta Fl$	$2Fl\alpha^2\beta^2$	
3 	$0{,}15ql$	$0{,}35ql$	$-\frac{ql^2}{30}$	$-\frac{ql^2}{20}$	$\frac{ql^2}{46{,}6}$	$\frac{ql^4}{764{,}2}$
4 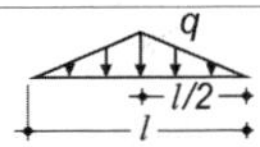	$\frac{ql}{4}$	$\frac{ql}{4}$	$-\frac{ql^2}{19{,}2}$		$\frac{ql^2}{32}$	$\frac{7ql^4}{3840}$
5 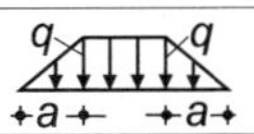	$\frac{q(l-a)}{2}$	A	$-\frac{ql^2}{12}\cdot(1-2\alpha^2+\alpha^3)$		$\frac{ql^2}{24}\cdot(1-2\alpha^3)$	$\frac{ql^4}{1920}$

Längsbeanspruchung

N-Verlauf, Normalkraft N als Zug positiv

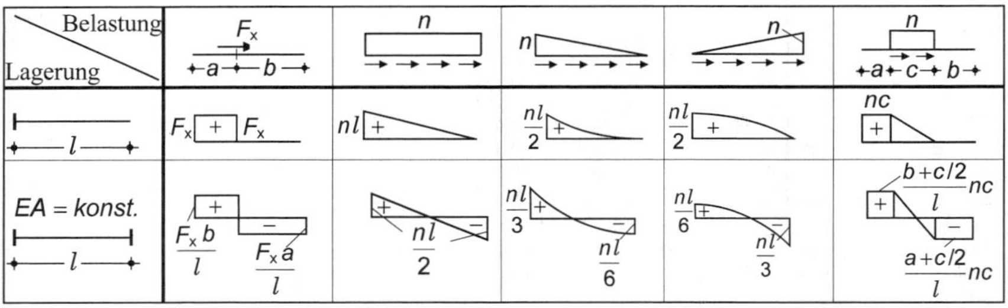

1.2 Durchlaufträger

1.2.1 Durchlaufträger mit gleichen Stützweiten über 2 bis 5 Felder[1) 2)]

	Belastung 1	Belastung 2	Belastung 3	Belastung 4	Belastung 5	Belastung 6
	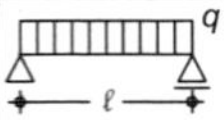	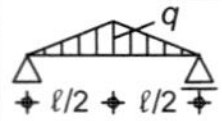	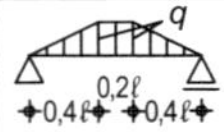	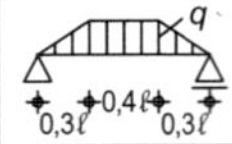	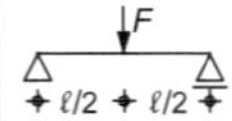	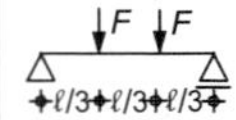
Momente	Tafelwert · ql^2				Tafelwert · Fl	
Kräfte	Tafelwert · ql				Tafelwert · F	

Die Feldmomente M_1, M_2 usw. sind die Größtwerte der Feldmomente in den Feldern 1, 2 usw.

Lastfall	Kraftgrößen	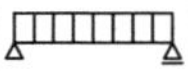 Belastung 1	 Belastung 2	 Belastung 3	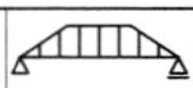 Belastung 4	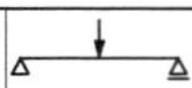 Belastung 5	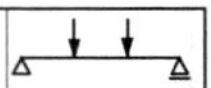 Belastung 6
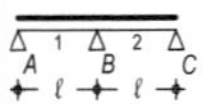	M_1	0,070	0,048	0,056	0,062	0,156	0,222
	M_b	–0,125	–0,078	–0,093	–0,106	–0,188	–0,333
	A	0,375	0,172	0,207	0,244	0,313	0,667
	B	1,250	0,656	0,786	0,911	1,375	2,667
	V_{bl}	–0,625	–0,328	–0,393	–0,456	–0,688	–1,333
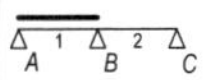	M_1	0,096	0,065	0,076	0,085	0,203	0,278
	M_b	–0,063	–0,039	–0,047	–0,053	–0,094	–0,167
	A	0,438	0,211	0,253	0,297	0,406	0,833
	C	–0,063	–0,039	–0,047	–0,053	–0,094	–0,167
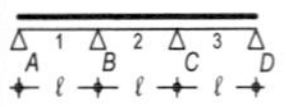	M_1	0,080	0,054	0,064	0,071	0,175	0,244
	M_2	0,025	0,021	0,024	0,025	0,100	0,067
	M_b	–0,100	–0,063	–0,074	–0,085	–0,150	–0,267
	A	0,400	0,188	0,226	0,265	0,350	0,733
	B	1,100	0,563	0,674	0,785	1,150	2,267
	V_{bl}	–0,600	–0,313	–0,374	–0,435	–0,650	–1,267
	V_{br}	0,500	0,250	0,300	0,350	0,500	1,000
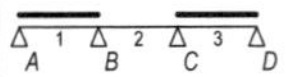	M_1	0,101	0,068	0,080	0,090	0,213	0,289
	M_2	–0,050	–0,032	–0,037	–0,043	–0,075	–0,133
	M_b	–0,050	–0,032	–0,037	–0,043	–0,075	–0,133
	A	0,450	0,219	0,263	0,307	0,425	0,867
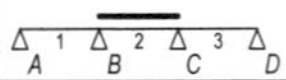	M_2	0,075	0,052	0,061	0,067	0,175	0,200
	M_b	–0,050	–0,032	–0,037	–0,043	–0,075	–0,133
	A	–0,050	–0,032	–0,037	–0,043	–0,075	–0,133
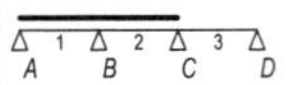	M_b	–0,117	–0,073	–0,087	–0,099	–0,175	–0,311
	M_c	–0,033	–0,021	–0,025	–0,029	–0,050	–0,089
	B	1,200	0,626	0,749	0,871	1,300	2,533
	V_{bl}	–0,617	–0,323	–0,387	–0,449	–0,675	–1,311
	V_{br}	0,583	0,303	0,362	0,421	0,625	1,222
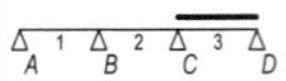	M_b	0,017	0,011	0,013	0,015	0,025	0,044
	M_c	–0,067	–0,042	–0,050	–0,057	–0,100	–0,178
	V_{bl}	0,017	0,011	0,013	0,015	0,025	0,044
	V_{br}	–0,083	–0,053	–0,062	–0,071	–0,125	–0,222
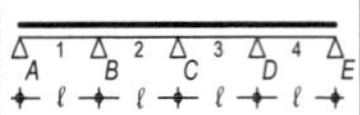	M_1	0,077	0,052	0,062	0,069	0,170	0,238
	M_2	0,036	0,028	0,032	0,034	0,116	0,111
	M_b	–0,107	–0,067	–0,080	–0,091	–0,161	–0,286
	M_c	–0,071	–0,045	–0,053	–0,060	–0,107	–0,190
	A	0,393	0,183	0,220	0,259	0,339	0,714
	B	1,143	0,590	0,707	0,822	1,214	2,381
	C	0,929	0,455	0,546	0,638	0,892	1,810
	V_{bl}	–0,607	–0,317	–0,380	–0,441	–0,661	–1,286
	V_{br}	0,536	0,273	0,327	0,381	0,554	1,095
	V_{cl}	–0,464	–0,228	–0,273	–0,319	–0,446	–0,905
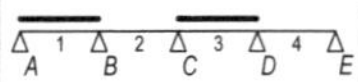	M_1	0,100	0,067	0,079	0,088	0,210	0,286
	M_b	–0,054	–0,034	–0,040	–0,046	–0,080	–0,143
	M_c	–0,036	–0,023	–0,027	–0,031	–0,054	–0,095
	A	0,446	0,217	0,260	0,298	0,420	0,857
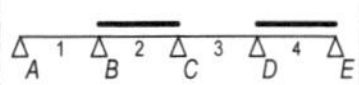	M_2	0,080	0,056	0,065	0,071	0,183	0,222
	M_b	–0,054	–0,034	–0,040	–0,046	–0,080	–0,143
	M_c	–0,036	–0,023	–0,027	–0,031	–0,054	–0,095
	A	–0,054	–0,034	–0,040	–0,046	–0,080	–0,143

1) Ungünstige Laststellung siehe S. 10.45.

2) Die folgende Tafel kann auch näherungsweise bei ungleichen Stützweiten verwendet werden, wenn min l > 0,8 max l ist. Die Kraftgrößen an den Innenstützen (Stützmomente, Auflager- und Querkräfte) sind dann mit den Mittelwerten der jeweils benachbarten Stützweiten zu ermitteln.

Lastfall	Kraft-größen	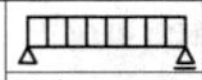 Belastung 1	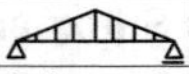 Belastung 2	 Belastung 3	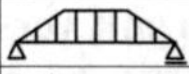 Belastung 4	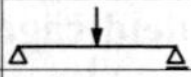 Belastung 5	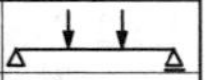 Belastung 6
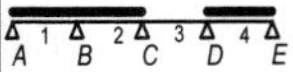	M_b	–0,121	–0,076	–0,090	–0,102	–0,181	–0,321
	M_c	–0,018	–0,012	–0,013	–0,015	–0,027	–0,048
	M_d	–0,058	–0,036	–0,043	–0,049	–0,087	–0,155
	B	1,223	0,640	0,767	0,889	1,335	2,595
	V_{bl}	–0,621	–0,326	–0,390	–0,452	–0,681	–1,321
	V_{br}	0,603	0,314	0,377	0,437	0,654	1,274
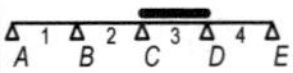	M_b	0,013	0,009	0,010	0,011	0,020	0,036
	M_c	–0,054	–0,033	–0,040	–0,045	–0,080	–0,143
	M_d	–0,049	–0,031	–0,037	–0,042	–0,074	–0,131
	B	–0,080	–0,050	–0,060	–0,067	–0,121	–0,214
	V_{bl}	0,013	0,009	0,010	0,011	0,020	0,036
	V_{br}	–0,067	–0,042	–0,050	–0,056	–0,100	–0,178
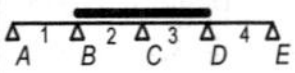	M_b	–0,036	–0,023	–0,027	–0,031	–0,054	–0,095
	M_c	–0,107	–0,067	–0,080	–0,091	–0,161	–0,286
	C	1,143	0,589	0,706	0,820	1,214	2,381
	V_{cl}	–0,571	–0,295	–0,353	–0,410	–0,607	–1,191
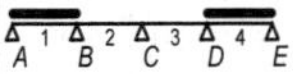	M_b	–0,071	–0,045	–0,053	–0,060	–0,107	–0,190
	M_c	0,036	0,023	0,021	0,031	0,054	0,095
	C	–0,214	–0,134	–0,160	–0,182	–0,321	–0,571
	V_{cl}	0,107	0,067	0,080	0,091	0,161	0,286
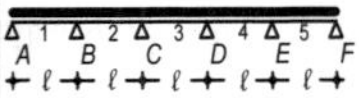	M_1	0,078	0,053	0,062	0,069	0,171	0,240
	M_2	0,033	0,026	0,030	0,032	0,112	0,099
	M_3	0,046	0,034	0,040	0,043	0,132	0,123
	M_b	–0,105	–0,066	–0,078	–0,089	–0,158	–0,281
	M_c	–0,079	–0,050	–0,059	–0,067	–0,118	–0,211
	A	0,395	0,185	0,222	0,261	0,342	0,719
	B	1,132	0,582	0,697	0,811	1,197	2,351
	C	0,974	0,484	0,581	0,678	0,960	1,930
	V_{bl}	–0,605	–0,316	–0,378	–0,439	–0,658	–1,281
	V_{br}	0,526	0,266	0,319	0,372	0,540	1,070
	V_{cl}	–0,474	–0,234	–0,281	–0,328	–0,460	–0,930
	V_{cr}	0,500	0,250	0,300	0,350	0,500	1,000
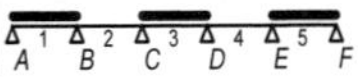	M_1	0,100	0,068	0,079	0,088	0,211	0,287
	M_3	0,086	0,059	0,070	0,076	0,191	0,228
	M_b	–0,053	–0,033	–0,040	–0,045	–0,079	–0,140
	M_c	–0,039	–0,025	–0,030	–0,034	–0,059	–0,105
	A	0,447	0,217	0,260	0,305	0,421	0,860
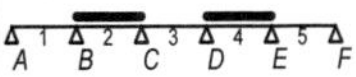	M_2	0,079	0,055	0,064	0,071	0,181	0,205
	M_3	–	–0,025	–0,030	–0,034	–0,059	–0,105
	M_b	–0,053	–0,033	–0,040	–0,045	–0,079	–0,140
	M_c	–0,039	–0,025	–0,030	–0,034	–0,059	–0,105
	A	–0,053	–0,033	–0,040	–0,045	–0,079	–0,140
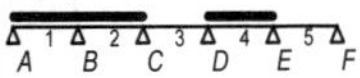	M_b	–0,120	–0,075	–0,089	–0,101	–0,179	–0,319
	M_c	–0,022	–0,014	–0,016	–0,019	–0,032	–0,057
	M_d	–0,044	–0,028	–0,033	–0,037	–0,066	–0,118
	M_e	–0,051	–0,032	–0,038	–0,043	–0,077	–0,137
	B	1,218	0,636	0,761	0,883	1,327	2,581
	V_{bl}	–0,620	–0,325	–0,389	–0,451	–0,679	–1,319
	V_{br}	0,598	0,311	0,373	0,432	0,647	1,262
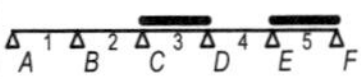	M_b	0,014	0,009	0,011	0,012	0,022	0,038
	M_c	–0,057	–0,036	–0,043	–0,048	–0,086	–0,153
	M_d	–0,035	–0,022	–0,026	–0,030	–0,052	–0,093
	M_e	–0,054	–0,034	–0,040	–0,046	–0,081	–0,144
	B	–0,086	–0,054	–0,065	–0,072	–0,129	–0,230
	V_{bl}	0,014	0,009	0,011	0,012	0,022	0,038
	V_{br}	–0,072	–0,045	–0,053	–0,060	–0,108	–0,191
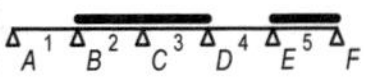	M_b	–0,035	–0,022	–0,026	–0,029	–0,052	–0,093
	M_c	–0,111	–0,070	–0,083	–0,094	–0,167	–0,297
	M_d	–0,020	–0,013	–0,015	–0,017	–0,031	–0,054
	M_e	–0,057	–0,036	–0,043	–0,048	–0,086	–0,153
	C	1,167	0,605	0,725	0,841	1,251	2,447
	V_{cl}	–0,576	–0,298	–0,357	–0,414	–0,615	–1,204
	V_{cr}	0,591	0,307	0,368	0,427	0,636	1,242
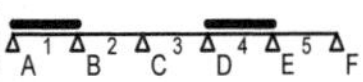	M_b	–0,071	–0,044	–0,052	–0,060	–0,106	–0,188
	M_c	0,032	0,020	0,024	0,027	0,048	0,086
	M_d	–0,059	–0,037	–0,044	–0,050	–0,088	–0,156
	M_e	–0,048	–0,030	–0,035	–0,041	–0,072	–0,128
	C	–0,194	–0,121	–0,144	–0,163	–0,291	–0,517
	V_{cl}	0,103	0,064	0,076	0,086	0,154	0,274
	V_{cr}	–0,091	–0,057	–0,068	–0,077	–0,136	–0,242

1.2.2 Zweifeldträger mit verschiedenen Stützweiten und Gleichstreckenlast

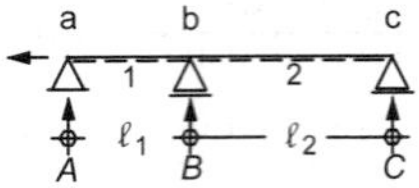

Momente = Tafelwert · $q \cdot l_1^2$
Kräfte = Tafelwert · $q \cdot l_1$

Für $I_1 \neq I_2$ gilt:

$$M_b = -\frac{q_1 \cdot l_1^3 + q_2 \cdot l_2^3 \cdot j}{8 \cdot (l_1 + l_2 \cdot j)}; \quad j = \frac{I_1}{I_2}$$

l_1 ist immer die *kleinere* Stützweite.

	Last q auf beiden Feldern							Last q_1 auf Feld 1				
$l_1 : l_2$	M_b	M_1	M_2	A	V_{bl}	V_{br}	C	M_b	M_1	A	V_{bl}	V_{br}
1:1,0	-0,125	0,070	0,070	0,375	-0,625	0,625	0,375	-0,063	0,096	0,438	-0,563	0,063
1,1	-0,139	0,065	0,090	0,361	-0,639	0,676	0,424	-0,060	0,097	0,441	-0,560	0,054
1,2	-0,155	0,060	0,111	0,345	-0,655	0,729	0,471	-0,057	0,098	0,443	-0,557	0,047
1,3	-0,174	0,053	0,133	0,326	-0,674	0,784	0,516	-0,054	0,099	0,446	-0,554	0,042
1,4	-0,195	0,047	0,157	0,305	-0,695	0,839	0,561	-0,052	0,100	0,448	-0,552	0,037
1:1,5	-0,219	0,040	0,183	0,281	-0,719	0,896	0,604	-0,050	0,101	0,450	-0,550	0,033
1,6	-0,245	0,033	0,209	0,255	-0,745	0,953	0,646	-0,048	0,102	0,452	-0,548	0,030
1,7	-0,274	0,026	0,237	0,226	-0,774	1,011	0,689	-0,046	0,103	0,454	-0,546	0,027
1,8	-0,305	0,019	0,267	0,195	-0,805	1,069	0,731	-0,045	0,104	0,455	-0,545	0,025
1,9	-0,339	0,013	0,298	0,161	-0,839	1,128	0,772	-0,043	0,104	0,457	-0,543	0,023
1:2,0	-0,375	0,008	0,330	0,125	-0,875	1,188	0,813	-0,042	0,105	0,458	-0,542	0,021
2,1	-0,414	0,004	0,364	0,086	-0,914	1,247	0,853	-0,040	0,106	0,460	-0,540	0,019
2,2	-0,455	0,001	0,399	0,045	-0,955	1,307	0,893	-0,039	0,106	0,461	-0,539	0,018
2,3	-0,499	0,000	0,435	0,001	-0,999	1,367	0,933	-0,038	0,107	0,462	-0,538	0,017
2,4	-0,545	negativ	0,473	-0,045	-1,045	1,427	0,973	-0,037	0,107	0,463	-0,537	0,015
1:2,5	-0,594	negativ	0,513	-0,094	-1,094	1,488	1,013	-0,036	0,108	0,464	-0,536	0,014

M_1 und M_2 sind die größten Feldmomente in dem jeweiligen Feld. $B = |V_{bl}| + |V_{br}|$

	Last q_2 auf Feld 2				
$l_1 : l_2$	M_b	M_2	V_{bl}	V_{br}	C
1:1,0	-0,063	0,096	-0,063	0,563	0,438
1,1	-0,079	0,114	-0,079	0,622	0,478
1,2	-0,098	0,134	-0,098	0,682	0,518
1,3	-0,119	0,156	-0,119	0,742	0,558
1,4	-0,143	0,179	-0,143	0,802	0,598
1:1,5	-0,169	0,203	-0,169	0,863	0,638
1,6	-0,197	0,229	-0,197	0,923	0,677
1,7	-0,228	0,257	-0,228	0,984	0,716
1,8	-0,260	0,285	-0,260	1,045	0,755
1,9	-0,296	0,316	-0,296	1,106	0,794
1:2,0	-0,333	0,347	-0,333	1,167	0,833
2,1	-0,373	0,380	-0,373	1,228	0,872
2,2	-0,416	0,415	-0,416	1,289	0,911
2,3	-0,461	0,451	-0,461	1,350	0,950
2,4	-0,508	0,488	-0,508	1,412	0,988
1:2,5	-0,558	0,527	-0,558	1,473	1,027

Beispiel

$l_1 = 4{,}1$ m $l_2 = 5{,}3$ m $l_1 : l_2 \approx 1 : 1{,}3$
$g = 5{,}8$ kN/m $q = 3{,}5$ kN/m

① (Last auf Feld 1)
max $M_1 = 0{,}053 \cdot 5{,}8 \cdot 4{,}1^2 + 0{,}099 \cdot 3{,}5 \cdot 4{,}1^2 = 11{,}0$ kNm
max $A = (0{,}326 \cdot 5{,}8 + 0{,}446 \cdot 3{,}5) \cdot 4{,}1 = 14{,}2$ kN
$M_b = (-0{,}174 \cdot 5{,}8 - 0{,}054 \cdot 3{,}5) \cdot 4{,}1^2 = -20{,}1$ kNm

② (Last auf Feld 2)
max $M_2 = 0{,}133 \cdot 5{,}8 \cdot 4{,}1^2 + 0{,}156 \cdot 3{,}5 \cdot 4{,}1^2 = 22{,}2$ kNm
max $C = (0{,}516 \cdot 5{,}8 + 0{,}558 \cdot 3{,}5) \cdot 4{,}1 = 20{,}3$ kN
$M_b = (-0{,}174 \cdot 5{,}8 - 0{,}119 \cdot 3{,}5) \cdot 4{,}1^2 = -24{,}0$ kNm

③ (Last auf beiden Feldern)
min $M_b = -0{,}174 \cdot 9{,}3 \cdot 4{,}1^2 = -27{,}2$ kNm
min $V_{bl} = -0{,}674 \cdot 9{,}3 \cdot 4{,}1 = -25{,}7$ kN
max $V_{br} = 0{,}784 \cdot 9{,}3 \cdot 4{,}1 = 30{,}0$ kN
max $B = 25{,}7 + 30{,}0 = 55{,}7$ kN

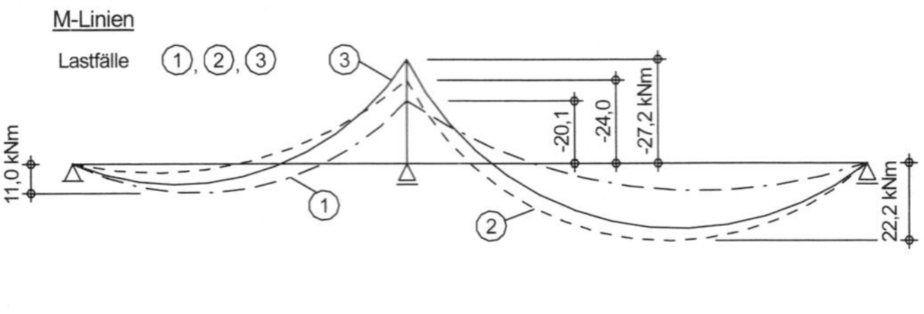

1.2.3 Zweifeldträger mit Randmomenten

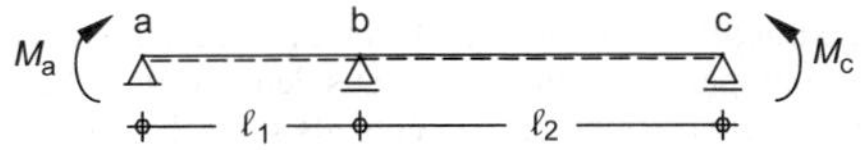

$$M_b = -\frac{\gamma \cdot M_a + M_c}{2+2\gamma}; \quad \gamma = \frac{l_1}{l_2} \cdot \frac{I_2}{I_1}$$

Beispiel

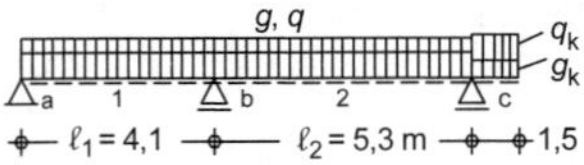

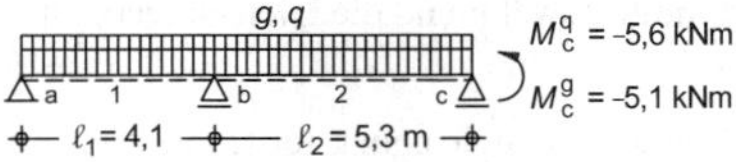

Abmessungen und Belastung der Felder wie Beispiel 1:

Feld 1 und 2: $g = 5{,}8$ kN/m, $q = 3{,}5$ kN/m $\rightarrow$ $r = g + q = 9{,}3$ kN/m

Kragarm: $g_k = 4{,}5$ kN/m, $q_k = 5{,}0$ kN/m $\rightarrow$ $r_k = g_k + q_k = 9{,}5$ kN/m

M_c infolge g_k: $M_c^{gk} = -4{,}5 \cdot 1{,}5^2/2{,}0 = -5{,}1$ kNm

M_c infolge q_k: $M_c^{qk} = -5{,}0 \cdot 1{,}5^2/2{,}0 = -5{,}6$ kNm $\rightarrow$ min $M_c = -10{,}7$ kNm

Tabellarische Zusammenstellung der Schnittgrößen (in kNm bzw. kN):

Lastfall	M_b	M_c	M_1	M_2	A	B	C	V_{bl}	V_{br}	V_{cl}	V_{cr}
1	–17,1	–10,7	11,9		14,9						
2	–22,6	–5,1		19,6					28,0		
3	–25,8	–5,1				54,0		–25,4	28,6		
4	–21,0	–10,7					37,0			–22,7	14,3

Erläuterungen:

LF 1 $M_b = -20{,}1 - M_c/(2+2\gamma) = -20{,}1 + 10{,}7/3{,}54 = -17{,}1$
max $A = r_1 \cdot l_1/2 + M_b/l_1 = 14{,}9$ — max $M_1 = A^2/(2r_1) = 14{,}9^2/(2 \cdot 9{,}3) = 11{,}9$

LF 2 $M_b = -24{,}0 - M_c/(2+2\gamma) = -24{,}0 + 5{,}1/3{,}54 = -22{,}6$
$V_{br} = r_2 \cdot l_2/2 + (M_c - M_b)/l_2 = 28{,}0$ — max $M_2 = V_{br}^2/(2r_2) + M_b = 19{,}6$

LF 3 $M_b = -27{,}2 - M_c/(2+2\gamma) = -27{,}2 + 5{,}1/3{,}54 = -25{,}8$
min $V_{bl} = -r_1 \cdot l_1/2 + M_b/l_1 = -25{,}4$ — max $V_{br} = r_2 \cdot l_2/2 + (M_c - M_b)/l_2 = 28{,}6$
max $B = -$min V_{bl} + max $V_{br} = 25{,}4 + 28{,}6 = 54{,}0$

LF 4 $M_b = -24{,}0 - M_c/(2+2\gamma) = -24{,}0 + 10{,}7/3{,}54 = -21{,}0$
min $V_{cl} = -r_2 \cdot l_2/2 + (M_c - M_b)/l_2 = -22{,}7$ — max $V_{cr} = r_k \cdot l_k = 14{,}3$
max $C = -$min V_{cl} + max $V_{cr} = 22{,}7 + 14{,}3 = 37{,}0$

1.2.4 Durchlaufträger mit gleichen Stützweiten und Randmomenten

	M_b	M_c	M_d	M_e
M_l (b) M_r	$-0{,}250M_l - 0{,}250M_r$	–	–	–
M_l (b c) M_r	$-0{,}267M_l + 0{,}067M_r$	$0{,}067M_l - 0{,}267M_r$	–	–
M_l (b c d) M_r	$-0{,}268M_l - 0{,}018M_r$	$0{,}071M_l + 0{,}071M_r$	$-0{,}018M_l - 0{,}268M_r$	–
M_l (b c d e) M_r	$-0{,}268M_l + 0{,}005M_r$	$0{,}072M_l - 0{,}019M_r$	$-0{,}019M_l + 0{,}072M_r$	$0{,}005M_l - 0{,}268M_r$

1.2.5 Ungünstige Laststellungen (Beispiel: 5 Feldträger)

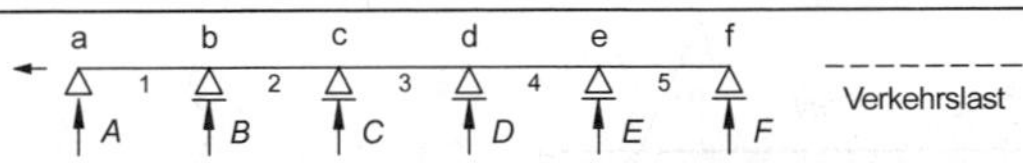

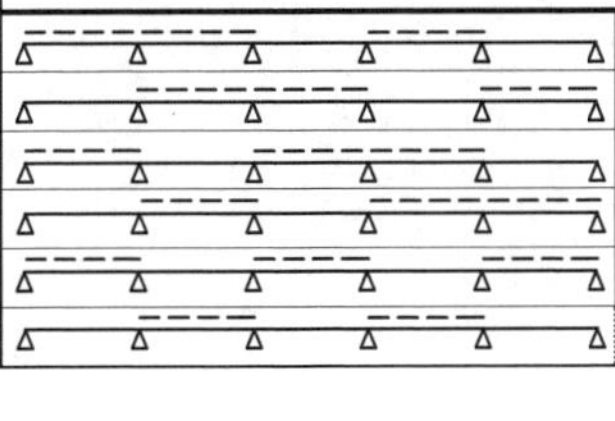

Maximale Auflager- und Schnittgrößen
M_b V_{bl} V_{br} B
M_c V_{cl} V_{cr} C
M_d V_{dl} V_{dr} D
M_e V_{el} V_{er} E
M_1 M_3 M_5 A F
M_2 M_4

[1)] Diese Tafel ist auch für Durchlaufträger mit geringerer Feldzahl zu verwenden, indem die entsprechenden hinteren Felder abgedeckt werden (bei mehr als 5 Feldern ist sinngemäß zu ergänzen).

1.2.6 Dreimomentengleichung für Durchlaufträger

Mit der Dreimomentengleichung können Stabzüge mit *unverschieblichen* Knoten, insbesondere aber *Durchlaufträger*, berechnet werden. Die Dreimomentengleichung wird aus dem Kraftgrößenverfahren (s. *Bautabellen für Ingenieure*) erhalten, indem die Knotenmomente als statisch Unbestimmte gewählt und die Gleichungen mit 6 EI_c multipliziert werden.

Dreimomentengleichung für Knoten *m*:

$$\boxed{l'_l\, M_l + 2\left(l'_l + l'_r\right) M_m + l'_r\, M_r = -l'_l R_l - l'_r L_r}$$

mit $l'_l = l_l\, I_c / I_l,\ l'_r = l_r\, I_c / I_r$

I_c beliebig wählbares Bezugsflächenmoment

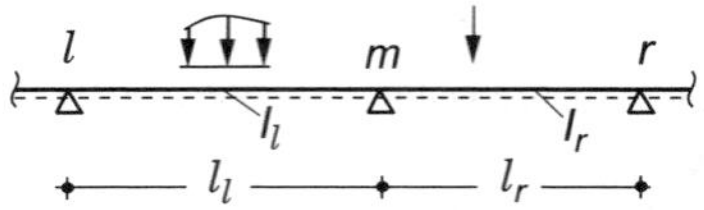

Sonderfall: alle Felder haben gleiches *I*: $I_c = I,\quad l'_l = l_l,\quad l'_r = l_r$

R_l, L_r Belastungsglieder am rechten Ende des Stabes links von *m* bzw. am linken Ende des Stabes rechts von *m* mit *Bautabellen für Ingenieure.*

Beispiel: Durchlaufträger mit 2 unbekannten Momenten (M_b und M_c)

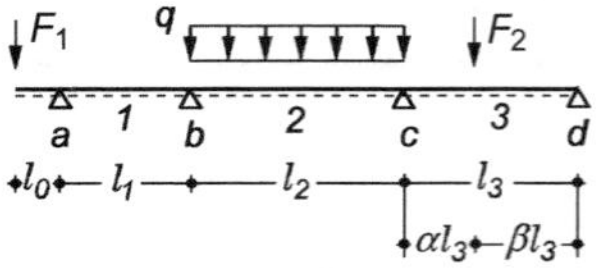

gewählt: $I_c = I_1$

$M_a = -F_1 \cdot l_0$

$l'_1 = l_1,\ l'_2 = l_2 I_1 / I_2,\ l'_3 = l_3 I_1 / I_3;\quad R_1 = 0,\ L_2 = R_2 = q l_2^2 / 4\ ;\quad L_3 = (1+\beta)\,\alpha\beta\, F_2\, l_3$

Knoten b: $l_1\, M_a + 2\left(l_1 + l'_2\right) M_b + l'_2\, M_c = -l'_2\, L_2$ ($l_1 M_a$ auf rechte Seite stellen)

Knoten c: $l'_2\, M_b + 2\,(l'_2 + l'_3)\, M_c = -l'_2\, R_2 - l'_3\, L_3$

Zahlenwerte für Beispiel:

gegeben:

$l_0 = 1\,\text{m},\ l_1 = 3\,\text{m},\ l_2 = 5\,\text{m},\ l_3 = 4\,\text{m},\ \alpha = 0{,}4,\ \beta = 0{,}6$

$I_1 = 1500\ \text{cm}^4,\ I_2 = I_3 = 2500\ \text{cm}^4,\ F_1 = 3\ \text{kN},\ F_2 = 5\ \text{kN},\ q = 2\ \text{kN/m}$

$M_a = -3\ \text{kNm},\ l'_2 = 3\,\text{m},\ l'_3 = 2{,}4\ \text{m}$

$L_2 = R_2 = 12{,}5\ \text{kNm},\ L_3 = 7{,}68\ \text{kNm}$

$M_b = -1{,}16\ \text{kNm},\ M_c = -4{,}86\ \text{kNm}$

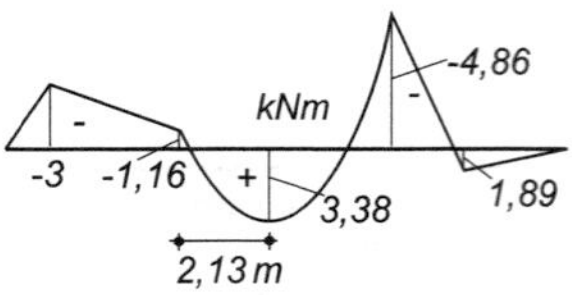

M-Verlauf

1.3 Rahmen – Formeln

1.3.1 Zweigelenkrahmen

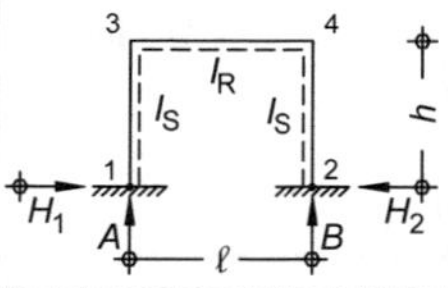	Abkürzung: $k = \frac{I_R}{I_S}\cdot\frac{h}{l}$ Bei unbelastetem Stiel $M_3 = -H_1 \cdot h;\; M_4 = -H_2 \cdot h$		------- M-Linie
1 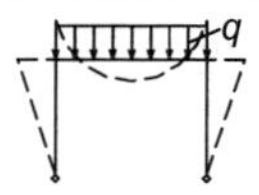	$A = \frac{ql}{2}$ $B = A$	$H_1 = H_2 = \frac{ql^2}{4h(2k+3)}$	
2 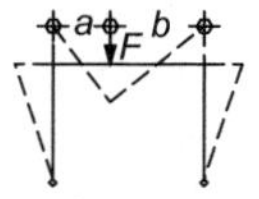	$A = F\frac{b}{l}$ $B = F\frac{a}{l}$	$H_1 = H_2 = \frac{3}{2}\cdot\frac{Fab}{hl(2k+3)}$	
3 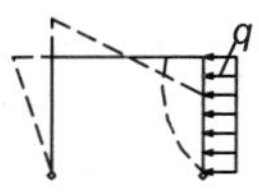	$A = \frac{qh^2}{2l}$ $B = -A$	$H_1 = \frac{qh}{8}\cdot\frac{5k+6}{2k+3}$ $H_2 = H_1 - qh$	$M_4 = -H_2 h - qh^2/2$
4 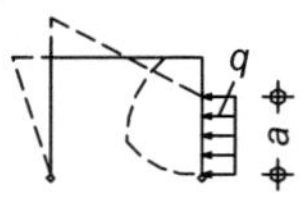	$A = \frac{qa^2}{2l}$ $B = -A$	$H_1 = -\frac{M_3}{h}$ $H_2 = -(qa - H_1)$	$M_3 = -\frac{qa^2}{4}\cdot\left[\frac{\left(2-\left(a/h\right)^2\right)k}{2(2k+3)}+1\right]$
5 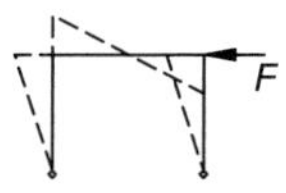	$A = F\frac{h}{l}$ $B = -A$	$H_1 = -H_2 = \frac{F}{2}$	
6 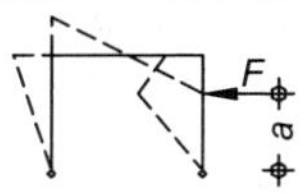	$A = \frac{Fa}{l}$ $B = -A$	$H_1 = \frac{3Fak}{2h(2k+3)}\cdot\left(1-\frac{a^2}{3h^2}+\frac{1}{k}\right)$ $H_2 = H_1 - F$	$M_4 = -H_2 h - F(h-a)$
7 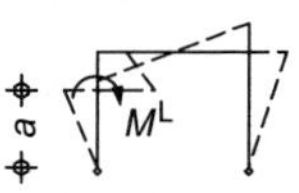	$A = -\frac{M^L}{l}$ $B = -A$	$H_1 = \frac{3M^L}{2h}\cdot\left(1-\frac{a^2}{h^2}+\frac{1}{k}\right)\cdot\frac{k}{2k+3}$ $H_2 = H_1$	$M_3 = M^L - H_1 h$
8 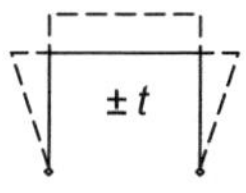	gleichmäßige Erwärmung t $A = B = 0$	$H_1 = \alpha_t \cdot t \cdot \frac{EI_R}{h^2}\cdot\frac{3}{2k+3}$ $H_2 = H_1$	
9 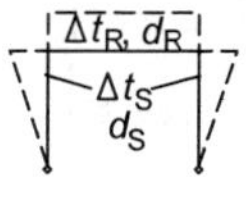	ungleichmäßige Erwärmung $\Delta t = t_i - t_a$ $A = B = 0$	$H_1 = \alpha_t \cdot \left(\frac{\Delta t_s}{d_s}h + \frac{\Delta t_R}{d_R}l\right)\frac{EI_R}{hl}\cdot\frac{3}{2k+3}$ $H_2 = H_1$	

1.3.2 Eingespannter Rahmen

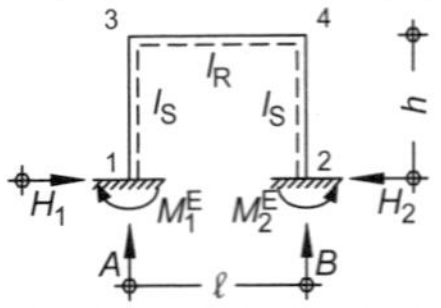		Abkürzung: $k = \frac{I_R}{I_S} \cdot \frac{h}{l}$ ------- M-Linie Bei unbelastetem Stiel: $M_3 = M_1^E - H_1 \cdot h$; $M_4 = M_2^E - H_2 \cdot h$		
1	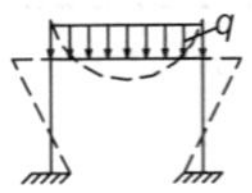	$A = \frac{ql}{2}$	$H_1 = \frac{ql^2}{4h(k+2)}$ $H_2 = H_1$	$M_1^E = M_2^E = \frac{Hh}{3}$
2	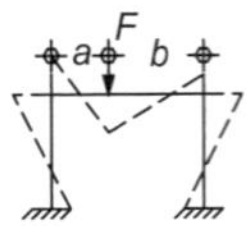	$A = \frac{Fb}{l} \cdot \left[1 + \frac{a(b-a)}{l^2(6k+1)}\right]$ $B = F - A$	$H_1 = \frac{3Fab}{2hl(k+2)}$ $H_2 = H_1$	$M_1^E = \frac{Fab}{2l^2} \cdot \frac{5kl - l + 2a(k+2)}{(k+2)(6k+1)}$ $M_2^E = \frac{Fab}{2l^2} \cdot \frac{7kl + 3l - 2a(k+2)}{(k+2)(6k+1)}$
3	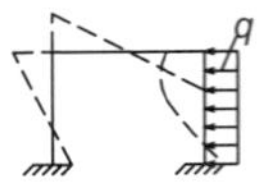	$A = \frac{qh^2}{l} \cdot \frac{k}{6k+1}$ $B = -A$	$H_1 = \frac{qh}{8} \cdot \frac{2k+3}{k+2}$ $H_2 = H_1 - qh$	$M_1^E = \frac{qh^2}{24} \cdot \left(\frac{5k+9}{k+2} - \frac{12k}{6k+1}\right)$ $M_2^E = -\frac{qh^2}{24} \cdot \left(12 - \frac{5k+9}{k+2} - \frac{12k}{6k+1}\right)$ $M_4 = M_2^E - H_2 \cdot h - \frac{qh^2}{2}$
4	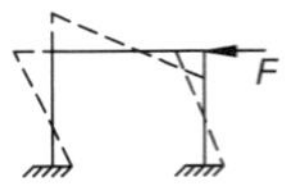	$A = \frac{Fh}{l} \cdot \frac{3k}{6k+1}$ $B = -A$	$H_1 = \frac{F}{2}$ $H_2 = -H_1$	$M_1^E = \frac{Fh}{2} \cdot \frac{3k+1}{6k+1}$ $M_2^E = -M_1^E$
5	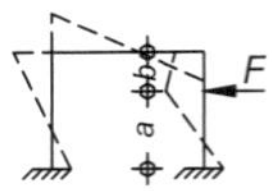 $\alpha = \frac{a}{h}$; $\beta = \frac{b}{h}$	$A = \frac{2R_3}{l}$ $B = -A$	$H_1 = \frac{Fa}{2h} - \frac{R_1 - R_2}{h}$ $H_2 = -(F - H_1)$	$M_1^E = -R_1 + (Fa/2 - R_3)$ $M_2^E = -R_1 - (Fa/2 - R_3)$
		$R_1 = \frac{Fab}{h} \cdot \frac{1+\beta+\beta k}{2(k+2)}$; $R_2 = \frac{Fab}{h} \cdot \frac{\alpha k}{2(k+2)}$; $R_3 = \frac{3Fa\alpha k}{2(6k+1)}$		
6	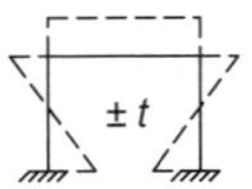 gleichm. Erwärmung t	$A = 0$ $B = 0$	$H_1 = H_2 = 3\alpha_t t \frac{EI_R}{h^2} \cdot \frac{2k+1}{k(k+2)}$ $M_1^E = M_2^E = H \cdot \frac{h(k+1)}{2k+1}$	
7	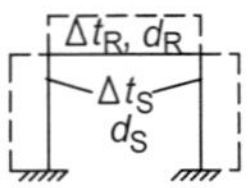	$A = 0$ $B = 0$	$H_1 = H_2 = \alpha_t \frac{EI_R}{hl} \cdot \left(\frac{\Delta t_R}{d_R} kl - \frac{\Delta t_s}{d_S} h\right) \frac{3}{k(k+2)}$ $M_1^E = M_2^E = \alpha_t \frac{EI_R}{l}\left[\frac{\Delta t_R}{d_R} kl - \frac{\Delta t_S}{d_S} h(k+3)\right] \cdot \frac{1}{k(k+2)}$	

1.4 Dachtragwerke – Formeln

1.4.1 Geneigter Träger (z. B. Dachsparren eines Pfettendachs)

	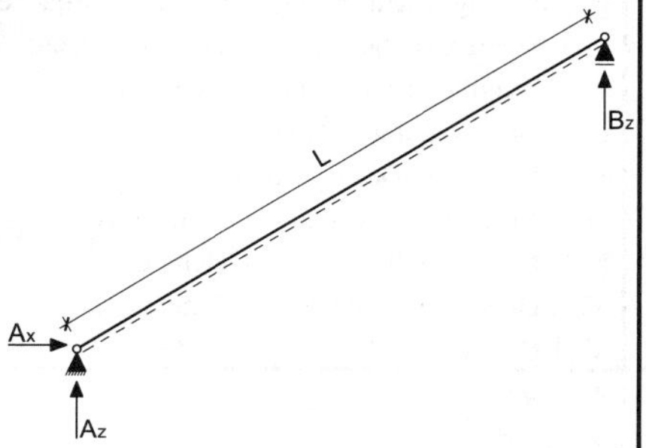 	**Bezeichnungen** g Eigengewicht, bezogen auf die Dachfläche s Schneelast, bezogen auf die Grundfläche w Windlast senkrecht zur Dachfläche α Dachneigungswinkel L Länge des Dachsparrens N_{ar} Normalkraft rechts von Auflager A N_{bl} Normalkraft links von Auflager B V_{ar} Querkraft rechts von Auflager A V_{bl} Querkraft links von Auflager B
1	**Lastfall Eigengewicht** 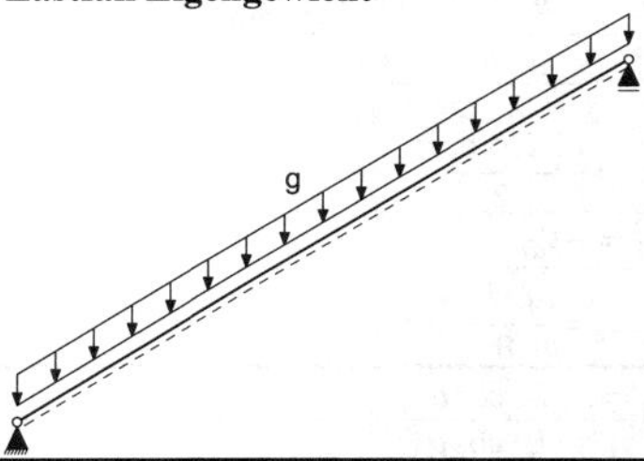 	$A_z = B_z = \frac{g \cdot L}{2}$ $A_x = 0$ $N_{ar} = -A_z \cdot \sin\alpha$ $N_{bl} = -N_{ar} = B_z \cdot \sin\alpha$ $V_{ar} = A_z \cdot \cos\alpha$ $V_{bl} = -B_z \cdot \cos\alpha = -V_{ar}$ $M_{max} = \frac{g \cdot L^2}{8} \cdot \cos\alpha$
2	**Lastfall Schnee** 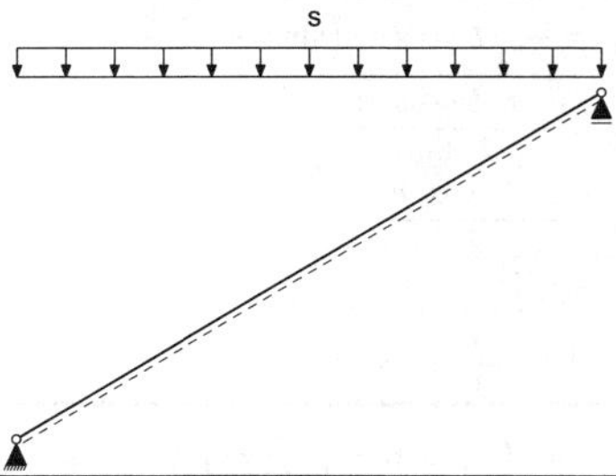 	$A_z = B_z = \frac{s \cdot L \cdot \cos\alpha}{2}$ $A_x = 0$ $N_{ar} = -A_z \cdot \sin\alpha$ $N_{bl} = -N_{ar} = B_z \cdot \sin\alpha$ $V_{ar} = A_z \cdot \cos\alpha$ $V_{bl} = -B_z \cdot \cos\alpha = -V_{ar}$ $M_{max} = \frac{s \cdot L^2}{8} \cdot \cos^2\alpha$
3	**Lastfall Wind** 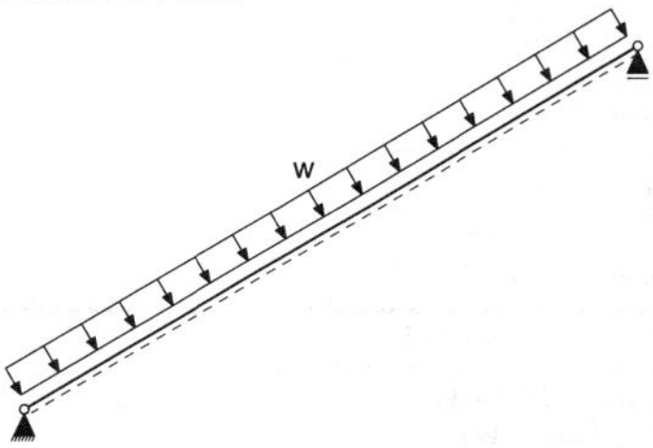 	$B_z = \frac{w \cdot L}{2 \cdot \cos\alpha}$ $A_z = w \cdot L \cdot \cos\alpha - B_z$ $A_x = -w \cdot L \cdot \sin\alpha$ $N_{ar} = -A_z \cdot \sin\alpha - A_x \cdot \cos\alpha$ $N_{bl} = B_z \cdot \sin\alpha$ $V_{ar} = A_z \cdot \cos\alpha - A_x \cdot \sin\alpha$ $V_{bl} = -B_z \cdot \cos\alpha = -V_{ar}$ $M_{max} = \frac{w \cdot L^2}{8}$

1.4.2 Sparrendach

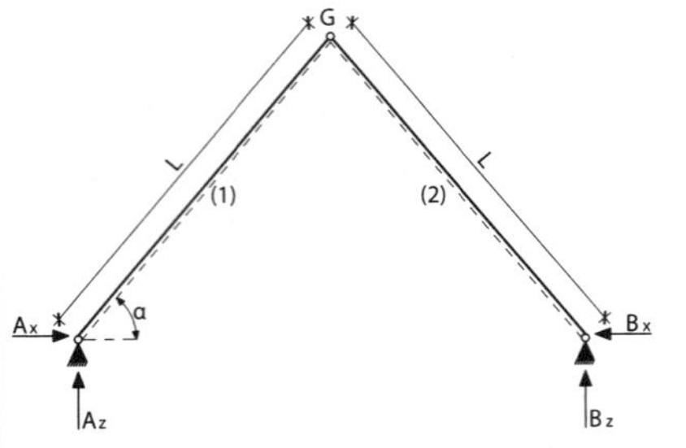

Bezeichnungen

g	Eigengewicht, bezogen auf die Dachfläche
s	Schneelast, bezogen auf die Grundfläche
w	Windlast senkrecht zur Dachfläche
α	Dachneigungswinkel
L	Länge des Dachsparrens
N_{ar}	Normalkraft rechts von Auflager A
N_{gl}	Normalkraft links von Gelenk G
V_{ar}	Querkraft rechts von Auflager A
V_{gl}	Querkraft links von Gelenk G

1 **Lastfall Eigengewicht**

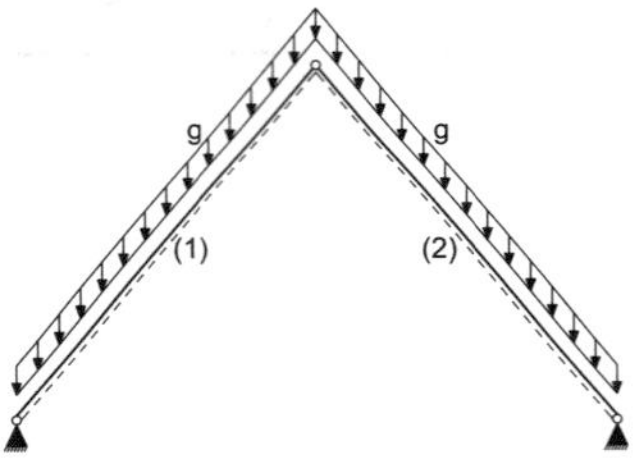

$A_z = g \cdot L$

$A_x = \dfrac{g \cdot L}{2 \cdot tan\,\alpha}$

$N_{ar} = -g \cdot L \cdot \left(\sin\alpha + \dfrac{\cos\alpha}{2 \cdot \tan\alpha}\right)$

$N_{gl} = -\dfrac{g \cdot L \cdot \cos\alpha}{2 \cdot \tan\alpha}$

$V_{ar} = \dfrac{g \cdot L \cdot \cos\alpha}{2}$

$V_{gl} = -V_{ar}$

$M_{max} = \dfrac{g \cdot L^2}{8} \cdot \cos\alpha$

2 **Lastfall Schnee**

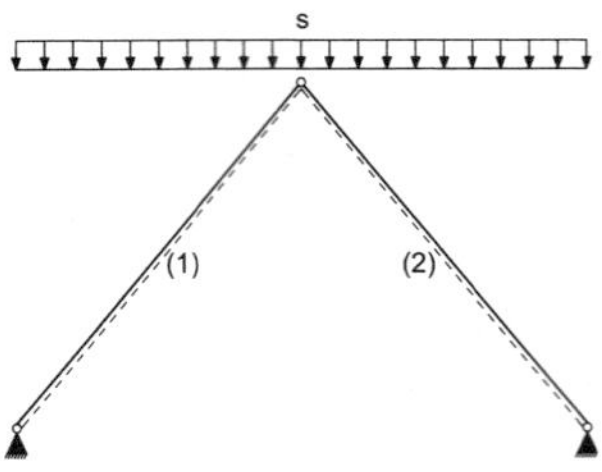

$A_z = s \cdot L \cdot \cos\alpha$

$A_x = \dfrac{s \cdot L \cdot \cos\alpha}{2 \cdot tan\,\alpha}$

$N_{ar} = -s \cdot L \cdot \cos\alpha \cdot \left(\sin\alpha + \dfrac{\cos\alpha}{2 \cdot \tan\alpha}\right)$

$N_{gl} = -\dfrac{s \cdot L \cdot \cos^2\alpha}{2 \cdot \tan\alpha}$

$V_{ar} = \dfrac{s \cdot L \cdot \cos^2\alpha}{2}$

$V_{gl} = -V_{ar}$

$M_{max} = \dfrac{s \cdot L^2}{8} \cdot \cos^2\alpha$

3 **Lastfall Wind**

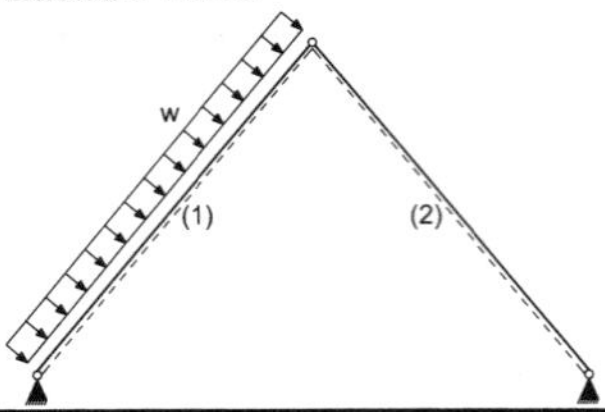

$A_z = w \cdot L \cdot \left(\cos\alpha - \dfrac{1}{4 \cdot \cos\alpha}\right)$

$B_z = \dfrac{w \cdot L}{4 \cdot \cos\alpha}$

$V_{ar} = \dfrac{w \cdot L}{2}$

$V_{gl} = -V_{ar}$

$M_{max} = \dfrac{w \cdot L^2}{8}$

4

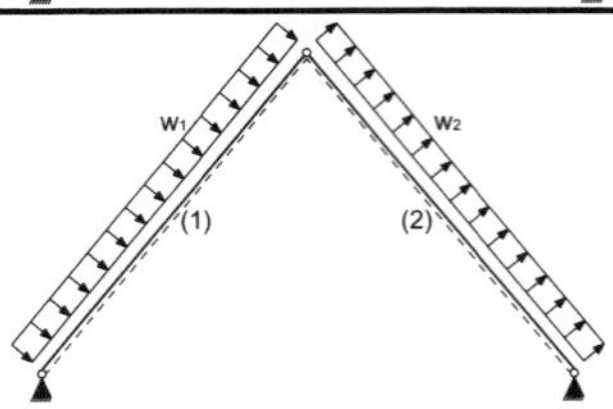

$A_x = \dfrac{(w_1 - w_2) \cdot L}{4 \cdot \sin\alpha} - w_1 \cdot L \cdot \sin\alpha$

$B_x = \dfrac{(w_1 - w_2) \cdot L}{4 \cdot \sin\alpha} + w_2 \cdot L \cdot \sin\alpha$

$N_{ar} = \dfrac{(w_1 + w_2) \cdot L \cdot \tan\alpha}{4} + \dfrac{(w_2 - w_1) \cdot L}{4 \cdot \tan\alpha}$

$N_{bl} = -\dfrac{(w_1 + w_2) \cdot L \cdot \tan\alpha}{4} + \dfrac{(w_2 - w_1) \cdot L}{4 \cdot \tan\alpha}$

1.4.3 Kehlbalkendach

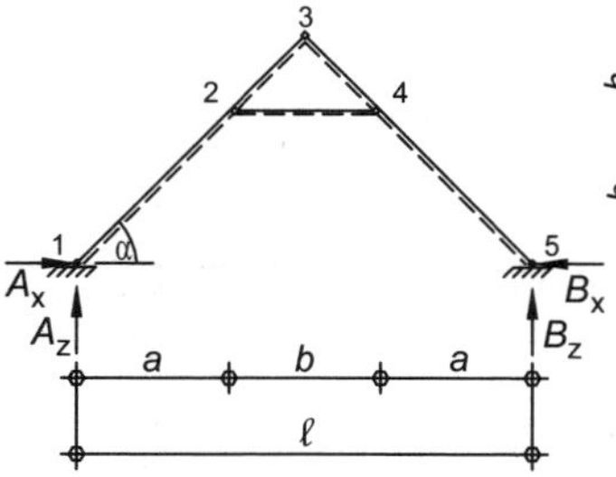

$$\tan\alpha = \frac{2h}{l};\quad n = \frac{h_u}{h};\quad m = \frac{h_o}{h} = 1 - n$$

$$k = n \cdot m$$

$$k_1 = \frac{2}{\tan\alpha} - 6\cdot\tan\alpha + \frac{1+k}{2n}\cdot\frac{1+\tan^2\alpha}{\tan\alpha}$$

$$k_2 = \frac{1+\tan^2\alpha}{\tan\alpha}\cdot\left(2+\frac{1+k}{2n}\right)$$

$$k_3 = \left(1+\tan^2\alpha\right)\cdot\left(7k-1\right)$$

$$k_4 = \left(1+\tan^2\alpha\right)\cdot\left(1+k\right)$$

	A_z [1)] B_z [1)]	A_x [1)] B_x [1)]	$N_{2\text{-}4}$	M_2 [1)] M_4 [1)]
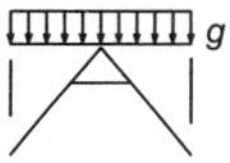	$\frac{g\cdot l}{2}$	$\frac{1+4n+k}{16n\tan\alpha}g\cdot l$	$-\frac{1+k}{16k\tan\alpha}g\cdot l$	$\frac{3k-1}{32}g\cdot l^2$
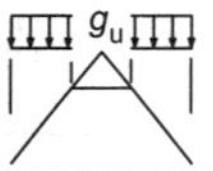	$\frac{n}{2}\cdot g_u\cdot l$	$\frac{m(n+4)}{16\tan\alpha}g_u\cdot l$	$-\frac{n(3m+1)}{16m\tan\alpha}g_u\cdot l$	$-\frac{n^3}{32}g_u\cdot l^2$
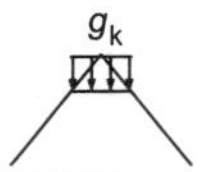	$g_k\cdot\frac{b}{2} = g_k\cdot\frac{m}{2}\cdot l$	$\frac{g_k\cdot b}{2\tan\alpha} =$ $\frac{m}{2\tan\alpha}g_k\cdot l$	$-\frac{g_k\cdot b}{2\tan\alpha} =$ $-\frac{m}{2\tan\alpha}g_k\cdot l$	0
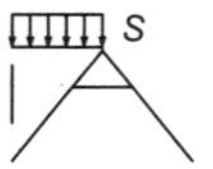	$\frac{3}{8}\cdot s\cdot l$ $\frac{1}{8}\cdot s\cdot l$	$\frac{1+4n+k}{32n\tan\alpha}\cdot s\cdot l$	$-\frac{1+k}{32k\tan\alpha}\cdot s\cdot l$	$\frac{7k-1}{64}\cdot s\cdot l^2$ $-\frac{1+k}{64}\cdot s\cdot l^2$
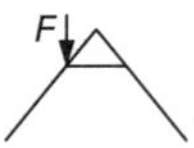	$\frac{b+a}{l}\cdot F = \left(m+\frac{n}{2}\right)\cdot F$ $\frac{a}{l}\cdot F = \frac{n}{2}\cdot F$	$\frac{F}{2\tan\alpha}$	$-\frac{F}{2\tan\alpha}$	$\frac{k\cdot l}{4}\cdot F$ $-\frac{k\cdot l}{4}\cdot F$
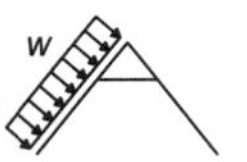	$\frac{3-\tan^2\alpha}{8}\cdot w\cdot l$ $\frac{1+\tan^2\alpha}{8}\cdot w\cdot l$	$\frac{k_1}{16}\cdot w\cdot l$ $\frac{k_2}{16}\cdot w\cdot l$	$-\frac{1+k}{32k}\cdot\frac{1+\tan^2\alpha}{\tan\alpha}\cdot w\cdot l$	$\frac{k_3}{64}\cdot w\cdot l^2$ $-\frac{k_4}{64}\cdot w\cdot l^2$
	$\frac{1+\tan^2\alpha}{8}\cdot w\cdot l$ $\frac{3-\tan^2\alpha}{8}\cdot w\cdot l$	$\frac{k_2}{16}\cdot w\cdot l$ $\frac{k_1}{16}\cdot w\cdot l$	$-\frac{1+k}{32k}\cdot\frac{1+\tan^2\alpha}{\tan\alpha}\cdot w\cdot l$	$-\frac{k_4}{64}\cdot w\cdot l^2$ $\frac{k_3}{64}\cdot w\cdot l^2$

[1)] In nachfolgender Tabelle sind in der 1. Zeile die Schnittgrößen für die linke Seite (A_z, A_x, M_2) und in der 2. Zeile die für die rechte Seite (B_z, B_x, M_4) des Kehlbalkendaches wiedergegeben; falls nur eine Zeile angegeben ist, sind die Werte auf der linken und rechten Seite gleich.

1.5 Durchbiegungen – Baupraktische Formeln

1.5.1 Einfeldträger, Kragträger

(der obere Wert gilt für Stahl, $E = 210\,000$ N/mm²;
der untere Wert gilt für Holz, $E_{0,mean} = 10\,000$ N/mm²) [1)]

Belastungsfall	*a für zul w =* $\frac{l}{200}$	*a für zul w =* $\frac{l}{300}$	*c*	*n*	Belastungsfall	*a für zul w =* $\frac{l}{200}$	*a für zul w =* $\frac{l}{300}$	*c*	*n*
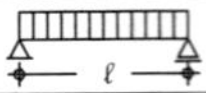	9,91 *208*	14,9 *313*	101 *4,80*	4,96 *104*	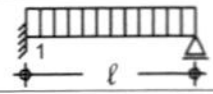	4,12 *86,5*	6,19 *130*	243 *11,6*	2,06 *43,3*
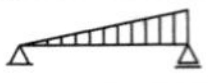	9,71 *204*	14,6 *306*	103 *4,89*	4,84 *102*	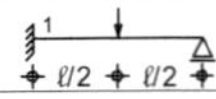	4,73 *99.4*	7,10 *149*	211 *10,1*	2,37 *49,7*
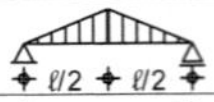	9,52 *200*	14,3 *300*	105 *5,00*	4,76 *100*	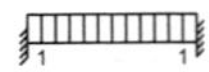	2,98 *62,5*	4,47 *93,8*	336 *16,0*	1,49 *31,3*
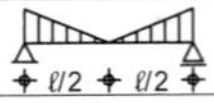	10,7 *225*	16,1 *338*	93,2 *4,44*	5,36 *113*		3,97 *83,3*	5,95 *125*	252 *12,0*	1,98 *41,7*
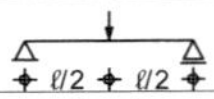	7,95 *167*	11,9 *250*	126 *6,00*	3,97 *83,3*	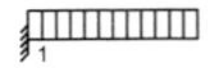	23,8 *500*	35,7 *750*	42 *2,0*	11,9 *250*
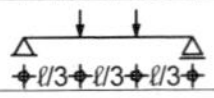	10,1 *213*	15,2 *320*	98,7 *4,70*	5,07 *107*		19,1 *400*	28,6 *600*	52,2 *2,5*	9,52 *200*
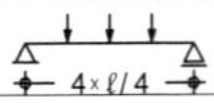	9,43 *198*	14,1 *297*	106 *5,05*	4,71 *98,9*		31,8 *667*	47,6 *1000*	31,5 *1,5*	15,9 *333*
	5,95[2)] *125*[2)]	8,93[2)] *188*[2)]	168[2)] *8,00*[2)]	2,98[2)] *62,5*[2)]		47,6 *1000*	71,4 *1500*	21 *1*	23,8 *500*

Hinweis: Wirken M_1 und M_2 gleichzeitig, so ist in den folgenden Formeln max M durch $(M_1 + M_2)$ zu ersetzen.

erf I [cm⁴] = $a \cdot$ max M [kNm] $\cdot$ l [m]	erf I [cm⁴] = $a \cdot$ max M [kNm] $\cdot$ l [m]
max w [cm] = $n \cdot$ max M [kNm] $\cdot$ l^2 [m]/ I [cm⁴]	max w [cm] = $n \cdot M_1$ [kNm] $\cdot$ l^2 [m]/ I [cm⁴]

Für symmetrische Querschnitte (symmetrisch zur Biegeachse) gilt:

$$\max w\,[\text{cm}] = \frac{l^2\,[\text{m}^2] \cdot \max \sigma\,[\text{N/mm}^2]}{h\,[\text{cm}] \cdot c} \qquad \max w\,[\text{cm}] = \frac{l^2\,[\text{m}^2] \cdot \max \sigma_1\,[\text{N/mm}^2]}{h\,[\text{cm}] \cdot c}$$

1.5.2 Einfeldträger mit Kragarm

Kragarm

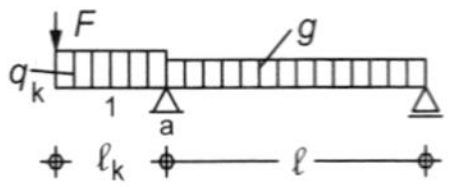

$\max w_1 = T_1 \cdot l_K \cdot [l_K \cdot (M_a - M_{0K}) + l \cdot (M_a - M_{0F})] / I$

$\text{erf } I = T_2 \cdot [l_K \cdot (M_a - M_{0K}) + l \cdot (M_a - M_{0F})]$

$M_{0K} = q_K \cdot l_K^2/8;\quad M_a = F \cdot l_K + q_K \cdot l_K^2/2;\quad M_{0F} = g \cdot l^2/8$

Feld

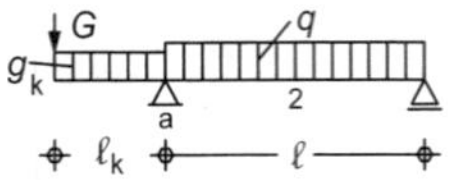

$\max w_2 \approx w_{Mitte} = T_3 \cdot l^2 \cdot (M_{0F} - 0{,}6\,M_a)/I$

$\text{erf } I \approx T_4 \cdot l \cdot (M_{0F} - 0{,}6\,M_a)$

$M_{0F} = q \cdot l^2/8;\quad M_a = G \cdot l_K + g_K \cdot l_K^2/2$

l in m; M in kNm; I in cm⁴; w in cm

Stahl				Nadelholz [1)]				
	$l_K/200$		$l/300$		$l_K/150$		$l/200$	$l/300$
T_1	T_2	T_3	T_4	T_1	T_2	T_3	T_4	T_4
15,9	31,8	4,96	14,9	333	500	104	208	313

[1)] Bei Holz mit anderen $E_{0,mean}$-Werten sind die ermittelten Ergebnisse durch $E_{0,mean} \cdot 10^{-4}$ zu dividieren.
[2)] Diese Werte gelten für w_{Mitte}.

1.5.3 Durchlaufträger mit gleichen Stützweiten und Gleichstreckenlast

System, Lastfall	max. Durchbiegung max w =			erf. Trägheitsmoment erf I=		
	allgemein	Stahl	Nadelholz[1)]	Stahl	Nadelholz[1)]	
				$l/300$	$l/200$	$l/300$
	0,0054 g	0,257 g	5,4 g	0,771 g	10,8 g	16,2 g
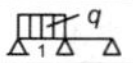	0,0092 q	0,438 q	9,2 q	1,314 q	18,4 q	27,6 q
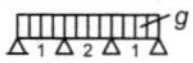	0,0068 g	0,324 g	6,8 g	0,971 g	13,6 g	20,4 g
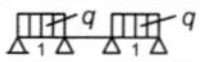	0,0099 q	0,471 q	9,9 q	1,414 q	19,8 q	29,7 q
	0,0068 q	0,321 q	6,8 q	0,964 q	13,5 q	20,3 q
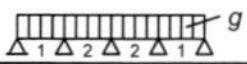	0,0065 g	0,310 g	6,5 g	0,929 g	13,0 g	19,5 g
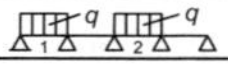	0,0097 q	0,462 q	9,7 q	1,386 q	19,4 q	29,1 q
	$\cdot\, l^4/EI$	$\cdot\, l^4/I$	$\cdot\, l^4/I$	$\cdot\, l^3$	$\cdot\, l^3$	$\cdot\, l^3$
1) Für $E_{0,\text{mean}} = 10\,000$ N/mm²	w in cm; g, q in kN/m; l in m; I in cm⁴					

1.5.4 Durchlaufträger mit beliebigen Stützweiten

Beispiel

Zweifeld-Deckenbalken aus Holz mit $l_1 = 3{,}60$ m und $l_2 = 4{,}20$ m
$g = 1{,}3$ kN/m; $q = 1{,}6$ kN/m; max $M_2 = 4{,}38$ kNm; zugehöriges $M_b = -4{,}42$ kNm
$b/d = 8/20$ cm; NH II; $I_v = 5333$ cm^4
Es wird die Durchbiegung in Feld 2 ermittelt, und zwar mit Hilfe der Tafel auf S. 10.52 oben.
Überlagerung: Einfeldträger mit Gleichstreckenlast und Einfeldträger mit Randmoment $M = -4{,}42$ kNm.
max $M = (1{,}3 + 1{,}6) \cdot 4{,}20^2/8 = 6{,}39$ kNm
max $w_2 = 104 \cdot 6{,}39 \cdot 4{,}20^2/5333 + 62{,}5 \cdot (-4{,}42) \cdot 4{,}20^2/5333 = 1{,}3$ cm
Man kann max w_2 auch mit der Formel auf S. 10.52 unten ermitteln, indem man für das Kragmoment M den Wert für das Stützmoment $M_b = -4{,}42$ kNm einsetzt.

1.6 Reibungsbeiwerte

1.6.1 Grenzwerte für den Gleitsicherheitsnachweis bei Traggerüsten

Holz/Holz (Reibfläche parallel oder quer zur Faser) 0,4–1,0	Holz/Stahl 0,5–1,2
	Holz/Beton (Mörtelbett) 0,8–1,0
	Stahl/Stahl 0,2–0,8
Holz/Holz (mindestens eine Reibfläche zur Faser [Hirnholz]) 0,6–1,0	Beton/Beton 0,5–1,0
	Beton/Stahl 0,2–0,4

1.6.2 Näherungswerte *(Zusammenstellung aus älterer Literatur)*

Beton auf Sand und Kies 0,60–0,35	Hirnholz auf Langholz, in Faserrichtung des Langholzes 0,43
Beton auf Lehm und Ton 0,35–0,25	Stahl auf Stein und Kies 0,45
Beton auf Stahl 0,45–0,30	Stahl auf Sand 0,48
Mauerwerk (rau) auf Sand/Kies 0,60	Stahl auf Stahl, wenig fettig 0,13
Mauerwerk (glatt) auf Sand/Kies 0,30	Stahl auf Stahl, trocken 0,15
Mauerwerk (rau) auf nassem Ton 0,30	Stahl auf Gusseisen 0,33
Mauerwerk (glatt) auf nassem Ton............ 0,20	Gummi auf Stahl, trocken/nass 0,35/0,15
Mauerwerk auf Beton 0,76	Faserpressstoff auf Stahl, trocken 0,25–0,35
Holz auf Metall 0,60	PVC auf Stahl, trocken/nass 0,40/0,25
Holz auf Stein 0,60	Polyurethan auf Stahl, trocken/nass 0,45/0,35
Holz auf Holz 0,50	Keramik auf Stahl, trocken/nass 0,45/0,35

2 Fachwerke

2.1 Ritterschnitt

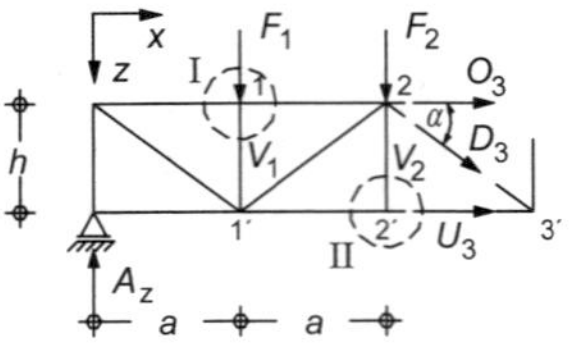

$\Sigma M_2 = 0$: $U_3 = (A_z \cdot 2a - F_1 \cdot a) / h = M_2 / h$

$\Sigma M_3 = 0$: $O_3 = -(A_z \cdot 3a - F_1 \cdot 2a - F_2 \cdot a) / h = -M_3 / h$

$\Sigma F_z = 0$: $D_3 = (A_z - F_1 - F_2) / \sin\alpha$

$\Sigma F_z = 0$: am Schnitt I: $V_1 = -F_1$

$\Sigma F_z = 0$: am Schnitt II: $V_2 = 0$

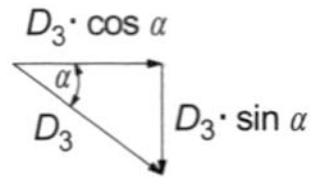

2.2 Cremonaplan mit Feldbezeichnungen

1) Umfahrungssinn festlegen (z. B. im Uhrzeigersinn).
2) Bezeichnung der Felder mit *a*, *b*, *c*... (Feld: Jeweils zwischen 2 äußeren Kräften und jedes von Stäben gebildete Dreieck). Jede äußere Kraft und jeder Stab (Stabkraft) liegt zwischen 2 Feldern.
3) Krafteck der äußeren Kräfte zeichnen. Der Anfangspunkt jeder Kraft erhält die Bezeichnung des unter Beachtung des festgelegten Umfahrungssinnes vorhergehenden Feldes, der Endpunkt die des nachfolgenden Feldes (z. B. die Kraft F_1 „geht von *c* nach *d*").
4) Zeichnen der einzelnen Knotenkraftecke, beginnend bei einem Knoten mit 2 unbekannten Stabkräften (z. B. Knoten 0 des folgenden Beispiels).

Beispiel

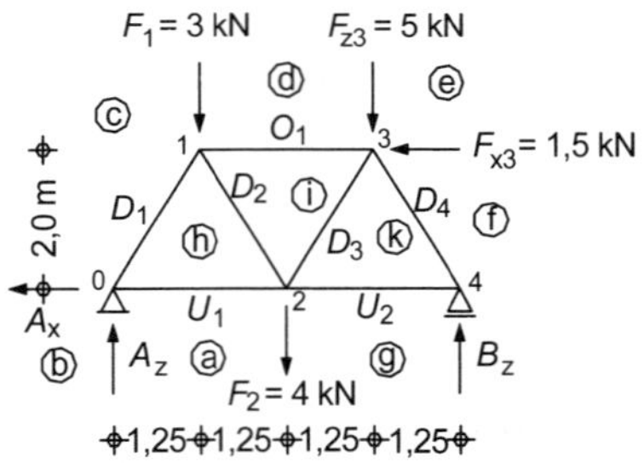

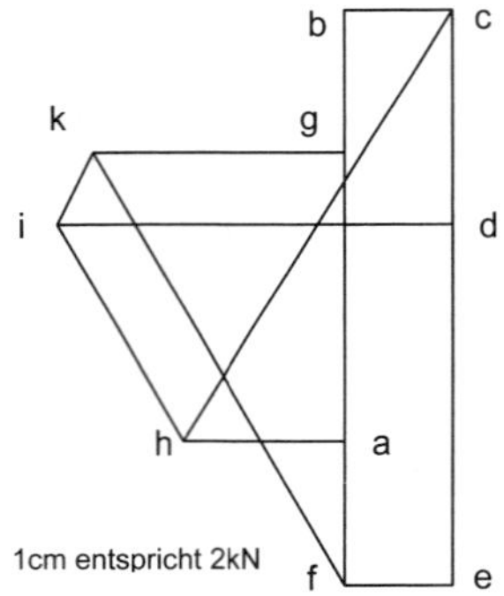

Aus dem Cremonaplan:

D_1 = –7,2 kN
D_2 = 3,7 kN
D_3 = 1,1 kN
D_4 = –7,0 kN
O_1 = –5,7 kN
U_1 = 2,3 kN
U_2 = 3,7 kN

Vorab ermittelt:

A_x = –1,5 kN
A_z = 6,1 kN
B_z = 5,9 kN

Konstruktionshinweise (die unterstrichenen Kräfte sind jeweils bekannt):

Knoten 0: Krafteck aus $\underline{A_z}$ (*a*, *b*); $\underline{A_x}$ (*b*, *c*); D_1 (*c*, *h*); U_1 (*h*, *a*)
Knoten 1: Krafteck aus $\underline{D_1}$ (*h*, *c*); $\underline{F_1}$ (*c*, *d*); O_1 (*d*, *i*); D_2 (*i*, *h*)
Knoten 2: Krafteck aus $\underline{F_2}$ (*g*, *a*); $\underline{U_1}$ (*a*, *h*); $\underline{D_2}$ (*h*, *i*); D_3 (*i*, *k*); U_2 (*k*, *g*)
Knoten 3: Krafteck aus $\underline{D_3}$ (*k*, *i*); O_1 (*i*, *d*); $\underline{F_{z3}}$ (*d*, *e*); $\underline{F_{x3}}$ (*e*, *f*); D_4 (*j*, *k*)

Ermittlung der Pfeilspitzen: Knoten im festgelegten Umfahrungssinn umfahren. Zum Beispiel liegt D_1 am Knoten 0 zwischen den Feldern *c* und *h*. Im Cremonaplan „von *c* nach *h* gehen" und diesen Richtungssinn als Pfeil in D_1 am Knoten 0 des Fachwerks eintragen.

3 Festigkeitslehre

3.1 Querschnittswerte

3.1.1 Allgemeine Formeln für Querschnittswerte

- **Schwerpunkt von zusammengesetzten Flächen**
  (**Einzelflächen** siehe Kap. 10 C, S. 10.69)

  $\bar{y}_S = \frac{\sum A_i \cdot \bar{y}_i}{\sum A_i}; \quad \bar{z}_S = \frac{\sum A_i \cdot \bar{z}_i}{\sum A_i}$

  Beispiel 1 (Abb. 10.55):

  $\bar{y}_S = \frac{A_1 \cdot \bar{y}_1 + A_2 \cdot \bar{y}_2}{A_1 + A_2}; \quad \bar{z}_S = \frac{A_1 \cdot \bar{z}_1 + A_2 \cdot \bar{z}_2}{A_1 + A_2}$

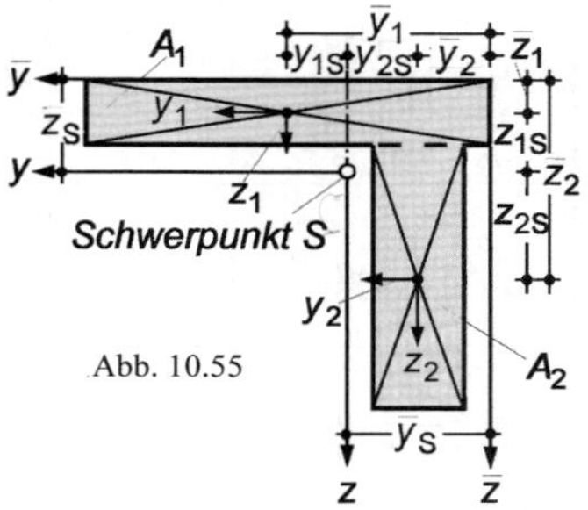

Abb. 10.55

- **Flächenmomente 1. Grades**
  (bezogen auf die y-Achse bzw. z-Achse)

  $S_y = \int z \cdot \mathrm{d}A; \quad S_z = \int y \cdot \mathrm{d}A$

Beispiel 2: Ermittlung von S_y der Teilfläche A_1 (Abb. 10.55): $S_y = A_1 \cdot z_{1S}$

Es ist auch möglich, S auf beliebige andere Achsen zu beziehen.

Beispiel 3: Ermittlung des Flächenmoments 1. Grades der Gesamtfläche $A_1 + A_2$ (Abb. 10.55), bezogen auf die $\bar{y}$-Achse: $S_{\bar{y}} = A_1 \cdot \bar{z}_1 + A_2 \cdot \bar{z}_2$

Hinweis: Aus Vergleich der Ergebnisse der Beispiele 1 und 3 ist ersichtlich, dass man bei zusammengesetzten Querschnitten die Schwerpunktabstände von den Bezugsachsen $\bar{y}$ und $\bar{z}$ auch wie folgt angeben kann:

$\bar{y}_S = S_{\bar{z}} / \sum A_i$ und $\bar{z}_S = S_{\bar{y}} / \sum A_i$

- **Flächenmomente 2. Grades** $I_y = \int z^2 \mathrm{d}A; \quad I_z = \int y^2 \mathrm{d}A$
- **Flächenzentrifugalmoment** $I_{yz} = \int yz \, \mathrm{d}A$

  } vgl. Tafel S. 10.56
- **Polares Flächenmoment** $I_p = \int r^2 \mathrm{d}A = \int (y^2 + z^2) \mathrm{d}A = I_y + I_z$
- **Trägheitsradius** $i_y = \sqrt{\frac{I_y}{A}}; \quad i_z = \sqrt{\frac{I_z}{A}}$ Rechteck: $i_y = 0{,}289\, d; \quad i_z = 0{,}289\, b$
- **Sätze von Steiner** (vgl. Abb. 10.55)

  $I_y = \sum\left(I_{yi} + A_i \cdot z_{iS}^2\right); \quad I_z = \sum\left(I_{zi} + A_i \cdot y_{iS}^2\right); \quad I_{yz} = \sum\left(I_{yzi} + A_i \cdot y_{iS} \cdot z_{iS}\right)$

  Beispiel 4 (Abb. 10.55)

  $I_y = I_{y1} + A_1 \cdot z_{1S}^2 + I_{y2} + A_2 \cdot z_{2S}^2; \quad I_z = I_{z1} + A_1 \cdot y_{1S}^2 + I_{z2} + A_2 \cdot y_{2S}^2$

  Es bedeuten:

  z. B. I_{y1} = Flächenmoment 2. Grades der Teilfläche 1, bezogen auf die Achse y_1
  I_{y2} = Flächenmoment 2. Grades der Teilfläche 2, bezogen auf die Achse y_2

- **Hauptachsen**

  1. $\tan 2\alpha = 2 I_{yz} / (I_z - I_y)$ 2. $\perp$ aufeinander

  3. Gehen durch Schwerpunkt 4. Flächenzentrifugalmoment = 0

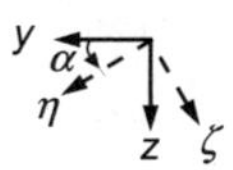

- **Hauptflächenmomente**

  $I_\eta = I_y \cos^2\alpha + I_z \sin^2\alpha - I_{yz} \sin 2\alpha = 0{,}5(I_y + I_z) + 0{,}5(I_y - I_z)\cos 2\alpha - I_{yz} \sin 2\alpha$

  $I_\zeta = I_y \sin^2\alpha + I_z \cos^2\alpha + I_{yz} \sin 2\alpha = 0{,}5(I_y + I_z) - 0{,}5(I_y - I_z)\cos 2\alpha + I_{yz} \sin 2\alpha$

  $I_\eta + I_\zeta = I_y + I_z; \quad -45° < \alpha < 45°$

3.1.2 Tafel Querschnittswerte

	Querschnitt	A	I_y	I_z	W_y	W_z
1	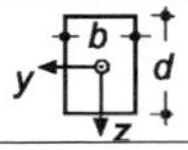	bd	$\frac{bd^3}{12}$	$\frac{db^3}{12}$	$\frac{bd^2}{6}$	$\frac{db^2}{6}$
2	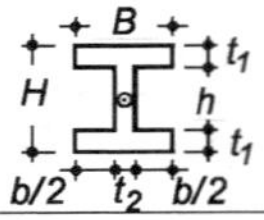	$BH-bh$	$\frac{BH^3-bh^3}{12}$	$\frac{ht_2^3+2t_1B^3}{12}$	$\frac{2I_y}{H}$	$\frac{2I_z}{B}$
3	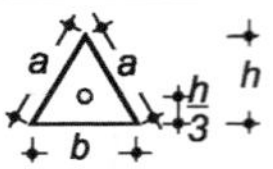	$\frac{bh}{2}$	$\frac{bh^3}{36}$	$\frac{hb^3}{48}$	$W_o=\frac{bh^2}{24}$ $W_u=\frac{bh^2}{12}$	$\frac{hb^2}{24}$
4	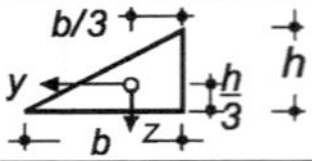	$\frac{bh}{2}$	$\frac{bh^3}{36}$	$\frac{hb^3}{36}$	–	–
5	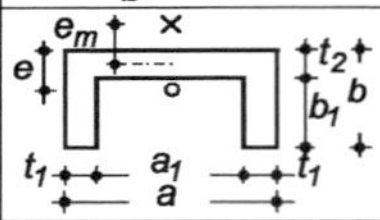	$ba-b_1a_1$	$\frac{a_1t_2^3+2t_1b^3}{3}-Ae^2$	$\frac{ba^3-b_1a_1^3}{12}$	$W_o=\frac{I_y}{e}$ $W_u=\frac{I_y}{b-e}$	$\frac{2I_z}{a}$
6	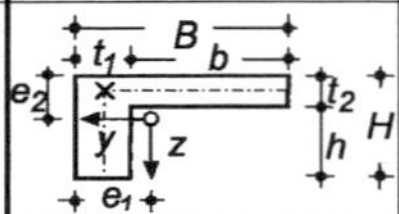	t_1H+bt_2	$\frac{t_1H^3+bt_2^3}{3}-Ae_2^2$	$\frac{ht_1^3+t_2B^3}{3}-Ae_1^2$	–	–
7	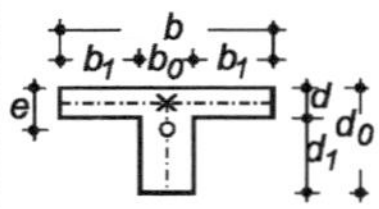	$db+d_1b_0$	$\frac{2b_1d^3+b_0d_0^3}{3}-Ae^2$	$\frac{db^3+d_1b_0^3}{12}$	$W_o=\frac{I_y}{e}$ $W_u=\frac{I_y}{d_0-e}$	$\frac{2I_z}{b}$
8	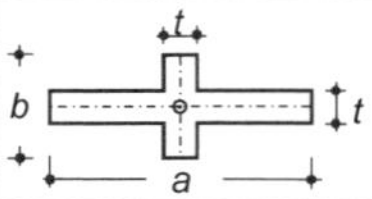	$(a+b-t)t$	$\frac{(a-t)t^3+tb^3}{12}$	$\frac{(b-t)t^3+ta^3}{12}$	$\frac{2I_y}{b}$	$\frac{2I_z}{a}$
9	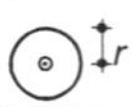	πr^2	$\frac{\pi}{4}r^4$		$\frac{\pi}{4}r^3$	
10		$\pi(R^2-r^2)$	$\frac{\pi}{4}(R^4-r^4)$		$\frac{I_y}{R}$	
11	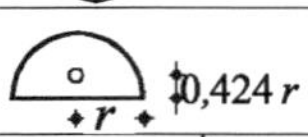	$\frac{\pi}{2}r^2$	$0{,}110r^4$	$\frac{\pi}{8}r^4$	$W_o=0{,}191r^3$ $W_u=0{,}259r^3$	$\frac{\pi}{8}r^3$
12	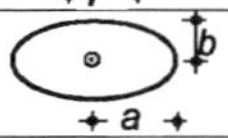	πab	$\frac{\pi}{4}ab^3$	$\frac{\pi}{4}ba^3$	$\frac{\pi}{4}ab^2$	$\frac{\pi}{4}ba^2$
13	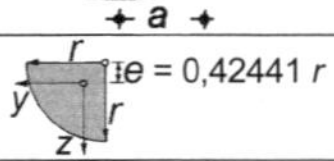	$0{,}78540r^2$	$5{,}4878\cdot10^{-2}r^4$			
14	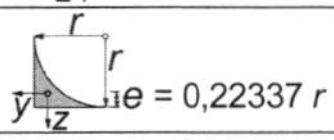	$0{,}21460r^2$	$0{,}7545\cdot10^{-2}r^4$			
15	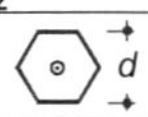	$0{,}866d^2$	$0{,}0601d^4$		$0{,}120d^3$	$0{,}104d^3$
16	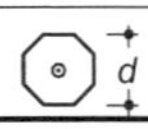	$0{,}828d^2$	$0{,}0547d^4$		$0{,}109d^3$	

∘ Schwerpunkt × Schubmittelpunkt ⊙ Schwerpunkt und Schubmittelpunkt

	I_{yz}	I_T	W_T	Anmerkungen
1	0	$\alpha d b^3$ $(b \le d)$	$\beta d b^2$ $(b \le d)$	zu Zeile 1: siehe Tabelle unten
2	0	$\frac{2Bt_1^3 + ht_2^3}{3}$	$\min W_T = \frac{I_T}{\max t}$	
3	0	für $a = b$: $\frac{h^4}{26{,}0}$	für $a = b$: $\frac{h^3}{13{,}0}$	
4	$\frac{b^2h^2}{72}$	–	–	Vorzeichen von I_{yz}: 
5	0	$\frac{(a + a_1)t_2^3 + 2(b + b_1)t_1^3}{6}$	$\min W_T = \frac{I_T}{\max t}$	$e = \frac{a_1 t_2^2 + 2t_1 b^2}{2A}$; $e_m = \frac{1{,}5(b+b_1)}{6 + \frac{(a+a_1)t_2}{(b+b_1)t_1}}$
6	$\frac{BHbht_1t_2}{4A}$	$\frac{(B+b)t_2^3 + (H+h)t_1^3}{6}$	$\min W_T = \frac{I_T}{\max t}$	$e_1 = \frac{ht_1^2 + t_2B^2}{2A}$, $e_2 = \frac{t_1H^2 + bt_2^2}{2A}$; Vorzeichen von I_{yz}: 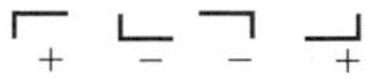
7	0	$\frac{\left(b - \frac{b_0}{2}\right)d^3 + \left(d_1 + \frac{d}{2}\right)b_0^3}{3}$	$\min W_T = \frac{I_T}{\max t}$	zu Zeile 7: $e = \frac{2b_1d^2 + b_0d_0^2}{2A}$; $\boldsymbol{I_s = \mu \cdot b \cdot d_0^3 \cdot 10^{-4}}$
8	0	$\frac{a + b - 0{,}15t}{3}t^3$	$\frac{I_T}{t}$	
9	0	$\frac{\pi}{2}r^4$	$\frac{\pi}{2}r^3$	
10	0	$\frac{\pi}{2}(R^4 - r^4)$	$\frac{I_T}{R}$	
11	0	–	–	
12	0	$\pi\frac{a^3b^3}{a^2 + b^2}$	$\frac{\pi}{2}ab^2$	
13	$-1{,}6471 \cdot 10^{-2} r^4$			
14	$-0{,}4439 \cdot 10^{-2} r^4$			
15	0	$0{,}115d^4$	$0{,}188d^3$	
16	0	$0{,}108d^4$	$0{,}184d^3$	

Graue Unterlegung: Gültig nur für dünnwandige Querschnitte.

zu Zeile 1:

d/b	α	β
1,00	0,140	0,208
1,25	0,171	0,221
1,50	0,196	0,231
2,00	0,229	0,246
3,00	0,263	0,267
4,00	0,281	0,282
6,00	0,299	
10,00	0,313	
∞	0,333	

μ-Werte für Plattenbalken

$b_0 : b$	$d : d_0$					
	0,05	0,10	0,15	0,20	0,25	0,30
0,10	153	180	190	192	192	193
0,12	173	204	216	220	221	221
0,14	191	225	240	246	247	247
0,16	208	246	263	270	272	272
0,18	225	265	284	293	295	296
0,20	242	283	304	314	318	318
0,25	282	326	350	363	368	370
0,30	321	366	392	407	415	417
0,35	359	404	432	448	456	459
0,40	396	439	468	485	495	499
0,50	470	509	536	553	564	569
0,60	544	576	600	616	626	632
0,70	616	642	661	674	683	688
0,80	689	706	719	729	735	740
0,90	761	770	777	782	786	788

Beispiel:

$b = 1{,}5$ m; $b_0 = 0{,}30$ m;
$d = 0{,}15$ m; $d_0 = 0{,}60$ m;
$b_0/b = 0{,}20$; $d/d_0 = 0{,}25 \rightarrow \mu = 318 \cdot 10^{-4}$
$I_s = 318 \cdot 10^{-4} \cdot 1{,}50 \cdot 0{,}60^3 = 103 \cdot 10^{-4}$ m^4

3.2 Spannungen infolge *M*, *N* und *V*

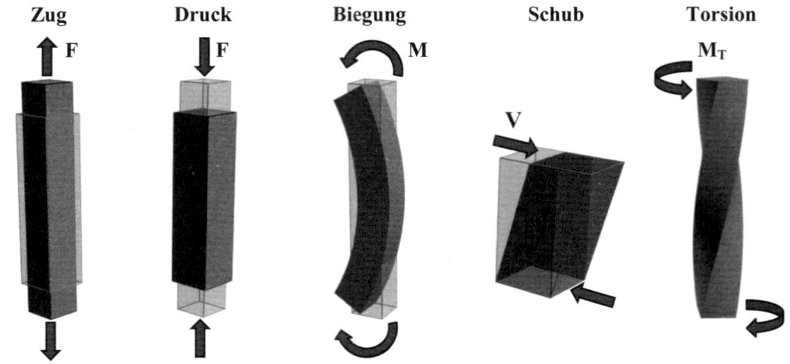

$$\sigma_x = \frac{F}{A} \qquad \sigma_x = \frac{F}{A} \qquad \sigma_x = \frac{M}{W} \qquad \tau_{xz} = \frac{V}{A} \qquad \tau = \frac{M_T}{W_T}$$

3.2.1 Normal- und Schubspannungen

Die Bezugsachsen für die Anwendung der Formeln müssen Hauptachsen sein.

- **Einfach- und doppeltsymmetrische Querschnitte**

Die Hauptachsen sind identisch mit den Schwerpunktachsen *y* und *z*.

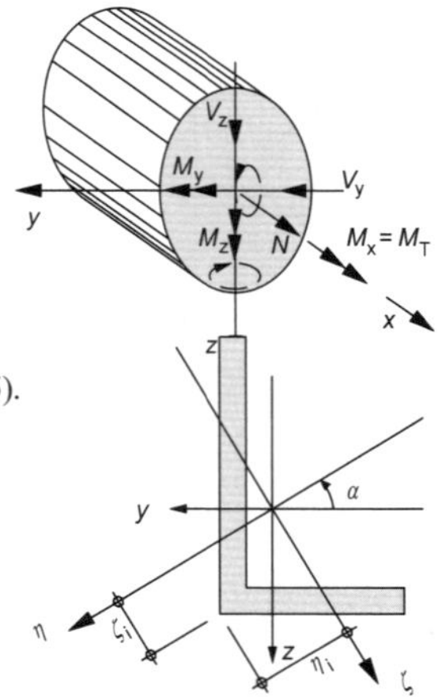

$$\sigma_x = \frac{N}{A} + \frac{M_y}{I_y} z - \frac{M_z}{I_z} y \qquad \tau_{xz} = \tau_{zx} = \frac{V_z \cdot S_y}{I_y \cdot b}$$

1. Fußzeiger bei τ: Richtung der Flächennormalen
2. Fußzeiger bei τ: Richtung der Schubspannung τ

- **Unsymmetrische Querschnitte**

Die Hauptachsen gehen durch den Schwerpunkt und sind gegenüber den Schwerpunktachsen *y* und *z* um den Winkel α gedreht (s. S. 10.55).

Normalspannung: $\sigma_x = \frac{N}{A} + \frac{M_\eta}{I_\eta} \cdot \zeta - \frac{M_\zeta}{I_\zeta} \cdot \eta$ (1)

Koordinaten eines Punktes *i* im Hauptachsensystem η, ζ:
$\eta_i = y_i \cdot \cos\alpha + z_i \cdot \sin\alpha \;|\; \zeta_i = -y_i \cdot \sin\alpha + z_i \cdot \cos\alpha$ (2)

Momentenvektoren M_η und M_ζ:
$M_\eta = M_y \cdot \cos\alpha + M_z \cdot \sin\alpha \;|\; M_\zeta = -M_y \cdot \sin\alpha + M_z \cdot \cos\alpha$ (3)

Spannungsnulllinie und Winkel β zwischen η-Achse und Nulllinie:
$\zeta = \frac{M_\zeta \cdot I_\eta}{M_\eta \cdot I_\zeta} \cdot \eta - \frac{N \cdot I_\eta}{M_\eta \cdot A} \;|\; \tan\beta = \frac{M_\zeta \cdot I_\eta}{M_\eta \cdot I_\zeta}$ (4)

Schubspannungen: siehe [10.31]

- **Ermittlung der Spannungen ohne Bestimmung der Hauptachsen** [10.32]

$$\sigma_i = \frac{M_y \cdot I_z + M_z \cdot I_{yz}}{I^*} \cdot z_i - \frac{M_z \cdot I_y + M_y \cdot I_{yz}}{I^*} \cdot y_i \qquad \tan\gamma = \frac{M_z \cdot I_y + M_y \cdot I_{yz}}{M_y \cdot I_z + M_z \cdot I_{yz}}$$

$$I_{yz} = \pm\sqrt{I_y \cdot I_z - I_\eta \cdot I_\zeta}\;; \quad I^* = I_y \cdot I_z - I_{yz}^2 = I_\eta \cdot I_\zeta$$

3.2.2 Randspannungen bei rechteckigen Querschnitten

(Zugspannungen können nicht aufgenommen werden.)

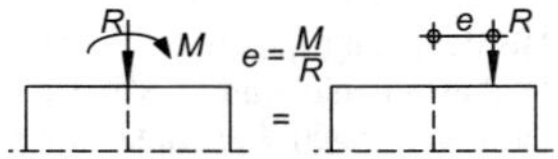

- **Kantenpressungen bei einachsiger Ausmittigkeit**

	Belastungs- und Spannungsschema	Lage der resultierenden Kraft	Randspannungen
1	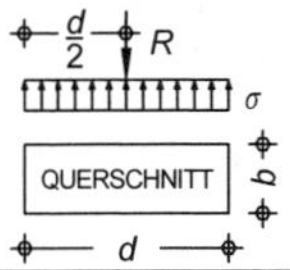	$e = 0$ (R in der Mitte)	$\sigma = \frac{R}{bd}$
2	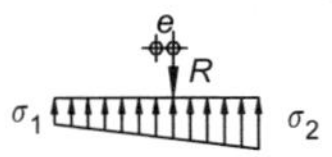	$e < d/6$ (R innerhalb des Kerns)	$\sigma_1 = \frac{R}{bd}\left(1 - \frac{6e}{d}\right)$ $\sigma_2 = \frac{R}{bd}\left(1 + \frac{6e}{d}\right)$
3	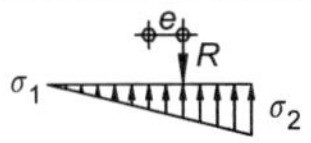	$e = d/6$ (R auf dem Kernrand)	$\sigma_1 = 0$ $\sigma_2 = \frac{2R}{bd}$
4	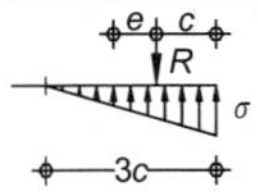	$d/6 < e < d/3$ (R außerhalb des Kerns)	$\sigma = \frac{2R}{3cb}$ $c = d/2 - e$
5	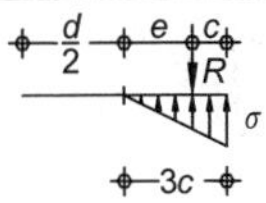	$e = d/3$	$\sigma = \frac{4R}{bd}$

- **Max. Eckpressung bei zweiachsiger Ausmittigkeit max $\sigma = \mu R/(bd)$**

Tafel: μ-Werte

0,32	3,70	3,93	4,17	4,43	4,70	4,99											
0,30	3,33	3,54	3,75	3,98	4,23	4,49	4,78	5,09	5,43								
0,28	3,03	3,22	3,41	3,62	3,84	4,08	4,35	4,63	4,94	5,28	5,66						
0,26	2,78	2,95	3,13	3,32	3,52	3,74	3,98	4,24	4,53	4,84	5,19	5,57					
0,24	2,56	2,72	2,88	3,06	3,25	3,46	3,68	3,92	4,18	4,47	4,79	5,15	5,55				
0,22	2,38	2,53	2,68	2,84	3,02	3,20	3,41	3,64	3,88	4,15	4,44	4,77	5,51	5,57			
0,20	2,22	2,36	2,50	2,66	2,82	2,99	3,18	3,39	3,62	3,86	4,14	4,44	4,79	5,19	5,66		
0,18	2,08	2,21	2,35	2,49	2,64	2,80	2,98	3,17	3,38	3,61	3,86	4,15	4,47	4,84	5,28		
0,16	1,96	2,08	2,21	2,34	2,48	2,63	2,80	2,97	3,17	3,38	3,62	3,88	4,18	4,53	4,94	5,43	
0,14	1,84	1,96	2,08	2,21	2,34	2,48	2,63	2,79	2,97	3,17	3,39	3,64	3,92	4,24	4,63	5,09	
0,12	1,72	1,84	1,96	2,08	2,21	2,34	2,48	2,63	2,80	2,98	3,18	3,41	3,68	3,98	4,35	4,78	
0,10	1,60	1,72	1,84	1,96	2,08	2,20	2,34	2,48	2,63	2,80	2,99	3,20	3,46	3,74	4,08	4,49	4,99
0,08	1,48	1,60	1,72	1,84	1,96	2,08	2,21	2,34	2,48	2,64	2,82	3,02	3,25	3,52	3,84	4,23	4,70
0,06	1,36	1,48	1,60	1,72	1,84	1,96	2,08	2,21	2,34	2,49	2,66	2,84	3,06	3,32	3,62	3,98	4,43
0,04	1,24	1,36	1,48	1,60	1,72	1,84	1,96	2,08	2,21	2,35	2,50	2,68	2,88	3,13	3,41	3,75	4,17
0,02	1,12	1,24	1,36	1,48	1,60	1,72	1,84	1,96	2,08	2,21	2,36	2,53	2,72	2,95	3,22	3,54	3,93
0,00	1,00	1,12	1,24	1,36	1,48	1,60	1,72	1,84	1,96	2,08	2,22	2,38	2,56	2,78	3,03	3,33	3,70
e_z/b ↑	0,00	0,02	0,04	0,06	0,08	0,10	0,12	0,14	0,16	0,18	0,20	0,22	0,24	0,26	0,28	0,30	0,32
	e_y/d →																

Erläuterungen zur Tafel:

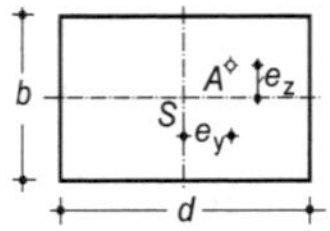

Aus dem Angriffspunkt A (s. Abb.) der resultierenden Längskraft R ergeben sich die Ausmitten e_y und e_z. Mit den Werten e_y/d und e_z/b entnimmt man aus der Tafel den zugehörigen Wert μ. Die max. Eckspannung ist $\sigma = \mu R/(bd)$. Liegt die resultierende Kraft R im Kern, so ergeben sich μ-Werte unterhalb der Staffellinie. Die μ-Werte oberhalb der Staffellinie ergeben sich bei klaffender Fuge. Bei den Tafelwerten wird die Bedingung eingehalten, dass sich mindestens die Hälfte der Fläche bd an der Druckübertragung beteiligt, d. h., dass im Grenzfall die Nulllinie durch den Schwerpunkt S geht.

Beispiel: geg.: $R = 45$ kN; $d = 49$ cm; $b = 36{,}5$ cm; $e_y = 10$ cm; $e_z = 8$ cm
$\rightarrow$ $e_y/d = 0{,}20$; $e_z/b = 0{,}22 \rightarrow \mu = 4{,}44$; $\max \sigma = 4{,}44 \cdot 45/(49 \cdot 36{,}5) = 0{,}11$ kN/cm^2

3.2.3 Kern

Liegt der Lastangriffspunkt der resultierenden Längskraft im Kern des Querschnitts, so treten nur Spannungen *eines* Vorzeichens auf.

Kernweiten:

einfachsymmetrischer Querschnitt		Rechteck	Kreis
$k_{y1} = \frac{I_z}{y_2} \cdot \frac{1}{A}$; $k_{y2} = \frac{I_z}{y_1} \cdot \frac{1}{A}$ $k_z = \frac{I_y}{z} \cdot \frac{1}{A}$	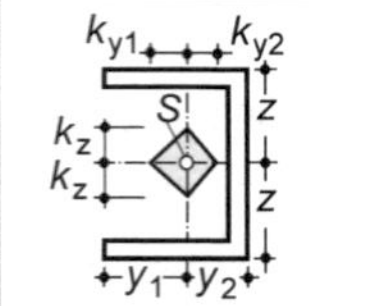	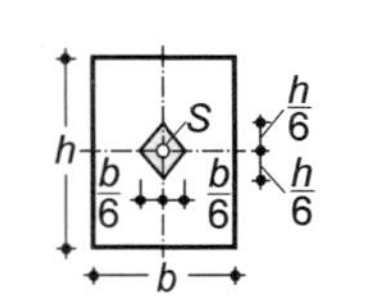	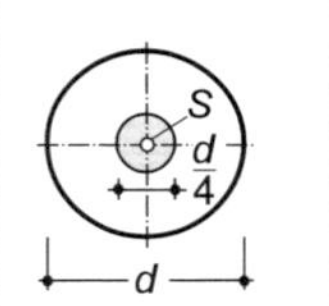

3.2.4 Hauptspannungen

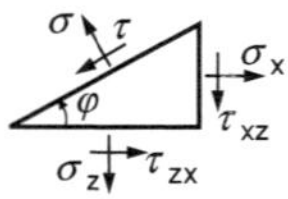

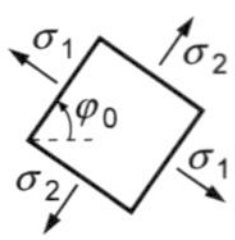

Sie ergeben bei $\varphi = \varphi_0$

$$\tan 2\varphi_0 = \frac{2\tau_{xz}}{\sigma_z - \sigma_x}; \quad \text{dann ist } \tau = 0$$

$$\text{und } \sigma_{1,2} = \frac{\sigma_z + \sigma_x}{2} \pm \frac{1}{2}\sqrt{(\sigma_x - \sigma_z)^2 + 4\tau_{xz}^2}$$

3.3 Torsion

Torsionsmomente treten z.B. auf, wenn der Schubmittelpunkt (= der Punkt des Querschnitts, für den das Moment aus den Schubspannungen infolge Querkraft gleich Null ist; vgl. Tafel 10.56) des Querschnitts nicht in der Lastebene liegt. Man unterscheidet *reine Torsion* (nach St. Venant), bei der nur Schubspannungen auftreten, und *Wölbkrafttorsion* (z.B. bei offenen, dünnwandigen Querschnitten), bei der neben den Schubspannungen auch Querschnittsverwölbungen und Wölbnormalspannungen auftreten.

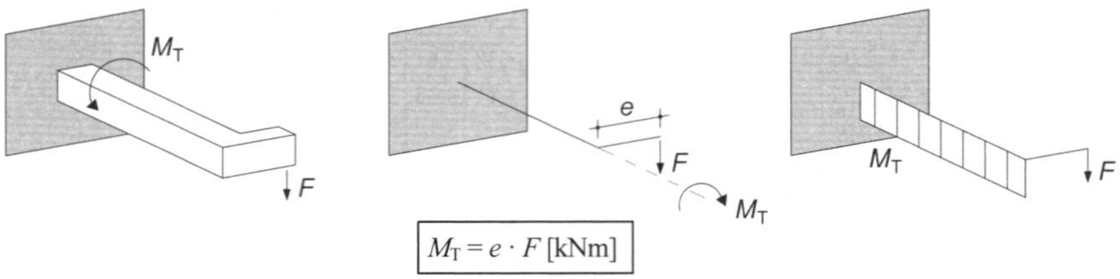

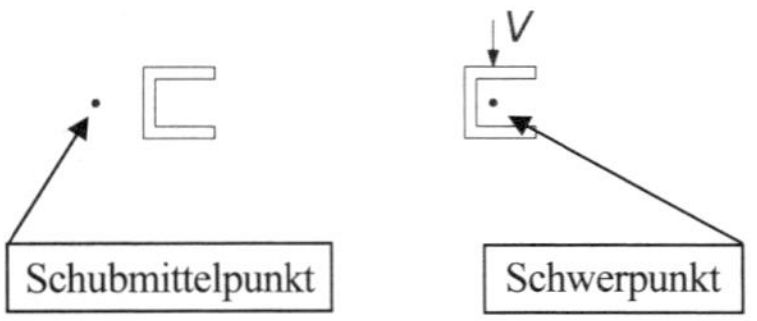

3.3.1 Torsion nach St. Venant

- **Torsion bei dünnwandigen Hohlquerschnitten**

Erste Bredt´sche Formeln

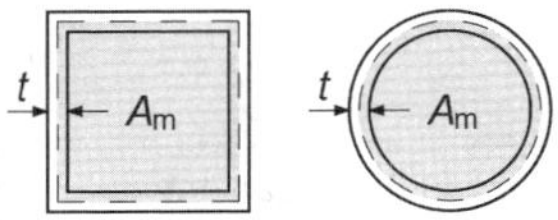

$$\tau = \frac{M_T}{2\,A_m\,t} \quad (1) \qquad \max\tau = \frac{M_T}{2\,A_m \min t} \quad (2)$$

M_T	Torsionsmoment
A_m	Fläche, die von der Mittellinie der Wandung eingeschlossen ist
t	Dicke des Querschnitts an der betrachteten Stelle

Zweite Bredt'sche Formeln

$$\vartheta' = \frac{M_T}{G\,4\,A_m^2} \int_s \frac{1}{t}\,ds \quad (3)$$

ϑ' Verdrillung
G Schubmodul

$$\vartheta' = \frac{M_T}{G I_T} \quad (4) \qquad \text{mit } I_T = 4\,A_m^2 \Big/ \left(\int_s \frac{1}{t}\,ds \right) \quad (5)$$

In vielen Fällen ist für Umfangsabschnitte s_i die Wanddicke t_i eines Hohlprofils konstant. Gl. (5) kann dann wie folgt geschrieben werden:

$$I_T = 4\,A_m^2 \Big/ \left(\sum_i s_i / t_i \right) \quad (6)$$

Zahlenbeispiel aus [10.30]

Für den Stab *ab* (s. Abb.) ermittle man M_T und t (S 235 mit $G = 8100$ kN/cm²).

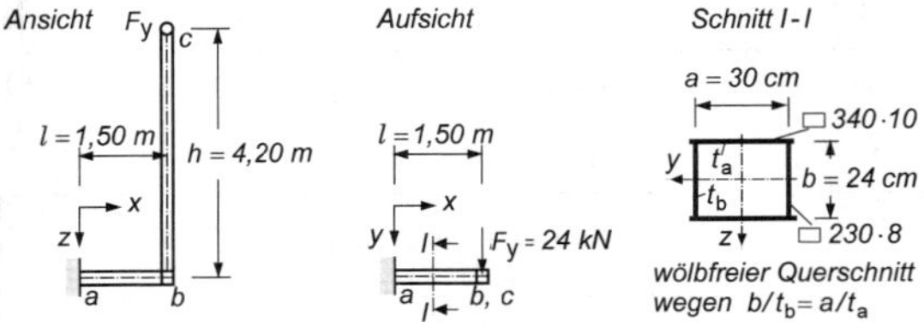

$$M_T = F_y \cdot h = 24 \cdot 4,20 = 100,8\ \text{kNm}; \quad A_m = a\,b = 30 \cdot 24 = 720\ \text{cm}^2$$

$$\text{Gl. (6):}\ I_T = \frac{4 \cdot 720^2}{2\left[(30/1) + (24/0,8)\right]} = 17\,280\ \text{cm}^4$$

Die Torsionsschubspannungen werden nach Gl. (1) errechnet.

□ Stegblech (230mm · 8mm): $\tau = 10\,080/(2 \cdot 0,8 \cdot 720) = 8,75$ kN/cm²
□ Gurtblech (340mm · 10mm): $\tau = 10\,080/(2 \cdot 1,0 \cdot 720) = 7,00$ kN/cm²

- **Torsion bei dünnwandigen offenen Querschnitten**

Für aus Rechtecken zusammengesetzte Querschnitte gilt:

$$\tau = \frac{M_T\,t}{I_T}; \quad I_T = \frac{1}{3} \sum_{i=1}^{n} t_i^3 h_i$$

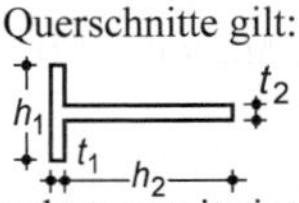

Profil	L	C	T	I
η	0,99	1,12	1,12	1,30

Bei *Walzprofilen* ist I_T wegen der Ausrundungen mit einem Korrekturfaktor η zu multiplizieren.

- **Torsion bei dickwandigen Querschnitten**

$\tau = M_T / W_T$; W_T Torsionswiderstandsmoment (s. Tafel S. 10.57)

10 C Mathematik

Prof. Dr.-Ing. Alfons Goris

1 Arithmetik

1.1 Potenzen und Wurzeln

$a^0 = 1$ für $a \neq 0$ $a^n \cdot b^n = (ab)^n$	$a^m \cdot a^n = a^{m+n}$ $(a^m)^n = a^{m\cdot n}$	$a^m / a^n = a^{m-n}$ $a^2 - b^2 = (a+b)\cdot(a-b)$	$(a \pm b)^2 = a^2 \pm 2ab + b^2$ $(a \pm b)^3 = a^3 \pm 3a^2b + 3ab^2 \pm b^3$
$(a \pm b)^n = a^n \pm \binom{n}{1} a^{n-1}b^1 + \binom{n}{2} a^{n-2}b^2 \pm \binom{n}{3} a^{n-3}b^3 + \ldots + (\pm 1)^{n-1}\binom{n}{n-1} a^1 b^{n-1} + (\pm 1)^n \cdot b^n$			

(*a* Basis, *n* Exponent)

$\binom{n}{1} = n;\ \binom{n}{2} = \frac{n\cdot(n-1)}{1\cdot 2};\ \binom{n}{3} = \frac{n\cdot(n-1)\cdot(n-2)}{1\cdot 2\cdot 3};$ ... für jedes reelle n (gelesen: n über 1 usw.)

$\binom{n}{k} = \frac{n!}{k!(n-k)!}$ für natürliches n und k; $n! = 1\cdot 2\cdot \ldots \cdot (n-1)\cdot n$; $0! = 1$

$\sqrt[n]{a} = a^{\frac{1}{n}}$	$\sqrt[n]{a^n} = a$	$\sqrt[n]{a^{m\cdot n}} = a^m$	$\sqrt[n]{a\cdot b} = \sqrt[n]{a}\cdot\sqrt[n]{b}$	$\sqrt[n]{\frac{a}{b}} = \frac{\sqrt[n]{a}}{\sqrt[n]{b}}$	$\sqrt[n]{\frac{1}{a}} = \frac{1}{\sqrt[n]{a}} = a^{-\frac{1}{n}}$
$\sqrt[n]{a^m} = a^{\frac{m}{n}}$	$\sqrt[n]{\sqrt[m]{a}} = \sqrt[n\cdot m]{a} = \sqrt[m]{\sqrt[n]{a}}$	$\sqrt[m]{a}\cdot\sqrt[n]{a} = a^{\frac{1}{m}}\cdot a^{\frac{1}{n}} = a^{\left(\frac{1}{m}+\frac{1}{n}\right)} = a^{\left(\frac{n+m}{m\cdot n}\right)} = \sqrt[m\cdot n]{a^{n+m}}$			
$i = \sqrt{-1}$	$i^2 = -1$	$i^3 = -i$	$i^4 = 1$		

(*a* Radikand, *n* Wurzelexponent, *c* Wurzel)

1.2 Logarithmen

$\log_b a = c \Leftrightarrow b^c = a$	$\log_b 0 = -\infty$ (wegen $\lim_{c\to-\infty} b^c = 0$)	
$\log_b(c\cdot d) = \log_b c + \log_b d$ $\log_b\left(\frac{c}{d}\right) = \log_b c - \log_b d$	$\log_b a^n = n\cdot\log_b a$ $\log_b \sqrt[n]{a} = \frac{1}{n}\cdot\log_b a$	$\log_b 1 = 0$ (wegen $b^0 = 1$) $\log_b b = 1$ (wegen $b^1 = b$)

(*b* Basis, *a* Numerus, *c* Logarithmus)

Natürliche Logarithmen: $\log_e a = \ln a$ mit $e = \lim_{n\to\infty}\left(1+\frac{1}{n}\right)^n = 2{,}71828182846\ \ldots$

Dekadische Logarithmen: $\log_{10} a = \lg a$

Umrechnungen: $\log_b a = \frac{1}{\log_c b}\cdot\log_c a = \log_b c\cdot\log_c a$ spez.: $\lg a = \frac{1}{\ln 10}\cdot\ln a = \lg e\cdot\ln a$

Modul der dekadischen Log.: $1/\ln 10 = \lg e = M_{10} = 0{,}4342944819\ \ldots$

1.3 Reihen

Arithmetische Reihe: $a+(a+d)+(a+2d)+\ldots+[a+(n-1)d] = (n/2)\cdot[2a+(n-1)\cdot d]$

Geometrische Reihe: $a + a\cdot q + a\cdot q^2 + \ldots + a\cdot q^{n-1} = a\cdot\frac{q^n - 1}{q-1}$

Unendliche geometrische Reihe: $a + a\cdot q + a\cdot q^2 + \ldots = \frac{a}{1-q}$ für $|q| < 1$

Spezielle Reihen:

$\sum_{i=1}^{n} i = \frac{1}{2} n(n+1)$	$\sum_{i=1}^{n} i^2 = \frac{1}{3} n \cdot (n+1) \cdot \left(n + \frac{1}{2}\right)$
$\sum_{i=1}^{n} (2i-1) = n^2$	$\sum_{i=1}^{n} 2i = n \cdot (n+1)$
$\sum_{i=1}^{n} i^3 = \frac{n^2}{4} (n+1)^2$	$\sum_{i=1}^{n} i^4 = \frac{1}{30} n(n+1)(2n+1)\left(3n^2+3n-1\right)$

1.4 Zinseszins

$K_n = K_0 \cdot q^n$	$q = \sqrt[n]{K_n / K_0}$	$n = \frac{\ln K_n - \ln K_0}{\ln q}$	K_0 Grundbetrag K_n Endbetrag n Anzahl der Zinsabschnitte p_a Zinssatz pro Jahr p_m Zinssatz pro Monat ($p_m = p_a / 12$) $q = 1 + p/100$ Zinsfaktor R Rate
Ratenzahlungen: $K_n = R \cdot (q^n - 1) / (q - 1)$ (nachschüssig) $K_n = R \cdot q \cdot (q^n - 1) / (q - 1)$ (vorschüssig)			
Tilgungsrate eines Darlehens K_0 $R_n = K_0 \cdot q^n (q - 1) / (q^n - 1)$ (nachschüssige Zahlung)			

Beispiel:

Ein Darlehen von 15.000 € soll in 4 Jahren (48 Monaten) in monatlichen Raten zurückgezahlt werden. Für einen Zinssatz von $p_a = 6$ % pro Jahr ist der monatliche Zinssatz $p_m = 6\,\% / 12 = 0{,}5$ % und somit der Zinsfaktor $q = 1{,}005$.

Als monatliche Tilgungsrate ergibt sich: $R_{48} = 15.000\,€ \cdot 1{,}005^{48} \cdot 0{,}005 / (1{,}005^{48} - 1) = 352{,}28\,€$

1.5 Quadratische Gleichung

$$Ax^2 + Bx + C = 0; \qquad x_{1,2} = \frac{1}{2A}\left[-B \pm \sqrt{B^2 - 4AC}\right]$$

$$x^2 + px + q = 0; \qquad x_{1,2} = \frac{1}{2}\left[-p \pm \sqrt{p^2 - 4q}\right] = -\frac{p}{2} \pm \sqrt{\left(\frac{p}{2}\right)^2 - q}$$

Beispiel:

$$2 \cdot x^2 + 6 \cdot x + 2 = 0 \Leftrightarrow x^2 + 3 \cdot x + 1 = 0$$

$$x_1 = \frac{1}{2}\left(-3 + \sqrt{5}\right) \approx -0{,}382; \quad x_2 = \frac{1}{2}\left(-3 - \sqrt{5}\right) \approx -2{,}618$$

1.6 Kubische Gleichung

$A \cdot x^3 + B \cdot x^2 + C \cdot x + D = 0 \Leftrightarrow x^3 + a \cdot x^2 + b \cdot x + c = 0$ mit $a = B/A$, $b = C/A$, $c = D/A$

Lösung: $p = \frac{3b - a^2}{3}; \quad q = c + \frac{2a^3}{27} - \frac{a \cdot b}{3}$

$$D = \left(\frac{p}{3}\right)^3 + \left(\frac{q}{2}\right)^2 \text{ (Diskriminante)}$$

$$u = \sqrt[3]{-\frac{q}{2} + \sqrt{D}}; \quad v = \sqrt[3]{-\frac{q}{2} - \sqrt{D}}$$

$$x_1 = -\frac{a}{3} + u + v; \quad x_{2,3} = -\frac{a}{3} - \frac{u+v}{2} \pm \sqrt{3} \cdot \frac{u-v}{2} \cdot i; \quad (i \text{ imaginäre Einheit})$$

Diskriminante:

- $D > 0$: Eine reelle und zwei konjugiert komplexe Lösungen.
- $D = 0$: Drei reelle Lösungen, davon zwei zusammenfallend.
- $D < 0$: Drei verschiedene reelle Lösungen.

Beispiel

$2 \cdot x^3 - 8 \cdot x^2 + 4 \cdot x - 6 = 0 \Leftrightarrow 1 \cdot x^3 - 4 \cdot x^2 + 2 \cdot x - 3 = 0$

$p \approx -3{,}333$; $q \approx -5{,}074$; $D \approx 5{,}065$; $u \approx 1{,}685$; $v \approx 0{,}659$

$x_1 \approx 3{,}678$; $x_{2,3} \approx 0{,}161 \pm 0{,}889i$

1.7 Determinanten

Die Determinante $D = \det(a_{ik})$ eines quadratischen Schemas reeller Zahlen ist eine reelle Zahl.

$$D = \det(a_{ik}) = \begin{vmatrix} a_{11} & a_{12} & \cdots & a_{1n} \\ a_{21} & a_{22} & \cdots & a_{2n} \\ \vdots & \vdots & \ddots & \vdots \\ a_{n1} & a_{n2} & \cdots & a_{nn} \end{vmatrix}$$

Die Indizes geben die Position im Zahlenschema an: Der erste Index bezeichnet die Zeile, der zweite die Spalte der betreffenden Zahl.
Für einreihige Determinanten ist die Determinante die Zahl selbst.

Für zwei- und mehrreihige Determinanten wird die Berechnung der n-reihigen rekursiv auf die Summe von n Determinanten mit $(n-1)$ Reihen (Unterdeterminante) zurückgeführt. Jedem Element ordnet man das durch $(-1)^{i+k}$ bestimmte Vorzeichen zu. Beispielsweise erhält man für dreireihige Determinanten:

$$D = \begin{vmatrix} a_{11} & a_{12} & a_{13} \\ a_{21} & a_{22} & a_{23} \\ a_{31} & a_{32} & a_{33} \end{vmatrix} = a_{11} \cdot \begin{vmatrix} a_{22} & a_{23} \\ a_{32} & a_{33} \end{vmatrix} - a_{12} \cdot \begin{vmatrix} a_{21} & a_{23} \\ a_{31} & a_{33} \end{vmatrix} + a_{13} \cdot \begin{vmatrix} a_{21} & a_{22} \\ a_{31} & a_{32} \end{vmatrix}$$

$$= a_{11} \cdot a_{22} \cdot a_{33} - a_{11} \cdot a_{23} \cdot a_{32} - a_{12} \cdot a_{21} \cdot a_{33} + a_{12} \cdot a_{23} \cdot a_{31} + a_{13} \cdot a_{21} \cdot a_{32} - a_{13} \cdot a_{22} \cdot a_{31}$$

Beispiel:

Da die letzte Zeile die meisten Nullen enthält, entwickelt man nach den Elementen der letzten Zeile:

$$\det(a_{ik}) = \begin{vmatrix} 6 & 2 & 0 \\ 4 & 7 & 3 \\ 0 & 0 & 5 \end{vmatrix} = 0 \cdot \begin{vmatrix} 2 & 0 \\ 7 & 3 \end{vmatrix} - 0 \cdot \begin{vmatrix} 6 & 0 \\ 4 & 3 \end{vmatrix} + 5 \cdot \begin{vmatrix} 6 & 2 \\ 4 & 7 \end{vmatrix} = 5 \cdot 6 \cdot 7 - 5 \cdot 2 \cdot 4 = 170$$

Alternativ: Berechnung mit EXCEL: „=MDET(A1:C3)“, wenn die Elemente a_{ik} in A1 bis C3 abgelegt sind.

1.8 Matrizen

Eine m,n-Matrix $\boldsymbol{A}$ ist ein rechteckig angeordnetes System von $m \cdot n$ Zahlen a_{ik} mit m Zeilen und n Spalten, wobei die Zahlen a_{ik} Elemente der Matrix genannt werden:

$$\boldsymbol{A} = (a_{ik}) = \begin{bmatrix} a_{11} & a_{12} & \cdots & a_{1n} \\ a_{21} & a_{22} & \cdots & a_{2n} \\ \vdots & \vdots & \ddots & \vdots \\ a_{m1} & a_{m2} & \cdots & a_{mn} \end{bmatrix}$$

Zwei Matrizen $\boldsymbol{A}$ und $\boldsymbol{B}$ haben den gleichen Typ, wenn sie gleiche Anzahlen von Zeilen und Spalten besitzen. Sie heißen gleich, wenn alle Zahlen a_{ik} gleich den entsprechenden Zahlen b_{ik} sind: $\boldsymbol{A} = \boldsymbol{B} \Leftrightarrow a_{ik} = b_{ik}$ für alle i, k.

Transponierte Matrix: Die transponierte n,m-Matrix $\boldsymbol{A}^{\mathrm{T}}$ entsteht aus der gegebenen m,n-Matrix $\boldsymbol{A}$ durch Vertauschen von Zeile i mit Spalte i für alle $i = 1, 2 \ldots m$.

Quadratische Matrix: Die Anzahl m der Zeilen ist gleich der Anzahl n der Spalten.

Diagonalmatrix: Elemente der Hauptdiagonalen $a_{ii} \neq 0$, alle übrigen Elemente $a_{ik} = 0$ $(i \neq k)$.

Einheitsmatrix: Diagonalmatrix $\boldsymbol{E}$, bei der alle $a_{ii} = 1$ sind.

Symmetrische Matrix: Eine quadratische Matrix heißt symmetrisch, wenn $\boldsymbol{A}^{\mathrm{T}} = \boldsymbol{A}$ ist.

Verknüpfungen zwischen Matrizen

Die praktische Durchführung von Matrizenoperationen wird durch geeignete Taschenrechner, durch Tabellenkalkulationsprogramme wie EXCEL oder durch Mathematikprogramme wie MathCad erleichtert.

Addition/Subtraktion: $\boldsymbol{C} = \boldsymbol{A} \pm \boldsymbol{B}$ mit $c_{ik} = a_{ik} \pm b_{ik}$ (für Matrizen gleichen Typs)

Multiplikation mit Faktor f: $f \cdot \boldsymbol{A} = (f \cdot a_{ik})$ (jedes Element wird mit f multipliziert)

Multiplikation von 2 Matrizen: $\boldsymbol{C} = \boldsymbol{A} \cdot \boldsymbol{B}$ mit $c_{ik} = \sum_{j=1}^{n} a_{ij} \cdot b_{jk}$ für alle $i = 1, 2 \ldots m$; $k = 1, 2 \ldots l$

(Die Spaltenzahl der ersten Matrix A muss gleich der Zeilenzahl der zweiten Matrix B sein. Wenn A eine m,n-Matrix und B eine n,l-Matrix ist, dann ist C eine m,l-Matrix.)

Beispiel:

$$\begin{bmatrix} 1 & 2 \\ 3 & 4 \\ 5 & 6 \end{bmatrix} \cdot \begin{bmatrix} 7 & 8 & 9 \\ 10 & 11 & 12 \end{bmatrix} = \begin{bmatrix} 1 \cdot 7 + 2 \cdot 10 & 1 \cdot 8 + 2 \cdot 11 & 1 \cdot 9 + 2 \cdot 12 \\ 3 \cdot 7 + 4 \cdot 10 & 3 \cdot 8 + 4 \cdot 11 & 3 \cdot 9 + 4 \cdot 12 \\ 5 \cdot 7 + 6 \cdot 10 & 5 \cdot 8 + 6 \cdot 11 & 5 \cdot 9 + 6 \cdot 12 \end{bmatrix} = \begin{bmatrix} 27 & 30 & 33 \\ 61 & 68 & 75 \\ 95 & 106 & 117 \end{bmatrix}$$

In EXCEL: „{=MMULT(A1:B3;D1:F2)}“, wenn A in A1 bis B3 und B in D1 bis F2 gespeichert sind.

Inverse Matrix $\boldsymbol{A}^{-1}$: Die Kehrmatrix $\boldsymbol{A}^{-1}$ einer quadratischen n,n-Matrix $\boldsymbol{A}$ ist diejenige n,n-Matrix, die bei Multiplikation mit $\boldsymbol{A}$ die Einheitsmatrix $\boldsymbol{E}$ ergibt: $\boldsymbol{A} \cdot \boldsymbol{A}^{-1} = \boldsymbol{A}^{-1} \cdot \boldsymbol{A} = \boldsymbol{E}$. Die Kehrmatrix zu $\boldsymbol{A}$ existiert und ist eindeutig, wenn die Determinante $\det(a_{ik}) \neq 0$ ist.

Rechenregeln:

$(\boldsymbol{A} \cdot \boldsymbol{B}) \cdot \boldsymbol{C} = \boldsymbol{A} \cdot (\boldsymbol{B} \cdot \boldsymbol{C})$ $\quad (\boldsymbol{A} + \boldsymbol{B}) \cdot \boldsymbol{C} = \boldsymbol{A} \cdot \boldsymbol{C} + \boldsymbol{B} \cdot \boldsymbol{C}$ $\quad \boldsymbol{A} \cdot (\boldsymbol{B} + \boldsymbol{C}) = \boldsymbol{A} \cdot \boldsymbol{B} + \boldsymbol{A} \cdot \boldsymbol{C}$

$(\boldsymbol{A} \cdot \boldsymbol{B})^{\mathrm{T}} = \boldsymbol{B}^{\mathrm{T}} \cdot \boldsymbol{A}^{\mathrm{T}}$ $\quad$ Im Allg. ist $\boldsymbol{A} \cdot \boldsymbol{B} \neq \boldsymbol{B} \cdot \boldsymbol{A}$ $\quad (\boldsymbol{A}^{\mathrm{T}})^{-1} = (\boldsymbol{A}^{-1})^{\mathrm{T}}$

1.9 Lineare Gleichungssysteme

Aus den gegebenen Koeffizienten a_{ik} und den rechten Seiten b_i sollen die Lösungen x_k $(i, k = 1, 2 \dots n)$ berechnet werden. Lineare Gleichungssysteme lassen sich als Matrizengleichungen schreiben.

$$\begin{array}{l} a_{11}\cdot x_1 + a_{12}\cdot x_2 + \dots + a_{1n}\cdot x_n = b_1 \\ a_{21}\cdot x_1 + a_{22}\cdot x_2 + \dots + a_{2n}\cdot x_n = b_2 \\ \dots\dots\dots\dots\dots\dots\dots\dots \\ a_{n1}\cdot x_1 + a_{n2}\cdot x_2 + \dots + a_{nn}\cdot x_n = b_n \end{array}$$

In Matrizenschreibweise:

$$\begin{bmatrix} a_{11} & a_{12} & \dots & a_{1n} \\ a_{21} & a_{22} & \dots & a_{2n} \\ \vdots & \vdots & \ddots & \vdots \\ a_{n1} & a_{n2} & \dots & a_{nn} \end{bmatrix} \cdot \begin{bmatrix} x_1 \\ x_2 \\ \vdots \\ x_n \end{bmatrix} = \begin{bmatrix} b_1 \\ b_2 \\ \vdots \\ b_n \end{bmatrix} \quad \text{kurz: } \boldsymbol{A}\cdot\boldsymbol{x} = \boldsymbol{b}$$

Ist die Koeffizientendeterminante $D = \det(a_{ik}) \neq 0$, kann man das Gleichungssystem eindeutig lösen.

Gaußscher Algorithmus

Das Gleichungssystem wird äquivalent in ein gestaffeltes umgeformt, bei dem jede folgende Gleichung eine Unbekannte weniger enthält. Die letzte Gleichung enthält nur noch die Unbekannte x_n.

$$\begin{bmatrix} a_{11} & a_{12} & a_{13} & \dots & a_{1n} \\ a_{21} & a_{22} & a_{23} & \dots & a_{2n} \\ a_{31} & a_{32} & a_{33} & \dots & a_{3n} \\ \vdots & \vdots & \vdots & \ddots & \vdots \\ a_{n1} & a_{n2} & a_{n3} & \dots & a_{nn} \end{bmatrix} \cdot \begin{bmatrix} x_1 \\ x_2 \\ x_3 \\ \vdots \\ x_n \end{bmatrix} = \begin{bmatrix} b_1 \\ b_2 \\ b_3 \\ \vdots \\ b_n \end{bmatrix} \Leftrightarrow \begin{bmatrix} a'_{11} & a'_{12} & a'_{13} & \dots & a'_{1n} \\ 0 & a'_{22} & a'_{23} & \dots & a'_{2n} \\ 0 & 0 & a'_{33} & \dots & a'_{3n} \\ \vdots & \vdots & \vdots & \ddots & \vdots \\ 0 & 0 & 0 & \dots & a'_{nn} \end{bmatrix} \cdot \begin{bmatrix} x_1 \\ x_2 \\ x_3 \\ \vdots \\ x_n \end{bmatrix} = \begin{bmatrix} b'_1 \\ b'_2 \\ b'_3 \\ \vdots \\ b'_n \end{bmatrix}$$

- Die erste Gleichung bleibt unverändert und dient als Eliminationszeile; Gleichung i $(i = 2, 3 \dots n)$ wird umgeformt, indem die Eliminationszeile mit a_{i1}/a_{11} multipliziert und dann von Zeile i subtrahiert wird. Dadurch werden die Elemente $a'_{i1} = 0$.
- Das System der $(n-1)$ Gleichungen 2 bis n wird mit den Unbekannten x_2 bis x_n analog behandelt. Nach $(n-1)$ gleichartigen Reduktionsschritten ist das gestaffelte Gleichungssystem errechnet.
- Die Berechnung der gesuchten Unbekannten erfolgt rückwärts von der letzten Gleichung aus:

$$x_n = b'_n / a'_{nn} \; ; \quad x_{n-1} = \left[b'_{n-1} - a'_{n-1,n}\cdot x_n\right] / a'_{n-1,n-1} \quad \dots$$

$$x_1 = \left[b'_1 - a'_{1n}\cdot x_n - a'_{1,n-1}\cdot x_{n-1} - \dots - a'_{12}\cdot x_2\right] / a'_{11}$$

Beispiel:

		Σ	Probe
→ –(–0,557)/(–0,371)·**Zeile 1:** → –(–0,734)/(–0,371)·**Zeile 1:**	$\begin{bmatrix} -0{,}371 & -0{,}196 & 0{,}437 \\ -0{,}557 & 0{,}588 & 0{,}218 \\ -0{,}743 & -0{,}784 & -0{,}873 \end{bmatrix} \cdot \begin{bmatrix} x_1 \\ x_2 \\ x_3 \end{bmatrix} = \begin{bmatrix} -1{,}000 \\ -1{,}000 \\ 4{,}000 \end{bmatrix}$	–1,130 –0,751 1,600	–1,130 –0,751 1,600
1. Reduktion: → –(–0,391)/(0,882)·**Zeile 2:**	$\begin{bmatrix} -0{,}371 & -0{,}196 & 0{,}437 \\ 0 & 0{,}882 & -0{,}438 \\ 0 & -0{,}391 & -1{,}748 \end{bmatrix} \cdot \begin{bmatrix} x_1 \\ x_2 \\ x_3 \end{bmatrix} = \begin{bmatrix} -1{,}000 \\ 0{,}501 \\ 6{,}003 \end{bmatrix}$	–1,130 0,946 3,863	–1,130 0,945 3,864
2. Reduktion:	$\begin{bmatrix} -0{,}371 & -0{,}196 & 0{,}437 \\ 0 & 0{,}882 & -0{,}438 \\ 0 & 0 & -1{,}942 \end{bmatrix} \cdot \begin{bmatrix} x_1 \\ x_2 \\ x_3 \end{bmatrix} = \begin{bmatrix} -1{,}000 \\ 0{,}501 \\ 6{,}225 \end{bmatrix}$	–1,130 0,946 4,282	–1,130 0,945 4,283

Rückwärtsauflösung:

$$x_3 = [6{,}225]/(-1{,}942) = -3{,}205$$

$$x_2 = [0{,}501 - (-0{,}438)\cdot(-3{,}205)]/(0{,}882) = -1{,}024$$

$$x_1 = [-1{,}000 - (0{,}437)\cdot(-3{,}205) - (-0{,}196)\cdot(-1{,}024)]/(-0{,}371) = -0{,}539$$

Zur Schlussprobe setzt man die errechneten Lösungen in die ursprünglichen Gleichungen ein und vergleicht mit den gegebenen rechten Seiten.

Lösung mit EXCEL

Die Matrizengleichung $\boldsymbol{A}\cdot\boldsymbol{x} = \boldsymbol{b}$ (mit A als Koeffizientenmatrix, b als Spaltenvektor der rechten Seiten und x als Spaltenvektor der gesuchten Lösungen) lässt sich direkt mit EXCEL lösen.

Beispiel:

$$\boldsymbol{A}\cdot\boldsymbol{x} = \boldsymbol{b} \;\rightarrow\; \begin{bmatrix} -0{,}371 & -0{,}196 & +0{,}437 \\ -0{,}557 & +0{,}588 & +0{,}218 \\ -0{,}743 & -0{,}784 & -0{,}873 \end{bmatrix} \cdot \begin{bmatrix} x_1 \\ x_2 \\ x_3 \end{bmatrix} = \begin{bmatrix} -1{,}0 \\ -1{,}0 \\ +4{,}0 \end{bmatrix} \;\Rightarrow\; \begin{array}{l} x_1 = -0{,}539 \\ x_2 = -1{,}024 \\ x_3 = -3{,}205 \end{array}$$

„{=MMULT(MINV(A1:C3);(E1:E3)}“ Die Koeffizientenmatrix $\boldsymbol{A}$ ist in A1 bis C3, die Matrix $\boldsymbol{b}$ in E1 bis E3 abgelegt.

Die Berechnung erfolgt aus $x = A^{-1}\cdot b$, wobei A^{-1} unter „{MINV(A1:C3)}“ ermittelt wird.

Allgemeiner Hinweis: Die Formeln müssen als Matrixformel eingegeben werden. Nachdem die Matrizen in ein Arbeitsblatt eingetragen sind, wird der Ergebnisbereich ab der Zelle mit der Formel markiert. Die Formel wird statt mit „Enter“ mit „Strg+Shift+Enter“ abgeschlossen (die Formel erscheint dann mit geschweifter Klammer, sie wird **nicht** eingegeben).

2 Ebene analytische Geometrie

2.1 Koordinatensysteme

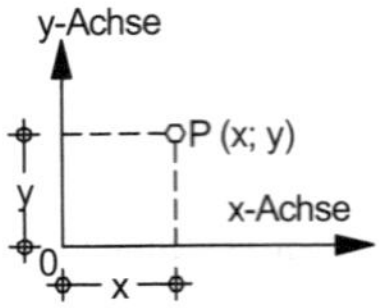

Rechtwinklige Koordinaten:
(x heißt Abszisse, y heißt Ordinate,
O heißt Koordinatenursprung)

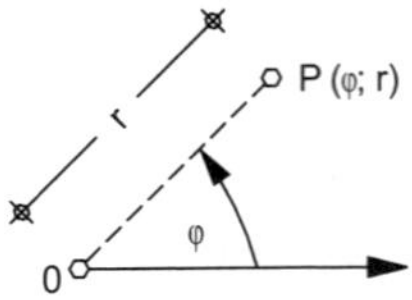

Polarkoordinaten:
(φ heißt Polarwinkel, r heißt Radiusvektor,
O heißt Pol)

Transformation rechtwinkliger Koordinaten in Polarkoordinaten und umgekehrt:

$r = \sqrt{x^2 + y^2}$; $\varphi = \arctan(y/x)$ bzw. $x = r \cdot \cos\varphi$; $y = r \cdot \sin\varphi$

Parallelverschiebung und Drehung eines rechtwinkligen Koordinatensystems:

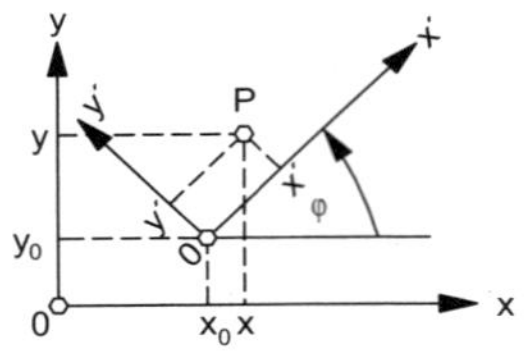

$$x' = \cos\varphi \cdot (x - x_0) + \sin\varphi \cdot (y - y_0)$$
$$y' = -\sin\varphi \cdot (x - x_0) + \cos\varphi \cdot (y - y_0)$$

In Matrizenschreibweise:

$$\begin{bmatrix} x' \\ y' \end{bmatrix} = \begin{bmatrix} \cos\varphi & \sin\varphi \\ -\sin\varphi & \cos\varphi \end{bmatrix} \cdot \begin{bmatrix} x - x_0 \\ y - y_0 \end{bmatrix}$$

Rücktransformation:

$$x = \cos\varphi \cdot x' - \sin\varphi \cdot y' + x_0$$
$$y = \sin\varphi \cdot x' + \cos\varphi \cdot y' + y_0$$

In Matrizenschreibweise:

$$\begin{bmatrix} x \\ y \end{bmatrix} = \begin{bmatrix} \cos\varphi & -\sin\varphi \\ \sin\varphi & \cos\varphi \end{bmatrix} \cdot \begin{bmatrix} x' \\ y' \end{bmatrix} + \begin{bmatrix} x_0 \\ y_0 \end{bmatrix}$$

2.2 Punkte – Strecken – Flächen

Gegeben: $P_1(x_1; y_1)$, $P_2(x_2; y_2)$, $P_3(x_3; y_3)$

Entfernung e zweier Punkte P_1 und P_2: $e = \sqrt{(x_2 - x_1)^2 + (y_2 - y_1)^2}$

Teilpunkt $T(x_T; y_T)$ einer Strecke $\overline{P_1 P_2}$ im Verhältnis $\lambda = \overline{P_1 T} / \overline{T P_2}$:

$$x_T = (x_1 + \lambda \cdot x_2)/(1 + \lambda); \quad y_T = (y_1 + \lambda \cdot y_2)/(1 + \lambda)$$

Mittelpunkt $(x_M; y_M)$ einer Strecke $\overline{P_1 P_2}$: $x_M = (x_1 + x_2)/2$; $y_M = (y_1 + y_2)/2$

Schwerpunkt $(x_S; y_S)$ eines Dreiecks: $x_S = \dfrac{x_1 + x_2 + x_3}{3}$; $y_S = \dfrac{y_1 + y_2 + y_3}{3}$

Steigung der Strecke $\overline{P_1 P_2}$: $m = \tan\alpha = \dfrac{y_2 - y_1}{x_2 - x_1}$ (α heißt Steigungswinkel)

Fläche eines Dreiecks: $A = \dfrac{1}{2} \cdot \begin{vmatrix} x_1 & y_1 & 1 \\ x_2 & y_2 & 1 \\ x_3 & y_3 & 1 \end{vmatrix} = \dfrac{1}{2} \cdot [x_1(y_2 - y_3) + x_2(y_3 - y_1) + x_3(y_1 - y_2)]$

Drei Punkte liegen auf einer Geraden, wenn sie ein Dreieck mit dem Flächeninhalt null bilden.

Beispiel

Gegeben seien die Eckpunkte eines Dreiecks (in cm): $P_1(1{,}0;1{,}5)$, $P_2(5{,}0;3{,}0)$ und $P_3(3{,}0;4{,}5)$. Gesucht sind der Schwerpunkt und die Fläche.

Schwerpunkt: $x_S = \dfrac{1{,}0 + 5{,}0 + 3{,}0}{3} = 3{,}0$ [cm]; $y_S = \dfrac{1{,}5 + 3{,}0 + 4{,}5}{3} = 3{,}0$ [cm]

Fläche:

$$A = \frac{1}{2} \cdot [1{,}0 \cdot (3{,}0 - 4{,}5) + 5{,}0 \cdot (4{,}5 - 1{,}5) + 3{,}0 \cdot (1{,}5 - 3{,}0)] = 4{,}5 \text{ [cm}^2]$$

2.3 Gerade

Allgemeine Form	$A\,x + B\,y + C = 0$
Normalform	$y = m\,x + b$ ($m = \tan\alpha$ Steigung, b Abschnitt auf der y-Achse)
Achsenabschnittsform	$\frac{x}{a} + \frac{y}{b} = 1$ (a Abschnitt auf der x-Achse, b Abschnitt auf der y-Achse)
Punkt-Steigungsform	$\frac{y - y_1}{x - x_1} = m = \tan\alpha$
Zwei-Punkte-Form	$\frac{y - y_1}{x - x_1} = \frac{y_2 - y_1}{x_2 - x_1}$
*Hesse*sche Normalform	$x \cdot \cos\varphi + y \cdot \sin\varphi - p = 0$
Umwandlung der allg. Form in die *hesse*sche Normalform	$\frac{A\,x + B\,y + C}{-\operatorname{sgn} C \cdot \sqrt{A^2 + B^2}} = 0$ mit $\operatorname{sgn} C = \begin{cases} +1 & \text{für } C > 0 \\ 0 & \text{für } C = 0 \\ -1 & \text{für } C < 0 \end{cases}$
Abstand d von $P_1(x_1; y_1)$ bis zur Geraden	$d = x_1 \cdot \cos\varphi + y_1 \cdot \sin\varphi - p = \frac{A\,x_1 + B\,y_1 + C}{-\operatorname{sgn} C \cdot \sqrt{A^2 + B^2}}$
Schnittpunkt $S(x_S; y_S)$ zweier Geraden	$\left.\begin{matrix} y = m_1\,x + b_1 \\ y = m_2\,x + b_2 \end{matrix}\right\} \Rightarrow x_S = \frac{b_1 - b_2}{m_2 - m_1};\quad y_S = \frac{b_1\,m_2 - b_2\,m_1}{m_2 - m_1}$ $\left.\begin{matrix} A_1\,x + B_1\,y + C_1 = 0 \\ A_2\,x + B_2\,y + C_2 = 0 \end{matrix}\right\} \Rightarrow x_S = \frac{B_1\,C_2 - B_2\,C_1}{A_1\,B_2 - A_2\,B_1};\quad y_S = \frac{C_1\,A_2 - C_2\,A_1}{A_1\,B_2 - A_2\,B_1}$
Winkel φ zwischen zwei Geraden	$\left.\begin{matrix} y = m_1\,x + b_1 \\ y = m_2\,x + b_2 \end{matrix}\right\} \Rightarrow \tan\varphi = \frac{m_2 - m_1}{1 + m_1 \cdot m_2};\quad m_1 \cdot m_2 = -1 \Rightarrow \varphi = 90°$

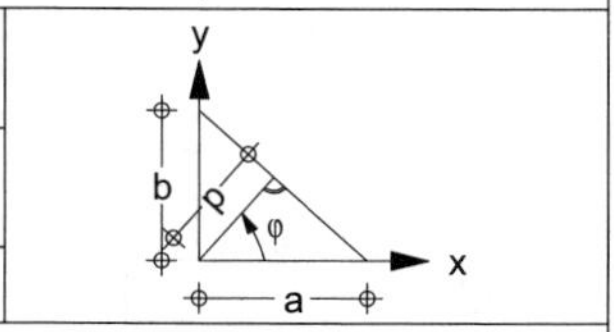

2.4 Kegelschnitte

2.4.1 Kreis

Allgemeine Kreisgleichung	$(x - x_M)^2 + (y - y_M)^2 = r^2$
Mittelpunktsgleichung	$x^2 + y^2 = r^2$
Scheitelgleichung	$y^2 = 2\,r\,x - x^2$
Tangente an $x^2 + y^2 = r^2$ in $P_1(x_1; y_1)$	$x \cdot x_1 + y \cdot y_1 = r^2$
Polare von $P_0(x_0; y_0)$ an $x^2 + y^2 = r^2$	$x \cdot x_0 + y \cdot y_0 = r^2$

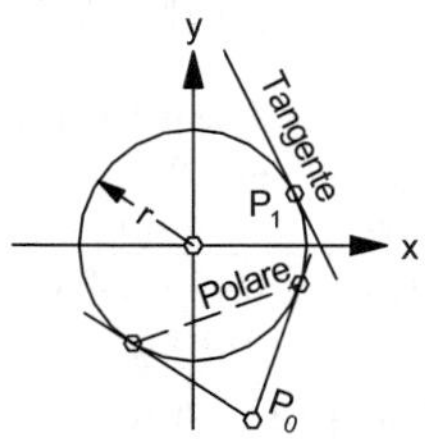

2.4.2 Ellipse

Allgemeine Gleichung (achsenparallel)	$\frac{(x - x_M)^2}{a^2} + \frac{(y - y_M)^2}{b^2} = 1$
Mittelpunktsgleichung	$\frac{x^2}{a^2} + \frac{y^2}{b^2} = 1$
Scheitelgleichung	$y^2 = 2\,p\,x - \frac{p}{a}x^2$ mit $2p = 2b^2/a$
Tangente an $\frac{x^2}{a^2} + \frac{y^2}{b^2} = 1$ in $P_1(x_1; y_1)$	$\frac{x \cdot x_1}{a^2} + \frac{y \cdot y_1}{b^2} = 1$
Polare von $P_0(x_0; y_0)$ an $\frac{x^2}{a^2} + \frac{y^2}{b^2} = 1$	$\frac{x \cdot x_0}{a^2} + \frac{y \cdot y_0}{b^2} = 1$

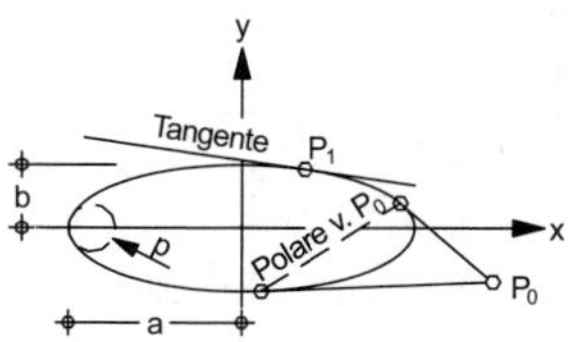

2.4.3 Hyperbel

Allgemeine Gleichung (achsenparallel)	$\dfrac{(x-x_M)^2}{a^2} - \dfrac{(y-y_M)^2}{b^2} = 1$
Mittelpunktsgleichung	$\dfrac{x^2}{a^2} - \dfrac{y^2}{b^2} = 1$
Scheitelgleichung	$y^2 = 2\,p\,x + \dfrac{p}{a}x^2$ mit $2p = 2b^2/a$
Tangente an $\dfrac{x^2}{a^2} - \dfrac{y^2}{b^2} = 1$ in $P_1(x_1; y_1)$	$\dfrac{x \cdot x_1}{a^2} - \dfrac{y \cdot y_1}{b^2} = 1$
Polare von $P_0(x_0; y_0)$ an $\dfrac{x^2}{a^2} - \dfrac{y^2}{b^2} = 1$	$\dfrac{x \cdot x_0}{a^2} - \dfrac{y \cdot y_0}{b^2} = 1$

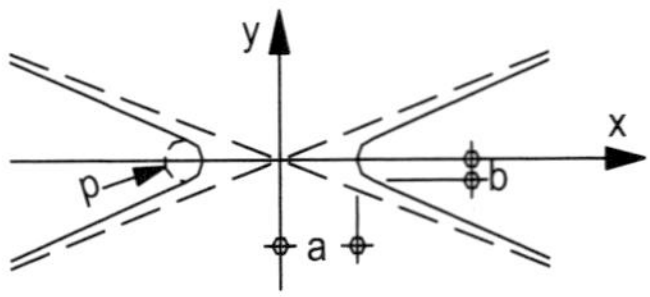

2.4.4 Parabel

Allgemeine Gleichung (achsenparallel)	$(y-y_S)^2 = 2p\,(x-x_S)$ $(x-x_S)^2 = 2p\,(y-y_S)$	(1) (2)
Scheitelgleichung	$y^2 = 2\,p\,x$ bzw. $x^2 = 2\,p\,y$	
Tangente an $y^2 = 2\,p\,x$ in $P_1(x_1; y_1)$	$y \cdot y_1 = p\,(x + x_1)$	
Polare von $P_0(x_0; y_0)$ an $y^2 = 2\,p\,x$	$y \cdot y_0 = p\,(x + x_0)$	

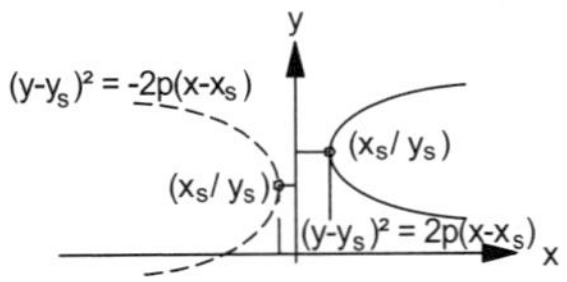

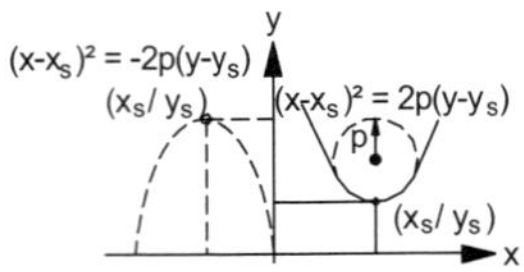

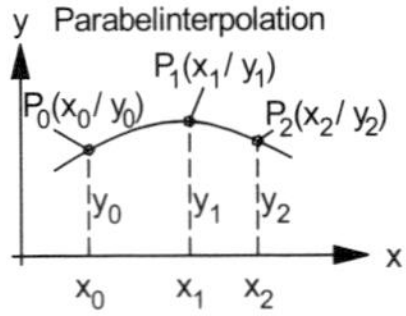

Rechnerische Interpolation einer Parabel mit der Gleichung $y = a_2\,x^2 + a_1\,x + a_0$ durch die drei Punkte P_0, P_1 und P_2:

$$a_2 = \frac{(y_2-y_0)(x_1-x_0)-(y_1-y_0)(x_2-x_0)}{(x_2^2-x_0^2)(x_1-x_0)-(x_1^2-x_0^2)(x_2-x_0)}$$

$$a_1 = -(x_1+x_0)\,a_2 + (y_1-y_0)/(x_1-x_0)$$

$$a_0 = y_0 - a_2\,x_0^2 - a_1\,x_0$$

Speziell für $x_0 = 0$; $x_1 = h$; $x_2 = 2\,h$:

$$a_2 = (y_2 - 2\,y_1 + y_0)/(2\,h^2)$$

$$a_1 = -(3\,y_0 - 4y_1 + y_2)/(2\,h)$$

$$a_0 = y_0$$

Mit $p = 1/(2\,a_2)$; $x_S = -a_1\,p$; $y_S = a_0 - a_2\,x_S^2$ ist dann auch Gleichung (2) bestimmt.

Sind ganz speziell der Ursprung $P_0\,(0;0)$ und der Scheitel $S(x_S; y_S)$ gegeben, so ergibt sich die Gleichung: $y = -(y_S/x_S^2)\,x^2 + 2\,(y_S/x_S)\,x$

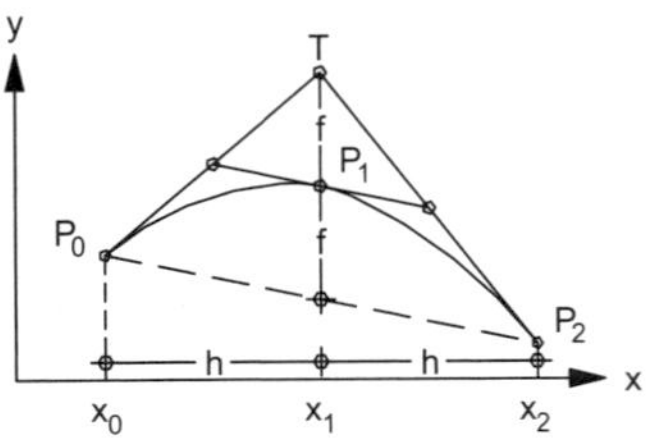

Zeichnerische Interpolation durch einhüllende Tangenten

Für den Sonderfall $x_1 = x_0 + h$, $x_2 = x_1 + h$ zeichnet man die Sehne $\overline{P_0P_2}$ ein, verdoppelt die Pfeilhöhe f über P_1 hinaus und findet so den Tangentenschnittpunkt T. Die Tangente in P_1 ist parallel zu $\overline{P_0P_2}$. Weitere Tangenten können konstruiert werden durch Teilung der Strecken $\overline{TP_0}$ und $\overline{TP_2}$ in n gleiche Teile und sinngemäßes geradliniges Verbinden der Teilpunkte.

3 Geometrie

3.1 Flächenberechnungen

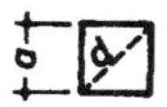

Quadrat
$A = a^2$
$d = a \cdot \sqrt{2}$

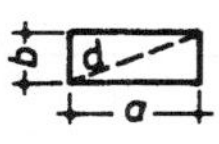

Rechteck
$A = a \cdot b$
$d = \sqrt{a^2 + b^2}$

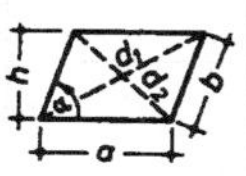

Parallelogramm
$A = a \cdot h = a \cdot b \cdot \sin \alpha$
$d_1 = \sqrt{(a + h \cdot \cot \alpha)^2 + h^2}$
$d_2 = \sqrt{(a - h \cdot \cot \alpha)^2 + h^2}$

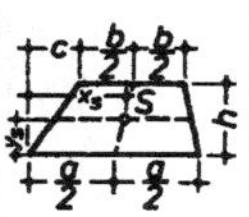

Trapez
$A = h \cdot (a + b)/2$
$x_S = \frac{1}{3}\left[a + b + c - b \cdot \frac{a-c}{a+b}\right]$
$y_S = \frac{h}{3} \cdot \frac{a+2b}{a+b}$

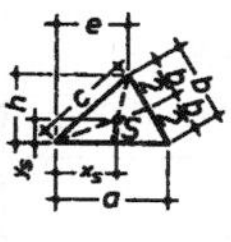

Dreieck
$A = a \cdot h/2$
$s = (a+b+c)/2$
$A = \sqrt{s(s-a)(s-b)(s-c)}$
$x_S = (a+e)/3; \quad y_S = h/3$

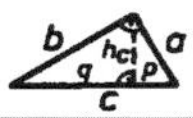

Dreieck, rechtwinkliges[1]
$A = a \cdot b/2 = c \cdot h_c/2$

Dreieck, gleichseitiges
$A = 0{,}25 \cdot a^2 \cdot \sqrt{3}$
$h = 0{,}5 \cdot a \cdot \sqrt{3}; \quad U = 3 \cdot a$

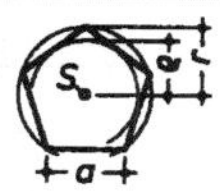

Fünfeck, regelmäßiges
$A = 0{,}625 \cdot r^2 \cdot \sqrt{10 + 2 \cdot \sqrt{5}}$
$a = 0{,}500 \cdot r \cdot \sqrt{10 - 2 \cdot \sqrt{5}}$
$\rho = 0{,}250 \cdot r \cdot \sqrt{6 + 2 \cdot \sqrt{5}}$

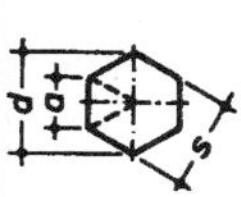

Sechseck, regelmäßiges
$A = 1{,}5 \cdot a^2 \cdot \sqrt{3}$
$d = 2 \cdot a = 2 \cdot s / \sqrt{3}$
$s = 0{,}5 \cdot d \cdot \sqrt{3}$

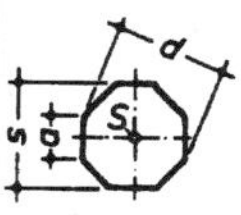

Achteck, regelmäßiges
$A = 2a \cdot s = 2s \cdot \sqrt{d^2 - s^2}$
$a = s \cdot \tan 22{,}5°$
$s = d \cdot \cos 22{,}5°$
$d = s / \cos 22{,}5°$

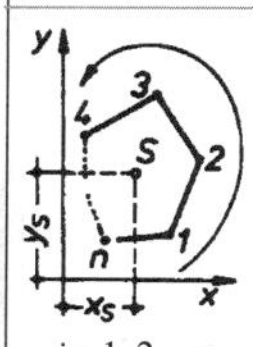

$i = 1, 2 \ldots n$

***n*-Eck** (Punkt „n+1“ = „1“)
$H_i = x_i \cdot y_{i+1} - x_{i+1} \cdot y_i$
$A = \sum H_i / 2$
$s_x = \sum H_i (y_i + y_{i+1}) / 6$
$s_y = \sum H_i (x_i + x_{i+1}) / 6$
$x_S = s_y / A; \quad y_S = s_x / A$

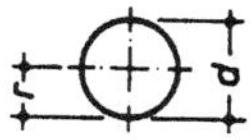

Kreis
$A = 4\pi \cdot d^2 / 4 = \pi \cdot r^2$
$U = \pi \cdot d = 2\pi \cdot r$

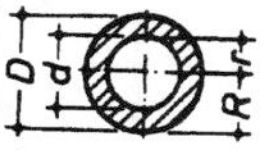

Kreisring
$A = \pi \cdot (D^2 - d^2)/4$

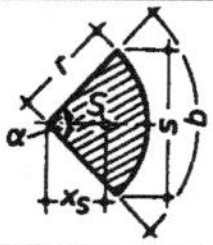

Kreisausschnitt
$b = \pi \cdot r \cdot \alpha°/180° = \alpha \cdot r$
$s = 2 \cdot r \cdot \sin(\alpha/2)$
$A = b \cdot r / 2$
$x_S = (2r \cdot s)/(3b) = (r^2 \cdot s)/(3A)$

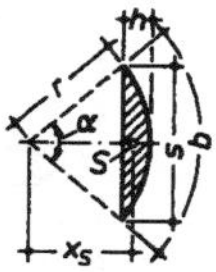

Kreisabschnitt
b, s wie Kreisausschnitt
$h = 0{,}5\, s \tan \frac{\alpha}{4} = 2\, r \sin^2 \frac{\alpha}{4}$
$A = 0{,}5\, r^2 \cdot (\pi \cdot \alpha°/180° - \sin \alpha)$
$x_S = s^3 / (12 \cdot A)$

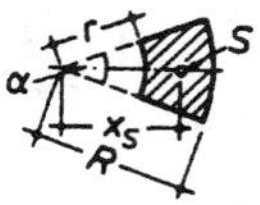

Kreisringstück
$A = \pi \cdot \alpha° \cdot (R^2 - r^2) / 360°$
$x_S = \frac{240}{\pi} \cdot \frac{R^3 - r^3}{R^2 - r^2} \cdot \frac{\sin(\alpha/2)}{\alpha°}$

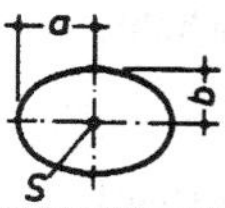

Ellipse
$A = \pi \cdot a \cdot b$
$U \approx \pi \cdot \left[1{,}5(a+b) - \sqrt{ab}\right]$

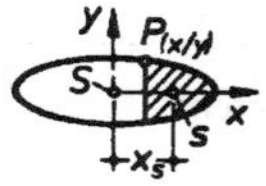

Ellipsenabschnitt
$y = \frac{b}{a}\sqrt{a^2 - x^2}$
$A = a \cdot b \cdot \arccos(x/a) - x \cdot y$
$x_S = \frac{2 \cdot a^2 \cdot y^3}{3 \cdot b^2 \cdot A}$

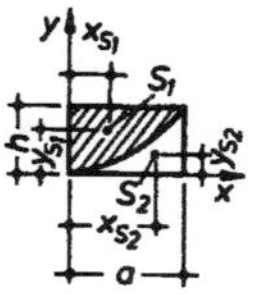

Parabel
$y = h \cdot (x/a)^2$
$A_1 = 2ah/3; \quad A_2 = ah/3$
$x_{S_1} = 3a/8; \quad x_{S_2} = 3a/4$
$y_{S_1} = 3h/5; \quad y_{S_2} = 3h/10$
Bogenlänge (mit $H = 2h/a$):
$b = 0{,}5 \cdot \left[\sqrt{a^2 + 4h^2} + a \cdot \ln\left(H + \sqrt{H^2 + 1}\right) / H\right]$

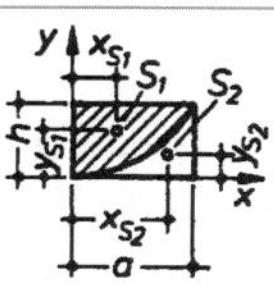

kubische Parabel
$y = h \cdot (x/a)^3$
$A_1 = 3 \cdot a \cdot h / 4; \quad A_2 = a \cdot h / 4$
$x_{S_1} = 2 \cdot a / 5; \quad x_{S_2} = 4 \cdot a / 5$
$y_{S_1} = 4 \cdot h / 7; \quad y_{S_2} = 2 \cdot h / 7$

[1] $c^2 = a^2 + b^2$ (Pythagoras); $a^2 = c \cdot p$ (Euklid); $h_c^2 = p \cdot q$ (Höhensatz)

3.2 Volumenberechnung

Es bedeuten: V Volumen; O Oberfläche; M Mantelfläche; G Grundfläche; D Deckfläche; $A(h)$ Querschnittsfläche in der Höhe h; h Höhe und U Umfang; s Mantellinie; r, R Radius; a, b, c Seiten

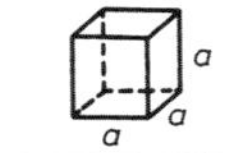	**Würfel** $V = a^3$	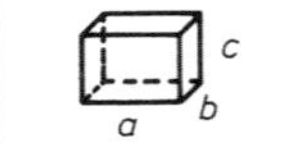	**Quader** $V = a\,b\,c$
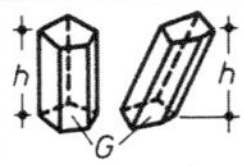	**Prisma** $V = G\,h$	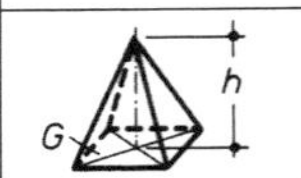	**Pyramide** $V = \frac{1}{3} G\,h$
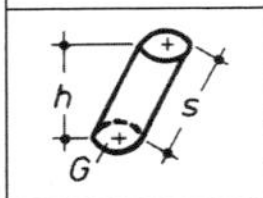	**Zylinder** $V = G\,h$ $M = U\,s$	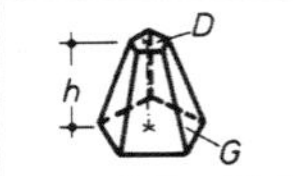	**Pyramidenstumpf** $V = \frac{1}{3}(G + \sqrt{G\,D} + D)\,h$
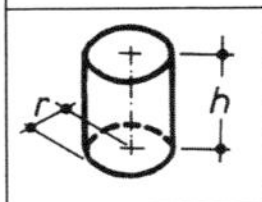	**Kreiszylinder, gerade** $V = \pi\,r^2 h$ $M = 2\,\pi\,r\,h$	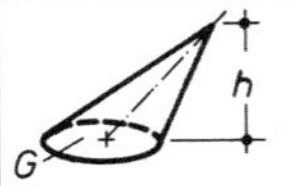	**Kegel** $V = \frac{1}{3} G\,h$
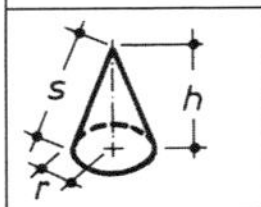	**Kreiskegel, gerade** $V = \frac{1}{3}\pi\,r^2 h$ $M = \pi\,r\,s$	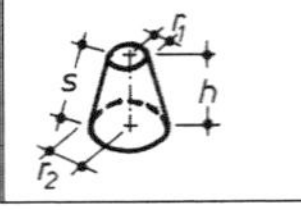	**Kreiskegelstumpf** $V = \frac{1}{3}\pi(r_1^2 + r_1\,r_2 + r_2^2)\,h$

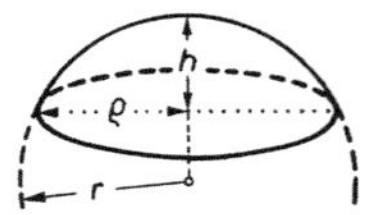	**Kugel**	$V = \frac{4}{3}\pi\,r^3$; $O = 4\,\pi\,r^2$
	Kugelabschnitt	$V = \frac{1}{3}\pi\,h^2(3\,r - h)$ $M = 2\pi\,r\,h$; $O = \pi\,h\,(4\,r - h)$ $\rho = \sqrt{h\,(2\,r - h)}$
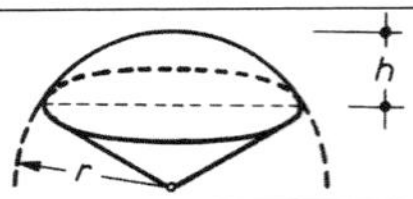	**Kugelausschnitt**	$V = \frac{2}{3}\pi\,r^2 h$ $O = \pi\,r\left(2\,h + \sqrt{h\,(2\,r - h)}\right)$
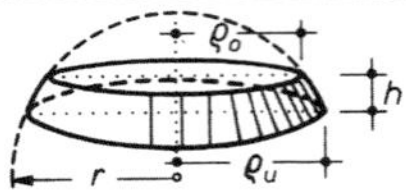	**Kugelschicht**	$V = \frac{1}{6}\pi\,h\left(3\rho_u^2 + 3\rho_o^2 + h^2\right)$ $M = 2\pi\,r\,h$
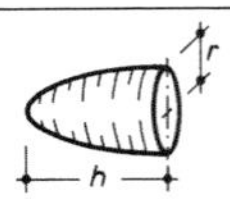	**Rotationsparaboloid**	$V = \frac{1}{2}\pi\,r^2 h$
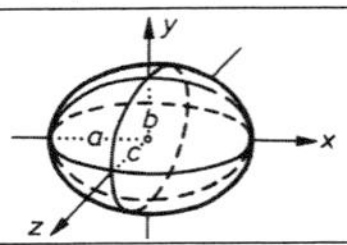	**Ellipsoid**	$V = \frac{4}{3}\pi\,a\,b\,c$ (a, b, c Halbachsen)
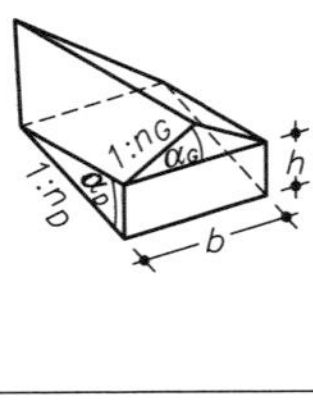	**Dachgaube**	$V = \frac{n_D}{2} \cdot b \cdot h^2 + \frac{b^2 n_D}{4 \cdot n_G}\left(h + \frac{b}{6 \cdot n_G}\right)$ mit $n_D = \cot\alpha_D$; $n_G = \cot\alpha_G$ ***Beispiel:*** $b = 1{,}10$ m; $h = 1{,}20$ m; $1{:}n_G = 1{:}1{,}5$; $1{:}n_D = 1{:}1{,}8$ $V = 0{,}5 \cdot 1{,}8 \cdot 1{,}10 \cdot 1{,}20^2 + \frac{1{,}10^2 \cdot 1{,}8}{4 \cdot 1{,}5}\left(1{,}20 + \frac{1{,}10}{6 \cdot 1{,}5}\right) \approx 1{,}906\ \text{m}^3$

Volumenberechnung (fortgesetzt)

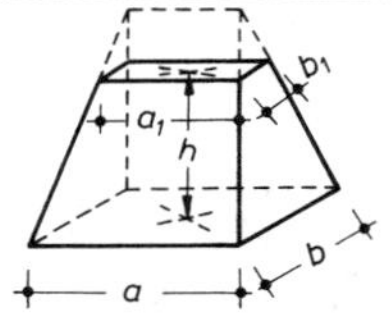	**Obelisk** $V=\frac{1}{6}h\left[(2\,a+a_1)\,b+(2\,a_1+a)\,b_1\right]$ $G=a\,b;\quad D=a_1\,b_1$ **Keil** ($b_1=0$) $V=\frac{1}{6}h\left[(2\,a+a_1)\,b\right]$
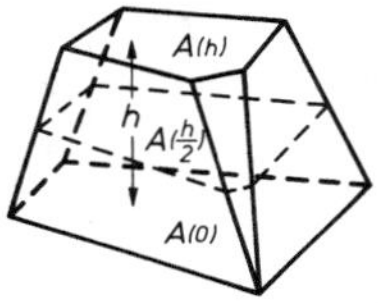	**Prismatoid** $V=\frac{1}{6}h\left[A(0)+4\,A(h/2)+A(h)\right]$ ($A(h/2)$ z. B. ist die Querschnittsfläche in der Höhe $h/2$.)
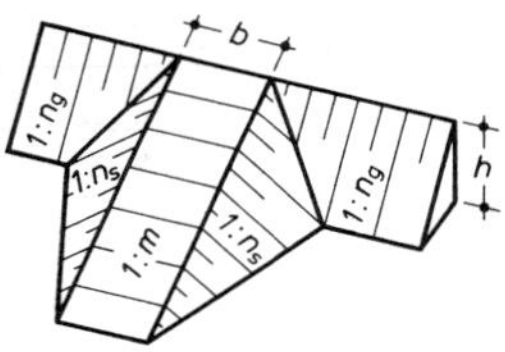	**Rampe** $V=\frac{1}{6}h^2(m-n_g)\left[3\,b+2\,n_s\,h\frac{m-n_g}{m}\right]$ (b Rampenbreite, $1:m$ Rampensteigung $1:n_s$ Steigung der Rampenböschung $1:n_g$ Steigung der Gegenböschung; falls senkrecht: $n_g=0$) **Beispiel:** $b=2{,}00$ m; $h=1{,}20$ m; $1:m=1:10$; $1:n_s=1:1{,}5$; $1:n_g=1:2$ $V=\frac{1}{6}\cdot1{,}20^2(10-2)\left[3\cdot2{,}00+2\cdot1{,}5\cdot1{,}20\cdot\frac{10-2}{10}\right]=17{,}0496\ \text{m}^3$
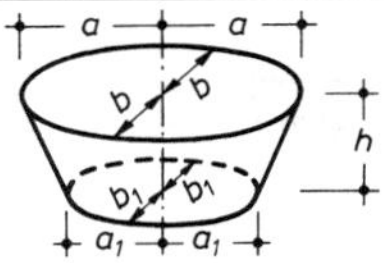	**Elliptischer Kübel** $V=\frac{1}{6}\pi\,h\left[(2\,a+a_1)\,b+(2\,a_1+a)\,b_1\right]$ $G=\pi\,a_1\,b_1$ $D=\pi\,a\,b$
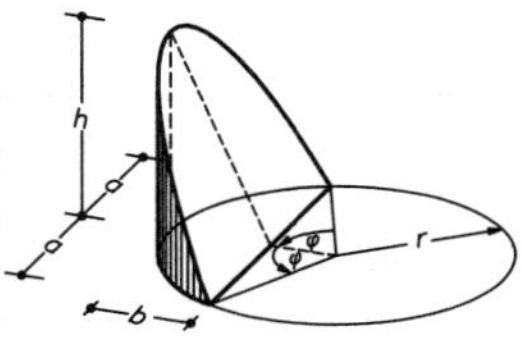	**Zylinderabschnitt** (Zylinderhuf) $\widehat{\varphi}=\varphi^\circ\cdot\pi/180^\circ;\ a=r\cdot\sin\varphi;\ b=r-r\cdot\cos\varphi$ $V=\frac{h}{3\,b}\left[a\,(3\,r^2-a^2)+3r^2(b-r)\cdot\widehat{\varphi}\right]$ $M=\frac{2\,r\cdot h}{b}\left[(b-r)\cdot\widehat{\varphi}+a\right]$ speziell für $a=b=r$: $V=\frac{2}{3}r^2\,h;\quad M=2\,r\cdot h$
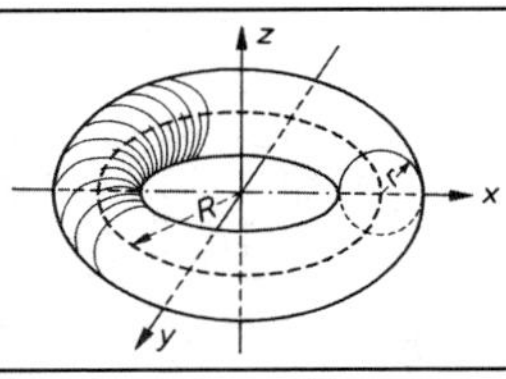	**Torus** (Kreisring) $V=2\,\pi^2r^2R$ $O=4\,\pi^2r\,R$
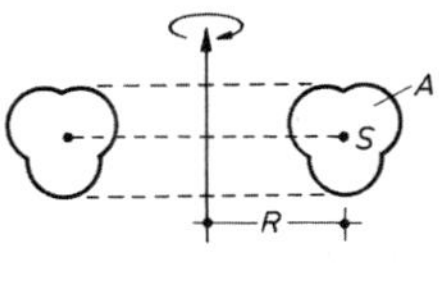	***Guldin*sche Regel** Das Volumen eines Rotationskörpers ist gleich dem Produkt aus dem Maß der erzeugenden Fläche und der Weglänge ihres Schwerpunktes. $V=2\,\pi\cdot R\cdot A$

3.3 Trigonometrie

3.3.1 Grundbeziehungen

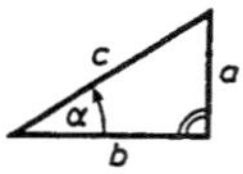

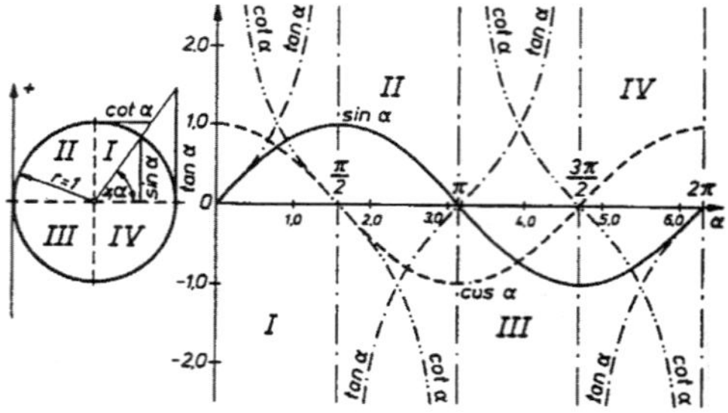

$\sin\alpha = a/c$ (Gegenkathete / Hypotenuse)
$\cos\alpha = b/c$ (Ankathete / Hypotenuse)
$\tan\alpha = a/b$ (Gegenkathete /Ankathete)
$\cot\alpha = b/a$ (Ankathete /Gegenkathete)

Hauptwerte der Umkehrfunktionen:

$\alpha = \arcsin(a/c)$, $(-\frac{\pi}{2} \le \alpha \le \frac{\pi}{2})$; $\alpha = \arccos(b/c)$, $(0 \le \alpha \le \pi)$
$\alpha = \arctan(a/b)$, $(-\frac{\pi}{2} \le \alpha \le \frac{\pi}{2})$; $\alpha = \text{arccot}(b/a)$, $(0 \le \alpha \le \pi)$

$\sin^2\alpha + \cos^2\alpha = 1$	$\tan\alpha = \frac{\sin\alpha}{\cos\alpha} = \frac{1}{\cot\alpha}$	$\cot\alpha = \frac{\cos\alpha}{\sin\alpha} = \frac{1}{\tan\alpha}$

$\sin\alpha =$	$\sin\alpha$	$\pm\sqrt{1-\cos^2\alpha}$	$\pm\frac{\tan\alpha}{\sqrt{1+\tan^2\alpha}}$	$\pm\frac{1}{\sqrt{1+\cot^2\alpha}}$
$\cos\alpha =$	$\pm\sqrt{1-\sin^2\alpha}$	$\cos\alpha$	$\pm\frac{1}{\sqrt{1+\tan^2\alpha}}$	$\pm\frac{\cot\alpha}{\sqrt{1+\cot^2\alpha}}$
$\tan\alpha =$	$\pm\frac{\sin\alpha}{\sqrt{1-\sin^2\alpha}}$	$\pm\frac{\sqrt{1-\cos^2\alpha}}{\cos\alpha}$	$\tan\alpha$	$\frac{1}{\cot\alpha}$
$\cot\alpha =$	$\pm\frac{\sqrt{1-\sin^2\alpha}}{\sin\alpha}$	$\pm\frac{\cos\alpha}{\sqrt{1-\cos^2\alpha}}$	$\frac{1}{\tan\alpha}$	$\cot\alpha$

$\sin(\alpha \pm \beta) = \sin\alpha \cdot \cos\beta \pm \cos\alpha \cdot \sin\beta$ $\tan(\alpha \pm \beta) = \frac{\tan\alpha \pm \tan\beta}{1 \mp \tan\alpha \cdot \tan\beta}$	$\cos(\alpha \pm \beta) = \cos\alpha \cdot \cos\beta \mp \sin\alpha \cdot \sin\beta$ $\cot(a \pm \beta) = \frac{\cot\alpha \cdot \cot\beta \mp 1}{\cot\beta \pm \cot\alpha}$
$\sin 2\alpha = 2\sin\alpha\,\cos\alpha$ $\tan 2\alpha = \frac{2\tan\alpha}{1-\tan^2\alpha} = \frac{2}{\cot\alpha - \tan\alpha}$	$\cos 2\alpha = \cos^2\alpha - \sin^2\alpha = 1 - 2\sin^2\alpha = 2\cos^2\alpha - 1$ $\cot 2\alpha = \frac{\cot^2\alpha - 1}{2\cot\alpha} = \frac{\cot\alpha - \tan\alpha}{2}$

3.3.2 Schiefwinkliges Dreieck

Höhe und Höhenfußpunkt: $p = \frac{a^2 - b^2 + c^2}{2c}$; $q = \frac{-a^2 + b^2 + c^2}{2c}$; $h = \sqrt{a^2 - p^2} = \sqrt{b^2 - q^2}$

Sinussatz:

$a : b : c = \sin\alpha : \sin\beta : \sin\gamma$

$\frac{a}{\sin\alpha} = \frac{b}{\sin\beta} = \frac{c}{\sin\gamma} = 2r$

Cosinussatz:

$a^2 = b^2 + c^2 - 2\,bc\cos\alpha$
$b^2 = a^2 + c^2 - 2\,ac\cos\beta$
$c^2 = a^2 + b^2 - 2\,ab\cos\gamma$

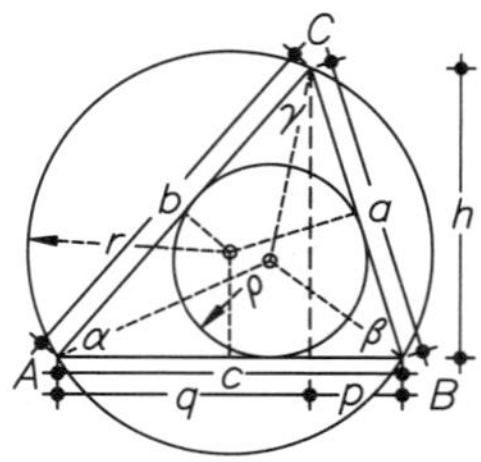

Tangenssatz:

$\frac{a+b}{a-b} = \frac{\tan\frac{\alpha+\beta}{2}}{\tan\frac{\alpha-\beta}{2}}$; $\frac{b+c}{b-c} = \frac{\tan\frac{\beta+\gamma}{2}}{\tan\frac{\beta-\gamma}{2}}$; $\frac{a+c}{a-c} = \frac{\tan\frac{\alpha+\gamma}{2}}{\tan\frac{\alpha-\gamma}{2}}$

Radius des Umkreises: $r = \frac{a}{2\sin\alpha} = \frac{b}{2\sin\beta} = \frac{c}{2\sin\gamma}$

Radius des Inkreises: $\rho = (s-a)\tan\frac{\alpha}{2} = (s-b)\tan\frac{\beta}{2} = (s-c)\tan\frac{\gamma}{2}$ mit $s = (a+b+c)/2$

Dreiecksfläche:
(Heronische Formel) $A = \frac{1}{2}\,a\,b\sin\gamma = \frac{1}{2}\,a\,c\sin\beta = \frac{1}{2}\,b\,c\sin\alpha$; $A = \sqrt{s(s-a)(s-b)(s-c)}$

4 Statistik

Stichprobe: n Werte der beobachteten Größe $\{x_1, x_2, \cdots, x_n\}$

Arithmetischer Mittelwert $\bar{x} = \frac{1}{n}\sum_{i=1}^{n} x_i$

Geometrischer Mittelwert $\bar{x}_G = \sqrt[n]{x_1 \cdot x_2 \cdot x_3 \cdot \ldots x_n}$

Harmonischer Mittelwert $\bar{x}_H = \frac{n}{\sum_{i=1}^{n}(1/x_i)}$

(Hinweis: die Funktionen sind in EXCEL verfügbar: „MITTELWERT", „GEOMITTEL", „HARMITTEL".)

Streuungsmaß einer Stichprobe:

Varianz $s^2 = \frac{1}{n-1}\sum_{i=1}^{n}(x_i - \bar{x})^2 = \frac{1}{n-1}\left[\sum_{i=1}^{n} x_i^2 - \frac{1}{n}\left(\sum_{i=1}^{n} x_i\right)^2\right]$ [„VARIANZ"]

Standardabweichung $s = +\sqrt{s^2}$

Wahrscheinlichkeitsverteilung – Normalverteilung

Wahrscheinlichkeitsdichte $f(x) = \frac{1}{\sigma\sqrt{2\pi}} e^{\left(\frac{(x-\mu)^2}{2\sigma^2}\right)}$

Für $\sigma = 1$ und $\mu = 0$ erhält man die Standardnormalverteilung.

Verteilungsfunktion $F(x) = \int_{-\infty}^{x} f(x)\,dx$

Hinweis: Normalverteilungen unter EXCEL: „NORMVERT(x;Mittelwert;Standabwn;Kumuliert)".

Regressionsgerade und Korrelationskoeffizient (zweidimensional)

Die Mess- oder Beobachtungswerte $(x_i; y_i)$ einer Stichprobe können in einem x-y-Koordinatensystem dargestellt werden. Gesucht ist die Gleichung $y = a + b \cdot x$ einer Regressionsgeraden, die sich den beobachteten Werten möglichst gut anpasst.

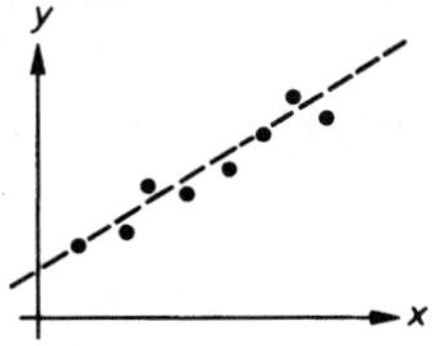

Varianz von *X*: $s_X^2 = \left[\sum x_i^2 - (\sum x_i)^2 / n\right] / (n-1)$

Varianz von *Y*: $s_Y^2 = \left[\sum y_i^2 - (\sum y_i)^2 / n\right] / (n-1)$

Kovarianz: $s_{XY} = \left[\sum x_i \cdot y_i - (\sum x_i) \cdot (\sum y_i) / n\right] / (n-1)$

Mit den Mittelwerten $\bar{x} = \sum x_i / n$ und $\bar{y} = \sum y_i / n$ folgen die Koeffizienten der Geradengleichung:

Regressionskoeffizient: $b = s_{XY} / s_X^2$

y-Achsenabschnitt: $a = \bar{y} - b \cdot \bar{x}$

Korrelationskoeffizient: $r_{XY} = s_{XY} / \sqrt{(s_X^2 \cdot s_Y^2)}$

als Maß für den Grad des linearen Zusammenhangs; er ist eine Zahl zwischen –1 und +1, wobei +1 für exakte Linearität steht.

Beispiel:

Quellverkehr in Abhängigkeit von der Anzahl der gemeldeten Pkw. *X* ist die Zahl der gemeldeten Pkw pro 1000 Einwohner. *Y* ist der Quellverkehr in Fahrzeugen pro 16 h und 1000 Einwohner.

i	1	2	3	4	5	6	7	8	9	10
x_i	0,3	0,4	1,1	0,8	0,7	1,6	1,1	1,3	1,7	1,4
y_i	1,1	2,4	3,5	4,1	2,3	3,6	4,6	3,5	3,8	3,0

$\sum x_i = 10{,}4$ $\quad \sum y_i = 31{,}9$ $\quad \sum x_i^2 = 12{,}90$

$\sum y_i^2 = 111{,}13$ $\quad \sum x_i y_i = 36{,}06$ $\quad n = 10$

$\bar{x} = 1{,}04$ $\quad \bar{y} = 3{,}19$

$s_X^2 = \left[12{,}90 - 10{,}4^2/10\right]/9 = 0{,}232$; $\quad s_Y^2 = \left[111{,}13 - 31{,}9^2/10\right]/9 = 1{,}040$; $\quad s_{XY} = \left[36{,}06 - 10{,}4 \cdot 31{,}9/10\right]/9 = 0{,}320$;

$b = 0{,}320/0{,}232 = 1{,}38$; $\quad a = 3{,}19 - 1{,}38 \cdot 1{,}04 = 1{,}75 \quad \rightarrow \quad \boxed{y = 1{,}75 + 1{,}38 \cdot x}$

$r_{XY} = 0{,}320 / \sqrt{0{,}232 \cdot 1{,}040} = 0{,}65$

10 D Bauinformatik

Prof. Dr.-Ing. Ralph Pollandt

Grundlagen

Im Bauwesen wird der Computer vor allem mit Programmen zur Textverarbeitung, Tabellenkalkulation, Datenbankprogrammen und natürlich mit Spezialsoftware verwendet. Hier wird ausschließlich auf das Programm *Microsoft-Excel* mit seiner Programmiersprache VBA (Visual Basic for Applications) eingegangen. Aufgrund der Beliebtheit von Excel kann von guten Grundkenntnissen ausgegangen werden, sodass sich die Darstellung fast ausschließlich auf speziellere Funktionen beschränkt. Weniger verbreitet ist die Anwendung von VBA, bei der hier mehr die Grundlagen im Vordergrund stehen und ebenfalls kein Anspruch auf Vollständigkeit der Darstellung erhoben wird.

1 Excel – spezielle Funktionen

Zellen und Bezüge: Eine Zelle enthält einen numerischen Wert, Text oder eine Formel. Formeln werden mit dem Gleichheitszeichen eingeleitet. Beispielsweise kann in einer Zelle die Sinusfunktion aufgerufen werden (= sin(pi()*30/180) um den Sinus von 30° zu berechnen). Bezüge auf andere Zellen sind relativ oder absolut.

	A	B	C	D	E
1					
2		=A1		=C1	
3					
4		=$A$1		=$A$1	
5					

← relative Bezüge (Zeile 2)

← absolute Bezüge (Zeile 4)

Nach Kopieren der Zellen B2 und B4 um zwei Spalten nach rechts verweist die Zelle D2 wieder auf die Zelle links oberhalb von sich, die Zelle D4 verweist weiter auf A1. Umstellung der Bezugsarten über die Taste F4.

Matrizenoperationen: (erforderlichen Bereich aufziehen, Befehl eingeben, STRG+SHIFT+Enter)

Inverse:	MINV(Bereich)	Transponierte:	MTRANS(Bereich)
Determinante:	MDET(Bereich)	Multiplikation:	MMULT(Bereich 1; Bereich 2)

Beispiel (Lösung eines linearen Gleichungssystems): $Ax=b \Rightarrow x=A^{-1}b$

	A	B	C	D	E	F	G	H
1								
2		1	2	3				14
3		0	1	2				8
4		-1	1	2				7
5								
6								
7								
8								

Koeffizientenmatrix A = Bereich B2:D4
rechte Seite b = Bereich H2:H4
Aufziehen des Bereichs B6:D8
Eingabe =MINV(B2:D4) STRG+SHIFT+Enter
Aufziehen des Bereichs F2:F4
Eingabe=MMULT(B6:D8;H2:H4) STRG+SHIFT+ Enter
oder in verschachtelter Version
Aufziehen des Bereichs F2:F4
Eingabe =MMULT(MINV(B2:D4);H2:H4) …

Eigene Funktionen erlauben die Ausführung komplexerer Berechnungen. Sie sollten wie unten beschrieben in einem Modul eingefügt werden. Der Aufruf ist in einer Excel-Zelle mit der Eingabe = Funktionsname(Parameter 1; Parameter 2; …) möglich (Parameter mit Semikolon trennen!).

Beispiel (Berechnung der Fläche eines Dreiecks mit Grundseite GS und Höhe H):

Alt + F11, Einfügen > Modul,

Eingabe von

```
Function dreieck(GS,H)
  dreieck=GS*H/2
End Function
```

Berechnung in einer Excel-Zelle mit =dreieck(4;5)

Lösung nichtlinearer Gleichungen:

Beispielaufgabe: Berechnung der notwendigen Laufzeit n, um aus einem Grundkapital K_0 bei Zinsfuß p ein Kapital K zu erzielen: $K=K_0*(1+p/100)^n$.

	A	B	C	D
1	Grundkapital K_0 =	Zinssatz p =	Jahre n =	Zielbetrag K =
2	1000	3		

=A2*(1+B2/100)^C2 in Zelle D2 eingeben
Daten > Was-wäre-wenn-Analyse > Zielwertsuche
Zielzelle: D2, Zielwert: 1500, Veränderbare Zelle: C2

2 Visual Basic for Applications (VBA)

2.1 Allgemeines zu Excel und VBA

Visual Basic for Applications (VBA) ist die Programmiersprache der Microsoft-Office-Produkte (z. B. Excel, Word). Mit jedem dieser Programme ist ein Zugriff auf VBA möglich. Der Nutzer kann so Programme schreiben, die auf seine individuellen Bedürfnisse angepasst sind. Im Folgenden wird eine knappe Darstellung der Anwendung von VBA für Excel gegeben. Hier dürften im Bauwesen die meisten Anwendungen liegen (Erstellung von Nachweisblättern, Datenverwaltung, Visualisierung von Prozessen etc.). Die angegebenen Befehle sind nur eine kleine Auswahl, die erste Schritte mit VBA unterstützen bzw. ein Nachschlagen ermöglichen.

Entwicklungsumgebung und Aufruf von Programmen.

1. Registerkarte Entwicklertools aktivieren (Registerkarte Datei, Optionen > Menüband anpassen wählen, Haken bei Entwicklertools setzen).
2. Entwicklertools>Einfügen>Befehlsschaltfläche (aus ActiveX-Steuerelementen) auswählen und mit linker Maustaste aufziehen.
3. Doppelklick auf Schaltfläche führt in die Entwicklungsumgebung.

Projekt-Explorer

Eigenschaften-Fenster

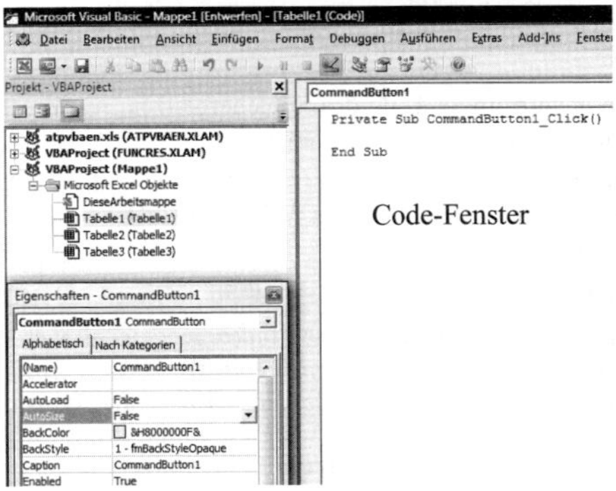

Mit Menü „Ansicht" die links angegebenen Fenster anzeigen lassen.

Im Code-Fenster wird das Programm eingegeben.

Programmausführung: Wechsel zu Excel, Entwurfsmodus deaktivieren (Symbol Dreieck und Stift) und Klick auf die Befehlsschaltfläche.

Beispielprogramm: (Summation über A1 bis A10 und Ausgabe des Betrages; auch in Excel mgl.)

```
Private Sub CommandButton1_Click()       ' Ausführung bei Klick
Dim i As Integer, z As Double            ' Variablendeklaration
z = 0                                    ' Zuweisungsoperator "="; Variable z hat Wert 0
For i = 1 To 10                          ' mehrfache Ausführung der folgenden Befehle
    z = z + Cells(i, 1)                  ' Summation auf z
Next                                     ' Ende des For-Next-Blocks
If z >0 Then Cells(12, 1) = z Else Cells(12, 1) = -z   ' Fallunterscheidung
End Sub                                  ' Programmende
```

Modul: Größere Programme sollten in einem separaten Bereich stehen, einem sog. Modul. Es wird in der Entwicklungsumgebung mit Einfügen>Modul angelegt und kann im Eigenschaftenfenster sinnreich benannt werden.

Makro: Eine Reihe von Anweisungen, die zur Erfüllung einer Aufgabe dienen und unter dem Makronamen aufgerufen werden können. Sie gehören zu einem Modul, einer Tabelle oder einem Formular. Makros werden in Prozeduren und Funktionen unterteilt.

Prozedur: Ein Makro, das keinen Rückgabewert liefert. Festlegung in der Entwicklungsumgebung zwischen den Kennwörtern `Sub` *`Prozedurname`* und `End Sub`. Optionale Parameter steuern das Verhalten der Prozedur. Aufruf über *`Prozedurname`* `Parameter 1, Parameter 2,...`

Funktion: Ein Makro, das einen Rückgabewert liefert. Festlegung in der Entwicklungsumgebung zwischen den Kennwörtern Function *Funktionsname* und End Function. Mit optionalen Parametern kann man das Verhalten der Funktion steuern. Der Aufruf geschieht über die Anweisung = *Funktionsname* (Para 1, Para 2,...), also mit Wertübergabe (an eine Variable oder eine Excel-Zelle) und mit Parametern in Klammern. Typischerweise erhält die Funktion in deren letzter Zeile den berechneten Wert (*Funktionsname* = ...).

Prozedurale Programmierung: Sequentielle Abarbeitung von Programmteilen.

Objektorientierte Programmierung: Objekte (hier z.B. eine Excel-Zelle oder ein Steuerelement wie die Befehlsschaltfläche) mit ihren Eigenschaften (entsprechen Variablen) und Methoden (entsprechen Prozeduren) werden unabhängig voneinander erstellt, kommunizieren (aufrufen, verändern) aber während des Programmablaufs untereinander.

VBA hat Elemente der prozeduralen wie der objektorientierten Programmierung. Hier wird fast ausschließlich prozedurale Programmierung dargestellt.

Größere VBA-Programme sollten in Module geschrieben bzw. aufgeteilt werden. In den Modulen kann man Variablen bereitstellen und danach Makros (Prozeduren, Funktionen) programmieren. Jedes Makro besteht aus einem Deklarationsteil für weitere Variablenfestlegungen und einem Anweisungsteil für das eigentliche Programm.

2.2 Variablen und Felder

Variable sind über einen Namen ansprechbare Teile des Speicherplatzes. Auf diesem Platz können wie auf einem Lagerplatz verschiedene Werte abgelegt werden.

Ausgewählte Variablentypen mit Kurzzeichen: Double (rationale Zahl, #), Integer (ganze Zahl, %), String (Zeichenkette, $), Date (Datum), Boolean (Wahrheitswert)

Festlegung von Variablen: Dim *Var_Name* as Typ

Beispiel: Dim z as double oder gleichwertig Dim z#

Felder: Menge von Variablen gleichen Typs, die über einen Index ausgewählt werden,
z.B. Dim a(10) as double oder Dim a#(10) mit Elementen a(0), a(1), ..., a(10)
Beispiel für Matrizen: Dim matrix#(10,10) für 121 Elemente matrix(0,0) bis matrix (10,10)

2.3 Grundlegende Anweisungen und Operatoren

Kommentarsymbol	'	' Kommentar	
Zuweisungsoperator	Variable = zugewiesener Wert	z=2	
Grundrechenarten	+,-,*,/	z=3+2*7	' z=17
Potenzieren	^	z=2^3	' z=8
Wurzel, Betrag	Sqr(), Abs()	z=Sqr(2)	' z=1.4142
Exp-Funktion, nat. Log.	Exp(), Log()	z=Log(Exp(3))	' z=3
ganzzahlige Division	\	z=7\2	' z=3
Divisionsrest	a Mod b (Rest von a\b)	z=7 Mod 2	' z=1
Trigonometrische Funkt.	Sin(), Cos(), Tan(), Atn()	z=Cos(0)	' z=1
Vorzeichenoperator	Sgn()	z=Sgn(-5)	' z=-1
Vergleichsoperatoren	=, <>, <, <=, >, >= (gleich, verschieden usw.)		
logische Operatoren	And, Or, Not	5<2 or 7>2 hat Wert true	
Zeichenkettenoperatoren	Len(var), Left(var,Zahl), Right(var,Zahl), Trim(var), Mid(var, z1,z2) z.B. Len("Hallo") ist 5, Left("Hallo ",3) ist "Hal", Trim(" Hallo ") ist ("Hallo"), Mid("Hallo",2,3) ist ("all")		
Zeichenketten verketten	+	z="Guten " +"Tag"	' z="Guten Tag"
	& (Zeichenk. + Wert)	z="ab " & 2 & " Uhr"	' z="ab 2 Uhr"
Datum und Zeit	Year(), Month(), Day(), Time, Timer, Now Year(now()) ' aktuelles Jahr;	z=Timer	' Sek. seit Mitternacht
mehrere Befehle in eine Zeile	:	pi=4*Atn(1): z=Cos(pi/3)	
Befehl in Folgezeile fortsetzen	_	z=Sqr(2)+Log(2.71828) _ +3^2	' z=11.4142

2.4 Eingabe, Ausgabe

Bei der Abarbeitung eines Programms müssen oft Werte ein- oder ausgelesen werden. Die komfortable (aber aufwendige) Variante sind Formulare, siehe unten. Am einfachsten können *Informationen über die Zellen des Excel-Blattes* übertragen werden:

VBA an Excel	Cells(Zeile,Spalte)=Wert	Cells(3,2)=exp(2)
Excel an VBA	Variable=Cells(Zeile,Spalte)	z=Cells(1,2)

Alternativ kann man das Range-Objekt verwenden, z.B. z=Range("B1").

Eingabe und Ausgabe ohne Verwendung von Excel-Blättern (vereinfacht):

Ausgabe von VBA	MsgBox("Text")	MsgBox("Hallo")
Eingabe zu VBA	Variable = InputBox("Text 1", "Text 2")	
	breite = InputBox("Breite in cm:", "Querschnitt festlegen!")	

2.5 Verzweigungen

Um auf unterschiedliche Situationen im Programm entsprechend reagieren zu können, gibt es verschiedene Möglichkeiten, Alternativen zu ermöglichen. Die Wichtigste ist die if-then Konstruktion.

- *Einzeilige Variante mit Sequenz nur im „ja"-Fall*
  If Bedingung Then Anweisung — If z>0 Then Cells(1,1)=z

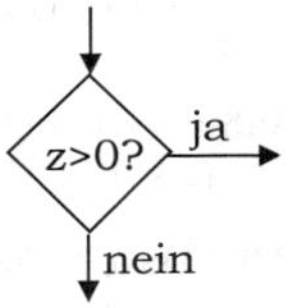

- *Einzeilige Variante mit Sequenzen in beiden Fällen*
  If Bedg. Then Anweisung 1 Else Anweisung 2 — If z>0 Then i=1 Else i=2

- *Mehrzeilige Variante (für mehreren Anweisungen je Alternative)*

```
If Bedingung Then
  Anweisung 1: Anweisung 2: Anweisung 3
Else
  Anweisung 4: Anweisung 5
End If
```

```
If z<>0 Then
  Cells(1,1)= "Das Ergebnis ist "
  Cells(1,2)= 10/z
Else
   Cells(1,1)="Durch Null teile nie ... "
End If
```

2.6 Schleifen

Sollen bestimmte Aufgaben mehrfach erledigt werden, verwendet man sog. Schleifen. Meistens wird dabei ein Parameter (Laufindex) verwendet, mit dem die einzelnen Aufgaben beeinflusst werden.

Bestimmte Schleife mit For - Next

```
For Laufindex=Start to Ende [step Schrittweite]
  Anweisungen
Next
```

```
For i=1 to 5
  Cells(i,1)=i
Next

For i=11 to 3 step -2
  Cells(i,1)=cells(i-2,1)
Next
```

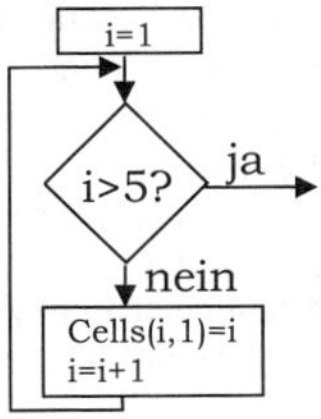

Unbestimmte Schleife mit Do – Loop

```
Do While Bedingung
  Anweisungen
Loop
```

bzw.

```
Do
  Anweisungen
Loop While Bedingung
```

```
i=1
Do While i<=5
  Cells(i,1)=i
  i=i+1
Loop
```

Unbestimmte Schleifen werden vor allem dann verwendet, wenn die Anzahl der Iterationen zum Zeitpunkt der Programmierung noch nicht bekannt ist (Konvergenzprozesse!). While kann durch Until mit gegenteiliger Bedingung ersetzt werden.

2.7 Formulare

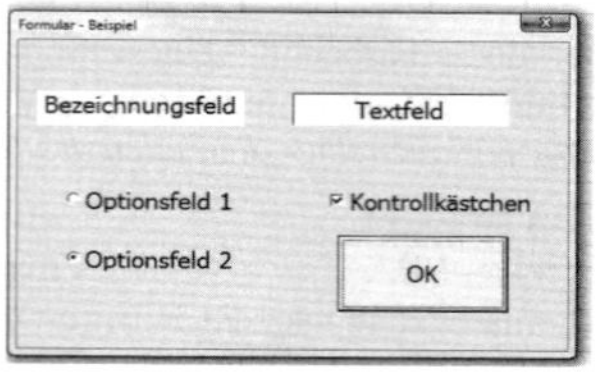

Formulare sind eigenständige Blätter, mit denen die Kommunikation zwischen Benutzer und Programm komfortabel und sicher gestaltet werden kann.

Erstellen eines Formulars in der Entwicklungsumgebung:
Einfügen > UserForm

Auswahl von geeigneten Steuerelementen aus der Werkzeugsammlung (hier: Bezeichnungsfeld, Textfeld, Optionsfeld, Kontrollkästchen und Befehlsschaltfläche)

Benennen des Formulars (Eigenschaft Name) z. B. als „Formular_1“

Reihenfolge der Abarbeitung der Steuerelemente festlegen: Ansicht > Aktivierreihenfolge

Code zu Steuerelementen programmieren (Doppelklick auf entsprechendes Element), z. B. könnten die folgenden Befehle zur OK-Befehlsschaltfläche gehören:

```
z=Formular_1.TextBox1  ' (überträgt Nutzereingabe aus dem Textfeld auf die Variable z)
If OptionButton1 then cells(1,1)=1  ' (Feld A1 erhält eine 1, wenn Option 1 gewählt)
Formular_1.Hide                     ' (Löschen des Formulars)
```

Aufruf des Formulars: Formular_1.TextBox1.SetFocus : Formular_1.Show aus zu Excel-Tabelle gehörender Befehlsschaltfläche

2.8 Dateiarbeit

Mitunter möchte man Parameter für ein VBA-Programm aus einer vorhandenen Datei einlesen oder umgekehrt Ergebnisse eines VBA-Programms in einer Datei speichern. Dazu gibt es mehrere Wege, von denen der „klassische“ mit Informationen in einer sequentiellen Datei hier angedeutet wird.

Datei umbenennen	name "Name_alt" as "Name_neu"
Datei kopieren	FileCopy "Name_1", "Name_2"
Datei löschen	kill "Dateiname"
Datei anlegen/öffnen	open "Name" for Output As #f
(f ist eine Kanalnr.; Kanäle öffnen und schließen)	
aus Datei lesen	open "Name" for Input As #f
Datei ergänzen	open "Name" for Append As #f
Werte schreiben 1	write #f, var1, var2, ...
(Var. durch Kommata getrennt, Anführungszeichen erhalten)	
Werte schreiben 2	print #f, var1, var2, ...
(Var. werden durch Leerz. getrennt, Anführungsz. gelöscht)	
Werte lesen	input #f, var1, var2, ...
(eingelesene Werte werden auf angegebene Variablen geschrieben; Trennung bei Kommata)	
Dateiendemarkierung	EOF(f)
Datei schließen	close #f

```
Sub Quadratzahlenausgabe()
Dim a#(10), z1#, z2#, z3#, i%
Open "Test.txt" For Output As #1
For i = 1 To 10
   Write #1, i, i ^ 2
Next
Close #1
' Test
Open "Test.txt" For Input As #1
i = 1
Do
  Input #1, z1, z2
  Cells(i, 1) = z1: Cells(i, 2) = z2
  i = i + 1
Loop Until EOF(1)
Close #1
End Sub
```

2.9 Makrorekorder

Es gibt in VBA die manchmal sehr nützliche Funktion, Makros von einem Rekorder „mitschreiben“ zu lassen. Alle in Excel ausgeführten Befehle werden dann in einem Makro aufgeschrieben.

Start der Aufzeichnungen: Entwicklertools > Makro aufzeichnen, Symbol: Makro aufzchn.

Ende der Aufzeichnungen: Entwicklertools > Aufzeichnung beenden: Aufzeichnung beenden

Der Vorteil des Makrorekorders besteht vor allem darin, dass man die VBA-Notation komplizierter Prozesse schnell erkennen kann (Beispiel: Formatierung einer Zelle).

2.10 Objektorientierung in VBA

Neben der prozeduralen Programmierung gibt es in VBA die objektorientierte Programmierung, deren Möglichkeiten (etwa durch Anlegen sog. Klassen) weitreichend und entsprechend kompliziert sind. Hier werden Begriffe geklärt und Beispielprogramme gegeben, die sich auf die grundlegenden Objekte Zelle, Arbeitsmappe und Arbeitsblatt beziehen.

VBA – Objekte: Zellen, Arbeitsblätter, Arbeitsmappen, Grafikelemente, Steuerelemente, …

Eigenschaft: Information zum Zustand des Objekts
Eigenschaft auslesen: Variable = Objekt.Eigenschaft, z.B. z = Formular1.Textbox1.Value
Eigenschaft setzen: Objekt.Eigenschaft = Wert, z.B. Range("A1", "B5").Font.Bold = True

Methode: Verfahren, das zu einem Objekt gehört, z.B. Formular_1.show, Tabelle1.delete

Ereignis: Prozedur, die zu Steuerelementen gehört, z.B. CommandButton1_Click()

I) Objekt Zelle (Range).

```
Sub Bereich_bearbeiten()
' Bereich von Zellen wählen und Eigenschaften verändern.
' Befehle mittels Makrorekorder erschließen!
[A1:F6].Select                ' Zellbereich gewählt
With Selection                ' mit allen Zellen des gewählten Bereiches ...
  .Interior.ColorIndex = 3    ' ... Hintergrund rot
  .Font.Color = -13894167     ' ... Schrift gelb
  .Font.Size = 15             ' ... 15-Punkt-Schrift
End With
End Sub
```

Man beachte im zweiten Beispiel die For Each - Next – Schleife.

```
Sub zeile_minus_spalte()
' Die Prozedur füllt einen vorher aktivierten Bereich mit der Differenz aus
' Zeilennummer und Spaltennummer der entsprechenden Zelle.
' Anwendung: zuerst den Bereich mit der Maus aufziehen,
'            dann mit einer Befehlsschaltfläche die Prozedur auslösen.
Dim rng As Range
For Each rng In Selection                 ' jede Zelle im gewählten Bereich ansprechen
  rng.Value = rng.Row - rng.Column        ' Zellenwert = Zeilennr. - Spaltennr.
Next rng
End Sub
```

II) Objekte Arbeitsmappe (Workbook) und Objekt Arbeitsblatt (Worksheet).

```
Sub Neue_Excel_Datei_mit_5_Blaettern_anlegen()
s = ActiveWorkbook.Path & "\" & "Neue_Datei" & ".xls": Workbooks.Add
ActiveSheet.Name = "Blatt 5"      ' Arbeitsblatt in neuer Datei benennen
For i = 4 To 1 Step -1            ' Alle Befehle beziehen sich auf die neue Datei
  Worksheets.Add                  ' ein neues Arbeitsblatt anlegen
  ActiveSheet.Name = "Blatt " & i
Next
Cells(1, 1) = ThisWorkbook.Worksheets("Tabelle1").Cells(1, 1)  ' einen Wert übertragen
ActiveWorkbook.SaveAs s: ActiveWorkbook.Close    ' Datei speichern und schließen
End Sub
```

2.11 Beispiele

Beispiel 1 *Eine vereinfachte Planliste sowie einige Makros zu Ihrer Bearbeitung*

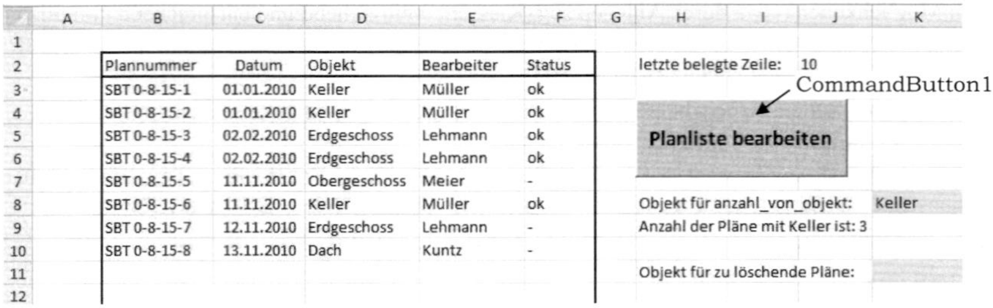

Plannummer	Datum	Objekt	Bearbeiter	Status
SBT 0-8-15-1	01.01.2010	Keller	Müller	ok
SBT 0-8-15-2	01.01.2010	Keller	Müller	ok
SBT 0-8-15-3	02.02.2010	Erdgeschoss	Lehmann	ok
SBT 0-8-15-4	02.02.2010	Erdgeschoss	Lehmann	ok
SBT 0-8-15-5	11.11.2010	Obergeschoss	Meier	-
SBT 0-8-15-6	11.11.2010	Keller	Müller	ok
SBT 0-8-15-7	12.11.2010	Erdgeschoss	Lehmann	-
SBT 0-8-15-8	13.11.2010	Dach	Kuntz	-


```
Private Sub CommandButton1_Click()
Cells(2, 10) = plan_maxzeile
Cells(9, 8) = "Anzahl der Pläne mit " & Cells(8, 11) & " ist: " & planzahl_von_objekt(Cells(8, 11))
plaene_loeschen Cells(11, 11)
End Sub
```

```
Function plan_maxzeile() As Integer
' Bestimmung der letzten beschriebenen Zeile
Dim zeile%
zeile = 2
Do
  zeile = zeile + 1
Loop Until Cells(zeile, 2) = ""
plan_maxzeile = zeile - 1
End Function
```

```
Function planzahl_von_objekt(objekt$) As Integer
' Bestimmung der Anzahl aller Pläne eines Objekts
Dim i%, zaehler%
zaehler = 0
For i = 3 To Cells(2, 10)
 If Cells(i, 4) = objekt Then zaehler = zaehler + 1
Next
planzahl_von_objekt = zaehler
End Function
```

```
Sub plaene_loeschen(objekt$)
' Löschen aller Pläne des angegebenen Objekts und komprimieren der Tabelle
Dim i%, j%, k%
For i = 3 To Cells(2, 10)          ' Objektnamen aller Zeilen prüfen
 If Cells(i, 4) = objekt Then      ' wenn die Bedingung erfüllt ist, muss die Zeile gelöscht werden
   For j = i To Cells(2, 10)       ' Tieferliegende Zeilen um je eine Zeile nach oben => Löschen
     For k = 2 To 6                ' Zellen aller Spalten erfassen
       Cells(j, k) = Cells(j + 1, k)
     Next
   Next
   i = i - 1                       ' i-te Zeile erneut prüfen, da dort nun ein neuer Eintrag ist!
 End If
Next
End Sub
```

Beispiel 2 *Ein Programm zur Sortierung von Zahlen zwischen Zeile* zeile_oben *und Zeile* zeile_unten *in der Spalte* spalte *der Größe nach (Maximum ist danach oben)*

```
Sub sortierung(zeile_oben%, zeile_unten%, spalte%)
Dim i%, j%, k%, z#
For i = zeile_oben To zeile_unten    ' i-te Zeile belegen
  z = Cells(i, spalte)               ' oberstes Element wird momentan als Maximum
                                     '  angenommen
  k = i                              ' Zeile des aktuellen Maximums
  For j = i+1 To zeile_unten         ' Gibt es in tiefer stehenden Zellen größere Elemente?
    If Cells(j, spalte) > z Then     ' Erfüllt, falls es ein größeres Element gibt
      z = Cells(j, spalte)           ' z ist der gefundene, größere Wert ...
      k = j                          ' ... und k die Zeile, in der er steht
    End If
  Next
  Cells(k, spalte) = Cells(i, spalte)  ' Vertauschen von Element in Zeile i ...
  Cells(i, spalte) = z               ' ... und dem gefundenen Maximum
Next
End Sub
```

11 A Geotechnik
11 B Mauerwerksbau
11 C Holzbau

11 A Geotechnik

Prof. Dr.-Ing. habil. Jens Engel
(unter Mitwirkung von Dr.-Ing. A. Winkler und Dr.-Ing. U. Bartl)

1 Geotechnische Ingenieurleistungen – Grundlagen

1.1 Grundlagen der Planung

Die Geotechnik liefert Ergebnisse, die in unterschiedlichen Leistungsbildern gemäß HOAI „Honorarordnung für Architekten und Ingenieure" berücksichtigt werden müssen. Dies betrifft insbesondere die Leistungen für:
- Objektplanung: Leistungen bei Ingenieurbauwerken
- Verkehrsanlagen: Leistungen bei Verkehrsanlagen
- Statik: Tragwerksplanung.

Leistungen für die Baugrundbeurteilung und Gründungsberatung sind in der HOAI den Beratungsleistungen zugeordnet und im Abschnitt 1.3 „Geotechnik" (Anlage 1 zu § 3 – Beratungsleistungen) zusammengefasst. Die Grundleistungen des Leistungsbilds Geotechnik umfassen die in der nachfolgenden Tabelle aufgeführten Anteile.

	Beschreibung	Umfang
1	Klären der Aufgabenstellung, Ermittlung der Baugrundverhältnisse auf Grund der vorhandenen Unterlagen; Festlegen der erforderlichen Baugrunderkundungen;	15 %
2	Auswerten und Darstellen der Baugrunderkundungen sowie der Labor- und Feldversuche; Abschätzen des Schwankungsbereiches von Wasserständen im Boden; Baugrundbeurteilung; Festlegen der Bodenkennwerte;	35 %
3	Beurteilung der Baugrund- und Grundwasserverhältnisse, Empfehlungen, Hinweise, Angaben zur Bemessung der Gründung Empfehlung für die Gründung mit Angabe der geotechnischen Bemessungsparameter (zum Beispiel Angaben zur Bemessung einer Flächen- oder Pfahlgründung), Angabe der zu erwartenden Setzungen, Hinweise zur Herstellung und Trockenhaltung der Baugrube und des Bauwerks, Angaben zur Auswirkung der Baumaßnahme auf Nachbarbauwerke, Allgemeine Angaben zum Erdbau, Angaben zur geotechnischen Eignung von Aushubmaterial zur Wiederverwendung bei der betreffenden Baumaßnahme sowie Hinweise zur Bauausführung	50 %

Die Ergebnisse der geotechnischen Untersuchungen und der geotechnischen Beratung werden in Berichten und Gutachten zusammengefasst. Vor Erstellung dieser Dokumente sind Aufwendungen
a) für die Erkundung des Baugrunds,
b) für Untersuchungen zur Feststellung der Eigenschaften von Boden und Fels, einschließlich der Überprüfung der Wiedereinbaubarkeit,
c) für Sonderleistungen, z. B. für Vermessungsleistungen oder weitergehende chemische Analysen,

erforderlich. Diese müssen gesondert kalkuliert werden und sind nicht in den Aufwendungen für Ingenieurleistungen enthalten.

1.2 Grundlagen für Nachweise in der Geotechnik

Für das gesamte Bauwesen werden die Grundlagen der Tragwerksplanung in DIN EN 1990 (Eurocode EC) einheitlich geregelt. Dies betrifft u. a. die Definition und Bezeichnung der Grenzzustände, die Festlegung der Bemessungssituationen und die Regeln für die Berechnung der Beanspruchungen und Widerstände. Die durch den Eurocode erreichte Vereinheitlichung der Begriffe und Definitionen ist im Bereich der Geotechnik mit dem EC 7-1 (DIN EN 1997-1) übernommen worden. Neben der europäischen Norm DIN EN 1997-1 sind weitere nationale Dokumente zu beachten, die gemeinsam mit dem EC-7 zu einem Normenhandbuch zusammengefasst werden sollen:

- DIN EN 1997-1 Eurocode 7: enthält die allgemein in Europa geltenden Regelungen
- DIN EN 1997-1-NA 1: Nationaler Anhang zur DIN EN 1997-1
- Nationale Anwendungsregeln: Besondere Regelungen, DIN 1054.

1.2.1 Bemessungssituationen, Grenzzustände

Die Nachweise sind für alle maßgebenden Bemessungssituationen (BS-P „Persistent – ständig", BS-T „Transient – vorübergehend", BS-A „außergewöhnlich", BS-E „Erdbeben") für den Grenzzustand der Tragfähigkeit (ULS) und den Grenzzustand der Gebrauchstauglichkeit (SLS) zu führen.

- **EQU** (equilibrium): Gleichgewichtsverlust des als Starrkörper angenommenen Tragwerks oder des Baugrunds, Festigkeiten des Baugrunds oder der Baustoffe sind nicht entscheidend. Es wird damit Kippen und Abheben erfasst (bisher GZ 1A).
- **STR** (structural): Versagen oder sehr große Verformungen des Tragwerks, einschließlich Fundamente, Pfähle usw., Festigkeiten der Baustoffe sind für den Widerstand entscheidend. Ermittlung der Schnittgrößen und Nachweis der inneren Abmessungen (früher GZ 1B).
- **GEO** (geotechnical): Versagen oder sehr große Verformungen, Festigkeiten des Baugrunds sind für den Widerstand entscheidend. Unterschieden wird in Nachweis der äußeren Abmessungen (bisher GZ 1B, jetzt GEO-2) und Nachweis der Gesamtstandsicherheit (bisher GZ 1C, jetzt GEO-3).
- **UPL** (uplift): Gleichgewichtsverlust von Bauwerk oder Baugrund infolge von Wasserdruck oder anderer Vertikalkräfte. Aufschwimmen (bisher GZ 1A).
- **HYD** (hydraulic): Versagen durch Strömungsgradienten, hydraulischer Grundbruch, innere Erosion, Piping (früher GZ 1A).

Die Einwirkungen sind dann stets **als charakteristische** bzw. repräsentative **Werte** F_k bzw. F_{rep} **in die Berechnung einzuführen.** Erst bei der Aufstellung der Grenzzustandsbedingung sind die mit diesen Werten ermittelten charakteristischen bzw. repräsentativen Beanspruchungen in Form von Schnittgrößen (z. B. Querkräfte, Auflagerkräfte, Biegemomente) oder Spannungen mit dem Teilsicherheitsbeiwert γ_F und ggf. mit den Kombinationsbeiwerten ψ für Einwirkungen bzw. Beanspruchungen in Bemessungswerte E_d der Beanspruchungen umzurechnen.

1.2.2 Einwirkungen, Beanspruchungen

Einwirkungen aus Bauwerken (Gründungslasten) ergeben sich aus der statischen Berechnung des aufliegenden Tragwerks. Für die geotechnische Bemessung sind diese für jede kritische Einwirkungskombination als charakteristische bzw. repräsentative Schnittgrößen in Höhe der Oberkante der Gründungskonstruktion anzugeben. Bei der Ermittlung der charakteristischen bzw. repräsentativen Gründungslasten ist wie folgt vorzugehen:

- Bei der linearen Schnittgrößenermittlung werden die charakteristischen Werte $E_{G;k}$ und $E_{Q,rep}$ der Beanspruchungen in den Gründungsfugen unmittelbar übergeben.
- Führen Verkantungen des Fundaments zu nennenswerten Zusatzbeanspruchungen (z. B. Türme auf Fundamentplatten) sind die Schnittgrößen nach Theorie II. Ordnung zu berücksichtigen.

1.2.3 Widerstände

Bei der Ermittlung der Widerstände wird unterschieden in die Gruppen „Widerstände von Bauteilen und Boden" – anzuwenden für die Grenzzustände GEO-2 und STR – und „Materialwiderstände des Bodens". Die zweite Gruppe ist nur maßgebend bei Nachweisen des Grenzzustands GEO-3 (Gesamtstandsicherheit). Dabei werden die Materialwiderstände mit Bemessungswerten der Scherfestigkeit berechnet. Für die Grenzzustände GEO-2 und STR werden die Widerstände als charakteristische Größen R_k mit charakteristischen Werten berechnet und mit Teilsicherheitsbeiwerten γ_R in Bemessungswerte umgewandelt.

Nachweisführung

Im Eurocode EC 7-1 sind drei Nachweisverfahren zugelassen:

Verfahren 1: Untersuchung von zwei Kombinationen von Teilsicherheitsbeiwerten. Dieses Verfahren ist in Deutschland ausgeschlossen.

Verfahren 2: Beanspruchungen werden mit Teilsicherheitsbeiwerten vergrößert, Widerstände mit Teilsicherheitsbeiwerten abgemindert. In der Geotechnik wird die Berechnung mit charakteristischen Werten durchgeführt, Teilsicherheitsbeiwerte werden am Ende zur Umrechnung der charakteristischen Schnittgrößen in Bemessungsschnittgrößen angewendet (STR und GEO-2).

Verfahren 3: Die Scherparameter werden mit Teilsicherheitsbeiwerten abgemindert, nur veränderliche Einwirkungen werden mit Teilsicherheiten erhöht (GEO-3).

1.2.4 Grenzzustand der Tragfähigkeit – ULS

Nachweisverfahren 2 für STR und GEO-2

Nachweis der bodenmechanisch bedingten Abmessungen, Nachweis der von der Materialfestigkeit abhängigen Abmessungen, Grenzzustand des Versagens von Bauwerken, Bauteilen und Baugrund.

1. Bauwerk mit Abmessungen entwerfen, statisches System wählen.
2. Berechnung der charakteristischen Einwirkungen F_{ki} berechnen (Auflasten, Erddruck usw.)
3. Ermittlung der charakteristischen bzw. repräsentativen Beanspruchungen (Spannungen oder Schnittgrößen: Auflagerkräfte, Querkräfte, Biegemomente) in allen für die Bemessung maßgebenden Schnitten, getrennt für ständige, regelmäßig auftretende veränderliche und begleitende veränderliche Einwirkungen für die maßgebenden Bemessungssituationen. Dazu ist es u. U. sinnvoll, zuerst die Beanspruchungen infolge ständiger und veränderlicher Lasten gemeinsam zu berechnen und von diesen die Beanspruchung infolge ständiger Lasten abzuziehen, um den Anteil der veränderlichen Beanspruchung zu bestimmen.
4. Ermittlung der charakteristischen Widerstände $R_{k,i}$ getrennt für Konstruktionsteile und Boden (z. B. Grundbruchwiderstand) durch Berechnung, Probebelastung oder auf Grundlage von Erfahrungswerten.
5. Ermittlung der Bemessungswerte der Beanspruchungen durch Multiplikation der charakteristischen Werte mit Teilsicherheitsbeiwerten für Einwirkungen $E_{d,i} = E_{ki} \cdot \gamma$.
6. Ermittlung der Bemessungswerte der Widerstände durch Division des charakteristischen Widerstands mit einem Teilsicherheitsbeiwert $R_{d,i} = R_{ki} / \gamma_R$.
7. Nachweis der Einhaltung der Grenzzustandsbedingung $\sum E_{di} \leq \sum R_{di}$.

Gesamtstandsicherheit: Nachweisverfahren 3 für GEO-3

Versagen durch Verlust der Gesamtstandsicherheit. Dieses Nachweisverfahren wird beim Nachweis gegen Böschungs- und Geländebruch und in der Regel beim Nachweis der Standsicherheit konstruktiver Hangsicherungen verwendet. Teilsicherheiten werden auf die Einwirkungen bzw. Beanspruchungen und auf die Baugrundkennwerte angewendet. Die charakteristischen Werte der Scherfestigkeit sind in Bemessungswerte umzurechnen.

Aufschwimmen – UPL

Für den Auftriebsfall ist nachzuweisen, dass der Bemessungswert der Summe der destabilisierenden vertikalen Einwirkungen $V_{dst,d}$ kleiner oder gleich der Summe des Bemessungswerts der stabilisierenden ständigen vertikalen Einwirkungen $G_{stb,d}$ und eines eventuellen zusätzlichen Auftriebs-Widerstands R_d ist.

Hydraulischer Grundbruch – HYD

Es ist nachzuweisen, dass der Bemessungswert der destabilisierenden Strömungskraft $S_{dst;d}$ für jedes in Frage kommende Bodenprisma kleiner ist als der Bemessungswert des stabilisierenden Gewichts unter Auftrieb $G'_{stb,d}$: $S_{dst,d} \leq G'_{stb,d}$

1.2.5 Grenzzustand der Gebrauchstauglichkeit – SLS

Es ist nachzuweisen, dass der Bemessungswert einer Beanspruchung E_d kleiner oder gleich groß ist wie der Bemessungswert C_d für die Begrenzung einer Beanspruchung: $E_d \leq C_d$

Grenzwerte für die Begrenzung der Beanspruchung beziehen sich im Regelfall auf Verformungen. Diese Grenzwerte müssen während der Planung eines Bauwerks vereinbart werden. Im Einzelfall können auch weitere Kriterien maßgebend sein.

Der Nachweis kann auch dadurch geführt werden, dass ein hinreichend geringer Anteil der Bodenfestigkeit mobilisiert wird, so dass die Verformungen innerhalb der für die Gebrauchstauglichkeit geforderten Grenzen bleiben. Voraussetzung für diesen vereinfachten Nachweis ist, dass die Größe der Verformung beim Nachweis der Gebrauchstauglichkeit nicht erforderlich ist und vergleichbare Erfahrungen unter ähnlichen Bedingungen (Baugrund, Tragwerk) vorliegen.

2 Baugrundgutachten, Gründungsberatung

2.1 Planung und Dokumentation; Baugrundgutachten

2.1.1 Ziele geotechnischer Untersuchungen

Ziel ist es, das dem Bauherrn auferlegte Baugrundrisiko zu begrenzen und eine wirtschaftliche Gründung sicherzustellen. Für Bauzustände und den Endzustand sind Informationen und Daten bereitzustellen, um die Risiken von Unfällen, Bauverzögerungen und Schäden abdecken zu können. Es sind durch die geotechnischen Untersuchungen folgende Sachverhalte zu beurteilen:

- Eignung von Bauverfahren, Gründungsarten bzw. Stützkonstruktionen
- Verformungen durch Bauwerk und Baumaßnahme (räumliche Verteilung und zeitlicher Verlauf) sowie Möglichkeiten zur Sicherung des verträglichen Zusammenwirkens von Bauwerk und Baugrund (z.B. Wahl des statischen Systems, Gründungsart)
- Nachweis der Sicherheit gegen Grenzzustände (z.B. Grundbruch, Geländebruch, Aufschwimmen, Gleiten, Hangstabilität, Knicken von Pfählen)
- Einwirkungen des Baugrunds auf das Bauwerk (z.B. Erddruck, Seitendruck auf Pfähle) in Abhängigkeit von der konstruktiven Gestaltung
- Auswirkungen des Bauwerks auf die Umgebung einschließlich der während der Baudurchführung erforderlichen Maßnahmen (z.B. Grundwasserabsenkung, Ausbildung der Baugrube)
- eingetretene oder zu erwartende Kontaminationen (Art und Ausdehnung, Grundwasserströmung) und Wirkung von Maßnahmen zur Eingrenzung oder Beseitigung.

Voraussetzung: Zusammenwirken zwischen Sachverständigem für Geotechnik und Objekt- bzw. Tragwerksplanern. Geotechnische Untersuchungen bereits ab Grundlagenermittlung erforderlich.

2.1.2 Unterlagen, Informationsquellen

Grundlage für die Planung der Untersuchungen sind Angaben zum Bauvorhaben und zum Standort. Dies umfasst folgende Unterlagen:

- Lageplan mit Angaben zum geplanten Bauobjekt
- Grundrisse und Schnitte (Entwurfsplanung) mit NN-Höhen
- Annahmen über die zu erwartenden Einwirkungen (Lasten, dynamische Einwirkungen)
- geplante Konstruktion (insbesondere Nutzung der unter der GOF befindlichen Räume).

Durch den Sachverständigen für Geotechnik sind alle Informationsquellen auszuwerten, die Angaben zu den Baugrundeigenschaften der durch die Baumaßnahme beanspruchten Schichten liefern. Quellen, die dafür benutzt werden können, sind zum Beispiel:

- topographische Karten, alte kommunale Karten, die die frühere Nutzung des Geländes beschreiben, geologische Karten einschließlich der Erläuterungen, ingenieurgeologische Karten, hydrogeologische Karten
- Luftbilder und frühere Bildauswertungen, geophysikalische Untersuchungen aus der Luft
- frühere Untersuchungen im Planungsbereich und in seiner Umgebung, frühere Erfahrungen aus der Gegend
- Ortsbesichtigungen, Zustand der Bauwerke angrenzender Grundstücke, Gründungstiefen, offene Gewässer, Brunnen
- Datensammlungen, GIS-Systeme (Geologische Landesämter, Behörden).

2.1.3 Geotechnischer Untersuchungsbericht – geotechnischer Entwurfsbericht

Nach DIN EN 1997-1 sind die Ergebnisse der Baugrunderkundung als Grundlage für die Planung in einem geotechnischen Untersuchungsbericht zusammenzufassen. Der Untersuchungsbericht soll Teil des geotechnischen Entwurfsberichts sein und folgende Informationen enthalten:

- Darstellung der geotechnischen Befunde einschließlich geologischer Eigenschaften
- geotechnische Bewertung mit Angabe.

Die Befunde sind vollständig zu dokumentieren. Dies umfasst die Zusammenstellung aller Feld- und Laborarbeiten und die Dokumentation der angewendeten Verfahren. Die Dokumentation muss auf der Grundlage der in DIN EN 1997-2 beschriebenen Versuchsberichte erstellt werden. Außerdem sollte der Bericht Folgendes enthalten:

- die Namen aller Berater und Subunternehmer; Zweck und Umfang der Baugrunderkundung; Zeitraum der Untersuchungen, Geländebeschreibung
- Geologie des Baugrundstücks einschließlich von Störzonen, örtliche Erfahrung in dem Gebiet
- bei Probenahme, Transport und Lagerung der Proben, angewendete Verfahren
- tabellarische Aufstellung der ausgeführten Feld- und Laborarbeiten
- Darstellung der Beobachtungen vor Ort
- zeitliche Grundwasserspiegel-Schwankungen
- Zusammenstellung der Bohrergebnisse, Bohrkern-Fotos
- Beschreibung der Schichtenfolge
- Feld- und Laborversuchsergebnisse in Anlagen.

Die Voraussetzungen, Vorgaben, Rechenverfahren und die Ergebnisse der Nachweise der Sicherheit und Gebrauchstauglichkeit müssen im geotechnischen Entwurfsbericht dokumentiert werden. Der geotechnische Entwurfsbericht sollte auf den geotechnischen Untersuchungsbericht und andere Unterlagen Bezug nehmen.

- Beschreibung der vorgesehenen Baumaßnahme, einschließlich der Einwirkungen
- Zusammenstellung der verwendeten Unterlagen, Normen und Richtlinien
- Beschreibung des Baugrundstücks und seiner Umgebung
- Beschreibung der Baugrundverhältnisse
- Bemessungswerte für die Boden- und Felseigenschaften
- Feststellungen zur Eignung des Baugrundstücks für die geplante Konstruktion und der Höhe akzeptabler Risiken
- geotechnische Berechnungen und Zeichnungen, Empfehlungen zur Gründung
- Hinweis auf Dinge, die während der Bauausführung zu kontrollieren sind oder die eine Instandhaltung oder Kontrollmessungen erfordern.
- Folgerungen, Empfehlungen, Hinweise (Stellungnahme zur geotechnischen Kategorie des Bauwerks, Hinweise und Empfehlungen für die geotechnische Entwurfsbearbeitung der baulichen Anlage, z.B. Ausbildung der Baugrube, Wasserhaltung, Gründungsart).

2.2 Baugrunderkundung

2.2.1 Geotechnische Kategorien

Einordnung der Baumaßnahme nach Schwierigkeitsgrad der Konstruktion, der Baugrundverhältnisse sowie der Wechselwirkungen mit der Umgebung (DIN EN 1997-1, DIN 4020).

Kategorie 1: einfache bauliche Anlagen, einfache und übersichtliche Baugrundverhältnisse.

Mindestanforderungen: Informationen über allgemeine Baugrundverhältnisse und örtliche Bauerfahrung, Erkundung der Boden- oder Gesteinsarten sowie ihre Schichtung, Abschätzung der Grundwasserverhältnisse, Besichtigung der ausgehobenen Baugrube.

Beispiele: Stützenlasten < 250 kN, Streifenlasten < 100 kN/m, Stützmauern oder Baugruben mit einer Höhe < 2 m, Dämme bis 3 m Höhe unter Verkehrswegen, Gründungsplatten, die nach empirischen Regeln bemessen werden, Gräben oberhalb des Grundwasserspiegels bis 2 m Tiefe, waagerechtes bzw. schwach geneigtes Gelände, Baugrund tragfähig mit geringer Setzungsneigung, Grundwasser unter Aushubsohle, Bauwerk gegen örtliche Erdbebenbelastung unempfindlich, umgebende Bauwerke oder bauliche Anlagen werden nicht gefährdet.

Kategorie 2: umfasst Bauwerke und Baugrundverhältnisse mittleren Schwierigkeitsgrads. Zahlenmäßiger Nachweis der Sicherheit sowie ingenieurmäßige Bearbeitung mit geotechnischen Kenntnissen und Erfahrungen erforderlich.

Mindestanforderungen: Direkte Aufschlüsse, zu untersuchende Bodenkenngrößen sind durch Versuche zu bestimmen. Korrelationen dürfen hilfsweise mit herangezogen werden.

Kategorie 3: Bauwerke und Baugrundverhältnisse hohen Schwierigkeitsgrads. Zur Bearbeitung sind vertiefte geotechnische Kenntnisse und Erfahrungen erforderlich. Sicherheit ist zahlenmäßig nachzuweisen.
Beispiele: tiefe Baugruben, besonders hohe Lasten, Pfahlgründungen mit besonderer Beanspruchung, Staudämme/Deiche (Druckhöhenunterschied des Wassers $\Delta h > 2$ m), Flugplatzbefestigungen, Hohlraumbauten, weit gespannte Brücken, hohe dynamische Lasten, kerntechnische Anlagen.

Voruntersuchung: Sichtung und Bewertung vorhandener Unterlagen, geologische Beurteilung, weitmaschiges Untersuchungsnetz, stichprobenartige Feststellungen von maßgebenden Baugrundkennzahlen.

Hauptuntersuchung: Erkundung der Konstruktionsmerkmale und Gründungsverhältnisse der angrenzenden baulichen Anlagen. Beurteilung der Baugrundverhältnisse durch direkte und indirekte Aufschlüsse, Feldversuche, Probebelastungen, Pumpversuche, Dichtheitsprüfungen, Laboruntersuchungen. Beschränkungen des Untersuchungsaufwands sind zu begründen.

2.2.2 Umfang von Aufschlüssen

Der Umfang ist abhängig von den maßgebenden Baugrundeigenschaften und Kenngrößen für die jeweilige Baumaßnahme sowie der Untersuchung der Grundwasserverhältnisse. Anordnung und Abstände der Aufschlüsse sind so zu wählen, dass ausreichende Informationen über Zusammensetzung und räumlichen Verlauf der Schichten und Trennflächen sowie der Grundwasserverhältnisse im Baugrund gewonnen werden.

Anordnung in Rastern oder Schnitten, bevorzugt an Eckpunkten des Grundrisses, bei Linienbauten an Geländesprüngen und Hängen auch außerhalb der Trasse; ohne Gefährdung des Bauwerkes, der Nachbarschaft oder der Wasserverhältnisse anordnen.

Rasterabstände Hoch- und Ingenieurbauten 20 – 40 m; großflächige Bauwerke max. 60 m; Linienbauwerke 50 bis 200 m; Sonderbauwerke 2 bis 4 Aufschlüsse je Fundament. Staumauern, Staudämme, Wehre 25 bis 75 m in charakteristischen Schnitten. Langgestreckte Wände 25 bis 50 m.

Aufschlusstiefe z_a muss alle Schichten, die durch das Bauwerk beansprucht werden, und die hydrologischen Verhältnisse erfassen. Bezugsebene für z_a ist Bauwerks- oder Bauteilunterkante, Aushub- oder Ausbruchsohle. Es gilt jeweils der größere Wert für z_a.

- Hoch- und Ingenieurbauten (Abb. 11.7a):
  a) $z_a \geq 3b_F$; $z_a \geq 6$ m (b_F kleineres Fundamentmaß)
  b) bei Plattengründungen, Bauwerke mit mehreren Gründungskörpern, deren Einflüsse sich überlagern
  $z_a \geq 1{,}5b_B$ (b_B kleineres Bauwerksmaß)

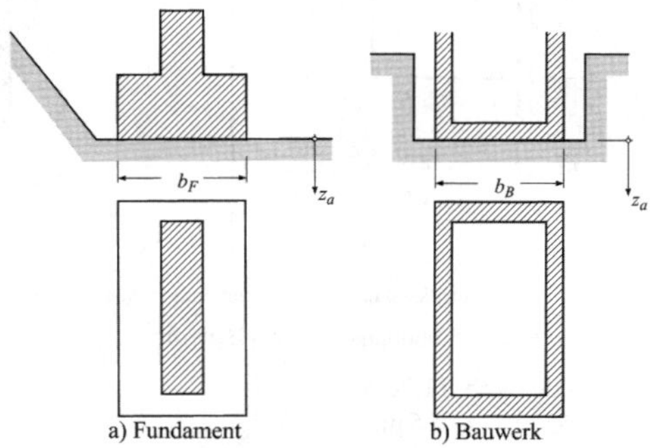

Abb. 11.7a Erkundungstiefen bei Hoch- und Ingenieurbauten

- Erdbauwerke (Abb. 11.7b):
  a) Dämme: $0{,}8h < z_a < 1{,}2h$; $z_a \geq z$ ($\Delta\sigma_{Damm} \leq 0{,}2\sigma_{insitu}$); $z_a \geq 6$ m
  b) Einschnitte: $z_a \geq 2$ m; $z_a \geq 0{,}4h$ (h Dammhöhe bzw. Einschnitttiefe)

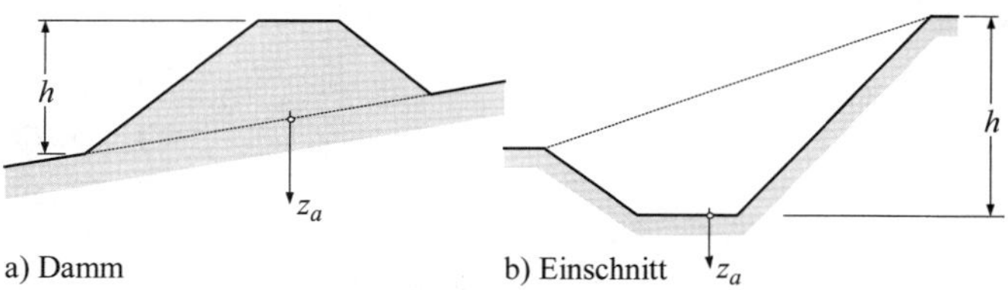

Abb. 11.7b Erkundungstiefen bei Erdbauwerken

- Dichtungswände (Abb. 11.8a): $z_a \geq 2$ m unter Oberfläche des Grundwassernichtleiters
- Hohlraumbauwerke (Abb. 11.8b): $b_{Ab} < z_a < 2\,b_{Ab}$ (b_{Ab} Ausbruchtiefe)

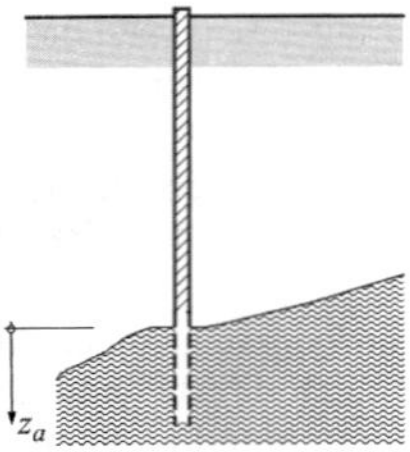

Abb. 11.8a Erkundungstiefen bei Dichtwänden

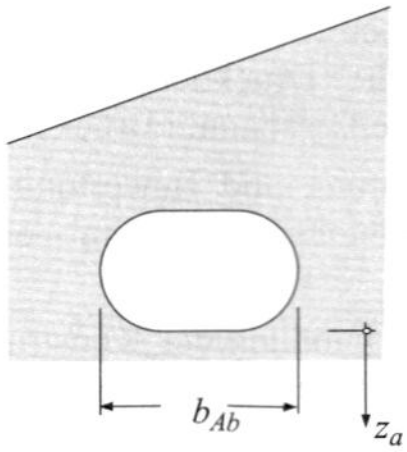

Abb. 11.8b Erkundungstiefen bei Hohlraumbauten

- Baugruben (Abb. 11.8c):
  a) Grundwasserspiegel unter Baugrubensohle:
  $z_a \geq 0{,}4\,h$; $z_a \geq t + 2$ m (t Einbindetiefe der Umhüllung, h Baugrubentiefe)
  b) Grundwasserspiegel über der Baugrubensohle:
  $z_a \geq H + 2$ m; $z_a \geq t + 2$ m;
  wenn bis zu dieser Tiefe kein Grundwasserhemmer angetroffen wird, dann $z_a \geq t + 5$ m
  (H Höhe des Grundwasserspiegels über Baugrubensohle)

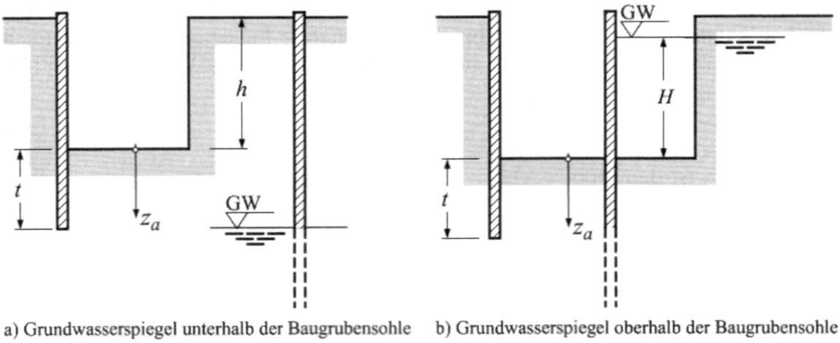

Abb. 11.8c Erkundungstiefen bei Baugruben

- Pfähle (Abb. 11.8d):
  $z_a \geq b_g$, $z_a \geq 5$ m, $z_a \geq 3\,D_F$
  (D_F Pfahlfußdurchmesser,
  b_g kleineres Maß eines Rechtecks in der Fußebene, das die Pfahlgruppe umschließt)

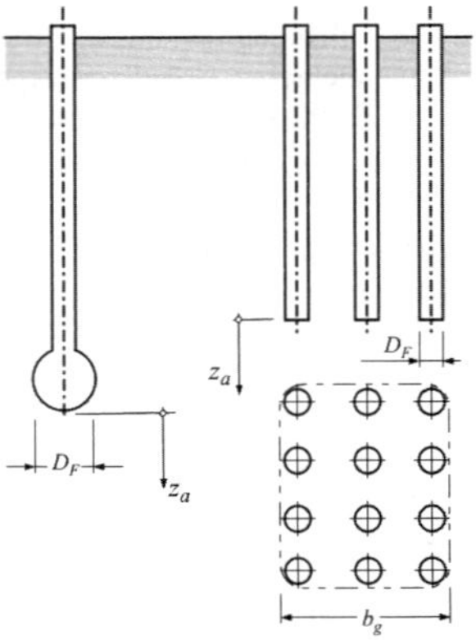

Abb. 11.8d Erkundungstiefen bei Pfahlgründungen

2.2.3 Aufschlussverfahren

Verfahren zur Erkundung des Baugrunds. Direkte und indirekte Erkundungsverfahren sind kombiniert einzusetzen. Abhängig von der Baugrundsituation und den verfügbaren Vorinformationen soll das Erkundungsprogramm unter Beachtung der erforderlichen Erkundungstiefen und Erkundungsabstände durch einen Sachverständigen für Geotechnik geplant werden.

Direkte Aufschlussverfahren: vorgegebene, einsehbare Aufschlüsse (Anschnitte, Flanken von Flussläufen usw.). Bohrungen (DIN EN ISO 22 475-1). Begehbare Stollen. Schurf (künstlich hergestellte Grube/Graben) – nach DIN 4124 – zur Einsichtnahme und zur Entnahme von Proben.

Felduntersuchungen (indirekte Aufschlussverfahren; DIN EN 1997-2)

a) Rammsondierungen: Verfahren DIN EN ISO 22 476-2, Auswertung DIN EN 1997-2:2007, Einrammen einer Sonde mittels Fallgewicht. Messgröße – Anzahl Schläge für 10 bzw. 20 cm Eindringung. Zur Bestimmung der Lagerungsdichte grobkörniger Böden empfohlen.

b) Bohrlochrammsondierung (DIN 4094-2): Sonde wird von der Bohrlochsohle ca. 45 cm eingerammt. Messgröße ist der Eindringwiderstand N_{30} (Schlagzahl für Eindringtiefe 30 cm). Gerät und Auswertung in Deutschland durch DIN 4094-2 genormt. Standard-Penetration-Test unterscheidet sich bezüglich Gerät und Auswertung in einigen Details (DIN EN ISO 22 476-3).

c) Drucksondierungen (DIN 4094-1, DIN EN ISO 22 476-1, cone-penetration-test): Eindrücken einer Sonde in den Untergrund mit gleichbleibender Geschwindigkeit. Sondenwiderstand ist die Summe von Spitzenwiderstand (q_c in MN/m^2) und Mantelreibung (f_s in MN/m^2).

d) Weitere Versuche: Flügelscherversuch (DIN 4094-4), Bohrlochaufweitungsversuche (DIN 4094-5, DIN EN ISO 22 476-4, -5, -7).

e) Geophysikalische Verfahren: Anwendung nur in Verbindung mit direkten Aufschlussverfahren (Bohrungen, Schürfe) empfohlen. Geeignet zur Feststellung von Bereichen mit unterschiedlichen physikalischen Eigenschaften (Felsoberkante). Zur Voruntersuchung großer Flächen geeignet. Beispiele: Geoelektrik, Gravimetrie, Elektromagnetik, Seismik, Geothermik.

2.2.4 Güteklassen für Bodenproben (DIN EN 1997-2)

Für die Laborversuche sind bestimmte Güteklassen der Bodenproben erforderlich.

<table>
<tr><th>Güteklasse</th><th>unverändert in [1)]</th><th>Im Wesentlichen feststellbar</th><th colspan="3">Entnahmekategorie</th></tr>
<tr><td>1[2)]</td><td>Z, w, ρ, k, E_S, τ_f</td><td>Feinschichtgrenzen, Kornzusammensetzung, $\rho, w, w_L, w_P, I_C, e_{max}, e_{min}, \rho_S$, organische Bestandteile, Wasserdurchlässigkeit, Steifemodul, Scherfestigkeit</td><td></td><td></td><td rowspan="5">A</td></tr>
<tr><td>2</td><td>Z, w, ρ, k</td><td>Feinschichtgrenzen, Kornzusammensetzung, $\rho, w, w_L, w_P, I_C, e_{max}, e_{min}, \rho_S$, organische Bestandteile, Wasserdurchlässigkeit</td><td></td><td></td></tr>
<tr><td>3</td><td>Z, w</td><td>Schichtgrenzen, Kornzusammensetzung, $w, w_L, w_P, I_C, e_{max}, e_{min}, \rho_S$, organische Bestandteile</td><td></td><td rowspan="3">B</td></tr>
<tr><td>4</td><td>Z</td><td>Schichtgrenzen, Kornzusammensetzung, $w_L, w_P, e_{max}, e_{min}, \rho_S$, organische Bestandteile</td><td></td></tr>
<tr><td>5</td><td></td><td>Schichtenfolge</td><td>C</td></tr>
</table>

[1)] Es bedeuten: Z Kornzusammensetzung, w Wassergehalt, ρ Dichte des feuchten Bodens, E_S Steifemodul, τ_f Scherfestigkeit, k Wasserdurchlässigkeit.
[2)] Bei Güteklasse 1 ist das Korngefüge unverändert.

Verfahren zur Probenentnahme werden in DIN EN 1997-2 in 3 Kategorien A, B und C unterteilt. Bei grobkörnigen Böden Entnahme von Proben der Güteklasse 1 und 2 nur mit Spezialverfahren (Frost) möglich.

Tafel 11.10 Bohrverfahren zur Gewinnung durchgehender Kerne

Bohrverfahren				Gerät		Eignung des Bohrverfahrens[d]				
Lösen des Bodens[b]	Spül-hilfe	Fördern der Probe mit	Bezeichnung	Werkzeug	Richtwerte Bohraußen-durchmesser[a] mm	ungeeignet für[d]	bevorzugt einsetzbar für[d]	erreichbare Ent-nahmekategorie[e]	erreich-bare Güte-klas-se[e]	Bemerkungen
drehend	nein	Bohrwerkzeug	Rotations-trockenkern-Bohrverfahren[c]	Einfachkernrohr	100 bis 200	Grobkies, Steine, Blöcke	Ton, Schluff, Feinsand	B (A)	4 (2-3)	gut in Mitte, außen ausgetrocknet
				Hohlbohrschnecke	100 bis 300		Ton, Schluff, Sand, organische Böden	B (A)	3 (1-2)	-
	Ja	Bohrwerkzeug	Rotationskern-Bohrverfahren	Einfachkernrohr	100 bis 200	nichtbindige Böden	Ton, tonige, auch verkittete gemischtkörnige Böden, Blöcke	B (A)	4 (2-3)	-
				Doppelkernrohr[a]				B (A)	3 (1-2)	
				Dreifachkernrohr[a]				A	1	
	ja	Bohrwerkzeug	Rotationskern-bohrverfahren	Doppel-/ Dreifachkernrohr mit Verschneidkrone oder Vorsatz	100 bis 200	Kies, Steine, Blöcke	Ton, Schluff	A	2 (1)	-
	nein	Bohrwerkzeug	Schnecken-Bohrverfahren	Gestänge mit Schappe, Schnecke oder Hohlbohrschnecke	100 bis 2000	Blöcke größer als $D_e/3$	über GW-Oberfläche alle Böden, unter GW-Oberfläche alle bindigen Böden	B	4 (3)	-
	ja	Umkehrspülung	Rotationsspül-bohrverfahren	Gestänge mit Hohlmeißel	150 bis 1300	-	alle Böden	C (B)	5 (4)	-
	nein	Bohrwerkzeug	Handdrehbohr-Verfahren	Schappe, Schnecke, Spirale	40 bis 80	Grobkies größer als $D_e/3$, dicht gelagerte Böden und unter Grundwasseroberfläche nicht bindige Böden	über GW-Oberfläche Ton bis Mittelkies; unter Grundwasser-oberfläche bindige Böden	C[f]	5	nur für geringe Tiefen
rammend	nein	Bohrwerkzeug	Rammkern-Bohrverfahren	Rammrohr mit Schnittkante innen; auch mit Hülse oder Schnecke (oder Hohlbohrschnecke)[b]	80 bis 200	Böden mit Korndurchmessern größer als $D_e/3$, feingeschichtete Böden, z.B. Warven	Ton, Schluff und Böden mit Korndurchmessern bis höchstens $D_e/3$	in bindigen Böden: A	2 (1)	Ramm-Diagramm, Messung der Schlagzahl
								in nichtbindigen Böden: B (A)	3 (2)	
	nein	Bohrwerkzeug	Rammbohr-verfahren	Rammkernrohr mit Schnittkante außen[b]	150 bis 300	Böden mit Korndurchmessern größer als $D_e/3$	Kies und Böden mit Korn-durchmessern bis höchstens $D_e/3$	B	4	
	nein	Bohrwerkzeug	Kleinramm-bohrverfahren	Rammgestänge mit Entnahmerohr	30 bis 80	Böden mit Korndurchmessern größer als $D_e/2$	Böden mit Korndurchmessern bis höchstens $D_e/5$	C[f]	5	nur für geringe Tiefen
drehend, Rammend	ja	Bohrwerkzeug	Rammrotations-Kernbohrverfahren	Einfach- oder Doppelkernrohr	100 bis 200	gemischtkörnige und reine Sande über 2,0 mm Korndurchmesser, Kies, halbfeste und feste Tone	Ton, Schluff, Feinsand	in bindigen Böden: A	2 (1)	-
								nichtbindige Böden: B	4 (3)	
vibrierend, langsames Drehen freigestellt	nein	Bohrwerkzeug	Vibrationsbohr-Verfahren	Dickwandiges Entnahmegerät oder Einfachkernbohrer mit freigestelltem Innenrohr aus Kunststoff	80 bis 200	-	-	in bindigen Böden: B	4	-
								nichtbindige Böden: C	5	
schlagend	nein	Bohrwerkzeug	Schlagbohrung	Seil mit Schlagschappe	150 bis 500	über Grundwasseroberfläche Kies, unter Grundwasseroberfläche Schluff, Sand und Kies	über GW-Oberfläche Ton und Schluff, unter Grundwasser-oberfläche Ton	C (B)	4 (3)	-
	nein	Bohrwerkzeug	Schlagbohr-Verfahren	Seil mit Ventilbohrer	100 bis 1000	über Grundwasseroberfläche	Kies und Sand im Wasser	C (B)	5 (4)	auch in bindigen Böden unter Wasserzugabe möglich
drückend	nein	Bohrwerkzeug	Kleindruck-bohrverfahren	Druckgestänge mit Entnahmerohr	30 bis 80	feste und grobkörnige Böden	Ton, Schluff, Feinsand	C[f]	5	nur für geringe Tiefen
greifend	nein	Bohrwerkzeug	Greiferbohrung	Seil mit Bohrlochgreifer	400 bis 1500	feste, bindige Böden, Blöcke größer als $D_e/2$	Kies, Blöcke kleiner als $D_e/2$, Steine	über GW: B unter GW: C	4 5	-

[a] Übliches Kernrohr oder Seilkernrohr
[b] „Rammen" - Bohrwerkzeug mit besonderer Schlagvorrichtung. „Schlagen" Bohrwerkzeug selbst wird durch wiederholtes Anheben und Fallenlassen zum Eintreiben benutzt.
[c] Rotationstrockenkernbohrverfahren wird eingesetzt, wenn Beobachtung der Grundwasseroberfläche wichtigstes Ziel der Baugrunderkundung ist.
[d] D_e – Innendurchmesser des Bohrwerkzeugs.
[e] Klammerangaben: jeweilige Entnahmekategorie und Güteklassen können nur bei besonderen Bodenbedingungen erreicht werden.
[f] Entnahmekategorie B ist in manchen, leicht bindigen Böden möglich.

2.2.5 Planung der Untersuchungen

Bei der Planung der Feld- und Laboruntersuchungen sind die Verfahren auf die Bauaufgabe und die Baugrundeigenschaften abzustimmen. In Tafel 11.10 sind Bohrverfahren mit durchgehender Gewinnung von Kernen nach DIN EN ISO 22 475-1 zusammengestellt. Für die Feststellung geotechnischer Kennwerte sind die Vorgaben der nachfolgenden Tafel zu beachten.

Verfahren Felduntersuchungen	Mögliche Ergebnisse									
	Probeentnahme Boden/Fels			Feldversuche						
	Kategorie A	Kategorie B	Kategorie C	Drucksondierung CPT	Pressiometer PMT	Dilatometer Fels RDT, flexible Dilatometer FDT, Dilatometer Boden SDT		Standard Penetration Test SPT	Rammsondierungen DPL/DPM/DPH/DPSH	Flügelscherversuch FVT
Grundinformation										
Bodenart/Felsart	C1 F1 R1	C1 F1 R1	C2 F2 R2	C2 F2 R3	C3 F3 R3	R2	C3 F3	C2 F1	C3 F3	-
Schichtenverbreitung	C1 F1 R1	C1 F1 R1	C3 F3 R2	C1 F1	C3 F3 R3	R3	C3 F3	C2 F2	C1 F2	-
Grundwasserspiegel	-	-	-	C2	-	-	-	-	-	-
Porenwasserdruck	-	-	-	C2 F2	F3	-	-	-	-	-
Geotechnische Eigenschaften										
Korngröße	C1 F1 R1	C1 F1 R1	R2	-	-	-	-	C2 F1	-	-
Wassergehalt	C1 F1 R1	C2 F1 R1	C3 F3	-	-	-	-	C2 F2	-	-
Konsistenz-Grenzen	F1	F1	-	-	-	-	-	F2	-	-
Dichte	C2 F1 R1	C3 F3 R1	-	C2 F2	-	-	-	C2 F2	C2	-
Scherfestigkeit	C2 F1 R1	-	-	C2 F1	C1 F1	-	-	C2 F3	C2 F3	F1
Zusammendrückbarkeit	C2 F1 R1	-	-	C1 F2	C1 F1	R1	F1	C2 F2	C2 F2	-
Durchlässigkeit	C2 F1 R1	-	-	C3 F2	F3	-	-	-	-	-
Chemische Versuche	C1 F1 R1	C1 F1 R1	-	-	-	-	-	C2 F2	-	-

Eignung;

R ... Fels — 1 ... gut geeignet
C ... grobkörniger Boden — 2 ... mäßig geeignet
F ... feinkörniger Boden — 3 ... wenig geeignet
- ... nicht geeignet

2.3 Baugrunduntersuchung im Labor

2.3.1 Kennwerte der Phasenzusammensetzung

Erfassen der Volumen- oder Massenverhältnisse der im Boden enthaltenen festen, flüssigen und gasförmigen Bestandteile (Phasen).

Grundgrößen:
- Dichte $\rho = m/V$ (m Masse, V Volumen der Probe)
- Wichte $\gamma = \rho \cdot g$ (g Erdbeschleunigung),
- Wichte unter Auftrieb $\gamma' = \gamma_{Sat} - \gamma_w$ (γ_{Sat} Wichte bei Sättigung, γ_w Wichte von Wasser)
- Wassergehalt $w = m_w/m_s$ (m_w Masse Wasser, m_s Masse Festsubstanz)
- Trockendichte $\rho_d = \rho/(1+w)$
- Korndichte $\rho_S = m_S/V_S$ (V_S Volumen der Festsubstanz)

Abgeleitete Größen:
- Porenanteil $n = \dfrac{V_P}{V} = 1 - \dfrac{\rho_d}{\rho_s}$ (V_P Volumen des Porenraums)
- Porenzahl $e = \dfrac{V_P}{V_S} = \dfrac{\rho_s}{\rho_d} - 1$
- Sättigungszahl $S_R = \dfrac{n_w}{n} = \dfrac{V_w}{V_P} = \dfrac{e_w}{e}$ (V_w wassergefülltes Porenvolumen)

2.3.2 Klassifizierungsversuche

Kennwerte zur Klassifizierung (DIN 18 196), Benennung von Boden (DIN EN ISO 14 688-1) und Fels (DIN EN ISO 14 689). Klassifizierung – Grundlage für Bewertung der Eigenschaften.

Korngrößenverteilung: Unterscheidung in grobkörnige (Feinkornanteil $d \leq 0{,}063$ mm kleiner 5 Masseprozent), gemischtkörnige (Feinkornanteil 5 bis 40 %) und feinkörnige Böden.

Verfahren (DIN 18 123): Siebung (grobkörnige Böden), Abtrennung Feinkorn (Anteil 5 bis 15 %), Sedimentation (Feinkornanteil > 15 %), kombinierte Analyse (Siebung und Sedimentation).

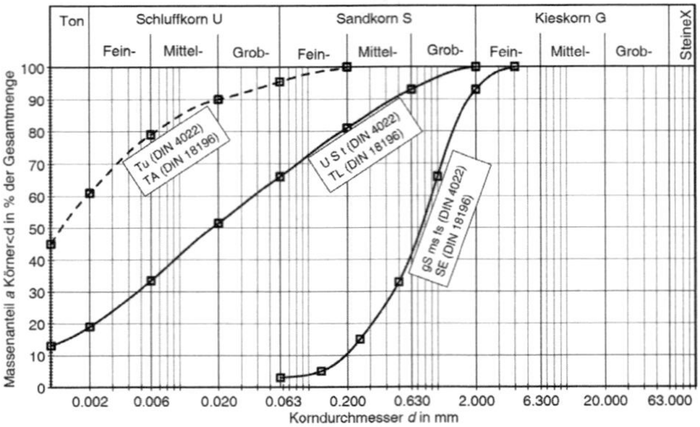

Kennwerte: Ungleichförmigkeitszahl $C_U = \dfrac{d_{60}}{d_{10}}$, Krümmungszahl $C_C = \dfrac{(d_{30})^2}{d_{10} \cdot d_{60}}$

(d_{10}, d_{30}, d_{60} Durchmesser der Körner bei 10, 30, 60 % Massenanteil)

Lockerste und dichteste Lagerung: Beurteilung der Lagerungsdichte grobkörniger Böden

Verfahren (DIN 18 126): Rütteltisch-/Schlaggabelversuch für $\rho_{d,\max}$ ($e_{\min}$, $n_{\min}$), Trichterversuch für $\rho_{d,\min}$ ($e_{\max}$, $n_{\max}$)

Kennwerte: $e_{\max}$ Porenzahl bei lockerster Lagerung, $e_{\min}$ Porenzahl bei dichtester Lagerung

bezogene Lagerungsdichte: $I_D = \dfrac{e_{\max} - e}{e_{\max} - e_{\min}} = \dfrac{\rho_{d,\max}(\rho_d - \rho_{d,\min})}{\rho_d(\rho_{d,\max} - \rho_{d,\min})}$

Lagerungsdichte: $D = \dfrac{n_{\max} - n}{n_{\max} - n_{\min}} = \dfrac{\rho_d - \rho_{d,\min}}{\rho_{d,\max} - \rho_{d,\min}}$

($I_D < 0{,}15$ sehr locker, $0{,}15 \le I_D < 0{,}35$ locker, $0{,}35 \le I_D < 0{,}65$ mitteldicht, $0{,}65 \le I_D < 0{,}85$ dicht, $0{,}85 \le I_D$ sehr dicht, nach DIN EN ISO 14 688-2:2013, nach DIN 1054 siehe Tabelle)

Bodengruppe (DIN 18196)	Ungleichförmigkeitszahl C_U	locker	mitteldicht	dicht
SE, GE, SU, GU, GT	≤ 3	$D < 0{,}3$	$0{,}3 \le D < 0{,}5$	$0{,}5 \le D$
SE, SW, SI, GE, GW, GT, SU, GU	>3	$D < 0{,}45$	$0{,}45 \le D < 0{,}65$	$0{,}65 \le D$

Konsistenzgrenzen: Benennung und Klassifizierung feinkörniger Böden

Verfahren (DIN 18 122): Fließgrenze w_L, Ausrollgrenze w_P

Kennwerte: Plastizitätszahl $I_P = w_L - w_P$, Konsistenzzahl $I_C = \dfrac{w_L - w}{I_P}$

(w Wassergehalt), Beurteilung der Konsistenz des Bodens mit Konsistenzzahl I_C gemäß Tabelle oder nach DIN EN ISO 14 688-2.

Konsistenzzahl I_C	Zustandsform	qualitative Merkmale	undrainierte Kohäsion c_u in kN/m²
< 0,25	breiig	quillt durch die Finger	
0,25-0,50	sehr weich	Faust lässt sich leicht eindrücken, leicht knetbar	10-15
0,50-0,75	weich	Daumen lässt sich leicht eindrücken Daumen lässt sich mit geringem Druck eindrücken	15-25 25-50
0,75-1,00	steif	Daumen lässt Spuren zurück, schwer knetbar, 3 mm dicke Röllchen herstellbar	50-150
> 1,00	halbfest	mit Fingernagel leicht zu kratzen, 3 mm dicke Röllchen nicht herstellbar, Klumpen herstellbar	150-300
	fest (hart)	mit Fingernagel kaum zu kratzen, hell, nicht knetbar	>300

Organische Anteile: Der Anteil organischer Bestandteile kann durch Bestimmung des Glühverlusts (DIN 18128) abgeschätzt werden. Wird für die bodenmechanische Beurteilung und Klassifizierung von Böden benötigt.

Proctorkennwerte (DIN 18 127): Es wird die bei vorgegebener Verdichtungsenergie maximal erreichbare Trockendichte in Abhängigkeit vom Wassergehalt ermittelt.

Kennwerte: Proctordichte ρ_{Pr},

Proctorwassergehalt w_{Pr},

Verdichtungsgrad $D_{Pr} = \dfrac{\rho_d}{\rho_{Pr}} \cdot 100\ \%$

Proctorkennwerte dienen der Kontrolle des Verdichtungserfolgs und der Festlegung von Verdichtungsanforderungen.

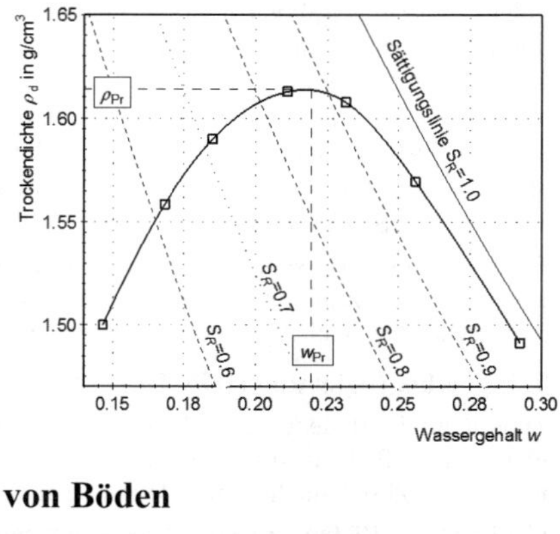

2.4 Benennung und Klassifizierung von Böden

2.4.1 Benennung und Beschreibung von Böden (DIN EN ISO 14 688-1)

Zuordnung eines Namens nach der stofflichen Zusammensetzung der Boden- oder Felsprobe

Korngrößenanalyse (Labor)	feinkörniger Boden				grobkörniger Boden						sehr grobkörniger Boden		
	Ton	Schluff (Si)			Sand (Sa)			Kies (Gr)			Stein	Block	Großer Block
		Fein	Mittel	Grob	Fein	Mittel	Grob	Fein	Mittel	Grob			
	Cl	FSi	MSi	CSi	FSa	MSa	CSa	FGr	MGr	CGr	Co	Bo	LBo
Korndurchmesser d in mm	0,002	0,0063	0,02	0,063	0,2	0,63	2,0	6,3	20,0	63,0	200	630	
Schätzung (in situ)	Zwischen den Fingern reiben (analog Reibeversuch)			gerade noch sichtbar		Gries	Streichholzkopf	Erbse	Haselnuss	Hühnerei	Kopf		
	haftet am Finger seifig	Im trockenen Zustand leicht entfernbar, mehlig, Körner noch fühlbar											

Benennung: Substantiv – Großbuchstabe – für Hauptanteil, ein oder mehrere Adjektive – Kleinbuchstaben – für Nebenanteile (z. B. sandiger Kies saGr; schluffiger Feinsand siFSa)

Hauptanteil:

grobkörnige Böden – die nach Masseanteil am stärksten vertretene Bodenart, die die bodenmechanischen Eigenschaften maßgeblich bestimmt (Feinkorn bestimmt nicht das Verhalten).

feinkörnige Bodenarten – Feinkornanteil bestimmt das Verhalten, Unterscheidung zwischen Ton/Schluff nach plastischen Eigenschaften (Trockenfestigkeit, Schüttelversuch usw.)

Nebenanteile: Anteil, der die bestimmenden Eigenschaften des Bodens nicht prägt. Adjektive der Nebenanteile vor Substantiv des Hauptanteils in Reihenfolge ihrer Bedeutung, bei Wechsellagerung ein Adjektiv unterstrichen nach dem Substantiv: kiesiger Ton mit Sand wechselgelagert grClsa.

Sind zwei Korngrößenbereiche mit etwa gleichen Masseanteilen (40 bis 60 %) vertreten, Substantive durch „und" verbinden, Buchstaben durch Schrägstrich trennen (z.B. Sand und Kies Sa/Gr). Nach Einfluss auf das Verhalten Feinkorn ($d \leq 0{,}06\,\text{mm}$) Unterscheidung in „schwach" oder „stark" schluffig oder tonig, Massenanteil grobkörniger Beimengung „stark" bei > 30 %, schwach bei < 15 %.

Versuche zur Abschätzung bei feinkörnigen Böden

Trocken-Festigkeit	Schüttel-Versuch	Knet-versuch	Schneide-versuch	Reibe-versuch	Benennung
	Wasseraustritt	Plastizität	Aussehen		
gering	schnell	leicht	stumpf	weich, mehlig	Si
mittel	langsam	mittel	glatt, matt		siCl, clSi
groß	kein	ausgeprägt	speckig	seifig	Cl

Trockenfestigkeit: Getrocknete Kugel (0,5 cm Durchmesser) wird zwischen den Fingern zerdrückt. Bei Tonen kann Probe nicht mit Fingerdruck zerstört werden, bei Schluff reicht geringer Druck.

Schüttelversuch: Eine breiige bis weiche Probe wird in der Hand geschüttelt. Wasser tritt aus (glänzende Oberfläche) und verschwindet wieder bei leichtem Druck mit dem Finger auf die Probe. Geschwindigkeit gibt Hinweise auf die Bodenart.

Knetversuch: Ausrollen zu 3 mm dicken oder dünneren Rollen. Lässt sich der Vorgang oft wiederholen – ausgeprägt plastisch, nur wenige Male oder gar nicht – gering plastisch. Alternativ: Kugel von etwa 1 cm Durchmesser formen. Mit zunehmender Plastizität lässt sich die Kugel häufiger zerdrücken und neu formen.

Schneideversuch: Eine erdfeuchte Kugel wird mit einem Messer durchschnitten. Glänzendes Aussehen der Schnittfläche deutet auf Ton hin. Bei Schluff ist die Oberfläche stumpf.

Reibeversuch: Etwas Probenmaterial wird zwischen den Fingern gerieben. Tonige Böden fühlen sich seifig, Schluffe mehlig an.

Beschreibung: Erfassung der wichtigsten Zustandseigenschaften des Bodens, z.B. Konsistenz, Lagerungsdichte. Durch umfassende Beschreibung kann der Boden einer Gruppe mit ähnlichen geotechnischen Eigenschaften zugeordnet werden.

2.4.2 Klassifizierung (DIN 18 196)

Zuordnung der Bodenprobe in Gruppen mit annähernd gleichen bautechnischen Eigenschaften und gleichem stofflichem Aufbau, Grundlage für die Schätzung von Kennwerten (z.B. für Vorentwürfe nach DIN 1055). Grundlegende Definitionen siehe DIN EN ISO 14 688-2.

Grobkörnige Böden: Böden mit Feinkornanteil (d < 0,06 mm) kleiner 5 %, Klassifizierung nach Korngrößenverteilung (siehe Tabelle unten), Einteilung der Bodengruppen nach Ungleichförmigkeitszahl und Krümmungszahl

Bezeichnung	Ungleichförmigkeitszahl C_U	Krümmungszahl C_C
Eng gestuft	$C_U < 6$	Beliebig
Intermittierend gestuft	$C_U \geq 6$	$C_C < 1$ oder $C_C > 3$
Weit gestuft	$C_U \geq 6$	$1 \leq C_C \leq 3$

Feinkörnige Böden: Böden mit Feinkornanteil von mehr als 40 %, Klassifizierung nach Konsistenzgrenzen (siehe Abb. 11.15)

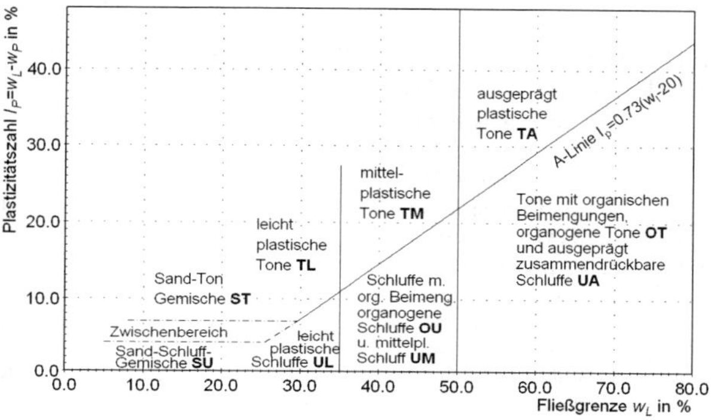

Abb. 11.15
Plastizitätsdiagramm zur Klassifizierung feinkörniger Böden

Gemischtkörnige Böden: gering schluffig oder tonig bei Massenanteil des Feinkorns $d \leq 0{,}063$ mm von 5 bis 15 %, stark schluffig oder tonig bei Massenanteil über 15 bis 40 %

Klassifizierung mineralischer Böden nach DIN 18 196																
Merkmal	Korngrößenverteilung von der Gesamttrockenmasse $d < 63$ mm sind $d \leq 0{,}063$ mm weniger als 40 %										gleich oder mehr als 40 %					
Hauptgruppe	Kieskorn, Sandkorn										Schluff, Ton					
Merkmal	Massenanteil des Korns ≤ 2 mm bis 60 %					über 60 %					Plastizitätsgrenzen I_P unterhalb A-Linie			I_P oberhalb A-Linie		
	Kies (G)					Sand (S)					Schluff (U)			Ton (T)		
Merkmal	Korngrößenverteilung von der Gesamtmasse sind ≤ 0,063 mm: < 5 %			5 bis 15 %	über 15 < 40 %	< 5 %			5 bis 15 %	über 15 < 40 %	Plastizitätsgrenzen: Fließgrenze w_L in %			Fließgrenze w_L in %		
Merkmal	$C_U < 6$, C_C beliebig	$C_U \geq 6$, $1 \leq C_C \leq 3$	$C_U \geq 6$, $C_C < 1$, $C_C > 3$			$C_U < 6$, C_C beliebig	$C_U \geq 6$, $1 \leq C_C \leq 3$	$C_U \geq 6$, $C_C < 1$, $C_C > 3$			< 35	≥ 35 ≤ 50	> 50	< 35	≥ 35 ≤ 50	> 50
Klassifizierung	Kies eng gestuft	Kies weit gestuft	Kies intermittierend gestuft	Kies tonig oder schluffig	Kies stark tonig oder schluffig	Sand eng gestuft	Sand weit gestuft	Sand intermittierend gestuft	Sand tonig oder schluffig	Sand stark tonig oder schluffig	Schluff leicht plast.	Schluff mittel plast.	Schluff ausgeprägt plast.	Ton leicht plast.	Ton mittel plast.	Ton ausgeprägt plast.
Kurzzeichen	GE	GW	GI	GU GT[1]	GU* GT*[2]	SE	SW	SI	SU ST[1]	SU* ST*[2]	UL	UM	UA	TL	TM	TA

[1] Die Zuordnung zu T oder U erfolgt an Hand der Zustandsgrenzen des Feinkorns.
[2] Anstelle U* bzw. T* kann auch $\overline{U}$ oder $\overline{T}$ geschrieben werden.

Organische und organogene Böden:

	OU, OT	Schluffe/Tone mit organischen Beimengungen
	OH	grob- bis gemischtkörnige Böden mit Beimengungen **h**umoser Art
	OK	grob- bis gemischtkörnige Böden mit **k**alkigen, kieseligen Bildungen
	HN	nicht bis mäßig zersetzte Torfe (**H**umus)
	HZ	**z**ersetzte Torfe
	F	Schlamm als Sammelbegriff für **F**aulschlamm, Mudde etc.
	A	**A**uffüllung aus Fremdstoffen

2.5 Erdbau

2.5.1 Einstufung von Boden und Fels

Boden- und Felsklassen

Nach der Lösbarkeit ist Boden und Fels früher in sieben Boden- und Felsklassen eingeteilt worden. Diese Einteilung wird in der ZTVE-StB 09 für Erdarbeiten im Straßenbau benutzt.

Klasse 1: **Oberboden** Oberste Bodenschicht, anorganische Stoffe, Humus, Bodenlebewesen (OH)

Klasse 2: **Fließende Bodenarten** Bodenarten, die beim Lösen ausfließen: UL, UM, UA, TL, TM, TA, OU, OT, OH, OK, breiige bis flüssige gemischtkörnige Böden: $G\overline{U}$, $G\overline{T}$, $S\overline{U}$, $S\overline{T}$)

Klasse 3: **Leicht lösbare Bodenarten** Böden mit höchstens 30 % Steinen[1], organische Bodenarten mit geringem Wassergehalt (SW, SI, SE, GW, GI, GE, SU, ST, GU, GT, HN)

Klasse 4: **Mittelschwer lösbare Bodenarten** Böden mit maximal 30 % Steinen[1] (UL, UM, UA, TL, TM, $G\overline{U}$, $G\overline{T}$, $S\overline{U}$, $S\overline{T}$, OU, OH, OK)

Klasse 5: **Schwer lösbare Bodenarten** Bodenarten mit mehr als 30 % Steinen[1] und höchstens 30 % Blöcken von über 200 mm bis 630 mm Durchmesser, (TA, OT)

Klasse 6: **Leicht lösbarer Fels und vergleichbare Bodenarten** Fels, mineralisch gebunden, stark klüftig, Böden mit mehr als 30 % Blöcken von über 200 mm bis 630 mm Durchmesser

Klasse 7: **Schwer lösbarer Fels** hoher Gefügefestigkeit, mineralisch gebundener Zusammenhalt, wenig klüftig und verwittert; Haufwerke aus großen Blöcken (Korngrößen über 630 mm)

Homogenbereiche

sind Bereiche mit für einsetzbare Erdbaugeräte vergleichbaren Eigenschaften und Grundlage für die Ausschreibung und Abrechnung gemäß DIN 18300. Es sind für einen Homogenbereich folgende Eigenschaften und Kennwerte sowie deren Bandbreite anzugeben:

- ortsübliche Bezeichnung, Bodengruppe (DIN 18196) oder Felsbenennung sowie Trennflächenrichtung, Trennflächenabstand, Gesteinskörperform (DIN EN ISO 14689-1).
- Anteil Steine, Blöcke und große Blöcke (DIN EN ISO 14688-1)
- Konsistenz, Plastizität (DIN EN ISO 14688-1), Lagerungsdichte

Bei Baumaßnahmen der geotechnischen Kategorie 2 oder 3 sind außerdem anzugeben:

- Korngrößenverteilung mit Körnungsbändern (DIN 18123)
- Kennwerte: ρ (DIN EN ISO 17892-2 oder DIN 18125-2), w (DIN EN ISO 17892-1), I_P und I_C (DIN 18122-1), Lagerungsdichte (DIN EN ISO 14688-2, DIN 18126), organischer Anteil (DIN 18196), c_u (DIN 4094-4, DIN 18136 oder DIN 18137-2)

Frostempfindlichkeit von Böden: Einteilung der Böden nach Frostempfindlichkeit, insbes. für Verkehrswegebau (ZTVE-StB 09).

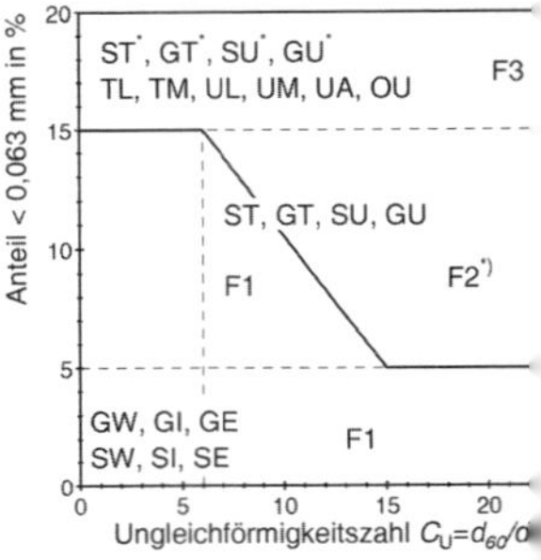

Abb. 11.16 Frostempfindlichkeitsklass

*) außerdem F2: TA, OT, OH, OK

2.5.2 Plattendruckversuch

Mit dem Plattendruckversuch (DIN 18 134) werden Druck-Setzungs-Kurven des Bodens als Grundlage für die Bemessung von Straßen- und Flugplatzbefestigungen und Fundamentplatten ermittelt. Im Erdbau wird der Plattendruckversuch zur Nachprüfung der Verdichtung eingesetzt (ZTVE-StB 09).

2.5.3 Verdichtungskontrolle

Verdichtungsgrad $D_{Pr} = \frac{\rho_d}{\rho_{Pr}} \cdot 100$ % (Trockendichte bezogen auf Proctordichte), Nachweis durch

Bestimmung von Trockendichte und Luftporenanteil nach Verdichtung (TP BF-StB, DIN 18 125)

Indirekte Verfahren: statischer Plattendruckversuch (DIN 18 134)
dynamischer Plattendruckversuch (TP BF-StB Teil B8.3)
Einsenkungsmessung mit dem Benkelmann-Balken (TP BF-StB Teil B9)
flächendeckende dynamische Verdichtungskontrolle (TP BF-StB Teil E2).

[1] Korngrößen über 63 bis 200 mm.

Indirekte Prüfverfahren sind durch Kontrollmessungen zu kalibrieren. Ist dies nicht möglich, dürfen Erfahrungswerte zugrunde gelegt werden. In folgender Tabelle sind die für den Verdichtungsnachweis geforderten Moduln nach ZTVE-StB 09 zusammengestellt.

Bodengruppen	Verdichtungsgrad D_{Pr} in %	Verformungsmodul E_{V2} in MN/m² [1]	Verhältniswert E_{V2}/E_{V1} [1]
GW, GI	≥ 100 ≥ 98	≥ 100 ≥ 80	≤ 2,3 ≤ 2,5
GE, SE, SW, SI	≥ 100 ≥ 98	≥ 80 ≥ 70	≤ 2,3 ≤ 2,5

2.6 Eigenschaften von Böden

Die Eigenschaften der Böden sind abhängig von Korngrößenverteilung, Phasenzusammensetzung, Struktur und Spannungszustand. Für die Bestimmung der Berechnungskennwerte sind Versuche an Proben der Güteklasse 1 erforderlich. Ist dies nicht möglich, ist anzustreben, die Verhältnisse *in situ* (Spannungszustand, Phasenzusammensetzung) anzunähern. Kapillarspannungen nur berücksichtigen, wenn durch entsprechende Maßnahmen eine Durchfeuchtung oder Austrocknung des Bodens ausgeschlossen ist. Die Angaben der folgenden Abschnitte gelten für gesättigte Zustände.

2.6.1 Scherfestigkeit

Unterscheidung in **drainierte** (langsame Vorgänge, Boden kann entwässern, Nachweis mit wirksamen Spannungen und wirksamen Scherparametern) und **undrainierte** Zustände (schnelle Vorgänge, Boden kann nicht entwässern, Nachweis mit totalen Spannungen und undrainierten Scherparametern).

Grenzbedingung für drainierte Zustände:

Es wird die Mohr-Coulomb'sche Grenzbedingung verwendet. Wirksame Spannungen (Druck positiv). $\tau = \sigma'_N \cdot \tan\varphi' + c'$

$\sigma'_N = \sigma_N - u$ wirksame Normalspannung

σ_N totale Normalspannung

u Porenwasserdruck

φ' wirksamer Reibungswinkel

c' wirksame Kohäsion

Grenzbedingung für undrainierte Zustände: totale Spannungen (Druck positiv)

$\tau = \sigma_N \cdot \tan\varphi_u + c_u$

φ_u undrainierter Reibungswinkel

c_u undrainierte Kohäsion

Feinkörnige Böden: bei erstbelasteten Böden (normalkonsolidiert) keine wirksame Kohäsion $c' = 0$ und Reibungswinkel der Gesamtscherfestigkeit $\varphi'_S \geq \varphi'$, bei vorbelasteten Böden wirksame Kohäsion $c' \geq 0$ und wirksamer Reibungswinkel φ'.

Grobkörnige Böden: Reibungswinkel φ' abhängig von der Porenzahl e, keine wirksame Kohäsion c', Kapillarkohäsion bei unvollständiger Sättigung.

Experimentelle Bestimmung (Routineversuche):

Versuchsart	Norm	Bemerkungen
Direkter Scherversuch	DIN 18 137-3	keine Ermittlung undrainierter Scherparameter möglich
Einaxialer Druckversuch	DIN 18 136	Druckfestigkeit $q_u \approx 2 \cdot c_u$
Triaxialversuch	DIN 18 137-2	Ermittlung der wirksamen und undrainierten Scherparameter
Flügelscherversuch	DIN 4094-4	Labor- oder Feldflügelsondierungen, Bestimmung der undrainierten Kohäsion c_u

[1] Wenn der E_{V1}-Wert bereits 60 % des in der Tabelle angegebenen E_{V2}-Wertes erreicht, sind auch höhere Verhältniswerte E_{V1}/E_{V2} zulässig.

2.6.2 Zusammendrückbarkeit

Untersuchung der Zusammendrückbarkeit in Versuchen mit behinderter Seitendehnung (Ödometer, Kompressionsversuch). Annahme: Bauwerkssetzungen überwiegend durch vertikale Zusammendrückung, wenn Belastung ausreichend weit vom Grenzzustand (Grundbruchlast) entfernt; feinkörnige Böden: große Setzungen über lange Zeiträume; grobkörnige Böden: kleine Setzungsbeträge, die sofort eintreten.

Ermittlung der Gesamtsetzung:

Steifemodul: $E_S = \dfrac{d\sigma'}{d\varepsilon} \approx \dfrac{\Delta\sigma'}{\Delta\varepsilon}$ (σ' wirksame Vertikalspannung; Dehnung $\varepsilon = -\ln\left(\dfrac{h_A - \Delta h}{h_A}\right)$; Δh Setzung; h_A Ausgangshöhe)

Erfassung der Druckabhängigkeit des Steifemoduls nach *Ohde*: $E_S = \sigma_{ref} \cdot v \cdot \left(\dfrac{\sigma'}{\sigma_{ref}}\right)^w$ (18)

(σ_{ref} Bezugsspannung, i. Allg. 1 bar = 100 kN/m² = 100 kPa)

Böden mit $\sigma' = \sigma'_{max}$ sind erstbelastet (normalkonsolidiert). Böden mit $\sigma' < \sigma'_{max}$ sind überkonsolidiert (vorbelastet). Steifemodul vorbelasteter Böden ist das 3- bis 7fache des Steifemoduls bei Erstbelastung und gleicher Vertikalspannung (Vorbelastungsspannung: größte Vertikalspannung).

Mittlerer Steifemodul: für Setzungsberechnungen aus der Sekante durch die Anfangs- (σ_V) und Endspannung ($\sigma_V + \sigma_0$) oder mit dem geometrischen Mittel $\sigma' = \sqrt{\sigma_V \cdot (\sigma_V + \sigma_0)}$ und Gl. (18).

2.6.3 Durchlässigkeit

Filtergesetz nach *Darcy:* $v = k \cdot i$

$v = \dfrac{Q}{A}$ Filtergeschwindigkeit; $Q = \dfrac{\Delta V_W}{\Delta t}$ Wasservolumen pro Zeit; A durchströmte Fläche $i = \dfrac{h}{l}$ hydraulisches Gefälle; h hydraulischer Druckhöhenunterschied; l durchströmte Länge

Experimentelle Bestimmung (DIN 18 130): Unterscheidung in Verfahren mit konstanter und fallender Druckhöhe. Bestimmung z. B. im Kompressions-Durchlässigkeits-Gerät, Triaxialgerät, Standrohrgerät, indirekte Ermittlung der Durchlässigkeit feinkörniger Böden aus Zeit-Setzungs-Verhalten im Ödometer über Konsolidationsbeiwert c_v.

Ermittlung der horizontalen Durchlässigkeit im Feld durch Pumpversuch.

Der Durchlässigkeitsbeiwert k ist abhängig von der Porenzahl des Bodens. Diese Abhängigkeit kann bei feinkörnigen Böden näherungsweise durch folgende Beziehung erfasst werden:

$k = c_1 \cdot \exp\left(\dfrac{e - c_3}{c_2}\right)$ (e Porenzahl; c_1, c_2, c_3 Parameter; $c_2 \approx 0{,}217 \cdot e_A$; e_A Porenzahl in situ)

2.6.4 Bettungsmodul

Grundlage für verformungsabhängige Berechnungen (z. B. Bettungsmodulverfahren zur Berechnung von Fundamentplatten). Überschlägliche Ermittlung aus Setzungsberechnung nach DIN 4018. Der mittlere Bettungsmodul ergibt sich aus dem Quotienten Sohldruck/Setzung:

$k_{S,m} = \dfrac{\sigma_{0,m}}{s_m}$ ($\sigma_{0,m}$ mittlere Sohlpressung; s_m Setzung unter dem kennzeichnenden Punkt)

2.7 Mittlere bodenmechanische Kennwerte

Bodenart	Wichte kN/m³ γ erdfeucht	Wichte kN/m³ γ' unter Auftrieb	Bodengruppe nach DIN 18 196	Korngrößenverteilung ≤ 0,06 mm %	Korngrößenverteilung ≤ 2,0 mm %	Ungleichförmigk. C_U	Reibungswinkel φ' °	Kohäsion c' kN/m²	Durchlässigkeitsbeiwert k m/s	Proctorwerte Dichte ρ_{Pr} t/m³	Proctorwerte Wassergehalt w_{Pr}	Kompressionskennwerte $\overline{E}_S = \nu\overline{\sigma}^w$ [1] ν	Kompressionskennwerte w
Kies, gleichkörnig	16,0	9,5	GE	<5	≤60	2	34	-	$2 \cdot 10^{-1}$	1,70	8	400	0,6
	19,0	10,5				5	42	-	$1 \cdot 10^{-2}$	1,90	5	900	0,4
Kies, sandig, wenig Feinkorn	21,0	11,5	GW, GI	<5	≤60	10	35	-	$1 \cdot 10^{-2}$	2,00	7	400	0,7
	23,0	13,5				100	45	-	$1 \cdot 10^{-6}$	2,25	4	1100	0,5
Kies, sandig, tonig, schluffig	21,0	11,5	GU, GT	8	≤60	30	35	7	$1 \cdot 10^{-5}$	2,10	7	400	0,7
Feinkorn sprengt nicht Korngerüst	24,0	14,5		15		300	43	0	$1 \cdot 10^{-8}$	2,35	4	1200	0,5
Kies-Sand-Feinkorngemisch	20,0	10,5		20	≤60	100	28	15	$1 \cdot 10^{-7}$	1,90	10	150	0,9
Sprengung des Korngerüstes	22,5	13,0	GU*, GT*	40		1000	35	5	$1 \cdot 10^{-11}$	2,20	5	300	0,7
Sand, gleichkörnig	16,0	9,5	SE	<5	100	1,2	32	-	$5 \cdot 10^{-3}$	1,60	15	150	0,6
	19,0	11,0				3	40	-	$2 \cdot 10^{-5}$	1,75	10	250	0,7
Sand, gut abgestuft	18,0	10,0	SW, SI	<5	>60	6	33	-	$5 \cdot 10^{-4}$	1,90	10	150	0,70
Sand, kiesig	21,0	12,0				15	41	-	$2 \cdot 10^{-5}$	2,15	6	300	0,55
Sand mit Feinkorn, keine Sprengung des Korngerüstes	19,0	10,5	SU, ST	8	>60	10	32	7	$2 \cdot 10^{-5}$	2,00	11	100	0,80
	22,5	13,0		15		50	40	0	$5 \cdot 10^{-7}$	2,20	7	200	0,70
Sand mit Feinkorn	18,00	9,0		20	>60	30	25	25	$2 \cdot 10^{-6}$	1,70	19	40	0,90
Sprengung des Korngerüstes	21,5	11,0	SU*, ST*	40	>70	500	32	7	$1 \cdot 10^{-9}$	2,00	12	140	0,75
Schluff, gering plastisch	17,5	9,5	UL	>50	>80	5	28	10	$1 \cdot 10^{-5}$	1,60	22	25	0,95
	21,0	11,0				50	35	5	$1 \cdot 10^{-7}$	1,80	15	60	0,85
Schluff, mittel- und ausgeprägt plastisch	17,0	8,5	UM, UA	>80	100	5	25	20	$2 \cdot 10^{-6}$	1,55	24	25	1,0
	20,0	10,5				50	33	7	$1 \cdot 10^{-9}$	1,75	18	60	1,0
Ton, gering plastisch	19,0	9,5	TL	>80	100	6	28	35	$1 \cdot 10^{-7}$	1,65	20	20	1,00
	22,0	12,0				20	35	10	$2 \cdot 10^{-9}$	1,85	15	40	1,00
Ton, mittelplastisch	18,0	8,5	TM	>90	100	5	25	45	$5 \cdot 10^{-8}$	1,55	23	10	1,00
	21,0	11,0				40	30	15	$1 \cdot 10^{-10}$	1,75	17	25	1,00
Ton, ausgeprägt plastisch	16,5	7,0	TA	100	100	5	17	60	$1 \cdot 10^{-9}$	1,45	27	6	1,00
	20,0	10,0				40	27	20	$1 \cdot 10^{-11}$	1,65	20	20	1,00
Schluff oder Ton organisch	15,5	5,5	OU, OT	>80	100	5	20	35	$1 \cdot 10^{-9}$	1,45	27	4	1,00
	18,5	8,5				30	26	10	$2 \cdot 10^{-11}$	1,70	18	7	0,90
Torf	10,4	0,4	HN, HZ	-	-	-	24	15	$1 \cdot 10^{-5}$	-	-	3	1,00
	12,5	2,5					30	5	$1 \cdot 10^{-8}$			6	1,00

[1] $\overline{E}_S = E_S/(1\text{ bar})$; $\overline{\sigma} = \sigma/(1\text{ bar})$; der mittlere Steifemodul für Setzungsberechnungen kann wie folgt ermittelt werden: $\overline{E}_{Sm} = \nu\{\overline{\sigma}_{ü}(\overline{\sigma}_{ü} + \overline{\sigma}_z)\}^{w/2}$ (vgl. S. 11.18)

3 Baugrube, Stützkonstruktionen und Wasserhaltung

3.1 Allgemeines

Die Größe der Baugrube ergibt sich im Wesentlichen aus der erforderlichen Gründungstiefe und dem angestrebten Bauwerksgrundriss zuzüglich den erforderlichen Arbeitsraumbreiten und den Abmessungen des Baugrubenverbaus oder der Baugrubenböschung.

- Angaben zu den Ansätzen von Nutzlasten (Straßen- und Schienenverkehr, Baustellenverkehr und -betrieb), des Erddrucks, des Wasserdrucks und der Bemessung können den „Empfehlungen des Arbeitskreises Baugruben (EAB)“ entnommen werden. Weiterhin sind DIN 4124 und ggf. fachspezifische Regelwerke (z. B. ZTV-ING, ZTV-W, EAU, Ril 836) zu beachten.
- Für die Ermittlung der Baugrundverhältnisse und der Bodenkennwerte ist Abschn. 2 zu beachten.
- Bei Bauwerken im Einflussbereich von Baugruben sind zudem DIN 4123 u. DIN 1055 zu beachten.
- Bei verankerten Baugrubenwänden ist neben dem Nachweis der Standsicherheit in der tiefen Gleitfuge auch der Nachweis der Geländebruchsicherheit zu erbringen (EAB). Der Nachweis der Geländebruchsicherheit kann analog dem Nachweis der Böschungsbruchsicherheit (mit eingeschlossener Stützkonstruktion) nach DIN 4084 bzw. Abschnitt 3.7 erfolgen.
- Bei Baugruben mit umströmtem Wandfuß (Wasserspiegeldifferenz zwischen außerhalb und innerhalb der Baugrube) ist neben dem Einfluss des Strömungsdrucks auf die Baugrubenkonstruktion auch der Nachweis gegen Aufbruch der Baugrubensohle (hydraulischer Grundbruch) zu führen (siehe EAB und Abschnitt 3.8.6).
- Bei Baugruben mit einer Dichtungssohle (Injektionssohle bzw. Unterwasserbetonsohle) stellt sich ein hydrostatischer Wasserdruck ein. In diesem Fall ist der Nachweis der Auftriebssicherheit der Sohle und der Baugrubenkonstruktion zu führen (siehe EAB).

Arbeitsräume, die betreten werden, müssen in geböschten Baugruben mind. 0,50 m und in verbauten Baugruben 0,60 m breit sein. Für Leitungsgräben kann die erforderliche lichte Breite b den folgenden Tafeln entnommen werden.

Die für die Abrechnung im Einzelfall maßgebende Arbeitsraumbreite b_A ergibt sich aus der folgenden Tafel. Werden Fundamente und Sohlplatten gegen Erde betoniert, so darf der Gründungskörper nicht in die Verlängerung der Böschungsfläche einschneiden.

Lichte Breiten für Gräben mit betretbarem Arbeitsraum nach DIN 4124

Art des Grabens, Böschungswinkel	Äußerer Rohrschaftdurchmesser OD in m	Lichte Grabenbreite b in m[1]
Böschungswinkel an der Sohle		
$\beta \le 90°$	OD ≤ 0,40	b = OD + 0,40
$\beta \le 60°$	OD > 0,40	b = OD + 0,40
$\beta > 60°$	OD > 0,40	b = OD + 0,70
verbauter Graben	OD ≤ 0,40	b = OD + 0,40[2]
	0,40 < OD ≤ 0,80	b = OD + 0,70
	0,80 < OD ≤ 1,40	b = OD + 0,85
	OD > 1,40	b = OD + 1,00
Mindestbreite bei Grabentiefe[3]		
≤ 1,75 m	für	b = 0,70
≤ 4,00 m	alle	b = 0,80
> 4,00 m	Durchmesser	b = 1,00

[1] Bei geböschten Gräben = Sohlbreite; bei waagerechtem Verbau = lichter Abstand der Platten, Bohlen bzw. der Brusthölzer, wenn l_1 < 2,00 m; bei senkrechtem Verbau = lichter Abstand der Bohlen bzw. der waagerechten Gurtungen, wenn deren Unterkante bei OD ≥ 0,60 m weniger als 2,00 m über der Grabensohle bzw. bei OD ≥ 0,30 m weniger als 0,50 m über OK Rohr liegt.

[2] Sind planmäßige Umsteifungen für das Herablassen von langen Rohren erforderlich, dann gilt b = OD + 0,70.

[3] Gilt nur für Gräben mit senkrechten Wänden; bei Gräben nach Abb. 11.21 (a und c) genügt b = 0,60 m.

Arbeitsraumbreiten für Baugruben nach DIN 4124

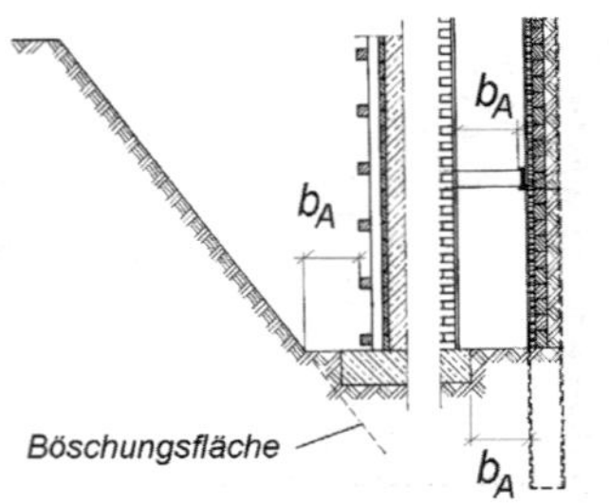

Lichte Breiten für Gräben bis 1,25 m Tiefe ohne betretbaren Arbeitsraum nach DIN 4124

Regelverlegetiefe t in m	$t \le 0{,}70$	$> 0{,}70$ t $\le 0{,}90$	$> 0{,}90$ t $\le 1{,}00$	$> 0{,}90$ t $\le 1{,}00$
Lichte Grabenbreite b in m	0,30	0,40	0,50	0,60

3.2 Nichtverbaute Baugruben und Gräben

Nichtverbaute Baugruben und Gräben mit einer Tiefe von mehr als 1,25 m müssen mit abgeböschten Wänden hergestellt werden. Die zulässige Böschungsneigung richtet sich nach den bodenmechanischen Eigenschaften des Bodens unter Berücksichtigung der Zeit, während der sie offen zu halten sind, und nach den äußeren Einflüssen, die auf die Böschung wirken. Die maximalen Böschungswinkel können für einfache Fälle ohne rechnerischen Nachweis nach folgender Tafel angenommen werden (DIN 4124):

Tafel 11.21a Maximale Böschungswinkel für einfache Fälle (DIN 4124)

lfd. Nr.	Bodenart	Böschungswinkel β in °
1	nichtbindiger Boden, weicher bindiger Boden	≤ 45
2	steifer oder halbfester bindiger Boden	≤ 60
3	Fels	≤ 80

Geringere Böschungswinkel sind vorzusehen, wenn besondere Einflüsse vorliegen wie

- Störungen des Bodengefüges (Klüfte oder Verwerfungen)
- zur Einschnittsohle hin einfallende Schichtung oder Schieferung
- Grundwasserhaltung durch offene Wasserhaltung
- Zufluss von Schichtenwasser
- nicht entwässerte Fließsandböden
- starke Erschütterungen aus Verkehr, Rammarbeiten oder Sprengungen.

Die Sicherheit gegen Böschungsbruch ist rechnerisch nachzuweisen, wenn

- die Böschung mehr als 5 m hoch ist oder die in Tafel 11.21a unter 1 und 2 genannten Böschungswinkel überschritten werden sollen, wobei mehr als 80° nicht zulässig sind;
- einer der oben genannten besonderen Einflüsse vorliegt;
- vorhandene Leitungen oder andere bauliche Anlagen gefährdet werden können;
- unmittelbar neben dem Schutzstreifen von 0,60 m Breite Auflasten von mehr als 10 kN/m^2 zu erwarten sind.

Tafel 11.21b Nicht- und teilverbaute Gräben und Baugruben bis 1,75 m Tiefe

Grabentiefe h in m	
< 1,25	**alle Bodenarten:** Lotrechte Abschachtung ist zulässig, sofern die Neigung der Geländeoberfläche bei nichtbindigen Böden < 1:10 (β < 5,7°) und bei bindigen Böden < 1:2 (β < 26,5°) ist.
1,25 bis 1,75	**bindiger Boden (ab steifer Konsistenz) und Fels:** Ausbildung nach Abb. 11.21 **nichtbindiger Boden:** Böschung oder kompletter Verbau
> 1,75	**alle Bodenarten:** Böschung oder kompletter Verbau

Im Bereich benachbarter baulicher Anlagen sind die Forderungen der DIN 4123 zu beachten.

Bermen sind anzuordnen, falls dies zum Auffangen von abrutschenden Steinen, Felsbrocken und dergleichen oder für Wasserhaltungen erforderlich ist. Bermen, die zum Auffangen abrutschender Teile dienen, müssen mindestens 1,50 m breit sein und in Stufen von höchstens 3,00 m Höhe angeordnet werden. Eine gleichwertige oder bessere Sicherungsmaßnahme als mit Bermen kann z.B. eine Sicherung mit Folienabdeckung und verankerten Baustahlgewebematten darstellen, wenn auf den Bermen einsickerndes Oberflächenwasser Rutschungen auslösen kann.

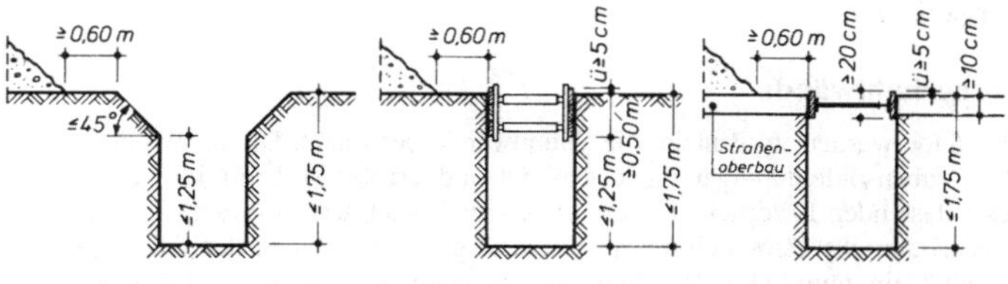

a) Graben mit abgeböschten Kanten b) Teilweise verbauter Graben c) Graben mit Saumbohlen

Abb. 11.21 Nicht- und teilverbaute Gräben und Baugruben bis 1,75 m Tiefe

3.3 Grabenverbau

3.3.1 Waagerechter und senkrechter Normverbau nach DIN 4124

Normverbau darf unter folgenden Voraussetzungen ohne besonderen Standsicherheitsnachweis verwendet werden:

- Geländeoberfläche verläuft annähernd waagerecht
- nichtbindiger Boden oder ein bindiger Boden, steif oder halbfest
- Bauwerkslasten üben keinen Einfluss auf Größe und Verteilung des Erddrucks aus
- Straßenfahrzeuge und Baugeräte halten einen ausreichend großen Abstand vom Verbau ein.

3.3.2 Grabenverbaugeräte nach DIN 4124

Grabenverbaugeräte sind Einrichtungen zur Sicherung von Grabenwänden und bilden den fertigen Verbau eines Grabenteilstücks. Sie bestehen meist aus zwei großflächigen Wandelementen, die über Stützbauteile (Streben und Stützrahmen) verbunden sind. Es können mittig gestützte, randgestützte, rahmengestützte Grabenverbaugeräte, Gleitschienen-Grabenverbaugeräte und Dielenkammer-Geräte unterschieden werden. Nach DIN 4124 dürfen nur Grabenverbaugeräte nach DIN EN 13 331-1 verwendet werden, die von der Prüfstelle des Fachausschusses „Tiefbau" der Tiefbau-Berufsgenossenschaft geprüft wurden. Es ist weiterhin die Verwendungsanleitung des Herstellers zu beachten.

Grabenverbaugeräte sind in allen Bodenarten anwendbar, die nicht ausfließen.

Die Anwendung des Einstellverfahrens (s.u.) ist auf bestimmte Bodenarten beschränkt.

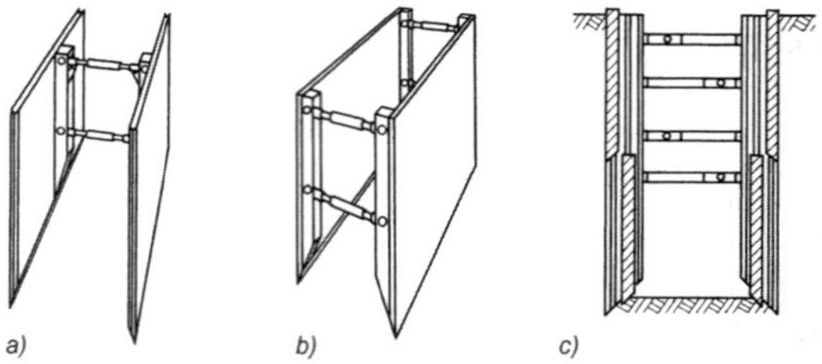

a) mittig gestützt b) randgestützt c) in Doppelgleitschienen geführt

Abb. 11.22 Grabenverbaugeräte

Einbauverfahren:

Einstellverfahren: Die Verbauelemente werden nach Aushub des Bodens auf die erforderliche Tiefe in den Graben eingestellt. Voraussetzung: vorübergehend standfester Boden (Dies ist ein Boden, der zwischen Beginn der Ausschachtung und Einbringen des Verbaues keine wesentlichen Nachbrüche aufweist.).

Absenkverfahren: Es kann in allen Bodenarten angewendet werden, die nicht ausfließen. Der Graben wird zunächst auf eine Tiefe ausgehoben, bei der die Grabenwände noch vorübergehend stehen. Nach Einsetzen der auf die Grabenbreite montierten Verbaueinheit wird der Graben in Abschnitten von $\leq 0{,}50$ m Tiefe ausgehoben. Sinkt hierbei die Verbaueinheit nicht durch ihr Eigengewicht nach, müssen die Platten nachgedrückt werden. Bei großen Grabentiefen werden die Verbaueinheiten durch Aufstocken zum Verbaufeld ergänzt und abschnittsweise zur Grabensohle abgesenkt.

3.4 Stützwände

3.4.1 Trägerbohlwände

Trägerbohlwände werden im Prinzip wie Spundwände berechnet. Da die Wände jedoch nur oberhalb der Baugrubensohle durchgängig ausgebildet sind, erfolgt zur Ermittlung der Einbindetiefe der Ansatz des belastenden Erddrucks für den ebenen Fall auch nur in diesem Bereich. Bei Erreichen des passiven Erddrucks kann sich bei ausreichend großem Abstand der Bohlträger unterhalb der Baugrubensohle ein räumlicher Bruchkörper ausbilden. Bei geringem Trägerabstand kommt es infolge der Überschneidung der Bruchkörper zur Reduzierung der Stützwirkung vor dem Bohlträger. Den Grenzwert stellt dann der passive Erddruck im ebenen Fall dar. Für den Standsicherheitsnachweis sind deshalb zum Vergleich zwei Nachweise erforderlich, von denen der ungünstigere maßgebend ist. Die Träger besitzen die Breite b_t und untereinander einen Abstand a_t.

3.4.2 Schlitzwände

Herstellung:

Der lamellenweise Aushub des Bodens unter Flüssigkeitsstützung erfolgt entweder mit Greifern (Seilgreifer mechanisch oder hydraulisch u.a.) oder mit Fräsen. Bei der Wandherstellung wird zwischen Zweiphasen-Verfahren (auch Ortbeton-Schlitzwand – bei Baugruben am häufigsten), Einphasen-Verfahren (vor allem bei Dichtungswänden) und kombinierten Verfahren (Einstellen von Betonfertigteilen oder Spundwandprofilen) unterschieden. Die üblichen Wanddicken liegen zwischen 0,4 bis 1,50 m. Dickere Wände bis 3,00 m können mit Fräsen ausgeführt werden. Die erreichbaren Tiefen liegen bei 100 bis 150 m.

Vorteile:

- Mit Rammen oder Rütteln verbundene Belästigung der Umgebung durch Lärm und Erschütterungen wird weitgehend vermieden.
- Können tiefer geführt werden als gerammte Wände; Baugrund, der zum Rammen nicht geeignet ist, wird durchfräst.
- Verformungsarm: geringere Verformungen im angrenzenden Boden, günstig in der unmittelbaren Nähe von Bauwerken.
- Wasserabdichtende Baugrube herstellbar: Grundwasserabsenkung kann unterbleiben.
- Kann nah an bestehenden Gebäuden abgeteuft werden und konstruktiv in das herzustellende Bauwerk eingebunden werden (z.B. Kelleraußenwand).

Nachteile:

- aufwendig hinsichtlich Baustelleneinrichtung und Aushubbehandlung (Deponierung)
- problematisch bei querenden Kanälen und Leitungen
- nur vertikal herstellbar.

Stützflüssigkeit:

Die Stützflüssigkeit für den vertikalen Erdschlitz besteht beim Zweiphasen-Verfahren in der Regel aus Ton-(Bentonit-)Suspensionen. Die Forderungen an die Eigenschaften und die Prüfmethoden dieser Suspensionen sind in DIN 4126 und DIN 4127 festgelegt. Die Aufbereitung und ausreichende Bevorratung (ca. 2 bis 2,5fache des Schlitzvolumens), die Behandlung der gebrauchten Suspension und des Erdaushubes stellen besondere Anforderungen an die Baustelleneinrichtung. Anzustreben ist ferner eine weitestmögliche Trennung von Aushubmaterial und Suspension und die anschließende Wiederaufbereitung der gebrauchten Suspension in der geforderten Qualität. Der verbleibende, durch Suspension verunreinigte Bodenaushub und die verbrauchte Suspension müssen in der Regel auf eine Deponie verbracht werden. Die Standsicherheitsnachweise für den flüssigkeitsgestützten Schlitz sind nach DIN 4126 zu führen. Für die Herstellung sind DIN 4126 und DIN 18 313 zu beachten.

3.4.3 Bohrpfahlwände

Wandarten:

1. *Tangierende Bohrpfahlwand*

- bewehrte Pfähle, nebeneinander angeordnet
- lichter Pfahlabstand aus Herstellungsgründen ca. 2–10 cm
- Berechnung der notwendigen Einbindetiefe und Schnittgrößen und die erdstatischen Standsicherheitsnachweise analog zur Spundwand möglich
- nicht wasserdicht.

2. *Aufgelöste Bohrpfahlwand*

- bewehrte Pfähle, mit Abständen größer als der Durchmesser des Einzelpfahls angeordnet

- Zwischenräume im Aushubbereich werden mit dem Aushub fortschreitend gesichert (im Allgemeinen mit Spritzbeton – bewehrt und auf Biegung bemessen oder unbewehrt mit Gewölbeausbildung zum Boden).
- Berechnung der notwendigen Einbindetiefe und Schnittgrößen und die erdstatischen Standsicherheitsnachweise analog zur Trägerbohlwand möglich
- nicht wasserdicht.

3. *Überschnittene Bohrpfahlwand*

- Herstellung unbewehrter Primärpfähle (Pfähle 1, 3, 5 usw.)
- wenige Tage danach Bohren der Sekundärpfähle (bewehrte Pfähle 2, 4, 6 usw.), die in die Primärpfähle einschneiden (Herstellung einer durchgehenden Betonwand)
- Überschneidungsmaß ca. 10–20 % des Pfahldurchmessers (abhängig von Bohrtechnologie und Baugrundverhältnissen)
- Berechnung der notwendigen Einbindetiefe und Schnittgrößen und der erdstatischen Standsicherheitsnachweise analog zur Spundwand möglich
- wasserabdichtende Baugrube herstellbar.

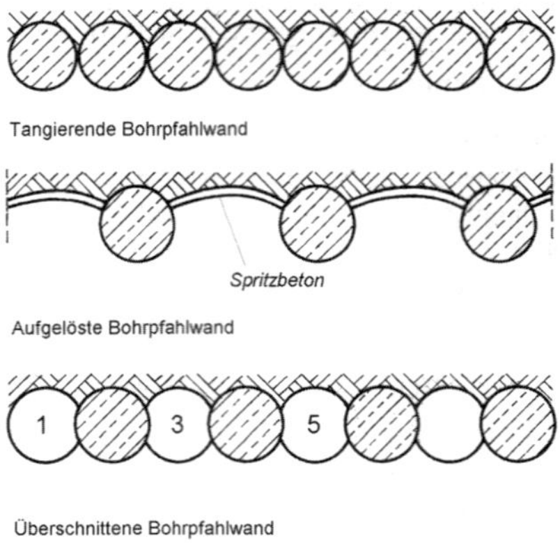

Arten von Bohrpfahlwänden

Für die Herstellung und Bemessung der verrohrt oder unverrohrt hergestellten Bohrpfähle sind DIN EN 1997-1, DIN EN 1536 mit DIN SPEC 18140, DIN 18 301, DIN 18 331 und DIN 1045 zu beachten.

3.4.4 Injektionswände

Injektionswände kommen im Zusammenhang mit Baugruben meist bei der Unterfangung von benachbarter Bebauung zum Einsatz. Durch die Injektion des Baugrundes soll ein Baukörper erzeugt werden, der wie eine Schwergewichtsmauer wirkt (bei Unterfangungshöhen von mehr als 2–3 m verankert).

Injektionsverfahren:

- „klassische" Injektionen oder Niederdruckinjektionen: Einpressen von Injektionsmitteln in die Porenräume oder Hohlräume des Bodens oder Fels zum Dichten oder Verfestigen des Bodens oder Fels; bei Planung, Ausführung und Prüfung von Injektionen ist die DIN 4093, DIN EN 12 715, DIN 18 309 und ggf. das „Merkblatt für Einpressarbeiten mit Feinstbindemitteln in Lockergestein" (s. BAUTECHNIK 79 (2002), Heft 8 und 9) zu beachten.
- *soil-fracturing*-Verfahren: planmäßiges Einpressen von Injektionsmaterial zur gezielten, örtlichen Aufsprengung des Bodens (im Prinzip nur zur Gründungssanierung/Baugrundverbesserung bei bindigen Böden eingesetzt, wo die klassischen Injektionsverfahren ausscheiden – nicht zur Gebäudeunterfangung); bei Planung, Ausführung und Prüfung ist DIN EN 12 715 zu beachten.
- Düsenstrahlverfahren, auch Hochdruckinjektion (HDI), Hochdruckbodenvermörtelung, jetgrouting oder soilcrete: Die Bodenstruktur wird durch einen Düsenstrahl aufgeschnitten, und der Boden wird entweder mit dem Injektionsgut teilweise vermischt und ein Teil mit dem Spülmittelrücklauf gefördert (nichtbindige Böden) oder durch das Injektionsmittel ersetzt und durch den Spülmittelrücklauf gefördert (bindige Böden). DIN EN 12 716 und DIN 18 321 beachten.

Injektionsmittel:

- Nach Ausgangsstoffen und Zusammensetzung werden Mörtel, Pasten, Suspensionen, Lösungen und Emulsionen unterschieden.
- Ausgangsstoffe können z.B. Zemente, Zement-Bentonitmischungen, Feinstbindemittel (Ultrafeinzemente) oder Chemikalien (Wasserglas, Silikate und Kunstharze) sein.

Die Wahl des Injektionsmittels und -verfahrens wird im Wesentlichen durch den Boden und seine Eigenschaften bestimmt. Erste Anhaltswerte zu den möglichen Anwendungsbereichen können der Abb. 11.25a entnommen werden.

Planung und Bemessung von Injektionswänden zur Bauwerksunterfangung:

Bei Planung von Injektionswänden für Bauwerksunterfangungen ist die DIN 4123 zu beachten. Die Bohrlochneigungen, Bohrlochabstände und Bohrlochfolge müssen vor Baubeginn in einem Injektionsplan festgelegt werden. Zur Überprüfung der geplanten Injektionsreichweite (Säulendurchmesser) und der geplanten Druckfestigkeit sind gegebenenfalls vor Baubeginn Probeinjektionen durchzuführen. Das Injektionsziel hinsichtlich Bereich, Qualität und Druckfestigkeit ist durch Kontrolle und Aufzeichnungen bei der Herstellung und durch Probenentnahme und -prüfung nach der Herstellung zu prüfen. Bei Unterfangungen mit Injektionen sind weiterhin eventuelle Bewegungen des zu unterfangenden Bauwerks ständig zu überwachen (Hebungen/Setzungen z.B. mit Nivellements oder Schlauchwaagen). Unter bestimmten Voraussetzungen können Injektionswände auch wasserdicht ausgebildet werden.

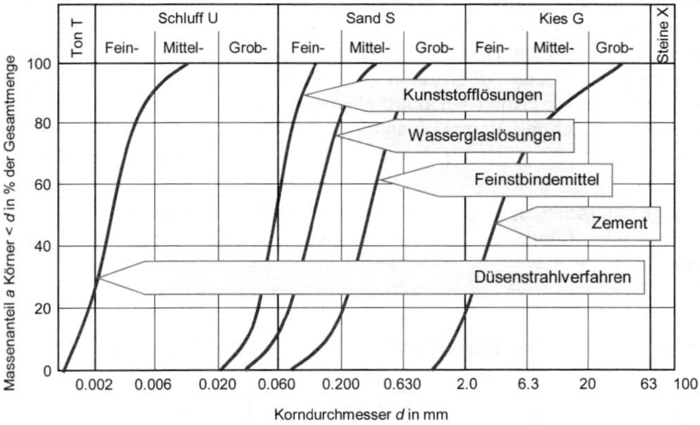

Abb. 11.25a Anwendungsbereiche der Injektionsverfahren und -mittel

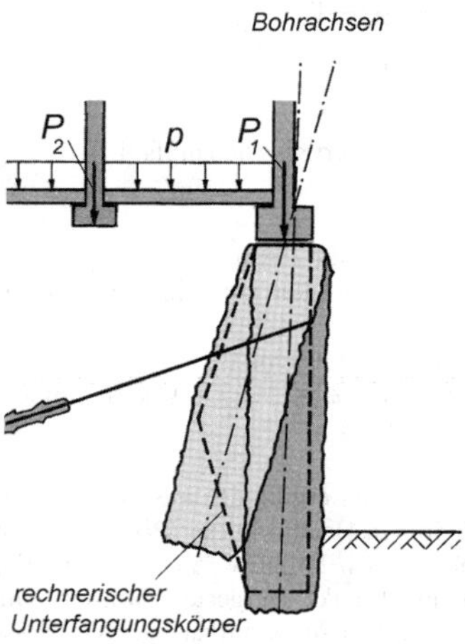

Abb. 11.25b Bauwerksunterfangung

Erforderliche Nachweise:
(analog zu Schwergewichtsmauern)

- Kippen
- Gleiten
- Grundbruch/zulässige Sohlspannungen
- zulässige Spannungen im Injektionskörper
- Verankerungsnachweise
- eventuell Geländebruch.

Die erreichbaren Druckfestigkeiten der Injektionskörper sind von Bodeneigenschaften, Injektionsverfahren und Injektionsmittel abhängig.

Einaxiale Druckfestigkeiten (Anhaltswerte) bei:

- Niederdruckinjektionen mit
  - Chemikalien: bis 5 N/mm^2
  - Zementen: bis 10 N/mm^2
  - Feinstbindemitteln: bis 20 N/mm^2
- Düsenstrahl-Verfahren:
  - im Sand/Kies: 1– 5 N/mm^2
  - im Schluff/Ton: 0,5–3 N/mm^2

Für weitere Hinweise zu geotechnischen Injektionen kann neben DIN 4093 z.B. auf das Grundbautaschenbuch Teil 2 und den Betonkalender 1998 Teil 2 zurückgegriffen werden.

3.4.5 Frostwände

Frostwände (i. Allg. wasserabdichtend ausführbar) können durch künstliches Einfrieren wasserhaltender Bodenschichten (Bodenvereisung) hergestellt werden. Mit dem Vereisungszustand ist nur so lange zu rechnen, solange die Gefriereinrichtung in Betrieb gehalten wird. Im Zuge der Eignungs- und Planungsuntersuchungen für eine Bodenvereisung sind neben der Bestimmung der notwendigen Bodenkennwerte für den ungefrorenen und gefrorenen Boden Untersuchungen zu den notwendigen Gefrierrohrabständen und zum geeigneten Kühlverfahren notwendig. Je geringer der Abstand der Kühlrohre ist und je tiefer die eingebrachte Temperatur ist, umso kürzer ist die zur Bildung der Frostmauer erforderliche Zeit.

3.5 Verankerungen, Steifen

Baugrubenwände und andere Bauwerke werden zur Begrenzung der Verformungen oft rückwärtig verankert. Verankerungen dienen u.a. auch zur Auftriebssicherung und zur Aufnahme von Einzelkräften z. B. bei Abspannungen. Eine Verankerung mit Ankerplatten (z.B. Einsatz bei Uferwänden) erfolgt nur noch selten, da ein großer freier Arbeitsraum zur Einbringung der Verankerung hinter der Wand notwendig ist. Üblicherweise erfolgt bei Baugrubenwänden eine rückwärtige Verankerung mit Verpressankern, mitunter auch mit Verpressmantelpfählen. Es dürfen nur die Verpressanker zum Einsatz kommen, die bauaufsichtlich zugelassen sind. Für die sachgemäße Herstellung dieser Anker gilt DIN EN 1537.

Hinsichtlich der Einsatzdauer unterscheidet man bei Verpressankern Kurzzeitanker (Einsatzdauer kleiner als 2 Jahre) und Daueranker (länger als 2 Jahre im Einsatz). Verpressanker werden i.d.R. mit Vorspannung eingebaut.

Verankerungsarten:

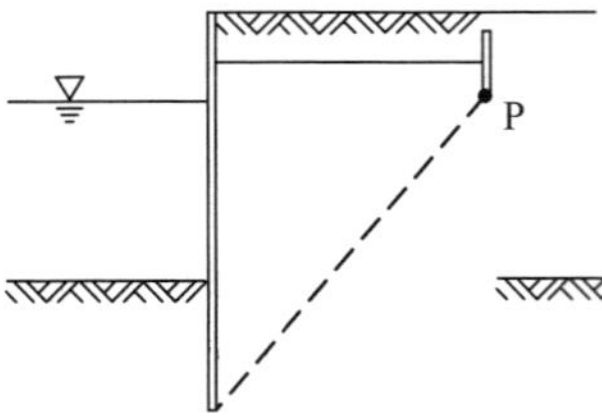

Ankerplatten

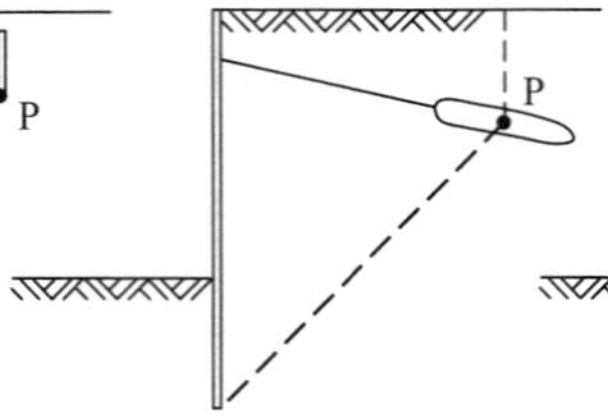

Verpressanker

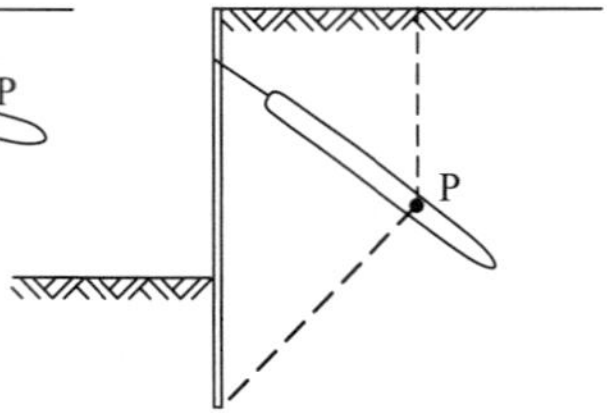

Verpressmantelpfahl

Konstruktive Regeln für den Einsatz von Verpressankern

- Die freie Ankerlänge (nicht verpresster Teil) sollte mindestens 5 m betragen.
- Der Verpresskörper sollte möglichst nur innerhalb einer bindigen oder nichtbindigen Bodenschicht bzw. vollständig im Fels liegen.
- Der Verpresskörper sollte mindestens 4 m unter Geländeoberfläche liegen.
- Der Abstand der Verpresskörper untereinander sollte bei 15 m bis 20 m langen Ankern mindestens 1,5 m sein. Der Mindestabstand zu Bauwerken beträgt 3 m.

Ermittlung des Herausziehwiderstands bei Verpressankern

Der charakteristische Herausziehwiderstand $R_{a,k}$ eines Verpressankers ergibt sich aus dem Widerstand des Verpresskörpers bei der Übertragung der Zugkraft in den Boden. Dieser Widerstand ist auf Grundlage von mindestens 3 Eignungsprüfungen an Ankern nach DIN EN 1537 zu ermitteln, die unter gleichartigen Ausführungsbedingungen wie die Bauwerksanker hergestellt wurden. Die Tragfähigkeit der Verpressanker ist unter anderem vom konstruktiven Ankeraufbau, der Verpresslänge und dem anstehenden Boden abhängig.

Steifen sind gegen Herabfallen zu sichern, z.B. durch horizontal angeordnete Gurte. Rundholzsteifen müssen mindestens einen Durchmesser von 10 cm besitzen und der Güteklasse II entsprechen. Die Steifen sind u.a. auf Ausknicken zu untersuchen.

3.6 Stützmauern

3.6.1 Allgemeines

- Aufnahme der horizontalen Belastung aus Erd- und Wasserdruck durch ein massives Bauwerk, das eine Verbundkonstruktion oder ein monolithische Mauer sein kann.
- In die Hinterfüllung sollte so wenig Wasser wie möglich eindringen (u.a. anströmendes Schichtenwasser durch schräg zum Mauerfuß verlegte Drainagen bzw. Niederschlagswasser an der Geländeoberfläche sammeln und abführen).
- Stauendes Wasser an der Rückseite von Gewichts- und Winkelstützmauern ist durch sorgfältige Ausbildung der Drainage zu vermeiden, da dadurch eine zusätzliche Belastung der Mauer infolge Wasserdruck auftritt.

3.6.2 Arten

Gewichtsmauern

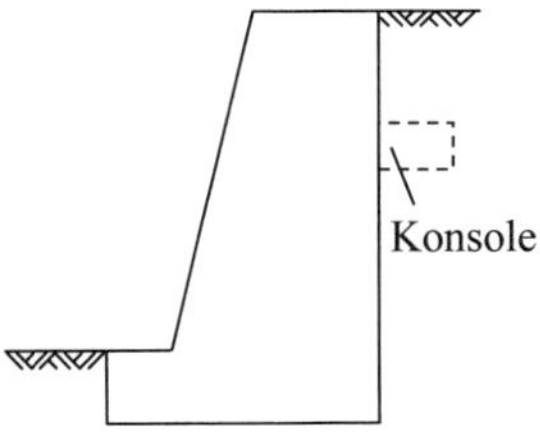

Belastung:
- Nichtverankerte Gewichtsmauern auf nachgiebigem Baugrund werden i.d.R. durch den aktiven Erddruck belastet.
- Bei lagenweisem Einbau mit Verdichtung ist zusätzlich ein Verdichtungserddruck zu berücksichtigen.

Erdstatische Nachweise:
- Nachweis der Tragfähigkeit und Gebrauchstauglichkeit wie bei Flachgründungen.

Winkelstützmauern

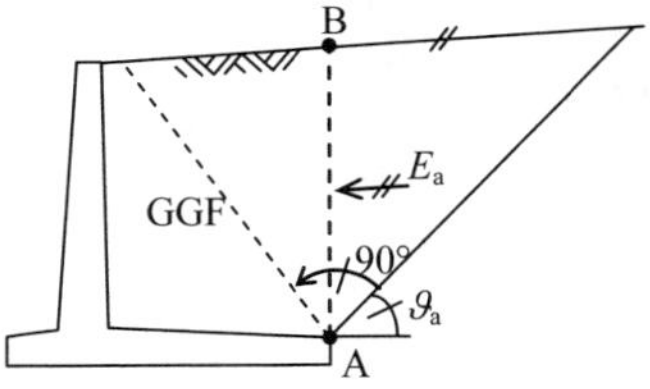

Belastung:
- Bei Winkelstützmauern sind nach DIN 4085 für den Standsicherheitsnachweis und die Bemessung der Mauer unterschiedliche Erddruckansätze maßgebend.
- Für den Nachweis der Standsicherheit kann bei Austritt der Gegengleitfläche GGF an der Geländeoberfläche ersatzweise der oberflächenparallele Ansatz des aktiven Erddrucks E_a in der lotrechten Ebene AB erfolgen.

Erdstatische Nachweise:
- Nachweis der Tragfähigkeit und Gebrauchstauglichkeit wie bei Flachgründungen.

Stützmauern nach dem Verbundprinzip sind unter anderen:

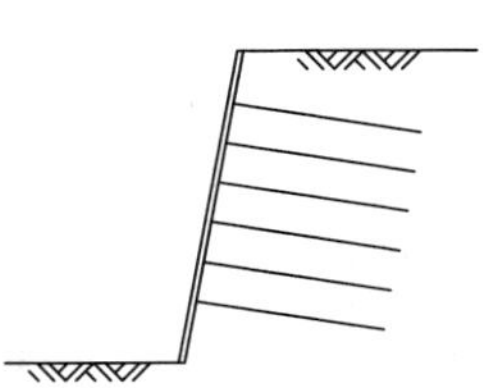

- bewehrte Erde (z. B. flächenhafte Bewehrung mit Geokunststoffen oder Metallbändern)
- Bodenvernagelung
- Raumgitterstützwände (i. d. R. Stahlbetonfertigteile).

Nachweis der Tragfähigkeit:
- Nachweis der äußeren Standsicherheit wie bei Gewichtsmauern
- Nachweis der inneren Standsicherheit für den Verbundkörper durch Überprüfung möglicher Bruchmechanismen innerhalb des Verbundkörpers und Nachweis gegen Versagen von Bauteilen.

3.6.3 Vernagelte Wände

Vernagelte Wände (Bodenvernagelungen), als konstruktive Böschungssicherungen sind Verbundkonstruktionen, die aus dem anstehenden Boden bzw. Fels, den stabförmigen, nicht vorgespannten Zuggliedern (Boden- bzw. Felsnägel) und einer Oberflächensicherung (i. d. R. bewehrter Spritzbeton) bestehen. Bei ausreichender Nageldichte verhält sich der bewehrte Boden-/Felskörper näherungsweise wie ein monolithischer Körper. Bei einer Bodenvernagelung ist, neben der DIN 1054 und der E DIN EN 14 490, die für das jeweilige System gültige Allgemeine bauaufsichtliche Zulassung des Deutschen Instituts für Bautechnik zu beachten.

Die Herstellung erfolgt in einer sich wiederholenden Abfolge:

- Zwischenaushub, in Abhängigkeit von der temporären Böschungsstabilität (ca. 1,5 m; mind. 0,5 m unter Bohransatzpunkt der jeweiligen Nagellage).
- Sicherung der frei gelegten Böschungsoberfläche mit Spritzbeton, einschließlich Bewehrung.
- Einbauen und Verpressen der Bodennägel, die kraftschlüssig, aber ohne Vorspannung mit der Außenhaut verbunden werden.

Im Regelfall werden Nägel mit einer Länge des 0,5- bis 0,7fachen der Wandhöhe gewählt. Am Kopf der hergestellten Wand ist mit horizontalen Verformungen von ca. 0,2 bis 0,4 % der Wandhöhe zu rechnen. Damit sich kein Wasserdruck auf die Oberflächensicherung infolge Schichten- oder Kluftwasser einstellt, sollte eine ausreichende Anzahl von Entwässerungsöffnungen angeordnet werden.

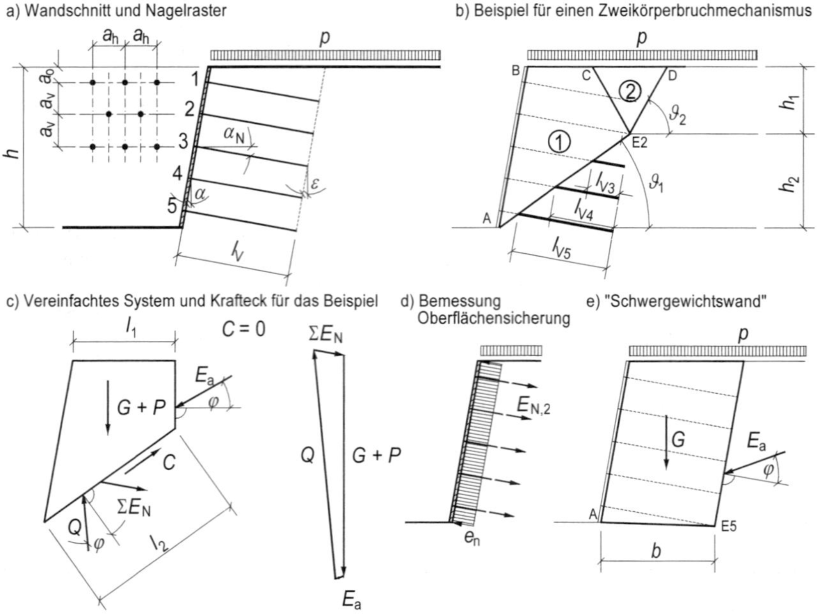

Standsicherheit

Bei Boden- und Felsvernagelungen sind zum Nachweis der Tragfähigkeit die möglicherweise maßgebenden Bruchmechanismen im Boden im Grenzzustand GEO-3 zu untersuchen. Die Gleitflächen können dabei alle oder nur einen Teil der Nägel schneiden oder auch umgehen. Dabei ist die Bemessungsbeanspruchung des jeweiligen Bodennagels aus dem Defizit des Kräftegleichgewichtes ($E_{N,1}$) zu ermitteln. Hierbei ist die Bauweise, Geländeform, Grundwassersituation sowie Betrag und Stellung von äußeren Lasten zu berücksichtigen.

Außerdem ist die Bemessungsbeanspruchung des jeweiligen Bodennagels aus der Bemessungseinwirkung auf die Oberflächensicherung und der dem jeweiligen Nagel zugeordneten Fläche der Oberflächensicherung ($E_{N,2}$) zu ermitteln. Der größere Wert der Bemessungsbeanspruchung des Bodennagels (E_N) ist maßgebend. Weiterhin ist für den Nachweis der Tragfähigkeit der Verbundkörper, als monolithisch zu betrachten.

Herausziehwiderstand eines Bodennagels

Es ist eine ausreichende Sicherheit gegen Herausziehen eines Bodennagels nachzuweisen. Der Nachweis ist erbracht, wenn die Bedingung $E_N \leq R_N$ erfüllt ist.

E_N Bemessungsbeanspruchung eines Bodennagels

R_N Bemessungswert des Herausziehwiderstands eines Bodennagels

Der Bemessungswert des Herausziehwiderstands eines Bodennagels R_N wird für die Standsicherheitsnachweise i. d. R. zunächst auf der Grundlage von Erfahrungswerten für die vorliegenden Baugrundverhältnisse ermittelt. Im Zuge der Bauausführung muss der Herausziehwiderstand durch entsprechende Prüfungen nachgewiesen werden. Maßgebend sind dafür die Regelungen in der Allgemeinen bauaufsichtlichen Zulassung.

3.7 Böschungen und Geländesprünge

3.7.1 Allgemeine Forderungen

Ein Böschungs- bzw. Geländebruch tritt ein, wenn ein Erd- bzw. Felskörper an einer Böschung, einem Hang oder an einem Geländesprung, gegebenenfalls einschließlich des Stützbauwerks, infolge des Ausschöpfens des Scherwiderstands abrutscht.

Für den Nachweis der Standsicherheit sind folgende Unterlagen erforderlich:

- Angaben über die allgemeine Gestaltung und die Maße des Geländesprungs und eventueller Stützkonstruktionen, die maßgebenden Wasserstände und Grundwasserverhältnisse sowie die Art und Größe der Belastungen, die zur Berechnung für die verschiedenen Lastfälle notwendig sind.
- Für im Boden (Lockergestein) verlaufende Prüfgleitflächen sind erforderlich:
  - die Wichten der einzelnen Schichten;
  - die Scherparameter der im Bereich der Gleitfläche anstehenden Bodenarten;
  - bei bindigen Böden sind die Scherparameter für den konsolidierten Zustand (Endstandsicherheit) und gegebenenfalls für den nichtkonsolidierten Zustand (Anfangsstandsicherheit) zu ermitteln. Hierzu gehören gegebenenfalls Angaben über den Porenwasserdruck in bindigen Böden, die unter Eigenlast und Belastung konsolidieren. Bei bindigen Böden ist unter Umständen (z. B. bei Rutsch- und Kriechhängen) auch die Restscherfestigkeit zu bestimmen.
- Für im Fels verlaufende Prüfgleitflächen sind erforderlich:
  - geologische Beschreibung des Gesteins
  - Beschreibung der Trennflächen (Einzelklüfte, Kluftscharen, Kluftabstand, Öffnungsweite, Kluftfüllung, Rauigkeit, Verzahnung u. a.)
  - räumliche Stellung der Trennflächen
  - Wichte des Gleitkörpers
  - Scherparameter sowie die Durchtrennungsgrade der maßgebenden Gleitflächen.
- Bei der Ermittlung der Standsicherheit von Rutsch- und Kriechhängen ist es erforderlich, den Verlauf der Gleitfläche bzw. die Begrenzung des Gleit- bzw. Kriechkörpers festzustellen; dafür kommen u.a. Feststellungen an der Geländeoberfläche, Aufschlüsse, Sondierungen, Inklinometer- und Extensometermessungen in Betracht.

Der Boden/Fels in einer Böschung muss gegen Erosion sowie Einwirkungen der Witterung gesichert sein. Freie Oberflächen von Böschungen sind rechtzeitig durch ingenieurbiologische (Begrünung u.a.) oder konstruktive Maßnahmen gegen Erosion durch Oberflächenwasser und Verlust der Kohäsion/Kapillarkohäsion zu schützen.

3.7.2 Hilfsmittel für die Festlegung der Böschungsneigung

Standsicherheit für den Sonderfall einer geraden, unbelasteten, nicht durchströmten Böschung mit dem Böschungswinkel β in nichtbindigen Böden:

$$\beta \leq \varphi \quad \text{bzw.} \quad \frac{\tan\beta}{\tan\varphi} = \mu \leq 1$$

Beispiel:

Gesucht: Zulässiger Böschungswinkel β für Bemessungssituation BS-T

Gegeben: Charakteristische Werte: $\varphi'_k = 35°$, $c'_k = 0$

Lösung: Teilsicherheitsbeiwert $\gamma_\varphi = 1{,}15$

$\varphi = \varphi'_k = \arctan(\tan 35°/1{,}15) = 31{,}3° \approx 31° \quad \Rightarrow \quad \beta \leq 31°$

Standsicherheitsdiagramm für Regelböschungen nach *Gußmann* [1)]

Das dargestellte Standsicherheitsdiagramm beruht auf Berechnungen mit der Kinematischen-Elemente-Methode (KEM) mit 5 Elementen, deren Geometrie vollständig variiert wurde. Voraussetzungen für die Anwendung:

- homogener Boden im Einflussbereich
- kein Wasser im Einflussbereich
- keine Auflasten auf der Geländeoberfläche.

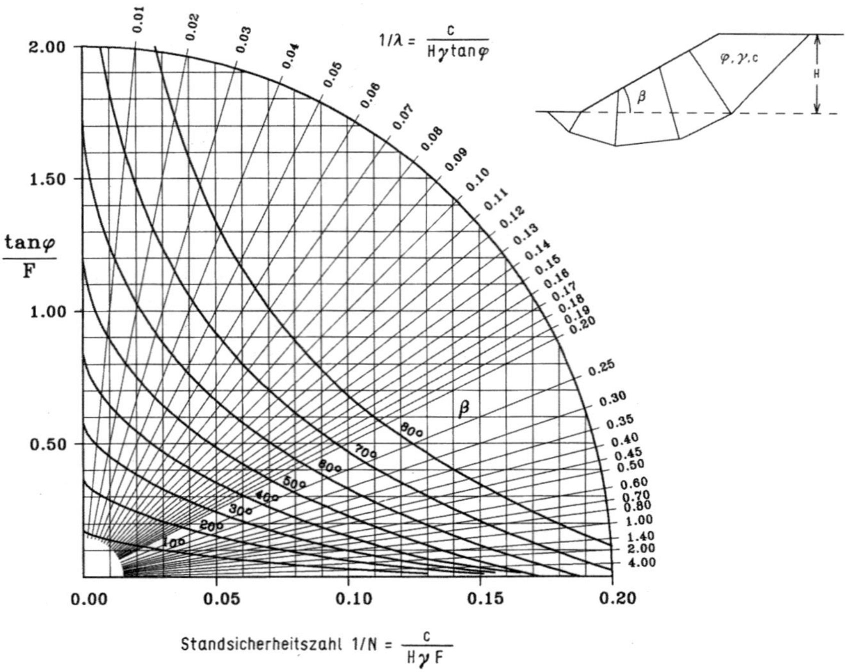

1) Grundbautaschenbuch, 6. Auf.,Teil 1.

3.8 Wasserhaltung

3.8.1 Verfahren

Die Wasserhaltung umfasst alle Maßnahmen zur Beherrschung des zuströmenden Wassers während des Betriebs der Baugrube. Es wird in offene und geschlossene Wasserhaltung unterschieden. Die Auswahl der Verfahren ist u. a. abhängig von den geohydrologischen Verhältnissen und der Geometrie der Baugrube.

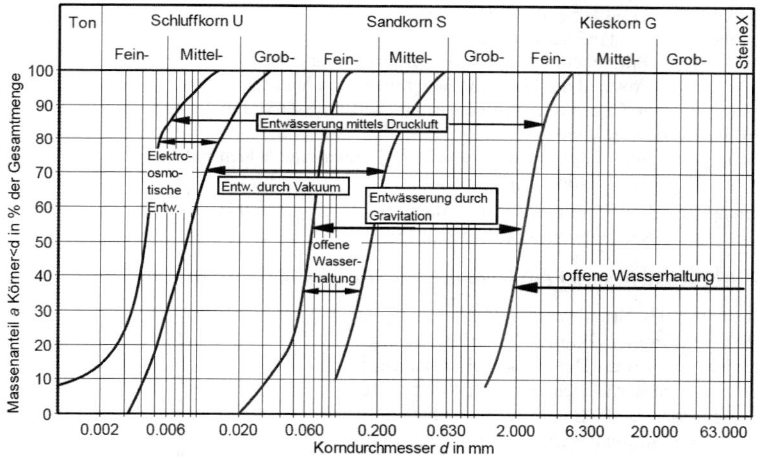

Abb. 11.31a Einsatzgrenzen der Wasserhaltungsverfahren in Abhängigkeit der Bodenart

3.8.2 Offene Wasserhaltung

Die offene Wasserhaltung wird in standfesten Bodenarten (z. B. in Fels mit wasserführenden Spalten und Rissen und in bindigem Boden mit einer Durchlässigkeit von $k = 10^{-9}$ bis 10^{-7} m/s) angewendet. In sandigen und kiesigen Böden kann die Anwendung nur für geringe Baugrubentiefen (3 bis 4 m) und unter Einhaltung einer zweifachen Sicherheit gegenüber dem kritischen Gefälle i_{krit} erfolgen. Mit dem kritischen Gefälle $i_{\text{krit}} = 1/15\sqrt{k}$ und dem vorhandenen Gradienten $i = \Delta h / \Delta l$ (Δh Druckhöhe, Δl Strömungsweg) gilt die Bedingung $i_{\text{krit}} / i \geq 2$.

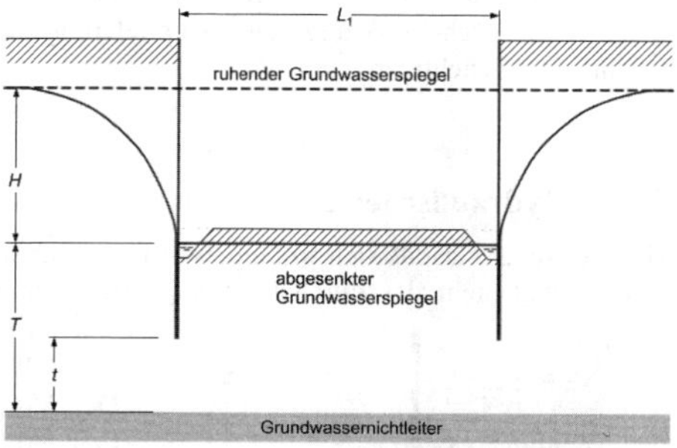

Abb. 11.31b Absenkung bei offener Wasserhaltung

3.8.3 Geschlossene Wasserhaltung

Flachbrunnen werden an eine gemeinsame Saugleitung angeschlossen. Die Wasserförderung erfolgt durch Kreiselpumpen. Die praktische erreichbare Absenktiefe beträgt 3,5 bis 4,0 m ab Pumpenachse. Bei größeren Absenktiefen ist die Anordnung von mehrstaffeligen Anlagen erforderlich. Für die Gravitationsentwässerung werden im Allgemeinen Filterbrunnen mit einem Filterdurchmesser von d =150 mm verwendet, sodass der Bohrlochdurchmesser zwischen 300 bis 400 mm beträgt. Die Einlaufhöhe am Filter muss mindestens 2 bis 3 m betragen. Der Mindestabstand benachbarter Brunnen liegt bei 3 bis 4 m.

Für die *Vakuumentwässerung* werden Nadelbrunnen verwendet. Diese haben einen Durchmesser von 50 mm, eine Einlaufhöhe von mindestens 0,5 m und einen Abstand von 1,25 m.

Aus ***Tiefbrunnen*** wird das Wasser mit eingehängten Tauchpumpen gefördert. Die Absenktiefe wird durch die Druckleistung der Pumpe begrenzt. Für Tiefbrunnen sind folgende Maße üblich: Filterdurchmesser 350 mm, Bohrlochdurchmesser 500 bis 800 mm, Einlaufhöhe 5 bis 8 m, Mindestabstand 5 bis 6 m.

3.8.4 Weitere Verfahren

Vakuumentwässerung

Anwendung: – Feinsande und Grobschluffe mit $k = 10^{-4}$ bis 10^{-7} m/s

Anordnung: – Abstand der Brunnen 1 bis 1,25 m
- Filteroberkante muss mindestens 1 m unter Aushubsohle liegen
- Abstand der Filter zur Baugrubenwand mindestens 60 cm
- je 50 m Vakuumanlage ist eine leistungsstarke Pumpe anzuordnen

Elektroosmotische Verfahren

Anwendung: – schluffige, tonige und zum Teil organische Böden mit $k < 10^{-8}$ m/s und d_{10} zwischen 0,002 und 0,015 mm

Anordnung: – kreisförmig, Elektrodenabstände zwischen 1 und 10 m
- Spannung zwischen 15 und 150 V

3.8.5 Berücksichtigung des strömenden Wassers bei Stützwänden

Die Strömung des Grundwassers durch den Porenraum bewirkt Strömungskräfte, die auf das Korngerüst des Bodens wirken. Diese sind bei erdstatischen Berechnungen zu berücksichtigen. Bei Stützwänden im Grundwasser, z.B. Baugrubenumschließungen, wirken sich die Strömungskräfte unmittelbar auf die Erddrücke aus. Der belastende Erddruck wird durch die nach unten gerichtete Strömung erhöht und der stützende Erddruck durch die nach oben gerichteten Strömungskräfte verringert. Dies lässt sich näherungsweise durch Erhöhung bzw. Abminderung der Wichte berücksichtigen.

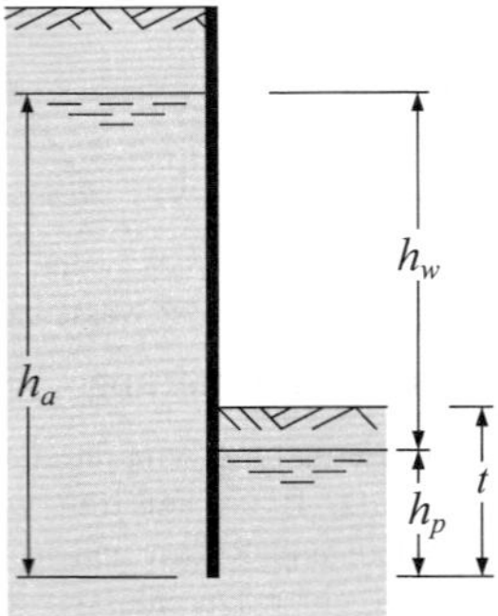

Abb. 11.32a Umströmte Baugrubenwand

3.8.6 Hydraulischer Grundbruch

Hydraulischer Grundbruch tritt ein, wenn der nach oben gerichtete Strömungsdruck größer wird, als das Eigengewicht des durchströmten Bodens vor dem Stützwandfuß. Dieser Zustand lässt sich rechnerisch durch das Überschreiten eines kritischen hydraulischen Gradienten i beschreiben.

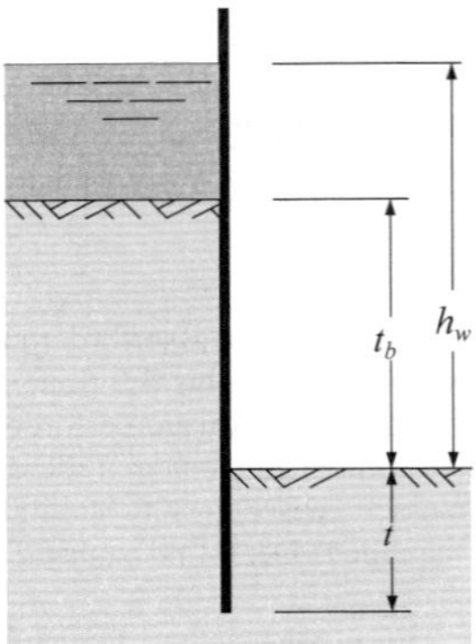

Abb. 11.32b Umströmte Baugrubenwand

Der Vorgang ist verbunden mit dem Aufschwimmen bzw. Aufbrechen des Bodens und mit dem Verlust der stützenden Wirkung des Erddrucks in diesem Bereich. Insbesondere schmale Baugruben und Baugrubenecken sind gegenüber hydraulischem Grundbruch gefährdet.

Bei schmalen Baugruben (B / t_B < 2) und Baugrubenecken wird empfohlen, den Teilsicherheitsbeiwert γ_H mit dem Faktor 1,3 zu erhöhen.

Wenn bei breiten Baugruben entlang der Baugrubenwände gleiche Sicherheit erreicht werden soll, müssen die Eckbereiche tiefer in den Untergrund einbinden als die Mittelbereiche.

4 Flachgründungen

4.1 Konstruktion

Wenn unmittelbar unter dem Bauwerk (unterster nutzbarer Teil des Bauwerks) tragfähiger Baugrund in ausreichender Mächtigkeit ansteht, ist die Flachgründung meist die einfachste und wirtschaftlichste Gründungsart. Man unterscheidet in:

- Einzelfundamente (unter Einzellasten, z.B. Stützen),
- Streifenfundamente (Bankette, unter Stützenreihen oder Wänden),
- Plattengründungen (ganze Bauwerke oder ausgedehnte Bauwerksteile).

Plattengründungen kommen unter dem Grundwasserspiegel zur Anwendung oder wenn die Summe der Fläche der Einzel- und Streifenfundamente mehr als die Hälfte der Bauwerksgrundfläche beträgt. Lastabtragung erfolgt zwischen Aufstandsfläche und Baugrund über die Fundamentsohle. Es muss nachgewiesen werden, dass die Sohlspannungen normal σ_0 und tangential τ zur Fundamentsohle sicher vom Baugrund aufgenommen werden können. Die Bemessung von Flachgründungen muss sicherstellen, dass

- das Fundament durch die Beanspruchungen im Gebrauchszustand nicht zerstört wird,
- die unter Gebrauchslast auftretenden Baugrundsetzungen sowie die sich daraus ergebenden Verschiebungen und Verdrehungen ein für den Bestand und die Funktionssicherheit des Bauwerks zulässiges Maß nicht überschreiten.

Grundlage dafür ist die Kenntnis der aus dem aufgehenden Bauwerk in die Gründung eingetragenen Lasten und der sich daraus ergebenden Reaktionskraft des Baugrunds, des Sohldrucks. Die sich aus dem Bauwerk ergebenden Lasten für die Gründung werden in der statischen Berechnung ermittelt.

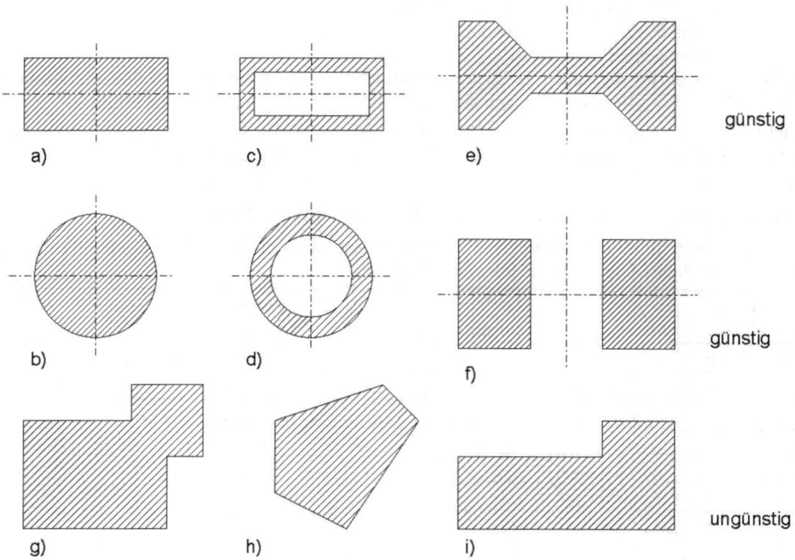

Abb. 11.33 Grundrissformen für Flächengründungen

Symmetrische Grundrisse sind zu bevorzugen (Formen a bis f). Bei den Grundrissformen c und d wird durch Verwendung von Aussparungen die Bildung von klaffenden Sohlfugen verhindert. Dafür können z. B. Weichfaserplatten zur Anwendung kommen. Die Grundrissformen e und f kommen bei überwiegender Momentenbeanspruchung um eine Achse (Brückenpfeiler, Maschinenfundamente) zur Anwendung. Die Grundrisse g bis i sind ungünstig, da sie auch bei homogenem Baugrund zu Verkantungen führen können.

4.2 Vereinfachter Nachweis des Sohldrucks in Regelfällen

In einfachen Regelfällen darf bei Flachgründungen als Nachweis ein Vergleich des einwirkenden Sohldrucks $\sigma_{E,d}$ mit dem Sohldruckwiderstand $\sigma_{R,d}$ als Ersatz für die Nachweise Grundbruch und Gleiten sowie der Gebrauchstauglichkeit geführt werden. Eine ausreichende Sicherheit ist vorhanden, wenn der einwirkende Sohldruck kleiner ist als der Sohlwiderstand:

$\sigma_{E,d} \leq \sigma_{R,d}$

Es darf eine gleichmäßige Verteilung des Sohldrucks angenommen werden. Für die Ermittlung der Schnittkräfte und die Setzungsberechnung darf bei starren Gründungen von einer geradlinigen Verteilung des Sohlwiderstandes ausgegangen werden. In einfachen Fällen wird der Einfluss der Verformungseigenschaften von Bauwerk und Gründung ganz außer Acht gelassen und eine gleichmäßige oder geradlinige Sohldruckverteilung angenommen. Greift die resultierende Sohldruckkraft außerhalb der 1. Kernfläche an, kommt es in bestimmten Bereichen zum „Klaffen" der Sohlfuge.

Für die verformungsabhängige Berechnung der Sohldruckverteilung stehen u.a. das **Bettungsmodulverfahren** und das **Steifemodulverfahren** zur Verfügung. Die Berechnungsergebnisse sind erheblich von den gewählten Eingangsgrößen, wie Steife- oder Bettungsmoduln, sowie den Steifigkeiten abhängig und setzen diesbezügliche Erfahrung voraus.

4.2.1 Sohlwiderstand $\sigma_{R,d}$ für einfache Fälle

Voraussetzungen für die Anwendung des Sohlwiderstands $\sigma_{R,d}$:

- Die Geländeoberfläche und die Schichtgrenzen müssen annähernd waagerecht verlaufen.
- Der für den Nachweis zugrunde gelegte Baugrund darf bis in eine Tiefe $d = 2 \times$ Fundamentbreite, mindestens aber bis in 2 m Tiefe nicht an Tragfähigkeit verlieren.
- Der Baugrund darf nicht überwiegend dynamisch beansprucht werden.
- Für die Neigung der Resultierenden in der Sohlfläche gilt $\tan \delta_E = H_k/V_k \leq 0{,}2$.
- Bei ausmittigem Lastangriff der Resultierenden in der Sohlfläche darf nur die wirksame Fundamentbreite $b' = b - 2 \cdot e$ in Rechnung gestellt werden.
- Kein Einfluss benachbarter Bauwerke.
- Die Bedingungen für die zulässige Lage der Sohldruckresultierenden für die charakteristischen bzw. repräsentativen Beanspruchungen sind eingehalten. Der Kippnachweis ist erfüllt.

Die nachfolgend aufgeführten Basiswerte für den Sohlwiderstand gelten für senkrechte Belastung und geben eine Größenordnung wieder. Sie sind unter Berücksichtigung der wirklichen Verhältnisse von einem Sachverständigen für Geotechnik an die Gegebenheiten anzupassen.

I) Bemessungswert des Sohlwiderstandes $\sigma_{R,d}$ bei nichtbindigem Baugrund

Für die Bemessungssituation BS-T liegen die Werte auf der sicheren Seite. Die Anwendung setzt eine ausreichend dichte Lagerung mit folgenden Anforderungen voraus:

Bodenart nach DIN 18196	Ungleichförmigkeit	Lagerungs-Dichte	Verdichtungsgrad	Spitzenwiderstand Drucksonde
SE,GE,SU,GU,ST,GT	$C_U \leq 3$	$D \geq 0{,}30$	$D_{pr} \geq 95\ \%$	$q_s \geq 7{,}5$ MN/m²
SE,GE,SU,GU,GT,GW,SI,SW	$C_U > 3$	$D \geq 0{,}45$	$D_{pr} \geq 98\ \%$	$q_s \geq 7{,}5$ MN/m²

$\sigma_{R,d(B)}$ in Abhängigkeit der Einbindetiefe d und der wirksamen Fundamentbreite b':

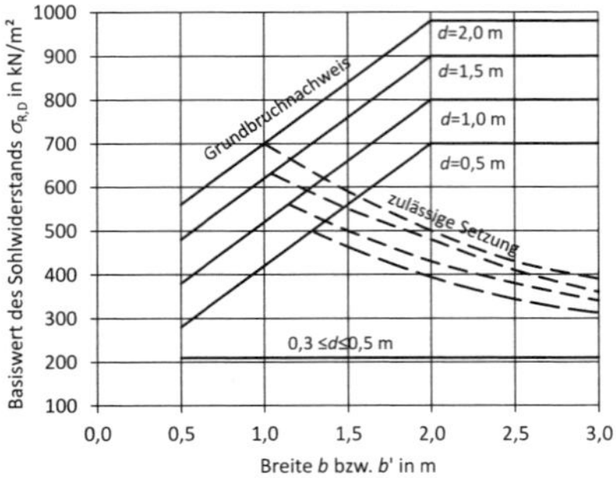

$\sigma_{R,d(B,G)}$ (Basiswert für Grundbruch) bzw.
$\sigma_{R,d(B,S)}$ (Basiswert für Setzung) in kN/m²

Bei mittiger Belastung ergeben sich bei Anwendung von $\sigma_{R,d(B,G)}$ auf Grundlage der Grundbruchsicherheit bei 1,5 m breiten Fundamenten Setzungen in der Größenordnung von 2 cm. Die Setzungen nehmen mit zunehmender Fundamentbreite ungefähr proportional zu. Die Sohlwiderstände $\sigma_{R,d(B,S)}$, die auf Grundlage zulässiger Setzungen ermittelt wurden, ergeben bei mittiger Beanspruchung und einer Fundamentbreite von 1,5 m ungefähr eine Setzung von 1 cm und bei breiteren Fundamenten in der Regel eine maximale Setzung von 2 cm. Die i.d.R. geringeren Sohlwiderstände bei Beachtung der Setzungen sind dem vereinfachten Nachweis zugrunde zu legen, wenn die Verformungen begrenzt werden sollen.

II) Sohlwiderstand $\sigma_{R,d}$ in kN/m² bei bindigem Baugrund

- **Basiswert des Sohlwiderstands $\sigma_{R,d(B)}$ für Bemessungssituation BS-P und Streifenfundamente** in Abhängigkeit der Einbindetiefe d und der wirksamen Fundamentbreite b' (bei $b' > 2$ m). Für die Bemessungssituation BS-T liegen die Werte auf der sicheren Seite.

Die Ermittlung von $\sigma_{R,d(B)}$ nach folgender Tabelle erfolgt für die jeweiligen Bodengruppen in Abhängigkeit der Konsistenz oder der einaxialen Druckfestigkeit nach DIN 18 136. Bei Böden, die nicht mindestens eine steife Konsistenz aufweisen bzw. bei Unterschreitung der einaxialen Druckfestigkeit, darf die folgende Tabelle zur Ermittlung von $\sigma_{R,d(B)}$ nicht angewandt werden. Ergeben sich in den Versuchen bei der Bestimmung der Konsistenz unterschiedliche Zustandsformen, dann ist der Mittelwert des jeweiligen Bodens maßgebend.

	Basiswert des Sohlwiderstands $\sigma_{R,d(B)}$ in kN/m²									
	Schluff UL	gemischtkörnige Böden SU, ST, GU, GT			tonig schluffige Böden UM, TL, TM			Ton TA		
Druckfestigkeit einaxial in kN/m²	≥120	120 – 2300	300 – 2700	>700	120 – 2300	300 – 2700	>700	120 – 2300	300 – 2700	>700
Konsistenz	steif	steif	halbfest	fest	steif	halbfest	fest	steif	halbfest	fest
d = 0,5 m	180	210	310	460	170	240	390	130	200	280
d = 1,0 m	250	250	390	530	200	290	450	150	250	340
d = 1,5 m	310	310	460	620	220	350	500	180	290	380
d = 2,0 m	350	350	520	700	250	390	560	210	320	420

Innerhalb der Tabelle darf geradlinig interpoliert werden. Die Einhaltung der gegebenen Sohlwiderstände $\sigma_{R,d(B)}$ führt bei mittig belasteten Fundamenten zu Setzungen zwischen 2 bis 4 cm. Bei Fundamentbreiten von mehr als 5 m darf der vereinfachte Nachweis nicht mehr geführt werden.

4.3 Vollständige Nachweise

4.3.1 Grenzzustand der Tragfähigkeit ULS

Grundbruchnachweis

Es werden die Bemessungswerte der normal zur Fundamentsohle wirkenden Beanspruchung $E_{N,d}$ und des normal zur Sohle vorhandenen Grundbruchwiderstands des Bodens $R_{N,d}$ verglichen. Bei Bauwerken an einem Geländesprung oder einer Böschung kann anstelle des Grundbruchnachweises der Gelände- oder Böschungsbruchnachweis maßgebend sein.

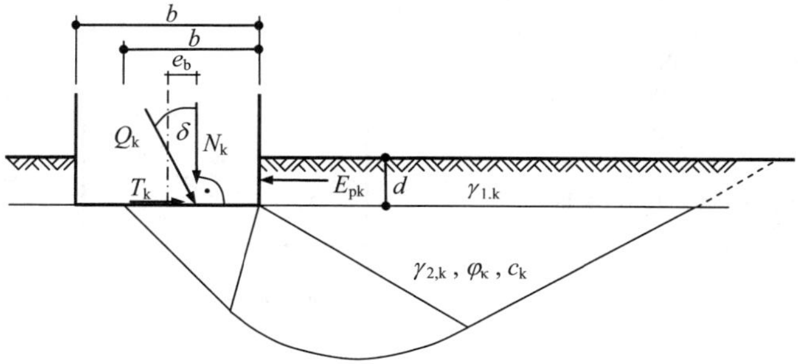

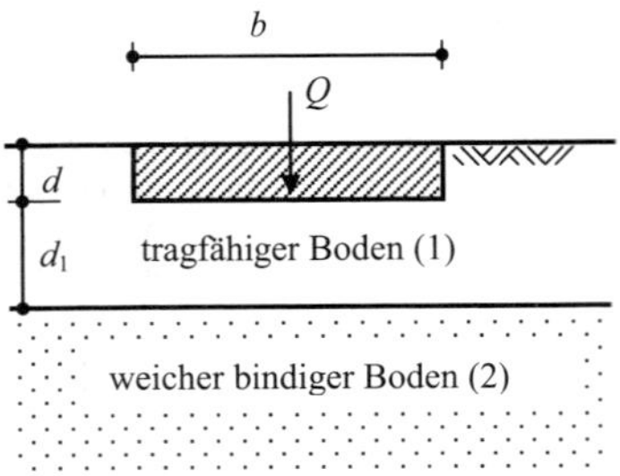

Bei Vorhandensein eines gesättigten bindigen Bodens (2) unter einer festeren Deckschicht (1) mit $\varphi_1 > 25°$ und einem Abstand $d_1 \leq 2b$ unterhalb der Gründungssohle ist ein zusätzlicher Grundbruchnachweis unter Berücksichtigung des Durchstanzens zu erbringen.

Im umgekehrten Fall der Bodenschichtung dürfen die Scherparameter der weichen Schicht dem Grundbruchwiderstand zugrunde gelegt werden.

Gleitsicherheit (GEO-2)

Die Gefahr des Gleitens besteht entlang der Sohlfläche oder einer darunter befindlichen Schnittfläche im Baugrund (z.B. bei Fundamenten mit Sporn oder bei in Gleitrichtung ansteigender Sohlfläche), falls der Bemessungswert der parallel zu dieser Fläche angreifenden Kräfte T_d in Verschiebungsrichtung größer als der Bemessungswert der widerstehenden Kräfte ($R_{t,d}$ und $E_{pt,d}$) ist. Nachweis:

$$T_d \leq R_{t,d} + E_{pt,d}$$

Parameter für den Nachweis

$R_{t,d}$ Bemessungswert des Gleitwiderstands

$E_{pt,d}$ Bemessungswert des passiven Erddrucks $E_{pt,d} = E_{pt,k}/\gamma_{R,e}$ parallel zur Sohlfläche. Bei ausreichend tiefer Einbindung des Fundaments in den Baugrund wird eine Verdrehung durch eine beidseitige Bodenreaktion verhindert, wobei $e_{pt,k(mob)} \leq 0{,}5 \cdot e_{pt,k}$ einzuhalten ist.

Kippen (EQU)

Bei stark exzentrischer Beanspruchung ist eine ausreichende Kippsicherheit nachzuweisen. Der Nachweis darf näherungsweise nach DIN EN 1990 durch Vergleich von destabilisierenden und stabilisierenden Einwirkungen für eine fiktive Kippkante am Fundamentrand geführt werden. Zusätzlich sind die Nachweise im Grenzzustand SLS zu führen.

Sicherheit gegen Aufschwimmen (UPL)

Bei nicht verankerten Konstruktionen ist folgender Nachweis zu führen:

$$G_{dst,k} \cdot \gamma_{G,dst} + Q_{dst,rep} \cdot \gamma_{Q,dst} \leq G_{stb,k} \cdot \gamma_{G,stb} + T_k \cdot \gamma_{G,stb}$$

mit den charakteristischen Werten

$G_{dst,k}$ ständige, destabilisierende Einwirkungen, z.B. hydrostatische Auftriebskraft

$Q_{dst,rep}$ ungünstige veränderliche Einwirkungen in vertikaler Richtung

$G_{stb,k}$ unterer Wert der günstigen ständigen vertikalen Einwirkungen des Bauwerks

T_k eventuell zusätzlich einwirkende stabilisierende Scherkraft

4.3.2 Grenzzustand der Gebrauchstauglichkeit SLS

- Nachweis für ständige Einwirkungen

  Damit keine klaffende Fuge auftritt, sind die Abmessungen so zu wählen, dass die resultierende charakteristische Beanspruchung aus den ständigen Einwirkungen in der Sohlfläche innerhalb der 1. Kernfläche liegt. Es sind nur Einwirkungen, keine Widerstände zu berücksichtigen.

Für rechteckförmige Sohlflächen:

Q_k innerhalb der 1. Kernfläche wenn

$$\frac{e_x}{b_x} + \frac{e_y}{b_y} \leq \frac{1}{6}$$

Q_k nicht außerhalb der 2. Kernfläche

$$\left(\frac{e_x}{b_x}\right)^2 + \left(\frac{e_y}{b_y}\right)^2 \leq \frac{1}{9}$$

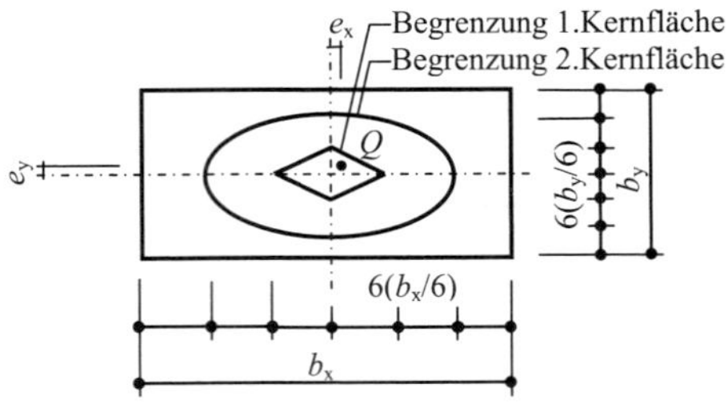

Für kreisförmige Sohlflächen mit dem Radius r gilt:

1. Kernfläche bis $r_e = 0{,}25 \cdot r$ und
2. Kernfläche bis $r_e = 0{,}59 \cdot r$.

Für Baukörper, bei denen kleine Belastungsänderungen eine erhebliche Vergrößerung der Exzentrizität der resultierenden Kraft in der Sohlfläche nach sich ziehen, sind besondere Untersuchungen erforderlich.

Verschiebungen in der Sohlfläche und Verdrehungen (SLS)

Der Nachweis unzuträglicher Verschiebungen in der Sohlfläche gilt bei Erfüllung einer der beiden folgenden Bedingungen als erbracht:

- wenn das Gleichgewicht der charakteristischen Kräfte parallel zur Sohle bei vollständiger Inanspruchnahme des Gleitwiderstandes eine Bodenreaktion erfordert, für die weniger als 30 % des charakteristischen passiven Erddrucks erforderlich ist (gilt nur bei mindestens steifen bindigem Boden oder nichtbindigem Boden mit mitteldichter Lagerung);
- *oder* Erfüllung des Gleitsicherheitsnachweises ohne Berücksichtigung des stützenden Erddrucks.

In allen anderen Fällen sind gesonderte Untersuchungen erforderlich.

Bei Einhaltung der zulässigen Ausmittigkeit kann angenommen werden, dass bei Einzel- und Streifengründungen keine unzulässigen Verdrehungen des Bauwerks auftreten.

Setzungen (SLS), Grenzwerte für Verformungen

Definition: *Setzung* ist die lotrechte Verschiebung der Bodenteilchen infolge statischer Spannungszunahme in Richtung der Schwerkraft. (Für Senkungen, Sackungen und Erdfall sind andere Ursachen maßgebend.)

Bei Ausbildung einer Setzungsmulde gilt nach *Skempton*:

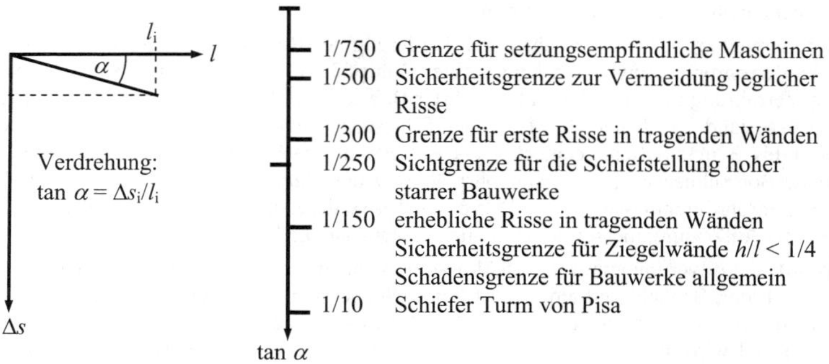

Die angegebenen Werte gelten für Muldenlagerung. Bei Sattellagerung ist die zulässige Setzung zu halbieren.

Die messtechnische Überprüfung der rechnerischen Setzungsprognose ist während der Bauausführung besonders dann empfehlenswert, wenn das zu errichtende Bauwerk oder die vorhandene Nachbarbebauung sehr setzungsempfindlich ist oder erhebliche Schäden durch unzulässige Setzungen zu erwarten sind.

5 Pfahlgründungen

5.1 Pfahlarten

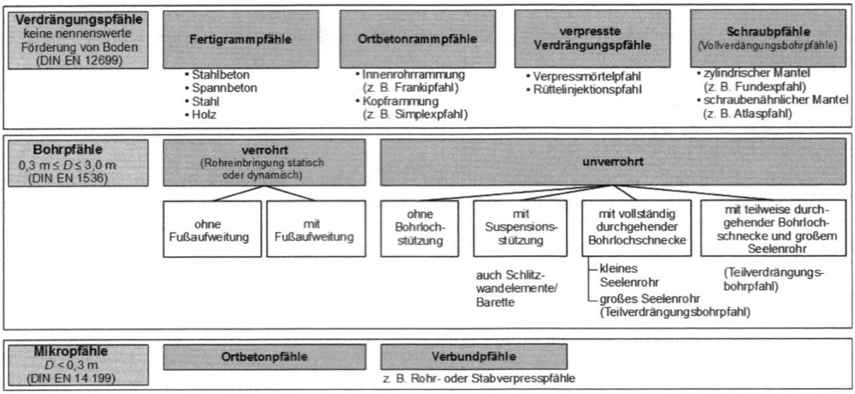

Pfähle übertragen die Belastung über die Pfahlmantelfläche und den Pfahlfuß in den Baugrund. Es wird in axial belastete Druck- oder Zugpfähle und in horizontal belastete Pfähle unterschieden. Für die Nachweise nach DIN EN 1997-1 wird unterteilt in **Verdrängungspfähle** (Verdichtung des umgebenden Bodens beim Einbau), **Bohrpfähle** und verpresste **Mikropfähle**. Nach der Herstellungsart Unterscheidung in Fertig- und Ortpfähle, nach Art der Einbringung Unterscheidung in Ramm-, Bohr-, Schneckenbohr- oder Ortbetonrammpfähle.

Bohrpfahl: Herstellung eines Bohrlochs durch Förderung des Bodens, im ausreichend standfesten Boden ohne Verrohrung („unverrohrt hergestellter Bohrpfahl"), sonst Stützung der Bohrlochwandung durch Verrohrung („Bohrpfähle mit verrohrter Bohrung", übliche Durchmesser 0,6 bis 1,2 m, im Gebrauchszustand ca. 1 bis 10 MN) oder Stützsuspension („suspensionsgestützte Pfähle", Durchmesser bis 3 m möglich, rechteckig als Barretts mit mehreren Metern Seitenlänge) oder durchgehende Bohrschnecke („Schneckenbohrpfähle", Außendurchmesser 0,4 bis 1,0 m, als Bohrpfahl mit Seelenrohrdurchmesser 10 bis 15 cm, als Teilverdrängungspfahl wenn Seelenrohrdurchmesser > halber Außendurchmesser, im Gebrauchszustand ca. 0,5 bis 2,0 MN).

Schraubpfahl: („Vollverdrängungsbohrpfahl") keine nennenswerte Förderung von Boden, Atlaspfahl – Vortreibrohr, Schneidkopf am unteren Ende, Schneidkopf mit „verlorener Fußspitze" noch unten verschlossen, nach Erreichen der Endtiefe folgt Bewehrungseinbau und Einbringen des Betons, anschließend wird das Rohr durch Drehen und Ziehen gezogen, es entsteht ein Pfahlmantel mit umlaufender wendelförmiger Betonwulst, im Gebrauchszustand ca. 0,5 bis 1,7 MN, Fundexpfahl – Schneidkopf des Vortriebsrohrs verbleibt im Boden, Herstellung ähnlich Atlaspfahl, Ziehen des Rohrs durch oszillierende Drehbewegung, glatte Manteloberfläche, im Gebrauchszustand ca. 0,5 bis 1,5 MN.

Fertigrammpfähle: vorgefertigte Pfahlelemente aus Stahlbeton (Abmessungen von 0,20 m × 0,20 m bis 0,45 m × 0,45 m, im Gebrauchszustand ca. 0,5 MN bis 2,0 MN), Stahl (im Gebrauchszustand ca. 0,5 MN bis 2,0 MN) oder Holz (im Gebrauchszustand ca. 0,1 MN bis 0,6 MN).

Ortbetonrammpfahl: Einrammen eines unten mit einer Fußplatte verschlossenen Rohrs – Außenrammung „Simplex-Pfahl" (im Gebrauchszustand ca. 0,5 bis 2,5 MN), Fußplatte verbleibt im Baugrund, Einrammen mit Freifallrammung im Rohr (Innenrammung „Franki-Pfahl", im Gebrauchszustand ca. 1 bis 4,0 MN) durch Rammschläge auf einen Pfropfen aus trockenem Beton oder Sand-Kies-Gemisch, Austreiben des Pfropfen nach Erreichen der Endtiefe durch Fixieren des Rohrs, Einbau von Bewehrung möglich, Rohr wird mit fortlaufendem Betoniervorgang gezogen.

Verpresster Verdrängungspfahl: Verpressmörtelpfahl (VM-Pfahl) – Stahlrammpfahl, gleichzeitiges Einbringen des Betons beim Rammen, im Gebrauchszustand ca. 1 bis 2,5 MN, Rüttelinjektionspfahl (RI-Pfahl) – Pfahlfuß leicht vergrößert, Herstellung ähnlich VM-Pfahl aber geringerer Eindringwiderstand, im Gebrauchszustand ca. 0,5 bis 1,5 MN.

Mikropfahl: Durchmesser kleiner 0,3 m, Verpressung und Nachverpressung (bis 60 bar) zur Sicherung der Verbundwirkung, vorwiegend Einstabpfähle (GEWI-Pfahl), im Gebrauchszustand bis ca. 0,7 MN.

Rohrverpresspfahl: nicht genormt, dickwandiger Stahlrohrpfahl mit Schaft- und Fußverpressung, für Abtragung großer Zugkräfte geeignet, ca. 3 m lange Stahlrohrschüsse miteinander gekoppelt, Einbau mit Drehspülverfahren, im Gebrauchszustand ca. 0,75 bis 1,5 MN.

Vorschriften/Regelwerke:

Empfehlungen des Arbeitskreises „Pfähle“ EA-Pfähle der Deutschen Gesellschaft für Geotechnik, Ernst & Sohn, 2007; Normen über Ausführung spezieller geotechnischer Arbeiten (Spezialtiefbau):

DIN EN 1536, DIN SPEC 18140	– Bohrpfähle
DIN EN 12 699, DIN SPEC 18538	– Verdrängungspfähle
DIN EN 14 199, DIN SPEC 18539	– Pfähle mit kleinen Durchmessern
DIN EN 12 794	– Vorgefertigte Gründungspfähle aus Beton

5.2 Einwirkungen und Beanspruchungen

Neben den Einwirkungen aus den Gründungslasten sind u.a. folgende grundbauspezifischen Einwirkungen zu berücksichtigen:

Seitendruck

Biegebeanspruchung aus Seitendruck ist zu berücksichtigen bei Vertikalpfählen als Folge von horizontalen Bodenbewegungen und bei Schrägpfählen als Folge von Setzungen und Hebungen des Bodens. In weichen, bindigen Böden ist der Seitendruck mit den charakteristischen Bodenkenngrößen für folgende Fälle zu untersuchen, wobei der kleinere Wert maßgebend ist:

- resultierender Erddruck aus der Differenz der Erddrücke, die auf gegenüberliegende Flächen des im Boden eingebetteten Bauteils wirken,
- Fließdruck infolge Vorbeifließens des Bodens bei voll ausgeschöpfter Scherfestigkeit.

Negative Mantelreibung

Schubkräfte auf die Mantelflächen sind als ständige Einwirkungen anzusetzen, wenn sich der Boden relativ zum Pfahl überwiegend vertikal bewegt. Charakteristischer Wert der negativen Mantelreibung ($c_{u,k}$ undrainierte Kohäsion, σ_V effektive Vertikalspannung, φ'_k Reibungswinkel, K_0 Erdruhedruckbeiwert):

$$\tau_{n,k} = c_{u,k} \text{ für bindige Böden} \qquad \tau_{n,k} = \sigma'_V \cdot K_0 \cdot \tan\varphi'_k \text{ für nichtbindige Böden}$$

Die Bemessungswerte der Beanspruchungen, d.h. axial bzw. horizontal auf den Pfahl wirkende Kräfte, sind aus den charakteristischen Einwirkungen zu ermitteln und den Bemessungswerten der Widerstände gegenüberzustellen.

5.3 Pfahlwiderstände

Die nachfolgenden Angaben zur Ermittlung der Pfahlwiderstände gelten für Einzelpfähle. Bei Pfählen in Pfahlgruppen und bei Pfahl-Platten-Gründungen ist teilweise mit abweichendem Widerstands-Setzungs-Verhalten zu rechnen.

5.3.1 Axiale Pfahlwiderstände

Pfahlwiderstand R des in axialer Richtung belasteten Einzelpfahls ist Funktion der Pfahlkopfsetzung s, Anteile: Fußwiderstand $R_b(s)$ (nur bei Druckpfählen) und Mantelwiderstand $R_S(s)$. Die Widerstands-Setzungs(Hebungs)-Linie soll aufgrund statischer Probebelastungen oder von Erfahrungen mit vergleichbaren Verhältnissen ermittelt werden (DIN EN 1997-1). Liegen keine Erfahrungen mit vergleichbaren Verhältnissen vor und sind Probebelastungen nicht möglich, darf der charakteristische Pfahlwiderstand aus Erfahrungswerten bestimmt werden. Aus der Arbeitslinie des Einzelpfahls erhält man den Widerstand im Grenzzustand der Tragfähigkeit (ULS) bei der Setzung s_1. Wird kein Grenzwert des Widerstands festgestellt, gilt: $s_1 = 0{,}1 \cdot D$ (D maßgebender Pfahldurchmesser). Bei Zugpfählen beträgt die Grenzhebung näherungsweise $s_{sg,z} = 1{,}3\ s_{sg}$.

Beispiel: Bohrpfähle, charakteristische axiale Pfahlwiderstände (Erfahrungswerte)

Zur Ermittlung des axialen Pfahlwiderstands $R_k(s)$ Widerstands-Setzungs-Linie nach folgendem Ansatz konstruieren:

$$R_k(s) = R_{b,k}(s) + R_{S,k}(s) = q_{b,k} \cdot A_b + \sum q_{S,k,i} \cdot A_{S,i}$$

A_b Pfahlfußfläche
$A_{S,i}$ Pfahlmantelfläche der Schicht i
$q_{b1,k}$ Pfahlspitzenwiderstand
$q_{s1,k,i}$ Pfahlmantelreibung in der Schicht i
$R_k(s)$ Pfahlwiderstand
$R_{b,k}(s)$ Pfahlfußwiderstand (base)
$R_{S,k}(s)$ Pfahlmantelwiderstand (shaft)
$s_g = 0{,}1 \cdot D_S$ bzw. $s_g = 0{,}1 \cdot D_b$ Grenzsetzung
D_S Pfahlschaftdurchmesser

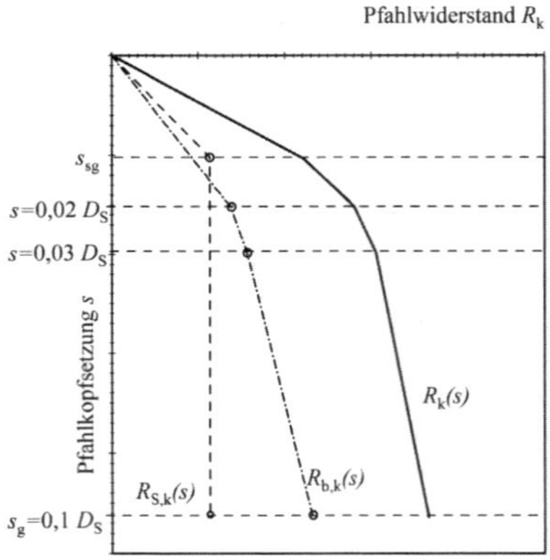

Sind Verformungen der Pfahlgründung für das Gesamttragwerk von Bedeutung, ist unter Vorgabe charakteristischer aufnehmbarer Setzungen $s_{2,k}$ der Nachweis des Grenzzustands der Gebrauchstauglichkeit mit den Pfahlwiderstands-Setzungs-Linien zu führen (siehe DIN EN 1997-1).

Die Erfahrungswerte für die Berechnung der axialen Tragfähigkeit von Fertigrammpfählen (vorgefertigte Beton- oder Stahlpfähle) sind in der EA Pfähle zusammengestellt. Die charakteristische Widerstands-Setzungs-Linie bis zur Grenzsetzung s_1=s_g kann mit folgenden Gleichungen berechnet werden:

$$R_k(s) = R_{b,k}(s) + R_{S,k}(s) = \eta_b \cdot q_{b,k} \cdot A_b + \sum \eta_S \cdot q_{S,k,i} \cdot A_{S,i}$$

A_b Nennwert der Pfahlfußfläche
$A_{S,i}$ Nennwert der Pfahlmantelfläche in der Schicht i
$q_{b,k}$ Pfahlspitzenwiderstand
η_b Anpassungsfaktor Spitzenwiderstand η_S Anpassungsfaktor Pfahlmantelwiderstand

Ortbetonrammpfähle

Die Widerstands-Setzungs-Linie von Ortbetonrammpfählen wird nach dem gleichen Vorgehen wie bei Fertigrammpfählen berechnet. Der äquivalente Pfahldurchmesser D_{eq} entspricht beim Simplex-Pfahl dem Durchmesser der Fußplatte und beim Franki-Pfahl dem Durchmesser des Vortriebsrohrs.

Der charakteristische axiale Pfahlwiderstand eines Simplex-Pfahls wird aus Pfahlmantelreibung und Pfahlspitzenwiderstand berechnet, analog zu dem Vorgehen bei Bohrpfählen. Erfahrungswerte des Pfahlfußwiderstands von Franki-Pfählen können aus Bemessungsnomogrammen (EA Pfähle) abgelesen werden.

Verpresste Mikropfähle (Erfahrungswerte)

Wenn keine Probebelastungen an verpressten Mikropfählen ($D_S \leq 0{,}3$ m) ausgeführt werden können, darf im Ausnahmefall der charakteristische, axiale Pfahlwiderstand im Grenzzustand der Tragfähigkeit ULS auf Grundlage von Erfahrungswerten berechnet werden. Der Widerstand ergibt sich aus der Pfahlmantelreibung $q_{s,k,i}$ der Schicht i und der Pfahlmantelfläche.

5.3.2 Pfahlwiderstände quer zur Pfahlachse

Bei planmäßig quer zur Pfahlachse belasteten Pfählen werden die Kräfte durch die Bettung des Pfahls aufgenommen. Der charakteristische Querwiderstand eines Einzelpfahls lässt sich durch den Bettungsmodul k_S beschreiben der aufgrund von Probebelastungen oder Erfahrungen ermittelt werden darf (Ansatz des Querwiderstands bei Pfählen mit $D_S \geq 0{,}3$ m bzw. mit Kantenlänge $a_S \geq 0{,}3$ m zulässig). Als Bettungsmoduln der Schichten darf $k_{S,k} = E_{S,k}/D_S$ angesetzt werden mit

$k_{S,k}$ Bettungsmodul (charakteristischer Wert),
$E_{S,k}$ Steifemodul (charakteristischer Wert),
D_S Pfahldurchmesser, bei $D_S > 1{,}0$ m ist $D_S = 1{,}0$ m anzusetzen.

11 B Mauerwerksbau (DIN EN 1996)

Prof. Dipl.-Ing. Klaus-Jürgen Schneider (†); Univ. Prof. Dr.-Ing. Carl-Alexander Graubner

1 Maßordnung im Hochbau nach DIN 4172 (7.55)

Baunormzahlen

Reihen vorzugsweise für								
den Rohbau				Einzelmaße	den Ausbau			
a	b	c	d	e	f	g	h	i
25	$\frac{25}{2}$	$\frac{25}{3}$	$\frac{25}{4}$	$\frac{25}{10}=\frac{5}{2}$	5	2×5	4×5	5×5
				2,5				
			6¼	5	5			
		8⅓		10	10	10		
	12½		12½	12,5				
		16⅔		15	15			
			18¾	17,5				
				20	20	20	20	
				22,5				
25	25	25	25	25	25			25
				27,5				
			31¼	30	30	30		
		33⅓		35	35			
	37½		37½	37,5				
		41⅔		40	40	40	40	
			43¾	42,5				
				45	45			
				47,5				
50	50	50	50	50	50	50		50

Baunormzahlen sind Zahlen für die Baurichtmaße und die daraus abgeleiteten Einzel-, Rohbau- und Ausbaumaße.

Baurichtmaße sind die grundlegenden Größen für die Baumaße der Praxis. Sie stellen Maße von Bauteilen einschl. ihrer Fugen dar.

Nennmaße sind Maße, die die Bauten haben sollen. Sie werden in der Regel in die Bauzeichnungen eingetragen. Bei Bauarten ohne Fugen sind die Nennmaße gleich den Baurichtmaßen.
Bauarten mit Fugen vgl. unten.

Fugen und Verband:
Bauteile (Mauersteine, Bauplatten usw.) sind so zu bemessen, dass ihre Baurichtmaße im Verband die Baunormzahlen ergeben.

2 Vermaßung von Mauerwerk

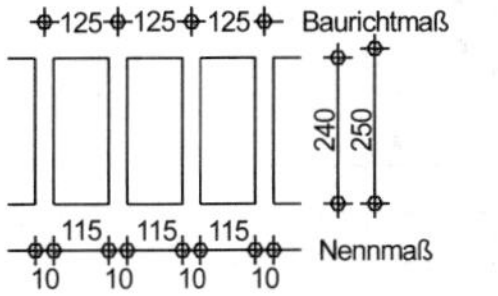

	Baurichtmaß	Nennmaß
A	*x* · 12,5	*x* · 12,5 − 1
Ö	*x* · 12,5	*x* · 12,5 + 1
V	*x* · 12,5	*x* · 12,5

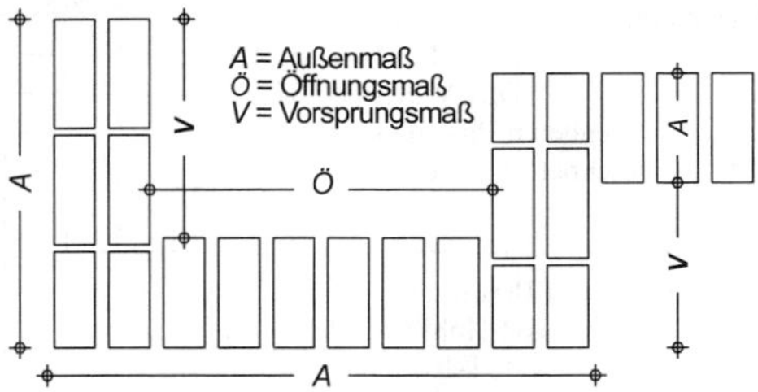

Kopf-zahl	Längenmaße in m			Schich-ten	Höhenmaße in m bei Ziegeldicken in mm					
	A	*Ö*	*V*		52	71	113	155	175	238
1	0,115	0,135	0,125	1	0,0625	0,0833	0,1250	0,1667	0,1875	0,2500
2	0,240	0,260	0,250	2	0,1250	0,1667	0,2500	0,3333	0,3750	0,5000
3	0,365	0,385	0,375	3	0,1875	0,2500	0,3750	0,5000	0,5625	0,7500
4	0,490	0,510	0,500	4	0,2500	0,3333	0,5000	0,6667	0,7500	1,0000
5	0,615	0,635	0,625	5	0,3125	0,4167	0,6250	0,8333	0,9375	1,2500
6	0,740	0,760	0,750	6	0,3750	0,5000	0,7500	1,0000	1,1250	1,5000
7	0,865	0,885	0,875	7	0,4375	0,5833	0,8750	1,1667	1,3125	1,7500
8	0,990	1,010	1,000	8	0,5000	0,6667	1,0000	1,3333	1,5000	2,0000
9	1,115	1,135	1,125	9	0,5625	0,7500	1,1250	1,5000	1,6875	2,2500
10	1,240	1,260	1,250	10	0,6250	0,8333	1,2500	1,6667	1,8750	2,5000
11	1,365	1,385	1,375	11	0,6875	0,9167	1,3750	1,8333	2,0625	2,7500
12	1,490	1,510	1,500	12	0,7500	1,0000	1,5000	2,0000	2,2500	3,0000
13	1,615	1,635	1,625	13	0,8125	1,0833	1,6250	2,1667	2,4375	3,2500
14	1,740	1,760	1,750	14	0,8750	1,1667	1,7500	2,3333	2,6250	3,5000
15	1,865	1,885	1,875	15	0,9375	1,2500	1,8750	2,5000	2,8125	3,7500

3 Rohdichteklassen und Festigkeitsklassen gängiger genormter Mauersteine

Auswahl gängiger genormter Steine

Bezeichnung	Rohdichte-klasse	Festigkeitsklassen 2	4	6	8	12	20	28	G_M [1] kN/m³
Mauerziegel DIN V 105-100 bzw. DIN EN 771-1 und DIN V 20 000-401 Mz Vollziegel (1,6–2,0 kg/dm³) HLz Hochlochziegel (0,6–1,4 kg/dm³) KMz Vollklinker (2,0–2,2 kg/dm³) KHLz Hochlochklinker (1,6–1,8 kg/dm³) VHLz Hochlochziegel, frostbeständig (1,0–1,4 kg/dm³) VMz Vollziegel, frostbeständig (1,6–1,8 kg/dm³)	0,6		•	•	•				7
	0,65		•	•	•				7,5
	0,7		•	•	•	•			9
	0,75		•	•	•	•			9,5
	0,8		•	•	•	•			10
	0,9			•	•	•			11
	1,0				•	•	•		12
	1,2				•	•	•		14
	1,4					•	•	•	15
	1,6					•	•	•	17
	1,8					•	•	•	18
	2,0					•	•	•	20
Kalksandsteine DIN V 106 bzw. DIN EN 771-2 u. DIN V 20 000-402 KS Vollsteine (1,6–2,2 kg/dm³) KS L Lochsteine (1,2–1,6 kg/dm³) KS Vm Vormauersteine (1,8–2,0 kg/dm³) KS Vb Verblender (1,8–2,0 kg/dm³) KS VmL Vormauersteine, gelocht (1,4–1,6 kg/dm³) KS VbL Verblender, gelocht (1,4–1,6 kg/dm³)	1,2					•			14
	1,4					•	•		16
	1,6					•	•	•	16
	1,8					•	•	•	18
	2,0					•	•	•	20
	2,2						•	•	22
Porenbetonsteine DIN V 4165-100 bzw. DIN EN 771-4 und DIN V 20 000-404 PP Porenbeton-Plansteine PPE Porenbeton-Planelemente	0,35	•							4,5
	0,4	•							5
	0,5	•							6
	0,55		•						6,5
	0,6		•						7
	0,65			•					7,5
	0,7			•					8
	0,8				•				9
Leichtbeton und Beton Hbl Leichtbeton-Hohlblocksteine DIN V 18 151-100 (0,45–1,6 kg/dm³) Vbl, V Vollblöcke und Vollsteine aus Leichtbeton DIN V 18 152-100 (0,45–2,0 kg/dm³) Hbn Mauersteine aus Beton DIN V 18 153-100 (0,8–2,4 kg/dm³) Es können auch DIN EN 771-3 und DIN V 20 000-403 verwendet werden.	0,45	•	•						6,5
	0,5	•	•	•					7
	0,6	•	•	•					8
	0,7	•	•	•					9
	0,8	•	•	•					10
	0,9	•	•	•	•				11
	1,0	•	•	•	•				12
	1,2	•	•	•	•				14
	1,4	•	•	•	•				16
	1,6			•	•	•			16
	1,8			•	•	•	•		18
	2,0			•	•	•	•		20
	2,2			•	•	•	•	•	22
	2,4			•	•	•	•	•	24

Hinweis: *Neben den genormten Mauersteinen gibt es weitere Steine auf Grund von Zulassungen des Deutschen Instituts für Normung.*

[1] G_M: Eigenlast des Mauerwerks bei Verwendung von Normalmörtel.

4 Baustoffbedarf

Bedarf an Mauersteinen und Mörtel[1)]

Steinformat und **Wanddicke** in mm		je m^2 Wand		je m^3 Mauerwerk	
		Steine	Mörtel	Steine	Mörtel
a) Steine mit glatten, vermörtelten Stoßflächen					
DF	(240 × **115** × 52)	66	35	570	300
NF	(240 × **115** × 71)	50	30	430	260
	(115 × **240** × 71)	100	70	415	290
2 DF	(240 × **115** × 113)	33	20	285	175
	(115 × **240** × 113)	66	55	275	230
3 DF	(240 × **175** × 113)	33	30	188	175
	(175 × **240** × 113)	44	50	183	210
2+3 DF	**300**	je 33	je 65	je 110	je 215
5 DF	(300 × **240** × 113)	26	40	110	170
	(240 × **300** × 113)	33	55	110	185
6 DF	(365 × **240** × 113)	22	40	92	170
	(240 × **365** × 113)	33	65	90	180
10 DF	(300 × **240** × 238)	13,5	25	55	105
	(240 × **300** × 238)	16,5	33	55	110
12 DF	(365 × **240** × 238)	11	23	46	95
	(240 × **365** × 238)	16,5	38	45	105
b) Steine mit Nut und Feder, unvermörtelte Stoßfugen [2)]					
6 DF	(373 × **115** × 238)	11	8	96	70
8 DF	(498 × **115** × 238)	8,3	8	72	70
7,5 DF	(308 × **175** × 238)	13,5	12	77	70
9 DF	(373 × **175** × 238)	11	12	63	70
12 DF	(498 × **175** × 238)	8,3	12	48	70
10 DF	(308 × **240** × 238)	13,5	17	55	70
12 DF	(373 × **240** × 238)	11	17	46	70
16 DF	(498 × **240** × 238)	8,3	17	35	70
10 DF	(248 × **300** × 238)	16,5	22	55	70
12 DF	(308 × **300** × 238)	13,5	22	45	70
20 DF	(498 × **300** × 238)	8,3	22	28	70
12 DF	(248 × **365** × 238)	16,5	26	45	70
24 DF	(498 × **365** × 238)	8,3	26	23	70
14 DF	(248 × **425** × 238)	16,5	30	39	70
16 DF	(248 × **490** × 238)	16,5	35	33	70
Ausfugen von Sichtmauerwerk			10		

1) Bedarf an Normal- oder Leichtmörtel in Liter für Lochsteine; für Vollsteine (Mz, KS, V, Vbl, PB) kann ein um etwa 15 % geringerer Bedarf angenommen werden. Für gelochte Plansteine werden etwa 20 kg Dünnbettmörtel je m^3 Mauerwerk benötigt. Bei der Bestellung von Planziegeln wird der benötigte Dünnbettmörtel systemabhängig vom Ziegellieferanten mitgeliefert.

2) Bei Mauerblöcken mit glatten, vermörtelten Stoßflächen oder mit Mörteltaschen ist der Mörtelbedarf je m^3 Mauerwerk um etwa 20 Liter (bei Blocklängen von 490 mm) bis 40 Liter (bei Blocklängen von 240 mm) höher.

5 Mauerwerk nach DIN EN 1996-1-1/NA und DIN EN 1996-3/NA

5.1 Baustoffe

5.1.1 Mauersteine

Gemäß DIN EN 1996 dürfen für tragendes Mauerwerk nur Mauersteine verwendet werden, die nach folgenden Regelungen hergestellt wurden:

a) nach Produktnorm in Verbindung mit zugehöriger Anwendungsnorm:
- Mauerziegel: DIN EN 771-1 in Verbindung mit DIN 20000-401
- Kalksandstein: DIN EN 771-2 in Verbindung mit DIN 20000-402
- Leichtbetonstein: DIN EN 771-3 in Verbindung mit DIN 20000-403
- Porenbetonstein: DIN EN 771-4 in Verbindung mit DIN 20000-404
- Betonwerkstein: DIN EN 771-5 in Verbindung mit DIN 20000-403
- maßgerechte Natursteine nach DIN EN 771-6 (inkl. DIN EN 1996-1-1/NA Anhang NA.L)

b) nach Restnorm:
- Mauerziegel: DIN 105-100
- Kalksandstein: DIN V 106
- Leichtbetonstein: DIN V 18151-100, DIN V 18152-100 und DIN V 18153-100
- Porenbetonstein: DIN V 4165-100
- Betonstein: DIN V 18151-100, DIN V 18152-100 und DIN V 18153-100

c) nach allgemeiner bauaufsichtlicher Zulassung (abZ)

Für die Mauersteine müssen die Eigenschaften, die Bezeichnung und die Klassifizierung sowie die Konformitätsbewertung gemäß der entsprechenden Teile der Produktnorm DIN EN 771 deklariert werden. Mit dem sogenannten Konformitätszeichen CE bescheinigt der Hersteller, dass die Eigenschaften der Mauersteine mit den Anforderungen der Norm übereinstimmen und die Bauprodukte im Sinne des Bauproduktgesetzes brauchbar sind.

5.1.2 Mauermörtel

Man unterscheidet zwischen Normalmörtel, Dünnbettmörtel und Leichtmörtel. Weiter wird zwischen Rezeptmörtel und Mörtel nach Eignungsprüfung differenziert. Bei Mauermörtel kann es sich abhängig von der Herstellart entweder um Werkmauermörtel, werkmäßig hergestellten Mörtel (werkmäßig vorbereiteter Mörtel oder Kalk-Sand-Werk-Vormörtel) oder Baustellenmörtel handeln. Für Werkmauermörtel und werkmäßig hergestellte Mörtel gilt EN 998-2 in Verbindung mit DIN V 20000-412, für Baustellenmörtel ist DIN V 18 580 zu beachten.

Die Druckfestigkeit von Mauermörtel in Abhängigkeit der Druckfestigkeitsklasse kann Tafel 11.44 entnommen werden. Für die Bemessung wird dieser Wert nur benötigt, wenn die Mauerwerksdruckfestigkeit nicht vereinfacht den Tafeln 11.54 – 11.55 entnommen, sondern nach dem genaueren Verfahren von DIN EN 1996-1-1 berechnet werden soll.

Tafel 11.44 Rechenwerte der Druckfestigkeit von Mauermörtel nach DIN EN 998-2 mit DIN V 20000-412 oder DIN V 18580

<table>
<tr><th>Mörtelart</th><th>Druckfestigkeits-klasse nach DIN EN 998-2</th><th>Mörtelgruppe nach DIN V 20000-412 oder DIN V 18580</th><th>Anforderungskategorien nach DIN EN 998-2</th><th>Druckfestigkeit N/mm²</th></tr>
<tr><td rowspan="4">Normalmauermörtel</td><td>M 2,5</td><td>II</td><td rowspan="6">Zusätzlich zu den Anforderungen an die Druckfestigkeit sind alle weiteren für die jeweilige Mörtelgruppe in DIN V 20000-412 enthaltenen Anforderungen zu erfüllen.</td><td>2,5</td></tr>
<tr><td>M 5</td><td>IIa</td><td>5,0</td></tr>
<tr><td>M 10</td><td>III</td><td>10,0</td></tr>
<tr><td>M 20</td><td>IIIa</td><td>20,0</td></tr>
<tr><td>Leichtmauermörtel</td><td>M 5</td><td>LM 21, LM 36</td><td>5,0</td></tr>
<tr><td>Dünnbettmörtel</td><td>M 10</td><td>DM</td><td>10,0</td></tr>
</table>

5.1.3 Formänderungskennwerte von Mauerwerk

Tafel 11.45 Formänderungswerte von Mauerwerk nach DIN EN 1996-1-1/NA

Mauersteinart		Mauer-mörtel-art	Endwert der Feuchtedehnung (Schwinden, irreversibles Quellen) $\varepsilon_{f\infty}$ [1)		Endkriechzahl φ_{∞} [2)	
Art	DIN		Rechenwert	Wertebereich	Rechenwert	Wertebereich
-	-	-	mm/m		-	
Mauerziegel	105-100	NM	0	+0,3 bis -0,1[3)	1,0	0,5 bis 1,5
		LM			2,0	1,0 bis 3,0
	V 105-6	DM		+0,1 bis -0,1	0,5	-
Kalksandsteine	V 106	NM DM	-0,2	-0,1 bis -0,3	1,5	1,0 bis 2,0
Poren-betonsteine	V 4165-100	DM	-0,1	+0,1 bis -0,2	0,5	0,2 bis 0,7
Leicht-betonsteine	V 18 151-100 V 18 152-100	NM DM	-0,4	-0,2 bis -0,6	2,0	1,5 bis 2,5
		LM	-0,5	-0,3 bis -0,6		
Betonsteine	V 18 153-100	NM	-0,2	-0,1 bis -0,3	1,0	-

1) Verkürzung (Schwinden): Vorzeichen negativ; Verlängerung (irreversibles Quellen): Vorzeichen positiv.
2) $\varphi_{\infty} = \varepsilon_{k\infty}/\varepsilon_{el}$ $\varepsilon_{k\infty}$ Endkriechdehnung; $\varepsilon_{el} = \sigma/E$.
3) Für Mauersteine < 2DF bis -0,2 mm/m.

Mauersteinart	Wärmeausdehnungskoeffizient α_t		Elastizitätsmodul, Kennzahl K_E [4)	
	Rechenwert	Wertebereich	Rechenwert	Wertebereich
	10^{-6}/K		N/mm²	
1	2	3	4	5
Mauerziegel	6	5 bis 7	1100	950 bis 1250
Kalksandsteine	8	7 bis 9	950	800 bis 1250
Leichtbetonsteine	10; 8[5)	8 bis 12	950	800 bis 1100
Betonsteine	10	8 bis 12	2400	2050 bis 2700
Porenbetonsteine	8	7 bis 9	550	500 bis 650

4) E Sekantenmodul aus Gesamtdehnung bei etwa 1/3 der Mauerwerksdruckfestigkeit; $E = K_E \cdot f_K$;
f_K charakteristische Druckfestigkeit von Mauerwerk.
5) Für Leichtbeton mit überwiegend Blähton als Zuschlag.

5.2 Statisch-konstruktive Grundlagen

5.2.1 Standsicherheit

Im Mauerwerksbau gilt zunächst die statisch-konstruktive Regel, dass auf einen statischen Nachweis der Wände verzichtet werden kann, wenn die gewählte Wanddicke offensichtlich ausreicht (DIN EN 1996-1-1/NA NCI zu 8.1.2). Wann dies der Fall ist, obliegt der Entscheidung des Tragwerksplaners. Für den Nachweis hinreichender Standsicherheit können nach EC 6 entweder das „Genauere Verfahren“ (DIN EN 1996-1-1) oder unter bestimmten Bedingungen die „Vereinfachten Bemessungsmethoden“ (DIN EN 1996-3) angewendet werden.

Jedes Bauwerk muss grundsätzlich so konstruiert werden, dass eine ausreichende Standsicherheit gegeben ist, indem alle auftretenden vertikalen *und* horizontalen Lasten zielsicher in den Baugrund abgeleitet werden. Im Mauerwerksbau wird dies in der Regel durch Wände und Deckenscheiben sichergestellt. In Sonderfällen kann die Standsicherheit auch durch andere Maßnahmen (z. B. Rahmenkonstruktionen, Ringbalken) gewährleistet werden.

Auf einen Nachweis der räumlichen Steifigkeit (horizontale Tragfähigkeit) kann bei Einhaltung der Anwendungsbedingungen der vereinfachten Bemessungsmethoden (vgl. Abschn. 6.1) verzichtet werden, wenn folgende Konstruktionsregeln beachtet werden:

- Die Decken sind als steife Scheiben ausgebildet oder es sind stattdessen statisch nachgewiesene Ringbalken (ausreichend steif) vorhanden.
- In Längs- und Querrichtung des Bauwerks ist eine offensichtlich ausreichende Anzahl von aussteifenden Wänden vorhanden. Diese müssen ohne größere Schwächungen und Versprünge bis auf die Fundamente geführt werden.

Die Norm enthält keine Angaben darüber, was „offensichtlich ausreichend“ bedeutet. Auch hier muss der erfahrene Ingenieur im Einzelfall entscheiden. Als Anhaltspunkt können die Werte der Tafel 11.46 der alten Norm DIN 1053 (11.1972), die allerdings inzwischen zurückgezogen wurde, hilfreich sein. Die seinerzeitige Konstruktionsregel, dass bei Mauerwerksbauten mit bis zu sechs Geschossen bei Einhaltung der Bedingungen nach Tafel 11.46 kein spezifischer Aussteifungsnachweis erforderlich ist, kann auch heute noch als Definitionshilfe für „offensichtlich ausreichend“ herangezogen werden. Dabei ist jedoch zu beachten, dass die aussteifenden Wände in hinreichender Anzahl ($n \geq 2$ je Richtung) und ausreichender Länge vorhanden sind.

Tafel 11.46 Dicken und Abstände aussteifender Wände ***(Tab. 3, DIN 1053-1972)***

<table>
<tr><th rowspan="2">Zeile</th><th colspan="2" rowspan="2">Dicke der auszusteifenden belasteten Wand
cm</th><th rowspan="2">Geschoss-höhe
m</th><th colspan="3">Aussteifende Wand</th></tr>
<tr><th>Im 1. bis 4. Vollgeschoss von oben</th><th>Im 5. und 6. Vollgeschoss von oben</th><th>Mittiger Abstand</th></tr>
<tr><td>1</td><td>≥ 11,5</td><td>< 17,5</td><td rowspan="2">≤ 3,25</td><td rowspan="4">≥ 11,5 cm</td><td rowspan="4">≥ 17,5 cm</td><td>≤ 4,50</td></tr>
<tr><td>2</td><td>≥ 17,5</td><td>< 24</td><td>≤ 6,00</td></tr>
<tr><td>3</td><td>≥ 24</td><td>< 30</td><td>≤ 3,50</td><td rowspan="2">≤ 8,00</td></tr>
<tr><td>4</td><td>≥ 30</td><td></td><td>≤ 5,00</td></tr>
</table>

Ist bei einem Bauwerk nicht von vornherein erkennbar, dass seine räumliche Steifigkeit gesichert ist, so ist ein rechnerischer Nachweis der Querkraftragfähigkeit nach dem genaueren Verfahren nach DIN EN 1996-1-1, Abs. 6.2, in Verbindung mit dem zugehörigen Nationalen Anhang zu führen. Ansonsten ist bei Verwendung der vereinfachten Berechnungsmethoden (vgl. Abschn. 6) ein Querkraftnachweis prinzipiell nicht erforderlich.

Grundsätzlich ist Mauerwerk mit einem Überbindemaß von $l_{ol} \geq 0{,}4\ h_u$ (h_u Steinhöhe) herzustellen. Nur bei Elementmauerwerk mit Dünnbettmörtel ist ein kleineres Überbindemaß $l_{ol} \geq 0{,}2\ h_u$ zulässig. Bei einem Verzicht auf einen rechnerischen Nachweis der Aussteifung des Gebäudes ist die infolge des verringerten Überbindemaßes eintretende Verminderung der Querkrafttragfähigkeit bei hohen Auflasten zu berücksichtigen.

5.2.2 Ringbalken

Ringbalken sind in der Wandebene liegende horizontale Balken, die Biegemomente infolge von *rechtwinklig* zur Wandebene wirkenden Lasten (z. B. Wind) aufnehmen können. Ringbalken können auch Ringankerfunktionen übernehmen, wenn sie als „geschlossener Ring“ um das ganze Gebäude herumgeführt werden.

Die in Windrichtung liegenden Balken geben die Lasten über Reibungskräfte und Haftscherkräfte an die Wandscheiben ab.

Wenn bei einem Mauerwerk

- keine Decken mit Scheibenwirkung vorhanden sind oder
- unter der Dachdecke eine Gleitschicht angeordnet wird,

muss die horizontale Aussteifung der Wände durch einen *Ringbalken* oder andere statisch gleichwertige Maßnahmen (z. B. horizontale Fachwerkverbände) sichergestellt werden.

Ringbalken können in Stahlbeton, Stahl oder Holz ausgeführt werden.

5.2.3 Ringanker

Der Ringanker ist zur Sicherstellung der Gesamtstabilität eines Bauwerks von Bedeutung. Er erfüllt im Wesentlichen drei Aufgaben:

- Scheibenbewehrung in den vertikalen Mauerwerksscheiben,
- Teil der Scheibenbewehrung der Deckenscheiben,
- umlaufender Ring zum „Zusammenhalten“ der Wände.

Ringanker sind auf allen Außenwänden anzuordnen und auf den lotrechten Scheiben (Innenwänden), die der Abtragung von horizontalen Lasten (z. B. Wind) dienen. Ringanker sind erforderlich, wenn mindestens eine der drei folgenden Situationen vorliegt:

a) Bei Bauten, die insgesamt mehr als zwei Vollgeschosse haben oder länger als 18 m sind.

b) Bei Wänden mit vielen oder besonders großen Öffnungen, besonders dann, wenn die Summe der Öffnungsbreiten 60 % der Wandlänge oder bei Fensterbreiten von mehr als 2/3 der Geschosshöhe 40 % der Wandlänge übersteigt.

c) Wenn die Baugrundverhältnisse es erfordern.

Ringanker können aus Stahlbeton, Stahl oder Holz bestehen und sollten eine Bemessungs-Zugkraft von mindestens 70 kN (s. DIN EN 1992-1, Abs. 9.10.2.2) aufnehmen können.

5.2.4 Anschluss der Wände an Decken und Dachstuhl

Umfassungswände müssen an die Decken durch Zuganker oder über Haftung und Reibung angeschlossen werden.

- Zuganker müssen in belasteten Wandbereichen (nicht in Brüstungen) angeordnet werden. Bei fehlender Auflast sind zusätzlich Ringanker anzuordnen.
  Abstand der Zuganker (bei Holzbalkendecken mit Splinten): 2 m bis 3 m.
  Bei parallel zur Wand spannenden Decken müssen die Anker mindestens einen 1 m breiten Deckenstreifen erfassen (bei Holzbalkendecken mindestens 3 Balken). Balken, die mit Außenwänden verankert und über der Innenwand gestoßen sind, müssen untereinander zugfest verbunden sein.

- Giebelwände sind durch Querwände auszusteifen oder mit dem Dachstuhl kraftschlüssig zu verbinden. Bei sehr hohen Giebelwänden können die Flächen zwischen den horizontalen Halterungen (Verankerung mit der Dachkonstruktion), den vertikal angeordneten Halterungen (Querwände oder Mauerwerksvorlagen) und den Dachschrägen in flächengleiche Rechtecke umgewandelt werden. Die erforderliche Giebelwanddicke ergibt sich dann in Anlehnung an Tafel 11.48. Auch eine konstruktive Fugenbewehrung kann in Erwägung gezogen werden.

5.3 Wandarten und Mindestabmessungen

5.3.1 Tragende Wände und Pfeiler

Wände und Pfeiler gelten als tragend, wenn sie

a) vertikale Lasten (z. B. aus Decken, Dachstühlen) und/oder

b) horizontale Lasten (z. B. aus Wind) aufnehmen und/oder

c) zur Knickaussteifung von tragenden Wänden dienen.

Tragende Wände und Pfeiler sollen unmittelbar auf Fundamente gegründet werden. Ist dies in Sonderfällen nicht möglich, so sind die Abfangkonstruktionen ausreichend steif auszubilden, damit keine größeren Verformungen auftreten.

5.3.2 Mindestmaße von tragenden Wänden und von tragenden Pfeilern

Die Mindestdicke von tragenden Innen- und Außenwänden beträgt $t = 11{,}5$ cm, sofern aus statischen oder bauphysikalischen Gründen nicht größere Wandstärken erforderlich sind.

Die Mindestabmessungen von tragenden Pfeilern betragen 11,5 cm × 36,5 cm bzw. 17,5 cm × 24 cm. Pfeiler mit $A < 400$ cm^2 (Nettoquerschnitt unter Berücksichtigung von Schlitzen) sind unzulässig.

5.3.3 Nichttragende Wände

Wände, die überwiegend nur durch ihre Eigenlast belastet sind und nicht zur Knickaussteifung tragender Wände dienen, werden als *nichttragende Wände* bezeichnet. Sie müssen jedoch in der Lage sein, rechtwinklig auf die Wand wirkende Lasten (z. B. Einwirkungen von Personen) auf tragende Bauteile (z. B. Wand- oder Deckenscheiben) abzutragen.

Nichttragende Wände übernehmen keine statische Funktion innerhalb eines Gebäudes. Es ist daher möglich, sie wieder zu entfernen, ohne dass dies statische Konsequenzen für andere Bauteile hat.

- **Nichttragende Außenwände**

  Nichttragende Außenwände aus Mauerwerk der Steindruckfestigkeitsklasse ≥ 4 können ohne statischen Nachweis ausgeführt werden, wenn sie vierseitig gehalten sind (z. B. durch Verzahnung, Versatz oder Anker), den Bedingungen der Tafel 11.48 genügen und Normalmörtel mit mindestens der Mörtelgruppe IIa bzw. M5 oder Dünnbettmörtel verwendet wird. Es ist h die Höhe und l die Länge der Ausfachungsfläche.

Tafel 11.48 Zulässige Größtwerte der Ausfachungsfläche von nichttragenden Außenwänden ohne rechnerischen Nachweis (Tafelwerte)

Wanddicke t cm	Ausfachungsfläche[1] in m^2 bei einer Höhe über Gelände von			
	0 m bis 8 m		**8 m bis 20 m**	
	$h/l = 1$	$h/l \geq 2{,}0$ oder $h/l \leq 0{,}5$	$h/l = 1$	$h/l \geq 2{,}0$ oder $h/l \leq 0{,}5$
11,5[2) 3)]	12	8	-	-
15,0[3)]	12	8	8	5
17,5	20	14	13	9
24,0	36	25	23	16
≥ 30,0	50	33	35	23

[1)] Bei Seitenverhältnissen $0{,}5 < h/l < 1{,}0$ oder $1{,}0 < h/l < 2{,}0$ dürfen die zulässigen Werte der Ausfachungsflächen geradlinig interpoliert werden. Die angegebenen Werte gelten für Mauerwerk aus Steinen der Mindestdruckfestigkeitsklasse 4 und bei Verwendung von Mörteln der Klasse M5 und höher.

[2)] In Windlastzone 4 nur im Binnenland zulässig.

[3)] Bei Verwendung von Steinen der Festigkeitsklasse ≥ 12 dürfen die Werte um 33 % vergrößert werden.

- **Nichttragende innere Trennwände**

Für nichttragende innere Trennwände, die nicht rechtwinklig zur Wandfläche durch Wind beansprucht werden, ist DIN 4103-1 (07.1984) maßgebend.

Abhängig vom Einbauort werden nach DIN 4103-1 zwei unterschiedliche Einbaubereiche unterschieden.

Einbaubereich I:

Bereiche mit geringer Menschenansammlung, wie sie z. B. in Wohnungen, Hotel-, Büro- und Krankenräumen sowie ähnlich genutzten Räumen, einschließlich der Flure, vorausgesetzt werden können.

Einbaubereich II:

Bereiche mit großen Menschenansammlungen, wie sie z. B. in größeren Versammlungs- und Schulräumen, Hörsälen, Ausstellungs- und Verkaufsräumen und ähnlich genutzten Räumen vorausgesetzt werden müssen.

Aufgrund neuerer Forschungsergebnisse hat die DGfM (Deutsche Gesellschaft für Mauerwerksbau und Wohnungsbau e.V.) ein Merkblatt über „Nichttragende innere Trennwände aus Mauerwerk" herausgegeben (vgl. [11.38]).

5.3.4 Zweischalige Außenwände

Nach dem Wandaufbau wird unterschieden zwischen zweischaligen Außenwänden

- mit Luftschicht,
- mit Luftschicht und Wärmedämmung,
- mit Kerndämmung.

Bei der Bemessung ist als Wanddicke nur die Dicke der tragenden Innenschale anzusetzen.

Die Außenschale muss aus frostwiderstandsfähigen Mauersteinen bestehen. Anderenfalls ist ein Außenputz erforderlich, der die Anforderungen nach DIN EN 998-1 und DIN V 18 550 erfüllt. Die Ausführung der Fugen erfolgt in der Regel im Fugenglattstrich.

Konstruktionsmaße

- Die Mindestdicke von tragenden Innenschalen beträgt 11,5 cm. Bei der Anwendung des vereinfachten Berechnungsverfahrens ist Tafel 11.52, Fußnote b zu beachten.
- Die Mindestdicke der Außenschale beträgt 9 cm. Dünnere Außenschalen sind Bekleidungen, deren Ausführung in DIN 18 515 geregelt ist. Pfeiler in der Außenschale müssen eine Mindestlänge von 24 cm haben.
- Der maximale lichte Abstand der Mauerwerksschalen beträgt 15 cm. Bei Anordnung einer Luftschicht muss diese mindestens 6 cm breit sein. Eine Verminderung auf 4 cm ist möglich, wenn der Mauermörtel mindestens an einer Hohlraumseite abgestrichen wird.
- Es ist Normalmauermörtel mindestens der Gruppe IIa zu verwenden.

Auflagerung und Abfangung der Außenschalen

- Die Außenschale soll über ihre ganze Länge und vollflächig aufgelagert sein. Bei unterbrochener Auflagerung (z. B. auf Konsolen) müssen in der Abfangebene alle Steine beidseitig aufgelagert sein („Träger auf 2 Stützen").
- Außenschalen von 11,5 cm Dicke sollen in Höhenabständen von etwa 12 m abgefangen werden. Sie dürfen bis zu 25 mm über ihr Auflager vorstehen. Ist die 11,5 cm dicke Außenschale nicht höher als zwei Geschosse oder wird sie alle zwei Geschosse abgefangen, dann darf sie bis zu einem Drittel ihrer Dicke über ihr Auflager vorstehen.
- Außenschalen mit Dicken von $t \geq 10{,}5$ cm und $t < 11{,}5$ cm dürfen nicht höher als 25 m über Gelände geführt werden und sind in Höhenabständen von etwa 6 m abzufangen. Bei Gebäuden bis zu zwei Vollgeschossen darf ein Giebeldreieck bis 4 m Höhe ohne zusätzliche Abfangung ausgeführt werden. Diese Außenschalen dürfen maximal 15 mm über ihr Auflager vorstehen.

- Außenschalen mit Dicken von $t \geq 9$ cm und $t < 10{,}5$ cm dürfen nicht höher als 20 m über Gelände geführt werden und sind in Höhenabständen von etwa 6 m abzufangen. Bei Gebäuden bis zu zwei Vollgeschossen darf ein Giebeldreieck bis 4 m Höhe ohne zusätzliche Abfangung ausgeführt werden. Die Fugen der Sichtflächen dieser Verblendschalen müssen in Fugenglattstrich ausgeführt werden. Diese Außenschalen dürfen höchstens 15 mm über ihr Auflager vorstehen.
- Abfangkonstruktionen, die nach dem Einbau nicht mehr kontrolliert werden können, müssen aus Materialien bestehen, die dauerhaft korrosionsbeständig sowie für die Anwendung genormt oder bauaufsichtlich zugelassen sind.

Verankerung der Außenschale

- Die Mauerwerksschalen sind durch Anker nach allgemeiner bauaufsichtlicher Zulassung aus nichtrostendem Stahl oder durch Anker nach DIN EN 845-1 aus nichtrostendem Stahl, deren Verwendung in einer allgemeinen bauaufsichtlichen Zulassung geregelt ist, zu verbinden. Die Drahtanker müssen in Form und Maßen der Abb. 11.50 entsprechen. Der vertikale Abstand der Drahtanker soll höchstens 500 mm, der horizontale Abstand höchstens 750 mm betragen. Es ist Normalmauermörtel mindestens der Mörtelgruppe IIa bzw. M5 zu verwenden.
- An allen freien Rändern (von Öffnungen an Gebäudeecken, entlang von Dehnungsfugen und an den oberen Enden der Außenschalen) sind zusätzlich zu den Angaben in Tafel 11.50 drei Drahtanker je m Randlänge anzuordnen.
- Die Drahtanker sind unter Beachtung ihrer statischen Wirksamkeit so auszuführen, dass sie keine Feuchte von der Außen- zur Innenschale leiten können (z. B. durch Aufschieben einer Kunststoffscheibe, siehe Abb. 11.50).
- Ankerdurchmesser: 4 mm.

Tafel 11.50 Mindestanzahl von Drahtankern je m² Wandfläche[*)]

Gebäudehöhe	Windzonen 1-3 Windzone 4 Binnenland	Windzone 4 Küste der Nord- und Ostsee und Inseln der Ostsee	Windzone 4 Inseln der Nordsee
$h \leq 10$ m	7[a)]	7	8
$10 \text{ m} < h \leq 18$ m	7[b)]	8	9
$18 \text{ m} < h \leq 25$ m	7	8[c)]	-

[a)] in Windzone 1 und Windzone 2 Binnenland: 5 Anker/m²
[b)] in Windzone 1: 5 Anker/m²
[c)] ist eine Gebäudegrundrisslänge kleiner als $h/4$: 9 Anker/m²
[*)] Windzonen nach DIN EN 1991-1-4/NA

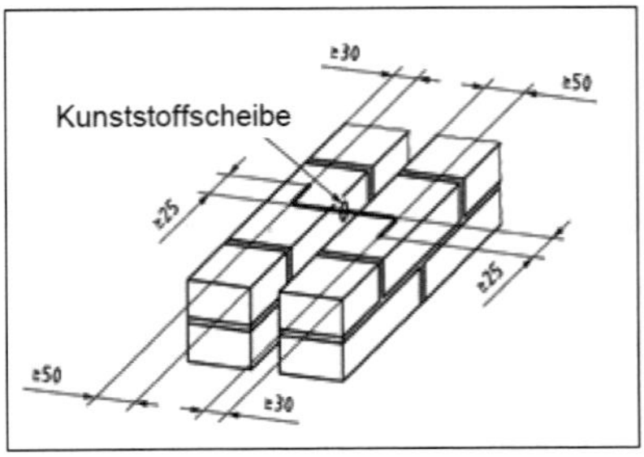

Abb. 11.50: Drahtanker für zweischaliges Mauerwerk, Maße in mm

5.4 Schlitze und Aussparungen

Bei der Bemessung von Mauerwerk können Schlitze und Aussparungen, deren Abmessungen die Grenzmaße nach den Tafeln 11.51 nicht überschreiten, unberücksichtigt bleiben.

Tafel 11.51a Ohne Nachweis zulässige Abmessungen $t_{ch,h}$ horizontaler und schräger Schlitze

Wanddicke [mm]	Maximale Schlitztiefe $t_{ch,h}$ in mm[a)]	
	Unbeschränkte Länge	Länge ≤ 1250 mm[b)]
115 bis 149	-	-
150 bis 174	-	0[c)]
175 bis 239	0[c)]	25
240 bis 299	15[c)]	25
300 bis 364	20[c)]	30
≥ 365	20[c)]	30

a) Horizontale und schräge Schlitze sind nur zulässig in einem Bereich ≤ 0,4 m ober- oder unterhalb der Rohdecke sowie jeweils an einer Wandseite. Sie sind nicht zulässig bei Langlochziegeln.

b) Mindestabstand in Längsrichtung von Öffnungen ≥ 490 mm, vom nächsten Horizontalschlitz zweifache Schlitzlänge.

c) Die Tiefe darf um 10 mm erhöht werden, wenn Werkzeuge verwendet werden, mit denen die Tiefe genau eingehalten werden kann. Bei Verwendung solcher Werkzeuge dürfen auch in Wänden ≥ 240 mm gegenüberliegende Schlitze mit jeweils 10 mm Tiefe ausgeführt werden.

Tafel 11.51b Ohne Nachweis zulässige Abmessungen $t_{ch,v}$ vertikaler Schlitze und Aussparungen

1	2	3	4	5	6	7
Wanddicke [mm]	Nachträglich hergestellte Schlitze und Aussparungen[c)]		Mit der Errichtung des Mauerwerks hergestellte Schlitze und Aussparungen im gemauerten Verband			
	maximale Tiefe[a)] $t_{ch,v}$ [mm]	maximale Breite[b)] (Einzelschlitz) [mm]	Verbleibende Mindest-wanddicke [mm]	maximale Breite[b)] [mm]	Mindestabstand der Schlitze und Aussparungen	
					von Öffnungen	untereinander
115 bis 149	10	100	-	-	≥ 2fache Schlitzbreite bzw. ≥ 240 mm	≥ Schlitzbreite
150 bis 174	20	100	-	-		
175 bis 199	30	100	115	260		
200 bis 239	30	125	115	300		
240 bis 299	30	150	115	385		
300 bis 364	30	200	175	385		
≥ 365	30	200	240	385		

a) Schlitze, die bis maximal 1 m über den Fußboden reichen, dürfen bei Wanddicken ≥ 240 mm bis 80 mm Tiefe und 120 mm Breite ausgeführt werden.

b) Die Gesamtbreite von Schlitzen nach Spalte 3 und Spalte 5 darf je 2 m Wandlänge die Maße in Spalte 5 nicht überschreiten. Bei geringeren Wandlängen als 2 m sind die Werte in Spalte 5 proportional zur Wandlänge zu verringern.

c) Abstand der Schlitze und Aussparungen von Öffnungen ≥ 115 mm.

6 Vereinfachte Berechnung nach DIN EN 1996-3 und NA

6.1 Anwendungsgrenzen der vereinfachten Berechnungsmethoden

Alle Bauwerke, die innerhalb der im Folgenden zusammengestellten Anwendungsgrenzen liegen, dürfen mit *vereinfachten Berechnungsmethoden* nachgewiesen werden. Befindet sich das Bauteil außerhalb der nachfolgend dargestellten Anwendungsgrenzen, *muss* es nach dem *genaueren Verfahren* nach DIN EN 1996-1-1/NA [11.39] berechnet werden. Nachfolgend werden nur die Regelungen der vereinfachten Berechnungsmethoden behandelt.

Im Einzelnen müssen für die Anwendung der *vereinfachten Berechnungsmethoden* neben den Bedingungen der Tafel 11.52 die folgenden Voraussetzungen erfüllt sein:

- Gebäudehöhe ≤ 20 m über Gelände
  (bei geneigten Dächern darf die Mitte zwischen First- und Traufhöhe zugrunde gelegt werden)
- Deckenstützweiten $l_f \leq 6{,}0$ m, sofern die Biegemomente aus Deckendrehwinkel nicht durch konstruktive Maßnahmen (z.B. Zentrierleisten mit Nachweis der Teilflächenpressung) begrenzt werden. Bei zweiachsig gespannten Decken gilt für l die kleinere Stützweite (s. auch [11.33]).
- Es wird vorausgesetzt, dass in Wandhöhenmitte nur Biegemomente aus Deckeneinspannung, exzentrischer Deckenauflagerung und Wind auftreten. Andernfalls ist ein Nachweis nach DIN EN 1996-1-1 zu führen. Ein Versatz der Wandachsen infolge einer Änderung der Wanddicken gilt dann nicht als größere Ausmitte, wenn der Querschnitt der dickeren tragenden Wand den Querschnitt der dünneren tragenden Wand umschreibt.
- Die Deckenauflagertiefe a muss mindestens die halbe Wanddicke (0,5 t), jedoch mehr als 100 mm betragen. Bei einer Wanddicke von 365 mm darf die Mindestdeckenauflagertiefe auf 0,45 t reduziert werden.
- Das planmäßige Überbindemaß l_{ol} nach DIN EN 1996-1-1 muss mindestens 0,4 h_u und mindestens 45 mm betragen. Nur bei Elementbauwerk darf das planmäßige Überbindemaß l_{ol} mindestens 0,2 h_u und mindestens 125 mm betragen (h_u Steinhöhe).
- Bei Mauerwerk aus Kalksand-Fasensteinen (nur zulässig als Einsteinmauerwerk) ist als rechnerische Wanddicke die vermörtelbare Aufstandsbreite anzunehmen.
- Freistehende Wände sind stets nach DIN EN 1996-1-1 nachzuweisen.

Tafel 11.52 Weitere Anwendungsgrenzen der vereinfachten Berechnungsmethoden

	Bauteil	Wanddicke t cm	lichte Wandhöhe m	Nutzlast[a)] kN/m²
1	tragende Innenwände	≥ 11,5 < 24	≤ 2,75	≤ 5
2		≥ 24	-	
3	tragende Außenwände und zweischalige Haustrennwände	≥ 11,5[b)] < 15,0[b)]	≤ 2,75	≤ 3
4		≥ 15,0[c)] ≤ 17,5[c)]		
5		≥ 17,5 < 24,0		≤ 5
6		≥ 24,0	≤ 12 t	

[a)] Einschließlich Zuschlag für nichttragende innere Trennwände.

[b)] Als einschalige Außenwand nur bei eingeschossigen Garagen und vergleichbaren Bauwerken, die nicht zum dauernden Aufenthalt von Menschen vorgesehen sind.
Als Tragschale zweischaliger Außenwände und bei zweischaligen Haustrennwänden bis maximal zwei Vollgeschosse zuzüglich ausgebautes Dachgeschoss; aussteifende Querwände im Abstand ≤ 4,50 m bzw. Randabstand von einer Öffnung ≤ 2,0 m.

[c)] Bei charakteristischen Mauerwerksdruckfestigkeiten $f_k < 1{,}8$ N/mm² gilt zusätzlich Fußnote b).

6.2 Tragfähigkeitsnachweis

6.2.1 Nachweisformat

Zur Sicherstellung hinreichender Mauerwerkstragfähigkeit ist folgender Nachweis zu führen:

$$N_{Ed} \leq N_{Rd}$$

N_{Ed} Bemessungswert der einwirkenden Normalkraft
N_{Rd} Bemessungswert der aufnehmbaren Normalkraft

6.2.2 Bemessungswert der einwirkenden Normalkraft N_{Ed}

$$N_{Ed} = 1{,}35\ N_{Gk} + 1{,}50\ N_{Qk}$$

N_{Gk} max. charakt. Wert der einwirkenden Normalkraft infolge von Eigenlast
N_{Qk} max. charakt. Wert der einwirkenden Normalkraft infolge von Nutzlast

$\gamma_G = 1{,}35$ und $\gamma_Q = 1{,}50$ sind die Teilsicherheitsbeiwerte für die Eigenlast bzw. für eine Nutzlast.

Bei üblichen Hochbauten mit Decken aus Stahlbeton und charakteristischen Nutzlasten von maximal 3,0 kN/m^2 darf vereinfachend angesetzt werden:

$$N_{Ed} = 1{,}4\ (N_{Gk} + N_{Qk})$$

Hinweis:

Bei größeren Biegemomenten (z. B. bei Windscheiben) sollte immer auch ein Nachweis für die Einwirkungskombination max M + min N nach dem genaueren Verfahren geführt werden. Hierbei gilt:

$$\min N_{Ed} = 1{,}0\ N_{Gk}$$

6.2.3 Bemessungswert der aufnehmbaren Normalkraft N_{Rd}

$$N_{Rd} = \Phi\ A \cdot f_d$$

A Querschnittsfläche (abzüglich eventueller Schlitze und Aussparungen); $A < 400$ cm^2 ist unzulässig.

f_d $= 0{,}85\ f_k / \gamma_M$ Bemessungswert der Druckfestigkeit des Mauerwerks; der Faktor 0,85 berücksichtigt festigkeitsmindernde Langzeiteinflüsse.
$= 1{,}00\ f_k / \gamma_M$ bei Kurzzeitbelastung

Bei Wandquerschnitten $A < 1000$ mm² ist der Bemessungswert um 20 % zu reduzieren.

f_k charakteristische Druckfestigkeit des Mauerwerks (s. Tafeln 11.54a bis 11.55d)

γ_M Teilsicherheitsbeiwert nach Tafel 11.53

Φ Traglastfaktor zur Berücksichtigung von Biegebeanspruchungen und des Knickens (vgl. Abschn. 6.5).

Tafel 11.53 Teilsicherheitsbeiwerte γ_M für unbewehrtes Mauerwerk

Bemessungssituation	γ_M
ständig und vorübergehend	1,5
außergewöhnlich[1)]	1,3
[1)] Für die Bemessung im Brandfall s. DIN EN 1996-1-2.	

In den Tafeln 11.54 und 11.55 sind die charakteristischen Werte der Druckfestigkeit von Einsteinmauerwerk (EM) nach Anhang D von DIN EN 1996-3/NA für verschiedene Stein-Mörtel-Kombinationen zusammengestellt.

6.3 Mauerwerksdruckfestigkeit

Die Tafeln 11.54 und 11.55 ermöglichen eine einfache Bestimmung des charakteristischen Wertes der Mauerwerksdruckfestigkeit in Abhängigkeit von der gewählten Stein-Mörtel-Kombination.

Tafel 11.54a Druckfestigkeit von Einstein-MW aus Hochlochziegeln (HLzA u. HLzB) und Mauertafeln (T1) sowie Kalksand-Loch- und Hohlblocksteinen mit Normalmörtel

Stein-klasse	f_k [N/mm²]			
	NM II	**NM IIa**	**NM III**	**NM IIIa**
4	2,1	2,4	2,9	-
6	2,7	3,1	3,7	-
8	3,1	3,9	4,4	-
10	3,5	4,5	5,0	5,6
12	3,9	5,0	5,6	6,3
16	4,6	5,9	6,6	7,4
20	5,3	6,7	7,5	8,4
28	5,3	6,7	9,2	10,3
36	5,3	6,7	10,6	11,9
48	5,3	6,7	12,5	14,1
60	5,3	6,7	14,3	16,0

Tafel 11.54b Druckfestigkeit von Einstein-MW aus Hochlochziegeln (HLzW), Mauertafel-Ziegeln (T2,T3,T4) und Langlochziegeln (Llz) mit Normalmörtel

Stein-klasse	f_k [N/mm²]			
	NM II	**NM IIa**	**NM III**	**NM IIIa**
4	1,7	2,0	2,3	2,6
6	2,2	2,5	2,9	3,3
8	2,5	3,2	3,5	4,0
10	2,8	3,6	4,0	4,5
12	3,1	4,0	4,5	5,0
16	3,7 (3,1)	4,7 (4,0)	5,3 (4,5)	5,9 (5,0)
20	4,2 (3,1)	5,4 (4,0)	6,0 (4,5)	6,7 (5,0)

Werte in Klammern gelten für Hochlochziegel mit Lochung W (HLzW) und Mauertafelziegel T4.

Tafel 11.54c Druckfestigkeit von Einstein-MW aus Vollziegeln sowie Kalksand-Vollsteinen und Kalksand-Blocksteinen mit NM

Stein-klasse	f_k [N/mm²]			
	NM II	**NM IIa**	**NM III**	**NM IIIa**
4	2,8	-	-	-
6	3,6	4,0	-	-
8	4,2	4,7	-	-
10	4,8	5,4	6,0	-
12	5,4	6,0	6,7	7,5
16	6,4	7,1	8,0	8,9
20	7,2	8,1	9,1	10,1
28	8,8	9,9	11,0	12,4
36	10,2	11,4	12,7	14,3
48	10,2	11,4	15,1	16,9
60	10,2	11,4	15,1	16,9

Tafel 11.54d Druckfestigkeit von Einstein-MW aus Kalksand-Planelementen und Kalksand-Plansteinen mit Dünnbettmörtel [1)]

Stein-klasse	f_k [N/mm²]			
	Planelemente		Plansteine	
	KS XL	**KS XL-N KS XL-E**	**KS P**	**KS L-P**
4	2,9	2,9	2,9	2,9
6	4,0	4,0	4,0	3,7
8	5,0	5,0	5,0	4,4
10	6,0	6,0	6,0	5,0
12	9,4	7,0	7,0	5,6
16	11,2	8,8	8,8	6,6
20	12,9	10,5	10,5	7,6
28	16,0	13,8	13,8	7,6
36	16,0	13,8	16,8	7,6
48	16,0	13,8	16,8	7,6
60	16,0	13,8	16,8	7,6

[1)] KS XL Planelement o. Längsnut, o. Lochung
KS XL-N Planelement mit Längsnut, o. Lochung
KS XL-E KS-Planelement o. Längsnut, m. Loch.
KS P Planstein mit einem Lochanteil ≤ 15 %
KS L-P Planstein mit einem Lochanteil > 15 %

Tafel 11.54e Druckfestigkeit von Einstein-MW aus Mauerziegeln und Kalksandsteinen mit Leichtmauermörtel

Stein-klasse	f_k [N/mm²]	
	LM 21	**LM 36**
2	1,2	1,3
4	1,6	2,2
6	2,2	2,9
8	2,5	3,3
10	2,8	3,3
12	3,0	3,3
16	3,0	3,3
20	3,0	3,3
28	3,0	3,3

Tafel 11.55a Druckfestigkeit von Einstein-MW aus Leichtbeton- und Betonsteinen mit Normalmörtel

Steinart	Stein-klasse	f_k [N/mm²]		
		Mörtelgruppe		
		NM II	**NM IIa**	**NM III, NM IIIa**
Hbl, Hbn	**2**	1,4	1,5	1,7
	4	2,2	2,4	2,6
	6	2,9	3,1	3,3
	8	2,9	3,7	4,0
	10	2,9	4,3	4,6
	12	2,9	4,8	5,1
V, Vbl	**2**	1,5	1,6	1,8
	4	2,5	2,7	3,0
	6	3,4	3,7	4,0
	8	3,4	4,5	5,0
	10	3,4	5,4	5,9
	12	3,4	6,1	6,7
	16	3,4	6,1	8,3
	20	3,4	6,1	9,8
Vn, Vbn, Vm, Vmb	**4**	2,8	2,9	2,9
	6	3,6	4,0	4,0
	8	3,6	4,7	5,0
	10	3,6	5,4	6,0
	12	3,6	6,0	6,7
	16	3,6	6,0	8,0
	≥ 20	3,6	6,0	9,1

Tafel 11.55b Druckfestigkeit von Einstein-MW aus Leichtbeton-Vollblöcken mit Schlitzen Vbl S und Vbl SW mit Normalmörtel

Stein-klasse	f_k [N/mm²]		
	Mörtelgruppe		
	NM II	**NM IIa**	**NM III, NM IIIa**
2	1,4	1,6	1,8
4	2,1	2,4	2,9
6	2,7	3,1	3,7
8	2,7	3,9	4,4
10	2,7	4,5	5,0
12	2,7	5,0	5,6

Tafel 11.55c Druckfestigkeit von Einstein-MW aus Voll- und Lochsteinen aus Leichtbeton mit Leichtmörtel

Steindruck-klasse	f_k [N/mm²]
	LM 21 und LM 36
2	1,4
4	2,3
6	3,0
8	3,6

Tafel 11.55d Druckfestigkeit von Einstein-MW aus Porenbetonplansteinen mit Dünnbettmörtel

Stein-klasse	f_k [N/mm²]
2	1,8
4	3,0
6	4,1
8	5,1

Hinweis: *Die nach dem genaueren Nachweisverfahren nach DIN EN 1996-1-1/NA mögliche Ermittlung der Mauerwerksdruckfestigkeit in Abhängigkeit der normierten mittleren Mauersteindruckfestigkeit* f_{st} *und der Mörteldruckfestigkeit* f_M *mit Hilfe der Berechnungsfunktion* $\boldsymbol{f_k = K\, f_{St}^{\alpha}\, f_M^{\beta}}$ *unter Verwendung der Faktoren K, α und β nach Nationalem Anhang liefert gleich große Mauerwerksdruckfestigkeiten wie die in den Tabellen 11.54 und 11.55 angegebenen Werte.*

6.4 Knicklängenermittlung

Die nachfolgend dargestellten Knicklängen gelten bei Einhaltung der Anwendungsgrenzen der vereinfachten Berechnungsmethoden (vgl. Abschn. 6.1) für Mauerwerkswände aus Voll- und Lochsteinen nach DIN EN 1996-1-1/NA (vgl. Abschn. 5.1.1).

6.4.1 Zweiseitig gehaltene Wände

Bei flächig aufgelagerten Decken, z. B. massiven Plattendecken oder Rippendecken mit lastverteilenden Auflagerarbeiten, darf bei 2-seitig gehaltenen Wänden die Einspannung der Wand in den Decken durch eine gegenüber der lichten Wandhöhe reduzierte Knicklänge berücksichtigt werden.

$h_{ef} = \rho_2 \cdot h$

h_{ef} Knicklänge	$\rho_2 = 0{,}75$ für Wanddicken $t \leq 17{,}5$ cm
h lichte Geschosshöhe	$\rho_2 = 0{,}90$ für Wanddicken $17{,}5 \text{ cm} < t \leq 25$ cm
ρ_2 Knicklängenbeiwert	$\rho_2 = 1{,}00$ für Wanddicken $t > 25$ cm

Eine Abminderung der rechnerischen Knicklänge mit $\rho < 1{,}0$ setzt eine Mindestauflagertiefe a der Decke auf der Wand voraus:

$t < 24{,}0 \text{ cm:} \rightarrow a = t$

$t \geq 24{,}0 \text{ cm:} \rightarrow a \geq 17{,}5 \text{ cm}$

6.4.2 Drei- und vierseitig gehaltene Wände

3-seitig gehaltene Wände:

$$h_{ef} = \frac{1}{1 + \left(\alpha_3 \frac{\rho_2 \cdot h}{3 \cdot b'}\right)^2} \cdot \rho_2 \cdot h \geq 0{,}3 \cdot h$$

4-seitig gehaltene Wände:

$$\alpha_4 \cdot \frac{h}{b} \leq 1: \; h_{ef} = \frac{1}{1 + \left(\alpha_4 \frac{\rho_2 \cdot h}{3 \cdot b'}\right)^2} \cdot \rho_2 \cdot h$$

$$\alpha_4 \cdot \frac{h}{b} > 1: \; h_{ef} = \alpha_4 \cdot \frac{b}{2}$$

ρ_2 Knicklängenbeiwert 2-seitig gehaltener Wände nach Abschn. 6.4.1

b, b' Abstand des freien Randes von der Mitte der haltenden Wand bzw. Mittenabstand der haltenden Wand nach Abb. 11.57

α_3, α_4 Anpassungsfaktoren nach Tafel 11.56 bei Elementmauerwerk mit reduziertem Überbindemaß ($0{,}2\, h_u \leq l_{ol} < 0{,}4\, h_u$; $\alpha_3 = \alpha_4 = 1{,}0$ bei planmäßigem Überbindemaß $l_{ol} \geq 0{,}4\, h_u$)

Tafel 11.56 Anpassungsfaktoren α_3, α_4 zur Abschätzung der Knicklänge von Wänden aus Elementmauerwerk mit einem Überbindemaß $0{,}2\, h_u \leq l_{ol} < 0{,}4\, h_u$

Steingeometrie h_{Stein}/l_{Stein}	**0,5**	**0,625**	**1**	**2**
3-seitige Lagerung α_3	1,0	0,90	0,83	0,75
4-seitige Lagerung α_4	1,0	0,75	0,67	0,60

Ist bei vierseitig gehaltenen Wänden $b > 30\ t$ bzw. $b' > 15\ t$ bei dreiseitig gehaltenen Wänden, so sind diese Wände wie zweiseitig gehaltene Wände zu betrachten. Ist die Wand im Bereich des mittleren Drittels der Wandhöhe durch vertikale Schlitze oder Aussparungen geschwächt, so ist für t die Restwanddicke einzusetzen oder ein freier Rand anzunehmen.

Unabhängig von der Lage eines vertikalen Schlitzes oder einer Aussparung ist an ihrer Stelle ein freier Rand anzunehmen, wenn die Restwanddicke kleiner als die halbe Wanddicke oder kleiner als 115 mm ist.

Hinweis: *Es wird empfohlen, auch bei mehrseitig gehaltenen Wänden die Knicklänge für 2-seitig gehaltene Wände anzusetzen, um eine eventuelle spätere Umnutzung zu ermöglichen.*

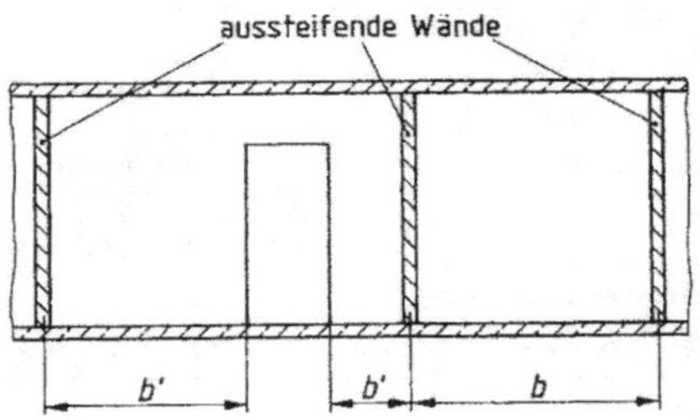

Anforderung an aussteifende Wände:

Länge: $l \geq 1/5$ der Geschosshöhe

Dicke: $\geq 11{,}5$ cm bzw. $\geq 0{,}3$-fache Dicke der auszusteifenden Wand.

Abb. 11.57 Definition von b und b'

6.5 Traglastbeiwerte und Bemessungstafeln zur Bestimmung der aufnehmbaren Normalkraft

6.5.1 Traglastbeiwert ϕ_1 („Exzentrische Lasteinleitung")

Der Beiwert Φ_1 berücksichtigt die Traglastminderung an Wandkopf und Wandfuß infolge einer Biegebeanspruchung durch Verdrehung der Decke sowie exzentrischer Belastung bei einer Auflagertiefe der Decke kleiner als die Wanddicke. Bei Endauflagern von Außen- und Innenwänden gilt:

für $f_k \geq 1{,}8$ N/mm²: $\Phi_1 = 1{,}6 - l_f/6 \leq 0{,}9 \cdot a/t$

für $f_k < 1{,}8$ N/mm²: $\Phi_1 = 1{,}6 - l_f/5 \leq 0{,}9 \cdot a/t$

f_k charakteristische Druckfestigkeit

l_f Stützweite der angrenzenden Geschossdecke in m. Bei zweiachsig gespannten Decken kann für l die kürzere der beiden Stützweiten eingesetzt werden.

a Deckenauflagertiefe

t Wanddicke

Bei Decken über dem obersten Geschoss gilt: $\Phi_1 = 0{,}333$

Bei konstruktiver Zentrierung der Deckenlast gilt: $\Phi_1 = 0{,}9 \cdot a/t$

6.5.2 Traglastbeiwert Φ_2 („Knicken")

Der Beiwert Φ_2 berücksichtigt die Traglastminderung infolge Knickgefahr.

$$\Phi_2 = 0{,}85 \cdot a/t - 0{,}0011 \cdot (h_{ef}/t)^2$$

h_{ef} Knicklänge nach Abschn. 6.4

a Deckenauflagertiefe

t Wanddicke

6.5.3 Bemessungstafeln zur Bestimmung der aufnehmbaren Normalkraft

Mit Hilfe der dargestellten Traglastfaktoren können Bemessungstafeln (s. [11.34]) entwickelt werden, die eine praxisnahe Ermittlung der aufnehmbaren Normalkraft in Abhängigkeit des charakteristischen Wertes der Mauerwerksdruckfestigkeit f_k (s. Tafeln 11.54 und 11.55) sowie weiterer Eingangsparameter (Wandhöhe, Wanddicke, Deckenspannweite, Auflagersituation und Auflagertiefe) ermöglichen. Um die aufnehmbare Normalkraft n_{Rd} je Meter Wandlänge in kN/m zu erhalten, ist lediglich der Tafelwert T mit der Mauerwerksdruckfestigkeit f_k in N/mm² zu multiplizieren. Bei der Anwendung ist zwischen einer Mauerwerksdruckfestigkeit $f_k < 1{,}8$ N/mm² (s. Tafel 11.58) und einer Mauerwerksdruckfestigkeit $f_k \geq 1{,}8$ N/mm² (s. Tafel 11.59) zu differenzieren.

Tafel 11.58 Aufnehmbare Normalkraft von Mauerwerkswänden mit $f_k < 1{,}8$ N/mm² [11.34]

<table>
<tr><th colspan="16">aufnehmbare Normalkraft bei $f_k < 1{,}8$ N/mm²
n_{Rd} in kN/m = T·f_k in N/mm²</th></tr>
<tr><th rowspan="5">lichte Wandhöhe h [m]</th><th rowspan="5">Wanddicke t [cm]</th><th rowspan="3">Zwischen-auflager</th><th colspan="13">Endauflager</th></tr>
<tr><th colspan="10">Geschossdecke</th><th colspan="3">Dachdecke</th></tr>
<tr><th colspan="6">vollaufliegende Decke
$a/t = 1{,}0$</th><th colspan="3">$a/t = 2/3$</th><th>$a/t =$ 1/2</th><th>$a/t =$ 1,0</th><th>$a/t =$ 2/3</th><th>$a/t =$ 1/2</th></tr>
<tr><th colspan="14">Deckenspannweite l_f [m]</th></tr>
<tr><th>≤ 6</th><th>≤ 3,5</th><th>4,0</th><th>4,5</th><th>5,0</th><th>5,5</th><th>6,0</th><th>≤ 5</th><th>5,5</th><th>6,0</th><th>≤ 6</th><th>≤ 6</th><th>≤ 6</th><th>≤ 6</th></tr>
<tr><td rowspan="9">2,50</td><td>11,5 1)2)</td><td>36</td><td colspan="4">36</td><td>32</td><td>26</td><td colspan="3">-</td><td>-</td><td>21</td><td>-</td><td>-</td></tr>
<tr><td>15,0 2)</td><td>57</td><td colspan="3">57</td><td>51</td><td>42</td><td>34</td><td colspan="3">22</td><td>-</td><td>28</td><td>22</td><td>-</td></tr>
<tr><td>17,5</td><td>71</td><td colspan="2">71</td><td>69</td><td>59</td><td>49</td><td>39</td><td colspan="3">33</td><td>-</td><td>33</td><td>33</td><td>-</td></tr>
<tr><td>20,0</td><td>80</td><td colspan="2">80</td><td>79</td><td>68</td><td>56</td><td>45</td><td colspan="3">44</td><td>-</td><td>37</td><td>37</td><td>-</td></tr>
<tr><td>24,0</td><td>102</td><td colspan="2">102</td><td>95</td><td>81</td><td>68</td><td>54</td><td colspan="2">60</td><td>54</td><td>41</td><td>45</td><td>45</td><td>41</td></tr>
<tr><td>30,0</td><td>131</td><td colspan="2">131</td><td>119</td><td>102</td><td>85</td><td>68</td><td colspan="2">83</td><td>68</td><td>59</td><td>56</td><td>56</td><td>56</td></tr>
<tr><td>36,5</td><td>165</td><td colspan="2">165</td><td>144</td><td>124</td><td>103</td><td>82</td><td>106</td><td>103</td><td>82</td><td>77</td><td>68</td><td>68</td><td>68</td></tr>
<tr><td>42,5</td><td>195</td><td>195</td><td>192</td><td>168</td><td>144</td><td>120</td><td>96</td><td>127</td><td>120</td><td>96</td><td>93</td><td>80</td><td>80</td><td>80</td></tr>
<tr><td>49,0</td><td>228</td><td>228</td><td>222</td><td>194</td><td>166</td><td>138</td><td>111</td><td>149</td><td>138</td><td>111</td><td>110</td><td>92</td><td>92</td><td>92</td></tr>
<tr><td rowspan="9">2,75</td><td>11,5 1)2)</td><td>32</td><td colspan="5">32</td><td>26</td><td colspan="3">-</td><td>-</td><td>21</td><td>-</td><td>-</td></tr>
<tr><td>15,0 2)</td><td>54</td><td colspan="3">54</td><td>51</td><td>42</td><td>34</td><td colspan="3">16</td><td>-</td><td>28</td><td>16</td><td>-</td></tr>
<tr><td>17,5</td><td>69</td><td colspan="3">69</td><td>59</td><td>49</td><td>39</td><td colspan="3">29</td><td>-</td><td>33</td><td>29</td><td>-</td></tr>
<tr><td>20,0</td><td>77</td><td colspan="3">77</td><td>68</td><td>56</td><td>45</td><td colspan="3">40</td><td>-</td><td>37</td><td>37</td><td>-</td></tr>
<tr><td>24,0</td><td>99</td><td colspan="2">99</td><td>95</td><td>81</td><td>68</td><td>54</td><td colspan="2">57</td><td>54</td><td>38</td><td>45</td><td>45</td><td>38</td></tr>
<tr><td>30,0</td><td>128</td><td colspan="2">128</td><td>119</td><td>102</td><td>85</td><td>68</td><td colspan="2">80</td><td>68</td><td>56</td><td>56</td><td>56</td><td>56</td></tr>
<tr><td>36,5</td><td>162</td><td colspan="2">162</td><td>144</td><td>124</td><td>103</td><td>82</td><td>104</td><td>103</td><td>82</td><td>74</td><td>68</td><td>68</td><td>68</td></tr>
<tr><td>42,5</td><td>193</td><td>193</td><td>192</td><td>168</td><td>144</td><td>120</td><td>96</td><td>125</td><td>120</td><td>96</td><td>91</td><td>80</td><td>80</td><td>80</td></tr>
<tr><td>49,0</td><td>226</td><td>226</td><td>222</td><td>194</td><td>166</td><td>138</td><td>111</td><td>147</td><td>138</td><td>111</td><td>108</td><td>92</td><td>92</td><td>92</td></tr>
<tr><td rowspan="5">3,00</td><td>24,0</td><td>96</td><td>-</td><td>-</td><td>-</td><td>-</td><td>-</td><td>-</td><td>-</td><td>-</td><td>-</td><td>-</td><td>-</td><td>-</td><td>-</td></tr>
<tr><td>30,0</td><td>125</td><td colspan="2">125</td><td>119</td><td>102</td><td>85</td><td>68</td><td colspan="2">77</td><td>68</td><td>53</td><td>56</td><td>56</td><td>53</td></tr>
<tr><td>36,5</td><td>160</td><td colspan="2">160</td><td>144</td><td>124</td><td>103</td><td>82</td><td colspan="2">101</td><td>82</td><td>72</td><td>68</td><td>68</td><td>68</td></tr>
<tr><td>42,5</td><td>191</td><td colspan="2">191</td><td>168</td><td>144</td><td>120</td><td>96</td><td>123</td><td>120</td><td>96</td><td>89</td><td>80</td><td>80</td><td>80</td></tr>
<tr><td>49,0</td><td>224</td><td>224</td><td>222</td><td>194</td><td>166</td><td>138</td><td>111</td><td>145</td><td>138</td><td>111</td><td>106</td><td>92</td><td>92</td><td>92</td></tr>
<tr><td colspan="16">Zwischenwerte dürfen <u>nicht</u> interpoliert werden.</td></tr>
<tr><td colspan="16">Fußnoten u. Hinweise: s. Tafel 11.59</td></tr>
</table>

Tafel 11.59 Aufnehmbare Normalkraft von Mauerwerkswänden mit $f_k \geq 1{,}8$ N/mm² [11.34]

lichte Wandhöhe h [m]	Wanddicke t [cm]	aufnehmbare Normalkraft bei $f_k \geq 1{,}8$ N/mm², n_{Rd} in kN/m = $T \cdot f_k$ in N/mm²									
		Zwischen-auflager	Endauflager								
			Geschossdecke						Dachdecke		
			vollaufliegende Decke $a/t = 1{,}0$				a/t = 2/3	a/t = 1/2	a/t = 1,0	a/t = 2/3	a/t = 1/2
		Deckenspannweite l_f [m]									
		≤ 6,0	≤ 4,5	5,0	5,5	6,0	≤ 6,0	≤ 6,0	≤ 6,0	≤ 6,0	≤ 6,0
2,50	11,5 1)2)	36	36				-	-	21	-	-
	15,0 2)	57	57			51	22	-	28	22	-
	17,5	71	71		67	59	33	-	33	33	-
	20,0	80	80		77	68	44	-	37	37	-
	24,0	102	102		92	81	60	41	45	45	41
	30,0	131	131	130	116	102	83	59	56	56	56
	36,5	165	165	158	141	124	106	77	68	68	68
	42,5	195	195	184	164	144	127	93	80	80	80
	49,0	228	228	212	189	166	149	110	92	92	92
2,75	11,5 1)2)	32	32				-	-	21	-	-
	15,0 2)	54	54			51	16	-	28	16	-
	17,5	69	69		67	59	29	-	33	29	-
	20,0	77	77		77	68	40	-	37	37	-
	24,0	99	99		92	81	57	38	45	45	38
	30,0	128	128		116	102	80	56	56	56	56
	36,5	162	162	158	141	124	104	74	68	68	68
	42,5	193	193	184	164	144	125	91	80	80	80
	49,0	226	226	212	189	166	147	108	92	92	92
3,00	24,0	96	-	-	-	-	-	-	45	-	-
	30,0	125	125		116	102	77	53	56	56	53
	36,5	160	160	158	141	124	101	72	68	68	68
	42,5	191	191	184	164	144	123	89	80	80	80
	49,0	224	224	212	189	166	145	106	92	92	92

Zwischenwerte dürfen nicht interpoliert werden.

Fußnoten:

1) Als einschalige Außenwand nur bei eingeschossigen Garagen und vergleichbaren Bauwerken, die nicht zum dauernden Aufenthalt von Menschen vorgesehen sind. Als Tragschale zweischaliger Außenwände und bei zweischaligen Haustrennwänden bis maximal zwei Vollgeschosse zuzüglich ausgebautes Dachgeschoss; aussteifende Querwände im Abstand ≤ 4,50 m bzw. Randabstand von einer Öffnung ≤ 2,0 m.

2) Nur für Außenwände: Nutzlast $q_k \leq 3{,}0$ kN/m² einschließlich Zuschlag für nichttragende innere Trennwände.

Voraussetzungen zur Anwendung:

- Einhaltung der Anwendungsgrenzen und Randbedingungen des vereinfachten Nachweisverfahrens nach Abschnitt 6.1.

Hinweise:

- Die Abminderung der Knicklänge bei flächig aufgelagerten Stahlbetondecken ist berücksichtigt. (Annahme: zweiseitige Halterung)
- Teilsicherheitsbeiwert auf der Materialseite $\gamma_M = 1{,}5$; Dauerstandsfaktor $\zeta = 0{,}85$
- Bei Wänden unter Dachdecken ist hinsichtlich der erforderlichen Mindestauflast zusätzlich Abschnitt 6.6 zu beachten.
- Die Tafelwerte gelten nicht für erddruckbelastete Kellerwände.

6.5.4 Stark vereinfachte Traglastbeiwerte nach DIN EN 1996-3/NA Anhang A

Alternativ zur Bestimmung der Traglastbeiwerte ϕ_1 und ϕ_2 bietet DIN EN 1996-3 im Anhang A eine weitere, stark vereinfachte Möglichkeit zur Bestimmung des Traglastbeiwerts ϕ. Voraussetzung ist die Einhaltung folgender Bedingungen, die zusätzlich zu den Anwendungsbedingungen der vereinfachten Berechnungsmethoden nach Abschnitt 6.1 erfüllt sein müssen:

- Bauwerke mit maximal drei Geschossen über Gelände
- Deckenauflagertiefe $a \geq 2/3 \cdot t$
- Wanddicke $t \geq 36{,}5$ cm, wenn a/t < 1
- Lichte Geschosshöhe $h \leq 3{,}0$ m
- Kleinste Gebäudeabmessung mindestens 1/3 der Gebäudehöhe
- Schlankheit $h_{ef} / t \leq 21$

In diesem Fall kann nach der A2-Änderung zum nationalen Anhang von DIN EN 1996-3 vereinfacht mit folgenden Traglastbeiwerten bei voll- und teilaufliegenden Decken gerechnet werden:

$\Phi = 0{,}50$: bei $h_{ef}/t \leq 18$

$\Phi = 0{,}33$: bei $18 < h_{ef}/t \leq 21$ oder bei Wänden mit geringer Auflast (s. auch Abschn. 6.7)

Mit diesem Traglastfaktor kann die Bemessungstabelle Tafel 11.60 entwickelt werden, mit der sich in Abhängigkeit von n_{ED} je lfm Wandlänge die erforderliche Mauerwerksdruckfestigkeit ablesen lässt. Mit den Tafel 11.54 – 11.55 wird dann die zulässige Stein-Mörtel-Kombination bestimmt.

Tafel 11.60 Erforderliche charakteristische Mauerwerksdruckfestigkeit f_k in N/mm² [11.35]

n_{Ed} in kN/m	$h_{ef} / t \leq 18$ bei teilaufliegenden Decken ($t \geq 36{,}5$ cm und $a/t \geq 2/3$) ($\Phi = 0{,}50$) [1)]									für $18 < h_{ef} / t \leq 21$ oder bei Wänden unter Decken u. Dächern mit geringer Auflast ($\Phi = 0{,}33$)								
	Wanddicke t [cm]									Wanddicke t [cm]								
	11,5	**15,0**	**17,5**	**20,0**	**24,0**	**30,0**	**36,5**	**42,5**	**49,0**	**11,5**	**15,0**	**17,5**	**20,0**	**24,0**	**30,0**	**36,5**	**42,5**	**49,0**
25	0,8	0,6	0,6	0,5	0,4	0,3	0,3	0,3	0,2	1,2	0,9	0,8	0,7	0,6	0,5	0,4	0,4	0,3
50	1,6	1,2	1,1	0,9	0,8	0,6	0,5	0,5	0,4	2,4	1,8	1,6	1,4	1,2	0,9	0,8	0,7	0,6
75	2,4	1,8	1,6	1,4	1,2	0,9	0,8	0,7	0,6	3,5	2,7	2,3	2,1	1,7	1,4	1,1	1,0	0,9
100	3,1	2,4	2,1	1,8	1,5	1,2	1,0	0,9	0,8	4,7	3,6	3,1	2,7	2,3	1,8	1,5	1,3	1,1
125	3,9	3,0	2,6	2,3	1,9	1,5	1,3	1,1	1,0	5,9	4,5	3,9	3,4	2,8	2,3	1,9	1,6	1,4
150	4,7	3,6	3,1	2,7	2,3	1,8	1,5	1,3	1,1	7,0	5,4	4,6	4,1	3,4	2,7	2,2	1,9	1,7
175	5,4	4,2	3,6	3,1	2,6	2,1	1,7	1,5	1,3	8,2	6,3	5,4	4,7	3,9	3,2	2,6	2,3	2,0
200	6,2	4,8	4,1	3,6	3,0	2,4	2,0	1,7	1,5	9,4	7,2	6,2	5,4	4,5	3,6	3,0	2,6	2,2
225	7,0	5,3	4,6	4,0	3,4	2,7	2,2	1,9	1,7	10,5	8,1	6,9	6,1	5,1	4,1	3,3	2,9	2,5
250	7,7	5,9	5,1	4,5	3,7	3,0	2,5	2,1	1,9	11,7	9,0	7,7	6,7	5,6	4,5	3,7	3,2	2,8
275	8,5	6,5	5,6	4,9	4,1	3,3	2,7	2,3	2,0	12,8	9,9	8,5	7,4	6,2	5,0	4,1	3,5	3,1
300	9,3	7,1	6,1	5,3	4,5	3,6	3,0	2,5	2,2	14,0	10,7	9,2	8,1	6,7	5,4	4,4	3,8	3,3
350	10,8	8,3	7,1	6,2	5,2	4,2	3,4	3,0	2,6	16,3	12,5	10,7	9,4	7,8	6,3	5,2	4,5	3,9
400	12,3	9,5	8,1	7,1	5,9	4,8	3,9	3,4	2,9		14,3	12,3	10,7	9,0	7,2	5,9	5,1	4,4
450	13,9	10,6	9,1	8,0	6,7	5,3	4,4	3,8	3,3		16,1	13,8	12,1	10,1	8,1	6,6	5,7	5,0
500	15,4	11,8	10,1	8,9	7,4	5,9	4,9	4,2	3,7			15,3	13,4	11,2	9,0	7,4	6,3	5,5
600		14,2	12,2	10,6	8,9	7,1	5,9	5,0	4,4				16,1	13,4	10,7	8,8	7,6	6,6
700		16,5	14,2	12,4	10,3	8,3	6,8	5,9	5,1					15,6	12,5	10,3	8,9	7,7
800			16,2	14,2	11,8	9,5	7,8	6,7	5,8						14,3	11,8	10,1	8,8
900				15,9	13,3	10,6	8,8	7,5	6,5						16,1	13,2	11,4	9,9
1000					14,8	11,8	9,7	8,4	7,3							14,7	12,6	11,0

Zwischenwerte dürfen interpoliert werden

1) Bei erforderlichen charakteristischen Mauerwerksdruckfestigkeiten < 1,8 N/mm² und gleichzeitigen Deckenspannweiten $l_f > 5{,}5$ m ist die abgelesene Druckfestigkeit f_k mit dem Faktor 1,25 zu erhöhen.

Der Teilsicherheitsbeiwert $\gamma_M = 1{,}5$ auf der Materialseite und der Dauerstandfaktor von 0,85 sind berücksichtigt.

6.6 Teilflächenbelastung

Der Nachweis für teilflächenbelastetes Mauerwerk ist ausschließlich im Genaueren Nachweisverfahren geregelt. Nach DIN EN 1996-1-1, Abs. 6.1.3 gilt:

$$N_{Edc} < N_{Rdc}$$

N_{Edc} Bemessungswert der vertikalen Einwirkung
N_{Rdc} Bemessungswert des Tragwiderstandes

Für den Bemessungswert des Tragwiderstands gilt:

$$N_{Rdc} = \beta \cdot A_b \cdot f_d$$

Für den Erhöhungsfaktor β gilt bei **Voll**steinen und einer Lastausmitte $e \leq t/4$:

$$\beta = \left(1 + 0{,}3 \cdot \frac{a_1}{h_c}\right) \cdot \left(1{,}5 - 1{,}1 \cdot \frac{A_b}{A_{ef}}\right) \qquad \frac{A_b}{A_{ef}} \leq 0{,}45$$

$$\text{mit:} \quad 1{,}0 \leq \beta < 1{,}25 + \frac{a_1}{2h_c} \quad und \quad \beta \leq 1{,}5$$

a_1 Abstand der belasteten Fläche zum nächstgelegenen Rand (vgl. Abb. 11.61)
h_c Höhe der Wand bis zur Ebene der Lasteintragung
A_b belastete Fläche
A_{ef} wirksame Wandfläche, i. Allg. $l_{efm} \cdot t$
l_{efm} Länge der Lastausbreitung in halber Wand- bzw. Pfeilerhöhe
t Wanddicke unter Berücksichtigung von nicht voll vermörtelten Fugen mit einer Tiefe von mehr als 5 mm

Bei einer **randnahen** Einzellast am Wandende mit $a_1 \leq 3 \cdot l_1$ (vgl. Abb. 11.61) und für **Loch**steine gilt grundsätzlich:

$$\beta = 1 + 0{,}1 \cdot \frac{a_1}{l_1} \leq 1{,}5$$

wobei folgende Bedingungen einzuhalten sind:

$$A_b \leq 2 \cdot t^2 \qquad e \leq t/6 \quad \text{(vgl. Abb. 11.61)}$$

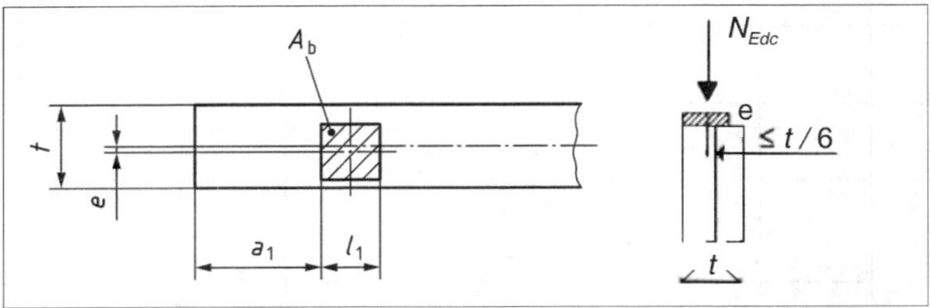

Abb. 11.61 Teilflächenbelastung

Zusätzlich zum Nachweis der Teilflächenpressung ist stets auch der Knicksicherheitsnachweis in halber Wandhöhe nach Abschnitt 6.5.2 zu führen.

6.7 Mindestauflast bei überwiegender Biegebeanspruchung

Beim „*Genaueren Verfahren*“ nach DIN EN 1996-1-1/NA werden die infolge Windeinwirkungen entstehenden Biegemomente bei der Bemessung direkt berücksichtigt. Nach DIN 1053-1 (11.1996) galt noch folgende Ausnahme: „Momente aus Windlast rechtwinklig zur Wandebene dürfen im Regelfall bis zu einer Höhe von 20 m über Gebäude vernachlässigt werden, wenn die Wanddicken $t \geq$ 24 cm und die lichten Geschosshöhen $h \leq 3{,}0$ m sind“. Diese konstruktive Regel, die sich jahrzehntelang bewährt hat, kann nach Meinung der Autoren auch weiterhin angewendet werden. Voraussetzung ist jedoch, dass die Wände durch Deckenscheiben oder statisch nachgewiesene Ringbalken oben und unten einwandfrei gehalten sind und eine hinreichende Auflast vorhanden ist. In jedem Fall ist die räumliche Steifigkeit des Gesamtgebäudes sicherzustellen (vgl. Abschn. 5.2.1).

Bei Verwendung der „*Vereinfachten Bemessungsmethoden*“ ist ein Nachweis der aus Windlasten rechtwinklig zur Wand entstehenden Biegemomente bei kleiner Auflast normativ zwar gefordert, in den Windlastzonen I – II in der Regel aber **nicht bemessungsrelevant** (s. Tafel 11.62). Lediglich bei schlanken Wänden im Dachgeschoss höherer Gebäude und in den Windlastzonen III u. IV sowie bei kleinen Wandstücken und Pfeilern mit anschließenden großen Fensteröffnungen ist ein Nachweis anzuraten (vgl. auch [11.32]). Dabei darf keine Zugfestigkeit des Mauerwerks senkrecht zur Lagerfuge in Rechnung gestellt werden. Eine Lastabtragung ist daher nur möglich, wenn eine genügend große Auflast vorhanden ist. Es darf jedoch mit „klaffender Fuge“ gerechnet werden.

Der Nachweis ist ebenfalls nicht erforderlich, wenn die Außenwandfläche kleiner als die max. zulässige Ausfachungsfläche nach Tafel 11.48 ist. Für eine einfache Abschätzung der für eine hinreichende Standsicherheit erforderlichen Mindestauflast kann Tafel 11.62 herangezogen werden. Ein genauerer Nachweis mit verbesserten Tragfähigkeiten (kleineren erforderlichen Auflasten) findet sich in [11.36].

Tafel 11.62 Mindestauflast überwiegend biegebeanspruchter Wände in Wandhöhenmitte

	Mauerwerksart	Wichte γ_{MW} [kN/m³]	Wanddicke [cm]	Min. vorh. Auflast n_{Gk} [kN/m] [1)]	Minimal erforderliche Auflast $n_{Ed,min}$ in Wandhöhenmitte in kN/m bei einer Windlast w_d in kN/m² von						
					0,6	0,8	1,0	1,1	1,2	1,4	1,7
Lichte Wandhöhe h = 2,50 m	Kalksandstein (a/t = 1,0)	14	**15,0**	**7,6**	5,0	6,6	**8,3**	**9,1**	**9,9**	**11,6**	**14,1**
			17,5	**8,1**	4,2	5,6	7,0	7,7	**8,4**	**9,8**	**12,0**
			20,0	**8,5**	3,7	4,9	6,1	6,7	7,3	**8,6**	**10,4**
			24,0	**9,2**	3,0	4,0	5,1	5,6	6,1	7,1	8,6
		20	**15,0**	**8,8**	5,0	6,6	8,3	**9,1**	**9,9**	**11,6**	**14,1**
			17,5	**9,4**	4,2	5,6	7,0	7,7	8,4	**9,8**	**12,0**
			20,0	**10,0**	3,7	4,9	6,1	6,7	7,3	8,6	**10,4**
			24,0	**11,0**	3,0	4,0	5,1	5,6	6,1	7,1	8,6
	Ziegel oder Porenbeton (a/t = 2/3)	5	**36,5**	**7,3**	3,0	4,0	5,0	5,5	6,0	7,0	**8,5**
			42,5	**7,7**	2,6	3,4	4,3	4,7	5,1	6,0	7,3
			49,0	**8,1**	2,2	2,9	3,7	4,1	4,4	5,2	6,3
		9	**36,5**	**9,1**	3,0	4,0	5,0	5,5	6,0	7,0	8,5
			42,5	**9,8**	2,6	3,4	4,3	4,7	5,1	6,0	7,3
			49,0	**10,5**	2,2	2,9	3,7	4,1	4,4	5,2	6,3
Lichte Wandhöhe h = 2,75 m	Kalksandstein (a/t = 1,0)	14	**15,0**	**7,9**	6,0	**8,1**	**10,1**	**11,1**	**12,1**	**14,1**	**17,1**
			17,5	**8,4**	5,1	6,8	**8,6**	**9,4**	**10,3**	**12,0**	**14,5**
			20,0	**8,9**	4,5	5,9	7,4	8,2	8,9	**10,4**	**12,6**
			24,0	**9,6**	3,7	4,9	6,1	6,8	7,4	8,6	10,4
		20	**15,0**	**9,1**	6,0	8,1	**10,1**	**11,1**	**12,1**	**14,1**	**17,1**
			17,5	**9,8**	5,1	6,8	8,6	9,4	**10,3**	**12,0**	**14,5**
			20,0	**10,5**	4,5	5,9	7,4	8,2	8,9	10,4	**12,6**
			24,0	**11,6**	3,7	4,9	6,1	6,8	7,4	8,6	10,4
	Ziegel oder Porenbeton (a/t = 2/3)	5	**36,5**	**7,5**	3,6	4,8	6,1	6,7	7,3	**8,5**	**10,3**
			42,5	**7,9**	3,1	4,1	5,2	5,7	6,2	7,2	8,8
			49,0	**8,4**	2,7	3,6	4,5	4,9	5,4	6,3	7,6
		9	**36,5**	**9,5**	3,6	4,8	6,1	6,7	7,3	8,5	10,3
			42,5	**10,3**	3,1	4,1	5,2	5,7	6,2	7,2	8,8
			49,0	**11,1**	2,7	3,6	4,5	4,9	5,4	6,3	7,6

1) Zur Bestimmung der min. vorhandenen Auflast n_{Gk} in Wandhöhenmitte wird eine parallel zur Wand gespannte Betondecke (h = 20 cm) mit einer Lasteinzugsbreite von 1 m unterstellt.

6.8 Kelleraußenwände

Bei durch Erddruck beanspruchten Kelleraußenwänden darf unter folgenden Voraussetzungen ein vereinfachter Nachweis geführt werden:

- Lichte Höhe der Kellerwand $h \leq 2{,}6$ m
- Anschütthöhe $h_e \leq 1{,}15\, h$
- Wanddicke $t \geq 24$ cm
- Nutzlast auf Geländeoberfläche $q_k \leq 5$ kN/m²
- Keine Einzellast > 15 kN im Abstand < 1,5 m von der Kellerwand vorhanden
- Kein Anstieg der Geländehöhe
- Kein hydrostatischer Druck
- Waagerechte Abdichtung bestehend aus besandeter Bitumendachbahn (R500 nach DIN EN 13969) oder aus anderen Stoffen mit gleichwertigem Reibungsverhalten.

Nachweis für 1 m Wandbreite:

$$N_{Ed,min} \geq \frac{\rho_e \cdot h \cdot h_e^2}{\beta \cdot t} \qquad N_{Ed,max} \leq \frac{t \cdot f_d}{3}$$

$N_{Ed,min}$ kleinste Bemessungs-Normalkraft je m in halber Anschütthöhe
$N_{Ed,max}$ größte Bemessungs-Normalkraft je m in halber Anschütthöhe
t Wanddicke
f_d Bemessungswert der Mauerdruckfestigkeit
ρ_e Wichte der Anschüttung
h lichte Kellerwandhöhe
h_e Höhe der Erdanschüttung

β = 20, wenn $b_c \geq 2h$
= $60 - 20\, b_c/h$, wenn $h < b_c < 2h$
= 40, wenn $b_c \leq h$

b_c Abstand zwischen aussteifenden Querwänden oder anderen Aussteifungselementen

Bei Elementmauerwerk mit einem Überbindemaß von $0{,}2h_u \leq l_{01} < 0{,}4h_u$ gilt generell $\beta = 20$.

Hinweise für die Ausführung von Kelleraußenwänden (DIN EN 1996-2, NCI Anhang NA.E):

- Verfüllen und Verdichten nur mit nichtbindigem Boden und Verdichtungsgerät G ≤ 100 kg.
- Verfüllung des Arbeitsraumes erst, wenn alle rechnerisch angesetzten Auflasten vorhanden sind.

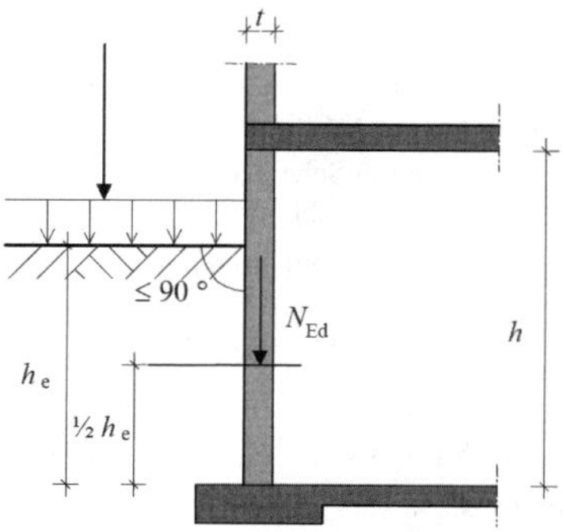

Abb. 11.63 Kelleraußenwand (Schnitt)

Beispiel

$h = 2{,}50$ m, $t = 24$ cm, $h_e = 2{,}35$ m,
$n_{Gk,kopf} = 60$ kN/m ; $n_{Qk,kopf} = 40$ kN/m
$\rho_e = 18$ kN/m³, $q_{k,Gebäude} = 5$ kN/m², $\beta = 20$
KSL 12/II, $f_k = 3{,}9$ MN/m² $\rho_M = 14$ kN/m³
$f_d = 0{,}85 \cdot 3{,}9/1{,}5 = 2{,}21$ MN/m²

$n_{Ed,max} = 1{,}35 \cdot (65 + 0{,}24 \cdot 1{,}33 \cdot 14) + 1{,}5 \cdot 40 = 147$ kN/m
$< 0{,}33 \cdot 0{,}24 \cdot 2{,}21 \cdot 10^3 = 175$ kN/m

$n_{Ed,min} = 65 + 0{,}24 \cdot 1{,}33 \cdot 14 = 64{,}5$ kN/m
$> 18 \cdot 2{,}50 \cdot 2{,}35^2/(20 \cdot 0{,}24) = 51{,}8$ kN/m

6.9 Berechnungsbeispiele

Beispiel 1: Innenwand

Gegeben:

Wanddicke: $t = 11{,}5$ cm

Lichte Geschosshöhe: $h = 2{,}75$ m

HLzB 6/II: $f_k = 2{,}7$ N/mm²

Nutzlast der Stahlbetondecke: $q_k = 2{,}30$ kN/m²

Belastung UK Wand: $(N_{Gk}+N_{Qk}) = 49{,}6$ kN/m

$N_{Ed} = 1{,}4 \cdot (N_{Gk} + N_{Qk}) = 1{,}4 \cdot 49{,}6 = \mathbf{69{,}4}$ kN/m

Knicklänge: $h_{ef} = 0{,}75 \cdot h = 0{,}75 \cdot 2{,}75 = 2{,}06$ m

$f_d = 0{,}85 \cdot f_k / \gamma_M = 0{,}85 \cdot 2{,}7/1{,}5 = 1{,}53$ N/mm²

Ermittlung des Traglastbeiwerts ϕ:

$\Phi_1 = 0{,}9 \cdot a/t = 0{,}9 \cdot 1{,}0 = 0{,}9$

$\Phi_2 = 0{,}85 \cdot a/t - 0{,}0011 \cdot (h_{ef}/t)^2$

$= 0{,}85 \cdot 1{,}0 - 0{,}0011 \cdot (2{,}06/0{,}115)^2$

$= 0{,}50$

Der kleinere Φ-Wert ist maßgebend, d. h.

$\Phi = \Phi_2 = 0{,}50$

$N_{Rd} = \Phi\, t \cdot f_d = 0{,}5 \cdot 0{,}115 \cdot 1{,}53 \cdot 10^3 = \mathbf{88{,}0}$ kN/m

Nachweis:

$N_{Ed} = 69{,}4$ kN/m $<$ $N_{Rd} = 88{,}0$ kN/m

Beispiel 3: Außenwandpfeiler[1)]

Gegeben:

Pfeilerbreite: $b = 49$ cm

Pfeilerdicke: $t = 17{,}5$ cm

KS P 20: $f_k = 10{,}5$ N/mm²

Lichte Geschosshöhe: $h = 2{,}75$ m

Stützweite der Stahlbetondecke: $l_f = 4{,}80$ m

Nutzlast der Stahlbetondecke: $q_k = 2{,}30$ kN/m²

Belastung UK Pfeiler $N_{Gk}+N_{Qk} = 150$ kN

$N_{Ed} = 1{,}4 \cdot (N_{Gk} + N_{Qk}) = 1{,}4 \cdot 150 = \mathbf{210}$ kN

Knicklänge: $h_{ef} = 0{,}75 \cdot 2{,}75 = 2{,}06$ m

$f_d = 0{,}8 \cdot 0{,}85 \cdot f_k / 1{,}5 = 4{,}76$ N/mm² [1)]

Ermittlung des Traglastbeiwerts ϕ:

$\Phi_1 = 1{,}6 - l/6 = 1{,}6 - 4{,}8/6 = 0{,}80$

$\Phi_2 = 0{,}85 \cdot a/t - 0{,}0011 \cdot (h_{ef}/t)^2$

$= 0{,}85 \cdot 1{,}0 - 0{,}0011 \cdot (2{,}06/0{,}175)^2 = 0{,}70$

Der kleinere ϕ-Wert ist maßgebend:

$\Phi = \Phi_2 = 0{,}70$

$N_{Rd} = \Phi \cdot A \cdot f_d$

$N_{Rd} = 0{,}70 \cdot 0{,}175 \cdot 0{,}49 \cdot 4{,}76 \cdot 10^3 = \mathbf{286}$ KN

Nachweis:

$N_{Ed} = 210$ kN $<$ $N_{Rd} = 286$ kN

[1)] f_d um 20 % abgemindert, da der Pfeilerquerschnitt ≤ 1000 cm² ist.

Beispiel 2: Außenwand mit teilaufl. Decke

Gegeben:

Wanddicke: $t = 42{,}5$ cm

Auflagertiefe: $a = 30$ cm

Lichte Geschosshöhe: $h = 2{,}75$ m

Porenbetonplanstein PP2: $f_k = 1{,}8$ N/mm²

Stützweite der Stahlbetondecke: $l_f = 6{,}0$ m

Nutzlast der Stahlbetondecke: $q_k = 2{,}50$ kN/m²

Belastung UK Wand: $N_{Gk}+N_{Qk} = 95{,}6$ kN/m

Knicklänge: $h_{ef} = 1{,}0 \cdot 2{,}75 = 2{,}75$ m

$N_{Ed} = 1{,}4 \cdot (N_{Gk} + N_{Qk}) = 1{,}4 \cdot 95{,}6 = \mathbf{134}$ kN

$f_d = (0{,}85 \cdot f_k / \gamma_M) = 0{,}85 \cdot 3{,}0/1{,}5 = 1{,}02$ N/mm²

Traglastbeiwert nach DIN 1996-3, Anhang A:

$\Phi = 0{,}5$ (teilaufliegende Decke, $h_{ef}/t < 18$)

$N_{Rd} = \Phi \cdot t \cdot f_d = 0{,}5 \cdot 0{,}425 \cdot 1{,}02 = \mathbf{216{,}8}$ kN/m

Nachweis:

$N_{Ed} = 134$ kN/m $< N_{Rd} = 216{,}8$ kN/m

Beispiel 4: Innenliegende Windscheibe[2)]

Gegeben:

Pfeilerbreite: $b = 100$ cm

Pfeilerdicke: $t = 24{,}0$ cm

KS P 12: $f_k = 7{,}0$ N/mm²

Lichte Geschosshöhe: $h = 2{,}50$ m

Stützweite der Stahlbetondecke: $l_f = 5{,}00$ m

Nutzlast der Stahlbetondecke: $q_k = 2{,}30$ kN/m²

Belastung UK Pfeiler $N_{Gk} = 180$ kN

$N_{Qk} = 85$ kN

$M_{Qk} = 42{,}5$ kNm

$N_{Ed} = 1{,}0 \cdot N_{Gk} = 1{,}0 \cdot 180 = \mathbf{180}$ kN

$M_{Ed} = 1{,}5 \cdot M_{Qk} = 1{,}5 \cdot 42{,}5 = 64$ kNm

$e_w = M_{Ed}/N_{Ed} = 64/180 = 0{,}356$ m

Knicklänge: $h_{ef} = 0{,}9 \cdot 2{,}5 = 2{,}25$ m

$f_d = 0{,}85 \cdot f_k / 1{,}5 = 4{,}0$ N/mm²

Traglastbeiwert in Scheibenrichtung:

$\Phi_y = 1 - 2 \cdot e_w / l = 1 - 2 \cdot 0{,}356/1{,}0 = 0{,}29$

Traglastbeiwert in Plattenrichtung:

$\Phi_z = 0{,}85 \cdot a/t - 0{,}0011 \cdot (h_{ef}/t)^2 =$

$= 0{,}85 \cdot 1{,}0 - 0{,}0011 \cdot (1{,}88/0{,}24)^2 = 0{,}75$

$N_{Rd} = \Phi_y \cdot \Phi_z \cdot A \cdot f_d$

$N_{Rd} = 0{,}29 \cdot 0{,}75 \cdot 0{,}24 \cdot 1{,}0 \cdot 4{,}0 \cdot 10^3 = \mathbf{209}$ KN

Nachweis:

$N_{Ed} = 180$ kN $<$ $N_{Rd} = 209$ kN

[2)] Es wird nur die maßgebende Einwirkungskombination $1{,}0 \cdot N_{Gk} + 1{,}5 \cdot M_{Qk}$ dargestellt

11 C HOLZBAU nach EC 5

Prof. Dr.-Ing. François Colling

1 Grundlagen der Bemessung

Die nachfolgende Ausarbeitung stellt eine gekürzte Fassung des Kapitels 9 „Holzbau" in den Bautabellen für Ingenieure – nachfolgend mit BTI abgekürzt – dar. Es sind wesentliche und häufig vorkommende Fälle zusammengefasst; für weitere und ergänzende Hinweise wird auf BTI verwiesen.

Bereits in der 21. Auflage wurden die neuen BSH-Klassen nach DIN EN 14080 eingearbeitet. Diese haben wegen der veränderten Rohdichtewerte auch Auswirkungen auf die Tragfähigkeit von Verbindungsmitteln. Bis zur bauaufsichtlichen Einführung von DIN EN 14080 gelten die Ausführungen der 20. Auflage (s. online-Beitrag auf www.schneider-bautabellen.de).

1.1 Regelwerke

Die nachfolgenden Ausführungen beziehen sich auf:

- DIN EN 1995-1: 2010-12: Allgemeine Regeln („kalte" Bemessung) einschließlich der Änderungen A1 und A2.

  In diesem allgemeinen Teil des EUROCODE 5 (nachfolgend verkürzt mit „**EC 5**" bezeichnet) wird die Bemessung und Konstruktion von Hochbauten und Ingenieurbauwerken aus Holz und Holzwerkstoffen geregelt.
- DIN EN 1995-1-1/NA: 2013-07: Nationaler Anhang (verkürzt mit „**NA**" bezeichnet) einschl. der Änderungen/Ergänzungen A1 und A2 zum Nationalen Anhang.
- DIN 1052-10: 2012-05: Nationale „Restnorm" zur DIN 1052

  Der Geltungsbereich der DIN 1052 ist mit dem EC 5 und dem zugehörigen NA noch nicht vollständig abgedeckt. So fehlen z.B. noch Regelungen zu einigen Materialeigenschaften und insbesondere zu Verklebungen. Die noch bestehenden Lücken wurden durch die nationale „Restnorm" DIN 1052-10 geschlossen.

1.2 Abkürzungen

ABZ	Allgemeine Bauaufsichtliche Zulassung	KI	Kiefer
BASH	Balkenschichtholz	KLED	Klasse der Lasteinwirkungsdauer
BFu	Sperrholz (Bau-Furnierplatten)	KVH	Konstruktionsvollholz
Bo	Bolzen	LH	Laubholz
BSH	Brettschichtholz	LK	Lastkombination
BSPH	Brettsperrholz	LVL	Furnierschichtholz
C__	Nadelvollholz (coniferous tree)	M	maschinell sortiert
D__	Laubholz (deciduous tree)	Na	Nagel
DIBt	Deutsches Institut für Bautechnik	NH	Nadelvollholz
Dü	Dübel besonderer Bauart	NKL	Nutzungsklasse
GF	Gipsfaserplatte	PBo	Passbolzen
GKB	Gipskarton-Bauplatte	P	Spanplatte
GKF	Gipskarton-Feuerschutzplatte	S	Sortierklasse (visuell)
GL	Brettschichtholz (glued laminated)	SDü	Stabdübel
GL_c	kombiniertes BSH	SoNa	Sondernagel
GL_h	homogenes BSH	Sr	Schraube
GzG	Grenzzustand der Gebrauchstauglichkeit	SWP	Massivholzplatten
GzT	Grenzzustand der Tragfähigkeit	TS	trocken sortiert
HF	Holzfaserplatten	vb	vorgebohrt
HB	Harte Holzfaserplatten	VG	Vollgewindeschrauben
MBH	Mittelharte Holzfaserplatten	VH	Vollholz
MDF	Mitteldichte Holzfaserplatten	VM	Verbindungsmittel
HWSt	Holzwerkstoff	ZSp	Zementgebundene Spanplatte

1.3 Einwirkungen

Die charakteristischen Einwirkungen (Index k) sind dem EC 1 zu entnehmen. Die Berechnung der Bemessungswerte der Einwirkungen (Index d) erfolgt auf der Grundlage des EC 0. Hierzu wird auf Kapitel 9 verwiesen.

Für Tragfähigkeitsnachweise wird dabei mit Einwirkungen gerechnet, die etwa 40 % höher sind als die im EC 1 angegebenen (charakteristischen) Lasten:

Tragfähigkeit: $E_d \approx 1{,}4 \cdot E_{k\,(EC\,1)}$

Für Durchbiegungsnachweise hingegen wird mit den im EC 1 angegebenen (charakteristischen) Lasten gerechnet:

Gebrauchstauglichkeit: $E_d = 1{,}0 \cdot E_{k\,(EC\,1)}$

1.4 Widerstände (Tragfähigkeiten)

Die Bemessungswerte der Tragfähigkeit eines Verbindungsmittels $F_{v,Rd}$ bzw. einer Festigkeit f_d werden wie folgt berechnet:

$$F_{v,Rd} = \frac{k_{mod}}{\gamma_M} \cdot F_{v,Rk} \quad \text{bzw.} \quad f_d = \frac{k_{mod}}{\gamma_M} \cdot f_k$$

$F_{v,Rk}$, f_k = charakteristische Tragfähigkeit einer Verbindung bzw. Festigkeit eines Bauteils

k_{mod} = Beiwert nach Tafel 11.66 zur Berücksichtigung der Einflüsse aus dem Umgebungsklima (Nutzungsklasse NKL nach Tafel 11.67a) und der Dauer der Lasteinwirkung (KLED nach Tafel 11.67b)

γ_M = Teilsicherheitsbeiwert für Baustoffeigenschaften nach Tafel 11.67c

Tafel 11.66 Modifikationsbeiwerte k_{mod}

NKL	KLED	**VH, BSH** LVL BFu BASH [a] BSPH [a] SWP [a]	OSB 3/4 P6 [b] P7	MBH.LA1 [b] MBH.LA2 [b] MBH.HLS1 MBH.HLS2 MDF.LA [b] MDF.HLS	HB.LA1 HB.LA2 P4 [b] P5 ZSp OSB / 2 [b]	GKBi GKFi GKB [b] GKF [b]
1	ständig	**0,60**	0,40	0,20	0,30	0,20
	lang	**0,70**	0,50	0,40	0,45	0,40
	mittel	**0,80**	0,70	0,60	0,65	0,60
	kurz	**0,90**	0,90	0,80	0,85	0,80
	k. / s.k. [c]	**1,00**	1,00	0,95	0,975	0,95
	sehr kurz	**1,10**	1,10	1,10	1,10	1,10
2	ständig	**0,60**	0,30	–	0,20	0,15
	lang	**0,70**	0,40	–	0,30	0,30
	mittel	**0,80**	0,55	–	0,45	0,45
	kurz	**0,90**	0,70	0,45	0,60	0,60
	k. / s.k. [c]	**1,00**	0,80	0,625	0,70	0,70
	sehr kurz	**1,10**	0,90	0,80	0,80	0,80
3	ständig	**0,50**	–	–	–	–
	lang	**0,55**	–	–	–	–
	mittel	**0,65**	–	–	–	–
	kurz	**0,70**	–	–	–	–
	k. / s.k. [c]	**0,80**	–	–	–	–
	sehr kurz	**0,90**	–	–	–	–

[a] Nur NKL 1 und 2. [b] Nur NKL 1. [c] kurz / sehr kurz (neue KLED für Wind im NA).

Tafel 11.67a Nutzungsklassen (NKL)

NKL	Ausgleichsfeuchte ω_{gl} [%]	Einsatzbereich (Beispiele)
1	10 ± 5 (meist $\omega \leq 12$ %)	Beheizte Innenräume
2	15 ± 5 (meist $\omega \leq 20$ %)	Überdachte, offene Tragwerke
3	18 ± 6	Frei der Witterung ausgesetzte Bauteile

Tafel 11.67b Klassen der Lasteinwirkungsdauer (KLED) für häufige Fälle [1)]

Einwirkungen	KLED
• Nutzlasten in Wohngebäuden, Schneelasten bei Höhe ü. NN. > 1000 m	mittel
• Schneelasten bei Höhe ü. NN. ≤ 1000 m	kurz
• Windlasten	kurz / sehr kurz

[1)] KLED für weitere Einwirkungen siehe BTI.

Tafel 11.67c Teilsicherheitsbeiwerte γ_M für Baustoffeigenschaften

Baustoff / Anwendungsfall	γ_M
• Holz und Holzwerkstoffe	1,3
• Auf Biegung beanspruchte stiftförmige VM aus Stahl [1)]	1,1

[1)] Beim vereinfachten Nachweis nach NA.

1.5 Rechnung mit Tabellenwerten

In den nachfolgenden Abschnitten werden verschiedene Tabellen mit charakteristischen Festigkeits- und Tragfähigkeitswerten vorgestellt. Die Berechnung der zugehörigen Bemessungswerte erfolgt – wie im vorigen Abschnitt beschrieben – durch Multiplikation der charakteristischen Werte mit dem Faktor k_{mod} / γ_M. In Tafel 11.67d sind diese Werte am Beispiel von Voll- und Brettschichtholz sowie für stiftförmige Verbindungsmittel zusammengestellt.

Tafel 11.67d Faktor k_{mod} / γ_M für VH, BSH und stiftförmige Verbindungsmittel

$\frac{k_{mod}}{\gamma_M}$	Vollholz (VH, KVH, BASH) Brettschichtholz (BSH)					Stiftförmige Verbindungsmittel [a]				
	KLED					KLED				
	ständig	lang	mittel	kurz	k./s.k. [b]	ständig	lang	mittel	kurz	k./s.k. [b]
NKL 1 u. 2	0,462	0,538	0,615	0,692	0,769	0,545	0,636	0,727	0,818	0,909
NKL 3	0,385	0,423	0,500	0,538	0,615	0,455	0,500	0,591	0,636	0,727

[a] Für vereinfachten Nachweis nach NA (mit $\gamma_M = 1,1$).
[b] kurz / sehr kurz: neue KLED für Wind.

Im Hinblick auf eine einfache Handhabung bei der Bemessung werden diese Werte in den nachfolgenden Bemessungstabellen jeweils im Fußbereich mit angegeben.

1.6 Nachweise

Im Grenzzustand der Tragfähigkeit (GzT)

Grenzzustände der Tragfähigkeit (GzT) sind Zustände, deren Überschreiten rechnerisch zu einem Einsturz oder einem anderen Tragwerksversagen führen. Bei einem Nachweis im GzT soll sichergestellt werden, dass der Bemessungswert einer Beanspruchung $F_{v,Ed}$ bzw. σ_d die zugehörige Tragfähigkeit $F_{v,Rd}$ bzw. Festigkeit f_d nicht überschreitet.

Beispiel	Nachweis	Ausnutzungsgrad η
Spannungsnachweis	$\sigma_d \leq f_d$	$\eta = \sigma_d / f_d \leq 1$
Nachweis einer Verbindung	$F_{v,Ed} \leq F_{v,Rd}$	$\eta = F_{v,Ed} / F_{v,Rd} \leq 1$

Im Grenzzustand der Gebrauchstauglichkeit (GzG)

Bei den Nachweisen im Grenzzustand der Gebrauchstauglichkeit (GzG) werden Verformungen mit empfohlenen Grenzwerten verglichen. Die Verformungen dürfen hierbei mit den charakteristischen Einwirkungen berechnet werden (d. h. γ_G und $\gamma_Q = 1$).

Für Wohnhausdecken ist zusätzlich zu den Durchbiegungsnachweisen noch das Schwingungsverhalten zu untersuchen.

2 Baustoffe

2.1 Produktnormen

Die Produkte werden nicht mehr in den Bemessungsnormen geregelt (u.a. durch Angabe von Rechenwerten für die Bemessung), sondern in eigenständigen Produktnormen. Hierbei sind zu unterscheiden:

- „Deckelnormen" mit allgemeinen Leistungsanforderungen an die behandelten Bauprodukte.
- Produktnormen mit produkt-spezifischen Leistungsanforderungen.
- Normen mit Rechenwerten für die Bemessung.

Eine Zusammenstellung über die im Holzbau verwendeten Baustoffe/Bauprodukte ist in der nachfolgenden Tafel 11.68 angegeben.

Tafel 11.68 Zusammenstellung von Baustoffen und zugehörigen Normen

	Baustoffe	„Deckelnorm"	Produktnorm	Rechenwerte für die Bemessung
EC 5	Vollholz	DIN EN 14081-1	DIN EN 14081-1	DIN EN 338
	Brettschichtholz	DIN EN 14080	DIN EN 14080	DIN EN 14080
	Furnierschichtholz	DIN EN 13986	DIN EN 14374 und DIN EN 14279	ABZ
	Sperrholz		DIN EN 636	(DIN EN 12369-2) derzeit: DIN V 20000-1
	OSB-Platten		DIN EN 300	DIN EN 12369-1
	Spanplatten		DIN EN 312	DIN EN 12369-1
	Holzfaserplatten: - Hart - Mittelhart - MDF		 DIN EN 622-2 DIN EN 622-3 DIN EN 622-5	 EC 5 / NA EC 5 / NA DIN EN 12369-1
EC 5 / NA	Balkenschichtholz (Duo/Trio-Balken)	DIN EN 14080	DIN EN 14080 und ABZ	DIN EN 14080 und ABZ
	Brettsperrholz	---	ABZ (EN 16351 in Arbeit)	ABZ
	Massivholzplatten	DIN EN 13986	ABZ und DIN EN 13353	ABZ DIN EN 12369-3
	Gipsplatten	---	DIN 18180	EC 5 / NA
	Gipsfaserplatten	---	DIN EN 15283-2	ABZ
	Zementgebundene Spanplatten	DIN EN 13986	ABZ und DIN EN 634-2	ABZ und EC 5 / NA

2.2 Vollholzprodukte

2.2.1 Vollholz (VH) [11.44]

Bezeichnung

Schnittholz: <Breite in mm> / <Höhe in mm> <Holzart> <Festigkeitsklasse>
z. B. 120/240 VH C24; z. B. 160/160 VH D30

Tragende Vollholzbauteile müssen der EN 14081-1 entsprechen. In Deutschland wird Vollholz nach DIN 4074-1 oder -5 sortiert. Da sich der EC 5 jedoch auf Festigkeitsklassen der DIN EN 338 bezieht, erfolgt in DIN EN 1912 die Zuordnung der visuellen Sortierklassen nach DIN 4074 in die Festigkeitsklassen der DIN EN 338. In Tafel 11.69a ist diese Zuordnung zusammengestellt.

Tafel 11.69a Zuordnung von Sortierklassen (DIN 4074) zu Festigkeitsklassen (DIN EN 338)

Nadelholz			Laubholz		
Holzart	Sortierklasse DIN 4074-1	Festigkeits-klasse EN 338	Holzart	Sortierklasse DIN 4074-5	Festigkeits-klasse EN 338
Douglasie, Tanne, Lärche	S 7	C 16	Eiche	LS 10	D 30
Fichte, Kiefer		C 18	Ahorn	≥ LS 10	
Fichte, Tanne, Kiefer, Lärche, Douglasie	**S 10**	**C 24**	Buche	LS 10	D 35
Fichte, Tanne, Kiefer, Lärche	S 13	C 30	Buche	LS 13	D40
Douglasie		C 35	Esche	≥ LS 10	

Schwind- und Quellverformungen

Querschnittsänderungen infolge Schwinden oder Quellen können wie folgt berechnet werden:

$$\Delta B \text{ (bzw. } \Delta H) = \alpha \cdot \frac{\Delta\omega}{100} \cdot B \text{ (bzw. } H)$$

α mittleres Schwind- und Quellmaß in % pro % Holzfeuchteänderung nach Tafel 11.69b
$\Delta\omega$ Änderung der Holzfeuchte in %
ΔB, ΔH Änderung der Breite bzw. Höhe
B, H Breite, Höhe

Die Auswirkungen des Schwindens und Quellens des Holzes sind insbesondere dann zu berücksichtigen, wenn Holz „gehäuft" übereinander bzw. nebeneinander angeordnet wird. Typische Beispiele hierfür sind Blockhäuser, Massivholz-Decken oder Parkettböden.

Beispiel 1: Balken 100/240 VH C24 mit einer Holzfeuchte von $\omega = 36$ % eingebaut. Die erwartete Ausgleichsfeuchte liegt bei 10 %. Mit welchen Querschnittsänderungen ist zu rechnen?

Schwind- und Quellverformungen stellen sich nur unterhalb des Fasersättigungspunktes ein:

$\rightarrow \Delta\omega = 30 - 10 = 20$ % $\rightarrow$ $\Delta B = 0{,}25 \cdot \frac{20}{100} \cdot 100 = 5{,}0$ mm $\quad \Delta H = 0{,}25 \cdot \frac{20}{100} \cdot 240 = 12{,}0$ mm

Tafel 11.69b Mittlere Rechenwerte α für Schwind- und Quellmaße rechtwinklig zur Faserrichtung des Holzes in % pro % Holzfeuchteänderung

NH[1], **BSH**, BASH	LH
0,25	0,35
Die Werte gelten für unbehindertes Schwinden und Quellen für Holzfeuchten unterhalb des Fasersättigungsbereiches von ca. 30 %. Bei behindertem Schwinden und Quellen dürfen die Werte halbiert werden. Schwinden/Quellen parallel zur Faser bleibt i. Allg. unberücksichtigt ($\alpha_\ell \approx 0{,}01$ % / %).	
[1] Nadelhölzer nach Tafel 11.69a.	

Beispiel 2: Giebelwand eines Blockhauses mit einer Höhe von 7,20 m. Die Gleichgewichtsfeuchte der Blockbohlen schwankt im Laufe eines Jahres zwischen 12 und 18 %. Um welches Maß hebt bzw. senkt sich der Firstpunkt jedes Jahr?

$$\Delta H = 0{,}25 \cdot \frac{(18-12)}{100} \cdot 7200 = 108 \text{ mm}$$

Dieses „Arbeiten" ist bei der Ausbildung von Tür- und Fensteranschlüssen (gleitend!) und bei den Installationsleitungen zu berücksichtigen.

Schwind- und Quellmaße *in Plattenebene* für HWSt-Platten sind in Tafel 11.70a angegeben. Für das Schwinden/Quellen rechtwinklig zur Plattenebene (über die Dicke) gelten andere Werte.

Tafel 11.70a Schwind- und Quellmaße α in Plattenebene für HWSt (% pro % $\Delta\omega$)

OSB/2 u. /3	OSB/4	LVL [1)]	LVL [2)]	BSPH, BFu	P, HF	ZSp
0,03	0,015	0,01/0,32 [3)]	0,01/0,03 [3)]	0,02	0,035	0,03

1) LVL ohne Querfurniere. 2) LVL mit Querfurnieren. 3) ∥ / ⊥ zur Faserrichtung der Deckfurniere

Charakteristische Rechenwerte für Festigkeiten und Steifigkeiten sowie für Rohdichten von VH sind in Tafel 11.70b angegeben.

Tafel 11.70b Char. Rechenwerte nach DIN EN 338 für VH nach DIN EN 14081-1

		Nadelholz				Laubholz			
Festigkeitsklasse		C 16	**C 24**	C 30	C 35	D 30	D 35	D 40	D 60
Festigkeitskennwerte *in N/mm²*									
Biegung	$f_{m,k}$ [1)]	16	**24**	30	35	30	35	40	60
Zug ∥ Faser	$f_{t,0,k}$ [1)]	10	**14**	18	21	18	21	24	36
⊥ Faser	$f_{t,90,k}$	0,4	**0,4**	0,4	0,4	0,6	0,6	0,6	0,6
Druck ∥ Faser	$f_{c,0,k}$	17	**21**	23	25	23	25	26	32
⊥ Faser	$f_{c,90,k}$	2,2	**2,5**	2,7	2,8	8,0	8,1	8,3	10,5
Schub und Torsion	$f_{v,k}$	3,2	**4,0**	4,0	4,0	4,0	4,0	4,0	4,5
	k_{cr} [2)]	0,625	**0,5**	0,5	0,5	0,67	0,67	0,67	0,67
Steifigkeitskennwerte *in N/mm²*									
E-Modul ∥ Faser	$E_{0,mean}$ [3)]	8 000	**11 000**	12 000	13 000	11 000	12 000	13 000	17 000
⊥ Faser	$E_{90,mean}$ [3)]	270	**370**	400	430	730	800	860	1130
Schubmodul	G_{mean} [3)]	500	**690**	750	810	690	750	810	1060
Rohdichtekennwerte *in kg/m³*									
Rohdichte	ρ_k	310	**350**	380	400	530	540	550	700

1) Bei Bauteilen, die auf Zug oder Biegung beansprucht werden und deren größte Querschnittsabmessung $h \leq 150$ mm beträgt, darf $f_{m,k}$ und $f_{t,0,k}$ mit dem Faktor k_h erhöht werden: $k_h = (150 / h)^{0,2} \leq 1,3$

h [mm]	100	110	120	130	140	≥ 150
k_h	1,08	1,06	1,05	1,03	1,01	1,0

2) Beim Nachweis von Querschnitten, die mindestens 1,50 m vom Hirnholz entfernt liegen, darf k_{cr} um 30 % erhöht werden.

3) Für die charakteristischen Steifigkeitskennwerte $E_{0,05}$, $E_{90,05}$ und G_{05} gelten die Rechenwerte:

NH: $E_{0,05} = 2/3 \cdot E_{0,mean}$ $E_{90,05} = 2/3 \cdot E_{90,mean}$ $G_{05} = 2/3 \cdot G_{mean}$

LH: $E_{0,05} = 5/6 \cdot E_{0,mean}$ $E_{90,05} = 5/6 \cdot E_{90,mean}$ $G_{05} = 5/6 \cdot G_{mean}$

Zur Bestimmung von $f_{i,d}$ sind die Werte für $f_{i,k}$ in Abhängigkeit von der KLED und der NKL wie folgt zu modifizieren (× $\boldsymbol{k_{mod}}$ / γ_M):	KLED	ständig	lang	mittel	kurz	k./s.k.
	NKL 1 u. 2	0,462	0,538	0,615	0,692	0,769
	NKL 3	0,385	0,423	0,500	0,538	0,615

2.2.2 Konstruktionsvollholz (KVH) [11.44]

Bezeichnung <Breite> / <Höhe> KVH-Si für KVH im sichtbaren Bereich

<Breite> / <Höhe> KVH-NSi für KVH im nicht sichtbaren Bereich

Konstruktionsvollholz besteht aus Kanthölzern, die z. T. mittels Keilzinkenverbindung kraftschlüssig miteinander verbunden sind. Die wichtigsten Merkmale von KVH sind:

- Erfüllung aller Sortierkriterien nach DIN 4074-1,
- (technisch) getrocknetes Holz mit garantierten Holzfeuchten von $\omega = 15 \pm 3$ %,
- allseitig gehobelt,
- Einschnitt herzgetrennt (nicht sichtbarer Bereich) oder herzfrei (sichtbarer Bereich),
- Querschnittstoleranz ± 1 mm,
- erhöhte Anforderungen an das optische Erscheinungsbild,
- Standardquerschnitte (siehe Tafel 11.103).

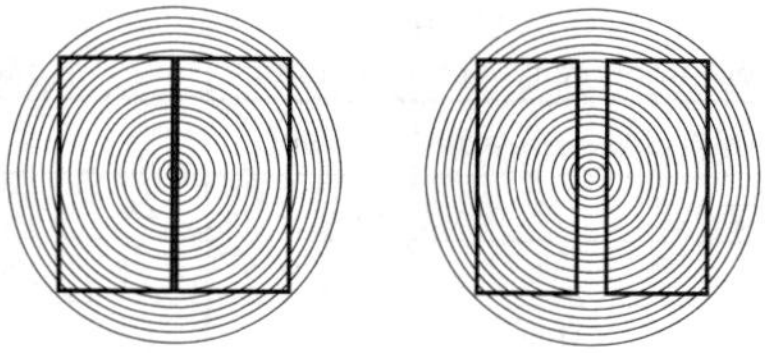

herzgetrennt herzfrei

Schwinden und Quellen wie VH (Tafel 11.69b). Charakteristische Rechenwerte wie für VH nach Tafel 11.70b.

2.2.3 Balkenschichtholz (Duo-/Triobalken) [11.44]

Balkenschichtholz (BASH) nach ABZ - Nr. Z-9.1-440 besteht aus zwei bzw. drei flachseitig miteinander verklebten Bohlen oder Kanthölzern aus NH mindestens der Sortierklasse S 10.

Holzfeuchte ≤ 15 %, Verwendung in NKL 1 + 2.

Schwinden und Quellen wie VH (Tafel 11.69b). Charakteristische Rechenwerte wie für VH nach Tafel 11.70b.

Standardquerschnitte siehe Tafel 11.103.

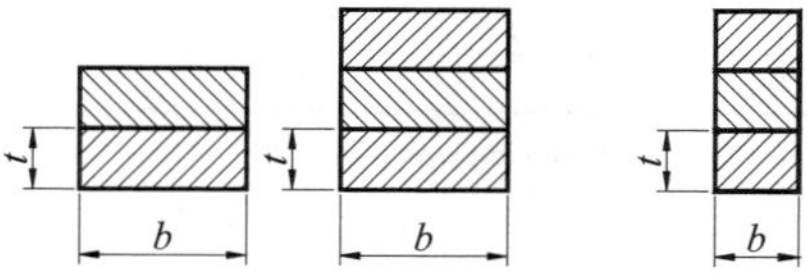

$b \leq 280$ mm
$t \leq 80$ mm

$b \leq 100$ mm
$t \leq 120$ mm

2.2.4 Brettschichtholz (BSH) [11.44]

Brettschichtholz nach DIN EN 14080 besteht aus mindestens zwei faserparallel miteinander verklebten, getrockneten Brettern oder Brettlamellen aus Nadelholz oder Pappelholz. Die Dicke der Brettlamellen beträgt max. 45 mm, in der NKL 3 max. 35 mm.

Die Holzfeuchte von BSH beträgt $\omega \leq 15$ %. Schwinden und Quellen wie VH.

Bzgl. des Querschnittsaufbaus unterscheidet man:

- homogenes BSH (Abkürzung: „h") mit Lamellen gleicher Festigkeitsklassen (char. Rechenwerte nach Tafel 11.72).
- kombiniertes BSH (Abkürzung: „c") mit unterschiedlichen Festigkeitsklassen der äußeren und inneren Lamellen (char. Rechenwerte nach Tafel 11.72).

DIN EN 14080 erlaubt auch unsymmetrisch aufgebautes, kombiniertes BSH (Abkürzung: „ca"). Die Festigkeitsprofile so aufgebauter Träger sind nach einem Verfahren in DIN 14080 zu berechnen.

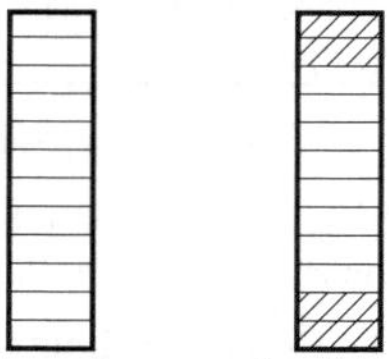

homogen kombiniert

Bezeichnung <Breite> / <Höhe> <Festigkeitsklasse> z. B. 160/600 GL 24h

In Tafel 11.72 sind die BSH-Klassen, die mit visuell sortierten Brettern erreichbar sind, grau hinterlegt. Für die übrigen BSH-Klassen sind maschinell sortierte Bretter erforderlich. Hier wird empfohlen, beim Hersteller nachzufragen, ob diese Klassen lieferbar sind.

Tafel 11.72 Charakteristische Rechenwerte für BSH nach DIN EN 14080

h = homogen c = kombiniert	Festigkeitsklasse	GL 24		GL 28		GL 30		GL 32	
		c	**h**	**c**	h	c	**h**	c	h
Festigkeitskennwerte *in N/mm²*									
Biegung	$f_{m,y,k}$ [1)]	24	24	28	28	30	30	32	32
	$f_{m,z,k}$ [2)]	24	28,8	28	33,6	30	36	32	38,4
Zug ∥ Faser	$f_{t,0,k}$ [1)]	17	19,2	19,5	22,3	19,5	24	19,5	25,6
⊥ Faser	$f_{t,90,k}$	0,5							
Druck ∥ Faser	$f_{c,0,k}$	21,5	24	24	28	24,5	30	24,5	32
⊥ Faser	$f_{c,90,k}$	2,5							
Schub und Torsion	$f_{v,k}$	3,5							
	k_{cr}	0,714							
Steifigkeitskennwerte *in N/mm²*									
E-Modul ∥ Faser	$E_{0,mean}$ [3)]	11000	11500	12500	12600	13000	13600	13500	14200
⊥ Faser	$E_{90,mean}$ [3)]	300							
Schubmodul	G_{mean} [3)]	650							
Rohdichtekennwerte *in kg/m³*									
Rohdichte	ρ_k	365	385	390	425	390	430	400	440
	ρ_{mean}	400	420	420	460	430	480	440	490

1) Bei Bauteilen, die auf Zug oder Biegung beansprucht werden und deren größte Querschnittsabmessung $h \leq 600$ mm beträgt, darf $f_{m,y,k}$ und $f_{t,0,k}$ mit dem Faktor k_h erhöht werden: $k_h = (600 / h)^{0,1} \leq 1,1$

h [mm]	≤ 240	260	280	320	360	400	440	480	520	560	≥ 600
k_h	1,10	1,09	1,08	1,06	1,05	1,04	1,03	1,02	1,01	1,01	1,00

2) Brettschichtholz mit mindestens 4 hochkant stehenden Lamellen.

3) Für die charakteristischen Steifigkeitskennwerte $E_{0,05}$, $E_{90,05}$ und G_{05} gelten die Rechenwerte: $E_{0,05} = 5/6 \cdot E_{0,mean}$ $E_{90,05} = 5/6 \cdot E_{90,mean}$ $G_{05} = 5/6 \cdot G_{mean}$.

Zur Bestimmung von $f_{i,d}$ sind die Werte für $f_{i,k}$ in Abhängigkeit von der KLED und der NKL wie folgt zu modifizieren (× k_{mod} / γ_M):	KLED	ständig	lang	mittel	kurz	k./s.k.
	NKL 1 u. 2	0,462	0,538	0,615	0,692	0,769
	NKL 3	0,385	0,423	0,500	0,538	0,615

2.3 Holzwerkstoffe

Nachfolgend wird nur auf die Holzwerkstoffe BSPH, LVL, BFu sowie OSB-Platten eingegangen. Für andere Holzwerkstoffe wird auf EC 5 und den zugehörigen NA verwiesen.

2.3.1 Brettsperrholz (BSPH)

BSPH besteht aus mindestens drei rechtwinklig miteinander verklebten Brettlagen aus NH, die symmetrisch zur Mittellage aufgebaut sein müssen. Brettsperrholz bedarf nach EC 5 / NA eines bauaufsichtlichen Verwendbarkeitsnachweises (ABZ). Verwendung in NKL 1 + 2. Schwind- und Quellmaße nach Tafel 11.70a.

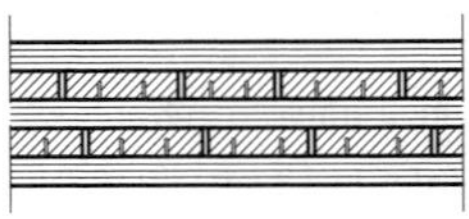

Eine EN-Norm ist derzeit in Bearbeitung.

2.3.2 Furnierschichtholz (LVL) [11.45]

Furnierschichtholz wird aus ca. 3 mm dicken Schälfurnieren hergestellt. FSH wird in ABZs geregelt (z. B. Kerto nach ABZ - Nr. Z-9.1-100). FSH mit generell parallel verlaufenden Furnierlagen (z. B. Kerto-S) werden vornehmlich als stabförmige Bauteile (ähnlich wie VH oder BSH) eingesetzt. FSH mit dazwischenliegenden Querläufern (z. B. Kerto-Q) wird häufig auch als plattenförmiger Werkstoff eingesetzt. Schwind- und Quellmaße nach Tafel 11.70a.

2.3.3 Sperrholz (BFu) [11.45]

Bau-Furniersperrholz besteht aus mindestens drei aufeinander geleimten Furnierlagen, die symmetrisch zur Mittelachse aufgebaut sein müssen, und deren Faserrichtungen jeweils um 90° gegeneinander versetzt sind. Für tragende Zwecke muss BFu mindestens 6 mm dick sein.

Sperrholz muss die Anforderungen nach DIN EN 636, der DIN EN 13 986 und DIN V 20 000-1 oder die der bauaufsichtlichen Zulassungen erfüllen. Die Verwendung von Sperrholzplatten in den unterschiedlichen Nutzungsklassen NKL ist von der „Technischen Klasse“ abhängig:

Technische Klasse	„Trocken“	„Feucht“	„Außen“
Verwendung in	NKL 1	NKL 1 und 2	NKL 1, 2 und 3

Die Bezeichnung der Platten nach DIN EN 12369-2 richtet sich nach der Biegefestigkeit und dem Elastizitätsmodul der Platten, jeweils parallel/rechtwinklig zur Faserrichtung der Deckfurniere: z.B. F20/10-E40/20 → Biegefestigkeit 20/10 N/mm² und E-Modul = 4000/2000 N/mm².

Viele Hersteller deklarieren die Festigkeits- und Steifigkeitsprofile ihrer Produkte selbst. Hierbei ist zu prüfen, ob die Abminderung der Werte um 20 % nach DIN V 20000-1 vorgenommen wurde.

Bezeichnung:

<Sperrholz>, <Technische Klasse>, <DIN EN 636>, <Biegefestigkeitsklasse> - <Biege-E-Modul-Klasse>, <Dicke in mm>, <Länge/Breite in mm>

z. B. Sperrholz, Feucht, DIN EN 636, F20/15-E35/20, 30 mm, 2250/1830 mm

2.3.4 OSB-Platten [11.45]

OSB-Platten (Oriented Strand Board) werden aus großflächigen Langspänen (‘strands’ mit ca. 75 mm Länge, 35 mm Breite und 0,6 mm Dicke) hergestellt, wobei der Herstellungsprozess dem der Spanplatten sehr ähnlich ist. Die Holzspäne in den Deckschichten sind vorwiegend parallel zur Fertigungsrichtung ausgerichtet, während die Mittelschicht-Strands quer dazu ausgerichtet sind. Die OSB-Platte weist somit in Längs- und Querrichtung unterschiedliche Eigenschaften auf.

OSB-Platten müssen die Anforderungen nach DIN EN 300 erfüllen. Die Verwendung von OSB-Platten in den unterschiedlichen NKL ist erneut von der „Technischen Klasse“ abhängig:

Technische Klasse	OSB/2	OSB/3	OSB/4
Verwendung in	NKL 1	NKL 1 und 2	NKL 1 und 2

Die Mindestdicke beträgt 8 mm für tragende und 6 mm für aussteifende Platten. Schwind- und Quellmaße nach Tafel 11.70a. Charakteristische Rechenwerte sind in BTI angegeben.

3 Schnittgrößenermittlung

Die Schnittgrößenermittlung darf unter Ansatz folgender Annahmen/Vereinfachungen erfolgen:

- Linear-elastisches Verhalten der Baustoffe und Verbindungen.
- Vereinfachte Knick- und Kippnachweise mit dem Ersatzstabverfahren (Knickbeiwert k_c und Kippbeiwert k_m).
- Ermittlung nach Theorie II. Ordnung oder nach dem Ersatzstabverfahren, wenn sich die Schnittgrößen unter Berücksichtigung des geometrisch nichtlinearen Verhaltens um mehr als 10 % vergrößern würden.

Bzgl. des Ansatzes von Steifigkeitskennwerten und der Anwendung der Theorie II. Ordnung bei der Schnittgrößenermittlung wird auf BTI verwiesen.

4 Gebrauchstauglichkeit

4.1 Allgemeines

Verformungen dürfen mit den charakteristischen Einwirkungen berechnet werden (γ_G u. $\gamma_Q = 1$). Hierbei darf mit den mittleren Steifigkeitskennwerten gerechnet werden ($E_{0,mean}$, G_{mean}, K_{ser}).

4.2 Durchbiegungen

Durchbiegungsanteile

w_{inst} = elastische Durchbiegung, die sich unmittelbar nach Aufbringen der Last einstellt

w_{qs} = elastische Durchbiegung, die unter (quasi-)ständiger Last auftritt

= $w_{G,inst}$ bei ständigen Lasten

= $\psi_2 \cdot w_{Q,inst}$ bei veränderlichen Lasten (mit ψ_2 nach Tafel 9.5b)

w_{creep} = Kriechverformung, die sich zusätzlich zur elastischen Anfangsdurchbiegung im Laufe der Zeit einstellt. Kriechverformungen entstehen nur infolge (quasi-)ständiger Lasten.

= $k_{def} \cdot w_{qs}$ mit k_{def} nach Tafel 11.74a

w_{fin} = Enddurchbiegung

= $w_{inst} + w_{creep}$

$w_{fin,qs}$ = Enddurchbiegung unter quasi-ständigen Lasten

= $w_{inst,qs} + w_{creep}$

Tafel 11.74a Verformungsbeiwerte k_{def}

NKL	VH, BSH, LVL, BASH[1], BSPH[1], SWP[1]	BFu	OSB 3/4, P6[2], P7	P4[2], P5, ZSp, OSB 2[2], HB.LA1, HB.LA2	GKB[2], GKBi, GKF[2], GKFi, GF
1	0,6	0,8	1,5	2,25	3,0
2	0,8	1,0	2,25	3,0	4,0
3	2,0	2,5	–	–	–

[1] Nur in NKL 1 und 2. [2] Nur in NKL 1.

Die Durchbiegungen für einen **Einfeldträger** (EFT) können wie folgt berechnet werden:

$$w_{EFT,G} = k_w \cdot g_k \qquad w_{EFT,Q} = k_w \cdot q_k$$

w in [mm] und g_k bzw. q_k in [kN/m = N/mm]

$$k_w = \frac{5}{384} \cdot \frac{\ell^4}{E_{0,mean} \cdot I} \quad [\text{mm}^2/\text{N}]$$

mit $E_{0,mean}$ nach Tafel 11.70b bzw. Tafel 11.72

Die Durchbiegungen für einen **Durchlaufträger** (DLT), jeweils in Feldmitte, können wie folgt berechnet werden (siehe hierzu auch [11.42]):

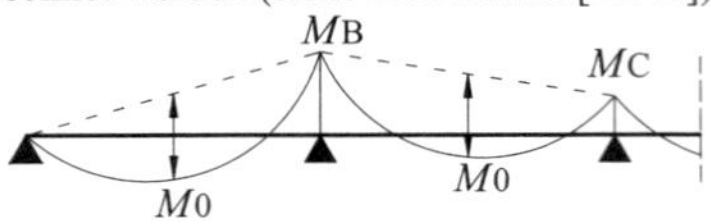

$$w_{DLT,G} = k_{DLT,G} \cdot w_{EFT,G}$$

$$w_{DLT,Q} = k_{DLT,Q} \cdot w_{EFT,Q}$$

Für DLT mit gleichen Stützweiten sind Werte für k_{DLT} in Tafel 11.74b zusammengestellt.

Tafel 11.74b Beiwerte k_{DLT} zur Berechnung von Durchbiegungen bei Durchlaufträgern mit gleichen Stützweiten

k_{DLT}	Laststellung g, s, w	k_{DLT}	ungünstigste Laststellung q
Feld 1 u. 2 $k_{DLT} = 0,400$	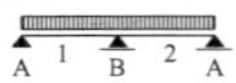	Feld 1 $k_{DLT} = 0,700$	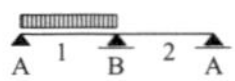
Feld 1 $k_{DLT} = 0,520$	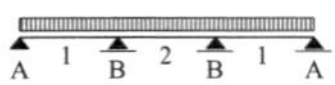	Feld 1 $k_{DLT} = 0,760$	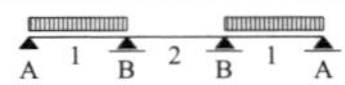
Feld 2 $k_{DLT} = 0,040$		Feld 2 $k_{DLT} = 0,520$	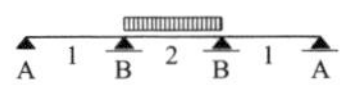
Feld 1 $k_{DLT} = 0,486$	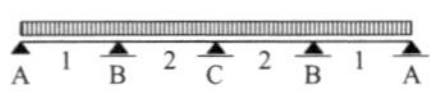	Feld 1 $k_{DLT} = 0,741$	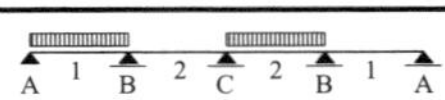
Feld 2 $k_{DLT} = 0,146$		Feld 2 $k_{DLT} = 0,568$	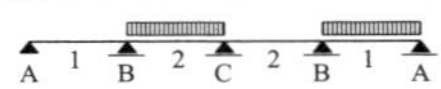

Nachweise

Die Durchbiegungsnachweise sind im EC 5 und im zugehörigen NA leider nicht eindeutig und damit missverständlich. Im A1-Papier zum NA werden diese Nachweise präzisiert. Demnach sollten die verschiedenen Durchbiegungen in den nachfolgenden Kombinationen berechnet werden:

Nachweis von	Berechnung von $\boldsymbol{w}_{\mathbf{inst}}$ in der	Berechnung von $\boldsymbol{w}_{\mathbf{creep}}$ in der
w_{inst}	charakteristischen Kombination	–
w_{fin}	charakteristischen Kombination	quasi-ständigen Kombination
$w_{net,fin}$ ($w_{fin,qs}$)	quasi-ständigen Kombination	quasi-ständigen Kombination

Die Summe mehrerer Durchbiegungsanteile in der charakteristischen Kombination (d.h. unter Verwendung von ψ_0-Werten) wird nachfolgend mit einem Summenzeichen mit dem Index ψ_0 angegeben. $\sum_{\psi_0} w$

Die Summe mehrerer Durchbiegungsanteile in der quasi-ständigen Kombination (d. h. ohne ψ_0-Werte) wird nachfolgend mit einem Summenzeichen ohne Index angegeben. $\sum w$

Im EC 5 sind folgende Durchbiegungsnachweise vorgesehen:

Nachweis der elastischen Anfangsdurchbiegung	$w_{inst} = \sum_{\psi_0} w_{inst} \leq w_{grenz}$
Nachweis der Enddurchbiegung	$w_{fin} = \sum_{\psi_0} w_{inst} + \sum w_{creep} \leq w_{grenz}$
Nachweis der „Netto"-Enddurchbiegung (abzüglich einer vorhandenen Überhöhung w_c)	$w_{net,fin} = \sum w_{fin,qs} - w_c = \sum w_{inst,qs} + \sum w_{creep} - w_c \leq w_{grenz}$

Die in NA/A1 empfohlenen Grenzwerte w_{grenz} für die verschiedenen Nachweise sind in Tafel 11.75 zusammengestellt.

Tafel 11.75 Empfohlene Grenzwerte $\boldsymbol{w}_{\mathbf{grenz}}$ für Durchbiegungen

Nachweis von	w_{inst}	w_{fin}	$w_{net,fin}$
Allgemein	$\ell/300$ ($\ell_k/150$)	$\ell/200$ ($\ell_k/100$)	$\ell/300$ ($\ell_k/150$)
Überhöhte Bauteile, untergeordnete Bauteile	$\ell/200$ ($\ell_k/100$)	$\ell/150$ ($\ell_k/75$)	$\ell/250$ ($\ell_k/125$)
Klammerwerte gelten für Kragarme mit ℓ_k = Kragarmlänge.			

4.3 Schwingungen

Allgemeines

Bei Decken unter bewohnten Räumen bewirken Gehbewegungen Schwingungen, die nicht nur die Gebrauchstauglichkeit des Raumes beeinträchtigen (z. B. Funktionsstörungen von Festplatten und CD-/ DVD-Laufwerken), sondern auch zu Unbehagen der Bewohner führen können.

Das Empfinden der Menschen hängt dabei nicht nur von technischen Faktoren ab (wie z.B. Schwingungsfrequenz, Schwingbeschleunigung o.Ä.), sondern auch von der subjektiven Einstellung, wie z.B. der persönlichen Beziehung zum Erreger der Störung.

Das Schwingungsverhalten selbst ist u.a. abhängig von der Längs- und Querbiegesteifigkeit der Decke, der Biegesteifigkeit des Estrichs, der Bauweise der Decke, deren Gewicht u.a.m. Daher ist es kaum möglich, das Problem von personeninduzierten Schwingungen mit einfachen Bemessungsgleichungen zu beschreiben bzw. zu lösen.

Der EC 5 sieht drei Nachweise vor (Frequenz f, Steifigkeit/Durchbiegung w und Schwinggeschwindigkeit v). Der Tragwerksplaner ist mit den angegebenen Bemessungsgleichungen allerdings ziemlich auf sich alleine gestellt, weil keine weiteren Hinweise zur Berechnung gegeben werden.

Daher werden nachfolgend die im Rahmen eines umfangreichen Forschungsvorhabens entwickelten Bemessungsvorschläge (siehe [11.43]) vorgestellt. Diese wurden anhand von zahlreichen Messungen (in situ) und theoretischen Betrachtungen abgeleitet.

Diese Bemessungsvorschläge basieren auf folgenden Bedingungen:

- Mindestanforderungen an den Deckenaufbau (siehe **Tafel 11.76a**).
- Differenzierung nach dem Nutzungsbereich, je nachdem ob es sich um eine Decke innerhalb **einer** Nutzungseinheit oder einer Decke zwischen **fremden** Nutzungseinheiten handelt.

Tafel 11.76a Mindestanforderungen an den Aufbau von Decken

Deckentyp	innerhalb einer Nutzungseinheit	verschiedene Nutzungseinheiten
Holzbalkendecken, Trägerroste	NE oder TE + S	NE + S
Massivholzdecken (BSPH, Brettstapel)	NE oder TE + S [2]	NE + S [1] oder TE + S [2]
Holz-Beton-Verbunddecken	– [3]	– [3]

NE = schwimmender Nassestrich TE = schw. Trockenestrich S = schwere Schüttung

[1] Auch mit leichter Schüttung. [2] Aus Labormessungen, noch nicht in situ überprüft.

[3] Keine Mindestanforderungen an den Aufbau bei Flächengewicht $g_k \geq 300$ kg/m².

Die nachfolgend vorgestellten Nachweise sind nur gültig für Decken, die diese konstruktiven Randbedingungen erfüllen.

Nachweise

Im nebenstehenden Diagramm ist das Vorgehen bei der Bemessung dargestellt.

Der im EC 5 vorgesehene Nachweis der Schwinggeschwindigkeit v ist nicht erforderlich, weil dieser Nachweis nicht maßgebend wird.

Die Grenzwerte für die Bemessung sind in **Tafel 11.76b** zusammengestellt.

Durchlaufträger können auf der sicheren Seite liegend wie Einfeldträger nachgewiesen werden, wobei das Feld mit der größten Stützweite betrachtet wird.

Bzgl. der Nachweise selbst wird auf BTI verwiesen.

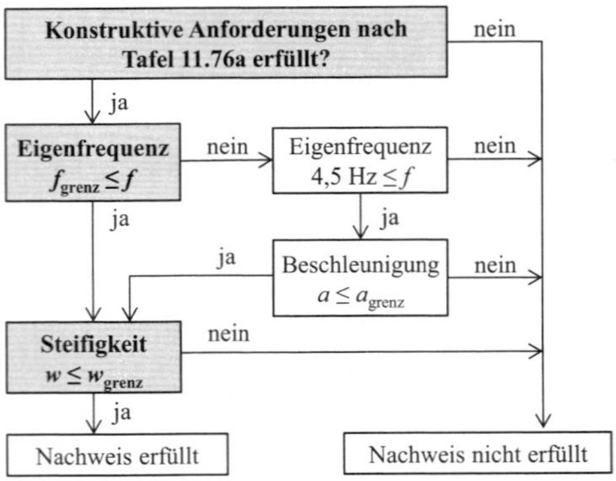

Tafel 11.76b Grenzwerte für die Schwingungsnachweise

Grenzwert	Decke innerhalb **einer** Nutzungseinheit		Decke zwischen **fremden** Nutzungseinheiten	
	Balken	**Decke** [1]	**Balken**	**Decke** [1]
f_{grenz}	6 Hz		8 Hz	
w_{grenz}	1,0 mm [2]		0,5 mm [2]	
a_{grenz}	–	0,1 m/s² [3]	–	0,05 m/s² [3]

[1] Andere Nachweise bei Decken siehe [11.43] und [11.42].

[2] w_{grenz} kann nach Absprache mit den Nutzern erhöht werden (z.B. um Faktor 1,5).

[3] Der Nachweis der Schwingbeschleunigung ist nur bei sehr schweren Decken Erfolg versprechend (z.B. Holz-Beton-Verbunddecken).

4.4 Dimensionierung

Bei Trägern mit nur einer veränderlichen Last q kann das zur Einhaltung der Durchbiegungs- und Schwingungsnachweise erforderliche Flächenmoment 2. Grades erf I wie folgt abgeschätzt werden:

	Durchbiegungs-nachweise	***Frequenzanforderung***		***Steifigkeitsanforderung***	
		$f_{grenz} = 6$ Hz	8 Hz	$w_{grenz} = 1{,}5$ mm	1,0 mm
Einfeldträger	$I \geq 35 \cdot \sum q_d \cdot \ell^3$	$I \geq 13{,}5 \cdot g_k \cdot \ell^4$	$I \geq 23{,}5 \cdot g_k \cdot \ell^4$	$I \geq 125 \cdot \ell^3$	$I \geq 190 \cdot \ell^3$
Durchlauftr.	$I \geq 35 \cdot \sum q_d^* \cdot \ell^3$				

I in [cm^4], g_k, Σq_d und Σq^*_d in [kN/m], ℓ in [m]
Bei Verwendung anderer Hölzer als C 24 dürfen die Werte für I mit dem Faktor 11 000/$E_{0,mean}$ multipliziert werden.

Beispiel: Zweifeld-Deckenträger mit Nassestrich im eigenen Wohnbereich: b/h = 100/240 mm (I = 11 520 cm^4).
Eigengewicht g_k = 1,40 kN/m, Nutzlast p_k = 1,72 kN/m
w_{grenz} = 1,5 mm vereinbart.

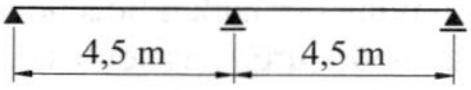

$k_{DLT,g}$ = 0,4 und $k_{DLT,p}$ = 0,7 (Tafel 11.74b) → $\sum q_d^* = 0{,}4 \cdot 1{,}40 + 0{,}7 \cdot 1{,}72 = 1{,}76$ kN/m

Über die Durchbiegungsnachweise: $I \geq 35 \cdot 1{,}76 \cdot 4{,}5^3 = 5\,613$ cm^4 << 11 520 cm^4 ✓

Über die Frequenzanforderung: $I \geq 13{,}5 \cdot 1{,}40 \cdot 4{,}5^4 = 7\,750$ cm^4 < 11 520 cm^4 ✓

Über die Steifigkeitsanforderung: $I \geq 125 \cdot 4{,}5^3 = 11\,390$ cm^4 < 11 520 cm^4 ✓

5 Tragfähigkeitsnachweise für Querschnitte

5.1 Querschnittsschwächungen

In zugbeanspruchten Bereichen von Bauteilen sind Querschnittsschwächungen grundsätzlich zu berücksichtigen.

In druckbeanspruchten Bereichen sind Querschnittsschwächungen nur dann zu berücksichtigen, wenn die geschwächten Bereiche nicht satt oder gleichwertig ausgefüllt sind. Beispiel für eine nicht satt ausgefüllte Schwächung: Löcher für Bolzen, die um ca. 1 mm größer gebohrt werden. Beispiele für eine nicht gleichwertig ausgefüllte Schwächung: Holznägel/-dübel, Zapfen.

Tafel 11.77 Faustwerte für Querschnittsschwächungen bei zugbeanspruchten Bauteilen

	Nägel			Stabdübel	Dübel besonderer Bauart	Einseitiger Versatz
	vorgebohrt	nicht vorgebohrt $d \leq 6$ mm	nicht vorgebohrt $d > 6$ mm			
ΔA	$\approx 0{,}1 \cdot A_b$	—	$\approx 0{,}1 \cdot A_b$	$\approx 0{,}15 \cdot A_b$	$\approx 0{,}25 \cdot A_b$	$\approx 0{,}25 \cdot A_b$

5.2 Zug in Faserrichtung

5.2.1 Mittig beanspruchter Zugstab

Spannungsnachweis: $\dfrac{N_d}{A_n} \leq k_h \cdot f_{t,0,d}$ bzw. $\dfrac{N_d / A_n}{k_h \cdot f_{t,0,d}} \leq 1$

Dimensionierung: $erf\ A_n \geq \dfrac{N_d}{k_h \cdot f_{t,0,d}}$

N_d Bem.wert der Zugkraft
A_n Netto-Querschnittsfläche
k_h „Höhenfaktor" nach Tafel 11.70b bzw. Tafel 11.72
$f_{t,0,d}$ Bem.wert der Zugfestigkeit nach Tafel 11.70b bzw. Tafel 11.72

k_h ist ein Beiwert zur Berücksichtigung des Einflusses der Querschnittsabmessungen auf die Zugfestigkeit (Erhöhung der Tragfähigkeit bei kleinen Querschnitten):

$$k_h = \min\begin{cases}\left(\frac{150}{h}\right)^{0,2}\\ 1{,}3\end{cases} \quad \text{bei } \textbf{VH} \text{ mit } h \leq 150 \text{ mm} \qquad k_h = \min\begin{cases}\left(\frac{600}{h}\right)^{0,1}\\ 1{,}1\end{cases} \quad \text{bei } \textbf{BSH} \text{ mit } h \leq 600 \text{ mm}$$

h = größte Querschnittsabmessung = max $(b;h)$

5.2.2 Einseitig beanspruchter Zugstab

Bei außen liegenden Stäben und Laschen tritt wegen der einseitig (exzentrischen) Lasteinleitung ein zusätzliches Biegemoment M_e auf. Dieses Zusatzmoment M_e bewirkt eine Verkrümmung der außen liegenden Stäbe, sofern diese nicht durch ausziehfeste Verbindungsmittel (F_{ax}) verhindert wird.

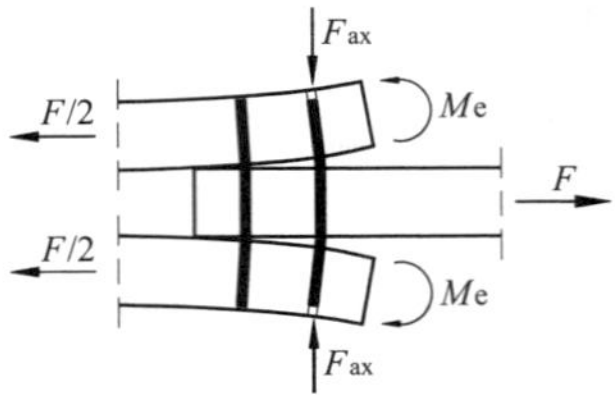

Die Größe und Wirkung des Zusatzmomentes hängt von der Art der Verbindungsmittel und der Anschlussgeometrie ab. Nach dem NA darf diese Wirkung vereinfacht über einen reinen Zugspannungsnachweis mit abgeminderter Zugfestigkeit berücksichtigt werden.

Spannungsnachweis:

$$\frac{N_d}{A_n} \leq k_{t,e} \cdot k_h \cdot f_{t,0,d} \quad \text{bzw.} \quad \frac{N_d/A_n}{k_{t,e} \cdot k_h \cdot f_{t,0,d}} \leq 1$$

N_d Bem.wert der Zugkraft
A_n Netto-Querschnittsfläche
k_h s. Tafel 11.70b oder Tafel 11.72
$f_{t,0,d}$ Bem.wert der Zugfestigkeit
$k_{t,e}$ Beiwert nach Tafel 11.78

Tafel 11.78 Beiwerte $k_{t,e}$ bei einseitig beanspruchten Zugstäben

			$k_{t,e}$
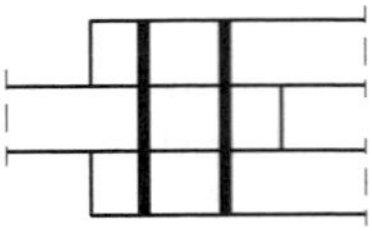 Stabdübel	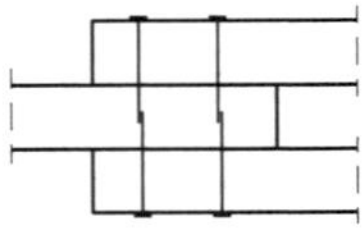 **vorgebohrte** Nägel	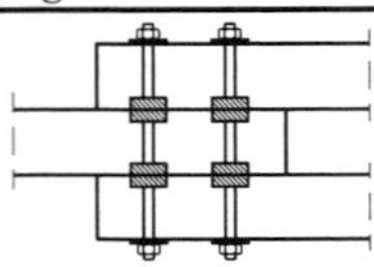 Dübel bes. Bauart	0,4
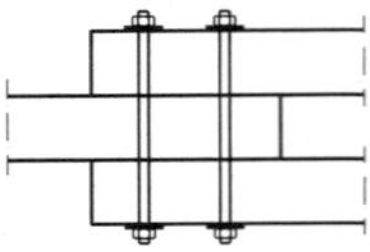 Bolzen, Passbolzen	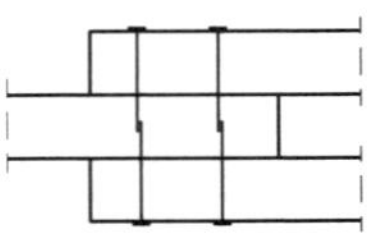 **nicht vorgebohrte** Nägel	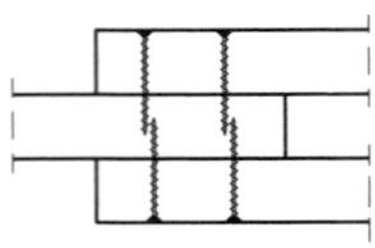 Schrauben	2/3

Die Verkrümmung kann durch (zusätzliche) ausziehfeste Verbindungsmittel (z. B. Schrauben, Bolzen) verhindert werden. In diesen Fällen darf dann mit $k_{t,e}$ = 2/3 gerechnet werden, wenn die Aufnahme der Ausziehkraft F_{ax} rechnerisch nachgewiesen wird (Nachweis siehe NA).

5.3 Druck in Faserrichtung

Spannungsnachweis:

$$\frac{N_d}{A_n} \leq f_{c,0,d} \quad \text{bzw.} \quad \frac{N_d/A_n}{f_{c,0,d}} \leq 1$$

N_d Bem.wert der Druckkraft
A_n Netto-Querschnittsfläche
$f_{c,0,d}$ Bem.wert der Druckfestigkeit Tafel 11.70b bzw. Tafel 11.72

Knicken wird in Abschnitt 7.1 behandelt.

5.4 Schub infolge Querkraft

Spannungsnachweis für Rechteckquerschnitte:

$$1{,}5\cdot\frac{V_d}{k_{cr}\cdot A_n}\le f_{v,d}\quad\text{bzw.}\quad\frac{1{,}5\cdot V_d/\left(k_{cr}\cdot A_n\right)}{f_{v,d}}\le 1$$

Dimensionierung: $$\text{erf}\,A_n=1{,}5\cdot\frac{V_d}{k_{cr}\cdot f_{v,d}}$$

V_d Bem.wert der Querkraft
A_n Netto-Querschnittsfläche
k_{cr} „Rissbeiwert" nach Tafel 11.70b bzw. Tafel 11.72
$f_{v,d}$ Bem.wert der Schubfestigkeit nach Tafel 11.70b bzw. Tafel 11.72

k_{cr} berücksichtigt den Einfluss einer Rissbildung, die sich im Laufe der Nutzung einstellen kann. Er ist **nicht** mit einer „zulässigen" Risstiefe gleichzusetzen.

k_{cr} kann wie folgt berechnet werden (siehe auch Tafel 11.70b und Tafel 11.72):

	VH und BASH	**BSH**	HWSt und BSPH	LH
k_{cr} =	$\frac{2{,}0}{f_{v,k}}$	$\frac{2{,}5}{f_{v,k}}$	1,0	0,67

Beispiel: Zweifeld-Deckenträger eines Wohnhauses (Kat. A).
Material: 100/240 VH C 24, A = 240 cm² (Tafel 11.103)
Eigengewicht g_k = 1,40 kN/m, Nutzlast q_k = 1,72 kN/m

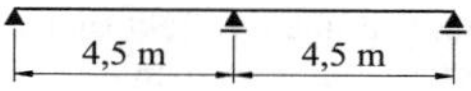

NKL = 1, KLED = mittel → $f_{v,d}$ = 0,615 · 4,0 = 2,46 N/mm² (Tafel 11.70b)
k_{cr} = 0,5 (Tafel 11.70b)

Auflager A: $V_{A,d}$ = 8,27 kN

Nachweis: $$1{,}5\cdot\frac{8{,}27\cdot10^3}{0{,}5\cdot240\cdot10^2}=1{,}03\ \text{N/mm}^2\le2{,}46\ \text{N/mm}^2\quad(\eta=1{,}03/2{,}46=0{,}42<1)$$

Auflager B: $V_{B,li,d}$ = 12,57 kN, Nachweisstelle liegt > 1,50 vom Hirnholzende entfernt.
→ k_{cr} = 1,3 · 0,5 = 0,65 (Fußnote in Tafel 11.70b)

Nachweis: $$1{,}5\cdot\frac{12{,}57\cdot10^3}{0{,}65\cdot240\cdot10^2}=1{,}21\ \text{N/mm}^2\le2{,}46\ \text{N/mm}^2\quad(\eta=1{,}21/2{,}46=0{,}49<1)$$

5.5 Biegung

Spannungsnachweis: $$\frac{M_d}{W_n}\le k_h\cdot f_{m,d}\quad\text{bzw.}\quad\frac{M_d/W_n}{k_h\cdot f_{m,d}}\le1$$

Dimensionierung: $$\text{erf}\,W_n=\frac{M_d}{k_h\cdot f_{m,d}}$$

M_d Bem.wert des Momentes
W_n Netto-Widerstandsmoment
k_h „Höhenfaktor" nach Tafel 11.70b bzw. Tafel 11.72
$f_{m,d}$ Bem.wert der Biegefestigkeit Tafel 11.70b bzw. Tafel 11.72

Der „Höhenfaktor" k_h kann nach Abschnitt 5.2.1 berechnet werden.

Kippen wird in Abschnitt 7.2 behandelt.

Beispiel: Zweifeld-Deckenträger eines Wohnhauses (Kat. A).
Material: 100/240 VH C 24, W_y = 960 cm³ (Tafel 11.103)
Eigengewicht g_k = 1,40 kN/m, Nutzlast q_k = 1,72 kN/m

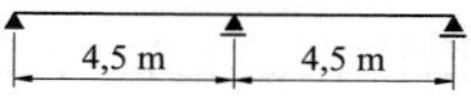

NKL = 1, KLED = mittel → $f_{m,d}$ = 0,615·24 = 14,76 N/mm² (Tafel 11.70b)
VH: h = 240 mm > 150 mm → k_h = 1 (Tafel 11.70b), min M_B = 11,31 kNm

Nachweis: $$\frac{11{,}31\cdot10^6}{960\cdot10^3}=11{,}78\ \text{N/mm}^2\le1{,}0\cdot14{,}76\ \text{N/mm}^2\quad(\eta=11{,}78/14{,}76=0{,}80<1)$$

6 Auflagerungen, Kontaktanschlüsse

6.1 Auflager- und Schwellendruck

Bei den Nachweisen von Druckbeanspruchungen rechtwinklig zur Faserrichtung des Holzes wird zwischen Auflagerdruck und Schwellendruck unterschieden:

- **Auflagerdruck**: Die eingeleitete Druckkraft erzeugt Querkräfte und Biegemomente, das Holz wird nur auf einer Seite gedrückt.
- **Schwellendruck**: Die eingeleitete Druckkraft wird durch das Schwellholz durchgeleitet, das Holz wird „durch und durch" gedrückt.

Bei Hölzern mit Überstand in Faserrichtung liegt ein günstigeres Tragverhalten vor als bei Hölzern ohne Überstand.

einseitiger Überstand　　beidseitiger Überstand

Dieser Einhängeeffekt (nur in Faserrichtung!) kann über eine größere wirksame Auflagerfläche A_{ef} berücksichtigt werden:

$$A_{ef} = b \cdot \ell_{ef}$$

ℓ_{ef}	$= \ell_A + \ddot{u}_1 + \ddot{u}_2$
$\ddot{u}_{1,2}$	= rechnerische Überstände $\leq$ min(30 mm; ℓ_A)

Nachfolgend ist dies an zwei Beispielen aufgezeigt.

Auflagerdruck:

$$A_{ef} = b \cdot (\ell_A + \ddot{u})$$

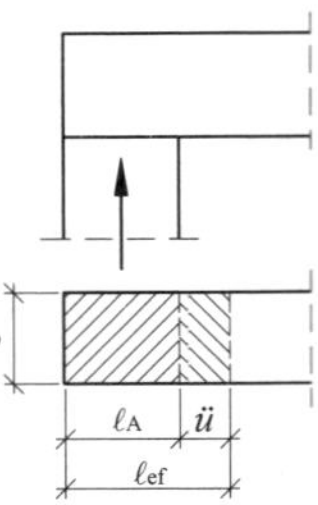

Schwellendruck mit beidseitigem Überstand:

$$A_{ef} = b \cdot (\ell_A + \ddot{u}_1 + \ddot{u}_2)$$

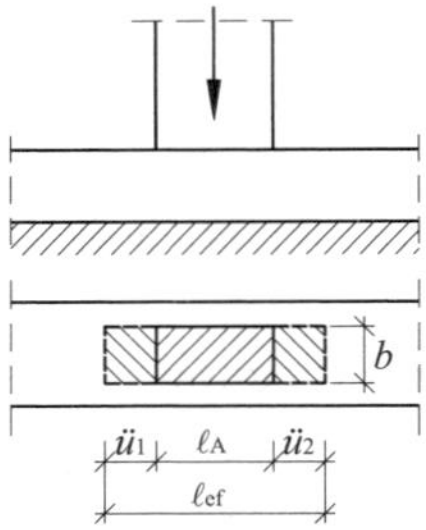

Folgender Spannungsnachweis ist zu führen:

$$\frac{N_{90,d}}{A_{ef}} \leq k_{c,90} \cdot f_{c,90,d} \quad \text{bzw.} \quad \frac{N_{90,d} / A_{ef}}{k_{c,90} \cdot f_{c,90,d}} \leq 1$$

$N_{90,d}$	Bem.wert der Druckkraft ⊥ Faser
$f_{c,90,d}$	Bem.wert der Druckfestigkeit ⊥ Faser nach Tafel 11.70b bzw. Tafel 11.72
$k_{c,90}$	Beiwert nach Tafel 11.80
A_{ef}	wirksame Druckfläche

Tafel 11.80 Beiwerte $k_{c,90}$ für Querdruck

	Auflagerdruck	**Schwellendruck**
	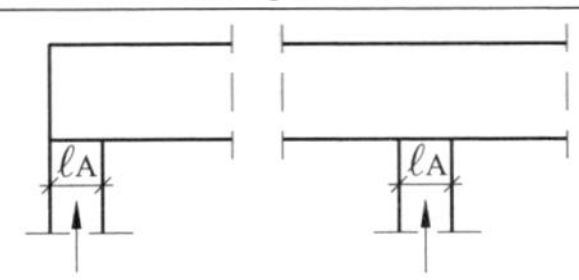	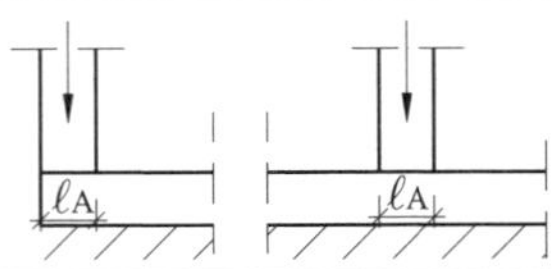
LH	1,0	1,0
NH	**1,50**	**1,25**
BSH	**1,75**	**1,5**

Beispiel: Zweifeld-Deckenträger eines Wohnhauses (Kat. A).
Material: 100/240 VH C 24, Auflagerlängen: Endauflager ohne Überstand: $\ell_A = 6$ cm, Zwischenauflager: $\ell_A = 12$ cm
Eigengewicht $g_k = 1{,}40$ kN/m, Nutzlast $q_k = 1{,}72$ kN/m

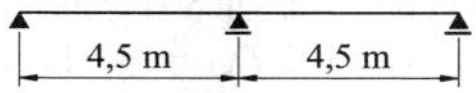

NKL = 1, KLED = mittel → $f_{c,90,d} = 0{,}615 \cdot 2{,}5 = 1{,}54$ N/mm² (Tafel 11.70b)
Auflagerdruck: $k_{c,90} = 1{,}50$ (Tafel 11.80)

Endauflager: $A_d = 8{,}27$ kN, $\ell_{ef} = 60 + 30 = 90\,\text{mm}$ → $A_{ef} = 100 \cdot 90 = 9\,000$ mm²

Nachweis: $\dfrac{8{,}27 \cdot 10^3}{9000} = 0{,}92\ \text{N/mm}^2 \le 1{,}50 \cdot 1{,}54 = 2{,}31\ \text{N/mm}^2$ ($\eta = 0{,}92/2{,}31 = 0{,}40 < 1$)

Zwischenaufl.: $B_d = 25{,}14$, $\ell_{ef} = 120 + 2 \cdot 30 = 180$ mm → $A_{ef} = 100 \cdot 180 = 18\,000$ mm²

Nachweis: $\dfrac{25{,}14 \cdot 10^3}{18000} = 1{,}40\ \text{N/mm}^2 \le 1{,}50 \cdot 1{,}54 = 2{,}31\ \text{N/mm}^2$ ($\eta = 1{,}40/2{,}31 = 0{,}61 < 1$)

6.2 Versätze

Versätze sind im NA geregelt. Erforderliche Versatztiefen erf t_V und Vorholzlängen erf ℓ_V :

Stirnversatz: $\text{erf}\,t_V = \dfrac{D_d}{b \cdot f^*_{SV,d}}$

Fersenversatz: $\text{erf}\,t_V = \dfrac{D_d}{b \cdot f^*_{FV,d}}$

$\text{erf}\,\ell_V = \dfrac{D_d}{b \cdot f^*_{v,d}} \le 8 \cdot t_V$

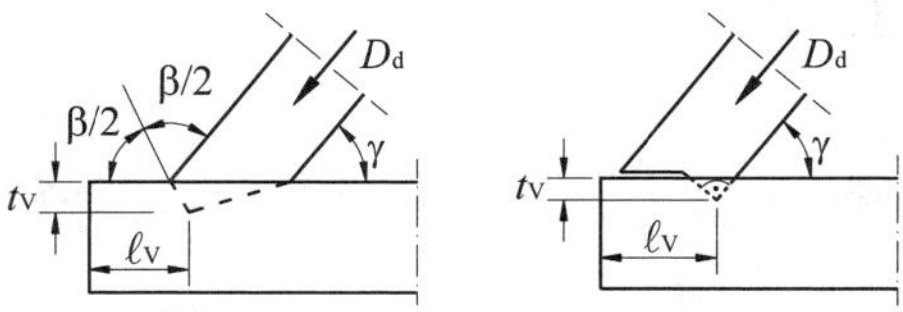

Stirnversatz Fersenversatz

D_d Strebenkraft b Breite des Versatzes $f^*_{SV,d}$, $f^*_{FV,d}$ und $f^*_{v,d}$ Festigkeiten nach Tafel 11.81

Die erforderliche Lagesicherung des Versatzes kann durch Nägel, Bolzen, seitliche Laschen oder Zapfen erfolgen.

Tafel 11.81 Festigkeiten $f^*_{SV,k}$, $f^*_{FV,k}$ und $f^*_{v,k}$ für Versätze in [N/mm²]

γ [°]	$f^*_{SV,k}$						$f^*_{FV,k}$						$f^*_{v,k}$	
	C24	**GL24c**	**GL24h GL28c**	GL28h	**GL30c** GL32c	**GL30h**	**C24**	**GL24c**	**GL24h GL28c**	GL28h	**GL30c** GL32c	**GL30h**	C XX	GL XX
30	19,2	18,6	19,7	21,2	19,9	21,8	14,1	13,3	13,5	13,8	13,5	13,8	2,31	2,89
40	18,1	17,2	17,9	18,7	18,0	19,1	12,2	11,7	11,7	11,8	11,7	11,8	2,61	3,26
45	17,5	16,6	17,1	17,8	17,2	18,0	11,8	11,3	11,3	11,4	11,4	11,4	2,83	3,53
50	17,1	16,1	16,5	17,0	16,6	17,2	11,6	11,3	11,3	11,3	11,3	11,3	3,11	3,89
60	16,3	15,4	15,6	15,9	15,6	16,0	12,5	12,3	12,3	12,3	12,3	12,3	4,00	5,00

Zur Bestimmung von $f^*_{i,d}$ sind die Werte für $f^*_{i,k}$ in Abhängigkeit von der KLED und der NKL wie folgt zu modifizieren (× k_{mod} / γ_M):	KLED	ständig	lang	mittel	kurz	k./s.k.
	NKL = 1 u. 2	0,462	0,538	0,615	0,692	0,769
	NKL = 3	0,385	0,423	0,500	0,538	0,615

Folgende konstruktive Regeln sind einzuhalten:

Versatztiefe t_V				Empfohlene Mindest-Vorholzlänge ℓ_V
einseitiger Einschnitt			zweiseitiger Einschnitt	
$\gamma \le 50°$	$50° < \gamma \le 60°$	$60° < \gamma$		
$t_V \le \dfrac{h}{4}$	$t_V \le \dfrac{h}{4} \cdot \left(1 - \dfrac{\gamma - 50}{30}\right)$	$t_V \le \dfrac{h}{6}$	$t_V \le \dfrac{h}{6}$	$200\ \text{mm} \le \ell_V$

Beispiel: Anschluss eines Druckstabes (140/180 VH C 24) an eine Schwelle (140/220 VH C 24) mittels Stirnversatz. NKL 2.

$D_{g,k}$ = 12,0 kN, $D_{s,k}$ = 24,0 kN (H. über NN ≤ 1000 m)

$D_d \approx 1{,}4 \cdot (12{,}0 + 24{,}0) = 50{,}4$ kN (siehe Abschnitt 1.3)

KLED = kurz

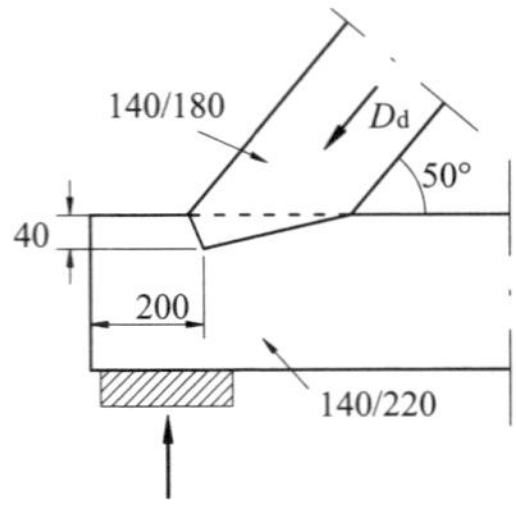

Erforderliche Versatztiefe:

$f^*_{SV,d} = 0{,}692 \cdot 17{,}05 = 11{,}80$ N/mm² (Tafel 11.81)

$$\text{erf } t_V = \frac{50{,}4 \cdot 10^3}{140 \cdot 11{,}80} = 30{,}5 \text{ mm} \leq \begin{cases} h/4 = 220/4 = 55 \text{ mm} \\ \text{vorh } t_V = 40 \text{ mm} \end{cases}$$

Erforderliche Vorholzlänge: $f^*_{v,d} = 0{,}692 \cdot 3{,}11 = 2{,}15$ N/mm² (Tafel 11.81)

$$\text{erf } \ell_V = \frac{50{,}4 \cdot 10^3}{140 \cdot 2{,}15} = 167 \text{ mm} \leq 8 \cdot t_V = 320 \text{ mm}$$ → Mindest-Vorholzlänge: $\ell_V = 200$ mm

7 Stabilitätsnachweise

7.1 Knicken

Nachweis: $\frac{N_d}{A_n} \leq k_c \cdot f_{c,0,d}$ bzw. $\frac{N_d / A_n}{k_c \cdot f_{c,0,d}} \leq 1$

N_d	Bem.wert der Druckkraft
A_n	Netto-Querschnittsfläche
k_c	Knickbeiwert
$f_{c,0,d}$	Bem.wert der Druckfestigkeit nach Tafel 11.70b bzw. Tafel 11.72

Querschnittsschwächungen:

- müssen beim Spannungsnachweis nur dann berücksichtigt werden, wenn sie im mittleren Drittel der Knickfigur liegen,
- brauchen bei der Ermittlung der Schlankheit λ nicht berücksichtigt werden.

Knickbeiwert k_c nach Tafel 11.83 in Abhängigkeit von der Schlankheit λ:

$$\lambda = \frac{\ell_{ef}}{i}$$

ℓ_{ef}	Knicklänge bzw. Ersatzstablänge $= \beta \cdot \ell$
β	Knicklängenbeiwert (z. B. nach NA)
ℓ	Stablänge
i	Trägheitsradius (z. B. nach Tafel 11.103)

Beispiel: Stütze (140/140 VH C 24) unter einer Mittelpfette. Stützenhöhe $\ell = 2{,}85$ m.

NKL 1, $N_d = 65{,}2$ kN (KLED = kurz).

Stütze oben und unten gelenkig gehalten → $\beta = 1{,}0$ → $\ell_{ef} = \ell = 2{,}85$ m

$i = 4{,}04$ cm (Tafel 11.103) → $\lambda = \frac{285}{4{,}04} = 70{,}5$ → $k_c = 0{,}542$ (Tafel 11.83, interpoliert)

$A_n = A_b = 196$ cm² = 19 600 mm² $f_{c,0,d} = 0{,}692 \cdot 21{,}0 = 14{,}53$ N/mm² (Tafel 11.70b)

Nachweis: $\frac{65{,}2 \cdot 10^3}{19\,600} = 3{,}33 \text{ N/mm}^2 \leq 0{,}542 \cdot 14{,}53 = 7{,}88 \text{ N/mm}^2$ ($\eta = 3{,}33/7{,}88 = 0{,}42 < 1$)

Tafel 11.83 Knickbeiwerte k_c (Zwischenwerte dürfen linear interpoliert werden.)

λ	C 24	GL 24		GL 28		GL 30		GL 32	
		c	**h**	**c**	h	c	**h**	c	h
15	1,000	1,000	1,000	1,000	1,000	1,000	1,000	1,000	1,000
20	0,991	0,999	0,998	0,999	0,997	1,000	0,997	1,000	0,997
30	0,947	0,980	0,978	0,980	0,975	0,981	0,976	0,982	0,975
40	0,885	0,953	0,948	0,954	0,943	0,955	0,944	0,957	0,942
50	0,794	0,907	0,897	0,910	0,885	0,913	0,887	0,918	0,882
60	0,673	0,825	0,803	0,830	0,779	0,836	0,782	0,847	0,774
70	0,550	0,702	0,671	0,710	0,641	0,718	0,644	0,735	0,634
80	0,446	0,575	0,544	0,583	0,516	0,592	0,519	0,610	0,510
90	0,365	0,470	0,443	0,477	0,418	0,485	0,421	0,501	0,413
100	0,303	0,388	0,365	0,394	0,344	0,401	0,346	0,415	0,340
110	0,254	0,324	0,305	0,330	0,287	0,336	0,289	0,348	0,283
120	0,216	0,275	0,258	0,280	0,243	0,285	0,245	0,295	0,240
130	0,186	0,236	0,221	0,240	0,208	0,244	0,210	0,253	0,206
140	0,162	0,204	0,192	0,208	0,181	0,212	0,182	0,220	0,178
150	0,142	0,179	0,168	0,182	0,158	0,185	0,159	0,192	0,156

7.2 Kippen

Unter Kippen ist nicht das „Umkippen" eines Trägers zu verstehen, sondern das seitliche Ausweichen (Ausknicken) des Druckgurtes unter vertikaler Last.

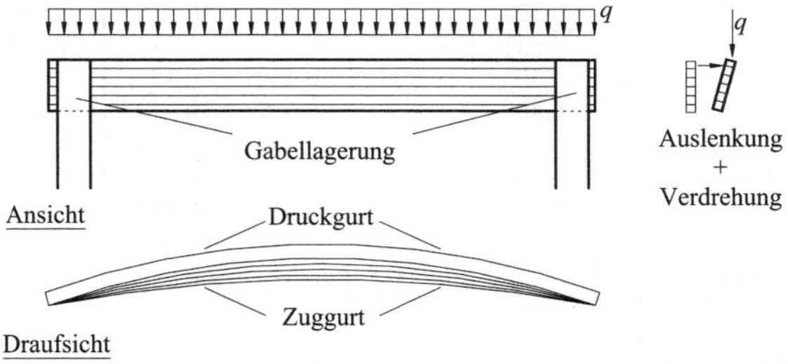

Nachweis:

$$\frac{M_d}{W} \leq k_{crit} \cdot k_h \cdot f_{m,d} \quad \text{bzw.} \quad \frac{M_d/W}{k_{crit} \cdot k_h \cdot f_{m,d}} \leq 1$$

Kippbeiwert k_{crit} nach Tafel 11.84 in Abhängigkeit vom Verhältniswert: $\frac{\ell_{ef} \cdot h}{b^2}$

M_d Bem.wert des Biegemomentes
W Widerstandsmoment
k_{crit} Kippbeiwert nach Tafel 11.84
k_h „Höhenfaktor" nach Tafel 11.70b bzw. Tafel 11.72
$f_{m,d}$ Bem.wert der Biegefestigkeit nach Tafel 11.70b bzw. Tafel 11.72
ℓ_{ef} wirksame Länge des Kippfeldes ≈ Abstand der seitlichen Abstützungen
h Trägerhöhe
b Trägerbreite

Beispiel: Einfeldträger (180/1200 BSH GL 28c) eines Lagerraumes mit Zwischenabstützungen in den Drittelspunkten. Stützweite $\ell = 18{,}0$ m. NKL 2. $M_d = 554{,}0$ kNm.

Lagerraum: KLED = lang (siehe BTI)

$\ell_{ef} = \ell/3 = 6{,}0$ m → $\frac{\ell_{ef} \cdot h}{b^2} = \frac{6000 \cdot 1200}{180^2} = 222$ → $k_{crit} = 0{,}931$ (Tafel 11.84, interpoliert)

$W = 180 \cdot 1200^2/6 = 43{,}2 \cdot 10^6$ mm³ $f_{m,d} = 0{,}538 \cdot 28{,}0 = 15{,}06$ N/mm² (Tafel 11.72)

Nachweis: $\frac{554{,}0 \cdot 10^6}{43{,}2 \cdot 10^6} = 12{,}82\ \text{N/mm}^2 \leq 0{,}931 \cdot 15{,}06 = 14{,}02\ \text{N/mm}^2$ ($\eta = 0{,}91 < 1$)

Tafel 11.84 Kippbeiwerte k_{crit} (Zwischenwerte dürfen linear interpoliert werden.)

$\frac{\ell_{ef} \cdot h}{b^2}$	C 24	GL 24		GL 28		GL 30		GL 32	
		c	h	c	h	c	h	c	h
140	0,988	1,000	1,000	1,000	1,000	1,000	1,000	1,000	1,000
160	0,948	1,000	1,000	1,000	1,000	1,000	1,000	1,000	1,000
180	0,911	1,000	1,000	0,993	0,994	0,979	0,986	0,966	0,973
200	0,876	0,989	0,995	0,963	0,964	0,948	0,955	0,934	0,942
220	0,843	0,961	0,968	0,934	0,935	0,918	0,925	0,903	0,911
240	0,811	0,935	0,941	0,906	0,907	0,889	0,897	0,874	0,882
260	0,780	0,909	0,916	0,879	0,880	0,862	0,870	0,846	0,855
280	0,751	0,884	0,892	0,853	0,855	0,836	0,844	0,819	0,828
300	0,722	0,861	0,868	0,828	0,830	0,810	0,819	0,793	0,803
320	0,695	0,838	0,846	0,804	0,806	0,786	0,794	0,768	0,778
340	0,668	0,816	0,824	0,781	0,783	0,762	0,771	0,743	0,754
360	0,642	0,794	0,802	0,759	0,760	0,739	0,748	0,720	0,730
380	0,617	0,773	0,782	0,737	0,738	0,716	0,726	0,697	0,707
400	0,593	0,753	0,761	0,715	0,717	0,694	0,704	0,674	0,685
450	0,534	0,704	0,713	0,664	0,666	0,642	0,652	0,620	0,632
500	0,481	0,657	0,667	0,616	0,617	0,592	0,603	0,570	0,582
550	0,437	0,613	0,624	0,570	0,571	0,545	0,556	0,521	0,534
600	0,401	0,571	0,582	0,525	0,528	0,500	0,512	0,478	0,490
650	0,370	0,531	0,542	0,485	0,487	0,462	0,472	0,441	0,452
700	0,343	0,493	0,504	0,450	0,452	0,429	0,439	0,410	0,420
750	0,321	0,460	0,471	0,420	0,422	0,400	0,409	0,382	0,392
800	0,301	0,431	0,441	0,394	0,396	0,375	0,384	0,358	0,368
850	0,283	0,406	0,415	0,371	0,372	0,353	0,369	0,337	0,346
900	0,267	0,383	0,392	0,350	0,352	0,334	0,341	0,319	0,327
950	0,253	0,363	0,371	0,332	0,333	0,316	0,323	0,302	0,310
1000	0,240	0,345	0,353	0,315	0,317	0,300	0,307	0,287	0,294

8 Pult- und Satteldachträger; gekrümmte Träger

Nachfolgend sind die Besonderheiten zusammengestellt, die bei Pult- und Satteldachträgern und bei gekrümmten Trägern bei der Bemessung zu berücksichtigen sind. Bzgl. der zu führenden Nachweise wird auf die Ausführungen in BTI verwiesen.

Einflüsse aus der gekrümmten Trägerachse:

Die Umlenkkräfte im Firstbereich bewirken Querzugspannungen, die meist maßgebend für die Bemessung sind.

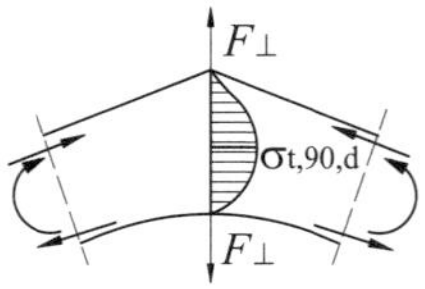

Die Biegespannung ist nicht mehr linear über die Trägerhöhe verteilt. Am unteren Trägerrand tritt eine stark überhöhte Biegespannung auf.

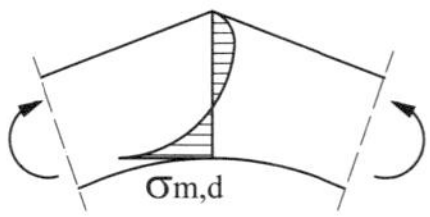

Es treten horizontale Auflagerverschiebungen auf, die bei der konstruktiven Durchbildung der Auflager zu berücksichtigen sind.

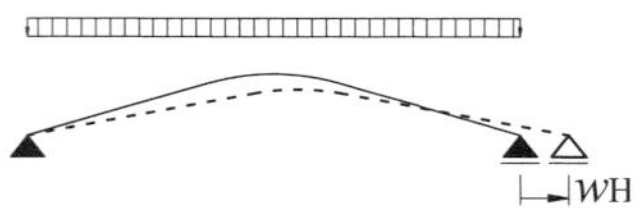

Einflüsse infolge veränderlicher Trägerhöhe:

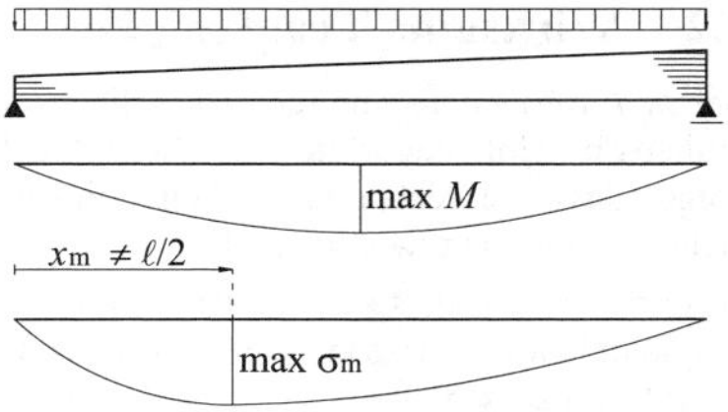

Die größte Biegespannung tritt nicht mehr an der Stelle des größten Biegemomentes auf, sondern eher in Richtung des Auflagers mit geringerer Trägerhöhe.

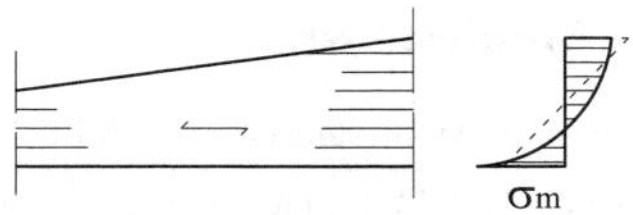

Die Biegespannung ist nicht mehr linear über die Trägerhöhe verteilt. Am unteren Trägerrand tritt eine erhöhte Biegespannung auf.

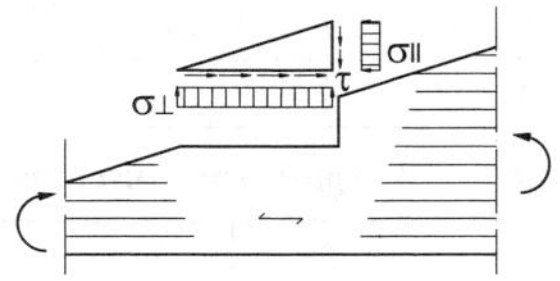

Im Bereich des angeschnittenen Randes tritt eine Spannungskombination auf, die eine Reduzierung der Tragfähigkeit bewirkt. Diese Reduzierung ist insbesondere bei zugbeanspruchten Rändern stark ausgeprägt.

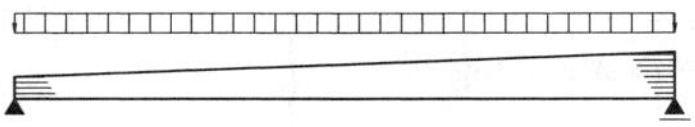

Die Durchbiegungsnachweise sind mit einem Ersatz-Trägheitsmoment I^* zu führen.

Querzugverstärkungen

Wegen klimatisch bedingter Querzugbeanspruchungen, die zusätzlich zu den planmäßigen Querzugspannungen hinaus auftreten, werden für gekrümmte Träger und Satteldachträger mit geradem oder gekrümmtem Untergurt **immer Querzugverstärkungen empfohlen**. Diese werden im NA behandelt, wobei zwischen konstruktiver und vollständiger Querzugverstärkung unterschieden wird.

Bauteile in der NKL 3 (frei bewittert) sind grundsätzlich zu verstärken.

9 Verbindungsmittel – Grundlagen

9.1 Stiftförmige Verbindungsmittel

Im EC 5 wird für alle stiftförmigen Verbindungsmittel die Fließtheorie nach *Johansen* [11.46] zugrunde gelegt. Demnach hängt die Tragfähigkeit von stiftförmigen Verbindungsmitteln von folgenden Faktoren ab:

- der Geometrie der Verbindung (Dicken der Holzbauteile, Durchmesser des Stiftes),
- der Lochleibungsfestigkeit des Holzes,
- der Stahlgüte (Zugfestigkeit/Fließmoment) des verwendeten Stiftes, und
- dem Ausziehwiderstand (Einhängeeffekt, Seilwirkung) des Verbindungsmittels.

Die Berechnung von stiftförmigen Verbindungsmitteln nach EC 5 erfolgt ausschließlich auf der Grundlage der sog. „Johansen-Gleichungen", die für eine Handrechnung jedoch nicht praktikabel sind. Im NA wurden daher die vereinfachenden Regeln der DIN 1052 aufgenommen, mit denen eine Bemessung „per Hand" möglich ist. Nur diese werden nachfolgend behandelt.

Bei Einhaltung gewisser Mindest-Holzdicken t_{req} bzw. -Einschlagtiefen $t_{E,req}$ stellt sich das gewünschte duktile Tragverhalten ein, wobei sich pro Scherfuge zwei Fließgelenke ausbilden. In diesem Fall ist eine vereinfachte Berechnung möglich. In den Abschnitten 10 bis 13 werden sowohl die geforderten Mindestholzdicken als auch die zugehörigen Tragfähigkeiten tabellarisch angegeben.

9.2 Wirksame Tragfähigkeit

Bei *in Faserrichtung* hintereinanderliegenden Verbindungsmitteln besteht die Gefahr eines Aufspaltens im Holz bevor die eigentliche Tragkraft der Verbindungsmittel erreicht wird. Dies hat zur Folge, dass die rechnerische Tragfähigkeit von n_h hintereinanderliegenden Verbindungsmitteln nicht voll angesetzt werden darf.

So darf beispielsweise bei üblichen Stabdübelverbindungen nur etwa 70–80 % der rechnerischen Tragfähigkeit als wirksam angesetzt werden (für die Berechnung der wirksamen Tragfähigkeit wird auf BTI verwiesen).

9.3 Mindestabstände

Definition der Mindestabstände nach EC 5 (siehe auch Tafel 11.86 und Tafel 11.87):

Abstände der VM	untereinander	zum beanspruchten Rand	zum unbeanspruchten Rand
∥ Faser	a_1	$a_{3,t}$	$a_{3,c}$
⊥ Faser	a_2	$a_{4,t}$	$a_{4,c}$

Tafel 11.86 Beispiele von Anschlüssen mit Mindestabständen

Stoßverbindungen

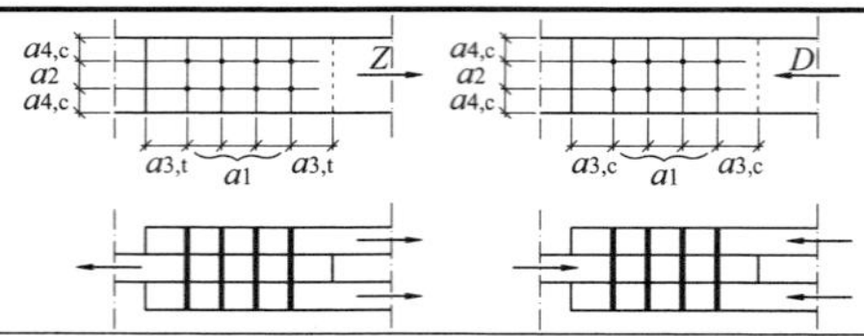

Fachwerkanschlüsse [1)]

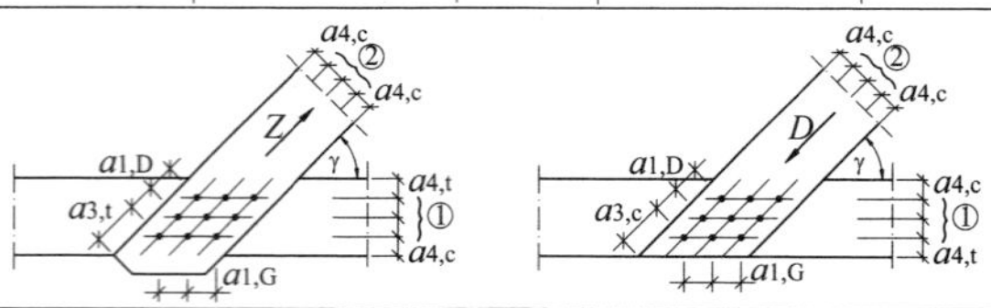

Queranschlüsse

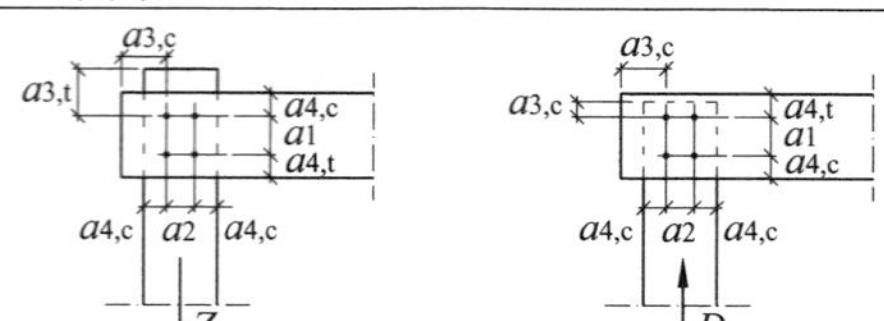

1) Abstände ① und ②: ① = max $\begin{cases} a_{1,D} \cdot \sin\gamma \\ a_{2,G} \end{cases}$ ② = max $\begin{cases} a_{2,D} \\ a_{1,G} \cdot \sin\gamma \end{cases}$

Tafel 11.87 Einzuhaltende Mindestabstände der VM untereinander

	SDü, PBo, Bo	Nägel [1)] Holzschrauben	Dübel besonderer Bauart
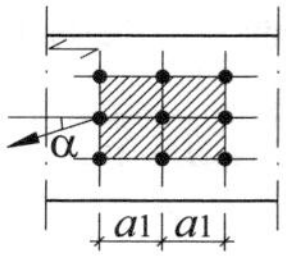	SDü+PBo: $(3+2\cdot\cos\alpha)\cdot d$ Bo: $(4+\cos\alpha)\cdot d$	$d<5$ mm: $(5+5\cdot\cos\alpha)\cdot d$ $d\geq 5$ mm: $(5+7\cdot\cos\alpha)\cdot d$ vb: $(4+\cos\alpha)\cdot d$	A1/B1+C10/C11: $(1{,}2+0{,}8\cdot\cos\alpha)\cdot d_c$ C1/C2: $(1{,}2+0{,}3\cdot\cos\alpha)\cdot d_c$
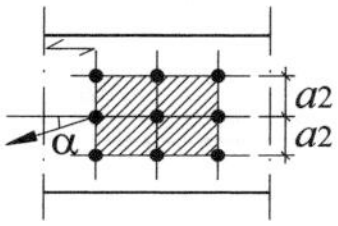	SDü+PBo: $3\cdot d$ Bo: $4\cdot d$	$5\cdot d$ vb: $3\cdot d$	$1{,}2\cdot d_c$
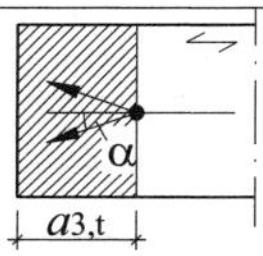	$7\cdot d$ (mind. 80 mm)	$(10+5\cdot\cos\alpha)\cdot d$ vb: $(7+5\cdot\cos\alpha)\cdot d$	A1/B1+C10/C11: $2\cdot d_c$ C1/C2: $1{,}5\cdot d_c$
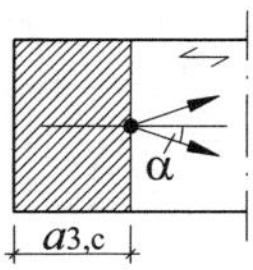	SDü+PBo: $\alpha\leq 30°$: 3,5·d mind. 40 mm; $\alpha>30°$: $a_{3,t}\cdot\sin\alpha$ (mind. 3·d) Bo: $\alpha\leq 30°$: 4·d; $\alpha>30°$: $(1+6\cdot\sin\alpha)\cdot d$	$10\cdot d$ vb: $7\cdot d$	A1/B1+C10/C11: $\alpha\leq 30°$: $1{,}2\cdot d_c$; $\alpha>30°$: $(0{,}4+1{,}6\cdot\sin\alpha)\cdot d_c$ C1/C2: $\alpha\leq 30°$: $1{,}2\cdot d_c$; $\alpha>30°$: $(0{,}9+0{,}6\cdot\sin\alpha)\cdot d_c$
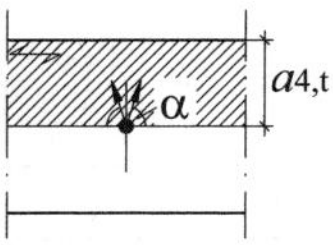	$(2+2\cdot\sin\alpha)\cdot d$ (mind. 3·d)	$d<5$ mm: $(5+2\cdot\sin\alpha)\cdot d$ vb: $(3+2\cdot\sin\alpha)\cdot d$ $d\geq 5$ mm: $(5+5\cdot\sin\alpha)\cdot d$ vb: $(3+4\cdot\sin\alpha)\cdot d$	$(0{,}6+0{,}2\cdot\sin\alpha)\cdot d_c$
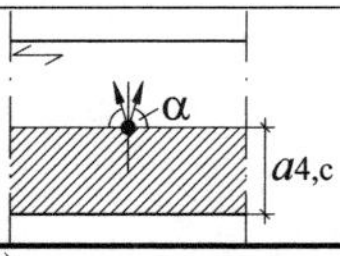	$3\cdot d$	$5\cdot d$ vb: $3\cdot d$	$0{,}6\cdot d_c$

[1)] Diese Abstände gelten nach NA/A1 auch für BSH mit $\rho_k > 420$ kg/m³.

10 Stabdübel; Bolzen; Passbolzen

10.1 Grundlagen

In der nachfolgenden Übersicht sind einige Angaben zu Verbindungen mit Stabdübeln, Passbolzen und Bolzen zusammengestellt.

		Stabdübel SDü	Passbolzen PBo				Bolzen Bo			
		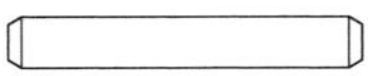	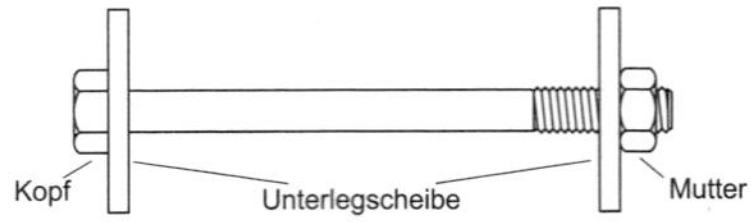							
Durchmesser Vorzugsmaße		6–30 mm 8, 10, 12, 16, 20, 24	6–30 mm 12, 16, 20, 24							
Bohrloch-Ø	Holz	$= d$					$\leq d + 1$ mm			
	Stahl	$\leq d + 1$ mm								
Mindestanzahl		≥ 2 SDü / PBo / Bo bzw. ≥ 4 Scherfugen								
Stahlgüten		**S235** S275 S355	3.6 **4.6/4.8** 5.6/5.8 8.8							
U-Scheiben		—	DIN EN ISO 7094				DIN 1052			
			Typ	d_a	d_i	t	Typ	d_a	d_i	t
Bolzen-Ø	M 12		44/4	44	13,5	4	58/6	58	14	6
	M 16		56/5	56	17,5	5	68/6	68	18	6
	M 20		72/6	72	22	6	80/8	80	22	8
	M 24		85/6	85	26	6	105/8	105	27	8
Mindestabstände		nach **Tafel 11.87**								
Symbole und Darstellung in Plänen		4 SDü Ø 16 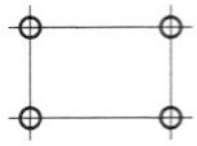	4 PB Ø 16 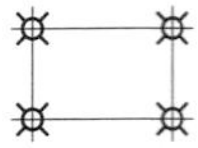				4 M 16 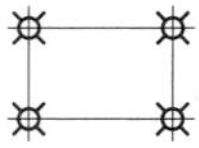			
Ein Versetzen der Verbindungsmittel gegenüber der Risslinie ist nicht erforderlich.										

Bolzenverbindungen sind nicht geeignet für Dauerbauten, bei denen es auf Steifigkeit und Formbeständigkeit ankommt.

10.2 Holz-Holz-Verbindungen

In Tafel 11.89 sind die Mindestholzdicken t_{req} und die Johansen-Tragfähigkeiten $F^0_{v,Rk}$ pro Scherfuge zusammengestellt. Diese Werte gelten für die nebenstehenden Bedingungen.

- NH C 24
- SDü S235
- Zweischnittige Verbindung

Wird von diesen Voraussetzungen abgewichen, so sind die im Anschluss an Tafel 11.89 beschriebenen Modifikationen (nach Tafel 11.90) vorzunehmen.

Bei **Bolzen und Passbolzen** darf die charakteristische Tragfähigkeit $F^0_{v,Rk}$ um 25 % erhöht werden. Dies kann mit dem Einhängeeffekt (Seileffekt) erklärt werden, der durch das Anklemmen der Bauteile unter Belastung entsteht (Ausziehwiderstand der Bolzen, Querdruck unter Unterlegscheibe). Bei Bolzen gilt dies unter der Voraussetzung, dass die Bohrlöcher $d_{Loch} \leq d_{Bo} + 1$ mm einhalten.

Werden die angegebenen Mindestholzdicken unterschritten, so sind die Tragfähigkeiten im Verhältnis t_{vorh} / t_{req} abzumindern:

$$\left.\begin{array}{c} t_{SH} < t_{SH,req} \\ \text{und/oder} \\ t_{MH} < t_{MH,req} \end{array}\right\} \Rightarrow F^0_{v,Rk} \cdot \min \begin{cases} t_{SH} / t_{SH,req} \\ t_{MH} / t_{MH,req} \end{cases}$$

Tafel 11.89 Holz-Holz-Verbindungen: Mindestholzdicken t_{req} in [mm] und charakt. Johansen-Tragfähigkeiten $F^0_{v,Rk}$ *pro Scherfuge* in [kN] für VH C 24 und SDü S235

d		α_{MH} = 0°			α_{MH} = 15°			α_{MH} = 30°			α_{MH} = 45°			α_{MH} = 60°			α_{MH} = 75°			α_{MH} = 90°		
		t_{SH}	t_{MH}	$F^0_{v,Rk}$	t_{SH}	t_{MH}	$F^0_{v,Rk}$	t_{SH}	t_{MH}	$F^0_{v,Rk}$	t_{SH}	t_{MH}	$F^0_{v,Rk}$	t_{SH}	t_{MH}	$F^0_{v,Rk}$	t_{SH}	t_{MH}	$F^0_{v,Rk}$	t_{SH}	t_{MH}	$F^0_{v,Rk}$
	α_{SH}	mm	mm	kN	mm	mm	kN	mm	mm	kN	mm	mm	kN	mm	mm	kN	mm	mm	kN	mm	mm	kN
10	0°	51	42	4,71	51	44	4,67	51	46	4,57	50	50	4,44	49	53	4,32	49	56	4,24	49	57	4,22
	15	52	42	4,67	52	43	4,64	52	46	4,54	51	50	4,41	50	53	4,29	50	56	4,22	50	56	4,19
	30	55	41	4,57	55	42	4,54	54	45	4,44	54	49	4,32	53	52	4,22	53	55	4,14	53	55	4,11
	45	58	40	4,44	58	41	4,41	58	44	4,32	57	47	4,22	57	51	4,11	56	53	4,04	56	54	4,02
	60	62	39	4,32	62	40	4,29	61	43	4,22	60	46	4,11	60	50	4,02	60	52	3,95	59	53	3,93
	75	64	38	4,24	64	39	4,22	63	42	4,14	63	46	4,04	62	49	3,95	62	51	3,89	62	52	3,87
	90	65	38	4,22	65	39	4,19	64	42	4,11	64	45	4,02	63	49	3,93	63	51	3,87	63	52	3,85
12	0°	60	50	6,47	60	51	6,41	59	54	6,27	58	59	6,08	58	63	5,91	57	66	5,79	57	67	5,75
	15	61	49	6,41	61	50	6,36	60	54	6,21	60	58	6,03	59	63	5,87	58	66	5,75	58	67	5,71
	30	64	48	6,27	64	49	6,21	64	53	6,08	63	57	5,91	62	62	5,75	62	65	5,65	62	66	5,61
	45	69	47	6,08	69	48	6,03	68	51	5,91	67	56	5,75	66	60	5,61	66	63	5,51	66	64	5,47
	60	73	45	5,91	73	47	5,87	72	50	5,75	71	54	5,61	71	59	5,47	70	62	5,38	70	63	5,35
	75	76	44	5,79	76	46	5,75	75	49	5,65	74	53	5,51	73	58	5,38	73	61	5,29	73	62	5,26
	90	77	44	5,75	77	45	5,71	76	49	5,61	75	53	5,47	74	57	5,35	74	60	5,26	74	61	5,23
16	0°	77	64	10,6	77	66	10,5	76	71	10,2	75	77	9,90	74	83	9,60	73	87	9,40	73	89	9,32
	15	79	63	10,5	78	65	10,4	78	70	10,1	77	76	9,82	76	82	9,52	75	87	9,32	75	88	9,25
	30	83	62	10,2	83	63	10,1	82	68	9,90	81	75	9,60	80	81	9,32	80	85	9,14	79	86	9,07
	45	90	60	9,90	89	61	9,82	88	66	9,60	87	72	9,32	86	79	9,07	86	83	8,90	86	84	8,83
	60	96	58	9,60	95	60	9,52	94	64	9,32	93	71	9,07	92	76	8,83	92	81	8,67	91	82	8,62
	75	100	57	9,40	99	58	9,32	98	63	9,14	97	69	8,90	96	75	8,67	96	79	8,52	95	81	8,47
	90	101	56	9,32	101	58	9,25	100	63	9,07	99	69	8,83	98	75	8,62	97	79	8,47	97	80	8,41
20	0°	94	78	15,5	94	81	15,3	93	87	14,9	91	96	14,3	90	104	13,9	89	110	13,5	89	112	13,4
	15	96	77	15,3	96	80	15,1	95	86	14,7	94	95	14,2	92	103	13,7	92	109	13,4	91	111	13,3
	30	103	75	14,9	102	78	14,7	101	84	14,3	100	93	13,9	99	101	13,4	98	106	13,1	98	108	13,0
	45	111	72	14,3	111	75	14,2	110	81	13,9	108	90	13,4	107	98	13,0	106	103	12,8	106	105	12,7
	60	119	70	13,9	119	72	13,7	117	79	13,4	116	87	13,0	115	95	12,7	114	101	12,4	113	103	12,3
	75	124	68	13,5	124	71	13,4	123	77	13,1	121	85	12,8	120	93	12,4	119	99	12,2	119	101	12,1
	90	126	68	13,4	126	70	13,3	125	76	13,0	123	85	12,7	122	93	12,3	121	98	12,1	121	100	12,0
24	0°	112	92	20,9	111	96	20,7	110	104	20,1	108	115	19,3	106	126	18,6	105	133	18,2	105	136	18,0
	15	115	91	20,7	114	95	20,5	113	103	19,8	111	114	19,1	110	125	18,4	108	132	18,0	108	134	17,8
	30	123	89	20,1	122	92	19,8	121	100	19,3	119	111	18,6	118	122	18,0	117	129	17,6	116	131	17,4
	45	134	85	19,3	133	88	19,1	132	97	18,6	130	108	18,0	128	118	17,4	127	125	17,0	127	128	16,9
	60	144	82	18,6	143	85	18,4	142	94	18,0	140	104	17,4	138	114	16,9	137	122	16,6	136	124	16,4
	75	151	80	18,1	150	83	18,0	149	91	17,6	147	102	17,0	145	112	16,6	144	119	16,2	143	122	16,1
	90	153	80	18,0	153	83	17,8	151	91	17,4	149	101	16,9	147	111	16,4	146	118	16,1	146	121	16,0

Die Festigkeitswerte $F^0_{v,Rk}$ sind in Abhängigkeit von der KLED und der NKL wie folgt zu modifizieren (× k_{mod} / γ_M):	KLED =	ständig	lang	mittel	kurz	k./sehr k.
	NKL = 1 u. 2	0,545	0,636	0,727	0,818	0,909
	NKL = 3	0,454	0,500	0,591	0,636	0,727

Andere Holzart/Festigkeitsklasse und/oder Stahlgüte

Kommen andere Hölzer/Festigkeitsklassen als C 24 oder andere VM/Stahlgüten zum Einsatz, so sind die Werte aus Tafel 11.89 mit den Beiwerten aus Tafel 11.90 zu multiplizieren.

Tafel 11.90 Korrekturbeiwerte bei abweichender Holzart/Festigkeitsklasse und Stahlgüte

	Stahl-güte		C24	C30	GL24 c	GL24 h	GL28 c	GL28 h	GL30 c	GL30 h	GL32 c	GL32 h
Stabdübel	S235	t_{SH}, t_{MH}	1,000	0,960	0,979	0,953	0,947	0,907	0,947	0,902	0,935	0,892
		$F_{v,Rk}$	1,000	1,042	1,021	1,049	1,056	1,102	1,056	1,108	1,069	1,121
	S275	t_{SH}, t_{MH}	1,093	1,049	1,070	1,042	1,035	0,992	1,035	0,986	1,022	0,975
		$F_{v,Rk}$	1,093	1,139	1,116	1,146	1,154	1,204	1,154	1,211	1,168	1,225
	S355	t_{SH}, t_{MH}	1,167	1,120	1,142	1,112	1,105	1,059	1,105	1,053	1,091	1,041
		$F_{v,Rk}$	1,167	1,216	1,191	1,224	1,232	1,286	1,232	1,293	1,247	1,308
Bolzen / Passbolzen	3.8	t_{SH}, t_{MH}	0,913	0,876	0,894	0,870	0,865	0,828	0,865	0,824	0,854	0,814
		$F_{v,Rk}$	1,141 [1)]	1,189 [1)]	1,165 [1)]	1,197 [1)]	1,205 [1)]	1,257 [1)]	1,205 [1)]	1,265 [1)]	1,220 [1)]	1,279 [1)]
	4.6/4.8	t_{SH}, t_{MH}	1,054	1,012	1,032	1,005	0,999	0,957	0,999	0,951	0,986	0,940
		$F_{v,Rk}$	1,318 [1)]	1,373 [1)]	1,346 [1)]	1,382 [1)]	1,391 [1)]	1,452 [1)]	1,391 [1)]	1,460 [1)]	1,409 [1)]	1,477 [1)]
	5.6/5.8	t_{SH}, t_{MH}	1,179	1,131	1,154	1,124	1,116	1,069	1,116	1,063	1,102	1,051
		$F_{v,Rk}$	1,473 [1)]	1,535 [1)]	1,504 [1)]	1,545 [1)]	1,555 [1)]	1,623 [1)]	1,555 [1)]	1,633 [1)]	1,575 [1)]	1,652 [1)]
	8.8	t_{SH}, t_{MH}	1,491	1,431	1,460	1,421	1,412	1,353	1,412	1,345	1,394	1,330
		$F_{v,Rk}$	1,863 [1)]	1,942 [1)]	1,903 [1)]	1,954 [1)]	1,967 [1)]	2,053 [1)]	1,967 [1)]	2,065 [1)]	1,992 [1)]	2,089 [1)]

[1)] Erhöhung der Tragfähigkeit bei Bolzen/Passbolzen um 25 % bereits eingerechnet.

Kommen in einer Verbindung unterschiedliche Hölzer/Festigkeitsklassen zum Einsatz (z. B. Stütze C 24 mit Riegel GL 24h) so kann vereinfacht wie folgt vorgegangen werden:

- Modifikation der Mindestholzdicken mit dem zum jeweiligen Holz passenden Beiwert,
- Modifikation der Tragfähigkeit mit dem kleineren Beiwert.

Die Tragfähigkeiten, die mit dieser Vereinfachung berechnet werden, liegen bis zu 6 % unter denen nach genauer Rechnung und somit auf der sicheren Seite.

Einschnittige Verbindungen

Einschnittige Verbindungen können ebenfalls mit Hilfe von Tafel 11.89 und Tafel 11.90 berechnet werden, wobei wie folgt vorzugehen ist:

- Die Mindestholzdicken sind nacheinander und getrennt voneinander zu bestimmen:

Mindestholzdicke im 1. Seitenholz: $\left.\begin{matrix}\alpha \text{ im SH1} = \alpha_{SH} \\ \alpha \text{ im SH2} = \alpha_{MH}\end{matrix}\right\} \rightarrow t_{SH1}$

Mindestholzdicke im 2. Seitenholz: $\left.\begin{matrix}\alpha \text{ im SH2} = \alpha_{SH} \\ \alpha \text{ im SH1} = \alpha_{MH}\end{matrix}\right\} \rightarrow t_{SH2}$

- Die charakteristische Tragfähigkeit $F_{v,Rk}$ ist für beide Fälle gleich groß.

Bemessungswert der Tragfähigkeit

$$F_{v,Rd} = \frac{k_{mod}}{\gamma_M} \cdot F_{v,Rk} \qquad \text{mit} \quad \gamma_M = 1,1 \quad \text{(nach NA)}$$

Wirksame Tragfähigkeit

Bei der Berechnung der wirksamen Tragfähigkeit einer Verbindung mit hintereinanderliegenden Verbindungsmitteln ist die Abminderung der Tragfähigkeit infolge Spaltgefahr zu berücksichtigen (siehe Abschnitt 9.2 und BTI).

Beispiel:

Anschluss einer innen liegenden Stütze (160/160 BSH GL 24h) an einen zweiteiligen Riegel (2×80/260 BSH GL 32c).
NKL = 2; N_d = 67,5 kN, KLED = mittel.
PBo ∅ 16 mm (4.6)

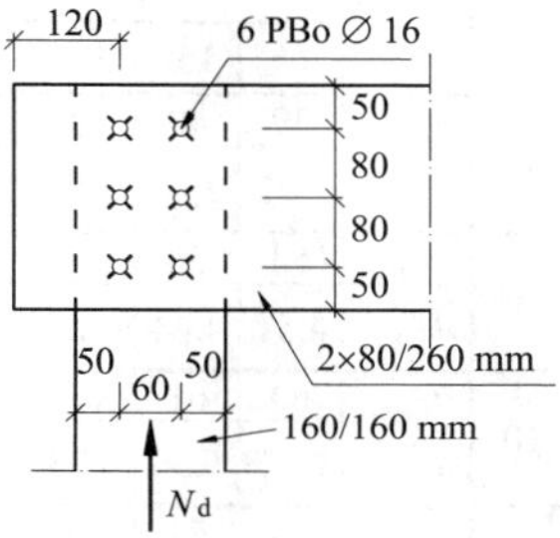

Tragfähigkeit eines Passbolzens:

Grundwerte für C 24 und SDü S235 (Tafel 11.89):

$\alpha_{SH} = 90°$, $\alpha_{MH} = 0°$ → $t_{SH,req} = 101$ mm $t_{MH,req} = 56$ mm

$F^0_{v,Rd} = 0{,}727 \cdot 9{,}32 = 6{,}78$ kN pro Scherfuge (SF)

→ $F^0_{v,Rd} = 2 \cdot 6{,}78 = 13{,}56$ kN pro PBo

Modifikation für Holzart/Festigkeitsklasse und PBo (Tafel 11.90):

SH: GL 32c: $t_{SH,req} = 0{,}951 \cdot 101 = 96{,}1$ mm > 80 mm !!!

MH: GL 24h: $t_{MH,req} = 1{,}005 \cdot 56 = 56{,}3$ mm << 160 mm ✓

Tragfähigkeit: auf sicherer Seite für GL 24h gewählt: $F_{v,Rd} = 1{,}382 \cdot 13{,}56$ kN = 18,74 kN pro PBo

Mindestholzdicke für SH nicht eingehalten → Abminderung der Tragfähigkeit erforderlich:

$$F_{v,Rd} = 18{,}74 \cdot \frac{80}{96{,}1} = 15{,}60 \text{ kN pro PBo}$$

Wirksame Tragfähigkeit der Verbindung:

Nach BTI darf die rechnerische Tragfähigkeit nur zu 70,6 % angesetzt werden:

→ $F_{v,Rd,ef} = 0{,}706 \cdot 3 \cdot 2 \cdot 15{,}60 = 66{,}08$ kN > N_d = 58,5 kN ✓

Überprüfung der Mindestabstände (siehe Abschnitt 9.3 mit Tafel 11.87)***:***

Stütze: $a_{4,c}$ = 50 mm > 3·16 = 48 mm ✓
a_2 = 60 mm > 3·16 = 48 mm ✓
$a_{3,c}$ = 50 mm > 3·16 = 48 mm ✓

Riegel: $a_{4,c}$ = 50 mm > 3·16 = 48 mm ✓ (Abstand zum unteren Rand)
a_1 = 80 mm = (3+2·cos0°)·16 = 80 mm ✓ (maßgebend: a_1 von Stütze mit α = 0°)
$a_{4,t}$ = 70 mm > (2+2·sin90°)·16 = 64 mm ✓ (Abstand zum oberen Rand)
$a_{3,c}$ = 120 mm > $a_{3,t}$ · sin90° = $a_{3,t}$ = 7·16 = 112 (bzw. mind. 80 mm) ✓

10.3 Stahlblech-Holz-Verbindungen

Bei Verbindungen mit **innen liegenden Stahlblechen** ist die Tragfähigkeit der Verbindung *im Holz* unabhängig von der Dicke des Stahlbleches. Bei zu dünnem Stahlblech kann jedoch die Lochleibungsfestigkeit des Stahlbleches die Tragfähigkeit einschränken.

Bei Verbindungen mit **außen liegenden Stahlblechen** hingegen wird zwischen dicken und dünnen Stahlblechen unterschieden:

- Dünnes Stahlblech: $t_S \leq d/2$
- Dickes Stahlblech: $d \leq t_S$

Bei Stahlblechen mit $d/2 \leq t_S < d$ darf linear zwischen den Werten für dünne und dicke Stahlbleche interpoliert werden.

Bei außen liegenden Stahlblechen sind grundsätzlich Passbolzen bzw. Bolzen zu verwenden.

In Tafel 11.92 sind die Mindestholzdicken t_{req} und die Tragfähigkeiten $F^0_{v,Rk}$ pro Scherfuge zusammengestellt. Diese Werte gelten für die nebenstehenden Bedingungen.

- NH C 24
- SDü S235
- Zweischnittige Verbindung

Tafel 11.92 Stahlblech-Holz-Verbindungen: Mindestholzdicken $t_{H,req}$ in [mm] und char. Tragfähigkeiten $F^0_{v,Rk}$ *pro Scherfuge* in [kN] für VH C 24 und SDü S235

		innen liegendes Stahlblech **außen** lieg. **dickes** Stahlblech ($t_S \ge d$) [1)]							**außen** liegendes **dünnes** Stahlblech ($t_S < d/2$) [1)]						
d	$\alpha =$	0°	15°	30°	45°	60°	75°	90°	0°	15°	30°	45°	60°	75°	90°
6	$t_{H,req}$	39	40	41	43	45	46	47	28	28	29	31	32	33	33
	$F^0_{v,Rk}$	2,72	2,68	2,58	2,46	2,36	2,29	2,26	1,92	1,89	1,82	1,74	1,67	1,62	1,60
8	$t_{H,req}$	50	50	52	55	58	59	60	35	36	37	39	41	42	43
	$F^0_{v,Rk}$	4,51	4,44	4,27	4,06	3,88	3,76	3,72	3,19	3,14	3,02	2,87	2,74	2,66	2,63
10	$t_{H,req}$	60	61	63	67	70	72	73	42	43	45	47	50	51	52
	$F^0_{v,Rk}$	6,67	6,56	6,28	5,96	5,68	5,50	5,44	4,71	4,64	4,44	4,22	4,02	3,89	3,85
12	$t_{H,req}$	70	71	74	79	83	85	86	50	50	53	56	59	61	61
	$F^0_{v,Rk}$	9,15	8,99	8,60	8,14	7,74	7,49	7,40	6,47	6,36	6,08	5,75	5,47	5,29	5,23
16	$t_{H,req}$	90	92	96	102	108	112	113	64	65	68	72	76	79	80
	$F^0_{v,Rk}$	15,0	14,7	14,0	13,2	12,5	12,0	11,9	10,6	10,4	9,90	9,32	8,83	8,52	8,41
20	$t_{H,req}$	110	112	119	127	134	139	141	78	80	84	90	95	99	100
	$F^0_{v,Rk}$	21,9	21,4	20,3	19,0	17,9	17,2	17,0	15,5	15,1	14,3	13,4	12,7	12,2	12,0
24	$t_{H,req}$	131	134	142	152	162	168	171	92	95	100	108	114	119	121
	$F^0_{v,Rk}$	29,6	28,9	27,3	25,4	23,9	22,9	22,6	20,9	20,4	19,3	18,0	16,9	16,2	16,0
		einschnittige Verbindungen: • Mindestholzdicken: $1{,}0 \cdot t_{H,req}$ • Tragfähigkeit: $1{,}0 \cdot F^0_{v,Rk}$							**einschnittige** Verbindungen: • Mindestholzdicken: $1{,}21 \cdot t_{H,req}$ • Tragfähigkeit: $1{,}0 \cdot F^0_{v,Rk}$						

[1)] Bei Stahlblechen mit $d/2 \le t_S \le d$ darf linear zwischen den Werten für dünne und dicke Stahlbleche interpoliert werden.

Die Festigkeitswerte $F^0_{v,Rk}$ sind in Abhängigkeit von der KLED und der NKL wie folgt zu modifizieren (× k_{mod} / γ_M):	KLED =	ständig	lang	mittel	kurz	k./sehr k.
	NKL = 1 u. 2	0,545	0,636	0,727	0,818	0,909
	NKL = 3	0,454	0,500	0,591	0,636	0,727

Werden die angegebenen Mindestholzdicken unterschritten, so sind die Tragfähigkeiten im Verhältnis t_{vorh} / t_{req} abzumindern:

$$t_H < t_{H,req} \Rightarrow F^0_{v,Rk} \cdot \frac{t_H}{t_{H,req}}$$

Andere Holzart/Festigkeitsklasse und/oder Stahlgüte

Kommen andere Hölzer/Festigkeitsklassen als C 24 oder andere VM bzw. andere Stahlgüten als S235 zum Einsatz, so sind die Werte aus Tafel 11.92 mit den Beiwerten aus Tafel 11.90 zu multiplizieren. Die bei Bolzen und Passbolzen mögliche Tragfähigkeitssteigerung von 25 % ist in dieser Tafel bereits berücksichtigt.

Einschnittige Verbindungen

Die bei einschnittigen Verbindungen vorzunehmenden Modifikationen sind im Fußbereich der Tafel 11.92 zusammengestellt.

Wirksame Tragfähigkeit

Bei der Berechnung der wirksamen Tragfähigkeit einer Verbindung mit hintereinanderliegenden Verbindungsmitteln ist die Abminderung der Tragfähigkeit infolge Spaltgefahr zu berücksichtigen (siehe Abschnitt 9.2 und BTI).

11 Nägel

11.1 Grundlagen

Nägel sind in DIN EN 14592 geregelt und benötigen ein CE-Zeichen. Der bisherige Bezug auf die Geometrie-Vorgaben (Durchmesser, Längen) der DIN EN 10230-1 ist entfallen.

Es wird zwischen glattschaftigen und profilierten Nägeln (Sondernägel: Rillen- und Schraubnägel) unterschieden.

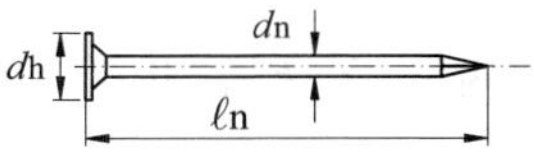

Glattschaftiger Nagel

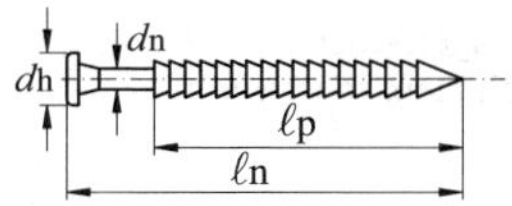

Rillennagel (Anker-/Kammnagel)

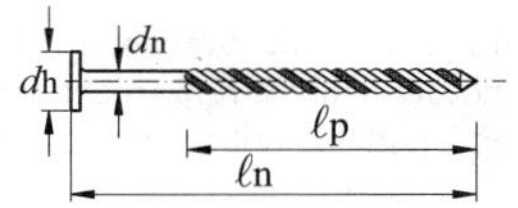

Schraubnagel (Sparrennagel)

Sondernägel werden hinsichtlich ihrer Tragfähigkeit auf Herausziehen und Kopfdurchziehen in die nebenstehenden Klassen eingeteilt:

Herausziehen	Kopfdurchziehen
Klasse 1–3	Klasse A–F

In der nachfolgenden Übersicht sind einige Angaben zu Verbindungen mit Nägeln sowie zu einigen handelsüblichen, glattschaftigen Nägeln zusammengestellt.

		nicht vorgebohrt (n.vb.)	vorgebohrt (vb) [1]	Handelsübliche glattschaftige Nägel	
Bohrloch-Ø	Holz	—	$(0{,}6–0{,}8) \cdot d$	d_n	ℓ_n
	Stahl	$\leq d + 1$ mm	$\leq d + 1$ mm	2,7	50/60
Mindestanzahl		≥ 2 Nä		2,8	60/65/70
Stahlgüte		$f_{u,k} \geq 600$ N/mm²		3,0	70/80
Mindestabstände		nach **Tafel 11.87**		3,1	65/70/80
Symbole und Darstellung in Plänen		2×4 Nä 4,2×100 4 BiZi 6×150-3C	4 Nä 6×180 vb	3,4	80/90
		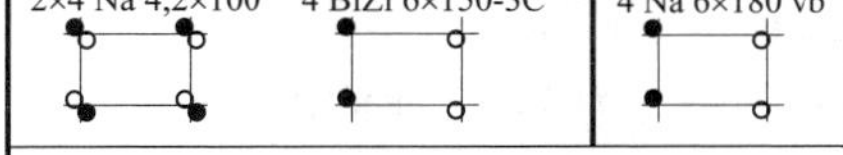		3,8	100
				4,2	100/110/120
		● von vorne genagelt		4,6	120/130
		○ von hinten genagelt		5,0	140
Zur Vermeidung einer abgeminderten Tragfähigkeit wegen Spaltgefahr (s. Abschn. 9.2) wird ein Versetzen der Nägel gegenüber der Risslinie empfohlen.				5,5	140/160
				6,0	180
				7,0	200/210
[1] Vorbohren bei $\rho_k \geq 500$ kg/m³ und $d \geq 6$ mm.				7,6	230/260

Übergreifen gegenüberliegend eingeschlagener Nägel

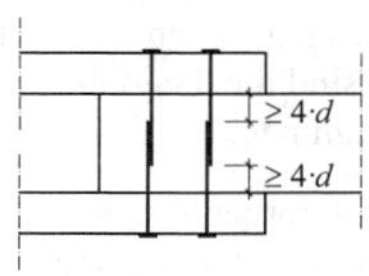

Gegenüberliegend eingeschlagene Nägel dürfen sich nur dann übergreifen, wenn der Abstand der Nagelspitze von der gegenüberliegenden Scherfuge mindestens $4 \cdot d$ beträgt.

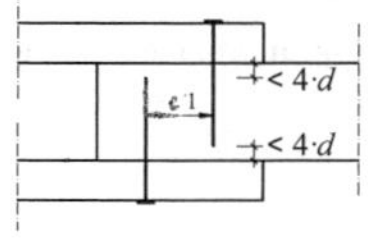

Ist dies nicht erfüllt oder durchdringen die Nägel einen Holzquerschnitt vollständig, so müssen die Nägel in Faserrichtung um den Abstand a_1 nach Tafel 11.87 versetzt werden.

11.2 Abscheren Holz-Holz

In Tafel 11.95 sind die Mindestholzdicken t_{req} und die Tragfähigkeiten $F^0_{v,Rk}$ pro Scherfuge zusammengestellt. Diese Tafel gilt für ein- und mehrschnittige Nagelverbindungen.

Werden die angegebenen Mindestholzdicken unterschritten, so sind die Tragfähigkeiten im Verhältnis t_{vorh} / t_{req} abzumindern:

$$\left.\begin{array}{c} t_H < t_{H,req} \\ \text{und/oder} \\ 4 \cdot d \le t_E < t_{E,req} \end{array}\right\} \Rightarrow F^0_{v,Rk} \cdot \min \begin{cases} t_H / t_{H,req} \\ t_E / t_{E,req} \end{cases}$$

Wird bei nicht vorgebohrten Nagellöchern die Mindestholzdicke $t_{Sp,req}$ nicht eingehalten, so ist von einer Tragfähigkeit = 0 auszugehen.

$$t_H < t_{Sp,req} \rightarrow F^0_{v,Rk} = 0$$

Die Tragfähigkeit eines Nagels auf Abscheren ist nach NA **unabhängig vom Winkel Kraft/Faser**.

Kommen in einer Verbindung unterschiedliche Hölzer/Festigkeitsklassen zum Einsatz (z. B. Stütze C 24 mit Riegel GL 24h), so darf für die Tragfähigkeit $F^0_{v,Rk}$ der **größere** der für die verschiedenen Hölzer angegebenen Werte verwendet werden.

Werden die Nägel in Faserrichtung versetzt angeordnet, so dürfen alle Nägel als voll wirksam angesetzt werden. Eine Abminderung der Tragfähigkeit wegen Spaltgefahr ist dann nicht erforderlich.

11.3 Abscheren Stahlblech-Holz

Bei Verbindungen mit **innen liegenden Stahlblechen** ist die Tragfähigkeit der Verbindung im Holz erneut unabhängig von der Dicke des Stahlbleches. Bei zu dünnem Stahlblech kann jedoch die Lochleibungsfestigkeit des Stahlbleches die Tragfähigkeit einschränken.

Bei Verbindungen mit **außen liegenden Stahlblechen** wird wieder zwischen dicken und dünnen Stahlblechen unterschieden, wobei nach NA bei Sondernägeln der Tragfähigkeitsklasse 3 bereits Bleche mit Dicken $t_S \ge d/2$ als dick eingestuft werden dürfen:

- Dünnes Stahlblech: $t_S \le d/2$
- Dickes Stahlblech:
  - Allgemein: $d \le t_S$
  - SoNä 3: $d/2 \le t_S$ mind. jedoch 2 mm

Bei „mittleren" Stahlblechen darf linear zwischen den Werten für dünne und dicke Stahlbleche interpoliert werden.

Für außen liegende dünne Stahlbleche sind die Regelungen identisch mit denen von Holz-Holz-Nagelverbindungen. Daher kann für solche Fälle ebenfalls Tafel 11.95 für die Bemessung herangezogen werden.

Die für innen liegende oder außen liegende dicke Stahlbleche erforderlichen Modifikationen für die Holzdicken ($10 \cdot d$ anstatt $9 \cdot d$) und die 40 % höhere Tragfähigkeit sind im unteren Bereich von Tafel 11.95 angegeben.

Werden die angegebenen Mindestholzdicken unterschritten, so sind die Tragfähigkeiten im Verhältnis t_{vorh} / t_{req} abzumindern:

$$\left.\begin{array}{c} t_H < t_{H,req} \\ \text{und/oder} \\ 4 \cdot d \le t_E < t_{E,req} \end{array}\right\} \Rightarrow F^0_{v,Rk} \cdot \min \begin{cases} t_H / t_{H,req} \\ t_E / t_{E,req} \end{cases}$$

Wird bei nicht vorgebohrten Nagellöchern die Mindestholzdicke $t_{Sp,req}$ nicht eingehalten, so gilt:

$$\text{n.vb.:} \quad t_H < t_{Sp,req} \rightarrow F^0_{v,Rk} = 0$$

Die Tragfähigkeit eines Nagels auf Abscheren ist nach NA **unabhängig vom Winkel Kraft/Faser**.

Tafel 11.95 Holz-Holz- und Stahlblech-Holz-Verbindungen: Mindestholzdicken t_{req}, Mindesteinschlagtiefen $t_{E,req}$, Mindestholzdicken wegen Spaltgefahr $t_{Sp,req}$ in [mm] und charakteristische Tragfähigkeiten $F^0_{v,Rk}$ *pro Scherfuge* in [N] für Nägel

		d [mm]	**2,7**	**3,0**	**3,4**	**3,8**	**4,0**	**4,2**	**4,6**	**5,0**	**5,1**	**5,5**	**6,0**	**7,0**	**7,6**
t_{req} u. $t_{E,req}$		$9d$	25	27	31	35	36	38	42	45	46	50	54	63	69
min $t_{E,req}$		$(4d)$	(11)	(12)	(14)	(16)	(16)	(17)	(19)	(20)	(21)	(22)	(24)	(28)	(31)
C 24	nicht vb	$t_{Sp,req}$	38	42	48	54	56	59	65	70	72	77	84	107	121
		$F^0_{v,Rk}$	523	623	766	920	1001	1085	1261	1447	1495	1693	1955	2521	2887
	vb	$F^0_{v,Rk}$	599	723	904	1102	1208	1317	1548	1795	1859	2125	2479	3255	3762
GL 24c	nicht vb	$t_{Sp,req}$	38	42	48	54	56	59	65	70	72	77	88	112	126
		$F^0_{v,Rk}$	535	636	782	939	1022	1108	1288	1477	1526	1729	1996	2574	2948
	vb	$F^0_{v,Rk}$	612	739	923	1126	1233	1345	1581	1833	1899	2171	2532	3324	3842
GL 24h	nicht vb	$t_{Sp,req}$	38	42	48	54	56	59	65	70	72	80	93	118	133
		$F^0_{v,Rk}$	549	653	803	965	1050	1138	1322	1517	1568	1776	2050	2644	3028
	vb	$F^0_{v,Rk}$	628	759	948	1156	1267	1381	1624	1883	1950	2229	2600	3414	3945
GL 28c GL 30c	nicht vb	$t_{Sp,req}$	38	42	48	54	56	59	65	70	72	81	94	119	135
		$F^0_{v,Rk}$	553	657	808	971	1057	1145	1331	1527	1578	1787	2063	2661	3047
	vb	$F^0_{v,Rk}$	633	763	954	1164	1275	1390	1634	1895	1963	2244	2617	3436	3971
GL 28h	nicht vb	$t_{Sp,req}$	38	42	48	54	56	59	65	75	78	89	102	130	147
		$F^0_{v,Rk}$	577	686	844	1014	1103	1196	1389	1594	1647	1866	2154	2778	3181
	vb	$F^0_{v,Rk}$	660	797	996	1215	1331	1451	1706	1978	2049	2342	2732	3586	4145
GL 30h	nicht vb	$t_{Sp,req}$	38	42	48	54	56	59	65	76	79	90	104	132	148
		$F^0_{v,Rk}$	580	690	849	1020	1110	1203	1397	1604	1657	1877	2166	2794	3200
	vb	$F^0_{v,Rk}$	664	802	1002	1222	1339	1460	1716	1990	2061	2356	2748	3608	4170
GL 32c	nicht vb	$t_{Sp,req}$	38	42	48	54	56	59	65	70	73	83	96	122	138
		$F^0_{v,Rk}$	560	666	819	983	1070	1160	1348	1547	1598	1810	2089	2695	3086
	vb	$F^0_{v,Rk}$	641	773	967	1178	1291	1408	1655	1919	1988	2272	2650	3479	4022
GL 32h	nicht vb	$t_{Sp,req}$	38	42	48	54	56	59	66	77	80	92	106	135	152
		$F^0_{v,Rk}$	587	698	858	1031	1122	1217	1414	1622	1676	1898	2191	2826	3237
	vb	$F^0_{v,Rk}$	672	811	1014	1236	1354	1477	1736	2013	2085	2383	2780	3649	4218

Modifikationen bei **Stahlblech-Holz-Verbindungen**		t_{req} $t_{E,req}$	$F^0_{v,Rk}$
außen liegendes dünnes Blech	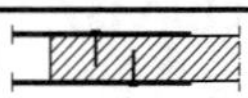	× 1,0	× 1,0
innen liegendes Blech	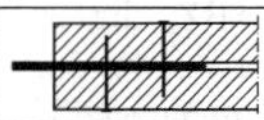	× 1,111	× 1,4
außen liegendes dickes Blech	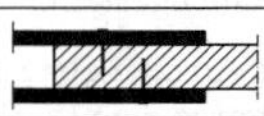		

Die Festigkeitswerte $F^0_{v,Rk}$ sind in Abhängigkeit von der KLED und der NKL wie folgt zu modifizieren (× k_{mod} / γ_M):	KLED =	ständig	lang	mittel	kurz	k./sehr k.
	NKL = 1 u. 2	0,545	0,636	0,727	0,818	0,909
	NKL = 3	0,454	0,500	0,591	0,636	0,727

Bei **einschnittigen Stahlblech-Holz-Verbindungen** mit profilierten Nägeln darf die berechnete Tragfähigkeit $F^0_{v,Rk}$ um einen Anteil $\Delta F_{v,Rk}$ erhöht werden:

SoNa: $\Delta F_{v,Rk} = \min\begin{cases} 0{,}5 \cdot F^0_{v,Rk} \\ 0{,}25 \cdot F_{ax,Rk} \end{cases}$

$F^0_{v,Rk}$ char. Tragfähigkeit auf Abscheren nach Tafel 11.95
$F_{ax,Rk}$ char. Tragfähigkeit auf Herausziehen (siehe hierzu BTI)

Beispiel:

Anschluss eines Hängestabes an eine auskragende Pfette mittels seitlich angenagelter Stahlbleche. NKL = 2;
$F_{t,d}$ = 82,5 kN, KLED = mittel
Pfette: 140/280 BSH GL 24h, BILO Ankernägel 6×80-3C nicht vorgebohrt,
Stahlblech t_S = 3 mm > 2 mm
und $t_S = d/2$ → dickes Stahlblech

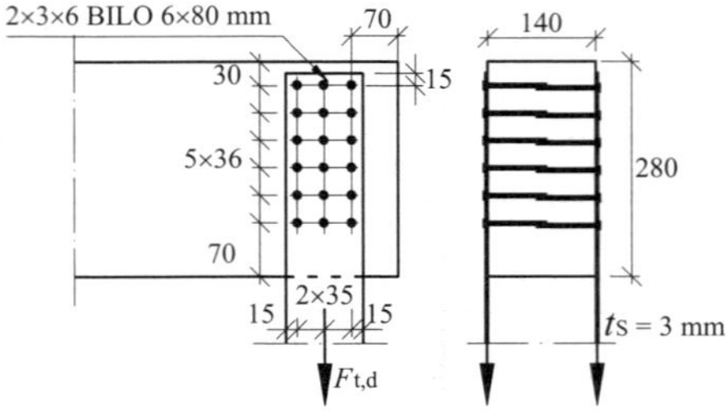

Tafel 11.95:
$t_{H,req}$ = 54 · 1,111 = 60 mm < 140 mm ✓
$t_{E,req}$ = 54 · 1,111 = 60 mm < (80 − 3) = 77 mm ✓
nicht vorgebohrt → Mindestholzdicke wegen Spaltgefahr: $t_{Sp,req}$ = 93 mm < 140 mm ✓
$F^0_{v,Rk}$ = 2050 · 1,4 = 2870 N

Mindestholzdicken bzw. -einschlagtiefen eingehalten → keine Abminderung der Tragfähigkeit.
Einschnittige Nagelung mit Sondernägeln: Erhöhung um $\Delta F_{v,Rk}$:

Aus Beispiel BTI (dort S. 9.52): $F_{ax,Rk}$ = 2668 N → $\Delta F_{v,Rk} = \min\begin{cases} 0{,}5 \cdot 2870 = 1435\text{ N} \\ 0{,}25 \cdot 2668 = 667\text{ N} \end{cases}$

→ $F_{v,Rk} = F^0_{v,Rk} + \Delta F_{v,Rk}$ = 2870 + 667 = 3537 N

$F_{v,Rd} = \frac{k_{mod}}{\gamma_M} \cdot F_{v,Rk} = 0{,}727 \cdot 3537 = 2571\text{ N} = 2{,}57\text{ kN}$ pro Scherfuge (k_{mod}/γ_M siehe Tafel 11.95)

→ $F_{v,Rd,ges}$ = 2 · 3 · 6 · 1,0 · 2,57 = 92,52 kN > $F_{t,d}$ = 82,5 kN

Mindestabstände nach Abschnitt 9.3 (Tafel 11.87 mit $d \geq 5$ mm):
$a_{4,c}$ = 30 mm = $5 \cdot d$ = 30 mm ✓ (Abstand zum oberen Rand)
a_2 = 36 mm > $5 \cdot d$ = 30 mm ✓
$a_{4,t}$ = 70 mm > (5 + 5 · sin 90°)·d = 60 mm ✓ (Abstand zum unteren Rand)
a_1 = 35 mm > (5 + 7 · cos 90°)·d = 30 mm ✓
$a_{3,c}$ = 70 mm > $10 \cdot d$ = 60 mm ✓ (Abstand zum Hirnholz)

12 Vollgewindeschrauben nach ABZ

Selbstbohrende Vollgewindeschrauben nach ABZ, die in *axialer Richtung* (auf Zug und/oder Druck) beansprucht werden, finden zunehmende Verwendung. In der nachfolgenden Übersicht sind einige Einsatzgebiete von VG-Schrauben zusammengestellt.

In Tafel 11.97 sind einige VG-Schrauben unter Angabe der Schraubengeometrie zusammengestellt. Für die Bemessung von VG-Schrauben auf Herausziehen (z. B. bei Querzugverstärkungen) wird auf BTI verwiesen.

Querzug- und Querdruckverstärkungen	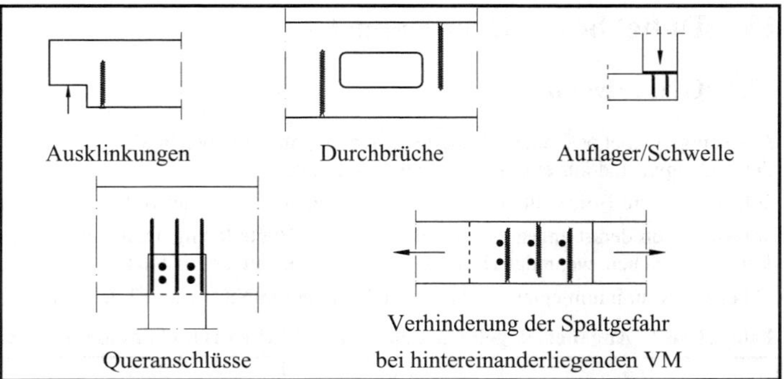 Ausklinkungen; Durchbrüche; Auflager/Schwelle; Queranschlüsse; Verhinderung der Spaltgefahr bei hintereinanderliegenden VM
Verbindungen	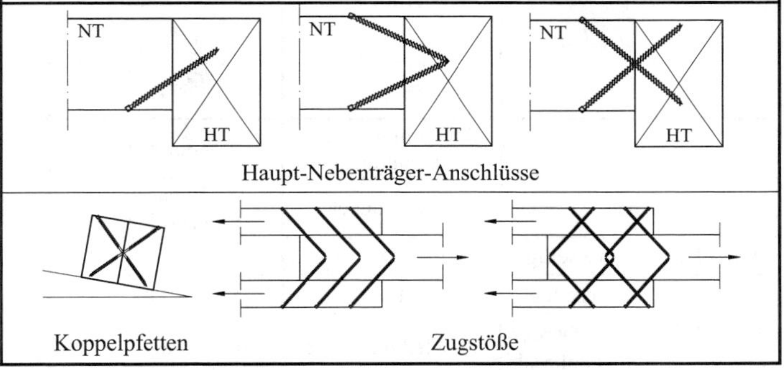 Haupt-Nebenträger-Anschlüsse; Koppelpfetten; Zugstöße

Tafel 11.97 Geometrie einiger Vollgewindeschrauben (Auswahl)

Schraubentyp	*d* [mm]	Schraubenlängen ℓ_S in [mm]
ASSY plus VG Fa. Würth, ETA-11/0190	6	70–260
	8	80–600
	10	100–800
	12	120–600
KonstruX Fa. Eurotec, ETA-11/0024	6,5	120, 140, 160, 195
	8	155, 195, 220, 245, 295, 330, 375, 400
	10	200–600
SFS-WT-T Fa. sfs intec, ETA-12/0063	6,5	65(28), 90(40), 130(55), 160(65), 190(80), 220(95) *
	8,2	160(65), 190(80), 220(95), 245(107), 275(122), 300(135), 330(135)
Spax Fa. abc, ETA-12/0114	6	60–200
	8	60–600
	10	60–800
	12	60–600
Topix-CC Fa. Heco, ETA-12/0132	6	100(45), 150(70), 190(90), 215(100) *
	8	100(45), 150(70), 190(90), 215(100), 270 (122), 300(138), 350(158)
* Klammerwerte = Gewindelängen ℓ_g		

Bzgl. der Bemessung solcher Schrauben wird auf BTI verwiesen.

13 Dübel besonderer Bauart

13.1 Grundlagen

Zweiseitige Dübel besonderer Bauart werden in Holz-Holz-Verbindungen eingesetzt. In Stahl-Holz-Verbindungen sind nur einseitige Dübel verwendbar.

Bolzenlöcher im Holz sollten nicht mehr als 1 mm größer als der Bolzendurchmesser sein.

Bolzen sollten derart angezogen werden, dass die Bauteile eng aneinander liegen. Sie sind bei Bedarf nachzuziehen, wenn das Holz die Ausgleichsfeuchte erreicht hat.

Dübel aus Aluminiumlegierung dürfen nach NA nur in NKL 1 und 2 verwendet werden.

Tafel 11.98 Angaben/Regelungen zu gebräuchlichen Dübeln besonderer Bauart

<table>
<tr><td colspan="2"></td><td colspan="2">Appel
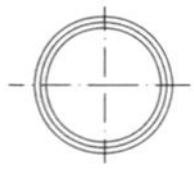</td><td colspan="1">Geka
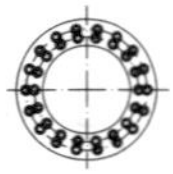</td><td colspan="2">Bulldog
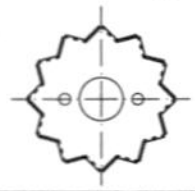</td></tr>
<tr><td colspan="2">Material</td><td colspan="2">Aluminium-Guss-Legierung</td><td>Temperguss</td><td colspan="2">Stahlblech</td></tr>
<tr><td colspan="2">Einbau</td><td colspan="2">Einlassdübel</td><td>Einlass-/Einpressdübel [1]</td><td colspan="2">Einpressdübel</td></tr>
<tr><td>Holz - Holz</td><td>zweiseitig</td><td colspan="2">A1</td><td>C10</td><td colspan="2">C1</td></tr>
<tr><td rowspan="2">Stahl - Holz</td><td>einseitig</td><td colspan="2">B1</td><td>C11</td><td colspan="2">C2</td></tr>
<tr><td>Kraftübertragung auf Stahl</td><td colspan="2">Lochleibung Nabe</td><td>Lochleibung Bolzen</td><td colspan="2">Lochleibung Bolzen</td></tr>
<tr><td colspan="2">Durchmesser</td><td colspan="2">d_c = 65–190 mm</td><td>d_c = 50–115 mm</td><td colspan="2">d_c = 50–165 mm</td></tr>
<tr><td colspan="2">Mindestabstände</td><td colspan="5">Abschnitt 9.3, Tafel 11.87</td></tr>
<tr><td colspan="2">d_c [mm]</td><td>40 – 55</td><td>56 – 70</td><td>71 – 85</td><td>86 – 100</td><td>> 100</td></tr>
<tr><td colspan="2">Symbol</td><td></td><td></td><td></td><td></td><td>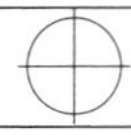</td></tr>
<tr><td colspan="2">Darstellung in Plänen</td><td colspan="5"> 2 Dü ∅ 65-C10, M16</td></tr>
<tr><td colspan="7">[1] Keine Vorgaben zum Versenken der Grundplatte.</td></tr>
</table>

13.2 Tragfähigkeiten

In Tafel 11.99a sind die Mindestholzdicken t_{req}, die Querschnittsschwächungen ΔA sowie die Tragfähigkeiten $F^c_{v,0,Rk}$ für Dübel unter Beanspruchung || Faser ($\alpha = 0°$) zusammengestellt.

Winkel Kraft/Faser

Bei Bulldog- und Geka-Dübeln dürfen die Tragfähigkeiten als unabhängig vom Winkel Kraft/Faser angesehen werden. Bei Appel-Dübeln hingegen ist die Tragfähigkeit in Abhängigkeit vom Beanspruchungswinkel α abzumindern.

Typ C1 / C2 und C10 / C11: $F^c_{v,\alpha,Rk} = F^c_{v,0,Rk}$

Typ A1/B1: $F^c_{v,\alpha,Rk} = k_{\alpha,c} \cdot F^c_{v,0,Rk}$ mit $k_{\alpha,c}$ nach Tafel 11.99b

Tafel 11.99a Dübel besonderer Bauart: Dübel-Fehlflächen ΔA, Mindestholzdicken t_{req} und char. Tragfähigkeiten $F^{c}_{v,0,Rk}$

Dübeltyp	Durchmesser d_c [mm]	Typischer Bolzen	Dübel-Fehlfläche ΔA [mm²]	Einlass-/Einpresstiefe h_e [mm]	Mindestholzdicken SH [mm]	Mindestholzdicken MH [mm]	char. Tragfähigkeit eines Dübels $F^{c}_{v,0,Rk}$ in [kN] [4)] C 24	GL 24 c	GL 24 h	GL 28 c	GL 28 h	GL 30 c	GL 30 h	GL 32 c	GL 32 h
Appel A1 / B1 *	65	M12	980	15	45	75	18,34	19,13	20,18	20,44	22,27	20,44	22,53	20,96	23,06
	80		1200	15	45	75	25,04	26,12	27,55	27,91	30,41	27,91	30,77	28,62	31,48
	95		1430	15	45	75	32,41	33,80	35,65	36,11	39,35	36,11	39,82	37,04	40,74
	126[1)]		1890	15	45	75	49,50	51,62	54,45	55,16	60,11	55,16	60,82	56,57	62,23
	128		2880	22,5	68	113	50,69	52,86	55,75	56,48	61,55	56,48	62,27	57,93	63,72
	160	M16	3600	22,5	68	113	70,84	73,87	77,92	78,93	86,01	78,93	87,03	80,95	89,05
	190	M20	4280	22,5	68	113	91,6	95,59	100,8	102,1	111,3	102,1	112,6	104,7	115,2
Bulldog C1 / C2	50	M12	170	6	24	30	6,36	6,64	7,00	7,09	7,73	7,09	7,82	7,27	8,00
	62	M12	300	7,4	24	37	8,79	9,16	9,67	9,79	10,67	9,79	10,80	10,04	11,05
	75	M16	420	9,1	28	46	11,69	12,19	12,86	13,03	14,20	13,03	14,36	13,36	14,70
	95	M16	670	11,3	34	57	16,67	17,38	18,33	18,57	20,24	18,57	20,48	19,05	20,95
	117	M20	1000	14,3	43	72	22,78	23,76	25,06	25,38	27,66	25,38	27,99	26,03	28,64
	140[2)]	M24	1240	14,7	45	74	29,82	31,09	32,80	33,22	36,21	33,22	36,63	34,08	37,48
	165[2)]	M24	1490	15,6	47	78	38,15	39,79	41,97	42,51	46,33	42,51	46,87	43,60	47,96
Geka C10 / C11	50	M12	460 (540)[3)]	12	36	60	8,84	9,22	9,72	9,85	10,73	9,85	10,86	10,10	11,11
	65	M16	590 (710)[3)]	12	36	60	13,10	13,66	14,41	14,60	15,91	14,60	16,10	14,97	16,47
	80	M20	750 (870)[3)]	12	36	60	17,89	18,66	19,68	19,93	21,72	19,93	21,98	20,44	22,49
	95	M24	900 (1070)[3)]	12	36	60	23,15	24,14	25,46	25,79	28,11	25,79	28,44	26,46	29,10
	115	M24	1040 (1240)[3)]	12	36	60	30,83	32,15	33,91	34,35	37,44	34,35	37,88	35,24	38,76

* **Nur in NKL 1 und 2.**
1) Nur Typ A1. 2) Nur Typ C1. 3) Klammerwerte für C11.
4) Bei Verwendung von Dübeln des **Typs B1** in **Stbl.-H.-Verb.** darf $F^{c}_{v,0,Rk}$ um 10 % erhöht werden.

Die Tragfähigkeiten $F^{c}_{v,0,Rk}$ sind in Abhängigkeit von der KLED und der NKL wie folgt zu modifizieren ($\times\, \boldsymbol{k}_{\mathbf{mod}} / \gamma_M$):

KLED =	ständig	lang	mittel	kurz	k./sehr k.
NKL = 1 u. 2	0,462	0,538	0,615	0,692	0,769
NKL = 3	0,385	0,423	0,500	0,538	0,615

Tafel 11.99b Beiwerte $k_{\alpha,c}$ für Appel-Dübel (Typ A1/B1)

d_c [mm]	$k_{\alpha,c}$ für $\alpha =$ 0°	15°	30°	40°	45°	50°	60°	75°	90°
65	1,000	0,976	0,916	0,869	0,846	0,824	0,785	0,746	0,733
80	1,000	0,975	0,913	0,864	0,840	0,818	0,778	0,738	0,725
95	1,000	0,974	0,910	0,860	0,835	0,812	0,771	0,731	0,717
126	1,000	0,972	0,904	0,850	0,824	0,800	0,758	0,716	0,701
128	1,000	0,972	0,903	0,850	0,824	0,799	0,757	0,715	0,700
160	1,000	0,970	0,897	0,840	0,813	0,787	0,743	0,700	0,685
190	1,000	0,968	0,891	0,832	0,803	0,777	0,731	0,686	0,671

Tragfähigkeit einer Verbindungseinheit VE: $F^{j}_{v,0,Rk}$

Bei den hier behandelten Dübeln besteht eine Verbindungseinheit VE aus jeweils einem Dübel mit dem zugehörigen Bolzen. Die Tragfähigkeit einer Verbindungseinheit $F^{j}_{v,0,Rk}$ („j“ = „joint“) bezieht sich somit auf die jeweils betrachtete Scherfuge.

Appel-Dübel (Typ A1/B1) sind hinsichtlich ihres Tragverhaltens sehr steif, so dass sich der Bolzen nicht an der Kraftaufnahme beteiligt. Bei Bulldog- (Typ C1/C2) und Geka-Dübeln (Typ C10/C11) darf die Mitwirkung des Bolzens rechnerisch berücksichtigt werden, wobei die Bemessung der Bolzen („b“ = „bolt“) nach Abschnitt 10 erfolgt.

	Appel (A1/B1)	Bulldog (C1/C2) Geka (C10/C11)
$\alpha = 0°$	$F^{j}_{v,0,Rd} = F^{c}_{v,0,Rd}$	$F^{j}_{v,0,Rd} = F^{c}_{v,0,Rd} + F^{b}_{v,0,Rd}$
α	$F^{j}_{v,\alpha,Rd} = k_{\alpha,c} \cdot F^{c}_{v,0,Rd}$	$F^{j}_{v,\alpha,Rd} = F^{c}_{v,0,Rd} + F^{b}_{v,\alpha,Rd}$

$F^{j}_{v,Rd}$ Tragf. der VE
$F^{c}_{v,Rd}$ Tragf. des Dübels
$F^{b}_{v,Rd}$ Tragf. des Bolzens
$k_{\alpha,c}$ nach Tafel 11.99b

Wirksame Tragfähigkeit

Bei der Berechnung der wirksamen Tragfähigkeit einer Verbindung mit hintereinanderliegenden Verbindungsmitteln ist die Abminderung der Tragfähigkeit infolge Spaltgefahr zu berücksichtigen (siehe Abschnitt 9.2 und BTI).

Beispiel: Zugstoß eines Stabes (80/220 BSH GL 24h) mittels außen liegenden Stahllaschen (t_S = 8 mm). NKL = 2; KLED = kurz. Dü ∅ 80-C11 (Geka), M20 (4.8)

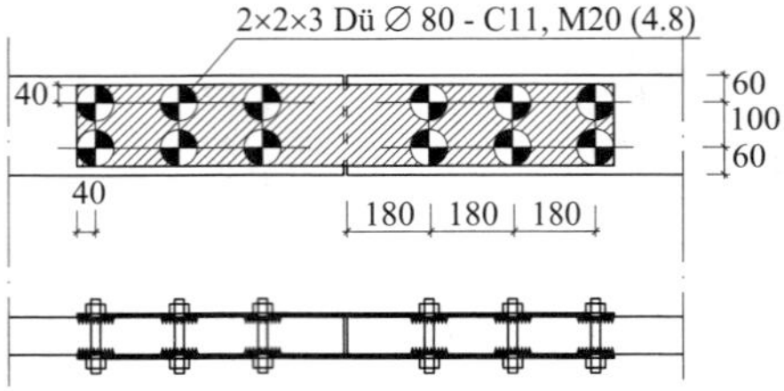

Dickes/dünnes Stahlblech für Bolzen:

t_S = 8 mm < d/2 → dünnes Stahlblech

Mindestholzdicken:

Dübel: $t_{MH,req}$ = 60 mm < 80 mm ✓ (Tafel 11.99a)

Bolzen: $t_{H,req}$ = 78 · 1,005 = 78,4 mm < 80 mm ✓ (Tafel 11.92 mit Tafel 11.90 wegen GL 24h)

Mindestholzdicken eingehalten → keine Abminderung der Tragfähigkeiten erforderlich.

Dübel: $F^{c}_{v,0,Rd}$ = 0,692 · 19,68 = 13,62 kN (Tafel 11.99a)

Bolzen: $F^{b}_{v,0,Rd}$ = 0,818 · 15,5 · 1,382 = 17,52 kN (Tafel 11.92 mit Tafel 11.90)

→ $F^{j}_{v,0,Rd}$ = 13,62 + 17,52 = 31,14 kN pro VE

n = 2 × 2 × 3 = 12 Verbindungseinheiten (VE)

Nach BTI darf die rechnerische Tragfähigkeit nur zu 95 % angesetzt werden:

→ $F^{j}_{v,Rd,ges}$ = 0,95 · 12 · 31,14 = 355,0 kN

Mindestabstände nach Abschnitt 9.3 (Tafel 11.87) eingehalten.

14 Klebeverbindungen

Die Herstellung geklebter Verbindungen und Bauteile erfordert eine besondere Sachkunde der damit betrauten Personen und eine besondere Ausstattung der Betriebe mit geeigneten Einrichtungen. Die Betriebe müssen daher im Besitz einer Bescheinigung für den Nachweis der Eignung zum Kleben von tragenden Holzbauteilen sein. Hier werden die Bescheinigungen A, B und C unterschieden, die in DIN 1052-10 festgelegt werden.

Nachzuweisende Qualifikationen sind z. B.:

- Herstellung von BSH,
- Keilzinkung von Lamellen für BSH,
- Keilzinkungen in einteiligen VH-Querschnitten,
- Universalkeilzinkungen in BSH und BASH,
- eingeklebte Stahlstangen,
- aufgeklebte Verstärkungen,
- geklebte Verbundbauteile aus BSH,
- Bauprodukte und Bauarten mit ABZ.

15 Ausklinkungen

Die Überlagerung von Schub- und Querzugspannungen in der Ausklinkungsecke sowie die gegebene Kerbwirkung können zum Aufreißen des Querschnittes führen. Daher stellen unverstärkte Ausklinkungen keine materialgerechte Konstruktion dar und sollten vermieden werden.

Kommen sie dennoch zum Einsatz, so ist die folgende Bedingung einzuhalten.

Rechtwinklige Ausklinkungen:

$$1{,}5 \cdot \frac{V_d}{k_{cr} \cdot b \cdot h_{ef}} \le k_v \cdot f_{v,d}$$

$$\text{mit } k_v = \frac{k_n}{\sqrt{h} \cdot \left(\sqrt{\alpha \cdot (1-\alpha)} + 0{,}8 \cdot \frac{x}{h} \cdot \sqrt{\frac{1}{\alpha} - \alpha^2} \right)}$$

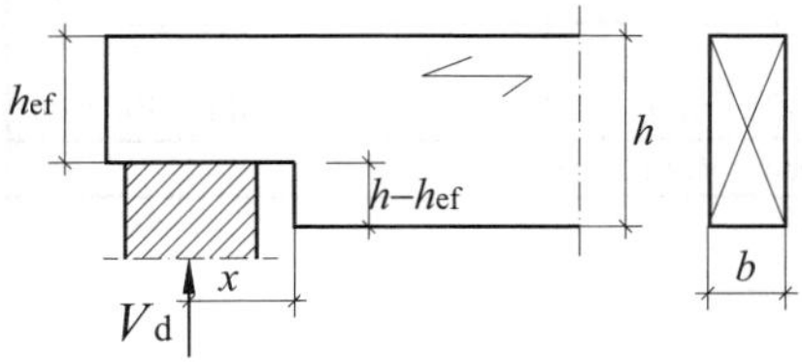

V_d = Bemessungswert der Querkraft
b,h = Trägerbreite bzw. - höhe
k_{cr} = „Rissbeiwert" nach Abschn. 5.4
h_{ef} = „Resthöhe" in [mm]
$f_{v,d}$ = Bemessungswert der Schubfestigkeit nach Tafel 11.70b bzw. Tafel 11.72
k_v = Beiwert zur Berücksichtigung der Spannungskombination
α = $h_{ef}/h \ge 0{,}5$ (Empfehlung)
x = Abstand zwischen Auflagerkraft und Ausklinkungsecke $\le 0{,}4 \cdot h$ (Empfehlung)
k_n = 5,0 für VH und BASH
6,5 für BSH
4,5 für FSH

Unverstärkte Ausklinkungen sind nur in NKL 1 und 2 zulässig (NA/A1). Ausklinkungen in NKL 3 sind grundsätzlich zu verstärken.

Bzgl. der Bemessung von Querzugverstärkungen wird auf Abschnitt 17 verwiesen.

Beispiel:

Ausgeklinkter Deckenbalken 100/240 mm VH C 24, NKL 1,
Ausklinkungshöhe ($h - h_{ef}$) = 100 mm, h_{ef} = 140 mm.
V_d = 10,8 kN, KLED = mittel.

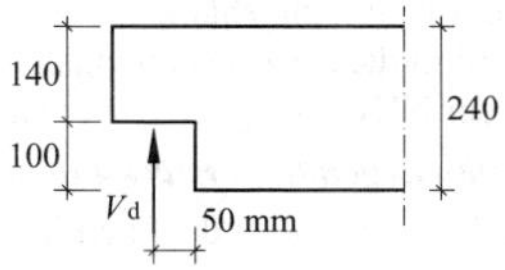

$\alpha = 140/240 = 0{,}583 > 0{,}5$ ✓

$x = 50 \text{ mm} < 0{,}4 \cdot 240 = 96 \text{ mm}$ ✓

$$k_v = \frac{5{,}0}{\sqrt{240} \cdot \left(\sqrt{0{,}583 \cdot (1-0{,}583)} + 0{,}8 \cdot \frac{50}{240} \cdot \sqrt{\frac{1}{0{,}583} - 0{,}583^2} \right)} = 0{,}469$$

$f_{v,d} = 0{,}615 \cdot 4{,}0 = 2{,}46$ N/mm² (Tafel 11.70b), $k_{cr} = \frac{2{,}0}{f_{v,k}} = \frac{2{,}0}{4{,}0} = 0{,}5$ (siehe Abschnitt 5.4)

$$\text{Nachweis: } 1{,}5 \cdot \frac{10{,}8 \cdot 10^3}{0{,}5 \cdot 100 \cdot 140} = 2{,}31 \text{ N/mm}^2 >> 0{,}469 \cdot 2{,}46 = 1{,}15 \text{ N/mm}^2$$

Bei Anordnung einer ausreichend tragfähigen Querzugverstärkung (z. B. Vollgewindeschrauben) darf $k_v = 1{,}0$ gesetzt werden, sodass der Nachweis eingehalten ist (siehe BTI).

16 Durchbrüche

Durchbrüche (= Öffnungen mit lichten Maßen $d > 50$ mm) werden im NA geregelt.

Unverstärkte Durchbrüche dürfen in Trägerbereichen mit planmäßiger Querzugbeanspruchung nicht ausgeführt werden. Sie dürfen auch nur in den NKL 1 und 2 verwendet werden. Durchbrüche in NKL 3 sind grundsätzlich zu verstärken.

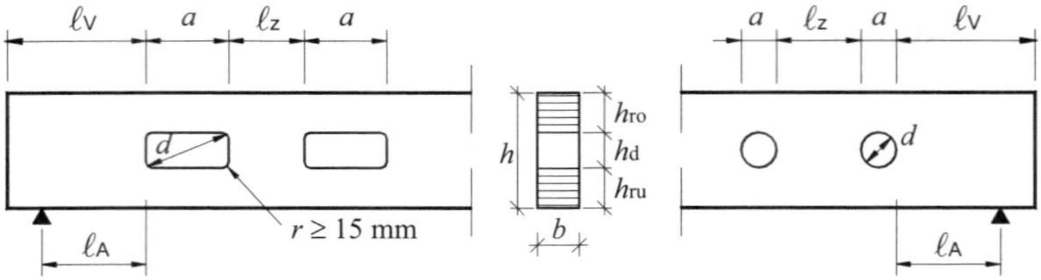

Bzgl. der Bemessung von Querzugverstärkungen wird auf Abschnitt 17 und BTI verwiesen.

Tafel 11.102 Randbedingungen für Durchbrüche

	ℓ_V	ℓ_A	$h_{ro(ru)}$	a	h_d	ℓ_z
unverstärkt	$\geq h$	$\geq 0{,}5 \cdot h$	$\geq 0{,}35 \cdot h$	$\leq 0{,}4 \cdot h$	$\leq 0{,}15 \cdot h$	$\geq 1{,}5 \cdot h$ mind. 300 mm
verstärkt	$\geq h$	$\geq 0{,}5 \cdot h$	$\geq 0{,}25 \cdot h$	$\leq h$ $a/h_d \leq 2{,}5$	$\leq 0{,}3 \cdot h$ [1)] $\leq 0{,}4 \cdot h$ [2)]	$\geq h$ mind. 300 mm

[1)] Bei innen liegender Verstärkung. [2)] Bei außen liegender Verstärkung.

17 Querzugverstärkungen

Die Tragfähigkeit von Holz rechtwinklig zur Faserrichtung ist sehr gering. Auch bei nicht voll ausgenutzten Spannungen können die Klimabeanspruchungen, denen das Holz ausgesetzt ist, die Querzugtragfähigkeit noch weiter reduzieren.

Daher wird in Anwendungsbereichen, bei denen planmäßig Querzugspannungen auftreten, eine Querzugverstärkung empfohlen. Typische Beispiele hierfür sind Ausklinkungen, Durchbrüche, Anschlüsse mit angehängten Lasten und Firstbereiche von gekrümmten Trägern und Satteldachträgern. Wird in diesen Anwendungsfällen eine Querzugverstärkung angeordnet, so dürfen die Bauteile auch in der NKL 3 eingesetzt werden.

Innen liegende Verstärkungen

Im NA sind folgende innen liegende Querzugverstärkungen geregelt:

- eingeklebte Gewindebolzen nach DIN 976-1,
- eingeklebte Betonrippenstähle nach DIN 488-1,
- eingedrehte Holzschrauben mit einem Gewinde über die gesamte Schaftlänge.

Außen liegende Verstärkungen

Im NA sind folgende außen liegende Querzugverstärkungen geregelt:

- aufgeklebtes Sperrholz,
- aufgeklebtes Furnierschichtholz,
- aufgeklebte Bretter (mit Faserrichtung in Richtung der Querzugkraft $F_{t,90,d}$),
- eingepresste Nagelplatten.

Die Bemessung von Querzugverstärkungen wird in BTI behandelt.

18 Querschnitte

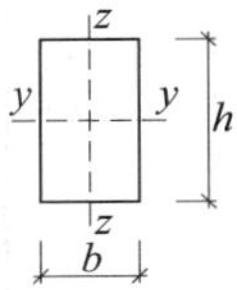

Die angegebenen Querschnittswerte gelten für eine Holzfeuchte von etwa 20 % (bei KVH 15 ± 3 %).

Biegung / Knicken um die *y*-Achse:

$$W_y = \frac{b \cdot h^2}{6} \quad I_y = \frac{b \cdot h^3}{12} \quad i_y = \frac{h}{\sqrt{12}}$$

Biegung / Knicken um die *z*-Achse:

$$W_z = \frac{h \cdot b^2}{6} \quad I_z = \frac{h \cdot b^3}{12} \quad i_z = \frac{b}{\sqrt{12}}$$

Standardquerschnitte: ■ KVH □ BASH (Duo-/Triobalken) ☒ BASH (sichtbar) ♦ BSH

Tafel 11.103 Querschnittswerte für Balken

VH *b/h* [cm/cm]	g_k 1) [kN/m]	*A* [cm²]	W_y [cm³]	I_y [cm⁴]	i_y [cm]	W_z [cm³]	I_z [cm⁴]	i_z [cm]	BSH *b/h* [cm/cm]
■□ 6/12	0,036	72	144	864	3,46	72	216	1,73	6/12 ♦
■□ 6/14	0,042	84	196	1372	4,04	84	252	1,73	6/14
■□ 6/16	0,048	96	256	2048	4,62	96	288	1,73	6/16 ♦
■□ 6/18	0,054	108	324	2916	5,20	108	324	1,73	6/18
■□ 8/12	0,048	96	192	1152	3,46	128	512	2,31	8/12 ♦
■☒ 8/16	0,064	128	341	2731	4,62	171	683	2,31	8/16 ♦
■☒ 8/18	0,072	144	432	3888	5,20	192	768	2,31	8/18
■☒ 8/20	0,080	160	533	5333	5,77	213	853	2,31	8/20 ♦
■□ 8/22	0,088	176	645	7099	6,35	235	939	2,31	0,088
■□ 8/24	0,096	192	768	9216	6,93	256	1024	2,31	8/24
■□ 10/10	0,050	100	167	833	2,89	167	833	2,89	10/10
■☒ 10/16	0,080	160	427	3413	4,62	267	1333	2,89	10/16 ♦
■☒ 10/18	0,090	180	540	4860	5,20	300	1500	2,89	10/18
■☒ 10/20	0,100	200	667	6667	5,77	333	1667	2,89	10/20 ♦
■☒ 10/22	0,110	220	807	8873	6,35	367	1833	2,89	0,110 ♦
■☒ 10/24	0,120	240	960	11520	6,93	400	2000	2,89	10/24
■☒ 12/12	0,072	144	288	1728	3,46	288	1728	3,46	12/12 ♦
■☒ 12/16	0,096	192	512	4096	4,62	384	2304	3,46	12/16 ♦
■☒ 12/20	0,120	240	800	8000	5,77	480	2880	3,46	12/20 ♦
■☒ 12/22	0,132	264	968	10648	6,35	528	3168	3,46	0,132 ♦
■☒ 12/24	0,144	288	1152	13824	6,93	576	3456	3,46	12/24 ♦
12/28	0,168	336	1568	21952	8,08	672	4032	3,46	12/28 ♦
12/32	0,192	384	2048	32768	9,24	768	4608	3,46	12/32 ♦
■☒ 14/14	0,098	196	457	3201	4,04	457	3201	4,04	14/14 ♦
■☒ 14/16	0,112	224	597	4779	4,62	523	3659	4,04	14/16 ♦
■☒ 14/20	0,140	280	933	9333	5,77	653	4573	4,04	14/20 ♦
■☒ 14/22	0,154	308	1129	12423	6,35	719	5031	4,04	0,154 ♦
■☒ 14/24	0,168	336	1344	16128	6,93	784	5488	4,04	14/24 ♦
14/28	0,196	392	1829	25611	8,08	915	6403	4,04	14/28 ♦
14/32	0,224	448	2389	38229	9,24	1045	7317	4,04	14/32 ♦
14/36	0,252	504	3024	54432	10,39	1176	8232	4,04	14/36 ♦
☒ 16/16	0,128	256	683	5461	4,62	683	5461	4,62	16/16 ♦
☒ 16/20	0,160	320	1067	10667	5,77	853	6827	4,62	16/20 ♦
☒ 16/22	0,176	352	1291	14197	6,35	939	7509	4,62	0,176 ♦
☒ 16/24	0,192	384	1536	18432	6,93	1024	8192	4,62	16/24 ♦
16/28	0,224	448	2091	29269	8,08	1195	9557	4,62	16/28 ♦
16/32	0,256	512	2731	43691	9,24	1365	10923	4,62	16/32 ♦
16/36	0,288	576	3456	62208	10,39	1536	12288	4,62	16/36 ♦
16/40	0,320	640	4267	85333	11,55	1707	13653	4,62	16/40 ♦

1) g_k mit 5,0 kN/m³ berechnet.

Tafel 11.103 (Fortsetzung) **Querschnittswerte für Balken**

VH b/h [cm/cm]	g_k [1] [kN/m]	A [cm²]	W_y [cm³]	I_y [cm⁴]	i_y [cm]	W_z [cm³]	I_z [cm⁴]	i_z [cm]	BSH b/h [cm/cm]
18/18	0,162	324	972	8748	5,20	972	8748	5,20	18/18
18/24	0,216	432	1728	20736	6,93	1296	11664	5,20	18/24
18/28	0,252	504	2352	32928	8,08	1512	13608	5,20	18/28
18/32	0,288	576	3072	49152	9,24	1728	15552	5,20	18/32
18/36	0,324	648	3888	69984	10,39	1944	17496	5,20	18/36
18/40	0,360	720	4800	96000	11,55	2160	19440	5,20	18/40
20/20	0,200	400	1333	13333	5,77	1333	13333	5,77	20/20
20/24	0,240	480	1920	23040	6,93	1600	16000	5,77	20/24
20/28	0,280	560	2613	36587	8,08	1867	18667	5,77	20/28
20/32	0,320	640	3413	54613	9,24	2133	21333	5,77	2032
20/36	0,360	720	4320	77760	10,39	2400	24000	5,77	20/36
20/40	0,400	800	5333	106667	11,55	2667	26667	5,77	20/40

[1] g_k mit 5,0 kN/m³ berechnet.

Tafel 11.104a Querschnittswerte für Rundhölzer

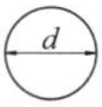 d [cm]	g_k [1] [kN/m]	A [cm²]	W [cm³]	I_y [cm⁴]	i_y [cm]
10	0,039	78,5	98,2	491	2,50
12	0,057	113	170	1020	3,00
14	0,077	154	269	1890	3,50
16	0,100	201	402	3220	4,00
18	0,127	254	573	5150	4,50
20	0,157	314	785	7850	5,00
22	0,190	380	1050	11500	5,50
24	0,226	452	1360	16290	6,00
26	0,265	531	1730	22430	6,50
28	0,308	616	2160	30170	7,00
30	0,353	707	2650	39760	7,50

[1] g_k mit 5,0 kN/m³ berechnet.

Tafel 11.104b Querschnittswerte für Dachlatten

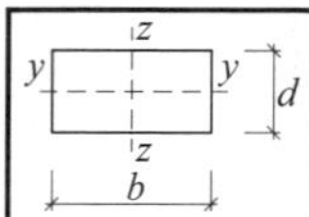 d/b [mm/mm]	g_k [1] [kN/m]	A [cm²]	W_y [cm³]	I_y [cm⁴]	i_y [cm]	W_z [cm³]	I_z [cm⁴]	i_z [cm]
30/50	0,008	15,0	7,5	11,3	0,87	12,5	31,3	1,45
40/60	0,012	24,0	16,0	32,0	1,16	24,0	72,0	1,73

[1] g_k mit 5,0 kN/m³ berechnet.

Tafel 11.104c Ungehobelte Bretter und Bohlen

	Bretter	Bohlen
Dicken in [mm] [1]	16, **18**, 22, **24**, 28, 38	44, 48, **50**, 63, 70, 75
Breiten in [mm] [1]	80, 100, 120, 140, 150, 160, 180, 200, 220, 240, 180, 300	
Längen in [m] [1]	von 1,50 m bis 6,0 m bei Abstufungen von 0,25 bzw. 0,30 m	

[1] Andere Maße auf Nachfrage.

12 A Beton nach DIN EN 206-1/DIN 1045-2
12 B Betonstahl
12 C Stahlbetonbau nach Eurocode 2

Zum Einstieg

Prof. Dr.-Ing. Alfons Goris

I Bemessungskonzept nach Eurocode 2

Die Bemessung der tragenden Konstruktion eines Bauwerks muss sicherstellen, dass ein Tragwerk

- mit angemessener Zuverlässigkeit den Einwirkungen während der Nutzung standhält,
- mit annehmbarer Wahrscheinlichkeit die geforderte Gebrauchstauglichkeit behält,
- eine angemessene Dauerhaftigkeit aufweist.

Diese grundlegenden Forderungen werden durch Nachweise in *Grenzzuständen* erfüllt; damit werden Zustände beschrieben, bei denen ein Tragwerk die Entwurfsanforderungen gerade noch erfüllt. Zu unterscheiden sind Grenzzustände der Tragfähigkeit, der Gebrauchstauglichkeit und der Dauerhaftigkeit.

Grenzzustände der Tragfähigkeit (s. Kap. C, Abschn. 2.1.2)

Der Bemessungswert einer Beanspruchung E_d darf den einer Beanspruchbarkeit R_d nicht überschreiten:

$$\boldsymbol{E_d \leq R_d} \qquad E_d = f(\gamma_F \cdot E_k) \qquad R_d = f(X_k / \gamma_M)$$

Die Beanspruchung E_d erhält man durch Multiplikation von charakteristischen Werten E_k (Lasten, Schnittgrößen etc.) mit lastartabhängigen Teilsicherheitsbeiwerten γ_F. Die Tragfähigkeit R_d ergibt sich durch Verminderung der charakteristischen Baustofffestigkeiten X_k um materialabhängige Teilsicherheitsbeiwerte γ_M.

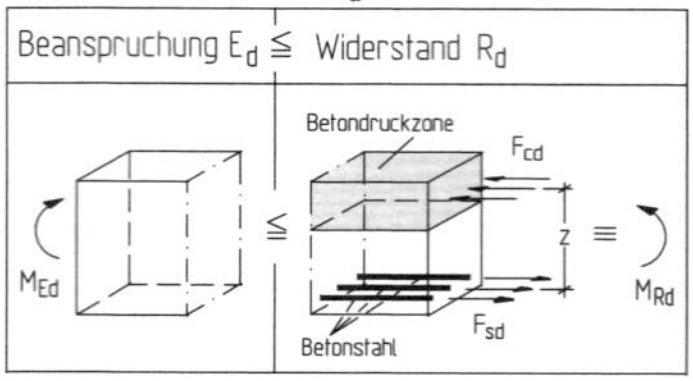

Grenzzustände der Gebrauchstauglichkeit (s. Kap. C, Abschn. 2.1.3)

Unter einer festgelegten Einwirkungskombination (charakteristische Werte der Eigenlasten G_k und einem Anteil der veränderlichen Lasten $\psi_i \cdot Q_k$) ist nachzuweisen, dass der Nennwert einer Bauteileigenschaft (zulässige Durchbiegung, Rissbreite u. a.) nicht überschritten wird.

Dauerhaftigkeit (s. Kap. C, Abschn. 2.1.4)

Eine ausreichende Dauerhaftigkeit wird in Abhängigkeit von den Umweltbedingungen durch geeignete Baustoffe (s. Kap. A) und eine entsprechende bauliche Durchbildung (Betondeckung etc.) nachgewiesen.

Erläuterung der Grenzzustände an Beispielen

	Grenzzustände	Beispiele
①	Grenzzustände der Tragfähigkeit – Biegung und Längskraft – Querkraft, Torsion, Durchstanzen – Verformungsbeeinflusste Grenzzustände der Tragfähigkeit (Knicken)	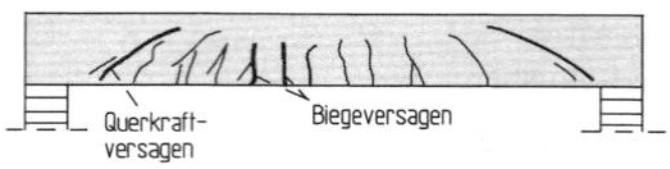 (Biegebruch/Schubbruch bei zu schwacher Bewehrung und/oder zu gering dimensioniertem Betonquerschnitt)
②	Grenzzustände der Gebrauchstauglichkeit – Spannungsbegrenzung – Begrenzung der Rissbreiten – Begrenzung der Verformungen	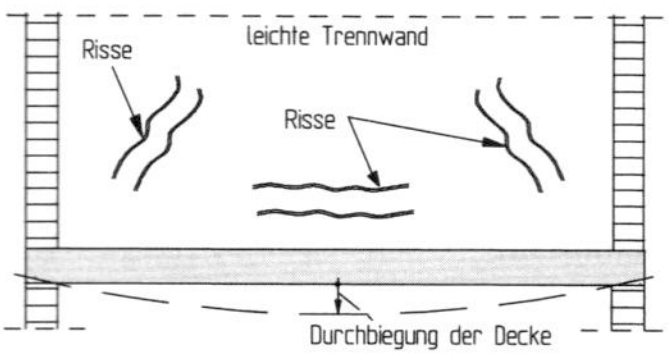 Durchbiegungsschäden (z. B. an leichten Trennwänden)
③	Dauerhaftigkeit, z. B. – Betonzusammensetzung – Betonverarbeitung – Betondeckung der Bewehrung	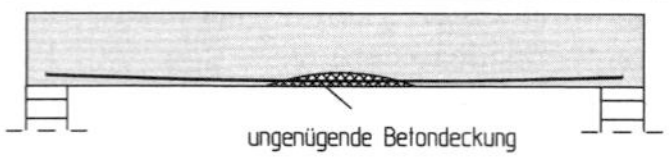 Korrosion der Bewehrung, Betonabplatzungen

II Bemessungsbeispiel

1 Tragwerksbeschreibung

Die dargestellte Decke mit Unterzug einer Warenhauserweiterung ist zu bemessen, es liegt die Expositionsklasse XC 1 vor (s. Kap. C, 4.1.1). Im Rahmen des Beispiels werden die Nachweise für eine Biege- und Querkraftbeanspruchung in den Grenzzuständen der Tragfähigkeit und Gebrauchstauglichkeit gezeigt; Nachweise zur Dauerhaftigkeit und zur Bewehrungsführung sind zusätzlich zu führen und hier nicht dargestellt.

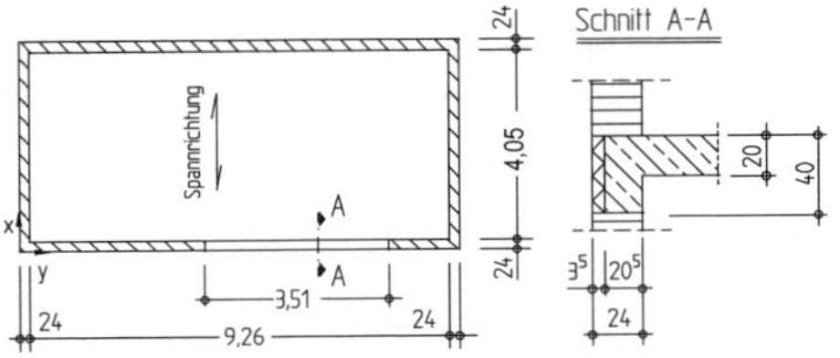

Baustoffe: Beton: C20/25
Betonstahl: B 500 A

Belastung: Eigenlast g_{k1}
Zusatzeigenlast g_{k2} = 1,25 kN/m²
Nutzlast q_k = 5,00 kN/m²

2 Bemessung und Konstruktion der Platte (Decke)

2.1 Tragwerksidealisierung

(vgl. Kap. C, 3.4 und 5.1.1.1)

Die Platte kann wegen überwiegender Lastabtragung in einer Richtung als einachsig, in Richtung der kürzeren Stützweite gespannt, gerechnet werden. Als Ersatzsystem wird dabei ein *Plattenstreifen mit einer Breite von einem Meter* angenommen. Die Stützweite wird ermittelt als Abstand der Auflagermitten, max. jedoch lichte Weite zzgl. je $0{,}5h$ (vgl. Kap. C, 3.4.3):

$l_x = 4{,}05 + 2 \cdot 0{,}20/2 = 4{,}25$ m

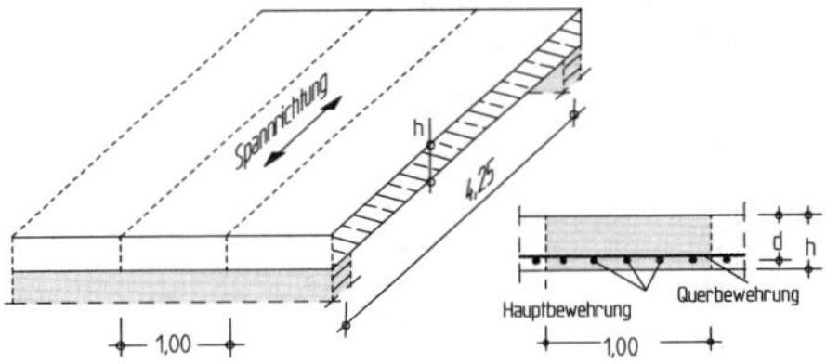

Belastung

Konstruktionseigenlast:	$0{,}20 \cdot 25{,}0 = 5{,}00$ kN/m²	$g_{k1} = 5{,}00$ kN/m²
Zusatzeigenlast (Estrich, Belag, Putz ...):		$g_{k2} = 1{,}25$ kN/m²
	Σ ständige Lasten:	$g_k = 6{,}25$ kN/m²
Nutzlast in Warenhäusern (EC 1):	Σ veränderliche Lasten:	$q_k = 5{,}00$ kN/m²

2.2 Tragfähigkeitsnachweise für die Platte (s. Kap. C, Abschn. 5.1.2)

Schnittgrößen

Bemessungslast: $r_d = (\gamma_G \cdot g_k + \gamma_Q \cdot q_k)$
$= 1{,}35 \cdot 6{,}25 + 1{,}50 \cdot 5{,}00$
$= 15{,}93$ kN/m²

Biegemoment: $M_{Ed} = 0{,}125 \cdot r_d \cdot l_x^2$
$= 0{,}125 \cdot 15{,}93 \cdot 4{,}25^2$
$= 36{,}0$ kNm/m

Querkraft: $V_{Ed} = 0{,}5 \cdot r_d \cdot l_x = 0{,}5 \cdot 15{,}93 \cdot 4{,}25$
$= 33{,}85$ kN/m

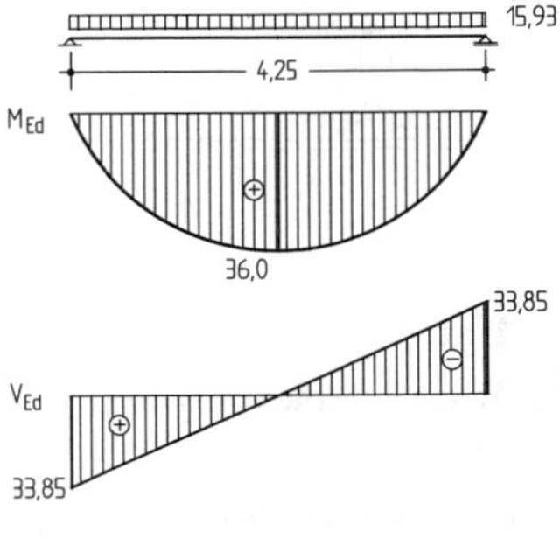

Biegebemessung

Nutzhöhe	$d = 17$ cm
Bemessungsmoment	$M_{Ed} = 36{,}0$ kNm/m
Bewehrung	$a_s = 5{,}21$ cm²/m (s. Tafel 12.55a; vgl. [12.44])
gew.:	R 524 A (= 5,24 cm²/m > 5,21 cm²/m)

Bemessung für Querkraft

Ohne Schubbewehrung aufnehmbare Querkraft (s. Kap. C, Abschn. 5.1.2.2 und 5.1.5):

$a_s = 5{,}21$ cm²/m (d. h. Bewehrung nicht gestaffelt) | $V_{Rd,c} = 75{,}3$ kN/m (Tafel 12.56a)
$d = 17$ cm; C20/25

$V_{Rd,c} > V_{Ed} = 33{,}85$ kN/m → keine Schubbewehrung erforderlich!

2.3 Nachweise im Grenzzustand der Gebrauchstauglichkeit

(s. Kap. C, Abschn. 5.1.3)

Für Platten bis 20 cm Dicke der Expositionsklasse XC 1 ohne nennenswerte Zwangsbeanspruchung ist i.d.R. nur ein Nachweis zur Verformungsbegrenzung erforderlich. Der Nachweis wird mit Tafel 12.56c geführt.

Einfeldsystem mit $l = 4{,}25$ m → $d_{erf} \approx 12$ cm $\leq d_{vorh} = 17$ cm

Die Biegeschlankheit (und damit die Verformungen) sind ausreichend begrenzt.

2.4 Bewehrungsführung und Bewehrungszeichnung

Auf Nachweise zur Bewehrungsführung wird verzichtet, Bewehrung entsprechend nachfolgender Skizze.

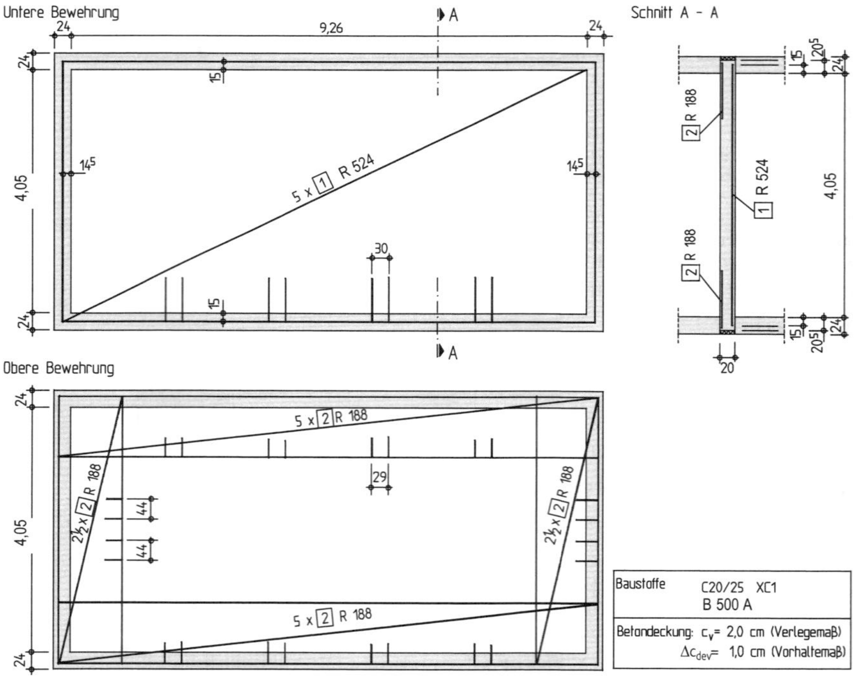

3 Unterzug

3.1 Tragwerksidealisierung

Stützweite

Als Stützweite wird die lichte Weite zzgl. halber Auflagerbreite angenommen (vgl. Kap C, Abschn. 3.4.3).

$l = 3{,}51 + 2 \cdot 0{,}25/2 \approx 3{,}75$ m (s. a. Skizze unten)

Belastung

aus Decke (s. S. 12.3):	$0{,}5 \cdot 15{,}93 \cdot 4{,}25$	= 33,85 kN/m
Konstruktionseigenlast:	$1{,}35 \cdot 0{,}205 \cdot 0{,}20 \cdot 25{,}0$	= 1,38 kN/m
	$\Sigma (g_d + q_d)$	= 35,23 kN/m

3.2 Grenzzustand der Tragfähigkeit

3.2.1 Biegebemessung
(s. Kap. C, Abschn. 5.2.2.1)

Biegemoment $M_{Ed} = 0{,}125 \cdot (g_d + q_d) \cdot l^2 = 0{,}125 \cdot 35{,}23 \cdot 3{,}75^2 = 61{,}9$ kNm

Mittragende Breite: $b_{eff} = b_w + 0{,}2 \cdot l_0 = 0{,}205 + 0{,}2 \cdot 3{,}75 \approx 0{,}95$ m (s. Abschn. 3.4.2)

Bemessung

Nutzhöhe: $d \approx 40{,}0 - 5{,}0 = 35$ cm

Bemessungsmoment $M_{Ed} = M_{Eds} = 61{,}9$ kNm (wegen $N_{Ed} = 0$)

Eingangswert: $k_d = \dfrac{d\ [\text{cm}]}{\sqrt{M_{Eds}\ [\text{kNm}]/b\ [\text{m}]}} = \dfrac{35}{\sqrt{61{,}9/0{,}95}} = 4{,}34$ (vgl. Tafel 2a, S. 12.81)

Ablesung: $k_s = 2{,}38$ $\quad (\xi = 0{,}08 \rightarrow x = 0{,}08 \cdot 35 \approx 3\text{ cm} < h_f = 20\text{ cm})$

Bewehrung: $\text{erf } A_s = k_s \cdot \dfrac{M_{Eds}[\text{kNm}]}{d\ [\text{cm}]} + \dfrac{N_{Ed}\ [\text{kN}]}{43{,}5} = 2{,}38 \cdot \dfrac{61{,}9}{35{,}0} = 4{,}21\text{ cm}^2$

gew.: 4 ∅ 12 (= 4,52 cm²) (Stabstahl)

3.2.2 Schubbemessung
(s. Kap. C, Abschn. 5.2.2.2)

Querkraft: $V_{Ed} = 0{,}5 \cdot (g_d + q_d) \cdot l = 0{,}5 \cdot 35{,}23 \cdot 3{,}75 = 66{,}1$ kN

Nachweise (näherungsweise und auf der sicheren Seite in der theoretischen Auflagerlinie)

Betondruckstrebe: $V_{Rd,max} = \nu_1 \cdot f_{cd} \cdot b_w \cdot z / (\tan\theta + \cot\theta)$

$\cot\theta = 1{,}2;\ \nu_1 \cdot f_{cd} = 8{,}50\text{ MN/m}^2$ (s. S. 12.59 f.)

$V_{Rd,max} = 8{,}50 \cdot 0{,}205 \cdot (0{,}9 \cdot 0{,}35)/(0{,}83 + 1{,}20) = 0{,}270\text{ MN} = 270\text{ kN}$

$V_{Ed} < V_{Rd,max} \rightarrow$ Druckstrebentragfähigkeit erfüllt

Schubbewehrung: $a_{sw} = V_{Ed} / (\cot\theta \cdot f_{ywd} \cdot z)$

$\cot\theta = 1{,}2$ (s. o.)

$a_{sw} = 0{,}0661 / (1{,}2 \cdot 435 \cdot 0{,}9 \cdot 0{,}35) = 4{,}02 \cdot 10^{-4} = 4{,}02\text{ cm}^2\text{/m}$

gew.: ∅ 6 – 14 (= 4,04 cm²/m)

Anschluss Druckgurt: Im Rahmen des Beispiels ohne Nachweis (s. hierzu S. 12.61).

3.3 Nachweise im Grenzzustand der Gebrauchstauglichkeit
(s. Kap. C, Abschn. 5.2.3)

Auf entsprechende Nachweise wird im vorliegenden Fall verzichtet. Bei Balken ist jedoch häufig ein Nachweis zur Begrenzung der Rissbreite, bei schlanken Konstruktionen ggf. auch ein Nachweis der Durchbiegung erforderlich.

3.4 Bewehrungsführung; Bewehrungszeichnung

Auf Nachweise zur Bewehrungsführung wird verzichtet, Bewehrung entsprechend nebenstehender Skizze.

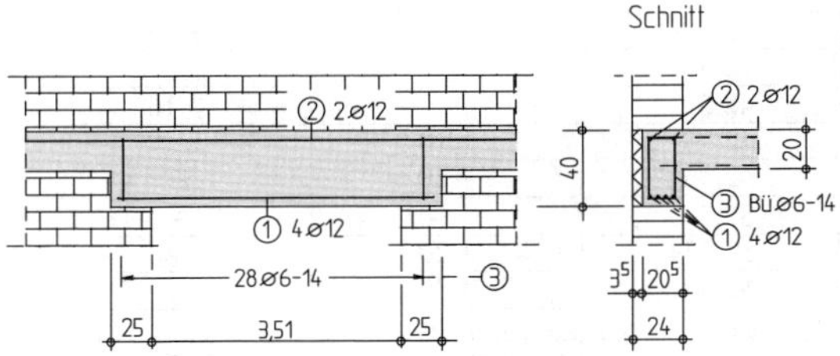

12 A Beton nach DIN EN 206-1/DIN 1045-2

Prof. Dr.-Ing. Robert Weber

1 Ausgangsstoffe

1.1 Zement

Als geeignet gelten Zemente nach DIN EN 197-1. Für Zemente mit den besonderen Eigenschaften NA (niedriger wirksamer Alkaligehalt), FE (frühes Erstarren), SE (schnelles Erstarren) und HO (erhöhter Anteil an organischen Bestandteilen) gilt DIN 1164. Zemente mit niedriger Hydratationswärme (LH) und hohem Sulfatwiderstand (SR) sind in DIN EN 197-1, die mit sehr niedriger Hydratationswärme (VLH) in DIN EN 14216 genormt.

Arten und Zusammensetzung der Zemente nach DIN EN 197-1

Zementart			Hauptbestandteile außer Portlandzementklinker	
Hauptart	Benennung	Kurzzeichen	Art	Anteil in M.-%
CEM I	Portlandzement	CEM I	–	0
CEM II	Portlandhüttenzement	CEM II/A-S	Hüttensand (S)	6…20
		CEM II/B-S		21…35
	Portlandsilikastaubzement	CEM II/A-D	Silikastaub (D)	6…10
	Portlandpuzzolanzement	CEM II/A-P	natürliches Puzzolan (P)	6…20
		CEM II/B-P		21…35
		CEM II/A-Q	künstliches Puzzolan (Q)	6…20
		CEM II/B-Q		21…35
	Portlandflugaschezement	CEM II/A-V	kieselsäurereiche Flugasche (V)	6…20
		CEM II/B-V		21…35
		CEM II/A-W	kalkreiche Flugasche (W)	6…20
		CEM II/B-W		21…35
	Portlandschieferzement	CEM II/A-T	gebrannter Schiefer (T)	6…20
		CEM II/B-T		21…35
	Portlandkalksteinzement	CEM II/A-L	Kalkstein (L)	6…20
		CEM II/B-L		21…35
		CEM II/A-LL	Kalkstein (LL)	6…20
		CEM II/B-LL		21…35
	Portlandkompositzement	CEM II/A-M	alle Hauptbestandteile möglich (S, D, P, Q, V, W, T, L, LL)	12…20
		CEM II/B-M		21…35
CEM III	Hochofenzement	CEM III/A	Hüttensand (S)	36…65
		CEM III/B		66…80
		CEM III/C		81…95
CEM IV	Puzzolanzement	CEM IV/A	Puzzolane (D, P, Q, V, W)	11…35
		CEM IV/B		36…55
CEM V	Kompositzement	CEM V/A	Hüttensand (S) und Puzzolane (P, Q, V)	18…30
		CEM V/B		31…49

Festigkeitsklassen nach DIN EN 197-1 und DIN EN 14216

Festigkeitsklasse	Druckfestigkeit in N/mm²			
	Anfangsfestigkeit		Normfestigkeit	
	2 Tage	7 Tage	28 Tage	
22,5[1]	–	–	> 22,5	≤ 42,5
32,5 L[2]	–	≥ 12	≥ 32,5	≤ 52,5
32,5 N	–	≥ 16		
32,5 R	≥ 10	–		
42,5 L	–	≥ 16	≥ 42,5	≤ 62,5
42,5 N	≥ 10	–		
42,5 R	≥ 20	–		
52,5 L	≥ 10	–	≥ 52,5	–
52,5 N	≥ 20	–		
52,5 R	≥ 30	–		

[1] Sonderzement mit sehr niedriger Hydratationswärme. [2] Gilt nur für Hochofenzement.

1.2 Gesteinskörnungen

Gesteinskörnungen können natürlich oder industriell hergestellt sein oder aus vorher beim Bauen verwendeten, rezyklierten Stoffen bestehen.

Gesteinskörnungen für Normal- und Schwerbeton müssen den Anforderungen der DIN EN 12 620 genügen. Anforderungen an Gesteinskörnungen mit Trockenrohdichten unter 2000 kg/m³ sind in DIN EN 13 055-1 festgelegt. Für rezyklierte Gesteinskörnungen gilt Teil 100 von DIN 4226.

Für die Verwendung von Gesteinskörnungen nach DIN EN 12 620 und DIN EN 13 055 gelten die in DIN 1045-2 aufgeführten Regelanforderungen, Prüfverfahren sind überwiegend in DIN EN 932 und DIN EN 933 beschrieben.

Enthält die Gesteinskörnung alkaliempfindliche Bestandteile und ist der Beton Feuchtezufuhr ausgesetzt, sind Vorsichtsmaßnahmen entsprechend DAfStb-Richtlinie „Vorbeugende Maßnahmen gegen schädigende Alkalireaktion im Beton" zu ergreifen. Für die Herstellung von hochfestem Beton sind hinsichtlich Alkalireaktion unbedenkliche Gesteinskörnungen zu verwenden.

Der Frostwiderstand wird durch Einfrieren der Gesteinskörnung unter Wasser geprüft und das Ergebnis in Kategorien F eingestuft (z. B. Kategorie F_2 bedeutet Masseverlust ≤ 2 %). Bei Einwirkung von Frost und Tausalz wird mit dem Kristallisationsverfahren (Magnesiumsulfat-Verfahren) geprüft und in Kategorien MS eingestuft (z. B. Kategorie MS_{25} bedeutet Masseverlust ≤ 25 %). Der Frost- sowie der Frost-Tausalz-Widerstand von Gesteinskörnungen können auch mit einer Prüfung eines Betons bestimmter Zusammensetzung nachgewiesen werden.

Die Kornzusammensetzung der Gesteinskörnungen wird durch Sieblinien und ggf. durch Kennwerte der Kornverteilung (Körnungsziffer K, D-Summe) gekennzeichnet.

Bezeichnung der Gesteinskörnungen nach DIN EN 12 620

Gesteinskörnung mit Kleinstkorn in mm	Gesteinskörnung mit Größtkorn in mm	Bezeichnung
0	0,063 [1)]	Füller (Gesteinsmehl)
0	≤ 4	feine Gesteinskörnung (Sand, Brechsand, Edelbrechsand)
≥ 2	≥ 4	grobe Gesteinskörnung (Kies, Splitt, Edelsplitt)

1) Überwiegend ≤ 0,063 mm.

Sieblinienbereiche

- **für Korngemische 0/16 nach DIN 1045-2**

① grobkörnig
② Ausfallkörnung
③ grob- bis mittelkörnig
④ mittel- bis feinkörnig
⑤ feinkörnig

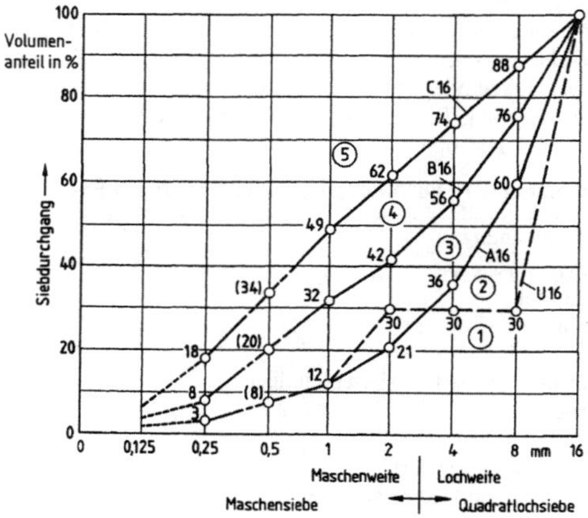

- **für Korngemische 0/32 nach DIN 1045-2**

① grobkörnig
② Ausfallkörnung
③ grob- bis mittelkörnig
④ mittel- bis feinkörnig
⑤ feinkörnig

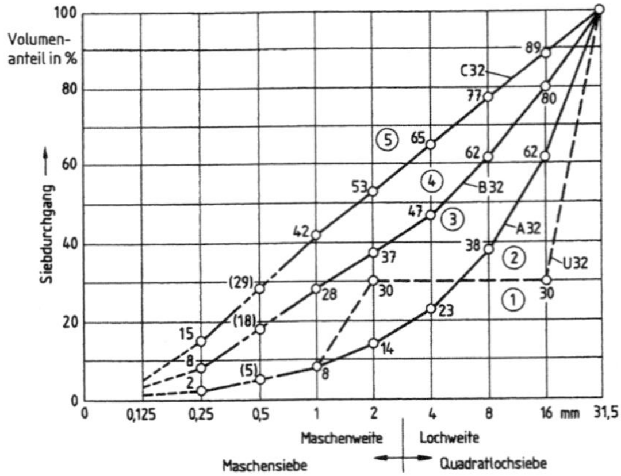

Richtwerte für den Wasseranspruch in Liter je m³ Frischbeton in Abhängigkeit von der Sieblinie und der Konsistenz

Körnungsziffer *K*	Sieblinie	Konsistenz steif	Konsistenz plastisch	Konsistenz weich
5,48	A 32	130	150	170
4,60	A 16	140	160	180
4,20	B 32	150	170	190
3,66	B 16	160	180	200
3,30	C 32	170	190	210
2,75	C 16	190	210	230

1.3 Zugabewasser

Trinkwasser sowie i. Allg. das in der Natur vorkommende Wasser ist als Zugabewasser geeignet, soweit es nicht Bestandteile enthält, die das Erhärten, andere Eigenschaften des Betons oder den Korrosionsschutz der Bewehrung ungünstig beeinflussen. Für die Wiederverwendung von Restwasser aus dem Frischbetonrecycling bei Betonen bis C50/60 oder LC50/55 ist DIN EN 1008 zu beachten. Für die Herstellung von hochfestem Beton und für Beton mit Luftporenbildner darf Restwasser nicht verwendet werden.

1.4 Betonzusatzmittel

Betonzusatzmittel sind flüssige oder pulverförmige Mittel, die dem Beton zugesetzt werden, um durch chemische und/oder physikalische Wirkung Eigenschaften des Frisch- oder Festbetons zu ändern, z. B. Verarbeitbarkeit oder Luftgehalt. Für die Definitionen, Anforderungen und Konformität von Zusatzmitteln gilt DIN EN 934, Teile 2, 4 und 5. Nationale Festlegungen für die Anwendung von Zusatzmitteln sind in DIN 1045-2 getroffen.

Bezeichnung der Wirkungsgruppen nach DIN EN 934 und ihre Kurzzeichen

Typbezeichnung	Kurzzeichen[1)]
Betonverflüssiger	BV
Fließmittel	FM
Stabilisierer	ST
Luftporenbildner	LP
Erstarrungs-/Erhärtungsbeschleuniger	BE
Verzögerer	VZ
Dichtungsmittel	DM
Viskositätsmodifizierer	VMA
Zusatzmittel für Einpressmörtel	EH
Zusatzmittel für Spritzbeton	SBE

1) Kurzzeichen sind nicht genormt, in der Praxis aber üblich.

1.5 Betonzusatzstoffe

Betonzusatzstoffe sind fein aufgeteilte Stoffe, die dem Beton zugegeben werden, um bestimmte Eigenschaften des Frisch- oder Festbetons zu beeinflussen, z. B. Verarbeitbarkeit, Dichtigkeit.

Es werden zwei Arten von anorganischen Betonzusatzstoffen unterschieden:

Typ I: nahezu inaktive (inerte) Betonzusatzstoffe (Gesteinsmehl, Pigment)
Typ II: puzzolanische oder latenthydraulische Betonzusatzstoffe (Flugasche, Silikastaub).

Ihre allgemeine Eignung gilt als nachgewiesen, wenn sie der entsprechenden Norm nachkommen:

Gesteinsmehl: DIN EN 12 620
Pigment: DIN EN 12 878
Flugasche: DIN EN 450-1
Trass: DIN 51 043
Silikastaub: DIN EN 13 263-1.

1.6 Fasern

Fasern werden dem Beton zugegeben, um sowohl die Zug- und Biegezugfestigkeit und die Verformbarkeit bei hoher Beanspruchung zu erhöhen als auch die Neigung zur Rissbildung zu vermindern. Sie werden z. B. bei Spritzbeton und Industriefußböden eingesetzt. Als Werkstoffe werden hochfester Stahl, Kunststoffe (Polymere) oder alkaliresistentes Glas verwendet.

Stahlfasern gelten als geeignet, wenn sie DIN EN 14 889-1 entsprechen; Polymerfasern nach DIN 14 889-2 sind dann geeignet, wenn ihre Verwendbarkeit durch eine allgemeine bauaufsichtliche Zulassung nachgewiesen ist.

2 Eigenschaften des Frischbetons und Nachweisverfahren

2.1 Konsistenz

Entsprechend dem Prüfverfahren (Ausbreit-, Verdichtungs-, Slump- und Vebéprüfung) werden vier Konsistenzklassen unterschieden, die nicht unmittelbar vergleichbar sind. Für die in Deutschland meist gebräuchlichen Konsistenzmessverfahren – Ausbreitungsversuch und Verdichtungsversuch – sind die Betone der einzelnen Konsistenzklassen beschrieben. Für die Prüfung von selbstverdichtendem Beton gelten andere Verfahren (DIN EN 12 350 Teile 8 bis 12).

Konsistenzklassen, bestimmt mit der Ausbreitprüfung nach DIN EN 12 350-5

Klasse	Ausbreitmaß d (Durchmesser) in mm	Konsistenzbeschreibung
F1[1)]	≤ 340	steif
F2	350 bis 410	plastisch
F3	420 bis 480	weich
F4	490 bis 550	sehr weich
F5	560 bis 620	fließfähig
F6[2)]	≥ 630	sehr fließfähig

1) Bei steifen Betonen empfiehlt sich die Verdichtungsprüfung.
2) Bei Ausbreitmaßen > 700 mm sind die DAfStb-Richtlinie „Selbstverdichtender Beton" und DIN EN 206-9 zu beachten.

Konsistenzklassen, bestimmt mit der Verdichtungsprüfung nach DIN EN 12 350-4

Klasse	Verdichtungsmaß c	Konsistenzbeschreibung
C0	$\geq 1{,}46$	sehr steif
C1	1,45 bis 1,26	steif
C2	1,25 bis 1,11	plastisch
C3[1)]	1,10 bis 1,04	weich

1) Bei weichen Betonen empfiehlt sich die Ausbreitprüfung.

2.2 Mehlkorngehalt

Der Mehlkorngehalt setzt sich zusammen aus dem Zement, dem in der Gesteinskörnung enthaltenen Kornanteil bis 0,125 mm und dem möglicherweise zugegebenen Betonzusatzstoff.

Höchstzulässiger Mehlkorngehalt, abhängig von Betonfestigkeitsklasse und Expositionsklasse, für Beton mit einem Größtkorn des Korngemisches von 16 mm bis 63 mm[1]

Betonfestigkeitsklasse		Expositions-klasse	Gehalt an Zement in kg/m^3	höchstzulässiger Gehalt an Mehlkorn in kg/m^3
Normal- und Schwerbeton	Leichtbeton			
bis C50/60	bis LC50/55	XF, XM[2]	$\leq$ 300[3]	400[4]
			$\geq$ 350[3]	450[4]
ab C55/67	ab LC55/60	alle	$\leq$ 400[5]	500[6]
			450[5]	550[6]
			$\geq$ 500[5]	600[6]

1) Bei Größtkorn 8 mm kann der Mehlkorngehalt 50 kg/m^3 höher sein.
2) Bei allen anderen Expositionsklassen Mehlkorngehalt $\leq$ 550 kg/m^3, bei selbstverdichtendem Beton $\leq$ 650 kg/m^3.
3) Bei Zementgehalten zwischen 300 kg/m^3 und 350 kg/m^3 ist der Mehlkorngehalt geradlinig zu interpolieren.
4) Die Werte dürfen insgesamt um max. 50 kg/m^3 erhöht werden, wenn
– ein puzzolanischer Zusatzstoff verwendet wird, um dessen Gehalt,
– der Zementgehalt 350 kg/m^3 übersteigt, um den über 350 kg/m^3 hinausgehenden Zementgehalt.
5) Bei Zementgehalten zwischen 400 kg/m^3 und 500 kg/m^3 ist der Mehlkorngehalt geradlinig zu interpolieren.
6) Die Werte dürfen erhöht werden, wenn ein puzzolanischer Zusatzstoff verwendet wird, um dessen Gehalt, jedoch um max. 50 kg/m^3.

2.3 Luftgehalt

Der Luftgehalt von Normal- und Schwerbeton ist nach DIN EN 12 350-7, der von Leichtbeton nach ASTM C173 zu ermitteln.

2.4 Frischbetontemperatur

Die Frischbetontemperatur darf i. Allg. +30 °C nicht überschreiten und +5 °C nicht unterschreiten.

2.5 Frischbetonrohdichte

Die Frischbetonrohdichte kann nach DIN EN 12 350-6 ermittelt werden.

3 Eigenschaften des Festbetons

3.1 Dauerhaftigkeit

Damit Beton dauerhaft ist, muss er widerstandsfähig gegenüber den Umgebungsbedingungen sein. Darunter sind diejenigen chemischen und physikalischen Einwirkungen zu verstehen, denen der Beton und die Bewehrung ausgesetzt sind, die bei der statischen Berechnung des Bauwerks nicht als Lasten in Ansatz gebracht werden. Die Einwirkungen der Umgebungsbedingungen werden in Expositionsklassen eingeteilt, die sowohl Grundlage für die Anforderungen an die Ausgangsstoffe und die Zusammensetzung des Betons als auch an die Mindestmaße der Betondeckung (s. Kap. 12 C, Abschn. 4.1) sind.

Die Expositionsklasse ist in der Leistungsbeschreibung anzugeben.

Expositionsklassen, allgemeine Übersicht

Klassenbezeichnung	Korrosionsbedingungen
X0	unbewehrter Beton ohne Korrosions- und Angriffsrisiko
XC XD XS	Bewehrungskorrosion, verursacht durch Karbonatisierung Bewehrungskorrosion, verursacht durch Chloride (ausgenommen Meerwasser) Bewehrungskorrosion, verursacht durch Chloride aus Meerwasser
XF	Frostangriff ohne und mit Taumittel
XA XM	Betonkorrosion, verursacht durch chemischen Angriff Betonkorrosion, verursacht durch Verschleißbeanspruchung
WO, WF, WA, WS	Betonkorrosion, verursacht durch Alkali-Kieselsäure-Reaktion

Expositionsklasse „Kein Korrosions- oder Angriffsrisiko“

Klassenbezeichnung	Umgebung	Beispiele für die Zuordnung
X0	alle Umgebungsbedingungen außer XF, XA und XM	– unbewehrte Fundamente ohne Frost – unbewehrte Innenbauteile

Expositionsklassen bei Bewehrungskorrosion, verursacht durch Karbonatisierung

Klassenbezeichnung	Umgebung	Beispiele für die Zuordnung
XC1	trocken oder ständig nass	– Bauteile in Innenräumen mit üblicher Luftfeuchte – Bauteile ständig in Wasser
XC2	nass, selten trocken	– Teile von Wasserbehältern – Gründungsbauteile
XC3	mäßige Feuchte	– Bauteile, zu denen die Außenluft häufig oder ständig Zugang hat, aber vor Regen geschützt
XC4	wechselnd nass und trocken	– Außenbauteile mit direkter Beregnung

Expositionsklassen bei Bewehrungskorrosion, verursacht durch Chloride

	Klassenbezeichnung	Umgebung	Beispiele für die Zuordnung
ausgenommen Chloride aus Meerwasser	XD1	mäßige Feuchte	– Einzelgaragen – Bauteile im Sprühnebelbereich von Verkehrsflächen
	XD2	nass, selten trocken	– Solebäder – Bauteile, die chloridhaltigen Industrieabwässern ausgesetzt sind
	XD3	wechselnd nass und trocken	– Teile von Brücken mit häufiger Spritzwasserbeanspruchung – Fahrbahndecken – direkt befahrene Parkdecks[1)]
Chloride aus Meerwasser	XS1	salzhaltige Luft ohne Meerwasserkontakt	– Außenbauteile in Küstennähe
	XS2	unter Wasser	– Teile von Meerwasserbauwerken
	XS3	Tidebereich; Spritzwasser- und Sprühnebelbereiche	– Teile von Meerwasserbauwerken

[1)] Ausführung nur mit zusätzlichen Maßnahmen, z. B. rissüberbrückende Beschichtung.

Expositionsklassen bei Frostangriff ohne und mit Taumittel

Klassenbezeichnung	Umgebung	Beispiele für die Zuordnung
XF1	mäßige Wassersättigung, ohne Taumittel	– Außenbauteile
XF2	mäßige Wassersättigung, mit Taumittel	– Bauteile im Sprühnebel- und Spritzwasserbereich taumittelbehandelter Verkehrsflächen, soweit nicht XF4 – Bauteile im Sprühnebelbereich von Meerwasser
XF3	hohe Wassersättigung, ohne Taumittel	– offene Wasserbehälter – Bauteile in der Wasserwechselzone von Süßwasser
XF4	hohe Wassersättigung, mit Taumittel	– Verkehrsflächen – überwiegend horizontale Bauteile im Spritzwasserbereich von taumittelbehandelten Verkehrsflächen – Räumerlaufbahnen von Kläranlagen – Meerwasserbauteile in der Wasserwechselzone

Expositionsklassen bei Betonkorrosion, verursacht durch chemischen Angriff

Klassenbezeichnung	Umgebung	Beispiele für die Zuordnung
XA1	chemisch schwach angreifend	– Bauteile in Kläranlagen – Güllebehälter
XA2	chemisch mäßig angreifend	– Bauteile in betonangreifenden Böden – Bauteile, die mit Meerwasser in Berührung kommen
XA3	chemisch stark angreifend	– Industrieabwasseranlagen – Kühltürme mit Rauchgasableitung

Expositionsklassen bei Betonkorrosion, verursacht durch Verschleißbeanspruchung

Klassenbezeichnung	Umgebung	Beispiele für die Zuordnung
XM1	mäßige Beanspruchung	– Industrieböden mit Beanspruchung durch luftbereifte Fahrzeuge
XM2	starke Beanspruchung	– Industrieböden mit Beanspruchung durch luft- oder vollgummibereifte Gabelstapler
XM3	sehr starke Beanspruchung	– Oberflächen, die häufig mit Kettenfahrzeugen befahren werden – Industrieböden mit Beanspruchung durch elastomer- oder stahlrollenbereifte Gabelstapler – Wasserbauwerke in geschiebebelasteten Gewässern (z. B. Tosbecken)

Expositionsklassen bei Betonkorrosion, verursacht durch Alkali-Kieselsäure-Reaktion

Klassenbezeichnung[1)]	Umgebung	Beispiele für die Zuordnung
WO	trocken	– Innenbauteile des Hochbaus – Außenbauteile, auf die Wasser und Feuchte nicht einwirken können und/oder die nicht einer rel. Feuchte > 80 % ausgesetzt sind
WF	feucht	– Außenbauteile, die Wasser u. Feuchte ausgesetzt sind – Innenbauteile für Feuchträume, in denen die rel. Feuchte > 80 % ist – Bauteile mit häufiger Taupunktunterschreitung, z. B. Schornsteine, Viehställe – massige Bauteile mit Abmessungen > 0,80 m
WA	feucht und Alkalizufuhr von außen	– Bauteile mit Meerwassereinwirkung – Bauteile unter Tausalzeinwirkung ohne zusätzliche dynamische Beanspruchung, z. B. Fahr- und Stellflächen in Parkhäusern – Bauteile von Industriebauten und landwirtschaftliche Bauwerke mit Alkalisalzeinwirkung
WS	hohe dynamische Beanspruchung und direkter Alkalieintrag	– Bauteile unter Tausalzeinwirkung mit zusätzlicher dynamischer Beanspruchung, z. B. Betonfahrbahndecken

1) Einteilung nach den Feuchtigkeitsklassen der Alkali-Richtlinie des DAfStb.

Grenzwerte zur Beurteilung des Angriffsgrads von Wässern und Böden[1)]

Vorkommen	chemisches Merkmal		Expositionsklasse		
			XA1 schwach	XA2 mäßig	XA3 stark
Wässer	pH-Wert		≤ 6,5 … ≥ 5,5	< 5,5 … ≥ 4,5	< 4,5 … ≥ 4,0
	kalklösende Kohlensäure (CO_2)	mg/l	≥ 15 … ≤ 40	> 40 … ≤ 100	> 100 bis zur Sättigung
	Ammonium (NH_4^+)[2)]	mg/l	≥ 15 … ≤ 30	> 30 … ≤ 60	> 60 … ≤ 100
	Magnesium (Mg^{2+})	mg/l	≥ 300 … ≤ 1000	> 1000 … ≤ 3000	> 3000 bis zur Sättigung
	Sulfat (SO_4^{2-})[3)]	mg/l	≥ 200 … ≤ 600	> 600 … ≤ 3000	> 3000 … ≤ 6000
Böden	Säuregrad nach Baumann-Gully		> 200	in der Praxis nicht anzutreffen	
	Sulfat (SO_4^{2-})	mg/kg	≥ 2000 … ≤ 3000	> 3000 … ≤ 12000	> 12000 … ≤ 24000

1) Für die Beurteilung ist der höchste Angriffsgrad maßgebend, auch wenn er nur von einem der Werte erreicht wird. Liegen zwei oder mehrere Werte in derselben Klasse, davon mindestens einer im oberen Viertel (bei pH im unteren Viertel), ist die Umgebung der nächsthöheren Stufe zuzuordnen.

2) Gülle kann, unabhängig vom NH_4^+-Gehalt, in die Expositionsklasse XA1 eingeordnet werden.

3) Falls der Sulfatgehalt des Grundwassers > 600 mg/l ist, ist dies im Rahmen der Festlegung des Betons anzugeben.

3.2 Druckfestigkeit

Wenn nicht anders vereinbart, wird die Druckfestigkeit an Probewürfeln mit 150 mm Kantenlänge $f_{c,dry,cube}$ ermittelt, die nach DIN EN 12 390-2 einen Tag in ihrer Form verbleiben, sechs Tage wassergelagert und anschließend bis zum Prüftermin luftgelagert werden. Die Druckfestigkeit an Würfeln mit 150 mm Kantenlänge $f_{c,cube}$, die nach dem Referenzverfahren nach DIN EN 12 390-2 bis zum Prüftermin wassergelagert werden, kann aus der Druckfestigkeit $f_{c,dry,cube}$ berechnet werden:

- Normalbeton bis einschließlich C50/60 $f_{c,cube} = 0{,}92 \cdot f_{c,dry,cube}$
- Hochfester Normalbeton ab C55/67 $f_{c,cube} = 0{,}95 \cdot f_{c,dry,cube}$

Diese Beziehung gilt nur für die Umrechnung von Würfeldruckfestigkeiten; sie berücksichtigt ausschließlich die unterschiedlichen Lagerungsbedingungen.

Zur Klassifizierung der Druckfestigkeit wird die charakt. Festigkeit (Festigkeitswert, den erwartungsgemäß 5 % der Grundgesamtheit aller möglichen Festigkeitsmessungen der Menge des betrachteten Betons unterschreiten) verwendet, und zwar von Zylindern (∅ 150 mm, h = 300 mm) nach 28 Tagen $f_{ck,cyl}$ oder die charakteristische Festigkeit von 150-mm-Würfeln nach 28 Tagen $f_{ck,cube}$. Für besondere Anwendungen kann die Druckfestigkeit zu einem früheren Zeitpunkt als 28 Tage bestimmt werden, z. B. beim Transport von Fertigteilen. Sie darf auch für einen späteren Prüftermin vereinbart werden, z. B. nach 56 Tagen, wenn Massenbeton nach der DAfStb-Richtlinie „Massige Bauteile aus Beton" eingesetzt wird oder bestimmte Bedingungen sowohl vom Betonhersteller als auch vom Bauunternehmer erfüllt werden.

Die Einteilung in Druckfestigkeitsklassen wird getrennt für Normal- und Schwerbeton bzw. für Leichtbeton vorgenommen. Normal- und Schwerbetone mit einer Festigkeitsklasse über C50/60 sowie Leichtbetone über LC50/55 sind hochfeste Betone. Für Beton C90/105 und C100/115 sowie für LC70/77 und LC80/88 ist eine allg. bauaufsichtliche Zulassung oder eine Zustimmung im Einzelfall erforderlich.

Druckfestigkeitsklassen für Normal- und Schwerbeton

Druckfestigkeitsklasse	$f_{ck,cyl}$ in N/mm²	$f_{ck,cube}$ in N/mm²
C8/10	8	10
C12/15	12	15
C16/20	16	20
C20/25	20	25
C25/30	25	30
C30/37	30	37
C35/45	35	45
C40/50	40	50
C45/55	45	55
C50/60	50	60
C55/67	55	67
C60/75	60	75
C70/85	70	85
C80/95	80	95
C90/105	90	105
C100/115	100	115

Druckfestigkeitsklassen für Leichtbeton

Druckfestigkeitsklasse	$f_{ck,cyl}$ in N/mm²	$f_{ck,cube}$ in N/mm²
LC8/9	8	9
LC12/13	12	13
LC16/18	16	18
LC20/22	20	22
LC25/28	25	28
LC30/33	30	33
LC35/38	35	38
LC40/44	40	44
LC45/50	45	50
LC50/55	50	55
LC55/60	55	60
LC60/66	60	66
LC70/77	70	77
LC80/88	80	88

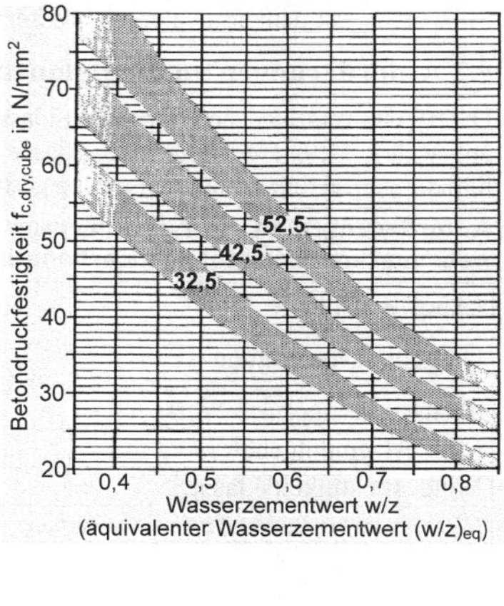

Abhängigkeit der Würfeldruckfestigkeit $f_{c,dry,cube}$ des Betons von der Festigkeitsklasse des Zements und vom Wasserzementwert

3.3 Trockenrohdichte

Die Trockenrohdichte ist nach DIN EN 12 390-7 zu bestimmen.

Klassifizierung von Beton nach der Trockenrohdichte

	Leichtbeton						Normalbeton	Schwerbeton
Rohdichte-Klasse	D1,0	D1,2	D1,4	D1,6	D1,8	D2,0		
Rohdichtebereich in kg/m³	≥ 800 und ≤ 1000	> 1000 und ≤ 1200	> 1200 und ≤ 1400	> 1400 und ≤ 1600	> 1600 und ≤ 1800	> 1800 und ≤ 2000	> 2000 und ≤ 2600	> 2600

4 Anforderungen an die Zusammensetzung des Betons

4.1 Allgemeine Anforderungen

4.1.1 Zugabe von Betonzusatzmitteln

Grenzwerte für die Zugabemenge in ml (g) je kg Zement + anrechenbarer Zusatzstoff

		Beton bis C50/60	hochfester Beton
Mindest-Zugabemenge[1)]		2	2
Höchst-Zugabemenge bei Einsatz	eines Zusatzmittels	50	70
	mehrerer Zusatzmittel	60	80

[1)] Mengen < 2 g/kg sind dann erlaubt, wenn sie in einem Teil des Zugabewassers aufgelöst sind.

Flüssige Betonzusatzmittel sind dem Wassergehalt bei der Bestimmung des Wasserzementwerts dann zuzurechnen, wenn ihre gesamte Zugabemenge > 3 l/m³ beträgt.

4.1.2 Zugabe von Betonzusatzstoffen

		Flugasche *f*	Silikastaub *s*
Anrechenbarkeitswert *k*		0,4	1,0
Höchstmenge in kg/m³		0,33 *z*[1)]	0,11 *z*
Mindestzementgehalt in kg/m³ bei Anrechnung des Zusatzstoffs bei Expositionsklasse	XC3	240[2)]	240[3)]
	XC4, XD, XS, XF, XA, XM	270[2)]	270[3) 4)]

1) Bei Zementen mit den Hauptbestandteilen P (natürliches Puzzolan) oder V (kieselsäurereiche Flugasche) 0,25*z*, bei Zement mit dem Hauptbestandteil D (Silikastaub) 0,15*z*.
2) Anrechnung nur bei Verwendung von CEM I, CEM II-S, CEM II-T, CEM II/A-LL, CEM II/A-D, CEM II/A-P, CEM II/A-V, CEM II/A-M (mit den Hauptbestandteilen S, D, P, V, T, LL), CEM II/B-M(S-D, S-T, D-T) sowie Hochofenzement mit ≤ 70 M.-% Hüttensand möglich.
3) Zusätzlich zu 2) ist die Anrechnung möglich bei Verwendung von Portlandpuzzolanzement CEM II/B-P und Hochofenzement bis zu 80 M.-% Hüttensand. Ausgenommen zu 2) sind CEM II/A-D sowie CEM II/M mit dem Hauptbestandteil D.
4) Für XF2 und XF4 ist keine Anrechnung möglich.

Für alle Expositionsklassen – mit Ausnahme XF2 und XF4 bei Verwendung von Silikastaub – darf anstelle des höchstzulässigen Wasserzementwerts w/z bei Verwendung von Flugasche und/oder Silikastaub mit dem äquivalenten Wasserzementwert $w/(z + 0{,}4f + 1{,}0s)$ gerechnet werden.

4.2 Anforderungen an die Betonzusammensetzung nach den Expositionsklassen

Die bei den verschiedenen Expositionsklassen verwendbaren Zementarten sind auf S. 12.16 aufgeführt. An unbewehrte Betone der Expositionsklasse X0 (kein Korrosions- oder Angriffsrisiko) werden keine Anforderungen an ihre Zusammensetzung gestellt, sie müssen mind. die Festigkeitsklasse C8/10 erzielen.

Anforderungen an die Zusammensetzung von Beton nach Eigenschaften zum Schutz vor Bewehrungskorrosion infolge Karbonatisierung (Expositionsklassen XC)

Expositionsklasse	XC1	XC2	XC3	XC4
Umgebungsbedingung	trocken oder ständig nass	nass, selten trocken	mäßige Feuchte	wechselnd nass und trocken
höchstzulässiger *w/z*-Wert	0,75		0,65	0,60
Mindestzementgehalt in kg/m³ [1)]	240		260	280
Mindestfestigkeitsklasse	C16/20		C20/25	C25/30

1) Bei einem Größtkorn der Gesteinskörnung von 63 mm darf der Zementgehalt um 30 kg/m³ reduziert werden.

Anforderungen an die Zusammensetzung von Beton nach Eigenschaften zum Schutz vor Bewehrungskorrosion durch Chloride (Expositionsklassen XD und XS)

Expositionsklasse	XD1	XD2	XD3	XS1	XS2	XS3
Umgebungsbedingung	andere Chloride als aus Meerwasser			Chloride aus Meerwasser		
	mäßig feucht	nass, selten trocken	wechselnd nass/ trocken	salzhaltige Luft	unter Meerwasser	Bereiche von Tide, Spritzwasser, Sprühnebel
höchstzulässiger *w/z*-Wert	0,55	0,50	0,45	0,55	0,50	0,45
Mindestzementgehalt in kg/m^3 [1]	300	320	320	300	320	320
Mindestfestigkeitsklasse[3]	C30/37	C35/45[2]	C35/45	C30/37	C35/45[2]	C35/45

[1] Bei einem Größtkorn der Gesteinskörnung von 63 mm darf der Zementgehalt um 30 kg/m^3 reduziert werden.
[2] Bei langsam und sehr langsam erhärtenden Betonen eine Festigkeitsklasse niedriger.
[3] Bei Verwendung von Luftporenbeton, z. B. aufgrund gleichzeitiger Anforderungen aus der Expositionsklasse XF, eine Festigkeitsklasse niedriger.

Anforderungen an die Zusammensetzung von Beton nach Eigenschaften mit Widerstand gegen Frost ohne und mit Taumittel (Expositionsklassen XF)

Expositionsklasse		XF1	XF2[1]		XF3		XF4[1]
Wassersättigung		mäßig	mäßig		hoch		hoch
Taumittel		ohne	mit		ohne		mit
höchstzulässiger *w/z*-Wert		0,60	0,55	0,50	0,55	0,50	0,50
Mindestzementgehalt in kg/m^3 [2]		280	300	320	300	320	320
Mindestfestigkeitsklasse		C25/30	C25/30	C35/45[3]	C25/30	C35/45[3]	C30/37
mittl. Luftgehalt in Vol.-%[4), 5)] bei Größtkorn der Gesteinskörnung in mm	8	–	$\geq 5{,}5$	–	$\geq 5{,}5$	–	$\geq 5{,}5$
	16	–	$\geq 4{,}5$	–	$\geq 4{,}5$	–	$\geq 4{,}5$
	32	–	$\geq 4{,}0$	–	$\geq 4{,}0$	–	$\geq 4{,}0$
	63	–	$\geq 3{,}5$	–	$\geq 3{,}5$	–	$\geq 3{,}5$
Widerstand der Gesteinskörnung gegen Frost bzw. Frost und Taumittel		F_4 [6]	MS_{25} [7]		F_2 [6]		MS_{18} [7]

[1] Zusatzstoffe des Typs II dürfen zugegeben, aber nicht auf den Zementgehalt oder den *w/z*-Wert angerechnet werden. Ausgenommen hiervon ist die Verwendung von Flugasche; ihre Anrechnung ist zulässig.
[2] Bei einem Größtkorn der Gesteinskörnung von 63 mm darf der Zementgehalt um 30 kg/m^3 reduziert werden.
[3] Bei langsam und sehr langsam erhärtenden Betonen eine Festigkeitsklasse niedriger.
[4] Einzelwerte dürfen die Anforderungen um höchstens 0,5 Vol.-% unterschreiten. Für sehr weichen Beton sowie beim Einsatz von Fließmittel ist der Luftgehalt um 1 Vol.-% zu erhöhen.
[5] Erdfeuchter Beton (z. B. Pflastersteine) mit $w/z < 0{,}40$ darf ohne LP hergestellt werden.
[6] Kategorie des Frostwiderstands nach DIN EN 12620 (s. Abschnitt 1.2).
[7] Kategorie der Magnesiumsulfat-Widerstandsfähigkeit nach DIN EN 12620 (s. Abschnitt 1.2).

Anforderungen an die Zusammensetzung von Beton nach Eigenschaften mit Widerstand gegen Verschleißbeanspruchung (Expositionsklassen XM)

Expositionsklasse	XM1	XM2[1]	XM2	XM3[2]
Beanspruchung	mäßig	stark	stark	sehr stark
höchstzulässiger *w/z*-Wert	0,55	0,55	0,45	0,45
Mindestzementgehalt[3] in kg/m^3	300	300	320	320
Mindestfestigkeitsklasse[4]	C30/37	C30/37	C35/45	C35/45
Anforderungen an die Gesteinskörnung	Die Körner sollten eine mäßig raue Oberfläche und eine gedrungene Gestalt haben; das Gemisch sollte möglichst grobkörnig sein.			

[1] Oberflächenbehandlung erforderlich, z. B. Vakuumbehandlung und Glätten der Oberfläche.
[2] Einstreuen von Hartstoffen nach DIN 1100 erforderlich.
[3] Für alle Festigkeitsklassen $\leq$ C50/60: $z \leq 360$ kg/m^3. Bei einem Größtkorn der Gesteinskörnung von 63 mm darf der Zementgehalt um 30 kg/m^3 reduziert werden.
[4] Bei Verwendung von Luftporenbeton, z. B. aufgrund gleichzeitiger Anforderungen aus der Expositionsklasse XF, eine Festigkeitsklasse niedriger.

Anforderungen an die Zusammensetzung von Beton nach Eigenschaften mit Widerstand gegen chemischen Angriff (Expositionsklassen XA)

Expositionsklasse	XA1	XA2	XA3[1)]
Angriffsgrad	schwach	mäßig	stark
höchstzulässiger *w/z*-Wert	0,60	0,50	0,45
Mindestzementgehalt in kg/m^3 [2)]	280	320	320
Mindestfestigkeitsklasse	C25/30	C35/45[3)4)]	C35/45[3)]

1) Schutz des Betons z. B. durch Schutzschichten oder dauerhafte Bekleidungen erforderlich oder Gutachten für Sonderlösung.
2) Bei einem Größtkorn der Gesteinskörnung von 63 mm darf der Zementgehalt um 30 kg/m^3 reduziert werden.
3) Bei Verwendung von Luftporenbeton, z. B. aufgrund gleichzeitiger Anforderungen aus der Expositionsklasse XF, eine Festigkeitsklasse niedriger.
4) Bei langsam und sehr langsam erhärtenden Betonen eine Festigkeitsklasse niedriger.

Anwendung der Zemente nach DIN EN 197-1, DIN 1164-10, DIN 1164-12 und von FE-Zementen sowie CEM I-SE und CEM II-SE nach DIN 1164-11 (s. S. 12.6) in Abhängigkeit von den Expositionsklassen

Expositionsklasse			X0 XC2	XC1	XC3 XC4 XD1 XD3 XS1 XS3 XM1 XM2 XM3	XD2 XS2 XA1 XA2[1)] XA3[1)]	XF1	XF2 XF4[2)]	XF3
CEM I			■	■	■	■	■	■	■
CEM II /	A/B	S	■	■	■	■	■	■	■
CEM II /	A	D	■	■	■	■	■	■	■
CEM II /	A/B	P/Q	■	■	■	■	■		■
CEM II /	A/B	V	■	■	■	■	■	■	■
CEM II /	A	W	■	■					
CEM II /	B	W	■						
CEM II /	A/B	T	■	■	■	■	■	■	■
CEM II /	A	LL	■	■	■	■	■	■	■
CEM II /	B	LL	■	■					
CEM II /	A	L	■	■	■	■			
CEM II /	B	L	■	■					
CEM II /	A	M	■	■					
CEM II /	B	M	■						
CEM III /	A		■	■	■	■	■	■	■
CEM III /	B		■	■	■	■	■	■	■
CEM III /	C		■			■			
CEM IV			■						
CEM V			■						

■ = gültiger Anwendungsbereich   □ = für die Expositionsklasse nicht anwendbar

1) Bei Sulfatangriff (ausgenommen bei Meerwasser) SR-Zement; bei $SO_4^{2-} \leq 1500$ mg/l darf anstelle von SR-Zement eine Mischung von Zement + Flugasche verwendet werden.
2) Bei Verwendung von CEM III A Festigkeitsklasse ≥ 42,5 oder Festigkeitsklasse ≥ 32,5R mit Hüttensandanteil ≤ 50 M.-%. CEM III B darf nur verwendet werden (dabei kann auf LP verzichtet werden), bei
– Meerwasserbauteilen: $w/z \leq 0{,}45$; $z \geq 340$ kg/m^3; ≥ C35/45,
– Räumerlaufbahnen: $w/z \leq 0{,}35$; $z \geq 360$ kg/m^3; ≥ C40/50.

4.3 Anforderungen an die Zusammensetzung von Standardbeton

Standardbeton = Normalbeton der Festigkeitsklassen C8/10, C12/15 und C16/20 ohne Betonzusatzmittel und -zusatzstoffe und nur für die Expositionsklassen X0, XC1 und XC2.

Mindestzementgehalt für Standardbeton
Zement: Festigkeitsklasse 32,5 / Gesteinskörnung: Größtkorn 32 mm

Festigkeitsklasse des Betons	Mindestzementgehalt in kg/m^3 [1)] für Konsistenzbeschreibung		
	steif	plastisch	weich
C8/10	210	230	260
C12/15	270	300	330
C16/20	290	320	360

[1)] Der Zementgehalt muss vergrößert werden um:
- 10 % bei einem Größtkorn der Gesteinskörnung von 16 mm,
- 20 % bei einem Größtkorn der Gesteinskörnung von 8 mm.

Der Zementgehalt darf verringert werden um:
- max. 10 % bei Zement der Festigkeitsklasse 42,5,
- max. 10 % bei einem Größtkorn der Gesteinskörnung von 63 mm.

4.4 Anforderungen an die Zusammensetzung von Beton mit hohem Wassereindringwiderstand

- bei Bauteildicken > 0,40 m: *w/z*-Wert ≤ 0,70,
- bei Bauteildicken ≤ 0,40 m: *w/z*-Wert ≤ 0,60; $z \geq 280$ kg/m^3 (bei Anrechnung von Zusatzstoffen ≥ 270 kg/m^3); Mindestdruckfestigkeitsklasse C25/30.

Bei Beanspruchung des Bauteils durch Druckwasser nach DAfStb-Richtlinie „Wasserundurchlässige Bauteile aus Beton" äquivalenter Wasserzementwert ≤ 0,55.

4.5 Anforderungen an die Zusammensetzung von Unterwasserbeton für tragende Bauteile

- *w/z*-Wert: ≤ 0,60; bei weitergehenden Beanspruchungen, z. B. bei XA, kleinerer *w/z*-Wert,
- Zementgehalt bei Größtkorn der Gesteinskörnung 32 mm: ≥ 350 kg/m^3,
- bei Einsatz von Flugasche: $z + f \geq 350$ kg/m^3; Anrechenbarkeitswert $k = 0,7$; folglich bei Anrechnung auf den *w/z*-Wert: $w/(z+0,7f) \leq 0,60$; dabei $f \leq 0,33\,z$.

5 Festlegung des Betons

Der Beton kann in der Ausschreibung festgelegt werden als
- Beton nach Eigenschaften,
- Beton nach Zusammensetzung,
- Standardbeton.

5.1 Beton nach Eigenschaften

Beim Beton nach Eigenschaften entwirft der Betonhersteller die Zusammensetzung der Mischung und ist dafür verantwortlich, dass die geforderten Eigenschaften und zusätzlichen Anforderungen erfüllt werden.

- Grundlegende Anforderungen:
  Bezug auf DIN EN 206-1 und DIN 1045-2 / Druckfestigkeitsklasse (ggf. von 28 Tagen abweichender Zeitpunkt der Prüfung) / Expositionsklasse(n) / Feuchtigkeitsklasse nach DAfStb-Richtlinie „Vorbeugende Maßnahmen gegen schädigende Alkalireaktion im Beton" / Größtkorn der Gesteinskörnung / Art der Verwendung des Betons / Konsistenzklasse / bei Leichtbeton oder Schwerbeton Rohdichteklasse oder Zielwert der Rohdichte.
- Zusätzliche Anforderungen:
  besondere Zementeigenschaften (z. B. LH) / Arten oder Klassen von Gesteinskörnungen (z. B. Frostwiderstand) / Luftgehalt / besondere Anforderungen an die Frischbetontemperatur / Festigkeitsentwicklung / Wärmeentwicklung während der Hydratation / Verarbeitbarkeitsdauer / Wassereindringwiderstand / Abriebwiderstand / Spaltzugfestigkeit / besondere technische Anforderungen.

5.2 Beton nach Zusammensetzung

Beim Beton nach Zusammensetzung werden die zu verwendenden Ausgangsstoffe und deren Zusammensetzung dem Hersteller vorgegeben. Während der Verfasser der Festlegung verantwortlich dafür ist, dass die Anforderungen der Norm berücksichtigt sind und dass mit den vorgegebenen Ausgangsstoffen und der festgelegten Betonzusammensetzung die vorgesehenen Frisch- und Festbetoneigenschaften erreicht werden, ist durch den Hersteller lediglich die Einhaltung der festgelegten Zusammensetzung nachzuweisen.

- Grundlegende Anforderungen:

  Bezug auf DIN EN 206-1 und DIN 1045-2 / Zementart, Festigkeitsklasse des Zements, Zementgehalt / *w/z*-Wert oder Konsistenzklasse bzw. Zielwert / Art der Gesteinskörnung, Größtkorn, bei Leicht- und Schwerbeton Rohdichte der Gesteinskörnung / Art, Menge und Herkunft von Zusatzmittel, Zusatzstoff und Faser.
- Zusätzliche Anforderungen:

  Herkunft der Betonausgangsstoffe / besondere Anforderungen an die Gesteinskörnung / besondere Anforderungen an die Frischbetontemperatur / besondere technische Anforderungen.

5.3 Standardbeton

Beim Standardbeton (Normalbeton der Festigkeitsklassen C8/10, C12/15 oder C16/20 ohne Zusätze sowie nur für die Expositionsklassen X0, XC1 und XC2) ist der Hersteller dafür verantwortlich, dass die Normvorgaben für den Zementgehalt berücksichtigt sind.

- Grundlegende Anforderungen:

  Druckfestigkeitsklasse / Expositionsklasse / Feuchtigkeitsklasse nach Alkalirichtlinie des DAfStb / Konsistenzbezeichnung / Größtkorn der Gesteinskörnung / Festigkeitsentwicklung (falls erforderlich).

6 Herstellung des Betons

Für Betonmengen > 1 m³ sind alle Ausgangsstoffe mit einer Genauigkeit von ± 3 % der in der Mischanweisung vorgegebenen Menge zu dosieren. Zement, Gesteinskörnung und pulverförmige Zusatzstoffe müssen nach Masse dosiert werden; andere Verfahren sind zulässig, falls die geforderte Dosiergenauigkeit erreicht wird. Zugabewasser, Zusatzmittel, flüssige Zusatzstoffe und leichte Gesteinskörnung dürfen nach Masse oder Volumen dosiert werden.

Das Mischen der Ausgangsstoffe muss in einem Mischer erfolgen und so lange dauern, bis die Mischung gleichförmig erscheint. Zusatzmittel sind während des Hauptmischgangs zuzugeben. Wenn Fließmittel nach dem Hauptmischgang zugesetzt werden, muss der Beton nochmals gemischt werden. In einem Fahrmischer darf die Mischdauer nach Zugabe eines Zusatzmittels nicht weniger als 1 min/m³ und nicht kürzer als 5 min sein. Nach Verlassen des Mischers darf die Zusammensetzung des Betons nicht mehr verändert werden.

7 Nachbehandlung und Schutz des Betons

Um die vom Beton erwarteten Eigenschaften – insbesondere im Oberflächenbereich – zu erhalten, ist eine sorgfältige Nachbehandlung und ein Schutz über einen angemessenen Zeitraum erforderlich. Bevorzugte Maßnahmen sind: Belassen in der Schalung / Abdecken der Betonoberfläche mit dampfdichten Folien / Auflegen von wasserspeichernden Abdeckungen unter ständigem Feuchthalten bei gleichzeitigem Verdunstungsschutz / kontinuierliches Besprühen mit Wasser bzw. Fluten / Aufsprühen eines Nachbehandlungsmittels mit nachgewiesener Eignung.

Nachbehandlungsdauer

- Bei den Expositionsklassen X0 (unbewehrte Bauteile) und XC1 (Innenbauteile) ist der Beton mindestens einen halben Tag nachzubehandeln, wenn Verarbeitbarkeitszeit < 5 h und Temperatur der Betonoberfläche ≥ 5 °C; anderenfalls ist die Nachbehandlungsdauer angemessen zu verlängern.
- Bei der Expositionsklasse XM (Verschleißbeanspruchung) ist der Beton so lange nachzubehandeln, bis die Festigkeit des oberflächennahen Bereichs 70 % der charakteristischen Festigkeit erreicht hat. Ohne besonderen Nachweis sind die Werte der nachfolgenden Tafel zu verdoppeln.

– Bei allen übrigen Expositionsklassen ist der Beton so lange nachzubehandeln, bis die Festigkeit im oberflächennahen Bereich 50 % der charakteristischen Festigkeit erreicht hat. Ohne besonderen Nachweis sind die Werte der nachfolgenden Tafel zu berücksichtigen. Die Nachbehandlungsdauer ist angemessen zu verlängern bei Verarbeitbarkeitszeit > 5 h.

Mindestdauer der Nachbehandlung in Tagen für alle Expositionsklassen außer X0, XC1 und XM in Abhängigkeit von der Oberflächentemperatur nach DIN EN 13 670

Oberflächentemperatur[1] in °C	Festigkeitsentwicklung des Betons $\beta_{cm,2}/\beta_{cm,28}$[2]			
	schnell ≥ 0,50	mittel ≥ 0,30 ... < 0,50	langsam ≥ 0,15 ... < 0,30	sehr langsam < 0,15
≥ 25	1	2	2	3
< 25 ... ≥ 15	1	2	4	5
< 15 ... ≥ 10	2	4	7	10
< 10 ... ≥ 5[3]	3	6	10	15

[1] Anstelle der Oberflächentemperatur des Betons darf die Lufttemperatur angesetzt werden.
[2] Verhältnis mittlere Druckfestigkeit nach 2 Tagen zur mittleren Druckfestigkeit nach 28 Tagen, ermittelt entweder bei der Erstprüfung oder aus bekanntem Verhältnis von Betonen vergleichbarer Zusammensetzung.
[3] Bei Temperaturen < 5 °C Nachbehandlungsdauer um die Zeit verlängern, während der die Temperatur unter 5 °C lag.

– Zur Ermittlung der Mindestdauer der Nachbehandlung von Beton für die Expositionsklassen XC2, XC3, XC4 und XF1 können auch die Werte der nachfolgenden Tafel angesetzt werden, jedoch nur dann, wenn der Beton vor einer übermäßigen Auskühlung geschützt ist. Diese Gefahr besteht insbesondere bei Bauteilen mit ungeschalten Oberflächen (z. B. Decken). Die Mindestdauer ist in diesem Fall nicht abhängig von der Oberflächentemperatur, sondern von der Frischbetontemperatur zum Zeitpunkt des Betoneinbaus.

Mindestdauer der Nachbehandlung in Tagen von Beton für die Expositionsklassen XC2, XC3, XC4 und XF1 in Abhängigkeit von der Frischbetontemperatur nach DIN EN 13 670

Frischbetontemperatur zum Zeitpunkt des Betoneinbaus in °C	Festigkeitsentwicklung des Betons $\beta_{cm,2}/\beta_{cm,28}$[1]		
	schnell ≥ 0,50	mittel ≥ 0,30 ... < 0,50	langsam ≥ 0,15 ... < 0,30
≥ 15	1	2	4
< 15 ... ≥ 10	2	4	7
< 10 ... ≥ 5	4	8	14

[1] Zwischenwerte dürfen eingeschaltet werden.

8 Produktionskontrolle beim Betonhersteller

Von allen Herstellern von Frischbeton muss eine Produktionskontrolle durchgeführt werden, die alle Maßnahmen umfassen muss, die für die Erzielung der Konformität des Betons mit den festgelegten Anforderungen erforderlich sind (Eigenüberwachung). Hierzu zählen u. a. Baustoffauswahl / Betonentwurf / Überwachung und Prüfung der Ausgangsstoffe, der Vorrichtungen für die Lagerung, der Wäge- und Messeinrichtungen, des Mischers und der Steuerungsgeräte sowie der Betoneigenschaften. Das System der Produktionskontrolle muss mindestens alle zwei Jahre überprüft werden, um die Eignung und die Wirksamkeit des Systems sicherzustellen. Alle maßgebenden Daten müssen aufgezeichnet und mindestens fünf Jahre aufbewahrt werden.

Die mit der werkseigenen Produktionskontrolle beauftragte Stelle muss von einem in Betontechnik und Betonherstellung erfahrenen Fachmann (z. B. Betoningenieur) geleitet werden.

Die Produktionskontrolle des Herstellers ist für alle Betone – ausgenommen Standardbetone – durch eine anerkannte Überwachungsstelle nachzuweisen und zu überwachen (Fremdüberwachung) und dann durch eine Zertifizierungsstelle zu zertifizieren.

Vor Verwendung einer neuen Zusammensetzung eines Betons nach Eigenschaften muss i. Allg. eine Erstprüfung (Eignungsprüfung) durchgeführt werden, um nachzuweisen, dass die festgelegten Eigenschaften mit einem angemessenen Vorhaltemaß erfüllt werden. Für Standardbeton sowie bei Beton nach Zusammensetzung ist keine Erstprüfung erforderlich.

Art und Mindesthäufigkeit der Prüfungen

- an den Ausgangsstoffen siehe DIN EN 206-1 Tabelle 22,
- an der Ausstattung siehe DIN EN 206-1 Tabelle 23,
- an Beton nach Eigenschaften siehe nachfolgende Tafel.

Überwachung von Beton nach Eigenschaften im Rahmen der Produktionskontrolle

Prüfgegenstand	**Überwachung/Prüfung**	**Mindesthäufigkeit**
Mischungsentwurf Beton nach Eigenschaften	Erstprüfung (Eignungsprüfung)	vor Verwendung einer neuen Zusammensetzung
Wassergehalt der feinen Gesteinskörnung	kontinuierliches Messsystem, Darrversuch oder Gleichwertiges	wenn nicht kontinuierlich, dann täglich; abhängig von örtlichen Bedingungen und Wetterbedingungen
Wassergehalt der groben Gesteinskörnung	Darrversuch oder Gleichwertiges	abhängig von örtlichen Bedingungen und Wetterbedingungen
Wassergehalt des Frischbetons	Menge des Zugabewassers[1)]	jede Mischung oder Ladung
Chloridgehalt des Betons	Erstbestimmung durch Berechnung	bei Erstprüfung sowie bei Anstieg des Chloridgehalts der Ausgangsstoffe
Konsistenz	Augenscheinprüfung	jede Mischung oder Ladung
	Konsistenzprüfung	– bei Herstellung der Probekörper für Druckfestigkeitsprüfung – bei Prüfung des Luftgehalts – im Zweifelsfall nach Augenscheinprüfung
Rohdichte des Frischbetons	Rohdichteprüfung nach DIN EN 12350-6	täglich
Zementgehalt	Zugabemenge[1)]	jede Mischung
Gehalt an Zusatzstoffen	Zugabemenge[1)]	jede Mischung
Gehalt an Zusatzmitteln	Zugabemenge oder -volumen[1)]	jede Lieferung
Wasserzementwert	durch Berechnung oder durch Prüfung	täglich, wenn festgelegt
Luftgehalt des Frischbetons, wenn festgelegt	Prüfung nach DIN EN 12350-7 für Normal- und Schwerbeton, nach ASTM C173 für Leichtbeton	für Betone mit LP bei erster Mischerfüllung oder Ladung jeder Tagesproduktion, bis sich die Werte stabilisiert haben
Temperatur des Frischbetons	Nachweis des Erzielens der Mindesttemperatur von 5 °C oder des festgelegten Grenzwerts	– im Zweifelsfall – wenn Temperatur festgelegt, in regelmäßigen Abständen je nach Situation – wenn Temperatur nahe am Grenzwert, jede Mischung oder Ladung
Trockenrohdichte von Leicht- und Schwerbeton	Rohdichteprüfung nach DIN EN 12390-7	wenn die Rohdichte festgelegt ist, so häufig wie Druckfestigkeitsprüfung
Druckfestigkeit	Prüfung an in Formen hergestellten Probekörpern nach DIN EN 12390-3	so häufig, wie für die Beurteilung der Konformität erforderlich (s. S. 12.21)

1) Wird kein Aufzeichnungsgerät verwendet und sind die Toleranzen für die Mischung oder Ladung überschritten, ist die Menge in der Mischung in den Aufzeichnungen über die Herstellung anzugeben.

9 Konformitätskontrolle beim Betonhersteller und Konformitätskriterien

Die Konformitätskontrolle umfasst Handlungen und Entscheidungen, die durchgeführt und getroffen werden müssen, um die Übereinstimmung des Betons mit den Festlegungen nachzuprüfen. Die Konformitätskontrollen sind unterschiedlich für Beton nach Zusammensetzung und Standardbeton sowie für Beton nach Eigenschaften.

9.1 Beton nach Zusammensetzung und Standardbeton

Beim Beton nach Zusammensetzung hat der Hersteller lediglich nachzuweisen, dass die Mengen der Ausgangsstoffe innerhalb der vorgeschriebenen Dosiergenauigkeit entsprechend der Festlegung abgemessen worden sind. Der Wasserzementwert darf den festgelegten Wert um nicht mehr als 0,02 überschreiten.

Beim Standardbeton muss nachgewiesen werden, dass die Anforderungen der Norm eingehalten werden.

9.2 Beton nach Eigenschaften

Der Hersteller kann die Konformitätskontrolle entweder an einzelnen Betonzusammensetzungen oder bei Normal- und Schwerbeton bis einschließlich der Festigkeitsklasse C50/60 oder bei Leichtbeton bis zur Festigkeitsklasse LC55/60 an Betonfamilien durchführen. Bei einer Betonfamilie handelt es sich um eine Gruppe von Betonzusammensetzungen, für die ein verlässlicher Zusammenhang zwischen den maßgebenden Eigenschaften besteht und dokumentiert ist. Voraussetzungen für eine Betonfamilie sind:

- Betone mit einem begrenzten Bereich von Festigkeitsklassen,
- Zement einer Art, Festigkeitsklasse und eines Ursprungs,
- nachweisbar ähnliche Gesteinskörnung und Zusatzstoffe des Typs I,
- Betone sowohl mit als auch ohne wasserreduzierende/verflüssigende Zusatzmittel,
- Betone ohne Einschränkung hinsichtlich der Konsistenzklassen.

Separate Betonfamilien sind zu bilden für
- Betone mit Zusatzstoffen des Typs II (Flugasche, Silikastaub),
- Betone mit Zusatzmitteln, die Auswirkungen auf die Druckfestigkeit haben, wie hochwirksame wasserreduzierende/verflüssigende Zusatzmittel, Beschleuniger, Verzögerer oder Luftporenbildner.

Wenn die Konformitätskontrolle auf eine Betonfamilie angewendet wird, ist als Referenzbeton entweder der am häufigsten hergestellte Beton oder ein Beton aus dem Mittelfeld der Betonfamilie auszuwählen. Um Ergebnisse aus Druckfestigkeitsprüfungen jeder einzelnen Betonprüfung auf den Referenzbeton übertragen zu können, werden Zusammenhänge zwischen jeder einzelnen Betonzusammensetzung und dem Referenzbeton aufgestellt.

Mindesthäufigkeit der Probenahme zur Beurteilung der Konformität[1)]

Herstellung	erste 50 m³ der Produktion	nach den ersten 50 m³ der Produktion[2)]		
		Normalbeton ≤ C50/60 Schwerbeton	hochfester Beton ≥ C55/67	Leichtbeton
Erstherstellung (≤35 Ergebnisse)	3 Proben	1 je 200 m³ oder 2 je Produktionswoche	1 je 100 m³ oder 1 je Produktionstag	1 je 100 m³ oder 1 je Produktionstag
stetige Herstellung (>35 Ergebnisse)		1 je 400 m³ oder 1 je Produktionswoche	1 je 200 m³ oder 1 je Produktionstag	1 je 200 m³ oder 1 je Produktionstag

1) Diejenige Häufigkeit ist maßgebend, die die größte Probenanzahl ergibt.
2) Verteilung der Probenahme über die Herstellung und nicht mehr als eine Probe für 25 m³.

9.2.1 Konformität der Betondruckfestigkeit

Die Konformität der Betondruckfestigkeit ist an Probekörpern im Alter von 28 Tagen nachzuweisen. In Abhängigkeit von Ersthersstellung oder stetiger Herstellung sowie davon, welcher Betonfestigkeitsklasse der Beton zuzuordnen ist, sind zwei Kriterien zu erfüllen:

- Kriterium 1: Mittelwert f_{cm} von n aufeinander folgenden Prüfergebnissen,
- Kriterium 2: Einzelwert f_{ci} von jeder Prüfung.

Wenn die Konformität auf der Grundlage einer Betonfamilie nachgewiesen wird, ist zusätzlich ein Kriterium 3 zu berücksichtigen.

Konformitätskriterien 1 und 2 für Ergebnisse der Druckfestigkeitsprüfung

Herstellung	Anzahl n der Ergebnisse	Kriterium 1 Mittelwert f_{cm} von n Ergebnissen in N/mm²		Kriterium 2 Einzelwert f_{ci} in N/mm²	
		≤ C50/60	≥ C55/67	≤ C50/60	≥ C55/67
Ersthersstellung	3	$\geq f_{ck} + 4$	$\geq f_{ck} + 5$	$\geq f_{ck} - 4$	$\geq f_{ck} - 5$
stetige Herstellung	≥ 15	$\geq f_{ck} + 1{,}48\,\sigma$ $\sigma \geq 3$ N/mm²	$\geq f_{ck} + 1{,}48\,\sigma$ $\sigma \geq 5$ N/mm²	$\geq f_{ck} - 4$	$\geq 0{,}9\,f_{ck}$

Bestätigungskriterium für einen Beton aus einer Betonfamilie

Anzahl „n" der Prüfergebnisse für die Druckfestigkeit eines einzelnen Betons	Kriterium 3 Mittelwert f_{cm} von n Ergebnissen für einen einzelnen Beton der Betonfamilie in N/mm²
2	$\geq f_{ck} - 1{,}0$
3	$\geq f_{ck} + 1{,}0$
4	$\geq f_{ck} + 2{,}0$
5	$\geq f_{ck} + 2{,}5$
6 bis 14	$\geq f_{ck} + 3{,}0$
≥ 15	$\geq f_{ck} + 1{,}48 \cdot \sigma$

9.2.2 Konformitätskriterien für Ergebnisse der Konsistenzprüfung

Prüfverfahren	Grenzabweichung einzelner Prüfergebnisse Untergrenze	Obergrenze
Ausbreitmaß	– 20 mm	+ 30 mm
	– 30 mm[1)]	+ 40 mm[1)]
Verdichtungsmaß	– 0,03	+ 0,05
	– 0,05[1)]	+ 0,07[1)]

[1)] Nur anwendbar bei Proben, die zu Beginn des Entladens eines Fahrmischers entnommen worden sind.

9.2.3 Konformitätskriterien für Rohdichte, *w/z*-Wert, Zement- und Luftgehalt

Eigenschaft		Grenzabweichung einzelner Prüfergebnisse Untergrenze	Obergrenze
Trockenrohdichte	von Schwerbeton	– 30 kg/m³	keine Beschränkung[1)]
	von Leichtbeton	– 30 kg/m³	+ 30 kg/m³
Wasserzementwert		keine Beschränkung[1)]	+ 0,02
Zementgehalt		– 10 kg/m³	keine Beschränkung[1)]
Luftgehalt von LP-Beton		– 0,5 % Absolutwert	+ 1% Absolutwert

[1)] Falls keine Grenze festgelegt ist.

10 Überwachungsprüfungen durch das Bauunternehmen

Für die Überprüfung der maßgebenden Frisch- und Festbetoneigenschaften wird der Beton in drei Überwachungsklassen eingeteilt; bei mehreren Kriterien ist die höhere Überwachungsklasse maßgebend. Bei Beton der Überwachungsklassen 2 und 3 muss das Bauunternehmen über eine ständige Betonprüfstelle verfügen, die von einem in der Betontechnik erfahrenen Fachmann geleitet wird. Zudem müssen die Ergebnisse der Überwachung durch eine dafür anerkannte Überwachungsstelle überprüft werden (Fremdüberwachung).

Überwachungsklassen für Beton nach DIN 1045-3

Überwachungsklasse	1	2	3
Festigkeitsklasse für Normal- und Schwerbeton	≤ C25/30[1)]	≥ C30/37 und ≤ C50/60	≥ C55/67
Festigkeitsklasse für Leichtbeton der Rohdichteklassen D1,0 … D1,4	nicht anwendbar	≤ LC25/28	≥ LC30/33
D1,6 … D2,0	≤ LC25/28	LC30/33 und LC35/38	≥ LC40/44
Expositionsklasse	X0, XC, XF1	XS, XD, XA, XM[2)], XF2, XF3, XF4	–
besondere Eigenschaften[3)]	–	Beton für wasserundurchlässige Baukörper / Unterwasserbeton / Beton für hohe Gebrauchstemperaturen ≤ 250 °C / Strahlenschutzbeton	–

[1)] Spannbeton der Festigkeitsklasse C25/30 ist in Überwachungsklasse 2 einzuordnen.
[2)] Gilt nicht für übliche Industrieböden.
[3)] Für besondere Anwendungsfälle (z. B. Verzögerter Beton, Betonbau beim Umgang mit wassergefährdenden Stoffen) sind die DAfStb-Richtlinien zu beachten.

10.1 Art und Häufigkeit der Prüfungen

Die Proben müssen zufällig ausgewählt und nach DIN EN 12350-1 entnommen werden.

Umfang und Häufigkeit der Prüfungen an Beton nach Eigenschaften auf der Baustelle bei Verwendung von Transportbeton nach DIN 1045-3

Prüfgegenstand	Prüfung	Häufigkeit für Überwachungsklasse 1	2	3
Lieferschein	Augenscheinprüfung	jedes Lieferfahrzeug		
Konsistenz	Augenscheinprüfung	Stichprobe	jedes Lieferfahrzeug	
	Konsistenzprüfung nach DIN EN 12350-4 und DIN EN 12350-5	– in Zweifelsfällen	– beim ersten Einbringen jeder Betonzusammensetzung – bei Herstellung von Probekörpern für die Festigkeitsprüfung – in Zweifelsfällen	
Frischbetonrohdichte von Leicht- und Schwerbeton	Rohdichteprüfung nach DIN EN 12350-6	– bei Herstellung von Probekörpern für die Festigkeitsprüfung – in Zweifelsfällen		
Gleichmäßigkeit des Betons	Augenscheinprüfung	Stichprobe	jedes Lieferfahrzeug	
Luftgehalt von Luftporenbeton	Prüfung nach DIN EN 12350-7 für Normal- und Schwerbeton, nach ASTM C173 für Leichtbeton	–	– zu Beginn jedes Betonierabschnitts – in Zweifelsfällen	
Druckfestigkeit	Prüfung an in Formen hergestellten Probekörpern	– in Zweifelsfällen	3 Proben – je 300 m^3 [1)] oder – je 3 Betoniertage[1)]	3 Proben – je 50 m^3 [1)] oder – je Betoniertag[1)]

1) Die Forderung, die die größte Anzahl von Probekörpern ergibt, ist maßgebend.

10.2 Beurteilung der Ergebnisse der Druckfestigkeitsprüfung

Annahmekriterien für Ergebnisse von Druckfestigkeitsprüfungen von Beton nach Eigenschaften bei Verwendung von Transportbeton nach DIN 1045-3

Anzahl n der Einzelwerte	Kriterium 1 Mittelwert f_{cm} von n Einzelwerten in N/mm^2 Überwachungsklassen 2 und 3	Kriterium 2 Einzelwert f_{ci} in N/mm^2 Überwachungsklasse 2	3
3 bis 4	$\geq f_{ck} + 1$	$\geq f_{ck} - 4$	$\geq 0{,}9\, f_{ck}$
5 bis 6	$\geq f_{ck} + 2$		
7 bis 34	$\geq f_{ck} + (1{,}65 - \frac{2{,}58}{\sqrt{n}}) \cdot \sigma$ [1)]		
≥ 35	$\geq f_{ck} + (1{,}65 - \frac{2{,}58}{\sqrt{n}}) \cdot \sigma$ [2)]		

1) Schätzwert der Standardabweichung der Grundgesamtheit $\sigma \geq 4$ N/mm^2.

2) Schätzwert der Standardabweichung der Grundgesamtheit bei Überwachungsklasse 2 $\sigma \geq 3$ N/mm^2, bei Beton der Überwachungsklasse 3 $\sigma \geq 5$ N/mm^2.

12 B Betonstahl

Prof. Dr.-Ing. Alfons Goris

Nach EC2-1-1/NA ist Betonstahl nach DIN 488 oder nach allg. bauaufsichtlicher Zulassung zu verwenden; die Regelungen des EC2-1-1 gelten nach NA nur für eine Streckgrenze f_{yk} = 500 N/mm². Es ist zu unterscheiden nach

– Lieferform:	gerade Stäbe (Betonstabstahl); Betonstahlmatten; Betonstahl im Ring; Gitterträger; Bewehrungsdraht
– Duktilität:	Klasse A mit R_m/R_e[1] ≥ 1,05 und A_{gt}[2] ≥ 2,5 % (vgl. Kap. 12 C, 2.2.2) Klasse B mit R_m/R_e[1] ≥ 1,08 und A_{gt}[2] ≥ 5,0 % (vgl. Kap. 12 C, 2.2.2)
– Oberflächengestaltung:	Betonstabstahl: gerippt Betonstahlmatte: gerippt Bewehrungsdraht: glatt oder profiliert (für Sonderzwecke)
– Herstellverfahren:	warmgewalzt (ohne oder mit Nachbehandlung); warmgewalzt und kaltgereckt; kaltverformt.
– Kennzeichnung:	Betonstahl B500A durch drei Rippenreihen (s. Abb. 12.24a) Betonstahl B500B durch zwei oder vier Rippenreihen (s. Abb. 12.24b)

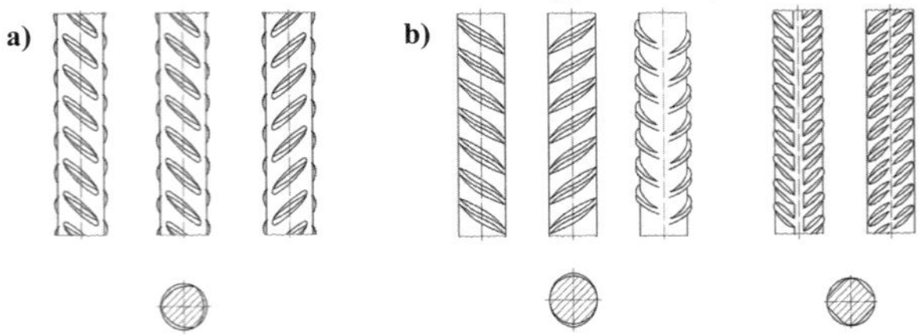

Abb. 12.24 Kennzeichnung von Betonstahl: a) B500A, b) B500B

1 Lieferformen

1.1 Betonstabstahl

Betonstabstahl B500 wird als gerader Stab geliefert. Es sind folgende Durchmesser genormt:

- Durchmesser: 6, 8, 10, 12, 14, 16, 20, 25, 28, 32, 40 mm
- Lieferlängen: 12 m oder 14 m (bis 18 m).

Die Normbezeichnung für Erzeugnisse nach DIN 488 erfolgt in folgender Reihenfolge:

Benennung – DIN-Norm – Kurzname (oder Werkstoffnummer) – Nenndurchmesser

Beispiel: Bezeichnung von geripptem Betonstabstahl der Stahlsorte B500B mit einem Nenndurchmesser von 20 mm: *Betonstabstahl DIN 488 – B500B – 20,0*

1.2 Betonstahl im Ring

Betonstahl im Ring wird für eine Anwendung nach EC2-1-1/NA als B500A oder B500B im Durchmesserbereich von 6 mm bis 16 mm (∅ 14 und ∅ 16 nur als B500B) geliefert. Der Betonstahl wird vor dem Einbau gerichtet (Richtanlage).

Beispiel: Bezeichnung von geripptem Betonstahl in Ringen der Stahlsorte B500B mit einem Nenndurchmesser von 12 mm: *Betonstahl in Ringen DIN 488 – B500B – 12,0*

1.3 Geschweißte Betonstahlmatten

Geschweißte Betonstahlmatten sind werksmäßig vorgefertigte Bewehrungen aus sich kreuzenden Stäben, die an den Kreuzungsstellen durch Widerstandspunktschweißung scherfest miteinander verbunden sind. Betonstahlmatten werden als B500A und B500B mit Durchmessern von 6 mm bis 14 mm (∅ 14 mm nur für B500B) ausgeführt. Sie werden als Lagermatten und Nichtlagermatten angeboten.

---

[1] Streckgrenzenverhältnis R_m/R_e; Bezeichnung in Eurocode 2: $(f_t/f_y)_k$.

[2] Gesamtdehnung unter Höchstkraft A_{gt}; Bezeichnung in Eurocode 2: ε_{uk}.

Lagermatten werden nach festgelegten Lieferbedingungen hergestellt und sind ab Lager erhältlich. Zurzeit sind die Matten 2,30 m bzw. 2,35 m breit, haben eine Länge von 6,0 m und Bewehrungsquerschnitte zwischen 1,88 cm²/m und 5,24 cm²/m (sog. R-Matten) bzw. 6,36 cm²/m (sog. Q-Matten).

Die Matten werden durch Kurzzeichen charakterisiert. Die Kennzeichnung gibt an:

- Art der Lagermatte:
  R-Matten, die bei einachsiger Lastabtragung eingesetzt werden. Die Haupttragrichtung verläuft in Richtung der längeren Richtung, in Querrichtung sind ≥ 20 % der Längsrichtung vorhanden;
  Q-Matten, die in Längs- und Querrichtung näherungsweise den gleichen Querschnitt aufweisen und eingesetzt werden, wenn die Beanspruchung in beiden Richtungen etwa gleich groß ist;
- Stahlquerschnitt in mm²/m: Nach dem Kurzzeichen „R“ bzw. „Q“ erfolgt die Angabe des Bewehrungsquerschnitts der Längsrichtung in mm²/m;
- Duktilitätsklasse: Die Duktilität wird durch den nachgestellten Buchstaben A oder B gekennzeichnet.

Beispiel: „Q524A“ bezeichnet eine Matte der Duktilitätsklasse A, die in Längs- und Querrichtung einen Betonstahlquerschnitt von 5,24 cm²/m aufweist.

Das vollständige Lagermattenprogramm ist auf S. 12.88 wiedergegeben.

Bei **Nichtlagermatten** kann der Mattenaufbau weitgehend frei gewählt und die Bewehrung der jeweiligen Aufgabe angepasst werden. *Listenmatten* sind Matten, deren Stababstände, Stabdurchmesser und Mattenabmessungen vom Besteller festgelegt werden. Für den Mattenaufbau sind jedoch bestimmte Vorgaben zu beachten. Zurzeit gilt:

- Abmessungen: Mattenlänge von 3,00 m bis 12,00 m; Mattenbreite von 1,85 m bis 3,00 m
- Längsstäbe: Einzel- oder Doppelstäbe, max. zwei unterschiedliche Durchmesser, Längsstäbe sind staffelbar (Feldspareffekt)
- Querstäbe: Einzelstäbe, Querstäbe nicht staffelbar
- Überstände: minimale Mattenüberstände 25 mm, maximale Mattenüberstände 100 mm.

Die Beschreibung von Matten erfolgt in einer nach Längs- und Querrichtung achsengetrennten Schreibweise nach folgendem Muster (vgl. DIN 488-4:2009; s. nachfolgende Abb. und Erläuterung):

	Mattenaufbau	Anzahl Randstäbe	Umriss	Überstände	weitere Angaben
Längsrichtung	$P_L \times d_{L1}/d_{L2}$	links/rechts	L	u_1/u_2	...
Querrichtung	$P_C \times d_{C3}/d_{C4}$	Anfang/Ende	B	u_3/u_4	...

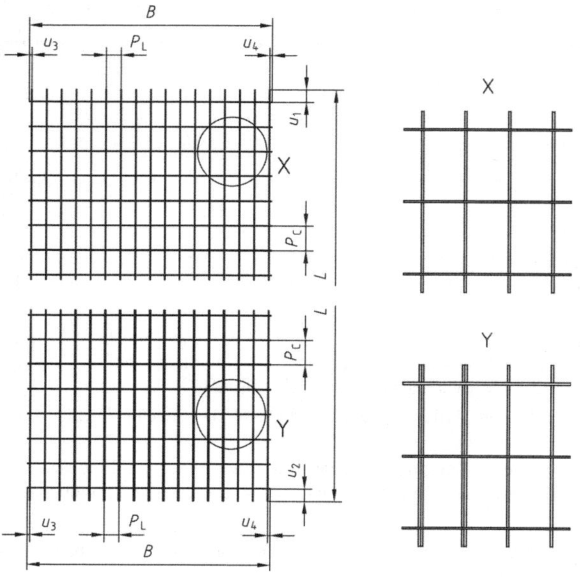

- P_L Abstand der Längsstäbe
- P_C Abstand der Querstäbe
- d_{L1} Nenndurchmesser der Längsstäbe, Innenbereich
- d_{L2} Nenndurchmesser der Längsstäbe, Randbereich
- d_{c3} Nenndurchmesser der Querstäbe, Innenbereich
- d_{c4} Nenndurchmesser der Querstäbe, Randbereich
- L Länge der Längsstäbe
- B Länge der Querstäbe
- u_1 Überstand der Längsstäbe
- u_2 Überstand der Längsstäbe
- u_3 Überstand der Querstäbe
- u_4 Überstand der Querstäbe

Beispiel

Betonstahlmatte B500A mit $L \times B = 5{,}50$ m $\times$ 2,45 m, $u_1 = u_2 = 125$ mm, $u_3 = u_4 = 25$ mm, Längsstab 8,0 mm doppelt (d), $P_L = 150$ mm, links und rechts je 3 Randstäbe 8,0 mm mit $P_L = 150$ mm, Querstab 8,0 mm, $P_C = 250$ mm, Betonstahlmattenanfang und -ende je 4 Stäbe 6 mm mit $P_C = 250$ mm.

Bestellung

$$\text{Betonstahlmatte – DIN 488-4 – B500A} - \frac{150 \times 8{,}0\text{d}/8{,}0 - \;3/3 - \;5{,}50 - 125/125}{250 \times 8{,}0\;/6{,}0 - \;4/4 - \;2{,}45 - \;25/25}$$

Verschweißbarkeit

Für die wählbaren Längs- und Querstabdurchmesser sind vorgeschriebene Verschweißungsverhältnisse zu beachten. Für den Nenndurchmesser des kreuzenden Stabes d_{min} gilt in Abhängigkeit vom Nenndurchmesser des dicksten Stabes d_{max} bzw. des Doppelstabes d_r

– Betonstahlmatten mit Einzelstäben $d_{min} \geq 0{,}57\ d_{max}$ bei $\varnothing \leq 8{,}5$ mm
$d_{min} \geq 0{,}70\ d_{max}$ bei $\varnothing > 8{,}5$ mm
– Betonstahlmatten mit Doppelstäben $d_{min} \geq 0{,}70\ d_r$
$\leq 1{,}25\ d_r$

Für Knotenpunkte, Durchdringungen werden sog. *HS-Matten* verwendet. Bei diesen fehlen im mittleren Bereich die Längsstäbe, so dass sich zwei gebogene Matten ineinander schieben lassen.

Weitere Hinweise s. z. B. [12.8], [12.9].

1.4 Besondere Mattenformen – Bamtec-Verfahren

Beim Bamtec-Verfahren werden einzelne Stäbe an Stahlblechbänder angeschweißt (Heftschweißung) und so miteinander verbunden. Die Stäbe können so aufgerollt werden; nach dem Transport können diese „Rollmatten" – getrennt für die Längs- und Querrichtung – abgerollt werden.

1.5 Gitterträger

DIN 488-5:2009 legt technische Lieferbedingungen sowie mechanische und geometrische Eigenschaften fest, die Anwendungsbedingungen für Gitterträger sind jedoch den allgemeinen bauaufsichtlichen Zulassungen zu entnehmen. Gitterträger bestehen aus einem Obergurt, einem oder mehreren Untergurten und Diagonalen, die mit den Gurten verbunden sind (Widerstandspunktschweißen); vgl. Abb. 12.26.

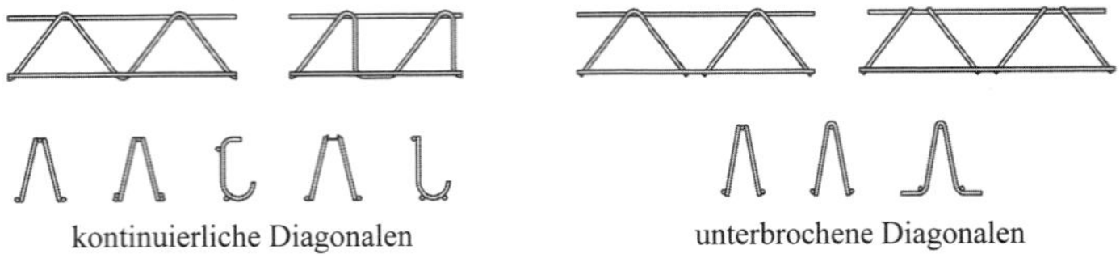

Abb. 12.26 Beispiele für die Gestaltung von Gitterträgern

Als Variante kann der Obergurt auch aus profiliertem Stahlband hergestellt werden (MQ-Gitterträger).

1.6 Betonstahlverbindungen

Üblicherweise werden Betonstähle durch Übergreifen gestoßen. Betonstähle können jedoch auch durch Verschweißen (zulässige Schweißverfahren s. Abschn. 2) oder auf mechanischem Wege miteinander verbunden werden.

Mechanische Verbindungen werden angewendet, wenn z. B. wegen zu enger Bauteilgeometrie Übergreifungsstöße nicht ausgeführt werden können oder wenn aus rationellen Gründen Schweißarbeiten auszuschließen sind. Zu den mechanischen Verbindungen gehören beispielsweise

- *Schraubmuffen*: Gewindestäbe werden mit Muffen, die zum Gewindestab das passende Innengewinde haben, verschraubt.
- *Pressmuffen*: Muffen werden im kalten Zustand mit geeigneten Maschinen aus das Betonstabende aufgepresst; die Muffen weisen am freien Ende ein Innengewinde auf, so dass eine Verschraubung mit einem Anschlussstab möglich ist.
- *Muffen mit Schwerbolzen*: Betonstäbe werden in Muffen eingeschoben und durch Schrauben, die in der Muffenwandung angeordnet sind, eingeklemmt.

2 Eigenschaften und zulässige Schweißverfahren

Die Festlegungen und konstruktiven Regelungen von EC2-1-1 beziehen sich auf schweißgeeignete, gerippte Betonstähle mit einer charakteristischen Streckgrenze von f_{yk} = 500 N/mm² und den weiteren in den Tafeln 12.27a und 12.27b angegebenen Eigenschaften; sie gelten für Betonstahl im fertigen Tragwerk bei Temperaturen zwischen –40 °C und +100 °C.

Tafel 12.27a Eigenschaften von Betonstählen (DIN 488 und EC2-1-1, Tab. C.2DE)

Benennung		B500A	B500B	B500A	B500B	Art der Anforderung / Quantilwert in %
Erzeugnisform		Betonstabstahl		Betonstahlmatte		
Duktilität		normal	hoch	normal	hoch	
Streckgrenze f_{yk} in N/mm²		500				5,0
Verhältnis $k = (f_t / f_y)_k$		≥ 1,05	≥ 1,08	≥ 1,05	≥ 1,08	10,0
Stahldehnung unter Höchstlast ε_{uk} in ‰		25	50	25	50	10,0
Kennwert für die Ermüdungsfestigkeit $N = 1 \cdot 10^6$ in N/mm² (mit einer oberen Spannung von nicht mehr als $0{,}6 f_y$)	Ø ≤ 28	≥ 175		≥ 100		5,0
	Ø > 28	–	≥ 145	–	–	
Bezogene Rippenfläche f_R für Nenndurchmesser Ø (in mm)	5,0–6,0	0,039				5,0
	6,5–8,5	0,045				
	9,0–10,5	0,052				
	11–40	0,056				

Tafel 12.27b Zulässige Schweißverfahren bei Betonstählen (EC2-1-1, Tab. 3.4 mit NCI)

Belastungsart	Schweißverfahren mit Kurzzeichen und Ordnungsnummer nach DIN EN ISO 4063			Zugstäbe[a)]	Druckstäbe[a)]
Vorwiegend ruhend	Abbrennstumpfschweißen	(RA)	24	Stumpfstoß	
	Lichtbogenhandschweißen Metall-Lichtbogenschweißen	(E) (MF)	111 114	Stumpfstoß mit Ø ≥ 20 mm, Laschenstoß, Überlappungsstoß, Kreuzungsstoß[c)], Verbindungen mit anderen Stahlteilen	
	Metall-Aktivgasschweißen[b)]	(MAG)	135 136	Laschenstoß, Überlappungsstoß, Kreuzungsstoß[c)], Verbindung mit anderen Stahlteilen	
				–	Stumpfstoß mit Ø ≥ 20 mm
	Reibschweißen	(FR)	42	Stumpfstoß, Verbindung mit anderen Stahlteilen	
	Widerstandspunktschweißen	(RP)	21	Überlappungsstoß[d)] Kreuzungsstoß[b)d)]	
Nicht vorwiegend ruhend	Abbrennstumpfschweißen	(RA)	24	Stumpfstoß	
	Lichtbogenhandschweißen	(E)	111	–	Stumpfstoß mit Ø ≥ 14 mm
	Metall-Aktivgasschweißen	(MAG)	135 136	–	Stumpfstoß mit Ø ≥ 14 mm
	Widerstandspunktschweißen	(RP)	21	Überlappungsstoß[d)] Kreuzungsstoß[b)d)]	

[a)] Es dürfen nur Stäbe mit näherungsweise gleichem Durchmesser zusammengeschweißt werden; als näherungsweise gelten benachbarte Stabdurchmesser, die sich nur durch eine Durchmessergröße unterscheiden.
[b)] Zulässiges Verhältnis der Stabnenndurchmesser sich kreuzender Stäbe ≥ 0,57.
[c)] Für tragende Verbindungen Ø ≤ 16 mm.
[d)] Für tragende Verbindungen Ø ≤ 28 mm.

12 C Stahlbetonbau nach Eurocode 2[1]

Prof. Dr.-Ing. Alfons Goris

1 Formelzeichen, Begriffe, Geltungsbereich

1.1 Formelzeichen (Auswahl)

Lateinische Großbuchstaben

A	Fläche	(area)
E	Elastizitätsmodul	(modulus of elasticity)
E	Einwirkung, Schnittgröße	(internal forces and moments)
G	ständige Einwirkung	(permanent action)
I	Flächenmoment 2. Grades	(second moment of area)
M	Biegemoment	(bending moment)
N	Längskraft	(axial force)
P	Vorspannkraft	(prestressing force)
Q	Verkehrslast	(variable action)
R	Widerstand, Tragfähigkeit	(resistance)
T	Torsionsmoment	(torsional moment)
V	Querkraft	(shear force)

Lateinische Kleinbuchstaben

b	Breite	(width)
c	Betondeckung	(concrete cover)
d	Nutzhöhe	(effective depth)
f	Festigkeit eines Materials	(strength of a material)
g	verteilte ständige Last	(distributed permanent load)
h	Querschnittshöhe	(overall depth)
i	Trägheitsradius	(radius of gyration)
l	Stützweite	(span)
q	verteilte veränderliche Last	(distributed variable load)
t	Dicke	(thickness)
w	Rissbreite	(crack width)
x	Druckzonenhöhe	(neutral axis depth)
z	Hebelarm der inneren Kräfte	(lever arm of internal force)

Griechische Kleinbuchstaben

γ	Teilsicherheitsbeiwert	(partial safety factor)
ε	Dehnung	(strain)
λ	Schlankheitsgrad	(slenderness ratio)
μ	bezogenes Biegemoment	(reduced bending moment)
ν	bezogene Längskraft	(reduced axial force)
ν	Querdehnzahl	(Poisson's ratio)
ρ	geometrischer Bewehrungsgrad	(geometrical reinforcement ratio)
ρ	Trockenrohdichte	(oven-dry density)
σ	Längsspannung	(axial stress)
τ	Schubspannung	(shear stress)
ω	mechanischer Bewehrungsgrad	(mechanical reinforcement ratio)

Fußzeiger

c, C	Beton	(concrete)
c	Druck	(compression)
d	Bemessungswert	(design value)
dir	unmittelbar	(direct)
eff	wirksam	(effective)
g, G	ständig	(permanent)
ind	mittelbar	(indirect)
inf	unterer, niedriger	(inferior)
k	charakt. Wert	(charact. value)
p	Vorspannung Spannstahl	(prestressing force, prestressing steel)
q, Q	Verkehrslast	(variable action)
s, S	Betonstahl	(reinforcing steel)
sup	oberer, höherer	(superior)
t	Zug	(tension)
v	Querkraft	(shear)
y	Streckgrenze	(yield)

Zusammengesetzte Formelzeichen

G_k	charakteristischer Wert einer ständigen Last
Q_k	charakteristischer Wert einer Verkehrslast
M_{Ed}	einwirkendes Bemessungsmoment
M_{Eds}	einwirkendes, auf die Zugbewehrung „versetztes“ Bemessungsmoment
N_{Ed}	einwirkende Bemessungslängskraft
V_{Ed}	einwirkende Bemessungsquerkraft
V_{Rd}	aufnehmbare Querkraft
f_{ck}	charakt. Wert der Betondruckfestigkeit
f_{cd}	Bemessungswert der Betondruckfestigkeit
f_{ct}	Zugfestigkeit des Betons
f_{yk}	charakt. Wert der Stahlstreckgrenze
f_{yd}	Bemessungswert der Stahlstreckgrenze
μ_{Ed}	bezogenes Bemessungsmoment
μ_{Eds}	auf die Biegezugbewehrung „versetztes“, bezogenes Bemessungsmoment
ν_{Ed}	bezogene Bemessungslängskraft

---

[1] Der Beitrag berücksichtigt DIN EN 1992-1-1:2011-01 (mit DIN EN 1992-1-1/A1:2015) und DIN EN 1992-1-1/NA:2013. Es gilt der Wortlaut der Norm, die Erlasse der Bundesländer sind zu beachten.
DIN EN 1992-1-1 wird nachfolgend mit EC2-1-1, DIN EN 1992-1-1/NA mit EC2-1-1/NA bezeichnet.

1.2 Begriffe

Prinzip Eine Angabe und Festlegung, von der keine Abweichung zulässig ist. (Prinzipien sind in EC2-1-1 durch ein "P" nach der Absatznummer gekennzeichnet.)

Anwendungsregel Allgemein anerkannte Regel, die dem Prinzip folgt und dessen Anforderungen erfüllt. Alternativen sind auf der Basis der Prinzipien zulässig (in EC2-1-1 ohne besondere Kennzeichnung).

Grenzzustand Ein Zustand, bei dem ein Tragwerk die Entwurfsanforderungen gerade noch erfüllt; es werden Grenzzustände der Tragfähigkeit und der Gebrauchstauglichkeit sowie Anforderungen an die Dauerhaftigkeit unterschieden.

Einwirkung *E* Auf ein Tragwerk einwirkende Kräfte, Lasten etc. als direkte Einwirkung, eingeprägte Verformungen (Temperatur, Setzung) als indirekte Einwirkung. Einteilung in

- ständige Einwirkung (G): z. B. Eigenlast der Konstruktion
- veränderliche Einwirkung (Q): z. B. Nutzlast, Wind, Schnee, Temperatur
- außergewöhnliche Einwirkungen (A): z. B. Explosion, Anprall von Fahrzeugen
- vorübergehende Einwirkungen: z. B. Bauzustände, Montagelasten

Charakteristische Werte der Einwirkungen (E_k) werden i. Allg. in Lastnormen festgelegt:

- ständige Einwirkung i.d.R. als ein einzelner Wert (G_k), ggf. jedoch auch als oberer ($G_{k,sup}$) und unterer ($G_{k,inf}$) Grenzwert
- veränderliche Einwirkung (Q_k) als oberer/unterer Wert oder als festgelegter Sollwert
- außergewöhnliche Einwirkung (A_k) i. Allg. als festgelegter (deterministischer) Wert

Kombinationen von veränderlichen Einwirkungen ergeben sich unter Berücksichtigung von Kombinationsbeiwerten ψ_i (s. Abschn. 2.1.2 und 2.1.3)

Bemessungswerte der Einwirkung (E_d) ergeben sich aus $E_d = \gamma_F \cdot E_k$ mit γ_F als Teilsicherheitsbeiwert für die betrachtete Einwirkung; der Beiwert γ_F kann mit einem oberen ($\gamma_{F,sup}$) und einem unteren Wert ($\gamma_{F,inf}$) angegeben werden (s. Abschn. 2.1.2).

Widerstand *R* Durch Materialeigenschaften (Beton, Betonstahl, Spannstahl) und geometrische Größen sich ergebende aufnehmbare Beanspruchungen.

Charakteristische Werte der Baustoffe (X_k) werden in Baustoff- und Bemessungsnormen als Quantile einer statistischen Verteilung festgelegt, ggf. mit oberen und unteren Werten.

Bemessungswert einer Baustoffeigenschaft ergibt sich aus $X_d = X_k/\gamma_M$ mit γ_M als Teilsicherheitsbeiwert für die Baustoffeigenschaften (Beiwerte γ_M s. Abschn. 2.1.2).

Üblicher Hochbau Hochbau, der für vorwiegend ruhende, gleichmäßig verteilte Nutzlasten bis 5,0 kN/m², ggf. für Einzellasten bis 7,0 kN und für Personenkraftwagen bemessen ist.

1.3 Geltungsbereich

EC2-1-1 gilt für die Bemessung und Konstruktion von Tragwerken des Hoch- und Ingenieurbaus aus unbewehrtem Beton, Stahlbeton und Spannbeton mit Normal- und Leichtzuschlägen:

- C12/15 bis C100/115[1)] (Normalbeton)
- LC12/13 bis LC60/66 (Leichtbeton).

In diesem Beitrag wird die Bemessung und Konstruktion mit *Normalbeton C12/15 bis C50/60* behandelt. Auf die besonderen Anforderungen für *Hochfesten Normalbeton C55/67 bis C100/115* und für *Leichtbeton* wird nicht eingegangen, für konkretere Bemessungs- und Konstruktionsfragen wird auf EC2-1-1 verwiesen.

EC2-1-1 behandelt ausschließlich Anforderungen an die Tragfähigheit, die Gebrauchstauglichkeit und die Dauerhaftigkeit von Tragwerken. Gebrauchstauglichkeitsnachweise sichern zum einen die Nutzung, zum anderen die Dauerhaftigkeit der Konstruktion. Grenzwerte zur Sicherung der Dauerhaftigkeit sind verbindlich formuliert, Grenzwerte zur Sicherung der Nutzung sind als Richtwerte angegeben.

Die Norm behandelt nicht

- bauphysikalische Anforderungen (Wärme- und Schallschutz)
- Bemessung im Brandfall (s. DIN EN 1992-1-2)
- Bauteile aus Beton mit haufwerksporigem Gefüge und Porenbeton sowie Bauteile aus Schwerzuschlägen oder mit mittragendem Baustahl
- besondere Bauformen (z. B. Schächte im Bergbau).

Für die Bemessung von bestimmten Bauteilen (z. B. Brücken, Dämme, Druckbehälter, Flüssigkeitsbehälter, Offshore-Plattformen) sind i.d.R. zusätzliche Anforderungen zu berücksichtigen.

[1)] Normalbeton der Festigkeitsklassen C55/67 bis C100/115 wird als hochfester Normalbeton bezeichnet. Die Anwendung von C90/105 und C100/115 bedarf weiterer, auf den Verwendungszweck abgestimmter Nachweise.

2 Bemessungsgrundlagen

2.1 Nachweisform und Sicherheitsbeiwerte [1)]

2.1.1 Bemessungskonzept und Bemessungssituation

Das *Bemessungskonzept* beruht auf dem Nachweis, dass sog. *Grenzzustände* nicht überschritten werden. Man unterscheidet Grenzzustände der Tragfähigkeit (Bruch, Verlust des Gleichgewichts, Ermüdung), der Gebrauchstauglichkeit (unzulässige Verformungen, Schwingungen, Rissbreiten) und der Dauerhaftigkeit.

Es werden drei *Bemessungssituationen* unterschieden:

- ständige Bemessungssituation (normale Nutzungsbedingungen des Tragwerks) } Grund-
- vorübergehende Bemessungssituation (z. B. Bauzustand, Instandsetzungsarbeiten) } kombination
- außergewöhnliche Bemessungssituation (z. B. Anprall, Erschütterungen).

2.1.2 Grenzzustände der Tragfähigkeit

Nachweis der Lagesicherheit

Es ist nachzuweisen, dass der Bemessungswert der destabilisierenden Einwirkungen $E_{d,dst}$ den Bemessungswert der stabilisierenden Einwirkungen $R_{d,stb}$ nicht überschreitet (s. Bsp. 1, S. 12.35):

$$\boxed{\mathbf{E_{d,dst} \leq R_{d,stb}}} \quad \textit{oder} \qquad (30.1)$$

$E^*_{d,dst} - E^*_{d,stb} \leq R_d$, falls Lagesicherheit durch Verankerung bewirkt wird; es sind:
$E^*_{d,dst}$, $E^*_{d,stb}$ Einwirkungen nach Kap. 9 I, Abschn. 4.1,
R_d Bemessungswerte der Verankerung (s. Gl. (30.4)).

Ermüdung

Tragwerke und tragende Bauteile, die regelmäßigen Lastwechseln unterworfen sind, sind gegen Ermüdung zu bemessen (z. B. Kranbahnen, Brücken). Für Tragwerke des üblichen Hochbaus braucht jedoch im Allgemeinen kein Nachweis gegen Ermüdung geführt zu werden. In diesem Beitrag wird auf Ermüdung nicht eingegangen.

Grenzzustand der Tragfähigkeit infolge von Bruch oder übermäßiger Verformung

Der Bemessungswert der Beanspruchung E_d darf den Bemessungswert des Widerstands R_d nicht überschreiten.

$$\boxed{\mathbf{E_d \leq R_d}} \qquad (30.2)$$

Bemessungswert der Beanspruchungen E_d (ohne Vorspannung; in symbolischer Form)

Grundkombination $$\mathbf{E_d = E\left[\sum_{j\geq 1} \gamma_{G,j} \cdot G_{k,j} \text{ „+" } \gamma_{Q,1} \cdot Q_{k,1} \text{ „+" } \sum_{i>1} \gamma_{Q,i} \cdot \psi_{0,i} \cdot Q_{k,i}\right]} \qquad (30.3a)$$

Außergew. Situation: $$E_{d,A} = E\left[\sum_{j\geq 1} \gamma_{GA,j} \cdot G_{k,j} \text{ „+" } A_d \text{ „+" } \psi_{1,1} \cdot Q_{k,1} \text{ „+" } \sum_{i>1} \psi_{2,i} \cdot Q_{k,i}\right] \qquad (30.3b)$$

$\gamma_{G,j}$ Teilsicherheitsbeiwerte für ständige Einwirkungen (s. S. 12.31)
$\gamma_{Q,1}$; $\gamma_{Q,i}$ Teilsicherheitsbeiwerte für eine und weitere veränderliche Einwirkungen (s. S. 12.31)
$\gamma_{GA,j}$ Beiwerte der ständigen Einwirkung in der außergewöhnlichen Kombination (i. Allg.: 1,0)
$G_{k,j}$ charakteristische Werte der ständigen Einwirkungen
$Q_{k,1}$; $Q_{k,i}$ charakt. Werte einer veränderlichen Einwirkung und weiterer veränderlicher Einwirkungen
A_d Bemessungswert einer außergewöhnlichen Einwirkung (z. B. Anpralllast)
ψ_0, ψ_1, ψ_2 Kombinationsbeiwerte (s. S. 12.31)
„+" „in Kombination mit"

Bemessungswert des Widerstands (der Tragfähigkeit) R_d (in symbolischer Form ohne Vorspannung)

$$\mathbf{R_d = R\left[\alpha_{cc} \cdot f_{ck}/\gamma_C;\ f_{yk}/\gamma_S;\ f_{tk,cal}/\gamma_S\right]} \qquad (30.4)$$

f_{ck}; f_{yk} charakteristische Werte der Beton-, Betonstahlfestigkeit
γ_C; γ_S Teilsicherheitsbeiwerte für Beton und Betonstahl (s. S. 12.31)
α_{cc} Abminderungsbeiwert zur Berücksichtigung von Langzeiteinflüssen (i. Allg. $\alpha_{cc} = 0{,}85$; s. S. 12.33)

Duktiles Bauteilverhalten

Ein Versagen ohne Vorankündigung bei Erstrissbildung muss verhindert werden. Für Stahlbetonbauteile ist diese Forderung erfüllt, wenn eine Mindestbewehrung eingelegt wird (s. S. 12.55, 12.64), für unbewehrte Bauteile ist die maßgebende Lastausmitte auf $e_d/h < 0{,}4$ zu begrenzen (s. S. 12.72).

---

1) Für Eurocode 2 gilt das in Eurocode 0 festgelegte Sicherheitskonzept; in Eurocode 2 sind nur einige zusätzliche bauartspezifische Festlegungen getroffen.

Tafel 12.31a Teilsicherheitsbeiwerte γ_F für Einwirkungen im Grenzzustand der Tragfähigkeit (EC0/NA, Tab. 1.2B und EC2-1-1/NA, 2.3.1)

	ständige Einwirkung (G_k) γ_G 1) 3)	veränderliche Einwirkung (Q_k) γ_Q 2) 3)
günstige Auswirkung	1,00	0
ungünstige Auswirkung	1,35	1,50

1) Sind günstige und ungünstige Anteile einer ständigen Einwirkung als eigenständige Anteile zu betrachten (z. B. beim Nachweis der Lagesicherheit), gilt $\gamma_{G,sup}$ = 1,1 (ungünstig) und $\gamma_{G,inf}$ = 0,9 (günstig); s. Kap. 9, Abschn. I.
2) Für Zwang darf γ_Q = 1,0 gesetzt werden, wenn die Schnittgrößenermittlung linear-elastisch mit der Steifigkeit nach Zustand I und mit dem mittleren E-Modul E_{cm} erfolgt.
3) Bei Fertigteilen dürfen in den Bauzuständen für Biegung und Längskraft γ_G = 1,15 und γ_Q = 1,15 angesetzt werden; Einwirkungen aus Krantransport und Schalungshaftung sind zu berücksichtigen (EC2-1-1/NA, 10.2).

Tafel 12.31b Kombinationsbeiwerte ψ für Hochbauten (EC0/NA, Tab. A.1.1; s. a. Kap. 9, Abschn. I)

Einwirkung		Kombinationsbeiwerte ψ_0	ψ_1	ψ_2
Nutzlast: Kategorie A, B:	Wohn-, Aufenthalts-, Büroräume	0,7	0,5	0,3
Kategorie C, D:	Versammlungsräume; Verkaufsräume	0,7	0,7	0,6
Kategorie E:	Lagerräume	1,0	0,9	0,8
Windlasten		0,6	0,2	0
Schneelasten	Orte bis zu NN +1000	0,5	0,2	0
	Orte über NN +1000	0,7	0,5	0,2
Temperatureinwirkungen	(nicht für Brand!)	0,6	0,5	0
Baugrundsetzungen		1,0	1,0	1,0
Sonstige veränderliche Einwirkungen		0,8	0,7	0,5

Tafel 12.31c Teilsicherheitsbeiwert γ_M für Baustoffeigenschaften (EC2-1-1/NA, Tab. 2.1 DE)

Kombination	Beton (γ_C)	Betonstahl (γ_S)
Grundkombination	1,50 1)	1,15
Außergewöhnliche Kombination	1,30	1,00

1) Bei Fertigteilen (werksmäßige Herstellung und ständige Überwachung) darf $\gamma_{C,red}$ = 1,35 gesetzt werden (EC2-1-1/NA, A.2.3).

Beispiel (wird unter Abschn. 2.1.3 „Grenzzustände der Gebrauchstauglichkeit" fortgesetzt)

gegeben: Stütze mit Eigenlast (G_k), Schnee (S_k; Ortslage bis zu NN + 1000) und Wind (W_k)
gesucht: Bemessungswert der Schnittgrößen an der Einspannstelle für den Grenzzustand der Tragfähigkeit (ohne Einflüsse aus ungewollter Ausmitte und Theorie II. Ordnung)

Mit der Kombinationsregel in Gl. (30.3a) und den Kombinationsfaktoren $\psi_{0,W}$ = 0,6 und $\psi_{0,S}$ = 0,5 ergeben sich für N_{Ed} und M_{Ed} im Grenzzustand der Tragfähigkeit (Längsdruckkräfte absolut):

Komb. 1 $E_d = E(\gamma_G \cdot G_k \text{ „+“ } \gamma_Q \cdot S_k \text{ „+“ } \gamma_Q \cdot \psi_{0,W} \cdot W_k)$
$N_{Ed} = 1{,}35 \cdot 200 + 1{,}50 \cdot 100 + 1{,}50 \cdot 0{,}6 \cdot 0 = 420{,}0$ kN
$M_{Ed} = 1{,}35 \cdot 200 \cdot 0{,}10 + 1{,}50 \cdot 100 \cdot 0{,}10 + 1{,}50 \cdot 0{,}6 \cdot 5 \cdot 5{,}0 = 64{,}5$ kNm

Komb. 2 $E_d = E(\gamma_G \cdot G_k \text{ „+“ } \gamma_Q \cdot W_k \text{ „+“ } \gamma_Q \cdot \psi_{0,S} \cdot S_k)$
$N_{Ed} = 1{,}35 \cdot 200 + 1{,}50 \cdot 0 + 1{,}50 \cdot 0{,}5 \cdot 100 = 345{,}0$ kN
$M_{Ed} = 1{,}35 \cdot 200 \cdot 0{,}10 + 1{,}5 \cdot 5 \cdot 5{,}00 + 1{,}5 \cdot 0{,}5 \cdot 100 \cdot 0{,}10 = 72{,}0$ kNm

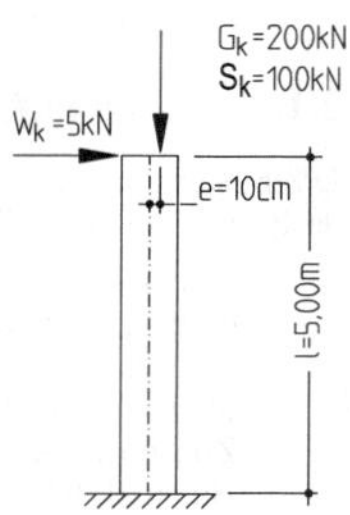

Bei günstiger Wirkung von geringfügig exzentrischen Druckkräften (hier ggf. für G_k und S_k) ist zusätzlich zu untersuchen:

Komb. 3 $E_d = E(\gamma_{G,inf} \cdot G_k \text{ „+“ } \gamma_Q \cdot W_k \text{ „+“ } \gamma_{Q,inf} \cdot \psi_{0,S} \cdot S_k)$
$N_{Ed} = 1{,}00 \cdot 200 + 1{,}50 \cdot 0 + 0 \cdot 0{,}5 \cdot 100 = 200{,}0$ kN
$M_{Ed} = 1{,}00 \cdot 200 \cdot 0{,}10 + 1{,}5 \cdot 5 \cdot 5{,}00 + 0 \cdot 0{,}5 \cdot 100 \cdot 0{,}10 = 57{,}5$ kNm

2.1.3 Grenzzustände der Gebrauchstauglichkeit

Der Bemessungswert der Auswirkungen von Einwirkungen E_d (s. Gleichungen (32.2a) bis (32.2c)) darf den Nennwert des Gebrauchstauglichkeitskriteriums C_d nicht überschreiten (EC0, 6.5):

$$\boxed{E_d \leq C_d} \qquad (32.1)$$

Kombinationsregeln für Einwirkungen E_d (in symbolischer Form):

charakt. (seltene) Kombination $$E_{d,char} = E\left[\sum_{j\geq 1} G_{k,j} \text{ „+“ } P_k \text{ „+“ } Q_{k,1} \text{ „+“ } \sum_{i>1} \psi_{0,i} \cdot Q_{k,i}\right] \qquad (32.2a)$$

häufige Kombination $$E_{d,frequ} = E\left[\sum_{j\geq 1} G_{k,j} \text{ „+“ } P_k \text{ „+“ } \psi_{1,1} \cdot Q_{k,1} \text{ „+“ } \sum_{i>1} \psi_{2,i} \cdot Q_{k,i}\right] \qquad (32.2b)$$

quasi-ständige Kombination $$E_{d,perm} = E\left[\sum_{j\geq 1} G_{k,j} \text{ „+“ } P_k \text{ „+“ } \sum_{i\geq 1} \psi_{2,i} \cdot Q_{k,i}\right] \qquad (32.2c)$$

(Erläuterungen der Formelzeichen s. Hinweise zu Gl. (30.3))

Bemessungswert des Gebrauchstauglichkeitskriteriums C_d

Als Gebrauchstauglichkeitskriterien sind in EC2-1-1 beispielsweise zulässige Spannungen, Rissbreiten und Verformungen definiert (s. hierzu Abschn. 5.1.3 und 5.2.3).

Für Gebrauchstauglichkeitsnachweise sind die **Teilsicherheitsbeiwerte γ_M** für die Baustoffe mit $\gamma_M = 1{,}0$ anzunehmen.

Beispiel

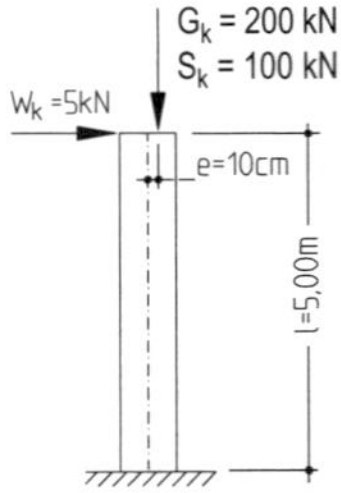

Gegeben sei eine Stütze mit Belastungen aus Eigenlast (G_k), Schnee (S_k) und Wind (W_k) (vgl. Beispiel S. 12.31). Gesucht sind die Schnittgrößen M und N im Grenzzustand der Gebrauchstauglichkeit für die charakteristische (seltene), häufige und quasi-ständige Kombination an der Einspannstelle (die Längsdruckkräfte werden nachfolgend mit absoluten Werten dargestellt).

Mit den Gln. (32.2a) bis (32.2c) und den Kombinationsbeiwerten nach Tafel 12.31b erhält man

charakteristische (= seltene) Kombination (Index char)

Lf. 1: $E_{d,char} = E\,(G_k \text{ „+“ } S_k \text{ „+“ } \psi_{0,W} \cdot W_k)$; mit $\psi_{0,W} = 0{,}6 \rightarrow$
$N_{char} = 200 + 100 + 0{,}6 \cdot 0 = 300$ kN $\quad M_{char} = 200 \cdot 0{,}10 + 100 \cdot 0{,}10 + 0{,}6 \cdot 5 \cdot 5{,}0 = 45$ kNm

Lf. 2: $E_{d,char} = E\,(G_k \text{ „+“ } W_k \text{ „+“ } \psi_{0,S} \cdot S_k)$; mit $\psi_{0,S} = 0{,}5 \rightarrow$
$N_{char} = 200 + 0 + 0{,}5 \cdot 100 = 250$ kN $\quad M_{char} = 200 \cdot 0{,}10 + 5 \cdot 5{,}0 + 0{,}5 \cdot 100 \cdot 0{,}10 = 50$ kNm

Lf. 3: $E_{d,char} = E\,(G_k \text{ „+“ } W_k)$
$N_{char} = 200 + 0 = 200$ kN $\quad M_{char} = 200 \cdot 0{,}10 + 5 \cdot 5{,}0 = 45$ kNm

häufige Kombination (Index frequ)

Lf. 1: $E_{frequ} = E\,(G_k \text{ „+“ } \psi_{1,S} \cdot S_k \text{ „+“ } \psi_{2,W} \cdot W_k)$; mit $\psi_{1,S} = 0{,}2$ und $\psi_{2,W} = 0 \rightarrow$
$N_{frequ} = 200 + 0{,}2 \cdot 100 + 0 = 220$ kN $\quad M_{frequ} = 200 \cdot 0{,}10 + 0{,}2 \cdot 100 \cdot 0{,}10 + 0 = 22$ kNm

Lf. 2: $E_{frequ} = E\,(G_k \text{ „+“ } \psi_{1,W} \cdot W_k \text{ „+“ } \psi_{2,S} \cdot S_k)$; mit $\psi_{1,W} = 0{,}5$ und $\psi_{2,S} = 0 \rightarrow$
$N_{frequ} = 200 + 0 + 0 \cdot 100 = 200$ kN $\quad M_{frequ} = 200 \cdot 0{,}10 + 0{,}5 \cdot 5{,}0 \cdot 5{,}0 + 0 \approx 33$ kNm

quasi-ständige Kombination (Index perm)

Lf. 1: $E_{perm} = E\,(G_k \text{ „+“ } \psi_{2,S} \cdot S_k \text{ „+“ } \psi_{2,W} \cdot W_k)$; mit $\psi_{2,S} = 0$ und $\psi_{2,W} = 0 \rightarrow$
$N_{perm} = 200$ kN $\quad M_{perm} = 200 \cdot 0{,}10 = 20$ kNm

2.1.4 Dauerhaftigkeit

Die Forderung einer angemessenen Dauerhaftigkeit eines Tragwerks gilt als sichergestellt, wenn folgende Regeln nach EC 2-1-1 eingehalten werden:

- eine Mindestbetonfestigkeit je nach Expositionsklasse (s. Abschn. 4.1.1)
- eine Mindestbetondeckung c_{min} und ein Vorhaltemaß Δc_{dev} (s. Abschn. 4.1.2)
- die konstruktiven Regeln (s. Abschn. 5)
- die Grenzzustände der Tragfähigkeit und der Gebrauchstauglichkeit (s. Abschn. 5)
- Zusammensetzung und Eigenschaften des Betons nach DIN EN 206-1 und DIN 1045-2
- Bauausführung nach DIN EN 13670 und DIN 1045-3.

2.2 Ausgangswerte für die Bemessung

2.2.1 Beton

EC 2-1-1 gilt für Beton nach DIN EN 206-1 und DIN 1045-2, d. h. für Beton mit geschlossenem Gefüge, der aus festgelegten Betonzuschlägen hergestellt und so zusammengesetzt und verdichtet wird, dass er außer künstlich erzeugten Luftporen keinen nennenswerten Anteil an eingeschlossener Luft enthält.

2.2.1.1 Betonfestigkeitsklassen und mechanische Eigenschaften (Spannungen u. E-Moduln in N/mm²)

Druckfestigkeit charakt. Wert f_{ck}
Mittelwert $f_{cm} = f_{ck} + 8$
Zugfestigkeit Mittelwert $f_{ctm} = 0{,}30 \cdot f_{ck}^{2/3}$ unterer Fraktilwert $f_{ctk;\,0,05} = 0{,}7 \cdot f_{ctm}$
oberer Fraktilwert $f_{ctk;\,0,95} = 1{,}3 \cdot f_{ctm}$
E-Modul Mittelwert[1] $E_{cm} = 22\,000 \cdot (f_{cm}/10)^{0,3}$

Festigkeitsklasse		C12/15	C16/20	C20/25	C25/30	C30/37	C35/45	C40/50	C45/55	C50/60
Druck-	f_{ck}	12	16	20	25	30	35	40	45	50
festigkeit	f_{cm}	20	24	28	33	38	43	48	53	58
Zug-	f_{ctm}	1,6	1,9	2,2	2,6	2,9	3,2	3,5	3,8	4,1
festig-	$f_{ctk;\,0,05}$	1,1	1,3	1,5	1,8	2,0	2,2	2,5	2,7	2,9
keit	$f_{ctk;\,0,95}$	2,0	2,5	2,9	3,3	3,8	4,2	4,6	4,9	5,3
E-Modul	E_{cm}	27000	29000	30000	31000	33000	34000	35000	36000	37000

Spannungs-Dehnungs-Linien

Für die Schnittgrößenermittlung: s. *Bautabellen für Ingenieure.*

Für die Querschnittsbemessung:

- Parabel-Rechteck-Diagramm (P-R-Diagramm)
  Gleichung der Parabel für die *Bemessungs*werte der Betondruckspannungen (ε_c ist absolut einzusetzen)

  $$\sigma_c = 1000 \cdot (\varepsilon_c - 250 \cdot \varepsilon_c^2) \cdot f_{cd}$$

  $f_{cd} = \alpha_{cc} \cdot f_{ck} / \gamma_C$
  $\alpha_{cc} = 0{,}85$ (für Normalbeton)

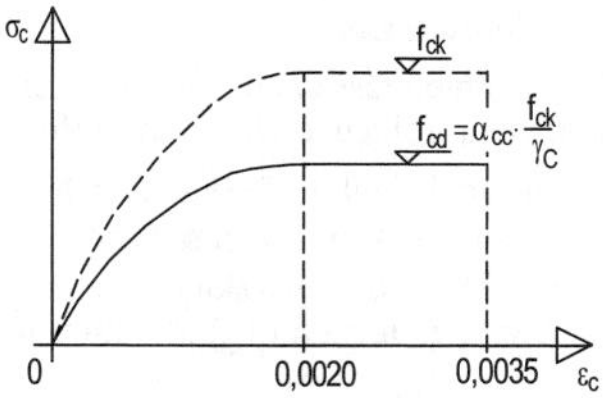

- rechteckiger Spannungsblock
  Andere Idealisierungen sind zulässig, wenn sie dem P-R-Diagramm gleichwertig sind (z. B. rechteckiger Spannungsblock, falls die Nulllinie im Querschnitt liegt). Wenn die Querschnittsbreite zum gedrückten Rand abnimmt, ist f_{cd} zusätzlich mit dem Faktor 0,9 abzumindern.

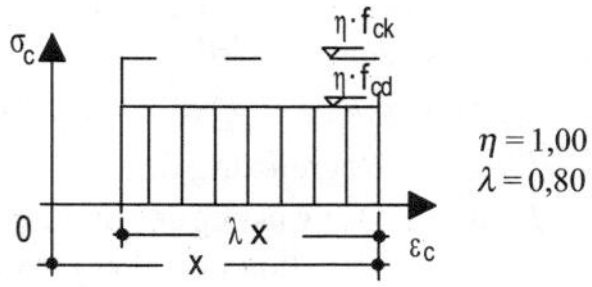

2.2.1.2 Kriechen und Schwinden; Querdehn- und Wärmedehnzahl

Mit *Kriechen* wird die zeitabhängige Zunahme der Verformungen unter andauernden Spannungen bezeichnet, mit *Schwinden* die Verkürzung des unbelasteten Betons während der Austrocknung.

Endkriechzahl φ_∞ Die Kriechzahl hängt u. a. vom Betonalter bei Belastungsbeginn, den Umgebungsbedingungen, der Bauteildicke und der Betonzusammensetzung ab; die Kriechzahl liegt etwa zwischen 2,0 (Belastungsbeginn nach 28 Tagen, Außenbauteil) und 4,0 (Belastungsbeginn nach 7 Tagen; Innenbauteil), kann aber deutlich größere Werte bei sehr frühem Belastungsbeginn erreichen. Genauere Werte s. *Bautabellen für Ingenieure.*

Endschwindmaß $\varepsilon_{cs,\infty}$ Das Schwindmaß hängt u. a. von der Umgebung, der Bauteildicke und der Betonzusammensetzung ab; das Schwindmaß liegt etwa zwischen $-25 \cdot 10^{-5}$ (Außenbauteil) und $-50 \cdot 10^{-5}$ (Innenbauteil); genauere Werte s. *Bautabellen für Ingenieure.*

Querdehnzahl Die Querdehnzahl darf im Allgemeinen gleich 0 gesetzt werden.

Wärmedehnzahl α_T Wenn die Wärmedehnung nur von geringer Bedeutung ist, darf die Wärmedehnzahl gleich $10 \cdot 10^{-6}\,K^{-1}$ gesetzt werden.

---

[1] Mittlerer E-Modul für Beton im Alter von 28 Tagen mit quarzitischen Zuschlägen (je nach Gesteinskörnung liegt der tatsächliche E-Modul um bis zu 20 % höher oder bis zu 30 % niedriger; s. DAfStb-H. 525 [12.21]).

2.2.2 Betonstahl

Allgemeines

Die nachfolgenden Festlegungen gelten für Betonstabstahl, für Betonstahl vom Ring (nach dem Richten), für Betonstahlmatten und Gitterträger. Betonstahl ist nach Stahlsorte, Duktilitätsklasse, Maßen, Oberflächeneigenschaften und Schweißbarkeit eingeteilt. Betonstahlsorten und ihre Eigenschaften werden in der Reihe DIN 488 (s. Kap. 12 B, Abschn. 1) oder in bauaufsichtlichen Zulassungsbescheiden beschrieben. Betonstahl nach Zulassung dürfen für Beton ab C70/85 nur verwendet werden, wenn dies in der Zulassung geregelt ist (EC2-1-1/NA, Abschn. 3.2.1).

Schweißgeeignete Betonstähle und Einordnung in Duktilitätsklassen

Die Oberflächengestaltung, Nennstreckgrenze f_{yk} und die Duktilitätsklassen können nachfolgender Tafel entnommen werden. Bezüglich weiterer Eigenschaften (Schweißverfahren etc.) wird auf EC2-1-1, Abschn. 3.2.5 bzw. Kap. 12 B, Abschn. 2 verwiesen.

Kurzzeichen	Lieferform	Oberfläche	Nennstreckgrenze f_{yk} N/mm²	Duktilität[1]
1	2	3	4	5
B500A	Stab	gerippt	500	normal
B500B	Stab	gerippt	500	hoch
B500A	Matte	gerippt	500	normal
B500B	Matte	gerippt	500	hoch

[1] Für Betonstähle nach bauaufsichtlichen Zulassungsbescheiden sind die Duktilitätsmerkmale in der Zulassung geregelt (andernfalls gelten sie als normalduktil).

Duktilitätsklassen

Betonstähle müssen eine angemessene Dehnfähigkeit (Duktilität) aufweisen. Das darf angenommen werden, wenn folgende Duktilitätsanforderungen erfüllt sind:

- normale Duktilität (Kurzzeichen A): $\varepsilon_{uk} \geq 25$ ‰; $(f_t/f_y)_k \geq 1{,}05$
- hohe Duktilität (Kurzzeichen B): $\varepsilon_{uk} \geq 50$ ‰; $(f_t/f_y)_k \geq 1{,}08$; $f_{y,ist}/f_{yk} \leq 1{,}30$

Hierin ist ε_{uk} der charakteristische Wert der Dehnung bei Höchstlast, f_t bezeichnet die Zugfestigkeit, f_y die Streckgrenze und $f_{y,ist}$ die im Zugversuch ermittelte Streckgrenze.

Spannungs-Dehnungs-Linie

Für nichtlineare *Verfahren der Schnittgrößenermittlung* ist eine wirklichkeitsnahe Spannungs-Dehnungs-Linie anzusetzen; es wird auf EC2-1-1/NA, 3.2.7 (Bild NA.3.8.1) verwiesen.

Für die *Bemessung im Querschnitt* sind zwei unterschiedliche Annahmen zugelassen:

- *Linie I:* Begrenzung der Stahlspannung auf f_{yk} bzw. $f_{yd} = f_{yk}/\gamma_S$ und der Dehnung ε_s auf $\varepsilon_{ud} \leq 25$ ‰.
- *Linie II:* Der Anstieg der Stahlspannung zur Zugfestigkeit f_{tk} bzw. f_{tk}/γ_S hin wird berücksichtigt; die Dehnung darf dann maximal $\varepsilon_{ud} = 25$ ‰ betragen, der Rechenwert der Zugfestigkeit ist mit $f_{tk,cal} = 525$ N/mm² (bzw. $f_{tk,cal}/\gamma_S$) festgelegt.

Physikalische Eigenschaften

Es dürfen folgende physikalische Werte angenommen werden:

- Elastizitätsmodul: $E_s = 200\,000$ N/mm²
- Wärmedehnzahl: $\alpha_T = 10 \cdot 10^{-6}$ K⁻¹

Spannungs-Dehnungs-Linie für die Querschnittsbemessung

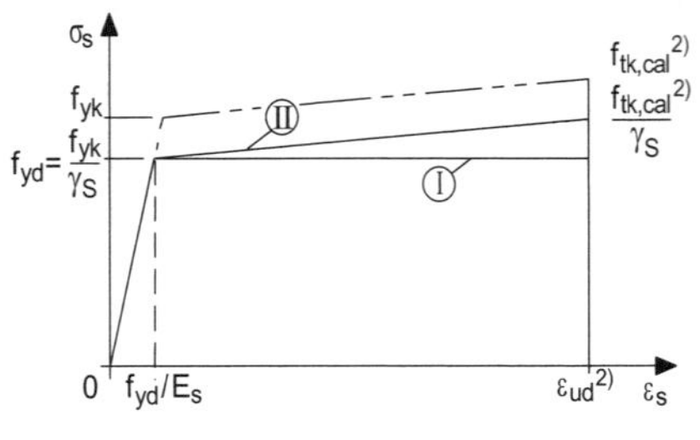

[2] Für die Querschnittsbemessung gilt:
$f_{tk} = f_{tk,cal} = 525$ N/mm²
$\varepsilon_{ud} = 25$ ‰

3 Schnittgrößenermittlung

3.1 Allgemeine Grundlagen

3.1.1 Grundsätzliches

Querschnitte von Tragwerken oder Tragwerksteilen müssen für die ungünstigsten Beanspruchungen im Grenzzustand der Tragfähigkeit und der Gebrauchstauglichkeit bemessen werden. Die ungünstigsten Beanspruchungen eines Querschnitts sind von der Größe und der Verteilung der Einwirkungen abhängig. Zur Ermittlung der *maßgebenden Einwirkungskombination* ist eine ausreichende Anzahl von Lastfällen – Kombinationen von Einwirkungsgrößen und ihre Verteilungsmöglichkeiten – zu untersuchen.

Bei der Schnittgrößenermittlung werden sowohl Idealisierungen der Geometrie als auch des Tragverhaltens vorgenommen.

Idealisierung der Geometrie	*Idealisierung des Trag- und Materialverhaltens*
stabförmige Bauteile	elastisches Verhalten
ebene Flächentragwerke	elastisches Verhalten mit begrenzter Umlagerung
Schalen	plastisches Verhalten und Anwendung von Stabwerkmodellen
dreidimensionale Tragwerke (seltener)	nichtlineares Verhalten

Zusätzliche Untersuchungen können in Bereichen nichtlinearer Verzerrungen erforderlich sein, z. B. an Auflagern, Lasteinleitungsbereichen, bei sprunghaften Querschnittsänderungen.

3.1.2 Einwirkungsgrößen (Lastgrößen)

Die Größen der Einwirkungen werden im Allgemeinen durch ihre Bemessungswerte als die mit den Teilsicherheits- und / oder Kombinationsbeiwerten vervielfachten charakteristischen Werte dargestellt. Im Grenzzustand der Tragfähigkeit gelten die Kombinationsregeln nach Abschn. 2.1.2, Gl. (30.3), im Grenzzustand der Gebrauchstauglichkeit nach Abschn. 2.1.3, Gl. (32.2). Die für eine Bemessung „ungünstigen" Einwirkungen sind hierbei mit ihrem oberen, die „günstig wirkenden" mit ihrem unteren Bemessungswert zu berücksichtigen.

Für die *ständige Einwirkung* muss im Regelfall der obere oder untere Grenzwert im gesamten Tragwerk berücksichtigt werden (s. Beispiel 2). Bei einer linear-elastischen Berechnung braucht für nicht vorgespannte Durchlaufträger und -platten der untere Grenzwert einer ständigen Einwirkung („Bemessungssituationen mit günstigen ständigen Einwirkungen") nicht berücksichtigt zu werden, wenn die Konstruktionsregeln für die Mindestbewehrung eingehalten sind. Sind jedoch die Ergebnisse eines Nachweises im hohen Maß anfällig gegen Schwankungen in der Größe einer ständigen Einwirkung, müssen die günstigen und ungünstigen Anteile der Einwirkung als eigenständige Einwirkung betrachtet werden (z. B. beim Nachweis der Lagesicherheit nach EC 0; s. Beispiel 1).

Veränderliche Einwirkungen (Verkehrslasten) werden mit dem oberen Bemessungswert berücksichtigt, wenn sie ungünstig wirken; bei günstiger Wirkung bleiben sie unberücksichtigt, da der untere Bemessungswert mit dem Teilsicherheitsbeiwert $\gamma_Q = 0$ zu ermitteln ist.

Beispiel 1 (Sonderfall: Eigenlasten jeweils als eigenständige Einwirkung)

Für den dargestellten Einfeldträger mit Kragarm ist die Lagesicherheit am Auflager A nachzuweisen. Bedingung nach Gl. (30.1) für die Auflagerkraft A:

$$A_{d,dst} \leq A_{d,stb}$$

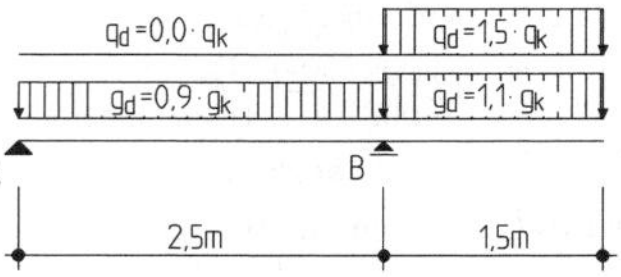

Mit den charakteristischen Werten $g_k = 6{,}8$ kN/m und $q_k = 7{,}5$ kN/m für die Einwirkungen erhält man

$$A_{d,dst} = 1{,}1 \cdot 6{,}8 \cdot \frac{1{,}5^2}{2 \cdot 2{,}5} + 1{,}5 \cdot 7{,}5 \cdot \frac{1{,}5^2}{2 \cdot 2{,}5} = 8{,}43 \text{ kN}$$

$$A_{d,stb} = 0{,}9 \cdot 6{,}8 \cdot \frac{2{,}5}{2} = 7{,}65 \text{ kN}$$

Nachweis: $A_{d,dst} = 8{,}43 \text{ kN} > A_{d,stb} = 7{,}65 \text{ kN}$ $\Rightarrow$ Nachweis *nicht* erfüllt; zusätzliche Maßnahmen (z. B. Verankerung) erforderlich.

[Zum Vergleich (nachstehender Rechnungsgang ist jedoch nicht zulässig):

Mit $g_d = \gamma_G \cdot g_k = \text{const.} = 1{,}00 \cdot 6{,}8$ kN/m ergäbe sich $A_{d,dst} = 8{,}12$ kN und $A_{d,stb} = 8{,}50$ kN, womit der Nachweis erfüllt wäre; Ähnliches gilt für $g_d = \text{const.} = 1{,}35 \cdot 6{,}8$ kN/m.]

Beispiel 2 (Regelfall: Eigenlasten konstant im gesamten Tragwerk)

Für den dargestellten Zweifeldträger ist die maßgebende Belastungsanordnung für das maximale Bemessungs*feldmoment* im Grenzzustand der Tragfähigkeit gesucht. Als Belastung seien vorhanden:

ständige Einwirkung $g_k = 20$ kN/m
veränderliche Einwirkung $q_k = 10$ kN/m

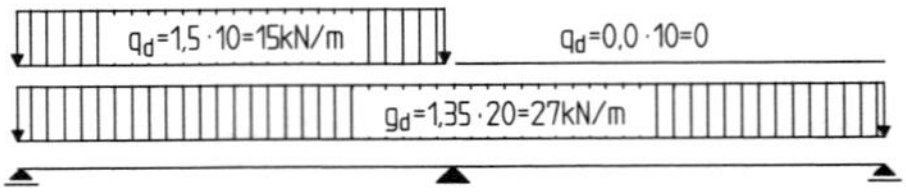

Man erhält die dargestellte Belastungsanordnung mit den angegebenen Bemessungswerten der Einwirkungen. Eine feldweise ungünstige Anordnung der Eigenlast als eigenständige Einwirkung – wie im Beispiel 1 – ist nicht erforderlich.

3.1.3 Belastungsanordnung

Einwirkungen sind grundsätzlich in ungünstiger Verteilung anzuordnen. Gegebenenfalls muss eine solche Verteilung mit Hilfe von Einflusslinien ermittelt werden. Jedoch dürfen auch vereinfachende Belastungsanordnungen verwendet werden, sofern sie das Tragverhalten sinnvoll interpretieren.

Die maßgebenden Querkräfte dürfen bei Tragwerken des üblichen Hochbaus für Vollbelastung aller Felder ermittelt werden, wenn das Stützweitenverhältnis benachbarter Felder im Bereich $0{,}5 < l_1 / l_2 < 2{,}0$ liegt. Weitere Hinweise und zulässige Vereinfachungen für die Ermittlung der Stützkräfte s. Abschn. 3.5.2.

3.1.4 Längs- und Querkraftverformung; Auswirkung nach Theorie II. Ordnung

Bei der Schnittgrößenermittlung von Bauteilen des üblichen Hochbaus dürfen die Einflüsse aus *Längskraft- und Querkraftverformung* i. d. R. vernachlässigt werden. Auswirkungen nach *Theorie II. Ordnung* dürfen vernachlässigt werden, wenn sie die Tragfähigkeit um weniger als 10 % verringern.

3.2 Imperfektionen

Imperfektionen sind im Grenzzustand der Tragfähigkeit in der ständigen, vorübergehenden und außergewöhnlichen Bemessungssitutation zu berücksichtigen, im Grenzuzstand der Gebrauchstauglichkeit dürfen sie vernachlässigt werden. Imperfektionen dürfen als Schiefstellung θ_i wie folgt erfasst werden:

$$\boxed{\theta_i = \theta_0 \cdot \alpha_h \cdot \alpha_m} \quad \text{(im Bogenmaß)} \qquad (36.1)$$

mit θ_0 als Grundwert und α_h als Beiwert für die Höhe bzw. α_m für die Anzahl der Bauteile.

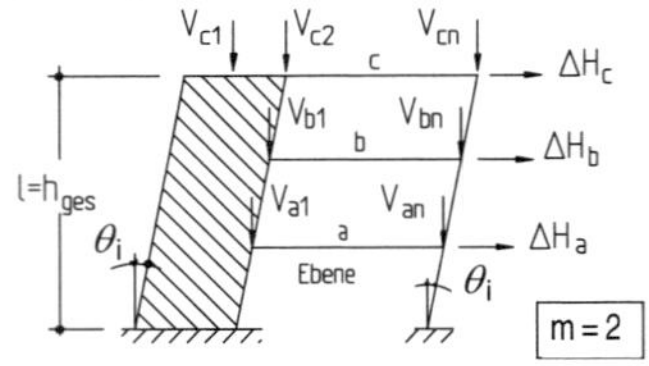

Allgemein gilt (z. B. für die lotrecht aussteifenden Bauteile)

$\theta_0 = 1/200$

$\alpha_h = 2/\sqrt{l} \begin{smallmatrix}\le 1{,}0\\ \ge 0{,}0\end{smallmatrix}$ und $\alpha_m = \sqrt{0{,}5 \cdot (1 + 1/m)}$ mit m als Anzahl der vertikalen Bauteile[1)]

Die Schiefstellung nach Gl. (36.1) darf durch die Wirkung äquivalenter Horizontalkräfte ersetzt werden (s. Abb. rechts; es sind Schiefstellung und Ersatzhorizontalkräfte gleichzeitig dargestellt):

$$\Delta H_j = \sum_{i=1}^{n} V_{ji} \cdot \theta_i \qquad (36.2)$$

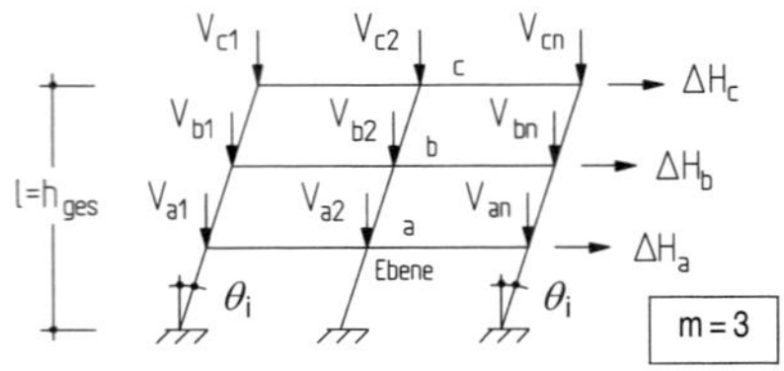

Waagerecht aussteifende Bauteile

Für die Auswirkungen auf Decken- und Dachscheiben wird θ_i ermittelt

$\theta_i = \theta_0 = 0{,}008/\sqrt{2m}$ (Deckenscheiben) (36.3a)
$\theta_i = \theta_0 = 0{,}008/\sqrt{m}$ (Dachscheiben) (36.3b)

mit $\alpha_h = \alpha_m = 1$ und m als Anzahl der auszusteifenden Teile im betrachteten Geschoss.[1)]

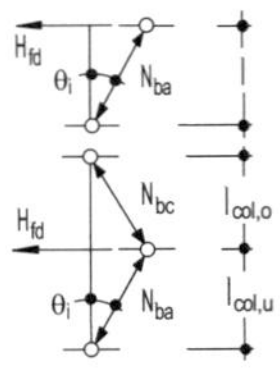

Als Ersatz-Horizontalkraft ergibt sich:

Deckenscheibe: $H_{fd} = (N_{bc} + N_{ba}) \cdot \theta_i$ mit θ_i nach Gl. (36.3a); s. Abb.
Dachscheibe: $H_{fd} = N_{bc} \cdot \theta_i$ mit θ_i nach Gl. (36.3b)

Die Ersatzhorizontalkräfte H_{fd} sind als eigenständige Einwirkungen zu betrachten und dürfen nicht durch Kombinationsfaktoren abgemindert werden.

Weitere Hinweise, Erläuterungen und Beispiele s. *Bautabellen für Ingenieure, Kap. 5 C.*

1) Für m dürfen nur die lotrechten Bauteile m berücksichtigt werden, die mindestens 70 % einer mittleren Längskraft $N_{Ed,m} = F_{Ed}/m$ aufnehmen (F_{Ed} Summe der Längskräfte im betrachteten Geschoss).

3.3 Räumliche Steifigkeit und Stabilität

Rechnerischer Nachweis der Gesamtstabilität und Lastaufteilung horizontaler Lasten auf die aussteifenden Bauteile s. *Bautabellen für Ingenieure, Kap. 5 C.*

3.4 Tragwerksidealisierung

3.4.1 Definition, Vereinfachungen

Tragelemente und Bauteile werden nach ihrer Eigenschaft und Funktion unterteilt und gelten als

– *Balken, Platte* bei	$l / h \geq 3$	l, l_{min}	Stützweite, kürzere Stützweite
– *Scheibe, wandartiger Träger* bei	$l / h < 3$	h	Bauhöhe
– *Platte* bei	$b / h \geq 5$	b	Querschnittsbreite
– *Balken* bei	$b / h < 5$	h	Bauhöhe
– *Stützen*	$b / h \leq 4$	b, h	Querschnittsseiten ($b \geq h$)
– *Wände*	$b / h > 4$		

– *Einachsig gespannte Platten* dürfen bei gleichmäßig verteilten Lasten unterstellt werden
  - bei zwei freien ungelagerten, gegenüberliegenden und parallelen Rändern *oder*
  - bei einem Verhältnis der größeren Stützweite zur kleineren $l_{max} / l_{min} \geq 2$.

– *Rippen- und Kassettendecken* dürfen bei einer linear-elast. Schnittgrößenermittlung (ohne oder mit begrenzter Umlagerung) als Vollplatten betrachtet werden, falls die nebenstehenden Bedingungen erfüllt sind.

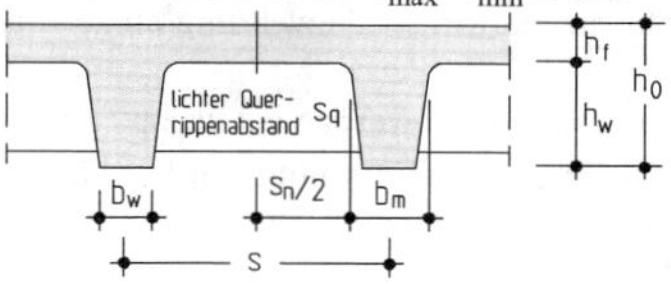

$s \leq 150$ cm

$h_f \begin{cases} \geq s_n/10 \\ \geq 5 \text{ cm} \end{cases}$

$h_w \leq 4\, b_m$

$s_q \leq 10\, h_0$

3.4.2 Mitwirkende Plattenbreite

Die mitwirkende Breite b_{eff} darf für *Biegebeanspruchung* infolge annähernd gleichmäßig verteilter Einwirkungen für die Nachweise in den Grenzzuständen der Tragfähigkeit und der Gebrauchstauglichkeit nach EC2-1-1, 5.3.2.1 (s. jedoch auch [12.19]) angenommen werden zu:

$$b_{eff} = b_w + \Sigma b_{eff,i} \leq b \quad (37)$$

$$\text{mit } b_{eff,i} = 0{,}2 \cdot b_i + 0{,}1 \cdot l_0 \leq 0{,}2 \cdot l_0 \quad (37a)$$

$$\leq b_i \quad (37b)$$

Der Abstand der Momentennullpunkte l_0 darf bei etwa gleichen Steifigkeitsverhältnissen wie nebenstehend dargestellt abgeschätzt werden.

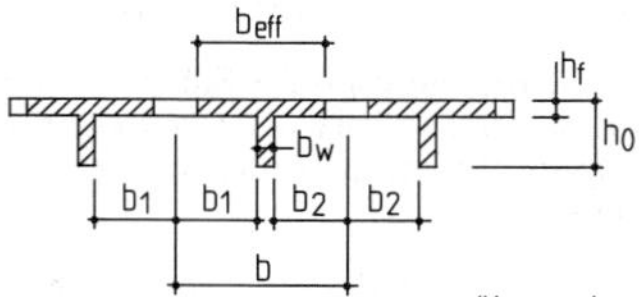

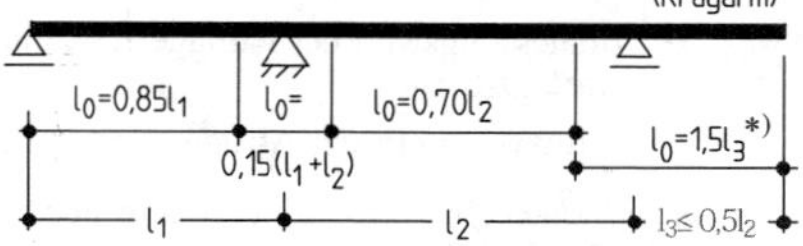

*) bei kurzem Kragarm; andernfalls gilt: $l_0 = 0{,}15\, l_2 + l_3$

Bei durchlaufenden Plattenbalken unter überwiegender Gleichlast ist es für die Schnittgrößenermittlung im Allg. ausreichend, die mitwirkende Breite konstant über die Feldlänge anzusetzen [12.21].

3.4.3 Stützweite

Die Stützweite wird wie folgt berechnet (EC2-1-1, 5.3.2.2):

$$\boxed{l_{eff} = l_n + a_1 + a_2}$$

mit l_n als lichter Abstand zwischen den Auflagerrändern.

a) nicht durchlaufende Bauteile

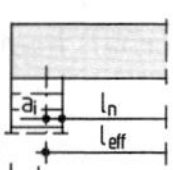

a_i = min {0,5h; 0,5t}

b) durchlaufende Bauteile

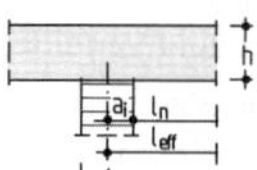

a_i = min {0,5h; 0,5t}

c) Auflager mit voller Einspannung

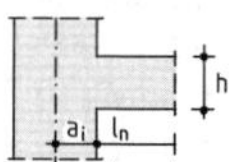

a_i = min {0,5h; 0,5t}

d) freie Kragträger

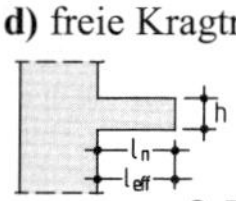

a_i = 0

e) Kragarm eines Durchlaufträgers

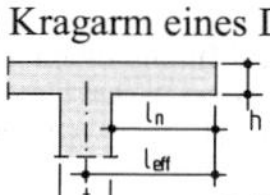

a_i = min {0,5h; 0,5t}

f) Anordnung eines Lagers

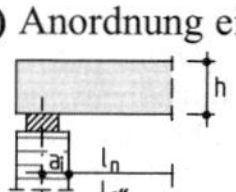

3.5 Berechnungsverfahren

3.5.1 Verfahren zur Schnittgrößenermittlung

Für die Schnittgrößenermittlung sind in den Grenzzuständen folgende Verfahren zulässig:

Gebrauchstauglichkeit
- linear-elastische Verfahren
  (Eine Rissbildung muss berücksichtigt werden bei deutlich ungünstigem Einfluss, sie darf berücksichtigt werden bei günstigem Einfluss unter Berücksichtigung der Verträglichkeit.)
- nichtlineare Schnittgrößenermittlung.

Tragfähigkeit
- linear-elastische Schnittgrößenermittlung ohne Umlagerung
- linear-elastische Schnittgrößenermittlung mit begrenzter Umlagerung
- plastische Schnittgrößenermittlung
- nichtlineare Schnittgrößenermittlung.

3.5.2 Vereinfachungen

Bei nicht vorgespannten Durchlaufträgern und -platten des üblichen Hochbaus brauchen Bemessungssituationen mit günstigen ständigen Einwirkungen ($\gamma_G = 1{,}0$) nicht berücksichtigt zu werden, wenn die konstruktiven Regeln für die Mindestbewehrung eingehalten werden. (Ausnahme: Nachweis der Lagesicherheit.)

Durchlaufende Platten und Balken werden i. Allg. unter der Annahme frei drehbarer Lagerung berechnet.

Querkräfte dürfen bei Tragwerken des üblichen Hochbaus für eine Vollbelastung aller Felder ermittelt werden, wenn das Stützweitenverhältnis benachbarter Felder bei annähernd gleicher Steifigkeit zwischen $0{,}5 < l_1 / l_2 < 2{,}0$ liegt.

Die *Querdehnzahl* ν darf für gerissenen Beton gleich 0 gesetzt werden, für ungerissenen Beton gilt $\nu = 0{,}2$.

Der Bemessungswert des Stützmomentes durchlaufender Platten und Balken darf bei *frei drehbarer Lagerung* über die Breite der Unterstützung ausgerundet werden; das Bemessungsmoment ergibt sich zu

$$|M'_{Ed}| = |M_{Ed}| - |F_{Ed,sup}| \cdot t/8$$

$F_{Ed,sup}$ Bemessungswert der Auflagerreaktion
t Auflagerbreite

Als effektive Stützweite gilt der Abstand der Auflagermitten.

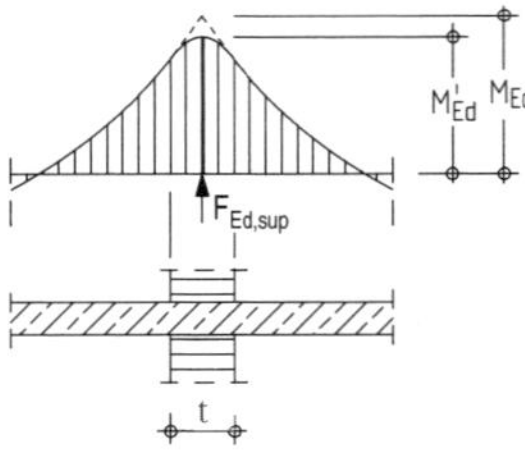

Bei *monolithischem Anschluss* einer Platte oder eines Balkens darf nach EC2-1-1, 5.3.2.2 der Bemessungswert des Stützmoments am Rand der Unterstützung zugrunde gelegt werden[1]; dabei muss das stützende Bauteil eine Vergrößerung der statischen Nutzhöhe von mind. 1:3 zulassen. Mindestmomente sind zu beachten (s. u.). Als Bemessungsmoment erhält man

$$|M_I| = |M_{Ed}| - |V_{Ed,li}| \cdot t/2$$
$$|M_{II}| = |M_{Ed}| - |V_{Ed,re}| \cdot t/2$$

$V_{Ed,li}$ Bemessungsquerkraft links von der Unterstützung
$V_{Ed,re}$ Bemessungsquerkraft rechts von der Unterstützung

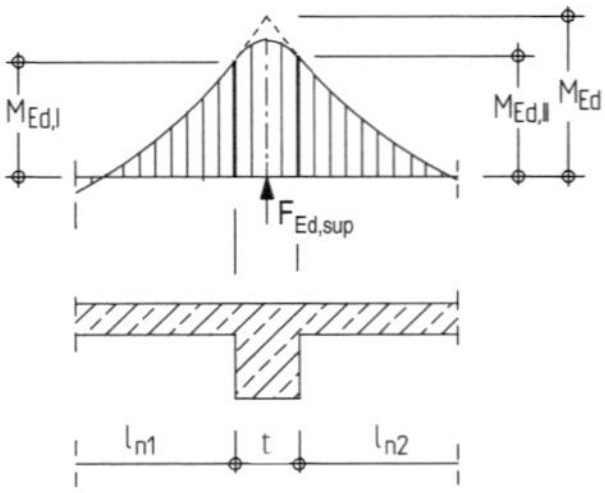

Zur Berücksichtigung von Idealisierungen und unbeabsichtigten Abweichungen ist als *Mindestbemessungsmoment* $\min|M_{Ed}|$ am Auflagerrand mindestens 65 % des Moments bei Annahme einer vollen Randeinspannung zu berücksichtigen. Für eine gleichmäßig verteilte, konstante Streckenlast erhält man

$\min|M_{Ed}| \approx (1/12) \cdot F_d \cdot l_n^2$ an der ersten Innenstütze im Randfeld (einseitige Einspannung)
$\min|M_{Ed}| \approx (1/18) \cdot F_d \cdot l_n^2$ an den übrigen Innenstützen in Innenfeldern (beidseitige Einspannung)

mit F_d als gleichmäßig verteilter Bemessungslast und l_n als lichter Weite zwischen den Auflagern.

---

[1] In [12.25] wird ausgeführt, dass eine Bemessung für das Mittenmoment unter Berücksichtigung einer Momentenausrundung und Nutzhöhenvergrößerung unter 1:3 im Bereich der Unterstützung in vielen Fällen nicht maßgebend ist. Lediglich bei sehr kleinen Schlankheiten (etwa ab $l/d \leq 10$) kann das Mittenmoment ungünstiger sein. Weitere Hinweise s. a. [12.45].

3.5.3 Lineare Berechnung ohne oder mit begrenzter Umlagerung

Die linear-elastisch ermittelten Momente dürfen unter Einhaltung der Gleichgewichtsbedingungen (Mindestmomente nach Abschn. 3.5.2 sind zu beachten!) umgelagert werden. Eine Umlagerung darf jedoch nicht vorgenommen werden, falls das Rotationsvermögen nicht mit Sicherheit vorausgesetzt werden kann (z. B. bei verschieblichen Rahmen, in den Ecken vorgespannter Rahmen, bei großer Zwangbeanspruchung).

Für Durchlaufträger (in Querrichtung kontinuierlich gestützte Platten, Balken, Riegel in unverschieblichen Rahmen und andere überwiegend auf Biegung beanspruchte Bauteile) mit einem Stützweitenverhältnis der benachbarten Felder $0{,}5 < l_1 / l_2 < 2{,}0$ darf der Umlagerungsfaktor $\delta\,(= M_u / M_{el})$ betragen:

– Betonfestigkeitsklassen	≤ C50/60:	$\delta \geq 0{,}64 + 0{,}80 \cdot x_u/d$	(39.1)
– Duktilität des Stahls	hochduktil:	$\delta \geq 0{,}70$	(39.2a)
	normalduktil:	$\delta \geq 0{,}85$	(39.2b)

mit x_u / d als Verhältnis der Druckzonenhöhe x zur Nutzhöhe d *nach* Umlagerung. Für die Eckknoten unverschieblicher Rahmen sollte die Umlagerung auf $\delta = 0{,}9$ begrenzt werden (vgl. DIN 1045-1).

Für Beton ≤ C50/60 ist eine Umlagerung nur für $x_u/d < 0{,}45$ zulässig (vgl. Gl. (39.1)). Sofern keine geeigneten konstruktiven Maßnahmen (z. B. enge Verbügelung) getroffen werden, ist der Wert x_u/d generell auf 0,45 zu begrenzen.

Die Einhaltung der Bedingungen nach Gln. (39.1) und (39.2) erfordert im Regelfall eine Iteration, da der Faktor δ mit der bezogenen Druckzonenhöhe x_u / d nach Umlagerung zu ermitteln ist. In nebenstehendem Diagramm ist diese Iteration bereits durchgeführt, sodass mit dem auf die Bewehrung bezogenen Moment M_{Eds} *vor* Umlagerung der zulässige Anwendungsbereich von δ direkt abgelesen werden kann. Für den Beton wurde das Parabel-Rechteck-Diagramm der Querschnittsbemessung (s. Abschn. 2.2.1) berücksichtigt.

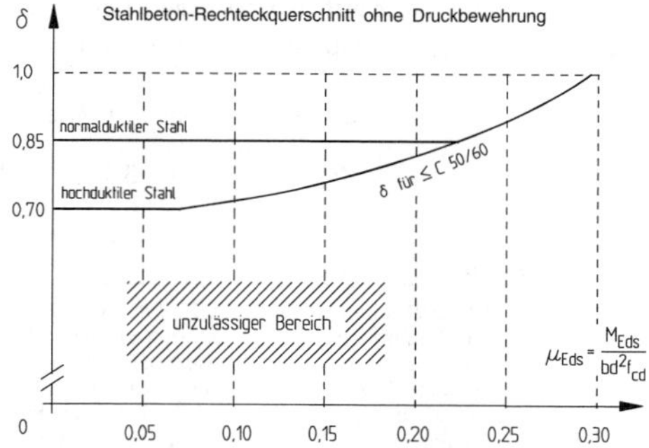

Beispiel

Für einen Zweifeldträger mit den Querschnittsabmessungen $b/h/d$ = 30/70/65 cm soll das Stützmoment unter Ausnutzung der maximal zulässigen Umlagerung bestimmt werden.

Bemessungslasten: $g_d = \gamma_G \cdot g_k = 1{,}35 \cdot 20 = 27$ kN/m

$q_d = \gamma_Q \cdot q_k = 1{,}50 \cdot 36 = 54$ kN/m

Baustoffe: Beton C30/37; Stahl B 500 B (hochduktil)

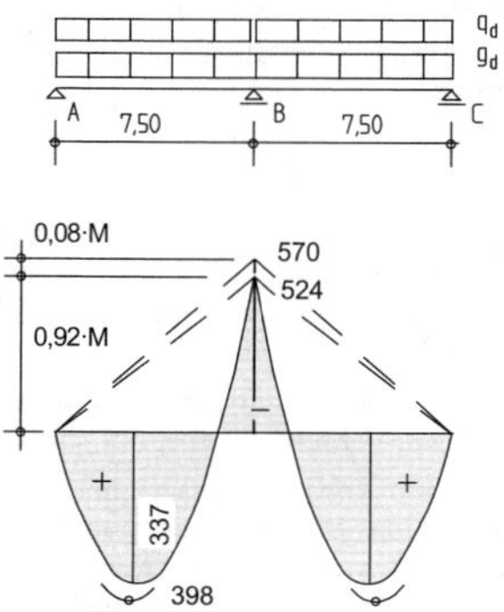

lineare Berechnung

$M_{Ed,b} = -0{,}125 \cdot (27 + 54) \cdot 7{,}50^2$

$= -570$ kNm (q_d im Feld 1 u. 2)

$\max M_{Ed,1} \approx (0{,}070 \cdot 27 + 0{,}096 \cdot 54) \cdot 7{,}50^2$

$=$ **398** kNm (q_d im Feld 1)

zug $M_{Ed,b} = -(0{,}125 \cdot 27 + 0{,}063 \cdot 54) \cdot 7{,}50^2$

$= -381$ kNm (q_d im Feld 1)

lineare Berechnung mit begrenzter Umlagerung

$\mu_{Eds} = 0{,}570 / [0{,}30 \cdot 0{,}65^2 \cdot (0{,}85 \cdot 30/1{,}5)] = 0{,}265$

$\Rightarrow$ zul $\delta = 0{,}92$ („Beton“ wird maßgebend)

$M_{Ed,b;\,\delta=0{,}92} = 0{,}92 \cdot (-570) =$ **−524** kNm < −381 kNm

Das Stützmoment $|M_{Ed}|$ = 524 kNm nach Umlagerung in der Lastfallkombination „Volllast“ (g_d und q_d in beiden Feldern) ist noch größer als das zugehörige Stützmoment $|M_{Ed}|$ = 381 kNm in der Lastfallkombination „einseitige Verkehrslast“ (g_d in beiden Feldern, q_d nur im Feld 1). Für die Bemessung an der Stütze bleibt daher der Lastfall „Volllast“ maßgebend, ebenso gilt für das maximale Feldmoment unverändert max M_{Ed} = 398 kNm.

Kontrollen: Faktor δ mit Gl. (39.1): $\mu_{Eds} = 0{,}524 / (0{,}3 \cdot 0{,}65^2 \cdot (0{,}85 \cdot 30 / 1{,}5)) = 0{,}243$

$\Rightarrow x / d = 0{,}35$ (Tafel 1, S. 12.80); zul $\delta = 0{,}64 + 0{,}80 \cdot 0{,}35 = 0{,}92$

4 Konstruktionsgrundlagen

4.1 Expositionsklassen, Betondeckung, Stababstände

4.1.1 Expositionsklassen und Mindestbetonfestigkeit

Die *Umgebungsbedingungen* eines Bauteils sind durch chemische und physikalische Einflüsse gekennzeichnet, denen ein Tragwerk ausgesetzt ist. Bei den Umgebungsbedingungen wird unterschieden nach

- Bewehrungskorrosion (s. Tafel 12.41, Zeilen 2 bis 4)
- Betonangriff (s. Tafel 12.41, Zeilen 5 bis 8).

Für beide Angriffsrisiken ist die Expositionsklasse zu bestimmen. Jeder Expositionsklasse ist eine Mindestbetonfestigkeitsklasse zugeordnet, die jeweils höhere ist maßgebend.

4.1.2 Mindestmaße c_{min} und Nennmaße c_{nom} der Betondeckung

Mindestmaß c_{min} Betondeckung, die an keiner Stelle unterschritten werden darf; es wird bestimmt aus
– Korrosionsschutz der Bewehrung *und* Sicherung des Verbundes
– Brandschutz (s. hierzu gesonderte Festlegungen in den Brandschutzbestimmungen).

Nennmaß c_{nom} Verlegemaß unter Berücksichtigung von Maßabweichungen (s.u.)

Auch für eine rechnerisch nicht berücksichtigte Bewehrung ist die erforderliche Betondeckung einzuhalten.

Mindestmaße c_{min} der Betondeckung (EC2-1-1, 4.4.1.2)

	Expositionsklasse nach Tafel 12.41									
	karbonatisierungsinduzierte Korrosion				chloridinduzierte Korrosion[4]			chloridinduzierte Korrosion aus Meerwasser		
	XC 1	XC 2	XC 3	XC 4	XD 1	XD 2	XD 3	XS 1	XS 2	XS 3
Verbundbedingung[6]	$c_{min} \geq \varnothing_s$ bzw. $\varnothing_n$[5]									
Korrosionsschutz[1) 2) 3)]	10	20		25	40			40		

1) Die Mindestbetondeckung darf für Bauteile, deren Festigkeitsklasse um 2 Klassen höher liegt als nach Tafel 12.41 erforderlich, um 5 mm vermindert werden (gilt nicht für Umweltklasse XC 1).
2) Zusätzlich sind 5 mm für die Umweltklasse XM 1, 10 mm für XM 2 und 15 mm für XM 3 vorzusehen (Verschleiß).
3) Bei kraftschlüssiger Verbindung von Ortbeton mit einem Fertigteil darf die Mindestbetondeckung an den der Fuge zugewandten Rändern verringert werden; bei mind. rauen Fugen darf die Bewehrung auch direkt auf die Fugenoberfläche verlegt werden, für die Stäbe gilt dann mäßiger Verbund (weitere Hinweise s. *Bautabellen für Ingenieure*).
4) Ggf. besondere Maßnahmen zum Korrosionsschutz der Bewehrung (Beschichtung o. Ä.).
5) $\varnothing_n = \varnothing_s \cdot \sqrt{n}$; Vergleichsdurchmesser bei Doppelstäben und Stabbündeln mit *n* als Anzahl der Stäbe.
6) c_{min} muss um 5 mm vergrößert werden, wenn das Größtkorn der Gesteinskörnung 32 mm überschreitet.

Nennmaß der Betondeckung c_{nom}

Zur Berücksichtigung von unplanmäßigen Maßabweichungen ist c_{min} um ein Vorhaltemaß Δc_{dev} zu vergrößern. Das Nennmaß c_{nom} ist der statischen Berechnung zugrunde zu legen; es ergibt sich zu:

$c_{nom} = c_{min} + \Delta c_{dev}$ Vorhaltemaß Δc_{dev} Korrosionsschutz: $\Delta c_{dev} = 15$ mm (bei XC 1: 10 mm)
Verbundsicherung: $\Delta c_{dev} = 10$ mm (vgl. [12.35], [12.45])

Eine *Vergrößerung des Vorhaltemaßes* Δc_{dev} ist erforderlich, wenn der Beton gegen unebene Flächen geschüttet wird. Die Erhöhung erfolgt um das Differenzmaß der Unebenheit, mindestens jedoch um 20 mm, bei Schüttung gegen Erdreich um 50 mm. Bei Oberflächen mit architektonischer Gestaltung (strukturierte Oberflächen, Waschbeton u. Ä.) ist ebenfalls eine angemessene erhöhte Betondeckung erforderlich.

Eine *Verminderung des Vorhaltemaßes* Δc_{dev} ist nur in Ausnahmefällen zulässig (Qualitätskontrolle gemäß DBV-Merkblättern; bei Verbundfugen); *s. hierzu Bautabellen für Ingenieure*

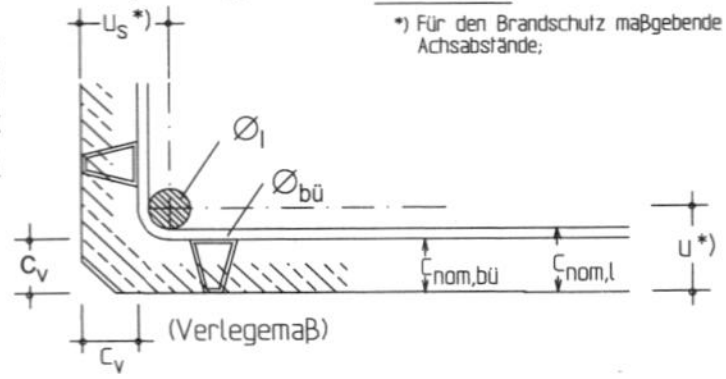

Auf der Konstruktionszeichnung ist das für die Abstandhalter maßgebende Verlegemaß c_v und das Vorhaltemaß Δc_{dev} anzugeben, und zwar für die Stäbe, die unterstützt werden sollen (im Allgemeinen die der Betonoberfläche am nächsten liegenden Stäbe).

Es gilt: $c_v \geq c_{nom,bü}$ u. $c_v \geq c_{nom,l} - \varnothing_{bü}$ (s. Abb.)

4.1.3 Stababstände

Gegenseitiger lichter Stababstand s_n von parallelen Einzelstäben (EC2-1-1, 8.2).

allgemein	$s_n \geq \varnothing_s$ und $s_n \geq 20$ mm
Größtkorndurchmesser $d_g > 16$ mm	$s_n \geq d_g + 5$ mm

Doppelstäbe bei Matten und Stäben in Stabbündeln dürfen sich berühren. Für übergreifende Stäbe s. Abschn. 4.2.4.

Tafel 12.41 Expositionsklassen (s. a. nächste Seite)

		Klasse	Beschreibung der Umgebung	Beispiele für Umgebungsbedingungen (weitere Beispiele/Erläuterungen s. EC2-1-1,4.2; vgl. a. EN 206 und DIN 1045-2)	Mindest-festigkeits-klasse
1	Kein Korrosions- oder Angriffsrisiko	X 0	Unbewehrter Beton außer XF, XA, XM Bewehrter Beton: sehr trocken	Fundamente ohne Bewehrung ohne Frost; Innenbauteile ohne Bewehrung Beton in Gebäuden mit sehr geringer Luftfeuchte (≤ 30 %)	C12/15
2	Bewehrungskorrosion, ausgelöst durch Karbonatisierung[1)]	XC 1	Trocken oder ständig nass	Beton in Gebäuden mit üblicher Luftfeuchte; Beton, der ständig im Wasser getaucht ist	C16/20
		XC 2	Nass, selten trocken	Teile von Wasserbehältern; Gründungsbauteile	C16/20
		XC 3	Mäßige Feuchte	Bauteile, zu denen die Außenluft häufig od. ständig Zugang hat, z. B. offene Hallen; Innenräume mit hoher Luftfeuchte z. B. in gewerblichen Küchen, Bädern, Wäschereien, Hallenbäder, Viehställen	C20/25
		XC 4	Wechselnd nass und trocken	Außenbauteile mit direkter Beregnung	C25/30
3	Bewehrungskorrosion, ausgelöst durch Chloride	XD 1	Mäßige Feuchte	Bauteile im Sprühnebelbereich von Verkehrsflächen; Einzelgaragen	C30/37[3)]
		XD 2	Nass, selten trocken	Solebäder; Bauteile, die chloridhaltigen Industriewässern ausgesetzt sind	C35/45[3) od. 8)]
		XD 3	Wechselnd nass und trocken	Teile von Brücken mit Spritzwasserbeanspruchung; Fahrbahndecken; direkt befahrene Parkdecks[2)]	C35/45[3)]
4	Bewehrungskorrosion, ausgelöst durch Chloride aus Meerwasser	XS 1	Salzhaltige Luft (ohne Meerwasserkontakt)	Außenbauteile in Küstennähe	C30/37[3)]
		XS 2	Unter Wasser	Bauteile in Hafenanlagen, die ständig unter Wasser liegen	C35/45[3) od. 8)]
		XS 3	Tidebereiche, Spritzwasser- und Sprühnebelbereiche	Kaimauern in Hafenanlagen	C35/45[3)]
5	Betonangriff durch Frost mit und ohne Taumittel	XF 1	Mäßige Wassersättigung ohne Taumittel	Außenbauteile	C25/30
		XF 2	Mäßige Wassersättigung mit Taumittel oder Meerwasser	Bauteile im Sprühnebel-/Spritzwasserbereich von taumittelbeh. Verkehrsflächen, soweit nicht XF 4; Bauteile im Sprühnebelbereich von Meerwasser	C25/30(LP)[5)] C35/45[8)]
		XF 3	Hohe Wassersättigung ohne Taumittel	Offene Wasserbehälter; Bauteile in der Wasserwechselzone von Süßwasser	C25/30(LP)[5)] C35/45[8)]
		XF 4	Hohe Wassersättigung mit Taumittel oder Meerwasser	Verkehrsflächen, die mit Taumitteln behandelt werden; überwiegend horizontale Bauteile im Spritzwasserbereich von taumittelbehandelten Verkehrsflächen; Räumerlaufbahnen von Kläranlagen; Meeresbauwerke in der Wasserwechselzone	C30/37(LP)[5) 6)]
6	Betonangriff durch chemischen Angriff der Umgebung[4)]	XA 1	Chemisch schwach angreifende Umgeb.	Behälter von Kläranlagen; Güllebehälter	C25/30
		XA 2	Chemisch mäßig angreifende Umgebung	Betonbauteile, die mit Meerwasser in Berührung kommen; Bauteile in betonangreifende Böden	C35/45[3) od. 8)]
		XA 3	Chemisch stark angreifende Umgebung	Industrieabwasseranlagen mit chem. angreifenden Abwässern; Futtertische der Landwirtschaft; Kühltürme mit Rauchgasableitungen	C35/45[3)]
7	Betonangriff durch Verschleißbeanspruchung	XM 1	Mäßige Verschleißbeanspruchung	Industrieböden mit Beanspruchung durch luftbereifte Fahrzeuge	C30/37[3)]
		XM 2	Schwere Verschleißbeanspruchung	Industrieböden mit Beanspruchung durch luft- oder vollgummibereiften Gabelstapler	C30/37[3) 7)] C35/45[3)]
		XM 3	Extreme Verschleißbeanspruchung	Beanspruchung durch elastomer- od. stahlrollenbereifte Gabelstapler, Kettenfahrzeuge; Tosbecken	C35/45[3)]

1) Feuchteangabe für den Zustand innerhalb der Betondeckung der Bewehrung, die i. Allg. gleich den Umgebungsbedingungen ist; dies braucht jedoch nicht der Fall zu sein, wenn sich zwischen dem Beton und seiner Umgebung eine Sperrschicht befindet.
2) Ausführung nur mit zusätzlichen Maßnahmen (z. B. rissüberbrückende Beschichtung).
3) Bei Verwendung von Luftporenbeton , z. B. wegen gleichzeitiger Anforderungen aus XF, eine Betonfestigkeitsklasse niedriger.
4) Grenzwerte für die Expositionsklassen bei chemischem Angriff siehe DIN EN 206-1 und DIN 1045-2.
5) Bei Luftporenbeton mit Mindestanforderungen nach DIN 1045-2 an den Luftgehalt im Frischbeton unmittelbar vor dem Einbau.
6) Erdfeuchter Beton mit $w/z \le 0{,}40$ auch ohne Luftporen. Bei Räumerlaufbahnen ohne Luftporen ≥ C40/50 (s. DIN 1045-2).
7) Oberflächenbehandlung des Betons nach DIN 1045-2, z. B. Vakuumieren und Flügelglätten.
8) Bei langsam und sehr langsam erhärtenden Betonen eine Festigkeitsklasse im Alter von 28 Tagen niedriger (s. EC2-1-1, Anhang E).

Tafel 12.41 (Fortsetzung)

		Klasse	Beschreibung der Umgebung	Beispiele für die Zuordnung der Bauteile (weitere Beispiele/Erläuterungen s. EC2-1-1/NA, Tab. 4.1)
8	Betonkorrosion inf. Alkali-Kieselsäurereaktion (Zuordnung des Betons anhand der zu erwartenden Umgebungsbedingungen)	W0	Beton, der nach Nachbehandlung u. Austrocknung während der Nutzung weitgehend trocken bleibt	a) Innenbauteile des Hochbaus b) Außenlufteinwirkung, nicht jedoch z. B. Niederschläge, Oberflächenwasser, Bodenfeuchte und/oder ständige Einwirkung einer rel. Luftfeuchte > 80 %
		WF	Beton, der während der Nutzung häufig oder längere Zeit feucht ist	a) Ungeschützte Außenbauteile, die z. B. Niederschlägen, Oberflächenwasser oder Bodenfeuchte ausgesetzt sind b) Feuchträume, wie z. B. Hallenbäder, Wäschereien u. andere gewerbliche Feuchträume mit rel. Luftfeuchte > 80 % c) Häufige Taupunktunterschreitung, wie z. B. bei Schornsteinen Wärmeübertragungsstationen, Filterkammern, Viehställen d) Bauteile gem. DAfStb-Richtlinie „Massige Bauteile aus B.", mit Abmessungen > 0,80 m (unabhängig vom Feuchtezutritt).
		WA	Beton, der zusätzlich zur Klasse WF häufiger oder langzeitiger Alkalizufuhr von außen ausgesetzt ist	a) Meerwassereinwirkung b) Tausalzeinwirkung ohne hohe dynam. Beanspruchung, z. B. Spritzwasserbereiche, Fahr- u. Stellflächen in Parkh. c) Industriebauten u. landwirtschaftliche Bauwerke (z. B. Güllebehälter) mit Alkalizufuhr
		WS	Beton unter hoher dynamischer Beanspruchung u. direktem Alkalieintrag	Bauteile unter Tausalzeinwirkung mit zusätzlicher hoher dynamischer Beanspruchung (z. B. Betonfahrbahnen)

4.2 Betonstahl[1)]

4.2.1 Krümmungen

Mindestwerte der Biegerollendurchmesser D_{min}; allgemein

Betonstahl	Haken, Winkelh.; Schlaufen, Bügel		Schrägstäbe und andere gebogene Stäbe		
	Stabdurchmesser		Mindestmaße der Betondeckung min c rechtwinklig zur Krümmungsebene		
	∅ < 20 mm	∅ ≥ 20 mm	> 100 mm und > 7 ∅	> 50 mm und > 3 ∅	≤ 50 mm oder ≤ 3 ∅
Rippenstäbe B500	4,0∅	7,0∅	10∅	15∅	20∅

Mindestwerte der Biegerollendurchmesser D_{min} bei geschweißter Bewehrung und Betonstahlmatten

– Abstand Krümmungsbeginn bis Schweißstelle ≥ 4 ∅ ⇒ D_{min} s. o.
– Abstand Krümmungsbeginn bis Schweißstelle < 4 ∅; Schweißung in d. Krümmung ⇒ D_{min} ≥ 20 ∅

Zu nicht vorwiegend ruhender Belastung sowie Hin- und Zurückbiegen: s. EC2-1-1/NA, 8.3.

4.2.2 Verbund und Bemessungswert der Verbundspannungen

Gute Verbundbedingungen gelten für Stäbe

– mit Neigungen 45° ≤ α ≤ 90°
– mit Neigungen 0° ≤ α ≤ 45°
  - in Bauteilen mit h ≤ 300 mm
  - in Bauteilen mit h > 300 mm *entweder* ≤ 300 mm von Unterkante *oder* ≥ 300 mm von Oberkante
– in liegend betonierten stabförmigen Bauteilen mit h ≤ 500 mm, die mit Außenrüttlern verdichtet werden.

Mäßige Verbundbedingungen gelten für alle übrigen Stäbe und für Stäbe in Bauteilen, die im Gleitbauverfahren hergestellt werden.

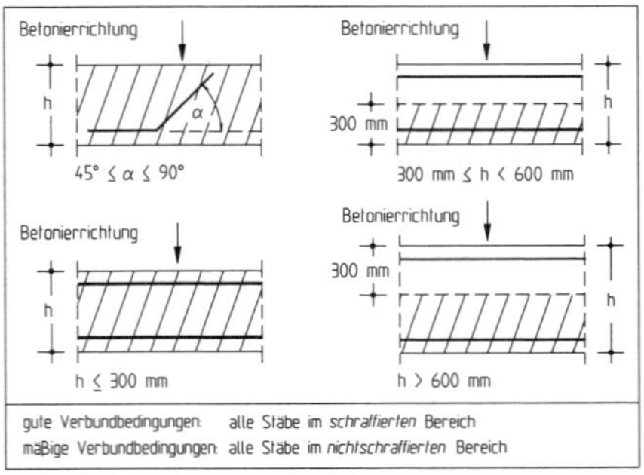

Bemessungswert der Verbundspannung f_{bd} in N/mm² (Rippenstähle)

Verbund	Oberfläche des Betonstahls	charakteristische Werte der Betonfestigkeit f_{ck} 12	16	20	25	30	35	40	45	50
guter Verbund	gerippt	1,65	2,00	2,32	2,69	3,04	3,37	3,68	3,99	4,28
mäßiger Verbund		70 % der Werte des guten Verbunds								

1) Nachfolgend werden nur Einzelstäbe mit d_s ≤ 32 mm sowie Einzel- bzw. Doppelstäbe von Betonstahlmatten behandelt.

4.2.3 Verankerungen

Verankerungsarten

	1	2[1)]	3
	Art und Ausbildung der Verankerung	Beiwert α_1 Zugstäbe	Druckstäbe
1	a) Gerade Stabenden 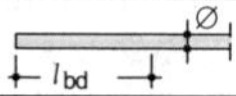	1,0	1,0
2	b) Haken c) Winkelhaken d) Schlaufe 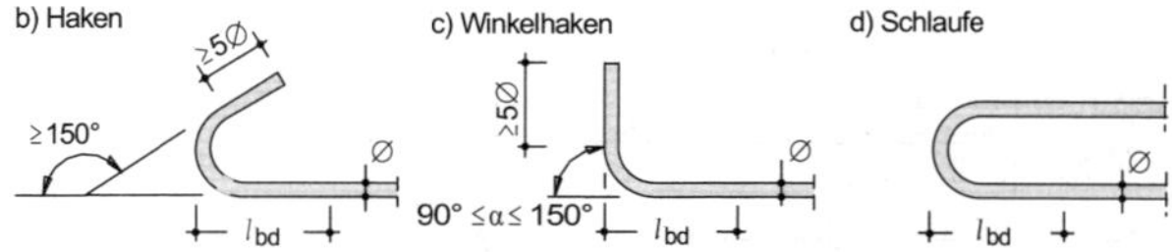	0,7[2)] (1,0)	- (nicht zulässig)
3	e) Gerade Stabenden mit mindestens einem angeschweißten Stab innerhalb von l_{bd} 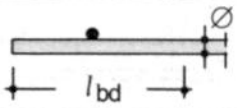	0,7	0,7
4	f) Haken g) Winkelhaken h) Schlaufe mit jeweils mindestens einem angeschweißten Stab[3)] innerhalb von l_{bd} vor dem Krümmungsbeginn 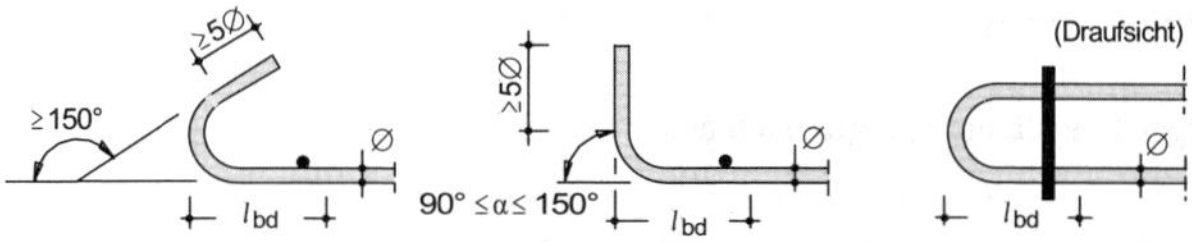	0,5 (0,7)	- (nicht zulässig)
5	i) Gerade Stabenden mit mindestens zwei angeschweißten Stäben innerhalb von l_{bd} (nur zulässig bei Einzelstäben mit $\varnothing \leq 16$ mm bzw. bei Doppelstäben mit $\varnothing \leq 12$ mm) 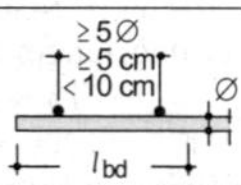	0,5 (0,7)	0,7

1) Die in Spalte 2 in Klammern angegebenen Werte gelten, wenn im Krümmungsbereich rechtwinklig zur Krümmungsebene die Betondeckung weniger als 3∅ beträgt bzw. wenn kein Querdruck oder keine enge Verbügelung vorhanden ist.
2) Bei Schlaufenverankerung mit $D \geq 15\varnothing$ darf α_1 auf 0,5 reduziert werden, falls seitl. Betondeckung mind. 3∅.
3) Für angeschweißte Querstäbe gilt $\varnothing_t/\varnothing \geq 0{,}6$.

Grundwert der Verankerungslänge $l_{b,rqd}$

$$l_{b,rqd} = (\varnothing / 4) \cdot (\sigma_{sd} / f_{bd}) \tag{43a}$$

f_{bd} Bemessungswert der Verbundspannung (s. Tafel S. 12.42)
σ_{sd} Bemessungswert der Stahlspannung am Verankerungsbeginn
∅ Stabdurchmesser (bei Doppelstäben $\varnothing_n = \varnothing \cdot \sqrt{2}$)

Bemessungswert der Verankerungslänge

Der Bemessungswert der Verankerungslänge $l_{b,eq}$ darf vereinfachend ermittelt werden aus[1)]:

$$l_{b,eq} = \alpha_1 \cdot \alpha_4 \cdot l_{b,rqd} \geq l_{b,min} \tag{43b}$$

α_1 Beiwert zur Berücksichtigung der Verankerungsart; s. Tafel oben, Zeile 1 u. 2
α_4 Beiwert zur Berücksichtigung angeschweißter Querstäbe; s. Tafel oben, Zeile 3
$\alpha_1 \alpha_4$ Kombination der Beiwerte; s. Tafel oben, Zeile 4 und 5
$l_{b,rqd}$ Grundwert der Verankerungslänge nach Gl. (43a)
$l_{b,min}$ Mindestmaß der Verankerungslänge; es gilt:
– für Verankerungen von Zugstäben $l_{b,min} = \max\{0{,}3 \cdot l_{b,eq};\ 10\varnothing\}$
– für Verankerungen von Druckstäben $l_{b,min} = \max\{0{,}6 \cdot l_{b,eq};\ 10\varnothing\}$
Für die Ermittlung von $l_{b,min}$ ist $l_{b,eq}$ mit $l_{b,rqd}$ mit $\sigma_{sd} = 435$ MN/m² zu bestimmen.

Querbewehrung im Verankerungsbereich:

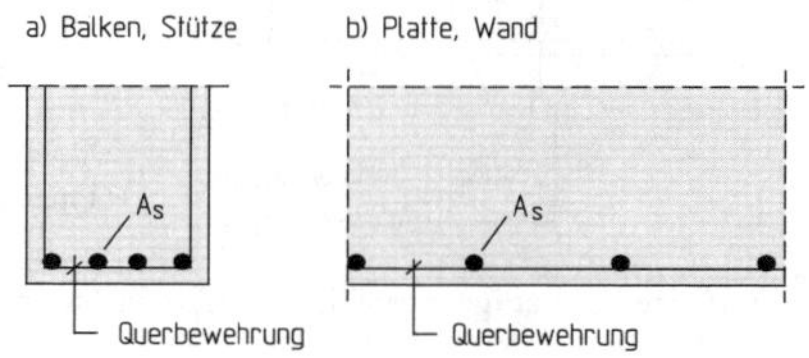

Im Verankerungsbereich ist eine Querbewehrung anzuordnen. Die Forderung gilt als erfüllt, wenn

- konstr. Maßnahmen oder günstige Einflüsse (z. B. Querdruck) ein Spalten des Betons verhindern,
- die erf. Bügel- (Balken, Stützen) oder Querbewehrung (Platte, Wand) – s. Abschn. 5 – eingelegt wird.

1) Weitere Einflussfaktoren bzw. α_i-Werte s. *Bautabellen für Ingenieure*

4.2.4 Übergreifungsstöße von Stäben

Anordnung der Übergreifungsstöße

- Stöße sollten versetzt und im Bereich mit geringer Beanspruchung angeordnet werden.
- Stöße sollten parallel zur Bauteilaußenfläche und im Querschnitt symmetrisch ausgebildet werden.
- Für die Ausbildung der Stöße gelten die Ausführungen über die Verankerungsarten (s. vorher).
- Für die lichten Stababstände und den Längsversatz sind die Werte gemäß nachf. Abb. einzuhalten.

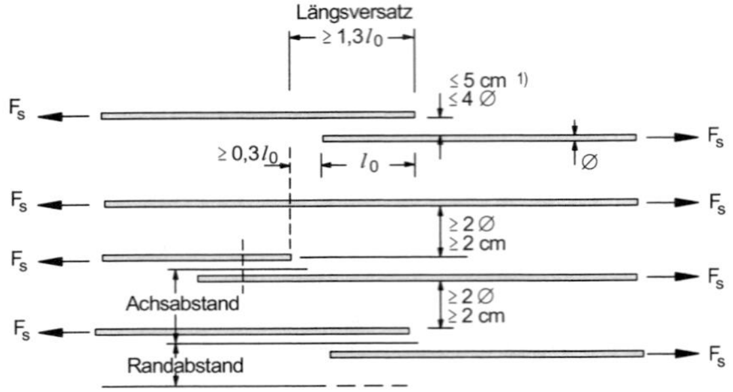

1) Für einen lichten Abstand größer als 4∅ oder 5 cm muss die Übergreifungslänge um den Betrag erhöht werden, um den der Abstand von 4∅ bzw. 5 cm überschritten wird.

Übergreifungslänge

Die erforderliche Übergreifungslänge l_0 ergibt sich aus:

$$l_0 = \alpha_6 \cdot l_{bd} \geq l_{0,min} \tag{44}$$

l_{bd} Verankerungslänge $l_{b,rqd}$ nach Gl. (43a) bzw. $l_{b,eq}$ nach Gl. (43b), jedoch mit $\alpha_4 = 1$

$l_{0,min}$ Mindestmaß der Übergreifungslänge; es ist

$$l_{0,min} \geq 0{,}3 \cdot \alpha_1 \cdot \alpha_6 \cdot l_{b,rqd} \geq \begin{cases} 15 \cdot \varnothing \\ 200 \text{ mm} \end{cases} \quad (l_{b,rqd} \text{ ist mit } \sigma_{sd} = 435 \text{ MN/m}^2 \text{ zu bestimmen})$$

α_6 Beiwert für die Wirksamkeit von Bewehrungsstößen nach folgender Tafel:

Stoßanteil			≤ 33 %	> 33 %
Zugstöße	∅ < 16 mm	$a \geq 8\varnothing$; $c_1 \geq 4\varnothing$	1,0	1,0
		$a < 8\varnothing$; $c_1 < 4\varnothing$	1,2	1,4
	∅ ≥ 16 mm	$a \geq 8\varnothing$; $c_1 \geq 4\varnothing$	1,0	1,4
		$a < 8\varnothing$; $c_1 < 4\varnothing$	1,4	2,0
Druckstöße			1,0	

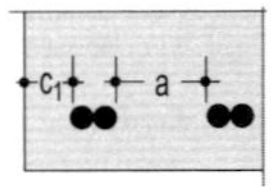

Abstände a und c_1

Querbewehrung

Im Bereich von Übergreifungsstößen ist eine Querbewehrung vorzusehen. Für Stäbe mit ∅ < 20 mm oder für einen Stoßanteil ≤ 25 % genügt eine konstruktive Querbewehrung. In diesen Fällen darf bei Platten und Wänden die Querbewehrung innen angeordnet werden (DAfSb-H. 525 [12.21]).

Wenn der Durchmesser des gestoßenen Stabes ∅ ≥ 20 mm ist, muss die Querbewehrung A_{st} mindestens der Fläche *eines* gestoßenen Stabes entsprechen ($\Sigma A_{st} \geq 1{,}0\ A_s$). Die Querbewehrung ist zwischen Längsbewehrung und Betonoberfläche („außen") anzuordnen. Bei einem Abstand $a \leq 10\,\varnothing$ und einem Stoßanteil > 50 % ist die Querbewehrung bügelartig*) auszubilden. Werden bei mehrlagiger Bewehrung mehr als 50 % des Querschnitts der einzelnen Lage in einem Schnitt gestoßen, sind die Übergreifungsstöße generell durch Bügel zu umschließen, die für die Kraft aller gestoßenen Stäbe zu bemessen sind.

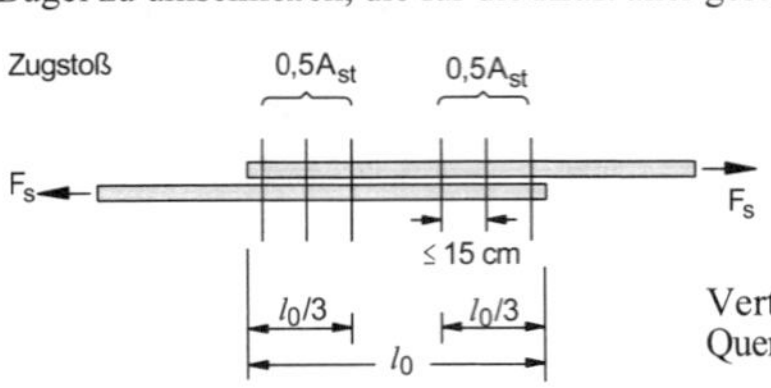

Verteilung der Querbewehrung

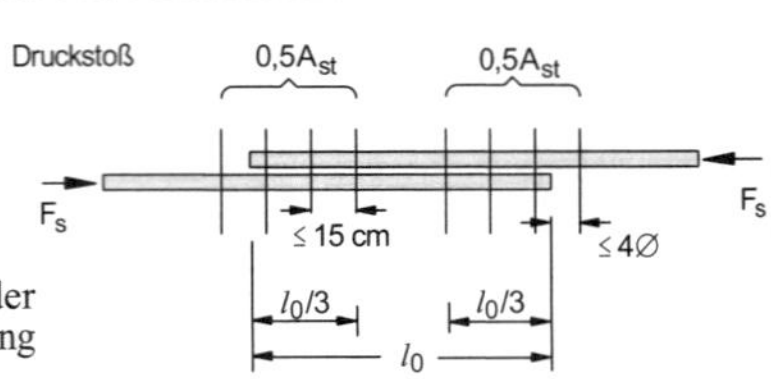

*) Auf eine bügelartige Ausbildung darf verzichtet werden, falls
- der Abstand der Stoßmitten benachbarter Stöße mit geraden Stabenden in Längsrichtung ca. 0,5 l_0 beträgt;
- bei *flächenartigen Bauteilen* die Übergreifungslänge um 30 % erhöht wird (andernfalls ist eine bügelartige Ausbildung für $a \leq 5\varnothing$ erforderlich).

4.2.5 Übergreifungsstöße von Betonstahlmatten aus Rippenstäben

Hauptbewehrung

Ausbildung und Anordnung

– Nachfolgende Ausführungen beziehen sich nur auf den häufigen Fall des „Zwei-Ebenen-Stoßes"; (der Ein-Ebenen-Stoß wird nach Abschn. 4.2.4 bemessen)

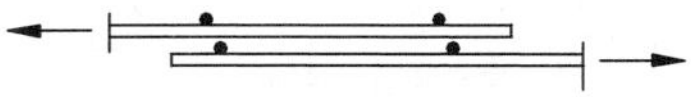

Zwei-Ebenen-Stoß (Stäbe liegen übereinander)

Ein-Ebenen-Stoß (Stäbe liegen nebeneinander)

– Die Stöße sollten im Bereich geringerer Beanspruchung liegen. Bei $a_s \leq 6$ cm²/m ist ein Zwei-Ebenen-Stoß ohne bügelartiges Umfassen zulässig. Wenn die Stahlspannung mehr als zu 80 % ausgenutzt ist, ist die Biegebemessung mit der kleineren Nutzhöhe und die Rissbreitenbegrenzung mit einer um 25 % erhöhten Stahlspannung zu führen.

– Der zulässige Stoßanteil in einem Schnitt beträgt
  100 % bei Matten mit einem Bewehrungsquerschnitt $a_s \leq 12$ cm²/m
  60 % bei Matten mit $a_s > 12$ cm²/m; Stoß nur in innerer Lage mehrlagiger Bewehrung zulässig.
  Stöße von mehreren Bewehrungslagen sind um $1{,}3 \cdot l_0$ in Längsrichtung zu versetzen.

– Eine zusätzliche Querbewehrung ist im Übergreifungsbereich nicht erforderlich.

Übergreifungslänge:

Die erforderliche Übergreifungslänge von Betonstahlmatten wird ermittelt aus

$$\boxed{l_0 = \alpha_7 \cdot l_{b,rqd} \geq l_{0,min}} \tag{45}$$

α_7 Beiwert für die Übergreifungslänge von Betonstahlmatten

$$\alpha_7 = 0{,}4 + (a_{s,vorh} / 8) \begin{cases} \geq 1{,}0 \\ \leq 2{,}0 \end{cases}$$

$a_{s,vorh}$ vorhandene Querschnittsfläche der Bewehrung im betrachteten Schnitt (in cm²/m)
$l_{b,rqd}$ Grundmaß der Verankerungslänge nach Gl. (43a)
$l_{0,min}$ Mindestmaß der Übergreifungslänge; es ist

$$l_{0,min} = 0{,}3 \cdot \alpha_7 \cdot l_{b,rqd} \geq \begin{cases} 200 \text{ mm} \\ s_q \end{cases}$$

$l_{b,rqd}$ ist mit $\sigma_{sd} = 435$ MN/m² zu bestimmen.
s_q Abstand der angeschweißten Querstäbe

Querbewehrung

Die gesamte Querbewehrung darf in einem Schnitt gestoßen werden.

Übergreifungslänge:

Erforderliche Übergreifungslängen der Querbewehrung nach folgender Tafel (EC2-1-1, 8.7.5.2). Mindestens zwei Querstäbe (eine Masche bzw. zwei sich abstützende Querstäbe der Längsbewehrung mit einem Abstand ≥ 5∅ bzw. 5 cm) müssen innerhalb der Übergreifungslänge vorhanden sein.

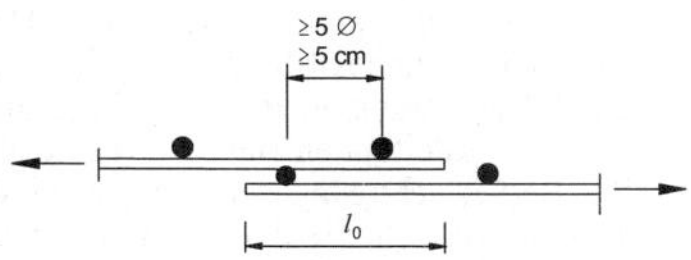

Stabdurchmesser der Querbewehrung ∅ in mm	≤ 6,0	> 6,0 ≤ 8,5	> 8,5 ≤ 12	> 12,0
Übergreifungslänge l_0	≥ 1 Masche ≥ 150 mm	≥ 2 Maschen ≥ 250 mm	≥ 2 Maschen ≥ 350 mm	≥ 2 Maschen ≥ 500 mm

4.2.6 Verankerungen von Bügeln und Querkraftbewehrung (EC2-1-1, 8.5)

Bügel und Schubbewehrung werden mit Haken, Winkelhaken oder angeschweißten Querstäben verankert. Die Verankerung muss in der Druckzone zwischen dem Schwerpunkt der Druckzonenfläche und dem Druckrand erfolgen; Bügel müssen die Zugbewehrung umfassen. Mögliche Verankerungselemente bzw. -arten sind in nachfolgender Abb. dargestellt. Eine Verankerung mit angeschweißten Querstäben ist nur zulässig, wenn eine seitliche Betondeckung $c_{min} \geq 3\varnothing$ und mindestens 5 cm vorhanden ist.

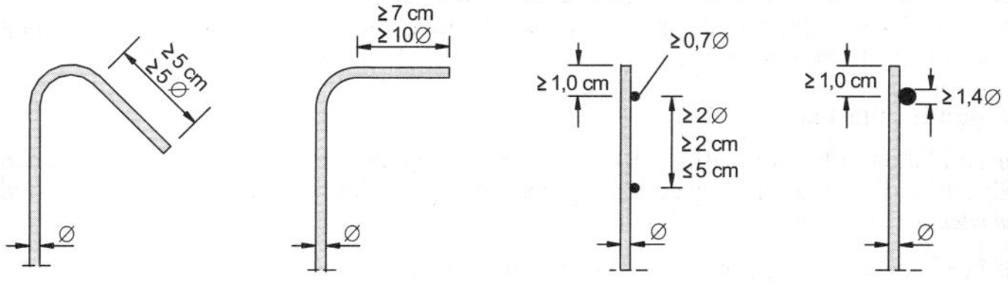

(Zur Ausbildung von Bügeln in Platten, Balken und Stützen s. a. Abschnitt 5.)

5 Bemessung und Konstruktion der Bauteile[1]

5.1 Platten

5.1.1 Schnittgrößenermittlung

5.1.1.1 Grundsätzliches

Platten sind flächenartige Bauteile, die senkrecht zu ihrer Mittelfläche beansprucht sind, Scheiben und wandartige Träger werden dagegen in Richtung ihrer Mittelfläche beansprucht; s. nebenstehende Abbildung. (Weitere Unterscheidung zwischen Balken und Scheiben s. Abschn. 3.4.1.)

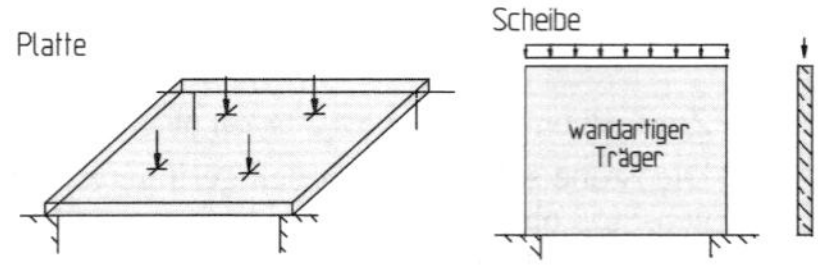

Platten tragen ihre Lasten in der Regel in zwei Richtungen ab. Wenn jedoch bei Rechteckplatten zwei freie ungelagerte, gegenüber liegende Ränder vorhanden sind oder wenn das Verhältnis der größeren zur kleineren Stützweite ≥ 2 ist, dürfen Platten unter gleichmäßig verteilten Lasten als einachsig gespannte Platten berechnet werden. Alle anderen Platten werden im Allgemeinen zweiachsig gespannt berechnet.

Einachsig gespannte Platte

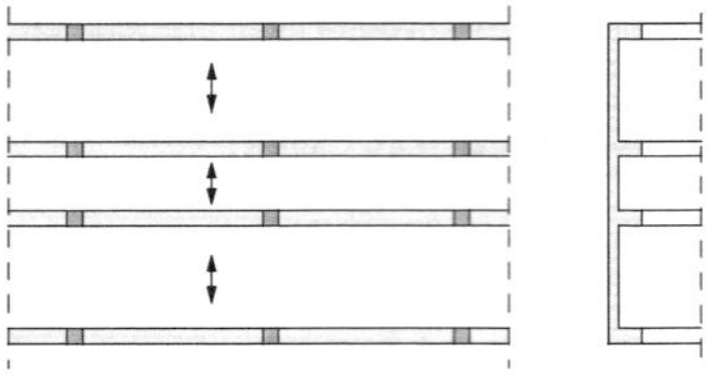

Zweiachsig gespannte Platte

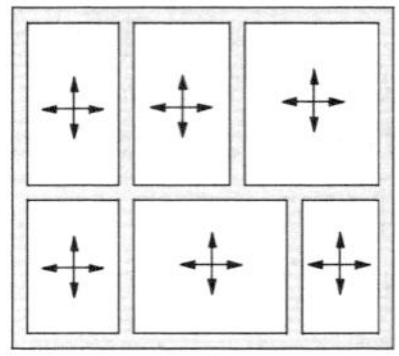

Besonderheiten bei vorgefertigten Deckensystemen

Für die Bemessung vorgefertigter Deckensysteme sind – soweit relevant – Zulassungen zu beachten. Außerdem gilt (weitere Hinweise s. EC2-1-1, 10.9.3):

a) Die *Querverteilung* von Lasten zwischen nebeneinander liegenden Deckenteilen muss durch geeignete Verbindungen zur Querkraftübertragung gesichert werden, wie z. B. durch ausbetonierte bzw. ausgegossene Fugen, Schweiß- oder Bolzenverbindung, bewehrten Aufbeton. Die Querverteilung von Punkt- bzw. Linienlasten darf rechnerisch oder durch Versuche nachgewiesen werden.
Bei Vollplatten mit $b \leq 1{,}20$ m darf die Querbewehrung entfallen (EC2-1-1/NA, 10.9.8).

b) Die *Scheibenwirkung* vorgefertigter Decken zur Übertragung von horizontalen Kräften ist durch ein wirklichkeitsnahes Modell zu erfassen, das auch die Verträglichkeit berücksichtigt; Zugkräfte sind durch Bewehrung abzudecken. Bereiche mit Spannungskonzentrationen (z. B. Öffnungen, Verbindungen zu aussteifenden Bauteilen) sind zu berücksichtigen.
Bei Berücksichtigung der Scheibenwirkung ist eine Querbewehrung anzuordnen; sie darf konzentriert werden, wenn die Fertigteile so miteinander verbunden sind, dass eine Übertragung der Horizontalkräfte durch Bogen- oder Fachwerkwirkung möglich ist. Die Bewehrung darf im Aufbeton liegen, sofern vorhanden. Fugen, die von Druckstreben gekreuzt werden, müssen nachgewiesen werden.

c) Fertigteile mit einer mindestens 40 mm dicken und statisch mitwirkenden *Ortbetonergänzung* dürfen als Verbundbauteile bemessen werden, wenn die Aufnahme des Schubes zwischen Ortbeton und Fertigteil gewährleistet ist. Die Querbewehrung darf vollständig im Fertigteil oder im Ortbeton liegen.
Bei zweiachsig gespannten Platten wird nur die Querbewehrung angerechnet, die durchläuft oder kraftschlüssig gestoßen ist. Voraussetzung für die gestoßene Bewehrung ist außerdem, dass der Durchmesser der Bewehrungsstäbe $\varnothing \leq 14$ mm, der Bewehrungsquerschnitt $a_s \leq 10$ cm²/m und die Querkraft $V_{Ed} \leq 0{,}3 \cdot V_{Rd,max}$ ist. Der Stoß ist durch Bewehrung (z. B. Bügel gem. Abschn. 5.2.4, die für die Kraft aller gestoßenen Längsstäbe zu bemessen sind) im Abstand $s \leq 2 \cdot h$ zu sichern.
Die Drillsteifigkeit darf bei der Schnittgrößenermittlung berücksichtigt werden, falls innerhalb des Bereichs von $0{,}3 \cdot l$ ab der Ecke keine Stoßfuge vorhanden ist oder die Fuge durch Verbundbewehrung im Abstand $s \leq 10$ cm gesichert wird. Die Aufnahme der Drillmomente ist nachzuweisen.
Bei Endauflagern ohne Wandauflasten ist eine Verbundsicherung von mindestens 6 cm²/m entlang der Auflagerlinie auf einer Breite von 0,75 m anzuordnen.

5.1.1.2 Einachsig gespannte Platten

Für einachsig gespannte Platten unter Gleichflächenlast gelten die Regelungen für Balken bzw. Rahmen (Abschn. 3.5 und 5.2). Für die Tragwirkung einachsig gespannter Platten unter Punkt-, Linien- und Rechtecklasten s. *Bautabellen für Ingenieure*.

[1] Eine detaillierte Darstellung der Bemessung und Konstruktion von Bauteile findet sich in [12.46].

5.1.1.3 Schnittgrößenermittlung bei zweiachsig gespannten Platten

Für die Berechnung von zweiachsig gespannten Platten ohne oder mit begrenzter Umlagerung gelten die Grundsätze nach Abschn. 3.5. Die Schnittgrößenermittlung kann z. B. nach [12.33] erfolgen; ein Näherung auf der Basis der linear-elastischen Theorie ist das nachfolgende Verfahren von *Pieper/Martens* [12.16].

Vierseitig gestützte Platten – Berechnung nach *Pieper/Martens*

Bedingungen für die Anwendung: $q \leq 2 \cdot (g+q)/3; \quad q \leq 2 \cdot g$

- **Feldmomente** (Sonderfälle s. S. 12.48)

Fall 1: Platten mit voller Drilltragfähigkeit

$m_{fx} = (g+q) \cdot l_x^2 / f_x$	$m_{fy} = (g+q) \cdot l_x^2 / f_y$

Fall 2: Platten ohne volle Drilltragfähigkeit

$m_{fx} = (g+q) \cdot l_x^2 / f_x^0$	$m_{fy} = (g+q) \cdot l_x^2 / f_y^0$

- **Stützmomente**

$m_{s0,x} = -(g+q) \cdot l_x^2 / s_x$	$m_{s0,y} = -(g+q) \cdot l_x^2 / s_y$

Bei unterschiedlichen Einspannmomenten von zusammenstoßenden Plattenrändern werden die Momente m_{s0} wie folgt gemittelt (Kragmomente u. Einspannmomente in sehr steifen Bauteilen sind *nicht* zu mitteln):

Stützweitenverhältnis $l_1 : l_2 < 5 : 1 \;\rightarrow\; m_s \geq \begin{cases} |0{,}5 \cdot (m_{s0,1} + m_{s0,2})| \\ 0{,}75 \cdot \max(|m_{s0,1}|\,;\,|m_{s0,2}|) \end{cases}$

Stützweitenverhältnis $l_1 : l_2 > 5 : 1 \;\rightarrow\; m_s \geq \max(|m_{s0,1}|\,;\,|m_{s0,2}|)$

Die so gemittelten Stützmomente gelten unmittelbar als Bemessungswerte (s. DAfStb-H.240, [12.13]).

Stützungsart	Beiwert	Stützweitenverhältnis l_y / l_x bzw. l_y' / l_x' (l_x bzw. $l_x' = l_{min}$)											
		1,0	1,1	1,2	1,3	1,4	1,5	1,6	1,7	1,8	1,9	2,0	→ ∞
1	f_x	27,2	22,4	19,1	16,8	15,0	13,7	12,7	11,9	11,3	10,8	10,4	8,0
	f_y	27,2	27,9	29,1	30,9	32,8	34,7	36,1	37,3	38,5	39,4	40,3	*
	f_x^0	20,0	16,6	14,5	13,0	11,9	11,1	10,6	10,2	9,8	9,5	9,3	8,0
	f_y^0	20,0	20,7	22,1	24,0	26,2	28,3	30,2	31,9	33,4	34,7	35,9	*
2.1	f_x	32,8	26,3	22,0	18,9	16,7	15,0	13,7	12,8	12,0	11,4	10,9	8,0
	f_y	29,1	29,2	29,8	30,6	31,8	33,5	34,8	36,1	37,3	38,4	39,5	*
	s_y	11,9	10,9	10,1	9,6	9,2	8,9	8,7	8,5	8,4	8,3	8,2	8,0
	f_x^0	26,4	21,4	18,2	15,9	14,3	13,0	12,1	11,5	10,9	10,4	10,1	8,0
	f_y^0	22,4	22,8	23,9	25,1	26,7	28,6	30,4	32,0	33,4	34,8	36,2	*
2.2	f_x	29,1	24,6	21,5	19,2	17,5	16,2	15,2	14,4	13,8	13,3	12,9	10,2
	f_y	32,8	34,5	36,8	38,8	40,9	42,7	44,1	45,3	46,5	47,2	47,9	*
	s_x	11,9	10,9	10,2	9,7	9,3	9,0	8,8	8,6	8,4	8,3	8,3	8,0
	f_x^0	22,4	19,2	17,2	15,7	14,7	13,9	13,2	12,7	12,3	12,0	11,8	10,2
	f_y^0	26,4	28,1	30,3	32,7	35,1	37,3	39,1	40,7	42,2	43,3	44,8	*
3.1	f_x	38,0	30,2	24,8	21,1	18,4	16,4	14,8	13,6	12,7	12,0	11,4	8,0
	f_y	30,6	30,2	30,3	31,0	32,2	33,8	35,9	38,3	41,1	44,9	46,3	*
	s_y	14,3	12,7	11,5	10,7	10,0	9,5	9,2	8,9	8,7	8,5	8,4	8,0
3.2	f_x	30,6	26,3	23,2	20,9	19,2	17,9	16,9	16,1	15,4	14,9	14,5	12,0
	f_y	38,0	39,5	41,4	43,5	45,6	47,6	49,1	50,3	51,3	52,1	52,9	*
	s_x	14,3	13,5	13,0	12,6	12,3	12,2	12,0	12,0	12,0	12,0	12,0	12,0
4	f_x	33,2	27,3	23,3	20,6	18,5	16,9	15,8	14,9	14,2	13,6	13,1	10,2
	f_y	33,2	34,1	35,5	37,7	39,9	41,9	43,5	44,9	46,2	47,2	48,3	*
	s_x	14,3	12,7	11,5	10,7	10,0	9,6	9,2	8,9	8,7	8,5	8,4	8,0
	s_y	14,3	13,6	13,1	12,8	12,6	12,4	12,3	12,2	12,2	12,2	12,2	11,2
	f_x^0	26,7	22,1	19,2	17,2	15,7	14,6	13,8	13,2	12,7	12,3	12,0	10,2
	f_y^0	26,7	27,6	29,2	31,4	33,8	36,2	38,1	39,8	41,4	42,8	44,2	*
5.1	f_x	33,6	28,2	24,4	21,8	19,8	18,3	17,2	16,3	15,6	15,0	14,6	12,0
	f_y	37,3	38,7	40,4	42,7	45,1	47,5	49,5	51,4	53,3	55,1	58,9	*
	s_x	16,2	14,8	13,9	13,2	12,7	12,5	12,3	12,2	12,1	12,0	12,0	12,0
	s_y	18,3	17,7	17,5	17,5	17,5	17,5	17,5	17,5	17,5	17,5	17,5	17,5
5.2	f_x	37,3	30,3	25,3	22,0	19,5	17,7	16,4	15,4	14,6	13,9	13,4	10,2
	f_y	33,6	34,1	35,1	37,3	39,8	43,1	46,6	52,3	55,5	60,5	66,1	*
	s_x	18,3	15,4	13,5	12,2	11,2	10,6	10,1	9,7	9,4	9,0	8,9	8,0
	s_y	16,2	14,8	13,9	13,3	13,0	12,7	12,6	12,5	12,4	12,3	12,3	11,2
6	f_x	36,8	30,2	25,7	22,7	20,4	18,7	17,5	16,5	15,7	15,1	14,7	12,0
	f_y	36,8	38,1	40,4	43,5	47,1	50,6	52,8	54,5	56,1	57,3	58,3	*
	s_x	19,4	17,1	15,5	14,5	13,7	13,2	12,8	12,5	12,3	12,1	12,0	12,0
	s_y	19,4	18,4	17,9	17,6	17,5	17,5	17,5	17,5	17,5	17,5	17,5	17,5
Den Tafelwerten liegt für die Feldmomente eine 50 %ige, für die Stützmomente eine volle Einspannung zugrunde.													

- **Sonderfälle**

  Wenn in Ausnahmefällen *auf zwei kleine Felder ein großes Feld* folgt (s. Abb.), sind weitere Betrachtungen erforderlich (s. *Bautabellen für Ingenieure*).

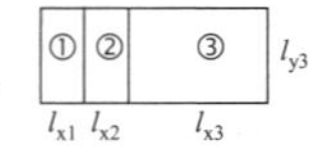

  Kragarme können als einspannend angesetzt werden, wenn das Kragmoment aus Eigenlast größer ist als das halbe Volleinspannmoment des Feldes bei Belastung durch $(g{+}q)$. Bei angrenzenden anderen einspannenden Systemen, z. B. bei *dreiseitig gelagerten Platten*, ist sinngemäß ebenso zu verfahren.

Beispiel – Momentenberechnung nach *Pieper/Martens*

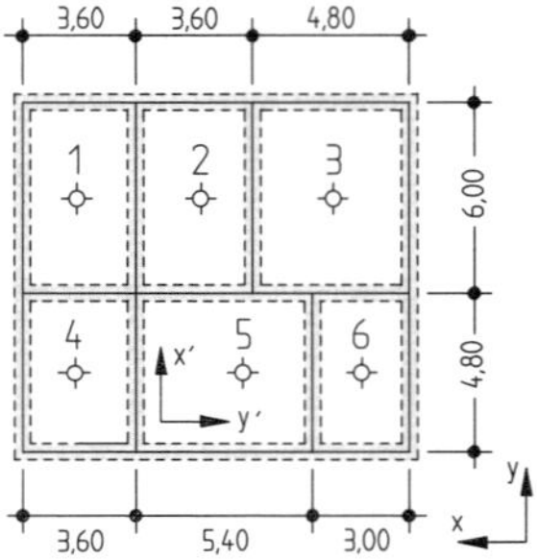

Es empfiehlt sich eine Rechnung mit
- globalen Koordinaten ($x\,/\,y$) für das gesamte Plattensystem
- lokalen Koordinaten ($x'/\,y'$) für das einzelne Plattenfeld.

Baustoffe: Beton C25/30; Betonstahl B500 (Matte)

Belastung: g_k = 6,00 kN/m² (Konstruktionshöhe h = 18 cm, Ausbaulast 1,5 kN/m²)
q_k = 2,75 kN/m² (inkl. Trennwandzuschlag)

→ $(g_d{+}q_d) = 1{,}35 \cdot 6{,}00 + 1{,}5 \cdot 2{,}75 = 12{,}23$ kN/m²

Tafel 12.48a Momente (in kNm/m)

Platten-Nr.	Stützung	l_x l'_y	l_y l'_x	$\varepsilon = l_y/l_x$ $\varepsilon' = l'_y/l'_x$	f_x	f_y	s_x	s_y	Feldmomente m_{fx}	 m_{fy}	Stützmomente m_{s0x}	 m_{s0y}
1	4	3,60 –	6,00 –	1,67 –	15,2	44,4	9,0	12,2	10,43	3,57	–17,61	–12,99
2	5.1	3,60 –	6,00 –	1,67 –	16,6	50,8	12,2	17,5	9,55	3,12	–12,99	–9,06
3	4	4,80 –	6,00 –	1,25 –	22,0	36,6	11,1	13,0	12,81	7,70	–25,39	–21,68
4	4	3,60 –	4,80 –	1,33 –	19,9	38,4	10,5	12,7	7,96	4,13	–15,10	–12,48
5	5.2	– 5,40	– 4,80	– 1,13	34,4	29,0	14,6	14,9	8,19	9,71	–19,30	–18,91
6	4	3,00 –	4,80 –	1,60 –	15,8	43,5	9,2	12,3	6,97	2,53	–11,96	–8,95

In der Tabelle sind mit der Plattennummer, der Stützungsart nach S. 12.47 und den beiden Spannweiten die Felder eindeutig beschrieben. Ob für das einzelne Feld das Verhältnis $\varepsilon = l_y\,/\,l_x$ oder $\varepsilon' = l'_y\,/l'_x$ zu bilden ist, hängt von der Lage der eingespannten Ränder im Koordinatensystem ab. Die Beiwerte f und s werden in der Berechnungstabelle unmittelbar auf globale Koordinaten bezogen.

Tafel 12.48b Stützmomente (in kNm/m)

Rand i - k / m	x-Richtung 1 - 2	2 - 3	4 - 5	5 - 6	y-Richtung 1 - 4	2 - 5	3 - 5	3 - 6
m_{s0}[1)] = m_{ik}	–17,61	–12,99	–15,10	–19,30	–12,99	–9,06	–21,68	–21,68
m_{s0}[1)] = m_{ki}	–12,99	–25,39	–19,30	–11,96	–12,48	–18,91	–18,91	–8,95
$0{,}5 \cdot (m_{ik} + m_{ki})$	–15,30	–19,19	–17,20	–15,63	Bemessung für Volleinspannmomente wegen durchgehender Mittellängswand			
$0{,}75 \cdot \min m_{s0}$	–13,21	–19,04	–14,48	–14,48				
$\min m_{sik}$	–15,30	–19,19	–17,20	–15,63	–12,99	–18,91	–21,68	–21,68

1) Aus Tafel 12.48a.

Die Ränder werden durch die beiden benachbarten Felder bezeichnet. Das Stützmoment $\min m_{sik}$ wird aus dem Mittelwert $0{,}5 \cdot (m_{ik} + m_{ki})$ bzw. dem Mindestwert $0{,}75 \cdot \min m_{s0}$ gebildet, soweit nicht ingenieurgemäße korrigierende Überlegungen für die Bemessung nach dem Volleinspannmoment sprechen. Über der ganzen Mittellängswand werden die hier auftretenden Volleinspannmomente der Bemessung zugrunde gelegt. Die Drillmomente in den Ecken sind konstruktiv nach Abschn. 5.1.4 abzudecken.

Bemessung

Die Bemessung kann z. B. mit den Tafeln 12.55 erfolgen. Für die untere Bewehrung sind die Feldmomente nach Tafel 12.48a maßgebend, für die obere Bewehrung die Stützmomente nach 12.48b (letzte Zeile).

- **Vereinfachte Momentengrenzlinien für Einfeldplatten nach *Czerny*** [12.17] (für $l_y / l_x = 1{,}5$)
  (a_{sx} wird aus m_x und a_{sy} aus m_y berechnet.)

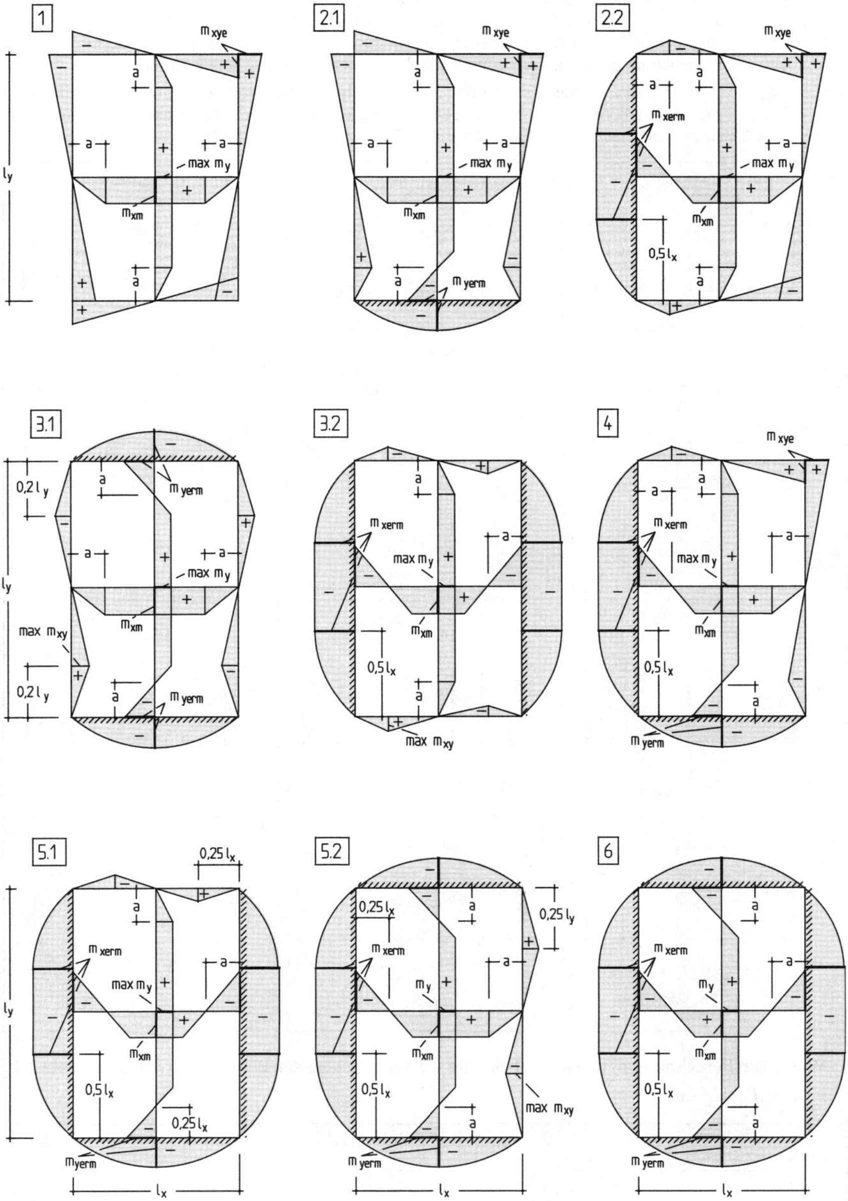

$l_y \geq l_x \qquad a = 0{,}2 \cdot l_x$

● Auflager- und Eckkräfte vierseitig gelagerter Platten

Ersatzlastbilder zur Berechnung der Randunterzüge bei Gleichflächenlast F_d

Für Balken (Unterzüge) als Auflager von zweiachsig gespannten, gleichmäßig belasteten Platten werden die Lastbilder näherungsweise berechnet aus der Zerlegung der Grundrissfläche der Platte in Trapeze und Dreiecke [12.13]. Für den Zerlegungswinkel gilt in Ecken mit zwei Rändern gleichartiger Stützung 45°, in Ecken mit einem eingespannten und einem frei drehbar gelagerten Rand 60° zum eingespannten Rand hin. Bei Platten mit teilweiser Einspannung darf der Zerlegungswinkel zwischen 45° und 60° angenommen werden.

Aus der Zerlegung der Last F_d unter 45° und 60° ergeben sich die dargestellten Ersatzlastbilder. Werden die Eckabhebekräfte R (Berechnung s. unten) in den Plattenecken nicht gesondert erfasst, wird empfohlen, eine *rechteckförmige* Ersatzlast mit dem angegebenen Maximalwert als Lastordinate anzusetzen [12.13].

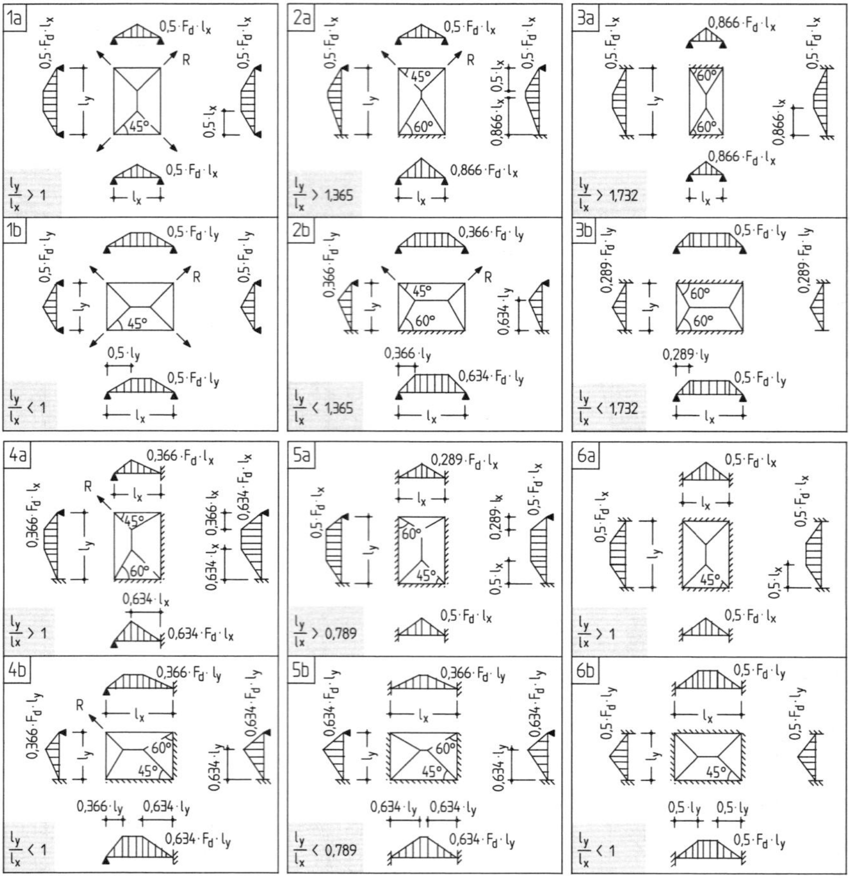

κ-Werte zur Berechnung der Eckabhebekräfte vierseitig gelagerter Platten bei Gleichflächenlast F_d

$$R = F_d \cdot l_x^2 / \kappa$$

Stützung \ $\varepsilon = l_y / l_x$	1,00	1,10	1,20	1,30	1,40	1,50	1,60	1,70	1,80	1,90	2,00
1	10,8	9,85	9,20	8,75	8,40	8,15	7,95	7,80	7,70	7,65	7,55
2.1	13,1	11,6	10,5	9,70	9,10	8,70	8,40	8,10	7,90	7,80	7,70
2.2	13,1	12,4	12,0	11,7	11,5	11,4	11,3	11,2	11,2	11,2	11,2
4	13,9	13,0	12,4	12,0	11,7	11,5	11,4	11,3	11,2	11,2	11,2

5.1.2 Tragfähigkeitsnachweise für Platten

5.1.2.1 Biegung (mit Längskraft)

Für die Biegetragfähigkeit von Platten gelten die Annahmen und Voraussetzungen nach Abschn. 5.2.2.1. Für Querschnitte mit rechteckiger Druckzone (bei Vollplatten Druckzonenbreite 1,0 m/m) sind Bemessungshilfen vorhanden ([12.10], [12.44]; s. S. 12.79 ff.). Zur direkten Bemessung von Platten können auch die Tafeln 12.55 (aus [12.44]) benutzt werden. Die genannten Annahmen und Voraussetzungen sind zu beachten. Auf die erforderliche Mindestbewehrung (s. Abschn. 5.1.4 und 5.2.4) wird hingewiesen.

Beispiel (wird unter Abschn. 5.1.2.2 „Querkraft“ fortgesetzt)

Einachsig gespannte Platte mit g_k= 6,5 kN/m² und q_k= 5,0 kN/m²; gesucht: Biegebemessung in Feldmitte.

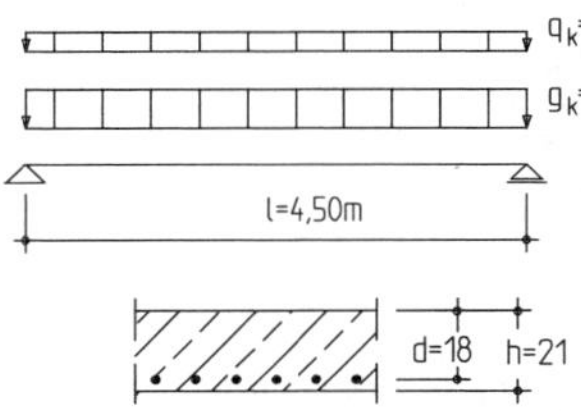

Baustoffe:

C20/25 ⇒ $f_{cd} = \alpha_{cc} \cdot f_{ck} / \gamma_C$
$= 0{,}85 \cdot 20/1{,}5 = 11{,}3$ MN/m²

B 500 ⇒ $f_{yd} = f_{yk} / \gamma_S$
$= 500 / 1{,}15 = 435$ MN/m²

Bemessungsmoment:

$M_{Ed} = 0{,}125 \cdot (\gamma_G \cdot g_k + \gamma_Q \cdot q_k) \cdot l^2$
$= 0{,}125 \cdot (1{,}35 \cdot 6{,}50 + 1{,}50 \cdot 5{,}00) \cdot 4{,}5^2$
$= 41{,}2$ kNm/m

Bemessung:

$M_{Eds} = M_{Ed} = 41{,}2$ kNm/m (wegen $N_{Ed} = 0$)
$k_d = d / (M_{Eds} / b)^{0,5} = 18 / (41{,}2 / 1{,}0)^{0,5} = 2{,}80$ ⇒ $k_s = 2{,}45$ (s. S. 12.81, Tafel 2a)
$a_s = k_s \cdot M_{Eds} / d + N_{Ed} / 43{,}5 = 2{,}45 \cdot 41{,}2 / 18 + 0 = 5{,}61$ cm²/ m

Alternativ ist auch eine direkte Bemessung mit Tafel 12.55b möglich:

$M_{Ed} = 41{,}2$ kNm/m
$d = 18$ cm (bzw. $h = 18 + 3 = 21$ cm) → $a_s = 5{,}64$ cm²/m (interpoliert)

5.1.2.2 Querkraft

Platten ohne Schubbewehrung

Auf Schubbewehrung darf i. Allg. nur bei Platten verzichtet werden[1]); dabei darf die einwirkende Querkraft V_{Ed} die Bemessungswiderstände $V_{Rd,c}$ und $V_{Rd,max}$ nicht überschreiten.

Bemessungswiderstand $V_{Rd,c}$

$$V_{Rd,c} = [(0{,}15/\gamma_C) \cdot k \cdot (100 \cdot \rho_l \cdot f_{ck})^{1/3} + 0{,}12 \cdot \sigma_{cp}] \cdot b_w \cdot d \geq V_{Rd,c,min} \qquad (51)$$

k $= 1 + (200/d)^{0,5} \leq 2$ mit der Nutzhöhe d in mm
b_w kleinste Querschnittsbreite innerhalb der Zugzone in mm
σ_{cp} $= N_{Ed} / A_c < 0{,}2 f_{cd}$ mit N_{Ed} als Längskraft infolge Last oder Vorspannung (Druck pos.!) in N/mm²
ρ_l Längsbewehrungsgrad $\rho_l = A_{sl} / (b_w \cdot d) \leq 0{,}02$; A_{sl} muss mit d über den betrachteten Querschnitt hinausgeführt und dort verankert sein (s. Skizze).

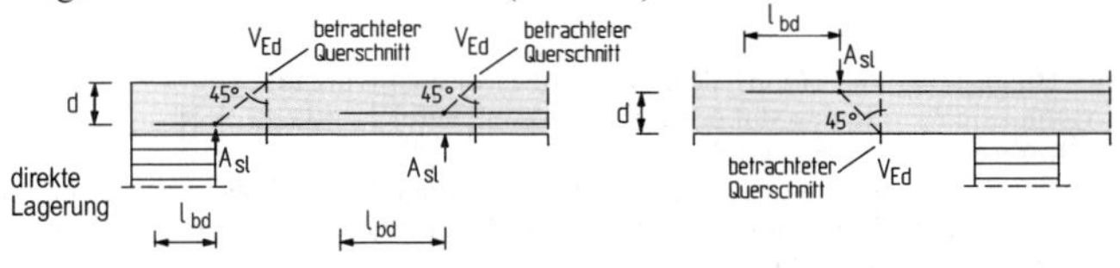

$V_{Rd,c,min} = [(\kappa_1/\gamma_C) \cdot (k^3 \cdot f_{ck})^{0,5} + 0{,}12\ \sigma_{cp}] \cdot b_w \cdot d$; Mindestquerkrafttragfähigkeit
mit $\kappa_1 = 0{,}0525$ für $d \leq 60$ cm und $\kappa_1 = 0{,}0375$ für $d \geq 80$ cm (Zwischenwerte interpolieren)

Bemessungswiderstand $V_{Rd,max}$

Der Nachweis der Druckstrebentragfähigkeit ist bei Stahlbetonplatten häufig entbehrlich; es wird auf Abschn. 5.2.2.2 verwiesen.

Platten mit Schubbewehrung

Platten sollten i.d.R. so ausgebildet werden, dass keine Schubbewehrung erforderlich ist ($V_{Ed} \leq V_{Rd,c}$). Bei einer ggf. erforderlichen Schubbewehrung wird auf Abschn. 5.2.2.2 verwiesen.

---

[1]) Für Platten mit $5 \geq b/h \geq 4$ ist eine Mindestschubbewehrung zu beachten, auch wenn rechnerisch keine Schubbewehrung erforderlich ist (s. S. 12.54), Platten mit $b/h < 4$ sind wie Balken zu behandeln (S. 12.66 f).

Beispiel (wird unter Abschn. 5.1.3.2 „Begrenzung der Verformungen" fortgesetzt)
Platte wie dargestellt bewehrt (s. Abschn. 5.1.2.1); gesucht ist der Tragfähigkeitsnachweis für Querkraft.

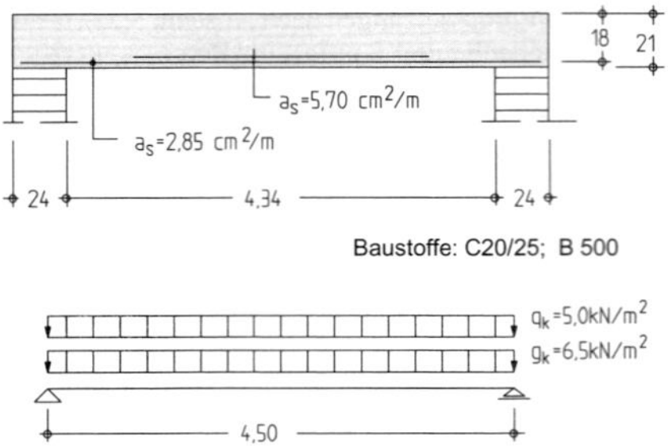

Bemessungsquerkraft:
$V_{\mathrm{d,li}} = (1{,}35 \cdot 6{,}5 + 1{,}5 \cdot 5{,}0) \cdot 4{,}5 / 2 = 36{,}6$ kN/m
$V_{\mathrm{Ed}} = 32{,}4$ kN/m (Abstand d vom Auflagerrand)
Bemessung:
$V_{\mathrm{Rd,c}} = (0{,}15/1{,}5) \cdot k \cdot (100 \cdot \rho_1 \cdot f_{\mathrm{ck}})^{1/3} \cdot b_{\mathrm{w}} \cdot d$
$k = 2$ (für $d \leq 200$ mm)
$\rho_1 = 2{,}85 / (100 \cdot 18) = 0{,}0016$
$V_{\mathrm{Rd,c}} = 0{,}10 \cdot 2 \cdot (0{,}16 \cdot 20)^{1/3} \cdot 1{,}0 \cdot 0{,}18$
$= 0{,}0531$ MN/m $= 53{,}1$ kN/m $> V_{\mathrm{Ed}}$ (s.o.)
alternativ (hier günstiger):
$V_{\mathrm{Rd,c,min}} = (\kappa_1/\gamma_{\mathrm{C}}) \cdot (k^3 \cdot f_{\mathrm{ck}})^{0,5} \cdot b_{\mathrm{w}} \cdot d$
$= (0{,}0525/1{,}5) \cdot (2{,}0^3 \cdot 20)^{0,5} \cdot 1{,}0 \cdot 0{,}18$
$= 0{,}0797$ MN/m $= 79{,}7$ kN/m $> V_{\mathrm{Ed}}$

5.1.3 Gebrauchstauglichkeit

5.1.3.1 Allgemeines

Im Gebrauchszustand sind Rissbreiten, Verformungen (ggf. auch Spannungen) zu begrenzen. Bei Platten der Expositionsklasse XC 1 mit Bauhöhen bis zu 20 cm ohne wesentliche Zwangbeanspruchung ist i. d. R. ein Nachweis zur Rissbreitenbegrenzung nicht erforderlich (für den Nachweis wird auf Abschn. 5.2.3.2 verwiesen). Nachfolgend wird daher nur der Nachweis der Verformungsbegrenzung dargestellt.

5.1.3.2 Begrenzung der Verformungen

Die Verformungen müssen so begrenzt werden, dass sie das Erscheinungsbild und die ordnungsgemäße Funktion nicht beeinträchtigen. In Abhängigkeit von der Stützweite l (bei Kragarmen mit $l = 2{,}5 \cdot l_k$) gilt für den Durchhang f bzw. für die Durchbiegung w unter der quasi-ständigen Last:

allgemein $\quad f \leq l/250 \quad$ (52.1a)
in Hinblick auf Ausbauten (z. B. Trennwände) $\quad w \leq l/500 \quad$ (52.1b)

mit f als vertikale Bauteilverformung, bezogen auf die Verbindungslinie der Unterstützungspunkte, und w als vertikale Bauteilverformung, bezogen auf die Systemlinie des Bauteils, bei Schalungsüberhöhung bezogen auf die überhöhte Lage (es gilt die nach dem Einbau der Ausbauten auftretende Verformung). Eine angemessene Überhöhung der Schalung (Überhöhung $\leq l/250$) kann vorgesehen werden.

Ein Nachweis kann über eine Begrenzung der Biegeschlankheit erfolgen:

$$\frac{l}{d} \leq K \cdot \left[11 + 1{,}5\sqrt{f_{\mathrm{ck}}} \cdot \frac{\rho_0}{\rho} + 3{,}2\sqrt{f_{\mathrm{ck}}} \cdot \left(\frac{\rho_0}{\rho} - 1 \right)^{3/2} \right] \leq (l/d)_{\max} \quad \text{wenn } \rho \leq \rho_0 \qquad (52.2\text{a})$$

$$\frac{l}{d} \leq K \cdot \left[11 + 1{,}5\sqrt{f_{\mathrm{ck}}} \cdot \frac{\rho_0}{\rho - \rho'} + \frac{1}{12}\sqrt{f_{\mathrm{ck}}} \cdot \left(\frac{\rho'}{\rho_0} \right)^{1/2} \right] \leq (l/d)_{\max} \quad \text{wenn } \rho > \rho_0 \qquad (52.2\text{b})$$

Es sind

l/d Grenzwert der Biegeschlankheit (Verhältnis von Stützweite zu Nutzhöhe)
K Beiwert zur Berücksichtigung des statischen Systems; s. Tafel 12.53a
ρ_0 $= f_{\mathrm{ck}}^{0,5} \cdot 10^{-3}$ Referenzbewehrungsgrad
ρ erforderlicher Zugbewehrungsgrad in Feldmitte (bei Kragträgern am Einspannquerschnitt)
ρ' erforderlicher Druckbewehrungsgrad in Feldmitte (bei Kragträgern am Einspannquerschnitt)
f_{ck} charakteristische Druckfestigkeit in N/mm²

$$(l/d)_{\max} \leq \begin{cases} K \cdot 35 & \text{allgemein} \\ K^2 \cdot 150/l & \text{zusätzlich für Bauteile mit erhöhten Anforderungen } (l \text{ in m}) \\ & \text{zur Vermeidung von Schäden an angrenzenden Bauteilen} \end{cases} \qquad (52.3)$$

Die Auswertung von Gl. (52.2) ist für hoch beanspruchten ($\rho = 1{,}5$ %) und gering beanspruchten Beton ($\rho = 0{,}5$ %) in Tafel 12.53a enthalten (weitere Annahmen: $\sigma_s = 310$ N/mm², C30/37).

Die Werte der Gl. (52.2a) und (52.2b) dürfen bzw. müssen mit den nachfolgenden Faktoren k_i korrigiert werden (die Mindestwerte $(l/d)_{\max}$ nach Gl. 52.3 sind davon unberührt):

$k_1 = 310/\sigma_s$, falls die Stahlspannung unter der Bemessungslast im GZG $\neq 310$ N/mm²; näherungsweise:
$k_1 = 500 / (f_{\mathrm{yk}} \cdot A_{\mathrm{s,req}} / A_{\mathrm{s,prov}})$ mit $A_{\mathrm{s,req}}$ als erforderliche und $A_{\mathrm{s,prov}}$ als vorhandene Bewehrung
$k_2 = 0{,}8$ bei gegliederten Querschnitten (Plattenbalken u. Ä.) mit $b_{\mathrm{eff}}/b_{\mathrm{w}} > 3$
$k_3 = 7{,}0/l_{\mathrm{eff}}$ bei $l > 7{,}0$ m für erhöhte Anforderungen (bei Flachdecken gilt $k_3 = 8{,}5/l_{\mathrm{eff}}$ bei $l > 8{,}5$ m)

Tafel 12.53a
Grundwerte der Biegeschlankheit von Stahlbetonbauteilen

Statisches System	K	Beton hoch beansprucht $\rho = 1{,}5$ %	Beton gering beansprucht $\rho = 0{,}5$ %
ℓ	1,0	14	20
ℓ; Endfeld, min $\ell \geq 0{,}8$ max ℓ	1,3	18	26
ℓ; Innenfelder, min $\ell \geq 0{,}8$ max ℓ	1,5	20	30
Flachdecken (auf der Grunldage der größeren Stützweite)	1,2	17	24
ℓ_k; ($\ell = \ell_k$)	0,4	6	8

Werte gelten für regelmäßige Systeme (Durchlaufträger mit min $l \geq 0{,}8 \cdot$ max l, Kragarme mit annähernd starrer Einspannung).

Für l ist bei liniengestützen Platten die kleinere Stützweite, bei punktgestützten die größere maßgebend; bei 3-seitig gelagerten Platten gilt die Länge parallel zum freien Rand (ggf. auch Nachweis als Kragarm)

Beispiel

Einfeldplatte mit leichten Trennwänden (erhöhte Anforderungen an die Durchbiegung) bei einer Stützweite $l = 4{,}50$ m und einer Nutzhöhe $d = 18$ cm; $A_{s,erf} = 5{,}61$ cm²/m $\rightarrow \rho = 5{,}61/(18 \cdot 100) = 0{,}0031$; C20/25; (Fortsetzung des Beispiels von Abschn. 5.1.2.1 u. 5.1.2.2).

Mit $\rho_0 = 20^{0,5} \cdot 10^{-3} = 0{,}0045$ ist Gl. (52.2a) maßgebend:

$$\frac{l}{d} \leq 1{,}0 \cdot \left[11 + 1{,}5 \cdot \sqrt{20} \cdot \frac{0{,}0045}{0{,}0031} + 3{,}2 \cdot \sqrt{20} \cdot \left(\frac{0{,}0045}{0{,}0031} - 1 \right)^{3/2} \right] = \mathbf{25} < 1{,}0^2 \cdot (150/4{,}5) = 33$$

$l/d = 4{,}50 / 0{,}18 = 25 \leq 25 \rightarrow$ Nachweis erfüllt.

Vordimensionierung der Biegeschlankheit

Für Vordimensionierungen eignet sich auch das nachfolgend dargestellte Verfahren, bei dem der Bewehrungsgrad vorab nicht bekannt sein muss (s. [12.23]).

Nachweis für Platten (nicht für Flachdecken)

Voraussetzung: $q \leq 5{,}0$ kN/m²; Kriechzahl $\varphi \leq 2{,}50$ (weitere Hinweise s. [12.23])

$d \geq k_c \cdot l_i / \lambda_i$ mit $l_i = \eta_1 \cdot l_{eff}$ und $l_{eff} = l_{min} = L_y$ und η_1 gemäß Tafel 12.53b
λ_i nach Tafel 12.53c und $k_c = (f_{ck0} / f_{ck})^{1/6}$ und $f_{ck0} = 20$ N/mm²

Tafel 12.53b η_1-Beiwerte

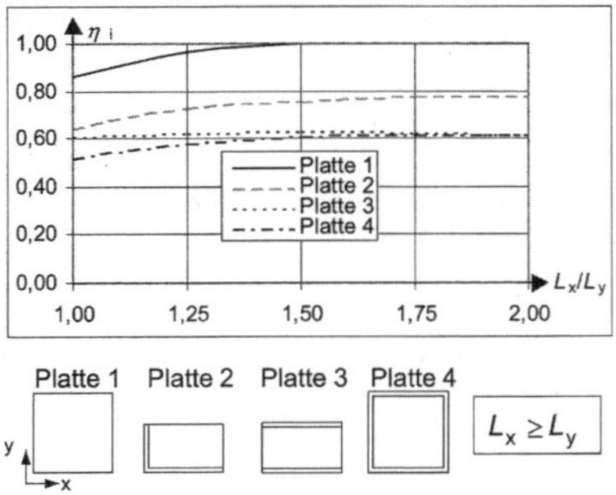

Tafel 12.53c λ_i-Werte (für Platten)

zul. Verformung	l_i	λ_i
$l/250$	≤ 4,0 m	29
	6,0 m	26
	8,0 m	23
	10,0 m	21
	12,0 m	19
$l/500$	≤ 4,0 m	23
	6,0 m	19
	8,0 m	16
	10,0 m	14
	12,0 m	13

Nachweis für Flachdecken

Für Flachdecken erfolgt der Nachweis wie bei Platten, jedoch mit $l_i = \alpha_1 \cdot l_{eff}$; dabei ist $\alpha_1 = 0{,}85$ und $l_{eff} = L_{max}$, d. h., der Nachweis erfolgt auf der Basis der größeren Stützweite.

Beispiel

Einfeldplatte mit leichten Trennwänden, Stützweite $l = 4{,}50$ m, Beton C20/25 (wie oben).

$d \geq (4{,}50 / 22) \cdot 1 = 0{,}20$ m

Die Nutzhöhe konnte hier wegen der geringen Beanspruchung etwas kleiner gewählt werden.

5.1.4 Konstruktive Durchbildung

Geltungsbereich

Die nachfolgenden Festlegungen beziehen sich auf ein- und zweiachsig gespannte Ortbeton-Vollplatten mit $l_{\text{eff}} \geq 5\ h$ und $b \geq 5\ h$ (s. Abschn. 3.4.1); sie dürfen auch für $l_{\text{eff}} \geq 3\ h$ angewendet werden.

Mindestabmessung

Die Mindestdicke von Vollplatten beträgt i. Allg. 70 mm, für Platten mit aufgebogener Querkraftbewehrung 160 mm, bei Platten mit Bügeln oder Durchstanzbewehrung 200 mm (EC2-1-1/NA, 9.3.2).

Biegezugbewehrung

Hauptbewehrung – Für die Ausbildung der Hauptbewehrung (Mindest- und Höchstbewehrungsgrade; Verankerungslängen usw.) gilt Abschnitt 5.2.4, soweit nachfolgend nichts anderes festgelegt ist; als Versatzmaß a_l gilt für Platten ohne Schubbewehrung: $a_l = d$.

Querbewehrung – Bei Platten ist eine Querbewehrung mit einem Querschnitt von mindestens 20 % der Hauptbewehrung vorzusehen; bei Betonstahlmatten muss $\varnothing \geq 5$ mm sein.

Stababstände – Für die Hauptbewehrung $s_l = 150$ mm für $h \leq 150$ mm; $s_l = 250$ mm für $h \geq 250$ mm | Zwischenwerte interpolieren

Für die Querbewehrung $s_q \leq 250$ mm

Auflagerbewehrung – Es sind mindestens 50 % der maximalen Feldbewehrung über das Auflager zu führen und zu verankern.

Konstruktive Einspannbewehrung – Eine teilweise, rechnerisch nicht berücksichtigte Endeinspannung sollte mindestens für 25 % des max. Feldmoments bemessen werden; Bewehrung auf der 0,2fachen Feldlänge (vom Auflageranschnitt) anordnen.

Randbewehrung – Am freien ungestützten Rand ist eine Bewehrung anzuordnen (s. Abb.). Bei Fundamenten und innen liegenden Bauteilen des üblichen Hochbaus darf hierauf verzichtet werden.

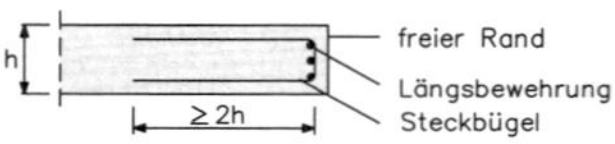

Drillbewehrung (EC2-1-1/NA, 9.3.1.3)

Bei drillsteifen Platten ist für die Bemessung der Eckbewehrung das Drillmoment zu berücksichtigen, in anderen Fällen sollte sie konstruktiv angeordnet werden.

Als Drillbewehrung sollte bei vierseitig gelagerten Platten unter Berücksichtigung der vorhandenen Bewehrung angeordnet werden

- Ecken mit zwei frei aufliegenden Rändern: a_{sx} in beiden Richtungen oben und unten
- Ecken mit einem frei aufliegenden und einem eingespannten Rand: $0{,}5 \cdot a_{sx}$ rechtwinklig zum freien Rand mit $a_{sx} = \max a_{s,\text{Feld}}$.

Bei anderen Platten, z. B. bei dreiseitig gelagerten Platten, ist ein rechnerischer Nachweis der Drillbewehrung erforderlich.

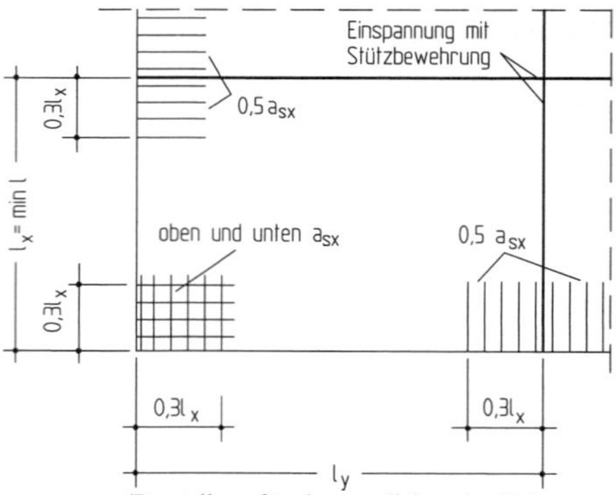

(Darstellung für eine parallel zu den Seiten verlaufende Netzbewehrung)

Querkraftbewehrung

Für die bauliche Durchbildung schubbewehrter Platten gilt Abschn. 5.2.4 mit nachfolgenden Ergänzungen.

- Bei Platten mit $b/h > 5$ darf auf Querkraftbewehrung verzichtet werden, falls sie rechnerisch nicht erforderlich ist. Falls Querkraftbewehrung erforderlich ist, ist mind. der 0,6fache Wert nach Abschn. 5.2.4.2 einzuhalten.
- Bauteile mit $b/h < 4$ sind als Balken nach Abschn. 5.2.4 zu betrachten.
- Bei Platten mit $5 \geq b/h \geq 4$ ohne rechnerisch erforderliche Schubbewehrung gilt als Mindestschubbewehrungsgrad der 0,0fache bis 1,0fache Wert nach Tafel 12.66a (Zwischenwerte interpolieren).
- Bei Platten mit $5 \geq b/h \geq 4$ mit rechnerisch erforderlicher Schubbewehrung ist der 0,6fache bis 1,0fache Wert nach Tafel 12.66a maßgebend.
- Schubbewehrung darf bei $V_{\text{Ed}} \leq (1/3) \cdot V_{\text{Rd,max}}$ vollständig aus Schrägstäben oder Schubzulagen bestehen, anderfalls gilt Abschn. 5.4.2.
- Für den größten Längs- und Querabstand der Bügel gilt Tafel 12.66b (ohne Berücksichtigung der Absolutwerte in mm).
- Der größte Längsabstand von Aufbiegungen beträgt $s_{\max} \leq h$.

5.1.5 Bemessungshilfen für Platten

(weitere Tafeln und Werte s. [12.44])

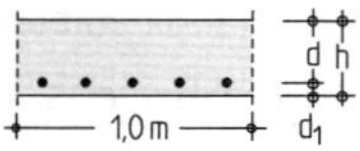

Voraussetzungen für die Tafel 12.55a und 12.55b:

Für die Mindestbewehrung (grau unterlegter Bereich) wird angenommen, dass der Randabstand der Bewehrung d_1 = 3 cm und der Hebelarm z nach Rissbildung ≈ 0,9 · d beträgt.

Tafel 12.55a Bemessung für Biegung von Platten ohne Druckbewehrung **B 500; C20/25**

M_{Ed} kNm/m ↓	erf a_s in cm²/m für *d* in cm 10	12	14	16	18	20	22	24	26
≤6	1,42	1,53	1,68	1,84	2,01	2,16	2,31	2,48	2,64
8	1,91	1,58	1,68	1,84	2,01	2,16	2,31	2,48	2,64
10	2,42	1,98	1,69	1,84	2,01	2,16	2,31	2,48	2,64
12	2,93	2,40	2,03	1,84	2,01	2,16	2,31	2,48	2,64
14	3,46	2,81	2,38	2,07	2,01	2,16	2,31	2,48	2,64
16	3,99	3,24	2,74	2,37	2,10	2,16	2,31	2,48	2,64
18	4,55	3,67	3,09	2,68	2,37	2,16	2,31	2,48	2,64
20	5,12	4,11	3,45	2,99	2,64	2,36	2,31	2,48	2,64
22	5,70	4,56	3,82	3,30	2,91	2,60	2,36	2,48	2,64
24	6,30	5,01	4,19	3,61	3,18	2,85	2,58	2,48	2,64
26	6,93	5,48	4,56	3,93	3,46	3,09	2,80	2,55	2,64
28	7,57	5,95	4,94	4,25	3,73	3,33	3,02	2,75	2,64
30	8,24	6,43	5,33	4,57	4,01	3,58	3,24	2,95	2,72
32	8,93	6,92	5,72	4,90	4,29	3,83	3,46	3,16	2,90
34	9,66	7,42	6,11	5,22	4,57	4,08	3,68	3,36	3,09
36	10,4	7,93	6,51	5,56	4,86	4,33	3,90	3,56	3,27
38	11,2	8,46	6,92	5,89	5,15	4,58	4,13	3,76	3,46
40	12,1	9,00	7,33	6,23	5,43	4,83	4,36	3,97	3,65
42	13,0	9,55	7,74	6,57	5,73	5,09	4,58	4,17	3,83
44		10,1	8,17	6,91	6,02	5,34	4,81	4,38	4,02
46		10,7	8,60	7,26	6,31	5,60	5,04	4,59	4,21
48		11,3	9,04	7,61	6,61	5,86	5,27	4,79	4,40
50		11,9	9,48	7,97	6,91	6,12	5,50	5,00	4,59

M_{Ed} kNm/m ↓	erf a_s in cm²/m für *d* in cm 14	16	18	20	22	24	26	28
55	10,6	8,88	7,67	6,78	6,08	5,52	5,06	4,68
60	11,8	9,81	8,45	7,45	6,67	6,05	5,54	5,12
65	13,1	10,8	9,24	8,13	7,27	6,59	6,03	5,56
70	14,4	11,8	10,1	8,82	7,87	7,13	6,51	6,01
75	15,9	12,8	10,9	9,52	8,46	7,67	7,01	6,46
80	17,4	13,9	11,7	10,2	9,11	8,22	7,50	6,91
85		15,0	12,6	11,0	9,74	8,78	8,01	7,36
90		16,2	13,5	11,7	10,4	9,34	8,51	7,82
95		17,4	14,4	12,5	11,0	9,91	9,02	8,29
100		18,7	15,4	13,2	11,7	10,5	9,54	8,75
110			17,4	14,8	13,0	11,7	10,6	9,70
120			19,5	16,5	14,4	12,9	11,6	10,7
130			21,8	18,2	15,8	14,1	12,7	11,6
140				20,1	17,3	15,4	13,8	12,6
150				22,0	18,9	16,7	15,0	13,6
160				24,1	20,5	18,0	16,1	14,7
170					22,2	19,4	17,3	15,7
180					24,0	20,8	18,5	16,8
190					25,9	22,3	19,8	17,9
200					27,9	23,8	21,1	19,0
220						27,1	23,7	21,3
240						30,8	26,6	23,7
260							29,7	26,2

(s. Anmerkungen in Tafel 12.55b)

Tafel 12.55b Bemessung für Biegung von Platten ohne Druckbewehrung **B 500; C30/37**

M_{Ed} kNm/m ↓	erf a_s in cm²/m für *d* in cm 10	12	14	16	18	20	22	24	26
≤5	1,53	1,72	1,91	2,11	2,32	2,52	2,73	2,94	3,15
10	2,27	1,72	1,91	2,11	2,32	2,52	2,73	2,94	3,15
15	3,45	2,83	2,41	2,11	2,32	2,52	2,73	2,94	3,15
20	4,74	3,82	3,24	2,81	2,49	2,52	2,73	2,94	3,15
25	6,11	4,86	4,08	3,54	3,13	2,80	2,73	2,94	3,15
30	7,53	5,96	4,93	4,27	3,77	3,37	3,06	2,94	3,15
35	9,02	7,10	5,85	5,01	4,42	3,95	3,58	3,27	3,15
40	10,6	8,27	6,79	5,77	5,07	4,53	4,10	3,74	3,45
45	12,3	9,48	7,76	6,56	5,73	5,12	4,62	4,22	3,88
50	14,1	10,7	8,75	7,39	6,40	5,71	5,15	4,70	4,33
55	16,0	12,0	9,76	8,23	7,10	6,30	5,69	5,18	4,77
60	18,1	13,4	10,8	9,08	7,83	6,90	6,22	5,67	5,21
65		14,8	11,9	9,94	8,57	7,52	6,76	6,16	5,66
70		16,3	12,9	10,8	9,31	8,16	7,31	6,65	6,10
75		17,8	14,1	11,7	10,1	8,82	7,86	7,14	6,56
80		19,5	15,2	12,6	10,8	9,49	8,43	7,64	7,01
85		21,2	16,4	13,6	11,6	10,2	9,02	8,14	7,46
90		23,1	17,6	14,5	12,4	10,8	9,61	8,65	7,92
95			18,9	15,5	13,2	11,5	10,2	9,18	8,38
100			20,2	16,5	14,0	12,2	10,8	9,71	8,84
110			23,0	18,5	15,7	13,6	12,1	10,8	9,80
120			26,1	20,7	17,4	15,1	13,3	11,9	10,8

M_{Ed} kNm/m ↓	erf a_s in cm²/m für *d* in cm 14	16	18	20	22	24	26	28
130		23,0	19,2	16,5	14,6	13,1	11,8	10,8
140		25,4	21,0	18,1	15,9	14,2	12,8	11,7
150		28,0	22,9	19,6	17,2	15,4	13,9	12,6
160		30,8	24,9	21,2	18,6	16,5	14,9	13,6
170			27,0	22,8	19,9	17,7	16,0	14,6
180			29,2	24,5	21,4	19,0	17,1	15,5
190			31,5	26,3	22,8	20,2	18,2	16,5
200			34,0	28,1	24,3	21,5	19,3	17,5
220				32,0	27,3	24,1	21,5	19,5
240				36,2	30,6	26,8	23,9	21,6
260					34,0	29,6	26,3	23,7
280					37,8	32,5	28,8	25,9
300					41,8	35,6	31,3	28,1
320						38,9	34,0	30,4
340						42,4	36,8	32,8
360						46,2	39,8	35,2
380							42,8	37,8
400							46,1	40,4
420							49,6	43,2
440								46,0
460								49,0
480								52,2

(Unterhalb der gestrichelten Linie ist die Durckzonenhöhe x/d > 0,45 (s. S. 12.39)

Tafel 12.56a Aufnehmbare Querkraft $V_{Rd,c}$ für Platten ohne Querkraftbewehrung

B 500; C20/25

$a_{sl,vorh}$ cm²/m ↓	$V_{Rd,c}$ [kN/m] für eine Nutzhöhe *d* [cm] 10	12	14	16	18	20	22	24	26	28
4,0	44,3	53,1	62,0	70,8	79,7	88,5	94,0	99,4	104,7	109,8
6,0	45,8	53,1	62,0	70,8	79,7	88,5	94,0	99,4	104,7	109,8
8,0	50,4	56,9	63,1	70,8	79,7	88,5	94,0	99,4	104,7	109,8
10,0	54,3	61,3	67,9	74,3	80,3	88,5	94,0	99,4	104,7	109,8
12,0	57,7	65,1	72,2	78,9	85,4	91,6	95,3	99,4	104,7	109,8
14,0	60,7	68,6	76,0	83,1	89,9	96,4	100,3	104,1	107,8	111,3
16,0		71,7	79,5	86,9	94,0	100,8	104,9	108,9	112,7	116,4
18,0			82,6	90,3	97,7	104,8	109,1	113,2	117,2	121,0
20,0			85,6	93,6	101,2	108,6	113,0	117,3	121,4	125,4
22,0					104,5	112,1	116,7	121,1	125,3	129,4
24,0						115,4	120,1	124,6	129,0	133,2
26,0							123,3	128,0	132,5	136,8
28,0							126,4	131,2	135,8	140,2
30,0								134,2	138,9	143,5

Im grau unterlegten Bereich wird die Mindestquerkrafttragfähigkeit $V_{Rd,c,min}$ maßgebend (s. Gl. (51)).

Tafel 12.56b Aufnehmbare Querkraft $V_{Rd,c}$ für Platten ohne Querkraftbewehrung

B 500; C30/37

$a_{sl,vorh}$ cm²/m ↓	$V_{Rd,c}$ [kN/m] für eine Nutzhöhe *d* [cm] 10	12	14	16	18	20	22	24	26	28
6,0	54,2	65,0	75,9	86,7	97,6	108,4	111,2	114,2	117,3	120,5
8,0	57,7	65,1	75,9	86,7	97,6	108,4	111,2	114,2	117,3	120,5
10,0	62,1	70,2	77,8	86,7	97,6	108,4	111,2	114,2	117,3	120,5
12,0	66,0	74,6	82,6	90,3	97,7	108,4	111,2	114,2	117,3	121,0
14,0	69,5	78,5	87,0	95,1	102,9	110,4	114,9	119,2	123,4	127,4
16,0	72,7	82,1	91,0	99,4	107,6	115,4	120,1	124,6	129,0	133,2
18,0		85,4	94,6	103,4	111,9	120,0	124,9	129,6	134,2	138,5
20,0			98,0	107,1	115,9	124,3	129,4	134,2	138,9	143,5
22,0			101,1	110,6	119,6	128,3	133,5	138,6	143,4	148,1
24,0				113,8	123,1	132,1	137,5	142,6	147,7	152,5
26,0					126,4	135,6	141,2	146,5	151,6	156,6
28,0							144,7	150,2	155,4	160,5
30,0							148,1	153,7	159,1	164,3

s. Anmerkung oben

Tafel 12.56c Erforderliche Nutzhöhe *d* für die Begrenzung der Biegeschlankeit

Nachweis durch Begrenzung der Biegeschlankeit

$l/d \leq K \cdot k_i \cdot B_{l/d}$ (zusätzlich sind die Mindestwerte – s. u. – zu beachten)

mit $B_{l/d}$ als Basiswert gem. Tafel unten. Für l ist bei liniengelagerten Platten die kleinere Stützweite, bei punktförmig gestützten die größere maßgebend; bei 3-seitig gelagerten Platten gilt die Länge parallel zum freien Rand

Systembeiwert K

Einfeldträger	Endfeld	Innenfeld (Durchlaufträger)	Kragträger	Flachdecke
$K = 1{,}0$	$K = 1{,}3$	$K = 1{,}5$	$K = 0{,}4$	$K = 1{,}2$

Korrekturwerte $k_1 = 310/\sigma_s$ für Stahlspannung $\sigma_s \neq 310$ N/mm² unter maßg. Bemessungslast im GZG
$k_2 = 0{,}8$ bei gegliederten Querschnitten (Plattenbalken u. Ä.) mit $b_{eff}/b_w > 3$
$k_3 = 7{,}0/l_{eff}$ bei $l > 7{,}0$ m für erhöhte Anforderungen (Flachdecken $k_3 = 8{,}5/l_{eff}$ bei $l > 8{,}5$ m)

Basiswerte der Biegeschlankheit $B_{l/d}$ (für Bauteile ohne Druckbewehrung)

ρ (in %)	0,1	0,2	0,3	0,4	0,5	0,6	0,7	0,8	0,9	1,0	1,1	1,2	1,3	1,4	1,5
C20/25				26	19	17	16	15	15	14	14	14	13	13	13
C30/37	Mindest-				26	21	19	17	17	16	15	15	15	14	14
C40/50	werte maßgebend				26	21	20	19	18	17	17	16	16	15	15

Mindestwert a) generell: $l/d \leq K \cdot 35$
b) bei erhöhten Anforderungen: $l/d \leq K^2 \cdot 150/l$

Voraussetzung für die Anwendung von Tafel 12.56c s. S. 12.52.

5.2 Balken, Plattenbalken

5.2.1 Schnittgrößen

Für die Kombination der Einwirkungen gilt Abschn. 3.1.2 bis 3.1.4. Die Tragwerksidealisierung und die Berechnungsverfahren sind in Abschn. 3.4 und 3.5 dargestellt; weitere Hinweise siehe dort.

5.2.2 Tragfähigkeit

5.2.2.1 Biegung und Längskraft

Allgemeine Grundlagen

Annahmen und Voraussetzungen (s. auch Bautabellen für Ingenieure)

Für die Bestimmung der Grenztragfähigkeit von Querschnitten gelten folgende Annahmen:

- Ebenbleiben der Querschnitte (d. h. geradlinige Dehnungsverteilung)
- vollkommener Verbund (Dehnungen der Bewehrung und des Betons sind in einer Faser gleich)
- Die Zugfestigkeit des Betons darf im Grenzzustand der Tragfähigkeit nicht berücksichtigt werden.
- Für die (Druck-)Spannungen des Betons gilt die σ-ε-Linie der Querschnittsbemessung nach Abschn. 2.2.1, für die Spannungen im Betonstahl die nach Abschn. 2.2.2.
- Die Dehnungen im Beton sind bei einer dreieckförmigen Verteilung auf –3,5 ‰ zu begrenzen, bei zentrischem Druck (rechteckige Verteilung) auf –2,0 ‰, zwischen diesen Grenzen darf interpoliert werden (Ausnahmen s. *Bautabellen für Ingenieure*).
- Für Betonstahl gilt eine Dehnungsbegrenzung auf $\varepsilon_s \leq 25$ ‰.

Versagen ohne Vorankündigung, duktiles Bauteilverhalten

Ein Querschnittsversagen ohne Vorankündigung bei Erstrissbildung muss vermieden werden. Hierfür ist eine Mindestbewehrung nach Abschn. 5.2.4 anzuordnen.

Schnittgrößen in der Schwerachse und „versetzte" Schnittgrößen

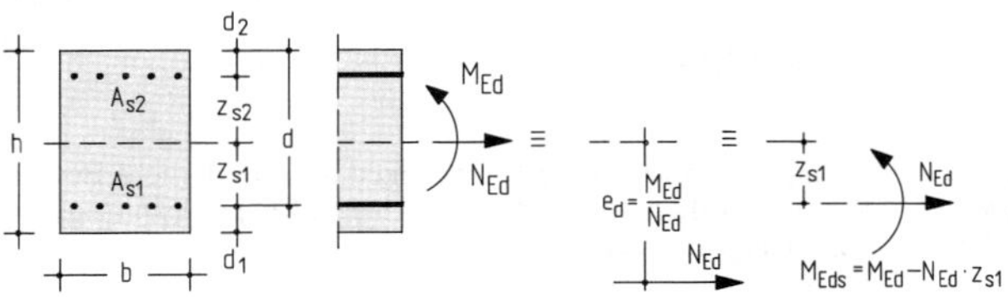

Für die Bemessung müssen häufig die auf die Schwerachse bezogenen Schnittgrößen in ausgewählte, „versetzte" Schnittgrößen (i. Allg. auf die Zugbewehrung) umgewandelt werden.

Bemessung für mittigen Zug oder Zugkraft mit kleiner Ausmitte

Die Kraft greift innerhalb der Bewehrungslagen an (d. h. $e_d = M_{Ed}/N_{Ed} \leq z_{s1}$). Sie muss ausschließlich durch Bewehrung aufgenommen werden. Unter der Annahme, dass in beiden Bewehrungslagen die Streckgrenze erreicht wird, erhält man

$$A_{s1} = \frac{N_{Ed}}{f_{yd}} \cdot \frac{z_{s2} + e_d}{z_{s1} + z_{s2}} \qquad (57.1a)$$

$$A_{s2} = \frac{N_{Ed}}{f_{yd}} \cdot \frac{z_{s1} - e_d}{z_{s1} + z_{s2}} \qquad (57.1b)$$

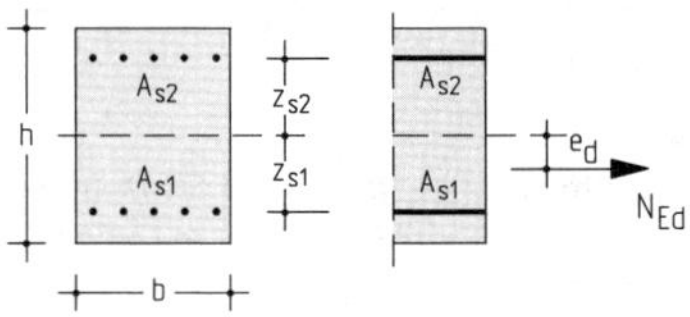

Beispiel 1

Zugstab mit Bemessungsschnittgrößen infolge von Biegung und Längskraft nach Abb., B 500

$$f_{yd} = f_{yk} / \gamma_S = 500/1{,}15 = 435 \text{ MN/m}^2$$
$$e_d = M_{Ed} / N_{Ed} = 40 / 800 = 0{,}05 \text{ m} < 0{,}20 \text{ m}$$

$$A_{s1} = \frac{0{,}800}{435} \cdot \frac{0{,}20 + 0{,}05}{0{,}20 + 0{,}20} \cdot 10^4 = 11{,}5 \text{ cm}^2$$

$$A_{s2} = \frac{0{,}800}{435} \cdot \frac{0{,}20 - 0{,}05}{0{,}20 + 0{,}20} \cdot 10^4 = 6{,}9 \text{ cm}^2$$

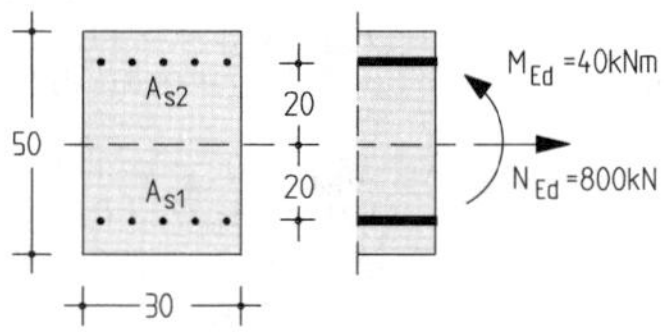

(Hinweis: Bei Zuggliedern ist stets ein Nachweis zur Begrenzung der Rissbreite zu führen; hierfür ist es häufig erforderlich, $\sigma_s \leq f_{yd}$ zu wählen.)

Biegung (mit Längskraft)

Beispiel 2 (wird unter Abschn. 5.2.2.2 „Querkraft" fortgesetzt)

Ein einfeldriger Plattenbalken ist für die größte Biegebeanspruchung in Feldmitte zu bemessen.

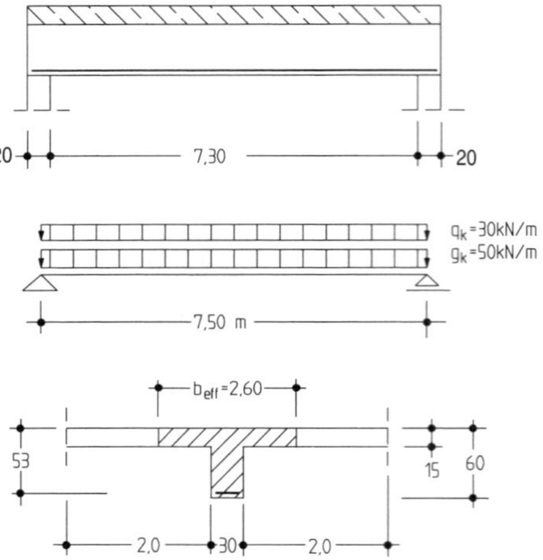

Baustoffe:

C30/37: $f_{cd} = \alpha_{cc} \cdot f_{ck} / \gamma_C$
$= 0{,}85 \cdot 30/1{,}5 = 17$ MN/m²

B500: $f_{yd} = f_{yk} / \gamma_S = 500/1{,}15 = 435$ MN/m²

Bemessungsmoment:

max $M_{Ed} = 0{,}125 \cdot (1{,}35 \cdot 50 + 1{,}50 \cdot 30) \cdot 7{,}5^2$
$= 791$ kNm

mitwirkende Plattenbreite:
(s. Abschn. 3.4.2)

$b_{eff} = b_w + 2 \cdot (0{,}2 \cdot b_i + l_0 / 10)$
$= 0{,}30 + 2 \cdot (0{,}2 \cdot 2{,}0 + 7{,}50 / 10) = 2{,}60$ m

Bemessung:

$M_{Eds} = M_{Ed} = 791$ kNm
$\mu_{Eds} = M_{Eds} / (b_{eff} \cdot d^2 \cdot f_{cd})$
$= 0{,}791 / (2{,}60 \cdot 0{,}53^2 \cdot 17{,}0) = 0{,}064$
$\rightarrow$ $\xi = 0{,}09$ (s. Abschn. 6, Tafel 1)
$x = \xi \cdot d = 0{,}09 \cdot 53 \approx 5$ cm < 15 cm
d. h., Druckzone innerhalb der rechteckigen Platte, Bemessung als Rechteckquerschnitt
$\Rightarrow$ $\omega = 0{,}0664$ (s. Abschn. 6, Tafel 1)
$A_s = \omega \cdot b_{eff} \cdot d / (f_{yd} / f_{cd})$
$= 0{,}0664 \cdot 260 \cdot 53 / (435/17{,}0) = 35{,}8$ cm²

Alternativ ist auch eine Bemessung mit Tafeln möglich (s. *Bautabellen für Ingenieure*).

Beispiel 3

Für den dargestellten Trapezquerschnitt ist im Grenzzustand der Tragfähigkeit die erforderliche Bewehrung zu bestimmen. In der Betondruckzone wird näherungsweise eine rechteckförmige Spannungsverteilung entsprechend Abschn. 2.2.1 (S. 12.33) angenommen.

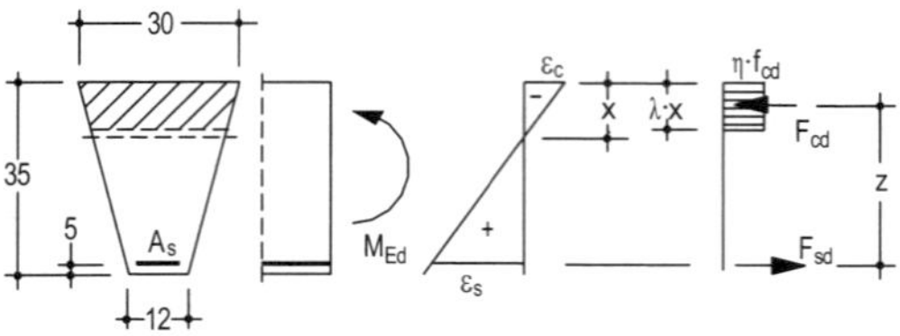

Beanspruchung:

$M_{Ed} = 70$ kNm

Baustoffe:

C20/25: $\eta \cdot f_{cd} = 1{,}00 \cdot (0{,}85 \cdot 20 / 1{,}5)$
$= 11{,}3$ MN/m²
(Eine weitere Abminderung mit dem Faktor 0,9 entfällt, da der Querschnitt zum Druckrand hin *breiter* wird.)

B500: $f_{yd} = 435$ MN/m²

Bemessung:

Dehnungsverteilung: $\varepsilon_c / \varepsilon_s = -3{,}5/6{,}0$ in ‰ (Annahme; s. unten)
$\Rightarrow$ $x = d \cdot |\varepsilon_c| / (|\varepsilon_c| + \varepsilon_s) = 0{,}30 \cdot 3{,}5 / (3{,}5 + 6{,}2) = 0{,}108$ m

Betondruckkraft: $F_{cd} = A_{cc,red} \cdot (\eta \cdot f_{cd})$
$A_{cc,red} = 0{,}5 \cdot (b_o + b_{\lambda \cdot x}) \cdot (\lambda \cdot x) = 0{,}5 \cdot (0{,}30 + 0{,}256) \cdot 0{,}8 \cdot 0{,}108 = 0{,}0240$ m²
$\uparrow$ $\lambda = 0{,}8$ (s. S. 12.33)
$F_{cd} = 0{,}0240 \cdot 11{,}3 = 0{,}272$ MN

Hebelarm z: $z = d - a = 0{,}30 - 0{,}043 = 0{,}257$ m (a Schwerpunktabstand der trapezförmigen reduzierten Druckzone vom oberen Rand)

Identitätsbedingung: $M_{Ed} \equiv F_{cd} \cdot z$
$0{,}070 \equiv 0{,}272 \cdot 0{,}257 = 0{,}070$ MNm $\Rightarrow$ Dehnungsverteilung richtig geschätzt

Stahlzugkraft: $F_{sd} = F_{cd} = 0{,}272$ MN (Gleichgewicht im Querschnitt bei reiner Biegung)

Bewehrung: $\varepsilon_s = 6{,}2$ ‰ $\Rightarrow$ $\sigma_{sd} = f_{yd} = 435$ MN/m²
$A_s = F_{sd} / f_{yd} = 0{,}272/435 = 6{,}3 \cdot 10^{-4}$ m² $= 6{,}3$ cm²

5.2.2.2 Querkraft

Nachweisform

Es ist nachzuweisen, dass der Bemessungswert der einwirkenden Querkraft V_{Ed} den Bemessungswert des Widerstandes V_{Rd} nicht überschreitet.

$$\boxed{V_{Ed} \leq V_{Rd}} \qquad (59.1)$$

Bemessungswert V_{Ed} der einwirkenden Querkraft

Der Druckstrebennachweis ist für die ungünstigste Querkraft V_{Ed} im Tragwerk zu führen. Für die Ermittlung der Schubbewehrung gilt als Querkraft V_{Ed} im Auflagerbereich bei gleichmäßig verteilter Belastung

- unmittelbare (direkte) Stützung $\Rightarrow$ V_{Ed} im Abstand $1{,}0 \cdot d$ vom Auflagerrand
- mittelbare (indirekte) Stützung $\Rightarrow$ V_{Ed} am Auflagerrand.

(Bei Bauteilen mit veränderlicher Bauhöhe sind ggf. zusätzlich die Querkraftkomponenten der geneigten Gurtkräfte F_{cd} und F_{sd} zu berücksichtigen; s. *Bautabellen für Ingenieure.*)

Bemessungswert der aufnehmbaren Querkraft V_{Rd}

Der Bemessungswert der aufnehmbaren Querkraft V_{Rd} bei Bauteilen mit Schubbewehrung wird durch einen der beiden nachfolgend genannten Werte bestimmt:

- $V_{Rd,max}$ Bemessungswert der Querkraft, die ohne Versagen des Balkenstegs („Betondruckstrebe") aufnehmbar ist
- $V_{Rd,s}$ Bemessungswert der aufnehmbaren Querkraft eines Bauteils mit Schubbewehrung (d. h. Querkraft, die ohne Versagen der „Zugstrebe" aufgenommen werden kann).

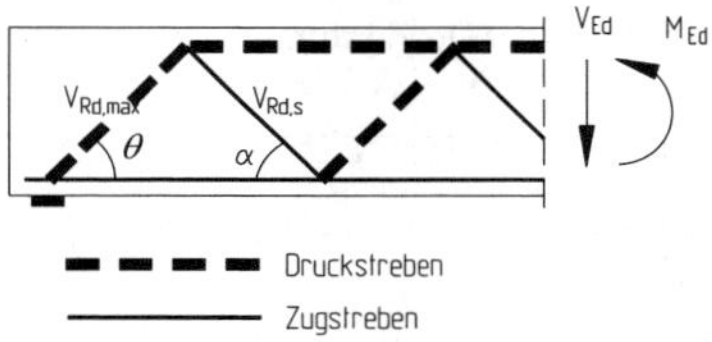

Das dargestellte, stark vereinfachte Fachwerkmodell erläutert das Tragverhalten eines Stahlbetonträgers. Druck- und Zuggurt sind durch Fachwerkstäbe verbunden, wobei die Druckstrebenkraft $V_{Rd,max}$ vom Beton und die Zugstrebenkraft $V_{Rd,s}$ von der Schubbewehrung aufgenommen wird.

Bemessung von Bauteilen mit Querkraftbewehrung

In Balken, Plattenbalken sowie bei Platten mit $b/h < 5$ ist stets eine Querkraftbewehrung anzuordnen, auch wenn rechnerisch keine Schubbewehrung erforderlich ist (Mindestquerkraftbewehrung). Wenn die Querkraft V_{Ed} den Widerstand $V_{Rd,c}$ überschreitet, ist die Querkraftbewehrung zu bemessen und nachzuweisen:

$V_{Ed} \leq V_{Rd,max}$ (Nachweis der „Druckstrebe") und $V_{Ed} \leq V_{Rd,s}$ (Nachweis der „Zugstrebe")

Bemessungswiderstand $V_{Rd,max}$

$$\boxed{V_{Rd,max} = \alpha_{cw} \cdot \nu_1 \cdot f_{cd} \cdot b_w \cdot z \cdot \frac{(\cot\theta + \cot\alpha)}{(1 + \cot^2\theta)}} \qquad (59.2)$$

mit $\alpha_{cw} = 1{,}0$ (EC2-1-1/NA, 6.2.3)
$\nu_1 = 0{,}75 \cdot (1{,}1 - f_{ck}/500) \leq 0{,}75$
b_w kleinste Stegbreite innerhalb der Zugzonenhöhe
z Hebelarm der inneren Kräfte, i. Allg. $z \approx 0{,}9 \cdot d$, ein ggf. ungünstigerer Wert ist zu berücksichtigen; zudem gilt $z \leq d - 2 \cdot c_{v,l}$ bzw. $z \leq d - c_{v,l} - 3{,}0$ cm (größerer Wert maßgebend) mit $c_{v,l}$ als Verlegemaß der Längsbewehrung in der Druckzone. Bei vollständig unter Zug stehenden Querschnitten darf für z der Abstand der Zugbewehrung angesetzt werden, wenn Bügel sie umfassen.
θ Neigungswinkel der Druckstrebe (s. u.)
α Winkel zwischen Schubbewehrung und Bauteilachse

Bemessungswiderstand $V_{Rd,s}$

$$\boxed{V_{Rd,s} = a_{sw} \cdot f_{ywd} \cdot z \cdot (\cot\theta + \cot\alpha) \cdot \sin\alpha} \qquad (59.3)$$

mit $a_{sw} = A_{sw}/s_w$ (Querschnitt der Querkraftbewehrung je Längeneinheit)
θ Neigungswinkel der Druckstrebe; hierfür gilt

$$1{,}00^{*)} \leq \cot\theta \leq \frac{(1{,}2 + 1{,}4 \cdot \sigma_{cd}/f_{cd})}{(1 - V_{Rd,cc}/V_{Ed})} \leq 3{,}0$$

mit $\sigma_{cd} = N_{Ed}/A_c$ (σ_{cd} als Druck positiv)
$V_{Rd,cc} = [c \cdot 0{,}48 \cdot f_{ck}^{1/3} \cdot (1 - 1{,}2 \cdot (\sigma_{cd}/f_{cd}))] \cdot b_w \cdot z$ (mit $c = 0{,}5$)

Näherungsweise gilt: $\cot\theta = 1{,}2$ bei „reiner" Biegung sowie Biegung und Längsdruck
$\cot\theta = 1{,}0$ bei Biegung und Längszug

---

*) Bei geneigter Querkraftbewehrung ist $0{,}58 \leq \cot\theta \leq 3{,}00$ zulässig.

Bauteile aus Normalbeton mit lotrechter Schubbewehrung ($\alpha = 90°$) und ohne Längskraft ($\sigma_{cd} = 0$)

Bemessungswiderstand $V_{Rd,max}$

$$V_{Rd,max} = \nu_1 \cdot f_{cd} \cdot b_w \cdot z \,/\, (\tan\theta + \cot\theta) \qquad (60.1)$$

Querkraftbewehrung a_{sw}

$$a_{sw} = V_{Ed} \,/\, (f_{ywd} \cdot z \cdot \cot\theta) \qquad (60.2)$$

Neigungswinkel θ*) $1{,}00 \le \cot\theta \le 1{,}2 \,/\, (1 - 0{,}24 \cdot f_{ck}^{1/3} \cdot b_w \cdot z \,/\, V_{Ed}) \le 3{,}0$ (Normalbeton, $\sigma_{cd} = 0$)

Näherungsweise: $\cot\theta = 1{,}2$ bei „reiner" Biegung sowie Biegung und Längsdruck
$\cot\theta = 1{,}0$ bei Biegung und Längszug

Werte $\nu_1 \cdot f_{cd}$ und $0{,}24 \cdot f_{ck}^{1/3}$ für Normalbeton bis C50/60

Betonfestigkeitsklasse C	12/15	16/20	20/25	25/30	30/37	35/45	40/50	45/55	50/60
$\nu_1 \cdot f_{cd}$ in MN/m²	5,10	6,80	8,50	10,6	12,8	14,9	17,0	19,1	21,2
$0{,}24 \cdot f_{ck}^{1/3}$ in MN/m²	0,55	0,60	0,65	0,70	0,75	0,79	0,82	0,85	0,88

Beispiel (wird auf S. 12.61 fortgesetzt)

Nachweis der Querkrafttragfähigkeit für lotrechte Querkraftbewehrung und des Druckgurtanschlusses

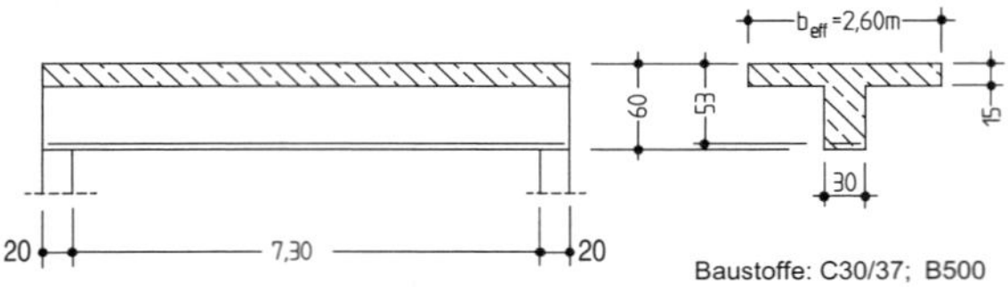

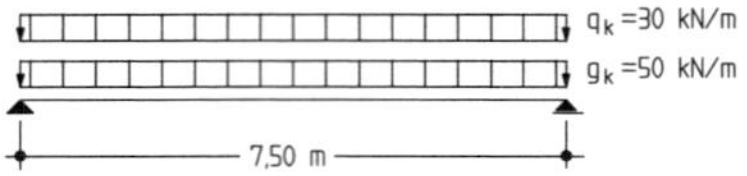

Bemessungsquerkraft:

$V_{Ed,A} = (1{,}35 \cdot 50 + 1{,}50 \cdot 30) \cdot 7{,}50/2 = 422$ kN
$V_{Ed} = 422 - (0{,}10 + 0{,}53) \cdot 112{,}5 = 351$ kN

↑ Bemessungslast

Querkraftbewehrung a_{sw}

$a_{sw} = V_{Ed} \,/\, (f_{yd} \cdot z \cdot \cot\theta)$

$z \approx 0{,}9 \cdot d = 0{,}9 \cdot 0{,}53 = 0{,}48$ m ($< d - 2c_{v,l}$; Annahme)

$\cot\theta \le 1{,}2 \,/\, (1 - 0{,}24 \cdot f_{ck}^{1/3} \cdot b_w \cdot z \,/\, V_{Ed}) = 1{,}2 \,/\, (1 - 0{,}75 \cdot 0{,}30 \cdot 0{,}48 \,/\, 0{,}351) = 1{,}733$

$a_{sw} = 0{,}351 \,/\, (435 \cdot 0{,}48 \cdot 1{,}733) = 9{,}70 \cdot 10^{-4}$ m²/m $= 9{,}70$ cm²/m

Bemessungswiderstand $V_{Rd,max}$

$V_{Rd,max} = \nu_1 \cdot f_{cd} \cdot b_w \cdot z \,/\, (\tan\theta + \cot\theta)$

$\nu_1 \cdot f_{cd} = 12{,}8$ MN/m²; $\cot\theta = 1{,}733$ (Winkel θ aus der Bemessung der Querkaftbewehrung)

$V_{Rd,max} = 12{,}8 \cdot 0{,}30 \cdot 0{,}48 \,/\, (0{,}577 + 1{,}733) = 0{,}798$ MN $> V_{Ed} = 0{,}422$ MN

Alternativ kann eine Bemessung auch mit dem Diagramm auf S. 12.68 erfolgen (s. dort).

Auflagernahe Einzellasten

Bei Einzellasten im Abstand $0{,}5d \le a_v \le 2{,}0d$ vom Auflagerrand darf bei *direkter* Lagerung für die Ermittlung der Querkraftbewehrung und der Querkrafttragfähigkeit von Bauteilen ohne Querkraftbewehrung der Querkraftanteil aus der auflagernahen Einzellast mit dem Beiwert β abgemindert werden:

$\beta = a_v/(2{,}0 \cdot d)$

Die *Druckstrebe* ist jedoch mit der vollen Querkaft V_{Ed} (ohne Abminderung) nachzuweisen; es gilt:

– Bauteile ohne Querkraftbewehrung: $V_{Ed} \le 0{,}5 b_w \cdot d \cdot \nu \cdot f_{cd}$ mit $\nu = 0{,}675 \cdot (1{,}1 - f_{ck}/500) \le 0{,}675$
– Bauteile mit Querkraftbewehrung: $V_{Ed} \le V_{Rd,max}$ mit $V_{Rd,max}$ nach S. 12.59

Die *Querkraftbewehrung* muss bei Bauteilen mit Querkraftbewehrung mindestens

$A_{sw} \ge V_{Ed}/(f_{ywd} \cdot \sin\alpha)$

betragen; sie ist auf einen mittleren Bereich von $0{,}75a_v$ anzuordnen (s. Skizze). Die Längsbewehrung ist vollständig am Auflager zu verankern. Eine Bemessung kann auch mit Stabwerkmodellen erfolgen; s. z. B. [12.18], [12.45].

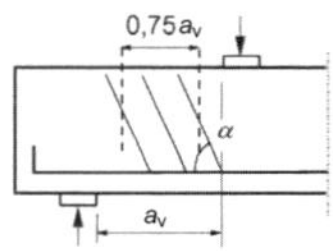

Schubkraftübertragung in Fugen

Die Übertragung von Schubkräften in den Fugen nebeneinander liegender Fertigteile oder zwischen Ortbeton und Fertigteil (ggf. auch zwischen Betonierbetonabschnitten) ist nachzuweisen (s. *Bautabellen für Ingenieure*).

*) S. Fußnote S. 12.59.

Anschluss von Druck- und Zuggurten

Die Schubkraft V_{Ed} darf die Tragfähigkeiten $V_{Rd,max}$ und $V_{Rd,s}$ nicht überschreiten.

$$V_{Ed} \leq V_{Rd,max} \text{ und } V_{Ed} \leq V_{Rd,s} \tag{61.1}$$

Einwirkende Schubkraft V_{Ed}

$$V_{Ed} = \Delta F_d \tag{61.2}$$

ΔF_d Längskraftdifferenz in einem einseitigen Gurtabschnitt auf der Länge Δx

Δx betrachtete Länge; es darf höchstens der halbe Abstand zwischen Momentennullpunkt und -höchstwert angesetzt werden, bei Einzellasten höchstens der Abstand zwischen den Einzellasten.

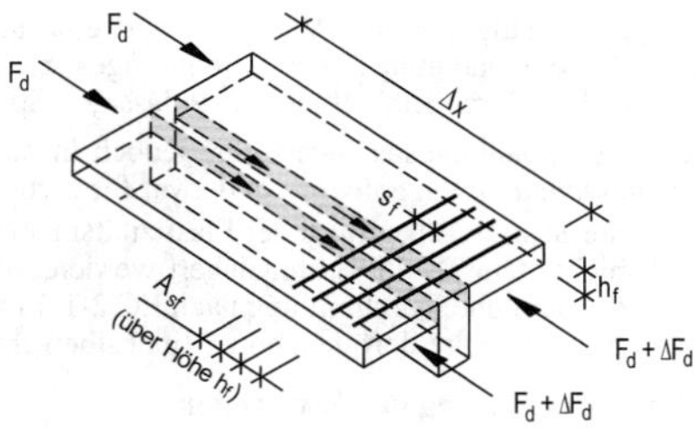

Tragfähigkeit $V_{Rd,max}$ *und* $V_{Rd,s}$

Nachweis nach Gl. (60.1) und (60.2) mit $b_w = h_f$ und $z = \Delta x$. Für eine lotrecht zur Fuge angeordnete Anschlussbewehrung und mit – näherungsweise – $\cot\theta = 1$ (Zuggurt) bzw. $\cot\theta = 1{,}2$ (Druckgurt) ergibt sich

$$V_{Rd,max} = \nu_1 \cdot f_{cd} \cdot h_f \cdot \Delta x \,/\, (\tan\theta_f + \cot\theta_f) \tag{61.3}$$

$$a_{sf} = V_{Ed} \,/\, (f_{yd} \cdot \Delta x \cdot \cot\theta) \tag{61.4}$$

Kombinierte Beanspruchungen

Bei *„Längs"schub und Querbiegung* ist der größere erforderliche Stahlquerschnitt anzuordnen, der sich entweder aus der Schubbewehrung nach Gl. (61.3) oder aus der Biegebewehrung für Querbiegung und der Hälfte der Schubbewehrung nach Gl. (61.4) ergibt (EC2-1-1, 6.2.4).

Wenn *Querkraftbewehrung in der Gurtplatte* erforderlich wird, sollte der Druckstrebennachweis für beide Beanspruchungsrichtungen in einer linearen Interaktion geführt werden:

$$(V_{Ed}/V_{Rd,max})_{Platte} + (V_{Ed}/V_{Rd,max})_{Scheibe} \leq 1{,}0 \tag{61.5}$$

Beispiel

Nachweis für den Anschluss eines Druckgurts (Querbiegung ist zusätzlich nachzuweisen). Fortsetzung des Beispiels von S. 12.60.

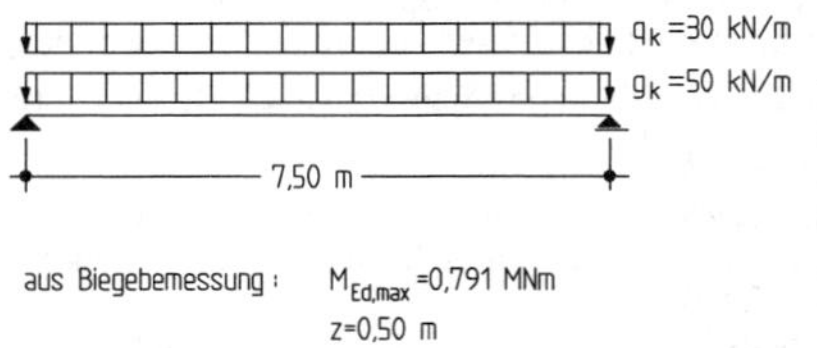

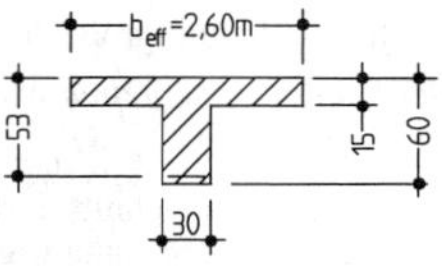

Baustoffe: C30/37; B 500

Nachweis für den Anschluss des Druckgurts

$V_{Ed} = \Delta F_d \qquad \Delta F_d \approx F_{cd} \cdot A_{ca} / A_{cc} \approx F_{cd} \cdot b_a / b_f = 1{,}235 \cdot 1{,}15 / 2{,}60 = 0{,}546$ MN

$F_{cd} = M_{Ed}/z = 0{,}593/\,0{,}48 = 1{,}235$ MN $\quad$ (M_{Ed} bei $x = 1{,}88$ m)

$b_a = (2{,}60 - 0{,}30)/2 = 1{,}15$ m

$\Delta x = 1{,}88$ m halber Abstand zwischen $M = 0$ und $M = M_{max}$

$V_{Rd,max} = \nu_1 \cdot f_{cd} \cdot h_f \cdot \Delta x \,/\, (\tan\theta + \cot\theta) = 12{,}8 \cdot 0{,}15 \cdot 1{,}88 \,/\, (0{,}83 + 1{,}2) = 1{,}778 \text{ MN} > \Delta F_d$

$a_{sw} = V_{Ed} / (f_{yd} \cdot \Delta x \cdot \cot\theta) = 0{,}546 / (435 \cdot 1{,}88 \cdot 1{,}2) = 5{,}56 \cdot 10^{-4}\ \text{m}^2/\text{m} = 5{,}56\ \text{cm}^2/\text{m}$

Die Bewehrung ist je zur Hälfte auf der Plattenober- und -unterseite anzuordnen; eine Mindestschubbewehrung ist zu beachten. (Bei gleichzeitiger Querbiegung s. o.)

5.2.2.3 Torsion

Ein rechnerischer Nachweis der Torsionsbeanspruchung ist i. Allg. nur erforderlich, wenn das statische Gleichgewicht von der Torsionstragfähigkeit abhängt („Gleichgewichtstorsion"). Wenn Torsion aus Verträglichkeitsbedingungen auftritt („Verträglichkeitstorsion"), ist ein rechnerischer Nachweis im Grenzzustand der Tragfähigkeit nicht erforderlich; es ist jedoch eine konstruktive Torsionsbewehrung anzuordnen.

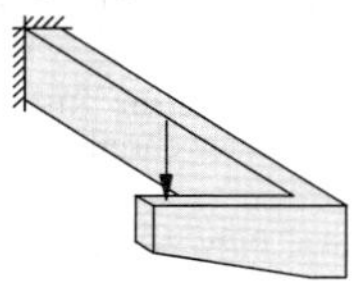

Gleichgewichtstorsion
(ohne Torsion kein Gleichgewicht möglich)

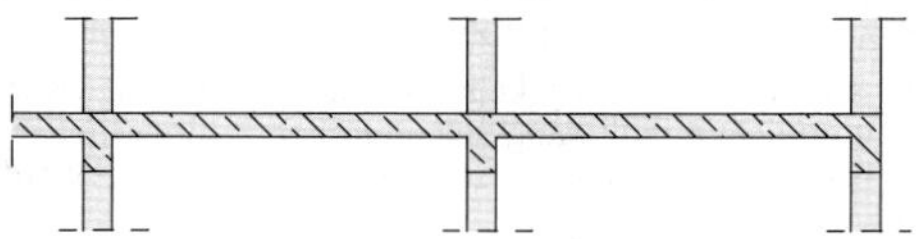

Verträglichkeitstorsion beim Randbalken
(durch unbeabsichtigte Einspannung der Decke)

Nachweis: s. *Bautabellen für Ingenieure.*

5.2.3 Gebrauchstauglichkeitsnachweise

5.2.3.1 Begrenzung der Spannungen

Für das nutzungsgerechte Verhalten und eine ausreichende Dauerhaftigkeit eines Bauwerks müssen übermäßige Schädigungen des Betongefüges sowie nichtelastische Verformungen des Betonstahls (und Spannstahls) durch Einhaltung von zulässigen Spannungen vermieden werden.

Auf einen Spannungsnachweis darf jedoch in bestimmten Fällen verzichtet werden (für andere Fälle: s. *Bautabellen für Ingenieure*), und zwar für nicht vorgespannte Tragwerke des üblichen Hochbaus, falls

- die Schnittgrößen nach der Elastizitätstheorie ermittelt und im Grenzzustand der Tragfähigkeit um nicht mehr als 15 % umgelagert werden,
- die bauliche Durchbildung nach EC 2-1-1 (s. Abschn. 5.1.4, 5.2.4 etc.) durchgeführt wird und insbesondere die dort genannte Mindestbewehrung eingehalten ist.

5.2.3.2 Begrenzung der Rissbreiten

Grundsätzliches

Für Stahlbetonbauteile werden entsprechend den Anforderungen an die Dauerhaftigkeit und nach dem Erscheinungsbild zwei verschiedene rechnerische Rissbreiten unterschieden, die den Expositionsklassen für Bewehrungskorrosion (s. Abschn. 4.1.1, Tafel 12.41) zugeordnet sind:

- Expositionsklassen X0, XC 1: w_{max} = 0,4 mm
- Expositionsklassen XC 2 bis XC 4, XD 1 bis XD 3, XS 1 bis XS 3: w_{max} = 0,3 mm

In besonderen Fällen kann eine weitergehende Beschränkung der Rissbreiten erforderlich sein (z. B. Wasserundurchlässigkeit). Bei Bauteilen der Expositionsklasse XD 3 sind weitere Maßnahmen erforderlich.

Die Rissbreitenbegrenzung erfolgt durch Anordnung einer Mindestbewehrung und einen Nachweis für eine Zwang- (Mindestbewehrung) und Lastbeanspruchung.

Mindestbewehrung

Zur Aufnahme von Zwangeinwirkungen und Eigenspannungen ist eine Mindestbewehrung anzuordnen, die für die Schnittgrößenkombination zu bemessen ist, die zur Erstrissbildung führt.

Bei Stahlbetonbauteilen wird der erforderliche Mindestquerschnitt aus Gl. (62) bestimmt:

$$A_{s,min} = k_c \cdot k \cdot f_{ct,eff} \cdot A_{ct} / \sigma_s \qquad (62)$$

A_{ct} Betonquerschnitt in der Zugzone unmittelbar vor der Rissbildung

σ_s zulässige Spannung in der Bewehrung unmittelbar nach der Rissbildung in Abhängigkeit vom Grenzdurchmesser $\varnothing_s$* (s. S. 12.63)

$f_{ct,eff}$ wirksame Zugfestigkeit des Betons beim Auftreten der Risse; für $f_{ct,eff}$ gilt die mittlere Zugfestigkeit f_{ctm} (s. Abschn. 2.2.1.1). Die Zugfestigkeit kann für den Zeitpunkt bestimmt werden, an dem Risse zu erwarten sind. Wenn der maßgebende Zwang z. B. aus dem Abfließen der Hydratationswärme entsteht, kann dies nach den ersten 3 bis 5 Tagen der Fall sein. Hierfür darf die Betonzugfestigkeit $f_{ct,eff}$ zu 50 % der mittleren Zugfestigkeit nach 28 Tagen gesetzt werden. Wenn diese Annahme getroffen wird, ist sie in den Ausführungsunterlagen und auf den Ausführungsplänen zu vermerken.*)
Wenn die Rissbildung nicht mit Sicherheit innerhalb der ersten 28 Tagen festgelegt werden kann, wird die Zugfestigkeit für die entsprechende Betonfestigkeitsklasse bestimmt; es ist dann mindestens eine Zugfestigkeit von 3 N/mm² anzunehmen.

k_c Faktor zur Berücksichtigung der Spannungsverteilung innerhalb der Zugzone A_{ct} vor der Erstrissbildung sowie der Änderung des inneren Hebelarms beim Übergang in den Zustand II; hierfür gilt:
- reiner Zug: $k_c = 1{,}0$
- reine Biegung: $k_c = 0{,}4$

(k_c-Werte bei Biegung mit Längskraft, bei Zuggurten u. a.: s. *Bautabellen für Ingenieure.*)

k Faktor zur Berücksichtigung einer nichtlinearen Spannungsverteilung
- $k = 1{,}0$ bei Zugspannungen infolge außerhalb des Bauteils hervorgerufenen Zwangs („äußerer" Zwang), z. B. infolge von Setzungen
- $k = 0{,}80$ bei Zug infolge inneren Zwangs für Rechtecke mit $h \leq 30$ cm | Zwischenwerte
- $k = 0{,}52$ bei Zug infolge inneren Zwangs für Rechtecke mit $h \geq 80$ cm | interpolieren

Die Mindestbewehrung kann vermindert werden, wenn die Zwangsschnittgröße die Rissschnittgröße nicht erreicht oder Zwangsschnittgrößen nicht auftreten können. Die Mindestbewehrung muss dann für die nachgewiesene Zwangsschnittgröße angeordnet werden.

Weitere Hinweise (insb. zu „dicken" Bauteilen) und Berechnungsbeispiel s. *Bautabellen für Ingenieure.*

*) Textvorschlag nach [12.31]: „Bei der Begrenzung der Rissbreite für dieses Bauteil wurde ein Beton angenommen, dessen Betonzugfestigkeit $f_{ct,eff}$ nach 5 Tagen höchstens 50 % der max. Zugfestigkeit f_{ctm} erreicht (max $f_{ct,eff,5d} = 0{,}5 \cdot f_{ctm,28d}$). Dies ist bei der Festlegung des Betons und der Bauausführung zu berücksichtigen."

Rissbreitenbegrenzung durch Einhaltung von Konstruktionsregeln

Der Nachweis der Rissbreite erfolgt bei Zwangsbeanspruchung nach Gl. (63.1) und bei Lastbeanspruchung entweder nach Gl. (63.2a) *oder* nach Gl. (63.2b) – letzter jedoch nur bei einlagiger Bewehrung mit d_1 = 4 cm:

– Zwangsbeanspruchung
$$\varnothing_s = \varnothing_s^* \cdot \frac{k_c \cdot k \cdot h_{cr}}{4 \cdot (h-d)} \cdot \frac{f_{ct,eff}}{f_{ct0}} \geq \varnothing_s^* \cdot \frac{f_{ct,eff}}{f_{ct0}} \qquad (63.1)$$

– Lastbeanspruchung
$$\varnothing_s = \varnothing_s^* \cdot \frac{\sigma_s \cdot A_s}{4 \cdot (h-d) \cdot b \cdot f_{ct0}} \geq \varnothing_s^* \cdot \frac{f_{ct,eff}}{f_{ct0}} \qquad (63.2a)$$

oder
$$s_l \leq \lim s_l \qquad (63.2b)$$

$\varnothing_s^*$ Grenzdurchmesser nach Tafel 12.63a
k_c, k s. S. 12.62
h, d Bauteilhöhe, Nutzhöhe
h_{cr} Höhe der Zugzone im Querschnitt bzw. Teilquerschnitt vor Rissbildung (bei zentr. Zug gilt $0{,}5h_{cr}$)
f_{ct0} = 2,9 N/mm² (Bezugswert der Betonzugfestigkeit in Tafel 12.63a)
$f_{ct,eff}$ Zugfestigkeit des Betons beim Auftreten der Risse (s. vorher.)

Bei Zugfestigkeiten $f_{ct,eff} < f_{ct0}$ = 2,9 N/mm², auf die die Werte nach Tafel 12.63a bezogen sind, wird der Grenzdurchmesser im Verhältnis $f_{ct,eff}/f_{ct0}$ herabgesetzt, s. Gl. (63.1) und (63.2a); eine Erhöhung sollte nur bei einem genaueren Nachweis vorgenommen werden.

Für die Ermittlung der *Stahlspannung* σ_s gilt als maßgebende Lastkombination
– für überwiegende Lastbeanspruchung → die quasi-ständige Lastfallkombination (s. Abschn. 2.1.3)
– bei überwiegendem Zwang → die in Gl. (62) gewählte Stahlspannung.

Tafel 12.63a Grenzdurchmesser $\varnothing_s^*$ in mm für Betonrippenstähle

Stahlspannung	σ_s in N/mm²	160	200	240	280	320	360	400	450
w_k = 0,2 mm	$\varnothing_s^*$ in mm	27	17	12	9	7	5	4	3
w_k = 0,3 mm	$\varnothing_s^*$ in mm	41	26	18	13	10	8	7	5
w_k = 0,4 mm	$\varnothing_s^*$ in mm	54	35	24	18	14	11	9	7

Tafel 12.63b Höchstwerte der Stababstände lim s_l in mm für Betonrippenstähle

Stahlspannung	σ_s in N/mm²	160	200	240	280	320	360
w_k = 0,2 mm	lim s_l in mm	200	150	100	50	-	-
w_k = 0,3 mm	lim s_l in mm	300	250	200	150	100	50
w_k = 0,4 mm	lim s_l in mm	300	300	250	200	150	100

Bei unterschiedlichen Durchmessern darf ein mittlerer Durchmesser $\varnothing_{sm} = (\Sigma\varnothing_{s,i}^2)/(\Sigma\varnothing_{s,i})$ angesetzt werden. Bei Stabbündeln muss der Vergleichsdurchmesser $\varnothing_{sV} = \varnothing_s \cdot \sqrt{n}$ (n Anzahl der Einzelstäbe), bei Betonstahlmatten mit Doppelstäben darf jedoch der Durchmesser des Einzelstabes nachgewiesen werden.

Beispiel

Für den dargestellten Plattenbalken (vgl. S. 12.60) soll der Nachweis zur Rissbreitenbegrenzung geführt werden. Annahme: Bauteil im Freien (Umweltklasse XC 4), Verkehrslast als „Sonstige Einwirkung".

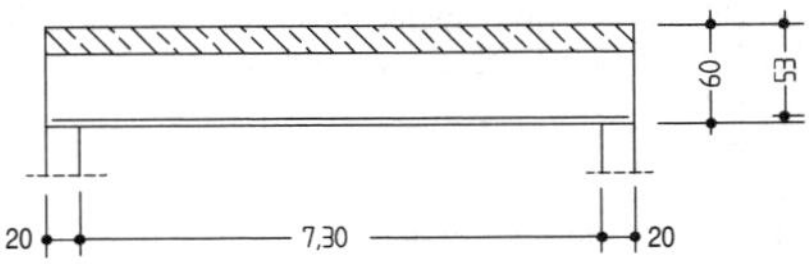

Quasi-ständiger Lastanteil (ψ_2 = 0,5)

$M_{perm} = 1{,}0 \cdot M_{g,k} + 0{,}5 \cdot M_{q,k}$
$= (1{,}0 \cdot 50 + 0{,}5 \cdot 30) \cdot 7{,}50^2/8 = 457$ kNm

Stahlspannung

$\sigma_s = M_{perm} / (z \cdot A_s)$
$z \approx 0{,}9 \cdot d = 0{,}9 \cdot 0{,}53 = 0{,}48$ m
$A_s = 35{,}8$ cm² (vgl. S. 12.58, Bsp. 2)
$\sigma_s = 0{,}457 / (0{,}48 \cdot 0{,}00358) = 266$ MN/m²

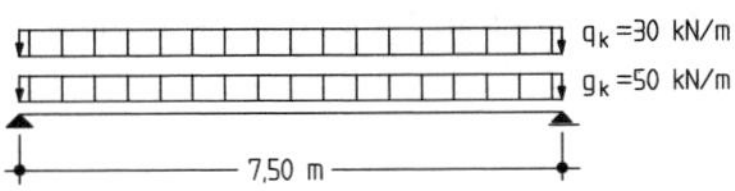

Nachweis

$\varnothing_s = \varnothing_s^* \cdot \sigma_s \cdot A_s / [4 \cdot (h-d) \cdot b \cdot f_{ct0}] \geq \varnothing_s^* \cdot f_{ct,eff}/f_{ct0}$
$\sigma_s = 266$ MN/m² $\Rightarrow$ $\varnothing_s^* = 15$ mm
$\sigma_s \cdot A_s / [4 \cdot (h-d) \cdot b \cdot f_{ct0}] = 266 \cdot 0{,}00358 / [4 \cdot (0{,}60 - 0{,}53) \cdot 0{,}30 \cdot 2{,}9] = 3{,}9$
$\varnothing_s = 15 \cdot 3{,}9 = 59$ mm $\Rightarrow$ keine Stabdurchmesserbegrenzung im Bereich der Zugbewehrung

5.2.4 Konstruktion und Bewehrung (vgl. a. [12.45], [12.46])

5.2.4.1 Längsbewehrung

Mindestbewehrung

Die Mindestbewehrung zur Sicherstellung eines duktilen Bauteilverhaltens ist für das Rissmoment M_{cr} mit dem Mittelwert der Zugfestigkeit des Betons f_{ctm} und einer Stahlspannung $\sigma_s = f_{yk}$ zu berechnen.

$A_{s,min} = M_{cr} / (z_{II} \cdot f_{yk})$ mit $M_{cr} = f_{ctm} \cdot I_I / z_{I,c1}$

z_{II} Hebelarm der inneren Kräfte nach Rissbildung (Zustand II)

I_I Flächenmoment 2. Grades vor Rissbildung (Zustand I)

$z_{I,c1}$ Schwerachsenabstand bis zum Zugrand im Zustand I

Eine ggf. vorhandene Längskraft ist zusätzlich zu berücksichtigen.

Anordnung der Mindestbewehrung

Die Mindestbewehrung ist gleichmäßig über die Zugzonenbreite sowie anteilmäßig über die Höhe der Zugzone zu verteilen. Stöße sind für die volle Zugkraft auszubilden. Für die Bewehrungsführung gilt:

- Feldbewehrung: Die untere Mindestbewehrung muss zwischen den Auflagern durchlaufen und ist an den Auflagern zu verankern.
- Stützbewehrung: Über den Innenauflagern ist die obere Mindestbewehrung in beiden anschließenden Feldern über eine Länge von mindestens einem Viertel der Stützweite einzulegen.
- Kragarme: Bei Kragarmen muss die Mindestbewehrung über die gesamte Kraglänge durchlaufen.

Verzicht auf die Mindestbewehrung

In folgenden Fällen darf auf eine Mindestbewehrung verzichtet werden:

- Bei *Gründungsbauteilen* und durch Erddruck belasteten Wänden, wenn das duktile Verhalten durch Umlagerung des Sohl- bzw. Erddrucks sichergestellt werden kann.
- Bei *Platten* für die Tragwirkung der *Nebenspannrichtung*.

Beispiel: Für eine einfeldrige Platte (d/h = 18/21 cm; C20/25, B500) wird die Mindestbewehrung gesucht.

$A_{s,min} = M_{cr} / (z_{II} \cdot f_{yk})$

$M_{cr} = f_{ctm} \cdot I_I / z_{I,c1}$

$f_{ctm} = 2{,}2$ MN/m²; $I_I = 1{,}0 \cdot 0{,}21^3/12 = 0{,}000772$ m⁴; $z_{I,c1} = 0{,}21/2 = 0{,}105$ m

$M_{cr} = 2{,}2 \cdot 0{,}000772 / 0{,}105 = 0{,}0162$ MNm

$z_{II} \approx 0{,}9 \cdot d = 0{,}9 \cdot 0{,}18 = 0{,}162$ m

$A_{s,min} = 0{,}0162 / (0{,}162 \cdot 500) = 2{,}0 \cdot 10^{-4}$ m²/m = 2,0 cm²/m

Höchstbewehrung

Die Höchstbewehrung eines Querschnitts darf maximal betragen (auch im Bereich von Übergreifungsstößen)

$A_{s,max} = 0{,}08 \cdot A_c$

Zugkraftdeckung

Konstruktive Einspannbewehrung

Zur Aufnahme einer rechnerisch nicht berücksichtigten Einspannung ist eine geeignete Bewehrung anzuordnen. Die Querschnitte der Endauflager sind für ein Stützmoment zu bemessen, das mindestens 25 % des benachbarten Feldmoments entspricht. Die Bewehrung muss, vom Auflageranschnitt gemessen, mind. über $0{,}25 \cdot l$ des Endfeldes eingelegt werden.

Ausgelagerte Bewehrung

Die Zugbewehrung darf bei Plattenbalken- und bei Hohlkastenquerschnitten in der Platte neben dem Steg bis zur halben Breite $b_{eff,i}^* = 0{,}2b_i + 0{,}1l_0 \leq 0{,}2l_0$ (s. Abschn. 3.4.2) des jeweils anschließenden Gurtes angeordnet werden; die tatsächliche Gurtbreite b_i darf dabei ausgenutzt werden [12.31].

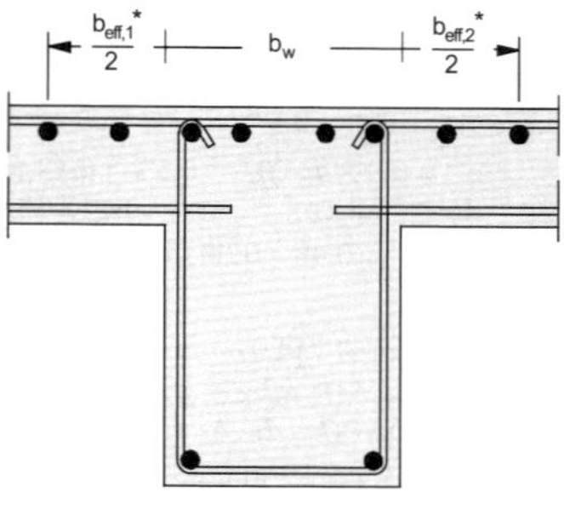

Zugkraftdeckung

Die Zugkraftlinie der Längsbewehrung erhält man durch Verschiebung der F_{sd}-Linie um das Versatzmaß a_l in Richtung der Bauteilachse; F_{sd} ist die Zugkraft in der Längsbewehrung, die sich aus

$$F_{sd} = M_{Eds}/z + N_{Ed}$$

ergibt. Beispiele zur Zugkraftdeckung sind in [12.10], [12.45], [12.46] enthalten.

Bei einer Schnittgrößenermittlung nach dem linear-elastischen Verfahren ohne oder mit Umlagerung ≤ 15 % genügt der Nachweis der Zugkraftdeckung für den Grenzzustand der Tragfähigkeit; andernfalls muss zusätzlich auch der Grenzzustand der Gebrauchstauglichkeit nachgewiesen werden.

Versatzmaß:

$$a_l = z \cdot (\cot\theta - \cot\alpha)/2 \geq 0$$ [1]

θ Neigung der Betondruckstrebe

z Hebelarm der inneren Kräfte (i. Allg. $z \approx 0{,}9 \cdot d$, s. a. Abschn. 5.2.2.2)

α Neigung der Schubbewehrung (bezogen auf die Längsachse)

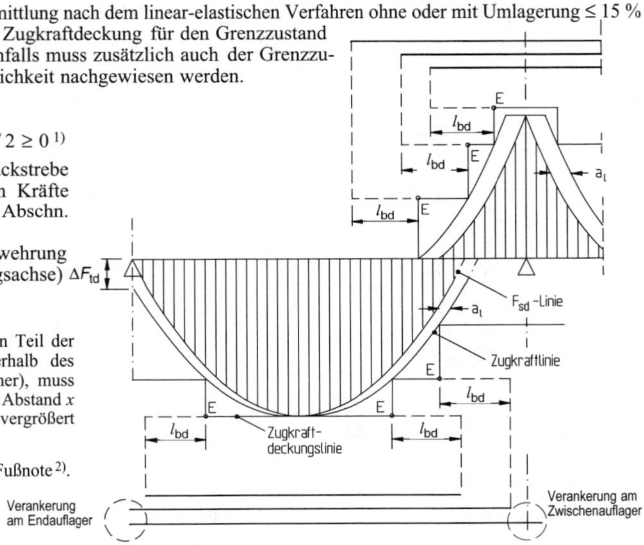

[1] Wird bei Plattenbalken ein Teil der Biegezugbewehrung außerhalb des Steges angeordnet (s. vorher), muss das Versatzmaß a_l um den Abstand x der Stäbe vom Stegrand vergrößert werden.

Zugkraftdeckungslinie s. a. Fußnote [2].

Verankerung am Endauflager

- Am frei drehbaren oder schwach eingespannten Endauflager muss eine Bewehrung zur Aufnahme der Randzugkraft

  $$F_{Ed} = V_{Ed} \cdot (a_l/z) + N_{Ed} \geq V_{Ed}/2$$

  ausreichend verankert sein (N_{Ed} als Zugkraft positiv, als Druckkraft negativ).
- Bis zum Endauflager sind mindestens 25 % der Feldbewehrung zu führen und dort zu verankern.
- Erforderliche Verankerungslängen (s. Abb. rechts):

  direkte Auflagerung $l_{bd,dir} = 0{,}67 \cdot l_{b,eq} \geq 6{,}7\varnothing$

  indirekte Auflagerung $l_{bd,ind} = 1{,}00 \cdot l_{b,eq} \geq 10\,\varnothing$

  mit $l_{b,eq}$ nach Gl. (43b).

  Die Verankerung beginnt an der *Innen*kante des Auflagers. Die Bewehrung ist jedoch in allen Fällen mindestens über die rechnerische Auflagerlinie zu führen.

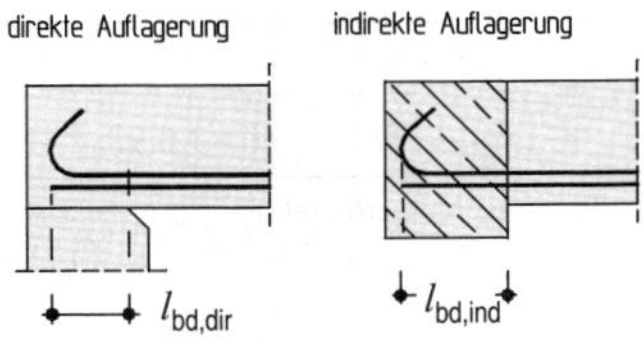

Verankerung am Zwischenauflager

- Mind. 25 % der Feldbewehrung sind über das Auflager zu führen.
- Die erforderliche Bewehrung ist mindestens mit 6∅ bis hinter den Auflagerrand zu führen.
- Zur Aufnahme pos. Momente infolge außergewöhnlicher Beanspruchungen (Auflagersetzungen, Explosion u. a.) sollte die Bewehrung durchlaufend ausgeführt werden (ggf. kraftschlüssig gestoßen).

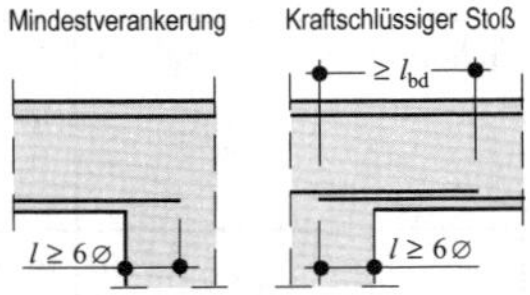

Verankerungen außerhalb von Auflagern

- Verankerungslänge der Biegezugbewehrung

  ab dem rechnerischen Endpunkt E: $l \geq l_{bd}$ [2]
- Verankerungslängen von Schrägstäben zur Aufnahme von Schubkräften (EC2-1-1, 9.2.1.3)

  im Zugbereich: $l \geq 1{,}3 \cdot l_{bd}$

  im Druckbereich: $l \geq 0{,}7 \cdot l_{bd}$

[2] In DAfStb-H. 525 [12.21] wird auf die erforderliche Verlängerung der gestaffelten Bewehrung bei Ausnutzung von Stahl-spannungen $\sigma_{su} > f_{yd}$ und bei Umlagerungen hingewiesen.

5.2.4.2 Schubbewehrung

Ausbildung der Schubbewehrung

Die Neigung der Schubbewehrung zur Bauteilachse sollte zwischen 45° und 90° liegen. Die Schubbewehrung kann aus einer Kombination folgender Bewehrungen bestehen (s. a. Abb. unten):

- Bügel, die die Längszugbewehrung und die Druckzone umfassen
- Schrägstäbe
- Schubzulagen als Körbe, Leitern usw., die die Längsbewehrung nicht umfassen, aber ausreichend im Zug- und Druckbereich verankert sind.

Mindestens 50 % der erforderlichen Querkraftbewehrung muss aus Bügeln bestehen.

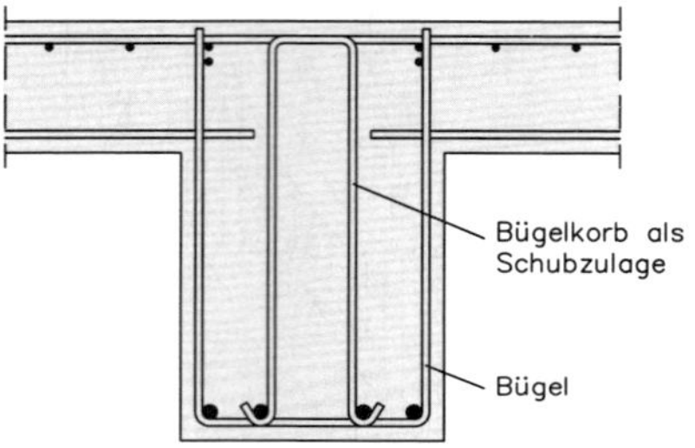

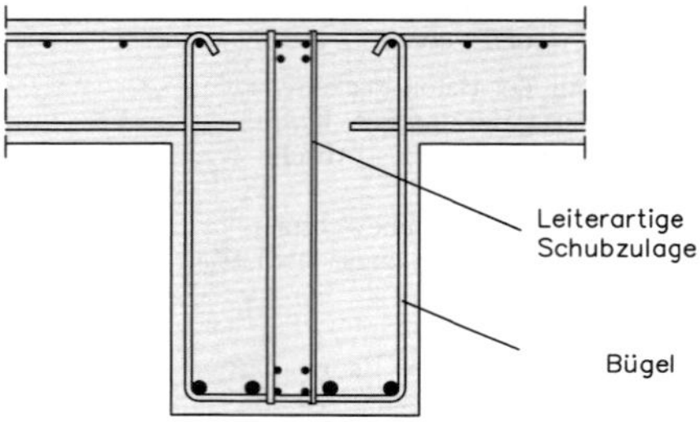

Die Querkaftbewehrung ist längs der Bauteilachse so zu verteilen, dass an jeder Stelle die Bemessungsquerkraft abgedeckt ist (Schubkraftdeckung).

Mindestschubbewehrung

Für balkenartige Tragwerke ist eine Mindestschubbewehrung vorgeschrieben; es gilt:

$$A_{sw}/s \geq \rho_{w,min} \cdot (b_w \cdot \sin\alpha)$$

A_{sw}/s Querschnitt der Schubbewehrung je Längeneinheit
$\rho_{w,min}$ Mindestbewehrungsgrad nach Tafel 12.66a
b_w maßgebende Stegbreite
α Neigungswinkel der Schubbewehrung

Tafel 12.66a Mindestschubbewehrungsgrad $\rho_{w,min}$

f_{ck}		12	16	20	25	30	35	40	45	50	55	60	70	80	90	100
ρ_w(‰)	*allgemein*[1]	0,51	0,61	0,70	0,83	0,93	1,02	1,12	1,21	1,31	1,34	1,41	1,47	1,54	1,60	1,66
	Sonderfall[2]	0,82	0,98	1,12	1,33	1,49	1,63	1,79	1,94	2,10	2,14	2,26	2,35	2,46	2,56	2,66

[1] Werte werden ermittelt aus $\rho_{w,min} = 0{,}16 \cdot f_{ctm}/f_{yk}$.
[2] Ermittelt aus $\rho_{w,min} = 0{,}256 \cdot f_{ctm}/f_{yk}$; Werte gelten bei gegliederten Querschnitten mit vorgespannten Zuggurten.

Tafel 12.66b Höchstabstände der Schubbewehrung

Schubbeanspruchung[1]	Bügelabstände s_{max} Längsabstand		Bügelabstände s_{max} Querabstand		Schrägstäbe Längsabstand (Querabstand s. Bügel)
	≤ C50/60	> C50/60	≤ C50/60	> C50/60	
$0 \leq V_{Ed}/V_{Rd,max} \leq 0{,}30$	$0{,}7\,h$[2] ≤ 30 cm	$0{,}7\,h \leq 20$ cm	$1{,}0\,h \leq 80$ cm	$1{,}0\,h \leq 60$ cm	$s_{max} \leq 0{,}5\,h(1+\cot\alpha)$
$0{,}30 < V_{Ed}/V_{Rd,max} \leq 0{,}60$	$0{,}5\,h \leq 30$ cm	$0{,}5\,h \leq 20$ cm	$1{,}0\,h \leq 60$ cm	$1{,}0\,h \leq 40$ cm	
$0{,}60 < V_{Ed}/V_{Rd,max} \leq 1{,}00$	$0{,}25\,h \leq 20$ cm	$0{,}25\,h \leq 20$ cm	$1{,}0\,h \leq 60$ cm	$1{,}0\,h \leq 40$ cm	

[1] $V_{Rd,max}$ darf hierfür näherungsweise mit $\theta = 40°$ bestimmt werden.
[2] Bei Balken mit $h \leq 20$ cm und $V_{Ed} \leq V_{Rd,c}$ braucht der Abstand nicht kleiner als 15 cm gewählt zu werden.

Begrenzung der Schubrissbreite

Die Begrenzung der Schubrissbreite gilt als sichergestellt, wenn die Mindestschubbewehrung und der größte zulässige Längs- und Querabstand von Bügeln und Schrägstäben eingehalten sind.

Querkraftdeckung

Entlang der Bauteilachse ist die Querkraftbewehrung so anzuordnen, dass sie an jeder Stelle die Bemessungsquerkraft abdeckt (Beispiele zur Querkraftdeckung s. [12.46])

Bei der Verteilung der Querkraftbewehrung kann die Linie der durch die Bewehrung aufzunehmenden Querkraft V_{Ed} eingeschnitten werden. Es muss jedoch gewährleistet sein, dass die Auftragsfläche mindestens gleich der Einschnittsfläche ist; im Abstand d vom Auflager ist mit einer Auftragsfläche zu beginnen [12.45]. Als größte Einschnitts- bzw. Auftragslänge ist dabei der Wert $d/2$ einzuhalten; s. nebenstehende Abbildung (nach DIN 1045-1; EC2-1-1 enthält hierzu keine direkten Aussagen, die Vorgehensweise folgt jedoch aus dem Fachwerkmodell für die Querkraftbemessung).

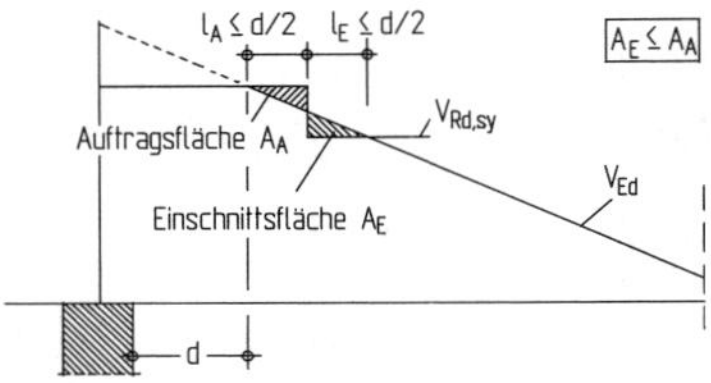

5.2.4.3 Torsionsbewehrung

Für die Ausbildung der Torsionsbewehrung sind die nachfolgenden Ausführungen zu beachten (vgl. EC2-1-1, 9.2.3):

Ausbildung	Für die Torsionsbewehrung ist ein rechtwinkliges Bewehrungsnetz aus Bügeln und Längsstäben zu verwenden. Die Torsionsbügel sind zu schließen und durch Übergreifen zu verankern.
Mindestbügelbew.	Es gelten die im Abschnitt 5.2.4.2 angegebenen Mindestbewehrungsgrade.
Bügelabstände	Sie sollten das Maß $u_k/8$ und die kleinere Querschnittsabmesssung nicht überschreiten (u_k Umfang des Kernquerschnitts); die Abstände nach Abschn. 5.2.4.2 sind zusätzlich zu beachten.
Abstände der Längsbewehrung	Sie sollten keinen größeren Abstand als 35 cm haben, wobei in jeder Querschnittsecke mindestens ein Stab angeordnet werden sollte.

5.2.4.4 Oberflächen-/Hautbewehrung

Zur Vermeidung von Betonabplatzungen und zur Begrenzung der Rissbreite ist unter bestimmten Voraussetzungen die Anordnung einer Hautbewehrung erforderlich (EC2-1-1, Anhang J):

- Bei Anordnung von Stabbündeln oder Stäben mit $\varnothing$ bzw. $\varnothing_V > 32$ mm (und ggf. aus Brandschutzgründen) sollte eine Hautbewehrung angeordnet werden.
- Die Hautbewehrung sollte aus Betonstahlmatten oder Rippenstäben mit $\varnothing \leq 10$ mm bestehen und außerhalb der Bügel angeordnet werden; der Stababstand in Längs- (s_l) und Querrichtung (s_t) sollte 15 cm nicht überschreiten (s. Abb. unten).
- Es gilt die Betondeckung nach Abschnitt 4.1.2.
- Die Querschnittsfläche der Hautbewehrung $A_{s,surf}$ sollte betragen (s. Abb. unten):

  $A_{s,surf} \geq 0{,}02 \cdot A_{ct,ext}$

  mit $A_{ct,ext}$ als Querschnittsfläche der Zugzone außerhalb der Bügel.
- Die Längsstäbe der Hautbewehrung dürfen als Biegezugbewehrung und die Querstäbe als Schubbewehrung angerechnet werden (entsprechende bauliche Durchbildung vorausgesetzt).

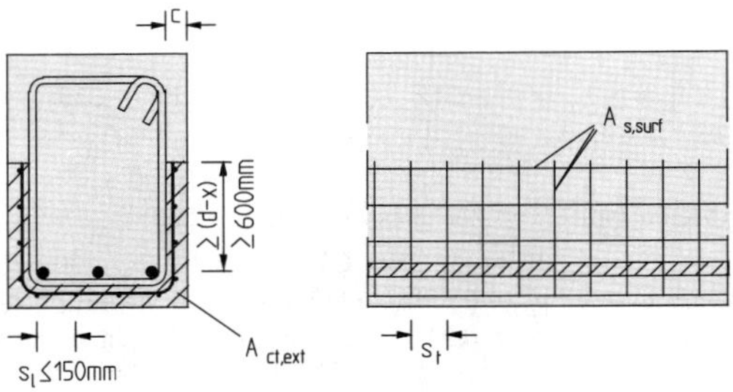

Tafel 12.68 Querkraftbewehrung $\rho_w = A_{sw}/(s_w \cdot b_w)$ (für $\alpha = 90°$, B500, Normalbeton ≤ C50/60; $\sigma_{cd} = 0$) ([12.32], [12.45])

Querkraftbewehrung $A_{sw} = \rho_w \cdot s_w \cdot b_w$
$a_{sw} = A_{sw}/s_w = \rho_w \cdot b_w$

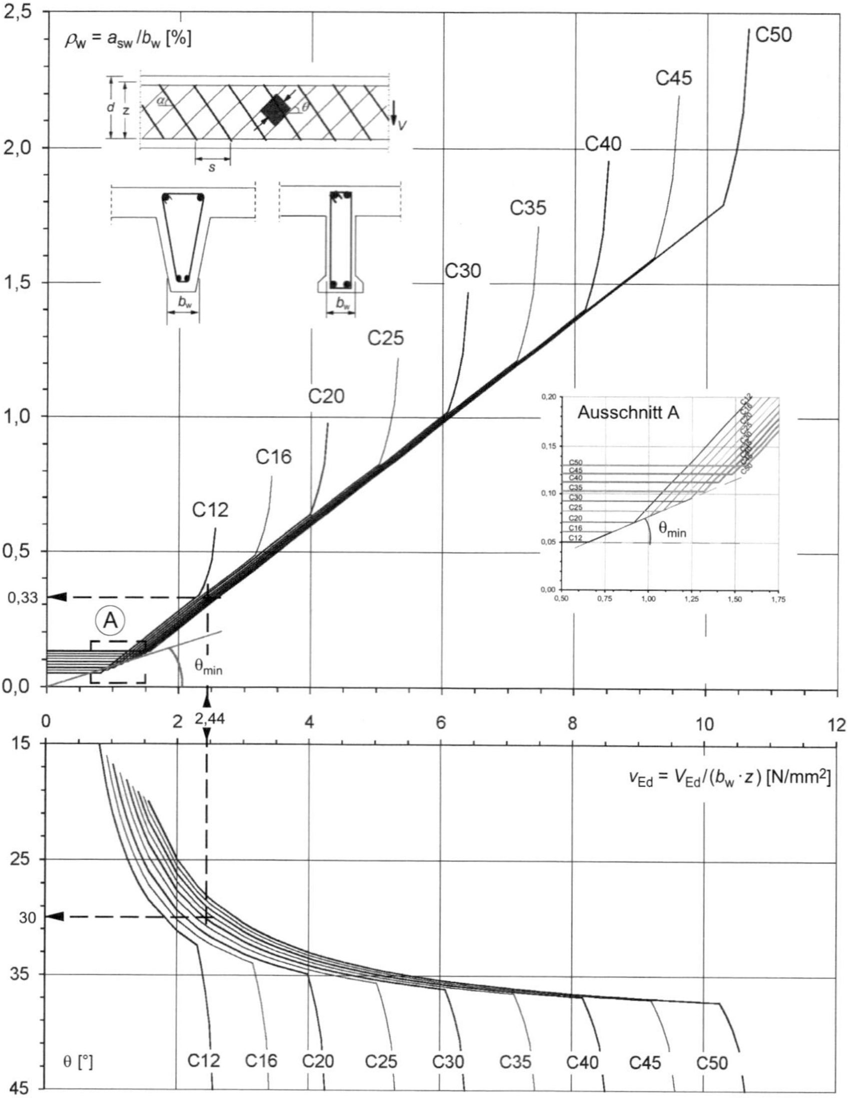

Ablesebeispiel (vgl. Rechenbeispiel auf S. 12.60)

Gegeben V_{Ed} = 351 kN; C30/37, B500; b_w = 30 cm, z = 0,48 m (vgl. S. 12.60)

Eingangswert $v_{Ed} = 0{,}351/(0{,}30 \cdot 0{,}48) = 2{,}44$ MN/m² (= 2,44 N/mm²)

Ablesewert ρ_w = 0,33 % (Ablesung am Schnittpunkt mit der C30/37-Linie)

⇒ $a_{sw} = \rho_w \cdot b_w = 0{,}33 \cdot 30 = 9{,}90$ cm²/m ($\theta = 30°$ bzw. $\cot\theta = 1{,}73$)

5.3 Stützen

5.3.1 Schnittgrößenermittlung

5.3.1.1 Einführung

Bei Stützen ist i. Allg. ein Nachweis am verformten System (Theorie II. Ordnung) erforderlich. Hierauf darf jedoch verzichtet werden, wenn der Einfluss der Verformung gering (Auswirkungen ≤ 10 %) ist. Zur Nachweisführung wird unterschieden nach unverschieblichen und verschieblichen Bauteilen. Als unverschieblich gelten Bauteile, die durch lotrechte Bauteile, wie z. B. Scheiben, Wände, Kerne, ausgesteift sind (zur rechn. Beurteilung s. *Bautabellen für Ingenieure*) oder die nur wenig schlank sind.

Die *Schlankheit* eines Druckglieds ergibt sich zu

$\lambda = l_0 / i$ $\quad i = \sqrt{I/A}$ Flächenträgheitsradius (69.1)

$\quad l_0 = \beta \cdot l_{col}$ Ersatzlänge (auch „Knick"-Länge)

mit β als Verhältnis der Ersatzlänge l_0 zur Stützenlänge l_{col} (Beiwert β s. folgende Tafel).

	unverschieblich				verschieblich		
System	oben: gelenkig unten: gelenkig	oben: gelenkig unten: starr eingesp.	oben: starr eingesp. unten: starr eingesp.	oben: elast. eingesp. unten: elast. eingesp.	oben: frei	oben: starr eingesp. unten: starr eingesp.	oben: elast. eingesp. unten: elast. eingesp.
	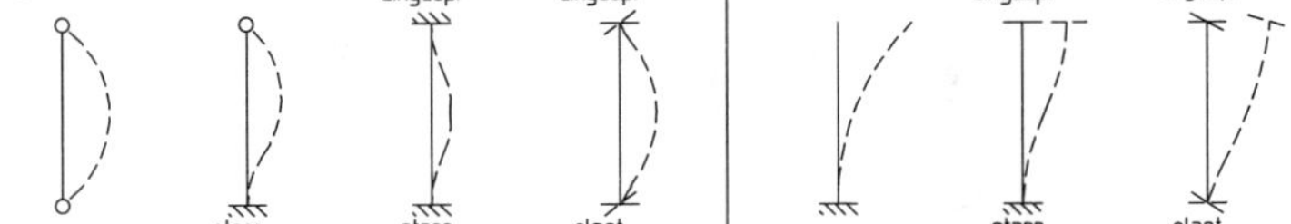						
β (theoretisch)	1,0	0,7	0,5	0,5 bis 1,0	2,0	1,0	1,0 bis ∞
β (realistisch)	1,0	0,76	0,59	0,59 bis 1,0	2,2	1,2	1,2 bis ∞

Die „realistischen" Beiwerte β berücksichtigen eine begrenzte, häufig vorhandene Nachgiebigkeit der Einspannung. Für eine genauere Ermittlung wird auf die *Bautabellen für Ingenieure* (s. a. [12.24]) verwiesen.

5.3.1.2 Abgrenzung zwischen schlanken und gedrungenen Druckgliedern

Auf eine Untersuchung am verformten System darf verzichtet werden (kein Nachweis der Knicksicherheit), falls eine der nachfolgenden Bedingungen erfüllt ist (EC2-1-1/NA, 5.8.3.1):

$$\lambda_{crit} \leq 25 \qquad (69.2a)$$

$$\lambda_{crit} \leq \frac{16}{\sqrt{|n_{Ed}|}} \quad \text{mit} \quad n_{Ed} = \frac{N_{Ed}}{A_c \cdot f_{cd}} \qquad (69.2b)$$

(In DIN 1045-1 ist als zusätzlicher Grenzwert $\lambda_{crit} \leq 25 \cdot (2 - e_{01}/e_{02})$ für elastisch eingespannte Einzeldruckglieder enthalten; dieses Kriterium entfällt und gilt nicht für EC2-1-1.)

5.3.1.3 Vereinfachtes Verfahren für Einzeldruckglieder

Einzeldruckglieder können sein

- einzelstehende Stützen (z. B. Kragstützen),
- schlanke, aussteifende Bauteile, die als Einzeldruckglieder betrachtet werden,
- gelenkig oder biegesteif angeschlossene Stützen in einem unverschieblichen Tragwerk.

In EC2-1-1 werden zwei Verfahren zur Ermittlung der Schnittgrößen nach Theorie II. Ordnung genannt

- *Verfahren mit Nennsteifigkeiten*

  Hierbei werden Nennwerte der Biegesteifigkeit berücksichtigt, wobei Effekte aus Rissbildung, aus nichtlinearem Baustoffverhalten und aus dem Einfluss des Kriechens zu berücksichtigen sind. (Das gilt auch für angrenzende Bauteile, für Boden-Bauwerk-Interaktionen usw.)
- *Verfahren mit Nennkrümmungen*

  Es eignet sich besonders für Einzelstützen mit konstanter Normalkraftbeanspruchung und einer definierten Knicklänge.

Das Verfahren mit Nennkrümmungen – auch als Modellstützenverfahren bezeichnet – wird nachfolgend ausschließlich behandelt.

Modellstützenverfahren

Die Modellstütze ist eine Kragstütze unter der Wirkung von Längskräften und Momenten, wobei am Stützenfuß das maximale Moment auftritt. Es ist anwendbar bei

- rechteck- oder kreisförmigen und konstanten Querschnitten (Beton und Bewehrung konstant)
- planmäßigen Lastausmitten $e_0 \geq 0{,}1 \cdot h$ (für $e_0 < 0{,}1 \cdot h$: sichere Seite).

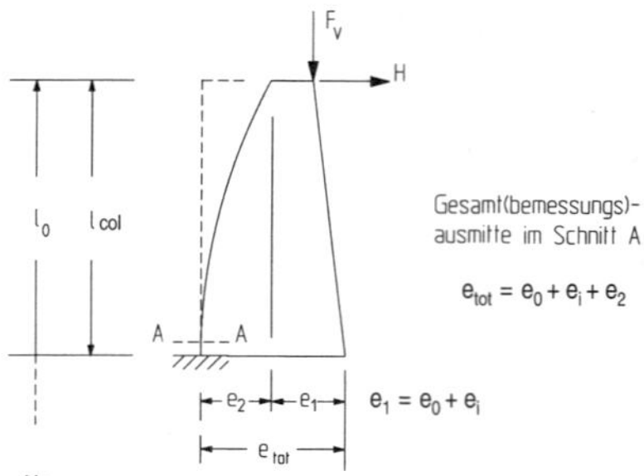

Die zu berücksichtigende Gesamtausmitte im kritischen Querschnitt am Fuß (Schnitt A-A) beträgt

$$\boxed{e_{tot} = e_0 + e_i + e_2} \qquad (70.1)$$

Lastausmitte e_0 Ausmitte nach Theorie I. Ordnung; es gilt

allgemein: $\Rightarrow e_0 = M_{Ed}/N_{Ed}$ (70.2a)

für unverschieblich gehaltene Stützen ohne Querlasten:

bei $e_{01} = e_{02}$ (s. Abb., Fall a) $\Rightarrow e_0 = e_{01} = e_{02}$ (70.2b)

bei $|e_{01}| \leq |e_{02}|$ (s. Abb., Fall b u. c) $\Rightarrow e_0 = 0{,}6 \cdot e_{02} + 0{,}4 \cdot e_{01} \geq 0{,}4 \cdot e_{02}$ (70.2c)

(e_{01}, e_{02} mit Vorzeichen)

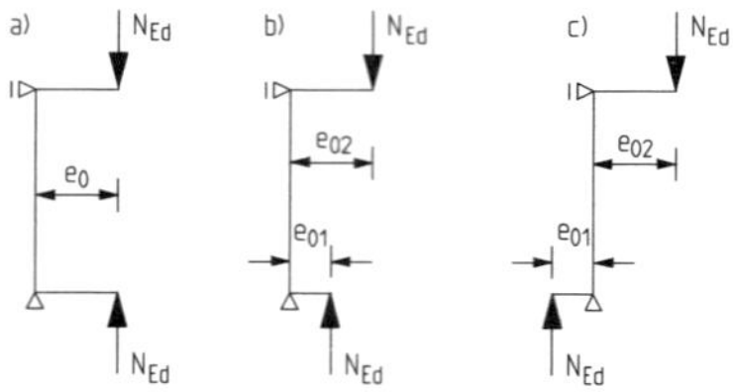

Imperfektionen e_i zusätzliche Lastausmitte $\Rightarrow e_i = \theta_i \cdot l_0/2$ (70.3)

mit $\theta_i = 1/200 \cdot \alpha_h$ mit $0 \leq \alpha_h = 2/l^{0{,}5} \leq 1{,}0$ (l in m).

Lastausmitte e_2 Ausmitte nach Theorie II. Ordnung $\Rightarrow e_2 = K_1 \cdot 0{,}1 \cdot l_0^2 \cdot (1/r)$ (70.4)

mit $K_1 = (\lambda/10) - 2{,}5$ für $25 \leq \lambda \leq 35$

$K_1 = 1$ für $\lambda > 35$

$1/r$ Krümmung; näherungsweise gilt (s. a. *Bautabellen für Ingenieure*):

$1/r \leq 2 \cdot \varepsilon_{yd}/(0{,}9 \cdot d)$ mit $\varepsilon_{yd} = f_{yd}/E_s$; für Betonstahl B 500 mit $\varepsilon_{yd} = 0{,}0022$:

$1/r \approx 1/(200 \cdot d)$

(Gilt ohne Berücksichtigung des Kriechens; dies sollte jedoch insbes. bei verschieblichen Systemen zusätzlich erfasst werden; s. *Bautabellen für Ingenieure*).

Bei verschieblichen Tragwerken sind auch die anschließenden einspannenden Bauteile (Fundamente, Rahmenriegel) für die Zusatzbeanspruchung zu bemessen.

Beispiel Unverschieblich gehaltene Stütze mit Bemessungsschnittgrößen nach Theorie I. Ordnung; die Stütze soll nur in der dargestellten Ebene ausweichen können.

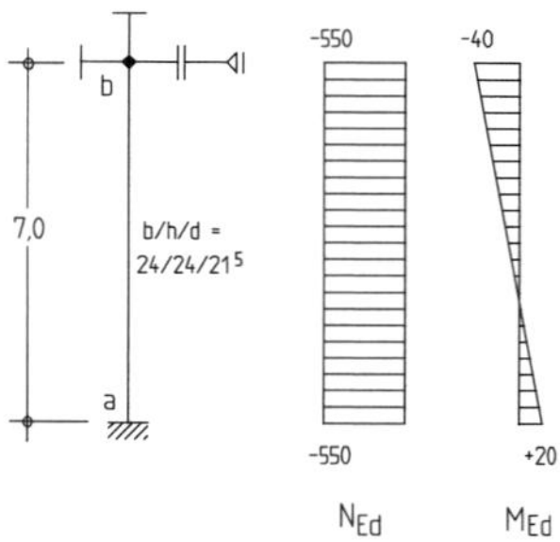

Schlankheit $l_0 = \beta \cdot l_{col} \approx 0{,}7 \cdot 7{,}0 = 4{,}90$ m [1)]

$\lambda_{eff} = l_0 / i = 490 / (0{,}289 \cdot 24) = 71$

$\lambda_{lim} = 25 \cdot (2 - 20/(-40)) = 63 < 71 \Rightarrow$ KSNW

Gesamtausmitte

$e_{tot} = e_0 + e_i + e_2$

$e_0 = (-0{,}60 \cdot 40 + 0{,}40 \cdot 20) / (-550) = 0{,}029$ m

$\geq (-0{,}4 \cdot 40) / (-550) = 0{,}029$ m

$e_i = 1/(100 \cdot \sqrt{7{,}00}) \cdot (4{,}90/2) = 0{,}009$ m

$e_2 \leq 1 \cdot 0{,}1 \cdot 4{,}90^2 / (200 \cdot 0{,}215) = 0{,}056$ m

$e_{tot} = 0{,}029 + 0{,}009 + 0{,}056 = 0{,}094$ m

Bemessungsschnittgrößen:

im kritischen Schnitt: $N_{Ed} = -550$ kN; $M_{Ed} = 0{,}094 \cdot 550 = 52$ kNm

am Stützenkopf u. -fuß: „Regel“-Bemessungsschnittgrößen (ohne Th. II. O.); hier nicht maßgebend.

1) β wird näherungsweise zu 0,7 geschätzt (s. hierzu S. 12.69).

5.3.2 Bemessung von Stützen

5.3.2.1 Zentrisch belastete Stahlbetonquerschnitte (ohne „Knick"gefahr)

Die Tragfähigkeit ergibt sich aus der Addition der Traganteile des Betons und Betonstahls; bei *zentrischem* Druck darf $|\varepsilon_{c2}| = |\varepsilon_{c1}| = 2{,}2$ ‰ betragen (s. EC 2-1-1), die Stahlspannung ist dann $\sigma_{sd} = f_{yd}$.

Beispiel

Querschnitt, mittig auf Druck beansprucht; es ist die im Grenzzustand der Tragfähigkeit aufnehmbare Bemessungskraft N_{Rd} gesucht.

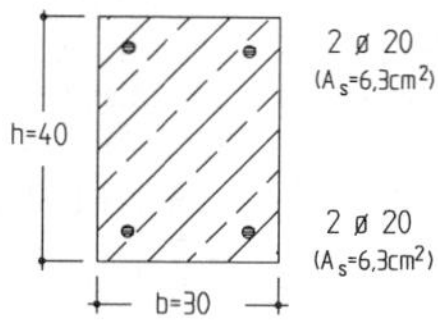

Baustoffe: C20/25; B 500

$|N_{Rd}| = |F_{cd}| + |F_{sd}| = b \cdot h \cdot (\alpha_{cc} \cdot f_{ck}/\gamma_C) + (A_{s1} + A_{s2}) \cdot \sigma_{sd}$
$= 0{,}30 \cdot 0{,}40 \cdot (0{,}85 \cdot 20/1{,}5) + 2 \cdot 6{,}3 \cdot 10^{-4} \cdot 435$
$= 1{,}360 + 0{,}548 = 1{,}908$ MN (*Bemessungs*druckkraft!)

Alternativ ist auch die Ermittlung der Tragfähigkeit mit Tafeln für mittig belastete Stahlbetonquerschnitte nach Abschn. 5.3.4 (s. S. 12.74) möglich.

5.3.2.2 Exzentrisch belastete Stahlbetonstützen

Die Bemessung für Längsdruck mit kleiner Ausmitte erfolgt häufig – insbesondere im Zusammenhang mit Stabilitätsnachweisen – mit Interaktionsdiagrammen für symmetrische Bewehrung. Der Anwendungsbereich dieser Diagramme geht allerdings über den Bereich „Längsdruckkraft mit kleiner Ausmitte" hinaus und erstreckt sich vom zentrischen Zug bis zum zentrischen Druck (s. S. 12.83, Tafel 3).

Beispiel 1

Die dargestellte Stütze wird durch eine zentrische Druckkraft aus Eigenlasten und durch eine horizontal gerichtete veränderliche Einwirkung beansprucht. Gesucht ist die Bemessung am Stützenfuß, wobei die Stütze nur in der dargestellten Ebene ausweichen kann.

Baustoffe C20/25; B 500
Belastungen $G_{k,v} = 900$ kN; $Q_{k,h} = 100$ kN

Bemessungsschnittgrößen

Wegen $\lambda = 2 \cdot 1{,}75 / (0{,}289 \cdot 0{,}50) = 24 < 25$ kann auf eine Untersuchung am verformten System verzichtet werden; d. h., es gelten die „Regel"bemessungsschnittgrößen.

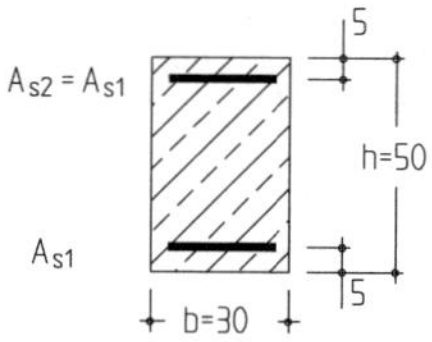

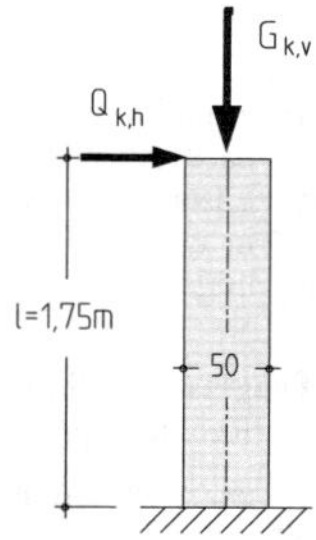

$N_{Ed} = \gamma_G \cdot G_{k,v} = \mathbf{1{,}35}^{*)} \cdot (-900) = -1215$ kN
$M_{Ed} = \gamma_Q \cdot Q_{k,h} \cdot l = 1{,}50 \cdot 100 \cdot 1{,}75 = 263$ kNm

Bemessung

$d_1/h = d_2/h = 5/50 = 0{,}10$; B 500 $\Rightarrow$ Tafel 3 (S. 12.83)
$\nu_{Ed} = N_{Ed}/(b \cdot h \cdot f_{cd}) = -1{,}215/(0{,}30 \cdot 0{,}50 \cdot 11{,}3) = -0{,}715$
$\mu_{Ed} = M_{Ed}/(b \cdot h^2 \cdot f_{cd}) = 0{,}263/(0{,}30 \cdot 0{,}50^2 \cdot 11{,}3) = 0{,}310$
$\Rightarrow \omega_{tot} = 0{,}65$

$A_{s,tot} = \omega_{tot} \cdot b \cdot h / (f_{yd}/f_{cd}) = 0{,}65 \cdot 0{,}30 \cdot 0{,}50 /(435/11{,}3) = 25{,}4 \cdot 10^{-4}\ m^2 = 25{,}4\ cm^2$
$A_{s1} = A_{s2} = 12{,}7\ cm^2$

Beipiel 2

Die im Beispiel 1 berechnete Stütze wird für eine geänderte Belastung aus Eigenlast bemessen. Im Übrigen gelten die zuvor gemachten Angaben.

Belastung $G_{k,v} = 400$ kN; $Q_{k,h} = 100$ kN
Bemessungsschnittgrößen $N_{Ed} = \gamma_G \cdot G_{k,v} = \mathbf{1{,}00}^{*)} \cdot (-400) = -400$ kN
$M_{Ed} = \gamma_Q \cdot Q_{k,h} \cdot l = 1{,}50 \cdot 100 \cdot 1{,}75 = 263$ kNm

Bemessung $\nu_{Ed} = N_{Ed}/(b \cdot h \cdot f_{cd}) = -0{,}400 / (0{,}30 \cdot 0{,}50 \cdot 11{,}3) = -0{,}235$
$\mu_{Ed} = M_{Ed}/(b \cdot h^2 \cdot f_{cd}) = 0{,}263 / (0{,}30 \cdot 0{,}50^2 \cdot 11{,}3) = 0{,}310$
$\Rightarrow \omega_{tot} = 0{,}55$

$A_{s,tot} = \omega_{tot} \cdot b \cdot h / (f_{yd}/f_{cd}) = 0{,}55 \cdot 0{,}30 \cdot 0{,}50 /(435/11{,}3) \cdot 10^4 = 21{,}4\ cm^2$
$A_{s1} = A_{s2} = 10{,}7\ cm^2$

---

*) Im Beispiel 2 wirkt im Gegensatz zum Beispiel 1 die Eigenlast günstig und darf daher nur mit $\gamma_{G,inf} = 1{,}0$ multipliziert werden (vgl. Abschn. 2.1.2).

5.3.2.3 Unbewehrte Betonstützen

Für stabförmige unbewehrte Bauteile mit Rechteckquerschnitt ist die Ausmitte der Längskraft in der maßgebenden Einwirkungskombination des Grenzzustands der Tragfähigkeit auf $e_d/h < 0{,}4$ zu begrenzen; es gilt $e_d = e_{tot}$, d. h., eine ungewollte Ausmitte, Kriechausmitte usw. ist ggf. zusätzlich zur planmäßigen Ausmitte e_0 zu berücksichtigen [12.31].

Der Bemessungswert der Betonfestigkeit beträgt i. Allg. $f_{cd,pl} = \alpha_{cc,pl} \cdot f_{ck}/\gamma_C$ mit $\alpha_{cc,pl} = 0{,}70$ und $\gamma_C = 1{,}5$ (s. S. 12.31). Es darf rechnerisch keine höhere Betonfestigkeitsklasse als C35/45 ausgenutzt werden.

Es ist nachzuweisen, dass die äußeren Lasten und / oder Zwängungen vom Querschnitt aufgenommen werden können. Unsicherheiten bezüglich der Lage der Spannungsresultierenden sind zu berücksichtigen; Öffnungen, Schlitze, Aussparungen usw. müssen bei großem Einfluss erfasst werden.

Allgemeine Nachweisbedingung:

$$N_{Ed} \leq N_{Rd}$$

Grenzschlankheiten λ

Nach EC2-1-1, 12.6.5 sind Druckglieder aus unbewehrtem Beton stets als schlanke Bauteile zu betrachten. Ein *Verzicht auf eine Untersuchung am verformten System* (d. h. Vernachlässigung des Einflusses der Zusatzausmitte nach Theorie II. Ordnung) ist jedoch gestattet bei Schlankheiten

$$\lambda \leq 8{,}6 \quad \text{bzw.} \quad l_0/h_w \leq 2{,}5 \qquad (72.1)$$

Die *größte zulässige Schlankheit* für unbewehrte Ortbetonwände und -einzeldruckglieder beträgt:

$$\lambda \leq 86 \quad \text{bzw.} \quad l_0/h \leq 25 \qquad (72.2)$$

Vereinfachtes Bemessungsverfahren für unbewehrte Wände und Einzeldruckglieder

Die aufnehmbare Längskraft $N_{Rd,\lambda}$ von schlanken Stützen oder Wänden in *unverschieblichen* Tragwerken kann ermittelt werden aus (Ausmitte infolge Kriechens darf in der Regel vernachlässigt werden)

$$N_{Rd,\lambda} = b \cdot h_w \cdot f_{cd,pl} \cdot \Phi$$
$$\Phi = 1{,}14 \cdot (1 - 2 \cdot e_{tot}/h) - 0{,}020 \cdot l_0/h \qquad \text{mit } 0 \leq \Phi \leq 1 - 2 \cdot e_{tot}/h$$
$$e_{tot} = e_0 + e_i$$

- Φ Funktion zur Berücksichtigung der Auswirkungen nach Theorie II. Ordnung auf die Tragfähigkeit (s. nachfolgendes Diagramm)
- e_0 Lastausmitte nach Theorie I. Ordnung unter Berücksichtigung von Momenten infolge einer Einspannung in anschließende Decken, infolge von Wind etc.
- e_i ungewollte Lastausmitte nach Gl. (70.3); näherungsweise darf auch $e_i = l_0/400$ angenommen werden

Traglastfunktion Φ
(für Rechteckquerschnitte)

Die ungewollte Ausmitte e_i ist von $\lambda = 0$ bis $\lambda = 86$ berücksichtigt (mit $e_i = l_0/400$).

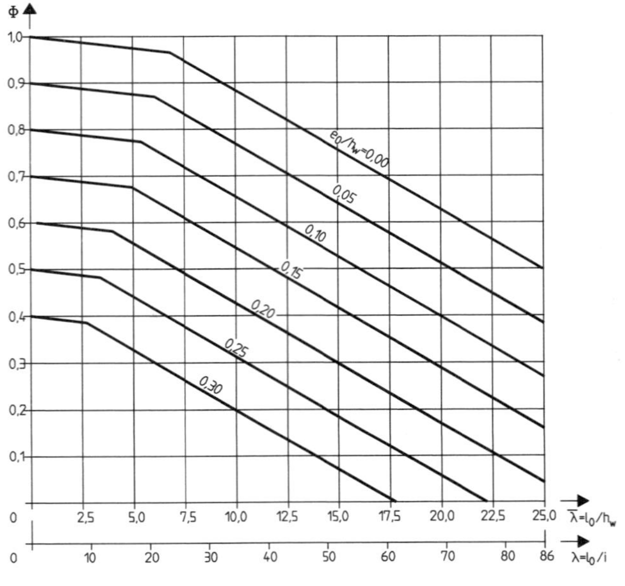

Beispiel

Zweiseitig gehaltene Stütze mit $b/h = 30/40$ cm und exzentrischer Belastung aus Eigenlast $N_{Gk} = 300$ kN und Verkehrslast $N_{Qk} = 150$ kN. Die Stütze soll nur in der dargestellten Ebene ausweichen können.

Baustoffe: Beton C20/25

Einwirkende Schnittgrößen nach Theorie I. Ordnung

$N_{Ed} = 1{,}35 \cdot 0{,}300 + 1{,}50 \cdot 0{,}150 = 0{,}630$ MN
$M_{Ed} = 0{,}630 \cdot 0{,}067 = 0{,}042$ MNm

Schlankheit

$\lambda_{eff} = l_0 / i = \beta \cdot l_w / i = 1{,}0 \cdot 3{,}00 / (0{,}289 \cdot 0{,}40) = 26 < \lambda_{lim} = 86$
Wegen $\lambda_{eff} > 8{,}5$ sind Ausmitten nach Th. II. O. zu berücksichtigen.

Aufnehmbare Längsdruckkraft $N_{Rd,\lambda}$

$N_{Rd,\lambda} = b \cdot h \cdot f_{cd} \cdot \Phi$
$\Phi \approx 0{,}56$ (s. S. 12.72 für $\lambda = 26$ bzw. $l_0/h = 7{,}5$ und $e_0/h = 0{,}167$)
$N_{Rd,\lambda} = 0{,}30 \cdot 0{,}40 \cdot (0{,}70 \cdot 20/1{,}5) \cdot 0{,}56 = 0{,}627$ MN

Nachweis der Tragfähigkeit

$|N_{Ed}| = 630$ kN $\approx |N_{Rd,\lambda}| = 627$ kN
→ Die Tragfähigkeit ist ohne Bewehrung gegeben.

(Zusätzlich ist die bezogene Lastausmitte e_d/h nachzuweisen; s. vorher.)

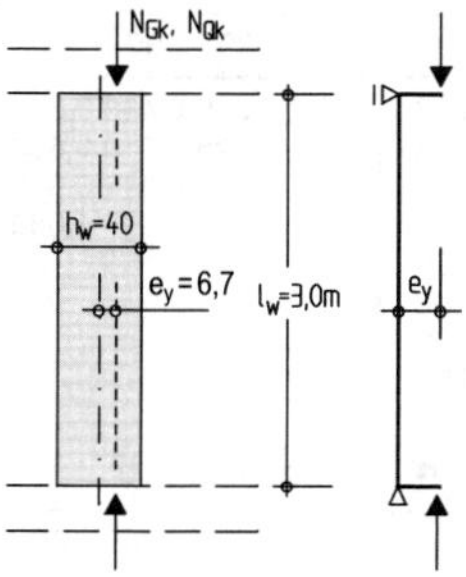

5.3.3 Konstruktive Durchbildung

Geltungsbereich — Verhältnis der größeren zur kleineren Querschnittsseite $b/h < 4$

Mindestabmessung — stehend hergestellte Ortbetonstützen $h_{min} = 20$ cm; liegend hergestellte Fertigteilstützen $h_{min} = 12$ cm

Längsbewehrung
- Mindestdurchmesser $\varnothing_l \geq 12$ mm
- Mindestbewehrung $A_{s,min} \geq 0{,}15 \cdot |N_{Ed}| / f_{yd}$
- Höchstbewehrung $A_{s,max} \leq 0{,}09 \cdot A_c$ (auch im Bereich von Stößen)
  (A_c Fläche des Betonquerschnitts; N_{Ed} Bemessungslängsdruckkraft)
- Mindestanzahl: polygonaler Querschnitt: 1 Stab je Ecke; Kreisquerschnitt: 6 Stäbe
- Höchstabstand $s_l \leq 30$ cm
  (bei $b \leq 40$ cm – mit $h \leq b$ – genügt 1 Stab je Ecke)

Bügelbewehrung — Bügel sind durch Haken[2] zu schließen. Durch Bügel können max. 5 Stäbe in oder in der Nähe der Ecke (s. Skizze) gegen Ausknicken gesichert werden; für weitere Stäbe sind Zusatzbügel – mit höchstens doppeltem Abstand – erforderlich.

Durchmesser $\varnothing_{bü} \geq$ { 6 mm (Stabstahl); 5 mm (Matte); $\varnothing_l / 4$ }

Bügelabstand[1] $s_{bü} \leq$ { $12\,\varnothing_l$; min h; 30 cm }

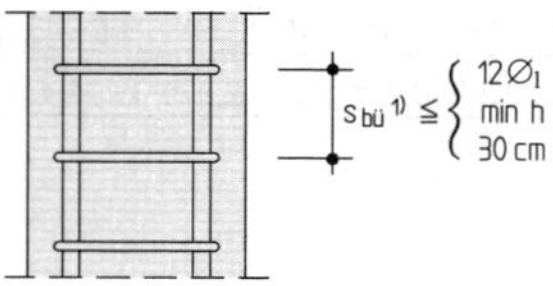

Für $\varnothing_n > 28$ mm und $\varnothing > 32$ mm s. EC2-1-1, 13.5.3.

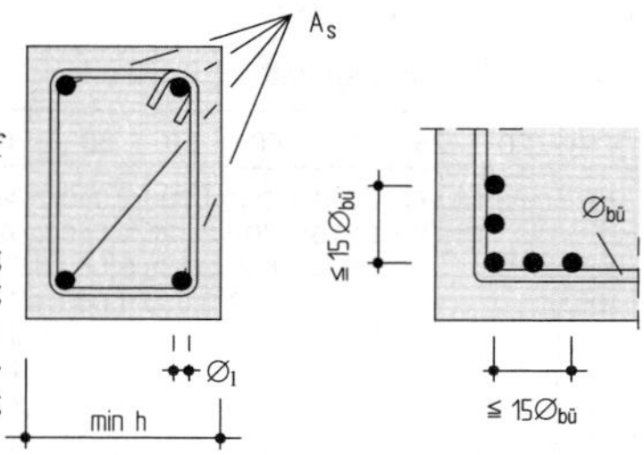

---

1) Der Bügelabstand ist mit 0,6 zu multiplizieren:
- im Bereich unmittelbar unter und über Platten oder Balken auf einer Höhe gleich der größeren Stützenabmessung;
- bei Übergreifungsstößen der Längsbewehrung mit $\varnothing_l > 14$ mm.

Bei Richtungsänderung der Längsbewehrung (z. B. Änderung der Stützenabmessung) sollte der Abstand der Querbewehrung unter Berücksichtigung der Umlenkkräfte ermittelt werden.

Wenn im Bereich eines Übergreifungsstoßes im GZT überwiegend Biegebeanspruchung vorliegt, ist die Querbewehrung anzuordnen.

2) Statt zwei 150°-Haken sind nach [12.31] zwei 135°-Haken akzeptabel. Bei 90°-Winkelhaken ist mind. eine der nachfolgenden Maßnahmen zusätzlich zu ergreifen (Bügelschlösser sind längs der Stütze zu versetzen):
- $\varnothing_{bü}$ um 2 mm vergrößern
- $s_{bü}$ halbieren
- Anordnung von angeschw. Querstäben (Bügelmatten)
- Winkelhakenlänge ≥ 15 ∅

5.3.4 Bemessungshilfen

Tragfähigkeit N_{Rd} in MN bei mittigem Druck (für Rechteck- und Kreisquerschnitte; ohne „Knick“einfluss)

Betonanteil F_{cd} (in MN)

- Reckteckquerschnitt **C12/15**

h \ b	20	25	30	40	50	60	70	80
20	0,272	0,340	0,408	0,544	0,680	0,816	0,952	1,088
25		0,425	0,510	0,680	0,850	1,020	1,190	1,360
30			0,612	0,816	1,020	1,224	1,428	1,632
40				1,088	1,360	1,632	1,904	2,176
50					1,700	2,040	2,380	2,720
60						2,448	2,856	3,264
70							3,332	3,808
80								4,352

- Kreisquerschnitt **C12/15**

D	20	25	30	40	50	60	70	80
	0,214	0,334	0,481	0,855	1,335	1,923	2,617	3,418

Stahlanteil F_{sd} (in MN)

- Stabstahl **B 500**

n \ d	12	14	16	20	25	28
4	0,197	0,268	0,350	0,546	0,854	1,071
6	0,295	0,402	0,525	0,820	1,281	1,606
8	0,393	0,535	0,699	1,093	1,707	2,142
10	0,492	0,669	0,874	1,366	2,134	2,677
12	0,590	0,803	1,049	1,639	2,561	3,213
14	0,688	0,937	1,224	1,912	2,988	3,748
16	0,787	1,071	1,399	2,185	3,415	4,283
18	0,885	1,205	1,574	2,459	3,842	4,819
20	0,983	1,339	1,748	2,732	4,268	5,354

Abminderungsfaktor κ
(für den Stahlanteil F_{sd})

Beton	κ
C 12/15	0,984
C 20/25	0,974
C 30/37	0,961

Betonanteil F_{cd} (in MN)

- Reckteckquerschnitt **C20/25**

h \ b	20	25	30	40	50	60	70	80
20	0,453	0,567	0,680	0,907	1,133	1,360	1,587	1,813
25		0,708	0,850	1,133	1,417	1,700	1,983	2,267
30			1,020	1,360	1,700	2,040	2,380	2,720
40				1,813	2,267	2,720	3,173	3,627
50					2,833	3,400	3,967	4,533
60						4,080	4,760	5,440
70							5,553	6,347
80								7,253

- Kreisquerschnitt **C20/25**

D	20	25	30	40	50	60	70	80
	0,356	0,556	0,801	1,424	2,225	3,204	4,362	5,697

h, b Abmessungen des Querschnitts (in cm)
D Durchmesser des Querschnitts (in cm)
n Stabanzahl
d Stabdurchmesser (in mm)

Gesamttragfähigkeit

$$|N_{Rd}| = F_{cd} + \kappa \cdot F_{sd} \approx F_{cd} + F_{sd}$$

Betonanteil F_{cd} (in MN)

- Reckteckquerschnitt **C30/37**

h \ b	20	25	30	40	50	60	70	80
20	0,680	0,850	1,020	1,360	1,700	2,040	2,380	2,720
25		1,063	1,275	1,700	2,125	2,550	2,975	3,400
30			1,530	2,040	2,550	3,060	3,570	4,080
40				2,720	3,400	4,080	4,760	5,440
50					4,250	5,100	5,950	6,800
60						6,120	7,140	8,160
70							8,330	9,520
80								10,88

- Kreisquerschnitt **C30/37**

D	20	25	30	40	50	60	70	80
	0,534	0,835	1,202	2,136	3,338	4,807	6,542	8,545

Beispiel
(vgl. Abschn. 5.3.2.1)

Stütze 30/40 cm, Beton C20/25, bewehrt mit Stäben 4 ∅ 20, B 500

gesucht:

Tragfähigkeit bei Beanspruchung unter einer zentrischen Druckkraft

Lösung:

$N_{Rd} = F_{cd} + \kappa \cdot F_{sd}$
$= 1{,}360 + 0{,}974 \cdot 0{,}546 = 1{,}892$ MN

bzw.

$N_{Rd} \approx 1{,}360 + 0{,}546 = 1{,}906$ MN

5.4 Fundamente

5.4.1 Bewehrte Einzelfundamente

In Fundamentplatten verlaufen die Hauptmomente in Stützennähe radial und tangential. Anstelle dieser Hauptmomente darf man jedoch näherungsweise die Momente M_x und M_y parallel zu den Kanten der Fundamentplatte berücksichtigen [12.13]. Das größte *Gesamt*biegemoment je Richtung einer Fundamentplatte mit rechteckigem Grundriss, die durch eine mittig und lotrecht angreifende Stützenlast beansprucht wird, beträgt unter der Annahme gleichmäßig verteilter Bodenpressungen (die nachfolgenden Gleichungen sind für die x-Richtung aufgestellt, für die y-Richtung gelten sie analog):

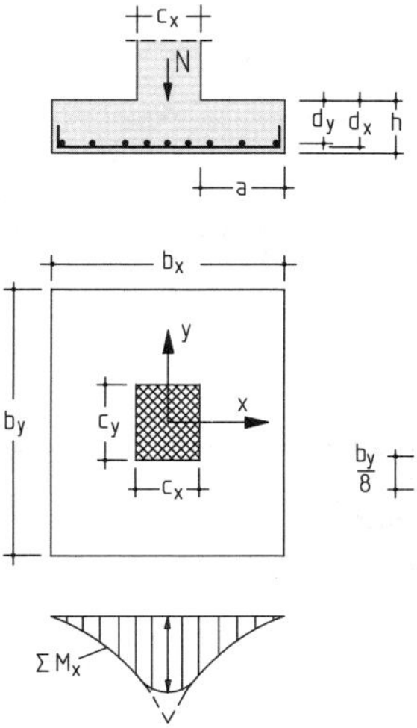

Verteilung von ΣM_x
(Anteil am Gesamtmoment in %)

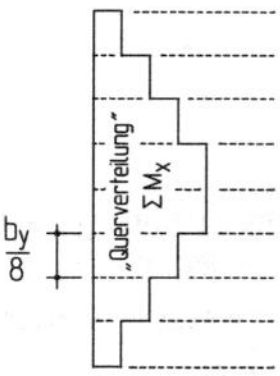

c_y/b_y = 0,1	0,2	0,3
7	8	9
10	10	11
14	14	14
19	18	16
19	18	16
14	14	14
10	10	11
7	8	9

$$\Sigma M_x = N \cdot \frac{b_x}{8}$$

Unter Berücksichtigung einer gegebenenfalls zulässigen Momentenausrundung (s. Abschn. 3.5.2; s. a. [12.27]), erhält man als

Ausgerundetes Moment

$$\Sigma M_x' = N \cdot \frac{b_x}{8} \cdot \left(1 - \frac{c_x}{b_x}\right)$$

*Anschnitts*moment

$$\Sigma M_{x,I} = N \cdot \frac{b_x}{8} \cdot \left(1 - \frac{c_x}{b_x}\right)^2$$

Die Verteilung der Plattenmomente rechtwinklig zur betrachteten Richtung darf nach nebenstehender Tabelle erfolgen. Bei gedrungenen Fundamenten (bei $c_y / b_y > 0{,}3$, $h / a > 1{,}0$) darf das Gesamtmoment gleichmäßig über die Breite verteilt werden.

Wird durch die Stütze gleichzeitig ein Biegemoment eingeleitet bzw. ist die Stütze exzentrisch angeordnet, ist das Plattenmoment aus der trapez- oder dreieckförmig verteilten Bodenpressung zu berechnen.

Für Fundamentplatten sind die konstruktiven Anforderungen von Platten zu beachten (s. Abschn. 5.1). Die Biegebewehrung sollte wegen der hohen Verbundspannungen ohne Abstufung bis zum Rand geführt und dort z. B. mit Haken verankert werden, die Betondeckung sollte reichlich gewählt werden; ggf. ist ein Nachweis der Verbundspannungen erforderlich. Bei Einzelfundamenten ist i. d. R. zusätzlich ein Nachweis der Sicherheit gegen Durchstanzen zu führen.

Durchstanzen

Durchstanzen resultiert aus konzentrierten Lasten oder Auflagerreaktionen, die auf einer relativ kleinen Fläche (i. Allg. Fläche einer Stütze bzw. Lasteinleitungsfläche einer Einzellast) wirken. Der Nachweis der aufnehmbaren Querkraft muss längs eines festgelegten Rundschnitts erfolgen ([12.12], [12.22]).

Für das Durchstanzen von Fundamenten[1)] gelten die Grundsätze des Tragfähigkeitsnachweises für Querkraft mit zusätzlichen Ergänzungen. Die einwirkende Querkraft v_{Ed} wird längs eines kritischen Rundschnitts ermittelt, der sich unter Annahme eines Durchstanzkegels ergibt (s. Abb. unten). Die Querkraft v_{Ed} darf den Widerstand v_{Rd} nicht überschreiten, der differenziert nach Fundamenten ohne Schub- bzw. Durchstanzbewehrung und mit Durchstanzbewehrung formuliert ist. Bei Fundamenten wird die Plattendicke häufig so gewählt, dass rechnerisch keine Durchstanzbewehrung erforderlich ist.

Bezüglich des rechnerischen Nachweises wird auf die *Bautabellen für Ingenieure* (s. a. [12.45]) verwiesen.

Bemessungsmodell für den Nachweis der Sicherheit gegen Durchstanzen im Grenzzustand der Tragfähigkeit.

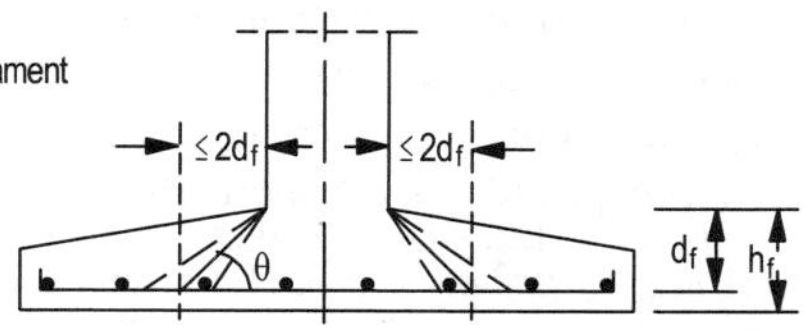

1) Analog für punktförmig gestützte Platten (Flachdecken); s. hierzu *Bautabellen für Ingenieure*, Kap. 5 C.

Köcherfundamente (vgl. EC2-1-1, 10.9.6)

Betonköcher müssen in der Lage sein, alle Kräfte aus den Stützen zu übertragen. Der Köcher muss groß genug sein, um ein einwandfreies Verfüllen unter und seitlich der Stütze zu ermöglichen (s. a. [12.37], [12.38], [12.39]).

Beispiele:

Blockfundament mit profilierter Oberfläche (links), Köcherfundament mit glatter Oberfläche (rechts).

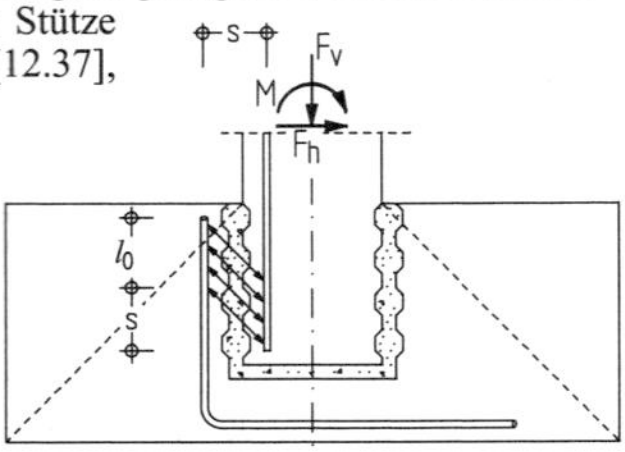

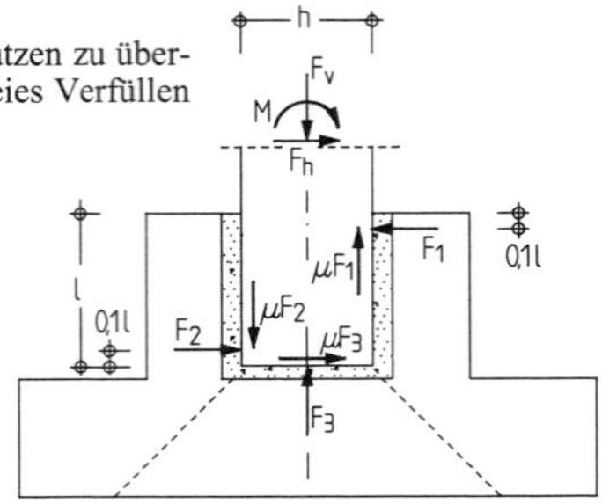

5.4.2 Unbewehrte Fundamente (EC2-1-1, 12.9.3 mit NA)

Annähernd zentrisch belastete streifenförmige und flache Einzelfundamente dürfen dann unbewehrt ausgeführt werden, wenn das Verhältnis h_F/a folgende Bedingung erfüllt (s. hierzu Diagramm unten):

$$0{,}85 \cdot \frac{h_F}{a} \geq \sqrt{\frac{3 \cdot \sigma_{gd}}{f_{ctd}}} \tag{76}$$

Zusätzlich ist eine Begrenzung auf $h_F/a \geq 1$ einzuhalten.

In Gl. (76) ist σ_{gd} der Bemessungswert der Bodenpressungen und f_{ctd} der Bemessungswert der Betonzugfestigkeit ($f_{ctd} = \alpha_{ct} \cdot f_{ctk;0,05} / \gamma_C$ mit $\alpha_{ct} = 0{,}85$; s. a. Abschn. 2)

Ohne weiteren Nachweis darf das Verhältnis $h_F/a \geq 2$ verwendet werden.

Zulässige Fundamentschlankheit h_F/a (unter Berücksichtigung von $h_F/a \geq 1$)

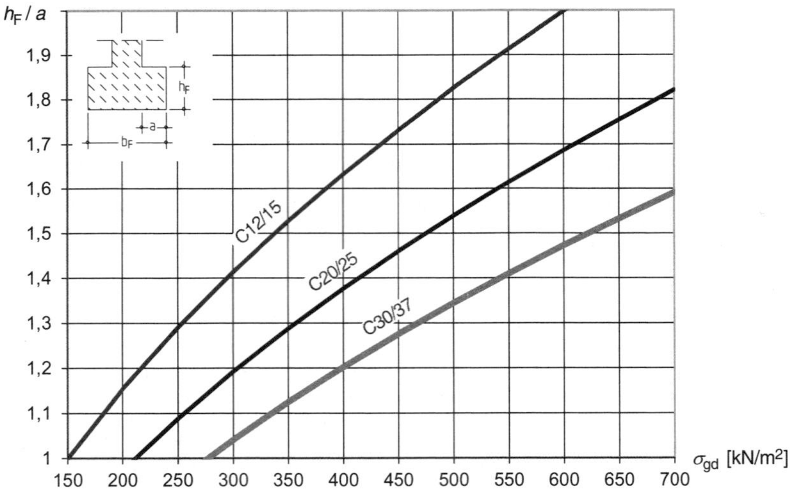

Beispiel

Streifenfundament mit Belastung aus Eigenlasten N_{Gk} und Verkehrslasten N_{Qk}. Zur Erfüllung der bodenmechanischen Nachweise wurde eine Fundamentbreite $b_F = 0{,}90$ m festgelegt. Gesucht ist die Fundamenthöhe h_F.

Baustoffe: Beton C12/15

Bodenpressungen: $\sigma_{gd} = N_{Ed}/b_F = (1{,}35 \cdot 150 + 1{,}50 \cdot 100)/0{,}90 = 392$ kN/m²

→ $(h_F/a)_{erf} \geq 1{,}62$ (aus Diagramm für $\sigma_{gd} = 392$ kN/m² und C12/15)

$h_{F,req} \geq 1{,}62 \cdot a = 1{,}62 \cdot (0{,}90 - 0{,}24)/2 = 0{,}53$ m

gew.: $h_{F,prov} = 0{,}60$ m (Für eine frostfreie Gründung sind ggf. größere Fundamentdicken erforderlich.)

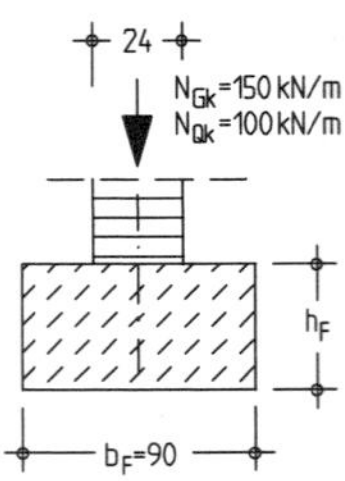

5.5 Wände, Scheiben, Konsolen

5.5.1 Wände

5.5.1.1 Stahlbetonwände

Bei Wänden ist die waagerechte Länge größer als die 4fache Dicke, andernfalls s. Stützen.

Mindestabmessungen — Es gilt Tafel 12.77 (s.u.).

Lotrechte Bewehrung — Mindestbewehrung i. Allg: $A_{s,min} = 0{,}15 \cdot N_{Ed}/f_{yd} \geq 0{,}0015 \cdot A_c$

bei $|N_{Ed}| \geq 0{,}3 f_{cd} \cdot A_c$ u. bei schlanken[1] Wänden: $A_{s,min} \geq 0{,}0030 \cdot A_c$

Die Hälfte dieser Bewehrung sollte an jeder Außenseite liegen.

Höchstbewehrung $A_{s,max} \leq 0{,}04 \cdot A_c$

Stababstand $s \leq \begin{cases} 2\,h & (h \text{ Wanddicke}) \\ 300 \text{ mm} \end{cases}$

Der Bewehrungsgehalt sollte an beiden Wandaußenseiten im Allgemeinen gleich groß sein.

Waagerechte Bewehrung — Mindestbewehrung i. Allg.: 20 % der lotr. Bewehrung

bei $|N_{Ed}| \geq 0{,}3 f_{cd} \cdot A_c$ u. bei schlanken[1] Wänden: 50 % der lotr. Bewehrung

Stababstand $s \leq 350$ mm

Stabdurchmesser ≥ 1/4 des Durchmessers der Längsbewehrung

Anordnung außen (zwischen der lotrechten Bewehrung und der Wandoberfläche)

S-Haken, Steckbügel, Bügelbewehrung — Wenn die Querschnittsfläche der lastabtragenden lotrechten Bewehrung $0{,}02 \cdot A_c$ übersteigt, sollte sie nach Abschn. 5.3.3 verbügelt werden. Andernfalls gilt:

- Außen liegende Bewehrung ist durch 4 S-Haken je m² zu sichern (alternativ bei dicken Wänden durch Steckbügel, die mindestens mit $0{,}5 \cdot l_b$ im Inneren der Wand zu verankern sind).
- Bei Tragstäben ∅ ≤ 16 mm und bei einer Betondeckung ≥ 2∅ sind keine Maßnahmen erforderlich (in diesem Fall und stets bei Betonstahlmatten dürfen die druckbeanspruchten Stäbe außen liegen).

An freien Rändern von Wänden mit $A_s \geq 0{,}003 \cdot A_c$ sind die Eckstäbe durch Steckbügel zu sichern.

Tafel 12.77 Mindestwanddicke für tragende Wände

Betonfestigkeitsklasse	Herstellung	Mindestwanddicke (in cm) für Wände aus unbewehrtem Beton		Stahlbeton	
		Decken über Wände		Decken über Wände	
		nicht durchlaufend	durchlaufend	nicht durchlaufend	durchlaufend
< C 12/15	Ortbeton	20	14	-	-
≥ C 16/20	Ortbeton	14	12	12	10
	Fertigteil	12	10	10	8

5.5.1.2 Unbewehrte Wände

Die Gesamtdicke von Ortbetonwänden muss mindestens 10 cm betragen (s. auch Tafel 12.77). Aussparungen, Schlitze, Durchbrüche und Hohlräume sind i. Allg. zu berücksichtigen. Ausgenommen hiervon sind lediglich lotrechte Schlitze mit einer Tiefe bis zu 30 mm, wenn die Tiefe höchstens 1/6 der Wanddicke, die Breite höchstens gleich der Wanddicke und der gegenseitige Abstand mindestens 2 m beträgt; die Wand muss dann außerdem mindestens 12 cm dick sein.

5.5.2 Scheiben (wandartige Träger)

Die Bewehrung, die den Zugstäben eines Fachwerkmodells zugeordnet ist, sollte vollständig außerhalb der Knotenpunkte durch Aufbiegungen, durch U-Bügel oder durch Ankerkörper verankert werden, wenn zwischen Knotenpunkt und Trägerende eine ausreichende Verankerungslänge $l_{b,net}$ nicht vorhanden ist.

Für die *Mindestdicken* gelten die Regelungen für Wände (s. Tafel 12.77). Als *Mindestbewehrung* ist an beiden Außenflächen ein rechtwinkliges Bewehrungsnetz vorzusehen, das je Außenfläche und Richtung den Wert $a_s = 1{,}5$ cm²/m bzw. 0,075 % des Betonquerschnitts A_c nicht unterschreiten darf. Die Maschenweite des Bewehrungsnetzes darf maximal gleich der doppelten Wanddicke und höchstens 30 cm sein.

[1] Hierfür gilt die Definition nach Abschn. 5.3.1.2.

5.5.3 Konsolen

Konsolen sind kurze wandartige Träger mit einem Verhältnis $a_c \leq h_c$ (bei $a_c > h_c$ liegt ein Kragbalken vor). Konsolen sind für die einwirkenden Vertikallasten F_{Ed} zu bemessen und sollten zusätzlich außerdem eine Horizontallast von mindestens $H_{Ed} = 0{,}2F_{Ed}$ aufnehmen können. Die Schnittgrößenermittlung erfolgt in der Regel mit Stabwerkmodellen.

Die Zugbewehrung A_s sollte ab der Innenkante der Lagerplatte mit der Verankerungslänge l_{bd} verankert werden; die Verankerung erfolgt im Allgemeinen mit Schlaufen. Wenn die Verankerungslänge nicht untergebracht werden kann, kommen Ankerkörper in Frage.

(Weitere Hinweise s. *Bautabellen für Ingenieure*; s. a. Bemessungsbeispiel in [12.12], [12.45].)

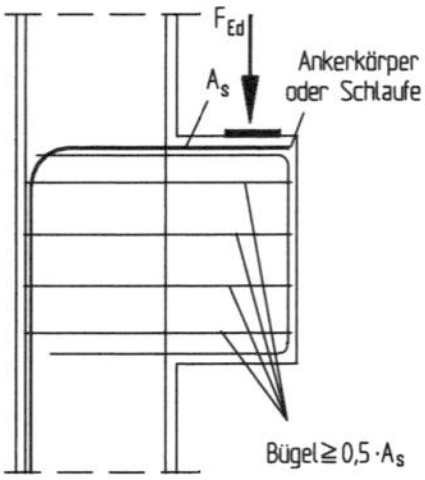

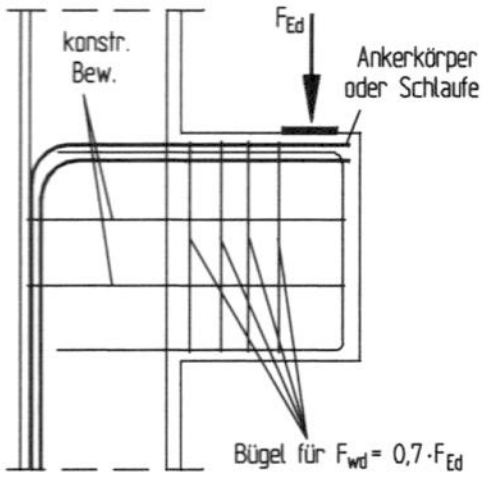

5.5.4 Ausgeklinkte Trägerenden

Das Tragverhalten wird i. Allg. an Stabwerkmodellen nachgewiesen, die jeweils die Gleichgewichtsbedingung erfüllen (Hinweise zur Berechnung s. *Bautabellen für Ingenieure*; vgl. a. [12.30], [12.37]). Zur Erfüllung von Verträglichkeiten sind nachfolgende Hinweise zur Bewehrungsführung zu beachten.

Im Modell a) wird das ausgeklinkte Ende wie bei Konsolen mit horizontalem Zugband bemessen. Das Zugband wird aus liegenden Schlaufen ausgeführt und ist wirksam im Auflagerbereich zu verankern. Zur anderen Seite hin sollte es weit in den Träger geführt werden. Im ungeschwächten Balkensteg ist eine vertikale Rückhängebewehrung mindestens für die Größe der Auflagerkraft zu bemessen, die vorzugsweise aus geschlossenen Bügeln (ggf. mit einer leichten Schrägstellung zur Ausklinkung hin) besteht. Die unten endende Biegezugbewehrung muss mit l_{bd} (indirekte Auflagerung) verankert werden, was häufig nur durch Zulage von liegenden Schlaufen möglich ist (s. Abb. rechts).

a)

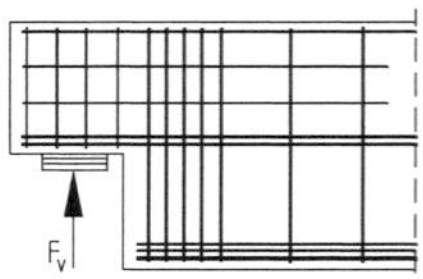

Eine alternative Bewehrungsführung ist im Modell b) dargestellt. Hierbei wird ein Teil der Auflagerkraft F_v einer schrägen Bewehrung (schlaufenförmig geführt) zugewiesen. Der Restanteil wird dann wie oben im Modell a) dargestellt aufgenommen. Eine Bewehrungsführung ausschließlich mit Schrägaufbiegungen ist jedoch nicht zulässig.

b)

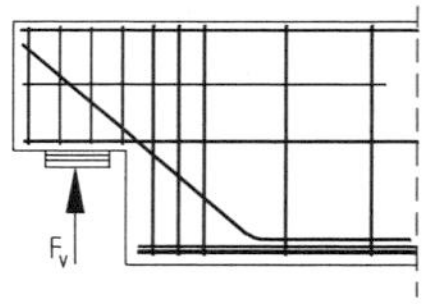

5.6 Andere Bauteile und besondere Bestimmungen

Umlenkkräfte

In Bereichen mit großen Richtungsänderungen der inneren Kräfte müssen die zugehörigen Umlenkkräfte durch eine Zusatzbewehrung aufgenommen werden.

Rahmenecken

In Rahmenecken bzw. Bauteilen mit stark geknickter Leibung sollte der Beton sorgfältig verdichtet werden; die Festigkeitsklasse des Betons sollte mindestens C25/30 betragen (vgl. DAfStb-H. 525 [12.21]), die Bewehrung sollte aus Rippenstählen bestehen. Bei Rahmenecken über ca. 70 cm Bauhöhe sollte zur Begrenzung der Rissbreite eine Zusatzbewehrung an den Seitenflächen angeordnet werden. Für die Bewehrungsführung ist zu unterscheiden, ob die Ecke durch ein positives oder negatives Moment beansprucht wird.

(Ausführliche Hinweise zur Bewehrungsführung s. *Bautabellen für Ingenieure*, [12.12], [12.27], [12.45].)

Anschluss von Nebenträgern

Im Kreuzungsbereich von Haupt- und Nebenträgern muss eine Aufhängebewehrung für die volle aufzunehmende Auflagerkraft des Nebenträgers vorgesehen werden. Die Aufhängebewehrung sollte vorzugsweise aus Bügeln bestehen, die die Hauptbewehrung des unterstützenden Bauteils (Hauptträger) umfassen.

Weitere Hinweise s. *Bautabellen für Ingenieure.*

6 Bemessungstafeln

Den Tafeln 1 bis 3 liegt für den Beton das Parabel-Rechteck-Diagramm der Querschnittsbemessung zugrunde (s. Abschn. 2.2.1).

In den Bemessungstafeln werden entweder die auf die Schwerachse bezogenen Schnittgrößen N_{Ed} und M_{Ed} oder die auf die Zugbewehrung A_{s1} bezogenen Schnittgrößen M_{Eds} und N_{Ed} benötigt. Der Zusammenhang zwischen diesen Größen ist der nachfolgenden Darstellung zu entnehmen.

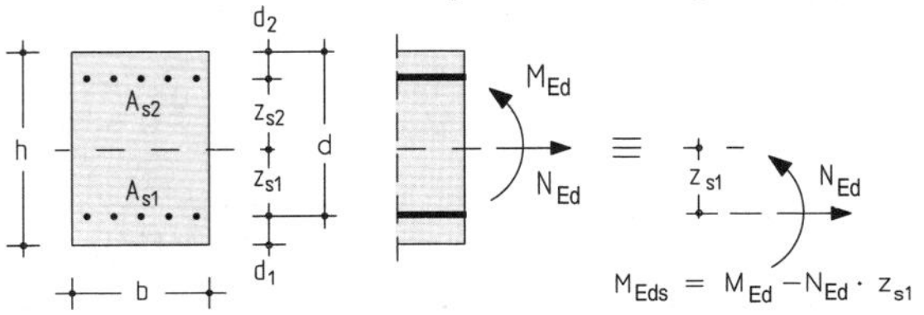

Tafel 1

In Tafel 1 (aus [12.44]) wird als Eingangswert das auf die Biegezugbewehrung bezogene Moment benötigt:

$$\mu_{Eds} = M_{Eds} / (b \cdot d^2 \cdot f_{cd}) \quad \text{mit } M_{Eds} = M_{Ed} - N_{Ed} \cdot z_{s1}$$

Die Ermittlung der Biegezugbewehrung erfolgt mit den in der Tafel angegebenen Gleichungen, wobei für Betonstahl wahlweise der horizontale Ast der σ-ε-Linie (Ablesewert σ_{sd}) oder der ansteigende Ast (Ablesewert σ_{sd}*) gemäß Abschn. 2.2.2 berücksichtigt werden kann. Die bezogene Druckzonenhöhe $\xi = x/d$ darf zur Sicherstellung einer ausreichenden Rotationsfähigkeit, sofern keine anderen Maßnahmen getroffen werden, folgende Werte nicht überschreiten (s. Abschn. 3.5.3):

$\xi_{lim} = 0{,}25$ oder $\mu_{Eds,lim} = 0{,}181$ bei Anwendung der Plastizitätstheorie bei Platten
$\xi_{lim} = 0{,}45$ oder $\mu_{Eds,lim} = 0{,}296$ für Beton der Festigkeitsklasse C12/15 bis C50/60

Aus wirtschaftlichen Gründen – Ausnutzung der Streckgrenze der Bewehrung – gilt für den Betonstahl B 500 als Grenze (die konstruktiven Maßnahmen sind dann zu beachten)

$\xi_{lim} = 0{,}617$ oder $\mu_{Eds,lim} = 0{,}372$

Falls die angegebenen Grenzwerte überschritten werden, ist Druckbewehrung anzuordnen (Tafeln mit Druckbewehrung s. nachfolgend).

Tafeln 2a und 2b

Das k_d-Verfahren – vergleichbar mit dem in DAfStb-H. 220 [12.28] für eine Bemessung auf der Grundlage von DIN 1045 bekannten k_h-Verfahren – kann alternativ zu der Tafel 1 zur Querschnittsbemessung angewendet werden. Der k_d-Wert ist dimensionsgebunden und mit den angegebenen Dimensionen als Eingangswert zu verwenden:

$$k_d = \frac{d\,[\text{cm}]}{\sqrt{M_{Eds}\,[\text{kNm}] / b\,[\text{m}]}} \quad \text{mit } M_{Eds} = M_{Ed} - N_{Ed} \cdot z_{s1}$$

Für die bezogenen Druckzonenhöhen ξ gelten dieselben Grenzen wie in Tafel 1.

Für Querschnitte ohne Druckbewehrung erfolgt die Ermittlung der Bewehrung mit Hilfe von Tafel 2a; falls Druckbewehrung erforderlich wird, ist Tafel 2b maßgebend (Tafeln 2a und 2b nach [12.44]). Die Ermittlung der Bewehrung erfolgt mit den in den Tafeln angegebenen – dimensionsgebundenen (!) – Gleichungen. Für die Tafeln 2 wurde generell der horizontale Ast der σ-ε-Linie des Betonstahls angesetzt.

Eine ggf. erforderliche Druckbewehrung darf nicht größer in Rechnung gestellt werden als die Zugbewehrung [12.31].

Tafel 3

Die Tafel 3 (aus [12.44]) als Bemessungsdiagramm von Rechteckquerschnitten mit symmetrischer Bewehrung („Interaktionsdiagramme“) hat als Eingangswerte die auf die Schwerachse des Querschnitts bezogenen Momente und Längskräfte

$$\mu_{Ed} = M_{Ed} / (b \cdot h^2 \cdot f_{cd}) \quad \text{und} \quad \nu_{Ed} = N_{Ed} / (b \cdot h \cdot f_{cd})$$

Die Ermittlung der Bewehrung erfolgt mit den im Diagramm angegebenen Gleichungen. Die abgedruckte Tafel gilt für einen Betonstahl B 500, für ein Verhältnis $d_1 / h = 0{,}10$ und für den ansteigenden Ast der σ-ε-Linie des Betonstahls.

Weitere Tafeln s. Bautabellen für Ingenieure; s. a. insbesondere [12.44] mit zusätzlichen und weiteren Bemessungstafeln und -diagrammen.

Tafel 1

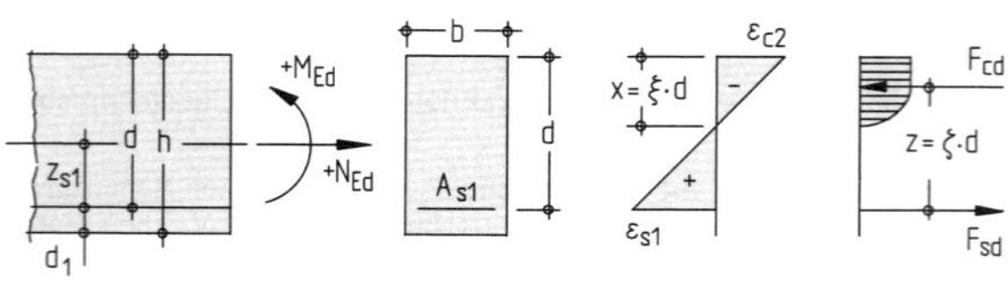

$$\mu_{Eds} = \frac{M_{Eds}}{b \cdot d^2 \cdot f_{cd}}$$ mit $M_{Eds} = M_{Ed} - N_{Ed} \cdot z_{s1}$

$f_{cd} = \alpha_{cc} \cdot f_{ck}/\gamma_C$ (i. Allg. gilt $\alpha_{cc} = 0{,}85$)

μ_{Eds}	ω	$\xi = \frac{x}{d}$	$\zeta = \frac{z}{d}$	ε_{c2} in ‰	ε_{s1} in ‰	σ_{sd}[1] in MPa B 500	σ_{sd}*[2] in MPa B 500
0,01	0,0101	0,030	0,990	–0,77	25,00	435	457
0,02	0,0203	0,044	0,985	–1,15	25,00	435	457
0,03	0,0306	0,055	0,980	–1,46	25,00	435	457
0,04	0,0410	0,066	0,976	–1,76	25,00	435	457
0,05	0,0515	0,076	0,971	–2,06	25,00	435	457
0,06	0,0621	0,086	0,967	–2,37	25,00	435	457
0,07	0,0728	0,097	0,962	–2,68	25,00	435	457
0,08	0,0836	0,107	0,956	–3,01	25,00	435	457
0,09	0,0946	0,118	0,951	–3,35	25,00	435	457
0,10	0,1057	0,131	0,946	–3,50	23,29	435	455
0,11	0,1170	0,145	0,940	–3,50	20,71	435	452
0,12	0,1285	0,159	0,934	–3,50	18,55	435	450
0,13	0,1401	0,173	0,928	–3,50	16,73	435	449
0,14	0,1518	0,188	0,922	–3,50	15,16	435	447
0,15	0,1638	0,202	0,916	–3,50	13,80	435	446
0,16	0,1759	0,217	0,910	–3,50	12,61	435	445
0,17	0,1882	0,232	0,903	–3,50	11,56	435	444
0,18	0,2007	0,248	0,897	–3,50	10,62	435	443
0,19	0,2134	0,264	0,890	–3,50	9,78	435	442
0,20	0,2263	0,280	0,884	–3,50	9,02	435	441
0,21	0,2395	0,296	0,877	–3,50	8,33	435	441
0,22	0,2528	0,312	0,870	–3,50	7,71	435	440
0,23	0,2665	0,329	0,863	–3,50	7,13	435	440
0,24	0,2804	0,346	0,856	–3,50	6,60	435	439
0,25	0,2946	0,364	0,849	–3,50	6,12	435	439
0,26	0,3091	0,382	0,841	–3,50	5,67	435	438
0,27	0,3239	0,400	0,834	–3,50	5,25	435	438
0,28	0,3391	0,419	0,826	–3,50	4,86	435	437
0,29	0,3546	0,438	0,818	–3,50	4,49	435	437
0,30	0,3706	0,458	0,810	–3,50	4,15	435	437
0,31	0,3869	0,478	0,801	–3,50	3,82	435	436
0,32	0,4038	0,499	0,793	–3,50	3,52	435	436
0,33	0,4211	0,520	0,784	–3,50	3,23	435	436
0,34	0,4391	0,542	0,774	–3,50	2,95	435	436
0,35	0,4576	0,565	0,765	–3,50	2,69	435	435
0,36	0,4768	0,589	0,755	–3,50	2,44	435	435
0,37	0,4968	0,614	0,745	–3,50	2,20	435	435
0,38	0,5177	0,640	0,734	–3,50	1,97	395	395
0,39	0,5396	0,667	0,723	–3,50	1,75	350	350 unwirtschaftlicher Bereich
0,40	0,5627	0,695	0,711	–3,50	1,54	307	307

[1] Begrenzung der Stahlspannung auf $f_{yd} = f_{yk} / \gamma_S$ (horizontaler Ast der σ-ε-Linie).

[2] Begrenzung der Stahlspannung auf $f_{td,cal} = f_{tk,cal} / \gamma_S$ (geneigter Ast der σ-ε-Linie).

$$A_{s1} = \frac{1}{\sigma_{sd}} (\omega \cdot b \cdot d \cdot f_{cd} + N_{Ed})$$

Bemessungstafeln mit dimensionslosen Beiwerten für den Rechteckquerschnitt **ohne** Druckbewehrung für Biegung mit Längskraft (Betonstahl B 500 und $\gamma_S = 1{,}15$; Normalbeton ≤ C50/60)

Tafel 2a

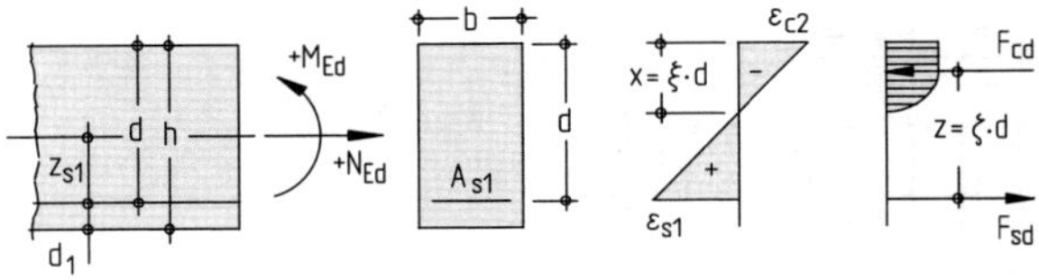

$$k_d = \frac{d\,[\text{cm}]}{\sqrt{M_{Eds}\,[\text{kNm}]\,/\,b\,[\text{m}]}} \qquad \text{mit } M_{Eds} = M_{Ed} - N_{Ed} \cdot z_{s1}$$

k_d für Betonfestigkeitsklasse C									k_s	ξ	ζ	ε_{c2} ‰	ε_{s1} ‰
12/15	16/20	20/25	25/30	30/37	35/45	40/50	45/55	50/60					
14,37	12,44	11,13	9,95	9,09	8,41	7,87	7,42	7,04	2,32	0,025	0,991	−0,64	25,00
7,90	6,84	6,12	5,47	5,00	4,63	4,33	4,08	3,87	2,34	0,048	0,983	−1,26	25,00
5,87	5,08	4,55	4,07	3,71	3,44	3,22	3,03	2,88	2,36	0,069	0,975	−1,84	25,00
4,94	4,27	3,82	3,42	3,12	2,89	2,70	2,55	2,42	2,38	0,087	0,966	−2,38	25,00
4,38	3,80	3,40	3,04	2,77	2,57	2,40	2,26	2,15	2,40	0,104	0,958	−2,89	25,00
4,00	3,47	3,10	2,78	2,53	2,35	2,20	2,07	1,96	2,42	0,120	0,950	−3,40	25,00
3,63	3,14	2,81	2,51	2,29	2,12	1,99	1,87	1,78	2,45	0,147	0,939	−3,50	20,29
3,35	2,90	2,60	2,32	2,12	1,96	1,84	1,73	1,64	2,48	0,174	0,927	−3,50	16,56
3,14	2,72	2,43	2,18	1,99	1,84	1,72	1,62	1,54	2,51	0,201	0,916	−3,50	13,90
2,97	2,57	2,30	2,06	1,88	1,74	1,63	1,53	1,46	2,54	0,227	0,906	−3,50	11,91
2,85	2,47	2,21	1,97	1,80	1,67	1,56	1,47	1,40	2,57	0,250	0,896	−3,50	10,52
2,72	2,36	2,11	1,89	1,72	1,59	1,49	1,41	1,33	2,60	0,277	0,885	−3,50	9,12
2,62	2,27	2,03	1,82	1,66	1,54	1,44	1,36	1,29	2,63	0,302	0,875	−3,50	8,10
2,54	2,20	1,97	1,76	1,61	1,49	1,39	1,31	1,24	2,66	0,325	0,865	−3,50	7,26
2,47	2,14	1,91	1,71	1,56	1,44	1,35	1,27	1,21	2,69	0,350	0,854	−3,50	6,50
2,41	2,08	1,86	1,67	1,52	1,41	1,32	1,24	1,18	2,72	0,371	0,846	−3,50	5,93
2,35	2,03	1,82	1,63	1,49	1,38	1,29	1,21	1,15	2,75	0,393	0,836	−3,50	5,40
2,28	1,98	1,77	1,58	1,44	1,34	1,25	1,18	1,12	2,79	0,422	0,824	−3,50	4,79
2,23	1,93	1,73	1,54	1,41	1,30	1,22	1,15	1,09	2,83	0,450	0,813	−3,50	4,27
2,18	1,89	1,69	1,51	1,38	1,28	1,19	1,13	1,07	2,87	0,477	0,801	−3,50	3,83
2,14	1,85	1,65	1,48	1,35	1,25	1,17	1,10	1,05	2,91	0,504	0,790	−3,50	3,44
2,10	1,82	1,62	1,45	1,33	1,23	1,15	1,08	1,03	2,95	0,530	0,780	−3,50	3,11
2,06	1,79	1,60	1,43	1,30	1,21	1,13	1,07	1,01	2,99	0,555	0,769	−3,50	2,81
2,03	1,75	1,57	1,40	1,28	1,19	1,11	1,05	0,99	3,04	0,585	0,757	−3,50	2,48
1,99	1,72	1,54	1,38	1,26	1,17	1,09	1,03	0,98	3,09	0,617	0,743	−3,50	2,17

$$\mathbf{A_s\,[cm^2] = k_s \cdot \frac{M_{Eds}\,[kNm]}{d\,[cm]} + \frac{N_{Ed}\,[kN]}{43{,}5}}$$

Dimensionsgebundene Bemessungstafel (k_d-Verfahren) für den Rechteckquerschnitt **ohne** Druckbewehrung für Biegung mit Längskraft (Betonstahl B 500 und $\gamma_S = 1{,}15$; Normalbeton ≤ C50/60)

Tafel 2b

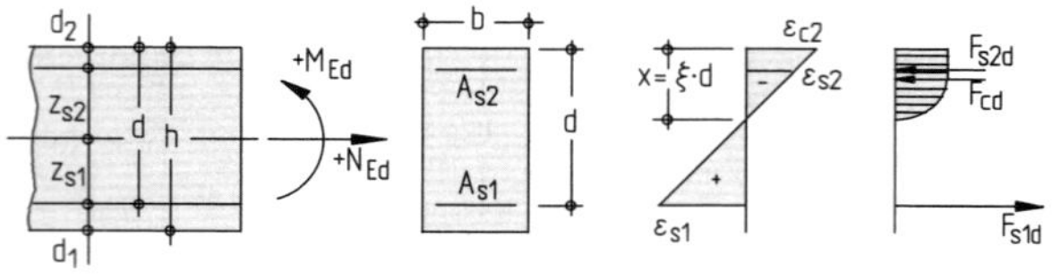

$$k_d = \frac{d\,[\text{cm}]}{\sqrt{M_{Eds}\,[\text{kNm}]\,/\,b\,[\text{m}]}} \qquad \text{mit } M_{Eds} = M_{Ed} - N_{Ed} \cdot z_{s1}$$

Beiwerte k_{s1} und k_{s2}

ξ = 0,45										**ξ = 0,617**										$\xi = \begin{cases}0{,}450\\0{,}617\end{cases}$
k_d für f_{ck}									k_{s1}	k_d für f_{ck}									k_{s1}	k_{s2}
12	16	20	25	30	35	40	45	50		12	16	20	25	30	35	40	45	50		
2,23	1,93	1,73	1,54	1,41	1,30	1,22	1,15	1,09	2,83	1,99	1,72	1,54	1,38	1,26	1,17	1,09	1,03	0,98	3,09	0
2,18	1,89	1,69	1,51	1,38	1,28	1,19	1,13	1,07	2,82	1,95	1,69	1,51	1,35	1,23	1,14	1,07	1,01	0,96	3,07	0,10
2,14	1,85	1,65	1,48	1,35	1,25	1,17	1,10	1,05	2,80	1,91	1,65	1,48	1,32	1,21	1,12	1,05	0,99	0,93	3,04	0,20
2,09	1,81	1,62	1,45	1,32	1,22	1,14	1,07	1,02	2,79	1,87	1,62	1,45	1,29	1,18	1,09	1,02	0,96	0,91	3,02	0,30
2,04	1,77	1,58	1,41	1,29	1,19	1,11	1,05	1,00	2,77	1,82	1,58	1,41	1,26	1,15	1,07	1,00	0,94	0,89	2,99	0,40
1,99	1,72	1,54	1,38	1,26	1,17	1,09	1,03	0,98	2,76	1,78	1,54	1,38	1,23	1,12	1,04	0,97	0,92	0,87	2,97	0,50
1,94	1,68	1,50	1,34	1,23	1,14	1,07	1,01	0,96	2,74	1,73	1,50	1,34	1,20	1,10	1,01	0,95	0,89	0,85	2,94	0,60
1,89	1,63	1,46	1,31	1,19	1,10	1,03	0,97	0,92	2,73	1,69	1,46	1,31	1,17	1,07	0,99	0,92	0,87	0,83	2,92	0,70
1,83	1,59	1,42	1,27	1,16	1,07	1,00	0,94	0,89	2,71	1,64	1,42	1,27	1,13	1,04	0,96	0,90	0,85	0,80	2,89	0,80
1,78	1,54	1,38	1,23	1,12	1,04	0,97	0,92	0,87	2,70	1,59	1,37	1,23	1,10	1,00	0,93	0,87	0,82	0,78	2,87	0,90
1,72	1,49	1,33	1,19	1,09	1,01	0,95	0,89	0,85	2,69	1,54	1,33	1,19	1,06	0,97	0,90	0,84	0,79	0,75	2,84	1,00
1,66	1,44	1,29	1,15	1,05	0,97	0,91	0,86	0,81	2,67	1,48	1,28	1,15	1,03	0,94	0,87	0,81	0,77	0,73	2,82	1,10
1,60	1,38	1,24	1,11	1,01	0,94	0,88	0,83	0,79	2,66	1,43	1,24	1,11	0,99	0,90	0,84	0,78	0,74	0,70	2,79	1,20
1,53	1,33	1,19	1,06	0,97	0,90	0,84	0,79	0,75	2,64	1,37	1,19	1,06	0,95	0,87	0,80	0,75	0,71	0,67	2,77	1,30
1,47	1,27	1,14	1,02	0,93	0,86	0,80	0,76	0,72	2,63	1,31	1,14	1,02	0,91	0,83	0,77	0,72	0,68	0,64	2,74	1,40

Beiwerte ρ_1 und ρ_2

d_2/d	**ξ = 0,45**					**ξ = 0,617**				
	ρ_1 für k_{s1} =				ρ_2	ρ_1 für k_{s1} =				ρ_2
	2,83	2,74	2,68	2,63		3,09	2,97	2,85	2,74	
≤0,07	1,00	1,00	1,00	1,00	1,00	1,00	1,00	1,00	1,00	1,00
0,08	1,00	1,00	1,00	1,01	1,01	1,00	1,00	1,00	1,01	1,01
0,10	1,00	1,01	1,01	1,02	1,03	1,00	1,01	1,01	1,02	1,03
0,12	1,00	1,01	1,02	1,03	1,06	1,00	1,01	1,02	1,03	1,06
0,14	1,00	1,02	1,03	1,04	1,08	1,00	1,01	1,03	1,04	1,08
0,16	1,00	1,02	1,04	1,06	1,11	1,00	1,02	1,04	1,06	1,11
0,18	1,00	1,03	1,05	1,07	1,17	1,00	1,02	1,05	1,07	1,13
0,20	1,00	1,04	1,06	1,09	1,30	1,00	1,03	1,06	1,08	1,16
0,22	1,00	1,04	1,07	1,10	1,45	1,00	1,03	1,07	1,10	1,19
0,24	1,00	1,05	1,09	1,12	1,63	1,00	1,04	1,08	1,12	1,24

$$A_{s1}\,[\text{cm}^2] = \rho_1 \cdot k_{s1} \cdot \frac{M_{Eds}\,[\text{kNm}]}{d\,[\text{cm}]} + \frac{N_{Ed}\,[\text{kN}]}{43{,}5}$$

$$A_{s2}\,[\text{cm}^2] = \rho_2 \cdot k_{s2} \cdot \frac{M_{Eds}\,[\text{kNm}]}{d\,[\text{cm}]}$$

Dimensionsgebundene Bemessungstafel (k_d-Verfahren) für den Rechteckquerschnitt **mit** Druckbewehrung für Biegung mit Längskraft (Betonstahl B 500 und γ_S = 1,15; Normalbeton ≤ C50/60)

Tafel 3

C 12/15 – C 50/60
$d_1/h = 0{,}10$

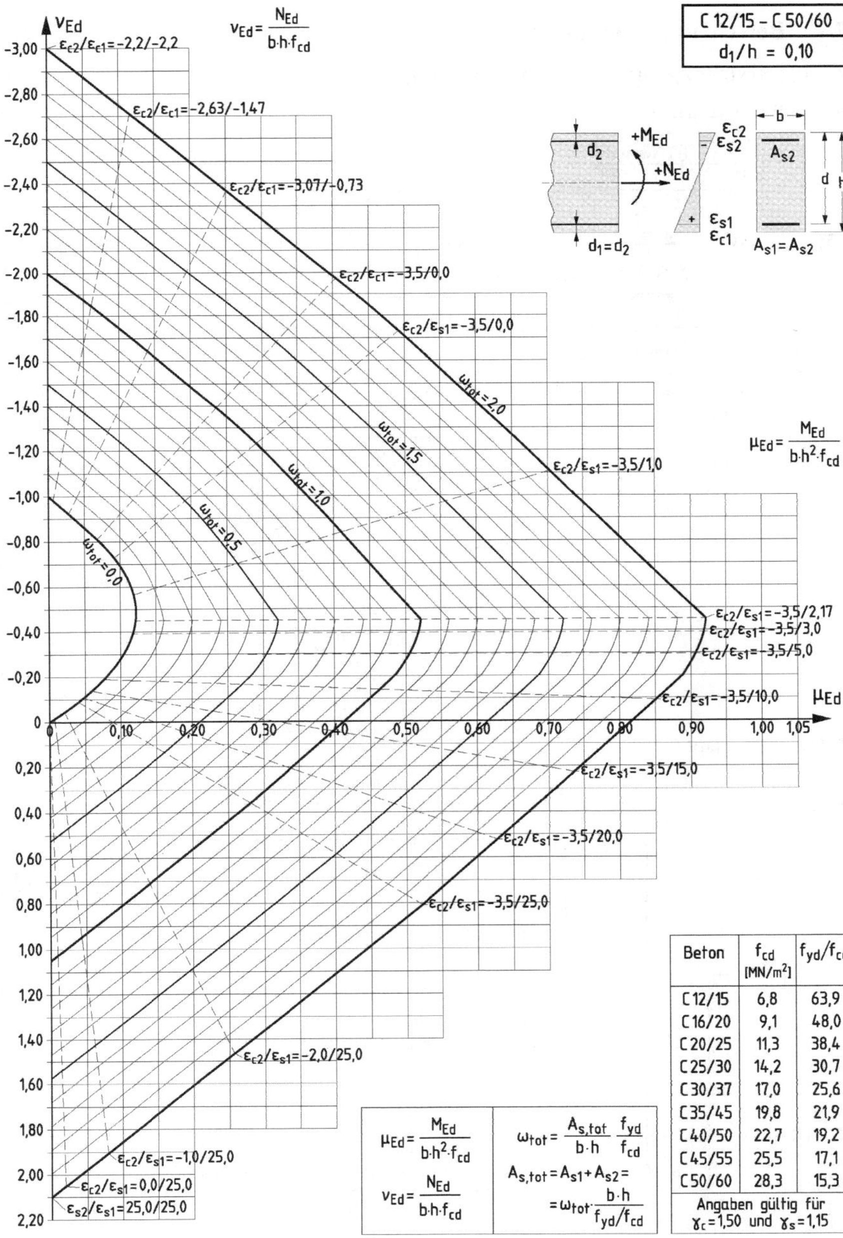

$$\mu_{Ed} = \frac{M_{Ed}}{b \cdot h^2 \cdot f_{cd}} \qquad \nu_{Ed} = \frac{N_{Ed}}{b \cdot h \cdot f_{cd}}$$

$$\omega_{tot} = \frac{A_{s,tot}}{b \cdot h} \cdot \frac{f_{yd}}{f_{cd}} \qquad A_{s,tot} = A_{s1} + A_{s2} = \omega_{tot} \cdot \frac{b \cdot h}{f_{yd}/f_{cd}}$$

Beton	f_{cd} [MN/m²]	f_{yd}/f_{cd}
C 12/15	6,8	63,9
C 16/20	9,1	48,0
C 20/25	11,3	38,4
C 25/30	14,2	30,7
C 30/37	17,0	25,6
C 35/45	19,8	21,9
C 40/50	22,7	19,2
C 45/55	25,5	17,1
C 50/60	28,3	15,3
Angaben gültig für $\gamma_c = 1{,}50$ und $\gamma_s = 1{,}15$		

Interaktionsdiagramm für den Rechteckquerschnitt mit symmetrischer Bewehrungsanordnung nach obiger Skizze (B 500 mit $\gamma_S = 1{,}15$; Beton ≤ C50/60); $d_1/h = 0{,}10$ (aus [12.44])

7 Bewehrungszeichnungen; Konstruktionstafeln

(s. a. Kapitel 14 B „Bauzeichnungen“)

7.1 Bewehrungszeichnungen

7.1.1 Darstellung von Stabstahlbewehrung

- **Stahlbetonbalken**

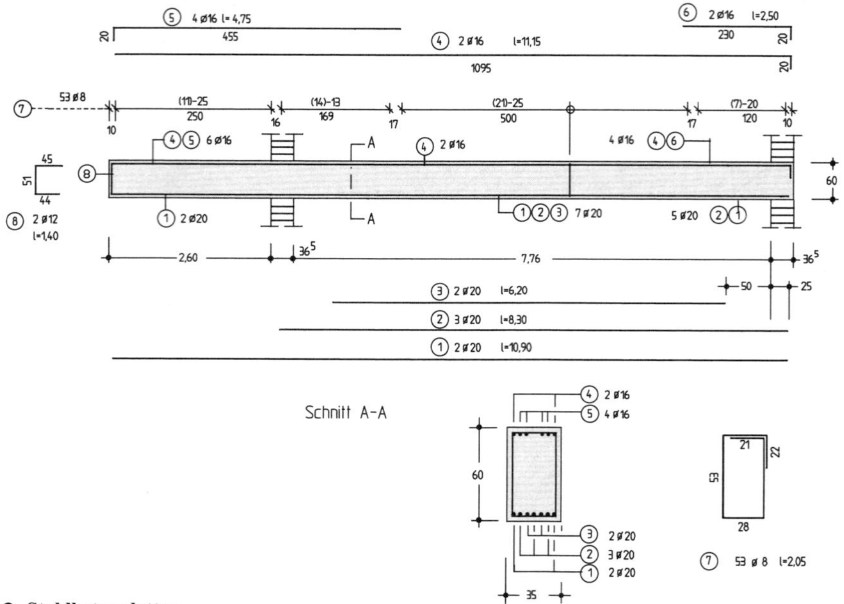

- **Stahlbetonplatten**

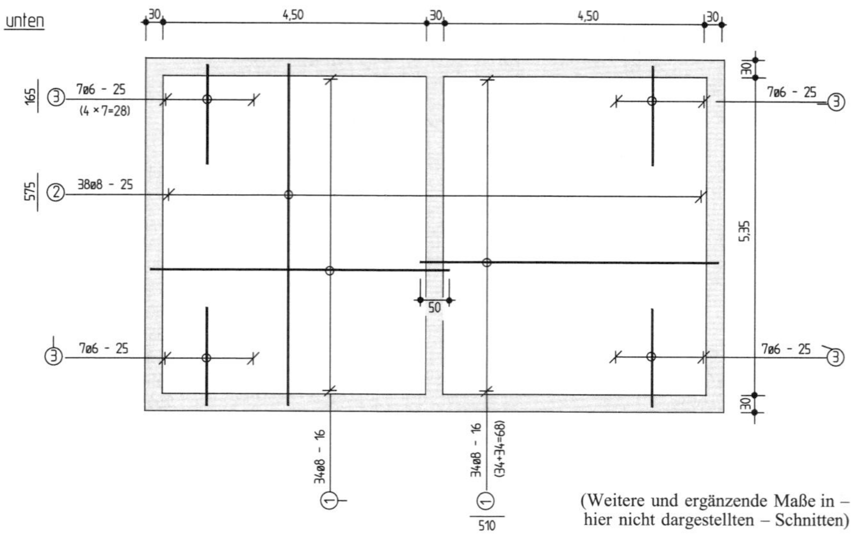

(Weitere und ergänzende Maße in – hier nicht dargestellten – Schnitten)

7.1.2 Darstellung von Mattenbewehrung

- **Darstellung einzelner Matten**

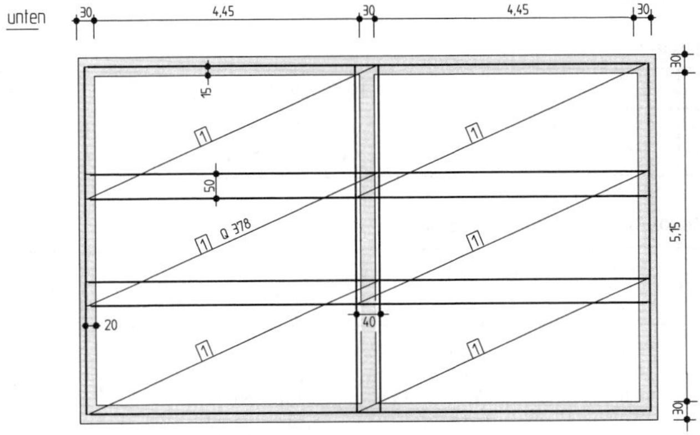

- **Zusammengefasste Darstellung von gleichen Einzelmatten**

a) *)

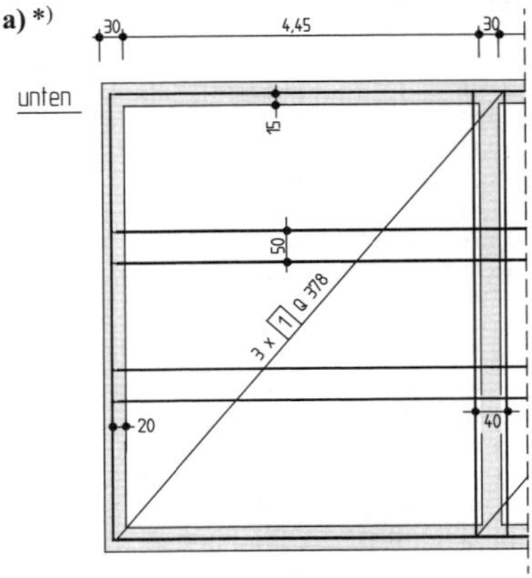

b)

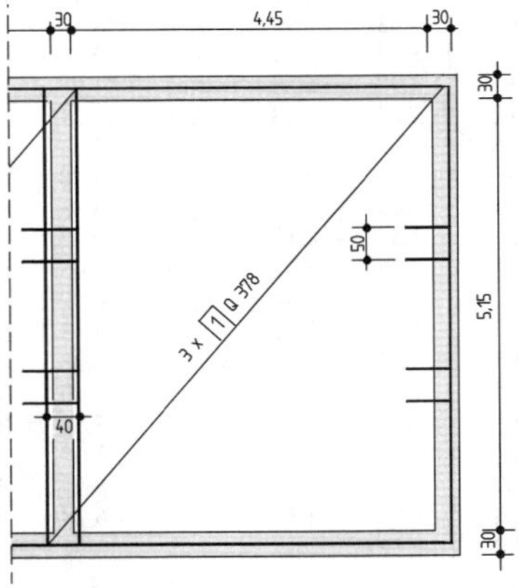

- **Achsenbezogene Darstellung**

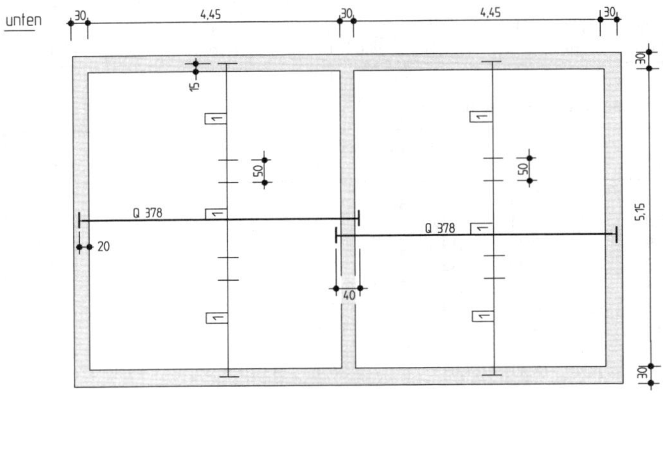

*) Die Darstellungsart a) ist nicht genormt.

7.2 Konstruktionstafeln

7.2.1 Betonstabstahl B 500

Abmessungen und Gewichte

Nenndurchmesser $\varnothing_s$ in mm	6	8	10	12	14	16	20	25	28	32	36	40
Nennquerschnitt A_s in cm²	0,283	0,503	0,785	1,13	1,54	2,01	3,14	4,91	6,16	8,04	10,18	12,57
Nenngewicht G in kg/m	0,222	0,395	0,617	0,888	1,21	1,58	2,47	3,85	4,83	6,31	7,99	9,87

Querschnitte von Flächenbewehrungen a_s in cm²/m

Stab-abstand s in cm	Durchmesser $\varnothing_s$ in mm									Stäbe pro m
	6	8	10	12	14	16	20	25	28	
5,0	5,65	10,05	15,71	22,62	30,79	40,21	62,83	98,17		20,00
5,5	5,14	9,14	14,28	20,56	27,99	36,56	57,12	89,25		18,18
6,0	4,71	8,38	13,09	18,85	25,66	33,51	52,36	81,81	102,63	16,67
6,5	4,35	7,73	12,08	17,40	23,68	30,93	48,33	75,52	94,73	15,38
7,0	4,04	7,18	11,22	16,16	21,99	28,72	44,88	70,12	87,96	14,29
7,5	3,77	6,70	10,47	15,08	20,53	26,81	41,89	65,45	82,10	13,33
8,0	3,53	6,28	9,82	14,14	19,24	25,13	39,27	61,36	76,97	12,50
8,5	3,33	5,91	9,24	13,31	18,11	23,65	36,96	57,75	72,44	11,76
9,0	3,14	5,59	8,73	12,57	17,10	22,34	34,91	54,54	68,42	11,11
9,5	2,98	5,29	8,27	11,90	16,20	21,16	33,07	51,67	64,82	10,53
10,0	2,83	5,03	7,85	11,31	15,39	20,11	31,42	49,09	61,58	10,00
10,5	2,69	4,79	7,48	10,77	14,66	19,15	29,92	46,75	58,64	9,52
11,0	2,57	4,57	7,14	10,28	13,99	18,28	28,56	44,62	55,98	9,09
11,5	2,46	4,37	6,83	9,83	13,39	17,48	27,32	42,68	53,54	8,70
12,0	2,36	4,19	6,54	9,42	12,83	16,76	26,18	40,91	51,31	8,33
12,5	2,26	4,02	6,28	9,05	12,32	16,08	25,13	39,27	49,26	8,00
13,0	2,17	3,87	6,04	8,70	11,84	15,47	24,17	37,76	47,37	7,69
13,5	2,09	3,72	5,82	8,38	11,40	14,89	23,27	36,36	45,61	7,41
14,0	2,02	3,59	5,61	8,08	11,00	14,36	22,44	35,06	43,98	7,14
14,5	1,95	3,47	5,42	7,80	10,62	13,87	21,67	33,85	42,47	6,90
15,0	1,88	3,35	5,24	7,54	10,26	13,40	20,94	32,72	41,05	6,67
16,0	1,77	3,14	4,91	7,07	9,62	12,57	19,63	30,68	38,48	6,25
17,0	1,66	2,96	4,62	6,65	9,06	11,83	18,48	28,87	36,22	5,88
18,0	1,57	2,79	4,36	6,28	8,55	11,17	17,45	27,27	34,21	5,56
19,0	1,49	2,65	4,13	5,95	8,10	10,58	16,53	25,84	32,41	5,26
20,0	1,41	2,51	3,93	5,65	7,70	10,05	15,71	24,54	30,79	5,00
21,0	1,35	2,39	3,74	5,39	7,33	9,57	14,96	23,37	29,32	4,76
22,0	1,29	2,28	3,57	5,14	7,00	9,14	14,28	22,31	27,99	4,55
23,0	1,23	2,19	3,41	4,92	6,69	8,74	13,66	21,34	26,77	4,35
24,0	1,18	2,09	3,27	4,71	6,41	8,38	13,09	20,45	25,66	4,17
25,0	1,13	2,01	3,14	4,52	6,16	8,04	12,57	19,63	24,63	4,00

Querschnitte von Balkenbewehrungen A_s in cm²

Stabdurchmesser $\varnothing_s$ in mm	Anzahl der Stäbe									
	1	2	3	4	5	6	7	8	9	10
6	0,28	0,57	0,85	1,13	1,41	1,70	1,98	2,26	2,54	2,83
8	0,50	1,01	1,51	2,01	2,51	3,02	3,52	4,02	4,52	5,03
10	0,79	1,57	2,36	3,14	3,93	4,71	5,50	6,28	7,07	7,85
12	1,13	2,26	3,39	4,52	5,65	6,79	7,92	9,05	10,18	11,31
14	1,54	3,08	4,62	6,16	7,70	9,24	10,78	12,32	13,85	15,39
16	2,01	4,02	6,03	8,04	10,05	12,06	14,07	16,09	18,10	20,11
20	3,14	6,28	9,42	12,57	15,71	18,85	21,99	25,13	28,27	31,42
25	4,91	9,82	14,73	19,64	24,54	29,45	34,36	39,27	44,18	49,09
28	6,16	12,32	18,47	24,63	30,79	36,95	43,10	49,26	55,42	61,58

Größte Anzahl von Stäben in einer Lage bei Balken

Nachfolgende Werte gelten für ein Nennmaß der Betondeckung c_{nom} = 2,5 cm (bezogen auf den Bügel) ohne Berücksichtigung von Rüttellücken. Bei den Werten in ( ) werden die geforderten Abstände geringfügig unterschritten.

Balkenbreite b in cm	Durchmesser d_s in mm 10	12	14	16	20	25	28
10	1	1	1	1	1	1	–
15	3	3	3	(3)	2	2	1
20	5	4	4	4	3	3	2
25	6	6	6	5	5	4	3
30	8	(8)	7	7	6	5	4
35	10	9	(9)	8	7	6	5
40	11	11	10	9	8	7	6
45	13	12	(12)	11	10	8	7
50	15	14	13	12	11	9	(8)
55	16	15	14	14	12	10	8
60	18	17	16	15	13	11	9
Bügeldurchmesser $\varnothing_{sbü}$	$\varnothing_{sbü} \leq$ 8 mm				$\leq$ 10 mm	$\leq$ 12 mm	$\leq$ 16 mm

Verbundbedingungen (s. auch S. 12.42)

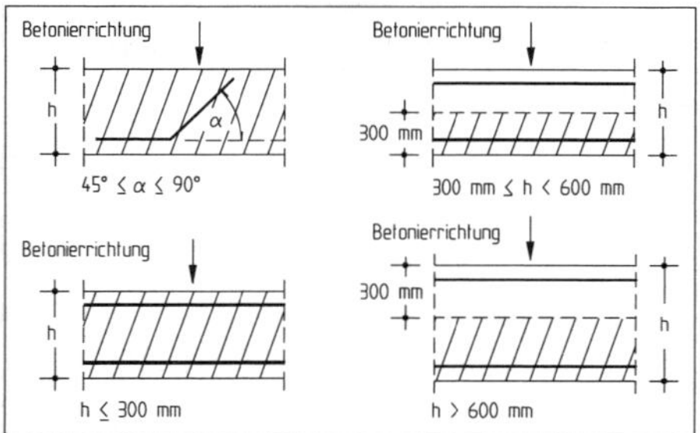

gute Verbundbedingungen: alle Stäbe im *schraffierten* Bereich
mäßige Verbundbedingungen: alle Stäbe im *nichtschraffierten* Bereich

Verbundspannungen f_{bd} in N/mm²
(für Rippenstäbe mit $\varnothing_s \leq 32$ mm; s. S. 12.42)

Betonfestigkeitsklasse	Verbundspannung f_{bd} in N/mm² guter Verbund	mäßiger Verbund
C12/15	1,6	1,1
C16/20	2,0	1,4
C20/25	2,3	1,6
C25/30	2,7	1,9
C30/37	3,0	2,1
C35/45	3,4	2,4
C40/50	3,7	2,6
C45/55	4,0	2,8
C50/60	4,3	3,0

Grundmaß der Verankerungslänge $l_{b,rqd}$ in cm

Betonfestigkeitsklasse	Verbundbedingung	Stabdurchmesser $\varnothing_s$ in mm 6	8	10	12	14	16	20	25	28
C12/15	gut	40	53	66	79	92	105	132	165	184
	mäßig	56	75	94	113	132	150	188	235	263
C16/20	gut	33	43	54	65	76	87	109	136	152
	mäßig	47	62	78	93	109	124	155	194	217
C20/25	gut	28	37	47	56	66	75	94	117	131
	mäßig	40	54	67	80	94	107	134	167	187
C25/30	gut	24	32	40	48	57	65	81	101	113
	mäßig	35	46	58	69	81	92	115	144	161
C30/37	gut	21	29	36	43	50	57	71	89	100
	mäßig	31	41	51	61	71	82	102	128	143
C35/45	gut	19	26	32	39	45	52	64	81	90
	mäßig	28	37	46	55	64	74	92	115	129
C40/50	gut	18	24	30	35	41	47	59	74	83
	mäßig	25	34	42	51	59	67	84	105	118
C45/55	gut	16	22	27	33	38	44	55	68	76
	mäßig	23	31	39	47	55	62	78	97	109
C50/60	gut	15	20	25	31	36	41	51	64	71
	mäßig	22	29	36	44	51	58	73	91	102

7.2.2 Betonstahlmatten B 500 (A)

Lagermatten Lieferprogramm

(mit Materialeigenschaften gemäß DIN 488; ab 01.01.2008)

Länge / Breite	Randeinsparung (Längsrichtung)	Matten-bezeichnung	Mattenaufbau in Längsrichtung / Querrichtung: Stab-abstände	Stabdurchmesser: Innen-bereich	Stabdurchmesser: Rand-bereich	Anzahl der Längsrandstäbe: links	Anzahl der Längsrandstäbe: rechts	Quer-schnitte längs / quer	Gewicht je Matte	Gewicht je m²
m			mm	mm	mm			cm²/m	kg	kg
6,00 / 2,30	ohne	**Q188 A**	150 150	6,0 6,0				1,88 1,88	41,7	3,02
6,00 / 2,30	ohne	**Q257 A**	150 150	7,0 7,0				2,57 2,57	56,8	4,12
6,00 / 2,30	ohne	**Q335 A**	150 150	8,0 8,0				3,35 3,35	74,3	5,38
6,00 / 2,30	mit	**Q424 A**	150 150	9,0 9,0	7,0	4	4	4,24 4,27	84,4	6,12
6,00 / 2,30	mit	**Q524 A**	150 150	10,0 10,0	7,0	4	4	5,24 5,24	100,9	7,31
6,00 / 2,35	mit	**Q636 A**	100 125	9,0 10,0	7,0	4	4	6,36 6,36	132,0	9,36
6,00 / 2,30	ohne	**R188 A**	150 250	6,0 6,0				1,88 1,13	33,6	2,43
6,00 / 2,30	ohne	**R257 A**	150 250	7,0 6,0				2,57 1,13	41,2	2,99
6,00 / 2,30	ohne	**R335 A**	150 250	8,0 6,0				3,35 1,13	50,2	3,64
6,00 / 2,30	mit	**R424 A**	150 250	9,0 8,0	8,0	2	2	4,24 2,01	67,2	4,87
6,00 / 2,30	mit	**R524 A**	150 250	10,0 8,0	8,0	2	2	5,24 2,01	75,7	5,49

Der Gewichtsermittlung der Lagermatten liegen folgende Überstände zugrunde:

Q188 A – Q524 A: Überstände längs: 75,0/75,0 mm Überstände quer: 25/25 mm
Q636 A: Überstände längs: 62,5/62,5 mm Überstände quer: 25/25 mm
R188 A – R524 A: Überstände längs: 125 / 125 mm Überstände quer: 25/25 mm

Randausbildung der Lagermatten:
„dick“ / „dünn“

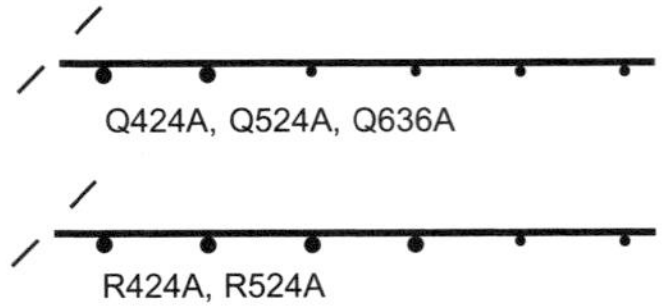

13 A Stahlbau nach Eurocode 3
13 B Trapezprofile und Sandwichbauteile
13 C Glasbau
13 D Stahlbauprofile

13 A Stahlbau nach Eurocode 3

Prof. Dr.-Ing. Christof Hausser, Prof. Dr.-Ing. Christoph Seeßelberg

1 Grundlagen der Bemessung

1.1 Regelwerke

Die Normenreihe des Eurocode 3, Bemessung und Konstruktion von Stahlbauten, besteht aus den Teilen:

EN 1993-1	(12.10)	Teil 1: Allgemeine Bemessungsregeln und Regeln für den Hochbau
EN 1993-2	(12.10)	Teil 2: Stahlbrücken
EN 1993-3	(12.10)	Teil 3: Türme, Maste und Schornsteine
EN 1993-4	(12.10)	Teil 4: Tank- und Silobauwerke und Rohrleitungen
EN 1993-5	(12.10)	Teil 5: Spundwände und Pfähle aus Stahl
EN 1993-6	(12.10)	Teil 6: Kranbahnträger

Teil 1 des Eurocode 3 setzt sich aus folgenden Teilnormen zusammen:

Teil 1-1	(12.10)	Allgemeine Bemessungsregeln und Regeln für den Hochbau
Teil 1-2	(12.10)	Baulicher Brandschutz
Teil 1-3	(12.10)	Kaltgeformte dünnwandige Bauteile und Bleche
Teil 1-4	(02.07)	Nichtrostender Stahl
Teil 1-5	(12.10)	Bauteile aus ebenen Blechen mit Beanspruchungen in der Blechebene
Teil 1-6	(12.10)	Festigkeit und Stabilität von Schalentragwerken
Teil 1-7	(12.10)	Ergänzende Regeln zu ebenen Blechfeldern mit Querbelastung
Teil 1-8	(12.10)	Bemessung und Konstruktion von Anschlüssen und Verbindungen
Teil 1-9	(12.10)	Ermüdung
Teil 1-10	(12.10)	Auswahl der Stahlsorten im Hinblick auf Bruchzähigkeit und Eigenschaften in Dickenrichtung
Teil 1-11	(12.10)	Bemessung und Konstruktion von Tragwerken mit stählernen Zugelementen
Teil 1-12	(12.10)	Zusätzliche Regeln zur Erweiterung von EN 1993 auf Stahlgüten bis S700

Zu jedem Teil des Eurocode 3 regelt ein Nationaler Anhang die länderspezifischen Besonderheiten. Es wird darauf hingewiesen, dass die Nationalen Anhänge anderer Länder abweichen können.

Weitere, für den Stahlbau wichtige Normen sind:

DIN EN 1990-2	(11.10)	Ausführung von Stahltragwerken und Aluminiumtragwerken, Teil 2: Technische Regeln für die Ausführung von Stahltragwerken
DIN EN 10 025	(11.04)	Warmgewalzte Erzeugnisse aus Baustählen, Teile 1 bis 6

Um das Auffinden von Regelungen in der Norm zu erleichtern, werden in diesem Kapitel zusätzliche Literaturhinweise im folgenden Format angegeben:

[-1-1/5.2.2]	EC 3 Teil 1-1, Kapitel 5.2.2
[-1-8/Tab.3.1]	EC 3 Teil 1-8, Tabelle 3.1
[-3-2/Bild2.1]	EC 3 Teil 3-2, Bild 2.1
[-1-1NA/Tab.1]	Nationaler Anhang zu EC 3, Teil 1-1, Tabelle 1

1.2 Begriffe und Definitionen

Für Schnittgrößen und Verformungen werden folgende Bezeichnungen verwendet:

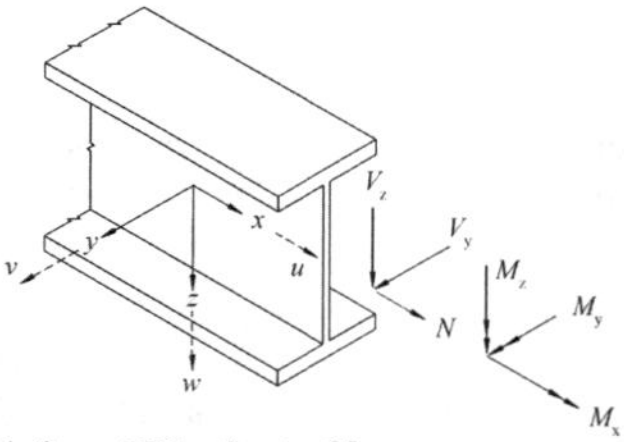

M_x, M_y, M_z	Momente um die x-, y- oder z-Achse
V_z, V_y	Querkräfte in z- oder y-Richtung
N	Normalkraft
u, v, w	Verformung in x-, y- oder z-Richtung
Index k	charakteristische Werte
Index d	Bemessungswerte

1.3 Werkstoffe

Tafel 13.3a Charakteristische Festigkeiten in N/mm² für Walzstahl [-1-1/Tab.3.1]

Werkstoffnorm	Stahlsorte	Erzeugnisdicke t[1)] in mm			
		$t \leq 40$ mm		$40 \text{ mm} < t \leq 80$ mm	
		f_y	f_u	f_y	f_u
DIN EN 10 025-2	S235	235	360	215	360
	S275	275	430	255	410
	S355	355	490	335	490
DIN EN 10 025-3	S420 N/NL	420	520	390	520
	S460 N/NL	460	540	430	540

1) Für Erzeugnisse mit größeren, hier nicht aufgeführten Dicken sind die Nennwerte den entsprechenden Werkstoffnormen zu entnehmen.

Tafel 13.3b Werkstoffkennwerte von Stahl [-1-1/3.2.6]

Elastizitätsmodul	E = 210 000 N/mm²	Dichte		ρ =	7850 kg/m³
Schubmodul	G = 81 000 N/mm²	Temperaturausdeh-		α_T =	0,000012 K^{-1}
Querdehnzahl	ν = 0,30	nungskoeffizient		für $T \leq$	100 °C

Bei der Auswahl einer Stahlsorte ist zu gewährleisten, dass auch bei niedrigen Temperaturen kein Sprödbruch auftreten kann. Dies kann nach [-1-10/2.4] durch die Begrenzung der maximalen Blechstärken erfolgen.

Tafel 13.3c Charakteristische Festigkeiten von Schraubenwerkstoffen [-1-8/Tab.3.1]

Schraubenfestigkeitsklasse	4.6	5.6	8.8	10.9
f_{yb} [N/mm²]	240	300	640	900
f_{ub} [N/mm²]	400	500	800	1000

Die Festigkeitsklassen 4.8, 5.8 und 6.8 sind nach [-1-1NA/3.3] in Deutschland nicht zugelassen.

1.4 Erforderliche Nachweise

Für ein Tragwerk, seine Teile und seine Verbindungen sind die Tragsicherheit, die Gebrauchstauglichkeit sowie die Dauerhaftigkeit nachzuweisen.

Im **Grenzzustand der Tragfähigkeit** sind folgende Nachweise zu führen [-1-1/6]:

- Beanspruchbarkeit der Querschnitte (s. Abschnitt 2.2)
- Stabilitätsnachweis des Tragwerks und seiner Bauteile (s. Abschnitt 3)
- Beulnachweise von Querschnittsteilen, Nachweis nach EC 3, Teil 1-5
- Anschlüsse und Verbindungen (s. Abschnitt 4)
- Lagesicherheit, Nachweis nach DIN EN 1990, Abschnitt 6.4.2.

Im **Grenzzustand der Gebrauchstauglichkeit** sind zu gewährleisten [-1-1/7]:

- Grenzwerte der Verformungen (s. Abschnitt 2.3)
- Begrenzung von Vibrationen bei dynamischen Einwirkungen (s. EN 1990, A1.4.4).

Zur Sicherung der **Dauerhaftigkeit** müssen für die Nutzungsdauer des Bauwerks folgende Punkte gewährleistet sein [-1-1/4]:

- Korrosionsgerechte Gestaltung nach EN 1090

- Möglichkeit zur Durchführung von Inspektions-, Wartungs- und Instandsetzungsmaßnahmen
- Berücksichtigung der Auswirkungen von Verschleiß
- Nachweis der Ermüdungssicherheit nach EC 3, Teil 1-9

1.5 Berechnungsmethoden

Grundsätzlich ist für eine statische Berechnung ein Berechnungsmodell zu wählen, welches das Tragwerksverhalten der Querschnitte, Bauteile und Anschlüsse im betrachteten Grenzzustand mit ausreichender Genauigkeit wiedergeben kann.

Die Schnittkräfte können nach Theorie I. Ordnung ermittelt werden, falls die in Abschnitt 3.1 angegebenen Kriterien erfüllt sind. Im anderen Fall müssen die Schnittkräfte unter Berücksichtigung von Imperfektionen sowie der Einflüsse der Tragwerksverformungen nach Theorie II. Ordnung berechnet werden [-1-1/5.2.1].

Eine **elastische Tragwerksberechnung** darf in allen Fällen angewendet werden. Dies gilt auch für den Fall, dass die Querschnittswiderstände plastisch ermittelt werden. Bei Durchlaufträgern aus Querschnitten der Klasse 1 oder 2 dürfen die Stützmomente um 15 % abgemindert werden, wenn die Schnittgrößen des Trägers mit den äußeren Einwirkungen im Gleichgewicht stehen und kein Biegedrillknicken auftreten kann [-1-1/5.4.1].

Um die plastischen Reserven eines Tragwerks nutzen zu können, darf die Schnittkraftermittlung auch mit einer **plastischen Tragwerksberechnung** durchgeführt werden [-1-1/5.4.3]. Dazu kommen die folgenden Berechnungsmethoden in Frage:
- Elastisch-plastisches Fließgelenkverfahren mit voll plastifizierten Querschnitten in den Fließgelenken
- Fließzonenverfahren mit teilplastifizierten Querschnitten
- Starr-plastisches Fließgelenkverfahren ohne Berücksichtigung der elastischen Verformungen zwischen den Fließgelenken.

An den Fließgelenken müssen Querschnitte der Klasse 1 mit ausreichender Rotationskapazität vorliegen. Weitere Regelungen s. [-1-1/5.6].

1.6 Teilsicherheitsbeiwerte

Auf der Einwirkungsseite gelten die in EC 0 angegebenen Teilsicherheitsbeiwerte, Kombinationsfaktoren und Kombinationsregeln. Auf der Widerstandsseite sind für die verschiedenen Nachweise die folgenden Teilsicherheitsbeiwerte festgelegt:

Tafel 13.4a Teilsicherheitsbeiwerte für den Nachweis der Tragsicherheit [-1-1/6.1]

Beanspruchbarkeit von Querschnitten (unabhängig von der Querschnittsklasse)	γ_{M0}	1,00
Beanspruchbarkeit von Bauteilen bei Stabilitätsversagen [-1-1NA/Seite 7] (bei Anwendung von Bauteilnachweisen)	γ_{M1}	1,10
Beanspruchbarkeit von Querschnitten bei Bruchversagen infolge Zugbeanspruchung	γ_{M2}	1,25

Tafel 13.4b Teilsicherheitsbeiwerte für Anschlüsse [-1-8/Tab.2.1]

Beanspruchbarkeit von Schrauben, Nieten, Bolzen, Schweißnähten und Blechen auf Lochleibung	γ_{M2}	1,25
Gleitfestigkeit im Grenzzustand der Tragfähigkeit (Kategorie C nach Tafel 13.29)	γ_{M3}	1,25
Gleitfestigkeit im Grenzzustand der Gebrauchstauglichkeit (Kategorie B)	$\gamma_{M3,ser}$	1,10
Lochleibungsbeanspruchbarkeit von Injektionsschrauben	γ_{M4}	1,00
Knotenanschlüsse in Fachwerken mit Hohlprofilen	γ_{M5}	1,00
Bolzen im Grenzzustand der Gebrauchstauglichkeit	$\gamma_{M6,ser}$	1,00
Vorspannung hochfester Schrauben	γ_{M7}	1,10

Der Sicherheitsbeiwert bei Stabilitätsproblemen wird im Nationalen Anhang (12.10) des EC 3-1-1 mit $\gamma_{M1} = 1{,}10$ festgelegt. Frühere Fassungen des NA gaben den Wert $\gamma_{M1} = 1{,}0$ an. Es wird darauf hingewiesen, dass die Nationalen Anhänge anderer Länder davon abweichen können.

2 Bemessung *nicht* stabilitätsgefährdeter Bauteile

2.1 Klassifizierung von Querschnitten

2.1.1 Querschnittsklassen

@

Die Querschnitte von Stahlprofilen werden ihrem Tragverhalten entsprechend in die Querschnittsklassen (QK) 1 bis 4 eingeteilt, siehe Tafel 13.5a. Die c/t-Verhältnisse der einzelnen Querschnittsteile und die Spannungsverläufe sind maßgebend für die Zuordnung eines Querschnitts zu einer QK. Die nachfolgend dargestellte Zuordnung eines Profils zu einer QK gilt sowohl für nicht stabilitätsgefährdete als auch für stabilitätsgefährdete Bauteile.

Tafel 13.5a Querschnittsklassen [-1-1/5.5.2]

Querschnittsklasse	Momenten-Rotations-Verhalten	σ-Verlauf über den Querschnitt	Rotationsvermögen	Verfahren zur Bestimmung der Beanspruchungen	Verfahren zur Bestimmung der Beanspruchbarkeit	Anmerkungen
1	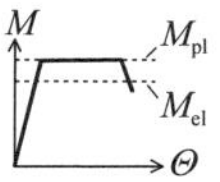	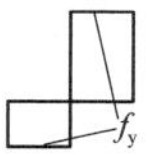	hoch	plastisch	plastisch	Querschnitte der QK 1 erreichen das volle plastische Moment und verfügen über ein ausgeprägtes Rotationsvermögen, so dass sich Fließgelenke einstellen können.
2	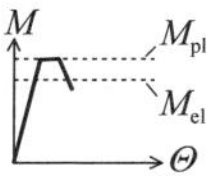	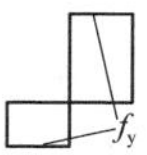	gering	elastisch	plastisch	Querschnitte der QK 2 erreichen das volle plastische Moment, verfügen nur über ein geringes Rotationsvermögen, so dass Fließgelenke nicht unterstellt werden dürfen.
3	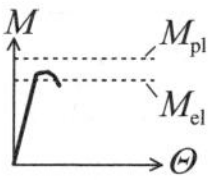	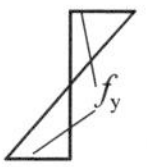	keines	elastisch	elastisch	Querschnitte der QK 3 ermöglichen die Ausnutzung des elastischen Moments ohne Beulen der Querschnittsteile, das plastische Moment wird jedoch nicht erreicht.
4	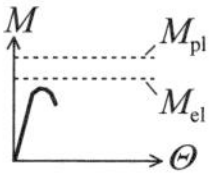	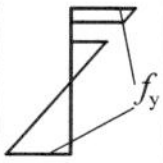	keines	elastisch	elastisch, am effektiven Querschnitt	Querschnitte der QK 4 versagen durch lokales Beulen bereits vor Erreichen des elastischen Moments. Effektive Breiten nach [-1-5/5.2.2] verwenden.

Tafel 13.5b Materialparameter ε für den Gebrauch in Tafel 13.6 bis 13.7c [-1-1/Tab. 5.2]

$\varepsilon = \sqrt{235 / f_y}$	f_y in N/mm²	235	275	355	420	460
	ε	1,00	0,92	0,81	0,75	0,71

Bei der Bestimmung der Querschnittsklasse (QK) ist zu beachten:

- Die QK hängt stets von der Querschnittsform und dem Belastungszustand des Querschnitts ab. Mit der QK für reine Druckbeanspruchung liegt man für alle anderen möglichen Schnittgrößenkombinationen auf der sicheren Seite. Diese Annahme kann jedoch unwirtschaftlich sein.
- Rein zugbeanspruchte Querschnitte oder Querschnittsteile werden nicht einer QK zugeordnet, da kein lokales Ausbeulen zu befürchten ist.

Tafel 13.6 QK für *beidseitig* (!) gestützte, druckbeanspruchte Querschnittsteile [-1-1/Tab.5.2]

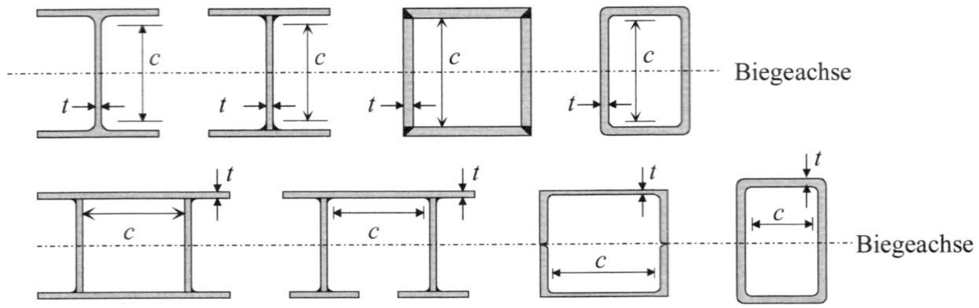

Querschnittsklasse	auf Biegung beanspruchte Querschnittsteile	auf Druck beanpruchte Querschnittsteile	auf Druck und Biegung beanspruchte Querschnittsteile
Spannungsverteilung über das Querschnittsteil (Druck positiv)	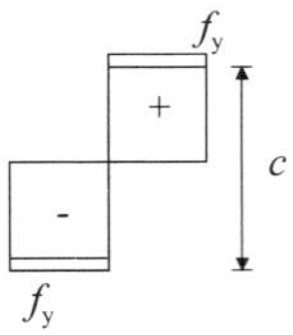	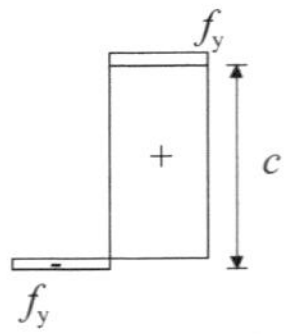	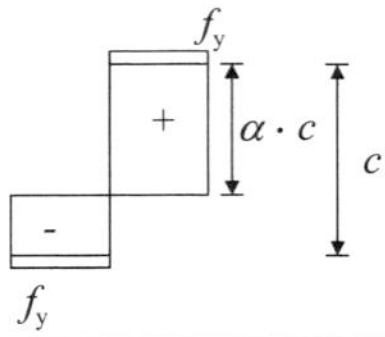
1	$c/t \leq 72 \cdot \varepsilon$	$c/t \leq 33 \cdot \varepsilon$	$\alpha > 0{,}5: c/t \leq \frac{396 \cdot \varepsilon}{13 \cdot \alpha - 1}$ $\alpha \leq 0{,}5: c/t \leq \frac{36 \cdot \varepsilon}{\alpha}$
2	$c/t \leq 83 \cdot \varepsilon$	$c/t \leq 38 \cdot \varepsilon$	$\alpha > 0{,}5: c/t \leq \frac{456 \cdot \varepsilon}{13 \cdot \alpha - 1}$ $\alpha \leq 0{,}5: c/t \leq \frac{41{,}5 \cdot \varepsilon}{\alpha}$
Spannungsverteilung über das Querschnittsteil (Druck positiv)	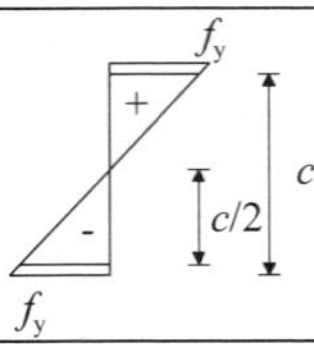	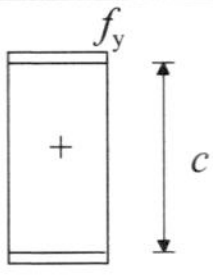	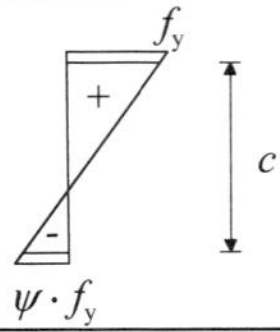
3	$c/t \leq 124 \cdot \varepsilon$	$c/t \leq 42 \cdot \varepsilon$	$\psi > -1: c/t \leq \frac{42 \cdot \varepsilon}{0{,}67 + 0{,}33 \cdot \psi}$ $\psi \leq -1$[1]$: c/t \leq 62 \cdot \varepsilon \cdot (1-\psi)\sqrt{-\psi}$

[1] Es gilt $\psi \leq -1$, falls entweder die Druckspannungen $\sigma \leq f_y$ oder die Dehnungen infolge Zug $\varepsilon_y > f_y / E$ sind.

Tafel 13.7a QK für *einseitig* (!) gestützte, druckbeanspruchte Bleche [-1-1/Tab.5.2]

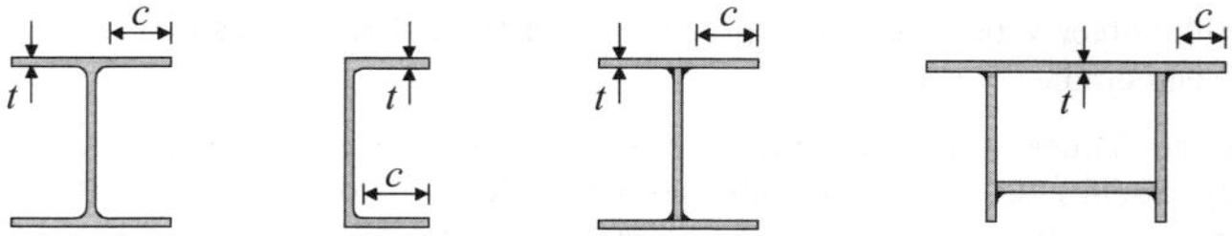

gewalzte Querschnitte und geschweißte Querschnitte

Querschnittsklasse	auf Druck beanspruchte Querschnittsteile	auf Druck und Biegung beanspruchte Querschnittsteile	
		freier Rand im Druckbereich	freier Rand im Zugbereich
Spannungsverteilung über das Querschnittsteil (Druck positiv)	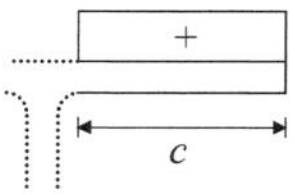	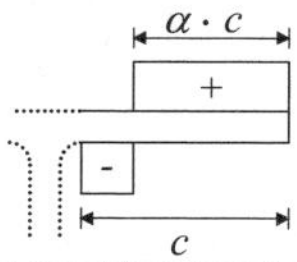	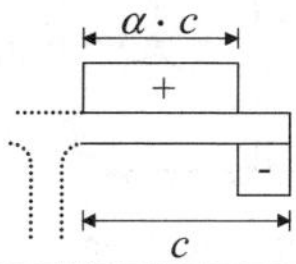
1	$c/t \leq 9 \cdot \varepsilon$	$c/t \leq \frac{9 \cdot \varepsilon}{\alpha}$	$c/t \leq \frac{9 \cdot \varepsilon}{\alpha \cdot \sqrt{\alpha}}$
2	$c/t \leq 10 \cdot \varepsilon$	$c/t \leq \frac{10 \cdot \varepsilon}{\alpha}$	$c/t \leq \frac{10 \cdot \varepsilon}{\alpha \cdot \sqrt{\alpha}}$
Spannungsverteilung über das Querschnittsteil (Druck positiv)	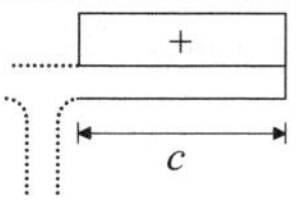	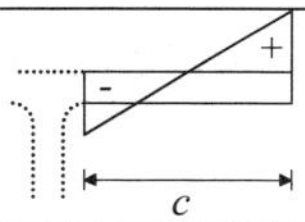	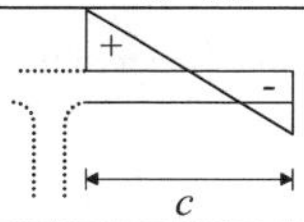
3	$c/t \leq 14 \cdot \varepsilon$	$c/t \leq 21 \cdot \varepsilon \cdot \sqrt{k_\sigma}$ k_σ nach [-1-5]	

Tafel 13.7b QK von druckbeanspruchten Winkelprofilen [-1-1/Tab.5.2]

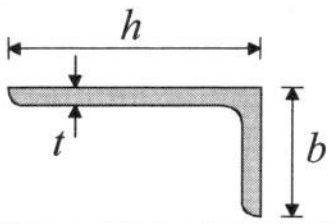	• Siehe auch „einseitig gestützte Bleche“ nach Tafel 13.7a. • Diese Tabelle gilt nicht für Winkel mit über die Länge durchgehender Verbindung zu anderen Bauteilen.
Querschnittsklasse	Auf Druck beanspruchte Winkelschenkel
Spannungsverteilung über das Querschnittsteil (Druck positiv)	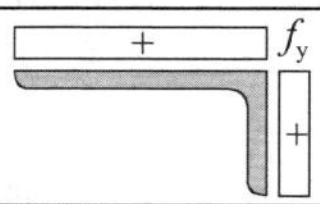
3	$h/t \leq 15 \cdot \varepsilon$ und gleichzeitig $\frac{b+h}{2 \cdot t} \leq 11{,}5 \cdot \varepsilon$

Tafel 13.7c QK von druckbeanspruchten, runden Hohlprofilen [-1-1/Tab.5.2]

Querschnittsklasse	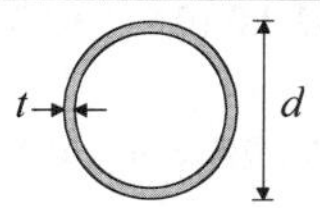	Auf Druck beanspruchte, runde Hohlprofile
1	$d/t \leq 50 \cdot \varepsilon^2$	
2	$d/t \leq 70 \cdot \varepsilon^2$	
3	$d/t \leq 90 \cdot \varepsilon^2$ (Für $d/t > 90 \cdot \varepsilon^2$ siehe [-1-6].)	

Vorgehensweise bei der Einstufung eines Querschnitts:

a) I-Walzprofile unter reiner Biegebeanspruchung oder reiner Druckbeanspruchung: Die QK kann Kap. 13D entnommen werden.

b) Beliebige, auf Druck und Biegung beanspruchte Querschnitte: Mit Hilfe der Tafeln 13.6 bis 13.7c wird jedem einzelnen Querschnittsteil eine QK zugeordnet. Querschnittsteile, die nicht mindestens die Grenzwerte der QK 3 nach Tafeln 13.6 bis 13.7c erfüllen, sind in QK 4 einzustufen. Die QK des Gesamtquerschnitts ergibt sich als die höchste QK seiner Querschnittsteile.

Beispiel: Dreiblechquerschnitt S355 unter Biegebeanspruchung; Schweißnahtdicke $a_w = 4$ mm

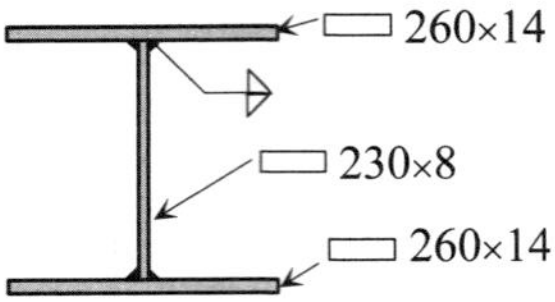

Materialparameter nach Tafel 13.5b:

$$\varepsilon = \sqrt{\frac{235}{f_y}} = \sqrt{\frac{235}{355}} = 0{,}81$$

Einstufung des Stegs: $c/t = (230 - 2 \cdot 4) / 8 = 27{,}8$

Nach Tafel 13.6: $c/t = 27{,}8 < 72 \cdot \varepsilon = 72 \cdot 0{,}81 = 58{,}3 \Rightarrow \text{QK}_{\text{Steg}} = \text{QK } 1$

Einstufung des Flanschs: $c/t = (b - t_w - 2 \cdot a_w) / (2 \cdot t_f) = (260 - 8 - 2 \cdot 4) / (2 \cdot 14) = 8{,}7$

Nach Tafel 13.7a: $c/t = 8{,}7 < 14 \cdot \varepsilon = 14 \cdot 0{,}81 = 11{,}3$

$> 10 \cdot \varepsilon = 10 \cdot 0{,}81 = 8{,}1 \Rightarrow \text{QK}_{\text{Flansch}} = \text{QK } 3$

Einstufung des Gesamtquerschnitts: $\max \{\text{QK}_{\text{Steg}} ; \text{QK}_{\text{Flansch}}\} = \max \{\text{QK } 1 ; \text{QK } 3\} = \text{QK } 3$

Beispiel: Walzprofil unter gemischter Beanspruchung

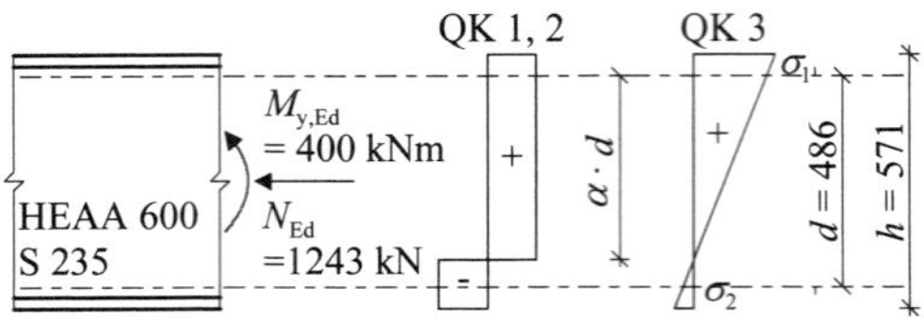

$c = d = h - 2 \cdot (t_f + r) = 486\,\text{mm}$

$t_w = 12$ mm ; $t_f = 15{,}5$ mm; $r = 27$ mm

$\alpha = 0{,}5 - N_{Ed} \cdot \gamma_{M0} / (2 \cdot d \cdot t_w \cdot f_y)$

$\sigma_1 = N_{Ed} / A - M_{y,Ed} / (I_y \cdot 2 / d)$

$\sigma_2 = N_{Ed} / A + M_{y,Ed} / (I_y \cdot 2 / d)$

$\psi = \sigma_1 / \sigma_2$

a) Steg, Tafel 13.6: Überprüfung, ob QK 2 zutrifft; $\varepsilon = 1{,}0$ nach Tafel 13.5b; plastischer Zustand

$\alpha = 0{,}5 - (-1243) \cdot 1{,}0 / (2 \cdot 48{,}6 \cdot 1{,}2 \cdot 23{,}5) = 0{,}953 > 0{,}5$

$c / t_w = d / t_w = 48{,}6 / 1{,}2 = 40{,}5 > 456 \cdot \varepsilon / (13 \cdot \alpha - 1) = 456 \cdot 1{,}0 / (13 \cdot 0{,}953 - 1) = 40{,}0$

$\Rightarrow$ eine Einstufung in QK 2 ist nicht mehr möglich

b) Steg, Tafel 13.6: Überprüfung, ob QK 3 in Frage kommt; elastische Spannungsverteilung

$\sigma_1 = -1243 / 164 - 40\,000 / (91\,870 \cdot 2 / 48{,}6) = -18{,}2$ kN/cm² (Druckspannung)

$\sigma_2 = -1243 / 164 + 40\,000 / (91\,870 \cdot 2 / 48{,}6) = +3{,}0$ kN/cm² (Zugspannung)

$\psi = 3{,}0 / -18{,}2 = -0{,}165$

$c / t_w = 48{,}6 / 1{,}2 = 40{,}5 < 42 \cdot \varepsilon / (0{,}67 + 0{,}33 \cdot \psi) = 42 \cdot 1{,}0 / (0{,}67 - 0{,}33 \cdot 0{,}165) = 68{,}2 \Rightarrow$ QK 3

c) Flansch, Tafel 13.7a

$c / t_f = (b / 2 - r - t_w / 2) / t_f = (15 - 2{,}7 - 1{,}2 / 2) / 1{,}55 = 7{,}5 < 9 \cdot \varepsilon = 9{,}0 \Rightarrow$ QK 1

d) Der Gesamtquerschnitt ist damit in QK 3 einzuordnen.

2.1.2 Querschnittswerte für Querschnitte der QK 1 bis QK 3 [-1-1/6.2.2]

Bruttoquerschnitt A
Die Bruttoquerschnittswerte sind in der Regel mit den Nennwerten der Abmessungen zu ermitteln. Löcher für Verbindungsmittel brauchen nicht abgezogen zu werden, jedoch sind andere größere Öffnungen in der Regel zu berücksichtigen. Lose Futterbleche dürfen in der Regel rechnerisch nicht berücksichtigt werden.

Nettoquerschnitt A_{net} von Bauteilen ohne Schraubenlöcher $A_{net} = A$

Nettoquerschnitt A_{net} geschraubter Bauteile [-1-1/6.2.2.2]
Die Nettofläche eines Querschnitts ist in der Regel aus der Bruttoquerschnittsfläche durch geeigneten Abzug aller Löcher und anderer Öffnungen zu bestimmen.
Bei der Berechnung der Nettofläche wird ein einzelnes Loch berücksichtigt, indem die Bruttoquerschnittsfläche des Loches an der Stelle der Lochachse abgezogen wird. Bei Löchern für Senkschrauben ist die Fase entsprechend zu berücksichtigen.
Bei durch Schraubenlöcher geschwächten Querschnitten ist ggf. der Querschnitt längs der kritischen Risslinie zu verwenden, siehe nachstehende Abbildungen.

- mit nicht versetzten Lochreihen

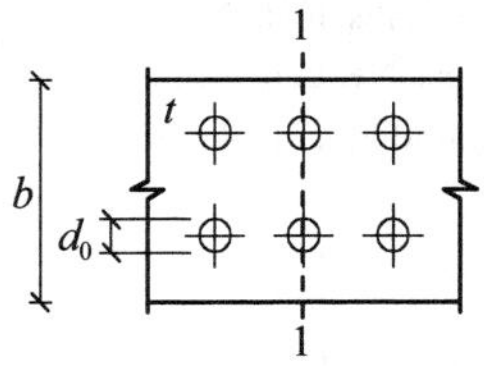

$$A_{net} = A - n \cdot d_0 \cdot t$$
$$A = b \cdot t$$

- mit versetzten Lochreihen

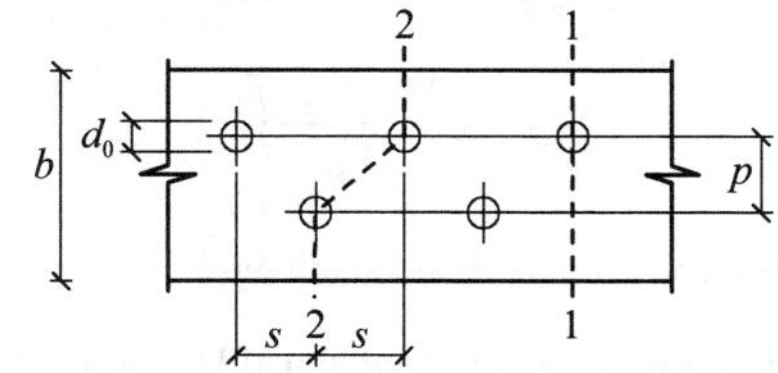

$$A_{net} = \min \begin{cases} A - n \cdot d_0 \cdot t & \text{Schnitt 1-1} \\ A - \left(n \cdot d_0 \cdot t - \sum \dfrac{s^2 \cdot t}{4 \cdot p} \right) & \text{Schnitt 2-2} \end{cases}$$

n Lochanzahl im kritischen Schnitt
s der versetzte Lochabstand; siehe Abbildung
p Lochabstand rechtwinklig zur Kraftrichtung. Bei Winkeln oder anderen Profilen mit Löchern in mehreren Ebenen ist dieser entlang der Profilmittellinie zu messen.

2.2 Tragsicherheit – Querschnittsnachweise

2.2.1 Allgemeines [-1-1/6.2.1]

Die beiden folgenden Methoden für Querschnittsnachweise sind einfach und grundsätzlich zulässig, aber in einigen Fällen (z. B. bei Querschnitten der QK 1 oder QK 2) konservativ und damit weniger wirtschaftlich:

a) Für Querschnitte der QK 1, 2 und 3 darf bei Beanspruchung durch N, M_y und M_z folgendes Kriterium verwendet werden, wenn für die Querkräfte gilt: $V_{Ed} < 0{,}5\ V_{pl,Rd}$ und Schubbeulen [-1-5] nicht maßgeblich ist:

$$\frac{N_{Ed}}{N_{Rd}} + \frac{M_{y,Ed}}{M_{y,Rd}} + \frac{M_{z,Ed}}{M_{z,Rd}} \leq 1$$

Das Kriterium darf auch für Querschnitte der QK 4 verwendet werden, wenn die Beanspruchbarkeiten mit den effektiven Querschnittswerten bestimmt werden und die exzentrischen Momente aus der Verschiebung der Hauptachse berücksichtigt werden [-1-1/6.2.9.3 (2)].

b) Nach der Elastizitätstheorie (ohne Ausnutzung plastischer Querschnittsreserven, d. h. konservativ für QK 1 und 2) muss die folgende Gleichung für alle Querschnittspunkte erfüllt sein:

$$\left(\frac{\sigma_{x,Ed}}{f_y/\gamma_{M0}}\right)^2+\left(\frac{\sigma_{z,Ed}}{f_y/\gamma_{M0}}\right)^2-\left(\frac{\sigma_{x,Ed}}{f_y/\gamma_{M0}}\right)\cdot\left(\frac{\sigma_{z,Ed}}{f_y/\gamma_{M0}}\right)+3\left(\frac{\tau_{Ed}}{f_y/\gamma_{M0}}\right)^2\leq 1{,}0$$

Darin sind $\sigma_{x,Ed}$ die Normalspannungen in Längsrichtung, $\sigma_{z,Ed}$ die Normalspannungen in Querrichtung, τ_{Ed} die Schubspannungen. Dieses Nachweiskriterium ist für Querschnitte der QK 1 bis 3 anwendbar.

@ 2.2.2 **Zugbeanspruchung** [-1-1/6.2.3]

Beim Nachweis der Zugbeanspruchung spielt die Querschnittsklasse keine Rolle!

a) Nachweis allgemeiner Querschnitte
In jedem Querschnitt muss die folgende Bedingung erfüllt sein:

$$\frac{N_{t,Ed}}{N_{t,Rd}}\leq 1{,}0$$

$$N_{t,Rd}=\min\begin{cases}N_{pl,Rd}=\dfrac{A\cdot f_y}{\gamma_{M0}}\\[2ex] N_{u,Rd}=\dfrac{0{,}9\cdot A_{net}\cdot f_u}{\gamma_{M2}}\end{cases}$$

$N_{t,Ed}$	Bemessungskraft der Zugkraft
$N_{t,Rd}$	Grenzzugkraft
$N_{pl,Rd}$	Grenzzugkraft des Bruttoquerschnitts
A	Bruttoquerschnittsfläche
A_{net}	Nettofläche siehe Abschnitt 2.1.2
$N_{u,Rd}$	Grenzzugkraft des Nettoquerschnitts im kritischen Schnitt durch die Schraubenlöcher

b) Nachweis von Winkelprofilen mit einschenkligem Anschluss siehe Tafel 13.10a.

Tafel 13.10a Nachweis von Winkelprofilen mit einschenkligem Anschluss [-1-8/3.10.3(2)]

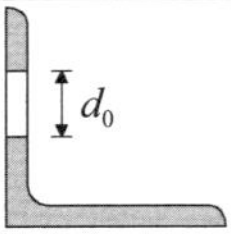

A_{net} Nettoquerschnittsfläche des Winkelprofils. Bei ungleichschenkligen Winkeln mit Anschluss des kleineren Schenkels ist für A_{net} die Nettofläche eines entsprechenden gleichschenkligen Winkelprofils mit einer Schenkellänge gleich der kleineren Schenkellänge anzunehmen.

1 Schraube	2 Schrauben	3 und mehr Schrauben
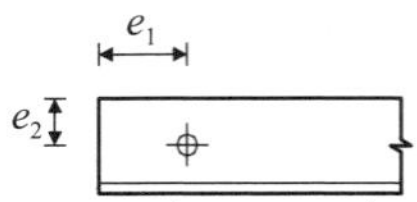	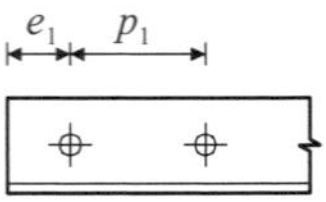	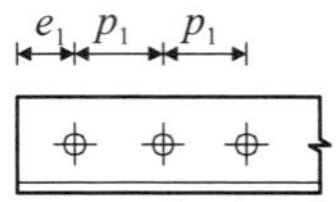
$N_{u,Rd}=\frac{2{,}0\cdot(e_2-0{,}5\cdot d_0)\cdot t\cdot f_u}{\gamma_{M2}}$	$N_{u,Rd}=\frac{\beta_2\cdot A_{net}\cdot f_u}{\gamma_{M2}}$	$N_{u,Rd}=\frac{\beta_3\cdot A_{net}\cdot f_u}{\gamma_{M2}}$

Tafel 13.10b Abminderungsbeiwerte β_2 und β_3 für Tafel 13.10a [-1-8/Tab. 3.8]

Lochabstand	$p_1\leq 2{,}5\cdot d_0$	$2{,}5\cdot d_0<p_1<5{,}0\cdot d_0$	$p_1\geq 5{,}0\cdot d_0$
2 Schrauben β_2	0,4	$0{,}4+\frac{0{,}3}{2{,}5\cdot d_0}\cdot(p_1-2{,}5\cdot d_0)$	0,7
3 Schrauben oder mehr β_3	0,5	$0{,}5+\frac{0{,}2}{2{,}5\cdot d_0}\cdot(p_1-2{,}5\cdot d_0)$	0,7

2.2.3 Druckbeanspruchung (ohne Stabilität) [-1-1/6.2.4] @

$$\frac{N_{\mathrm{Ed}}}{N_{\mathrm{c,Rd}}} \le 1{,}0 \qquad N_{\mathrm{c,Rd}} = \frac{A \cdot f_{\mathrm{y}}}{\gamma_{\mathrm{M0}}} \quad \text{QK 1, 2, 3}$$

$N_{\mathrm{c,Rd}}$ Grenzdruckkraft

Außer bei übergroßen Löchern oder Langlöchern nach EN 1090-2 müssen Löcher für Verbindungsmittel bei druckbeanspruchten Bauteilen nicht abgezogen werden, wenn sie mit den Verbindungsmitteln gefüllt sind. Nach EN 1090-2, Tab. 10 ist ein Loch normal und nicht übergroß, wenn das Lochspiel bei Schrauben M12 und M14 bis zu 1 mm, bei M16 bis M24 bis zu 2 mm und ab M27 bis zu 3 mm beträgt.

2.2.4 Einaxiale Biegebeanspruchung [-1-1/6.2.5] @

$$\frac{M_{\mathrm{Ed}}}{M_{\mathrm{c,Rd}}} \le 1{,}0$$

$$M_{\mathrm{c,Rd}} = M_{\mathrm{pl,Rd}} = \frac{W_{\mathrm{pl}} \cdot f_{\mathrm{y}}}{\gamma_{\mathrm{M0}}} \quad \text{QK 1, 2}$$

$$M_{\mathrm{c,Rd}} = M_{\mathrm{el,Rd}} = \frac{W_{\mathrm{el,min}} \cdot f_{\mathrm{y}}}{\gamma_{\mathrm{M0}}} \quad \text{QK 3}$$

$W_{\mathrm{el,min}}$ beziehen sich auf die Querschnittsfaser mit der maximalen Normalspannung.

Löcher für Verbindungsmittel dürfen im zugbeanspruchten Flansch vernachlässigt werden, wenn folgende Gleichung für den Flansch eingehalten ist:

$$\frac{A_{\mathrm{f,net}} \cdot 0{,}9 \cdot f_{\mathrm{u}}}{\gamma_{\mathrm{M2}}} \ge \frac{A_{\mathrm{f}} \cdot f_{\mathrm{y}}}{\gamma_{\mathrm{M0}}}$$

$A_{\mathrm{f,net}}$ Nettofläche des Zugflansches

A_{f} Fläche des zugbeanspruchten Flansches

Ein Lochabzug im Zugbereich von Stegblechen ist nicht notwendig, wenn die genannte Bedingung für die gesamte Zugzone, die sich aus Zugflansch und Zugbereich des Stegbleches zusammensetzt, sinngemäß erfüllt wird.

2.2.5 Querkraftbeanspruchung V_{z} oder V_{y} ohne Torsion [-1-1/6.2.6] @

$$\frac{V_{\mathrm{Ed}}}{V_{\mathrm{c,Rd}}} \le 1{,}0 \quad \text{mit } V_{\mathrm{c,Rd}} = V_{\mathrm{pl,Rd}} = A_{\mathrm{v}} \cdot \frac{f_{\mathrm{y}}}{\sqrt{3}} \cdot \frac{1}{\gamma_{\mathrm{M0}}}$$

$V_{\mathrm{pl,Rd}}$ plastische Grenzquerkraft, für I-Walzprofile siehe Kap. 13D

A_{v} nach Tafel 13.12

$$\frac{h_{\mathrm{w}}}{t_{\mathrm{w}}} \le 72 \cdot \frac{\varepsilon}{\eta}$$

$\varepsilon = \sqrt{235/f_{\mathrm{y}}}$; f_{y} in N/mm²;

$\eta = 1{,}2$ für Anwendungen im Hochbau und Baustähle bis S460 [-1-5/5.1(2) / NA]

$\eta = 1{,}0$ für Anwendungen im Brückenbau oder Baustähle höher als S460

Wenn diese Bedingung nicht erfüllt ist, ist zusätzlich ein Nachweis gegen Schubbeulen für unausgesteifte Stegbleche nach [-1-5/5] zu führen.

Bei Verbindungen nach [-1-8] sind Löcher für Verbindungsmittel bei der Berechnung der aufnehmbaren Querkraftbeanspruchung zu berücksichtigen.

Bei I-Querschnitten darf τ_{Ed} im Steg wie folgt angenommen werden:

$\tau_{\mathrm{Ed}} = V_{\mathrm{Ed}} / A_{\mathrm{w}}$, falls $A_{\mathrm{f}} / A_{\mathrm{w}} \ge 0{,}6$ mit A_{f} Fläche eines Flansches, $A_{\mathrm{w}} = h_{\mathrm{w}} \cdot t_{\mathrm{w}}$ Fläche Stegblech

Für sämtliche Walzprofile IPE, IPEa, IPEo, IPEv, HEA, HEB, HEM ist die Bedingung $A_{\mathrm{f}}/A_{\mathrm{w}} \ge 0{,}6$ erfüllt, außerdem für HEAA-Profile mit Ausnahme HEAA 800 bis HEAA 1000.

Tafel 13.12 Wirksame Schubflächen A_v für plastische Schubtragfähigkeit [-1-1/6.2.6 (3)]

Querschnittsform	Herstellung	Lastrichtung	A_v
I und H	gewalzt	‖ zum Steg	$A - 2 \cdot b \cdot t_f + (t_w + 2 \cdot r) \cdot t_f$ $\geq h_w \cdot t_w$
U	gewalzt	‖ zum Steg	$A - 2 \cdot b \cdot t_f + (t_w + r)$
T	gewalzt	‖ zum Steg	$A - b \cdot t_f + (t_w + 2 \cdot r) \cdot t_f / 2$
I, H und Kasten	geschweißt	‖ zum Steg	$\sum (h_w \cdot t_w)$
I	gewalzt	‖ zum Flansch	$2 \cdot b \cdot t_f$
I, H, U und Kasten	geschweißt	‖ zum Flansch	$A - \sum (h_w \cdot t_w)$
Rechteckhohlquerschnitte mit gleichförmiger Blechdicke	gewalzt	‖ zur Trägerhöhe	$\dfrac{A \cdot h}{(b+h)}$
		‖ zur Trägerbreite	$\dfrac{A \cdot b}{(b+h)}$
Rundhohlquerschnitte und Rohre mit gleichförmiger Blechdicke	alle	alle	$\dfrac{2A}{\pi}$
A Gesamtquerschnittsfläche b Gesamtbreite h Gesamthöhe $h_w = (h - 2 \cdot t_f)$ Stegblechhöhe r Ausrundungsradius t_f Flanschdicke		t_w Stegdicke (bei veränderlicher Stegdicke sollte der kleinste Wert eingesetzt werden) Für hier nicht aufgeführte Querschnittsformen sollte A_v sinngemäß bestimmt werden. Lastrichtung z: $A_{vz} = A_v$ Lastrichtung y: $A_{vy} = A_v$	

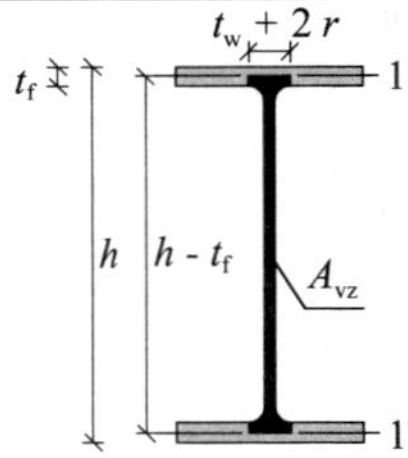

Der folgende, alternativ mögliche Nachweis auf Spannungsebene ist sinnvoll, wenn ein Nachweis auf der Basis der plastischen Querkraft (siehe oben) nicht möglich ist:

$$\frac{\tau_{Ed}}{f_y / (\sqrt{3} \cdot \gamma_{M0})} \leq 1{,}0 \quad \text{mit } \tau_{Ed} = \frac{V_{z,Ed} \cdot S_y}{I_y \cdot t} \quad \text{bzw. } \tau_{Ed} = \frac{V_{y,Ed} \cdot S_z}{I_z \cdot t}$$

S_y, S_z statische Flächenmomente
I_y, I_z Flächenträgheitsmomente des Gesamtquerschnitts
t Blechdicke am Nachweispunkt

@ 2.2.6 Interaktion: einachsige Biegung, zugehörige Querkraft und Normalkraft

a) Berücksichtigung der Querkraft im Rahmen der Interaktion

Bei $V_{Ed} > 0{,}5 \cdot V_{pl,Rd}$ ist eine Reduktion der Momententragfähigkeit zu berücksichtigen, indem (nur) für die schubbeanspruchte Fläche (i.d.R. Steg) eine abgeminderte Streckgrenze angesetzt wird: $f_{y,red} = (1 - \rho) \cdot f_y$. Die Streckgrenze für die nicht schubbeanspruchten Querschnittsteile (i.d.R. Flansche) bleibt unverändert.

Ohne gleichzeitig wirkende Torsionsbeanspruchung	$V_{Ed} > 0{,}5 \cdot V_{pl,Rd}$	$\rho = \left(\dfrac{2 \cdot V_{Ed}}{V_{pl,Rd}} - 1 \right)^2$	$V_{pl,Rd}$ nach Abschn. 2.2.5
	$V_{Ed} \leq 0{,}5 \cdot V_{pl,Rd}$	$\rho = 0$	

b) Doppeltsymmetrische I-Profile der QK 1 oder 2 mit M_y, V_z und N

Tafel 13.13 Doppeltsymmetrische I-Profile der QK 1 oder 2 mit M_y, V_z und N

$V_{z,Ed} \le V_{pl,z,Rd}$ **und** $N_{Ed} \le N_{pl,Rd}$ **und** $M_{y,Ed} \le M_{pl,y,Rd}$?

- **nein:** Nachweis nicht erfüllt
- **ja:** $V_{z,Ed} \le 0{,}5 \cdot V_{pl,z,Rd}$?
  - **ja:** $N_{Ed} > \min\begin{cases} 0{,}25 \cdot N_{pl,Rd} \\ 0{,}5 \cdot h_w \cdot t_w \cdot f_y / \gamma_{M0} \end{cases}$?
    - **ja:**

      $n = N_{Ed} / N_{pl,Rd}$

      $a = \min\begin{cases} \dfrac{A - 2 \cdot b \cdot t_f}{A} \\ 0{,}5 \end{cases}$

      $a^* = a$
    - **nein:**

      $n = 0$

      $a^* = 0$

    $M_{N,y,Rd} = \min\begin{cases} M_{pl,y,Rd} \cdot \dfrac{1-n}{1-0{,}5 \cdot a^*} \\ M_{pl,y,Rd} \end{cases}$

    $M_{y,Ed} \le M_{N,y,Rd}$?
    - **ja:** Nachweis erfüllt
    - **nein:** nicht erfüllt
  - **nein:**

    $\rho = \left(\dfrac{2 \cdot V_{z,Ed}}{V_{pl,z,Rd}} - 1 \right)^2 \qquad 0 \le \rho \le 1{,}0$

    a) Walzprofile IPE, HEA, HEB, HEM

    $k_{My} = W_{V,pl,y} / W_{pl,y}$ (k_{My} siehe auch Kap. 13D)

    $M_{V,y,Rd} = (1 - \rho \cdot k_{My}) \cdot M_{pl,y,Rd}$

    Walzprofile können auch wie unten in b) dargestellt berechnet werden. Durch die genauere Berücksichtigung der Schubflächenform (Ausrundungen!) ergeben sich nach a) jedoch genauere, etwas wirtschaftlichere Zahlenwerte.

    b) Doppeltsymmetrische I-Profile

    $M_{V,y,Rd} = \left(W_{pl,y} - \dfrac{\rho \cdot A_{vz}^2}{4 \cdot t_w} \right) \cdot \dfrac{f_y}{\gamma_{M0}}$

    A_{Vz} vollplastische Schubfläche s. Tafel 13.12

    $a_{vz} = A_{vz} / A$

    $N_{V,Rd} = N_{pl,Rd} \cdot (1 - a_{vz} \cdot \rho)$

    $N_{Ed} \le N_{V,Rd}$
    - **nein:** Nachweis nicht erfüllt
    - **ja:** $N_{Ed} > \min\begin{cases} 0{,}25 \cdot N_{V,Rd} \\ \dfrac{h_w t_w f_y (1-\rho)}{2 \cdot \gamma_{M0}} \end{cases}$?
      - **ja:**

        $n_v = N_{Ed} / N_{V,Rd}$

        $A_{red} = A - A_{V,z} \cdot \rho$

        $a_{red} = \min\begin{cases} \dfrac{A_{red} - 2 \cdot b \cdot t_f}{A_{red}} \\ 0{,}5 \end{cases}$

        $a^* = a_{red}$
      - **nein:**

        $n_v = 0$

        $a^* = 0$

      $M_{NV,y,Rd} = \min\begin{cases} M_{V,y,Rd} \cdot \dfrac{1-n_v}{1-0{,}5 \cdot a^*} \\ M_{V,y,Rd} \end{cases}$

      $M_{y,Ed} \le M_{NV,y,Rd}$?
      - **ja:** Nachweis erfüllt
      - **nein:** nicht erfüllt

Für Walzprofile können die Parameter k_{My}, a_{vz}, $M_{pl,y,Rd}$, $V_{pl,z,Rd}$ Kapitel 13D entnommen werden.

@ 2.2.7 Interaktion: zweiachsige Biegung, Querkräfte und Normalkraft [-1-1/6.2.10]

a) QK 1 oder 2

Die Interaktionsbeziehungen sind [-1-1/6.2.9] oder der Literatur zu entnehmen, z. B. Reduktionsmethode (siehe [13.2], dort Kap. 2.5.3).
Alternativ kann auch – unter Verzicht auf die Ausnutzung plastischer Querschnittsreserven – ein Nachweis auf elastischer Basis geführt werden, siehe unter b) oder c).

b) QK 3; $V_{y,Ed} \leq 0{,}5 \cdot V_{pl,y,Rd}$ und $V_{z,Ed} \leq 0{,}5 \cdot V_{pl,z,Rd}$ [-1-1/6.2.9.2(1)]

Wenn die Querkräfte unberücksichtigt bleiben dürfen, wird der Bemessungswert der einwirkenden Normalspannungen aus Biegung und Normalkraft $\sigma_{x,Ed}$ gegebenenfalls unter Berücksichtigung von Schraubenlöchern nachgewiesen:

$$\sigma_{x,Ed} = \frac{N_{Ed}}{A} + \frac{M_{y,Ed}}{W_{el,y}} + \frac{M_{z,Ed}}{W_{el,z}} \leq \frac{f_y}{\gamma_{M0}}$$

c) QK 3; $V_{y,Ed} > 0{,}5 \cdot V_{pl,y,Rd}$ und/oder $V_{z,Ed} > 0{,}5 \cdot V_{pl,z,Rd}$ [-1-1/6.2.1(5)]

Wenn andere Spannungskomponenten, z. B. Schubspannungen, zu berücksichtigen sind, kann nach *v. Mises* für den ungünstigsten Querschnittspunkt nachgewiesen werden:

$$\left(\frac{\sigma_{x,Ed}}{f_y / \gamma_{M0}}\right)^2 + \left(\frac{\sigma_{z,Ed}}{f_y / \gamma_{M0}}\right)^2 - \left(\frac{\sigma_{x,Ed}}{f_y / \gamma_{M0}}\right) \cdot \left(\frac{\sigma_{z,Ed}}{f_y / \gamma_{M0}}\right) + 3\left(\frac{\tau_{Ed}}{f_y / \gamma_{M0}}\right)^2 \leq 1{,}0$$

Beispiel: Tragfähigkeit eines Querschnitts der QK 3 unter M_y und V_z
Gegeben: HEA 260, S355; $M_{y,Ed} = 250$ kNm; $V_{z,Ed} = 400$ kN, QK 3 (siehe Kap. 13D)
⇒ Nachweis der elastischen Querschnittstragfähigkeit nach Abschnitt 2.2.1 b und 2.2.6 a:

- Prüfen, ob die Querkraft berücksichtigt werden muss (Abschnitt 2.2.6 a):
  $V_{pl,z,Ed} = (V_{pl,z,Ed}$ für S235 nach Kap. 13D$) \cdot 355 / 235 = 389{,}9 \cdot 355 / 235 = 589$ kN
  $V_{z,Ed} = 400$ kN $> 0{,}5 \cdot V_{pl,z,Ed} = 294$ kN ⇒ Querkraft $V_{z,Ed}$ bei der Interaktion berücksichtigen.
- $\rho = \left(\frac{2 \cdot V_{y,Ed}}{V_{pl,y,Rd}} - 1\right)^2 = \left(\frac{2 \cdot 400}{589} - 1\right)^2 = 0{,}128$
- Reduzierte Fließgrenze in der Schubfläche, die durch die Biegenormalspannungen ausgenutzt werden kann [-1-1/6.2.8(3)]:
  $f_{y,red} = (1-\rho) \cdot f_y = (1-0{,}128) \cdot 35{,}5 = 30{,}9 \text{ kN/cm}^2$
- Spannungsnachweis in der Randfaser analog zu Abschnitt 2.2.1 b:
  $\sigma_{x,Ed} = \frac{M_{y,Ed}}{W_{el,y}} = \frac{25\,000 \text{ kNcm}}{836 \text{ cm}^3} = 29{,}9 \text{ kN/cm}^2$; $\left(\frac{\sigma_{x,Ed}}{f_y / \gamma_{M0}}\right)^2 = \left(\frac{29{,}9}{35{,}5}\right)^2 = 0{,}71 < 1$
- Spannungsnachweis in der schubbeanspruchten Faser 1 bzw. 1′ mit reduzierter Fließgrenze.
  $\sigma_{x,Ed} = \frac{M_{y,Ed}}{I_y} \cdot \frac{h - t_f}{2} = \frac{25\,000}{10\,450} \cdot \frac{23{,}75}{2} = 28{,}4 \text{ kN/cm}^2$
  $\left(\frac{\sigma_{x,Ed}}{f_{y,red} / \gamma_{M0}}\right)^2 = \left(\frac{28{,}4}{30{,}9}\right)^2 = 0{,}84 < 1$

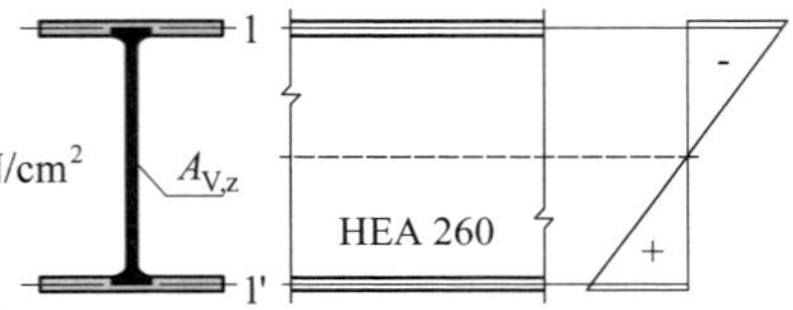

Beispiel: Nachweis eines HEB 300 mit M_y, V_z, N
Gegeben: HEB 300, S235; $M_{y,Ed} = 150$ kNm; $V_{z,Ed} = 500$ kN; $N_{Ed} = 2000$ kN

Aus Kap. 13D lässt sich für HEB 300 entnehmen:

- QK infolge N oder M: QK 1
- Querschnittsmaße: $A = 149$ cm²; $b = 30$ cm; $h = 30$ cm; $t_w = 1{,}1$ cm; $t_f = 1{,}9$ cm; $h_w = h - 2 \cdot t_f = 26{,}2$ cm
- Hilfswerte $a_{vz} = 0{,}3181$; $k_{My} = 0{,}2326$
- Vollplastische Schnittgrößen: $M_{pl,y,Rd} = 439$ kNm; $V_{pl,z,Rd} = 642$ kN; $N_{pl,Rd} = 3502$ kN

Querschnittsnachweis nach Tafel 13.13:

- $V_{z,Ed} = 500\ \text{kN} > 0{,}5 \cdot V_{pl,z,Ed} = 321\ \text{kN} \Rightarrow$ Querkraft bei der Interaktion berücksichtigen.
- $\rho = \left(\frac{2 \cdot V_{z,Ed}}{V_{pl,z,Rd}} - 1\right)^2 = \left(\frac{2 \cdot 500}{642} - 1\right)^2 = 0{,}310$
- $M_{V,y,Rd} = (1 - \rho \cdot k_{My}) \cdot M_{pl,y,Rd} = (1 - 0{,}310 \cdot 0{,}2326) \cdot 439 = 407{,}4\ \text{kNm}$
- $N_{V,Rd} = N_{pl,Rd} \cdot (1 - a_{vz} \cdot \rho) = 3502 \cdot (1 - 0{,}3181 \cdot 0{,}310) = 3157\ \text{kN}$
- $N_{Ed} = 2000\ \text{kN} \le N_{V,Rd} = 3157\ \text{kN}$
- $N_{Ed} = 2000\text{kN} > min\begin{Bmatrix} 0{,}25 \cdot N_{V,Rd} \\ h_w \cdot t_w \cdot f_y(1-\rho)/(2\gamma_{M0}) \end{Bmatrix} = min\begin{Bmatrix} 0{,}25 \cdot 3157 = 789 \\ 26{,}2 \cdot 1{,}1 \cdot 23{,}5 \cdot 0{,}69 / 2{,}0 = 234 \end{Bmatrix} = 234\text{kN}$

  $\Rightarrow$ Normalkraft bei der Interaktion berücksichtigen.
- $n_v = N_{Ed} / N_{V,Rd} = 2000 / 3157 = 0{,}634$
- $A_{red} = A - A_{vz} \cdot \rho = A - A \cdot a_{vz} \cdot \rho = 149 - 149 \cdot 0{,}3181 \cdot 0{,}31 = 134\text{cm}^2$
- $a_{red} = a^* = min\begin{Bmatrix} \frac{A_{red} - 2 \cdot b \cdot t_f}{A_{red}} \\ 0{,}5 \end{Bmatrix} = min\begin{Bmatrix} \frac{134{,}3 - 2 \cdot 30 \cdot 1{,}9}{134{,}3} = 0{,}151 \\ 0{,}5 \end{Bmatrix} = 0{,}151$
- $M_{NV,y,Rd} = min\begin{Bmatrix} M_{V,y,Rd} \cdot \frac{1 - n_v}{1 - 0{,}5 \cdot a^*} \\ M_{V,y,Rd} \end{Bmatrix} = min\begin{Bmatrix} 407{,}4 \cdot \frac{1 - 0{,}634}{1 - 0{,}5 \cdot 0{,}151} = 161 \\ 407{,}4 \end{Bmatrix} = 161\ \text{kNm}$
- Nachweis: $M_{y,Ed} = 150\ \text{kNm} \le M_{NV,y,Rd} = 161\ \text{kNm}$ ✓

2.3 Gebrauchstauglichkeit

Ein Stahltragwerk muss so entworfen und ausgeführt werden, dass es alle maßgebenden Anforderungen an die Gebrauchstauglichkeit erfüllt. Die Gebrauchstauglichkeitsanforderungen betreffen die Funktion des Bauwerks, das Wohlbefinden von Personen und das optische Erscheinungsbild.

Gemäß [-1-1/7.2] sind für jedes Projekt die Grenzwerte der in DIN EN 1990 („EC 0"), Anhang A1.4 eingeführten vertikalen und horizontalen Verformungsgrößen und der Eigenfrequenzen festzulegen und mit dem Auftraggeber abzustimmen. Dabei sollten Herstellerangaben und technische Zulassungen berücksichtigt werden.

Weder in [-1-1] noch im zugehörigen NA sind Grenzwerte zahlenmäßig angegeben.

Bei der Berechnung der Verformungen sollten Auswirkungen nach Theorie II. Ordnung, Rotationssteifigkeiten verformbarer Verbindungen und mögliche plastische Verformungen im Grenzzustand der Gebrauchstauglichkeit berücksichtigt werden.

3 Bemessung stabilitätsgefährdeter Bauteile

3.1 Begriffe und Abgrenzungskriterien

Schlanke Tragwerke des Stahlbaus können durch Stabilitätsversagen ihre Standsicherheit verlieren, lange bevor die Fließspannung in den Bauteilen erreicht wird. Folgende Arten von Stabilitätsversagen werden unterschieden:

- Knicken: seitliches Ausweichen druckbelasteter Stäbe oder Stabwerke
- Drillknicken: Torsionsverformung druckbelasteter Stäbe
- Biegedrillknicken: seitliches Ausweichen biegebelasteter Stäbe oder Stabwerke
- Beulen: flächiges Ausweichen von dünnen Platten oder Schalen unter Druckbelastung.

Zum Nachweis der Sicherheit gegen Stabilitätsversagen sind in der Regel die Einflüsse von Imperfektionen und Tragwerksverformungen auf die Schnittkräfte zu berücksichtigen [-1-1/5.2]. Dies kann wahlweise durch eine Schnittkraftermittlung nach Theorie II. Ordnung oder durch Stabilitätsnachweise nach dem Ersatzstabverfahren erfolgen. Falls ein Tragwerk oder ein Bauteil folgende Bedingungen erfüllt, sind keine Stabilitätsnachweise erforderlich und die Schnittkräfte können nach Theorie I. Ordnung ermittelt werden [-1-1/5.2.1]:

- Tragwerke allgemein:

  $\alpha_{cr} = F_{cr}/F_{Ed} \geq 10$ elastische Berechnung

  $\alpha_{cr} = F_{cr}/F_{Ed} \geq 15$ plastische Berechnung

α_{cr} Faktor, mit dem die Bemessungswerte der Belastung erhöht werden müssten, um die ideale Verzweigungslast des Gesamttragwerks zu erreichen

F_{cr} ideale Verzweigungslast des Gesamttragwerks auf Grundlage elastischer Anfangssteifigkeiten

F_{Ed} Bemessungswert der Einwirkung

- Für Hallenrahmen mit einer Dachneigung $\leq$ 26° und Rahmentragwerke des Geschossbaus gilt für das Versagen in seitlicher Richtung:

$$\alpha_{cr} = \left(\frac{H_{Ed}}{V_{Ed}}\right) \cdot \left(\frac{h}{\delta_{H,Ed}}\right)$$

H_{Ed} Bemessungswert der gesamten Horizontalschubkraft an den unteren Stockwerksknoten infolge horizontaler Bemessungslasten einschließlich der horizontalen Ersatzlasten aus Imperfektionen

V_{Ed} gesamte vertikale Bemessungslast des Tragwerks an den unteren Stockwerksknoten

N_{Ed} der Bemessungswert der einwirkenden Normalkraft

A Querschnittsfläche der Stütze

$\delta_{H,Ed}$ die Horizontalverschiebung der oberen Stockwerksknoten gegenüber den unteren Stockwerksknoten, infolge horizontaler Lasten (z. B. Wind) und horizontaler Ersatzlasten, die am Gesamtrahmentragwerk angreifen

h Stockwerkshöhe

Dabei werden die Auswirkungen der Druckkraft berücksichtigt, wenn für den Schlankheitsgrad $\bar{\lambda}$ der Träger oder Riegel unter Annahme gelenkiger Lagerung an den Enden gilt:

$$\bar{\lambda} \geq 0{,}3 \cdot \sqrt{\frac{A \cdot f_y}{N_{Ed}}}$$

3.2 Spannungsnachweis nach Theorie II. Ordnung [-1-1/5.2.2]

Berechnungsverfahren zur Ermittlung der Schnittgrößen nach Theorie II. Ordnung werden in den Bautabellen für Ingenieure [13.4], Kapitel 4 A in den Abschnitten 6 und 7 behandelt. Die Schnittgrößen können unter Zugrundelegung eines linear elastischen Materialgesetzes nach Theorie II. Ordnung ermittelt werden, wobei Imperfektionen gemäß [-1-1/5.3] zu berücksichtigen sind. Mit diesen Schnittkräften erfolgt der Spannungsnachweis gemäß Abschnitt 2.2 mit einem Sicherheitsbeiwert von $\gamma_{M1} = 1{,}10$ [-1-1NA/6.1(1)].

3.3 Ersatzstabverfahren

3.3.1 Stäbe mit zentrischem Druck [-1-1/6.3.1.1] @

a) Biegeknicken

Der Nachweis ist für einen Einzelstab bzw. für den gedanklich aus einem Stabwerk herausgelösten Stab mit den realen Randbedingungen getrennt für die Querschnittshauptachsen zu führen. Zur Berücksichtigung von Imperfektionen und Einflüssen aus Theorie II. Ordnung wird die Tragfähigkeit der Querschnitte durch Abminderungsfaktoren χ in Abhängigkeit der Knicklänge des Stabes und der Querschnittsform bestimmt.

Ermittlung der Knicklänge:

$L_{cr} = \beta \cdot l$ (frühere Bezeichnung: s_k)

β ... Knicklängenbeiwert

l ... Stablänge

Die Ermittlung der Knicklänge bei unverschieblichen und verschieblichen Stabwerken wird in den Bautabellen für Ingenieure [13.4], Kapitel 4 A, Abschnitt 8 behandelt.

Knicklängenbeiwerte einfacher Stäbe mit konstantem Querschnitt nach *Euler*:

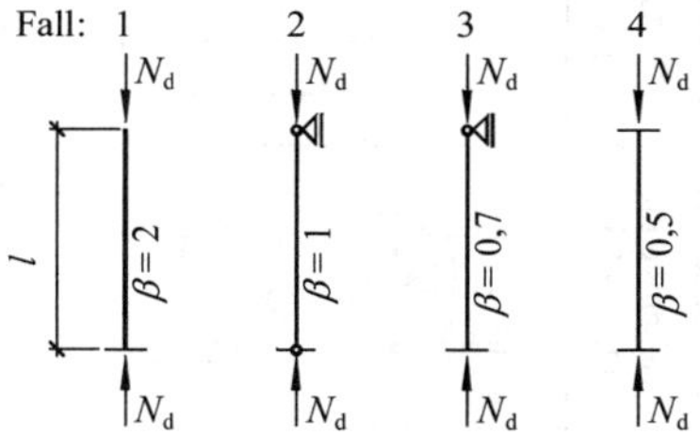

Ermittlung des bezogenen Schlankheitsgrades:

$$\bar{\lambda} = \sqrt{\frac{A f_y}{N_{cr}}} = \frac{L_{cr}}{i \cdot \lambda_1} = \frac{\lambda}{\lambda_1} \qquad \text{QK 1, 2 und 3}$$

$$\lambda_1 = \pi \sqrt{\frac{E}{f_y}} = 93{,}9\,\varepsilon \qquad \text{s. Tafel 13.17a}$$

$$\varepsilon = \sqrt{235/f_y}$$

Tafel 13.17a Materialbeiwert λ_1

Stahlgüte	S235	S275	S355	S420	S460
λ_1	93,9	86,8	76,4	70,2	67,1

Tafel 13.17b Imperfektionsbeiwerte

Knicklinie	a_0	a	b	c	d
Beiwert α	0,13	0,21	0,34	0,49	0,76

Ermittlung des Abminderungsfaktors χ [-1-1/6.3.1.2]:

$\bar{\lambda} \le 0{,}2: \quad \chi = 1{,}0$

$$\bar{\lambda} > 0{,}2: \quad \chi = \frac{1}{\Phi + \sqrt{\Phi^2 - \bar{\lambda}^2}} \le 1 \qquad \text{mit: } \Phi = 0{,}5 \cdot \left[1 + \alpha \cdot \left(\bar{\lambda} - 0{,}2\right) + \bar{\lambda}^2\right]$$

Zur Auswahl des Beiwertes α in Tafel 13.17b ist die maßgebende Knicklinie gemäß Tafel 13.18 zu wählen. In Tafel 13.19 sind Werte für den Abminderungsfaktor χ angegeben.

Nachweis der Knicksicherheit:

$$\frac{N_{Ed}}{N_{b,Rd}} \le 1{,}0 \qquad N_{b,Rd} = \chi \cdot N_{pl,Rd} = \chi \cdot A \cdot f_y / \gamma_{M1} \qquad \text{QK 1, 2, 3}$$

Der Sicherheitsbeiwert bei Stabilitätsproblemen wird in DIN EN 1993-1-1/NA in der Fassung vom Dezember 2010 mit

$$\gamma_{M1} = 1{,}10$$

festgelegt. Frühere Entwurfsfassungen des NA gaben den Wert $\gamma_{M1} = 1{,}0$ an. Im vorliegenden Kapitel wird mit $\gamma_{M1} = 1{,}10$ gerechnet. Es wird darauf hingewiesen, dass die Nationalen Anhänge anderer Länder davon abweichen können.

Tafel 13.18 Zuordnung der Querschnitte zu Knicklinien [-1-1/Tab.6.2]

Querschnitt		Begrenzungen		Ausweichen rechtwinklig zur Achse	Knicklinie S235 S275 S355 S420	Knicklinie S460
Gewalzte I-Querschnitte	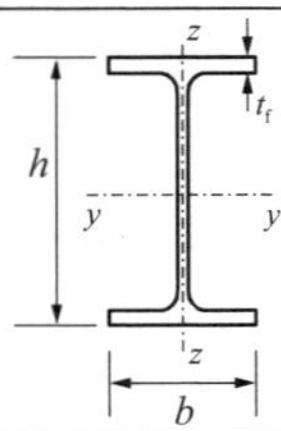	$h/b > 1,2$	$t_f \le 40$ mm	y-y z-z	a b	a_0 a_0
			40 mm $< t_f \le 100$	y-y z-z	b c	a a
		$h/b \le 1,2$	$t_f \le 100$ mm	y-y z-z	b c	a a
			$t_f > 100$ mm	y-y z-z	d d	c c
Geschweißte I-Querschnitte	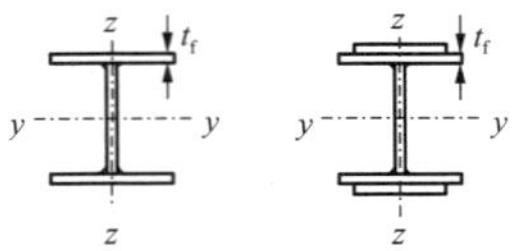	$t_f \le 40$ mm		y-y z-z	b c	b c
		$t_f > 40$ mm		y-y z-z	c d	c d
Hohlquerschnitte	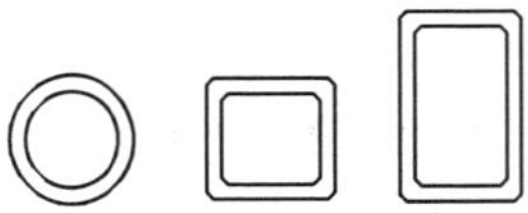	warmgefertigte		jede	a	a_0
		kaltgefertigte		jede	c	c
Geschweißte Kastenquerschnitte	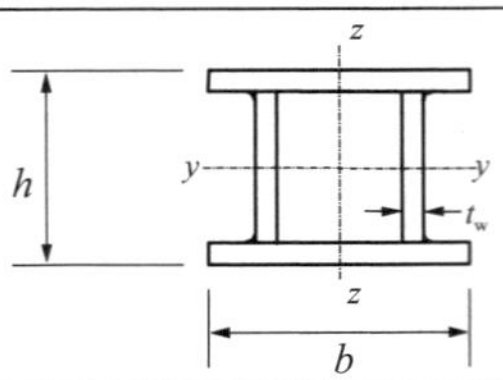	allgemein (außer den Fällen der nächsten Zeile)		jede	b	b
		dicke Schweißnähte: $a > 0,5 \cdot t_f$ $b/t_f < 30$ $h/t_w < 30$		jede	c	c
U-, T- und Vollquerschnitte	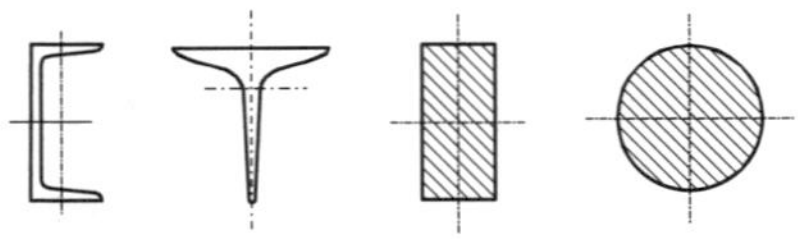			jede	c	c
L-Querschnitt				jede	b	b

Beispiel: Pendelstütze
Profil HEB 360, QK 1, Material S235, Beanspruchung $N_{Ed} = 2500$ kN
Knicklänge $L_{cr} = 4,50$ m, $\varepsilon = 1,0$

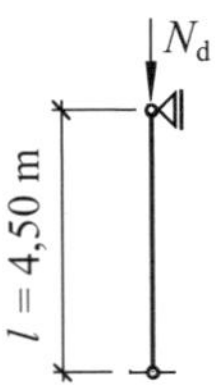

- Knicken um die z-Achse:

$$\overline{\lambda}_z = 450/(7,49 \cdot 93,9) = 0,64 \xrightarrow{\text{KL c}} \chi_z = 0,76$$

$$N_{bz,Rd} = 0,76 \cdot 4253,5/1,1 = 2939 \text{ kN}, \text{ Nachweis: } 2500/2939 = 0,85 \le 1,0 \checkmark$$

Tafel 13.19 Abminderungsfaktoren χ für Biegeknicken

Bezogener Schlankheitsgrad $\bar{\lambda}$ für Knicklinie:						Bezogener Schlankheitsgrad $\bar{\lambda}$ für Knicklinie:					
a_0	**a**	**b**	**c**	**d**	χ	**a_0**	**a**	**b**	**c**	**d**	χ
0,20	0,20	0,20	0,20	0,20	**1,00**	1,24	1,17	1,08	0,99	0,85	**0,55**
0,28	0,25	0,23	0,22	0,22	**0,99**	1,25	1,19	1,10	1,00	0,87	**0,54**
0,34	0,29	0,26	0,24	0,23	**0,98**	1,27	1,20	1,11	1,02	0,89	**0,53**
0,41	0,34	0,29	0,26	0,24	**0,97**	1,28	1,22	1,13	1,04	0,91	**0,52**
0,46	0,38	0,32	0,28	0,26	**0,96**	1,30	1,24	1,15	1,06	0,92	**0,51**
0,51	0,42	0,34	0,30	0,27	**0,95**	1,31	1,25	1,17	1,08	0,94	**0,50**
0,56	0,45	0,37	0,32	0,28	**0,94**	1,33	1,27	1,18	1,09	0,96	**0,49**
0,60	0,49	0,40	0,34	0,30	**0,93**	1,35	1,29	1,20	1,11	0,98	**0,48**
0,63	0,52	0,42	0,36	0,31	**0,92**	1,36	1,31	1,22	1,13	1,00	**0,47**
0,66	0,55	0,44	0,38	0,32	**0,91**	1,38	1,32	1,24	1,15	1,02	**0,46**
0,69	0,58	0,47	0,40	0,34	**0,90**	1,40	1,34	1,26	1,17	1,04	**0,45**
0,72	0,60	0,49	0,42	0,35	**0,89**	1,42	1,36	1,28	1,19	1,06	**0,44**
0,75	0,63	0,51	0,44	0,36	**0,88**	1,44	1,38	1,30	1,21	1,08	**0,43**
0,77	0,66	0,54	0,46	0,38	**0,87**	1,45	1,40	1,32	1,23	1,10	**0,42**
0,79	0,68	0,56	0,47	0,39	**0,86**	1,47	1,42	1,34	1,26	1,12	**0,41**
0,81	0,70	0,58	0,49	0,41	**0,85**	1,50	1,44	1,36	1,28	1,15	**0,40**
0,83	0,72	0,60	0,51	0,42	**0,84**	1,52	1,46	1,39	1,30	1,17	**0,39**
0,85	0,74	0,62	0,53	0,43	**0,83**	1,54	1,49	1,41	1,33	1,20	**0,38**
0,87	0,76	0,64	0,55	0,45	**0,82**	1,56	1,51	1,43	1,35	1,22	**0,37**
0,88	0,78	0,66	0,56	0,46	**0,81**	1,59	1,54	1,46	1,38	1,25	**0,36**
0,90	0,80	0,68	0,58	0,48	**0,80**	1,61	1,56	1,48	1,40	1,27	**0,35**
0,91	0,81	0,69	0,60	0,49	**0,79**	1,64	1,59	1,51	1,43	1,30	**0,34**
0,93	0,83	0,71	0,61	0,50	**0,78**	1,66	1,61	1,54	1,46	1,33	**0,33**
0,94	0,85	0,73	0,63	0,52	**0,77**	1,69	1,64	1,57	1,49	1,36	**0,32**
0,96	0,86	0,75	0,65	0,53	**0,76**	1,72	1,67	1,60	1,52	1,39	**0,31**
0,97	0,88	0,76	0,66	0,55	**0,75**	1,75	1,70	1,63	1,55	1,42	**0,30**
0,99	0,90	0,78	0,68	0,56	**0,74**	1,78	1,74	1,66	1,58	1,46	**0,29**
1,00	0,91	0,80	0,70	0,58	**0,73**	1,82	1,77	1,70	1,62	1,49	**0,28**
1,01	0,93	0,81	0,71	0,59	**0,72**	1,85	1,81	1,73	1,66	1,53	**0,27**
1,03	0,94	0,83	0,73	0,61	**0,71**	1,89	1,84	1,77	1,70	1,57	**0,26**
1,04	0,96	0,84	0,74	0,62	**0,70**	1,93	1,88	1,81	1,74	1,61	**0,25**
1,05	0,97	0,86	0,76	0,63	**0,69**	1,97	1,93	1,86	1,78	1,65	**0,24**
1,06	0,98	0,88	0,78	0,65	**0,68**	2,02	1,97	1,90	1,83	1,70	**0,23**
1,08	1,00	0,89	0,79	0,66	**0,67**	2,06	2,02	1,95	1,87	1,75	**0,22**
1,09	1,01	0,91	0,81	0,68	**0,66**	2,11	2,07	2,00	1,93	1,80	**0,21**
1,10	1,03	0,92	0,82	0,69	**0,65**	2,17	2,13	2,06	1,98	1,86	**0,20**
1,12	1,04	0,94	0,84	0,71	**0,64**	2,23	2,18	2,12	2,04	1,92	**0,19**
1,13	1,06	0,95	0,86	0,73	**0,63**	2,29	2,25	2,18	2,11	1,98	**0,18**
1,14	1,07	0,97	0,87	0,74	**0,62**	2,36	2,32	2,25	2,18	2,05	**0,17**
1,16	1,08	0,98	0,89	0,76	**0,61**	2,43	2,39	2,33	2,25	2,13	**0,16**
1,17	1,10	1,00	0,90	0,77	**0,60**	2,52	2,48	2,41	2,34	2,21	**0,15**
1,18	1,11	1,02	0,92	0,79	**0,59**	2,61	2,57	2,50	2,43	2,30	**0,14**
1,20	1,13	1,03	0,94	0,80	**0,58**	2,71	2,67	2,60	2,53	2,41	**0,13**
1,21	1,14	1,05	0,95	0,82	**0,57**	2,82	2,78	2,72	2,65	2,52	**0,12**
1,22	1,16	1,06	0,97	0,84	**0,56**	2,95	2,91	2,85	2,78	2,65	**0,11**
						3,10	3,06	3,00	2,92	2,80	**0,10**

Die aufnehmbare Normalkraft $N_{b,Rd}$ von zentrisch gedrückten Stäben aus Walzprofilen kann den Tafeln 13.20 bis 13.23 entnommen werden.

Tafel 13.20 Beanspruchbarkeiten $N_{b,Rd}$ von Druckstäben der IPE-Reihe in kN, S235, γ_{M1}=1,10 (oberer Wert $N_{bz,Rd}$, unterer Wert $N_{by,Rd}$, keine Angaben für Schlankheiten $\lambda > 300$[1])

IPE	Knicklänge L_{cr} [m]													
	3,00	**3,50**	**4,00**	**4,50**	**5,00**	**6,00**	**7,00**	**8,00**	**9,00**	**10,0**	**12,0**	**14,0**	**16,0**	**18,0**
80	16	-	-	-	-	-	-	-	-	-	-	-	-	-
	110	92	75	62	52	37	28	22	17	-	-	-	-	-
100	29	22	-	-	-	-	-	-	-	-	-	-	-	-
	177	159	139	120	102	76	58	45	36	30	21	-	-	-
120	50	37	29	-	-	-	-	-	-	-	-	-	-	-
	245	231	213	192	171	132	103	81	66	54	38	29	-	-
140	78	59	46	37	-	-	-	-	-	-	-	-	-	-
	317	305	290	272	251	206	165	133	108	90	64	48	37	-
160	115	88	69	56	46	-	-	-	-	-	-	-	-	-
	399	387	374	358	339	295	246	203	168	140	101	76	59	47
180	166	128	101	81	67	48	-	-	-	-	-	-	-	-
	482	472	459	445	429	388	339	288	243	205	150	113	88	71
200	224	174	138	112	93	66	-	-	-	-	-	-	-	-
	582	571	560	546	531	493	445	391	338	290	215	163	128	103
220	309	243	195	159	132	94	71	-	-	-	-	-	-	-
	689	678	666	654	639	604	560	507	449	392	297	229	180	145
240	407	326	263	216	179	129	97	76	-	-	-	-	-	-
	812	802	790	777	763	730	689	637	579	516	402	313	248	200
270	550	451	370	306	256	186	140	109	88	-	-	-	-	-
	962	951	939	927	914	883	847	802	748	686	557	444	357	290
300	720	607	507	424	358	262	199	156	125	102	-	-	-	-
	1135	1124	1112	1100	1087	1058	1025	984	936	879	747	615	502	412
330	884	757	640	540	458	337	257	201	162	133	-	-	-	-
	1328	1316	1304	1291	1278	1250	1217	1179	1134	1081	952	808	673	560
360	1081	941	807	688	587	436	334	262	211	174	-	-	-	-
	1549	1536	1524	1511	1498	1469	1437	1401	1358	1309	1188	1040	888	750
400	1298	1143	990	850	730	546	419	330	266	219	-	-	-	-
	1805	1795	1782	1769	1755	1726	1694	1659	1620	1574	1462	1321	1160	1001
450	1561	1389	1215	1052	909	684	527	417	337	277	197	-	-	-
	2111	2110	2097	2083	2069	2040	2009	1976	1939	1898	1798	1672	1520	1352
500	1881	1691	1494	1305	1135	861	667	528	427	352	251	-	-	-
	2478	2478	2473	2459	2445	2415	2383	2350	2313	2273	2180	2064	1921	1753
550	2185	1985	1773	1564	1370	1050	817	649	526	435	310	-	-	-
	2806	2806	2806	2799	2784	2755	2724	2691	2656	2619	2534	2431	2305	2154
600	2590	2376	2144	1909	1686	1306	1022	815	662	548	392	-	-	-
	3253	3253	3253	3253	3241	3209	3177	3143	3108	3070	2986	2887	2769	2626

[1] Die Schlankheit von Knickstäben wird durch den Eurocode 3 nicht begrenzt. In den Tabellen 13.20 bis 13.23 werden Werte für Schlankheiten von $\lambda \leq 300$ angegeben, die in der Regel für die Praxis relevant sind.

Tafel 13.21 Beanspruchbarkeiten $N_{b,Rd}$ von Druckstäben der HEA-Reihe in kN, S235, γ_{M1}=1,10 (oberer Wert $N_{bz,Rd}$, unterer Wert $N_{by,Rd}$, keine Angaben für Schlankheiten $\lambda > 300$)

HEA	Knicklänge L_{cr} [m]													
	3,00	3,50	4,00	4,50	5,00	6,00	7,00	8,00	9,00	10,0	12,0	14,0	16,0	18,0
100	181	145	117	96	80	58	44	-	-	-	-	-	-	-
	332	294	256	221	191	143	110	87	70	58	41	-	-	-
120	274	226	187	156	131	96	73	58	46	-	-	-	-	-
	437	404	367	330	293	229	180	144	117	97	70	52	-	-
140	399	340	288	244	208	155	119	94	76	63	-	-	-	-
	575	544	509	471	431	353	286	233	192	160	116	87	68	-
160	547	479	415	358	309	234	182	145	117	97	-	-	-	-
	738	707	673	635	595	509	426	354	296	249	182	138	108	87
180	697	626	556	490	430	333	262	210	172	143	103	-	-	-
	885	855	823	788	750	665	577	492	419	357	264	202	159	128
200	875	799	722	647	577	457	364	294	242	202	146	110	-	-
	1071	1041	1009	974	937	853	760	665	577	498	376	290	229	185
220	1095	1015	933	850	769	623	505	412	341	286	208	158	124	-
	1300	1269	1236	1201	1163	1079	984	883	781	686	528	412	328	266
240	1354	1269	1180	1089	998	827	681	563	469	395	290	220	173	139
	1572	1539	1505	1469	1431	1346	1250	1144	1033	924	729	576	462	377
260	1572	1485	1395	1301	1206	1020	853	713	599	508	375	286	226	182
	1794	1761	1727	1691	1653	1570	1476	1372	1260	1145	926	744	602	494
280	1802	1713	1621	1525	1426	1229	1044	883	749	638	475	365	288	233
	2028	1994	1959	1923	1885	1803	1712	1610	1499	1381	1145	936	766	633
300	2131	2037	1938	1836	1730	1515	1307	1118	956	821	616	475	377	305
	2370	2333	2296	2257	2217	2131	2036	1931	1815	1691	1432	1189	984	818
320	2341	2239	2132	2020	1905	1670	1442	1235	1057	908	682	526	417	338
	2616	2579	2541	2502	2462	2377	2284	2182	2069	1947	1684	1424	1193	1001
340	2509	2398	2283	2162	2038	1785	1540	1318	1128	968	726	561	444	360
	2819	2782	2744	2705	2665	2581	2490	2390	2281	2162	1902	1633	1385	1171
360	2693	2573	2447	2317	2183	1908	1644	1406	1201	1030	773	596	472	382
	3044	3006	2967	2928	2888	2804	2714	2616	2510	2393	2136	1861	1597	1363
400	3097	2992	2877	2750	2613	2310	1995	1698	1441	1226	907	692	544	438
	3397	3381	3357	3332	3307	3254	3196	3132	3060	2978	2777	2521	2227	1931
450	3463	3343	3213	3070	2914	2572	2216	1884	1597	1358	1004	766	601	484
	3803	3803	3782	3758	3733	3683	3629	3570	3506	3435	3265	3050	2787	2494
500	3847	3712	3565	3404	3229	2844	2447	2077	1758	1494	1103	841	660	531
	4230	4230	4227	4204	4180	4131	4079	4024	3965	3900	3751	3566	3338	3069
550	4107	3960	3799	3622	3430	3010	2579	2183	1844	1565	1153	878	689	554
	4529	4529	4529	4521	4498	4450	4401	4350	4295	4236	4104	3944	3749	3515
600	4368	4208	4033	3841	3632	3177	2714	2291	1932	1638	1205	918	720	579
	4828	4828	4828	4828	4814	4769	4722	4673	4621	4567	4446	4304	4134	3931
650	4663	4488	4296	4085	3856	3359	2858	2406	2025	1714	1259	958	751	604
	5170	5170	5170	5170	5170	5127	5081	5033	4984	4932	4818	4687	4534	4352
700	4991	4798	4585	4351	4098	3551	3007	2522	2118	1789	1312	997	781	628
	5555	5555	5555	5555	5555	5528	5482	5435	5386	5336	5226	5103	4961	4796
800	5306	5096	4864	4609	4333	3740	3157	2642	2214	1869	1369	1039	814	654
	5921	5921	5921	5921	5921	5921	5888	5846	5802	5758	5663	5560	5446	5316
900	5829	5592	5331	5043	4731	4068	3421	2854	2388	2013	1473	1117	874	702
	6526	6526	6526	6526	6526	6526	6525	6484	6442	6400	6311	6216	6114	6000
1000	6124	5870	5590	5281	4948	4240	3556	2962	2475	2084	1523	1155	904	725
	6872	6872	6872	6872	6872	6872	6872	6864	6825	6786	6704	6619	6528	6429

Tafel 13.22 Beanspruchbarkeiten $N_{b,Rd}$ von Druckstäben der HEB-Reihe in kN, S235, γ_{M1}=1,10 (oberer Wert $N_{bz,Rd}$, unterer Wert $N_{by,Rd}$, keine Angaben für Schlankheiten λ > 300)

HEB	Knicklänge L_{cr} [m]													
	3,00	**3,50**	**4,00**	**4,50**	**5,00**	**6,00**	**7,00**	**8,00**	**9,00**	**10,0**	**12,0**	**14,0**	**16,0**	**18,0**
100	225	180	145	120	100	72	55	-	-	-	-	-	-	-
	413	369	323	280	243	183	141	112	90	74	53	-	-	-
120	374	309	256	214	180	132	101	79	64	-	-	-	-	-
	595	553	506	457	408	322	254	204	166	138	99	74	-	-
140	555	474	403	343	293	219	168	133	108	89	-	-	-	-
	796	756	710	661	609	504	412	337	278	233	168	127	99	-
160	776	681	592	513	444	337	262	209	170	140	101	-	-	-
	1040	999	954	904	850	734	620	519	435	367	269	204	160	129
180	1011	909	808	713	627	487	383	307	251	209	150	-	-	-
	1282	1242	1198	1150	1097	981	857	737	629	538	401	307	241	195
200	1279	1171	1061	953	851	676	540	437	359	300	217	164	-	-
	1562	1521	1476	1428	1377	1261	1132	999	871	756	573	443	351	284
220	1559	1449	1334	1218	1104	898	729	597	494	414	302	229	180	-
	1846	1804	1759	1712	1661	1548	1420	1281	111	1007	780	611	487	396
240	1877	1761	1640	1516	1392	1157	955	790	659	556	408	311	244	197
	2175	2131	2085	2037	1985	1872	1744	1602	1453	1304	1034	821	660	539
260	2147	2031	1910	1784	1657	1406	1180	988	831	705	522	399	314	254
	2444	2400	2354	2306	2256	2147	2024	1887	1738	1584	1289	1039	843	693
280	2435	2319	2197	2070	1939	1677	1429	1212	1029	879	655	504	398	322
	2735	2690	2644	2596	2546	2439	2320	2187	2041	1886	1573	1290	1059	876
300	2820	2698	2571	2439	2302	2022	1750	1502	1287	1106	832	643	510	413
	3131	3084	3036	2987	2936	2827	2706	2573	2427	2268	1935	1617	1343	1120
320	3047	2915	2778	2635	2488	2185	1891	1623	1390	1195	899	695	551	446
	3401	3354	3305	3256	3205	3097	2979	2849	2706	2551	2217	1882	1581	1329
340	3231	3090	2943	2790	2631	2308	1994	1709	1463	1257	944	729	578	469
	3629	3581	3533	3484	3433	3328	3213	3088	2951	2802	2474	2132	1813	1537
360	3414	3263	3106	2943	2774	2429	2096	1794	1535	1317	989	763	605	490
	3857	3809	3761	3712	3662	3558	3446	3325	3193	3049	2730	2387	2055	1758
400	3862	3732	3590	3435	3266	2893	2502	2134	1812	1544	1143	873	686	552
	4230	4213	4184	4154	4124	4059	3989	3912	3826	3727	3487	3182	2826	2461
450	4246	4101	3942	3769	3580	3164	2731	2324	1972	1678	1241	947	744	599
	4657	4657	4634	4605	4575	4514	4449	4379	4302	4217	4014	3757	3443	3089
500	4647	4486	4310	4117	3907	3445	2967	2521	2135	1815	1341	1023	803	646
	5106	5106	5105	5077	5048	4989	4928	4862	4792	4716	4539	4321	4052	3734
550	4926	4752	4561	4351	4123	3623	3109	2635	2228	1891	1395	1063	834	671
	5426	5426	5426	5419	5391	5335	5277	5216	5151	5082	4926	4738	4509	4235
600	5221	5032	4824	4595	4347	3805	3253	2748	2318	1966	1447	1102	864	695
	5768	5768	5768	5768	5754	5700	5644	5586	5525	5461	5319	5152	4953	4715
650	5516	5311	5086	4838	4569	3985	3395	2860	2408	2039	1499	1141	894	719
	6110	6110	6110	6110	6110	6062	6008	5952	5894	5833	5700	5548	5369	5159
700	5880	5654	5406	5133	4836	4196	3558	2987	2509	2121	1556	1183	927	745
	6537	6537	6537	6537	6537	6508	6455	6400	6343	6284	6157	6013	5849	5657
800	6377	6120	5835	5522	5182	4459	3752	3133	2622	2211	1617	1227	961	771
	7135	7135	7135	7135	7135	7135	7093	7041	6988	6933	6818	6692	6551	6392
900	7046	6749	6420	6058	5667	4841	4049	3366	2809	2364	1726	1308	1023	821
	7926	7926	7926	7926	7926	7926	7919	7868	7816	7763	7652	7534	7405	7262
1000	7289	6979	6637	6260	5854	4996	4176	3470	2895	2436	1777	1347	1053	845
	8205	8205	8205	8205	8205	8205	8205	8190	8143	8095	7996	7892	7782	7662

Tafel 13.23 Beanspruchbarkeiten $N_{b,Rd}$ von Druckstäben der HEM-Reihe in kN, S235, γ_{M1}=1,10 (oberer Wert $N_{bz,Rd}$, unterer Wert $N_{by,Rd}$, keine Angaben für Schlankheiten λ > 300)

HEM	Knicklänge L_{cr} [m]													
	3,00	3,50	4,00	4,50	5,00	6,00	7,00	8,00	9,00	10,0	12,0	14,0	16,0	18,0
100	512	414	338	280	234	171	129	101	-	-	-	-	-	-
	897	820	737	654	575	444	346	276	224	185	132	-	-	-
120	780	653	545	458	388	287	219	173	139	-	-	-	-	-
	1202	1131	1052	967	879	712	572	464	381	317	228	172	134	-
140	1087	939	804	688	591	444	343	272	220	182	-	-	-	-
	1523	1456	1381	1300	1212	1028	855	708	589	495	361	273	213	171
160	1439	1277	1120	977	852	653	510	407	332	275	197	-	-	-
	1887	1821	1749	1671	1585	1397	1202	1020	864	734	542	414	325	261
180	1797	1629	1461	1300	1151	902	715	576	472	393	283	214	-	-
	2243	2179	2109	2034	1953	1771	1572	1371	1184	1021	767	590	466	376
200	2190	2018	1841	1666	1498	1201	965	785	647	541	393	297	-	-
	2641	2577	2508	2434	2355	2179	1980	1769	1560	1366	1047	815	647	525
220	2592	2419	2239	2056	1874	1539	1258	1034	859	722	528	401	315	-
	3042	2977	2909	2837	2760	2590	2397	2185	1965	1751	1373	1083	867	706
240	3600	3396	3182	2960	2737	2304	1919	1599	1341	1135	836	639	503	405
	4134	4058	3978	3895	3808	3617	3402	3162	2904	2638	2134	1714	1388	1139
260	4057	3853	3640	3419	3193	2741	2322	1959	1657	1411	1048	804	635	513
	4585	4508	4430	4348	4262	4077	3871	3641	3389	3123	2590	2117	1732	1431
280	4514	4312	4101	3881	3654	3192	2747	2347	2004	1718	1288	993	787	637
	5037	4960	4881	4800	4716	4536	4337	4116	3874	3613	3067	2552	2114	1760
300	5811	5579	5338	5088	4828	4292	3758	3258	2814	2434	1845	1432	1139	925
	6408	6320	6231	6139	6045	5846	5629	5391	5129	4845	4227	3602	3036	2557
320	5975	5734	5484	5224	4955	4398	3846	3330	2874	2484	1881	1459	1160	942
	6628	6543	6456	6368	6277	6088	5883	5660	5416	5150	4563	3949	3368	2861
340	6240	6052	5849	5629	5389	4854	4275	3702	3180	2731	2041	1567	1235	997
	6742	6691	6638	6584	6529	6410	6279	6131	5961	5764	5276	4673	4027	3425
360	6288	6096	5887	5661	5414	4865	4273	3691	3165	2715	2026	1554	1224	987
	6815	6772	6722	6671	6619	6508	6386	6250	6096	5920	5484	4936	4320	3717
400	6408	6207	5989	5751	5492	4917	4300	3701	3166	2709	2017	1545	1217	981
	6965	6952	6906	6860	6812	6712	6605	6488	6358	6212	5858	5407	4869	4291
450	6569	6359	6129	5879	5607	5003	4361	3742	3193	2729	2028	1552	1221	984
	7157	7157	7133	7090	7047	6957	6863	6761	6650	6528	6240	5879	5435	4923
500	6722	6500	6257	5991	5702	5064	4392	3753	3192	2722	2017	1542	1212	976
	7349	7349	7349	7315	7275	7193	7107	7016	6919	6814	6571	6274	5909	5474
550	6900	6666	6410	6130	5826	5155	4454	3795	3221	2742	2029	1549	1217	980
	7563	7563	7563	7558	7520	7444	7364	7281	7194	7100	6889	6637	6332	5965
600	7068	6820	6548	6251	5927	5217	4484	3804	3219	2735	2018	1539	1208	972
	7776	7776	7776	7776	7761	7689	7615	7538	7458	7373	7185	6966	6705	6393
650	7241	6981	6695	6382	6041	5297	4535	3836	3239	2748	2024	1542	1210	973
	7990	7990	7990	7990	7990	7932	7862	7790	7715	7636	7466	7271	7044	6775
700	7743	7439	7104	6736	6337	5479	4631	3879	3253	2747	2013	1529	1198	962
	8182	8182	8182	8182	8182	8150	8084	8016	7946	7873	7716	7540	7339	7104
800	7730	7422	7083	6711	6306	5440	4589	3838	3216	2714	1987	1509	1181	949
	8631	8631	8631	8631	8631	8631	8583	8521	8458	8392	8255	8105	7937	7748
900	8073	7739	7370	6964	6525	5593	4691	3908	3265	2751	2010	1524	1193	957
	9058	9058	9058	9058	9058	9058	9052	8994	8935	8875	8750	8616	8470	8308
1000	8407	8044	7642	7199	6722	5720	4769	3956	3296	2772	2021	1530	1197	960
	9485	9485	9485	9485	9485	9485	9485	9462	9406	9350	9234	9111	8980	8837

b) Drillknicken und Biegedrillknicken [-1-1/6.3.1.4]

Bei offenen Querschnitten mit geringer Torsionssteifigkeit kann der Nachweis gegen Drillknicken oder Biegedrillknicken auch bei zentrischer Belastung maßgebend werden. Nähere Ausführungen siehe Bautabellen für Ingenieure [13.4], Kapitel 8 A, Abschnitt 3.

@ 3.3.2 Stäbe mit einachsiger Biegung ohne Normalkraft

Bei biegebeanspruchten Stäben kann Stabilitätsversagen auftreten, wobei der Druckgurt des Trägers ausknickt und zusätzlich zu einer Verdrillung des Trägers eine seitliche Verformung stattfindet. Dieses Stabilitätsversagen wird als Biegedrillknicken (BDK, frühere Bezeichung Kippen) bezeichnet. In folgenden Fällen braucht kein BDK-Nachweis geführt werden:

– wenn der Druckgurt seitlich gehalten ist (z. B. bei Verbundträgern),
– wenn Biegung um die schwache Achse vorliegt,
– bei Stäben aus Hohlprofilen,
– falls gilt: $\bar{\lambda}_{LT} < 0{,}4$ oder $M_{Ed}/M_{cr} \le 0{,}16$.

Der EC 3 bietet drei Alternativen zum Nachweis der Sicherheit gegen Biegedrillknicken:

– Nachweis nach dem Ersatzstabverfahren [-1-1/6.3.2.1]
– Vereinfachter Nachweis des Druckgurtes auf Knicken [-1-1/6.3.2.4]
– Nachweis einer ausreichenden seitlichen Stützung [-1-1/BB.2.2].

a) Nachweis gegen Biegedrillknicken [-1-1/6.3.2.1]

Der BDK-Nachweis nach dem Ersatzstabverfahren lautet:

$$\frac{M_{Ed}}{M_{b,Rd}} \le 1{,}0$$

Das aufnehmbare BDK-Moment $M_{b,Rd}$ ist neben den Querschnittswerten vor allem von der Kipplänge des Trägers (Abstand der seitlichen Festhaltungen), dem Momentenverlauf (z.B. konstant, parabelförmig etc.) und der Lage des Lastangriffpunktes (z. B. in der Trägermitte, am oberen oder unteren Flansch) abhängig. Die Berechnung von $M_{b,Rd}$ wird in den Bautabellen für Ingenieure [13.4], Kapitel 8A erläutert. Den Tafeln 13.25a bis 13.26b kann $M_{b,Rd}$ für Walzprofile der Reihen IPE, HEA, HEB und HEM und der Stahlgüte S235 direkt entnommen werden. Die Tafelwerte sind auf der sicheren Seite liegend für konstanten Momentenverlauf ($\zeta = 1{,}0$) sowie Lastangriff mit ***nicht***-rückdrehender Wirkung (z. B. $z_P = -h/2$ beim Einfeldträger) angegeben.

Beispiel: Einfeldträger

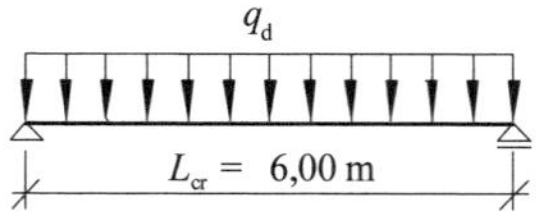

Profil IPE 400 (QK1)
Material S235
Kipplänge: $L_{cr} = 6{,}00$ m
Beanspruchung: $q_{Ed} = 25{,}0$ kN/m
Biegemoment: $M_{y,Ed} = 25{,}0 \cdot 6{,}0^2 / 8 = 112{,}5\,\text{kNm}$

BDK-Moment nach Tafel 13.25a: $L_{cr} = 6{,}00$ m $\Rightarrow M_{b,Rd} = 125$ kNm

Nachweis: $112{,}5 / 125 = 0{,}90 \le 1{,}0$ ✓

Tafel 13.25a $M_{b,Rd}$ für Biegeträger der IPE-Reihe in kNm, S235, $z_p = -h/2$, $\zeta = 1,0$, $\gamma_{M1} = 1,10$

IPE	Abstand der Gabellager in [m]												
	3,00	4,00	5,00	6,00	7,00	8,00	10,00	12,00	14,00	16,00	18,00	20,00	22,00
80	2,5	2,0	1,7	1,4	1,2	1,1	0,9	0,7	0,6	0,6	-	-	-
100	4,3	3,6	3,0	2,5	2,2	1,9	1,6	1,3	1,1	1,0	-	-	-
120	6,8	5,6	4,7	4,0	3,4	3,0	2,4	2,1	1,8	1,6	-	-	-
140	10,1	8,3	7,0	5,9	5,1	4,5	3,7	3,1	2,7	2,3	-	-	-
160	14,8	12,1	10,3	8,8	7,6	6,7	5,4	4,6	3,9	3,5	3,1	-	-
180	20,5	16,8	14,2	12,2	10,5	9,3	7,5	6,3	5,5	4,8	4,3	-	-
200	28,7	23,5	20,0	17,4	15,0	13,2	10,7	9,0	7,8	6,9	6,2	5,6	-
220	38,9	31,9	27,0	23,5	20,4	18,0	14,6	12,3	10,6	9,4	8,4	7,6	6,9
240	52,6	43,6	37,1	32,3	28,6	25,1	20,3	17,1	14,8	13,1	11,7	10,6	9,7
270	72,7	59,8	50,4	43,6	38,6	33,8	27,2	22,9	19,8	17,5	15,6	14,2	12,9
300	98,9	81,6	68,5	58,9	51,8	45,5	36,5	30,6	26,4	23,3	20,9	18,9	17,3
330	120	98,8	83,1	71,7	63,3	56,9	47,5	41,1	35,6	31,4	28,1	25,4	23,2
360	158	131	110	94,7	83,4	74,8	62,4	53,8	46,9	41,3	37,0	33,5	30,6
400	208	172	145	125	110	98,3	81,8	70,5	61,6	54,2	48,5	43,9	40,2
450	276	229	192	164	144	128	106	91,1	79,3	69,7	62,3	56,4	51,5
500	365	304	255	218	190	169	139	119	103	90,6	80,9	73,2	66,9
550	471	395	333	285	248	220	181	155	135	119	106	95,9	87,6
600	609	515	435	373	325	288	236	202	177	155	138	125	114

Die BDK-Schlankheit von Biegeträgern wird durch den Eurocode 3 nicht begrenzt. In den Tafeln 13.25a bis 13.26b werden Werte für bezogene Schlankheiten von $\overline{\lambda}_{LT} \leq 3,0$ angegeben, die in der Regel für die Praxis relevant sind.

Tafel 13.25b $M_{b,Rd}$ für Biegeträger der HEA-Reihe in kNm, S235, $z_p = -h/2$, $\zeta = 1,0$, $\gamma_{M1} = 1,10$

HEA	Abstand der Gabellager in [m]												
	3,00	4,00	5,00	6,00	7,00	8,00	10,00	12,00	14,00	16,00	18,00	20,00	22,00
100	14,7	13,5	12,5	11,5	10,6	9,9	8,6	7,5	6,7	5,9	5,3	4,8	4,4
120	21,0	19,2	17,6	16,2	14,9	13,8	12,0	10,5	9,3	8,2	7,4	6,6	6,1
140	31,0	28,3	25,9	23,8	21,9	20,3	17,7	15,6	13,9	12,3	11,0	9,9	9,1
160	45,1	41,4	38,0	35,1	32,5	30,2	26,4	23,3	20,9	18,8	16,8	15,2	13,9
180	60,6	55,5	50,9	46,8	43,3	40,2	35,0	31,0	27,8	25,0	22,4	20,3	18,5
200	82,3	75,8	69,8	64,5	59,8	55,7	48,7	43,3	38,9	35,3	31,9	28,9	26,4
220	111	103	95,0	88,0	81,7	76,2	66,8	59,4	53,5	48,6	44,4	40,2	36,8
240	148	138	129	120	112	105	92,7	82,9	74,9	68,2	62,7	57,6	52,7
260	186	174	162	152	142	133	118	105	95,2	86,8	79,8	73,8	67,7
280	227	213	200	187	175	164	145	129	117	107	97,9	90,6	83,3
300	287	270	255	239	225	212	188	169	153	140	129	120	112
320	337	318	300	282	265	250	222	200	181	166	153	142	132
340	383	361	340	320	300	282	251	225	204	186	172	159	148
360	430	406	382	359	337	316	281	252	228	208	192	177	165
400	528	497	467	437	409	383	338	301	272	247	227	210	194
450	663	623	583	544	507	472	414	367	330	299	274	253	231
500	811	761	710	661	614	570	496	438	393	356	326	297	272
550	948	887	825	763	704	650	560	491	437	394	358	323	295
600	1097	1023	948	872	800	735	627	545	483	434	388	350	320
650	1230	1116	1008	909	821	747	631	547	484	436	397	366	339
700	1404	1271	1143	1027	924	838	703	607	536	481	438	402	373
800	1722	1549	1382	1229	1096	984	813	694	608	543	492	451	413
900	2130	1907	1692	1495	1324	1182	967	820	715	636	574	522	475
1000	2508	2235	1969	1726	1517	1343	1085	912	789	698	626	561	510

Tafel 13.26a $M_{b,Rd}$ für Biegeträger der HEB-Reihe in kNm, S235, $z_p = -h/2$, $\zeta = 1,0$, $\gamma_{M1} = 1,10$

HEB	Abstand der Gabellager in [m]												
	3,00	4,00	5,00	6,00	7,00	8,00	10,00	12,00	14,00	16,00	18,00	20,00	22,00
100	19,2	17,9	16,8	15,7	14,7	13,7	12,1	10,7	9,6	8,7	7,9	7,1	6,5
120	30,7	28,8	27,0	25,3	23,8	22,3	19,8	17,6	15,9	14,4	13,2	11,9	10,9
140	46,3	43,4	40,8	38,4	36,1	34,0	30,3	27,1	24,5	22,3	20,5	18,7	17,1
160	67,9	64,0	60,5	57,1	54,0	51,1	45,9	41,4	37,6	34,4	31,6	29,2	26,9
180	93,7	88,4	83,5	79,1	74,9	71,0	64,0	57,9	52,7	48,3	44,5	41,3	38,4
200	127	120	114	108	103	97,5	88,3	80,4	73,5	67,6	62,4	58,0	54,1
220	166	157	149	141	134	128	116	106	97,3	89,6	82,9	77,1	72,0
240	214	203	193	184	175	167	153	140	129	119	110	103	96,1
260	263	249	237	226	215	206	188	172	159	147	136	127	119
280	317	301	286	273	260	248	227	208	191	177	165	154	144
300	390	371	354	338	323	309	283	261	241	223	208	195	182
320	447	426	406	387	370	354	325	299	276	256	238	223	209
340	501	476	454	432	413	394	360	331	305	283	263	245	230
360	558	531	505	481	458	437	398	365	336	311	289	269	252
400	673	638	605	574	545	518	469	427	392	361	334	311	291
450	825	780	738	697	659	624	561	508	463	425	393	365	341
500	997	941	887	835	787	741	662	596	541	496	457	424	395
550	1154	1086	1019	955	894	837	740	661	597	544	500	463	427
600	1320	1239	1158	1079	1005	936	820	727	653	593	544	500	457
650	1475	1347	1229	1123	1029	948	819	722	647	587	539	498	463
700	1669	1521	1382	1257	1147	1053	903	793	708	641	587	542	504
800	2033	1840	1658	1492	1348	1225	1034	897	795	716	653	601	557
900	2488	2241	2006	1792	1607	1451	1212	1044	920	825	750	689	638
1000	2919	2615	2323	2058	1829	1638	1350	1151	1008	899	814	746	680

Tafel 13.26b $M_{b,Rd}$ für Biegeträger der HEM-Reihe in kNm, S235, $z_p = -h/2$, $\zeta = 1,0$, $\gamma_{M1} = 1,10$

HEM	Abstand der Gabellager in [m]												
	3,00	4,00	5,00	6,00	7,00	8,00	10,0	12,0	14,0	16,0	18,0	20,0	22,0
100	48,0	46,3	44,8	43,3	41,8	40,4	37,7	35,0	32,6	30,4	28,4	26,6	25,0
120	71,3	68,9	66,6	64,5	62,4	60,3	56,4	52,6	49,1	45,9	42,9	40,2	37,8
140	101	97,4	94,3	91,3	88,5	85,6	80,2	75,0	70,1	65,6	61,5	57,7	54,3
160	138	134	130	126	122	118	111	104	98,0	92,0	86,4	81,4	76,8
180	182	176	171	166	161	156	147	138	130	122	115	108	102
200	235	227	221	214	208	202	191	180	170	160	151	143	135
220	295	286	277	269	261	254	240	227	214	202	191	181	171
240	448	435	424	414	404	395	377	360	344	328	313	298	285
260	535	519	506	493	482	471	450	430	410	392	374	357	341
280	631	611	595	580	567	554	529	505	483	461	440	420	402
300	872	855	834	816	800	784	754	726	698	671	645	620	596
320	949	927	904	883	864	846	813	780	749	719	690	662	635
340	1008	981	955	932	910	890	852	816	781	747	715	684	655
360	1064	1030	1001	975	951	929	886	846	807	770	735	701	670
400	1185	1143	1107	1074	1044	1015	962	911	864	819	777	738	701
450	1338	1285	1239	1197	1158	1121	1052	988	929	874	824	778	736
500	1490	1425	1367	1314	1264	1218	1131	1053	982	918	860	808	761
550	1658	1580	1508	1441	1379	1320	1214	1119	1035	961	896	838	787
600	1804	1677	1565	1467	1380	1302	1172	1065	976	901	837	782	733
650	1973	1826	1695	1578	1475	1384	1233	1112	1014	932	863	803	752
700	2140	1971	1819	1683	1563	1458	1286	1151	1044	955	881	819	765
800	2506	2288	2088	1908	1750	1614	1396	1232	1106	1005	922	853	794
900	2874	2605	2353	2126	1928	1759	1496	1304	1160	1048	957	882	819
1000	3271	2945	2636	2356	2114	1909	1597	1376	1213	1089	990	909	842

b) Vereinfachtes Bemessungsverfahren im Hochbau [-1-1/6.3.2.4]
Stäbe, die in regelmäßigen Abständen L_c seitlich gehalten sind, dürfen als nicht biegedrillknickgefährdet angesehen werden, wenn die daraus resultierende Schlankheit $\bar{\lambda}_F$ folgende Bedingung erfüllt:

$$\bar{\lambda}_F = \frac{k_c \cdot L_c}{i_{f,z} \cdot \lambda_1} \le \bar{\lambda}_{c0} \cdot \frac{M_{y,Rk} / \gamma_{M1}}{M_{y,Ed}}$$

$i_{f,z}$ Trägheitsradius um die z-Achse der aus Druckgurt und 1/3 der druckbeanspruchten Stegfläche gebildeten Querschnittsfläche (siehe Kap. 13D), für QK 4 siehe [-1-1/6.3.2.4]

$M_{y,Ed}$ größtes einwirkendes Biegemoment
$M_{y,Rk}$ maßgebende Momententragfähigkeit nach Tafel 13.27
L_c Abstand der seitlichen Festhaltungen
k_c Beiwert, auf der sicheren Seite $k_c = 1{,}0$
λ_1 s. Tafel 13.17a
$\bar{\lambda}_{c0} = \bar{\lambda}_{LT,0} + 0{,}1 = 0{,}4 + 0{,}1 = 0{,}5$

c) Nachweis durch ausreichende Behinderung der Verformung [-1-1/BB.2.2]
Ein Träger kann als ausreichend gegen Verdrehen gestützt betrachtet werden, wenn eine ausreichende Verdrehsteifigkeit durch stabilisierende Bauteile, wie z. B. die Dachkonstruktion, vorliegt.

3.3.3 Auf Biegung und Druck beanspruchte gleichförmige Bauteile [-1-1/6.3.3] @

Stäbe, die auf Druck und Biegung beansprucht werden, sind wie folgt nachzuweisen:

$$\frac{N_{Ed}}{\chi_y \cdot N_{Rk}/\gamma_{M1}} + k_{yy} \cdot \frac{M_{y,Ed}}{M_{b,Rd}} + k_{yz} \cdot \frac{M_{z,Ed} + \Delta M_{z,Ed}}{M_{z,Rk}/\gamma_{M1}} \le 1{,}0$$

$$\frac{N_{Ed}}{\chi_z \cdot N_{Rk}/\gamma_{M1}} + k_{zy} \cdot \frac{M_{y,Ed}}{M_{b,Rd}} + k_{zz} \cdot \frac{M_{z,Ed} + \Delta M_{z,Ed}}{M_{z,Rk}/\gamma_{M1}} \le 1{,}0$$

$N_{Rk}, M_{y,Rk}, M_{z,Rk}$ Querschnittswerte nach Tafel 13.27

χ_y, χ_z Abminderungsbeiwerte für Biegeknicken, siehe Abschnitt 3.3.1

$M_{b,Rd}$ aufnehmbares Biegedrillknickmoment, siehe Tafeln 13.25a bis 13.26b

$\Delta M_{y,Ed}$, $\Delta M_{z,Ed}$ Zusatzmomente infolge Verschiebung der Querschnittsachsen von Querschnitten der Klasse 4, siehe Tafel 13.27

k_{yy}, k_{yz}, k_{zy}, k_{zz} Interaktionsbeiwerte nach Tafel [-1-1/Tab. B.1], vereinfachte Beiwerte können Tafel 13.28 entnommen werden

Tafel 13.27 Werte für N_{Rk}, $M_{i,Rk}$ und $\Delta M_{i,Ed}$ [-1-1/Tab.6.7]

	QK 1	QK 2	QK 3	QK 4
N_{Rk}	$f_y \cdot A$	$f_y \cdot A$	$f_y \cdot A$	$f_y \cdot A_{eff}$
$M_{y,Rk}$	$f_y \cdot W_{pl,y}$	$f_y \cdot W_{pl,y}$	$f_y \cdot W_{el,y}$	$f_y \cdot W_{eff}$
$M_{z,Rk}$	$f_y \cdot W_{pl,z}$	$f_y \cdot W_{pl,z}$	$f_y \cdot W_{el,z}$	$f_y \cdot W_{eff}$
$\Delta M_{y,Ed}$	0	0	0	$f_y \cdot e_{N,y} \cdot N_{Ed}$
$\Delta M_{z,Ed}$	0	0	0	$f_y \cdot e_{N,z} \cdot N_{Ed}$

Auf der sicheren Seite liegend können für ***verdrehweiche*** Stäbe vereinfachte Interaktionsbeiwerte k_{ij} der Tafel 13.28 entnommen werden.

Für ***verdrehsteife*** Stäbe, die z.B. gegen Verdrehen gesichert sind oder aus Hohlprofilen bestehen, sind für I-Querschnitte und Rechteckhohlprofile die Werte aus [-1-1/Tab. B.1] anzuwenden.

Für Bauteile aus Trägern mit veränderlicher Bauhöhe, die mit den in den Abschnitten 3.3.1 bis 3.3.3 genannten Verfahren nicht bemessen werden können, sieht der EC 3 ein allgemeines Nachweisverfahren vor, siehe [-1-1/6.3.4].

Tafel 13.28 Vereinfachte Interaktionsbeiwerte k_{ij} für *verdrehweiche* Stäbe

$\frac{N_{Ed}}{\chi_{y/z} \cdot N_{Rk}/\gamma_{M1}}$ [1)]	QK 1 und 2			
	k_{yy}	k_{yz}	k_{zy} [2)]	k_{zz}
0,0	1,000	0,600	1,000	1,000
0,1	1,080	0,684	0,987	1,140
0,2	1,160	0,768	0,973	1,280
0,3	1,240	0,852	0,960	1,420
0,4	1,320	0,936	0,947	1,560
0,5	1,400	1,020	0,933	1,700
0,6	1,480	1,104	0,920	1,840
0,7	1,560	1,188	0,907	1,980
0,8	1,640	1,272	0,893	2,120
0,9	1,720	1,356	0,880	2,260
1,0	1,800	1,440	0,867	2,400

1) Für die Ermittlung von k_{yy} ist χ_y einzusetzen, sonst χ_z.

2) Gilt nur für $\bar{\lambda}_z \geq 1{,}0$, sonst $k_{zy} = 1{,}0$.

Beispiel: Fassadenstütze mit Biegebeanspruchung

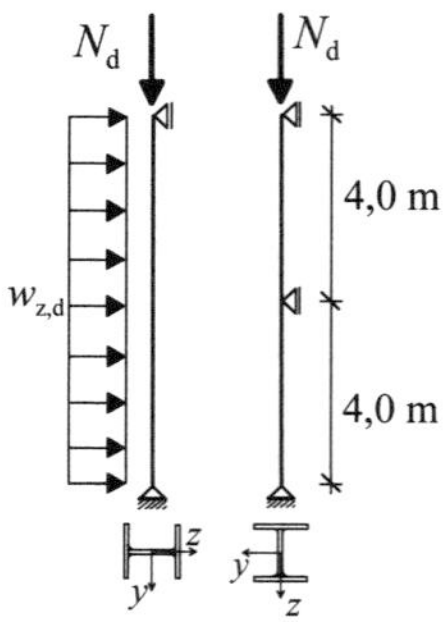

Die Stütze ist durch einen Verband in Feldmitte seitlich gehalten.
Profil HEA 200 (QK 1), Material S235, $\varepsilon = 1{,}0$

Beanspruchung: $N_d = 300$ kN $\quad w_{z,d} = 4{,}0$ kN/m

Biegemoment: $M_{y,d} = 4{,}0 \cdot 8{,}0^2/8 = 32\,\text{kNm}$

Knicklängen: $L_{cr,y} = 8{,}00$ m $\quad L_{cr,z} = 4{,}00$ m

- Vorwerte:
  $N_{Rk} = N_{pl,Rd} = 1264{,}3$ kN $\qquad M_{y,Rk} = M_{pl,y,Rd} = 100{,}9$ kNm
  $i_y = 8{,}28$ cm $\qquad i_z = 4{,}98$ cm
- Knicken:
  um die y-Achse $L_{cr,y} = 8{,}00$ m $\Rightarrow$ $N_{by,Rd} = 665$ kN
  um die z-Achse $L_{cr,z} = 4{,}00$ m $\Rightarrow$ $N_{bz,Rd} = 772$ kN
- Biegedrillknicken:
  $L_{cr} = 4{,}00$ m $\Rightarrow$ $M_{b,Rd} = 75{,}8$ kNm
- Interaktionsbeiwerte:
  $N_{Ed}/N_{by,Rd} = 200/665 = 0{,}30 \quad \Rightarrow \quad k_{yy} = 1{,}24$
  $\bar{\lambda}_z = 400/(4{,}98 \cdot 93{,}9) = 0{,}855 \quad \Rightarrow \quad k_{zy} = 1{,}0$
- Nachweis:

$$\frac{200}{665} + 1{,}24 \cdot \frac{32{,}0 + 0}{75{,}8} + 0{,}0 = 0{,}83 \leq 1{,}0 \checkmark$$

$$\frac{200}{772} + 1{,}0 \cdot \frac{32{,}0 + 0{,}0}{75{,}8} + 0{,}0 = 0{,}68 \leq 1{,}0 \checkmark$$

4 Verbindungen

4.1 Allgemeines

EN 1993-1-8 enthält Regeln für Entwurf, Berechnung und Bemessung von Anschlüssen aus Stahl unter vorwiegend ruhender Belastung. Folgende Dokumente werden für die Anwendung dieses Abschnitts vorausgesetzt:

Bezugsnormengruppe 1: Schweißgeeignete Baustähle

Bezugsnormengruppe 2: Toleranzen, Maße und technische Lieferbedingungen

Bezugsnormengruppe 4: Schrauben, Muttern und Unterlegscheiben

Bezugsnormengruppe 5: Schweißzusatzmittel und Schweißen

Bezugsnormengruppe 7: Bauausführung von Stahlbauten

Biegesteife Verbindungen von stabilitätsgefährdeten Stäben, die nach dem Ersatzstabverfahren nachgewiesen werden, sind für das vollplastische Moment $M_{pl,Rd}$ statt für das vorhandene Biegemoment M_{Ed} zu bemessen, sofern kein genauerer Nachweis geführt wird [-1-1NA/5.2.2(8)].

4.2 Verbindungen mit Schrauben

4.2.1 Allgemeine Regeln

- Alle Schrauben, Muttern und Unterlegscheiben müssen die Anforderungen der Bezugsnormengruppe 4 erfüllen.
- Fällt der Schwerpunkt der Verbindungsmittel nicht mit der Schwerachse des anzuschließenden Querschnittsteils zusammen, ist in der Regel die Exzentrizität zu berücksichtigen.
- Die charakteristischen Werte der Streckgrenze f_{yb} und der Zugfestigkeit f_{ub} von Schrauben sind für die verschiedenen Schraubenfestigkeitsklassen (SFK) in Tafel 13.3c angegeben.
- Vorgespannte Schrauben müssen der Festigkeitsklasse 8.8 oder 10.9 entsprechen.

Schraubenverbindungen werden in die Kategorien A, B und C als Scherverbindungen und in die Kategorie D und E als Zugverbindung eingeteilt.

Tafel 13.29 Kategorien von Schraubenverbindungen [-1-8/Tab. 3.2]

Kategorie		SFK	Nachweiskriterium	Merkmale
Scherverbindungen	**A** Scher-/Lochleibungs-verbindung	4.6-10.9	$F_{v,Ed} \leq F_{v,Rd}$ $F_{v,Ed} \leq F_{b,Rd}$	- keine Vorspannung - Nachweis der Scher- und Lochleibungsfestigkeit im GZT
	B Gleitfeste Verbindung im Grenzzustand der Gebrauchstauglichkeit	8.8-10.9	$F_{v,Ed,ser} \leq F_{s,Rd,ser}$ $F_{v,Ed} \leq F_{v,Rd}$ $F_{v,Ed} \leq F_{b,Rd}$	- vorgespannte Verbindung - kein Gleiten im GZG - Nachweis der Scher- und Lochleibungsfestigkeit im GZT
	C Gleitfeste Verbindung im Grenzzustand der Tragfähigkeit	8.8-10.9	$F_{v,Ed} \leq F_{s,Rd}$ $F_{v,Ed} \leq F_{b,Rd}$ $F_{v,Ed} \leq N_{net,Rd}$	- vorgespannte Verbindung - kein Gleiten im GZT - Nachweis der Scher- und Lochleibungsfestigkeit im GZT
Zugverbindungen	**D** Nicht vorgespannt	4.6-10.9	$F_{t,Ed} \leq F_{t,Rd}$ $F_{t,Ed} \leq B_{p,Rd}$	- Nachweis Zugfestigkeit und Durchstanzen im GZT - nicht bei häufig veränderlichen Zugkräften, jedoch bei Wind
	E Vorgespannt	8.8-10.9	$F_{t,Ed} \leq F_{t,Rd}$ $F_{t,Ed} \leq B_{p,Rd}$	- Nachweis Zugfestigkeit und Durchstanzen im GZT
Begriffe und Bezeichnungen siehe nächste Seite.				

Begriffe und Bezeichnungen:

d	Schaftdurchmesser	$F_{v,Rd}$	Grenzabscherkraft
d_0	Lochdurchmesser	$F_{b,Rd}$	Grenzlochleibungskraft
Δd	Nennlochspiel	$F_{t,Rd}$	Grenzzugkraft
$F_{v,Ed}$	Abscherkraft	$B_{p,Rd}$	Grenzdurchstanzkraft
$F_{t,Ed}$	Zugkraft	$F_{s,Rd}$	Grenzgleitkraft

$N_{net,Rd} = 0{,}9 \cdot A_{net} \cdot f_u / \gamma_{M2}$ Grenzzugkraft des Nettoquerschnitts (A_{net} s. Abschn. 2.1.2)

Tafel 13.30 Rand- und Lochabstände von Verbindungsmitteln [-1-8/Tab. 3.3]

Lochabstände	Versetzte Lochanordnung
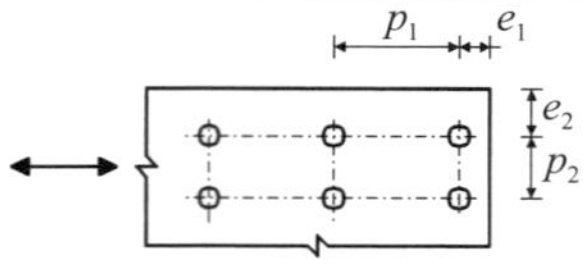	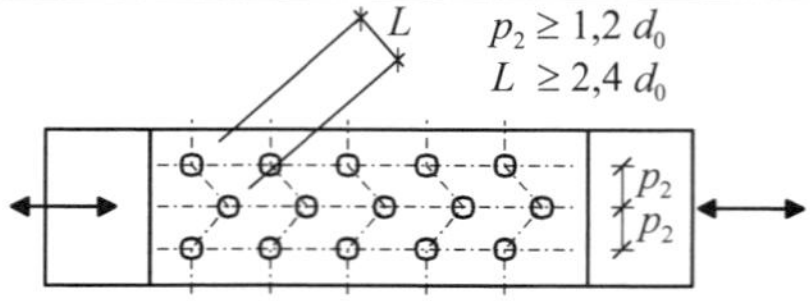
Versetzte Lochanordnung bei Druck	**Versetzte Lochanordnung bei Zug**
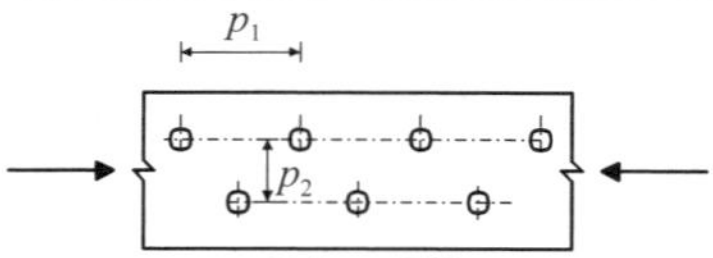 $p_{1/2} \leq 14 \cdot t \leq 200$ mm	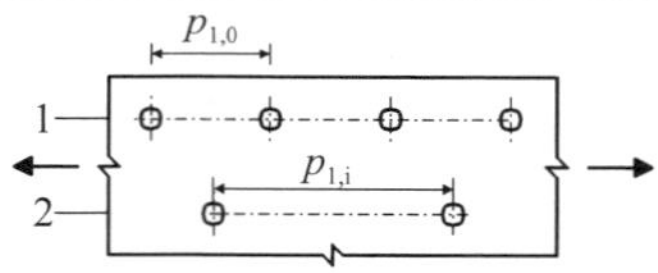 $p_{1,0} \leq 14 \cdot t \leq 200$ mm $p_{1,i} \leq 28 \cdot t \leq 400$ mm

Rand- und Lochabstände	Minimum (red. Tragkraft)	Minimum (volle Tragkraft)	Maximum [1), 3)]
Randabstand e_1	$\geq 1{,}2 \cdot d_0$	$\geq 3{,}0 \cdot d_0$	$\leq 4 \cdot t + 40$ mm
Randabstand e_2	$\geq 1{,}2 \cdot d_0$	$\geq 1{,}5 \cdot d_0$	$\leq 4 \cdot t + 40$ mm
Randabstand e_3 bei Langlöchern	$\geq 1{,}5 \cdot d_0$ [4)]		
Randabstand e_4 bei Langlöchern	$\geq 1{,}5 \cdot d_0$ [4)]		
Lochabstand p_1	$\geq 2{,}2 \cdot d_0$	$\geq 3{,}75 \cdot d_0$	$\leq \min\{14 \cdot t; 200\text{ mm}\}$ [2)]
Lochabstand $p_{1,0}$			$\leq \min\{14 \cdot t; 200\text{ mm}\}$
Lochabstand $p_{1,i}$			$\leq \min\{14 \cdot t; 400\text{ mm}\}$
Lochabstand p_2	$\geq 2{,}4 \cdot d_0$	$\geq 3{,}0 \cdot d_0$	$\leq \min\{14 \cdot t; 200\text{ mm}\}$ [2),5)]

[1)] Eine Beschränkung der Maximalwerte für Rand- und Lochabstände gilt nur:
- bei Bauteilen, die dem Wetter oder anderen korrosiven Einflüssen ausgesetzt sind,
- für p_1 und p_2 bei druckbeanspruchten Bauteilen zur Verhinderung des lokalen Beulens,
- bei zugbeanspruchten Bauteilen zur Vermeidung von Korrosion.

[2)] Der Widerstand druckbeanspruchter Bleche gegen lokales Beulen zwischen den Verbindungsmitteln ist in der Regel nach EN 1993-1-1 für eine Knicklänge von $L_{cr} = 0{,}6 \cdot p_1$ zu berechnen. Für $p_1/t < 9\varepsilon$ braucht lokales Beulen nicht nachgewiesen werden. Der Randabstand quer zur Kraftrichtung darf die Anforderungen gegen lokales Beulen von druckbeanspruchten einseitig gestützten Flanschen nicht überschreiten, siehe EN 1993-1-1. Der Randabstand in Kraftrichtung wird von dieser Anforderung nicht betroffen.

[3)] t ist die Dicke des dünnsten außen liegenden Blechs.

[4)] Die Grenzwerte für Langlochabmessungen sind in der Bezugsnormengruppe 7 angegeben.

[5)] Bei versetzt angeordneten Schraubenreihen kann der minimale Lochabstand auf $p_2 = 1{,}2 \cdot d_0$ reduziert werden, sofern der Minimalabstand L zwischen zwei Verbindungsmitteln größer oder gleich als $2{,}4 \cdot d_0$ ist.

Tafel 13.31a Nennlochspiel $\Delta d = d_0 - d$ von Schrauben in mm nach DIN EN 1090-2, Tab. 11

Lochart	Schraubengröße							
	M12	**M16**	**M20**	**M22**	**M24**	**M27**	**M30**	**M36**
normal [1]	1 [2]	2				3		
übergroß	3	4			6	8		
kurzes Langloch [3]	4	6			8	10		
langes Langloch [3]	$1{,}5 \cdot d$							

[1] Bei Türmen und Masten muss das Nennlochspiel um 0,5 mm reduziert werden.
[2] Bei beschichteten Verbindungsmitteln kann das Lochspiel von 1 mm um die Stärke der Beschichtung erhöht werden.
[3] Bei Langlöchern entspricht das Nennlochspiel in Querrichtung dem für normale runde Löcher.
Bei Passschrauben muss der Nennlochdurchmesser gleich dem Schaftdurchmesser sein (d_0=d).

4.2.2 Beanspruchbarkeit auf Abscheren [-1-8/3.6.1]

Die Tragsicherheit auf Abscheren ist nachgewiesen, wenn die vorhandene Abscherkraft $F_{v,Ed}$ je Scherfuge und Schraube die Grenzabscherkraft $F_{v,Rd}$ nicht überschreitet.

$$F_{v,Ed} \le F_{v,Rd}$$
$$F_{v,Rd} = \alpha_v \cdot f_{ub} \cdot A_{(S)} / \gamma_{M2}$$
$$\gamma_{M2} = 1{,}25$$

f_{ub} Zugfestigkeit des Schraubenwerkstoffes nach Tafel 13.3c
$A_{(S)}$ Schaftquerschnittsfläche A bzw. Spannungsquerschnittsfläche A_S nach Tafel 13.37b
α_v Parameter siehe Tafel 13.31b

Falls die Scherfuge im Gewinde liegt, ist statt der Schaftquerschnittsfläche A die Spannungsquerschnittsfläche A_S nach Tafel 13.37b anzusetzen. Bei Passschrauben muss in der Regel die Scherfuge im Schaft liegen [-1-8/3.6.1(7)].

Tafel 13.31b Grenzabscherkräfte

Scherfuge	Schraubenfestigkeitsklasse (SFK)	Grenzabscherkraft
im Schaft	4.6 / 5.6 / 8.8 / 10.9	$F_{v,Rd} = 0{,}6 \cdot f_{ub} \cdot A / \gamma_{M2}$
im Gewinde	4.6 / 5.6 / 8.8	$F_{v,Rd} = 0{,}6 \cdot f_{ub} \cdot A_S / \gamma_{M2}$
im Gewinde	10.9	$F_{v,Rd} = 0{,}5 \cdot f_{ub} \cdot A_S / \gamma_{M2}$

Tafel 13.31c Grenzabscherkräfte $F_{v,Rd}$ in kN je Scherfuge

Lage der Scherfuge	SFK	Schraubengröße							
		M12	**M16**	**M20**	**M22**	**M24**	**M27**	**M30**	**M36**
im Schaft	4.6	21,7	38,6	60,3	73,0	86,8	110,0	135,7	195,5
	5.6	27,1	48,2	75,4	91,2	108,5	137,5	169,7	244,3
	8.8	43,4	77,2	120,6	145,9	173,6	220,0	271,5	390,9
	10.9	54,2	96,5	150,7	182,4	217,0	275,0	339,4	488,6
im Gewinde	4.6	16,2	30,1	47,0	58,2	67,8	88,1	107,7	156,9
	5.6	20,2	37,7	58,8	72,7	84,7	110,2	134,6	196,1
	8.8	32,4	60,3	94,1	116,4	135,6	176,3	215,4	313,7
	10.9	33,7	62,8	98,0	121,2	141,2	183,6	224,4	326,8
im Schaft (Passschrauben)	4.6	25,5	43,6	66,4	79,7	94,3	118,3	145,0	206,4
	5.6	31,9	54,5	83,0	99,6	117,8	147,8	181,2	258,0
	8.8	51,1	87,2	132,9	159,4	188,5	236,5	289,9	412,8
	10.9	63,8	109,0	166,1	199,2	235,7	295,7	362,4	516,0

4.2.3 Beanspruchbarkeit auf Zug [-1-8/3.6.1]

Die Tragsicherheit auf Zug ist nachgewiesen, wenn die vorhandene Zugkraft $F_{t,Ed}$ je Schraube die Grenzzugkraft $F_{t,Rd}$ nicht überschreitet.

$$F_{t,Ed} \le F_{t,Rd}$$

$$F_{t,Rd} = \frac{k_2 \cdot f_{ub} \cdot A_S}{\gamma_{M2}}$$

$$\gamma_{M2} = 1{,}25$$

$k_2 = 0{,}63$ für Senkschrauben
$k_2 = 0{,}9$ für alle anderen Schraubenarten
f_{ub} Zugfestigkeit des Schraubenwerkstoffes nach Tafel 13.3c
A_S Spannungsquerschnittsfläche nach Tafel 13.37b

Tafel 13.32a Grenzzugkräfte $F_{t,Rd}$ in kN je Schraube

Schraubenfestigkeit		Schraubengröße M12	M16	M20	M22	M24	M27	M30	M36
Senkschrauben	4.6	17,0	31,7	49,4	61,1	71,2	92,5	113,1	164,7
	5.6	21,2	39,6	61,7	76,4	89,0	115,7	141,4	205,9
	8.8	34,0	63,3	98,8	122,2	142,3	185,1	226,2	329,4
	10.9	42,5	79,1	123,5	152,7	177,9	231,3	282,7	411,8
alle Schrauben (außer Senkschrauben)	4.6	24,3	45,2	70,6	87,3	101,7	132,2	161,6	235,3
	5.6	30,3	56,5	88,2	109,1	127,1	165,2	202,0	294,1
	8.8	48,6	90,4	141,1	174,5	203,3	264,4	323,1	470,6
	10.9	60,7	113,0	176,4	218,2	254,2	330,5	403,9	588,2

4.2.4 Beanspruchbarkeit auf Zug und Abscheren [-1-8/3.6.1]

Bei gleichzeitiger Beanspruchung auf Zug und Abscheren ist zusätzlich zu den Einzelnachweisen nach den Abschnitten 4.2.2 und 4.2.3 folgender Interaktionsnachweis zu führen:

$$\frac{F_{v,Ed}}{F_{v,Rd}} + \frac{F_{t,Ed}}{1{,}4 \cdot F_{t,Rd}} \le 1{,}0$$

4.2.5 Grenzdurchstanzkraft [-1-8/3.6.1]

Die Tragsicherheit gegen Durchstanzen ist nachgewiesen, wenn die vorhandene Zugkraft $F_{t,Ed}$ je Schraube die Grenzdurchstanzkraft $B_{p,Rd}$ nicht überschreitet.

$$F_{t,Ed} \le B_{p,Rd}$$

$$B_{p,Rd} = 0{,}6 \cdot \pi \cdot d_m \cdot t_p \cdot f_u / \gamma_{M2}$$

$$\gamma_{M2} = 1{,}25$$

d_m Mittelwert aus Eckenmaß min e und Schlüsselweite s des Schraubenkopfes oder der Mutter nach Tafel 13.36b/13.37a
t_p Blechdicke unter dem Schraubenkopf oder der Mutter
f_u Zugfestigkeit des Bauteils nach Tafel 13.3a

Tafel 13.32b Grenzdurchstanzkraft $B_{p,Rd}$ in kN je Schraube bezogen auf 10 mm Blechdicke

Schraubentyp und Stahlgüte		Schraubengröße M12	M16	M20	M22	M24	M27	M30	M36
Sechskantschrauben nach DIN 7990 und DIN 7968	S235	102,7	136,2	170,9	193,5	205,1	234,0	262,9	314,3
	S275	122,7	162,7	204,1	231,1	244,9	279,5	314,0	375,4
	S355	139,8	185,4	232,6	263,4	279,1	318,5	357,8	427,8
HV-Schrauben nach DIN EN 14 399-4 und -8	S235	124,6	153,5	181,9	205,1	234,0	262,9	286,0	343,2
	S275	148,8	183,4	217,3	244,9	279,5	314,0	341,6	409,9
	S355	169,6	209,0	247,6	279,1	318,5	357,8	389,3	467,1

Für andere Blechdicken t_p gilt: $B_{p,Rd}$ = Tafelwert · t_p, t_p in [cm].

4.2.6 Beanspruchbarkeit auf Lochleibung [-1-8/3.6.1]

Die Tragsicherheit auf Lochleibung ist nachgewiesen, wenn die vorhandene Abscherkraft $F_{v,Ed}$ je Bauteil und je Schraube die Grenzlochleibungskraft $F_{b,Rd}$ nicht überschreitet.

$$F_{v,Ed} \leq F_{b,Rd}$$

$$F_{b,Rd} = \frac{k_1 \cdot \alpha_b \cdot f_u \cdot d \cdot t}{\gamma_{M2}}$$

$\gamma_{M2} = 1{,}25$

d Schaftdurchmesser der Schraube

t Bauteildicke

d_0 Lochdurchmesser

f_u Zugfestigkeit der Stahlsorte nach Tafel 13.3a

f_{ub} Zugfestigkeit des Schraubenwerkstoffes nach Tafel 13.3c

k_1 nach Tafel 13.33a

α_b nach Tafel 13.33a

Tafel 13.33a Beiwerte zur Lochleibungskraft

	in Kraftrichtung	quer zur Kraftrichtung
am Rand liegende Schrauben	$\alpha_b = \min\left\{\left(\frac{e_1}{3 \cdot d_0}\right); \left(\frac{f_{ub}}{f_u}\right); (1{,}0)\right\}$	$k_1 = \min\begin{cases} 2{,}8 \cdot e_2 / d_0 - 1{,}7 \\ 1{,}4 \cdot p_2 / d_0 - 1{,}7 \\ 2{,}5 \end{cases}$
innen liegende Schrauben	$\alpha_b = \min\left\{\left(\frac{p_1}{3 \cdot d_0} - \frac{1}{4}\right); \left(\frac{f_{ub}}{f_u}\right); (1{,}0)\right\}$	$k_1 = \min\begin{cases} 1{,}4 \cdot p_2 / d_0 - 1{,}7 \\ 2{,}5 \end{cases}$

Die maximal aufnehmbare Lochleibungskraft kann für die Stahlgüte S235 und eine Blechstärke von t = 10 mm den Tafeln 13.34 und 13.35 entnommen werden. Bei Verbindungen mit anderen Stahlgüten können die Tafelwerte mit Hilfe der Werte aus Tafel 13.33b umgerechnet werden. Für andere Bauteildicken sind die Tafelwerte mit der maßgebenden Bauteildicke Σt (in cm) zu multiplizieren.

Die Tafelwerte gelten für die angegebenen Abstände e_2 und p_2 senkrecht zur Kraftrichtung. Zusätzlich sind in Kraftrichtung die Bedingungen $e_1 \geq p_1 - 0{,}75 \cdot d_0$ bzw. $p_1 \geq e_1 + 0{,}75 \cdot d_0$ einzuhalten, die aus Tafel 13.33a abgeleitet werden können. Das Symbol ↓ bedeutet, dass es sich bei dem darüber angegebenen Wert um die maximale Kraft handelt, die auch bei größeren Abständen angesetzt werden kann.

Tafel 13.33b Umrechnungstabelle für Lochleibungskräfte

Stahlsorte ($t \leq 40$ mm)	f_u [kN/cm^2]	SFK	$F_{b,Rd}$ mit t in [cm]
S235	36	4.6 / 5.6 / 8.8 / 10.9	$1{,}000 \cdot$ Tafelwert $\cdot t$
S275	43	5.6 / 8.8 / 10.9	$1{,}194 \cdot$ Tafelwert $\cdot t$
S355	49	8.8 / 10.9	$1{,}361 \cdot$ Tafelwert $\cdot t$
S420	52	8.8 / 10.9	$1{,}444 \cdot$ Tafelwert $\cdot t$
S460	54	8.8 / 10.9	$1{,}500 \cdot$ Tafelwert $\cdot t$

Bei einschnittigen Anschlüssen mit nur einer Schraubenreihe beträgt die aufnehmbare Lochleibungskraft:

$$F_{b,Rd} \leq 1{,}5 \cdot f_u \cdot d \cdot t / \gamma_{M2}$$

Tafel 13.34 Grenzlochleibungskräfte $F_{b,Rd}$ in kN je Schraube mit normalem Lochspiel bezogen auf 10 mm Bauteildicke der Stahlgüte S235 mit 3 mm ≤ t ≤ 40 mm

Schraubengröße	M12	M16	M20	M22	M24	M27	M30	M36
Lochdurchmesser d_0	13	18	22	24	26	30	33	39
$e_2 \geq 1{,}5 \cdot d_0 =$	20	27	33	36	39	45	50	59
$p_2 \geq 3{,}0 \cdot d_0 =$	39	54	66	72	78	90	99	117
Lochabstand p_1 in Kraftrichtung in mm								
$e_1 \geq$	$p_1 - 9$	$p_1 - 13$	$p_1 - 16$	$p_1 - 18$	$p_1 - 19$	$p_1 - 22$	$p_1 - 24$	$p_1 - 29$
$p_1 = 30$	44,86							
35	55,94							
40	67,02	56,53						
45	78,09	67,20						
50	86,40	77,87	73,09					
55	86,40	88,53	84,00	81,40				
60	↓	99,20	94,91	92,40	89,72			
65		109,9	105,8	103,4	100,8			
70		115,2	116,7	114,4	111,9	102,6		
75		115,2	127,6	125,4	123,0	113,4	109,6	
80		↓	138,5	136,4	134,0	124,2	120,5	
85			144,0	147,4	145,1	135,0	131,5	
90			144,0	158,4	156,2	145,8	142,4	134,6
95			↓	158,4	167,3	156,6	153,3	145,7
100				↓	172,8	167,4	164,2	156,7
105					172,8	178,2	175,1	167,8
110					↓	189,0	186,0	178,9
115						194,4	196,9	190,0
120						194,4	207,8	201,0
125						↓	216,0	212,1
130							216,0	223,2
135							↓	234,3
140								245,4
145								256,4
150								259,2
Randabstand e_1 in Kraftrichtung in mm								
$p_1 \geq$	e_1+10	e_1+14	e_1+17	e_1+18	e_1+20	e_1+23	e_1+25	e_1+30
$e_1 = 20$	44,31							
25	55,38	53,33						
30	66,46	64,00	65,45	66,00				
35	77,54	74,67	76,36	77,00	77,54			
40	86,40	85,33	87,27	88,00	88,62	86,40	87,27	
45	86,40	96,00	98,18	99,00	99,69	97,20	98,18	
50	↓	106,7	109,1	110,0	110,8	108,0	109,1	110,8
55		115,2	120,0	121,0	121,8	118,8	120,0	121,8
60		115,2	130,9	132,0	132,9	129,6	130,9	132,9
65		↓	141,8	143,0	144,0	140,4	141,8	144,0
70			144,0	154,0	155,1	151,2	152,7	155,1
75			144,0	158,4	166,2	162,0	163,6	166,2
80			↓	158,4	172,8	172,8	174,5	177,2
85				↓	172,8	183,6	185,5	188,3
90					↓	194,4	196,4	199,4
95						194,4	207,3	210,5
100						↓	216,0	221,5
105							216,0	232,6
110							↓	243,7
115								254,8
120								259,2

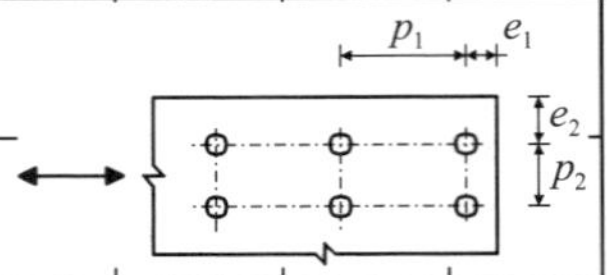

Erläuterungen zur Anwendung der Tafel s. Seite 13.33.

Tafel 13.35 Grenzlochleibungskräfte $F_{b,Rd}$ in kN je Passschraube bezogen auf 10 mm Bauteildicke der Stahlgüte S235 mit 3 mm ≤ t ≤ 40 mm

		M12	M16	M20	M22	M24	M27	M30	M36
Schraubengröße		M12	M16	M20	M22	M24	M27	M30	M36
Lochdurchmesser d_0		13	17	21	23	25	28	31	37
	$e_2 \geq 1{,}5 \cdot d_0 =$	20	26	32	35	38	42	47	56
	$p_2 \geq 3{,}0 \cdot d_0 =$	39	51	63	69	75	84	93	111
Lochabstand p_1 in Kraftrichtung in mm	$e_1 \geq$	$p_1 - 9$	$p_1 - 12$	$p_1 - 15$	$p_1 - 17$	$p_1 - 18$	$p_1 - 21$	$p_1 - 23$	$p_1 - 27$
	p_1=30	48,60							
	35	60,60							
	40	72,60	65,40						
	45	84,60	77,40						
	50	93,60	89,40	82,20					
	55	93,60	101,4	94,20	90,60	87,00			
	60	↓	113,4	106,2	102,6	99,00			
	65		122,4	118,2	114,6	111,0	105,6		
	70		122,4	130,2	126,6	123,0	117,6	112,2	
	75		↓	142,2	138,6	135,0	129,6	124,2	
	80			151,2	150,6	147,0	141,6	136,2	
	85			151,2	162,6	159,0	153,6	148,2	137,4
	90			↓	165,6	171,0	165,6	160,2	149,4
	95				165,6	180,0	177,6	172,2	161,4
	100				↓	180,0	189,6	184,2	173,4
	105					↓	201,6	196,2	185,4
	110						201,6	208,2	197,4
	115						↓	220,2	209,4
	120							223,2	221,4
	125							223,2	233,4
	130							↓	245,4
	135								257,4
	140								266,4
	145								266,4
	150								266,4
Randabstand e_1 in Kraftrichtung in mm	$p_1 \geq$	e_1 +10	e_1 +13	e_1 +16	e_1 +18	e_1 +19	e_1 +21	e_1 +24	e_1 +28
	e_1=20	48,00							
	25	60,00	60,00						
	30	72,00	72,00	72,00	72,00	72,00			
	35	84,00	84,00	84,00	84,00	84,00	84,00		
	40	93,60	96,00	96,00	96,00	96,00	96,00	96,00	
	45	93,60	108,0	108,0	108,0	108,0	108,0	108,0	108,0
	50	↓	120,0	120,0	120,0	120,0	120,0	120,0	120,0
	55		122,4	132,0	132,0	132,0	132,0	132,0	132,0
	60		122,4	144,0	144,0	144,0	144,0	144,0	144,0
	65		↓	151,2	156,0	156,0	156,0	156,0	156,0
	70			151,2	165,6	168,0	168,0	168,0	168,0
	75			↓	165,6	180,0	180,0	180,0	180,0
	80				↓	180,0	192,0	192,0	192,0
	85					↓	201,6	204,0	204,0
	90						201,6	216,0	216,0
	95						↓	223,2	228,0
	100							223,2	240,0
	105							↓	252,0
	110								264,0
	115								266,4
	120								266,4

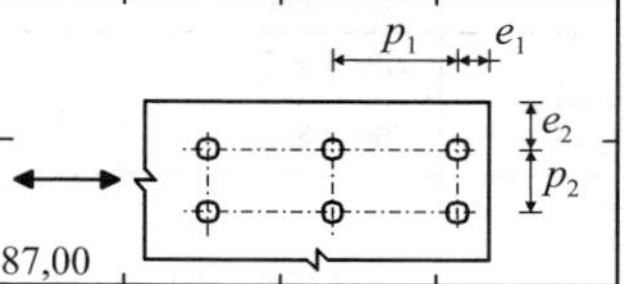

Erläuterungen zur Anwendung der Tafel s. Seite 13.33.

4.2.7 Schraubentafeln

Tafel 13.36a Produktnormen von Schrauben, Muttern und Scheiben

Kategorie [1]	Schraube	Festigkeitsklasse	Mutter	Festigkeitsklasse	Scheibe	Härteklasse
A	DIN 7990 DIN 7969	4.6	DIN EN ISO 4034 DIN EN ISO 4032	> M 16: 4,5 ≤ M 16: 5	DIN 7989-1 DIN 7989-2 DIN 434 DIN 435	100
A	DIN 7990	5.6		5		
A [2]	DIN 7968					
A	DIN EN ISO 4014 DIN EN ISO 4017	8.8	DIN EN ISO 4034 DIN EN ISO 4032	8	DIN EN ISO 7089 DIN EN ISO 7090 DIN EN ISO 7091 DIN 434; DIN 435	200; 300 200; 300 100 100
B, C [3]					DIN 34820	300
A B [3] C [2) 3)]	DIN EN 14 399-4 [4) 5)]	10.9	DIN EN 14 399-4 [4) 5)]	10	DIN EN 14 399-6 [4)]	300
A [2] B [2) 3)] C [2) 3)]	DIN EN 14 399-8 [4) 5)]					

[1] Bei allen Ausführungsformen ist vorwiegend ruhende Zugbeanspruchung zulässig.
[2] Auch nicht vorwiegend ruhende Scherbeanspruchung zulässig.
[3] Auch nicht vorwiegend ruhende Zugbeanspruchung zulässig.
[4] Die Garnituren nach den alten deutschen Normen können weiter eingesetzt werden
[5] k-Klasse K1

Tafel 13.36b Schraubenmaße in mm für Sechskantschrauben nach DIN 7990 und DIN 7968

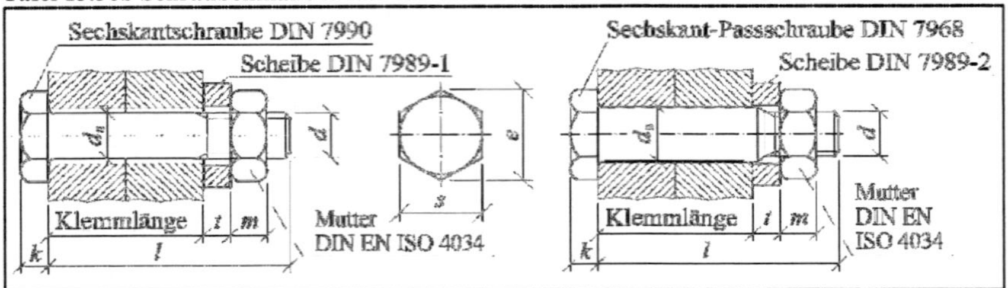

Schraubengröße →		M 12	M 16	M 20	M 22	M 24	M 27	M 30	M 36
Gewinde-Ø	d	12	16	20	22	24	27	30	36
Schaft-Ø	d_s	= Gewinde-Ø d							
dto. Passschraube	d_s	13	17	21	23	25	28	31	37
Kopfhöhe	k	8	10	13	14	15	17	19	23
Mutterhöhe	max. m	12,2	15,9	19	20,2	22,3	24,7	26,4	31,5
Schlüsselweite	s	18	24	30	34	36	41	46	55
Eckenmaß	min e	19,85	26,17	32,95	37,29	39,55	45,20	50,85	60,79
Scheiben-Ø		24	30	37	39	44	50	56	60
Scheibendicke	t	8	8	8	8	8	8	8	8

Tafel 13.37a Schraubenmaße in mm für Sechskantschrauben mit großen Schlüsselweiten (HV-Schrauben) nach DIN EN 14 399-4 und DIN EN 14 399-8

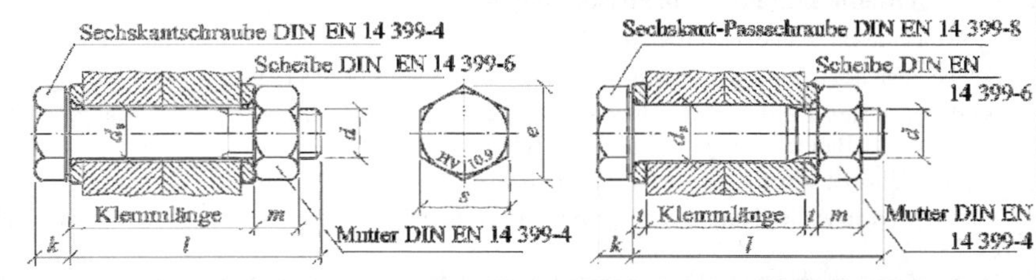

Schraubengröße →		M 12	M 16	M 20	M 22	M 24	M 27	M 30	M 36
Gewinde-∅	d	12	16	20	22	24	27	30	36
Schaft-∅	d_s	= Gewinde-∅ d							
dto. Passschraube	d_s	13	17	21	23	25	28	31	37
Kopfhöhe	k	8	10	13	14	15	17	19	23
Mutterhöhe	max m	10	13	16	18	20	22	24	29
Schlüsselweite	s	22	27	32	36	41	46	50	60
Eckenmaß	min e	23,91	29,56	35,03	39,55	45,20	50,85	55,37	66,44
Scheiben-∅		24	30	37	39	44	50	56	66
Scheibendicke	t	3	4	4	4	4	5	5	6

Tafel 13.37b Schaftquerschnittsfläche A und Spannungsquerschnittsfläche A_S in cm²

Schraubengröße →		M 12	M 16	M 20	M 22	M 24	M 27	M 30	M 36
Schaftquerschnitt	A	1,13	2,01	3,14	3,80	4,52	5,73	7,07	10,18
dto. Passschraube	A	1,33	2,27	3,46	4,15	4,91	6,16	7,55	10,75
Spannungsquerschnitt	A_S	0,843	1,57	2,45	3,03	3,53	4,59	5,61	8,17

Tafel 13.37c Symbole für Schrauben in Zeichnungen nach DIN ISO 5845-1 (04.97)

Zeichenebene →	senkrecht zur Achse			parallel zur Achse		
Bedeutung des Symbols	nicht gesenkt	Senkung auf der Vorderseite	Senkung auf der Rückseite	Mutterseite freigestellt	Mutterseite rechts	Senkung rechts
in der Werkstatt gebohrt und eingebaut	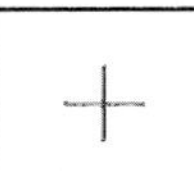	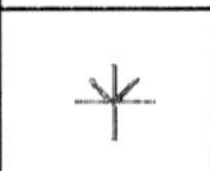	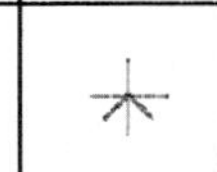	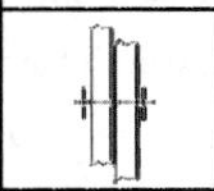	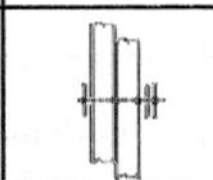	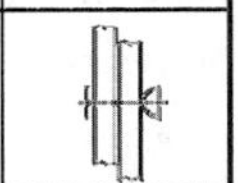
in der Werkstatt gebohrt und auf der Baustelle eingebaut	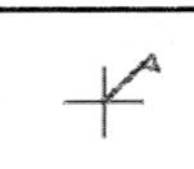	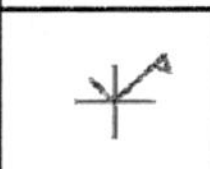	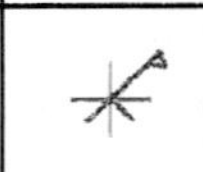	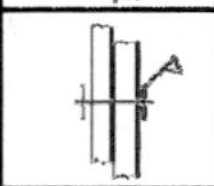	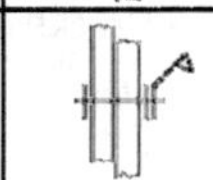	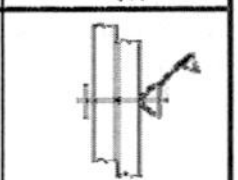
auf der Baustelle gebohrt und eingebaut	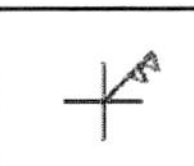	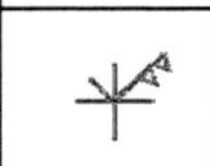	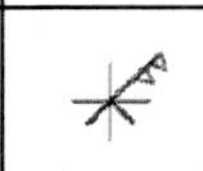	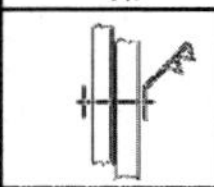	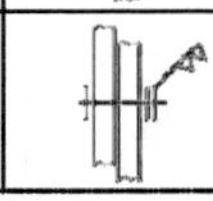	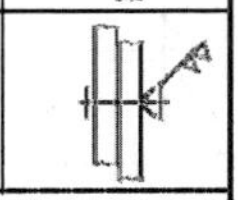

Bei den Sinnbildern für Löcher entfallen in der Ansicht parallel zur Achse die senkrechten Striche. Zusätzlich ist der Loch-∅ in mm anzugeben.	Bezeichnung einer Schraube bzw. Schraubengruppe: 4 × ISO ... M 20 × (Länge in mm) 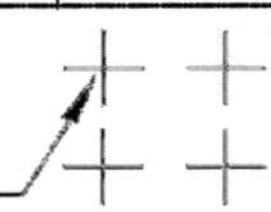

4.3 Verbindungen mit Schweißnähten [-1-8/4]

4.3.1 Allgemeine Regeln – Voraussetzungen

- Schweißbare Baustähle nach EN 10 025
- Schweißnahtarten und Anschlussformen nach DIN EN ISO 17 659 (Ausgabe 09/2005)
- Werkstoffdicken $t \geq 4$ mm (Nachweise bei Blechen $t < 4$ mm siehe EC 3-1-3 Kaltgeformte dünnwandige Bauteile und Bleche) [-1-8/4.1(1)]
- Werkstoffdicken bei Hohlprofilen $t \geq 2{,}5$ mm [-1-8/7.1.1(5)]
- Vorwiegend ruhende Beanspruchung. Bei auf Ermüdung beanspruchten Schweißnähten siehe EC 3-1-9.
- Im Allgemeinen ist der Qualitätsstandard C nach DIN EN ISO 5817 (Ausgabe 10/2006, ersetzt DIN EN ISO 25 817) samt Berichtigung (Ausgabe 10/2007) erforderlich [-1-8/4.1(1)].
- Schweißzusatzwerkstoffe gemäß Bezugsnormengruppe 5, siehe [-1-8/1.2.5].
- Im Bereich von $5 \cdot t$ beidseits kaltverformter Bereiche darf geschweißt werden, wenn (a) die kaltverformten Bereiche nach der Umformung (Dehnung ε) und vor dem Schweißen normalisiert wurden oder (b) die Verhältnisse r/t aus Tafel 13.38 eingehalten werden.
- Die Terassenbruchgefahr ist i. d. R. zu beachten.
  Hinweise dazu finden sich in EC 3-1-10.
  Die Verteilung der Schnittgrößen darf unter Annahme eines elastischen oder plastischen Verhaltens erfolgen. In der Regel darf eine Verteilung der Schnittgrößen auf die einzelnen Schweißnähte einer Verbindung vorgenommen werden. [-1-8/2.4f]

Tafel 13.38 Grenzwerte min (r/t) für das Schweißen in kaltverformten Bereichen [-1-8/Tab. 4.2]

max t [mm]	min $\frac{r}{t}$	max ε [%]
jede	25	2
jede	10	5
24	3	14
12	2	20
8	1,5	25
4	1	33

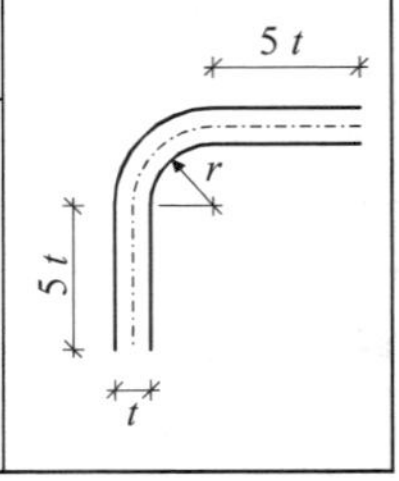

Beispiel: Verteilung der Schnittgrößen beim Anschluss eines I-Profils
Es soll angenommen werden, dass die Aufnahme der Querkraft durch die Stegkehlnähte und die Aufnahme des Biegemoments und der Längskräfte durch die Flanschkehlnähte erfolgt. Die Grenzkräfte der angeschlossenen Querschnittsteile dürfen dabei nicht überschritten werden.

Die Beanspruchung der Nähte ergibt sich zu:

- Nähte am Zugflansch $F_{\perp,\mathrm{Ed}} = N_{\mathrm{Ed}} / 2 + M_{\mathrm{y,Ed}} / (h - t_{\mathrm{f}}) \leq N_{\mathrm{pl,f,Rd}} = A_{\mathrm{f}} \cdot f_{\mathrm{y}} / \gamma_{\mathrm{M0}}$
- Nähte am Druckflansch $F_{\perp,\mathrm{Ed}} = N_{\mathrm{Ed}} / 2 - M_{\mathrm{y,Ed}} / (h - t_{\mathrm{f}}) \leq N_{\mathrm{pl,f,Rd}} = A_{\mathrm{f}} \cdot f_{\mathrm{y}} / \gamma_{\mathrm{M0}}$
- Nähte am Steg $F_{\parallel,\mathrm{Ed}} = V_{\mathrm{z,Ed}}$

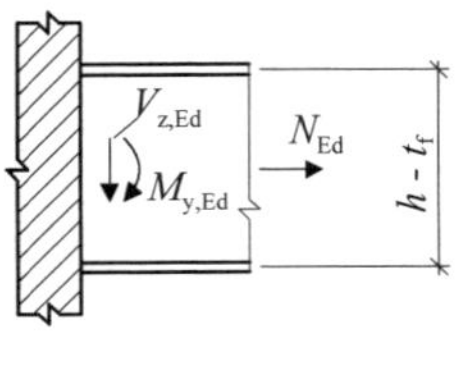

4.3.2 Stoßarten, Nahtarten, Nahtvorbereitungen, Maße, Nahtsymbole

Tafel 13.39a Stoßarten nach DIN EN ISO 17 659

Stumpfstoß 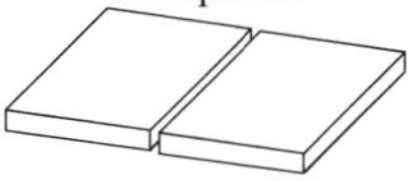	Parallelstoß 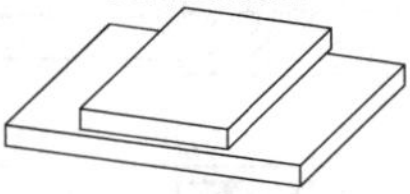	Überlappstoß 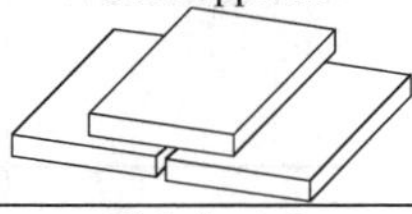
T-Stoß 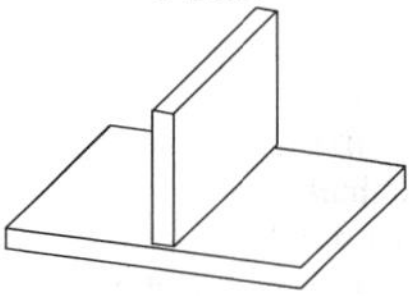	Doppel-T-Stoß 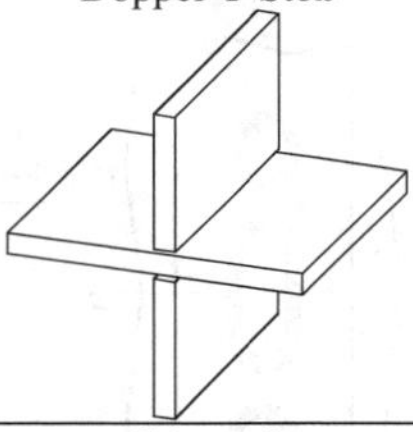	Schrägstoß 
Eckstoß 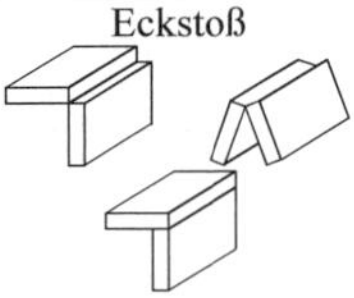	Stirnstoß 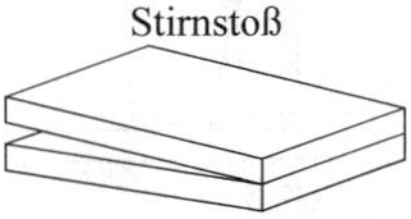	Mehrfachstoß 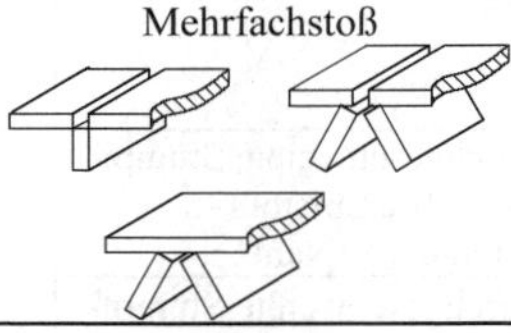

Tafel 13.39b Beispiele von Stoßarten, Nahtarten und Nahtvorbereitungen

Nahtart – Stoßart – Nahtvorbereitung	Bild	Anmerkungen
Doppelkehlnaht , nicht durchgeschweißt – T-Stoß 60° < a < 120° : a < 60° nicht durchgeschweißte Stumpfnaht, a > 120° nichttragende Naht [-1-8/4.3.2.1]	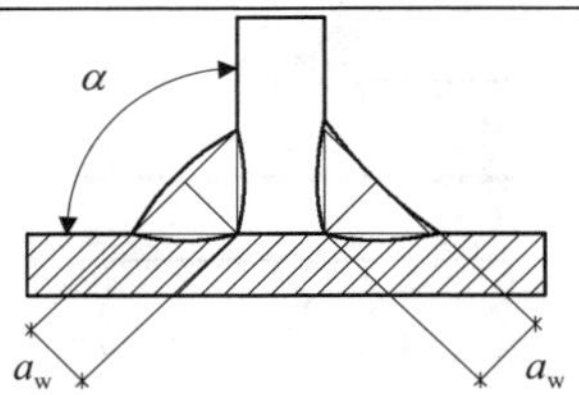	Die wirksame Schweißnahtdicke a_w ist gleich der bis zum theoretischen Wurzelpunkt gemessenen Höhe des einschreibbaren, gleichseitigen Dreiecks. [-1-8/4.5.2]
Kehlnaht mit tiefem Einbrand – Eckstoß	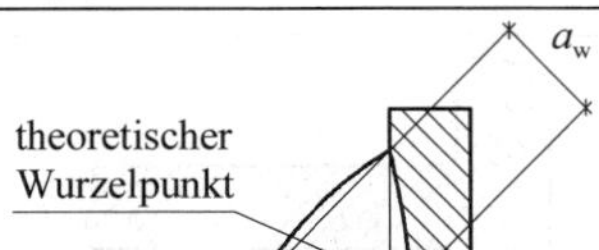	Der über den theoretischen Wurzelpunkt hinausgehende Einbrand ist durch eine Verfahrensprüfung sicherzustellen. *) [-1-8/4.5.3]
Hohlkehlnaht an Vollquerschnitten	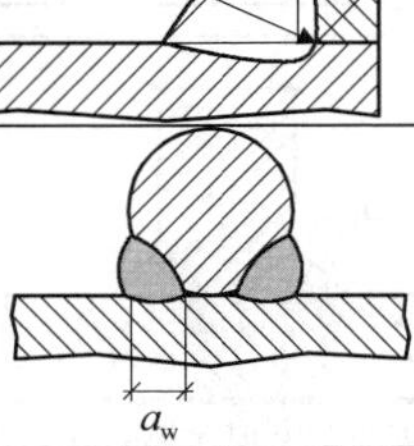	
Fortsetzung und Fußnote siehe nächste Seite.		

Tafel 13.39b (Fortsetzung)

Hohlkehlnaht an Rechteck-hohlprofilen	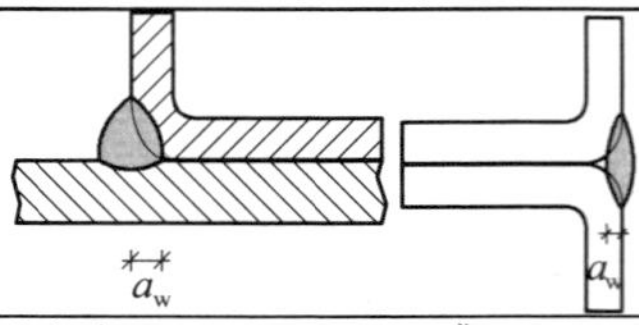	
Schlitznaht – Parallelstoß oder Überlappstoß	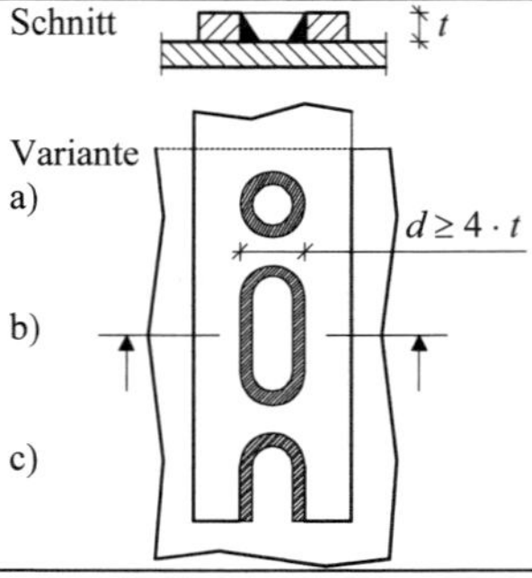	Bestimmung von a_w siehe Kehlnaht. Lochdurchmesser mindestens 4-fache Blechdicke.
Durchgeschweißte Stumpf-naht – Stumpfstoß – V-Fuge; „V-Naht“	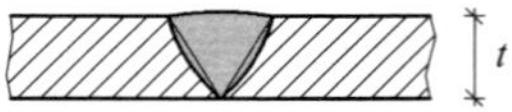	$a_w = t$
Durchgeschweißte Stumpf-naht – Stumpfstoß – V-Fuge; „DHV-Naht“	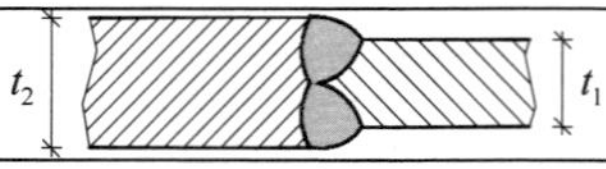	$a_w = t_1$
Beidseitig durchgeschweiß-te Stumpfnaht – T-Stoß – Doppel-HV-Fuge; „DHV-Naht“	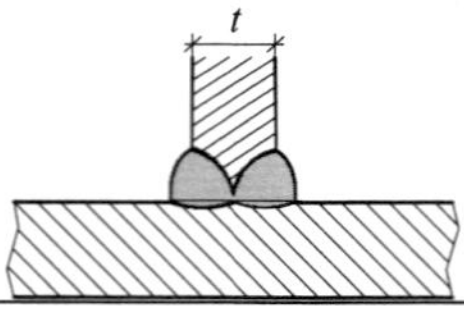	$a_w = t$
Nicht durchgeschweißter Stumpfstoß – Doppel-Y-Fuge; „DHY-Naht“	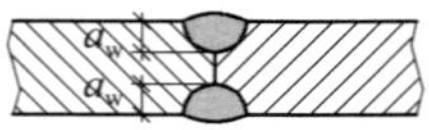	Der über den theoretischen Wurzelpunkt hinausgehen-de Einbrand ist durch eine Verfahrensprüfung sicher-zustellen *) [-1-8/4.7.2].
Nicht durchgeschweißte Stumpfnaht – Eckstoß – HY-Fuge	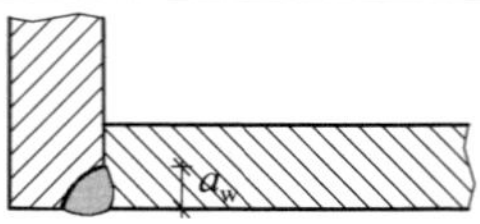	Der über den theoretischen Wurzelpunkt hinausgehen-de Einbrand ist durch eine Verfahrensprüfung sicher-zustellen *) [-1-8/4.7.2].
Beidseitig geschweißte, nicht durchgeschweißte Stumpfnaht mit Kehlnaht – T-Stoß **) – Doppel-HY-Fuge mit Steg; „DHY-Naht“	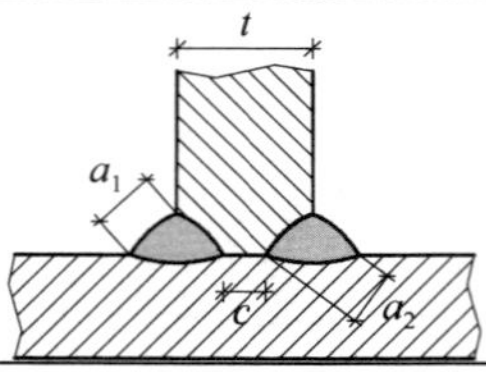	Der über den theoretischen Wurzelpunkt hinausgehen-de Einbrand ist durch eine Verfahrensprüfung sicher-zustellen *) [-1-8/4.7.2].

*) Wenn keine Verfahrensprüfung durchgeführt wird, ist je Naht von der nominellen Schweißnahtdicke 2 mm abzuziehen (siehe EN V 1993-1-1, 6.6.6.2; in [-1-8] nicht mehr enthalten).
**) Diese Schweißnaht darf wie eine durchgeschweißte Stumpfnaht nachgewiesen werden, wenn die Summe der Nahtdicken ($a_1 + a_2$) mindestens der Blechdicke t entspricht und zusätzlich für den ungeschweißten Spalt gilt: $c \leq \min\{t/5\ ;\ 3\,\text{mm}\}$. [-1-8/4.7.3(1)]

Tafel 13.41 Symbole für Schweißverbindungen nach DIN EN 22 553 (03.97)

Grundsymbole für Nahtarten			Zusammengesetzte Symbole für Nahtarten		
Benennung	Illustration	Symbol	Benennung	Illustration	Symbol
Kehlnaht	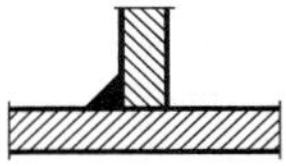		Doppelkehlnaht	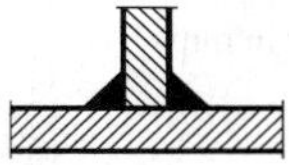	
V-Naht			DV-Naht		
HV-Naht			DHV-Naht		
Y-Naht			DY-Naht		
HY-Naht			DHY-Naht		
Gegennaht (Gegenlage)			V-Naht mit Gegennaht		
I-Naht			Bezugszeichen	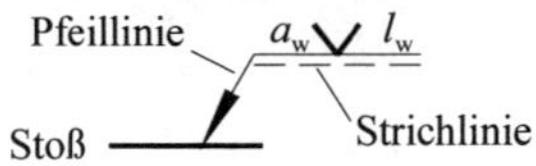	

Zusatzsymbole				Ergänzungssymbole	
Oberflächenform		Nahtausführung			
hohl (konkav)		Wurzel ausgearbeitet und gegengeschweißt		ringsum verlaufende Naht	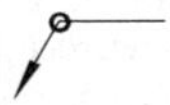
flach	—	Naht durch zusätzliche Bearbeitung eingeebnet		Baustellennaht	
gewölbt (konvex)					

Kombinationen			
V-Naht mit ebener Oberfläche, Wurzel ausgearbeitet und gegengeschweißt	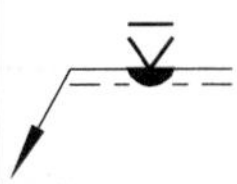	Ringsum verlaufende Kehlnaht mit hohler Oberflächenform, auf der Baustelle geschweißt	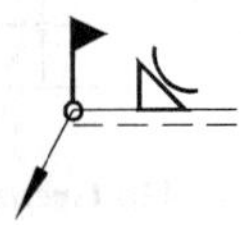

Stellung des Bezugszeichens bzw. des Symbols	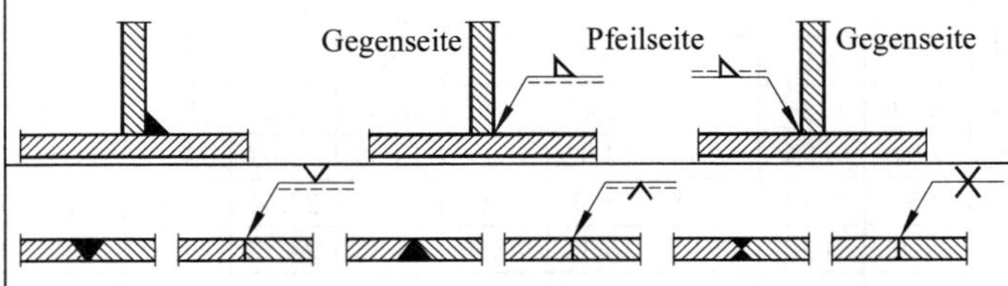

4.3.3 Kehlnähte – Mindestdicken und -längen

- Mindestmaße von tragenden Kehlnähten

  Schweißnahtdicke a_w: $\min a_w = 3\,\text{mm}$ [-1-8/4.5.2]

  (a_w und t in mm) für offene Profile und Flacherzeugnisse gilt zusätzlich

  $\min a_w \geq \sqrt{\max t} - 0{,}5$ für $t \geq 3$ mm [-1-8NA/4.5.2]

  Schweißnahtlänge l_w: $\min l_w \geq \max \begin{cases} 30\,\text{mm} \\ 6 \cdot a_w \end{cases}$ [-1-8/4.5.1]

- Maximale wirksame Kehlnahtlänge bei überlappten Stößen ohne Abminderung der Tragfähigkeit, $l_w \leq 150 \cdot a_w$; siehe [-1-8/4.11]
- Wirksame Kehlnahtfläche $A_w = \sum a_w \cdot l_{eff}$ [-1-8/4.5.3.2(2)]

  Die Lage der wirksamen Kehlnahtfläche A_w wird im Wurzelpunkt konzentriert angenommen.
- An den Enden von Bauteilen sollten Kehlnähte durchgehend mit voller Abmessung und einer Mindestlänge $2 \cdot \sqrt{2} \cdot a_w$ um die Ecken der Bauteile herumgeführt werden, wo immer eine solche Umschweißung möglich ist.

4.3.4 Tragfähigkeit von Kehlnähten – Vereinfachtes Verfahren [-1-8/4.5.3.3]

$$F_{w,Ed} \leq F_{w,Rd}$$

mit

$$F_{w,Rd} = f_{vw,d} \cdot a_w$$

$$f_{vw,d} = \frac{f_u}{\sqrt{3} \cdot \beta_w \cdot \gamma_{M2}}$$

$F_{w,Ed}$ der Bemessungswert der auf die wirksame Kehlnahtfläche einwirkenden Kräfte (Resultierenden) je Längeneinheit

$F_{w,Rd}$ der Bemessungswert der Tragfähigkeit der Schweißnaht je Längeneinheit, siehe Tafel 13.42b

f_u Zugfestigkeit des schwächeren der angeschlossenen Bauteile, siehe Tafel 13.3a

$f_{vw,d}$ Grenzscherfestigkeit der Schweißnaht

β_w Korrelationsbeiwert nach Tafel 13.42a

Alternativ kann das hier nicht wiedergegebene richtungsbezogene Verfahren [-1-8/4.5.3.2] angewendet werden, das aufwendiger ist, jedoch in einigen Fällen zu geringeren Schweißnahtdicken führen kann.

Tafel 13.42a Korrelationsbeiwert β_w und Zugfestigkeit f_u [-1-8/Tab. 4.1 und -1-1/Tab. 3.1]

Stahlsorte	Korrelationsbeiwert β_w	f_u in N/mm² für Blechdicken $t \leq 40$ mm
S235	0,8	360
S275	0,85	430
S355	0,9	490
S420	0,88 [-1-8NA/2.2.(2)]	520
S460	0,85 [-1-8NA/2.2.(2)]	540

Tafel 13.42b Grenzkräfte $F_{w,Rd}$ einer Kehlnaht in kN/cm für Blechdicken $t \leq 40$ mm für beliebig gerichtete Kraftresultierende $F_{w,Ed}$ beim vereinfachten Verfahren

Stahl	Nahtdicke a_w in mm										
	3	4	5	6	7	8	9	10	12	14	16
S235	6,24	8,31	10,39	12,47	14,55	16,63	18,71	20,78	24,94	29,10	33,26
S275	7,01	9,35	11,68	14,02	16,36	18,69	21,03	23,37	28,04	32,71	37,39
S355	7,54	10,06	12,58	15,08	17,60	20,12	22,64	25,14	30,18	35,20	40,24
S420	8,19	10,92	13,65	16,38	19,10	21,83	24,57	27,30	32,75	38,20	43,67
S460	8,80	11,74	14,67	17,60	20,54	23,47	26,41	29,34	35,21	41,08	46,95

Tafel 13.43 Ermittlung der Kraftresultierenden auf einen rechtwinkligen Kehlnahtanschluss

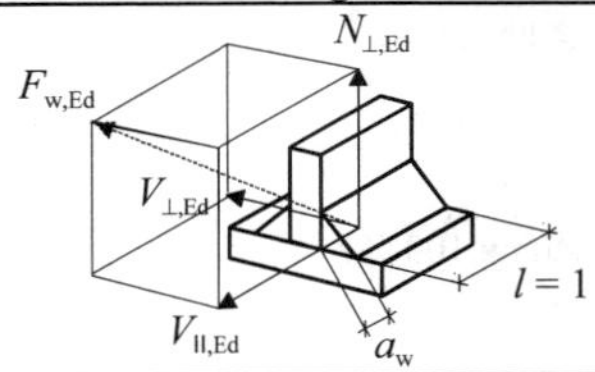

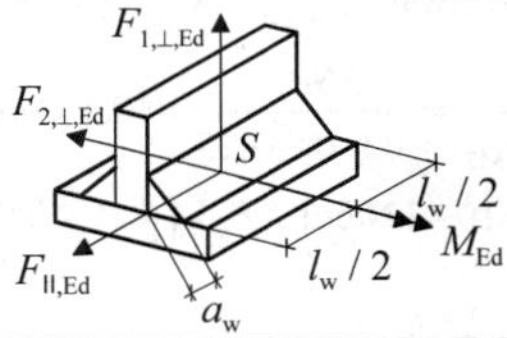

mittiger Kraftangriff ($M_{Ed} = 0$); Beanspruchungen bezogen auf eine beliebige Stelle der Naht mit $l = 1$ angegeben	außermittiger Kraftangriff ($M_{Ed} \neq 0$); bezogen auf Anfangs- bzw. Endpunkt der Naht; auf eine Längeneinheit bezogen angegeben
$N_{\perp,Ed} = \dfrac{F_{1\perp,Ed}}{l_w}$	$N_{\perp,Ed} = \dfrac{F_{1\perp,Ed}}{l_w} \pm \dfrac{M_{Ed}}{l_w^2/6}$
$V_{\perp,Ed} = \dfrac{F_{2\perp,Ed}}{l_w}$	$V_{\perp,Ed} = \dfrac{F_{2\perp,Ed}}{l_w}$
$V_{\parallel,Ed} = \dfrac{F_{\parallel,Ed}}{l_w}$	$V_{\parallel,Ed} = \dfrac{F_{\parallel,Ed}}{l_w}$
$F_{w,Ed} = \sqrt{N_{\perp,Ed}^2 + V_{\perp,Ed}^2 + V_{\parallel,Ed}^2}$	

Beispiel: Kehlnahtnachweis nach dem vereinfachten Verfahren

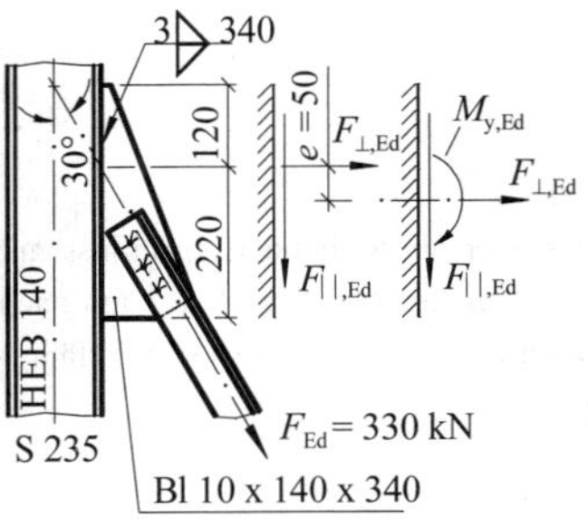

Schnittgrößen in der Anschlussebene:

$$F_{\parallel,Ed} = 330 \cdot \cos 30° = 286 \text{ kN}$$

$$F_{\perp,Ed} = 330 \cdot \sin 30° = 165 \text{ kN}$$

$$M_{y,Ed} = 165 \cdot 5{,}0 = 825 \text{ kNcm}$$

Beanspruchungen pro Längeneinheit am oberen Endpunkt der Naht:

$$V_{\parallel,Ed} = F_{\parallel,Ed} / l_w = 286 / 34 = 8{,}41 \text{ kN/cm}$$

$$N_{\perp,Ed} = \frac{F_{\perp,Ed}}{l_w} + \frac{M_{y,Ed}}{l_w^2/6} = \frac{165}{34} + \frac{825}{34^2/6} = 9{,}13 \text{ kN/cm}$$

$$F_{w,Ed} = \sqrt{V_{\parallel,Ed}^2 + N_{\perp,Ed}^2} = \sqrt{8{,}41^2 + 9{,}13^2} = 12{,}41 \text{ kN/cm}$$

Grenzkraft pro Längeneinheit (2 Kehlnähte):

$$F_{w,Rd} = \frac{f_u \cdot 2 \cdot a}{\sqrt{3} \cdot \beta_w \cdot \gamma_{M2}} = \frac{36 \cdot 2 \cdot 0{,}3}{\sqrt{3} \cdot 0{,}8 \cdot 1{,}25} = 12{,}47 \text{ kN/cm}$$

Nachweis: $F_{w,Ed} = 12{,}41 \text{ kN/cm} < F_{w,Rd} = 12{,}47 \text{ kN/cm}$

Ausnutzung: 99,5 %

Beispiel: Überlappanschluss eines Zugstabs an ein Knotenblech mit Kehlnähten

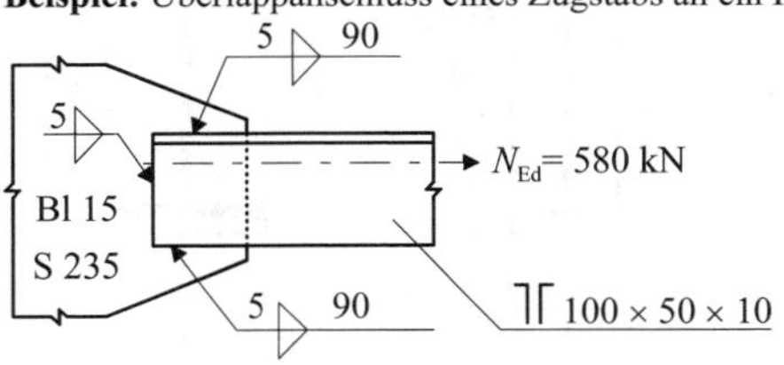

Tragfähigkeit des Knotenblechs

$$N_{Rd} = (2 \cdot A_{\parallel} / \sqrt{3} + A_{\perp}) \cdot f_y / \gamma_{M0}$$

$$= (2 \cdot 9 \cdot 1{,}5 / \sqrt{3} + 10 \cdot 1{,}5) \cdot 23{,}5$$

$$= 719 \text{ kN} > N_{Ed} = 580 \text{ kN}$$

Einhaltung der Mindestmaße:

$$l_{w\parallel} = 90 \text{ mm} > 30 \text{ mm bzw. } 6 \cdot a_w = 30 \text{ mm}$$

$$< 150 \cdot a_w = 750 \text{ mm}$$

Vereinfachtes Verfahren:

$\sum l_w = 4 \cdot 9 + 2 \cdot 10 = 56\,\text{cm}$; $F_{w,Ed} = N_{Ed} / \sum l_w = 580/56 = 10{,}4\,\text{kN/cm}$

$$F_{w,Rd} = \frac{f_u \cdot a_w}{\sqrt{3} \cdot \beta_w \cdot \gamma_{M2}} = \frac{36 \cdot 0{,}5}{\sqrt{3} \cdot 0{,}8 \cdot 1{,}25} = 10{,}4\,\text{kN/cm}$$

Nachweis: $F_{w,Ed} = 10{,}4\,\text{kN/cm} \le F_{w,Rd} = 10{,}4\,\text{kN/cm}$ (Auslastung: 100 %)

4.3.5 Tragfähigkeit von Stumpfnähten [-1-8/4.7]

Durchgeschweißte Stumpfnähte: Die Tragfähigkeit durchgeschweißter Stumpfnähte ist i. d. R. mit der Tragfähigkeit des schwächeren der verbundenen Bauteile gleichzusetzen.

Nicht durchgeschweißte Stumpfnähte: Die Tragfähigkeit von nicht durchgeschweißten Stumpfnähten ist wie für Kehlnähte zu ermitteln.

4.3.6 Schweißen von Hohlprofilen [-1-8/7]

- Beim Schweißen von Hohlprofilen sind zusätzlich auch [-1-8/7] und DIN EN 1090-2, Anhang E zu beachten.
- Die erforderliche Schweißnahtdicke ist i. d. R. wie oben in Abschnitt 4.3.3 bis 4.3.5 beschrieben zu bestimmen.
- Die Tragfähigkeit geschweißter Anschlüsse an Kreishohlprofile (KHP) ist nach [-1-8/7.4] zu berechnen.
- Die Tragfähigkeit geschweißter Anschlüsse von KHP- oder RHP-Streben an RHP Gurtstäbe ist nach [-1-8/7.5] zu bestimmen.
- Die Tragfähigkeit geschweißter Anschlüsse von KHP- oder RHP-Streben an I- oder U-Profil-Gurtstäbe ist nach [-1-8/7.6 und 7.7] zu bestimmen.

4.4 Biegesteife Stirnplattenverbindungen

Biegesteife Stirnplattenstöße werden in der Regel als bündiger oder überstehender Anschluss mit zwei oder vier vertikalen Schraubenreihen ausgeführt. Der Nachweis der Tragsicherheit kann nach [-1-8/6.2.7] geführt werden. In „Typisierte Anschlüsse im Stahlhochbau“ [13.3] werden Tragfähigkeiten und Abmessungen der Anschlusstypen IH1 bis IH4 angegeben.

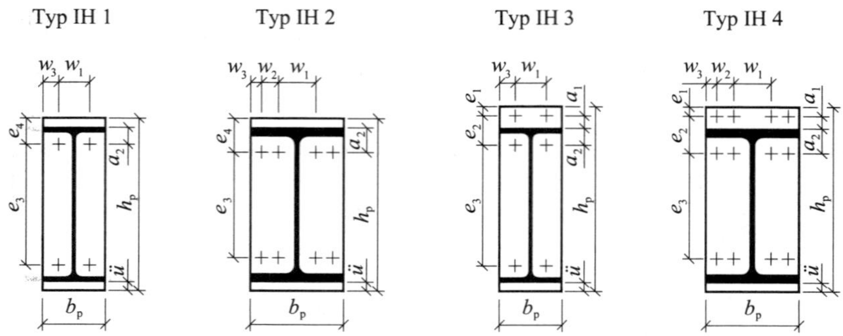

13 B Trapezprofile und Sandwichbauteile

Prof. Dr.-Ing. Klaus Berner

1 Stahltrapezprofile für Dach und Wand

Stahltrapezprofile sind tragende Bauteile für Dächer, Decken, Wände und Wandverkleidungen. Sie werden aus dünnen, ebenen Stahlblechen durch Kaltumformung (Profilierung) so hergestellt, dass in Tragrichtung Rippen (Trapeze) mit Gurten und Stegen entstehen, die durch Sicken oder Ähnliches versteift sein können. Die Nennblechdicken liegen zwischen 0,5 mm und 1,5 mm. Die Profiltafeln sind durch Bandverzinkung und durch eine zusätzliche Beschichtung vor Korrosion geschützt und entsprechen den für die verschiedenen Bausysteme vorgeschriebenen Korrosionsschutzklassen (z. B. nach DIN 55 634).

Das Herstellen der Stahltrapezprofile unterliegt einer laufenden Eigen- und Fremdüberwachung und ggf. zusätzlichen Güte- und Prüfbestimmungen (z. B. nach EPAQ, s. auch Fußnote[1] auf der n. Seite).

Eine Auswahl von Stahltrapezprofilen mit unterschiedlicher Querschnittsgeometrie ist nachfolgend zusammengestellt. Neben diesen üblichen Stahltrapezprofilen werden auch Kassetten, wellenförmige Querschnittsgeometrien und entsprechende Bauteile aus Aluminium hergestellt.

Der praxisgerechte Einsatz der Stahltrapezprofile ist nach EN 1993-1-3 in Verbindung mit DIN 18 807-3 (zukünftig in Verbindung mit EN 1090-4 bzw. -5) geregelt. Für die erforderlichen Nachweise zur Gebrauchstauglichkeit und Standsicherheit sind die maßgebenden Querschnittswerte und die aufnehmbaren Tragfähigkeitswerte auf der Grundlage von Versuchen oder rein rechnerisch zu bestimmen. Für die meisten Trapezprofil-Typen liegen typengeprüfte Tabellen mit den genannten Werten vor. Zusätzlich ist eine CE-Kennzeichnung in EN 1090 oder EN 14 782 geregelt.

Stahltrapezprofil Typ **Musterfirma 50/250**

Querschnitts- und Bemessungswerte nach DIN 18 807, Teil 1

Freiraum für Prüfvermerk (Typenprüfung)

Profiltafel in **Positivlage**

Maße in mm

Radien: r = 10 mm

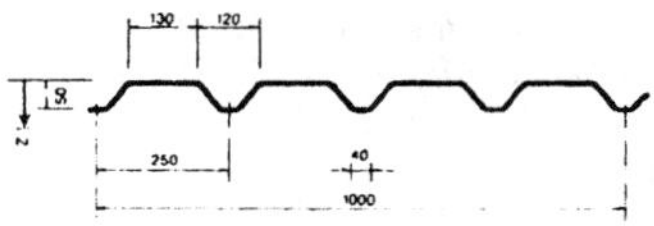

Nennstreckgrenze des Stahlkerns $\beta_{S,N}$ = 320 N/mm²

Aufnehmbare Tragfähigkeitswerte für nach unten gerichtete und andrückende Flächen-Belastung [1)]

Nenn-blech-dicke	Feld-moment	Endauflagerkräfte		Elastisch aufnehmbare Schnittgrößen an Zwischenauflagern [4)]				Reststützmomente [5)]		
		Trag-fähigkeit	Gebrauchs-fähigkeit	$\max.\,M_B \geq M^0 - (R_B/C)^\varepsilon$		maximales Stütz-moment	maximale Zwischen-auflagerkraft	$M_R = 0$ für $\ell \leq \min.\,\ell$; $M_R = \frac{\ell - \min.\,\ell}{\max.\,\ell - \min.\,\ell} \cdot \max.\,M_R$; $M_R = \max.\,M_R$ für $\ell \geq \max.\,\ell$		
t_N	$M_{F,k}$	$R^T_{A,k}$	$R^G_{A,k}$	$M^0_{B,k}$	C	max. $M_{B,k}$	max. $R_{B,k}$	min. ℓ	max. ℓ	max. $M_{R,k}$
mm	kNm/m	kN/m	kN/m	kNm/m	1/m	kNm/m	kN/m	m	M	kNm/m
		[2)] $b_A \geq 40$ mm		[3)] Zwischenauflagerbreite b_B = 60 mm; ε = 1; [C] = m^{-1}						
0,88	**3,43**	**11,71**	**11,71**	**3,83**	**13,01**	**2,99**	**15,59**	**2,35**	**3,22**	**1,83**

[1)] An den Stellen von Linienlasten quer zur Spannrichtung und von Einzellasten ist der Nachweis nicht mit dem Feldmoment M_F, sondern mit dem Stützmoment max. M_B für die entgegengesetzte Lastrichtung zu führen.

[2)] b_A = Endauflagerbreite. Bei einem Profiltafelüberstand ü ≥ 50 mm dürfen die R_A-Werte um 20 % erhöht werden.

[3)] Für kleinere Auflagerbreiten muss zwischen den angegebenen aufnehmbaren Tragfähigkeitswerten und denen bei 10 mm Auflagerbreite linear interpoliert werden. Für Auflagerbreiten kleiner als 10 mm, z. B. Rohren, darf maximal 10 mm eingesetzt werden.

[4)] Interaktionsbeziehung für M_B und R_B: $M_B \geq M^0 - (R_B/C)^\varepsilon$. Sind keine Werte für M^0 und C angegeben, ist M_B = max. M_B zu setzen.

[5)] Sind keine Werte für Reststützmomente angegeben, ist beim Tragsicherheitsnachweis M_R = 0 zu setzen oder ein Nachweis mit γ = 1,65 nach der Elastizitätstheorie zu führen. (ℓ = kleinere der benachbarten Stützweiten).

Abb. 13.45 Tragfähigkeitswerte für ein Trapezprofil (Musterbeispiel)

Beispielhaft sind für einen Profiltyp und eine Blechstärke in Abb. 13.45 die Tragfähigkeitswerte dargestellt. Zu beachten ist, dass es sich bei den zurzeit vorliegenden Tabellen um charakteristische Werte (R_K) handelt, mit denen nach dem anzuwendenden Bemessungskonzept unter Berücksichtigung des Materialsicherheitsfaktors γ_M die Beanspruchbarkeiten (Bemessungswerte R_d) bestimmt werden müssen. Es ist in jedem Fall nachzuweisen, dass die Beanspruchbarkeiten R_d größer sind als die Beanspruchungen E_d. Die entsprechenden Nachweise, einschließlich Beispiele, sind in der Literatur (z. B. [13.20] bis [13.24], [13.33]) dargestellt.
Nachfolgend werden beispielhaft mit den Tragfähigkeitswerten nach Abb. 13.45 für ein dreifeldrig gespanntes Trapezprofil die wesentlichen Nachweise dargestellt:

System: Dreifeldträger $l_1 = l_2 = l_3 = l = 3{,}65$ m; Zwischenauflagerbreite $b_B = 60$ mm
Durchbiegungsbegrenzung $f_{max} \leq l/150$
vorhandene Belastung Eigenlast $g = 0{,}35$ kN/m²; Schneelast $s = 0{,}90$ kN/m²

Tragsicherheitsnachweise nach DIN 18 807 und Anpassungsrichtlinie Stahlbau

$$q_{S,d} = 1{,}35 \cdot 0{,}35 + 1{,}5 \cdot 0{,}90 = 1{,}82 \text{ kN/m}^2$$

Schnittgrößen nach der Elastizitätstheorie:

$R_{A,S,d} = 0{,}40 \cdot 1{,}82 \cdot 3{,}65 = 2{,}66$ kN/m $\quad M_{F,S,d} = 0{,}08 \cdot 1{,}82 \cdot 3{,}65^2 = 1{,}94$ kNm/m
$R_{B,S,d} = 1{,}10 \cdot 1{,}82 \cdot 3{,}65 = 7{,}31$ kN/m $\quad M_{B,S,d} = 0{,}10 \cdot 1{,}82 \cdot 3{,}65^2 = 2{,}42$ kNm/m

Bemessungswerte der Widerstandsgrößen:

$R_{A,G,d} = R_{A,G,k}/\gamma_M = 11{,}71/1{,}1 = 10{,}65$ kN/m $\quad M_{F,d} = M_{F,k}/\gamma_M = 3{,}43/1{,}1 = 3{,}12$ kNm/m
$\max R_{B,d} = \max R_{B,k}/\gamma_M = 15{,}59/1{,}1 = 14{,}17$ kN/m $\quad \max M_{B,d} = \max M_{B,k}/\gamma_M = 2{,}99/1{,}1 =$ **2,72 kNm/m**

Berechnung von $M^0_{B,d}$:

für $\varepsilon = 1$ ist $C_d = C_k = C = 13{,}01$ 1/m $\quad M^0_{B,d} = M^0_{B,k}/\gamma_M = 3{,}83/1{,}1 = 3{,}48$ kNm/m
$M^0_{B,d} - (R_{B,S,d}/C_d)^\varepsilon = 3{,}48 - (7{,}31/13{,}01)^1 =$ **2,92 kNm/m**
maßgebend: $M_{B,d} = \max M_{B,d} = 2{,}72$ kNm/m

Nachweise:

$R_{A,S,d} / R_{A,G,d} = 2{,}66/10{,}65 = 0{,}25 < 1{,}0$ $\quad M_{F,S,d} / M_{E,d} = 1{,}94/3{,}12 = 0{,}62 < 1{,}0$
$R_{B,S,d} / \max R_{B,d} = 7{,}31/14{,}17 = 0{,}52 < 1{,}0$ $\quad M_{B,S,d} / M_{B,d} = 2{,}42/2{,}72 = 0{,}89 < 1{,}0$

Interaktion an der Zwischenstütze ohne C:

für $\varepsilon = 1$ ist $R^0_{B,k} = C_k \cdot M^0_{B,k} = 13{,}01 \cdot 3{,}83 = 49{,}83$ kN/m

$$R^0_{B,d} = R^0_{b,k} / \gamma_M = 49{,}83/1{,}1 = 45{,}30 \text{ kN/m}$$

Nachweise:

$$M_{B,S,d} / M^0_{B,d} + R_{B,S,d} / R^0_{B,d} = 2{,}42/3{,}48 + 7{,}31/45{,}30 = 0{,}86 < 1{,}0$$

Falls der Nachweis des Stützmomentes nicht erfüllt ist, kann ein Reststützmoment angesetzt werden (siehe Literatur). Weitere erforderliche Nachweise (nicht dargestellt): Gebrauchstauglichkeit (Durchbiegungsnachweis), Windsogverankerung, evtl. Schubfeldnachweise[1)].

Die Tafel 13.47 enthält für eine Vorbemessung zulässige Stützweiten für Einfeldträger und für Mehrfeldträger mit gleichen Stützweiten für Dächer. Die angegebenen Werte für gleichmäßig verteilte Belastung in den Spalten 5–10 sind für reine Biegebeanspruchung auf der Grundlage der aufnehmbaren Tragfähigkeitswerte nach der Elastizitätstheorie bzw. dem Traglastverfahren errechnet. (Die angegebenen Stützweiten liegen geringfügig auf der sicheren Seite, da die Werte meist noch mit einem globalen Sicherheitsfaktor von $\gamma_F = 1{,}7$ – ohne Berücksichtigung von γ_M – errechnet sind.)

Es wird jedoch ausdrücklich darauf hingewiesen, dass ohne typengeprüfte Stützweitentabellen, bei unterschiedlichen Spannweiten oder besonderer Belastung (z. B. Einzellasten oder Schubfeldbeanspruchung) stets projektbezogene Nachweise zu führen sind. In jedem Fall ist vor allem auch die Windsogverankerung (Befestigungen) nachzuweisen.

....

1) Weitere Einzelheiten und technische Beratung über die Anwendung von Stahltrapezprofilen im Bauwesen durch den IFBS e.V., Europark Fichtenhain A 13a, 47807 Krefeld (www.ifbs.de) oder EPAQ – European Association for Panels and Profiles unter gleicher Adresse (www.epaq.eu) und ihre Mitgliedsfirmen. Ein komplettes Verzeichnis der Herstell-, Liefer- und Montagefirmen kann dort kostenlos angefordert werden.

Es ist zu erwarten, dass die neue Normengeneration der EN 1993-1-3 in Verbindung mit EN 1090-4 , -5 und deren Nationalen Anhänge (NA) bis Mitte/Ende 2016 bauaufsichtlich eingeführt werden. Zur Zeit der Überarbeitung dieses Kapitels lag eine endgültige Version dieser Normen noch nicht vor, so dass eine praxisgerechte Kommentierung und Anpassung der Beispiele nicht endgültig möglich war. Eine entsprechende Überarbeitung wird in der nächsten Auflage erfolgen.

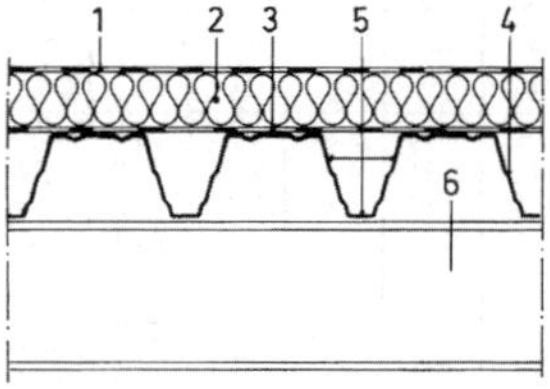

1 Dachabdichtung
2 Wärmedämmung
3 Dampfsperre (falls erforderlich)
4 Stahltrapezprofil
5 Werkseitige Kunststoffbeschichtung
6 Pfette oder Rahmenriegel

Warmdachaufbau, Vertikalschnitt

Abb. 13.47 Beispiel Dachaufbau

Tafel 13.47 Zulässige Stützweiten für Stahltrapezprofile für Dächer in m
(Die zulässige Grenzstützweite für die Begehbarkeit ist berücksichtigt.)

	Abmessungen nach DIN 18 807 h_e/b_R [mm/mm]	Profilquerschnitt Maße in mm	Nennblechdicke t_n mm	Eigenlast g kN/m²	Statische Systeme: Einfeldträger q= 1,20 kN/m²	Einfeldträger q= 2,20 kN/m²	Zweifeldträger q= 1,20 kN/m²	Zweifeldträger q= 2,20 kN/m²	Dreifeldträger q= 1,20 kN/m²	Dreifeldträger q= 2,20 kN/m²	Zwischenauflagerbreite b_B mm
	1	2	3	4	5	6	7	8	9	10	11
1	35/ 207	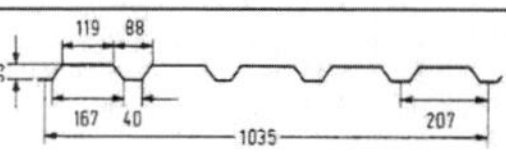	0,75 0,88 1,00 1,25	0,073 0,085 0,097 0,121	0,88 1,36 1,78 2,20	0,88 1,36 1,63 1,80	1,10 1,70 2,22 2,98	1,10 1,70 2,21 2,44	1,10 1,70 2,22 2,73	1,10 1,70 2,02 2,23	60
2	40/ 183	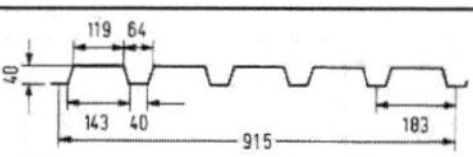	0,75 0,88 1,00 1,25	0,082 0,096 0,109 0,137	1,20 2,31 2,50 2,70	1,20 1,89 2,04 2,20	1,50 3,10 3,36 3,62	1,50 2,53 2,74 2,96	1,50 2,86 3,09 3,34	1 50 2,33 2,53 2,72	60
3	48,5/ 250	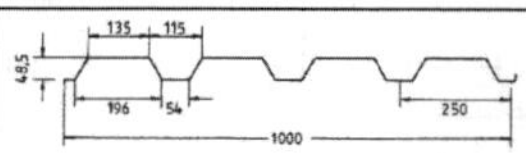	0,75 0,88 1,00 1,25	0,075 0,088 0,100 0,125	1,77 2,50 2,77 2,99	1,77 2,16 2,26 2,44	2,21 3,13 3,58 4,01	2,21 2,56 2,83 3,27	2,21 3,13 3,42 3,69	2,21 2,67 2,79 3,02	60
4	111/ 275	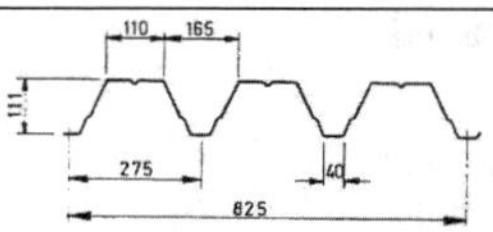	0,75 0,88 1,00 1,25	0,090 0,106 0,121 0,151	4,23 4,39 4,54 4,87	3,45 3,59 3,71 3,98	5,67 5,89 6,08 6,53	4,44 4,81 4,97 5,34	5,25 5,46 5,63 6,05	4,29 4,46 4,60 4,94	160
5	126/ 326	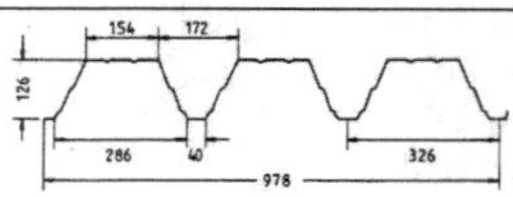	0,75 0,88 100 1,25	0,092 0,108 0,123 0,153	4,66 4,93 5,16 5,57	3,81 4,03 4,21 4,55	5,31 6,70 7,00 7,56	3,92 4,73 5,21 6,09	5,79 6,14 6,41 6,93	3,92 4,73 5,24 5,66	160
6	135/ 310	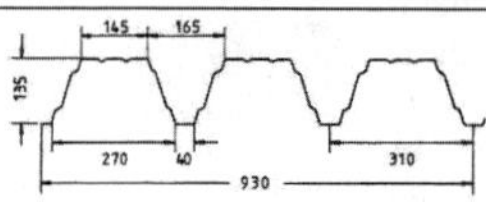	0,75 0,88 1,00 1,25	0,097 0,114 0,129 0,161	4,96 5,25 5,48 5,93	4,05 4,28 4,48 4,84	6,10 6,97 7,35 7,95	3,90 5,19 5,91 6,49	6,16 6,51 6,81 7,36	3,93 5,34 5,56 6,01	160

Tafel 13.47 Zulässige Stützweiten für Stahltrapezprofile für Dächer in m (Fortsetzung)

	Abmessungen nach DIN 18 807 h_e/b_R [mm/mm]	Profilquerschnitt Maße in mm	Nenn-blech-dicke t_n mm	Ei-gen-last g kN/m²	Statische Systeme Einfeld-träger $q=$ 1,20 kN/m²	Einfeld-träger $q=$ 2,20 kN/m²	Zweifeld-träger $q=$ 1,20 kN/m²	Zweifeld-träger $q=$ 2,20 kN/m²	Dreifeld-träger $q=$ 1,20 kN/m²	Dreifeld-träger $q=$ 2,20 kN/m²	Zwi-schen-aufla-ger-breite b_B mm
	1	2	3	4	5	6	7	8	9	10	11
7	137/ 310 137,8/ 308	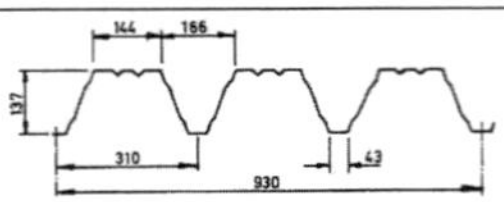	0,75 0,88 1,00 1,25	0,097 0,114 0,130 0,162	5,10 5,36 5,57 6,03	3,82 4,38 4,55 4,93	6,32 7,18 7,47 8,09	3,82 5,19 5,95 6,61	6,30 6,62 6,89 7,46	4,28 5,19 5,63 6,09	160
8	144/ 287	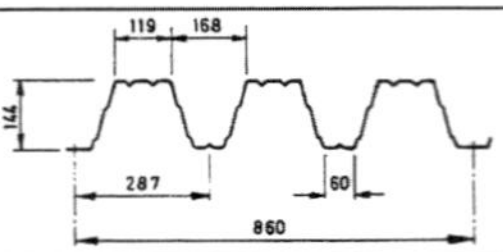	0,75 0,88 1,00 1,25	0,105 0,123 0,139 0,174	5,44 5,66 5,85 6,35	4,44 4,62 4,78 5,20	7,27 7,58 7,83 8,55	5,13 6,04 6,43 7,00	6,76 7,04 7,28 7,92	5,35 5,75 5,95 6,46	160
9	153/ 280 153/	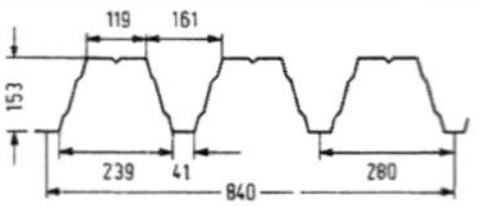	0,75 0,88 1,00 1,25	0,107 0,126 0,143 0,179	5,52 5,84 6,11 6,60	4,51 4,77 4,99 5,39	7,19 7,83 8,19 8,84	5,18 6,34 6,69 7,22	6,83 7,22 7,55 8,15	5,18 5,90 6,17 6,66	160
10	155/ 280	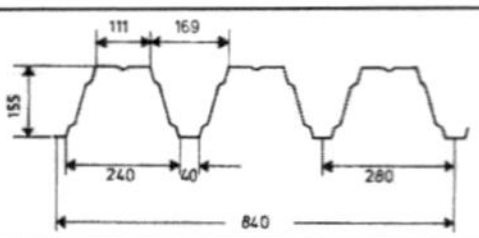	0,75 0,88 1,00 1,25	0,107 0,126 0,143 0,179	5,68 6,01 6,29 6,79	4,64 4,91 5,14 5,55	7,39 8,16 8,53 9,22	4,82 6,34 6,97 7,53	7,07 7,48 7,82 8,45	4,93 6,11 6,39 6,90	160
11	158/ 250 158/ 280	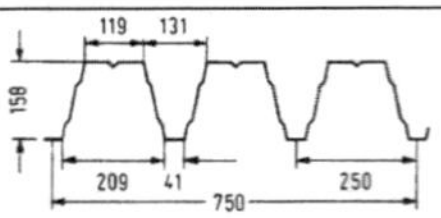	0,75 0,88 1,00 1,25	0,121 0,142 0,161 0,201	5,89 6,23 6,52 7,04	4,81 5,09 5,32 5,75	7,63 8,36 8,74 9,44	5,40 6,41 7,14 7,71	7,28 7,71 8,05 8,70	5,40 6,30 6,58 7,11	160
12	165/ 250	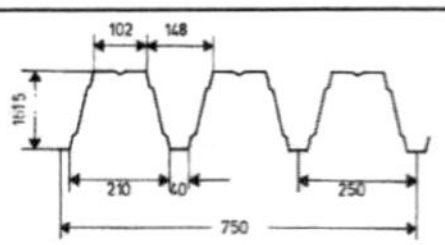	0,75 0,88 1,00 1,25	0,120 0,141 0,160 0,200	6,00 6,33 6,61 7,20	4,90 5,17 5,43 5,86	7,60 8,40 9,00 9,75	5,60 6,40 7,25 7,95	7,45 7,86 8,21 8,90	5,65 6,40 6,75 7,30	160

2 Sandwichbauteile für Dach und Wand

(Querschnitte und Stützweitentabellen)

Sandwichbauteile werden hauptsächlich als raumbildende und tragende Wand- und Dachbauteile eingesetzt. Sie bestehen in der Regel aus zwei dünnen Deckblechen (profiliert, gesickt oder glatt), die durch eine Kernschicht aus Hartschaum (z. B. Polyurethan (PUR), Polyisocyanurat (PIR) oder Polystrol (PS, EPS, XPS)) oder Mineralwolle schubfest miteinander verbunden sind, so dass ein tragender Verbundquerschnitt entsteht. Die beim additiven Aufbau von z. B. oberseitig wärmegedämmten Trapezblechen (s. Abb. 13.45) ausschließlich zur Dämmung vorgesehene Schicht wird hier zusätzlich als schubsteifer Kern im Sandwichquerschnitt bei der Tragfähigkeit integriert. Durch die Mitwirkung der Dämmschicht und der damit erreichten Verbundwirkung können große Stützweiten erreicht werden. Gleichzeitig ist eine hohe Wärmedämmung gewährleistet.

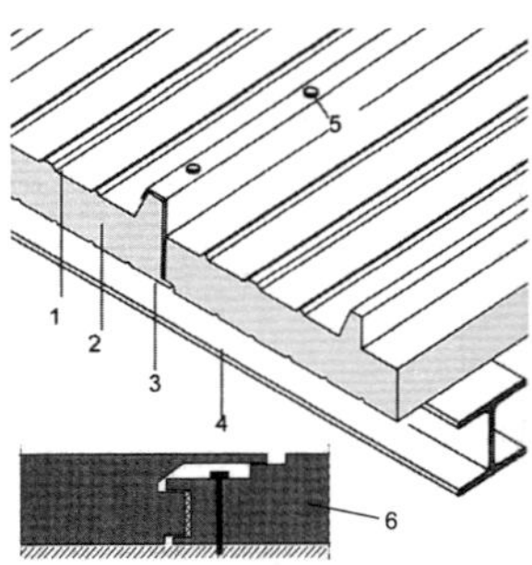

1 = äußere Deckschicht (Stahl, Alu, Kupfer etc.)
2 = Kernschicht (PUR, Mineralwolle, PS)
3 = innere Deckschicht (Stahl, Alu, Kupfer etc.)
4 = Unterkonstruktion
5 = Befestigungsmittel (Bohrschrauben etc.) „Durch-und-durch"-Verschraubung
6 = Prinzipskizze: verdeckte Befestigung

Die schubfeste Verbindung der Deckbleche mit dem Kern wird automatisch durch Selbsthaftung (bei PUR) oder Verklebung (bei Mineralwolle oder Polystyrol) bei der fabrikmäßigen Herstellung der Bauteile in großen, kontinuierlichen Fertigungsstraßen erreicht. Das Herstellen der Sandwichbauteile unterliegt einer laufenden Eigen- und ggf. einer Fremdüberwachung. Die Bauteile werden als Fertigteile auf die Baustelle angeliefert und auf der Unterkonstruktio
Die Befestigung kann mit einer „Durch-und-durch-Verschraubung"
erfolgen.

2.1 Formale Grundlagen

Sandwichbauteile für Dach und Wand, bei denen die Verbundtragwirkung durch Verbindung der Deckbleche mit einem schubsteifen Kern angesetzt und genutzt wird, werden weitgehend auf der Grundlage der harmonisierten Europäischen Norm EN 14509, Rev.1, Ausgabe Oktober 2013 für „Selbsttragende Sandwichelemente mit beidseitigen Metalldeckschichten" verwendet. In dieser Norm sind alle erforderlichen Untersuchungen zur Festlegung der Angaben, die im CE-Zeichen erfasst sein müssen, eindeutig vorgegeben. Mit den Angaben im CE-Zeichen können z.B. die statischen Nachweise nach dem unten angegebenen Bemessungskonzept durchgeführt werden. Die EN 14509, Rev.1 ist nur gültig für gleichmäßig verteilte Belastung (z.B. aus Wind oder Schnee). Nicht verpflichtend vorgegeben sind die Material-Sicherheitsfaktoren (national festzulegen). Befestigungen sind nicht Gegenstand der Norm. Zurzeit wird ein Teil 2 der EN 14509 für „Tragende Sandwichelemente" mit erweiterten Anwendungsgrenzen im Normenausschuss bearbeitet.
In Deutschland können die Sandwichbauteile aufgrund von folgenden offiziellen Unterlagen verwendet werden:

a) Teil II der LTB:
Teil II der Liste der Technischen Baubestimmungen (5.42) unter Beachtung von Anhang 5/23 auf der Grundlage von CE-Zeichen nach DIN EN 14509. Auf dieser Grundlage werden in Deutschland selten Sandwichbauteile eingesetzt, da sehr hohe, global festgelegte Material-Sicherheitsfaktoren angesetzt werden müssen und z. B. für verdeckte Befestigungen keine Bemessungswerte erfasst sind.

b) Zulassungstyp A:
Allgemeine bauaufsichtliche Zulassung (Z-10.49-…), die sich auf die Verwendung der Sandwichbauteile nach DIN EN 14509 mit CE-Zeichen erstreckt (sog. Verwendungs-Zulassung). In den Verwendungs-Zulassungen sind vor allem individuelle Material-Sicherheitsfaktoren angegeben, die auf der Grundlage der Streuung der produktspezifischen Versuchsergebnisse bestimmt wurden. Die Faktoren sind deutlich günstiger gegenüber den global festgelegten Werten, die ohne Verwendungs-Zulassung angesetzt werden müssen (s. a)). Außerdem sind in den Verwendungs-Zulassungen die Bemessungswerte für verdeckte Befestigungen angegeben. Die Verwendungs-Zulassungen werden eventuell in Zukunft in dieser Form nicht mehr erteilt. Es sollte deshalb stets auf die Geltungsdauer geachtet werden.

c) Zulassungstyp B:
Allgemeine bauaufsichtliche Zulassung (Z-10.4-…) mit Übereinstimmungsnachweis durch Zertifikat (Ü-Zeichen) für sogenannte „tragende Sandwichbauteile", die zur Aussteifung der Unterkonstruktion (Drehbettung und seitliche Stützung) herangezogen oder die durch spezielle Lasten (z. B. Einzel- oder Linienlasten aus Photovoltaik-Elementen oder vorgehängten Fassaden) beansprucht werden. Für Sandwichbauteile mit Deck- oder Kernschichten, die nicht in der DIN EN 14509 erfasst sind (z.B. Deckschichten aus plattenförmigen Holzwerkstoffen oder GFK) sind ebenfalls Zulassungen in dieser Art erforderlich.

Weitere offizielle Unterlagen sind:

d) EPAQ Qualitätszertifikat:
Der Verband „European Association for Panels and Profils" wurde gegründet, um u.a. die Qualität der Sandwichbauteile europaweit zu sichern. Wesentlicher Bestandteil der Qualititätssicherung ist die regelmäßige Kontrolle der Eigenschaften der Produkte von unabhängigen Dritten (Fremdüberwachung). Die Mitgliedschaft der Herstellerfirmen ist freiwillig. Werden alle Anforderungen an die Qualität erfüllt, wird ein "EPAQ-Label" erteilt.

e) Leistungserklärung (DOP = Declaration of Performance):
Seit 01.07.2013 ist aufgrund der Europäischen Bauprodukten-Verordnung Nr. 305/2011 jeder Lieferung von Bauprodukten eine Leistungserklärung (DOP) beizulegen, in der genauere

Angaben über das Produkt, hier das Sandwichpaneel und über die Herstellerfirma zu erkennen sind.

2.2 Tragverhalten und Bemessungskonzept

Wegen der Verwendung von leichten Kernschichten, z. B. aus Polyurethan-Hartschaum, die sich hinsichtlich der Herstellung und der bautechnischen Anforderungen so günstig verhalten, sind bei der Beurteilung der Tragfähigkeit des Sandwichtragwerks und damit bei der Bemessung eine Reihe von Besonderheiten zu beachten. So ist zunächst, um eine „sichere" Bemessung zu gewährleisten, die Schubverformung der Kernschicht zu berücksichtigen und damit die „Theorie des nachgiebigen Verbundes" anzuwenden.

Das Bemessungskonzept ist in allen genannten formalen Grundlagen im Prinzip identisch (Unterschiede ergeben sich ausschließlich durch die Vorgabe der Sicherheitsfaktoren): Die Bemessungswerte für die Auswirkungen der Beanspruchungen E_d sind zu berechnen und mit dem Bemessungswert des Widerstandes R_d oder den zugehörigen Kriterien für die Gebrauchstauglichkeit C_d zu vergleichen, wobei die jeweiligen Teilsicherheitsbeiwerte für die Werkstoffe γ_M zu berücksichtigen sind.

Beanspruchungen

Die Bemessungswerte der Beanspruchung E_d sind aus den charakteristischen Beanspruchungen S_{ki} unter Beachtung der entsprechenden Lastbeiwerte γ_F und der Kombinationsbeiwerte ψ zu ermitteln.

$E_d = \Sigma\ \gamma_F \psi S_{ki}$

Die Sicherheitsfaktoren γ_F und Kombinationsbeiwerte ψ sind in den Zulassungen bzw. in DIN EN 14 509 erfasst. Zur sicheren Bemessung ist – wie üblich – die ungünstigste Lastfallkombination anzusetzen. Dabei sind eine Reihe von Lastfällen zu beachten, abhängig vom statischen System (Einfeld- oder Mehrfeldsysteme), von der Nachweisart (z. B. Tragfähigkeits-, Gebrauchstauglichkeits- oder Verformungsnachweis) und von den Widerstandsgrößen (z. B. Knitterspannungen im Feld oder über der Stütze).

Die charakteristischen Beanspruchungen (z. B. Normalspannungen in den Deckblechen oder Schubspannungen in der Kernschicht) sind aus den äußeren Belastungen aus Eigenlast, Schnee, Wind und abgehängten oder aufliegenden ständigen Lasten, aber auch aus den Einwirkungen bei unterschiedlichen Deckblechtemperaturen und Spannungsumlagerungen infolge Schubkriechen der Kernschicht zu bestimmen.

Die genauen Angaben über die anzusetzenden Temperaturen (im Gebrauchsfähigkeitsnachweis in Abhängigkeit von der Farbe des äußeren Deckblechs) sind in der EN 14 509 bzw. in o. g. formalen Unterlagen jeweils angegeben. Es werden für die Bemessung der Bauteile drei Farbgruppen (Gruppe I: sehr hell, Gruppe II: hell, Gruppe III: dunkel) definiert. Für den Lastfall Kriechen sind die Kriechfaktoren in dem jeweiligen Zulassungsbescheid bzw. CE-Zeichen angegeben.

Beanspruchbarkeit

Der **Grenzzustand der Tragfähigkeit**, bei dem die maximale Tragfähigkeit des Elements erreicht ist, wird durch die Beanspruchbarkeiten, d. h. durch die verschiedenen Versagensarten, bestimmt. Bei Sandwichelementen können folgende Versagensarten festgestellt werden:

- Fließen einer Deckschicht des Elements mit daraus resultierendem Versagen,
- Knittern (örtliches Beulen) einer Deckschicht des Elements mit daraus resultierendem Versagen,
- Schubversagen des Kerns,
- Versagen des Verbundes zwischen Deckschicht und Kern,
- Schubversagen einer profilierten Deckschicht,
- Druckversagen des Kerns an einem Auflager,
- Versagen der Elemente an den Punkten, an denen sie an der Unterkonstruktion befestigt sind,
- Versagen der Befestigungsmittel.

Die Bemessungswerte der Beanspruchbarkeiten R_d (z. B. Knitterspannungen oder Schubfestigkeiten) sind die charakteristischen Werte R_k, dividiert durch den Materialsicherheitsfaktor γ_M:

$R_d = R_k / \gamma_M$

Die charakteristischen Werte, wie z. B. Fließ- und Knitterspannung der Deckbleche oder Schub- und Druckfestigkeit der Kernschicht, sind in den Zulassungen bzw. in den CE-Zeichen aufgrund von experimentellen Untersuchungen angegeben. Die Materialsicherheitsfaktoren, die von der Streuung der Versuchsergebnisse abhängen, sind ebenfalls produktbezogen erfasst.

Der Nachweis des **Grenzzustandes der Gebrauchstauglichkeit** muss die ordnungsgemäße Funktion der Elemente unter Gebrauchslasten sicherstellen. Der Grenzzustand hierfür ist definiert durch (jeweils ohne totales Versagen):

- Fließen einer Deckschicht des Elements, ohne das daraus resultierende Versagen,
- Knittern (örtliches Beulen) einer Deckschicht des Elements, ohne das daraus resultierende Versagen,
- Schubversagen des Kerns,
- Versagen des Verbundes zwischen Deckschicht und Kern,
- Druckversagen des Kerns an einem Auflager,
- Erreichen einer festgelegten Durchbiegungsgrenze für
  - Dächer und Unterdecken: Kurzzeit-Belastung: Stützweite/200
    Langzeit-Belastung: Stützweite/100
  - Wände: Stützweite/100

Für den Zulassungstyp A und B können praxisgerechte Nachweise für Tragfähigkeit und Gebrauchstauglichkeit unter Beachtung der genannten Besonderheiten gemäß deren Abschnitt 3.1 bzw. nach EN 14 509, Abschnitt E, ausreichend genau durchgeführt werden.

Beidseitig ebene bzw. quasi-ebene (gesickte, linierte etc.) Deckschichten

System und Belastung	k	M_S [1]	R_E [2]	R_M [2]	w_{max} [3]
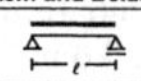	$\frac{9{,}6 \cdot B_S}{\ell^2 \cdot G_S \cdot A_S}$	$\frac{q \cdot \ell^2}{8}$	$\frac{q \cdot \ell}{2}$	–	$\frac{5 \cdot q \cdot \ell^4}{384 \cdot B_S} \cdot (1+k)$
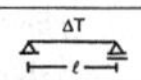	–	0	0	–	$\frac{\ell^2 \cdot \Delta T'}{8 \cdot e}$
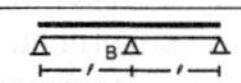	$\frac{3 \cdot B_S}{\ell^2 \cdot G_S \cdot A_S}$	$\frac{q \cdot \ell^2}{8} \cdot \frac{1}{1+k}$	$\frac{q \cdot \ell}{2} \cdot \left(1 - \frac{1}{4+4\,k}\right)$	$q \cdot \ell \cdot \left(1 + \frac{1}{4+4\,k}\right)$	$\approx \frac{q \cdot \ell^4}{48 \cdot B_S} \cdot \frac{1}{1+k} \cdot (0{,}26 + 2{,}6\,k + 2\,k^2)$
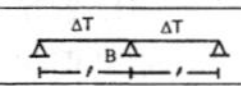		$\frac{3 \cdot B_S \cdot \Delta T'}{2 \cdot e} \cdot \frac{1}{1+k}$	$\frac{3 \cdot B_S \cdot \Delta T'}{4 \cdot e \cdot \ell} \cdot \frac{1}{1+k}$	$\frac{3 \cdot B_S \cdot \Delta T'}{2 \cdot e \cdot \ell} \cdot \frac{1}{1+k}$	$\approx \frac{\Delta T' \cdot \ell^2}{32 \cdot e} \cdot \frac{1+4\,k}{1+k}$
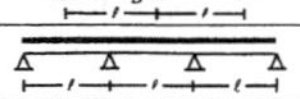		$\frac{q \cdot \ell^2}{10 + 4k}$	$\frac{q \cdot \ell}{2} \cdot \left(1 - \frac{1}{5+2\,k}\right)$	$q \cdot \ell \cdot \left(1 + \frac{1}{10+4\,k}\right)$	$\approx \frac{q \cdot \ell^4}{24 \cdot B_S} \cdot \frac{1}{5+2\,k} \cdot (0{,}83 + 5{,}6\,k + 2\,k^2)$
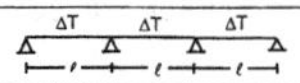		$\frac{6 \cdot B_S \cdot \Delta T'}{e} \cdot \frac{1}{5+2k}$	$\frac{6 \cdot B_S \cdot \Delta T'}{e \cdot \ell} \cdot \frac{1}{5+2\,k}$	$\frac{6 \cdot B_S \cdot \Delta T'}{e \cdot \ell} \cdot \frac{1}{5+2k}$	$\approx \frac{\Delta T' \cdot \ell^2}{4 \cdot e} \cdot \frac{1{,}06+k}{5+2\,k}$

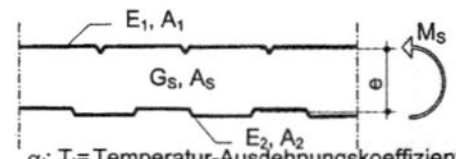

E_1, A_1, E_2, A_2 = E-Modul und Fläche der oberen (1) und unteren (2) Deckschicht
G_S, A_S = Schubmodul und Fläche der Kernschicht
e = Schwerlinienabstand der Deckschichten

$$B_S = \frac{E_1 \cdot A_1 \cdot E_2 \cdot A_2 \cdot e^2}{E_1 \cdot A_1 + E_2 \cdot A_2} \quad \Delta T' = (\alpha_2 \cdot T_2 - \alpha_1 \cdot T_1) \quad \sigma_1 = -\frac{M_S}{A_1 \cdot e} \quad \sigma_2 = \frac{M_S}{A_2 \cdot e}$$

α_i; T_i = Temperatur-Ausdehnungskoeffizient und Temperatur der Deckschichten
[1] M_S = bei Einfeldplatten in Feldmitte; bei Zweifeldplatten über der Mittelstütze
[2] R_E = Endauflagerreaktionen; R_M = bei Mehrfeldplatten Mittelauflagerkräfte
[3] w_{max} = maximale Durchbiegung

Abb. 13.51a Momente, Auflagerkräfte und Verformungen bei Sandwichelementen mit „quasi-ebener" Deckschicht

Ein- bzw. beidseitig profilierte Deckschichten

Systeme	k	β	M_S [1]	M_D [1]	R_E [2]	R_M [2]	w_{max} [3]
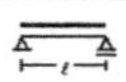	$\frac{9{,}6 \cdot B_S}{\ell^2 \cdot G_S \cdot A_S}$	$\frac{B_D}{B_D + \frac{B_S}{1+k}}$	$(1-\beta) \cdot \frac{q \cdot \ell^2}{8}$	$\beta \cdot \frac{q \cdot \ell^2}{8}$	$\frac{q \cdot \ell}{2}$	–	$\frac{5 \cdot q \cdot \ell^4}{384 \cdot B_S} \cdot (1+k) \cdot (1-\beta)$
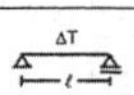	$\frac{8 \cdot B_S}{\ell^2 \cdot G_S \cdot A_S}$	$\frac{B_D}{B_D + \frac{B_S}{1+k}}$	$\frac{B_D}{e} \cdot \Delta T' \cdot (1-\beta)$	$M_D = -M_S$	0	–	$\frac{\ell^2 \cdot \Delta T'}{8 \cdot e} \cdot (1-\beta)$
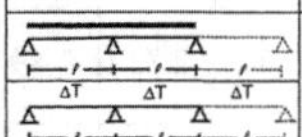	Mehrfeldplatten nur mit EDV- Programm oder Diagrammen						

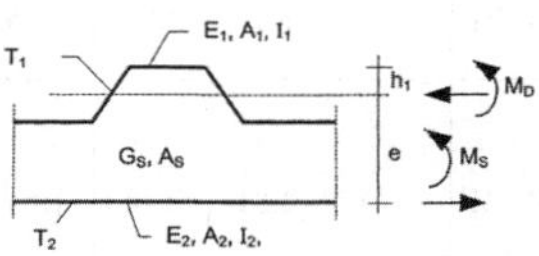

$E_1, A_1, I_1, E_2, A_2; I_2$ = E-Modul, Fläche und Trägheitsmoment der oberen (1) und unteren (2) Deckschicht
G_S, A_S = Schubmodul und Fläche der Kernschicht
e = Schwerlinienabstand der Deckschichten

$$B_S = \frac{E_1 \cdot A_1 \cdot E_2 \cdot A_2 \cdot e^2}{E_1 \cdot A_1 + E_2 \cdot A_2} \quad B_D = E_1 \cdot I_1 + E_2 \cdot I_2$$

$$\Delta T' = (\alpha_2 \cdot T_2 - \alpha_1 \cdot T_1) \quad \sigma_1 = -\frac{M_S}{e} \cdot \frac{1}{A_1} + \frac{M_D}{I_1} \cdot h_1 \quad \sigma_2 = -\frac{M_S}{A_2 \cdot e}$$

α_i; T_i = Temperatur-Ausdehnungskoeffizient und Temperatur der Deckschichten
[1] M_S; M_D = bei Einfeldplatten in Feldmitte; bei Zweifeldplatten über der Mittelstütze
[2] R_E = Endauflagerreaktionen; R_M = bei Mehrfeldplatten Mittelauflagerkräfte
[3] w_{max} = maximale Durchbiegung

Abb. 13.51b Momente, Auflagerkräfte und Verformungen bei Sandwichelementen mit profilierter Deckschicht

Zur Berechnung der Spannungen können die Formeln in Abb. 13.51a und 13.51b verwendet werden. Um Einzelnachweise oder Überprüfungen von Berechnungen zu ermöglichen, stehen spezielle Rechenhilfen zur Verfügung ([13.25] bis [13.30]). In [13.31], [13.32], [13.34] und [13.35] sind zusammenfassend weitere Berechnungshilfen und praxisgerechte Beispiele dargestellt. Falls häufig Sandwichbauteile berechnet werden sollen, bietet sich die Anwendung spezieller EDV-Programme an.

Zusatznachweise

Es wird ausdrücklich darauf hingewiesen, dass zusätzlich zu dem Nachweis für die Sandwichplatten selbst unbedingt noch folgende Nachweise nach den Zulassungen gefordert sind:

a) Nachweis der *Auflagerpressung* bzw. *erforderliche Auflagerbreite,*
b) Nachweis der *Befestigungen*, insbesondere für abhebende Beanspruchungen infolge Windsog und auch Temperaturdifferenzen,
c) Nachweis der *Schraubenkopfauslenkung* infolge unterschiedlicher Deckblech-Temperaturen.

2.3 Einzelnachweise und Stützweitentabellen

Für die praxisgerechte Bemessung der Bauteile werden in den meisten Fällen von den Herstellern zunächst Tabellen mit (typengeprüften) zulässigen Stützweiten zur Verfügung gestellt. Diese zulässigen Stützweiten müssen, getrennt für Wand- und Dachbauteile, für die ungünstigen Lastfälle berechnet und für die zugehörigen Lastansätze, wie z. B. Schneelast, Windbelastung und Temperaturen (in Abhängigkeit von den Farbgruppen), angegeben werden. In diesen Tabellen können nur die Standardfälle, z. B. durchlaufende Platten mit gleichen Stützweiten und üblichen Lastfällen, erfasst werden, selbstverständlich mit Berücksichtigung aller erforderlichen Nachweise. Bei statischen Systemen, die nicht in den Tabellen erfasst sind (z. B. ungleiche Stützweiten), oder bei besonderen Beanspruchungen (z. B. Kühllager mit Innentemperaturen von 0 bis –30 °C) oder zur Überprüfung von Berechnungen (z. B. auch bei nicht typengeprüften Stützweitentabellen) müssen Einzelnachweise durchgeführt werden.

Die nachfolgend dargestellten Stützweitentabellen sind nur beispielhaft für einige wenige Paneeltypen angegeben, um einen Eindruck zu geben, welche Stützweiten erreichbar sind. Für Stützweitentabellen unter Windsogbelastung sind getrennte Tabellen erforderlich. Ähnliche Tabellen für weitere Bauteiltypen können direkt von den Liefer-/Herstellfirmen angefordert werden.

Allgemeine Randbedingungen:

- Farbgruppen I (sehr hell), II (hell) und III (dunkel) siehe Zulassungen.
- Die Stützweitentabelle gilt in der Regel nur für Gebäude mit normalem Innenklima.
- Zulässige Stützweiten sind in Metern (m) angegeben und gelten bei den Wandelementen für direkte Befestigungen mit maximal 3 Schrauben pro Meter und Zwischenauflagerlinie.
- Für jeden Einzelfall sind noch die Nachweise der Befestigungen (Schraubenkopfauslenkung und Windsogbefestigungen) sowie der Nachweis der Auflagerpressungen zu erbringen.

Tafel 13.52 Dachbauteile, Stützweiten in m (beispielhaft)

Elementbeschreibung	Statisches System	Farbgruppe	Schneelast [kN/m²]			
			0,75	1,25	1,75	2,25
Dachbauteil 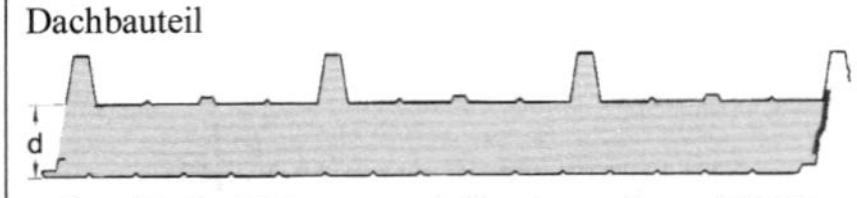 äußere Deckschicht: t_{N1} = 0,60 mm, β_S = 350 N/mm², A = 6,43 cm²/m, I = 8,53 cm⁴/m, h_{1o} = 31,8 mm, h_{1u} = 6,2 mm PUR-Kernschicht: d = 60 mm, G_S = 3,02 N/mm² innere Deckschicht: t_{N2} = 0,45 mm, β_S = 350 N/mm², A = 3,95 cm²/m, I = 0 cm⁴/m, h_{2o} = 1,9 mm, h_{2u} = 0,2 mm	1-Feld	I, II, III	4,12	3,04	2,31	1,89
	2-Feld	I, II, III	3,28	2,47	2,04	1,78
	3-Feld	I, II, III	3,77	2,81	2,31	1,89

Tafel 13.53 Wandbauteile, Stützweiten in m (beispielhaft)

Elementbeschreibung	Statisches System	Farbgruppe	Winddrucklast [kN/m²] 0,50	1,00	1,50	2,00
Wandbauteil 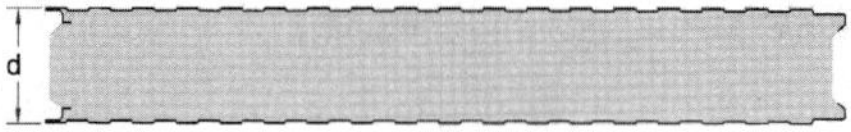 d	1-Feld	I, II, III	8,08	6,21	5,54	3,92
äußere Deckschicht: t_{N1} = 0,60 mm, β_S = 320 N/mm²; A = 5,64 cm²/m, I = 0 cm⁴/m; h_{1o} = 0,8 mm, h_{1u} = 0,8 mm	2-Feld	I, II, III	7,24	5,39	4,70	3,33
PUR-Kernschicht: d = 120 mm, G_S = 3,4 N/mm²; innere Deckschicht: t_{N2} = 0,50 mm, β_S = 320 N/mm²; A = 4,63 cm²/m, I = 0 cm⁴/m; h_{2o} = 1,8 mm, h_{2u} = 0,8 mm	3-Feld	I, II, III	8,47	6,11	5,33	3,76

3 Verbunddecken

3.1 Allgemeines

Verbunddecken bestehen aus Stahlprofilblechen (mit Dicken zwischen 0,75 mm und 1,5 mm) und Aufbeton (siehe Abb. 13.53). Das multifunktionale Prinzip dieser Deckenkonstruktion für den Hoch- und Industriebau liegt auf der Hand, da die Profilbleche gleichzeitig mehrere wesentliche Aufgaben erfüllen:

a) Tragende Schalung
Die Stahlprofilbleche, die in ähnlicher Form bereits seit Jahrzehnten als tragende Dacheindeckungen eingesetzt werden, können im Bauzustand sofort nach der Befestigung auf der Unterkonstruktion als tragende Deckenschalung und begehbare Arbeitsfläche genutzt werden.

b) Aufnahme der Zugkräfte im Verbundquerschnitt
Nach dem Erhärten des Betons nehmen die untenliegenden Stahlbleche (bei positiven Biegemomenten) im Verbundquerschnitt die Zugkräfte auf und ersetzen ganz oder teilweise die herkömmliche Bewehrung. Die dauerhafte Übertragung der Längsschubkräfte, die im Verbundquerschnitt in der Fuge Beton/Profilblech auftreten, kann durch verschiedene Verbundarten (siehe Abb. 13.54) sichergestellt werden.

c) Ausreichender Feuerwiderstand
Durch die besondere Geometrie der Profilbleche bleiben bei Brandtemperaturen Teilbereiche des Querschnitts tragfähig. Durch eine gezielte Branddimensionierung kann, entsprechend den Anforderungen, jeweils eine ausreichende Feuerwiderstandsfähigkeit der Decken nachgewiesen werden.

d) Weitere Vorteile
Neben den oben genannten wesentlichen Aufgaben gibt es weitere Vorteile, wie z. B. Verlegung der Profiltafeln per Hand (Montage ohne Kran) und einfache Möglichkeiten für Abhängungen, die wirtschaftliche Vorteile und eine Verkürzung der Bauzeit erkennen lassen. Für bestimmte Nutzungen entsteht bei entsprechender farblicher Beschichtung auf der Blechunterseite ein fertiges Design.

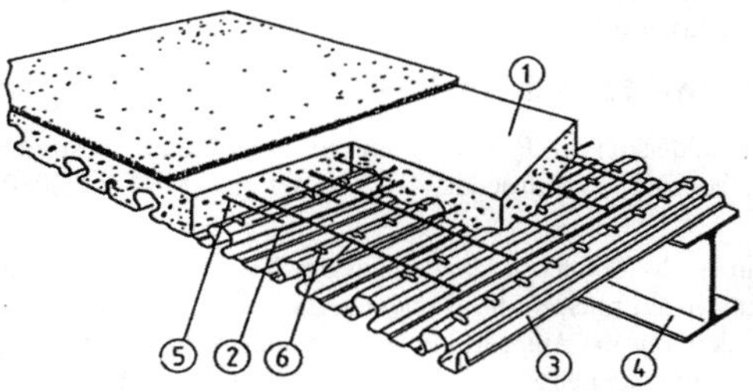

① Aufbeton
② Zulagebewehrung
③ Stahl-Profiltafel
④ Unterkonstruktion, Stahl oder Beton
⑤ Schwindbewehrung
⑥ Verbundmittel, z. B. eingeprägte Noppen oder Sicken

Abb. 13.53 Aufbau einer Verbunddecke

3.2 Tragverhalten des Verbundsystems

Für das Tragverhalten der biegebeanspruchten Decken ist das Verbundsystem Beton-Stahlprofilblech durch den werkstoffadäquaten Einsatz der Verbundpartner (Beton in der Druckzone, Stahl in der Zugzone) besonders geeignet.

Zur genaueren Beurteilung des Tragverhaltens sind drei Versagensarten zu beachten:

Biegemomententragfähigkeit

Das Biegemoment wird aufgeteilt in eine Druck- und Zugkraft. Die Beanspruchbarkeit ist begrenzt durch die Betondruckfestigkeit oder durch die Fließgrenze des Stahls.

„Vertikale“ Schubtragfähigkeit

Die Aufnahme der Querkräfte wird vorwiegend durch den Betonquerschnitt übernommen und kann nach den üblichen Methoden für Stahlbetondecken (Eurocode 2) beurteilt werden (bei Verbunddecken ist in der Regel keine Schubbewehrung erforderlich).

Längsschubtragfähigkeit

Die Übertragung der Längsschubkräfte, resultierend aus dem zugehörigen Kräftepaar infolge Biegemoment, kann durch folgende spezielle konstruktive Maßnahmen (siehe Abb. 13.54) erreicht werden:

a) Verbund durch eine spezielle hinterschnittene Profilgeometrie, wobei Schubkräfte ohne zusätzliche mechanische Verdübelung durch Klemm- und Keilwirkung (Reibungsverbund) übertragen werden können.

b) Mechanischer Verbund durch eingeprägte Rippen oder Noppen (quer oder schräg) im Obergurt und/oder in den Stegen des Stahlprofilblechs.

c) Verzahnung durch eingestanzte Löcher und Dorne oder durch Bewehrungsstäbe, die quer zu den Rippen verlaufend angeschweißt werden.

d) Endverankerung durch Blechverformungsanker oder Kopfbolzendübel.

Durch Kombination von verschiedenen Verbundarten (z. B. Endverankerungen mit hinterschnittener Geometrie) kann die Verbundwirkung verbessert werden.

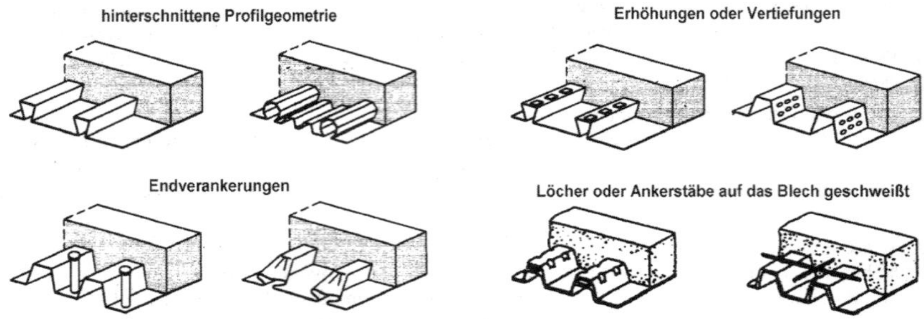

Abb. 13.54 Typische Ausführungen von Verbundarten

Nur hinsichtlich der Längsschubbeanspruchungen in der Fuge zwischen Beton und Stahlblech sind für die Verbunddecken besondere Nachweise und hierfür auch zusätzliche Bemessungswerte erforderlich. Sie stellen somit ein wesentliches Bemessungskriterium dar.

3.3 Bestimmung der Bemessungswerte und Nachweise

Die Längsschubtragfähigkeit kann bei Verbunddecken mit Profilblechen nur experimentell bestimmt werden. Die hierfür erforderlichen Versuche sind im Eurocode 4-1-1 (DIN EN 1994-1-1:2010) geregelt.

Aus den Versuchsergebnissen wird im Prinzip die Schubtragfähigkeit in der Verbundfuge ermittelt und als Bemessungswert festgelegt. In Deutschland müssen die Bemessungswerte in einer allgemeinen bauaufsichtlichen Zulassung erfasst werden. Für die Auswertung von Versuchen zur Bestimmung der Längsschubtragfähigkeit sowie zur Bemessung können zwei Verfahren angewendet werden:

m+k-Methode

Die m+k-Methode, ein halbempirisches Verfahren, das nicht auf einem mechanischen Modell basiert, stellt das Standard-Verfahren im Eurocode 4 dar. Durch Auswertung von Versuchen werden zwei Koeffizienten m und k ermittelt, mit denen die Querkrafttragfähigkeit unter Berücksichtigung der Längsschubtragfähigkeit bestimmt werden kann.

Teilverbundtheorie

Bei Decken mit duktilem Verbundverhalten darf der Nachweis der Längsschubtragfähigkeit nach der Teilverbundtheorie erfolgen. Mit Hilfe der im Versuch ermittelten Tragmomente bzw. der Längsschubfestigkeit wird ein Teilverbunddiagramm erstellt, aus dem der Verdübelungsgrad bestimmt und die Verbundfestigkeit $\tau_{u,Rk}$ errechnet werden kann. Das zugehörige Nachweisverfahren besteht darin, dass die Beanspruchbarkeit (Biegemoment M_{Rd}) der Verbunddecken entsprechend dem Verdübelungsgrad berechnet wird.

Bemessungswerte für Verbunddecken sind in Deutschland in allgemeinen bauaufsichtlichen Zulassungen erfasst.

Im Allgemeinen sind für Verbunddecken die gleichen Stützweiten und Deckendicken wie bei Ortbeton- oder Fertigteildecken möglich.

3.4 Nachweise für den Brandfall

Bei realistischen Randbedingungen kann generell für die Verbunddecken und hier insbesondere bei durchlaufenden Deckensystemen zum Brandverhalten Folgendes bemerkt werden:

1. Es ist in jedem Fall möglich, Verbunddecken entsprechend den Anforderungen hinsichtlich der Feuerwiderstandsfähigkeit (Feuerwiderstandsklassen) einzusetzen.
2. Aufgrund von ausgewerteten Versuchsergebnissen über die Tragfähigkeit bei Brandtemperaturen ist eine sinnvolle Bemessung entsprechend den Anforderungen im Einzelfall sehr gut möglich. Die prinzipielle Anwendung ist in den bauaufsichtlichen Zulassungen oder auch in DIN EN 1994-1-2 geregelt.

3.5 Additivdecken

Additivdecken, ebenfalls bestehend aus Stahlprofilblechen und Aufbeton, sind hinsichtlich des Tragverhaltens keine echten Verbunddecken, da die Tragfähigkeit nur durch das Aufsummieren der Einzeltragfähigkeiten von Stahlprofilblech und Betonquerschnitt (Stahlbetonrippendecke) bestimmt wird. Additivdecken werden vor allem beim Parkhausbau verwendet. Die Bemessung ist in allgemein bauaufsichtlichen Zulassungen geregelt. Zum prinzipiellen Aufbau siehe Abb. 13.55 und 13.56.

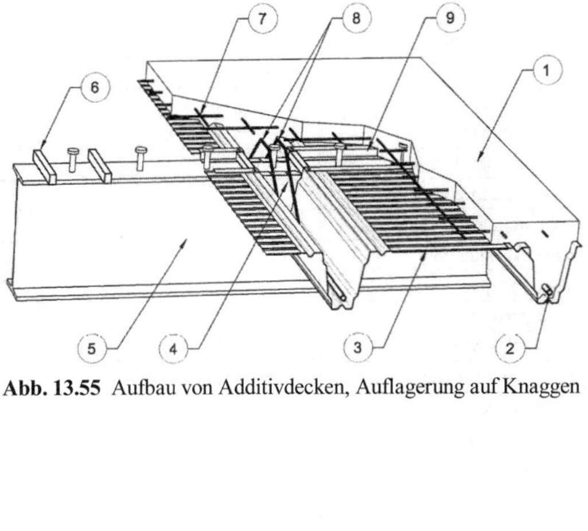

① Aufbeton
② Zulagebewehrung
③ Stahl-Profiltafel
④ Abdeckkappe
⑤ Stahlverbundträger
⑥ Auflagerknaggen (Stahl)
⑦ Deckenbewehrung
⑧ Konstruktive Auflagebewehrung
⑨ Z-Profil

Abb. 13.55 Aufbau von Additivdecken, Auflagerung auf Knaggen

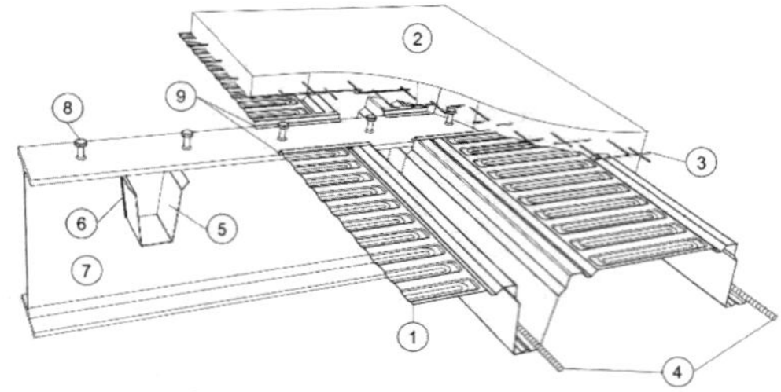

① Stahl-Trapezprofil
② Aufbeton
③ Deckenbewehrung
④ Rippenbewehrung
⑤ Trapezprofilauflager „Wing“
⑥ Schweißnaht
⑦ Stahl- bzw. Verbundträger
⑧ Kopfbolzendübel, wenn erf.
⑨ konstruktives Abdeckprofil

Abb. 13.56 Aufbau von Additivdecken, Auflagerung auf Wings

4 Verzeichnis von Herstellern (Auszug)

Firma	Webadresse	Hersteller von		
		Trapez-profilen	Sandwich-bauteilen	Verbund-blechen
Aluform System GmbH & Co. KG	www.aluform.de	x	x	
Arcelor Mittal Construction Deutschland GmbH	www.arcelormittal-construction.de	x	x	x
Arcelor Mittal Construction Austria GmbH	www.arcelormittal-construction.at	x	x	x
Arcelor Mittal Construction Belgien N.V.	www.arcelormittal-construction.be	x	x	x
Balex Metal Sp. z o.o.	www.balex.com.pl	x	x	
Brucha Ges. m. b. H.	www.brucha.com		x	
DS Stålprofil A/S	www.ds-staalprofil.dk	x		
Duostaal BV	www.duofor.eu			x
Feilmeier AG	www.feilmeier.com	x		
Fischer Profil GmbH	www.fischerprofil.de	x	x	
Hoesch Bausysteme GmbH	www.hoesch-bau.de	x	x	
IsoBouw Dämmtechnik GmbH	www.isobouw.de		x	
Isocab N.V.	www.isocab.be	x	x	
Isopan s.p.a.	www.isopan.it	x	x	
Italpannelli GmbH	www.italpannelli.it	x	x	
Joris Ide N.V.	www.joriside.be	x	x	
Kalzip GmbH	www.kalzip.com	x		
Kingspan GmbH	www.kingspan.de	x	x	
Hans Laukien GmbH	www.laukien.de	x		
Lattonedil DE GmbH	www.lattonedil.de		x	
Maas Profile GmbH & Co. KG	www.maasprofile.de	x		
Metecno Bausysteme GmbH	www.metecno.de	x	x	
Montana Bausysteme AG	www.montana-ag.ch	x	x	x
Münker Metallprofile GmbH	www.muenker.com	x		
Niemetz Metall-GmbH	www.solarpan.de			
Paroc Panel Systems Oy Ab	www.paroc.com		x	
Pflaum & Söhne Bausysteme GmbH	www.pflaum.at	x	x	
Romakowski GmbH & Co. KG	www.roma-daemmsysteme.de	x	x	
Ruukki Deutschland GmbH	www.ruukki.de	x	x	
SAB-profiel b.v.	www.sabprofil.de	x	x	
Salzgitter Bauelemente GmbH	www.szbe.de	x	x	
Trimo d.d.	www.trimo.si	x	x	
Wurzer-Profiliertechnik GmbH	www.wurzer-profile.de	x		

13 C Glasbau

Prof. Dr.-Ing. Jochen Menkenhagen

Bezeichnungen und Abkürzungen

AbZ	Allgemeine baurechtliche Zulassung des DIBt
Basisglas	direkt aus der Glasschmelze hergestelltes Glas
BRL	Bauregelliste A, Bauregelliste B und Liste C; Mitteilungen des Deutsches Institut für Bautechnik
DIBt	Deutsches Institut für Bautechnik, Berlin; http://www.dibt.de
Einfach-Verglasung	Verglasungseinheit ohne Scheibenzwischenraum
EOTA	Europäische Organisation für technische Zulassungen
ESG	Einscheiben-Sicherheitsglas
ESG-H	heißgelagertes Einscheiben-Sicherheitsglas
FKG	Fachverband konstruktiver Glasbau e.V.
Flachglas	Glas mit planparallelen ebenen Außenflächen
Float	Abkürzung für Floatglas nach DIN 1249-3
Glasarten	Gläser, die sich durch ihre chemische Zusammensetzung unterscheiden
MIG	Mehrscheiben-Isolierglas
NiS	Nickel-Sulfid
OBB	oberste Baubehörde
PVB	Polyvinyl-Butyral
Randklemmhalter	Halter, die den Randbereich einer Verglasung U-förmig umschließen
FG	Spiegelglas
SZR	Scheibenzwischenraum
Tellerhalter	Halter mit Tellern, die über einen Bolzen durch eine durchgehend zylindrische Glasbohrung miteinander verbunden sind.
Transformationstemperatur	Temperatur, bei der die Glasschmelze in den Festkörper übergeht.
TRAV[1)]	Technische Regeln für die Verwendung von absturzsichernden Verglasungen – Fassung Januar 2003
TRLV[1)]	Technische Regeln für die Verwendung von linienförmig gelagerten Verglasungen – Schlussfassung August 2006
TRPV[1)]	Technische Regeln für die Bemessung und Ausführung punktförmig gelagerter Verglasungen – Schlussfassung August 2006
TVG	Teilvorgespanntes Glas
Veredelungsprodukte	Basisgläser, die einen weiteren Schritt der Verarbeitung durchlaufen.
VG	Verbundglas
VSG	Verbund-Sicherheitsglas
ZiE	Zustimmung im Einzelfall

1 Glasprodukte im Bauwesen

- *Glas* ist ein organisches Schmelzprodukt, das im Wesentlichen ohne Kristallisation erstarrt.
- Unter dem Begriff *Glasarten* werden Gläser zusammengefasst, die sich durch ihre chemische Zusammensetzung unterscheiden.
- Als *Basis-Gläser* werden die direkt aus der Glasschmelze hergestellten Gläser bezeichnet.
- *Veredelungsprodukte* ist der Sammelbegriff für Basis-Gläser, die einen weiteren Schritt in der Verarbeitung durchlaufen.

Im konstruktiven Ingenieurbau werden fast ausschließlich *Silikatgläser* verwendet, wobei im Wesentlichen die Glasarten *Kalk-Natron-Silikatglas* und *Borosilikatglas* zum Einsatz kommen. Die Schmelztemperatur der Gläser beträgt je nach Zusammensetzung ca. 1300 °C bis 1600 °C.

---

1) Die diesem Beitrag zugrunde liegenden technischen Richtlinien TRAV, TRLV und TRPV sind abrufbar unter: www.dibt.de

Tafel 13.58a Hauptbestandteile von Kalk-Natron-Silikatglas[1] und Borosilikatglas[2]

	Kalk-Natron-Silikatglas	Borosilikatglas
Siliciumoxid (Quarzsand) SiO_2	69 – 74 %	70 – 87 %
Calciumoxid CaO	5 – 12 %	–
Bortrioxid B_2O_3	–	7 – 15 %
Natriumoxid/Kaliumoxid Na_2O/K_2O	12 – 16 %	0 – 16 %
Magnesiumoxid MgO	0 – 6 %	–
Aluminiumoxid Al_2O_3	0 – 3 %	0 – 8 %

[1] Mengenmäßig größte Bedeutung im Bauwesen. Größere thermische Ausdehnung und geringere Beständigkeit gegen Temperaturwechsel und Temperaturunterschiede als Borosilikatgläser.
[2] Glas mit hoher chemischer und guter Temperaturwechselbeständigkeit. Vornehmliche Verwendung im Bauwesen für Brandschutzverglasungen.

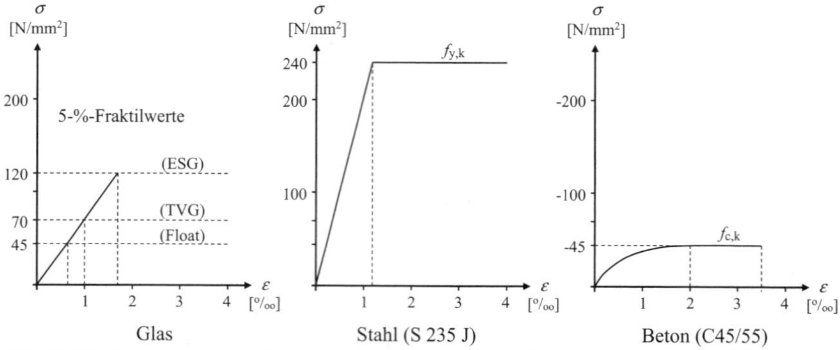

Abb. 13.58 Gegenüberstellung des rechnerischen Spannungs-Dehnungs-Diagramms von Glas (Zugspannungen) im Vergleich zu Stahl (Zugspannungen) und Beton (Druckspannungen) (aus [13.43])

Tafel 13.58b Mechanische und physikalische Eigenschaften von Kalk-Natron-Silikatglas und Borosilikatglas nach [13.40] und [13.41]

	Kalk-Natron-Silikatglas	Borosilikatglas
Dichte ρ	2500 kg/m³	2200 – 2500 kg/m³
Elastizitätsmodul E	ca. 70 000 – 75 000 N/mm²	ca. 63 000 N/mm²
Querdehnzahl (Poisson-Zahl) ν	0,22	0,20
Spezifische Wärmekapazität C_p	$0{,}72 \cdot 10^3$ J/(kg·K)	$0{,}8 \cdot 10^3$ J/(kg·K)
Mittlerer thermischer Längenausdehnungskoeffizient (20 bis 300 °C)	$9 \cdot 10^{-6}$ K^{-1}	Klasse 1: $3{,}1 – 4{,}0 \cdot 10^{-6}$ K^{-1} Klasse 2: $4{,}1 – 5{,}0 \cdot 10^{-6}$ K^{-1} Klasse 3: $5{,}1 – 6{,}0 \cdot 10^{-6}$ K^{-1}
Wärmeleitfähigkeit λ	1,05 W/(m·K)	1,0 W/(m·K)
Mittlerer Brechungssindex	1,52	1,50
Mohs-Härte	5,3	ca. 6

Tafel 13.58c Chemische Beständigkeit von Kalk-Natron-Silikatglas

Reagenzen	Beständigkeit	Reagenzen	Beständigkeit
Aliphatische Kohlenwasserstoffe	0/–	Nicht oxidierende Basen	+
Alkohole	+	Nicht oxidierende Säuren	+
Aromatische Kohlenwasserstoffe	+	Öle und Fette	+
Chlorkohlenwasserstoffe	+	Oxidierende Basen	0/–
Ester	+	Oxidierende Säuren	+
Ketone	+	Salze	+
		SiO_2 lösende Säuren	0/–

+ = beständig; 0 = bedingt beständig; – = nicht beständig

2 Basisgläser und Basis-Produkte

2.1 Übersicht

- **Betongläser** Glaskörper für Bauteile aus Glasstahlbeton nach DIN 1045
  Aus einem Stück im Pressverfahren oder aus zwei Stück durch Verschmelzung fest verbundene Teile hergestellte Glaskörper für begehbare und befahrbare Glasflächen. Anforderungen an Betongläser sind in DIN 4243 geregelt.
- **Drahtglas** Spezielle Form des *Gussglases* mit Drahteinlage nach DIN 1249-4
  Die durch die Drahteinlagen bedingte Festigkeitsminderung lässt Drahtgläser in kleine, durch das Drahtnetz zusammengehaltene Teile zersplittern, wodurch Verletzungen nach Glasbruch verhindert werden. Drahtglas zählt nach heutigen Anforderungen nicht mehr zu den Sicherheitsgläsern.
- **Fensterglas** Im Ziehverfahren hergestelltes Flachglas (Alkali-Kalk-Silikatglas) nach DIN 1249-1
  Fensterglas, früher als *Tafelglas* bezeichnet, weist beiderseits feuerblanke, ebene und gleichmäßig dicke Oberflächen auf.
- **Floatglas**[1] Am häufigsten verwendetes Bauglas nach DIN 1249-3
  Hochwertiges Flachglas mit ebenen planparallelen Oberflächen. Die Glasschmelze schwimmt unter Schutzgasatmosphäre auf einer flüssigen Zinnbadoberfläche. Die Glasdickenregulierung erfolgt über die Geschwindigkeit der Rollen im Kühlbereich.
- **Gefärbtes Glas** Durch chemische Zusätze in der Schmelze eingefärbte Gläser
  Glas, dessen farbliches Erscheinungsbild und physikalischen Eigenschaften durch Färbung verändert und beeinflusst wurde.
- **Glasbausteine** Durch Verschmelzen von zwei im Pressverfahren hergestellten Glaskörpern gefertigte Glassteine nach DIN 18 175
  Beim Abkühlen des Glasbausteins entsteht in dem luftdicht abgeschlossenen Hohlraum ein Unterdruck. Für die Bemessung von Glasbausteinwänden DIN 4242.
- **Gussglas** Herstellung häufig als Ornamentglas mit Ornamentierung und Drahtglas mit Drahtnetzeinlage
  Glas, das aus der Schmelze entweder diskontinuierlich auf eine Platte ausgegossen und ausgewalzt, oder das nach kontinuierlichem Auslaufen aus der Schmelzwanne zwischen zwei Walzen zu einem Band geformt wird. Die Glasdickenregulierung erfolgt über Zulaufmenge der Glasschmelze und durch die Spaltbreite zwischen den Formwalzen. Durch entsprechende Walzen lassen sich Ornamentglas und Drahtglas herstellen. Gussglas ist durchscheinend und lichtstreuend, aber nicht völlig klar durchsichtig.
  Für die Herstellung von durchsichtigem *Spiegelglas*[1] muss die Oberfläche von Gussglas zusätzlich mechanisch bearbeitet werden. Spiegelglas aus Gussglas weist die gleichen Qualitätsmerkmale wie Floatglas auf.
- **Profilbauglas** Spezielle Form des Gussglases in Form von U-Profilen nach DIN 1249-5, prEN 572-7
  Profilbauglas wird im *Walzverfahren* immer mit Ornamentierung, mit und ohne Drahteinlage hergestellt. Durch die statisch günstige U-Form eignen sich Profilbaugläser zur Überbrückung größerer Spannweiten.
- **Schaumglas** Ein aus silikatischem Glas thermisch aufgeschäumter Wärmedämmstoff mit geschlossenem Zellgefüge nach DIN 18 174
  Schaumglas ist wasserdampfdiffusionsdicht und formbeständig. Aufgrund seiner Formbeständigkeit, seiner Beständigkeit gegen chemische Angriffe und seiner hohen Druckfestigkeit (Mittelwert: 0,50 – 0,70 N/mm^2) eignet sich Schaumglas insbesondere für die Dämmung begeh- bzw. befahrbarer Parkdecks und Terrassen und als Perimeter-Wärmedämmung von Außenwandkonstruktionen.
- **Tafelglas** Im Ziehverfahren hergestelltes durchsichtiges Flachglas (Alkali-Kalk-Silikatglas)
  Tafelglas weist beiderseits feuerblanke, ebene und gleichmäßig dicke Oberflächen auf. Tafelglas wird in die Arten Dünn-, Fenster- und Dickglas eingeteilt. Da die Herstellungsverfahren dem Floatglasverfahren unterlegen sind, hat Tafelglas seine frühere Bedeutung verloren. In der DIN 1249-1 wird der Begriff „Tafelglas“ nicht mehr verwendet, im Ziehverfahren hergestelltes Glas wird als *Fensterglas* bezeichnet.

---

[1] Wegen der gleichen Qualitätseigenschaften von **Spiegelglas** aus *Gussglas* und *Floatglas* wird in verschiedenen Normen und in der Literatur für *Floatglas* auch der Begriff *Spiegelglas* verwendet.

2.2 Flachgläser

Mit dem Begriff *Flachglas* werden alle Gläser bezeichnet, die in Form flacher Tafeln hergestellt werden und deren Oberflächen sowohl glatt und planparallel als auch strukturiert sein können.

2.2.1 Verfügbare Abmessungen

Tafel 13.60a Verfügbare Dicken[1] *d* und zul. Abweichungen Δ*d* von Basis-Gläsern

Nenndicke *d* in mm	Floatglas		Spiegelglas	Profilbauglas [2]
	Kalk-Natron-Silikatglas	Borosilikatglas		
	± Δ*d* in mm	Δ*d* in mm	± Δ*d* in mm	± Δ*d* in mm
3, 4, 5	0,2	–0,4/+0,5	0,2	
6	0,2	–0,4/+0,5	0,2	0,2
7		–0,4/+0,5		0,2
8, 10, 12	0,3	–0,4/+0,5	0,2	
15	0,5	–0,9/+1,0	0,2	
19	1,0		0,2	

1) Andere Standarddicken können verfügbar sein. Einzelheiten hierzu sind den Herstellerangaben zu entnehmen.
2) Profilbauglas stellt nach Definition kein Flachglas dar und ist der Vollständigkeit halber aufgenommen.

Tafel 13.60b Verfügbare Dicken[1] *d* und zul. Abweichungen Δ*d* von Basis-Gläsern

Nenndicke *d* in mm	Gussglas [2]			Fensterglas
	Drahtglas	Draht-Ornamentglas	Ornamentglas	
	± Δ*d* in mm	± Δ*d* in mm	± Δ*d* in mm	± Δ*d* in mm
3			0,5	0,2
4, 5, 6			0,5	0,3
7	0,7	0,7		
8			0,8	0,4
9	1,0	1,0		
10			1,0	0,5
12				0,6
15, 19				1,0

1) Andere Standarddicken können verfügbar sein. Einzelheiten hierzu sind den Herstellerangaben zu entnehmen.
2) Angegeben ist die maximale Glasdicke (Tellerdicke), gemessen von Spitze zu Spitze der Profilierung.

Tafel 13.60c Maximale Längen und Breiten von Basis-Gläsern in mm

Nenndicke *d* in mm	Spiegelglas [1]		Gussglas [2]						Fensterglas [3]	
			Drahtglas		Draht-Ornamentglas		Ornamentglas			
	Länge	Breite	Länge	Breite	Länge	Breite	Länge	Breite	Länge	Breite
3	4500	3180							3620	3180
4	6000	3180					2100	1500	3620	3180
5	6000	3180							3620	3180
6	6000	3180	4500	2520	4500	2520	4500	2520	3620	3180
8	7500	3180							3620	3180
9			4500	2520	4500	2520	4500	2520		
10, 12	9000	3180							3620	3180
15	6000	3180							3620	3180
19	4500	2820							3620	3180

1) Aus herstellungstechnischen Gründen sind Überlängen und Überbreiten von Spiegelglas Sonderanfertigungen. Bezeichnung von Spiegelglas (S) nach DIN 1249-3 mit Nenndicke 6 mm, Länge 6000 mm und Breite 3180 mm: „Spiegelglas DIN 1249 – S – 6 – 6000 × 3180".
2) Bezeichnung von Gussglas (DO) nach DIN 1249-4 mit einer Nenndicke 7 mm, Breite 2520 mm und Länge 4500 mm: „Gussglas DIN 1249 – DO – 7 – 2520 × 4500".
3) Bezeichnung von Fensterglas (F) nach DIN 1249-1 mit einer Nenndicke 5 mm, Breite 3180 mm und Länge 3620 mm: „Fensterglas DIN 1249 – F – 5 – 3180 × 3620".

2.2.2 Bohrungen

Bohrungen können für die Befestigung von Scheiben innerhalb der Glasfläche herangezogen werden und sollten wegen der hohen lokalen Beanspruchungen nur in thermisch vorgespannten Gläsern (ESG, TVG) vor dem Vorspannprozess ausgeführt werden.

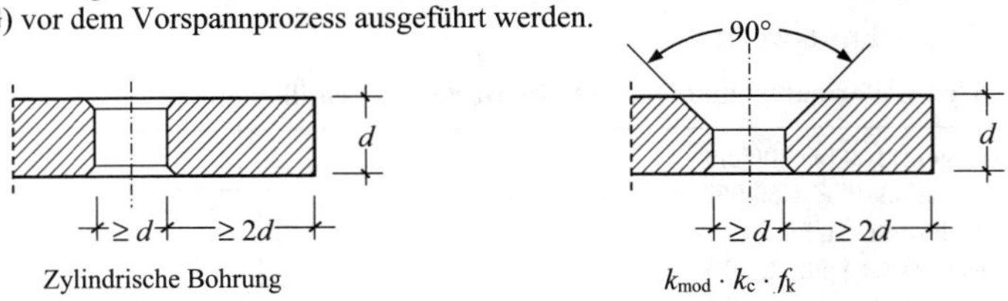

Abb. 13.61 Empfohlene Ausbildung von Bohrungen in thermisch vorgespannten Gläsern

2.2.3 Kantenbearbeitung

Bei thermisch vorgespannten Gläsern (ESG, TVG) ist die Kantenbearbeitung vor dem Vorspannprozess durchzuführen, da eine nachträgliche Bearbeitung nur bedingt möglich ist. Ein fehlender Kantenschliff ist häufig Ursache von Glasbruch während des Vorspannprozesses.

Tafel 13.61 **Ausführung der Glaskante** nach DIN 1249-11, DIN EN 1863-1:2000-03

Benennung	Kurzzeichen	Beschreibung	Skizze
geschnitten	KG	Geschnittene, unbearbeitete Glaskante mit scharfkantigen Rändern. Quer zu den Rändern weist die Kante leichte Wellenlinien (Wallnerlinien) auf.	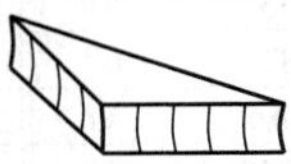
gesäumt	KGS	Schnittkante, deren Ränder mit einem Schleifwerkzeug gebrochen bzw. gefast sind.	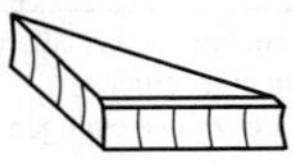
maßgeschliffen (justiert)	KMG	Die Glasscheibe wird durch Schleifen der Kantenoberfläche auf das erforderliche Maß gebracht. Die Kante kann sowohl geschnitten als auch gesäumt sein.	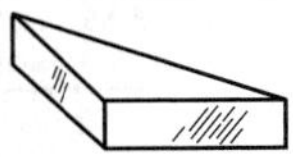
geschliffen (feinjustiert)	KGN	Die Kantenoberfläche ist durch Schleifen ganzflächig bearbeitet. Die Kante kann sowohl geschnitten als auch gesäumt sein.	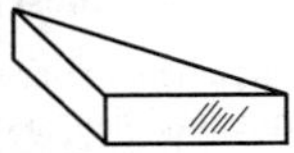
poliert	KPO	Die polierte Kante ist eine durch Überpolieren verfeinerte geschliffene Kante. Polierspuren sind in gewissem Umfang zulässig.	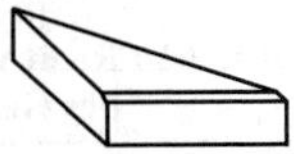

2.3 Profilbauglas

2.3.1 Hinweise

- Die Verwendbarkeit von Profilbauglas ist in *Allgemeinen bauaufsichtlichen Zulassungen* geregelt.
- *Profilbauglas* darf stehend und/oder liegend nur für nichttragende Außenwände und nichttragende Innenwände verwendet werden, sofern keine Anforderungen an die Stoßsicherheit gestellt sind.
- Die Verglasung darf nur durch ihr Eigengewicht u. Wind beansprucht werden. Zulässige Beanspruchbarkeiten sowie die Ausbildung der Lager und Fugen sind in bauaufsichtlichen Zulassungen geregelt.
- Die Verglasung darf nicht zur Absturzsicherung od. zur Aussteifung anderer Bauteile verwendet werden.

- *Bohrungen, Ausschnitte* und *Ausklinkungen* sowie eine nachträgliche Oberflächenbehandlung (z. B. durch Sandstrahlen) sind nur im Rahmen eines gesonderten Verwendbarkeitsnachweises (z. B. Zustimmung im Einzelfall) zulässig.

2.3.2 Querschnittswerte

Tafel 13.62a Liefermaße[1] und Querschnittswerte von Profilbauglas

- Lieferlängen: 100 bis 700 cm
- Elastizitätsmodul: $E = 60\,000$ bis $70\,000$ N/mm²
- Härte nach Mohs: 6 bis 7
- Spezifisches Gewicht: 2500 kg/m³
- Linearer Ausdehnungskoeffizient bei Erwärmung um 1 °C: 75 bis 85 · 10^{-7}

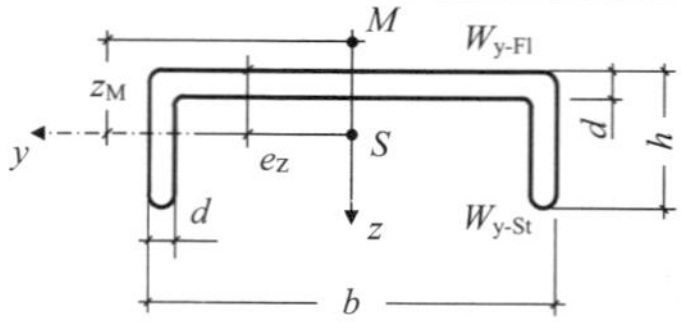

Profilmaße[2]			Statische Werte[3]						
b mm	h mm	d mm	A cm²	I_y cm⁴	$W_{y\text{-}St}$ cm³	$W_{y\text{-}Fl}$ cm³	e_z cm	z_M cm	g[3] kg/m
232	41	6	18,0	17,4	22,9	5,2	0,76	1,29	4,5
232	60	7	23,6	61,5	48,4	13,0	1,27	2,44	5,9
262	41	6	19,8	17,8	24,7	5,3	0,72	1,19	5,0
262	60	7	25,7	63,3	52,9	13,2	1,12	2,28	6,4
270	40	6	20,2	16,6	24,1	5,0	0,69	1,12	5,1
331	41	6	24,0	18,6	28,6	5,4	0,65	1,02	6,0
331	60	7	30,5	66,4	62,5	13,4	1,06	2,00	7,6
498	41	6	34,0	19,7	36,0	5,5	0,55	0,76	8,5
748	41	6	49,0	20,8	44,2	5,7	0,47	0,55	12,3

[1] Andere Liefermaße und Abmessungen können verfügbar sein. Einzelheiten hierzu sind den Herstellerangaben zu entnehmen.

[2] Grenzabweichungen Δd: für die gesamte Profilbreite b: ± 2 mm; für die gesamte Flanschhöhe h: ± 2 mm; für die gesamte Glasdicke t: ± 0,2 mm.

[3] Die angegebenen statischen Werte und Profilgewichte können in Abhängigkeit der Radien und der Oberflächenbeschaffenheit variieren. Einzelheiten hierzu sind den Herstellerangaben (Zulassungen) zu entnehmen.

2.3.3 Wärmeschutz

In Bereichen, in denen Anforderungen an den Wärmeschutz gestellt werden, sind die Werte für den Wärmedurchgangskoeffizienten *UG* und den Bemessungswert *g* des Gesamtenergiedurchlassgrades nach Tafel 13.62b einzusetzen.

Tafel 13.62b Richtwerte[1] für Bemessungswert *UG* des Wärmedurchgangskoeffizienten und *g* des Gesamtenergiedurchlassgrades für Profilbauglas nach [13.42]

Profilbauglas	*UG*-Wert W/(m²K)	*g*-Wert
Einschalig, ohne Beschichtung	5,7	0,87
Doppelschalig, ohne Beschichtung	2,8	0,90
Doppelschalig, mit Wärmeschutzbeschichtung	1,8	0,73
Doppelschalig, mit Sonnenschutzbeschichtung	2,8	0,65
Doppelschalig, mit Sonnen- und Wärmeschutzbeschichtung	1,8	0,62
Doppelschalig, mit blauer Farbbeschichtung	2,8	0,62
Doppelschalig, mit blauer Farb- und Wärmeschutzbeschichtung	1,8	0,62

[1] Andere Werte sind möglich. Einzelheiten hierzu sind den Allgemeinen bauaufsichtlichen Zulassungen zu entnehmen.

3 Veredelungsprodukte

3.1 Allgemeines

Im Vergleich zu anderen Baustoffen lässt sich für Glas keine absolute Festigkeit angeben. Dies liegt im Wesentlichen an Schädigungen der Oberflächen infolge Herstellung und Gebrauch sowie an mechanischen Witterungs- und Alterungseinflüssen durch Mikro- und Makrorisse, während das Glasinnere weitestgehend aus fehlerfreiem Material besteht. Infolge Zugspannungen kommt es am Rissgrund durch Kerbwirkung zu Spannungsspitzen, die bei Überschreitung der spezifischen Bruchzähigkeit zum Versagen führen. Weil Glas keine plastischen Tragreserven und Resttragfähigkeit (vgl. Abb. 13.58) besitzt, tritt das Versagen schlagartig ohne Vorankündigung ein. Art, Form und Tiefe der auftretenden Schädigungen bleiben beim praktischen Einsatz von Glas unbekannt, da die Rissbildung durch ständige, gegenläufig wirkende *rissheilende* Prozesse beeinflusst werden [13.43], [13.49]. Zulässige Beanspruchbarkeiten werden deshalb in Abhängigkeit der Wahrscheinlichkeit signifikanter Oberflächenschädigungen für eine bestimmte Nutzung in den technischen Regeln TRAV, TRLV und TRPV, bzw. in DIN 18 008-2:2010-12, angegeben.

Die Druckfestigkeit ist für die Bemessung von Flachgläsern i.d.R. nicht maßgebend, weil erstens Oberflächenschädigungen durch Druckspannungen kompensiert werden und zweitens die Druckfestigkeit mit $\geq$ 800 N/mm^2 weit über der Zugfestigkeit von $\approx$ 120 N/mm^2 liegt (die angegebenen Werte gelten für „Reinglas", d. h. für Glas ohne Schädigungen).

Erst durch die ***Veredelung*** der Basisprodukte zu *vorgespannten* Gläsern, Verbundgläsern und Isoliergläsern wird die Verwendung von Glas im konstruktiven Bereich ermöglicht. Hierfür stehen im Wesentlichen zwei Verfahren zur Verfügung:

- **Thermische Vorspannung**
  Durch Erhitzen und anschließendes schnelles Abkühlen werden Oberflächendruckspannungen erzeugt. Durch die Vorspannung zerspringt das Glas beim Bruch in kleine würfelförmige Teile, wodurch das Verletzungsrisiko gesenkt wird. Der Großteil der Gläser für baupraktische Anwendungen ist thermisch vorgespannt; als Ausgangsmaterial dient meist Floatglas.
- **Chemische Vorspannung**
  Der Vorspannprozess erfolgt in einer Kaliumsalzlösung knapp unterhalb der Transformationstemperatur. In chemisch vorgespannten Gläsern lassen sich sehr hohe Werte für die Vorspannung bei geringen Druckzonentiefen erreichen, wodurch sie sich Spezialanwendungen erschließen. Da die Materialfestigkeit von der Dauer des Vorspannprozesses abhängt, ist die Herstellung hochvorgespannter Gläser sehr teuer. Die geringeren Druckzonentiefen vergrößern die Anfälligkeit für Oberflächenschädigungen, welche die Biegefestigkeit stark herabsetzen können.

  Bei allen vorgespannten Gläsern müssen Kantenbearbeitung, Bohrungen etc. vor dem Vorspannprozess erfolgen. Zusätzlich ist wegen der thermischen Behandlung der Gläser mit Maßtoleranzen und Vorkrümmungen zu rechnen.

3.2 Einscheiben-Sicherheitsglas ESG

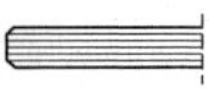

Vorgespanntes Flachglas. ESG im Bauwesen ist i. d. R. thermisch vorgespannt.

Mindestbiegefestigkeit von ESG, DIN 149-10: $f_{c,t}$ = 120 N/mm^2 (5-%-Fraktile)
Oberflächendruckspannung von ESG: 100 N/mm^2 $\leq \sigma_O \leq$ 150 N/mm^2

ESG zerspringt beim Bruch in kleine würfelförmige Teile, wodurch das Verletzungsrisiko gesenkt wird.

Unvermeidbare Verunreinigungen der Glasschmelze beim Herstellungsprozess führen zu ***Nickel-Sulfid-Einschlüssen***, die sich durch chemische Prozesse und durch Temperaturänderungen im Volumen vergrößern. Eine Überlagerung der daraus resultierenden Spannungskonzentrationen mit den Zugspannungen aus Vorspannung im Scheibeninneren kann zu einer Überschreitung der Glasfestigkeit und zu einem sog. ***Spontanbruch*** der Glasscheibe führen.

Zur Vermeidung von Spontanbruch wird ESG vor dem Einbau einer Wärmebehandlung, dem sog. ***Heißlagerungstest*** (*Heat-Soak-Test*), unterzogen, bei dem der Spontanbruch bei Vorhandensein von NiS künstlich erzeugt wird. ESG, das den Heißlagerungstest bestanden hat, wird als ***ESG-H*** bezeichnet.

3.3 Teilvorgespanntes Glas TVG

Vorgespanntes Flachglas. Im Bauwesen ist TVG i. d. R. thermisch vorgespannt (DIN EN 1863).

Charakt. Biegefestigkeit von TVG [13.58]: $f_{c,t} = 70\ \text{N/mm}^2$ (5-%-Fraktile)

Der Herstellungsprozess von TVG entspricht dem von ESG, wobei durch langsamere Abkühlung eine geringere Vorspannung erzeugt wird. TVG hat folglich eine geringere Biegefestigkeit als ESG. Größere Bruchstücke führen bei VSG (s.u.) aus TVG zu einer besseren Verzahnung und damit zu einer Verbesserung der Resttragfähigkeit.

3.4 Verbund-Sicherheitsglas VSG

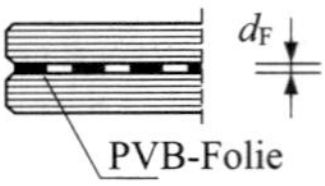

$0{,}38\ \text{mm} \leq d_F \leq 2{,}28\ \text{mm}$

Mit einer elastischen, reißfesten Folie, meist Poly-Vinyl-Butyral (PVB) aus mindestens zwei Flachgläsern verbundene Glaseinheit.

Bei Versagen der Scheibe haften die Bruchstücke an der Folie, wodurch die Verletzungsgefahr herabgesetzt und durch den Folienverbund eine Resttragfähigkeit der VSG-Einheit gewährleistet wird. Die PVB-Folien der Dicke 0,38 mm werden unter Druck u. Erwärmung, ein- od. mehrlagig bis zu einer Dicke von 2,28 mm, eingebaut.

3.5 Verbundglas VG

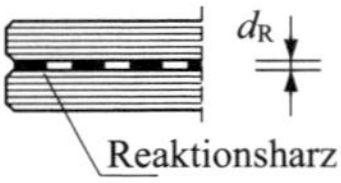

$1{,}0\ \text{mm} \leq d_R \leq 4{,}0\ \text{mm}$

Mit Reaktionsharzen der Dicke 1 bis 4 mm aus mindestens zwei Flachgläsern verbundene Glaseinheit.

Gläser aus Verbundglas eignen sich in besonderem Maß für Spezialanwendungen (z. B. Verglasungen mit innenliegenden Solarzellen oder Schallschutzgläser), da die Gießharze in ihrer Zusammensetzung auf spezielle Anwendungen angepasst werden können.

3.6 Isoliergläser

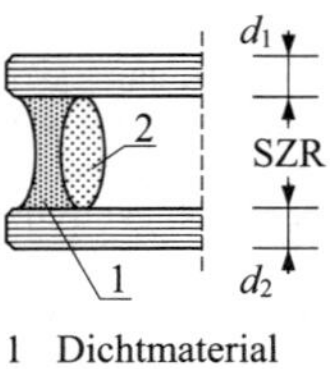

1 Dichtmaterial
2 Randverbund

Verglasungseinheit aus mind. zwei Gläsern, die durch einen Scheibenzwischenraum mit eingeschlossenem Luft-/Gasvolumen (SZR, meist 8 bis 16 mm) voneinander getrennt u. nur durch einen Randverbund miteinander verbunden sind.

Isoliergläser werden zur Wärme- und Schalldämmung oder zum Sonnenschutz eingesetzt. Zur Verbesserung von Wärmedämmeigenschaften und zur Verbesserung des Schallschutzes erfolgt eine Füllung des SZR mit Spezialgasen. Innere und äußere Scheibenaufbauten können aus unterschiedlichen Gläsern bestehen, wobei der Einsatz von VSG und/oder VG erforderlich werden kann.

3.7 Brandschutzverglasungen

Vorgespannte Gläser mit hohem Widerstand gegen Hitzeeinwirkungen

Gläser, die allein oder im System (Rahmen, Dichtungen und Befestigungsmittel) den Flammen- und den Brandgasdurchtritt für einen bestimmten Zeitraum verhindern, können in die Gruppen G30 bis G120 eingestuft werden. Verhindern die Gläser zusätzlich den Durchtritt von Hitzestrahlung, gehören sie den Feuerwiderstandsklassen F30 bis F120 an, vgl. DIN 4102. Die feuerhemmende Wirkung bei Brandschutzgläsern wird über Verdampfen oder Aufschäumen von speziellen Zwischenschichten erzielt. Brandschutzverglasungen werden in Allgemeinen bauaufsichtlichen Zulassungen geregelt.

3.8 Sonstige Veredelungsprodukte

- Angriffhemmende Verglasungen
  - Klasse A: Durchwurfhemmend DIN 52 290-4
  - Klasse B: Durchbruchhemmend DIN 52 290-3
  - Klasse C: Durchschusshemmend DIN 52 290-2
  - Klasse D: Sprengwirkungshemmend DIN 52 290-1
- Ballwurfsichere Gläser, DIN 18 032-3
- Alarmgläser, Heizscheiben, Gebogenes Glas

4 Ermittlung von Spannungen und Verformungen

Für praxisrelevante Abmessungen von Glasscheiben ergeben sich i. d. R. Durchbiegungen, die größer sind als die Glasscheibendicke. Werden diese bei vierseitiger Lagerung zugelassen, so überschätzen die nach der linearen Plattentheorie ermittelten Beanspruchungen die auftretenden Beanspruchungen teilweise erheblich. In diesen Fällen kann eine nichtlineare Berechnungsmethode zur Ermittlung der Schnittgrößen und Verformungen gewählt werden. Versagensbestimmend sind immer die Hauptzugspannungen an der Scheibenoberfläche [13.55].

Die Berechnung der maximalen Biegespannungen und der maximalen Durchbiegungen von allseitig linienförmig gelagerten rechteckigen Glasplatten lassen sich näherungsweise in Abhängigkeit eines Korrekturbeiwertes zur Berücksichtigung großer Verformungen aus Tabellen ermitteln, vgl. hierzu *Bautabellen für Ingenieure.*

5 DIN 18 008 – Glas im Bauwesen

DIN 18008, Glas im Bauwesen, Bemessungs- und Konstruktionsregeln, besteht aus folgenden Teilen

- Teil 1: Begriffe und allgemeine Grundlagen [1)]
- Teil 2: Linienförmig gelagerte Verglasungen [1)]
- Teil 3: Punktförmig gelagerte Verglasungen [1)]
- Teil 4: Zusatzanforderungen an absturzsichernde Verglasungen [1)]
- Teil 5: Zusatzanforderungen an begehbare Verglasungen [1)]
- Teil 6: Zusatzanforderungen an Instandhaltungsmaßnahmen betretbarer Verglasungen [2)]
- Teil 7: Sonderkonstruktionen [2)]

[1)] Veröffentlicht, aber noch nicht bauaufsichtlich eingeführt. [2)] In Vorbereitung.

5.1 DIN 18 008-1:2010-12 – Teil 1: Begriffe und allgemeine Grundlagen

Alle Teile der Normenreihe DIN 18 008 gelten für die Bemessung und Konstruktion von Bauprodukten aus Glas. Die Grundlagen für *alle* Teile der Norm sind in Teil 1 geregelt. Diese Norm gilt nicht für Nennglasdicken von Einzelglasscheiben unter 3 mm und über 19 mm. Glashalteleisten, Unterkonstruktionen und Befestigungen an Gebäuden sind nicht Bestandteil dieser Norm, falls nicht besonders darauf eingegangen wird.

5.1.1 Normative Verweisungen

Die Regelwerke nach Tafel 13.66a sind für die Anwendung der Norm erforderlich. Bei datierten Verweisen gilt nur die in Bezug genommene Ausgabe, bei undatierten Verweisen die letzte Ausgabe.

5.1.2 Begriffe, Symbole, Einheiten

- **Ausfachende Glasscheibe**

  Glasscheibe, die planmäßig nur Beanspruchungen aus ihrem Eigengewicht und auf sie entfallenden Querlasten (Wind, Schnee, …), ggf. Eislasten und Klimalasten, erfährt.

- **Resttragfähigkeit**

  Fähigkeit einer Verglasung im Falle der Zerstörung unter definierten Last- und Temperatureinflüssen über einen gegebenen Zeitraum standsicher zu bleiben.

5.1.3 Sicherheitskonzept

- Verglasungskonstruktionen müssen so bemessen und ausgebildet sein, dass sie mit angemessener Zuverlässigkeit allen Einwirkungen, die planmäßig während ihrer vorgesehenen Nutzung auftreten, standhalten und gebrauchstauglich bleiben.
- Aufgrund des spröden Bruchverhaltens von Glas kann für bestimmte Konstruktionen und Einbausituationen eine ausreichende Resttragfähigkeit gefordert werden.
- Die Restragfähigkeit einer Verglasungskonstruktion hängt von der Art der Konstruktion, dem Schädigungsgrad und den zu berücksichtigenden äußeren Einwirkungen ab.
- Anstelle von rechnerischen Nachweisen gemäß den Vorgaben der Normenreihe dürfen auch versuchstechnische Nachweise geführt werden, sofern die Durchführung und die Auswertung der Versuche in dieser Norm geregelt sind.

Tafel 13.66a Normative Verweisungen DIN 18 008-1:2010-12

Norm	Inhalt
DIN 1055-100:2001-03	Einwirkungen auf Tragwerke – Teil 100: Grundlagen der Tragwerksplanung – Sicherheitskonzept und Bemessungsregeln
DIN 1259-1 DIN 1259-2	Glas – Teil 1: Begriffe für Glasarten und Glasgruppen Glas – Teil 2: Begriffe für Glaserzeugnisse
DIN EN 572-2[1)]	Glas im Bauwesen – Basiserzeugnisse aus Kalk-Natronsilicatglas Teil 2: Floatglas
DIN EN 572-3[1)]	w. v. – Teil 3: Poliertes Drahtglas
DIN EN 572-4[1)]	w. v. – Teil 4: Gezogenes Flachglas
DIN EN 572-5[1)]	w. v. – Teil 5: Ornamentglas
DIN EN 572-6[1)]	w. v. – Teil 6: Drahtornamentglas
DIN EN 1096-1[1)]	Glas im Bauwesen – Beschichtetes Glas – Teil 1: Definition und Klasseneinteilung
DIN EN 1279-1[1)]	Glas im Bauwesen – Mehrscheiben-Isolierglas – Teil 1: Allgemeines, Maßtoleranzen und Vorschriften für die Systembeschreibung
DIN EN 1748-1-1[1)]	Glas im Bauwesen – Spezielle Basiserzeugnisse – Borosilicatglas; Teil 1-1: Definition und allgemeine physikalische und mechanische Eigenschaften
DIN EN 1863-1[1)]	Glas im Bauwesen – Teilvorgespanntes Kalknatronglas Teil 1: Definition und Beschreibung
DIN EN 12 150-1[1)]	Glas im Bauwesen – Thermisch vorgespanntes Kalknatronglas-Einscheiben-sicherheitsglas – Teil 1: Definition und Beschreibung
DIN EN 13 024-1[1)]	Glas im Bauwesen – Thermisch vorgespanntes Borosilicat-Einscheibensicherheitsglas – Teil 1: Definition und Beschreibung
DIN EN 14 179-1[1)]	Glas im Bauwesen – Heißgelagertes thermisch vorgespanntes Kalknatron-Einscheibensicherheitsglas – Teil 1: Definition und Beschreibung
DIN EN ISO 12 543-2[1)]	Glas im Bauwesen – Verbundglas und Verbundsicherheitsglas Teil 2: Verbundsicherheitsglas
DIN EN ISO 12 543-3[1)]	w. v. – Teil 3: Verbundglas
DIN ISO 8930	Allgemeine Grundsätze für die Zuverlässigkeit von Tragwerken; Verzeichnis der gleichbedeutenden Begriffe
ISO 6707-1	Building and civil engineering – Vocabulary – Part 1: General Terms

[1)] Normen, auf die im Rahmen der Normenreihe DIN 18 008 zur Begriffserklärung verwendbarer Produkte verwiesen wird (vgl. DIN 18 008-1:2010-12, Abs. 5 ff.).

Tafel 13.66b DIN 18 008-1:2010-12 – Tabelle 1: Symbole, Bezeichnungen und Einheiten

Symbol	Bezeichnung	Einheit
C_d	Bemessungswert des Gebrauchstauglichkeitskriteriums	mm
E_d	Bemessungswert einer Auswirkung (Beanspruchung, Durchbiegung)	N/mm^2, mm
E_G	E-Modul Glas	N/mm^2
R_d	Bemessungswert eines Tragwiderstands	N/mm^2
f_k	charakteristischer Wert der Biegezugfestigkeit	N/mm^2
k_{mod}	Beiwert zur Berücksichtigung der Lasteinwirkungsdauer	-
Symbol	Bezeichnung	Einheit
k_c	Beiwert zur Berücksichtigung der Konstruktionsart	-
α_T	Temperaturausdehnungskoeffizient	$10^{-6}/K$
ΔH	Ortshöhendifferenz	m
ΔT	Temperaturdifferenz	K
ΔT_{add}	Erhöhte Temperaturdifferenz aufgrund besonderer Bedingungen am Einbauort	K
Δp_{met}	Änderung des atmosphärischen Drucks	kN/m^2
γ_M	Teilsicherheitsbeiwert für Materialeigenschaften	-
ν_G	Querdehnzahl Glas	-
ψ	Kombinationsbeiwert	-

5.1.4 Materialkenngrößen

Für Berechnungen nach DIN 18 008 gelten die in Tafel 13.67a angegebenen Materialkenngrößen.

Tafel 16.67a Materialkenngrößen für verschiedene Glasarten

Glasart	E-Modul E_G [N/mm²]	Querdehnzahl ν_G [-]	Temperaturausdehnungs-koeffizient α_T [10^{-6}/K]
Kalk-Natronsilicatglas	70 000	0,23	$9{,}0 \cdot 10^{-6}$/K
Borosilicatglas	60 000	0,20	$6{,}0 \cdot 10^{-6}$/K

Tafel 13.67b Richtwerte der charakteristischen Biegezugfestigkeit[1] f_k

Glasprodukt	Charakteristische Biegezugfestigkeit[1] [N/mm²]
Gussglas	25,0
Drahtglas	25,0
Float	45,0
TVG	70,0
Emailliertes ESG	120,0
ESG	70,0

[1] Unabhängig von den angegebenen Werten gelten die Werte der entsprechenden Produktnorm bzw. der AbZ.

5.1.5 Festigkeitseigenschaften und Bruchbild

- In DIN 18 008 wird davon ausgegangen, dass durch die einschlägigen Regelungen zu Produkteigenschaften der Mindestwert der charakteristischen Biegezugfestigkeit (5-%-Fraktilwert bei 95 % Aussagewahrscheinlichkeit) und das typische Bruchbild für Scheiben in Bauteilgröße gewährleistet ist.

5.1.6 Einwirkungen

- Die anzusetzenden charakteristischen Werte der Einwirkungen (Eigengewicht, Wind, Schnee, Erdbebenlasten usw.), ggf. Eis- und Klimalasten, sind den entsprechenden Normen zu entnehmen.
- Bei Mehrscheiben-Isolierglas nach DIN EN 1279-1 ist bei Nachweisen die Wirkung von Druckdifferenzen aus Temperaturänderungen des Füllgases und aus Änderungen des Drucks der umgebenden Atmosphäre, z.B. bedingt durch unterschiedliche Höhenlagen des Ortes der Herstellung und des Einbaus, zu berücksichtigen.
- Liegen genaue Daten zur Änderung der atmosphärischen Bedingungen zwischen Herstellung und Einbauort vor, so kann der isochore Druck mit den Einwirkungskombinationen für den Regelfall ermittelt werden.

Tafel 13.67c Einwirkungskombinationen für den Regelfall

Einwirkungs-kombination	Temperaturdifferenz ΔT[1] [K]	Änderung des atmosphärischen Drucks Δp_{met} [kN/m²]	Ortshöhendifferenz ΔH[2] [m]
„Sommer“	+ 20	− 2,0	+ 600
„Winter“	− 25	+ 4,0	− 300

[1] Temperaturdifferenzen bei normalen Bedingungen für Isolierverglasungen mit einem Gesamtabsorptionsgrad kleiner 30 %. Zu- oder Abschläge ΔT_{add} für besondere Bedingungen (z.B. innenliegender Sonnenschutz, unbeheizte Gebäude) sind nach Tafel 13.68a zu berücksichtigen.
[2] Ist die tatsächliche Differenz der Ortshöhen größer als die angegebene, so *müssen* diese, ist sie kleiner als die angegebene, so *dürfen* diese verwendet werden.
Die Randbedingungen für die Festlegung der Klimawerte nach dieser Tafel sind in Tafel 13.68b angegeben.

Tafel 13.68a Berücksichtigung besonderer Temperaturbedingungen am Einbauort

Einwirkungs-kombination	Ursache für erhöhte Temperaturdifferenz	ΔT_{add} [K]
„Sommer“	Absorption zwischen 30 % und 50 %	+ 9
	innenliegender Sonnenschutz (ventiliert)	+ 9
	Absorption größer 50 %	+ 18
	innenliegender Sonnenschutz (nicht ventiliert)	+ 18
	dahinterliegende Wärmedämmung (Paneel)	+ 35
„Winter“	unbeheiztes Gebäude	− 12

Tafel 13.68b Randbedingungen für die Festlegung der Klimawerte nach Tafel 13.67c

Einbaubedingung		Einwirkungskombination „Sommer“	Einwirkungskombination „Winter“
Einstrahlung [W/m²]		800	-
Einstrahlwinkel		45°	-
Absorption der Scheibe [%]		30	-
Lufttemperatur [°C]	innen	28	19
	außen	28	-10
Mittlerer Luftdruck [hPa]		1010	1030
Wärmeübergangswiderstand [m²K/W]	innen	0,12	0,13
	außen	0,12	0,04
Resultierende Temperatur im Scheibenzwischenraum [°C]		+ 39	+ 2
Produktionsbedingung		Herstellung im Winter bei +19 °C und 1030 hPa	Herstellung im Sommer bei +27 °C und 990 hPa

5.1.7 Ermittlung von Spannungen und Verformungen

- Bei der Spannungs- und Verformungsermittlung ist für Glas linear-elastisches Materialverhalten anzunehmen.
- Für Glasdicken sind die Nennwerte der entsprechenden Produktnormen einzusetzen.
- Günstig wirkendes, geometrisch nichtlineares Verhalten (Membraneffekt) darf, ungünstig wirkende nichtlineare Effekte müssen berücksichtigt werden.
- Lokale Spannungskonzentrationen, z.B. bei Bohrungen und einspringenden Ecken, sind zu erfassen.
- Ungünstig wirkende Einflüsse aus Imperfektionen und Verformungen der Stützkonstruktion sind zu berücksichtigen.
- Günstig wirkender Schub- und Randverbund ist bei der Spannungs- und Verformungsermittlung zu vernachlässigen.
- Ungünstig wirkender Schubverbund z.B. bei Zwangsbeanspruchungen ist zu berücksichtigen.
- Beim Nachweis von Mehrscheiben-Isolierglas darf die günstige Wirkung der Kopplung der Scheiben über das eingeschlossene Gasvolumen berücksichtigt werden. Ungünstige Wirkungen der Kopplung müssen berücksichtigt werden.

5.1.8 Nachweise zur Tragfähigkeit und Gebrauchstauglichkeit

- Befestigung und Unterkonstruktion sind nach den einschlägigen technischen Regeln nachzuweisen.
- Für Verglasungen sind die Nachweise nach dem Konzept der Teilsicherheitsbeiwerte analog zu DIN 1055-100:2001-3 zu führen.
- Werden Bemessungswerte der Auswirkungen durch nichtlineare Verfahren ermittelt, so ist entsprechend DIN 1055-100:2001-03, 8.5 (5) vorzugehen.
- Spannweiten und Abmessungen sind mit ihrem Nennwert anzusetzen.
- Es sind die Nachweise für Grenzzustände der Tragfähigkeit und Gebrauchstauglichkeit zu führen.

5.1.9 Grenzzustände der Tragfähigkeit

Nach DIN 1055-100:2001-03, 9.2 ist die Lagesicherheit und Versagen durch Bruch nachzuweisen. Es sind die maximalen Hauptzugspannungen an der Glasoberfläche nachzuweisen. Eigenspannungszustände aus thermischer Vorspannung werden auf der Widerstandsseite berücksichtigt.

Nachweis: $E_d \leq R_d$ E_d: Bemessungswert der Auswirkungen/Spannungen

R_d: Bemessungswert des Tragwiderstandes

- Der Bemessungswert E_d der Auswirkung ergibt sich aus den Gleichungen (14) bis (16) der DIN 1055-100:2001-3. Vereinfachend darf davon ausgegangen werden, dass die Einwirkungen voneinander unabhängig sind, so dass die Kombinationsbeiwerte der Tafel 13.69a entnommen werden können.
- Einwirkungen aus Temperaturänderung und meteorologischem Druck dürfen als eine Einwirkung zusammengefasst werden.
- ΔH stellt eine ständige Einwirkung dar.

Tafel 13.69a Kombinationsbeiwerte ψ zur Ermittlung des Bemessungswertes E_d

	ψ_0	ψ_1	ψ_2
Einwirkungen aus Klima (Änderung der Temperatur und Änderung des meteorologischen Luftdrucks) sowie temperaturinduzierten Zwängungen	0,6	0,5	0
Montagezwängungen	1,0	1,0	1,0
Holm- und Personenlasten	0,7	0,5	0,3

Tafel 13.69b Bemessungswert des Tragwiderstandes R_d

Thermisch vorgespannte Gläser $R_d = \frac{k_{VSG} \cdot k_c \cdot f_k}{\gamma_M}$ Gläser ohne planmäßige Vorspannung (z.B. normal gekühltes Floatglas) $R_d = \frac{k_{mod} \cdot k_K \cdot k_{VSG} \cdot k_c \cdot f_k}{\gamma_M}$	k_c .... Beiwert zur Berücksichtigung der Konstruktionsart. Sofern nicht anders angegeben: – $k_c = 1{,}0$. Für allseitig liniengelagerte Vertikalverglasung gilt (DIN 18 008-2, Abschn. 7.2): – $k_c = 1{,}0$: für thermisch vorgespannte Gläser – $k_c = 1{,}8$: Gläser ohne planmäßige Vorspannung f_k .... Charakteristischer Wert der Biegezugfestigkeit. γ_M ... Materialbeiwert: – $\gamma_M = 1{,}5$: für thermisch vorgespannte Gläser – $\gamma_M = 1{,}8$: für Gläser ohne planmäßige Vorspannung k_{mod} .. Beiwert zur Berücksichtigung der Lasteinwirkungsdauer: – $k_{mod} = 0{,}25$: ständig (Eigengewicht, Ortshöhendifferenz) – $k_{mod} = 0{,}40$: mittel (Schnee, Änderung Temperatur und meteorologischer Luftdruck) – $k_{mod} = 0{,}70$: kurz (Wind, Holmlast) – $k_{mod} = 0{,}70$: Treppen u. Treppenpodeste (vgl. DIN 18 008-5) Bei Kombinationen von Einwirkungen unterschiedlicher Einwirkungsdauer ist die Einwirkung mit der kürzesten Dauer für die Bestimmung von k_{mod} maßgebend. k_K .. Beiwert zur Berücksichtigung zugbeanspruchter Kanten: – $k_K = 0{,}8$: Bei zweiseitiger linienförmiger Lagerung und bei planmäßig unter Zug stehenden Kanten dürfen bei Scheiben **ohne** thermische Vorspannung nur 80 % der charakteristischen Biegezugfestigkeit angesetzt werden (DIN 18 008-1, Abschn.8.3.8). k_{VSG} .. Beiwert zur Berücksichtigung der Glasart VSG: – $k_{VSG} = 1{,}1$: Bei Verwendung von VSG und VG dürfen die Bemessungswerte des Tragwiderstandes R_d um 10 % erhöht werden (DIN 18 008-1, Abschn. 8.3.9)

Beispiel:

Bemessungswerte des Tragwiderstandes einer zweiseitig linienförmig gelagerten Vertikalverglasung aus VSG unter Windlast

Floatglas (FG)

$k_{mod} = 0{,}7$

$k_K = 0{,}8$

$k_{VSG} = 1{,}1$

$k_c = 1{,}8$

$f_k = 45{,}0\ \text{N/mm}^2$

$\gamma_M = 1{,}8$

$$R_d = \frac{0{,}7 \cdot 0{,}8 \cdot 1{,}1 \cdot 1{,}8 \cdot 45{,}0}{1{,}8} = 27{,}7\ \text{N/mm}^2$$

Thermisch vorgespanntes Glas (TVG)

$k_{mod} = -$ (s. hierzu Tafel 13.69b)

$k_K = -$ (s. hierzu Tafel 13.69b)

$k_{VSG} = 1{,}1$

$k_c = 1{,}0$

$f_k = 70{,}0\ \text{N/mm}^2$

$\gamma_M = 1{,}5$

$$R_d = \frac{1{,}1 \cdot 1{,}0 \cdot 70{,}0}{1{,}5} = 51{,}3\ \text{N/mm}^2$$

5.1.10 Grenzzustände der Gebrauchstauglichkeit

Nachweis: $E_d \leq C_d$ — E_d Bemessungswert der Auswirkungen/Durchbiegungen; C_d Bemessungswert des Gebrauchstauglichkeitskriteriums

Der Bemessungswert der Auswirkung E_d ergibt sich aus DIN EN 1990:2002, Abs.6,5, Gleichung (6.14a) bis (6.16b). Angaben zu den Gebrauchstauglichkeitskriterien C_d siehe Folgeteile der Norm DIN 18 008.

5.1.11 Nachweis der Resttragfähigkeit

Anforderungen an die Resttragfähigkeit von Glaskonstruktionen werden entweder durch Einhaltung *konstruktiver Vorgaben*, *rechnerische Nachweise* oder durch *Versuche* erfüllt. Bei rechnerischen Nachweisen dürfen Teilzerstörungszustände, ohne Ansatz gebrochener Glasscheiben, berücksichtigt werden. Konstruktive Vorgaben, bei denen die Resttragfähigkeit von Verglasungen als erfüllt gilt, sind in den Folgeteilen der DIN 18 008 angegeben.

5.1.12 Konstruktionsvorgaben

- Bemessungsrelevante Zwangsbeanspruchungen sind entweder durch konstruktive Maßnahmen dauerhaft auszuschließen, oder bei der Bemessung zu berücksichtigen.
- Ecken von Ausschnitten sind ausgerundet herzustellen.
- Glasbohrungen und Ausschnitte sind nur bei Gläsern zulässig, die thermisch vorgespannt werden. Sie sind bezogen auf die Einzelscheibe durchgehend auszuführen.
- Die zwischen benachbarten Bohrungen und/oder Ausschnitten verbleibende Glasbreite muss mindestens 80 mm betragen.
- Thermisch vorgespannte Gläser mit Kantenverletzungen, die tiefer als 15 % der Scheibendicke in das Glasvolumen eingreifen, dürfen nicht eingebaut werden.

5.2 DIN 18 008-2:2010-12 – Teil 2: Linienförmig gelagerte Verglasungen

Anwendungsbereich

- Ebene ausfachende Verglasungen, die an mindestens zwei gegenüberliegenden Seiten mit mechanischen Verbindungsmitteln (z.B. verschraubte Pressleisten) *eben* und *durchgehend* liniengelagert sind, vgl. Abb. 13.70.
- Für Verglasungen, die betreten, begangen oder befahren werden, die als Absturzsicherung oder Abschrankungen dienen oder unter planmäßiger Flüssigkeitslast stehen, sind weitere Anforderungen zu beachten.
- Die Bestimmungen für Horizontalverglasungen gelten auch für Vertikalverglasungen, wenn diese nicht nur kurzzeitigen veränderlichen Einwirkungen (z.B. seitl. Schneelasten bei Shed-Dächern) unterliegen.

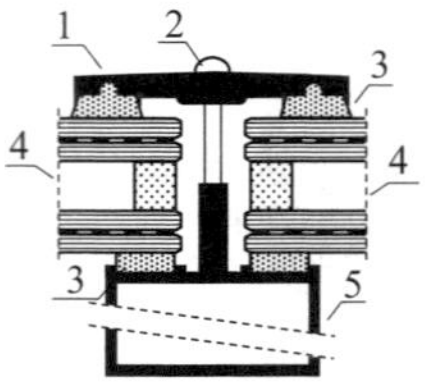

1 Abdeckleiste
2 Befestigungselement
3 Silikonprofil
4 z. B. Isolierverglasung
5 Auflagerprofil (tragend)

Abb. 13.70 Prinzipdarstellung eines linienförmig gelagerten Scheibenrandes

- Je nach ihrer Neigung zur Vertikalen werden die linienförmig gelagerten Verglasungen in *Vertikalverglasungen* und *Überkopf-/Horizontalverglasungen* eingeteilt.

Vertikalverglasungen
Neigung ≤ 10°
zur Senkrechten

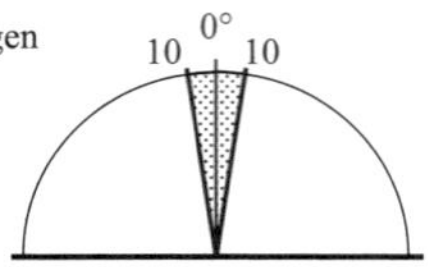

Überkopfverglasungen
Neigung > 10°
zur Senkrechten

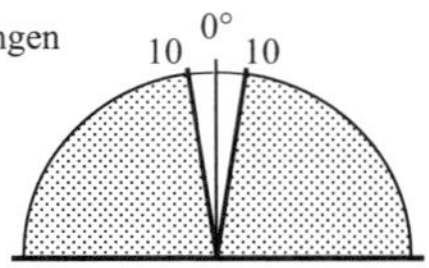

5.2.1 Normative Verweisungen

Die in Tafel 13.71 aufgeführten Regelwerke sind für die Anwendung der Norm erforderlich. Bei datierten Verweisen gilt nur die in Bezug genommene Ausgabe, bei undatierten Verweisen gilt die letzte.

Tafel 13.71 Normative Verweisungen DIN 18 008-2:2010-12

Norm	Inhalt
DIN 1259-1 DIN 1259-2	Glas – Teil 1: Begriffe für Glasarten und Glasgruppen Glas – Teil 2: Begriffe für Glaserzeugnisse
DIN 18 008-1:2010-12	Glas im Bauwesen – Bemessungs- und Konstruktionsregeln – Teil 1: Begriffe und allgemeine Grundlagen
DIN 1055-100:2001-03	Einwirkungen auf Tragwerke – Teil 100: Grundlagen der Tragwerksplanung, Sicherheitskonzepte und Bemessungsregeln
DIN ISO 8930	Allgemeine Grundsätze für die Zuverlässigkeit von Tragwerken – Verzeichnis der gleichbedeutenden Begriffe
ISO 6707-1	Building and civil engineering – Vocabulary – Part 1: General Terms
Für die Anwendung von DIN 18 008-2 gelten die Begriffe der o.a. Normen und Regelwerke.	

5.2.2 Anwendungsbedingungen

- Der Glaseinstand ist so zu wählen, dass die Standsicherheit der Verglasung langfristig sichergestellt ist. Der Mindestglaseinstand beträgt 10 mm, sofern keine anderen Festlegungen bestehen.
- Die linienförmige Lagerung muss an mindestens zwei gegenüberliegenden Seiten druck- und zugfest senkrecht zur Scheibenebene wirksam sein. Bei mehrscheibigem Aufbau muss die linienförmige Lagerung für alle Scheiben wirksam sein.
- Bei linienförmiger Lagerung darf der Bemessungswert der Durchbiegung der Unterkonstruktion, bezogen auf die Scheibenlänge, nicht größer als 1/200 ist.

5.2.3 Zusätzliche Regelungen für Horizontalverglasungen

- Zum Schutz von Verkehrsflächen ist die untere Scheibe von Isolierverglasungen aus VSG aus Float, VSG aus TVG oder Drahtglas auszubilden.
- VSG-Scheiben aus TVG dürfen Bohrungen für die Befestigung von Klemmleisten haben.
- VSG-Scheiben mit Stützweiten $\ell_W > 1{,}2$ m sind allseitig zu lagern.
- Nenndicke der Zwischenfolie von VSG:
  - allgemein mindestens 0,76 mm,
  - bei allseitiger Lagerung und maximale Stützweite in Haupttragrichtung $\ell_W < 0{,}8$ m darf die Foliendicke 0,38 mm betragen.
- Verwendung von Drahtglas:
  - zulässig nur bis zu einer Stützweite $\ell_W < 0{,}7$ m mit Mindestglaseinstand von 15 mm,
  - Drahtglaskanten dürfen nicht ständig der Feuchtigkeit ausgesetzt sein,
  - freie, der Bewitterung ausgesetzte Kanten sind zulässig, wenn die Abtrocknung gesichert ist.
- Auskragungen von VSG parallel und senkrecht zur Lagerung:
  - maximal 30 % der Auflagerlänge, höchstens jedoch 300 mm,
  - maximal 30 mm für eine einzelne Scheibe eines VSG (z.B. Tropfkante).
- Untere Scheibe bei Horizontalverglasungen aus Isolierglas:
  - für den Fall des Versagens der oberen Scheibe ist die untere Scheibe für die Belastung der oberen Scheibe nachzuweisen, das Versagen der oberen Scheibe stellt eine außergewöhnliche Belastungssituation dar (vgl. hierzu DIN EN 1990:2002, Abschn. 6.4.3.3, Gleichung (6.11a) und 6.11b)).

    Von den Regelungen darf abgewichen werden, wenn durch geeignete konstruktive Maßnahmen (z.B. Netze mit höchsten 40 mm Maschenweite) sichergestellt ist, dass Verkehrflächen nicht durch herabfallende Glasteile gefährdet werden.

5.2.4 Zusätzliche Regelungen für Vertikalverglasungen

- Verglasungen aus Floatglas, TVG, Gezogenem Flachglas, Ornamentglas, VG, deren Oberkante mehr als 4 m über der Verkehrsfläche liegen, sind allseitig zu lagern.
- ESG-Verglasungen und Mehrscheiben-Isolierglas aus ESG, deren Oberkante mehr als 4 m über der Verkehrsfläche liegen, sind in ESG-H auszuführen.

5.2.5 Einwirkungen und Nachweise

- Der Nachweis des Grenzzustandes der Tragfähigkeit ist nach DIN 18008-1:2010-12, 8.3 zu führen, vgl. hierzu Abschn. 5.1.9.
- Beiwert für die Berücksichtigung der Konstruktionsart für Vertikalverglasungen:
  - thermisch vorgespannte Gläser: $k_c = \mathbf{1{,}0}$,
  - Gläser ohne thermische Vorspannung: $k_c = \mathbf{1{,}8}$.

- Als Bemessungswert des Gebrauchstauglichkeitskriteriums (Durchbiegung) ist 1/100 der Stützweite anzusetzen. Die Ermittlung des Bemessungswertes der Beanspruchungen kann nach DIN EN 1990:2002 Abs. 6.4.3 ermittelt werden. Bei Vertikalverglasungen kann auf die Nachweise verzichtet werden, wenn infolge Sehnenverkürzung eine Mindestauflagerbreite von 5 mm auch dann nicht unterschritten wird, wenn die gesamte Sehnenverkürzung auf nur ein Auflager angesetzt wird.
- Allseitig linienförmig gelagerte Vertikalverglasungen aus Zwei- oder Dreischeiben-Isolierglas dürfen für Einbauhöhen bis 20 m über OK-Gelände ohne weiteren Nachweis verwendet werden, wenn folgende Bedingungen eingehalten werden:
  – Glaserzeugnis: Float, TVG, ESG/ESG-H oder VSG aus den vorgenannten Glasarten
  – Fläche: $\leq 1{,}6\ m^2$
  – Scheibendicke: ≥ 4 mm
  – Differenz der Scheibendicken: ≤ 4 mm
  – Scheibenzwischenraum: ≤ 16 mm
  – Charakteristischer Wert der Windlast: $\leq 0{,}8\ kN/m^2$

5.3 DIN 18 008-3:2013-07 – Teil 3: Punktförmig gelagerte Verglasungen

Anwendungsbereich

- *Punktförmig* gelagerte *ausfachende* Verglasungen mit *Punkthaltern*, die unterschieden werden in:
  1. *Tellerhalter*, die durch zylindrische Glasbohrungen (keine konischen Bohrungen) geführt werden. Die Bohrungen umfassen die gesamte Glasdicke.
  2. *Klemmhalter*, die ohne Bohrungen am Rand oder in den Ecken der Verglasung angeordnet werden.
- Verglasungskonstruktionen, bei denen alle Glasscheiben ausschließlich durch mechanische Halterungen formschlüssig gelagert sind.

5.3.1 Normative Verweisungen

Die in Tafel 13.72 aufgeführten Regelwerke sind für die Anwendung der Norm erforderlich. Bei datierten Verweisen gilt nur die in Bezug genommene Ausgabe, bei undatierten Verweisen gilt die letzte.

Tafel 13.72 Normative Verweisungen DIN 18 008-3:2013-07

Norm	Inhalt
DIN 1259-1 DIN 1259-2	Glas – Teil 1: Begriffe für Glasarten und Glasgruppen Glas – Teil 2: Begriffe für Glaserzeugnisse
DIN 18 008-1:2010-12 DIN 18 008-2:	Glas im Bauwesen – Bemessungs- und Konstruktionsregeln – Teil 1: Begriffe und allgemeine Grundlagen w. v. – Teil 2: Linienförmig gelagerte Verglasungen
DIN 53 505	Prüfungen von Kautschuk und Elastomeren – Härteprüfung nach Shore A und Shore D
DIN EN 573-3	Aluminium und Aluminiumlegierungen – Chemische Zusammensetzung und Form von Halbzeug – Teil 3: Chemische Zusammensetzung und Erzeugnisformen
DIN EN 1990 DIN EN 1990/NA	Eurocode: Grundlagen der Tragwerksplanung Nationaler Anhang – National festgelegte Parameter – Eurocode: Grundlagen der Tragwerksplanung
DIN ISO 8930	Allgemeine Grundsätze für die Zuverlässigkeit von Tragwerken – Verzeichnis der gleichbedeutenden Begriffe
ISO 6707-1	Building and civil engineering – Vocabulary – Part 1: General Terms
Für die Anwendung von DIN 18 008-3 gelten die Begriffe der o.a. Normen und Regelwerke.	

5.3.2 Bauprodukte, Anwendungsbedingungen und Konstruktion

- Es dürfen die Glaserzeugnisse nach DIN 18 008-1 verwendet werden, sofern nicht für bestimmte Anwendungen im Folgenden Einschränkungen angegeben werden.

Tafel 13.73 Bauprodukte, Anwendungsbedingungen und Konstruktion

<table>
<tr><th colspan="2">Punkthalter</th></tr>
<tr><th>Tellerhalter</th><th>Klemmhalter</th></tr>
<tr><td>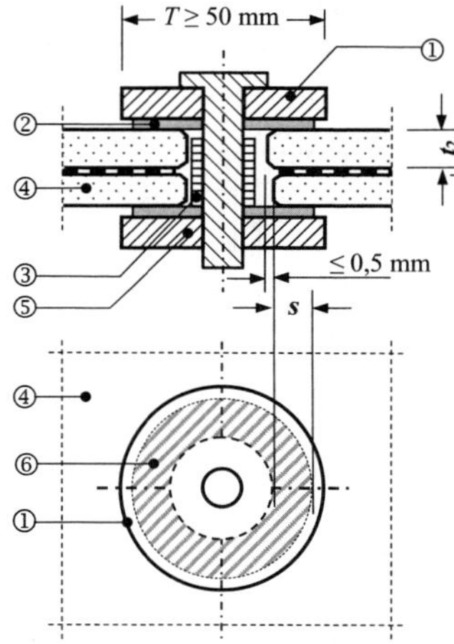

Prinzipdarstellung Tellerhalter</td><td>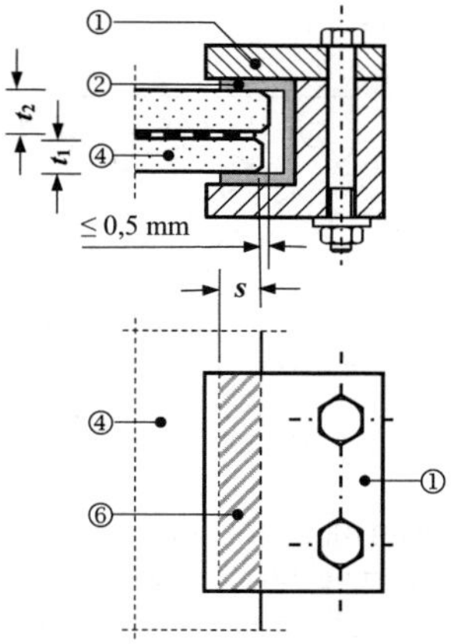

Prinzipdarstellung Klemmhalter</td></tr>
<tr><td>① ... Klemmteller</td><td>① ... Klemmhalter</td></tr>
<tr><td colspan="2">– Punkthalter müssen aus Stahl, Aluminium oder nichtrostendem Stahl bestehen und bauaufsichtlich verwendbar sein.
– Punkthalter sind vor Korrosion zu schützen.
– Eine Punktlagerung muss grundsätzlich in beiden Richtungen senkrecht zur Scheibenebene wirksam sein. Bei einer nur durch drei Punkthalter gelagerten Scheibe gilt bezüglich der Anordnung Abb. 13.74a.</td></tr>
<tr><td>② ... Zwischenlage</td><td>② ... Zwischenlage</td></tr>
<tr><td colspan="2">Die Dicke der Zwischenlage ist so zu wählen, dass es zu keinem Kontakt des Glases mit den Metallteilen des Halters kommt.</td></tr>
<tr><td>③... Hülse</td><td></td></tr>
<tr><td colspan="2">④ ... Glas
– Verhältnis der Glasdicken bei Verwendung von VSG: max t / min $t \leq 1{,}7$.
– Resttragfähigkeit nach DIN 18008-1, Abschn. 9. Bei Verwendung einer Zwischenfolie aus PVB mit $t = 0{,}76$ mm und bei Einhaltung der konstruktiven Randbedingungen gilt diese als erfüllt.
– Die Kanten der Einzelscheiben müssen mindestens gesäumt sein, die Kanten von Floatglas (FG) müssen geschliffen sein.
– Die Kanten der Bohrungen im Glas sind mindestens in der Qualität geschliffene Kante oder höherwertig entsprechend der in Bezug genommenen Produktnorm für vorgespannte Gläser auszuführen.
– Die Ränder von Bohrungen sind unter einem Winkel von 45° mit einer Fase von 0,5 mm bis 1,0 mm (kurze Schenkellänge) auf beiden Seiten der Scheibe zu säumen. Ein Kantenversatz infolge zweiseitiger Bearbeitung darf nicht größer als 0,5 mm sein.
– Die Glasscheiben müssen zwängungsarm montierbar sein und es darf unter Betriebsbedingungen (Lasteinwirkung, Temperatur, Nachgiebigkeit der tragenden Konstruktion) nicht zu einem Kontakt der Glasscheiben mit anderen Glasscheiben oder sonstigen harten Bauteilen kommen.</td></tr>
<tr><td>⑥ ... Klemmfläche</td><td>⑥ ... Klemmfläche ≥ 1000 mm</td></tr>
<tr><td>T .... Tellerdurchmesser ≥ 50 mm</td><td></td></tr>
<tr><td>s ..... Glaseinstand ≥ 12 mm</td><td>s ..... Glaseinstand ≥ 25 mm
Siehe hierzu auch 18 008-3, Abschn. 5.6.</td></tr>
</table>

- Bei einer nur durch drei Punkthalter gelagerten Verglasung darf der eingeschlossene Winkel des von drei Punkthaltern aufgespannten Dreiecks 120° nicht überschreiten, siehe Abb. 13.74a.
- Eine Kombination von linien- und punktförmigen Lagerungen ist zulässig (z.B. bei einer linienförmig aufgelagerten Verglasung mit punktförmiger Sogverankerung).
- Bohrlöcher für Tellerhalter sind so anzuordnen, dass sowohl zum freien Rand als auch zu benachbarten lastabtragenden Bohrungen eine Glasbreite von mindestens 80 mm erhalten bleibt, siehe Abb. 13.74 a.

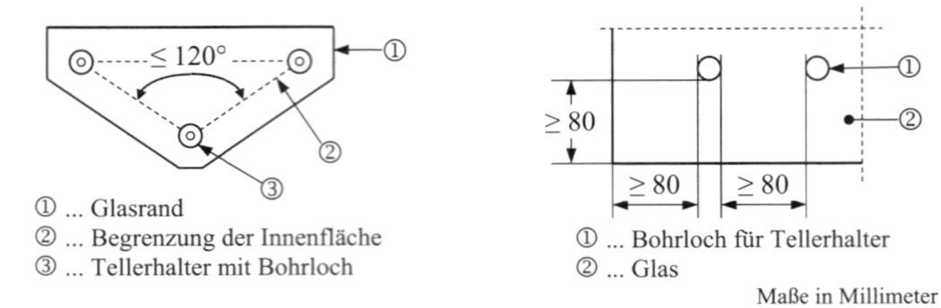

Abb. 13.74a a) Prinzipdarstellung der Winkeldefinition b) Rand- und Bohrlochabstände

5.3.3 Zusätzliche Regelungen für Horizontalverglasungen

5.3.3.1 Lagerung durch Tellerhalter

- Es dürfen nur Einfachverglasungen aus Verbundsicherheitsglas (VSG) bestehend aus teilvorgespanntem Glas (TVG) mit gleich dicken Glasscheiben (mindestens 2 × 6 mm) verwendet werden.
- Die Resttragfähigkeit muss durch die Verglasung nach DIN 18 008-1 sichergestellt werden, vgl. Abschn. 5.1.11 und Tafel 13.75a. Dies gilt z.B. bei Verwendung einer Zwischenfolie aus 1,52 mm PVB und Einhaltung der nachstehenden konstruktiven Randbedingungen.
- Der von äußeren Tellerhaltern eingeschlossene Innenbereich darf, außer durch Bohrungen für Tellerhalter, nicht durch sonstige Bohrungen, Ausschnitte oder Öffnungen geschwächt sein.
- Der freie Glasrand darf über die von den Glashalterungen begrenzte Innenfläche 300 mm auskragen.

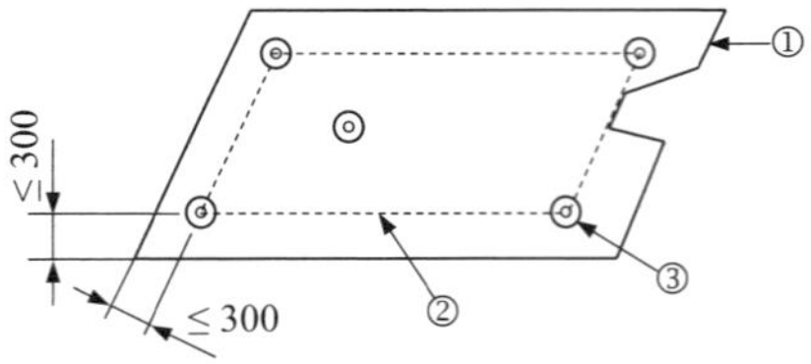

Abb. 13.74b Innenfläche bei Horizontalverglasungen

5.3.3.2 Kombination von Lagerungsarten

Bei Kombination aus linienförmiger und punktförmiger Lagerung sind die in Abb. 13.74c angegebenen Bedingungen einzuhalten.

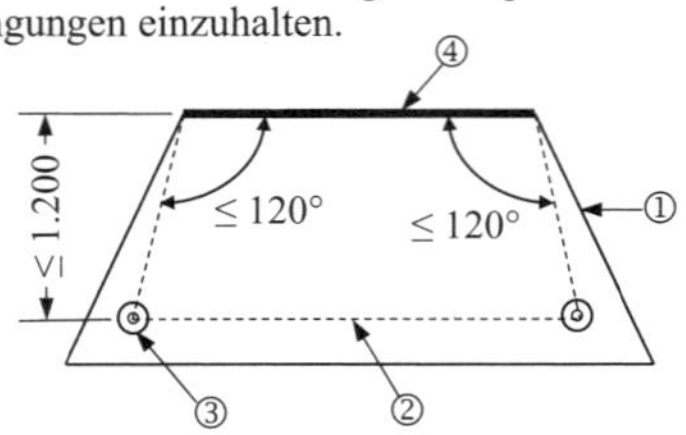

Abb. 13.74c Prinzipdarstellung der Kombination Linien- und Punktlager

5.3.3.3 Linienförmige Lagerung mit punktförmiger Klemmung

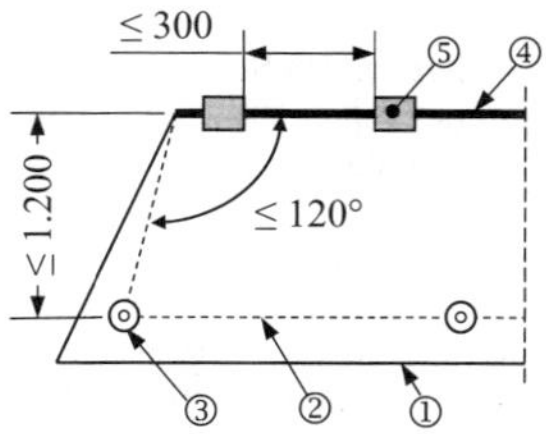

① ... Glasrand
② ... Begrenzung der Innenfläche
③ ... Tellerhalter mit Bohrloch
④ ... Linienlager
⑤ ... Klemmhalter
Klemmfläche $A_K \geq 1000$ mm²
Glaseinstand $s \geq 25$ mm
Maße in Millimeter

Abb. 13.75 Prinzipdarstellung linienförmige Lagerung mit punktförmiger Klemmung

- Wird das Eigengewicht der Scheibe durch eine linienförmige Lagerung abgetragen, darf die linienförmige Lagerung in abhebender Richtung (Sogbelastung) durch eine punktförmige Randklemmung oder Tellerhalter nach Tafel 13.73 (Klemmteller ①) ersetzt werden, wenn die konstruktiven Bedingungen nach Abb. 13.75 eingehalten werden. Wegen der Resttragfähigkeit der Verglasung sind die Punkthalterabstände und Glasdicken nach Tafel 13.75a einzuhalten.

Tafel 13.75a Glasaufbauten mit nachgewiesener Resttragfähigkeit bei rechtwinkligem Stützenraster

Tellerdurchmesser [mm]	Mindest-Glasdicke TVG [mm]	Maximale Stützweite Richtung 1 [mm]	Maximale Stützweite in Richtung 2 [mm]
70	2 × 6	900	750
60	2 × 8	950	750
70	2 × 8	1 100	750
60	2 × 10	1 000	900
70	2 × 10	1 400	1 000

Hinweise:
1. Die statischen Nachweise zur Tragfähigkeit und Gebrauchstauglichkeit bleiben unberücksichtigt.
2. Bei von Rechteckformen abweichender Punkthalteranordnung sind die Kantenlängen des umschließenden Rechtecks maßgebend.

5.3.4 Zusätzliche Regelungen für Vertikalverglasungen

Für Vertikalverglasungen dürfen Glaserzeugnisse nach Tafel 13.75b verwendet werden. Bei Kombination aus linienförmiger Lagerung und punktförmiger Lagerung dürfen die durch Linien- und Punktlager aufgespannten Innenwinkel höchstens 120° betragen, vgl. Abb. 13.74c.

Tafel 13.75b Zulässige Glaserzeugnisse für punktförmig gelagerte Vertikalverglasungen

Glaserzeugnis	Punkthalter	
	Tellerhalter	Klemmhalter
VSG aus ESG	x	x
ESG-H	x	x
TVG	x	x
ESG-H mit mind. 6 mm Scheibendicke	-	x
VSG aus FG	-	x
Mehrscheibenisolierglas aus ESG-H, TVG, FG, oder VSG bestehend aus vorgenannten Glaserzeugnissen	-	x

5.3.5 Einwirkungen und Nachweise

- Es sind die Nachweise der Tragfähigkeit und der Gebrauchstauglichkeit nach DIN 18008-1 zu führen.
- Die Durchbiegung der Glasscheiben ist auf 1/100 der maßgebenden Stützweite zu begrenzen.
- Bei Berechnung gebohrter, punktgestützter Gläser nach der Finite-Elemente-Methode (FEM) ist die Eignung des gewählten Netzes grundsätzlich durch den Vergleich mit einer Referenzlösung nachzuweisen, vgl. Abschnitt 5.3.6.
- Günstig wirkende Zugnormal- und Schubkräfte aus Reibung dürfen zwischen Glas und Zwischenlagen nicht angesetzt werden.
- Es dürfen die nach DIN 18008-3:2013-07, Anhang D ermittelten Steifigkeiten von Punkthaltern in der Berechnung verwendet werden. Dies gilt auch für die charakteristische Tragfähigkeit der Glashalter, wenn der Nachweis der ausreichenden Tragfähigkeit nicht auf Basis anderer technischer Baubestimmungen geführt wird.
- Für die numerische Simulation punktgestützter Glasscheiben können die in Tafel.13.76a angegebenen Materialkenngrößen für Trennmaterialien verwendet werden.

Tafel 13.76a Anhaltswerte der rechnerischen Materialsteifigkeiten von Trennmaterialien

Trenn-materialien	**Elastomere** Silikon, EPDM, Chloropren-Kautschuk	**Thermoplaste** Polysulfon (PSU), Polyamid (PA6), Polyetheretherketon (PEEK), Polyoxymethylen (POM)	**Verguss**[1]	**Reinaluminium**[2]
Rechnerischer E-Modul N/mm^2	5 – 200	10 – 3000	1000 – 3000	69000
Querdehnzahl	0,45	0,3 – 0,4	0,2 – 0,4	0,3

[1] Zum Ausgleich eines Scheibenversatzes bei VSG.
[2] Hier: Werkstoff-Nr. EN AW 1050A (Al 99,5), Zustand weich O/H111 nach DIN EN 573-3.

5.3.6 Finite-Elemente-Modelle

Finite-Elemente-Berechnungen sind grundsätzlich zu verifizieren und mit Referenzlösungen der DIN 18008-3:2013-07 zu vergleichen. Nur FE-Modelle und FE-Netze, welche die in der Norm angegebenen Bedingungen und Kriterien erfüllen, dürfen für die weiteren Berechnungen verwendet werden, vgl. hierzu *Bautabellen für Ingenieure*.

5.3.7 Vereinfachtes Verfahren für den Nachweis der Tragfähigkeit und der Gebrauchstauglichkeit von punktgestützten Verglasungen

Tafel 13.76b Formelzeichen, Symbole, Bedeutungen und Einheiten

Symbol	Bedeutung	Einheit
F_i	Auflagerreaktion in Koordinatenrichtung i	N
M_i	Auflagermoment um die Koordinatenachse i	Nmm
F_{res}	Resultierende Auflagerkraft in Plattenebene aus den Kräften F_x und F_y	N
M_{res}	Resultierendes Auflagermoment aus den Momenten M_x und M_y	Nmm
r	Radius des lokalen Bereichs	mm
d	Durchmesser der Bohrung	mm
t_i	Glasdicke der Scheibe i	mm
t_e	Erdsatzscheibendicke, für monolitische Scheiben entspricht t_e der Scheibendicke t	mm
t_{ref}	Referenzglasdicke (= 10 mm)	mm
n	Anzahl der Einzelscheiben bei VSG	-
L	Achsabstand zweier benachbarter Punkthalter	mm
B	Abstand vom Bohrungsrand zur Plattenkante	mm
b_{Fz}	Spannungsfaktor für die Komponente F_z	-

Tafel 13.76b (Fortsetzung)

Symbol	Bedeutung	Einheit
b_{Fres}	Spannungsfaktor für die Komponente F_{res}	-
b_{M}	Spannungsfaktor für die Komponente M_{res}	-
σ_{Fz}	Lokale Spannungskomponente für die korrespondierende Auflagerreaktion F_z	N/mm²
σ_{Fres}	Lokale Spannungskomponente für die korrespondierende Auflagerkraft F_{res}	N/mm²
σ_{Mres}	Lokale Spannungskomponente für das korrespondierende Moment M_{res}	N/mm²
σ_{g}	Globale Spannungskomponente	N/mm²
max σ_1	Maximale Hauptzugspannung an der Glasoberfläche	N/mm²
k	Spannungskonzentrationsfaktor	-
T	Tellerdurchmesser	mm
δ_{z}	Lastverteilungskomponente für die Auflagerreaktion F_z	-
δ_{Fres}	Lastverteilungskomponente für die Auflagerreaktion F_{res}	-
δ_{M}	Lastverteilungskomponente für die Komponente M	-
δ_{g}	Lastverteilungskomponente für die globale Spannungskomponente σ_{g}	-

Anwendungsbedingungen:

- Punktförmig gelagerte Einfachverglasungen mit Tellerhaltern.
- Spannungskonzentrationen an nicht zur Lastabtragung dienenden Bohrungen werden durch das Verfahren nicht abgedeckt.
- Das Lochspiel der Tellerhalter muss mindestens 1 mm betragen.
- Tellerhalter mit Trennmaterialien nach Tafel 13.75b.

5.3.7.1 Nachweis im Grenzzustand der Gebrauchstauglichkeit

Der Nachweis ist nach Abschnitt 5.3.5 zu führen. Für die Ermittlung der Verformungen ist von einer in Scheibenebene gelenkigen und statisch bestimmten Lagerung auszugehen.

5.3.7.2 Nachweis im Grenzzustand der Tragfähigkeit

Nachweis im Punkthalterbereich

Der Nachweis erfolgt für eine punktförmig, elastisch gelagerte Platte, bei der die Steifigkeit der Tellerhalter durch Wegfedern in x-, y- und z-Richtung und Drehfedern um die x- und y-Achse, die z-Achse steht orthogonal zur Plattenebene, abzubilden ist. Der Nachweis im Grenzzustand der Tragfähigkeit ist nach DIN 18008-1:2010-12, 8.3, vgl. Abschnitt 5.1.9, zu führen.

Tafel 13.78a Nachweis im Grenzzustand der Tragfähigkeit – Punkthalterbereich

Bemessungswert der Beanspruchung E_d an der Bohrung

C.1[1]: $E_d = \sigma_{Fz,d} + \sigma_{Fres,d} + \sigma_{Mres,d} + k \cdot \sigma_{g,d}$

Lokale Spannungskomponenten

C.2: $\sigma_{Fz} = \frac{b_{Fz}}{d^2} \cdot \frac{t_{ref}^2}{t_i^2} \cdot F_z$

C.3: $\sigma_{Fres} = \frac{b_{Fres}}{d^2} \cdot \frac{t_{ref}}{t_i} \cdot F_{res}$

C.4: $\sigma_{Mres} = \frac{b_M}{d^3} \cdot \frac{t_{ref}^2}{t_i^2} \cdot M_{res}$

Für Tellerhalter mit Trennmaterialien, deren Steifigkeiten im Bereich nach Tafel 13.76a liegen, können die Spannungsfaktoren b_{Fz}, b_{Fres} und b_{Mres} nach Tafel 13.78b und 13.79a verwendet werden.

Globaler Spannungsanteil

C.5: $\sigma_g = \max \sigma_1 \left(R = 3 \cdot d\right)$

Der globale Spannungsanteil folgt aus der Plattenberechnung infolge der Belastung als maximale Hauptzugspannung auf der kreisförmigen Begrenzung des lokalen Bereichs, vgl. Abb. 13.78, nach (C.5).

Der Spannungskonzentrationsfaktor k ergib sich in Abhängigkeit der Tellerhalterposition.

- Halter im Eckbereich

  $B < 0{,}1 \cdot L \Rightarrow k = 1{,}0$

  $B \geq 0{,}1 \cdot L \Rightarrow k$ nach Tabelle 13.79b

- Halter im Durchlaufbereich

  $\Rightarrow k$ nach Tabelle 13.79b

B … Abstand vom Bohrungsrand zur Plattenkante
L … Abstand zweier benachbarter Punkthalter

[1] Gleichungsnummer DIN 18 008-3:2013-07.

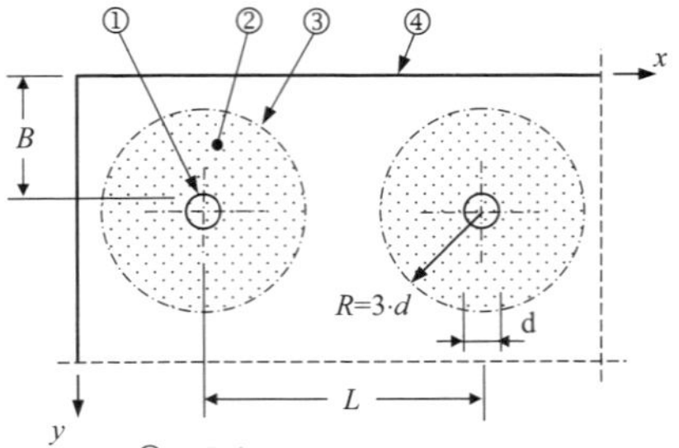

① ... Bohrung
② ... Lokaler Bereich
③ ... Begrenzung des lokalen Bereichs
④ ... Plattenrand/Glasrand

Abb. 13.78 Definition des „lokalen Bereichs"

E_d .. Bemessungswert der Beanspruchung an der Bohrung
σ_{Fz} . Lokale Spannungskomponente für die Auflagerkraft F_z
F_z … Auflagerreaktion senkrecht zur Plattenmittelfläche
b_{Fz} … Spannungsfaktor nach Tafel 13.78b und Tafel 13.79a
σ_{Fres} Lokale Spannungskomponente für die Resultierende aus F_x und F_y
F_{Fres} Resultierende aus F_x und F_y
b_{Fres} Spannungsfaktor nach Tafel 13.78b und Tafel 13.79a
σ_{Mres} Lokale Spannungskomponente für das resultierende Auflagermoment aus M_x und M_y
M_{res} Resultierendes Auflagermoment aus M_x und M_y
b_M . Spannungsfaktor nach Tafel 13.78b und Tafel 13.79a
σ_g .. Maximale Hauptzugspannung auf der Begrenzung des lokalen Bereichs
k .... Spannungskonzentrationsfaktor nach Tafel 13.79b
t_{ref} .. t_{ref} = 10 mm
t_i .... Glasdicke der Scheibe i

Tafel 13.78b Spannungsfaktoren für eine Referenzscheibendicke t_{ref} = 10 mm

Bohrungs-durchmesser d [mm]	20			25			30			35		
Teller-durchmesser T [mm]	Spannungsfaktoren											
	b_{Fz}	b_{Fres}	b_M	b_{Fz}	b_{Fres}	b_M	b_{Fz}	b_{Fres}	b_M	b_{Fz}	b_{Fres}	b_M
50	10,10	3,13	2,77	15,80	3,92	6,17	-	-	-	-	-	-
55	10,10	3,13	2,36	15,80	3,92	5,32	22,75	22,75	4,70	-	-	-
60	10,10	3,13	2,02	15,80	3,92	4,62	22,75	22,75	4,70	30,98	5,48	15,12
65	10,10	3,13	1,75	15,80	3,92	4,06	22,75	22,75	4,70	30,98	5,48	13,47
70	10,10	3,13	1,52	15,80	3,92	3,57	22,75	22,75	4,70	30,98	5,48	12,09
75	10,10	3,13	1,35	15,80	3,92	3,16	22,75	22,75	4,70	30,98	5,48	10,90
80	10,10	3,13	1,23	15,80	3,92	2,81	22,75	22,75	4,70	30,98	5,48	9,85

Tafel 13.79a **Spannungsfaktoren für eine Referenzscheibendicke t_{ref} = 10 mm**

Bohrungs-durchmesser d [mm]	40			45			50			55		
Teller-durchmesser T [mm]	Spannungsfaktoren											
	b_{Fz}	b_{Fres}	b_M	b_{Fz}	b_{Fres}	b_M	b_{Fz}	b_{Fres}	b_M	b_{Fz}	b_{Fres}	b_M
50	-	-	-	-	-	-	-	-	-	-	-	-
55	-	-	-	-	-	-	-	-	-	-	-	-
60	-	-	-	-	-	-	-	-	-	-	-	-
65	40,47	6,26	21,26	-	-	-	-	-	-	-	-	-
70	40,47	6,26	19,18	51,22	7,05	28,54	-	-	-	-	-	-
75	40,47	6,26	17,37	51,22	7,05	25,99	63,24	7,83	36,97	-	-	-
80	40,47	6,26	15,78	51,22	7,05	23,74	63,24	7,83	33,93	76,63	8,61	46,56

Tafel 13.79b **Spannungskonzentrationsfaktoren *k* für zylindrische Bohrungen**

Bohrungs-durchmesser d [mm]	15	20	25	30	35	40
Glasdicke t [mm]	Spannungskonzentrationsfaktor *k*					
6	1,6	1,6	1,6	1,6	1,5	1,5
8	1,6	1,6	1,6	1,6	1,6	1,6
10	1,6	1,6	1,6	1,6	1,6	1,6
12	1,7	1,7	1,7	1,7	1,6	1,6
15	1,9	1,8	1,7	1,7	1,7	1,7

Nachweis im Feldbereich

Für die Ermittlung der Beanspruchungen im Feldbereich ist von einer in Scheibenebene gelenkigen und statisch bestimmten Lagerung auszugehen. Der Bemessungswert der Beanspruchung E_d im Feldbereich der Platte folgt aus Gleichung (C.6).

C.6 [1]: $E_d = \max \sigma_{1,d}$ max σ_1 … maximale Hauptzugspannung an der Glasoberfläche.

Berechnung von VSG

Zur Ermittlung der Auflagerreaktionen und Verformungen einer Verbundsicherheitsglasscheibe ohne Berücksichtigung der Verbundwirkung ist die Ersatzdicke t_e nach (C.7) anzusetzen.

C.7: $t_e = \sqrt[3]{\sum t_i^3}$ t_i … Glasdicke der Scheibe i.

Der Bemessungswert der Beanspruchung E_d für den Nachweis der Tragfähigkeit der Glasschicht *i* im Punkthalterbereich für VSG folgt mit den Lastverteilungsfaktoren δ nach Tafel 13.79c aus Gleichung (C.8).

C.8: $E_d = \delta_z \cdot \sigma_{Fz,d} + \delta_{Fres} \cdot \sigma_{Fres,d} + \delta_M \cdot \sigma_{Mres,d} + k \cdot \delta_g \cdot \sigma_{g,d}$

Tafel 13.79c **Lastverteilungfaktoren**

δ_z	δ_{Fres}	δ_{Mres}	δ_g
$\frac{t_i^3}{\sum_{i=1}^n t_i^3}$	$\frac{t_i}{\sum_{i=1}^n t_i}$	$\frac{t_i^3}{\sum_{i=1}^n t_i^3}$	$\frac{t_i}{t_e}$

[1] Gleichungsnummer DIN 18008-3:2013-07.

5.4 DIN 18 008-4:2013-07 Teil 4: Zusatzanforderungen an absturzsichernde Verglasungen

Anwendungsbereich

- Die Norm gilt für Vertikalverglasungen und zur Angriffsseite geneigte Horizontalverglasungen (durch Verglasung und angriffsseitige Verkehrsfläche aufgespannter Winkel kleiner 80°), die Personen gegen seitlichen Absturz sichern.
- Sie gilt für die in Tafel 13.80a dargestellten Kategorien.

Tafel 13.80a Kategorien von Verglasungen

Kategorie A Verglasungen, die horizontale Nutzlasten abtragen müssen, da sie keinen tragenden Brüstungsriegel oder vorgesetzten Holm in erforderlicher Höhe zur Aufnahme von horizontalen Nutzlasten nach DIN EN 1991-1-1:2010-12 und DIN EN 1991-1-1/NA: 2010-12, 6.4 besitzen.	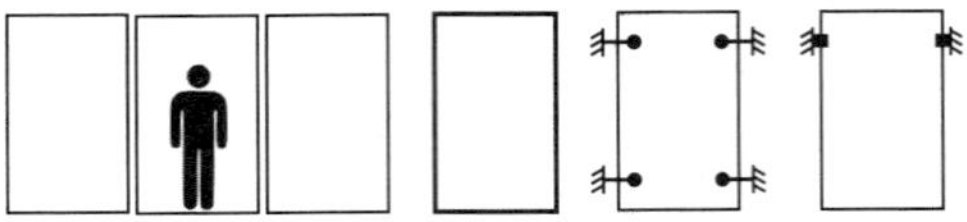
Kategorie B Unten eingespannte Glasbrüstungen, deren einzelne Scheiben durch einen durchgehenden Handlauf in erforderlicher Höhe verbunden sind. Der Handlauf kann auf der oberen Scheibenkante oder durch Tellerhalter befestigt sein.	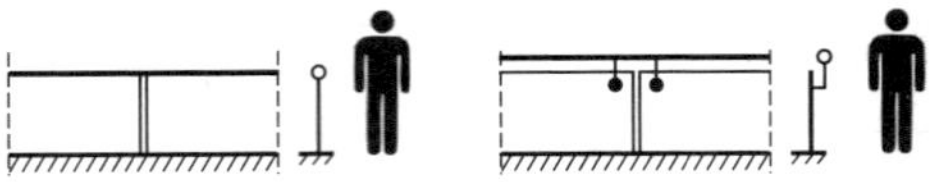
Kategorie C Verglasungen die keine horizontalen Nutzlasten in erforderliche Höhe abtragen müssen und einer der nachf. Gruppen entsprechen. **C1**: Geländerausfachungen **C2**: Verglasungen unter eines in erforderlicher Höhe angeordneten lastabtragenden Querriegels. **C3**: Verglasungen mit in erforderlicher Höhe vorgesetztem lastabtragenden Holm	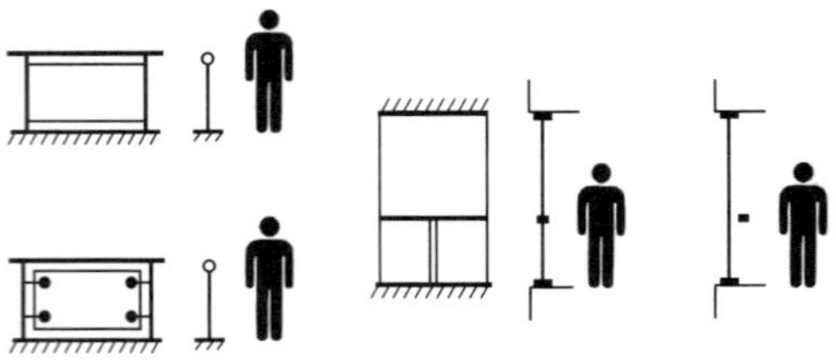 Kategorie C1 Kategorie C2 Kategorie C3

5.4.1 Normative Verweisungen

Die in Tafel 13.80b aufgeführten Dokumente, die im Folgenden teilweise oder als ganzes zitiert werden, sind für die Anwendung erforderlich. Bei datierten Verweisen gilt nur die in Bezug genommene Ausgabe, bei undatierten Verweisen gilt die letzte.

Tafel 13.80b Normative Verweisungen DIN 18 008-4:2013-07

Norm	Inhalt
DIN 582	Ringmuttern
DIN 766	Rundstahlketten – Güteklasse 3 – lehrenhaltig geprüft
DIN 1259-1 DIN 1259-2	Glas – Teil 1: Begriffe für Glasarten und Glasgruppen Glas – Teil 2: Begriffe für Glaserzeugnisse
DIN 5401	Wälzlager – Kugeln für Wälzlager und allgemeinen Industriebedarf
DIN 18 008-1:2010-12 DIN 18 008-2:2010-12 DIN 18 008-3:2013-07	Glas im Bauwesen – Bemessungs- und Konstruktionsregeln – Teil 1: Begriffe und allgemeine Grundlagen w. v. – Teil 2: Linienförmig gelagerte Verglasungen w. v. – Teil 3: Punktförmig gelagerte Verglasungen
DIN 18 545-2:2008-12	Abdichten von Verglasungen mit Dichtstoffen – Teil 2: Dichtstoffe, Bezeichnung, Anforderung, Prüfung

Tafel 13.80b (Fortsetzung)

Norm	Inhalt
DIN EN 1990	Eurocode: Grundlagen der Tragwerksplanung
DIN EN 1990/NA:2010-12	Nationaler Anhang – National festgelegte Parameter – Eurocode: Grundlagen der Tragwerksplanung
DIN-EN 1991-1-1:2010-12	Eurocode 1: Einwirkungen auf Tragwerke – Teil 1-1: Allgemeine Einwirkungen auf Tragwerke – Wichten, Eigengewicht und Nutzlasten im Hochbau
DIN-EN 1991-1-1/NA: 2010-12	Nationaler Anhang – National festgelegte Parameter – Eurocode 1: Einwirkungen auf Tragwerke – Teil 1-1: Allgemeine Einwirkungen auf Tragwerke – Wichten, Eigengewicht und Nutzlasten im Hochbau
DIN EN 12 385-1	Drahtseile aus Stahldraht – Sicherheit – Teil 1: Allgemeine Anforderungen
DIN EN 28 738	Scheiben für Bolzen – Produktklasse a
DIN EN ISO 4032	Sechskantmuttern, Typ 1 – Produktklasse A und B
DIN ISO 8930	Allgemeine Grundsätze für die Zuverlässigkeit von Tragwerken – Verzeichnis der gleichbedeutenden Begriffe
ISO 6707-1	Building and civil engineering – Vocabulary – Part 1: General terms
Für die Anwendung von DIN 18 008-4 gelten die Begriffe der o.a. Normen und Regelwerke.	

Tafel 13.81 Verwendbare Glasarten und Kantenschutzanforderungen

<table>
<tr><th>Kategorie</th><th>Verwendbare Glasarten</th><th>Kantenschutz</th></tr>
<tr><td>A</td><td>– Einfachverglasungen müssen aus VSG bestehen.
– Für die stoßzugewandte Seite (Angriffsseite) von Mehrscheiben-Isolierglas darf nur VSG, ESG oder Verbundglas (VG) aus ESG verwendet werden.
– Generell muss mindestens eine Scheibe eines Mehrscheibenisolierglases aus VSG bestehen.
– Mehrscheiben-Isolierverglasungen mit ESG auf der Angriffsseite dürfen unmittelbar hinter dieser Scheibe grob brechende Glasarten (z.B. Floatglas) enthalten, wenn beim Pendelschlagversuch kein Glasbruch der angriffsseitigen ESG-Scheibe auftritt.</td><td rowspan="5">Verglasungen der Kategorie A und C müssen entweder durch Pfosten und Riegel oder durch dauerhaft ausreichend widerstandsfähige Kantenschutzprofile nach Abb. 13.81 oder durch direkt angrenzende Bauteile (z.B. benachbarte Wände, Decken oder Glasscheiben) geschützt sein. Der Abstand der ungeschützten Glaskante vom angrenzenden Bauteil darf nicht mehr als 30 mm betragen.

Auf Kantenschutz darf verzichtet werden, wenn VSG-Gläser durch Tellerhalter nach Teil 3 der Norm auch bei Glasbruch sicher in ihrer Lage gehalten werden.

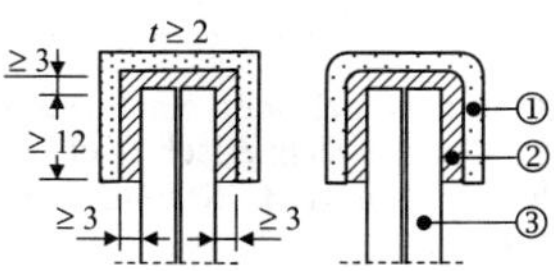

① ... Kantenschutz aus Metall
② ... dauerelastischer Dichtstoff
③ ... Glas

Abb. 13.81 Wirksamer Kantenschutz, nachgewiesen durch Versuche[1)]

[1)] Der Nachweis anderer als in Abb. 13.81 dargestellter Kantenschutzprofile ist durch Bauteilversuche nach Anhang E der DIN 18 008-4 zu führen.</td></tr>
<tr><td>B</td><td>– Es darf nur VSG verwendet werden.</td></tr>
<tr><td>C</td><td>– Alle Einfachverglasungen sind in VSG auszuführen.
– Mehrscheiben-Isolierverglasungen mit ESG auf der Angriffsseite dürfen unmittelbar hinter dieser Scheibe grob brechende Glasarten (z.B. Floatglas) enthalten, wenn beim Pendelschlagversuch kein Glasbruch der angriffsseitigen ESG-Scheibe auftritt.</td></tr>
<tr><td>C1 / C2</td><td>– Allseitig linienförmig gelagerte Einfachverglasungen dürfen in ESG ausgeführt werden.
– Für Mehrscheiben-Isolierverglasungen darf für die der stoßzugewandten Seite nur VSG, ESG oder VG aus ESG verwendet werden. Für alle anderen Scheiben können alle nach DIN 18 008 Teil 2 und Teil 3 zulässigen Glaserzeugnisse verwendet werden.</td></tr>
<tr><td>C3</td><td>– Hinsichtlich der verwendbaren Glaserzeugnisse gelten die Anforderungen der Kategorie A.</td></tr>
</table>

5.4.2 Bauprodukte, Anwendungsbedingungen und Konstruktion

- Sofern die Teile 1, 2 und 3 der DIN 18 008 die Verwendung von heißgelagertem Einscheiben-Sicherheitsglas (ESG-H) vorsehen, ist auch für absturzsichernde Verglasung ESG-H vorzusehen, auch wenn nachfolgend einheitlich der Begriff Einscheiben-Sicherheitsglas (ESG) verwendet wird.
- Die Dicken der für die Herstellung von Verbundsicherheitsglas (VSG) verwendeten Glasscheiben dürfen maximal den Faktor 1,7 voneinander abweichen.
- Verwendbare Glasarten siehe Tafel 13.81.

5.4.3 Einwirkungen und Nachweise

5.4.3.1 Grenzzustand der Tragfähigkeit für statische Einwirkungen

- Die ausreichende Tragfähigkeit von Glas unter planmäßigen Lasten ist nach DIN 18 008-1, 8.3, vgl. Abschnitt 5.1.9, nachzuweisen. Für den Nachweis der Haltekonstruktion unter planmäßigen Lasten gelten die einschlägigen Regelwerke.
- Außer dem Nachweis des planmäßigen Zustandes ist für Glasbrüstungen der Kategorie B auch der Ausfall eines beliebigen Elementes der Glasbrüstung zu untersuchen.
- Bei ungeschützten Glaskanten ist davon auszugehen, dass die komplette VSG-Einheit ausfällt.
- Bei Scheiben, deren Kanten durch angrenzende Bauteile mit einem Abstand von höchstens 30 mm oder einem Kantenschutzprofil geschützt sind, muss nur der Ausfall *einer* VSG-Schicht angenommen werden.
- Bei Ausfall eines Brüstungselementes ist nachzuweisen, dass der durchgehende Handlauf in der Lage ist, die Holmlasten auf Nachbarelemente, Endpfosten oder in die Verankerung am Gebäude zu übertragen. Die Einwirkungen von Holmlasten darf im Fall der vorstehend beschriebenen Schädigung als außergewöhnliche Einwirkung im Sinn von DIN EN 1990 und DIN EN 1990/NA behandelt werden.

5.4.3.2 Grenzzustand der Tragfähigkeit für stoßartige Einwirkungen

- Für absturzsichernde Verglasungen ist stets der Nachweis der ausreichenden Tragfähigkeit unter stoßartigen Einwirkungen zu führen. Dieser Nachweis darf für Verglasungskonstruktionen (Glasaufbau und unmittelbare Befestigungen) experimentell mittels Pendelschlagversuch nach DIN 18 008-4:2013-7, Anhang D geführt werden. Hierbei sind die Pendelfallhöhen nach Tafel 13.82 anzusetzen.

Tafel 13.82 Pendelfallhöhen für die Kategorien

Kategorie	**A**	**B**	**C**
Pendelfallhöhe h in mm	900	700	450

- Alternativ darf der Nachweis durch Einhaltung konstruktiver Bedingungen (siehe Abschnitt 5.4.4) oder rechnerisch (siehe Abschnitt 5.4.5) geführt werden. Für den Nachweis der Glasbefestigungen (z.B. Klemmleisten, Verschraubung, Halter) gelten die Abschnitte 5.4.4.1 und 5.4.4.2.
- Größenbeschränkung: Für Verglasungen deren kleinste lichte Öffnungsweite zwischen tragfähigen Bauteilen (z.B. massive Gebäudeteile, Pfosten, Riegel, vorgesetzte Kniestäbe) für Kategorie A höchstens 300 mm und für Kategorie B und C höchstens 500 mm beträgt, braucht die Stoßsicherheit nicht nachgewiesen werden. Die Vorgaben der verwendbaren Glasarten nach Tafel 13.81 sowie die Lagerungsbedingungen bleiben hiervon unberührt.

5.4.4 Konstruktionen, deren Stoßsicherheit durch Versuche erbracht ist

5.4.4.1 Linienförmig gelagerte Verglasungen der Kategorien A und C

Die in Tafel 13.83 aufgeführten linienförmig gelagerten Verglasungen gelten unter den nachfolgend aufgeführten Bedingungen als stoßsicher im Sinne dieser Norm:

- Glaseinstand: allseitige Lagerung ≥ 12 mm; zweiseitige linienförmige Lagerung ≥ 18 mm.
- Scheibenzwischenraum von Isolierverglasungen: 12 mm ≤ SZR ≤ 20 mm.
- Die Verglasungen dürfen nicht durch Bohrungen oder Ausnehmungen geschwächt sein.
- Glasscheiben dürfen keine die Festigkeit reduzierende Oberflächenbehandlung (z.B. Emaillierung) besitzen.

Tafel 13.83 Linienförmig gelagerte Verglasungen mit nachgewiesener Stoßsicherheit

Kat.	Typ	Lagerung	Breite		Höhe		Glasaufbau von Angriff nach Absturzseite	
			min.	max.	min.	max.		
1	2	3	4	5	6	7	8	
A	MIG	Allseitig	500	1300	1000	2500	8 ESG/ SZR/ 4 FG/ 0,76 PVB/ 4 FG	**1** 1)
			1000	2000	500	1300	8 ESG/ SZR/ 4 FG/ 0,76 PVB/ 4 FG	**2** 1)
			900	2000	1000	3000	8 ESG/ SZR/ 5 FG/ 0,76 PVB/ 5 FG	**3** 1)
			1000	2500	900	2000	8 ESG/ SZR/ 5 FG/ 0,76 PVB/ 5 FG	**4** 1)
			1100	1500	2100	2500	5 FG/ 0,76 PVB/ 5 FG/ SZR/ 8 ESG	5
			2100	2500	1100	1500	5 FG/ 0,76 PVB/ 5 FG/ SZR/ 8 ESG	6
			900	2500	1000	4000	8 ESG/ SZR/ 6 FG/ 0,76 PVB/ 6 FG	**7** 1)
			1000	4000	900	2500	8 ESG/ SZR/ 6 FG/ 0,76 PVB/ 6 FG	**8** 1)
			300	500	1000	4000	4 ESG/ SZR/ 4 FG/ 0,76 PVB/ 4 FG	**9** 1)
			300	500	1000	4000	4 FG/ 0,76 PVB/ 4 FG/ SZR/ 4 ESG	10
	Einfach	Allseitig	500	1200	1000	2000	6 FG/ 0,76 PVB/ 6 FG	11
			500	2000	1000	1200	6 FG/ 0,76 PVB/ 6 FG	12
			500	1500	1000	2500	8 FG/ 0,76 PVB/ 8 FG	13
			500	2500	1000	1500	8 FG/ 0,76 PVB/ 8 FG	14
			1000	2100	1000	3000	10 FG/ 0,76 PVB/ 10 FG	15
			1000	3000	1000	2100	10 FG/ 0,76 PVB/ 10 FG	16
			300	500	500	3000	6 FG/ 0,76 PVB/ 6 FG	17
C1 und **C2**	MIG	Allseitig	500	2000	500	1100	6 ESG/ SZR/ 4 FG/ 0,76 PVB/ 4 FG	**18** 1)
			500	1500	500	1100	4 FG/ 0,76 PVB/ 4 FG/ SZR/ 6 ESG	19
		Zweiseitig, oben u. unten	1000	bel.	500	1100	6 ESG/ SZR/ 5 FG/ 0,76 PVB/ 5 FG	**20** 1)
	Einfach	Allseitig	500	2000	500	1100	5 FG/ 0,76 PVB/ 5 FG	21
		Zweiseitig, oben u. unten	1000	bel.	500	800	6 FG/ 0,76 PVB/ 6 FG	22
			800	bel.	500	1100	5 ESG/ 0,76 PVB/ 5 ESG	23
			800	bel.	500	1100	8 FG/ 1,52 PVB/ 8 FG	24
		Zweiseitig, links u. rechts	500	800	1000	1100	6 FG/ 0,76 PVB/ 6 FG	25
			500	1100	800	1100	6 ESG/ 0,76 PVB/ 6 ESG	26
			500	1100	800	1100	8 FG/ 1,52 PVB/ 8 FG	27
C3	MIG	Allseitig	500	1500	1000	3000	6 ESG/ SZR/ 4 FG/ 0,76 PVB/ 4 FG	**28** 1)
			500	1300	1000	3000	4 FG/ 0,76 PVB/ 4 FG/ SZR/ 12 ESG	29
	Einfach	Allseitig	500	1500	1000	3000	5 FG/ 0,76 PVB/ 5 FG	30

Alle Maße in Millimeter

Bezeichnungen:
- MIG Mehrscheiben-Isolierverglasung
- einfach Einfachverglasung
- SZR Scheibenzwischenraum, mindestens 12 mm, höchstens 20 mm
- FG Floatglas
- ESG Einscheibensicherheitsglas
- PVB Polyvinyl-Butyral-Folie

Die genannten Glas- und Foliendicken dürfen überschritten werden. Anstelle von VSG aus Floatglas (FG) darf VSG aus teilvorgespanntem Glas (TVG) mindestens gleicher Dicke verwendet werden.

1) Die in den Zeilen 1, 2, 3, 4, 7, 8, 9, 18, 20 und 28 aufgeführten Mehrscheibenisoliergläser dürfen ohne weitere Prüfung als ausreichend stoßsicher angesehen werden, wenn sie um eine oder mehrere ESG- oder ESG-H Scheiben im Scheibenzwischenraum ergänzt werden.

- Wird die Verglasung in Stoßrichtung durch Klemmleisten gelagert, müssen diese hinreichend steif sein und aus Metall bestehen. Die Klemmleisten sind in einem Abstand von höchstens 300 mm mit metallischer Verschraubung an der Tragkonstruktion zu befestigen.
- Der Nachweis einer ausreichenden stoßsicheren, linienförmigen Lagerungskonstruktion in Form von Klemmleisten kann rechnerisch auf Basis technischer Baubestimmungen und alternativ versuchstechnisch erfolgen. Die charakteristische Auszugskraft der Verschraubung muss mindestens 3 kN betragen. Bei kleineren Schraubenabständen dürfen Verschraubungen geringerer Auszugskraft verwendet werden, wenn nachgewiesen wird, dass die resultierende Auszugskraft der Verschraubung 10 kN/m nicht unterschreitet; der Nachweis kann rechnerisch erfolgen.
- Die anderen Rahmensysteme dürfen als ausreichend tragfähig angesehen werden, wenn der stoßbeanspruchte Glasfalzanschlag einer statischen Ersatzlast von $q_d = 10$ kN/m standhält. Der Nachweis kann rechnerisch und alternativ versuchstechnisch erfolgen.
- Die Verglasungen müssen eben sein. Zulässige Abweichungen von der Rechteckform nach Abb. 13.84a.

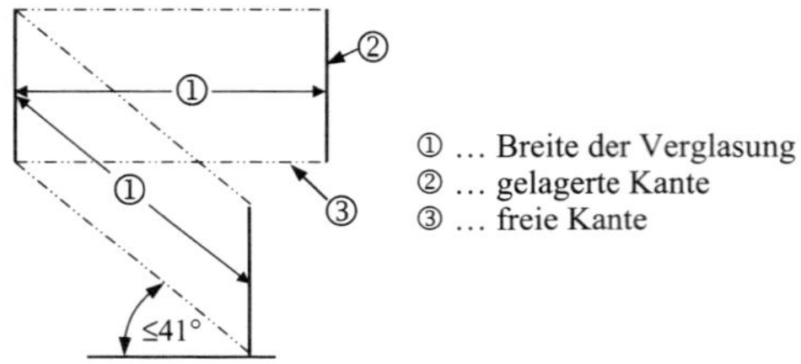

Abb. 13.84a Zulässige Abweichung von der Rechteckform am Beispiel einer zweiseitig gelagerten Verglasung

5.4.4.2 Punktförmig gelagerte Verglasungen der Kategorien A und C

Die in Tafel 13.85 aufgeführten, durch Tellerhalter gelagerten Verglasungen gelten unter den nachfolgend aufgeführten Bedingungen als stoßsicher im Sinne dieser Norm:

- Es dürfen nur ebene VSG-Einfachverglasungen mit 1,52 mm PVB-Folie verwendet werden.
- Scheiben von VSG dürfen keine festigkeitsreduzierende Oberflächenbehandlung (z.B. Emaillierung) besitzen.
- Außer Bohrungen für die Tellerhalter dürfen die Scheiben keine Bohrungen und Ausnehmungen enthalten.
- Das in Tafel 13.85 vorgegebene Stützenraster und die Bedingung nach Abbildung 13.84b sind einzuhalten; die Größe der Verglasungen ist nicht beschränkt.
- Die Verglasungen müssen durch Tellerhalter nach Teil 3 dieser Norm mit einem beidseitigen Tellerdurchmesser von mindesten 50 mm gehalten werden. Sind die horizontalen und vertikalen Abstände der Tellerhalter größer als 1200 mm, so müssen Teller mindestens einen Durchmesser von 70 mm aufweisen.
- Die charakteristische Tragkraft jeder Glashalterung muss mindestens 2,8 kN betragen. Der Nachweis kann rechnerisch und alternativ versuchstechnisch erfolgen.

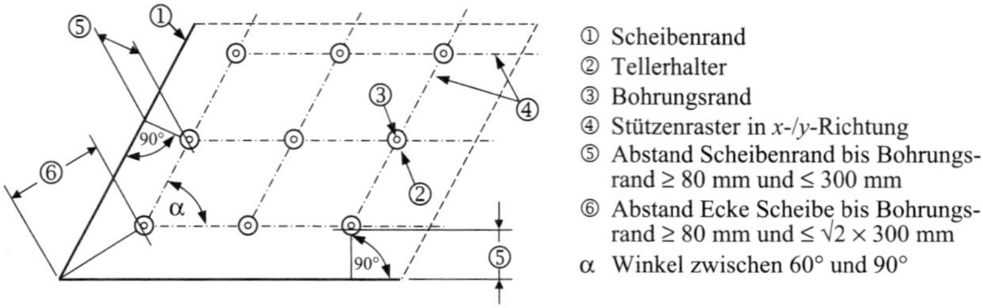

Abb. 13.84b Maße und Anordnung punktförmig gelagerter Verglasungen

Tafel 13.85 **Punktförmig gelagerte Verglasung mit nachgewiesener Stoßsicherheit**

Kategorie	Glasaufbau VSG	Maximaler Abstand benachbarter Punkthalter in mm	
		x-Richtung	*y*-Richtung
A	2 × 10 mm TVG	1200	1600
	2 × 8 mm ESG	1200	1600
	2 × 10 mm ESG	1600	1800
	2 × 10 mm ESG	800	2000
C	2 × 6 mm TVG	1200	700
	2 × 8 mm TVG	1600	800
	2 × 6 mm ESG	1200	700
	2 × 8 mm ESG	1600	800

5.4.4.3 Linienförmig gelagerte Verglasungen der Kategorie B

Glasbrüstungen der Kategorie B gelten bei Einhaltung der nachfolgend genannten Bedingungen als stoßsicher im Sinne der DIN 18 008-4:

- Die Verglasungen müssen eben sein und dürfen außer durch Bohrungen für die Befestigung am Boden und Handlauf keine zusätzlichen Bohrungen oder Ausnehmungen aufweisen.
- Es darf nur VSG aus mindestens 2 × 10 mm ESG oder TVG ohne festigkeitsreduzierende Oberflächenbehandlung mit einer mindestens 1,52 mm dicken PVB-Folie verwendet werden.
- Für die Breite der VSG-Scheiben gilt: 500 mm ≤ *b* ≤ 2000 mm. Die freie Kragarmlänge darf 1000 mm nicht überschreiten.
- Die zulässigen Abweichungen von der Rechteckform nach Abb. 13.85a sind einzuhalten.

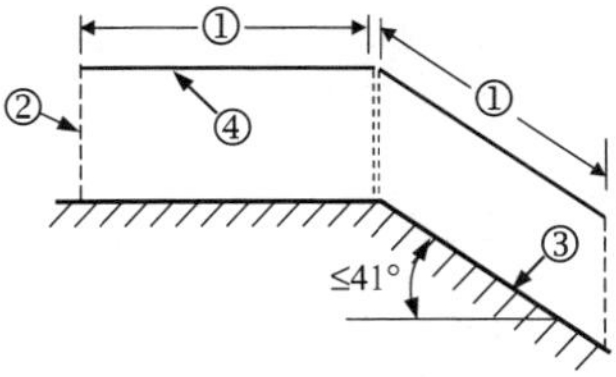

① … Breite der VSG-Verglasung
② … freie Kante
③ … gelagerte Kante
④ … Holm

Abb. 13.85a Zulässige Abweichungen von der Rechteckform

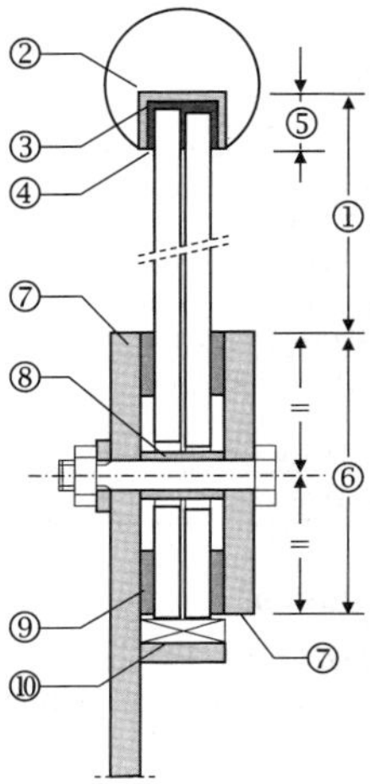

Legende

① … .freie Kragarmlänge ≤ 1000 mm.

Konstruktionsmerkmale Handlauf

② … .Tragendes U-Profil mit beliebigem nichttragendem Aufsatz oder tragendem metallischem Handlauf mit integriertem U-Profil;
③ … .Verhinderung von Glas-Metall-Kontakt durch in das U-Profil eingelegten druckfesten Elastomerstreifen (Abstand maximal 300 mm);
④ … .Verbindung des Handlaufs mit den Scheiben durch Verfüllung des verbleibenden Hohlraums im U-Profil mit Dichtstoffen der Gruppe E nach DIN 18 545-2;
⑤ … .Glaseinstand im U-Profil ≥ 15 mm;

Konstruktionsmerkmale Einspannung

⑥ … .Einspannhöhe ≥ 15 mm;
⑦ … .Klemmblech aus Stahl (Dicke ≥ 12 mm), Verschraubungsabstand in Längsrichtung ≤ 300 mm, Glasbohrung mittig zum Klemmblech (25 mm ≤ *d* ≤ 35 mm)
⑧ … .Kunststoffhülse über Verschraubung;
⑨ … .in Längsrichtung durchgehende Zwischenlagen aus druckfestem Elastomer;
⑩ … .Klotzung am unteren Ende der Scheibe.

Die Konstruktionsmerkmale sind ein Beispiel, die Klemmung der Glasscheiben darf auch über andere hinreichend steife Haltekonstruktionen realisiert werden.

Abb. 13.85b Prinzipdarstellung für Glasbrüstung Kategorie B

5.4.5 Nachweis der Stoßsicherheit von Glasaufbauten durch Berechnung

Die DIN 18 008-4 lässt den rechnerischen Nachweis ausreichender Tragfähigkeit unter stoßartiger Einwirkung (weicher Stoß) für Kalk-Natronsilicatglas für zwei-, drei- und vierseitig linienförmig gelagerte, rechteckige ebene Verglasungen zu. Unter Beachtung konstruktiver Bedingungen kann dieser mit einem vereinfachten Verfahren oder einer volldynamischen transienten Simulation des Stoßvorganges geführt werden. Einzelheiten zu den Nachweisen sind in DIN 18 008-4, Anhang C angegeben, auf die an dieser Stelle verwiesen wird.

5.5 DIN 18 008-5:2013-07 Teil 5: Zusatzanforderungen an begehbare Verglasungen

Anwendungsbereich

- *Begehbare Verglasungen* mit ausschließlich planmäßigem Personenverkehr bei üblicher Nutzung und einer lotrechten Nutzlast von höchstens 5 kN/m^2 nach DIN EN 1991-1:2010-12, 6.3 und DIN EN 1991-1-1/NA:2010-12, 6.3, wie z.B. für Treppen, Podeste, Stegen und Abdeckungen von Lichtschächten;
- Für Verglasungen, die befahren werden sollen und hohen Dauerlasten ausgesetzt sind oder die aufgrund der Nutzungsbedingungen einer erhöhten Stoßgefahr ausgesetzt sind, gelten weitergehende Anforderungen.

5.5.1 Normative Verweisungen

Die in Tafel 13.86 aufgeführten Regelwerke sind für die Anwendung der Norm erforderlich. Bei datierten Verweisen gilt nur die in Bezug genommene Ausgabe, bei undatierten Verweisen gilt die letzte.

Tafel 13.86 Normative Verweisungen DIN 18 008-5:2013-07

Norm	Inhalt
DIN 18 008-1	Glas im Bauwesen – Bemessungs- und Konstruktionsregeln – Teil 1: Begriffe und allgemeine Grundlagen
DIN 18 008-2:2010-12	w. v. – Teil 2: Linienförmig gelagerte Verglasungen
DIN 18 008-3:2013-12	w. v. – Teil 3: Punktförmig gelagerte Verglasungen
DIN EN 1990:2010-12	Eurocode: Grundlagen der Tragwerksplanung, Deutsche Fassung EN 1990:2002 + A1:2005 + A1 2005/AC:2010
DIN EN 1990/NA:2010-12	Nationaler Anhang – National festgelegte Parameter – Eurocode: Grundlagen der Tragwerksplanung
DIN EN 1991-1-1:2010-12	Eurocode 1: Einwirkungen auf Tragwerke – Teil 1-1: Allgemeine Einwirkungen auf Tragwerke – Wichten, Eigengewicht und Nutzlasten im Hochbau, Deutsche Fassung EN 1991-1-1:2002 + AC:2009
DIN EN 1991-1-1/NA:2010-12	Nationaler Anhang – National festgelegte Parameter – Eurocode 1: Einwirkungen auf Tragwerke – Teil 1-1: Allgemeine Einwirkungen auf Tragwerke – Wichten, Eigengewicht und Nutzlasten im Hochbau
DIN ISO 8930	Allgemeine Grundsätze für die Zuverlässigkeit von Tragwerken – Verzeichnis der gleichbedeutenden Begriffe
ISO 6707-1	Building and civil engineering – Vocabulary – Part 1: General Terms
Für die Anwendung von DIN 18 008-5 gelten die Begriffe der o.a. Normen und Regelwerke.	

5.5.2 Bauprodukte, Anwendungsbedingungen und Konstruktion

- Es darf nur Verbundsicherheitsglas (VSG) aus mindestens drei Scheiben verwendet werden.
- Die Verglasung muss - abhängig von den örtlichen Gegebenheiten - ausreichend rutschsicher sein. Weitergehende Anforderungen Dritter (z.B. Arbeitsschutz) bleiben unberührt.

- Die Verglasungen sind in ihrer Lage zu halten und, sofern erforderlich, gegen Abheben zu sichern.
- Die Haltekonstruktionen müssen unter Beachtung baupraktischer Toleranzen eine zwängungsfreie Montage der Scheiben mit ausreichendem Glaseinstand sicherstellen.

5.5.3 Einwirkungen und Nachweise

5.5.3.1 Grenzzustand für statische Einwirkungen

- Die Tragfähigkeit und Gebrauchstauglichkeit der begehbaren Verglasungen und deren Stützkonstruktionen sind für die Einwirkungen rechnerisch nachzuweisen. Die anzusetzenden Flächen- und Einzellasten richten sich nach der jeweiligen Nutzungskategorie und sind DIN EN 1991-1-1 und DIN EN 191-1-1/NA zu entnehmen.
- Die Verglasung ist statisch nach Teil 1 bis Teil 3 dieser Norm nachzuweisen. Für Treppen und Treppenpodeste (Personenverkehr) gilt $k_{mod} = 0{,}7$ (vgl. Tafel 13.69b). Davon abweichende Beanspruchungsdauern sind durch entsprechende k_{mod} zu berücksichtigen.
- Zusätzlich ist der Lastfall „Eigengewicht + Einzellast" (Aufstandsfläche 50 mm × 50 mm) in ungünstigster Laststellung zu untersuchen.
- Der Tragfähigkeitsnachweis nach DIN 18 008-1 ist unter der Annahme zu führen, dass alle Scheiben intakt sind.
- Neben dem Tragfähigkeitsnachweis (s.o.) ist der Nachweis auch für die außergewöhnlichen Bemessungssituationen nach DIN EN 1990:2010-12, 6.4.3.3 und DIN EN 1990/NA:2012-12, 6.4.3.3 zu führen. Dabei wird angenommen, dass die obere Scheibe gebrochen ist und nicht mitträgt.
- Als Gebrauchstauglichkeitsnachweis ist eine Durchbiegung von 1/200 der maßgebenden Stützweite anzusetzen.

5.5.3.2 Grenzzustände für stoßartige Einwirkungen und Resttragfähigkeit

- Die ausreichende Stoßsicherheit und die Resttragfähigkeit sind in der Regel durch Bauteilversuche zu belegen. Das Vorgehen bei experimentellem Nachweis ist im Anhang A der DIN 18 008-5 angegeben.
- Bei Konstruktionen mit einem lichten Abstand zu darunter liegenden flächenhaften tragenden Bauteilen von höchstens 50 cm sind Bauteilversuche zum Nachweis der Resttragfähigkeit entbehrlich.
- Glasaufbauten und Abmessungen, für die der Nachweis der Resttragfähigkeit erbracht ist, sind in Tafel 13.87 aufgelistet.
- Alternativ darf die Verkehrssicherheit bei Glasbruch durch konstruktive Maßnahmen, die ein Herabfallen von Glassplittern auf die Verkehrsflächen verhindern, sichergestellt werden. Die Eignung und Tragfähigkeit derartiger zusätzlicher Unterkonstruktionen ist nachzuweisen.

5.5.4 Konstruktionen, deren Stoßsicherheit und Resttragfähigkeit durch Versuche bereits erbracht ist

- Bei Einhaltung der Anwendungsbedingungen nach Abschn. 5.5.2 und der Nachweise nach Abschn. 5.5.3 gilt der Nachweis der Stoßsicherheit für die in Tafel 13.87 aufgeführten Konstruktionen für eine rechnerische Nutzlast von 5,0 kN/m^2 als erbracht.

Tafel 13.87 Allseitig linienförmig gelagerte planmäßig begehbare Verglasungen mit nachgewiesener Stoßsicherheit und Resttragfähigkeit

max. Länge [mm]	max. Breite [mm]	VSG-Aufbau von oben nach unten [mm]	Auflagertiefe *s* [mm]
1500	400	8 TVG / 1,52 PVB / 10 FG / 1,52 PVB / 10 FG	30
1500	750	8 TVG / 1,52 PVB / /12 FG / 1,52 PVB / 12 FG	30
1250	1250	8 TVG / 1,52 PVB / 10 TVG / 1,52 PVB / 10 TVG	35
1500	1500	8 TVG / 1,52 PVB / 12 TVG / 1,52 PVB / 12 TVG	35
2000	1400	8 TVG / 1,52 PVB / 15 FG / 1,52 PVB / 15 FG	35

- Für Verglasungen, die von einer Rechteckform abweichen, gelten die Maße des umschließenden Rechtecks.
- Abweichend von Tafel 13.87 dürfen auch größere Scheiben verwendet werden, wenn diese durch kontinuierliche linienförmige Zwischenstützungen so unterteilt werden, dass die für den jeweiligen Glasaufbau geltenden Abmessungsbegrenzungen von jedem Feld eingehalten werden.

- Die Verglasungen sind entlang der Ränder durchgehend linienförmig zu lagern. Die Kanten müssen durch Stützkonstruktionen oder angrenzende Scheiben vor Stößen geschützt sein.

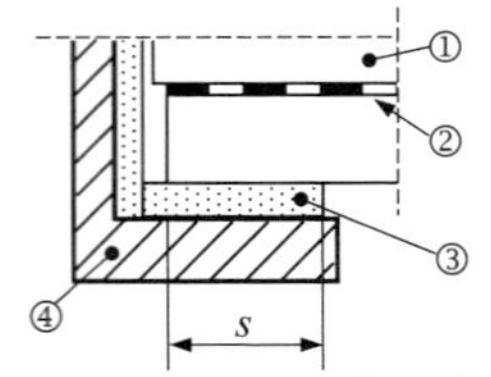

① ... Verglasung
② ... PVB-Folie, 1,52 mm
③ ... Auflagerzwischenlagen aus Elastomeren, z.B. Silikon oder EPDM, 5 mm bis 10 mm dick
④ ... Linienlager
s ... Auflagertiefe, 30 mm bis 35 mm

Abb. 13.88 Darstellung der Auflagertiefe

- Bei Glasaufbauten nach Tafel 13.87 darf für die tragenden Glasscheiben an Stelle von Floatglas (FG) auch TVG verwendet werden.
- Für die oberste Scheibe des VSG-Aufbaus der in Tafel 13.87 angegebenen Verglasungen darf an Stelle von TVG aus ESG bzw. ESG-H verwendet werden. Mit Ausnahme der obersten Oberfläche dürfen die einzelnen Glasscheiben keine die Festigkeit reduzierende Oberflächenbehandlung (z.B. Emaillierung) aufweisen.
- Die Auflagerzwischenlagen müssen aus Elastomeren (z.B. Silikon, EPDM) bestehen. Sie müssen dauerelastisch sein und eine Härte von 60 bis 80 Shore A aufweisen. Die Auflagerzwischenlagen müssen zwischen 5 mm und 10 mm dick sein.

5.6 DIN 18 008-6:2015-02 Teil 6: Zusatzanforderungen an zu Instandhaltungsmaßnahmen betretbare und an durchsturzsichere Verglasungen

Anwendungsbereich

- Anforderungen an Verglasungen, die zu Instandhaltungsmaßnahmen betreten werden oder durchsturzsicher sind.
- Linienförmig oder punktförmig gelagerte betretbare Verglasungen mit den Randbedingungen nach Teil 2 (linienförmig gelagerte Verglasungen) und Teil 3 (punktförmig gelagerte Verglasungen) der Norm 18008.

5.6.1 Normative Verweisungen

Die in Tafel 13.88 aufgeführten Regelwerke sind für die Anwendung der Norm erforderlich. Bei datierten Verweisen gilt nur die in Bezug genommene Ausgabe, bei undatierten Verweisen gilt die letzte.

Tafel 13.88 Normative Verweisungen DIN 18 008-6:2015-02

Norm	Inhalt
DIN 18 008-1	Glas im Bauwesen – Bemessungs- und Konstruktionsregeln – Teil 1: Begriffe und allgemeine Grundlagen
DIN 18 008-2	w. v. – Teil 2: Linienförmig gelagerte Verglasungen
DIN 18 008-3	w. v. – Teil 3: Punktförmig gelagerte Verglasungen
DIN 18 008-4	w. v. – Teil 4: Zusatzanforderungen für absturzsichernde Verglasungen
DIN 4426	Sicherheitstechnische Anforderungen an Arbeitsplätze – Einrichtungen zur Instandhaltung baulicher Anlagen – Planung und Ausführung
DIN EN 12150-1	Glas im Bauwesen – Thermisch vorgespanntes Kalknatron Einscheibensicherheitsglas – Teil 1: Definition und Beschreibung
DIN ISO 7619-1	Elastomere oder thermoplastische Elastomere – Bestimmung der Eindringhärte – Teil 1: Durometer-Verfahren (Shore Härte)
ISO 6707-1	Building and civil engineering – Vocabulary – Part 1: General Terms
Für die Anwendung von DIN 18 008-6 gelten die Begriffe nach ISO 6707-1, DIN ISO 8930, DIN 12259-1, DIN 1259-2, DIN EN 1990 NA, DIN 4426 und DIN 18008-1:2010-12.	

5.6.2 Begriffe, Bauprodukte und Anwendungsbedingungen

- *Betretbare Verglasungen* sind Verglasungen, die für Reinigungs- und Instandhaltungsmaßnahmen zeitweise betreten werden können und nicht öffentlich zugänglich sind.
- *Durchsturzsichere Verglasungen* sind Verglasungen, die bestimmungsgemäß nicht betreten werden, die jedoch in der Nähe von Flächen liegen, welche für Reinigungs- und Instandhaltungsmaßnahmen betreten werden können.
- Hinsichtlich der verwendbaren Bauprodukte gelten die Regelungen der DIN 18 008-2 für Horizontalverglasungen. Abweichend von diesen Bedingungen ist die Verwendung von Drahtglas ausgeschlossen.
- Bei Isolierverglasungen ist die oberste Verglasungsschicht entweder in ESG oder in VSG auszuführen.
- Für die Durchführung von Instandhaltungsmaßnahmen dürfen betretbare Verglasungen nur durch **eine** einzelne Person begangen werden. Der Transport schwererer Gegenstände mit einer Masse größer als 4,0 kg (Ausnahme: wassergefüllter 10 Liter-Kunststoffeimer) mit direkter Betretung der ungeschützten Verglasung ist unzulässig.

Tafel 13.89 Abgrenzung durchsturzsicher - betretbar

Verglasung auf dem gleichen Niveau wie Arbeitsfläche oder Verkehrsweg	Verglasung auf höherem Niveau als Arbeitsfläche oder Verkehrsweg	Geneigte Verglasung neben Arbeitsfläche oder Verkehrsweg
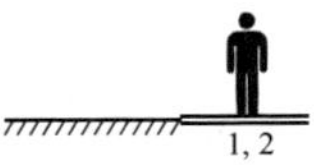 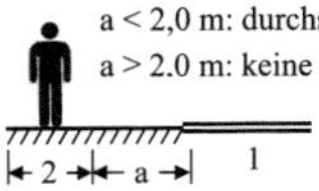 a < 2,0 m: durchsturzsicher a > 2.0 m: keine Anforderung	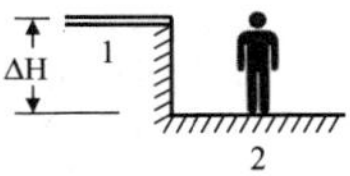 ΔH < 0,9 m: durchsturzsicher a ≥ 0,9 m: keine Anforderung	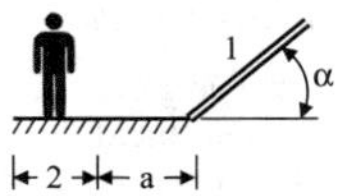 a < 2,0 m: durchsturzsicher für 0° < α ≤ 90° a ≥ 2,0 m: keine Anforderung

Legende: 1 ... Verglasung
2 ... Arbeitsfläche oder Verkehrsweg
a, ΔH ... Abstand zwischen Verglasung und Arbeitsfläche

5.6.3 Einwirkungen und Nachweise

An betretbare und durchsturzsichere Verglasungen werden Anforderungen an die Tragfähigkeit, die Stoßsicherheit und die Resttragfähigkeit gestellt.

5.6.3.1 Grenzzustand der Tragfähigkeit für statische Einwirkungen

- Die Tragfähigkeit begehbarer Verglasungen und deren Haltekonstruktionen sind für planmäßige statische Einwirkungen nach DIN 18008, 2010-12, 8.3 (siehe 5.1.8 und 5.1.9 ff.) nachzuweisen. Zusätzlich zu den Einwirkungen aus Wind, Schnee und Eigengewicht ist eine Nutzlast als Einzellast von $Q_k = 1{,}5$ kN, verteilt auf 10 cm x 10 cm, an ungünstigster Stelle anzusetzen.
- Einwirkungen aus Wind und Schnee müssen allgemein nicht mit denen aus Nutzlast überlagert werden. Sofern kein genauer Nachweis geführt wird, ist bei Verglasungen, die auch bei Schnee betreten werden sollen, ein Kombinationsbeiwert von $\Psi_0 = 1{,}0$ anzusetzen.

5.6.3.2 Nachweise der Stoßsicherheit und der Resttragfähigkeit

- Ausreichende Stoßsicherheit und die Resttragfähigkeit sind durch Bauteilversuche nach Anhang A der DIN 18008-6 zu belegen. Alternativ kann der Nachweis auch rechnerisch nach DIN 18008-4:2013-07 Anhang C geführt werden, vgl. 5.4.5.
- Für Verglasungen, bei denen in Bauteilversuchen alle Schichten der Verglasung brechen, sind Resttragfähigkeitsversuche nach Abschnitt A.1.5 der DIN 18800-6 durchzuführen.
- Bei zweiseitig gelagerten Einfachverglasungen aus VSG sind alle bei Bauteilversuchen noch nicht gebrochenen Scheiben mit Hammer und Körner zu brechen und ein Resttragfähigkeitsversuch nach Abschnitt A.1.5 der DIN 18800-6 durchzuführen.

- Durch Bauteil- und/oder Resttragfähigkeitsversuche geprüfte Verglasungen gelten als *betretbar* oder *durchsturzsicher*, wenn folgende Bedingungen eingehalten sind:
  - Die Verglasung wird nicht vollständig vom Stoßkörper durchschlagen.
  - Die Verglasung fällt nicht aus der Lagerkonstruktion heraus.
  - Mindestens eine Schicht der Verglasung ist nach den Versuchen noch intakt.
  - Die Verglasung fällt bei Resttragfähigkeitsversuchen während der Mindeststandzeit von 30 Minuten nicht aus der Lagerkonstruktion.
  - Die Größe herabfallender Bruchstücke von Glasscheiben, die als Überkopfverglasungen über Verkehrsflächen eingesetzt werden, überschreitet nicht die Größe der in DIN EN 12150-1 angegebenen zulässigen größten Bruchstücke.
- Bezüglich des rechnerischen Nachweises der ausreichenden Tragfähigkeit unter stoßartiger Einwirkung wird auf DIN 18 008-4:2013-07 Anhang C verwiesen.

6 Baurechtliche Grundlagen

6.1 Zustimmung im Einzelfall (ZiE)

Nach dem Bauordnungsrecht werden

– *geregelte,*
– *nichtgeregelte* und
– *sonstige Bauprodukte*

unterschieden. Für geregelte Glasprodukte kann die Konstruktion und Berechnung nach dem allgemein anerkannten Stand der Technik, i. Allg. festgelegt in Normen, Richtlinien und Regelwerken, durchgeführt und den zuständigen Behörden zur Prüfung vorgelegt werden. Bauprodukte, die nicht den in der *Bauregelliste A* (vgl. Tafel 13.91) des *Deutschen Instituts für Bautechnik* (DIBt) bekannt gemachten technischen Regeln entsprechen oder von ihnen wesentlich abweichen, können nur genehmigt werden, wenn eine *Allgemeine bauaufsichtliche Zulassung* oder ein *Prüfzeugnis* vorliegt oder *eine* **Zustimmung im Einzelfall** (*ZiE*) erteilt wird. Gleiches gilt für Bauprodukte, für die es keine Regel gibt, und für die sonstigen Bauprodukte, die nicht in der *Bauregelliste A* aufgenommen sind.

Während die *Allgemeine bauaufsichtliche Zulassung* (erteilt durch das DIBt) bundesweit für alle zugelassenen Anwendungen eines Glasprodukts oder einer Bauart Gültigkeit hat, gilt die *ZiE* nur bei einem ganz bestimmten Bauvorhaben für ein *nichtgeregeltes* oder *sonstiges* Glasbauteil.

Die Beantragung der *ZiE* erfolgt durch den Bauherrn in Zusammenarbeit mit Planern und Fachingenieuren bei der *obersten Baubehörde* (OBB) des Bundeslandes, in dem das Projekt/Bauvorhaben durchgeführt werden soll. Folgende Unterlagen und Anlagen sind erforderlich:

- Antragsgegenstand (Bauprodukt bzw. Bauart),
- Bauvorhaben mit Aktenzeichen und Baugenehmigung,
- Antragsteller und/oder Bauherr,
- zuständige Bauaufsichtsbehörde,
- Aufsteller der Standsicherheitsnachweise,
- Prüfingenieur für Baustatik, falls zum Zeitpunkt der Antragstellung bekannt,
- Konstruktionszeichnungen,
- Nachweis der Standsicherheit und der Gebrauchstauglichkeit,
- falls vorhanden, Versuchsberichte anderer Bauvorhaben, wenn diese auf den vorliegenden Fall übertragbar sind,
- ggf. eine gutachterliche Stellungnahme durch einen Sachverständigen; der Aufsteller der Statik darf jedoch nicht gleichzeitig als Gutachter für die beantragte Verglasung tätig sein.

6.2 Geregelte Bauprodukte aus Glas

In Tafel 13.91 sind die geregelten Bauprodukte aus Glas, entsprechend Bauregelliste A, Teil 1, Ausgabe 2013/2 angegeben.

Tafel 13.91 Auszug aus der Bauregelliste A, Teil 1 Ausgabe 2014/2

Lfd. Nr.	Glasprodukt	Technische Regeln (Ausgabe)	Übereinstimmungsnachweis	Verwendbarkeitsnachweis
11.1	Spiegelglas [1]			
11.2	Gussglas [1]			
11.3	Profilbauglas [2]			
11.4.1	Einscheiben-Sicherheitsglas (ESG) [1]			
11.4.2	Heißgelagertes Einscheiben-Sicherheitsglas (ESG-H) [3]			
11.5.1	Luftgefülltes Mehrscheiben-Isolierglas ohne Beschichtung, Typ 1 [4]			
11.5.2	Luftgefülltes Mehrscheiben-Isolierglas ohne Beschichtung [1]			
11.6	Gasgefülltes Mehrscheiben-Isolierglas ohne oder mit Beschichtung [1]			
11.7	Luftgefülltes Mehrscheiben-Isolierglas mit Beschichtung [1]			
11.8	Verbund-Sicherheitsglas mit PVB-Folie [1]			
11.9	Vorgefertigte absturzsichernde Verglasung nach TRAV, deren Tragfähigkeit unter stoßartigen Einwirkungen bereits nachgewiesen wurde (Abschnitt 6.3) oder rechnerisch nachweisbar ist (Abschn. 6.4)	TRAV: 2003-1 außer den Abschnitten 6.2 und 6.3.2b und c	ÜH	Z
11.10	Basiserzeugnisse aus Kalk-Natronsilicatglas nach EN 572-9 für die Verwendung nach TRLV, TRAV und für Gewächshäuser nach DIN V 11 535-1 – Floatglas – Poliertes Drahtglas – Gezogenes Flachglas – Ornamentglas – Drahtornamentglas – Profilglas	Anlage 11.5	ÜH	Z
11.11	Beschichtetes Glas nach EN 1096-4 für die Verwendung nach TRLV, TRAV und für Gewächshäuser nach DIN V 11 535-1	Anlage 11.6	ÜH	Z
11.12	Thermisch vorgespanntes Kalknatron-Einscheibensicherheitsglas nach EN 12 150-2 für die Verwendung nach TRLV, TRAV und für Gewächshäuser nach DIN V 11 535-1	Anlage 11.7	ÜH	Z
11.13	Heißgelagertes Kalknatron-Einscheibensicherheitsglas (ESG-H)	Anlage 11.11	ÜZ	Z
11.14	Verbund-Sicherheitsglas mit PVB-Folie nach EN 14449 für die Verwendung nach TRLV, TRAV und für Gewächshäuser nach DIN V 11 535-1	Anlage 11.8	ÜHP	Z
11.15	Verbundglas nach EN 14 449 für die Verwendung nach TRLV, TRAV und für Gewächshäuser nach DIN V 11 535-1	Anlage 11.9	ÜH	Z
11.16	Mehrscheiben-Isolierglas nach EN 1279 für die Verwendung nach TRLV, TRAV und für Gewächshäuser nach DIN V 11 535-1	Anlage 11.10	ÜH	Z

Bezeichnungen:
ÜH Übereinstimmungserklärung des Herstellers
ÜHP Übereinstimmungserklärung des Herstellers nach Prüfung des Bauproduktes durch eine anerkannte Prüfstelle
ÜZ Übereinstimmungserklärung durch eine anerkannte Zertifizierungsstelle
Z Allgemeine bauaufsichtliche Zulassung
P Allgemeines bauaufsichtliches Prüfzeugnis

[1] Das Bauprodukt ist in der Liste, Ausgabe 2008/1, gestrichen.
[2] Das Bauprodukt ist in der Liste, Ausgabe 2003/1, gestrichen.
[3] Das Bauprodukt ist in der Liste, Ausgabe 2007/1, gestrichen.
[4] Das Bauprodukt ist in der Liste, Ausgabe 2002/3, gestrichen.

6.3 Glaskonstruktionen und Regelwerke

Tafel 13.92 enthält eine Zusammenstellung weiterführender Glaskonstruktionen und zugehöriger Regelwerke.

Tafel 13.92 Glaskonstruktionen und Regelwerke

Konstruktion	Regelwerk	Status
Linienförmig gelagerte Verglasung	DIN 18008-2: 2010-12 (TRLV - Ausgabe 8.2006 [2)])	bauaufsichtlich eingeführt
Hinterlüftete Außenwandbekleidungen aus Einscheiben-Sicherheitsglas (ESG)	DIN 18 516-4, Ausgabe (2.1990) Außenwandbekleidungen hinterlüftet	bauaufsichtlich eingeführt
Geklebte, lastabtragende Glasfassaden (Structural Sealant Glazing Systems, SSGS)	Richtlinie für europäische Zulassungen (ETA), Ausgabe 2001	Grundlage für Zulassungen, sonst ZiE[1)]
Punktförmig gelagerte Verglasungen	DIN 18008-3: 2013-07 (TRPV – Schlussfassung 8.2006 [2)])	bauaufsichtlich eingeführt [2)]
Absturzsichernde Verglasungen	DIN 18008-4: 2013-07 (TRAV – Ausgabe 01.2003 [2)])	bauaufsichtlich eingeführt
Begehbare Verglasungen	DIN 18008-5: 2013-07	bauaufsichtlich eingeführt
Zu Instandhaltungsmaßnahmen betretbare Verglasungen und durchsturzsichere Verglasung	DIN 18008-6: 2015-02	bauaufsichtlich eingeführt
Punktförmig gelagerte Eingangs- oder Schaufensterüberdachungen aus Glas für rechteckige Flächen < 1,6 m^2 aus VSG oder TVG	Nachweiserleichterung in einigen Bundesländern	Zulassung, ZiE[1)]
Sonstige tragende Glasbauelemente, z.B. Balken, Glaselemente zur Aussteifung, Stützen	–	Zulassung, ZiE[1)]

[1)] ZiE Zustimmung im Einzelfall. [2)] Anzuwendendes Regelwerk vor Einführung der Norm DIN 18008.

Abweichend von den Angaben der Tafel 13.92 können durch die OBB der einzelnen Bundesländer zusätzliche Sonderregelungen und Nachweiserleichterungen (vgl. z. B. [13.50]) festgelegt sein, die bei den betreffenden Stellen zu erfragen sind.

13 D Stahlbauprofile

Prof. Dr.-Ing. Christof Hausser, Prof. Dr.-Ing. Christoph Seeßelberg

Kurzzeichen für Walzmaterial (Beispiele)

Kurzbezeichnung		Bedeutung
zeichnerisch	schreibbar	
IPE 240 - 4600 DIN 1025-5	IPE 240 × 4600 DIN 1025-5	Mittelbreiter I-Träger mit h = 240 mm und l = 4600 mm nach DIN 1025-5
HEB 400 - 8000 DIN 1025-2	HEB 400 × 8000 DIN 1025-2	Breiter I-Träger mit h = 400 mm und l = 8000 mm nach DIN 1025-2
[200 - 800 DIN 1026-1	U 200 × 800 DIN 1026-1	U-Profil mit h = 200 mm und l = 800 mm nach DIN 1026-1
L 100 × 10 - 2500 DIN EN 10 056	L 100 × 10 × 2500 DIN EN 10 056	Gleichschenkliger Winkelstahl mit 100 mm Schenkelbreite, 10 mm Dicke und 2500 mm Länge nach DIN EN 10 056
L 120 × 80 × 12 - 2500 DIN EN 10 056	L 120 × 80 × 12 × 2500 DIN EN 10 056	Ungleichschenkliger Winkelstahl mit 120 und 80 mm Schenkelbreite, 12 mm Dicke und 2500 mm Länge nach DIN EN 10 056
▭ 80 × 10 - 800 DIN EN 10 058	Fl 80 × 10 × 800 DIN EN 10 058	Flachstahl mit b = 80 mm, t = 10 mm und l = 800 mm nach DIN EN 10 058
Bl 8 × 600 × 900 DIN EN 10 029	Bl 8 × 600 × 900 DIN EN 10 029	Stahlblech mit t = 8 mm, b = 600 mm und l = 900 mm nach DIN EN 10 029
Rohr 88,9 × 4 - 500 DIN EN 10 210	Rohr 88,9 × 4 × 500 DIN EN 10 210	Warmgefertigtes Stahlrohr mit 88,9 mm Außendurchmesser, 4 mm Wanddicke und 500 mm Länge nach DIN EN 10 210

Bezeichnungen für Querschnittswerte [-1-1/1.6]

a Verhältniswert für I-Profile $a = (A - 2 \cdot b \cdot t_f)/A$

A Querschnittsfläche

A_w $= (h - 2 \cdot t_f) \cdot t_w$ Stegfläche von I-Profilen

A_{vy} wirksame Schubfläche maßgebend für $V_{pl,y,Rd}$ gemäß Tafel 13.12

a_{vy} $= A_{vy} / A$ Anteil der wirksamen Schubfläche am Gesamtquerschnitt

A_{vz} wirksame Schubfläche maßgebend für $V_{pl,z,Rd}$ gemäß Tafel 13.12

a_{vz} $= A_{vz} / A$

c/t_f ; d/t_w Verhältniswerte zur Bestimmung der Querschnittsklasse
Für I-Profile gilt: $c = (b - 2 \cdot r - t_w)/2$ und $d = h - 2 \cdot t_f - 2 \cdot r$

d Höhe des geraden Stegteils; früher als h_1 bezeichnet. Auch: Lochdurchmesser

g charakteristischer Wert der Eigenlast

h_w $= h - 2 \cdot t_f$ Steghöhe, entspricht der lichten Höhe zwischen den Flanschen von I-Profilen

$i_{f,z}$ Trägheitsradius des Druckflansches plus 1/3 der druckbeanspruchten Stegfläche um die z-Achse

i_y ; i_z Trägheitsradien, bezogen auf die y- bzw. die z-Achse

I_y ; I_z Flächenträgheitsmomente um die y- bzw. die z-Achse

I_T St. Venantsche Torsionssteifigkeit

I_w Wölbflächenmoment, bezogen auf den Schubmittelpunkt

KL Knicklinie nach [-1-1/Tab.6.2]

k_{My} $= W_{pl,y,V} / W_{pl,y}$ mit $W_{pl,y,V}$ Widerstandsmoment der wirksamen Schubfläche A_{vz}
$= (W_{pl,y} - b \cdot t_f \cdot (h/2 - t_f/4) - (b - t_w - 2 \cdot r) \cdot t_f \cdot (h/2 - 0{,}75 \cdot t_f))/W_{pl,y}$ [13.2]
Hilfswert zur Ermittlung des infolge $V_{z,Ed}$ abgeminderten pl. Grenzmoments bei I-Walzprofilen

QK N Querschnittsklasse bei reiner Druckbeanspruchung

QK M_y; M_z Querschnittsklasse bei reiner Biegebeanspruchung. Für die im folgenden tabellierten IPE-, HEA-, HEB- und HEM-Profile sind die QK infolge M_y und M_z identisch. Für andere Profile sind die QK für M_y und für M_z getrennt zu ermitteln, sie könnten auch unterschiedlich sein.

S_y Statisches Moment des halben Querschnitts bezogen auf die y-Achse

U Mantelfläche pro Längeneinheit

$W_{el,y}$ Widerstandsmoment im elastischen Zustand, bezogen auf die y-Achse; $W_{el,y} = I_y/(h/2)$

$W_{pl,y}$ Widerstandsmoment im plastischen Zustand, bezogen auf die y-Achse; $W_{pl,y} = 2 \cdot S_y$

$W_{el,z}$ Widerstandsmoment im elastischen Zustand, bezogen auf die z-Achse; $W_{el,z} = I_z/(b/2)$

$W_{pl,z}$ Widerstandsmoment im plastischen Zustand, bezogen auf die z-Achse; $W_{pl,z} = 2 \cdot S_z$

y_M Abstand des Schubmittelpunktes M von der z-Schwerpunktsachse. Bei doppelt- und punktsymmetrischen Querschnitten fallen Schubmittelpunkt und Schwerpunkt zusammen. Bei Winkel- und T-Profilen ergibt sich der Schubmittelpunkt als Schnittpunkt der Mittellinien der beiden Teilquerschnittsflächen.

Beanspruchbarkeiten (Grenzschnittgrößen) für $\gamma_{M0} = 1{,}0$

$M_{pl,y,Rd}$, $M_{pl,z,Rd}$ plastisches Grenzmoment, bezogen auf die y- bzw. z-Achse, für QK 1 und 2

$M_{el,y,Rd}$, $M_{el,z,Rd}$ elastisches Grenzmoment, bezogen auf die y- bzw. z-Achse, für QK 3

$M_{pl,w,Rd}$ aufnehmbares plastisches Wölbbimoment

$N_{pl,Rd}$ plastische Grenzzugkraft, nur bei QK 1 und 2 auch plastische Grenzdruckkraft

$V_{pl,y,Rd}$, $V_{pl,z,Rd}$ plastische Grenzquerkraft in Richtung der y- bzw. der z-Achse

Profilmaße für I-Träger nach EC 3-1-1

<table>
<tr><td>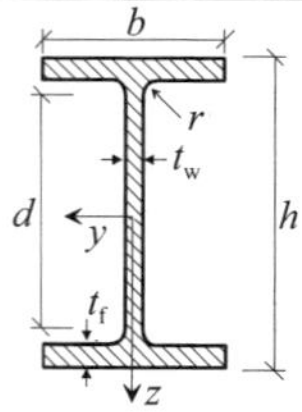
</td><td>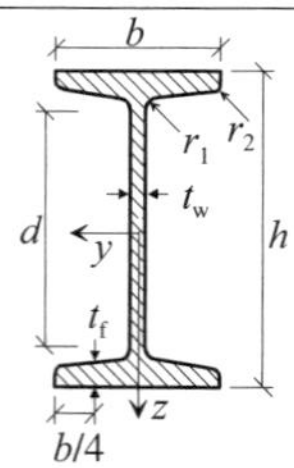
</td></tr>
<tr><td>mittelbreite I-Träger (IPE) und breite I-Träger (HEA, HEB, HEM)</td><td>Schmale I-Träger</td></tr>
</table>

Profil	Normen	Normallänge $h < 300$ mm	Normallänge $h \geq 300$ mm
I	DIN 1025-1 (04.09); DIN EN 10 034 (03.94)	8–16 m	8–18 m
IPE	DIN 1025-5 (03.94); Euronorm 19-57; DIN EN 10 034 (03.94)	8–16 m	8–18 m
HEA	DIN 1025-3 (03.94); Euronorm 53-62; DIN EN 10 034 (03.94)	8–16 m	8–18 m
HEB	DIN 1025-2 (11.95); Euronorm 53-62; DIN EN 10 034 (03.94)	8–16 m	8–18 m
HEM	DIN 1025-4 (03.94); Euronorm 53-62; DIN EN 10 034 (03.94)	8–16 m	8–18 m

Schmale I-Träger

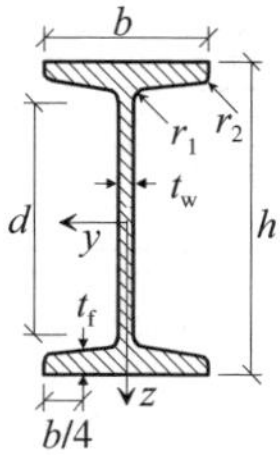

Mittelbreite I-Träger
IPEa
IPE

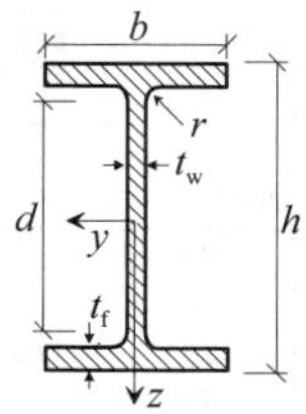

I-Reihe nach DIN 1025-1 (04.09) und DIN EN 10 034 (03.94)

	Profilmaße						Statische Werte								
Nenn-höhe	h mm	b mm	$t_w = r_1$ mm	t_f mm	r_2 mm	d mm	A cm^2	I_y cm^4	$W_{el,y}$ cm^3	i_y cm	I_z cm^4	$W_{el,z}$ cm^3	i_z cm	S_y cm^3	g kN/m
80	80	42	3,9	5,9	2,3	59	7,57	77,8	19,5	3,20	6,29	3,00	0,91	11,4	0,059
100	100	50	4,5	6,8	2,7	75	10,6	171	34,2	4,01	12,2	4,88	1,07	19,9	0,083
120	120	58	5,1	7,7	3,1	92	14,2	328	54,7	4,81	21,5	7,41	1,23	31,8	0,111
140	140	66	5,7	8,6	3,4	109	18,2	573	81,9	5,61	35,2	10,7	1,40	47,7	0,143
160	160	74	6,3	9,5	3,8	125	22,8	935	117	6,40	54,7	14,8	1,55	68,0	0,179
180	180	82	6,9	10,4	4,1	142	27,9	1 450	161	7,20	81,3	19,8	1,71	93,4	0,219
200	200	90	7,5	11,3	4,5	159	33,4	2 140	214	8,00	117	26,0	1,87	125	0,262
220	220	98	8,1	12,2	4,9	176	39,5	3 060	278	8,80	162	33,1	2,02	162	0,311
240	240	106	8,7	13,1	5,2	192	46,1	4 250	354	9,59	221	41,7	2,20	206	0,362
260	260	113	9,4	14,1	5,6	208	53,3	5 740	442	10,4	288	51,0	2,32	257	0,419
280	280	119	10,1	15,2	6,1	225	61,0	7 590	542	11,1	364	61,2	2,45	316	0,479
300	300	125	10,8	16,2	6,5	241	69,0	9 800	653	11,9	451	72,2	2,56	381	0,542
320	320	131	11,5	17,3	6,9	258	77,7	12 510	782	12,7	555	84,7	2,67	457	0,610
340	340	137	12,2	18,3	7,3	274	86,7	15 700	923	13,5	674	98,4	2,80	540	0,680
360	360	143	13,0	19,5	7,8	290	97,0	19 610	1 090	14,2	818	114	2,90	638	0,761
400	400	155	14,4	21,6	8,6	323	118	29 210	1 460	15,7	1 160	149	3,13	857	0,924
450	450	170	16,2	24,3	9,7	363	147	45 850	2 040	17,7	1 730	203	3,43	1 200	1,15
500	500	185	18,0	27,0	10,8	404	179	68 740	2 750	19,6	2 480	268	3,72	1 620	1,41
550	550	200	19,0	30,0	11,9	445	212	99 180	3 610	21,6	3 490	349	4,02	2 120	1,66
600	600	215	21,6	32,4	13,0	485	254	139 000	4 630	23,4	4 670	434	4,30	2 730	1,99

IPEa (nicht genormt)

Nenn-höhe	h mm	b mm	t_w mm	t_f mm	r mm	d mm	A cm^2	I_y cm^4	$W_{el,y}$ cm^3	i_y cm	I_z cm^4	$W_{el,z}$ cm^3	i_z cm	S_y cm^3	g kN/m
120	118	64	3,8	5,1	7	93	11,0	257	43,8	4,83	22,4	7,00	1,42	24,9	0,087
140	137	73	3,8	5,6	7	112	13,4	435	63,3	5,70	36,4	10,0	1,65	35,8	0,105
160	157	82	4,0	5,9	9	127	16,2	689	87,8	6,53	54,4	13,3	1,83	49,5	0,127
180	177	91	4,3	6,5	9	146	19,6	1 060	120	7,37	81,9	18,0	2,05	67,7	0,154
200	197	100	4,5	7,0	12	159	23,5	1 590	162	8,23	117	23,4	2,23	90,8	0,184
220	217	110	5,0	7,7	12	177	28,3	2 320	214	9,05	171	31,2	2,46	120	0,222
240	237	120	5,2	8,3	15	190	33,3	3 290	278	9,94	240	40,0	2,68	156	0,262
270	267	135	5,5	8,7	15	219	39,1	4 920	368	11,2	358	53,0	3,02	206	0,307
300	297	150	6,1	9,2	15	248	46,5	7 170	483	12,4	519	69,2	3,34	271	0,365
330	327	160	6,5	10,0	18	271	54,7	10 230	626	13,7	685	85,6	3,54	351	0,43
360	358	170	6,6	11,5	18	298	64,0	14 520	812	15,1	944	111	3,84	453	0,502
400	397	180	7,0	12,0	21	331	73,1	20 290	1 020	16,7	1 170	130	4,00	572	0,574
450	447	190	7,6	13,1	21	378	85,5	29 760	1 330	18,7	1 500	158	4,19	747	0,672
500	497	200	8,4	14,5	21	426	101	42 930	1 730	20,6	1 940	194	4,38	973	0,794
550	547	210	9,0	15,7	24	467	117	59 980	2 190	22,6	2 430	232	4,55	1 240	0,921
600	597	220	9,8	17,5	24	514	137	82 920	2 780	24,6	3 120	283	4,77	1 570	1,08

IPE-Reihe nach DIN 1025-5 (03.94), EURONORM 19-57 und DIN EN 10 034 (03.94)																
	Profilmaße						Statische Werte									
Nenn-höhe	h mm	b mm	t_w mm	t_f mm	r mm	d mm	A cm²	I_y cm⁴	$W_{el,y}$ cm³	i_y cm	I_z cm⁴	$W_{el,z}$ cm³	i_z cm	S_y cm³	g kN/m
80	80	46	3,8	5,2	5	59	7,64	80,1	20,0	3,24	8,49	3,69	1,05	11,6	0,060
100	100	55	4,1	5,7	7	74	10,3	171	34,2	4,07	15,9	5,79	1,24	19,7	0,081
120	120	64	4,4	6,3	7	93	13,2	318	53,0	4,90	27,7	8,65	1,45	30,4	0,104
140	140	73	4,7	6,9	7	112	16,4	541	77,3	5,74	44,9	12,3	1,65	44,2	0,129
160	160	82	5,0	7,4	9	127	20,1	869	109	6,58	68,3	16,7	1,84	61,9	0,158
180	180	91	5,3	8,0	9	146	23,9	1 320	146	7,42	101	22,2	2,05	83,2	0,188
200	200	100	5,6	8,5	12	159	28,5	1 940	194	8,26	142	28,5	2,24	110	0,224
220	220	110	5,9	9,2	12	177	33,4	2 770	252	9,11	205	37,3	2,48	143	0,262
240	240	120	6,2	9,8	15	190	39,1	3 890	324	9,97	284	47,3	2,69	183	0,307
270	270	135	6,6	10,2	15	219	45,9	5 790	429	11,2	420	62,2	3,02	242	0,361
300	300	150	7,1	10,7	15	248	53,8	8 360	557	12,5	604	80,5	3,35	314	0,422
330	330	160	7,5	11,5	18	271	62,6	11 770	713	13,7	788	98,5	3,55	402	0,491
360	360	170	8,0	12,7	18	298	72,7	16 270	904	15,0	1 040	123	3,79	510	0,571
400	400	180	8,6	13,5	21	331	84,5	23 130	1 160	16,5	1 320	146	3,95	654	0,663
450	450	190	9,4	14,6	21	378	98,8	33 740	1 500	18,5	1 680	176	4,12	851	0,776
500	500	200	10,2	16,0	21	426	116	48 200	1 930	20,4	2 140	214	4,31	1 100	0,907
550	550	210	11,1	17,2	24	467	134	67 120	2 440	22,3	2 670	254	4,45	1 390	1,06
600	600	220	12,0	19,0	24	514	156	92 080	3 070	24,3	3 390	308	4,66	1 760	1,22

IPE-Reihe weitere Querschnittswerte für Nachweise nach EC 3													
Nenn-höhe	QK N ***)	QK M ***)	N_{pl} **) kN	$M_{pl,y}$ **) kNm	$M_{el,y}$ **) kNm	$M_{pl,z}$ **) kNm	$M_{el,z}$ **) kNm	$V_{pl,y}$ **) kN	$V_{pl,z}$ **) kN	k_{My} -	KL ⊥ yy *)	KL ⊥ zz *)	U m²/m
80	1/1/1/1	1/1/1/1	180	5,5	4,7	1,4	0,9	65	49	0,3409	a	b	0,328
100	1/1/1/1	1/1/1/1	242	9,3	8,0	2,1	1,4	85	69	0,3695	a	b	0,400
120	1/1/1/1	1/1/1/1	310	14,3	12,5	3,2	2,0	109	85	0,3506	a	b	0,475
140	1/1/1/2	1/1/1/1	385	20,8	18,2	4,5	2,9	137	103	0,3358	a	b	0,550
160	1/1/1/2	1/1/1/1	472	29,1	25,6	6,1	3,9	165	131	0,3547	a	b	0,622
180	1/1/2/3	1/1/1/1	562	39,1	34,3	8,1	5,2	198	152	0,3417	a	b	0,698
200	1/1/2/3	1/1/1/1	670	51,8	45,6	10,5	6,7	231	190	0,3690	a	b	0,768
220	1/1/2/4	1/1/1/1	785	67,1	59,2	13,7	8,8	275	216	0,3519	a	b	0,848
240	1/2/2/4	1/1/1/1	919	86,2	76,1	17,4	11,1	319	260	0,3706	a	b	0,921
270	2/2/3/4	1/1/1/1	1 079	113,7	100,8	22,8	14,6	374	300	0,3591	a	b	1,042
300	2/2/4/4	1/1/1/1	1 264	147,7	130,9	29,4	18,9	436	348	0,3507	a	b	1,161
330	2/3/4/4	1/1/1/1	1 471	189,0	167,6	36,1	23,1	499	418	0,3687	a	b	1,254
360	2/3/4/4	1/1/1/1	1 709	239,5	212,4	44,9	28,8	586	476	0,3577	a	b	1,354
400	3/3/4/4	1/1/1/1	1 986	307,1	272,6	53,8	34,5	659	580	0,3807	a	b	1,467
450	3/4/4/4	1/1/1/1	2 322	400,0	352,5	65,0	41,6	753	690	0,3847	a	b	1,606
500	3/4/4/4	1/1/1/1	2 726	515,6	453,6	78,9	50,3	868	819	0,3847	a	b	1,744
550	4/4/4/4	1/1/1/1	3 149	654,9	573,4	94,1	59,8	980	976	0,4051	a	b	1,877
600	4/4/4/4	1/1/1/1	3 666	825,3	721,5	114,1	72,4	1 134	1 137	0,4013	a	b	2,015

*) Knicklinien (KL) nur für Stahlgüten S 235 / S 275 / S 355 / S 420; KL für S 460 siehe Tafel 13.18

**) Grenzschnittgröße = Tafelwert × (f_y / 235) mit f_y in N/mm² ; $\gamma_{M0} = 1,0$

***) Querschnittsklassen für Stahlgüten S 235 / S 275 / S 355 / S 460

Breite I-Träger (siehe Folgeseiten)
HEA (IPBl)
HEB (IPB)
HEM (IPBv)

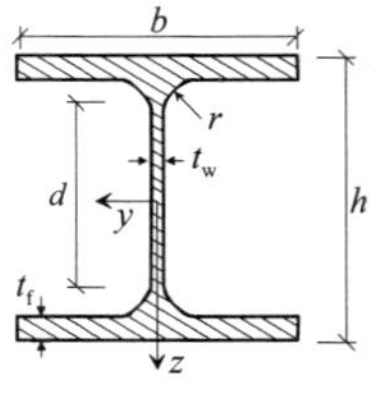

HEA (IPBl)-Reihe nach DIN 1025-3 (03.94), Euronorm 53-62 und DIN EN 10 034 (03.94)																
	Profilmaße						Statische Werte									
Nenn-höhe	h mm	b mm	t_w mm	t_f mm	r mm	d mm	A cm^2	I_y cm^4	$W_{el,y}$ cm^3	i_y cm	I_z cm^4	$W_{el,z}$ cm^3	i_z cm	S_y cm^3	g kN/m
100	96	100	5	8	12	56	21,2	349	72,8	4,06	134	26,8	2,51	41,5	0,167
120	114	120	5	8	12	74	25,3	606	106	4,89	231	38,5	3,02	59,7	0,199
140	133	140	5,5	8,5	12	92	31,4	1 030	155	5,73	389	55,6	3,52	86,7	0,247
160	152	160	6	9	15	104	38,8	1 670	220	6,57	616	76,9	3,98	123	0,304
180	171	180	6	9,5	15	122	45,3	2 510	294	7,45	925	103	4,52	162	0,355
200	190	200	6,5	10	18	134	53,8	3 690	389	8,28	1 340	134	4,98	215	0,423
220	210	220	7	11	18	152	64,3	5 410	515	9,17	1 950	178	5,51	284	0,505
240	230	240	7,5	12	21	164	76,8	7 760	675	10,1	2 770	231	6,00	372	0,603
260	250	260	7,5	12,5	24	177	86,8	10 450	836	11,0	3 670	282	6,50	460	0,682
280	270	280	8	13	24	196	97,3	13 670	1 010	11,9	4 760	340	7,00	556	0,764
300	290	300	8,5	14	27	208	112	18 260	1 260	12,7	6 310	421	7,49	692	0,883
320	310	300	9	15,5	27	225	124	22 930	1 480	13,6	6 990	466	7,49	814	0,976
340	330	300	9,5	16,5	27	243	133	27 690	1 680	14,4	7 440	496	7,46	925	1,050
360	350	300	10	17,5	27	261	143	33 090	1 890	15,2	7 890	526	7,43	1 040	1,120
400	390	300	11	19	27	298	159	45 070	2 310	16,8	8 560	571	7,34	1 280	1,250
450	440	300	11,5	21	27	344	178	63 720	2 900	18,9	9 470	631	7,29	1 610	1,400
500	490	300	12	23	27	390	198	86 970	3 550	21,0	10 370	691	7,24	1 970	1,550
550	540	300	12,5	24	27	438	212	111 900	4 150	23,0	10 820	721	7,15	2 310	1,660
600	590	300	13	25	27	486	226	141 200	4 790	25,0	11 270	751	7,05	2 680	1,780
650	640	300	13,5	26	27	534	242	175 200	5 470	26,9	11 720	782	6,97	3 070	1,900
700	690	300	14,5	27	27	582	260	215 300	6 240	28,7	12 180	812	6,84	3 520	2,040
800	790	300	15	28	30	674	286	303 400	7 680	32,6	12 640	843	6,65	4 350	2,240
900	890	300	16	30	30	770	321	422 100	9 480	36,3	13 550	903	6,50	5 410	2,520
1000	990	300	16,5	31	30	868	347	553 800	11 190	40,0	14 000	934	6,35	6 410	2,720

HEA-Reihe - Werte für Nachweise nach EC 3													
Nenn-höhe	QK N ***)	QK M ***)	N_{pl} **) kN	$M_{pl,y}$ **) kNm	$M_{el,y}$ **) kNm	$M_{pl,z}$ **) kNm	$M_{el,z}$ **) kNm	$V_{pl,y}$ **) kN	$V_{pl,z}$ **) kN	k_{My} -	KL ⊥ yy *)	KL ⊥ zz *)	U m^2/m
100	1/1/1/1	1/1/1/1	498	19,5	17,1	9,70	6,3	217	102	0,2693	b	c	0,561
120	1/1/1/1	1/1/1/1	595	28,1	24,9	13,8	9,0	261	114	0,2474	b	c	0,677
140	1/1/1/2	1/1/1/2	738	40,8	36,4	19,9	13,1	323	137	0,2330	b	c	0,794
160	1/1/1/2	1/1/1/2	912	57,6	51,7	27,6	18,1	391	180	0,2515	b	c	0,906
180	1/1/2/3	1/1/2/3	1 065	76,4	69,1	36,8	24,2	464	197	0,2324	b	c	1,024
200	1/1/2/3	1/1/2/3	1 264	100,9	91,4	47,9	31,5	543	245	0,2484	b	c	1,136
220	1/1/2/3	1/1/2/3	1 511	133,6	121,0	63,6	41,8	657	280	0,2333	b	c	1,255
240	1/1/2/3	1/1/2/3	1 805	175,0	158,6	82,6	54,3	782	341	0,2414	b	c	1,369
260	1/1/3/3	1/1/3/3	2 040	216,2	196,5	101,1	66,3	882	390	0,2480	b	c	1,484
280	1/2/3/3	1/2/3/3	2 287	261,3	237,4	121,8	79,9	988	431	0,2409	b	c	1,603
300	1/2/3/3	1/2/3/3	2 656	325,0	296,1	150,7	98,9	1 140	512	0,2471	b	c	1,717
320	1/1/2/3	1/1/2/3	2 914	382,6	347,8	166,8	109,5	1 262	553	0,2449	b	c	1,756
340	1/1/1/3	1/1/1/3	3 126	434,8	394,8	177,6	116,6	1 343	604	0,2478	b	c	1,795
360	1/1/1/2	1/1/1/2	3 361	490,7	444,2	188,5	123,6	1 425	668	0,2510	b	c	1,834
400	1/1/2/2	1/1/1/1	3 737	602,1	542,9	205,1	134,2	1 547	778	0,2617	a	b	1,912
450	1/1/2/3	1/1/1/1	4 183	755,8	681,5	226,9	148,3	1 710	892	0,2665	a	b	2,011
500	1/2/3/4	1/1/1/1	4 653	928,0	834,3	248,9	162,4	1 872	1 020	0,2715	a	b	2,110
550	2/2/4/4	1/1/1/1	4 982	1 086	975,3	260,1	169,4	1 954	1 139	0,2832	a	b	2,209
600	2/3/4/4	1/1/1/1	5 311	1 257	1 126	271,7	176,5	2 035	1 258	0,2945	a	b	2,308
650	3/4/4/4	1/1/1/1	5 687	1 442	1 286	283,2	183,8	2 117	1 405	0,3055	a	b	2,407
700	3/4/4/4	1/1/1/1	6 110	1 653	1 466	295,4	190,8	2 198	1 581	0,3217	a	b	2,505
800	4/4/4/4	1/1/1/1	6 721	2 044	1 805	308,3	198,1	2 279	1 886	0,3545	a	b	2,698
900	4/4/4/4	1/1/1/1	7 544	2 540	2 228	332,3	212,2	2 442	2 222	0,3732	a	b	2,896
1000	4/4/4/4	1/1/1/1	8 155	3 013	2 630	345,5	219,5	2 524	2 506	0,3918	a	b	3,095

*) Knicklinien (KL) nur für Stahlgüten S 235 / S 275 / S 355 / S 420; KL für S 460 siehe Tafel 13.18

**) Grenzschnittgröße = Tafelwert × (f_y / 235) mit f_y in N/mm^2 ; γ_{M0} = 1,0

***) Querschnittsklassen für Stahlgüten S 235 / S 275 / S 355 / S 460

HEB (IPB)-Reihe nach DIN 1025-2 (11.95), Euronorm 53-62 und DIN EN 10 034 (03.94)

	Profilmaße						Statische Werte									
Nenn-höhe	h mm	b mm	t_w mm	t_f mm	r mm	d mm	A cm^2	I_y cm^4	$W_{el,y}$ cm^3	i_y cm	I_z cm^4	$W_{el,z}$ cm^3	i_z cm	S_y cm^3	g kN/m
100	100	100	6	10	12	56	26,0	450	89,9	4,16	167	33,5	2,53	52,1	0,204
120	120	120	6,5	11	12	74	34,0	864	144	5,04	318	52,9	3,06	82,6	0,267
140	140	140	7	12	12	92	43,0	1 510	216	5,93	550	78,5	3,58	123	0,337
160	160	160	8	13	15	104	54,3	2 490	311	6,78	889	111	4,05	177	0,426
180	180	180	8,5	14	15	122	65,3	3 830	426	7,66	1 360	151	4,57	241	0,512
200	200	200	9	15	18	134	78,1	5 700	570	8,54	2 000	200	5,07	321	0,613
220	220	220	9,5	16	18	152	91,0	8 090	736	9,43	2 840	258	5,59	414	0,715
240	240	240	10	17	21	164	106	11 260	938	10,3	3 920	327	6,08	527	0,832
260	260	260	10	17,5	24	177	118	14 920	1 150	11,2	5 130	395	6,58	641	0,930
280	280	280	10,5	18	24	196	131	19 270	1 380	12,1	6 590	471	7,09	767	1,03
300	300	300	11	19	27	208	149	25 170	1 680	13,0	8 560	571	7,58	934	1,17
320	320	300	11,5	20,5	27	225	161	30 820	1 930	13,8	9 240	616	7,57	1 070	1,27
340	340	300	12	21,5	27	243	171	36 660	2 160	14,6	9 690	646	7,53	1 200	1,34
360	360	300	12,5	22,5	27	261	181	43 190	2 400	15,5	10 140	676	7,49	1 340	1,42
400	400	300	13,5	24	27	298	198	57 680	2 880	17,1	10 820	721	7,4	1 620	1,55
450	450	300	14	26	27	344	218	79 890	3 550	19,1	11 720	781	7,33	1 990	1,71
500	500	300	14,5	28	27	390	239	107 200	4 290	21,2	12 620	842	7,27	2 410	1,87
550	550	300	15	29	27	438	254	136 700	4 970	23,2	13 080	872	7,17	2 800	1,99
600	600	300	15,5	30	27	486	270	171 000	5 700	25,2	13 530	902	7,08	3 210	2,12
650	650	300	16	31	27	534	286	210 600	6 480	27,1	13 980	932	6,99	3 660	2,25
700	700	300	17	32	27	582	306	256 900	7 340	29,0	14 440	963	6,87	4 160	2,41
800	800	300	17,5	33	30	674	334	359 100	8 980	32,8	14 900	994	6,68	5 110	2,62
900	900	300	18,5	35	30	770	371	494 100	10 980	36,5	15 820	1 050	6,53	6 290	2,91
1000	1000	300	19	36	30	868	400	644 700	12 890	40,1	16 280	1 090	6,38	7 430	3,14

HEB-Reihe - Werte für Nachweise nach EC 3

Nenn-höhe	QK N ***)	QK M ***)	N_{pl} **) kN	$M_{pl,y}$ **) kNm	$M_{el,y}$ **) kNm	$M_{pl,z}$ **) kNm	$M_{el,z}$ **) kNm	$V_{pl,y}$ **) kN	$V_{pl,z}$ **) kN	k_{My} -	KL ⊥ yy *)	KL ⊥ zz *)	U m^2/m
100	1/1/1/1	1/1/1/1	611	24,5	21,1	12,10	7,9	271	122	0,2587	b	c	0,567
120	1/1/1/1	1/1/1/1	799	38,8	33,8	19,0	12,4	358	149	0,2342	b	c	0,686
140	1/1/1/1	1/1/1/1	1 011	57,7	50,8	28,2	18,4	456	178	0,2163	b	c	0,805
160	1/1/1/1	1/1/1/1	1 276	83,2	73,1	40,0	26,1	564	239	0,2342	b	c	0,918
180	1/1/1/1	1/1/1/1	1 535	113,1	100,1	54,3	35,5	684	275	0,2201	b	c	1,037
200	1/1/1/1	1/1/1/1	1 835	151,0	134	71,9	47,0	814	337	0,2295	b	c	1,151
220	1/1/1/1	1/1/1/1	2 139	194,3	173,0	92,6	60,6	955	378	0,2180	b	c	1,270
240	1/1/1/1	1/1/1/1	2 491	247,5	220,4	117,1	76,8	1 107	451	0,2261	b	c	1,384
260	1/1/1/1	1/1/1/1	2 773	301,5	270,3	141,5	92,8	1 235	504	0,2324	b	c	1,499
280	1/1/1/1	1/1/1/1	3 079	360,5	324,3	168,6	110,7	1 368	553	0,2262	b	c	1,618
300	1/1/1/1	1/1/1/1	3 502	439,2	394,8	204,5	134,2	1 547	642	0,2326	b	c	1,732
320	1/1/1/1	1/1/1/1	3 784	505,0	453,6	220,7	144,8	1 669	698	0,2333	b	c	1,771
340	1/1/1/1	1/1/1/1	4 019	565,9	507,6	231,6	151,8	1 750	762	0,2376	b	c	1,810
360	1/1/1/1	1/1/1/1	4 254	630,5	564,0	242,5	158,9	1 832	827	0,2419	b	c	1,849
400	1/1/1/1	1/1/1/1	4 653	759,5	676,8	259,4	169,4	1 954	953	0,2535	a	b	1,927
450	1/1/1/2	1/1/1/1	5 123	935,8	834,3	281,5	183,5	2 117	1 081	0,2608	a	b	2,026
500	1/1/2/2	1/1/1/1	5 617	1 132	1 008	303,6	197,9	2 279	1 224	0,2677	a	b	2,125
550	1/1/2/3	1/1/1/1	5 969	1 314	1 168	315,1	204,9	2 361	1 357	0,2799	a	b	2,224
600	1/2/3/4	1/1/1/1	6 345	1 510	1 340	326,9	212,0	2 442	1 504	0,2916	a	b	2,323
650	2/2/3/4	1/1/1/1	6 721	1 720	1 523	338,6	219,0	2 524	1 651	0,3030	a	b	2,422
700	2/2/4/4	1/1/1/1	7 191	1 957	1 725	351,3	226,3	2 605	1 855	0,3188	a	b	2,520
800	3/3/4/4	1/1/1/1	7 849	2 404	2 110	365,0	233,6	2 686	2 192	0,3515	a	b	2,713
900	3/4/4/4	1/1/1/1	8 719	2 956	2 580	389,6	246,8	2 849	2 557	0,3708	a	b	2,911
1000	4/4/4/4	1/1/1/1	9 400	3 492	3 029	403,3	256,2	2 931	2 882	0,3897	a	b	3,110

*) Knicklinien (KL) nur für Stahlgüten S 235 / S 275 / S 355 / S 420; KL für S 460 siehe Tafel 13.18

**) Grenzschnittgröße = Tafelwert × (f_y / 235) mit f_y in N/mm^2 ; γ_{M0} = 1,0

***) Querschnittsklassen für Stahlgüten S 235 / S 275 / S 355 / S 460

HEM (IPBv)-Reihe nach DIN 1025-4 (03.94), Euronorm 53-62 und DIN EN 10 034 (03.94)															
	Profilmaße						Statische Werte								
Nenn-höhe	h mm	b mm	g kN/m	t_f mm	r mm	d mm	A cm²	I_y cm⁴	$W_{el,y}$ cm³	i_y cm	I_z cm⁴	$W_{el,z}$ cm³	i_z cm	S_y cm³	g kN/m
100	120	106	12	20	12	56	53,2	1 140	190	4,63	399	75,3	2,74	118	0,418
120	140	126	12,5	21	12	74	66,4	2 020	288	5,51	703	112	3,25	175	0,521
140	160	146	13	22	12	92	80,6	3 290	411	6,39	1 140	157	3,77	247	0,632
160	180	166	14	23	15	104	97,1	5 100	566	7,25	1 760	212	4,26	337	0,762
180	200	186	14,5	24	15	122	113	7 480	748	8,13	2 580	277	4,77	442	0,889
200	220	206	15	25	18	134	131	10 640	967	9,00	3 650	354	5,27	568	1,03
220	240	226	15,5	26	18	152	149	14 600	1 220	9,89	5 010	444	5,79	710	1,17
240	270	248	18	32	21	164	200	24 290	1 800	11,0	8 150	657	6,39	1 060	1,57
260	290	268	18	32,5	24	177	220	31 310	2 160	11,9	10 450	780	6,90	1 260	1,72
280	310	288	18,5	33	24	196	240	39 550	2 550	12,8	13 160	914	7,40	1 480	1,89
300	340	310	21	39	27	208	303	59 200	3 480	14,0	19 400	1 250	8,00	2 040	2,38
320	359	309	21	40	27	225	312	68 130	3 800	14,8	19 710	1 280	7,95	2 220	2,45
340	377	309	21	40	27	243	316	76 370	4 050	15,6	19 710	1 280	7,90	2 360	2,48
360	395	308	21	40	27	261	319	84 870	4 300	16,3	19 520	1 270	7,83	2 490	2,50
400	432	307	21	40	27	298	326	104 100	4 820	17,9	19 340	1 260	7,70	2 790	2,56
450	478	307	21	40	27	344	335	131 500	5 500	19,8	19 340	1 260	7,59	3 170	2,63
500	524	306	21	40	27	390	344	161 900	6 180	21,7	19 150	1 250	7,46	3 550	2,70
550	572	306	21	40	27	438	354	198 000	6 920	23,6	19 160	1 250	7,35	3 970	2,78
600	620	305	21	40	27	486	364	237 400	7 660	25,6	18 980	1 240	7,22	4 390	2,85
650	668	305	21	40	27	534	374	281 700	8 430	27,5	18 980	1 240	7,13	4 830	2,93
700	716	304	21	40	27	582	383	329 300	9 200	29,3	18 800	1 240	7,01	5 270	3,01
800	814	303	21	40	30	674	404	442 600	10 870	33,1	18 630	1 230	6,79	6 240	3,17
900	910	302	21	40	30	770	424	570 400	12 540	36,7	18 450	1 220	6,60	7 220	3,33
1000	1008	302	21	40	30	868	444	722 300	14 330	40,3	18 460	1 220	6,45	8 280	3,49

HEM-Reihe - Werte für Nachweise nach EC 3													
Nenn-höhe	QK N ***)	QK M ***)	N_{pl} **) kN	$M_{pl,y}$ **) kNm	$M_{el,y}$ **) kNm	$M_{pl,z}$ **) kNm	$M_{el,z}$ **) kNm	$V_{pl,y}$ **) kN	$V_{pl,z}$ **) kN	k_{My} -	KL ⊥ yy *)	KL ⊥ zz *)	U m²/m
100	1/1/1/1	1/1/1/1	1 250	55,4	44,7	27,3	17,7	575	244	0,2384	b	c	0,619
120	1/1/1/1	1/1/1/1	1 560	82,4	67,7	40,3	26,3	718	287	0,2205	b	c	0,738
140	1/1/1/1	1/1/1/1	1 894	116,0	96,6	56,5	36,9	872	332	0,2071	b	c	0,857
160	1/1/1/1	1/1/1/1	2 282	158,5	133,0	76,5	49,8	1 036	419	0,2205	b	c	0,970
180	1/1/1/1	1/1/1/1	2 656	207,6	175,8	99,9	65,1	1 211	467	0,2098	b	c	1,089
200	1/1/1/1	1/1/1/1	3 079	266,7	227,2	127,7	83,2	1 397	553	0,2178	b	c	1,203
220	1/1/1/1	1/1/1/1	3 502	333,5	286,7	159,5	104,3	1 594	609	0,2089	b	c	1,322
240	1/1/1/1	1/1/1/1	4 700	497,5	423,0	236,4	154,4	2 153	821	0,2085	b	c	1,460
260	1/1/1/1	1/1/1/1	5 170	593,1	507,6	280,1	183,3	2 363	912	0,2138	b	c	1,575
280	1/1/1/1	1/1/1/1	5 640	697,0	599,3	328,3	214,8	2 579	975	0,2087	b	c	1,694
300	1/1/1/1	1/1/1/1	7 121	958,3	817,8	449,6	293,8	3 281	1 227	0,2085	b	c	1,832
320	1/1/1/1	1/1/1/1	7 332	1 042	893,0	458,5	300,8	3 354	1 286	0,2121	b	c	1,866
340	1/1/1/1	1/1/1/1	7 426	1 109	951,8	459,0	300,8	3 354	1 341	0,2179	a	b	1,902
360	1/1/1/1	1/1/1/1	7 497	1 172	1 011	456,4	298,5	3 343	1 392	0,2241	a	b	1,934
400	1/1/1/1	1/1/1/1	7 661	1 309	1 133	454,5	296,1	3 332	1 498	0,2360	a	b	2,004
450	1/1/1/1	1/1/1/1	7 873	1 488	1 293	455,7	296,1	3 332	1 620	0,2495	a	b	2,096
500	1/1/1/1	1/1/1/1	8 084	1 667	1 452	454,0	293,8	3 321	1 753	0,2630	a	b	2,184
550	1/1/1/1	1/1/1/1	8 319	1 864	1 626	455,2	293,8	3 321	1 889	0,2759	a	b	2,280
600	1/1/1/1	1/1/1/1	8 554	2 061	1 800	453,6	291,4	3 311	2 035	0,2891	a	b	2,372
650	1/1/1/2	1/1/1/1	8 789	2 269	1 981	455,0	291,4	3 311	2 171	0,3011	a	b	2,468
700	1/1/2/3	1/1/1/1	9 001	2 477	2 162	453,3	291,4	3 300	2 304	0,3134	a	b	2,560
800	1/2/3/4	1/1/1/1	9 494	2 935	2 555	453,6	289,1	3 289	2 632	0,3466	a	b	2,746
900	2/3/4/4	1/1/1/1	9 964	3 393	2 947	453,3	286,7	3 278	2 914	0,3676	a	b	2,934
1000	3/4/4/4	1/1/1/1	10 434	3 894	3 368	455,9	286,7	3 278	3 186	0,3869	a	b	3,130

*) Knicklinien (KL) nur für Stahlgüten S 235 / S 275 / S 355 / S 420; KL für S 460 siehe Tafel 13.18

**) Grenzschnittgröße = Tafelwert × (f_y / 235) mit f_y in N/mm² ; γ_{M0} = 1,0

***) Querschnittsklassen für Stahlgüten S 235 / S 275 / S 355 / S 460

U-Profile

mit geneigten Flanschflächen
nach DIN 1026-1 (09.09)
und DIN EN 10 279 (03.00)

Normallängen bei
$h \leq 65$ mm: 6–12 m
$h < 300$ mm: 8–16 m
$h \geq 300$ mm: 8–18 m

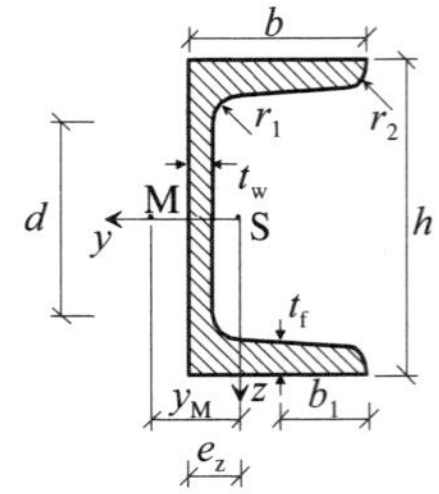

h	b_1	Flanschneigung
$h \leq 300$	$b / 2$	8 %
$h > 300$	$(b - t_w) / 2$	5 %

U	Profilmaße in mm						Statische Werte										
	h	b	t_w	$t_f=r_1$	r_2	d	A cm^2	I_y cm^4	$W_{el,y}$ cm^3	i_y cm	I_z cm^4	$W_{el,z}$ cm^3	i_z cm	S_y cm^3	e_z cm	y_M cm	g kN/m
30 × 15	30	15	4	4,5	2	12	2,21	2,53	1,69	1,07	0,38	0,39	0,42	-	0,52	0,74	0,017
30	30	33	5	7	3,5	14	5,44	6,39	4,26	1,08	5,33	2,68	0,99	-	1,31	2,22	0,043
40 × 20	40	20	5	5,5	2,5	18	3,66	7,58	3,79	1,44	1,14	0,86	0,56	-	0,67	1,01	0,029
40	40	35	5	7	3,5	11	6,21	14,1	7,05	1,5	6,68	3,08	1,04	-	1,33	2,32	0,049
50 × 25	50	25	5	6	3	25	4,92	16,8	6,73	1,85	2,49	1,48	0,71	-	0,81	1,34	0,039
50	50	38	5	7	3,5	20	7,12	26,4	10,6	1,92	9,12	3,75	1,13	-	1,37	2,47	0,056
60	60	30	6	6	3	35	6,46	31,6	10,5	2,21	4,51	2,16	0,84	-	0,91	1,50	0,051
65	65	42	5,5	7,5	4	33	9,03	57,5	17,7	2,52	14,1	5,07	1,25	-	1,42	2,60	0,071
80	80	45	6	8	4	47	11,0	106	26,5	3,1	19,4	6,36	1,33	15,9	1,45	2,67	0,086
100	100	50	6	8,5	4,5	64	13,5	206	41,2	3,91	29,3	8,49	1,47	24,5	1,55	2,93	0,106
120	120	55	7	9	4,5	82	17,0	364	60,7	4,62	43,2	11,1	1,59	36,3	1,60	3,03	0,134
140	140	60	7	10	5	97	20,4	605	86,4	5,45	62,7	14,8	1,75	51,4	1,75	3,37	0,16
160	160	65	7,5	10,5	5,5	116	24,0	925	116	6,21	85,3	18,3	1,89	68,8	1,84	3,56	0,188
180	180	70	8	11	5,5	133	28,0	1 350	150	6,95	114	22,4	2,02	89,6	1,92	3,75	0,22
200	200	75	8,5	11,5	6	151	32,2	1910	191	7,7	148	27,0	2,14	114	2,01	3,94	0,253
220	220	80	9	12,5	6,5	166	37,4	2 690	245	8,48	197	33,6	2,30	146	2,14	4,20	0,294
240	240	85	9,5	13	6,5	185	42,3	3 600	300	9,22	248	39,6	2,42	179	2,23	4,39	0,332
260	260	90	10	14	7	201	48,3	4 820	371	9,99	317	47,7	2,56	221	2,36	4,66	0,379
280	280	95	10	15	7,5	216	53,3	6 280	448	10,9	399	57,2	2,74	266	2,53	5,02	0,418
300	300	100	10	16	8	232	58,8	8 030	535	11,7	495	67,8	2,90	316	2,70	5,41	0,462
320	320	100	14	17,5	8,75	247	75,8	10 870	679	12,1	597	80,6	2,81	413	2,60	4,82	0,595
350	350	100	14	16	8	283	77,3	12 840	734	12,9	570	75,0	2,72	459	2,40	4,45	0,606
380	380	102	13,5	16	8	313	80,4	15 760	829	14	615	78,7	2,77	507	2,38	4,58	0,631
400	400	110	14	18	9	325	91,5	20 350	1 020	14,9	846	102	3,04	618	2,65	5,11	0,718

Statische Werte für Torsion								
U	I_T cm^4	I_w cm^6	U	I_T cm^4	I_w cm^6	Z	I_T cm^4	I_w cm^6
30 × 15	0,165	0,408	**160**	7,39	3 260	**30**	0,306	9,78
30	0,912	4,36	**180**	9,55	5 570	**40**	0,473	25,9
40 × 20	0,363	2,12	**200**	11,9	9 070	**50**	0,714	60,3
40	1,00	11,9	**220**	16	14 600	**60**	0,923	114
50 × 25	0,878	8,25	**240**	19,7	22 100	**80**	1,78	355
50	1,12	27,8	**260**	25,5	33 300	**100**	2,86	883
60	0,939	21,9	**280**	31	48 500	**120**	4,37	1 920
65	1,61	77,3	**300**	37,4	69 100	**140**	6,67	3 810
80	2,16	168	**320**	66,7	96 100	**160**	9,66	6 940
100	2,81	414	**350**	61,2	114 000			
120	4,15	900	**380**	59,1	146 000			
140	5,69	1 800	**400**	81,6	221 000			

Gleichschenkliger T-Stahl

nach DIN EN 10 055 (12.95)
Normallängen: 6–12 m

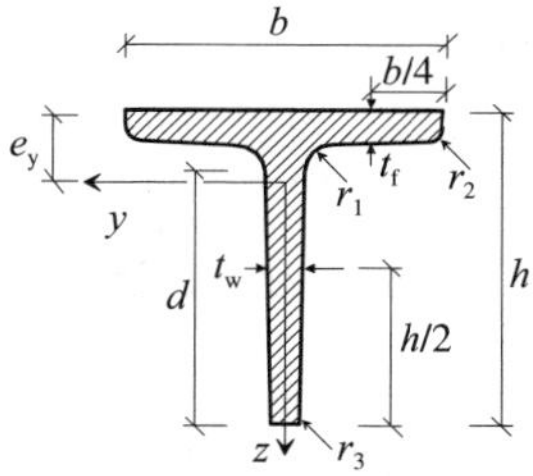

Neigung der Flanschinnenflächen und der Stegflächen 2 %

T	Profilmaße in mm							Statische Werte								
	h	b	t_w;t_f	r_1	r_2	r_3	d	A cm²	I_y cm⁴	$W_{el,y}$ cm³	i_y cm	I_z cm⁴	$W_{el,z}$ cm³	i_z cm	e_y cm	g kN/m
30	30	30	4	4	2	1	21	2,26	1,72	0,80	0,87	0,87	0,58	0,62	0,85	0,018
35	35	35	4,5	4,5	2,5	1	25	2,97	3,10	1,23	1,04	1,57	0,90	0,73	0,99	0,023
40	40	40	5	5	2,5	1	29	3,77	5,28	1,84	1,18	2,58	1,29	0,83	1,12	0,03
50	50	50	6	6	3	1,5	37	5,66	12,1	3,36	1,46	6,06	2,42	1,03	1,39	0,044
60	60	60	7	7	3,5	2	45	7,94	23,8	5,48	1,73	12,2	4,07	1,24	1,66	0,062
70	70	70	8	8	4	2	53	10,6	44,5	8,79	2,05	22,1	6,32	1,44	1,94	0,083
80	80	80	9	9	4,5	2	61	13,6	73,7	12,8	2,33	37,0	9,25	1,65	2,22	0,107
100	100	100	11	11	5,5	3	77	20,9	179	24,6	2,92	88,3	17,7	2,05	2,74	0,164
120	120	120	13	13	6,5	3	93	29,6	366	42,0	3,51	178	29,7	2,45	3,28	0,232
140	140	140	15	15	7,5	4	109	39,9	660	64,7	4,07	330	47,2	2,88	3,80	0,313

Z-Stahl

nach DIN 1027 (04.04)
Normallängen: 6-12 m
Torsionskennwerte s. S. 13.100

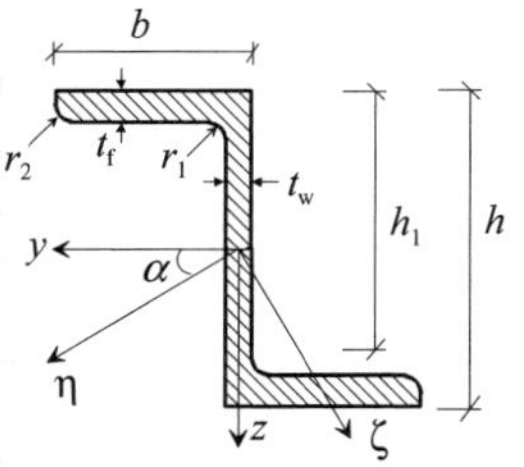

Z	Profilmaße in mm						g
	h	h_1	b	t_w	t_f= r_1	r_2	kN/m
30	30	21	38	4	4,5	2,5	0,034
40	40	30	40	4,5	5	2,5	0,043
50	50	39	43	5	5,5	3	0,053
60	60	48	45	5	6	3	0,062
80	80	66	50	6	7	3,5	0,087
100	100	84	55	6,5	8	4	0,114
120	120	102	60	7	9	4,5	0,143
140	140	120	65	8	10	5	0,180
160	160	138	70	8,5	11	5,5	0,216

Z	Statische Werte													
	A cm²	I_y cm⁴	W_y cm³	i_y cm	I_z cm⁴	W_z cm³	i_z cm	I_η cm⁴	W_η cm³	i_η cm	I_ζ cm⁴	W_ζ cm³	i_ζ cm	tan α
30	4,32	5,96	3,97	1,17	13,7	3,80	1,78	18,1	4,69	2,04	1,54	1,11	0,60	1,655
40	5,43	13,5	6,75	1,58	17,6	4,66	1,80	28,0	6,72	2,27	3,05	1,83	0,75	1,181
50	6,77	26,3	10,5	1,97	23,8	5,88	1,88	44,9	9,76	2,57	5,23	2,76	0,88	0,939
60	7,91	44,7	14,9	2,38	30,1	7,09	1,95	67,2	13,5	2,81	7,6	3,73	0,98	0,779
80	11,1	109	27,3	3,13	47,4	10,1	2,07	142	24,4	3,58	14,7	6,44	1,15	0,588
100	14,5	222	44,4	3,91	72,5	14,0	2,24	270	39,8	4,31	24,6	9,26	1,30	0,492
120	18,2	402	67,0	4,70	106	18,8	2,42	470	60,6	5,08	37,7	12,5	1,44	0,433
140	22,9	676	96,6	5,43	148	24,3	2,54	768	88,0	5,79	56,4	16,6	1,57	0,385
160	27,5	1060	132	6,20	204	31,0	2,72	1180	121	6,57	79,5	21,4	1,70	0,357

Lochdurchmesser und Anreißmaße in mm nach der ersatzlos zurückgezogenen Norm DIN 997

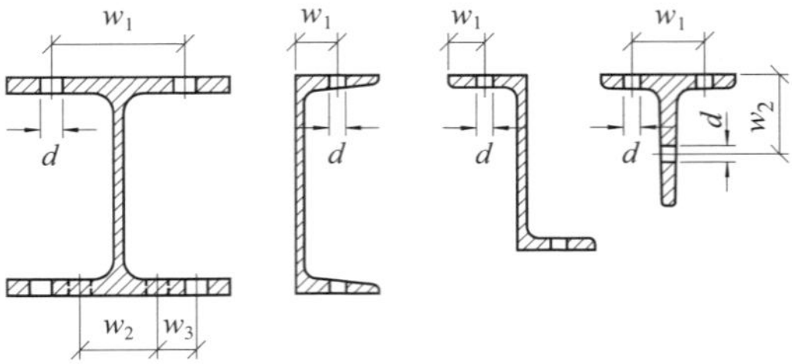

I	d	w_1	IPE	d	w_1
80	6,4	22	**80**	6,4	26
100	6,4	28	**100**	8,4	30
120	8,4	32	**120**	8,4	36
140	11	34	**140**	11	40
160	11	40	**160**	13	44
180	13	44	**180**	13	50
200	13	48	**200**	13	56
220	13	52	**220**	17	60
240	17/13	56	**240**	17	68
260	17	60	**270**	21/17	72
280	17	60	**300**	23	80
300	21/17	64	**330**	25/23	86
320	21/17	70	**360**	25	90
340	21	74	**400**	28/25	96
360	23/21	76	**450**	28	106
400	23	86	**500**	28	110
450	25/23	94	**550**	28	120
500	28	100	**600**	28	120

Lochabstände für IPEo und IPBv wie bei IPE außer:
IPEo 220 mit $w_1 = 62$
IPEo 400 mit $w_1 = 98$
IPEv 400 mit $w_1 = 98$

HEA	d	w_1	w_2	w_3	HEB	d	w_1	w_2	w_3	HEM	d	w_1	w_2	w_3
100	13	56	-	-	**100**	13	56	-	-	**100**	13	60	-	-
120	17	66	-	-	**120**	17	66	-	-	**120**	17	68	-	-
140	21	76	-	-	**140**	21	76	-	-	**140**	21	76	-	-
160	23	86	-	-	**160**	23	86	-	-	**160**	23	86	-	-
180	25	100	-	-	**180**	25	100	-	-	**180**	25	100	-	-
200	25	110	-	-	**200**	25	110	-	-	**200**	25	110	-	-
220	25	120	-	-	**220**	25	120	-	-	**220**	25	120	-	-
240	25	-	94	35	**240**	25	-	96	35	**240**	25/23	-	100	35
260	25	-	100	40	**260**	25	-	106	40	**260**	25	-	110	40
280	25	-	110	45	**280**	25	-	110	45	**280**	25	-	116	45
300	28	-	120	45	**300**	28	-	120	45	**300**	25	-	120	50
320	28	-	120	45	**320**	28	-	120	45	**320**	28	-	126	47
340	28	-	120	45	**340**	28	-	120	45	**340**	28	-	126	47
360	28	-	120	45	**360**	28	-	120	45	**360**	28	-	126	47
400	28	-	120	45	**400**	28	-	120	45	**400**	28	-	126	47
450	28	-	120	45	**450**	28	-	120	45	**450**	28	-	126	47
500	28	-	120	45	**500**	28	-	120	45	**500**	28	-	130	45
550	28	-	120	45	**550**	28	-	120	45	**550**	28	-	130	45
600	28	.	120	45	**600**	28	-	120	45	**600**	28	.	130	45
650	28	-	120	45	**650**	28	-	120	45	**650**	28	-	130	45
700	28	-	120	45	**700**	28	-	120	45	**700**	28	-	130	42
800	28	-	130	40	**800**	28	-	130	40	**800**	28	-	132	42
900	28	-	130	40	**900**	28	-	130	40	**900**	28	-	132	42
1000	28	-	130	40	**1000**	28	-	130	40	**1000**	28	-	132	42

U	d	w_1	U	d	w_1	UPE	d	w_1	T	d	w_1	w_2	Z	d	w_1
30×15	4,3	10	**160**	21/17	35	**120**	17/13	35	**30**	4,3	17	17	**30**	11	18
30	8,4	20	**180**	21	40	**140**	17	35	**35**	4,3	19	19	**40**	11	18
40×20	6,4	11	**200**	23/21	40	**160**	21/17	40	**40**	6,4	21	22	**50**	11	18
40	8,4	20	**220**	23	45	**180**	21	40	**45**	6,4	24	25	**60**	13	20
50×25	8,4	16	**240**	25/23	45	**200**	23/21	45	**50**	6,4	30	30	**80**	13	20
50	11	20	**260**	25	50	**220**	23	45	**60**	8,4	34	35	**100**	17	25
60	8,4	18	**280**	25	50	**240**	25/23	50	**70**	11	38	40	**120**	17	25
65	11	25	**300**	28	55	**270**	25	50	**80**	11	45	45	**140**	17	30
80	13	25	**320**	28	58	**300**	28	55	**90**	13	50	50	**160**	21/17	35
100	13	30	**350**	28	58	**330**	28	60	**100**	13	60	60			
120	17/13	30	**380**	28	60	**360**	28	60	**120**	17	70	70			
140	17	35	**400**	28	60	**400**	28	60	**140**	21	80	75			

d = größtmöglicher Lochdurchmesser. Für Verbindungen mit kleinerem Lochdurchmesser können die gleichen Maße angenommen werden. Sind für d zwei Werte angegeben, gilt der kleinere Wert für HV-Schrauben.

Gleichschenkliger Winkelstahl
nach DIN EN 10 056-1 (10.98)

1) $I = I_y = I_z$
2) $W = W_{el,y} = W_{el,z} = I/(a-e)$
3) $i = i_y = i_z$

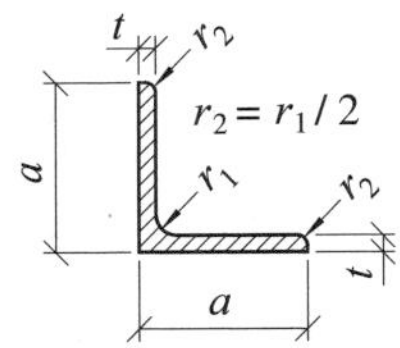

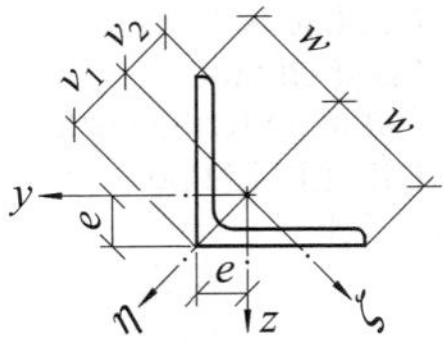

Profilmaße		Abstände der Achsen				Statische Werte								
$a \times t$ mm	r_1 mm	e cm	w cm	v_1 cm	v_2 cm	A cm²	$I^{1)}$ cm⁴	$W^{2)}$ cm³	$i^{3)}$ cm	I_η cm⁴	i_η cm	I_ζ cm⁴	i_ζ cm	g kN/m
20 × 3	3,5	0,598	1,41	0,846	0,708	1,12	0,392	0,279	0,590	0,618	0,742	0,165	0,383	0,0088
25 × 3	3,5	0,723	1,77	1,02	0,885	1,42	0,803	0,452	0,751	1,27	0,945	0,334	0,484	0,0112
25 × 4	3,5	0,762	1,77	1,08	0,901	1,85	1,02	0,586	0,741	1,61	0,931	0,430	0,482	0,0145
30 × 3	5	0,835	2,12	1,18	1,05	1,74	1,40	0,649	0,899	2,22	1,13	0,585	0,581	0,0136
30 × 4	5	0,878	2,12	1,24	1,06	2,27	1,80	0,850	0,892	2,85	1,12	0,754	0,577	0,0178
35 × 4	5	1,00	2,47	1,42	1,24	2,67	2,95	1,18	1,05	4,68	1,32	1,23	0,678	0,0209
40 × 4	6	1,12	2,83	1,58	1,40	3,08	4,47	1,55	1,21	7,09	1,52	1,86	0,777	0,0242
40 × 5	6	1,16	2,83	1,64	1,41	3,79	5,43	1,91	1,20	8,60	1,51	2,26	0,773	0,0297
45 × 4,5	7	1,25	3,18	1,78	1,58	3,90	7,14	2,20	1,35	11,4	1,71	2,94	0,870	0,0306
50 × 4	7	1,36	3,54	1,92	1,75	3,89	8,97	2,46	1,52	14,2	1,91	3,73	0,979	0,0306
50 × 5	7	1,40	3,54	1,99	1,76	4,80	11,0	3,05	1,51	17,4	1,90	4,55	0,973	0,0377
50 × 6	7	1,45	3,54	2,04	1,77	5,69	12,8	3,61	1,50	20,3	1,89	5,34	0,968	0,0447
60 × 5	8	1,64	4,24	2,32	2,11	5,82	19,4	4,45	1,82	30,7	2,30	8,03	1,17	0,0457
60 × 6	8	1,69	4,24	2,39	2,11	6,91	22,8	5,29	1,82	36,1	2,29	9,44	1,17	0,0542
60 × 8	8	1,77	4,24	2,50	2,14	9,03	29,2	6,89	1,80	46,1	2,26	12,2	1,16	0,0709
65 × 7	9	1,85	4,60	2,62	2,29	8,70	33,4	7,18	1,96	53,0	2,47	13,8	1,26	0,0683
70 × 6	9	1,93	4,95	2,73	2,46	8,13	36,9	7,27	2,13	58,5	2,68	15,3	1,37	0,0638
70 × 7	9	1,97	4,95	2,79	2,47	9,40	42,3	8,41	2,12	67,1	2,67	17,5	1,36	0,0738
75 × 6	9	2,05	5,30	2,90	2,64	8,73	45,8	8,41	2,29	72,7	2,89	18,9	1,47	0,0685
75 × 8	9	2,14	5,30	3,02	2,66	11,4	59,1	11,0	2,27	93,8	2,86	24,5	1,46	0,0899
80 × 8	10	2,26	5,66	3,19	2,83	12,3	72,2	12,6	2,43	115	3,06	29,9	1,56	0,0963
80 × 10	10	2,34	5,66	3,30	2,85	15,1	87,5	15,4	2,41	139	3,03	36,4	1,55	0,1190
90 × 7	11	2,45	6,36	3,47	3,16	12,2	92,6	14,1	2,75	147	3,46	38,3	1,77	0,0961
90 × 8	11	2,50	6,36	3,53	3,17	13,9	104	16,1	2,74	166	3,45	43,1	1,76	0,109
90 × 9	11	2,54	6,36	3,59	3,18	15,5	116	17,9	2,73	184	3,44	47,9	1,76	0,122
90 × 10	11	2,58	6,36	3,65	3,19	17,1	127	19,8	2,72	201	3,42	52,6	1,75	0,134
100 × 8	12	2,74	7,07	3,87	3,52	15,5	145	19,9	3,06	230	3,85	59,9	1,96	0,122
100 × 10	12	2,82	7,07	3,99	3,54	19,2	177	24,6	3,04	280	3,83	73,0	1,95	0,150
100 × 12	12	2,90	7,07	4,11	3,57	22,7	207	29,1	3,02	328	3,80	85,7	1,94	0,178
120 × 10	13	3,31	8,49	4,69	4,24	23,2	313	36,0	3,67	497	4,63	129	2,36	0,182
120 × 12	13	3,40	8,49	4,80	4,26	27,5	368	42,7	3,65	584	4,60	152	2,35	0,216
130 × 12	14	3,64	9,19	5,15	4,60	30,0	472	50,4	3,97	750	5,00	194	2,54	0,236
150 × 10	16	4,03	10,6	5,71	5,28	29,3	624	56,9	4,62	990	5,82	258	2,97	0,230
150 × 12	16	4,12	10,6	5,83	5,29	34,8	737	67,7	4,60	1170	5,80	303	2,95	0,273
150 × 15	16	4,25	10,6	6,01	5,33	43,0	898	83,5	4,57	1430	5,76	370	2,93	0,338
160 × 15	17	4,49	11,3	6,35	5,67	46,1	1100	95,6	4,88	1750	6,15	453	3,14	0,362
180 × 16	18	5,02	12,7	7,11	6,38	55,4	1680	130	5,51	2690	6,96	679	3,50	0,435
180 × 18	18	5,10	12,7	7,22	6,41	61,9	1870	145	5,49	2960	6,92	768	3,52	0,486
200 × 16	18	5,52	14,1	7,81	7,09	61,8	2340	162	6,16	3720	7,76	960	3,94	0,485
200 × 18	18	5,60	14,1	7,92	7,12	69,1	2600	181	6,13	4150	7,75	1050	3,90	0,543
200 × 20	18	5,68	14,1	8,04	7,15	76,3	2850	199	6,11	4530	7,70	1170	3,92	0,599
200 × 24	18	5,84	14,1	8,26	7,21	90,6	3330	235	6,06	5280	7,64	1380	3,90	0,711
250 × 28	18	7,24	17,7	10,2	9,04	133	7700	433	7,62	12200	9,61	3170	4,89	1,040
250 × 35	18	7,50	17,7	10,6	9,17	163	9260	529	7,54	14700	9,48	3860	4,87	1,280

Ungleichschenkliger Winkelstahl
Gekürzte Reihe nach
DIN EN 10 056-1 (10.98)

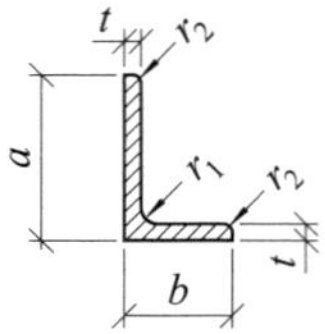

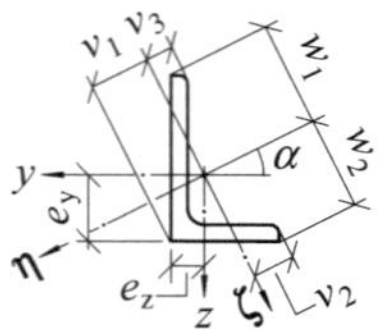

Profilmaße			Abstände der Achsen								
$a \times b \times t$ mm	r_1 mm	r_2 mm	e_y cm	e_z cm	w_1 cm	w_2 cm	v_1 cm	v_2 cm	v_3 cm	tan α	g kN/m
40 × 20 × 4	4,0	2,0	1,47	0,480	2,58	1,79	0,824	1,17	0,498	0,252	0,0177
40 × 25 × 4	4,0	2,0	1,36	0,623	2,69	1,94	1,07	1,35	0,671	0,380	0,0193
45 × 30 × 4	4,5	2,25	1,48	0,740	3,07	2,25	1,26	1,58	0,819	0,436	0,0225
50 × 30 × 5	5,0	2,5	1,73	0,741	3,33	2,38	1,27	1,65	0,791	0,352	0,0296
60 × 30 × 5	5,0	2,5	2,17	0,684	3,88	2,67	1,20	1,77	0,722	0,257	0,0336
60 × 40 × 5	6,0	3,0	1,96	0,972	4,10	3,00	1,67	2,11	1,08	0,434	0,0376
60 × 40 × 6	6,0	3,0	2,00	1,01	4,08	3,02	1,72	2,10	1,11	0,431	0,0446
65 × 50 × 5	6,0	3,0	1,99	1,25	4,53	3,6	2,08	2,39	1,49	0,577	0,0435
70 × 50 × 6	7,0	3,5	2,23	1,25	4,83	3,67	2,11	2,52	1,42	0,500	0,0541
75 × 50 × 6	7,0	3,5	2,44	1,21	5,12	3,75	2,08	2,64	1,35	0,435	0,0565
75 × 50 × 8	7,0	3,5	2,52	1,29	5,08	3,78	2,18	2,62	1,41	0,430	0,0739
80 × 40 × 6	7,0	3,5	2,85	0,884	5,20	3,54	1,57	2,38	0,935	0,258	0,0541
80 × 40 × 8	7,0	3,5	2,94	0,963	5,14	3,59	1,65	2,34	1,01	0,253	0,0707
80 × 60 × 7	8,0	4,0	2,51	1,52	5,55	4,35	2,54	2,92	1,77	0,546	0,0736
100 × 50 × 6	8,0	4,0	3,51	1,05	6,55	4,39	1,90	3,00	1,12	0,262	0,0684
100 × 50 × 8	8,0	4,0	3,60	1,13	6,48	4,45	1,99	2,96	1,20	0,258	0,0897
100 × 65 × 7	10	5,0	3,23	1,51	6,83	4,89	2,63	3,49	1,69	0,415	0,0877
100 × 65 × 8	10	5,0	3,27	1,55	6,81	4,92	2,69	3,47	1,72	0,413	0,0994
100 × 65 × 10	10	5,0	3,36	1,63	6,76	4,95	2,79	3,45	1,78	0,41	0,123
100 × 75 × 8	10	5,0	3,10	1,87	6,95	5,42	3,13	3,65	2,19	0,547	0,106
100 × 75 × 10	10	5,0	3,19	1,95	6,92	5,45	3,24	3,65	2,24	0,544	0,130
100 × 75 × 12	10	5,0	3,27	2,03	6,89	5,47	3,34	3,65	2,29	0,540	0,154
120 × 80 × 8	11	5,5	3,83	1,87	8,23	5,97	3,24	4,23	2,12	0,437	0,122
120 × 80 × 10	11	5,5	3,92	1,95	8,19	6,01	3,35	4,21	2,18	0,435	0,150
120 × 80 × 12	11	5,5	4,00	2,03	8,15	6,04	3,45	4,20	2,24	0,431	0,178
125 × 75 × 8	11	5,5	4,14	1,68	8,44	5,86	2,98	4,20	1,85	0,360	0,122
125 × 75 × 10	11	5,5	4,23	1,76	8,39	5,91	3,08	4,17	1,92	0,357	0,150
125 × 75 × 12	11	5,5	4,31	1,84	8,33	5,95	3,17	4,15	1,98	0,354	0,178
135 × 65 × 8	11	5,5	4,78	1,34	8,79	5,87	2,44	3,95	1,43	0,245	0,122
135 × 65 × 10	11	5,5	4,88	1,42	8,72	5,93	2,53	3,91	1,51	0,243	0,150
150 × 75 × 9	12	6,0	5,26	1,57	9,82	6,59	2,85	4,50	1,68	0,261	0,154
150 × 75 × 10	12	6,0	5,31	1,61	9,79	6,62	2,9	4,48	1,72	0,261	0,170
150 × 75 × 12	12	6,0	5,40	1,69	9,72	6,68	2,99	4,44	1,79	0,258	0,202
150 × 75 × 15	12	6,0	5,52	1,81	9,63	6,75	3,11	4,40	1,90	0,253	0,248
150 × 90 × 10	12	6,0	5,00	2,04	10,1	7,06	3,61	5,03	2,25	0,360	0,182
150 × 90 × 12	12	6,0	5,08	2,12	10,1	7,11	3,71	5,00	2,31	0,358	0,216
150 × 90 × 15	12	6,0	5,21	2,23	9,98	7,16	3,84	4,98	2,41	0,354	0,266
150 × 100 × 10	12	6,0	4,81	2,34	10,3	7,48	4,08	5,29	2,67	0,438	0,190
150 × 100 × 12	12	6,0	4,89	2,42	10,2	7,52	4,18	5,28	2,73	0,436	0,225
200 × 100 × 10	15	7,5	6,93	2,01	13,2	8,74	3,71	6,05	2,18	0,263	0,230
200 × 100 × 12	15	7,5	7,03	2,10	13,1	8,8	3,81	6,00	2,26	0,262	0,273
200 × 100 × 15	15	7,5	7,16	2,22	13,0	8,89	3,95	5,84	2,37	0,260	0,338
200 × 150 × 12	15	7,5	6,08	3,61	13,9	10,8	6,10	7,34	4,35	0,552	0,320
200 × 150 × 15	15	7,5	6,21	3,73	13,9	10,9	6,27	7,33	4,43	0,551	0,396

Ungleichschenkliger Winkelstahl (Fortsetzung)
Gekürzte Reihe nach DIN EN 10 056-1 (10.98)

Profilmaße	Statische Werte										
$a \times b \times t$ mm	A cm²	I_y cm⁴	$W_{el,y}$ cm³	i_y cm	I_z cm⁴	$W_{el,z}$ cm³	i_z cm	I_η cm⁴	i_η cm	I_ζ cm⁴	i_ζ cm
40 × 20 × 4	2,26	3,59	1,42	1,26	0,60	0,393	0,514	3,80	1,30	0,393	0,417
40 × 25 × 4	2,46	3,89	1,47	1,26	1,16	0,619	0,687	4,35	1,33	0,700	0,534
45 × 30 × 4	2,87	5,78	1,91	1,42	2,05	0,910	0,850	6,65	1,52	1,18	0,640
50 × 30 × 5	3,78	9,36	2,86	1,57	2,51	1,11	0,816	10,3	1,65	1,54	0,639
60 × 30 × 5	4,28	15,6	4,07	1,91	2,63	1,14	0,784	16,5	1,97	1,71	0,633
60 × 40 × 5	4,79	17,2	4,25	1,89	6,11	2,02	1,13	19,7	2,03	3,54	0,860
60 × 40 × 6	5,68	20,1	5,03	1,88	7,12	2,38	1,12	23,1	2,02	4,16	0,855
65 × 50 × 5	5,54	23,2	5,14	2,05	11,9	3,19	1,47	28,8	2,28	6,32	1,07
70 × 50 × 6	6,89	33,4	7,01	2,2	14,2	3,78	1,43	39,7	2,40	7,92	1,07
75 × 50 × 6	7,19	40,5	8,01	2,37	14,4	3,81	1,42	46,6	2,55	8,36	1,08
75 × 50 × 8	9,41	52,0	10,4	2,35	18,4	4,95	1,40	59,6	2,52	10,8	1,07
80 × 40 × 6	6,89	44,9	8,73	2,55	7,59	2,44	1,05	47,6	2,63	4,93	0,85
80 × 40 × 8	9,01	57,6	11,4	2,53	9,61	3,16	1,03	60,9	2,60	6,34	0,84
80 × 60 × 7	9,38	59,0	10,7	2,51	28,4	6,34	1,74	72,0	2,77	15,4	1,28
100 × 50 × 6	8,71	89,9	13,8	3,21	15,4	3,89	1,33	95,4	3,31	9,92	1,07
100 × 50 × 8	11,4	116	18,2	3,19	19,7	5,08	1,31	123	3,28	12,8	1,06
100 × 65 × 7	11,2	113	16,6	3,17	37,6	7,53	1,83	128	3,39	22,0	1,40
100 × 65 × 8	12,7	127	18,9	3,16	42,2	8,54	1,83	144	3,37	24,8	1,40
100 × 65 × 10	15,6	154	23,2	3,14	51,0	10,5	1,81	175	3,35	30,1	1,39
100 × 75 × 8	13,5	133	19,3	3,14	64,1	11,4	2,18	162	3,47	34,6	1,60
100 × 75 × 10	16,6	162	23,8	3,12	77,6	14	2,16	197	3,45	42,2	1,59
100 × 75 × 12	19,7	189	28	3,10	90,2	16,5	2,14	230	3,42	49,5	1,59
120 × 80 × 8	15,5	226	27,6	3,82	80,8	13,2	2,28	260	4,1	46,6	1,74
120 × 80 × 10	19,1	276	34,1	3,8	98,1	16,2	2,26	317	4,07	56,8	1,72
120 × 80 × 12	22,7	323	40,4	3,77	114	19,1	2,24	371	4,04	66,7	1,71
125 × 75 × 8	15,5	247	29,6	4,00	67,6	11,6	2,09	274	4,21	40,9	1,63
125 × 75 × 10	19,1	302	36,5	3,97	82,1	14,3	2,07	334	4,18	49,9	1,61
125 × 75 × 12	22,7	354	43,2	3,95	95,5	16,9	2,05	391	4,15	58,5	1,61
135 × 65 × 8	15,5	291	33,4	4,34	45,2	8,75	1,71	307	4,45	29,4	1,38
135 × 65 × 10	19,1	356	41,3	4,31	54,7	10,8	1,69	375	4,43	35,9	1,37
150 × 75 × 9	19,6	455	46,7	4,82	77,9	13,1	1,99	483	4,96	50,2	1,60
150 × 75 × 10	21,7	501	51,6	4,81	85,6	14,5	1,99	531	4,95	55,1	1,60
150 × 75 × 12	25,7	588	61,3	4,78	99,6	17,1	1,97	623	4,92	64,7	1,59
150 × 75 × 15	31,7	713	75,2	4,75	119	21	1,94	753	4,88	78,6	1,58
150 × 90 × 10	23,2	533	53,3	4,80	146	21	2,51	591	5,05	88,3	1,95
150 × 90 × 12	27,5	627	63,3	4,77	171	24,8	2,49	694	5,02	104	1,94
150 × 90 × 15	33,9	761	77,7	4,74	205	30,4	2,46	841	4,98	126	1,93
150 × 100 × 10	24,2	553	54,2	4,79	199	25,9	2,87	637	5,13	114	2,17
150 × 100 × 12	28,7	651	64,4	4,76	233	30,7	2,85	749	5,11	134	2,16
200 × 100 × 10	29,2	1220	93,2	6,46	210	26,3	2,68	1290	6,65	135	2,15
200 × 100 × 12	34,8	1440	111	6,43	247	31,3	2,67	1530	6,63	159	2,14
200 × 100 × 15	43,0	1758	137	6,40	299	38,5	2,64	1864	6,59	193	2,12
200 × 150 × 12	40,8	1650	119	6,36	803	70,5	4,44	2030	7,04	430	3,25
200 × 150 × 15	50,5	2022	147	6,33	979	86,9	4,40	2476	7,00	526	3,23

Lochdurchmesser
und Anreißmaße in mm
nach den ersatzlos zurückgezogenen Normen DIN 997, DIN 998 und DIN 999

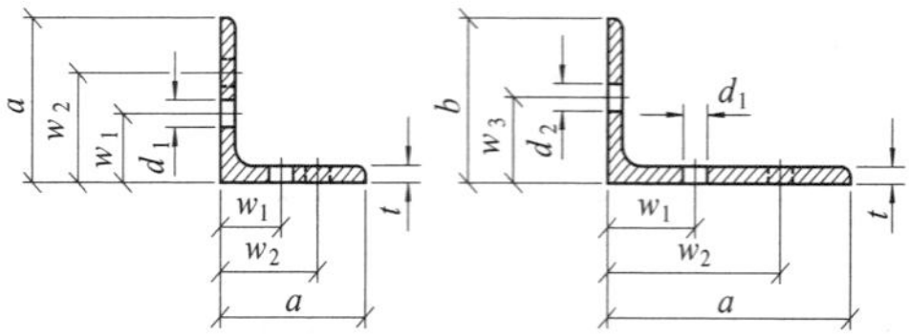

Gleichschenkliger Winkelstahl

$a \times t$	d_1	w_1	w_2
25 × 3	6,4	15	-
25 × 4	6,4	15	-
30 × 3	8,4	17	-
30 × 4	8,4	17	-
35 × 4	11	18	-
40 × 4	11	22	-
40 × 5	11	22	-
45 × 4,5	13	25	-
50 × 4	13	30	-
50 × 5	13	30	-
50 × 6	13	30	-
60 × 5	17	35	-
60 × 6	17	35	-
60 × 8	17	35	-
65 × 7	21	35	-
70 × 6	21	40	-
70 × 7	21	40	-
75 × 6	23	40	-
75 × 8	23	40	-
80 × 8	23	45	-
80 × 10	23	45	-
90 × 7	25	50	-
90 × 8	25	50	-
90 × 9	25	50	-
90 × 10	25	50	-
100 × 8	25	55	-
100 × 10	25	55	-
100 × 12	25	55	-
120 × 10	25	50	80
120 × 12	25	50	80
130 × 12	25	50	90
150 × 10	*28*	*60*	*105*
150 × 12	28	60	105
150 × 15	28	60	105
160 × 15	28	60	115
180 × 16	28	60	135
180 × 18	28	60/65 [1)]	135
200 × 16	28	65	150
200 × 18	28	65	150
200 × 20	28	65	150
200 × 24	28	65/70 [1)]	150
250 × 28	*28*	*75*	*200*
250 × 35	*28*	*75*	*200*

Ungleichschenkliger Winkelstahl

$a \times b \times t$	d_1	d_2	w_1	w_2	w_3
40 × 25 × 4	11	6,4	22	-	15
45 × 30 × 4	13	8,4	25	-	17
50 × 30 × 5	13	8,4	30	-	17
60 × 30 × 5	17	8,4	35	-	17
60 × 40 × 5	17	11	35	-	22
60 × 40 × 6	17	11	35	-	22
65 × 50 × 5	21	13	35	-	30
70 × 50 × 6	21	13	40	-	30
75 × 50 × 6	23	13	35	-	30
75 × 50 × 8	*23*	*13*	*35*	-	*30*
80 × 40 × 6	23	11	45	-	22
80 × 40 × 8	23	11	45	-	22
80 × 60 × 7	*23*	*17*	*45*	-	*35*
100 × 50 × 6	25	13	55	-	30
100 × 50 × 8	25	13	55	-	30
100 × 65 × 7	25	21	55	-	35
100 × 65 × 8	*25*	-	*55*	-	*35*
100 × 65 × 10	*25*	*21/17* [1)]	*55*	-	-
100 × 75 × 8	*25*	*23*	*55*	-	*40*
100 × 75 × 10	*25*	-	*55*	-	*40*
100 × 75 × 12	*25*	-	-	-	-
120 × 80 × 8	25	23	50	80	45
120 × 80 × 10	25	23	50	80	45
120 × 80 × 12	25	23	50	80	45
125 × 75 × 8	*25*	-	*50*	-	-
125 × 75 × 10	*25*	-	*50*	-	-
125 × 75 × 12	*25*	-	*50*	-	-
135 × 65 × 8	-	-	-	-	-
135 × 65 × 10	-	-	-	-	-
150 × 75 × 9	28	23	60	105	40
150 × 75 × 10	*28*	-	*60*	*105*	*40*
150 × 75 × 12	*28*	-	-	-	-
150 × 75 × 15	*28*	-	-	-	-
150 × 90 × 10	28	25	60	105	50
150 × 90 × 12	28	25	60	105	50
150 × 90 × 15	*28*	*25*	*60*	-	-
150 × 100 × 10	28	25	60	105	55
150 × 100 × 12	28	25	60	105	55
200 × 100 × 10	28	25	65	150	55
200 × 100 × 12	28	25	65	150	55
200 × 100 × 15	*28*	*25*	*65*	*150*	*55*
200 × 150 × 12	-	-	-	-	-
200 × 150 × 15	-	-	-	-	-

Kursiv gedruckte Werte sind nicht genormt.
[1)] Der zweite Wert ist für HV-Schrauben anzunehmen.

Hohlprofile mit kreisförmigem Querschnitt

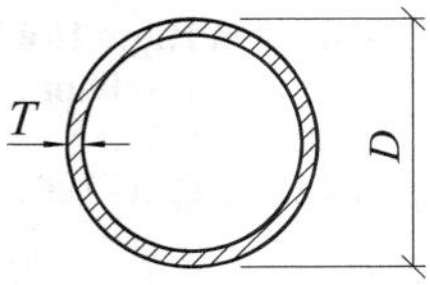

Auszug aus:
DIN EN 10 210-2 (07.06), warmgefertigt, nahtlos oder geschweißt
DIN EN 10 219-2 (07.06), kaltgefertigt, geschweißt
Die o. g. Normen enthalten zusätzlich Profile mit folgenden Nenndurchmessern D: 21,3; 26,9; 762; 813; 914; 1016; 1067; 1168 und 1219.

Nennmaße	Statische Werte						Nennmaße	Statische Werte					
$D \times T$ mm	A cm²	I cm⁴	i cm	W_{el} cm³	W_{pl} cm³	g kN/m	$D \times T$ mm	A cm²	I cm⁴	i cm	W_{el} cm³	W_{pl} cm³	g kN/m
33,7 × 2,5[1)]	2,45	3,00	1,11	1,78	2,44	0,0192	**193,7 × 6,3**	37,1	1 630	6,63	168	221	0,291
× 3[1)]	2,89	3,44	1,09	2,04	2,84	0,0227	**× 8**	46,7	2 016	6,57	208	276	0,366
× 3,2[2)]	3,07	3,60	1,08	2,14	2,99	0,0241	**× 10**	57,7	2 442	6,50	252	338	0,453
× 4[2)]	3,73	4,19	1,06	2,49	3,55	0,0293	**× 12,5**	71,2	2 934	6,42	303	411	0,559
42,4 × 2,5[1)]	3,13	6,26	1,41	2,95	3,99	0,0246	**219,1 × 6,3**	42,1	2 386	7,53	218	285	0,331
× 3[1)]	3,71	7,25	1,40	3,42	4,67	0,0291	**× 8**	53,1	2 960	7,47	270	357	0,416
× 3,2[2)]	3,94	7,62	1,39	3,59	4,93	0,0309	**× 10**	65,7	3 598	7,40	328	438	0,516
× 4	4,83	8,99	1,36	4,24	5,92	0,0379	**× 12,5**	81,1	4 345	7,32	397	534	0,637
48,3 × 2,5[1)]	3,60	9,46	1,62	3,92	5,25	0,0282	**244,5 × 6,3**	47,1	3 346	8,42	274	358	0,370
× 3[1)]	4,27	11,0	1,61	4,55	6,17	0,0335	**× 8**	59,4	4 160	8,37	340	448	0,467
× 4	5,57	13,8	1,57	5,70	7,87	0,0437	**× 10**	73,7	5 073	8,30	415	550	0,578
× 5	6,80	16,2	1,54	6,69	9,42	0,0534	**× 12,5**	91,1	6 147	8,21	503	673	0,715
60,3 × 2,5[1)]	4,54	19,0	2,05	6,30	8,36	0,0356	**273,0 × 6,3**	52,8	4 696	9,43	344	448	0,414
× 3[1)]	5,40	22,2	2,03	7,37	9,86	0,0424	**× 8**	66,6	5 852	9,37	429	562	0,523
× 4	7,07	28,2	2,00	9,34	12,7	0,0555	**× 10**	82,6	7 154	9,31	524	692	0,649
× 5	8,69	33,5	1,96	11,1	15,3	0,0682	**× 12,5**	102	8 697	9,22	637	849	0,803
76,1 × 2,5[1)]	5,78	39,2	2,6	10,3	13,5	0,0454	**323,9 × 6,3**	62,9	7 929	11,2	490	636	0,494
× 3[1)]	6,89	46,1	2,59	12,1	16,0	0,0541	**× 8**	79,4	9 910	11,2	612	799	0,623
× 4	9,06	59,1	2,55	15,5	20,8	0,0711	**× 10**	98,6	12 160	11,1	751	986	0,774
× 5	11,2	70,9	2,52	18,6	25,3	0,0877	**× 12,5**	122	14 850	11,0	917	1 213	0,960
88,9 × 3[1)]	8,10	74,8	3,04	16,8	22,1	0,0636	**355,6 × 8**	87,4	13 200	12,3	742	967	0,686
× 4	10,7	96,3	3,00	21,7	28,9	0,0838	**× 10**	109	16 220	12,2	912	1 195	0,852
× 5	13,2	116	2,97	26,2	35,2	0,103	**× 12,5**	135	19 850	12,1	1 117	1 472	1,06
× 6,3	16,3	140	2,93	31,5	43,1	0,128	**× 16**	171	24 660	12,0	1 387	1 847	1,34
101,6 × 4	12,3	146	3,45	28,8	38,1	0,0963	**406,4 × 8**	100	19 870	14,1	978	1 270	0,786
× 5	15,2	177	3,42	34,9	46,7	0,119	**× 10**	125	24 480	14,0	1 205	1 572	0,978
× 6,3	18,9	215	3,38	42,3	57,3	0,148	**× 12,5**	155	30 030	13,9	1 478	1 940	1,21
× 8[2)]	23,5	260	3,32	51,1	70,3	0,185	**× 16**	196	37 450	13,8	1 843	2 440	1,54
114,3 × 4	13,9	211	3,90	36,9	48,7	0,109	**457,0 × 8**	113	28 450	15,9	1 245	1 613	0,886
× 5	17,2	257	3,87	45,0	59,8	0,135	**× 10**	140	35 090	15,8	1 536	1 998	1,10
× 6,3	21,4	313	3,82	54,7	73,6	0,168	**× 12,5**	175	43 150	15,7	1 888	2 470	1,37
× 8	26,7	379	3,77	66,4	90,6	0,210	**× 16**	222	53 960	15,6	2 361	3 113	1,74
139,7 × 4	17,1	393	4,80	56,2	73,7	0,134	**508,0 × 8**	126	39 280	17,7	1 546	2 000	0,986
× 5	21,2	481	4,77	68,8	90,8	0,166	**× 12,5**	195	59 760	17,5	2 353	3 070	1,53
× 6,3	26,4	589	4,72	84,3	112	0,207	**× 16**	247	74 910	17,4	2 949	3 874	1,94
× 8	33,1	720	4,66	103	139	0,260	**× 20**	307	91 430	17,3	3 600	4 766	2,41
168,3 × 4	20,6	697	5,81	82,8	108	0,162	**610,0 × 8**	151	68 550	21,3	2 248	2 899	1,19
× 6,3	32,1	1 053	5,74	125	165	0,252	**× 12,5**	235	104 800	21,1	3 435	4 463	1,84
× 8	40,3	1 297	5,67	154	206	0,316	**× 16**	299	131 800	21,0	4 321	5 647	2,34
× 10	49,7	1 564	5,61	186	251	0,390	**× 20**	371	161 500	20,9	5 295	6 965	2,91
177,8 × 5	27,1	1 014	6,11	114	149	0,213	**711,0 × 8**	177	109 200	24,9	3 071	3 954	1,39
× 6,3	33,9	1 250	6,07	141	185	0,267	**× 12,5**	274	167 300	24,7	4 707	6 099	2,16
× 8	42,7	1 541	6,01	173	231	0,335	**× 16**	349	211 000	24,6	5 936	7 730	2,74
× 10	52,7	1 862	5,94	209	282	0,414	**× 20**	434	259 400	24,4	7 295	9 552	3,41

$I_T = 2 \cdot I$; $W_T = 2 \cdot W_{el}$. [1)] Nur kaltgefertigt lieferbar. [2)] Nur warmgefertigt lieferbar.

Warmgefertigte Hohlprofile
mit quadratischem Querschnitt
Auszug aus:
DIN EN 10 210-2 (07.06), nahtlos oder geschweißt

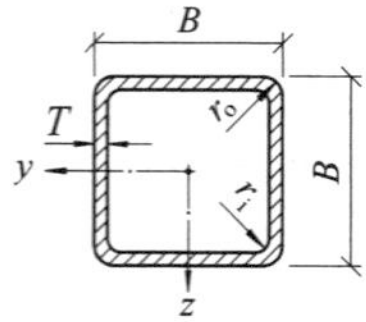

Radien für Berechnungen
$r_o = 1{,}5 \cdot T$
$r_i = 1{,}0 \cdot T$

Nennmaße		Statische Werte					
B mm	***T*** mm	*A* cm^2	*I* cm^4	*i* cm	W_{el} cm^3	W_{pl} cm^3	*g* kN/m
40	**2,6**	3,82	8,80	1,52	4,40	5,31	0,0300
	3,2	4,60	10,2	1,49	5,11	6,28	0,0361
	4	5,59	11,8	1,45	5,91	7,44	0,0439
	5	6,73	13,4	1,41	6,68	8,66	0,0528
50	**2,6**	4,86	18,0	1,93	7,21	8,58	0,0381
	4	7,19	25,0	1,86	9,99	12,3	0,0564
	5	8,73	28,9	1,82	11,6	14,5	0,0685
60	**2,6**	5,90	32,2	2,34	10,7	12,6	0,0463
	4	8,79	45,4	2,27	15,1	18,3	0,069
	5	10,7	53,3	2,23	17,8	21,9	0,0842
	6,3	13,1	61,6	2,17	20,5	26,0	0,103
70	**3,2**	8,40	62,3	2,72	17,8	21,0	0,0663
	4	10,4	74,7	2,68	21,3	25,5	0,0815
	5	12,7	88,5	2,64	25,3	30,8	0,0999
	6,3	15,6	104	2,58	29,7	36,9	0,123
80	**3,2**	9,72	95	3,13	23,7	27,9	0,0763
	4	12,0	114	3,09	28,6	34,0	0,0941
	5	14,7	137	3,05	34,2	41,1	0,116
	6,3	18,1	162	2,99	40,5	49,7	0,143
	8	22,4	189	2,91	47,3	59,5	0,175
90	**4**	13,6	166	3,50	37,0	43,6	0,107
	5	16,7	200	3,45	44,4	53,0	0,131
	6,3	20,7	238	3,40	53,0	64,3	0,162
	8	25,6	281	3,32	62,6	77,6	0,201
100	**4**	15,2	232	3,91	46,4	54,4	0,119
	5	18,7	279	3,86	55,9	66,4	0,147
	6,3	23,2	336	3,80	67,1	80,9	0,182
	8	28,8	400	3,73	79,9	98,2	0,226
	10	34,9	462	3,64	92,4	116	0,274
120	**5**	22,7	498	4,68	83	97,6	0,178
	6,3	28,2	603	4,62	100	120	0,222
	8	35,2	726	4,55	121	146	0,276
	10	42,9	852	4,46	142	175	0,337
	12,5	52,1	982	4,34	164	207	0,409
140	**5**	26,7	807	5,50	115	135	0,210
	6,3	33,3	984	5,44	141	166	0,261
	8	41,6	1 195	5,36	171	204	0,326
	10	50,9	1 416	5,27	202	246	0,400
	12,5	62,1	1 653	5,16	236	293	0,487
150	**5**	28,7	1 002	5,90	134	156	0,226
	6,3	35,8	1 223	5,85	163	192	0,281
	8	44,8	1 491	5,77	199	237	0,351
	10	54,9	1 773	5,68	236	286	0,431
	12,5	67,1	2 080	5,57	277	342	0,527
160	**5**	30,7	1 225	6,31	153	178	0,241
	6,3	38,3	1 499	6,26	187	220	0,301
	8	48,0	1 831	6,18	229	272	0,376
	10	58,9	2 186	6,09	273	329	0,463
	12,5	72,1	2 576	5,98	322	395	0,566
180	**5**	34,7	1 765	7,13	196	227	0,273
	6,3	43,3	2 186	7,07	241	281	0,340
	8	54,4	2 661	7,00	296	349	0,427
	10	66,9	3 193	6,91	355	424	0,525
	12,5	82,1	3 790	6,80	421	511	0,644
200	**5**	38,7	2 445	7,95	245	283	0,304
	6,3	48,4	3 011	7,89	301	350	0,38
	8	60,8	3 709	7,81	371	436	0,477
	10	74,9	4 471	7,72	447	531	0,588
	12,5	92,1	5 336	7,61	534	643	0,723
	16	115	6 394	7,46	639	785	0,903
220	**6,3**	53,4	4 049	8,71	368	427	0,419
	8	67,2	5 002	8,63	455	532	0,527
	10	82,9	6 050	8,54	550	650	0,651
	12,5	102	7 254	8,43	659	789	0,801
	16	128	8 749	8,27	795	969	1,00
250	**6,3**	61,0	6 014	9,93	481	556	0,479
	8	76,8	7 455	9,86	596	694	0,603
	10	94,9	9 055	9,77	724	851	0,745
	12,5	117	10 915	9,66	873	1 037	0,919
	16	147	13 267	9,5	1 061	1 280	1,15
260	**6,3**	63,5	6 788	10,3	522	603	0,500
	8	80,0	8 423	10,3	648	753	0,628
	10	98,9	10 242	10,2	788	924	0,777
	12,5	122	12 365	10,1	951	1 127	0,958
	16	153	15 061	9,91	1 159	1 394	1,2
300	**6,3**	73,6	10 547	12	703	809	0,579
	8	92,8	13 128	11,9	875	1 013	0,728
	10	115	16 026	11,8	1 068	1 246	0,902
	12,5	142	19 442	11,7	1 296	1 525	1,12
	16	179	23 850	11,5	1 590	1 895	1,41
350	**8**	109	21 129	13,9	1 207	1 392	0,854
	10	135	25 884	13,9	1 479	1 715	1,06
	12,5	167	31 541	13,7	1 802	2 107	1,31
	16	211	38 942	13,6	2 225	2 630	1,66
400	**10**	155	39 128	15,9	1 956	2 260	1,22
	12,5	192	47 839	15,8	2 392	2 782	1,51
	16	243	59 344	15,6	2 967	3 484	1,91
	20	300	71 535	15,4	3 577	4 247	2,35

Kaltgefertigte Hohlprofile mit quadratischem Querschnitt

Auszug aus:
DIN EN 10 219-2 (07.06), geschweißt
Diese Norm enthält zusätzliche Profile mit den Nennmaßen B = 20 und B = 25.

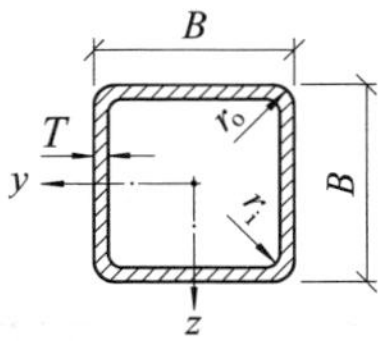

Radien für Berechnungen:

r	$T \leq 6$	$6 < T \leq 10$	$T > 10$
r_o	$2 \cdot T$	$2{,}5 \cdot T$	$3 \cdot T$
r_i	$1 \cdot T$	$1{,}5 \cdot T$	$2 \cdot T$

Nennmaße		Statische Werte					
B mm	T mm	A cm²	I cm⁴	i cm	W_{el} cm³	W_{pl} cm³	g kN/m
30	**2,5**	2,59	3,16	1,10	2,10	2,61	0,0203
	3	3,01	3,50	1,08	2,34	2,96	0,0236
40	**3**	4,21	9,32	1,49	4,66	5,72	0,033
	4	5,35	11,1	1,44	5,54	7,01	0,042
50	**3**	5,41	19,5	1,90	7,79	9,39	0,0425
	4	6,95	23,7	1,85	9,49	11,7	0,0545
	5	8,36	27,0	1,80	10,8	13,7	0,0656
60	**3**	6,61	35,1	2,31	11,7	14,0	0,0519
	4	8,55	43,6	2,26	14,5	17,6	0,0671
	5	10,4	50,5	2,21	16,8	20,9	0,0813
	6,3	12,2	54,4	2,11	18,1	23,4	0,096
70	**3**	7,81	57,5	2,71	16,4	19,4	0,0613
	4	10,1	72,1	2,67	20,6	24,8	0,0797
	5	12,4	84,6	2,62	24,2	29,6	0,097
	6,3	14,7	93,8	2,53	26,8	33,8	0,115
80	**3**	9,01	87,8	3,12	22,0	25,8	0,0707
	4	11,7	111	3,07	27,8	33,1	0,0922
	5	14,4	131	3,03	32,9	39,7	0,113
	6,3	17,2	149	2,94	37,1	46,1	0,135
	8	20,8	168	2,84	42,1	53,9	0,164
90	**4**	13,3	162	3,48	36,0	42,6	0,105
	5	16,4	193	3,43	42,9	51,4	0,128
	6,3	19,7	221	3,35	49,1	60,3	0,155
	8	24,0	255	3,25	56,6	71,3	0,189
100	**4**	14,9	226	3,89	45,3	53,3	0,117
	5	18,4	271	3,84	54,2	64,6	0,144
	6,3	22,2	314	3,76	62,8	76,4	0,175
	8	27,2	366	3,67	73,2	91,1	0,214
	10	32,6	411	3,55	82,2	105	0,256
120	**5**	22,4	485	4,66	80,9	95,4	0,175
	6,3	27,3	572	4,58	95,3	114	0,214
	8	33,6	677	4,49	113	138	0,264
	10	40,6	777	4,38	129	162	0,318
	12,5	47,0	817	4,17	136	178	0,369
140	**5**	26,4	791	5,48	113	132	0,207
	6,3	32,3	941	5,39	134	160	0,254
	8	40,0	1 127	5,30	161	194	0,314
	10	48,6	1 312	5,20	187	230	0,381
	12,5	57,0	1 425	5,00	204	259	0,448
150	**5**	28,4	982	5,89	131	153	0,223
	6,3	34,8	1 174	5,80	156	185	0,274
	8	43,2	1 412	5,71	188	226	0,339
	10	52,6	1 653	5,61	220	269	0,413
	12,5	62,0	1 817	5,41	242	306	0,487

Nennmaße		Statische Werte					
B mm	T mm	A cm²	I cm⁴	i cm	W_{el} cm³	W_{pl} cm³	g kN/m
160	**5**	30,4	1 202	6,29	150	175	0,238
	6,3	37,4	1 442	6,21	180	213	0,283
	8	46,4	1 741	6,12	218	260	0,365
	10	56,6	2 048	6,02	256	311	0,444
	12,5	67,0	2 275	5,83	284	356	0,526
180	**5**	34,4	1 737	7,11	193	224	0,270
	6,3	42,4	2 096	7,03	233	273	0,333
	8	52,8	2 546	6,94	283	336	0,415
	10	64,6	3 017	6,84	335	404	0,507
	12,5	77,0	3 406	6,65	378	467	0,605
200	**5**	38,4	2 410	7,93	241	279	0,301
	6,3	47,4	2 922	7,85	292	341	0,372
	8	59,2	3 566	7,76	357	421	0,465
	10	72,6	4 251	7,65	425	508	0,570
	12,5	87,0	4 859	7,47	486	594	0,683
	16	107	5 625	7,26	562	706	0,838
220	**6,3**	52,5	3 940	8,66	358	417	0,412
	8	65,6	4 828	8,58	439	516	0,515
	10	80,6	5 782	8,47	526	625	0,632
	12,5	97,0	6 674	8,29	607	735	0,762
	16	120	7 812	8,08	710	881	0,939
250	**6,3**	60,0	5 873	9,89	470	544	0,471
	8	75,2	7 229	9,80	578	676	0,591
	10	92,6	8 707	9,70	697	822	0,727
	12,5	112	10 161	9,52	813	975	0,880
	16	139	12 047	9,32	964	1 180	1,09
260	**6,3**	62,6	6 635	10,3	510	591	0,491
	8	78,4	8 178	10,2	629	734	0,616
	10	96,6	9 865	10,1	759	894	0,758
	12,5	117	11 548	9,93	888	1 063	0,919
	16	145	13 739	9,73	1 057	1 289	1,14
300	**6,3**	72,6	10 342	11,9	689	795	0,570
	8	91,2	12 801	11,8	853	991	0,716
	10	113	15 519	11,7	1 035	1 211	0,884
	12,5	137	18 348	11,6	1 223	1 451	1,08
	16	171	22 076	11,4	1 472	1 774	1,34
350	**8**	107	20 681	13,9	1 182	1 366	0,842
	10	133	25 189	13,8	1 439	1 675	1,04
	12,5	162	30 045	13,6	1 717	2 020	1,25
	16	203	36 511	13,4	2 086	2 488	1,59
400	**10**	153	38 216	15,8	1 911	2 214	1,20
	12	180	44 319	15,7	2 216	2 587	1,41
	12,5	187	45 877	15,7	2 294	2 683	1,47
	16	235	56 154	15,5	2 808	3 322	1,84

Warmgefertigte Hohlprofile
mit rechteckigem Querschnitt
Auszug aus:
DIN EN 10 210-2 (07.06), nahtlos oder geschweißt

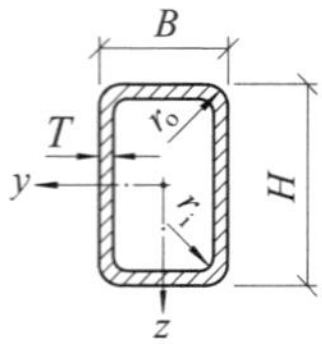

Radien für Berechnungen:
$r_o = 1{,}5 \cdot T$
$r_i = 1{,}0 \cdot T$

Nennmaße		Statische Werte										
H* × *B mm	***T*** mm	A cm²	I_y cm⁴	i_y cm	$W_{el,y}$ cm³	$W_{pl,y}$ cm³	I_z cm⁴	i_z cm	$W_{el,z}$ cm³	$W_{pl,z}$ cm³	I_T cm⁴	g kN/m
50 × 30	**2,6**	3,82	12,2	1,79	4,87	6,12	5,38	1,19	3,58	4,25	12,1	0,0300
	3,2	4,60	14,2	1,76	5,68	7,25	6,20	1,16	4,13	5,00	14,2	0,0361
	4	5,59	16,5	1,72	6,60	8,59	7,08	1,13	4,72	5,88	16,6	0,0439
60 × 40	**3,2**	5,88	27,8	2,18	9,27	11,5	14,6	1,57	7,29	8,64	30,8	0,0462
	4	7,19	32,8	2,14	10,9	13,8	17,0	1,54	8,52	10,3	36,7	0,0564
	5	8,73	38,1	2,09	12,7	16,4	19,5	1,50	9,77	12,2	43,0	0,0685
	6,3	10,6	43,4	2,02	14,5	19,2	21,9	1,44	11,0	14,2	49,5	0,0831
80 × 40	**3,2**	7,16	57,2	2,83	14,3	18,0	18,9	1,63	9,50	11,0	46,2	0,0562
	4	8,79	68,2	2,79	17,1	21,8	22,2	1,59	11,1	13,2	55,2	0,069
	5	10,7	80,3	2,74	20,1	26,1	25,7	1,55	12,9	15,7	65,1	0,0842
	6,3	13,1	93,3	2,67	23,3	31,1	29,2	1,49	14,6	18,4	75,6	0,103
90 × 50	**4**	10,4	107	3,21	23,8	29,8	41,9	2,01	16,8	19,6	97,5	0,0815
	5	12,7	127	3,16	28,3	36,0	49,2	1,97	19,7	23,5	116	0,0999
	6,3	15,6	150	3,10	33,3	43,2	57,0	1,91	22,8	28,0	138	0,123
	8	19,2	174	3,01	38,6	51,4	64,6	1,84	25,8	32,9	160	0,150
100 × 50	**4**	11,2	140	3,53	27,9	35,2	46,2	2,03	18,5	21,5	113	0,0878
	5	13,7	167	3,48	33,3	42,6	54,3	1,99	21,7	25,8	135	0,108
	6,3	16,9	197	3,42	39,4	51,3	63,0	1,93	25,2	30,8	160	0,133
	8	20,8	230	3,33	46,0	61,4	71,7	1,86	28,7	36,3	186	0,163
100 × 60	**4**	12,0	158	3,63	31,6	39,1	70,5	2,43	23,5	27,3	156	0,0941
	5	14,7	189	3,58	37,8	47,4	83,6	2,38	27,9	32,9	188	0,116
	6,3	18,1	225	3,52	45,0	57,3	98,1	2,33	32,7	39,5	224	0,142
	8	22,4	264	3,44	52,8	68,7	113	2,25	37,8	47,1	265	0,175
120 × 60	**4**	13,6	249	4,28	41,5	51,9	83,1	2,47	27,7	31,7	201	0,107
	5	16,7	299	4,23	49,9	63,1	98,8	2,43	32,9	38,4	242	0,131
	6,3	20,7	358	4,16	59,7	76,7	116	2,37	38,8	46,3	290	0,162
	8	25,6	425	4,08	70,8	92,7	135	2,30	45,0	55,4	344	0,201
120 × 80	**4**	15,2	303	4,46	50,4	61,2	161	3,25	40,2	46,1	330	0,119
	5	18,7	365	4,42	60,9	74,6	193	3,21	48,2	56,1	401	0,147
	6,3	23,2	440	4,36	73,3	91,0	230	3,15	57,6	68,2	487	0,182
	8	28,8	525	4,27	87,5	111	273	3,08	68,1	82,6	587	0,226
140 × 80	**4**	16,8	441	5,12	62,9	77,1	184	3,31	46,0	52,2	411	0,132
	5	20,7	534	5,08	76,3	94,3	221	3,27	55,3	63,6	499	0,163
	6,3	25,7	646	5,01	92,3	115	265	3,21	66,2	77,5	607	0,202
	8	32,0	776	4,93	111	141	314	3,14	78,5	94,1	733	0,251
150 × 100	**4**	19,2	607	5,63	81,0	97,4	324	4,11	64,8	73,6	660	0,151
	6,3	29,5	898	5,52	120	147	474	4,01	94,8	110	986	0,231
	8	36,8	1 087	5,44	145	180	569	3,94	114	135	1 203	0,289
	12,5	54,6	1 488	5,22	198	256	763	3,74	153	190	1 679	0,428
160 × 80	**4**	18,4	612	5,77	76,5	94,7	207	3,35	51,7	58,3	493	0,144
	5	22,7	744	5,72	93,0	116	249	3,31	62,3	71,1	600	0,178
	6,3	28,2	903	5,66	113	142	299	3,26	74,8	86,8	701	0,212
	8	35,2	1 091	5,57	136	175	356	3,18	89,0	106	883	0,276
	12,5	52,1	1 485	5,34	186	247	465	2,99	116	146	1 204	0,409

Warmgefertigte Hohlprofile mit rechteckigem Querschnitt (Fortsetzung)
Auszug aus DIN EN 10 210-2 (07.06), nahtlos oder geschweißt

Nennmaße		Statische Werte										
H* × *B mm	***T*** mm	A cm²	I_y cm⁴	i_y cm	$W_{el,y}$ cm³	$W_{pl,y}$ cm³	I_z cm⁴	i_z cm	$W_{el,z}$ cm³	$W_{pl,z}$ cm³	I_T cm⁴	g kN/m
180 × 100	**4**	21,6	945	6,61	105	128	379	4,19	75,9	85,2	852	0,169
	5	26,7	1 153	6,57	128	157	460	4,15	92,0	104	1 042	0,210
	6,3	33,3	1 407	6,50	156	194	557	4,09	111	128	1 277	0,261
	8	41,6	1 713	6,42	190	239	671	4,02	134	157	1 560	0,326
	10	50,9	2 036	6,32	226	288	787	3,93	157	188	1 862	0,400
	12,5	62,1	2 385	6,20	265	344	908	3,82	182	223	2 191	0,487
200 × 100	**4**	23,2	1 223	7,26	122	150	416	4,24	83,2	92,8	983	0,182
	5	28,7	1 495	7,21	149	185	505	4,19	101	114	1 204	0,226
	6,3	35,8	1 829	7,15	183	228	613	4,14	123	140	1 475	0,281
	8	44,8	2 234	7,06	223	282	739	4,06	148	172	1 804	0,351
	10	54,9	2 664	6,96	266	341	869	3,98	174	206	2 156	0,431
	12,5	67,1	3 136	6,84	314	408	1 004	3,87	201	245	2 541	0,527
	16	83,0	3 678	6,66	368	491	1 147	3,72	229	290	2 982	0,652
200 × 120	**6,3**	38,3	2 065	7,34	207	253	929	4,92	155	177	2 028	0,301
	8	48,0	2 529	7,26	253	313	1 128	4,85	188	218	2 495	0,376
	10	58,9	3 026	7,17	303	379	1 337	4,76	223	263	3 001	0,463
	12,5	72,1	3 576	7,04	358	455	1 562	4,66	260	314	3 569	0,566
250 × 150	**6,3**	48,4	4 143	9,25	331	402	1 874	6,22	250	283	4 054	0,380
	8	60,8	5 111	9,17	409	501	2 298	6,15	306	350	5 021	0,477
	10	74,9	6 174	9,08	494	611	2 755	6,06	367	426	6 090	0,588
	12,5	92,1	7 387	8,96	591	740	3 265	5,96	435	514	7 326	0,723
	16	115	8 879	8,79	710	906	3 873	5,80	516	625	8 868	0,903
260 × 180	**6,3**	53,4	5 166	9,83	397	475	2 929	7,40	325	369	5 810	0,419
	8	67,2	6 390	9,75	492	592	3 608	7,33	401	459	7 221	0,527
	10	82,9	7 741	9,66	595	724	4 351	7,24	483	560	8 798	0,651
	12,5	102	9 299	9,54	715	879	5 196	7,13	577	679	10 640	0,801
	16	128	11 250	9,38	865	1 081	6 231	6,98	692	831	12 990	1,00
300 × 200	**6,3**	61,0	7 829	11,3	522	624	4 193	8,29	419	472	8 476	0,479
	8	76,8	9 717	11,3	648	779	5 184	8,22	518	589	10 560	0,603
	10	94,9	11 820	11,2	788	956	6 278	8,13	628	721	12 910	0,745
	12,5	117	14 270	11,0	952	1 165	7 537	8,02	754	877	15 680	0,919
	16	147	17 390	10,9	1 159	1 441	9 109	7,87	911	1 080	19 250	1,15
350 × 250	**6,3**	73,6	13 200	13,4	754	892	7 885	10,4	631	709	15 220	0,578
	8	92,8	16 450	13,3	940	1 118	9 798	10,3	784	888	19 030	0,728
	10	115	20 100	13,2	1 149	1 375	11 937	10,2	955	1 091	23 350	0,902
	12,5	142	24 420	13,1	1 395	1 685	14 444	10,1	1 156	1 334	28 530	1,12
	16	179	30 010	12,9	1 715	2 095	17 654	9,93	1 412	1 655	35 330	1,41
400 × 200	**8**	92,8	19 560	14,5	978	1 203	6 660	8,47	666	743	15 740	0,728
	10	115	23 910	14,4	1 196	1 480	8 084	8,39	808	911	19 260	0,902
	12,5	142	29 060	14,3	1 453	1 813	9 738	8,28	974	1 111	23 440	1,12
	16	179	35 740	14,1	1 787	2 256	11 824	8,13	1 182	1 374	28 870	1,41
450 × 250	**8**	109	30 080	16,6	1 337	1 622	12 142	10,6	971	1 081	27 080	0,854
	10	135	36 900	16,5	1 640	2 000	14 819	10,5	1 185	1 331	33 280	1,06
	12,5	167	45 030	16,4	2 001	2 458	17 973	10,4	1 438	1 631	40 720	1,31
	16	211	55 710	16,2	2 476	3 070	22 041	10,2	1 763	2 029	50 550	1,66
500 × 300	**10**	155	53 760	18,6	2 150	2 595	24 439	12,6	1 629	1 826	52 450	1,22
	12,5	192	65 810	18,5	2 633	3 196	29 780	12,5	1 985	2 244	64 390	1,51
	16	243	81 780	18,3	3 271	4 005	36 768	12,3	2 451	2 804	80 330	1,91
	20	300	98 780	18,2	3 951	4 885	44 078	12,1	2 939	3 408	97 450	2,35

Kaltgefertigte Hohlprofile mit rechteckigem Querschnitt
Auszug aus:
DIN EN 10 219-2 (07.06), geschweißt

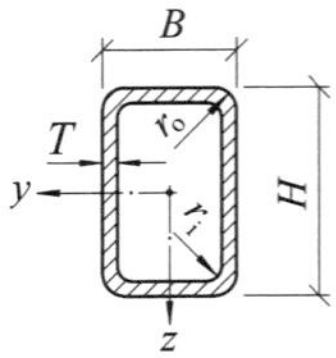

Radien für Berechnungen:

r	$T \leq 6$	$6 < T \leq 10$	$T > 10$
r_o	$2 \cdot T$	$2{,}5 \cdot T$	$3 \cdot T$
r_i	$1 \cdot T$	$1{,}5 \cdot T$	$2 \cdot T$

Nennmaße		Statische Werte										
$H \times B$ mm	T mm	A cm²	I_y cm⁴	i_y cm	$W_{el,y}$ cm³	$W_{pl,y}$ cm³	I_z cm⁴	i_z cm	$W_{el,z}$ cm³	$W_{pl,z}$ cm³	I_T cm⁴	g kN/m
40 × 20	**3**	3,01	5,21	1,32	2,60	3,50	1,68	0,748	1,68	2,12	4,57	0,0236
50 × 30	**3**	4,21	12,8	1,75	5,13	6,57	5,70	1,16	3,80	4,58	13,5	0,0330
	4	5,35	15,3	1,69	6,10	8,05	6,69	1,12	4,46	5,58	16,5	0,0420
60 × 40	**3**	5,41	25,4	2,17	8,46	10,5	13,4	1,58	6,72	7,94	29,3	0,0425
	4	6,95	31,0	2,11	10,3	13,2	16,3	1,53	8,14	9,89	36,7	0,0545
70 × 50	**3**	6,61	44,1	2,58	12,6	15,4	26,1	1,99	10,4	12,2	53,6	0,0519
	4	8,55	54,7	2,53	15,6	19,5	32,2	1,94	12,9	15,4	68,1	0,0671
80 × 40	**3**	6,61	52,3	2,81	13,1	16,5	17,6	1,63	8,78	10,2	43,9	0,0519
	4	8,55	64,8	2,75	16,2	20,9	21,5	1,59	10,7	12,8	55,2	0,0671
80 × 60	**3**	7,81	70,0	3,00	17,5	21,2	44,9	2,40	15,0	17,4	88,3	0,0613
	4	10,1	87,9	2,94	22,0	27,0	56,1	2,35	18,7	22,1	113	0,0797
90 × 50	**3**	7,81	81,9	3,24	18,2	22,6	32,7	2,05	13,1	15,0	76,7	0,0613
	4	10,1	103	3,18	22,8	28,8	40,7	2,00	16,3	19,1	97,7	0,0797
100 × 40	**3**	7,81	92,3	3,44	18,5	23,7	21,7	1,67	10,8	12,4	59,0	0,0613
	4	10,1	116	3,38	23,1	30,3	26,7	1,62	13,3	15,7	74,5	0,0797
100 × 50	**3**	8,41	106	3,56	21,3	26,7	36,1	2,07	14,4	16,4	88,6	0,0660
	4	10,9	134	3,50	26,8	34,1	44,9	2,03	18,0	20,9	113	0,0859
	5	13,4	158	3,44	31,6	40,8	52,5	1,98	21,0	25,0	135	0,105
100 × 60	**3**	9,01	121	3,66	24,1	29,6	54,6	2,46	18,2	20,8	122	0,0707
	4	11,7	153	3,60	30,5	37,9	68,7	2,42	22,9	26,6	156	0,0922
	5	14,4	181	3,55	36,2	45,6	80,8	2,37	26,9	31,9	188	0,113
100 × 80	**3**	10,2	149	3,82	29,8	35,4	106	3,22	26,4	30,4	196	0,0801
	4	13,3	189	3,77	37,9	45,6	134	3,17	33,5	39,2	254	0,105
	5	16,4	226	3,72	45,2	55,1	160	3,12	39,9	47,2	308	0,128
120 × 60	**4**	13,3	241	4,25	40,1	50,5	81,2	2,47	27,1	31,1	201	0,105
	5	16,4	287	4,19	47,8	60,9	96,0	2,42	32,0	37,4	242	0,128
	6,3	19,7	327	4,07	54,5	71,2	109	2,35	36,4	43,7	289	0,155
120 × 80	**4**	14,9	295	4,44	49,1	59,8	157	3,24	39,3	45,2	331	0,117
	5	18,4	353	4,39	58,9	72,4	188	3,20	46,9	54,7	402	0,144
	6,3	22,2	408	4,28	68,1	85,6	217	3,12	54,3	64,7	488	0,175
140 × 80	**4**	16,5	430	5,10	61,4	75,5	180	3,30	45,1	51,3	412	0,130
	5	20,4	517	5,04	73,9	91,8	216	3,26	54,0	62,2	501	0,160
	6,3	24,8	603	4,93	86,1	109	251	3,19	62,9	74,0	609	0,194
	8	30,4	708	4,82	101	131	293	3,10	73,3	88,4	731	0,239
150 × 100	**4**	18,9	595	5,60	79,3	95,7	319	4,10	63,7	72,5	662	0,149
	5	23,4	719	5,55	95,9	117	384	4,05	76,8	88,3	809	0,183
	6,3	28,5	848	545	113	140	453	3,98	90,5	106	992	0,224
	8	35,2	1 008	5,35	134	169	536	3,90	107	128	1 206	0,277
160 × 80	**4**	18,1	598	5,74	74,7	92,9	204	3,35	50,9	57,4	494	0,142
	5	22,4	722	5,68	90,2	113	244	3,30	61,0	69,7	601	0,175
	6,3	27,3	846	5,57	106	135	286	3,24	71,4	83,3	732	0,214
	8	33,6	1 001	5,46	125	163	335	3,16	83,7	100	882	0,264
	10	40,6	1 146	5,32	143	191	380	3,06	95,0	117	1 031	0,318

Kaltgefertigte Hohlprofile mit rechteckigem Querschnitt (Fortsetzung)
Auszug aus DIN EN 10 219-2 (07.06), geschweißt

Nennmaße		Statische Werte										
$H \times B$ mm	T mm	A cm²	I_y cm⁴	i_y cm	$W_{el,y}$ cm³	$W_{pl,y}$ cm³	I_z cm⁴	i_z cm	$W_{el,z}$ cm³	$W_{pl,z}$ cm³	I_T cm⁴	g kN/m
180 × 100	**4**	21,3	926	6,59	103	126	374	4,18	74,8	84,0	854	0,168
	6,3	32,3	1 335	6,43	148	186	536	4,07	107	124	1 283	0,254
	8	40,0	1 598	6,32	178	226	637	3,99	127	150	1 565	0,314
	10	48,6	1 859	6,19	207	268	736	3,89	147	177	1 859	0,381
200 × 100	**4**	22,9	1 200	7,23	120	148	411	4,23	82,2	91,7	985	0,180
	6,3	34,8	1 739	7,06	174	219	591	4,12	118	135	1 483	0,274
	8	43,2	2 091	6,95	209	267	705	4,04	141	165	1 811	0,339
	10	52,6	2 444	6,82	244	318	818	3,94	164	195	2 154	0,413
200 × 120	**4**	24,5	1 353	7,43	135	164	618	5,02	103	115	1 345	0,193
	6,3	37,4	1 976	7,27	198	244	898	4,90	150	172	2 040	0,293
	8	46,4	2 386	7,17	239	298	1 079	4,82	180	209	2 507	0,365
	10	56,6	2 806	7,04	281	356	1 262	4,72	210	250	3 007	0,444
250 × 150	**5**	38,4	3 304	9,28	264	320	1 508	6,27	201	225	3 285	0,301
	6,3	47,4	4 001	9,18	320	391	1 825	6,20	243	276	4 078	0,372
	8	59,2	4 886	9,08	391	482	2 219	6,12	296	340	5 050	0,465
	10	72,6	5 825	8,96	466	582	2 634	6,02	351	409	6 121	0,570
260 × 180	**5**	42,4	4 121	9,86	317	377	2 350	7,45	261	294	4 695	0,332
	6,3	52,5	5 013	9,77	386	463	2 856	7,38	317	361	5 844	0,412
	8	65,6	6 145	9,68	473	573	3 493	7,29	388	446	7 267	0,515
	10	80,6	7 363	9,56	566	694	4 174	7,20	464	540	8 850	0,632
	12	93,7	8 245	9,38	634	790	4 679	7,07	520	615	10 328	0,735
300 × 100	**6,3**	47,4	4 907	10,2	327	425	868	4,28	174	194	2 515	0,372
	8	59,2	5 978	10,0	399	523	1 045	4,20	209	238	3 080	0,465
	10	72,6	7 106	9,90	474	631	1 224	4,11	245	285	3 681	0,570
	12	84,1	7 808	9,64	521	710	1 343	4,00	269	321	4 177	0,660
	16	107	9 157	9,26	610	865	1 543	3,80	309	386	4 939	0,838
300 × 150	**6,3**	53,7	6 266	10,8	418	517	2 150	6,32	287	321	5 234	0,422
	8	67,2	7 684	10,7	512	640	2 623	6,25	350	396	6 491	0,528
	10	82,6	9 209	10,6	614	776	3 125	6,15	417	479	7 879	0,648
	12	96,1	10 298	10,4	687	883	3 498	6,03	466	546	9 153	0,754
	16	123	12 387	10,0	826	1 092	4 174	5,83	557	673	11 328	0,964
300 × 200	**6,3**	60,0	7 624	11,3	508	610	4 104	8,27	410	463	8 524	0,471
	8	75,2	9 389	11,2	626	757	5 042	8,19	504	574	10 627	0,591
	10	92,6	11 313	11,1	754	921	6 058	8,09	606	698	12 987	0,727
	12	108	12 788	10,9	853	1 056	6 854	7,96	685	801	15 236	0,848
	16	139	15 617	10,6	1 041	1 319	8 340	7,75	834	1 000	19 223	1,09
350 × 250	**6,3**	72,6	12 923	13,3	738	876	7 744	10,3	620	698	15 291	0,570
	8	91,2	16 001	13,2	914	1 092	9 573	10,2	766	869	19 136	0,716
	10	113	19 407	13,1	1 109	1 335	11 588	10,1	927	1 062	23 500	0,884
	12	132	22 197	13,0	1 268	1 544	13 261	10,0	1 061	1 229	27 749	1,04
	16	171	27 580	12,7	1 576	1 954	16 434	9,81	1 315	1 554	35 497	1,34
400 × 200	**8**	91,2	18 974	14,4	949	1 173	6 517	8,45	652	728	15 820	0,716
	10	113	23 003	14,3	1 150	1 434	7 864	8,36	786	888	19 368	0,884
	12	132	26 248	14,1	1 312	1 656	8 977	8,24	898	1 027	22 782	1,04
	16	171	32 547	13,8	1 627	2 093	11 056	8,05	1 106	1 294	28 928	1,34
400 × 300	**8**	107	25 122	15,3	1 256	1 487	16 212	12,3	1 081	1 224	31 179	0,842
	10	133	30 609	15,2	1 530	1 824	19 726	12,2	1 315	1 501	38 407	1,04
	12	156	35 284	15,0	1 764	2 122	22 747	12,1	1 516	1 747	45 527	1,23
	16	203	44 350	14,8	2 218	2 708	28 535	11,9	1 902	2 228	58 730	1,59

14 A Bauvermessung
14 B Bauzeichnungen
14 C Darstellende Geometrie und Planlayout
14 D Allg. Tafeln; Bauantrag und Bauvorlagen

14 A Bauvermessung

Prof. Dr.-Ing. Knud Sauermann

1 Grundlagen

Die Vermessungskunde oder Geodäsie (griechisch: geo = Erde, dasei = teilen) befasst sich mit der Ausmessung und Abbildung von kleineren oder größeren Teilen der Erdoberfläche. Die Bauvermessung stellt dabei ein Teilgebiet der Vermessungskunde dar und bezieht sich auf lokale, kleinräumige Gebiete, in denen die Einflüsse von z. B. Erdkrümmung und Verteilung der Schwerebeschleunigung vernachlässigt werden können. Fundamentale geometrische Größen der Bauvermessung sind Längen und Winkel, aus denen sich abgeleitete Größen wie Flächen, Volumen und Koordinaten berechnen lassen. Die Bauvermessung stellt somit die Verbindung zwischen der Planung, der Absteckung und der Überwachung von Bauvorhaben her.

1.1 Maßeinheiten, Genauigkeiten und Toleranzen

In Deutschland gilt seit 1970 das SI-Einheitensystem (Système International d'Unites). Im Folgenden werden die für die Vermessungskunde wesentlichen SI-Einheiten zusammengefasst:

SI-Einheit	Basiseinheit / abgeleitete Basiseinheit
Masse	Kilogramm (kg)
Zeit	Sekunde (s)
Längenmaße	Meter (m)
Flächenmaße	Quadratmeter (m^2)
Volumenmaße	Kubikmeter (m^3)
Winkelmaße	– Sexagesimalteilung, d. h. 1 Vollkreis = 360° Altgrad – Zentesimalteilung, d. h. 1 Vollkreis = 400^g Neugrad mit g = Gon und $1^g = 100^c$ (= Neuminuten) und $1^c = 100^{cc}$ (= Neusekunden), wobei $1^{cc} = 1 \cdot 10^{-4}$ gon = 0,1 mgon.

Seit 1937 wird im Vermessungswesen einheitlich die Zentesimalteilung verwendet. Alle Winkelberechnungen werden somit in Gon vorgenommen. Diese Einteilung kann bei den heutigen Taschenrechnern problemlos berücksichtigt werden, indem die Winkeleinheit „GRAD" eingestellt wird.

Die Genauigkeit von geodätischen Messungen wird durch die Beobachtung von überschüssigen Bestimmungsmaßen und entsprechender Mittelbildung gesteigert. Insofern folgt jeder geodätischen Messung eine Fehlerrechnung mit dem Ziel:

- aus den geodätischen Messungen den Mittel- oder Erwartungswert zu selektieren,
- eine Maßzahl für die Genauigkeit einer einzelnen Messung oder ihre „Streuung" anzugeben,
- die Genauigkeit oder Streuung des Mittelwertes und seinen „Vertrauensbereich" abzuschätzen.

Feldverfahren zur Genauigkeitsuntersuchung geodätischer Instrumente werden in der DIN 18 723 beschrieben. Diese Norm soll einheitliche Präzisionsangaben der Hersteller sicherstellen und dem Anwender ein Urteil ermöglichen, ob eine im Einzelfall geforderte Präzision der Messung erreicht werden kann. Die Toleranz T bezeichnet die Differenz zwischen dem größten zulässigen Maß G_o und dem kleinsten zulässigen Maß G_u, also $T = G_o - G_u$, siehe auch DIN 18 202. Durch diese Toleranzdefinition ist gewährleistet, dass ein Messergebnis nur dann akzeptiert wird, wenn das Kleinst- und Größtmaß nicht unter- bzw. überschritten wird. Bei einem Bauvorhaben setzt sich die Gesamttoleranz T_{Ges} aus den Toleranzen T_B der Bauteilfertigung, T_M der Montage und T_V der Vermessung zusammen. Der Zusammenhang zwischen einer vorgegebenen Toleranz T und der Wahl des geeigneten Messverfahrens mit einer zugehörigen Standardabweichung ist in der DIN 18 710-1 beschrieben.

1.2 Geodätische Lage- und Höhenbezugssysteme

Die geodätischen Lage- und Höhenbezugssysteme wurden aus historischen und gerätebedingten Gründen getrennt voneinander aufgebaut und fortgeführt.

Das geodätische Lagebezugssystem

Die mathematische Figur, die sich der tatsächlichen Erdoberfläche am besten anschmiegt, ist das Rotationsellipsoid, das durch mindestens zwei Parameter (z. B. große und kleine Halbachse) definiert ist. Für Deutschland wurde in der Vergangenheit das Besselellipsoid eingeführt. Im Bereich von kleinräumigen und eng begrenzten Gebieten kann die Ebene als Bezugsfläche verwendet werden. Der Übergang von ellipsoidischen Besselkoordinaten zu „ebenen" Koordinaten wird mittels der transversalen Mercatorprojektion und längentreuer Abbildung des Hauptmeridians vorgenommen. Dieser Hauptmeridian stellt eine Hauptachse des Koordinatensystems dar, die zweite Hauptachse ist der orthogonal zum Hauptmeridian verlaufende Äquator. Damit die Verzerrungen bei der Abbildung in die Ebene vorgegebene Grenzwerte nicht überschreiten, beschränkt man in Deutschland die Abbildungssysteme auf 3°-breite Meridianstreifensysteme. Als Haupt- und Mittelmeridian werden die durch drei teilbaren Meridiane östlich von Greenwich gewählt. Der Nullpunkt der nach Norden positiv zählenden und längentreu abgebildeten Abszisse (Hochwert X) ist der Schnittpunkt des Hauptmeridians mit dem Äquator. Die Ordinaten (Rechtswerte Y) zählen vom Hauptmeridian nach Osten positiv. Zur Vermeidung negativer Werte nach Westen erhält der Hauptmeridian den Zuschlag von 500 000 m. Außerdem erhält der Rechtswert eine Kennziffer ($\lambda_0/3$), die den Meridianstreifen angibt. Das hier beschriebene Gauß-Krüger-Koordinatensystem wird heute noch in vielen Bundesländern als amtliches Lagebezugssystem angewendet.

Im Zuge der Realisierung moderner, geodätischer Bezugssysteme wurde die schrittweise Einführung des **European Terrestrial Reference System 1989** (ETRS89) auf der Grundlage des **Geodetic Reference System 1980** (GRS80) beschlossen. Somit ersetzt das ETRS89 auf der Basis der **Universale Transversale Mercator**-Abbildung (UTM) mit 6°-breiten Meridianstreifen zukünftig die Gauß-Krüger-Koordinaten des **Deutschen Hauptdreiecksnetzes** (DHDN) und repräsentiert damit das amtliche Lagebezugssystem.

Das geodätische Höhenbezugssystem

Zur Festlegung der dritten Dimension, der Höhe, ist man viele Jahre von mittleren Meeresoberflächen ausgegangen. Die physikalisch definierte Bezugsfläche, die die ruhende und von den Gezeiten bereinigte, unter den Kontinenten fortgesetzt gedachte Meeresoberfläche darstellt, ist das Geoid. Mathematisch lässt sich das Geoid nicht approximieren, sodass sich daraus die Abkopplung von den Lagebezugssystemen ergab. Nach der Festlegung eines mittleren Meereswasserpegels wurden Höhenunterschiede bzgl. des Pegels gemessen und für ganz Deutschland linien- und netzweise verdichtet. Nach der Wiedervereinigung der alten und neuen Bundesländer wurde als das heute amtliche Höhenbezugssystem das **Deutsche Haupthöhennetz 1992** (DHHN 92) eingeführt. Die amtlichen Höhen des DHHN 92 basieren auf den Normalhöhen (NHN) mit dem Quasigeoid als Höhenbezugsfläche. Das DHHN 92 wurde in den einzelnen Bundesländern zu unterschiedlichen Zeitpunkten eingeführt. Die Differenzen zu den vorher gültigen Höhensystemen betragen im Bereich der alten Bundesländer zwischen –50 mm bis +40 mm und im Geltungsbereich der neuen Bundesländer zwischen +12 cm bis +15 cm.

2 Entfernungsmessung

Die verschiedenen Arten der Entfernungsmessung führen im Ergebnis zu der Horizontalentfernung zwischen zwei Punkten als Grundlage für die weiteren Berechnungen. Moderne Totalstationen, sog. Tachymeter, berechnen aus den gemessenen Vertikalwinkeln und Schrägstrecken sowie den entsprechenden trigonometrischen Funktionen die Horizontalentfernungen oder Höhenunterschiede zwischen der Kippachse des Tachymeters und dem angezielten Prisma/Reflektor.

2.1 Mechanische Distanzmessung

Die mechanische Distanzmessung wird mittels mechanischer Längenmaßstäbe (Messstab, Messband, Messlatte o. Ä.) derart durchgeführt, dass durch Aneinanderreihung von n ganzen Maßstabslagen l und Ausmessung des Reststückes R die Gesamtstrecke L erhalten wird: $L = n \cdot l + R$. Im Falle von geneigten Geländeoberflächen ist die „Staffelmessung" anzuwenden. Die Genauigkeit einer Distanzmessung mit Hilfe eines Messbandes kann unter Berücksichtigung von Bezugstemperatur und Bezugsspannung sowie der vorherrschenden Gebrauchstemperatur gesteigert werden (siehe auch OIML R35).

2.2 Optische Distanzmessung

Bei der optischen Distanzmessung wird die Gesamtstrecke L zwischen zwei Punkten indirekt bestimmt, indem man aus einer gegebenen Basis b und dem ihr gegenüberliegenden Winkel γ im sogenannten parallaktischen Dreieck die Gesamtstrecke L zwischen dem Scheitel des Winkels γ und der Basis b ableitet.

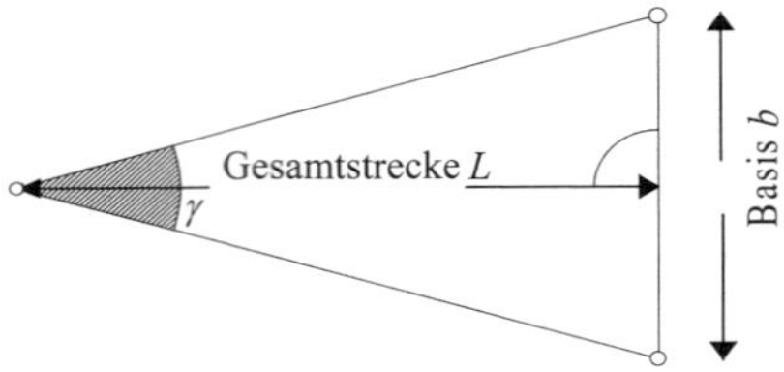

Die Gesamtstrecke L lautet demnach:

$$L = b/2 \cdot \cot \gamma/2.$$

In der Praxis werden heute zwei Verfahren der optischen Distanzmessung angewendet:

- die Reichenbach´sche Distanzmessung (vertikale Basis)
- die Distanzmessung mittels Basislatte (horizontale Basis).

2.3 Elektronische Distanzmessung

Die elektronische Distanzmessung basiert auf der Aussendung von elektromagnetischen Wellen aus dem Bereich des infraroten bis sichtbaren Lichts, der Reflektion des Signals an z. B. einem Prisma/Reflektor und dem abschließenden Empfang der reflektierten Welle in der Empfangseinheit. In der heutigen Praxis wird das Impulsverfahren angewendet, bei dem die Laufzeit eines Lichtimpulses Δt bei bekannter Ausbreitungsgeschwindigkeit (Lichtgeschwindigkeit c) gemessen wird und anschließend aus der Zeitmessung die gesuchte, einfache Gesamtstrecke L ermittelt wird:

$2 \cdot L = c \cdot \Delta t$ und $L = 0{,}5 \cdot c \cdot \Delta t$, mit $c = c_0 / n$ und $c_0 = 299\,792\,458$ m/s, n = Brechungsindex.

Der aktuell vorherrschende Brechungsindex n ist eine Funktion der Temperatur, des Luftdrucks und der Luftfeuchtigkeit und kann bei modernen Instrumenten automatisch registriert und zur Korrektur der Distanzmessung herangezogen werden.

Neben dem Impulsverfahren existiert das Phasenvergleichsverfahren, bei dem eine sinusförmige Messwelle bei bekannter Modulationsfrequenz f und Wellenlänge λ verwendet wird. Die Gesamtstrecke L ergibt sich somit aus:

$$L = n \cdot \lambda + R,$$

wobei R dem Restphasenstück der letzten angebrochenen Wellenlänge entspricht und messtechnisch ermittelt werden kann. Zur Bestimmung der unbekannten Anzahl von n Wellenlängen λ wird die Gesamtstrecke in mehreren Einzelmessungen bei unterschiedlicher Wellenlänge ausgemessen und somit aus dem jeweiligen Reststück R die Gesamtstrecke abgeleitet. Fehlerquellen der elektronischen Distanzmessung liegen in der Bestimmung des Brechungsindizes, bei fehlerhaften Modulationsfrequenzen, bei Nullpunktsfehlern, Phaseninhomogenitäten sowie zyklischen Phasenfehlern. Regelmäßige, laborgestützte Instrumentenüberprüfungen reduzieren die Fehlereinflüsse.

Die Genauigkeit der elektronischen Distanzmessung lässt sich mit folgender Formel angeben:

$m_L = \pm (a + b \cdot \text{ppm})$, mit $a \approx 3...10$ mm und $b \approx 2...10$ mm, ppm = parts per million = 10^{-6}.

Für jede Instrumenten- und Prismen-/Reflektorkombination ist die aktuelle Additionskonstante k_0 im Labor oder auf Eichstrecken zu ermitteln und bei jeder Distanzmessung zur Erlangung des Endergebnisses anzubringen. Ein einfaches Feldverfahren zur Berechnung der Additionskonstante kann durch Messen der Teilstrecken zwischen drei in einer Flucht liegenden Punkten P_1, P_2 und P_3 erfolgen. Die Additionskonstante k_0 ergibt sich aus:

$$k_0 = S_{P_1P_3} - S_{P_1P_2} - S_{P_2P_3}.$$

3 Winkelmessung

Einfache Verfahren der Winkelmessung mit Genauigkeiten im Bereich von 0,02 gon werden mit Hilfe von Winkelprismen durchgeführt. Weit verbreitet sind Pentagon- oder Doppelpentagonprismen, die mittels Fluchtstäben das Absetzen von rechten Winkeln ermöglichen.

Ein Instrument zur Messung von horizontalen Richtungen und Vertikalwinkeln ist der THEODOLIT. Der Horizontalwinkel ergibt sich aus der Projektion der horizontalen Richtungen zu zwei Zielpunkten in die Horizontalebene. Aus diesem Grund wird vor jeder Winkelmessung der Theodolit horizontiert. Die Grobhorizontierung erfolgt durch das Einspielen der Dosenlibelle über die Dreifußschrauben. Die Feinhorizontierung des Theodolites geschieht, indem man die Längsachse der Röhrenlibelle parallel zu zwei Fußschrauben stellt und auf die Mittelmarke einspielt; anschließend die Röhrenlibelle samt dem Oberbau des Theodolites um 100 gon drehen und die dritte Fußschraube auf die Mittelmarke einspielen lassen. Nun sollte die Röhrenlibelle in jeder Ausrichtung des Theodolites in der Mittelposition der Libelle einspielen. Andernfalls liegt der sogenannte Spielpunkt der Röhrenlibelle an der Stelle des halben Blasenausschlages und die Horizontierung muss an der Stelle des Spielpunktes wiederholt werden.

Soll nun neben der Horizontierung eine Zentrierung des Theodolites über einem z. B. Bodenpunkt erfolgen, so ist der Theodolit auf dem Stativteller nach Lösen der Anzugsschraube in das Zentrum des Bodenpunktes zu verschieben und die Feinhorizontierung ggf. zu wiederholen. Zur Durchführung von fehlerfreien Winkelmessungen müssen Steh-, Kipp- und Zielachse des Theodolites die folgenden Kriterien erfüllen:

- Stehachse lotrecht
- Kippachse orthogonal zur Stehachse
- Zielachse orthogonal zur Kippachse.

Restfehler aufgrund von fehlenden Orthogonalitäten zwischen den Achsen führen zu den Kipp- und Zielachsfehlern, die durch Messung in zwei Lagen und anschließende Mittelbildung eliminiert werden können. Der Stehachsfehler ist ein Aufbaufehler der messtechnisch nicht eliminiert werden kann. Moderne Theodolite verfügen über elektronische Kompensatoren, die nach einer Grobhorizontierung die Feinhorizontierung automatisch vornehmen.

3.1 Horizontalwinkelmessung

Horizontale Richtungsmessungen werden von dem Instrumentenstandpunkt in Form einer Satzmessung durchgeführt. Der Theodolit wird horizontiert und ggf. über einem Bodenpunkt zentriert. Anschließend werden die Richtungen zu den Zielpunkten im Uhrzeigersinn der Lage I eingestellt und in ein sogenanntes Winkelfeldbuch eingetragen. Zur Reduzierung der Ziel- und Kippachsfehler wird die Richtungsmessung nach dem Durchschlagen des Zielfernrohrs in der Lage II durchgeführt. Dabei wird in umgekehrter Reihenfolge gemessen um Fehlereinflüsse aus Stativ- und Pfeilerdrehung zu reduzieren. Ein Vollsatz besteht aus den kompletten Zielungen der Lage I und Lage II.

Zur Erhöhung der Genauigkeit werden mehrere Vollsätze gemessen und der Teilkreis vor jeder Satzmessung um $200^g/s$ (s = Anzahl der Sätze) weitergedreht, um Teilungsfehler der Kreisteilung zu reduzieren.

Eine zugehörige Fehlerrechnung erlaubt die Berechnung der Standardabweichung einer in einem Satz beobachteten Richtung m_r und einer aus s Sätzen gemittelten Richtung μ_r:

$$m_r = \sqrt{\frac{\sum vv}{(n-1)\cdot(s-1)}}, \quad \mu_r = \frac{m_r}{\sqrt{s}}$$

mit n = Anzahl der Ziele

s = Anzahl der Sätze

$\sum vv$ = Quadratsumme der Verbesserungen v.

	Beobachter:	Mustermann		Ort:	Köln
	Feldbuch:	Mustermann		Datum:	11.07.2015
	Instrument:	Hersteller xy		Sicht:	10 km
Zielpunkt	Horizontalkreis			Reduzierte	Mittel aus
	Lage I	Lage II	Mittel	Richtung	den Sätzen
	gon	gon	gon	gon	gon
	Standpkt.	TP 12			
TP 5	0,0236	200,0245	0,0240	0,0000	0,0000
TP 7	39,4987	239,5012	39,5000	39,4760	39,4756
TP 15	152,3826	352,3847	152,3836	152,3596	152,3591
TP 2	221,9762	21,9788	221,9775	221,9535	221,9530
TP 4	374,6375	174,6400	374,6388	374,6148	374,6142
TP 5	50,0176	250,0200	50,0188	0,0000	
TP 7	89,4928	289,4951	89,4940	39,4752	
TP 15	202,3760	2,3785	202,3772	152,3584	
TP 2	271,9702	71,9730	271,9716	221,9528	
TP 4	24,6314	224,6331	24,6322	374,6134	
TP 5	100,0305	300,0332	100,0318	0,0000	
TP 7	139,5055	339,5081	139,5068	39,4750	
TP 15	252,3893	52,3921	252,3907	152,3589	
TP 2	321,9832	121,9860	321,9846	221,9528	
TP 4	74,6448	274,6472	74,6460	374,6142	
TP 5	150,1204	350,1230	150,1217	0,0000	
TP 7	189,5964	389,5992	189,5978	39,4761	
TP 15	302,4800	102,4824	302,4812	152,3595	
TP 2	372,0739	172,0753	372,0746	221,9529	
TP 4	124,7350	324,7374	124,7362	374,6145	

3.2 Vertikalwinkelmessung

Bei der Vertikalwinkelmessung werden direkt mit einer Anzielung Vertikalwinkel gemessen, d. h. bei einer horizontalen Zielung sollte die Ablesung am Vertikalkreis 100^g betragen. Im Gegensatz zu dem Horizontalkreis dreht sich der Vertikalkreis bei jeder Fernrohrzielung mit und die Ablesung erfolgt an einer festen Ablesestelle. Ein fehlerfrei arbeitender Theodolit liefert als Summe für die Ablesungen in Lage I (AI) und Lage II (AII) zu einem Zielpunkt den Wert 400^g, d. h. $AI + AII = 400^g + 2 \cdot v_z$.

Die mit v_z bezeichnete Indexabweichung kann in der Vermessungspraxis durch die Messung in zwei Fernrohrlagen eliminiert oder nach vorheriger Bestimmung auch rechnerisch berücksichtigt werden.

4 Höhenmessung

Die Verfahren der Höhenmessung basieren auf der Bestimmung von relativen Höhenunterschieden oder absoluten Höhen. Grundsätzlich ist bei jeder Höhenmessung der Anschluss an das geodätische Höhenbezugssystem zu definieren. In der Praxis findet man je nach Aufgabenstellung die unterschiedlichsten Verfahren der Höhenmessung, deren Grundlagen hier kurz vorgestellt werden.

Schlauchwaagenmessung

Die Höhenübertragung mit Hilfe der Schlauchwaage basiert auf dem physikalischen Prinzip der kommunizierenden Röhren. Ein mit Wasser gefüllter Schlauch, an dessen Enden vertikale Glaszylinder mit einer mm-Teilung angebracht sind, erlaubt die Ablesung der Wasseroberfläche an einer Teilung. Entscheidend sind eine luftblasenfreie Füllung des Schlauches sowie eine ggf. notwendige Nullpunktkorrektur, die durch Nebeneinanderhalten der Glaszylinder vorgenommen werden kann. Die Übertragung von Höhen oder Meterrissen innerhalb von Geschossen eines Gebäudes lässt sich mit diesen Verfahren in mm-Genauigkeit durchführen.

Nivellierinstrumente

Die heutigen Nivellierinstrumente bestehen aus Dreifuß und Messfernrohr, welche durch Fadenkreuz mit Okular, Fokussiereinrichtung, Objektiv und Horizontierungseinrichtung ausgestattet sind. Im Gegensatz zu den Libellennivellieren, deren Horizontierung der Ziellinie über eine Dosenlibelle in Kombination mit einer Röhrenlibelle und zugehöriger Kippschraube realisiert wird, verfügen die Kompensatornivelliere über eingebaute Kompensatoren, die eine Feinhorizontierung der Ziellinie automatisch über z. B. optisch-mechanische Pendelsysteme vornehmen. Diese weit verbreiteten Kompensatornivelliere erlauben komfortable und vor allem schnelle Ablesungen.

Rotationslaser

Die Horizontierung eines Rotationslasers basiert auf eingebauten Kompensatoren, die über z. B. pendelnd aufgehängte Spiegel/Prismen einen horizontalen und rotierenden Laserstrahl aussenden. Mittels geeigneter Nivellierlatten wird der Laserstrahl empfangen und die eingestellte Höhe angezeigt bzw. abgelesen.

Digitalnivelliere

Die Realisierung einer horizontalen Ziellinie basiert auf den Prinzipien der Kompensatornivelliere. Nivellierlatten mit codierter Lattenteilung erlauben mittels Codescanner im Nivellierinstrument eine digitale Ablesung, automatische Registrierung und letztlich digitale Datenübertragung zum Auswertecomputer. Digitalnivelliere reduzieren Ablesefehler, erlauben eine digitale Auswertung und ermöglichen somit eine schnelle und effiziente Durchführung des Nivellements bei höchstem Genauigkeitsniveau.

4.1 Geometrisches Nivellement

Vor der Durchführung eines geometrischen Nivellements ist das Nivellierinstrument durch eine Nivellierprobe zu überprüfen und ggf. zu justieren.

Nivellierprobe

Im Folgenden wird die Nivellierprobe nach *Kukkamäki* erläutert, die von zwei unabhängigen Instrumentenstandpunkten ausgeht. Im ersten Schritt wird das Nivellierinstrument in die Mitte zwischen zwei ca. 20 m voneinander entfernten Nivellierlatten aufgebaut und horizontiert. Die Lattenablesung a_1 an der Latte A ist bei einer Dejustierung des Instrumentes um den gleichen Betrag verfälscht wie die Lattenablesung b_1 an der Latte B aufgrund des mittigen Geräteaufbaues und den daraus resultierenden gleichen Zielweiten. Für den zweiten Instrumentenpunkt wird das Nivellierinstrument in der Flucht der Nivellierlatte A-B im Abstand von 20 m von der Latte B aufgebaut. Mit den Ablesungen a_1, b_1, a_2 und b_2 errechnet sich die Sollablesung für a_2' wie folgt:

$$a_2' = a_2 + 2 \cdot [(a_1 - b_1) - (a_2 - b_2)].$$

Bei einer signifikanten Abweichung kann die Sollablesung a_2' mit Hilfe einer Verschiebung des Strichkreuzes eingestellt werden, sodass sich anschließend die fehlerfreien Ablesungen ergeben.

4.1.1 Liniennivellement

Bei einem Linien- oder Festpunktnivellement wird durch die horizontierte Ziellinie eines Nivellierinstrumentes und den zugehörigen Ablesungen an vertikalen Maßstäben (Nivellierlatten o. Ä.) der Höhenunterschied zwischen den Aufsetzpunkten der Nivellierlatten durch die Vorschrift

$$\Delta h = r - v$$

mit r = Rückblick- und v = Vorblickablesung gebildet. Bei gleichen Rückblick- und Vorblickzielweiten erhält man einen Höhenunterschied, der von Restfehlern der Justierung und Erdkrümmung bereinigt ist.

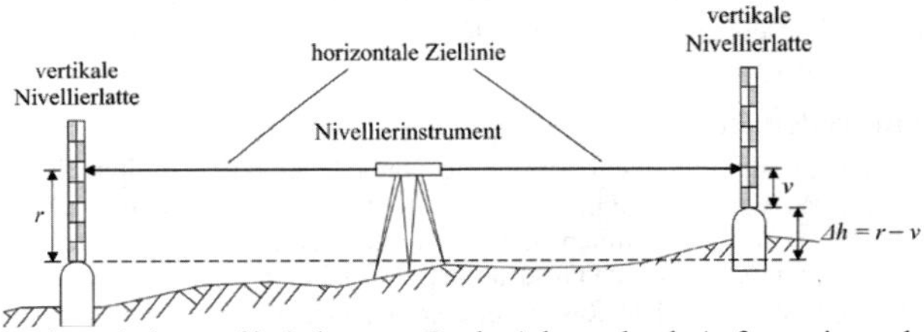

Ausgehend von einem höhenmäßig bekannten Punkt A kann durch Aufsummieren der Höhenunterschiede die Höhe des Neupunktes N bestimmt werden. Sinnvollerweise wird die Höhenübertragung durch Messung des Hin- und Rückweges kontrolliert und an zwei Höhenfestpunkten angeschlossen.

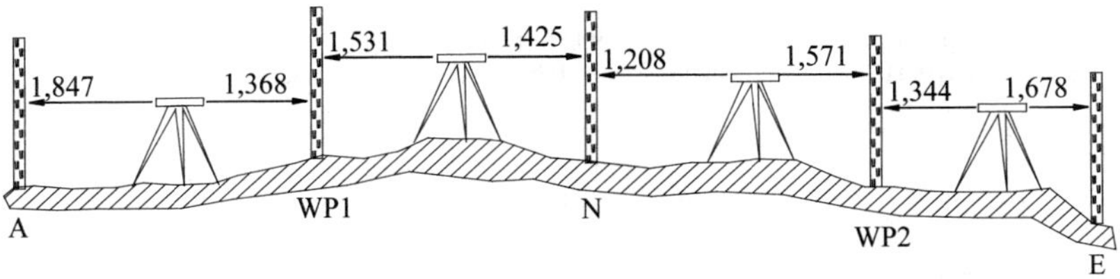

Mehrfachmessungen eliminieren grobe Fehler und ermöglichen eine Genauigkeitssteigerung.

Die Auswertung eines Nivellementfeldbuches wird in der folgenden Tabelle exemplarisch aufgeführt. Dabei berechnet sich die Höhenabweichung w_H aus:

$$w_H = H_E - H_A - \sum \Delta h.$$

Für ein Festpunktnivellement im amtlichen Höhennetz der 4. Ordnung werden zulässige Abweichungen zwischen den nivellierten Höhenfestpunkten nach folgender Formel berechnet:

$$Z_H = 0{,}002 + 0{,}006 \cdot (s/1000)^{1/2} \text{ mit } s \text{ in [m]}.$$

Zulässige Abweichungen werden proportional auf die Standpunkte oder streckenproportional verteilt.

Pkt.	z	$s_i = \Sigma z$	R	v	$\Delta h = r - v$	$H_{vorläufig}$	k	$H_{korrigiert}$	Bemerkungen
A	40		1,847			56,394	$0{,}000_0$	56,394	Höhenfestpunkt A
	40	80		1,368	+0,479				
WP1	40		1,531			56,873	$0{,}001_2$	56,874	Wechselpunkt 1
	40	160		1,425	+0,106				
N	40		1,208			56,979	$0{,}002_4$	56,981	Neupunkt N
	40	240		1,571	−0,363				
WP2	45		1,344			56,616	$0{,}003_6$	56,620	Wechselpunkt 2
	45	330		1,678	−0,334				
E						56,282	$0{,}005_0$	56,287	Höhenfestpunkt E
Σ		S = 330	5,930	6,042	−0,112				

Höhenabweichung w_H: $w_H = H_E - H_A - \sum\Delta h = 56{,}287\text{ m} - 56{,}394\text{ m} - (-0{,}112\text{ m}) = 0{,}005\text{ m}$
Zulässige Abweichung: $Z_H = 0{,}002 + 0{,}006 \cdot (s/1000)^{1/2} = 0{,}002 + 0{,}006 \cdot (0{,}330)^{1/2} \approx 0{,}006\text{ m}$.

Bei zulässiger Abweichung wird w_H proportional zum Nivellementsweg verteilt:

$$k = w_H \cdot s_i / S.$$

Die Vermarkung von übertragenen Höhen kann mittels Holzpflock, Steh-/Setzungsbolzen oder Höhenmarke erfolgen. Höhenmarken werden mit geeignetem Klebemittel an Stützen, Wänden oder anderen konstruktiven Bauteilen fixiert.

4.1.2 Längs- und Querprofile

Zur Erstellung von Planunterlagen für langgezogene Bauvorhaben (z. B. Straßenbau, Gleistrassen, Dammanlagen) sowie für Mengenberechnungen wird die Topographie mit Hilfe von Längs- und Querprofilen beschrieben. Das Längsprofil wird als Vertikalschnitt durch die Erdoberfläche längs der Trasse konstruiert und gibt somit Auskunft über die Gefälleverhältnisse längs der Leitlinie. Die Stationierung der Stationspunkte ist der Geländetopographie anzupassen, sodass alle Geländeknickpunkte im Trassenverlauf erfasst werden. Der Maßstab der Längsprofile entspricht dem Lageplan. Geländeneigungen links und rechts der Trasse werden durch Querprofile beschrieben, die orthogonal zu den Längsprofilen erstellt werden. Die Höhen der Querprofile werden meist im Verhältnis 1:10, 1:50 oder größer dargestellt.

4.1.3 Flächennivellement

Das Flächennivellement ist die Höhenbestimmung von flächenhaft verteilten Punkten mit einem Nivellierinstrument. Das Verfahren eignet sich besonders bei mäßig geneigtem Gelände zur Herstellung von Lageplänen mit Höhenlinien und zur Massenberechnung. In diesen Fällen lässt sich von einem Instrumentenstandpunkt eine Großzahl der Aufnahmepunkte, die rasterförmig hergestellt werden, höhenmäßig bestimmen. Die Rasterweite ist der Geländetopographie anzupassen und der Höhenanschluss erfolgt über mindestens zwei Höhenfestpunkte. Im Falle von Geschossflächen werden auch Schlauchwaagen zur höhenmäßigen Bestimmung der Rasterpunkte verwendet.

4.2 Trigonometrische Höhenbestimmung

Auf der Grundlage von gemessenen Vertikalwinkeln z und Schrägstrecken d, lassen sich auf einfache Weise reduzierte Horizontalstrecken e sowie Höhen und Höhenunterschiede bestimmen:

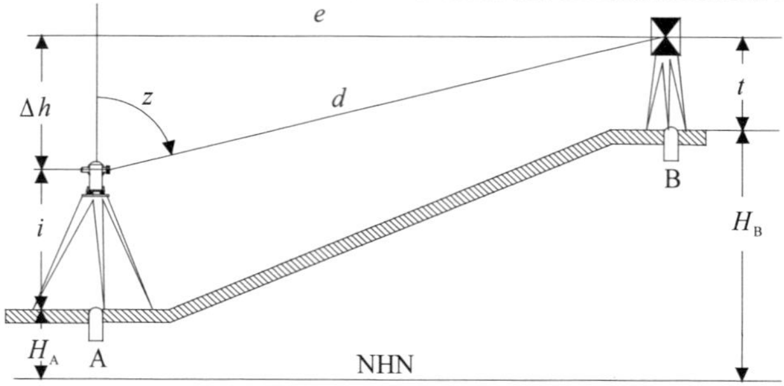

In dem vertikalen Dreieck durch den Instrumentenstandpunkt A und den Zielpunkt B sind die gemessenen Beobachtungen, die gegebenen Höhenunterschiede i (= Instrumentenhöhe) und t (= Zieltafelhöhe) sowie die gesuchte Höhe H_B eingetragen. Über die trigonometrischen Funktionen erhält man:

$$\Delta h = e \cdot \cot z = d \cdot \cos z.$$

Die Höhe des gesuchten Neupunktes B ergibt sich somit aus:

$$H_B = H_A + e \cdot \cot z + i - t.$$

Aufgrund von Fehlereinflüssen aus Erdkrümmung und Refraktion ist die trigonometrische Höhenbestimmung mit cm-Genauigkeit bis ca. 250 m möglich. Auf der Grundlage der trigonometrischen Höhenbestimmung sind das trigonometrische Nivellement und die Turmhöhenbestimmung mit horizontalem oder vertikalem Hilfsdreieck entstanden.

4.3 Lasernivellement

Im Gegensatz zu den Nivellierinstrumenten wird die Horizontalebene der Rotationslaser durch einen rotierenden Laserstrahl realisiert. Diese horizontale Bezugsebene kann an beliebiger Stelle mittels geeigneter Nivellierlatten detektiert werden. Die hierfür erforderlichen Nivellierlatten verwenden vertikal verschiebbare Photodioden, die in die horizontale Laserebene eingerichtet werden. Über die Abstandsmessung zu dem Fuß- oder Bodenpunkt wird der Höhenunterschied zu der Horizontalebene des Rotationslasers ermittelt. Lasernivellements eignen sich für mäßig geneigtes Gelände und für flächenhafte Höhenübertragungen (z. B. Pflasterflächen, Planumsschichten) und können von einer Person durchgeführt werden.

5 Koordinatenberechnung

Die folgenden Koordinatenberechnungen beziehen sich auf die Ebene als Bezugsfläche. Für die Berechnungen wird davon ausgegangen, dass alle gemessenen Strecken auf Meeresniveau reduziert sind. Dafür ist zuerst aus der gemessenen Schrägstrecke und dem Vertikalwinkel die Horizontalstrecke zu berechnen. Die Horizontalstrecke ist über die Höhenreduktion auf Meeresniveau zu projizieren und abschließend die Projektionsverzerrung anzubringen. Für die Berechnung von Absteckungselementen in der Bauvermessung wird für jedes Bauvorhaben ein entsprechend günstig liegendes, lokales Koordinatensystem eingerichtet. Die Transformation von lokalen oder örtlichen Koordinatensystemen in das amtliche geodätische Lagebezugssystem geschieht mit Hilfe der mathematischen Formeln der Koordinatentransformation (s. Abschnitt 5.6).

5.1 Richtungswinkel und Entfernung aus Koordinaten

Basierend auf zwei koordinatenmäßig bekannten Punkten sind der Richtungswinkel $t_{1,2}$ und die Entfernung $s_{1,2}$ zwischen den beiden Punkten P_1 und P_2 zu berechnen:

gegeben: Punkt P_1 (Y_1; X_1) und Punkt P_2 (Y_2; X_2)
gesucht: Richtungswinkel $t_{1,2}$ und Strecke $s_{1,2}$

Lösung:

$$t_{1,2} = \arctan((Y_2 - Y_1)/(X_2 - X_1))$$

$$s_{1,2} = \sqrt{(Y_2 - Y_1)^2 + (X_2 - X_1)^2}$$

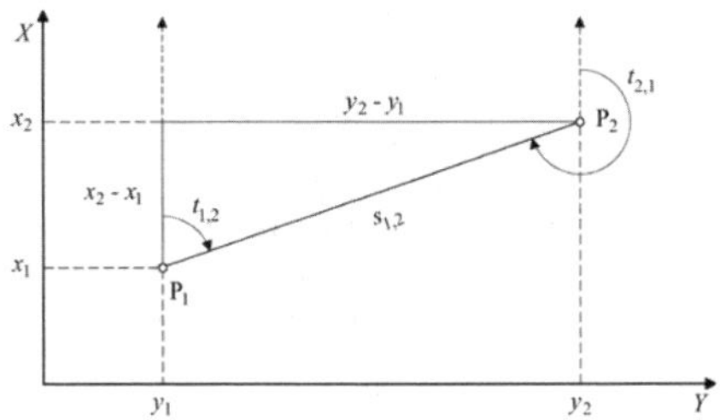

Der Quadrant des Richtungswinkels wird durch die Vorzeichen der Koordinatenunterschiede eindeutig bestimmt:

Quadrant	Richtungswinkel	ΔY	ΔX
I.	0 … 100 gon	+	+
II.	100 … 200 gon	+	–
III.	200 … 300 gon	–	–
IV.	300 … 400 gon	–	+

Beispiel:

Gegeben: Punkt P_1 (31 151,81; 8 359,65) und Punkt P_2 (30 792,27; 7 833,09)

Lösung: $\Delta Y_{1,2} = Y_2 - Y_1 = -359{,}54$ m
$\Delta X_{1,2} = X_2 - X_1 = -526{,}56$ m
$t_{1,2} = \arctan(\Delta Y_{1,2}/\Delta X_{1,2}) = \arctan(-359{,}54/-526{,}56) = 238{,}1396$ gon (III. Quadrant)

$$s_{1,2} = \sqrt{(Y_2 - Y_1)^2 + (X_2 - X_1)^2} = \sqrt{(-359{,}54)^2 + (-526{,}56)^2} = 637{,}60\,\mathrm{m}$$

5.2 Kleinpunktberechnung

Bei der Kleinpunktberechnung sind die Koordinaten von Anfangs- und Endpunkt einer Messungslinie bekannt. Gesucht werden die Koordinaten von Punkten P_N auf und seitwärts der Messungslinie AE:

gegeben: Punkt P_A (Y_A; X_A) und P_E (Y_E; X_E)
gemessen: Strecken $s_{A,N}$ zu den Neupunkten P_N
gesucht: Koordinaten von Punkt P_N (Y_N; X_N)
Lösung: – Berechnung der Transformationskonstanten o und a:

$o = \Delta Y_{A,E}/s_{A,E}$ (Ordinatenkonstante)
$a = \Delta X_{A,E}/s_{A,E}$ (Abszissenkonstante)

– Berechnung der Koordinaten von Punkten P_N auf der Messungslinie AE:

$Y_N = Y_A + o \cdot s_{A,N}$
$X_N = X_A + a \cdot s_{A,N}$

– Berechnung der Koordinaten von seitwärts liegenden Punkten P_N:

$Y_N = Y_A + o \cdot s_{A,N} + a \cdot h_i$
$X_N = X_A + a \cdot s_{A,N} - o \cdot h_i$

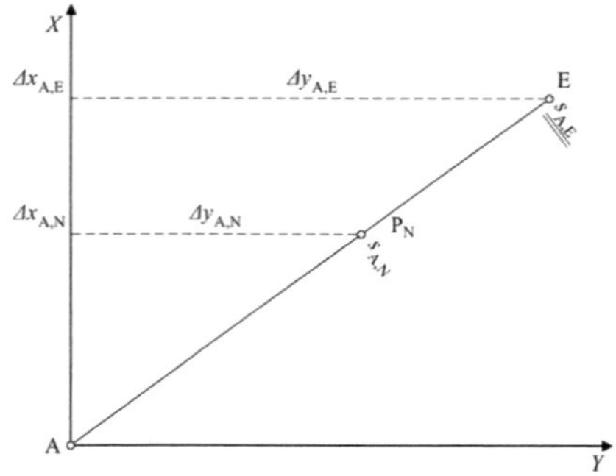

Wichtig: liegt h_i links der Messungslinie AE, muss ein negatives Vorzeichen für h_i eingeführt werden.

5.3 Vorwärts- und Rückwärtsschnitt

Bei dem Vorwärtseinschneiden von Neupunkten werden die Beobachtungen von mindestens zwei koordinatenmäßig bekannten Punkten zu dem Neupunkt P_N durchgeführt:

gegeben: Punkt P_A (Y_A; X_A) und Punkt P_B (Y_B; X_B)
gemessen: Horizontalwinkel α und β, dann ist $\gamma = 200^g - (\alpha + \beta)$
gesucht: Koordinaten Punkt P_N (Y_N; X_N)
Lösung: – Richtungswinkel und Entfernung:

$t_{A,B} = \arctan(\Delta Y/\Delta X)$
$= \arctan((Y_B - Y_A)/(X_B - X_A))$
$s_{A,B} = \sqrt{(Y_B - Y_A)^2 + (X_B - X_A)^2}$

– Strecke zum Neupunkt P_N:

$s_{A,N} = s_{A,B} \cdot (\sin\beta)/(\sin\gamma)$
$s_{B,N} = s_{A,B} \cdot (\sin\alpha)/(\sin\gamma)$

– Richtungswinkel zum Neupunkt P_N:

$t_{A,N} = t_{A,B} + \alpha$
$t_{B,N} = t_{B,A} - \beta$

– Koordinaten von P_N durch „polares Anhängen“:

$Y_N = Y_A + s_{A,N} \cdot \sin t_{A,N}$
$X_N = X_A + s_{A,N} \cdot \cos t_{A,N}$

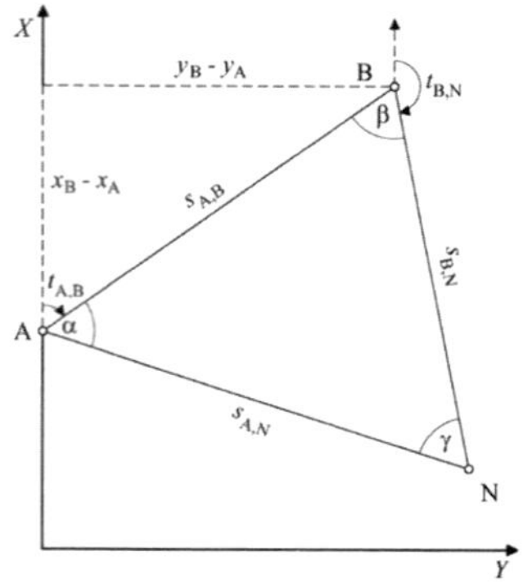

Beispiel:

gegeben: Punkt P_A (48 835,11; 96 340,90) und Punkt P_B (48 740,00; 96 310,00)
gemessen: Horizontalwinkel α = 57,358 gon und β = 75,942 gon
gesucht: Koordinaten Punkt P_N (Y_N; X_N)
Lösung: $t_{A,B} = \arctan(-95{,}11/-30{,}90) = 280{,}002$ gon $\quad s_{A,B} = \sqrt{(-95{,}11)^2 + (-30{,}90)^2} = 100{,}00$ m
$s_{A,N} = s_{A,B} \cdot (\sin\beta)/(\sin\gamma) = 107{,}29$ m $\quad s_{B,N} = s_{A,B} \cdot (\sin\alpha)/(\sin\gamma) = 90{,}49$ m
$t_{A,N} = t_{A,B} + \alpha = 337{,}360$ gon $\quad t_{B,N} = t_{B,A} - \beta = 4{,}060$ gon
$Y_N = Y_A + s_{A,N} \cdot \sin t_{A,N} = 48\,745{,}77$ m $\quad X_N = X_A + s_{A,N} \cdot \cos t_{A,N} = 96\,400{,}31$ m

Beim Rückwärtseinschneiden werden von dem unbekannten Punkt P_N mindestens drei Richtungen zu drei koordinatenmäßig bekannten Festpunkten gemessen. Die Berechnung der unbekannten Standpunktkoordinaten erfolgt über die Schnittberechnung dreier Geraden oder dem Verfahren nach *Collins*.

5.4 Bogenschlag

Für den Bogenschlag werden von zwei koordinatenmäßig bekannten Punkten P_A und P_B die Horizontalentfernungen $s_{A,N}$ und $s_{B,N}$ zu dem Neupunkt P_N gemessen:

gegeben: Punkt P_A (Y_A; X_A) und Punkt P_B (Y_B; X_B)
gemessen: $s_{A,N} = b$ und $s_{B,N} = a$
gesucht: Koordinaten Punkt P_N (Y_N; X_N)
Lösung: – Richtungswinkel und Entfernung:

$$t_{A,B} = \arctan(\Delta Y/\Delta X) = \arctan((Y_B - Y_A)/(X_B - X_A))$$

$$s_{A,B} = \sqrt{(Y_B - Y_A)^2 + (X_B - X_A)^2} = c$$

– Berechnung von p, q und h_c:

$$p = (c^2 + a^2 - b^2)/(2 \cdot c)$$

$$q = (c^2 + b^2 - a^2)/(2 \cdot c)$$

$$h_c = \sqrt{a^2 - p^2} = \sqrt{b^2 - q^2}$$

– Koordinaten des Neupunktes P_N durch „polares Anhängen“:

$$Y_N = Y_A + q \cdot \sin t_{A,B} + h_c \cdot \sin(t_{A,B} + 100^g)$$

$$X_N = X_A + q \cdot \cos t_{A,B} + h_c \cdot \cos(t_{A,B} + 100^g)$$

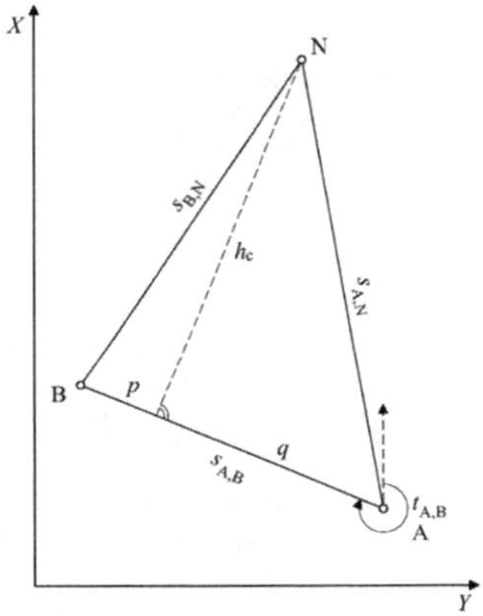

Beispiel:

Gegeben: Punkt P_A (5 781,94; 27 797,27) und Punkt P_B (5 724,87; 27 845,11)
Gemessen: Horizontalstrecken $a = 51{,}17$ m und $b = 55{,}74$ m
Gesucht: Koordinaten Punkt P_N (Y_N; X_N)
Lösung: $t_{A,B} = \arctan(-57{,}07/47{,}84) = 344{,}4134$ gon $\quad s_{A,B} = \sqrt{(-57{,}07)^2 + (47{,}84)^2} = 74{,}47$ m
$p = 33{,}95$ m $\quad q = 40{,}52$ m $\quad h_c = 38{,}285$ m
$Y_N = Y_A + q \cdot \sin t_{A,B} + h_c \cdot \sin(t_{A,B} + 100^g) = 5\,775{,}48$ m
$X_N = X_A + q \cdot \cos t_{A,B} + h_c \cdot \cos(t_{A,B} + 100^g) = 27\,852{,}64$ m

5.5 Polygonzug

Der Polygonzug ist ein Verfahren der Lagepunktbestimmung und wird zur Verdichtung von Lagenetzen herangezogen. Es werden Winkel- und Streckenmessungen zwischen den Brechpunkten des Polygonzuges durchgeführt. Im Folgenden wird der beidseitig angeschlossene Polygonzug erläutert:

gegeben: Punkt P_0 (Y_0; X_0) und Punkt P_1 (Y_1; X_1)
Punkt P_N (Y_N; X_N) und Punkt P_{N+1} (Y_{N+1}; X_{N+1})
gemessen: Brechungswinkel $\beta_1, \beta_2, \beta_3, \beta_4, \beta_N$ und Strecken $s_{1,2}, s_{2,3}, s_{3,4}, s_{4,N}$
gesucht: Koordinaten Punkt P_2 (Y_2; X_2), Punkt P_3 (Y_3; X_3), Punkt P_4 (Y_4; X_4)

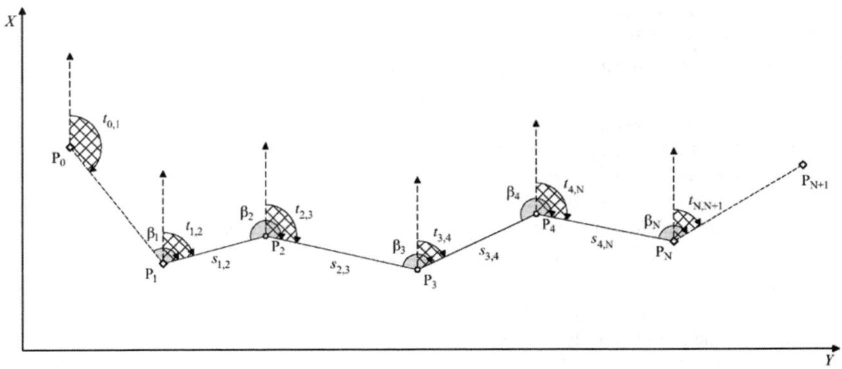

Lösung:

– Berechnung der Anschlussrichtungswinkel:

$t_{0,1} = \arctan(\Delta Y/\Delta X) = \arctan((Y_1 - Y_0)/(X_1 - X_0))$

$t_{N,N+1} = \arctan(\Delta Y/\Delta X) = \arctan((Y_{N+1} - Y_N)/(X_{N+1} - X_N))$

– Berechnung der vorläufigen Richtungswinkel:

$t'_{1,2} = t_{0,1} + \beta_1 \pm 200$ gon $\quad t'_{2,3} = t'_{1,2} + \beta_2 \pm 200$ gon

$t'_{3,4} = t'_{2,3} + \beta_3 \pm 200$ gon $\quad t'_{4,N} = t'_{3,4} + \beta_4 \pm 200$ gon

$t'_{N,N+1} = t'_{4,N} + \beta_N \pm 200$ gon $\quad \Rightarrow \sum t'_{N,N+1} = t_{0,1} + \sum \beta \pm n \cdot 200$ gon

– Berechnung des Winkelabschlussfehlers f_β für Polygonzüge bis zu 2 km Länge:

$f_\beta = t_{N,N+1} - t'_{N,N+1} = \arctan((Y_{N+1} - Y_N)/(X_{N+1} - X_N)) - (t_{0,1} + \sum \beta \pm n \cdot 200 \text{ gon})$

Die zulässige Fehlergrenzformel lautet: FW [gon] $= 0{,}01 + (1{,}1 / [s]) \cdot (n - 1) \cdot \sqrt{n}$ mgon, mit $[s]$ = Summe der Polygonseitenlängen und n = Anzahl der Brechpunkte einschließlich Anfangs- und Endpunkt. Falls $f_\beta < FW$, wird f_β gleichmäßig verteilt nach $v_\beta = f_\beta / n$.

– Berechnung der endgültigen Richtungswinkel:

$t_{1,2} = t_{0,1} + \beta_1 + v_\beta \pm 200$ gon $\quad t_{2,3} = t_{1,2} + \beta_2 + v_\beta \pm 200$ gon $\quad t_{3,4} = t_{2,3} + \beta_3 + v_\beta \pm 200$ gon

$t_{4,N} = t_{3,4} + \beta_4 + v_\beta \pm 200$ gon $\quad t_{N,N+1} = t_{4,N} + \beta_N + v_\beta \pm 200$ gon

Probe: $t_{N,N+1}$ muss mit dem aus den gegebenen Koordinaten errechneten Anschlussrichtungswinkel übereinstimmen.

– Berechnung der vorläufigen Koordinatenunterschiede:

$\Delta Y'_{1,2} = s_{1,2} \cdot \sin t_{1,2}$ und $\Delta X'_{1,2} = s_{1,2} \cdot \cos t_{1,2}$ $\quad \Delta Y'_{2,3} = s_{2,3} \cdot \sin t_{2,3}$ und $\Delta X'_{2,3} = s_{2,3} \cdot \cos t_{2,3}$

$\Delta Y'_{3,4} = s_{3,4} \cdot \sin t_{3,4}$ und $\Delta X'_{3,4} = s_{3,4} \cdot \cos t_{3,4}$ $\quad \Delta Y'_{4,N} = s_{4,N} \cdot \sin t_{4,N}$ und $\Delta X'_{4,N} = s_{4,N} \cdot \cos t_{4,N}$

$\Rightarrow \sum \Delta Y'_{1,N} = \sum (s_{1,N} \cdot \sin t_{1,N})$ und $\quad \Rightarrow \sum \Delta X'_{1,N} = \sum (s_{1,N} \cdot \cos t_{1,N})$

– Berechnung der Koordinatenabschlussfehler f_y und f_x:

$f_y = (Y_N - Y_1) - \sum \Delta Y'_{1,N}$ $\quad f_x = (X_N - X_1) - \sum \Delta X'_{1,N}$

wenn f_y und f_x innerhalb der zulässigen Fehlergrenzen liegen, werden sie nach dem Verhältnis der Streckenlängen auf die einzelnen Koordinatenunterschiede verteilt:

$v(\Delta y)_{i,i+1} = (s_{i,i+1} / \sum s) \cdot f_y$ $\quad v(\Delta x)_{i,i+1} = (s_{i,i+1} / \sum s) \cdot f_x$

– Berechnung der endgültigen Koordinaten:

$Y_2 = Y_1 + \Delta Y'_{1,2} + v(\Delta y)_{1,2}$ $\quad X_2 = X_1 + \Delta X'_{1,2} + v(\Delta x)_{1,2}$

$Y_3 = Y_2 + \Delta Y'_{2,3} + v(\Delta y)_{2,3}$ $\quad X_3 = X_2 + \Delta X'_{2,3} + v(\Delta x)_{2,3}$

$Y_4 = Y_3 + \Delta Y'_{3,4} + v(\Delta y)_{3,4}$ $\quad X_4 = X_3 + \Delta X'_{3,4} + v(\Delta x)_{3,4}$

$Y_N = Y_4 + \Delta Y'_{4,N} + v(\Delta y)_{4,N}$ $\quad X_N = X_4 + \Delta X'_{4,N} + v(\Delta x)_{4,N}$

Probe: X_N und Y_N müssen mit den gegebenen Koordinaten von Punkt P_N übereinstimmen.

– Berechnung von Längs- und Querfehler f_L und f_Q:

Zur Angabe eines koordinateninvarianten Gütekriteriums für einen Polygonzug werden die Koordinatenabschlussfehler auf die Verbindungslinie von Zuganfang bis Zugende transformiert. Dazu wird der Richtungswinkel $t_{1,N} = \varphi$ herangezogen:

$f_L = f_x \cdot \cos \varphi + f_y \cdot \sin \varphi$ (Längsfehler) $\quad f_Q = f_y \cdot \cos \varphi - f_x \cdot \sin \varphi$ (Querfehler).

Beispiel:

gegeben: Punkt P_0 (14 214,72; 57 224,12) und Punkt P_1 (14 296,48; 56 428,31)
Punkt P_4 (14 423,31; 55 970,87) und Punkt P_5 (14 573,87; 55 834,18)

gemessen: Alle Brechungswinkel β und Horizontalstrecken s

gesucht: Koordinaten der Punkte P_2 (Y_2; X_2) und P_3 (Y_3; X_3)

Lösung:

Pkt. Nr.		t / β	s	y / $\Delta Y = s \cdot \sin t$	x / $\Delta X = s \cdot \cos t$
P_0				14214,72	57224,12
	t	193,482			
P_1	β	240,912		14296,48	56428,31
	t	234,388	89,55	– 46,05	– 76,80
P_2	β	162,190		*14250,43*	*56351,51*
	t	196,572	269,67	*14,51*	*– 269,28*
P_3	β	142,447		*14264,94*	*56082,22*
	t	139,013	193,60	*158,37*	*– 111,35*
P_4	β	207,921		14423,31	55970,87
	t	146,928			
P_5				14573,87	55834,18

– Berechnung des Winkelabschlussfehlers f_β:
$f_\beta = t_{4,5} - t'_{4,5} = t_{4,5} - (t_{0,1} + \sum \beta \pm n \cdot 200 \text{ gon}) = 146{,}928 \text{ gon} - 146{,}952 \text{ gon} = -0{,}024 \text{ gon}$
$v_\beta = f_\beta / n = -0{,}024 \text{ gon} / 4 = -0{,}006 \text{ gon}$

– Berechnung der Koordinatenabschlussfehler f_y und f_x:
$f_y = (Y_4 - Y_1) - \sum \Delta Y'_{1,4} = 126{,}83 - 126{,}83 = 0{,}00 \text{ m}$
$f_x = (X_4 - X_1) - \sum \Delta X'_{1,4} = (-457{,}44) - (-457{,}43) = -0{,}01 \text{ m}$

5.6 Koordinatentransformation

Mit Hilfe der Koordinatentransformation lassen sich Koordinaten, die in einem orthogonalen Y'/X'-Koordinatensystem („Alt-System") gegeben sind, über mindestens zwei identische Punkte, deren Koordinaten in dem Y'/X'- und Y/X-Koordinatensystem („Neu-System") gegeben sind, in das orthogonale Y/X-Koordinatensystem („Neu-System") transformieren:

gegeben: Punkt P'_1 (Y'_1; X'_1) und Punkt P_1 (Y_1; X_1)
Punkt P'_2 (Y'_2; X'_2) und Punkt P_2 (Y_2; X_2)
Punkt P'_i (Y'_i; X'_i)

gesucht: Koordinaten Punkt P_i (Y_i; X_i) im „Neu-System"

Lösung: – Berechnung der Entfernungen:

$$s'_{1,2} = \sqrt{(Y'_2 - Y'_1)^2 + (X'_2 - X'_1)^2}$$

$$s_{1,2} = \sqrt{(Y_2 - Y_1)^2 + (X_2 - X_1)^2}$$

– Berechnung des Maßstabsfaktors:
$m = s_{1,2} / s'_{1,2}$

– Berechnung des Drehwinkels φ:
$t'_{1,2} = \arctan((Y'_2 - Y'_1)/(X'_2 - X'_1))$
$t_{1,2} = \arctan((Y_2 - Y_1)/(X_2 - X_1))$
$\varphi = t_{1,2} - t'_{1,2}$

– Berechnung der Transformationsparameter o und a:
$o = m \cdot \sin \varphi$ und $a = m \cdot \cos \varphi$

– Berechnung der gesuchten Koordinaten P_i:
$Y_i = Y_1 + a \cdot (Y'_i - Y'_1) + o \cdot (X'_i - X'_1)$
$X_i = X_1 - o \cdot (Y'_i - Y'_1) + a \cdot (X'_i - X'_1)$.

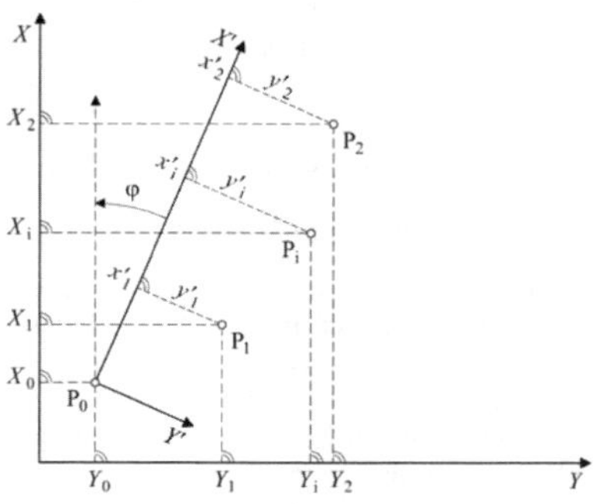

Beispiel:

Gegeben: Punkt P'_1 (20,00; 20,00) und Punkt P_1 (60,00; 80,00)
Punkt P'_2 (120,00;120,00) und Punkt P_2 (180,00;155,00), Punkt P'_i (80,00;60,00)

Gesucht: Koordinaten Punkt P_i (Y_i; X_i) im Neu-System

Lösung:
- Berechnung der Entfernungen: $s'_{1,2} = 141{,}42$ m $s_{1,2} = 141{,}51$ m
- Berechnung des Maßstabsfaktors: $m = 1{,}000636$
- Berechnung des Drehwinkels φ: $\varphi = 64{,}44$ gon – 50,00 gon = 14,44 gon
- Transformationsparameter o und a: $o = 0{,}225025$ $a = 0{,}9749996$
- Berechnung der ges. Koordinaten P_i: $Y_i = 127{,}50$ m $X_i = 105{,}50$ m

In der praktischen Umsetzung wird man versuchen, mehr als nur zwei identische Punkte für die Berechnung der Transformationsparameter heranzuziehen. In diesem Fall werden die Transformationsparameter aufgrund der Überbestimmungen mit Hilfe der Ausgleichungsrechnung ermittelt (sog. Helmerttransformation).

5.7 Geradenschnitt

Zwei Geraden sind durch die Koordinaten von jeweils zwei Punkten gegeben. Gesucht werden die Koordinaten des Schnittpunktes P_S der beiden Geraden:

gegeben: Gerade 1 durch die Punkte P_A (Y_A; X_A) und Punkt P_B (Y_B; X_B)
Gerade 2 durch die Punkte P_C (Y_C; X_C) und Punkt P_D (Y_D; X_D)

gesucht: Koordinaten Schnittpunkt P_S (Y_S; X_S)

Lösung: Geradengleichung $y = a \cdot x + b$

- Gerade 1:
  $a_1 = ((Y_B - Y_A)/(X_B - X_A))$
  $b_1 = Y_A - X_A \cdot a_1$
- Gerade 2:
  $a_2 = ((Y_D - Y_C)/(X_D - X_C))$
  $b_2 = Y_C - X_C \cdot a_2$
- Berechnung Schnittpunktkoordinaten P_S:
  $X_S = ((b_2 - b_1)/(a_1 - a_2))$
  $Y_S = a_1 \cdot X_S + b_1$

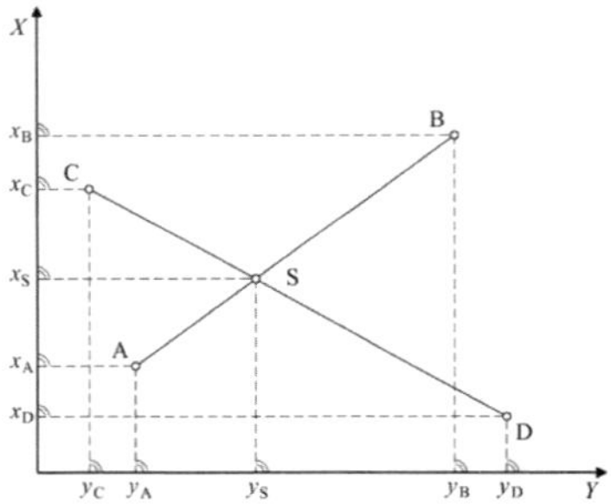

Beispiel:

gegeben: Gerade 1 durch die Punkte P_A (173,948; 142,463) und P_B (473,324; 502,978)
Gerade 2 durch die Punkte P_C (194,834; 442,323) und P_D (362,456; 118,635)

gesucht: Koordinaten des Schnittpunktes P_S (Y_S; X_S)

Lösung:
- Gerade 1: $a_1 = 0{,}83041$ $b_1 = 55{,}645$ m
- Gerade 2: $a_2 = -0{,}51785$ $b_2 = 423{,}891$ m
- Berechnung der Schnittpunktkoordinaten P_S: $X_S = 273{,}127$ m $Y_S = 282{,}452$ m

5.8 Flächenberechnung

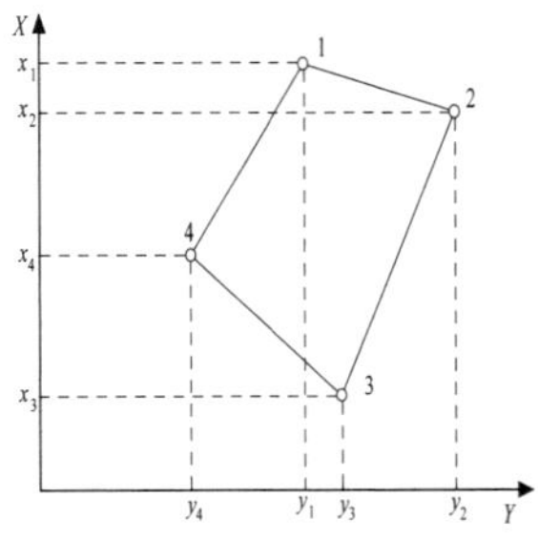

Flächen lassen sich aus Maßzahlen, halbgraphisch, oder auf graphische Weise ermitteln. Die halbgraphische Flächenermittlung basiert auf gemessenen Geländemaßen in Kombination mit aus Plan-/Kartenunterlagen entnommenen Maßangaben. Die graphische Flächenberechnung verwendet mechanische Hilfsmittel (z. B. Polarplanimeter) um die Flächeninhalte aus der Umfahrung der geometrischen Figur abzuleiten. Ist eine Fläche durch örtliche, rechtwinklige Koordinaten bezogen auf eine Messungslinie festgelegt, kann die Fläche unmittelbar berechnet werden, wenn die Begrenzungspunkte rechtssinnig beziffert werden.

Die Gesamtfläche A erhält man mit Hilfe der Gauß´schen Flächenformel:

$$A = 0{,}5 \cdot \sum X_i \cdot (Y_{i+1} - Y_{i-1}),$$

wobei der Laufindex i von $i = 1$ bis $i = n + 1$ mit n = Anzahl der Begrenzungspunkte läuft. Bei der Flächenberechnung ist für den Punkt P_{n+1} der Punkt P_1 zu verwenden.

Beispiel:

gegeben: Punkt P_1 (1 080,75; 1 511,38), Punkt P_2 (1 068,84; 1 546,53)
Punkt P_3 (1 120,43; 1 555,12), Punkt P_4 (1 122,08; 1 509,64)

Gesucht: Gesamtfläche A

Lösung: $A = 0{,}5 \cdot [(1\,511{,}38 \cdot (1\,068{,}84 - 1\,122{,}08)) + (1\,546{,}53 \cdot (1\,120{,}43 - 1\,080{,}75)) + (1\,555{,}12 \cdot (1\,122{,}08 - 1\,068{,}84)) + (1\,509{,}64 \cdot (1\,080{,}75 - 1\,120{,}43))]$

$A = 0{,}5 \cdot 3\,792{,}5128 = 1\,896{,}26\ \text{m}^2$

6 Absteckung

6.1 Absteckung von Trassen

Trassen werden im Allgemeinen auf der Grundlage von Geraden, Kreisbögen und Übergangsbögen eingerechnet und anschließend in der Örtlichkeit abgesteckt.

6.1.1 Gerade

Die Gerade besitzt die mathematische Krümmung $\kappa = 0$ und wird im Verkehrswesen oft zwischen zwei Kreisbögen eingesetzt. Eine Gerade wird durch Anfangs- und Endpunkt vermarkt. Der Abstand weiterer Zwischenpunkte hängt von der Art des Verkehrsweges und von der Bauweise ab und liegt zwischen 50 m bis zu alle 10 m für drahtgesteuerte Fertiger.

6.1.2 Kreisbogen

Der Kreisbogen besitzt die mathematische Krümmung $\kappa = 1/r$ und ist die bautechnisch einfachste Kurve, mit der man zwei sich schneidende Geraden verbinden kann. Die geometrischen Zusammenhänge sind der folgenden Abbildung zu entnehmen:

$\alpha = 200\ \text{gon} - \beta$

$\overline{\text{BAF}} = \overline{\text{BAH}} = r \cdot \sin \alpha/2 = s/2$

$t = r \cdot \tan \alpha/2$

$\overline{\text{BABE}} = s = 2 \cdot r \cdot \sin \alpha/2$

$m = r \cdot \tan \alpha/2 \cdot \tan \alpha/4$

$h = r \cdot (1 - \cos \alpha/2)$

$b = r \cdot \alpha/\rho = r \cdot \alpha \cdot \pi/200$

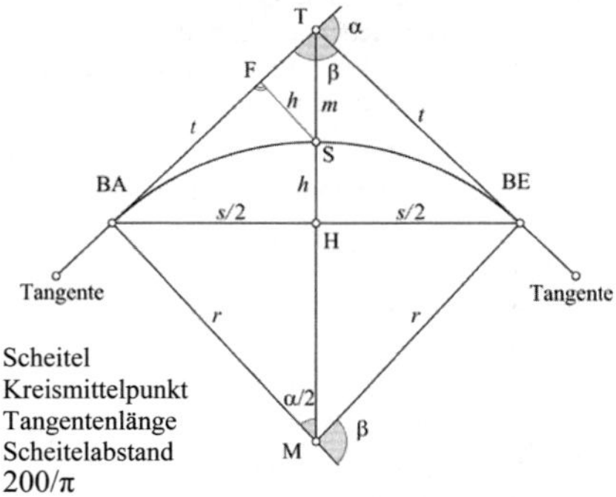

BA	Bogenanfang	r	Radius des Kreisbogens	S	Scheitel
BE	Bogenende	T	Tangentenschnittpunkt	M	Kreismittelpunkt
H	Sehnenmittelpunkt	h	Pfeilhöhe	t	Tangentenlänge
s	Sehne	β	Tangentenschnittwinkel	m	Scheitelabstand
α	Zentriwinkel	b	Bogenlänge	ρ	$200/\pi$

Je nach Anwendung sind für die Absteckung der Bogenpunkte P_i die zugehörigen Abszissen X_i vorgegeben, dann gilt:

$$Y_i = r - (r^2 - X_i^2)^{1/2}$$

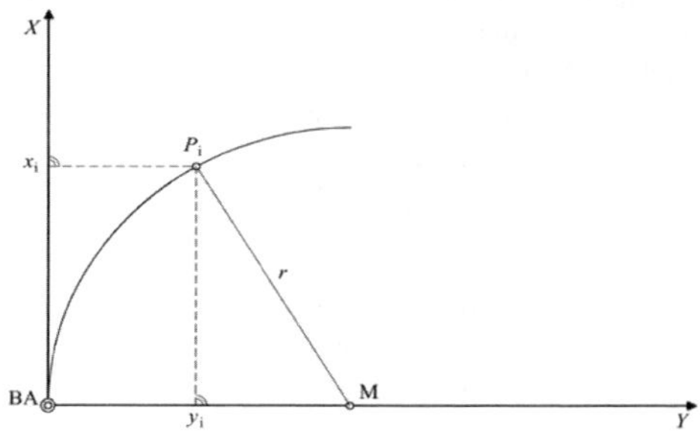

Bei gegebenen, runden Bogenlängen b ergibt sich der Umfangswinkel ω zu:

$$\omega = b/(2 \cdot r) \cdot (200/\pi)$$

und die gesuchten Koordinaten der Bogenpunkte P_i lauten:

$$X_i = r \cdot \sin(2\omega)$$
$$Y_i = 2 \cdot r \cdot \sin^2(\omega)$$

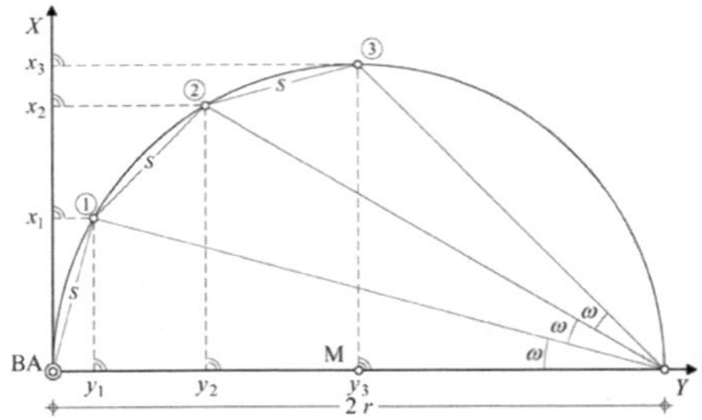

Beispiel:

gegeben: Radius $r = 125$ m
Bogenlänge $b = 19{,}214$ m

gesucht: Koordinaten von P_1 (Y_1; X_1)

Lösung: – Berechnung des Umfangswinkels:
$\omega = b/(2 \cdot r) \cdot (200/\pi) = 4{,}8928$ gon
– Berechnung der Koordinaten von P_1:
$X_1 = r \cdot \sin(2\omega) = 19{,}138$ m
$Y_1 = 2 \cdot r \cdot \sin^2(\omega) = 1{,}474$ m

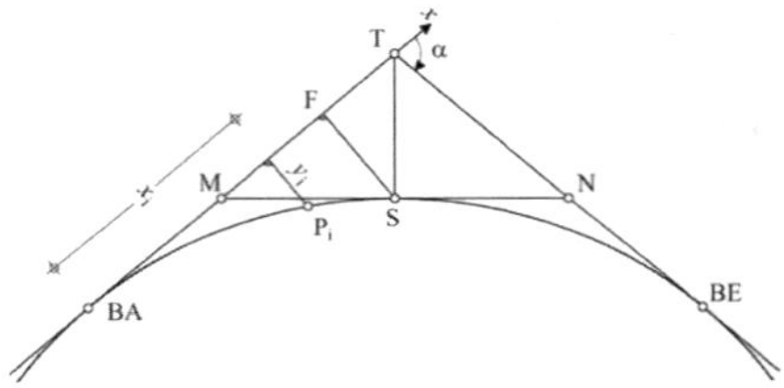

6.1.3 Übergangsbogen

Einer der wichtigsten Übergangsbögen ist die Klothoide, die mit zunehmender Weglänge L eine lineare Zunahme der Krümmung κ besitzt. Klothoiden werden zur Vermeidung von sprunghaften Krümmungsänderungen zwischen einer Geraden und einem Kreis oder zwischen zwei Kreisbögen mit unterschiedlichen Radien eingeschaltet. Die Krümmung berechnet sich wie folgt:

$$\kappa = 1/r = c \cdot L \quad \text{oder} \quad r \cdot L = 1/c = A^2,$$

wobei A den sogenannten Klothoidenparameter darstellt. In nebenstehender Abbildung werden die geometrischen Bestimmungsstücke (Hauptwerte) einer Klothoide dargestellt:

$A^2 = r \cdot L,$

r = Radius Krümmungskreis in P = UE

L = Bogenlänge bis zum Punkt P

$l = L/A$

$X_{UE} = A \cdot X_{KL}(l)$

$Y_{UE} = A \cdot Y_{KL}(l)$

$X_M = X_{UE} - r \cdot \sin\tau$

$Y_M = Y_{UE} + r \cdot \cos\tau,$

wobei X_{UE}, Y_{UE} die Koordinaten von P bezogen auf die Tangente im Wendepunkt und X_M, Y_M die Koordinaten des Krümmungsmittelpunktes M darstellen.

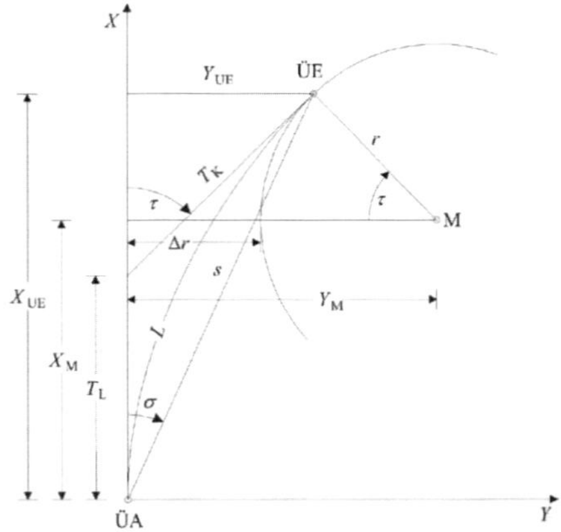

Folgende Formelzusammenhänge gelten für die Klothoide:

$\Delta r = Y_M - r$ (Tangentenabrückung)

$\tau = l^2/2 \cdot 200/\pi$ (Tangentenrichtungswinkel)

$T_K = Y_{UE}/\sin\tau$

$s = (X^2_{UE} + Y^2_{UE})^{1/2}$ (Klothoidensehne)

$\sigma = \arctan(Y_{UE}/X_{UE})$ (Sehnenrichtungswinkel)

$T_L = X_{UE} - (Y_{UE}/\tan\tau)$.

Die Berechnung von $X_{KL}(l)$ und $Y_{KL}(l)$ geschieht nach Tabellen von Einheitsklothoiden mit dem Parameter $A = 1$ oder kann über folgende Reihenentwicklung hergeleitet werden:

$$X_{KL}(l) = l - l^5/40 + l^9/3\,456 - \ldots \qquad Y_{KL}(l) = l^3/6 - l^7/336 + l^{11}/42\,240 - \ldots$$

Beispiel:

gegeben: Radius des Krümmungskreises $r = 125$ m und $A = 65$

gesucht: Hauptwerte der Klothoide

Lösung: $L \ = A^2/r = 65^2/125 = 33{,}80$ m $\qquad l = L/A = 33{,}80/65 = 0{,}52$ m

$\tau \ = l^2/2 \cdot 200/\pi = 8{,}6071$ gon

$X_{KL}(0{,}52) = 0{,}52 - 0{,}52^5/40 + 0{,}52^9/3456 = 0{,}51905$ m

$Y_{KL}(0{,}52) = 0{,}52^3/6 - 0{,}52^7/336 + 0{,}52^{11}/42\,240 = 0{,}023404$ m

$X_{UE} = A \cdot X_{KL}(0{,}52) = 33{,}738$ m $\qquad Y_{UE} = A \cdot Y_{KL}(0{,}52) = 1{,}521$ m

$X_M = X_{UE} - r \cdot \sin\tau = 16{,}889$ m $\qquad Y_M = Y_{UE} + r \cdot \cos\tau = 125{,}380$ m

$\Delta r = Y_M - r = 0{,}380$ m

$s \ = (X^2_{UE} + Y^2_{UE})^{1/2} = 33{,}772$ m $\qquad \sigma \ = \arctan(Y_{UE}/X_{UE}) = 2{,}8681$ gon

$T_K = Y_{UE}/\sin\tau = 11{,}284$ m $\qquad T_L = X_{UE} - (Y_{UE}/\tan\tau) = 22{,}557$ m

6.2 Absteckung von Bauwerken

Die Absteckung von Bauwerken wird in der Vermessungspraxis mit Hilfe der Orthogonal-, Einbinde-, Polarverfahren oder nach der Methode der freien Standpunktwahl durchgeführt.

6.2.1 Orthogonal- und Einbindeverfahren

Diese Verfahren werden bei einfachen Bauabsteckungen, wie z. B. bei Wohnhäusern, deren Grenzabstand eingehalten werden muss, angewendet. Die Absteckung erfolgt ausgehend von einer Bezugslinie mit Rechtwinkelprismen, Messband und Fluchtstäben. Die rechtwinkligen Koordinaten bezogen auf die Messungslinie sind vorab häuslich zu berechnen. Rechtwinklig auf die Bezugslinie werden alle Zwangs-/Gebäudepunkte in der Örtlichkeit mit z. B. Holzpfählen vermarkt. Als Kontrolle dienen Gebäudeumringsmaße sowie Pythagorasproben über die Gebäudediagonalen.

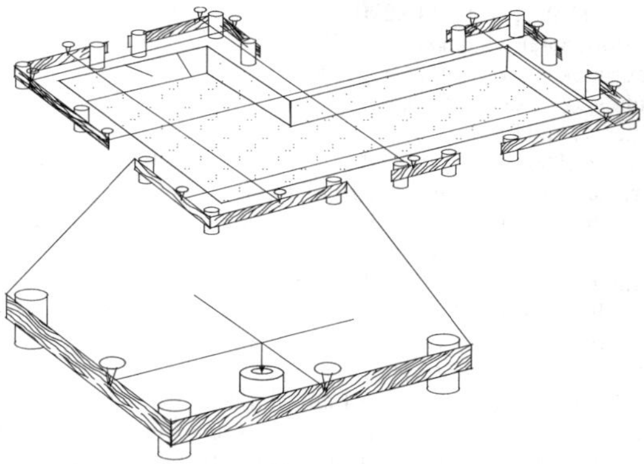

Für die Ausschachtung einer Baugrube genügt zunächst die Grobabsteckung der Gebäudeeckpunkte. Notwendige Arbeitsräume werden in der Regel von dem beauftragten Erdbauunternehmen selbstständig zugeschlagen.

Die Feinabsteckung erfolgt nach dem Aushub auf Schnurgerüsten, indem die Verlängerungen von Gebäudeseiten mit Nägeln auf Schnurgerüsten aufgebracht werden.

6.2.2 Polarverfahren

Für die örtliche Absteckung werden die polaren Absteckelemente (Horizontalwinkel, Horizontalstrecken) benötigt. Voraussetzung für das Polarverfahren ist der Aufbau des Tachymeters auf einem koordinatenmäßig bekannten Punkt, von dem mindestens eine oder besser mehrere Anschlussrichtungen zu weiteren koordinatenmäßig bekannten Punkten sichtbar sind. Hierdurch wird die Orientierung des Teilkreises in dem vorliegendem Koordinatensystem erreicht. Heutige elektronische Tachymeter können nach Eingabe der Koordinaten der abzusteckenden Punkte, die erforderlichen Horizontalwinkel und Horizontalstrecken selbstständig berechnen. Die Horizontalwinkel der abzusteckenden Punkte werden mit dem Tachymeter eingestellt und anschließend die Horizontalstrecke auf ein Prisma oder eine Reflexfolie gemessen. Sobald die gemessene Strecke mit der Sollstrecke übereinstimmt, wird der gemessene Polarpunkt mit Holzpfählen, Stahlnägeln oder Messmarken vermarkt. Zur Kontrolle werden die abgesteckten Punkte von einem zweiten Standpunkt nochmals abgesteckt und überprüft.

6.2.3 Freie Standpunktwahl

Moderne Methoden der Absteckung von Bauwerken basieren auf dem Verfahren der freien Standpunktwahl, da hier der Instrumentenstandpunkt frei wählbar ist und somit der Geländetopographie und den Bauwerksverhältnissen angepasst werden kann. Voraussetzung für die freie Stationierung ist die freie Sicht zu mindestens zwei, besser mehreren räumlich verteilten Anschlusspunkten, die von dem koordinatenmäßig unbekannten Instrumentenstandpunkt in Richtung und Strecke angemessen werden. Aus diesen Beobachtungen können über die Formeln der Koordinatentransformation die Koordinaten des Standpunktes berechnet werden. Eine Kontrolle der abgesteckten Punkte ist durch eine wiederholte Absteckung von einem zweiten Standpunkt sinnvoll. Moderne Tachymeter verfügen über die nötigen Softwareprogramme zur Berechnung der Standpunktkoordinaten einschließlich der Ausgabe der Restklaffungen der Anschlusspunkte und Standardabweichungen der Standpunktkoordinaten.

Das folgende Berechnungsbeispiel basiert auf der vereinfachten Annahme von zwei Anschlusspunkten. Bei der Existenz von mehr als zwei Anschlusspunkten können die unbekannten Standpunktkoordinaten mit Hilfe eines überbestimmten Ausgleichungsansatzes bestimmt und damit eine Genauigkeitssteigerung erzielt werden.

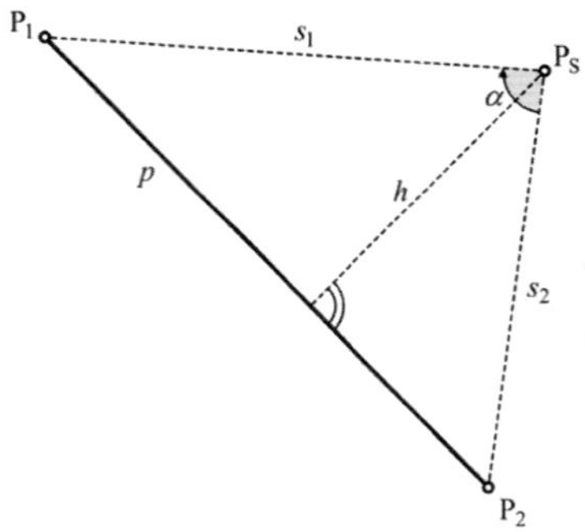

Beispiel:

gegeben: Punkt P_1 (1 015,443; 1 150,161) und Punkt P_2 (1 031,411; 1 116,290)

gemessen: Alle Horizontalrichtungen r und Horizontalstrecken s von dem frei gewählten Standpunkt P_S zu den beiden Anschlusspunkten P_1 und P_2

$s_1 = 26{,}560$ m, $r_1 = 0{,}0000$ gon und $s_2 = 29{,}520$ m, $r_2 = 307{,}1903$ gon

gesucht: Koordinaten des Standpunktes P_S (Y_S; X_S)

Lösung:

– Berechnung der Strecke zwischen den Anschlusspunkten aus den Beobachtungen:

$s_{1,2} = (s_1^2 + s_2^2 - 2\, s_1\, s_2 \cos\alpha)^{1/2} = 37{,}418$ m,

mit $\alpha = 0{,}0000$ gon $- 307{,}1903$ gon $= 92{,}8097$ gon

– Berechnung von Höhe und Höhenfußpunkt im örtlichen System:

$p = (s_1^2 - s_2^2 + s_{1,2}^2)/(2\, s_{1,2}) = 16{,}492$ m

$h = (s_1^2 - p^2)^{1/2} = 20{,}821$ m

– Kleinpunktberechnung in der Linie von Anschlusspunkt P_1 zu Anschlusspunkt P_2:

$s'_{1,2} = ((Y_2 - Y_1)^2 + (X_2 - X_1)^2)^{1/2} = 37{,}450$ m aus Koordinaten gerechnet

$f_s = s'_{1,2} - s_{1,2} = 0{,}03$ m muss innerhalb der erlaubten Fehlergrenzen liegen

$o = (Y_2 - Y_1)/\, s_{1,2} = 0{,}426724$

$a = (X_2 - X_1)/\, s_{1,2} = -\,0{,}905158$

$\Delta Y = o \cdot p + a \cdot (-)h = 25{,}882$ m

$\Delta X = a \cdot p - o \cdot (-)h = -\,6{,}042$ m

– Koordinatenberechnung des Standpunktes P_S:

$Y_S = Y_1 + \Delta Y = 1\,041{,}325$ m

$X_S = X_1 + \Delta X = 1\,144{,}119$ m

7 Vermessung mit dem Global Positioning System (GPS)

Das von dem amerikanischen Verteidigungsministerium eingeführte NAVSTAR/Gobal Positioning System (GPS) ist ein weltweites und 24 Std./Tag verfügbares Messsystem für die Positionierung und Navigation von beliebigen Objekten. Die Signalstruktur der GPS-Satelliten basiert auf den zwei Trägerfrequenzen L1 (1575,42 MHz) und L2 (1227,60 MHz), auf die weitere Signale (z. B. C/A-Code, P/Y-Code, Datencode) aufmoduliert sind. Die Satelliten umkreisen die Erde in sechs nahezu kreisförmigen Bahnen in einer Höhe von ca. 20 000 km bei einer Umlaufzeit von ca. 12 Stunden.

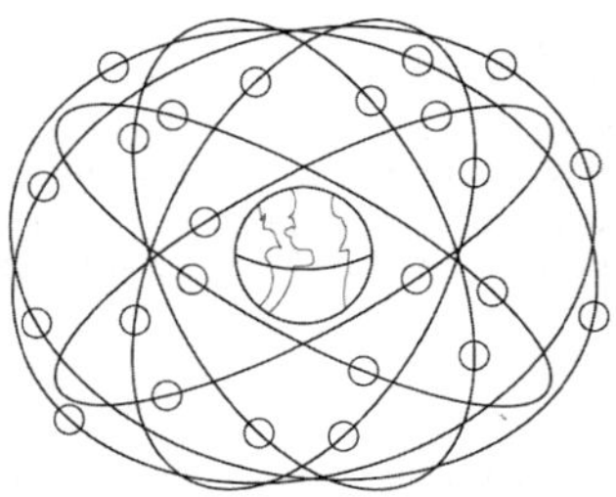

Überwacht wird das GPS-System durch eine Masterstation in Colorado Springs und global verteilte Kontrollstationen, die Bahndaten und weitere Korrekturterme (z. B. Uhrenfehler, atmosphärische Parameter) an die Satelliten senden. Jedem Nutzer werden die Bahndaten und somit die Koordinaten der GPS-Satelliten zum Zeitpunkt der Messung automatisch zur Verfügung gestellt.

Die Bestimmung von Koordinaten auf der Erdoberfläche lässt sich auf eine Laufzeitmessung auf den beiden Trägerfrequenzen L1 und L2 zurückführen. Dabei gestattet der Einsatz von Zweifrequenz GPS-Receivern, die sowohl die L1 als auch L2 Trägerphase empfangen können, die Berücksichtigung von ionosphärischen Laufzeitunterschieden und führt damit zu einer Genauigkeitssteigerung in der Koordinatenbestimmung über große Distanzen. Grundsätzlich ist bei jeder Positionsbestimmung zwischen der absoluten und relativen Positionsbestimmung zu unterscheiden:

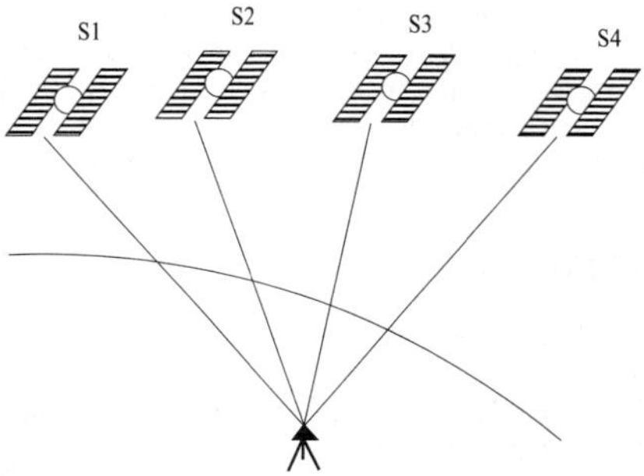

Absolute Positionsbestimmung

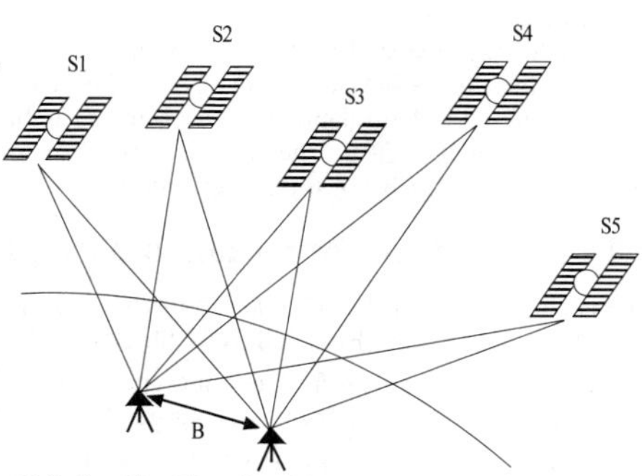

Relative Positionsbestimmung

Da die absolute Positionsbestimmung keine Elimination von Fehlereinflüssen ermöglicht, werden heute Genauigkeiten im Meterbereich in Echtzeit erreicht, die für Navigationszwecke völlig ausreichend sind. Im Gegensatz zu den Navigationsanwendungen werden in der Geodäsie und der Bauvermessung Genauigkeiten im Subzentimeterbereich benötigt, die sich nur mit den Verfahren der relativen Positionsbestimmung unter Verwendung der Trägerphasen erreichen lassen. Durch die Simultanbeobachtungen zu denselben Satelliten von mindestens zwei oder mehr Bodenstationen lassen sich gemeinsame Fehlereinflüsse (z. B. Satellitenbahnfehler, Uhrenfehler, atmosphärische Fehler) reduzieren. Hierzu werden die entsprechenden Beobachtungsgleichungen (single-, double- und triple-differences) aufgestellt und im Rahmen einer überbestimmten Ausgleichung die gesuchten Koordinatendifferenzen zwischen den Bodenstationen berechnet. Wesentliche Voraussetzung ist die eindeutige Bestimmung der Phasenmehrdeutigkeiten der Trägerwellen (engl. ambiguity) zur Startepoche eines jeden Satelliten, die durch mathematische Algorithmen und statistische Testverfahren fixiert werden.

Für höchste Genauigkeiten verwendet man das statische Messverfahren, bei dem die GPS-Receiver bei Beobachtungszeiten von einer Stunde und mehr auf den Neupunkten verbleiben und die Auswertung der gesammelten Daten im „postprocessing“ erfolgt. Die modernen Kurzzeit-Beobachtungstechniken basieren auf statistischen Suchverfahren zur schnellen Bestimmung der Phasenmehrdeutigkeiten. Diese Verfahren sind auf kürzere Basislinien B (bis ca. 10 km) beschränkt und liefern bei Beobachtungszeiten von fünf bis zu 15 Minuten je nach Empfängertyp Genauigkeiten von etwa (5–10 mm) + 1 ppm. Beide Verfahren erfordern eine häusliche Auswertung (Postprocessing) und liefern keine Echtzeit-Ergebnisse im Feld.

Die präzise Echtzeitpositionierung basiert auf den GPS-Referenzstationsnetzen, die beispielsweise von den Landesvermessungsämtern betrieben werden (SAPOS) und in jedem Bundesland eine flächendeckende Vernetzung realisieren. Für diese Anwendungen haben sich in der Praxis mit den **Flächenkorrekturparametern** (FKP) und der **Virtuellen Referenzstation** (VRS) zwei Verfahren durchgesetzt. Die FKP basieren auf der Auswertung der GPS-Beobachtungen mehrerer Referenzstationen und approximieren die Residuen mit Hilfe von Polynomflächen, die dem Nutzer in standardisierten Datenformaten übermittelt werden. Die VRS stützen sich auf generierte Beobachtungsdaten, die aus den realen GPS-Beobachtungen in einem Referenzstationsnetz berechnet werden. Dazu wird die Näherungsposition des Feldreceivers in der Regel per Mobilfunk an eine Netzzentrale übermittelt, die ihrerseits die generierten GPS-Beobachtungen der VRS zurücksendet. Abschließend kann der Nutzer für seine Position über die nahegelegene VRS aufgrund der kurzen Basislinie eine schnelle und präzise Trägerphasenlösung berechnen.

7.1 Bezugs- und Koordinatensystem

Die dreidimensionalen Koordinaten der Satellitenpositionen sind zu jedem Messzeitpunkt in dem **W**orld **G**eodetic Coordinate **S**ystem 19**84** (WGS 84) berechenbar. Demnach liegen die Ergebnisse einer GPS-Auswertung ebenfalls in dem WGS-84-Koordinatensystem vor. Das WGS 84 ist ein geozentrisches und globales Koordinatensystem, dessen Ursprung im Massenmittelpunkt der Erde liegt. Die Ergebnisse einer differentiellen GPS-Auswertung sind die Basislinien B von der Referenzstation zu jeder weiteren Bodenstation, die sich durch die dreidimensionalen Koordinatendifferenzen ΔX, ΔY und ΔZ ausdrücken lassen. In den Koordinatendifferenzen sind die geometrischen Informationen wie z. B. die Schrägstrecke, der Höhenunterschied und die Orientierung der Basislinien enthalten. Darüber hinaus liefert die GPS-Auswertung eine voll besetzte Varianz-Kovarianzmatrix, aus der sich z. B. Genauigkeiten sowie Korrelationen zwischen den unbekannten Parametern berechnen lassen. Für die weitere Nutzung der GPS-Ergebnisse ist eine Transformation der WGS-84-Koordinatendifferenzen in das geodätische Lagebezugssystem erforderlich.

7.2 Datumstransformation und Ellipsoidübergang

Im Gegensatz zu dem WGS 84 basiert das amtliche Lagebezugssystem auf einem exzentrisch gelagerten Ellipsoid, z. B. dem Besselellipsoid für Deutschland.

Beide Ellipsoide stimmen im Ursprung und in den Richtungen der Koordinatenachsen nicht überein und besitzen somit ein unterschiedliches geodätisches Datum (Lagerung, Orientierung, Maßstab).

Zur Überführung der WGS-84-Koordinatendifferenzen in das amtliche Koordinatensystem bietet sich eine 7-Parameter-Helmerttransformation an, die über eine überbestimmte Ausgleichung die unbekannten sieben Transformationsparameter (3 × Translation, 3 × Rotation, 1 × Maßstab) liefert. Mindestens drei identische Festpunkte aus dem amtlichen Landesnetz sind zur Lösung der Transformationsparameter notwendig. Die dabei ermittelten Restklaffungen auf den identischen Punkten (Passpunkte) gestatten eine Aussage über die Güte der durchgeführten Transformation. Im Idealfall umschließen die Passpunkte das Messgebiet mit den zu transformierenden Neupunkten (GPS-Netz). Die 7-Parameter-Helmerttransformation ermöglicht eine optimale, lokale Einpassung des GPS-Netzes in das amtliche Lagebezugssystem, bei der die Nachbarschaft nahezu unverändert erhalten bleibt. Nachteilig ist der hohe Zeitaufwand, da der Anwender die identischen Punkte ebenfalls beobachten muss.

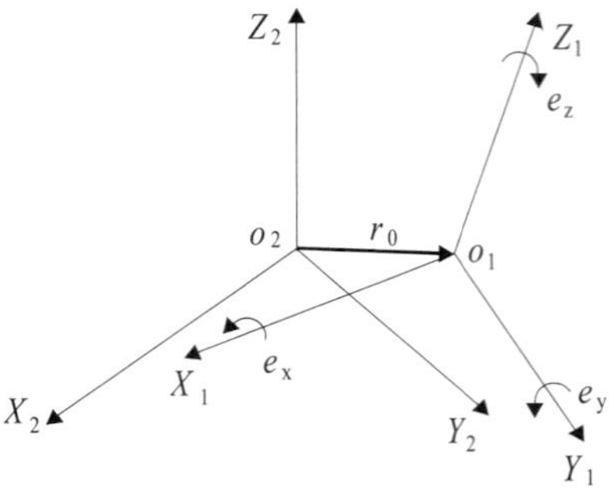

Eine Alternative stellen flächenhafte Transformationsansätze dar, die für Regionen oder auch ganze Landesgebiete Gültigkeit besitzen. Die Transformationsparameter werden aus allen identischen Festpunkten abgeleitet und mit Hilfe von geeigneten mathematischen Ansätzen (z. B. Flächenpolynome, Finite-Elemente-Methode, Kovarianzfunktionen) modelliert. Anschließend werden die Transformationsmodelle in der Anwendersoftware integriert oder in Form von Korrekturdaten versendet.

Bei der Überführung der aus GPS ermittelten Höhen in das Landeshöhensystem ist zu beachten, dass GPS-gestützte Höhen ellipsoidische Höhen sind, die entlang der Ellipsoidnormalen gemessen werden. Gebrauchshöhen basieren auf physikalisch definierten Bezugsflächen, die gegenüber dem Ellipsoid um die sogenannte Quasi-/Geoidundulation N differieren. Im globalen Rahmen kann die Quasi-/Geoidundulation N Größenordnungen von bis zu ± 100 m annehmen. Ursache hierfür sind unregelmäßige Massenverteilungen im Erdinneren. Hochauflösende Schwerefeldmodelle unter Berücksichtigung seiner zeitlichen Variation ermöglichen heute die Berechnung von N, so dass für die meisten Bereiche Deutschlands die Transformation ellipsoidischer Höhen in Höhen des DHHN 92 mit einer Genauigkeit von 1 cm bis 2 cm gewährleistet werden kann.

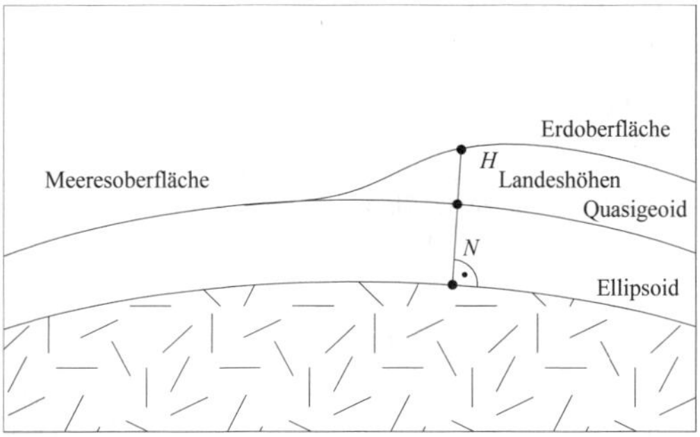

Der mathematische Zusammenhang ergibt sich somit aus:

$$H_{\text{GPS}} = H_{\text{Landeshöhen}} + N$$

7.3 GPS-Anwendungen in der Bauvermessung

Die heutigen Anwendungen der GPS-Technologie in der Bauvermessung sind äußerst vielfältig. Eine große Zeitersparnis und Genauigkeitssteigerung liefert die GPS-Technologie bei der Einrichtung und Verdichtung von Lagefestpunktfeldern. Differentielle Beobachtungstechniken auf simultan besetzten Bodenstationen sind heutzutage bei der Bestimmung von Lagefestpunkten im Bereich von z. B. Neubaustrecken nicht mehr wegzudenken. Insbesondere der Wegfall der gegenseitigen Sichtverbindung und die resultierenden Genauigkeiten von mittleren Punktfehlern < 5 mm lassen sich mit den klassischen Vermessungsverfahren nicht oder nur mit sehr großem Aufwand erreichen. Wesentliche Voraussetzung ist die simultane Besetzung einer Referenzstation und mindestens einer weiteren Bodenstation um die Prinzipien der relativen Positionsbestimmung zu erfüllen.

Geländeaufnahmen oder Punktbestimmungen unter Verwendung von Satellitenpositionierungsdiensten nehmen immer weiter an Bedeutung zu. So existieren neben dem deutschlandweiten und von den Landesvermessungsämtern eingerichteten Satellitenpositionierungsdienst (SAPOS) auch aus dem Bereich der Privatunternehmen eigene Positionierungsdienste, z. B. das ascos-Referenzsystem der AXIO-NET GmbH. Ein entscheidender Vorteil für den Anwender ist der Wegfall der eigenen Referenzstation, da sich nun jeder Nutzer mit geeigneten Telekommunikationseinrichtungen in das vorliegende Netz der Referenzstationen integrieren kann. Die zusätzliche Berechnung von virtuellen Referenzstationen in Verbindung mit Online-Datenübertragungen ermöglichen Echtzeit-Koordinatenberechnungen unmittelbar im Gelände. Genauigkeiten im Bereich von wenigen Zentimetern sind für die in Echtzeit berechneten Koordinaten heute durchaus realistisch.

Kinematische GPS-Beobachtungen im offenen Gelände (z. B. Deponien, Autobahntrassen), d. h. die Berechnung von Lage- und Höhenkoordinaten in der Bewegung, stellen eine weitere Anwendung in der Bauvermessung dar, die Genauigkeiten im cm-Bereich bei hohen Messraten ermöglichen. Voraussetzung ist ein ungestörter Empfang der GPS-Signale von mindestens fünf GPS-Satelliten. Auch bei dem kinematischen Verfahren werden mindestens eine Referenzstation und eine zweite bewegte GPS-Antenne (engl. rover), dessen Position durch dreidimensionales polares Anhängen an die Referenzstation bestimmt wird, benötigt. Neben der temporären Referenzstation lassen sich die kinematischen Verfahren auch mit den o. g. Satellitenpositionierungsdiensten kombinieren und eine Echtzeit-Positionsbestimmung mit einer Lagegenauigkeit im cm-Bereich erreichen (RTK-Vermessung).

Die Kombination von GPS-Receivern auf Raupen, Gradern etc. mit digitalen Geländemodellen erlauben eine automatisierte, dreidimensionale Steuerung der Baumaschinen bei der Erstellung von Planumsschichten o. Ä. Werden diese Systeme durch zusätzliche Sensoren, z. B. Digitalnivelliere, Rotationslaser oder Neigungssensoren, erweitert, so sind Genauigkeiten im Subzentimeterbereich insbesondere für die Höhengenauigkeit realisierbar.

Zukünftige Entwicklungen kombinieren GPS mit GLONASS, dem russischen Satellitennavigationssystem. Die Nutzung weiterer unabhängiger Satellitennavigationssysteme verspricht eine höhere Redundanz und damit eine höhere Zuverlässigkeit. Insbesondere in Gebieten mit starken Sichtbehinderungen und Abschattungen (z. B. Berge, Wald, Gebäude) wird die Erhöhung der Anzahl der verfügbaren Satelliten auf 2 × 24 Satelliten eine differentielle Lösung mit mehr als sechs Satelliten ermöglichen.

Die zukünftige Verfügbarkeit der europäischen GALILEO-Satellitendienste sowie die weitere Modernisierung der bestehenden Satellitensysteme wird zu dem **G**LOBAL **N**AVIGATION **S**ATELLITE **S**YSTEM (GNSS) führen. Neben einer Steigerung der verfügbaren Satelliten werden auch die Signalstrukturen überarbeitet, sodass GPS und GALILEO zukünftig mindestens fünf Messsignale jeweils mit Code und Trägerphase zur Verfügung stellen. Die Erhöhung der Positionsgenauigkeiten insbesondere der Höhenkomponente um den Faktor 10 bei Entfernungen bis 20 km unter Verwendung der Galileo-Satelliten wird heute bereits prognostiziert. Maßgeblicher Grund dafür ist die Verteilung von nahezu 40 europäischen Master- und Kontrollstationen, die für die Genauigkeitssteigerung der Bahnparameter der Galileosatelliten verantwortlich sind.

8 Geographische Informationssysteme (GIS)

Geographische Informationssysteme (GIS) haben mit der Entwicklung und Ausbreitung der graphischen Datenverarbeitung in den letzten Jahren enorm an Bedeutung zugenommen. Generell versteht man unter einem GIS ein rechnergestütztes System aus Hardware, Software, Daten und Anwendungen. Ziel ist die digitale Erfassung von dreidimensionalen, raumbezogenen Daten, die gespeichert, reorganisiert, modelliert, analysiert sowie alphanumerisch und graphisch präsentiert werden. Demzufolge werden die Anwendungen nach Land-, Raum-, Umwelt-, Netz- und Fachinformationssystemen unterschieden. Im Folgenden werden die Landinformationssysteme (LIS), die von den amtlichen Vermessungsverwaltungen der Länder und des Bundes aufgebaut und zur Verfügung und Nutzung bereitgestellt werden, näher erläutert.

Das **Amtliche Topographisch-Kartographische Informationssystem** (ATKIS) stellt einen bundeseinheitlich digitalen Datenbestand zusammen, der allen Interessenten eine einfache und zuverlässige Beschaffung digitaler topographischer Daten der Erdoberfläche ermöglicht. Grundlage ist eine strukturierte, dreidimensionale Erfassung der Erdoberfläche, der unter Berücksichtigung von kartographischen Generalisierungsprozessen Signaturen zugeordnet werden. Entsprechende Objektarten- und Signaturenkataloge wurden hierfür definiert und standardisiert. Der Datenaustausch, der zunächst noch über eine definierte Austauschschnittstelle (EDBS) erfolgte, ist nunmehr im Nutzer basierten Austauschformat (NAS) in einheitlichem Datenstandard als XML-Format verfügbar. Das automatisierte Liegenschaftskataster (ALKIS) sieht in Deutschland die Einführung der **Automatisierten Liegenschaftskarte** (ALK) und des **Automatisierten Liegenschaftsbuches** (ALB) vor. Hier werden flächendeckend die Geobasisdaten geführt, d. h. alle Grundstücke und Gebäude mit Ihren Maßen und Koordinaten, die örtlichen Nutzungen, die Flächengrößen, die Lagebezeichnungen und die Eigentumsverhältnisse. Die ALK ist der vermessungs- und kartentechnische Teil, während das ALB den beschreibenden oder Buchteil des Liegenschaftskatasters darstellt. Der Datenstandard und –austausch entspricht mit der NAS und dem XML-Format dem ATKIS-Standard und unterliegt der Verantwortung der Vermessungsverwaltungen der Bundesländer sowie den Vermessungs- und Katasterverwaltungen. Die Umstellung auf das ALKIS erfolgt einheitlich für das gesamte Bundesgebiet.

Länderübergreifend werden intensive Anstrengungen zur Vereinheitlichung von Geoinformationen umgesetzt. So entsteht durch INSPIRE (engl. **In**frastructure for **Sp**atial **I**nformation in **E**urope) ein europäischer Dienst zur Bereitstellung von Geoinformationen mit dem Ziel einer einheitlichen Geodateninfrastruktur auf der Basis der nationalen Geodateninfrastrukturen. Damit sollen u. a. die Voraussetzungen für eine vorausschauende und grenzüberschreitende Gestaltung des Umwelt- und Naturschutzes sowie des Monitorings der ergriffenen Maßnahmen realisiert werden. Gesetzliche Grundlage ist die Richtlinie 2007/2/EU vom 15.05.2007 des europäischen Parlaments zur Schaffung einer Geodateninfrastruktur in der Europäischen Union. In dieser Richtlinie wird der zeitliche Rahmen bis 2019 definiert, indem die nationalen, regionalen und lokalen Behörden in Deutschland den Aufbau der Geodateninfrastruktur für Deutschland (GDI-DE) umsetzen müssen.

Abschließend sei auf den Einsatz von Laserscannern in der täglichen Praxis hingewiesen, mit deren Hilfe eine berührungslose, dreidimensionale Erfassung von Bauwerks-/Geländeoberflächen ermöglicht wird. Die aus diesen Scans entstandenen Punktwolken lassen sich in CAD-Programmsysteme importieren und dort automatisch oder benutzergeführt zur Planherstellung aufbereiten. Die Messgeschwindigkeiten liegen heute im Bereich von wenigen Minuten/Standpunkt.

14 B Bauzeichnungen

Prof. Dr.-Ing. Rudolf Bertig

1 Linien in Zeichnungen des Bauwesens

DIN ISO 128-23[1)]

Nr.	Linienart	Anwendung	Liniengruppe				
			0,25	0,35	0,5	0,7	1
1.1	Volllinie, schmal	Begrenzung unterschiedlicher Werkstoffe in Ansichten und Schnitten	0,13	0,18	0,25	0,35	0,5
		Schraffuren					
		Diagonallinien für die Angabe von Öffnungen, Löchern und Aussparungen					
		Pfeillinien in Treppen, Rampen und geneigten Flächen					
		Rasterlinien 1. Ordnung					
		kurze Mittellinien					
		Maßhilfslinien					
		Maßlinien und Maßlinienbegrenzungen Hinweislinien					
		vorhandene Höhenlinien in Zeichnungen für Außenanlagen					
		sichtbare Umrisse von Teilen in der Ansicht					
		vereinfachte Darstellung von Türen, Fenstern, Treppen, Armaturen usw.					
		Umrahmung von Einzelheiten					
	Zickzack-linie, schmal	Begrenzungen von teilweise oder unterbrochenen Ansichten und Schnitten, wenn die Begrenzung nicht eine Linie 4.1 ist					
1.2	Volllinie, breit	sichtbare Umrisse von Teilen in Schnitten mit Schraffur	0,25	0,35	0,5	0,7	1
		Begrenzungen unterschiedlicher Werkstoffe in Ansichten und Schnitten					
		sichtbare Umrisse von Teilen in der Ansicht					
		vereinfachte Darstellung von Türen, Fenstern, Treppen, Armaturen usw.					
		Rasterlinien 2. Ordnung					
		Pfeillinien zur Kennzeichnung von Ansichten und Schnitten					
		projektierte Höhenlinien in Zeichnungen für Außenanlagen					
1.3	Volllinie, sehr breit	sichtbare Umrisse von Teilen in Schnitten ohne Schraffur	0,5	0,7	1	1,4	2
		Bewehrungsstähle					
		Linien mit besonderer Bedeutung					

1) Die DIN ISO 128-23 legt Linienarten und deren Anwendung in der Baudokumentation fest, bestehend aus Architekturzeichnungen, Statikzeichnungen, Zeichnungen für den ingenieurtechnischen Ausbau, Zeichnungen des Bauingenieurwesens, Zeichnungen für Außenanlagen sowie Zeichnungen der Stadtplanung.
Die Linienart, ihre Bezeichnungen und Abmessungen sowie die Grundregeln für das Zeichnen von Linien sind in DIN ISO 128-20 beschrieben. Die Anforderungen für die Mikroverfilmung enthält DIN ISO 6428.

Linien in Zeichnungen des Bauwesens (Fortsetzung) DIN ISO 128-23

Nr.	Linienart	Anwendung	Liniengruppe				
			0,25	0,35	0,5	0,7	1
2.1	Strichlinie, schmal - - - - - - - - - - - -	vorhandene Höhenlinien in Zeichnungen für Außenanlagen; Unterteilung von Pflanzlichen/Rasen; unsichtbare Umrisse	0,13	0,18	0,25	0,35	0,5
2.2	Strichlinie, breit – – – – – – – –	verdeckte Umrisse	0,25	0,35	0,5	0,7	1
2.3	Strichlinie, sehr breit ▬ ▬ ▬ ▬	Bewehrungsstähle in der unteren Schicht in einem Lageplan sowie in der von der Oberfläche weiter entfernt liegenden Schicht in einer Ansichtszeichnung, wenn die untere und obere Schicht sowie die nahe Oberfläche und die dahinterliegende Schicht in einer Skizze dargestellt werden	0,5	0,7	1	1,4	2
4.1	Strichpunktlinie, schmal – · – · – · –	Schnittebenen; Mittellinien; Symmetrielinien; Rahmen für vergrößerte Einzelheiten; Bezugslinien; Begrenzungen von teilweisen oder unterbrochenen Ansichten u. Schnitten	0,13	0,18	0,25	0,35	0,5
4.2	Strichpunktlinie, breit – · – · – · –	Schnittebenen; Umrisse von sichtbaren Teilen von der Schnittebene	0,25	0,35	0,5	0,7	1
4.3	Strichpunktlinie, sehr breit — • — • —	zweitrangige Linie für Lagebeziehungen und beliebige Bezugslinie; Kennzeichnung von Linien oder Oberflächen mit besonderen Anforderungen; Grenzlinien für Verträge, Phasen, Bereiche usw.	0,5	0,7	1	1,4	2
5.1	Strich-Zweipunktlinie, schmal – ·· – ·· – ·· –	Alternativ- und Grenzstellungen beweglicher Teile; Schwerlinie; Umrisse angrenzender Teile	0,13	0,18	0,25	0,35	0,5
5.2	Strich-Zweipunktlinie, breit – ·· – ·· – ·· –	Umrisslinie vor der Schnittebene	0,25	0,35	0,5	0,7	1
5.3	Strich-Zweipunktlinie, sehr breit — •• — •• —	vorgespannte Bewehrungsstähle und -seile	0,5	0,7	1	1,4	2
7	Punktlinie, schmal	Umrisse von nicht zum Projekt gehörenden Teilen	0,13	0,18	0,25	0,35	0,5
8	grafische Symbole	Beschriftung und Darstellung grafischer Symbole	0,18	0,25	0,35	0,5	0,7

In einer Zeichnung für das Bauwesen werden in der Regel drei Linienbreiten, schmal, breit und sehr breit, angewendet. Das Verhältnis zwischen den Linienbreiten ist 1:2:4.

Eine spezielle Linienbreite wird für die Darstellung und Beschriftung grafischer Symbole angewendet. Diese Linienbreite befindet sich zwischen den Breiten der schmalen und der breiten Linie.

Die Linienbreite muss nach Art, den Maßen und dem Maßstab der Zeichnung ausgewählt werden sowie den Anforderungen für die Mikroverfilmung und für andere Reproduktionsverfahren entsprechen.

2 Kennzeichnung von geschnittenen Stoffen und Darstellung für Bauteile nach DIN 1356-1/DIN ISO 128-50/DIN 919

Baustoff, Bauteil (ggf. ergänzt durch nähere Angaben)[1]		Kennz. der Schnittflächen	Baustoff, Bauteil (ggf. ergänzt durch nähere Angaben)[1]		Kennz. der Schnittflächen
Boden	allgemein		Isolierstoff		
	gewachsen		Bitumen		
	geschüttet		Kunststoffe		
Kies			Kunststofffolie		
Sand			Dichtungsbahn mit Metallfolie		
Beton	bewehrt		Vollholz Hirnholz		
	unbewehrt		Vollholz Längsholz		
Leichtbeton			Holzwerkstoff		
WU-Beton			Eintragung der Plattenart/ Nenndicke	z.B. FPY 16 (Flachpress-platte, Roh-dicke 16 mm)	FPY 16
Bimsbeton					
Betonfertig-teile			Kennz. der Oberfl.struktur	in Faserrich-tung	
Mauerwerk				quer zur Faser	
Mauerwerk	erhöhte Festigkeit		Kernstruktur	Hirnholz	
Mauerwerk	Leichtziegel			Längsholz	
Gipsplatte			Beschichtung	einseitig	FPY 16
Putz, Mörtel				beidseitig	FPY 16
Metall			Anleimer		
Dichtstoff			Glas		
Dämmstoff			Füllstoff		

[1] Die Rechtsverordnungen der Länder enthalten konkrete Forderungen der zu verwendenden Zeichen und ggf. Farben. Die Schraffuren können u.a. ergänzt werden durch grafische Symbole, Werkstoffkurzzeichen, Normbezeichnungen in Verbindung mit Maßangaben, Wortangaben, die in die Schnittflächen eingetragen oder durch Hinweislinien herausgezogen werden.

3 Arten und Inhalte von Bauzeichnungen für die Objekt- und Tragwerksplanung

3.1 Anforderungen an die Zeichnungen der Objektplanung

In dieser Checkliste werden Regeln und Mindestanforderungen für Zeichnungen in den einzelnen Entwurfs- und Ausführungsphasen zusammengestellt. In der HOAI (Honorarordnung für Architekten und Ingenieure) sind komplexe Leistungsbilder der Objektplanung genau beschrieben, diese Checkliste behandelt jedoch nur die Leistungen der *zeichnerischen* Darstellung.

3.1.1 Vorentwurfszeichnungen

Vorentwurfszeichnungen sind zeichnerische Darstellungen – gegebenenfalls in skizzenhafter Form – eines Entwurfskonzeptes für eine geplante bauliche Anlage. Sie dienen im Rahmen der Vorentwurfsplanung der Erläuterung des Entwurfskonzeptes unter Berücksichtigung der Leistungen anderer an der Planung fachlich Beteiligter, soweit notwendig. Vorentwurfszeichnungen können auch als Grundlage zur Beurteilung der baurechtlichen Genehmigungsfähigkeit verwendet werden.

Vorentwurfszeichnungen sind nach Art und Umfang der Bauaufgabe im Maßstab 1 : 500 bzw. 1 : 200 darzustellen und *sollen mindestens* enthalten:

a) die Einbindung der baulichen Anlagen in ihrer Umgebung, z. B. Darstellung des Bauwerks auf dem Baugrundstück mit Angabe der Haupterschließung und der Nordrichtung,
b) die Zuordnung der im Raumprogramm genannten Räume zueinander,
c) die angenäherten Maße der Baukörper und Räume, auch als Grundlage für die Berechnung nach DIN 276 und DIN 277,
d) konstruktive Angaben, soweit notwendig,
e) Darstellung der Baumassen, Gebäudeformen und Bauteile in Grundrissen, Schnitten und wesentlichen Ansichten mit Verdeutlichung der räumlichen Wirkung, soweit notwendig.

3.1.2 Entwurfszeichnungen

Entwurfszeichnungen sind zeichnerische Darstellungen des durchgearbeiteten Entwurfskonzeptes der geplanten baulichen Anlage und müssen die Beiträge anderer an der Planung fachlich Beteiligter berücksichtigen sowie Gestaltung und Konstruktion erkennen lassen. Sie dienen der abschließenden Beurteilung durch den Bauherrn und sind Grundlage für die Genehmigungsplanung. Entwurfszeichnungen sind in der Regel im Maßstab 1 : 100, ggf. 1 : 200 darzustellen und *sollen mindestens* enthalten:

in den Grundrissen

a) Angabe der Nordrichtung, die Bemaßung der Lage des Bauwerks im Baugrundstück, Hinweise auf die Erschließung,
b) die Bemaßung der Baukörper und Bauteile,
c) die lichten Raummaße des Rohbaues und Höhenlage des Bauwerks über NN,
d) Lage der vertikalen Schnittebenen,
e) Raumfläche in m²,
f) Angabe der Bauart und der wesentlichen Baustoffe,
g) Bauwerksfugen,
h) Türöffnungen mit Bewegungsrichtung der Türen, Fensteröffnungen und besondere Kennzeichnung der Gebäudezugänge und ggf. Wohnungszugänge o.ä.,
i) Rampen und Treppen mit Angaben der Steigungsverhältnisse, Anzahl der Steigungen und Lauflinien,
j) Schornsteine, Kanäle und Schächte,
k) Einrichtungen des technischen Ausbaus,
l) betriebliche Einbauten und Möblierungen,
m) Bezeichnung der Raumnutzung und ggf. die Raumnummern gem. DIN ISO 4157,
n) bei Änderung baulicher Anlagen die zu erhaltenden, zu beseitigenden und die neuen Bauteile gem. DIN ISO 7518,

o) den zu erhaltenden Baumbestand und die geplante Gestaltung der Freiflächen auf dem Baugrundstück (Verkehrsflächen, Grünflächen),
p) die bestehenden und zu berücksichtigenden baulichen Anlagen, soweit notwendig;

in den Schnitten
a) Geschosshöhen (Stockwerkshöhen), ggf. auch lichte Raumhöhen,
b) Höhenlage der baulichen Anlage über NN,
c) konstruktive Angaben zur Gründung und zum Dachaufbau,
d) Rampen und Treppen mit Angabe der Steigungsverhältnisse und Anzahl der Steigungen,
e) den vorhandenen und den geplanten Geländeverlauf (Geländeanschnitt);

in den Ansichten
a) die Gliederung der Fassade, einschl. Gebäudefugen,
b) die Fenster- und Türteilungen,
c) die Dachrinnen und Regenfallleitungen,
d) die Schornsteine und sonstige technische Aufbauten,
e) die Dachüberstände,
f) den vorhandenen und den geplanten Geländeverlauf,
g) die ggf. zu berücksichtigende anschließende Bebauung.

3.1.3 Bauvorlagezeichnungen

Bauvorlagezeichnungen sind Entwurfszeichnungen (in der Regel im Maßstab 1:100), die durch alle Angaben ergänzt sind, die gemäß den jeweiligen Bauvorlagenverordnungen der Länder oder nach den Vorschriften für andere öffentlich-rechtliche Verfahren gefordert werden.

Zu den Bauvorlagezeichnungen gehören die Entwässerungszeichnungen, die mit den in DIN 1986-1 festgelegten Symbolen zu zeichnen und bei der zuständigen Baubehörde zur Genehmigung einzureichen sind (Sinnbilder siehe Abschn. 13.2).

Zu den Entwässerungszeichnungen gehören mindestens:
– Lageplan i. M. 1 : 500 mit der vorhandenen/geplanten Regen-Schmutzwasserkanalisation
– Stockwerksgrundrisse mit der Angabe aller Zapfstellen und Abläufe i. M. 1:100
– Kellergrundriss mit allen Fallrohren und Grundleitungen mit den jeweiligen Nennweitenangaben
– Schnitt i. M. 1:100 mit Grund- und Anschlussleitungen, Revisionsschacht, Fall- und Entlüftungsleitungen. Des Weiteren sind anzugeben und höhenmäßig, bezogen auf NN, festzulegen: die Rückstauebene, das Gefälle und die Nennweiten der verschiedenen Rohrleitungen.

Die Rechtsverordnungen der Länder enthalten konkrete Forderungen hinsichtlich der Maßstäbe, der Mindestinhalte sowie der zu verwendenden Symbole und ggf. Tönungen. Bauvorlagezeichnungen dürfen keine farbigen Darstellungen enthalten und müssen sich wegen der Schwarzweiß-Mikroverfilmbarkeit gleichmäßig kontrastreich vom Zeichenträger abheben. Grautöne für Flächen sind in ihrer Wertigkeit so zu wählen, dass sie in diesen vorhandene Eintragungen nicht überdecken.

3.1.4 Ausführungszeichnungen

Ausführungszeichnungen sind Bauzeichnungen mit zeichnerischen Darstellungen des geplanten Objekts mit allen für die Ausführung notwendigen Einzelangaben. Sie enthalten alle für die Ausführung bestimmten Einzelangaben in
1. Werkzeichnungen,
2. Teilzeichnungen/Detailzeichnungen,
3. Sonderzeichnungen
und dienen als Grundlage der Leistungsbeschreibung und Ausführung der baulichen Leistungen.

3.1.4.1 Werkzeichnungen (Werkpläne)

Werkzeichnungen werden vorzugsweise im Maßstab 1:50, ggf. 1:20 dargestellt und sollen in jeweils einer Zeichnung oder – aus Gründen der Übersicht entsprechend der geplanten Baudurchführung – in schrittweise aufeinander abgestimmten und sich ergänzenden Zeichnungen *mindestens* enthalten:

in den Grundrissen

a) alle Maße zum Nachweis der Raumflächen und des Rauminhaltes (lichte Raummaße des Rohbaues),
b) Quadratmeterangaben für die Raumflächen, bezogen auf den Rohbau,
c) Höhenangaben, Lage des Bauwerkes über NN,
d) Maße aller Bauteile,
e) Türöffnungen mit Bewegungsrichtungen der Türen, Fensteröffnungen,
f) Treppen und Rampen mit Angabe der Steigungsrichtung (Lauflinie), Anzahl der Steigungen und Steigungsverhältnisse, bei Rampen nur Steigungsverhältnis,
g) Angaben der Bauart und der Baustoffe, soweit diese nicht den Tragwerksausführungszeichnungen zu entnehmen sind,
h) Lage und Verlauf der Abdichtungen,
i) konstruktive Fugen,
j) die Anordnung der betriebstechnischen Anlagen mit Querschnitten der Kanäle, Schächte und Schornsteine,
k) alle Angaben über Aussparungen und Einbauteile,
l) die Geländeanschnitte, die die vorhandenen und künftigen Höhen erkennen lassen,
m) bei Änderung baulicher Anlagen: alle Angaben über zu erhaltende, zu beseitigende und neu zu errichtende Bauteile, Darstellung gem. DIN ISO 7518,
n) Hinweise auf weitere Zeichnungen,
o) die Raumnummern und die Bezeichnung der Raumnutzung,
p) Angaben über die Oberflächenbeschaffenheit verwendeter Baustoffe bei besonderen Anforderungen an die Oberfläche,
q) die Anordnung der Einrichtungen des technischen Ausbaus,
r) die Anordnung der betrieblichen Einbauten, ggf. in schematischer Darstellung,
s) Einbauschränke, Kücheneinrichtungen,
t) Verlauf der Grundleitung, Darstellung gem. DIN 1986-1
u) Angaben über die Dränung,
v) Hinweise auf weitere Zeichnungen,
w) bei Verwendung von Fertigteilen Angaben der Maßtoleranzen;

in den Schnitten

a) Geschosshöhen (Stockwerkshöhen), ggf. auch lichte Raumhöhen,
b) Höhenangaben für Decken und Fußböden (Rohbau- und Fertigmaß), Podeste, Brüstungen, Unterzüge, Vouten,
c) Maße aller Bauteile,
d) Angabe der Bauart und Baustoffe, soweit diese nicht den Tragwerksausführungszeichnungen zu entnehmen sind,
e) Angaben über die Oberflächenbeschaffenheit der verwendeten Baustoffe, bei besonderen Anforderungen an die Oberfläche,
f) Treppen mit Angabe der Anzahl der Steigungen und Steigungsverhältnisse, bei Rampen Steigungsverhältnis,
g) Lage und Verlauf der Abdichtungen,
h) Angaben über Aussparungen und Einbauteile, soweit notwendig,
i) die Geländeanschnitte, die die vorhandenen und die künftigen Höhen erkennen lassen,
j) Angaben über die Dränung,
k) bei Änderung bestehender Anlagen Angaben über zu beseitigende oder neu zu errichtende Bauteile,
l) Einbauschränke und Kücheneinrichtungen,
m) Hinweise auf weitere Zeichnungen;

in den Ansichten

a) Gliederung der Fassade, einschließlich Fugen,
b) Bemaßung und Höhenangaben, soweit nicht aus Grundriss und Schnitt ersichtlich,
c) hinter der Fassade liegende verdeckte Geschossdecken und verdeckte Fundamente,
d) Fenster und Türen mit Angabe der Teilung und Öffnungsart,
e) Dachrinnen und Regenfallleitungen,

f) Schornsteine und sonstige technische Aufbauten,
g) die ggf. zu berücksichtigende anschließende Bebauung.

3.1.4.2 Detailzeichnungen (Einzelheiten)

Detailzeichnungen ergänzen die Werkzeichnungen in bestimmten Ausschnitten in jeweils notwendigem Umfang durch zusätzliche Angaben. Sie werden im Maßstab 1:20, 1:10, 1:5 oder 1:1 dargestellt.

3.1.4.3 Sonderzeichnungen

Sonderzeichnungen enthalten zusätzliche Angaben über die Ausführung bestimmter Gewerke, der Maßstab ist nach den Erfordernissen zu wählen.

3.1.5 Abrechnungszeichnungen

Abrechnungszeichnungen dienen als Grundlage für die Abrechnung und Rechnungsprüfung. Hierfür werden in der Regel die während der Objektplanung fortgeschriebenen Ausführungszeichnungen angewendet. Jedoch ist auch eine unmaßstäbliche skizzenhafte Darstellung möglich.

3.1.6 Baubestandszeichnungen

Baubestandszeichnungen enthalten als fortgeschriebene Entwurfs- bzw. Ausführungszeichnungen alle für den jeweiligen Zweck notwendigen Angaben über die fertiggestellte bauliche Anlage. Maßstab 1:100, 1:50.

3.1.7 Bauaufnahmezeichnungen

Bauaufnahmen sind nachträgliche Maßaufnahmen bestehender Objekte im erforderlichen Umfang und Maßstab. Sie sind nach DIN 1356-6 anzufertigen.

3.1.8 Benutzungspläne

Benutzungspläne sind Baubestandszeichnungen oder Bauaufnahmen, die durch zusätzliche Angaben für bestimmte baurechtlich, konstruktiv oder funktionell zulässige Nutzungen ergänzt sind (z.B. zulässige Verkehrslasten, Rettungswege im Filmtheater, Bestuhlungspläne im Theater usw.).

3.2 Anforderungen an die Zeichnungen der Tragwerksplanung im Massivbau (Mauerwerks-, Beton-, Stahlbeton- und Spannbetonbau)

In dieser Checkliste werden Regeln und Mindestanforderungen für die Zeichnungen der Tragwerksplanung zusammengestellt. In der HOAI ist der für die Honorierung der Ingenieurleistungen gesteckte Rahmen genau beschrieben. Da entsprechend den Festlegungen in der HOAI ein Schalplan nicht alle Maße und Angaben enthalten muss, die auf der Baustelle für die Ausführung des Objekts benötigt werden, wurde in die DIN 1356 der zusätzliche Begriff der *Rohbauzeichnung* neu aufgenommen. Schalpläne sind danach lediglich Ergänzungen zu den Ausführungszeichnungen des Objektplaners. Bei Rohbauzeichnungen und Schalplänen ist die Grundrissdarstellungsart nach DIN ISO 2594 bzw. DIN 1356 Grundriss Typ B (gespiegelte Projektion) als „Blick in die leere Schalung" anzuwenden.

3.2.1 Positionspläne

Positionspläne sind Bauzeichnungen des Tragwerks – ggf. in skizzenhafter Darstellung – zur Erläuterung der statischen Berechnungen mit Angabe der einzelnen Positionen. Sie werden auf der Grundlage der Entwurfszeichnungen des Objektplaners nach den gleichen Projektionsregeln wie Schalpläne und Rohbauzeichnungen erstellt, im Regelfall als Grundrisse im Maßstab 1:100, durch Ergänzungen der Transparentpausen der Entwurfszeichnungen des Objektplaners.

Positionspläne dienen der Erläuterung der statischen Berechnung und *sollen mindestens* enthalten:
a) Hauptmaße des Tragwerks und der tragenden Bauteile,
b) Spannrichtungen plattenartiger Bauteile,
c) Kennzeichnung der Bauteile mit den Positionen der statischen Berechnung, erforderlichenfalls mit ihren Bereichsgrenzen (z.B. bei Platten),
d) Angaben über Festigkeitsklassen der Baustoffe tragender Bauteile.

3.2.2 Tragwerksausführungszeichnungen

3.2.2.1 Rohbauzeichnungen

Rohbauzeichnungen sind Bauzeichnungen mit allen für die Ausführung des Rohbaues erforderlichen Angaben im Maßstab 1 : 50 (erweiterte Schalpläne). Sie werden auf der Grundlage der Ausführungszeichnungen des Objektplaners angefertigt und sollen außer den für Schalpläne geforderten Mindestinhalten alle Angaben für die Herstellung des Tragwerks, auch des Mauerwerks, enthalten, insbesondere:

a) in den Beton oder das Mauerwerk einbindende Bauteile, die selbst Bestandteile des Tragwerks sind oder zur späteren Befestigung oder Anbindung von nicht selbst zum Tragwerk gehörenden Teilen dienen, z.B. Ankerschienen, Ankerplatten, Fassadenverankerungen, Rohrhülsen, Sperr- und Gleitschichten, Dämmschichten, Fugenbänder. Dazu gehört auch die genaue Lage beim Einbau einschließlich Bemaßung.
b) Lager- und Übergangskonstruktionen, soweit nicht in besonderen Zeichnungen dargestellt,
c) Aussparungen (Durchbrüche und Schlitze),
d) Arbeitsfugen, soweit sie für die Konstruktion erforderlich sind,
e) Oberflächenbeschaffenheit, z.B. Sichtmauerwerk, Strukturbeton, Waschbeton, Abfasungen.

3.2.2.2 Schalpläne

Schalpläne sind Bauzeichnungen des Beton-, Stahlbeton- und Spannbetonbaus im Maßstab 1 : 50 mit Darstellung der einzuschalenden Bauteile. Sie werden auf der Grundlage der Ausführungszeichnungen des Objektplaners als Grundrisse und Schnitte unter Berücksichtigung der Ergebnisse der statischen Berechnung angefertigt. Dabei werden für raumbildende Konstruktionen des Ingenieurhochbaus die Grundrisse im Regelfall als Grundrisse Typ B entsprechend DIN 1356-1 dargestellt. Fundamentzeichnungen werden ebenso wie Zeichnungen des Ingenieurtiefbaus im Regelfall als Grundrisse Typ A nach DIN 1356-1 dargestellt.

Schalpläne *sollen mindestens* enthalten:

a) Maße des Bauwerks und der Bauteile, auch Höhenkoten und ggf. Bauwerksachsen,
b) Aussparungen innerhalb dieser Bauteile, soweit sie für das Tragverhalten von Bedeutung sind,
c) Auflager der einzuschalenden Bauteile, wie z.B. Umrisse der tragenden Mauerwerkswände oder Kopfplatten von Stahlstützen, sowie tragende Einbauteile, die in die Schalung verlegt werden,
d) Arten und Festigkeitsklassen der Baustoffe, ggf. besondere Zuschläge, Zusatzmittel und Zusatzstoffe.

3.2.2.3 Bewehrungszeichnungen

Bewehrungszeichnungen sind Bauzeichnungen des Stahlbeton- und Spannbetonbaus mit allen zum Biegen und Verlegen der Bewehrung erforderlichen Angaben. Sie sind nach DIN EN ISO 3766 anzufertigen (vgl. S. 14.45, Abschnitt 14).

3.2.2.4 Fertigteilzeichnungen

Fertigteilzeichnungen sind Bauzeichnungen im Maßstab 1 : 25 bzw. 1 : 20 zur Herstellung von Fertigteilen aus Beton, Stahlbeton, Spannbeton (s. DIN 1045 und 4227) oder Mauerwerk (s. DIN 1053-4) im Fertigteilwerk oder auf der Baustelle.

Für Fertigteilzeichnungen gelten die Anforderungen an Tragwerksausführungszeichnungen nach 3.2.2.1–3.2.2.3. Außerdem *sollen* sie *mindestens* folgende Angaben enthalten:

a) erforderliche Festigkeit des Fertigteilbaustoffs zur Zeit des Transports bzw. des Einbaus,
b) Eigenlasten der einzelnen Fertigteile,
c) zulässige Maßtoleranzen der Fertigteile,
d) Aufhängung bzw. Auflagerung für Transport, ggf. Zwischenlagerung und Einbau,
e) ggf. Stückzahl und Fertigteilbezeichnung,
f) Angaben zur Oberflächenbeschaffenheit.

3.2.2.5 Verlegezeichnungen

Verlegezeichnungen sind Bauzeichnungen für die Verwendung von Fertigteilen. Sie enthalten alle für Einbau und Anschluss der Fertigteile erforderlichen Angaben, ggf. in skizzenhafter Darstellung. Diese richtet sich nach der Art der Fertigteilkonstruktion. Grundrisse als Typ A bzw. Typ B sowie Maßstäbe für Schalpläne (Vorzugsmaßstab 1 : 50).

Nach Verlegezeichnungen werden Fertigteile auf der Baustelle zusammengebaut bzw. eingebaut. Sie *sollen mindestens* außer der Bemaßung enthalten:

a) Positionsbezeichnungen der einzelnen Fertigteile,
b) Lage der Fertigteile im Gesamttragwerk,
c) Einbauablauf, soweit erforderlich,
d) Einbaumaße und Einbautoleranzen, Auflagertiefen,
e) Anschlüsse, Fertigteilauflager,
f) ggf. erforderliche Hilfsstützen (Montagestützen),
g) auf der Baustelle zusätzlich zu verlegende Bewehrung,
h) Festigkeitsklassen und ggf. besondere Eigenschaften von zur Verbindung oder zur Ergänzung erforderlichen Baustoffen (Ortbeton, Mörtel, Kleber, Laschen, Konsolen usw.).

4 Bauaufnahmezeichnungen nach DIN 1356-6

4.1 Allgemeines und Anwendungsbereich

Bauen im Bestand ist eines der zentralen Themen, mit denen sich die Immobilienwirtschaft verstärkt auseinander setzen muss, denn im Jahre 2020 wird voraussichtlich 85 % im Bestand und nur noch 15 % neu gebaut. Schon heute greifen ca. 60 % aller durchgeführten Baumaßnahmen in den Baubestand ein. Die Prüfung der Erhaltungswürdigkeit eines historischen Bauwerkes setzt aber eine fundierte Bauzustandsuntersuchung bzw. Analyse, Erfassung und Dokumentation voraus und bildet somit eine wichtige Voraussetzung für die Planung von wirtschaftlich vertretbaren und fachgerechten Sanierungs- bzw. Modernisierungsmaßnahmen. Bei der immer größer werdenden Technisierung beim Gebäudeaufmaß, bei dem Bestreben berührungsfrei zu messen, um dadurch nicht zugängliche Stellen erfassen zu können und um die Effizienz zu steigern, müssen erhebliche Investitionen in Messwerkzeuge und Computer getätigt werden. Ein neuer Berufszweig aus der Verknüpfung aus Architektur und Vermessungswesen in die Fachrichtung Gebäudeaufmaß ist entstanden. Der Teil 6 der DIN 1356 wurde erstellt, um einheitliche Anforderungen an Bauaufnahmezeichnungen festzulegen, insbesondere auch für die digitale Erfassung und Dokumentation des Baubestandes.

Die Norm legt außerdem Anforderungen an die Darstellung, sowie an die erforderliche Genauigkeit in Bezug auf den Verwendungszweck von Bauaufnahmezeichnungen fest. Bauaufnahmezeichnungen werden durch textliche und grafische Angaben ergänzt (z. B. Raumbuch). Die Festlegungen gelten auch als Grundlage einer Kostenermittlung für die Bauaufnahme.

Bauaufnahmezeichnungen werden benötigt für:

Baubestandsbewertung, Dokumentation von Kulturdenkmälern, Orts- und Stadtbildänderungen, Renovierungen, Sanierungsmaßnahmen, Umbaumaßnahmen, Umnutzungen, etc.

4.2 Informationsdichten

Die Informationsdichten leiten sich aus der Aufgabenstellung an eine Bauaufnahme ab. Die Art und Weise der Aufmaßmethode ist zu dokumentieren. Je nach dem Verwendungszweck der Bauaufnahmezeichnung ist festzulegen, welche Informationsdichte erforderlich ist: Informationsdichte I (4.2.1) bzw. Informationsdichte II (4.2.2). Je größer die Informationsdichte, umso höher sind die Anforderungen an Qualität und Quantität der Messpunkte und Merkmale und umso größer ist auch die Exaktheit und Aussagekraft der Bauaufnahmezeichnung.

4.2.1 Informationsdichte I

Anwendung: Die Bauaufnahmezeichnung dient als Grundlage für die Darstellung des Bestandes und wird aufgrund eines zerstörungsfreien Aufmaßes erstellt. In der Bauaufnahmezeichnung werden nicht alle Maße dokumentiert, die zur genauen Darstellung erfasst werden müssen. *Mindestens* müssen aber die Außenabmessungen und lichten Raummaße angegeben werden. In Abhängigkeit von der Aufgabenstellung können weitere Angaben als Zusatzleistung vereinbart werden: Wand- und Deckenstärken, lichte Wand- und Deckenöffnungen, Stockwerkshöhen, Dachstuhl-, Trauf-, First- und Kaminhöhen, Geländehöhe an den Bauwerksbegrenzungen.

Die Bauaufnahmezeichnung der Informationsdichte I umfasst zeichnerische Darstellungen sowie textliche Inhalte. Bauschäden werden nicht aufgenommen und dargestellt!

4.2.2 Informationsdichte II

Die Informationsdichte II unterscheidet sich durch eine vermehrte Messpunktdichte, durch die Anzahl der grafischen und textlichen Informationen und durch den Maßstab (vorzugsweise 1 : 50) von der Informationsdichte I. Ein Aufbau auf die Aufmaßdaten der Informationsdichte I ist anzustreben.

Anwendung: Die Bauaufnahmezeichnung, die ein wirklichkeitsgetreues Aufmaß wiedergibt, dient bei Genehmigungsplanungen und Sanierungsmaßnahmen als Grundlage. Weiterhin bildet sie die Grundlage für Orts- und Stadtbildanalysen und die daraus abgeleiteten Gestaltungssatzungen. Die Bauaufnahmezeichnung der Informationsdichte II umfasst zeichnerische Darstellungen sowie textliche Inhalte.
In Abhängigkeit von der Aufgabenstellung sind als Zusatzleistung zu vereinbaren: Bauschadenerfassung, Darstellung von Bauschäden, fotografische Dokumentation.
Die Bauschadenerfassung in der zeichnerischen Dokumentation muss Angaben über Art und Größe des Schadens, das so genannte Schadenbild enthalten. Die Schäden sind in der Zeichnung mit fortlaufenden Positionsnummern, Schadenschlüsselnummern gemäß Tabelle und der Bezeichnung **BS** (z. B. 14 – **BS** 15 Gr) anzuwenden (mehrfaches Auftreten gleicher Schäden an einem Ort wird zusammengefasst und mit der Ergänzung Gr gekennzeichnet).

Tabelle – Schadenschlüssel

01	Löcher	13	Auswaschung	25	Fäulnis
02	Druckstellen	14	Abnutzung	26	Insektenbefall
03	Leckage	15	Salze/Ausblühungen	27	Blitz/elektr. Spannung
04	Kratzspuren	16	Oxydation/Lochfraß	28	Funktion
05	Risse/Spalten	17	chemische Schäden	29	technischer Ausbau
06	Brüche	18	Farbveränderung	30	Reparatur
07	Hohlräume/Blasen	19	Versottung	31	Vermutung
08	Abplatzungen	20	Frost	32	Lärm/Geruch
09	Ablösungen	21	Wasser/Feuchtigkeit	33	Altlasten/Kontaminierung[b]
10	Verformung/Durchbiegung	22	Brand/Hitze	34	besondere Schäden[a]
11	Erosion	23	Sturm	35	Umweltschäden[b]
12	Versandung	24	Schimmel/Pilze	36	...

[a] z. B. bewusst herbeigeführte Schäden, wie Erkundungsschachtung/-bohrung, Bergsenkung, Kriegsschäden, Grabräuberei usw.; Brandfolgeschäden, z. B. Beaufschlagung durch Ruße und Rauchkondensate, chemische Schäden
[b] Angabe in Verbindung mit anderen Schadenschlüsseln

Die Darstellung von Bauschäden ist in folgende Kategorien einzuteilen: punktuelle Schäden, lineare Schäden, flächige/räumliche Schäden, temporäre Schäden (Zusatz T), mehrfach auftretende Schäden (Gr). In der Bauaufnahmezeichnung nicht aufgeführte Schadenbilder und textliche Ergänzungen sind in einer Legende zur Zeichnung und in den textlichen Inhalten im Abschnitt Bauschadenerfassung aufzuführen.
Die textlichen Inhalte der Bauschadenerfassung enthalten die Angaben der grafischen Darstellung in schriftlicher Form: Positionsnummerierung mit Schadenschlüssel und ausführlicher Beschreibung über Art und Größe des Schadens (Schadenbild) und weitere Daten zum Schaden, z. B. in Form von datiertem Bildmaterial usw.

4.2.3 Fotografie in der Bauaufnahme

Die Bauaufnahme ist durch eine aussagekräftige Fotodokumentation zu ergänzen. In allen Fotos ist eine Messtafel mit Bauteilbezeichnung nach DIN EN ISO 4157, Messskala, Datum, Name des Bearbeiters abzubilden. In der Informationsdichte I dient die Fotografie zur Ergänzung der textlichen Inhalte. In der Informationsdichte II ist die Fotodokumentation ein wesentlicher Bestandteil

der Bauaufnahme. Sie verdeutlicht z. B. Farben, Strukturen, Oberflächen, Veränderungen, örtliche Zusammenhänge, Größenverhältnisse und Details aufgemessener Objekte.
Weitere Informationsdichten erfordern ein noch exakteres Aufmaß, das die Grundlage für schwierige Umbau-, Rekonstruktions- und Sanierungsmaßnahmen bildet und nur durch entsprechende photogrammetrische Vermessung (Auswertung von Stereoaufnahmen) oder mit elektronischen Theodoliten (dreidimensionale Bauaufnahme) erfolgt. Ein Normentwurf für Teil 6 und 7 der DIN 1356 ist in Vorbereitung.

5 Projektionsarten für Bauzeichnungen nach DIN 1356-1 und ISO 2594

Darstellungsart bei der Objektplanung	Darstellungsart bei der Tragwerksplanung
Grundrissdarstellung – „Grundriss Typ A“ Diese Darstellungsart nach DIN 1356-1 wird bei der Objektplanung angewendet und stellt die Draufsicht auf den unteren Teil eines waagerecht geschnittenen Bauobjektes dar. Die horizontale Schnittebene liegt – auch verspringend – so im Bauwerk bzw. Bauteil, dass die wesentlichen Einzelheiten, z.B. Treppen, Öffnungen für Fenster und Türen, Stützen oder andere Tragglieder, geschnitten werden. Von oben sichtbare Begrenzungen und Knickkanten der Bauteiloberseiten werden als sichtbare Kanten durch Volllinien dargestellt. Darunter liegende Kanten werden ggf. als verdeckte Kanten durch Strichlinien dargestellt. Bauteilkanten, die oberhalb der Schnittlinie liegen (Deckenöffnungen, Unterzüge, Vorsprünge etc.), werden ggf. durch Punktlinien dargestellt.	Grundrissdarstellung – „Grundriss Typ B“ Diese Darstellungsart nach DIN 1356-1 und ISO 2594 wird bei der Tragwerksplanung angewendet. Der Grundriss stellt die gespiegelte Untersicht unter dem oberen Teil eines waagerecht geschnittenen Bauobjektes dar. Die Schnitte sind so zu führen, dass die Gliederung und der konstruktive Aufbau des Tragwerks deutlich werden. Alle tragenden Bauteile werden im jeweiligen Stockwerk (vgl. DIN ISO 4157) zusammen mit der Spiegelung der Decke über diesem Stockwerk dargestellt, sozusagen als „Blick in die leere Schalung“. Kanten und Begrenzungen der Untersichten werden in der Zeichnung als sichtbare Kanten durch Volllinien dargestellt. Darüber liegende Bauteile (Unterzüge, Schlitze, Aufkantungen, Brüstungen etc.) werden als verdeckte Kanten durch Strichlinien dargestellt.
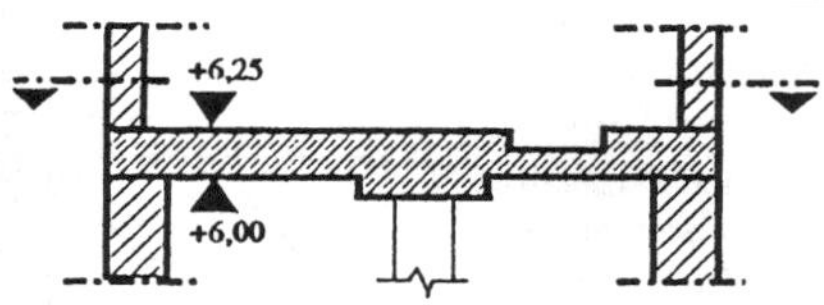 Schnitt	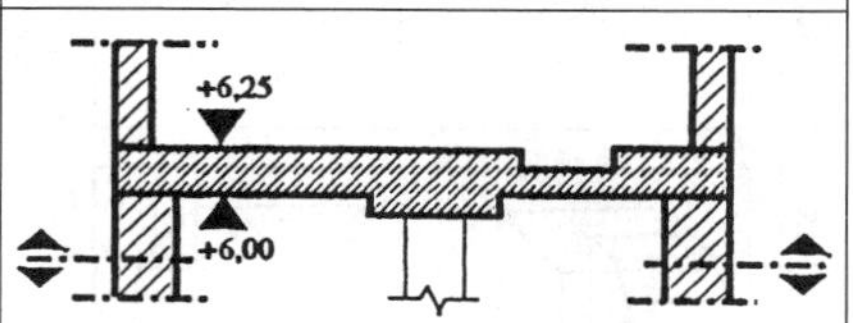 Schnitt
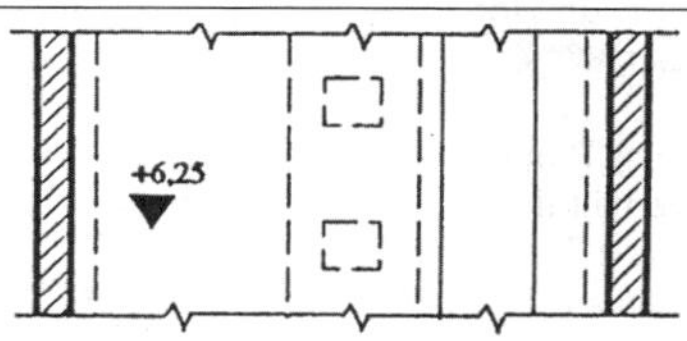 Grundriss	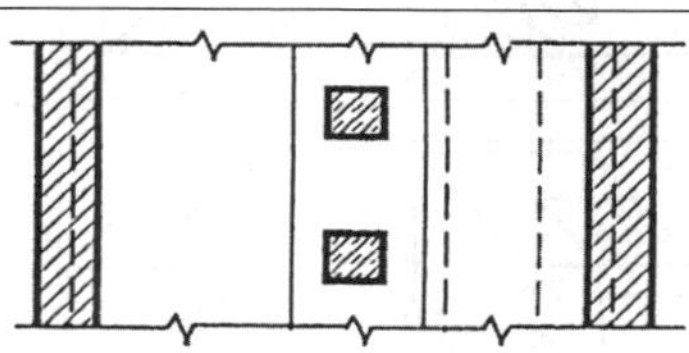 Grundriss

6 Projektionsarten nach DIN ISO 5456-3

Parallelprojektionen (vgl. auch ISO 128)

Die Darstellungen der Parallelprojektionen sind „doppeldeutig“, d.h., der abzubildende Körper kann von oben (Vogelperspektive) oder von unten (Froschperspektive) betrachtet werden.

Der ISO-Normkörper als Volumenmodell im Drahtmodell eines Würfels:

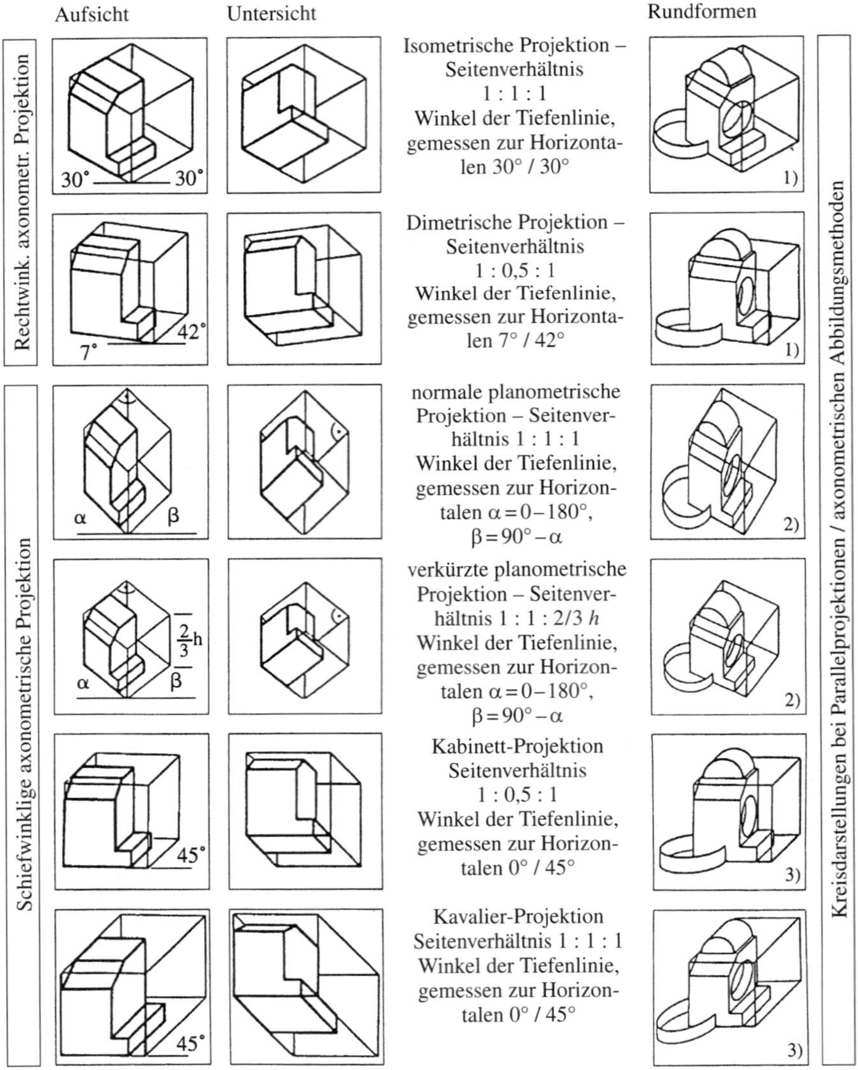

1) Kreise in allen drei Koordinatenebenen erscheinen als Ellipsen.

2) Kreise in einer Koordinatenebene erscheinen als Kreise (Grundriss, Aufsicht), sonst erscheinen Kreise als Ellipsen.

3) Wie 2), jedoch in Aufriss/Ansicht.
Nur in der isometrischen und der dimetrischen Projektion erscheinen Kugelumrisse als Kreise, sonst bildet sich die Kugel elliptisch ab.

7 Allgemeine Zeichen und Begriffe nach DIN 1356-1 und DIN ISO 4157-1

1	Richtung		6	Radius	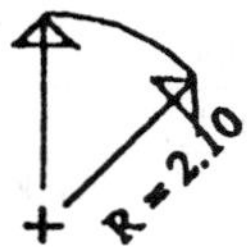
2	Höhenangabe Oberfläche Fertigkonstruktion Rohkonstruktion				
3	Höhenangabe Unterfläche Fertigkonstruktion Rohkonstruktion		7	abgehängte Decke im Grundriss	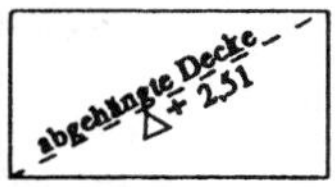
4	Angabe der Schnittführung in Blickrichtung		8	Tragrichtung von Platten zweiseitig getragen dreiseitig gelagert vierseitig gelagert auskragend	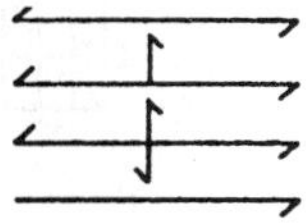
5	Angabe der horizontalen Schnittführung im Grundriss Typ B				

Beispiel: Höhenbemaßung:

Stützen, Platten, Wände, Balken etc. werden mit Abkürzungen versehen:

Stützen (Colums)
= C 301

Platten (Slaps)
= S 301; 302

Wände (Walls)
= W 202

Balken (Beams)
= B 301

Die erste Ziffer gibt die Stockwerkszahl an, die zwei letzten Ziffern sind laufende Nummern.

Ebene 3

Ebene 2

Ebene 1

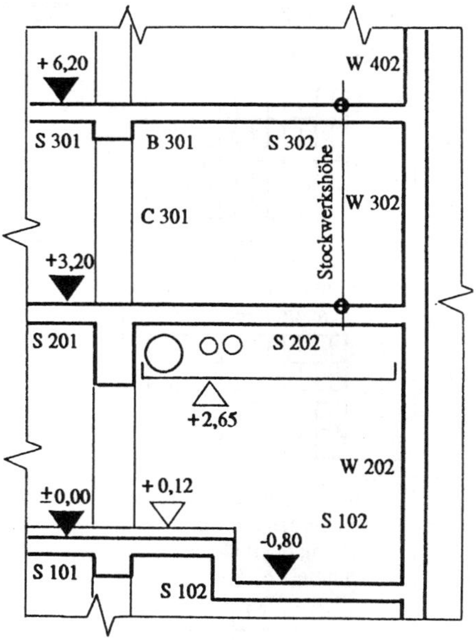

8 Darstellung von Treppen und Rampen mit Steigungsrichtung im Grundriss nach DIN 1356-1 (vgl. auch DIN 18 064)

<table>
<tr><td>Spalte 1</td><td></td><td>2</td><td>3</td><td>4</td></tr>
<tr><td>Zeile</td><td></td><td>vereinfachte Darstellung</td><td></td><td></td></tr>
<tr><td rowspan="3">1</td><td rowspan="3">einläufige Treppe</td><td>Treppenlauf
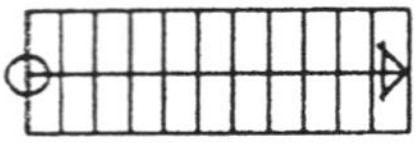</td><td>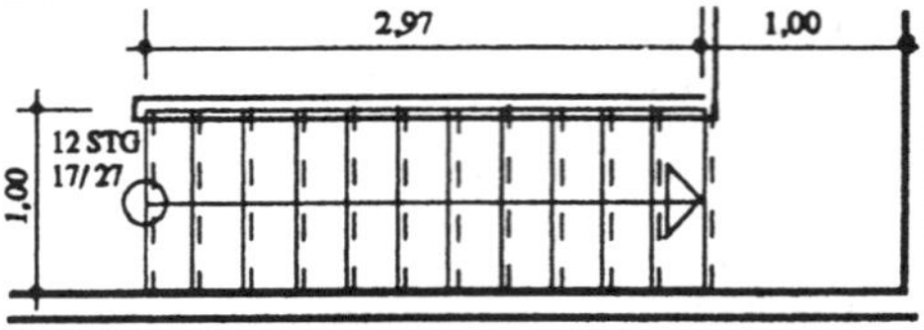
</td><td>oberstes Geschoss</td></tr>
<tr><td>Treppenlauf horizontal geschnitten mit darunterliegendem Lauf
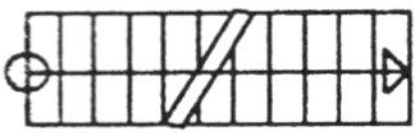</td><td>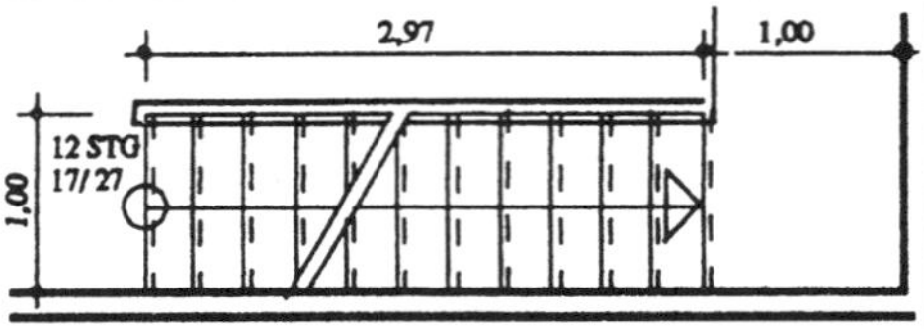
</td><td>Normalgeschoss</td></tr>
<tr><td>Treppenlauf horizontal geschnitten mit Darstellung oberhalb der Schnittebene
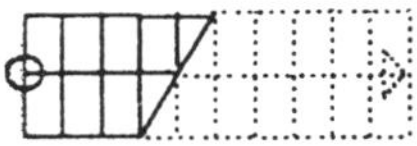</td><td>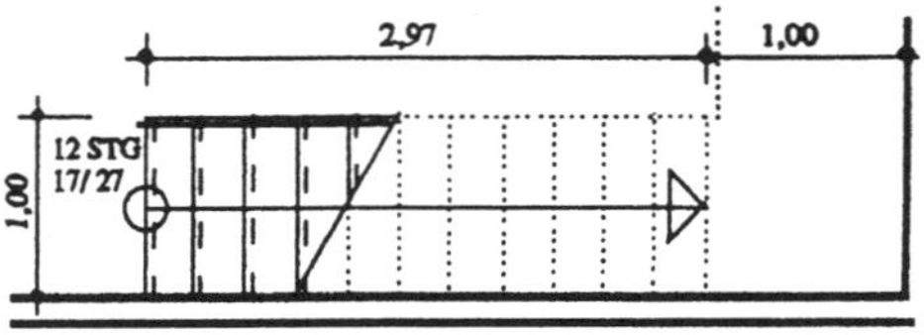
</td><td>unterstes Geschoss</td></tr>
<tr><td rowspan="3">2</td><td rowspan="3">zweiläufige Treppe</td><td>Treppenlauf
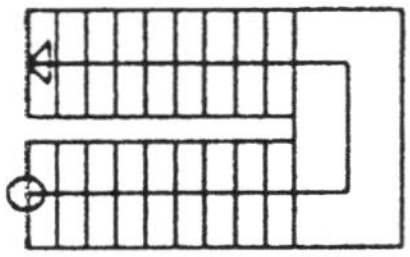</td><td rowspan="3">Darstellung wie Zeile 1</td><td>oberstes Geschoss</td></tr>
<tr><td>Treppenlauf horizontal geschnitten mit darunterliegendem Lauf
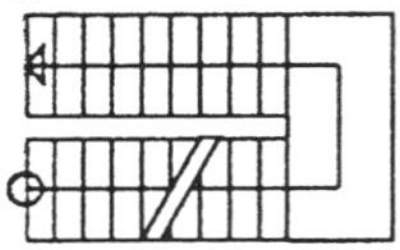</td><td>Normalgeschoss</td></tr>
<tr><td>Treppenlauf horizontal geschnitten mit Darstellung oberhalb der Schnittebene
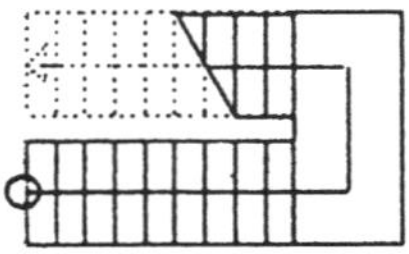</td><td>unterstes Geschoss</td></tr>
</table>

Darstellung von Treppen und Rampen mit Steigungsrichtung im Grundriss (Fortsetzung)

Spalte 1		2	3	
Zeile		Bezeichnung	vereinfachte Darstellung	
3		dreiläufige Treppe[1)]	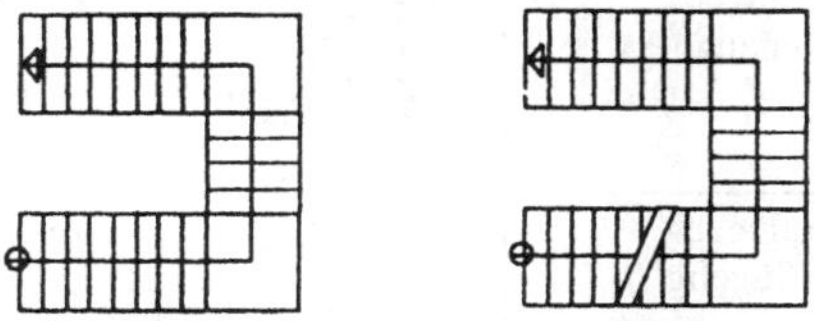	
4		gewendelte Treppe[1)]		
5		Rampe[1)]	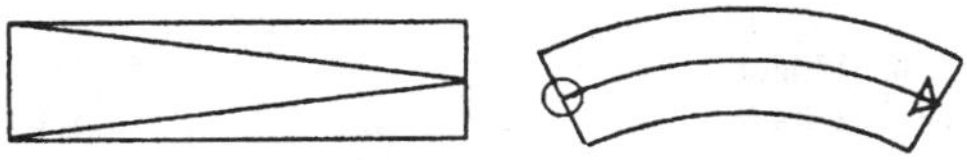	

[1)] Darstellung wie Zeile 1.

9 Darstellung von Aussparungen

Aussparungen, deren Tiefe		
gleich der Bauteiltiefe ist (Durchbrüche)	kleiner als die Bauteiltiefe ist (Schlitze)	
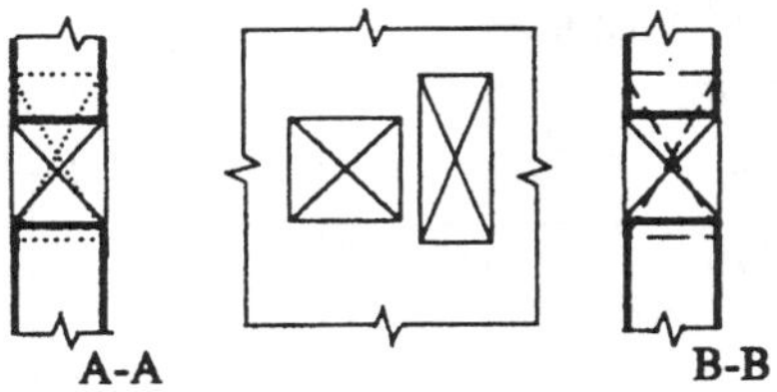	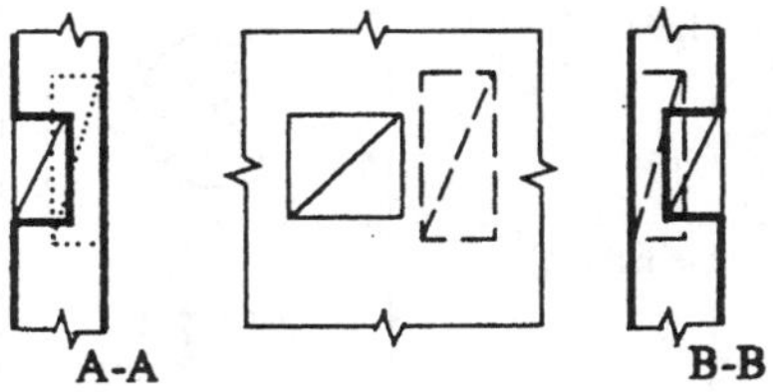	Ansicht / Schnitt
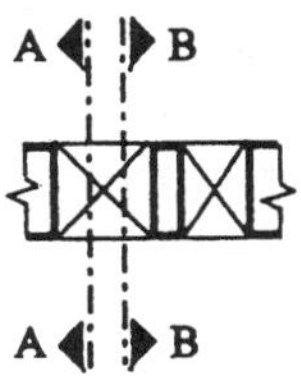	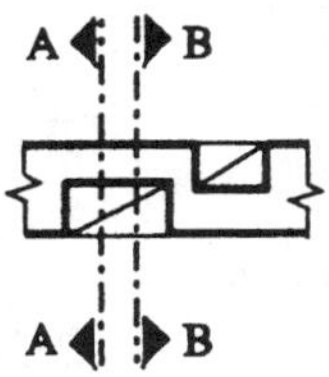	Grundriss

Die Aussparungen sind nur mit ihren Symbolen und Maßangaben (Breite, Tiefe, Höhe) in Grundriss, Schnitt oder Ansicht einzutragen. Weitere Kennzeichen wie Deckendurchbruch (DD), Deckenschlitz, Bodendurchbruch, Bodenkanal, Wanddurchbruch oder Wandschlitz sind nicht erforderlich.

10 Öffnungsarten von Türen im Grundriss und von Türen und Fenstern in der Ansicht

1	Drehflügel, einflügelig		12	Drehflügel	
2	Drehflügel, zweiflügelig		13	Kippflügel	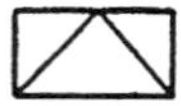
3	Drehflügel, zweiflüg., gegeneinander schlagend		14	Klappflügel	
4	Pendelflügel, einflügelig	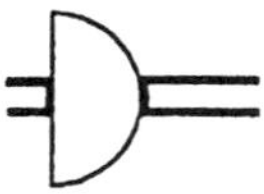	15	Dreh-Kipp-Flügel	
5	Pendelflügel, zweiflügelig		16	Hebe-Dreh-Flügel	
6	Hebe-Dreh-Flügel		17	Schwingflügel	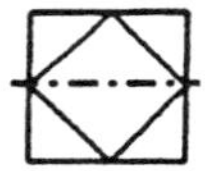
7	Drehtür		18	Wendeflügel	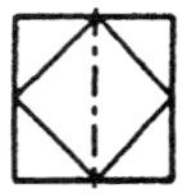
8	Schiebeflügel		19	Schiebeflügel, vertikal	
9	Hebe-Schiebe-Flügel		20	Schiebeflügel, horizontal	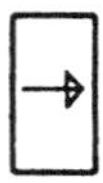
10	Falttür, Faltwand	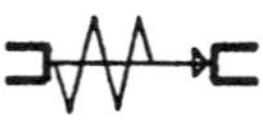	21	Hebe-Schiebe-Flügel	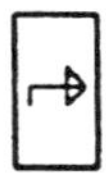
11	Schwingflügel	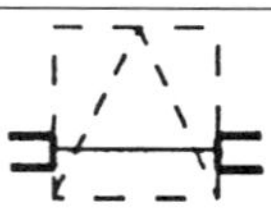	22	Festverglasung	

11 Symbole, Markierungen und vereinfachte Darstellungen von Abriss und Wiederaufbau nach DIN 1356 bzw. DIN ISO 7518

	beabsichtigte Änderung	Darstellung und Angaben in der bestehenden Zeichnung[1] (Grundriss, Schnitt, Ansicht)	Darstellung und Angaben in der neuen Zeichnung[1] (Grundriss, Schnitt, Ansicht)
1	Umrisse bestehender Teile, die erhalten bleiben sollen	(keine Vereinbarung)	———————— [3]
2	Umrisse bestehender Teile, die abgerissen werden sollen	—×——×——×—	—×——×——×— [3]
3	Umrisse neuer Teile	neue Linien stärker als die alten	gemäß DIN 1356
4	Maße und Informationen zu bestehenden, abzureißenden Bauteilen	~~12,38~~	~~Ber T 16,2~~
		feine Linie durch die Maßzahl oder den Text[2]	
5	bestehender, zu erhaltender Teil des Gebäudes	(keine Vereinbarung)	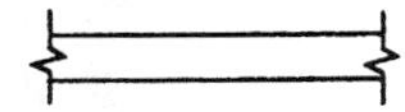 [3) 4)]
6	bestehender, abzureißender Teil eines Gebäudes	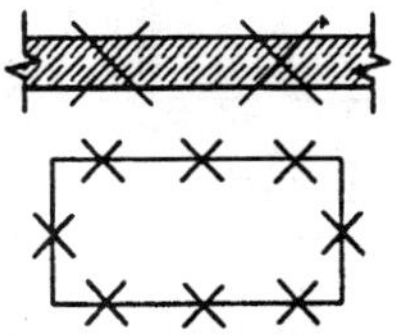	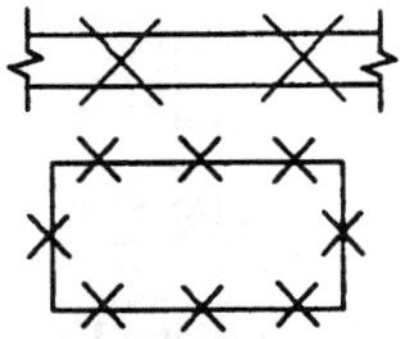 [3) 4)] [3]
7	neue Bauteile	gem. DIN 1356	gem. DIN 1356
8	Schließung von Öffnungen im bestehenden Mauerwerk		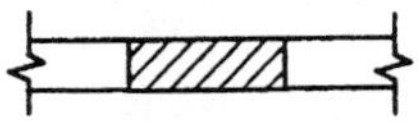 [3) 4)]
9	neue Öffnungen im bestehenden Mauerwerk	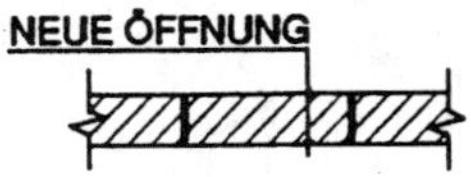	 [3) 4)]
10	Wiederherstellung eines bestehenden Bauwerkes nach Abriss eines damit verbundenen Bauwerkes		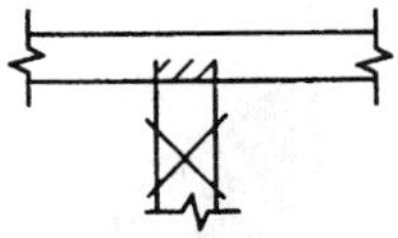 [3) 4)]
11	Änderung der Oberflächenbeschichtung		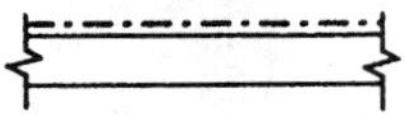 [3) 4)]

[1] Um die geplante Änderung zu erklären, soll der ursprüngliche (bestehende) Zustand des Gebäudes in einer Zeichnung zusammen mit den Angaben der geplanten Änderungen sowie eine neue Zeichnung des geänderten Gebäudes angefertigt werden.

[2] Es wird empfohlen, zwischen ursprünglichen und neuen Maßen und Textinformationen zu unterscheiden. Dies soll durch verschiedene Schriftgrößen oder durch die Schreibweise der Ziffern und des Textes geschehen.

[3] Linienarten und Linienbreiten siehe Tabelle gem. DIN 1356; DIN 15-2.

[4] Schraffur in Übereinstimmung mit DIN 1356/DIN 201; ISO 4069 siehe Tabelle.

12 ISO-Normkörper Haus am See [1)]

12.1 Beispiele für die Darstellung von Entwurfszeichnungen
nach DIN 1356-1

12.1.1 Ansicht von Süden (Bemaßung)

Der vorhandene und geplante Geländeverlauf einschließlich Höhenangaben und der Höhenlage der baulichen Anlage über NN ist anzugeben.

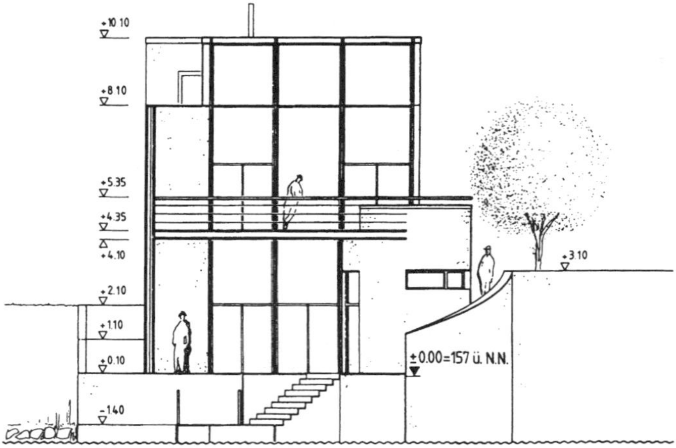

12.1.2 Räumliche Entwurfsdarstellung (Präsentationszeichnung)

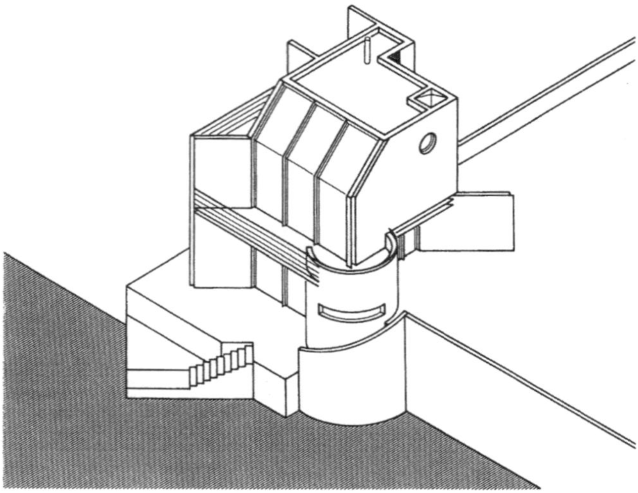

Die Isometrie zeigt gleichwertig betont drei Seiten des Baukörpers – Südfassade, Ostfassade, Dachaufsicht – und die Einpassung der baulichen Anlage im Gelände.

1) Entwurf: cand. arch. G. Kersten.

12.1.3 Grundriss (Bemaßung)

Die Bemaßung besteht aus Maßzahl, Maßlinie, Maßhilfslinie und Maßlinienbegrenzung. Maßzahlen sind über der durchgezogenen Maßlinie so anzuordnen, dass sie in der Gebrauchslage der Zeichnung von unten bzw. von rechts leserlich sind.

Bei Wandöffnungen (Türen, Fenster) wird die Maßzahl für die Breite über der Maßlinie und die Maßzahl für die Höhe direkt darunter unter der Maßlinie angeordnet.

Die Lage der vertikalen Schnittebenen (z.B. A-A, B-B) ist mit starken Strichpunktlinien anzugeben, ebenfalls die Blickrichtung.

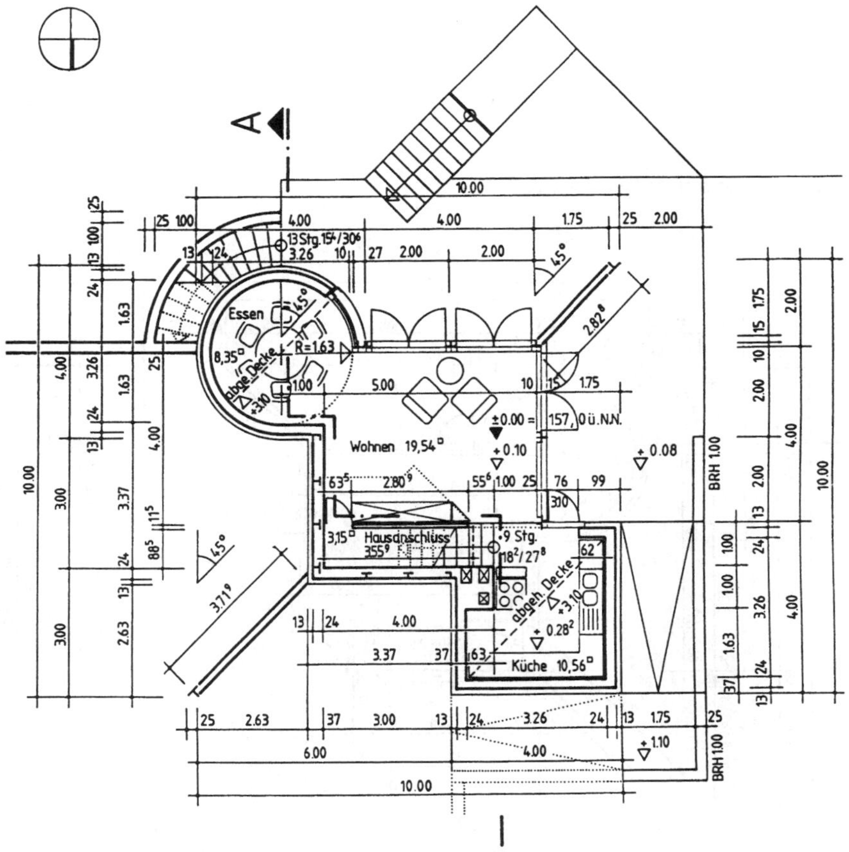

GRUNDRISS Ebene 1 A

12.2 Beispiele für die Darstellung von Werkzeichnungen

nach DIN 1356-1

(vgl. auch Abschn. 3.1.4.1)

12.2.1 Draufsicht/Dachaufsicht

(Grundrissdarstellung der Ebene 5 ohne Bemaßung)

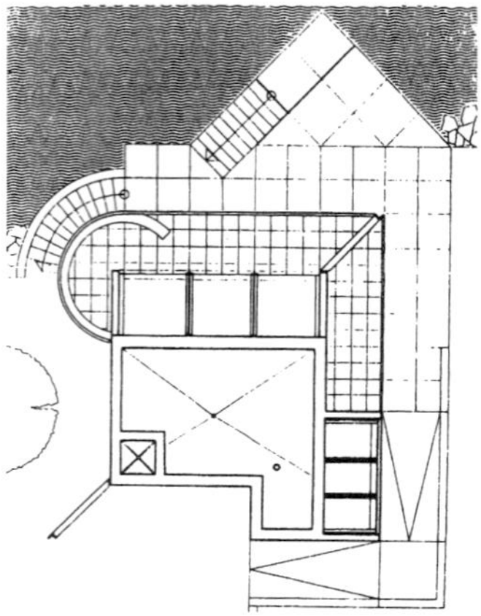

12.2.2 Grundriss (Bemaßung)

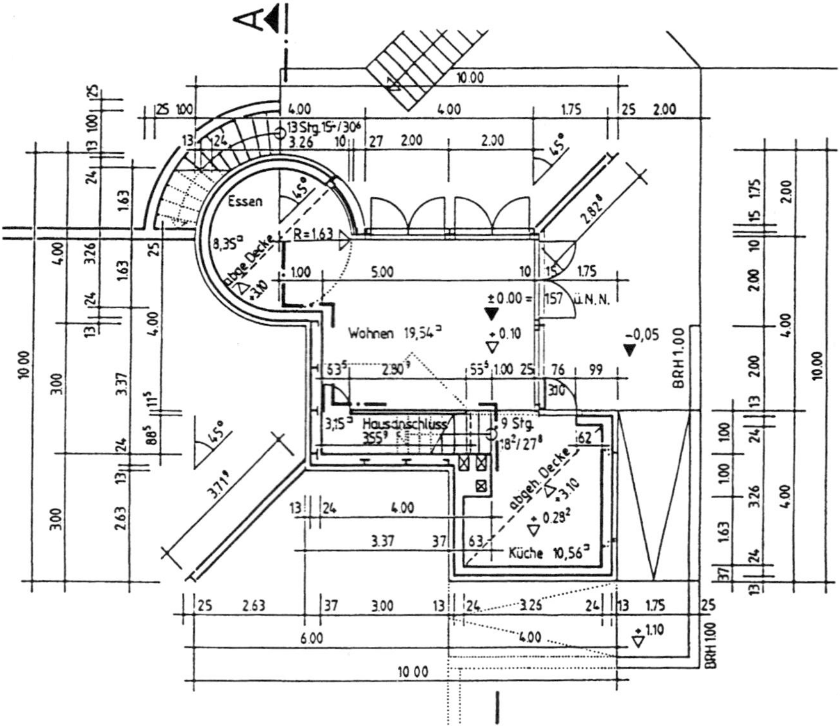

GRUNDRISS Ebene 1

In Grundrissen sind Höhenangaben (Höhenkoten), bezogen auf die Höhenlage ± 0,00 (= Rohfußboden), erforderlich. Bei Brüstungen soll die Rohbauhöhe über Oberfläche Rohfußboden angegeben werden.

12.2.3 Schnitt (Höhenangaben und Bemaßung)

Die Höhenbemaßung ist durch zwei Bemaßungsangaben vorzunehmen:

a) Durch vertikale Maßketten sind Stockwerks-/Geschosshöhen, lichte Raumhöhen, Brüstungs-, Fenster- und Sturzhöhen anzugeben.

b) Durch Höhenkoten ist die Höhenlage der Ebenen bzw. der Deckenoberflächen in Bezug zu ±0,00 anzugeben.

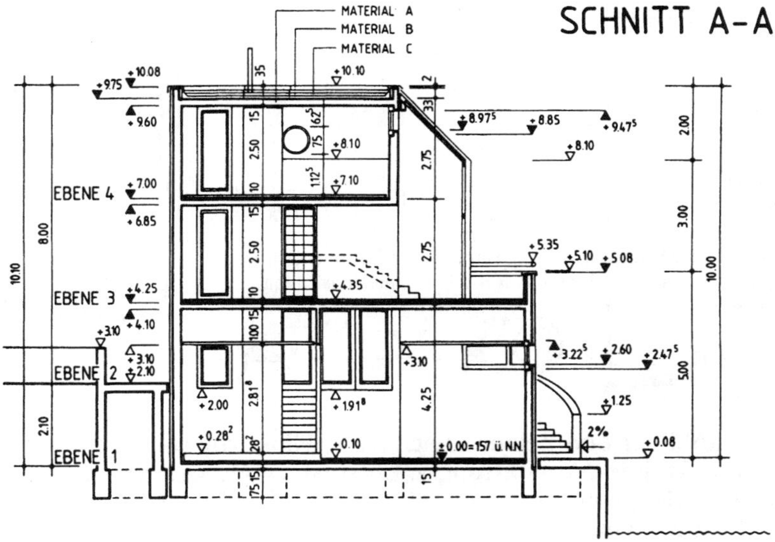

12.2.4 Ansicht der Westfassade (Höhenangaben und Bemaßung)

Werkzeichnung mit Bemaßung und Höhenangaben; mit Angabe der Teilung und Öffnungsart der Türen und Fenster, mit Angabe der hinter der Fassade liegenden verdeckten Geschossdecken und Fundamente.

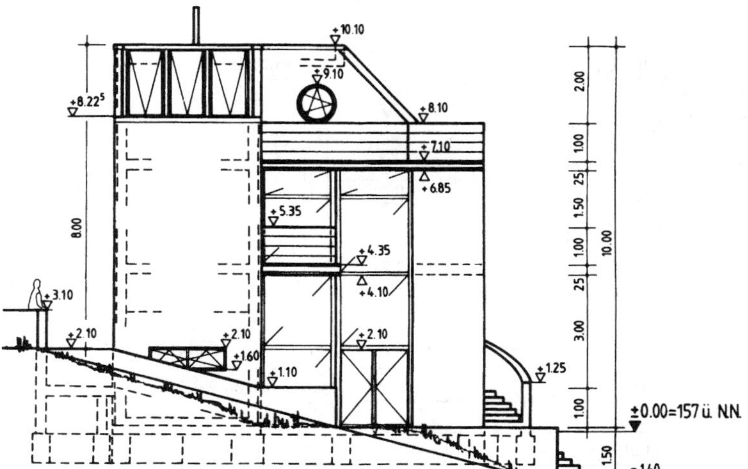

13 Entwässerungszeichnungen

13.1 Linienbreiten für die Darstellung von Sinnbildern und Zeichen in Entwässerungszeichnungen nach DIN 1986-1

Je nach gewähltem Maßstab sind folgende Linienbreiten und Schrifthöhen vorgeschrieben:

	Linienbreiten in mm	Darstellung im Maßstab	
Sanitärausstattungsgegenstände	0,5	1 : 50	Weitere Vorschriften für die Darstellung von Sinnbildern und Zeichen im Bereich Bad, WC und Küche siehe DIN 18 022 (11.89)
	0,25	1 : 100	
Rohrleitungen	1,0	1 : 50	
	0,5	1 : 100	
Schriftgröße (Schriftform B, gerade)	0,5	1 : 50	
	0,25	1 : 100	

(Schablonen für Sanitärausstattung vereinfachen die Zeichenarbeit.)
Beispiel: WC Ansicht / Grundriss 1:50 / 1:100 mit Rohrleitung

13.2 Sinnbilder und Zeichen nach DIN 1986-1 zur Darstellung von Sanitär-, Ausstattungs-, Entwässerungsgegenständen und Abwasserleitungen im Grund- und Aufriss für Entwässerungsanlagen von Gebäuden und Grundstücken

	Benennung	Grundriss	Aufriss
Sanitär-Ausstattungsgegenstände	Badewanne	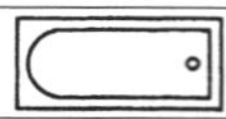	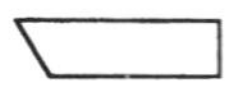
	Duschwanne	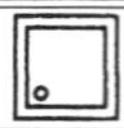	
	Waschtisch Einbau-Waschtisch		
	Sitzwaschbecken/Bidet		
	Urinalbecken		
	Urinal mit automatischer Spülung		
	WC-Becken m. Spülkasten/m. Einbauspülkasten		

Benennung	Grundriss	Aufriss
Ausgussbecken		
Spülbecken einfach	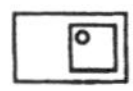	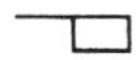
Spülbecken doppelt	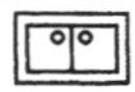	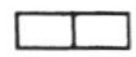
Geschirrspülmaschine	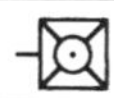	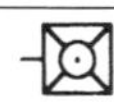
Waschmaschine	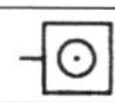	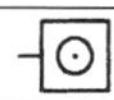
Wäschetrockner	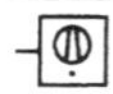	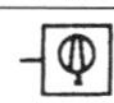
Klimagerät	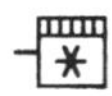	

Abwasserleitungen	Schmutzwasserleitung	
	vorh. Schmutzwasserleitung	
	Regenwasserleitung	
	Lüftungsleitung	

Mischwasserleitung	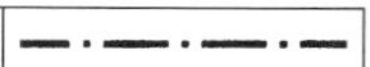
vorh. Mischwasserleitung	
Werkstoffwechsel	
Nennweitenänderung	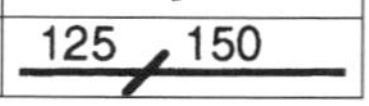

14 Bewehrungszeichnungen nach DIN EN ISO 3766

14.1 Anforderungen an Bewehrungszeichnungen

Die Bauteile müssen mit den Hauptmaßen versehen sein, die Bewehrung ist einzuzeichnen und alle Teile müssen eindeutig und klar in maßstäblichen Grundrissen, Ansichten und Schnitten dargestellt werden. Die Darstellungen müssen mit den Bezeichnungen in den statischen Berechnungen übereinstimmen und sollten, falls anwendbar, alle Größen, die für die Konstruktion der Bauteile und für die Nachprüfung der Berechnungen notwendig sind, beinhalten.

Zeichnungen für Werks- und Serienfertigung sind von dieser Regelung ausgenommen.

Auf zugehörige Zeichnungen muss verwiesen werden. Falls Zeichnungen später geändert werden, müssen alle betroffenen Zeichnungen auch modifiziert werden.

Folgende Merkmale der Bewehrungsstäbe (allgemeine und Lageinformationen) müssen in der Zeichnung angegeben werden:

- geforderte Betonfestigkeitsklasse, die Expositionsklassen sowie weitere Anforderungen gemäß nationaler Normen;
- Sorte des Betonstahls und des Spannstahls gemäß Referenznormen;
- Positionsnummern (Formnummern), Anzahl, Durchmesser, Form und Lage der Bewehrungsstäbe, gegenseitiger Abstand zwischen den Stäben und Übergreifungslängen an Stößen und Verankerungslängen, Anordnung, Maße und Ausbildung von Schweißstellen mit Angabe der Schweißzusatzwerkstoffe; Typ und Lage der mechanischen Verbindungsmittel; Rüttelgassen, Lage von Betonieröffnungen;
- das Herstellungsverfahren der Vorspannung; Anzahl, Typ und Lage der Spannglieder, Anzahl, Typ und Lage der Spanngliedverankerungen und Spanngliedkopplungen sowie Anzahl, Durchmesser, Form und Lagen der zugehörigen Betonstahlbewehrung; Typ und Durchmesser der Hüllrohre; Angaben zum Einpressmörtel;
- Maßnahmen zur Lagesicherung der Betonstahlbewehrung und der Spannglieder (z. B. Art und Anordnung der Abstandhalter sowie Anordnung, Maße und Ausführung der Unterstützungen der oberen Betonstahlbewehrungslage und der Spannglieder);
- das Verlegemaß c_V der Bewehrung, das sich aus dem Nennmaß c_{nom} der Betondeckung ableitet, sowie das Vorhaltemaß Δc der Betondeckung;
- die Fugenausbildung.

Die folgenden Biegeinformationen der Bewehrungsstäbe müssen in der Zeichnung oder in separaten Unterlagen wie z. B. der Stahlliste angegeben werden:

Bei Anwendung der Kennzeichnungssystematik, müssen die Biegeformen der Bewehrungsstäbe eindeutig auf die Positionsnummern verweisen. Dabei darf die grafische Darstellung unmaßstäblich sein.

Einzellängen, Teilllängen und gegebenenfalls Biegewinkel der Bewehrungsstäbe müssen angegeben werden. Um die Biegeform zu typisieren, muss die entsprechende Tabelle beachtet werden; die Biegerollendurchmesser oder -radien.

14.2 Kennzeichnung

Angaben zur Stabstahlbewehrung werden in Längsrichtung der Bewehrungsstäbe oder entlang der Bezugslinien eingetragen. Angaben für geschweißte Betonstahlmatten werden entlang der Diagonale eingetragen. Die Mattennummer muss zusammen mit der Anzahl der Matten angegeben werden. Für jede Positionsnummer (Formnummer) müssen die Angaben für die Bewehrungsstäbe in der Zeichnung, wie in folgender Tabelle gezeigt, enthalten sein.

Angabe	Beispiel
alphanumerische Positionsnummer (in z. B. einem Kreis oder einem Oval)	②[1]
Anzahl der Bewehrungsstäbe	19
Stabdurchmesser in mm	⊠18
Abstand in mm	250
Lage im Bauteil (optional)	T
Formschlüssel des Bewehrungsstabes (optional)	13
[1] Eine auf das Beispiel bezogene Angabe lautet: ②19 ⊠20—200—T—13 oder ②19 ⊠20—200.	

14.3 Beispiele

14.3.1 Positionskennzeichnung (ohne optionale Angaben)

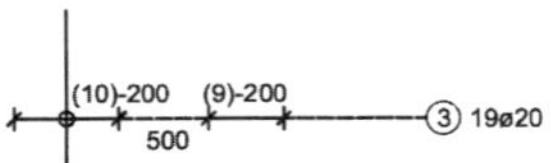

Der in den Klammern angegebene Zahlenwert gibt die Anzahl der Stäbe im jeweils betrachteten Abschnitt an.

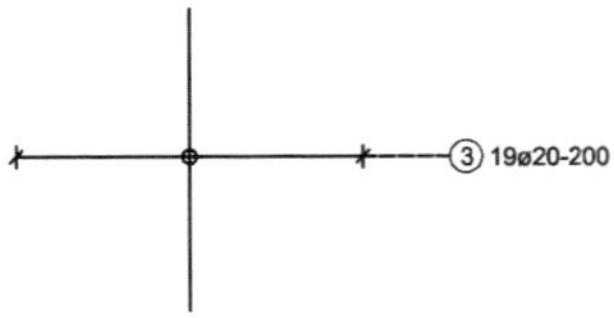

14.3.2 Maßangaben

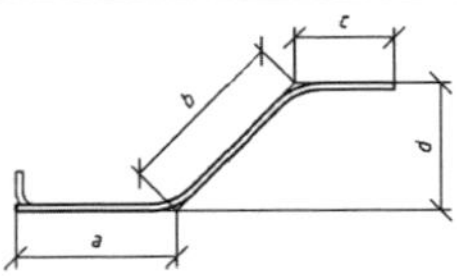	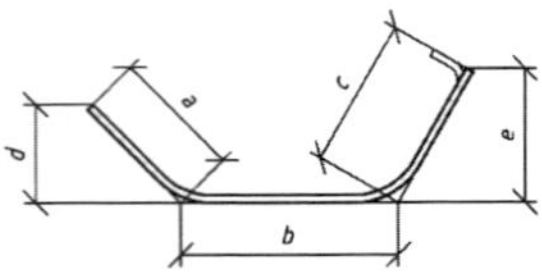	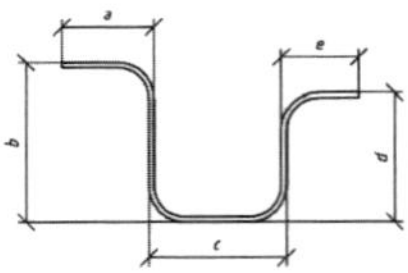
Maßangaben Formschlüssel 26	Maßangaben Formschlüssel 25	Maßangaben Formschlüssel 44

14.3.3 Darstellung und Symbole für Stabstahlbewehrung

Nr.	Darstellung		Bedeutung
	Grundriss	Schnitt/Ansicht (sofern abweichend)	
1	a) b) c) 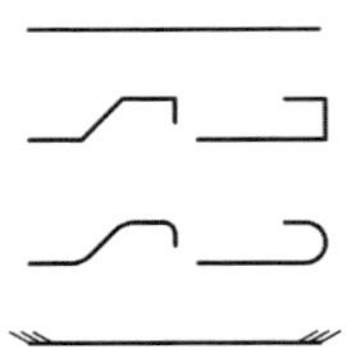		**Allgemeine Darstellung eines Bewehrungsstabes** Gebogener Bewehrungsstab b): 1) Geknickter Linienzug 2) Linienzug aus Geraden und Bögen c) Stabbündel, Endmarkierung gibt Anzahl der Stäbe im Bündel an (hier: drei)
2		a)  b) 	**Schnitt** a) durch einen Bewehrungsstab, b) durch ein Stabbündel aus drei Bewehrungsstäben

Nr.	Darstellung		Bedeutung
	Grundriss	Schnitt/Ansicht (sofern abweichend)	
3		a) b) c) 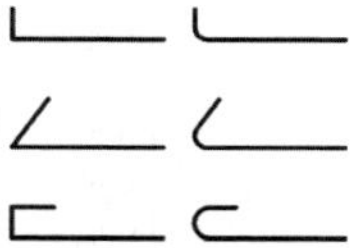	**Bewehrungsstab mit Endhaken-Verankerung** a) 90°-Bogen (Winkelhaken) b) Bogen zwischen 90° und 180° c) 180°-Bogen
4			Gerade Stäbe in einer Lage (Ebene) hintereinander mit Positionsnummern an den Enden
5		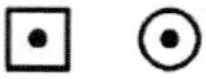	Endverankerung mit Platte/Scheibe
6			Rechtwinklig aus der Zeichnungsebene nach hinten gebogener Bewehrungsstab
7			Rechtwinklig aus der Zeichnungsebene nach vorne gebogener Bewehrungsstab
8	a) 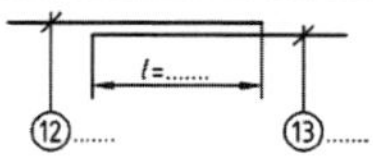 b) 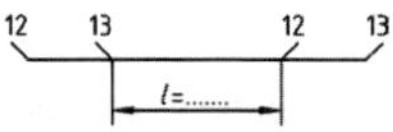		**Übergreifungsstoß** ohne Markierung der Stabenden durch Schrägstrich und Positionsnummer (Formnummer) mit Markierung
9	a)  b) 		**Mechanische Verbindungen** Muffenverbindung (Zugbeanspruchung) Kontaktstoß (Druckbeanspr.)
10		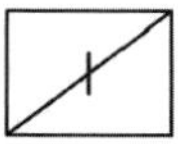	**Matte** Ggf. zeigt schräger Strich in der Diagonalen die Richtung der Hauptbewehrung.
11		a) 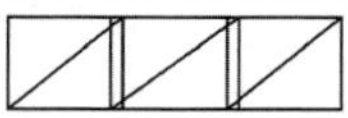 b) 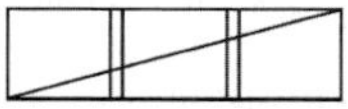	**Gleiche Matten in einer Reihe** a) Darstellung der einzelnen Matten b) Zusammengefasste Darstellung (Übergreifungslänge muss auf der Zeichnung angegeben werden.)
12		a)  b) 	**Schnitt durch eine geschweißte Matte** a) vereinfachte Darstellung b) ausführliche Darstellung

15 Darstellung von Planzeichen für Bauleitpläne gemäß Planzeichenverordnung Stand 1991

	Darstellung sw / farbig	Inhalt	Bedeutung
1 Art der baulichen Nutzung	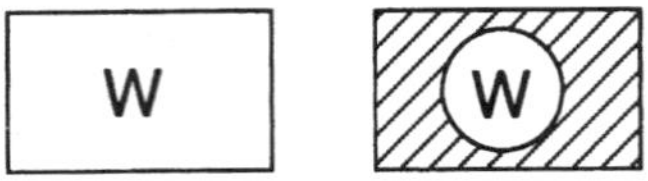 (bei farbiger Darstellung rot mittel)	W WS WR WA WB	Wohnbauflächen Kleinsiedlungsgebiete reine Wohngebiete allgemeine Wohngebiete besondere Wohngebiete
	 (bei farbiger Darstellung braun mittel)	M MD MI MK	gemischte Bauflächen Dorfgebiete Mischgebiete Kerngebiete
	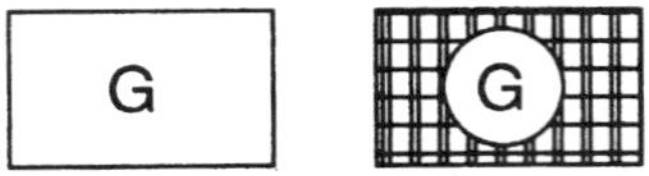 (bei farbiger Darstellung grau mittel)	G GE GI	gewerbliche Bauflächen Gewerbegebiete Industriegebiete
	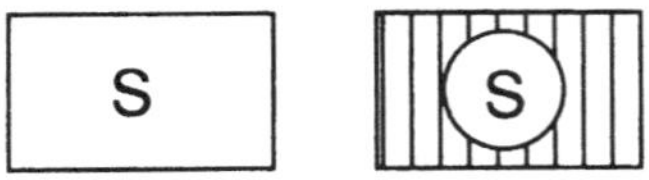 (bei farbiger Darstellung orange mittel)	S	Sonderbauflächen
	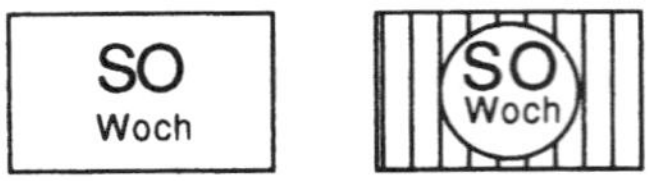 (bei farbiger Darstellung orange mittel)	SO	sonstige Sondergebiete, z. B. solche, die der Erholung dienen; Wochenendhausgebiet
	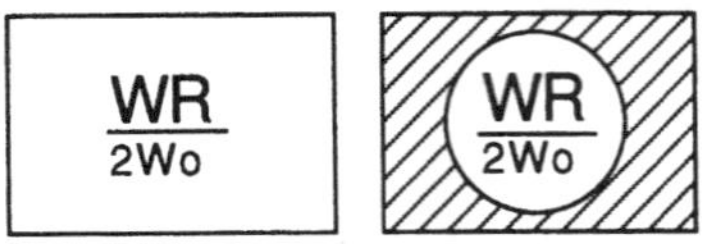 (bei farbiger Darstellung orange mittel)	Beschränkung der Zahl der Wohnungen Aus besonderen städtebaulichen Gründen kann die höchstzulässige Zahl der Wohnungen in Wohngebäuden durch Ergänzungen der Planzeichen festgesetzt werden.	

Die Planzeichen sollen in Farbton, Strichstärke und Dichte den Planunterlagen so angepasst werden, dass deren Inhalt erkennbar bleibt.

Die verwendeten Planzeichen müssen im Bauleitplan erklärt werden.

Zur weiteren Unterscheidung der Baugebiete sind Farbabstufungen zulässig.

Im Bebauungsplan können die farbigen Flächensignaturen auch als Randsignaturen verwendet werden.

Im Flächennutzungsplan kann bei den Planzeichen für die Bauflächen bei farbiger Darstellung der Buchstabe entfallen.

Soweit Darstellungen des Planinhalts erforderlich sind, für die keine wie oben aufgeführten Planzeichen enthalten sind, können Planzeichen verwendet werden, die **sinngemäß** aus den angegebenen Planzeichen entwickelt worden sind.

Darstellung von Planzeichen für Bauleitpläne gemäß Planzeichenverordnung Stand 1991

	Maß	Beschreibung		Beispiele
2 Maß der baulichen Nutzung	Geschossflächenzahl	Dezimalzahl im Kreis oder **GFZ** mit Dezimalzahl		(0,8) GFZ 0,8
	Geschossfläche	**GF** mit Flächenangabe		GF 300 m²
	Baumassenzahl	Dezimalzahl im Rechteck oder **BMZ** mit Dezimalzahl		[2,8] BMZ 2,8
	Baumasse	**BM** mit Volumenangabe		BM 3500 m³
	Grundflächenzahl	Dezimalzahl oder **GRZ** mit Dezimalzahl		0,4 GRZ 0,4
	Grundfläche	**GR** mit Flächenangabe		GR 125 m²
	Zahl der Vollgeschosse	römische Ziffer als Höchstmaß; zwingend: im Kreis		IV (IV)
	Höhe baulicher Anlagen	in … m über einem Bezugspunkt		
		Traufhöhe	**TH**	**TH** 10,51 m ü. GOK
		Firsthöhe	**FH**	**FH** 97,55 m ü. NN
		Oberkante	(OK)	(OK) 78,79 m ü. NN
		zwingend: im Kreis		(OK) 95,00 m ü. NN

	Beschreibung	Beispiel
3 Bauweise, Baulinien, Baugrenzen	offene Bauweise [1]	o
	geschlossene Bauweise [1]	g
	nur Einzelhäuser zulässig	△ E
	nur Doppelhäuser zulässig	△ D
	nur Hausgruppen zulässig	△ H
	nur Einzel- und Doppelhäuser zulässig	△ ED
	Baulinie [2] (bei farbiger Darstellung rot)	— · · — · · — · · — · · — ·
	Baugrenze [2] (bei farbiger Darstellung blau)	· — — · — — · — —

[1] Abweichende Bauweisen sind näher zu bestimmen.
[2] Die Bestimmungslinien von Baulinien und Baugrenzen können bei farbiger Darstellung auch in durchgezogenen Linien ausgeführt werden.

Darstellung von Planzeichen für Bauleitpläne gemäß Planzeichenverordnung Stand 1991

	Darstellung	Bedeutung
4 Einrichtungen und Anlagen zur Versorgung mit Gütern und Dienstleistungen des öffentlichen und privaten Bereichs, Flächen für den Gemeinbedarf, Sport und Spielanlagen	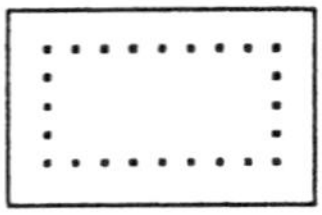 (bei farbiger Darstellung karminrot mittel)	Flächen für den Gemeinbedarf (Im Bebauungsplan kann die farbige Flächensignatur auch als Randsignatur verwendet werden.)
	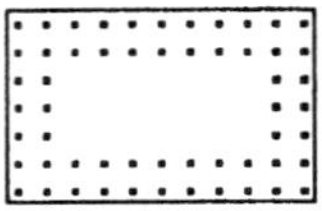	Flächen für Sport und Spielanlagen
	[1] 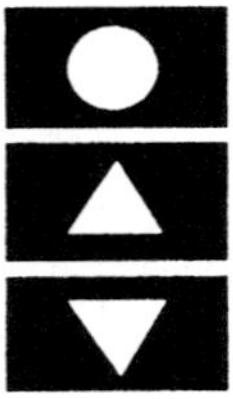	Öffentliche Verwaltungen Schule Kulturellen Zwecken dienende Gebäude
5 Flächen für den überörtlichen Verkehr und für die örtlichen Hauptverkehrszüge	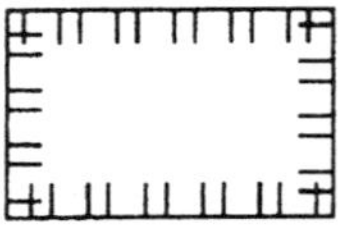 (bei farbiger Darstellung violett dunkel)	Umgrenzung der Flächen für den Luftverkehr
	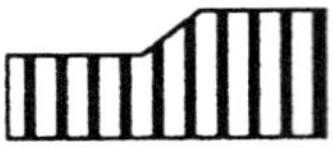 (bei farbiger Darstellung violett mittel)	Bahnanlagen
6 Verkehrsflächen	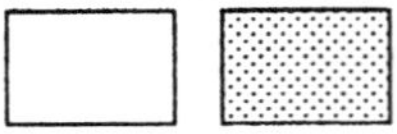 (bei farbiger Darstellung goldocker)	Straßenverkehrsflächen
	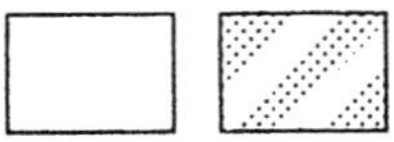 (bei farbiger Darstellung goldocker)	Verkehrsflächen besonderer Zweckbestimmung
	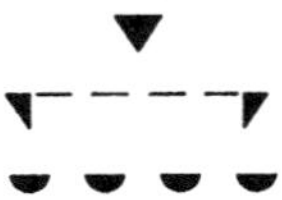	Einfahrt Einfahrtbereich Bereich ohne Ein- und Ausfahrt

[1] Die Zeichen können bei Bedarf durch Buchstaben ergänzt werden. Im Flächennutzungsplan können die Zeichen zur Kennzeichnung der Lage auch ohne obige Flächendarstellung verwendet werden.

Darstellung von Planzeichen für Bauleitpläne gemäß Planzeichenverordnung Stand 1991

	Darstellung	Bedeutung	Beispiele der Zweckbestimmung
7	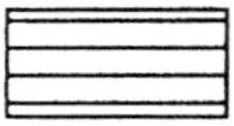 (bei farbiger Darstellung gelb hell)	Flächen für Versorgungsanlagen, Abfallentsorgung, Abwasserbeseitigung und Ablagerungen	 Fernwärme [1]
8	 oberirdisch  unterirdisch	Hauptversorgungs- und Hauptabwasserleitungen	(Die Art der Leitung soll näher bezeichnet werden.)
9	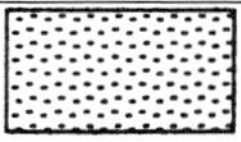 (bei farbiger Darstellung grün mittel)	Grünflächen [2]	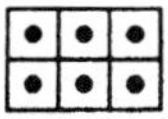 Dauerkleingärten
10	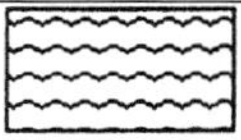 (bei farbiger Darstellung blau mittel)	Wasserflächen, [1] Flächen für Wasserwirtschaft, Hochwasserschutz, Regelung des Wasserabflusses	Ⓗ Hafen
11	 Aufschüttung Abgrabung	Flächen für Aufschüttungen, Abgrabungen oder für die Gewinnung von Bodenschätzen	
12	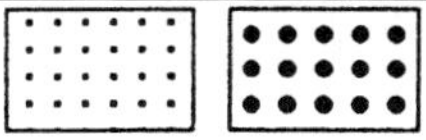 (bei farbiger Darstellung gelbgrün bzw. blaugrün)	Flächen für Landwirtschaft und Wald	Ⓔ Erholungswald
13	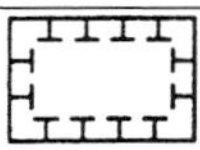 (bei farbiger Darstellung Rand grün dunkel)	Planungen, Nutzungsregelungen, Maßnahmen u. Flächen für Maßnahmen zwecks Schutz, Pflege und Entwicklung von Natur und Landschaft	◎ Anpflanzen ◉ Erhaltung Landschafts-schutzgebiet Ⓛ
14	 (bei farbiger Darstellung Rand rot)	Regelungen für die Stadterhaltung und für den Denkmalschutz	Ⓔ Erhaltungsbereich Ⓓ Denkmalbereich Ⓓ Einzeldenkmal
15	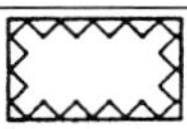 [3]  (farb. Darstg.: Rand grau dunkel)	Sonstige weitere Planzeichen [1] Flächen, die von Bebauung freizuhalten sind Grenze des räumlichen Geltungsbereiches des Bebauungsplans	St Stellplätze Ga Garagen GGa Gemeinschaftsgaragen

[1] Weitere Symbole sind in der vollständigen Ausgabe der Planzeichenverordnung enthalten.
[2] Im Bebauungsplan sind Grünflächen als öffentlich oder privat besonders zu bezeichnen.
[3] Im Bebauungsplan sind die Maßnahmen innerhalb der Flächen näher zu bestimmen.

14 C Darstellende Geometrie und Planlayout

Prof. Dipl.-Ing. Siegfried H. Bucher

1 Darstellende Geometrie

1.1 Allgemeine Grundlagen

Man unterscheidet folgende Darstellungsarten:

Senkrechte Projektionen

Eintafelprojektion oder kotierte Projektion und Senkrechte Zwei- oder Dreitafelprojektion.

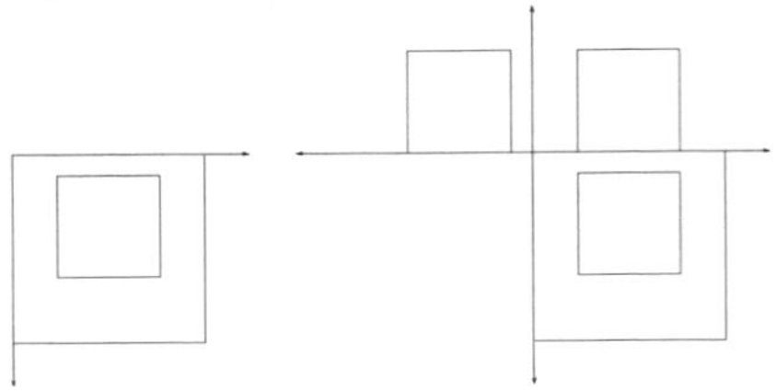

Schräge Projektionen oder Axonometrien

Grundrissaxonometrie oder Militärprojektion, Aufrissaxonometrie oder Kavalierprojektion, DIN-5 oder Ingenieurprojektion, Isometrie und senkrechte Axonometrie.

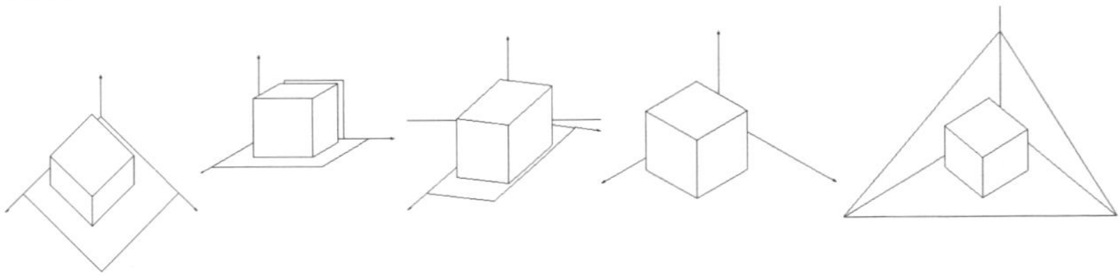

Zentrale Projektionen oder Perspektiven

Zentral- oder Frontalperspektive, Übereckperspektive und Perspektive bei geneigter Bildebene.

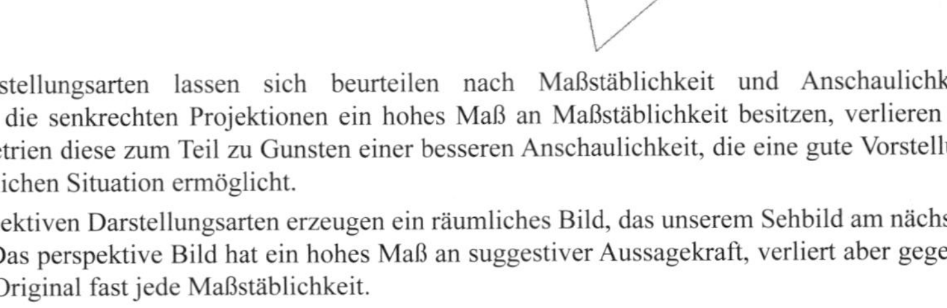

Die Darstellungsarten lassen sich beurteilen nach Maßstäblichkeit und Anschaulichkeit. Während die senkrechten Projektionen ein hohes Maß an Maßstäblichkeit besitzen, verlieren die Axonometrien diese zum Teil zu Gunsten einer besseren Anschaulichkeit, die eine gute Vorstellung der räumlichen Situation ermöglicht.

Die perspektiven Darstellungsarten erzeugen ein räumliches Bild, das unserem Sehbild am nächsten kommt. Das perspektive Bild hat ein hohes Maß an suggestiver Aussagekraft, verliert aber gegenüber dem Original fast jede Maßstäblichkeit.

Die Darstellungsarten lassen sich außerdem nach Art der Verwendung beurteilen.

Die senkrechten Projektionen können als Vorlage für die Bauausführung verwendet werden, da die Maße unmittelbar dem Bild zu entnehmen sind.

Die Axonometrien sind leicht zu konstruieren und ermöglichen einen guten Eindruck der räumlichen Situation. Da das axonometrische Bild mit dem Bild des Achsenkreuzes überlagert ist, kann eindeutig auf die Geometrie des Gegenstandes geschlossen werden. Axonometrien finden Verwendung im Entwurf, der Detailzeichnung, beim Thema der Variation eines Objektes und im Städtebau.

Perspektive Darstellungen ermöglichen eine Vielzahl von Präsentationsformen einer räumlichen Situation. Da das perspektive Bild immer den Betrachter mit einbezieht, steht im Vordergrund der Gedanke der Illusion oder der Täuschung. Dieser Effekt kann durch entsprechende Staffagen, Licht- und Schattengebungen, Hintergründe, Spiegelungen und farbige Ausgestaltung verstärkt werden.

Die Darstellungsarten lassen sich unterscheiden nach Art der Projektion.

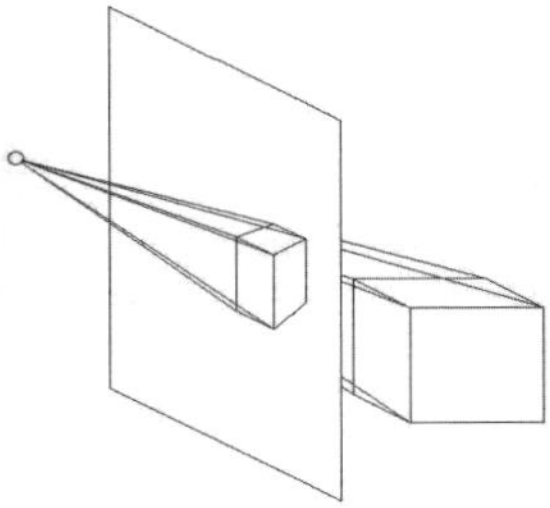
Zentralprojektion

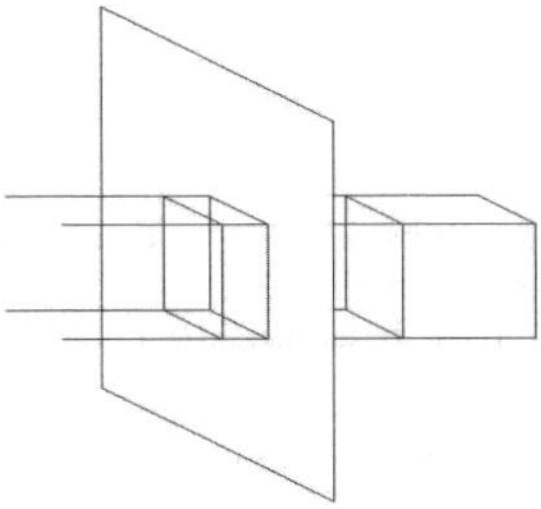
senkrechte Parallelprojektion

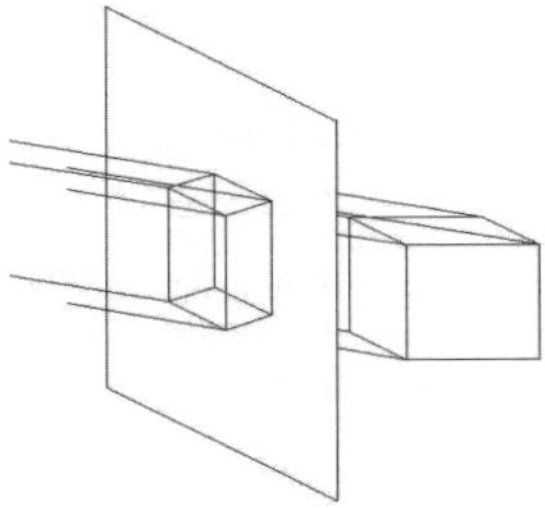
schräge Parallelprojektion

Die darstellende Geometrie vereinbart die Regeln der Beziehung vom räumlichen Objekt und der Zeichenebene. Das Mittel der Beziehung ist die Projektion. Beim Vorgang der Projektion werden Projektionsstrahlen durch Punkte des räumlichen Objektes gelegt, die dann eine Bildtafel treffen und dort als Bildpunkte des Objektes erscheinen.

Wir unterscheiden die Lage des Projektionszentrums und die Richtung der Projektionsstrahlen zur Bildebene. Gehen die projizierenden Strahlen von einem Punkt aus, dem Projektionszentrum, sprechen wir von einer Zentralprojektion.

Sind die Projektionsstrahlen zueinander parallel, sprechen wir von einer Parallelprojektion. Bei der Parallelprojektion kann zudem unterschieden werden, ob die Projektionsstrahlen senkrecht auf die Bildebene treffen, dann erhalten wir eine senkrechte oder orthogonale Parallelprojektion oder ob die Projektionsstrahlen in einem Winkel die Bildebene treffen, dann erhalten wir eine schräge Parallelprojektion.

1.2 Eintafelprojektion oder Kotierte Projektion

Bei der Eintafelprojektion oder kotierten Projektion wird die Darstellung einer räumlichen Situation auf die Darstellung in einer Bildebene beschränkt. Meist ist dies die Grundrissebene, die auch der Zeichenebene entspricht.

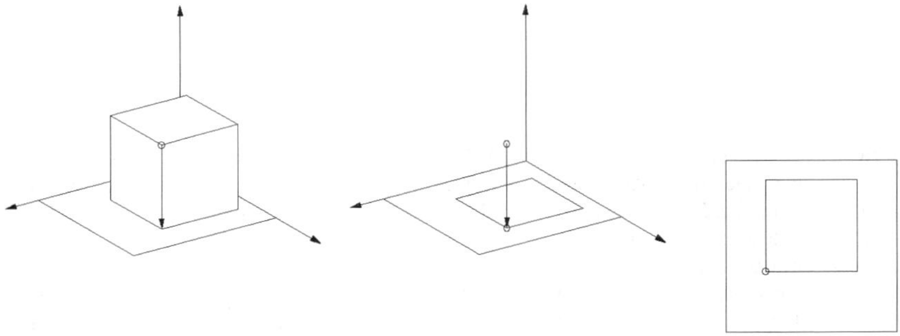

Ein einfaches, räumliches Objekt, am Bsp. der Würfel, kann auch in einer Bildebene eindeutig beschrieben werden. Die Abbildung auf diese Ebene erfolgt durch die senkrechte Parallelprojektion. Die Breite und die Tiefe sind bildlich dargestellt und die Höhe ist numerisch, dem entsprechenden Punkt zugeordnet, beschrieben. Die Grundrisslage eines Punktes ist also dem Bild und die Höhenangabe dem Text bzw. der Angabe in einem Höhenmaßstab (Kote) zu entnehmen.
Jedem Raumpunkt ist eindeutig seine Projektion zugeordnet. Umgekehrt aber sind einem projizierten Punkt unendlich viele Raumpunkte zugeordnet, die alle auf dem gleichen Projektionsstrahl liegen.
Die kotierte Projektion ist hier nur in Bezug auf das Thema: Dachausmittelung beschrieben, da sie sonst eher im Ingenieurwesen, wie im Straßenbau oder der Kartographie, angewandt wird. In der Architekturdarstellung spielt die kotierte Projektion auf Grund ihrer geringen Anschaulichkeit eine eher untergeordnete Rolle.

Dachausmittelung

Bei der Dachausmittelung ist meist der Grundriss gegeben und eine geeignete Dachform gesucht.
Da die Beantwortung der Frage nicht eindeutig zu lösen ist, weil gestalterische und technische Gesichtspunkte die Formfindung beeinflussen, beschränken wir uns auf die Darstellung weniger, ausgewählter Beispiele:

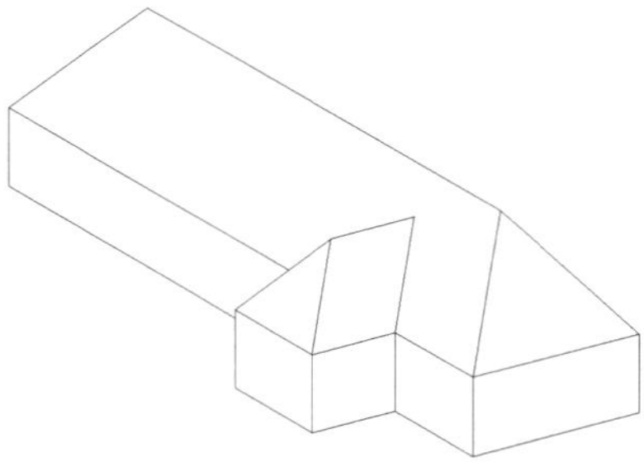

Die untere Begrenzung (Traufe) und die obere Begrenzung (First) einer Dachfläche, die zugleich die Schnittgerade zwischen den gegenüber liegenden Dachflächen darstellt, verlaufen waagerecht. Die anderen Schnittgeraden, die von den Schnittpunkten der Traufen ausgehen, verlaufen schräg. Bilden die Traufen im Schnittpunkt eine Außenecke bezeichnen wir die schräge Schnittgerade als Grat. Bilden die Traufen im Schnittpunkt eine Innenecke bezeichnen wir die schräge Schnittgerade als Kehle.
Bei den folgenden Beispielen unterscheiden wir Dachflächen mit gleicher und Dachflächen mit ungleicher Neigung. Bei dem ersten Beispiel haben alle Dachflächen die gleiche Neigung. Die Projektionen der Schnittgeraden der Dachflächen, der Grate und Kehlen, halbieren den, von den Höhenlinien der

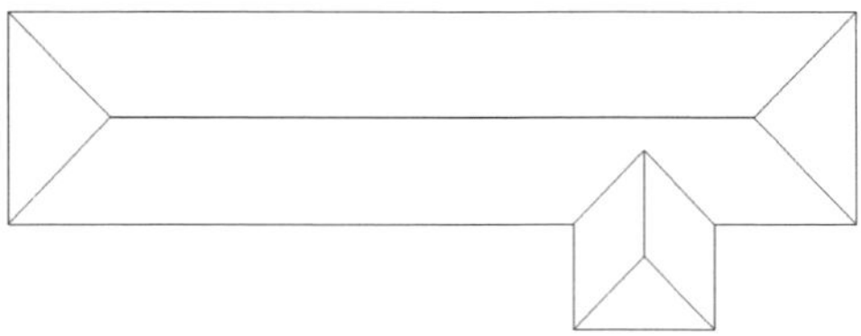

Ebenen gleicher Neigung, eingeschlossenen Winkel. Dazu sind in allen Eckpunkten des Grundrisses die Winkelhalbierenden zu zeichnen. Die Traufen sind paarweise parallel und die Firste wiederum sind parallel zu den Traufen. Je drei Schnittgerade treffen sich in einem Punkt, der auch der Schnittpunkt der drei entsprechenden Ebenen ist.
Bei dem zweiten Beispiel mit komplexerem Grundriss gilt der gleiche Lösungsansatz. Dabei ist es hilfreich sich Höhenschnitte, d.h. das Dach in bestimmten Höhen parallel zur Bildebene geschnitten, vorzustellen. Die Schnittgeraden sind Höhenlinien der Dachebenen. Man beginnt wieder mit den Win-

kelhalbierenden in allen Eckpunkten. In dem Schnittpunkt zweier Winkelhalbierenden, der zu den Traufen den kleinsten Abstand (= die niedrigste Höhe) hat, legt man die erste Höhenebene. Die Höhenlinien haben von den Traufen den gleichen Abstand, da die Neigung der Dachebenen gleich ist. Das Vieleck der nun entstehenden Höhenlinien ist geschlossen und hat eine Ecke weniger als das Vieleck aller Trauflinien. Die gleiche Konstruktion wird solange wiederholt bis die Dachflächen sich schließen.

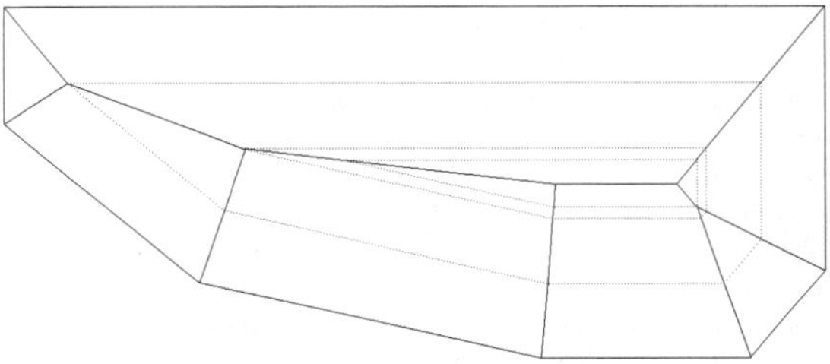

Bei dem dritten Beispiel gehen wir davon aus, dass die Dachflächen unterschiedliche Neigungen haben. Zur Festlegung der Schnittgeraden der Dachflächen beginnen wir mit einem Höhenschnitt in beliebiger Höhe. Die unterschiedlichen Abstände der, zu den Traufen parallelen Höhenlinien sind den Stützdreiecken, aus denen die unterschiedlichen Winkel der Dachneigungen gegeben sind, zu entnehmen. Die Schnittpunkte der Höhenlinien verbunden mit den Schnittpunkten der entsprechenden Traufen ergeben die Schnittgeraden der Dachflächen. Ausgehend vom niedrigsten Schnittpunkt zweier Grate ist nun in gleicher Weise, wie das zweite Beispiel zeigt, zu konstruieren.

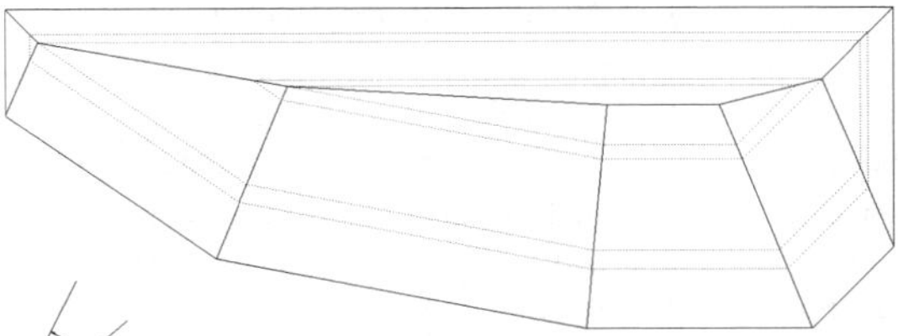

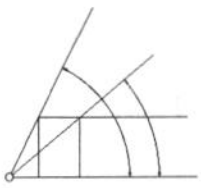

Gegebene Neigungswinkel und Stützdreiecke

1.3 Senkrechte Projektionen

räumliches Bild

3-Tafelprojektion

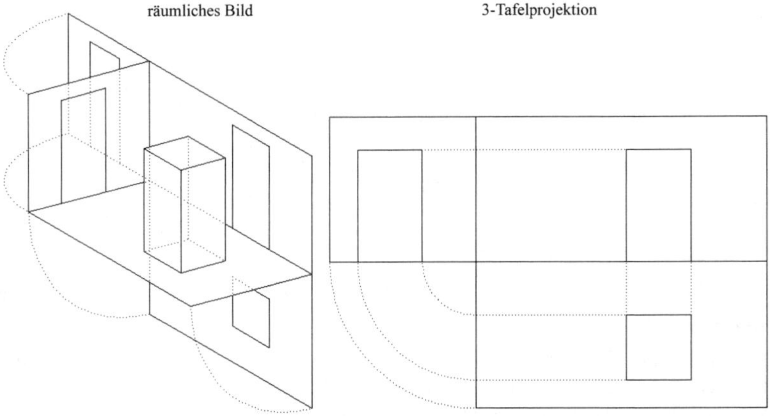

Die Bilder räumlicher Objekte, die mit Hilfe senkrechter Projektionen entstehen, also Grundrisse, Aufrisse, Seitenrisse oder Schnitte gelten als Bilder mit hohem Wahrheitsgrad. Sie werden als unmissverständliche Sprache von Entwerfendem und Ausführendem benützt. Sie sind immer noch das am häufigsten verwendete Medium der Architekturpräsentation.
Die Zwei- oder Dreitafelprojektion entsteht durch senkrechte Projektion des Objektes auf zwei bzw. drei senkrecht aufeinander stehenden Bildebenen. Das Bild (bzw. die Projektion auf die Innenflächen eines Quaders) auf der horizontalen Ebene wird als Grundriss, auf der senkrechten Bildebene, von vorn betrachtet, als Aufriss und von rechts betrachtet als Seitenriss bezeichnet. Das entspricht der europäischen Sicht der Hauptrisse im Unterschied zur amerikanischen Tradition. Um alle Bilder in der Zeichenebene, die der Aufrissebene entspricht, zeigen zu können, muss die Grundrissebene und die Seitenrissebene um 90° in die Zeichenebene eingeklappt werden. Dadurch erscheinen alle Bilder einander senkrecht zugeordnet. Die Richtung, Lage bzw. Höhe der Betrachtung wird, insbesondere bei Schnitten, durch Pfeile gekennzeichnet. Bei räumlich komplizierten Objekten werden Bildebenen gewählt, die parallel zu vorhandenen Objektebenen liegen, um diese eindeutig zu beschreiben. Die Zweitafelprojektion ist die in der Architektur am häufigsten verwendete Art der Plandarstellung und findet Verwendung von der Handskizze bis zur Ausführungsdarstellung.

Affinität

Mit der Affinität ist die Beziehung zweier Ebenen beschrieben, die sich schneiden. Die konstruktive Beziehung beider Ebenen, die einem geraden Prisma oder Zylinder zugeordnet sind, beschreibt auch die generelle, konstruktive Beziehung von Objekt und Bild in der Parallelprojektion. Die Mantellinien des Prismas oder des Zylinders entsprechen dabei der Vorstellung der parallelen Projektionsstrahlen, die in der Schräge liegende Schnittebene dem Objekt, und die in der Grundrissebene, die der Bildebene entspricht, liegende Fläche dem Bild.

Die geometrischen Beziehungen beider Flächen werden so definiert:

Die Affinität ist gegeben durch die Richtung der Projektionsstrahlen und durch mindestens ein entsprechendes Punktepaar des Objektes und des Bildes.

Jedem Punkt des Objektes ist auf dem Projektionsstrahl ein Bildpunkt zugeordnet.

Die Verbindungslinien Originalpunkte und Bildpunkte sind zueinander parallel.

Einander entsprechende Gerade sind sich affin zugeordnet, d. h. sie schneiden sich auf der Affinitäsachse. Alle Teilverhältnisse einer Strecke bleiben erhalten.

In der 2-Tafelprojektion kann mit Hilfe der Affinität der Zusammenhang von Objekt, Bild und wahrer Größe des Objektes erläutert werden.

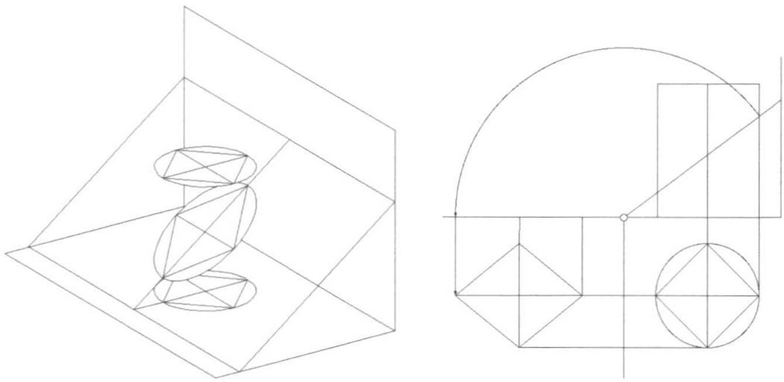

Wahre Größe des Objektes der Schnittebene durch Grundrissklappung

Kollineation

Mit der Kollineation ist die Beziehung zweier Ebenen beschrieben, die sich schneiden. Die konstruktive Beziehung beider Ebenen, die einem geraden Kegel zugeordnet sind, beschreibt auch die generelle, konstruktive Beziehung von Objekt und Bild in der Perspektive.

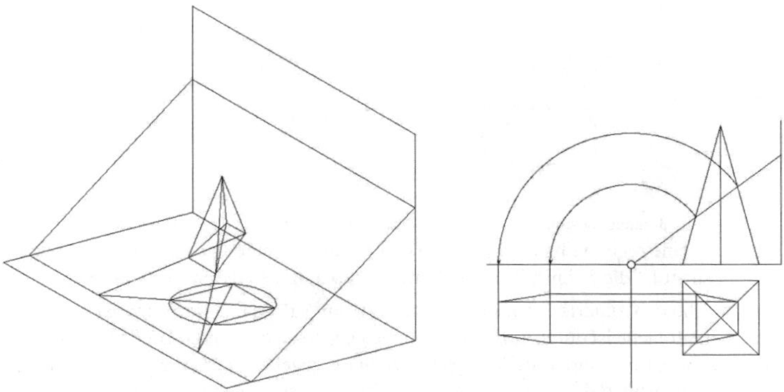

Wahre Größe des Objektes der Schnittebene durch Grundrissklappung

Der Kegel entspricht dabei der Vorstellung des Sehkegels, die in der Schräge liegende Schnittebene dem Objekt, und die in der Grundrissebene, die der Bildebene entspricht, liegende Fläche dem Bild.

Die geometrischen Beziehungen beider Flächen werden so beschrieben:

Die perspektive Kollineation ist gegeben durch das Kollineationszentrum, die Kollineationsachse und durch mindestens ein entsprechendes Punktepaar.

Jedem Punkt des Objektes ist auf dem Kollineationsstrahl ein Bildpunkt zugeordnet.

Einander entsprechende Geraden schneiden sich in der Kollineationsachse.

Das Teilverhältnis einer Strecke durch einen Punkt verändert sich im Allgemeinen.

Durchdringungen

Wir unterscheiden drei Arten der Durchdringung zweier Körper (am Bsp. die Durchdringung zweier Prismen). Bei der *Berührung* schneiden sich die Achsen der Körper. Es entstehen zwei sich schneidende Schnittflächen. Bei der *Verzapfung* schneiden sich die Achsen der Körper nicht. Es entsteht eine geschlossene Schnittfläche. Bei der *Durchbohrung* können sich die Achsen der Körper schneiden. Es entstehen zwei Schnittflächen.

Die Durchdringungen werden in den Tafelprojektionen mit Hilfe des Höhenebenenverfahrens, des Mantelebenenverfahrens oder des Pendelebenenverfahrens konstruiert.

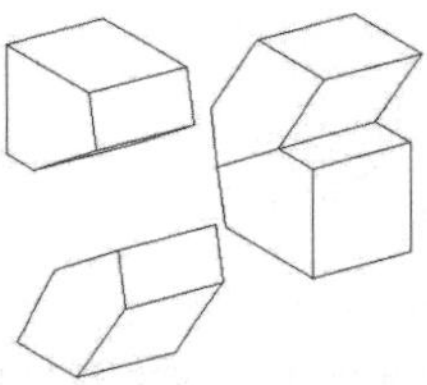

Berührung

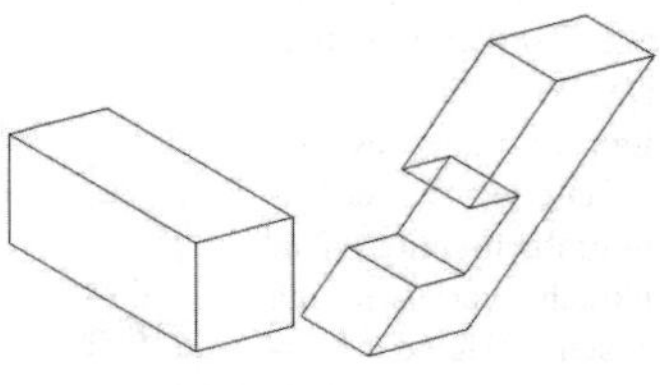

Verzapfung

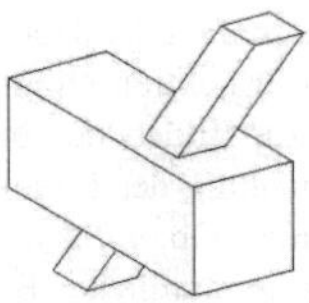

Durchbohrung

Abwicklungen

Die Abwicklungen von ebenflächigen Körpern mit mehrfach geknickten oder gefalteten Flächen werden in der Architektur für die Herstellung von Dächern, Faltwerken und vielen Einzelelementen verwendet. Vor allem im Modellbau sind Abwicklungen von großem Interesse, weil der in der Fläche abgewickelte Körper (gegenüber der Konstruktionszeichnung eventuell vergrößert) dort ausgeschnitten und in den Raum gefaltet werden kann. Um die Abwicklung eines Körpers zeichnen zu können, sind die wahren Größen der Teilflächen des Körpers zu definieren.

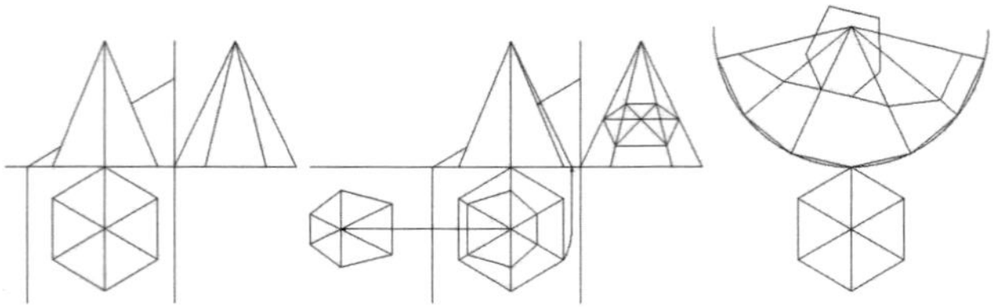

3-Tafelprojektion Ermittlung der wahren Größen Abwicklung

Im Beispiel ist eine regelmäßige Pyramide in den Tafeln und eine schräge, zweitprojizierende Fläche gegeben. Gesucht ist die Schnittfläche und die Abwicklung des Pyramidenstumpfes.

Die Schnittfläche im Grundriss ist aus der Darstellung im Aufriss und im Seitenriss gegeben. Die wahre Größe der Schnittfläche ist durch Grundrissdrehung gegeben. Die wahren Größen der Körperkanten des Prismas sind im Aufriss durch die Mongsche-Drehung gegeben. Zur Abwicklung werden ausgehend von der Pyramidenspitze die wahren Längen der Pyramidenkanten auf einem Kreisbogen dargestellt, die Grundrissfigur wird übertragen. Damit sind die Deckflächen der Pyramide in wahrer Größe gegeben.

Von der Spitze aus sind dann die wahren Längen bis zu dem Pyramidenstumpf darzustellen, die Grundrissfläche und die Schnittfläche wird in wahrer Größe an die entsprechenden Punkte übertragen.

1.4 Schräge Projektionen oder Axonometrien

Axonometrische Darstellungen prägen die Architekturzeichnung des 20. Jahrhunderts. Das Bauhaus beschränkt sich fast ausschließlich auf diese Art der Darstellung. Die getuschte Bürozeichnung und die axonometrischen Darstellungsarten gehören zum Programm der Bauhauslehre.

Durch die parallele Projektion ist ein Verfahren gegeben, das die Zeichnung unabhängig vom Betrachter in einem selbst bestimmten, virtuellen System erscheinen lässt und die theoretische Konzeption der Architektur betont. Die Zeichnung hat in diesem Sinne meta-architektonische Funktion. Oft wird die axonometrische Darstellung als eine Art Denkwerkzeug benutzt, die, systematisch abgewandelt, Einzelfragen der Formerscheinung in möglichst vielen Variationen zeigt und vergleichend beurteilt.

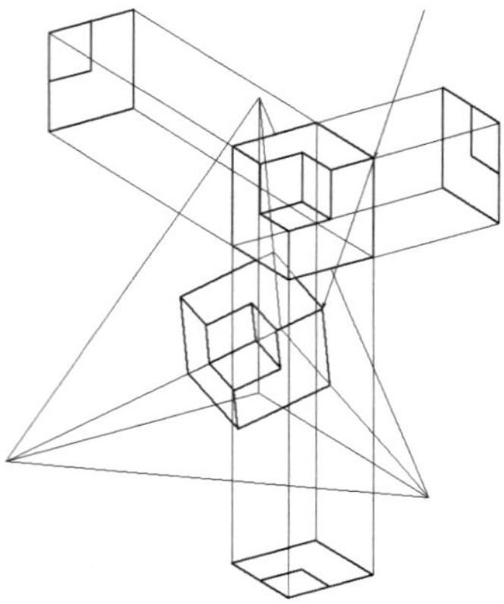

Bezug von Objektpunkt und Bildpunkt

Das axonometrische Bild eines räumlichen Objektes entsteht durch schräge Parallelprojektion in eine schräge Bildebene. Der Winkel der einfallenden Projektionsstrahlen und die Lage des Objektes zur Bildebene können frei gewählt werden. Die Richtung der Projektionsstrahlen sollte dabei zu keiner Objektfläche senkrecht verlaufen, da sonst kein räumliches Bild entsteht. Nach der Festlegung ist jedem Objektpunkt ein Bildpunkt eindeutig zugeordnet und das axonometrische Bild ist geraden- und parallelentreu, d. h. Geraden von Objekt und Bild entsprechen sich und parallele Objektgeraden bleiben parallele Bildgeraden. In der Bildebene, die der frei gewählten, schrägen Ebene entspricht und in der die Projektion des Objektes, auf Grund oben genannter Bedingungen erscheint, erscheint die Veränderung des Winkels der einfallenden Projektionsstrahlen und die Veränderung der Lage des Objektes zur Bildebene als Veränderung der Winkel der Koordinatenachsen zueinander und als Veränderung der Objektlängen im Verhältnis zu den Bildlängen (= Verkürzungsverhältnisse). Die Winkel der Koordinatenachsen und die Verkürzungsverhältnisse werden unabhängig voneinander in der Bildebene festgelegt. Sie bestimmen im ursprünglichen Koordinatenraum die Drehung der Bildebene und die Richtung der Projektionsstrahlen. Sie bestimmen auch die Art der Axonometrie.

Wir unterscheiden die allgemeine Axonometrie, die die Wahl der Variablen freistellt und die Axonometrien, die durch Konventionen festgelegt sind, wie die Grundrissaxonometrie, die Aufrissaxonometrie, die Isometrie und die DIN 5.

Welche Art der Axonometrie verwendet werden soll, kann nur im Zusammenhang von Anschaulichkeit der Zeichnung und Verwendungszweck entschieden werden.

Einschneideverfahren

Mit dem Einschneideverfahren können schräge Projektionen oder Axonometrien auf der Grundlage gegebener Risse konstruiert werden. Zunächst werden die Winkel der Koordinatenachsen zur Horizontalen festgelegt. Die z-Achse bleibt senkrecht, die Drehung von x- und y-Achse oder die Winkel zu der horizontalen Linie sind frei wählbar. Dadurch sind die Spuren und die in die Zeichenebene geklappten Bilder der Koordinatenflächen gegeben (Konstruktion mit Hilfe des Thaleskreises). Die zugeordneten Risse sind so in die Zeichenebene zu legen, dass der Nullpunkt des Risses in der Flucht der Achse liegt, die im entsprechenden Riss senkrecht steht. Die Bilder der Rissachsen sind den gewählten Koordinatenachsen zugeordnet. Das axonometrische Bild eines Punktes entsteht, wenn die Bilder des Punktes, wie sie in den Rissen gegeben sind, durch Ordner, die jeweils parallel zu den Fluchten sind, einander zugeordnet werden. Das axonometrische Bild des Objektes ist durch Zuordnung aller Punkte gegeben.

Durch die Drehung eines Risses sind die Verkürzungsverhältnisse zweier Koordinatenrichtungen und die Drehung des zweiten Risses gegeben, was wiederum die Verkürzung der dritten Koordinatenachse bestimmt.

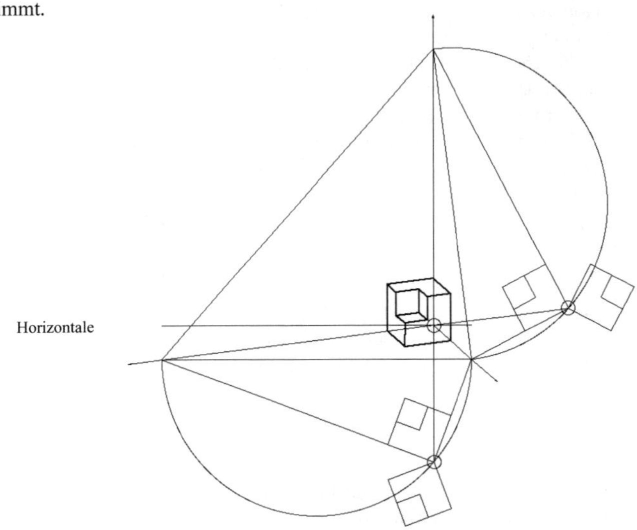

Die Koordinatenachsen und die Verkürzungsverhältnisse entsprechen im Bildbeispiel der Trimetrie, die meist wegen ihrer hohen Anschaulichkeit verwendet wird.

Winkel der Koordinatenachsen zur Horizontalen:
x-Achse 31° und y-Achse 17°

Verkürzungsverhältnisse: $x : y : z = 0{,}91 : 0{,}71 : 0{,}81$

Wir unterscheiden trimetrische Darstellungen mit 3 verschiedenen Verkürzungsverhältnissen, dimetrische Darstellungen mit 2 verschiedenen Verkürzungsverhältnissen und isometrische Darstellungen mit gleichen Verkürzungsverhältnissen.

1.4.1 Grundrissaxonometrie

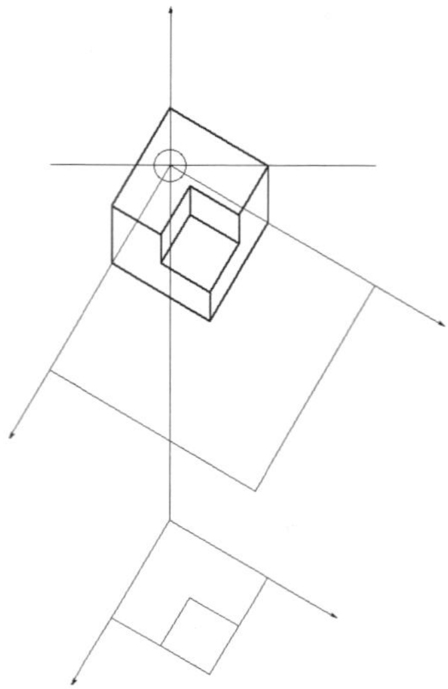

Bei der Grundrissaxonometrie liegt die Bildebene parallel zur Grundrissebene des Objektes, dadurch bleiben die Maße und Winkel des Objektgrundrisses oder aller dazu parallelen Ebenen bei der Abbildung erhalten. Die Projektionsstrahlen werden meist so gewählt, dass die Höhen um die Hälfte verkürzt erscheinen.

Winkel der Koordinatenachsen:

x-Achse 30° zur Horizontalen

Verkürzungsverhältnisse: $x : y : z = 1 : 1 : 0{,}5$

Die Grundrissaxonometrie ergibt eine starke Aufsicht des Objektes. Sie ist geeignet für größere und im Grundriss komplizierte Objekte. Stadtgrundrisse können zum Beispiel mit Hilfe der Grundrissaxonometrie sehr schnell verräumlicht werden.

1.4.2 Aufrissaxonometrie

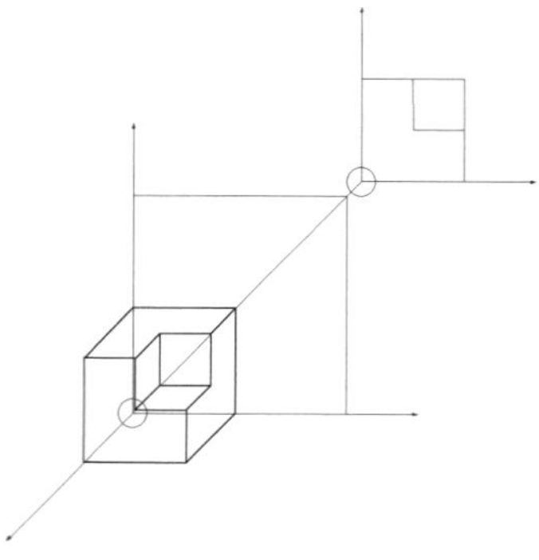

Bei der Aufrissaxonometrie liegt die Bildebene parallel zur Aufrissebene des Objektes, dadurch bleiben die Maße und Winkel der Aufrissebene des Objektes, oder die dazu parallelen Ebenen, bei der Abbildung erhalten. Alle anderen Ebenen erscheinen durch die schräge Projektion, je nach Richtung der Projektionsstrahlen, verzerrt. Die Projektionsstrahlen werden meist so gewählt, dass die Tiefen um die Hälfte verkürzt erscheinen.

Winkel der Koordinatenachsen:
y-Achse 45° zur Horizontalen

Verkürzungsverhältnisse: $x : y : z = 1 : 0{,}5 : 1$

Die Aufrissaxonometrie ist eine einfache Darstellung mit guter Anschaulichkeit, allerdings mit geringer Tiefenwirkung. Sie ist zur Darstellung innenräumlicher Situationen geeignet.

1.4.3 DIN 5

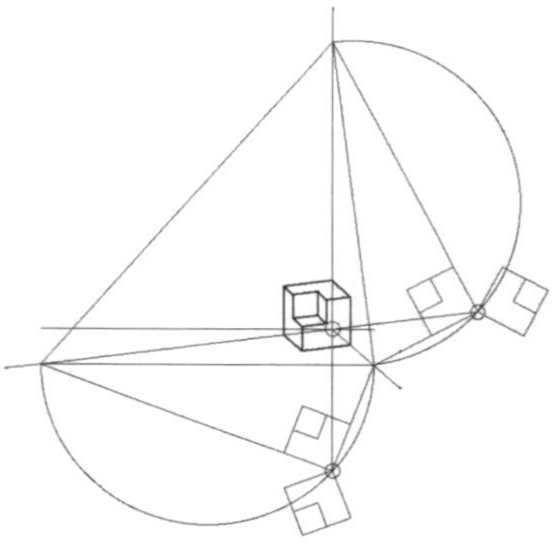

Anschauliche Bilder entstehen, wenn die Bildebene und die Drehung der Rissachsen so gewählt werden, dass nur zwei verschiedene Verkürzungen entstehen, also bei dimetrischen Axonometrien. Das ist der Fall, wenn die Öffnungswinkel der Koordinatenachsen in der Bildebene 131,5°, 97° und 131,5° und die damit gegebenen Verkürzungen 0,94 : 0,47 : 0,94 betragen. Die in der DIN angegebenen Winkel und Verkürzungen sind Näherungswerte.

Winkel der Koordinatenachsen:
y-Achse 7° zur Horizontalen und
x-Achse 42° zur Horizontalen

Verkürzungsverhältnisse: $x : y : z = 1 : 0{,}5 : 1$

1.4.4 Isometrie

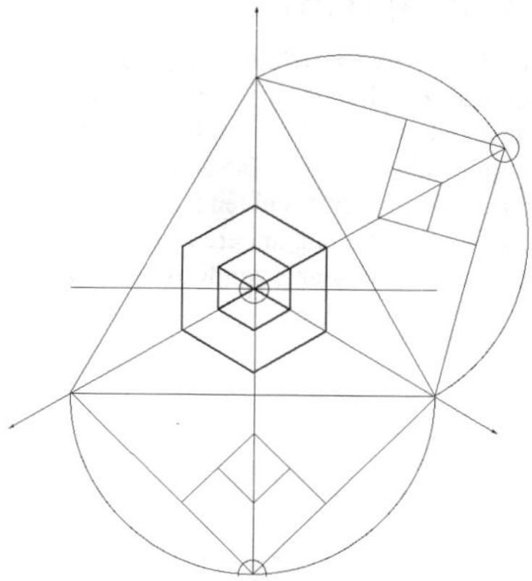

Die Bildebene und die Drehung der Rissachsen werden so gewählt, dass alle Achsen in gleichem Maße verkürzt werden. Das ist der Fall, wenn alle von den Achsen eingeschlossenen Winkel gleich groß sind, also 120° betragen. Das Spurendreieck der Bildebene wird gleichseitig.

Die Verkürzung beträgt jeweils 2/3 oder 0,8165. In der Regel werden die achsenparallelen Kanten jedoch unverkürzt dargestellt.

Winkel der Koordinatenachsen zur Horizontalen:
x-Achse 30°
y-Achse 30°
Verkürzungen: $x : y : z = 1 : 1 : 1$

1.4.5 Senkrechte Axonometrie

Die senkrechte oder orthogonale Axonometrie ermöglicht eine sehr gute Anschaulichkeit. Die Konstruktion ist im Verhältnis zu den anderen Axonometrien allerdings aufwendig.

In dem von den x-, y- und z-Achsen gebildeten Raum, liegt eine beliebige Ebene. Die Achsen werden in senkrechter Richtung auf diese Ebene projiziert. Man erhält innerhalb des Spurendreiecks die x-, y- und z-Achsen der senkrechten Axonometrie. Um einen Körper abbilden zu können, werden die Bildtafeln des gefundenen Spurendreiecks in die Bildebenen eingedreht. Die Bildebenen liegen dabei in der durch das Spurendreieck gebildeten Ebene. Dabei wandern die Punkte auf einem Kreisbogen, der senkrecht zur Drehachse steht. Drehachse ist die jeweilige Spur. Der geometrische Ort ist der Thaleskreis über der Spur in der Fläche des Spurendreiecks. Bei der Eindrehung der Bildtafel wandern die, in ihr enthaltenen Punkte und Strecken ebenfalls in die eingedrehte Bildtafel. Das Bild der einzudrehenden Bildtafel ist affin zu dem Bild der eingedrehten Bildtafel. Die Affinitätsrichtung ist durch die Zuordnung von Nullpunkt und eingedrehtem Nullpunkt gegeben. Die im Raum erläuterten Zusammenhänge der konstruktiven Bedingungen der senkrechten Axonometrie, werden bei der Anwendung in der, dem Spurendreieck entsprechenden, projizierten Ansicht sichtbar.

Konstruktionsschritte:

Zunächst wird ein beliebiges Dreieck festgelegt. Die Achsen innerhalb des gegebenen Dreieckes, die zu den Koordinatenachsen der senkrechten Axonometrie werden, stehen senkrecht auf der jeweils gegenüberliegenden Seite. Der Nullpunkt der ausgedrehten Bildtafel ist durch die Senkrechte zur jeweiligen Spur und durch den Thaleskreis über dieser bestimmt. Der in den Bildtafeln gegebene Grund- und Aufriss ist dann mit Hilfe der zu den Spuren senkrechten Zuordnung in das Bild der senkrechten Axonometrie zu übertragen. Dabei geht man vom Grundriss in das Bild, vom Bild zum Aufriss, wo die gegebenen Höhen ergänzt werden und vom Aufriss zurück in das Bild. Die Zuordnungsrichtung steht senkrecht auf der jeweiligen Spur.

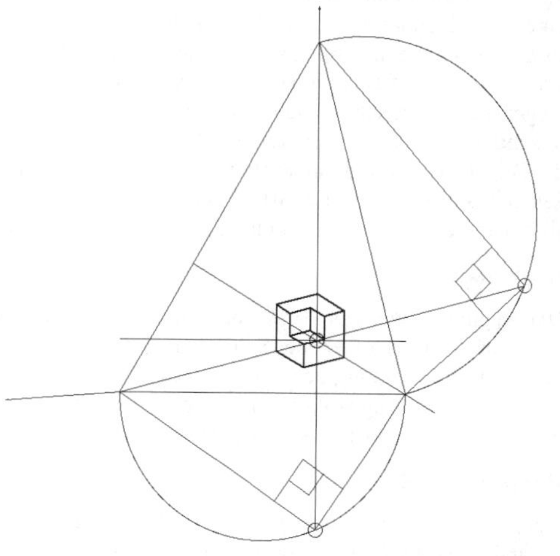

Freie senkrechte Axonometrie am Beispiel des Würfels

1.5 Perspektive

Die Perspektive spricht das Auge direkt an. Die Perspektive ist schön und erreicht das höchste Maß an Anschaulichkeit und Gegenstandsnähe. Die Aufgabe der Perspektive ist erfüllt, wenn das Bild den gleichen optischen Eindruck, wie die Betrachtung des Originals hervorrufen würde. Aus der Kenntnis aber weniger Tatsachen, wie, dass sich die Vorstellung des Raumes hinter dem Betrachter schließt, Raum entscheidend durch die Augenbewegung und die Eigenbewegung des Betrachters, durch akustische und andere Phänomene bestimmt ist, wird deutlich, wie grundsätzlich verschieden die Bildwahrnehmung von Raum und die Raumwahrnehmung tatsächlich sind.

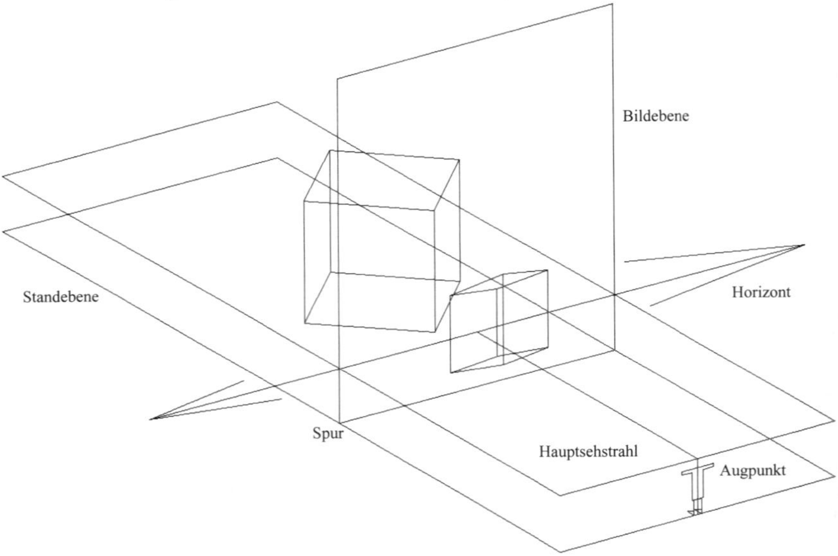

In der Konstruktion der Perspektive gehen wir von einem fixierten, einäugigen Augpunkt aus und stellen uns zwischen Betrachter und Objekt eine Ebene, die sog. Bildebene vor. Fixiert der Betrachter einen Objektpunkt, so durchstößt der Sehstrahl die Bildebene an dem Punkt, der aus der Sicht des Betrachters mit dem Objektpunkt zusammenfällt. Werden nun nach und nach alle Punkte des Gegenstandes mit dem Sehstrahl abgetastet, so entsteht auf der Bildebene ein Bild, dessen Form mit dem Gegenstand identisch erscheint. Der beschriebene Vorgang entspricht einer Projektion. Die Sehstrahlen entsprechen den Projektionsstrahlen die ausgehend vom Augpunkt, dem Projektionszentrum, auf der Bildebene die Bildpunkte erzeugen. Perspektive Bilder entstehen durch Zentralprojektion. In der zeichnerischen Perspektive ist es sinnvoll Objekte darzustellen, die selbst linear einfach begrenzt sind, weil jede räumliche Richtung die Definition eines eigenen Fluchtpunktes notwendig macht.

Augpunkt

Der Augpunkt oder das Projektionszentrum liegt auf einer Senkrechten (Distanz) über dem Standpunkt in der Horizontebene. Seine Lage ist entscheidend für das perspektive Bild. Der Augpunkt bestimmt die Richtung des von ihm ausgehenden Sehstrahlenbündels. Durch die Veränderung des Abstandes vom Augpunkt zur Bildebene, der durch den Hauptsehstrahl gegeben ist, verändert sich die Größe des perspektiven Bildes (Skalierung).

Hauptsehstrahl

Der Hauptsehstrahl steht senkrecht zur Bildebene und durchstößt diese im Hauptpunkt H. Durch die Veränderung der Distanz von Augpunkt zu Standebene entstehen verschiedene Objektansichten im perspektiven Bild, wie die sog. Froschperspektive, Normalperspektive oder Vogelperspektive.

Standebene

Die Standebene entspricht der Grundrissebene, in der die räumliche Lage des Objektes beschrieben ist. Die Schnittspur mit der Bildebene ist die Spur. In ihr fallen Objektpunkte und Bildpunkte zusammen.

Horizontebene

Die Horizontebene liegt parallel zur Standebene, enthält den Augpunkt und beschreibt als Schnittspur mit der Bildebene den Horizont.

Die Standebene und die Horizontebene stehen senkrecht auf der Bildebene. Beim Zeichnen entspricht das Zeichenblatt der Bildebene. Voraussetzung ist, dass die Horizontebene und die Standebene in die Bildebene (= Zeichenebene) eingeklappt werden. Klappachse für beide Ebenen ist die jeweilige Spur mit der Bildebene. Die Verschwindungsebene geht durch den Augpunkt und steht senkrecht auf der Standebene. Sie liegt parallel zur Bildebene. Bei der Klappung erscheint die Verschwindungsebene als Spur mit der Bildebene (= Verschwindungsgerade). Objektpunkte die dahinter liegen, können nicht gesehen werden.

Bildebene

Die Bildebene wird im Allgemeinen senkrecht zur Standebene angenommen. Auf ihr entsteht das perspektive Bild als Durchdringung der Projektionsstrahlen zwischen Projektionszentrum und den Objektpunkten. Die zur Grundrissebene und zur Bildebene parallele Ebene, in der die Distanz, der Augpunkt und der Hauptpunkt liegen, heißt Sagittalebene. Die zur Bildebene parallele Ebene, in der Augpunkt und die Distanz liegen, heißt Verschwindungsebene. In ihr liegende Objektpunkte haben ihr Bild im Unendlichen. Um die räumliche Vorstellung in der perspektiven Anlage aus dem Grundriss zeichnen zu können, werden der Augpunkt und der Horizont in die Standebene, die der Zeichenebene entspricht, eingeklappt.

Verzerrung

Die Verschiedenheit des Sehens von der perspektiven Konstruktion, am Bsp. die Abweichung der gekrümmten Netzhaut zur ebenen Projektionsfläche der Bildebene, führt dazu, dass perspektive Bilder verzerrt erscheinen. Dabei nimmt die Verzerrung der abgebildeten Objektelemente mit dem Abstand zum Hauptpunkt zu. Die Verzerrung entspricht dem Tangensquadrat der Winkelabweichung vom Hauptsehstrahl. Um bei der Perspektive anschauliche Bilder zu bekommen, sollte der Sehwinkel bei Außenraumperspektiven nicht größer als 60°, bei Innenraumperspektiven nicht größer als 90° sein, d. h. ein abzubildendes Objekt sollte innerhalb eines Sehkegels liegen, der sich 60° bzw. 90° öffnet. Die Kegelachse entspricht dem Hauptsehstrahl.

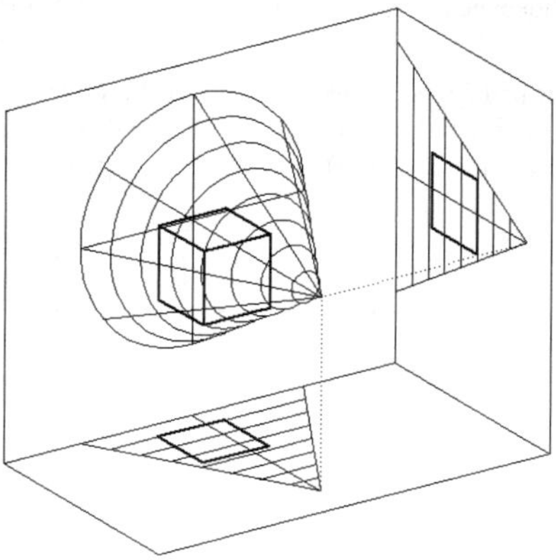

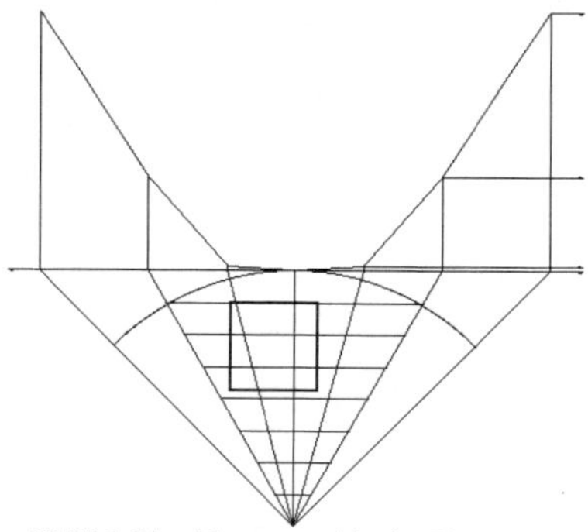

45° Winkelabweichung entspricht einer Verzerrung von 100%
30° Winkelabweichung entspricht einer Verzerrung von 33%
15° Winkelabweichung entspricht einer Verzerrung von 7%
Die Bildkugel entspricht der kugelförmig gekrümmten Netzhaut.

Wir unterscheiden drei Arten der Perspektive. Die Zentralperspektive, die Übereckperspektive und die Perspektive bei geneigter Bildebene.

Zentralperspektive

Bei der Zentralperspektive verlaufen zwei Richtungen des abzubildenden orthogonalen Körpers parallel zur Bildebene, die Kanten dieser Richtung haben ihren Fluchtpunkt im Unendlichen, d. h. die Bilder dieser Kanten bleiben parallel. Für die dritte Richtung ergibt sich ein im Endlichen liegender Fluchtpunkt, der zentrale Fluchtpunkt.

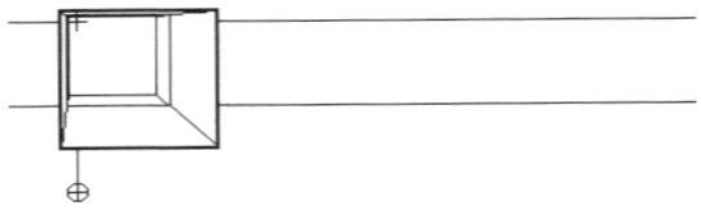

Übereckperspektive

Bei der Übereckperspektive verläuft eine Richtung des abzubildenden orthogonalen Körpers parallel zur Bildebene, die Bilder dieser Kanten bleiben parallel. Für die anderen zwei rechtwinklig aufeinander stehenden Richtungen ergeben sich zwei Fluchtpunkte, die wir Perspektive mit zwei Fluchtpunkten oder Übereckperspektive nennen.

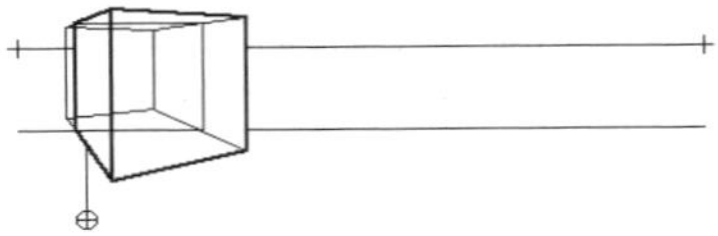

Perspektive bei geneigter Bildebene

Bei der Perspektive bei geneigter Bildebene verlaufen die Kanten des Würfels in drei rechtwinklig aufeinander stehenden Richtungen. Alle Kanten einer Richtung verlaufen parallel und haben einen gemeinsamen Fluchtpunkt. Die drei Richtungen definieren drei verschiedene Fluchtpunkte bei allgemeiner Lage eines orthogonalen Körpers in der Perspektive.

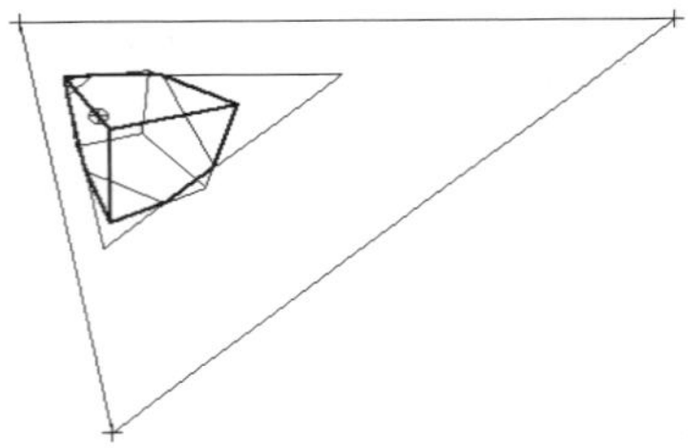

1.5.1 Die perspektive Anlage

Grundrissanlage

Die Anlage des Objektgrundrisses zur perspektiven Anlage, die durch Augpunkt, Bildebene, Spur und Horizont gegeben ist, bedingt die Art des perspektiven Bildes.

Zwei Hauptgrundrissrichtungen liegen parallel zur Bildebene (= Zentralperspektive). Fluchtpunkt F entspricht dem Hauptpunkt H.

Die Hauptgrundrissrichtungen des Objektes liegen in beliebigem Winkel zur Bildebene (= Übereckperspektive). Die Hauptgrundrissrichtungen bestimmen die Fluchtpunkte F1 und F2 am Beispiel. Allgemein ist jeder Grundrissrichtung ein entsprechender Fluchtpunkt zugeordnet.

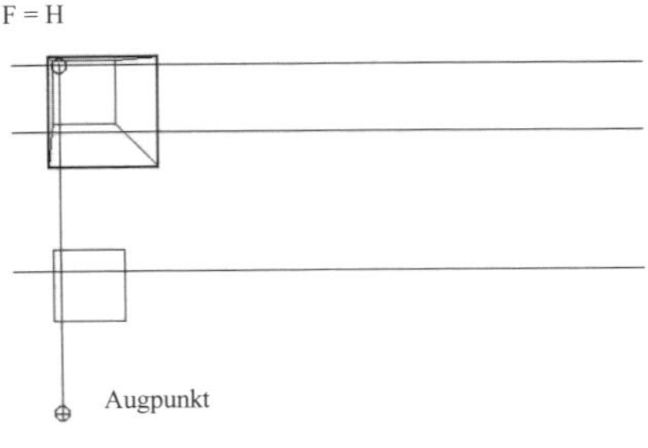

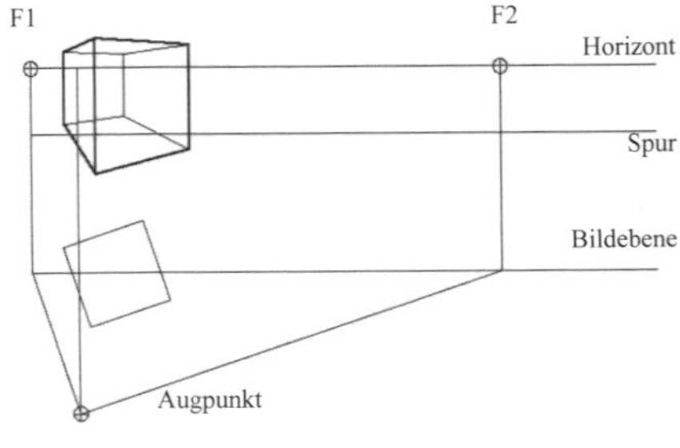

Bildebene und Augpunkt; Skalierung

Je weiter sich die Bildebene vom Augpunkt entfernt, desto größer wird die Schnittfläche der Bildebene mit dem Sehkegel und entsprechend das perspektive Bild des Objektes bei gleichem Abstand von Augpunkt zu Objektgrundriss. Bildskalierung = Verkleinerung oder Vergrößerung des Bildes.

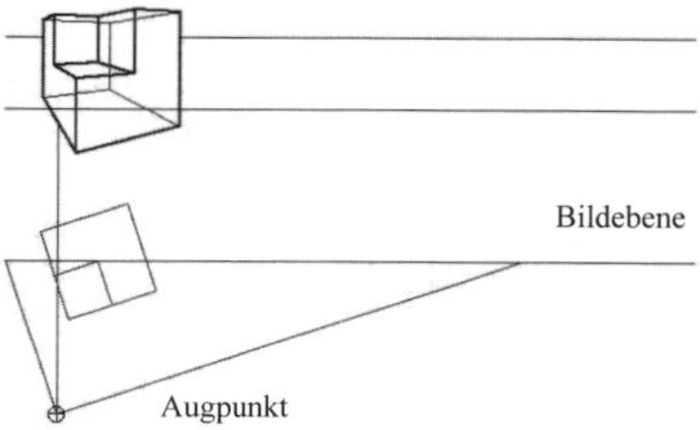

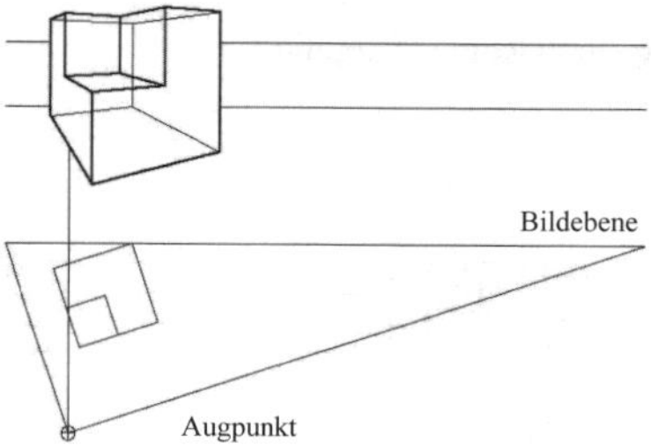

Spur und Bildebene

Im Allgemeinen wird, wie in den vorhergehenden Darstellungen, der Grundriss vom perspektiven Bild getrennt, d. h. die Bildebene in einer freien Distanz zur Spur gewählt. Dies gilt insbesondere für komplizierte, perspektive Bilder, weil dadurch eine gewisse Übersichtlichkeit gewährleistet ist. Bei einfachen, räumlichen Vorgaben, kann der Grundriss sich aber auch mit dem perspektiven Bild überlagern, d. h. die Bildebene mit der Spur zusammenfallen.

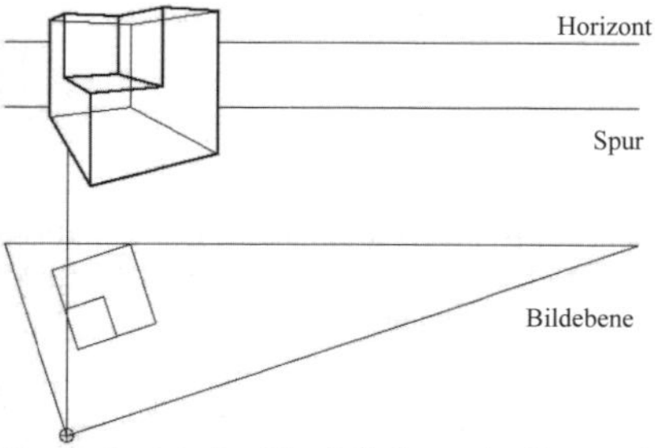

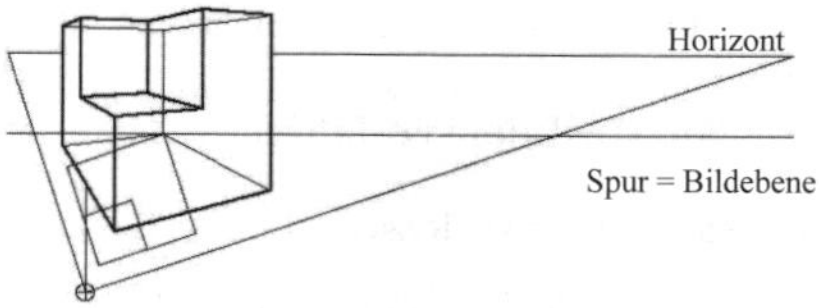

Dies bedeutet eine Vereinfachung der Konstruktion, weil der Zusammenhang von Grundriss und perspektiven Bild direkt dargestellt werden kann und nicht durch eine senkrechte Zuordnung über die Bildebene. Bei gleichem perspektiven Bild bedeutet dies aber eine andere Entfernung des Augpunktes zum Grundriss.

Horizont und Spur

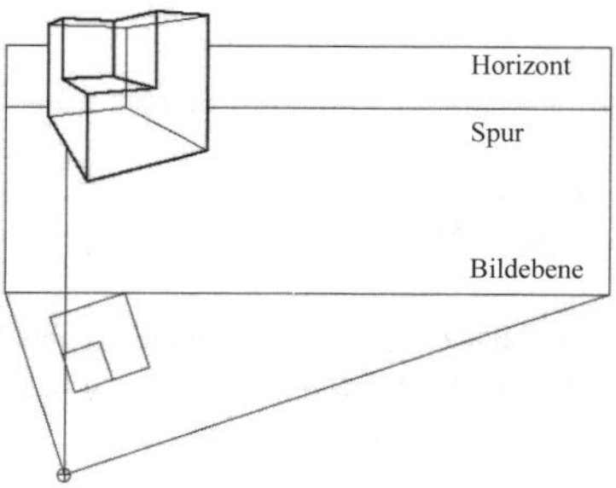

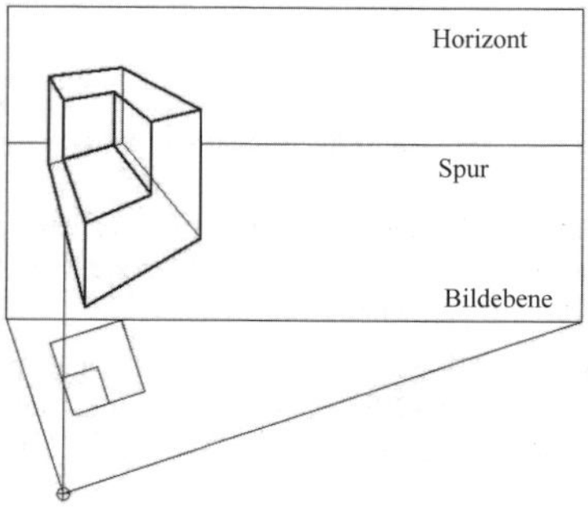

Die Lage des Horizontes zur Spur oder die Lage der Aughöhe zur Standebene bedingt die Art der Ansicht des Objektes. Wir unterscheiden Normal-, Vogel-, oder Froschperspektive.

Bei einer Normalperspektive wird maßstäblich eine Aughöhe von etwa 1,5-1,7 m über der Standebene angenommen. Bei Frosch- oder Vogelperspektive kommt das perspektive Bild schnell an den Rand des Sehkreises. Um Verzerrungen zu vermeiden kann die Bildebene gekippt werden.

Objektgrundriss und Augpunkt

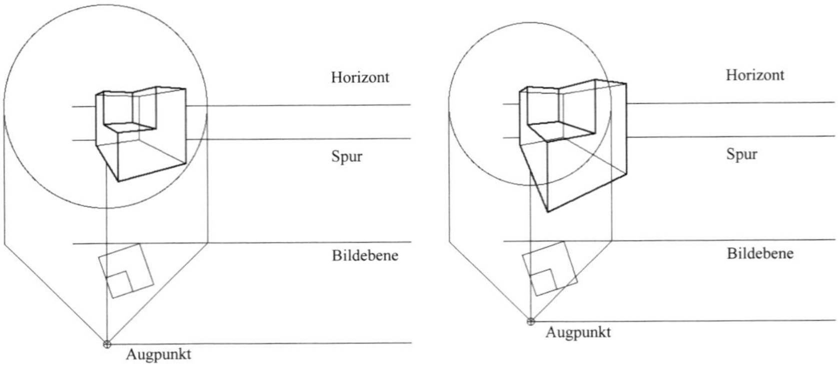

Der Abstand des Augpunktes zum Objekt bestimmt den Bildausschnitt des perspektiven Bildes. Dabei ist bei freier Wahl des Abstandes auf mögliche Verzerrungen zu achten.

1.5.2 Konstruktionsverfahren

Perspektive aus zwei Rissen

Perspektive Bilder werden meistens ohne Seitenriss konstruiert, wenn die Bildebene den Grundriss schneidet und ausreichend Höhenangaben bekannt sind. Die Höhenangaben erscheinen in der Bildebene in wahrer Größe und können direkt ins perspektive Bild übernommen werden.

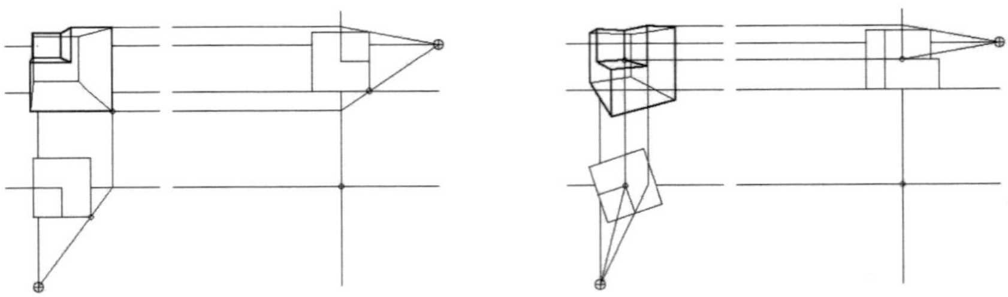

Grundrissanlage zugeordnet die Seitenrissanlage Grundrissanlage zugeordnet die Seitenrissanlage

Perspektive Bilder können außerdem konstruiert werden, wenn die perspektive Anlage, d. h. die Zusammenschau von Augpunkt, Bildebene, Horizont, Spur und Objekt im Grundriss und zugeordnet im Aufriss oder Seitenriss gegeben ist.

Die perspektiven Bilder der Punkte ergeben sich, wenn die Grundrisspunkte vom Augpunkt im Grundriss in die Bildebene projiziert, den Seitenrisspunkten vom Augpunkt im Seitenriss in die entsprechende Bildebene projiziert, einander senkrecht zugeordnet werden.

Zentralperspektive mit Distanzpunkten

Bei diesem Verfahren kann das perspektive Bild ohne Vorgabe von Rissen konstruiert werden.

Zuerst wird der Distanzkreis um den gewählten Hauptpunkt gezeichnet. Der Radius entspricht dem Abstand Augpunkt zu Bildebene. Der Distanzkreis entspricht der Schnittfläche eines 90°-Sehkegels mit der Bildebene, die Mittelachse dem Hauptsehstrahl.

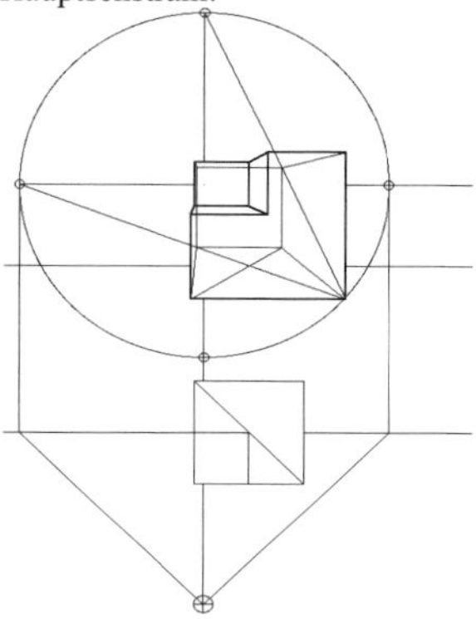

Alle Mantellinien des Sehkegels treffen im 45°-Winkel die Bildebene, d. h. der Distanzkreis ist auch der Ort der Fluchtpunkte aller Geraden, die im 45°-Winkel die Bildebene treffen.

Bei der Bestimmung einer Größe des Quadrates, in wahrer Größe in der Bildebene oder nach freier Wahl vor oder hinter der Bildebene parallel oder senkrecht zu ihr, ist das perspektive Bild des Quadrates durch die horizontalen oder vertikalen Distanzpunkte gegeben.

Übereckperspektive mit Messpunkten

Im Grundriss: Gesucht ist das perspektive Bild eines Punktes P, der auf einer bereits dargestellten Tiefenlinie liegt. Der Abstand zur Bildebene ist gegeben. Durch horizontale Drehung um den Durchstoßpunkt mit der Bildebene erscheint der Abstand in der Bildebene.

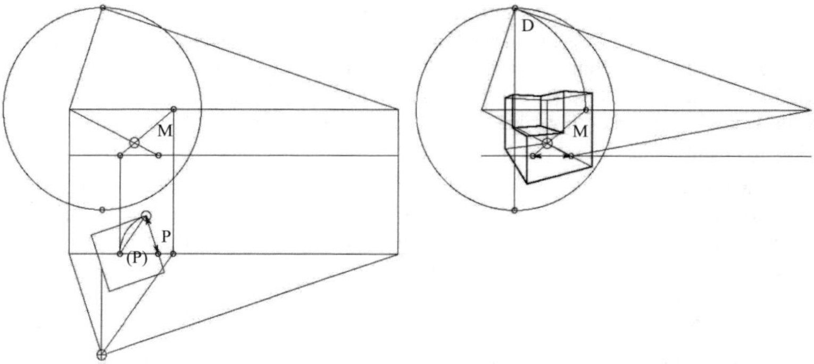

Der Richtung dieser Zuordnung (= Verbindung Punkt P und dem eingedrehten Punkt P) ist ein Fluchtpunkt M auf dem Horizont zugeordnet, dem sogenannten Messpunkt. Der Fluchtpunkt M ist durch Parallelverschiebung der Richtung der Zuordnung durch den Augpunkt als Schnitt mit der Bildebene gegeben.

Im perspektiven Bild: Ohne Zuhilfenahme des Grundrisses ist der Messpunkt M im perspektiven Bild durch die Eindrehung des vertikalen Distanzpunktes D um den Fluchtpunkt links auf den Horizont gegeben. Entsprechend wird für die Tiefenlinien, die nach rechts laufen, der Distanzpunkt D um den Fluchtpunkt rechts auf den Horizont eingedreht.

Anwendungsbereich ist die Rekonstruktion der perspektiven Anlage in der Fotografie.

Konstruktionsbeispiel. Perspektive aus zwei Rissen

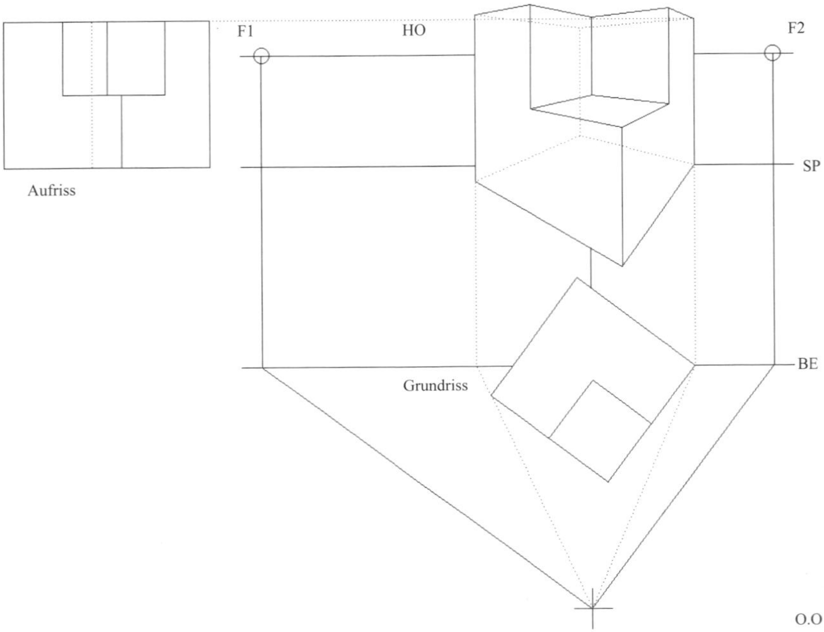

Konstruktionsschritte:

Nach der Festlegung der perspektiven Anlage mit der Zuordnung von Augpunkt O.O, der Bildebene BE, der Spur SP und dem Horizont HO wird der Objektgrundriss festgelegt. Bei der Festlegung ist darauf zu achten, dass der Objektgrundriss innerhalb eines Öffnungswinkels von ca. 60° von O.O ausgehend liegt, um Verzerrungen zu vermeiden. Danach werden, indem die Hauptgrundrissrichtungen des Objektes parallel durch O.O verschoben, mit der BE geschnitten, senkrecht dem Horizont zugeordnet, die Fluchtpunkte festgelegt. Am Beispiel entsprechen zwei Hauptgrundrissrichtungen zwei Fluchtpunkten.

Die Konstruktion des perspektiven Grundrissbildes beginnen wir am Beispiel im Eckpunkt rechts, weil der Grundrisspunkt auch dem Punkt des perspektiven Bildes auf der Spur entspricht. Von dort aus ist die Richtung im perspektiven Bild durch den Eckpunkt und den entsprechenden Fluchtpunkt bestimmt, der für diese Richtung bestimmt wurde. Ein beliebiger Punkt auf der Richtung, der die Länge festlegt, kann über die Konstruktionsidee (Verbindung von Augpunkt und Grundrisspunkt auf die Bildebene verlängert und senkrecht dem perspektiven Bild zugeordnet) bestimmt werden.

Die Höhenzuordnung kann aus dem Aufriss auf eine Senkrechte über dem Grundrisspunkt in wahrer Höhe erfolgen, den die Bildebene und entsprechend im perspektiven Bild die Spur schneidet. Diese Höhe ist dann auf alle Senkrechten mit Hilfe der entsprechenden Fluchtpunkte zu übertragen. Dabei gilt, dass alle Parallelen den gleichen Fluchtpunkt haben.

1.5.3 Die Spiegelung in der Perspektive

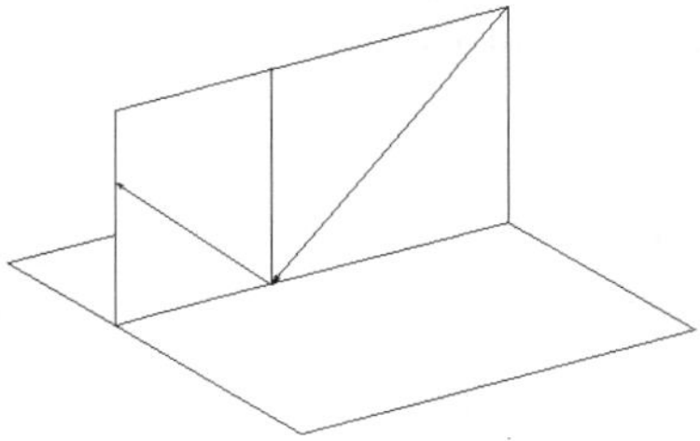

Die konstruktiven Bedingungen der Spiegelung.

Wir unterscheiden waagerechte, senkrechte, schräge oder gekrümmte Spiegelflächen.
In Architekturdarstellungen finden wir meist die senkrechte Fensterfläche oder die waagerechte Wasserfläche als Spiegelebene (siehe folgende Beispiele).

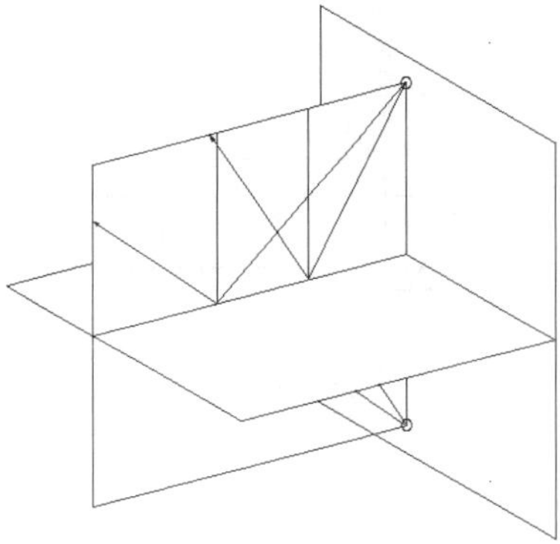

Der einfallende Lichtstrahl und der auf der Spiegelebene reflektierte Lichtstrahl liegen in einer zu der Spiegelebene senkrechten Ebene. Einfallswinkel = Ausfallswinkel. Der Winkel zwischen Lot und einfallendem Lichtstrahl und der Winkel zwischen Lot und reflektiertem Lichtstrahl sind gleich.

Alle durch Punkt P einfallenden Strahlen werden so reflektiert, dass sich die rückwärtigen Verlängerungen der reflektierten Strahlen in einem Punkt = Spiegelpunkt schneiden.

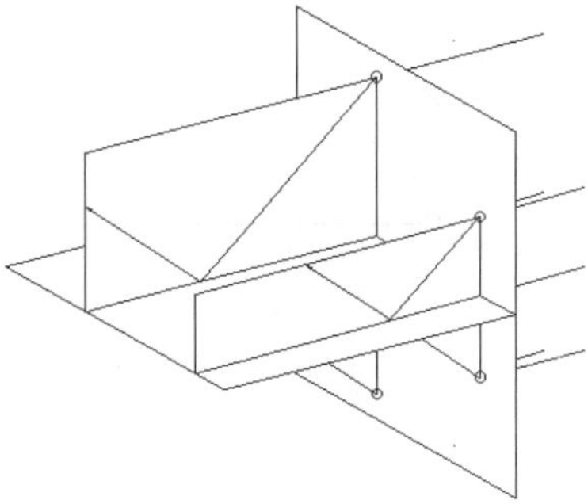

Die Distanz der Punkte zur Spiegelebene entspricht der Distanz der Spiegelpunkte zur Spiegelebene.

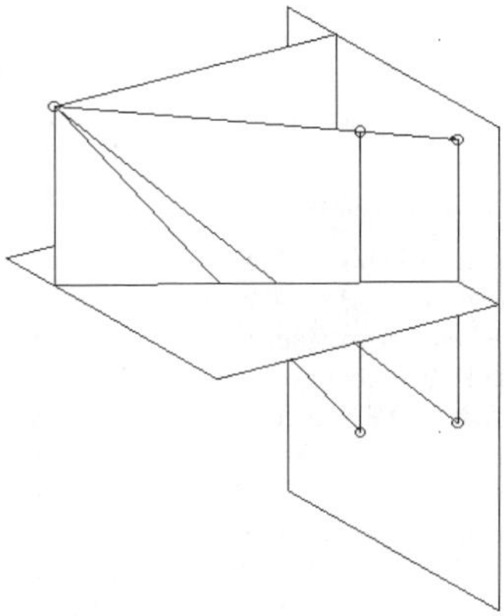

Das vom Auge erkannte Spiegelbild ist nicht symmetrisch dem Original. Das Spiegelbild ist abhängig von der Lage des Objektes zum Augpunkt. Am Beispiel liegen die Punkte optisch hintereinander auf einem Sehstrahl, dies gilt aber nicht für die Spiegelpunkte.

Konstruktionsbeispiel. Haus am Pool

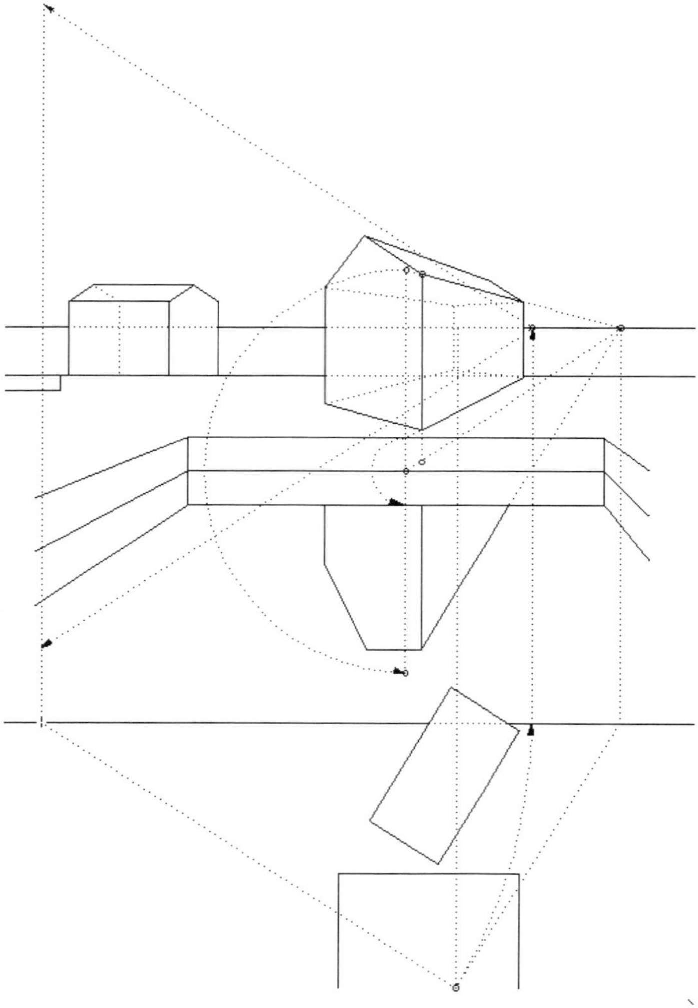

Konstruktionsschritte:

Von einem beliebigen Punkt P, in diesem Beispiel der Fluchtpunkt rechts, auf dem Horizont, sind die Punkte A und B der Geraden (B = der Fußpunkt der Geraden in der Nullebene) auf die Spur der Spiegelebene zu verlängern. Die Länge der Geraden ist dann in der Spiegelspur zu spiegeln und mit dem Punkt P wieder zu verbinden. Diese Verbindung begrenzt die Spiegelung senkrecht unterhalb der Geraden. Die Spiegelung des Hauses wird außerdem begrenzt durch die gespiegelte Uferkante. Die wahre Größe des Winkels der Dachneigung ist über die, in den Grundriss geklappte Giebelwand gegeben. Über den auf den Horizont eingedrehten Augpunkt (O.O), in dem der wahre Winkel der Dachneigung angetragen wird, ergibt sich als Schnitt mit der Senkrechten über dem entsprechenden Horizontalfluchtpunkt der Rampenfluchtpunkt. Geneigte Richtungen fluchten im Spiegelbild zu den entgegengesetzten (= gespiegelten) Höhenfluchtpunkten.

1.5.4 Schatten in der Perspektive

Beleuchtungsarten

Parallelbeleuchtung

Bei der Annahme einer Lichtquelle im Unendlichen sprechen wir von Parallelbeleuchtung. Dies gilt insbesondere für das Sonnenlicht, da die Entfernung Sonne zu Objekt im Verhältnis der Entfernung von Objekt zu Schattenbild als unendlich groß angenommen werden kann. Die konstruktiven Zusammenhänge von Objekt und Schattenbild sind durch die affine Beziehung von Objekt, als Körperschnitt eines Zylinders und Schattenbild, als Grundfläche des Zylinders erläutert. Die einfallenden Lichtstrahlen bestimmen die Mantellinien des Zylinders (s. Affinität, Abschn. 1.3).
Die konstruktiven Parameter des Schattenbilds sind die Grundriss- und Raumrichtung des Lichtes und die Bestimmung des Betrachters.

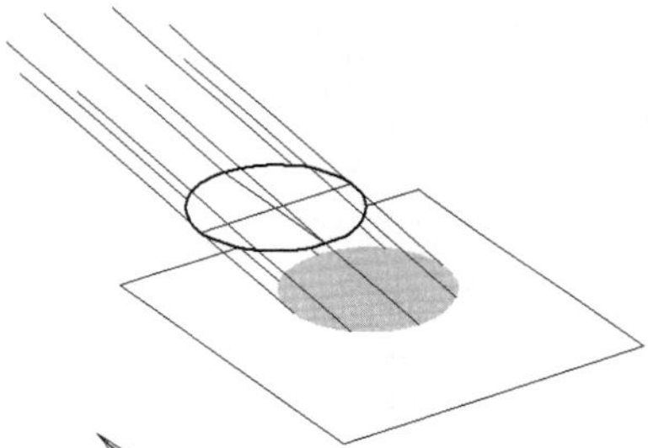

Zentralbeleuchtung

Bei einer punktförmigen Lichtquelle in endlicher Entfernung, was einer künstlichen Lichtsituation entspricht, sprechen wir von Zentralbeleuchtung. Dies gilt für alle künstlichen Lichtquellen. Die konstruktiven Zusammenhänge von Objekt und Schattenbild sind durch die kollineale Beziehung von Objekt, als Körperschnitt eines Kegels und Schattenbild, als Grundfläche des Kegels erläutert. Die einfallenden Lichtstrahlen bestimmen die Mantellinien des Kegels (s. Kollineation, Abschn. 1.3).

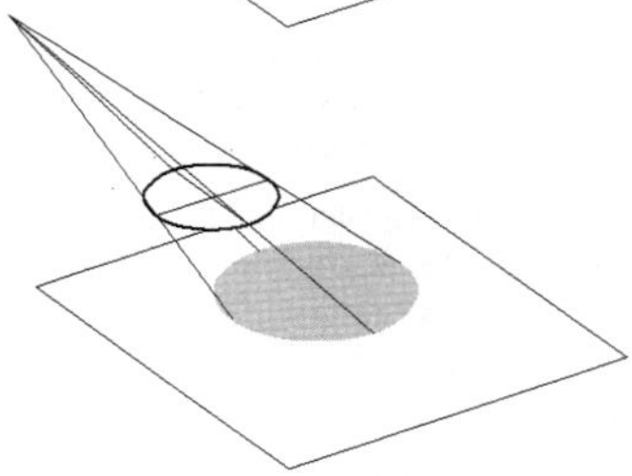

Die Lichtsituation bei der Zentralbeleuchtung wird konstruktiv beschrieben durch eine Gerade, deren Endpunkt die Lichtquelle und deren Fußpunkt, meist in der Standebene, den Fußpunkt der Lichtquelle im Endlichen darstellt.

Mehrfachzentralbeleuchtung

Bei der Mehrfachzentralbeleuchtung ergeben sich je nach Lage des Objektes zu den Lichtquellen mehrere unterschiedliche Schattenbilder. Beispiele sind Schattenbilder im Theater oder bei Flutlicht im Stadion.

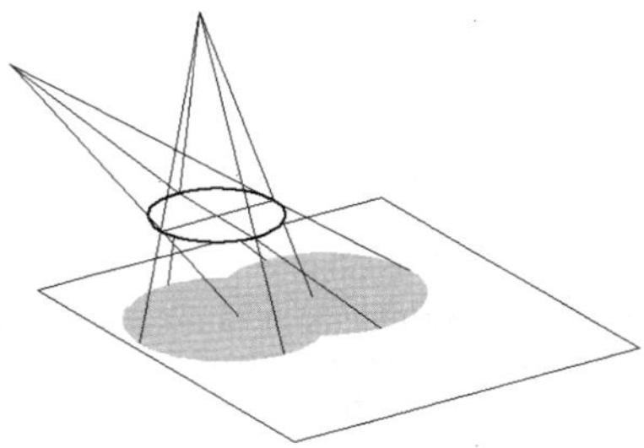

Diffuse Beleuchtung

Von einer diffusen Beleuchtung spricht man, wenn sich kein Schattenbild entwickelt. Man kann sich auch vorstellen, dass das Objekt von unendlich vielen Lichtquellen z. B. bei Nebel beleuchtet wird. Wir unterscheiden den Schlagschatten (= das Schattenbild) eines Objektes auf einer beliebigen Schatten-

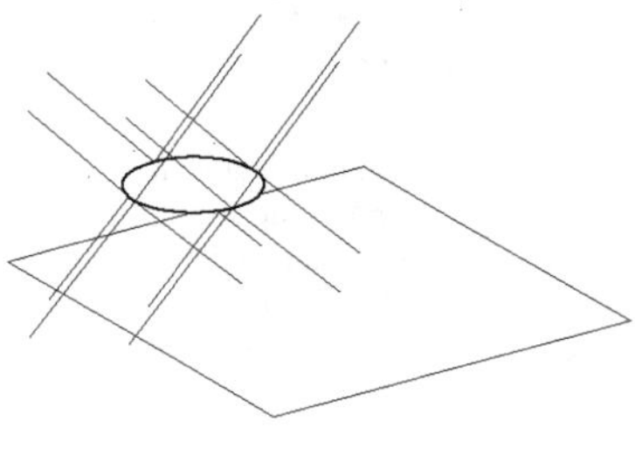

auffangfläche und den Körperschatten (= der Schatten der sich am Objekt selbst entwickelt). Konstruktiv wird zunächst der Schlagschatten entwickelt und in Abhängigkeit dazu der Körperschatten gezeichnet.

Lichtdiagramm

Eine Lichtsituation (Rückenlicht von links, technischer Lichtstrahl) ist in einem Würfel dargestellt. Für die Konstruktion der wahren Größe des Winkels zwischen Grundrissfläche und räumlichem Lichtstrahl, wird das Lichtdreieck in die Ebene geklappt. Die Lichtsituation muss in mindestens zwei Tafeln gegeben sein.

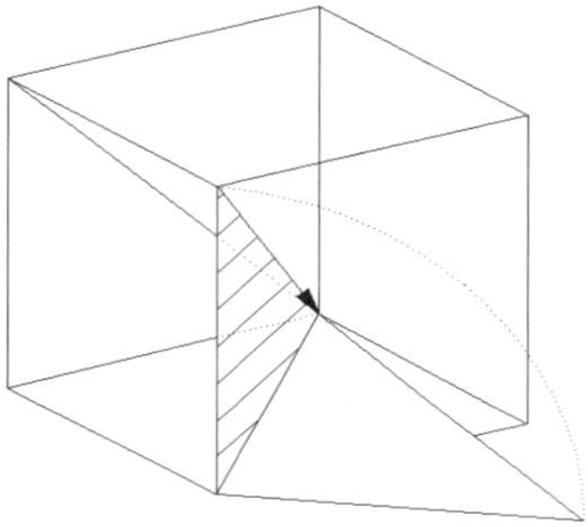

Technischer Lichtstrahl in trimetrischer Darstellung

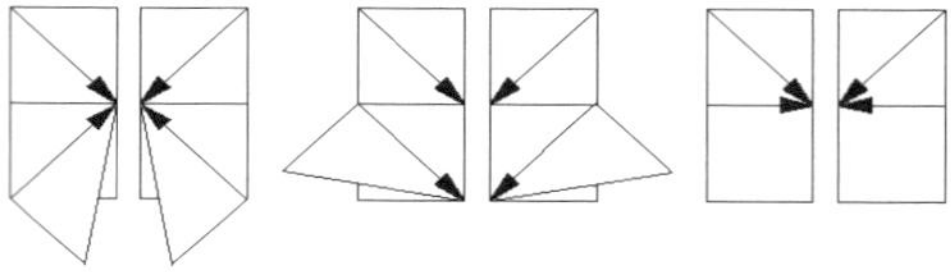

Lichtsituationen dargestellt in der 2-Tafelprojektion

Wir unterscheiden die Lichtsituation bei technischem Lichtstrahl, d. h. die Lichtrichtungen in den Tafeln sind jeweils 45° zur Horizontalen geneigt bzw. die räumliche Lichtrichtung beträgt 35° und eine beliebige Lichtsituation bei allgemeinem Lichtstrahl.

Der räumliche Lichtstrahl, das Grundrissbild des Lichtstrahls und die Gerade, die den Schatten wirft, bilden eine Ebene, das sog. Lichtdreieck, das senkrecht auf dem Grundriss steht. Der Schlagschatten der Geraden ist bestimmt durch die Grundrissrichtung oder Grundrissabweichung des Lichtes, die die Schattenrichtung in der Schattenauffangebene, und durch die räumliche Lichtrichtung oder Höhenabweichung des Lichtes, die die Schattenlänge bestimmt.

Als Konstruktionsvorgaben benutzt man in der 2-Tafelprojektion die Grund- und Aufrissrichtung des Lichtes, in der Axonometrie die Grundrissrichtung des Lichtes und die räumliche Lichtrichtung und in der Perspektive die Grundrissrichtung des Lichtes, dargestellt im Fußpunkt der Lichtquelle und den räumlichen Lichtstrahl, dargestellt in der Lichtquelle.

Konstruktionsidee für die Schattendarstellung in der Perspektive

Das Problem der Darstellbarkeit des Schattenbildes eines komplexen Körpers wird zunächst, um die Konstruktion zu erleichtern, auf die Frage nach dem Schattenbild einer, meist senkrecht stehenden, Geraden reduziert.

Der Schatten einer Geraden wird bestimmt durch den Winkel der einfallenden Lichtstrahlen (Höhenabweichung) und die Grundrissrichtung der einfallenden Lichtstrahlen (seitliche Abweichung). Die Koordinaten des Bildes der Lichtquelle zum Augpunkt machen diese Abweichungen erkennbar.

Der Schatten einer Geraden ist die Schnittgerade, die sich aus der Durchdringung zweier Ebenen, der Lichtebene, die durch die Lichtquelle und die Gerade aufgespannt wird, und der Schattenauffangebene, ergibt.

Die Lichtebene ist durch einen Punkt und eine Gerade definiert (Lichtquelle, Endpunkt und Fußpunkt der Geraden in der Schattenauffangebene). Die Schattenrichtung der Geraden in der Schattenauffangebene ist definiert durch die Fluchtgerade der Ebene, in der der Schatten zu erwarten sein wird, und die Ausbreitungsrichtung der Geraden. Die Schattenlänge definiert der Abstand der Geraden zur Lichtquelle und die Länge der Geraden selbst.

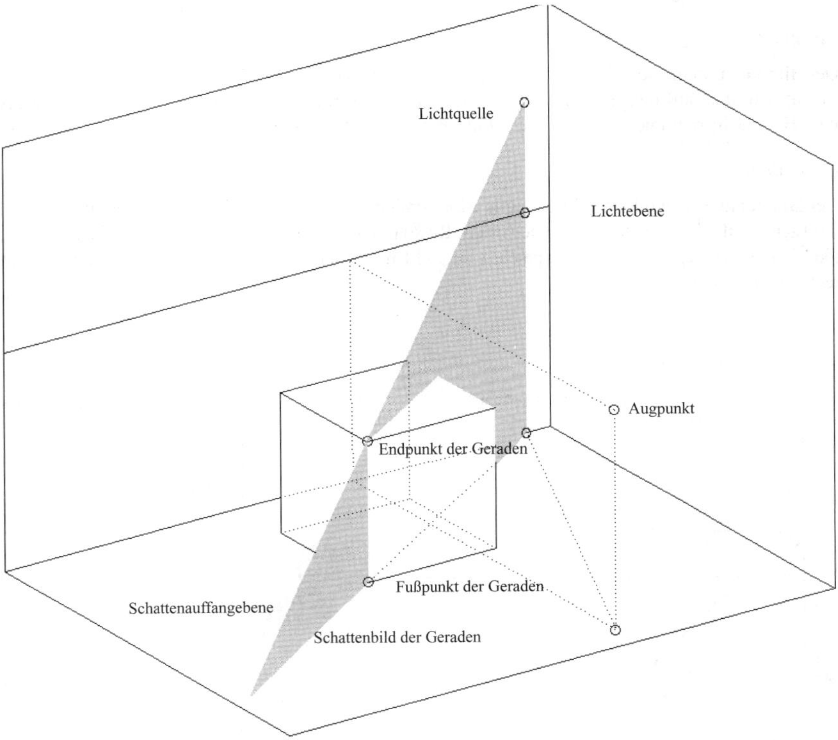

Für die Festlegung der Lichtquelle im perspektiven Bild sind drei Bestimmungen notwendig. Erstens die Lichtart (Seitenlicht, Rückenlicht oder Gegenlicht), zweitens die Winkelabweichung der Grundrissrichtung des Lichtes zum Hauptsehstrahl (seitliche Abweichung, die den Fußpunkt der Lichtquelle definiert) und der Winkel der einfallenden Lichtstrahlen zum Grundriss (Höhenabweichung, die sichtbar in der geklappten Ebene, die Lichtquelle definiert). Alle Bestimmungen erscheinen in dem geklappten Lichtdreieck.

In Ausbreitungsrichtung der Geraden durch die Lichtquelle, finden wir als Schnittpunkt mit der Fluchtgeraden der Schattenauffangebene den Fußpunkt der Lichtquelle. Die Verbindung von Fußpunkt Lichtquelle mit Fußpunkt Gerade ergibt die Schattenrichtung und die Verbindung von Lichtquelle und Endpunkt Gerade ergibt die Schattenlänge.

Geradenrichtung

Alle Richtungen einer Geraden in der waagerechten Fläche, also auch die Schattenrichtungen der Geraden in der waagerechten Fläche haben ihren Fluchtpunkt auf dem Horizont. Der Fußpunkt der Lichtquelle oder der Fluchtpunkt der Schattenrichtung ist je nach Ausbreitungsrichtung der Geraden auf dem Horizont zu bestimmen. Wir unterscheiden, wenn die Gerade senkrecht auf der Standebene, gekippt zur Bildebene, oder in allgemeiner Richtung, die durch einen Fluchtpunkt definiert ist, steht. In Ausbreitungsrichtung der Geraden bedeutet in dem Fall durch den entsprechenden Fluchtpunkt.

Seitenlicht

Die Lichtrichtung ist parallel zur Bildebene und hat deshalb keinen endlichen Bildpunkt. Zur Konstruktion genügt die Angabe der Neigung des Lichtstrahles zum Horizont.

Gegenlicht

Der Bildpunkt Sonne oder die Lichtquelle ist oberhalb des Horizontes. Direktes Gegenlicht heißt, die Lichtquelle liegt auf dem Hauptsehstrahl. Gegenlicht von rechts heißt, die Lichtquelle liegt rechts vom Hauptsehstrahl und Gegenlicht von links heißt, die Lichtquelle liegt links vom Hauptsehstrahl.

Rückenlicht

Der Bildpunkt Sonne oder die Lichtquelle ist unterhalb des Horizontes. Direktes Rückenlicht heißt, die Lichtquelle liegt auf dem Hauptsehstrahl. Rückenlicht von rechts (Konstruktionsbeispiel) heißt, die Lichtquelle liegt links vom Hauptsehstrahl und Rückenlicht von links heißt, die Lichtquelle liegt rechts vom Hauptsehstrahl.

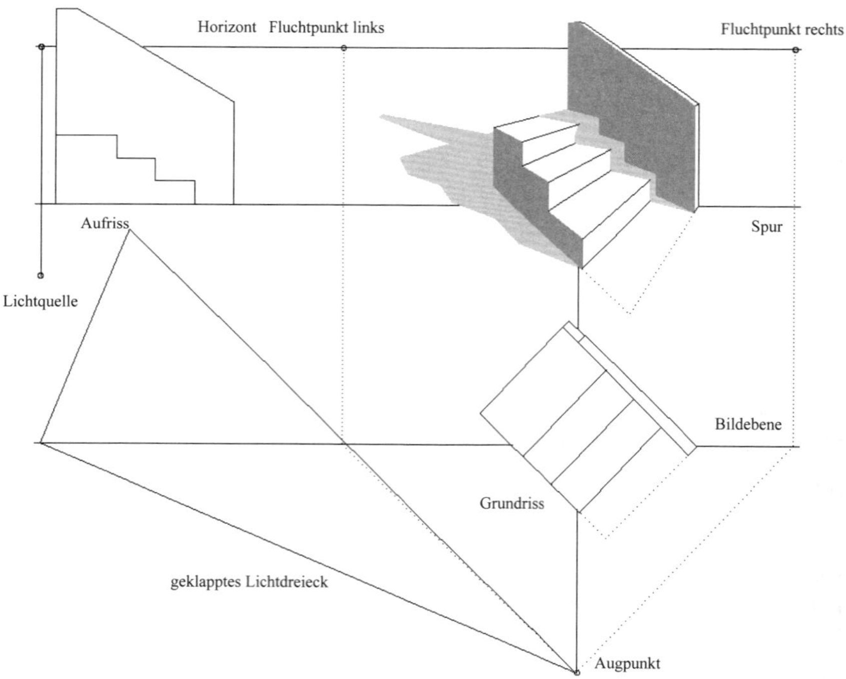

Konstruktionsbeispiel bei Rückenlicht von rechts

2 Planlayout

Alle Fotos und Pläne zeigen Informationen zum Dominikuszentrum, Subzentrum mit Diözesanjugendstelle und Caritaszentrum, Hildegard-von-Bingen-Anger 1 und 3, 80937 München.
Architekt: meck architekten, Prof. Andreas Meck, München. Projektleitung: Wolfgang Amann, Peter Fretschner. Mitarbeit: Susanne Frank, Johannes Dörle, Alexander Sälzle, Werner Schad (Ausschreibung), Wolfgang Kusterer (Bauleitung). Büroanschrift: meck architekten Kellerstraße 39, 81667 München. Bauherr: Katholische Kirchenstiftung St. Gertrud, Caritaszentrum München-Nord, Erzbischöfliches Jugendamt. Maßnahmeträger: Erzbischöfliches Ordinariat München, Baureferat. Freiraumgestaltung: Burger Landschaftsarchitekten, München. Tragwerksplanung: Statoplan, Dipl.-Ing. Wolf Eglinger, München. Bauphysik: Müller BBM, Planegg. Wettbewerb: Januar 2003. Planungsbeginn: November 2003. Baubeginn: September 2005. Fertigstellung: Juli 2008. Hauptnutzfläche gesamt: 1856,71 m². Nebennutzfläche gesamt 493,75 m². Wohnfläche Hausmeister: 141,10 m².

230496

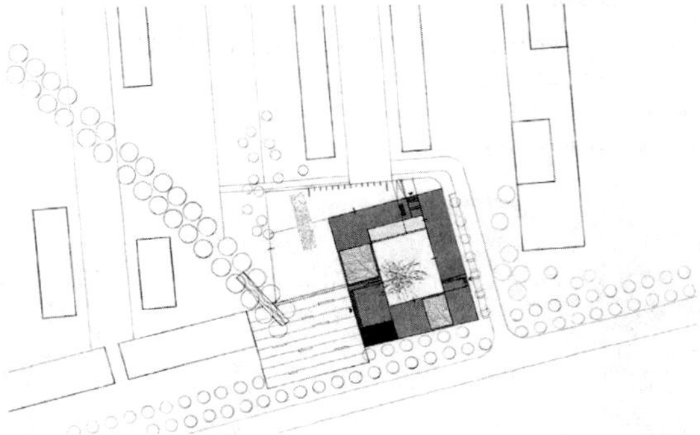

Form

Ruhig und gelassen markiert das Gemeindezentrum St. Gertrud den Auftakt des neuen Wohngebietes. Um eine gemeinsame Mitte angeordnet bilden die aus Ziegel geschnittenen Volumen der religiösen, sozialen und kulturellen Einrichtungen eine kraftvolle Skulptur, die dem Stadtteilzentrum am U-Bahnausgang ein würdiges, der Aufgabe angemessenes Gegenüber bieten kann.

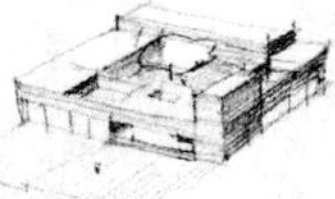

Eine wichtige Rolle erhält als sinnstiftendes, geistliches Zentrum der Andachtsraum.
Sowohl aus der Gründiagonale als auch in der Perspektive der Neuherbergstraße ist er als prägendes, die Basis der anderen Einrichtungen überragender und den Kirchplatz dominierender Körper erlebbar.

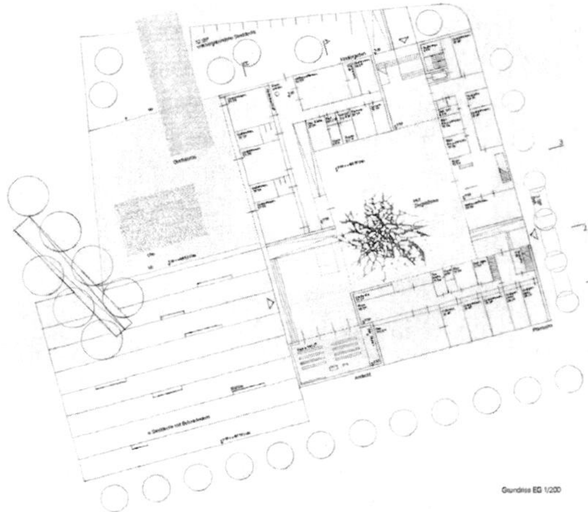

Grundriss EG 1/200

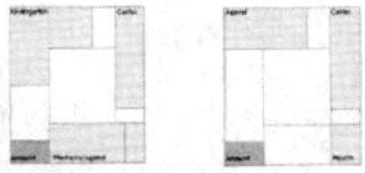

Funktionsschema

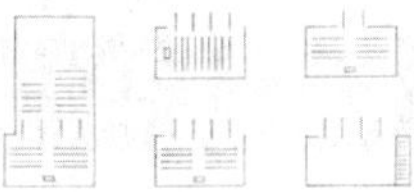

Andachtsraum
Längsorientierung - Querorientierung - Erweiterung

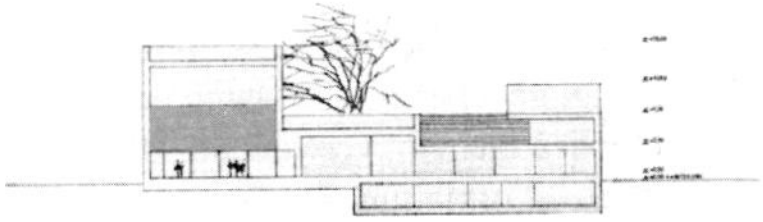

Schnitt 1 Andachtsraum M 1/200

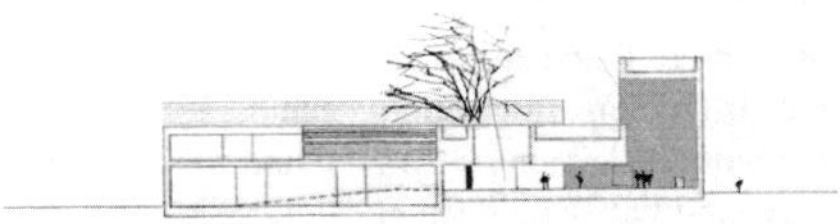

Schnitt B Andachtsraum

Ansicht Süd

Ansicht West

Die gute Lesbarkeit des Planes ist die formale Voraussetzung alle inhaltlichen und konzeptionellen Aspekte des Entwurfes angemessen zu vermitteln. Dazu gehören eine nicht zu hohe Informationsdichte, eine ansprechende Bildatmosphäre des Planes und die Prägnanz der Plangestaltung.

Die möglichst eingeschränkte Wahl der Farben (Hintergrundton, Bildfarben und Schriftfarben) sollte von einem Farbkonzept inspiriert sein, das den konzeptionellen Entwurfsansatz unterstreicht. Eine eher zurückhaltende Farbigkeit des Planes betont die Wirkung der Form. Dabei kann es hilfreich sein sich von einer z. B. in der abstrakten Malerei gefundenen Farbkomposition inspirieren zu lassen.

Foto der Ausführung: Michael Heinrich

Bei der Wahl der Schriften ist eine Vielfalt in Schriftart und Schriftgröße in jedem Fall zu vermeiden. Meist werden in der Planpräsentation Groteskschriften, wie die FF Din oder die Arial, den Serifenschriften, wie die Times oder die Garamond, wegen der schnelleren Erfassbarkeit vorgezogen.

Um mehrere Pläne zu verbinden sollte es einen durchgängigen Horizont geben, der als Streifen, Linie oder Bildleiste ausgebildet sein kann. Titel, Projektbezeichnung, gegebenenfalls Name oder Firmenlogos erscheinen am Anfang und werden nicht als wiederholendes Element verwendet. Ähnliche Dinge sind naheliegenden Bereichen zuzuordnen. Die technischen Informationen, wie Grundrisse, Schnitte und Details und die visuellen Informationen wie Ansichten, Perspektiven oder Fotos sind zueinander zu gruppieren. Wichtig ist die Choreografie der Abfolge, die mit einem interessanten Intro, z. B. einer Grafik, dem Lageplan als Übersicht, einer Darstellung des Objektes im Schwarzplan, um dessen besondere garfische Bildwirkung hervorzuheben, oder einer mit Staffagen bebilderten Perspektive beginnen kann und dann den Blick des Betrachters über die notwendigen technischen und visuellen Informationen zu einem prägnanten Ende, z. B. den Fassadenansichten, leitet. Die Wahl aller grafischen Mittel und die Wahl aller 2-dimensionalen Darstellungsmittel unterstreicht den konzeptuellen Entwurfsgedanken und die Imagination des 3-dimensionalen Sachverhaltes.

2.1 Lageplan

Im Lageplan wird der städtebauliche Zusammenhang vermittelt. Die Darstellung des Schlagschattens erläutert in der Fläche die räumliche Dimension der Höhe und lässt den Baukörper plastisch erscheinen.

2.2 Grundriss

Der Grundriss ist nach der Vereinbarung ein horizontaler Schnitt des Baukörpers in 1 m Höhe.

Oberhalb der Schnittebene, also im Grundriss darüber, sind die Bauteile gepunktet und die darunter liegenden, verdeckten Bauteile gestrichelt dargestellt.

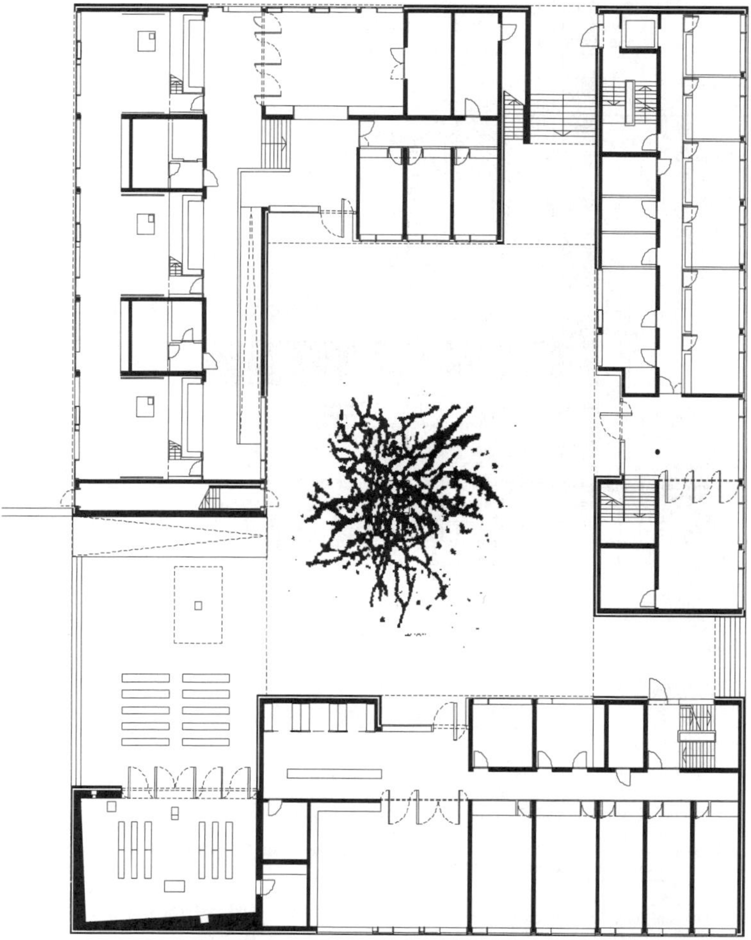

Grundriss Ebene 0

2.3 Detail

Die Detailplanung erläutert besondere Bauanschlüsse, wie Fenster, Dachrand oder Brüstung im Maßstab 1: 20 bis zum Maßstab 1: 1. Die Darstellung der Details mit Schraffuren kennzeichnet die verwendeten Materialien. Besonderes Augenmerk ist dabei auf die genaue Beschriftung und textliche Erläuterung und Vermaßung der einzelnen Bauteile und verwendeten Materialien zu legen.

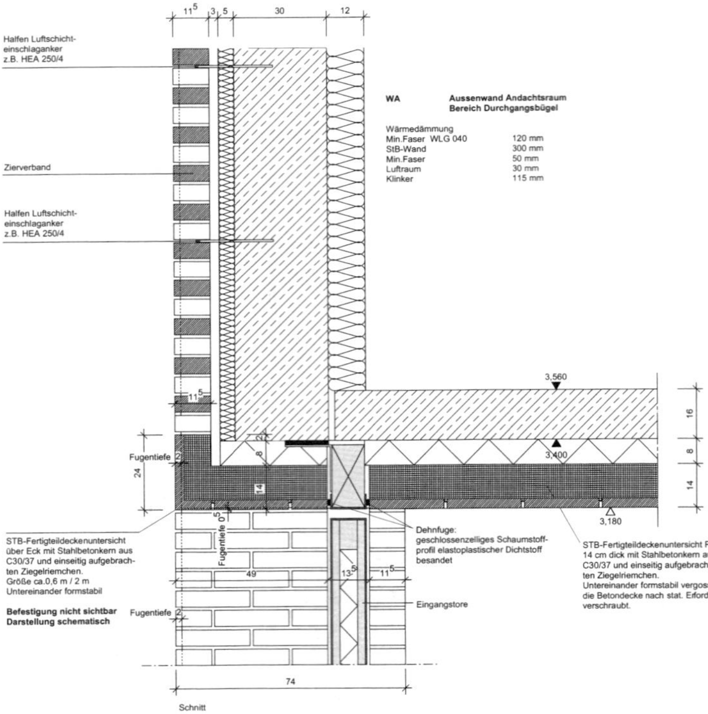

		gez.	Maßstab	Datum	Plan-Nr.
meck architekten kellerstraße 39 81667 münchen tel 089/6145890 fax 61458979	dominikuszentrum Deckenuntersicht Tore Eingangsbereich Schnitt	ejs/wa	1 :10	10.09.07	D 5.7a

Detail Deckenuntersicht Tore. Eingangsbereich Schnitt

2.4 Werkplan

Der Werkplan dient als Ausführungsplan auf der Baustelle. In ihm sind alle zum Bau notwendigen Informationen enthalten. Meist als Grundriss im Maßstab 1: 50 ausgeführt, zeigt der Plan die Funktionen und Größe der Räume, alle Maße, wie die Öffnungsmaße, die Fußböden- und Brüstungshöhen, die geschnittenen Treppen- und Rampenverläufe und die Maße der Wandaufbauten. Die Maßketten sind immer entsprechenden Bauteilen zugeordnet und von innen nach außen aufgeführt.

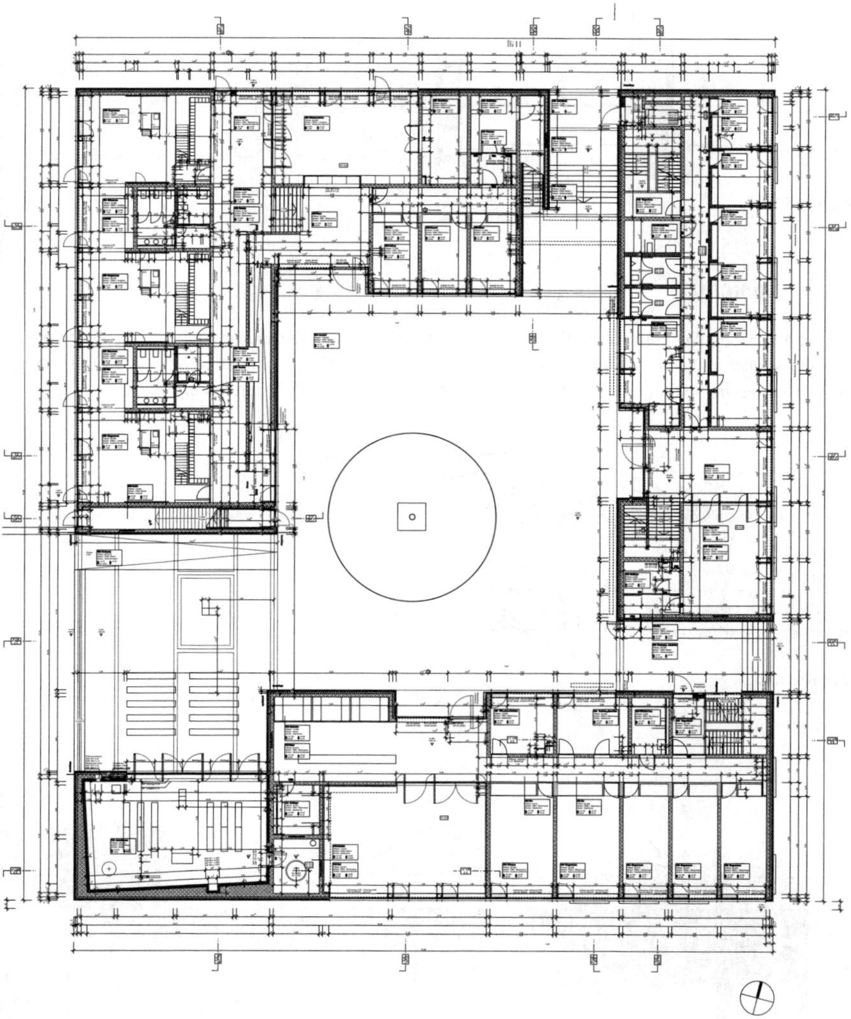

2.5 Schnitt

Die geschnittenen Linien werden in der Regel dicker als die Linien in der Ansicht dargestellt. Die in der Ansicht verdeckten Teile werden, analog dem Grundriss, gestrichelt dargestellt. Der Schnitt erläutert meist schwierige und im Grundriss schwer zu erkennende Punkte der räumlichen Situation, wie Treppenläufe oder Höhensprünge.

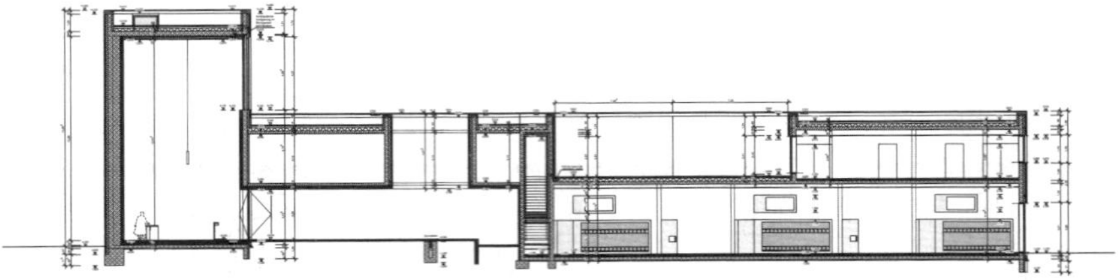

Werkplan Schnitt

2.6 Ansichten

Ansichten geben Auskunft über die Materialität des Entwurfes. Durch die Darstellung des Schlagschattens auskragender Bauteile lässt sich die räumliche Wirkung unterstreichen. Die Darstellung der Ansichten im städtebaulichen Kontext kann den Informationsgehalt noch erhöhen.

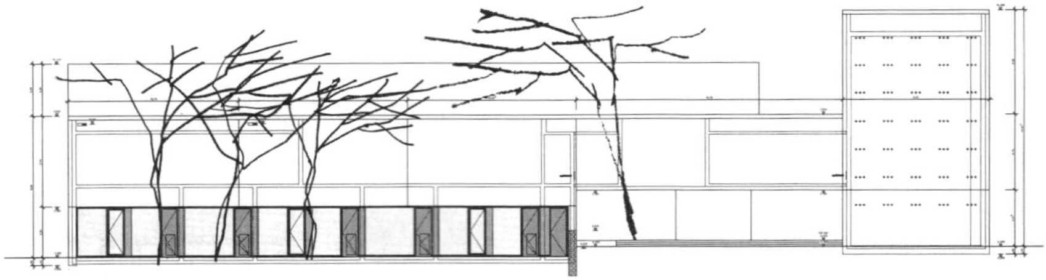

Werkplan Ansicht West

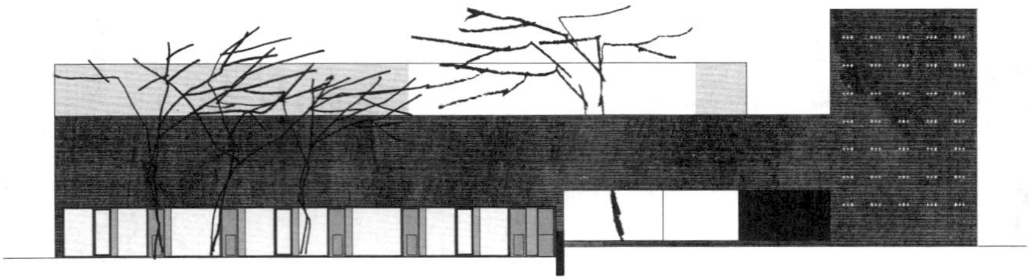

Ansicht West

14 D Allgemeine Tafeln; Bauantrag und Bauvorlagen

Prof. Dipl.-Ing. Karlheinz Tripler

I Allgemeine Tafeln

1 Formate für Zeichnungen nach DIN EN ISO 5457 (11.2010)

Format	Maße	Format	Maße
A0	841 × 1189	A5	148 × 210
A1	594 × 841	A6	105 × 148
A2	420 × 594	A7	74 × 105
A3	297 × 420	A8	52 × 74
A4	210 × 297	A9	37 × 52

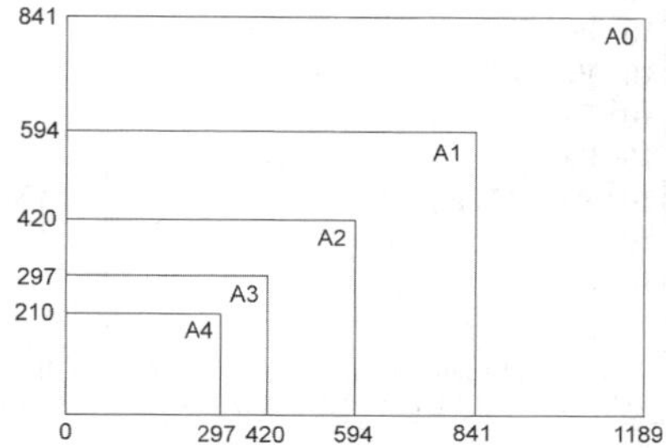

2 Faltung nach DIN 824 (3.81)

Blattgröße	Faltungsschema	Blattgröße	Faltungsschema
A0 841 × 1189 1 m²	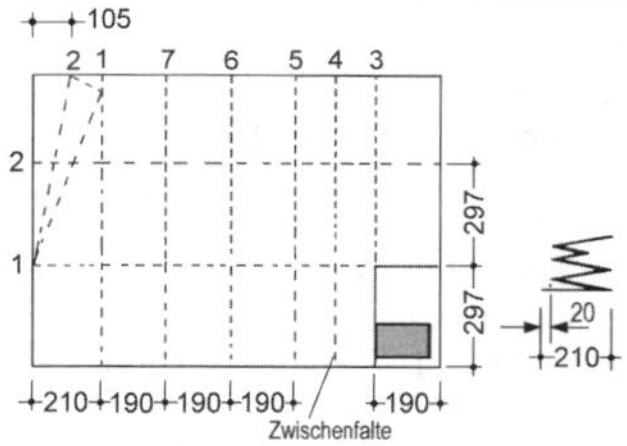	A2 420 × 594 0,25 m²	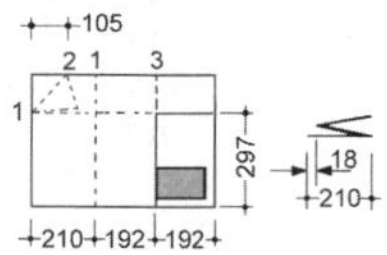
A1 594 × 841 0,5 m²	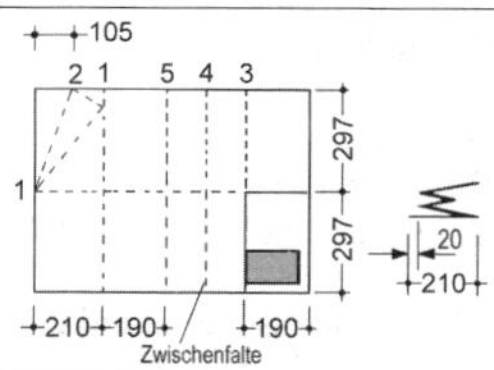	A3 297 × 420 0,125 m²	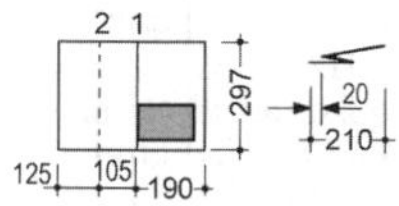
		A4 210 × 297 0,0624 m²	

3 Römische Zahlen

I = 1	VI = 6	XX = 20	LXX = 70	CC = 200	DCC = 700
II = 2	VII = 7	XXX = 30	LXXX = 80	CCC = 300	DCCC = 800
III = 3	VIII = 8	XL = 40	XC = 90	CD = 400	CM = 900
IV = 4	IX = 9	L = 50	IC = 99	D = 500	M = 1000
V = 5	X = 10	LX = 60	C = 100	DC = 600	MMX = 2010

4 Griechisches Alphabet

$A\ \alpha$ Alpha	$B\ \beta$ Beta	$\Gamma\ \gamma$ Gamma	$\Delta\ \delta$ Delta	$E\ \varepsilon$ Epsilon	$Z\ \zeta$ Zeta	$H\ \eta$ Eta	$\Theta\ \vartheta\ (\theta)$ Theta
$I\ \iota$ Jota	$K\ \kappa$ Kappa	$\Lambda\ \lambda$ Lambda	$M\ \mu$ My	$N\ \nu$ Ny	$\Xi\ \xi$ Xi	$O\ o$ Omikron	$\Pi\ \pi$ Pi
$P\ \rho$ Rho	$\Sigma\ \sigma$ Sigma	$T\ \tau$ Tau	$Y\ \upsilon$ Ypsilon	$\Phi\ \varphi$ Phi	$X\ \chi$ Chi	$\Psi\ \psi$ Psi	$\Omega\ \omega$ Omega

5 Druck- und Spannungseinheiten – Vergleich

international				international ungebräuchlich		
SI-Einheit	Einheiten außerhalb des SI-Systems (nur für Fluide)	Einheit je m^2	Einheit je mm^2	Einheit je cm^2 [a]	entspricht etwa den nicht mehr zulässigen bisherigen Einheiten	
10^0 Pa = Pa [b]		**N/m^2**				
10^1 Pa					kp/m^2	mmWS
10^2 Pa	mbar [c]					
10^3 Pa = kPa		**kN/m^2**				
10^4 Pa				N/cm^2	Mp/m^2	mWS
10^5 Pa	bar				kp/cm^2	at
10^6 Pa = MPa		**MN/m^2**	**N/mm^2**			
10^7 Pa				kN/cm^2	kp/mm^2	
10^8 Pa						
10^9 Pa = GPa		GN/m^2	kN/mm^2			

[a] Diese Einheiten sollten nur in Sonderfällen, z. B. in statischen Berechnungen, angewandt werden.
[b] Pascal. [c] 1 bar = 10,2 m (ca. 10,0 m) Wassersäule.

6 **Einheitenbeispiele** nach DIN 1301-1 bis -3 (2.78 bis 10.10)

	Einheiten				Größe
1	m [a]	mm	cm	µm	Länge
2	m^2	mm^2	cm^2		Fläche
3	m^3	mm^3	cm^3	l	Volumen
4	m^4	mm^4	cm^4		Flächenmoment 2. Grades (früher: Trägheitsmoment)
5	°	′	″	rad	Winkel: 1° = 60′ = 3600″; 1° = (π/180) rad
				gon	1 gon = (π/200) rad; 1 rad = 1 m/m
6	t	kg	g	mg	Masse, Gewicht (1 kg wirkt mit der Eigenlast 10 N)
7	t/m^3	g/cm^3	kg/m^3	g/l	Dichte (Masse/Volumen); 1 t/m^3 = 1 g/cm^3, 1 kg/m^3 = 1 g/l
8	s	min	h	d	Zeit (1 d = 24 h; 1 h = 60 min; 1 min = 60 s)
9	Hz				Frequenz (1 Hz = 1/s)
10	l/s; rad/s	l/min			Kreisfrequenz, Winkelgeschwindigkeit, Drehzahl
11	m/s	km/h	m/min	cm/s	Geschwindigkeit
12	m/s^2	cm/s^2			Beschleunigung
13	rad/s^2				Winkelbeschleunigung
14	m^3/s	L/s			Durchfluss, Volumenstrom
15	kN	MN	N [b]		Kraft; Einzellast; Schnittkraft (1 MN = 10^3 kN = 10^6 N)
16	kN/m				Streckenlast
17	kN/m^2				Flächenlast; Bodenscherfestigkeit (1 kN/m^2 = 1 kPa)
18	MN/m^2	N/mm^2			Spannung; Festigkeit (1 MN/m^2 = 1 N/mm^2 = 1 MPa)
19	kN/m^3				Wichte (= Eigenlast/Volumen)
20	MN/m^2	kN/m^2	MPa	kPa	Druck [c] (1 kN/m^2 = 1 kPa = 10^3 N/m^2)
21	MPa	kPa	Pa	bar	Druck [c] [d] (1 bar = 10^5 N/m^2)
22	kNm	MNm	Nm		Moment; Arbeit
23	Ws	kWh	J		Energie; Wärmemenge (1 J = 1 Nm = 1 Ws)
24	Ns				Impuls
25	kW	W			Leistung; Energiestrom; Wärmestrom (1 W = 1 Nm/s)
26	°C	K			Temperatur (0 °C = 273,15 K); Temperaturdifferenz
27	$W/(m^2K)$				Wärmeübergangs-, Wärmedurchlasskoeffizient
28	W/(mK)				Wärmeleitfähigkeit
29	dB [e]				Schallpegel

[a] 1 m ist die Strecke, die das Licht im Vakuum in 1/299792458 Sekunden zurücklegt.
[b] 1 N ist die Kraft, die einem Körper der Masse 1 kg die Beschleunigung 1 m/s^2 erteilt.
[c] Zusätzlich ist anzugeben, ob es sich um barometrischen Überdruck oder um Absolutdruck handelt.
[d] Bei Messungen mit Druckgeräten (Manometer).
[e] Dezibel ist keine Einheit nach DIN 1301, sondern kennzeichnet ein logarithmiertes Größenverhältnis.

7 Arbeit, Leistung, Wärme – Umrechnung

		kpm	kcal
Arbeit, Energie- oder Wärmemenge	Nm = J = Ws	0,102	$2{,}39 \cdot 10^{-4}$
	kNm = kJ = kWs	102	0,239
	kWh	$367 \cdot 10^3$	860
Leistung, Energie- oder Wärmestrom		kpm/s	kcal/h
	Nm/s = J/s = W	0,102	0,860
	kNm/s = kJ/s = kW	102	860
	kJ/h	0,0283	0,239

8 Formel- und Kurzzeichen

8.1 Gegenüberstellung der Hauptzeichen nach DIN 1080 (6.76)[1] und ISO 3898 (3.13)[2]

Hauptzeichen ISO 3898	Bedeutung		Hauptzeichen DIN 1080
A	Fläche	area	A
a	Abstand	distance	a
b	Breite	width	b
d	**Nutzhöhe**[a]	**effective depth**	**h**
E	Elastizitätsmodul	modulus of elasticity	E
F	Kraft (Last, Schnittkraft)	action, force	F
f	**Festigkeit eines Materials**	**strength of a material**	**β**
G	Eigenlast	permanent action	G
G	Schubmodul	shear modulus	G
g	Eigenlast je Länge oder Fläche	distributed permanent action	g
h	**Querschnittshöhe**[a]	**overall depth**	**d**[a]
I	Flächenmoment 2. Grades	second moment of a plane area	I
i	Trägheitsradius	radius of gyration	i
L, l	Stützweite	span	l, L
M	Biegemoment	bending moment	M
N	Längskraft	axial force	N
P	**Vorspannkraft**	**prestressing force**	**V**
Q	**Verkehrslast**	**variable action**	**P**
q	**Verkehrslast je Länge oder Fläche**	**distributed variable load**	**p**
R	resultierende Kraft	resultant force	R
r	Radius	radius	r
S	Flächenmoment 1. Grades	first moment of a plane area	S
T	**Torsionsmoment**	**torsional moment**	**M_T**
t	Dicke	thickness	t
V	**Querkraft**	**shear force**	**Q**
V	Volumen	volumen	V
γ	(Teil-)Sicherheitsbeiwert	(partial) safety factor	γ
ε	Dehnung	strain	ε
λ	Schlankheitsgrad	slenderness ratio	λ
ρ	Dichte (Masse je Volumen)	density	ρ
σ	Längsspannung	axial stress	σ
τ	Schubspannung	shear stress	τ

a) Unterscheidung zwischen d und h ist insbesondere im Stahlbetonbau von Bedeutung.

1) Informativ; DIN 1080 wurde zurückgezogen. Es wird darauf hingewiesen, dass in einigen Normen andere Vorzeichenregelungen gelten (z. B. ist im EC 2 eine Längskraft $N_{Ed} < 0$ (Druck) i. d. R. positiv definiert); es wird auf die Angaben in den jeweiligen Beiträgen verwiesen.

2) In neueren Normen werden (überwiegend) die in der ersten Spalte genannten internationalen Kurzzeichen verwendet; Abweichungen zu DIN 1080 sind fett gedruckt gekennzeichnet.

8.2 Abkürzungen von Nebenzeichen

Abkürzung	Bedeutung
abs	absolut
cal	rechnerisch (calculated)
const	konstant
crit	kritisch
ef	wirksam (effective)
el	elastisch
erf (req)	erforderlich (required)
est	geschätzt (estimated)
inf	unteres, niedrigeres (inferior)
lim	Grenze (Grenz-) (limit)

Abkürzung	Bedeutung
max	maximal (Größt-)
min	minimal (Kleinst-)
nom	Nenn... (nominal)
pl	plastisch
red	reduziert
rel	relativ, bezogen
sup	oberes, höheres (superior)
tot	gesamt (total)
vorh, prov	vorhanden (provided)
zul	zulässig

9 Nicht genormte Einheiten (Auswahl)

Längenmaß	
brit. inch (Zoll)	0,0254 m
preußischer Zoll	0,0262 m
bayerischer Zoll	0,2919 m
brit. foot	0,3049 m
preußischer Fuß	0,3140 m
preußische Elle	0,6670 m
brit. yard	0,9140 m
russischer Werst	1,06678 km
brit. statute mile	1,60943 km
Welt-Seemeile	1,85201 km
neue geograph. Meile	7,420 km
Meridiangrad	111,120 km
Äquatorgrad	111,306 km

Raummaß	m^3
brit. quart	0,00145
Metzen	0,00344
brit. gallon	0,00455
cubic foot	0,02830
preußischer Scheffel	0,05496
Eimer	0,06870
american barrel	0,15900
Oxhoft	0,20600
Tonne	0,21980
Ohm	0,30900
Klafter	0,33800
cubic yard	0,76400

Flächenmaß	m^2
square foot	0,093
square yard	0,836
preußische Quadratrute	14,185
preußischer Morgen	2553
bayerisches Tagwerk	3407
brit./americ. acre	4046,7
square mile	2588881

Gewicht	
Karat	0,205 g
brit. ounce	28,350 g
Unze	31,100 g
brit. pound	454,000 g
Zentner	50 kg
brit. short ton	907 kg
brit. long ton	1016 kg

Tafel 14.84 Umrechnung Zoll (inch) in cm

Zoll	0	1	2	3	4	5	6	7	8	9
0	0	2,540	5,080	7,620	10,160	12,700	15,240	17,780	20,320	22,860
1/16	0,1587	2,699	5,239	7,779	10,319	12,859	15,399	17,939	20,479	23,019
1/8	0,3175	2,858	5,398	7,938	10,478	13,018	15,558	18,098	20,638	23,178
3/16	0,4761	3,016	5,556	8,096	10,636	13,176	15,716	18,256	20,796	23,336
1/4	0,6350	3,175	5,715	8,255	10,795	13,335	15,875	18,415	20,958	23,495
3/8	0,9525	3,493	6,033	8,573	11,113	13,653	16,193	18,733	21,273	23,813
1/2	1,2700	3,810	6,350	8,890	11,430	13,970	16,510	19,050	21,590	24,130
5/8	1,5875	4,128	6,668	9,208	11,748	14,288	16,829	19,368	21,908	24,448
3/4	1,9050	4,445	6,985	9,525	12,065	14,605	17,145	19,685	22,225	24,765
7/8	2,2225	4,763	7,303	9,843	12,383	14,923	17,463	20,003	22,543	25,083

10 Teilung bzw. Vielfaches von Einheiten

pico	nano	mikro	milli	zenti	dezi	deka	hekto	kilo	mega	giga	tera
p	n	µ	m	c	d	da	h	k	M	G	T
10^{-12}	10^{-9}	10^{-6}	10^{-3}	10^{-2}	10^{-1}	10^{1}	10^{2}	10^{3}	10^{6}	10^{9}	10^{12}

Umrechnungstafeln für Einzellasten, Flächenlasten und Spannungen, Massen (Gewichte) sowie Zeiteinheiten s. Buchrücken.

11 Maßtoleranzen nach DIN 18 202 (4.13)

Bei der Ausführung von Bauwerken und der Herstellung von Bauteilen sind Ungenauigkeiten bei der Fertigung bzw. Vorfertigung, beim Aufmaß und bei der Montage grundsätzlich nicht zu vermeiden. Die Einhaltung der hier beschriebenen Toleranzen ermöglicht das reibungslose Zusammenfügen von Bauteilen und wirkt sich vorteilhaft bei der Abnahme der Bauleistungen, z. B. nach VOB, aus.

Begriffe		
1	Maßtoleranz	Differenz zwischen Höchstmaß und Mindestmaß
2	Höchstmaß	Höchst zulässiges Maß
3	Mindestmaß	Mindest zulässiges Maß
4	Grenzabweichung	Differenz zwischen Höchstmaß bzw. Mindestmaß und Nennmaß (s. Tafel 14.86a)
5	Nennmaß (Sollmaß)	Maß für Größe, Gestalt und Lage eines Bauteils oder Bauwerks, in *Zeichnungen* eingetragen
6	Istmaß	Durch *Messung* festgestelltes Maß
7	Maßabweichung	Differenz zwischen Ist- und Nennmaß

Anwendung der Begriffe

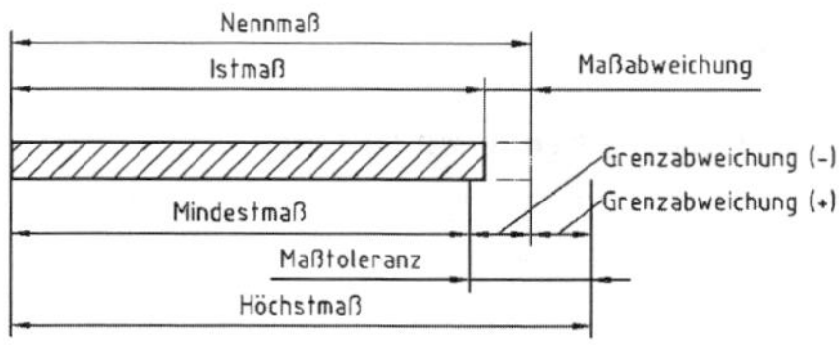

Anwendung der Begriffe und der Passung am Beispiel eines Einbauelementes

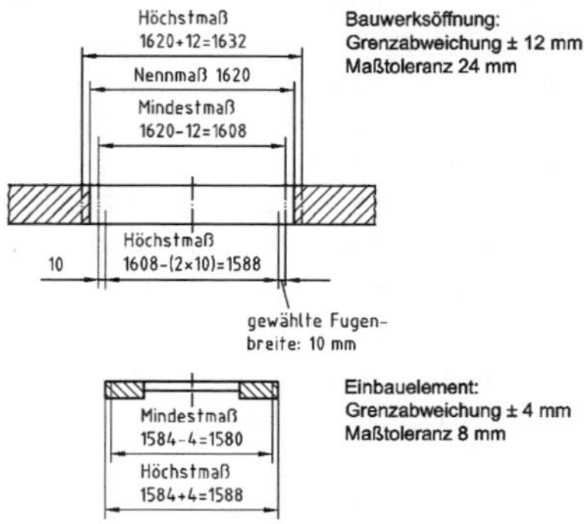

Tafel 14.86a Grenzabweichungen für Längen, Breiten, Achs- und Rastermaße in Grundrissen, Aufrissen und Öffnungen

1	2	3	4	5	6	7
Bezug	Grenzabweichungen in mm bei Nennmaßen in m					
	bis 1	über 1 bis 3	über 3 bis 6	über 6 bis 15	über 15 bis 30	über 30 bis 60
Maße im Grundriss, z. B. Längen, Breiten, Achs- und Rastermaße	± 10	± 12	± 16	± 20	± 24	± 30
Maße im Aufriss, z. B. Geschosshöhen, Podesthöhen, Abstände von Aufstandsflächen und Konsolen	± 10	± 16	± 16	± 20	± 30	± 30
Lichte Maße im Grundriss, z. B. Maße zwischen Stützen, Pfeilern usw.	± 12	± 16	± 20	± 24	± 30	–
Lichte Maße im Aufriss, z. B. unter Decken und Unterzügen	± 16	± 20	± 20	± 30	–	–
Öffnungen, z. B. für Fenster, Türen, Einbauelemente	± 10	± 12	± 16	–	–	–
Öffnungen wie vor, jedoch mit oberflächenfertigen Leibungen	± 8	± 10	± 12	–	–	–

Tafel 14.86b Ebenheitstoleranzen

	1	2	3	4	5	6
	Bezug	Stichmaße als Grenzwerte in mm bei Messpunktabständen in m bis				
		0,1	1	4	10	≥ 15
1	Nichtflächenfertige Oberflächen von Decken, Unterbeton und Unterböden	10	15	20	25	30
2	Nichtflächenfertige Oberseiten von Decken, Unterbeton und Unterböden mit erhöhten Anforderungen, z. B. zur Aufnahme von schwimmenden Estrichen, Industrieböden, Fliesen- und Plattenbelägen, Verbundestrichen Fertige Oberflächen für untergeordnete Zwecke, z. B. in Lagerräumen, Kellern	5	8	12	15	20
3	Flächenfertige Böden, z. B. Estriche als Nutzestriche, Estriche zur Aufnahme von Bodenbelägen Bodenbeläge, Fliesenbeläge, gespachtelte und geklebte Beläge	2	4	10	12	15
4	Wie Zeile 3, jedoch mit erhöhten Anforderungen	1	3	9	12	15
5	Nichtflächenfertige Wände und Unterseiten von Rohdecken	5	10	15	25	30
6	Flächenfertige Wände und Unterseiten von Decken, z. B. geputze Wände, Wandbekleidungen, untergehängte Decken	3	5	10	20	25
7	Wie Zeile 6, jedoch mit erhöhten Anforderungen	2	3	8	15	20

II Bauantrag und Bauvorlagen

Die folgenden Informationen basieren auf der Niedersächsischen Bauordnung (NBauO 2012) und der Bauvorlagenverordnung Niedersachsen (BauVorlVO vom 7. November 2012).

1 Verfahren

In der Niedersächsischen und anderen Landesbauordnungen wird bei den Genehmigungen zwischen unterschiedlichen Verfahren unterschieden. Es wird empfohlen, sich vorher mit der Unteren Bauaufsichtsbehörde abzustimmen.

Tafel 14.87a

	Art und Ablauf des Verfahrens	Einschränkungen
1	**Bauvoranfrage (§ 73 NBauO)** (Bauvorbescheid gilt 3 Jahre nach Erteilung)	Klärung einzelner Fragen, die selbständig beurteilt werden können.
2	**verfahrensfreie Baumaßnahme, Abbruchanzeige (§ 60 NBauO),** Bauantrag oder Mitteilung ist nicht erforderlich. Das geltende Baurecht ist einzuhalten.	Gebäude und Vorbauten ohne Aufenthaltsräume, Toiletten und Feuerstätten bis 40 m^3, Garagen bis 30 m^2, Gebäude bis 100 m^2 Grundfläche und bis 5,00 m Höhe für landw. Nutzung, gewerbl. Gewächshäuser bis 5,00 m Firsthöhe, Gartenlauben nach Bundeskleingartengesetz
3	**genehmigungsfreie Baumaßnahme (§ 61 und 62 NBauO),** Mitteilung an die Behörde, diese prüft nur bezügl. Städteb. Planungsrecht, Abstandsregeln, Rettungswegen und Einstellplätzen.	Bindung an best. Bebauungspläne, nicht bei Sonderbauten, Bauherr kann Prüfung nach Pkt. 4 beantragen
4	**Vereinfachtes Baugenehmigungsverfahren (§ 63 NBauO)**	Alle Baumaßnahmen, die nicht verfahrens- oder genehmigungsfrei und keine Sonderbauten sind.
5	**Bauantrag (§ 64 NBauO),** der umfassend geprüft wird.	Sonderbauten (Tafel 14.87b)

2 Gebäudeklassen

Begriff des Gebäudes: **Gebäude** sind selbständig benutzbare, überdeckte bauliche Anlagen, die von Menschen betreten werden können und geeignet oder bestimmt sind, dem Schutz von Menschen, Tieren oder Sachen zu dienen.

Tafel 14.87b Einordnung von Gebäuden in Gebäudeklassen

Nr.	G.-Kl.	Gebäudetyp	Anforderungen
1	**1 a**	freistehende Gebäude	Höhe[1)] bis 7,00 m, max. zwei Nutzungseinheiten[2)] mit insgesamt nicht mehr als 400 m^2 Grundfläche[3)]
2	**1 b**	freistehende land- und forstwirtschaftl. Gebäude	
3	**2**	nicht freistehende Gebäude	Höhe bis 7,00 m, max. zwei Nutzungseinheiten mit insgesamt nicht mehr als 400 m^2 Grundfläche
4	**3**	sonstige Gebäude	Höhe bis 7,00 m
5	**4**	weitere Gebäude	Höhe bis 13,00 m, Nutzungseinheiten mit jeweils nicht mehr als 400 m^2 Grundfläche
6	**5**	in Nr. 1 bis 4 nicht erfasste Gebäude, unterirdische Gebäude mit Aufenthaltsräumen.	
7		Sonderbauten	z. B. Hochhäuser, baul. Anlagen höher als 30 m

[1)] Von Oberkante Gelände bis Fußbodenoberkante des höchstgelegenen Aufenthaltsraumes.
[2)] In sich abgeschlossene, einem bestimmten Nutzungszweck zugeordnete Bereiche.
[3)] Brutto-Grundfläche gemäß DIN 277 (siehe Kap. 8B, Abschnitt 1.3.1).

3 Unterlagen für vereinfachte Verfahren und Anträge für die Genehmigung von Sonderbauten

Auf der Grundlage des Bauantragsformulars gibt die Tafel 14.88 Auskunft über Art und Inhalt der dem Antrag beizufügenden Unterlagen.

Tafel 14.88 „Dem Bauantrag sind folgende Unterlagen beigefügt:“

Nr.	Bezeichnung der Bauvorlage	Inhalt, Beschreibung und Anmerkungen
	Pläne und Bauzeichnungen	2-fach, wenn Landkreis prüft 3-fach
1	Übersichtsplan (Maßstab 1 : 5000) oder Stadtkartenausschnitt mit Kennzeichnung	Vielfach wird auf diesen Plan auch verzichtet.
2	Lageplan (§§ 2 und 7 BauVorlVO)	Wesentlich ist die Unterscheidung zwischen **einfachen** und **qualifizierten Lageplänen**: Einfacher Lageplan: Auszug aus Liegenschaftsbuch und -karte Qualifizierter Lageplan: zusätzlich Namen der Eigentümer der benachbarten Grundstücke und Abmessungen nach Liegenschaftskataster
3	Bauzeichnungen (Grundrisse, Ansichten, Schnitte) (Maßstab 1 : 100) (§ 8 BauVorlVO)	Genehmigungsplanung entspricht Leistungsphase 4 § 33 HOAI, Leistungsbild Objektplanung für Gebäude, raumbildende Ausbauten und Freianlagen, Abschnitt 8.6.3, wichtig bei Umbauten: abzubrechende Bauteile sind gelb, neue Bauteile rot anzulegen.
	Bau- und Betriebsbeschreibung	2-fach, wenn Landkreis prüft 3-fach
4	Baubeschreibung (§ 9 Abs. 1 S.1 BauVorlVO)	Teilweise mit Formularen der Bauaufsichtsbehörde, Empfehlung: tabellarisch
5	Gebäudeklasse u. Höhe (§ 9 Abs. 1 S. 2 Nr.1) Siehe auch Abschnitt 3.	Einordnung für den Brandschutz und zur Einordnung in die einzelnen Verfahren.
6	Ermittlung des Rohbau- bzw. Herstellungswertes (§ 9 Abs. 1 S.2 Nr. 2 BauvorlVO)	Dient der Festsetzung der Genehmigungsgebühren und der statistischen Erhebung.
7	Angaben zu notwendigen Einstellplätzen	Nur außerhalb öffentlicher Verkehrsflächen
8	Betriebsbeschreibung (§ 9 Abs. 2)	Nur für gewerbl. und landwirtschaftl. Anlagen
	Bautechnische Nachweise	2-fach, wenn Landkreis prüft 3-fach
9	Nachweis der Standsicherheit	Nachweis durch Berechnung und Eintragungen in den Bauzeichnungen bzw. Bauzeichnungen
10	Nachweis des Brandschutzes	
	Weitere Nachweise und Angaben	1-fach
11	Beglaubigte Baulasterklärungen	z. B. Abstands- /Zusammenlegungsbaulast
12	Antrag auf Abweichung, Ausnahme oder Befreiung	Empfehlung: vorherige Klärung, ggf. durch Bauvoranfrage
13	Berechnung des zul., vorh. und gepl. Maßes der baulichen Nutzung (§ 2 Abs. 1 Nr. 8)	Zahl der Vollgeschosse, Grund- und Geschossflächenzahl, B-Plan und BauNVO
14	UVP-Unterlagen	Umweltverträglichkeitsprüfung
15	Nachweis der Spielplätze für Kinder	Für Gebäude mit mehr als fünf Wohnungen
16	Nachweis der notwendigen Einstellplätze	Gemeinden haben das Recht, Anzahl der Stellplätze/Wohnung durch Satzung festzulegen (Stellplatzschlüssel).
17	Antrag auf Ablösung notw. Einstellplätze	Bauherr kann Geldbetrag zahlen statt Einstellplätze zu schaffen.
18	Unterlagen über Brennstofflagerung	Ggf. Beteiligung der unteren Wasserbehörde
19	Erhebungsbogen für Baustatistik	Für Statistisches Landes- und Bundesamt

15 Verzeichnisse

1 Normen und Richtlinien

Nachfolgend sind Normen, Richtlinien u. a. m. zusammengestellt, die für die entsprechenden Kapitel und Abschnitte von Bedeutung sind (der Vollständigkeit halber teilweise auch Normen, die in den Beiträgen nicht behandelt werden). Hierbei sind neben den sog. „Weißdrucken" auch bereits zurückgezogene Normen, Normenentwürfe oder Vornormen aufgeführt.
Es wird jedoch hingewiesen, dass Normen – auch als Weißdruck veröffentlichte endgültige Normen – nur dann verbindlich angewendet werden dürfen, wenn sie in der „Liste der Technischen Baubestimmungen" der jeweiligen Bundesländer aufgeführt bzw. aufgenommen worden sind. Im Zweifelsfall empfiehlt sich eine Nachfrage bei der zuständigen Bauaufsichtsbehörde.

Zu Kapitel 1 Objektentwurf

DIN	Teil	Ausgabe	Titel
4102	1–22	1977 ff.	Brandverhalten von Baustoffen und Bauteilen
4109		1989-11	Schallschutz im Hochbau
	1	2006-10	Anforderungen (Hinweis: zurückgezogen, Entwurf 2013-06)
	Bbl. 1	1989-11	Ausführungsbeispiele und Rechenverfahren
	Bbl. 2	1989-11	Hinweise für Planung und Ausführung; Vorschläge für einen erhöhten Schallschutz; Empfehlungen für den Schallschutz im eigenen Wohn- oder Arbeitsbereich
5034			Tageslicht in Innenräumen
	1	2011-07	Allgemeine Anforderungen
	2	1985-02	Grundlagen
	3	2007-02	Berechnung
	4	1994-09	Vereinfachte Bestimmung von Mindestfenstergrößen für Wohnräume
	5	2010-11	Messung
	6	2007-02	Vereinfachte Bestimmung zweckmäßiger Abmessungen von Oberlichtöffnungen in Dachflächen
10 506		2012-03	Lebensmittelhygiene. Gemeinschaftsverpflegung
15 306		2002-06	Personenaufzüge für Wohngebäude
15 309		2002-12	Personenaufzüge für andere als Wohngebäude sowie Bettenaufzüge
18 012		2008-05	Hausanschlusseinrichtungen. Planungsgrundlagen
18 017	3	2009-09	Lüftung von Bädern und Toilettenräumen ohne Außenfenster – Lüftung mit Ventilatoren
18 032	1	2014-11	Sporthallen. Hallen und Räume für Sport und Mehrzwecknutzung. Grundsätze für die Planung
18 034		2012-09	Spielplätze und Freiräume zum Spielen. Anforderungen für Planung, Bau und Betrieb
18 035	1	2003-02	Sportplätze. Freianlagen für Spiele und Leichtathletik; Planung und Maße
18 036		2010-03	Eissportanlagen. Anlagen für den Eissport mit Kunsteisflächen; Grundlagen für Planung und Bau
18 038			Squashhallen (Hinweis: zurückgezogen)
18 040			Barrierefreies Bauen – Planungsgrundlagen
	1	2010-10	Öffentlich zugängliche Gebäude
	2	2011-09	Wohnungen
	3	2014-12	Öffentlicher Verkehrs- und Freiraum

DIN	Teil	Ausgabe	Titel
18 065		2015-03	Gebäudetreppen – Begriffe, Messregeln, Hauptmaße
18 230	1	2010-09	Baulicher Brandschutz im Industriebau; Rechnerisch erforderliche Feuerwiderstandsdauer
18 232			Rauch- und Wärmefreihaltung
	1	2002-02	Begriffe, Aufgabenstellung
	2	2007-11	Natürliche Rauchabzugsanlagen (NRA)
	4	2003-04	Wärmeabzüge (WA); Prüfverfahren
	5	2012-11	Maschinelle Rauchabzugsanlagen (MRA)
32 975		2009-12	Gestaltung visueller Informationen im öffentlichen Raum zur barrierefreien Nutzung
32 984		2011-10	Bodenindikatoren im öffentlichen Raum
33 942 (E)		2015-04	Barrierefreie Spielplatzgeräte
58 125		2002-07	Schulbau – Bautechnische Anforderungen zur Verhütung von Unfällen

DIN EN	Teil	Ausgabe	Titel
115	1	2010-06	Sicherheit von Fahrtreppen und Fahrsteigen: Konstruktion und Einbau
1116		2004-09	Küchenmöbel – Koordinationsmaße für Küchenmöbel und Küchengeräte (Berichtigung 2007-05)
1176	1 (E)	2014-11	Spielplatzgeräte und Spielplatzböden – Allgemeine sicherheitstechnische Anforderungen und Prüfverfahren
13 200			Zuschaueranlagen
	1	2012-11	Allgemeine Merkmale für Zuschauerplätze
	3	2006-03	Abschrankungen – Anforderungen
	4	2006-12	Sitze – Produktmerkmale
	5	2006-10	Ausfahrbare (ausziehbare) Tribünen
	6	2013-03	Demontierbare (provisorische) Tribünen
	7	2014-06	Eingangs- und Ausgangsanlagen und Wege

Diverse	Teil	Ausgabe	Titel
DGUV I 202-019		2006	Information: Naturnahe Spielräume
DGUV I 202-022		2008	Information: Außenspielflächen und Spielplatzgeräte
DGUV I 207-006		2010	Bodenbeläge für nassbelastete Barfußbereiche
DGUV I 215-410		2012	Bildschirm- und Büroarbeitsplätze. Leitfaden zur Gestaltung
DGUV R 102-002		2009	Regeln für Kindertageseinrichtungen
DGUV R 108-003		2003	Fußböden in Arbeitsräumen und Arbeitsbereichen mit Rutschgefahr
DGUV V 81		2001	Vorschrift für Schulen
VDI 2050			Anforderungen an Technikzentralen
	1	2013-11	Technische Grundlagen für Planung und Ausführung
	2	2011-11	Sanitärtechnik

Diverse	Teil	Ausgabe	Titel
	4	2011-11	Raumlufttechnik
	5	2010-10	Elektrotechnik
VDI 3818		2008-02	Öffentliche Sanitärräume
VDI 4100		2012-10	Schallschutz im Hochbau. Wohnungen; Beurteilung und Vorschläge für erhöhten Schallschutz
VDI 6000			Ausstattung von und mit Sanitärräumen
	1	2008-02	Wohnungen
	2	2007-11	Arbeitsstätten und Arbeitsplätze
	3	2011-06	Versammlungsstätten und Versammlungsräume
	4	2006-11	Hotelzimmer
	5	2004-11	Seniorenwohnungen, -heime und -pflegeheime
	6	2006-11	Kindergärten, Kindertagesstätten und Schulen

ArbStättV (Bundesrecht), Verordnung über Arbeitsstätten
ASR A (Bundesrecht), Techn. Regel für Arbeitsstätten (Arbeitsstätten-Regeln)
BeVO (Landesrecht), Beherbergungsstättenverordnung
18. BImSchV (Bundesrecht), Sportanlagenlärmverordnung
ElBauVO (Landesrecht), Elektroanlagenbauverordnung
LBO (Landesrecht), Landesbauordnung
FeuVO (Landesrecht), Feuerungsverordnung
GarV (Landesrecht), Garagenverordnung
HeimMindBauV (Landesrecht), Heimmindestbauverordnung
HHR (Landesrecht), Hochhausrichtlinien
IndBauRl (Landesrecht), Industriebaurichtlinie
MBO (Landesbauministerkonferenz), Musterbauordnung
SchBauRl (Landesrecht), Schulbaurichtlinie
TRGS (Bundesrecht), Technische Regel für Gefahrstoffe
VkVO (Landesrecht), Verkaufsstättenverordnung
VStättVO (Landesrecht), Versammlungsstättenverordnung
WHG (Bundesrecht), Wasserhaushaltsgesetz
WoFG (Bundesrecht), Wohnraumförderungsgesetz

Zu Kapitel 2 B Landschaftsbau/Gehölzanwendung

DIN	Teil	Ausgabe	Titel
18 320		2015-08	ATV VOB, Teil C: Landschaftsbauarbeiten
18 918		2002-08	Vegetationstechnik im Landschaftsbau – Ingenieurbiologische Sicherungsbauweisen
18 920		2014-07	Schutz von Bäumen, Pflanzenbeständen und Vegetationsflächen bei Baumaßnahmen

Zu Kapitel 2 C Straßen- und Verkehrswesen

DIN	Teil	Ausgabe	Titel
482		2002-04	Straßenbordsteine aus Naturstein
483		2005-10	Bordsteine aus Beton
1996	1–20	1971-10 bis 1992-12	Prüfung bituminöser Massen für den Straßenbau und verwandte Gebiete
18 196		2011-05	Erd- und Grundbau; Bodenklassifikation für bautechnische Zwecke
18 299		2012-09	ATV VOB, Teil C: Allgemeine Regelungen für Bauarbeiten jeder Art
18 300		2015-08	ATV VOB, Teil C: Erdarbeiten
18 315		2015-08	ATV VOB, Teil C: Verkehrswegebauarbeiten – Oberbauschichten ohne Bindemittel
18 316		2015-08	ATV VOB, Teil C: Verkehrswegebauarbeiten – Oberbauschichten mit hydraulischen Bindemitteln
18 317		2015-08	ATV VOB, Teil C: Verkehrswegebauarbeiten – Oberbauschichten aus Asphalt
18 318		2015-08	ATV VOB, Teil C: Verkehrswegebauarbeiten – Pflasterdecken und Plattenbeläge in ungebundener Ausführung, Einfassungen
V 18 500		2006-12	Betonwerkstein; Begriffe, Anforderungen, Prüfung, Überwachung
18 503		2003-12	Pflasterklinker – Anforderungen und Prüfverfahren
18 915 bis 18 920		2002-08 bis 2014-07	Vegetationstechnik im Landschaftsbau

DIN EN	Teil	Ausgabe	Titel
932	1–6	1996-11 bis 2012-05	Prüfverfahren für allgemeine Eigenschaften von Gesteinskörnungen
933	1–11	1996-01 bis 2015-07	Prüfverfahren für geometrische Eigenschaften von Gesteinskörnungen
1097	1–10	1998-06 bis 2014-09	Prüfverfahren für mechanische und physikalische Eigenschaften von Gesteinskörnungen
1317	1–6	2011-1 bis 2013-07	Rückhaltesysteme für Straßen
1338 bis 1340		2003-08 bis 2006-11	Pflastersteine, Pflasterplatten und Bordsteine aus Beton
1341 bis 1343		2002-04 bis 2009-04	Platten aus Naturstein für Außenbereiche
1343/A20		2014-07	Bordsteine aus Naturstein für Außenbereiche – Anforderungen und Prüfverfahren; Änderung A20
1367	1–5	2007-06 bis 2011-04	Prüfverfahren für thermische Eigenschaften und Verwitterungsbeständigkeit von Gesteinskörnungen

DIN EN	Teil	Ausgabe	Titel
1425 bis 1431		2009-07 bis 2015-09	Prüfverfahren für Bitumen und bitumenhaltige Bindemittel
1433		2005-09	Entwässerungsrinnen für Verkehrsflächen – Klassifizierung, Baugrund, Prüfgrundsätze, Kennzeichnung und Beurteilung der Konformität
1744	1–7	2002-11 bis 2013-03	Prüfverfahren für chemische Eigenschaften von Gesteinskörnungen
1793	1–3	1997-11 bis 2013-04	Lärmschutzeinrichtungen an Straßen – Prüfverfahren zur Bestimmung der akustischen Eigenschaften
1794	1-3	2011-04	Lärmschutzeinrichtungen an Straßen – Nichtakustische Eigenschaften
12 271		2007-03	Straßenbaustoffe – Oberflächenbehandlung
12 274	1–8	2002-04 bis 2015-12	Straßenbaustoffe – Dünne Schichten in Kaltbauweise
12 591 bis 12 596		2009-08 bis 2015-09	Bitumen und bitumenhaltige Bindemittel – Straßenbaubitumen, Anforderungen an Straßenbaubitumen
12 697	1–45	2001-04 bis 2015-09	Asphalt – Prüfverfahren für Heißasphalt
13 108	1–9, 20, 21	2006-01 bis 2013-06	Asphaltmischgut – Mischgutanforderungen (Entwurf 2013-06)

Technisches Regelwerk der FGSV

Empfehlungen für Wirtschaftlichkeitsuntersuchungen an Straßen (EWS) [1997]
Empfehlungen zur Straßenraumgestaltung innerhalb bebauter Gebiete (ESG) [2011]
Empfehlungen für Radverkehrsanlagen (ERA) [2010]
Empfehlungen für Anlagen des ruhenden Verkehrs (EAR 05) [2012]
Empfehlungen für Rastanlagen an Straßen (ERS) [2011]
Empfehlungen zur Straßenbepflanzung in bebauten Gebieten [2006]
Empfehlungen für die landschaftspflegerische Ausführung im Straßenbau (ELA) [2012]
Merkblatt zur Umweltverträglichkeitsstudie in der Straßenplanung (MUVS) [2001]
Richtlinien zur Ermittlung der Luftqualität an Straßen ohne oder mit lockerer Randbebauung (RLuS 2012) [2012]
Merkblatt für die Anlage von Kreisverkehren [2006]
Merkblatt für Bodenverfestigungen und Bodenverbesserungen mit Bindemitteln [2004]
Merkblatt für die Erhaltung ländlicher Wege (M ELW) [2009]
Merkblatt für die bauliche Erhaltung von Verkehrsflächen aus Beton (M BEB) [2009]
Merkblatt für Flächenbefestigungen mit Pflasterdecken und Plattenbelägen in ungebundener Ausführung sowie für Einfassungen (M FP) [2015]
Handbuch für die Bemessung von Straßenverkehrsanlagen (HBS) [2015]
Richtlinien für die Anlage von Straßen – Teil: Entwässerung (RAS-Ew) [2005]
Richtlinien für integrierte Netzgestaltung (RIN) [2008]
Richtlinien für die Anlage von Autobahnen (RAA) [2008]

Richtlinien für die Anlage von Landstraßen (RAL) [2012]
Richtlinien für die Anlage von Stadtstraßen (RASt 06) [2006]
Empfehlungen für das Sicherheitsaudit von Straßen (ESAS) [2002/2010]
Richtlinien für den Lärmschutz an Straßen (RLS-90) [1990/2010]
Richtlinien für passiven Schutz an Straßen durch Fahrzeugrückhaltesysteme (RPS) [2009]
Richtlinien für die Markierung von Straßen (RMS)
Teil 1: Abmessungen und geometrische Anordnung von Markierungszeichen (RMS-1) [1993]
Teil 2: Anwendung von Fahrbahnmarkierungen (RMS-2) [1989]
Richtlinien für Lichtsignalanlagen an Straßen (RiLSA) – Lichtzeichenanlagen für den Straßenverkehr [2015]
Richtlinien für bautechnische Maßnahmen an Straßen in Wassergewinnungsgebieten (RiStWag) [2002]
Richtlinien für die landschaftspflegerische Begleitplanung im Straßenbau (RLBP) [2012]
Richtlinien für die Standardisierung des Oberbaues von Verkehrsflächen (RStO 12) [2012]
Technische Lieferbedingungen für Gesteinskörnungen im Straßenbau (TL Gestein-StB 04) [2004/2007]
Technische Lieferbedingungen für Asphaltmischgut für den Bau von Verkehrsflächenbefestigungen (TL Asphalt-StB 07/13) [2007/2013]
Technische Lieferbedingungen für Baustoffgemische und Böden zur Herstellung von Schichten ohne Bindemittel im Straßenbau (TL SoB-StB 04) [2004/2007]
Technische Lieferbedingungen für Bauprodukte zur Herstellung von Pflasterdecken, Plattenbelägen und Einfassungen (TL Pflaster-StB 06) [2006]
Technische Lieferbedingungen für Baustoffgemische und Böden zur Herstellung von Schichten ohne Bindemittel im Straßenbau, Teil: Güteüberwachung (TL G SoB-StB 04) [2004/2007]
Technische Lieferbedingungen für Straßenbitumen und gebrauchsfertige polymermodifizierte Bitumen (TL Bitumen-StB 07/13) [2007/2013]
Technische Lieferbedingungen für Baustoffe und Baustoffgemische für Tragschichten mit hydraulischen Bindemitteln und Fahrbahndecken aus Beton (TL Beton-StB 07) [2007]
Zusätzliche Technische Vertragsbedingungen und Richtlinien für den Bau von Verkehrsflächenbefestigungen aus Asphalt (ZTV Asphalt-StB 07/13) [2007/2013]
Zusätzliche Technische Vertragsbedingungen und Richtlinien für die Bauliche Erhaltung von Verkehrsflächenbefestigungen – Betonbauweisen (ZTV BEB-StB) [2015]
Zusätzliche Technische Vertragsbedingungen und Richtlinien für den Bau von Entwässerungseinrichtungen im Straßenbau (ZTV Ew-StB 14) [2014]
Zusätzliche Technische Vertragsbedingungen und Richtlinien für den Bau von Verkehrsflächenbefestigungen aus Asphalt (ZTV Asphalt-StB 07/13) [2007/2013]
Zusätzliche Technische Vertragsbedingungen und Richtlinien für Erdarbeiten im Straßenbau (ZTVE-StB 09) [2009]
Zusätzliche Technische Vertragsbedingungen und Richtlinien für den Bau von Fahrbahndecken aus Beton (ZTV Beton-StB 07) [2007]
Zusätzliche Technische Vertragsbedingungen und Richtlinien für die Befestigung ländlicher Wege (ZTV-LW 99/01) [2011]
Zusätzliche Technische Vertragsbedingungen und Richtlinien für den Bau von Schichten ohne Bindemittel im Straßenbau (ZTV SoB-StB 04) [2004/2007]
Zusätzliche Technische Vertragsbedingungen und Richtlinien zur Herstellung von Pflasterdecken, Plattenbelägen und Einfassungen (ZTV Pflaster-StB 06) [2006/2015]
Standardleistungskatalog für den Straßen- und Brückenbau StLK-StB [1980 ff.]

Weitere Angaben sind in „Der Elsner" sowie in den „Veröffentlichungen der Forschungsgesellschaft für Straßen- und Verkehrswesen", die regelmäßig im FGSV Verlag erscheinen, zu finden. Siehe auch www.fgsv-verlag.de.

Zu Kapitel 3 A Baukonstruktion

DIN	Teil	Ausgabe	Titel
1045			*siehe: Kap. Stahlbetonbau*
1053			*siehe: Kap. Mauerwerksbau*
1055			Einwirkungen auf Tragwerke
	3	2006-03	Eigen- und Nutzlasten für Hochbauten (Hinweis: zurückgezogen)
	4	2005-03	Windlasten (Hinweis: zurückgezogen)
1056		2009-01	Freistehende Schornsteine in Massivbauart – Tragrohr aus Mauerwerk – Berechnung und Ausführung
1946			Wärmetechnisches Verhalten von Bauprodukten und Bauteilen
4102			Brandverhalten von Baustoffen und Bauteilen
	1	1998-05	Baustoffe – Begriffe, Anforderungen und Prüfungen
	5	1977-09	Feuerschutzabschlüsse – Abschlüsse in Fahrschachtwänden
	13	1990-05	Brandschutzverglasungen – Begriffe, Anforderungen und Prüfungen
	18	1991-03	Brandverhalten von Baustoffen und Bauteilen; Feuerschutzabschlüsse; Nachweis der Eigenschaft „selbstschließend" (Dauerfunktionsprüfung)
4108	7	2011-01	Wärmeschutz und Energie-Einsparung in Gebäuden – Luftdichtheit von Gebäuden – Anforderungen, Planungs- und Ausführungsempfehlungen sowie -beispiele
4109		1989-11	Schallschutz im Hochbau; Anforderungen und Nachweise
	Bbl. 2	1989-11	Schallschutz im Hochbau; Hinweise für Planung und Ausführung; Vorschläge für einen erhöhten Schallschutz; Empfehlungen für den Schallschutz im eigenen Wohn- oder Arbeitsbereich
18 055		2014-11	Kriterien für die Anwendung von Fenstern und Außentüren nach DIN EN 14351-1
18 056		1966-06	Fensterwände – Bemessung und Ausführung (Hinweis: zurückgezogen)
18 065		2015-03	Gebäudetreppen – Definitionen, Messregeln, Hauptmaße
18 147	2	1982-11	Baustoffe und Bauteile für dreischalige Hausschornsteine; Formstücke aus Leichtbeton für die Außenschale – Anforderungen und Prüfungen (Hinweis: zurückgezogen)
V 18 160	1	2006-01	Abgasanlagen – Teil 1: Planung und Ausführung
18 201			Maßtoleranzen im Bauwesen – Begriffe, Grundsätze, Anwendung, Prüfung (Hinweis: zurückgezogen)
18 202		2013-04	Toleranzen im Hochbau – Bauwerke
18 540		2014-09	Abdichten von Außenwandfugen im Hochbau mit Fugendichtstoffen
18 542		2009-07	Abdichten von Außenwandfugen mit imprägnierten Fugendichtungsbändern aus Schaumkunststoff – Imprägnierte Fugendichtungsbänder – Anforderungen und Prüfung
V 18 599	Bbl. 3	2015-07	Energetische Bewertung von Gebäuden – Berechnung des Nutz-, End- und Primärenergiebedarfs für Heizung, Kühlung, Lüftung, Trinkwarmwasser und Beleuchtung – Beiblatt 3: Überführung der Berechnungsergebnisse einer Energiebilanz nach DIN V 18599 in ein standardisiertes Ausgabeformat

DIN	Teil	Ausgabe	Titel
18 807			*siehe: Kap. Stahlbau/Trapezprofile*
EnEV		2007-07-24	Verordnung über energiesparenden Wärmeschutz und energiesparende Anlagentechnik bei Gebäuden (Energieeinsparverordnung – EnEV)
EnEV 2014		2014	Verordnung über energiesparenden Wärmeschutz und energiesparende Anlagentechnik bei Gebäuden (Energieeinsparverordnung – EnEV)

DIN EN	Teil	Ausgabe	Titel
107		1982-02	Prüfverfahren für Fenster; Mechanische Prüfungen
356		2000-02	Glas im Bauwesen – Sicherheitssonderverglasung – Prüfverfahren und Klasseneinteilung des Widerstandes gegen manuellen Angriff
1121		2000-09	Türen – Verhalten zwischen zwei unterschiedlichen Klimaten – Prüfverfahren
1304		2013-08	Dachziegel und Formziegel – Begriffe und Produktspezifikationen
1443		2003-06	Abgasanlagen – Allgemeine Anforderungen
1530		2000-06	Türblätter – Allgemeine und lokale Ebenheit – Toleranzklassen
1627		2011-09	Türen, Fenster, Vorhangfassaden, Gitterelemente und Abschlüsse – Einbruchhemmung – Anforderungen und Klassifizierung
1628		2011-09	Türen, Fenster, Vorhangfassaden, Gitterelemente und Abschlüsse – Einbruchhemmung – Prüfverfahren für die Ermittlung der Widerstandsfähigkeit unter statischer Belastung
1630		2011-09	Türen, Fenster, Vorhangfassaden, Gitterelemente und Abschlüsse – Einbruchhemmung – Prüfverfahren für die Ermittlung der Widerstandsfähigkeit gegen manuelle Einbruchversuche
1991	1-1	2010-12	Allgemeine Einwirkungen auf Tragwerke – Wichten, Eigengewicht und Nutzlasten im Hochbau
1991	1-4	2010-12	Einwirkungen auf Tragwerke – Teil 1-4: Allgemeine Einwirkungen – Windlasten
12 207		2015-01	Fenster und Türen – Luftdurchlässigkeit – Klassifizierung
12 208		2000-06	Fenster und Türen – Schlagregendichtheit – Klassifizierung
12 210		2013-04	Fenster und Türen – Widerstandsfähigkeit bei Windlast – Klassifizierung
12 446		2011-09	Abgasanlagen – Bauteile – Außenschalen aus Beton
12 825		2002-04	Doppelböden
13 213		2001-12	Hohlböden
13 501			Klassifizierung von Bauprodukten und Bauarten zu ihrem Brandverhalten
	1	2010-01	Klassifizierung mit den Ergebnissen aus den Prüfungen zum Brandverhalten von Bauprodukten

DIN EN	Teil	Ausgabe	Titel
	2 (E)	2015-11	Klassifizierung mit den Ergebnissen aus den Feuerwiderstandsprüfungen, mit Ausnahme von Lüftungsanlagen
	3	2010-01	Klassifizierung mit den Ergebnissen aus den Feuerwiderstandsprüfungen an Bauteilen von haustechnischen Anlagen: Feuerwiderstandsfähige Leitungen und Brandschutzklappen
	4 (E)	2015-12	Klassifizierung mit den Ergebnissen aus den Feuerwiderstandsprüfungen von Anlagen zur Rauchfreihaltung
13 829		2001-02	Wärmetechnisches Verhalten von Gebäuden – Bestimmung der Luftdurchlässigkeit von Gebäuden – Differenzdruckverfahren (Hinweis: zurückgezogen)
ISO 7730		2006-05	Ergonomie der thermischen Umgebung – Analytische Bestimmung und Interpretation der thermischen Behaglichkeit durch Berechnung des PMV- und des PPD-Indexes und Kriterien der lokalen thermischen Behaglichkeit

VDI	Teil	Ausgabe	Titel
4100		2012-10	Schallschutz im Hochbau – Wohnungen – Beurteilung und Vorschläge für erhöhten Schallschutz

ISO	Teil	Ausgabe	Titel
7730		2005-11	Ergonomie der thermischen Umgebung – Analytische Bestimmung und Interpretation der thermischen Behaglichkeit durch Berechnung des PMV- und des PPD-Indexes und Kriterien der lokalen thermischen Behaglichkeit

Gesetze	Ausgabe	Titel
EnEG	2005-09-01	Gesetz zur Einsparung von Energie in Gebäuden (Energieeinsparungsgesetz – EnEG)
EEWärmeG	2008	Erneuerbare-Energien-Wärmegesetz

Zu Kapitel 3 C Bauwerksabdichtung

DIN	Teil	Ausgabe	Titel
1045	2 (E)	2014-08	Tragwerke aus Beton, Stahlbeton und Spannbeton – Beton; Festlegung, Eigenschaften, Herstellung und Konformität; Anwendungsregeln zu DIN EN 206
4030	1	2008-06	Beurteilung betonangreifender Wässer, Böden und Gase; Grundlagen und Grenzwerte
4095		1990-06	Dränung zum Schutz baulicher Anlagen; Planung, Bemessung und Ausführung
18 130	1	1998-05	Baugrund – Untersuchung von Bodenproben; Bestimmung des Wasserdurchlässigkeitsbeiwerts – Laborversuche
	2	2015-08	Baugrund – Untersuchung von Bodenproben; Bestimmung des Wasserdurchlässigkeitsbeiwerts – Feldversuche
18 195	(E)	2015-06	Abdichtung von Bauwerken – Begriffe
	1	2011-12	Bauwerksabdichtungen – Grundsätze, Definitionen, Zuordnung der Abdichtungsarten

DIN	Teil	Ausgabe	Titel
	2	2009-04	Bauwerksabdichtungen – Stoffe
	3	2011-12	Bauwerksabdichtungen – Anforderungen an den Untergrund und Verarbeitung der Stoffe
	4	2011-12	Bauwerksabdichtungen – Abdichtungen gegen Bodenfeuchte (Kapillarwasser, Haftwasser) und nichtstauendes Sickerwasser an Bodenplatten und Wänden, Bemessung und Ausführung
	5	2011-12	Bauwerksabdichtungen – Abdichtungen gegen nichtdrückendes Wasser auf Deckenflächen und in Nassräumen; Bemessung und Ausführung
	6	2011-12	Bauwerksabdichtungen – Abdichtungen gegen von außen drückendes Wasser und aufstauendes Sickerwasser; Bemessung und Ausführung
	7	2009-07	Bauwerksabdichtungen; Abdichtungen gegen von innen drückendes Wasser; Bemessung und Ausführung
	8	2011-12	Bauwerksabdichtungen – Abdichtungen über Bewegungsfuge
	9	2010-05	Bauwerksabdichtungen – Durchdringungen, Übergänge, An- und Abschlüsse
	10	2011-12	Bauwerksabdichtungen – Schutzschichten und Schutzmaßnahmen
18 531	1	2010-05	Dachabdichtungen – Abdichtungen für nicht genutzte Dachflächen – Begriffe, Anforderungen, Planungsgrundsätze
	2	2010-05	Dachabdichtungen – Abdichtungen für nicht genutzte Dachflächen – Stoffe
	3	2010-05	Dachabdichtungen – Abdichtungen für nicht genutzte Dachflächen – Bemessung, Verarbeitung der Stoffe, Ausführung der Dachabdichtungen
	4	2010-05	Dachabdichtungen – Abdichtungen für nicht genutzte Dächer – Instandhaltung
18540		2014-09	Abdichten von Außenwandfugen im Hochbau mit Fugendichtstoffen
V 20 000	201	2009-01	Anwendung von Bauprodukten in Bauwerken – Anwendungsnorm für Abdichtungsbahnen nach Europäischen Produktnormen zur Verwendung in Dachabdichtungen, November 2006 mit Berichtigung 1
	202	2007-12	Anwendung von Bauprodukten in Bauwerken – Anwendungsnorm für Abdichtungsbahnen nach Europäischen Produktnormen zur Verwendung in Bauwerksabdichtungen

DIN EN	Teil	Ausgabe	Titel
206		2014-07	Beton – Festlegung, Eigenschaften, Herstellung und Konformität
1427		2015-09	Bitumen und bitumenhaltige Bindemittel – Bestimmung des Erweichungspunktes – Ring- und Kugel-Verfahren
1652		1998-03	Kupfer- und Kupferlegierungen – Platten, Bleche, Bänder, Streifen und Ronden zur allgemeinen Verwendung
1928		2000-07	Abdichtungsbahnen – Bitumen-, Kunststoff- und Elastomerbahnen für Dachabdichtungen

DIN EN	Teil	Ausgabe	Titel
10088	2	2014-12	Nichtrostende Stähle – Technische Lieferbedingungen für Blech und Band aus korrosionsbeständigen Stählen für allgemeine Verwendung
12591		2009-08	Bitumen und bitumenhaltige Bindemittel – Anforderungen an Straßenbaubitumen
13305		2009-07	Bitumen und bitumenhaltige Bindemittel – Spezifikationsrahmen für Hartbitumen für industrielle Anwendungen
13707		2013-12	Abdichtungsbahnen – Bitumenbahnen mit Trägereinlage für Dachabdichtungen – Definitionen und Eigenschaften
13956		2013-03	Abdichtungsbahnen – Kunststoff- und Elastomerbahnen für Dachabdichtungen – Definitionen und Eigenschaften
14023		2013-04	Bitumen und bitumenhaltige Bindemittel – Rahmenwerk für die Spezifikation von polymermodifizierten Bitumen
14909		2012-07	Abdichtungsbahnen – Kunststoff- und Elastomer-Mauersperrbahnen – Definitionen und Eigenschaften
14967		2006-08	Abdichtungsbahnen – Bitumen-Mauersperrbahnen – Definitionen und Eigenschaften

Zu Kapitel 4 A/B Bauphysik/Brandsicherheit in Gebäuden

DIN	Teil	Ausgabe	Titel
105			Mauerziegel
	5	2013-06	Teil 5: Leichtlanglochziegel und Leichtlangloch-Ziegelplatten
	6	2013-06	Teil 6: Planziegel
	100	2012-01	Teil 100: Mauerziegel mit besonderen Eigenschaften
V 106		2005-10	Kalksandsteine mit besonderen Eigenschaften
1045	2	2008-08	Tragwerke aus Beton, Stahlbeton und Spannbeton – Teil 2: Beton – Festlegung, Eigenschaften, Herstellung und Konformität – Anwendungsregeln zu DIN EN 206-1
1052-10		2012-05	Herstellung und Ausführung von Holzbauwerken – Teil 10: Ergänzende Bestimmungen
1053		1996-11	Mauerwerk (zurückgezogen) ersetzt durch: DIN EN 1996-1-1
	4	2013-04	Mauerwerk – Teil 4: Fertigbauteile
1055	100	2001-03	Einwirkungen auf Tragwerke – Teil 100: Grundlagen der Tragwerksplanung – Sicherheitskonzept und Bemessungsregeln (zurückgezogen), ersetzt duch: DIN EN 1990
1101		2000-06	Holzwolle-Leichtbauplatten und Mehrschicht-Leichtbauplatten als Dämmstoffe für das Bauwesen – Anforderungen, Prüfung (zurückgezogen), ersetzt durch: DIN EN 13168 und DIN 4108-10
1102		1989-11	Holzwolle-Leichtbauplatten und Mehrschicht-Leichtbauplatten als Dämmstoffe für das Bauwesen – Verwendung, Verarbeitung (zurückgezogen)
4102			Brandverhalten von Baustoffen und Bauteilen, Teile 1 bis 23
	1	1998-05	Teil 1: Baustoffe – Begriffe, Anforderungen und Prüfungen
	2	1977-09	Teil 2: Bauteile – Begriffe, Anforderungen und Prüfungen

DIN	Teil	Ausgabe	Titel
	3	1977-09	Teil 3: Brandwände und nichttragende Außenwände – Begriffe, Anforderungen und Prüfungen
	4	1994-03	Teil 4: Zusammenstellung und Anwendung klassifizierter Baustoffe, Bauteile und Sonderbauteile
	4/A1	2004-11	Teil 4: Zusammenstellung und Anwendung klassifizierter Baustoffe, Bauteile und Sonderbauteile; Änderung A1
4103			Nichttragende innere Trennwände
	1	2015-06	Teil 1: Anforderungen und Nachweise
	2	2010-11	Teil 2: Trennwände aus Gips-Wandbauplatten
	4	1988-11	Teil 4: Unterkonstruktion in Holzbauart
4108			Wärmeschutz und Energie-Einsparung in Gebäuden
	2	2013-02	Teil 2: Mindestanforderungen an den Wärmeschutz
	3	2014-11	Teil 3: Klimabedingter Feuchteschutz – Anforderungen, Berechnungsverfahren und Hinweise für Planung und Ausführung
	4	2013-02	Teil 4: Wärme- und feuchteschutztechnische Bemessungswerte
V 4108	6	2003-06	Teil 6: Berechnung des Jahresheizwärme- und des Jahresheizenergiebedarfs, einschl. Berichtigung 1 (2004-03)
4108	7	2011-01	Teil 7: Luftdichtheit von Gebäuden, Anforderungen, Planungs- und Ausführungsempfehlungen sowie -beispiele
DIN-Fachbericht 4108	8	2010-09	Teil 8: Vermeidung von Schimmelwachstum in Wohngebäuden
4108	10	2015-12	Teil 10: Anwendungsbezogene Anforderungen an Wärmedämmstoffe – Werkmäßig hergestellte Wärmedämmstoffe
	Bbl. 2	2006-03	Beiblatt 2: Wärmebrücken – Planungs- und Ausführungsbeispiele
4109		1989-11	Schallschutz im Hochbau – Anforderungen und Nachweise, einschl. Berichtigung 1 und A1
	Bbl. 1	1989-11	Schallschutz im Hochbau – Ausführungsbeispiele und Rechenverfahren, einschl. Änderungen A1 und A2
	Bbl. 2	1998-11	Schallschutz im Hochbau – Hinweise für Planung und Ausführung; Vorschläge für einen erhöhten Schallschutz; Empfehlungen für den Schallschutz im eigenen Wohn- oder Arbeitsbereich
	Bbl. 3	1996-06	Schallschutz im Hochbau – Berechnung von $R'_{w,R}$ für den Nachweis der Eignung nach DIN 4109 aus Werten des im Labor ermittelten Schalldämm-Maßes R_w
	11	2010-05	Teil 11: Nachweis des Schallschutzes – Güte- und Eignungsprüfung
V 4165	100	2005-10	Porenbetonsteine – Teil 100: Plansteine und Planelemente mit besonderen Eigenschaften
4166		1997-10	Porenbeton-Bauplatten und Porenbeton-Planbauplatten
4219		1979-12	Leichtbeton und Stahlleichtbeton mit geschlossenem Gefüge (zurückgezogen), Nachfolgedokumente: DIN 1045 und DIN EN 206-1
4223			Anwendung von vorgefertigten bewehrten Bauteilen aus dampfgehärtetem Porenbeton
	100	2014-12	Teil 100: Eigenschaften und Anforderungen an Baustoffe und Bauteile

DIN	Teil	Ausgabe	Titel
	101	2014-12	Teil 101: Entwurf und Bemessung
	102	2014-12	Teil 102: Anwendung in Bauwerken
4226	100	2002-02	Gesteinskörnungen für Beton und Mörtel – Teil 100: Rezyklierte Gesteinskörnungen
4232		1987-09	Wände aus Leichtbeton mit haufwerksporigem Gefüge – Bemessung und Ausführung (zurückgezogen), Nachfolgedokumente: DIN 4213, DIN EN 990
V 4701	10	2003-08	Energetische Bewertung heiz- und raumlufttechnischer Anlagen – Heizung, Trinkwassererwärmung, Lüftung, einschl. Änderung A1 (2012-07)
16 729 bis 16 731			Kunststoff-Dachbahnen (verschiedene Kunststoffe), (zurückgezogen)
18 005	1	2002-07	Schallschutz im Städtebau – Grundlagen und Hinweise für die Planung und Beiblatt 1
18 041		2004-05	Hörsamkeit in kleinen und mittelgroßen Räumen
18 148		2000-10	Hohlwandplatten aus Leichtbeton
V 18 151	100	2005-10	Hohlblöcke aus Leichtbeton – Teil 100: Hohlblöcke mit besonderen Eigenschaften
V 18 152	100	2005-10	Vollsteine und Vollblöcke aus Leichtbeton – Teil 100: Vollsteine und Vollböcke mit besonderen Eigenschaften
V 18 153	100	2005-10	Mauersteine aus Beton (Normalbeton) – Teil 100: Mauersteine mit besonderen Eigenschaften
18 162		2000-10	Wandbauplatten aus Leichtbeton – unbewehrt
18 163		1978-06	Wandbauplatten aus Gips – Eigenschaften, Anforderungen, Prüfung (zurückgezogen, Nachfolgedokument: DIN EN 12859
18 165		1991-07	Faserdämmstoffe für das Bauwesen – Dämmstoffe für die Wärmedämung (zurückgezogen), Nachfolgedokument: DIN 4108-10
18 180		2014-09	Gipsplatten – Arten und Anforderungen
18 181		2008-10	Gipsplatten im Hochbau – Verarbeitung
18 515			Außenwandbekleidungen
	1	2015-05	Teil 1: Angemörtelte Fliesen oder Platten
	2	1993-04	Teil 2: Anmauerung auf Aufstandsflächen; Grundsätze für Planung und Ausführung
18 516			Außenwandbekleidungen, hinterlüftet
	1	2010-06	Teil 1: Anforderungen, Prüfgrundsätze
	2	2009-07	Teil 2: Keramische Platten; Anforderungen, Bemessung, Prüfung (zurückgezogen)
	3	2013-09	Teil 3: Naturwerkstein; Anforderungen, Bemessung
	4	1990-02	Teil 4: Einscheiben-Sicherheitsglas; Anforderungen, Bemessung, Prüfung
	5	2013-09	Teil 5: Betonwerkstein; Anforderungen, Bemessung
18 540		2014-09	Abdichten von Außenwandfugen im Hochbau mit Fugendichtstoffen
18 550			Planung, Zubereitung und Ausführung von Innen- und Außenputzen
	1	2014-12	Teil 1: Ergänzende Festlegungen zu DIN EN 13914-1 für Außenputze

DIN	Teil	Ausgabe	Titel
	2	2015-06	Teil 2: Ergänzende Festlegungen zu DIN EN 13914-2 für Innenputze
18 558		1985-01	Kunstharzputze – Begriffe, Anforderungen, Ausführung
V 18 599		2011-12	Energetische Bewertung von Gebäuden – Berechnung des Nutz-, End- und Primärenergiebedarfs für Heizung, Kühlung, Lüftung, Trinkwarmwasser und Beleuchtung, Teile 1 bis 11, einschl. Berichtigungen, Beiblätter 1 und 2
V 18 800	5	2007-03	Stahlbauten – Teil 5: Verbundtragwerke aus Stahl und Beton (zurückgezogen), Nachfolgedokument: DIN EN 1994-1
20 000			Anwendung von Bauprodukten in Bauwerken
	401	2012-11	Teil 401: Regeln für die Verwendung von Mauerziegeln nach DIN EN 771-1
	402	2005-06	Teil 402: Regeln für die Verwendung von Kalksandsteinen nach DIN EN 771-2
	403	2005-06	Teil 403: Regeln für die Verwendung von Mauersteinen aus Beton nach DIN EN 771-3
	404	2015-12	Teil 404: Regeln für die Verwendung von Porenbetonsteinen nach DIN EN 771-4
52 128		1977-03	Bitumendachbahnen mit Rohfilzeinlage – Begriff, Bezeichnung, Anforderungen (zurückgezogen)
52 129		2014-11	Nackte Bitumenbahnen – Begriff, Bezeichnung, Anforderungen
52 143		1985-08	Glasvlies-Bitumendachbahnen – Begriffe, Bezeichnung, Anforderungen (zurückgezogen), Nachfolgedokument: DIN EN 13707
68 763		1990-09	Spanplatten: Flachpressplatten für das Bauwesen – Begriffe, Anforderungen, Prüfung, Überwachung (zurückgezogen), Nachfolgedokument: DIN EN 312-5, DIN EN 13986
68 800	2	2012-02	Holzschutz – Teil 2: Vorbeugende bauliche Maßnahmen im Hochbau

DIN EN	Teil	Ausgabe	Titel
206		2014-07	Beton – Festlegung, Eigenschaften, Herstellung und Konformität
312		2010-12	Spanplatten – Anforderungen
410		2011-04	Glas im Bauwesen – Bestimmung der lichttechnischen und strahlungsphysikalischen Kenngrößen von Verglasungen
771		2011-07	Festlegungen für Mauersteine, Teile 1 bis 6 einschließlich Änderung A1 (2015-11)
832		2003-06	Wärmetechnisches Verhalten von Gebäuden – Berechnung des Heizenergiebedarfs – Wohngebäude (zurückgezogen)
998	1	2010-12	Festlegungen für Mörtel im Mauerwerksbau – Teil 1: Putzmörtel
1990		2010-12	Eurocode: Grundlagen der Tragwerksplanung
1991	1-2	2010-12	Eurocode 1: Einwirkungen auf Tragwerke – Teil 1-2: Allgemeine Einwirkungen – Brandeinwirkungen auf Tragwerke

DIN EN	Teil	Ausgabe	Titel
	1-2/NA	2015-09	Eurocode 1: Nationaler Anhang – National festgelegte Parameter – Einwirkungen auf Tragwerke – Teil 1-2: Allgemeine Einwirkungen – Brandeinwirkungen auf Tragwerke
1992	1-2	2010-12	Eurocode 2: Bemessung und Konstruktion von Stahlbeton- und Spannbetontragwerken – Teil 1-2: Allgemeine Regeln – Tragwerksbemessung für den Brandfall
	1-2/NA	2010-12	Eurocode 2: Nationaler Anhang – National festgelegte Parameter – Bemessung und Konstruktion von Stahlbeton- und Spannbetontragwerken – Teil 1-2: Allgemeine Regeln – Tragwerksbemessung für den Brandfall
1993	1-2	2010-12	Eurocode 3: Bemessung und Konstruktion von Stahlbauten – Teil 1-2: Allgemeine Regeln – Tragwerksbemessung für den Brandfall
	1-2/NA	2010-12	Eurocode 3: Nationaler Anhang – National festgelegte Parameter – Bemessung und Konstruktion von Stahlbauten – Teil 1-2: Allgemeine Regeln – Tragwerksbemessung für den Brandfall
1994			Eurocode 4: Bemessung und Konstruktion von Verbundtragwerken aus Stahl und Beton
	1-1	2010-12	Teil 1-1: Allgemeine Bemessungsregeln und Anwendungsregeln für den Hochbau
	1-1/NA	2010-12	Nationaler Anhang – national festgelegte Partameter
	1-2	2010-12	Eurocode 4: Bemessung und Konstruktion von Verbundtragwerken aus Stahl und Beton – Teil 1-2: Allgemeine Regeln – Tragwerksbemessung für den Brandfall
	1-2/NA	2010-12	Eurocode 4: Nationaler Anhang – National festgelegte Parameter – Bemessung und Konstruktion von Verbundtragwerken aus Stahl und Beton – Teil 1-2: Allgemeine Regeln – Tragwerksbemessung für den Brandfall
	1-2/A1	2014-06	Änderung 1 zu Teil 1-2
1995	1-1	2010-12	Eurocode 5: Bemessung und Konstruktion von Holzbauten – Teil 1-1: Allgemeines – Allgemeine Regeln und Regeln für den Hochbau
	1-1/NA	2013-08	Nationaler Anhang – National festgelegte Parameter – Eurocode 5
	1-1/A2	2014-07	Änderung A2 zu Teil 1-1
	1-2	2010-12	Eurocode 5: Bemessung und Konstruktion von Holzbauten – Teil 1-2: Allgemeine Regeln – Tragwerksbemessung für den Brandfall
	1-2/NA	2010-12	Eurocode 5: Nationaler Anhang – National festgelegte Parameter – Bemessung und Konstruktion von Holzbauten – Teil 1-2: Allgemeine Regeln – Tragwerksbemessung für den Brandfall
1996	1-1	2013-02	Eurocode 6: Bemessung und Konstruktion von Mauerwerksbauten – Teil 1-1: Allgemeine Regeln für bewehrtes und unbewehrtes Mauerwerk
	1-1/NA	2012-05	Nationaler Anhang – National festgelegte Parameter
	1-1/NA/ A1	2014-03	Änderung A1 zum Nationalen Anhang
	1-2	2011-04	Eurocode 6: Bemessung und Konstruktion von Mauerwerksbauten – Teil 1-2: Allgemeine Regeln – Tragwerksbemessung für den Brandfall

DIN EN	Teil	Ausgabe	Titel
	1-2/NA	2013-06	Eurocode 6: Nationaler Anhang – National festgelegte Parameter – Bemessung und Konstruktion von Mauerwerksbauten – Teil 1-2: Allgemeine Regeln – Tragwerksbemessung für den Brandfall
12 207		2000-06	Fenster und Türen: Luftdurchlässigkeit – Klassifizierung
12 354			Bauakustik – Berechnung der akustischen Eigenschaften von Gebäuden aus den Bauteileigenschaften
	1	2000-12	Teil 1: Luftschalldämmung zwischen Räumen
	2	2000-09	Teil 2: Trittschalldämmung zwischen Räumen
	3	2000-09	Teil 3: Luftschalldämmung gegen Außenlärm
	4	2001-04	Teil 4: Schallübertragung von Räumen ins Freie
	5	2009-10	Teil 5: Installationsgeräusche
	6	2004-04	Teil 6: Schallabsorption in Räumen
12 433	1	2000-02	Tore: Terminologie – Teil 1: Bauarten von Toren
12 859		2011-05	Gips-Wandbauplatten – Begriffe, Anforderungen und Prüfverfahren
13162		2015-04	Wärmedämmstoffe für Gebäude – Werkmäßig hergestellte Produkte aus Mineralwolle (MW) – Spezifikation;
13163		2015-04	Wärmedämmstoffe für Gebäude – Werkmäßig hergestellte Produkte aus expandiertem Polystyrol (EPS) – Spezifikation
13164		2015-04	Wärmedämmstoffe für Gebäude – Werkmäßig hergestellte Produkte aus extrudiertem Polystyrolschaum (XPS) – Spezifikation
13165		2015-04	Wärmedämmstoffe für Gebäude – Werkmäßig hergestellte Produkte aus Polyurethan-Hartschaum (PU) – Spezifikation
13166		2015-04	Wärmedämmstoffe für Gebäude – Werkmäßig hergestellte Produkte aus Phenolharzschaum (PF) – Spezifikation
13167		2015-04	Wärmedämmstoffe für Gebäude – Werkmäßig hergestellte Produkte aus Schaumglas (CG) – Spezifikation
13168		2015-04	Wärmedämmstoffe für Gebäude – Werkmäßig hergestellte Produkte aus Holzwolle (WW) – Spezifikation
13169		2015-04	Wärmedämmstoffe für Gebäude – Werkmäßig hergestellte Produkte aus Blähperlit (EPB) – Spezifikation
13170		2015-04	Wärmedämmstoffe für Gebäude – Werkmäßig hergestellte Produkte aus expandiertem Kork (ICB) – Spezifikation
13171		2015-04	Wärmedämmstoffe für Gebäude – Werkmäßig hergestellte Produkte aus Holzfasern (WF) – Spezifikation
13172		2012-04	Wärmedämmstoffe – Konformitätsbewertung
13499		2003-12	Wärmedämmstoffe für Gebäude – Außenseitige Wärmedämm-Verbundsysteme (WDVS) aus expandiertem Polystyrol – Spezifikation
13500		2003-12	Wärmedämmstoffe für Gebäude – Außenseitige Wärmedämm-Verbundsysteme (WDVS) aus Mineralwolle – Spezifikation
13 501			Klassifizierung von Bauprodukten und Bauarten zu ihrem Brandverhalten
	1	2010-01	Teil 1: Klassifizierung mit den Ergebnissen aus den Prüfungen zum Brandverhalten von Bauprodukten

DIN EN	Teil	Ausgabe	Titel
	2	2010-01	Teil 2: Klassifizierung mit den Ergebnissen aus den Feuerwiderstandsprüfungen, mit Ausnahme von Lüftungsanlagen
	3	2010-01	Teil 3: Klassifizierung mit den Ergebnissen aus den Feuerwiderstandsprüfungen an Bauteilen von haustechnischen Anlagen
	5	2010-02	Teil 5: Klassifizierung mit den Ergebnissen aus Prüfungen von Bedachungen bei Beanspruchung durch Feuer von außen
13 707		2013-12	Abdichtungsbahnen – Bitumenbahnen mit Trägereinlage für Dachabdichtungen – Definitionen und Eigenschaften
13 823		2015-02	Prüfungen zum Brandverhalten von Bauprodukten – Thermische Beanspruchung durch einen einzelnen brennenden Gegenstand für Bauprodukte mit Ausnahme von Bodenbelägen
13 829		2001-02	Wärmetechnisches Verhalten von Gebäuden: Bestimmung der Luftdurchlässigkeit von Gebäuden – Differenzdruckverfahren (Hinweis: zurückgezogen)
13 984		2013-05	Abdichtungsbahnen – Kunststoff- und Elastomer-Dampfsperrbahnen – Definitionen und Eigenschaften
13 986		2015-06	Holzwerkstoffe zur Verwendung im Bauwesen – Eigenschaften, Bewertung der Konformität und Kennzeichnung

DIN EN ISO	Teil	Ausgabe	Titel
1182		2010-10	Prüfungen zum Brandverhalten von Bauprodukten – Nichtbrennbarkeitsprüfung
1716		2010-11	Prüfungen zum Brandverhalten von Bauprodukten – Bestimmung der Verbrennungswärme
6946		2008-04	Bauteile: Wärmedurchlasswiderstand und Wärmedurchgangskoeffizient – Berechnungsverfahren
10 077			Wärmetechnisches Verhalten von Fenstern, Türen und Abschlüssen – Berechnung des Wärmedurchgangskoeffizienten
	1	2010-05	Teil 1: Allgemeines
	2	2012-06	Teil 2: Numerisches Verfahren für Rahmen, einschl. Berichtigung
10 211		2008-04	Wärmebrücken im Hochbau: Wärmeströme und Oberflächentemperaturen – Detaillierte Berechnungen
10 456		2010-05	Baustoffe und Bauprodukte: Wärme- und feuchtetechnische Eigenschaften – Tabellierte Bemessungswerte und Verfahren zur Bestimmung der wärmeschutztechnischen Nenn- u. Bemessungswerte
11 925	2	2011-02	Prüfungen zum Brandverhalten von Bauprodukten: Entzündbarkeit bei direkter Flammeneinwirkung – Teil 2: Einzelflammentest
13 788		2013-05	Wärme- und feuchtetechnisches Verhalten von Bauteilen und Bauelementen: Raumseitige Oberflächentemperatur zur Vermeidung kritischer Oberflächenfeuchte und Tauwasserbildung im inneren Bauteil – Berechnungsverfahren

DIN EN ISO	Teil	Ausgabe	Titel
13 789		2008-04	Wärmetechnisches Verhalten von Gebäuden: Spezifischer Transmissions- und Lüftungswärmedurchgangskoeffizient – Berechnungsverfahren

VDI	Teil	Ausgabe	Titel
VDI 2058	Blatt 3	1999-02	Beurteilung von Lärm am Arbeitsplatz unter Berücksichtigung unterschiedlicher Tätigkeiten
VDI 2569		1990-01	Schallschutz und akustische Gestaltung im Büro
VDI 2571		1976-08	Schallabstrahlung von Industriebauten (zurückgezogen)
VDI 4100		2012-10	Schallschutz von Wohnungen – Kriterien für Planung und Beurteilung

ArbStättV	2004-08	Verordnung über Arbeitsstätten (Arbeitsstättenverordnung)
BauPrüfVO	1995-12	Bauprüfverordnung NRW
BImSchG	2014-11	Bundes-Immissionsschutzgesetz: Gesetz zum Schutz vor schädlichen Umwelteinwirkungen durch Luftverunreinigungen, Geräusche, Erschütterungen und ähnliche Vorgänge
BRL A	2013-04	Bauregelliste A, Ausgabe 2013/1, Deutsches Institut für Bautechnik, Mitteilungen, Teile 1 bis 3 und Bezugsquellennachweis
BRL B	2013-04	Bauregelliste B, Ausgabe 2013/1, Deutsches Institut für Bautechnik, Mitteilungen, Teile 1 bis 2 und Bezugsquellennachweis
BRL C	2013-04	Bauregelliste C, Ausgabe 2013/1, Deutsches Institut für Bautechnik, Mitteilungen
EEG	2014-07	Gesetz für den Ausbau erneuerbarer Energien (Erneuerbare-Energien-Gesetz – EEG)
EEWärmeG	2008-08	Gesetz zur Förderung Erneuerbarer Energien im Wärmebereich (Erneuerbare-Energien-Wärmegesetz)
EnEG	2013-07	Gesetz zur Einsparung von Energie in Gebäuden (Energieeinsparungsgesetz)
EnEV 2014	2009-10	Verordnung über energiesparenden Wärmeschutz und energiesparende Anlagentechnik bei Gebäuden (Energieeinsparverordnung)
EPBD	2010-05	EU-Gebäuderichtlinie (Richtlinie über die Gesamtenergieeffizienz von Gebäuden – EPBD)
WSVO 1977	1977-11	Verordnung über einen energiesparenden Wärmeschutz bei Gebäuden (Wärmeschutzverordnung – WärmeschutzV)
BGBl.		Bundesgesetzblatt
16. BImSchV	2014-12	Verkehrslärmschutzverordnung – Sechzehnte Verordnung zur Durchführung des Bundes-Immissionsschutzgesetzes
18. BImSchV	2006-02	Achtzehnte Verordnung zur Durchführung des Bundes-Immissionsschutzgesetzes – Sportanlagenlärmschutzverordnung
MBO	2012-09	Musterbauordnung
LBO		Landesbauordnungen
BauO NRW	2014-05	Bauordnung für das Land Nordrhein-Westfalen (Landesbauordnung NRW)
MIndBauRL	2014-07	Muster-Richtlinie über den baulichen Brandschutz im Industriebau (Muster-Industriebaurichtlinie)
MGarVO	2008-05	Verordnung über den Bau und Betrieb von Garagen (Muster-Garagenverordnung)

MBeVO	2014-05	Verordnung über den Bau und Betrieb von Beherbergungsstätten (Muster-Beherbergungsstätten)
MVkVO	2014-07	Verordnung über den Bau und Betrieb von Verkaufsstätten (Muster-Verkaufsstätten)
MVStättV	2014-07	Verordnung über den Bau und Betrieb von Versammlungsstätten (Muster-Versammlungsstättenverordnung)
MSchulBauR	2009-04	Muster-Richtlinie über bauaufsichtliche Anforderungen an Schulen (Muster-Schulbau-Richtlinie)
MHHR	2008-04	Muster-Richtlinie über den Bau und Betrieb von Hochhäusern (Muster-Hochhaus-Richtlinie)
MKhBauVO	1976-12	Muster-Verordnung über den Bau und Betrieb von Krankenhäusern (Krankenhausbauverordnung)
M-FlBauR	2010-06	Muster-Richtlinie über den Bau und Betrieb Fliegender Bauten
MSysBöR	2005-09	Muster-Richtlinie über brandschutztechnische Anforderungen an Systemböden (Muster-Systembödenrichtlinie)
M-LüAR	2010-07	Muster-Richtlinie über brandschutztechnische Anforderungen an Lüftungsanlagen (Muster-Lüftungsanlagen-Richtlinie)
MLAR	2005-11	Muster-Richtlinie über brandschutztechnische Anforderungen an Leitungsanlagen (Muster-Leitungsanlagen-Richtlinie)
M-HFHHolzR	2004-07	Muster-Richtlinie über brandschutztechnische Anforderungen an hochfeuerhemmende Bauteile in Holzbauweise
MRFlFw	2007-02	Muster-Richtlinie über Flächen für die Feuerwehr, einschl. Änderung 2009-10
MKLR	1996-06	Muster-Richtlinie über den Brandschutz bei der Lagerung von Sekundärstoffen aus Kunststoff (Muster-Kunststofflager-Richtlinie)

Zu Kapitel 5 A Technische Gebäudeausrüstung

DIN	Teil	Ausgabe	Titel
1946			Raumlufttechnik
	6	2009-05	Lüftung von Wohnungen – Allgemeine Anforderungen, Anforderungen zur Bemessung, Ausführung und Kennzeichnung, Übergabe/Übernahme (Abnahme) und Instandhaltung
1986			Entwässerungsanlagen für Gebäude und Grundstücke
	3	2004-11	Regeln für Betrieb und Wartung
	4	2011-12	Verwendungsbereiche von Abwasserrohren und -formstücken verschiedener Werkstoffe
	30	2012-02	Instandhaltung
	100	2008-05	Bestimmungen in Verbindung mit DIN EN 752 und DIN EN 12 056
1988			Technische Regeln für Trinkwasser-Installationen (TRWI)
		2005	Sonderdruck – Technische Regel des DVGW: DIN 1988 – Technische Regeln für Trinkwasser-Installationen (TRWI)
1989			Regenwassernutzungsanlagen
	1	2002-04	Planung, Ausführung, Betrieb und Wartung
	2	2004-08	Filter
	3	2003-08	Regenwasserspeicher
	4	2005-08	Bauteile zur Steuerung und Nachspeisung

DIN	Teil	Ausgabe	Titel
1999			Abscheideranlagen für Leichtflüssigkeiten
	100	2003-10	Anforderungen für die Anwendung von Abscheideranlagen nach DIN EN 858-1 und DIN EN 858-2
4040			Abscheideranlagen für Fette
	100	2004-12	Anforderungen an die Anwendung von Abscheideranlagen nach DIN EN 1825-1 und DIN EN 1825-2
V 4701			Energetische Bewertung heiz- und raumlufttechnischer Anlagen
	10	2003-08	Heizung, Trinkwassererwärmung, Lüftung; Beiblatt 1: Anlagenbeispiele
	12	2004-02	Wärmeerzeuger und Trinkwassererwärmung
	1-3		Teil 1-3 werden seit 01.04.04 durch DIN EN 12831 ersetzt.
18 015			Elektrische Anlagen in Wohngebäuden
	1	2013-09	Planungsgrundlagen
	2	2010-11	Art und Umfang der Mindestausstattung
	3	2007-09	Leitungsführung und Anordnung der Betriebsmittel
18 017			Lüftung von Bädern und Toilettenräumen ohne Außenfenster
	1	1987-02	Einzelschachtanlagen ohne Ventilator (Hinweis: zurückgezogen)
	3	2009-09	Lüftung mit Ventilatoren

DIN EN	Teil	Ausgabe	Titel
806			Technische Regeln für Trinkwasser-Installationen
	2	2005-06	Planung
1825			Abscheideranlagen für Fette
	1	2004-09	Bau-, Funktions- und Prüfgrundsätze, Kennzeichnung und Güteüberwachung
	2	2002-05	Wahl der Nenngröße, Einbau, Betrieb und Wartung
12 056			Schwerkraftentwässerungsanlagen innerhalb von Gebäuden
	1	2001-01	Allgemeine und Ausführungsanforderungen
	2	2001-01	Schmutzwasseranlagen, Planung und Berechnung
	3	2001-01	Dachentwässerung, Planung und Bemessung
	4	2001-01	Abwasserhebeanlagen, Planung und Bemessung
	5	2001-01	Installation und Prüfung, Anleitung für Betrieb, Wartung und Gebrauch
12 792		2004-01	Lüftung von Gebäuden – Symbole, Terminologie und graphische Symbole
12 831		2003-08	Heizungsanlagen in Gebäuden Verfahren zur Berechnung der Norm-Heizlast
13 779		2007-09	Lüftung von Nichtwohngebäuden – Allgemeine Grundlagen und Anforderungen an Lüftungs- und Klimaanlagen und Raumkühlsysteme

DIN VDE	Teil	Ausgabe	Titel
100		2009-06	Errichten von Niederspannungsanlagen, T. 100-T. 444

Auswahl von Richtlinien des DVGW
(Deutscher Verein des Gas- und Wasserfaches e. V. (DVGW), Josef-Wirmer-Str. 1–3, 53123 Bonn, www.dvgw.de)

Nr.	Ausgabe	Titel
W 302	1981-08	Hydraulische Berechnung von Rohrleitungen und Rohrnetzen, Druckverlusttafeln für Rohrdurchmesser von 40 bis 2000 mm
W 336	2013-10	Wasseranbohrarmaturen – Anforderungen und Prüfungen
W 404	1998-03	Wasseranschlussleitungen – Merkblatt
W 410	2008-12	Wasserbedarf – Kennwerte und Einflussgrößen
W 555	2002-03	Nutzung von Regenwasser (Dachablaufwasser) im häuslichen Bereich

Zu Kapitel 5 B Wasserversorgung/Abwasserableitung

DIN	Nr.	Ausgabe	Titel
1986	100 bzw. 100/A1	2008-05 2013-11	Entwässerungsanlagen für Gebäude und Grundstücke – Bestimmungen in Verbindung mit DIN EN 752 und DIN EN 12056
	3	2004-11	Entwässerungsanlagen für Gebäude und Grundstücke – Teil 3: Regeln für Betrieb und Wartung
	4	2011-12	Entwässerungsanlagen für Gebäude und Grundstücke – Teil 4: Verwendungsbereiche von Abwasserrohren und -formstücken verschiedener Werkstoffe
	30	2012-02	Entwässerungsanlagen für Gebäude und Grundstücke – Teil 30: Instandhaltung
1988	300	2012-05	Technische Regeln für Trinkwasser-Installationen – Ermittlung der Rohrdurchmesser; Technische Regel des DVGW
1989	1	2002-04	Regenwassernutzungsanlagen – Teil 1: Planung, Ausführung, Betrieb und Wartung
1999	100	2003-10	Abscheideranlagen für Leichtflüssigkeiten – Anforderungen für die Anwendung von Abscheideranlagen nach DIN EN 858-1 und DIN EN 858-2
2000		2000-10	Zentrale Trinkwasserversorgung – Leitsätze für Anforderungen an Trinkwasser, Planung, Bau, Betrieb und Instandhaltung der Versorgungsanlagen
2425	1	1975-08	Planwerke für die Versorgungswirtschaft, die Wasserwirtschaft und für Fernleitungen; Rohrnetzpläne der öffentlichen Gas- und Wasserversorgung
4263		2011-06	Kennzahlen von Abwasserkanälen und -leitungen für die hydraulische Berechnung im Wasserwesen
4924		2014-07	Sande und Kiese für den Brunnenbau – Anforderungen und Prüfverfahren

DIN EN	Teil	Ausgabe	Titel
752		2008-04	Entwässerungssysteme außerhalb von Gebäuden
858	1	2005-02	Abscheideranlagen für Leichtflüssigkeiten – Bau-, Funktions- und Prüfungsgrundsätze, Kennzeichnung und Güteüberwachung mit Änderung A1
	2	2003-10	Abscheideranlagen für Leichtflüssigkeiten – Wahl der Nenngröße, Einbau, Betrieb und Wartung

DIN EN	Teil	Ausgabe	Titel
1610		2015-12	Einbau und Prüfung von Abwasserleitungen und –kanälen
1825	1	2004-12	Abscheideranlagen für Fette; Bau- Funktions- und Prüfgrundsätze, Kennzeichnung und Güteüberwachung
	2	2002-05	Wahl der Nenngröße, Einbau, Betrieb und Wartung
12056	1-5	2001-01	Schwerkraftentwässerungsanlagen innerhalb von Gebäuden
	2	2001-01	Schmutzwasseranlagen, Planung und Berechnung
	3	2001-01	Dachentwässerung, Planung und Bemessung
	4	2001-01	Abwasserhebeanlagen, Planung und Bemessung
	5	2001-01	Installation und Prüfung, Anleitung für Betrieb, Wartung und Gebrauch
12 792		2004-01	Lüftung von Gebäuden – Symbole, Terminologie und graphische Symbole
12 831		2003-08	Heizungsanlagen in Gebäuden Verfahren zur Berechnung der Norm-Heizlast
13 779		2007-09	Lüftung von Nichtwohngebäuden – Allgemeine Grundlagen und Anforderungen an Lüftungs- und Klimaanlagen und Raumkühlsysteme

Auswahl von Richtlinien des DVGW
(Deutscher Verein des Gas- und Wasserfaches e. V. (DVGW), Josef-Wirmer-Str. 1–3, 53123 Bonn, www.dvgw.de)

Nr.		Ausgabe	Titel
W 300		2005-06	Wasserspeicherung – Planung, Bau, Betrieb und Instandhaltung von Wasserbehältern in der Trinkwasserversorgung
GW 303	1	2006-10	Berechnung von Gas- und Wasserrohrnetzen – Teil 1: Hydraulische Grundlagen, Netzmodellierung und Berechnung
W 336		2013-10	Wasseranbohrarmaturen – Anforderungen und Prüfungen
W 392		2003-05	Rohrnetzinspektion und Wasserverluste – Maßnahmen, Verfahren und Bewertungen
W 400	1	2015-02	Technische Regeln Wasserverteilungsanlagen (TRWV), Teil 1: Planung
	2	2004-09	Technische Regeln Wasserverteilungsanlagen (TRWV), Teil 2: Bau und Prüfung
	3	2006-09	Technische Regeln Wasserverteilungsanlagen (TRWV); Teil 3: Betrieb und Instandhaltung
W 405		2008-02	Bereitstellung von Löschwasser durch die öffentliche Trinkwasserversorgung
W 410		2008-12	Wasserbedarf – Kennwerte und Einflussgrößen
W 555		2002-03	Nutzung von Regenwasser (Dachablaufwasser) im häuslichen Bereich
W 555		2002-03	Nutzung von Regenwasser (Dachablaufwasser) im häuslichen Bereich

Auswahl von Richtlinien (Arbeits- und Merkblätter des DWA)
(Deutsche Vereinigung für Wasserwirtschaft, Abwasser und Abfall e. V. (DWA), Theodor-Heuss-Allee 17, 53773 Hennef, www.dwa.de)

Nr.		Ausgabe	Titel
A 100		2006-12	Leitlinien der integralen Siedlungsentwässerung (ISiE)
A 110		2012-10	Hydraulische Dimensionierung und Leistungsnachweis von Abwasserleitungen und -kanälen
A 118		2011-09	Hydraulische Bemessung und Nachweis von Entwässerungssystemen
A 134		2000-06	Planung und Bau von Abwasserpumpanlagen
A 138		2005-04	Planung, Bau und Betrieb von Anlagen zur Versickerung von Niederschlagswasser
A 139		2009-12	Einbau und Prüfung von Abwasserleitungen und -kanälen
M 153		2007-08	Handlungsempfehlungen zum Umgang mit Regenwasser
A 157		2000-11	Bauwerke der Kanalisation
M 159		2005-12	Kriterien zur Materialauswahl für Abwasserleitungen und -kanäle
M 165		2004-01	Anforderungen an Niederschlag-Abfluss-Berechnungen in der Siedlungsentwässerung
M 167	1-5	2007-12	Abscheider und Rückstausicherungsanlagen bei der Grundstücksentwässerung
M 190		2014-04	Anforderungen an die Qualifikation von Unternehmen für Herstellung, baulichen Unterhalt, Sanierung und Prüfung von Grundstücksentwässerungsanlagen

Zu Kapitel 6 A Baudenkmalpflege

Denkmalschutzgesetze der Bundesländer

Baden-Württemberg	Gesetz zum Schutz der Kulturdenkmale (Denkmalschutzgesetz – DschG), erstmalige Fassung vom 6. Dezember 1983, letzte Änderung vom 25. April 2007
Bayern	Gesetz zum Schutz und zur Pflege der Denkmäler (Denkmalschutzgesetz – DschG), erstmalige Fassung vom 25. Juni 1973, letzte Änderung vom 27. Juli 2009
Berlin	Gesetz zum Schutz von Denkmalen in Berlin (Denkmalschutzgesetz Berlin – DschGBln), erstmalige Fassung vom 24. April 1995, letzte Änderung vom 08. Juli 2010
Brandenburg	Gesetz über den Schutz und die Pflege der Denkmale im Land Brandenburg (Brandenburgisches Denkmalschutzgesetz – BbgDSchG), Fassung vom 24. Mai 2004
Bremen	Gesetz zur Pflege und zum Schutz der Kulturdenkmäler (Bremisches Denkmalschutzgesetz – DschG), erstmalige Fassung vom 27. Mai 1975, letzte Änderung vom 04. Dezember 2001
Hamburg	Denkmalschutzgesetz (DschG), in der Fassung vom 05. April 2013
Hessen	Gesetz zum Schutze der Kulturdenkmäler (Denkmalschutzgesetz – DschG), erstmalige Fassung vom 5. September 1986, letzte Änderung vom 10. Juni 2011
Mecklenburg-Vorpommern	Gesetz zum Schutz und zur Pflege der Denkmale im Lande Mecklenburg-Vorpommern (DSchG M-V), erstmalige Fassung vom 6. Januar 1998, letzte Änderung vom 12. Juli 2010
Niedersachsen	Niedersächsisches Denkmalschutzgesetz (NDSchG), Fassung vom 30. Mai 1978, letzte Änderung vom 26. Mai 2011

Nordrhein-Westfalen	Gesetz zum Schutz und zur Pflege der Denkmäler im Lande Nordrhein-Westfalen (Denkmalschutzgesetz – DschG), erstmalige Fassung vom 11. März 1980, letzte Änderung vom 16. Juli 2013
Rheinland-Pfalz	Landesgesetz zum Schutz und zur Pflege der Kulturdenkmäler (Denkmalschutz- und -pflegegesetz – DSchPflG), erstmalige Fassung vom 23. März 1978, letzte Änderung vom 28. September 2010
Saarland	Saarländisches Denkmalschutzgesetz (SDschG) (Art. 1 des Gesetzes Nr. 1554 zur Neuordnung des saarländischen Denkmalrechts), letzte Neufassung vom 19. Mai 2004, letzte Änderung vom 17. Juni 2009
Sachsen	Gesetz zum Schutz und zur Pflege der Kulturdenkmale im Freistaat Sachsen (Sächsisches Denkmalschutzgesetz – SächsDSchG), erstmalige Fassung vom 3. März 1993, letzte Änderung vom 27. Januar 2012
Sachsen-Anhalt	Denkmalschutzgesetz des Landes Sachsen-Anhalt (LSADSchG), erstmalige Fassung vom 21. Oktober 1991, letzte Änderung vom 20. Dezember 2005
Schleswig-Holstein	Gesetz zum Schutze der Kulturdenkmale (Denkmalschutzgesetz – DschG), erstmalige Fassung vom 21. November 1996, letzte Änderung vom 08. September 2010
Thüringen	Thüringer Gesetz zur Pflege und zum Schutz der Kulturdenkmale (Thüringer Denkmalschutzgesetz – ThürDSchG) in der Fassung der Neubekanntmachung vom 14. April 2004, letzte Änderung vom 19. Dezember 2008

Zu Kapitel 6 B Bauwerksüberwachung, Bauwerksprüfung

DIN	Teil	Ausgabe	Titel
1076		1999-11	Ingenieurbauwerke im Zuge von Straßen und Wegen – Überwachung und Prüfung
RBBau	C	2013	Richtlinien für die Durchführung von Bauaufgaben des Bundes
RÜV		2008-09	Richtlinie für die Überwachung der Verkehrssicherheit von baulichen Anlagen des Bundes
RI-EBW-PRÜF		2013-03	Richtlinie zur einheitlichen Erfassung, Bewertung, Aufzeichnung und Auswertung von Ergebnissen der Bauwerksprüfung nach DIN 1076
RSA		1995	Richtlinien für die Sicherung von Arbeitsstellen an Straßen, Bundesministerium für Verkehr, Bau- und Wohnungswesen (Hrsg.)
VDI-Richtlinie 6200		2010-02	Standsicherheit von Bauwerken – Regelmäßige Überprüfung, VDI Verein Deutscher Ingenieure e. V.

Zu Kapitel 6 C (Abschn. I + II) Schutz und Instandsetzung von Betonbauwerken / von Mauerwerk

DIN	Teil	Ausgabe	Titel
13 755		2008-08	Prüfverfahren für Naturstein – Bestimmung der Wasseraufnahme unter atmosphärischem Druck
18 195	5	2011-12	Bauwerksabdichtungen – Abdichtungen gegen nichtdrückendes Wasser auf Deckenflächen und in Nassräumen, Bemessung und Ausführung
18 555			Prüfung von Mörteln mit mineralischen Bindemitteln – Festmörtel

DIN	Teil	Ausgabe	Titel
	3	1982-09	Bestimmung der Biegezugfestigkeit, Druckfestigkeit und Rohdichte
	4	1986-03	Bestimmung der Längs- und Querdehnung sowie von Verformungskenngrößen von Mauermörteln im statischen Druckversuch
52 008		2006-03	Prüfverfahren für Naturstein – Beurteilung der Verwitterungsbeständigkeit
52 170			Bestimmung der Zusammensetzung von erhärtetem Beton
	1	1980-02	Allgemeines, Begriffe, Probenahme, Trockenrohdichte
	2	1980-02	Salzsäureunlöslicher und kalkstein- und/oder dolomithaltiger Zuschlag, Ausgangsstoffe nicht verfügbar
	3	1980-02	Salzsäureunlöslicher Zuschlag, Ausgangsstoffe nicht verfügbar
	4	1980-02	Salzsäurelöslicher und/oder -unlöslicher Zuschlag, Ausgangsstoffe vollständig oder teilweise verfügbar
52 252			Prüfung der Frostwiderstandsfähigkeit von Vormauerziegeln und Klinkern
	1	1986-12	Allseitige Befrostung von Einzelziegeln
V 52 252	3	2005-02	Einseitige Befrostung von Prüfwänden
66 133		1993-06	Bestimmung der Porenvolumenverteilung und der spezifischen Oberfläche von Feststoffen durch Quecksilberintrusion

DIN EN	Teil	Ausgabe	Titel
771	1	2015-11	Festlegungen für Mauersteine – Mauerziegel
772			Prüfverfahren für Mauersteine
	1	2011-07	Bestimmung der Druckfestigkeit
	4	1998-10	Bestimmung der Dichte und der Rohdichte sowie der Gesamtporosität und der offenen Porosität von Mauersteinen aus Naturstein
	11	2011-07	Bestimmung der kapillaren Wasseraufnahme von Mauersteinen aus Beton, Porenbetonsteinen, Betonwerksteinen und Natursteinen sowie der anfänglichen Wasseraufnahme von Mauerziegeln
	13	2000-09	Bestimmung der Netto- und Brutto-Trockenrohdichte von Mauersteinen (außer Natursteinen)
998	1	2010-12	Festlegungen für Mörtel im Mauerwerksbau – Putzmörtel
1052			Prüfverfahren für Mauerwerk
	1	1998-12	Bestimmung der Druckfestigkeit
	2	1999-10	Bestimmung der Biegezugfestigkeit
	3	2007-06	Bestimmung der Anfangsscherfestigkeit (Haftscherfestigkeit)
	4	2000-09	Bestimmung der Scherfestigkeit bei einer Feuchtesperrschicht
	5	2005-06	Bestimmung der Biegehaftzugfestigkeit
1504			Produkte und Systeme für den Schutz und die Instandsetzung von Betontragwerken – Definitionen, Anforderungen, Qualitätsüberwachung und Beurteilung der Konformität
	2	2005-01	Oberflächenschutzsysteme für Beton
	3	2006-03	Statisch und nicht statisch relevante Instandsetzung

DIN EN	Teil	Ausgabe	Titel
	5	2013-06	Injektion von Betonbauteilen
	6	2006-11	Verankerung von Bewehrungsstäben
	7	2006-11	Korrosionsschutz der Bewehrung
	9	2008-11	Allgemeine Grundsätze für die Anwendung von Produkten und Systemen
1925		1999-05	Prüfverfahren für Naturstein – Bestimmung des Wasseraufnahmekoeffizienten infolge Kapillarwirkung
1926		2007-03	Prüfverfahren für Naturstein – Bestimmung der einachsigen Druckfestigkeit
1936		2007-02	Prüfverfahren für Naturstein – Bestimmung der Reindichte, der Rohdichte, der offenen Porosität und der Gesamtporosität
12 370		1999-06	Prüfverfahren für Naturstein – Bestimmung des Widerstandes gegen Kristallisation von Salzen
12 372		2007-02	Prüfverfahren für Naturstein – Bestimmung der Biegefestigkeit unter Mittellinienlast
13 161		2008-08	Prüfverfahren für Naturstein – Bestimmung der Biegefestigkeit unter Drittellinienlast
14 580		2005-07	Prüfverfahren für Naturstein – Bestimmung des statischen Elastizitätsmoduls

DIN EN ISO	Teil	Ausgabe	Titel
12 944	4	1998-07	Beschichtungsstoffe – Korrosionsschutz von Stahlbauten durch Beschichtungssysteme – Arten von Oberflächen und Oberflächenvorbereitung
12 696 (E)		2012-05	Kathodischer Korrosionsschutz von Stahl in Beton

Zu Kapitel 6 C (Abschn. III) Schutz von Stahlbauten

DIN	Teil	Ausgabe	Titel
10 088			Nichtrostende Stähle
	1	2014-12	Verzeichnis der nichtrostenden Stähle
	2	2014-12	Technische Lieferbedingungen für Blech und Band aus korrosionsbeständigen Stählen für allgemeine Verwendung
	3	2014-12	Technische Lieferbedingungen für Halbzeug, Stäbe, Walzdraht, gezogenen Draht, Profile und Blankstahlerzeugnisse aus korrosionsbeständigen Stählen für allgemeine Verwendung
50 900	2	2002-06	Korrosion der Metalle – Elektrochemische Begriffe
50 960	2	2006-01	Galvanische Überzüge – Zeichnungsangaben

DIN EN ISO	Teil	Ausgabe	Titel
1461		2009-10	Durch Feuerverzinken auf Stahl aufgebrachte Zinküberzüge
2063		2005-05	Thermisches Spritzen – Metallische und andere anorganische Schichten – Zink, Aluminium und ihre Legierungen
12 944			Korrosionsschutz von Stahlbauten durch Beschichtungssysteme

DIN EN ISO	Teil	Ausgabe	Titel
	1	1998-07	Allgemeine Einleitung
	2	1998-07	Einteilung der Umgebungsbedingungen
	3	1998-07	Grundregeln zur Gestaltung
	4	1998-07	Arten von Oberflächen und Oberflächenvorbereitung
	5	2008-01	Beschichtungssysteme
	6	1998-07	Laborprüfungen zur Bewertung von Beschichtungssystemen
	7	1998-07	Ausführung und Überwachung der Beschichtungsarbeiten
	8	1998-07	Erarbeiten von Spezifikationen für Erstschutz und Instandhaltung
14 713			Zinküberzüge – Leitfäden und Empfehlungen zum Schutz von Eisen- und Stahlkonstruktionen vor Korrosion
	1	2010-05	Allgemeine Konstruktionsgrundsätze und Korrosionsbeständigkeit
	2	2010-05	Feuerverzinken
	3	2010-05	Sherardisieren

DASt-Ri. 007	1993	Richtlinien für die Lieferung, Verarbeitung und Anwendung wetterfester Baustähle, 1993, Deutscher Ausschuss für Stahlbau, Stahlbau-Verlagsgesellschaft, Köln
DASt-Ri. 022	2009	Feuerverzinken von tragenden Stahlbauteilen, 2009, Deutscher Ausschuss für Stahlbau, Stahlbau-Verlagsgesellschaft, Köln

Zu Kapitel 6 C (Abschn. IV) Schutz von Holzbauteilen

DIN	Teil	Ausgabe	Titel
4108	3	2014-11	Wärmeschutz und Energie-Einsparung in Gebäuden – Klimabedingter Feuchteschutz; Anforderungen, Berechnungsverfahren und Hinweise für Planung und Ausführung
18 334		2012-09	VOB Vergabe- und Vertragsordnung für Bauleistungen – Teil C: Allgemeine Technische Vertragsbedingungen für Bauleistungen (ATV) – Zimmer- und Holzbauarbeiten
68 800			Holzschutz
	1	2011-10	Allgemeines
	2	2012-02	Vorbeugende bauliche Maßnahmen im Hochbau
	3	2012-02	Vorbeugender Schutz von Holz mit Holzschutzmitteln

DIN EN	Teil	Ausgabe	Titel
1995	1-1	2010-12	Bemessung und Konstruktion von Holzbauten – Allgemeine Regeln und Regeln für den Hochbau

Zu Kapitel 8 A / B / C Baubetrieb – Bauprozessmanagement/Kostenplanung; Wertermittlung; Honorarordnung/Facility Management

DIN	Teil	Ausgabe	Titel
276	1	2008-12	Kosten im Bauwesen – Teil 1: Hochbau
277			Grundflächen und Rauminhalte im Bauwesen

DIN	Teil	Ausgabe	Titel
	1	2016-01	Hochbau
	3	2005-04	Mengen und Bezugseinheiten
1960		2012-09	VOB Vergabe- und Vertragsordnung für Bauleistungen – Teil A: Allgemeine Bestimmungen für die Vergabe von Bauleistungen
1961		2012-09	VOB Vergabe- und Vertragsordnung für Bauleistungen – Teil B: Allgemeine Vertragsbedingungen für die Ausführung von Bauleistungen
18 299		2012-09	VOB Vergabe- und Vertragsordnung für Bauleistungen – Teil C: Allgemeine Technische Vertragsbedingungen für Bauleistungen (ATV) – Allgemeine Regelungen für Bauarbeiten jeder Art
V 18 599	1	2013-05	Energetische Bewertung von Gebäuden – Berechnung des Nutz-, End- und Primärenergiebedarfs für Heizung, Kühlung, Lüftung, Trinkwarmwasser und Beleuchtung
18 960		2008-02	Nutzungskosten im Hochbau
32 736		2000-08	Gebäudemanagement, Begriffe und Leistungen
69 901			Projektmanagement: Projektmanagementsysteme
	1	2009-01	Teil 1: Grundlagen
	2	2009-01	Teil 2: Prozesse, Prozessmodell
	3	2009-01	Teil 3: Methoden
	4	2009-01	Teil 4: Daten, Datenmodell
	5	2009-01	Teil 5: Begriffe

DIN EN	Teil	Ausgabe	Titel
15 221	1	2007-01	Facility Management, Begriffe
15 804		2014-07	Nachhaltigkeit von Bauwerken – Umweltproduktdeklarationen – Grundregeln für die Produktkategorie Bauprodukte

DIN EN ISO	Teil	Ausgabe	Titel
9000		2015-11	Qualitätsmanagementsysteme – Grundlagen und Begriffe

BaustellV	1998	Verordnung über Sicherheit und Gesundheitsschutz auf Baustellen (Baustellenverordnung)
BGB		Bürgerliches Gesetzbuch
EnEV	2014	Verordnung über energiesparenden Wärmeschutz und energiesparende Anlagentechnik bei Gebäuden (Energieeinsparverordnung)
BImSchG	1974	Gesetz zum Schutz vor schädlichen Umwelteinwirkungen durch Luftverunreinigungen, Geräusche, Erschütterungen und ähnliche Vorgänge (Bundes-Immissionsschutzgesetz)
HOAI 2013	2013-07	Honorarordnung für Architekten und Ingenieure
ImmoWertV	2010-06	Immobilienwertermittlungsverordnung
SW-RL	2012-10	Sachwertrichtlinie
VgV	2001	Verordnung über die Vergabe öffentlicher Aufträge (Vergabeverordnung)
WertR		Wertermittlungsrichtlinie (aufgehoben 2010)

Zu Kapitel 9 Einwirkungen auf Tragwerke (Lastannahmen)

DIN	Teil	Ausgabe	Titel
1055			Einwirkungen auf Tragwerke
	100	2001-03	Grundlagen der Tragwerksplanung – Sicherheitskonzept und Bemessungsregeln (Hinweis: zurückgezogen; Nachfolgedokument: DIN EN 1990)
	1	2002-06	Wichten und Flächenlasten von Baustoffen, Bauteilen und Lagerstoffen (Hinweis: zurückgezogen; Nachfolgedokument: DIN EN 1991-1-1)
	2	2010-11	Bodenkenngrößen
	3	2006-03	Eigen- und Nutzlasten für Hochbauten (Hinweis: zurückgezogen; Nachfolgedokument: DIN EN 1991-1-1)
	4	2005-03	Windlasten (Hinweis: zurückgezogen; Nachfolgedokument: DIN EN 1991-1-4)
	4 Ber. 1	2006-03	Berichtigung 1 zu DIN 1055-4:2005 (Hinweis: zurückgezogen)
	5	2005-07	Einwirkungen auf Tragwerke – Schnee- und Eislasten (Hinweis: zurückgezogen; Nachfolgedokument: DIN EN 1991-1-3)
1072		1985-12	Straßen- und Wegbrücken; Lastannahmen
	Bbl.	1988-05	Straßen- und Wegbrücken; Lastannahmen; Erläuterungen (Hinweis: zurückgezogen)
4149		2005-04	Bauten in Deutschen Erdbebengebieten – Lastannahmen, Bemessung und Ausführung üblicher Hochbauten (Hinweis: zurückgezogen; Nachfolgedokument: DIN EN 1998)
4421		1982-08	Traggerüste – Berechnung, Konstruktion und Ausführung
18 800	2	2008-11	Stahlbauten – Teil 2: Stabilitätsfälle – Knicken von Stäben und Stabtragwerken (Hinweis: zurückgezogen)

DIN EN	Teil	Ausgabe	Titel
1990		2010-12	Eurocode: Grundlagen der Tragwerksplanung
	NA	2010-12	Nationaler Anhang – National festgelegte Parameter zu DIN EN 1990
	NA/A1	2012-08	Änderung A1 zu DIN EN 1990/NA
1991			Eurocode 1: Einwirkungen auf Tragwerke
	1-1	2010-12	Allgemeine Einwirkungen auf Tragwerke; Wichten, Eigengewicht und Nutzlasten im Hochbau
	1-1/NA	2010-12	Nationaler Anhang – National festgelegte Parameter zu DIN EN 1991-1-1
	1-1/NA/A1	2015-05	Änderung A1 zu DIN EN 1991-1-1/NA
	1-2	2010-12	Allgemeine Einwirkungen auf Tragwerke; Brandeinwirkungen auf Tragwerke
	1-2 Ber 1	2013-08	Berichtigung 1 zu DIN EN 1991-1-2
	1-2/NA	2015-09	Nationaler Anhang – National festgelegte Parameter zu DIN EN 1991-1-2
	1-3	2010-12	Allgemeine Einwirkungen; Schneelasten
	1-3/A1	2015-12	Änderung A1 zu DIN EN 1991-1-3

DIN EN	Teil	Ausgabe	Titel
	1-3/NA	2010-12	Nationaler Anhang – National festgelegte Parameter zu DIN EN 1991-1-3
	1-4	2010-12	Allgemeine Einwirkungen; Windlasten
	1-4/NA	2010-12	Nationaler Anhang – National festgelegte Parameter zu DIN EN 1991-1-4
	1-5	2010-12	Allgemeine Einwirkungen; Temperatureinwirkungen
	1-5/NA	2010-12	Nationaler Anhang – National festgelegte Parameter zu DIN EN 1991-1-5
	1-6	2010-12	Allgemeine Einwirkungen; Einwirkungen während der Bauausführung
	1-6 Ber 1	2013-08	Berichtigung zu DIN EN 1991-1-6
	1-6/NA	2010-12	Nationaler Anhang – National festgelegte Parameter zu DIN EN 1991-1-6
	1-7	2010-12	Allgemeine Einwirkungen; Außergewöhnliche Einwirkungen
	1-7/A1	2014-08	Änderung A1 zu DIN EN 1991-1-7
	1-7/NA	2010-12	Nationaler Anhang – National festgelegte Parameter zu DIN EN 1991-1-7
	2	2010-12	Verkehrslasten auf Brücken
	2/NA	2012-08	Nationaler Anhang – National festgelegte Parameter zu DIN EN 1991-2
	3	2010-12	Einwirkungen infolge von Kranen und Maschinen
	3 Ber 1	2013-08	Berichtigung 1 zu DIN EN 1991-3
	3/NA	2010-12	Nationaler Anhang – National festgelegte Parameter zu DIN EN 1991-3
	4	2010-12	Einwirkungen auf Silos und Flüssigkeitsbehälter
	4 Ber 1	2013-08	Berichtigung zu DIN EN 1991-4
	4/NA	2010-12	Nationaler Anhang – National festgelegte Parameter zu DIN EN 1991-4
1998	1	2010-12	Eurocode 8: Auslegung von Bauwerken gegen Erdbeben – Grundlagen, Erdbebeneinwirkungen und Regeln für den Hochbau
	1/A1	2013-05	Änderung A1 zu DIN EN 1998-1
	1/NA	2011-01	Nationaler Anhang – National festgelegte Parameter zu DIN EN 1998-1
12 811	1	2004-03	Temporäre Konstruktionen für Bauwerke – Teil 1: Arbeitsgerüste – Leistungsanforderungen, Entwurf, Konstruktion und Bemessung
12 812		2008-12	Traggerüste – Anforderungen, Bemessung und Entwurf
		2009-08	Anwendungsrichtlinie zu DIN EN 12 812 vom DIBt

DIN-Fachbericht	101	2009-03	Einwirkungen auf Brücken (Hinweis: zurückgezogen; Nachfolgedokument: DIN EN 1991-2)
STANAG	2021	2006-09	Berechnung von Brücken unter Militärlasten
ARS 22/2012	Anlage 2	2012	Bundesministerium für Verkehr, Bau und Stadtentwicklung, Abteilung Straßenbau: Hinweise zur Anwendung des Eurocode 0 im Brückenbau

Zu Kapitel 11 A Geotechnik

DIN	Teil	Ausgabe	Titel
1054		2010-12	Baugrund – Sicherheitsnachweise im Erd- und Grundbau – Ergänzende Regelungen zu DIN EN 1997-1
1055	2	2010-11	Einwirkungen auf Tragwerke – Bodenkenngrößen
4020		2010-12	Geotechnische Untersuchungen für bautechnische Zwecke – Ergänzende Regelungen zu DIN EN 1997-2
4023		2006-01	Geotechnische Erkundung und Untersuchung – Zeichnerische Darstellung der Ergebnisse von Bohrungen und sonstigen direkten Aufschlüssen
4094	2	2003-05	Baugrund – Felduntersuchungen: Bohrlochrammsondierung
	4	2002-01	Baugrund – Felduntersuchungen: Flügelscherversuche
4123		2013-04	Ausschachtungen, Gründungen und Unterfangungen im Bereich bestehender Gebäude
4124		2012-01	Baugruben und Gräben – Böschungen, Verbau, Arbeitsraumbreiten
18 121	2	2012-02	Baugrund, Untersuchungen von Bodenproben – Wassergehalt – Bestimmung durch Schnellverfahren
18 122	1	1997-07	Baugrund, Untersuchungen von Bodenproben – Zustandsgrenzen (Konsistenzgrenzen) – Bestimmung der Fließ- und Ausrollgrenze
	2	2000-09	Baugrund, Untersuchungen von Bodenproben – Zustandsgrenzen (Konsistenzgrenzen) – Bestimmung der Schrumpfgrenze
18 123		2011-04	Baugrund, Untersuchung von Bodenproben – Bestimmung der Korngrößenverteilung
18 124		2011-04	Baugrund, Untersuchung von Bodenproben – Bestimmung der Korndichte – Kapillarpyknometer, Weithalspyknometer, Gaspyknometer
18 127		2012-09	Baugrund, Untersuchung von Bodenproben – Proctorversuch
18 130	1	1998-05	Baugrund, Untersuchung von Bodenproben – Bestimmung des Wasserdurchlässigkeitsbeiwerts – Laborversuche
18 134		2012-04	Baugrund, Versuche und Versuchsgeräte – Plattendruckversuch
18 135		2012-04	Baugrund, Untersuchung von Bodenproben – Eindimensionaler Kompressionsversuch
18 136		2003-11	Baugrund, Untersuchung von Bodenproben – Einaxialer Druckversuch
18 137	1	2010-07	Baugrund, Versuche und Versuchsgeräte – Bestimmung der Scherfestigkeit – Teil 1: Begriffe und grundsätzliche Versuchsbedingungen
	2	2011-04	Baugrund, Versuche und Versuchsgeräte – Bestimmung der Scherfestigkeit – Teil 2: Triaxialversuch
	3	2002-09	Baugrund, Versuche und Versuchsgeräte – Bestimmung der Scherfestigkeit – Teil 3: Direkter Scherversuch
18 141	1	2014-05	Baugrund – Untersuchung von Gesteinsproben – Teil 1: Bestimmung der einaxialen Druckfestigkeit
18 196		2011-05	Erd- und Grundbau – Bodenklassifikation für bautechnische Zwecke
18 300		2015-08	VOB Vergabe- und Vertragsordnung für Bauleistungen – Teil C: Erdarbeiten

DIN EN	Teil	Ausgabe	Titel
1536		2015-10	Ausführung von Arbeiten im Spezialtiefbau – Bohrpfähle
1537		2014-07	Ausführung von Arbeiten im Spezialtiefbau – Verpressanker
1538		2015-10	Ausführung von Arbeiten im Spezialtiefbau – Schlitzwände
12 063		1999-05	Ausführung von besonderen geotechnischen Arbeiten (Spezialtiefbau) – Spundwandkonstruktionen
12 699		2015-07	Ausführung von Arbeiten im Spezialtiefbau – Verdrängungspfähle
12 715		2000-10	Ausführung von besonderen geotechnischen Arbeiten (Spezialtiefbau) – Injektionen
12 716		2001-12	Ausführung von besonderen geotechnischen Arbeiten (Spezialtiefbau) – Düsenstrahlverfahren (Hochdruckinjektion, Hochdruckbodenvermörtelung, Jetting)
12 794		2007-08	Betonfertigteile – Gründungspfähle
14 199		2015-07	Ausführung von Arbeiten im Spezialtiefbau – Mikropfähle
14 475		2006-04	Ausführung spezieller geotechnischer Arbeiten (Spezialtiefbau) – Bewehrte Schüttkörper
14 490		2010-11	Ausführung spezieller geotechnischer Arbeiten (Spezialtiefbau) – Bodenvernagelung
14 679		2005-07	Ausführung spezieller geotechnischer Arbeiten (Spezialtiefbau) – Tiefreichende Bodenstabilisierung (mit Berichtigung 1 (2006-09))
14 731		2005-12	Ausführung spezieller geotechnischer Arbeiten (Spezialtiefbau) – Baugrundverbesserung durch Tiefenrüttelverfahren
15 237		2007-06	Ausführung von besonderen geotechnischen Arbeiten (Spezialtiefbau) – Vertikaldräns
17 892	1	2015-03	Geotechnische Erkundung und Untersuchung – Laborversuche an Bodenproben – Teil 1: Bestimmung des Wassergehalts

DIN EN ISO	Teil	Ausgabe	Titel
14 688	1	2013-12	Geotechnische Erkundung und Untersuchung – Benennung, Beschreibung und Klassifizierung von Boden – Teil 1: Benennung und Beschreibung
	2	2013-12	Geotechnische Erkundung und Untersuchung – Benennung, Beschreibung und Klassifizierung von Boden – Teil 2: Grundlagen für Bodenklassifizierungen
14 689	1	2011-06	Geotechnische Erkundung und Untersuchung – Benennung, Beschreibung und Klassifizierung von Fels – Teil 1: Benennung und Beschreibung
22 475	1	2007-01	Geotechnische Erkundung und Untersuchung – Probenentnahmeverfahren und Grundwassermessungen
22 476	1	2013-10	Geotechnische Erkundung und Untersuchung – Felduntersuchungen – Teil 1: Drucksondierungen mit elektrischen Messwertaufnehmern und Messeinrichtungen für den Porenwasserdruck
	2	2012-03	Geotechnische Erkundung und Untersuchung – Felduntersuchungen – Teil 2: Rammsondierungen
	3	2012-03	Geotechnische Erkundung und Untersuchung – Felduntersuchungen – Teil 3: Standard Penetration Test

DIN EN ISO	Teil	Ausgabe	Titel
	4	2013-03	Geotechnische Erkundung und Untersuchung – Felduntersuchungen – Teil 4: Pressiometerversuch nach Ménard
	5	2013-03	Geotechnische Erkundung und Untersuchung – Felduntersuchungen – Teil 5: Versuch mit dem flexiblen Dilatometer
	7	2013-03	Geotechnische Erkundung und Untersuchung – Felduntersuchungen – Teil 7: Seitendruckversuch
	9	2014-04	Geotechnische Erkundung und Untersuchung – Felduntersuchungen – Teil 9: Flügelscherversuch
	12	2009-10	Geotechnische Erkundung und Untersuchung – Felduntersuchungen – Teil 12: Drucksondierungen mit mechanischen Messwertaufnehmern

Zu Kapitel 11 B Mauerwerksbau

DIN	Teil	Ausgabe	Titel
105	100	2012-01	Mauerziegel mit besonderen Eigenschaften
	5	2013-06	Leichtlanglochziegel und Leichtlangloch-Ziegelplatten
	6	2013-06	Planziegel
V 106		2005-10	Kalksandsteine mit besonderen Eigenschaften
398		1976-06	Hüttensteine – Vollsteine, Lochsteine, Hohlblocksteine (Hinweis: zurückgezogen)
1053			Mauerwerk
	1	1996-11	Berechnung und Ausführung
	3	1990-02	Bewehrtes Mauerwerk – Berechnung und Ausführung (Hinweis: zurückgezogen)
	4	2013-04	Fertigbauteile
	100	2007-09	Berechnung auf der Grundlage des semiprobalistischen Sicherheitskonzepts
V 4165	100	2005-10	Porenbetonsteine – Plansteine und Planelemente mit besonderen Eigenschaften
4242		1979-01	Glasbausteinwände – Ausführung und Bemessung
V 18 151	100	2005-10	Hohlblöcke aus Leichtbeton – Hohlblöcke mit besonderen Eigenschaften
V 18 152	100	2005-10	Vollsteine und Vollblöcke aus Leichtbeton – Vollsteine und Vollblöcke mit besonderen Eigenschaften
V 18 153	100	2005-10	Mauersteine aus Beton – Mauersteine mit besonderen Eigenschaften
V 20 000			Anwendung von Bauprodukten in Bauwerken
20 000	401	2012-11	Regeln für die Verwendung von Mauerziegeln nach DIN EN 771-1
V 20 000	402	2005-06	Regeln für die Verwendung von Kalksandsteinen nach DIN EN 771-2
	403	2005-06	Regeln für die Verwendung von Mauersteinen aus Beton nach DIN EN 771-3
20 000	404	2015-12	Regeln für die Verwendung von Porenbetonsteinen nach DIN EN 771-4

DIN EN	Teil	Ausgabe	Titel
771			Festlegungen für Mauersteine
	1	2015-11	Mauerziegel
	2	2015-11	Kalksandsteine
	3	2015-11	Mauersteine aus Beton
	4	2015-11	Porenbetonsteine
1996			Eurocode 6: Bemessung und Konstruktion von Mauerwerksbauten
	1-1	2013-02	Allgemeine Regeln für bewehrtes und unbewehrtes Mauerwerk
	1-1/NA	2012-05	Nationaler Anhang – National festgelegte Parameter
	1-1/NA/A1	2014-03	Nationaler Anhang, Änderung 1
	1-1/NA/A2	2015-01	Nationaler Anhang, Änderung 2
	2	2010-12	Planung, Auswahl der Baustoffe und Ausführung von Mauerwerk
	2/NA	2012-01	Nationaler Anhang – National festgelegte Parameter
	3	2010-12	Vereinfachte Berechnungsmethoden für unbewehrte Mauerwerksbauten
	3/NA	2012-01	Nationaler Anhang – National festgelegte Parameter
	3/NA/A1	2014-03	Nationaler Anhang, Änderung 1
	3/NA/A2	2015-01	Nationaler Anhang, Änderung 2

Richtlinie	1985-06	Bauteile, die gegen Absturz sichern

Zu Kapitel 11 C Holzbau nach EC5

DIN	Teil	Ausgabe	Titel
488	1	2009-08	Betonstahl – Stahlsorten, Eigenschaften, Kennzeichnung
976	1	2002-12	Gewindebolzen – Metrisches Gewinde
1052	10	2012-05	Entwurf, Berechnung und Bemessung von Holzbauwerken – Teil 10: Herstellung und Ausführung
4074	1	2012-06	Sortierung von Holz nach der Tragfähigkeit – Teil 1: Nadelschnittholz
7998		1975-02	Gewinde und Schraubenenden für Holzschrauben
18 180		2014-09	Gipsplatten – Arten und Anforderungen
20 000			Anwendung von Bauprodukten in Bauwerken
	1	2013-08	Holzwerkstoffe
	5	2012-03	Nach Festigkeit sortiertes Bauholz für tragende Zwecke mit rechteckigem Querschnitt
	6	2015-02	Stiftförmige und nicht stiftförmige Verbindungsmittel nach DIN EN 14592 und DIN EN 14545

DIN EN	Teil	Ausgabe	Titel
300		2006-09	Platten aus langen, flachen, ausgerichteten Spänen (OSB) – Definitionen, Klassifizierung und Anforderungen
312		2010-12	Spanplatten – Anforderungen
338		2013-09	Bauholz für tragende Zwecke – Festigkeitsklassen

DIN EN	Teil	Ausgabe	Titel
622			Faserplatten – Anforderungen
	1	2003-09	Allgemeine Anforderungen
	2	2004-07	Anforderungen an harte Platten (mit Berichtigung (2006-06)
	3	2004-07	Anforderungen an mittelharte Platten
	5	2010-03	Anforderungen an Platten nach dem Trockenverfahren (MDF)
634	2	2007-05	Zementgebundene Spanplatten – Anforderungen, Teil 2: Anforderungen an Portlandzement (PZ) gebundene Spanplatten zur Verwendung im Trocken-, Feucht- und Außenbereich
636		2015-05	Sperrholz – Anforderungen
1995			Bemessung und Konstruktion von Holzbauten
	1-1	2010-12	Allgemeine Regeln und Regeln für den Hochbau inkl. Änderung A1 und A2
	1-1/NA	2013-08	Nationaler Anhang zur DIN EN 1995-1-1 inkl. Änderung NA/A1
10 230	1	2000-01	Nägel aus Stahldraht, Teil 1: Lose Nägel für allgemeine Verwendungszwecke
12 369			Holzwerkstoffe – Charakteristische Werte für die Berechnung und Bemessung von Holzbauwerken
	1	2001-04	OSB, Spanplatten und Faserplatten
	2	2011-09	Sperrholz
	3	2009-02	Massivholzplatten
13 353		2011-07	Massivholzplatten (SWP) – Anforderungen
13 986		2015-06	Holzwerkstoffe zur Verwendung im Bauwesen – Eigenschaften, Bewertung der Konformität und Kennzeichnung
14 080		2013-09	Holzbauwerke – Brettschichtholz und Balkenschichtholz – Anforderungen
14 081	1	2011-05	Holzbauwerke – Nach Festigkeit sortiertes Bauholz für tragende Zwecke mit rechteckigem Querschnitt, Teil 1: Allgemeine Anforderungen
14 279		2009-07	Furnierschichtholz (LVL) – Definitionen, Klassifizierung und Spezifikationen
14 374		2005-02	Holzbauwerke – Furnierschichtholz für tragende Zwecke: Anforderungen
14 592		2012-07	Holzbauwerke – Stiftförmige Verbindungsmittel – Anforderungen
15 283	2	2009-12	Faserverstärkte Gipsplatten – Begriffe, Anforderungen und Prüfverfahren, Teil 2: Gipsfaserplatten

DIN EN ISO	Teil	Ausgabe	Titel
7094		2000-12	Flache Scheiben – Extra große Reihe, Produktklasse C

Zu Kapitel 12 A/B/C Beton / Betonstahl / Stahlbetonbau

DIN	Teil	Ausgabe	Titel
488			Betonstahl
	1	2009-08	Stahlsorten, Eigenschaften, Kennzeichnung
	2	2009-08	Betonstabstahl

DIN	Teil	Ausgabe	Titel
	3	2009-08	Betonstahl in Ringen, Bewehrungsdraht
	4	2009-08	Betonstahlmatten
	5	2009-08	Gitterträger
	6	2010-01	Übereinstimmungsnachweis
1045			Tragwerke aus Beton, Stahlbeton und Spannbeton
	1	2008-08	Bemessung und Konstruktion (Hinweis: zurückgezogen)
	2	2008-08	Beton – Festlegung, Eigenschaften, Herstellung und Konformität – Anwendungsregeln zu DIN EN 206-1
	3	2012-03	Bauausführung – Anwendungsregeln zu DIN EN 13 670 (incl. Berichtigung 2013-06)
	4	2001-07	Ergänzende Regeln für die Herstellung und Konformität von Fertigteilen
1100		2004-05	Hartstoffe für zementgebundene Hartstoffestriche
1164			Zement mit besonderen Eigenschaften
	10	2013-03	Zusammensetzung, Anforderungen und Übereinstimmungsnachweis von Zement mit niedrigem wirksamen Alkaligehalt
	11	2003-11	Zusammensetzung, Anforderungen und Übereinstimmungsnachweis von Zement mit verkürztem Erstarren
	12	2005-06	Zusammensetzung, Anforderungen und Übereinstimmungsnachweis von Zement mit einem erhöhten Anteil an organischen Bestandteilen
4030			Beurteilung betonangreifender Wässer, Böden und Gase
	1	2008-06	Grundlagen und Grenzwerte
	2	2008-06	Entnahme und Analyse von Wasser- und Bodenproben
4226	100	2002-02	Rezyklierte Gesteinskörnungen
V 18 004		2004-04	Anwendung von Bauprodukten in Bauwerken – Prüfverfahren für Gesteinskörnungen
51 043		1979-08	Trass – Anforderungen, Prüfung

DIN EN	Teil	Ausgabe	Titel
196			Prüfverfahren für Zement
197			Zement
	1	2011-11	Zusammensetzung, Anforderungen und Konformitätskriterien von Normalzement
206	1	2001-07	Beton – Festlegung, Eigenschaften, Herstellung und Konformität
	1/A1	2004-10	w. v., Änderung A1
	1/A2	2005-09	w. v., Änderung A2
	9	2010-09	Beton – Ergänzende Regeln für selbstverdichtenden Beton (SVB)
450	1	2012-10	Flugasche für Beton – Definitionen, Anforderungen und Konformitätskriterien
934			Zusatzmittel für Beton, Mörtel und Einpressmörtel
	1	2008-04	Gemeinsame Anforderungen
	2	2012-08	Betonzusatzmittel – Definitionen, Anforderungen, Konformität, Kennzeichnung und Beschriftung

DIN EN	Teil	Ausgabe	Titel
	4	2009-09	Zusatzmittel für Einpressmörtel für Spannglieder – Definitionen, Anforderungen, Konformität, Kennzeichnung und Beschriftung
	5	2008-02	Zusatzmittel für Spritzbeton – Begriffe, Anforderungen, Konformität, Kennzeichnung und Beschriftung
1008		2002-10	Zugabewasser für Beton – Festlegung für die Probenahme, Prüfung und Beurteilung der Eignung von Wasser, einschließlich bei der Betonherstellung anfallendem Wasser, als Zugabewasser für Beton
1992			Eurocode 2: Bemessung und Konstruktion von Stahlbeton- und Spannbetonbauwerken
	1-1	2011-01	Allgemeine Bemessungsregeln und Regeln für den Hochbau
	1-1/A1	2015-06	w.v., Änderung A1
	1-1/NA	2013-04	Nationaler Anhang zu DIN EN 1992-1-1
	1-2	2010-12	Tragwerksbemessung für den Brandfall
	1-2/NA	2010-12	Nationaler Anhang zu DIN EN 1992-1-2
	2	2010-12	Betonbrücken, Bemessungs- und Konstruktionsregeln
	2/NA	2013-04	Nationaler Anhang zu DIN EN 1992-2
	3	2011-01	Silos und Behälterbauwerke aus Beton
	3/NA	2011-01	Nationaler Anhang zu DIN EN 1992-3
12 350			Prüfverfahren von Frischbeton
	1	2009-08	Probenahme
	4	2009-08	Verdichtungsmaß
	5	2009-08	Ausbreitmaß
	6	2011-03	Frischbetonrohdichte
	7	2009-08	Luftgehalte – Druckverfahren
12 390			Prüfung von Festbeton
	1	2012-12	Form, Maße und andere Anforderungen an Probekörper und Formen
	2	2009-08	Herstellung und Lagerung von Probekörpern für Festigkeitsprüfungen
	2	2012-02	w.v., Berichtigung 1
	3	2009-07	Druckfestigkeit von Probekörpern
	3	2011-11	w.v., Berichtigung 1
	4	2000-12	Bestimmung der Druckfestigkeit; Anforderungen an Prüfmaschinen
	5	2009-07	Biegzugfestigkeit von Probekörpern
	6	2010-09	Spaltzugfestigkeit von Probekörpern
	7	2009-07	Dichte von Festbeton
	8	2009-07	Wassereindringtiefe unter Druck
	13	2014-06	Bestimmung des Elastizitätsmoduls unter Druckbelastung (Sekantenmodul)
12 504			Prüfung von Beton in Bauwerken
	1	2009-07	Bohrkernproben – Herstellung, Untersuchung und Prüfung der Druckfestigkeit
	2	2012-12	Zerstörungsfreie Prüfung – Bestimmung der Rückprallzahl
12 620		2008-07	Gesteinskörnungen für Beton

DIN EN	Teil	Ausgabe	Titel
12 878		2014-07	Pigmente zum Einfärben von zement- und/oder kalkgebundenen Baustoffen – Anforderungen und Prüfung
13 055	1	2002-08	Leichte Gesteinskörnungen – Gesteinskörnungen für Beton, Mörtel und Einpressmörtel
	1	2004-12	w.v., Berichtigung 1
13 263			Silikastaub für Beton
	1	2009-07	Definitionen, Anforderungen und Konformitätskriterien
	2	2009-07	Konformitätsbewertung
13 670		2011-03	Ausführung von Tragwerken aus Beton
13 791		2008-05	Bewertung der Druckfestigkeit von Beton in Bauwerken oder in Bauwerksteilen
14 216		2004-08	Zusammensetzung, Anforderung und Konformitätskriterien von Sonderzementen mit sehr niedriger Hydratationswärme
14 889			Fasern für Beton
	1	2006-11	Stahlfasern – Begriffe, Festlegungen und Konformität
	2	2006-11	Polymerfasern – Begriffe, Festlegungen und Konformität
15 167	1	2006-12	Hüttensandmehl zur Verwendung in Beton, Mörtel und Einpressmörtel – Definitionen, Anforderungen und Konformitätskriterien

DIN-Fachberichte
100: Beton (2010-03)
102: Betonbrücken (2009-03)

DAfStb-Hefte
525: Erläuterungen zu DIN 1045-1 (2010)
526: Erläuterungen zu den Normen DIN EN 206-1, DIN 1045-2, DIN 1045-3, DIN 1045-4 und DIN EN 12 620
599: Bewehren nach Eurocode 2
600: Erläuterungen zu Eurocode 2 (2012)

DAfStb-Richtlinien
Richtlinie für Beton mit verlängerter Verarbeitbarkeitszeit (Verzögerter Beton) (2006-11)
Richtlinie für Stahlfaserbeton (2012-11)
Vorbeugende Maßnahmen gegen schädigende Alkalireaktion im Beton (Alkali-Richtlinie) (2013-10)
Betonbau beim Umgang mit wassergefährdenden Stoffen (2011-03)
Wasserundurchlässige Bauwerke aus Beton (WU-Richtlinie) (2003)
Selbstverdichtender Beton (SVB-Richtlinie) (2012-09)
Massige Bauteile aus Beton (2010-04)

Zusätzliche Technische Vertragsbedingungen
ZTV-ING Ingenieurbauten (2014-12)
ZTV-W Wasserbau (2012-08)

Zu Kapitel 13 A Stahlbau (siehe auch Normen und Richtlinien zu Kapitel 13 D)

DIN EN	Teil	Ausgabe	Titel
1090	2	2011-10	Ausführung von Stahltragwerken und Aluminiumtragwerken – Teil 2: Technische Regeln für die Ausführung von Stahltragwerken
	2/A1 (E)	2011-03	Änderungen zu DIN EN 1090-2 (Entwurf)
1993			Eurocode 3: Bemessung und Konstruktion von Stahlbauten
	1-1	2010-12	Allgemeine Bemessungsregeln und Regeln für den Hochbau
	1-1/A1	2014-07	Allgemeine Bemessungsregeln und Regeln für den Hochbau
	1-1/NA	2010-12	Nationaler Anhang zu EC 3 Teil 1-1
	1-2	2010-12	Tragwerksbemessung für den Brandfall
	1-2/NA	2010-12	Nationaler Anhang zu EC 3 Teil 1-2
	1-3	2010-12	Kaltgeformte dünnwandige Bauteile und Bleche
	1-3/NA	2010-12	Nationaler Anhang zu EC Teil 1-3
	1-4	2007-02	Anwendung von nichtrostenden Stählen
	1-4/NA	2010-12	Nationaler Anhang zu EC Teil 1-4
	1-4/NA (E)	2016-02	Nationaler Anhang zu EC Teil 1-4 (Entwurf)
	1-5	2010-12	Plattenförmige Bauteile
	1-5/NA	2010-12	Nationaler Anhang zu EC 3 Teil 1-5
	1-6	2010-12	Festigkeit und Stabilität von Schalen
	1-6/NA	2010-12	Nationaler Anhang zu EC 3 Teil 1-6
	1-7	2010-12	Plattenförmige Bauteile mit Querbelastung
	1-7/NA	2010-12	Nationaler Anhang zu EC 3 Teil 1-7
	1-8	2010-12	Bemessung von Anschlüssen
	1-8/NA	2010-12	Nationaler Anhang zu EC 3 Teil 1-8
	1-9	2010-12	Ermüdung
	1-9/NA	2010-12	Nationaler Anhang zu EC 3 Teil 1-9
	1-10	2010-12	Stahlsortenauswahl im Hinblick auf Bruchzähigkeit und Eigenschaften in Dickenrichtung
	1-10/NA	2010-12	Nationaler Anhang zu EC 3 Teil 1-10
	1-11	2010-12	Bemessung und Konstruktion von Tragwerken mit Zuggliedern aus Stahl
	1-11/NA	2010-12	Nationaler Anhang zu EC 3 Teil 1-11
	1-12	2010-12	Zusätzliche Regeln zur Erweiterung von EN 1993 auf Stahlgüten bis S700
	1-12/NA	2011-08	Nationaler Anhang zu EC 3 Teil 1-12
	2	2010-12	Stahlbrücken
	2/NA	2010-12	Nationaler Anhang zu EC 3 Teil 2
	3-1	2010-12	Türme, Maste und Schornsteine – Türme und Maste
	3-1/NA	2015-11	Nationaler Anhang zu EC 3 Teil 3-1
	3-2	2010-12	Türme, Maste und Schornsteine – Schornsteine
	3-2/NA	2010-12	Nationaler Anhang zu EC 3 Teil 3-2
	4-1	2010-12	Silos
	4-1/A1 (E)	2014-10	Silos (Entwurf)

DIN EN	Teil	Ausgabe	Titel
	4-1/NA	2010-12	Nationaler Anhang zu EC 3 Teil 4-1
	4-2	2010-12	Tankbauwerke
	4-2/A1 (E)	2014-10	Tankbauwerke (Entwurf)
	4-2/NA	2010-12	Nationaler Anhang zu EC 3 Teil 4-2
	4-2/NA/ A1 (E)	2014-12	Nationaler Anhang zu EC 3 Teil 4-2, Änderung 1 (Entwurf)
	4-3	2010-12	Rohrleitungen
	4-3/NA	2010-12	Nationaler Anhang zu EC 3 Teil 4-3
	5	2010-12	Pfähle und Spundwände
	5/NA	2010-12	Nationaler Anhang zu EC 3 Teil 5
	6	2010-12	Kranbahnen
	6/NA	2010-12	Nationaler Anhang zu EC 3 Teil 6
10 025			Warmgewalzte Erzeugnisse aus unlegierten Baustählen
	1	2005-02	Allgemeine Technische Lieferbedingungen
	1 (E)	2011-04	Allgemeine Technische Lieferbedingungen (Entwurf)
	2	2005-04	Technische Lieferbedingungen für unlegierte Baustähle
	2 (E)	2011-04	Technische Lieferbedingungen für unlegierte Baustähle (Entwurf)
	3	2005-02	Technische Lieferbedingungen für normalgeglühte/normalisierend gewalzte schweißgeeignete Feinkornbaustähle
	3 (E)	2011-04	Technische Lieferbedingungen für normalgeglühte/normalisierend gewalzte schweißgeeignete Feinkornbaustähle (Entwurf)
	4	2005-04	Technische Lieferbedingungen für thermomechanisch gewalzte schweißgeeignete Feinkornbaustähle
	4 (E)	2011-04	Technische Lieferbedingungen für thermomechanisch gewalzte schweißgeeignete Feinkornbaustähle (Entwurf)
	5	2005-02	Technische Lieferbedingungen für wetterfeste Baustähle
	5 (E)	2011-04	Technische Lieferbedingungen für wetterfeste Baustähle (Entwurf)
	6	2009-08	Technische Lieferbedingungen für Flacherzeugnisse aus Stählen mit höherer Streckgrenze im vergüteten Zustand
	6 (E)	2011-04	Technische Lieferbedingungen für Flacherzeugnisse aus Stählen mit höherer Streckgrenze im vergüteten Zustand (Entwurf)
10 027			Bezeichnungssysteme für Stähle
	1	2005-10	Kurznamen
	1 (E)	2016-02	Kurznamen (Entwurf)
	2	2015-07	Nummernsystem
10 083			Vergütungsstähle
	1	2006-10	Technische Lieferbedingungen für Edelstähle
	2	2006-10	Technische Lieferbedingungen für unlegierte Qualitätsstähle
10 088			Nichtrostende Stähle
	1	2014-12	Verzeichnis der nichtrostenden Stähle
	2	2014-12	Technische Lieferbedingungen für Blech und Band aus korrosionsbeständigen Stählen für allgemeine Verwendung

DIN EN	Teil	Ausgabe	Titel
	3	2014-12	Technische Lieferbedingungen für Halbzeug – Stäbe, Walzdraht, gezogenen Draht, Profile und Blankstahlerzeugnisse aus korrosionsbeständigen Stählen für allgemeine Verwendung
	4	2010-01	Technische Lieferbedingungen für Blech und Band aus korrosionsbeständigen Stählen für das Bauwesen
10 143		2006-09	Kontinuierlich schmelztauchveredeltes Blech und Band aus Stahl; Grenzabmaße und Formtoleranzen
10 143		2008-11	Berichtigung zu DIN EN 10043
10 149	2	2013-12	Warmgewalzte Flacherzeugnisse aus Stählen mit hoher Streckgrenze zum Kaltumformen, Lieferbedingungen für thermomechanisch gewalzte Stähle
10 164		2005-03	Stahlerzeugnisse mit verbesserten Verformungseigenschaften senkrecht zur Erzeugnisoberfläche
10 210	1	2006-07	Warmgefertigte Hohlprofile für den Stahlbau aus unlegierten Baustählen und aus Feinkornbaustählen, Technische Lieferbedingungen
	1 (E)	2016-01	Warmgefertigte Hohlprofile für den Stahlbau aus unlegierten Baustählen und aus Feinkornbaustählen, Technische Lieferbedingungen (Entwurf)
10 219	1	2006-07	Kaltgefertigte geschweißte Hohlprofile für den Stahlbau aus unlegierten Baustählen und aus Feinkornbaustählen, Technische Lieferbedingungen
	1 (E)	2016-01	Kaltgefertigte geschweißte Hohlprofile für den Stahlbau aus unlegierten Baustählen und aus Feinkornbaustählen, Technische Lieferbedingungen (Entwurf)
14 782		2006-03	Selbsttragende Dachdeckungs- und Wandbekleidungselemente für die Innen- und Außenanwendung aus Metallblech – Produktionsspezifikation und Anforderungen
	(E)	2015-09	Selbsttragende Dachdeckungs- und Wandbekleidungselemente für die Innen- und Außenanwendung aus Metallblech – Produktionsspezifikation und Anforderungen (Entwurf)

DIN ISO	Teil	Ausgabe	Titel
898	1	2013-05	Mechanische Eigenschaften von Verbindungselementen aus Kohlenstoffstahl und legiertem Stahl – Schrauben mit festgelegten Festigkeitsklassen; Regelgewinde und Feingewinde
13 918		2008-10	Schweißen – Bolzen und Keramikringe zum Lichtbogenbolzenschweißen
14 555		2014-08	Schweißen – Lichtbogenbolzenschweißen von metallischen Werkstoffen

DASt-Richtlinien

009 Empfehlungen zur Wahl der Stahlgütegruppen für geschweißte Stahlbauten (2008)

014 Empfehlungen zum Vermeiden von Terrassenbrüchen in geschweißten Konstruktionen aus Baustahl (1981)

DVS-Merkblatt
0902 Lichtbogenschweißung mit Hubzündung (Werkstoffe, Verfahren, Anwendungsbereich, Geräte) (2000-12)
1704 Voraussetzungen und Verfahren für die Erteilung von Bescheinigungen über die Herstellerqualifikation zum Schweißen von Stahlbauten (2004-05)

VDI-Richtlinien
2388 Krane in Gebäuden – Planungsgrundlagen (2007-10)
3576 Schienen für Krananlagen – Schienenverbindungen, Schienenbefestigungen, Toleranzen (2011-03)

Zu Kapitel 13 B Trapezprofile und Sandwichbauteile

DIN	Teil	Ausgabe	Titel
18 800			Stahlbauten
	1	2008-11	Bemessung und Konstruktion (Hinweis: zurückgezogen)
	2	2008-11	Stabilitätsfälle Knicken von Stäben und Stabwerken (Hinweis: zurückgezogen)
	3	2008-11	Stabilitätsfälle – Plattenbeulen (Hinweis: zurückgezogen)
	4	2008-11	Stabilitätsfälle – Schalenbeulen (Hinweis: zurückgezogen)
	5	2007-03	Verbundtragwerke aus Stahl und Beton – Bemessung und Konstruktion (Hinweis: zurückgezogen)
	7	2008-11	Ausführung und Herstellerqualifikation (Hinweis: zurückgezogen)
18 801		1983-09	Stahlhochbau – Bemessung, Konstruktion, Herstellung (Hinweis: zurückgezogen)
18 807			Trapezprofile im Hochbau
	1	1987-06	Stahltrapezprofile – Allgemeine Anforderungen – Ermittlung der Tragfähigkeitswerte durch Berechnung (Hinweis: zurückgezogen)
	1/A1	2001-05	Änderung A1 für Stahlkassettenprofile (Hinweis: zurückgezogen)
	2	1987-06	Stahltrapezprofile – Durchführung und Auswertung von Tragfähigkeitsversuchen (Hinweis: zurückgezogen)
	2/A1	2001-05	Änderung A1 für Stahlkassettenprofile (Hinweis: zurückgezogen)
	3	1987-06	Stahltrapezprofile – Festigkeitsnachweis und konstruktive Ausbildung (Hinweis: zurückgezogen)
	3/A1	2001-05	Änderung A1 für Stahlkassettenprofile (Hinweis: zurückgezogen)
	6	1995-09	Aluminium-Trapezprofile und ihre Verbindungen – Ermittlung der Tragfähigkeitswerte durch Berechnung (Hinweis: zurückgezogen)
	7	1995-09	Aluminium-Trapezprofile und ihre Verbindungen – Ermittlung der Tragfähigkeitswerte durch Versuche (Hinweis: zurückgezogen)
	8	1995-09	Aluminium-Trapezprofile und ihre Verbindungen – Nachweise der Tragsicherheit und Gebrauchstauglichkeit (Hinweis: zurückgezogen)
	9	1998-06	Aluminium-Trapezprofile und ihre Verbindungen – Anwendung und Konstruktion (Hinweis: zurückgezogen)

DIN	Teil	Ausgabe	Titel
55 634		2010-04	Beschichtungsstoffe und Überzüge, Korrosionsschutz von tragenden dünnwandigen Bauteilen aus Stahl
55 928	8	1994-07	Korrosionsschutz von Stahlbauten durch Beschichtungen und Überzüge – Korrosionsschutz von tragenden dünnwandigen Bauteilen (Hinweis: zurückgezogen)
59 231		2003-11	Wellbleche und Pfannenbleche, oberflächenveredelt – Maße, Masse und statische Werte

DIN EN	Teil	Ausgabe	Titel
1090			Ausführung von Stahltragwerken und Aluminiumtragwerken
	1	2012-02	Konformitätsnachweisverfahren für tragende Bauteile
	4 (E)	2015-11	Technische Anforderungen an kaltgeformte, tragende Bauelemente aus Stahl und kaltgeformte, tragende Bauteile für Dach-, Decken-, Boden- und Wandanwendungen
1993	1-3	2010-12	Eurocode 3: Bemessung und Konstruktion von Stahlbauten; Teil 1-3: Allgemeine Regeln – Ergänzende Regeln für kaltgeformte dünnwandige Bauteile und Bleche
1994			Eurocode 4: Bemessung und Konstruktion von Verbundtragwerken aus Stahl und Beton
	1-1	2010-12	Allgemeine Bemessungsregeln und Anwendungsregeln für den Hochbau
	1-1/NA	2010-12	Nationaler Anhang zu EC 4 Teil 1-1
	1-2	2010-12	Allgemeine Regeln – Tragwerksbemessung für den Brandfall
	1-2/NA	2010-12	Nationaler Anhang zu EC 4 Teil 1-2
10 326		2004-07	Kontinuierlich schmelztauchveredeltes Band und Blech aus Baustählen – Technische Lieferbedingungen (Hinweis: zurückgezogen)
14 509		2013-12	Selbsttragende Sandwich-Elemente mit beidseitigen Metalldeckschichten – Werkmäßig hergestellte Produkte – Spezifikationen
14 782		2006-03	Selbsttragende Dachdeckungs- und Wandbekleidungselemente für die Innen- und Außenanwendung aus Metallblech – Produktspezifikation und Anforderungen

DIN EN ISO	Teil	Ausgabe	Titel
12 944			Beschichtungsstoffe – Korrosionsschutz von Stahlbauten durch Beschichtungssysteme
	1	1998-07	Allgemeine Einleitung
	2	1998-07	Einteilung der Umgebungsbedingungen
	3	1998-07	Grundregeln zur Gestaltung
	4	1998-07	Arten von Oberflächen und Oberflächenvorbereitung
	5	1998-07	Beschichtungssysteme
	7	1998-07	Ausführung und Überwachung der Beschichtungsarbeiten
	8	1998-07	Erarbeiten von Spezifikationen für Erstschutz und Instandsetzung

Zu Kapitel 13 C Glasbau

DIN	Teil	Ausgabe	Titel
1055	100	2001-03	Einwirkungen auf Tragwerke – Teil 100: Grundlagen der Tragwerksplanung, Sicherheitskonzept und Bemessungsregeln – Anlage 1.1/4 – ersetzt durch Eurocode 1 (Hinweis: zurückgezogen)
1249	11	1986-09	Flachglas im Bauwesen: Glaskanten – Begriff, Kantenformen und Ausführung
1259	1	2001-09	Glas – Teil 1: Begriffe für Glasarten und Glasgruppen
	2	2001-09	Glas – Teil 2: Begriffe für Glaserzeugnisse
7863	1	2011-10	Elastomer-Dichtprofile für Fenster und Fassade – Technische Lieferbedingungen – Teil 1: Nichtzellige Elastomer-Dichtprofile im Fenster – und Fassadenbau
18 008			Glas im Bauwesen – Bemessungs- und Konstruktionsregeln
	1	2010-10	Begriffe und allgemeine Grundlagen
	2	2010-12	Linienförmig gelagerte Verglasungen
	3	2013-07	Punktförmig gelagerte Verglasungen
	4	2013-07	Zusatzanforderungen an absturzsichernde Verglasungen
	5	2013-07	Zusatzanforderungen an begehbare Verglasungen
	6	2015-02	Zusatzanforderungen an zu Instandhaltungsmaßnahmen betretbare Verglasungen und an durchsturzsichere Verglasungen
18 175		1977-05	Glasbausteine (Hinweis: zurückgezogen)
18 516	4	1990-02	Außenwandbekleidungen, hinterlüftet: Einscheiben-Sicherheitsglas – Anforderungen, Bemessung, Prüfung (18 516 Teil 1 und 3 neu erschienen 2010-06)
18 545	1	1992-02	Abdichten von Verglasungen mit Dichtstoffen – Anforderungen an Glasfalze (Hinweis: zurückgezogen)
52 460		2000-02	Fugen- und Glasabdichtungen – Begriffe (Hinweis: zurückgezogen)

DIN EN	Teil	Ausgabe	Titel
572			Glas im Bauwesen: Basiserzeugnisse aus Kalk-Natronsilicatglas
	1	2012-11	Definitionen und allgemeine physikalische und mechanische Eigenschaften; Deutsche Fassung EN 572-01:2012
	2	2012-11	Floatglas; Deutsche Fassung FprEN 572-2:2012
	3	2012-11	Poliertes Drahtglas; Deutsche Fassung FprEN 572-3:2012
	4	2012-11	Gezogenes Flachglas; Deutsche Fassung FprEN 572-4:2012
	5	2012-11	Ornamentglas; Deutsche Fassung FprEN 572-5:2012
	6	2012-11	Drahtornamentglas; Deutsche Fassung FprEN 572-6:2012
	7	2012-11	Profilbauglas mit und ohne Einlage; Deutsche Fassung FprEN 572-7:2012
	8	2012-11	Liefermaße und Festmaße; Deutsche Fassung FprEN 572-8:2012
1036			Glas im Bauwesen: Spiegel aus silberbeschichtetem Floatglas für den Innenbereich

DIN EN	Teil	Ausgabe	Titel
	1	2008-03	Begriffe, Anforderungen und Prüfverfahren; Deutsche Fassung EN 1036-1:2007
	2	2008-05	Konformitätsbewertung – Produktnorm; Deutsche Fassung EN 1036-2:2008
1051			Glas im Bauwesen: Glassteine und Betongläser
	1	2003-04	Begriffe und Beschreibungen; Deutsche Fassung EN 1051-1:2003
	2	2007-12	Konformitätsbewertung/Produktnorm; Deutsche Fassung EN 1051-2:2007
1096			Glas im Bauwesen: Beschichtetes Glas
	1	2012-04	Definitionen und Klasseneinteilung; Deutsche Fassung EN 1096-1:2012
	4	2005-01	Konformitätsbewertung – Produktnorm; Deutsche Fassung EN 1096-4:2004
1990		2010-12	Eurocode 0: Grundlagen der Tragwerksplanung, Deutsche Fassung EN 1990:2002 + A1:2005 + A1 2005/AC:2010
1991	1-1	2010-12	Eurocode 1: : Einwirkungen auf Tragwerke – Teil 1-1: Allgemeine Einwirkungen auf Tragwerke – Wichten, Eigengewicht und Nutzlasten im Hochbau, Deutsche Fassung EN 1991-1-1:2002 + AC:2009
	1-1/NA	2010-12	Nationaler Anhang – National festgelegte Parameter – Eurocode 1: Einwirkungen auf Tragwerke – Teil 1-1: Allgemeine Einwirkungen auf Tragwerke – Wichten, Eigengewicht und Nutzlasten im Hochbau
1279			Glas im Bauwesen: Mehrscheiben-Isolierglas
	1	2004-08	Allgemeines, Maßtoleranzen und Vorschriften für die Systembeschreibung; Deutsche Fassung EN 1279-1:2004
	2	2003-06	Langzeitprüfverfahren und Anforderungen bezüglich Feuchtigkeitsaufnahme; Deutsche Fassung EN 1279-2:2002
	3	2003-05	Langzeitprüfverfahren und Anforderungen bezüglich Gasverlustrate und Grenzabweichungen für die Gaskonzentration; Deutsche Fassung EN 1279-3:2002
	5	2011-11	Konformitätsbewertung; Deutsche Fassung EN 1279-5:2005 + A2:2010
1288			Glas im Bauwesen: Bestimmung der Biegefestigkeit von Glas
	1	2000-09	Grundlagen; Deutsche Fassung EN 1288-1:2000
	2	2000-09	Doppelring-Biegeversuch an plattenförmigen Proben mit großen Prüfflächen; Deutsche Fassung EN 1288-2:2000
	3	2000-09	Prüfung von Proben bei zweiseitiger Auflagerung (Vierschneiden-Verfahren); Deutsche Fassung EN 1288-3:2000
	4	2000-09	Prüfung von Profilbauglas; Deutsche Fassung EN 1288-4:2000
	5	2000-09	Doppelring-Biegeversuch an plattenförmigen Proben mit kleinen Prüfflächen; Deutsche Fassung EN 1288-5:2000
1748			Glas im Bauwesen: Spezielle Basiserzeugnisse
	1-1	2004-12	Borosilicatgläser – Definitionen und allgemeine physikalische und mechanische Eigenschaften; Deutsche Fassung EN 1748-1-1:2004

DIN EN	Teil	Ausgabe	Titel
	1-2	2005-01	Borosilicatgläser – Konformitätsbewertung – Produktnorm; Deutsche Fassung EN 1748-1-2:2004
	2-1	2004-12	Glaskeramik – Definitionen und allgemeine physikalische und mechanische Eigenschaften; Deutsche Fassung EN 1748-2-1:2004
	2-2	2005-01	Glaskeramik – Konformitätsbewertung – Produktnorm; Deutsche Fassung EN 1748-2-2:2004
1863			Glas im Bauwesen: Teilvorgespanntes Kalknatronglas
	1	2012-02	Definition und Beschreibung; Deutsche Fassung EN 1863-1:2011
12 150			Glas im Bauwesen: Thermisch vorgespanntes Kalknatron-Einscheibensicherheitsglas
	1	2015-12	Definition und Beschreibung; Deutsche Fassung EN 12 150-1:2015
12 337			Glas im Bauwesen: Chemisch vorgespanntes Kalknatronglas
	1	2000-11	Definition und Beschreibung; Deutsche Fassung EN 12 337-1:2000
	2	2005-01	Konformitätsbewertung – Produktnorm; Deutsche Fassung EN 12 337-2:2004
12 600		2003-04	Glas im Bauwesen: Pendelschlagversuch – Verfahren für die Stoßprüfung und Klassifizierung von Flachglas; Deutsche Fassung EN 12 600-1:2002
12 758		2011-04	Glas im Bauwesen: Glas und Luftschalldämmung – Produktbeschreibungen und Bestimmung der Eigenschaften; Deutsche Fassung EN 12 758:2011
13 022			Glas im Bauwesen: Geklebte Verglasungen
	1	2014-08	Glasprodukte für Structural-Sealant-Glazing (SSG-) Glaskonstruktionen für Einfachverglasungen und Mehrfachverglasungen mit oder ohne Abtragung des Eigengewichtes; Deutsche Fassung EN 13 022-1:1:2014
	2	2010-07	VerglasungsvorschriftenStructural-Sealant-Glazing (SSG-) Glaskonstruktionen; Deutsche Fassung EN 13 022-2:2014
14 178	2	2005-01	Basiserzeugnisse aus Erdalkali-Silicatglas – Konformitätsbedingungen/Produktnorm; Deutsche Fassung EN 14 178-2:2004
14 179	2	2005-09	Heißgelagertes thermisch vorgespanntes Kalknatron-Einscheibensicherheitsglas – Teil 1: Definition und Beschreibung; Deutsche Fassung EN 14 179-21:2005

DIN EN ISO	Teil	Ausgabe	Titel
527			Kunststoffe: Bestimmung der Zugeigenschaften
	1	2012-06	Allgemeine Grundsätze (ISO 527-1:2012); Deutsche Fassung EN ISO 527-1:2012
	2	2010-06	Prüfbedingungen für Form- und Extrusionsmassen (ISO 527-2:2012); Deutsche Fassung EN ISO 527-2:2012
	3	2003-07	Prüfbedingungen für Folien und Tafeln (ISO 527-3:1995 + Corr 1:1998 + Corr 2:2001) (enthält Berichtigung AC:1998 + AC:2002); Deutsche Fassung EN ISO 527-3:1995 + AC:1998 + AC:2002

DIN EN ISO	Teil	Ausgabe	Titel
12 543			Glas im Bauwesen: Verbundglas und Verbund-Sicherheitsglas
	1	2011-12	Definitionen und Beschreibung von Bestandteilen (ISO 12543-1:2011); Deutsche Fassung EN ISO 12543-1:2011
	2	2011-12	Verbund-Sicherheitsglas (ISO 12543-2:2011); Deutsche Fassung EN ISO 12543-2:2011

DIN ISO	Teil	Ausgabe	Titel
12 488		2007-07	Glas am Bau: Verglasungsrichtlinien – Verglasungssysteme und Anforderungen für die Verglasung; Deutsche Fassung prEN 12 488: 1996 *(zurückgezogen)*

Zu Kapitel 13 D Stahlbauprofile

DIN	Teil	Ausgabe	Titel
536			Kranschienen
	1	1991-09	Maße, statische Werte, Stahlsorten für Kranschienen mit Fußflansch – Form A
	2	1974-12	Maße, statische Werte, Stahlsorten – Form F (flach)
1025			Warmgewalzte I-Träger
	1	2009-04	Schmale I-Träger, I-Reihe
	2	1995-11	I-Träger, IPB-Reihe
	3	1994-03	Breite I-Träger, leichte Ausführung, IPBl-Reihe
	4	1994-03	Breite I-Träger, verstärkte Ausführung, IPBv-Reihe
	5	1994-03	Mittelbreite I-Träger, IPE-Reihe
1026			Warmgewalzter U-Profilstahl
	1	2009-09	U-Profilstahl mit geneigten Flanschflächen
	2	2002-10	U-Profilstahl mit parallelen Flanschflächen
1027		2004-04	Stabstahl; Warmgewalzter rundkantiger Z-Stahl – Maße, Masse, Toleranzen, statische Werte

DIN EN	Teil	Ausgabe	Titel
10 034		1994-03	I- und H-Profile aus Baustahl
10 055		1995-12	Warmgewalzter gleichschenkliger T-Stahl mit gerundeten Kanten und Übergängen – Maße, Grenzabmaße und Formtoleranzen
10 056	1	1998-10	Gleichschenklige und ungleichschenklige Winkel aus Stahl – Maße
10 210	2	2006-07	Warmgefertigte Hohlprofile für den Stahlbau aus unlegierten Baustählen und aus Feinkornbaustählen, Grenzabmaße, Maße und statische Werte
10 219	2	2006-07	Kaltgefertigte geschweißte Hohlprofile aus unlegierten Baustählen und aus Feinkornbaustählen – Grenzabmaße, Maße und statische Werte
10 279		2000-03	Warmgewalzter U-Profilstahl – Grenzabmaße, Formtoleranzen und Grenzabweichungen der Masse

Zu Kapitel 14 A Bauvermessung

DIN	Teil	Ausgabe	Titel
18 202		2013-04	Toleranzen im Hochbau – Bauwerke
18 710			Ingenieurvermessung
	1	2010-09	Allgemeine Anforderungen
	3	2010-09	Absteckung
	4	2010-09	Überwachung
18 723			Feldverfahren zur Genauigkeitsuntersuchung geodätischer Instrumente
	1	1990-07	Allgemeines

OIML R35		Edition 2007	Material measures of length for general use

Zu Kapitel 14 B Bauzeichnungen

DIN	Teil	Ausgabe	Titel
919	1	2014-08	Technische Zeichnungen für Holzverarbeitung – Grundlagen
1356	1	1995-02	Bauzeichnungen – Arten, Inhalte und Grundregeln der Darstellung (wird zzt. überarbeitet)

DIN EN	Teil	Ausgabe	Titel
60 617	11	1997-08	Graphische Symbole für Schaltpläne, gebäudebezogene und topographische Installationspläne und Schaltpläne

DIN ISO	Teil	Ausgabe	Titel
128			Technische Zeichnungen – Allgemeine Grundlagen der Darstellung
	20	2002-12	Linien, Grundregeln
	24	1999-12	Linien in Zeichnungen der mechanischen Technik
3766		2004-05	Zeichnungen für das Bauwesen - Vereinfachte Darstellung von Bewehrungen
5456	4	2002-12	Technische Zeichnungen - Projektionsmethoden - Zentralprojektion

Zu Kapitel 14 D Allgemeine Tafeln; Bauantrag und Bauvorlagen

DIN	Teil	Ausgabe	Titel
824		1981-03	Technische Zeichnungen; Faltung auf Ablageformat
1080	1	1976-06	Begriffe, Formelzeichen und Einheiten im Bauingenieurwesen; Grundlagen. (Hinweis: zurückgezogen)
1301			Einheiten
	1	2010-10	Einheitennamen, Einheitenzeichen
	1 (Bbl. 1)	1982-04	Einheitenähnliche Namen und Zeichen
	2	1978-02	Allgemein angewendete Teile und Vielfache
18 202		2013-04	Toleranzen im Hochbau – Bauwerke

DIN EN ISO	Teil	Ausgabe	Titel
5457		2010-11	Formate und Gestaltung von Zeichnungsvordrucken

DIN ISO	Teil	Ausgabe	Titel
3898		2013-03	Berechnungsgrundlagen für Bauten - Namen und Symbole der physikalischen Größen und deren Einheiten

2 Literaturverzeichnis

Zu Kapitel 1 Objektentwurf

[1.1] Heisel, J. P.: Planungsatlas; 3. Aufl., Bauwerk – Beuth Verlag, Berlin, 2013

Zu Kapitel 2 A Stadtplanung

Alle Zeichnungen Dipl.-Ing. Henning Saal. Siegen 2009

[2.1] Handwörterbuch der Raumordnung. ARL, Hannover, 2005

[2.2] Baugesetzbuch (BauGB) in der Fassung vom 23. September 2004

[2.3] Schliepkorte, J.: Der Vorhaben- und Erschließungsplan, VHW-Verlag, Bonn, 2001

[2.4] Planung neu denken; hrsg. von Klaus Selle: Band 1: Zur räumlichen Entwicklung beitragen. Konzepte, Theorien, Impulse und Band 2: Praxis der Stadt- und Regionalentwicklung, Dortmund, 2006

[2.5] Lynch, K.: Das Bild der Stadt. Bauwelt-Fundamente, Gütersloh, 1968

[2.6] Grundlagen des stadtgestalterischen Entwerfens; hrsg. vom Städtebaulichen Institut der Universität Stuttgart, 1994 (S. 204)

[2.7] Grundlagen des stadtgestalterischen Entwerfens; hrsg. vom Städtebaulichen Institut der Universität Stuttgart, 1994 (S. 200)

[2.8] Grundlagen des stadtgestalterischen Entwerfens; hrsg. vom Städtebaulichen Institut der Universität Stuttgart, 1994 (S. 200)

[2.9] Schwalbach, G.: Stadtanalyse. Reihe Basics. Birkhäuser Verlag, Basel/Boston/Berlin, 2009

[2.10] Schäfers, B.: Architektursoziologie. Opladen, 2003

[2.11] Schröteler-von Brandt, H.: Stadtbau- und Stadtplanungsgeschichte. Eine Einführung. Verlag W. Kohlhammer, Stuttgart, 2008 (S. 193) *(nachgezeichnet)*

[2.12] Curdes, G.: Stadtstruktur und Stadtgestaltung, Kohlhammer Verlag, Stuttgart/Berlin/Köln, 1993

[2.13] Bürklin,T./Peterek, M.: Stadtbausteine. Reihe Basics. Birkhäuser Verlag, Basel/Boston/Berlin, 2008

[2.14] Reinborn, D.: Städtebau im 19. und 20. Jahrhundert. Verlag W. Kohlhammer, Stuttgart/Berlin/Köln, 1996 *(nachgezeichnet)*

[2.15] Reinborn, D.: Städtebau im 19. und 20. Jahrhundert. Verlag W. Kohlhammer, Stuttgart/Berlin/Köln, 1996 *(nachgezeichnet)*

[2.16] Reinborn, D.: Städtebau im 19. und 20. Jahrhundert. Verlag W. Kohlhammer, Stuttgart/Berlin/Köln, 1996 *(nachgezeichnet)*

[2.17] Bauen und Landschaft am Stadtrand – Dokumentation der 10 Modellprojekte; hrsg. vom Ministerium für Stadtentwicklung, Kultur und Sport des Landes Nordrhein-Westfalen, Düsseldorf, 1997 (S. 61) *(nachgezeichnet)*

[2.18] Reinborn, D.: Städtebau im 19. und 20. Jahrhundert, Verlag W. Kohlhammer, Stuttgart/Berlin/Köln, 1996 (S. 225) *(nachgezeichnet)*

[2.19] Internationale Bauausstellung Berlin 1987. Projektübersicht, Berlin, 1987 (S. 179) *(nachgezeichnet)*

[2.20] Siedlungsmodelle – Neue Wege zu preiswertem, ökologischen und sozialem Wohnen in Bayern; hrsg. von der Obersten Baubehörde im Bayerischen Staatsministerium des Innern, München, 1999 *(nachgezeichnet)*

[2.21] Siedlungsmodelle – Neue Wege zu preiswertem, ökologischen und sozialem Wohnen in Bayern; hrsg. von der Obersten Baubehörde im Bayerischen Staatsministerium des Innern, München, 1999 *(nachgezeichnet)*

[2.22] Handbuch Hannover Kronsberg – Planung und Realisierung, Hrsg.: Landeshauptstadt Hannover, Hannover, 2004 (S. 49) *(eigene Darstellung)*

[2.23] Handbuch Hannover Kronsberg – Planung und Realisierung, Hrsg.: Landeshauptstadt Hannover, Hannover, 2004 (S. 49) *(eigene Darstellung)*

[2.24] Funkkaserne München – Gestaltungsleitfaden, Hrsg.: Referat für Stadtplanung und Bauordnung, Ortner & Ortner Baukunst Gesellschaft von Architekten mbH, TOPOTEK 1 Gesellschaft von Landschaftsarchitekten, S. 28 *(eigene Darstellung)*

[2.25] Funkkaserne München – Gestaltungsleitfaden, Hrsg.: Referat für Stadtplanung und Bauordnung, Ortner & Ortner Baukunst Gesellschaft von Architekten mbH, TOPOTEK 1 Gesellschaft von Landschaftsarchitekten, S. 28 (*eigene Darstellung*)

[2.26] Baunutzungsverordnung (BauNVO), zuletzt geändert am 22. April 1993

[2.27] Müller/Korda: Städtebau; Hrsg.: Martin Korda, 4. neubearbeitete Auflage, B. G. Teubner, Stuttgart/Leipzig, 1999

[2.28] Abstandsflächen in Nordrhein-Westfalen: Neufassung der Regelungen über die Abstandsflächen nach § 6 der BauO NRW; in Kraft getreten am 28. Dezember 2006, BauO NRW in der Fassung vom 1.3.2000

[2.29] Braam, W.: Stadtplanung. Aufgabenbereiche. Planungsmethodik. Rechtsgrundlagen, 3. neubearbeitete und erweiterte Auflage, Werner Verlag, Düsseldorf, 1999

[2.30] Prinz, D.: Städtebau. Band 1. Städtebauliches Entwerfen, 6. überarbeitete Auflage, Verlag W. Kohlhammer, Stuttgart/Berlin/Köln, 1995 (S. 193)

[2.31] EAR – Empfehlungen für Anlagen des ruhenden Verkehrs; Hrsg.: Forschungsgesellschaft für Straßen- und Verkehrswesen, FGSV Verlag, Köln, 2005 (S. 22, S. 28, S. 34) (*eigene Darstellung*)

Zu Kapitel 2 B Landschaftsbau/Gehölzanwendung

[2.40] FLL – Forschungsges. Landschaftsentwicklung – Landschaftsbau e. V., Bonn (Hrsg.): Gütebestimmungen für Baumschulpflanzen, 2005

[2.41] FLL (wie vor): Leitfaden für die funktionsgerechte Ausführung und Pflege von Gehölzpflanzungen im besiedelten Bereich, 1999

[2.42] Krieter, M./Malkus, A. u. a.: Untersuchungen zur Standortoptimierung von Straßenbäumen; (Hrsg.): FLL (wie vor), Bonn, 1996

[2.43] FLL (wie vor): Besondere Leistungen, Nebenleistungen und gewerbliche Verkehrssitte bei Landschaftsbau-Fachnormen DIN 18 915 bis DIN 18 920, Bonn, 2008

[2.44] FLL (wie vor): Richtlinien für Regelkontrollen zur Überprüfung der Verkehrssicherheit von Bäumen – Baumkontrollrichtlinien, 2010

[2.45] FLL (wie vor): Empfehlungen für Baumpflanzungen – Teil 2, 2010

[2.46] FLL – Richtlinie für die Planung, Ausführung und Pflege von Fassadenbegrünungen mit Kletterpflanzen – Fassadenbegrünungsrichtlinie, 2000

[2.47] DIN 18 916 (8/02) – Pflanzen und Pflanzarbeiten

[2.48] Warda, H.-D.: Das große Buch der Garten- und Landschaftsgehölze, 2. Aufl. Bruns Pflanzen Export GmbH, Bad Zwischenahn, 2001

[2.49] Straßenbaumliste der Gartenamtsleiter, Stand 1995, in: Grün ist das Leben 11/95 (Verbandszeitschr. des BDB)

Zu Kapitel 2 C Straßen- und Verkehrswesen

[2.50] Schnabel, W./Lohse, D.: Grundlagen der Straßenverkehrstechnik und Straßenverkehrsplanung, 2011, Verlag für Bauwesen, Berlin

[2.51] Weise, G./Durth, W.: Straßenbau – Planung und Entwurf, 2005, Verlag für Bauwesen, Berlin

[2.52] Wolf, G. /Bracher, A. /Bösl, B.: Straßenplanung, 8. Aufl. 2013, Werner Verlag, Köln

[2.53] Velske, S. /Mentlein, H. /Eymann, P.: Straßenbautechnik, 7. Aufl 2013, Werner Verlag, Köln

[2.54] Höfler, F.: Verkehrswesen-Praxis, Band l und 2, 2004/2006, Bauwerk Verlag, Berlin

[2.55] Richter, D./Heindel, M.: Straßen- und Tiefbau, 2008, Teubner Verlag, Stuttgart

[2.56] Löther, W.: Straßenbau-Praxis, 2001, Bauwerk Verlag, Berlin

[2.57] Straube, E./Krass, K.: Straßenbau und Straßenerhaltung, 9. Aufl. 2009, Erich Schmidt Verlag, Berlin

[2.58] Hutschenreuther, J./Wörner, Th.: Asphalt im Straßenbau, 2010, Verlag Bauwesen, Berlin

[2.59] Wiehler, H.-G./Wellner, F.: Straßenbau – Konstruktion und Ausführung, 5. Aufl 2005, Verlag für Bauwesen, Berlin

[2.60] Baier, R./Ackva, A./Baier, M.: Straßen und Plätze neu gestaltet (Loseblatt-Sammlung), Kirschbaum Verlag, Bonn

[2.61] Kolks, W./Fiedler, J.: Verkehrswesen in der kommunalen Praxis, 2003, Erich Schmidt Verlag, Berlin

[2.62] Steierwald, G./Künne, H.-D./Vogt, W.: Stadtverkehrsplanung, 2005, Springer Verlag, Berlin

[2.63] Mensebach, W.: Straßenverkehrsplanung, Straßenverkehrstechnik, 4. Aufl. 2004, Werner Verlag, Neiwied
[2.64] Straube, E./Beckedahl, H.: Straßenbau und Straßenerhaltung, 8. Auflage 2005, Erich Schmidt Verlag, Berlin
[2.65] Forschungsgesellschaft für Straßen- und Verkehrswesen – Handbuch für die Bemessung von Straßenverkehrsanlagen (HBS), 2001/2009, FGSV Verlag, Köln
[2.66] Bundesministerium für Verkehr, Bau und Stadtentwicklung: Schriftenreihe „Forschung Straßenbau und Straßenverkehrstechnik“, Bonn-Bad Godesberg
[2.67] Straßenbau von A–Z (Loseblattsammlung), Erich Schmidt Verlag, Berlin
[2.68] Der Elsner, Handbuch für Straßen- und Verkehrswesen, Otto Eisner Verlagsgesellschaft, Darmstadt (erscheint jährlich)
[2.69] Straße und Autobahn (Zeitschrift), Kirschbaum Verlag, Bonn
[2.70] Straßenverkehrstechnik (Zeitschrift), Kirschbaum Verlag, Bonn
[2.71] Tiefbau, Ingenieurbau, Straßenbau (Zeitschrift), Bertelsmann Verlag, Gütersloh
[2.72] Straßen- und Tiefbau (Zeitschrift), Giesel Verlag, Hannover
[2.73] Asphalt (Zeitschrift), Giesel Verlag, Hannover
[2.74] Der Nahverkehr (Zeitschrift), Alba Fachverlag, Düsseldorf

Zu Kapitel 3 A Baukonstruktion

[3.1] Dierks/Wormuth: Baukonstruktion, 7. Aufl., Werner Verlag, Köln, 2012
[3.2] Schneider/Schubert/Wormuth: Mauerwerksbau, 6. Aufl., Werner Verlag, Neuwied, 1999
[3.3] Wormuth, R.: Grundlagen der Hochbaukonstruktion, Werner Verlag, Neuwied, 1977
[3.4] Kahlmeyer, E./Hebestreit, K./Vogt, W.: Stahlbau nach EC 3, Bundesanzeiger Verlag, Köln, 2015
[3.5] Hünersen, G./Fritzsche, E.: Stahlbau in Beispielen, 4. Aufl., Werner Verlag, Neuwied, 1998
[3.6] Frommhold/Hasenjäger: Wohnungsbau-Normen, 27. Aufl., Bundesanzeiger Verlag, Köln und Beuth Verlag GmbH, Köln, 2015
[3.7] Pfefferkorn, W.: Rissschäden an Mauerwerk, IRB-Verlag, Stuttgart, 1994
[3.8] Werner, G./Steck, G.: Holzbau, Teil 2, Dach- und Hallentragwerke, 4. Aufl., Werner Verlag, Neuwied, 1993
[3.9] Schulze, H.: Schäden an Decken und Wänden in Holzbauart, IRB-Verlag, Stuttgart, 1993
[3.10] Küllmer, M.: Freigelegte Holzfachwerkfassaden. Holzzerstörung durch Schwamm, in: Deutsches Architektenblatt (DAB) 12/93, S. 2189 (Bauschäden-Sammlung)
[3.11] Pflüger, A.: Elementare Schalenstatik, 5. Aufl., Springer Verlag, Berlin, 1994
[3.12] Deutsches Dachdeckerhandwerk – Regeln für Dachdeckungen, Hrsg.: Zentralverband des Deutschen Dachdeckerhandwerks, 2009; Regeln für Dächer mit Abdichtungen – Flachdachrichtlinien. Hrsg.: Zentralverband d. Dt. Dachdeckerhandwerks, 2008
[3.13] Stahlbetonbau aktuell (Hrsg.: Avak, R./Goris, A.), Bauwerk Verlag, Berlin, 2002
[3.14] Fertigteilbau-Forum; Heft 17: Knotenverbindungen. Bundesverband Deutsche Beton- und Fertigteilindustrie, Bonn, 1985
[3.15] Wellpot, E./Bohne, D.: Technischer Ausbau von Gebäuden, 9. Auflage, Verlag W. Kohlhammer, Stuttgart, 2006
[3.16] Baukalender 2007, Bauwerk Verlag, Berlin
[3.17] Mittag: Baukonstruktionslehre, Vieweg Verlag, 2000
[3.18] Lignum – Schweizerische Arbeitsgemeinschaft für Holz
[3.19] Bauen mit Stahl: Stahlbau Arbeitshilfe 22 – Treppen im Geschossbau. Düsseldorf, Stand 2004-06 (III/00)
[3.20] Beyer, R.: Entwurfshilfen für Stahltreppen (Merkblatt 355), Stahl-Informations-Zentrum, Düsseldorf, 1990
[3.21] Informationsgesellschaft Betonwerkstein: www.infob.de, Stand 2004-11
[3.22] Planungsunterlagen Schiedel GmbH & Co. KG (Lerchenstraße 9, 80995 München, www.schiedel.de)
[3.23] Planungsunterlagen Schöck Bauteile GmbH (Vimbucher Straße 2, 76534 Baden-Baden, www.schoeck.de)
[3.24] www.passivhaustagung.de/Passivhaus_D/Passivhaus_Definition.html, aktualisiert: 16.09.2005
[3.25] Bundesministerium für Wirtschaft und Energie – http://www.erneuerbare-energien.de/EE/Navigation/DE/ Gesetze/ Das_EEWaermeG/das_eewaermeg.html

Zu Kapitel 3 B Befestigungen

[3.31] Weber, S. /Sippel, T.: Befestigungstechnik, Kapitel 6 D, in Schneider Bautabellen für Ingenieure, 21. Auflage, Werner Verlag, Köln, 2014

[3.32] Produktinformation Firma Halfen

[3.33] MediaServiceOnline Unternehmensgruppe fischer

[3.34] European Organization for Technical Approvals (EOTA): Guideline for European Technical Approval of Plastic Anchors for Multiple Use in Concrete and Mansonry for Non-Structural applications, 2006 (Part 1 to Part 5, Annex A to Annex C)

[3.35] Deutsches Institut für Bautechnik, Berlin: Allgemeine bauaufsichtliche Zulassung Z-30.3-6 vom 20. April 2009 „Erzeugnisse, Verbindungsmittel und Bauteile aus nichtrostenden Stählen“

Zu Kapitel 3 C Bauwerksabdichtung

[3.69] DAfStb-Richtlinie: Wasserundurchlässige Bauwerke aus Beton (WU-Richtlinie), Deutscher Ausschuss für Stahlbeton. Ausgabe 2003-11, inklusive der Erläuterungen im Heft 555 des Deutschen Ausschusses

[3.70] Berichtigung zur WU-Richtlinie, Ausgabe 2006-03.

[3.71] Bauregelliste, Deutsches Institut für Bautechnik

[3.72] ATV Regelwerk Abwasser-Abfall: Bau und Bemessung von Anlagen zur dezentralen Versickerung von nicht schädlich verunreinigtem Niederschlagswasser. Arbeisblatt A 138, Januar 1990

[3.73] Flachdachrichtlinie des Deutschen Dachdeckerhandwerks: Regeln für Dächer mit Abdichtungen von Zentralverband d. Deutschen Dachdeckerhandwerks e.V. (Herausgeber), Oktober 2008

[3.74] ZDB: Merkblatt „Hinweise für die Ausführung von Verbundabdichtungen mit Bekleidungen und Belägen aus Fliesen und Platten für den Innen- und Außenbereich“, Ausgabe Januar 2005. Zentralverband des Deutschen Baugewerbes und Fachverband Deutsches Fliesengewerbe, Bonn

[3.75] BWK-Merkblatt: Ermittlung des Bemessungsgrundwasserstandes für Bauwerksabdichtungen, Band M 8, Hrsg.: Bund der Ingenieure für Wasserwirtschaft, Abfallwirtschaft und Kulturbau e.V. (BWK), Sindelfingen; 2009

[3.76] Achmus, M.: Reduzierung der Wasserbeanspruchung durch Dränagen, Bauphysik-Kalender 2008 Verlag Ernst & Sohn

[3.77] Fouad, N.A. Hrsg.: Lehrbuch der Hochbaukonstruktionen, Springer-Vieweg Verlag

[3.78] Bonk., M.: Lufsky – Bauwerksabdichtung, Springer-Vieweg Verlag

[3.79] Cziesielski, E.: Verbundabdichtungen – Praktische Anwendungen, Bauphysik-Kalender 2008, Verlag Ernst & Sohn

[3.80] Hohmann R.: Wasserundurchlässige Bauwerke aus Beton- Typische Fehler bei der Planung und Ausführung von Fugenabdichtungen, Bauphysik-Kalender 2008, Verlag Ernst & Sohn

[3.81] Michels, K: Abdichtung von nicht genutzten Dächern – DIN 18531, Bauphysik-Kalender 2008, Verlag Ernst & Sohn

[3.82] Schrepfer, T.: Bauwerke aus wasserundurchlässigem Beton: Bauphysik-Kalender 2008, Verlag Ernst & Sohn

[3.83] Wetzel, H.-H.: Abdichtung erdberührter Bauteile- DIN 18195, Bauphysik-Kalender 2008 Verlag Ernst & Sohn

[3.84] Willems, W.: Abdichtung genutzter Flachdächer, Bauphysik-Kalender 2008, Verlag Ernst & Sohn

[3.85] Deutscher Beton- und Bautechnik-Verein E.V. – DBV –, (Hrsg.): Hochwertige Nutzung von Untergeschossen – Bauphysik und Raumklima. In: DBV-Merkblatt-Sammlung. Berlin: Selbstverlag, 2009

Zu Kapitel 4 A/B Bauphysik/Brandsicherheit in Gebäuden

[4.1] Fouad, Nabil A. (Hrsg.): Bauphysik-Kalender 2007 und Folgejahre, Ernst & Sohn Verlag

[4.2] Fasold, W., Veres, E.: Schallschutz und Raumakustik in der Praxis: Planungsbeispiele und konstruktive Lösungen

[4.3] Häuptl, P.: Bauphysik – Klima Wärme Feuchte Schall: Grundlagen, Anwendungen, Beispiele, Aktiv in Mathcad, Ernst & Sohn Verlag, 1. Auflage 2008

[4.4] Hens, H.: Building Physics – Heat, Air and Moisture, Fundamentals and Engineering Methods with Examples and Exercises, Ernst & Sohn Verlag, 2. Auflage 2012

[4.5] Hohmann, R., Setzer, M., Wehling, M.: Bauphysikalische Formeln und Tabellen, 5. Auflage, Bundesanzeiger Verlag, Köln 2015

[4.6] Lohmeyer, G.; Post, M.; Bergmann, H.: Praktische Bauphysik: Eine Einführung mit Berechnungsbeispielen, Vieweg + Teubner Verlag, 6. Auflage 2007

[4.7] Schild, K., Willems, W.: Wärmeschutz, 2. Auflage, Springer Vieweg, Wiesbaden 2013

[4.8] Willems, W. (Hrsg.): Lehrbuch der Bauphysik, 7. Auflage, Springer Vieweg, Wiesbaden 2013

[4.9] Willems, W./Schild, K./Dinter, S. : Vieweg-Handbuch Bauphysik Teil 1: Wärme- und Feuchteschutz, Behaglichkeit, Lüftung, Friedr. Vieweg & Sohn Verlag/GWV Fachverlage GmbH, Wiesbaden, 2006

[4.10] Willems, W./Schild, K./Dinter, S. : Vieweg-Handbuch Bauphysik Teil 2: Schall- und Brandschutz, Friedr. Vieweg & Sohn Verlag / GWV Fachverlage GmbH, Wiesbaden, 2006

[4.11] Willems, W./Schild, K., Stricker, D.: Formeln und Tabellen Bauphysik, Vieweg + Teubner / GWV Fachverlage GmbH, Wiesbaden, 3. Auflage 2010

[4.12] Willems, W./Schild, K., Stricker, D.: Schallschutz: Bauakustik, Springer Vieweg, Wiesbaden, 2012

Zu Kapitel 5 A Technische Gebäudeausrüstung

[5.1] Wellpott, E./Bohne, D.: Technischer Ausbau von Gebäuden. 9. Auflage, Kohlhammer Verlag, Stuttgart, 2006

[5.2] Pistohl, W.: Handbuch der Gebäudetechnik (Band 1 und 2). 7. Auflage, Werner Verlag, Köln, 2009

[5.3] Laasch, T. und E.: Haustechnik – Grundlagen, Planung, Ausführung. 11. Auflage, Vieweg + Teubner Verlag, Stuttgart, 2008

[5.4] Hausladen, G. u.a.: ClimaDesign – Lösungen für Gebäude, die mit weniger Technik mehr können. Callwey Verlag, München, 2005

[5.5] Daniels, K.: Technologie des ökologischen Bauens. 2. Auflage, Birkhäuser Verlag, Basel, 1999

Weitere Literaturempfehlungen:

Bommel et. a.: Industriebeleuchtung und Produktivität, Licht 2002

VBG. Natürliche und künstliche Beleuchtung von Arbeitsstätten. (DGUV Informationen 215-442 (bisher BGI 856)

Trilux: Beleuchtungspraxis – Innenbeleuchtung; Firmenunterlagen

Görres, M.: Beleuchtungsanforderungen, in Bohne, D.: Technischer Ausbau von Gebäuden und Nachhaltige Gebäudetechnik, Springer Vieweg 2014, 10. Auflage, S. 499 ff.

Zu Kapitel 5 B Wasserversorgung/Abwasserableitung

[5.11] Geiger, W. F.; Dreiseitl, H.; Steplewski, J.; Becker, M., Neue Wege für das Regenwasser. Handbuch zum Rückhalt und zur Versickerung von Regenwasser in Baugebieten. 3., vollst. überarb. Aufl., München, Oldenbourg Industrieverlag, 2009

[5.12] Grombach, P.; Haberer, K.; Merkl, G., Handbuch der Wasserversorgungstechnik. 3., völlig überarb. Aufl., München, Oldenbourg-Industrieverlag, 2000

[5.13] Gujer, W. , Siedlungswasserwirtschaft. Mit 84 Tabellen. 3., bearb. Aufl. Berlin, Springer, 2007

[5.14] ITWH, KOSTRA-DWD. Koordinierte Starkniederschlags-Regionalisierungs-Auswertungen. Version 1.0. Offenbach, ITWH (Mikrocomputer in der Stadtentwässerung), 2001

[5.15] Karger, R.; Hoffmann, F., Wasserversorgung. Gewinnung – Aufbereitung – Speicherung – Verteilung. 14., vollst. akt. Aufl., Wiesbaden, Springer; 2013

[5.16] Pistohl, W.; Rechenauer, C.; Scheuerer, B., Handbuch der Gebäudetechnik. Planungsgrundlagen und Beispiele. 8., neu bearb. und erw. Aufl. Köln, Bundesanzeiger Verlag, 2013

[5.17] Rautenberg, J.; Fritsch, P.; Hoch, W.; Merkl, G.; Otillinger, F.; Weiß, M.; Wricke, B., Mutschmann/Stimmelmayr Taschenbuch der Wasserversorgung. 16., vollst. überarb. und aktual. Aufl., Wiesbaden, Springer Vieweg, 2014.

[5.18] Schneider, K.-J.; Albert, A. (Hrsg.): Bautabellen für Ingenieure. Mit Berechnungshinweisen und Beispielen. 22. Aufl., Köln, Bundesanzeiger Verlag, 2014

Zu Kapitel 6 B Bauwerksüberwachung, Bauwerksprüfung

[6.1] „Richtlinien für die Durchführung von Bauaufgaben des Bundes (RBBau)“ Abschnitt C und „Richtlinie für die Überwachung der Verkehrssicherheit von baulichen Anlagen des Bundes (RÜV)“, 03.2006, BMVBS (Bundesministerium für Verkehr, Bau und Stadtentwicklung)

[6.2] Hinweise für die Überprüfung der Standsicherheit von baulichen Anlagen durch den Eigentümer/Verfügungsberechtigten, 09.2006, ARGEBAU (Bauministerkonferenz Konferenz der für Städtebau, Bau- und Wohnungswesen zuständigen Minister und Senatoren der Länder)

[6.3] DIN 1076 Ingenieurbauwerke im Zuge von Straßen und Wegen, Überwachung und Prüfung, 11.1999, Normenausschuss Bauwesen (NABau) im Deutschen Institut für Normung e. V., Beuth Verlag GmbH, Berlin

[6.4] Richtlinie zur einheitlichen Erfassung, Bewertung, Aufzeichnung und Auswertung von Ergebnissen der Bauwerksprüfungen nach DIN 1076, BMVBW (Bundesministerium für Verkehr-, Bau und Wohnungswesen), Abteilung Straßenbau, Straßenverkehr, Ausgabe 2007

[6.5] SIB-Bauwerke, WPM-Ingenieure Ingenieurgesellschaft für Bauwesen und Datenverarbeitung mbH, 66540 Neunkirchen-Heinitz, www.wpm-ingenieure.de

[6.6] Bauwerksprüfung nach DIN 1076 Bedeutung, Organisation, Kosten; Bundesministerium für Verkehr – Abteilung Straßenbau, Dokumentation 07.1997, Verkehrsblatt-Dokument Nr. B 5276 Vers. 07/97, Verkehrsblatt-Verlag

[6.7] Naumann, J.: Bundesministerium für Verkehr, Bau- und Wohnungswesen, Bauwerksprüfung nach DIN 1076 – Bedeutung, Verantwortung, Durchführung; Vortrag: 14. Dresdner Brückenbausymposium, 09.03.2004, www.tu-dresden.de/biwitb/mbau/veranstalt/dbbs/bbs14b.html

[6.8] Anweisung Straßeninformationsdatenbank, Teilsystem Bauwerksdaten (ASB-ING), Bundesministerium für Verkehr, Bau und Wohnungswesen, Abteilung Straßenbau, Straßenverkehr, Sammlung Brücken- und Ingenieurbau, Erhaltung, 03.2004

[6.9] Straßenverkehrsordnung (StVO), 16. November 1970 (Bundesgesetzblatt Teil I, S. 1565), aktuell gültige Fassung – zuletzt geändert mit Verordnung vom 28. November 2007 (Bundesgesetzblatt Teil I, S. 2774)

[6.10] Richtlinien für die Sicherung an Arbeitsstellen an Straßen (RSA), Bundesministerium für Verkehr, Bau- und Wohnungswesen (Hrsg.)

[6.11] Merkblatt Bauwerksbuch: Empfehlungen zur Sicherheit und Erhaltung von Gebäuden. Deutscher Beton- und Bautechnik-Verein, 06.2007

[6.12] VDI-Richtlinie 6200: Standsicherheit von Bauwerken – Regelmäßige Überprüfung; Verein Deutscher Ingenieure, 02.2010

Zu Kapitel 6 C (Abschn. I + II) Schutz und Instandsetzung von Betonbauwerken/von Mauerwerk

[6.15] Deutscher Ausschuss für Stahlbeton (DAfStb): DAfStb-Instandsetzungs-Richtlinie – Schutz und Instandsetzung von Betonbauteilen. Teil 1: Allgemeine Regelungen und Planungsgrundsätze. Teil 2: Bauprodukte und Anwendung. Teil 3: Anforderungen an die Betriebe und Überwachung der Ausführung. Teil 4: Prüfverfahren. Ausgabe Oktober 2001. Berlin: Deutscher Ausschuss für Stahlbeton, 2001. Zzgl. Berichtigungen zur DAfStb-Richtlinie (www.dafstb.de)

[6.16] Bundesanstalt für Straßenwesen; ZTV-ING: Baudurchführung – Zusätzliche Technische Vertragsbedingungen und Richtlinien für Ingenieurbauten (inkl. ZTV-KOR-Stahlbauten 02), Dortmund: Verkehrsblatt, 2010

[6.17] Mitteilungen Deutsches Institut für Bautechnik (DIBt): Bauregelliste – Bauregelliste A/B/C (Ausgabe 2014/2). In: Mitteilungen Deutsches Institut für Bautechnik 32 (2014)

[6.18] DBV-Merkblatt, Begrenzung der Rissbildung im Stahlbeton- und Spannbetonbau, Fassung September 1996, Deutscher Beton-Verein e. V., Wiesbaden

[6.19] DIN 18 195-5 Bauwerksabdichtungen, Teil 5: Abdichtungen gegen nichtdrückendes Wasser auf Deckenflächen und in Nassräumen, Bemessung und Ausführung, August 2000

[6.20] Forschungsgesellschaft für Straßen- und Verkehrswesen: Merkblatt für Schichtenverbund – Nähte, Anschlüsse und Randausbildung von Verkehrsflächen aus Asphalt (M SNAR). Ausgabe 1998. Köln: Forschungsgesellschaft für Straßen- und Verkehrswesen, 1998

[6.21] Technische Lieferbedingungen für Reaktionsharze für Grundierungen, Versiegelungen und Kratzspachtelungen unter Asphaltbelägen auf Beton. 1999

[6.22] Burkert, T.: Instandsetzung und Ertüchtigung von Mauerwerk. Teil 2: Herkömmliche Bestimmung der Materialkennwerte. Berlin, Ernst & Sohn. In: Mauerwerk-Kalender 32 (2007), S. 27–52

[6.23] Knöfel, D./Schubert, P.: Handbuch Mörtel und Steinergänzungsstoffe in der Denkmalpflege: Manual Mortar and Stone Repair Mortar in the Field of Structural Monument Preservation. Berlin, Ernst & Sohn, 1993

[6.24] WTA Merkblatt 4-7-02/D: Nachträgliche mechanische Horizontalsperre. München: Wissenschaftlich-Technische Arbeitsgemeinschaft für Bauwerkserhaltung und Denkmalpflege, 2002

[6.25] WTA Merkblatt 4-4-04/D: Mauerwerksinjektion gegen kapillare Feuchtigkeit. München: Wissenschaftlich-Technische Arbeitsgemeinschaft für Bauwerkserhaltung und Denkmalpflege, 2004

[6.26] WTA-Merkblatt E 2-9-04: Sanierputzsysteme. München: Wissenschaftlich-Technische Arbeitsgemeinschaft für Bauwerkserhaltung und Denkmalpflege, 2004

[6.27] Meier, H. G.; Baupraxis und Dokumentation: Sanierputze: Ein wichtiger Bestandteil der Bauwerksinstandsetzung. Renningen-Malmsheim: expert. In: Baupraxis und Dokumentation (1999), Nr. 18

[6.28] Fouad, N. A./Meincke, S. : Verstärkungsmöglichkeiten für Mauerwerk in stark erdbebengefährdeten Gebieten. Berlin, Ernst & Sohn. In: Mauerwerk-Kalender 30 (2005), S. 185–208

[6.29] Riechers, H.-J./Hildebrand, M.: Putz – Planung, Gestaltung, Ausführung. Berlin, Ernst & Sohn. In: Mauerwerk-Kalender 31 (2006), S. 267–300

Zu Kapitel 6 C (Abschn. III) Schutz von Stahlbauten

[6.30] Wesche, K.: Baustoffe für tragende Bauteile, Band 3 (Stahl, Aluminium), 2. Auflage, Bauverlag, Wiesbaden und Berlin, 1985

[6.31] Nürnberger, U.: Korrosion und Korrosionsschutz im Bauwesen, Band 1 und 2, Bauverlag, Wiesbaden und Berlin, 1999

[6.32] Gellings, P. J.: Korrosion und Korrosionsschutz von Metallen, Carl Hanser Verlag, München und Wien, 1981

[6.33] Kaesche, H.: Die Korrosion der Metalle, 3. Auflage, Springer Verlag, Berlin/Heidelberg/New York, 1990

[6.34] Katzung, W.: Korrosionsschutz von Stahlbauten, in Stahlbaukalender 2000, Hrsg.: U. Kuhlmann, Ernst & Sohn, Berlin

[6.35] Katzung, W.: Richtlinie Korrosionsschutz von Stahlbauten in atmosphärischen Umgebungsbedingungen durch Beschichtungssysteme, Deutscher Stahlbau-Verband, Düsseldorf, 1999

[6.36] Katzung, W.: Korrosionsschutz von Stahlkonstruktionen durch Beschichtungssysteme, Merkblatt 405, Ausgabe 2005, Stahl-Informationszentrum, Düsseldorf

[6.37] Arbeitsblätter Feuerverzinken, Institut Feuerverzinken GmbH, Düsseldorf, 2010

Zu Kapitel 6 C (Abschn. IV) Schutz von Holzbauteilen

[6.38] Schulze, H. u. a.: Beuth-Kommentare „Holzschutz“, baulich, chemisch, bekämpfend. Erläuterungen zu DIN 68 800-2, -3, -4. Beuth Verlag, Berlin, 1998

[6.39] Schulze, H.: Baulicher Holzschutz, holzbau handbuch, Reihe 3, Teil 5, Folge 2, Info Holz, 1997

[6.40] Lewitzki, W./Schulze, H.: Holzschutz, Bauliche Empfehlungen, holzbau handbuch, Reihe 3, Teil 5, Folge 1. Info Holz, 1997

[6.41] Gockel, H.: Konstruktiver Holzschutz. Bauen mit Holz ohne Chemie. Beuth Verlag, Berlin/Werner Verlag, Neuwied; 1996

[6.42] DIBt (Hrsg.): Holzschutzmittelverzeichnis. Schriften des Deutschen Instituts für Bautechnik (DIBt), 56. Auflage, Erich Schmidt Verlag, Berlin, 2008

[6.43] Colling, F.: Lernen aus Schäden im Holzbau. Deutsche Gesellschaft für Holzbau, München, 2000

Zu Kapitel 6 D Baustoffe; historische Baustoffe; Bauchemie

[6.90] BmfBuT, Katalog für empfohlene Wärmeschutzrechenwerte von Baustoffen und Baukonstruktionen, Wien, 1979

[6.91] Krapfenbauer/Sträussler: Bautabellen, J & V Schulbuchverlag GmbH, Wien, 2002
[6.92] Funk u. a.: Mauerwerk-Kalender 1993, Ernst & Sohn, Berlin, 1993
[6.93] Schneider/Schwimann/Bruckner: Lehmbau für Architekten und Ingenieure, Werner Verlag, Neuwied, 1996
[6.94] www.blumenfeld.at, 2006
[6.95] Scholz, W./Hiese, W.: Baustoffkenntnis, 15. Aufl., Werner Verlag, Neuwied, 2003
[6.96] Pörschmann, H.: Bautechnische Berechnungstafeln für Ingenieure, Ernst & Sohn, Berlin, 1987
[6.97] www.heraklith.at
[6.98] Krause/Berger/Nehlert/Wiegmann: Technologie der Keramik, Bd. 1, 2. Aufl., Verlag für Bauwesen, Berlin, 1985
[6.99] Ross/Stahl: Handbuch Putze, Verlagsgesellschaft Rudolf Müller, Köln, 1992
[6.100] Schulze/Tischer/Ettel: Der Baustoff Beton, Bd. 1, Verlag für Bauwesen, Berlin, 1988
[6.101] Eichler/Arendt: Bautechnischer Wärme- und Feuchtigkeitsschutz, 2. Aufl., VEB Verlag für Bauwesen, Berlin, 1989
[6.102] Weber, H.: Das Porenbetonhandbuch, Bauverlag GmbH, Wiesbaden und Berlin, 1991
[6.103] Wesche, H.: Baustoffe für tragende Bauteile, Bd. 2, 3. Aufl., Bauverlag GmbH, Wiesbaden und Berlin, 1993
[6.104] Sälzer/Gothe: Bauphysiktaschenbuch 1984, Bauverlag GmbH, Wiesbaden und Berlin, 1984
[6.105] www.woodworker.de/forum, 2006
[6.106] ÖNORM B 6021: Dämmstoffe für den Wärme- und Schallschutz im Hochbau (Sept. 1991)
[6.107] Schild/Casselmann/Dahmen/Pohlenz: Bauphysik, 4. Aufl., Friedr. Vieweg & Sohn Verlagsgesellschaft mbH, Braunschweig, 1990
[6.108] Huber/Riccarbona: Baustoffkunde, Manz Verlags- und Universitätsbuchhandlung, Wien, 1992, 3. Auflage 1997
[6.109] Petzold/Marusch/Schramm: Der Baustoff Glas, 3. Aufl., Schondorf: Hofmann, Verlag für Bauwesen, Berlin 1990
[6.110] Scholz, W./Hiese, W.: Baustoffkenntnis, 15. Auflage, Werner Verlag, Neuwied, 2003
[6.111] Wesche, K.: Baustoffe für tragende Bauteile, Bd. 3, 2. Aufl., Bauverlag, Wiesbaden und Berlin, 1985
[6.112] Wesche, K.: Baustoffe für tragende Bauteile, Bd. 4, 2. Aufl., Bauverlag GmbH, Wiesbaden und Berlin, 1988
[6.113] Bruckner, H./Schneider, U.: Studienunterlagen zur Vorlesung „Alternative Baustoffe“ an der TU Wien, 2004
[6.114] König, H.: Wege zum gesunden Bauen, 6. Aufl., Ökobuchverlag, Staufen, 1993
[6.115] Knauf Produktinformationen
[6.116] Tomm, A.: Ökologisch planen und bauen, Friedr. Vieweg & Sohn Verlagsgesellschaft mbH, Braunschweig/Wiesbaden, 1992
[6.117] Krusche/Althaus/Gabriel: Ökologisches Bauen, Bauverlag, Wiesbaden und Berlin, 1982
[6.118] Kruse, O.: Fachkunde für Fliesenleger, B. G. Teubner, 4. Aufl., Stuttgart, 1992
[6.119] Schumann, W.: Der neue BLV Steine- und Mineralienführer, BLV Verlagsgesellschaft mbH, 3. Aufl., München/Wien/Zürich, 1991
[6.120] Soine, H.: Holzwerkstoffe, DRW-Verlag Weinbrenner, 1995
[6.121] Bruckner, H./Schneider, U.: Naturbaustoffe, Werner Verlag, Neuwied 1998
[6.122] ÖNORM EN 15 978 Nachhaltigkeit von Bauwerken – Umweltdeklarationen für Produkte – Regeln für Produktkategorien

Zu Kapitel 7 A Öffentliches Baurecht

[7.1] Gädtke/Czepuck/Johlen/Plietz: BauO NRW, 12. Aufl., Werner Verlag, Köln, 2011
[7.2] Fickert/Fieseler: BauNVO, 12. Aufl., Kohlhammer Verlag, Stuttgart, 2014
[7.3] Hoppe/Bönker/Grotefels: Öffentliches BauR, 4. Aufl., Verlag C. H. Beck, München, 2010
[7.4] Ernst/Zinkahn/Bielenberg: BauGB, Loseblatt, Verlag C. H. Beck, München, Stand: 01.01.2010
[7.5] Oehmen/Bönker: Einführung in das Öffentliche Baurecht, 2. Aufl., Werner Verlag, Köln, 2004

Zu Kapitel 8 A Baubetrieb – Bauprozessmanagement

[8.1] AHO Fachkommission „Projektsteuerung/Projektmanagement", Leistungsbild und Honorierung Nr. 9 Projektmanagementleistungen in der Bau- und Immobilienwirtschaft, 9, 2014, Bundesanzeiger, Berlin

[8.2] DIN 276-1, Kosten im Bauwesen – Teil 1: Hochbau, 2008

[8.3] Bundesministerium der Justiz und für Verbraucherschutz, Verordnung über die Honorare für Architekten und Ingenieurleistungen (Honorarordnung für Architekten und Ingenieure – HOAI), 2013

[8.4] Deutsche Gesellschaft für Baurecht e.V./Deutscher Beton- und Bautechnik-Verein e.V., Streitlösungen für das Bauwesen SL Bau, Mediation Schlichtung Adjudikation Schiedsgericht, 2013, Frankfurt, Berlin

[8.5] DIN 69901-5, Projektmanagement –Projektmanagementsysteme –Teil 5: Begriffe, 2009

[8.6] Kochendörfer, B./Liebchen, J./Viering, M., Bau-Projekt-Management, 2010, Vieweg + Teubner in GWV Fachverlage GmbH, Wiesbaden

[8.7] DIN 69901-2, Projektmanagement – Projektmanagementsysteme – Teil 2: Prozesse, Prozessmodell, 2009

[8.8] Greiner, P./Mayer, P./Stark, K., Baubetriebslehre – Projektmanagement, 2009, Vieweg + Teubner, Wiesbaden

[8.9] Preuß, N., Projektmanagement von Immobilienprojekten, 2013, Imprint: Springer Vieweg, Berlin, Heidelberg

[8.10] Hoffmann, M., Zahlentafeln für den Baubetrieb, Vieweg + Teubner, 2011, Wiesbaden

[8.11] Feuerabend, T./Michaelis, G., Bauleiter-Handbuch Auftraggeber, 2013, Werner Verlag, Köln

[8.12] Berner, F./Kochendörfer, B./Schach, R., Grundlagen der Baubetriebslehre 2 Baubetriebsplanung, 2013, Imprint: Springer Vieweg, Wiesbaden

[8.13] Greiner, P./Stark, K./Mayer, P., Baubetriebslehre – Projektmanagement, 2005, Vieweg, Wiesbaden

[8.14] Bundesministerium der Justiz und für Verbraucherschutz, Verordnung über die Vergabe öffentlicher Aufträge (Vergabeverordnung – VgV), 2001

[8.15] DIN 1960, VOB Vergabe- und Vertragsordnung für Bauleistungen – Teil A: Allgemeine Bestimmungen für die Vergabe von Bauleistungen, 2012

[8.16] Deutscher Vergabe- und Vertragsausschuss für Bauleistungen, VOB Gesamtausgabe 2012, 2012, Beuth, Berlin

[8.17] Hauptverband der Deutschen Bauindustrie e.V., BGL Baugeräteliste 2007, 2007, Bauverlag, Gütersloh

[8.18] Drees, G./Paul, W., Kalkulation von Baupreisen, 2011, Bauwerk, Berlin

[8.19] Gralla, M., Baubetriebslehre, Bauprozessmanagement, 2011, Werner Verlag, Köln

[8.20] Bundesministerium der Justiz und für Verbraucherschutz, Bürgerliches Gesetzbuch (BGB), 2015

[8.21] DIN 18299:2012-09, VOB Vergabe- und Vertragsordnung für Bauleistungen – Teil C: Allgemeine Technische Vertragsbedingungen für Bauleistungen (ATV) – Allgemeine Regelungen für Bauarbeiten jeder Art, 2012

[8.22] DIN EN ISO 9000, Qualitätsmanagementsysteme – Grundlagen und Begriffe, 2015

[8.23] Hauptverband d. Deutschen Bauindustrie/Zentralverband d. Deutschen Baugewerbes, Kosten- und Leistungsrechnung der Bauunternehmen (KLAR Bau), Bauverl./Werner, Wiesbaden, Berlin, Düsseldorf, 2001

[8.24] DIN 1961, VOB Vergabe- und Vertragsordnung für Bauleistungen – Teil B: Allgemeine Vertragsbedingungen für die Ausführung von Bauleistungen, 2012

[8.25] Berner, F./Kochendörfer, B./Schach, R., Grundlage der Baubetriebslehre 3 Baubetriebsführung, 2009, Vieweg + Teubner, Wiesbaden

[8.26] DIN EN 15643-1, Nachhaltigkeit von Bauwerken – Bewertung der Nachhaltigkeit von Gebäuden – Teil 1: Allgemeine Rahmenbedingungen, 2010

[8.27] DIN V 18599-1: Energetische Bewertung von Gebäuden – Berechnung des Nutz-, End- und Primärenergiebedarfs für Heizung, Kühlung, Lüftung, Trinkwarmwasser und Beleuchtung – Teil 1: Allgemeine Bilanzierungsverfahren, Begriffe, Zonierung und Bewertung der Energieträger, 2011

[8.28] Bundesministerium der Justiz und für Verbraucherschutz, Verordnung über energiesparenden Wärmeschutz und energiesparende Anlagentechnik bei Gebäuden EnEV, 2007

[8.29] DIN EN 15804, Nachhaltigkeit von Bauwerken – Umweltproduktdeklarationen – Grundregeln für die Produktkategorie Bauprodukte, 2014
[8.30] Bundesministerium für Umwelt, Naturschutz, Bau und Reaktorsicherheit (BMUB), Leitfaden Nachhaltiges Bauen, 2014
[8.31] RICS Deutschland Ltd., Grün kommt! Europäische Nachhaltigkeitsstatistik 2015, 2015
[8.32] World Commission on Environment and Development, Our Common Future; Brundtland Report, 1987
[8.33] Grunwald, A./Kopfmüller, J., Nachhaltigkeit, Campus, Frankfurt am Main, 2012

Zu Kapitel 8 B Kostenplanung; Wertermittlung; Honorarordnung

[8.34] Möller, D.-A./Tripler, K.: Baukostenplanung, Vortragsmanuskript, FH Oldenburg, 1996

[8.35] BKI Baukosten 2013, Teil 1: Kostenkennwerte für Gebäude. Hrsg.: Baukosteninformationsdienst Deutscher Architektenkammern GmbH, Stuttgart, 2013

[8.36] Bundesministerium für Raumordnung, Bauwesen und Städtebau, Ermittlung zeitgemäßer Normalherstellungskosten für die Belange der Verkehrswertermittlung, NHK 2005

[8.37] Statistisches Bundesamt, Wiesbaden, 2013

Weitere Literaturempfehlungen:

Schmitz, H./Gerlach, R./Meisel, U: Baukosten 2004 (Neubau), Verlag Hubert Wingen, Essen, 2004
Sirados-Texte: Baupreis-Elementkatalog, 6. Auflage, Edition Aum, Dachau (Loseblattsammlung), 1997
Hutzelmeyer, H./Greulich, M.: Baukostenplanung mit Gebäudeelementen, Verlagsgesellschaft Rudolf Müller, 1983
Möller, D.-A.: Planungs- und Bauökonomie, Band 1, 3. Aufl., Verlag R. Oldenbourg, München und Wien, 1996
Plakoda – Planungskostendaten der öffentlichen Bauverwaltung, Zentralstelle für Bedarfsmessung und Wirtschaftliches Bauen des Landes Baden-Württemberg (ZBWB) *und* Zentralstelle für Bedarfsmessungen und wirtschaftliches Bauen (IWB), beide Oberfinanzdirektion Karlsruhe in Freiburg/Brsg.
Kostenflächenarten-Methode, ARGEBAU – Hochbauausschuss (Länderarbeitsgemeinschaft LAG), Hochschul-Informations-System (HIS GmbH), Hannover *und* ZBWB/IWB (siehe [8.38])
Kleiber, W.: WertR 06, Wertermittlungsrichtlinien (2016), Bundesanzeiger Verlag, Köln, 2016
Fischer, R./Kleiber, W./Werling, U.: Verkehrswertermittlung von Grundstücken, Bundesanzeiger Verlag, Köln, 2014

Zu Kapitel 8 C Facility Management

[8.50] GEFMA 100-1, Facility Management – Grundlagen, Bonn, 2004
[8.51] GEFMA 190, Betreiberverantwortung im FM, Bonn, 2004
[8.52] GEFMA 220-1, Lebenszykluskostenberechnung im FM, Bonn, 2006
[8.53] GEFMA 400, Computer Aided Facility Management (CAFM), Bonn, 2007
[8.54] GEFMA e. V.: Der Facility Manager – ein vielseitiges Berufsbild, Bonn/Berlin, 2013
[8.55] Kahlen, H.: Integrales Facility Management – Management des Ganzheitlichen Bauens, Düsseldorf, Werner Verlag, 1999
[8.56] Krimmling, J.: Facility Management, Strukturen und Methodische Instrumente, Stuttgart, Fraunhofer IRB-Verlag, 2013

Zu Kapitel 9 Einwirkungen auf Tragwerke (Lastannahmen)

[9.1] Grünberg, J.: Grundlagen der Tragwerksplanung – Sicherheitskonzept und Bemessungsregeln für den konstruktiven Ingenieurbau. Beuth Verlag, 2004
[9.2] Cziesielski, E.: Aufbau einer statischen Berechnung. In: Goris (Hrsg.), Schneider, Bautabellen für Ingenieure, 18. Aufl., Werner Verlag, Köln, 2008
[9.3] Ri-EDV-AP-2001: Richtlinie für das Aufstellen und Prüfen EDV-unterstützter Standsicherheitsnachweise, Bundesvereinigung der Prüfingenieure für Bautechnik e. V., 2001 (Download unter http://www.bvpi.de)
[9.4] NABau: Auslegungen zu DIN 1055-4. Veröffentlicht unter www.nabau.din.de ® Aktuelles ® Auslegungen zu DIN-Normen

[9.6] NABau: Auslegungen zu DIN 1055-3. Veröffentlicht unter www.nabau.din.de ® Aktuelles ® Auslegungen zu DIN-Normen.
[9.20] Meskouris/Butenweg/Renault: Beurteilung der Erdbebensicherheit von bestehenden Bauwerken. Der Prüfingenieur, Nr. 28, 2006
[9.21] Meskouris/Butenweg/Renault: Mehrstufiges Konzept für mehr Erdbebensicherheit. Deutsches Ingenieurblatt, Nr. 6, 2006
[9.22] Butenweg/Roeser: Erdbebenbemessung von Stahlbetontragwerken nach DIN EN 1998-1. In Goris/Hegger: Stahlbetonbau aktuell, Jahrbuch 2012; Bauwerk, Beuth Verlag, Berlin

Zu Kapitel 10 A Tragwerksentwurf und Vorbemessung

[10.1] Arnold: Praktische Tragwerkslehre, Werner Verlag, Neuwied, 1987
[10.2] Becker: Tragkonstruktionen des Hochbaues – Teil 1 und 2, Werner Verlag, Neuwied, 1983 und 1987
[10.3] Mattheiß: Stahlbeton, Stahlleichtbeton, Spannbeton, Werner Verlag, Neuwied, 1977
[10.4] Mattheiß: Baugrund und Baustoffe, Werner Verlag, Neuwied, 1977
[10.5] Wormuth, R.: Grundlagen der Hochbaukonstruktion, Werner Verlag, Neuwied, 1997
[10.6] Rybicki, R.: Faustformeln und Faustwerte – Teil 1, Werner Verlag, Neuwied, 3. Auflage
[10.7] Füg, D.: Stahltragwerke im Industriebau, Verlag für Bauwesen (VEB), Berlin
[10.8] Herget, W.: Tragwerkslehre, Skelettbau und Wandbau,Teubner-Verlag, Stuttgart, 1993
[10.9] Büttner, H.: Bauwerk – Tragwerk – Tragstruktur, Band 1 und 2, E + S-Verlag
[10.10] Engel: Tragsysteme, DVA
[10.11] Führer/Ingendaaij/Stein: Der Entwurf von Tragwerken, Verlagsgesellschaft R. Müller, 2. Aufl., Köln, 1995
[10.12] Engel: Tragwerksysteme, DVA
[10.13] Salvadori/Heller: Tragwerk und Architektur, Vieweg Verlag
[10.14] Natterer u. a.: Holzbauatlas, Band 1 und 2, Rudolf Müller, Köln, 1996
[10.15] Hart/Sonntag u. a.: Stahlbauatlas
[10.16] Informationsdienst Holz, Hefte
[10.17] Merkblätter der Bearbeitungsstelle für Stahlverwendung, Düsseldorf
[10.18] Rosel/Witte: Hallen aus Stahl, DStV
[10.19] Rosel: Betonfertigteile
[10.20] Dubas, P./Gehri, E.: Stahlhochbau, Springer-Verlag, Berlin/New York, 1988
[10.21] Steinle/Hahn: Bauen mit Betonfertigteilen im Hochbau, Fachvereinigung Deutscher Betonfertigteilbau e. V.
[10.22] Kolbitsch, A.: Altbaukonstruktionen, Springer-Verlag, Wien/New York, 1998
[10.23] Guiten, H. v.: Tragkonstruktionen, Verlag der Fachvereine an der ETH Zürich
[10.24] Brandt/Rösel/Schwerm/Stöffler: Betonfertigteile im Skelett- und Hallenbau, Fachvereinigung Deutscher Betonfertigteile e. V.

Zu Kapitel 10 B Baustatik

[10.30] Schweda, E./Krings, W.: Baustatik – Festigkeitslehre, WIT 4, 3. Aufl., Werner Verlag, Düsseldorf, 2000
[10.31] Friemann, H.: Schub und Torsion in geraden Stäben, WIT 78, 2. Aufl., Werner Verlag, Düsseldorf, 1983
[10.32] Schineis, M.: Festigkeitslehre, Skriptum, Fachhochschule München

Zu Kapitel 10 C Mathematik

[10.40] Bronstein, I. N./Semendjajew, K. A./Musiol, G. u.a.: Taschenbuch der Mathematik, 7. Auflage, Harri-Deutsch-Verlag, Frankfurt (M.), 2008
[10.41] Papula, L.: Mathematik für Ingenieure und Naturwissenschaftler, Band 1 bis 3, Vieweg + Teubner Verlag, Wiesbaden, 2011/2012
[10.42] Rjasanowa, K.: Mathematik für Bauingenieure, 2006, Fachbuchverlag Leipzig im Carl Hanser, Verlag, München/Wien
[10.43] Zeidler, E. (Hrsg.): Teubner-Taschenbuch der Mathematik, 3. Auflage, Teubner Verlag, Wiesbaden, 2013

Zu Kapitel 11 A Geotechnik

[11.1] DIN-Fachbericht 130: Wechselwirkung Baugrund/Bauwerk bei Flachgründungen, 2003

[11.2] EAU: Empfehlungen des Arbeitsausschusses Ufereinfassungen, 11. Auflage, 2012, Verlag Ernst & Sohn, Berlin

[11.3] EVB: Empfehlungen „Verformungen des Baugrunds“, 1993, Verlag Ernst & Sohn, Berlin

[11.4] Weißenbach, A.: Baugruben, Verlag Ernst & Sohn, Berlin
Teil I: Konstruktion und Bauausführung, 1975
Teil II: Berechnungsgrundlagen, 1985
Teil III: Berechnungsverfahren, 1977

[11.5] EAB: Empfehlungen des Arbeitskreises Baugruben, 5. Auflage, 2012, Verlag Ernst & Sohn, Berlin

[11.6] Grundbautaschenbuch, Hrsg. Witt, K. J.: Verlag Ernst & Sohn, Berlin
Teil 1, 6. Auflage 2001
Grundbautaschenbuch, Hrsg. Witt, K. J.: Verlag Ernst & Sohn, Berlin
Teil 1, 7. Auflage, 2008
Teil 2, 7. Auflage, 2009
Teil 3, 7. Auflage, 2009

[11.7] Empfehlungen für den Entwurf und die Berechnung von Erdkörpern mit Bewehrungen aus Geokunststoffen (EBGEO), 2. Auflage, 2010, Verlag Ernst & Sohn, Berlin

[11.8] Herth, W./Arndt, E.: Theorie und Praxis der Grundwasserabsenkung, 3. Auflage 1994, Verlag Ernst & Sohn, Berlin

[11.9] Schmidt, H. G./Seitz, J.: Grundbau, in: Betonkalender II/1998, Verlag Ernst & Sohn, Berlin

[11.10] Bartl, U.: Zur Mobilisierung des passiven Erddrucks in kohäsionslosem Boden, Mitteilungen des Instituts für Geotechnik der TU Dresden, Heft 12, 2004

[11.11] Franke, D.: Erddruck auf Querflügelmauern. Bauplanung – Bautechnik, Berlin, 1981, H. 2, S. 85–88

[11.12] Piaskowski, A./Kowalewski, Z.: Application of Thixotropic Clay Suspensions for Stability of Vertical Sides of Deep Trenches without Strutting. Proc. of the Sixth International Conference on Soil Mechanics and Foundation Engineering, Montreal, 1965, Vol. II, S. 526–529; Vol. III, S. 563–564

[11.13] Pregl, O.: Bemessung von Stützbauwerken; Handbuch der Geotechnik, Band 16; Herausgegeben vom Institut für Geotechnik, Universität für Bodenkultur, 1990, Wien

[11.14] Sokolovski, V. V.: Statics of Granular Media. Pergamon Press, 1965, Oxford

[11.15] Franke, D.: Beiträge zur praktischen Erddruckberechnung. Habilitationsschrift, TU Dresden, 1982

[11.16] Weißenbach, A./Hettler, A.: Berechnung von Baugrubenwänden nach der neuen DIN 1054, Bautechnik 12/2003, S. 857–874

[11.17] Winkler, A.: Ermittlung der Einbindetiefe von Stützwänden mit dem Verfahren nach Blum unter Nutzung des Teilsicherheitskonzeptes, Bautechnik 09/2007, S. 612–622

[11.18] EA-Pfähle: Empfehlungen des Arbeitskreises „Pfähle“, 2. Auflage, 2012, Verlag Ernst & Sohn, Berlin

[11.19] Zusätzliche Technische Vertragsbedingungen und Richtlinien für Ingenieurbauten (ZTV-ING), Teil 2: Grundbau, Bundesanstalt für Straßenwesen (BASt.), Verkehrsblatt-Verlag Borgmann GmbH & Co KG, Dortmund

[11.20] Zusätzliche Technische Vertragsbedingungen (ZTV-W) – Wasserbau

[11.21] Franke, D.: Verdichtungserddruck bei leichter Verdichtung, Bautechnik 03/2008, S. 197–198

[11.22] Handbuch EC 7-1: Normen-Handbuch Eurocode 7 Geotechnische Bemessungen, Band 1: Allgemeine Regeln, Beuth Verlag Berlin, 2011

[11.23] Handbuch EC 7-2: Normen-Handbuch Eurocode 7: Geotechnische Bemessungen, Band 2: Erkundung und Untersuchung, Beuth Verlag Berlin, 2011

Zu Kapitel 11 B Mauerwerksbau

[11.30] Graubner, C.-A./Rast, R./Schneider, K.-J.: Mauerwerksbau aktuell, Praxishandbuch 2015, Bauwerk/Beuth Verlag, Berlin

[11.31] Schubert, P./Schneider, K.-J./Schoch, T.: Mauerwerksbau-Praxis, 3. Auflage 2014, Bauwerk/Beuth Verlag, Berlin

[11.32] Schneider, K.-J./Schoch, T.: Statischer Nachweis von dünnen Außenwänden aus Mauerwerk. Beitrag in Mauerwerksbau aktuell, Praxishandbuch 2008, Bauwerk Verlag, Berlin
[11.33] Graubner, C.-A.; Schmitt, M.; Förster, V.: Erweiterte Anwendungsgrenzen von DIN EN 1996-3/NA für Ziegelmauerwerk bei weit gespannten, teilaufliegenden Decken, In: Mauerwerk Heft 18 (2014) Heft 6, Verlag Ernst & Sohn, Berlin
[11.34] Graubner, C.-A.; Schmitt. M.; Förster, V.: Design tables for URM – Hilfsmittel für die praxisnahe Bemessung von unbewehrtem Mauerwerk, In: Mauerwerk Heft 18 (2014) Heft 3/4, Verlag Ernst & Sohn, Berlin
[11.35] Graubner, C.-A.; Schmitt, M.; Förster, V.: Tragfähigkeitstafeln für unbewehrtes Mauerwerk nach Eurocode 6 – Teil 3. In: Mauerwerksbau aktuell 2015 – Praxishandbuch für Architekten und Ingenieure. Graubner, C.-A.; Rast, R.; Schneider, K.-J. [Hrsg.], Bauwerk Beuth Verlag, Berlin 2014. ISBN 978-3-410245223
[11.36] Schmitt, M.; Graubner, C.-A.; Förster, V.: Mindestauflast auf Mauerwerkwänden – Eine realitätsnahe Betrachtung, In: Mauerwerk Heft 19 (2015) Heft 4, Verlag Ernst & Sohn, Berlin
[11.37] Graubner, C.-A.; Förster, V; Schmitt. M.: Standsicherheit von Kellerwänden bei drückendem Wasser, In: Mauerwerk Heft 18 (2014) Heft 5, Verlag Ernst & Sohn, Berlin
[11.38] Deutsche Gesellschaft für Mauerwerksbau e. V.: Nichtragende innere Trennwände, 3. Aufl. 2004
[11.39] Schneider, K.-J./Graubner, C.-A.: Mauerwerksbau, in: Schneider, Bautabellen für Ingenieure, 22. Auflage, 2016, Köln

Zu Kapitel 11 C Holzbau nach EC 5

[11.41] Blaß, H. J. u. a.: Erläuterungen zu DIN 1052:2004-08. DGfH Innovations- und Service GmbH, München / Bruderverlag, Köln, 2004
[11.42a] Colling, F.: Holzbau nach EC 5 – Grundlagen, Bemessungshilfen. Vieweg Verlag, Wiesbaden, 4. Auflage 2014
[11.42b] Colling, F.: Holzbau nach EC 5 – Beispiele. Vieweg Verlag, Wiesbaden, 4. Auflage 2014
[11.43] Hamm, P./Richter, A.: Personeninduzierte Schwingungen bei Holzdecken – neue Erkenntnisse führen zu neuen Bewertungsverfahren. Tagungsband „Ingenieurholzbau; Karlsruher Tage 2009", Bruderverlag
[11.44] INFORMATIONSDIENST HOLZ – Konstruktive Vollholzprodukte. holzbau handbuch Reihe 4, Teil 2, Folge 3, 2000
[11.45] INFORMATIONSDIENST HOLZ – Konstruktive Holzwerkstoffe. holzbau handbuch Reihe 4, Teil 4, Folge 1, 2001
[11.46] Johansen, K.W.: Theory of timber connections. In: Association for Bridge and Structural Engineering, Vol. 9, S. 249–262, 1949

Zu Kapitel 12 A Beton

[12.1] Pickardt, R./Bose, T./Schäfer, W.: Beton – Herstellung nach Norm. 20. Auflage 2014, Verlag Bau+Technik, Düsseldorf
[12.2] Deutscher Ausschuss für Stahlbeton (DAfStb): Erläuterungen zu DIN EN 206-1, DIN 1045-2, DIN 1045-3, DIN 1045-4 und DIN EN 12 620. Heft 526 der Schriftenreihe des DAfStb; 2. Auflage 2011, Beuth Verlag, Berlin
[12.3] Deutscher Beton- und Bautechnik-Verein (DBV): Ausführung von Tragwerken aus Beton. 1. Auflage 2012, Beuth Verlag, Berlin
[12.4] Meyer, L.: Umsetzung der neuen DIN 1045 / Hinweise und Erfahrungen. beton 55 (2005), Heft 1 und 2, S. 32–38
[12.5] Verein Deutscher Zementwerke (Hrsg.): Zement-Taschenbuch. 51. Auflage 2008, Verlag Bau+Technik, Düsseldorf
[12.6] Weber, R.: Guter Beton/Ratschläge für die richtige Betonherstellung. 24. Auflage 2013, Verlag Bau+Technik, Düsseldorf

Zu Kapitel 12 B Betonstahl

[12.8] Rußwurm/Fabritius: Bewehren von Stahlbeton-Tragwerken nach DIN 1045-1. Institut für Stahlbetonbewehrung, Düsseldorf, 2002

[12.9] Raupach, M/Leißner, J.: Baustoffe – Betonstahl, Spannstahl. In Goris/Hegger (Hrsg.): Stahlbetonbau aktuell, Jahrbuch 2012, Bauwerk Verlag, Berlin

Zu Kapitel 12 C Stahlbetonbau

[12.10] Goris/Schmitz: Eurocode 2 digital; EC 2 als Hypertext, ausführliche Berechnungsbeispiele, interaktive Bemessungshilfen. Version 4, Werner Verlag, Köln, 2012
[12.11] DAfStb-H. 425: Deutscher Ausschuss für Stahlbeton Heft 425, Bemessungshilfen zum EC 2. Beuth Verlag, Berlin/Köln, 1992
[12.12] DAfStb-H. 599: Deutscher Ausschuss für Stahlbeton Heft 599, Bewehren nach Eurocode 2. Beuth Verlag, Berlin 2013
[12.13] DAfStb-H. 240: Deutscher Ausschuss für Stahlbeton Heft 240, Grasser, E./Thielen, G.: Hilfsmittel zur Berechnung der Schnittgrößen und Formänderungen von Stahlbetontragwerken, Beuth Verlag, Berlin/Köln, 1991
[12.14] Breitenbücher/Alawieh: Beton, Betonstahl. In Goris/Hegger/Mark (Hrsg.): Stahlbetonbau aktuell, Jahrbuch 2014; Bauwerk Verlag im Beuth Verlag, Berlin
[12.15] Wommelsdorff/Albert.: Stahlbetonbau. Teil 1, 10. Auflage 2011; Teil 2, 9. Auflage 2012; Werner Verlag, Köln
[12.16] Pieper, K./Martens, P.: Näherungsberechnung vierseitig gestützter durchlaufender Platten im Hochbau. Beton- und Stahlbetonbau 6/66 und 7/67, Verlag Ernst & Sohn, Berlin
[12.17] Czerny, F.: Tafeln für Rechteckplatten. Beton-Kalender, verschiedene Jahrgänge, Verlag Ernst & Sohn
[12.18] Schlaich/Schäfer: Konstruieren im Stahlbeton. Beton-Kalender 2001, Verlag Ernst & Sohn, Berlin
[12.19] Zilch, K./Rogge, A.: Bemessung der Stahlbeton- und Spannbetonbauteile im Brücken- und Hochbau. Beton-Kalender 2004, Verlag Ernst & Sohn, Berlin
[12.20] Leonhardt, F.: Vorlesungen über Massivbau, Teile 1 bis 6, Springer Verlag, Berlin
[12.21] DAfStb-H. 525: Deutscher Ausschuss für Stahlbeton Heft 525, Erläuterungen zu DIN 1045. Beuth Verlag, 2003
[12.22] DAfStb-H. 600: Deutscher Ausschuss für Stahlbeton Heft 600, Erläuterungen zu Eurocode 2. Beuth Verlag, Berlin, 2012
[12.23] Krüger/Mertzsch: Verformungsnachweise – Erweiterte Tafeln zur Begrenzung der Biegeschlankheit. In Avak/Goris (Hrsg.): Stahlbetonbau aktuell, Praxishandbuch 2003, Bauwerk Verlag, Berlin
[12.24] Quast, U.: Stützenbemessung. Beton-Kalender 2004, Verlag Ernst & Sohn, Berlin
[12.25] DAfStb-H. 400: Deutscher Ausschuss für Stahlbeton Heft 400, Erläuterungen zur DIN 1045 (07.88), Beuth Verlag, Berlin/Köln, 1988
[12.26] DAfStb-H. 387: Deutscher Ausschuss für Stahlbeton Heft 387, Dieterle/Rostásy: Tragverhalten quadratischer Einzelfundamente aus Stahlbeton. Verlag Ernst & Sohn, Berlin
[12.27] DAfStb-H. 532: Deutscher Ausschuss für Stahlbeton Heft 532, Hegger/Roeser: Die Bemessung und Konstruktion von Rahmenecken. Beuth Verlag, Berlin, 2002
[12.28] DAfStb-H. 220: Deutscher Ausschuss für Stahlbeton Heft 220, Grasser/Kordina/Quast: Bemessung von Beton- und Stahlbetonbauteilen nach DIN 1045, Ausgabe 1978. 2. überarbeitete Auflage, 1979, Verlag Ernst & Sohn, Berlin
[12.29] Franz: Konstruktionslehre des Stahlbetons. Band I: Grundlagen und Bauelemente, 4. Auflage, 1980 und 1983; Franz/Schäfer/Hampe: Band II: Tragwerke, 1988 und 1991, 2. Auflage; Springer Verlag, Berlin
[12.30] Reineck, K.-H.: Modellierung der D-Bereiche von Fertigteilen. Beton-Kalender 2005, Verlag Ernst & Sohn, Berlin
[12.31] Normenausschuss Bauwesen (NABau): Auslegungen zu DIN 1045-1; Stand 12.2008
[12.32] Goris/Muermann/Voigt: Bemessung von Stahlbetonbauteilen nach Eurocode 2. In Goris/Hegger/Mark (Hrsg.): Stahlbetonbau aktuell, Jahrbuch 2014; Bauwerk Verlag im Beuth Verlag, Berlin
[12.33] Stiglat/Wippel: Platten. 3. Auflage, Verlag Ernst & Sohn, Berlin, 1983
[12.34] Avak, R.: Stahlbetonbau in Beispielen. Teil 1: 6. Auflage, 2012; Teil 2, 3. Auflage 2005, Werner Verlag, Köln.
[12.35] Goris, A.: Stahlbetonbau-Praxis nach DIN 1045 neu. Band 1: Grundlagen, Bemessung, Beispiele, 3. Auflage, Bauwerk Verlag, Berlin, 2008; Band 2: Bewehrung, Konstruktion, Beispiele, 3. Auflage, Bauwerk Verlag, Berlin, 2008

[12.36] Goris, A.: Bemessung von Stahlbetonbauteilen nach Eurocde 2. In Hegger/Mark (Hrsg.): Stahlbetonbau aktuell, Praxishandbuch 2015, Bauwerk/Beuth Verlag, Berlin
[12.37] Bachmann, H./Steinle, A./Hahn, V.: Bauen mit Betonfertigteilen im Hochbau. 2. Auflage; Verlag Ernst & Sohn, Berlin, 2010
[12.38] DAfStb-H. 411: Deutscher Ausschuss für Stahlbeton Heft 411, Mainka/Paschen: Untersuchungen über das Tragverhalten von Köcherfundamenten. Beuth Verlag, Berlin/Köln, 1990
[12.39] DAfStb-H. 326: Deutscher Ausschuss für Stahlbeton Heft 326, Dieterle/Steinle: Blockfundamente für Stahlbetonfertigstützen. Beuth Verlag, Berlin/Köln, 1981
[12.40] Deutscher Beton- und Bautechnik-Verein: Beispiele zur Bemessung nach Eurocode 2. Band 1: Hochbau; Verlag Ernst & Sohn, Berlin, 2011
[12.41] Avak/Goris: Bemessungspraxis nach EUROCODE 2, Zahlen- und Konstruktionsbeispiele, Werner Verlag, Düsseldorf, 1994
[12.42] Geistefeldt/Goris: Ingenieurhochbau – Teil 1: Tragwerke aus bewehrtem Beton nach Eurocode 2; Werner Verlag, Düsseldorf und Beuth Verlag, Berlin/Köln; 1993
[12.43] Schmitz, U. P.: Statik. In Hegger/Mark (Hrsg.): Stahlbetonbau aktuell, Jahrbuch 2015, Bauwerk/Beuth Verlag, Berlin
[12.44] Schmitz/Goris: Bemessungstafeln nach Eurocode 2. 2. Auflage 2014, Bundesanzeiger Verlag, Köln
[12.45] Goris, A.: Stahlbetonbau-Praxis nach Eurocode 2.
Band 1: Grundlagen, Bemessung, Beispiele. 5. Auflage, Bauwerk/Beuth Verlag, Berlin, 2013
Band 2: Bewehrung, Konstruktion, Beispiele, 5. Auflage. Bauwerk/Beuth Verlag, Berlin, 2013
Band 3: Tragwerksplanung im Bestand. 1. Auflage; Bauwerk/Beuth Verlag, Berlin, 2015
[12.46] Goris, A.: Bemessungs- und Konstruktionsbeispiele nach Eurocode 2 – Stahlbetonbau in praktischen Anwendungen. Bundesanzeiger Verlag 2015

Zu Kapitel 13 A/D Stahlbau / Stahlbauprofile

[13.2] Wagenknecht, G.: Stahlbau-Praxis nach EC 3, Band 1, 5. Auflage 2014, Beuth Verlag, Berlin
[13.3] Weynand, K./Oerder, R.: Typisierte Anschlüsse im Stahlhochbau nach DIN EN 1993-1-8, 1. Auflage 2013, Stahlbau Verlags- und Service GmbH, Düsseldorf
[13.4] Albert, A. (Hrsg.): Bautabellen für Ingenieure, 22. Auflage 2016, Bundesanzeiger Verlag, Köln

Zu Kapitel 13 B Trapezprofile und Sandwichbauteile

[13.20] Schwarze, K.: Bemessung von Stahltrapezprofilen nach DIN 18 807 unter Beachtung der Anpassungsrichtlinie Stahlbau, Bauingenieur 7/8 (1998), S. 347–356
[13.21] Kech, J./Schwarze, K.: Bemessung von Stahltrapezprofilen für Biegung und Normalkraft, IFBS-Info 5.01 (2007)
[13.22] Möller, R./Pöter, H./Schwarze, K.: Planen und Bauen mit Trapezprofilen und Sandwichelementen, Ernst & Sohn Verlag, Berlin, 2004
[13.23] Kech, J./Schwarze, K.: Bemessung von Stahltrapezprofilen für Schubfeldbeanspruchung, IFBS-Info 5.02 (2007)
[13.24] Eggert, H.: Stahlbaunormen – angepasst (u. a. DIN 18 807-1, -2, -3), Bauingenieur-Praxis, Verlag Ernst & Sohn, 1999
[13.25] Schwarze, K.: Numerische Methoden zur Berechnung von Sandwichelementen; Stahlbau 12 (1984)
[13.26] Jungbluth, O./Berner, K.: Verbund- und Sandwichtragwerke, Springer Verlag, 1986
[13.27] Wölfel, E.: Nachgiebiger Verbund – Eine Näherungslösung und deren Anwendungsmöglichkeiten, Stahlbau 6 (1987)
[13.28] Berner, K.: Erarbeitung vollständiger Bemessungsunterlagen im Rahmen bautechnischer Zulassungen für Sandwichbauteile, Forschungsvorhaben DIBt, Berlin, 1995
[13.29] Berner, K.: Praxisgerechte Nachweise zur Trag- und Gebrauchsfähigkeit von Sandwichbauteilen, Stahlbau 12 (1998)
[13.30] Berner, K./Raabe, O.: Bemessung von Sandwichelementen, IFBS-Info 5.08 (2006)
[13.31] ECCS/CIB: European Recommendations for Sandwich panels, TC 7/W 56, 2001

[13.32] European Recommendations for Sandwich panels with mineral wool core material, CIB (Conseil International du Batiment pour l`Etude), W 56, Publication 148
[13.33] Schwarze, K./Raabe, O.: Stahlprofiltafeln für Dächer und Wände, Stahlbau Kalender 2009, Verlag Ernst & Sohn, Berlin
[13.34] Lange, J./Berner, K.: Sandwichelemente im Hochbau, Stahlbau Kalender 2010, Verlag Ernst & Sohn, Berlin
[13.35] Koschade, R./Berner, K./Raabe, O.: Sandwichbauweise (incl. Mediathek), Edition Detail, Institut für internationale Architektur Dokumentation GmbH & Co. KG, München, 2011

Zu Kapitel 13 C Glasbau

[13.40] DIN EN 1748-1-1: Glas im Bauwesen – Spezielle Basiserzeugnisse – Borosilikatgläser – Teil 1-1: Definitionen und allgemeine physikalische und mechanische Eigenschaften, Deutsche Fassung EN 1748-1-1:2004
[13.41] Glasfibel. Hrsg.: Bundesverband des deutschen Flachglas-Großhandels, 1983
[13.42] Allgemeine bauaufsichtliche Zulassung Z-70.4-44, Glasfabrik Lamberts GmbH & Co. KG, LINIT-Profilbauglas für die Verwendung als Vertikalverglasung, 10.2007
[13.43] Wörner, J./Schneider, J./Fink, A.: Glasbau – Grundlagen, Berechnung, Konstruktion. Springer Verlag Berlin/Heidelberg, 2001
[13.44] Mitteilungen Deutsches Institut für Bautechnik, ISSN 0172-3006, 3. August 1998, 29. Jahrgang, Nr. 4
[13.45] DIBt: Bauregelliste A, Bauregelliste B und Liste C (Ausgabe Januar 2011). Mitteilungen des Deutschen Instituts für Bautechnik Berlin 2011 – Sonderheft 41
[13.46] DIBt: Technische Regeln für die Verwendung linienförmig gelagerter Verglasungen (TRLV), Schlussfassung 08.2006, Mitteilungen des Deutschen Instituts für Bautechnik, Berlin 3.2007
[13.47] Petzhold/Marusch/Schramm: Der Baustoff Glas – Grundlagen, Eigenschaften, Erzeugnisse, Glasbauelemente, Anwendungen. Verlag für Bauwesen, Berlin, 3. Auflage, 1990
[13.48] Sedlacek, G./Blank, K./Laufs, W./Güsgen, J.: Glas im Konstruktiven Ingenieurbau, Bauingenieur Praxis, Ernst & Sohn, 1. Auflage, Berlin, 1999
[13.49] Technische Richtlinien des Glaserhandwerkes Nr. 19: Linienförmig gelagerte Verglasungen, Verlagsanstalt Handwerk GmbH, 4. Auflage, 1999
[13.50] Bekanntmachung des Wirtschaftsministeriums Baden-Württemberg über den Verzicht auf Zustimmung im Einzelfall für die Verwendung bestimmter nichtgeregelter Verglasungskonstruktionen vom Dezember 2003, Az.: 6-2600.0 § 21/2
[13.51] Aalami, B./Williams, D. G.: Thin Plate Design for Transverse Loading. Halsted Press Book, Wiley/New York, 1975
[13.52] Egner, K.: Untersuchungen zur Ermittlung der zulässigen Biegebeanspruchungen großer Glasscheiben bei verteilter Flächenbelastung; in: Berichte aus der Bauforschung, Heft 83, Berlin/München/Düsseldorf, Verlag Wilhelm Ernst & Sohn, 1973
[13.53] Hess, R.: Glasdickenbemessung – Berechnung von Einfach- und Isolierverglasungen unter Anwendung der Mebranwirkung bei Rechteckplatten großer Durchbiegung, Institut für Hochbautechnik, ETH Zürich, Oktober 1986
[13.54] Auszug aus der Bekanntmachung des Wirtschaftsministeriums Baden-Württemberg über die Ergänzung und Änderung der Liste der Technischen Baubestimmungen (LTB) vom Oktober 2003 (Gemeinsames Amtsblatt Nr. 10 vom 30. 09.2003)
[13.55] DIBt: Technische Regeln für die Verwendung von absturzsichernden Verglasungen (TRAV), Fassung 1.2003, Mitteilungen des Deutschen Instituts für Bautechnik Berlin, 2.2003
[13.56] DIBt: Erläuterungen zu den „Technischen Regeln für die Verwendung von absturzsichernden Verglasungen (TRAV)“, Fassung 1.2003, Mitteilungen des Deutschen Instituts für Bautechnik Berlin, 2.2003
[13.57] DIBt: Technische Regeln für die Bemessung und Ausführung punktförmig gelagerter Verglasungen (TRPV), Schlussfassung 2006, Mitteilungen des Deutschen Instituts für Bautechnik Berlin, 3.2007
[13.58] DIN EN 1863-1: Glas im Bauwesen – Teilvorgespanntes Kalknatronglas – Teil 1: Definition und Beschreibung; Deutsche Fassung EN 1863-1:2000
[13.59] Weller, B./Nicklisch, F./Thieme, S. /Weimer, T.: Glasbau-Praxis, 2010, Bauwerk Verlag GmbH, Berlin

[13.60] Feldmeier, F.: Bemessung von Dreifach-Isolierglas, glasbau 2010; Facade Engineering. Tagungsband. Dresden: Institut für Baukonstruktion der Technischen Universität Dresden

Zu Kapitel 14 A Bauvermessung

[14.1] Bauer, M.: Vermessung und Ortung mit Satelliten, 6. Auflage 2011, Wichmann-Verlag, Heidelberg

[14.2] Deumlich, F./Staiger, R.: Instrumentenkunde der Vermessungstechnik, 9. Auflage 2002, Wichmann-Verlag, Heidelberg

[14.3] Kahmen, H.: Angewandte Geodäsie – Vermessungskunde, 20. Auflage 2006, de Gruyter-Verlag, Berlin/New York

[14.4] Möser/Müller/Schlemmer (Hrsg.): Handbuch Ingenieurgeodäsie, 4. Auflage 2012, Wichmann-Verlag, Heidelberg

[14.5] Scherer, M.: Vermessungswesen Multimedial 2.0, 2. Auflage 1998, Wichmann-Verlag, Heidelberg

[14.6] Witte, B./Sparla P.: Vermessungskunde und Grundlagen der Statistik für das Bauwesen, 8. Auflage 2015, Wichmann-Verlag, Heidelberg

Zu Kapitel 14 B Bauzeichnungen

[14.10] Darstellungs- und Vervielfältigungstechniken für Projektplanung und Projektdokumentation; Schriftenreihe des Bundesministers für Raumordnung, Bauwesen und Städtebau, 1983

[14.12] Empfehlungen zur Standardisierung von Bauzeichnungen; Forschungsauftrag des Bundesministers für Raumordnung, Bauwesen und Städtebau, 1983

[14.13] Bertig, R.: Räumliche Darstellungsmethoden nach DIN, Bericht zum Stand der Normung. In: Mitteilungen der Fachbereiche Architektur/Städtebau und Bauingenieurwesen der Universität GH Siegen, Heft 5, 1986

[14.14] Bertig, R.: Zeichnerische Darstellungen – Regeln nach DIN- und ISO-Normen. In: das bauzentrum, Fachzeitschrift für Architekten und Bauingenieure, Heft 2, 1992

[14.16] Bundesgesetzblatt Teil I und Anlageband vom 22.01.1991, S. 58 ff. Verordnung über die Ausarbeitung der Bauleitpläne und die Darstellung des Planinhaltes (Planzeichenverordnung – PlanzV 90 (12.90))

Zu Kapitel 14 C Darstellende Geometrie und Planlayout

[14.30] Wieser, A.: Perspektiven, Projektionen, Grundlagen – Anwendungsbeispiele – Übungen, Projektionsarten S. 25 ff., Werner Verlag, Düsseldorf 1997

[14.31] Fucke, Kirch, Nickel: Darstellende Geometrie, Dachausmittelung S. 133 ff., Verlag Harri Deutsch, Frankfurt 1989

[14.32] Pumann.: Darstellende Geometrie Teil 1 und Teil 2, Affinität und Kollineation S. 44 und S. 45, Pumann Verlag, Coburg

[14.33] Meyer, Heisig, Weber, Hohmann: Darstellende Geometrie für konstruierende Berufe, Durchdringungen S. 61 ff., Schroedel-Gehlen Verlag 1975

[14.34] Leopold, C.: Geometrische Grundlagen der Architekturdarstellung, Axonometrie S. 67 ff., Kohlhammer Architektur 1999

[14.35] Klix, W.-D.: Konstruktive Geometrie darstellend und analytisch, Einschneideverfahren S. 86 ff., Fachbuchverlag Leipzig 2001

[14.36] Schricker, R.: Darstellungsmethodik, Entwicklungen, Experimente. Die isometrische Darstellung, S. 74 ff., DVA – Verlag, Stuttgart 1991

[14.37] Schmidt, R.: Perspektive, Schritt für Schritt, Grundlagen der Perspektive S. 22 ff., Bauverlag 1988

[14.38] Schmidt, R.: Lehre der Perspektive und ihre Anwendung, Rekonstruktionsverfahren S. 83 ff., Augustus Verlag, Augsburg 1991

[14.39] Thomae, R.: Perspektive und Axonometrie, Schatten S. 70 ff., Kohlhammer Verlag 1976

3 Stichwortverzeichnis

IQ 100

Programm zur Berechnung ebener Stabwerke

Leistungsumfang:

- Ein- und Ausgabe unter Windows
- Grafische Eingabe mit Maus möglich, grafische Ausgabe
- Theorie I. und II. Ordnung
- Berücksichtigung von Vorverformungen
- Momenten-, Querkraft- und Längskraftverformungen
- Beliebige Federn und Drehfedern
- Knicklasten, Knicklängen, Knickformen
- Profiltabellen
- *Veränderlichkeiten* (entsprechend Polynom) folgender Größen lassen sich berücksichtigen:
  - Querschnittshöhe, -breite
  - Längskräfte gemäß Theorie II. Ordnung
- *Veränderlichkeiten* (entsprechend Polynom) folgender Größen lassen sich berücksichtigen:
  - Bettungsziffer
  - Massenbelegung bei Schwingungen
- „Lastfall“ Vorverformung ähnlich zur Knickbiegelinie
- Elastische Bettung
- Eigenschwingungen – Frequenzen und Formen
- Abschätzung der maßgebenden Normalkräfte für Theorie II. Ordnung
- „Lastkombinationen“ auch nach Theorie II. Ordnung unter Berücksichtigung der folgenden Lasttypen:
  - ständige Lasten
  - eventuelle Lasten (Verkehrslasten)
  - Wechsellasten
- Nichtlineare Drehfedern zur Berücksichtigung von nachgiebigen Einspannungen an Knoten
- Wölbkrafttorsion bei Durchlaufträgern mit konstantem Querschnitt

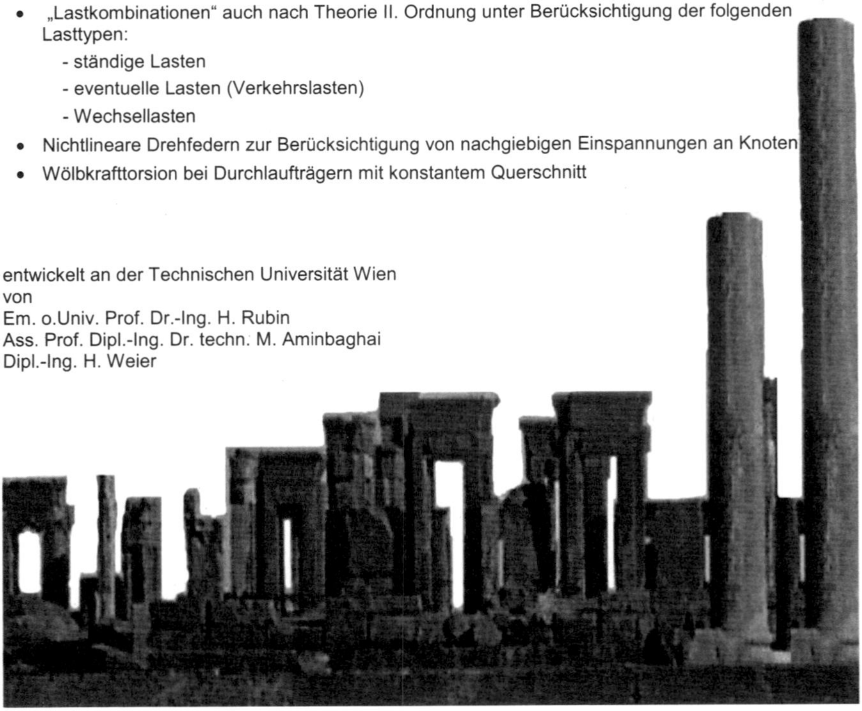